출제
예상문제
수록

한국방송통신전파진흥원
필기시험 집중 대비서

정보통신기사

Engineer Information Communication

· 최신개편 NCS 출제기준 적용 ·

필기

공학박사 김남선 | 정보통신기술사
전자응용기술사 양윤석 공저

▸ 문제해설 상세 수록
▸ 개정 관련법규 문제
▸ 출제 예상문제 수록

정보통신기사 자격 취득의 결론, 최고의 지침서

기본 원리부터 정답에 이르기까지
명확하고 풍부한 해설을 통해
자신감은 물론 모든 문제에 탄력적으로
대응할 수 있는 능력을 키워줍니다.

도서출판 세화

머리말

    정보통신은 무선통신과 함께 국가의 중추신경으로서 경제, 사회 발전에 일익을 담당하고 있는 핵심 통신기술이다.

    정보통신은 정보통신설비를 이용하여 다양한 정보통신 서비스를 제공하는 것으로 정보통신설비에 대한 이해와 이를 바탕으로 정보통신 관련시설들을 설치, 운용 및 관리하는 기술들을 필요로 한다. 정보통신의 급속한 발전으로 네트워크 관련회사, 공사업체, 엔지니어링 업체, 중소기업체, 공공기관 등 다양한 분야에서 정보통신설비에 대한 지식과 경험을 가진 많은 사람을 필요로 하고 있어 정보통신기사 자격증에 대한 수요가 급격히 증가하고 있다.

    저자는 정보통신기사 자격증을 취득하고자 하는 많은 사람들을 위해 오랜 실무경험과 강의경험을 바탕으로 정보통신기사 필기책을 집필하게 되었으며, 특히 NCS를 기준으로 개편된 최신출제기준이 적용됨에 따라 이를 바탕으로 필기책 내용을 전면 개편 및 보강하였다. 각 과목별로 NCS의 주요항목, 세부항목, 세세항목을 반영해 필요한 이론들을 요약정리하고 예상문제들에 상세한 해설을 달아 자격증 취득에 도움이 되도록 하였다.

    본서의 특징을 정리하면 다음과 같다.

첫째 – 과목별로 꼭 알아야 하는 이론들을 정리하여 실전에서 유사한 문제가 나오더라도 쉽게 적용할 수 있도록 구성하였다.

둘째 – 각 예상문제마다 상세한 해설을 달아 한 문제를 해결하면 유사한 다음 문제도 해결할 수 있도록 구성하였으며, 전체적인 출제방향을 예상할 수 있도록 구성하였다.

셋째 – 심도있게 거론되고 있는 출제예상문제는 합격예측에서 한번 더 강조하여 합격을 보장할 수 있도록 하였다.

    본서는 독자들이 최대한 쉽게 이해하도록 집필하였으나 부족한 내용이 있으리라 생각됩니다. 독자들의 많은 충고와 조언을 바탕으로 계속 수정 보완하여 독자들에게 유익한 책자가 되도록 노력할 것입니다.

    끝으로 본서가 출간될 수 있도록 도와주신 세화출판사 박 용 사장님과 편집부 직원 여러분께도 진심으로 감사드립니다.

저자 일동

국가기술자격안내

1. 수행 직무
정보통신 기술과 제반지식을 바탕으로 정보통신설비와 이에 기반한 정보시스템의 설계, 시공, 감리, 운용 및 유지보수 등의 업무를 수행하고, 융·복합 통신서비스를 제공하는 직무

2. 해당 자격 종목
정보통신기사

※ 자격종목 변동사항

제정(74. 10. 16)	개정(91. 10. 31부터)	개정(98. 5. 9부터)
유선설비기사 1급	유선설비기사 1급 정보통신설비기사 1급	정보통신기사

3. 자격 취득 요건

가. 평가기준

종 목	평 가 기 준
정보통신기사	응시하고자 하는 종목에 관한 공학적 기술이론 지식을 가지고 설계·시공·분석 등의 기술업무를 수행할 수 있는 능력의 유무

나. 응시자격

구 분	응 시 자 격
정보통신기사	• 산업기사 취득 후+실무경력 1년 • 기능사 취득 후+실무경력 3년 • 동일 및 유사 직무분야의 다른 종목 기사 등급의 자격 취득자 • 대졸(관련학과) • 전문대졸(3년/관련학과) 후+실무경력 1년 • 전문대졸(2년/관련학과) 후+실무경력 2년 • 기술훈련과정 이수자(기사수준) • 기술훈련과정 이수자(산업기사수준) 이수 후+실무경력 2년 • 실무 경력 4년

다. 시험방법

구 분	검정절차	시험시간	합 격 기 준
정보통신기사	필기	객관식 4지선다형(2시간 30분)	과목당 100점을 만점으로 하여 매과목 40점 이상, 전과목 평균 60점 이상 : 과목당 20문항
	실기	필답형(2시간 30분)	100점을 만점으로 60점 이상

라. 시험면제사항

- 국가기술자격을 취득한 자가 취득한 국가기술자격의 종목과 동일한 직무분야 및 등급에 해당하는 다른 국가기술자격 종목의 자격검정을 받고자 하는 경우 응시자 신청에 의하여 검정과목의 일부 면제
- 검정과목을 면제받고자 하는 응시자는 검정과목 면제 신청서에 의한 면제 사유를 증명하는 서류를 첨부하여 제출
- 해당 국가기술자격을 취득한 날부터 2년간 면제
- 해당 기능경기대회에 입상한 날부터 2년간 면제

4. 필기시험

가. 검정과목 및 출제기준

종 목	시험과목		출 제 기 준 (주요항목)
	과목번호	과목 명	
정보통신기사	1	정보전송일반	• 무선통신시스템 구축 요구사항 분석 • 정보통신선로 검토 • 네트워크품질시험 • 무선통신시스템 장비발주
	2	정보통신기기	• 단말기개발검증 • 회선개통 • 영상정보처리기기 설비공사 • 홈네트워크 설비공사
	3	정보통신네트워크	• 네트워크 구축설계 • 근거리통신망(LAN) 설계 • 구내통합설비 설계 • 이동통신서비스 시험
	4	정보시스템운용	• 서버 구축 • 정보통신설비 검토 • 구내통신 구축설계 • 네트워크 보안관리
	5	컴퓨터일반 및 정보설비기준	• 하드웨어 기능별 설계 • 전자부품 소프트웨어 개발환경 분석 • NW 운용관리 • 보안 운영관리 • 분석용 데이터 구축 • 서버구축 • 정보통신 법규해석

ENGINEER INFORMATION & COMMUNICATION

나. 실기시험

종 목	시험과목	출 제 기 준 (주요항목)
정보통신기사	정보통신 실무	1. 교환시스템 기본설계 2. 네트워크 구축공사 3. 구내통신구축 공사 관리 4. 구내통신 공사품질 관리

5. 진출분야 및 활용현황

- 정보서비스를 제공하는 업체와 통신기기를 제작하는 업체에서 정보통신망에 대한 연구 개발, 정보통신기기의 개발 등의 업무수행
- 일반적으로 직업을 가지고서 자격을 취득하며, 통신분야의 전문가로서 최고의 권위를 인정받기 때문에 자격취득 후 취업에는 어려움이 없음
- 통신분야는 첨단과학기술의 한 분야로서 그 시설물을 제작하고 설치, 수리하는 과정에 전문적인 지식과 기술이 필요하며, 통신설비의 사용이 급격히 증가하고 있고, 기능장은 실무경험이 풍부한 최고의 현장 기능자로서 인정을 받기 때문에 취업기회가 유망한 자격직종임
- 정보통신설비를 제작 또는 운용하는 업체 및 공공기관, 정보통신설비를 공사설치하는 기업체 및 공공기관, 은행이나 대기업의 전산실, 데이터통신회사, 광통신회사, 전기통신공사, 정보처리업무를 운용하는 기업체에 진출가능
- 선진국 수준인 음성통신 위주의 기본 통신분야에 못지 않게 이동통신 및 위성 통신과 같은 무선통신분야와 컴퓨터를 이용한 정보통신기술도 급속히 발전될 것으로 전망되어 정보통신망을 구축하고 시공관리하는 전문 기술인력의 수요가 증가할 것으로 예상됨

국가기술자격 검정 응시절차

1. 시행회차 및 시행지역

가. 시행회차
- 정보통신기사·산업기사 : 1, 2, 4회

나. 시행지역

구 분	시행지역	시험장수
필기	서울(2), 부산(1), 인천(1), 대전(1), 광주(1), 대구(1), 전주(1), 원주(1), 제주(1)	10개 (CBT)
실기 (필답형)	서울(4), 경기(1), 부산(1), 인천(1), 대전(1), 광주(1), 대구(1), 전주(1), 원주(1), 제주(1)	13개

※ 당회 시험 접수인원이 현저히 적은 경우 시행지역 축소 조정, 작업형 실기시험은 종목별 특성, 시설, 장비 및 수험인원에 따라 시험장소 홈페이지 공개

2. 시험시간

구 분	필기시험	실기(필답형)
정보통신기사	150분	150분
정보통신산업기사	120분	120분

※ CBT 상세 시험일정 및 시간은 홈페이지 별도 공지
- 입실시간
    - 필기시험 : CBT시험장 – 20분전까지
    - 실기시험 : 고사장 – 20분전까지

3. 응시자격(국가기술자격법시행령 제14조의 7항 관련)

- 필기시험 합격예정자는 당회 응시자격 서류제출 기간 이내에 응시자격 서류를 제출하여야 하며, 제출하지 않을 경우 필기시험 합격이 무효처리 되니 유의하시기 바랍니다.
    - 다만, 외국 발급서류 첨부의 사유로 기간 내에 제출할 수 없는 경우 수험자 본인 신청에 의해 응시자격 증명서류 제출을 최종합격자 발표 7일 전까지 연장할 수 있으며, 이 경우 해당 회사 실기시험 응시 불가

- 응시자격 및 응시자격 서류는 홈페이지(www.CQ.or.kr)를 통해 확인 가능하며, 관련학과 등이 확인되지 않는 경우 한국방송통신전파진흥원 ICT자격본부(☎1688-0013)로 문의하시기 바랍니다.

4. 주요 안내 사항

가. 원서접수시간 : 원서접수 첫날 09:00부터 마지막 날 18:00까지

나. 필기 원서접수
- 접수방법 : 인터넷접수 – 홈페이지(www.cq.or.kr) 접속하여 접수
  (비회원은 회원가입 후 접수)
- 접수시간 : 원서접수 첫날 09:00부터 마지막 날 18:00까지
- 검정과목 면제신청(해당자) : 인터넷 접수 시 면제신청란 구분의 해당사항 체크
  - 필기시험 상호면제 종목(전파전자통신,무선설비,통신선로) 해당자는 자격선택 및 경력으로 검정과목 면제신청 자는 증빙서류 첨부 및 경력사항 기재(증빙서류 원본제출)
- 필기시험 수험생 준비물 : 수험표,신분증
- 시험문제 이의신청 접수 : 접수기간 – 홈페이지 묻고 답하기에 질의하면 합격자발표 이전에 검토결과를 수험자에게 안내
- 합격자 발표 : 발표방법 – 인터넷발표(www.cq.or.kr)
- 서류제출 : 수험자 응시 후부터 실기접수 기한(18:00까지)내 온라인 제출
  (응시자격 제한이 있는 종목은 반드시 응시자격 서류를 제출)

다. 실기 원서접수
- 접수방법 : 인터넷접수(www.cq.or.kr) – 시험일시 및 장소 본인선택(선착순)
- 실기시험 수험생 준비물 :수험표, 신분증, 실기시험 준비물(홈페이지 참고)

라. 최종 합격자 발표
- 발표방법 : 인터넷발표(www.cq.or.kr)
- 자격증 발급 : 인터넷 자격증발급 메뉴에서 신청
  (자격증 교부신청서, 증명사진 1매, 신분증, 수수료)
  – 내방신청 없음, 온라인 신청 후 등기우편으로 배송

마. 유의 사항

- CBT 상세일정은 시험장소에 따라 상이할 수 있으니 반드시 홈페이지(www.CQ.or.kr)를 통해 사전에 확인하시기 바랍니다.
- 국가기술자격은 관련법령에 따라 응시자격이 제한되오니 수험자의 학적 변동·경력 등 응시자격 충족여부를 확인 후 접수하시기 바랍니다.
- 국가기술자격법 시행규칙 개정으로 응시자격 심사기준일이 변경되오니 수험자께서는 시험응시 및 응시자격 증명에 참고하시기 바랍니다.
  - (필기시험이 있는 경우) 필기시험일. 다만, 필기시험을 여러날 중에서 선택할 수 있는 경우 해당 회차의 마지막 필기시험일
  - (필기시험이 없는 경우) 실기시험 또는 면접시험의 수험원서 접수마감일.
- 필기시험은 CBT 전면시행에 따라 주말검정에서 평일검정으로 변경 시행합니다.
- CBT 응시 유의사항
  - 정기검정 회별 응시기회는 종목당 1회로 한정
  - CBT시험은 문제은행에서 개인별로 상이하게 문제가 출제되며, 시험문제는 비공개
  - 필기시험 면제기간은 필기시험 합격(예정)자 발표일을 기준으로 설정
- 자격취득자의 시험응시 안내
  - 기 취득한 국가기술자격과 동일한 국가기술자격 종목의 시험은 응시불가하오니 원서접수 시 참고하시기 바랍니다.
- 필기시험 합격(예정)자 및 최종합격자 발표 시간 : 해당 발표일 10:00
- 필기시험 면제 기간 관련 안내
  - 필기시험의 면제기간은 관련 법령에 따라 필기시험 합격자 발표일로부터 2년간 면제되고 있으며, 실기시험 원서접수 시점에 면제 기간이 도래한 경우 실기시험 원서접수 불가합니다.
- 국가자격시험 전자기기 소지 관련 부정행위 처리 안내
  - 시험 중 소지가 금지된 전자기기(촬영 물품 등)을 소지 또는 사용할 경우 당해 시험 무효 및 부정행위 처리되고, 관련 법령에 따라 처벌받을 수 있습니다.
- 실기시험은 자격종목에 따라 시험일이 다르므로 응시종목의 '검정시행일정 및 검정장소'를 사전에 확인하시기 바랍니다.
- 시험장별 접수인원이 5명 미만인 경우 타 시험장으로 변경 시행(단, 장애 또는 질병 등 특별한 사유가 있는 경우는 예외)
- 천재지변, 감염병 확산, 응시인원 증가 등 부득이한 사유가 발생된 경우 검정시행 기관장이 시행일정을 조정할 수 있습니다.
- 자격증 발급은 인터넷 신청 후 우편수령만 가능(방문발급 불가)

5. CBT 디지털 시험장 위치

구 분	주 소	전화번호
서울본부	서울시 송파구 중대로 135 IT벤쳐타워 서관2층	(02)2142-2060
북서울본부	서울시 마포구 성암로 189 중소기업 DMC타워 10층	(02)3151-9901
부산본부	부산시 동구 초량중로 29	(051)440-1001
경인본부	인천시 남동구 미래로 7 현대해상빌딩 4층	(032)442-8701
충청본부	대전시 서구 계룡로 553번길 24	(042)602-0114
전남본부	광주시 서구 운천로 219	(062)383-5070
경북본부	대구시 수성구 청수로 66	(053)766-9001
전북본부	전북 전주시 덕진구 견훤로 279	(063)244-1116
강원본부	강원도 원주시 만대로 15-1 한국정보통신공사협회 2층	(033)732-8501
제주지사	제주도 제주시 중앙로 265 성우빌딩 7층	(064)752-0386

※ 기타 자세한 사항은 홈페이지(www.CQ.or.kr)를 참고하시기 바랍니다.
☎ 1688-0013

차례

제1편 정보전송일반

Chapter 1. 무선통신시스템 구축 요구사항 분석

- ① PCM(DPCM, DM, ADM, ADPCM 포함) — 1-2
  - 출제예상문제 — 1-17
- ② 아날로그 변복조·펄스변조·디지털 변복조 — 1-32
  - 출제예상문제 — 1-54
- ③ 발진 회로(Oscillator) — 1-91
  - 출제예상문제 — 1-100
- ④ 필터 — 1-114
  - 출제예상문제 — 1-121
- ⑤ 논리 회로 — 1-126
  - 출제예상문제 — 1-152

Chapter 2. 정보통신선로 검토

- ① 전송매체(TP, 동축케이블, 광케이블) — 1-174
  - 출제예상문제 — 1-182
- ② 전자파 이론 — 1-195
  - 출제예상문제 — 1-200

Chapter 3. 네트워크 품질 시험

- ① 푸리에 급수(Fourier Series)와 푸리에 변환(Fourier Transform) — 1-202
  - 출제예상문제 — 1-207
- ② 실효치, 잡음, 데시벨, S/N비 — 1-211
  - 출제예상문제 — 1-220
- ③ 통신속도와 채널용량 — 1-227
  - 출제예상문제 — 1-230
- ④ 에러검출 및 정정 — 1-236
  - 출제예상문제 — 1-241
- ⑤ 디지털 데이터 전송 — 1-248
  - 출제예상문제 — 1-251

Chapter 4. 무선통신시스템 장비발주

- ① 다중화 기술 — 1-256
  - 출제예상문제 — 1-260

	② 다중접속 기술(다자간 접속 기술)	1-263
	• 출제예상문제	1-268
	③ 대역확산 기술(대역확산 통신)	1-274
	• 출제예상문제	1-281
	④ 다중경로 채널 및 페이딩	1-288
	• 출제예상문제	1-293

제2편 정보통신기기

Chapter 1. 정보통신시스템

① 정보통신의 개요		2-2
② 정보 통신 시스템		2-2
③ 정보 통신 시스템의 자료 처리 방식		2-5
④ 정보 통신 시스템의 회선 구성 방식		2-6
⑤ 통신회선 이용 방식		2-8
⑥ 정보 통신기술의 발전 형태		2-8
• 출제예상문제		2-9

Chapter 2. 단말기 개발검증

① 정보단말기의 기능과 구성요소		2-22
• 출제예상문제		2-32
② 정보전송기기		2-41
• 출제예상문제		2-60

Chapter 3. 회선 개통

① 음성통신기기		2-80
• 출제예상문제		2-90
② 무선 및 이동통신기기		2-105
• 출제예상문제		2-130

Chapter 4. 영상정보처리기기 설비공사

① 영상통신기기		2-152
• 출제예상문제		2-167
② 멀티미디어/뉴미디어기기		2-183
• 출제예상문제		2-194

Chapter 5. 홈 네트워크 설비 및 스마트 미디어기기

1. 홈 네트워크 단말 2-204
2. 스마트 미디어기기 및 실감형 미디어기기 2-212
- 출제예상문제 2-218

제3편 정보통신 네트워크

Chapter 1. 네트워크 구축 설계

1. 정보통신 네트워크 3-2
- 출제예상문제 3-13
2. 프로토콜과 TCP/IP 3-36
- 출제예상문제 3-64
3. 오류제어와 흐름제어 3-96
- 출제예상문제 3-105

Chapter 2. 근거리통신망(LAN) 설계

1. LAN과 VLAN 3-116
- 출제예상문제 3-130
2. 라우팅 프로토콜(Routing Protocol) 3-141
- 출제예상문제 3-152
3. 무선 LAN 3-161
- 출제예상문제 3-170

Chapter 3. 구내통합설비 설계

1. 전화망 및 패킷교환망 3-174
- 출제예상문제 3-184
2. 인터넷 통신망 3-196
- 출제예상문제 3-215
3. 광전송망 3-228
- 출제예상문제 3-240

Chapter 4. 이동통신서비스 시험

1. 무선, 이동 및 위성통신망 3-246
- 출제예상문제 3-260
2. 차세대 정보통신망 3-273
- 출제예상문제 3-286

제4편 정보시스템 운용

Chapter 1. 서버 구축

- 1 리눅스 서버 구축 … 4-2
  - 출제예상문제 … 4-30
- 2 윈도우 서버 구축 … 4-44
  - 출제예상문제 … 4-59
- 3 서버 가상화 구축 … 4-66
  - 출제예상문제 … 4-77
- 4 Cloud 서비스 활용 … 4-83
  - 출제예상문제 … 4-96
- 5 IT 서비스연속성 관리 … 4-103
  - 출제예상문제 … 4-113

Chapter 2. 정보통신설비 검토

- 1 방송공동수신설비 적용 … 4-118
  - 출제예상문제 … 4-131
- 2 통합 배선설비 적용 … 4-140
  - 출제예상문제 … 4-147
- 3 정보통신망 운용계획 … 4-155
  - 출제예상문제 … 4-166

Chapter 3. 구내통신 구축 설계

- 1 구내통신 설계 및 운영 … 4-177
  - 출제예상문제 … 4-189
- 2 설비 설치 … 4-197
  - 출제예상문제 … 4-211

Chapter 4. 네트워크 보안관리

- 1 관리적보안 수행 … 4-220
  - 출제예상문제 … 4-231
- 2 물리적보안 수행 … 4-243
  - 출제예상문제 … 4-248
- 3 기술적보안 수행 … 4-252
  - 출제예상문제 … 4-259

contents

제5편 컴퓨터 일반

Chapter 1. 하드웨어 기능별 설계
- 컴퓨터의 기본구조와 기능 … 5-2
- 출제예상문제 … 5-20

Chapter 2. 전자부품 소프트웨어 개발환경 분석
- 1 운영체제 … 5-33
- 출제예상문제 … 5-43
- 2 소프트웨어 일반 … 5-56
- 출제예상문제 … 5-65
- 3 마이크로프로세서 … 5-72
- 출제예상문제 … 5-83

Chapter 3. 네트워크(NW) 운용관리
- 네트워크 운용 … 5-96
- 출제예상문제 … 5-109

Chapter 4. 보안 운영관리
- 네트워크 보안 … 5-122
- 출제예상문제 … 5-138

Chapter 5. 분석용 데이터 구축 및 서버 구축
- 1 빅데이터 구축 … 5-155
- 2 서버 구축 … 5-164
- 출제예상문제 … 5-175

ENGINEER
INFORMATION & COMMUNICATION

제6편   정보설비기준

1 전기통신기본법 및 전기통신사업법 6-2
   1. 전기통신기본법 6-2
   2. 전기통신사업법 6-3
  • 출제예상문제 6-14

2 방송통신발전기본법 6-25
  • 출제예상문제 6-33

3 정보통신공사업법 6-37
  • 출제예상문제 6-51

4 방송통신설비의 기술기준에 관한 규정 6-66
  • 출제예상문제 6-73

5 기타 관련 기준 6-83
   1. 접지설비·구내통신설비·선로설비 및 통신공동구등에 대한 기술기준 ... 6-83
   2. 지능형 홈네트워크 설비 설치 및 기술기준 6-87
   3. 방송통신설비의 안전성·신뢰성 및 통신규약에 대한 기술기준 ... 6-90
   4. 정보통신망 이용촉진 및 정보보호등에 관한 법률 6-93
   5. 클라우드컴퓨팅 발전 및 이용자 보호에 관한 법률 6-98
   6. CCTV 설치 및 운영에 관한 기준 6-101
  • 출제예상문제 6-106

01 정보전송일반

Chapter 01 무선통신시스템 구축 요구사항 분석
1. PCM(DPCM, DM, ADM, ADPCM 포함)
2. 아날로그 변복조·펄스변조·디지털 변복조
3. 발진 회로(Oscillator)
4. 필터
5. 논리 회로

Chapter 02 정보통신선로 검토
1. 전송매체(TP, 동축케이블, 광케이블)
2. 전자파 이론

Chapter 03 네트워크 품질 시험
1. 푸리에 급수와 푸리에 변환
2. 실효치, 잡음, 데시벨, S/N비
3. 통신속도와 채널용량
4. 에러검출 및 정정
5. 디지털 데이터 전송

Chapter 04 무선통신시스템 장비발주
1. 다중화 기술
2. 다중접속 기술(다자간 접속 기술)
3. 대역확산 기술(대역확산 통신)
4. 다중경로 채널 및 페이딩

Chapter 1 무선통신시스템 구축 요구사항 분석

합격 NOTE

1 PCM(DPCM, DM, ADM, ADPCM 포함)

합격예측

Nyquist 표본화 주기
$T_s = \dfrac{1}{2f_m}$

합격예측

Nyquist 표본화 주파수
$f_s = 2f_m$

1. 표본화 정리(Sampling Theorem)

가. 원리

f_m(신호가 가지는 최고 주파수)으로 대역 제한된 신호 $f(t)$가 있을 때, 이 $f(t)$를 T_s초 간격으로 발췌하여 전송하여도 $f(t)$가 갖고 있는 정보 전달에는 이상이 없으며 주어진 원신호를 정확히 복원할 수 있다는 것을 표본화 정리라 한다.

이때 표본화 간격 T_s의 조건은 $T_s \leq \dfrac{1}{2f_m}$이어야 하며, $T_s = \dfrac{1}{2f_m}$일 때를 Nyquist rate(속도) 또는 Nyquist 표본화 주기라 한다. 한편 표본화 주파수 f_s는 $f_s \geq 2f_m$이어야 하며, $f_s = 2f_m$일 때를 Nyquist 표본화 주파수라 한다.

시간 영역에서 T_s를 어떻게 설정하느냐에 따라 다음 3가지 형태의 Spectrum이 나타날 수 있다.

①
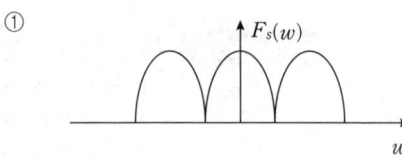
: $T_s = \dfrac{1}{2f_m}(f = 2f_m)$인 경우

②
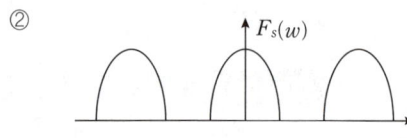
: $T_s < \dfrac{1}{2f_m}(f > 2f_m)$인 경우

합격예측

엘리어싱 방지대책

· $T_s \leq \dfrac{1}{2f_m}$
 $f_s \geq 2f_m$

· 표본화하기 전에 신호 $f(t)$를 LPF(Low Pass Filter : 저역 통과필터)에 통과시켜 $f(t)$가 가지고 있는 고조파 성분을 제거한다.

③
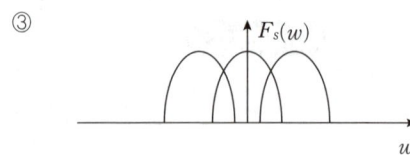
: $T_s > \dfrac{1}{2f_m}(f < 2f_m)$인 경우

③번의 경우는 Nyquist 표본화 주기를 만족하지 않은 경우로, 주파수 영역에서 Spectrum이 겹쳐 나타나며(Spectrum Folding 또는 Spectrum Overlap) 이런 경우를 엘리어싱(Aliasing)이라 한다.

나. 표본화 주파수

표본화 주파수의 물리적 의미는 초당 Sample 수 $\left(\dfrac{\text{Sample 수}}{\sec}\right)$ 또는 초당 Frame 수 $\left(\dfrac{\text{Frame 수}}{\sec}\right)$ 이다.

다. 표본화의 종류

(1) 순시 표본화(Instantaneous Sampling, Ideal Sampling)

(2) Flat-top Sampling

실제적으로 사용되는 표본화 방식으로 임펄스를 가지고 표본화한 다음 일정 시간을 유지하여 표본화하는 방식으로 유지 시간(Hold Time) 동안에 표본화된 신호(PAM 신호)를 부호화한다.

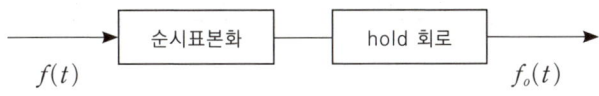

(3) Natural Sampling

표본화한 다음 원신호 $f(t)$를 약간 따라가 표본화하는 방식으로 신호 $f(t)$를 예측할 수 있을 때 사용하는 표본화 방식

라. 표본화 오차

(1) 절단 오차(Truncation 오차)

표본화 정리의 전제 조건은 표본값이 무한한 시간에 걸쳐 발생한다는 것이나 실제 시스템에서 취급하는 신호는 유한한 것이기 때문에 오차가 발생하며 이 오차를 절단 오차라 함.

(2) 엘리어싱

Nyquist 표본화 주기를 만족하지 않게 표본화함으로써 주파수 영역에서 스펙트럼이 겹치게 되어 발생하는 오차

(3) 반올림 오차

연속적인 Analog 신호를 PAM 신호로 바꾸는 과정에서 발생되는 오차

합격 NOTE

합격예측
표본화 주파수란 초당 샘플수로 표본화 주파수가 8[kHz]라는 것은 초당 8000개의 샘플을 전송한다는 의미이다.

합격예측
표본화를 통해 얻어지는 신호는 PAM(또는 순시 진폭값)이다.

합격예측
표본화를 하는 이유는 TDM(시분할 다중화)을 수행하기 위해서이다. 시분할 다중화란 하나의 전송로를 이용하는 시간을 분할하여 여러 개의 채널을 같이 전송하는 기술이다. 채널 간 간섭을 피하기 위해 채널 사이에 보호시간(guard time)을 두기도 한다.

2. PCM(Pulse Code Modulation)

가. PCM

PCM은 파형 부호화 방식의 하나로 Analog 신호를 표본화, 양자화, 부호화하여 전송하고 수신측에서 복호화함으로써 Analog 음성 신호를 다시 찾아내는 방식이다. 이 방식은 부호화의 과정을 거치면 Digital 신호로 바뀌게 되고 이러한 Digital 신호가 전송로를 통해 전송되므로 Digital 변조 방식으로 분류된다.

▶ 여기서 PCM이란 '일반 PCM'이란 용어와 동일

합격예측
PCM의 송신측 과정에서 가장 중요한 3요소는 표본화, 양자화, 부호화이다.

합격예측
압축은 양자화하기 전에, 신장은 복호화한 후에 이루어진다.

(1) PCM 과정

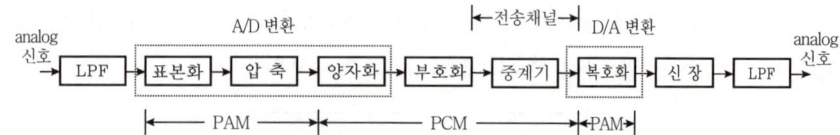

① LPF

입력 Analog 신호의 최고 주파수를 f_m이라 할 때 f_m의 대역폭을 갖는 저역 통과 필터(LPF)를 사용하여 f_m보다 높은 고조파 성분이 들어오지 못하도록 차단함으로써 표본화 시 엘리어싱 방지

② 표본화

입력 신호의 최고 주파수의 2배(표본화 주기는 $T_s \leq \dfrac{1}{2f_m}$) 이상으로 표본화하며 이때 얻어지는 신호는 PAM 신호이고 순시 진폭값이라 한다.

③ 양자화(Quantization)

순시 진폭값을 설정된 이산적인(Discrete) 값으로 변환시키는 것

㉠ 양자화 Step

$M = 2^n$에서 n은 사용 bit수이고 3개의 bit를 사용하면 8개의 양자화 step을, 8개의 bit를 사용하면 256개의 양자화 step을 만들 수 있다.

㉡ 양자화 잡음(Quantizing Noise 또는 Granular Noise)

순시 진폭값을 설정된 이산적인 신호로 대응(변환)시키는 과정에서 생기는 잡음

합격예측
양자화란 순시 진폭값(PAM 신호)을 0과 1의 이산적인 값으로 바꾸는 것을 말한다.

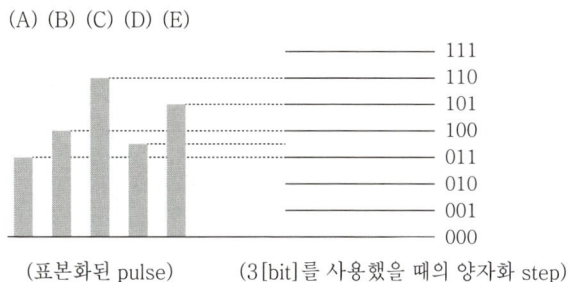

위 그림에서 표본화된 펄스(순시 진폭값) 중 (A) (B) (C) (D)는 설정된 이산적인 신호에 정확히 대응시킬 수 있으나 (D)는 011 또는 100 중 어느 하나에 대응시켜야 하는 문제가 발생한다. 어느 것에 대응시키더라도 순시 진폭값을 정확히 표현할 수 없게 되므로 잡음이 발생하게 되며 이러한 잡음을 양자화 잡음이라 한다.

ⓒ 양자화 잡음 전력(양자화 잡음 자승 평균 전력)

양자화 잡음의 크기는 양자화 잡음의 자승 평균 전력을 구함으로써 알 수 있고 N_q로 나타낸다.

$N_q = \dfrac{(\Delta v)^2}{12}$ (여기서 Δv : 양자화 계단(step)의 크기)

ⓔ 신호 전력대 양자화 잡음 전력비

사용 bit수에 따른 신호 전력대 양자화 잡음 전력의 비 S/N_q는 다음과 같이 표시된다.

$S/N_q = 6n + 2.0 [\text{dB}]$ (단, 과부하 잡음이 없는 경우)

④ Companding

㉠ 원리 및 목적

양자화하기 전에 작은 입력 신호는 크게, 큰 입력 신호는 작게 압축시켜 양자화하고, 수신측에서는 압축된 값을 신장하여 다시 원래의 신호 크기를 갖게 하는 방법으로 Companding을 함으로써 입력 신호의 대소에 관계없이 일정한 S/N_q비를 얻을 수 있게 된다.

㉡ 종류

Companding에는 μ법칙과 A법칙이 있다.

ⓐ μ법칙

μ법칙을 적용한 압축기의 특성 곡선을 정규화하여 그리면 다음과 같다.

합격 NOTE

합격예측
양자화 잡음 경감대책
- 양자화 시 사용하는 비트수를 증가시킨다.
- 양자화 스텝(계단)수를 증가시킨다.
- 양자화 스텝(계단)의 크기를 작게 한다.
- 선형 양자화보다는 비선형 양자화를 수행한다.
- 압축과 신장을 한다.

합격예측
양자화 시 사용하는 비트수를 1비트 증가시킬 때마다 S/N_q비는 6[dB]증가한다.

합격예측
μ법칙은 압축량으로 $\mu = 255$를, A법칙은 압축량으로 $A = 87.6$을 사용하며 압축하지 않았을 때는 $\mu = 0$, $A = 1$을 사용한다.

합격 NOTE

합격예측
압축곡선의 세그먼트 수는 μ법칙의 경우 15개, A법칙의 경우 13개이다.

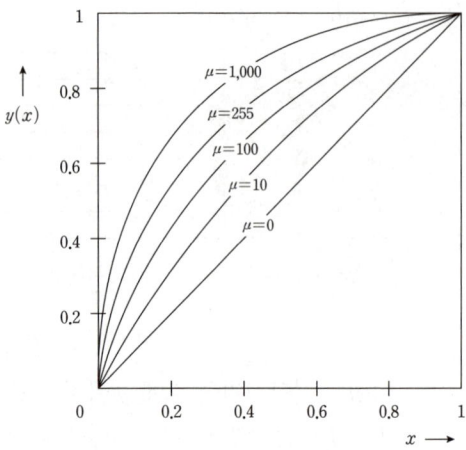

μ법칙의 신장 특성 곡선은 이와 반대되는 특성을 가진다.
- 미국 Bell System은 T-1 디지털 방송 시스템에 μ=255 압축량을 채용
- Compression Curve의 Segment 수 : 15절선(Segment)

ⓑ A법칙

A법칙을 적용한 압축기의 특성 곡선을 정규화하여 그리면 다음과 같다.

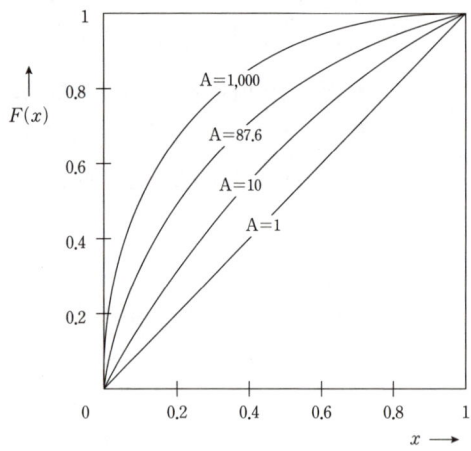

A법칙의 신장 특성 곡선은 이와 반대되는 특성을 가진다.
- 유럽 PCM 방식에서는 A=87.6 압축량을 적용
- Compression Curve의 Segment 수 : 13절선(Segment)

⑤ 부호화

양자화된 신호를 1과 0의 조합으로 변환하는 조작을 부호화라고 하며 pulse의 유무로 표현하는 방법과 Pulse의 극성으로 표현하는 방법 등이 있다. 부호화의 과정을 거쳐 전송로에 송신되는 것을 PCM Word 또는 PCM Language라 한다.

⑥ 재생 중계기

재생 중계기는 전송 도중에 발생되는 감쇠, 위상천이(Phase shift), 누화, 잡음 등의 영향으로 왜곡된 디지털 신호를 왜곡이 없는 신호로 재생한다.

㉠ 3R

ⓐ Reshaping

감쇠와 잡음에 의해 왜곡된 수신 파형을 등화 및 증폭하여 S/N비가 개선된 부호파형으로 재생하는 파형 재생

ⓑ Regeneration

2진 정보의 1과 0을 식별(Timing파를 가지고 순간적으로 표본화함으로써)하여 송신 Pulse와 같이 증폭 및 재생하는 식별 재생

ⓒ Retiming

입력된 디지털 신호로부터 Clock을 추출한 후 다시 Timing 파를 만들어 신호의 위상을 재생하는 Timing 재생(위상재생)

㉡ 재생 중계기의 구성

재생 중계기의 구성은 다음 그림과 같이 Timing 추출 회로의 위치에 따라 입력 구동 방식과 출력 구동 방식으로 구분할 수 있다.

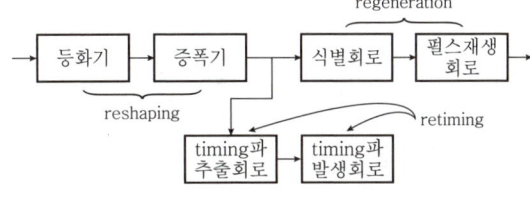

[입력 구동 방식]

⑦ 복호화

전송로에서 전송되어온 PCM Word(PCM Language)를 PAM(순시 진폭값의 신호를 말함. 즉 표본화된 상태) 신호로 복원시키는 것이다.

⑧ PCM의 장·단점

㉠ PCM의 장점

ⓐ 각종 잡음에 강함

ⓑ 누화에 강함

ⓒ 전송 구간에서 잡음이 축적되지 않음

ⓓ 고주파 특성이 불량하여 FDM 방식을 적용할 수 없었던 기존의 케이블을 전송 매체로 이용할 수 있음(저질의 전송로에도 사용 가능)

> **합격예측**
> 재생 중계기는 3R의 기능을 수행한다. 3R은 파형재생을 뜻하는 Reshaping, 위상재생을 뜻하는 Retiming, 식별재생을 뜻하는 Regeneration이다.

> **합격예측**
> PCM의 장점은 잡음과 누화에 강하고 전송구간에서 잡음이 축적되지 않아 단국장치에서 고가의 여파기(filter)를 필요로 하지 않는 다는 점이다. 또한 기존의 TP(Twisted Pair)와 같이 FDM용으로 사용할 수 없었던 케이블을 사용하여 TDM을 수행할 수 있다는 점이다.

합격 NOTE

ⓔ 고가의 여파기를 필요로 하지 않는다.
ⓛ PCM의 단점
ⓐ 점유 주파수 대역폭이 넓다.
ⓑ Jitter(위상의 흔들림)가 발생한다.(Jitter는 중계기를 지나도 완전히 제거되지는 않는다.)

나. PCM/TDM

(1) FDM과 TDM의 비교

① FDM(Frequency Division Multiplexing : 주파수 분할 다중화)

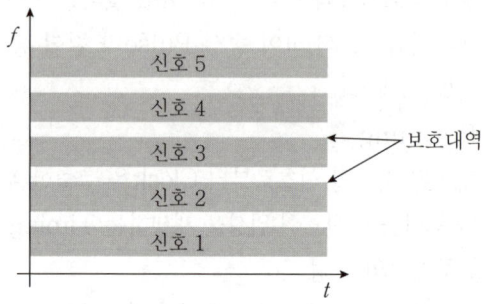

② TDM(Time Division Multiplexing : 시분할 다중화)

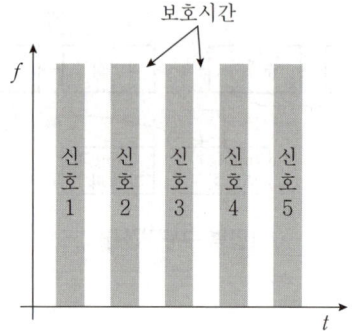

참고

PCM/TDM

PCM/TDM이란 아날로그 신호를 PCM 신호로 변환시킨 뒤 시분할 다중화하여 전송하는 방식으로 PCM화된 다수의 음성 채널을 하나의 전송로를 이용하여 전송할 수 있다.

합격예측

FDM이란 사용 가능한 주파수 대역을 분할하여, 여러 채널의 신호를 같이 전송하는 기술로, 각 채널의 신호를 변조하여 전송한다. 채널 간 간섭을 피하기 위해 채널 사이에 보호대역(Guard Band)을 두기도 한다.

(2) PCM/TDM-24

PCM/TDM-24는 북미 PCM인 NAS 방식의 1계위 신호로 다음과 같은 전송 frame을 갖는다.

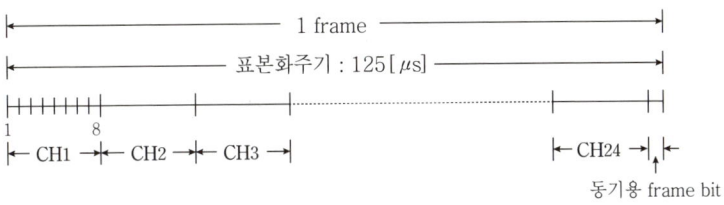

① 1프레임의 비트수

193[bit](24CH×8[bit]+1[bit]의 동기용 framing bit=193[bit])
- 각 채널(CH)당 마지막 비트는 신호방식용 비트로 사용된다. 이러한 신호방식을 통화로 신호방식(Per Channel Signalling)이라 한다.

② 표본화 주파수

8[kHz]($f_s \geq 2f_m$을 만족)

③ Time Slot

0.648[μs](1Frame에서 1[bit]가 차지하는 시간으로

$$\frac{125[\mu s]}{193[bit]} = 0.648[\mu s]$$

④ 정보 전송량

64[Kb/s](한 CH의 총 bit 전송량으로
"한 CH의 bit수×표본화 주파수=8[bit]×8[kHz]=64[Kb/s]")

⑤ 펄스 전송 속도

1.544[Mb/s]((1Frame의 총 bit수×표본화 주파수=
193[bit]×8[kHz]=1.544[Mb/s])

⑥ 압신 특성

μ=255, 15절선식

(3) PCM/TDM-32

PCM/TDM-32는 유럽 PCM인 CEPT 방식의 1계위 신호로 다음과 같은 전송 frame을 갖는다.

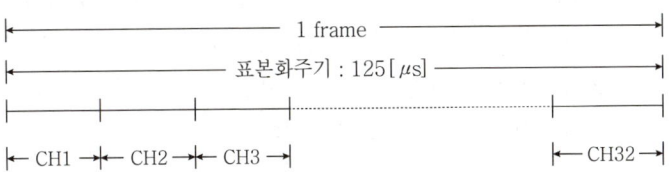

합격 NOTE

합격예측

PCM/TDM-24
- 1프레임의 비트수 : 193
- 한 채널의 정보 전송량 : 64[Kb/s]
- 24채널의 정보 전송량 : 1.544[Mb/s]

합격예측

PCM/TDM-32
- 1프레임의 비트수 : 256
- 한 채널의 정보 전송량 : 64[Kb/s]
- 32채널의 정보 전송량 : 2.048[Mb/s]

합격 NOTE

① 1프레임의 비트수

256[bit](32CH×8[bit]=256[bit])

② 표본화 주파수

8[kHz]($f_s \geq 2f_m$을 만족)

③ time slot

0.488[μs]((1Frame에서 1[bit]가 차지하는 시간)

$$\frac{125[\mu s]}{256[bit]} = 0.488[\mu s]$$

④ 정보 전송량

64[Kb/s](한 CH의 총 bit 전송량으로 "한 CH의 bit수×표본화 주파수=8[bit]×8[kHz]=64[Kb/s]")

⑤ 펄스 전송 속도

2.048[Mb/s]((1Frame의 총 bit수×표본화 주파수 =256[bit]×8[kHz]=2.048[Mb/s])

⑥ 압신 특성

A=87.6, 13 절선식

(4) 신호방식(Signalling)

전화망에서 전화기와 교환기, 교환기와 교환기 상호간에 통화 회선의 설정, 유지, 복구 및 과금 등과 같은 일련의 기능을 제공하기 위하여 필요한 신호 정보를 서로 교환하는 절차를 말하며, 전화 단말기와 교환기 사이에 적용되는 신호방식인 가입자선 신호방식(Subscriber Line Signalling)과 중계선 구간을 대상으로 하는(즉 교환기와 교환기 사이에 적용되는) 국간 중계선 신호방식(Inter-office Trunk Signalling)으로 구분할 수 있으며 이 방식이 전송 및 교환 기술의 발달에 따라 가입자선 신호방식보다 발달하여 왔다. 국간 중계선 신호방식은 다시 신호(정보)의 전달 방법면에서 통화 회선을 이용하여 신호를 송수신 하는 통화로 신호방식(Channel Associated Signalling 또는 Per-channel Signalling)과, 통화 회선과 신호 회선을 분리시키고 국간에 설치된 전용 고속 신호 회선을 통해 많은 중계선의 신호 정보를 시분할 다중화하여 송수신 하는 공통선 신호방식(Common Channel Signalling)으로 나눌 수 있다. 공통선 신호방식에는 No.6 신호방식과 No.7 신호방식이 있는데 No.6 신호방식은 아날로그 통신시스템에 적용하기 위한 신호방식이고 No.7 신호방식은 디지털 통신 시스템에 적용하기 위한 신호방식이다.

(5) PCM의 동기 방식

① Digit 동기(비트 동기 또는 clock 동기)

비트 동기라고도 하며 부호기(Encoder)와 복호기(Decoder)에 사용되는 제어 펄스원이 되는 Clock Pulse 발생기의 동기를 송·수신단에서 맞추는 동기 방식

② Frame 동기

한 Frame의 시작과 끝을 맞추는 동기 방식

다. PDH(또는 ADH)

PDH(Plesiochronous Digital Hierarchy) 또는 ADH(Asynchronous Digital Hierarchy)는 비동기식 디지털 다중화 계위 또는 비동기식 시분할 다중화 계위라고 한다. 다음 표는 기구(또는 나라)와 계위에 따른 전송속도를 나타낸 것이다.

계위	방식	NAS	CEPT	한국	ITU-T
0	펄스전송속도	64[kb/s]	64[kb/s]	64[kb/s]	64[kb/s]
	채널수	1	1	1	1
1	펄스전송속도	1.544[Mb/s] (DS-1)	2.048[Mb/s] (DE-1)	2.048[Mb/s]	1.544[Mb/s]
	채널수	24	30	30	24
2	펄스전송속도	6.312[Mb/s] (DS-2)	8.448[Mb/s] (DE-2)	6.312[Mb/s]	6.312[Mb/s]
	채널수	24×4=96	30×4=120	30×3=90	24×4=96
3	펄스전송속도	44.736[Mb/s] (DS-3)	34.368[Mb/s] (DE-2)	44.736[Mb/s]	32.064[Mb/s]
	채널수	96×7=672	120×4=480	90×7=630	96×5=480
4	펄스전송속도	274.176[Mb/s] (DS-4)	139.264[Mb/s] (DE-4)	139.264[Mb/s]	97.728[Mb/s]
	채널수	672×6=4,032	480×4=1,920	630×3=1,890	480×3=1,440
5	펄스전송속도		564.992[Mb/s] (DE-5)	564.992[Mb/s]	397.2[Mb/s]
	채널수		1,920×4=7,680	1,890×4=7,560	1,440×4=5,760

① NAS 방식 : 4×7×6 계위 구조
② CEPT 방식 : 4×4×4×4 계위 구조
③ 한국 : 3×7×3×4 계위 구조
④ ITU-T : 4×5×3×4 계위 구조(일본도 같은 구조를 가짐)

합격 NOTE

합격예측

인터리빙(interleaving)

디지털 다중화에서 다수의 저속 입력 신호를 한 개의 고속 출력 신호로 시분할 다중화시키는 방법에는, 각 입력 채널의 비트를 번갈아 배열하여 다중화시키는 비트 인터리빙과 8비트 워드 단위로 배열하여 다중화시키는 워드 인터리빙이 있다.

합격예측

비동기식 시분할 다중기(ATDM)의 기능

• 순수한 경쟁 선택 기능(일종의 포트선택 기능)
• 메시지 스위칭 기능(입력 데이터를 집중되도록 처리한 후 다음 시스템에 연결된 하나 이상의 선로에 메시지가 전달되도록 하는 기능)
• 자동속도 감지 기능
• 음성 경보 기능
• 자동 에코 기능
• 포트 경쟁 선택 기능
• 원격 Network Processing 기능(집중화 기능과 일괄 처리 기능을 한꺼번에 수행하는 기능)

합격 NOTE

라. PCM에서의 ISI 측정

PCM에서 상호 부호 간 간섭(ISI : Inter Symbol Interference)을 측정하기 위해 눈 패턴(Eye Pattern)을 이용하는 방법이 있다. 이 방법은 오실로스코프의 수직 편향판에 검파된 2원 신호를 가하고 수평 편향판에 전송된 Symbol률과 동일한 주기를 갖는 톱니파를 가하면 스코프에 눈모양의 패턴이 나타나게 된다.
① 눈을 뜬 좌우의 폭은 ISI 간섭 없이 수신파를 Sampling할 수 있는 주기를 나타낸다.
② 눈을 뜬 상하의 높이는 잡음의 여유도(Noise Margin)를 나타낸다.
③ 시스템의 감도는 눈이 감기는 율로 결정된다.
④ ISI가 심하면 눈이 완전히 감기게 된다.

3. DPCM

가. DPCM의 원리

DPCM(Differential PCM)은 차동 PCM이라 하며 양자화기에 입력되는 순시 진폭값과 예측값과의 차이만을 양자화하는 예측 양자화 방법으로, 양자화 step 수를 줄일 수 있게 되고 따라서 전송해야 하는 정보량을 줄이는 변조 방식

나. DPCM 송신기

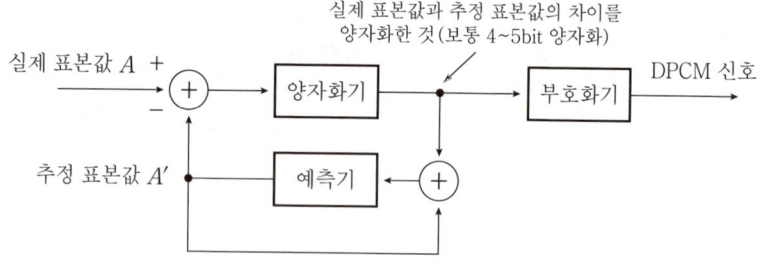

다. DPCM 수신기

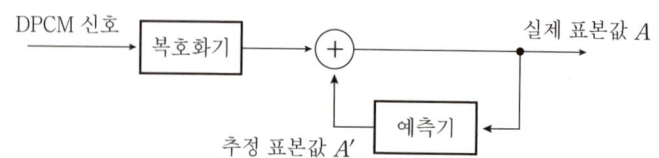

합격예측

동기식 디지털 다중화 계위는 STM-1에서 STM-n까지 있으며 우리나라의 경우 제1계위는 STM-1(155.52[Mb/s]), 제2계위는 STM-4(622.08 [Mb/s])로 정해져 있다.

합격예측

양자화 시 사용하는 비트수
• PCM : 8비트
• DPCM : 4~5비트
• DM : 1비트
• ADPCM : 4~5비트
• ADM : 1비트

합격예측

S/N_q비와 전송 대역폭의 비교
PCM > DPCM > DM

4. DM(ΔM)

가. DM의 원리

DM(Delta Modulation, ΔM)은 델타 변조라 하며 DPCM과 같이 순시 진폭값과 예측값의 차이만을 양자화하는 예측 양자화 방법을 사용하는 변조 방식으로 1bit 양자화(2레벨 양자화)를 수행하여 정보 전송량을 크게 줄인다.

5. ADM과 ADPCM

가. ADM

DM 방식은 1bit 단위로 부호화되므로 시스템 구성이 간단하고 전송에러에 강한 장점이 있는 반면에, S/N_q비가 좋지 않은 문제점을 가진다. 따라서 적응형 양자화기를 사용하여, 이들 잡음을 감소시키는 방식의 DM을 ADM이라 한다.

적응형 양자화기의 종류에는 다음과 같은 것이 있다.

(1) CFDM(Constant Factor DM)

매 표본시마다 양자화 계단의 크기를 순간적으로 변화시키는 순간 압신 방식을 적용

(2) CVSDM(Continuously Variable Slope DM)

약 5[m]마다 입력 신호의 진폭에 따라 양자화 계단의 크기를 변화시키는 음절 압신방식을 적용

(3) HCDM(Hybrid Compounding DM)

CFDM과 CVSDM 두 개의 혼합방식

나. ADPCM

DPCM 방식의 성능을 개선하기 위해, 적응형 양자화기와 적응형 예측기를 적용한 것을 ADPCM이라 한다.

(1) 적응형 양자화기

① 순간 압신방식

매 표본시마다 양자화 계단의 크기를 순간적으로 변화시키는 방식

② 음절 압신방식

약 5[m]마다 입력신호의 진폭에 따라 양자화 계단의 크기를 변화시키는 방식

합격 NOTE

합격예측
ADM은 양자화기만 적응형 양자화기를 사용하는데 비해 ADPCM은 양자화기 뿐 아니라 예측기도 적응형을 사용한다. 즉 적응형 양자화기와 적응형 예측기를 사용한다.

합격예측
적응형 양자화기에서는 Jayant의 적응화 규칙이 사용된다.

합격예측
표본화 주파수를 2배 증가시키면 S/N_q비가 9[dB], 4배 증가시키면 18[dB] 정도 개선되므로 PCM이 표본화 주파수로 8[kHz]를 사용하는데 비해 DM 및 ADM은 16[kHz], 32[kHz]의 표본화 주파수를 사용한다.

(2) 적응형 예측기

① 순간 적응방식

매 표본시마다 예측기의 Filter 계수를 변화시키는 방식

② 블록 적응방식

약 10[ms]~40[ms]마다 예측기의 Filter 계수를 변화시키는 방식

6. 동기식 디지털 다중화 계위(SDH)

광통신에 의거한 전송방식의 체계화를 위해서 SONET(Syncronous Optical Network)의 접속표준을 만들던 중에 기존의 비동기식 디지털 계위 신호를 대부분 수용할 수 있으며 NNI(Network Node Intrerface) 표준으로도 사용할 수 있도록 변형해서 확장시킨 것이 동기식 디지털 다중화 계위(SDH : Synchronous Digital Hierarchy)이며 155.52[Mb/s](STM-1)가 기본 전송 속도이다. SONET은 기본 전송속도가 51.84[Mb/s]여서 기존의 유럽식 디지털계위 E-4 신호(139.264[Mb/s])를 수용할 수 없기 때문에 SONET을 단순하게 3배로 확장시킨 155.52[Mb/s]가 기본 전송속도로 결정되었다.

가. 동기식 디지털 계위의 구성도

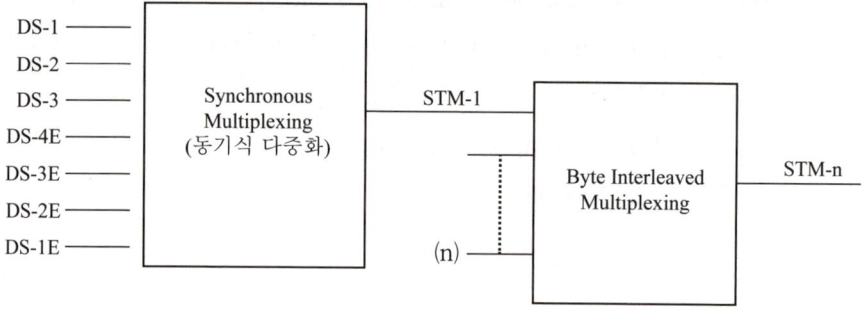

[동기식 디지털 계위의 구성도]

STM-1 신호는 기존의 비동기식 디지털 계위 신호인 DS-1, DS-2, DS-3, DS-1E, DS-2E, DS-3E, DS-4E로 동기식 다중화 과정을 거쳐 만들어진다(DS-4 및 DS-5E는 대상에서 제외된다).

STM-1 신호를 STM-n으로 변환할 때는 Byte Interleaved Multi-plexing 과정이 이용된다.

나. 동기식 디지털 다중화 계위의 표준화 내용

동기식 디지털 다중화 계위는 STM-1에서 STM-n까지 있으며 우리나라의 경우 제1계위는 STM-1(전송속도는 155.52[Mb/s])으로, 제2계위는 STM-4(전송속도는 622.08[Mb/s])로 정해져 있다.

계위	전송속도
STM-1	155.52[Mb/s]
STM-n	155.52×n[Mb/s]

다. 비동기식 디지털 다중화 계위(ADH)와 동기식 디지털 다중화 계위(SDH)의 특성비교

항목 \ 방식	비동기식 디지털 다중화 계위	동기식 디지털 다중화 계위
동기 유지 방법	Pulse Stuffing	Pointer에 의한 동기화 (Byte Stuffing)
프레임 주기	각 계위마다 Stuffed Bit와 Overhead Bit가 추가되므로 125[1s]가 유지되지 않는다.	여러 입력신호가 Byte 단위로 단순하게 배열되므로 125[μs]가 유지된다.
높은 계위 신호의 다중화	여러 단계를 거쳐서 다중화해야 한다.	1단계로 직접 다중화할 수 있다.(One Step Multiplexing)
높은 계위 신호에서 채널의 분리 및 결합	역다중화 과정을 거쳐야 하므로 비효율적이다.	높은 계위에서도 직접 채널을 분리 결합할 수 있다.
다중화장치의 경제성	높은 계위로 올라갈수록 다중화 장치가 복잡하게 되어 가격이 상승한다.	Stuffing Control 기능이 불필요하므로 높은 계위로 올라가도 다중화 장치의 가격이 그다지 상승하지 않는다.
적용사례	NAS방식, CEPT방식	SONET, STM-n

7. SONET(Synchronous Optical Network)

미국의 Bellcore가 개발하고 미국 표준협회(ANSI)가 표준화한 고속 디지털 통신을 위한 광전송 시스템 표준 규격으로 SONET의 최저 다중화 단위인 OC-1의 전송속도는 51.84[Mb/s]이며, OC-1은 STS-1 이라고도 한다. SONET과 SDH는 상호 호환성이 있다. (OC는 Optical Carrier Level이고 STS는 Synchronous Transport Signal Level이다.)

합격 NOTE

다중화 단계	전송속도
OC-1(STS-1)	51.84(Mb/s)
OC-3(STS-3)	155.52(Mb/s)
OC-9(STS-9)	466.56(Mb/s)
OC-12(STS-12)	622.08(Mb/s)
OC-18(STS-18)	933.12(Mb/s)
OC-24(STS-24)	1244.16(Mb/s)
OC-36(STS-36)	1866.24(Mb/s)
OC-48(STS-48)	2488.32(Mb/s)
OC-192(STS-192)	9953.28(Mb/s)

* STM-1과 OC-3의 전송속도가 같고 STM-4와 OC-12의 전송속도가 같다. STM-n에 3을 곱하면 OC-m이 된다. 즉, m=3n의 관계를 갖는다.

출제 예상 문제

제1장 PCM

01 PCM 방식에서 원신호 파형의 주파수가 1[kHz]이고, 표본화 주파수가 8[kHz]일 때 1주기당 PAM 신호는 몇 개인가?

① 64
② 32
③ 16
④ 8

해설
표본화 주파수의 정의 : $\frac{X개}{\sec}$ 로 초당 몇 개의 sample을 얻는가를 말하는 것으로 원신호 주파수가 1[kHz]일 때 초당 8개의 sample을 얻으면 8[kHz]가 되는 것이다.

02 PCM 전송 방식에서 4[kHz]까지의 음성 신호를 재생시키기 위한 표본화의 주기는?

① 100[μs]
② 125[μs]
③ 200[μs]
④ 225[μs]

해설
$T = \frac{1}{2f_m} = \frac{1}{2 \times 4,000} = \frac{1}{8,000} = 125[\mu s]$

03 PCM 방식에서 표본화 주파수가 8[kHz]라 하면 이때 표본화 주기는?

① 125[μs]
② 125[ms]
③ 8[ms]
④ 8[μs]

해설
$T = \frac{1}{f} = \frac{1}{8,000} = 125[\mu s]$

04 전화의 음성 주파수 대역(300~3,400[Hz])을 완전히 전송하기 위해서는 최소한 몇 초 간격의 표본이 되어야 하는가?

① 125[μs]
② 147[μs]
③ 300[μs]
④ 3,400[μs]

해설
음성을 표본화하여 전송하기 위해서는
$T_s = \frac{1}{2f_m} = \frac{1}{2 \times 3,400} = \frac{1}{6,800} = 147[\mu s]$ 가 필요하다.

05 Nyquist비를 만족하지 않았을 때 일어나는 현상을 설명한 것이다. 해당 사항이 아닌 것은?

① Spectrum Overlap
② Aliasing
③ Spectrum Folding
④ Phase Shift

해설
Nyquist비를 만족하지 않는다는 것은 표본화 시 표본화 주파수를 $2f_m$ 이하로 하거나 표본화 주기를 $\frac{1}{2f_m}$ 보다 크게 한 경우로, 주파수 영역에서 스펙트럼을 보면 스펙트럼이 겹쳐 나타난다. 이러한 현상을 Aliasing(엘리어싱) 또는 Spectrum Overlap 또는 Spectrum Folding이라 한다.

06 다음 중 표본화 방식에 해당하지 않는 것은?

① 순시 표본화
② flat-top 표본화
③ natural 표본화
④ 펄스 표본화

해설
표본화 방식으로는 순시 표본화(Instantaneous), Flat-top 표본화, 자연 표본화(Natural)가 있으며, Flat-top 표본화가 실제 사용된다.

07 음성의 디지털 부호화 기술이 아닌 것은?

① 파형 부호화 방식
② 보코딩 방식
③ 압축 부호화 방식
④ 혼합 부호화 방식

해설
음성의 디지털 부호화 기술에는 파형 부호화(Waveform Coding), 보코딩(Vocoding), 혼합 부호화(Hybrid Coding)이 있으며 PCM, DPCM, DM 등은 파형 부호화 방식을 적용한 것이다.

[정답] 01 ④ 02 ② 03 ① 04 ② 05 ④ 06 ④ 07 ③

08 다음 중에서 디지털 전송 방식은?
① PAM ② PCM
③ PPM ④ PWM

해설
PCM은 양자화, 부호화 과정을 거쳐 Digital 신호를 전송하므로 디지털 전송 방식이다.

09 아날로그(analog) 전송 방법이 아닌 것은 어느 것인가?
① PCM ② PTM
③ PAM ④ PWM

해설
펄스변조 중 PCM만이 양자화, 부호화의 과정을 거쳐 전송하므로 디지털 전송 방법에 속한다.

10 아날로그를 디지털로 바꾸고 디지털을 아날로그로 바꾸는데 가장 자주 이용되는 기술이 PCM이다. 다음 중 PCM의 기본적인 기능이라고 볼 수 없는 것은?
① 아날로그 신호의 샘플링
② 아날로그 신호의 증폭
③ 샘플된 진폭의 양자화
④ 양자화된 아날로그 샘플을 디지털 신호로 나타내기 위한 부호화

해설
PCM은 음성 신호를 표본화하여 순시진폭값(PAM 신호)으로 만든 다음 양자화하여 순시 진폭값을 이산적인 값으로 바꾸어주며, 부호화 과정을 통해 이산적인 값을 1과 0의 조합으로 만들어 전송한다. 수신측에서는 복호화 과정을 통해 1과 0으로 된 디지털 신호(PCM 언어)로부터 원래의 PAM 신호를 찾아낸 후 LPF를 통과시켜 원래의 음성 신호를 얻는다.

11 디지털 전송로 집선 장치의 펄스 부호 변조(PCM) 방식의 과정으로 맞는 것은?
① 표본화 → 양자화 → 부호화 → 압축기
② 표본화 → 부호화 → 양자화 → 압축기
③ 표본화 → 양자화 → 압축기 → 부호화
④ 표본화 → 압축기 → 양자화 → 부호화

해설
PCM의 과정은 표본화, 양자화, 부호화 순으로 진행된다. 한편 양자화는 양자화 스텝의 간격을 일정하게 하는 선형 양자화, 일정치 않게 하는 비선형 양자화 등이 사용되는데 비선형 양자화를 수행하면 S/N_q비(신호대 양자화 잡음비)를 좋게 할 수 있다. 선형 양자화를 하면서도 비선형 양자화의 효과를 얻는 것을 Compounding이라 하며 이러한 장치를 압축기와 신장기라 한다. 압축기는 양자화기의 앞단에, 신장기는 복호화기의 뒷단에 설치한다.

12 5[bit]를 사용하여 양자화하는 경우 양자화 step의 수는?
① 8 ② 16
③ 32 ④ 64

해설
양자화 Step 수(M)는 $M = 2^n = 2^5 = 32$

13 다음은 PCM 통신 시스템의 블록 다이어그램이다. 각 블록에 들어갈 기능이 옳게 짝지어진 것은?

① ⓐ 표본화 – ⓑ 부호화 – ⓒ 양자화
  – ⓓ 양자화 – ⓔ 필터링
② ⓐ 표본화 – ⓑ 양자화 – ⓒ 부호화
  – ⓓ 필터링 – ⓔ 복호화
③ ⓐ 표본화 – ⓑ 양자화 – ⓒ 부호화
  – ⓓ 양자화 – ⓔ 복호화
④ ⓐ 표본화 – ⓑ 양자화 – ⓒ 부호화
  – ⓓ 복호화 – ⓔ 필터링

해설
PCM 과정은 표본화, 양자화, 부호화, 전송채널, 복호화, 필터링(LPF 이용)으로 진행되며, Compounding을 하는 경우에는 압축기를 양자화기 앞에, 신장기를 복호화기 뒷단에 설치한다.

[정답] 08 ② 09 ① 10 ② 11 ④ 12 ③ 13 ④

14 펄스 코드 변조(PCM)는 아날로그 신호의 크기를 표본화(Sampling), 양자화(Quantizing)한 뒤 몇 개의 2진수 비트로 코드화(Encoding)하여 각 비트를 전기 신호로 송출하는 방식이다. 양자화란 어떠한 과정인가?

① 원신호의 전압값을 평균하여 일정값의 전기 신호로 변환시키는 과정
② 전기 신호의 전류를 이에 비례하는 2진수 값으로 변환하는 과정
③ 아날로그 신호의 진폭을 일정한 시간 간격으로 추출하는 과정
④ 표본화 과정을 거친 신호의 진폭을 이산량으로 변화시키는 과정

해설
양자화란 표본화를 수행하여 얻은 PAM 신호(순시 진폭값)를 몇 개의 bit를 사용하여 이산적인(Discrete) 신호로 변환시키는 과정을 말한다. PAM 신호를 이산적인 신호로 변환시키는 과정에서 발생하는 오차를 양자화 잡음이라 한다.

15 양자화 잡음의 비율은 입력 진폭에 어떠한가?

① 작을 때가 커진다.
② 클 때가 커진다.
③ 관계없이 일정하다.
④ 관계없이 커진다.

해설
양자화 잡음은 신호 레벨이 낮을수록 커지고, 신호 레벨이 높을수록 작아진다.

16 양자화 스텝의 수를 신호의 강약에 관계없이 균등히 하면?

① 신호 레벨이 낮을수록 신호대 양자화 잡음비는 작다.
② 신호 레벨이 높을수록 신호대 양자화 잡음비는 작다.
③ 신호 레벨이 낮을수록 신호대 양자화 잡음비는 크다.
④ 신호 레벨의 강약에는 무관하다.

해설
신호 레벨이 낮을수록 양자화 잡음은 커지며 신호 레벨이 클수록 양자화 잡음은 작아진다. 따라서 신호 레벨이 낮을수록 S/N_q는 작아진다.

17 음성을 7[bit]에서 8[bit]로 양자화했을 때 맞지 않는 것은 어느 것인가?

① 압축 특성이 개선된다.
② 신장 특성이 개선된다.
③ 양자화 잡음이 반으로 감소된다.
④ 표본화 잡음이 반으로 감소된다.

해설
표본화 잡음은 엘리어싱이나 음성 신호에 섞여 들어오는 고조파에 의해 결정된다. 양자화 잡음이 반으로 줄어드는 이유는 7[bit] 사용할 때 126 step, 8[bit] 사용할 때 256 step의 양자화 step이 생기기 때문이다.

18 양자화 계단의 간격을 S라 할 때 평균 자승 양자화 오차(잡음 전력)는 얼마인가?

① $S^2/2$
② $S^2/12$
③ $S^2/\sqrt{2}$
④ $S^2/\sqrt{12}$

해설
양자화 잡음의 크기는, 양자화 잡음의 자승 평균 전력을 구하면 되며, 양자화 계단의 간격을 S라 할 때 $\frac{S^2}{12}$이 된다.

19 음성 신호 $S(t)=3\cos 500t$를 10bit PCM을 이용하여 양자화했을 경우 신호 대 양자화 잡음비(Signal To Quantization Noise Ratio)는 몇 [dB]인가?

① 62
② 64
③ 66
④ 68

해설
$S/N_q = 6n + 2.0[dB] = 6 \times 10 + 2 = 62[dB]$. 이 식을 6[dB] 법칙이라 하며 양자화시 사용하는 비트수를 수행시 1bit 증가할 때마다 S/N_q비가 6[dB] 증가함을 나타낸다.

[정답] 14 ④ 15 ① 16 ① 17 ④ 18 ② 19 ①

20 다음에 열거한 것 중 음성 8[bit] 부호화 방식의 이점에 가장 합당한 것은?(단, 7[bit] 사용에 비해)
① 표본화 주파수의 감축
② 부호화 잡음 감소
③ 양자화 잡음 반감
④ 선로 전송 능률 저하

해설
양자화 수행시 7[bit]를 사용하면 126개의 양자화 Step을, 8[bit]를 사용하면 256개의 양자화 Step을 얻을 수 있으며, 7[bit]를 사용할 때보다 양자화 잡음은 반으로 줄어든다. 따라서 S/N_q비가 향상되어 전송 능률이 좋아진다.

21 양자화 잡음은 다음 중 어느 과정에서 생기는가?
① PSK
② PAM
③ PCM
④ PWM

해설
양자화 잡음은 PCM에서 순시 진폭값을 이산적인 값으로 변환시키는 과정에서 발생한다.

22 샘플값 자체를 양자화하는 방식이 아닌 것은?
① 카운팅 양자화
② 직렬 양자화
③ 병렬 양자화
④ 비선형 양자화

해설
순시 진폭값 그 자체를 양자화하는데 있어, 양자화기 회로 구성에 따라 직렬 양자화, 병렬 양자화, 카운팅 양자화로 구분된다. 비선형 양자화란 양자화 Step 간격을 신호변동이 작은 곳에서는 작게, 신호변동이 큰 곳에서는 크게 하는 양자화 방법의 한 종류이다.

23 순시 진폭값이 설정된 양자화 레벨을 넘게되면 순시 진폭값에 Peak Clipping이 생겨 포화 왜곡이 발생하게 되는데 이러한 잡음을 무엇이라 하는가?
① 양자화 잡음
② 순시 잡음
③ 과부하 잡음
④ 표본화 잡음

해설
표본화를 통해 얻은 순시 진폭값이 설정된 양자화 폭을 넘게 되면 순시 진폭값의 일부가 잘려나가게 되어 오차가 발생되는데 이를 과부하 잡음이라 한다.

24 Companding의 목적은 다음 중 어느 것인가?
① 표본화를 쉽게 하기 위하여
② 양자화를 쉽게 하기 위하여
③ 입력 신호의 대소에 관계없이 일정한 S/N_q비를 얻기 위하여
④ 출력 신호에 잡음이 덜 나타나게 하기 위하여

해설
Companding은 선형 양자화를 하면서도 비선형 양자화의 효과를 얻기 위하여 실시하는 것으로 입력신호의 대소에 관계없이 일정한 S/N_q비를 얻을 수 있다.

25 압신기의 설치 위치 설명 중 옳은 것은?
① 송단측에 설치한다.
② 수단측에 설치한다.
③ 압축기는 송단측에 신장기는 수단측에 설치한다.
④ 압축기는 수단측에 신장기는 송단측에 설치한다.

해설
압신기는 압축기와 신장기의 합성어이고 압축기는 양자화기의 전단에 신장기는 복호화기의 뒷단에 설치한다. 즉 압축기는 송단측에 신장기는 수단측에 설치한다.

26 양자화 잡음을 줄이기 위해 압신을 행하고자 한다. μ법칙과 A법칙에서 그 특성이 같은 때는?
① $\mu=0$, $A=0$
② $\mu=0$, $A=1$
③ $\mu=1$, $A=0$
④ $\mu=1$, $A=1$

해설
μ법칙은 북미 PCM에서, A법칙은 유럽 PCM에서 사용되는 압신법칙으로 $\mu=0$, $A=1$일 때 압신특성이 같게 된다.
① μ법칙
1957년 B.Smith에 의해 고안된 이 방식은 대수 함수의 형태를 가지며 다음과 같은 정의식으로 표시된다.

[정답] 20 ③ 21 ③ 22 ④ 23 ③ 24 ③ 25 ③ 26 ②

$$y(X) = \frac{\log(1+\mu \cdot \frac{|X|}{V_{max}})}{\log(1+\mu)} = \frac{F(X)}{V_{max}}$$

여기서 V_{max} : 입력 신호 전압의 최대치
μ : 압축량
$F(X)$: 압축 특성

μ법칙을 적용한 압축기의 특성 곡선을 정규화하여 그리면 다음과 같다.

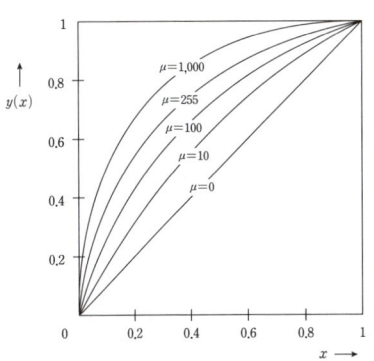

② A법칙
1962년 Cattermole에 의해 고안된 방식으로 다음과 같은 정의식으로 표현된다.

$$F(X) = \text{sgn}(X)\frac{A|X|}{1+\log A}, \quad 0 \le |X| \le \frac{1}{A}$$

$$F(X) = \text{sgn}(X)\frac{1+\log A|X|}{1+\log A}, \quad \frac{1}{A} \le |X| \le 1$$

여기서 $\text{sgn}(X)$: X의 극성
A : 압축량
$F(X)$: 압축 특성

A법칙을 적용한 압축기의 특성 곡선을 정규화하여 그리면 다음과 같다.

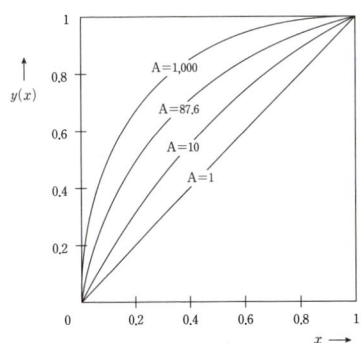

27 펄스 부호 변조의 8비트 양자화에서 128 레벨이 129 레벨로 바뀌면 01111111→10000000의 2진 부호가 된다. 가능한 1자리의 변화를 갖도록 하기 위한 변환 코드를 무슨 부호라고 하는가?

① Gray 코드 ② BCD 코드
③ 16진 코드 ④ ASCII 코드

해설
- Gray code는 2진 부호의 일종으로 서로 인접한 두 수의 부호어가 1bit만큼 다르게 되어 있는 것을 특징으로 하는 코드로 일반적으로 계산에는 적당하지 않지만, 아날로그 양을 디지털로 표시하는 A/D 변환에는 적당하다.
- ASCII 코드 : 미국 표준 정보 교환 코드의 머리 글자를 따서 만든 말로, 컴퓨터의 내부에서 문자를 표현하는 표준적인 코드체계로서, 7bit로 구성되어 있으며 자료의 처리나 통신 장치에서 표준 코드로 널리 쓰인다.

28 전송로에 송출되는 PCM 부호는?

① 펄스 변조 2진 부호 ② 펄스 변조 8진 부호
③ 펄스 진폭 변조 부호 ④ 펄스 위치 변조 부호

해설
부호화를 거치면 1과 0의 펄스의 조합으로 이루어진 PCM 언어가 되며 이것이 전송로에 송출된다. 이같이 1과 0으로 된 펄스를 펄스 변조 2진 부호라 한다.

29 지터(Jitter)에 대한 설명 중 틀린 것은 어느 것인가?

① 일정 구간마다의 재생 중계기에 의해 제거되므로 누적되지 않는 잡음이다.
② 펄스열이 왜곡되어 타이밍 펄스가 흔들려서 발생한다.
③ 타이밍 회로의 동조가 부정확하여 발생한다.
④ 타이밍 편차 또는 지터 잡음이라 한다.

해설
Jitter란 타이밍 편차 또는 지터 잡음이라 하는 것으로 타이밍 회로의 동조가 부정확해 타이밍 펄스가 흔들려 발생하며 중계 과정에서 계속 누적되는 특징을 갖는다.

30 디지털 중계기의 3R 기능이 아닌 것은?

① Reshaping ② Regenerating
③ Repeating ④ Retiming

[정답] 27 ① 28 ① 29 ① 30 ③

해설

디지털 전송 시스템은 전송 단국 장치, 전송 매체, 전송 매체상에서 일정한 간격으로 설치된 재생 중계기 등으로 구성된다. 재생 중계기는 전송 도중에 발생되는 감쇠, 위상천이(Phase Shift), 누화, 잡음 등의 영향으로 왜곡된 디지털 신호를, 왜곡이 없는 신호로 재생하며 이를 3R 기능이라 한다.
① Reshaping
　감쇠와 잡음에 의해 왜곡된 수신 파형을 등화 및 증폭하여 S/N비가 개선된 부호 파형으로 재생하는 파형 재생
② Regenerating
　2진 정보의 1과 0을 식별(Timing파를 가지고 순간적으로 표본화함으로써)하여, 송신 pulse와 같이 증폭 및 재생하는 식별 재생
③ Retiming
　입력된 디지털 신호로부터 Clock을 추출한 후 다시 Timing파를 만들어 신호의 위상을 재생하는 Timing 재생

31 디지털 신호 재생 중계기의 기능에 해당되지 않는 것은?

① 에러 정정　② 타이밍
③ 파형 등화　④ 식별 재생

해설

재생 중계기는 파형 재생(등화), 식별 재생, Timing 재생(위상 재생)의 3R 기능을 수행한다.

32 재생 중계기의 3R 중 2진 정보의 1과 0을 식별하여 송신 Pulse와 같이 증폭 및 재생하는 과정을 무엇이라 하는가?

① Reshaping　② Regenerating
③ Retiming　④ Repeating

해설

3R 기능 중 Regenerating이란, 2진 정보를 Timing파를 가지고 순간적으로 표본화함으로써 1인지 0인지 식별한 후, 송신 펄스와 같이 증폭 및 재생하는 역할을 말한다.

33 재생 중계기의 구성을 입력 구동 방식으로 하였을 경우 Timing파 추출은 어디에서 수행하는가?

① 등화기 출력에서
② 증폭기 출력에서
③ 식별 회로 출력에서
④ 펄스 재생 회로 출력에서

해설

재생 중계기의 구성은 다음 그림과 같이 Timing 추출 회로의 위치에 따라 입력 구동 방식과 출력 구동 방식으로 구분할 수 있다.

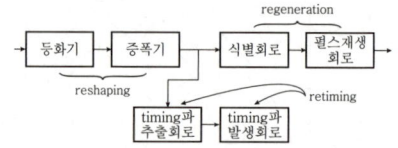

[입력 구동 방식]

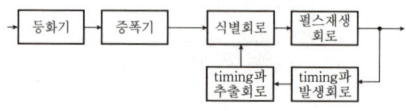

[출력 구동 방식]

34 재생 중계기에서 사용되는 LBO의 역할은?

① 과전압으로부터 입출력단 보호
② 다양한 길이의 전송 매체에 대응하여 좋은 중계 특성 제공
③ 중계기의 장애 검출
④ 중계기의 원격 감시

해설

LBO(Line Build-Out)는 가변 주파수 전달 함수 특성을 갖는 장치로 다양한 길이의 전송 매체에 대응하여 좋은 중계 특성을 제공한다.

35 수신한 8bit PCM Word를 순시 진폭값으로 만드는 과정을 무엇이라 하는가?

① Encoding　② Decoding
③ Quantizing　④ Sampling

해설

수신된 PCM 언어를 원래의 순시 진폭값으로 변환하는 과정을 복호화(Decoding)라 한다. 복호화 후 LPF에 통과시켜 원래의 음성 신호를 얻는다.

[정답] 31 ① 32 ② 33 ② 34 ② 35 ②

출제 예상 문제

36 다음 디지털 전송 방식에서 문제되지 않는 것은?

① 표본화 잡음 ② 양자화 잡음
③ 과부하 잡음 ④ 전송로 잡음

해설
PCM과 디지털 전송 방식에 있어서는 1과 0으로 구성된 디지털 신호가 전송되므로 전송로에 의한 잡음에 대해서는 문제되지 않는다. 그러나 표본화 시 생기는 표본화 잡음이나, 양자화 시 생기는 양자화 및 과부하 잡음은 문제가 되므로 이를 줄이기 위한 방법이 강구되어야 한다.

37 데이터 전송을 PCM 방식으로 하는 다음 이유 중 타당치 않은 것은?

① 데이터 전송이 본질적으로 부호의 유무의 전송이기 때문이다.
② 주파수 대역을 넓게 점유하기 때문이다.
③ FDM 회선은 본래가 음성용 왜곡으로 인한 전송 용량 제약 특성이 있기 때문이다.
④ 데이터 신호와 PCM 신호가 모두 디지털 신호이므로 전송이 유리하기 때문이다.

해설
PCM은 1과 0으로 구성된 디지털 신호를 전송하므로 잡음에 강하고 TDM(시분할 다중화) 방법을 이용하여 다중화가 가능할 뿐 아니라 채널과 채널간의 간섭 및 누화가 없어 이로 인한 전송용량의 제약은 없다.

38 펄스 부호 변조(PCM) 방식의 특징에 대한 설명 중 틀린 것은?

① 전송로에 의한 레벨 변동이 없다.
② 저질의 전송로에도 사용이 가능하다.
③ 단국 장치에 고급 여파기를 사용할 필요가 없다.
④ 점유 주파수 대역이 좁다.

해설
① PCM의 장점
 • 각종 잡음에 강함
 • 누화에 강함
 • 전송 구간에서 잡음이 축적되지 않음
 • 고주파 특성이 불량하여 FDM 방식을 적용할 수 없었던 기존의 케이블을 전송 매체로 이용할 수 있음(저질의 전송로에도 사용 가능)
 • 고가의 여파기를 필요로 하지 않아 기존의 음성 cable을 그대로 이용하여 급증하는 국간 중계 회선 수요를 어느 정도 담당
② PCM의 단점
 • 점유 주파수 대역폭이 넓다.

39 누화, 잡음, 왜곡 등의 발생률이 낮고 전송 특성의 질이 저하된 선로에서도 다중화를 할 수 있는 가장 이상적인 전송방식은?

① AM 주파수 분할 다중 전송 방식
② FM 주파수 분할 다중 전송 방식
③ PCM 시분할 다중 전송 방식
④ PM 주파수 분할 다중 전송 방식

해설
PCM은 디지털 신호를 전송하므로 잡음, 누화, 왜곡 등에 강하고 저질의 전송로에도 사용 가능하며, 기존의 전화선을 이용하여 시분할 다중화함으로써 여러 사람의 음성 채널을 동시에 전송할 수 있다.

40 음성 신호에서 PCM 신호를 만드는 데 필요하지 않은 것은?

① PAM   ② 부호화
③ 양자화 ④ PDM

해설
• PCM의 과정은 표본화(표본화를 수행하면 PAM을 얻음), 양자화, 부호화, 전송 채널, 복호화 순으로 진행된다.
• PDM은 Pulse Duration Modulation으로 변조 신호에 따라 펄스폭을 변화시키는 펄스 변조의 한 종류이다.

41 주파수 분할 다중화(FDM)에 대해 잘못 설명된 것은?

① 한 전송로를 일정한 시간폭으로 나누어 사용한다.
② 주파수 대역폭을 작은 대역폭으로 나누어 사용한다.
③ 가드(Guard) 밴드(Band)의 이용으로 채널의 이용률이 낮아진다.
④ 고속 전자 스위치가 필요 없다.

[정답] 36 ④ 37 ② 38 ④ 39 ③ 40 ④ 41 ①

해설

FDM(Frequency Division Multiplexing : 주파수 분할 다중화)
하나의 물리적 통신 채널을 여러 개의 논리적 채널로 나누어 사용하는 다중화 방식으로, 보통 넓은 대역폭을 복수개의 좁은 대역채널로 나눈 다음 각 다수 채널의 신호를 각각 다른 반송파로 변조하여 하나의 전송로 보내고 수신측에서는 해당 BPF를 사용하여 필요한 주파수 대역만 추출한 후 각각의 반송파로 복조하여 원신호를 재생한다. FDM은 송신되는 채널간의 간섭을 피하기 위해 보호 대역(Guard Band)을 두고 있으며, TDM에서 필요한 고속 전자 스위치는 사용되지 않는다.

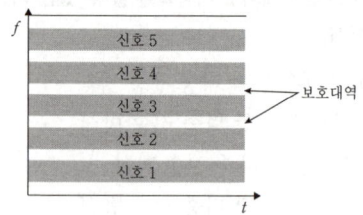

42 주파수 분할 다중화(FDM) 방식에 있어 잘못된 설명은?

① 전송되는 각 신호의 반송 주파수는 동시에 전송된다.
② 전송하려는 신호의 필요 대역폭보다 전송 매체의 유효 대역폭이 작을 때 사용한다.
③ 반송 주파수는 각 신호의 대역폭이 겹치지 않도록 충분히 분리되어야 한다.
④ 전송 매체를 지나는 신호는 아날로그 신호이다.

해설
FDM에서는 전송로(전송 매체)의 유효대역이 전송하려는 신호(채널)의 필요 대역폭보다 커야 하며 전송 매체를 통과해 가는 신호는 이미 반송파로 변조되어 있으므로 아날로그 신호이다.

43 24채널용 PAM 시스템에 있어서 각 채널의 입력 주파수가 0~10[kHz]이고 Nyquist 간격으로 동일하게 표본화되었다. 만일 SSB 방식을 사용하여 이를 주파수 분할 다중화하였을 경우의 최소 주파수 대역폭은 얼마인가?

① 120[kHz] ② 240[kHz]
③ 360[kHz] ④ 480[kHz]

해설
표본화 주파수는 신호가 가지는 최고 주파수의 2배 이상이므로 각 CH의 표본화 주파수는 20[kHz]이고, 24채널을 시분할 다중화하므로 480[kHz]가 소요된다. 이때 SSB 방식을 사용하면 대역폭을 반으로 줄일 수 있으므로 240[kHz]를 소요한다.

44 다음 그림은 어떤 다중화(Multiplexing) 방식을 보인 것인가?

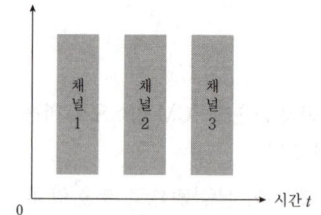

① 통계적 다중화 ② 주파수 분할 다중화
③ 진폭 분할 다중화 ④ 시분할 다중화

해설
여러 개의 신호가 하나의 전송로를 점유하는 시간을 분할하고 있으므로 시분할 다중화(TDM)이다. 이때 각 신호의 주파수 대역은 같다.

45 분할 다중화(Time Division Multiplexing)에 대하여 잘못된 설명은?

① 한 전송로를 일정한 시간폭으로 나누어 사용한다.
② 비트 삽입식과 문자 삽입식이 있다.
③ Point-To-Point 시스템에서 널리 사용된다.
④ 폴(Poll)과 셀렉션(Selection)을 이용하여 송수신한다.

해설
TDM이란 여러 개의 서로 다른 신호가 전송로를 점유하는 시간을 분할해 줌으로써 한 개의 전송로에 다수의 채널을 구성하는 방식으로 점 대 점 통신(Point-to-Point)에 많이 사용되며, 특히 하나의 채널을 전송하는 데 있어, 문자(8bit)를 전송하는 문자 삽입식과, 문자를 구성하는 bit를 전송하는 비트 삽입식이 있다. (여러 개의 채널을 전송하는데 있어 문자 삽입식은 첫 번째 채널의 첫 번째 문자, 두 번째 채널의 첫 번째 문자, …, 마지막 채널의 첫 번째 문자, 첫 번째 채널의 두 번째 문자, 두 번째 채널의 두 번째 문자, …, 마지막 채널의 두 번째 문자 방식으로 보내는 것을 말하며 비트 삽입식은 첫 번째 채널의 첫 번째 문자의 첫 번째 비트, 두 번째 채널의 첫 번째 문자의 첫 번째 비트, … 마지막 채널의 첫 번째 문자의 첫 번째 비트, 첫 번째 채널의 첫 번째 문자의 두 번째 비트, …, 마지막 채널의 첫 번째 문자의 두 번째 비트 순으로 전송하는 방법을 말한다.)
※ Poll과 Selection은 Multi-Point 시스템에서 사용되는 방식이다.

46 다음 중 시분할 다중화(TDM) 방식에 관한 설명 중 틀린 것은 어느 것인가?
① 신호들이 겹치지 않기 위해서는 표본화 속도가 빨라야 한다.
② 송신측과 수신측에서 동기를 맞추어야 한다.
③ 주파수 분할 다중화 방식에 비해 특성이 나쁘며 장치도 복잡하다.
④ 장거리 전화 통신에도 이용된다.

해설
① TDM은 표본화를 기본으로 하고 있으며, 따라서 신호가 겹치지 않기 위해서는 Nyquist 표본화 주기를 만족하게끔 표본화해야 한다.
② TDM은 특히 여러 사람의 음성신호를 다중화하는 데 많이 사용되어 국제 전화 등에 널리 사용된다.
③ TDM은 FDM에서 발생되는 누화, 혼변조 현상 등이 발생하지 않아 성능(Throughput)이나 특성이 좋으나 송수신측에서 동기를 맞추어야 하거나 고속 전자 스위치가 필요하므로 장치는 복잡하게 된다.

47 다음 용어 중 다중 전송 기술이 아닌 것은?
① TDM   ② FDM
③ PCM   ④ MODEM

해설
① TDM은 시분할 다중화
② FDM은 주파수 분할 다중화
③ PCM은 TDM을 이용한 펄스 변조
④ MODEM은 Modulation and Demodulation으로 변복조 장치임(A/D, D/A 변환 수행)

48 주파수 분할 다중화(FDM)와 비교했을 때 시분할 다중화(TDM)의 특징으로서 맞지 않는 것은?

① 단국 장치가 간단하다.
② 통화로당 점유 주파수 대역폭이 넓다.
③ 통화 회선을 많게 할 수 없다.
④ 불완전한 대역 통과 필터링과 비선형 왜곡에 의해 영향을 심하게 받는다.

해설
FDM 방식을 사용하는 단국 장치는 Filter가 많이 들어가므로 단국 장치가 복잡하며 TDM 방식은 고속 전자 스위치가 필요하여 FDM보다 통화 회선을 많게 할 수 없다.

49 주파수 범위가 0.3~3.4[kHz]의 음성 신호를 8[kHz]로 표본화한 후 7비트 부호화할 경우의 정보 속도를 구하면?
① 28[kb/s]   ② 56[kb/s]
③ 64[kb/s]   ④ 89[kb/s]

해설
정보 전송 속도＝비트수×표본화 주파수
＝7×8[kHz]＝56[kb/s]
※ 1[Hz]＝1[bps]

50 PCM 전송 방식에서 4[kHz] 가량의 대역폭을 갖는 음성 정보를 7[bit] Coding으로 부호화한다면 음성을 전송하기 위한 데이터 전송률은?
① 4[kbps]   ② 8[kbps]
③ 28[kbps]   ④ 56[kbps]

해설
정보 전송 속도(데이터 전송률)＝비트수×표본화 주파수
＝7×(2×4[kHz])＝56[kbps]

51 전화의 음성을 8[kHz]로 8[bit] 부호화하였다. 펄스의 전송 속도는 얼마인가?(단, NAS 방식이며 24채널을 다중화한다.)
① 2.048[Mbit/s]   ② 1.544[Mbit/s]
③ 64[Mbit/s]   ④ 32[Mbit/s]

[정답] 46 ③ 47 ④ 48 ④ 49 ② 50 ④ 51 ②

해설

펄스 전송속도 = 한 Frame의 bit수 × 표본화 주파수
= 193 × 8[kHz] = 1.544[Mb/s]

52 PCM 전송에서 음성 한 채널의 대역폭을 4[kHz]로 잡았다. 이 대역폭의 2배로 표본화하고 8[bit]로 Encoding 했을 경우의 음성 한 채널의 Bit Rate와 음성 24[CH]을 시분할 다중화시켰을 때 최종 Bit Rate는?

① 54[kbps], 1.544[Mbps]
② 64[kbps], 2.048[Mbps]
③ 54[kbps], 2.048[Mbps]
④ 64[kbps], 1.544[Mbps]

해설

① 음성 한 채널의 Bit Rate(정보 전송량)
 = 표본화 주파수 8[kHz] × 8[bit]
 = 64[kbps]
② 24[CH]을 시분할 다중화한 경우
 = 표본화 주파수 8[kHz] × (24[CH] × 8[bit] + 1[bit])
 = 1.544[Mbps]

53 PCM의 동기 방식으로 사용되지 않는 것은?

① digit 동기   ② 비트 동기
③ frame 동기 ④ flag 동기

해설

PCM의 동기 방식으로는 Bit 동기, Digit 동기, Frame 동기가 사용된다. Bit 동기(또는 Digit 동기)는 Bit의 시작과 끝을 맞추는 방법이고 Frame 동기는 Frame의 시작과 끝을 맞추는 동기 방식이다.

54 클록 펄스 발생기의 동기를 송수단에서 같게 하기 위한 동기는 어느 것인가?

① 프레임 동기   ② 비트 동기
③ 강제 동기   ④ 제어 동기

해설

Bit 동기(Digit 동기 또는 Clock 동기)는 Bit의 시작과 끝을 맞추기 위해 부호기와 복호기에 사용되는 제어 펄스원이 되는 Clock Pulse 발생기의 동기를 송·수신단에서 맞추는 동기 방식이다.

55 PCM-24/TDM에서 한 Bit의 시간폭은?

① 0.348[μs]   ② 0.486[μs]
③ 0.648[μs]   ④ 0.848[μs]

해설

Time Slot(한 Bit가 차지하는 시간)
$= \dfrac{1\text{frame의 시간}}{1\text{frame의 bit 수}} = \dfrac{125[\mu s]}{193} = 0.648[\mu s]$

56 공중 통신망(PSTN)에서 전화의 음성 신호 대역은 몇 [Hz]인가?

① 16~3,400   ② 300~3,400
③ 16~20,000   ④ 200~7,000

해설

음성 신호대역은 300[Hz]~3,400[Hz]이다.

57 다음은 PCM-24 방식을 설명한 것이다. 해당되지 않는 것은?

① 1Frame은 193[bit]로 구성된다.
② 표본화 주파수는 8[kHz]를 사용한다.
③ 펄스 전송 속도는 1.544[Mb/s]이다.
④ 압축 특성은 $\mu = 255$, 13절선식이다.

해설

PCM-24는 북미에서 사용하는 PCM 방식으로 다음과 같은 전송 Frame을 갖는다.

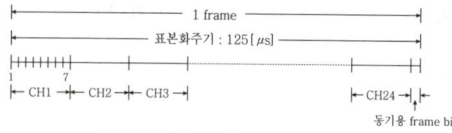

* 1개의 CH은 7bit 양자화 및 부호화
 (1개 bit는 신호용 bit로 사용)

① 1 Frame : 193[bit]
 (24CH × 8[bit] + 1[bit]의 동기용 Framing Bit = 193[bit])
② 표본화 주파수 : 8[kHz]
 ($f_s \geq 2f_m$을 만족)
③ Time Slot : 0.648[μs]
 (1 Frame에서 1[bit]가 차지하는 시간으로 $\dfrac{125}{193} = 0.648[\mu s]$)
④ 정보 전송량 : 64[kb/s]
 (한 CH의 총 bit 전송량으로 한 CH의 Bit수 × 표본화 주파수
 = 8[bit] × 8[kHz] = 64[kb/s])

[정답] 52 ④ 53 ④ 54 ② 55 ③ 56 ② 57 ④

⑤ 펄스 전송 속도 : 1.544[Mb/s]
 (1 Frame의 총 bit수×표본화 주파수
 =193[bit] × 8[kHz]=1.544[Mb/s])
⑥ 압신 특성 : μ=255, 15절선식

58
PCM 전송 방식에서 표본화 주파수가 8[kHz]이고, 1프레임 (Frame)에 수용되는 펄스의 수가 193개일 때 전송로에 송출되는 부호 펄스의 주파수인 반복 주파수(Clock Frequency)는 얼마인가?

① 0.386[MHz] ② 0.772[MHz]
③ 1.544[MHz] ④ 3.088[MHz]

해설

펄스 반복 주파수(펄스 전송 속도)
=1 Frame의 Bit수×표본화 주파수
=193×8[kHz]=1.544[MHz]

59
시분할 방식 스위치 회로망을 사용하는 디지털 교환기가 음성 32채널을 PCM 방식으로 신호 처리하는 경우 그 부호 속도는 몇 [Mbit/s]인가?

① 1.544 ② 2.048
③ 6.312 ④ 8.192

해설

부호 속도=펄스 전송속도
=Sampling 주파수×채널수×한 채널당 bit수
=8[kHz]×32×8=2.048[Mbps]
* NAS 방식에서는 1Frame의 Bit수가 "채널수×비트수+1[bit]"이지만 CEPT 방식에는 1Frame의 Bit수가 "채널수×비트수"이다.

60
우리나라의 PCM 방식의 특징을 설명한 것이다. 해당되지 않는 것은?

① 1, 4, 5계위는 유럽 방식으로, 2, 3계위는 북미 방식으로 되어 있다.
② 1계위에서 얻을 수 있는 음성 채널수는 30 채널이다.
③ 2계위의 전송 속도는 6.312[Mb/s]이다.
④ 3계위에서의 음성 채널수는 450이다.

해설

PCM 전송 방식은 24채널을 다중화시켜 전송하는 북미 PCM 방식(NAS : North American Standard)과 32채널의 유럽 PCM 방식(CEPT : Conference of European Posts and Telecommunication Administration)으로 구분할 수 있다. NAS 방식은 24채널을 전부 음성용 채널로 전용하는데 비해 CEPT 방식은 32채널 중 30채널은 음성용으로 1채널은 신호용으로 나머지 1채널은 동기용 채널로 사용하며 압신 법칙으로는 각각 μ법칙(압축량 μ=255)과 A법칙(압축량 A=87.6)을 사용하고 있다. NAS 방식은 미국, 일본 등에서 유럽 방식은 유럽을 비롯한 대부분의 국가에서 사용하고 있으며 우리나라는 N-ISDN 구축에 필수적인 64[kbps] 전송 속도를 갖는 완전 채널(Clear Channel)을 확보하기 위하여 1989년 7월 기존의 NAS 방식에서 CEPT 방식으로 전환키로 결정하고 방식 전환에 따른 투자비를 최소화하기 위해 비동기식 PCM 디지털 하이어라키 중 1, 4, 5 계위는 CEPT 방식으로 2, 3계위는 NAS 방식으로 구성하는 하이브리드(Hybrid) 계위 체계로 바꾸었다.

※ 비동기식 PCM 디지털 하이어라키(비동기식 디지털 다중화 계위)

계위	국가	NAS	CEPT	한국	일본
0	전송 속도	64[Kb/s]	64[Kb/s]	64[Kb/s]	64[Kb/s]
	음성 채널수	1	1	1	1
1	전송 속도	1.544[Mb/s] (DS-1)	2.048[Mb/s] (DE-1)	2.048[Mb/s]	1.544[Mb/s]
	음성 채널수	24	30	30	24
2	전송 속도	6.312[Mb/s] (DS-2)	8.448[Mb/s] (DE-2)	6.312[Mb/s]	6.312[Mb/s]
	음성 채널수	24×4=96	30×4=120	30×3=90	24×4=96
3	전송 속도	44.736[Mb/s] (DS-3)	34.368[Mb/s] (DE-3)	44.736[Mb/s]	32.064[Mb/s]
	음성 채널수	96×7 =672	120×4 =480	90×7 =630	96×5 =480
4	전송 속도	274.176[Mb/s] (DS-4)	139.264[Mb/s] (DE-4)	139.264[Mb/s]	97.728[Mb/s]
	음성 채널수	672×6 =4,032	480×4 =1,920	630×3 =1,890	480×3 =1,440
5	전송 속도		564.992[Mb/s] (DE-5)	564.992[Mb/s]	397.2[Mb/s]
	음성 채널수		1,920×4 =7,680	1,890×4 =7,560	1,440×4 =5,760

[정답] 58 ③ 59 ② 60 ④

61 흔히 DS-1이라고 불리우는 다중화 채널 프레임은 북미에서 사용하는 초당 1.544[Mbit]의 전송 속도를 가진 채널 구조이다. 이 DS-1의 채널 구조를 설명한 것 중 옳은 부호 형식은?

① 프레임당 음성 슬롯수 : 24,
   초당 프레임수 : 4,000[Hz]
② 프레임당 음성 슬롯수 : 48,
   초당 프레임수 : 4,000[Hz]
③ 프레임당 음성 슬롯수 : 24,
   초당 프레임수 : 8,000[Hz]
④ 프레임당 음성 슬롯수 : 48,
   초당 프레임수 : 8,000[Hz]

해설
초당 프레임수란 표본화 주파수를 말하며 북미 방식, 유럽 방식 모두 8[kHz]이다. DS-1이란 NAS 방식의 1계위로 24채널을 시분할 다중화시켜 전송하는 것을 말한다.

62 다음은 NAS 방식을 설명한 것이다. 틀린 것은?

① 0계위의 전송 속도는 64[kb/s]이다.
② 1계위에서 얻을 수 있는 음성 채널수는 24개이다.
③ 2계위의 전송 속도는 6.312[Mb/s]이다.
④ 3계위에서 얻을 수 있는 음성 채널수는 4,032개이다.

해설
NAS 방식의 3 계위에서 얻을 수 있는 음성 채널수는 672개이다.

63 다음 중 비동기식 PCM 하이어라키에서 우리나라의 계위구조는?

① 4×7×6   ② 4×4×4×4
③ 3×7×3×4   ④ 4×5×3×4

해설
비동기식 PCM 하이어라키에서 각 방식의 계위 구조는 다음과 같다.
① NAS 방식 : 4×7×6
② CEPT 방식 : 4×4×4×4
③ 한국 : 3×7×3×4
④ ITU-T : 4×5×3×4

- 계위 구조란 1계위의 채널수와 2계위와의 채널수 관계, 2계위와 3계위와의 채널수 관계, 3계위와 4계위와의 채널수 관계, 4계위와 5계위와의 채널수 관계를 의미하며 정수배가 성립된다.
- 계위 구조는 정수배가 성립하는데 펄스 전송 속도는 정수배가 성립하지 않는 이유는 PCM 시스템이 Pulse Stuffing에 의한 비동기식 전송 방식으로 운용되기 때문이다. Pulse Stuffing 방식은 입력 신호의 Clock 오차를 보상하기 위하여, 출력 신호의 전송 속도를 다수 입력 신호의 전송 속도를 모두 더한 것보다 약간 더 빠르게 설정한 후 여기에 Stuffed Bit를 포함시켜 만들어 두고, 비동기식 디지털 다중화 장치의 입력단에 위치하는 Elastic Store(Data가 기록되고 판독되는 일종의 Data Buffer)의 점유율이 $\frac{1}{2}$ 이상으로 증가하면 Stuffed Bit에 Data를 실어 전송하고, 점유율이 $\frac{1}{2}$ 이하로 감소하면 Stuffed Bit에 무효 Data(Dummy Data)를 전송하는 방식이다.

64 신호 정보를 전달하는데 있어 통화 회선을 이용하여 신호를 송수신하는 신호 방식을 무엇이라 부르는가?

① 통화로 신호 방식   ② 공통선 신호 방식
③ No.6 신호 방식   ④ No.7 신호 방식

해설
신호 방식(Signalling)
전화망에서 전화기와 교환기, 교환기와 교환기 상호간에 통화 회선을 설정, 유지, 복구 및 과금 등과 같은 일련의 기능을 제공하기 위하여 필요한 신호 정보를 서로 교환하는 절차를 말하며, 전화 단말기와 교환기 사이에 적용되는 신호 방식인 가입자선 신호 방식(Subscriber Line Signalling)과 중계선 구간을 대상으로 하는 (즉 교환기와 교환기 사이에 적용되는) 국간 중계선 신호 방식(Inter-office Trunk Signalling)으로 구분할 수 있으며 이 방식이 전송 및 교환 기술의 발달에 따라 가입자선 신호 방식보다 발달하여 왔다. 국간 중계선 신호 방식은 다시 신호(정보)의 전달 방법 면에서 통화 회선을 이용하여 신호를 송수신하는 통화로 신호 방식(Channel Associated Signalling 또는 Per Channel Signalling)과, 통화 회선과 신호 회선을 분리시키고 국간에 설치된 전용 고속 신호 회선을 통해 많은 중계선의 신호 정보를 시분할 다중화하여 송수신하는 공통선 신호방식(Common Channel Signalling)으로 나눌 수 있다. 공통선 신호 방식에는 No.6 신호 방식과 No.7 신호 방식이 있는데 No.6 신호 방식은 아날로그 통신 시스템에 적용하기 위한 신호 방식이고 No.7 신호 방식은 디지털 통신 시스템에 적용하기 위한 신호 방식이다.

65 CEPT 방식에서 신호용 전용 채널은 몇 번째 Time Slot인가?

① 0번째   ② 16번째
③ 24번째   ④ 31번째

[정답] 61 ③ 62 ④ 63 ③ 64 ① 65 ②

> 해설

CEPT 방식에서는 0번째 Time Slot(채널과 같은 의미)을 동기용 Time Slot으로, 16번째 Time Slot을 신호용 Time Slot으로 사용한다.

66 우리 나라의 PCM 디지털 하이어라키의 4, 5 계위에서 사용되는 전송 부호는?

① AMI
② B6ZS
③ HDB-3
④ CMI

> 해설

NAS 방식과 CEPT 방식의 비교

항목	방식	NAS 방식	CEPT 방식
표본화 주파수		8[kHz]	8[kHz]
표본화 주기		125[μs]	125[μs]
한 frame당 CH 수		24CH * 24CH 모두 음성 전용 CH	32CH * 32CH 중 30CH은 음성 CH로 0번째 time slot(첫번째 CH)은 동기용 CH로, 16번째 time slot(17번째 CH)은 신호용 CH로 사용
multi-frame 수		12	16
전송 부호	1 계위	AMI(bipolar)	HDB-3
	2 계위	B6ZS	HDB-3
	3 계위	B3ZS	HDB-3
	3 계위	B3ZS	CMI
	4 계위		CMI
공통선 신호방식 적용여부		• No.6 신호 방식은 적용 가능 • No.7 신호 방식은 적용 불가능(신호용 전용 CH이 없으므로)	신호용 전용 CH(16번째 time slot)이 있으므로 64[kb/s]를 제공할 수 있어 적용 가능
채널의 투명성		한 CH당 신호용 bit로 1bit를 사용하므로 최대 56[kb/s] 전송속도밖에 이용 못하며 이때는 투명성을 갖지 않았다고 함.	신호용 CH이 따로 있기 때문에 음성 CH당 64[kb/s]의 전송 속도 이용 가능하며 이때는 투명성을 가졌다고 함

* 우리나라의 경우 4, 5계위는 CEPT 방식과 같으므로 전송 부호로 CMI(Code Mark Inversion)를 사용한다.

67 공통선 신호 방식(CCS)에 대한 설명으로 옳지 않은 것은?

① 공통선 신호 방식을 사용하면 호 설정 시간이 짧아지고 통신망의 효율이 높아진다.
② 공통선 신호는 패킷 방식으로 전송되며 ITU-T No.6, No.7 신호 방식으로 표준화되어 있다.
③ 공통선 신호는 신호의 종류가 많고 통신중에도 신호를 전달할 수 있다.
④ 공통선 신호는 음성 대역폭 4[kHz] 중의 일정 대역을 신호 전용 주파수대로 할당하여 사용한다.

> 해설

공통선 신호 방식은 신호 전용 회선이 따로 있다.
④번은 통화로 신호 방식으로 통화회선 주파수 대역을 일부 이용하거나 통화 신호를 보내기 전에 신호 정보를 보낸다.

68 PCM에서 ISI를 측정하기 위해 Eye Pattern을 이용하는데 눈을 뜬 상하의 높이는 무엇을 의미하는가?

① ISI 간섭없이 수신파를 sampling할 수 있는 주기
② 잡음의 여유도
③ 시스템의 감도
④ ISI의 정도

> 해설

PCM에서 상호 부호간 간섭(ISI : Inter-Symbol Interference)을 측정하기 위해 눈패턴(Eye Pattern)을 이용하는 방법이 있다. 이 방법은 오실로스코프의 수직 편향판에 신호(검파된 2원 신호)를 가하고 수평 편향판에 전송된 Symbol률과 동일한 주기를 갖는 톱니파를 가하면 스코프에 눈모양의 패턴이 나타나게 된다.
① 눈을 뜬 좌우의 폭은 ISI 간섭없이 수신파를 Sampling할 수 있는 주기를 나타냄
② 눈을 뜬 상하의 높이는 잡음의 여유도(Noise Margin)를 나타냄
③ 시스템의 감도는 눈이 감기는 율로 결정됨
④ ISI가 심하면 눈이 완전히 감기게 됨

69 실제 표본값과 추정 표본값과의 차이만을 양자화하는 방식으로 통상 5[bit] 양자화를 많이 수행하며 TV 신호 전송에 효과적인 방식은?

① PCM
② DPCM
③ DM
④ ΔM

[정답] 66 ④ 67 ④ 68 ② 69 ②

> **해설**
>
> DPCM은 예측기를 사용하여, 실제 표본값과 추정 표본값과의 차이만을 양자화하므로, 양자화하는 데 사용되는 비트수가 적어져 정보전송량이 줄어들게 되므로, 많은 정보를 가지고 있는 TV신호를 DPCM 방식으로 전송하면 효과적이다.

70 예측기를 사용하지 않고 양자화하는 방법에 해당되는 것은?

① PCM   ② DPCM
③ DM   ④ ADM

> **해설**
>
> DPCM, DM, ADM, ADPCM은 예측기를 사용하여 실제 표본값과 예측값과의 차이만을 양자화하나 PCM은 순시진폭값 그 자체를 양자화한다.

71 DPCM 송신기의 구성 요소에 해당하지 않는 것은?

① 양자화기   ② 부호화기
③ 예측기   ④ 차동 증폭기

> **해설**
>
> ① DPCM의 원리
> DPCM(Differential PCM)은 차동 PCM이라 하며 양자화기에 입력되는 순시 진폭값과 예측값과의 차이만을 양자화하는 예측 양자화 방법을 사용하여 양자화 step 수를 줄일 수 있게 되고 따라서 전송해야 하는 정보량을 줄일 수 있는 변조 방식이다.
> ② DPCM 송신기

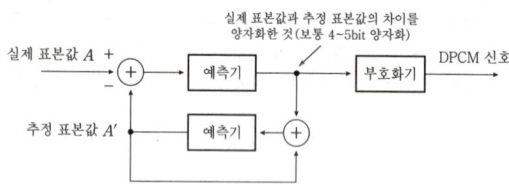

> ③ DPCM 수신기

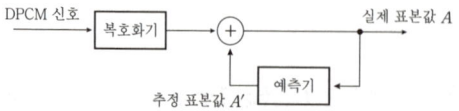

> ※ Up-down Counter
> 예측기와 함께 사용되며, 어떤 값을 기억하고 있다가, 입력 pulse가 들어오면 먼저의 값이 증가하거나 감소하여 새로운 값으로 기억되는 레지스터로 예측기와 함께 사용된다.

72 아날로그 신호 $X(t)$를 매 1초마다 샘플링한 후 델타 변조하여 전송하려고 한다. $|X(t)| \leq 8$일 때 샘플된 신호당 전송되는 비트의 수는?

① 1   ② 2
③ 3   ④ 4

> **해설**
>
> DM은 신호의 크기에 관계없이 1 Bit 양자화를 수행한다. 따라서 전송되는 Bit수도 1 Bit이다.

73 실제 표본값과 추정 표본값과의 차이만을 양자화하는 방식으로 1[bit] 양자화를 수행하는 방식은?

① PCM   ② DPCM
③ DM   ④ ΔPCM

> **해설**
>
> DM(Delta Modulation, ΔM)은 델타 변조라 하며 DPCM과 같이 순시 진폭값과 예측값과의 차이만을 양자화하는 예측 양자화 방법을 사용하는 변조 방식으로 1 Bit 양자화를 수행하여 정보 전송량을 크게 줄인다. DM의 송수신기 구조는 DPCM 송수신기 구조와 동일하며, 양자화기만 1 Bit 양자화기를 사용한다는 것이 다를 뿐이다.(Up-down Counter도 사용). DM은 DPCM 방식처럼 실제 표본값과 추정 표본값과의 차이만을 양자화하는데 DPCM과 다른 점은 DPCM이 실제 표본값과 추정 표본값과의 차이 그 자체를 양자화하는데 비해, DM은 실제 표본값과 예측값을 비교하여 실제 표본값이 예측값보다 작으면 (−) 차동 신호를 (또는 + 차동 신호를) 실제 표본값이 예측값보다 크면 (+) 차동 신호를 (또는 (−) 차동 신호를) 발생시킨다. (+) 또는 (−) 차동 신호는 2 Level 이므로 1개의 Bit만으로 나타낼 수 있으므로 1 Bit 양자화가 가능해진다. 이와 같이 DM의 양자화기는 2레벨 양자화 즉 1 Bit 양자화를 수행한다.

74 다음 중 S/N비가 가장 우수하고 가장 넓은 대역폭을 필요로 하는 방식은?

① PCM   ② DPCM
③ DM   ④ ΔM

> **해설**
>
> 일반적으로 bit율이 높을 때의 S/N비는 PCM > DPCM > DM 순이며 대역폭도 PCM > DPCM > DM 순이다.

[정답] 70 ①   71 ④   72 ①   73 ③   74 ①

75. 다음 펄스 변조 방식 중 양자화를 하지 않는 방식은?

① PPM ② PNM
③ PCM ④ ΔM

해설
PPM은 Pulse Position Modulation으로 변조신호에 따라 펄스의 폭을 변화시키는 펄스 변조 방식으로 양자화를 수행하지는 않는다.

76. 동기식 디지털 다중화 계위에서 제 1계위인 STM-1의 전송속도는?

① 51.84[Mb/s] ② 155.52[Mb/s]
③ 622.08[Mb/s] ④ 1244.16[Mb/s]

해설
SDH에서 제 1계위인 STM-1의 전송속도는 155.52[Mb/s]이다.

77. 우리나라의 동기식 디지털 다중화 계위에서 제 1계위와 제 2 계위를 바르게 나타낸 것은?

① STM-1, STM-2 ② STM-1, STM-4
③ STM-3, STM-6 ④ STM-3, STM-12

해설
우리나라의 SDH에서는 제1계위로 STM-1을 제2계위로 STM-4를 사용한다.

78. ADH와 SDH의 특성 비교 설명중 틀린 것은?

① ADH에서는 동기유지방법으로 POINTER를 사용한다.
② SDH 에서는 프레임 주기로 125[μs]가 유지된다.
③ ADH에서는 높은 계위의 신호로 다중화하기 위해서는 여러 단계를 거쳐야 한다.
④ SDH는 SONET와 STM-n에 적용되고 있다.

해설
ADH에서는 동기유지방법으로 Pulse Stuffing이 사용된다.

Pulse Stuffing은 입력신호의 클록오차를 보상하기 위하여 출력신호의 전송속도를 다수 입력신호의 전송속도를 모두 더한 것보다 약간 더 빠르게 설정한 후 여기에 Stuffed Bit를 포함시켜 만들어 주고 비동기식 디지털 다중화 장치의 입력단에 위치하는 Data Buffer의 점유율이 1/2 이상이면 Stuffed Bit에 데이터를 실어서 전송하고, 점유율이 1/2이하이면 Stuffed Bit에 무효 데이터를 전송하는 방식이다.

79. SONET의 최저 다중화 단위인 OC-3의 전송속도는?

① 1.544[Mb/s] ② 6.312[Mb/s]
③ 51.84[Mb/s] ④ 155.52[Mb/s]

해설
OC-1의 전송속도는 81.84[Mb/s], OC-3의 전송속도는 155.52[Mb/s]이다.

80. STM-4와 같은 전송속도를 가지는 SONET의 다중화 단계는?

① OC-1 ② OC-3
③ OC-9 ④ OC-12

해설
STM-n의 숫자에 3을 곱하면 SONET의 다중화 단계가 된다. 즉, STM-4와 같은 전송속도를 가지는 SONET의 다중화 단계는 OC-12이다.

[정답] 75 ① 76 ② 77 ② 78 ① 79 ④ 80 ④

2. 아날로그 변복조·펄스변조·디지털 변복조

1. 변조 및 복조(Modulation and Demodulation)

가. 변·복조의 개요

① 장거리에 정보(신호)를 전송하기 위해서는 높은 주파수에 정보를 실어서 보내는 방법을 쓴다.
  ㉠ 이때 사용하는 고주파를 반송파(Carrier Wave)라 한다.
  ㉡ 정보를 변조파(Modulating Signal)라 한다.
  ㉢ 변조된 신호를 피변조파(Modulated Signal)라 한다.
  ㉣ 반송파에 정보를 싣는 과정을 변조(Modulation)라 한다.
② 피변조파에서 원래의 신호를 검출하는 것을 복조(Demodulation) 또는 검파(Detection)라 한다.

나. 변조의 필요성

① 효과적인 전송이 된다.
② 장거리 전송이 가능하다.
③ 잡음과 간섭이 감소된다.
④ 안테나의 길이를 줄일 수 있다.
⑤ 다중화(Multiplexing)가 가능하다.

다. 변조 방식의 종류

변조 방식은 음성 신호 등의 정보 신호를 반송파 어느 요소(진폭, 주파수, 위상)로 변조시키는가에 따라 구분된다. 변조 파형의 형태에 따라 연속적인 파형에 대한 연속파 변조 방식과 불연속적인 파형에 대한 펄스 변조 방식으로 크게 나눌 수 있다.

(1) 연속파 변조

① 진폭 변조(AM : Amplitude Modulation) : 반송파의 진폭(A)을 정보신호에 따라서 변화시키는 방식
② 각 변조(Angle modulation)
  ㉠ 주파수 변조(FM : Frequency Modulation) : 반송파의 주파수(f_c)를 정보신호에 따라서 변화시키는 방식
  ㉡ 위상 변조(PM : Phase Modulation) : 반송파의 위상(θ)을 정보신호에 따라서 변화시키는 방식

합격예측

MODEM=MOdulation+DEModulation

합격예측

반송파는 고주파로써 음성의 신호파를 운반하는 역할을 하며, 100[kHz] 이상의 주파수를 갖는다.

합격예측

Antenna size
$$= \frac{\lambda(파장)}{4} = \frac{c}{4f} \propto \frac{1}{f}$$

합격예측

FDM은 한 전송로의 대역폭을 몇 개의 작은 대역폭으로 나누어 여러 개의 단말 장치들이 동시에 이용할 수 있도록 하는 것이다.

합격예측

반송파 신호
$x(t) = A\cos(2\pi f_c t + \theta)$

합격예측

연속파 변조 : AM(선형 변조), FM 및 PM(비선형 변조)

(2) 불연속파 변조(펄스 변조)

펄스 변조	아날로그 펄스변조	펄스 진폭 변조(PAM)
		펄스 폭 변조(PWM)
		펄스 주파수 변조(PFM)
		펄스 위상 변조(PPM)
	디지털 펄스변조	펄스 부호 변조(PCM)
		DPCM, 펄스 수 변조(PNM)
		Delta변조, ADM 등

합격예측
PCM(Pulse Code Modualtion)

2. 진폭 변조(AM : Amplitude Modulation)

가. 진폭 변조의 원리

① 반송파의 진폭을 신호파(변조 신호)에 따라 변화시키는 것을 진폭 변조(AM)라 한다.

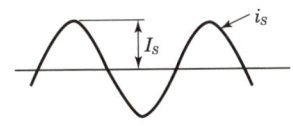
(a) 신호파

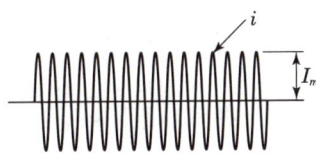
(b) 반송파(f_c)

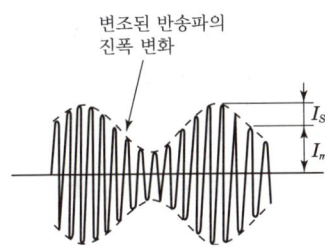
(c) AM 피변조파

[진폭 변조 때의 파형]

합격예측
측파대(Sideband) :
상측파(Upper Sideband), 하측파 (Lower Sideband)가 있다.

② 반송파를 $i = I_m \sin 2\pi f_c t$, 신호파를 $i_s = I_s \cos 2\pi f_s t$로 하면 진폭 피변조파 i는 다음 식으로 된다.

$$i = (I_m + I_s \cos 2\pi f_s t) \sin 2\pi f_c t$$

$$= I_m \left(1 + \frac{I_s}{I_m} \cos 2\pi f_s t\right) \sin 2\pi f_c t = I_m (1 + m \cos 2\pi f_s t) \sin 2\pi f_c t$$

$$= \underbrace{I_m \sin 2\pi f_c t}_{\text{반송파}} + \underbrace{\frac{m}{2} I_m \sin 2\pi (f_c + f_s) t}_{\text{상측파}} + \underbrace{\frac{m}{2} I_m \sin 2\pi (f_c - f_s) t}_{\text{하측파}}$$

합격예측
점유 주파수 대역폭 : 하측파대에서 상측파대까지 피변조파가 점유하는 주파수 대역으로, 여기서는 $BW = 2f_s$(단, f_s는 신호파의 최고주파수)

합격 NOTE

참고

측대파 및 대역폭(Bandwidth)

무선통신에서 반송파로 변조할 때 스펙트럼상에서 반송파의 양쪽에 발생하는 주파수 성분. 주파수가 f_c인 반송파를 f_s인 주파수를 가진 신호파로 변조하면 반송파를 중심으로 하여 이것보다 높은 주파수 성분 f_c+f_s와 이것보다 낮은 주파수 성분 f_c-f_s가 생긴다. 이것이 측파대이고 반송파보다 주파수가 높은 것을 상측파대, 낮은 것을 하측파대라고 한다.

상측파대의 상한(上限) 주파수에서 하측파대의 하한 주파수까지의 폭을 점유 주파수 대역폭이라 한다.

③ 변조지수(Modulation Index)
  ㉠ 신호파의 진폭 I_s와 반송파의 진폭 I_m의 비로서 일반적으로 백분율 [%]로 나타낸다.
  $$m = \frac{\text{정보신호 최대 진폭}}{\text{반송파의 최대 진폭}} = \frac{I_s}{I_m}$$
  ㉡ 변조지수는 변조의 정도를 나타낸다.
   – $I_s = I_m$ 일 때 $m=1$로서 100[%] 변조율,
   – $m>1$인 경우를 과변조(Over Modulation)라 한다.
④ 피변조파의 각 전력 성분의 비 : 피변조파는 반송파, 상측파대, 하측파대로 구성된다.
  ㉠ 피변조파 전력비, $P_m = P_c : P_H : P_L = P_c : \frac{(m)^2}{4}P_c : \frac{(m)^2}{4}P_c$
  ㉡ 반송파 전력 P_c을 기준으로 하였을 때의 반송파의 점유 전력비
  $$\text{반송파 : 상측파 : 하측파} = 1 : \frac{(m)^2}{4} : \frac{(m)^2}{4}$$
⑤ 주파수 스펙트럼(Frequency Spectrum) : 가로축을 주파수축으로 잡고 세로축에 각 주파수 성분의 전력을 나타낸 그래프로서, 피변조파의 성분 표시 등에 이용된다.

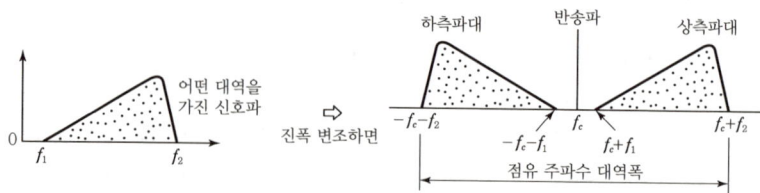

[주파수 스펙트럼]

합격예측
- 과변조인 경우 위상반전, 일그러짐, 순간적으로 음이 끊기는 현상발생.
- 과변조를 피하기 위해 $m \leq 1$를 유지해야 한다.

합격예측
100[%] 변조($m=1$)인 경우
전력비 $= 1 : \frac{1}{4} : \frac{1}{4}$

나. 진폭 변조 회로

(1) 직선 변조(Linear Modulation) 회로

① 컬렉터(Collector) 변조 회로

㉠ 반송파 입력을 $a-b$ 단자에 넣으면 트랜지스터로 증폭되어 컬렉터로 출력되는데, 이때 $e-f$ 단자 사이에 신호파가 가해지면 그에 따라 컬렉터 전압이 변화하고, 부하선도 변화하며 증폭도가 변하며 결국 진폭 변조가 이루어진다.

㉡ 컬렉터 변조 회로는 큰 입력 진동과 대전력을 필요로 하므로 고레벨의 변조라고 한다.

㉢ 특징

ⓐ 직선성이 좋고 피변조파의 컬렉터 효율이 높다.
ⓑ 피변조파의 출력이 크다.
ⓒ 대전력 송신기에 사용된다.
ⓓ 조정이 용이하고 비교적 안정하다.
ⓔ 변조 트랜스나 초크(Choke) 코일의 주파수 특성으로 인하여 찌그러짐이 생긴다.

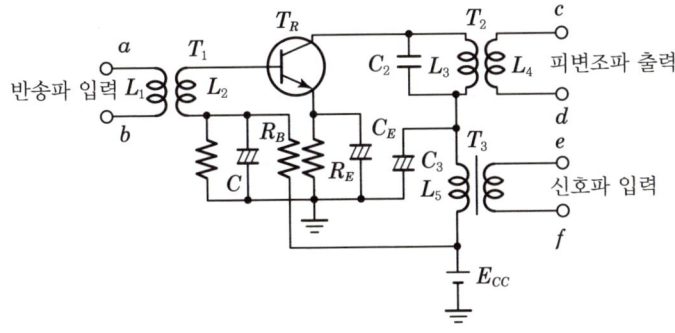

[컬렉터 변조 회로]

② 베이스(Base) 변조 회로

㉠ 이미터-베이스 접합부의 비직선성을 이용한 것으로 베이스에 반송파와 신호파를 동시에 인가하는 방식이다.

㉡ 특징

ⓐ 변조에 소비되는 전력이 적어도 된다.
ⓑ 변조기가 작아진다.
ⓒ 광대역 변조에 적합하며 작은 전압으로 깊은 변조를 행할 수 있다.
ⓓ 일그러짐이 적다.
ⓔ 높은 직선성을 기대할 수 없다.

합격 NOTE

합격예측
직선 변조는 특성 곡선의 직선부를 이용하므로 대진폭 변조라고 한다.

합격예측
Tr의 C급 바이어스 동작에 의해서 100[%]까지 변할 수 있지만 큰 변조 전력이 요구되는 단점이 있다.

합격예측
베이스 변조 회로는 신호파를 Tr의 베이스에 가하여 진폭 변조를 시키는 회로이다.

합격예측
출력이 컬렉터 변조 때의 약 1/4로 작고, 효율도 나쁘다.

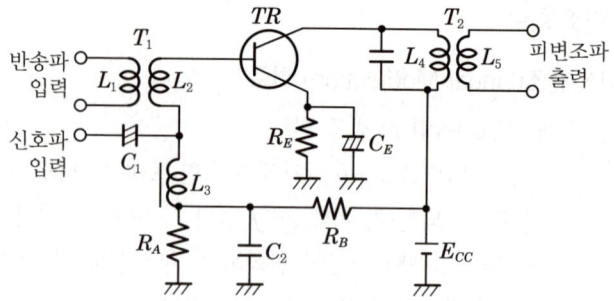

[베이스 변조 회로]

③ 이미터(Emitter) 변조 회로
  ㉠ 보통 이미터 전류가 베이스 전류에 비하여 대단히 크기 때문에, 베이스 변조 방식에 비하여 훨씬 큰 변조 전력이 요구된다.
  ㉡ 이미터 전류와 변조 신호 전압과의 관계가 베이스 변조 방식보다 훨씬 직선적이기 때문에 변조시 일그러짐이 적다.
  ㉢ 큰 변조 전력이 요구되고 피변조파 출력이 크므로, 대전력 송신기에 주로 사용된다.

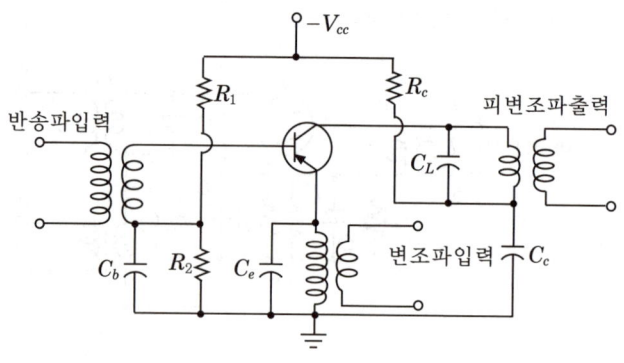

[이미터 변조 회로]

(2) 제곱 변조(Square-law Modulation) 회로

제곱 변조 회로는 입력측에 신호파 f_s와 반송파 f_c를 합쳐서 인가하였을 때의 부하측에 나타나는 출력 파형으로부터 저주파 성분을 빼내어 진폭 변조파를 만들어 내는 회로이다.

① 링(Ring) 변조 회로
  ㉠ 피변조파에 포함된 반송파를 제거하고 양측파대만을 빼내는 평형 변조의 일종으로, 출력에 한쪽 측파대만을 선택하는 필터를 부착하여 단측파대(SSB) 통신에 이용된다.
  ㉡ 특징
    ⓐ 출력측에 변조 신호의 성분이 나타나지 않으므로 반송파와 변조 신호의 주파수가 근접하여 있을 때 유효하다.

ⓑ 증폭을 하지 않으므로 입력 신호보다 출력 신호가 적게 된다. 따라서 후단에서 증폭을 하여야 한다.

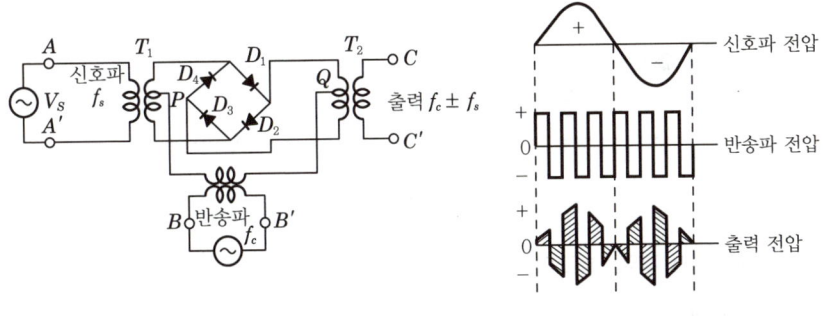

[링 변조 회로]   [링 변조 동작 파형]

합격예측
평형 변조기의 출력에는 반송파가 제거되고 상·하측파만 출력된다.

② 평형 변조기(Balanced Modulator)
　㉠ AM파에서 반송파를 제외한 상·하측파대($f_c \pm f_s$)만의 출력을 얻는다.
　㉡ 평형 변조기는 반송파에 대하여 평형이 되므로 출력 단자에는 반송파 전압이 0이 된다.

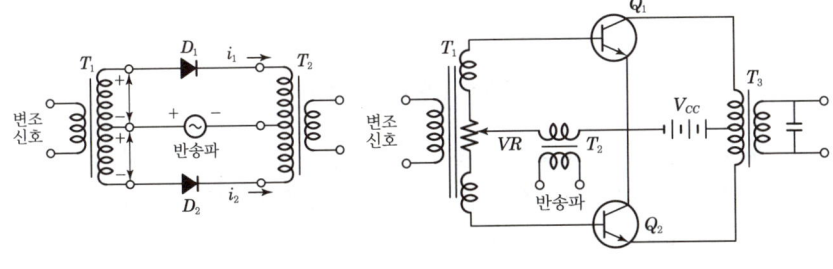

(a) 다이오드 평형 변조기   (b) 트랜지스터 평형 변조기

3. AM 복조 회로

AM 신호의 검파 방식에는 정류형 검파기(Rectifier Detector)와 포락선 검파기(Envelope Detector) 등이 있다.

가. 정류형 검파기

① AM 피변조파를 정류하여 저역 통과 필터를 통과시키고 직류 성분을 차단시키는 동작에 의해 원래의 신호를 복조해 낸다.
② 다이오드 소자를 사용하여 반송파를 충분히 갖고 있는 AM파에 대해서는 극히 간단한 복조 장치를 제공해 준다.

합격예측
정류형 검파기 복조과정 :
저역통과 필터 → 직류 성분 차단

합격 NOTE

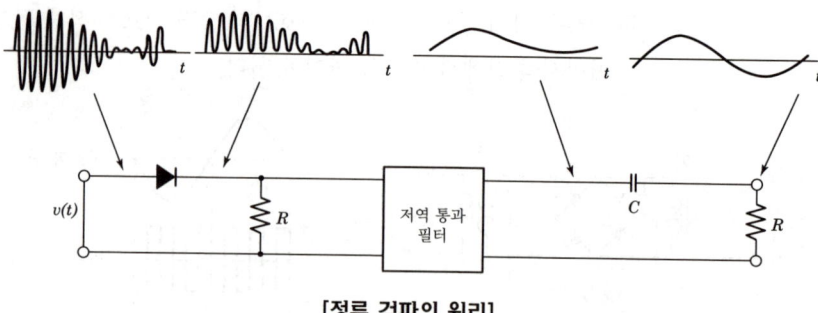

[정류 검파의 원리]

나. 직선 검파(포락선 검파기)
① AM 검파기로서 가장 널리 쓰이고 있는 방식이다.
② 방송의 AM 수신기에는 포락선 검파기가 가장 간단하면서 효율이 좋은 이유에서 이용되고 있다.

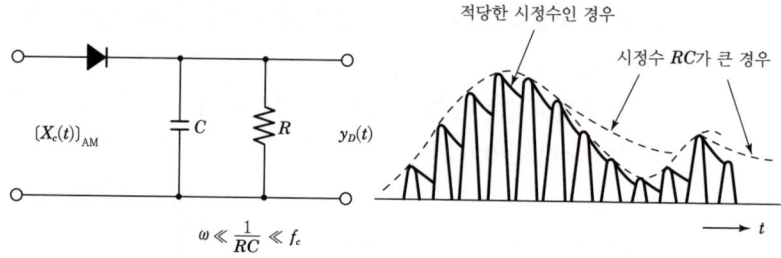

[포락선 검파와 그 동작]

③ 포락선 검파기의 출력 파형은 변조된 신호의 포락선과 같다.
④ 출력 파형이 찌그러짐이 없기 위해서는 출력 회로의 시정수(RC)가 ω_c의 주파수에 대해 적당해야 한다.
※ 포락선 검파기는 정류형 검파기보다 간단할 뿐 아니라 효율도 좋다. 따라서 포락선 검파기가 AM 신호의 검파에 주로 사용된다.

합격예측
포락선 검파기는 간단하고 효율이 좋다.

 참고

📍 Diagonal Clipping 현상과 그 방지책

① Diagonal Clipping 현상
시정수($\tau = RC$)를 너무 크게 하면 입력 전압에 대한 포락선 파형의 최대치가 감소하는 동안에 출력 전압이 입력 전압의 포락선을 따르지 못하여 발생하는 일그러짐이다.

② Diagonal Clipping 현상을 일으키지 않게 하기 위한 방지책
시정수($\tau = RC$)를 적당히 잡아 다이오드가 차단되는 동안에 출력 전압의 변화가 되도록 작게 해야 한다.

다. 자승(제곱) 검파기(Square Law Detector)
① 비직선 소자의 제곱특성을 이용한 복조 방식이다.
② 직선 검파기에 비해 검파 능률이 낮고 일그러짐도 크기 때문에 특수한 경우만 사용한다.

> **합격예측**
> 자승 검파는 비교적 진폭이 작은 진폭 변조파의 복조에 사용한다.

라. 슈퍼헤테로다인(Superheterodyne) 수신기
① 슈퍼헤테로다인 수신이란 주파수가 다른 여러 가지 무선 주파수(RF) 신호를 미리 정해 놓은 일정한 중간 주파수(IF, f_i) 신호로 변환하여 검파하는 방식을 말한다.
② 대부분의 라디오 수신기는 동조 회로로 선택된 신호의 주파수를 일단 낮은 중간 주파수(455[kHz])로 바꾸어 증폭한 다음 검파한다.

> **합격예측**
> 슈퍼헤테로다인 수신기의 국부 발진 주파수(f_{LO})=수신 주파수(f_c)－중간 주파수(f_i)

> **합격예측**
> 중간 주파수 : AM(455[kHz]), FM(10.7[MHz])

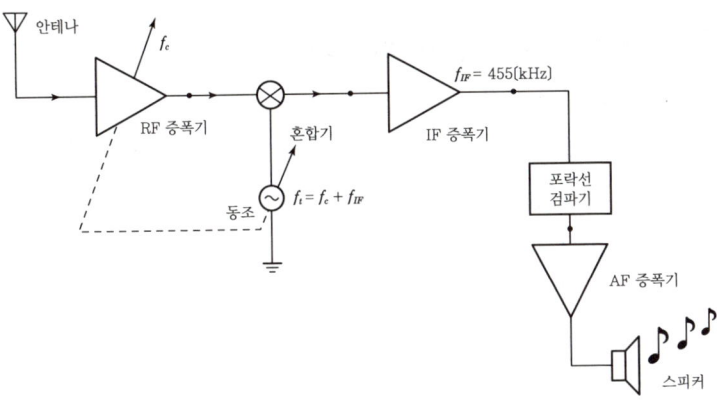

[슈퍼헤테로다인 수신기]

③ 장점 : 고감도, 고선택도, 고충실도이다.
④ 단점 : 영상 신호가 생긴다. 수신기가 전원 전압 변동의 영향을 잘 받는다. Beat 잡음이 생긴다.

4. 각도 변조(Angle Modulation)
① 정현파의 반송파 $A_c\cos(\omega_c t+\theta_c)$의 각, 즉 각을 구성하고 있는 주파수나 위상에 의해 정보를 전송시키는 방법이다.
② 주파수 변조 : 반송파의 주파수를 변조 신호에 의해 직선적으로 변하게 하는 방식, 이 경우 반송파의 진폭과 위상은 일정하게 유지한다.
③ 위상 변조 : 반송파의 위상을 변조 신호에 의해 직선적으로 변하게 하는 방식, 이 경우 반송파의 진폭과 주파수는 일정하게 유지한다.

> **합격예측**
> $A_c\cos(2\pi f_c t+\theta_c)$에서 $(2\pi f_c t+\theta_c)$를 각(Angle)이라 하며 이 Angle은 주파수(f_c)와 위상(phase, θ_c)을 포함한다.

> **합격예측**
> 주파수 변조
> ① 장점 : 진폭에 영향을 받지 않음, 페이딩에 덜 민감
> ② 단점 : 대역폭이 넓어짐, Sidelobe가 많이 생긴다.

합격 NOTE

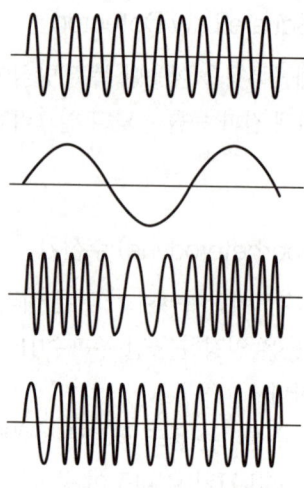

[주파수 변조와 위상 변조]

가. 주파수 변조(Frequency Modulation)

(1) 기본파

① 신호파를 $i_s = I_s\cos2\pi f_s t$, 반송파를 $i_c = I_c\cos2\pi f_c t$라 하면 피변조파의 순시 주파수 f_m은

$$f_m = f_c + k_f i_s = f_c + k_f I_s \cos2\pi f_s t = f_c + \Delta f_c \cos2\pi f_s t$$

여기서 $\Delta f_c = k_f I_s$이고 최대 주파수 편이이다.

② 임의의 시간 t에서 각도의 변이 φ는

$$\varphi = 2\pi \int f_m dt = 2\pi f_c t + \frac{\Delta f_c}{f_s}\sin2\pi f_s t$$

③ 주파수 변조의 기본식 i_{FM}

$$i_{FM} = I_c \cos\varphi = I_c \cos(2\pi f_c t + m_f \sin2\pi f_s t)$$

변조 지수(Modulation Index), $m_f = \dfrac{\text{최대 주파수 편이}}{\text{신호(변조) 주파수}} = \dfrac{\Delta f_c}{f_s}$

나. 소요 대역폭

① 1936년 암스트롱(Armstrong)은 실제 통신을 하기 위해서는 일반적으로 (m_f+1)번째까지의 상하측파만 고려하면 충분하다는 것을 입증하였다.

② 소요 대역폭(B)

$$B = 2f_s(m_f+1) = 2(\Delta f + f_s) \fallingdotseq 2\Delta f \, [\text{Hz}]$$

다. 주파수 변조 회로

(1) 직접 FM 방식

① 발진 회로의 발진 주파수를 신호파의 진폭에 비례시켜 직접 변조하는 방식이다.

합격예측

순시 주파수(Instantaneous Frequency) : 주파수가 고정된 상수가 아니라, 시간에 따라 변화될 수 있는 주파수

합격예측

주파수편이(Frequency Deviation) : FM에서 변조 입력 신호가 가해졌을 때 순시 주파수가 반송 주파수(중심 주파수)로부터 벗어나는 정도

합격예측

변조 지수는 주파수 편이와 변조 주파수와의 비

합격예측

$m_f \gg 1$인 경우 $B = 2\Delta f$

합격예측

직접 FM 방식은 발진 회로의 발진 주파수를 변화시키는 방법이다.

② 발진 회로의 발진 주파수를 변화시키는 방법에는 리액턴스 트랜지스터나 가변 용량 다이오드(바리캡) 등을 사용한다.
③ 구조가 간단하며 큰 주파수 편이를 한 번에 쉽게 얻을 수 있다.
    ㉠ 리액턴스 트랜지스터에 의한 주파수 변조
        ⓐ 트랜지스터 및 CR를 조합시켜 구성한 회로이다.

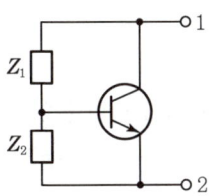 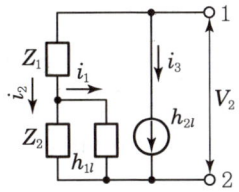

(a) 리액턴스 트랜지스터의 원리도   (b) 등가 회로

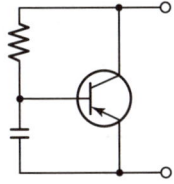 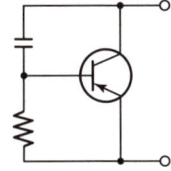

[인덕턴스 트랜지스터]   [커패시턴스 트랜지스터]

        ⓑ 이 리액턴스 트랜지스터를 발진기의 동조 회로에 병렬로 접속하면 베이스 입력 신호에 따라 트랜지스터의 h_{ie}, h_{fe}가 변화하고, 이 때문에 등가 리액턴스가 변화해서 결국 발진 주파수($1/2\pi\sqrt{LC}$)가 변화하는 FM파를 얻을 수 있다.
    ㉡ 가변 용량 다이오드에 의한 주파수 변조
        버랙터 다이오드와 같이 역전압의 크기에 따라 다이오드의 등가 용량이 변하는 것을 이용한다.

$$C = \frac{K}{\sqrt{V}}$$

        여기서 C : 접합 용량, V : 장벽 전위, K : 비례 상수

(2) 간접 FM 방식

위상 변조에 의하여 간접적으로 FM파를 만드는 것을 간접 FM 방식이라 한다.
① 전치 보상(Pre-distorter) 회로 : 주파수에 역비례하는 출력을 얻을 때 사용하는 회로이다.
② 암스트롱(Armstrong) 변조 회로 : 진폭변조(AM)를 위상 변조(PM)로 변환한 후, 이것을 다시 주파수 변조(FM)로 변환하는 방식

합격 NOTE

합격예측

직접 FM 방식 종류 : 콘덴서 마이크로폰, 가변용량 다이오드, 리액턴스 트랜지스터를 이용

합격예측

위상 변조(PM) 회로로 주파수 변조(FM)를 할 경우에 사용한다.

으로 회로내 수정 발진기를 사용하므로 주파수 안정도가 뛰어나, 일반적으로 FM 송신기에 널리 쓰인다.

참고

Pre-emphasis와 De-emphasis

① 프리엠퍼시스(Pre-emphasis) 회로
FM 방송의 송신측에서 S/N(신호대 잡음비)을 높이기 위하여 대역폭이 허용하는 범위내에서 신호의 높은 주파수 성분을 더욱 높여서 주파수를 변조하는 회로이다.

② 디엠퍼시스(De-emphasis) 회로
FM 방송의 수신측에서 프리엠퍼시스 회로를 통해서 증폭된 고역의 신호 주파수 성분의 레벨을 낮추어 원래 신호의 상태로 재생시켜 주는 회로로서, 프리엠퍼시스(Pre-emphasis) 회로의 반대 기능을 갖는다.

라. FM 복조 회로

(1) 주파수 판별 회로(Frequency Discriminator)

① FM파는 진폭이 일정하므로 FM파를 AM파로 변환하고 이것을 AM파의 직선 검파 회로에서 복조를 행한다.
② 포스터 실리형 회로, 비검파기, 경사형 검파기 등이 있다.

(2) 경사형 검파기(Slope Detector)

주파수 특성 곡선의 기울기가 직선적이라면, AM파의 진폭 변화는 입력 FM파의 주파수 변화와 비례하여 똑같은 모양의 파형을 얻을 수 있어서, 결국은 FM파를 검파하게 되는 것이다.

(3) 포스터-실리(Foster-Seeley) 판별 회로

① 검파기 D_1, D_2에 가해지는 전압

$$V_{ad} = V_L + V_{ac} = V_L + \frac{V_{ad}}{2}$$

$$V_{bd} = V_L - V_{cb} = V_L + \frac{V_{ab}}{2}$$

합격예측
- Pre-emphasis : HPF 기능
- De-emphasis : LPF 기능

합격예측
주파수 변별기는 경사 회로와 포락선 검파기로 구성된다.

합격예측
직선 검파 회로에서 동조 주파수를 적당히 선택하여 FM파를 검파한다.

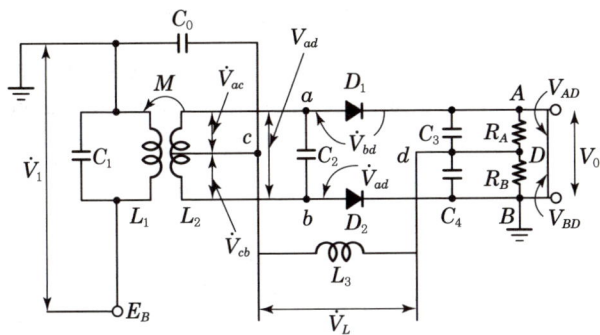

[포스터-실리 판별 회로]

② 앞단에 진폭 제한 회로(Limiter)를 연결하여 AM 변조 성분을 제거하여 순수한 FM 주파수 성분만을 공급하여 주파수 변화를 진폭의 변화로 변환하는 장치로서 FM파의 검파용으로 쓰인다.
③ S 커브 특성 : 복조 회로의 입력에서 중심 주파수를 변화시켰을 경우의 출력 전압의 변화 특성

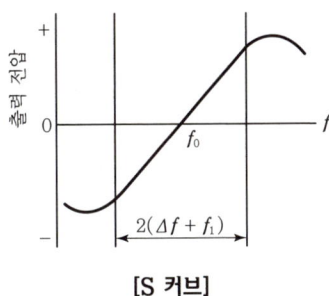

[S 커브]

(4) 비검파(Ratio Detector) 회로
① 포스터-실리 회로의 일부를 개량한 것으로 복조 감도는 1/2로 낮으나, 큰 용량의 C_0 및 R_1, R_2가 진폭 제한 작용을 하므로 별도의 진폭 제한 회로가 필요하지 않다.
② 실제의 FM이나 텔레비전 수신기에 주로 쓰인다.

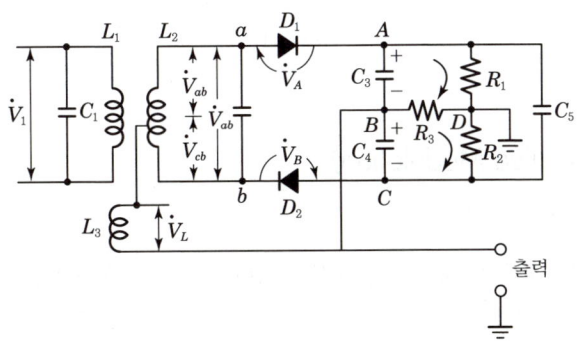

합격 NOTE

합격예측
입력 진폭 변화에 의한 복조 감도가 변화하므로, 반드시 진폭 변화를 억제하는 리미터를 삽입해야 한다.

합격예측
출력측에 용량이 큰 콘덴서 C_0을 사용한다.

합격예측
• 비검파기 응용분야 : FM이나 TV의 수신기
• 포스트-실리 검파기 응용분야 : FM파의 검파용

합격 NOTE

[비검파기와 포스트-실리 검파기의 특성 비교]

구분 내용	비검파기 (Ratio detector)	포스트-실리 검파기 (Foster-Seeley detector)
다이오드 방향	2개의 다이오드 접속극성이 서로 다르다.	2개의 다이오드 접속극성이 동일하다.
진폭 제한 기능 (리미터 기능)	출력이 입력 신호의 크기 및 변동에 비례하지 않으므로 진폭 제한기가 불필요하다.	출력이 입력 신호의 크기 및 변동에 비례하므로 진폭 제한기가 반드시 필요하다.
검파 감도비	포스트-실리형보다 감도가 1/2 정도 둔하다.	비검파기보다 감도가 2배 정도 민감하다.
검파 출력 (전압)	포스트-실리형보다 검파 출력이 1/2 정도 작다.	비검파기보다 검파 출력이 2배 정도 크다.

(4) 위상 고정루프(PLL : Phase-Locked-Loop) 복조

① PLL은 각 변조 파형을 복원하는 데 사용되는 궤환(feedback) 회로이다.

② 위상 검출기(PD : Phase Detector), 저역 통과 필터(LPF), 전압 제어 발진기(VCO : Voltage Control Oscillator)로 이루어진다.

③ PLL은 입력 신호와 출력 신호의 위상차를 검출하고, 이것에 비례한 전압에 의해 출력 신호 발생기의 위상을 제어하며, 출력 신호의 위상과 입력 신호의 위상을 같게 하는 회로이다.

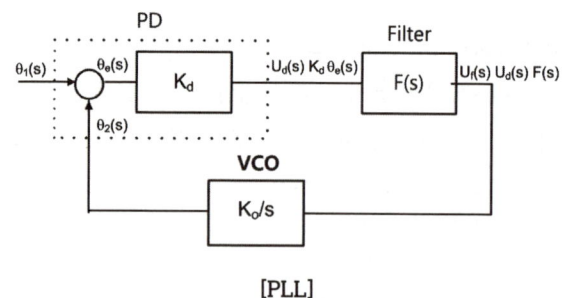

[PLL]

합격예측

PLL의 목적은 VCO를 수신 신호에 정합시킨다.

합격예측

PLL의 응용 분야 : 수신기에서의 동기, 안정한 주파수 성분발생, 주파수 합성기, 간접 FM 신호의 복조

5. 펄스 변조(Pulse Modulation)

가. 펄스 변조의 개요

연속적인 파형을 송신하는 대신 일정한 주기로 신호를 표본화하고, 표본화된 신호의 진폭에 따라 펄스 열을 생성하여, 이 펄스 열을 전송함으로써 전송이 이루어진다.

합격예측

펄스 변조는 표본화 신호(펄스파)를 정보신호에 따라 변화시킨다.

(1) 아날로그 펄스 변조방식

① PAM(펄스 진폭 변조) : 펄스의 주기, 폭 등은 일정하고, 펄스의 진폭(Amplitude)을 입력 신호 전압에 따라서 변화시키는 방법이다.
② PWM(펄스폭 변조) : 펄스의 진폭, 주기 등은 일정하고, 펄스의 폭(Width)을 입력 신호에 따라서 변화시키는 방법이다.
③ PPM(펄스 위치 변조) : 펄스의 진폭, 폭 등은 일정하고, 펄스의 위상(또는 위치, Position)을 입력 신호에 따라 변화시키는 방법이다.

> **합격예측**
> PAM 신호의 펄스와 펄스간의 공백에 다수의 다른 PAM 신호를 삽입하여 다중화할 수 있으며 이를 시분할 다중화(TDM)라 한다.

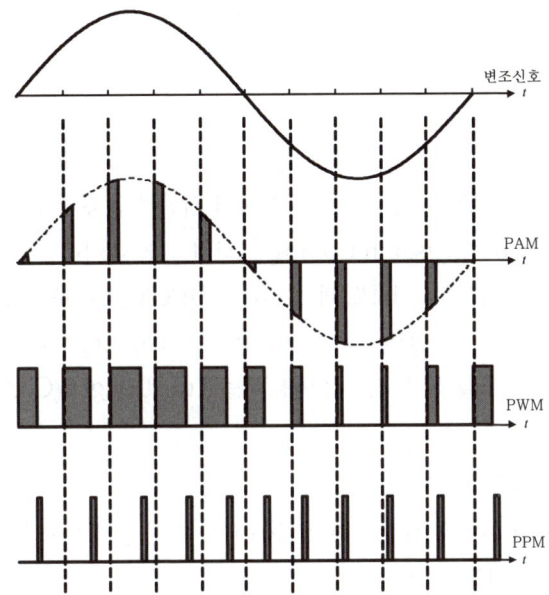

(2) 불연속 펄스 변조

① 펄스 부호 변조(PCM : Pulse Code Modulation) : 신호파의 진폭을 표본화, 양자화하고 양자화된 숫자를 2진법으로 표시하여 2진 부호에 따른 펄스를 출력하는 변조 방식
② 펄스 수 변조(PNM : Pulse Number Modulation) : 변조 신호파의 진폭에 따라 진폭이나 폭이 일정한 단위 펄스를 일정한 시간 내에 그 수를 변화시켜서 변조하는 방식
③ 델타 변조(ΔM : Delta Modulation) : 신호 레벨의 변화량을 Δ만큼 증감되는 계단파로 근사화하여 그것을 정(+), 부(-)의 펄스로 변환시키는 변조 방식

> **합격예측**
> PCM은 입력 아날로그 신호를 표본화-양자화-부호화하여 2진 데이터로 변환한다.

> **합격예측**
> DM은 표본당 1[bit]로 전송한다.

합격 NOTE

6. 디지털 변복조

가. 디지털 변복조의 구성도

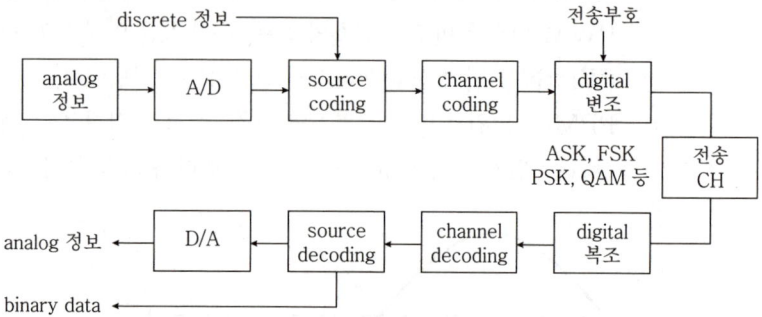

(1) Source Coding(원천 코딩)

통신 시스템을 효율적으로 사용하기 위하여 압축 부호화를 수행하는 것으로 Compression Coding을 의미한다. 데이터를 압축하기 위한 부호화 기법으로는 DPCM, DM, ADPCM, ADM, LPC 등에서 사용되는 Predictive Encoding(또는 Differential Encoding)과 영상 정보를 사용하는 데 이용되는 Run Length Coding 방법 등이 있다.

(2) Channel Coding

디지털 데이터 전송시 착오(Error)를 찾기 위해 의도적으로 Redundant한 Bit를 넣어주는 것

(3) Digital 변조

전송하고자 하는 정보 신호(변조 신호)에 따라 반송파의 진폭을 변화시키는 방식인 ASK, 주파수를 변화시키는 방식인 FSK, 위상을 변화시키는 방식인 PSK, 진폭과 위상을 동시에 변화시키는 방식인 QAM 변조를 수행

(4) Digital 복조

변조된 피변조파 신호로부터 원래의 정보 신호를 찾아내는 것으로 비동기 검파 또는 동기 검파를 수행

(5) Channel Decoding

송신측에서 전송시 사용되었던 Redundant한 Bit를 사용하여 착오의 검출 및 정정을 수행

(6) Source Decoding

송신측에서 압축 전송된 신호를 신장 과정을 거쳐 다시 원래의 신호 정보의 크기로 재생시키는 과정을 수행

합격예측

소스 코딩(Source Coding)이란 데이터의 압축을 말하는 것으로 예측 부호화(Predictive Coding)와 줄길이 부호화(Run Length coding) 방법이 있다.

합격예측

줄길이 부호화(RLC : Run Length Coding)는 0이 많이 포함된 정보를 압축하는데 많이 사용되는 것으로 0이 16개 포함된다면 16개의 0을 삽입하는 대신 4개의 비트를 이용하여 16을 나타냄으로써 0이 16개 포함된다는 것을 알려준다.

합격예측

Channel Coding이란 전송하고자 하는 정보에 여분의 비트를 삽입하는 것으로 여분의 비트가 1~2개 들어가면 착오(에러)검출부호가 되고 여분의 비트가 3개 이상 들어가면 착오(에러)정정부호가 된다. 착오검출부호란 수신측에서 착오검출만 가능한 부호이고, 착오정정부호란 수신측에서 착오의 검출 및 정정을 수행할 수 있는 부호이다.

합격예측

Channel Decoding은 착오(에러)의 검출과 정정을 말하는 것으로 데이터 통신에서는 보통 Error Control(에러제어)이라 한다.

나. 데이터 전송 방법

(1) 기저대역 전송(Baseband Transmission)

Digital화된 정보나 Data를 그대로 보내거나 또는 전송로의 특성에 알맞는 부호(전송 부호)로 변환시켜 전송하는 방식

① 전송 부호(이원 전송 부호)의 종류

구 분	전 송 부 호
입력 데이터	1 1 0 0 0 1 0 1 1 1 0 0 1 T : 1 부호간격(한 bit의 폭)
단극 RZ 펄스 (단류)	
양극 NRZ 펄스 (복극, 복류)	
바이폴라 펄스 (Bipolar)	
맨체스터 펄스 (Manchester)	
차동 펄스 (차분)	
CMI 부호	

이상의 전송 부호 외에 중요한 전송 부호를 열거하면 다음과 같다.

㉠ NRZ(Non Return to Zero) : 한 bit의 점유율(Duty Cycle)이 100[%]인 부호로 NRZ-L(level), NRZ-M(mark), NRZ-S(space) 등이 있음.

㉡ RZ(Return to Zero) : 한 bit의 점유율이 50[%] 정도인 부호

㉢ Dicode : 0에서 1로의 변화는 A전위, 1에서 0으로의 변화는 −A전위를, 계속 변화가 없는 경우에는 0전위를 주는 방식으로 Bipolar처럼 저주파 성분이 감소된다.

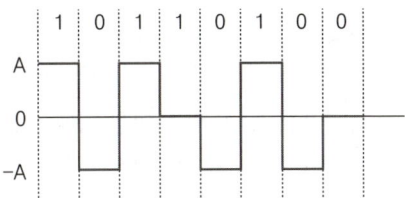

합격 NOTE

합격예측

전송 부호
- 단극펄스 : 1은 (+)레벨로 0은 0레벨로 표시
- 양극펄스 : 1은 (+) 레벨로 0은 (−)레벨로 표시
- 바이폴라(또는 AMI)펄스 : 1은 최근의 앞상태 반전, 0은 0레벨로 표시
- 맨체스터 펄스 : 1은 위로 올라가 중간에서 천이해 원위치로 오는 것으로, 0은 아래로 내려가 중간에서 천이해 원위치로 오는 것으로 표시
- 차동펄스 : 1은 전상태 유지, 0은 상태반전으로 표시
- CMI 부호 : 1은 (+)레벨과 (−)레벨을 번갈아 교대, 0은 맨체스터의 0처럼 표시

합격예측

직류억압부호

직류 성분을 가지지 않는 전송부호로 바이폴라 펄스, 맨체스터 펄스, CMI 부호 등이 여기에 해당된다.

② 지연 변조(Delay Modulation, Miller Code) : 최소한 두 개의 bit 시간 간격 동안 한 번의 전이가 발생하며 한 Bit 간격에서는 최대한 한 번의 전이가 발생하는 부호화 방법으로 얼마의 동기화 능력을 갖고 있으면서 낮은 변조율과 대역폭을 필요로 한다.

(2) 반송대역 전송(Bandpass Transmission)

디지털 신호를 가지고 반송파의 진폭, 주파수, 위상 중 어느 하나 또는 둘을 변화시켜 전송하는 방식. 즉 디지털 신호를 가지고 ASK, FSK, PSK 또는 QAM 변조를 하여 전송하는 방식

다. Matched Filter

디지털 통신에서는 펄스의 파형이나 크기는 별로 중요하지 않고, 펄스의 존재 유무를 정확하게 판별하는 것이 중요하다.

정합 Filter의 임펄스 응답 $h(t)$는 $H(\omega)$를 Inverse Fourier Transform 시키면 얻을 수 있다. 즉 $h(t) = \mathcal{F}^{-1}|H(\omega)| = Ks^*(t_m - t) = Ks^*(T-t)$ 이와 같이 정합 필터란 신호 $s(t)$의 영상(image)을 T초만큼 이동시킨 것임을 알 수 있다.

실제 Filter의 설계시에서는 신호 크기의 자승과 잡음 크기의 자승을 이용하여 S^2/N^2의 비를 최대로 되게 하는 것이 편리하다.

$$s(t)+n(t) \longrightarrow \boxed{H(\omega)} \longrightarrow s_0(t)+n_0(t)$$

이제 $t = t_m$에서 $\dfrac{s_0^2(t)}{n_0^2(t)}$(단, 잡음을 백색 잡음만 존재한다고 가정)을 최대로 하는 경우를 풀게 되면 S/N비 최대치는 $\dfrac{2E_s}{N_0}$가 된다. 여기서 E_s는 입력 신호의 에너지를, N_0는 백색 잡음의 전력 밀도 스펙트럼의 크기이다.

정합 필터는 본질적으로 동기 검파기이며 하나의 곱셈기와 하나의 적분기로 구현할 수 있다($t=T$ 때 정합 필터를 상관기(Correlator)라 부름).

라. 디지털 변조의 종류

(1) ASK(Amplitude Shift Keying : 진폭 편이 변조)

① 2진 ASK

Digital 신호 0과 1을 반송파의 On, Off에 대응시켜 0과 1에 따라 반송파의 진폭을 달리하는 방식

특히 2진 ASK의 특별한 형태로 1의 경우에는 진폭이 있는 반송파를 전송하고 0의 경우에는 진폭이 0인 반송파를 전송하는 2진 ASK를 OOK(On Off Keying)이라 한다.

합격예측

기저대역 전송은 디지털 신호를 그대로 전송하거나 또는 다른 전송부호로 변환하여 전송하는 방식으로 디지털 신호를 디지털 변조하지 않고 전송하는데 비해, 반송대역 전송은 디지털 신호를 디지털 변조하여 전송하는 방식이다.

합격예측

정합필터
- 정합필터는 입력신호의 영상을 T초만큼 이동시킨다.
- 디지털 통신에만 사용하며 S/N비를 향상시킨다. 정합필터의 S/N비 최대치는 $\dfrac{2E_s}{N_0}$이다.
- 동기검파기이다.
- 하나의 곱셈기와 하나의 적분기로 구현할 수 있다.

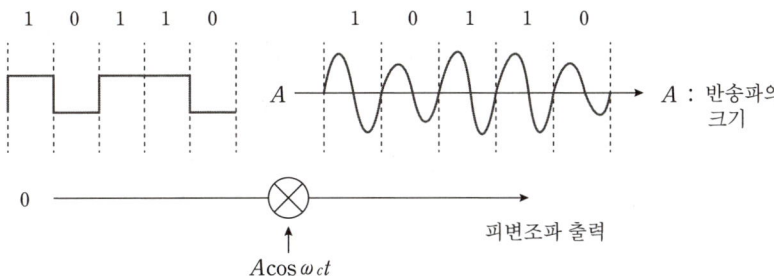

② M진 ASK(M-ary ASK)

M(정수)=2^n(한 번에 보낼 수 있는 비트수)에서 한 번에 n개의 비트를 ASK 방식으로 전송하는 것을 말한다.

③ ASK의 복조

비동기 검파 및 동기 검파 방식

(비동기 검파기로는 Envelope Detector를, 동기 검파기로는 정합 필터 사용)

(2) FSK(Frequency Shift Keying : 주파수 편이 변조)

① 2진 FSK

Digital 신호 0 또는 1에 따라 반송파의 주파수를 달리 대응시키는 방식

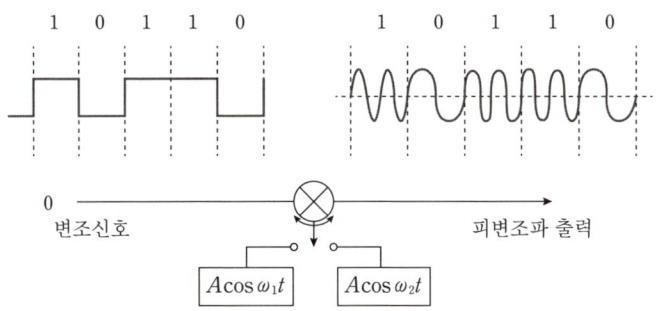

② M진 FSK

한 번에 n개의 비트를 FSK 방식으로 전송하는 것을 말한다.

③ FSK의 복조

비동기 검파 및 동기 검파 방식

(비동기 검파기로는 Envelope Detector를, 동기 검파기로는 정합 필터 또는 PLL을 사용)

④ 용도

저속도 모뎀의 변조방식으로 사용된다.

합격 NOTE

합격예측

디지털 변조의 복조방식
- ASK와 FSK : 비동기 검파 및 동기검파
- PSK와 QAM : 동기검파

합격예측

FSK는 한 주파수에서 다른 주파수로 급변시키는 스위칭으로 인한 위상의 불연속성이 존재한다. 이를 해결한 것이 CPFSK(Continuous Phase FSK)이며, 검파 시 신호가 겹치지않도록 하기 위한 최소 주파수 편이비 0.5를 만족시키는 CPFSK를 MSK라 하며 FSK에서 가장 대역폭이 좁은 경우에 해당된다.

합격 NOTE

합격예측

PSK에서 반송파 간의 위상차는 $\frac{2\pi}{M}$(M은 진수)이다. BPSK는 2진 PSK로 반송파 간의 위상차는 π(180°), QPSK는 4진 PSK로 반송파 간의 위상차는 $\frac{\pi}{2}$(즉 90°), 8진 PSK는 반송파 간의 위상차가 $\frac{\pi}{4}$(즉 45°)이다.

(3) PSK(Phase Shift Keying : 위상 편이 변조)

① 2진 PSK(BPSK : Binary PSK)

Digital 신호 0 또는 1에 따라 반송파의 위상을 변화시키는 방식

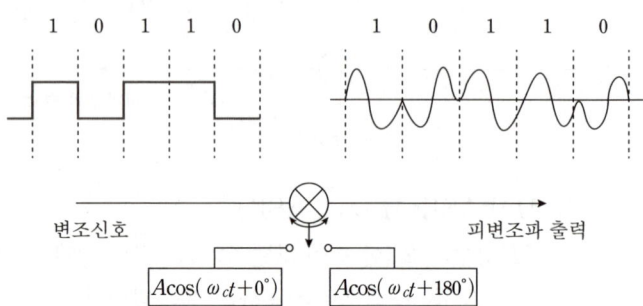

② QPSK(Quardrature PSK : 4진 PSK)

한 번에 동시에 2개의 Bit를 보낼 수 있는 방식으로 2개의 Bit의 경우의 수는 00, 01, 10, 11이고 각각에 대해 반송파의 위상을 달리하여 보내는 방식으로 반송파간의 위상차는 $\frac{2\pi}{M} = \frac{2\pi}{4} = 90°$이다.

▶ 발생

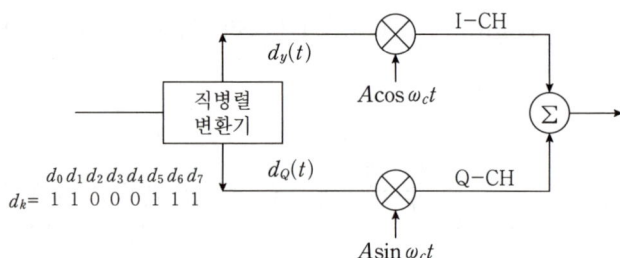

비트값		직교 계수		위상각
		p_n	q_n	
0	0	1	0	0
0	1	0	1	$\pi/2$
1	0	-1	0	π
1	1	0	-1	$-\pi/2$

③ OQPSK(Offset QPSK)

QPSK에서의 위상 변화는 0, ±90°, 180°가 되며 이렇게 되면 PSK의 장점인 constant envelope를 유지할 수 없으므로 이 중 180° 위상 변화를 제거(Constant Envelope를 유지하기 위해서)하기 위하여 I-CH이나 Q-CH 중 어느 한 CH을 $\frac{1}{2}T_s$(즉 T_b)만큼 Delay시킨 것을 OQPSK라 한다.

합격예측

OQPSK에 Sine Pulse Shaping 기법을 사용하여 ISI(심볼 간 간섭)를 줄인 것을 Sine Filtered OQPSK 또는 MSK라 한다. 따라서 MSK는 FSK의 일종이기도 하고 PSK의 일종이기도 하다(ISI를 줄이기 위해 등화기를 사용하기도 한다).

④ M진 PSK(M-ary PSK)

PSK 방식을 사용하여 많은 Bit를 한꺼번에 보내기 위해서는 반송파간의 위상차를 $\frac{2\pi}{M}$로 하여 전송하면 되고 이때의 PSK를 M진 PSK라 한다.

⑤ PSK의 복조

동기 검파(정합 필터 사용)

⑥ DPSK(Differential PSK, 차동 PSK)

PSK 방식의 동기 검파 문제를 해결하기 위하여 1구간(T초) 전의 PSK 신호를 기준파로 사용하여 검파하는 차동 위상 검파 방식을 사용하는 PSK를 DPSK라 한다.

㉠ DPSK 송신기

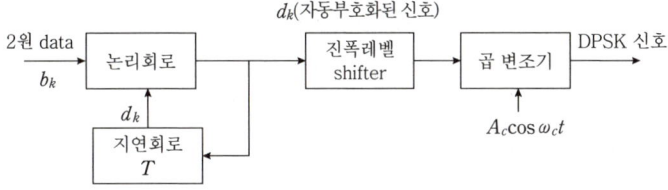

㉡ DPSK 수신기(차동 위상 검파)

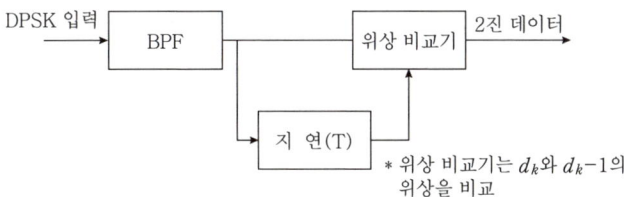

(4) QAM(Quadrature Amplitude Modulation)

QAM은 정보 신호에 따라 반송파의 진폭과 위상을 동시에 변화시키는 APK(Amplitude Phase Keying)의 한 종류가 된다.

QAM의 특징은 다음과 같다.

① QAM 신호는 2개의 직교성 DSB-SC 신호를 선형적으로 합성한 것이다.

② QAM은 동기 검파 또는 동기 직교 검파 방식을 사용하여 신호를 검출한다.

③ M진 QAM의 대역폭 효율은 $\log_2 M$[bps/Hz]이다.

④ QAM은 APK 변조 방식으로 중고속 데이터 전송에 좋으며, 잡음과 위상 변화에 우수한 특성을 가진다.

⑤ QAM의 Spectrum 효율을 향상시키기 위해 I-CH과 Q-CH의

합격 NOTE

합격예측

DPSK는 d_k와 d_{k-1}의 위상을 비교하여 검파하는 차동위상검파 방식을 사용하는 PSK이다. DPSK에서는 2진, 4진, 8진 DPSK는 사용하지만 16진 DPSK는 사용하지 않는다.

합격예측

costas loop

PSK는 동기검파를 수행하는데 이 경우 수신측에서는 변조 시 사용한 반송파가 필요하다. Costas Loop는 수신되는 피변조파로부터 반송파를 만들어 동기검파 하게 된다.

합격예측

QAM은 정보신호에 따라 반송파의 진폭과 위상을 변화시켜 전송하는 APK의 한 종류이며 중고속 데이터 전송에 주로 사용된다.

LPF(Cosineshaped Filter) 대신에 PRF(Partial Response Filter)를 사용한 QAM을 QPR(Quadrature Partial Response)이라 한다.

마. 디지털 변조의 특성 비교

(1) 오류 확률(심벌 오율)

(2) 전송 대역폭

전송에 필요한 대역폭을 말하며 단위는 [Hz]이고 다음과 같이 정의된다.

$$전송 대역폭 = \frac{1}{기호\ 지속\ 시간} = \frac{r_b}{n} = \frac{r_b}{\log_2 M}[Hz]$$

여기서 n : 한 번에 보낼 수 있는 bit수로 $n = \log_2 M (\because M = 2^n$이므로)

(3) 에너지

$$M진\ 에너지 = E_b \times \log_2 M$$

여기서 E_b : 2진(기본) 에너지

바. 통신 속도와 채널 용량

(1) 변조 속도

변조 속도는 1초에 변조하는 횟수, 초당 전송하는 신호단위의 수 또는 단위 펄스 시간길이의 역수로 정의한다.

$$B = \frac{1}{T}[Baud]\ 또는\ [Baud/sec]$$

(2) 데이터 신호 속도

데이터 신호 속도는 1초간에 전송할 수 있는 bit수를 의미하며 단위는 bps(bit per second) 또는 b/s이다. 여기서 n은 한 번에 전송하는 비트수이며, 예로써 16진 QAM의 경우 $n = 4$가 된다.

데이터 신호 속도 $= n \cdot B[bps]$

(3) 채널 용량

채널 용량이란 송신측에서 수신측으로 전송되는 정보량인 상호정보량의 최대치를 구하는 것으로 Shannon의 정리와 Nyquist 공식이 있다.

① Shannon의 정리

샤논의 정리란 채널상에 백색 잡음이 존재한다고 가정한 상태에서 채널 용량을 구하는 공식으로 단위는 [bps] 또는 [b/s]이고 다음과 같이 정의된다.

$$C = B\log_2\left(1 + \frac{S}{N}\right)[bps]$$

합격 NOTE

합격예측
오류 확률은 같은 진수일 경우 ASK > FSK > DPSK > PSK > QAM이다.(즉 QAM 변조 방식을 사용하여 전송했을 때가 오류 발생 확률이 가장 낮다.)

합격예측
진수가 증가할수록 전송 대역폭은 줄어든다. 예로서 4진 PSK의 전송 대역폭은 2진 PSK의 전송 대역폭의 반($\frac{1}{2}$배)이다.

합격예측
동일한 변조방식을 사용하는 경우 진수가 증가할수록 오류발생 확률이 증가한다. 즉 4진 PSK는 2진 PSK보다 한 번에 보내는 비트수가 2배이므로 오류 확률도 2배 증가한다.

합격예측
대역폭 효율(스펙트럼 효율)은 $\log_2 M$[bps/Hz]으로 구한다. 예로서 16진 QAM의 대역폭 효율은 4[bps/Hz]이다.

합격예측
1분 간 전송할 수 있는 문자 수는 $\frac{60B}{m}$로부터 구한다.(m은 한 문자를 구성하는 비트수, B는 변조 속도)

합격예측
아날로그 통신 시스템의 성능 측정은 S/N비를 사용하지만 디지털 통신 시스템의 성능 측정은 C/N비를 사용한다.

여기서 C : 채널 용량(통신 용량)
B : 채널의 대역폭
S/N : 신호대 잡음비

채널의 통신 용량(전송 용량)을 늘리려면 채널의 대역폭 B를 증가시키거나 신호세력을 높이거나 잡음 세력을 줄이면 된다.

 참고

Shannon의 정리는 열잡음만을 고려한 채널의 이론상 최대 전송 속도이나 실제로는 충격 잡음, 감쇠 현상, 지연 왜곡 등에 의해 채널은 이보다 더 낮은 속도로 사용된다.

② Nyquist 공식

Nyquist 공식이란 잡음이 없는 채널을 가정하고, 지연 왜곡에 의한 ISI에 근거하여 최대 용량을 산출한 공식으로 단위는 [bps]이고 다음과 같이 정의된다.

$C = 2B \log_2 M \text{[bps]}$

여기서 C : 채널 용량
B : 채널의 대역폭
M : 진수

합격 NOTE

출제 예상 문제

제2장 아날로그 변복조·펄스변조·디지털 변복조

01 다음 중 변조과정에 대한 설명으로 옳은 것은?

① 반송파에 정보신호(음성·화상·데이터 등)를 싣는 것을 변조라 한다.
② 변조된 높은 주파수의 파를 반송파라 한다.
③ 변조는 소신호로 대전류를 제어하는 것이다.
④ 저주파는 음성 신호파를 운반하는 역할을 하므로 피변조파라 한다.

해설
① 변조(Modulation)란 신호의 주파수 스펙트럼을 높은 쪽으로 옮기는 조작(Frequency Translation)이다.
② 변조란 보내고자 하는 정보가 갖고 있는 주파수보다 훨씬 더 높은 주파수를 갖는 정현파(Carrier)를 곱하는 것이다.

02 다음 중 변조의 목적이 아닌 것은?

① 안테나의 길이를 줄일 수 있다.
② 잡음 및 간섭의 영향을 적게 받는다.
③ 주파수 분할의 다중통신을 할 수 있다.
④ 송신 전력을 일정하게 유지할 수 있다.

해설
변조(Modulation)의 목적
① 변조란 신호를 채널에 알맞은 전송 파형으로 변환하는 과정이라고 할 수 있는데, 이를 위해 원하는 정보에 따라 반송파(Carrier) 신호의 진폭, 주파수, 위상 정보를 변경하여 변조된 신호를 얻는다.
② 변조를 하는 이유
  장거리 전송이 가능, 주파수분할 다중화(FDM)가 용이, 안테나의 크기 축소, 신호처리 용이, 잡음 내성 향상 등

03 다음 중 변복조에 대한 설명으로 옳은 것은?

① 반송파의 주파수가 높을수록 안테나의 크기가 커진다.
② 변조 과정의 정보 신호를 반송파, 낮은 주파수를 피변조파라 한다.
③ 수신측에서 정보를 갖는 신호를 추출하는 과정을 검파라고 한다.
④ 높은 주파수의 신호를 낮은 주파수로 이동시켜 전송하는 과정을 복조라고 한다.

해설
반송파의 주파수가 높을수록 안테나의 크기는 작아진다.

04 다음 중 아날로그 변조방식의 진폭변조(AM)에 대해 맞게 설명한 것은?

① 아날로그 정보신호에 따라 반송파신호의 진폭을 변화시키는 방식
② 반송파신호에 따라 아날로그 정보신호의 진폭을 변화시키는 방식
③ 아날로그 정보신호에 따라 반송파의 진폭과 위상을 변화시키는 방식
④ 반송파신호에 따라 아날로그 정보신호의 위상을 변화시키는 방식

해설
반송파로 사용되는 정현파 신호의 진폭, 주파수, 위상 가운데 어느 하나를 아날로그 입력신호에 의해 변화시키는가에 따라 AM, FM, PM으로 구분한다.

05 다음 중 아날로그 진폭 변조 방식의 종류가 아닌 것은?

① DSB-LC(DSB-TC)
② DSB-SC
③ FM
④ SSB

해설
· AM의 종류 : 양측파대(DSB : Double Side Band), 단측파대(SSB : Single Side Band), 잔류측파대(VSB : Vestigial Side Band) 방식

[정답] 01 ① 02 ④ 03 ③ 04 ① 05 ③

06 반송파 $v_c=V_c\sin\omega_c t$를 $v_m=V_m\sin pt$로 진폭 변조했을 때 피변조파의 식은 어느 것인가?

① $v(t)=(V_c+V_m)\sin pt$
② $v(t)=(V_c+V_m\sin pt)\sin\omega_c t$
③ $v(t)=(V_c+V_m\sin)\sin\omega_c t$
④ $v(t)=(V_c+\sin\omega_c t+V_m)\sin pt$

해설
진폭 변조(AM : Amplitude Modulation)
① 진폭 변조 : 반송파의 진폭을 신호파의 진폭에 따라 변화하게 하는 방법이다.
② 주어진 문제에서, 반송파가 V_c, 신호파가 V_m이므로 V_c에 신호파 전압을 가산해야 한다.

07 진폭 변조에서 신호파 $x_s(t)=4\cos 2\pi f_s t$, 반송파 $x_c(t)=5\cos 2\pi f_c t$로 주어질 때 피변조파 $x(t)$를 나타낸 것은?

① $x(t)=4(1+0.8\sin 2\pi f_s t)\cos 2\pi f_c t$
② $x(t)=4(1+0.8\cos 2\pi f_s t)\cos 2\pi f_c t$
③ $x(t)=5(1+0.8\sin 2\pi f_s t)\cos 2\pi f_c t$
④ $x(t)=5(1+0.8\cos 2\pi f_s t)\cos 2\pi f_c t$

해설
$e(t)=(E_c+E_s\cos\omega_s t)\cos(\omega_c t+\theta)$
∴ $e(t)=(5+4\cos\omega_s t)\cos\omega_c t=5\left(1+\dfrac{4}{5}\cos\omega_s t\right)\cos\omega_c t$

08 다음 중 AM방식의 변조도에 대한 설명으로 틀린 것은?

① 변조도가 1일 때 완전변조라 한다.
② 변조도가 1보다 작으면 파형의 일부가 잘려 일그러짐이 생긴다.
③ 변조도는 신호파의 진폭과 반송파의 진폭의 비로 나타낸다.
④ 변조도가 1보다 큰 경우를 과변조라 한다.

해설
변조도에 따른 의미
① $m<1$: 이상 없음, 즉 정상변조이다.
② $m=1$: 완전변조이다, 즉 100[%] 변조이다.
③ $m>1$: 과변조로서, 원래신호와 일그러짐이 생기며, 점유주파수 폭이 넓어진다.

09 진폭 변조에서 반송파의 진폭이 20[V]이며 신호파의 진폭이 10[V]인 경우 그 변조도는?

① 0.8
② 0.5
③ 0.2
④ 0.1

해설
변조도$(m)=\dfrac{신호파}{반송파}=\dfrac{10}{20}=0.5$

10 AM 변조의 피변조파에서 상측파의 진폭과 반송파의 진폭 관계는?(단, M은 변조도)

① $\dfrac{M}{4}$배
② $\dfrac{M}{2}$배
③ $\dfrac{M}{6}$배
④ 4배

해설
진폭 변조의 피변조파는 반송파 이외에 상·하로 신호의 각 주파수만큼 떨어진 2개의 측파(상측파와 하측파)로 구성되는데 이것들의 진폭은 어느 것이나 반송파 진폭의 $\dfrac{M}{2}$배가 된다.

11 진폭변조(AM)에서 신호파 $x_s(t)=\cos 2\pi f_s t$이고, 반송파 $x_c(t)=2\cos 2\pi f_c t$로 주어질 때 변조도는?

① 20[%]
② 50[%]
③ 80[%]
④ 100[%]

해설
$m=\dfrac{최대\ 신호파\ 진폭(I_S)}{최대\ 반송파\ 진폭(I_m)}=\dfrac{1}{2}\times 100=50[\%]$

12 진폭 변조파의 전압이 $e=(200+50\sin 2\pi 100t)\sin 2\pi\times 10^8 t$[V]로 표시되었을 때 변조도는 약 몇 [%]인가?

① 25
② 50
③ 75
④ 95

[정답] 06 ② 07 ④ 08 ② 09 ② 10 ② 11 ② 12 ①

해설
$$e = (200 + 50\sin 2\pi 100t)\sin 2\pi 10^8 t\,[V]$$
$$= 200\left(1 + \frac{50}{200}\sin 2\pi 100t\right)\sin 2\pi 10^8 t\,[V]$$
여기서 $m = \frac{50}{200} \times 100 = 25[\%]$

13 반송파 전압 $e_c = E_c\cos 3\omega_c t\,[V]$를 신호 전압 $e_s = E_s\cos 3\omega_s t\,[V]$로 진폭 변조시 피변조파의 상측파대의 각주파수는 얼마인가?(단, m_a는 변조도이다.)

① $\omega_c + \omega_s$
② $m_a \cdot E_c/2$
③ $\omega_c - \omega_s$
④ $m_a \cdot E_c$

14 어떤 진폭 변조파의 방정식이 다음과 같이 표시되는 경우에 이 전파의 상측파대 주파수 및 변조도는?

$$V_{AM} = (10 + 6\cos 2\pi \times 10^3 t)\cos 2\pi \times 10^6 t$$

① 1,001[Hz], 50[%]
② 999[Hz], 60[%]
③ 1,001[kHz], 60[%]
④ 999[kHz], 50[%]

해설
변조도 $m = \frac{V_m}{V_c} = \frac{6}{10} = 0.6[\%]$ ∴ 60[%]
반송파 성분은 $2\pi \times 10^6 t$에서 $f_c = 1[MHz]$
변조파 성분은 $2\pi \times 10^3$에서 $f_m = 1[kHz]$
그러므로 상측파대 주파수는 $f_c + f_m = 1,000 + 1 = 1,001[kHz]$

15 진폭변조에서 변조도가 1인 경우 피변조파 출력은 반송파 전력의 몇 배가 되는가?

① 1
② 1.5
③ 2
④ 2.5

해설
$P_m = P_c\left(1 + \frac{m_a^2}{2}\right)$에서 변조도가 1인 경우
$P_m = \frac{3}{2}P_c = 1.5P_c$

16 변조도가 1인 때를 무엇이라고 하는가?

① 무변조
② 100[%] 변조
③ 과변조
④ 1[%] 변조

해설
변조도(modulation index)
① $m_a = \frac{E_m}{E_c}$
② $m_a = 1 : 100[\%]$ 변조
  $m_a > 1 :$ 과변조 $m_a < 1 :$ 무변조

17 AM 변조기에서 발생하는 측대파의 수는?

① 1개
② 2개
③ 3개
④ 무수히 많다.

해설
측대파(sideband)
① 상측파대와 하측파대 2개가 생긴다.
② 반송파 주파수를 f_c, 신호파 주파수를 f_s라 하면
  - 상측파 : $f_c + f_s$에 생김
  - 하측파 : $f_c - f_s$에 생김

18 AM 변조시에 반송파의 주파수가 700[kHz]이고 변조파의 주파수가 5[kHz]라고 할 때 주파수 대역폭은?

① 5[kHz]
② 10[kHz]
③ 14[kHz]
④ 140[kHz]

해설
AM 변조시 주파수 대역폭
① 주파수 $f_0[Hz]$의 전류를 $f_1[Hz]$로 진폭 변조했을 경우 피변조 주파수에는 f_0, $(f_0 + f_1)$을 상측파대, $(f_0 - f_1)$을 하측파대라 하며, 양쪽을 일괄하여 측대파 또는 점유 주파수대라고 한다.
② 상측대파 : 700[kHz] + 5[kHz] = 705[kHz]
  하측대파 : 700[kHz] - 5[kHz] = 695[kHz]
  ∴ 점유 주파수폭 = 705[kHz] - 695[kHz]
            = 10[kHz]

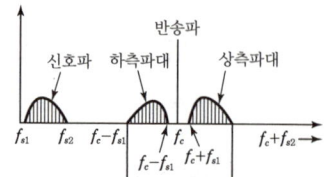

[정답] 13 ① 14 ③ 15 ② 16 ② 17 ② 18 ②

19 반송주파수 1,000[kHz]를 1~5[kHz] 주파수대의 음성신호로 진폭변조한 경우 상측파대의 주파수 대역은?

① 995~999[kHz] ② 1001~1005[kHz]
③ 999~1005[kHz] ④ 996~1000[kHz]

해설
$f_c + f_s \Rightarrow 1001 \sim 1005[kHz]$

20 1,000[kHz]의 반송파에 5[kHz]의 저주파를 진폭 변조시킬 때 상측파대 최고 주파수는 얼마인가?

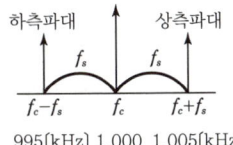

① 995[kHz] ② 1,000[kHz]
③ 1,005[kHz] ④ 1,010[kHz]

해설
상측파대 주파수
$f_H = f_c + f_S = 1,000 + 5 = 1,005[kHz]$
하측파대 주파수
$f_L = f_c - f_S = 1,000 - 5 = 995[kHz]$
점유 주파수대 = 995~1,005[kHz]

21 1,000[kHz]의 반송파를 5[kHz]의 신호파로 진폭 변조한 경우 출력측에 나타나지 않는 주파수는?

① 5[kHz] ② 995[kHz]
③ 1,000[kHz] ④ 1,005[kHz]

해설
AM 변조
① AM 변조된 신호에는 반송파, 상측대파, 하측대파의 신호 성분이 포함된다.
② 반송파 : 1,000[kHz]
  상측파대($f_c + f_s$) = 1,005[kHz]
  하측파대($f_c - f_s$) = 955[kHz]

22 진폭(AM) 변조에서 반송 주파수(f_c)가 1,000[kHz]이고 신호파 주파수(f_s)가 1[kHz]일 때 주파수 대역폭(B)은?

① 1[kHz] ② 2[kHz]
③ 1,000[kHz] ④ 2,000[kHz]

해설
대역폭(B : Bandwidth)
B = 상측파대 - 하측파대
 = 1,001[kHz] - 999[kHz]
 = 2[kHz]

23 반송파 전력이 10[kW]일 때, 변조도 100[%]로 변조했을 경우 피변조파 전력은 얼마인가?

① 5[kW] ② 10[kW]
③ 15[kW] ④ 20[kW]

해설
$P_c = P_c(1 + \frac{m^2}{2}) = 10(1 + \frac{1^2}{2}) = 15[kW]$

24 출력 전력 100[W]의 반송파를 50[%] 변조하였을 때의 측파대 전력은 몇 [W]인가?

① 7.5[W] ② 3.5[W]
③ 12.5[W] ④ 4.5[W]

해설
전력(power)
① 피변조파 = 반송파 + 상측파대 + 하측파대
② 피변조파의 전력(P_m)
 = 반송파 전력(P_c) + 상측대파 전력(P_H) + 하측파대 전력(P_L)
 = $P_c(1 + \frac{m_a^2}{2})$[W]
③ 반송파와 측파대간의 전력비

전력	P_c	P_H	P_L
	$(\frac{I_{cm}}{\sqrt{2}})^2 \cdot R$	$(\frac{m_a I_{cm}}{2\sqrt{2}})^2 \cdot R$	$(\frac{m_a I_{cm}}{2\sqrt{2}})^2 \cdot R$
m_a	1	$\frac{1}{4}$	$\frac{1}{4}$

$m_a = 1(100[\%]$ 변조)일 때 반송파의 점유 전력은 전 전력의 $\frac{2}{3}$이며, 나머지 $\frac{1}{3}$의 전력이 상·하 양측파가 점유하는 전력이 된다.

[정답] 19 ② 20 ③ 21 ① 22 ② 23 ③ 24 ③

④ 측대파 전력

$$P_m = P_c\left(1+\frac{m_a^2}{2}\right) = P_c + P_c\frac{m_a^2}{2}$$
$$= 반송파\ 전력 + 측파대\ 전력$$
$$\therefore P_c\frac{m_a^2}{2} = 100 \times \frac{0.5^2}{2} = 12.5[W]$$

25 진폭변조에서 반송파 전력(P_c)와 피변조파 전력(P)의 관계가 옳은 것은?(단, 변조도 $m=1$ 이다.)

① $P_C = \frac{1}{3}P$ ② $P_C = \frac{2}{3}P$
③ $P_C = \frac{1}{4}P$ ④ $P_C = \frac{3}{3}P$

해설

피변조파 전력 $(P) = \left(1+\frac{1}{2}\right)P_c = \frac{3}{2}P_c$에서 $P_c = \frac{2}{3}P$

26 진폭 변조에서 반송파 전력을 P_c, 변조도를 m_a라 할 때 피변조파 전력 P_m을 나타내는 식은?

① $P_m = P_c$ ② $P_m = P_c\left(1+\frac{m_a^2}{2}\right)$
③ $P_m = P_c\left(1+\frac{m_a^2}{4}\right)$ ④ $P_m = P_c\left(1+\frac{m_a^2}{4}\right)$

해설

피변조파 전력 $P_m = P_c\left(1+\frac{m_a^2}{2}\right)$이 된다.
안테나 복사 저항을 R_a라 하면

반송파 전력 $P_c = \frac{\left(\frac{V_c}{\sqrt{2}}\right)^2}{R_a} = \frac{V_c^2}{2R_a}$

상측파대 전력 $P_V = \frac{\left(\frac{m_a V_c}{2\sqrt{2}}\right)^2}{R_a} = \frac{m_a^2 V_c^2}{8R_a}$

하측파대 전력 $P_L = \frac{m_a^2 V_c^2}{8R_a}$

따라서 피변조파 전력은
$$P_m = P_c + P_v + P_L = \frac{V_c^2}{2R_a} + \frac{m_a^2 V_c^2}{8R_a} + \frac{m_a^2 V_c^2}{8R_a}$$
$$= \frac{V_c^2}{2R_c}\left(1+\frac{m_a^2}{4}+\frac{m_a^2}{4}\right) = P_c\left(1+\frac{m_a^2}{2}\right)$$

27 반송파 전력이 20[kW]일 때 변조율 70[%]로 진폭변조하였다. 상측파 전력은?

① 205[kW] ② 10.5[kW]
③ 4.9[kW] ④ 2.45[kW]

해설

상측파 전력$(P_v) = \frac{m^2}{4} \times P_c = \frac{0.7^2}{4} \times 20 \times 10^3 = 2.45[KW]$

28 출력이 140[W]되는 반송파를 단일 주파수로 30[%] 변조하였을 때 상측파 및 하측파의 전력은 각각 몇 [W]로 되는가?

① 3.15[W] ② 6.3[W]
③ 73.15[W] ④ 146.3[W]

해설

상측파 전력=하측파 전력
$= \frac{m^2}{4} \times P_c = \frac{0.3^2}{4} \times 140 = 3.15[W]$

29 AM변조에서 반송파 전력이 50[kW]일 때, 변조도 70[%]로 변조한다면 피변조파 전력 은 몇 [kW]인가?

① 35.5 ② 62.25
③ 75.45 ④ 80.25

해설

$P_m = 50[kW] \times \left(1+\frac{0.7^2}{2}\right) = 62.25[kW]$

30 AM 피변조파의 반송파, 상측파대, 하측파대의 각 전력성분의 비는?

① $1 : \frac{m^2}{2} : \frac{m^2}{4}$ ② $1 : \frac{m^2}{4} : \frac{m^2}{2}$
③ $1 : \frac{m^2}{2} : \frac{m^2}{2}$ ④ $1 : \frac{m^2}{4} : \frac{m^2}{4}$

해설

피변조파 전력(P_m)=반송파 전력(P_C)+상측파대 전력(P_U)
                    +하측파대 전력(P_L)

㉠ $P_C = \left(\frac{I_C}{\sqrt{2}}\right)^2 R = \frac{I_C^2}{2}R$

㉡ $P_U = P_L = \left(\frac{mI_C}{2\sqrt{2}}\right)^2 R = \frac{m^2}{8}I_C^2 R = \frac{m^2}{4}P_C$

[정답] 25 ② 26 ② 27 ④ 28 ① 29 ② 30 ④

31
진폭 변조도 $m=1$일 때 반송파가 점유하는 전력은 전 전력의 얼마 정도인가?

① $\frac{1}{3}$ ② $\frac{1}{2}$
③ $\frac{2}{3}$ ④ $\frac{1}{6}$

해설

$P_m=1.5P_c$[W]에서 $P_c=\frac{P_m}{1.5}=\frac{2}{3}P_m$[W]

100[%] 변조($m=1$)일 때의 반송파가 점하는 전력은 전 전력의 $\frac{2}{3}$이며, 나머지 $\frac{1}{3}$의 전력이 상하 양측파가 점하는 전력이 된다.

32
AM변조에서 100[%] 변조인 경우 그 변조 출력 전력이 6[kW]일 때, 반송파 성분의 전력은 얼마인가?

① 1[kW] ② 1.5[kW]
③ 2[kW] ④ 4[kW]

해설

$6[\text{kW}]=\frac{3}{2}P_c$에서 $P_c=\frac{2}{3}\times 6[\text{kW}]=4[\text{kW}]$

33
변조도 40[%]의 AM파에서 반송파의 평균 전력이 1[kW]였다면 피변조파의 평균 전력은 얼마인가?

① 1.08[kW] ② 1.18[kW]
③ 10.8[kW] ④ 11.8[kW]

해설

$P_m=P_c\left(1+\frac{m^2}{2}\right)=1\left(1+\frac{0.4^2}{2}\right)=1.08[\text{kW}]$

34
변조도가 40[%]인 진폭 변조 송신기에서 반송파의 평균 전력이 400[mW]일 때 변조된 출력의 평균 전력은 얼마인가?

① 382[mW] ② 408[mW]
③ 432[mW] ④ 540[mW]

해설

$P_m=P_c\left(1+\frac{m^2}{2}\right)=400\left(1+\frac{0.4^2}{2}\right)=432[\text{mW}]$

35
변조도 80[%]로 진폭 변조한 피변조파에서 반송파의 전력 P_c와 한 측파대의 전력 P_s와의 비는?

① 1:0.8 ② 1:0.4
③ 1:0.32 ④ 1:0.16

해설

반송파 : 상측파 : 하측파
$= 1 : \frac{m^2}{4} : \frac{m^2}{4}$
$= 1 : \frac{0.8^2}{4} : \frac{0.8^2}{4}$

36
진폭변조에서 변조도가 1일 때 반송파의 전력이 2[W]일 경우 상측파와 하측파의 전력은 얼마인가?

① 상측파 : 2[W], 하측파 : 2[W]
② 상측파 : 0.5[W], 하측파 : 0.5[W]
③ 상측파 : 2[W], 하측파 : 1[W]
④ 상측파 : 1[W], 하측파 : 0.5[W]

해설

AM 변조의 전력

① AM은 DSB(Double Sideband) 방식으로, 전송신호의 스펙트럼에는 2개의 측대파(상측파, 하측파)와 반송파 성분을 포함한다.
② AM 변조파에서의 상측파 전력(P_{USB})과 하측파 전력(P_{LSB})의 크기는 같다.
$\therefore P_{USB}=P_{LSB}=\frac{1}{4}m_a^2 P_c=\frac{1}{4}\times(1)^2\times 2=0.5[\text{W}]$

37
어떤 진폭 변조파가 $v=(100+40\cos 600\pi t)\cos 10^6\pi t$로 표시될 때 피변조파의 각 전력 성분은?

① 1:0.2:0.2 ② 1:0.22:0.22
③ 1:0.4:0.4 ④ 1:0.04:0.04

해설

피변조파의 전력 $(P_m)=P_c\left(1+\frac{m_a^2}{2}\right)$

$P_m=P_c+P_H+P_L=P_c+\frac{m_a^2}{4}P_c+\frac{m_a^2}{4}P_c$

$\therefore$ 반송파 전력 : 상측파대전력 : 하측파대전력
$=1:\frac{m_a^2}{4}:\frac{m_a^2}{4} \leftarrow m_a=\frac{E_m}{E_c}=\frac{40}{100}=0.4$
$=1:\frac{(0.4)^2}{4}:\frac{(0.4)^2}{4}=1:0.04:0.04$

[정답] 31 ③ 32 ④ 33 ① 34 ③ 35 ④ 36 ② 37 ④

38 반송파의 전력이 20[kW]일 때 변조율 70[%]로 진폭 변조하였다. 이때 상측파대(USB) 전력은?

① 20[kW] ② 40[kW]
③ 4.9[kW] ④ 2.45[kW]

해설
상측대파만의 전력을 구하는 문제
$$P_H = \frac{m_a^2}{4} P_c = \frac{0.7^2}{4} \times 20 = 2.45 [kW]$$
여기서 $m_a = \frac{E_s}{E_c} = 0.7$이다.

39 진폭변조에서 반송파 전압이 5[V], 신호파 전압이 2[V]인 경우 변조도(m)는?

① 10[%] ② 20[%]
③ 40[%] ④ 60[%]

해설
$$m = \frac{\text{최대 신호파 진폭}(I_s)}{\text{최대 반송파 진폭}(I_m)} = \frac{2}{5} \times 100 = 40[\%]$$

40 AM 복조(검파)회로에서 직선 검파회로의 RC(시정수)가 반송파의 주기보다 짧은 경우에 일어나는 현상은?

① 충방전 특성이 늦어진다.
② 출력은 입력전압의 반송파 진폭의 제곱에 비례하게 되며, 검파 감도가 높아지게 된다.
③ 방전이 빨리 일어나서 저항 R의 단자 전압변동이 크게 일어난다.
④ 포락선의 변화에 추정하지 못한다.

41 다음 중 베이스 변조회로에 대한 설명으로 틀린 것은?

① 변조에 필요한 전력이 비교적 적다.
② 출력에 불필요한 고조파가 생길 수 있다.
③ 변조회로의 트랜지스터를 C급으로 바이어스 한다.
④ 효율이 컬렉터 변조회로보다 적다.

해설
베이스 변조회로의 특징
① 베이스에 반송파와 신호파를 가함.
② C급 증폭으로 동작
③ 컬렉터 변조에 비교하여 훨씬 작은 변조 신호 전력이 요구됨
④ 일그러짐이 컬렉터 변조 회로보다 크고 효율도 나쁨.
⑤ 변조도를 크게 할 수 없음.

42 다음 중 컬렉터 변조회로의 특징으로 틀린 것은?

① 직선성이 우수하다.
② 피변조파의 동작점을 C급으로 한다.
③ 100[%] 변조가 가능하다.
④ 소 전력 송신기에 매우 적합하다.

해설
컬렉터 변조회로(직선 변조회로)
- C급 증폭으로 동작한다.
- 컬렉터에 신호파를 가한다.
- 직선성이 대단히 우수하다.
- 거의 100[%]까지 변조가능하다.
- 큰 변조 전력이 요구된다.(결점)

43 컬렉터 변조에 비하여 베이스 변조의 특징은?

① 변조 신호 전력이 훨씬 적다.
② 피변조 트랜지스터의 효율이 매우 좋다.
③ 직선성이 좋다.
④ 변조 트랜지스터의 효율이 좋다.

해설
베이스 변조 회로는 이미터 접지 트랜지스터의 베이스에 반송파와 신호파를 가하는 방법으로 베이스 회로에 들어오는 변조 신호의 전력이 작아도 된다. 이 변조 회로는 저출력, 변조도가 그다지 문제되지 않는 경우에 사용된다.

[정답] 38 ④ 39 ③ 40 ③ 41 ③ 42 ④ 43 ①

44 입력 진폭 변조파의 전압의 크기에 따라 직선 검파 또는 자승 검파를 옳게 사용한 것은?

① 변조파의 전압이 작을 때는 직선 검파, 클 때는 자승 검파
② 변조파의 전압이 클 때는 직선 검파, 작을 때는 자승 검파
③ 변조파와의 크기와는 상관 없다.
④ 경우에 따라 다르다.

45 다음 중 단측파대 변조 방식의 특징으로 틀린 것은?

① 점유주파수 대역폭이 매우 작다.
② 변복조기 사이에 반송파의 동기가 필요하다.
③ 송신출력이 비교적 작게 된다.
④ 전송 도중에 복조되는 경우가 있다.

해설
단측파대 변조(SSB : Single-Side Band Modulation)방식
① 단측파대 변조방식은 양측파대(AM, DSB)방식과 달리 한쪽의 측대파만을 가지고 통신하는 방식으로, DSB(AM)에 비해 송신기의 전력 소모 및 대역폭 사용을 절감하도록 한 방식이다.
② SSB방식의 특징
  ㉠ 주파수대역이 좁아(DSB의 1/2) 다중통신에 적합하다.
  ㉡ 반송파의 제거로 반송파에 의한 채널 사이의 혼변조가 제거된다.
  ㉢ 반송파가 제거되므로 송신기의 전력소비가 적다.
  ㉣ 수신시 수신기의 복조는 동기 검파를 해야 하므로 수신회로가 복잡해진다.
  ㉤ 양측파대에서 일어나는 선택성 페이딩(fading)에 의한 일그러짐이 적어 주로 유선 방송 전파, 단파 무선 통신 등에 이용한다.

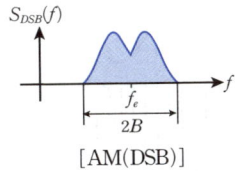
[AM(DSB)]

46 필터법을 이용하여 DSB파에서 SSB파를 얻어내려면 어떤 종류의 필터를 사용해야 하는가?

① 저역필터(LPF)   ② 전대역필터(APF)
③ 고역필터(HPF)   ④ 대역필터(BPF)

해설
링 변조기에 있어 반송파 또는 변조 신호 어느 한쪽만이 인가될 경우 출력은 0이고 증폭 소자를 포함하지 않으므로 SSB 복조 회로로 사용할 수도 있다.

47 반송파를 제거하는 변조 방식은?

① 위상 변조   ② 펄스 변조
③ 평형 변조   ④ 진동 변조

해설
평형 변조는 반송파를 제거하고 측파대만을 꺼내는 변조 방식이다. 보통 AM 방식은 반송파와 상·하 양측파대를 동시에 송출하게 되면 피변조파 전력의 대부분을 반송파가 차지하여 큰 전력이 소비된다. 따라서 한쪽 측파대를 제거하고 나머지 한쪽 측파대만을 사용하는 SSB 방식에서는 링 변조기나 평형 변조기를 사용하여 반송파를 제거하고 대역 여파기로 한쪽 측파대만 꺼내어 SSB 통신을 하게 된다.

48 다음 중 평형변조회로를 사용하는 주목적은?

① 변조도를 크게 하기 위해서
② 직진성을 개선하고 변조 일그러짐을 없애기 위해서
③ SSB파를 얻기 위해서
④ 변조 전력을 줄이기 위해서

해설
평형변조기는 SSB파를 만드는 경우에 사용되며, 변조과정에서 출력측에 반송파가 나타나지 않도록 한다.

49 평형 변조 회로의 출력에 나타나지 않는 것은 어느 것인가?

① 하측파대   ② 상측파대
③ 상하측파대   ④ 반송파

해설
평형 변조기(Balanced Modulator)
① AM파에서 반송파(Carrier)를 제외한 상측대파(Upper-Sideband)와 하측대파(Lower-Sideband)만의 출력을 얻는다.
② 종류
  ㉠ 다이오드 평형 변조기
  ㉡ 트랜지스터 평형 변조기

[정답] 44 ② 45 ④ 46 ④ 47 ③ 48 ③ 49 ④

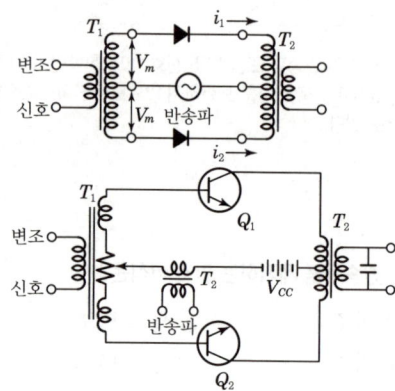

50 다이오드 직선검파회로에서 변조도 50[%], 진폭 $10\sqrt{2}$ [V]인 AM 피변조파가 인가되었을 때 부하저항 R_L에 나타나는 출력전압의 실효치는 몇 [V]인가?(단, 검파효율은 80[%]라고 한다.)

① 10　　　　　② 8
③ 6　　　　　 ④ 4

해설

η : 검파효율, m : 변조도

∴ 변조파 전압의 실효치 $=\dfrac{\eta V_c m}{\sqrt{2}}$

∴ $\dfrac{\eta V_c m}{\sqrt{2}} = \dfrac{0.8 \times 10\sqrt{2} \times 0.5}{\sqrt{2}} = 4$

51 제곱 변조에 관한 다음 설명 중 옳지 못한 것은?

① 베이스 변조 회로가 여기에 속한다.
② 출력 신호파의 일그러짐이 크다.
③ 소전력 출력이 필요할 때에 이용한다.
④ 능동 소자의 특성 곡선상의 직선성을 이용한다.

해설
제곱 변조는 능동 소자의 전압, 전류 특성 곡선의 비직선 특성을 이용한다.

52 변조된 40[%]의 AM파를 제곱 검파했을 때 나타나는 신호파 출력의 일그러짐률[%]은?

① 20[%]　　　　② 4[%]
③ 8[%]　　　　 ④ 10[%]

해설

$k = \dfrac{m}{4} = \dfrac{40}{4} = 10[\%]$

53 단일 측파대 통신 방식에 사용되는 변조 회로는 어느 것인가?

① 베이스 변조　　② 컬렉터 변조
③ 제곱 변조　　　④ 링 변조

해설
SSB(Single-Sideband) 방식
① SSB 방식은 DSB(AM) 방식과 달리 한쪽의 측대파(상측파대 또는 하측파대)만을 가지고 통신하는 방식이다.
② 링(ring) 변조 회로 : 피변조파에 포함된 반송파를 제거하고 양 측파대만을 빼내는 평형 변조의 일종으로, 출력에 한쪽 측파대만을 선택하는 필터를 부착하여 단측파대(SSB) 통신에 이용된다.

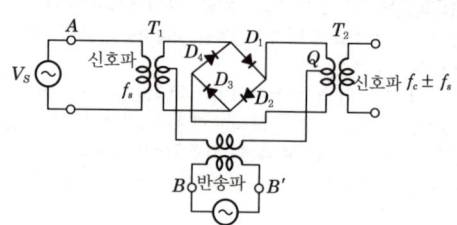

(a) 링 변조 회로

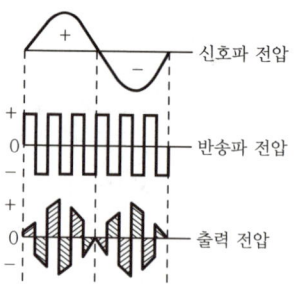

(b) 링 변조 동작 파형

[정답] 50 ④　51 ④　52 ④　53 ④

54 직선 검파에 가장 적합한 방식은?

① 컬렉터 검파　② 초재생 검파
③ 베이스 검파　④ 다이오드 검파

해설

직선 검파 방식(Linear Diode Detector)
① 직폭 변조파를 검파하는 데 가장 일반적으로 사용되는 것이다.
② 신호파의 출력 전류가 반송파의 진폭과 변조도의 곱에 비례하고, 신호파의 파형에 일그러짐이 발생하지 않는 검파로서 일그러짐이 작고 효율이 우수하여 널리 사용된다.

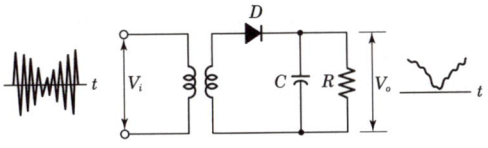

55 다이오드 검파 회로에 변조율 70[%]의 AM 피변조파를 가했을 때 실효치 5[V]의 저주파 출력 전압이 얻어졌다면 검파 효율은?(단, 반송파 전압의 실효치는 10[V]로 한다.)

① 61.5[%]　② 71.5[%]
③ 81.5[%]　④ 91.5[%]

해설

검파 효율

$$= \frac{\text{검파된 출력의 진폭}}{\text{피변조파에 포함 된 신호파 진폭}} \times 100[\%]$$

$\eta = \frac{5}{m_a \times 10} \times 100[\%] = 71.5[\%]$

여기서 $m_a = 0.7$이다.

56 아날로그 TV의 영상신호 전송에 사용되는 방식으로 한 쪽 측파대의 일부를 남겨 통신하는 방식은?

① VSB(Vestigial SideBand)
② DSB(Double SideBand)
③ SSB(Single SideBand)
④ FSK(Frequency Shift Keying)

해설

잔류측파대(VSB : Vestigial Sideband) 방식은 진폭변조방식 중 SSB와는 달리, 한쪽 측파대를 완전히 제거하지 않고, 그 일부분을 잔류시키고 그 나머지를 제거하여 전송시키는 변조방식이다.

57 다음 중 슈퍼헤테로다인(Superheterodyne) 검파 방식의 주파수 성분을 구하는 방법으로 틀린 것은?

① 영상주파수 = 수신주파수 + (2×중간주파수)
② 국부발진주파수 = 수신주파수 − 중간주파수
③ 혼신주파수 = 영상주파수 − 국부발진주파수
④ 중간주파수 = 국부발진주파수 + 영상주파수

해설

슈퍼헤테로다인 수신기(Superheterodyne Receiver)
① 슈퍼헤테로다인 수신이란 주파수가 다른 여러 가지 무선 수신 주파수(RF)신호를 미리 정해 놓은 일정한 중간주파수(IF) 신호로 변환하여 검파하는 방식을 말한다.
② AM의 경우 중간주파수는 455[kHz], FM인 경우는 10.7[MHz]이다.
③ 국부발진기가 발생하는 정현파의 주파수 (f_{LO})
$f_{LO} = f_{RF} - f_{IF}$, 즉 국부발진주파수 = 수신주파수 − 중간주파수
이다.

58 입력의 두 주파수차의 신호를 검출하여 검파하는 방식은?

① 헤테로다인 검파
② 제곱 검파
③ 직선 검파
④ 베이스 검파

해설

슈퍼헤테로다인(Superheterodyne) AM 수신기
① 슈퍼헤테로다인이란 주파수가 다른 여러 무선 주파수(RF) 신호를 미리 정해 놓은 일정한 중간 주파수(IF)(455kHz) 신호로 변환하여 검파하는 방식을 말한다.
　㉮ 소요 대역폭 : ±5[kHz]
② 헤테로다인 검파 회로

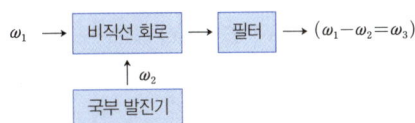

입력 주파수(ω_1)와 가청 주파수만큼 다른 주파수를 갖는 고주파 발진 회로를 그림과 같이 비직선 회로에 삽입하면 차에 해당하는 제3의 주파수를 얻을 수 있다.

[정답] 54 ④　55 ②　56 ①　57 ④　58 ①

59 다음 중 주파수 변조에 대한 설명으로 옳지 않은 것은?

① 협대역 FM과 광대역 FM방식이 있다.
② 변조신호에 따라 반송파의 주파수를 변화시킨다.
③ 선형 변조방식이다.
④ 반송파로는 cos이나 sin 함수와 같은 연속함수를 사용한다.

해설
① FM(Frequency Modulation)은 입력 아날로그신호에 따라 반송파의 주파수를 변화시킨다.
② 변조방식은 크게 선형변조(AM)와 비선형변조(FM 및 PM)으로 나뉜다.

60 다음 중 FM에 대한 특징으로 틀린 것은?

① 단파 대역에 적당하지 않다.
② 수신의 충실도를 향상시킬 수 있다.
③ 잡음을 보다 감소시킬 수 있다.
④ 피변조파의 점유주파수대역이 좁아진다.

해설
FM방식의 단점 : 광대역을 점유한다. 체배 단수가 많다. 회로가 복잡하다.

61 주파수 변조를 진폭 변조와 비교할 경우 잘못된 것은?

① S/N 비가 좋아진다.
② 에코의 영향이 많아진다.
③ 초단파대의 통신에 적합하다.
④ 점유 주파수 대역폭이 넓다.

62 AM 통신방식과 비교하여 FM 통신방식의 특징으로 옳지 않은 것은?

① 수신기에서 진폭제한기의 사용으로 잡음이 제거되며 S/N비가 좋아진다.
② 수신측에 진폭제한기와 자동이득조절장치를 적용하여 페이딩 영향이 크다.
③ 송·수신기가 복잡해 진다.
④ 스켈치회로가 있어 입력신호가 없거나 적을 시 내부 잡음을 억제한다.

63 다음 중 위상변조에 대한 설명으로 틀린 것은?

① 위상을 변조신호에 의해 직선적으로 변하게 하는 방식이다.
② 변조지수는 위상감도계수에 비례한다.
③ PM방식을 사용하여 FM신호를 만들 수 있다.
④ 반송파를 중심으로 3개의 측파대를 가지며 그 크기는 변조지수에 관계된다.

64 FM파의 변조 지수는 무엇의 함수인가?

① 음성 신호 진폭만의 함수
② 음성 신호 주파수만의 함수
③ 음성 신호 진폭과 위상각의 함수
④ 음성 신호의 진폭과 주파수의 함수

해설
FM의 변조 지수
① 최대 주파수 편이 Δf_c와 신호 주파수 f_s의 비이다.
② 변조 지수(m_f)
$= \dfrac{\text{최대 주파수편이}}{\text{변조 주파수}} = \dfrac{\Delta f_c}{f_s} = \dfrac{\Delta \omega_c}{\omega_s}$

65 신호 주파수가 3[kHz], 최대 주파수 편이가 15[kHz] 이면 변조 지수는?

① 1/15
② 5
③ 18
④ 45

해설
신호 주파수를 f_s, 최대 주파수 편이를 Δf라고 하면 변조 주파수 m_f는 $m_f = \dfrac{\Delta f}{f_s} = \dfrac{15}{3} = 5$

[정답] 59 ③ 60 ④ 61 ② 62 ② 63 ④ 64 ④ 65 ②

66 200[MHz] FM 송신기의 5[MHz] 발진기에서 2[kHz]의 변조 신호로 200[Hz]의 주파수 편이를 걸 때 이 송신기의 주파수 변조 지수는 얼마인가?

① 4 ② 2
③ 1 ④ 0.1

해설
$m_f = \dfrac{\Delta f}{f_s} = \dfrac{200}{2 \times 10^3} = 0.1$

∴ 0.1×40배 $= 4$

67 주파수 변조에서 반송파의 전력이 10[W], 최대 주파수편이 $\Delta f = 5$[kHz] 신호파의 주파수 $\Delta f_s = 1$[kHz]인 경우 변조지수 m_f는?

① 3 ② 4
③ 5 ④ 6

해설
$m_f = \dfrac{\text{최대 주파수편이}}{\text{변조주파수}} = \dfrac{\Delta \omega}{\omega_s} = \dfrac{\Delta f}{f_s}$, ∴ $m_f = \dfrac{5[\text{kHz}]}{1[\text{kHz}]} = 5$

68 변조 신호 주파수 400[Hz], 전압 3[V]로 주파수 변조하였을 때 변조 지수가 50이었다. 이때 최대 주파수 편이 Δf_c는 얼마인가?

① 20[kHz] ② 30[kHz]
③ 150[kHz] ④ 300[kHz]

해설
최대 주파수 편이
$\Delta f_c = m_f f_s = 50 \times 400[\text{Hz}] = 20[\text{kHz}]$

69 다음 주파수 변조에서 변조 지수를 나타낸 것 중에 대역폭이 가장 넓은 것은 어느 것인가?

① 2.9 ② 4.2
③ 0.17 ④ 3.1

해설
주파수 변조 지수 $m_f = \dfrac{\Delta f_c}{f_s}$이므로 최대 주파수 편이 m_f가 클수록 최대 주파수 편이가 커지고, 대역폭이 넓어진다.

70 200[MHz]의 FM 송신기의 5[MHz] 발진기에서 2,000[Hz]의 변조 신호로 200[Hz]의 주파수 편이를 얻을 때 이 송신기의 주파수 변조 지수는?

① 0.1 ② 4
③ 10 ④ 40

해설
$m_f = \dfrac{\Delta f_c}{f_s} = \dfrac{200}{2000} = 0.1 \rightarrow 0.1 \times 40 = 4$

71 주파수 변조에서 최대 주파수 편이가 60[kHz]이고 최대 변조 주파수가 6[kHz]라면 변조도는? (단, 변조 지수는 8이다.)

① 40[%] ② 60[%]
③ 80[%] ④ 100[%]

해설
$m_f = \dfrac{\Delta f_c}{f_s} = \dfrac{60}{6} = 10$, $m = \dfrac{8}{10} \times 100 = 80[\%]$

72 FM 변조방식을 사용하는 경우 아날로그 정보 신호의 기본 주파수를 2[kHz], 최대 주파수편이가 125[kHz]인 경우 Carson 법칙을 적용할 때 전송에 필요한 대역폭은?

① 127[kHz] ② 254[kHz]
③ 312[kHz] ④ 428[kHz]

해설
$B_{FM}[\text{Hz}] = 2(\Delta f + f_2) = 2(m_f + 1)f_s$
∴ $B_{FM} = 2 \times (125 + 2) = 254[\text{kHz}]$

73 주파수 400[Hz]인 변조 신호의 진폭에 의한 변조 지수 m_f가 2라면 FM의 주파수 대역폭은?

① 400[Hz] ② 800[Hz]
③ 1,600[Hz] ④ 2,400[Hz]

해설
소요 대역폭
① 1936년 암스트롱(Armstrong)은 실제 통신을 하기 위해서는 일반적으로 (m_f+1)번째까지의 상하측파만 고려하면 충분하다는 것을 입증하였다.

[정답] 66 ① 67 ③ 68 ① 69 ② 70 ② 71 ③ 72 ② 73 ④

$B=2f_s(m_f+1)=2(\Delta f+f_s)\approx 2\Delta f$[Hz]
여기서 f_s는 신호의 주파수이며 Δf는 주파수 편이이다.
② $B=2(\Delta f+f_m)=2(m_f+1)f_m=2(2+1)400$
　　$=2,400$[Hz]

74 FM 변조에서 최대 주파수 편이가 75[kHz]일 때 주파수 변조파의 대역폭은 얼마인가?

① 85[kHz]　　② 100[kHz]
③ 150[kHz]　　④ 200[kHz]

해설
대역폭(B)≒$2\Delta f=2\times 75=150$[kHz]

75 주파수 10[kHz]의 정현파로 20[MHz]의 반송 주파수를 주파수 변조할 때 최대 주파수 편이 +75[kHz]로 하면 이때 FM파의 주파수 대역폭은 얼마인가?

① 75[kHz]　　② 170[kHz]
③ 320[kHz]　　④ 150[kHz]

해설
$B=2(\Delta f+f_s)=2(75+10)=170$

76 FM 주파수 변조에서 단일 정현파인 변조파의 주파수가 f_m, 변조 지수가 m_f인 경우 실용상의 피변조 반송파의 주파수 대역폭 B는?

① $B=m_f f_m$　　② $B=(m_f+1)f_m$
③ $B=2(m_f+1)f_m$　　④ $B=2f_m$

77 다음 중 변조신호의 주파수가 f_m인 경우 협대역 FM(Narrow-band FM)의 대역폭은?

① 약 f_m　　② 약 $2f_m$
③ 약 $4f_m$　　④ 약 $8f_m$

해설
변조지수가 1보다 작은 경우를 협대역 FM(NBFM)라 한다.

78 다음 중 주파수변조(FM)에서 신호대 잡음비(S/N)을 개선하기 위한 방법이 아닌 것은?

① 디엠퍼시스(De-Emphasis)회로를 사용한다.
② 주파수 대역폭을 넓게 한다.
③ 변조지수를 크게 한다.
④ 증폭도를 크게 높인다.

79 간접 FM변조방식(Armstrong방식)에서의 필수 요소가 아닌 것은?

① 가산기(Adder)
② 평형 변조기(Balanced Modulation)
③ 위상천이기(90° Phase Shifter)
④ 진폭제한기(Limiter)

80 FM 검파 방식 중 주파수 변화에 의한 전압 제어 발진기의 제어 신호를 이용하여 복조하는 방식은?

① 계수형 검파기　　② PLL형 검파기
③ 포스터 - 실리 검파기　　④ 비 검파기

해설
위상고정루프(PLL)는 입력신호와 전압제어발진기의 발진 출력의 위상차를 검출하여 VCO의 주파수와 위상을 결정하는 회로로서, 위상검출기, 저역통과필터(LPF), 전압제어발진기(VCO)로 구성된다.

81 다음 중 PLL(위상동기루프)을 구성하는 요소와 관련 없는 것은?

① 위상 비교기　　② LPF
③ 인코더　　④ VCO

해설

[PLL 회로]

[정답] 74 ③　75 ②　76 ③　77 ②　78 ④　79 ①　80 ②　81 ③

82 다음 중 FM 복조회로가 아닌 것은?

① Slope Detector
② Foster-Seeley Detector
③ Ratio Detector
④ De-Emphasis Detector

해설
프리앰퍼시스와 디앰퍼시스 회로는 신호대잡음(SNR)을 개선하는 회로이다.

83 다음 중 FM파의 복조형 회로로서 적당하지 않은 것은?

① 비검파기(Ratio Detector)
② 제곱 검파기(Square-Law Detector)
③ 스태거 동조 변별기(Stagger-Tuned Discriminator)
④ Foster-Seely 변별기

해설
주파수 복조 회로
① 주파수 변별(Frequency Discriminator) 회로
② 포스터-실리(Foster-Seely) 회로
③ 비검파(Ratio Detector) 회로
④ 위상 변별기 회로

84 주파수 변조에 사용되는 가변 용량 다이오드의 등가 정전 용량은 인가 역전압에 대해 어떻게 되는가?

① 제곱에 비례한다.
② 제곱근에 비례한다.
③ 제곱에 반비례한다.
④ 제곱근에 반비례한다.

해설
가변 용량 다이오드의 정전 용량(실효 용량)은 공급한 역방향 전압의 제곱근에 반비례한다.

85 회로는 주파수 변조에 응용하기 위한 리액턴스 트랜지스터 회로이다. 어떠한 리액턴스 성분의 회로인가?

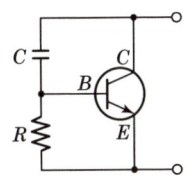

① 유도성 리액턴스
② 용량성 리액턴스
③ 저항성 회로
④ 실효 인덕턴스

해설
등가 용량 $C_{eq} = \dfrac{h_{fe}RC}{h_{ie}}$ 로 되는 용량성 리액턴스 트랜지스터 회로이다.

86 다음 중 FM복조시 리미터의 작용을 할 수 있는 것은?

① Foster-seeley 검파기
② Quadrature 검파기
③ Ratio Detector
④ Envelope Detector

해설
비검파기는 진폭변동에 민감하지 않으므로 별도의 리미터회로가 필요 없다.

87 주파수 변별기(Discriminator)의 사용 목적으로 적합한 것은?

① 주파수 변조파의 주파수 변동을 방지한다.
② 주파수 변조파의 출력 변동을 억제한다.
③ 주파수 변조파에서 신호파를 빼낸다.
④ 주파수 변조파에서 낮은 주파수 부분을 강하게 한다.

88 진폭 제한 작용을 겸한 주파수 변별기는?

① Slope 검파
② 비(Ratio)검파
③ Foster-Seeley 검파
④ 위상 변별기

[정답] 82 ④ 83 ② 84 ④ 85 ② 86 ③ 87 ③ 88 ②

해설

비검파 회로

① 포스터-실리 회로의 일부를 개량한 것으로 복조 감도는 1/2로 낮으나, 큰 용량의 C_0 및 R_3, R_4가 진폭 제한 작용을 하므로 별도의 진폭 제한 회로가 필요치 않다.

② 회로

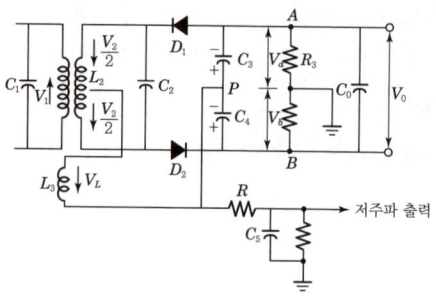

89 다음 중 프리엠퍼시스(Pre-Emphasis) 회로와 관련 있는 것은?

① 저역통과필터 ② 고역통과필터
③ 대역통과필터 ④ 대역저지필터

해설

송신기에서 프리엠퍼시스회로를 사용하여 고음(고주파수 성분)을 강조해 주고 수신측에서는 디엠퍼시스로 고음을 송신측에서 높인 만큼 억제시켜 고음에서의 신호대 잡음비(S/N) 저하를 막고 있다.

90 다음 설명에 적합한 회로는?

"입력신호 주파수의 증가에 따라 출력전압이 증가되는 회로로서, 이 회로를 사용하면 변조신호 주파수 전반에 따라 변조가 균등해지며 높은 주파수 쪽의 S/N비를 개선할 수 있다."

① FM변조회로 ② 전치보상기
③ AM변조회로 ④ 프리엠퍼시스

해설

송신기에서 프리엠퍼시스(Pre-Emphasis)회로를 사용하여 고음(고주파수 성분)을 강조해 주고 수신측에서는 디엠퍼시스(De-Emphasis)로 고음을 송신측에서 높인 만큼 억제시켜 고음에서의 신호대잡음비(S/N) 저하를 막고 있다.

91 디엠퍼시스(De-Emphasis) 회로의 사용 목적은?

① 낮은 주파수의 출력을 증가시킨다.
② 높은 주파수의 출력을 감소시킨다.
③ 반송파를 억제하고 양측파대를 통과시킨다.
④ 변조된 반송파 중 변조 신호의 출력만을 높인다.

92 다음 중 불연속 펄스 변조방식의 종류가 아닌 것은?

① PAM(Pulse Amplitude Modulation)
② PNM(Pulse Number Modulation)
③ ΔM(Delta Modulation)
④ PCM(Pulse Code Modulation)

해설

PAM, PWM, PPM 등은 연속레벨 펄스변조이다.

93 PCM 통신방식에서 송신 과정으로 맞는 것은?

① 표본화 → 부호화 → 양자화 → 압축
② 표본화 → 양자화 → 부호화 → 압축
③ 표본화 → 부호화 → 압축 → 부호화
④ 표본화 → 압축 → 양자화 → 부호화

해설

① PCM은 표본화(Sampling), 양자화(Quantizing), 부호화(Encoding)의 3과정을 통해 아날로그 입력신호를 2진 디지털 신호로 변화시킨다.
② PCM에서 압축이란, 신호를 양자화하기 전에 미약한 신호는 진폭을 크게 하고 진폭이 큰 신호는 진폭을 작게 하는 기능을 한다. 수신측에서의 신장은 이와 반대 과정을 통해 신호를 본래대로 되돌린다.

94 PCM(펄스 부호 변조)에 관한 설명으로 옳지 않은 것은?

① 먼저 신호파를 표본화한다.
② 양자화한 다음 부호화하는 변조 방식이다.
③ S/N비가 좋고 원거리 통신을 할 수 있다.
④ 주파수 분할 방식으로 다중화가 쉽다.

[정답] 89 ② 90 ④ 91 ② 92 ② 93 ④ 94 ④

> **해설**
>
> **PCM(Pulse Code Modulation)**
> ① 아날로그 입력 신호를 샘플링하고 샘플링 정보 하나하나를 부호화하여 1, 0의 조합으로 나타내는 변조 방식이다.
> ② 일정 시간마다 단위 펄스의 유무를 전송하며 수신측에서 이것을 검출하는 방식으로 PCM의 3단계는 다음과 같다.
> ㉠ 표본화(Sampling)
> ㉡ 양자화(Quantizing)
> ㉢ 부호화(Coding)
> ③ PCM은 시분할 방식(TDM)으로 다중화가 쉽다.

95 펄스 부호 변조(PCM) 방식의 특징에 대한 설명 중 틀린 것은?

① 전송로에 의한 레벨 변동이 없다.
② 저질의 전송로에도 사용이 가능하다.
③ 단국 장치에 고급 여파기를 사용할 필요가 없다.
④ 점유 주파수 대역이 좁다.

> **해설**
>
> ① PCM의 장점
> ㉠ 각종 잡음에 강함
> ㉡ 누화에 강함
> ㉢ 전송 구간에서 잡음이 축적되지 않음
> ㉣ 고주파 특성이 불량하여 FDM 방식을 적용할 수 없었던 기존의 케이블을 전송 매체로 이용할 수 있음(저질의 전송로에도 사용 가능)
> ② PCM의 단점- 점유 주파수 대역폭이 넓다.

96 누화, 잡음, 왜곡 등의 발생률이 낮고 전송 특성의 질이 저하된 선로에서도 다중화를 할 수 있는 가장 이상적인 전송방식은?

① AM 주파수 분할 다중 전송 방식
② FM 주파수 분할 다중 전송 방식
③ PCM 시분할 다중 전송 방식
④ PM 주파수 분할 다중 전송 방식

> **해설**
>
> PCM은 디지털 신호를 전송하므로 잡음, 누화, 왜곡 등에 강하고 저질의 전송로에도 사용 가능하며, 기존의 전화선을 이용하여 시분할 다중화함으로써 여러 사람의 음성 채널을 동시에 전송할 수 있다.

97 Source Coding을 올바르게 표현한 것은?

① 통신 시스템을 효율적으로 사용하기 위한 압축 Coding
② 착오(Error)를 찾기 위해 의도적으로 여유 Bit를 넣어주는 것
③ 정보 신호에 따라 반송파의 파라미터를 변화시키는 것
④ 변조된 피변조파로부터 정보 신호를 찾아내는 것

> **해설**
>
> 통신 시스템을 효율적으로 사용하기 위하여 압축부호화를 수행하는 것으로 Compression Coding을 의미한다.
> Source Coding을 이용한 변조기법으로는 DPCM, DM, LPC(선형 예측 부호화), ADM, ADPCM, APCM 등이 있다.

98 다음의 변조기법에서 원천 코딩(Source Coding)과 관계가 없는 것은?

① 차동 PCM
② 적응 PCM
③ 비선형 코딩
④ 선형 예측 코딩

> **해설**
>
> ①, ②, ④는 예측기를 이용하여 입력 신호와의 차이만을 Coding함으로써 압축이 행해지지만, 비선형 코딩은 압축과는 관계없다.

99 영상 정보를 압축하는 방법으로 사용되지 않는 방식은?

① 프레임 내 부호화
② 프레임간 부호화
③ 무손실 부호화
④ 유손실 부호화

> **해설**
>
> **영상 정보의 부호화**
> 영상 정보는 음성 정보에 비해 넓은 대역폭을 필요로 하는데, 실제 운용중인 디지털 전송 회선의 대역폭을 고려할 때, 중복성이 있는 정보를 제거하는 정보의 압축 절차가 Source Coding 과정에 반드시 포함되어야 한다.
> 영상 정보를 압축하는 방법에는 프레임 내 부호화(Intra-Frame Coding), 프레임간 부호화(Inter- Frame Coding), 무손실 부호화(Noise-Less Coding) 등이 있다.

[정답] 95 ④ 96 ③ 97 ① 98 ③ 99 ④

① 프레임 내 부호화
영상 신호의 화소간에는 상당한 연관성이 있으므로, 이같은 공간 영역의 중복성을 제거하여 영상 신호를 압축하는 방법으로, 예측 부호화(Predictive Coding), 변환 부호화(Transform Coding), 대역분할 부호화 (Sub-band Coding) 방법 등이 있다.
② 프레임간 부호화
인접하는 전후 프레임에서 변화가 있었던 화소만을 부호화하여 영상 신호를 압축하는 방법
③ 무손실 부호화
영상 신호의 통계적인 중복성을 제거하여 영상 신호를 압축하는 방법으로 줄길이 부호화(RLC : Run Length Encoding)와 가변 길이 부호화 (VLC : Variable Word Length Encoding)방식이 있다. RLC는 0이 많이 포함된 정보의 압축에 유리하며 VLC 방식은 정보의 통계적인 확률을 이용하여 사용이 빈번한 코드는 짧게 구성하고, 사용이 드문 코드는 긴 코드로 바꾸어 압축하는 방법으로 Huffman Code가 이에 속한다.

100 프레임 내 부호화의 방법으로 사용되지 않는 방식은?

① 예측 부호화
② 변환 부호화
③ 대역 분할 부호화
④ 줄길이 부호화

해설
프레임 내 부호화 방법으로 예측부호화(LPC), 변환 부호화(DCT : Discrete Cosine Transform이 많이 사용됨), 대역 분할 부호화 방법이 있다.

101 정보의 통계적인 확률을 이용하여 사용이 빈번한 코드는 짧게 구성하고 사용이 드문 코드는 긴 코드로 바꾸어 압축하는 방법을 Variable Word Length Encoding이라 하는데 이 방식의 가장 대표적인 코드는?

① Reed-Solomon Code
② Huffman Code
③ BCH Code
④ Hamming Code

해설
Huffman code는 자료압축을 위한 Code로 사용이 빈번한 코드는 짧게, 사용이 드문 코드는 길게 구성한다.

102 데이터를 압축하기 위한 부호화 기법으로 옳지 않은 것은 어느 것인가?

① Run Length Encoding
② Differential Encoding
③ Predictive Encoding
④ Biphase Encoding

해설
Differential Encoding은 표본값과 예측값과의 차이만을 양자화하여 정보 전송량을 적게 하나, Biphase Encoding은 전송 부호 형식의 하나로 압축용으로 사용하지 않을 뿐 아니라 오히려 더 넓은 대역폭을 요구하게 된다.

103 다음 중 직류 억압 부호에 해당되지 않는 것은?

① 양극 pulse
② bipolar
③ Manchester
④ CMI

해설
전송 부호는 직류 성분이 없어야 하는데 이러한 조건을 만족하는 부호로는 Bipolar(AMI), Manchester(Diphase), CMI가 있다.

104 디지털 신호의 펄스열을 그대로 또는 다른 형식의 펄스 파형으로 변환시켜 전송하는 방식은?

① 베이스밴드 전송 방식
② 반송 대역 전송 방식
③ 광대역 전송 방식
④ 협대역 전송 방식

해설
Digital 데이터의 전송방법에는 크게 기저대역 전송(Baseband Transmission)과 반송대역 전송(Bandpass 또는 Broadband Transmission) 방법이 있다. 기저대역 전송이란 Digital화된 정보나 데이터를 그대로 보내거나 또는 전송로의 특성에 알맞는 부호(전송부호)로 변화시켜 전송하는 방식이고 반송대역 전송이란 Digital 신호를 가지고 반송파의 진폭, 주파수 또는 위상을 변화시켜(즉 Digital 변조하여) 전송하는 방식이다.

[정답] 100 ④ 101 ② 102 ④ 103 ① 104 ①

105. 디지털 신호 전송 방식에 대한 다음 설명 중 틀린 것은 어느 것인가?

① 동축 케이블은 Bandpass 전송과 Baseband 전송에 모두 이용한다.
② Bandpass 전송은 신호를 가지고 반송파를 변환하여 전송하는 방식이다.
③ Baseband 전송 방식은 대역폭은 좁은 반면 전송 가능한 거리가 길다.
④ 신호를 변환하지 않고 전송하는 방식이 Baseband 전송 방식이다.

해설
Baseband 전송 방식은 Digital 신호를 보내므로 전송 가능한 거리가 짧으나 Bandpass 전송 방식은 변조하여 피변조파를 전송하므로 전송 거리가 길다. 이같은 전송을 행하기 위해 전송로로 동축 케이블을 많이 사용한다.

106. 다음 그림의 전송 부호 형식은?

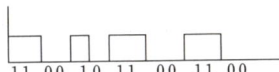

① 단극 방식
② 복극 방식
③ 복극 RZ 방식
④ 바이폴라 방식

해설
1인 경우에는 + 레벨을, 0인 경우에는 0 레벨을 부여하는 전송 부호를 단극(단류) 방식이라 하며 잡음에 대한 성능이 우수하지 못해 단거리 구간에 주로 이용한다.

107. 전송 부호가 가져야 하는 조건에 해당되지 않는 것은?

① timing 정보가 충분히 포함되어야 한다.
② DC 성분이 포함되지 않아야 한다.
③ 전송 대역폭이 넓어야 한다.
④ 전송 도중에 발생하는 에러의 검출과 교정이 가능해야 한다.

해설
전송 부호란 Digital 신호의 전송에 있어 0 또는 1에 어떤 Pulse 파형을 대응시킨 것이며 전송 부호가 가져야 하는 조건은 다음과 같다.

① Timing 정보가 충분히 포함되어야 한다.
② DC 성분이 포함되지 않아야 한다.
③ 전력 밀도 Spectrum상에서 아주 낮은 주파수 성분과 아주 높은 주파수 성분이 제한되어야 한다.
④ 전송 도중에 발생하는 에러의 검출과 교정이 가능해야 한다.
⑤ 전송로의 운영 상태를 감시할 수 있어야 한다.
⑥ 전송 대역폭이 압축되어야 한다.
⑦ 전송 부호의 Coding 효율이 양호해야 한다.
⑧ Data를 구성하는 Bit Stream의 Pattern에 제한이 없는 Transparency 특성을 가져야 한다.
⑨ LSI Chip으로 구성될 수 있도록 구조가 복잡하지 않아야 한다.
⑩ 누화, ISI, 왜곡, Timing Jitter 등과 같은 각종 장해에 강한 전송 특성을 가져야 한다.

108. 다음 그림의 전송 부호 방식은?

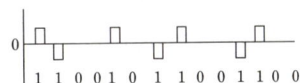

① 단극 방식
② 복극 방식
③ 복극 RZ 방식
④ 바이폴라 방식

해설
1은 앞상태 반전, 0은 0레벨을 부여하는 방식을 Bipolar라 한다.

109. Baseband 신호 전송에 가장 많이 쓰이는 전송 부호는?

① RZ 방식
② NRZ 방식
③ 복류 방식
④ 단류 방식

해설
기저대역 전송에 복류(복극) Pulse가 가장 많이 사용된다.

110. 디지털 전송 신호 중 "1"을 나타내는 펄스가 "+", "−"로 극성이 교대로 변화되는 복극성 펄스에 대한 설명 중 틀린 것은?

① 직류 성분이 제거되고 저주파 성분이 적어 저주파 차단 영향이 적다.
② 에러 검출이 쉬우나 타이밍 회복(추출)이 어렵다.
③ 단극성 펄스에 비해 전송시 누화 방해가 적다.
④ 전송로상의 주파수가 1/2로 감소한다.

[정답] 105 ③　106 ①　107 ③　108 ④　109 ③　110 ④

해설
복극성 펄스는 단극성 펄스에 비해 전송로상의 주파수가 2배로 증가한다.

111 파형왜가 작고 송수신간에 특별한 타이밍을 필요로 하지 않는 것으로 자기 클록 신호(Self Clocking Signal)라고도 하는 전송 신호 방식은?

① 단극 방식 ② 복극 방식
③ 복극 RZ 방식 ④ 바이폴라 방식

해설
복극(RZ) Pulse를 Self-Clocking 신호라 하는데 복극 Pulse는 복극 NRZ와 (특별한 언급이 없는 한 복극 Pulse는 복극 NRZ를 의미) 복극 RZ로 나누어지며 복극 RZ가 복극 NRZ보다 Timing을 맞추는데 더 적절한 Pulse임.

112 그림의 전송 부호에 쓰이는 형식은 어느 것인가?

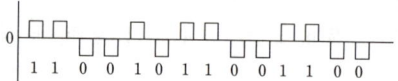

① 단극 방식 ② 복극 방식
③ 바이폴라 방식 ④ 복극 RZ 방식

해설
1은 +레벨로, 0은 −레벨로 설정하는 방식을 복극방식이라 하며 점유율이 50%일 경우 복극 RZ라 한다.

113 다음 전송 신호 방식 중 전송로에서 발생하는 저주파 차단 영향을 받지 않는 방식은 무엇인가?

① 복류 NRZ ② 단류 RZ
③ 복류 RZ ④ 바이폴라(Bipolar)

해설
Bipolar는 직류 성분이 포함되지 않아 저주파 차단 영향을 받지 않는다.

114 다음 그림의 전송 부호 형식은?

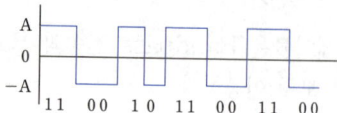

① 단극 방식 ② 복극 방식
③ 복극 RZ 방식 ④ 바이폴라 방식

해설
1은 (+) 레벨을, 0은 (−) 레벨을 부여하는 전송 부호를 복극방식이라 하며, Duty Cycle(한 Bit가 정해진 시간폭에서 차지하는 율)이 100%이면 NRZ, 50% 정도이면 RZ라 한다.

115 디지털 전송에서 바이폴라 신호 형태를 설명한 것이다. 적당하지 않은 것은?

① 바이폴라 신호를 위하여 주표준 클록이 이용되는데 네트워크의 계층 구조를 이룬다.
② 정상적인 RZ(Return to Zero) 바이폴라 신호 방식에서는 2진수 "0"은 0[V]로 전송된다.
③ 선로가 어떤 한쪽 극성에만 치우치는 것을 피하기 위해 교대로 하여 전압의 합이 "0"이 되도록 한다.
④ "0"의 상태가 오래 지속되면(6개 이상) "0"이 "0" 억제 부호로 대체된다.

해설
표준 Clock은 망동기를 위해 사용되며, 동기방법에 따라 독립 동기, 종속동기 등으로 나누게 된다.

116 베이스밴드 전송에서 "1"이 상반적인 정부 펄스로 바뀌는 신호 방식은?

① Bipolar ② Differential
③ 복극 Pulse ④ 단극 Pulse

해설
1이 상반적인 정부 펄스로 바뀌는 것은 Bipolar, 0이 상반적인 정부 펄스로 바뀌는 것은 의사 3원 부호(Pseudo Ternary)라 한다.

[정답] 111 ③ 112 ④ 113 ④ 114 ② 115 ① 116 ①

117. AMI 부호로도 불리우는 전송 부호는?
① 복극 Pulse ② Bipolar
③ Manchester ④ 차동 Pulse

해설
Bipolar는 AMI(Alternative Mark Inversion) 부호라고도 한다.

118. 전송 부호 형식 중 단극성 부호의 "1", "0" 펄스 중 "1" 펄스의 극성을 교대로 반전시켜 복극성으로 만드는 부호 형식은 어느 것인가?
① RZ ② NRZ
③ AMI ④ Manchester

해설
1이 상반적인 정부 펄스로 바뀌는 것을 Bipolar 또는 AMI 부호라 한다.

119. 다음 그림은 정보 기입 방식별 파형이다. 이의 명칭은 무엇인가?

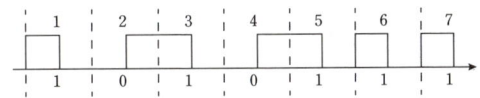

① RZ 파형 ② NRZ 파형
③ NRZI 파형 ④ Biphase 파형

해설
Manchester는 Biphase Diphase라고도 한다.(현재의 그림은 아래쪽을 그려놓지 않은 경우이다.)

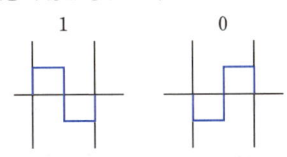

120. Digital 전송 방식의 베이스밴드 전송에 대한 다음 그림은 무슨 방식에 해당하는가?

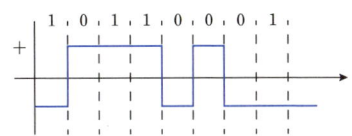

① RZ 방식 ② Bipolar 방식
③ 차분방식 ④ 복류 방식

해설
0일 때만 상태를 변화시키는 것을 차분(차동)방식이라 한다.

121. 다음 중 전송 부호의 Clock 주파수가 입력 신호 주파수의 2배인 부호화 방식은?
① AMI ② HDB 3
③ CMI ④ 4B-3T

해설
원신호 "0"에는 점유율 50[%]의 "+1" 레벨을 대응시키고 원신호 "1"에는 점유율 100[%]의 "+1"레벨과 "0"레벨을 번갈아 대응시키는 부호를 CMI라 하며, 이 부호는 전송되는 Clock 주파수가 입력 신호 주파수의 2배가 된다.

122. 비트 Interval의 시작점에서 언제나 천이가 있으며 1의 경우에는 Interval의 중간에서 천이가 있고, 0의 경우는 Interval의 중간에서 천이가 없는 NRZ는?
① NRZ-L ② NRZ-M
③ NRZ-S ④ NRZ-I

해설
NRZ(Non-Return to Zero) : 전송 부호에서 한 bit의 점유율(Duty Cycle)이 100[%]인 부호로 NRZ-L(level), NRZ-M(Mark) NRZ-S(Space)가 있음.
① NRZ-L : 1의 경우에는 -레벨, 0의 경우에는 +레벨을 할당
② NRZ-M : 비트 Interval의 시작점에서 언제나 천이가 있으며 1의 경우 Interval의 중간에서 천이가 있고 0의 경우는 Interval의 중간에서 천이가 없음.
③ NRZ-S : 비트 Interval의 시작점에서 언제나 천이가 있으며 1의 경우 Interval의 중간에서 천이가 없고 0의 경우 Interval의 중간에서 천이가 있음.
※ L, M, S는 어느 전송 부호에도 해당된다.

[정답] 117 ② 118 ③ 119 ④ 120 ③ 121 ③ 122 ②

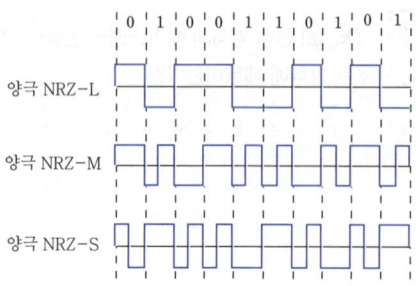

123
매번 Bit의 1/2 시간 동안 "+" 또는 "−"의 상태로 유지한 뒤에 바로 "Zero" 상태로 돌아오는 신호 형태를 갖는 것은?

① Return to Zero Space
② Bipolar
③ Return to Zero
④ Non-Return to Zero

해설
한 bit의 점유율이 50[%] 정도인 부호를 RZ, 100[%]인 부호를 NRZ라 한다.

124
다음은 NRZ와 RZ에 대한 설명이다. 틀린 것은?

① NRZ는 RZ보다 동기측면에서 유리하다.
② NRZ는 RZ보다 잡음 성능면에서 우수하다.
③ RZ는 NRZ보다 넓은 주파수 대역을 요한다.
④ RZ는 NRZ보다 Duty Cycle이 짧다.

해설
RZ는 NRZ보다 더 넓은 주파수 대역을 요하나 (점유시간이 짧아지면 주파수가 높아지므로) 동기 측면에서는 NRZ보다 우수하다. 그러나 잡음에 대한 성능면에서는 NRZ가 RZ보다 우수하다.

125
다음 그림은 어떤 형식의 전송 부호를 나타낸 것인가?

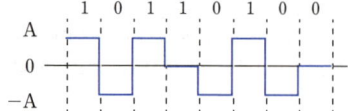

① 양극 Pulse
② Bipolar
③ 차동 Pulse
④ Dicode

해설
0에서 1로의 변화는 + 레벨, 1에서 0으로의 변화는 − 레벨, 0에서 0 또는 1에서 1로의 변화는 0 레벨을 부여하는 부호를 Dicode라 한다.

126
디지털 데이터를 전송하는 방법 중 아날로그 전송 방식이 아닌 것은 어느 것인가?

① NRZ(Non Return to Zero)
② FSK(Frequency Shift Keying)
③ PSK(Phase Shift Keying)
④ QAM(Quadrature Amplitude Modulation)

해설
②, ③, ④는 디지털 데이터 전송에 아날로그 반송파를 사용하는 것이고 ①의 NRZ는 Digital 데이터 그대로를 전송하는 방식이다.

127
기저대역 신호 중 신호 대역폭이 가장 좁은 것은?

① NRZ
② Miller Code(Delay Modulation)
③ Manchester
④ RZ

해설
Miller Code는 Delay Modulation이라고도 하며, 최소한 두 개의 bit 시간 간격 동안 한 번의 전이가 발생하며, 한 Bit 간격에서는 최대한 한 번의 전이가 발생하는 부호화 방법으로 얼마의 동기화 능력을 갖고 있으면서 보다 낮은 변조율과 대역폭을 필요로 한다. Miller Code는 NRZ나 Biphase에 비해 현저히 좁은 대역폭을 가지며 S/N비 측면에서는 NRZ와 Biphase는 동일한 값을 가지나 지연 변조는 3[dB] 정도 아래에 있다.

128
"최소한 두 개의 비트시간 간격 동안에 한 번의 전이가 발생한다"는 것은, 전송 부호의 어떤 형식을 설명한 것인가?

① NRZ
② RZ
③ Biphase
④ Delay Modulation

해설
최소한 두 개의 Bit 시간 간격 동안 한 번의 전이가 발생한다는 것을 Delay Modulation 또는 Miller Code라 한다.

129 N개의 연속된 0 부호를 Bipolar 반측부호를 사용하는 등의 특수한 패턴으로 변화시키는 부호는?

① 지연 변조(Delay Modulation)
② 직류 억압 부호
③ High Density Bipolar
④ CMI

해설
0이 연속되면 자기 Timing 추출에 어려움이 있으므로 0 연속 부호를 Bipolar 반측 펄스를 포함시킨 부호로 바꾸어 주는 것을 High Density Bipolar라 하며 대표적으로 BNZS, HDBN code 등이 있다.

130 정합 필터의 전달 함수를 바르게 나타낸 것은? (단, 입력 신호는 $s(t)$이고, t_m은 판정을 하는 순간이다.)

① $S(\omega)e^{-j\omega t_m}$
② $S^*(\omega)e^{-j\omega t_m}$
③ $S(\omega)e^{j\omega t_m}$
④ $S^*(\omega)e^{j\omega t_m}$

해설
정합 필터의 전달 함수는 입력 신호 (필터에 입력되는) $s(t)$의 공액 푸리에 변환 $S^*(\omega)$에 $e^{-j\omega t_m}$을 곱한 것과 같다. 여기에 $e^{-j\omega t_m}$이란 위상이 $-\omega t_m$만큼 늦어짐을 의미한다.

131 전송 부호 중 선 스펙트럼을 갖는 부호는?

① NRZ
② RZ
③ Bipolar
④ Diphase

해설
이산적인 선 스펙트럼을 갖는 부호는 RZ 부호뿐이다. 따라서 RZ는 이산적인 선 스펙트럼 때문에 NRZ보다 Bit 동기화가 더 유리하다.

132 입력 신호 $s(t)$가 실함수인 경우 정합필터의 임펄스 응답 $h(t)$는?(T는 신호의 한 주기이다.)

① $s(T+t)$
② $s(T-t)$
③ $\dfrac{1}{2}s(T+t)$
④ $\dfrac{1}{2}s(T-t)$

해설
정합 Filter의 임펄스 응답 $h(t)$는 $H(\omega)$를 Inverse Fourier Transform 시키면 얻을 수 있다.
즉, $h(t) = \mathcal{F}^{-1}[H(\omega)] = Ks^*(t_m-t) = Ks^*(T-t)$
이와 같이 정합 필터란 신호 $s(t)$의 영상(Image)을 T초만큼 이동시킨 것임을 알 수 있다.
입력신호 $s(t)$가 실함수인 경우에는
$h(t) = Ks^*(t_m-t) = Ks^*(T-t)$
여기서 t_m은 판정을 하는 순간으로, 입력 신호가 한 주기 다 들어왔을 때인 $t_m = T$ 때를 최적 상태라 한다.

133 RZ 부호의 스펙트럼의 Zero Crossing 주파수는 NRZ 부호의 몇 배인가?

① 1배
② 2배
③ 3배
④ 4배

해설
2원 부호의 전력 밀도 스펙트럼은 다음과 같다.
① NRZ 부호 (단극 NRZ, 양극 NRZ 모두 해당)

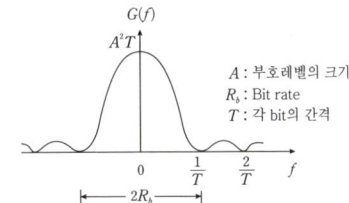

A : 부호레벨의 크기
R_b : Bit rate
T : 각 bit의 간격

대부분의 에너지가 직류를 포함한 저주파 영역에 집중하고 있음. 따라서 NRZ는 직류 근처의 방해 신호의 영향 때문에 Base-band 전송에 적합하지 않다.

② RZ 부호(단극 RZ, 양극 RZ 모두 해당)

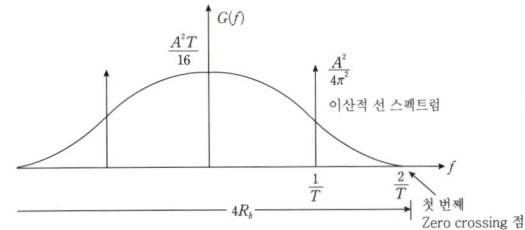

단극 RZ는 단극 NRZ에 비해, 양극 RZ는 양극 NRZ에 비해 2배의 대역폭을 가짐을 알 수 있음. 이는 RZ의 첫 번째 Zero Crossing의 주파수가 NRZ의 2배이기 때문이다.

[정답] 129 ③ 130 ② 131 ② 132 ② 133 ②

134 다음 그림의 $s(t)$가 정합필터에 입력되었을 때 필터의 임펄스 응답은?

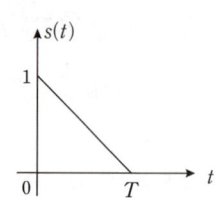

① 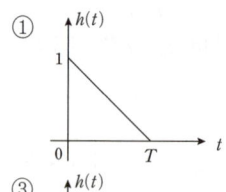 ②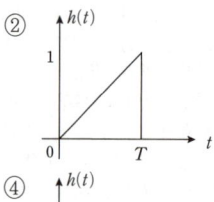

③ 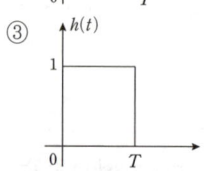 ④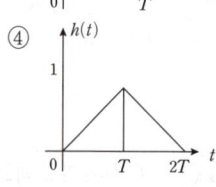

해설

$h(t)=s*(T-t)$로 $s(t)$의 Conjugate(즉 $s*(t)$)를 먼저 생각하면 y축에 대칭되는 곳에 ①번 그림이 나타나고 $h(t)$는 ①번 그림을 그대로 T만큼 이동하면 되므로 결과적으로 ②번 그림처럼 된다.

① 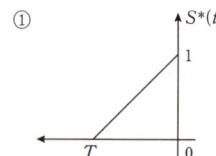 ②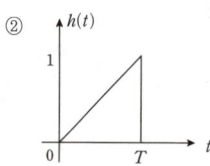

135 크기가 A인 구형파가 정합 필터에 입력되었을 때의 출력은?

① A^2T
② $\dfrac{A^2T}{2}$
③ $2A^2T$
④ $(\dfrac{A^2T}{2})^2$

해설

$t=T$에서 정합 필터의 출력은 입력 시간 함수와 임펄스 응답을 Convolution함으로써 얻는다.

$s_0(T)=s(t)*h(t)|_{t=T}=\int_0^T s(\tau)h(t-\tau)d\tau=E_s$

즉 정합 필터의 출력은 입력 신호의 에너지(E_s)와 같으며, 이 에너지의 최대치는 $s(t)$ 파형과는 관계가 없고 신호 $s(t)$가 가지는 에너지에 따라 달라짐에 유의해야 한다.

① 크기가 A인 구형파가 입력된 경우에 필터 출력은
$E_s=\int_{-\infty}^{\infty} s^2(t)dt=\int_0^T A^2 dt=A^2T$

② 여현파가 필터 입력인 경우에 필터 출력은
$E_s=\int_{-\infty}^{\infty} s^2(t)dt=\int_0^T (A\cos\omega t)^2 dt$
$=\int_0^T A^2\cos^2\omega t dt=\dfrac{A^2T}{2}$

136 Matched Filter에 대한 다음 설명 중 틀린 것은?

① analog의 신호의 검파를 용이하게 하기 위하여 S/N비를 증가시킨다.
② 크기가 A인 구형파가 입력되었을 때 출력은 A^2T이다.
③ 크기가 A인 여현파가 입력되었을 때 출력은 $A^2T/2$이다.
④ 정합필터는 하나의 곱셈기와 하나의 적분기로 구성된다.

해설

디지털 통신에서는 펄스의 파형이나 크기는 별로 중요하지 않고, 펄스의 존재 유무를 정확하게 판별하는 것이 중요하다. 그러므로 펄스의 폭(주기 T)동안 펄스의 존재 유무를 판별하는 순간에 입력 신호의 성분을 최대로 강조하고, 동시에 잡음 성분을 억제해서 펄스의 존재 유무의 판별에서 에러 확률을 가장 적게 하는 기능을 갖는 필터가 필요하게 되며 이러한 필터를 정합 필터라 한다. 즉 정합 필터의 사용 목적은 펄스의 존재 유무를 판별하는 시점에서 신호 성분을 증가시키고 잡음 성분을 감소시키는 것이다.

137 정합 필터의 S/N비 최대치는?(단, 입력 신호의 에너지는 E_s이고 잡음은 백색 잡음만 존재한다고 가정하며 백색 잡음의 전력 밀도 스펙트럼의 크기는 N_0이다.)

① $\dfrac{E_s}{N_0}$
② $\dfrac{2E_s}{N_0}$
③ $\dfrac{E_s}{2N_0}$
④ $\dfrac{3E_s}{2N_0}$

해설

정합 필터를 사용하는 목적은 신호 성분을 증가시키고, 동시에 잡음을 감소시키는 데 있다. 이것은 등가적으로 출력단에서 S/N비를 최대로 하는 것이 되며 실제 filter의 설계시에는 신호 크기의 자승과 잡음 크기의 자승을 이용하여 S_2/N_2의 비를 최대로 되게 하는 것이 편리하다.

[정답] 134 ② 135 ① 136 ① 137 ②

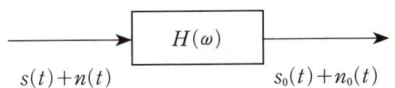

이제 $t=t_m$에서 $\dfrac{S_0^2(t)}{n_0^2(t)}$ (단, 잡음을 백색 잡음만 존재한다고 가정)을 최대로 하는 경우를 풀게 되면 S/N비 최대치는 $\dfrac{2E_s}{N_0}$가 된다. 여기서 E_s는 입력 신호의 에너지를, N_0는 백색 잡음의 전력 밀도 스펙트럼의 크기이다.

138 정합 필터는 어떤 소자로 구성하는가?

① 하나의 곱셈기와 하나의 미분기
② 하나의 곱셈기와 하나의 적분기
③ 하나의 가산기와 하나의 미분기
④ 하나의 가산기와 하나의 적분기

▶ 해설

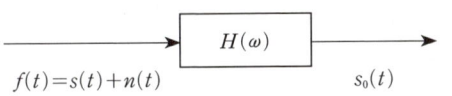

정합필터의 입력을 $f(t)$로 표시하고, 정합필터의 임펄스 응답을 $h(t)$라 하면 정합 필터의 출력 신호 $s_0(t)$는 $t=t_m$(판정을 하는 순간)에서 $s_0(t)=\displaystyle\int_{-\infty}^{\infty} f(\tau)h(t-\tau)d\tau$

한편 $h(t)=s(t_m-t)$이므로 $h(t-\tau)=s(t_m-t+\tau)$로 된다.

따라서 $s_0(t)=\displaystyle\int_{-\infty}^{\infty} f(\tau)s(t_m-t+\tau)d\tau$가 되고

$t=t_m$에서 판별되므로 따라서

$s_0(t_m)=\displaystyle\int_{-\infty}^{\infty} f(\tau)s(t_m-t_m+\tau)d\tau$

$=\displaystyle\int_{-\infty}^{\infty} f(\tau)s(\tau)d\tau=\displaystyle\int_{-\infty}^{\infty} f(t)s(t)dt$

이 식이 의미하는 바는 입력 신호와 같은 신호를 곱해서(잡음은 무시하면) 출력을 얻으므로 동기 검파임을 나타낸다. 정합 필터는 본질적으로 동기 검파기이며 하나의 곱셈기와 하나의 적분기로 구현할 수 있다.
($t=T$ 때 정합 필터를 상관기(correlator)라 부름)

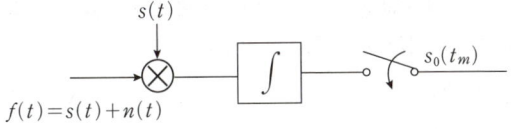

139 다음의 그림은 어떤 변조 파형인가?

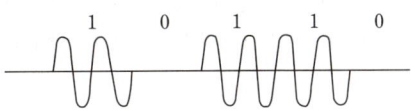

① 각 편이 변조
② 진폭 편이 변조
③ 주파수 편이 변조
④ 위상 편이 변조

▶ 해설

Digital 신호 1과 0을 가지고 반송파의 진폭을 변화시켜 보내는 것을 ASK(진폭 편이 변조)라 하며 그림의 경우에는 2진 ASK(1과 0의 진폭이 다른데 마치 ON-OFF처럼 보이므로 OOK라고도 한다.)이다.
※ M(진수)$=2^n$(여기서 n은 한 번에 보낼 수 있는 Bit수이다.)

140 그림과 같은 입력 신호 $x(t)$가 임펄스 응답이 $h(t)$인 선형 시불변 정합 필터를 통과했을 때 정합 필터 출력 $y(t)$는?

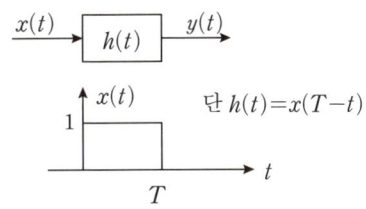

①
②
③
④

▶ 해설

① 첫 번째 방법 : 정합 필터의 출력은 입력이 T만큼 천이된 자기 상관 함수(Autocorrelation Function)이며, 이 자기 상관 함수는 삼각 펄스로 나타난다.
② 두 번째 방법 : 모든 선형 시불변 시스템의 출력은 $y(t)=x(t)*h(t)$이며 입력 신호도 단위 계단 함수이고, 시스템 응답 $h(t)$도 단위 계단 함수이므로, 이들의 중첩 적분은 Ramp 함수가 된다(단위 계단 함수를 적분하면 Ramp함수가 되므로). 한편 $t=T$일 때 정합 필터가 최대 응답을 나타내므로 최고 값은 $t=T$에서 나타나고, 입력 신호가 $t=T$에서 없어지므로 Ramp 함수의 기울기는 (-)가 되어 ③처럼 나타난다. 이 문제는 직접 수식적으로 Convolution을 풀어 구할 수도 있다.

[정답] 138 ② 139 ② 140 ③

141
양측파대(Double Side Band) 중 상측파대는 억제하고 하측파대만을 송신하는 방식을 하잔류파대 변조라고 한다. 이와 같은 파대를 이용한 변복조 방식은?
① ASK ② PSK
③ FSK ④ QAM

해설
디지털 변조에 있어서 ASK는 아날로그 변조의 AM과 같은 의미이며, 한쪽 측파대만을 전송할 수 있다. 아날로그 변조와 디지털 변조가 다른 점은 변조 신호로 아날로그 신호를 사용하느냐, 디지털 신호(1,0)를 사용하느냐이다.

142
다음 변조 방식 중 Discontinuity 현상이 생기는 방식은?
① ASK ② FSK
③ PSK ④ QAM

해설
전송하기 전에 ASK 신호를 Filtering함으로써 Discontinuity를 제거한다.

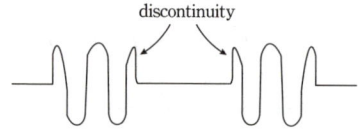

143
비트의 전송 속도가 느리며, 시스템의 효율이 낮으나 잡음에 강한 모뎀의 전송 방식은?
① ASK(진폭 편이 변조)
② FSK(주파수 편이 변조)
③ APK(진폭 위상 변조)
④ PSK(위상 편이 변조)

해설
$M=2^n$에서 진수가 클수록 한 번에 보낼 수 있는 bit수가 많아지지만 보내고자 하는 정보 신호의 수가 증가함에 따라 전송에 필요한 최소 주파수 대역 $\frac{M}{T}$이 크게 증가하므로 M진 FSK는 Spectrum 효율이 나빠 주로 2진 FSK가 사용된다. 따라서, 2진 FSK 방법으로는 한 번에 보낼 수 있는 정보가 1bit이므로 FSK 방식은 고속도 전송에 사용할 수 없다.

144
다음 중 상호 혼신과 외래 잡음을 적게 하는 데 가장 적당한 변조 방법은?
① 위상 변조 ② 주파수 변조
③ 펄스 변조 ④ 진폭 변조

해설
혼신과 잡음에 강한 변조 방식으로는 Analog 변조에서는 FM, Digital 변조에서는 FSK가 있다.

145
다음의 그림은 어떤 변조 파형인가?

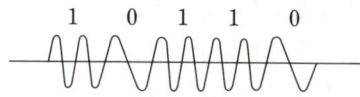

① 폭 편이 변조 ② 진폭 편이 변조
③ 주파수 편이 변조 ④ 위상 편이 변조

해설
Digital 신호 1과 0을 가지고 반송파의 주파수를 변화시켜 보내는 것을 FSK라 하며 그림의 경우에는 한 번에 하나의 Bit를 전송하면서 서로 다른 주파수를 할당하므로 2진 FSK가 된다.

146
$e=200\sin(120\pi t+\pi 3)$인 파형의 주파수는?
① 20[Hz] ② 40[Hz]
③ 60[Hz] ④ 80[Hz]

해설
일반적인 파형의 일반식은 $A\cos(\omega t+\theta)$이며 A는 크기(진폭), ω는 각 주파수를 의미한다. $\omega=120\pi$이고 $\omega=2\pi f$이므로 $f=60$[Hz]

147
FSK 방식에서는 위상의 불연속성을 해결하기 위하여 CPFSK를 사용한다. CPFSK의 일반식에서 최소 주파수 편이비가 0.5인 FSK를 무엇이라 하는가?
① BFSK ② Sunde의 FSK
③ MSK ④ OQPSK

[정답] 141 ① 142 ① 143 ② 144 ② 145 ③ 146 ③ 147 ③

해설

FSK 변조가 갖는 가장 중요한 문제는 한 주파수에서 다른 주파수로 급변시키는 Switching으로 인한 위상의 불연속성이다. 이를 해결하기 위해 CPFSK(Continuous Phase FSK)를 사용하며 일반식은 다음과 같다.

$SCPFSK(t) = A\cos[2\pi f_c t + hd\pi t/T_b]$,
$\quad 0 \leq t \leq T_b$

여기서 h : deviation(편이비)
$\quad T_b$: 한 bit의 시간

검파시 신호가 겹치지 않도록 하기 위한 최소 주파수 편이비는
$h = 0.5(h = T_b \cdot \Delta f) = T_b \cdot (f_2 - f_1)$
$= T_b \cdot \frac{1}{2T_b} = \frac{1}{2} = 0.5$

이며, 이러한 조건을 만족시키는 FSK를 MSK(Minimum Shift Keying) 또는 FFSK(Fast FSK)라 하며, FSK에서 가장 대역폭이 좁은 경우에 해당된다.
또, $h = 1$인 경우의 FSK를 Sunde의 FSK라 한다. MSK는 Sine Filtered OQPSK라고도 하며 따라서 MSK는 FSK의 일종일 수도 있고 PSK의 일종일 수도 있다. CPFSK의 일반식에서 $h = 0.5$인 때가 MSK, $h = 1$인 때가 Sunde의 FSK라 한다. MSK는 QPSK나 OQPSK에 비해 side lobe는 좁으나 Main Lobe가 넓기 때문에 이를 줄이기 위해 GMSK(Gaussian Filtered MSK)를 사용한다.

148 다음의 그림은 어떤 변조 파형인가?

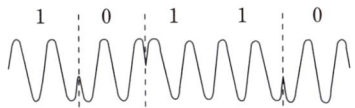

① 진폭 편이 변조
② 위치 편이 변조
③ 주파수 편이 변조
④ 위상 편이 변조

해설

Digital 신호 1과 0을 가지고 반송파의 위상을 변화시켜 보내는 것을 PSK라 하며 그림의 경우에는 한 번에 하나의 Bit를 전송하면서 서로 다른 위상을 할당하므로 2진 PSK(특히 BPSK라 한다)라 한다.

149 수신측에서는 BPSK 신호를 복조하기 위해 Carrier를 사용하게 되는데 이러한 Carrier 발생과 신호 복조에 사용되는 회로를 무엇이라 부르는가?

① Mixer
② 주파수 변환기
③ PLL
④ Costas Loop

해설

Costas Loop

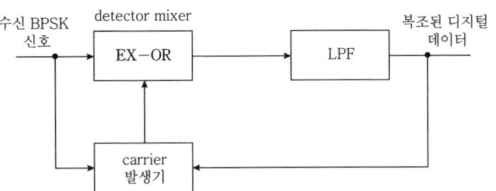

수신된 신호에 Carrier Component가 없기 때문에 BPSK 복조기는 Carrier Signal을 발생시킨다. 발생된 Carrier 위상은 두 개의 가능한 Phase 중 어느 하나에 Locking되며, Detector Mixer는 수신 BPSK 신호와 Carrier를 곱해 Data를 복조하게 되는데 이러한 역할을 하는 회로를 Costas Loop라 한다.

※ Phase Ambiguity
위 그림의 Carrier 발생기는 수신 BPSK 신호의 두 Phase 중 어느 하나의 위상에 먼저 Lock되게 되는데 같은 Phase로 Lock될 수도 있고 다른 Phase에 Lock될 수도 있다. 이러한 현상을 Phase Ambiguity라 하며 만약 다른 Phase에 Lock되면 복조된 Data를 위상 반전(180°)시키면 된다.

150 Costas Loop에서 사용되는 Detector Mixer는 어떤 논리회로로 구성되는가?

① OR Gate
② AND Gate
③ NOT Gate
④ Exclusive-OR Gate

해설

Detector Mixer는 수신되는 BPSK 신호와 Carrier 발생기에서 발생시킨 Carrier를 곱해 원래의 Data를 복조하게 되는데 실제 회로는 Exclusive-OR Gate로 구성된다.

151 PSK에서 반송파간의 위상차는?(단, M은 진수이다.)

① $\frac{\pi}{M}$
② $\frac{2\pi}{M}$
③ $\frac{\pi}{2M}$
④ $\frac{3\pi}{2M}$

해설

PSK는 변조 신호에 따라 반송파의 위상차를 다르게 해서 전송하는 방식으로 반송파간의 위상차는 $\frac{2\pi}{M}$이다.

[정답] 148 ④ 149 ④ 150 ④ 151 ②

만약, QPSK(4진 PSK)와 같이 $M=4$이면 한 번에 보낼 수 있는 bit수가 2개이고, 이때 경우의 수는 00,01,10,11의 4가지 중 어느 하나이다. 이들 4개의 경우에 대해 90°위상차의 반송파를 전송하면 되는 것이다.

152 ITU-T V.26에서 권고하는 QPSK 편이각 할당 방식 중 A 방식은?

① 0°, 90°, 180°, 270°
② 45°, 135°, 225°, 315°
③ 20°, 110°, 200°, 290°
④ 40°, 130°, 220°, 310°

해설
①번은 A 방식, ②번은 B 방식

153 다음은 PSK 방식에 대한 설명이다. 이 중 틀린 것은?

① PSK 변조된 파는 Constant Envelope를 가진다.
② 전송로 등에 의한 레벨 변동이 적으며 심벌에러도 우수하다.
③ QPSK의 Carrier Power는 BPSK Carrier Power의 4배이다.
④ QPSK와 BPSK의 오류 확률 성능은 서로 같다.

해설
PSK 방식의 가장 큰 특징은 Constant Envelope를 유지하는 것이며, 따라서 레벨 변동이 적다. QPSK의 Carrier Power는 BPSK Carrier Power의 2배이며, 오류 확률 성능은 서로 같다.

154 OQPSK 방식은 QPSK 방식에서의 180°위상 변화를 제거하기 위해 I-CH이나 Q-CH 어느 하나를 Delay시키는데 이 값은 얼마인가?(단, Symbol Time은 T_s이다.)

① T_s
② $2T_s$
③ $\frac{1}{2}T_s$
④ $3T_s$

해설
QPSK에서 $2T_b$주기 동안 만약 두 CH의 Data $d_I(t)$와 d_Q의 부호가 모두 변하지 않으면 동일한 위상의 반송파를 유지할 것이고, 어느 한 CH의 Data 부호가 변하면 ±90°위상 변화가 발생한다. 만약 I-CH, Q-CH의 Data가 동시에 변하면 반송파의 위상이 180° 변화하게 된다.
즉, QPSK에서의 위상 변화는 0, ±90°, 180°가 되며 이렇게 되면 PSK의 장점인 Constant Envelope를 유지할 수 없으므로 이 중 180°위상 변화를 제거(Constant Envelope를 유지하기 위함)하기 위하여 I-CH이나 Q-CH 중 한 CH을 $\frac{1}{2}T_s$(즉, T_b)만큼 Delay시킨 것을 OQPSK라 한다.

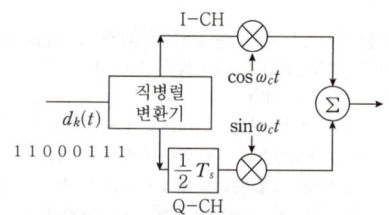

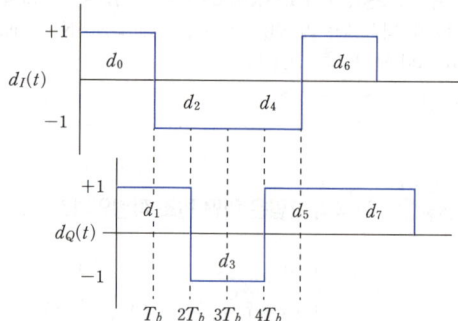

155 다음 회로의 명칭은 무엇인가?(단, b_k는 입력 신호이고 d_k는 차동 부호화된 신호이며 b_{k-1}는 차동 부호화된 신호의 한 주기 전의 신호이다.)

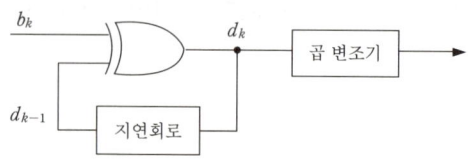

① DPSK 송신부 회로
② DPSK 수신부 회로
③ PSK의 송신부 회로
④ PSK의 수신부 회로

[정답] 152 ① 153 ③ 154 ③ 155 ①

해설

① DPSK 송신기

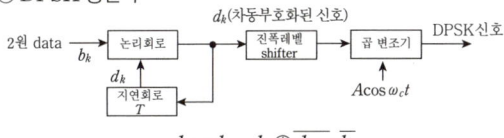

$$-d_k = d_{k-1} \cdot b_k \oplus \overline{d_{k-1}} \cdot \overline{b_k}$$

전송하고자 하는 2진 bit열을 가지고 간단히 d_k를 만드는 방법은 다음과 같다. b_k가 10010011의 경우 제일 앞에 1을 쓴 후 같은 것끼리 곱하면 1, 다른 것끼리 곱하면 0으로 하면 된다.
즉,

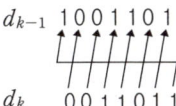

따라서, d_k는 1 1 0 1 1 0 1 1 1이 된다.

• DPSK 신호의 발생예

b_k		1	0	0	1	0	0	1	1
b_{k-1}		1	1	0	1	1	0	1	1
d_k	1*	1	0	1	1	0	1	1	1
전송된 위상		0	π	0	0	π	0	0	0
위상 비교 출력			+	−	−	+	−	+	+
검파된 신호			1	0	0	1	0	0	1	1

위상 비교 출력은 d_k와 d_{k-1}의 위상 비교 출력(차동 위상 검파)을 의미하며 두 개의 위상이 같으면 +, 틀리면 −로 나타내고 +는 1로, −는 0으로 처리하면 원래의 입력을 동기 검파하지 않고도 찾아낼 수 있다.
※ 논리 회로는 EX-OR 또는 OR gate로 만들 수 있다.

② DPSK 수신기(차동 위상 검파)

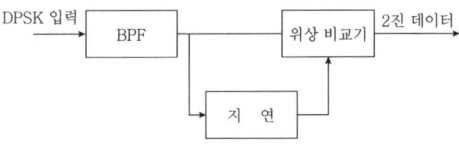

• DPSK에서는 2진, 4진, 8진 DPSK는 사용하지만 16진 DPSK는 사용 안함.
• DPSK는 비동기 ASK나 비동기 FSK보다 SNR이 3[dB] 유리하나 BPSK, QPSK, MSK 등과 비교하면 1[dB] 불리
• 전력 제한을 받는 위성 통신에서는 거의 사용하지 않는다.

156 DPSK 송수신기의 구성 요소에 해당되지 않는 것은?

① 논리 회로 ② 지연 회로
③ BPF ④ 동기 검파기

해설

DPSK 송수신기는 논리 회로, 지연 회로, 곱변조기, BPF, 위상 비교기 등으로 구성된다.

157 DPSK 방식을 이용하여 차동 부호화된 신호 d_k가 만들어졌을 때 이보다 한 주기 전의 신호 d_{k-1}는 어떻게 표시되는가?(단, d_k=0011011)

① 1001100 ② 1001101
③ 0001100 ④ 0001101

해설

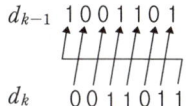

158 다음 DPSK 방식 중 사용되지 않는 방식은?

① 2진 DPSK ② 4진 DPSK
③ 8진 DPSK ④ 16진 DPSK

해설

DPSK 방식 중 16진 DPSK는 사용 안 된다.

159 다음은 디지털 복조 방식에 대한 설명이다. 틀린 것은 어느 것인가?

① OOK에서는 포락선 검파기를 사용하여 복조할 수 있다.
② 2진 FSK에서는 정합 필터를 2개 사용하여 복조할 수 있다.
③ PSK에서는 포락선 검파기를 사용하여 복조할 수 있다.
④ DPSK에서는 차동 위상 검파를 사용하여 복조할 수 있다.

해설

ASK와 FSK는 동기 및 비동기 검파가 가능하나 PSK는 동기 검파만을 수행한다. 동기 검파기로는 정합 필터를 비동기 검파기로는 포락선 검파기를 이용하며 특히 FSK의 경우에는 진수와 같은 수의 정합 필터와 포락선 검파기를 사용하여야 한다. DPSK는 동기 검파의 어려운 점을 피하기 위해 차동 위상 검파를 수행한다.
※ OOK는 ASK의 일종

[정답] 156 ④ 157 ② 158 ④ 159 ③

160 변조기에 사용하는 변조 방법 중 기술적인 실현 타당성이 없어 거의 이용되지 않는 것은?

① 주파수 편이 변조(FSK)
② 진폭 편이 변조(ASK)
③ 위상 편이 변조(PSK)
④ 절대 위상 편이 변조(APSK)

해설
PSK(위상 편이 변조) 방식에는 상태 위상 편이 변조(DPSK)와 절대 위상 편이 변조(APSK)가 있으며 APSK 방법은 거의 이용되지 않는다.

161 다음은 변복조 방식에 대한 설명이다. 이 중 맞지 않는 것은 어느 것인가?

① 진폭 편이 변조(ASK)는 정현파의 진폭에 정보를 싣는 방식으로 2내지 4진폭을 이용한다.
② 직교 진폭 변조(QAM)는 정현파의 진폭에 정보를 싣는 방식으로 중고속도 변조 방식에 이용한다.
③ 주파수 편이 변조(FSK)는 정현파의 주파수에 정보를 싣는 방식으로 2가지의 진폭을 이용한다.
④ 위상 편이 변조(PSK)는 정현파의 위상에 정보를 싣는 방식으로 2, 4, 8 위상 편이 변조 방식이 있다.

해설
FSK는 정현파의 주파수에 정보를 싣는 방식으로 2진 FSK의 경우 2가지 주파수를 이용한다.

162 다음 변조 방식들 중에서 데이터 통신 시스템에서 사용하지 않는 방식은?

① 강도 변조 방식
② 주파수 편이 변조 방식
③ 위상 편이 변조 방식
④ 직교 진폭 변조 방식

해설
강도 변조 방식(IM : Intensity Modulation)은 광통신 시스템에서 사용하는 변조 방식이다.

163 다음 중 진폭과 위상을 변화시켜 전달하는 디지털 변조 방식은?

① PSK
② QAM
③ FSK
④ ASK

해설
QAM(Quadrature Amplitude Modulation)
① 정의
  QAM은 PSK의 변조 원리에 진폭 변조까지 포함시킨 것으로 PSK에서 I-CH과 Q-CH의 각 데이터 신호 ($U_I(t)$와 $U_Q(t)$) 즉, baseband 신호의 레벨을 독립이 되도록 한 변조 방식이다. 즉, ASK+PSK 변조 방식이다. 따라서 QAM은 정보 신호에 따라 반송파의 진폭과 위상을 동시에 변화시키는 APK(Amplitude Phase Keying)의 한 종류가 된다.
② 일반식 $S_n(t) = U_I(t)\cos\omega_c t - U_Q(t)\sin\omega_c t$
  여기서 $U_I(t)$와 $U_Q(t)$는 서로 독립적임. I와 Q신호들은 DSB-SC 변조되고 이들을 선형적으로 더함으로써 QAM 신호를 만든다.

164 8개의 위상과 2개의 진폭을 혼합하여 어떤 신호를 변조해야 할 때 적당한 방법으로 맞는 것은?

① FSK
② FSK+AM
③ PSK+ASK
④ DPSK

해설
진폭과 위상을 혼합하여 어떤 신호를 변조해야 하는 경우는 ASK과 PSK 방식을 함께 사용해야 한다. 이를 APK(Amplitude Phase Keying)라 한다.

165 그림과 같은 신호 공간 Diagram을 나타내는 변조 방식은 어느 것인가?

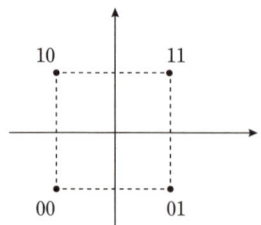

① ASK
② BPSK
③ FSK
④ QAM

[정답] 160 ④ 161 ③ 162 ① 163 ② 164 ③ 165 ④

해설
한 번에 2개의 bit를 동시에 보낼 수 있는 방식은 QAM이다.
※ 일반적으로 ASK라 함은 2진 ASK, FSK라 함은 2진 FSK이다.

166 다음 그림은 어떤 변조 방식을 나타낸 것인가?

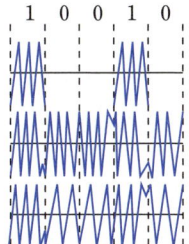

① ASK　② FSK
③ PSK　④ QAM

해설
진폭과 위상이 변화되므로 APK(Amplitude Phase Keying) 방법을 이용한 QAM이다.

167 16진 QAM에 관한 설명으로 옳지 않은 것은 어느 것인가?

① 2차원 벡터 공간에 신호를 나타낼 수 있다.
② 진폭과 위상이 변화하는 변조 방식이다.
③ Noncoherent 방식으로 신호를 검출할 수 있다.
④ 16진 PSK 변조 방식보다 동일한 전송 에너지에 대해 오류 확률이 낮다.

해설
① QAM 신호는 2개의 직교성 DSB-SC 신호를 선형적으로 합성한 것이다.
② QAM의 소요 전송 대역은 정보 신호 대역폭의 2배로서 DSB-SC의 경우와 동일하다.
③ QAM은 동기 검파 또는 동기 직교 검파 방식을 사용하여 신호를 검출한다.
④ QAM의 Spectrum은 $U_I(t)$와 $U_Q(t)$ Spectrum에 의해 결정된다.
⑤ M진 QAM의 대역폭 효율은 $\log_2 M$[bps/Hz]이다.
⑥ QAM은 APK 변조 방식으로 중속 데이터 전송에 좋으며, 잡음과 위상 변화에 우수한 특성을 가진다.
⑦ QAM의 Spectrum 효율을 향상시키기 위해 I-CH과 Q-CH

의 LPF(Cosine-Shaped Filter) 대신에 PRF(Partial Response Filter)를 사용한 QAM을 QPR(Quadrature Partial Response)이라 한다.
⑧ 2차원 벡터 공간에 신호를 나타낼 수 있다.

168 다중 신호 $s_i(t) = a_i \cos \omega_c t + b_i \sin \omega_c t$의 a_i, b_i를 여러 가지 값으로 대응시키는 변조 기술은?

① PSK　② FSK
③ APK　④ ASK

해설
QAM의 일반식은 $s_i(t) = a_i \cos \omega_c t + b_i \sin \omega_c t$ 형태이며 a_i, b_i 신호는 서로 독립적으로 변화하여 DSB-SC 변조되고 이들을 선형적으로 더하면 QAM이 된다. (QAM은 APK의 한 방법)

169 다음 중 변조 방식과 복조 방식의 조합이 잘못된 것은?

① FSK-포락선 검파
② DPSK-동기 검파
③ QAM-동기 직교 검파
④ QPSK-동기 직교 검파

해설
DPSK는 복조 방식으로 차동 위상 검파 방식을 사용하고, QAM, PSK 등은 동기 검파(또는 동기 직교 검파)를 사용한다.

170 다음은 QAM의 특징을 열거한 것이다. 틀린 것은 어느 것인가?

① 2개의 직교성 DSB-SC를 선형적으로 합성한 것이다.
② QAM의 대역폭 효율은 2[bps/Hz]이다.
③ QAM의 소요 전송 대역폭은 정보 신호 대역폭만큼을 요구한다.
④ APK 변조 방식으로 중속 데이터 전송에 좋다.

해설
QAM의 소요 전송 대역폭은 정보 신호 대역폭의 2배이다.

[정답] 166 ④　167 ③　168 ③　169 ②　170 ③

171
디지털 데이터의 기저대역 전송시 부호간 간섭이 클 경우 이를 역으로 이용해서 전송 효율을 높이는 데 사용하는 부호 형식은 어느 것인가?

① PRS(Partial Response Signalling)방식
② 다이펄스(Dipulse) 방식
③ MSK(Minimum Shift Keying) 방식
④ APK(Amplitude Phase Keying) 방식

해설
QAM의 변조기 전단이나 변조기 후단에 Cosine 함수 형태의 전달 함수를 갖는 좁은 대역의 LPF나 BPF를 설치하여 Partial Response Filtering 시킴으로써 정보 밀도(bps/Hz)를 증가시키는 것이 QPRS이다.

172
BPSK 방식과 QPSK 방식을 비교 설명한 것 중에서 옳지 않은 것은 어느 것인가?

① 심볼(Symbol) 오율은 BPSK 방식이 QPSK 방식에 비해 우수하다.
② 비트(Bit) 오율은 두 방식이 같다.
③ 전송 속도는 QPSK 방식이 BPSK 방식에 비해 2배이다.
④ QPSK 방식의 스펙트럼폭은 BPSK 방식의 2배이다.

해설
① 오류 확률(심볼 오율)

ASK 변조	FSK 변조	DPSK 변조	PSK 변조	QAM 변조
ASK (2진 ASK)	FSK (2진 FSK)	2진 DPSK	2진 PSK	
		4진 DPSK	4진 PSK	4진 QAM
		8진 DPSK	8진 PSK	8진 QAM
			16진 PSK	16진 QAM
		M진 DPSK	M진 PSK	M진 QAM

(오류 확률 감소 ↓, 오류 확률 감소 →)

• 종축에 대한 설명의 예로서 2진 PSK(BPSK)와 4진 PSK (QPSK)의 오류 확률을 비교하면 BPSK 오류 확률은 QPSK 오류 확률의 $\frac{1}{2}$이며, 역으로 QPSK의 오류 확률은 BPSK 오류 확률의 2배이다.

즉, "M진 오류 확률=2진 오류 확률×$\log_2 M$"이 성립(다른 변조 방식에서도 마찬가지)
• 횡축에 대한 설명의 예로서 4진 DPSK, 4진 PSK (QPSK), 4진 QAM(QAM)의 오류 확률을 비교해 보면 4진 DPSK보다는 QPSK가, QPSK보다는 QAM의 오류 확률이 약간 감소한다.(다른 진수에서도 마찬가지)
• OOK=ASK이므로 OOK와 ASK의 오류 확률은 같다.
• QPSK와 OQPSK는 한 채널을 $\frac{1}{2}T_s$만큼 Delay시키는 외에는 같으므로 오류 확률은 같다.

② 전송 대역폭
전송에 필요한 대역폭을 말하며 단위는 [Hz]이고 다음과 같이 정의된다.
전송 대역폭=신호 방식률=기호율
$$=\frac{1}{기호지속시간}=\frac{r_b}{n}=\frac{r_b}{\log_2 M}$$
(∵ $M=2^n$ 이므로)

• 전송 대역폭은 점유 대역폭 또는 채널 대역폭이라고도 한다.
• 16진 PSK와 4진 PSK의 전송 대역폭 비교
16진 PSK의 경우 $n=4$, 4진 PSK의 경우 $n=2$이므로 같은 Bit Rate일 때 16진 PSK는 4진 PSK 경우보다 $\frac{1}{2}$대역폭(즉 반절)만 필요하게 된다.
• 전송 대역폭은 ASK, FSK, PSK 등의 변조 방식에는 관계 없이 n 또는 $\log_2 M$에 의해 결정됨에 유의해야 한다.

173
디지털 통신 방식 중 오율(Error Probability)이 가장 적은 것은?

① DPSK   ② FSK
③ ASK   ④ PSK

해설
비트 오율이 가장 작은 것은 QAM, PSK, DPSK, FSK, ASK 순이다.
즉, 문제에서는 PSK 방식의 오류 확률이 가장 작다.

174
8진 PSK의 오류 확률은 2진 PSK 오류 확률의 몇 배인가?

① 2배   ② 3배
③ 4배   ④ 5배

해설
8진 PSK의 오류 확률=2진 PSK의 오류 확률×$\log_2 8$. 즉, 3배
M진 오류 확률=2진 오류 확률×$\log_2 M$

[정답] 171 ① 172 ④ 173 ④ 174 ②

175. 잡음이 존재하는 통신로에서 부호 오율의 특성이 가장 좋은 디지털 변조 방식은?

① 16 QAM
② 16 FSK
③ 16 PSK
④ 16 ASK

해설
같은 진수인 경우에는 QAM의 부호 오율이 가장 작다.

176. 정보 전송상 주파수(스펙트럼)의 이용 효율이 가장 좋은 변조 방식은?

① 16 QAM(16 직교 진폭 변조)
② FSK(주파수 편이 변조)
③ ASK(진폭 편이 변조)
④ 4 PSK(4치 위상 변조)

해설
스펙트럼의 이용 효율이 가장 좋다는 것은 대역폭 효율(bps/Hz)이 가장 좋다는 것을 의미하며, "대역폭 효율=$\log_2 M$"이므로 진수가 클수록 대역폭 효율이 좋은 것이다.(변조 방식에 관계없음에 유의)

177. 정보 비트의 전송률[bit/s]이 일정할 때 채널 대역폭이 가장 작은 변조 방식은?

① BFSK
② 16 PSK
③ 4 FSK
④ 8 ASK

해설
진수가 클수록 채널 대역폭이 가장 작게 소요된다.
- 채널 대역폭 = $\dfrac{r_b}{\log_2 M}$

178. 16진 PSK의 전송 대역폭은 2진 PSK (BPSK) 전송 대역폭의 몇 배인가?

① 4배
② $\dfrac{1}{4}$배
③ 8배
④ $\dfrac{1}{8}$배

해설
전송 대역폭 = $\dfrac{r_b}{n} = \dfrac{r_b}{\log_2 M}$

① 2진 PSK의 경우 : 전송 대역폭 = $\dfrac{r_b}{\log_2 2} = r_b$

② 16진 PSK의 경우 : 전송 대역폭 = $\dfrac{r_b}{\log_2 16} = \dfrac{1}{4} r_b$

179. 8진 PSK 에너지는 BPSK가 가지는 에너지의 몇 배인가?

① 2배
② $\dfrac{1}{2}$배
③ 3배
④ $\dfrac{1}{3}$배

해설
M진 에너지 = $E_b (\log_2 M)$
여기서 E_b : 2진(기본) 에너지
따라서, 8진 에너지는 2진 에너지의 3배이다.

180. 16진 PSK의 대역폭 효율은 QPSK 대역폭 효율의 몇 배인가?

① 2배
② 3배
③ 4배
④ 6배

해설
① QPSK의 대역폭 효율 : $\log_2 M = \log_2 4 = 2$[bps/Hz]
② 16진 PSK의 대역폭 효율 : $\log_2 M = \log_2 16 = 4$[bps/Hz]

181. 16진 QAM의 대역폭 효율은?

① 2[bps/Hz]
② 4[bps/Hz]
③ 8[bps/Hz]
④ 16[bps/Hz]

해설
대역폭 효율(스펙트럼 효율)
$n = \log_2 M = \dfrac{비트율}{전송\ 대역폭}$[bps/Hz]
여기서 n : 한 번에 전송할 수 있는 bit수

[정답] 175 ① 176 ① 177 ② 178 ② 179 ③ 180 ① 181 ②

182 다음 중 변조 속도 보오(Baud)의 설명으로 가장 알맞은 것은?

① 1초 동안에 전송된 비트의 수
② 1초 동안에 전송된 최단 펄스의 수
③ 1초 동안에 전송된 스톱 펄스의 수
④ 1초 동안에 전송된 문자의 수

해설
변조 속도는 1초간에 전송할 수 있는 최단 펄스수 또는 최단 Pulse의 시간 길이(T)의 역수로 정의된다. 변조 속도는 통신 속도, 신호 속도 또는 Baud(보오) 속도라고도 하며 단위는 Baud를 사용한다.
$$B=\frac{1}{T}[\text{Baud}]$$

183 50보오(Baud)의 통신 속도를 100보오(Baud)로 향상시켰다. 단위 펄스의 시간길이는 얼마로 변하는가?

① 20[ms] ② 40[ms]
③ 10[ms] ④ 30[ms]

해설
$B=\frac{1}{T}$이므로 $T=\frac{1}{B}=\frac{1}{100}=10[\text{ms}]$

184 통신 속도 50보오(Baud)인 전송 부호의 최단 펄스의 시간 길이는 몇 초인가?

① 0.01 ② 0.02
③ 0.05 ④ 0.5

해설
$B=\frac{1}{T}$ ∴ $T=\frac{1}{B}=\frac{1}{50}=0.02[\text{초}]$

185 4위상 변조 방식에 의한 2,400[bit/s] 모뎀에서 단위 펄스의 시간 길이가 $T=833\times10^{-6}[\text{sec}]$인 경우 변조 속도는?

① 2,400[Baud] ② 9,600[Baud]
③ 4,800[Baud] ④ 1,200[Baud]

해설
$B=\frac{\text{데이터 신호 속도}}{n}=\frac{2,400}{2}=1,200[\text{Baud}]$
또는 $B=\frac{1}{T}=\frac{1}{833\times10^{-6}}=1,200[\text{Baud}]$

186 MODEM에서 시간 길이 $T=833\times10^{-6}[\text{sec}]$의 단위 펄스가 4개의 독립적인 변조파를 갖는 4위상 변복조 방식에 의하여 표시될 때 초당 전송되는 비트수를 나타내는 데이터 신호 속도는?

① 1,200[bps] ② 2,400[bps]
③ 4,800[bps] ④ 9,600[bps]

해설
① 변조속도 $B=\frac{1}{T}=\frac{1}{833\times10^{-6}}=1,200[\text{Baud}]$
② 데이터 신호속도 $=nB=(\log_2 M)B=(\log_2 4)\times1,200$
$=2,400[\text{bps}]$

187 통신 회선의 주파수 대역폭을 $W[\text{Hz}]$라 할 때, 최대 통신 속도를 보오(Baud)를 이용하여 나타내면 얼마인가?

① W ② $4W$
③ $8W$ ④ $2W$

해설
전송대역폭 $=\frac{r_b}{n}=\frac{\text{데이터 신호 속도}}{\log_2 M}=$변조 속도
따라서, 대역폭의 단위[Hz]와 변조 속도의 단위[Baud]가 같다.

188 Baud에 관한 설명 중 틀린 것은?

① 단점 주파수의 2배에 상당한다.
② $\tau_p=0.02$초이면 40[Baud]가 된다.
③ 부호의 단위 펄스 수를 n이라 하면 1분간 보내지는 자수는 $60B/n$이다.
④ 인쇄 전신의 공로자 Baudot씨의 이름을 따서 붙인 것이다.

[정답] 182 ② 183 ③ 184 ② 185 ④ 186 ② 187 ① 188 ②

해설

τ_p는 최단 pulse의 시간 길이이며 $B = \dfrac{1}{\tau_p} = \dfrac{1}{0.02} = 50$[Baud]

①번은 $B = \dfrac{1}{T} = \dfrac{1}{\tau_p} = \dfrac{1}{\text{한 주기의 반}}$
$= \dfrac{1}{\dfrac{\text{한 주기}}{2}} = 2\dfrac{1}{\text{한 주기}} = 2f$

189
4상 PSK 변조 방식을 사용한 모뎀에서 데이터 신호 속도가 2,400비트/초일 때 변조 속도는 얼마인가?

① 1,200[Baud]   ② 1,200[비트/초]
③ 2,400[Baud]   ④ 2,400[비트/초]

해설

변조속도
$= \dfrac{\text{데이터 신호 속도}}{\text{한번에 보낼수 있는 bit 수}} = \dfrac{2,400}{2} = 1,200[\text{Baud}]$

4진이란 $M=4$이며 $M=2^n$이므로 한 번에 보낼 수 있는 bit수가 2개이다.

190
BPS(Bit Per Second)의 설명으로 올바르지 않은 것은?

① 정보의 유통 단위이다.
② 마크와 스페이스와 같이 서로 상반되는 부호의 정보량은 1bit이다.
③ 5단위 부호의 정보량은 $\log_2 2^5 = 5$bits이다.
④ 4진 신호 레벨에서는 Baud와 동일하다.

해설

데이터 신호 속도[bps] = $(\log_2 M) \cdot$ (변조 속도)
- 4진의 경우는 [bps] = $2 \times$ (변조 속도)[Baud]
- 2진의 경우는 [bps] = $1 \times$ (변조 속도)[Baud]
따라서, 2진의 경우 bps와 Baud가 동일하다.

191
다음 중에서 통신 속도의 보오(Baud)와 bps 관계에서 4위상 변조시 서로 비율이 같은 경우는 몇 [Baud] 때인가?

① 2   ② 4
③ 8   ④ 16

해설

bps = $n \cdot B = (\log_2 M) \cdot B = (\log_2 4) \cdot B = 2B$ 이때 B의 단위는 [Baud]이므로 2[Baud] 때이다.

192
N위상 위상 변조를 하는 동기식 모뎀의 변조 속도가 M(Baud)인 경우 비트 속도를 구하는 식은?

① $N \log_{10} M$ ② $M \log_{10} N$
③ $N \log_2 M$ ④ $M \log_2 N$

해설

데이터 신호 속도 = 변조 속도 $\times \log_2$(진수)
$= M \times \log_2 N = M \log_2 N$

193
00을 −135°, 01을 −45°, 11을 45°, 10을 135°로 변조하고 또한 위와 반대로 복조하려 한다. 만일 1초에 변조 혹은 복조를 1,200회 할 때 얻어지는 [bps]는?

① 600[bps]   ② 1,200[bps]
③ 2,400[bps]   ④ 4,800[bps]

해설

2개 bit를 동시에 보내므로 $n=2$이며, 변조 속도(1초에 변조를 몇 번 할 수 있는가를 나타냄)가 1,200[baud]이므로, 데이터 신호 속도는 2,400[bps]가 된다.

194
통신 속도가 300[Baud]이고, 보오당 신호 레벨이 4일 때 1분간의 송신 가능 속도를 계산하면?

① 4,500[bps]   ② 18,000[bps]
③ 36,000[bps]   ④ 72,000[bps]

해설

보오당 신호레벨이 4라는 것은 한 번에 보낼 수 있는 bit수가 2라는 의미이며 따라서 데이터 신호속도=$nB = 2 \times 300 = 600$[bps]이며 초당 600[bps]를 보내는데 1분간 보낼 수 있는 양이므로 $600 \times 60 = 36,000$[bps]

[정답] 189 ① 190 ④ 191 ① 192 ④ 193 ③ 194 ③

195
0, 1로 나타내는 신호의 신호 간격이 2[ms]일 때 데이터 신호 속도는 몇 [kb/s]인가?

① 0.5   ② 1
③ 2   ④ 4

해설

데이터 신호 속도
= 한 번에 보낼 수 있는 bit수 × 변조 속도
$= 1 \times \dfrac{1}{\text{최단 pulse의 시간 길이}} = \dfrac{1}{2 \times 10^{-3}}$
= 500[bps] = 0.5[kb/s]

196
통신 속도가 1,200[Baud]일 때 4상식 위상 변조를 하면 데이터 신호 속도는?

① 1,200[b/s]   ② 2,400[b/s]
③ 4,800[b/s]   ④ 9,600[b/s]

해설

데이터 신호 속도
$= nB$ (여기서 n은 한 번에 보낼 수 있는 bit수, B는 변조 속도)
$= 2 \times 1,200 = 2,400$[bps]

197
변조 속도가 2,400[Baud]일 때 하나의 유의 순간에 4비트를 전송하는 위상 변조 방식을 사용하는 경우의 데이터 신호 속도는?

① 2,400[bps]   ② 7,200[bps]
③ 9,600[bps]   ④ 12,000[bps]

해설

데이터 신호 속도
$= nB = 4 \times 2,400 = 9,600$[bps]

198
800[Baud]의 변조 속도로 4상차분 위상 변조된 데이터의 신호 속도는 몇 [bps]인가?

① 100   ② 1,200
③ 1,600   ④ 3,200

해설

데이터 신호 속도
$= nB = 2 \times 800 = 1,600$[bps]

199
보오[Baud] 속도가 1,500보오이며 트리 비트를 사용하는 경우 신호 속도는 몇 [bps]가 되는가?

① 500   ② 1,500
③ 3,000   ④ 4,500

해설

트리비트는 한 번에 3개의 bit를 전송할 수 있음을 의미한다.
따라서, 데이터 신호 속도 $= nB = 3 \times 1,500 = 4,500$[bps]

200
8PSK 변조 방식에서 변조 속도가 2,400[Baud]일 때 데이터 신호의 속도는 몇 [bit/s]인가?

① 7,200   ② 4,800
③ 2,400   ④ 800

해설

데이터 신호 속도
① 데이터 신호 속도는 1초간에 전송할 수 있는 bit수를 의미하며 단위는 bps(bit per second) 또는 b/s 이다. 데이터 신호 속도는 변조 속도에다 한 번에 보낼 수 있는 bit수(n)를 곱함으로써 얻어진다.
② 변조 방식이 2진의 경우는(2진 ASK, 2진 FSK, 2진 PSK) 한 번에 보낼 수 있는 bit수가 1개이므로 이때는 데이터 신호 속도와 변조 속도가 같다. 문제의 경우에는
데이터 신호 속도 $= nB = 3 \times 2,400 = 7,200$[bps]

201
Baud 속도가 1,200Baud이고 Quadbit를 사용하는 경우 1초당 전송 속도는 몇 [bps]인가?

① 1,200   ② 2,400
③ 4,800   ④ 9,600

해설

Quadbit는 한 번에 4개의 bit를 전송할 수 있음을 의미한다. 따라서 데이터 신호 속도 $= nB = 4 \times 1,200 = 4,800$[bps]

202
1,200보오[Baud]의 전송 속도를 갖는 전송 선로에서 신호 비트가 트리비트(Tribit)이면 신호 속도는 몇 [bps]인가?

① 1,200
② 2,400
③ 3,600
④ 4,800

해설

데이터 신호 속도
$= nB = 3 \times 1,200 = 3,600$[bps]
※ 데이터 신호 속도를 다른 용어로 표현하더라도 단위는 [bps]이므로 혼동하지 않아야 한다.

203
8단위 부호를 사용하여 50보오[Baud]로 통신할 때 1분간 몇 자를 전송할 수 있는가?

① 62.5자
② 96자
③ 375자
④ 400자

해설

데이터 전송 속도는 초당 보낼 수 있는 Character 수, Word 수, Block 수를 말하며 단위는 [자/초], [word/초], [block/초]를 사용한다.

데이터 전송 속도 $= \dfrac{B}{m}$

(여기서 m : 한 문자를 구성하는 bit수)
변조 속도가 50[Baud]이며, 한 문자가 8[bit]로 구성되어 있을 때 1분간에 전송할 수 있는 문자수는 데이터 전송속도
$= \dfrac{B}{m} \times 60 = \dfrac{50}{8} \times 60 = 375$[자/분]

204
대역폭이 B, 신호 전력이 S, 잡음 전력이 N일 때 대역 제한된 백색 가우시언 채널의 채널 용량은 몇 [bit/s]인가?

① $B\log_2(1+\dfrac{S}{N})$
② $\log_2(1+\dfrac{BS}{N})$
③ $B\log_2(\dfrac{S}{N})$
④ $\log_2(1+\dfrac{BS}{N})$

해설

Shannon의 채널 용량 $= B\log_2(1+\dfrac{S}{N})$

205
선로 장애 현상에 대해 적절한 보완책을 구사하였을 때라면 Shannon의 법칙에 의하여 최대 비트 속도를 산출할 수 있다. 이때의 식은?(단, W는 대역폭, S/N은 신호대 잡음비이다.)

① $C = 2W\log_e(1+\dfrac{S}{N})$
② $C = 2W\log_e(\dfrac{S}{N})$
③ $C = W\log_e(1+\dfrac{S}{N})$
④ $C = W\log_2(1+\dfrac{S}{N})$

해설

샤논의 정리는 "전송 CH의 단위 시간당 전송할 수 있는 bit수"를 구하는 공식으로 단위는 [bps] 또는 [b/s]이고 다음과 같이 정의된다.

$C = B\log_2(1+\dfrac{S}{N})$[bps]

C : 채널 용량(통신 용량)
B : 채널의 대역폭(또는 W로 표시한다.)
$\dfrac{S}{N}$: 신호대 잡음비

206
채널을 통해 보낼 수 있는 데이터량과 채널의 대역폭과의 관계는?

① 반비례
② 제곱근에 비례
③ 1/3 비례
④ 비례

해설

채널 용량 = 대역폭 $\times \log_2(1+\dfrac{S}{N})$

207
전송 채널(Channel)의 단위 시간당 전송할 수 있는 Bit수는 샤논(Shannon)의 식에 의하여 정립되는데 이 식에 가장 관련이 깊은 것은?

① 전송로의 정전 용량(C)
② 전송로의 특성 임피던스(Z_o)
③ 신호대 잡음비($\dfrac{S}{N}$)
④ 전송 신호의 위상(F)

해설

샤논의 채널 용량 = 대역폭 $\times \log_2(1+\dfrac{S}{N})$

[정답] 202 ③ 203 ③ 204 ① 205 ④ 206 ④ 207 ③

208 채널 용량을 증가시키기 위한 방법으로 적당하지 않은 것은?

① 대역폭을 넓힌다.
② 신호 전력을 증가시킨다.
③ 잡음 전력을 감소시킨다.
④ C/N비를 증가시킨다.

해설

채널의 통신 용량(전송 용량)을 늘리려면 다음과 같은 방법을 사용한다.
- 채널의 대역폭 B를 증가시킨다.
- 신호 세력을 높인다.
- 잡음 세력을 줄인다.
※ Shannon의 정리는 열잡음만을 고려한 채널의 이론상 최대 전송 속도나 실제로는 충격 잡음, 감쇠 현상, 지연 왜곡 등에 의해 채널은 이보다 더 낮은 속도로 사용된다.

209 주파수 대역폭이 30[kHz], S/N비가 7인 채널을 통하여 전송할 수 있는 정보량은 몇 [b/s]인가?

① 2.1×10^3　　② 4.2×10^3
③ 6×10^3　　　④ 9×10^4

해설

$$C = W\log_2\left(1+\frac{S}{N}\right) = 30 \times 10^3 \times \log_2(1+7)$$
$$= 30 \times 10^3 \times \log_2 2^3 = 9 \times 10^4$$

210 채널 대역폭이 1[kHz], S/N비가 20[dB]일 때 채널 용량은?

① 3,320[bps]　　② 4,840[bps]
③ 6,640[bps]　　④ 13,280[bps]

해설

$S/N = 20$[dB]는 숫자로 고치면 20[dB]$= 10\log_{10}\frac{S}{N}$
∴ $S/N = 10^2 = 100$
따라서 $C = B\log_2\left(1+\frac{S}{N}\right) = 1{,}000\log_2(1+100)$
　　　　$= 1{,}000\log_2 100$
　　　　$= 1{,}000 \times 3.32\log_2 100$[bps]
　　　　$= 1{,}000 \times 6.64 = 6{,}640$[bps]

211 지연 왜곡에 의한 ISI에 근거하여 채널 용량을 산출하고자 한다. 가장 알맞은 것은?(단, B는 대역폭, S/N은 신호대 잡음비, M은 진수를 의미한다.)

① $2B\log_2 M$　　② $B\log_2 M$
③ $B\log_2\left(1+\dfrac{S}{N}\right)$　　④ $2B\log_2\left(1+\dfrac{S}{N}\right)$

해설

Nyquist 공식이란 잡음이 없는 채널을 가정하고, 지연 왜곡에 의한 ISI에 근거하여 최대 용량을 산출한 공식으로 단위는 [bps]이고 다음과 같이 정의된다.
$$C = 2B\log_2 M \text{[bps]}$$
　C : 채널 용량
　B : 채널의 대역폭
　M : 진수

212 16진 PSK 변조 방식을 사용하고 채널의 대역폭이 4[kHz]일 때 채널 용량은?

① 16,000[bps]　　② 32,000[bps]
③ 48,000[bps]　　④ 56,000[bps]

해설

$C = 2B\log_2 M$
　$= 2 \times 4{,}000 \times \log_2 16 = 32{,}000$[bps]

213 디지털 정보 전송 신호의 전송 품질을 평가하는 것은?

① S/N(신호대 잡음비)
② BER(비트 오율)
③ P_o/P_i(출력 전력대 입력 전력)
④ CER(문자 오율)

해설

analog 통신 시스템의 성능 측정은 S/N비를 많이 사용하지만 디지털 통신 시스템의 성능 측정은 C/N(Carrier to Noise)비(또는 BER)를 사용하며 다음과 같이 정의된다.
$$\frac{C}{N} = \frac{E_b}{N_0} \cdot \frac{r_b}{B_n}$$
　r_b : bit rate [bps]
　B_n : 수신기의 잡음 대역폭 [Hz]
　E_b/N_0 : 비트 에너지 대 잡음전력 스펙트럼 밀도비(또는 비트당 SNR이라고도 한다.)

[정답] 208 ④　209 ④　210 ③　211 ①　212 ②　213 ②

3 발진 회로(Oscillator)

전기적인 에너지를 받아서 지속적인 전기적 진동을 만들어내는 장치를 발진 회로라 한다. 발진 회로에는 정현파(사인파)를 발생하는 회로와 펄스 등의 비정현파를 발생하는 회로가 있다.

1. 발진의 원리 및 종류

가. 발진의 원리
① 궤환 증폭회로에서 정(+) 궤환이 되면 외부의 입력 없이 증폭작용이 계속되는데 이와 같은 증폭 작용을 이용하여 전기 진동이 발생된다.
② 발진 주파수에 대한 증폭기의 이득(A)과 궤환 회로의 궤환율(β)의 곱, 즉 루프 이득의 크기가 1 이하인 경우에는 발진은 일어나지 않는다.

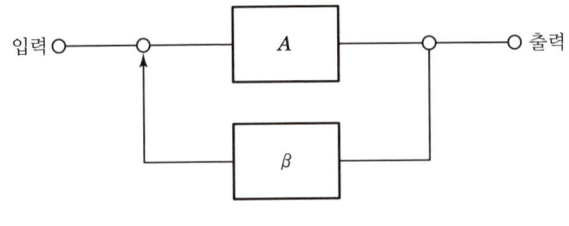

[궤환 증폭 회로]

③ 발진 조건(Barkhausen 발진 조건)
$$A_f = \frac{A}{(1-\beta A)}$$에서 $|\beta A|=1$ 즉, $A_f \to \infty$
④ 이 조건이 만족될 때에는 외부에서 가하는 신호 전압이 없더라도 출력이 존재하게 된다.

나. 발진 구성
① 발진기의 일반적인 회로 구성은 그림과 같이 리액턴스 Z_1, Z_2 및 Z_3를 갖는다.

합격 NOTE

합격예측
비정현파 교류는 정현파 외의 교류이다.

합격예측
- 발진회로에는 정(+)궤환을 사용한다.
- 증폭회로에는 부(-)궤환을 사용한다.

합격예측
- 발진의 안정조건 : $|\beta A|=1$
- 발진의 성장조건 : $|\beta A| \geq 1$
- 발진의 소멸조건 : $|\beta A| \leq 1$

합격예측
발진의 위상조건은 입력(V_i)과 출력(V_f)이 동위상이다.

합격 NOTE

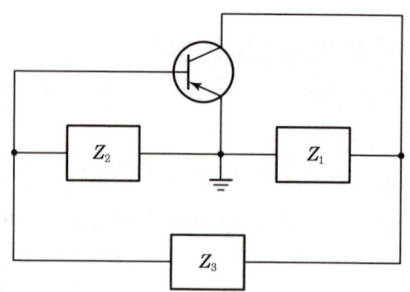

② 발진 조건은 Z_1, Z_2는 동종의 리액턴스이고, Z_3는 이종의 리액턴스이어야 한다.
  ㉠ Z_1, $Z_2 > 0$(유도성), $Z_3 < 0$(용량성)
  ㉡ Z_1, $Z_2 < 0$(용량성), $Z_3 > 0$(유도성)
③ 발진 주파수는 $Z_1 + Z_2 + Z_3 = 0$으로부터 구한다.

다. 발진 회로의 종류

발진기	정현파 발진기	LC 발진기	동조형 발진기
			하틀리 발진기
			콜피츠 발진기
		수정 발진기	피어스 BE형 발진기
			피어스 BC형 발진기
			무조정 발진기
		CR 발진기	이상형 발진기
			빈 브리지(Wien Bridge)
		부저항 발진기	터널 다이오드 발진기
	비정현파 발진기		멀티바이브레이터(Multivibrator)
			블로킹(Blocking) 발진기
			톱니파 발진기

2. LC 발진 회로

LC 발진 회로는 LC 동조 증폭 회로에 정궤환을 가한 회로로서, 인덕턴스값에 따라 100[kHz]~수 100[MHz] 범위의 주파수를 발진할 수 있다.

가. 하틀리 발진(Hartley Oscillation) 회로

① 일반적인 3소자 발진기에서 Z_1, Z_2가 인덕터(L)이며 Z_3는 커패시터(C)인 발진기를 말한다.
② 코일 L_2에 흐르는 전류가 궤환되어 지속 진동이 일어난다.(동조 회로의 용량 분할형)

합격예측

리액턴스(reactance) : 전류의 흐름을 방해하는 저항의 정도, 리액턴스에는 유도성(ωL)과 용량성($1/\omega C$)의 2가지가 있다.

합격예측

발진 회로는 외부의 입력 없이 회로 자체에서 교류 파형(주파수)을 얻는다.

합격예측

동조형 발진기 : 컬렉터 동조형, 이미터 동조형, 베이스 동조형

합격예측

LC 발진기는 고주파에서 효율이 좋아 고주파 발진기로 널리 사용한다.

합격예측

하틀리 발진회로의 궤환요소는 인덕터(L)이다. 즉, 출력의 일부를 코일에서 뽑아내어 입력으로 궤환시킨다.

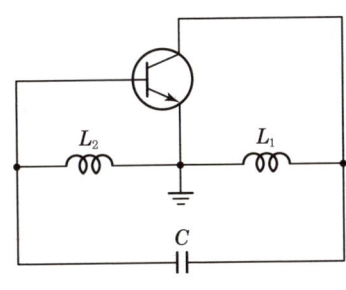

[하틀리 발진 회로]

③ 동조 회로의 L_1과 L_2 사이에는 상호 인덕턴스로 작용하므로 발진 주파수는 다음과 같다.

$$f_0 = \frac{1}{2\pi\sqrt{(L_1+L_2+2M)C}}[\text{Hz}]$$

④ 발진을 지속하기 위한 트랜지스터의 최소 전류 증폭률

$$h_{fe} = \frac{1}{\omega^2(L_2+M)C} - 1, \text{ 여기서 } M : \text{상호 인덕턴스}$$

⑤ 하틀리 발진 회로는 주파수 가변이 용이하고 중파, 단파대의 발진에 적합하다.

나. 콜피츠 발진(Colpitts Oscillation) 회로

① 3소자 발진기에서 Z_1, Z_2가 커패시터(C)이며 Z_3는 인덕터(L)인 발진기를 말한다.
② 정전 용량 분할형으로 C_1과 C_2가 되먹임 회로를 형성한다.

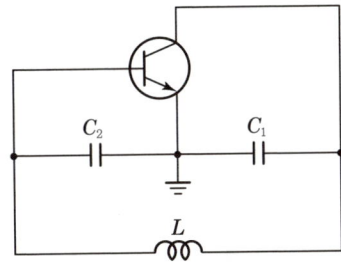

[콜피츠 발진 회로]

③ 동조 회로는 C_1과 C_2의 직렬 합성으로 L로 구성되므로 발진 주파수는 다음과 같다.

$$f_0 = \frac{1}{2\pi\sqrt{L \cdot \left(\frac{C_1 \cdot C_2}{C_1+C_2}\right)}}[\text{Hz}]$$

④ 지속 발진을 위한 전류 증폭률

$$h_{fe} = \omega^2 L C_2 - 1$$

합격 NOTE

합격예측
C를 가변 용량으로 사용하여 발진 주파수를 임의로 가변할 수 있다.

합격예측
콜피츠 발진 회로의 궤환요소는 커패시터(C)이다. 즉, 출력의 일부를 콘덴서에서 뽑아내어 입력으로 궤환시킨다.

⑤ 이 회로는 하틀리 회로보다 높은 주파수를 얻을 수 있으므로 VHF대나 UHF대에서 많이 사용된다.

다. LC 발진 회로의 특징

① 코일 L과 콘덴서 C만으로 궤환 회로를 구성하였기 때문에 발진 주파수 범위가 $10[\text{MHz}]$ 정도로 높아 고주파 발진기로 적합하다.
② 고주파에서의 효율을 높이기 위해서 C급 증폭기를 사용한다.
③ CR 발진기에 비해 발진 주파수 범위가 넓고 발진 주파수가 안정하다.
④ L과 C만으로 구성하여 주파수 가변이 쉽고 가변 발진기로 적당하다.

3. CR 발진 회로

- CR 발진기는 낮은 주파수에서의 발진기이며 콘덴서와 저항만으로 궤환 회로를 구성한다.
- 저항과 콘덴서의 조합으로 위상을 이동시켜 정궤환 회로를 구성하는 발진 회로를 CR 발진 회로라고 한다.
- CR 발진 회로에는 이상(Phase Shift)형과 빈 브리지(Wein Bridge)형이 있으며, $10^{-2} \sim 10^6 \, [\text{Hz}]$의 주파수 가변도 가능하다.

가. 이상형(Phase Shift) 발진 회로

이상 회로의 임의의 요소값을 변화시키면 발진 주파수를 변화시킬 수 있다.

① 병렬 저항(R) 이상형 발진 회로

출력단에 저항을 병렬로 접속하고, 콘덴서를 이용하여 CR 회로를 여러단 연결하여 출력에서 위상을 $180°$ 바꾼 다음에 궤환시켜 발진한다.

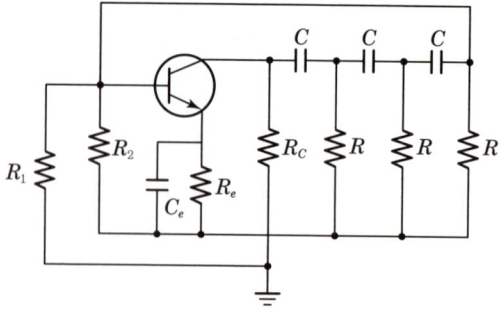

㉠ 전류 증폭도, $h_{fe} \geqq 29$

㉡ 발진 주파수 $f = \dfrac{1}{2\pi\sqrt{6}\,RC}[\text{Hz}]$

㉢ $X_c : R = \sqrt{3} : 1$의 조건을 만족한다면 RC 회로에서 위상이 반전 ($180°$)되어 정궤환으로 발진 회로를 구성한다.

ⓒ 특징
 ⓐ 구조가 간단하고 소형이다.
 ⓑ 파형이 깨끗하고 주파수가 안정하다.
 ⓒ 가청주파수 이하의 발진기로 적합하다.
② 병렬 용량(C) 이상형 발진 회로
출력에서 위상을 180° 바꾸어 다시 입력측으로 궤환시켜 발진하는 회로로 병렬 콘덴서에 의해 저역통과형을 이룬다.

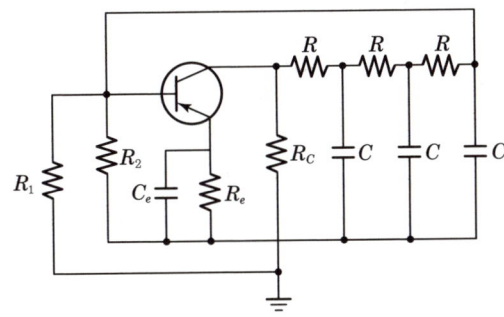

㉠ 전류 증폭도, $h_{fe} \geq 29$
㉡ 발진 주파수 $f = \dfrac{\sqrt{6}}{2\pi CR}$ [Hz]
㉢ $X_c : R = 1 : \sqrt{3}$

나. 빈 브리지(Wien Bridge) 발진 회로

① 증폭기의 입력단이 차동 증폭기로 구성된 연산 증폭기를 사용하며, 궤환 회로내에 저항과 콘덴서를 연결하여 브리지 회로의 주파수 선택 특성을 이용하여 발진 주파수를 결정하는 CR 발진 회로이다.
② 주파수의 가변이 용이하고 안정하다는 특성이 있다.
③ Tr_1, Tr_2의 역상 증폭 회로를 2단 종속 접속시킨 정궤환 회로로 빈 브리지형 발진 회로를 구성한다.

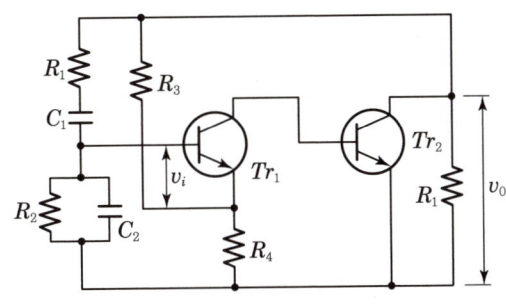

[빈 브리지 발진 회로]

> **합격예측**
> 이상형 CR 발진 회로는 A급으로 동작하며 저주파 발생 회로이다.

> **합격예측**
> 빈 브리지 발진 회로는 이상형에 비하여 안정도가 좋고 주파수 가변형으로 하는 것이 비교적 쉽기 때문에 CR 저주파 발진기의 대표적인 것이다.

④ 발진 주파수 $f=\dfrac{1}{2\pi\sqrt{R_1R_2C_1C_2}}$[Hz]

⑤ 전류 증폭도, $h_{fe}=1+\dfrac{R_1}{R_2}+\dfrac{C_2}{C_1}$

⑥ 만약 $C_1=C_2=C$, $R_1=R_2=R$일 때 $f=\dfrac{1}{2\pi RC}$, $h_{fe}≒3$

다. CR 발진 회로의 특징

① 콘덴서 C와 저항 R만으로 궤환 회로를 구성하였기 때문에 발진 주파수 범위가 1[MHz] 정도로 낮아 저주파 발진기로 적합하다.
② CR 발진기에는 동조 회로가 없어서 저주파에서의 주파수 일그러짐을 적게 하기 위해 A급 증폭기를 사용한다.
③ LC 발진 회로에 비해서 발진 주파수 범위가 좁아 안정하다.
④ 주파수 가변이 쉽지 않으므로 가변 발진기로는 부적당하다.

4. 부저항 발진 회로

부저항(負抵抗) 발진기는 터널(Tunnel) 다이오드와 같은 부저항 소자를 사용하여 정현파를 발생시키는 발진기이다

가. 터널 다이오드 발진 회로(Tunnel Diode Oscillator)

① 다음 회로는 터널 다이오드를 이용한 부성 저항 발진 회로의 예이다.
② 저항 R_1과 R_2는 동작점을 결정해 주는 역할을 한다.

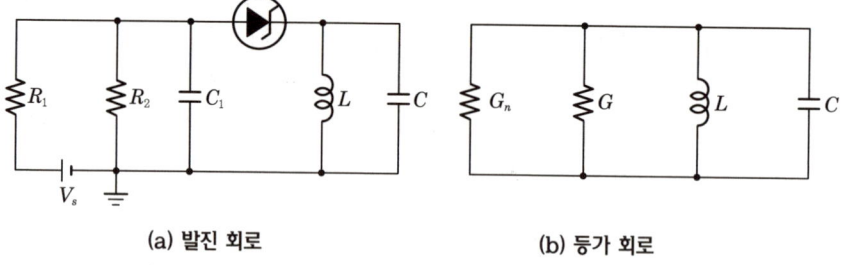

(a) 발진 회로 (b) 등가 회로

[터널 다이오드 발진 회로]

③ 발진 주파수 : $f=\dfrac{1}{2\pi\sqrt{LC}}$[Hz]
④ 터널 다이오드의 발진은 터널 다이오드의 부성 저항 R_n과 부하측 코일 저항 R_p가 같은 경우에 발생한다.

> **합격예측**
> 계측기 및 측정기로 실용화되어 있는 가변 저주파 발진기는 대부분 빈 브리지 발진 회로를 기본으로 하고 있다.

> **합격예측**
> 부저항 특성 : 전류가 크면 저항이 작아져 전압도 낮아지는 현상

> **합격예측**
> 터널 다이오드 발진기의 발진조건 : $|R_n|=R_p$

나. 단일 접합 트랜지스터 발진 회로(Uni-Junction Transistor)

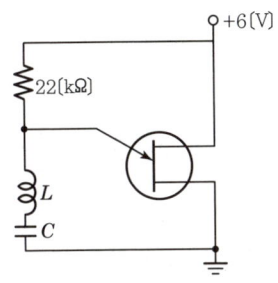

[UJT 발진 회로]

발진 주파수 $f_o = \dfrac{1}{R_T \cdot C_T \cdot l_n[1/(1-\eta)]}$ [H], 여기서 η(Stand Off Ratio)

5. 수정 발진 회로

수정 발진 회로는 수정 진동자(Crystal Resonator)의 압전 효과를 이용한 것으로 발진 주파수의 안정도가 매우 높다는 특징이 있다.

가. 수정 진동자(Crystal Resonator)

① 압전기 현상(Piezo-Electric Phenomena)
  ㉠ 압전기 직접 효과 : 수정에 기계적인 압력을 가하면 표면에 전하가 나타나 전압이 발생하는 현상
  ㉡ 압전기 역효과 : 외부에서 전하를 가지도록 전장(전기장)을 가하면 기계적으로 변형하는 현상
  ㉢ 압전 물질 : 수정, 로셀염, 티탄산바륨 등
② 수정 진동자의 리액턴스 특성

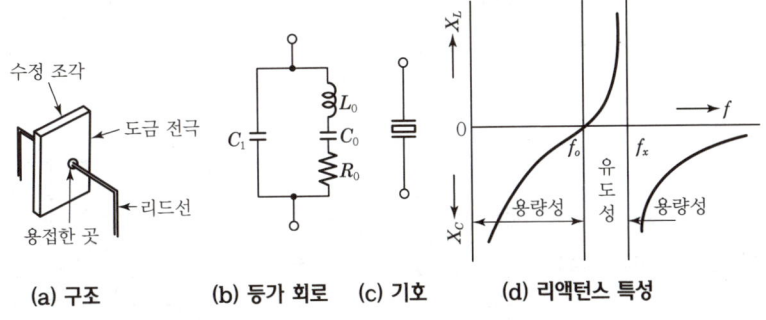

(a) 구조   (b) 등가 회로   (c) 기호   (d) 리액턴스 특성

[수정 진동자]

합격 NOTE

합격예측
UJT란 부성 저항 특성에 의한 발진작용으로 펄스 발생 소자로 널리 사용된다.

합격예측
수정 발진기는 LC 발진기의 코일 대신 수정 진동자의 유도성 부분을 이용하여 구성한다.

합격예측
수정 진동자는 얇은 수평편을 만들고 그 양면에 금속 전극을 부착한 것이다.

합격예측
발진 원리는 압전 효과(수정, 로셀염, 전기석, 티탄산바륨 등의 결정에 압력을 가하면 표면에 전하가 나타나 기전력이 발생)이다.

합격 NOTE

합격예측
발진에 이용될 수 있는 주파수의 범위 : $f_s \sim f_p$
∴ 직렬 공진주파수(f_s)≤동작 주파수(f)≤ 병렬 공진 주파수(f_p)

합격예측
수정 진동자가 발진 소자로 이용되는 이유 : 발진 주파수의 리액턴스가 유도성이 되는 범위가 $f_s \leq f \leq f_p$로 좁아서 발진 주파수가 매우 안정하기 때문이다.

합격예측
무조정 회로는 Pierce BC형 발진 회로와 비슷하나 콘덴서 C에 의한 궤환을 이용한다는 것이 다르다.

㉠ 여기서 L_0, C_0, R_0는 수정체 자체의 전기적 등가 상수, C_1은 수정을 유전체로 볼 때의 용기 등의 정전 용량이다.

㉡ 진동자의 직렬 공진 주파수, $f_s = \dfrac{1}{2\pi\sqrt{L_0 C_0}}[\text{Hz}]$

㉢ 병렬 공진 주파수, $f_p = \dfrac{1}{2\pi\sqrt{L_0\left(\dfrac{C_0 C_1}{C_0 + C_1}\right)}}$

㉣ 수정 진동자의 선택도(Q)는 LC 회로의 Q에 비해 매우 높은 $10^4 \sim 10^6$ 정도까지 얻어진다.

㉤ $f_s \sim f_p$ 범위에서 유도성 리액턴스가 된다.

$$Q = \dfrac{2\pi f_p L_0}{R_0} = \dfrac{1}{2\pi f_p R_0 C_0} = \dfrac{1}{R_0}\sqrt{\dfrac{L_0}{C_0}}$$

나. 수정 발진(Crystal Oscillation) 회로

수정 발진 회로는 LC 발진 회로의 코일 대신 수정 진동자의 유도성 부분을 이용하여 구성한다.

① 피어스 BE형 발진(Pierce BE Type Oscillation) 회로
  ㉠ 수정 진동자가 이미터와 베이스 사이에 있으며 하틀리 발진 회로와 비슷하다.
  ㉡ 하틀리 발진 회로의 코일 대신 수정 진동자를 이용한 회로이다.

② 피어스 BC형 발진 회로
  ㉠ 수정 진동자가 컬렉터와 베이스 사이에 있는 것으로 콜피츠 발진 회로와 비슷하다.
  ㉡ 콜피츠 회로의 인덕턴스(L) 대신 수정 진동자를 사용한다.
  ㉢ 전원 전압이나 온도 변화에 대해 안정하며 주파수 안정도는 10^{-7}에 달한다.

③ 무조정 수정 발진 회로 : 콜피츠 회로의 변형으로서, 컬렉터 접지 회로를 구성하여 조정을 요하는 부하가 없는 회로로 구성되므로 무조정 회로라고 한다.

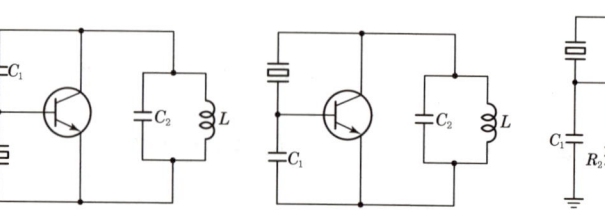

[피어스 BE형 발진 회로]   [피어스 BC형 발진 회로]   [무조정 회로]

다. 수정 발진기가 안정한 이유(특징)

① 실제로 수정 발진기의 안정도가 $10^{-5} \sim 10^{-8}$ 정도로 좋다.
② 수정 진동자의 Q(Quality-Factor)가 $10^4 \sim 10^6$ 정도로 높다.
③ 발진 조건을 만족하는 리액턴스가 유도성이 되는 범위가, $f_s \leq f \leq f_p$로 매우 좁아 발진이 안정하다.
④ 수정을 사용하여 높은 안정도를 얻을 수 있지만 가변하기가 어렵다.
⑤ 주위 온도의 영향은 적은 편이나, 높은 안정도가 요구되는 경우는 수정편을 항온조(恒溫槽) 안에 넣는 것이 보통이다.
⑥ 수정 진동자는 보통 금속 용기나 플라스틱 용기 안에 밀봉되어 있어서 기계적으로나 물리적으로 매우 안정하다.

6. 발진 주파수 변동의 원인과 대책

가. 부하의 변화

① 원인 : 발진 코일에 결합한 출력 코일에 직접 부하를 접속할 때 코일의 회로 상수가 변화하여 주파수가 변화한다.
② 대책 : 발진기와 부하 사이에 선형 고주파 증폭기를 넣어 안정시키는데, 이 목적의 A급 증폭단을 완충 증폭기(Buffer Amplifier)라 한다.

나. 주위 온도의 변화

① 원인 : 주위 온도가 변화하면 트랜지스터나 회로 소자의 값이 변화하여 발진 주파수가 변화된다.
② 대책 : 코일이나 콘덴서를 온도 계수가 낮은 재료를 써서 만들거나, 발진 회로를 온도가 일정한 항온조 안에 넣는다.

다. 전원 전압의 변화

① 원인 : 전원 전압의 변화는 트랜지스터의 동작점을 변화시켜 발진 주파수가 변한다.
② 대책 : 전원 안정화 회로를 써서 전원 전압의 안정도를 높인다. 공진 회로의 Q를 크게 한다.

라. 트랜지스터 상수의 변화

진공관이나 트랜지스터 상수의 변화가 없어야 한다.

합격 NOTE

합격예측
발진기가 가져야 할 조건 : 주파수의 안정도가 높아야 한다.

합격예측
능동 소자의 상수 변화는 전원, 온도에 의한 변동이므로 (나), (다)의 조치로 해결할 수 있다.

출제 예상 문제

제3장 발진 회로(Oscillator)

01 다음 중 발진에 대한 설명으로 틀린 것은?
① 발진회로는 전기적인 에너지를 받아서 지속적인 전기적 진동을 일으킨다.
② 발진이 지속되려면 출력신호의 일부를 정궤환시켜야 한다.
③ 외부로부터 일정한 입력신호를 제공해주어야 발진과정을 지속할 수 있다.
④ 발진회로는 정현파 발생회로와 비정현파 발생회로가 있다.

해설
발진회로는 전원이 인가된 상태에서 외부의 입력신호 없이 회로자체의 동작에 의해 특정 주파수의 신호를 생성한다.

02 정궤환(Positive Feedback)을 사용하는 발진회로에서 발진을 위한 궤환루프(Feedback Loop)의 조건은?
① 궤환루프의 이득은 없고, 위상천이가 180°이다.
② 궤환루프의 이득은 1보다 작고, 위상천이가 90°이다.
③ 궤환루프의 이득은 1이고, 위상천이는 0°이다.
④ 궤환루프의 이득은 1보다 크고, 위상천이는 180°이다.

해설
① 정궤환 : 입력신호 V_i와 되먹임 성분 V_f가 동위상(0°)
② 부궤환 : V_i와 V_f가 역위상(180°)

03 발진회로에서 안정적인 발진조건으로 옳은 것은?
(단, A = 증폭도, β = 되먹임률)
① $A\beta = 1$
② $A\beta < 0$
③ $A\beta > 0$
④ $A\beta \neq 1$

해설
발진조건
① 증폭기와 달리 인가된 신호가 없이, 회로 스스로 출력전압을 발생시키는 회로를 발진기라고 한다.
② 발진이 되기 위한 발진조건은 $A\beta = 1$이다. 여기서 A : 증폭기의 증폭도, β : 궤환율이다.
③ 궤환 증폭기에서 $|A\beta| = 1$을 발진의 안정조건(Barkhausen 발진조건)이라 한다.
[참고] 발진의 성장 조건 : $|\beta A| \geq 1$, 발진의 소멸 조건 : $|\beta A| \leq 1$

04 그림과 같은 기본 발진회로에서 증폭기 A의 전압이득이 50일 때, 궤환율 β의 크기는?

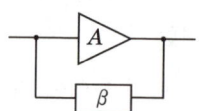

① 0.01
② 0.02
③ 0.05
④ 0.1

해설
궤환비(b) $= \dfrac{1}{A_f} = \dfrac{1}{50} = 0.02$

05 그림과 같은 회로의 발진 조건은?

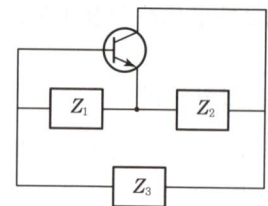

① Z_1 = 용량성, Z_2 = 용량성, Z_3 = 용량성
② Z_1 = 용량성, Z_2 = 용량성, Z_3 = 유도성
③ Z_1 = 유도성, Z_2 = 용량성, Z_3 = 용량성
④ Z_1 = 유도성, Z_2 = 유도성, Z_3 = 유도성

[정답] 01 ③ 02 ③ 03 ① 04 ② 05 ②

> **해설**
>
> 발진 조건은 Z_1, Z_2는 동종의 리액턴스이고 Z_3는 이종의 리액턴스이어야 한다.
> ① 하틀리 발진기
> $Z_1 = Z_2 =$ 유도성, $Z_3 =$ 용량성
> ② 콜피츠 발진기
> $Z_1 = Z_2 =$ 용량성, $Z_3 =$ 유도성

06 그림의 발진 회로에서 Z_3에 수정 발진기를 연결하였을 때의 발진 조건은?

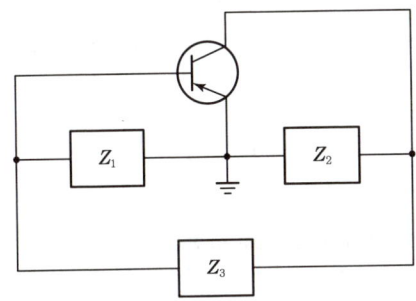

① Z_1, Z_2 : 유도성
② Z_1, Z_2 : 용량성
③ Z_1 : 유도성, Z_2 : 용량성
④ Z_1 : 용량성, Z_2 : 유도성

> **해설**
>
> **발진기**
> ① 3리액턴스 일반형
>   ㉠ 발진 조건은 Z_1과 Z_2는 동종의 리액턴스이고, Z_3는 이종의 리액턴스이어야 한다.
>   ㉡ 발진 주파수는 $Z_1 + Z_2 + Z_3 = 0$으로부터 구한다.
> ② 하틀리 발진기 : 일반적인 3소자 발진기에서 소자 Z_1과 Z_2가 인덕터이며 나머지 Z_3가 커패시터인 발진기를 말한다.
> ③ 콜피츠 발진기
>   ㉠ 일반적인 3소자 발진기에서 소자 Z_1, Z_2가 커패시터이며 나머지 Z_3가 인덕터인 발진기이다.
>   ㉡ 하틀리 발진기와 비교하면 L과 C의 위치가 바뀌어져 있다.
> ④ 발진기 형태
>
> | 발진기 형태 | 리액턴스 소자 | | |
> |---|---|---|---|
> | | Z_1 | Z_2 | Z_3 |
> | 하틀리 발진기 | L | L | C |
> | 콜피츠 발진기 | C | C | L |
> | 동조형 발진기 | LC | LC | - |
>
> 수정진동자는 유도성범위에서 동작시키므로 유도성이라 볼 수 있다. 그래서 나머지 Z_1, Z_2는 용량성이어야 한다.

07 정현파 발진기로 부적합한 것은?

① CR 발진기
② LC 발진기
③ 수정 발진기
④ 멀티바이브레이터

> **해설**
>
> 멀티바이브레이터, 블로킹 발진기, 톱니파 발생기는 비정현파 발진기이다.

08 LC 발진기에 해당되지 않는 것은?

① 콜피츠 발진기   ② 하틀리 발진기
③ 클랩 발진기   ④ 위상천이 발진기

> **해설**
>
> | 정현파 발진기 | LC 발진기 | 콜피츠(Colpittz)형 |
> |---|---|---|
> | | | 하틀리(Hartley)형 |
> | | | 클랩(Clapp)형, Pierce 등 |
> | | 수정 발진기 | 피어스 BE형 |
> | | | 피어스 CB형 |
> | | RC 발진기 | 이상형 (위상천이) |
> | | | 빈 브리지 |
> | | | Quadrature, Twin-T 등 |

09 하틀리 발진 회로에서 컬렉터와 이미터 사이의 리액턴스는?

① 저항성
② 유도성
③ 용량성
④ 유도성 또는 용량성

> **해설**
>
> 베이스와 이미터 사이 및 컬렉터와 이미터 사이는 유도성, 베이스와 컬렉터 사이는 용량성으로 회로가 구성되어야 한다.

[정답] 06 ② 07 ④ 08 ④ 09 ②

10 하틀리(Hartley) 발진회로의 발진 조건(분할형)은?

① $B-E$ 사이 : 유도성, $E-C$ 사이 : 유도성,
  $B-C$ 사이 : 용량성
② $B-E$ 사이 : 용량성, $E-C$ 사이 : 유도성,
  $B-C$ 사이 : 유도성
③ $B-E$ 사이 : 유도성, $E-C$ 사이 : 용량성,
  $B-C$ 사이 : 유도성
④ $B-E$ 사이 : 용량성, $E-C$ 사이 : 유도성,
  $B-C$ 사이 : 용량성

11 하틀리 발진 회로나 컬렉터 동조 발진 회로는 바이어스 전압에서 볼 때 어느 급의 동작을 하는가?

① A급 ② AB급
③ B급 ④ C급

> **해설**
> 능률이 좋은 C급을 사용한다.

12 다음 그림과 같은 회로에서 결합계수가 0.5이고, 발진주파수가 200[kHz]일 경우 C의 값은 얼마인가?(단, $\pi=3.14$이고, $L_1=L_2=1[mH]$로 가정한다.)

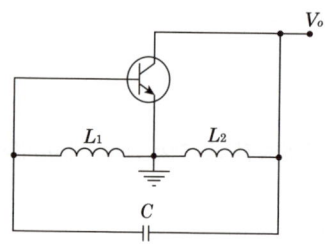

① 211.3[μF] ② 211.3[pF]
③ 422.6[μF] ④ 422.6[pF]

> **해설**
> $f=\dfrac{1}{2\pi\sqrt{(L_1+L_2+2M)C}}$ [Hz]
> $\therefore C=\dfrac{1}{4\pi^2\times(L_1+L_2+2k\sqrt{L_1L_2})\times f^2}$
> $=\dfrac{1}{4(3.14)^2\times(1[mH]+1[mH]+2\times0.5\times\sqrt{1[mH]\times1[mH]})\times(200[kHz])^2}$

13 다음 발진기에 관한 설명 중 틀린 것은?

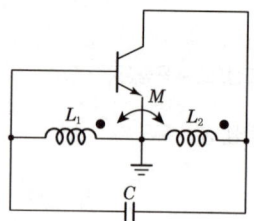

① 이 발진기는 하틀리(Hartley) 발진기이다.
② 발진 주파수는 $f_o=\dfrac{1}{2\pi\sqrt{(L_1+L_2+2M)C}}$이다.
③ C에 흐르는 전류가 궤환되어 발진이 일어나는 것이다.
④ 발진 조건은 $h_{fe}\geq\dfrac{L_1+M}{L_2+M}$이다.

> **해설**
> **하틀리 발진(Hartley Oscillation) 회로**
> ① 일반적인 3소자 발진기에서 소자 Z_1, Z_2가 인덕터(L)이며 Z_3는 커패시터(C)인 발진기를 말한다.
> ② 코일 L_2에 흐르는 전류가 궤환되어 지속진동이 일어난다.
> ③ 실제 발진 회로에 있어서의 값들을 고려하면 발진 주파수와 발진 조건은 다음과 같다.
> • 발진 주파수 : $f=\dfrac{1}{2\pi\sqrt{(L_1+L_2+2M)C}}$
> • 발진 조건 : $h_{fe}>\dfrac{L_1+M}{L_2+M}$

14 하틀리 발진 회로에서 $C=200[pF]$, $L_1=180[\mu H]$, $L_2=2[\mu H]$, $M=9[\mu H]$일 때의 발진 주파수는 얼마인가?

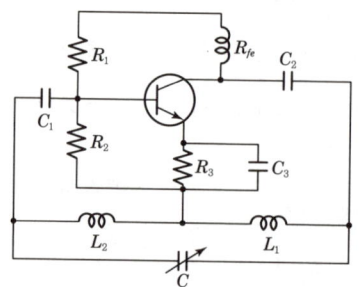

① 396[kHz] ② 482[kHz]
③ 572[kHz] ④ 796[kHz]

해설

$$f_0 = \frac{1}{2\pi\sqrt{(L_1+L_2+2M)\cdot C}}$$
$$= \frac{1}{2\pi\sqrt{[(180\times10^{-6})+(2\times10^{-6})+(2\times9\times10^{-6})](200\times10^{-12})}}$$

15 하틀리 발진 회로에 비해 콜피츠 발진 회로의 이점은?

① 발진 출력이 크다.
② 낮은 주파수의 발진에 적합
③ 발진 주파수를 간단히 변화
④ 높은 주파수의 발진에 적합

해설

콜피츠 발진 회로는 그림과 같이 정전 용량 분할형으로 C_1과 C_2가 되먹임 회로를 형성한다. 콜피츠 발진기는 접합 용량(전극간 용량)에 의한 발진이 생기지 않으므로 비교적 높은 주파수(VHF대) 발진에 적합하다.

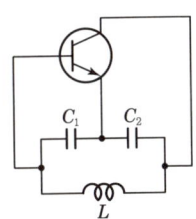

16 콜피츠 발진 회로에서 $L=200[\mu H]$, $L_1=2,200[pF]$, $C_2=220[pF]$일 때 발진 주파수는?

① 1,600[kHz]   ② 700[kHz]
③ 800[kHz]   ④ 1,900[kHz]

해설

콜피츠 발진 회로의 발진 주파수

$$\omega_0 \doteqdot \frac{1}{\sqrt{L\left(\frac{C_1C_2}{C_1+C_2}\right)}}$$

$$\therefore f_0 = \frac{1}{2\pi\sqrt{L\left(\frac{C_1C_2}{C_1+C_2}\right)}}$$

$$= \frac{1}{2\pi\sqrt{200\times10^{-6}\left(\frac{2,200\times220}{2,200+220}\right)\times10^{-12}}}$$

$$\doteqdot 800[kHz]$$

17 콜피츠 발진기에서 컬렉터와 베이스 사이의 리액턴스 및 이미터와 베이스 사이의 리액턴스는 어느 조건에 맞아야 하는가?

① 유도성, 유도성   ② 용량성, 용량성
③ 유도성, 용량성   ④ 용량성, 유도성

18 그림과 같은 발진회로에서 200[kHz]의 발진주파수를 얻고자 한다. C_1과 C_2의 값이 $0.001[\mu F]$이라면 L의 값은 약 얼마인가?

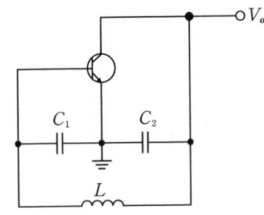

① 2.21[mH]   ② 1.27[mH]
③ 2.31[mH]   ④ 1.35[mH]

해설

$$f=\frac{1}{2\pi}\sqrt{\frac{1}{L}\left(\frac{1}{C_1}+\frac{1}{C_2}\right)} \text{에서 } (2\pi f)^2 = \frac{1}{L}\left(\frac{1}{C_1}+\frac{1}{C_2}\right)$$

즉 $L = \frac{1}{(2\pi f)^2}\left(\frac{1}{C_1}+\frac{1}{C_2}\right)$

$$= \frac{1}{(2\pi\times200\times10^3)^2}\left(\frac{1}{0.01\times10^{-6}}+\frac{1}{0.01\times10^{-6}}\right)$$

$$\doteqdot 1.267[mH]$$

19 그림과 같은 발진 회로가 지속 발진을 하기 위해서 트랜지스터의 전류 증폭률 h_{fe}는 어떤 조건이어야 하는가?

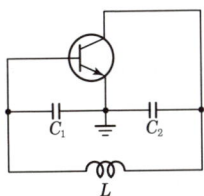

① $h_{fe} \geq \omega^2 LC_2$ ② $h_{fe} \geq \omega^2 L^2 C_2$
③ $h_{fe} \geq \omega L^2 C_2$ ④ $h_{fe} \geq \omega LC_2$

[정답] 15 ④ 16 ③ 17 ③ 18 ② 19 ①

해설
콜피츠 발진이므로 $h_{fe} \geq \omega^2 LC_2$이어야 하고, 하틀리 발진에서는 $h_{fe} = \dfrac{1}{\omega^2(L_2+M)C} - 1$이어야 한다.

20 다음 중 클랩(Clapp)발진기의 특징이 아닌 것은?
① 콜피츠 발진기를 변형한 것이다.
② 발진주파수가 안정하다.
③ 발진주파수 범위가 작다.
④ 발진출력이 크다.

해설
클랩발진기

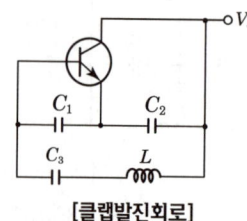

[클랩발진회로]

① 클랩발진기는 LC 궤환 발진기이며, 콜피스 발진기를 개선한 것이다.
② 클랩발진기의 공진 궤환회로의 인덕터와 직렬로 C_3를 연결한 것이다. 그러므로 발진주파수는 C_3에 의해 결정된다.
③ 클랩발진기는 부유 용량에 의한 주파수 변동을 막을 수 있다.

21 다음 중 CR 발진기의 설명으로 적합한 것은?
① 부성저항을 이용한 발진기이다.
② 압전기 효과를 이용한 발진기이다.
③ R, L 및 C의 부궤환에 의해 발진한다.
④ C와 R의 정궤환에 의해 발진한다.

해설
낮은 주파수를 위해 C와 R만으로 정(+)궤환을 구성한 CR 발진기를 사용한다.

22 다음 중 저주파 발진회로로 적합한 것은?
① RC발진기　② 수정발진기
③ 콜피츠발진기　④ 하틀리발진기

해설

구 분	주파수 범위	발진기 종류
주파수 가변형 저주파 발진기	RC발진기 : 1MHz 미만	윈 브리지 발진기, 위상천이 발진기, 쿼드러쳐 발진기 등
	LC발진기 : 100kHz~수백MHz	콜피츠 발진기, 하틀리 발진기, 클랩 발진기 등
주파수 고정형 저주파 발진기	수백 MHz 미만	수정 발진기 등
고주파 발진기	수백 MHz 이상	주파수 체배기 이용

23 다음은 CR 발진기를 설명한 것이다. 틀린 것은?
① 낮은 주파수 범위에서 쓰이는 발진기이다.
② 이상형과 브리지형 발진기로 나뉜다.
③ LC 발진기에 비해 주파수 범위가 좁으며 대체로 1[MHz] 이하이다.
④ 대개 C급으로 동작시켜 효율을 높인다.

해설
CR 발진기는 A급으로 동작시킨다.

24 CR 발진 회로의 각 증폭 회로는 바이어스 전압에서 말하면 다음 중 어느 급에서 동작을 하는가?
① A급　　② AB급
③ B급　　④ C급

25 R과 C에 의하여 발진 주파수가 결정되는 발진 회로에서 RC 시정수를 작게 하면 발진파형은 어떤 변화가 생기는가?
① 발진 주파수가 낮아진다.
② 발진 주파수가 높아진다.
③ 아무런 변화가 없다.
④ 펄스의 점유율(Duty Ratio)이 많이 커진다.

해설
RC 발진 회로
① 저항 R과 콘덴서 C로 되는 회로의 주파수 선택을 이용한 회로이다.
② $\tau = RC = 1/f$이다. 즉, 시정수와 발진 주파수는 반비례한다.

[정답] 20 ④　21 ④　22 ①　23 ④　24 ①　25 ②

26
이상형 RC 발진기에서 궤환 네트워크(Feedback Network)의 입출력 위상차는?

① 45° ② 90°
③ 180° ④ 360°

해설

이상형 발진기는 3개의 CR회로를 통한 입·출력 위상차가 180°일 때 발진이 일어난다.
∴ CR발진기는 콜렉터측의 출력 전압의 위상을 180° 바꾸어 입력 측 베이스에 정궤환시켜 구성한 발진기이다.

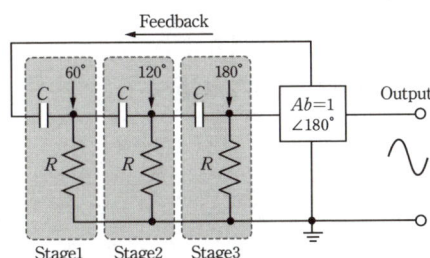

[이상형 RC 발진기]

27
다음 FET 이상형 발진기에서 발진 주파수 f는?
(단, C=0.01[μF], R=10[kΩ]이다.)

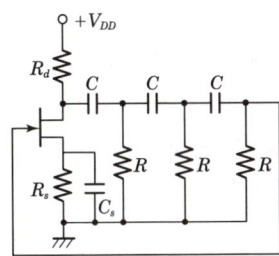

① 476[Hz] ② 650[Hz]
③ 720[Hz] ④ 850[Hz]

해설

이상형 발진 회로
① 이상 회로의 임의의 요소의 값을 변화시키면 발진 주파수를 변화시킬 수 있다.
② 발진 진폭은 발진 주파수의 변화에 관계없이 일정하게 유지된다.
③ 발진 주파수는 다음과 같다.

$$f_o = \frac{1}{2\pi\sqrt{6}RC}$$
$$= \frac{1}{2\pi \times \sqrt{6} \times (0.01 \times 10^{-6}) \times (10 \times 10^3)}$$
$$\fallingdotseq 650[Hz]$$

28
병렬저항 이상형 발진회로에서 커패시터 값이 0.01[μF]일 경우 1,500[Hz]의 발진주파수를 얻으려면 R값은 약 얼마인가?

① 1.51[kΩ] ② 2.52[kΩ]
③ 3.23[kΩ] ④ 4.33[kΩ]

해설

① 발진주파수 $(f_o) = \frac{1}{2\pi\sqrt{6}CR}$
② 발진조건 $(A_v) \geq 29$

$$\therefore R = \frac{1}{2\pi\sqrt{6}Cf_o} = \frac{1}{2\pi\sqrt{6}(0.01 \times 10^{-6}) \times (1,500)}$$
$$\fallingdotseq 4.33[kΩ]$$

29
그림과 같은 이상 발진기의 발진 조건은?
(단, ω_0 : 발진 주파수, A_v : 전압 증폭도)

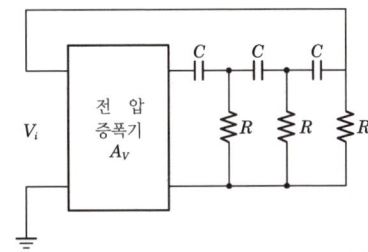

① $\omega_0 = \frac{1}{CR\sqrt{6}}, A_v \geq 29$ ② $\omega_0 = \frac{\sqrt{6}}{CR}, A_v \geq 29$
③ $\omega_0 = \frac{\sqrt{6}}{CR}, A_v \leq 29$ ④ $\omega_0 = \frac{1}{CR6}, A_v \leq 29$

해설

병렬 저항 이상형 발진 회로

발진 주파수 : $f = \frac{1}{2\pi\sqrt{6}RC}$

$$\therefore \omega = \frac{1}{\sqrt{6}CR}$$

30
병렬저항형 이상형 발진회로에서 1.6[kHz]의 주파수를 발진하는 데 필요한 저항값은 약 얼마인가?
(단, C=0.01[μF])

① 2[kΩ] ② 4[kΩ]
③ 6[kΩ] ④ 8[kΩ]

[정답] 26 ③ 27 ② 28 ④ 29 ① 30 ②

해설

$$R = \frac{1}{2\pi\sqrt{6}Cf_o} = \frac{1}{2\pi\sqrt{6}(0.01\times 10^{-6})\times(1,600)} \fallingdotseq 4[\text{k}\Omega]$$

31
그림은 콘덴서 이상형 발진 회로의 일례이다. 발진 주파수 f 를 옳게 나타낸 식은?

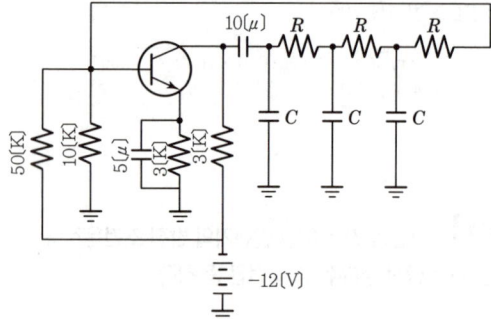

① $f = \dfrac{1}{2\pi\sqrt{6}CR}$ ② $f = \dfrac{1}{2\pi CR}$

③ $f = \dfrac{\sqrt{6}}{2\pi CR}$ ④ $f = \dfrac{2\pi CR}{\sqrt{6}}$

해설
이상형 발진 회로
① 병렬 용량 이상형 발진 회로(문제)
   ㉠ 전류 증폭도$(h_{fe}) \geq 29$
   ㉡ 발진 주파수$(f) = \dfrac{\sqrt{6}}{2\pi RC}$

② 병렬 저항 이상형 발진 회로

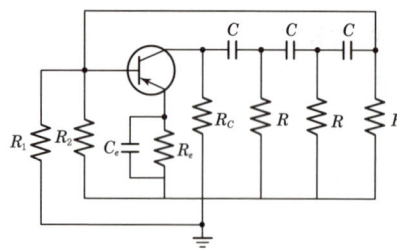

㉠ 전류 증폭도$(h_{fe}) \geq 29$
㉡ 발진 주파수$(f) = \dfrac{1}{2\pi\sqrt{6}RC}$ [Hz]

32
그림은 이상형 발진기이다. 다음 설명 중 옳은 것은?

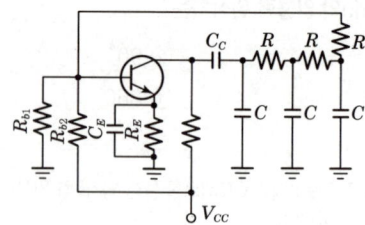

① $R : X_C = 1 : \sqrt{3}$ 이어야 한다.
② 펄스 발진기로 적당하다.
③ 높은 주파수 발진에 적합하다.
④ 발진 주파수 $f_0 = \sqrt{6}/2\pi CR$ 이다.

해설

$f_0 = \dfrac{\sqrt{6}}{2\pi CR}$ 이다.

33
동조형 증폭기에서 공진 주파수 f_0, 주파수 대역폭 B, 코일의 Q와의 관계를 설명한 것 중 맞는 것은?

① B와 f_0는 비례한다.
② Q와 f_0는 반비례한다.
③ Q는 f_0의 제곱에 비례한다.
④ Q는 B의 제곱에 비례한다.

해설
동조 증폭기(Tuned Amplifier)
① 어떤 좁은 주파수대만을 증폭하며 그 대역 밖의 모든 입력 신호를 제거하는 특성을 가지고, 라디오, TV 수상기 등의 많은 응용을 하고 있다. 이러한 주파수 선택성을 가진 증폭기는 보통 LC 공진 회로를 이용하고 있으므로 동조 증폭기라 한다.
② 코일의 Q와 대역폭
   ㉠ 공진시의 리액턴스의 저항에 대한 비를 Q라 하면
   $$Q = \frac{\omega_0 L}{R} = \frac{1}{\omega_0 CR} = \frac{1}{R}\sqrt{\frac{L}{C}}$$
   ㉡ $f = f_0$에서 $1/\sqrt{2} = 0.707$배가 되는 주파수를 f_1, f_2라고 하면
   $$B = f_2 - f_1 = \frac{f_0}{Q}(3[\text{dB}]\ 대역폭)$$
   $$\therefore Q = \frac{f_0}{B} = \frac{f_0}{f_2 - f_1},\ 여기서\ f_0는\ 공진\ 주파수이며\ \frac{1}{2\pi\sqrt{LC}}$$
   이다.
   ㉢ 대역폭(B)가 공진 주파수 f_0에 비례하고 코일의 Q에 반비례함을 주의하여라.

[정답] 31 ③ 32 ④ 33 ①

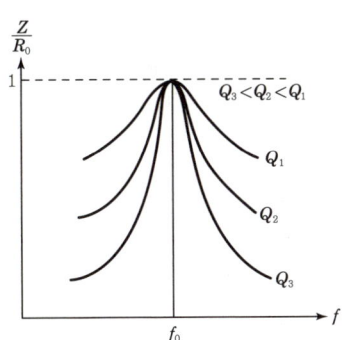

34 고주파 증폭 회로에서 중화 조정을 행하는 목적은?
① 이득의 증가　② 주파수의 안정
③ 자기 발진의 방지　④ 전력 효율의 증대

해설
중화 회로
① 일반적인 트랜지스터는 내부에서 일어나는 궤환을 고려하지 않아, 이득을 너무 크게 하면 동작이 불안정하게 되고 발진할 가능성이 생기게 된다.
② 이를 방지할 목적으로 외부 궤환 회로를 구성하여 내부 궤환 효과를 중화(Nautralize)시켜 주는 길밖에 없다. 이러한 목적으로 구성한 외부 궤환 회로를 중화 회로라 한다.

35 중심 주파수가 455[kHz]이고 대역폭이 8[kHz]가 되는 단동조 회로를 만들려고 한다. 이때 이 회로의 Q는 얼마가 되는가?
① 2.9　② 5.7
③ 29　④ 57

해설
동조 회로
선택도$(Q) = \dfrac{f_0}{B} = \dfrac{f_0}{f_2 - f_1} = \dfrac{455 \times 10^3}{8 \times 10^3} ≒ 56.87$

36 단동조 증폭기가 492[kHz]의 공진 주파수에서 7[kHz]의 대역폭을 갖는다고 하면, 이 회로의 Q는 약 얼마인가?
① 49　② 70
③ 98　④ 345

해설
$Q = \dfrac{f_0}{B} = \dfrac{f_0}{f_2 - f_1} = \dfrac{492 \times 10^3}{7 \times 10^3} ≒ 70$

37 다음 중 Wien Bridge 발진기의 정궤환 요소는?
① RL 회로망
② LC 회로망
③ 전압분배기(Voltage Divider)망
④ 선행−지연회로망(Lead−lag Network)

해설
빈 브리지 발진기의 특징
① 발진 주파수가 안정하다.
② 출력 파형이 양호하다.
③ 주파수 변경이 용이하다.
∴ 이상형에 비교하여 안정도가 좋고 주파수 가변으로 하는 것이 비교적 쉽기 때문에 CR 저주파 발진기의 대표적인 것으로 되어 있다.

38 그림과 같이 연산증폭기를 사용한 빈(Wien) 브리지에서 발진회로의 발진주파수 f [Hz]는?

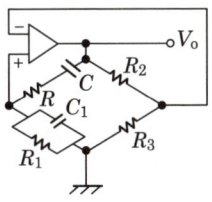

① $f = \dfrac{1}{2\pi\sqrt{C \cdot R}}$
② $f = \dfrac{1}{2\pi\sqrt{C \cdot R \cdot C_1 \cdot R_1}}$
③ $f = \dfrac{1}{2\pi C \cdot R}$
④ $f = \dfrac{1}{2\pi \cdot C \cdot R \cdot C_1 \cdot R_1}$

해설
발진주파수(f)
$f = \dfrac{1}{2\pi\sqrt{RR_1 CC_1}}$ [Hz]이며, $R_1 = R$, $C_1 = C$인 경우
$f = \dfrac{1}{2\pi RC}$ [Hz]이다.

[정답] 34 ③　35 ④　36 ②　37 ④　38 ②

39 다음 그림은 빈 브리지 발진기의 블록도이다. 발진하기 위한 저항 R_2의 값은?(단, 발진을 위한 개방루프 이득은 3이다.)

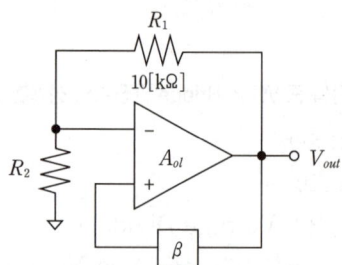

① 5[kΩ] ② 10[kΩ]
③ 20[kΩ] ④ 30[kΩ]

해설
빈 브리지 발진기 (Wien Bridge Oscillator)
① 빈 브리지 발진기는 대표적인 저주파용(5[Hz]~1[MHz]) 발진기
② 빈 브리지 발진회로가 동작하기 위해서는 2가지 조건이 만족되어야 한다.
 ㉠ 주파수 위상 조건 : $1-\omega_0^2 C^2 R^2 = 0$에서 $\omega_0 = \dfrac{1}{CR}$
 ㉡ 주파수의 진폭에 관한 조건 : $\left(1+\dfrac{R_1}{R_2}\right)\left(\dfrac{1}{3}\right)=1$에서 $\dfrac{R_1}{R_2}=2$
∴ $R_1 = 2R_2$이므로 $R_2 = 5[kΩ]$이다.

40 다음 그림과 같은 빈 브리지 발진기에서 제너 다이오드의 역할은 무엇인가?

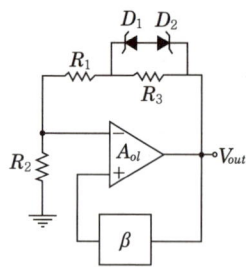

① 발진기의 출력전압을 제어하기 위한 것이다.
② 발진기의 자기 시동을 위한 장치이다.
③ 폐루프 이득이 1이 되도록 한다.
④ 궤환신호의 위상이 입력위상과 동상이 되도록 한다.

해설
자기 시동 빈 브리지 발진기(Self-starting Wien-bridge Oscillator)
① 처음 DC 전압이 인가되면 부궤환회로의 두 제너 다이오드는 개방(open)된다.
② $V_{out} > V_Z$인 경우 제너 다이오드는 단락(Short)된다.
 ∴ V_{out}는 발진을 유지한다.

41 그림은 빈-브리지(Wein-bridge)발진회로이다. R_1, R_2값이 감소할 경우 발진주파수의 변화는?

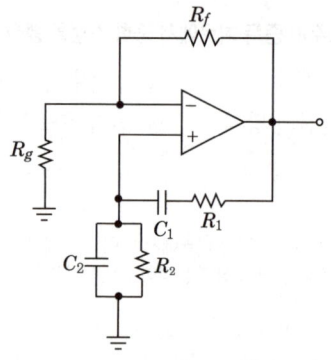

① 증가한다. ② 감소한다.
③ 변화없다. ④ 발진이 되지 않는다.

해설
발진주파수는 R_1, R_2 값에 반비례한다.

42 다음 중 부성 저항 발진기로 사용되는 것은?
① PN 접합 다이오드
② 브레이크 다운(Break Down) 다이오드
③ 서미스터
④ 터널 다이오드

해설
부성 저항이란 어떤 회로 소자에서 가하는 전압을 증가시키며 오히려 흐르는 전류가 감소하는 현상으로 다이네트론 특성의 터널 다이오드가 이런 특성을 가지고 있다. 터널 다이오드의 특징은 순방향으로 부성 저항 특성을 나타내고 동작 시간이 짧으며, 구조가 간단하고 소형 경량인데다가 소비 전력이 적고 온도에 대해서 동작이 안정하다는 등이다. 마이크로 발진기의 증폭기외에 전자 계산기의 고속 스위칭 소자 등에 이용된다.

[정답] 39 ① 40 ② 41 ① 42 ④

43 송신기의 완충 증폭기(Buffer Amplifier)에 많이 쓰이는 증폭 방식은?

① A급 ② B급
③ C급 ④ D급

해설
부하의 변동을 방지하기 위해 완충 증폭기를 사용한다.

44 자기 일그러짐 현상을 이용한 발진기는?

① 초음파 발진기 ② 중파 발진기
③ 초단파 발진기 ④ 마이크로파 발진기

해설
니켈과 망간 합금, 니크롬 등의 막대는 자화되면 변형하고 반대로 변형하면 자화의 상태로 변화하는 현상이 있는데 이것을 자기 일그러짐 현상이라 한다.
자기 일그러짐 현상을 이용한 자기 일그러짐 발진 회로는 강한 진동을 발생시킬 수 있으므로 초음파 발생에 흔히 이용된다.

45 수정 발진기는 어떤 현상을 이용한 것인가?

① 인입 현상
② 압전 효과
③ 플라이휠(Flywheel) 효과
④ 반결합

해설
수정 발진기는 압전 효과(Piezo Effect)를 이용한 것으로서 수정 진동자에 왜력(歪力)을 가하면 수축하고, 왜력을 풀면 원형으로 복구되는 관성이 있기 때문에 다시 팽창한 다음 또 다시 수축하는 자유 진동을 가해도 전왜(電歪)가 생겨 진동하는데, 이때의 전압은 수정 자체의 고유 진동수에 가까운 주파수로 변화하는 교번 전압을 가해도 진동력은 지속된다.

46 다음 중 수정발진기의 주파수 안정도가 양호한 이유로 틀린 것은?

① 수정진동자의 Q(Quality-Factor)가 높다.
② 발진을 만족하는 유도성 주파수 범위가 매우 좁다.
③ 수정진동자는 항온조 내에 둔다.
④ 부하변동을 전혀 받지 않는다.

해설
수정발진기의 특징
① 주파수 안정도가 좋다.(10^{-6} 정도)
② 수정 공진자의 Q가 매우 높다.($10^4 \sim 10^6$)
③ 수정 공진자는 기계적으로나 물리적으로 안정하다.
④ 발진 조건을 만족하는 유도성 주파수 범위가 대단히 좁다.
⑤ 수정진동자를 항온조 내에 넣어 발진주파수의 변동을 방지한다.
∴ 부하의 변화는 주파수 변동의 원인이 된다.
[참고] 발진주파수 변동 원인 : 부하의 변화, 주위 온도의 변화, 전원 전압의 변화, 트랜지스터 상수의 변화

47 수정 발진기에서 주파수 변동의 원인이 아닌 것은?

① 주위 온도의 변화
② 전력 증폭기의 불량
③ 발진기 부하의 변동
④ 전원 전압의 변동

해설
수정 발진기는 LC 발진기에 비하여 주파수 안정도가 매우 우수하다. 그러나 다음과 같은 원인에 의해 발진 주파수가 변화하는 경우도 있다.
① 주위 온도의 변화에 의한 수정편의 신축 변형
② 부하의 변동
③ 전원 전압의 변동
④ 기계적인 진동
⑤ 수정 공진자나 부품의 온도, 습도 등에 의한 영향

48 수정 발진자는 그 발진 주파수가 안정하여 널리 사용되는데 안정한 이유로서 가장 옳은 것은?

① 수정은 고유 진동을 하고 있기 때문에
② 수정 발진자는 온도 계수가 작기 때문에
③ 수정은 피에조 전기 현상을 나타내기 때문에
④ 수정 발진자는 Q가 매우 높기 때문에

해설
① 보다 큰 안정도가 요구되는 경우 수정을 LC 동조 회로로 이용한 수정 발진기를 이용한다.
② 수정 발진기를 사용하면 매우 큰 Q를 기대할 수 있고, 다른 발진 회로와 비교할 수 없을 만큼 안정도를 높일 수 있다.
③ 그 반면 발진 주파수를 가변(Variable)으로 하기는 곤란하다.

[정답] 43 ① 44 ① 45 ② 46 ④ 47 ② 48 ④

49 발진 주파수를 안정시키는 방법이 아닌 것은?

① 체배 증폭단을 둔다.
② 완충 증폭단을 둔다.
③ 정전압 회로를 설치한다.
④ 항온조 시설을 한다.

해설
체배 증폭단은 수정편의 진동 주파수보다 높은 주파수를 얻는 회로이다.

50 그림과 같은 수정 진동자의 등가 회로에서 병렬 공진 주파수는?

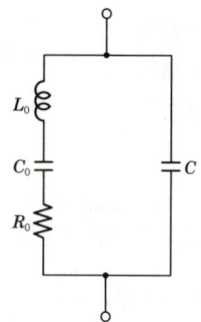

① $f_p = \dfrac{\omega_0 C_0 L_0}{R_0}$

② $f_p = \dfrac{1}{2\pi\sqrt{L_0 C_0}}$

③ $f_p = \dfrac{1}{2\pi\sqrt{L_0 \left(\dfrac{C_0 \cdot C}{C_0 + C}\right)}}$

④ $f_p = \dfrac{1}{2\pi\sqrt{\dfrac{1}{L_0}\left(\dfrac{1}{C_0} + \dfrac{1}{C}\right)}}$

해설
① 병렬 공진 주파수

$f_p \fallingdotseq \dfrac{1}{2\pi\sqrt{L_0 \left(\dfrac{1}{\dfrac{1}{C_0} + \dfrac{1}{C}}\right)}}$

② 직렬 공진 주파수

$f_s \fallingdotseq \dfrac{1}{2\pi\sqrt{L_0 C_0}}$

51 수정편의 등가 회로에서 $L=25$[mH], $C=1.6$[pF], $R=5$[Ω]일 때 수정편의 Q는 얼마인가?

① 25,000 ② 12,500
③ 1,000   ④ 5,000

해설
수정편
① 수정편이 진동하면 동조 회로와 같이 동작하므로 이런 경우 수정은 교류 등가 회로로 나타낼 수 있다.

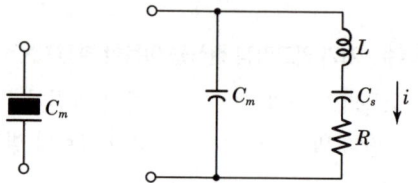

(a) 설치에 의한 용량   (b) 등가 회로

② 직렬 공진 주파수

$f_s = \dfrac{1}{2\pi\sqrt{LC_s}}$

③ 수정편의 Q, $Q = \dfrac{\omega_s L}{R} = \dfrac{2\pi f_s L}{R}$

$\therefore f_s = \dfrac{1}{2\pi\sqrt{LC}}$ 에서

$\omega_s = \dfrac{1}{\sqrt{LC}} = \dfrac{1}{\sqrt{(25 \times 10^{-3})(1.6 \times 10^{-12})}}$

$\therefore Q = \dfrac{\omega_s L}{R} = \dfrac{(0.5 \times 10^7)(25 \times 10^{-3})}{5}$

$= 25,000$

52 수정 발진기의 직렬 공진 주파수 f_s, 전극 용량을 포함한 병렬 공진 주파수를 f_p라 할 때 수정 발진기가 안정된 동작을 하기 위한 동작 주파수 조건은?

① f_s보다 낮게 한다.
② f_s보다 높게 한다.
③ f_s보다 높게, f_p보다 낮게 한다.
④ f_s보다 낮게, f_p보다 높게 한다.

해설
수정 발진기
① L, C, R로 구성된 동조 회로에서는 대단히 큰 Q를 기대할 수 없으며, 따라서 안정도는 $10^{-3} \sim 10^{-4}$ 정도를 넘기 어렵다. 그러므로 보다 큰 안정도가 요구되는 경우 수정을 이용한 수정 발진기를 사용해야 한다.

[정답] 49 ① 50 ③ 51 ① 52 ③

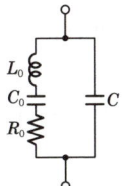

② 수정 진동자의 등가 전기 회로
  ㉠ L_0, C_0에 의한 직렬 공진 주파수
  $$f_s = \frac{1}{2\pi\sqrt{L_0 C_0}}$$
  ㉡ C를 포함한 병렬 공진 주파수
  $$f_p = \frac{1}{2\pi\sqrt{L_0(1/C_0 + 1/C)}}$$
  ㉢ f_p 근처에서 발진하고 있을 때 주파수 안정도는 대단히 높아진다.
③ 수정 발진 회로 : X-tal(수정편)은 유도성으로 동작시키는데, X-tal이 유도성으로 되는 주파수 범위는 $f_s \sim f_p$이다.

53
수정 발진기에서 안정한 발진을 유지할 수 있는 주파수 범위는?(단, 수정 공진자만의 직렬 공진 주파수를 f_s, 홀더 용량을 포함한 병렬 공진 주파수를 f_p라 한다.)

① $f < f_s < f_p$ ② $f_s < f < f_p$
③ $f_s < f_p < f$ ④ $f_p < f < f_s$

해설
안정된 발진을 위해서는 진동자를 유도성으로 동작시켜야 하는데, 유도성의 범위는 f_s와 f_p 사이의 주파수 범위이며, $f_s < f < f_p$로 된다.

54
수정 발진기에서 발진자가 어떤 임피던스 상태이면 안정된 발진 상태를 지속할 수 있는가?

① 유도성   ② 저항성
③ 용량성   ④ 무한대

55
그림과 같은 수정편의 등가회로에서 $L_0 = 25$[mH], $C_0 = 1.6$[pF], $R_0 = 5$[Ω], $C_1 = 4$[pF]일 때 직렬 공진 주파수는?(단, $\pi = 3.14$)

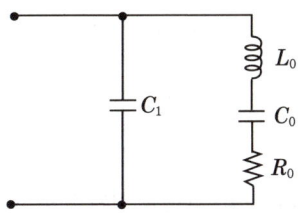

① 약 766.2[kHz]   ② 약 776.2[kHz]
③ 약 786.2[kHz]   ④ 약 796.2[kHz]

해설
L_0, C_0에 의한 직렬 공진 주파수
$$f_s = \frac{1}{2\pi\sqrt{L_0 C_0}} = \frac{1}{2\pi\sqrt{(25 \times 10^{-3})(1.6 \times 10^{-12})}}$$
$\fallingdotseq 796.2$[kHz]

56
그림과 같은 발진 회로의 명칭은?

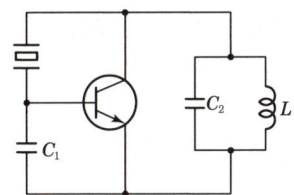

① LC 발진 회로
② Colpitts 발진 회로
③ BE-Pierce형 발진 회로
④ CB-Pierce형 발진 회로

57
피어스(Pierce) B-E형 수정발진회로는 컬렉터 회로의 임피던스가 어떨 때 가장 안정한 발진을 지속하는가?

① 유도성   ② 용량성
③ 저항성   ④ 부저항성

해설
피어스 B-E형 수정발진회로는 수정편이 TR의 베이스와 이미터 사이에 존재하여 유도성을 만족하고 출력측의 공진 회로도 유도성이 될 때 발진이 가능하게 되기 때문에 자려 발진기의 발진 조건을 고려할 때 일종의 하틀리형 수정발진기라고 한다.

[정답] 53 ② 54 ① 55 ④ 56 ④ 57 ①

58 무선송신기에 수정진동자를 사용하는 이유로 가장 타당한 것은?

① 발진주파수가 안정하기 때문이다.
② 고조파를 쉽게 얻을 수 있기 때문이다.
③ 일그러짐이 적은 파형을 얻기 위해서이다.
④ 발진주파수를 쉽게 변경할 수 있기 때문이다.

해설
수정진동자(Crystal)는 (Quality Factor)가 크기 때문에 수정 발진기의 주파수가 안정된다.

59 LC 동조 발진기에 비해 수정 발진기의 특징을 잘못 설명한 것은?

① 안정도가 높다.
② Q가 비교적 크다.
③ 발진 주파수를 가변하기 어렵다.
④ 저주파 발진기로 적합하다.

해설
수정 발진기의 특징
① 주파수 안정도가 좋다.
② 수정공진자의 Q가 매우 높다.
③ 기계적으로나 물리적으로 안정하나 발진 주파수를 가변(Variable)으로 하기는 곤란하다.
④ 발진을 만족하는 유도성 범위가 매우 좁다.
⑤ 고주파 발진기에 적합하다.

60 다음 중에서 발진의 원리와 발진 회로가 잘못 연결된 것은?

① 수정 발진 회로 – 압전 효과
② 음차 발진 회로 – 음차의 고유 진동수
③ 자기 일그러짐 발진 회로 – 자전관을 이용
④ 트랜지스터 발진 회로 – 부성 저항 특성 이용

해설
자기 일그러짐 발진 회로는 자기 왜형 현상을 이용한다.

61 다음 중 비정현파 신호가 출력되는 발진기는?

① 멀티바이브레이터
② 빈(Wien) 브리지형 발진기
③ 콜피츠 발진기
④ 수정 발진기

해설
발생되는 주기적인 신호가 정현파인 경우는 정현파 발진기라 하며 그 외는 비정형파 발진기로서 펄스 발진기 등이 이에 속한다.

발진기	비정현파 발진기	멀티바이브레이터(Multivibrator)
		블로킹(Blocking) 발진기
		톱니파 발진기

62 다음 중 통신용 송신기의 주발진기 및 수신기의 국부발진기 등에 가장 많이 응용되는 발진회로는?

① 자려 발진 회로   ② CR 발진 회로
③ LC 발진 회로   ④ 수정 발진 회로

해설
① LC 발진 회로의 일부를 전기적(기계적) 진동을 하는 수정진동자를 이용하면 발진 주파수의 안정도가 우수하게 된다. 이런 발진 회로를 수정 발진 회로라고 한다.
② 수정 발진기(LC 발진기)는 통신용 송·수신기, 표준형 측정기기 등의 정밀도가 높은 것을 요구하는 발진회로로 사용한다.

63 자려 발진기의 주파수 안정도에 대한 설명으로 옳지 않은 것은?

① 발진 회로의 저항 크기는 실효 Q에 영향을 주어 주파수가 변하므로 저항을 최소화한다.
② 발진 회로에 접속된 부하의 변동은 실효 임피던스가 변하므로 그 접속을 소결한다.
③ 발진기의 전원전압이 변하면 FET 및 트랜지스터의 동작점이 변하여 주파수가 불안정할 수 있다.
④ 발진 회로의 주위온도가 공진 회로의 L, C 값의 변화를 초래하므로 주파수 변동을 일으킨다.

해설

자려 발진기(Self Oscillator)
자려 발진기란 커패시터 및 코일로 구성되는 진동성 회로의 각 소자의 수치에 따라 발진 주파수가 결정되는 부궤환 발진기이다. 하틀리 발진기, 콜피츠 발진기 등이 있다.

64 발진기의 출력 주파수가 인가되는 전압의 크기에 따라 변하는 발진기는?

① Hartley　　② VCO
③ Colpitts　　④ X-tal

해설

전압 제어 발진기(VCO : Voltage Control Oscillator)
① VCO는 외부에서 인가된 전압으로 원하는 발진 주파수를 출력할 수 있게 해주는 장치이다.
② VCO는 아날로그 음향 합성장치, 이동통신 단말기 등에서 주로 쓰인다.

65 다음 회로에서 발진기의 출력(V_{out}) 듀티사이클을 50[%] 미만으로 만들기 위한 조건으로 알맞은 것은?

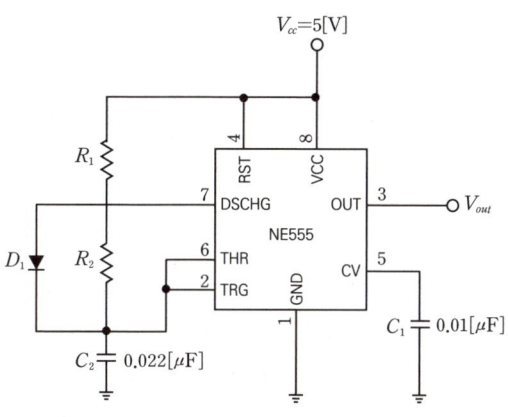

① $R_1 = R_2$　　② $R_1 > R_2$
③ $R_1 < R_2$　　④ $R_1 C_1 = R_2 C_2$

해설

NE555를 사용한 비안정 멀티바이브레이터(Astable Multivibrator)
① 무안정(또는 비안정) 멀티바이브레이터는 안정된 상태가 없는 회로이며, 이것은 외부 입력 없이 스스로 주기적인 구형파를 발생시킨다.
② 펄스에서 펄스 폭과 펄스 주기와의 비를 충격계수(Duty Cycle)라 하고 [%]로 표시한다.

$$\therefore 충격계수(D) = \frac{t_1}{T} = \frac{펄스폭}{펄스의\ 반복주기} \times 100[\%]$$

③ NE555 타이머를 이용한 구형파 발생기

$$D = \frac{t_1}{T} = \frac{t_1}{t_1 + t_2} = \frac{R_1 + R_2}{R_1 + 2R_2} \times 100[\%]$$

$\therefore R_2 \gg R_1$ 이라면 Duty Cycle이 약 50[%]임을 알 수 있다.

66 발진 회로에서 발진 주파수의 변동요인과 대책이 틀린 것은?

① 전원전압의 변동 : 직류 안정화 바이어스 회로를 사용
② 부하의 변동 : Q가 낮은 수정편을 사용
③ 온도의 변화 : 항온조를 사용
④ 습도에 의한 영향 : 회로의 방습 조치

해설

발진기의 주파수가 변화하는 주된 요인
① 부하의 변화 : 발진부와 부하를 격리시키는 완충 증폭회로를 사이에 넣는다.
② 전원전압의 변화 : 전원에는 정전압 전원 회로를 사용
③ 주위 온도의 변화 : 온도 보상 회로나 항온조 등을 사용
④ 능동 소자의 상수 변화 : 대개 전원, 온도에 의한 변동이므로 ②, ③의 조치로 해결

67 인가되는 역전압의 직류전압에 의해 캐패시턴스가 가변되는 소자를 이용하여 발진주파수를 가변하는 발진회로는?

① 빈-브리지 발진회로
② 위상천이 발진회로
③ 전압제어 발진회로
④ 비안정멀티바이브레이터

[정답] 64 ②　65 ③　66 ②　67 ③

4 필터

필터에는 저역통과 필터(LPF : Low Pass Filter), 고역통과 필터(HPF : High Pass Filter), 대역통과 필터(BPF : Band Pass Filter), 대역저지 필터(BRF : Band Rejection Filter)가 있다.

1. 필터 응답

가. LPF 응답

기본적인 LPF의 통과대역은 다음 그림 (a)처럼 0[Hz]로부터 출력전압이 통과대역의 70.7[%]되는 f_c까지로 정의한다.

이상적인 통과대역은 그림의 점선 내의 그림자 부분이며 이 필터의 대역폭은 다음과 같다.

$$BW = f_c$$

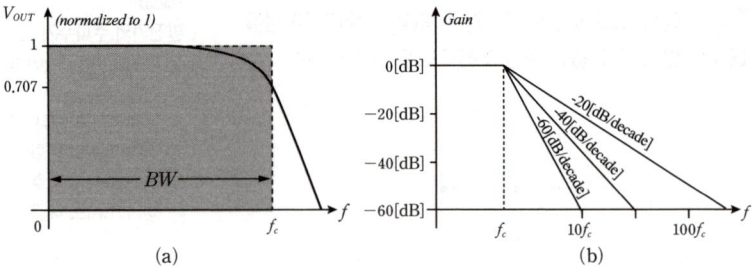

[LPF 응답]

이상적인 LPF의 응답 구현은 실제로 불가능하지만 −20[dB/decade]의 기울기와 그보다 더 경사지게 할 수는 있으며, 그림 (b)는 몇 개의 다른 기울기를 갖는 LPF의 응답을 나타낸 것이다. −20[dB/decade]는 한 개의 저항과 커패시터로 구성되는(즉, 극점당 20[dB/decade]의 기울기) 한 개의 RC 쌍에서 얻어지며 기울기의 경사도가 급해지려면 더 많은 RC 회로, 즉 더 많은 극점수가 필요하다.(이 하나의 RC 쌍을 극(Pole)이라 하며 차수 또는 극점수라고도 한다.)

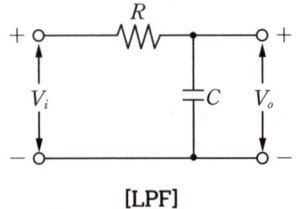

[LPF]

합격예측

필터의 차단주파수는 전압이득이 $\frac{1}{\sqrt{2}}$ 즉 0.707(70.7[%])이 되는 주파수이다.

합격예측

하나의 RC 쌍이 제공하는 기울기는 20[dB/decade] 이다.

전압이득을 구해보면 $\dfrac{V_o}{V_i} = \dfrac{\dfrac{1}{j\omega C}}{R + \dfrac{1}{j\omega C}} = \dfrac{1}{1 + j\omega CR}$ 이다.

크기는 $\left|\dfrac{V_o}{V_i}\right| = \dfrac{1}{\sqrt{1 + (\omega CR)^2}}$ 이고 전압이득의 크기가 $\dfrac{1}{\sqrt{2}}$ 이 되는 주파수가 차단주파수이므로 $\omega CR = 1$ 로부터 RC LPF의 차단주파수는 $f = f_c = \dfrac{1}{2\pi RC}$ 이 된다.

나. HPF 응답

기본적인 HPF의 응답은 f_c 이하의 신호는 감쇠시키거나 저지하고, f_c 보다 높은 주파수의 신호는 모두 통과시키는 것이며 차단주파수는 그림 (a)처럼 출력이 통과 주파수대역의 70.7[%] 되는 경우의 주파수이다. 이상적인 HPF 응답 구현은 실제로 불가능하지만 $-20[\text{dB/decade}]$의 기울기와 그보다 더 경사지게 할 수는 있으며 그림 (b)는 몇 개의 다른 기울기를 갖는 HPF의 응답을 나타낸 것이다. $-20[\text{dB/decade}]$는 하나의 RC쌍에서 얻어지며 기울기의 경사도가 급해지려면 더 많은 RC회로 즉 더 많은 극점수가 필요하다.

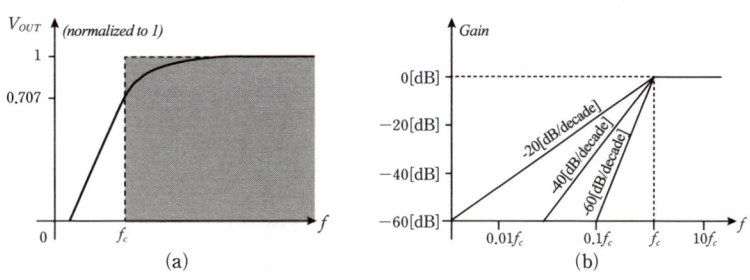

[HPF 응답]

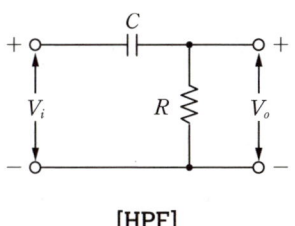

[HPF]

전압이득을 구해보면 $\dfrac{V_o}{V_i} = \dfrac{R}{R + \dfrac{1}{j\omega C}} = \dfrac{j\omega CR}{1 + j\omega CR}$ 이다.

합격 NOTE

합격예측
LPF의 차단주파수는 $f_c = \dfrac{1}{2\pi RC}$ 이다.

합격예측
HPF의 차단주파수는 $f_c = \dfrac{1}{2\pi RC}$ 이다.

합격 NOTE

분모, 분자를 $j\omega CR$로 나누고 크기를 구하면 $\left|\dfrac{V_o}{V_i}\right| = \dfrac{1}{\sqrt{1+\left(\dfrac{1}{\omega CR}\right)^2}}$ 이고

전압이득의 크기가 $\dfrac{1}{\sqrt{2}}$이 되는 주파수가 차단주파수이므로 $\dfrac{1}{\omega CR}=1$로 부터 RC HPF의 차단주파수는 $f=f_c=\dfrac{1}{2\pi RC}$ 이 된다. (RC LPF와 마찬가지로 HPF의 차단주파수도 $f_c=\dfrac{1}{2\pi RC}$ 이다.)

다. BPF 응답

BPF는 하한과 상한 주파수 제한 범위 내의 모든 신호를 통과시키고, 그 외의 모든 신호는 저지하거나 약화시킨다.

다음 그림은 일반화된 BPF 응답 곡선이며 대역폭(BW)은 상한 차단주파수(f_{c2})와 하한 차단주파수(f_{c1})와의 차로 3[dB]점 주파수 사이의 폭이 대역폭이 된다. (여기서 3[dB]점은 전압이득이 0.707배 즉 70.7[%] 되는 점을 말한다.)

$$BW = f_{c2} - f_{c1}$$

한편 중심주파수를 f_0라 하면 $f_0 = \sqrt{f_{c1}f_{c2}}$ 의 관계를 갖는다.

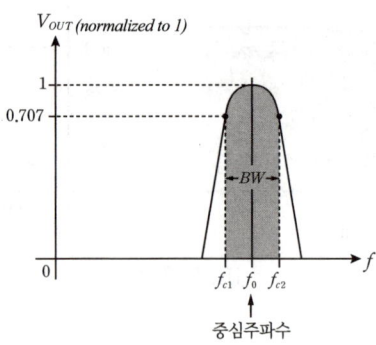

[일반적인 대역통과 필터의 응답 곡선]

대역통과 필터의 품질계수 Q는 중심주파수와 대역폭과의 비로 $Q = \dfrac{f_0}{BW}$이며 Q값은 대역통과 필터의 선택도를 나타낸다.

Q값이 크면 클수록 대역폭이 좁아지고, f_0에 대한 선택도도 좋아진다.

※ BPF는 HPF와 LPF를 연결해서 만들며 HPF를 앞에 LPF를 뒤에 직렬로 배치한다.

합격예측
BPF의 대역폭은 상한 차단주파수 f_{c2}와 하한 차단주파수 f_{c1}과의 차 ($BW = f_{c2} - f_{c1}$)이다.

합격예측
BPF의 중심주파수 f_0는 $f_0 = \sqrt{f_{c1}f_{c2}}$ 의 관계를 갖는다.

합격예측
$Q = \dfrac{f_0}{BW}$
대역폭이 좁을수록 Q가 커져 선택도가 좋아진다.

합격예측
BRF를 노치(notch) 필터라고도 한다.

라. BRF 응답

BRF는 BPF와는 반대로 어떤 특정 주파수대역만을 저지하고, 그 대역폭 외의 주파수 신호는 통과시키는 필터로 대역제거 필터 또는 노치(Notch) 필터라고도 한다.

다음 그림은 일반적인 대역저지 필터 응답 곡선으로 대역폭은 대역통과 필터의 경우처럼 3[dB]점 사이의 주파수대역을 말한다.

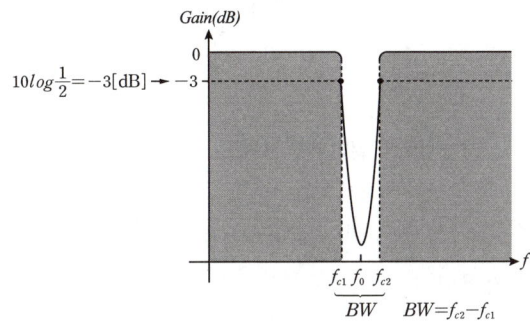

[일반적인 대역저지 필터 응답 곡선]

2. 능동필터

능동필터란 R과 C와 같은 수동소자를 이용해서 만든 필터와는 달리 R과 C외에 연산증폭기를 사용하여 이득과 위상변화도 제공하는 필터이다. 능동필터는 버터워스(Butterworth), 체비셰프(Chebyshev), 베셀(Bessel) 응답특성을 가질 수 있는데 이는 회로 소자 값으로 어떤 값을 사용하였느냐에 따라 달라진다.

다음 그림은 LPF에 대한 버터워스, 체비셰프, 베셀의 세 가지 특성을 비교하였으며, HPF나 BPF도 이 세 가지 특성 중의 하나를 가지도록 설계될 수 있다.

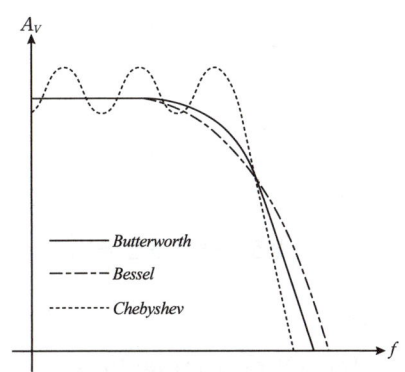

[필터 응답 특성의 세 가지 형의 비교]

> **합격예측**
> 능동필터의 응답특성에는 버터워스, 체비셰프, 베셀이 있다.

> **합격예측**
> 체비셰프 응답특성은 통과대역에서 오버슈트 또는 리플(극점수와 같은 수만큼)이 있는 것이 특징이다.

합격 NOTE

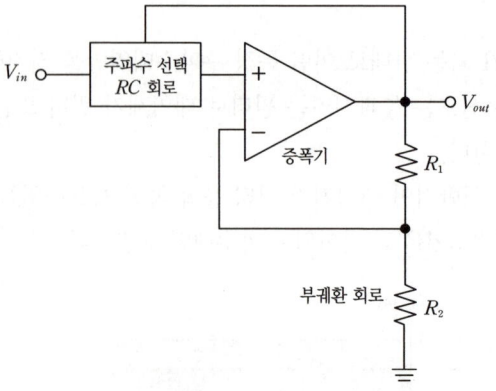

[능동필터의 일반화된 블록도]

※ 능동필터의 응답특성은 댐핑계수($DF=2-\frac{R_1}{R_2}$), 기울기, 극점수 등에 의해 결정된다.

가. 능동 LPF

(1) 1차(단극) 필터

그림 (a)는 1차 능동 LPF로 그림 (b)처럼 차단주파수 f_c를 넘으면 $-20[\text{dB/decade}]$의 기울기를 갖는다.

1차(단극) 필터의 차단주파수는 $f_c=1/2\pi RC$이며 이득은 비반전증폭기의 저항 R_1과 R_2에 의해 $A=1+\frac{R_1}{R_2}$이 된다.

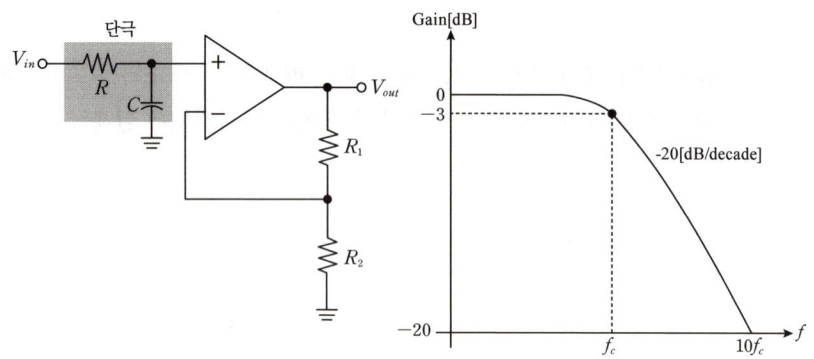

[1차 능동 LPF와 응답 곡선]

(2) Sallen-key LPF

2차(쌍극) 필터의 가장 일반적인 형태의 하나가 2차 Sallen-Key이다. 다음 그림은 Sallen-key LPF로 두 개의 RC 쌍은 차단주파수보다 높은 신호부터 $-40[\text{dB/decade}]$의 기울기를 갖는다. R_A와 C_A가 하

합격예측

1차 능동 LPF의 차단주파수는 $f_c=\frac{1}{2\pi RC}$이다.

합격예측

1차 능동 LPF는 $1+\frac{R_1}{R_2}$의 이득을 제공한다.

나의 RC 쌍이고 R_B와 C_B가 또 하나의 RC 쌍이다.
2차 Sallen-key LPF의 차단주파수는 다음과 같다.

$$f_c = \frac{1}{2\pi\sqrt{R_A R_B C_A C_B}}$$

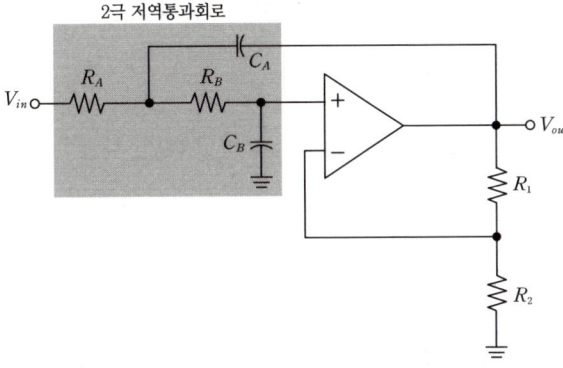

[기본적인 Sallen-Key 2차 LPF]

만약 $R_A=R_B=R$, $C_A=C_B=C$라고 하면, 차단주파수는 $f_c=\dfrac{1}{2\pi RC}$ 이 된다.

합격 NOTE

합격예측
2차 능동 LPF의 차단주파수는
$f_c=\dfrac{1}{2\pi\sqrt{R_A R_B C_A C_B}}$ 이며
$R_A=R_B=R$, $C_A=C_B=C$인 경우
$f_c=\dfrac{1}{2\pi RC}$ 이다.

나. 능동 HPF

(1) 1차(단극) 필터

그림 (a)는 1차 능동 HPF로 그림 (b)처럼 차단주파수 f_c 아래에서는 20[dB/decade]의 기울기를 갖는다.

1차(단극) 필터의 차단주파수는 $f_c=\dfrac{1}{2\pi RC}$ 이며 이득은 비반전증폭기의 저항 R_1과 R_2에 의해 $A=1+\dfrac{R_1}{R_2}$ 이 된다.

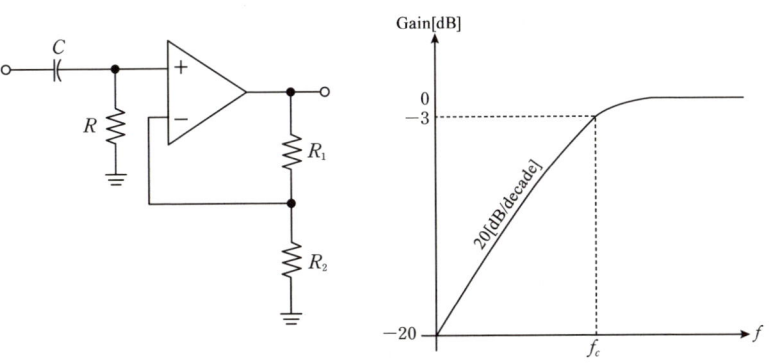

[1차 능동 HPF와 응답 곡선]

합격예측
1차 능동 HPF의 차단주파수는
$f_c=\dfrac{1}{2\pi RC}$ 이다.

합격예측
1차 능동 HPF는 $1+\dfrac{R_1}{R_2}$의 이득을 제공한다.

합격예측
2차 능동 HPF의 차단주파수는
$f_c=\dfrac{1}{2\pi\sqrt{R_A R_B C_A C_B}}$ 이며
$R_A=R_B=R$, $C_A=C_B=C$인 경우
$f_c=\dfrac{1}{2\pi RC}$ 이다.

(2) Sallen-Key HPF

다음 그림은 Sallen-Key 2차 HPF로 R_A, C_A, R_B, C_B는 2차 주파수 선택 회로이며 주파수 선택 회로의 소자의 위치가 저역통과 필터와는 반대이다.

2차 Sallen-Key HPF의 차단주파수는 다음과 같다.

$$f_c = \frac{1}{2\pi\sqrt{R_A R_B C_A C_B}}$$

만약 $R_A = R_B = R$, $C_A = C_B = C$라고 하면, 차단주파수는 $f_c = \frac{1}{2\pi RC}$ 이 된다.

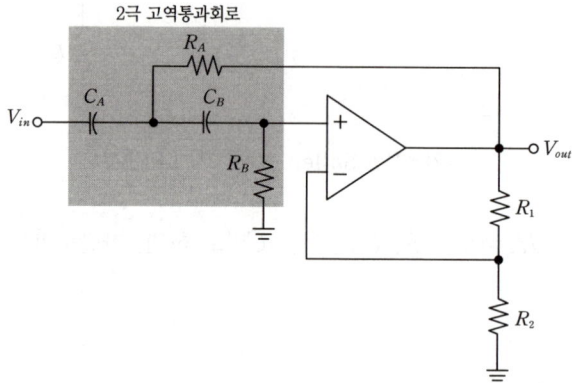

[기본적인 Sallen-Key 2차 HPF]

※ 능동 BPF는 능동 HPF를 앞에 배치하고 뒤에 능동 LPF를 배치해 구현한다. 1차 능동 HPF와 1차 능동 LPF를 연결하면 기울기가 20[dB/decade]인 1차 능동 BPF를 얻을 수 있고, 2차 능동 HPF와 2차 능동 LPF를 연결하면 기울기가 40[dB/decade]인 2차 능동 BPF를 얻을 수 있다.

출제 예상 문제

제4장 필터

01 차단주파수 이하의 주파수만 통과시키는 필터는?
① LPF ② HPF
③ BPF ④ BRF

해설
차단주파수 이하의 주파수만 통과시키는 필터를 저역통과 필터 즉 LPF라 한다.

02 LPF에서 하나의 RC 쌍이 제공하는 기울기는?
① $-10[\text{dB/decade}]$
② $-20[\text{dB/decade}]$
③ $-30[\text{dB/decade}]$
④ $-40[\text{dB/decade}]$

해설
하나의 저항과 하나의 캐패시터로 구성되는 RC 쌍은 주파수가 10배 증가할 때마다(Decade) 20[dB]의 감쇠 기울기를 제공한다.

03 다음 LPF의 차단주파수는 약 몇 [Hz]인가?

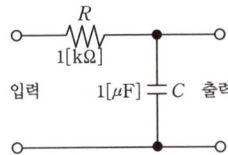

① 100 ② 130
③ 160 ④ 200

해설
차단주파수 $f_c = \dfrac{1}{2\pi RC}$
$= \dfrac{1}{2\pi \times 10^3 \times 10^{-6}} = 159.23$
$\fallingdotseq 160[\text{Hz}]$

04 필터의 차단주파수는 전압이득이 얼마가 될 때의 주파수를 말하는가?
① $\dfrac{1}{\sqrt{2}}$ ② 1
③ $\dfrac{1}{\sqrt{3}}$ ④ 2

해설
필터의 차단주파수는 전압이득이 $\dfrac{1}{\sqrt{2}}$ 즉 0.707이 될 때의 주파수이다.

05 차단주파수 이상의 주파수만 통과시키는 필터는?
① LPF ② HPF
③ BPF ④ BRF

해설
차단주파수 이상의 주파수만 통과시키는 필터를 고역통과 필터 즉 HPF라 한다.

06 다음 HPF의 차단주파수는 약 몇 [MHz]인가?

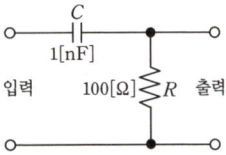

① 1 ② 1.2
③ 1.4 ④ 1.6

해설
차단주파수 $f_c = \dfrac{1}{2\pi RC}$
$= \dfrac{1}{2\pi \times 100 \times 1 \times 10^{-9}} = 1.6 \times 10^6$
$= 1.6[\text{MHz}]$

[정답] 01 ① 02 ② 03 ③ 04 ① 05 ② 06 ④

07 하한과 상한 주파수 제한 범위 내의 모든 신호를 통과 시키고, 그 외의 모든 신호는 저지하거나 약화시키는 필터는?

① LPF   ② HPF
③ BPF   ④ BRF

해설
일정 대역 내의 신호만 통과시키는 필터를 대역통과 필터 즉 BPF라 한다.

08 BPF의 대역폭을 바르게 나타낸 것은?(단, 하한 차단주파수는 f_{c1}, 상한 차단주파수는 f_{c2}이다.)

① $f_{c1}+f_{c2}$ ② $f_{c1}-f_{c2}$
③ $f_{c2}+f_{c1}$ ④ $f_{c2}-f_{c1}$

해설
BPF의 대역폭은 $f_{c2}-f_{c1}$ 으로 정의된다.

09 BPF에서 하한 차단주파수(f_{c1})를 1[KHz], 상한 차단주파수(f_{c2})를 4[KHz]라 할 때 중심주파수 f_o는 몇 [KHz]인가?

① 1   ② 2
③ 3   ④ 4

해설
BPF의 중심주파수 $f_0=\sqrt{f_{c1}f_{c2}}$
$\quad=\sqrt{1\times10^3\times4\times10^3}$
$\quad=2$[KHz]

10 BPF에서 대역폭(BW)이 2[KHz], 중심주파수(f_o)가 30[kHz] 일 때 품질계수 Q는 얼마인가?

① 5   ② 10
③ 15   ④ 20

해설
$Q=\dfrac{f_0}{BW}=\dfrac{30[kHz]}{2[kHz]}=15$

11 다음 설명 중 잘못된 것은?

① 품질계수(Q)는 대역폭(BW)과 반비례 관계를 갖는다.
② 품질계수 Q와 중심주파수 f_0는 비례한다.
③ 품질계수 Q가 크면 중심주파수 f_0에 대한 선택도가 나빠진다.
④ BPF에서 품질계수 Q가 10보다 크면 광대역으로 분류된다.

해설
품질계수 Q가 크면 중심주파수 f_0에 대한 선택도 좋아진다.

12 LPF와 HPF를 이용하여 BPF를 만드는 방법을 바르게 설명한 것은?

① LPF와 HPF를 병렬로 연결해 만든다.
② LPF를 앞에 HPF를 뒤에 직렬로 배치해 만든다.
③ HPF를 앞에 놓고 LPF와 HPF를 병렬로 연결한 것을 뒤에 직렬로 배치해 만든다.
④ HPF를 앞에 LPF를 뒤에 직렬로 배치해 만든다.

해설
BPF는 HPF와 LPF를 연결해서 만들며 HPF를 앞에 LPF를 뒤에 직렬로 배치한다.

13 어떤 특정 주파수대역만을 저지하고 그 대역폭 외의 주파수 신호는 통과시키는 필터는?

① LPF   ② HPF
③ BPF   ④ BRF

해설
특정 주파수대역만을 저지시키는 필터를 대역저지 필터, 또는 대역제거 필터 즉 BRF라 한다.

[정답] 07 ③ 08 ④ 09 ② 10 ③ 11 ③ 12 ④ 13 ④

14 다음 중 노치(Notch) 필터라고도 불리는 필터는?

① LPF ② HPF
③ BPF ④ BRF

해설
BRF는 어떤 특정 주파수대역만 저지하므로 노치(Notch) 필터라고도 한다.

15 능동필터의 응답특성 중 통과대역에서 오버슈트 또는 리플이 나타나는 것은?

① 버터워스 ② 체비셰프
③ 베셀   ④ 샤논

해설
체비셰프 응답특성은 통과대역에서 오버슈트 또는 리플이 있는 것이 특징이다.

16 체비셰프 응답특성에서 나타나는 리플수는 몇 개인가?(단, 극점수는 2개 이다.)

① 1 ② 2
③ 3 ④ 4

해설
체비셰프 응답특성에서 나타나는 리플 수는 극점 수와 같다.

17 능동필터의 응답특성 중 극점 당 20[dB/decade]를 갖는 것은?

① 버터워스 ② 체비셰프
③ 베셀   ④ 샤논

해설
버터워스는 통과대역에서 매우 평탄한 특성을 가지며, 극점 당 20[dB/decade]의 기울기를 갖는다.

18 능동필터의 응답특성 중 빠른 경사(기울기)가 요구될 때 사용되는 것은?

① 버터워스 ② 체비셰프
③ 베셀   ④ 샤논

해설
체비셰프는 기울기가 극점 당 20[dB/decade] 보다 크기 때문에 빠른 경사(기울기)가 요구될 때 유용하다.

19 능동필터의 응답특성 중 경사가 가장 완만한 즉 기울기가 20[dB/decade]보다 작은 것은?

① 버터워스 ② 체비셰프
③ 베셀   ④ 샤논

해설
베셀 응답은 왜곡이 없는 응답이 요구될 때 이용되며 경사가 가장 완만하고 기울기가 극점 당 20[dB/decade] 보다 작다.

20 다음 1차 능동 LPF가 제공하는 이득의 크기는?

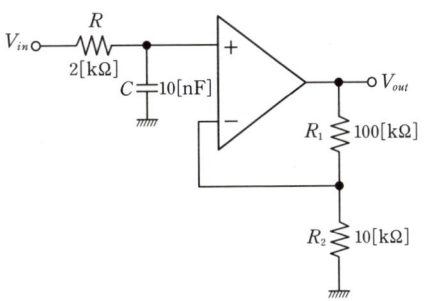

① 9   ② 10
③ 11 ④ 20

해설
1차 능동 LPF는 $1+\dfrac{R_1}{R_2}=1+\dfrac{100[\mathrm{k}\Omega]}{10[\mathrm{k}\Omega]}=11$배의 이득을 제공한다.

[정답] 14 ④ 15 ② 16 ② 17 ① 18 ② 19 ③ 20 ③

21
다음 1차 능동 LPF의 차단주파수는 약 몇 [kHz]인가?

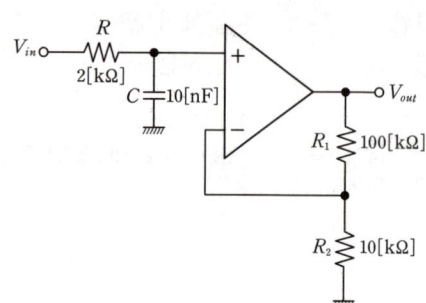

① 2
② 4
③ 6
④ 8

해설

$f_c = \dfrac{1}{2\pi RC} = \dfrac{1}{2\pi \times 2 \times 10^3 \times 10 \times 10^{-9}} = 7.96 \times 10^3$
$\fallingdotseq 8[\text{kHz}]$

22
다음 2차 능동 Sallen-Key LPF의 차단주파수는 약 몇 [Hz]인가?

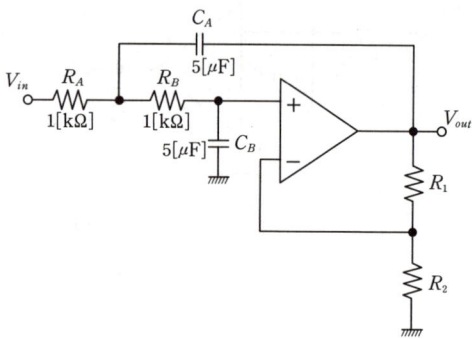

① 32
② 64
③ 128
④ 256

해설

$f_c = \dfrac{1}{2\pi\sqrt{R_A R_B C_A C_B}}$ 이고
$R_A = R_B = R = 1[\text{k}\Omega], \ C_A = C_B = C = 5[\mu\text{F}]$ 이므로
$f_c = \dfrac{1}{2\pi RC} = \dfrac{1}{2\pi \times 1 \times 10^3 \times 5 \times 10^{-6}} = \dfrac{100}{\pi} = 31.84$
$\fallingdotseq 32[\text{Hz}]$

23
다음 1차 능동 HPF가 제공하는 이득의 크기는?

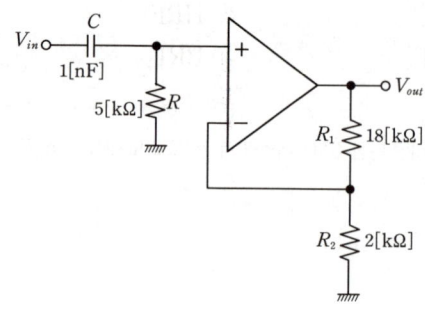

① 10
② 20
③ 30
④ 40

해설

1차 능동 HPF는 $1 + \dfrac{R_1}{R_2} = 1 + \dfrac{18[\text{k}\Omega]}{2[\text{k}\Omega]} = 10$배의 이득을 제공한다.

24
다음 1차 능동 HPF의 차단주파수는 약 몇 [kHz]인가?

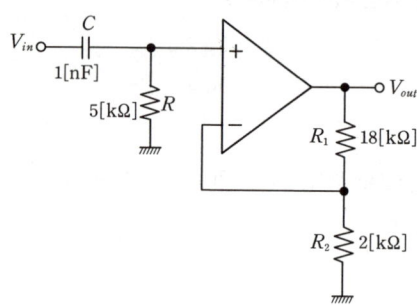

① 12
② 22
③ 32
④ 42

해설

$f_c = \dfrac{1}{2\pi RC} = \dfrac{1}{2\pi \times 5 \times 10^3 \times 1 \times 10^{-9}}$
$= 31.8 \times 10^3$
$\fallingdotseq 32[\text{kHz}]$

[정답] 21 ④ 22 ① 23 ① 24 ③

25 다음 2차 능동 Sallen-Key HPF의 차단주파수는 약 몇 [kHz]인가?(단, $R_A=R_B=R=3[k\Omega]$, $C_A=C_B=C=2[nF]$이다.)

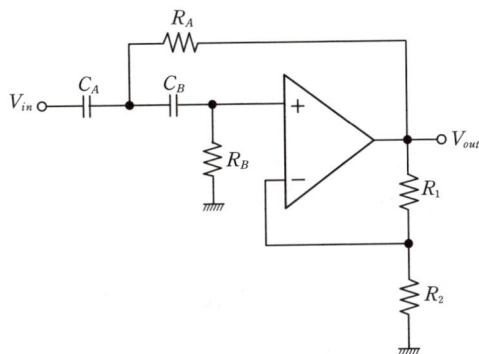

① 13
② 27
③ 40
④ 53

해설

$$f_c = \frac{1}{2\pi\sqrt{R_A R_B C_A C_B}}$$
$$= \frac{1}{2\pi RC} = \frac{1}{2\pi \times 3 \times 10^3 \times 2 \times 10^{-9}}$$
$$= 26.54 \times 10^3$$
$$\fallingdotseq 27[kHz]$$

합격 NOTE

5 논리 회로

1. 논리 회로(Logic Circuit)

- 논리 회로는 전자 계산기, 수치 제어, 통신기, 자동 제어 등 디지털 시스템(digital system)의 기본 요소가 되는 회로이다.
- 논리 회로는 논리 소자(AND, OR, NOT 등)를 이용하여 1, 0의 신호를 처리하는 회로이다.
- 디지털 IC의 급속한 발달로 인해 각종의 논리 회로가 IC화되었다.

2. 수의 진법과 2진 연산

가. 수의 표시

① 일상 생활에서는 10진법을 사용하지만, 디지털 계통에서는 0과 1을 사용하는 2진법을 사용하고 있다.

② 수의 체계

기수	진법	기본 디지트
2	2진수(binary number)	0,1
8	8진수(octal number)	0,1,2,3,4,5,6,7
10	10진수(decimal number)	0,1,2,3,4,5,6,7,8,9
16	16진수(hexadecimal number)	0,1,2,3,4,5,6,7,8,9,A,B,C,D,E,F

나. 진법의 변환

(1) R진수를 10진수로 변환

① R의 거듭제곱으로 나타낸다.

② $(1011.01)_2 = 1 \times 2^3 + 0 \times 2^2 + 1 \times 2^1 + 1 \times 2^0 + 0 \times 2^{-1} + 1 \times 2^{-2}$
  $= (11.25)_{10}$

  $(2F3.5)_{16} = 2 \times 16^2 + F \times 16^1 + 3 \times 16^0 + 5 \times 16^{-1} = (755.3125)_{10}$

(2) 10진수를 R진수로 변환

① R진수로 계속 나누어 나머지를 아래에서 위로 읽는다.

② $(23)_{10} = (10111)_2$, $(23)_{10} = (27)_8$

```
2 ) 23              8 ) 23
2 ) 11 … 1              2 … 7
2 )  5 … 1
2 )  2 … 1
     1 … 0
```

합격예측

논리 회로는 전자 계산기나 컴퓨터의 연산장치에 사용된다.

합격예측

2진법은 두 개의 숫자(0,1)만을 이용하는 체계이다.
디지털 신호는 기본적으로 2진법 수들의 나열이며, 컴퓨터 내부에서 처리하는 숫자는 2진법이다.

합격예측

R진수는 2(또는 8, 16)진수이다.

(3) 2진, 8진, 16진수의 상호 변환

① 2진 숫자 3개는 8진수의 1자리로 표시되고, 2진 숫자 4자리는 16진 숫자 1자리로 표시된다.

② $(01101000101 1)_2$

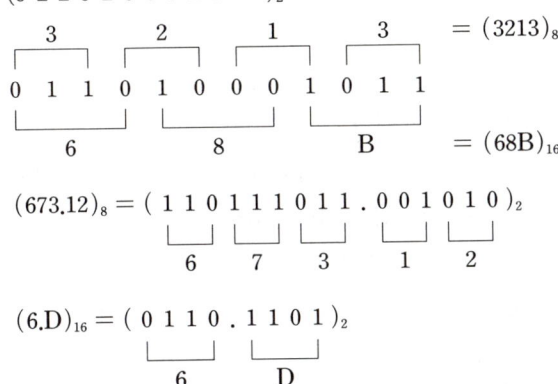

$(673.12)_8 = (110111011.001010)_2$
　　　　　　　　6　7　3　　1　2

$(6.D)_{16} = (0110.1101)_2$
　　　　　　　6　　D

(4) 10진수와 각 진수의 관계

10진법	2진법	8진법	16진법	10진법	2진법	8진법	16진법
0	0	0	0	16	10000	20	10
1	1	1	1	17	10001	21	11
2	10	2	2	18	10010	22	12
3	11	3	3	19	10011	23	13
4	100	4	4	20	10100	24	14
5	101	5	5	21	10101	25	15
6	0110	6	6	22	10110	26	16
7	111	7	7	23	10111	27	17
8	1000	10	8	24	11000	30	18
9	1001	11	9	25	11001	31	19
10	1010	12	A	26	11010	32	1A
11	1011	13	B	27	11011	33	1B
12	1100	14	C	28	11100	34	1C
13	1101	15	D	29	11101	35	1D
14	1110	16	E	30	11110	36	1E
15	1111	17	F	31	11111	37	1F

다. 보수(Complement)

(1) 1의 보수(One's Complement)

① 어떤 수의 1의 보수는 각 단위 자릿수(bit)에서 1을 0으로, 0을 1로 바꾼 것과 같다.

② $(101101)_2$의 1의 보수는 $(010010)_2$이다.

합격 NOTE

합격예측
컴퓨터는 음수의 표현이 불가능하므로 보수를 사용한다.

합격예측
(101101) → 1의 보수(010010)
→ 2의 보수(010011)

합격 NOTE

합격예측

예) 10(1010, 피감수) − 5(0101, 감수)=5
0101→1010
1010+1010=1 0100(carry 발생)
0100+0001=0101((5)$_{10}$)

합격예측

0101→1010+0001=1011
1010+1011=1 0101(Carry 발생)
1 0101→0101((5)$_{10}$)

합격예측

- Encoding : 10진수(문자 등)를 2진수로 변화하는 것
- Decoding : 인코딩의 반대 개념. 해독기

합격예측

가중 코드 : 8421, 2421, 5421 code 등

합격예측

비가중코드 : Excess-3, Gray, 2-out-of-5 Code 등

합격예측

2^4=16개를 표현할 수 있지만 0~9까지 10개만 사용

---

(2) 2의 보수(Two's Complement)

① 1의 보수의 최하위 자리에 1을 더한 것이다.
② $(101101)_2$의 2의 보수는 $(010011)_2$이다.
▶ 1의 보수는 2의 보수보다 1이 작다고 할 수 있다.

라. 보수에 의한 감산

(1) 1의 보수를 이용한 감산

① 우선, 감수(S : Subtrahend)의 "1의 보수"를 취한다.
② 감수와 피감수(M : Minuend)를 더한다.
③ 감수와 피감수를 더한 계산 결과식에 대하여
  ㉠ Carry가 있으면 그 Carry를 결과식의 최하위 비트에 '1'을 더한다.
  ㉡ Carry가 없으면, "1의 보수"를 취한 후 (−)부호를 붙인다.

(2) 2의 보수에 의한 감산(방법)

① 우선, 감수(S : Subtrahend)의 "2의 보수"를 취한다.
② 감수와 피감수(M : Minuend)를 더한다.
③ 감수와 피감수를 더한 계산 결과식에 대하여
  ㉠ 자리올림(Carry)이 발생하면, 그 Carry를 무시한다.
  ㉡ Carry가 없으면, "2의 보수"를 취한 후 (−)부호를 붙인다.

3. 수의 코드화

코드화란 임의의 데이터를 특정한 목적에 맞게 변경하는 인코딩(부호화, Encoding)과 이 변경된 데이터를 다시 원래대로 복원하는 디코딩(복호화, Decoding)을 모두 가리킨다.

가. 2진 코드의 분류

① 가중치 코드(Weighted Code) : 각 Digit의 자릿수가 일정한 값(Weight)을 갖는 코드
② 비가중치 코드(Unweighted Code) : 각 Digit의 자릿수가 일정한 값(Weight)을 갖지 않는 코드

나. 2진 코드의 종류

(1) 2진화 10진 코드(BCD : Binary Coded Decimal)

① 10진수 1자리를 2진수 4자리(4bit)로 표시한 것이다.
② 자리에 따라서 8,4,2,1의 무게(Weight)를 가지고 있으므로 8421 Code라 한다.

(2) 3초과 코드(Excess-3 code)

① 8421 코드에 $(3)_{10}$, 즉 $(0011)_2$를 더하여 만든 코드이다.

② 8421 코드의 연산을 돕기 위해 만들어졌다.

③ 특징
   ㉠ BCD Code의 수정형으로서 자기 보수 코드(Self-Complementing Code)이다.
   ㉡ 자릿값을 갖지 않는 Unweighted Code이다.
   ㉢ 3초과 코드는 연산 동작이 쉽게 이루어진다.
   ㉣ 0000, 0001, 0010, 1101, 1110, 1111 등의 Group은 사용하지 않는다.

④ BCD 코드와 3초과 코드의 비교

10진수	BCD	3초과 코드	10진수	BCD	3초과 코드
0	0000	0011	6	0110	1001
1	0001	0100	7	0111	1010
2	0010	0101	8	1000	1011
3	0011	0110	9	1001	1100
4	0100	0111	10	0001 0000	0100 0011
5	0101	1000			

(3) 그레이 코드(Gray Code)

① 인접한 각 코드간에는 한 개의 비트만이 변하므로 아날로그 정보를 디지털 정보로 변환(A/D)하는 데 널리 사용된다.

② 2진수를 그레이 코드로 변환하는 방법

```
2진수 코드    1  0  1  1
              ↓  ↘ ↘ ↘
그레이 코드   1  1  1  0
```

③ 그레이 코드를 2진수로 변환하는 방법

```
그레이 코드   1  1  1  0
              ↓  ↙ ↙ ↙
2진수 코드    1  0  1  1
```

④ 그레이 코드의 특징
   ㉠ 1비트 변환 코드이다.
   ㉡ 입력 정보를 나타내는 코드로서 사용시 오차가 적다.
   ㉢ 그레이 코드는 연산으로는 부적합하다.
   ㉣ A/D 변환기, 입·출력 장치, 기타 주변 장치용의 코드로 사용된다.

합격 NOTE

합격예측
자기 보수 코드란 비트를 반전하는 것만으로도 (10진수의)9의 보수를 얻을 수 있으며, 감산에 유용하다.

합격예측
3초과 코드는 비가중 자기 보수코드이다.

합격예측
Gray Code 변환시 발생되는 캐리는 무시한다.

합격예측
그레이 코드는 비가중 코드로서 2진 연산에 부적합하다.

4. 영문 숫자 코드(Alphanumeric Code)

가. ASCII(American Standard Code for Information Interchange) 코드
  ① 컴퓨터와 컴퓨터, 시스템과 컴퓨터간의 통신을 표준화하기 위해 사용한다.
  ② ASCII 코드는 7비트로 구성되어 있으나, 실제 사용할 때에는 패리티 비트(Parity Bit)를 포함하여 8비트가 쓰이고 있다.

나. EBCDIC(Exchanged BCD Interchange Code)
  ① 확장된 2진화 10진 코드라고 한다.
  ② 대부분의 컴퓨터에서 사용된다.
  ③ 8비트에 존(Zone) 부분과 숫자(Digit) 부분으로 구성되어 있으므로 2^8(=256)가지의 문자, 숫자, 기호 등을 표현할 수 있다.

5. 에러 검출 및 정정 코드

가. 패리티 체크(Parity Check)
  ① 디지털 시스템에서 1과 0의 착오(Error)가 생겼을 때 이것의 검출을 위해 패리티 비트(Parity Bit)를 사용한다.
  ② 착오를 검출하기 위하여 2진수로 이루어진 한 코드를 그대로 두고 1비트의 패리티 비트를 추가하여 검출한다.
    ㉠ 우수 패리티(Even Parity) 방식 : 패리티 비트를 포함하여 한 코드의 1의 수가 짝수가 되도록 한다.
    ㉡ 기수 패리티(Odd Parity) 방식 : 패리티 비트를 포함하여 한 코드의 1의 수가 홀수가 되도록 한다.

나. 해밍 코드(Hamming Code)
  ① 해밍 코드는 에러를 검출하여 교정할 수 있도록 구성된 코드이다.
  ② 단일 에러 정정을 위해서는 7비트로 구성되며 4비트의 정보 부분에 3비트의 패리티 비트를 추가한다.
  ③ 해밍 코드로 전송하는 데 필요한 Parity Bit의 수
    비트 수가 k개인 데이터를 Hamming Code로 전송하는 데 필요한 최소한의 Parity Bit의 수, P는 $2^P \geq k+P+1$이다.

6. 불 대수(Boolean Algebra)

가. 불 대수

① 불 대수는 논리적인 성질을 수학적으로 해석하는 방법을 설명하기 때문에 논리 대수(Logical Algebra)라고도 부른다.
② 불 대수에서는 0과 1의 두 개의 수치만을 사용하며 연산 결과는 언제나 0 또는 1이다.

> **합격예측**
> 불 대수는 논리 대수라고도 하며, 참이나 거짓 등의 논리적인 판단을 한다.

나. 불 대수 정리

(1) 기본 정리

① $A \cdot 1 = A$
② $A \cdot 0 = 0$
③ $A + 1 = 1$
④ $A + 0 = A$
⑤ $A + A = A$
⑥ $A \cdot A = A$
⑦ $A + \overline{A} = 1$
⑧ $A \cdot \overline{A} = 0$

(2) 기본 법칙

법 칙	공 식
교환 법칙	$A+B=B+A,\ A \cdot B=B \cdot A$
결합 법칙	$(A+B)+C=A+(B+C)$ $(A \cdot B) \cdot C=A \cdot (B \cdot C)$
상호 분배 법칙	$A+(B \cdot C)=(A+B) \cdot (A+C)$ $A \cdot (B+C)=A \cdot B+A \cdot C$
항등 법칙	$A+0=A,\ A \cdot 1=A$
동일 법칙	$A+A=A,\ A \cdot A=A$
보원 법칙	$A+\overline{A}=1,\ A \cdot \overline{A}=0$
흡수 법칙	$A+A \cdot B=A$ $A \cdot (A+B)=A$
De Morgan 정리	$\overline{(A+B)}=\overline{A} \cdot \overline{B}$ $\overline{A \cdot B}=\overline{A}+\overline{B}$

> **합격예측**
> **드모르강의 정리**
> (De Morgan's Theorem)
> ① 논리합을 논리적으로 변환하는 법칙: $\overline{A+B}=\overline{A} \cdot \overline{B}$
> ② 논리적을 논리합으로 변환하는 법칙: $\overline{A \cdot B}=\overline{A}+\overline{B}$

다. 논리 함수의 간략화(Simplification of Logic Function)

(1) 불 대수를 이용한 간략화

불 대수의 정리 및 법칙을 이용하여 간략화한다.

예 $Y=(\overline{A}+C) \cdot (B+\overline{C}) \cdot \overline{B}$인 경우
$Y=\overline{A}B\overline{B}+\overline{A}\ \overline{B}\ \overline{C}+CB\overline{B}+C\overline{C}\ \overline{B}=\overline{A}\ \overline{B}\ \overline{C}$

(2) 카르노 맵(Karnaugh-Map)을 이용한 간략화

① 논리식의 각 항에 상당하는 칸에 "1"을 기입한다.

> **합격예측**
> $B\overline{B}=C\overline{C}=0$

> **합격예측**
> 정확한 간략화를 위해 카르노 맵을 이용하는 것이 좋다.

② 인접된 1의 칸을 루프로 그린다.
③ 칸수는 짝수(2, 4, 8, 16, 32개 등)로 하며 루프가 최대가 되도록 한다.
④ 칸의 상하, 좌우의 끝은 서로 인접하고 있다.
⑤ 칸의 1은 필요에 따라 몇 번이고 사용한다.
⑥ 루프 속의 논리 함수를 읽고 가법 표준형으로 만든다.

㉠ 2변수의 경우

B\A	0	1
0		1
1		1

→ A

㉡ 3변수의 경우

C\AB	00	01	11	10
0			1	1
1		1	1	

→ $A\overline{C}$, $\overline{A}C$

㉢ 4변수의 경우

CD\AB	00	01	11	10
00	1	1	1	1
01	1	1	1	1
11				
10	1			1

→ $\overline{C}$, $\overline{B}\overline{D}$

7. 논리 게이트(Logic Gate)

가. 정논리와 부논리의 개념

① 정논리 : 높은 전압을 "1", 낮은 전압을 "0"으로 취급하는 논리
② 부논리 : 높은 전압을 "0", 낮은 전압을 "1"로 취급하는 논리

합격예측
정논리는 1이 전압이 높을 때, 부논리는 0이 전압이 높을 때를 나타낸다.

나. 기본 논리 회로

(1) AND 회로

두 개 혹은 그 이상의 입력이 모두 1의 상태일 때만 출력은 1의 상태가 되고, 그 외의 경우는 0으로 되는 회로이다.

합격예측
AND 논리식 : $Y = A \cdot B$

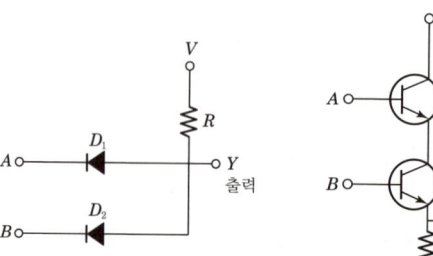

(a) 다이오드의 AND 회로   (b) 트랜지스터 AND 회로

A	B	Y
0	0	0
0	1	0
1	0	0
1	1	1

(C) AND 진리표

(2) OR 회로

두 개 혹은 그 이상 여러 개의 입력이 모두 0의 상태일 때만 출력은 0의 상태가 되고, 입력 중 한 개가 1이면 1 상태의 출력을 나타내는 회로이다.

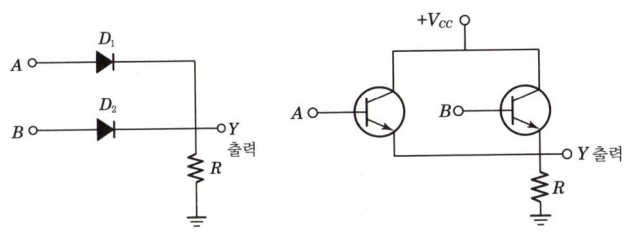

(a) 다이오드의 OR 회로　　(b) 트랜지스터 OR 회로　　(C) OR 회로의 진리표

합격예측
OR 논리식 : $Y = A + B$

(3) NOT 회로

① 1 상태의 입력에 대하여 0 상태의 출력으로, 혹은 0 상태를 1 상태로 하는 회로이다.
② 부정 회로 또는 인버터(Inverter)라고도 한다.

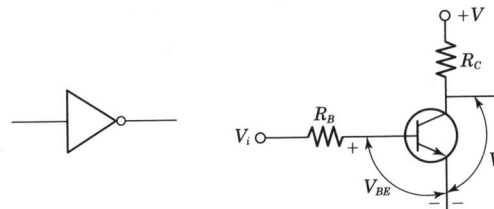

(a) 인버터 게이트　　(b) 이미터 접지 증폭기의 NOT 회로　　(C) 진리표

합격예측
NOT 논리식 : $Y = \overline{A}$

(4) NAND 회로

AND와 NOT 회로의 결합을 말하며 입력 모두 혹은 어느 하나라도 논리 0 상태로 되면 출력은 1이 되고 모든 입력이 1 상태가 되면 출력은 0이 되는 회로이다.

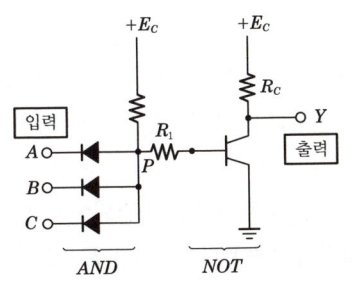 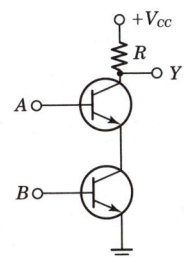

(a) 다이오드 NAND 회로　　(b) 트랜지스터 NAND 회로　　(C) NAND 진리표

합격예측
NAND 논리식 : $Y = \overline{A \cdot B}$

합격 NOTE

합격예측
NOR 논리식 : $Y=\overline{A+B}$

(5) NOR 회로

OR와 NOT 회로의 결합 회로로서 모든 입력이 0 상태일 때만 출력이 1 상태가 되고 입력 중 어느 하나라도 1 상태이면 출력은 0 상태가 되는 논리 회로이다.

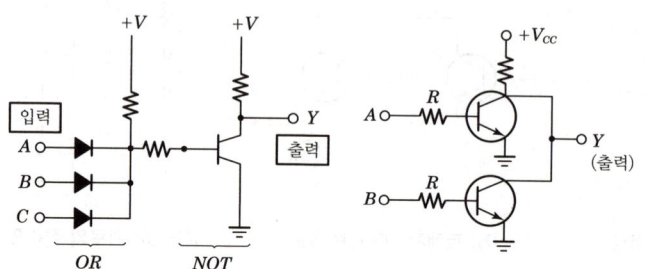

(a) 다이오드 NOR 회로   (b) 트랜지스터 NOR 회로   (C) NOR의 진리표

(6) Exclusive-OR 회로(배타적 논리합 회로)

모든 입력 신호가 1 또는 0 상태일 때는 0의 출력이고, 다른 경우는 1 상태가 된다.

합격예측
Ex-OR 논리식 :
$Y=\overline{A}B+A\overline{B}=A\oplus B$

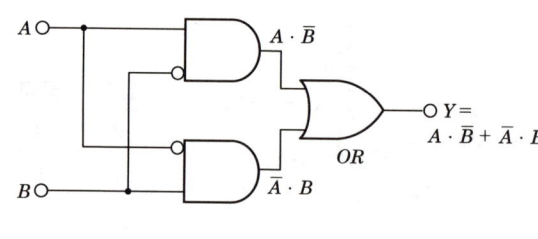

(a) 응용 회로   (b) 진리표

(7) Exclusive-NOR 회로(배타적 부정 OR 회로)

① Exclusive OR의 반대로서 입력이 서로 같은 경우에만 출력한다.
② 동등회로(Equivalence Circuit)라고도 한다.

합격예측
Ex-NOR 논리식 :
$Y=\overline{AB}+AB=A\odot B$

다. 디지털 집적 회로(IC)

(1) RTL(Resister Transistor Logic)

① 출력이 병렬로 접속되므로 저항이 출력 수만큼 줄게 되므로 베이스 전류는 각 출력의 트랜지스터를 포화 상태로 만들 만큼 충분히 커야 한다.

② 입력 A, B, C 단자는 출력에 대하여 각각 병렬로 연결되어 있으므로 OR Gate로 동작한다. 트랜지스터의 출력 Y는 저항 R_C에 의하여 전압 강하가 발생하여 NOT Gate의 기능을 가지므로 결국, 출력은 NOR Gate로 동작한다.

합격예측
RTL은 저항과 트랜지스터로 구성된 논리 회로이다.

합격예측
출력은 NOR gate로 동작한다.

③ 잡음 여유, 출력 분기수, 동작 속도가 다른 논리 회로보다 불리하다.

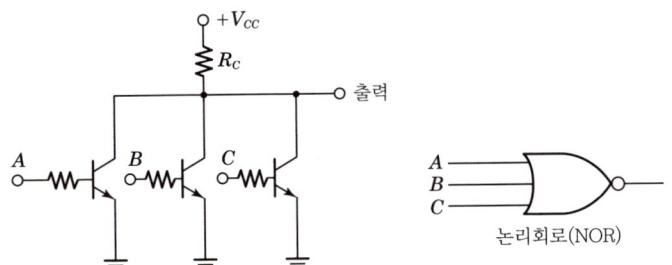

(2) DTL(Diode Transistor Logic)

① DTL은 논리 IC로서 처음으로 시리즈화되었지만, 그 후 값싸고 성능 좋은 TTL로 바뀌어 현재는 생산되지 않는다.

② 저항 R_1과 다이오드 D_1, D_2, D_3는 AND Gate로 동작하며 트랜지스터는 R_2에 의해 전압 강하가 발생하여 NOT Gate의 기능을 가지므로 NAND Gate로 동작한다.

③ 소비 전력이 적고 TTL과 호환성을 가진다.

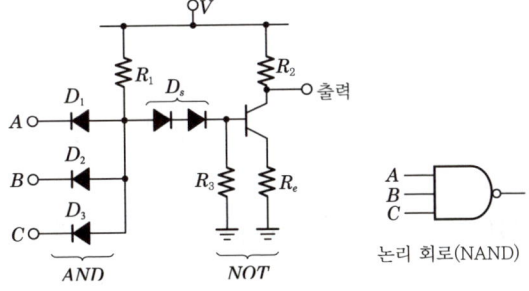

(3) DCTL(Direct Coupled Transistor Logic)

① 저항의 개수가 적게 들며 전력 소모도 적고 구성이 간단하기 때문에 IC의 집적도가 높고 고속 동작을 갖는다.

② 입력 A, B, C 단자는 출력에 대하여 각각 병렬로 연결되어 있어 OR Gate로 동작하며, 출력 Y는 저항 R_C에 의하여 전압 강하가 발생하여 인버터되므로 NOR Gate로 동작한다.

③ 잡음 여유가 적고 Fan-Out 수도 크게 할 수 없다.

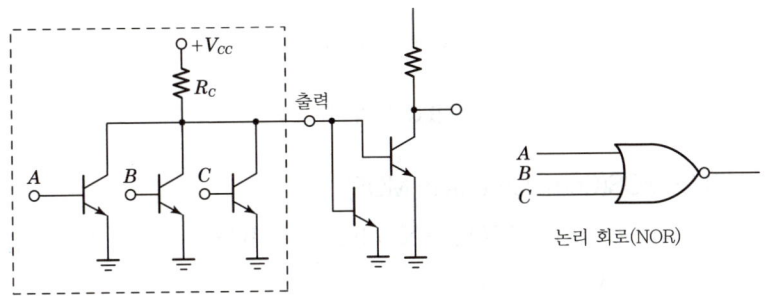

합격 NOTE

합격예측
DTL은 다이오드와 트랜지스터를 기본 소자로 한 논리 회로

합격예측
출력은 NAND Gate로 동작

합격예측
출력은 NOR Gate로 동작

합격 NOTE

합격예측
TTL은 트랜지스터와 트랜지스터를 이용한다.

합격예측
출력은 NAND gate로 동작

(4) TTL(Transistor Transistor Logic)

① 이 논리 회로의 특색은 Q_1의 큰 이미터 전류가 Q_2, Q_3의 저장 전하를 빨리 제거하여 결과적으로 저장 시간을 단축하여 고속 스위칭을 한다.

② 입력에 나타난 Clamping Diode들은 부 전압을 막기 위한 것이다. 이것은 DTL과 호환성이 있다.

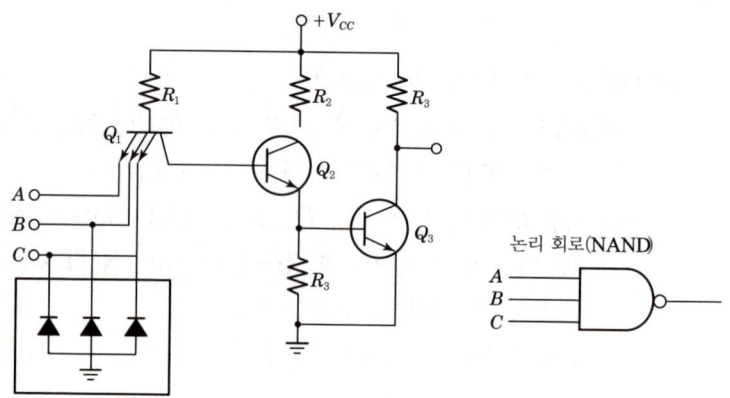

합격예측
ECL은 모든 논리 게이트 중 고속 동작을 한다.

합격예측
출력은 NAND gate로 동작한다.

(5) ECL(Emitter Coupled Logic)

① 차동 증폭기의 원리를 이용하여 트랜지스터를 활성 영역에서 동작하게 한 것이다.

② CML(Current Mode Logic)이라고도 한다.

③ 동작 속도가 가장 빠르고 소비 전력은 가장 크다.

④ 서로 상보 관계가 있는 출력을 얻을 수 있다.

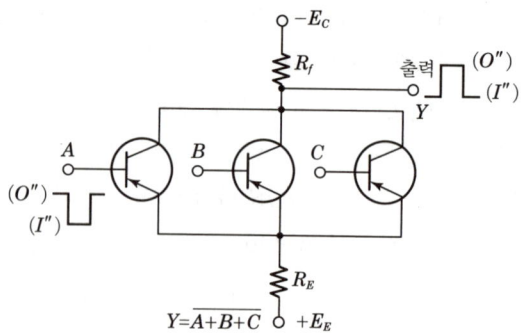

[ECTL 회로]

(6) C-MOS(Complementary MOS)

① P-channel MOS와 N-channel MOS를 상호 대칭으로 접속한 것이 C-MOS이다.

② 낮은 소비 전력, 높은 잡음 여유도 및 안정성 등의 이점 때문에 많이 사용되고 있다.

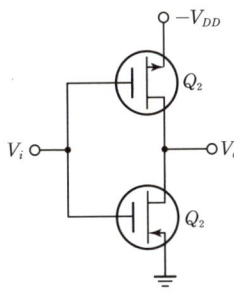

[C-MOS NOT 회로]

(7) HTL(High Threshold Logic)

높은 잡음 여유도를 갖도록 한 특수한 회로로서 열 전압이 발생하는 곳에 사용한다. 동작 속도가 느리며, Fan-out수는 크게 할 수 없다는 단점이 있다.

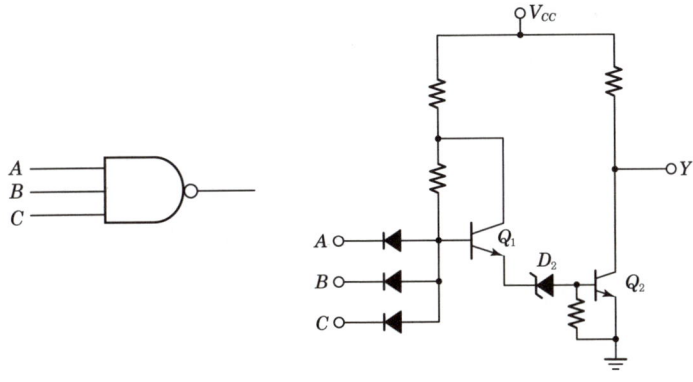

[논리 회로(NAND)]　　　　[HTL NAND 회로]

▶ 논리 회로의 비교

기본 회로	TTL	CMOS	ECL	HTL	DTL	RTL
기본 게이트	NAND	NAND or NOR	OR/NOR	NAND	NAND	NOR
Fan-out	10	50	7	10	8	3
소비 전력	C-MOS < TTL < DTL < RTL < HTL < ECL					
동작 속도	ECL(CML) > TTL > RTL > CMOS > HTL					
잡음 여유도	HTL > CMOS > TTL = DTL > ECL = RTL					

합격 NOTE

합격예측

팬-인(Fan-in) : 회로 동작을 손상시키지 않으면서 입력에 접속할 수 있는 입력 분기 용량을 말한다.

합격 NOTE

참고

1 Fan out

회로 동작을 손상시키지 않으면서 출력측에 접속할 수 있는 출력 분기수를 말한다.

2 Threshold 전압

입력 전압에 대해서 0,1로 판단되는 전압의 값으로 임의의 폭을 가지고 있다.

3 잡음 여유도

입력 신호에 얼마만한 잡음이 함유되어 있으면 출력 상태에 영향을 주지 않는가를 표시하는 척도이다.

합격예측
Wired 회로는 등가적으로 각각 다른 논리 게이트의 출력을 수행하는 회로이다.

(8) Wired 회로

여러 개의 DTL 또는 TTL 논리 회로의 출력을 한데 모아 하나의 회로로 구성하는 것을 말한다. 결선형 AND 게이트와 결선형 OR 게이트가 있다.

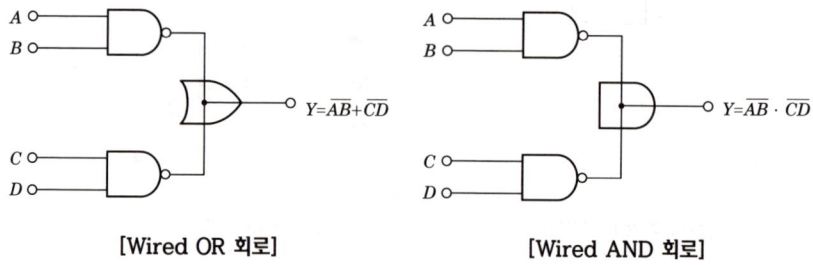

[Wired OR 회로]　　　　　[Wired AND 회로]

8. 플립플롭(Flip-Flop) 회로

합격예측
플립플롭은 1비트의 정보를 기억할 수 있는 회로이며 순차 회로의 기본 부품이다.

가. Flip-Flop

① 쌍안정 멀티바이브레이터를 플립플롭(Flip-Flop)이라고 한다.
② 플립플롭은 1[bit]의 정보를 저장하는 기억소자이다.
③ 플립플롭은 저장, 계수 등에 사용되며 여러 비트를 저장하는 레지스터에도 이용된다.

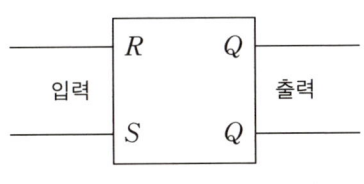

[기본적인 플립플롭 회로]

나. RS-FF

① 2개의 입력 단자(R : Reset, S : Set)를 가지고 있어서 이들 입력의 상태에 따라서 출력이 정해진다.

② 출력의 상태가 한번 결정되면 입력을 0으로 하여도 출력의 상태는 그대로 유지되므로, 일반적으로 래치(Latch) 회로라고도 한다.

③ R과 S가 동시에 1로 되는 경우는 출력 상태가 되지 못하므로 이러한 입력은 피해야 한다.

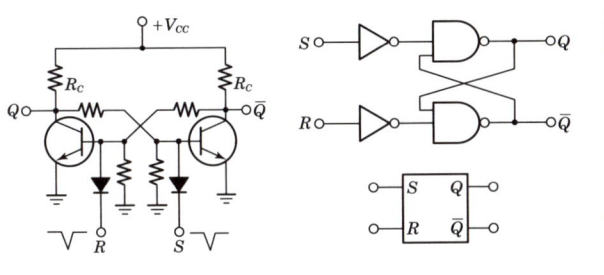

(a) 회로   (b) 논리 회로와 기호   (C) RS-FF의 진리표

> **합격예측**
> R과 S가 동시에 1로 되는 경우는 피해야 한다.

다. D(Delay)-FF

① RS-FF에서 2개의 입력 R, S가 동시에 1인 경우에도 불확정한 출력 상태가 되지 않도록 하기 위하여 인버터(Inverter) 하나를 입력 양단에 부가한 것이다.

② 정보를 일시 유지하는 래치(Latch) 회로나 시프트 레지스터(Shift Register) 등에 쓰인다.

③ 입력 D의 신호 0 및 1 신호는 클록 펄스가 나타나지 않는 한 출력에 영향을 주지 못한다.

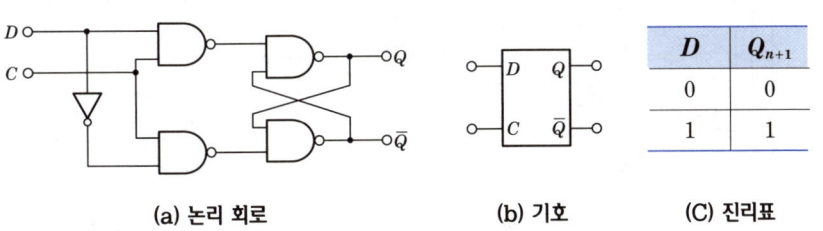

(a) 논리 회로   (b) 기호   (C) 진리표

> **합격예측**
> D-FF는 RS-FF의 불확정한 출력을 해결한다.
>
> **합격예측**
> D-FF는 하나의 입력 단자만을 가지며, 입력된 것과 동일한 결과를 출력한다.

④ 클록 펄스가 인가되면 입력 D의 신호는 출력측에 전달되고 다음의 클록 신호가 인가될 때까지 입력 D에 신호가 인가되어도 출력은 변함없이 현 상태를 유지한다.

라. JK-FF

① $J=K=0$일 때 클록 펄스가 1이면 출력은 불변이며, $J=1$, $K=0$일 때 $CP=1$이면 출력은 1이 된다.
② $J=K=1$일 때 $CP=1$이면 출력은 현 상태에서 반전되어 나온다.
③ $J=K=1$을 계속 유지하고 CP가 계속 들어오면 출력은 0과 1을 반복하게 되는데 이것을 Toggling이라고 한다.
④ $JK-FF$에서는 출력쪽이 입력에 궤환되어 있기 때문에 $CP=1$일 때 출력측의 상태가 변화하면 입력측이 오동작을 유발하는 레이싱(Racing)을 일으킨다.

> **합격예측**
> Toggling : $J=K=1$일 때 1을 0으로 0을 1로 반전시키는 것

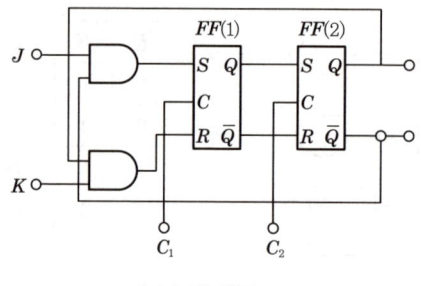

(a) 논리 회로   (b) 진리표

J_n	K_n	Q_{n+1}
0	0	Q_n
1	0	1
0	1	0
1	1	$\overline{Q_n}$

마. M/S(Master-Slave) FF

① RS-FF으로 된 시프트 레지스터는 레이싱(Racing) 현상이 생긴다. 레이싱이란 입력에 들어온 신호가 일단 정지된 후 다음 단으로 이동해야 하나 저장되지 않고 다음 단으로 전송되어 버리는 현상을 말한다.
② 레이싱현상을 방지하기 위해 2개의 플립플롭을 전단과 후단에 구성하여 각 플립플롭의 동작시점에 차이를 두어 구성한 회로이다.

> **합격예측**
> 레이싱현상은 입력에 들어온 신호가 일단 저장된 후 다음 단으로 이동해야 하나 저장되지 않고 다음 단으로 전송되어 버리는 현상을 말한다.

> **합격예측**
> M/S-FF은 레이싱현상을 방지한다.

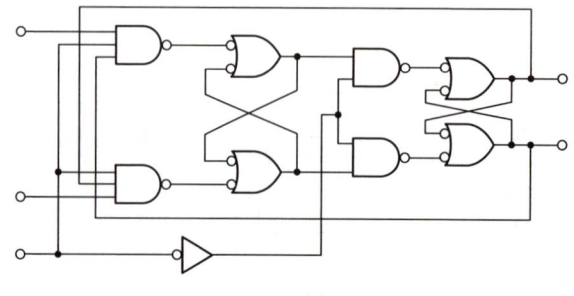

(a) 논리 회로   (b) 진리표

Q_n		Q_{n+1}
J_n	K_n	Q_{n+1}
0	0	Q_n
0	1	0
1	0	1
1	1	$\overline{Q_n}$

바. T(Toggle) Flip-Flop

① T Flip-Flop은 JK Flip-Flop의 J, K 입력을 묶어서 하나의 입력 신호 T를 이용하는 Flip-Flop이다.
② 수를 세는 회로, 즉 Counter 회로에 사용된다.

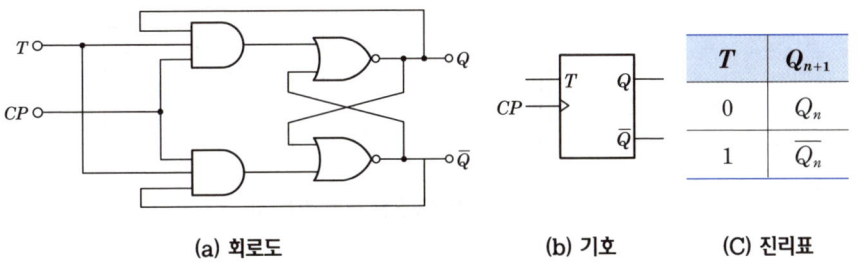

(a) 회로도　　(b) 기호　　(C) 진리표

③ 현재 상태에는 관계없이 입력 T가 1인 동안에 클록 펄스가 발생하면 FF의 상태가 반전된다.

합격예측
'T'는 Toggle의 의미로, 클록 펄스가 인가될 때마다 출력이 반전된다.

9. 카운터(Counter)

가. 카운터(계수 회로)

① 펄스의 수를 세거나 제어 장치에서 각종 회로의 동작을 제어하는 데 사용한다.
② 입력 펄스가 들어올 때마다 미리 정해진 순서대로 플립플롭의 상태가 변화하는 것을 이용한 것이다.
③ 클록 펄스 인가 방식에 따른 계수기의 분류
　㉠ 비동기식 카운터(Asynchronous Counter)
　　첫번째 플립플롭에만 클록 펄스가 인가되고, 이후에는 전단의 출력이 차례로 클록 펄스로 인가되도록 구성한 것으로 리플 카운터(Ripple Counter)라고 한다. 종류에는 $2^n(N)$진 카운터(모듈러 카운터) 등이 있다.
　㉡ 동기식 카운터(Synchronous Counter)
　　펄스를 인가할 때 모든 플립플롭이 동시에 트리거되어 상태가 변하도록 한 회로이다. 종류는 동기식 2진, 동기식 2진 Up-Down, 동기식 BCD, 3초과 BCD, 2*421 BCD 카운터 등이 있다.

합격예측
카운터는 순차 논리 회로이다.

합격예측
- 비동기식 카운터 : 전단의 출력을 받아서 각 플립플롭을 차례로 동작한다.
- 동기식 카운터 : 각 플립플롭이 동시에 동작한다.

나. 비동기형 카운터 회로

(1) 2^n진 계수기

① 보수를 만드는 기능이 있는 T 플립플롭 또는 JK 플립플롭의 직렬 연결로 구성한다.

합격 NOTE

합격예측
최하위 비트를 저장한 F/F에만 클록 펄스가 입력된다.

② JK 플립플롭을 사용하는 경우에는 모든 J 입력과 K 입력을 논리 1로 하고, T 플립플롭을 사용하는 경우에는 T 입력을 논리 1로 하여 토글상태가 되도록 한다.

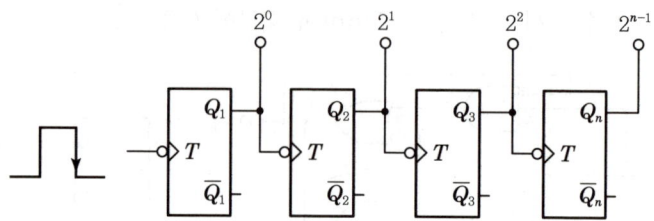

[4비트 2진 리플 카운터]

③ 계수 출력 상태의 총 수는 2^n개가 된다. 여기서 n은 사용된 플립플롭의 개수이고, 이때 계수기는 2^n개의 자연 계수를 갖는다고 한다.

(2) 비동기형 N진 계수 회로

합격예측
플립플롭의 수가 n이면 2^n진 카운터이다.

합격예측
2^n진이 아닌 3진, 6진, 10진, 12진 등의 계수 기능을 갖도록 한 것을 모듈러(Modulo : MOD)-N Counter 라고도 한다.

① N진 계수기는 N개의 입력 펄스를 계수할 때마다 자리올림 신호를 내는 것을 의미하며, 그 구성은 2^n진 계수기를 기본으로 하여 적당한 게이트를 사용해서 N개가 계수되도록 설계한다.

② N진 계수를 만들려면 $N-1$번째의 입력 펄스를 세어 계수 종료 상태를 검출하고, 이와 같은 조건이 만족되면 다음의 펄스로 앞단을 모두 "0"(리셋) 상태가 되도록 논리 회로를 구성한다.

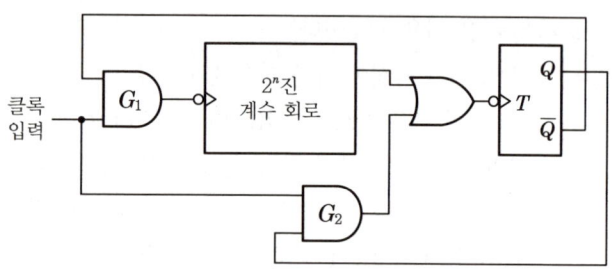

다. 동기식 카운터 회로

합격예측
동기 카운터는 병렬 카운터라고도 하며 고속동작을 한다.

회로를 구성하고 있는 플립플롭의 각단에 동시에 클록 펄스가 인가되므로 병렬식 카운터라고 한다. 동시에 트리거(Trigger) 입력이 인가되어 여러 단이 동시에 동작되므로 고속 동작에 이용된다.

(1) 동기식 2진 상향(Up) 카운터

① 최하위 비트에 있는 플립플롭은 $J=K=1$일 때, 매 펄스의 입력이 있을 때마다 카운터 상위 비트를 보수로 만든다.

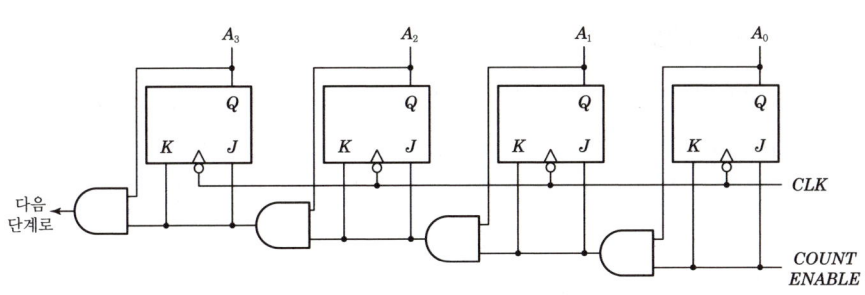

[동기식 2진 증가 카운터]

② 그 외의 다른 모든 플립플롭은 그보다 낮은 위치에 있는 모든 플립플롭이 1을 취할 때 펄스와 함께 보수를 취한다.

(2) 링 카운터(Ring Counter)

① 링 카운터는 마지막 플립플롭의 값을 처음 플립플롭으로 시프트할 수 있도록 연결된 순환 시프트 레지스터이다.

② 링 카운터는 플립플롭의 사용이 효율적이지 못함에도 불구하고, 디코딩 회로를 사용하지 않고도 디코딩할 수 있기 때문에 많이 사용되고 있다.

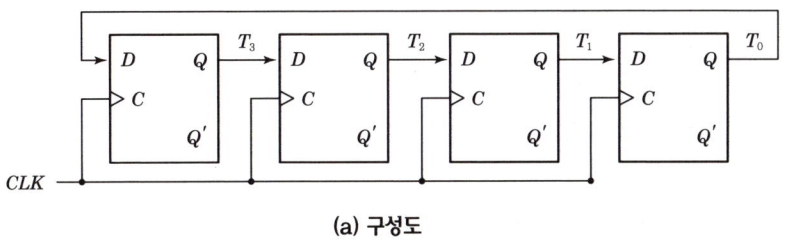

(a) 구성도

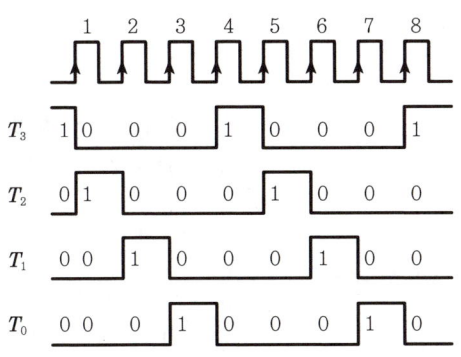

(b) 타이밍도

T_3	T_2	T_1	T_0	클록 펄스
1	0	0	0	0
0	1	0	0	1
0	0	1	0	2
0	0	0	1	3
1	0	0	0	4
0	1	0	0	5
0	0	1	0	6
0	0	0	1	7
⋮	⋮	⋮	⋮	⋮

(c) 순차표

[링 카운터]

합격 NOTE

합격예측
Up Counter : 카운터 내용이 증가한다.

합격예측
링카운터는 환형 계수기라고도 한다.

합격예측
존슨 카운터는 맨 마지막 D플립플롭의 $\overline{Q}$가 첫 번째 플립플롭 D에 연결된다는 점을 제외하고는 링 카운터와 동일

10. 조합 논리 회로

① 디지털 시스템의 논리 회로는 크게 조합 논리 회로(Combinational Logic Circuit)와 순차 논리 회로(Sequential Logic Circuit)로 나뉘어진다.
② 조합 논리 회로는 과거의 입력에 관계없이 현재의 입력 조합에 의해서만 출력이 결정된다.

(1) 일치 회로

2개의 입력이 일치하였을 때만 출력이 나오는 회로이다.

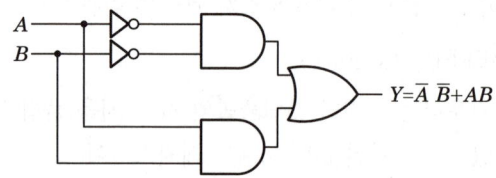

(a) AND-OR 구성

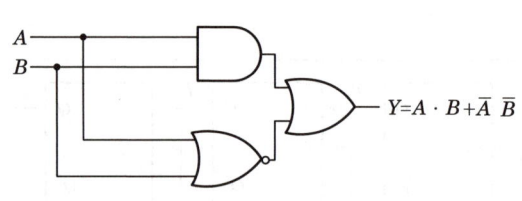

(b) AND-NOR와 OR의 혼합 구성

입력		출력
A	B	Y
0	0	1
0	1	0
1	0	0
1	1	1

(c) 진리치표

(2) 다수결 회로

3개의 입력 중 2개 이상이 1이 될 때 출력이 나오는 회로이다.

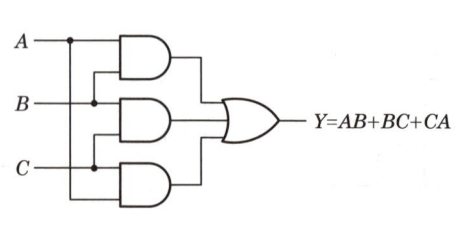

입력			출력
A	B	C	Y
0	0	0	0
0	0	1	0
0	1	0	0
0	1	1	1
1	0	0	0
1	0	1	1
1	1	0	1
1	1	1	1

[진리치표]

합격 NOTE

합격예측
- 조합 논리 회로와 순차 논리 회로의 차이는 기억장치의 유/무에 있다.
- 조합 논리 회로는 기억장치를 갖지 않는다.

합격예측
순차 논리 회로는 조합 논리 회로에 기억기능을 갖는 플립플롭 등이 추가된다.

합격예측
일치 회로
$Y = AB + \overline{A}\,\overline{B}$

합격예측
다수결 회로
$Y = AB + BC + CA$

(3) 억제(Inhibit) 회로

① AND 회로의 입력 한쪽을 부정하는 회로이다.

② 이 회로는 H 단자에 가해지는 신호에 의하여 다른 입력의 논리 동작을 억제하는 역할을 한다.

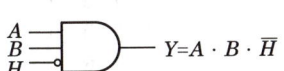

A	B	H	Y
0	0	0	0
0	1	0	0
1	0	0	0
1	1	0	1
0	0	1	0
0	1	1	0
1	0	1	0
1	1	1	0

[진리치표]

합격예측

억제 회로 논리식
$Y = AB\overline{H}$

(4) 인코더와 디코더의 설계

① 인코더(Encoder : 부호기)

㉠ 부호화되지 않은 2^n개의 입력을 받아서 부호화된 n개의 출력 코드를 발생시킨다.

㉡ 인코더는 OR Gate들로 구성된다.

㉢ 2^n개의 입력 변수에 따른 2진 코드를 생성한다.

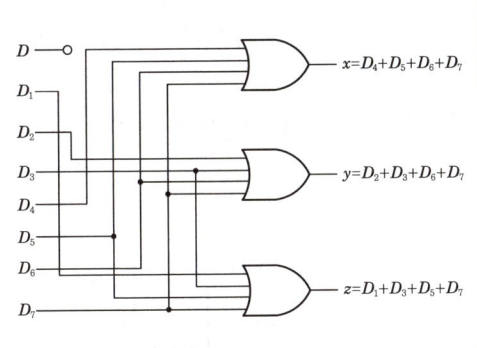

입력								출력		
D_0	D_1	D_2	D_3	D_4	D_5	D_6	D_7	x	y	z
1	0	0	0	0	0	0	0	0	0	0
0	1	0	0	0	0	0	0	0	0	1
0	0	1	0	0	0	0	0	0	1	0
0	0	0	1	0	0	0	0	0	1	1
0	0	0	0	1	0	0	0	1	0	0
0	0	0	0	0	1	0	0	1	0	1
0	0	0	0	0	0	1	0	1	1	0
0	0	0	0	0	0	0	1	1	1	1

(a) 8진-2진 인코더　　(b) 8진-2진 인코더 진리표

합격예측

인코더는 2^n개의 입력선과 n개의 출력선으로 구성한다.

② 디코더(Decoder : 복호기)

㉠ 부호화된 2진 정보를 부호화되지 않은 10진수로 변환시키거나, 코드화된 2진 정보를 다른 코드 형식(8진수, 16진수)으로 바꾸는 회로로서 명령 해독이나 번지를 해독할 때 사용한다.

㉡ n비트로 된 2진 코드는 2^n개의 서로 다른 정보를 표현할 수 있다.

㉢ 명령 해독이나 번지를 해독할 때 사용한다.

㉣ AND 회로의 집합으로 구성되어 있다.

㉤ 2진수를 10진수로 변환하는 회로이다.

합격예측

n개 입력으로 2^n개의 정보를 출력한다.

합격예측

디코더를 해독기라고도 부른다.

합격 NOTE

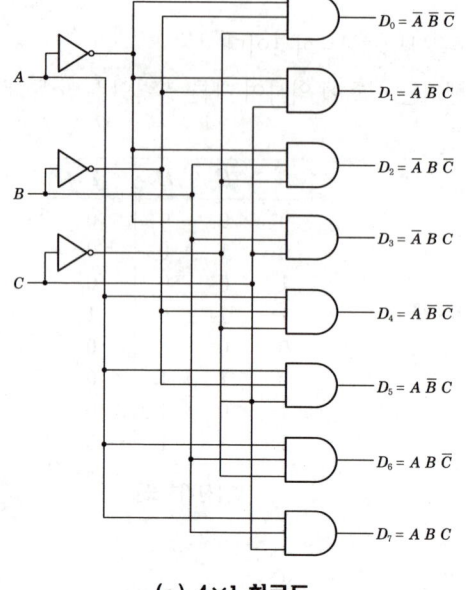

입력	출력							
$A\ B\ C$	D_0	D_1	D_2	D_3	D_4	D_5	D_6	D_7
0 0 0	1	0	0	0	0	0	0	0
0 0 1	0	1	0	0	0	0	0	0
0 1 0	0	0	1	0	0	0	0	0
0 1 1	0	0	0	1	0	0	0	0
1 0 0	0	0	0	0	1	0	0	0
1 0 1	0	0	0	0	0	1	0	0
1 1 0	0	0	0	0	0	0	1	0
1 1 1	0	0	0	0	0	0	0	1

(a) 4×1 회로도   (b) 디코더의 진리표

(5) 멀티플렉서와 디멀티플렉서의 설계

① 멀티플렉서(Multiplexer)

㉠ 여러 개의 입력 데이터 중에서 어느 하나의 데이터를 선택해서 출력하는 회로로서 선택기(Selector)라고도 한다.

㉡ 다수의 입력 데이터에서 1개의 입력만 선택하여 단일 통로로 송신하는 회로이다.

㉢ 2^n개의 입력선, n개의 선택선, 그리고 한 개의 출력선으로 구성된다.

합격예측
멀티플렉서=선택기(Selector)

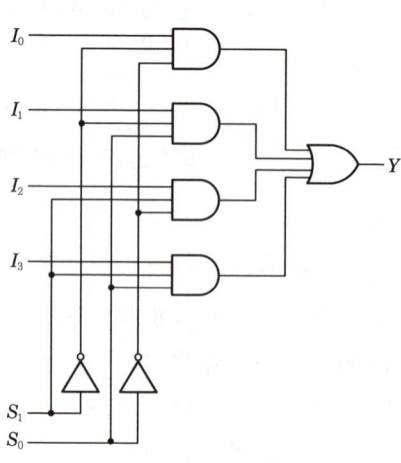

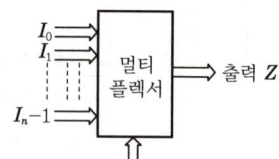

(b) 모형도

S_1	S_0	Y
0	0	I_0
0	1	I_1
1	0	I_2
1	1	I_3

(a) 4×1 회로도   (C) 진리표

② 디멀티플렉서(Demultiplexer)
  ㉠ 디멀티플렉서는 데이터 분배기라고도 하며 멀티플렉서와 반대의 기능을 가지고 있다.
  ㉡ 입력 채널이 한 개인 디멀티플렉서는 다수의 출력 채널 중에서 하나를 선택하여 정보를 송신하는 회로이다.
  ㉢ 1개의 입력과 2^n개의 출력선과 n개의 선택선으로 구성된다.

합격예측
디멀티플렉서=분배기

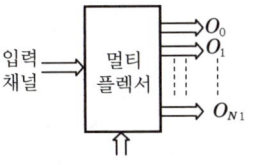

(b) 블록도

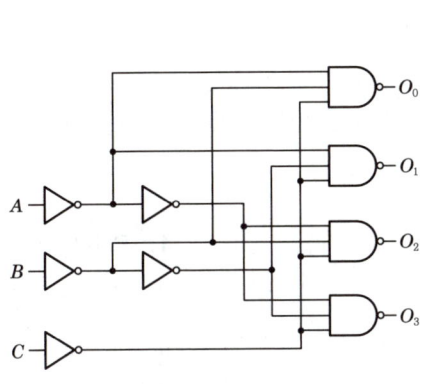

E	A	B	Q_0	Q_1	Q_2	Q_3
1	X	X	1	1	1	1
0	0	0	0	1	1	1
0	0	1	1	0	1	1
0	1	0	1	1	0	1
0	1	1	1	1	1	0

(a) 1×4 회로도　　　　　　　　(C) 진리표

11. 연산 회로

가. 가산기의 설계

(1) 반가산기(Half Adder : HA)

① 2개의 2진수 입력 A, B를 가산하여 합(Sum)과 자리올림(Carry)을 계산할 수 있도록 설계한 논리 회로이다.

합격예측
반가산기는 2개의 2진수 A와 B를 더해서 합과 자리올림을 얻는다.

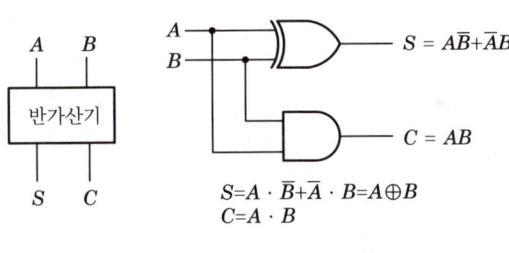

A	B	S	C
0	0	0	0
0	1	1	0
1	0	1	0
1	1	0	1

(a)　　　　　　　　(b)　　　　　　　　(C)

② 배타 논리합(EX-OR) 회로와 논리곱(AND) 회로를 써서 구성한다.

$$S(\text{Sum}) = \overline{A}B + A\overline{B} = A \oplus B$$
$$C(\text{Carry}) = A \cdot B$$

합격 NOTE

합격예측
전가산기는 입력 A, B와 이전단에서 발생한 캐리까지 가산한다.

(2) 전가산기(Full Adder : FA)

① 전가산기는 2진수 가산을 완전히 하기 위해 자리올림 입력도 함께 더할 수 있는 기능을 갖는다.

② 전가산기는 3입력 비트, 즉 전단의 두 비트의 합에 의한 입력 자리올림수(Carry in)와 피가수와 가수의 산술 연산의 합을 얻기 위한 조합 논리 회로이다.

$$S(\text{Sum}) = \overline{A_n}\,\overline{B_n}C_{n-1} + \overline{A_n}B_n\overline{C_{n-1}} + \overline{A_n}B_nC_{n-1} + A_nB_nC_{n-1}$$
$$= A \oplus B \oplus C$$
$$C(\text{Carry}) = (A_n \oplus B_n)C_n + A_n \cdot B_n$$

※ 전가산기는 반가산기(HA) 2개에 OR-Gate를 연결하여 구성할 수 있다.

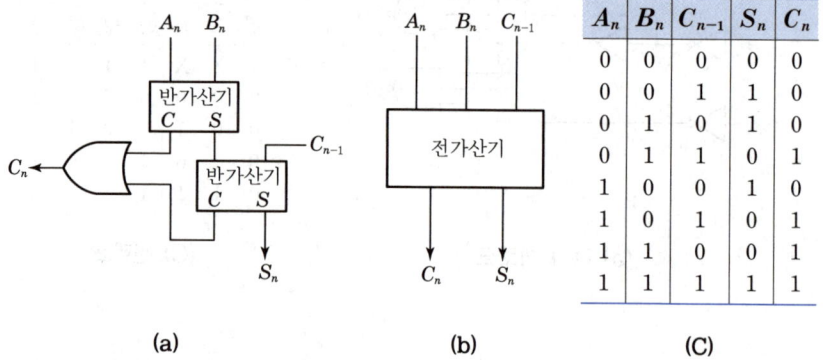

(a)　　　　(b)　　　　(C)

(3) 직·병렬 가산기

합격예측
자리올림수(Carry)를 처리하는 방식 : 직렬 가산기와 병렬 가산기

합격예측
병렬 가산기는 연산 속도가 빠르다.

① 병렬 가산기 : 2-bit 이상의 여러 개의 자릿수로 구성된 2개의 입력 2진수를 가산할 경우 같은 자릿수끼리 동시에 연산하고 여기서 생기는 자리올림수를 다음 단 가산기에 연결한다.

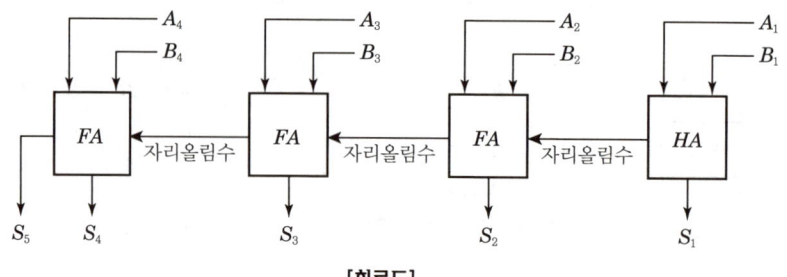

[회로도]

② 직렬 가산기 : A_n, B_n은 전가산기 FA의 입력으로서 가산의 합계 출력 S_n과 자리올림수 C_n이 발생하고, C_n은 1비트 시간 지연 후(D 통과) 다음 비트의 가산 때에 자리올림수 입력 C_{n-1}로서 합산한다.

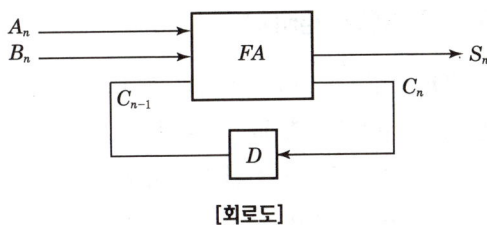

[회로도]

나. 감산기의 설계

(1) 반감산기(HS : Half Subtractor)

① 반감산기는 두 비트의 뺄셈을 수행하며 그 차와 1을 빌려왔는지를 나타내는 자리내림(Borrow)을 가진 논리 회로이다.
② 1자리 2진수와 감산을 행하는 것으로 반가산기와 대응되는 회로이다.
③ 입력 변수로는 X(피감수), Y(감수) 그리고 출력 변수로는 차(Difference : D), 빌림수(Borrow : B)를 할당한다.

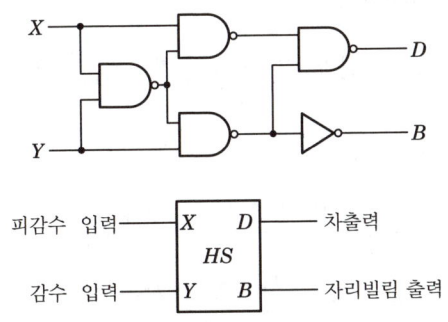

입력		출력	
X	Y	D	B
0	0	0	0
0	1	1	1
1	0	1	0
1	1	0	0

합격예측

$D = \overline{X}Y + X\overline{Y} = X \oplus Y$
$B = \overline{X} \cdot Y$

(2) 전감산기(FS : Full Subtractor)

① 2진수 X, Y의 차에, 아래 자리에서 자리빌림 입력 B를 반가산기에 추가하여 2자리의 뺄셈을 완전히 행하는 회로이다.
② 즉, 입력 변수가 반감산기보다 하나 더 추가된다.

합격예측

전감산기는 자리빌림까지 고려한다.

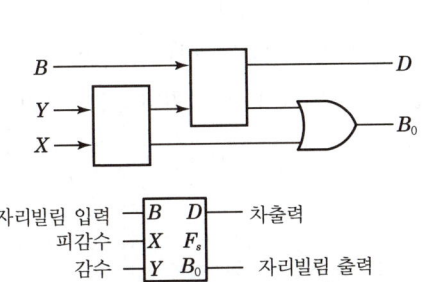

입력			출력	
X	Y	B	B_o	D
0	0	0	0	0
0	0	1	1	1
0	1	0	1	1
0	1	1	1	0
1	0	0	0	1
1	0	1	0	0
1	1	0	0	0
1	1	1	1	1

합격 NOTE

12. D/A 및 A/D 변환기(Converter)

디지털-아날로그(Digital-Analog, D/A) 변환은 디지털정보를 등가 아날로그정보로 바꾸는 것을 의미하며 A/D 변환은 D/A 변환의 역과정이다. 기본적으로 D/A 변환은 디지털코드로 표현된 값을 취하여 이를 디지털 값에 비례하는 전압이나 전류로 바꾸는 과정이다.

가. 사다리형(Ladder)형 D/A 변환기

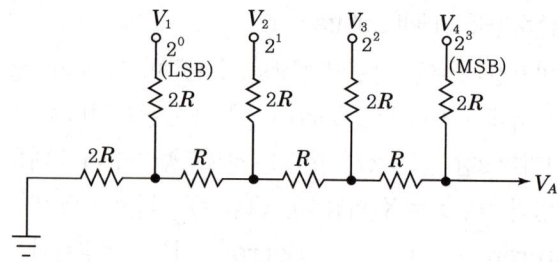

[사다리형]

① 사다리형 회로에서, 4비트 디지털 입력에 적당한 가중치를 곱한 값의 합이 출력 전압이 된다.
② N비트의 사다리형 변환기의 출력, V_A

$$V_A = \left(\frac{1}{2} + \frac{1}{4} + \frac{1}{8} + \cdots + \frac{1}{2^n}\right) = \frac{2^{n-1} + 2^{n-2} + \cdots + 2^1 + 2^0}{2^n}[V]$$

예 디지털 입력 (0100)인 경우 : $V_A + \frac{1}{2} \times \frac{2R}{R+R+2R} = \frac{1}{4}[V]$

나. 가변 저항형 D/A 변환기

① 디지털 신호를 등가의 아날로그 신호로 바꿀 때, n개의 디지털 신호를 하나의 아날로그 전압으로 바꾸는 것이 문제이다. 한 가지 방법은 각각의 디지털 신호를 2진수의 값으로 가중(加重)된 전압이나 전류의 합으로 변환해 줄 저항형 회로망을 구성하는 것이다.
② 저항형회로에서, 3비트의 2진 신호의 경우 각 비트의 가중치는 2^2, 2^1, 2^0 즉 4, 2, 1이므로 최대 $(111)_2$는 7이고 따라서 최대치 7에 대한 각 비트의 가중치는 [표]와 같다.

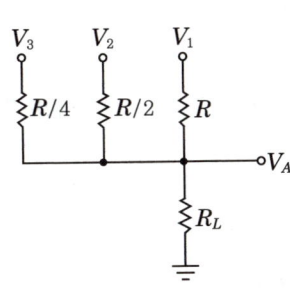

Digital input			Analog output
0	0	0	0[V]
0	0	1	+1[V]
0	1	0	+2[V]
0	1	1	+3[V]
1	0	0	+4[V]
1	0	1	+5[V]
1	1	0	+6[V]
1	1	1	+7[V]

[저항형, $R_L \gg R$]   [희망 출력 전압]

다. 카운터형 A/D 변환기

① 하나의 연속적으로 증가하는 카운터 출력을 표준형 사다리꼴 회로망에 연결하면 연속적으로 증가하는 DAC가 된다. 이 아날로그 값을 측정하려는 아날로그 입력과 비교하여 같거나 크면 카운터의 동작을 멈추게 했을 때의 카운터 값이 바로 디지털로 변환한 값이 된다.

② 그림에서 계수기, 레벨 증폭기, 2진 래더는 D/A 변환기이며 하나의 비교 회로, 클록, 게이트와 제어 회로로 되어 있으므로 폐루프(Closed Loop) 제어 시스템이라고 볼 수 있다.

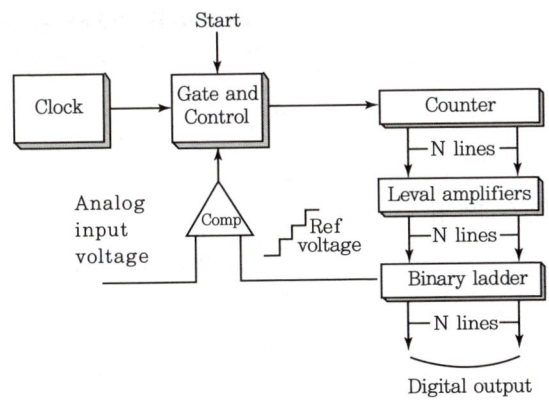

출제 예상 문제

제5장 논리 회로

01 4진수 231.3을 7진수로 변환하면?

① 45.5151   ② 45.5252
③ 63.5151   ④ 63.5252

해설

$(231.3)_4 = 2 \times 4^2 + 3 \times 4^1 + 1 \times 4^0 + 3 \times 4^{-1} = (45.75)_{10}$

02 10진수 $(10.375)_{10}$를 2진수로 고치면 어떻게 표시되나?

① $(1011.111)_2$ ② $(1010.011)_2$
③ $(1011.011)_2$ ④ $(1011.111)_2$

해설

① 정수 부분   ② 소수 부분

2) 10   0.375
2) 5 ⋯ 0   × 2
2) 2 ⋯ 1   0.750 ⋯ 0
     1 ⋯ 0   × 2
                    1.500 ⋯ 1
                    × 2
                    1.000 ⋯ 1

03 10진수 673을 16진수로 변환하면 얼마인가?

① 2B1   ② 2A1
③ 291   ④ 2C1

해설

10진수를 16진수로 변환

16) 673
16) 42 ⋯ 1
       2 ⋯ 10

∴ $(673)_{10} = (2A1)_{16}$

04 8진수 666.6을 10진수로 변환한 값은 얼마인가?

① 430.75   ② 434.75
③ 438.75   ④ 442.75

해설

8진수를 10진수로 변환

$(666.6)_8 = 6 \times 8^2 + 6 \times 8^1 + 6 \times 8^0 + 6 \times 8^{-1}$
$= 6 \times 64 + 6 \times 8 + 6 \times 1 + 6 \times 0.125$
$= (438.75)_{10}$

05 16진수 $(2AE)_{16}$을 8진수로 변환하면?

① $(257)_8$ ② $(1256)_8$
③ $(2557)_8$ ④ $(4317)_8$

해설

$(2AE)_{16} = (0010\ 1010\ 1110)_2 = (001\ 101\ 101\ 110)_2 = (1256)_8$

06 8진수 67을 16진수로 바르게 변환한 것은?

① 43   ② 37
③ 55   ④ 34

해설

① 8진수 1자리는 2진수 3자리이다.
   $(67)_8 = (110\ \ \ 111)_2$
② 이것을 이용하여, 2진수 4자리는 16진수 1자리로 표시된다.
   $(0011\ \ \ 0111)_2 = (37)_{16}$

07 2진법 곱셈 1010×0101의 계산값은?

① 0110010   ② 1110001
③ 0111001   ④ 0110001

[정답] 01 ③ 02 ② 03 ② 04 ③ 05 ② 06 ② 07 ①

08 불 대수식 $A(\overline{A}+B)$를 간단히 하면?

① A ② B
③ $A \cdot B$ ④ $A+B$

해설
$A(\overline{A}+B)=A \cdot \overline{A}+A \cdot B=0+A \cdot B=A \cdot B$

---

09 다음 중 논리방정식이 잘못된 것은?

① $A+1=A$ ② $A \cdot 0=0$
③ $A+A \cdot B=A$ ④ $A \cdot (A+B)=A$

해설
$A+1=1,\ A+0=A$

---

10 다음 논리식을 최소화시키면 다음 중 어느 것이 될까?

$$f=(A+B)(A+\overline{B})$$

① A ② $A+B$
③ $A+\overline{B}$ ④ $A\overline{B}$

해설
$f=(A+B)(A+\overline{B})$
$\ =AA+A\overline{B}+A\overline{B}+B\overline{B}$
$\ =A+A(B+\overline{B})=A+A=A$

---

11 다음 논리 함수 $Y=AB+A\overline{B}+\overline{A}B$를 간소화하면 옳은 것은?

① $A+B$
② $\overline{A}+\overline{B}$
③ $(A+\overline{A})+(B+\overline{B})$
④ $(AB+A\overline{B})(AB+\overline{A}B)$

해설
$Y=A\overline{B}+\overline{A}B+AB=A(B+\overline{B})+\overline{A}B$
$\ =(A+\overline{A})(A+B)=A+B$

---

12 다음 중 논리식 $(A+B)(A+C)+AC$를 간략화하면?

① $A+B$ ② $A+BC$
③ $A+B+C$ ④ $AB+AC$

해설
논리식의 간소화
$(A+B)(A+C)+AC=AA+AC+AB+BC+AC$
$\qquad\qquad\qquad\qquad=A+AC+AB+BC$
$\qquad\qquad\qquad\qquad=A(1+C+B)+BC$
$\qquad\qquad\qquad\qquad=A+BC$

---

13 다음 논리식을 간략화한 것으로 옳은 것은?

$$\overline{\overline{A}+B}+\overline{\overline{A}+\overline{B}}$$

① $A+B$ ② AB
③ A ④ B

해설
논리식의 간략화
$\overline{\overline{A}+B}+\overline{\overline{A}+\overline{B}}=\overline{\overline{A}} \cdot \overline{B}+\overline{\overline{A}} \cdot \overline{\overline{B}}=A\overline{B}+AB$
$\qquad\qquad\qquad\ =A(B+\overline{B})=A$
여기서 $B+\overline{B}=1$이다.

---

14 불 대수식 $A+\overline{B}C+C\overline{D}+\overline{A}$를 간단히 할 경우 옳은 것은?

① 1   ② A
③ B ④ C

해설
① $A+\overline{A}=1$
② $1+X=1$이므로
$\therefore A+\overline{B}C+C\overline{D}+\overline{A}=1+(\overline{B}C+C\overline{D})=1$

---

15 10진수 8을 3초과 코드(Excess-3 code)로 맞게 변환한 값은?

① 1000   ② 1001
③ 1011   ④ 1111

[정답] 08 ③   09 ①   10 ①   11 ①   12 ②   13 ③   14 ①   15 ③

해설
$(8)_{10}$의 8421 코드 : $(1000)_2$
$(8)_{10}$의 3초과 코드 : $(1000)_2 + (0011)_2 = (1011)_2$

16 2진코드 0011과 0100을 더하여 그레이코드(Gray Code)로 변환한 값은?

① 0100　　　　② 0101
③ 0111　　　　④ 1001

해설
$(0011)_2 + (0100)_2 = (0111)_2$ 코드의 변환

2진수 → 그레이코드	그레이코드 → 2진수
2진수 코드　0 1 1 1	그레이코드　0 1 0 0
그레이코드　0 1 0 0	2진수 코드　0 1 1 1

17 그레이코드 1100을 10진수로 바르게 변환한 것은 다음 중 어느 것인가?

① 6　　　　② 7
③ 8　　　　④ 9

해설
코드의 변환
Gray code ↔ 2진수 변환

Gray code → 2진수 변환	2진수 → Gray code 변환
Gray code　1 1 0 0	2진수　1 0 0 0
2진수　1 0 0 0	Gray code　1 1 0 0

∴ $(1000)_2 = (8)_{10}$

18 2진코드를 그레이 코드(Gray Code)로 변환하여 주는 논리식으로 맞는 것은?

① OR　　　　② NOR
③ XOR　　　④ XNOR

해설
2진수와 그레이 코드의 상호변환을 위해 배타적 논리합(Exclusive OR, XOR)을 사용한다.

19 다음 중 가중치 코드(Weighted Code)의 종류가 아닌 것은?

① 8421 코드
② 2421 코드
③ 그레이 코드(Gray Code)
④ 링카운터(Ring Counter) 코드

해설
① 가중치 코드란 2진수를 코드화 했을 때 각각의 비트마다 일정한 크기의 값(weight)을 갖는 코드이다.
② 종류 : 8421 코드, 2421 코드, 5421 코드, 7421 코드 등

20 3초과 코드 0111의 10진수 값과 그레이 코드(Gray Code) 0111의 10진수 값을 각각 나열한 것은?

① 4, 5　　　　② 5, 6
③ 6, 7　　　　④ 7, 8

해설
$(0111)_{Excess-3} = (7)_{10}$이므로 $(7)_{10} - (3)_{10} = (4)_{10} = (0100)_2$
　0　1　1　1 : Gray code
　0　1　0　1 : 2진수
즉, $(0101)_2 = (5)_{10}$

21 그림과 같은 카르노도에서 최소화한 함수를 구하면?

A\B	0	1
0	1	0
1	1	1

① $A + \overline{B}$　　　　② AB
③ $\overline{A}\,\overline{B}$　　　　④ $\overline{A} + \overline{B}$

해설

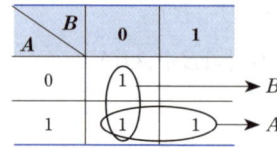

∴ $Y = A + \overline{B}$

[정답] 16 ① 17 ③ 18 ③ 19 ④ 20 ① 21 ①

22 아래와 같은 4변수 카르노도를 간략화했을 때 논리식은?

CD\AB	00	01	11	10
00	1			1
01		1	1	
11		1	1	
10	1			1

① $A\overline{C}+\overline{A}C$ ② $A\overline{D}+\overline{B}C$
③ $A\overline{B}+AC$ ④ $BD+\overline{B}\overline{D}$

해설

Karnaugh Map

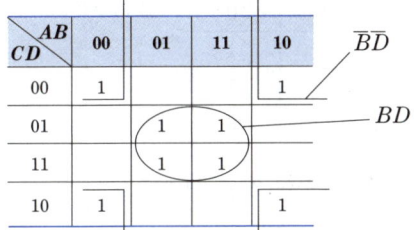

∴ $BD+\overline{B}\overline{D}$

23 다음과 같이 주어진 불 대수를 간소화한 것은?

$$X=\overline{A}BC+A\overline{B}C+ABC+B\overline{C}$$

① $AC+B$ ② $\overline{A}C+\overline{B}$
③ $AB+C$ ④ $A\overline{B}+\overline{C}$

해설

논리식의 간소화

A\BC	00	01	11	10
0			1	1
1		1	1	1

24 다음 3변수 카르노도가 나타내는 함수로 옳은 것은?

AB\C	0	1
0 0	0	0
0 1	0	0
1 1	1	1
1 0	1	0

① $\overline{AB}C$ ② $AB+A\overline{C}$
③ $AB+A\overline{C}+C$ ④ $\overline{A}+AB\overline{C}$

해설

Karnaugh Map

AB\C	0	1
0 0	0	0
0 1	0	0
1 1	1	1
1 0	1	0

25 다음 진리표를 불 대수식으로 표시하면?

A	B	Y
0	0	1
0	1	0
1	0	1
1	1	1

① $Y=\overline{A}+\overline{B}$ ② $Y=\overline{A}+B$
③ $Y=A*B$ ④ $Y=A+\overline{B}$

해설

Karnaugh Map을 이용한 논리식의 간소화

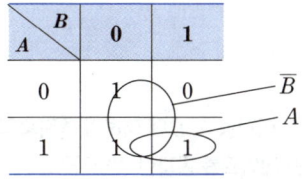

[정답] 22 ④ 23 ① 24 ② 25 ④

26. 다음의 진리표에 해당하는 논리회로도는?

입력(A)	입력(B)	출력(F)
0	0	1
0	1	1
1	0	1
1	1	0

 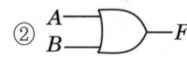

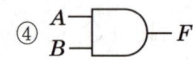

해설

카르노 맵(Karnaugh-Map)을 이용한 간략화

A \ B	0	1
0	1	1
1	1	0

∴ $F = \overline{A} + \overline{B} = \overline{A \cdot B}$

27. 다음 그림과 같은 게이트는?

해설

$Y = \overline{\overline{A} \cdot B} = \overline{\overline{A}} + \overline{B} = A + \overline{B}$

28. 두 개의 입력파형 A, B에 대하여 출력파형 Y가 그림과 같을 때 어떤 게이트를 통과한 것인가?

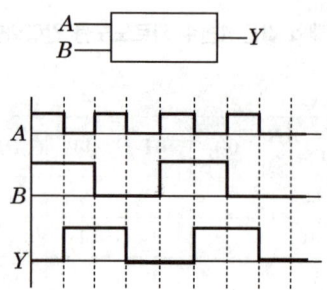

① OR ② NOR
③ NAND ④ XOR

해설

다음 진리표와 같은 논리를 수행한다.

A	B	Y
0	0	0
0	1	1
1	0	1
1	1	0

∴ Exclusive-OR(XOR) 논리이다.

29. 다음 논리회로에서 입력 X는 0, Y는 1일 때 출력값 및 논리회로와 등가인 논리게이트(Logic Gate)를 표현한 것으로 옳은 것은?

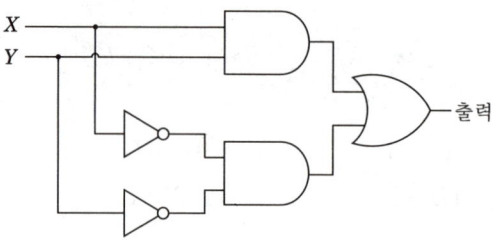

① 1, NOR 게이트
② 0, XNOR 게이트
③ 0, NAND 게이트
④ 1, XOR 게이트

해설

Exclusive-NOR(XNOR) Gate
출력 $= XY + \overline{X}\,\overline{Y} = X \oplus Y$

[정답] 26 ① 27 ④ 28 ④ 29 ②

X	Y	XNOR	XOR
0	0	1	0
0	1	0	1
1	0	0	1
1	1	1	0

[참고] Exclusive-OR(XOR) Gate : 출력=$\overline{X}Y+X\overline{Y}=X\otimes Y$

30 두 입력이 1과 0일 때, 1의 출력이 나오지 않는 논리 게이트는?

① OR 게이트 ② NOR 게이트
③ NAND 게이트 ④ XOR 게이트

31 다음의 진리표에 대한 논리회로 기호로 맞는 것은?

X	Y	Z	출력
0	0	0	1
0	0	1	1
0	1	0	1
0	1	1	1
1	0	0	1
1	0	1	1
1	1	0	1
1	1	1	0

① 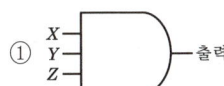   ②

③ 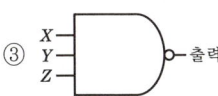   ④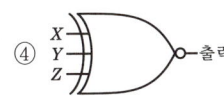

해설
입력이 모두 '1'인 경우에만 출력이 나오지 않는 논리는 NAND이다.

32 다음 그림의 X, Y 입력에 대한 동작파형의 논리 게이트는 무엇인가?

입력 X 0 0 1 1 0 출력 1 1 1 0 1
입력 Y 0 1 0 1 0

① NAND 게이트 ② AND 게이트
③ OR 게이트 ④ NOT 게이트

해설
입력(X, Y)에 대한 출력을 가지고 진리표(Truth Table)를 작성한다.

33 다음 논리 회로는 어느 게이트와 같이 동작하는가?

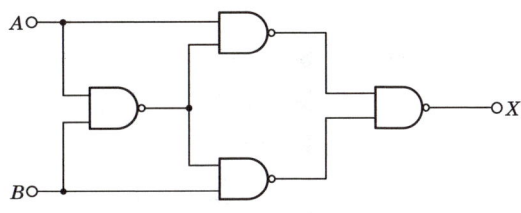

① OR 게이트 ② NOR 게이트
③ AND 게이트 ④ 배타적 OR 게이트

해설
$$X=\overline{\overline{\overline{AB}\cdot A}\cdot \overline{\overline{AB}\cdot B}}$$
$$=\overline{\overline{AB}\cdot A}=\overline{\overline{AB}\cdot B}$$
$$=\overline{A}\,\overline{B}\cdot A+\overline{A}\,\overline{B}\cdot B$$
$$=(\overline{A}+\overline{B})\cdot A+(\overline{A}+\overline{B})\cdot B$$
$$=\overline{A}A+A\overline{B}+\overline{A}B+B\overline{B}$$
$$=0+A\overline{B}+\overline{A}B+0=A\overline{B}+\overline{A}B$$
즉, 배타적 OR 게이트와 등가 회로이다.

34 다음 회로에서 $V_{CC}=5[V]$일 때, 출력 전압은? (단, $A=5[V]$, $B=0[V]$, 다이오드의 $V_T=0[V]$이다.)

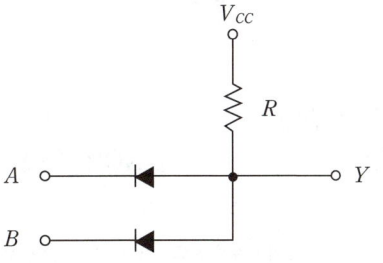

① 0[V] ② 2.5[V]
③ 5[V] ④ 7.5[V]

[정답] 30 ② 31 ③ 32 ① 33 ④ 34 ①

해설
① 두 입력(A, B)중 하나라도 저(Low)레벨(0[V])이면 다이오드가 도통되며 출력(Y)은 저(Low)레벨이 된다.
② 입력이 모두 고(High)레벨(5[V])이면 두개의 다이오드가 개방회로로 동작하여 전원전압과 같은 전압(5[V])이 출력에 나타나게 된다.

35 다음 다이오드 게이트에서 출력 전압은 대략 얼마인가?

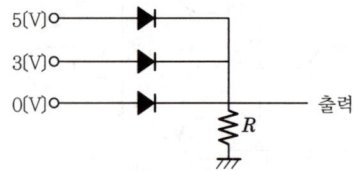

① 0[V] ② 3[V]
③ 5[V] ④ 8[V]

해설
정논리 AND(부논리 OR) 게이트이다.
① 5[V]가 인가된 다이오드가 순방향 바이어스되어 다이오드의 순방향 전압을 무시하면 출력 전압은 5[V]가 된다.
② 이때 다른 다이오드는 모두 역방향으로 바이어스되어 출력 전압은 입력 전압의 가장 큰 전압을 선택하게 된다.

36 정논리에서 그림의 게이트 명칭은?

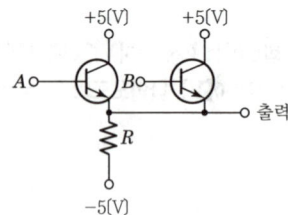

① AND 게이트   ② OR 게이트
③ NAND 게이트 ④ NOR 게이트

해설
회로는 이미터 폴로어 회로의 출력을 2개 직렬 연결한 것이다. 이와 같은 형태로 된 논리 회로를 ECL(Emitter Coupled Logic)이라고 부르며 정논리에서는 OR 게이트, 부논리에서는 AND 게이트가 된다.

37 다음 그림의 회로와 같은 것은?

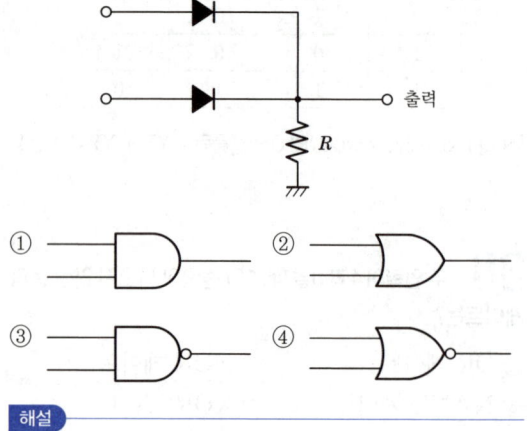

해설
입력에 하나만 "1"이 되어도 출력에 "1"이 나온다.
∴ OR 게이트

38 다음 논리회로는 어떤 논리 게이트(Logic Gate)로 동작하는가?

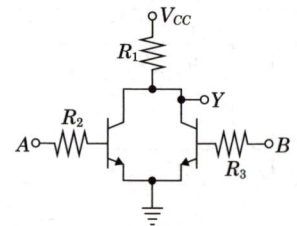

① OR   ② NOR
③ NAND ④ AND

39 다음 그림의 회로에 해당하는 논리기호는?(단, 정논리이다.)

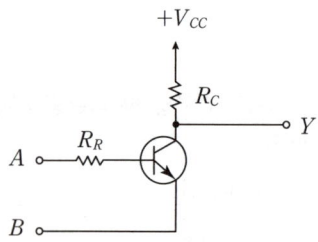

[정답] 35 ③ 36 ② 37 ② 38 ② 39 ①

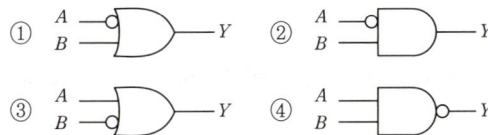

해설

$Y = \overline{A} + B$

40 그림과 같은 구성을 한 MOS-FET 논리 회로의 명칭으로 옳은 것은?

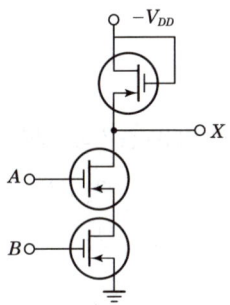

① AND 게이트   ② OR 게이트
③ NAND 게이트   ④ NOR 게이트

해설

$\overline{A \cdot B} = \overline{A} + \overline{B} = X$ 의 결과를 가지므로 NAND 게이트이다.

41 그림과 같은 C-MOS 게이트 기능은?

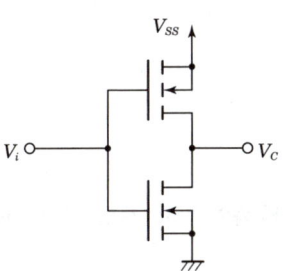

① AND   ② NAND
③ OR   ④ NOT

42 다음 중 C-MOS의 특징에 속하지 않는 것은?

① 소비 전력이 작다.
② 잡음 여유도가 높다.
③ 동작 속도가 느리다.
④ 완전한 전원의 광범위한 전압에 걸쳐 완전한 동작이 가능하다.

해설

동작 속도를 빨리 하기 위하여 MOS FET의 컨덕턴스를 크게 하면(소비 전류는 증가한다) 된다.

43 TTL 게이트에서 스위칭 속도를 높이기 위해 사용되는 다이오드는?

① 버랙터 다이오드   ② 제너 다이오드
③ 쇼트키 다이오드   ④ 정류 다이오드

해설

TTL에 쇼트키 배리어 다이오드(Schottky Barrier Diode)에 의한 클램핑회로(Clamping Circuit)를 부가하여 포화를 낮게 하고, 스위칭의 고속화를 도모한 논리회로이다.

44 다음 중 TTL(Transistor Transistor Logic) 회로의 특징이 아닌 것은?

① 집적도가 높다.
② 동작속도가 빠르다.
③ 소비전력이 비교적 작다.
④ 온도의 영향을 적게 받는다.

해설

· 특징 : 가격이 저렴하다. 동작속도가 빠르다. 소비전력이 작다. 집적도가 높다. 잡음여유(Noise Margin)가 작다. DTL과 같이 쓸 수 있다. 사용이 간편하다.

45 TTL NAND Gate에서 Totem-Pole형 출력 TR이 사용되는 주된 이유는?

① 팬-아웃(Fan-out) 수를 늘리기 위해서이다.
② 잡음 여유를 크게 하기 위함이다.

[정답] 40 ③ 41 ④ 42 ④ 43 ③ 44 ④ 45 ④

③ 오동작을 방지하기 위함이다.
④ 고속 스위칭 동작을 시키기 위해서이다.

해설

TR의 Switching시에 시정수에 의하여 빠른 스위칭이 어렵다. 따라서 이 TR의 Collector 부하부분을 작은 저항값을 갖되 전류를 조금 흘리도록 고안한 것이 'Totem-Pole' 출력회로이다.

46 TTL과 비교하여 MOS 논리회로의 특징이 아닌 것은?

① 입력 임피던스가 높다.
② 소비전력이 작다.
③ 잡음 여유도가 크다.
④ TTL과의 혼용이 매우 용이하다.

해설

TTL과 CMOS의 전압레벨의 차이는 회로 동작에 문제를 일으킬 수 있기 때문에 직접적인 호환이 불가능하다.

47 다음 중 ECL(Emitter Coupled Logic)회로의 특성이 아닌 것은?

① TTL보다 소비전력이 크다.
② 트랜지스터를 포화시키지 않고 사용할 수 있다.
③ CMOS보다 동작속도가 빠르다.
④ 기본적으로 NOT 또는 NOR 게이트의 출력단자를 갖는다.

해설

① ECL은 이미터 결합된 트랜지스터 스위치쌍의 전류를 전환함으로써 논리 기능을 실현하는 비 포화형 논리회로를 말한다.
② ECL은 기본적으로 OR, NOR 기능을 갖는다.

48 잡음 여유도(Noise Margin)의 뜻은?

① 입력에 허용되는 잡음 전압의 변동값
② 출력에 나타나는 잡음 전압의 변동값
③ 입력 대 출력의 비
④ 출력을 무시했을 때의 입력의 잡음

해설

입력에 허용되는 잡음 전압의 변동값을 잡음 여유도(Noise Margin)라 한다.

49 다음 논리 게이트 중 잡음 여유도가 가장 큰 것은?

① ECL
② TTL
③ C-MOS
④ HTL

해설

잡음 여유도 : HTL > C-MOS > TTL > ECL

50 다음 논리 게이트 중 소비 전력이 가장 적은 것은?

① C-MOS
② TTL
③ DTL
④ ECL

해설

C-MOS < TTL < DTL < RTL < HTL < ECL

51 다음 중 신호의 지연시간이 가장 짧은 것은?

① TTL
② ECL
③ CMOS
④ RTL

해설

이미터 결합 논리(ECL : Emitter Coupled Logic)는 ECL gate 내의 Tr은 비포화 상태에서 동작하므로 동작속도가 빨라 전파지연이 적다.
※ 동작속도 : ECL > TTL = RTL > DTL > C-MOS > HTL

52 그림의 복수 이미터 트랜지스터가 이루는 논리게이트는?

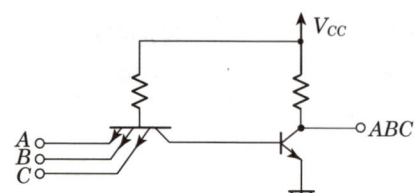

[정답] 46 ④ 47 ① 48 ① 49 ④ 50 ① 51 ② 52 ①

① TTL ② DTL
③ DCTL ④ RTL

해설
TTL이나 CMOS와 같은 표준 논리소자들은 1개의 출력신호에 접속할 수 있는 입력신호의 수에 제한이 있는데 이를 Fan-out이라 한다.

53 다음 디지털 IC의 종류 중 Fan-Out이 큰 순서로 옳은 것은?

① TTL>RTL>DTL>C-MOS
② C-MOS>TTL>RTL>DTL
③ TTL>C-MOS>RTL>DTL
④ C-MOS>TTL>DTL>RTL

해설
Fan Out : C-MOS>TTL, HTL>DTL>ECL>RTL

54 디지털 분야의 논리 소자로서 바이폴러 소자(素子)가 아닌 것은?

① TTL ② MOS
③ DTL ④ HTL

해설
① C-MOS(Complementary MOS)는 증가형 N채널과 P채널 MOS FET에 의해 구성된다.
② Transistor는 Bipolar 소자이며 FET는 Unipolar 소자이다.

55 다음에 열거하는 회로 중에서 일반적으로 플립플롭을 이용하여 구성하는 회로가 아닌 것은?

① 시프트 레지스터 ② 카운터
③ 분주기 ④ 전가산기

해설
데이터 레지스터, 시프트 레지스터, 계수기(Counter), 직렬/병렬 변환기, 주파수 분주기, 펄스 발생기 등

56 다음 중 Flip-Flop과 가장 관계없는 것은?

① RAM ② Decoder
③ Counter ④ Register

해설
플립플롭은 한 비트의 정보를 기억할 수 있는 능력을 가지고 있으며, SRAM이나 레지스터, 계수기 등을 구성하는데 사용된다.

57 그림의 회로에서 $A=B=0$이면 X_1과 X_2의 값은 각각 얼마인가?

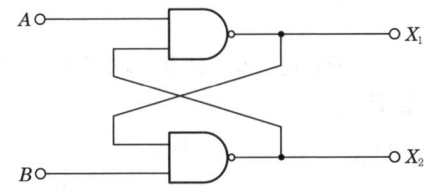

① $X_1 \to 0\ X_2 \to 0$ ② $X_1 \to 0\ X_2 \to 1$
③ $X_1 \to 1\ X_2 \to 0$ ④ $X_1 \to 1\ X_2 \to 1$

해설
Flip-Flop 회로이다.
문제의 회로는 게이트 입력이 출력의 궤환 신호이기 때문에 출력 상태에 따라 입력이 결정되는 회로가 된다. 그러나 문제의 NAND 게이트는 두 입력 중 적어도 하나가 0이면 출력이 1이 되므로 $A=B=0$이면 다른 두 입력에 관계없이 $X_1=X_2=1$이 되어 버린다.

58 다음 그림의 논리 회로의 기능은?

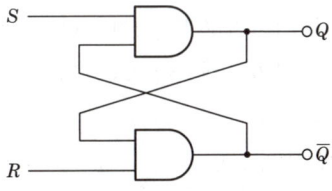

① 비안정 멀티바이브레이터
② 단안정 멀티바이브레이터
③ 반가산기
④ 플립플롭

[정답] 53 ④ 54 ② 55 ④ 56 ② 57 ④ 58 ④

해설
그림은 쌍안정 멀티바이브레이터이므로 플립플롭 회로가 된다. 또는 래치(Latch)회로라고도 볼 수 있다.

59 플립플롭은 몇 개의 안정 상태를 갖는가?
① 1
② 2
③ 4
④ ∞

해설
쌍안정 멀티바이브레이터를 플립플롭(Flip-Flop)이라고 한다.

60 M/S 플립플롭은 어떠한 현상을 해결하기 위한 플립플롭인가?
① 지연 현상
② Race 현상
③ Set 현상
④ Toggle 현상

해설
① $J-K$ 플립플롭의 경우 클록 펄스가 1일 때 출력 상태가 변화되면 입력측에 변화를 일으켜 오동작이 발생되는 현상을 Race 현상이라고 한다.
② 이 현상을 해결하는 하나의 회로가 Master/Slave 플립플롭이다.
③ 데이터 입력이 직접 출력에 연결되지 않고 입출력이 완전히 분리되어 동작하는 특성을 갖는다.

61 다음 중 RS 플립플롭에 대한 설명으로 틀린 것은?
① $S=0$, $R=0$이면 출력은 변하지 않는다.
② $S=1$, $R=0$이면 출력은 1이 된다.
③ $S=0$, $R=1$이면 출력은 0이 된다.
④ $S=1$, $R=1$이면 출력은 전상태와 반대가 된다.

해설
$S=1$, $R=1$인 신호는 금지

62 JK플립플롭(Flip-Flop)이 정상적으로 동작할 때, 두 입력 J와 K값이 1이고, 클록(Clock)이 인가될 경우 출력 상태는?

① Set
② Reset
③ Toggle
④ 동작불능

해설

J_n	K_n	Q_{n+1}
0	0	Q_n (불변)
0	1	0 (Clear)
1	0	1 (Set)
1	1	$\overline{Q_n}$ (반전, Toggle)

63 JK 플립플롭에서 토글(Toggle)이 기능이 되기 위한 J, K의 각각 입력은?
① $J=0$, $K=0$
② $J=0$, $K=1$
③ $J=1$, $K=0$
④ $J=1$, $K=1$

해설
$J=K=1$을 계속 유지하고 clock pulse가 계속 들어오면 출력은 0과 1을 반복하게 되는데 이것을 Toggling라 한다.

64 다음 J-K플립플롭의 여기표(Excitation Table)의 각각의 괄호 안에 맞는 답은?(단, X는 Don't care를 의미하며, J-K플립플롭의 이전값은 초기화된 것으로 가정한다.)

$Q(t)$	$Q(t+1)$	J	K
0	0	(ㄱ)	X
0	1	(ㄴ)	X
1	0	(ㄷ)	1
1	1	X	0

① (ㄱ)=1, (ㄴ)=X, (ㄷ)=0
② (ㄱ)=0, (ㄴ)=X, (ㄷ)=1
③ (ㄱ)=0, (ㄴ)=1, (ㄷ)=X
④ (ㄱ)=1, (ㄴ)=0, (ㄷ)=X

[정답] 59 ② 60 ② 61 ④ 62 ③ 63 ④ 64 ③

해설

현재 상태 $Q(t)$	다음 상태 $Q(t+1)$	입력 $J\ K$
0	0	0 ×
0	1	1 ×
1	0	× 1
1	1	× 0

65 현재의 출력(Q) 상태가 1일 때, JK 플립플롭의 설명으로 틀린 것은?

① $J=1$이고, $K=0$이면 1을 출력한다.
② $J=1$이고, $K=1$이면 0을 출력한다.
③ $J=0$이고, $K=1$이면 1을 출력한다.
④ $J=0$이고, $K=0$이면 1을 출력한다.

66 $J-K$ 플립플롭을 그림과 같이 결선하고 클록 펄스가 인가될 때마다 출력 Q의 동작 상태는?

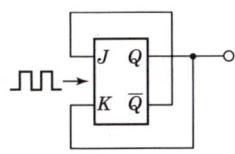

① Toggle ② Reset
③ Set ④ ∞

해설

$Q=0$일 때 $J=1$, $K=0$이며, 다음에 인가되는 펄스에 의해 Set 상태가 되고, $Q=1$이면 Reset 상태로 되어 반전 작용이 일어난다.

67 다음의 논리회로도가 나타내는 플립플롭회로는 무엇인가?

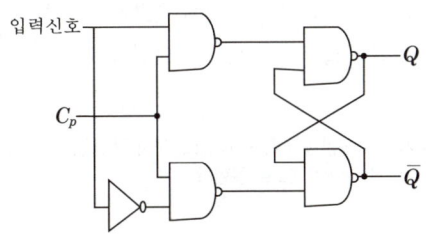

① T 플립플롭 ② D 플립플롭
③ $J-K$ 플립플롭 ④ $S-R$ 플립플롭

해설

SR 플립플롭의 문제점을 보완한 것이 D-플립플롭이다.

68 다음과 같이 JK 플립플롭을 결선하면 이는 어떤 플립플롭처럼 동작하는가?

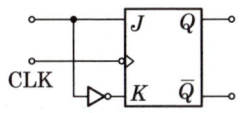

① T ② D
③ RS ④ $M/S-JK$

해설

D(Delay) Flip-Flop은 JK Flip-Flop에서 2개의 입력 J와 K가 동시에 1인 경우에도 불확실한 출력상태가 되지 않도록 하기 위하여 인버터(Inverter) 하나를 입력 양단에 부가한 회로이다.

69 다음 중 NOR 게이트로 구성된 RS 플립플롭에 대한 설명으로 틀린 것은?

① $S=R=0$이면 상태 변화가 없고 처음의 상태를 유지한다.
② $S=0$, $R=1$일 때, $Q_n=0$이면 Q_{n+1}은 변화가 없고 $Q_n=1$이면 Q_{n+1}으로 된다.
③ $S=1$, $R=1$일 때, $Q_n=0$이면 $Q_{n+1}=1$로 되고 $Q_n=1$이면 Q_{n+1}은 변화가 없다.
④ $S=1$, $R=0$일 때, $Q_n=0$이면 $Q_{n+1}=1$로 되고 $Q_n=1$이면 Q_{n+1}은 변화가 없다.

해설

S	R	Q_{n+1}
0	0	Q_n (No change)
0	1	0 (Reset)
1	0	1 (Set)
1	1	금지(Disallowed)

$S=1$, $R=1$인 신호는 금지

[정답] 65 ③ 66 ① 67 ② 68 ② 69 ③

70 다음중 RS 플립플롭으로 구현된 D 플립플롭 회로는?

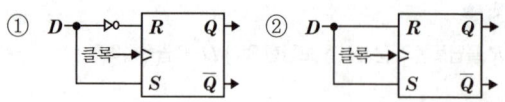

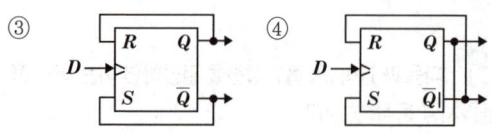

71 다음 중 T 플립플롭의 설명으로 틀린 것은?

① 지연작용을 갖는 지연 플립플롭이라고도 한다.
② J와 K를 묶어서 T 입력신호로 한 것이다.
③ 토글(Toggle) 플립플롭이라고도 한다.
④ 입력 T가 0일 경우에는 상태가 불변이다.

해설
① T 플립플롭은 펄스가 입력되면 현재와 반대의 상태로 바뀌게 하는 토글(Toggle) 상태를 만드는 회로이다.
② D 플립플롭이 지연작용을 갖는 플립플롭이다.

72 다음과 같은 파형을 클록(C_P)형 T플립플롭에 가하였을 때, 출력 파형으로 맞는 것은?(단, T플립플롭은 상승 엣지(Edge)에서 동작하고 클록이 입력되기 전의 T플립플롭의 출력은 0이다.)

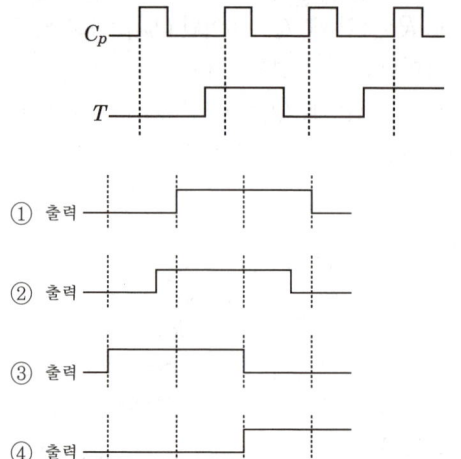

73 다음 중 동기식 카운터에 대한 설명으로 옳은 것은?

① 플립플롭의 단수는 동작 속도와 무관하다.
② 논리식이 단순하고 설계가 쉽다.
③ 전단의 출력이 다음 단의 트리거 입력이 된다.
④ 동영상 회로에 많이 사용된다.

해설
동기식 카운터(Counter)
① 병렬식 Counter라고도 하며 각 플립플롭에 동시에 클록펄스가 인가되는 회로를 말한다.
② 각 플립플롭의 출력 단자로부터 계수할 때, 출력의 위상차가 거의 없어 일그러짐이 매우 적기 때문에 현재의 계산기에서 널리 사용되는 방식이다.
③ 여러 단이 동시에 동작되므로 고속으로 동작되는 회로에 널리 사용된다.
∴ 플립플롭의 단수는 동작 속도와 무관하다.

74 다음은 비동기식 계수기에 관한 설명으로 틀린 것은?

① Ripple Counter는 비동기식 계수기이다.
② 전단의 출력이 다음 단의 트리거로 작용한다.
③ 각 단의 지연이 거의 없어 반응이 비교적 빠른 계수기이다.
④ 상향 또는 하향으로 설계할 수 있다.

해설
비동기식 Counter는 동작속도가 느리므로 연산속도가 중요한 요소로 작용하는 경우에는 동기식 Counter가 사용된다.

75 다음 중 비동기식 카운터에 대한 설명으로 틀린 것은?

① 동기식 카운터에 비해 입력신호의 전달지연시간이 길다.
② 동기식에 비해 논리상의 오차 발생비율이 많다.
③ 구조상으로 동기식에 비해 회로가 간단하다.
④ 같은 클록펄스에 의해 트리거된다.

해설
동기식 카운터는 병렬식 카운터라고도 하며 각 플립플롭에 동시에 클록펄스가 인가되는 회로를 말한다.

[정답] 70 ① 71 ① 72 ① 73 ① 74 ③ 75 ①

76 다음 중 동기식 카운터와 비동기식 카운터를 설명한것으로 옳은 것은?

① 동기식 카운터를 직렬형, 비동기식 카운터를 병렬형 카운터라고도 한다.
② 같은 수의 플립플롭을 갖는 경우 비동기식 카운터보다 동기식 카운터가 더 높은 입력 주파수를 사용하는 곳에 이용된다.
③ 비동기식 카운터는 동기식 카운터와는 달리 시간 지연이 누적되지 않는다.
④ 비동기식 카운터는 동기식 카운터보다 더 많은 회로 소자가 필요하다.

해설
비동기식 카운터는 고속 카운터, 매우 높은 주파수, 비트수가 많은 카운터에는 부적합하다.

77 다음 중 동기형 계수기로 사용할 수 없는 것은?

① ripple 계수기 ② BCD 계수기
③ 2진 업다운 계수기 ④ 2진 계수기

해설
ripple 계수기는 비동기식이다.

78 다음 그림의 역할로 옳은 것은?

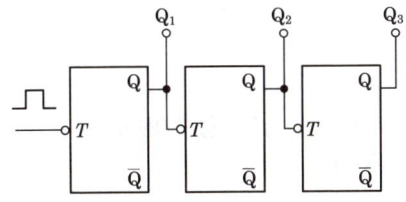

① 동기식 10진 카운터
② 비동기식 8진 카운터
③ 동기식 5진 카운터
④ 비동기식 3진 카운터

해설
Trigger 입력이 $\overline{Q}$에서 연결되므로 상향(Up) 계수기이고, 3개의 Flip-Flop이 연결되어 있으므로 $N=2^3=8$진 카운터이다. 즉, Reset되기 전에 $N(0\sim7)$까지 Count할 수 있다.

79 플립플롭 6개로 구성된 계수기가 가질 수 있는 최대 2진 상태수는?

① 16개 ② 32개
③ 64개 ④ 85개

해설
6개의 플립플롭으로 계수기가 구성되었다면 뚜렷하게 다른 $2^6(=64)$가지의 상태, 즉 000000~111111($(0)_{10}\sim(64)_{10}$)를 가지며, 이를 64진 계수기라고 한다.

80 6개의 플립플롭으로 구성된 상향계수기(Up-counter)의 모듈러스와 이 계수기로 계수할 수 있는 최대 계수는?

① 모듈러스 : 5, 최대계수 : 63
② 모듈러스 : 6, 최대계수 : 64
③ 모듈러스 : 63, 최대계수 : 64
④ 모듈러스 : 64, 최대계수 : 63

해설
계수기(Counter)의 MOD(Modulus) 수
6개의 플립플롭으로 구성되었다면 뚜렷하게 다른 64가지의 상태 000000~111111 ($(0)_{10}\sim(63)_{10}$)까지를 갖는다. 이는 64개의 입력펄스로서 계수 주기가 반복되는 것으로, 이를 64진 계수기라고 한다. 또한 Modulus 64 Counter, MOD-64 Counter라고도 한다.

81 100[MHz] 발진기를 사용해서 25[MHz]를 만들려면 최소한 몇 개의 T 플립플롭이 필요한가?

① 1개 ② 2개
③ 3개 ④ 4개

해설
T형 플립플롭은 계수회로 또는 분주회로에 많이 쓰이는 플립플롭으로, T형 플립플롭 한 개는 2진 카운터($\div 2$)의 역할을 한다. 즉, 기능은 펄스의 주기를 2배로 늘려주는 기능을 한다.
$\therefore 100[\text{MHz}]\div 4(2^2)=25[\text{MHz}]$

[정답] 76 ② 77 ① 78 ② 79 ③ 80 ④ 81 ②

82 카운터(Counter)를 이용하여 컨베이어 벨트를 통과하는 생산품의 개수를 파악하려고 한다. 최대 500개의 생산품을 카운트하기 위한 카운터를 플립플롭(Flip-Flop)을 이용하여 제작할 때 최소한 몇 개의 플립플롭이 필요한가?

① 5   ② 7
③ 9   ④ 11

해설

$2^{n-1} \leq N \leq 2^n$ 관계에서 $2^8 \leq 500 \leq 2^9$이므로 최소한 9개의 플립플롭이 필요하다.

83 30:1의 리플 계수기를 만들려면 최소한 몇 개의 플립플롭(Filp-Flop)이 필요한가?

① 5개   ② 10개
③ 15개   ④ 30개

해설

리플 카운터를 이용한 N진 카운터 설계에서 필요한 F/F 수 n은, $2^{n-1} \leq N \leq 2^n$ 관계에서 $2^4 \leq 30 \leq 2^5$이므로 최소한 5개의 플립플롭이 필요하다.

84 5비트 2진 카운터의 입력에 4[MHz]의 정방형 펄스가 가해질 때 출력 펄스의 주파수는?

① 25[kHz]   ② 50[kHz]
③ 250[kHz]   ④ 125[kHz]

해설

5개의 플립플롭이 직렬로 연결된 카운터이므로
출력주파수=입력주파수÷2^5=4[MHz]÷32=125[kHz]

85 D플립플롭을 이용하여 26진 상향 비동기식 계수기를 설계하려고 한다. D플립플롭은 최소 몇 개가 필요한가?

① 26개   ② 13개
③ 7개   ④ 5개

해설

리플 카운터를 이용한 N진 카운터 설계에서 필요한 F/F수 n은 $2^{n-1} \leq N \leq 2^n$ 관계에서 $2^4 \leq 26 \leq 2^5$이므로 최소한 5개의 플립플롭이 필요하다.

86 다음 중 링 카운터에 대한 설명으로 틀린 것은?

① 입력신호를 받을 때마다 상태가 하나씩 다음으로 이동한 카운터이다.
② 각각의 상태마다 한 개의 플립플롭을 사용하는 카운터이다.
③ 디코딩게이트를 사용하지 않고 디코딩할 수 있다.
④ 특별한 순차를 만들고자 할 때 사용한다.

해설

링 카운터(Ring Counter)는 마지막 플립플롭의 값을 처음 플립플롭으로 시프트(Shift)할 수 있도록 연결된 순환 시프트 레지스터이다.

87 다음 중 환형 계수기(Ring Counter)와 같은 기능을 갖는 것은?

① BCD 계수기   ② 가역 계수기
③ 시프트 레지스터   ④ 순환 시프트 레지스터

88 8비트의 링카운터를 설계할 때 최소로 필요한 플립플롭의 수는?

① 4   ② 8
③ 16   ④ 32

해설

N 비트 링 카운터는 MOD-N 카운터이다.

89 다음 그림과 같은 D형 플립플롭으로 구성된 카운터 회로의 명칭은?

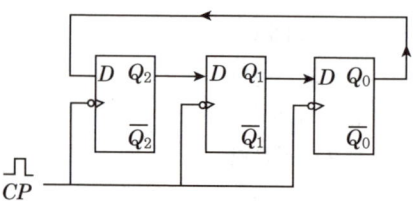

① 3진 링카운터   ② 6진 링카운터
③ 8진 시프트카운터   ④ 16진 시프트카운터

해설

D 플립플롭으로 구성된 3비트 링카운터회로

90 다음 중 링카운터와 존슨카운터의 구성상 차이점은 무엇인가?

① 구성상의 차이점이 없다.
② 최종 출력에서 초단 입력으로 궤환시킬 때 Q 또는 $\overline{Q}$공급 방법이 다르다.
③ 두 개의 카운터 모두 클록신호를 Inverting시킨다.
④ 두 개의 카운터 모두 각 단마다 Q와 $\overline{Q}$를 교차하면서 다음 단 카운터에 공급한다.

해설

링카운터와 존슨카운터의 차이점
① 구성상의 차이점
② 링카운터가 n개의 플립플롭으로 n개의 타이밍 신호를 만들어내는 반면에, 존슨 카운터는 $2n$개의 타이밍 신호를 만들어낸다.

91 다음 중 순서논리회로에 대한 설명으로 틀린 것은?

① 입력신호와 순서논리회로의 현재 출력상태에 따라 다음 출력이 결정된다.
② 조합논리회로와 결합하여 사용할 수 없다.
③ 순서논리회로의 예로 카운터, 레지스터 등이 있다.
④ 데이터의 저장 장소로 이용 가능하다.

해설

순서논리회로는 입력 및 현재 상태에 따라 출력 및 다음 상태가 결정되는 논리회로이다.

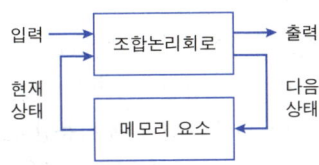

92 다음에 열거하는 회로 중에서 일반적으로 플립플롭을 이용하여 구성하는 회로가 아닌 것은?

① 시프트 레지스터 ② 카운터
③ 분주기   ④ 전가산기

해설

① 조합회로 : 인코더, 디코더, 멀티플렉서, 가산기, 감산기 등
② 순차회로 : 데이터 레지스터, 시프트 레지스터, 계수기(Counter), 직렬/병렬 변환기, 주파수 분주기, 펄스 발생기 등

93 그림과 같은 회로는?

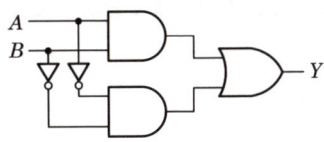

① 일치 회로   ② 비교 회로
③ 반일치 회로   ④ 다수결 회로

해설

$Y = AB + \overline{A}\,\overline{B}$
A와 B의 입력이 같아야만 출력이 발생하므로 일치 회로이다.

94 3개의 입력 A, B, C 중 2개 이상이 1일 때 출력 Y가 1이 되는 다수결 회로의 논리식으로 맞는 것은?

① $Y = AB + BC + AC$ ② $Y = A \times B \times C$
③ $Y = ABC$ ④ $Y = A + B + C$

해설

다수결 회로는 3개의 입력 중 2개 이상이 1이 될 때 출력 Y가 참(1)이 되는 회로이다.

95 그림과 같은 회로는?

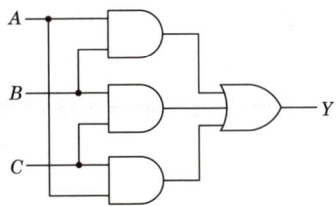

[정답] 90 ② 91 ② 92 ④ 93 ① 94 ① 95 ③

① 일치 회로　② 반일치 회로
③ 다수결 회로　④ 비교 회로

해설

$Y = AB + BC + AC$
3개의 입력 가운데 2개 이상이 "1"이 되어야만 출력이 발생되는 회로는 다수결 회로이다.

96 조합 논리회로 중 0과 1의 조합으로 부호화를 행하는 회로로 2^n개의 입력선과 n개의 출력선으로 구성된 것은?

① 디코더(Decoder)
② DEMUX
③ MUX
④ 인코더(Encoder)

해설

부호기(Encoder)
① 일반 데이터를 디지털회로에서 해석할 수 있도록 2진수 체계로 변환시키는 조합 논리회로이다.
② 인코더는 2^n개의 입력선과 n개의 출력선을 갖고 있다.
③ 인코더는 OR-Gate들로 구성된다.
④ 10진수를 2진수로 변환하는 회로이다.

97 다음 그림과 같이 2^n개(0~7)의 10진수 입력을 넣었을 때, 출력이 2진수(000~111)로 나오는 회로의 명칭은?

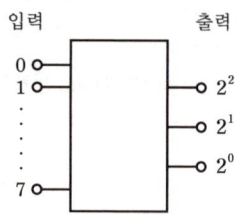

① 디코더회로　② A-D 변환회로
③ D-A 변환회로　④ 인코더회로

해설

부호화되지 않은 2^n개의 입력을 받아서 부호화된 n개의 출력 코드를 발생시킨다.

98 다음 중 디코더(Decoder)에 대한 설명으로 틀린 것은?

① 출력보다 많은 입력을 갖고 있다.
② 한 번에 하나의 동작을 수행한다.
③ N 비트의 2진 코드 입력에 의해 최대 2^N개의 출력이 나온다.
④ 인코드(Encoder)의 역기능을 수행한다.

해설

디코더는 n비트의 2진 코드(Code) 값을 입력으로 받아들여 최대 2^n개의 서로 다른 정보로 바꿔 주는 조합회로를 말한다.
∴ 디코더는 n개의 입력선과 최대 2^n개의 출력선을 가지므로 출력선이 입력선보다 많다.
디코더는 명령 해독이나 번지를 해독할 때 사용한다.

99 다음은 어떤 논리 회로인가?

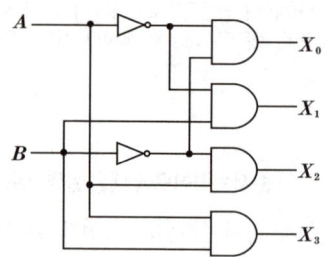

① 인코더　② 디코더
③ RS플립플롭　④ JK플립플롭

100 다음 중 $M \times N$ 디코더(Decoder)에 대한 설명으로 틀린 것은?

① AND 회로의 집합으로 구성할 수 있다.
② 2진수를 10진수로 변환하는 회로이다.
③ 10진수를 BCD로 표현할 때 사용한다.
④ 명령 해독이나 번지를 해독할 때 사용한다.

해설

M개의 입력과 $N(N \leq 2^M)$의 출력을 갖는 디코더를 $M \times N$ 디코더라 한다.

[정답] 96 ④　97 ④　98 ①　99 ②　100 ③

101 그림과 같은 디코더는 BCD입력이 1001(ABCD)인 때만 출력이 1을 나타낸다고 할 경우, 다음 중 출력 Y를 불대수식으로 표현하면?

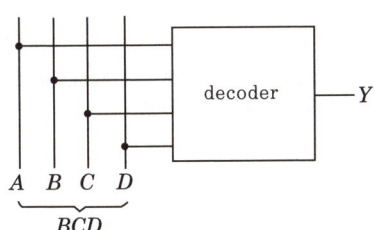

① AD
② AB
③ AC
④ BCD

해설
($ABCD$)=(1001)이 입력될 때 출력은 9이며 불대수식으로 표시하면 $Y=AD$이다.

102 다음 2×4 디코더의 진리표에 대한 논리식으로 맞는 것은?

입력		출력			
A	B	W	X	Y	Z
0	0	0	0	0	1
0	1	0	0	1	0
1	0	0	1	0	0
1	1	1	0	0	0

① $Z=\overline{A}B$
② $Z=\overline{AB}$
③ $Z=A\overline{B}$
④ $Z=AB$

해설
$Z=\overline{A}\cdot\overline{B},\ Y=\overline{A}\cdot B,\ X=A\cdot\overline{B},\ W=A\cdot B$

103 3×8 디코더의 입력 A, B, C의 값이 110일 때 출력 $Y_7Y_6Y_5Y_4Y_3Y_2Y_1Y_0$를 바르게 나타낸 것은?

① 0 1 0 0 0 0 0 0
② 0 0 1 0 0 0 0 0
③ 0 1 1 0 0 0 0 0
④ 0 1 0 0 0 1 1 0

해설

Inputs			Outputs							
A	B	C	Y_7	Y_6	Y_5	Y_4	Y_3	Y_2	Y_1	Y_0
0	0	0	0	0	0	0	0	0	0	1
0	0	1	0	0	0	0	0	0	1	0
0	1	0	0	0	0	0	0	1	0	0
0	1	1	0	0	0	0	1	0	0	0
1	0	0	0	0	0	1	0	0	0	0
1	0	1	0	0	1	0	0	0	0	0
1	1	0	0	1	0	0	0	0	0	0
1	1	1	1	0	0	0	0	0	0	0

104 십진 BCD 계수가 출력으로 그림과 같은 표시를 이용하려면 어떤 디코더 드라이버가 필요한가?

① BCD-10 세그먼트
② Octal-10 세그먼트
③ BCD-7 세그먼트
④ Octal-7 세그먼트

해설
각종 표시 장치를 작동시키도록 BCD 코드 입력을 숫자(Digit) 출력으로 변환시키는 데 쓸 수 있는 MSI(Medium Scale Integrated) 소자들이 여러 가지가 있는데, SN 7447 IC는 BCD 코드를 7세그먼트로 된 표시용 발광체를 구동시키기 위한 소자이다.

105 해독기(Decoder)는 무슨 회로의 집합으로 이루어지는가?

① AND 회로
② OR 회로
③ NOT 회로
④ NOR 회로

해설
Decoder는 0과 1의 조합으로 만들어진 코드화된 2진법의 수를 읽어서 특정의 출력을 나타내는 장치이다.

[정답] 101 ① 102 ② 103 ① 104 ③ 105 ①

106 다음 중 멀티플렉서(Multiplexer)의 설명으로 잘못된 것은?

① 멀티플렉서는 전환 스위치(Selector SW)의 기능을 갖는다.
② N개의 입력 데이터에서 1개 입력씩만 선택하여 단일 통로로 송신하는 것이다.
③ 특정한 입력을 몇 개의 코드화된 신호의 조합으로 바꾼다.
④ 복수의 입력에서 하나의 입력을 선택하여 그 논리를 출력에 통과시킨다.

해설
다수의 입력 데이터에서 1개의 입력만 선택하여 하나의 통로로 송신하는 회로이다.

107 다음 중 데이터 선택회로라고도 불리며, 여러 개의 입력신호선 중 하나를 선택하여 하나의 출력선과 연결하여 주는 조합 논리회로는?

① Multiplexer　② Demultiplexer
③ Encoder　　　④ Decoder

108 2^n개의 입력 데이터를 n개 스트로브 제어신호를 이용하여 입력 데이터 중 1개를 선택하는 기능을 갖는 논리회로를 무엇이라고 하는가?

① 디멀티플렉서　② 디코더
③ 인코더　　　　④ 멀티플렉서

해설
멀티플렉서는 데이터 선택기(Selector)라고도 한다.

109 다음 중 멀티플렉서 표시기호로 옳은 것은?

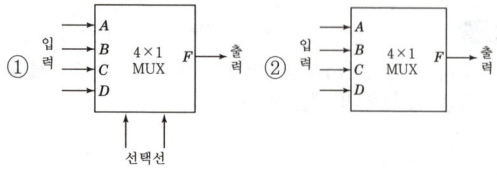

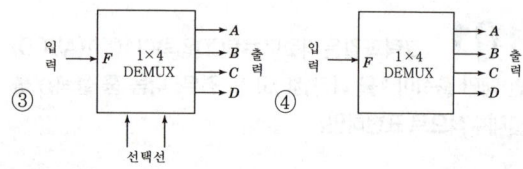

해설
멀티플렉서(MUX)는 $N(=2^n)$개의 입력 데이터원에서 하나를 선택하여 그 데이터를 단일 채널로 전송한다.

110 다음 그림과 같은 회로의 명칭은?

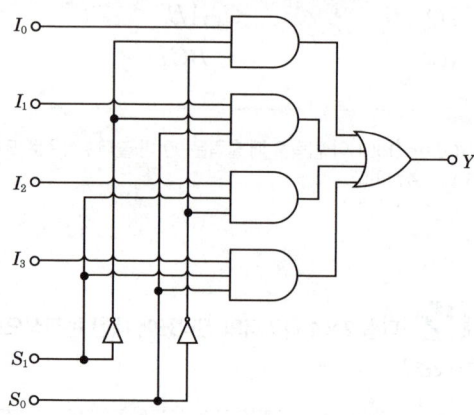

① 병렬가산기　② 멀티플렉서
③ 디멀티플렉서　④ 디코더

111 다음과 같은 멀티플렉서회로에서 제어입력 A와 B가 각각 1일 때 출력 Y의 값은?

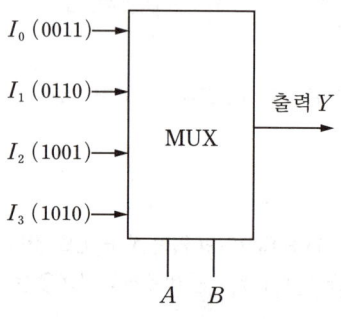

① 0011　② 0110
③ 1001　④ 1010

> 해설
> $(AB) = (1\ 1)$인 경우 $I_3(1010)$가 출력된다.

A	B	Y
0	0	I_0
0	1	I_1
1	0	I_2
1	1	I_3

112 다음은 디멀티플렉서 회로의 일부분이다. 점선 안에 공통으로 들어갈 게이트는?(단, S_0, S_1은 선택신호이고 I는 데이터 입력이다.)

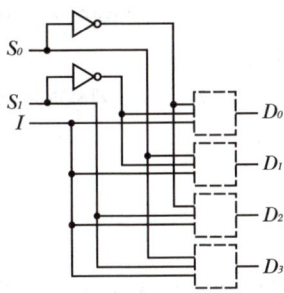

① OR 게이트
② AND 게이트
③ XOR 게이트
④ NOT 게이트

> 해설
> ① 디멀티플렉서는 한 개의 입력선을 받아들여 n개의 선택선 조합에 의해 2^n개의 출력선 중 하나를 선택하여 출력하는 회로로 데이터 분배기라고도 한다.
> ② 1×4 Demultiplexer

113 반덧셈기의 설명 중 옳게 나타낸 것은?

① 배타 논리합(EOR) 회로와 논리곱(AND) 회로로 구성된다.
② 합은 두 수 A, B의 논리합이다.
③ 자리올림 C_o는 두 수 A, B의 논리합이다.
④ 자리올림 C_o는 두 수 A, B의 배타적 논리합이다.

> 해설
> 2개의 2진수 A와 B를 더한 합(Sum) S와 자리올림(Carry) C를 얻는 회로가 반 덧셈기(반가산기, Half Adder)이다.

114 다음의 회로는?

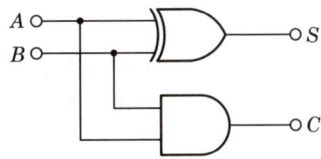

① 반가산기(Half Adder)이다.
② 전가산기(Full Adder)이다.
③ 배타 논리합(Exclusive OR) 회로이다.
④ 플립플롭(Flip-Flop) 회로이다.

> 해설
> $S = \overline{A}B + A\overline{B}$, $C = A \cdot B$이므로 반가산기이다.

115 한 자리의 2진수 A, B를 입력으로 하여 출력 $S = \overline{A}B + A\overline{B}$ 및 $C = AB$를 취할 수 있는 회로를 무엇이라고 하는가?

① 적산기
② 반감산기
③ 반가산기
④ 감산기

116 반가산기(Half Adder)에서 $A=1$, $B=1$일 경우에 S(Sum)는 다음의 어느 값을 가지게 되는가?

① 1
② 11
③ 0
④ 2

> 해설
>
> | $A\ B$ | Sum(합) | 자리올림(Carry) |
> |---|---|---|
> | 0 0 | 0 | 0 |
> | 0 1 | 1 | 0 |
> | 1 0 | 1 | 0 |
> | 1 1 | 0 | 1 |

[정답] 112 ② 113 ① 114 ① 115 ③ 116 ③

117 다음 그림과 같은 논리회로는 어떤 기능을 수행하는가?

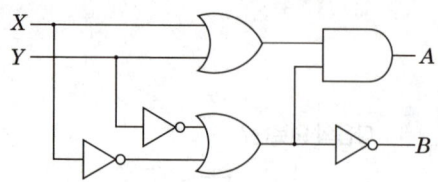

① 일치회로　　② 반가산기
③ 전가산기　　④ 반감산기

해설

$A=(X+Y)(\overline{X}+\overline{Y})$
$\quad =X\overline{X}+X\overline{Y}+\overline{X}Y+Y\overline{Y}=X\overline{Y}+\overline{X}Y=A\oplus B$
$B=\overline{\overline{X}+\overline{Y}}=XY$

118 다음 회로는 어떤 회로인가?

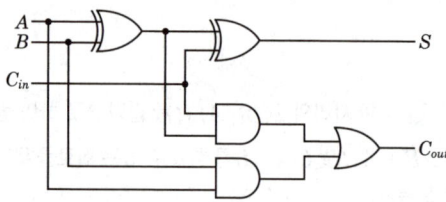

① 반가산기 2개와 OR게이트를 이용한 전가산기 회로
② 반가산기 3개와 OR게이트를 이용한 전가산기 회로
③ 반가산기 2개와 NOR게이트를 이용한 전가산기 회로
④ 반가산기 3개와 NOR게이트를 이용한 전가산기 회로

해설

전가산기는 3자리의 2진수를 가산할 수 있는 가산기로서 2개의 반가산기(Half adder)와 1개의 OR-gate로 구성된다.

119 다음 중 자리올림이 있는 덧셈에 사용하기 위한 전가산기(FA)의 회로구성은?

① 2개의 EX-OR, 3개의 AND
② 2개의 EX-OR, 2개의 AND, 1개의 OR
③ 2개의 EX-OR, 2개의 OR, 1개의 AND
④ 1개의 EX-OR, 2개의 AND, 2개의 OR

120 다음 중 전가산기(Full Adder)에 대한 설명으로 옳은 것은?

① 아랫자리의 자리올림을 더하여 그 자리 2진수의 덧셈을 완전하게 하는 회로이다.
② 아랫자리의 자리올림을 더하여 홀수의 덧셈을 하는 회로이다.
③ 아랫자리의 자리올림을 더하여 짝수의 덧셈을 하는 회로이다.
④ 자리올림을 무시하고 일반계산과 같이 덧셈을 하는 회로이다.

121 전감산기의 입력 중 관계 없는 것은?

① 감수
② 피감수
③ 상위에서 자리 빌림
④ 하위에서 자리 빌림

해설

자리 빌림은 상위에서 자리 빌림이 된다.

122 보수 감산 회로의 동작을 옳게 나타낸 것은?

① 감산기를 이용하지 않고 감수의 보수를 이용하여 가산기만으로 뺄셈을 한다.
② 감수의 보수를 이용하지 않고 피감수의 보수를 이용하여 감산기만으로 뺄셈을 한다.
③ 감산기를 이용하지 않고 피감수의 보수를 이용하여 가산기만으로 뺄셈을 한다.
④ 피감수의 보수를 이용하여 감산기만으로 뺄셈을 한다.

[정답] 117 ② 118 ① 119 ② 120 ① 121 ④ 122 ①

해설
뺄셈을 할 경우 감산기를 이용하지 않고 감수의 보수를 이용하여 가산기만으로 뺄셈을 한다.

123 다음 중 보수 발생기가 필요한 회로는?
① 일치 회로 ② 가산 회로
③ 나눗셈 회로 ④ 곱셈 회로

해설
감산 회로와 나눗셈 회로는 보수기가 필요하다.

124 뺄셈을 보수 덧셈으로 하기 위해서 최종적으로 필요한 보수는?
① 1의 보수 ② 2의 보수
③ 7의 보수 ④ 9의 보수

[정답] 123 ③ 124 ②

Chapter 2 정보통신선로 검토

합격 NOTE

1 전송매체 (TP, 동축케이블, 광케이블)

1. 신호 전송 방법

신호를 전송하는 방법에는 유선 전송과 무선 전송이 있다. 유선 전송이란 트위스트 페어 케이블, 동축 케이블 및 광케이블 등과 같은 Hardware(물리적으로 구분되는 형태를 가진 것)를 통한 전송을 의미하며, 무선 전송이란 공기, 해수 등과 같은 Software(물리적으로 제약된 형태를 갖지 않는 것)를 통한 전송을 의미하는 것으로 지상 마이크로파 통신, 위성 통신, 이동통신 및 주파수 공용 통신 등을 예로 들 수 있다.

2. 트위스트 페어 케이블(Twisted Pair Cable)

가. 구조

트위스트 페어는 절연된 두 가닥의 구리선이 균일하게 서로 감겨 있는 형태로 이 하나의 쌍(Pair)이 전송 선로의 역할을 한다. 일반적으로 이러한 쌍이 다발로 묶어져 하나의 케이블을 형성하며 장거리용의 경우 수백개의 쌍을 가질 수 있다.

나. 트위스트 페어 케이블의 특징

① 다른 전송 매체와 비교하여 거리, 대역폭, 데이터 전송률에 있어 상대적으로 많은 제약점을 가짐
② 전자장과 쉽게 결합되어 간섭이나 잡음에 민감
③ 평형 케이블(Balanced Cable)이라 함

다. 종류

① UTP(Unshielded Twisted Pair) : 차폐처리가 되어 있지 않은 일반적인 TP케이블로 일반 전화선이나 LAN에서 주로 사용한다. UTP는 케이블의 질에 따라 여러 개의 Category로 나누어지며 품질이 낮은 것은 1, 품질이 좋을수록 숫자가 커진다. Category 7은 10[Gbps]의 전송속도를 지원한다.

② STP(Shielded Twisted Pair) : 데이터를 보호하기 위해 쉴드(차폐)처리가 되어 있는 케이블로, 안쪽에 꼬여있는 2쌍의 케이블에 각각 쉴드 처리가 되어 있어 외부 노이즈로부터 데이터를 효과적으로 보호해준다. STP는 UTP에 비해 가격이 비싸고 외장도 굵어 유연성이 떨어지며 RJ-45 커넥터 접속시에도 손이 많이 간다.

합격예측

트위스트 페어 케이블의 저항은 주파수가 높아지면 근접 작용, 표피작용, 와류 작용 및 타도체와의 반작용 등에 의해 증가한다.

합격예측

트위스트 페어 케이블의 인덕턴스는 심선경에 반비례하고, 심선 간의 간격에 비례하며 주파수가 증가함에 따라 감소한다.

합격예측

트위스트 페어 케이블의 감쇠정수 α는 사용주파수 f에 관계없이 일정하고 위상정수 β는 사용 주파수 f에 비례한다.

3. 동축 케이블(Coaxial Cable)

가. 구조

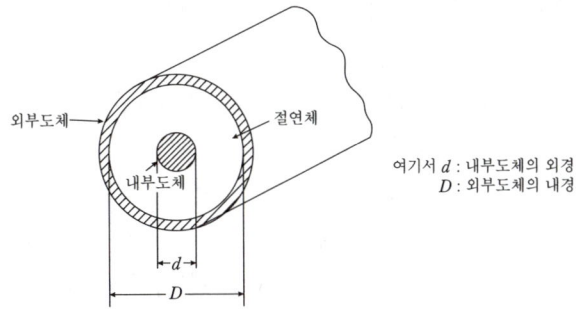

여기서 d : 내부도체의 외경
D : 외부도체의 내경

나. 종류

(1) 표준 동축 케이블(C Series)
① S형 동축 케이블
② W형 동축 케이블

(2) 세심 동축 케이블(P Series)
① 4.4[mm] 세심 동축 케이블
② 5.6[mm] 세심 동축 케이블

다. 용도

① 광대역 전송로로 사용
② 장거리 전화 및 TV 전송
③ TV 신호 분배(유선 TV의 경우)
④ 근거리 Network 구성(LAN 구성)

라. 전기적 특성

(1) 2차 정수

① $\alpha \approx \dfrac{\sqrt{f}}{d}$

② $\beta = \omega\sqrt{LC}$

③ $Z_0 = \sqrt{Z_{sc} \cdot Z_{oc}}$ (Z_{sc} : 출력을 단락했을 때의 입력 임피던스, Z_{oc} : 출력을 개방했을 때의 입력 임피던스)

④ $S = 1 + |\Gamma|$, $\Gamma = \left|\dfrac{Z_L - Z_0}{Z_L + Z_0}\right|$

S : 정재파비
Γ : 반사계수
Z_L : 부하 임피던스
Z_0 : 선로의 특성 임피던스

합격 NOTE

합격예측
동축 케이블에서 가장 감쇠가 적게 되는 $\dfrac{D}{d}$비는 3.6이며 이때를 최적비라 한다.

합격예측
동축 케이블 내에서의 전파속도는 $v = \dfrac{c}{\sqrt{\varepsilon_s}}$로 비유전율 $\varepsilon_s = 1$인 경우 광속과 같게 된다.

합격예측
동축 케이블에는 여러 가지 종류가 있는데 P-4M이 많이 사용되고 있으며 이 외에도 P-1M, C-12M, C-60M, C-100M 등이 사용된다. P는 P Series를, C는 C Series를 의미하며, 숫자는 차단 주파수를 의미하는 것으로 P 또는 C에 관계없이 이 숫자가 클수록 전송 채널 수가 많게 된다.

합격예측
표피효과(Skin Effect)
① 주파수가 높을수록 전류가 도체 면을 따라 흐르는 현상을 말한다.
② 침투 깊이는 $\delta = \dfrac{1}{\sqrt{\pi f \mu k}}$이며 μ는 투자율, k는 도전율이다.
③ 침투 깊이에서의 전류, 전계 등의 값은 도체 표면에서의 전류, 전계값의 0.368배이다.
④ 표피효과가 일어나면 전류가 흐르는 실제 단면적이 줄어들게 되어 실효 저항이 증가한다.

합격예측
동축 케이블에 있어 감쇠정수 α는 $\sqrt{f}$에 비례하고 위상정수 β는 f에 비례한다.

합격 NOTE

합격예측
동축 케이블은 외부도체가 접지되어 차폐작용을 하므로 누화특성은 주파수가 증가할수록 개선된다. 주파수가 낮아지면 표피효과와 근접작용의 영향이 감소되어 누화가 발생하기 쉬워 동축 케이블은 60[kHz] 이하에서는 잘 사용되지 않는다.

합격예측
광섬유를 만드는 재료로는 석영, 다성분 유리, 플라스틱 등을 사용할 수 있으며 석영을 사용하는 경우 1[dB/km] 이하의 저손실 광섬유를 제조할 수 있다.

합격예측
광섬유 케이블의 감쇠 단위로는 [dB/km]를 사용한다. 광케이블에서 감쇠가 3[dB/km]라는 것은 광신호 전력이 1[km]를 진행했을 때 광신호 전력이 반밖에 남지 않았다는 것을 의미한다.
현재 생산되고 있는 광케이블들은 감쇠가 0.01[dB/km] 이하이다.

합격예측
EDFA(Erbium Doped Fiber Amplifier)는 해저 광통신에 많이 사용되는 광증폭기이다.

마. 동축 케이블의 특징

① Analog 신호 전송과 Digital 신호 전송 모두에 이용할 수 있으며 따라서 PCM 전송 방식에서 가장 많이 사용됨
② 광대역 초다중화 전송에 이용
③ 동축 케이블의 외부 도체는 접지해서 사용하므로 트위스트 페어에 비해 간섭과 누화 특성이 양호
④ 특히 원단 누화가 많이 발생하며 누화를 감소시키기 위하여 외부 도체를 철 Tape로 감는 조치를 취한다.
⑤ 절연내력은 DC 3,000[V] 이상(2분 간)이 요구된다.

4. 광섬유 케이블(Optical Fiber Cable)

가. 구조

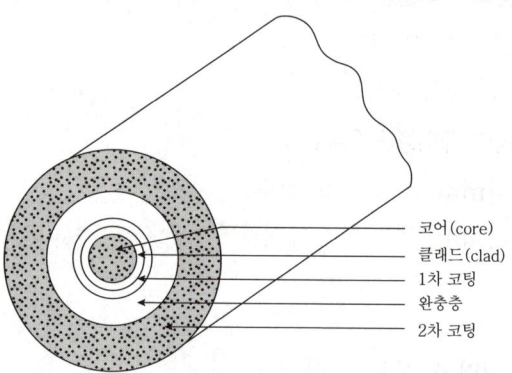

[광섬유의 단면도]

(1) Core

광이 전파하는 영역으로 보통 주위 매질보다 굴절률이 크며 굴절률은 n_1으로 표시한다.

(2) Clad

Core에 입사된 광에너지를 광섬유 밖으로 빠져나가지 못하도록 Core의 굴절률보다 약간 낮은 굴절률을 갖도록 제조하며 Cladding이라고도 한다. Clad의 굴절률은 n_2로 표시하며 광케이블에 있어서는 n_1이 n_2보다 항상 크다. ($n_1 > n_2$)

나. 전반사 현상 및 임계각

(1) 전반사 현상

광섬유 케이블은 광섬유에 입사되는 광의 모두를 Fiber 내부로 반사시켜 전파시키는 전반사 원리를 이용하고 있다

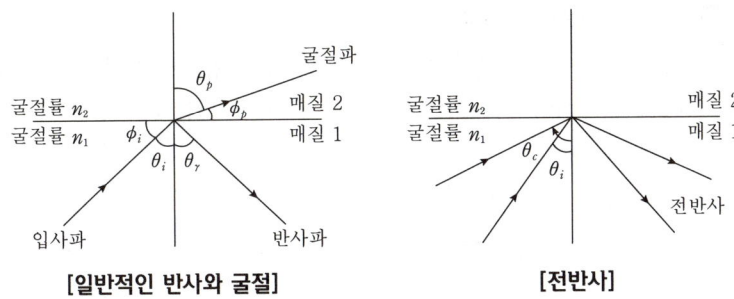

[일반적인 반사와 굴절]   [전반사]

(2) 임계각(Critical Angle : θ_c)

전반사가 일어나기 위한 광의 최소 입사각을 임계각 또는 전반사보각이라 하며 다음과 같이 구한다.

$$\theta_c = \sin^{-1}\left(\frac{n_2}{n_1}\right) \text{ (단, } n_1 > n_2\text{)}$$

다. 광학 파라미터

(1) 수광각

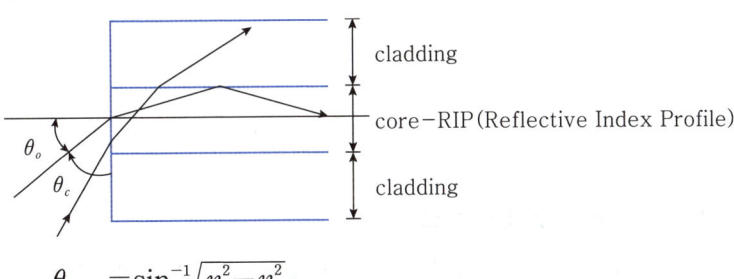

$$\theta_{max} = \sin^{-1}\sqrt{n_1^2 - n_2^2}$$

(2) 개구수(Numerical Aperture)

fiber가 광을 모을 수 있는 능력 또는 광의 입사각 조건을 표시하는 것으로 NA로 나타낸다.

$$NA = \sin\theta_{max} = \sqrt{n_1^2 - n_2^2}$$

(3) 군속도(Group Velocity)

광에너지 전달 속도로 v_g로 표시($v_g = \frac{1}{n_1}\cos\theta$, θ는 입사각)

(4) 비굴절률차(Core-Cladding Index Difference)

코어와 글래딩 간의 굴절률차를 말하는 것으로 Δ로 표시한다.

$$\Delta = \frac{n_1 - n_2}{n_1}$$

① [%]로 나타내기도 한다.
② Δ가 작다는 것은 n_2가 크다는 의미이며 즉 광이 코어 밖으로 나온다는 것을 의미한다.
③ 보통 0.01 이하의 값을 갖는다.

합격예측
코어의 굴절률이 클수록 군속도는 느려진다.

합격 NOTE

(5) Goos-Hänchen Shift

광이 코어 내를 진행할 때 실제는 광이 코어 밖으로 약간 튀어 나갔다가 다시 코어 내로 들어가면서 진행함에 따라 광신호에 약간의 위상 변화가 일어나는 것을 말한다.

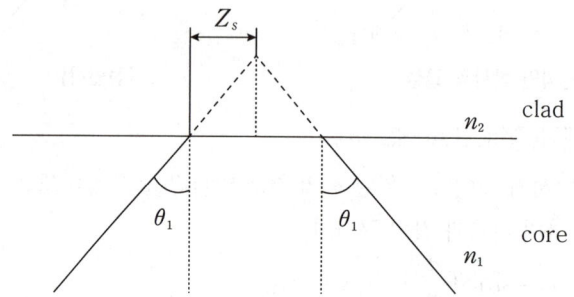

라. 구조 파라미터

① 외경
② 편심률
③ 비원율

마. 종류

(1) 전송 Mode에 따른 분류

① Single Mode Fiber(단일 Mode Fiber) : 광이 Core 내를 직진하는 것 하나만 존재하는 Mode
② Multi Mode Fiber(다중 Mode Fiber) : Core 내를 직진하는 광 이외에도 반사 횟수가 다른 여러 개의 광이 존재하는 Mode

(2) 굴절률에 따른 분류

① Step Index Fiber(계단형 광섬유) : SIF
② Graded Index Fiber(언덕형 광섬유) : GIF

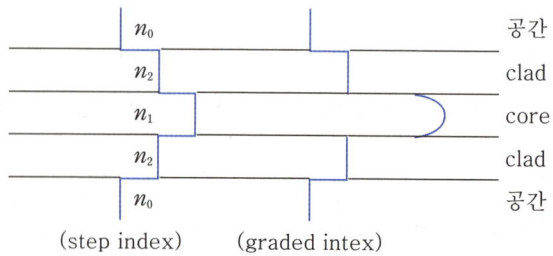

[각 Fiber의 굴절률 분포]

합격예측

편심률이란 코어가 광의 중심축인 RIP(Reflective Index Profile)에서 얼마나 벗어났는가를 의미하며, 비원률이란 광케이블을 앞에서 바라다 보았을 때 원이 아닌 비율 즉 타원의 정도를 나타내는 것이다.

합격예측

광케이블 내에는 TE, TM 모드의 전자계는 존재할 수 있으나 TEM 모드의 전자계는 존재할 수 없다.

합격예측

광섬유의 종류로는 다음과 같은 것이 있다.
① Single Mode Step Index Fiber
② Multi Mode Step Index Fiber
③ Multi Mode Graded Index Fiber

Single Mode Fiber는 Mode 분산이 생기지 않으므로 Mode 분산을 줄이기 위해 사용되는 Single Mode Graded Index Fiber는 없다.

바. 광섬유 케이블의 특징

(1) 광섬유 케이블의 분산(Dispersion)

광신호가 전송되는 도중에 광 pulse의 파형이 퍼져 이웃하는 Pulse와 서로 겹침으로써 광섬유의 전송 대역이 제한되는 현상

① 모드내 분산(색분산) : 파장에 따른 전파 속도차 때문에 생기는 분산
  ㉠ 재료 분산 : 광도파로를 구성하는 재료의 굴절률이 파장에 따라 변화함으로써 생기는 분산
  ㉡ 도파로 분산(구조 분산) : 광섬유의 구조 변화로 인하여 광이 광섬유축과 이루는 각이 파장에 따라 변화하게 됨으로써 광 Pulse가 퍼지는 현상
② 모드(간) 분산 : Mode 사이의 전파 속도차 때문에 생기는 분산

(2) 광섬유 케이블의 손실

① 구조 손실
  불균등 손실(계면 손실), 코어 손실, Microbending 손실이 있다.
② 재료 손실
  ㉠ 산란 손실
    • Rayleigh 산란 : 입사되는 빛의 파장보다도 미소한 굴절률의 흔들림에 의해 일어나며 λ^4에 반비례하고 전송되는 Mode 및 Core의 직경과는 무관한 특성을 갖는다.
    • Raman 산란 : 물질에 일정한 주파수의 광을 조사한 경우 분자의 고유한 진동이나 결정의 격자 진동 에너지만큼 벗어난 주파수의 빛이 산란되는 것을 말한다.
    • Brillouin 산란 : 재료의 구조적 불완전성 때문에 생기는 산란을 말한다.
  ㉡ 흡수 손실 : 광섬유의 유리 중에 포함된 Fe나 Cu 등의 천이 금속이나 수분 등의 불순물에 의해 일어나는 손실
③ 회선 손실
  ㉠ 접속 손실(광케이블끼리 접속 시 발생하는 손실)
  ㉡ 결합 손실(광소자와 광케이블 결합 시 발생하는 손실)

(3) 광섬유 케이블의 장·단점
① 세경성
② 경량성
③ 경제성
④ 가요성(가요성은 있으나 구부림 허용반경은 동축 케이블보다 작다.)
⑤ 고속성

합격 NOTE

합격예측
색 분산, 재료 분산, 도파로 분산(구조 분산)은 단일모드 광케이블에서 발생되는 분산이다.

합격예측
단일 모드 광섬유는 색분산만 있고, 다중 모드 광섬유는 색분산과 모드 분산이 모두 존재하나, 색분산은 모드(간) 분산에 비해 훨씬 적으므로, 다중 모드 광섬유에서는 모드(간) 분산이 주가 된다.

합격예측
microbending 손실이란 광섬유의 측면에서 가해지는 불균일한 압력에 의해 축이 미소하게 구부러짐으로써 발생하는 손실을 말한다.

합격예측
광섬유의 접속 손실 측정법으로는 후방 산란광법, 절단법(Cutback법), 광섬유 분석기를 이용하는 법, OTDR(Optical Time Domain Reflectometer)을 이용하는 방법이 있다.

합격 NOTE

⑥ 무유도성(전자파에 대한 무유도성)
⑦ 광대역성
⑧ 저손실성

(4) 광검출 방식

광신호 검출 방식으로는 광신호의 세기를 직접 검출하는 방식인 DD(Direct Detection) 방식을 사용한다.

사. 광통신 시스템

(1) 광변조 방식

① IM(Intensity Modulation) 방식

전송하고자 하는 정보신호를 부호기에 통과시켜 1과 0의 디지털 전기펄스를 만든 다음 이것에 따라 광원을 On/Off하여 광펄스를 전송하는 방식으로 기저대역 전송에 속하며 Incoherent 방식이라고도 한다.

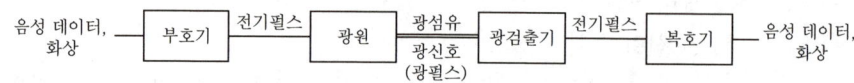

[IM/DD 광통신 시스템의 구성도]

② Coherent 방식

전송하고자 하는 정보신호에 따라 반송파 광파의 진폭, 주파수 또는 위상을 변화시켜 즉 ASK, FSK, PSK 변조시켜 전송하는 방식으로 반송대역 전송에 속한다.

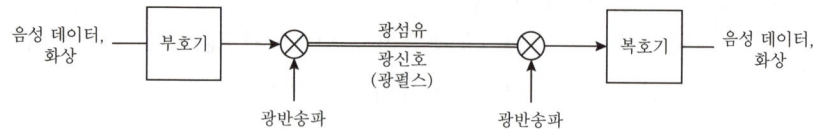

[coherent 광통신 시스템의 구성도]

(2) 광검출방식

광신호 검출 방식으로는 전송속도가 1[Gb/s] 이하인 경우에는 광신호의 크기를 직접 검출하는 방식인 DD(Direct Detection) 방식이 사용되고 1[Gb/s] 이상인 경우에는 coherent 광복조 방식이 사용된다. 현재 우리나라의 광변조 및 광검출 방식으로는 IM/DD 방식이 많이 이용된다.

합격예측

광신호의 파장

① 광신호의 파장은 0.8~1.55[μm]이며 1.55[μm]에서 가장 손실이 작다.
② 광신호는 아주 높은 주파수로 가시광선 영역에서 근적외선 영역에 속하며 편광현상을 가진다.
③ 광통신에서 사용되는 레이저광은 단색성(단일 주파수 성분)을 가지며 냉광의 특성을 갖는다.

(3) IM/DD 방식의 광원과 광검출기
  ① 광원 : LD, LED가 주로 사용된다.
  ② 광검출기 : APD, PIN diode, PIN-PD가 주로 사용된다.
    이상의 소자를 OEIC소자라 하며 특히 광 Isolator는 광을 한쪽 방향으로만 진행시키기 위하여 순방향 손실은 적고 역방향 손실은 크게 한 광소자이다.

 참고

 WDM(Wavelength Division Multiplexing)
여러 발광 소자에서 나오는 파장이 다른 광신호를 광결합기로 결합하여 전송하는 다중화 방식(수신측에서는 광분파기로 분리)

출제 예상 문제

제1장 전송매체

01 Twisted Pair Cable은 주파수가 높아지게 되면 몇 가지 원인에 의해 케이블의 저항이 증가한다. 이에 해당되지 않는 것은?

① 근접 작용 ② 표피 작용
③ 누화 작용 ④ 와류 작용

해설
트위스트 페어 케이블은 근접 작용, 와류 작용, 표피 작용 등에 의해 주파수가 높아지면 케이블의 저항이 증가한다.
• 누화(Crosstalk) : 유도 회선에서 피유도 회선으로 에너지가 넘어 들어가는 현상

02 다음은 표피 효과를 설명한 것이다. 틀린 것은?

① 주파수가 높을수록 전류가 도체의 표면을 따라 흐르는 현상이다.
② 침투 깊이는 $\delta = \dfrac{1}{\sqrt{\pi f \mu k}}$로 표시된다.($k$는 도전율)
③ 침투 깊이에서의 전류, 전계 등의 값은 도체 표면에서의 전류, 전계값의 0.368배이다.
④ 표피 효과가 일어나면 전류가 흐르는 실효 단면적이 증가하여 저항이 감소한다.

해설
표피 효과가 일어나게 되면 전류가 흐르는 실효 단면적이 감소하여 저항이 증가한다.($R = \rho \dfrac{l}{s}$)

• **표피 효과(Skin-Effect)**
① 주파수가 높을수록 전류가 도체 표면을 따라 흐르는 현상
② 침투 깊이는 $\delta = \dfrac{1}{\sqrt{\pi f \mu k}}$이며, μ는 투자율, k는 도전율이다.
③ 침투 깊이에서의 전류, 전계 등의 값은 도체 표면에서의 전류, 전계값의 0.368배이다.
④ 표피 효과가 일어나면 전류가 흐르는 실제 단면적이 줄어들게 되어 실효 저항이 증가한다.

03 Twisted Pair(평행 2선식 케이블)에서 사용 주파수가 높아지면 그 값 또는 작용이 감소되는 것은?

① 인덕턴스 ② 표피 작용
③ 근접 작용 ④ 와류 손실

해설
인덕턴스는 심선경에 반비례하고, 심선간의 간격에 비례하며 주파수가 증가함에 따라 감소한다.

04 Twisted Pair에서 $R=1[k\Omega]$, $L=10[\mu H]$, $C=10[pF]$, $G=0.001[\mho]$일 때 감쇠 정수 α는?

① 0.302 ② 0.413
③ 0.5   ④ 0.625

해설
$$\alpha = \dfrac{R}{2}\sqrt{\dfrac{C}{L}} + \dfrac{G}{2}\sqrt{\dfrac{L}{C}}$$
$$= \dfrac{1,000}{2}\sqrt{\dfrac{10 \times 10^{-12}}{10 \times 10^{-6}}} + \dfrac{0.001}{2}\sqrt{\dfrac{10 \times 10^{-6}}{10 \times 10^{-12}}}$$
$$= 0.5005$$

05 $L=1[mH]$, $C=1 \times 10^{-3}[F]$인 평형 Cable이 5[kHz]에서 가지는 위상 정수 β는?

① 15.7   ② 31.4
③ 62.8   ④ 125.6

해설
$$\beta = \omega\sqrt{LC} = 2\pi f \sqrt{LC}$$
$$= 2 \times 3.14 \times 5,000 \times \sqrt{10^{-3} \times 10^{-3}}$$
$$= 31,400 \times 10^{-3} = 31.4$$

06 전송 선로의 무왜 조건이 성립하기 위한 R, L, C, G의 관계식은?

① $RL = 2GC$ ② $RC = LG$
③ $RG = LC$ ④ $RG = 2LC$

[정답] 01 ③ 02 ④ 03 ① 04 ③ 05 ② 06 ②

해설

특성 임피던스는 $Z_0 = \sqrt{\dfrac{Z}{Y}}$로 정의되며 선로가 무손실인 경우와 유손실인 경우로 나누어 살펴보면 다음과 같다.

① 무손실인 경우 :

$Z_0 = \sqrt{\dfrac{Z}{Y}} = \sqrt{\dfrac{R+j\omega L}{G+j\omega C}}$에서 $R=G=0$이므로 $Z_0 = \sqrt{\dfrac{L}{C}}$

② 유손실인 경우 :

$Z_0 = \sqrt{\dfrac{Z}{Y}} = \sqrt{\dfrac{L}{C}} \left[1 + j\omega\left(\dfrac{G}{2\omega C} - \dfrac{R}{2\omega L}\right)\right]$

유손실의 경우 허수항 $\left(\dfrac{G}{2\omega C} - \dfrac{R}{2\omega L}\right)$이 왜(distortion)를 일으키게 되는데 이 부분이 0이 되면 왜가 없게 되므로 무왜 조건을 얻을 수 있다.

$\dfrac{G}{2\omega C} - \dfrac{R}{2\omega L} = 0$으로부터 무왜 조건은 $LG = RC$가 됨을 알 수 있다.

07 다음 동축 케이블 중 가장 많은 음성 채널을 수용할 수 있는 것은?

① P-1M
② C-12M
③ C-60M
④ C-100M

해설

숫자는 차단주파수를 의미하며 무조건 숫자가 클수록 많은 음성 채널을 수용할 수 있다.
P는 P Series로 세심동축 케이블을 C는 C Series로 표준동축 케이블을 의미한다.

08 동축 케이블의 감쇠 정수는 주파수에 따라 어떻게 변화하는가?

① 주파수의 평방근에 비례한다.
② 주파수에 비례한다.
③ 주파수의 자승에 비례한다.
④ 주파수에 반비례한다.

해설

감쇠 정수 α는 $\alpha \approx \sqrt{f}$

09 다음 중 동축 케이블의 특징이 아닌 것은 어느 것인가?(단, f는 주파수)

① 감쇠량은 $\sqrt{f}$에 비례하며 고주파 영역에서 감쇠량이 작아서 사용 가능 주파수를 어느 정도 높게 할 수 있다.
② 위상 정수는 f^2에 비례한다.
③ 특성 임피던스는 주파수에 관계없이 일정하다.
④ 왜곡이 적으며 전력 전송이 가능하다.

해설

① $\beta = \omega\sqrt{LC} = 2\pi f\sqrt{LC}$
② $Z_0 = \sqrt{\dfrac{Z}{Y}} = \sqrt{\dfrac{L}{C}}$
③ $\alpha \approx \sqrt{f}$
④ 왜곡도 적고 전력 전송도 가능하다.

10 동축 케이블의 내부 도체의 외경이 5[mm], 외부 도체의 내경이 20[mm]일 때 이 케이블의 특성 임피던스는?(단, $\varepsilon_s = 1$이다.)

① 50[Ω]
② 75[Ω]
③ 83[Ω]
④ 96[Ω]

해설

$Z_0 = \dfrac{138}{\sqrt{\varepsilon_s}}\log_{10}\dfrac{D}{d} = 138\log_{10}\dfrac{20}{5} = 83.08[\Omega]$

d : 내부 도체의 외경
D : 외부 도체의 내경

$\dfrac{D}{d} = 3.6$일 때 동축 케이블에서 가장 감쇠가 적으며 이때를 최적비라 한다.

11 서울, 인천간에 포설된 세심 동축 케이블의 특성 임피던스를 측정하였던바, 개방 임피던스는 25[Ω]이고, 단락 임피던스는 225[Ω]이었다. 이 케이블의 특성 임피던스(Z_0)는 얼마인가?

① 225[Ω]
② 250[Ω]
③ 25[Ω]
④ 75[Ω]

[정답] 07 ④ 08 ① 09 ② 10 ③ 11 ④

해설

특성 임피던스
$= \sqrt{\text{개방 임피던스} \times \text{단락 임피던스}}$
$= \sqrt{25 \times 225} = 75[\Omega]$

해설

① m(반사계수) $= \left|\dfrac{Z_l - Z_0}{Z_l + Z_0}\right| = \left|\dfrac{600 - 75}{600 + 75}\right| = 0.77$

② S(정재파비) $= \dfrac{1+m}{1-m} = \dfrac{1+0.77}{1-0.77} = 7.69$

12 다음 그림은 케이블 선로에서 가장 많이 사용되는 T형 패드(PAD)이다. 선로의 특성 임피던스가 600[Ω]일 때 T형 PAD의 R을 얼마로 하여야 완전 정합이 되겠는가?

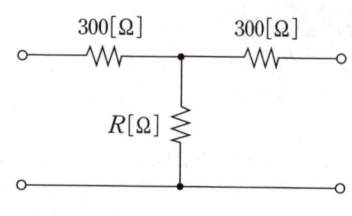

① 200[Ω]　　② 450[Ω]
③ 500[Ω]　　④ 350[Ω]

해설

① 첫 번째 방법

그림의 300[Ω]을 $\dfrac{R_1}{2}$으로, R을 R_2로 나타내면 다음의 관계를 갖는다.

Z_0(특성 임피던스) $= \sqrt{R_1 R_2 \left(1 + \dfrac{R_1}{4R_2}\right)}$

$\therefore 600 = \sqrt{600 R_2 \left(1 + \dfrac{600}{4R_2}\right)}$

$\therefore R_2 = 450[\Omega]$

② 두 번째 방법
- T형 pad의 개방시의 임피던스 : $300 + R$
- T형 pad의 단락시의 임피던스 : $300 + \dfrac{300R}{300+R}$

$\therefore 600 = \sqrt{Z_{oc} \cdot Z_{sc}} = \sqrt{(300+R) \cdot \left(300 + \dfrac{300R}{300+R}\right)}$

$\therefore R = 450[\Omega]$

14 다음은 동축 케이블의 특징을 열거한 것이다. 틀린 것은?

① Analog 신호 전송과 Digital 신호 전송 모두에 이용할 수 있다.
② 광대역 초다중화 전송에 이용한다.
③ 누화 특성은 주파수가 낮을수록 개선된다.
④ 절연 내력은 DC 3,000[V] 이상이 요구된다.

해설

동축 케이블의 특징은 다음과 같다.
① Analog신호 전송과 Digital신호 전송 모두에 이용할 수 있으며 따라서 PCM 전송 방식에서 가장 많이 사용된다.
② 광대역 초다중화 전송에 이용
③ 트위스트 페어 케이블보다 주파수 특성이 우수하며 높은 데이터 전송률을 가짐.
④ 동축 케이블의 외부 도체는 접지해서 사용하므로 트위스트 페어에 비해 간섭과 누화 특성이 양호
⑤ 누화 특성은 주파수가 증가할수록 개선됨.(외부 도체가 접지되어 차폐 작용을 하게 되므로)
⑥ 절연 내력은 DC 3,000[V] 이상(2분간)이 요구되며 내부 도체와 외부 도체 사이의 절연이 극히 좋으므로 전력 전송이 가능(내부 도체간 또는 내부 및 외부 도체간을 이용하여 중계기에 동작 전원을 공급)
⑦ 전송 특성이 양호하여 넓은 주파수 대역에 걸쳐 등화하기가 용이
⑧ 선로 도중에 임피던스 불균등점이 있으면 반사 현상이 일어나고 반사와 재반사가 되풀이되어 명음이나 Ghost를 야기시킴.
- 임피던스 불균등이 발생하지 않도록 곡률 반경이 2[m] 이상 되지 않게 해야 한다.
- 임피던스 불균등은 Pulse 시험법으로 측정할 수 있다.
⑨ 주파수가 낮아지면 표피 효과와 근접 작용의 영향이 감소되어 누화가 발생하기 쉽다. 따라서 60[kHz] 이하에서는 사용 안함.
⑩ 특히 원단 누화가 많이 발생하며 누화를 감소시키기 위하여 외부 도체를 철 Tape로 감는 조치를 취함.
⑪ 근거리 및 소규모 회선 구간에 적용하면 비경제적
⑫ 전송 구간의 중간에서 채널을 분기하거나 결합하는 절차가 다소 복잡
⑬ 장거리 전송 구간에는 중계기의 수가 많기 때문에 전송 회선의 레벨 조정, 등화기 특성, 비직선 왜곡, 전송 장해 등에 대한 신중한 고려가 필요

13 임피던스가 600[Ω]인 회로에 특성 임피던스가 75[Ω]인 PAD를 연결시키면 이때 정재파비(S) 및 반사계수(m)는 각각 얼마인가?

① $S = 0.77$, $m = 7.69$　　② $S = 1.28$, $m = 6.32$
③ $S = 6.32$, $m = 1.28$　　④ $S = 7.69$, $m = 0.77$

[정답] 12 ②　13 ④　14 ③

15 다음 전송 선로 중 케이블간의 혼선은 무시될 수 있는 정도이고, 신호 세력의 감쇠나 전송 지연으로 인한 변화가 적은 매체는?

① 나선(Open Wire)
② 와이어-페어(Wire-Pair) 케이블
③ 동축 케이블
④ 광케이블

해설
광케이블은 전송 지연이 생기고 분산이 일어나나 동축 케이블은 혼선, 감쇠, 전송 지연 등에 의한 변화가 적다.

16 동축 케이블간에는 근단 누화와 원단 누화가 발생할 수 있다. 이들간의 관계 중 맞는 것은?

① 근단 누화 > 원단 누화
② 원단 누화 > 근단 누화
③ 근단 누화 = 원단 누화
④ 근단 누화가 클 때도 있고 원단 누화가 클 때도 있다.

해설
동축 케이블에서는 원단 누화가 근단 누화보다 크고, 트위스트 페어 케이블에서는 근단 누화가 원단 누화보다 크다. 근단 누화란 유도회선의 송신측에서 피유도 회선의 송신측으로 에너지가 넘어 들어가는 현상이고 원단 누화란 유도 회선의 수신측에서 피유도 회선의 수신측으로 에너지가 넘어 들어가는 현상이다.

17 동축 케이블은 낮은 주파수에서는 누화가 심하기 때문에 어느 주파수 이하에서는 사용하지 않는가?

① 10[kHz]
② 60[kHz]
③ 100[kHz]
④ 600[kHz]

해설
동축 케이블은 누화 때문에 60[kHz] 이하의 낮은 주파수에서는 거의 사용하지 않는다.

18 동축 케이블 내의 전파 속도는 광속과 비교하여 어떻게 되는가?(단, $\varepsilon_2 = 2$이다.)

① 동축 케이블 내의 전파의 속도는 광속보다 느리다.
② 동축 케이블 내의 전파의 속도는 광속과 같다.
③ 동축 케이블 내의 전파의 속도는 광속보다 빠르다.
④ 동축 케이블 내의 전파의 속도는 광속보다 빠를 수도 있고 느릴 수도 있다.

해설
$$v = \frac{3 \times 10^8}{\sqrt{\varepsilon_s}} = \frac{C}{\sqrt{\varepsilon_s}}$$
따라서, $\varepsilon_s = 2$이면 케이블 내의 전파 속도는 광속보다 느려지게 된다.

19 다음의 손실들 중에서 동심선 케이블에 한해 야기되는 손실은?

① 레일리 산란 손실
② 적외선 흡수 손실
③ 구조 불완전 손실
④ 와류 손실

해설
①, ②, ③은 광케이블에 해당되는 손실이다.

20 다음의 법칙들 중에서 동심선 케이블에서 사용하는 전기 법칙과 관계없는 법칙은?

① Coulomb의 법칙
② Snell의 법칙
③ Lenz의 법칙
④ Kirchhoff의 법칙

해설
Snell의 법칙은 광케이블과 관계되는 법칙이다.

21 PCM 전송 방식으로 가장 많이 사용되는 전송로는?

① 음성 케이블
② 반송 케이블
③ 동축 케이블
④ 도파관

해설
PCM에서 많은 채널을 다중화해서 전송하기 위해 동축 케이블이 가장 많이 사용된다.

[정답] 15 ③ 16 ② 17 ② 18 ① 19 ④ 20 ② 21 ③

22 PCM 전송 방식으로 가장 높은 다중화를 할 수 있는 전송로는?
① 음성 케이블
② 반송 케이블
③ 동축 케이블
④ 도파관

해설
동축 케이블을 사용하면 PCM 전송 방식으로 높은 다중화를 할 수 있다.

23 다음 사항 중 일반적인 통신 선로에서 선로의 길이에 관계되지 않는 것은?
① 상호 임피던스
② 특성 임피던스
③ 절연 저항
④ 정전 용량

해설
특성 임피던스는 $Z_0 = \sqrt{\dfrac{L}{C}}$ 로 선로의 길이에 관계되지 않는다.

24 Ferranti 현상을 맞게 설명한 것은?
① 전화선의 누화 현상을 말한다.
② 장하 케이블에서 발생하는 현상이다.
③ 전송로의 특성 임피던스가 클 때 발생하는 현상이다.
④ 수단이 개방된 선로에서 수단 전압이 송단 전압보다 커지는 현상을 말한다.

해설
페란티(Ferranti) 현상이란 송전선로가 경부하 또는 무부하로 되었을 때 선로 분포 커패시턴스 때문에 충전 전류의 영향이 커지고 그 때문에 수전단 전압이 송전단 전압보다 높아지는 현상을 말한다.

25 광섬유 케이블은 빛의 어떤 현상을 이용하는 것인가?
① 산란
② 굴절
③ 직진
④ 전반사

해설
광섬유 케이블은 광섬유에 입사되는 광의 모두를 fiber 내부로 반사시켜 전파시키는 전반사 원리를 이용하고 있다.

• 광섬유 구조

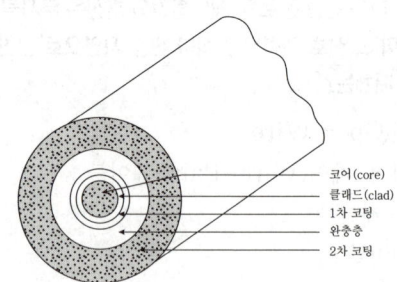

[광섬유의 단면도]

① Core : 광이 전파하는 영역으로 보통 주위 매질보다 굴절률이 큼
② Clad : Core에 입사된 광에너지를 광섬유 밖으로 빠져 나가지 못하도록 Core의 굴절률보다 약간 낮은 굴절률을 갖도록 제조하며 Cladding이라고도 함.
  ㉠ 광섬유를 만드는 재료로는 석영, 다성분 유리, 플라스틱 등을 사용할 수 있으며 석영을 사용하는 경우 1[dB/km] 이하의 저손실 광섬유를 제조할 수 있다. (광섬유 케이블의 감쇠 단위로 [dB/km]를 사용함에 유의)
  ㉡ Core의 굴절률은 n_1으로 Clad(Cladding)의 굴절률은 n_2로 표시

26 광케이블에 있어 전반사 보각이란 무엇을 말하는가?
① 빛이 core 내로 전반사되기 위한 최소 입사각
② 빛이 clad 내로 전반사되기 위한 최소 입사각
③ 빛이 core 내로 전반사되기 위한 최대 입사각
④ 빛이 clad 내로 전반사되기 위한 최대 입사각

해설
전반사가 일어나기 위한 광의 최소 입사각을 임계각 또는 전반사 보각이라 한다.

27 Snell's Law에 따른 광선의 전반사 현상을 나타낸 것이다. 이때 임계각 θ_c의 식으로서 맞는 것은?(단, n_1과 n_2는 유전체 Ⅰ, Ⅱ의 굴절률이고, $n_1 > n_2$)

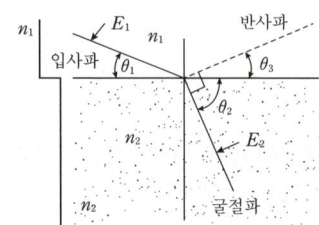

① $\theta_c = \cos^{-1}(\frac{n_2}{n_1})$ ② $\theta_c = \cos(\frac{n_2}{n_1})$

③ $\theta_c = \cos^{-1}(\frac{n_1}{n_2})$ ④ $\theta_c = \cos(\frac{n_1}{n_2})$

해설

임계각 $\theta_c = \cos^{-1}(\frac{n_2}{n_1})$ 이다.

n_1은 Core의 굴절률을, n_2는 Clad(또는 Cladding)의 굴절률을 의미한다.

28 광파이버의 기본적 성질을 표시하는 구조 파라미터는?

① 수광각   ② 개구수
③ 편심률   ④ 규격화 주파수

해설

①, ②, ④는 광학 파라미터이다. 외경, 비원율(원이 어느 정도 아닌가를 나타냄), 편심률(광심선인 Core가 어느 정도 중심에서 벗어났는가를 나타냄)을 구조 파라미터라 한다. 광학 파라미터에는 다음과 같은 것이 있다.
① 수광각 : 빛을 받아들이는 각도
② 개구수(NA : Numerical Aperture) : Fiber가 광을 모을 수 있는 능력을 나타내는 숫자로 광의 입사각 조건을 표시한다고 한다.
③ 비굴절률차 : Core와 Clad간의 굴절률 차
④ Goos-Hanchen Shift : 광이 코어 내를 진행하면서 일으키는 위상 변화
⑤ 규격화 주파수(V Number 또는 Normalized Frequency) : Fiber가 단일 모드 Fiber인지, 다중 모드 Fiber인지 구분하는 데 이용하는 것으로 $V < 2.405$이면 단일 모드 Fiber, $V > 2.405$이면 다중 모드 Fiber이다.
⑥ 모드 수 : Fiber 내에 몇 개의 Mode가 존재하는가를 나타내는 숫자

29 광파이버의 기본적 성질을 표시하는 광학 파라미터는?

① 외경   ② 편심률
③ 비원율   ④ 개구수

해설

①, ②, ③은 구조 파라미터이다.

30 광케이블에 있어 NA는 Fiber가 광을 모을 수 있는 능력을 나타내는데 n_1이 1.3, n_2가 1.1일 때 NA는?

① 0.3   ② 0.5
③ 0.7   ④ 0.9

해설

$NA = \sqrt{n_1^2 - n_2^2} = \sqrt{1.3^2 - 1.1^2}$
$= \sqrt{1.69 - 1.21} = 0.6928$

31 Fiber가 단일 모드 Fiber인지 다중 모드 Fiber인지의 구별에 사용되는 광학 파라미터는?

① 수광각   ② NA
③ 규격화 주파수   ④ mode 수

해설

Fiber가 단일 모드(Single Mode) Fiber인지 다중 모드(Multi Mode) Fiber인지를 구별하는 데 사용되는 광학 Parameter를 V Number 또는 Normalized Frequency(규격화 주파수)라 한다.

32 어떤 광섬유의 Normalized Frequency가 3.14일 때 Fiber 내의 Mode 수는?

① 1개   ② 2개
③ 3개   ④ 4개

해설

fiber 내에 존재하는 mode 수는 다음과 같이 계산한다.
$M = 2(\frac{V}{\pi})^2 = 2(\frac{3.14}{\pi})^2 = 2$
여기서 V : V Number(Normalized Frequency)

33 일 모드 Fiber인 광섬유 내에 존재하는 전자계는?

① TE_{11} ② TE_{10}
③ TE_{01} ④ HE_{11}

해설

Fiber 내에 존재할 수 있는 전자계에는 다음과 같은 것이 있다.
① TE_{mn} : EZ=0, HZ≠0
② TE_{mn} : EZ≠0, HZ=0

[정답] 28 ③ 29 ④ 30 ③ 31 ③ 32 ② 33 ④

③ Hybrid(HE_{mn} 또는 EH_{mn}) : EZ≠0, HZ≠0
• fiber 내에 TEM(EZ=0, HZ=0)은 존재할 수 없다.
• 단일 Mode Fiber라 함은 HE_{11} 전자계가 존재함을 의미한다.

34 광섬유 케이블 심선에 있어서 Core의 굴절률을 점차 높이면(증가시키면) 통화용 레이저 광선의 전파속도(군속도)는 어떻게 변화되는가?

① 점차 빨라진다.
② 점차 늘어진다.
③ 전혀 불변이다.
④ 주기적으로 빨라졌다 늘어졌다 한다.

해설

군속도는 에너지의 전달 속도로 다음과 같이 계산한다.
$V_g = \frac{1}{n_1}\cos\theta$
n_1 : Core의 굴절률
θ : 광의 입사각

35 다음은 Single Mode Fiber에 대한 설명이다. 틀린 것은?

① Core 내를 전파하는 Mode가 한 개만 존재한다.
② 모드간 간섭이 없다.
③ Mode가 적어 고속 대용량 전송이 곤란하다.
④ Core의 직경이 작아 제조 및 접속이 어렵다.

해설

Fiber는 크게 전송 모드와 굴절률 분포에 따라 분류할 수 있다.
전송모드에 따라 분류하면 다음과 같다.
① Single Mode Fiber(단일 Mode Fiber) : 광이 Core 내 직진하는 것 하나만 존재하는 Mode로 다음과 같은 특징을 갖는다.
  ㉠ Core 내를 전파하는 Mode가 한 개(HE_{11})
  ㉡ 모드간 간섭이 없다.
  ㉢ 고속, 대용량 전송이 가능
  ㉣ Core의 직경이 작아(3~10[μm]) 제조 및 접속이 어려움
② Multi Mode Fiber(다중 Mode Fiber) : Core 내를 직진하는 광 이외에도 반사 횟수가 다른 여러 개의 광이 존재하는 Mode로 다음과 같은 특징을 갖는다.
  ㉠ Core 내를 전파하는 Mode가 여러 개
  ㉡ 모드(간) 간섭이 일어남(따라서 전송 대역이 제한됨)
  ㉢ 고속, 대용량 전송이 불가능
  ㉣ Core의 직경이 비교적 크기 때문에 (30~90[μm]) 제조 및 접속이 용이

36 Multimode Fiber에 대한 다음 설명 중 틀린 것은?

① Core 내를 전파하는 모드가 여러 개이다.
② 모드간 간섭이 없다.
③ 고속, 대용량 전송이 불가능하다.
④ Core의 직경이 비교적 커 단일모드 광섬유에 비해 접속이 용이하다.

해설

Multimode란 Core 7내를 전파하는 모드(전자계가 고유한 분포를 하고 있는 상태)가 여러개 있는 것을 의미하며 따라서 이들 모드끼리 간섭을 일으켜 고속 대용량 전송이 불가능하다.

37 Core의 굴절률이 연속 굴절률 분포를 가지며 Mode 분산이 생기지 않는 Fiber는?

① Step Index Fiber
② Graded Index Fiber
③ Triangular Index Fiber
④ Multi Index Fiber

해설

Fiber를 굴절률 분포에 따라 분류하면 다음과 같다.
① Step Index Fiber(계단형 광섬유)
  ㉠ 불연속 굴절률 분포를 가짐
  ㉡ Mode 분산(Mode 사이의 전파 속도차 때문에 생기는 분산)이 발생
② Graded Index Fiber(언덕형 광섬유 또는 Parabolic형 광섬유)
  ㉠ 연속 굴절률 분포를 가짐
  ㉡ Mode 분산을 줄일 수 있음
③ Triangular Index Fiber

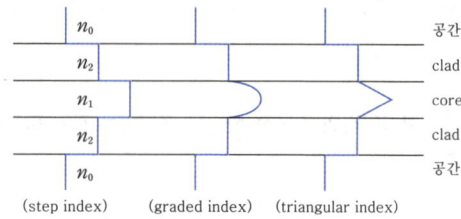

[각 Fiber의 굴절률 분포]

[정답] 34 ② 35 ③ 36 ② 37 ②

38 광섬유를 굴절률에 따라 분류하면 Step Index, Graded Index, Triangular Index 등으로 나누어지는데 이것은 무엇을 가지고 분류하게 되는가?

① Core의 굴절률 분포 형태
② Clad의 굴절률 분포 형태
③ Core와 Clad 사이의 굴절률 분포 형태
④ Clad와 공기 사이의 굴절률 분포 형태

해설
Fiber를 굴절률 분포에 따라 분류하는 것은 Core의 굴절률 분포 형태에 따라 분류한 것이다.

39 광통신 방식에 대한 설명 중 적당하지 않은 것은?

① 단파장 광통신은 파장이 1[μm]보다 짧은 광을 이용한다.
② 장파장 광통신은 단일모드 광케이블을 이용한다.
③ 다중모드 광통신은 단일모드 광통신 방식보다 다중화 전송상의 장점이 있다.
④ SI(Step Index) 광섬유는 광코어의 반경에 따라 굴절률의 변화를 준 것이다.

해설
단파장은 0.85[μm]대, 장파장은 1.3[μm] 또는 1.55[μm]대이며 장파장 광통신은 Single Mode Fiber를 이용한다. SI 광섬유는 Core의 굴절률 분포가 계단형이며, Core의 반경에 따라 굴절률의 변화를 준 것은 Graded Index Fiber이다.

40 그레이디드형 다중 모드 파이버에 대한 설명 중 옳은 것은?

① 모드 분산이 크게 생긴다.
② 코어의 굴절률 분포가 2승 분포이다.
③ 광이 코어 내부를 직진한다.
④ 굴절률이 다른 클래드와의 경계면에서 전반사를 한다.

해설
Graded형 Multimode Fiber는 모드 분산이 적으며, 코어의 굴절률 분포가 2승분포를 갖고 있다. 또한 코어 내를 직진(이것만 있으면 단일 모드라 함)하는 광 이외에도 여러 가지 광이 존재하며,

굴절률의 분포가 Parabolic하기 때문에 Core 내부에서 전반사를 하게 된다.

41 다음 중 광섬유의 종류에 해당되지 않는 것은?

① Single Mode Step Index Fiber
② Multi Mode Step Index Fiber
③ Single Mode graded Index Fiber
④ Multi Mode graded Index Fiber

해설
Fiber를 Graded Index Type으로 만드는 이유는 모드간 간섭을 줄이기 위한 것이므로 Single Mode Graded Index Fiber는 없다.(Single Mode는 모드가 1개밖에 없으므로 모드간 간섭이 없다.)

42 다음 중 우리나라에서 사용되지 않는 광케이블은?

① Strand형 광섬유 케이블
② Slotted형 광섬유 케이블
③ Bandle형 광섬유 케이블
④ 다중 Unit형 광섬유 케이블

해설
광섬유를 형태별로 분류하면 다음과 같다.
① Slotted형
② Strand형
③ 단일 Unit형
④ 다중 Unit형(광심선을 가장 많이 수용)

43 다음 중 광섬유 케이블에서 사용되는 손실의 단위는?

① neper/km ② dB/km
③ neper/m   ④ dB/m

해설
광섬유 케이블에서의 손실 단위는 dB/km이며 만약 3[dB/km]라면 1[km]당 전력이 3[dB] 줄어든다. 즉, 전력이 반으로 줄어든다는 것을 의미한다.

[정답] 38 ① 39 ④ 40 ② 41 ③ 42 ③ 43 ②

44 광 Fiber의 굴절률이 전파하는 광의 파장에 대해 비선형적으로 변화하므로 생기는 분산은?

① 색 분산 ② 재료 분산
③ 구조 분산 ④ 도파로 분산

해설

광섬유 케이블의 분산(Dispersion)
광선로가 전송되는 도중에 광 Pulse의 파형이 퍼져 이웃하는 Pulse와 서로 겹침으로써 광섬유의 전송용량이 제한되는 현상으로 광에 실리는 Baseband 신호의 주파수가 증가할수록 더 큰 왜곡을 받는다. 이와 같이 어떤 Baseband 신호로 변조된 광신호의 왜곡량과 Baseband 신호의 주파수와의 관계를 Baseband 주파수 특성 또는 분산 특성이라 하며 모드 내 분산과 모드(간)분산으로 나눌 수 있다.
① 모드 내 분산(색분산) : 파장에 따른 전파 속도차 때문에 생기는 분산
   ㉠ 재료분산 : 광도파로를 구성하는 재료의 굴절률이 파장에 대해 비선형적으로 변화함으로써 생기는 분산
   ㉡ 도파로 분산(구조 분산) : 광이 광섬유의 구조 변화로 인하여 광섬유축과 이루는 각이 파장에 따라 변화하게 되면 실제 전송 경로의 길이에도 변화가 생겨 도착시간이 변화하게 됨으로써 광 Pulse가 퍼지는 현상
② 모드(간) 분산 : Mode 사이의 전파 속도 차 때문에 생기는 분산으로 이를 줄이기 위해 GF(Graded Index Fiber)사용
※ 단일모드 광섬유는 색분산만 있고 다중모드 광섬유는 색 분산과 모드 분산이 모두 존재하나, 색 분산은 모드간 분산에 비해 훨씬 적으므로 다중 모드 광섬유에서는 모드 간 분산이 주가 된다.

45 광이 광섬유의 구조 변화로 인하여 광섬유축과 이루는 각이 파장에 따라 변화하게 되면, 실제 전송 경로의 길이에도 변화가 생겨 도착 시간이 변화하게 됨으로써 생기는 분산은?

① 재료 분산 ② 색 분산
③ 구조 분산 ④ 모드 분산

46 광파이버로 입사된 광은 모드의 전달 속도가 다르기 때문에 파형이 순간적으로 넓어지는 분산 현상이 나타난다. 이를 무슨 분산이라고 하는가?

① 색 분산 ② 모드 분산
③ 재료 분산 ④ 구조 분산

해설
모드 분산이란 모드사이의 전파 속도차 때문에 생기는 분산으로 이같은 모드 분산은 다중 모드 광섬유에서 생기며 이를 줄이기 위해 Graded Index Type의 광섬유를 사용한다.

47 Mode 사이의 전파 속도차 때문에 생기는 분산은?

① 색 분산 ② 재료 분산
③ 도파로 분산 ④ 모드 분산

해설
모드 분산이란 모드 사이의 전파속도차 때문에 광펄스가 퍼지는 현상을 말한다.

48 다음 중 분산의 성질이 다른 것은?

① 색 분산 ② 모드 분산
③ 재료 분산 ④ 도파로 분산

해설
단일 모드 광섬유에서는 색 분산, 재료 분산, 도파로 분산이 생기고 다중 모드 광섬유에서는 모드 분산이 생긴다. 다중 모드 광섬유도 색 분산, 재료 분산, 도파로 분산이 생기나 모드 분산에 비해 아주 적으므로 무시한다.

49 다음 설명 중 틀린 것은?

① 단일 모드 광섬유는 색 분산만 생긴다.
② 다중 모드 광섬유는 색 분산만 생긴다.
③ 다중 모드 광섬유는 색 분산과 모드 분산이 생긴다.
④ 다중 모드 광섬유는 모드 분산이 색 분산보다 훨씬 우세하다.

해설
다중 모드 광섬유는 색분산과 모드 분산 둘 다 생긴다.

50 광섬유 제조 기술상의 문제로부터 생기는 손실은 다음 중 어느 것인가?

[정답] 44 ② 45 ③ 46 ② 47 ④ 48 ② 49 ② 50 ①

① 구조의 불완전성에 의한 손실
② 열적 흔들림, 조성의 흔들림에 의한 레일리 산란 손실
③ 분자 진동에 기인하는 적외선 흡수 손실
④ 전자 변이에 기인하는 자외선 흡수 손실

해설
①은 제조 기술상의 문제이고 ②, ③, ④는 광섬유 특성상의 문제이다.

51 다음 중 광섬유의 구조 손실에 해당되지 않는 것은?
① 불균등 손실
② 곡률 손실
③ Microbending
④ 산란 손실

해설
광섬유 케이블의 손실은 크게 구조 손실, 재료 손실, 회선 손실로 나눌 수 있다.
① 구조 손실
  ㉠ 불균등 손실 : Core와 Clad 경계면의 불균일로 인해 발생되는 손실로 계면 손실이라 함
  ㉡ 곡률 손실 : 광섬유 케이블을 구부려 사용함으로써 생기는 손실
  ㉢ Microbending 손실 : 광섬유의 측면에서 가해지는 불균일한 압력에 의해 축이 미소하게 구부러짐으로써 발생하는 손실
② 재료 손실
  ㉠ 산란 손실
    ⓐ Rayleigh 산란 : 입사되는 빛의 파장보다도 미소한 굴절률의 흔들림에 의해 일어나며 λ^4에 반비례하고 전송되는 Mode 및 Core의 직경과는 무관한 특성을 갖는다.
    ⓑ Raman 산란 : 물질에 일정한 주파수의 빛을 조사한 경우 분자의 고유한 진동이나 결정의 격자 진동 에너지만큼 벗어난 주파수의 빛이 산란되는 현상
  ㉡ 흡수 손실 : 광섬유의 유리 중에 포함된 Fe나 Cu 등의 천이 금속이나 수분 등의 불순물에 의해 일어나는 손실로 적외선 흡수손실을 예로 들 수 있다.
③ 회선 손실
  ㉠ 접속 손실 : 광섬유를 Splicing 또는 Connector로 연결시 발생하는 손실
    • 광섬유의 접속 손실 측정법으로는 후방 산란광법, 절단법(Cutback법), 광섬유 Analyzer를 이용하는 방법, OTDR(Optical Time Domain Reflectometer)를 이용하는 방법이 있다.
  ㉡ 결합 손실 : 광원과 광섬유 결합시 발생하는 손실

52 광파이버에 있어 불순물 이온에 의해 생기는 광 손실은?
① 흡수 손실
② 산란 손실
③ 마이크로벤딩 손실
④ 굽힘 손실

해설
광섬유 내에 포함되는 철(Fe)이나 구리(Cu) 등의 천이 금속이나 수분 등의 불순물 이온에 의해 발생되는 손실을 흡수 손실이라 하며 재료손실의 한 종류이다.

53 입사되는 빛의 파장보다도 미소한 굴절률의 흔들림에 의해 일어나며 λ^4에 반비례하는 산란은?
① Rayleigh 산란
② Raman 산란
③ Brillouin 산란
④ Material 산란

해설
Rayleigh 산란이란 입사되는 빛의 파장보다도 굴절률이 더 미세하게 흔들림으로써 생기는 산란으로 λ^4에 반비례하며 전송되는 Mode 및 Core의 직경과는 무관한 특성을 갖는다.

54 광펄스를 광섬유에 가하면서 Beam Splitter를 이용하여 후방으로 산란된 광 Pulse를 전단에서 가해준 입력 광 Pulse와 분리시킬 수 있게 하고 광검출기의 파형을 OTDR로 측정해 광섬유의 손실을 측정하는 방법은?
① 후방 산란광법
② 절단법
③ 광섬유 Analyzer 이용법
④ OTDR 방법

해설
후방 산란광법은 광섬유 접속 손실을 측정하는 방법 중의 하나로 광펄스를 광섬유에 가하면서 광검출기의 파형을 OTDR로 측정하는 방법이다.

55 광케이블의 장점을 설명한 것 중 잘못된 것은?
① 광대역성이다.
② 저손실성이다.
③ 전력 유도를 받지 않는다.
④ 전파 속도가 대단히 느리다.

[정답] 51 ④ 52 ① 53 ① 54 ① 55 ④

해설
광케이블의 장점은 다음과 같다.
① 세경성
② 경량성
③ 경제성
④ 가요성 : 가요성이 있으나 구부림 허용 반경은 동축 케이블보다 작다.
⑤ 고속성
⑥ 무유도성 : 전자 유도에 의한 영향을 받지 않는다.
⑦ 광대역성
⑧ 저손실성

56 광섬유 통신이 지닌 특성에 해당되지 않는 것은 어느 것인가?

① 전자 유도의 영향을 받으므로 비화 통신이 불가능해 이를 위한 보완 장치가 필요하다.
② 광원과 광섬유의 Coupling이 용이하지 않으므로 접속시 렌즈를 사용하는 등의 특수 기술이 필요하다.
③ 캐리어 주파수가 높아서 광대역 전송이 가능하다.
④ 신호의 감쇠가 적고 소형 경량이므로 대도시의 국간 중계선로에 경제적으로 이용할 수 있다.

해설
광섬유 통신은 전자 유도의 영향을 받지 않는다.

57 다음은 어떤 전송 선로의 특징을 서술한 내용이다. 옳은 것은?

① 저손실, 장거리 전송이 용이하다.
② 광대역, 대용량 전송이 용이하다.
③ 무유도성으로 외래 잡음이 적다.
④ 분기 디바이스 등 미개발 부품이 많다.

① 페어케이블　　② 무장하 케이블
③ 광파이버　　　④ 동축 케이블

해설
광케이블은 저손실, 광대역(대용량), 장거리 전송, 전자파 무유도성 등의 장점을 가지며 OEIC 소자 등 미개발 부품이 많다.

58 광통신 전송로의 특징이 아닌 것은 어느 것인가?

① 긴 중계기 간격　　② 대용량 전송
③ 협대역　　　　　　④ 비전도성

해설
광케이블은 광대역성을 가지므로 대용량 전송이 가능하다.

59 다음 전송 선로 중 대역폭이 가장 넓은 전송 매체는?

① Twist Pair Cable
② Baseband Coaxial Cable
③ CATV Coaxial Cable
④ Fiber Optics Cable

해설
광케이블이 가장 광대역적인 전송로이다.

60 다음은 광섬유의 특징을 열거한 것이다. 틀린 것은?

① 광섬유 표면에 상처가 있을 때 파단 고장이 발생할 수 있다.
② 광부품의 제조에 미세 가공이 요구되며 접속이 어렵다.
③ 광중계기의 전원 공급은 Core를 이용하므로 편리하다.
④ 손실 및 분산 현상이 생긴다.

해설
광중계기의 전원 공급은 개재심을 이용한다.

61 광섬유 통신 방식에서 사용하는 레이저 광선의 설명으로 틀린 것은 어느 것인가?

① 단색광(單色光)이다.
② 파장은 약 $1[\mu m](0.85 \sim 1.55)$ 정도이다.
③ 열이 없는 냉광이다.
④ 우주선 영역에 속한다.

[정답] 56 ① 57 ③ 58 ③ 59 ④ 60 ③ 61 ④

해설
레이저 광선은 가시광선 영역에서 근적외선 영역에 속한다.
광신호의 파장은 다음과 같은 특성을 갖는다.
① 광신호의 파장은 0.8~1.55[μm]이며 1.55[μm]에서 가장 손실이 작다.
② 광신호는 아주 높은 주파수로 가시광선 영역에서 근적외선 영역에 속하며 편광 현상을 가진다.
③ 광통신에서 사용되는 레이저광은 단색성(단일 주파수 성분)을 가지며 냉광의 특성을 갖는다.

62 레이저(Laser)광의 특징이 아닌 것은 어느 것인가?

① 단색성을 갖는다.
② 편광 현상이 없다.
③ 고휘도이다.
④ 지향성을 갖는다.

해설
전파의 편파(Polarization)처럼 광도 편광 현상을 가진다.
※ 편광 현상 : 광의 진행 방향에 대해 전자계가 어떤 방향을 가지고 있는가를 나타내는 것.

63 진공 중에서 광속도와 전자파 속도를 비교 설명한 것 중 맞는 것은?

① 광 속도가 빠르다.
② 광이 더 빠를 때도 있고 전자파가 더 빠를 때도 있다.
③ 전자파 속도가 더 빠르다.
④ 광 속도와 전자파 속도는 완전히 동일하다.

해설
v(전자파 속도)=$\frac{1}{\sqrt{\mu\varepsilon}}$이고
진공 중이라면 $v=\frac{1}{\sqrt{\mu_0\varepsilon_0}}=3\times10^8=C$(광속)

64 디지털 광통신 방식에서 레이저 광선의 변조를 위해 현재 주로 사용되는 변조 방식은?

① IM(Intensity Modulation)
② FSK(Frequency Shift Keying)
③ WDM(Wavelength Division Multiplexing)
④ FM(Frequency Modulation)

해설
광통신 시스템의 구성 및 전송은 다음과 같다.
① 구성

음성 데이터, 화상 → 부호기 → 전기펄스 → 광원 → 광섬유 광신호 → 광검출기 → 전기펄스 → 복호기 → 음성 데이터, 화상

② 광전송 방식
  ㉠ IM(Intensity Modulation) 방식
     광원으로부터 출력되는 광신호를 전기 펄스에 따라 On/Off 하여 디지털 신호로 만들어 전송하는 방식으로 Baseband 전송에 속한다.
  ㉡ coherent 방식
     매우 좁은 선폭을 갖는 광원으로부터 만들어진 반송파 광파를 입력 신호(전기 펄스)에 따라 ASK, FSK, PSK 변조하여 전송하는 방식으로 broadband 전송에 속한다.
③ 광검출 방식 : 광신호 검출 방식으로는 광신호의 세기를 직접 검출하는 방식인 DD(Direct Detection) 방식을 사용한다.
  • 현재 우리나라의 광전송 및 검출 방식은 IM/DD 방식을 사용한다.
④ 광원과 광검출기
  ㉠ 광원 : LD(Laser Diode), LED(Light Emission Diode)가 사용된다.
  ㉡ 광검출기 : APD(Avalanche Photo Diode), PIN Diode 등이 사용된다.

65 다음 중 광 발진 소자의 코히어런트파 스펙트럼은?

①

②
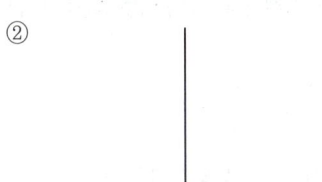

③
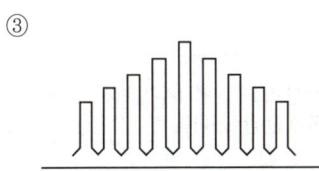

[정답] 62 ② 63 ④ 64 ① 65 ②

④

<해설>
Coherent파란 단일 주파수 스펙트럼을 갖는 파로 LD를 사용하면 발생시킬 수 있다.

66. 다음 설명은 광섬유 전송용의 전송로 부호로써 구비할 수 있는 조건을 열거한 것이다. 이 중 틀린 것은?

① 부호계열 직류 성분의 변동이 적을 것(광전력의 일정성)
② 광신호에는 부의 값은 없으나 전기계와 같이 부의 신호가 사용되어야 할 것
③ 전송 신호열에 의존하지 않고 바른 전송이 가능할 것(BSI 조건)
④ 부호의 오류율의 파급 효과가 없을 것

<해설>
광섬유 전송용 전송 부호의 조건은 다음과 같다.
① 부호 계열 직류 성분의 변동이 적을 것(광전력의 일정성)
② 전송 신호열에 의존하지 않고 바른 전송이 가능할 것(BSI 조건 : Bit Sequence Independence)
③ 부호 오율의 감시가 쉬울 것
④ 부호 오율의 파급 효과가 없을 것
⑤ 부호 변환 회로의 규모가 작을 것
⑥ Clock 주파수의 상승을 줄일 수 있을 것

67. 다음 중 광 아이솔레이터에 요구되는 성능이 아닌 것은?

① 순방향 손실이 작은 것
② 역방향 손실이 큰 것
③ 온도 변화에 강하고 경량으로 가격이 저렴한 것
④ 역방향 손실이 작은 것

<해설>
광 Isolator란 광을 한쪽 방향으로만 진행시키기 위하여 순방향 손실은 작고 역방향 손실은 크게 한 광소자이다.

68. 여러 발광 소자에서의 파장이 다른 광신호를 광결합기로 결합하여 전송하고 수신측에서 분리하는 다중화 방식은 무엇인가?

① FDM
② SDM
③ WDM
④ TDM

<해설>
WDM(Wavelength Division Multiplexing)
여러 발광 소자에서 나오는 파장이 다른 광신호를 광결합기로 결합하여 전송하는 다중화 방식(수신측에서는 광분파기로 분리)

69. 통신 전송로의 구성 조건과 거리가 먼 것은?

① 저손실성
② 접속의 임의성
③ 고신뢰성
④ 광대역성

<해설>
②번은 전송로의 구성 조건이 아니고 Interface의 문제이다.

[정답] 66 ② 67 ④ 68 ③ 69 ②

2 전자파 이론

1. 전파의 속도

파동방정식으로부터 전파의 속도는 다음과 같다.

$$v = \frac{1}{\sqrt{\mu\varepsilon}} = \frac{1}{\sqrt{\mu_o\mu_s\varepsilon_o\varepsilon_s}} = \frac{1}{\sqrt{\mu_o\varepsilon_o}}\frac{1}{\sqrt{\mu_s\varepsilon_s}} = \frac{c}{\sqrt{\mu_s\varepsilon_s}}$$

자유공간에서의 전파의 전파속도는 $v = \frac{1}{\sqrt{\mu_o\varepsilon_o}} = c = 3 \times 10^8 \,[\mathrm{m/s}]$이다.

> **합격예측**
> 전파의 속도는 $v = \frac{1}{\sqrt{\mu\varepsilon}}$로 투자율 μ와 유전율 ε과 관계가 있다.

> **합격예측**
> 비투자율 μ_s, 비유전율 ε_s가 클수록 전파의 속도는 느려진다.

2. 주파수와 파장과의 관계

파장이란 1사이클의 길이로 λ로 나타내며 단위는 [m]이다. $\lambda = \frac{v}{f}$의 관계를 가지며 진공에서는 v가 c(광속)과 같으므로 $\lambda = \frac{c}{f}$로 나타낸다. 주파수 f와 파장 λ는 반비례 관계를 가지므로 주파수가 높을수록 파장은 짧아지고 주파수가 낮을수록 파장은 길어진다.

3. 자유공간 전자파의 특성

가. 횡전자파(TEM : Transverse Electro Magnetic Wave)

TEM파란 전파의 진행방향(z방향)에 전계와 자계가 존재하지 않고, 진행방향의 직각인 방향에 전계와 자계가 존재하는 횡파 성분의 전자파이다. 전자파란 전계와 자계로 이루어진 파로 일반적인 전파라 하며 전계와 자계가 이루는 평면에 수직으로 진행하는 파를 말한다. 전자파의 종류(Mode)에는 다음과 같은 것이 있다.

> **합격예측**
> TEM파란 전파의 진행방향에 전계와 자계가 존재하지 않고 진행방향의 직각방향에 전계와 자계가 존재하는 전자파이다.

(1) TE Mode

전파의 진행방향(z방향)에 전계가 없고 자계가 존재하는 파로 H파라 하며 이때 전계는 진행방향의 직각방향에 존재하는 전자파

(2) TM Mode

전파의 진행방향(z방향)에 자계가 없고 전계가 존재하는 파로 E파라 하며 이때 자계는 진행방향의 직각방향에 존재하는 전자파

(3) TEM Mode

전파의 진행방향(z방향)에 전계, 자계가 없고 전계와 자계는 진행방향의 직각방향에 존재하고 전계와 자계도 직각을 이루는 전자파

합격 NOTE

합격예측
자유공간에서의 특성 임피던스는
$Z_0 = \dfrac{E}{H} = \sqrt{\dfrac{\mu_o}{\varepsilon_o}} = 120\pi$
$= 377[\Omega]$이다.

합격예측
위상속도 v_p와 군속도 v_g와의 곱은 광속의 제곱과 같다.

나. 평면파(Plane Wave)

평면파라 함은 파가 먼 거리를 진행하여도 그 에너지 밀도가 변화하지 않고 파동의 각 부분이 같은 방향으로 진행하는 이상적인 파동을 의미하는 것으로 전파방향과 수직한 평면상의 모든 점에서 동일한 크기와 위상을 갖는 파로 **TEM**파의 일종이다.

다. 고유 임피던스(특성 임피던스)

전자계내의 모든 점에서의 전계와 자계의 비를 말하며 다음과 같이 표시된다.

$$Z_0 = \frac{E}{H} = \sqrt{\frac{\mu}{\varepsilon}}$$

자유공간에서는 $Z_0 = \dfrac{E}{H} = \sqrt{\dfrac{\mu_o}{\varepsilon_o}} = 120\pi = 377[\Omega]$

여기서 μ_o : 자유공간에서의 투자율($4\pi \times 10^{-7}\,[\text{H/m}]$)
 ε_o : 자유공간에서의 유전율($8.855 \times 10^{-12}\,[\text{F/m}]$)

라. 위상속도 및 군속도

(1) 위상속도(Phase Velocity)

동일 위상이 반복되는 시간과 동일 위상이 반복되는 거리와의 비

$$v_p = \frac{c}{n}$$

여기서 n : 매질의 굴절률
 c : 광속($3 \times 10^8\,[\text{m/s}]$)

(2) 군속도(Group Velocity)

매질 내에서 파가 에너지를 전파하는 속도

$$v_g = nc$$

한편 $v_p \cdot v_g = \dfrac{c}{n} \cdot nc = c^2$ 의 관계가 있다.

마. Poynting 정리

공간 내의 한 점의 단위부피 중에는 전계에너지와 자계에너지가 분포되어 있는데, 이때 전계에너지 밀도와 자계에너지 밀도는 각각 $\dfrac{1}{2}\varepsilon E^2\,[\text{J/m}^3]$과 $\dfrac{1}{2}\mu H^2\,[\text{J/m}^3]$이 되며 전체 전자계에너지 밀도는

$$\omega = \frac{1}{2}\varepsilon E^2 + \frac{1}{2}\mu H^2 = \frac{1}{2}(\varepsilon E^2 + \mu H^2)$$

$$= \frac{1}{2}\left(\varepsilon\sqrt{\frac{\mu}{\varepsilon}}EH + \mu\sqrt{\frac{\varepsilon}{\mu}}EH\right) = \sqrt{\mu\varepsilon}EH\,[\text{J/m}^3]$$

이러한 에너지 밀도를 가지는 전자파가 자유공간을 $v[\text{m/s}]$의 속도로 전파할 때, 파의 진행방향에 직각인 단위면적을 통과하는 전력(단위시간에 통과하는 에너지)은

$$P = \omega \cdot v = \sqrt{\mu\varepsilon}EH \times \frac{1}{\sqrt{\mu\varepsilon}} = EH\,[\text{W/m}^2]$$

한편 $Z_0 = \dfrac{E}{H}$의 관계에서 $H = \dfrac{E}{Z_0} = \dfrac{E}{120\pi}$이므로,

$$P = EH = E \cdot \frac{E}{120\pi} = \frac{E^2}{120\pi}\,[\text{W/m}^2]$$

※ Vector로 표시하는 경우는 E와 H가 수직이므로 $\boldsymbol{P = E \times H}\,[\text{W/m}^2]$로 표시되며 P를 Poynting Vector라 한다.

바. 전파의 성질

(1) 전파는 횡파이다.
(2) 균일 매질을 전파하는 전파는 직진하나 굴절률이 다른 매질의 경계면에서는 굴절과 반사한다.
(3) 전파는 주파수가 높을수록 직진하며 주파수가 낮을수록 회절현상이 심하다.
(4) 매질의 비유전율, 비투자율이 클수록 전파의 속도는 늦어진다.
(5) 2개 이상의 전파가 만날 때 동위상이면 합성되고 역위상이면 상쇄되는 간섭성질을 갖는다.
(6) 전파는 거리에 따라 그 크기가 감쇠한다.
(7) 전파는 편파성을 갖는다.
(8) 전파는 산란(전파가 사방으로 퍼지는 것)되기도 하고, 다중경로를 거쳐 송수신되기도 한다.

4. 편파

편파란 Polarization으로 전파의 진행방향(z방향)에 대해 전계면(전기력선의 면)이 어떤 방향에 있는가를 말하는 것이며, 전기력선의 진동진폭과 방향의 변화 여부에 따라 직선편파, 타원편파, 원편파 등으로 구분한다.

합격 NOTE

합격예측
단위면적을 통과하는 전력 즉 전력밀도는 $EH\,[\text{W/m}^2]$이며 자유공간에서는 $H = \dfrac{E}{120\pi}$이므로 전력밀도는 $\dfrac{E^2}{120\pi}$으로 구할 수 있다.

합격예측
전파는 굴절과 반사하며 주파수가 높을수록 직진, 낮을수록 회절한다.

합격 NOTE

합격예측
직선편파에는 수평편파와 수직편파가 있다.

가. 직선편파

전기력선의 진동진폭과 방향이 일정한 것으로 수평편파와 수직편파로 분류된다.

(1) 수평편파

전계의 편파면이 전파의 진행방향에 수평인 것으로 수평으로 설치된 안테나에서 복사(방사)되는 전파는 수평편파가 된다.

(2) 수직편파

전계의 편파면이 전파의 진행방향에 수직인 것으로 수직으로 설치된 안테나에서 복사(방사)되는 전파는 수직편파가 된다.

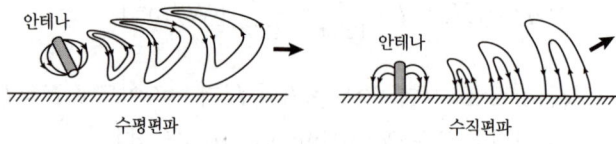

[직선편파]

나. 타원편파

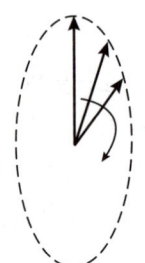

전기력선의 진동방향뿐 아니라 진폭까지도 시간에 따라 변화하는 것으로 그 궤적이 타원이므로 타원편파라 하고 진동방향의 회전방향에 따라 좌선회 타원편파와 우선회 타원편파로 분류된다.

※ 직선편파의 경우 이것이 전리층으로 들어가 지구 자계의 영향을 받아 편파면이 회전함과 동시에 그 크기도 변하는 타원편파가 되며 이러한 편파를 수신하는 경우 Fading을 일으키며 이를 편파성 Fading이라 한다.

다. 원편파

전기력선의 진동방향이 시간에 따라 변화하는 것으로 그 궤적이 원이므로 원편파라 하고, 진동방향의 회전방향에 따라 좌선회 원편파와 우선회 원편파로 분류된다.

5. 무선주파수 대역의 분류

무선 통신에서 반송파로 사용되고 있는 전자파의 주파수를 무선주파수(RF : Radio Frequency)라 하며, 국제적으로 통용되고 있는 분류방법에 따라 구분하면 다음 표와 같다.

대역구분	주파수 분류	주파수 범위	파 장	전파형식	용 도
VLF (장파)	Very Low Frequency	3~30 [kHz]	100~10 [km]	전리층과 지표면 사이의 도파관 모드	항해통신 잠수함통신
LF (저주파)	Low Frequency	30~300 [kHz]	10~1 [km]	지표파	항해통신
MF (중파)	Medium Frequency	0.3~3 [MHz]	1000~100 [m]	지표파(단거리구간) 전리층반사파 (장거리구간)	표준 AM방송 항공, 선박 아마추어 통신
HF (단파)	High Frequency	3~30 [MHz]	100~10 [m]	전리층반사파	대륙 간 통신 상업 아마추어 무선통신
VHF (초단파)	Very High Frequency	30~300 [MHz]	10~1 [m]	공간파 산란파	VHF TV방송 FM 스테레오 방송
UHF (극초단파)	Ultra High Frequency	0.3~3 [GHz]	100~10 [cm]	공간파 산란파	UHF TV방송 차량 및 휴대전화
SHF (마이크로웨이브)	Super High Frequency	3~30 [GHz]	10~1 [cm]	공간파	위성통신 레이더 M/W 고정통신
EHF (밀리미터파)	Extreme High Frequency	30~300 [GHz]	10~1 [mm]	공간파	미래통신
광파	–	300~3000 [GHz]	1~0.1 [mm]	공간파	미래통신

> **합격예측**
> VHF는 방송에 UHF는 이동통신에 SHF는 위성통신에 많이 사용된다.

6. 주파수 스펙트럼의 개념

스펙트럼(Spectrum)이란 주파수 영역에서의 주파수 성분과 그 때의 크기를 말한다. 수학적으로는 시간함수를 푸리에 변환(Fourier Transform)하면 주파수 함수로 바꿀 수 있어 스펙트럼이 어떤 주파수 성분과 크기를 가지는 것인지를 알 수 있고, 장비를 이용해서 볼 때는 스펙트럼 분석기(SA : Spectrum Analyzer)를 이용하면 스펙트럼의 형태와 주파수 성분 및 크기를 알 수 있다.

> **합격예측**
> 스펙트럼이란 주파수 영역에서의 주파수 성분과 그 때의 크기를 말한다.

출제 예상 문제

제2장 전자파 이론

01 비유전율 $\varepsilon_s=4$, 비투자율 $\mu_s=1$인 유리에서 전파의 전파속도는 자유공간에서의 전파속도의 몇 배인가?

① 2배
② 4배
③ $\frac{1}{2}$배
④ $\frac{1}{4}$배

해설

$v=\frac{c}{\sqrt{\mu_s\varepsilon_s}}=\frac{c}{\sqrt{1\times 4}}=\frac{c}{2}$

즉 자유공간에서의 전파속도 c의 $\frac{1}{2}$배이다.

02 $\varepsilon_s\mu_s=100$인 어떤 매질 내에서의 전파의 속도는?

① 3×10^8 [m/sec]
② 3×10^7 [m/sec]
③ 3×10^6 [m/sec]
④ 3×10^5 [m/sec]

해설

$v=\frac{c}{\sqrt{\mu_s\varepsilon_s}}=\frac{3\times 10^8}{\sqrt{100}}=\frac{3\times 10^8}{10}=3\times 10^7$ [m/sec]

03 전파의 속도는 어떤 매질의 양에 따라 변화하는가?

① 점도와 밀도
② 밀도와 도전율
③ 도전율과 유전율
④ 유전율과 투자율

해설

무선에서의 전파의 속도는 $v=\frac{1}{\sqrt{\mu\varepsilon}}$ 로 투자율 μ와 유전율 ε에 따라 변화한다.

04 파장을 바르게 설명한 것은?

① 1사이클의 시간
② 1사이클의 길이
③ 길이에 따른 각의 변화
④ 시간에 따른 각의 변화

해설

1사이클의 시간은 주기이고, 1사이클의 길이는 파장이다.

05 진공에서 주파수가 1[MHz]인 경우 파장은 몇 [m]인가?

① 100
② 200
③ 300
④ 400

해설

$\lambda=\frac{c}{f}=\frac{3\times 10^8}{1\times 10^6}=300$ [m]

06 다음 중 평면파에 대한 설명으로 맞는 것은?

① 전계와 자계가 x축 방향의 성분만 있는 경우
② 전계와 자계가 y축 방향의 성분만 있는 경우
③ 전계와 자계가 x축 및 y축 방향의 성분만 있고, 진행 방향 z축 방향에는 없는 경우
④ 전계와 자계가 x, y, z축 방향 성분으로 모두 존재하는 경우

해설

평면파란 TEM파의 일종이므로 전계와 자계가 x축 및 y축 방향의 성분만 있고 진행 방향 z축 방향에는 없다.

07 자유공간의 파동 임피던스를 나타내는 것 중에서 틀린 것은?(단, ε_o는 유전율, μ_o는 투자율, E는 전계, H는 자계로서 자유 공간에서의 값이라 한다.)

① 120π [Ω]
② $\sqrt{\frac{\mu_o}{\varepsilon_o}}$ [Ω]
③ $\frac{E}{H}$ [Ω]
④ μH^2 [Ω]

해설

자유 공간의 파동 임피던스는 $z_0=\sqrt{\frac{\mu_o}{\varepsilon_o}}=\frac{E}{H}=120\pi=377$ [Ω]

[정답] 01 ③ 02 ② 03 ④ 04 ② 05 ③ 06 ③ 07 ④

출제 예상 문제

08 전파의 성질에 관한 설명 중 잘못된 것은?

① 전파는 횡파이다.
② 균일 매질 중을 전파하는 전파는 직진한다.
③ 굴절률이 다른 매질의 경계면에서는 빛과 같이 굴절과 반사 작용이 있다.
④ 주파수가 높을수록 회절 작용이 심하다.

해설
주파수가 낮을수록 회절 작용이 심하다.

09 다음 중 잘못된 것은?

① $Z_0 = \dfrac{E}{H}$
② 원거리에서는 복사전계가 가장 크다.
③ 전파는 횡파이다.
④ 변위전류 밀도의 단위는 [A]이다.

해설
변위전류란 유전체를 통해 흐르는 전류[A]이다. 변위전류 밀도란 단위 면적당 변위전류를 말하는 것으로 단위는 [A/m²]이다.

10 전계 E [V/m] 및 자계 H [AT/m]의 전자파가 자유공간을 v [m/sec]의 속도로 전파될 때 1초 동안에 어떤 단위면적을 수직으로 통과하는 에너지[W/m²]는?

① $\dfrac{1}{2}EH$
② $\dfrac{1}{2}EH^2$
③ $\dfrac{1}{2}HE^2$
④ EH

해설
포인팅 정리에 의거 단위면적당 전력 즉 전력밀도는 EH[W/m²]이다.

11 자유공간의 단위면적 당 단위시간에 통과하는 전자파에너지가 3[μW/m²]이었다. 이때 자유 공간의 전계강도는 얼마인가?

① 8.45[mV/m]
② 16.81[mV/m]
③ 33.62[mV/m]
④ 45.65[mV/m]

해설
전력밀도는 $P_d = EH = E \times \dfrac{E}{120\pi} = \dfrac{E^2}{120\pi}$ 이므로
$E = \sqrt{120\pi \times P_d} = \sqrt{377 \times 3 \times 10^{-6}} = 33.62 \times 10^{-3}$
$= 33.62$[mV/m]

12 비유전율 64, 비투자율 1이며 물속에서 진동수 10[MHz]인 전자파의 파장[m]은 약 얼마인가?

① 3.75
② 3.75×10^2
③ 3.75×10^{-3}
④ 3.75×10^{-5}

해설
$\lambda = \dfrac{v}{f}$, $v = \dfrac{c}{\sqrt{\mu_s \varepsilon_s}} = \dfrac{c}{\sqrt{1 \times 64}} = \dfrac{c}{8} = \dfrac{3 \times 10^8}{8} = 3.75 \times 10^7$
따라서 $\lambda = \dfrac{v}{f} = \dfrac{3.75 \times 10^7}{10 \times 10^6} = 3.75$

13 3[GHz]~30[GHz] 범위 내에 해당하는 주파수대는 다음 중 어느 것인가?

① HF
② VHF
③ MF
④ SHF

해설
SHF(마이크로웨이브)의 주파수대는 3[GHz]~30[GHz]이다.

14 스펙트럼을 바르게 설명한 것은?

① 시간 영역에서의 시간파형
② 시간 영역에서의 파형의 변화
③ 주파수 영역에서의 간섭 정도
④ 주파수 영역에서의 주파수 성분과 그때의 크기

[정답] 08 ④ 09 ④ 10 ④ 11 ③ 12 ① 13 ④ 14 ④

Chapter 3 네트워크 품질 시험

합격 NOTE

1 푸리에 급수(Fourier Series)와 푸리에 변환(Fourier Transform)

주기함수에 대해 적용하는 것으로, 한 주기 내에서 정의되는 신호 $f(t)$를 삼각 함수의 합(cos함수와 sin함수의 합)이나 복소 지수함수의 합으로 나타낼 수 있음을 말한다.

1. 일반 Fourier Series

가. 정의

주기신호 $f(t)$를 삼각 함수의 합으로 전개하여 해석하는 방법으로 어떤 주기 신호라 하더라도 다음과 같이 삼각 함수의 합으로 나타낼 수 있음을 말한다.

$$f(t) = a_0 + a_1\cos2\pi f_0 t + a_2\cos4\pi f_0 t + a_3\cos6\pi f_0 t + \cdots$$
$$+ b_1\sin2\pi f_0 t + b_2\sin4\pi f_0 t + b_3\sin6\pi f_0 t + \cdots$$
$$= a_0 + \sum_{n=1}^{\infty}(a_n\cos2\pi nf_0 t + b_n\sin2\pi nf_0 t)$$

나. 푸리에 계수

푸리에 급수에서 a_0, a_n, b_n을 푸리에 계수라 하며 다음과 같이 구한다.

$$a_0 = \frac{1}{T}\int_{-\frac{T}{2}}^{\frac{T}{2}} f(t)dt \ : \ \text{한 주기의 평균값으로 직류성분임}$$

$$a_n = \frac{2}{T}\int_{-\frac{T}{2}}^{\frac{T}{2}} f(t)\cos2\pi nf_0 t \, dt \ : \ \cos\text{성분}$$

$$b_n = \frac{2}{T}\int_{-\frac{T}{2}}^{\frac{T}{2}} f(t)\sin2\pi nf_0 t \, dt \ : \ \sin\text{성분}$$

※ $f(t) = a_0 + \sum_{n=1}^{\infty}(a_n\cos2\pi nf_0 t + b_n\sin2\pi nf_0 t)$의 양변을 0에서 T까지 적분하면 a_0가, 양변에 $\cos2\pi mf_0 t$를 곱하고 0에서 T까지 적분하면 a_n이, 양변에 $\sin2\pi mf_0 t$를 곱하고 0에서 T까지 적분하면 b_n이 얻어진다.

다. 대칭성

주기신호 $f(t)$가 다음과 같은 대칭성을 가질 때 푸리에 계수 가운데 다음 성분만 존재한다.

합격예측

푸리에 급수는 주기함수에 적용한다.

합격예측

일반 푸리에 급수는 주기신호를 sin함수와 cos함수의 합 즉 삼각 함수의 합으로 나타낼 수 있다는 것이다.

합격예측

a_0는 직류성분, a_n은 cos성분, b_n은 sin성분을 나타낸다. 직류성분은 주기신호 $f(t)$의 한 주기 동안의 평균치이다.

(1) 반파대칭 : 양(+)의 반파를 π만큼 이동해 반전했을 때 음(-)의 반파와 일치하는 파형으로 $a_0=0$이고 a_n, b_n만 존재한다. a_n, b_n에서 n이 짝수일 때는 0, n이 홀수일 때는 존재하게 되어 기수 고조파항만 남는다.

(2) 여현(코사인)대칭 : cos과 같은 우함수처럼 좌우대칭 [$f(t)=f(-t)$]인 파형으로 a_0, a_n만 존재한다.

(3) 정현(사인)대칭 : sin과 같은 기함수처럼 원점대칭 [$f(t)=-f(-t)$]인 파형으로 b_n만 존재한다.(기함수의 경우에는 어떤 형태의 기함수라 하더라도 $a_0=0$이다.)

(4) 반파여현대칭 : 기수차의 a_n만 존재한다.

(5) 반파정현대칭 : 기수차의 b_n만 존재한다.

시간의 원점을 변경하여 우함수를 기함수로 만들거나, 또는 기함수를 우함수로 만들어도 그 함수가 포함하고 있는 고조파(Harmonic)성분에는 아무런 영향을 미치지 못한다. 즉, 주어진 시간함수가 기함수 또는 우함수라는 사실과 그 함수의 고조파성분과는 아무런 관계가 없다.

2. 복소 Fourier Series(Complex Fourier Series)

가. 정의

주기신호 $f(t)$를 복소 지수함수의 합으로 해석하는 방법으로 어떤 주기신호라 하더라도 다음과 같이 복소 지수함수의 합으로 나타낼 수 있음을 말한다.

$$f(t) = \sum_{n=-\infty}^{\infty} C_n e^{j2\pi n f_0 t}$$

※ $e^{j\theta}=\cos\theta+j\sin\theta$의 관계를 가지므로 번거로운 삼각함수를 사용하지 않고 복소 지수함수를 사용하여 Fourier Series를 표시할 수 있다.

나. 복소 푸리에 계수

복소 푸리에 급수에서 C_n을 복소 푸리에 계수라 하며 다음과 같이 구한다.

$$C_n = \frac{1}{T}\int_{-\frac{T}{2}}^{\frac{T}{2}} f(t) e^{-j2\pi n f_0 t} dt$$

여기서 모든 Spectrum은 일정한 간격 f_0를 가지며 $n=0$이면 신호의 평균값으로 직류성분(DC성분)이다.

※ C_n에 $n=0$을 대입하면 직류성분을 얻을 수 있고 $n=1\sim\infty$까지를 넣으면 exp(Exponential)성분, 즉 cos함수와 sin함수의 합을 구할 수 있으므로, 복소 푸리에 계수에서도 일반 푸리에 계수처럼 직류성분, a_n(cos

---

합격 NOTE

합격예측
반파 대칭의 경우 $a_0=0$이고 기수 차의 a_n과 b_n만 존재한다.

합격예측
반파여현대칭은 기수차의 a_n만, 반파정현대칭은 기수차의 b_n만 존재한다.

합격예측
복소 푸리에 급수란 주기신호를 복소 지수함수의 합으로 나타낼 수 있다는 것이다.

합격 NOTE

합격예측
복소 푸리에 급수의 계수 C_n의 크기 $|C_n|$을 진폭 스펙트럼 또는 선 스펙트럼이라 하며 좌우대칭의 성질을 갖는다.

합격예측
$f(t)$의 평균전력은 각각의 주파수 성분의 합(또는 선 스펙트럼의 제곱의 합)으로 구할 수 있다. 이를 Parseval의 정리라 한다.

합격예측
Fourier 변환은 비주기함수에 대해 적용한다.

합격예측
푸리에 변환은 시간함수를 주파수 함수로 바꾸는 것이고 푸리에 역변환은 주파수함수를 시간함수로 바꾸는 것이다.

성분), b_n(sin성분)을 모두 구할 수 있다.

다. 진폭 스펙트럼

C_n의 절대값을 주파수에 대한 신호 $f(t)$의 n차 고조파의 선 스펙트럼(또는 진폭 스펙트럼)이라고도 하며 좌우대칭(우수대칭) 성질을 갖는다.

$$|C_n| = \frac{\sqrt{a_n^2 + b_n^2}}{2}$$

라. Parseval의 정리

Parseval의 정리는 $f(t)$의 평균전력이 각각의 주파수성분의 합과 같다는 것을 의미한다.

$$\frac{1}{T}\int_{-\frac{T}{2}}^{\frac{T}{2}}|f(t)|^2 dt = a_0^2 + \frac{1}{2}\sum_{n=1}^{\infty}(a_n^2 + b_n^2) = \sum_{n=-\infty}^{\infty}|C_n|^2$$
$$= C_0^2 + 2\sum_{n=1}^{\infty}|C_n|^2 = \sum_{n=-\infty}^{\infty}C_n C_n^*$$

3. Fourier 변환 및 Fourier 역변환

가. Fourier 변환

Fourier 변환이란 비주기함수에 대해 적용하는 것으로 시간 영역의 함수를 주파수 영역의 함수로 변환시키는 것을 말하며, 어떤 시간함수 $f(t)$를 Fourier 변환하는 것은 다음과 같이 정의된다.

$$F(f) = \mathcal{F}[f(t)] = \int_{-\infty}^{\infty} f(t)e^{-j2\pi ft}dt$$

$$F(\omega) = \mathcal{F}[f(t)] = \int_{-\infty}^{\infty} f(t)e^{-j\omega t}dt$$

※ 주파수 영역은 일반적으로 f로 표현하지만 ω로 표시하기도 한다. 주파수 영역을 f로 표시하고자 할 때는 $\frac{1}{2\pi}$을 곱한 후 ω자리를 f로 변환하면 되고, 역으로 f로 표시되어 있는 주파수함수를 ω로 표시하고자 하면 2π를 곱한 후 f자리를 ω로 변환하면 된다.

나. Fourier 역변환

Fourier 역변환이란 주파수 영역의 함수를 시간 영역의 함수로 변환시키는 것을 말하며, 어떤 주파수 함수 $F(f)$를 Fourier 역변환하는 것은 다음과 같이 정의된다.

$$f(t)=\mathcal{F}^{-1}[F(f)]=\int_{-\infty}^{\infty}F(f)e^{j2\pi ft}df$$

$$f(t)=\mathcal{F}^{-1}[F(\omega)]=\frac{1}{2\pi}\int_{-\infty}^{\infty}F(\omega)e^{j\omega t}d\omega$$

다. 유용한 함수의 Fourier 변환

(1) $f(t)=e^{-at}u(t)$의 경우

$$F(f)=\int_{-\infty}^{\infty}f(t)e^{-j2\pi ft}dt=\int_{0}^{\infty}e^{-at}e^{-j2\pi ft}dt$$
$$=\int_{0}^{\infty}e^{-(a+j2\pi f)t}dt=\frac{1}{a+j2\pi f}$$

(2) $f(t)=\cos 2\pi f_0 t$의 경우

$$F(f)=\int_{-\infty}^{\infty}f(t)\cdot e^{-j2\pi ft}dt=\int_{-\infty}^{\infty}\cos 2\pi f_0 t\cdot e^{-j2\pi ft}dt$$
$$=\frac{1}{2}[\delta(f+f_0)+\delta(f-f_0)]$$

※ 이 경우는 적분이 어려우므로

Euler의 정리 $\left(\cos 2\pi f_0 t=\dfrac{e^{j2\pi f_0 t}+e^{-j2\pi f_0 t}}{2}\right)$와

주파수 천이 공식 $\left(f(t)e^{j2\pi f_0 t}\leftrightarrow F(f-f_0)\right)$를 이용하면

$$F(f)=\mathcal{F}[f(t)]=\mathcal{F}[\cos 2\pi f_0 t]=\mathcal{F}\left[\frac{e^{j2\pi f_0 t}+e^{-j2\pi f_0 t}}{2}\right]$$
$$=\frac{1}{2}[\mathcal{F}(e^{j2\pi f_0 t})+\mathcal{F}(e^{-j2\pi f_0 t})]$$
$$=\frac{1}{2}[\delta(f-f_0)+\delta(f+f_0)]$$
$$=\frac{1}{2}[\delta(f+f_0)+\delta(f-f_0)]$$

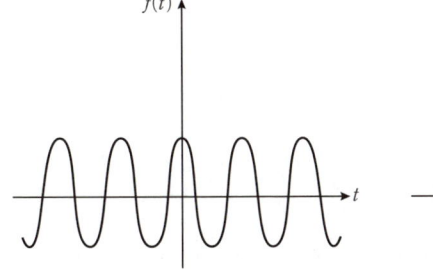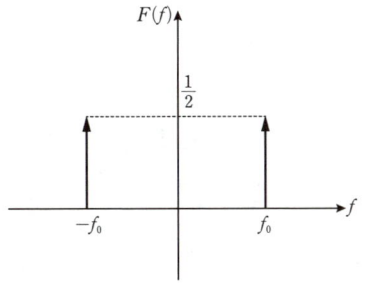

[cos 함수의 시간 파형과 주파수 스펙트럼]

합격예측

$f(t)=\cos 2\pi f_0 t$를 무리에 변환하면
$F(t)=\dfrac{1}{2}[\delta(f+f_0)+\delta(f-f_0)]$
가 된다.

합격 NOTE

4. 푸리에 변환의 중요한 성질

가. 시간천이

$f(t)$를 t_0만큼 Delay시킨 다음 푸리에 변환하면, 즉 $f(t-t_0)$를 푸리에 변환하면 $F(f)e^{-j2\pi ft_0}$가 된다. (즉 스펙트럼의 위상이 e^{-t_0}만큼 늦어짐을 의미)

나. 주파수천이

$F(f)$를 f_0만큼 Delay시킨 다음 푸리에 역변환하면 즉 $F(f-f_0)$를 푸리에 역변환하면 $f(t)e^{j2\pi f_0 t}$가 된다. (즉 시간함수의 위상이 $e^{j2\pi f_0}$만큼 빨라짐을 의미)

다. 시간중첩

$$f_1(t) * f_2(t) \longleftrightarrow F_1(f) \cdot F_2(f)$$

라. 주파수중첩

$$f_1(t) \cdot f_2(t) \longleftrightarrow F_1(f) * F_2(f)$$
$$f_1(t) \cdot f_2(t) \longleftrightarrow \frac{1}{2\pi}[F_1(\omega) * F_2(\omega)]$$

합격예측

시간영역에서의 콘볼루션은 주파수영역에서 곱으로 표시되고, 시간영역에서의 곱은 주파수영역에서 콘볼루션으로 표시된다.

출제 예상 문제

제1장 푸리에 급수와 푸리에 변환

01 어떤 신호를 정현파와 여현파의 합으로 표시하는 방법은 무엇인가?
① Fourier Series
② Fourier Transform
③ Parseval의 정리
④ Laplace Transform

해설
어떤 형태의 주기함수라 하더라도 정현파(sin함수)와 여현파(cos함수)의 합으로 나타낼 수 있다는 것을 일반 Fourier Series라 한다.

02 Fourier Series를 올바르게 표현한 것은?
① 어떤 주기 함수에 대해서도 삼각 함수의 합으로 표시할 수 있다.
② 어떤 주기 함수에 대해서도 복소수 영역에서 표시할 수 있다.
③ 어떤 비주기 함수에 대해서도 삼각 함수의 합으로 표시할 수 있다.
④ 어떤 비주기 함수에 대해서도 주파수 영역에서 표시할 수 있다.

해설
어떤 주기 함수에 대해서도 cos 함수와 sin함수의 합 즉 삼각함수의 합으로 나타낼 수 있다는 것을 푸리에 급수(Fourier Series)라 한다.

03 어떤 주기함수 $f(t)$는 $f(t) = a_0 + \sum_{n=1}^{\infty}(a_n \cos n\omega t + b_n \sin n\omega t)$ 으로 나타낼 수 있다. 이 중에서 a_0가 의미하는 것은?
① cos성분
② sin성분
③ cos성분과 sin성분의 합
④ 직류성분

해설
a_0는 한 주기 동안의 평균값으로 직류성분을 나타낸다.

04 어떤 주기함수 $f(t)$가 반파정현대칭 성질을 가지고 있을 때 푸리에 급수 계수 중 존재하는 것은?
① 직류성분
② sin성분
③ cos성분
④ cos성분과 sin성분의 합

해설
반파대칭의 경우에는 기수차의 a_n과 기수 차의 b_n만 존재하고 반파정현대칭의 경우에는 기수차의 b_n(sin성분)만 존재한다.

05 다음 함수 중 Fourier Series로 전개할 수 없는 것은?
① $f(t) = \cos 0.5t + 2\cos 4t$
② $f(t) = 4\cos \pi t + 3\cos 3\pi t$
③ $f(t) = 2\sin t + 3\sin 3t$
④ $f(t) = 3\sin \pi t + 4\sin 4t$

해설
$\sin \pi t$와 $\sin 4t$는 주기함수가 아니므로 Fourier Series로 전개할 수 없다.

06 주기함수 $f(t)$가 여현대칭 성질을 가지고 있을 때 푸리에 급수의 계수 중 존재하는 항은?(단, a_0는 직류성분, a_n은 cos성분, b_n은 sin성분이라 한다.)
① $a_0,\ a_n$ ② $a_0,\ b_n$
③ a_n ④ b_n

해설
여현대칭일 때는 a_0와 a_n만 존재한다.

[정답] 01 ① 02 ① 03 ④ 04 ② 05 ④ 06 ①

07 어떤 비정현파의 순시 전압 $v(t)$가 $v(t)=100\sin2\pi ft-30\sin2\pi ft$일 때 이 파형은 다음 중 어느 것에 해당하는가?

① 비대칭파
② 정현대칭파
③ 비대칭파도 대칭파도 아니다.
④ 여현대칭파

해설
sin함수는 정현대칭(원점대칭)함수이다.

08 다음 중 여현대칭(좌우대칭)인 함수는?

① $f(t)=-f(t)$ ② $f(t)=-f(-t)$
③ $f(t)=f(-t)$ ④ $f(t)=\pm f(t)$

해설
여현대칭(좌우대칭)은 y축 대칭이므로 $f(t)=f(-t)$가 이에 해당된다.

09 $f(t)$가 반파정현대칭일 때 성립하는 식은?

① $f(t)=-f(t+\pi)$ ② $f(t)=-f(t+\pi)$
　$f(t)=-f(-t)$　　　$f(t)=f(-t)$
③ $f(t)=f(t+\pi)$ ④ $f(t)=f(t+\pi)$
　$f(t)=-f(-t)$　　　$f(t)=f(-t)$

해설
반파대칭은 양(+)의 반파를 180°(π)만큼 이동해서 뒤집었을 때 음(-)의 반파와 일치하는 파형이므로 $f(t)=-f(t+\pi)$가 이에 해당되고, 정현대칭은 원점대칭이므로 $f(t)=-f(-t)$가 이에 해당된다.

10 $f(t)=-f(-t)$를 만족하는 함수는?

① 기함수　② 우함수
③ 반파대칭 함수　④ 좌우대칭 함수

해설
정현대칭은 $f(t)=-f(-t)$를 만족하며 정현대칭 함수를 기함수라 한다.

11 푸리에 급수에 대한 다음 설명 중 틀린 것은?

① 반파여현대칭 함수는 cos성분만 존재한다.
② 반파정현대칭 함수는 sin성분만 존재한다.
③ 시간함수가 기함수 또는 우함수라는 것과 그 함수의 고조파성분과는 아무런 관련이 없다.
④ 여현대칭 함수는 cos성분만, 정현대칭 함수는 sin성분만 존재한다.

해설
여현대칭 함수는 a_0, a_n(cos성분), 정현대칭 함수는 b_n(sin성분)만 존재한다.

12 어떤 주기함수 $f(t)$를 Complex Fourier Series로 나타낸 것 중 올바른 것은?

① $f(t)=\sum_{n=-\infty}^{\infty}C_n e^{2\pi nf_0 t}$
② $f(t)=\sum_{n=-\infty}^{\infty}C_n e^{-2\pi nf_0 t}$
③ $f(t)=\sum_{n=-\infty}^{\infty}C_n e^{j2\pi nf_0 t}$
④ $f(t)=\sum_{n=-\infty}^{\infty}C_n e^{-j2\pi nf_0 t}$

해설
Complex Fourier Series는 복소 푸리에 급수로 어떤 형태의 주기함수라 하더라도 복소 지수함수(Exponential 함수)의 합으로 나타낼 수 있다는 것이다.

13 복소 푸리에 급수에서 진폭 스펙트럼의 성질을 바르게 나타낸 것은?

① 우수대칭　② 기수대칭
③ 원점대칭　④ x축대칭

해설
복소 푸리에 급수의 계수 C_n의 크기를 진폭 스펙트럼 또는 선 스펙트럼이라 하며 우수대칭 즉 좌우대칭 성질을 갖는다.

[정답] 07 ② 08 ③ 09 ① 10 ① 11 ④ 12 ③ 13 ①

14 주기신호의 평균전력은 Parseval 정리에 의거 구할 수 있다. Parseval 정리를 바르게 나타낸 것은?(단, C_n은 복소 푸리에 급수의 계수이며 C_n^*는 C_n의 공액 복소수이다.)

① $\sum_{n=0}^{\infty} C_n C_n^*$
② $\frac{1}{2}\sum_{n=0}^{\infty} C_n C_n^*$
③ $\sum_{n=-\infty}^{\infty} C_n C_n^*$
④ $\frac{1}{2}\sum_{n=-\infty}^{\infty} C_n C_n^*$

해설

Parseval 정리란 주기함수 $f(t)$의 (평균)전력은 각각의 주파수성분의 합(선 스펙트럼의 제곱의 합)과 같다는 것으로 $\sum_{n=-\infty}^{\infty}|C_n|^2 = \sum_{n=-\infty}^{\infty} C_n C_n^*$으로 나타낼 수 있다.
($P = a_0^2 + \frac{1}{2}\sum_{n=1}^{\infty}(a_n^2+b_n^2)$으로도 구할 수 있다.)

15 시간함수 $f(t)=5+6\sin60\pi t+4\cos(60\pi t-30°)$의 평균전력은?

① 26[W]
② 51[W]
③ 80[W]
④ 102[W]

해설

$P = a_0^2 + \frac{1}{2}\sum_{n=1}^{\infty}(a_n^2+b_n^2) = 5^2 + \frac{1}{2}(6^2+4^2) = 51[W]$

16 Parseval 정리를 이용하여 다음 스펙트럼의 평균전력을 구하면 얼마가 되는가?

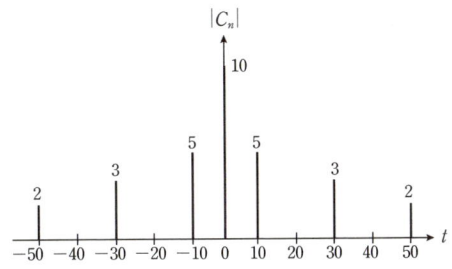

① 88[W]
② 138[W]
③ 176[W]
④ 218[W]

해설

$P = \sum_{n=-\infty}^{\infty}|C_n|^2 = 2^2+3^2+5^2+10^2+5^2+3^2+2^2 = 176[W]$

17 비주기적인 함수의 주파수 스펙트럼은 무엇을 이용하여 나타낼 수 있는가?

① 푸리에 급수로 나타낼 수 있다.
② 푸리에 변환으로 타나낼 수 있다.
③ delta 함수로 나타낼 수 있다.
④ 라플라스 변환으로 나타낼 수 있다.

해설

비주기함수의 주파수 스펙트럼은 푸리에 변환(Fourier Transform)으로 나타낼 수 있다.

18 다음 Fourier 변환에 관한 설명 중 옳지 못한 항은?

① 비주기함수는 푸리에 급수를 이용하여 나타낼 수 있다.
② 푸리에 변환은 신호의 주파수 특성을 나타낸다.
③ 푸리에 변환은 선형성을 갖는다.
④ 시간 지연된 함수를 푸리에 변환하면 위상이 변화된 함수가 된다.

해설

주기 함수는 푸리에 급수를 이용해서, 비주기함수는 푸리에 변환을 이용하여 나타낼 수 있다.

19 시간함수 $f(t)$의 푸리에 변환을 바르게 나타낸 것은?

① $F(f) = \int_{-\infty}^{\infty} f(t)e^{-j2\pi ft}dt$
② $F(f) = \int_{-\infty}^{\infty} f(t)e^{j2\pi ft}dt$
③ $F(f) = \frac{1}{2\pi}\int_{-\infty}^{\infty} f(t)e^{-j2\pi ft}dt$
④ $F(f) = \frac{1}{2\pi}\int_{-\infty}^{\infty} f(t)e^{j2\pi ft}dt$

해설

시간함수를 주파수함수로 바꾸려면 시간함수 $f(t)$에 $e^{-j2\pi ft}$를 곱하고 시간 영역에서 적분하면 된다.

[정답] 14 ③ 15 ② 16 ③ 17 ② 18 ① 19 ①

20 주파수함수 $F(f)$의 푸리에 역변환을 바르게 나타낸 것은?

① $f(t) = \int_{-\infty}^{\infty} F(f) e^{-j2\pi ft} df$

② $f(t) = \int_{-\infty}^{\infty} F(f) e^{j2\pi ft} df$

③ $f(t) = \frac{1}{2\pi} \int_{-\infty}^{\infty} F(f) e^{-j2\pi ft} df$

④ $f(t) = \frac{1}{2\pi} \int_{-\infty}^{\infty} F(f) e^{j2\pi ft} df$

해설
푸리에 역변환은 주파수함수를 시간함수로 바꾸는 것으로 $F(f)$에 $e^{j2\pi ft}$를 곱하고 주파수 영역에서 적분하면 된다.

21 시간함수 $f(t) = e^{-at} u(t)$의 Fourier 변환은?

① $F(f) = \frac{1}{-a - j2\pi f}$
② $F(f) = \frac{1}{a + j2\pi f}$
③ $F(f) = \frac{1}{-a + j2\pi f}$
④ $F(f) = \frac{1}{a - j2\pi f}$

해설
$F(f) = \int_{-\infty}^{\infty} f(t) e^{-j2\pi ft} dt = \int_{0}^{\infty} e^{-at} e^{-j2\pi ft} dt = \int_{0}^{\infty} e^{-(a+j2\pi f)t} dt$
$= \frac{1}{a + j2\pi f}$

22 $f(t) \cdot \cos 2\pi f_0 t$를 푸리에 변환하면?

① $\delta(f + f_0) + \delta(f - f_0)$
② $\frac{1}{2}[F(f + f_0) + F(f - f_0)]$
③ $\frac{1}{3}[\delta(f + f_0) + \delta(f - f_0)]$
④ $\pi[F(f + f_0) + F(f - f_0)]$

해설
$f(t) \cdot \cos 2\pi f_0 t$를 푸리에 변환하면
$F(f) * \frac{1}{2}[\delta(f + f_0) + \delta(f - f_0)] = \frac{1}{2}[F(f + f_0) + F(f - f_0)]$

23 $g(t) \cdot \cos \omega_0 t$를 푸리에 변환하면?

① $\delta(\omega + \omega_0) + \delta(\omega - \omega_0)$
② $\frac{1}{2}[G(\omega + \omega_0) + G(\omega - \omega_0)]$
③ $\frac{1}{3}[\delta(\omega + \omega_0) + \delta(\omega - \omega_0)]$
④ $\pi[G(\omega + \omega_0) + G(\omega - \omega_0)]$

해설
$g(t) \cdot \cos \omega_0 t$를 푸리에 변환하면
$\frac{1}{2\pi}[G(\omega) * \pi\{\delta(\omega + \omega_0) + \delta(\omega - \omega_0)\}]$
$= \frac{1}{2}[G(\omega + \omega_0) + G(\omega - \omega_0)]$

24 $f(t) \cdot \cos 2\pi f_0 t$의 Fourier 변환의 결과는 $\frac{1}{2}[F(f + f_0) + F(f - f_0)]$인데 이러한 성질을 이용한 것은 다음 중 어느 것인가?

① 정류
② 증폭
③ 발진
④ 변조

해설
변조란 $f(t)$의 스펙트럼 $F(f)$를 반송파 주파수 f_0의 위치로 옮기는 것을 말한다.

[정답] 20 ② 21 ② 22 ② 23 ② 24 ④

2 실효치, 잡음, 데시벨, S/N비

1. 실효치와 평균치

가. 실효치

(1) 정현파의 실효치

여러 가지 주기파의 크기를 비교할 때는 그 최대치만으로는 불충분하므로 주기파의 열효과의 대소를 나타내는 실효치를 사용하여 비교한다. 주기파 $v(t)$의 실효치는 다음과 같이 표시된다.

$$v_{\text{eff}} = \sqrt{\frac{1}{T}\int_0^T v^2(t)dt}$$

실효치는 rms(Root Mean Square)치라 하며 자승평균치(제곱평균 또는 평균 전력)의 평방근을 취함으로써 얻을 수 있다.(역으로는 실효치의 자승을 취하면 평균전력을 얻을 수 있다.)

실효치를 계산하는 데 있어 주기파 $v(t)$가 두 개 이상의 함수로 이루어져 있는 경우에는 각 함수의 자승평균을 구해 합한 후 평방근을 취함으로써 실효값을 얻음에 유의해야 한다.

(2) 비정현파의 실효치

비정현파 전압 $v = V_0 + V_{mn}\sin(n\omega t + \theta_n) = V_0 + V_{m1}\sin(\omega t + \theta_1) + V_{m2}\sin(2\omega t + \theta_2) + V_{m3}\sin(3\omega t + \theta_3) + \cdots = V_0 + \sqrt{2}V_1\sin(\omega t + \theta_1) + \sqrt{2}V_2\sin(2\omega t + \theta_2) + \sqrt{2}V_3\sin(3\omega t + \theta_3) + \cdots$ 가 있을 때 실효치는 $V_{rms} = \sqrt{V_0^2 + V_1^2 + V_2^2 + V_3^2 + \cdots}$ 으로 구한다.

(참고로 왜율 $= \dfrac{\text{전 고조파의 실효치}}{\text{기본파의 실효치}} = \dfrac{\sqrt{V_2^2 + V_3^2 + \cdots}}{V_1}$ 으로 구한다.)

나. 평균치

주기파 $v(t)$의 평균치는 다음과 같이 표시된다.

$$v_{\text{av}} = \frac{1}{T}\int_0^T v(t)dt$$

특히 (+), (−)의 파형이 같은 모양을 하고 있는 대칭파(Symmetrical Wave)에서의 1주기 평균치는 0이므로 이때는 반주기 평균치를 고려하여 다음과 같이 나타낸다.

$$v_{\text{av}} = \frac{1}{T/2}\int_0^{\frac{T}{2}} v(t)dt$$

합격 NOTE

합격예측
실효치는 rms값이라고도 하며 자승평균(제곱평균)의 평방근을 취함으로써 얻을 수 있다.

합격예측
비정현파의 실효치는
$\sqrt{V_0^2 + V_1^2 + V_2^2 + V_3^2 + \cdots}$
로 구한다.

합격예측
평균치는 1주기 동안의 평균치로 직류값이며 위, 아래가 대칭인 대칭파의 경우에는 반주기 평균치를 구한다.

2. 잡음

가. 잡음의 종류

(1) 내부잡음

① 열잡음(Thermal Noise)

도체 안에서 자유 전자가 열에너지에 의해 불규칙적으로 운동함으로써 발생하는 잡음으로 백색잡음(White Noise)에 가장 근사한 잡음이다.

② 접촉잡음(Contact Noise)

두 Material 사이의 불완전한 접촉에 의한 잡음으로 $\frac{1}{f}$ noise, 또는 Low Frequency Noise라 하며, 보통 1[kHz] 이하에서 지배적이다.

③ 산탄잡음(Shot Noise)

반도체에서 소수 캐리어(Carrier)의 확산 및 정공과 전자쌍의 불규칙한 발생 및 재결합에 의해 발생되는 잡음이다.

(2) 외부잡음

① 자연잡음(Natural Noise)

㉠ 우주잡음 : 태양의 폭발 등에 의해 발생되는 잡음으로 은하잡음과 태양잡음이 있으며, 주로 초단파 통신에 영향을 준다.

㉡ 공전 : 공전이란 뇌방전에 따른 잡음을 말하며 그 종류로는 클릭(Click), 그라인더(Grinder), 힛싱(Hissing)이 있고, 특히 장파 통신에 영향을 준다.

② 인공잡음(Man-made Noise)

나. 백색잡음

(1) 백색잡음의 정의

광의의 정상적 랜덤 과정 $N(t)$의 전력 스펙트럼 밀도가 전 주파수에 걸쳐 일정한 경우 이러한 랜덤 과정 $N(t)$를 백색잡음(White Noise)이라 한다.

(2) 백색잡음의 전력 스펙트럼 밀도와 자기 상관 함수

① 백색잡음의 전력 스펙트럼 밀도

$$G_{NN}(f) = \frac{N_0}{2}, \quad -\infty < f < \infty$$

여기서 N_0 : 양(+)의 실정수

합격예측

열잡음이 백색잡음에 가장 근사한 잡음이다.

합격예측

접촉잡음은 $\frac{1}{f}$ Noise 라고도 하며, 주로 1[kHz] 이하 에서 지배적이다.

합격예측

산탄잡음은 소수 캐리어의 확산 및 정공, 전자쌍의 불규칙한 발생 및 재결합에 의해 발생된다.

합격예측

공전은 장파통신에 영향을 준다.

합격예측

전력 스펙트럼 밀도가 전 주파수 범위에 걸쳐 일정한 잡음을 백색잡음이라 한다.

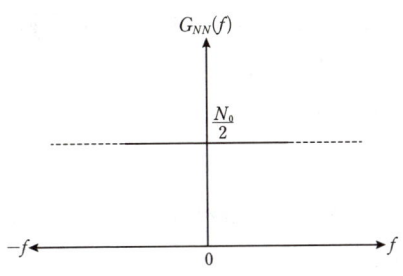

[백색잡음의 전력 스펙트럼 밀도]

② 백색잡음의 자기 상관 함수

자기 상관 함수는 전력 스펙트럼 밀도를 역 Fourier 변환하면 얻을 수 있으므로 백색잡음의 자기 상관 함수는 다음과 같이 표시된다.

$$R_{NN}(\tau) = \mathcal{F}^{-1}[G_{NN}(f)] = \frac{N_0}{2}\delta(\tau)$$

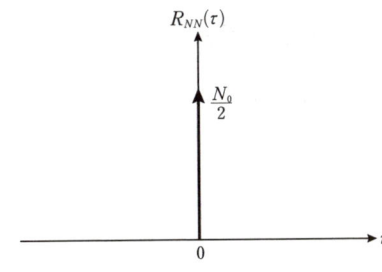

[백색잡음의 자기 상관 함수]

(3) 백색잡음의 특징

① 평균값이 0이다.
② 전 주파수대에 걸쳐 전력밀도 스펙트럼이 일정하다(즉 주파수에 의존하지 않는다).
③ 통계적 성질이 시간에 따라 변하지 않는 정상적 랜덤 과정이다.
④ 평균전력이 무한대이므로 실현 불가능하다.
⑤ 여파된 백색잡음을 유색잡음(Colored Noise)이라 한다.
⑥ 가산성 백색 가우시안잡음(AWGN)은 검파과정에서 정보신호에 더해져 오류를 발생시킨다.

다. 잡음전력과 잡음전압

(1) 잡음전력

잡음전력은 다음과 같이 표시된다.

$$P_n = 4kTB$$

합격예측

백색잡음은 평균값이 0이며 통계적 성질이 시간에 따라 변하지 않는다. AWGN은 검파과정에서 정보신호에 더해져 오류를 발생시킨다.

합격예측

잡음전력은 $P = 4kTB$
잡음전압은 $V = \sqrt{4kTBR}$
잡음전류는 $I = \sqrt{\dfrac{4kTB}{R}}$
가용입력잡음전력은
$P_n = kTB$의 관계를 갖는다.

여기서　k : 볼쯔만 상수 = 1.38×10^{-23}[joule/°K]
　　　　T : 절대온도[°K]
　　　　B : 대역폭[Hz]

(2) 잡음전압

잡음 전압은 다음과 같이 표시된다.

$$V = \sqrt{PR} = \sqrt{4kTBR}$$

(3) 가용입력잡음전력

가용입력잡음전력이란 부하(Load)에 전달될 수 있는 최대잡음전력으로 다음과 같이 표시된다.

$$P_n = \frac{V^2}{4R} = \frac{4kTBR}{4R} = kTB$$

(4) 잡음전류

잡음전류는 다음과 같이 표시된다.

$$I = \sqrt{\frac{P}{R}} = \sqrt{\frac{4kTB}{R}}$$

3. 간섭, 왜곡, ISI

가. 간섭(Interference)

간섭은 전자파 간섭의 의미로 주로 사용되나 전파가 동위상으로 만나면 합성되고 역위상으로 만나면 상쇄되는 것도 간섭의 의미로 사용된다. 전자파 간섭은 전자 장비에 필요없는 반응을 유발시키는 전자기적 혼란으로 전자기적 에너지를 방사하도록 고안되지 않은 전자 장치의 운용에 의해 생기는 간섭을 말한다.

나. 왜곡

(1) 상호변조왜곡(Inter-Modulation Distortion)

상호변조왜곡은 서로 다른 주파수들이 똑같은 전송 매체를 공유하거나 전송 매체 또는 송수신 장치(특히 증폭기)가 비선형 특성을 갖게 되면 입력신호의 주파수성분들이 서로 가감되어 다른 채널의 대역에 속하는 주파수성분을 만들어 내어 그 주파수에 잡음으로 영향을 미치는 것을 말한다.
상호변조왜곡 방지대책은 다음과 같다.

① 필터를 이용하여 통과대역 밖의 신호를 잘라낸다.
② 전송 시스템에 TDM방식을 적용한다.
③ 아날로그 음성 신호를 대상으로 설계된 전송회선에서 디지털 데이터 전송을 위해 사용되는 회선의 비율을 일정치 이하로 제한해야 한다.
④ 전송 매체나 송수신 장치를 선형 영역에서 동작시킨다.
⑤ 입력신호의 레벨을 너무 크게 하지 않는다.

(2) 감쇠왜곡(Attenuation Distortion)

신호 세기는 전송 매체를 통과하는 거리에 따라 점점 약해지기 때문에 신호가 잡음에 비해 충분히 큰 강도를 유지하도록 하는 것과 감쇠가 주파수에 대한 증가함수라는 것을 고려해야 한다.

전자는 증폭기나 중계기를 사용함으로써 해결할 수 있으나 후자의 경우는 감쇠현상이 주파수에 따라 그 정도를 달리하기 때문에 전 주파수 대역에 걸쳐 감쇠 정도를 동일하게 하여 감쇠 결과를 평탄하게 하는 기법을 사용하거나 높은 주파수를 낮은 주파수보다 증폭해서 사용하는 기법을 이용한다.

이와 같이 전송선로에서의 감쇠왜곡은 주파수에 대한 감쇠 불균형 때문에 일어나며 특히 아날로그 데이터 전송의 경우 전송파형에 일그러짐을 일으켜 전송 에러가 증가하는 원인이 된다.

(3) 지연왜곡(Delay Distortion)

지연왜곡은 주로 하드와이어(Hardwire) 전송 매체에서 발생하는 문제로 이는 전송 매체를 통한 신호의 전달이 주파수에 따라 그 속도를 달리하기 때문에 유발된다.

동일 신호를 주파수를 다르게 하여 송신하면 수신되는 신호는 그 신호를 구성하는 주파수의 가변적 속도 때문에 위상의 흔들림(위상 지터)이나 ISI와 같은 왜곡을 일으키게 되는데 이를 지연왜곡이라 한다.

(4) 특성왜곡(Characteristic Distortion)

데이터통신의 부호의 길이에 따라 달라지는 크기의 규칙적 일그러짐을 말하는 것으로 전송로에서의 진폭과 위상의 일그러짐에 기인하는 것이 많다.

다. ISI(Inter Symbol Interference)

ISI란 심볼간 간섭을 말하는 것으로 전송로의 진폭왜곡이나 위상왜곡에 의해 발생된다.

ISI를 줄이기 위해서는 등화기(Equalizer)를 사용해야 한다. 등화기의 설계 방법에는 시간 영역에서의 설계 방법과 주파수 영역에서의 설계 방법이

합격 NOTE

합격예측
상호변조왜곡을 방지하기 위해서는 전송시스템에 다중화방식으로 TDM을 적용한다.

합격예측
전송선로에서의 감쇠왜곡은 주파수에 대한 감쇠 불균형 때문에, 지연왜곡은 전송되는 신호를 구성하는 주파수의 가변적 속도 때문에 발생한다.

합격예측
특성왜곡이란 데이터통신에 사용되는 부호의 길이에 따라 달라지는 크기의 규칙적 일그러짐을 말한다.

합격예측
ISI를 줄이기 위해서는 등화기(Equalizer)를 사용해야 한다.

있으며, 시간 영역에서의 설계 방법은 디지털 신호 처리(DSP : Digital Signal Processing)기술과 LSI 기술의 발전으로 쉽게 실현시킬 수 있게 되었고 가장 많이 사용되는 형태가 Transversal Filter이다.
Transversal Filter는 시간에 따라 변화하는 전송 특성을 자동적으로 보상(즉 등화)하기 위한 Tap을 갖는 지연선으로 구성된 이산적 형태의 필터로 Tapped Delay Line Filter 라고도 한다.

4. 데시벨과 네퍼

가. 데시벨(dB)

$$dB = 10\log_{10}\frac{P_2}{P_1}$$

여기서, P_1 : 기준 신호 전력
P_2 : 피측정 신호의 전력

※ 전력은 10log를 걸고 전압과 전류는 20log를 걸어 데시벨로 나타낸다.

즉, $20\log\frac{V_2}{V_1}$, $20\log\frac{I_2}{I_1}$

여기서, V_1 : 입력전압, V_2 : 출력전압
I_1 : 입력전류, I_2 : 출력전류

(1) 상대레벨

입출력의 대수비로 단위로는 dB 등을 사용한다.

$$10\log\frac{P_2}{P_1}[dB], \quad 20\log\frac{V_2}{V_1}[dB], \quad 20\log\frac{I_2}{I_1}[dB]$$

(2) 절대레벨

어떤 전력(또는 전압) 등을 특정값을 기준으로 해서 데시벨로 나타낸 것으로 단위로는 [dBm] 등을 사용한다.

① dBm

dBm 단위는 기준 전력에 대한 전력 레벨을 표시하는 단위로서, 신호나 잡음의 절대 전력값을 나타내며 다음 식으로 정의된다.

$$dBm = 10\log_{10}\frac{P}{1[mW]}$$

여기서, P : 피측정 신호의 전력
dBm : m은 mW단위를 의미

유선통신에서는 특성 임피던스가 600[Ω]인 회로에 1.291[mA]가 흐르고 600[Ω]의 부하 양단에 0.775[V]가 걸리면 1[mW] 전력이 공급되는 경우로 이때의 레벨을 0[dBm]으로 정의한다. 무선이나

합격예측

전력은 10log를 전압과 전류는 20log를 걸어 데시벨로 나타낸다.

합격예측

dBm은 어떤 전력을 1[mW]를 기준으로 데시벨로 나타낸 것이다. 전력이 1[mW]인 경우 dBm으로 나타내면 0[dBm] 이다.

동축 케이블에서는 특성 임피던스가 75[Ω]인 회로에 1[mW] 전력이 공급되는 경우를 0[dBm]으로 정의한다.

② dBw

$$dBw = 10\log_{10}\frac{P}{1[W]}$$

여기서, P : 피측정 신호의 전력, dBw : w는 W(와트)를 의미

dBm이 음성신호의 레벨을 표현하는 데 많이 사용되는 데 비해, dBw는 이동통신 기지국의 송신 출력이나 통신 위성의 트랜스폰더 송신 출력을 나타내는 데 많이 사용한다.

③ dBmV

$$dBmV = 20\log_{10}\frac{V}{1[mV]}$$

여기서, V : 피측정 신호의 전압
dBmV : mV는 기준 신호 레벨의 1[mV]를 의미

dBmV는 영상신호의 전압 레벨을 나타내는 데 많이 사용한다.

나. 네퍼(neper)

dB 단위는 상용대수를 사용하는 데 비해 유럽에서 많이 사용되는 neper 단위는 자연대수를 사용하며 다음 식으로 정의된다.

$$neper = \frac{1}{2}\log_e \frac{P_2}{P_1}$$

여기서, P_1 : 기준 신호 전력
P_2 : 피측정 신호의 전력

dB와 neper 사이에는 1[neper]=8.686[dB], 1[dB]=0.115[neper]의 관계가 성립한다.

5. S/N 비와 잡음지수

가. S/N비(신호대 잡음비)

아날로그 신호는 전송 과정에서 변형되거나 잡음이 부가되기 때문에 신호의 평균전력만을 생각하는 것은 큰 의미가 없으며, 따라서 전송 과정에서 부가되는 잡음전력을 반드시 고려하여 이들의 비(Ratio)를 알아보는 것이 중요하다. 이러한 신호전력과 잡음전력과의 비를 S/N비(SNR)라 하며 아날로그 통신 시스템의 성능을 판단하는 중요한 양으로 다음과 같이 표시된다.

합격 NOTE

합격예측
neper는 어떤 전력에 $\frac{1}{2}\log_e$를 걸어 놓은 것이다.

합격 NOTE

$$S/N = \frac{\text{평균 신호 전력}}{\text{평균 잡음 전력}}$$

일반적으로 S/N비라 함은 출력 S/N비를 의미한다.
S/N비의 평가는 다음과 같다.
① 0[dB] : 통화 불능 상태
② 10[dB] : 잡음은 매우 크나 통화는 가능한 상태
③ 20[dB] : 잡음이 귀에 거슬리나 통화는 가능한 상태
④ 30[dB] : 잡음이 약간 있으나 통화는 가능한 상태
⑤ 40[dB] : 잡음이 약간 들리는 상태
⑥ 50[dB] : 잡음이 거의 들리지 않는 상태
⑦ 60[dB] : 무잡음 상태

합격예측
S/N비가 60[dB]인 경우를 무잡음 상태라 한다.

나. 잡음지수와 종합잡음지수

(1) 잡음지수

잡음지수(Noise Figure)는 시스템의 $\frac{\text{입력 }S/N\text{비}}{\text{출력 }S/N\text{비}}$ 로 정의되며 시스템의 S/N비의 열화정도를 나타낸다. 잡음지수는 시스템 지수라고도 하며 이상적 시스템의 잡음지수는 1(0[dB])이다.

$$F = \frac{\text{시스템의 입력 }SNR}{\text{시스템의 출력 }SNR} = \frac{\dfrac{\text{입력 평균 신호 전력}}{\text{입력 평균 잡음 전력}}}{\dfrac{\text{출력 평균 신호 전력}}{\text{출력 평균 잡음 전력}}}$$

$$= \frac{\dfrac{S_i}{N_i}}{\dfrac{S_o}{N_o}} = \frac{(SNR)_i}{(SNR)_o}$$

합격예측
잡음지수란 $\frac{\text{입력 }S/N\text{비}}{\text{출력 }S/N\text{비}}$ 이며 이상적인 잡음지수는 1이다.(잡음지수의 크기가 커질수록 나쁘다.)

(2) 종합잡음지수

여러 개의 시스템이 연결되어 있는 경우 종합잡음지수는 다음과 같이 표시된다.

$$F = F_1 + \frac{F_2 - 1}{G_1} + \frac{F_3 - 1}{G_1 \cdot G_2} + \cdots + \frac{F_{N+1} - 1}{G_1 \cdot G_2 \cdot G_3 \cdots G_N}$$

여기서 F_1 : 첫 번째 시스템의 잡음지수
G_1 : 첫 번째 시스템의 이득
F_2 : 두 번째 시스템의 잡음지수
G_2 : 두 번째 시스템의 이득

합격예측
종합 잡음 지수값을 결정하는 가장 중요한 요소는 첫 번째 시스템의 잡음지수이다.

F_3 : 세 번째 시스템의 잡음지수
G_3 : 세 번째 시스템의 이득
F_{N+1} : $(N+1)$번째 시스템의 잡음지수

6. 전송로의 불완전성과 전송 특성 열화 요인

가. 전송로의 불완전성

전송로의 불완전성은 크게 정적인 불완전성과 동적인 불완전성으로 나눌 수 있다.

(1) 정적인 불완전성

시스템의 특성에 의해 발생되는 시스템적인 왜곡으로 상쇄 및 보상이 가능하며 다음과 같은 종류가 있다. 진폭 감쇠 왜곡, 지연 왜곡, 특성 왜곡, 하모닉 왜곡, 손실, 주파수 편이

(2) 동적인 불완전성

우연적인 왜곡으로 무작위적으로 발생하여 예측할 수 없는 왜곡으로 제어가 불가능하며 다음과 같은 종류가 있다.

① 백색잡음　　② 충격성 잡음
③ 상호 변조 잡음　　④ Fading
⑤ Echo　　⑥ 진폭 및 위상 변화
⑦ 위상 지터(Phase Jitter)　　⑧ 선로의 일시 고장
⑨ 혼선

나. 전송 특성 열화 요인

전송 특성 열화 요인은 크게 정상 열화 요인과 비정상 열화 요인으로 나눌 수 있다.

(1) 정상 열화 요인

① 감쇠 왜곡　　② 고주파 왜곡
③ 군지연 왜곡　　④ 랜덤 왜곡
⑤ 단일 주파 잡음　　⑥ 주파수 편차
⑦ 반향　　⑧ 위상 지터
⑨ 누화

(2) 비정상 열화 요인

① 펄스성 잡음　　② 단시간 레벨 변동
③ 순간적 단절　　④ 진폭 히트(진폭 이동)
⑤ 위상 히트(위상 이동)

합격예측

하모닉 왜곡이란 신호의 감쇠가 신호의 진폭에 따라 달라지는 것이고 주파수 편이는 전송채널에 보내지는 신호의 주파수가 바뀌는 것을 말한다.

합격예측

연속적인 위상의 변화를 위상 지터, 불연속적인 위상의 변화를 위상 히트라 한다.

출제 예상 문제

제2장 실효치, 잡음, 데시벨, S/N비

01 실효값에 대한 다음 정의 중 바르게 표현되어 있는 것은?(단, $v(t)$는 주기파이다.)

① $\dfrac{1}{T}\int_0^T v^2(t)dt$ ② $\dfrac{1}{T}\int_0^T v(t)dt$

③ $\sqrt{\dfrac{1}{T}\int_0^T v^2(t)dt}$ ④ $\sqrt{\dfrac{1}{T}\int_0^T v(t)dt}$

해설
실효값은 제곱평균(자승평균)에 평방근을 취한 것으로 rms값이라고도 한다.

02 실효값과 제곱 평균값 사이에는 어떠한 관계가 성립하는가?

① 실효값은 제곱 평균값과 같다.
② 실효값은 제곱 평균값의 제곱과 같다.
③ 실효값은 제곱 평균값의 평방근과 같다.
④ 실효값은 제곱 평균값의 세제곱과 같다.

해설
실효값은 제곱 평균값의 평방근(즉 제곱 평균값에 루트를 걸어 놓은 것)과 같다.

03 $v(t)=1+\cos 2\pi f_0 t$의 실효값은?

① 1   ② $\sqrt{1.5}$
③ 2   ④ $\sqrt{2.5}$

해설
$V_{rms}=\sqrt{1^2+\left(\dfrac{1}{\sqrt{2}}\right)^2}=\sqrt{1+\dfrac{1}{2}}=\sqrt{1.5}$ 또는

$\dfrac{1}{T}\int_0^T (1+\cos 2\pi f_0 t)^2 dt$를 구해 루트를 취하면 된다.

04 $v(t)=2\sin 4\pi t$의 실효값은?

① $\dfrac{1}{2}$ ② 1
③ $\sqrt{2}$ ④ $\sqrt{3}$

해설
$V_{rms}=\sqrt{\left(\dfrac{2}{\sqrt{2}}\right)^2}=\sqrt{\dfrac{4}{2}}=\sqrt{2}$

05 $v(t)=2\cos 2\pi f_1 t+4\cos 2\pi f_2 t$에서 $f_1=f_2$일 때 $v(t)$의 실효값은?

① $2\sqrt{3}$ ② $3\sqrt{2}$
③ $4\sqrt{3}$ ④ $3\sqrt{5}$

해설
$f_1=f_2$ 이므로 두 개를 더하면 $6\cos 2\pi f_1 t$ 또는 $6\cos 2\pi f_2 t$이므로 실효치는 $\sqrt{\left(\dfrac{6}{\sqrt{2}}\right)^2}=\sqrt{18}=3\sqrt{2}$

06 $v(t)=2\cos 2\pi f_1 t+4\cos 2\pi f_2 t$에서 $f_1 \neq f_2$일 때 $v(t)$의 실효값은?

① $\sqrt{2}$ ② $\sqrt{5}$
③ $\sqrt{10}$ ④ $\sqrt{14}$

해설
$V_{rms}=\sqrt{\left(\dfrac{2}{\sqrt{2}}\right)^2+\left(\dfrac{4}{\sqrt{2}}\right)^2}=\sqrt{2+8}=\sqrt{10}$

07 $v(t)=1+\cos 2\pi f_0 t$ 의 평균값은?

① 1   ② 2
③ $\dfrac{1}{2}$ ④ $\dfrac{1}{4}$

[정답] 01 ③ 02 ③ 03 ② 04 ③ 05 ② 06 ③ 07 ①

해설

$$V_{av} = \frac{1}{T}\int_0^T v(t)dt = \frac{1}{T}\int_0^T (1+\cos 2\pi f_0 t)dt = 1$$
(주기함수는 적분하면 0이다.)

08 주기파 $v(t)$의 평균값을 바르게 나타낸 것은?

① $\int_0^T v(t)dt$ ② $\frac{1}{T}\int_0^T v(t)dt$

③ $\frac{1}{T}\int_0^T v^2(t)dt$ ④ $\sqrt{\frac{1}{T}\int_0^T v^2(t)dt}$

해설

평균값은 한 주기 동안의 평균값으로 직류값이다.

09 $v(t)=2\sin 2\pi t$의 평균값은?

① 0 ② 1
③ 2 ④ 4

해설

$V_{av} = \frac{1}{T}\int_0^T 2\sin 2\pi t\, dt = 0$ (주기함수는 적분하면 0이다.)

10 $v(t)=4\cos 2\pi t$의 평균값은?

① 0 ② 1
③ 2 ④ 4

해설

$V_{av} = \frac{1}{T}\int_0^T 4\cos 2\pi t\, dt = 0$ (주기함수는 적분하면 0이다.)

11 다음 파형의 평균값은?

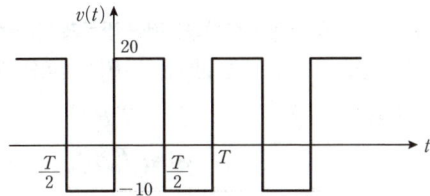

① 1 [V] ② 2 [V]
③ 5 [V] ④ 10 [V]

해설

$$V_{av} = \frac{1}{T}\int_0^T v(t)dt = \frac{1}{T}\left[20\times\frac{1}{2}T + (-10)\times\frac{1}{2}T\right]$$
$$= 5[V]$$

12 다음 잡음 중 백색잡음에 가장 근사한 잡음은?

① 열잡음 ② 접촉잡음
③ 산탄잡음 ④ 공전

해설

열잡음은 아주 넓은 주파수 범위에 걸쳐 균일하게 나타나므로 백색잡음에 가장 근사하다.

13 $\frac{1}{f}$ 잡음 또는 저주파수 잡음이라 부르는 잡음은 다음 중 어느 것인가?

① 산탄잡음 ② 열잡음
③ 접촉잡음 ④ 우주잡음

해설

접촉잡음을 $\frac{1}{f}$ 잡음 또는 저주파수 잡음이라 하며 1[kHz] 이하에서 지배적이다.

14 반도체에서 소수 캐리어의 확산, 정공과 전자쌍의 불규칙한 발생 및 재결합에 의해 발생되는 잡음은?

① 열잡음 ② 축퇴잡음
③ 접촉잡음 ④ 산탄잡음

해설

산탄잡음(Shot Noise)은 소수 캐리어의 확산, 정공과 전자쌍의 불규칙한 발생 및 재결합에 의해 발생된다.

[정답] 08 ② 09 ① 10 ① 11 ③ 12 ① 13 ③ 14 ④

15 뇌방전에 따른 잡음을 공전이라 하는데, 이러한 공전에 가장 큰 영향을 받는 주파수대는?

① 장파　　　　　② 단파
③ 초단파　　　　④ 극초단파대 이상

해설
공전은 낙뢰칠 때 발생하는 잡음으로 장파통신에 가장 큰 영향을 준다.

16 광의의 정상적 랜덤 과정 N(t)의 전력 밀도 스펙트럼이 전 주파수에 걸쳐 일정한 랜덤 과정 N(t)를 무엇이라 하는가?

① 플리커잡음　　② 접촉잡음
③ 산탄잡음　　　④ 백색잡음

해설
전력밀도 스펙트럼이 전 주파수에 걸쳐 일정한 잡음을 백색잡음이라 한다.(정상 과정이란 시간 이동에 따라 통계적 성질이 변하지 않는 랜덤 과정이라는 의미이다.)

17 다음은 백색잡음의 특징을 설명한 것이다. 틀린 것은?

① 평균전력이 유한하므로 실현 가능하다.
② 전 주파수대에 걸쳐 전력밀도 스펙트럼이 일정하다.
③ 평균값이 0이다.
④ 통계적 성질이 시간에 따라 변하지 않는 정상적 랜덤 과정이다.

해설
백색잡음은 평균전력이 무한대이므로 실현 불가능하다.

18 다음 중 잡음전력을 바르게 나타낸 것은?(단, k는 볼쯔만 상수, T는 절대온도, B는 대역폭이다.)

① kTB　　　　　② $2kTB$
③ $3kTB$　　　　④ $4kTB$

해설
잡음전력은 $P=4kTB$의 관계를 갖는다.

19 다음 중 저항 R에 생기는 전압의 제곱평균은?(단, k는 볼쯔만 상수, T는 절대온도, B는 대역폭이다.)

① kTB　　　　　② $kTBR$
③ $4kTB$　　　　④ $4kTBR$

해설
잡음전압은 $V=\sqrt{PR}=\sqrt{4kTBR}$이므로 $V^2=4kTBR$

20 잡음전압을 결정하는 요소가 아닌 것은 어느 것인가?

① 볼쯔만 상수　　② 절대온도
③ 잡음의 크기　　④ 주파수 대역폭

해설
잡음전압은 $V=\sqrt{4kTBR}$로 볼쯔만 상수 k, 절대온도 T, 주파수 대역폭 B, 저항 R과 관계가 있다.

21 2[kΩ]의 저항이 있다. 온도 25[℃], 주파수 대역폭 1~2[MHz]에서의 잡음전압은?

① $0.0573[\mu V]$　　② $0.573[\mu V]$
③ $5.73[\mu V]$　　　④ $57.35[\mu V]$

해설
절대온도 $T=273+25=298$
대역폭 $B=2[MHz]-1[MHz]=1[MHz]$
$\therefore V=\sqrt{4kTBR}=\sqrt{4\times1.38\times10^{-23}\times298\times10^6\times2,000}$
$=5.73[\mu V]$

22 다음 중 가용입력잡음전력을 바르게 나타낸 것은? (단, k는 볼쯔만 상수, T는 절대온도, B는 대역폭이다.)

① kTB　　　　　② $2kTB$
③ $3kTB$　　　　④ $4kTB$

[정답] 15 ①　16 ④　17 ①　18 ④　19 ④　20 ③　21 ③　22 ①

해설

가용입력잡음전력이란 부하에 전달되는 최대잡음전력으로 $P_n = \dfrac{V^2}{4R} = \dfrac{4kTBR}{4R} = kTB$ 가 된다.

23 잡음저항이 R이고 이때의 온도를 T라 한다. 이 저항이 같은 값 R을 갖는 무잡음저항 R과 임피던스 정합되었을 때 전달되는 최대 전력은?(단, k는 볼쯔만 상수이다.)

① kTB
② $2kTB$
③ $3kTB$
④ $4kTB$

해설

임피던스 정합되었을 때 부하에 전력이 최대로 전달되므로 $P_{max} = \dfrac{V^2}{4R} = \dfrac{4kTBR}{4R} = kTB$ 가 된다.

24 어떤 회로의 잡음 대역폭이 1[MHz]라 할 때, 이 회로의 가용입력잡음전력은 몇 [W]인가?(단, $T = 300[°K]$이다.)

① 2.07×10^{-14}
② 2.07×10^{-15}
③ 4.14×10^{-14}
④ 4.14×10^{-15}

해설

$P = kTB = 1.38 \times 10^{-23} \times 300 \times 10^6 = 4.14 \times 10^{-15}[W]$

25 다음 중 잡음전류를 바르게 나타낸 것은?(단, k는 볼쯔만 상수, T는 절대온도, B는 대역폭, R은 저항이다.)

① $\dfrac{4kTB}{R}$
② $\sqrt{\dfrac{4kTB}{R}}$
③ $\dfrac{2kTB}{R}$
④ $\sqrt{\dfrac{2kTB}{R}}$

해설

잡음전류 $I = \dfrac{V}{R} = \dfrac{\sqrt{4kTBR}}{R} = \sqrt{\dfrac{4kTB}{R}}$

26 상호변조왜곡을 방지하는 방법으로 틀린 것은?

① 필터를 이용하여 통과대역 밖의 신호를 잘라낸다.
② 전송시스템에 FDM 방식을 적용한다.
③ 전송매체나 송수신장치를 선형영역에서 동작시킨다.
④ 입력신호의 크기를 너무 크게 하지 않는다.

해설

전송시스템에 FDM을 적용하면 하나의 전송 시스템에 여러 개의 반송파 주파수가 전송되어 상호변조왜곡이 더 심해진다. 따라서 전송시스템에는 다중화 방식으로 TDM(전송시스템을 사용하는 시간을 분할하여 다중화하는 것)을 사용하여야 한다.

27 전송선로에서 감쇠왜곡이 발생하는 이유를 바르게 설명한 것은?

① 주파수에 대한 감쇠 불균형
② 진폭에 대한 감쇠 불균형
③ 데이터에 대한 감쇠 불균형
④ 중계기의 감쇠 불균형

해설

전송선로에서의 감쇠왜곡은 주파수에 대한 감쇠 불균형 때문에 일어나며 전송파형에 일그러짐을 일으켜 전송에러가 증가하는 원인이 된다.

28 하드와이어 전송매체에서 발생하는 지연왜곡이 발생하는 이유는?

① 신호를 구성하는 데이터 양의 가변
② 전송로의 굵기 변화
③ 신호를 구성하는 주파수의 가변적 속도
④ 중계기의 사용 여부

해설

동일 신호를 주파수를 다르게 하여 송신하면 수신되는 신호는 그 신호를 구성하는 주파수의 가변적 속도 때문에 왜곡이 발생하는데 이를 지연왜곡이라 한다.

[정답] 23 ① 24 ④ 25 ② 26 ② 27 ① 28 ③

29 데이터통신에 사용되는 부호의 길이에 따라 달라지는 크기의 규칙적 일그러짐을 무엇이라 하는가?

① 상호변조왜곡
② 감쇠왜곡
③ 지연왜곡
④ 특성왜곡

해설
특성왜곡이란 데이터통신에 사용되는 부호의 길이에 따라 달라지는 크기의 규칙적 일그러짐으로 전송로에서의 진폭과 위상의 일그러짐에 기인하는 것이 많다.

30 ISI를 제거 또는 저감시키기 위해 사용되는 것은?

① 오실로스코프
② OTDR
③ 등화기
④ 연산증폭기

해설
ISI(심볼간 간섭)를 제거 또는 저감시키기 위해 등화기(Equalizer)를 사용한다.

31 다음 중 $\frac{1}{2}\log_e\frac{P_2}{P_1}$는 무슨 단위로 표시되는가? (단, P_1은 기준 신호의 전력, P_2는 피측정 신호의 전력이다.)

① [dB]
② [dBm]
③ [neper]
④ [dBw]

해설
어떤 전력에 $\frac{1}{2}\log_e$를 걸어 놓은 것을 [neper]라 한다.

32 1[dB]은 몇 [neper]인가?

① 0.115
② 0.185
③ 8.042
④ 8.686

해설
1[neper]=8.686[dB]
$1[dB] = \frac{1}{8.686}[neper] = 0.115[neper]$

33 피측정 신호의 전력이 1[Watt]일 때 이것을 [dBm]으로 나타내면?

① 0[dBm]
② 10[dBm]
③ 20[dBm]
④ 30[dBm]

해설
$10\log\frac{P}{1[mW]} = 10\log\frac{1[W]}{1[mW]} = 10\log 10^3 = 30[dBm]$

34 특성 임피던스가 600[Ω]인 회로에 1.291[mA]가 흐르고 600[Ω]의 부하 양단에 0.775[V]가 걸리면 1[mW]의 전력이 공급되는 경우로, 이때를 무엇으로 정의하는가?

① 0[dB]
② 0[dBr]
③ 0[dBm]
④ 0[dBw]

해설
dBm은 $10\log\frac{P}{1[mW]}$로 정의되며 $P=1[mW]$인 경우
$10\log\frac{1[mW]}{1[mW]} = 0[dBm]$이 된다.

35 1,000[W]를 [dBw]로 나타내면 얼마가 되는가?

① 10
② 20
③ 30
④ 40

해설
$10\log\frac{P}{1[W]} = 10\log\frac{1,000[W]}{1[W]} = 10\log 10^3 = 30[dBw]$

36 이동 통신 기지국의 송신 출력이나 통신위성의 Transponder의 송신 출력을 나타내는 데 많이 이용되는 단위는?

① [dB]
② [dBm]
③ [dBw]
④ [dBr]

해설
[dBw]는 기지국 송신 출력이나 트랜스폰더의 송신 출력을 나타내기 위해 많이 사용된다.

[정답] 29 ④ 30 ③ 31 ③ 32 ① 33 ④ 34 ③ 35 ③ 36 ③

출제 예상 문제

37 10[mV]를 [dBmV]로 나타내면 얼마가 되는가?

① 1　　② 10
③ 20　　④ 100

해설

$20\log\dfrac{V}{1[\mathrm{mV}]} = 20\log\dfrac{10[\mathrm{mV}]}{1[\mathrm{mV}]} = 20[\mathrm{dBmV}]$

38 어느 중계 케이블의 잡음 레벨을 알기 위하여 통화 전압, 잡음전압을 측정하였더니 각각 45[V], 0.045[V]라고 한다. 신호 대 잡음비[dB]는 얼마인가?

① 30[dB]　　② 40[dB]
③ 50[dB]　　④ 60[dB]

해설

$20\log\dfrac{S}{N} = 20\log\dfrac{45}{0.045} = 20\log 10^3 = 60[\mathrm{dB}]$

39 신호전력이 20[dB]이고 잡음전력이 −15[dB]인 경우 신호 대 잡음비는?

① 5[dB]　　② 15[dB]
③ 20[dB]　　④ 35[dB]

해설

$10\log\dfrac{S}{N} = 10\log S - 10\log N = 20[\mathrm{dB}] - (-15)[\mathrm{dB}]$
$\qquad = 35[\mathrm{dB}]$

40 모뎀의 수신 입력단에서 최저 S/N비가 25[dB] 필요하도록 설계되어 있다. 전송로의 수신 레벨이 −10[dB]인 경우 이 전송로에 허용되는 잡음의 레벨은 몇 [dB]까지인가?

① −45[dB]　　② −35[dB]
③ −25[dB]　　④ −15[dB]

해설

허용되는 잡음 레벨은
(수신 레벨−수신 입력단 최저 S/N비)=−10[dB]−25[dB]
$\qquad\qquad\qquad\qquad\qquad\;= -35[\mathrm{dB}]$

41 어떤 시스템의 송단전압이 46[V]이고 수단전압이 0.46[V]일 때 전체 감쇠량은?

① 0.25[dB]　　② +40[dB]
③ −6[dB]　　④ +30[dB]

해설

$20\log\dfrac{송단\;전압}{수단\;전압} = 20\log\dfrac{46}{0.46} = 20\log 10^2 = 40[\mathrm{dB}]$

42 잡음지수(noise figure)란 무엇을 의미하는가?

① 시스템의 입력전력 대 출력전력의 비
② 시스템의 입력전압 대 출력전압의 비
③ 시스템의 입력 SNR 대 출력 SNR의 비
④ 시스템의 입력 CNR 대 출력 CNR의 비

해설

잡음지수 $= \dfrac{입력\;S/N비}{출력\;S/N비}$

43 이상적 시스템의 잡음지수는 얼마인가?

① 0　　② 1
③ 100　　④ 2

해설

이상적인 시스템의 잡음지수는 입력 S/N비와 출력 S/N비가 같은 1의 경우이다.

44 다음 그림과 같은 2단 증폭기의 종합잡음지수는 얼마인가?

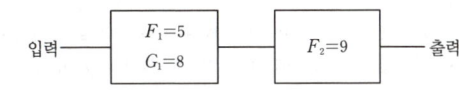

① 2　　② 4
③ 6　　④ 8

[정답] 37 ③　38 ④　39 ④　40 ②　41 ②　42 ③　43 ②　44 ③

해설

$$F = F_1 + \frac{F_2 - 1}{G_1} = 5 + \frac{9-1}{8} = 5 + 1 = 6$$

45 잡음지수를 개선하기 위한 다음 방법 중 틀린 것은?

① 저잡음 소자를 사용해야 한다.
② Cascade와 같은 저잡음 증폭회로를 사용해야 한다.
③ 신호원의 내부 임피던스와 증폭기의 입력 임피던스 사이의 결합도를 적당히 설정해야 한다.
④ 고주파 증폭단의 선택도를 작게 한다.

해설
잡음지수를 개선하기 위해서는 고주파 증폭단의 선택도를 크게 해야 한다.

46 다음은 전송로에서 생기는 우연적인 왜곡(동적인 불완전성)을 나열한 것이다. 해당되지 않는 것은?

① 상호변조잡음   ② Echo
③ 선로의 일시 고장 ④ 지연왜곡

해설
지연왜곡은 정적인 불완전성이다.

47 다음 중에서 전용 회선의 전송 특성 열화 요인 중 정상 열화 요인이 아닌 것은?

① 랜덤잡음   ② 위상지터
③ 누화   ④ 진폭 이동

해설
정상 열화 요인에는 감쇠왜곡, 고주파왜곡, 군지연왜곡, 랜덤잡음, 단일 주파수 잡음, 주파수 편차, 누화, 반향, 위상지터 등이 있다.

48 전송로의 동적인 불완전 상태에 해당하는 왜곡은?

① 백색잡음   ② 지연왜곡
③ 주파수 편이 ④ 특성왜곡

해설
전송로의 불완전성은 크게 정적인 불완전성과 동적인 불완전성으로 나눌 수 있다. 백색잡음은 동적인 불완전상태에 해당되는 왜곡이고, 나머지는 정적인 불완전성에 해당하는 왜곡이다.

49 전송 특성 열화 요인 중 비정상 열화 요인에 해당되지 않는 것은?

① 단시간 레벨 변동 ② 순간적 단절
③ 감쇠왜곡   ④ 진폭 히트

해설
비정상 열화요인에는 펄스성 잡음, 단시간 레벨 변동, 순간적 단절, 진폭 이동(히트), 위상 이동(히트)등이 있다.

[정답] 45 ④ 46 ④ 47 ④ 48 ① 49 ③

3. 통신속도와 채널용량

1. 변조속도

변조속도는 신호의 변조과정에서 1초 간에 몇 회의 변조가 행해졌는가를 나타내는 것으로 초당 신호단위의 수 또는 1초 간에 전송할 수 있는 최단 펄스 수 또는 최단 펄스의 시간 길이(T)의 역수로 정의된다. 변조속도는 통신속도, 신호속도, Baud(보오) 속도 또는 보오율(Baud Rate)이라고도 하며, 단위는 [baud] 또는 [baud/sec] 를 사용한다.

$$B = \frac{1}{T} \text{[baud]}$$

※ 최단(단위) 펄스의 시간 길이란 심볼 타임을 말한다.

> **합격예측**
> 변조속도는 초당 변조 횟수를 말하는 것으로 초당 신호단위의 수 또는 최단 펄스의 시간 길이의 역수로 구할 수 있다.

2. 데이터 신호속도

데이터 신호속도는 1초 간에 전송할 수 있는 비트수를 의미하며 단위는 [bps] (Bit Per Second) 또는 [b/s]이다. 데이터 신호속도는 변조속도에다 한 번에 보낼 수 있는 비트수(n)를 곱함으로써 얻어진다. 비트율(Bit Rate)이라고도 한다.

$$\text{데이터 신호속도} = n \cdot B \text{[bps]}$$

변조 방식이 2진인 경우는 (2진 ASK, 2진 FSK, 2진 PSK) 한 번에 보낼 수 있는 비트수가 1개이므로 이때는 데이터 신호속도와 변조속도가 같다.

한편 심볼율은 변조속도(채널 대역폭)처럼 "데이터 신호속도/한 번에 전송하는 비트수"로 구할 수 있으며 단위로는 [bps]를 사용한다. 심볼이란 두 개 이상의 비트로 구성된 디지털 정보이다.

> **합격예측**
> 데이터 신호속도는 비트율로 nB를 이용해 구한다. n은 한번에 전송하는 비트수이고 B는 변조속도이다.

3. 데이터 전송속도

데이터 전송속도는 초당 보낼 수 있는 문자수, Word수, Block수를 말하며 단위는 [자/초], [word/초], [block/초]를 사용한다.(실제적으로는 분당 전송하는 문자수가 단위로 많이 사용된다.)

$$\text{데이터 전송속도} = \frac{B}{m}$$

여기서 m은 한 문자를 구성하는 Bit수이고 B는 변조속도이다.

하나의 예로 변조속도가 50[baud]이며, 한 문자가 8[bit]로 구성되어 있을 때 1분 간에 전송할 수 있는 문자수는 $\frac{60B}{m}$에 의거, 데이터 전송속도는 375[자/분]이 된다.

> **합격예측**
> 데이터 전송속도는 보통 분당 전송하는 문자수를 구하는 것으로 $\frac{60B}{m}$를 이용해 구한다.
> 여기서 m은 한 문자를 구성하는 bit수이고 B는 변조속도이다.

4. 채널용량

채널용량이란 송신측에서 수신측으로 전송되는 정보량인 상호 정보량의 최대치를 말하는 것으로 Shannon의 정리와 Nyquist 공식을 이용하여 구할 수 있다.

가. Shannon의 정리

샤논의 정리란 채널상에 백색잡음이 존재한다고 가정한 상태에서 채널용량을 구하는 공식으로 단위는 [bps] 또는 [b/s]이고 다음과 같이 정의된다.

$$C = B \log_2(1 + \frac{S}{N}) \text{ [bps]}$$

여기서 C : 채널용량(통신용량)
  B : 채널의 대역폭
  S/N : 신호 대 잡음비

채널의 통신용량(전송용량)을 늘리려면 채널의 대역폭 B를 증가시키거나 신호 세력을 높이거나 잡음 세력을 줄이면 된다.

> **합격예측**
> 샤논의 정리는 채널용량을 구하는 공식으로 $C = B\log_2(1+\frac{S}{N})[\text{bps}]$이다.

나. Nyquist 공식

Nyquist 공식이란 잡음이 없는 채널을 가정하고, 지연왜곡에 의한 ISI에 근거하여 최대용량을 산출한 공식으로 단위는 [bps]이고 다음과 같이 정의된다.

$$C = 2B \log_2 M \text{ [bps]}$$

여기서 C : 채널용량
  B : 채널의 대역폭
  M : 진수

> **합격예측**
> 채널상에 ISI만 존재한다고 가정한 상태에서 채널용량을 구한 것을 Nyquist 공식이라 하며 $C=2B\log_2 M[\text{bps}]$을 이용해 구한다.

5. 디지털 통신시스템의 성능 측정

아날로그 통신시스템의 성능 측정은 S/N(Signal to Noise)비를 많이 사용하지만 디지털 통신시스템의 성능 측정은 C/N(Carrier to Noise)비를 사용하며 다음과 같이 정의된다.

$$\frac{C}{N} = \frac{E_b}{N_0} \cdot \frac{r_b}{B_n}$$

여기서 r_b : 데이터 신호속도(bit rate)
  B_n : 수신기의 잡음 대역폭[Hz]
  E_b/N_0 : 비트에너지 대 잡음전력 스펙트럼 밀도비(또는 비트당 SNR이라고도 한다.)

※ 심볼당 SNR은 E_s/N_0 라고 표시한다.

> **합격예측**
> 아날로그 통신시스템의 성능 측정은 S/N비를 이용하고 디지털 통신시스템의 성능측정은 C/N비를 이용한다.

6. 가용성과 응답시간

가. 가용성(Availability)

가용성은 가동률을 말하는 것으로 시스템 또는 네트워크 가동률은 다음과 같이 구한다.

$$가용성(가동률) = \frac{MTBF}{MTBF + MTTR}$$

MTBF(Mean Time Between Failure)는 평균고장시간간격이고 MTTR(Mean Time To Repair)은 평균수리시간이다.

네트워크의 경우에는 $\frac{수신\ PING\ 개수}{송신\ PING\ 개수} \times 100[\%]$를 이용해 구한다.

PING은 ICMP 메시지를 이용해 네트워크 계층까지 연결성을 테스트하는 명령어이다.

나. 응답시간(Response Time)

응답시간은 다음과 같이 구한다.

$$응답시간 = (네트워크\ 지연시간 \times 2) + 서버\ 프로세싱\ 시간$$

합격 NOTE

출제 예상 문제

제3장 통신속도와 채널용량

01 다음 중 변조속도 보오(Baud)의 설명으로 가장 알맞은 것은?

① 1초 동안에 전송된 비트의 수
② 1초 동안에 전송된 최단 펄스의 수
③ 1초 동안에 전송된 스톱 펄스의 수
④ 1초 동안에 전송된 문자의 수

해설
변조속도는 1초 간에 전송할 수 있는 최단 펄스수 또는 최단 Pulse 의 시간 길이(T)의 역수로 정의된다. 변조속도는 통신속도, 신호속도 또는 Baud(보오) 속도라고도 하며 단위는 Baud를 사용한다.
$$B = \frac{1}{T}[\text{Baud}]$$

02 50보오(Baud)의 통신속도를 100보오(Baud)로 향상시켰다. 단위 펄스의 시간 길이는 얼마로 변하는가?

① 20[ms]   ② 40[ms]
③ 10[ms]   ④ 30[ms]

해설
$B = \frac{1}{T}$ 이므로 $T = \frac{1}{B} = \frac{1}{100} = 10[\text{ms}]$

03 통신속도 50보오(Baud)인 전송 부호의 최단 펄스의 시간 길이는 몇 초인가?

① 0.01   ② 0.02
③ 0.05   ④ 0.5

해설
$B = \frac{1}{T}$ ∴ $T = \frac{1}{B} = \frac{1}{50} = 0.02[초]$

04 4위상 변조 방식에 의한 2,400[bit/s] 모뎀에서 단위 펄스의 시간 길이가 $T = 833 \times 10^{-6}[\text{sec}]$인 경우 변조속도는?

① 2,400[Baud]   ② 9,600[Baud]
③ 4,800[Baud]   ④ 1,200[Baud]

해설
$$B = \frac{\text{데이터 신호속도}}{n} = \frac{2,400}{2} = 1,200[\text{Baud}]$$
또는 $B = \frac{1}{T} = \frac{1}{833 \times 10^{-6}} = 1,200[\text{Baud}]$

05 MODEM에서 시간 길이 $T = 833 \times 10^{-6}[\text{sec}]$의 단위 펄스가 4개의 독립적인 변조파를 갖는 4위상 변복조 방식에 의하여 표시될 때 초당 전송되는 비트수를 나타내는 데이터 신호속도는?

① 1,200[bps]   ② 2,400[bps]
③ 4,800[bps]   ④ 9,600[bps]

해설
① 변조속도 $B = \frac{1}{T} = \frac{1}{833 \times 10^{-6}} = 1,200[\text{Baud}]$
② 데이터 신호속도 $= nB = (\log_2 M)B = (\log_2 4) \times 1,200$
$= 2,400[\text{bps}]$

06 통신 회선의 주파수 대역폭을 $W[\text{Hz}]$라 할 때, 최대 통신속도를 보오(Baud)를 이용하여 나타내면 얼마인가?

① W ② $4W$
③ $8W$ ④ $2W$

해설
전송대역폭 $= \frac{r_b}{n} = \frac{\text{데이터 신호 속도}}{\log_2 M} = \text{변조속도}$
따라서, 대역폭의 단위[Hz]와 변조속도의 단위[Baud]가 같다.

07 Baud에 관한 설명 중 틀린 것은?

① 단점 주파수의 2배에 상당한다.
② $\tau_p = 0.02$초이면 40[Baud]가 된다.

[정답] 01 ② 02 ③ 03 ② 04 ④ 05 ② 06 ① 07 ②

③ 부호의 단위 펄스수를 n이라 하면 1분 간 보내지는 자수는 $60B/n$이다.
④ 인쇄 전신의 공로자 Baudot씨의 이름을 따서 붙인 것이다.

해설

τ_p는 최단 Pulse의 시간 길이이며 $B = \dfrac{1}{\tau_p} = \dfrac{1}{0.02} = 50$[Baud]

①번은 $B = \dfrac{1}{T} = \dfrac{1}{\tau_p} = \dfrac{1}{\text{한 주기의 반}}$
$= \dfrac{1}{\dfrac{\text{한 주기}}{2}} = 2\dfrac{1}{\text{한 주기}} = 2f$

08 4상 PSK 변조 방식을 사용한 모뎀에서 데이터 신호속도가 2,400비트/초일 때 변조속도는 얼마인가?

① 1,200[Baud]
② 1,200[비트/초]
③ 2,400[Baud]
④ 2,400[비트/초]

해설

변조속도
$= \dfrac{\text{데이터 신호속도}}{\text{한번에 보낼 수 있는 bit 수}} = \dfrac{2,400}{2} = 1,200\text{[Baud]}$

4진이란 $M = 4$이며 $M = 2^n$이므로 한 번에 보낼 수 있는 bit수가 2개이다.

09 BPS(Bit Per Second)의 설명으로 올바르지 않은 것은?

① 정보의 유통 단위이다.
② 마크와 스페이스와 같이 서로 상반되는 부호의 정보량은 1bit이다.
③ 5단위 부호의 정보량은 $\log_2 2^5 = 5$[bits]이다.
④ 4진 신호 레벨에서는 Baud와 동일하다.

해설

데이터 신호속도[bps] = $(\log_2 M) \cdot$ (변조속도)
• 4진의 경우는 [bps] = 2×(변조속도)[Baud]
• 2진의 경우는 [bps] = 1×(변조속도)[Baud]
따라서, 2진의 경우 bps와 Baud가 동일하다.

10 다음 중에서 통신속도의 보오(Baud)와 bps 관계에서 4위상 변조시 서로 비율이 같은 경우는 몇 [Baud] 때인가?

① 2
② 4
③ 8
④ 16

해설

bps $= n \cdot B = (\log_2 M) \cdot B = (\log_2 4) \cdot B = 2B$ 이때 B의 단위는 [Baud]이므로 2[Baud] 때이다.

11 N위상 위상변조를 하는 동기식 모뎀의 변조속도가 M(Baud)인 경우 비트속도를 구하는 식은?

① $N\log_{10}M$
② $M\log_{10}N$
③ $N\log_2 M$
④ $M\log_2 N$

해설

데이터 신호속도 = 변조속도 × $\log_2$(진수)
$= M \times \log_2 N = M\log_2 N$

12 00을 -135°, 01을 -45°, 11을 45°, 10을 135°로 변조하고 또한 위와 반대로 복조하려 한다. 만일 1초에 변조 혹은 복조를 1,200회 할 때 얻어지는 [bps]는?

① 600[bps]
② 1,200[bps]
③ 2,400[bps]
④ 4,800[bps]

해설

2개 bit를 동시에 보내므로 $n = 2$이며, 변조속도(1초에 변조를 몇 번 할 수 있는가를 나타냄)가 1,200[baud]이므로, 데이터 신호속도는 2,400[bps]가 된다.

13 통신속도가 300[Baud]이고, 보오당 신호 레벨이 4일 때 1분간의 송신 가능 속도를 계산하면?

① 4,500[bps]
② 18,000[bps]
③ 36,000[bps]
④ 72,000[bps]

[정답] 08 ① 09 ④ 10 ① 11 ④ 12 ③ 13 ③

해설

보오당 신호레벨이 4라는 것은 한 번에 보낼 수 있는 bit수가 2개라는 의미이며 따라서 데이터 신호속도=$nB=2\times300=600$[bps]이며 초당 600[bps]를 보내는데 1분간 보낼 수 있는 양이므로 $600\times60=36{,}000$[bps]

14 0,1로 나타내는 신호의 신호 간격이 2[ms]일 때 데이터 신호속도는 몇 [kb/s]인가?

① 0.5 ② 1
③ 2   ④ 4

해설

데이터 신호속도
=한 번에 보낼 수 있는 bit수×변조속도
=$1\times\dfrac{1}{\text{최단 pulse의 시간 길이}}=\dfrac{1}{2\times10^{-3}}$
=500[bps]=0.5[kb/s]

15 통신속도가 1,200[Baud]일 때 4상식 위상 변조를 하면 데이터 신호속도는?

① 1,200[b/s] ② 2,400[b/s]
③ 4,800[b/s] ④ 9,600[b/s]

해설

데이터 신호속도
=nB(여기서 n은 한 번에 보낼 수 있는 bit수, B는 변조 속도)
=$2\times1{,}200=2{,}400$[bps]

16 변조속도가 2,400[Baud]일 때 하나의 유의 순간에 4비트를 전송하는 위상 변조 방식을 사용하는 경우의 데이터 신호속도는?

① 2,400[bps] ② 7,200[bps]
③ 9,600[bps] ④ 12,000[bps]

해설

데이터 신호 속도
=$nB=4\times2{,}400=9{,}600$[bps]

17 800[Baud]의 변조속도로 4상차분 위상 변조된 데이터의 신호속도는 몇 [bps]인가?

① 100   ② 1,200
③ 1,600 ④ 3,200

해설

데이터 신호속도
=$nB=2\times800=1{,}600$[bps]

18 보오[Baud] 속도가 1,500보오이며 트리 비트를 사용하는 경우 신호속도는 몇 [bps]가 되는가?

① 500   ② 1,500
③ 3,000 ④ 4,500

해설

트리비트는 한 번에 3개의 bit를 전송할 수 있음을 의미한다.
따라서, 데이터 신호 속도=$nB=3\times1{,}500=4{,}500$[bps]

19 8PSK 변조 방식에서 변조속도가 2,400 [Baud]일 때 데이터 신호의 속도는 몇 [bit/s]인가?

① 7,200 ② 4,800
③ 2,400 ④ 800

해설

데이터 신호속도
① 데이터 신호속도는 1초간에 전송할 수 있는 bit수를 의미하며 단위는 bps(Bit Per Second) 또는 b/s 이다. 데이터 신호속도는 변조속도에다 한 번에 보낼 수 있는 Bit수(n)를 곱함으로써 얻어진다.
② 변조 방식이 2진의 경우는(2진 ASK, 2진 FSK, 2진 PSK) 한 번에 보낼 수 있는 Bit수가 1개이므로 이때는 데이터 신호속도와 변조속도가 같다. 문제의 경우에는
데이터 신호속도=$nB=3\times2{,}400=7{,}200$[bps]

20 Baud 속도가 1,200[Baud]이고 Quadbit를 사용하는 경우 1초당 전송속도는 몇 [bps]인가?

① 1,200 ② 2,400
③ 4,800 ④ 9,600

[정답] 14 ① 15 ② 16 ③ 17 ③ 18 ④ 19 ① 20 ③

해설
Quadbit는 한 번에 4개의 bit를 전송할 수 있음을 의미한다. 따라서 데이터 신호속도 $= nB = 4 \times 1,200 = 4,800$[bps]

21
1,200보오[Baud]의 전송속도를 갖는 전송선로에서 신호 비트가 트리비트(tribit)이면 신호속도는 몇 [bps]인가?

① 1,200 ② 2,400
③ 3,600 ④ 4,800

해설
데이터 신호속도
$= nB = 3 \times 1,200 = 3,600$[bps]
※ 데이터 신호속도를 다른 용어로 표현하더라도 단위는 [bps]이므로 혼동하지 않아야 한다.

22
8단위 부호를 사용하여 50보오[Baud]로 통신할 때 1분간 몇 자를 전송할 수 있는가?

① 62.5자 ② 96자
③ 375자   ④ 400자

해설
데이터 전송속도는 초당 보낼 수 있는 Character 수, Word 수, Block 수를 말하며 단위는 [자/초], [word/초], [block/초]를 사용한다.
데이터 전송속도 $= \dfrac{B}{m}$
(여기서 m : 한 문자를 구성하는 bit수)
변조속도가 50[Baud]이며, 한 문자가 8[bit]로 구성되어 있을 때 1분간에 전송할 수 있는 문자수는 데이터 전송속도
$= \dfrac{B}{m} \times 60 = \dfrac{50}{8} \times 60 = 375$[자/분]

23
대역폭이 B, 신호전력이 S, 잡음전력이 N일 때 대역 제한된 백색 가우시언 채널의 채널용량은 몇 [bit/s]인가?

① $B\log_2(1+\dfrac{S}{N})$ ② $\log_2(\dfrac{BS}{N})$
③ $B\log_2(\dfrac{S}{N})$ ④ $\log_2(1+\dfrac{BS}{N})$

해설
Shannon의 채널용량 $= B\log_2(1+\dfrac{S}{N})$

24
선로 장애 현상에 대해 적절한 보완책을 구사하였을 때라면 Shannon의 법칙에 의하여 최대 비트 속도를 산출할 수 있다. 이때의 식은?(단, W는 대역폭, S/N은 신호대 잡음비이다.)

① $C = 2W\log_e(1+\dfrac{S}{N})$
② $C = 2W\log_e(\dfrac{S}{N})$
③ $C = W\log_e(1+\dfrac{S}{N})$
④ $C = W\log_2(1+\dfrac{S}{N})$

해설
샤논의 정리는 "전송 CH의 단위 시간당 전송할 수 있는 bit수"를 구하는 공식으로 단위는 [bps] 또는 [b/s]이고 다음과 같이 정의된다.
$C = B\log_2(1+\dfrac{S}{N})$[bps]
C : 채널용량(통신용량)
B : 채널의 대역폭(또는 W로 표시한다.)
$\dfrac{S}{N}$: 신호대 잡음비

25
채널을 통해 보낼 수 있는 데이터량과 채널의 대역폭과의 관계는?

① 반비례   ② 제곱근에 비례
③ 1/3 비례   ④ 비례

해설
채널용량 $=$ 대역폭 $\times \log_2(1+\dfrac{S}{N})$

26
전송 채널(Channel)의 단위 시간당 전송할 수 있는 Bit수는 샤논(Shannon)의 식에 의하여 정립되는데 이 식에 가장 관련이 깊은 것은?

[정답] 21 ③ 22 ③ 23 ① 24 ④ 25 ④ 26 ③

① 전송로의 정전용량(C)
② 전송로의 특성 임피던스(Z_o)
③ 신호대 잡음비($\frac{S}{N}$)
④ 전송 신호의 위상(F)

해설

샤논의 채널용량 = 대역폭 $\times \log_2(1+\frac{S}{N})$

27 채널용량을 증가시키기 위한 방법으로 적당하지 않은 것은?

① 대역폭을 넓힌다.
② 신호전력을 증가시킨다.
③ 잡음전력을 감소시킨다.
④ C/N비를 증가시킨다.

해설

채널의 통신용량(전송용량)을 늘리려면 다음과 같은 방법을 사용한다.
- 채널의 대역폭 B를 증가시킨다.
- 신호 세력을 높인다.
- 잡음 세력을 줄인다.
  ※ Shannon의 정리는 열잡음만을 고려한 채널의 이론상 최대 전송속도이나 실제로는 충격잡음, 감쇠 현상, 지연왜곡 등에 의해 채널은 이보다 더 낮은 속도로 사용된다.

28 주파수 대역폭이 30[kHz], S/N비가 7인 채널을 통하여 전송할 수 있는 정보량은 몇 [b/s]인가?

① 2.1×10^3
② 4.2×10^3
③ 6×10^3
④ 9×10^4

해설

$C = W\log_2(1+\frac{S}{N}) = 30 \times 10^3 \times \log_2(1+7)$
$= 30 \times 10^3 \times \log_2 2^3 = 9 \times 10^4$

29 1채널 대역폭이 1[kHz], S/N비가 20[dB]일 때 채널 용량은?

① 3,320[bps]
② 4,840[bps]
③ 6,640[bps]
④ 13,280[bps]

해설

$S/N = 20[dB]$을 숫자로 고치면 $20[dB] = 10\log_{10}\frac{S}{N}$
$\therefore S/N = 10^2 = 100$
따라서 $C = B\log_2(1+\frac{S}{N}) = 1,000\log_2(1+100)$
$= 1,000\log_2 100$
$= 1,000 \times 3.32\log_2 100[bps]$
$= 1,000 \times 6.64 = 6,640[bps]$

30 지연왜곡에 의한 ISI에 근거하여 채널용량을 산출하고자 한다. 가장 알맞는 것은?(단, B는 대역폭, S/N은 신호대 잡음비, M은 진수를 의미한다.)

① $2B\log_2 M$
② $B\log_2 M$
③ $B\log_2(1+\frac{S}{N})$
④ $2B\log_2(1+\frac{S}{N})$

해설

Nyquist 공식이란 잡음이 없는 채널을 가정하고, 지연왜곡에 의한 ISI에 근거하여 최대 용량을 산출한 공식으로 단위는 [bps]이고 다음과 같이 정의된다.
$C = 2B\log_2 M$[bps]
C : 채널용량
B : 채널의 대역폭
M : 진수

31 16진 PSK 변조 방식을 사용하고 채널의 대역폭이 4[kHz]일 때 채널용량은?

① 16,000[bps]
② 32,000[bps]
③ 48,000[bps]
④ 56,000[bps]

해설

$C = 2B\log_2 M$
$= 2 \times 4,000 \times \log_2 16 = 32,000[bps]$

[정답] 27 ④ 28 ④ 29 ③ 30 ① 31 ②

32 디지털 정보 전송 신호의 전송 품질을 평가하는 것은?

① S/N(신호대 잡음비)
② BER(비트 오율)
③ P_0/P_i(출력 전력대 입력 전력)
④ CER(문자 오율)

해설

analog 통신시스템의 성능 측정은 S/N비를 많이 사용하지만 디지털 통신시스템의 성능 측정은 C/N(Carrier to Noise)비(또는 BER)를 사용하며 다음과 같이 정의된다.

$$\frac{C}{N} = \frac{E_b}{N_0} \cdot \frac{r_b}{B_n}$$

r_b : bit rate [bps]
B_n : 수신기의 잡음 대역폭 [Hz]
E_b/N_0 : 비트에너지 대 잡음 전력 스펙트럼 밀도비(또는 비트당 SNR)

33 평균 고장시간 간격이 99시간 평균 수리시간이 1시간일 때 이 시스템의 가동률(가용성)은?

① 0.66
② 0.77
③ 0.88
④ 0.99

해설

$$\text{가동률(가용성)} = \frac{MTBF}{MTBF + MTTR} = \frac{99}{99+1} = 0.99$$

34 네트워크에서의 지연시간이 $100[\mu s]$이고 서버에서의 처리시간(Processing Time)이 $1[ms]$일 때 응답시간은?

① $1.2[ms]$
② $1.4[ms]$
③ $2[ms]$
④ $2.4[ms]$

해설

응답시간 = (네트워크에서의 지연시간 $\times 2$) + 서버 처리시간
= $100[\mu s] \times 2 + 1[ms]$
= $1.2[ms]$

[정답] 32 ② 33 ④ 34 ①

합격 NOTE

합격예측

비트에러율은 작을수록 좋으며, 비트에러율이 10^{-7}이라는 것은 총 전송한 비트수가 10^7인데 그중 하나의 비트에서 에러가 발생했음을 의미한다.

합격예측

Bauer법

연송 방식의 일종으로 처음과 두 번째의 위상을 역전하여 전송함으로써 수신측에서 이를 이용해 에러를 검출하는 방식

합격예측

① 1차원 패리티 검사와 2차원 패리티 검사
  ㉠ 1차원 패리티 검사
    정보에 한 개의 패리티 비트를 추가하는데 비트 1개의 개수가 짝수 또는 홀수가 되도록 패리티 비트값을 결정하는 방식으로 수평 패리티 체크 방식과 수직 패리티 체크 방식이 있다.
  ㉡ 2차원 패리티 검사
    정보에 추가되는 패리티비트 이외에, 패리티 비트로만 구성되는 패리티 검사 문자(Parity Check Character)를 블록 단위로 추가해서 Longitudinal Redundancy Check (LRC)와 Vertical Redundancy Check(VRC)를 실시한다.
    LRC는 패리티 검사 문자에 의해 이루어지고, VRC는 패리티 비트에 의해 이루어지며, 이같은 2차원 패리티 검사 방식은 1차원 패리티 검사 방식에 비해 검출되지 않는 비트에러율을 $\frac{1}{100} \sim \frac{1}{10,000}$배로 감소시킨다.
② N개의 ASCII 문자를 수평, 수직 패리티 문자로서 검사하게 될 때 하나의 문자가 순수한 정보 비트 7비트와 패리티 비트 1비트로 이루어져 있다면 총 비트수는 $(8N+8)$이 되며 효율은 $\frac{7N}{8N+8}$이 된다.

4 에러검출 및 정정

1. 착오 제어 평가 방법

$$비트에러율(오율) = \frac{에러가\ 발생한\ bit\ 수}{총\ 전송한\ bit\ 수}$$

2. 착오 제어 방식의 분류

가. 전송에 용장성을 부가하는 방식

　(1) 반송 방식
　(2) 연송 방식(연속 송출 방식)

나. 정보에 용장성을 부가하는 방식

　(1) 착오 검출 부호 사용
　　① 수직 Parity Check 방식
　　② 수평 Parity Check 방식
　　③ 정마크 정스페이스 방식
　　④ 군계수 Check 방식
　(2) 착오 정정 부호 사용
　　① Hamming Code
　　② CRC Code
　　③ BCH Code
　　④ Reed-Solomon Code

3. 착오 검출 부호

가. 수직 Parity Check 방식

　문자 단위의 1의 수가 짝수(Even Parity) 또는 홀수(Odd Parity)가 되도록 각 열에 Check Bit(Parity Bit)를 부가하는 방식

나. 수평 Parity Check 방식

　Block 단위의 1의 수가 짝수 또는 홀수가 되도록 각 행에 Check Bit를 부가하는 방식

다. 정 마크 정 스페이스 방식

송신측에서 각 문자를 부호화할 때 부호 중 "1" 또는 "0"의 수가 항상 일정하도록 부호를 조립해서 송출함으로써 수신측에서 오류를 검출하는 방식

라. 군계수 Check 방식

각 행의 1의 수(10진)를 2진(BCD 코드)으로 계수한 다음, 아래 2자리의 결과를 Check Bit로 부가하는 방식

4. 검출 후 재전송(ARQ : Automatic Repeat Request)

통신 회선에 착오가 발생하면 수신측은 착오의 발생을 송신측에 알리고, 송신측은 착오가 발생한 Block을 재전송하는 방식

가. 정지 조회 ARQ(Stop-And-Wait ARQ) 방식

송신측이 한 개의 Block을 전송한 후, 수신측에서 착오의 발생을 점검한 다음 ACK나 NAK 신호를 보내올 때까지 기다리는 방식

(1) 신호를 재송할 역 CH(Reverse CH : 수신측에서 ACK나 NAK를 송신측으로 보내기 위한 CH)이 필요

(2) BSC 및 BASIC Protocol에서 채택(Half-Duplex에서 이용)

나. 연속적 ARQ(Continuous ARQ) 방식

정지 조회 ARQ에서 생기는 Overhead를 줄이기 위해, 연속적으로 Data Block을 전송하는 방식으로 전파 지연이 긴 시스템에 적용하면 효과적

(1) 반송 N 블록 ARQ(Go-Back-N ARQ)

① 송신측이 NAK를 받으면 착오 Block을 탐지하여 해당 Block만을 재전송하는 방식

② HDLC Protocol에서 채택(Full-Duplex에서 이용)

(2) 선별 재송 ARQ(Selective ARQ)

① 송신측이 NAK를 받으면 착오 Block을 탐지하여 해당 Block만을 재전송하는 방식

② SDLC Protocol에서 채택

다. 적응적 ARQ(Adaptive ARQ)

에러 발생 비율이 높아 데이터 재전송 요청 비율이 클 경우에는 Block의 길이를 작게 하고, 데이터 재전송 요청 비율이 작을 경우에는 Block의 크

합격 NOTE

합격예측

정 마크(정 스페이스)방식의 대표적인 부호로는 2 out of 5 부호(Biquinary 부호)가 있다. 1의 수가 항상 일정하면 정 마크 방식, 0의 수가 항상 일정하면 정 스페이스 방식이라 한다.

합격예측

Piggyback Acknowledgement (피기백 확인응답)

전송 채널 대역의 사용 효율을 높이기 위해서 수신한 전문에 대해 확인응답 전문(ACK 또는 NAK)을 따로 보내지 않고, 상대편으로 향하는 데이터 전문에 확인응답 전문을 함께 실어 보내는 방법을 말한다. 상대편으로 보낼 데이터 전문이 오랫동안 발생하지 않는 경우에는 응답 회신을 무한정 지연시킬 수 없기 때문에 이런 경우를 위해 각 수신 전문에 대해 타이머를 작동시켜 설정시간이 넘는 경우, 개별적인 응답 전문을 회신하여 송신측이 다음 동작을 취할 수 있게 한다.

합격예측

하이브리드 ARQ

ARQ와 FEC를 결합하여 에러제어를 행하는 기술로 무선패킷 데이터 서비스 시스템에서 처리율을 향상시키기 위해 사용되고 있다.

합격 NOTE

합격예측

FEC 코드의 종류
① 블록 코드
각 블록에서의 부호화가 그 이전의 블록에 영향을 받지 않는 부호로 해밍 코드, CRC 코드, BCH 코드 등이 여기에 해당된다.
② 콘볼루션 코드
각 블록에서의 부호화가 그 이전의 블록에도 의존하는 부호로 비블록 코드라고도 하며 위너(Wyner) 부호 등이 여기에 해당된다. 이러한 블록 코드와 비블록 코드의 차이점은 기억장치의 유무이다.

합격예측

Hamming Bit(Parity Bit)의 개수를 구하는 방법으로 $2^p \geq n+1 = m+p+1$이 사용된다. 예로서 정보비트수가 8개인 경우 Hamming Bit수 즉 Parity Bit수는 4개이다.

기를 크게 하는 방식
　※일반 통신 Protocol에는 적용 안함

5. 전진 에러 수정(FEC : Forward Error Correction)

ARQ 방식에 비해 더 많은 수의 잉여 bit들을 추가해서 에러 검출뿐 아니라 에러 정정 기능까지도 포함하고 있는 Code. ARQ 방식은 Reverse CH을 통해 ACK와 NAK 정보를 전송하는데 비해 FEC 방식은 Reverse CH을 사용하지 않기 때문에 Forward Error Correction(FEC) 기법이라 함

가. Hamming Code

n bit인 부호어 중 m개는 정보 Bit로, p개는 검사 Bit(Hamming Bit)로 하여 착오의 검출 및 정정을 수행할 수 있는 부호

(1) Hamming Distance(d)

같은 Bit수를 갖는 2진 부호 사이에, 대응되는 Bit 값이 일치되지 않는 것의 개수

① 검출 가능한 에러 개수 : $(d-1)$개
② 정정 가능한 에러 개수
　㉠ d가 짝수인 경우 : $(d-2)/2$개
　㉡ d가 홀수인 경우 : $(d-2)/2$개

(2) Hamming Bit의 개수를 구하는 방법과 Hamming 부호화의 예

① Hamming Bit의 개수를 구하는 방법

$$2^p \geq n+1 = m+p+1$$
$$n = m+p$$

여기서 n : n Bit 부호어(전송하려는 총 Bit수),
　　　　m : 정보 Bit의 수
　　　　p : Hamming Bit의 수

② Hamming 부호화의 예
　㉠ Hamming Bit를 만드는 방법
　　12bit 부호어의 경우 $2^p \geq n+1$에서 $p=4$, $m=8$이며 4개의 Hamming Bit는 정보 Bit가 '1'인 위치 번호(10진수)를 2진수로 변환한 후 모두 Exclusive-OR함으로써 계산된다.

비트 번호	12	11	10	9	8	7	6	5	4	3	2	1
bit	1	0	0	1		0	1	0		0		

비트 번호	Binary
12	1 1 0 0
9	1 0 0 1
6	0 1 1 0
EX-OR :	0 0 1 1

따라서 전송되는 Bit열은 다음과 같다.

1 0 0 1 ⓪ 0 1 0 ⓪ 0 ① ①

ⓒ 에러 정정

수신된 정보 Bit가 "1"인 위치와, Hamming Bit를 EX-OR 하여 나온 Bit의 10진값이 에러가 난 비트의 위치임

비트 번호	12	11	10	9	8	7	6	5	4	3	2	1
송신 bit	1	0	0	1	0	0	1	0	0	0	1	1
수신 bit	0	0	0	1	0	0	1	0	0	0	1	1

비트 번호	Binary
9	1 0 0 1
6	0 1 1 0
Hamming	0 0 1 1
EX-OR :	1 1 0 0 $=(12)_{10}$

따라서 수신된 Bit 열에서 12번째 Bit에 Error가 발생했음을 알 수 있다.

나. CRC(Cyclic Redundancy Check) 방식

다항식 Code(Polynominal Code)를 이용하여 집단 에러를 검출하는 방식을 사용하는데 이를 CRC 방식이라 한다.

(1) 전송 Bit의 다항식에 의한 표현

입력 데이터가 10001101이라 할 때 번호를 부여하여 다항식으로 표현하면 다음과 같다.

번호	7	6	5	4	3	2	1	0
입력 데이터	1	0	0	0	1	1	0	1

$$P(X) = X^7 + X^3 + X^2 + X^0 = X^7 + X^3 + X^2 + 1$$

(2) Parity Bit를 만드는 방법

입력 데이터의 다항식 표현 $[P(X)]$에 생성 다항식의 최고차 항을 곱하고 생성 다항식으로 나눈다.

합격예측

CRC 코드는 에러정정부호인 FEC Code이지만 주로 집단에러검출에 사용된다. 즉 CRC 코드는 에러발생 시 에러정정이 가능하지만 에러 하나하나를 자기정정하면 효율이 저하하므로 집단에러발생 시 자기정정 대신 송신측에서의 재전송 방법을 사용한다.

여기서 생성 다항식을 $G(X)=X^5+X^4+X+1$이라 하면

$$\frac{X^5P(X)}{G(X)}=\frac{X^5(X^7+X^3+X^2+1)}{X^5+X^4+X+1}=\frac{X^{12}+X^8+X^7+X^5}{X^5+X^4+X+1}$$

몫은 $X^7+X^6+X^5+X^4+X^3+1$이고 나머지는 X^4+X^3+X+1이 된다. 따라서 추가되는 Parity Bit 형태는 11011이 된다.

(3) 송신 데이터 형태

송신 데이터는 $P(X)$에 생성 다항식의 최고차 항을 곱한 것에 Parity Bit를 부가시킨 것으로 이것을 $T(X)$라 하면

$$T(X)=X^5 \cdot P(X)+(X^4+X^3+X+1)$$
$$=X^{12}+X^8+X^7+X^5+X^4+X^3+X^2+X+1$$

(4) 착오 검출 방법

수신측에서는 $T(X)$를 생성 다항식 $G(X)$로 나누어 나머지가 없으면 착오가 없음을, 나머지가 있으면 착오가 있음을(에러가 발생했음을) 의미한다. 위의 예에서는 몫이 $(X^7+X^5+X^4+X^3+X^2+X+1)$이고 나머지가 0이 되어 착오가 없음을 알 수 있다.

다. BCH(Bose-Chaudhuri-Hocquenghen) Code

n bit 부호어에서 m이라는 양의 정수를 구한 다음($2^m-1 \leq n$ 이용), 이것으로 검사 bit수를 나누면 오류 정정 가능 개수 t를 구할 수 있다.

$$\left(\frac{\text{검사 bit 수}}{m}=t\right)$$

합격예측
BCH 부호의 예로서 7비트 부호어이고 검사비트수를 6으로 하면 $m=3$이 되고 따라서 오류정정 가능 개수는 2개이다.

라. Reed-Solomon 부호

진폭이 크고 시간이 짧은 임펄스 잡음은 전송 비트의 다수에 영향을 미치게 되어 집중적 형태의 에러를 발생시키게 되는데 이를 연집 에러(Burst Error)라 한다. 이 같은 연집 에러를 검출하고 정정하는 데 사용되는 부호가 Reed-Solomon 부호이며 중요한 특징은 다음과 같다.

(1) 선형 블록 부호이다. 또한 데이터 비트와 패리티 검사 비트가 뚜렷이 구분되어 있으므로 조직 부호이기도 하다.
(2) l개의 연집 에러를 검출하기 위해서는 l개의 패리티 검사 비트를 포함한 길이가 n인 부호어가 필요하다.
(3) l개의 연집 에러를 정정하기 위해서는 $2l$개의 패리티 검사 비트를 포함한 길이가 n인 부호어가 필요하다.
(4) 패리티 검사 비트수 l과 부호의 데이터 비트수 n과는 독립적이다.

출제 예상 문제

제4장 에러검출 및 정정

01 잉여 bit들을 데이터와 함께 전송하여 에러를 검출하는 데 사용하고, 에러가 검출되면 송신측으로 재전송을 요구하여 에러 수정을 실시하는 것을 무엇이라 하는가?

① 에러 무시
② Loop 또는 Echo에 의한 점검
③ ARQ
④ FEC

해설

검출 후 재전송(ARQ : Automatic Repeat Request)
통신 회선에 착오가 발생하면 수신측은 착오의 발생을 송신측에 알리고 송신측은 착오가 발생한 Block을 재전송하는 방식으로 다음과 같은 종류가 있다.
① 정지 조회 ARQ(Stop-And-Wait)방식
송신측이 한 개의 Block을 전송한 후, 수신측에서 착오의 발생을 점검한 다음 ACK나 NAK 신호를 보내올 때까지 기다리는 방식
  ㉠ ARQ 방식 중에서 가장 간단
  ㉡ 착오 검출 능력이 우수한 부호를 사용해야 함
  ㉢ 신호를 재송할 역 CH(Reverse CH:수신측에서 ACK나 NAK를 송신측으로 보내기 위한 CH)이 필요
  ㉣ BSC 및 BASIC Protocol에서 채택(Half-Duplex에서 이용)
  ㉤ 데이터 통신 시스템의 Buffer 메모리 용량은, 전송되는 데이터 Block 가운데 가장 큰 Block을 저장할 수 있어야 한다.
② 연속적 ARQ(Continuous ARQ)방식
정지 조회 ARQ에서 생기는 Overhead를 줄이기 위해, 연속적으로 Data Block을 전송하는 방식으로 전파 지연이 긴 시스템에 적용하면 효과적
  ㉠ 반송 N 블록 ARQ(Go-Back-N ARQ)
    ⓐ 송신측이 NAK를 받으면 착오가 발생한 Block으로 되돌아가서 그 이후의 모든 Block을 재전송하는 방식
    ⓑ HDLC Protocol에서 채택(Full-Duplex에서 이용)
  ㉡ 선별 재송 ARQ(Selective ARQ)
    ⓐ 송신측이 NAK를 받으면 착오 Block을 탐지하여 해당 Block만을 재전송하는 방식
    ⓑ SDLC Protocol에서 채택
    ⓒ 복잡한 논리 회로와 큰 용량의 Buffer가 필요
    ⓓ 수신단에서 데이터를 처리하기 전에 원래 순서대로 조립해야 함
③ 적응적 ARQ(Adaptive ARQ)
에러 발생 비율이 높아 데이터 재전송 요청 비율이 클 경우에는 Block의 길이를 작게 하고, 데이터 재전송 요청 비율이 작을 경우에는 Block의 크기를 크게 하는 방식
  ㉠ 채널의 효율을 최대로 하기 위하여, Block의 길이를 동적으로 변경할 수 있는 방식으로 ARQ 효율은 높으나 제어 회로가 복잡해지고, Block 길이 변경에 기인하는 채널의 유휴 시간(Idle Time)이 발생
  ㉡ 일반 통신 Protocol에는 적용 안함

02 비트 오율의 정의는?

① 수신된 비트의 수에 대한 잘못된 비트의 수의 비율을 말한다.
② 송신한 비트의 수에 대한 잘못 수신된 비트의 수의 비율을 말한다.
③ 송신한 비트의 수와 수신된 비트의 수를 합한 비트수에 대한 수신된 비트의 수의 비율을 말한다.
④ 송신한 비트의 수와 수신된 비트의 수의 차를 말한다.

해설

비트 오율(에러율) = $\dfrac{\text{에러가 발생한 bit 수}}{\text{총 전송한 bit 수}}$

03 정보 통신의 전송 기준의 척도로 틀린 것은?

① 비트 오율
② 블록 오율
③ 조보 왜율
④ 전신 오율

해설

비트 오율, 블록 오율, 전신 왜율은 정보 통신의 전송 기준의 척도로 사용된다.

04 통신 속도가 4,800[bit/s]인 회선에서 50분간 전송했을 때 오류 비트가 36[bit]였다면, 이 회선의 평균 비트 오율은?

① 2.5×10^{-7}
② 7.5×10^{-7}
③ 2.5×10^{-6}
④ 7.5×10^{-6}

해설

비트 오율 : $\dfrac{\text{에러 bit 수}}{\text{총 전송한 bit 수}} = \dfrac{36}{4,800 \times 50 \times 60} = 2.5 \times 10^{-6}$

[정답] 01 ③ 02 ② 03 ③ 04 ③

05 데이터 신호속도 4,000[bps]로 1시간 전송했을 때, 수신측 에러 비트수가 24[bit]라면 비트 에러율(비트 오율)은?

① 1.34×10^{-5} ② 1.67×10^{-6}
③ 1.34×10^{-6} ④ 1.67×10^{-5}

해설

비트 에러율 : $\dfrac{\text{에러 bit 수}}{\text{총 전송한 bit 수}} = \dfrac{24}{4,000 \times 60 \times 60}$

$= \dfrac{24}{144 \times 10^5} = 0.166 \times 10^{-5}$
$= 1.67 \times 10^{-6}$

06 패리티 체크를 하는 이유는 무엇인가?

① 전송된 부호의 착오 검출
② 전송되는 부호 용량 검사
③ 컴퓨터의 기억 용량 산정
④ 중계선로의 중계 용량 측정

해설

송신측에서 미리 여분의 Bit(짝수 또는 홀수 패리티)를 넣어 전송하고 수신측에서는 이들 Bit를 이용하여 착오를 검출한다.

07 블록 오율을 측정하기 위한 표준 신호의 블록 크기는?

① 511[bit]   ② 1과 0의 혼합 비트
③ 200[baud]   ④ 9,600[bps]

해설

블록 오율을 측정하기 위한 표준 신호의 블록 크기는 511[bit]이다.

08 2,000[BPS]의 데이터 신호속도로 50분간 전송했을 경우 최대 비트 에러율이 6×10^{-6} 이었다면 최대 블록 에러율은 얼마인가?(단, 한 블록의 크기는 511[bit]이다.)

① 0.306[%]   ② 1.03[%]
③ 3.6[%]   ④ 13.66[%]

해설

① 비트 에러율 $= \dfrac{\text{에러가 발생한 bit 수}}{\text{총 전송한 bit 수}}$ 에서

비트 에러율 × (총 전송한 bit수)
$= 6 \times 10^{-6} \times (2,000 \times 50 \times 60)$
$= (6 \times 10^{-6}) \times (6 \times 10^6) = 36$[bit]

② 최대 블록 에러율은 에러 Bit가 각 Block마다 하나씩 나오는 경우이므로 최대 에러 블록수는 36 Block이다.

따라서 최대 Block 에러율 $= \dfrac{\text{최대 에러 block 수}}{\text{총 전송한 block 수}}$

$= \dfrac{36}{\dfrac{2,000 \times 50 \times 60}{511}} = \dfrac{511 \times 36}{6,000,000}$

$= 3,066 \times 10^{-6} = 3.066 \times 10^{-3}$

이제 [%]로 나타내면 0.3066[%]이 된다.

09 다음 설명 중 Parity Bit에 대한 설명으로 틀린 것은?

① 기수 체크(Odd Check)를 사용하기도 한다.
② 우수 체크(Even Check)를 사용하기도 한다.
③ 데이터의 오류를 판별하기 위하여 사용한다.
④ 데이터의 표현에 여유를 두기 위하여 사용한다.

해설

Parity Bit는 우수(1의 수가) 또는 기수(1의 수가)방법을 이용할 수 있으며 착오를 검출하기 위해 사용한다.

10 한 Block 내의 각 행의 1의 수를 2진으로 계수한 다음 아래 2자리의 결과를 Check Bit로 부가하는 착오 검출 방식은?

① Check Bit 방식   ② 정마크 방식
③ 군계수 Check 방식   ④ SQD 방식

해설

한 Block 내의 각 행의 1의 수를 2진으로 계수한 다음, 아래 2자리의 결과를 Check Bit로 부가하는 방식을 군계수 체크 방식이라 한다.

11 동일한 데이터를 2회 송출하여 수신측에서 이 2개의 데이터를 비교 체크함으로써 에러를 검출하는 에러 제어 방식은?

[정답] 05 ② 06 ① 07 ① 08 ① 09 ④ 10 ③ 11 ①

① 연속 송출 방식
② 반송 조회 방식
③ 캐릭터 패리티 체크 방식
④ 사이클릭 부호 방식

> **해설**
> 송신측에서 동일 데이터를 두 번 계속해서 송신하고, 수신측에서는 2개의 데이터를 비교하여 착오를 검출하는 방식(수신측에서 착오를 Check하고 송신측에서 재송하는 방식)

12 데이터 전송 선로의 수평, 수직 우수 패리티 체크 방식이다. 정확히 수신했을 때 나온 데이터의 ***에 들어가야 할 비트는 다음 중 어느 것인가?

```
1 0 1 0 1 0 1 0 | 0
0 0 1 1 0 0 0 1 | 1
0 1 0 0 0 1 1 0 | 1
1 0 0 0 1 1 0 1 | 0
1 0 0 1 1 0 1 0 | 0
─────────────────
1 1 0 0 1 0 * * | *
```

① 001
② 011
③ 100
④ 110

> **해설**
> 수평, 수직으로 1의 개수를 세어 짝수로 만든다.

13 데이터 전송에 있어서 송신측에서 각 문자를 부호화할 때 부호 중에서 "1"의 수가 항상 일정한 수가 되도록 새로 부호를 조립해서 송출함으로써 수신측에서 오류를 검출하는 방법은?

① 일정 마크 방식
② 수직 패리티(Parity) 방식
③ 기수 패리티(Parity) 방식
④ 수평 패리티(Parity) 방식

> **해설**
> 송신측에서 각 문자를 부호화할 때 부호 중 "1" 또는 "0"의 수가 항상 일정하도록 부호를 조립해서 송출함으로써 수신측에서 오류를 검출하는 방식으로 대표적인 부호는 2 Out of 5 부호(Biquinary 부호)가 있음

※ 1의 수가 항상 일정하면 정마크 방식, 0의 수가 항상 일정하면 정스페이스 방식

14 다음 중 데이터 전송계의 Error 검출 방식이 아닌 것은 어느 것인가?

① 수직 패리티 방식
② 수평 수직 마크 제어 방식
③ 군계수(群計數) 체크 방식
④ 정마크 부호 방식

> **해설**
> 착오 제어 방식의 분류
> ① 전송에 용장성을 부가하는 방식
>   ㉠ 반송 방식
>   ㉡ 연송 방식(연속 송출 방식)
> ② 정보에 용장성을 부가하는 방식
>   ㉠ 착오 검출 부호 사용
>   ⓐ 수직 Parity Check 방식
>   ⓑ 수평 Parity Check 방식
>   ⓒ 정마크 정스페이스 방식
>   ⓓ 군계수 Check 방식
>   ⓔ SQD 방식
>   ㉡ 착오 정정 부호 사용
>   ⓐ Hamming Code
>   ⓑ CRC code
>   ⓒ BCH code

15 데이터 통신에서 한 Character를 표시하는 정보 비트열에서 "0" 또는 "1"을 부가시켜 "1"의 개수를 홀수 또는 짝수로 통일시킨 다음 수신측에서 "1"의 수가 홀수 또는 짝수인가에 따라 정보의 왜곡을 검출하는 방식을 무엇이라 하는가?

① 패리티 체크
② 정 표시 방법
③ 군계수 방식
④ 크로스 체크

> **해설**
> ① 문자 단위의 1의 수가 짝수(Even Parity) 또는 홀수(Odd Parity)가 되도록 각 열에 Check Bit(Parity Bit)를 부가하는 방식
> ② 수평 Parity Check 방식 : Block 단위의 1의 수가 짝수 또는 홀수가 되도록 각 행에 Check Bit를 부가하는 방식

[정답] 12 ③ 13 ① 14 ② 15 ①

16. 정보에 추가되는 Parity Bit 외에, Parity Bit로만 구성되는 Parity 검사 문자를 Block 단위로 추가해서 LRC와 VRC를 실시하는 방법은?

① 1차원 Parity 검사
② 2차원 Parity 검사
③ 군계수 Check 방식
④ SQD 방식

해설

① 1차원 Parity 검사
정보에 한 개의 Parity Bit를 추가하는데 Bit 1개의 개수가 짝수 또는 홀수가 되도록 Parity Bit 값을 결정하는 방식으로 수평 Parity Check 방식과 수직 Parity Check 방식이 있음

② 2차원 Parity 검사
정보에 추가되는 Parity Bit 이외에, Parity Bit로만 구성되는 Parity 검사 문자(Parity Check Character)를 Block 단위로 추가해서 Longitudinal Redundancy Check(LRC)와 Vertical Redundancy Check(VRC)를 실시한다. LRC는 Parity 검사 문자에 의해 이루어지고, VRC는 Parity Bit에 의해 이루어지며, 이같은 2차원 Parity 검사 방식은 1차원 Parity 검사 방식에 비해 검출되지 않는 비트 에러율을 $\frac{1}{100} \sim \frac{1}{10,000}$ 로 감소시킨다.

17. 다음 중 error 제어에 관한 설명 중 잘못된 것은 어느 것인가?

① 자기 조합 부호에서는 Error가 발생하여도 사용하지 않는 부호로 변환된다.
② 수직 패리티 체크 방식은 "1" 부호 중에서 기수개의 단위가 틀리면 Error가 발견되지 않는다.
③ 정마크 정스페이스 방식에서는 "1" 또는 "0"의 수가 일정한 부호만 유효하고 다른 부호는 Error로 검출한다.
④ Bearer법에서는 1회와 2회에 위상을 역전하여 전송하고 수신측에서 Error를 검출한다.

해설

수직 패리티 체크 방식에서 기수 Parity 체크 방식을 사용하면 Error를 검출할 수 있다.

18. ARQ 방식이란 어느 것인가?

① 에러를 정정하는 방식
② 부호를 전송하는 방식
③ 에러를 검출하는 방식
④ 에러를 검출하여 재전송을 요구하는 방식

해설

ARQ란 Automatic Repeat Request로 송신측에서 송신한 신호를 가지고 (여기에는 패러티 비트가 포함되어 있다.) 수신측에서 착오 제어를 수행하여 착오가 있으면, 수신측에서 송신측에 데이터의 재전송을 요구하는 방식을 말한다.

19. ARQ 방식의 특징으로 틀린 것은?

① 송신측은 항시 수신측으로부터 프레임에 에러가 발생했다는 신호를 받아들일 수 있는 상태에 있어야 한다.
② 에러 발생시 송신측은 다음 프레임의 전송 대신에 에러가 발생한 프레임을 재전송해야 한다.
③ 송신측은 버퍼(Buffer)가 필요하다.
④ 역채널(Reverse Channel)이 필요하다.

해설

수신측은 전송되어 오는 데이터 Block 가운데 가장 큰 Block을 저장할 수 있어야 한다.

20. 송신측이 NAK를 받으면 착오가 발생한 Block으로 되돌아가서 그 이후의 모든 Block을 재전송하는 ARQ 방식은?

① 정지 회로 ARQ
② 반송 N 블록 ARQ
③ 선별 재송 ARQ
④ 적응적 ARQ

해설

송신측이 NAK를 받으면, 착오가 발생한 Block으로 되돌아가서 그 이후의 모든 Block를 재전송하는 것은 반송 N 블록 ARQ이고, 에러 Block만 재전송하는 것은 선별 재송 ARQ임

[정답] 16 ② 17 ② 18 ④ 19 ③ 20 ②

21 다음은 정지 조회 ARQ에 대한 특징을 설명한 것이다. 틀린 것은?

① 착오 검출 능력이 우수한 부호를 사용해야 한다.
② ACK나 NAK를 송신측으로 보내기 위한 역 채널이 필요하다.
③ SDLC Protocol에서 채택하고 있다.
④ ARQ 방식 중에서 가장 간단하다.

해설
정지 조회 ARQ 방식은 BSC(또는 BASIC) Protocol에서 채택하고 있다.
정지 조회 ARQ(Stop-And-Wait ARQ)방식이란 송신측이 한 개의 Block을 전송한 후, 수신측에서 착오의 발생을 점검한 다음 ACK나 NAK 신호를 보내올 때까지 기다리는 방식으로 다음과 같은 특징을 가진다.
① ARQ 방식 중에서 가장 간단
② 착오 검출 능력이 우수한 부호를 사용해야 함
③ 신호를 재송할 역 CH(reverse CH : 수신측에서 ACK나 NAK를 송신측으로 전송하기 위한 채널)이 필요함
④ BSC Protocol에서 채택(Half-Duplex에서 이용)
⑤ 데이터 통신시스템의 Buffer 메모리 용량은, 전송되는 데이터 Block 가운데 가장 큰 Block을 저장할 수 있어야 한다.

22 피기백(Piggyback) 확인 응답이란 어느 것인가?

① 송신측이 일정한 시간 안에 수신측으로부터 ACK가 도착하지 않으면 에러로 간주하는 것
② 송신측이 타임아웃 시간을 설정하기 위한 목적으로 내보낸 테스트 프레임에 대한 응답
③ 수신측이 에러를 검출한 후 재전송해야 할 프레임의 개수를 송신측에게 알려주는 응답
④ 수신측이 별도의 ACK를 보내지 않고 상대편으로 향하는 데이터 전문을 이용하여 응답하는 것

해설
전송 채널 대역의 사용효율을 높이기 위해서 수신한 전문에 대해 확인 응답 전문(ACK 또는 NAK)을 따로 보내지 않고, 상대편으로 향하는 데이터 전문에 확인 응답 전문을 함께 실어보내는 방법을 말하며 상대편으로 보낼 데이터 전문이 오랫동안 발생하지 않으면 응답 회신을 무한정 지연시킬 수 없기 때문에 이런 경우를 위해 각 수신 전문에 대해 Timer를 작동시켜 Time Out되는 경우, 개별적인 응답 전문을 회신하여 송신측이 다음 동작을 취할 수 있게 한다.

23 연속적 ARQ에 대한 설명이다. 틀린 것은?

① 신호를 재송할 역채널이 필요하다.
② 정지 조회 ARQ보다 Overhead가 적다.
③ SDLC, HDLC Protocol에서 사용한다.
④ 반송 N 블록 방식과 선별 재송 ARQ 방식이 있다.

해설
신호를 재송할 역채널이 필요한 것은 정지 조회 ARQ 방식이다.
연속적 ARQ(Continuous ARQ)방식의 종류와 특징은 다음과 같다.
정지 조회 ARQ에서 생기는 Overhead를 줄이기 위해 연속적으로 Data Block을 전송하는 방식으로 전파 지연이 긴 시스템에 적용하면 효과적이다.
① 반송 N 블록 ARQ(Go-Back-IV ARQ)
  ㉠ 송신측이 NAK를 받으면 착오가 발생한 Block으로 되돌아가서 그 이후의 모든 Block을 모두 재전송하는 방식이다.
  ㉡ HDLC Protocol에서 채택(Full-Duplex에서 이용)
② 선별 재송 ARQ(Selective ARQ)
  ㉠ 송신측이 NAK를 받으면 착오 Block을 탐지하여 해당 Block만을 재전송하는 방식이다.
  ㉡ SDLC Protocol에서 채택(Full-Duplex에서 이용)
  ㉢ 복잡한 논리 회로와 큰 용량의 Buffer가 필요하다.
  ㉣ 수신단에서 데이터를 처리하기 전에 원래 순서대로 조립해야 한다.

24 데이터 비트 프레임에 잉여 비트를 추가하여 에러를 검출 수정하는 에러 제어 방식은?

① 순환 잉여 검사(CRC)
② 검출 후 재전송(ARQ)
③ 전진 에러 수정(Forward Error Correction)
④ 블록 종합 검사(Block Sum Check)

해설
ARQ 방식에 비해 더 많은 수의 잉여 bit들을 추가해서 에러 검출뿐 아니라 에러 정정 기능까지도 포함하고 있는 Code. ARQ 방식은 Reverse 채널을 통해 ACK와 NAK 정보를 전송하는데 비해 FEC 방식은 Reverse 채널을 사용하지 않기 때문에 Forward Error Correction(FEC) 기법이라 한다.

[정답] 21 ③ 22 ④ 23 ① 24 ③

25 전진 에러 수정(FEC) 방식을 적용할 수 있는 분야가 아닌 것은?

① Data가 연속적으로 전송되는 경우
② 역채널이 없는 경우
③ 4,800[bps] 이상 속도로 운용되는 시분할 다중화기에서 Half-Duplex로 운용되는 경우
④ 서로 다른 Bit Error Rate를 요구하는 다수의 이용자를 수용하는 공중 반송 채널의 경우

해설

FEC 방식을 적용할 수 있는 분야는 다음과 같다.
① Data가 연속적으로 전송되는 경우
② Reverse 채널이 없는 경우
③ 4,800[bps] 이상 속도로 운용되는 시분할 Multiplexer 사이에서 Full-Duplex로 운용되는 경우
④ 서로 다른 Bit Error Rate를 요구하는 다수의 이용자를 수용하는 공중 반송 채널의 경우

26 다음 중 Block Code에 포함되지 않는 Code는?

① Hamming Code
② CRC Code
③ BCH Code
④ Convolution Code

해설

FEC Code의 종류
① Block Code
  ㉠ 선형 Code(Hamming Code) : 자기 정정 부호라 함
  ㉡ 순회 Code(CRC Code, BCH Code) : 자기 정정 부호라 함
② Convolution Code(비 BLOCK CODE)
  부호화는 일정 길이의 Block 단위로 이루어지는데, 각 Block에서의 부호화가 그 Block뿐만 아니라, 그 이전의 Block에도 의존하는 부호로 Tree 부호라고도 함
  ㉠ Coding 방식 : 정보 Bit를 Shift Register에 통과시킨 다음, Modulo-2 가산기를 이용하여 전송 Bit를 만듦
  ㉡ Decoding 방식 : Threshold Decoding과 Sequential Decoding이 있음
  ㉢ 전진 에러 수정 효율이 높음.
  ㉣ 종류 : 자기 직교(Self-Orthogonal) 부호, 위너(Wyner) 부호, 비터비(Viterbi) 부호 등이 있음.

27 Convolution Code의 종류에 해당되지 않는 Code는?

① 자기 직교(Self-Orthogonal) 부호
② 위너(Wyner) 부호
③ 비터비(Viterbi) 부호
④ 해밍(Hamming) 부호

해설

Hamming 부호는 Block Code의 일종이다.

28 Convolution Code의 특징을 설명한 것이다. 틀린 것은?

① Coding 방식으로는 Shift Register와 Modulo-2 가산기를 이용한다.
② Decoding 방식으로는 Threshold Decoding과 Sequential Decoding을 이용한다.
③ 전진 에러 수정 효율이 낮다.
④ Convolution Code의 종류로는 위너 부호, 비터비 부호 등이 있다.

해설

Convolution Code는 전진 에러 수정 효율이 높다.

29 다음 중 잘못된 Bit를 찾아서 교정도 할 수 있는 코드는?

① GRAY CODE
② HAMMING CODE
③ ASCII CODE
④ EXCESS-3 CODE

해설

해밍 코드(에러의 검출과 정정 가능)를 제외하고는 일반 코드들이다.

[정답] 25 ③ 26 ④ 27 ④ 28 ③ 29 ②

30 다음 에러 제어 방식 중 성질이 다른 하나는?

① 수평, 수직 패리티 방식
② 자기 정정 방식
③ 재송 정정 방식
④ 해밍 부호 방식

해설
수평, 수직 패리티 방식은 착오 검출 방식이고, 나머지는 착오 정정 방식이다.

31 CRC 코드를 사용하는 경우 수신측에서는 어떻게 착오를 검출하는가?

① 송신되어온 데이터를 생성 다항식으로 나누어
② 송신되어온 데이터에 생성 다항식을 곱하여
③ 송신되어온 데이터에 생성 다항식을 더하여
④ 송신되어온 데이터에서 생성 다항식을 빼서

해설
수신측에서는 송신되어온 데이터를 생성 다항식으로 나누어 나머지가 없으면 착오가 없음을, 나머지가 있으면 착오가 있음을 의미한다.

32 BCH 부호어가 7비트로 되어 있고, 검사 비트수를 6으로 하면 오류정정 가능개수는 몇 개가 되는가?

① 1개　　② 2개
③ 3개　　④ 4개

해설
오류정정 가능개수 $= \dfrac{\text{검사비트 수}}{m}$

한편 $2^m - 1 \leq n$ 으로부터 한편 $2^m \leq n+1 = 7+1$ 이 되므로 $m=3$ 이 된다. 따라서 오류정정 가능개수는 $\dfrac{6}{3} = 2$개가 된다.

33 Reed-Solomon 부호에 대한 설명 중 잘못된 것은?

① 선형 블록 부호이다.
② l개의 연집에러를 검출하기 위해서는 l개의 패리티 검사 비트를 포함한 길이 n인 부호어가 필요하다.
③ l개의 연집에러를 정정하기 위해서는 $4l$개의 패리티 검사 비트를 포함한 길이가 n인 부호어가 필요하다.
④ 패리티 검사 비트수 l과 부호의 데이터 비트수 n과는 독립적이다.

해설
l개의 연집에러를 정정하기 위해서는 $2l$개의 패리티 검사 비트를 포함한 길이가 n인 부호어가 필요하다.

[정답] 30 ① 31 ① 32 ② 33 ③

합격 NOTE

5 디지털 데이터 전송

1. 데이터 전송

데이터 전송은 Source(입력 장치와 송신기)와 Destination(수신기와 출력 장치) 사이 부분의 정보 전송을 취급하는 것으로 동축 케이블이나 광케이블과 같은 Hardware나 공기 등과 같은 Software의 전송 매체를 통해 이루어진다.

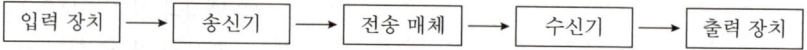

가. 회선 구성 형태에 따른 분류

(1) 2지점간 통신(Point-To-Point) 방식

(2) 멀티포인트 통신(Multipoint) 방식

　　Multidrop이라고도 하며 여러 개의 장치가 동일한 전송 매체를 공유하여 사용하는 전송 형태

(3) Loop 방식

(4) 교환 방식(패킷 교환 등)

나. 전송 방법에 따른 분류

(1) 직렬 전송

　　한 개의 전송선을 이용하여 한 문자를 이루는 각 비트들을 차례로 전송하는 방식으로 다음과 같은 특징을 갖는다.
　　① 전송 속도가 느림
　　② 전송로 비용이 저렴
　　③ 원거리 전송에 사용
　　④ 직병렬 변환 회로(UART)가 필요

(2) 병렬 전송

　　여러 개의 전송선을 이용하여 한 문자를 이루는 각 비트들을 동시에 전송하는 방식으로 다음과 같은 특징을 갖는다.
　　① 전송 속도가 빠름
　　② 전송로 비용이 상승
　　③ 근거리 전송에 이용
　　④ 직병렬 변환 회로가 필요 없음
　　⑤ Strobe와 Busy 신호를 이용하여 데이터 송수신

합격예측

Point-to-Point 통신 방식이란 하나의 전송매체가 오직 2개의 장치(양 쪽의 장치)에 의해서만 점유되어 운영되는 상태이고, Multipoint 통신방식이란 하나의 전송매체가 여러 개의 장치들에 의해 점유되어 운영되는 상태를 말한다.

합격예측

Point-to-Point 네트워크에서는 송신권을 먼저 요구한 측에 송신권을 주는 Contention(경쟁방식)을 사용해 통신을 행하고, Multipoint 네트워크에서는 제어국과 종속국 사이에 Polling(종속국에서 제어국으로 데이터를 보내는 동작)과 Selection(제어국에서 종속국으로 데이터를 보내는 동작)을 사용하여 통신을 행한다.(Selection은 Selecting이라고도 한다.)

다. 전송 방향에 따른 분류

(1) 단방향 전송(Simplex)

한쪽 방향으로만 데이터의 전송이 이루어지는 방식으로 TV 및 Tele-text(문자 다중방송) 등을 예로 들 수 있다.

(2) 양방향 전송(Duplex)

① 반이중 방식(Half-Duplex)

양쪽의 교신자가 모두 전송할 수 있으나, 어떤 일정 시각에서는 한 방향으로만 전송이 가능한 방식으로 휴대용 무선통신기기를 예로 들 수 있으며 데이터 전송 방향을 바꾸는 데 소요되는 시간인 전송 반전 시간(Turn-Around Time)이 필요

② 전이중 방식(Full-Duplex)

양쪽의 교신자가 동시에 데이터 전송을 행할 수 있는 방식으로 Videotex나 일반 전화를 예로 들 수 있으며 양측이 시간에 구애받지 않고 데이터 송수신을 할 수 있음

라. 동기 방법에 따른 분류

(1) 비동기식 전송(Asynchronous Transmission)

① 정보 전송 형태는 문자 단위로 이루어지며, 송신측과 수신측이 항상 동기 상태에 있을 필요 없음(문자 전송시에만 동기 유지)
② 각 문자의 앞에는 1개의 Start Bit, 뒤에는 1~2개의 Stop Bit를 가짐
③ 문자와 문자 사이에는 휴지 시간이 있을 수 있음
④ 2,000[bps] 이하의 전송 속도에서 사용
⑤ 전송 성능이 나쁘고 전송 대역이 넓어짐

(2) 동기식 전송(Synchronous Transmission)

① 정보 전송 형태는 Block 단위로 이루어지며 송신측과 수신측이 항상 동기 상태를 유지
② Block 앞에는 동기 문자를 사용하며 단말 등에 의해 제공되는 Timing 신호를 이용하여 송수신측이 동기 유지
③ Block과 Block 사이에는 휴지 간격이 없음
④ 2,000[bps] 이상의 전송 속도에서 사용
⑤ 송신이 Block 단위로 이루어지기 때문에 수신측 단말에는 반드시 Buffer 기억 장치를 갖고 있어야 함
⑥ 전송 성능이 좋고 전송 대역이 좁아짐

합격 NOTE

합격예측
반이중 방식이란 양쪽 다 송수신을 행할 수 있으나 한쪽이 송신하면 다른 한쪽은 수신하는 통신 방식이다.

합격예측
비동기식 전송은 조보 동기 또는 start-stop 전송이라고 한다.

(3) 혼합형 동기식 전송(Isochronous Transmission)

비동기식 전송의 특성과 동기식 전송의 특성을 혼합한 방식으로 비동기식 전송의 경우보다 전송 속도가 빠르다는 점과 송수신측이 동기 상태에 있어야 한다는 점을 제외하고는 비동기식 전송과 동일

> **참고**
>
> 📍 **동기 종류**
> 1) Bit 동기(Digit 동기) : Clock 펄스 발생기의 동기를 송수신단에서 같게 하기 위한 동기
> 2) Block 동기
>   ① 문자동기방식 : Block 앞에 동기문자(SYN)를 사용하는 것으로 BASIC 프로토콜에서 사용
>   ② 플래그 동기방식 : Frame 앞뒤에 Flag라는 특수 비트열을 사용하는 동기방식으로 HDLC 프로토콜에서 사용
> 3) 프레임 동기 : PCM에서 사용하는 방식으로 프레임 끝에 Framing Bit를 넣는 방식

합격예측

클록(Clock)
회로 또는 장치 상호간의 동작에 시간적 기준점을 주었을 때 동기를 취하기 위하여 주기적으로 발생하는 신호 또는 그 신호원이다.

출제 예상 문제

제5장 디지털 데이터 전송

01. 데이터 전송시스템에 있어서 통신 방식의 종류가 아닌 것은?

① 단향(單向) 통신 방식
② 우회(迂回) 통신 방식
③ 반(半) 2중 통신 방식
④ 전(全) 2중 통신 방식

해설
데이터 전송시스템은 전송 방향에 따라 단향 통신, 반이중 통신, 전이중 통신으로 나눌 수 있다.

02. 데이터 전송을 위한 주요 회선 구성 방식에 해당되지 않는 것은 어느 것인가?

① 분기 방식(Multipoint)
② 2점간 직통 방식(Point-To-Point)
③ 중신 회선 방식
④ Loop 방식

해설
중신 회선(Phantom Circuit)은 유선 통신에 있어 Cable을 유효하게 사용하기 위한 것으로 Network적 측면의 구성방식에는 포함되지 않는다.

회선 구성 형태에 따른 분류
① 2지점간 통신(Point-To-Point) 방식
 전송 매체가 두 장치(Device)간의 직접 링크를 제공해 주고 이 전송 매체가 오직 이 장치들만에 의해 사용되는 전송 형태
② 멀티포인트 통신(Multipoint) 방식
 Multidrop이라고도 하며 여러 개의 장치가 동일한 전송매체를 공유하여 사용하는 전송형태
③ Loop방식
④ 교환 방식(패킷 교환 등)

03. 원격 측정 시스템(Telemetering)에서 주로 사용되는 통신방식은?

① 단방향 통신   ② 반이중 통신
③ 2선식 전이중 통신   ④ 4선식 전이중 통신

해설
전송 방향에 따른 분류
① 단방향 전송(Simplex)
 한쪽 방향으로만 데이터의 전송이 이루어지는 방식으로 TV 및 Teletext(문자 다중 방송), Tele-Metering(원격 측정), 라디오 등을 예로 들 수 있다.
② 양방향 전송(Duplex)
 ㉠ 반이중 방식(Half-Duplex)
  - 양쪽의 교신자가 모두 전송할 수 있으나, 어떤 일정 시각에서는 한 방향으로만 전송이 가능한 방식으로 다음과 같은 특징을 갖는다.
  - 데이터 전송 방향을 바꾸는 데 소요되는 시간인 전송 반전 시간(Turn-Around Time)이 필요
  - 전송 회선의 용량이 적거나 전송 데이터량이 적을 때 사용
  - 2선식 회선으로 구성(유선인 경우)
 ㉡ 전이중 방식(Full-Duplex)
  - 양쪽의 교신자가 동시에 데이터 전송을 행할 수 있는 방식으로 Videotex나 일반 전화를 예로 들 수 있으며 다음과 같은 특징을 갖는다.
  - 양측이 시간에 구애받지 않고 데이터 송수신을 할 수 있음
  - 전송 회선의 용량이 크거나 전송 데이터량이 많을 때 사용
  - 4선식 회선으로 구성(유선인 경우)

04. 다음 ( ) 안의 말이 순서대로 맞는 것은?

> 비디오텍스(Videotex)는 (　　) 통신이며, 텔리텍스트(Teletext)는 (　　) 통신이다.

① 단방향, 양방향
② 양방향, 양방향
③ 양방향, 단방향
④ 단방향, 단방향

해설
비디오텍스는 양방향 통신이고, 텔리텍스트(문자 다중 방송)는 단방향 통신이다.

[정답] 01 ② 02 ③ 03 ① 04 ③

05 다음 전송 방식 중 양쪽 방향으로 전송이 가능하나 어떤 한 순간에는 한 방향으로만 통신이 가능한 것은?

① SIMPLEX
② TELEX
③ HALF-DUPLEX
④ FULL-DUPLEX

해설
전이중 방식은 양쪽 방향으로 전송이 가능하나 어느 한 순간에는 한 방향으로만 통신이 가능한 것으로 한쪽이 송신(수신)하면 다른 쪽은 수신(송신)해야 한다.

06 다음 정보 전송 방식 중 전송 반전(Turn Around)에 따른 지연이 발생하는 방식은?

① 단일 방향 방식   ② 반이중 방식
③ 전이중 방식   ④ 직렬 전송 방식

해설
전송 반전 시간이 존재하는 것은 반이중 통신 방식(Half-Duplex)이다.

07 4선식 회선에 가장 효율적인 통신 방식은?

① 단향 통신   ② 반이중 통신
③ 전이중 통신   ④ 4중 통신

해설
전이중 통신은 송수신이 동시에 행해지므로 4선식 회선에 가장 효율적이다.

08 Data 통신에서 Full-Duplex의 가장 큰 장점은?

① 데이터를 병렬로 전송할 수 있다.
② 데이터를 직렬로 전송할 수 있다.
③ 송신, 수신을 동시에 할 수 있다.
④ 비동기식 전송에 적합하다.

해설
전이중 통신의 가장 큰 장점은 양측이 시간에 구애받지 않고 데이터 송수신을 행할 수 있다는 것이다.

09 다음 설명 중 틀린 것은?

① 반이중 통신 모드는 정보를 교대로 전송하며 두 회선이 필요하다.
② 전이중 통신 모드는 비용면에서 가장 경제적이다.
③ 단방향 통신 모드의 경우 송수신을 동시에 할 수 없다.
④ 단방향 통신 모드에서는 전송이 한쪽으로만 이루어진다.

해설
비용의 측면에서는 반이중 방식이나 단방향 통신이 전이중 방식보다 더 경제적이다.

10 전이중 통신시스템의 특징으로 틀린 것은?

① 실제의 정보 교환은 단향성 통신으로 이루어질 수 있다.
② 선로의 회귀 시간을 늘릴 수 있다.
③ 선로의 회귀 시간을 줄일 수 있다.
④ 실제의 정보 교환은 반이중 통신으로 이루어질 수 있다.

해설
전이중 방식은 필요에 따라 단방향 또는 반이중 방식으로도 사용할 수 있으며, 선로의 회귀 시간을 줄일 수 있다.

11 데이터 통신시스템의 부호 전송 방식 설명 중 직렬 전송 방식은?

① 직·병렬 변환 회로가 필요하다.
② 근거리 데이터 전송에 적합하다.
③ 동일 시간 내에 많은 정보를 보낼 수 있다.
④ 비트수에 대응한 전송로 및 변복조 회로가 필요하다.

해설
②, ③, ④는 병렬 전송 방식이다.

[정답] 05 ③ 06 ② 07 ③ 08 ③ 09 ② 10 ② 11 ①

12 다음은 병렬 전송에 대한 특징을 설명한 것이다. 틀린 것은?

① 전송로 비용이 상승
② 근거리 전송에 이용
③ 전송 속도가 빠름
④ 직·병렬 변환 회로가 필요

해설
직·병렬 변환 회로는 직렬 전송 방법에서 필요하다.

13 다음 중 직렬 전송 방식의 특징이라고 볼 수 없는 것은 어느 것인가?

① 회선의 전송 대역을 넓게 사용할 수 있다.
② 송신측이나 수신측에 변환 회로가 필요하다.
③ 송수신간의 동기가 필요하다.
④ 단말장치의 기능이 간단하다.

해설
송·수신측에 직병렬 변환 회로가 필요하므로 단말장치의 기능이 복잡하다.

전송 방법에 따른 분류
① 직렬 전송
한 개의 전송선을 이용하여 한 문자를 이루는 각 비트들을 차례로 전송하는 방식으로 다음과 같은 특징을 갖는다.
㉠ 전송 속도가 느림
㉡ 전송로 비용이 저렴
㉢ 원거리 전송에 사용
㉣ 직병렬 변환 회로가 필요
㉤ 대부분의 데이터 전송 시스템에서 사용
② 병렬 전송
여러 개의 전송선을 이용하여 한문자를 이루는 각 비트들을 동시에 전송하는 방식으로 다음과 같은 특징을 갖는다.
㉠ 전송 속도가 빠름
㉡ 전송로 비용이 상승
㉢ 근거리 전송에 이용
㉣ 직병렬 변환 회로가 필요 없음
㉤ Strobe와 Busy 신호를 이용하여 데이터 송수신(병렬 전송의 경우)
한 문자 전송 후 계속해서 다음 문자를 전송하면, 문자와 문자 사이의 간격을 구분할 수 없기 때문에 Strobe와 Busy 신호를 이용하여 데이터 정보를 송수신한다.

14 스트로브(Strobe) 신호와 비지(Busy)신호를 이용하여 전송하는 형태는?

① 병렬 전송
② 직렬 전송
③ 동기식 전송
④ 비동기식 전송

해설
병렬 전송 방법은 한 문자를 구성하는 각 bit를 동시에 전송하므로 한 문자 전송 후 계속해서 다음 문자가 전송되는 것과 같다. 따라서 문자와 문자 사이의 간격을 구분하기 힘들기 때문에 Strobe와 Busy 신호를 이용하여 데이터를 송수신한다.

15 다음 중 비동기식 전송의 특징이 아닌 것은?

① 각 글자의 앞뒤에 시작 및 정지 비트가 존재한다.
② 각 글자 사이에는 휴지 시간이 있을 수 있다.
③ 전송 속도는 보통 2,000[bps]를 넘지 않는다.
④ 터미널은 버퍼 기억 장치를 갖고 있어야 한다.

해설
동기 방법에 따른 분류
① 비동기식 전송(Asynchronous Transmission)
데이터 통신에서 정보의 송신 및 수신을 위해 사용되는 Clock이 상대측과 서로 독립적으로 운용되면서, 송신될 정보가 있을 때마다 정보의 시작, 정지(Start/Stop)를 수신측에 알려주는 데이터 전송 형태로 한 문자씩 전송하며 다음과 같은 특징을 갖는다.
㉠ 정보 전송 형태는 문자 단위로 이루어지며, 송신측과 수신측이 항상 동기 상태에 있을 필요 없음(문자 전송 시에만 동기 유지)
㉡ 2,000[bps] 이하의 전송 속도에서 사용
㉢ Teletype(인쇄 전신기)형 단말기는 대부분 비동기식으로 데이터를 전송
㉣ 전송 성능이 나쁘고 전송 대역이 넓어짐
② 동기식 전송(Synchronous Transmission)
수신 장치와 송신 장치가 계속 같은 Clock 주파수(또는 Timing)로 동작하며 일정 시간 간격으로 위상을 조절 또는 보완하는 데이터 전송 형태로 한 block씩 전송하며 다음과 같은 특징을 갖는다.
㉠ 정보 전송 형태는 Block 단위로 이루어지며 송신측과 수신측이 항상 동기 상태를 유지
㉡ Block 앞에는 동기 문자를 사용하며 단말 등에 의해 제공되는 Timing 신호를 이용하여 송수신측이 동기 유지
㉢ Block과 Block 사이에는 휴지 간격이 없다.
㉣ 2,000[bps]이상의 전송 속도에서 사용
㉤ 송신이 Block 단위로 이루어지기 때문에 수신측 단말에는 반드시 Buffer 기억 장치를 갖고 있어야 한다.
㉥ 전송 성능이 좋고 전송 대역이 좁아짐

[정답] 12 ④ 13 ④ 14 ① 15 ④

동기식 전송의 종류
- Bit 동기(Digit 동기 또는 Clock 동기) : 송신되어온 동기 Timing 신호, 수신 데이터로부터 추출한 Timing 신호를 이용하여 각 Bit의 위치를 맞추는 동기 방식
- 문자 지향형 동기 : Frame의 앞뒤에 Flag라는 특수 Bit 열을 사용하는 동기 방식으로 Bit Riented라 하며 SDLC 또는 HDLC Protocol에서 사용

③ 혼합형 동기식 전송(Isochronous Transmission)
비동기식 전송의 특성과 동기식 전송의 특성을 혼합한 방식으로 한 문자씩 전송하며 다음과 같은 특징을 갖는다.
㉠ 정보 전송 형태는 문자 단위로 이루어지며 송신측과 수신측이 동기 상태에 있어야 함
㉡ 비동기식의 경우처럼 Start Bit와 Stop Bit를 가진다.
㉢ 문자와 문자 사이에 휴지 간격이 있을 수 있다.
㉣ 비동기식의 경우보다 전송 속도가 빠름
* 혼합형 동기식 전송은 비동기식 전송의 경우보다 전송 속도가 빠르다는 점과 송수신측이 동기 상태에 있어야 한다는 점을 제외하고는 비동기식 전송과 동일하다.

16 데이터 단말을 조보식으로 운용할 경우 1캐릭터 그룹은 몇 비트로 전송되는가?
① 4
② 8
③ 11
④ 16

해설
비동기식 전송 방식에서는 8[bit]의 데이터 비트에다 1개의 Start Bit, 1~2개의 Stop Bit를 갖는 형태로 구성하여 전송한다.
따라서 8+1+2=11[bit]

17 비동기식 전송에 대한 설명 중 잘못된 것은?
① Start-Stop 전송이라고도 한다.
② 2000[bps] 이하의 전송 속도에서 사용한다.
③ 전송 성능이 나쁘고 전송 대역이 좁다.
④ 문자와 문자 사이에 휴지 시간이 있을 수 있다.

해설
비동기식 전송은 데이터 전송시 동기를 맞추기 위해 Start, Stop Bit가 들어갈 뿐 아니라 문자와 문자 사이에 휴지 간격이 있는 등 전송 대역이 넓어진다.

18 8bit 코드에 1개의 스타트 비트와 2개의 스톱 비트를 추가하여 전송하면 전송 효율은 약 몇 [%]인가?
① 60
② 65.2
③ 72.7
④ 81.5

해설
전송효율
$$\frac{정보\ bit수}{총\ 전송\ bit수} \times 100[\%] = \frac{8}{11} \times 100[\%] = 72.7[\%]$$

19 데이터 전송 방식 중 동기식 전송 방식에 해당하는 것은?
① 전송되는 각 문자 사이에는 일정치 않은 휴지 시간이 있을 수 있다.
② 문자 전송시에만 동기를 유지한다.
③ 전송 속도가 보통 2,000[bps]를 넘는 경우에 사용된다.
④ 동기는 글자 단위로 이루어진다.

해설
①, ②, ④는 비동기식 전송 방식이다.

20 다음은 동기식 전송에 대한 특징을 설명한 것이다. 틀린 것은?
① 전송 성능이 좋고 전송 대역이 좁아진다.
② Block 앞에는 동기 문자를 사용한다.
③ 수신측 단말에는 반드시 Buffer 기억 장치를 갖고 있어야 한다.
④ Block과 Block 사이에 휴지 간격이 있을 수 있다.

해설
동기식 전송에서는 Block과 Block 사이에 휴지간격이 없으므로 비동기식 전송 방식보다 더 빠른 속도로 데이터를 전송할 수 있다.

21 동기식 전송의 종류에 해당되지 않는 것은?
① Digit 동기
② 문자 지향형 동기
③ Start-Stop 동기
④ 비트 지향형 동기

[정답] 16 ③ 17 ③ 18 ③ 19 ③ 20 ④ 21 ③

해설
Start-Stop 동기는 비동기식 전송에 사용된다.

22 다음은 동기 방식들에 대한 설명이다. 바르게 설명된 것은?

① 비동기식 전송은 Start-Stop 전송이라고도 한다.
② 동기식 전송의 정보 전송 형태는 문자 단위로 이루어진다.
③ 비동기식 전송은 2000[bps] 이상의 전송 속도에서 사용한다.
④ 동기식 전송은 전송 성능이 좋고 전송대역이 넓어진다.

해설
동기식 전송의 경우 정보 전송 형태는 Block 단위로 이루어지며, 전송 성능이 좋고 휴지 시간이 없으므로 전송 대역이 좁아진다.

23 다음은 동기 방식들에 관한 설명이다. 잘못된 것은?

① 비동기 방식(Asynchronous)는 주로 저속 통신에 많이 이용된다.
② 플래그(Flag) 동기 방식은 HDLC 전송제어에 이용되고 있다.
③ 캐릭터(Character) 동기 방식에서는 스타트와 스톱 비트로 문자를 구분한다.
④ 망동기 방식으로서 독립동기와 종속동기, 상호동기 방식이 사용될 수 있다.

해설
캐릭터 동기방식은 동기식 전송의 한 방법이며, 스타트와 스톱 비트로 문자를 구분하는 것은 비동기식 전송이다.

24 다음은 동기식 전송과 비동기식 전송 방식을 비교한 것이다. 동기식 전송 방식의 장점은 무엇인가?

① 비동기식보다 비용이 적게 든다.
② 통신 채널을 효율적으로 이용한다.
③ 낮은 속도의 전송에 사용될 수 있다.
④ 기계적으로 별로 복잡하지 않다.

해설
동기식 전송은 비동기식에 비해 전송속도도 빠르고, 전송 성능도 좋으며 전송 대역폭도 적게 필요하다. 따라서 통신 채널을 효율적으로 이용할 수 있다.

25 혼합형 동기식(Isochronous) 전송 방식의 특징이 아닌 것은?

① 동기식 전송의 특성과 비동기식 전송의 특성을 혼합한 것
② 비동기식보다 유리한 점은 높은 통신 속도를 갖는 점
③ 각 글자가 비동기식의 경우처럼 스타트 비트와 스톱 비트를 가지며 동기식의 경우처럼 송신측과 수신측이 동기 상태에 있어야 한다.
④ 한 글자와 다른 글자 사이에 휴지 시간은 없어야 한다.

해설
혼합형 동기식은 비동기식처럼 글자(문자) 사이에 휴지 간격이 있어도 된다.

26 통신 속도가 50보오인 인쇄 전신은 정보를 5개의 마크나 32개의 스페이스로 나타낸다. 그러나 실제의 조보식으로는 스타트 1[bit]를 부가 전송한다면 [bps]로 표시한 정보의 속도는 얼마인가?

① 25[bps] ② 28.5[bps]
③ 33.3[bps] ④ 40[bps]

해설
데이터 신호 속도
$$= \frac{마크수}{마크수+\text{start bit}수+\text{stop bit}수} \times B$$
$$= \frac{5}{5+1+1.5} \times 50 = 33.3[bps]$$

[정답] 22 ① 23 ③ 24 ② 25 ④ 26 ③

Chapter 4 무선통신시스템 장비발주

합격 NOTE

1 다중화 기술

1. FDM

가. FDM의 개요

FDM이란 전송 매체의 사용 가능한 주파수 대역을 여러 개의 대역으로 분할하여 다중화 하는 방식으로 광대역 전송이 가능한 특징을 갖는다.

나. FDM 하이어라키

FDM 방법을 이용해 아날로그 신호의 다중화를 효율적으로 수행하기 위한 계층 구조로 아날로그 하이어라키라고도 한다.

계위	약어	주파수 대역	전화회선 환산 채널수	계위구조
통화로 (Channel)	CH	300~3,400[Hz]	1	
전군 (Pre Group)	PG	12~24[kHz]	3	CH×3
(기초)군 (Basic Group)	BG	60~108[kHz]	12	PG×4
(기초)초군 (Basic Super Group)	BSG	312~552[kHz]	60	BG×5
(기초)주군 (Basic Master Group)	BMG	812~2,044[kHz]	300	BSG×5
(기초)초주군 (Basic Super Master Group)	BSMG	8,516~12,388[kHz]	900	BMG×3
(기초)거군 (Basic Jumbo Group)	BJG	42,612~59,684[kHz]	3,600	BSMG×4

다. 군변조(Group Modulation)

다수의 통화로를 일괄하여 변조하거나 또는 12개의 통화로를 제공하는 60~108[kHz]의 기초군 대역 5개를 묶어 60개의 통화로를 제공하는 312~552[kHz]의 기초 초군을 얻는 과정을 말한다.

합격예측

FDM(Frequency Division Multiplexing : 주파수 분할 다중화)이란 전송매체의 사용가능한 주파수 대역을 여러 개의 대역으로 분할하여 신호(채널)를 다중화시켜 전송하고 수신측에서는 필터를 이용하여 원하는 신호(채널)를 찾아내는 다중화방식이다.

합격예측

FDM 하이어라키(아날로그 하이어라키)에서 사용되는 계위에는 통화로, 전군, 군, 초군, 주군, 초주군, 거군이 있다.

2. TDM

가. TDM의 개요

하나의 전송로를 점유하는 시간을 분할하여 다중화(여러 개의 채널을 함께 전송하는 것)시켜 전송하는 방식을 말하는 것으로 수신측에서는 동기를 맞추어 원하는 신호를 찾아낸다.

나. TDM 하이어라키(디지털 하이어라키)

디지털 신호의 다중화를 효율적으로 수행하기 위한 계층 구조로 ADH(Asynchronous Digital Hierarchy) 또는 PDH(Plesiochronous Digital Hierarchy)라 한다.

계위	방식	NAS	CEPT	한국	ITU-T
0	펄스전송속도	64[kb/s]	64[kb/s]	64[kb/s]	64[kb/s]
	채널수	1	1	1	1
1	펄스전송속도	1.544[Mb/s] (DS-1)	2.048[Mb/s] (DE-1)	2.048[Mb/s]	1.544[Mb/s]
	채널수	24	30	30	24
2	펄스전송속도	6.312[Mb/s] (DS-2)	8.448[Mb/s] (DE-2)	6.312[Mb/s]	6.312[Mb/s]
	채널수	24×4=96	30×4=120	30×3=90	24×4=96
3	펄스전송속도	44.736[Mb/s] (DS-3)	34.368[Mb/s] (DE-2)	44.736[Mb/s]	32.064[Mb/s]
	채널수	96×7=672	120×4=480	90×7=630	96×5=480
4	펄스전송속도	274.176[Mb/s] (DS-4)	139.264[Mb/s] (DE-4)	139.264[Mb/s]	97.728[Mb/s]
	채널수	672×6=4,032	480×4=1,920	630×3=1,890	480×3=1,440
5	펄스전송속도		564.992[Mb/s] (DE-5)	564.992[Mb/s]	397.2[Mb/s]
	채널수		1,920×4=7,680	1,890×4=7,560	1,440×4=5,760

3. CDM

CDM(Code Division Multiplexing)은 대역확산기술(Spread Spectrum)을 이용하여 다중화하는 방식으로 코드분할 다중화라 한다.

CDM은 여러 사용자가 같은 시간에 같은 주파수를 이용하여 동시에 다중으로 전송하되 사용자간에 상호 직교성이 있는 코드(직교코드)를 이용하여 여러 사용자 정보를 다중화하여 전송한다.

합격 NOTE

합격예측
TDM(Time Division Multiplexing : 시분할 다중화)은 여러 개의 서로 다른 신호(채널)가 하나의 전송로를 점유하는 시간을 분할하여 신호를 다중화시켜 전송하고 수신측에서는 망동기를 통해 원하는 신호(채널)를 찾아내는 다중화방식이다.

합격예측
TDM 하이어라키(디지털 하이어라키)에서 사용되는 계위에는 0계위, 1계위, 2계위, 3계위, 4계위, 5계위가 있다.

합격예측
CDM은 대역확산 기술을 이용하여 다중화 한다.

CDM은 잡음과 다중경로 페이딩에 강하고 보안성이 우수하다.

4. SDM

SDM(Space Division Multiplexing)은 예리한 지향성을 가지는 안테나를 이용해 빔을 예리하게 만들어 조사함으로써 동일 시간에 여러지점으로 동일주파수의 전파를 보내 복수의 독립된 채널을 확보하는 다중화 방식을 말한다. 공간분할 다중화라 하며 위성통신의 다중화 방식으로 사용된다.

5. WDM

WDM(Wavelength Division Multiplexing)은 여러 발광소자에서 나오는 파장이 다른 광신호를 광결합기로 결합하여 하나의 광케이블로 전송하는 다중화 방식으로 파장분할 다중화라 한다.
WDM은 파장의 길이에 따라 CWDM(Coarse WDM), DWDM(Dense WDM)으로 나누어진다.
CWDM은 파장영역이 1,470~1,610[nm], 채널수 4~8개
DWDM은 파장영역이 1,525~1,565 또는 1,570~1,610[nm], 채널수 최대 160개 정도이다.

6. OFDM(Orthogonal Frequency Division Multiplexing)

많은 수의 직교 부반송파를 사용하여 심볼 블록들을 병렬로 전송하는 방법으로 데이터는 블록단위로 나누어져 직교 부반송파상에 병렬로 전송된다.
OFDM 방식의 특징은 다음과 같다.
　① 다중 반송파 시스템이므로 정보 전송률을 높일 수 있다.
　② 변조된 각 부반송파 대역은 서로 겹친다.
　③ 전송 심볼은 보호구간(GI : Guard Interval)과 유효 심볼구간으로 구성된다.
　④ FFT(Fast Fourier Transform) 알고리즘을 사용하여 효율적으로 구현할 수 있다.(수신기에서는 IFFT를 사용하여 심볼을 재생한다.)
　⑤ 다중경로에 효율적인 전송방식이며 (즉 Multipath 환경에 강하며) 혼신에 대해 강하다.
　⑥ 지연확산(Delay Spread)의 영향이 감소된다(보호구간을 사용해 다중경로에서 지연확산에 대한 내성을 높인다).
　⑦ 스펙트럼 이용 효율(대역폭 효율)을 최대로 높일 수 있다.
　⑧ 낮은 속도의 다중채널에도 정보를 전송할 수 있다.

⑨ 송·수신단 간 반송파 주파수의 Offset이 존재하는 경우 S/N비가 크게 감소된다.
⑩ 신호를 처리하는 주기는 각 데이터의 심볼 간격 T와 부반송파 수 N의 곱인 NT이다.
⑪ WiBro(WiMAX), 무선 LAN, LTE 등 다양한 통신시스템에서 사용되고 있다.

참고

MIMO(Multiple Input Multiple Output)

차세대 이동통신시스템에서는 고속으로 많은 정보를 송수신해야 하며 이를 위해 기존의 단일 송수신 안테나 대신 MIMO시스템 도입이 필수적이다. MIMO는 다중의 입·출력을 가지고 있는 다중 안테나 시스템을 지칭한다. MIMO에서는 각 전송 안테나마다 서로 다른 정보를 전송하여 정보의 양을 높일 수 있고 STC(Space Time Code : MIMO에서 사용되는 전송코드형태)를 사용하여 전송정보에 다이버시티 효과를 주고 코딩이득을 가질 수 있도록 하여 전송정보의 신뢰도를 높일 수 있다.

합격 NOTE

합격예측
MIMO는 여러 개의 입·출력 단자를 가지고 있는 다중 안테나 시스템으로 고속으로 많은 정보를 송수신해야 하는 차세대 이동통신시스템에서 꼭 필요하다.

출제 예상 문제

제1장 다중화 기술

01 주파수 분할 다중화(FDM)에 대해 잘못 설명된 것은?

① 한 전송로를 일정한 시간폭으로 나누어 사용한다.
② 주파수 대역폭을 작은 대역폭으로 나누어 사용한다.
③ 가드(Guard) 밴드(Band)의 이용으로 채널의 이용률이 낮아진다.
④ 고속 전자 스위치가 필요 없다.

해설
FDM(Frequency Division Multiplexing : 주파수 분할 다중화)
하나의 물리적 통신 채널을 여러 개의 논리적 채널로 나누어 사용하는 다중화방식으로, 보통 넓은 대역폭을 복수개의 좁은 대역채널로 나눈 다음 각 다수 채널의 신호를 각각 다른 반송파로 변조하여 하나의 전송로로 보내고 수신측에서는 해당 BPF를 사용하여 필요한 주파수 대역만 추출한 후 각각의 반송파로 복조하여 원신호를 재생한다. FDM은 송신되는 채널간의 간섭을 피하기 위해 보호 대역(guard band)을 두고 있으며, TDM에서 필요한 고속 전자 스위치는 사용되지 않는다.

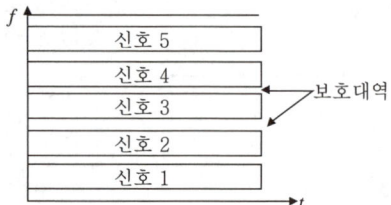

02 주파수 분할 다중화(FDM) 방식에 있어 잘못된 설명은?

① 전송되는 각 신호의 반송 주파수는 동시에 전송된다.
② 전송하려는 신호의 필요 대역폭보다 전송 매체의 유효 대역폭이 작을 때 사용한다.
③ 반송 주파수는 각 신호의 대역폭이 겹치지 않도록 충분히 분리되어야 한다.
④ 전송 매체를 지나는 신호는 아날로그 신호이다.

해설
FDM에서는 전송로(전송 매체)의 유효대역이 전송하려는 신호(채널)의 필요 대역폭보다 커야 하며 전송 매체를 통과해 가는 신호는 이미 반송파로 변조되어 있으므로 아날로그 신호이다.

03 24채널용 PAM 시스템에 있어서 각 채널의 입력 주파수가 0~10[kHz]이고 Nyquist 간격으로 동일하게 표본화되었다. 만일 SSB 방식을 사용하여 이를 주파수 분할 다중화하였을 경우의 최소 주파수 대역폭은 얼마인가?

① 120[kHz]   ② 240[kHz]
③ 360[kHz]   ④ 480[kHz]

해설
표본화 주파수는 신호가 가지는 최고 주파수의 2배 이상이므로 각 CH의 표본화 주파수는 20[kHz]이고, 24채널을 시분할 다중화하므로 480[kHz]가 소요된다. 이때 SSB 방식을 사용하면 대역폭을 반으로 줄일 수 있으므로 240[kHz]를 소요한다.

04 다음 그림은 어떤 다중화(Multiplexing) 방식을 보인 것인가?

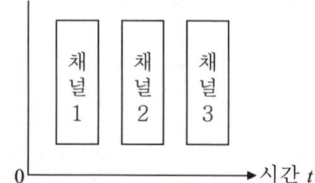

① 통계적 다중화   ② 주파수 분할 다중화
③ 진폭 분할 다중화   ④ 시분할 다중화

해설
여러 개의 신호가 하나의 전송로를 점유하는 시간을 분할하고 있으므로 시분할 다중화(TDM)이다. 이때 각 신호의 주파수 대역은 같다.

05 분할 다중화(Time Division Multiplexing)에 대하여 잘못된 설명은?

① 한 전송로를 일정한 시간폭으로 나누어 사용한다.
② 비트 삽입식과 문자 삽입식이 있다.
③ Point-To-Point 시스템에서 널리 사용된다.
④ 폴(Poll)과 셀렉션(Selection)을 이용하여 송수신한다.

[정답] 01 ① 02 ② 03 ② 04 ④ 05 ④

해설

TDM이란 여러 개의 서로 다른 신호가 전송로를 점유하는 시간을 분할해 줌으로써 한 개의 전송로에 다수의 채널을 구성하는 방식으로 점 대 점 통신(Point-to-Point)에 많이 사용되며, 특히 하나의 채널을 전송하는 데 있어, 문자(8bit)를 전송하는 문자 삽입식과, 문자를 구성하는 Bit를 전송하는 비트 삽입식이 있다.(여러 개의 채널을 전송하는 데 있어 문자 삽입식은 첫 번째 채널의 첫 번째 문자, 두 번째 채널의 첫 번째 문자, …, 마지막 채널의 첫 번째 문자, 첫 번째 채널의 두 번째 문자, 두 번째 채널의 두 번째 문자, …, 마지막 채널의 두 번째 문자 방식으로 보내는 것을 말하며 비트 삽입식은 첫 번째 채널의 첫 번째 문자의 첫 번째 비트, 두 번째 채널의 첫 번째 문자의 첫 번째 비트, … 마지막 채널의 첫 번째 문자의 첫 번째 비트, 첫 번째 채널의 첫 번째 문자의 두 번째 비트, …, 마지막 채널의 첫 번째 문자의 두 번째 비트 순으로 전송하는 방법을 말한다.)

※ Poll과 Selection은 Multi-Point 시스템에서 사용되는 방식이다.

06 다음 중 시분할 다중화(TDM) 방식에 관한 설명 중 틀린 것은 어느 것인가?

① 신호들이 겹치지 않기 위해서는 표본화 속도가 빨라야 한다.
② 송신측과 수신측에서 동기를 맞추어야 한다.
③ 주파수 분할 다중화방식에 비해 특성이 나쁘며 장치도 복잡하다.
④ 장거리 전화 통신에도 이용된다.

해설

① TDM은 표본화를 기본으로 하고 있으며, 따라서 신호가 겹치지 않기 위해서는 Nyquist 표본화 주기를 만족하게끔 표본화해야 한다.
② TDM은 특히 여러 사람의 음성신호를 다중화하는 데 많이 사용되어 국제 전화 등에 널리 사용된다.
③ TDM은 FDM에서 발생되는 누화, 혼변조 현상 등이 발생하지 않아 성능(Throughput)이나 특성이 좋으나 송수신측에서 동기를 맞추어야 하거나 고속 전자 스위치가 필요하므로 장치는 복잡하게 된다.

07 다음 용어 중 다중 전송 기술이 아닌 것은?

① TDM   ② FDM
③ PCM   ④ MODEM

해설

① TDM은 시분할 다중화
② FDM은 주파수 분할 다중화
③ PCM은 TDM을 이용한 펄스 변조
④ MODEM은 Modulation And Demodulation으로 변복조 장치임(A/D, D/A 변환 수행)

08 주파수 분할 다중화(FDM)와 비교했을 때 시분할 다중화(TDM)의 특징으로서 맞지 않는 것은?

① 단국 장치가 간단하다.
② 통화로당 점유 주파수 대역폭이 넓다.
③ 통화 회선을 많게 할 수 없다.
④ 불완전한 대역 통과 필터링과 비선형 왜곡에 의해 영향을 심하게 받는다.

해설

FDM 방식을 사용하는 단국 장치는 Filter가 많이 들어가므로 단국 장치가 복잡하며 TDM 방식은 고속 전자 스위치가 필요하여 FDM보다 통화 회선을 많게 할 수 없다.

09 대역확산기술을 이용하여 다중화하는 방식은?

① FDM   ② TDM
③ CDM   ④ WDM

해설

CDM(Code Division Multiplexing)은 대역확산기술을 이용하여 다중화하는 코드분할 다중화 방식이다.

10 공간분할 다중화 방식(SDM)에서는 무엇을 이용하여 다중화하는가?

① 직교 코드   ② 예리한 빔
③ 서로 다른 파장   ④ 서로 다른 주파수

해설

SDM은 예리한 빔을 이용하여 동일 시간에 여러 지점으로 동일 주파수의 전파를 보냄으로써 복수의 독립된 채널을 확보하는 다중화 방식을 말한다.

[정답] 06 ③ 07 ④ 08 ④ 09 ③ 10 ②

11 여러 발광소자에서 나오는 파장이 다른 광신호를 광결합기로 결합하여 하나의 광케이블로 전송하는 다중화 방식은?

① FDM　② TDM
③ SDM　④ WDM

해설
WDM(Wavelength Division Multiplexing)은 파장이 다른 광신호를 하나의 광케이블로 전송하는 파장분할 다중화방식이다.

12 OFDM 방식의 장점에 해당하지 않는 것은?

① 혼선에 대해 강하다.
② 낮은 속도의 다중채널에 정보를 전송할 수 있다.
③ 스펙트럼 대역의 사용효율을 최대한 높일 수 있다.
④ 송수신단간 반송파 주파수의 옵셋이 존재할 경우에도 신호대 잡음비가 크게 감소하지 않는다.

해설
OFDM은 송수신단간 반송파 주파수의 Offset이 존재하는 경우 S/N비가 크게 감소된다.

13 "입력 → 직병렬 변환기 → IFFT → 병직렬 변환기 → D/A변환기 → 채널"의 순서를 나타내는 전송방식은?

① OFDM　② BPSK
③ QAM　④ MSK

해설
OFDM은 입력을 직병렬 변환기를 거쳐 IFFT(Inverse Fast Fourier Transform)한 다음 병직렬 변환기를 거쳐 D/A변환 한 다음 채널로 내보낸다.

14 다음 중 OFDM 방식에 대한 설명으로 옳지 않은 것은?

① 일반적으로 OFDM 송신기는 각 부채널의 신호를 FFT를 사용하여 한꺼번에 변조한다.
② OFDM신호는 전력이 일정하므로 송신기의 전력 증폭기의 효율을 높일 수 있다.
③ Cyclic Prefix를 사용하여 채널의 선형 콘볼루션 동작을 원형 콘볼루션 특성을 갖도록 변화시킬 수 있다.
④ OFDM은 다중경로에 의한 주파수 선택적 채널을, 대역폭이 작은 부채널에서 단일 경로에 의한 주파수 비선택적 채널로 변환시키는 특징을 갖는다.

해설
OFDM은 각 부채널마다 전력이 일정치 않으므로 송신기의 전력 증폭기 효율이 낮다.

15 다중의 입출력을 가지고 있는 다중 안테나 시스템을 무엇이라고 하는가?

① FCFS　② MIMO
③ DBMS　④ OFDM

해설
MIMO는 Multiple Input Multiple Output으로 다중 입출력을 가지는 안테나시스템을 말한다.

[정답] 11 ④　12 ④　13 ①　14 ②　15 ②

2. 다중접속 기술(다자간 접속 기술)

1. FDMA

FDMA(Frequency Division Multiple Access)는 사용 가능한 주파수 대역을 분할하여 여러 사용자가 서로 다른 주파수 채널을 사용해 접속하는 방식으로 주파수 분할 다중접속이라 한다.

수신측에서는 BPF를 사용하여 원하는 채널만 받아들일 수 있으며, 동기가 불필요하고 hardware가 간단해 초기 다원접속 기술로 많이 사용되었다.

FDMA의 경우 하나의 반송파에 다수개의 채널을 실어서 전송하는 MCPC(Multi Channel Per Carrier) 또는 하나의 반송파에 하나의 채널을 실어서 전송하는 SCPC(Single Channel Per Carrier)형태로 운영되었다.

FDMA는 다음과 같은 특징은 갖는다.
① 동기가 필요하지 않으므로 지구국의 장비가 간단하고 저렴하다.
② 초기 투자비가 저렴하다.
③ 채널할당이 간단하고 용이하다.
④ 간섭에 약하다.
⑤ 상호변조왜곡(Intermodulation Distortion)이 생긴다.
⑥ Guard Band에 의한 대역폭이 낭비된다.
⑦ 서로 다른 용량의 채널을 섞어서 사용할 수 없다.
⑧ Weak Carrier Suppression과 AM/PM Conversion 현상이 생긴다.(Weak Carrier Suppression이란 비선형 Device에 Carrier 전력이 작은 신호와 큰 신호가 들어오면 Carrier 전력이 작은 쪽의 신호가 Carrier 전력이 큰 쪽의 신호보다 상대적으로 작게 되어 비선형 Device의 출력에 나타나는 현상이며, AM/PM Conversion이란 AM성분과 PM성분이 같이 입력될 때 AM성분이 PM성분에 끼어 들어오는 현상을 말한다.)

2. TDMA

TDMA(Time Division Multiple Access)는 사용 가능 시간대를 분할하여 여러 사용자가 서로 다른 시간에 접속하는 방식으로 시분할 다중접속이라 한다.

수신측에서는 망동기를 통해 원하는 채널만 받아 들일 수 있으며, 간섭, 상호변조 등이 작고 성능이 우수해 초기 다자간 접속 기술로 사용되었었다.

TDMA는TDMA 및 멀티 스폿빔을 이용하여 빔 커버리지 지역을 스위칭하

합격 NOTE

합격예측
FDMA는 동기가 필요하지는 않으나 간섭에 약하다.

합격예측
TDMA는 상호변조왜곡이 일어나지 않고 서로 다른 용량의 채널을 섞어 사용할 수 있으나 망동기가 필요하다.

는 방식인 SS-TDMA(Satellite Switching TDMA)형태로 운영되었다. TDMA는 다음과 같은 특징을 갖는다.

① 상호간섭이 작다.
② 상호변조왜곡이 거의 일어나지 않는다.
③ 전체적인 망동기(Network Synchronization)가 필요하다.
④ 중계기(Transponder)의 출력을 거의 포화상태로 동작시킬 수 있어 효율적이다.
⑤ Hardware는 복잡하나 성능(Throughput)이 우수하다.
⑥ Frame의 길이가 긴 경우에는 큰 용량의 Buffer Storage가 필요하다.
⑦ 서로 다른 용량의 채널을 섞어서 사용할 수 있다.
⑧ Weak Carrier Suppression과 AM/PM Conversion 현상이 생기지 않는다.

3. CDMA

CDMA(Code Division Multiple Access)는 사용자마다 직교관계에 있는 코드(상호상관함수의 값이 0인 코드)를 사용하여 접속하게 하는 방식으로 코드분할 다중접속이라 한다.

수신측에서는 송신측에서 사용했던 코드와 동기되고 동일한 역확산 코드를 곱해 원래의 신호를 복조할 수 있으며, 대역확산 기술(Spread Spectrum)을 사용하기 때문에 혼신, 방해, 페이딩 등에 강한 통신을 수행할 수 있어 성능이 우수한 다자간 접속기술로 각광받고 있다.

CDMA는 직접확산인 DS(Direct Sequence)나 주파수 도약인 FH(Frequency Hopping)를 사용하여 구현되고 운영되고 있다.

> **합격예측**
> CDMA를 구현하기 위해서는 대역확산 기술이 사용된다.

CDMA는 다음과 같은 특징을 갖는다.

① 간섭, 혼신, 페이딩에 강하다.
② 통신 내용에 대한 비밀이 보장된다.
③ 주파수 및 Timing 계획이 필요치 않으며 주파수 사용효율도 높다.
④ 전력제어 및 에러정정 부호를 사용하므로 전송품질이 좋다.
⑤ 많은 가입자를 수용할 수 있으며 추가적인 수용이 용이하다.
⑥ 서로 직교관계에 있는 코드를 할당한다.
⑦ 고도의 전력제어 기술이 요구된다.(CDMA의 경우에는 1[dB] 간격으로 100[dB] 범위내에서 1초에 수백회 정도 전력제어가 행해진다.)
⑧ DS(Direct Sequence)나 FH(Frequency Hopping)와 같은 대역확산기법(SS : Spread Spectrum)을 적용할 수 있다.
⑨ Soft Handover를 할 수 있다.

4. SDMA

SDMA(Space Division Multiple Access)는 하나의 위성을 여러 지구국이 공용할 수 있도록 동일 공간영역에서 서로 다른 편파를 사용하거나 빔이 겹치지 않도록 빔을 협소하게 만들어 전송함으로써 여러 지구국이 위성을 공유하는 방식으로 공간분할 다중접속이라 한다.

수신측에서는 해당 편파나 빔을 수신하여 복조함으로써 원래의 신호를 복조할 수 있으며 주파수 이용효율을 높일 수 있기 때문에 다자간 접속 기술로 많이 사용되고 있다.

SDMA는 다양한 편파를 이용하거나 빔을 예리하게 만들어 여러 지역을 커버하는 형태로 운영된다.

SDMA는 다음과 같은 특징을 갖는다.
① 주파수 스펙트럼 이용효율을 2배~다수배까지 높일 수 있다.
② 신호의 분리도가 30[dB] 정도이다.
③ 좌선회 및 우선회 타원편파 안테나와 좌선회 및 우선회 원편파 안테나가 필요하다.
④ 지향성이 매우 예리한 빔을 여러 개 복사할 수 있는 안테나가 필요하다.

합격예측
하나의 위성을 여러 지구국이 공유할 수 있도록 동일 공간영역에서 서로 다른 편파를 사용하거나 빔이 겹치지 않도록 빔을 협소하게 만들어 전송함으로써 여러 지구국이 위성을 공유하는 다중접속 기술을 SDMA라 한다.

5. OFDMA(Orthogonal frequcney Division Multiple Access)

FDMA는 사용 가능한 주파수 대역을 나눈 다음 각 사용자마다 서로 다른 주파수 대역을 사용하여 다중접속(Multiple Access)하는 방식이고, 이때 각 사용자가 서로 직교관계에 있는 부반송파를 사용한 FDMA를 OFDMA라 한다. OFDMA는 직교 주파수 분할 다중접속이라 한다.
① 전체 채널을 다수의 부반송파 채널로 나누어 사용한다.
② 사용자는 채널상태에 따라 가변되는 부반송파를 할당받아 데이터를 전송한다.
③ 최대전력 대 평균전력비(PAPR : Peak to Average Power Ratio)가 큰 단점이 있다.(PAPR이 커지면 송신기 출력이 커지는 단점이 있다. 일반적으로 송신기 전력은 평균전력을 의미하는데 실제로 송신되는 전력에는 최대전력이 존재하고 이것이 적절하지 않으면 상호변조를 일으켜 품질저하의 원인이 된다.) 따라서 무선증폭기의 전력효율이 떨어진다.
④ 다중경로에 의한 심볼간 간섭을 최소로 하기 위해 CP(Cyclic Prefix)를 사용한다.(OFDM에서는 다중경로에 의한 심볼간 간섭을 제거하기 위해 GI(Guard Interval)를 삽입한다. 그러나 GI 구간에 신호가 없으면 부반송파들간의 직교성이 무너져 채널간 간섭이 발생한다. 이를 방지하기 위하여 심볼 구간 뒷부분의 신호 일부를 복사하여 삽입하며, 이 신

합격예측
OFDMA에서 사용자는 채널상태에 따라 가변되는 부반송파를 할당받아 데이터를 전송한다.

합격예측
OFDMA는 PAPR이 큰 단점이 있다.

합격 NOTE

합격예측
SC-FDMA는 DFT-Spread-OFDM이라고도 하며 OFDMA의 PAPR이 큰 단점을 개선하기 위한 기술이다.

합격예측
SC-FDMA는 송신단에서 DFT를, 수신단에서 IDFT를 수행함으로써 PAPR이 매우 낮아져 단말의 전력증폭기 부담을 줄일 수 있다.

호를 주기적 전치부호(CP)라 한다.)
⑤ LTE시스템의 하향링크(Downlink)에서 다중접속 기술로 사용된다.

6. SC-FDMA

SC-FDMA(Single Carrier-Frequency Division Multiple Access)는 국부 이산 푸리에 변환 - 확산 - 직교 주파수 분할 다중(Localized DFT-Spread-OFDM)전송방식을 사용하여 여러 사용자가 동시에 무선 이동통신 서비스를 받을 수 있도록 하는 다중접속 방식으로 단일 반송파 주파수 분할 다중접속이라 한다. DFT-Spread-OFDM 방식에는 DFT의 결과값을 부반송파에 매핑(Mapping)할 때, 연속된 부반송파들에게 매핑하는 국부(Localized)방식과 전체 주파수 대역이 부반송파들로 분산되어 매핑되는 분산(Distributed)방식이 있다.(SC-FDMA는 DFT-Spread-OFDM 또는 DFTS-OFDM 이라고도 한다.)

① Localized DFT-Spread-OFDM 방식이 LTE 시스템의 상향링크(uplink)에서 다중접속 기술로 사용된다. 이 명칭이 어려워 SC-FDMA라고 부른다. 전체 채널 대역폭을 여러 사용자가 주파수를 나누어 사용하는 것처럼 보이므로 FDMA로 볼 수 있고 각 사용자들은 주파수 축에서 연속된 부반송파를 사용하기 때문에 마치 하나의 반송파를 사용하는 것처럼 보이기 때문이다.
② SC-FDMA는 PAPR이 커 단말의 전력증폭기에 부담이 많이 가는 OFDMA의 문제점을 개선하기 위한 기술이다.
③ 송신단에서 DFT를, 수신단에서 IDFT(Inverse DFT)를 수행함으로써 PAPR이 매우 낮아져 단말의 전력증폭기 부담을 줄여준다.(따라서 휴대전화의 uplink에서 사용하면 피크파워를 덜 발생할 수 있다.)
④ SC-FDMA는 IFFT 적용전 심볼은 DFT(Discrete Fourier Transform)에 의해 사전 코딩되며, DFT에 의해 통화자별로 할당된 부반송파들이 뒤섞여 전송된다.(여러 개의 주파수가 섞였기 때문에 하나의 주파수로 보인다하여 Single Carrier, 그리고 통화자들이 전체 부반송파 개수를 나누어 사용한다고 하여 FDMA의 의미를 가져 이 둘을 합해 SC-FDMA라 한다.)
⑤ SC-FDMA는 실제 데이터의 크기보다 약 2배 정도의 IFFT 연산을 수행하기 때문에 채널 통과시 잡음이 증가하여 2~3[dB] 정도의 성능저하가 발생한다.(OFDMA를 사용할 때 보다)

7. NOMA

NOMA(Non Orthogonal Multiple Access)는 5G의 주요 기술 중의 하나로 셀의 주파수 용량 향상을 위해 동일한 주파수, 시간 및 공간 자원 상에 다수의 사용자들을 위한 신호를 동시에 전송하여 주파수 효율을 향상시키는 기술로 비직교 다중접속이라 한다.

NOMA는 기존의 직교 다중접속 방식의 원리인 직교성을 의도적으로 위배함으로써 다수의 신호를 중첩시키고 순차적 간섭 제거를 활용하여 주파수 활용성을 높인다.

CDMA는 셀 상호간섭과 페이딩에는 강하지만 셀내 사용자간의 간섭에는 취약하다. 셀 설계가 적절히 이루어진다면 OMA(Orthogonal Multiple Access : 직교 다중접속)의 경우 셀내 사용자간의 간섭을 피할 수 있다. 따라서 제1세대와 2세대 셀룰러 시스템들이 OMA 방식을 사용했었고 제4세대 이동통신인 LTE도 OFDMA 기반의 OMA 방식이 사용되었던 것이다.

CDMA는 또한 대역확산 기술을 사용하므로 데이터 전송속도에도 제한이 있고 OMA는 처리효율(Throughput)이 높아 좋은 성능을 기대할 수는 있지만 5G의 특성상(5G는 피크 전송률이 10~20[Gbps] 정도로 최대 전송률보다 10~20배 크다.) 매우 빠른 전송속도와 월등한 스펙트럼 효율을 요구하므로 이를 만족할 다중접속기술이 필요하게 되었다.

NOMA는 송신기의 중첩코딩과 수신기의 순차적 간섭제거 기술을 이용하여 이를 달성하고 있다. 중첩코딩을 사용하면 송신기는 다중 사용자의 정보를 동시에 전송할 수 있고, 수신기는 보다 강한 신호를 복호화한 후, 중첩된 신호로부터 강한 신호를 먼저 추출하고 이후 나머지 신호로부터 약한 신호를 제거한다.

합격 NOTE

합격예측
NOMA는 5G에 사용되는 다중접속 기술로 매우 빠른 전송속도와 월등한 스펙트럼 효율을 가진다.

합격예측
NOMA는 송신기의 중첩코딩과 수신기의 순차적 간섭제거 기술을 사용해 월등한 스펙트럼 효율을 제공한다.

출제 예상 문제

제2장 다중접속 기술(다자간 접속 기술)

01 하나의 통신위성을 이용하여 다수의 지상국간에 동시에 통신을 하는 방식을 무엇이라 하는가?

① Multiplex 방식
② Multiple access 방식
③ Multiple suppressor 방식
④ Stimulated emission 방식

해설
하나의 통신위성을 여러 지구국이 효과적으로 이용하기 위해 위성의 사용 가능 주파수 대역 분할, 위성의 사용 가능 시간 분할, 각 지구국에서 다른 코드 할당 및 공간 분할 방식을 이용하여 위성을 사용하는 방식을 다자간 접속(Multiple access)이라 한다.

02 사용 가능 주파수 대역을 분할하여 여러 사용자가 서로 다른 주파수 채널을 사용해 접속하는 다중접속 기술은?

① FDMA   ② TDMA
③ CDMA   ④ SDMA

해설
FDMA는 사용 가능 주파수 대역을 분할하여 여러 사용자가 다중 접속하는 주파수 분할 다중접속 기술이다.

03 위성통신의 다원접속 방식 중 복수 개의 반송파를 스펙트럼이 서로 겹치지 않도록 주파수 축상에 배치함으로써 다원접속을 실현하는 방식은?

① FDMA 방식
② TDMA 방식
③ CDMA 방식
④ SDMA 방식

해설
FDMA 방식은 사용 가능 주파수 대역을 분할해 여러 사용자가 서로 다른 채널을 이용해 접속하게 하는 다중접속 방식이다.

04 다음은 FDMA를 설명한 것이다. 해당되지 않는 것은?

① 사용 가능한 주파수 대역폭을 분할하여 다원접속을 행하는 방식이다.
② 주파수 대역폭을 분할하여 사용하므로 상호 변조 잡음이 생긴다.
③ 서로 다른 용량의 채널을 혼합하여 사용하지 않는다.
④ 전체 망동기를 이룸으로써 성능을 향상시킬 수 있다.

해설
망 동기는 TDMA에서 필요하다.

05 FDMA의 특징을 설명한 다음 내용 중 올바르지 않은 것은?

① 동기가 필요하지 않아 지구국 장비가 간단하다.
② 채널할당이 간단하고 용이하다.
③ 간섭에는 약하나 상호변조왜곡은 발생되지 않는다.
④ 서로 다른 용량의 채널을 섞어서 사용할 수 없다.

해설
FDMA는 간섭에도 약하고 상호변조왜곡도 발생한다.

06 Tune-in하기 위해 BPF로 수신신호를 여파하는 방법을 사용하는 다자간 접속방법은?

① FDMA   ② TDMA
③ CDMA   ④ CSMA

해설
FDMA를 사용하는 경우 수신측에서는 원하는 신호에 맞추기 위해(Tune-in) BPF를 사용하여 수신신호를 여파해 원하는 신호만 얻어낸다.

[정답] 01 ② 02 ① 03 ① 04 ④ 05 ③ 06 ①

07. FDMA 방식 중 각 반송파에 의해 전송되는 신호가 1채널인 것을 무엇이라고 하는가?

① SDMA
② SCPC
③ DSI
④ CBRS

해설
SCPC(Single Channel Per Carrier)는 하나의 반송파로 1채널을 전송하는 것이다. 이 SCPC는 요구할당에 의해 위성중계기의 이용효율을 높일 수 있다. 하나의 반송파로 복수 개의 채널을 다중신호로 전송하는 FDMA 방식을 MCPC(Multiple Channel Per Carrier)라고 한다.

08. 시간적으로 분할된 버스트(Burst)를 위성중계기에서 서로 중첩되지 않게 사이사이에 삽입시켜 여러 지구국이 위성중계기를 공유할 수 있도록 한 위성통신의 회선 접속 방식은?

① FDMA
② TDMA
③ CDMA
④ HDMA

해설
TDMA란 하나의 위성을 여러 지구국이 공용할 수 있도록 위성의 사용 시간대를 분할하여 지구국이 서로 다른 시간에 위성에 액세스하므로써 위성을 공유하는 다원접속방식이다.

09. 사용 가능한 시간 대역을 여러 개의 time slot으로 분할하여 다원 접속을 행하는 방법은?

① FDMA
② TDMA
③ CDMA
④ CSMA/CD

해설
TDMA는 사용 가능한 시간 대역을 여러개의 Time Slot으로 분할하여 다중 접속을 행한다.

10. 다음은 TDMA의 특징을 설명한 내용이다. 틀리게 설명되어 있는 것은?

① 전체적인 망동기가 필요하다.
② FDMA방식보다 성능이 우수하다.
③ 상호간섭이 작다.
④ Weak Carrier Suppression 현상이 생긴다.

해설
Weak Carrier Suppression은 FDMA에서 생긴다.

11. TDMA의 망동기 방식 중 지구국에서 위성에 전파를 발사하여 되돌아오는 반사파로부터 지연(Delay)을 계산하여 Sync를 찾는 방식을 무엇이라 하는가?

① Open Loop Control 방식
② Close Loop Control 방식
③ Local Loop Control 방식
④ Remote Loop Control 방식

해설
① Open Loop Control 방식 : 위성과 지구국의 위치를 이용해 궤도역학으로부터 지연(Delay)을 계산하여 Sync를 맞추는 방식
② Close Loop Control 방식 : 지구국에서 위성에 전파를 발사하여 되돌아오는 반사파로부터 지연(Delay)을 계산하여 Sync를 맞추는 방식

12. 다음은 FDMA 방식과 비교한 TDMA 방식의 특징을 설명한 것이다. 틀린 항은?

① 서로 다른 용량의 채널을 혼합하여 사용할 수 있다.
② 반송파들의 상호 변조에 의한 간섭 문제가 없다.
③ 위성간 간섭 영향이 크다.
④ 최대 출고(Throughput)가 더 크다.

해설
TDMA에서는 간섭 영향이 작다. 간섭 영향은 FDMA에서 크다.

13. TDMA(시분할 다중접속) 방식을 설명한 것 중 해당되지 않는 것은?

① Gate-in하기 위해 전 시스템이 Time 정보를 공유해야 한다.
② FDMA 방식보다 Hardware가 복잡하다.
③ 서로 다른 용량의 채널을 혼합하여 사용하지 않는다.
④ Crosstalk가 FDMA 방식보다 훨씬 적다.

[정답] 07 ② 08 ② 09 ② 10 ④ 11 ② 12 ③ 13 ③

해설
TDMA에서는 서로 다른 용량의 채널을 혼합하여 사용할 수 있다.

14 각 사용자에게 직교관계에 있는 코드를 할당하여 접속하게 하는 다원접속 기술은?
① FDMA
② TDMA
③ CDMA
④ SDMA

해설
CDMA는 각 사용자에게 직교관계에 있는 서로 다른 코드를 할당하여 다중접속하는 기술이다.

15 CDMA의 특징을 설명한 다음 내용 중 틀린 것은?
① 간섭, 혼신, 페이딩에 강하다.
② 주파수 및 시간계획이 필요치 않으며 주파수 사용효율도 높다.
③ 고도의 전력제어 기술이 요구된다.
④ 상호상관 함수의 값이 큰 부호를 할당한다.

해설
각 지구국에는 서로 직교관계에 있는 부호 즉 상호상관함수의 값이 0인 부호를 할당해야 한다.

16 각 지구국으로부터 확산된 동일한 주파수의 반송파를 송신하는데 확산에 이용하는 부호계열을 각 채널마다 다르게 하여 반송파간의 분리식별을 실현하는 다원접속 방식은?
① 주파수 분할 다원접속(FDMA)
② 시분할 다원접속(TDMA)
③ 부호 분할 다원접속(CDMA)
④ 공간 분할 다원접속(SDMA)

해설
CDMA 방식에서는 두 가지 신호처리 과정을 거쳐 송신신호가 발생된다.

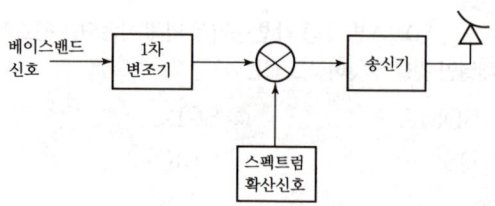

① 우선 반송파는 베이스밴드 신호에 의해 디지털 변조(1차 변조)를 받는다.
② 이 디지털 변조파는 확산용 신호에 의해 스펙트럼 확산(2차 변조)되어 송출된다.

17 위성통신의 다원접속 방식 중 넓은 대역폭이 소요되어 주파수의 이용효율은 낮으나 간섭 및 잡음에 가장 강한 방식은 다음 중 어느 것인가?
① 주파수 분할 다원접속(FDMA)
② 시분할 다원접속(TDMA)
③ 부호 분할 다원접속(CDMA)
④ 임의 접속(SDMA)

해설
부호분할 다원접속(CDMA : Code Division Multiple Access)은 스펙트럼 확산 다원접속(SSMA : Spread Spectrum Multiple Access)이라고도 한다.
이 CDMA는 대개 주파수 이용효율이 나쁘다는 결점이 있으나 다른 방식보다 간섭에 강하다는 특징이 있다.

18 CDMA의 장점에 해당되지 않는 것은?
① 협대역 잡음신호에 강하다.
② 주파수 사용효율이 대단히 높다.
③ 전력제어 및 강력한 에러 정정 부호를 사용하므로 링크 품질이 좋다.
④ Hard Handover를 할 수 있다.

해설
CDMA는 Soft Handover(통화채널 전환시 이제까지 사용하던 채널과 새로 할당받은 채널을 같이 사용하다가 수신신호가 일정 레벨 이하로 떨어지는 채널을 반납하는 방식)를 할 수 있다.

[정답] 14 ③ 15 ④ 16 ③ 17 ③ 18 ④

19 CDMA에 대한 다음 설명 중 잘못된 것은?

① 단말기에서의 전력제어에 어려움이 있다.
② 단말기 전력제어 회로의 오동작은 전체 시스템을 무력화시킬 수 있다.
③ 대용량이나 추가적으로 사용자를 더하는 것은 불편하다.
④ 수신측에서 pseudo random 계열의 획득을 위한 hardware가 복잡하다.

해설
CDMA는 코드만 더 사용하면 많은 가입자를 수용(대용량)할 수 있으며 추가적인 수용이 용이하다.

20 CDMA의 C/I(Carrier to Interference)를 바르게 나타낸 것은?(단, E_b는 신호의 평균 에너지, N_o는 전력밀도 스펙트럼 크기, R_b는 출력 Bit Rate, B_c는 확산 대역폭이다.)

① $\dfrac{E_b}{N_o} \cdot \dfrac{R_b}{B_c}$
② $\dfrac{E_b}{N_o} \cdot \dfrac{B_c}{R_b}$
③ $\dfrac{N_o}{E_b} \cdot \dfrac{R_b}{B_c}$
④ $\dfrac{N_o}{E_b} \cdot \dfrac{B_c}{R_b}$

해설
CDMA의 C/I 즉 반송파전력 대 간섭전력의 비는 $\dfrac{E_b}{N_o} \cdot \dfrac{R_b}{B_c}$로 구한다.

21 CDMA의 가입자 수용 용량 N은 C/I와 어떤 관계를 갖는가?

① $N = \dfrac{C}{I}$
② $N = \dfrac{1}{C/I}$
③ $N = 2\dfrac{C}{I}$
④ $N = \dfrac{2}{C/I}$

해설
CDMA의 가입자 수용용량은 C/I와 역수 관계를 갖는다.

22 Spread Spectrum 기술을 이용하는 다자간 접속 방식은?

① FDMA
② TDMA
③ CDMA
④ WDMA

해설
CDMA는 Spread Spectrum 기술을 이용한다.

23 Direct Sequence와 같은 대역확산 통신 방식을 사용하여 페이딩 및 재밍의 영향을 감소시킬 수 있는 다자간 접속 방식은?

① FDMA
② TDMA
③ CDMA
④ OFDMA

해설
CDMA는 직접확산(DS : Direct Sequence)나 주파수 호핑(FH : Frequency Hopping) 같은 Spread Spectrum 기술을 사용하여 페이딩 및 재밍의 영향을 감소시킬 수 있다.

24 하나의 위성을 여러 지구국이 공용할 수 있도록 동일 공간영역에서 서로 다른 편파를 사용하거나, 빔이 겹치지 않게 빔을 협소하게 만들어 전송함으로써 여러 지구국이 위성을 공유하는 다원접속 기술은?

① FDMA
② TDMA
③ CDMA
④ SDMA

해설
하나의 위성을 여러 지구국이 공용할 수 있도록 동일 공간영역에서 서로 다른 편파를 사용하거나, 빔이 겹치지 않게 빔을 협소하게 만들어 전송함으로써 여러 지구국이 하나의 위성을 공유하는 다중접속 기술을 SDMA 라 한다.

25 위성통신에서 사용되는 다중접속 기술에 해당되지 않는 것은?

① TDMA
② FDMA
③ CDMA
④ WDMA

[정답] 19 ③ 20 ① 21 ② 22 ③ 23 ③ 24 ④ 25 ④

해설
위성통신 회선접속 방법으로는 FDMA(Frequency Division Multiple Access), TDMA(Time Division Multiple Access), CDMA(Code Division Multiple Access), SDMA(Space Division Multiple Access) 4가지 방법이 있다.

26 위성의 다원접속 방법이 아닌 것은?
① CSMA
② SSMA(CDMA)
③ FDMA
④ TDMA

해설
CSMA는 Carrier Sense Multiple Access로 LAN(근거리 통신망)에서 사용되는 전송매체 접속제어(MAC : Medium Access Control)방식을 말한다.

27 다음 통신 방식 중 멀티플 액세스 방식을 사용하는 것은 어느 것인가?
① 위성통신 방식
② SSB통신 방식
③ TV전송 방식
④ M/W통신 방식

해설
위성통신 및 이동통신에서는 다자간(다원) 접속 방식을 사용하여 전파자원을 효과적으로 이용한다.

28 직교주파수분할 다중접속(OFDMA)에 대한 설명으로 옳지 않은 것은?
① 전체 채널을 다수의 부반송파 채널로 나누어 사용한다.
② 사용자는 채널 상태에 관계없이 고정된 부반송파를 할당받아 데이터를 전송한다.
③ 높은 최대전력 대 평균전력비(PAPR)를 갖는 단점이 있다.
④ 다중경로 채널에 의한 심볼간 간섭을 최소로 하기 위해 CP(Cyclic Prefix)를 사용한다.

해설
OFDMA 사용자는 채널 상태에 따라 가변되는 부반송파를 할당받아 데이터를 전송한다.

29 LTE 시스템의 하향링크(Downlink)에서 다중 접속 기술로 사용되는 것은?
① TDMA
② CDMA
③ WDMA
④ OFDMA

해설
LTE 시스템의 하향링크에서는 다중접속 기술로 OFDMA가 사용된다.

30 OFDMA에서는 다중경로에 의한 심볼간 간섭을 최소화하기 위해 무엇을 사용하는가?
① sync
② flag
③ CP(Cyclic Prefix)
④ FEC

해설
심볼간 간섭을 제거하기 위해 GI(Guard Interval)를 삽입하는데 GI 구간에 신호가 없으면 부반송파간의 직교성이 무너져 채널간 간섭이 발생하므로 이를 방지하기 위해 심볼 구간 뒷부분의 신호 일부를 복사하여 삽입하는데 이를 CP(Cyclic Prefix)라 한다.

31 LTE 시스템의 상향링크(Uplink)에서 다중접속 기술로 사용되는 것은?
① FDMA
② CDMA
③ SC-FDMA
④ OFDMA

해설
LTE 시스템의 상향링크(Uplink)에서는 다중접속 기술로 SC-FDMA가 사용된다.

[정답] 26 ① 27 ① 28 ② 29 ④ 30 ③ 31 ③

32. OFDMA의 단점인 큰 PAPR을 작게 만든 다중접속 기술은?

① SC-FDMA　② NOMA
③ SDMA　　④ WDMA

해설
SC-FDMA에서는 송신단에서 DFT를, 수신단에서 IDFT를 수행함으로써 OFDMA의 단점인 큰 PAPR을 작게 만들 수 있다.

33. DFT-Spread-OFDM이라고도 하는 다중접속 기술은?

① FDMA　　② OFDMA
③ SC-FDMA　④ MCPC

해설
SC-FDMA는 이산 푸리에 변환(DFT)-확산(Spread)-직교 주파수 분할다중(OFDM) 전송방식을 사용하므로 DFT-Spread-OFDM이라고도 한다.

34. 5G에 사용되는 다중접속 기술로 매우 빠른 전송속도와 월등한 스펙트럼 효율을 가지는 다중접속 기술은?

① TDMA　② CDMA
③ OFDMA　④ NOMA

해설
NOMA는 기존의 직교 다중접속 방식의 원리인 직교성을 의도적으로 위배함으로써 다수의 신호를 중첩시키고 순차적 간섭 제거를 활용하여 주파수 활용성을 높인(즉 스펙트럼 효율을 높인) 다중접속 기술로 비직교 다중접속이라 한다.

35. NOMA가 매우 빠른 전송속도와 월등한 스펙트럼 효율을 가지는 이유를 바르게 설명한 것은?

① 송신기에서 중첩코딩을, 수신기에서 순차적 간섭 제거 기술을 사용하므로
② 송신기에서 순차적 간섭제거 기술을, 수신기에서 중첩코딩을 사용하므로
③ 송신기에서 대역확산을, 수신기에서 역확산을 사용하므로
④ 송신기에서 역확산을, 수신기에서 대역확산을 사용하므로

해설
NOMA는 송신기에서 중첩코딩을, 수신기에서 순차적 간섭제거 기술을 이용해 매우 빠른 전송속도와 월등한 스펙트럼 효율을 제공한다.

[정답] 32 ① 33 ③ 34 ④ 35 ①

합격 NOTE

3. 대역확산 기술(대역확산 통신)

1. 대역확산 통신의 개요

대역확산 통신 방식은 무선채널을 통해 전송되는 정보를 비우호적인 3자가 수신하는 것을 방지하고, 전송 도중에 악의적인 전파방해(Jamming)로부터 간섭을 제거하기 위해 군용 통신 방식으로 개발된 것으로 스펙트럼 확산 통신(SS : Spread Spectrum)이라고도 한다. 스펙트럼 확산 방식은 정보신호의 스펙트럼을 넓은 주파수 대역으로 확산시켜 전송하기 때문에 전력 스펙트럼 밀도(Power Spectral Density)가 낮게 유지되어 다른 시스템에 미치는 간섭도 적게 되고, 또한 다른 시스템으로부터 방해를 받을 확률도 낮게 유지할 수 있다.

스펙트럼 확산 방법은 먼저 정보를 전송하기 전에 부호신호(Code Signal)라는 확산부호(Spreading Code)를 사용하여 정보신호의 스펙트럼을 넓은 대역으로 확산시켜 전송하고, 수신측에서는 송신측에서 사용했던 확산부호와 동기되고 동일한 역확산부호(De-spreading Code)를 사용하여 원래의 주파수 대역으로 환원시킨 뒤 정보를 복조하게 된다. SS 통신 방식은 복수의 사용자에 의한 불규칙한 다원접속이 가능하고 동일한 시간 내에서 서로 직교하는 Code를 사용해 간섭없이 운용될 수 있으며 선택적 통신이 가능하다. 특히 CDMA는 SS 통신 방식을 사용하므로 FDMA, TDMA에 비해 채널용량, 간섭, 다중경로 페이딩의 관점에서 큰 장점을 갖는다. 따라서 스펙트럼 확산 통신 응용분야로는 재밍방지, CDMA, 다중경로 페이딩 억압(다양한 다중경로 전파 가운데 원하는 신호만을 선별하여 수신할 수 있게 구성된 수신기를 Rake Receiver라 한다) 등이 있다.

2. 대역확산 통신의 방식

스펙트럼 확산 통신 방식은 크게 다음 4가지로 분류할 수 있다.
- 직접 확산(DS : Direct Sequence) 방식
- 주파수 도약(FH : Frequency Hopping) 방식
- 시간 도약(TH : Time Hopping) 방식
- 첩변조(CM : Chirp Modulation) 방식

합격예측
대역 확산 통신은 전력 스펙트럼 밀도가 낮게 유지되어 간섭도 적고 방해도 적게 받는다.

합격예측
CDMA는 대역확산 기술을 이용한다.

합격예측
스펙트럼 확산 통신 방식에는 DS, FH, TH, CM이 있다.

가. 직접확산 방식

(1) 직접확산 방식의 개념

송신측에서는 데이터로 변조된 반송파를, 직접 고속의 확산부호를 이용하여 다시 변조하여 스펙트럼 대역을 확산시켜(백색 잡음과 같은 형태로 만듦) 전송하고, 수신측에서는 송신측에서 사용했던 확산부호와 동기되고, 동일한 역확산부호를 이용하여 원래의 스펙트럼 대역으로 환원시킨 다음 복조하는 방법이다.

DS 방식은 확산부호로 PN(Pseudo Noise)부호를 사용하기 때문에 DS를 PN Sequence라고도 한다.

(2) 직접확산 방식의 시스템 구성도

DS 방식의 데이터 변조 방식은 주로 PSK 방식이 사용되며 BPSK 방식을 이용한 DS 송수신 시스템 구성은 다음과 같다.

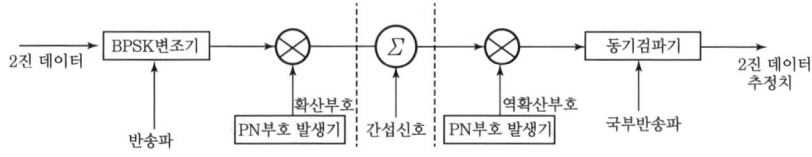

[DS/BPSK 시스템 구성도]

데이터로 변조된 반송파를 PN부호로 변조하는 것은 시간 영역에서 두 시간 함수의 곱이므로, 주파수 영역에서는 데이터로 변조된 반송파의 스펙트럼과 PN부호의 스펙트럼과의 Convolution으로 변환된다. BPSK 방식으로 변조된 반송파가 협대역이고 PN(의사잡음)부호가 광대역이면 두 신호 Spectrum의 Convolution 결과 PN부호와 같은 스펙트럼을 갖게 되어 PN부호가 Spread의 역할을 수행하므로 PN부호를 확산부호(Spreading code)라 한다.

데이터로 변조된 반송파의 스펙트럼은 PN부호의 비트폭으로 잘게 분할되므로 PN부호를 Chirping Sequence, PN부호의 Bit폭을 Chip Time(T_c)이라 한다. T_c를 짧게 해줌으로써 대역 확산을 더욱 크게 할 수 있다. 수신측에서는 수신 신호에 송신측에서 사용했던 확산부호와 동기되고 동일한 역확산코드를 곱해 원래의 신호를 복조하며, 이 과정에서 채널에 유입된 잡음이나 간섭신호는 대역확산되어 전력 스펙트럼 밀도가 분산되므로 잡음 및 간섭의 영향이 크게 감소한다.

※Chip : PN코드를 구성하는 비트

$$R_c = \frac{1}{T_c} : \text{Chip Rate}$$

※전송 대역폭은 칩 전송률 R_c에 의해 결정된다.

합격 NOTE

합격예측
직접확산 방식은 확산부호로 PN 부호를 사용한다.

합격예측
확산부호로 사용되는 PN부호의 비트폭을 짧게 해줌으로써 대역확산을 더욱 크게 할 수 있다.

합격 NOTE

합격예측
n단 Shift Register에서 가능한 PN코드의 수는 2^n이다.
(Sequence가 모두 0인 경우를 제외하면 2^n-1이 된다.)

합격예측
DS방식에서의 처리이득은 $\frac{R_c}{R_b}$ 또는 $\frac{T_b}{T_c}$로 구한다.

합격예측
처리이득이 20[dB]이라면 확산된 신호의 대역폭이 원래 신호의 대역폭보다 100배 넓어졌음을 의미한다.(30[dB]라면 1,000배)

합격예측
DS 방식의 단점으로는 초기 동기시간이 길고 원근단 간섭이 발생한다는 점이다.

(3) PN부호 발생기의 특성

n단으로 구성되는 Sshift Register에서 가능한 상태의 수(PN 코드의 수)는 2^n이고, Sequence가 모두 0인 경우를 제외하면 PN Sequence(PN코드의 길이, PN코드의 주기, PN코드의 전체 경우의 수)는 (2^n-1)이 된다.

(4) 처리이득

처리이득은 유한한 전력을 갖는 간섭신호를 제거할 수 있는 능력으로 대역을 확산하였다가 다시 좁히는 과정에서 얻어지는 이득을 말한다.

즉, 수신단 입력에서 수신된 신호의 SNR을 $\frac{S_i}{N_i}$라 하면 처리이득 G_P(Processing Gain)는 다음과 같이 정의된다.

$$\left[\frac{S_o}{N_o}\right]=G_P\left[\frac{S_i}{N_i}\right]$$

$$G_P=\frac{R_c}{R_b}=\frac{\frac{1}{T_c}}{\frac{1}{T_b}}=\frac{T_b}{T_c}=2^n-1$$

① 처리이득이 1,000이라는 것은 전송시 확산된 대역폭이 원래 신호의 대역폭보다 1,000배 넓어졌음을 의미한다.

② 처리이득이 30[dB]라면 전송시 확산된 신호의 대역폭이 원래 신호의 대역폭보다 1,000 배 넓어졌음을 의미한다. 수신단에서의 입력 SNR이 -20[dB] 밖에 안되어도 즉, 신호레벨이 잡음레벨의 $\frac{1}{100}$ 밖에 안되어도 수신기 내부에서 신호처리 되면서 대역폭이 좁혀짐으로써 출력된 신호의 SNR은 10[dB]가 되어 정상적인 통신이 가능함을 의미한다.

③ DS 방식에서의 G_P는 20~60[dB] 정도이나 충분한 G_P를 얻는 것이 어려우므로 DS는 FH 및 TH 방식과 결합하여 사용한다.

④ DS 방식에서의 처리이득은 PN코드의 전체 경우의 수인 PN부호의 길이(주기)와 같다.

(5) DS 방식의 장·단점

① 장점
    ㉠ 보안성이 높다.
    ㉡ 전파 방해에 강하다.
    ㉢ 다중경로 페이딩에 강하다.

② 단점
    ㉠ 수신기에서 PN부호 동기를 포착하는 시간이 길다.(초기동기시간이 길다.)

ⓒ 위상왜곡이 거의 없는 광대역 채널이 필요하다.
　　ⓒ 고속 부호 발생기가 필요하다.
　　ⓔ 원근단 간섭(Near-And-Far Interference)이 발생한다.

나. 주파수 도약 방식

(1) 주파수 도약 방식의 개념

송신측에서는 데이터로 변조된 반송파를, 시간에 따라 계속 변화하는 주파수 합성기(Frequency Synthesizer)의 출력신호와 더해서 반송파의 주파수를 다른 주파수 대역으로 도약시켜 전송하고(데이터로 변조된 반송파를 일정한 대역폭 내에서 빠르게 움직여 간섭 및 재밍 등으로부터 회피), 수신측에서는 송신측에서 사용했던 주파수 합성기 출력신호와 동기된 국부발진신호를 수신신호에서 빼서 주파수 도약을 제거한 후 복조시키는 방법이다. 주파수 합성기의 출력 주파수는 PN부호 발생기의 2원부호에 의해 결정되며, 특히 주파수 합성기의 출력신호는 전송 대역을 확산시키는 것이 아니고 데이터로 변조된 반송파 주파수의 도약 주파수를 결정하기 때문에 Spreading Code라 하지 않고 Frequency Hopping Pattern이라 한다.

(2) 주파수 도약 방식의 시스템 구성도

FH 방식의 데이터변조 방식은 주로 M진 FSK가 사용되며, M진 FSK를 이용한 FH 송수신 시스템 구성은 다음과 같다.

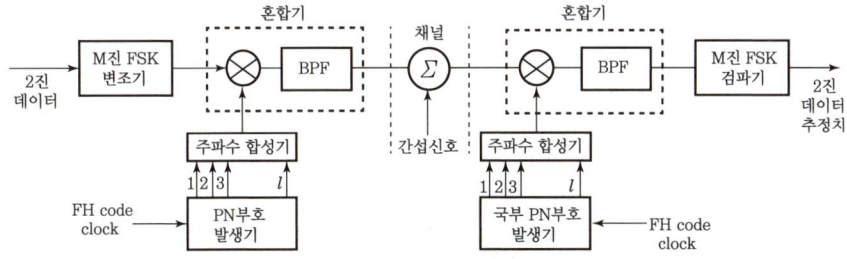

[FH/MFSK 시스템 구성도]

일반적으로 FSK 방식은 스펙트럼 효율이 좋지 않아 2진 FSK 외에는 잘 사용되지 않으나, 스펙트럼 확산 통신 방식에서는 피변조파의 대역이 가능한 한 넓게 확산되는 것이 바람직하므로, FH 방식의 경우 특히 M진 FSK가 많이 사용된다. PN부호 발생기는 도약 주파수 패턴을 발생하고, 주파수 합성기(위상비교기, LPF, VCO, 주파수 분주기로 구성되는 PLL회로임)는 PN부호 발생기의 2원부호에 따라 도약 주파수를 발생시킨다. 한편 도약 주파수의 종류는 PN부호 발생기의 Shift Register의 수에 의해 결정된다.

합격 NOTE

합격예측
FH 방식에서는 주파수 합성기의 출력이 PN부호 발생기의 출력에 의해 결정된다.

합격예측
FH 방식에서 데이터변조 방식으로는 주로 M진 FSK가 사용된다.

합격 NOTE

합격예측
FH 방식의 처리이득은 스펙트럼 확산 대역폭 / 정보 대역폭 으로 구한다.

합격예측
FH 방식에서는 hit라는 간섭이 발생하며 복잡한 주파수 합성기를 사용해야 한다.

합격예측
TH 방식은 PN부호 발생기의 출력에 의해 선택된 특정 time slot 동안 피변조파를 연집 형태로 전송한다.

---

(3) 처리이득

처리이득은 유한한 전력을 갖는 간섭 신호를 제거하는 능력으로 Processing Gain 이라 하고 G_P로 나타낸다.

$$G_P = \frac{B_T(\text{스펙트럼 확산 대역폭})}{B_I(\text{정보 대역폭})}$$

스펙트럼 확산 대역폭은 송신측에서 생각하면 RF신호의 대역폭이고 수신측에서 생각하면 수신기의 등가잡음 대역폭과 같다.

(4) FH 방식의 장·단점

① 장점
　㉠ 수신기에서 부호동기를 포착하는 시간이 짧다.
　㉡ 원근단 간섭(Near-And-Far Interference)을 덜 받는다.
　㉢ 도약 주파수 수를 증가시킴으로써 스펙트럼 확산을 용이하게 달성할 수 있다.(어느 부분의 스펙트럼을 피하기 위해 프로그램이 가능하다.)
　㉣ 대역확산을 가장 크게 할 수 있다.

② 단점
　㉠ Hit라는 간섭이 발생한다(Hit란 둘 이상의 사용자가 동시에 동일한 주파수를 사용하게 될 때 발생되는 간섭으로 이를 해결하기 위해서는 에러정정부호를 사용해야 한다.)
　㉡ 복잡한 주파수 합성기를 사용해야 한다.

다. 시간 도약 방식

(1) 시간 도약 방식의 개념

FH 방식이 PN부호 발생기의 2원 부호에 의해 결정되는 주파수 합성기의 출력을 가지고 데이터로 변조된 반송파의 중심 주파수를 불규칙하게 변동시키는 것에 비해, TH 방식은 PN부호 발생기의 2진 출력에 의해 선택된 특정 Time Slot 동안 데이터로 변조된 반송파를(즉 피변조파를) 연집(Burst) 형태로 송출하는 방식으로 정보의 Burst가 전송되는 시간을 불규칙하게 변동시켜 전송하게 된다.

(2) 처리이득

시간축은 여러 개의 프레임 구간(T_f)으로 분할되고, 각 Frame은 n개의 Time Slot(T_s)으로 분할된다.

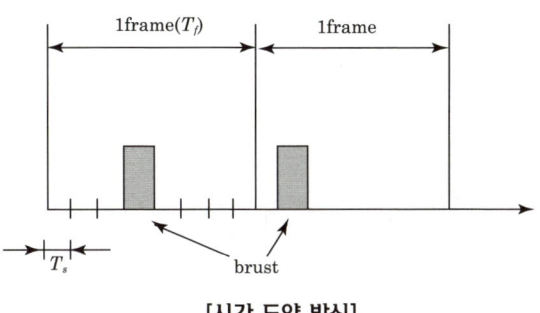

[시간 도약 방식]

따라서 유한한 전력을 갖는 간섭신호를 제거할 수 있는 능력을 나타내는 처리이득은 다음과 같다.

$$G_P = \frac{T_f(\text{Frame의 시간폭})}{T_s(\text{Time Slot의 시간폭})}$$

(3) 전송된 신호의 대역폭

$2n \times$ 정보신호 대역폭

여기서, n은 Time Slot의 수

(4) 특징

DS 방식이나 FH 방식처럼 독자적으로 사용되지 않고 다른 방식과 함께 사용된다.

라. Chirp변조 방식

(1) Chirp변조 방식의 개념

Chirp변조(첩 스펙트럼 확산) 방식은 폭이 $T(t_1-t_2$와 같음)인 펄스를 선형 주파수 특성을 이용하여 반송파를 f_1에서 f_2로 대역폭을 확산시키는 방식으로, 특히 스펙트럼 확산신호를 Chirp신호라 한다.

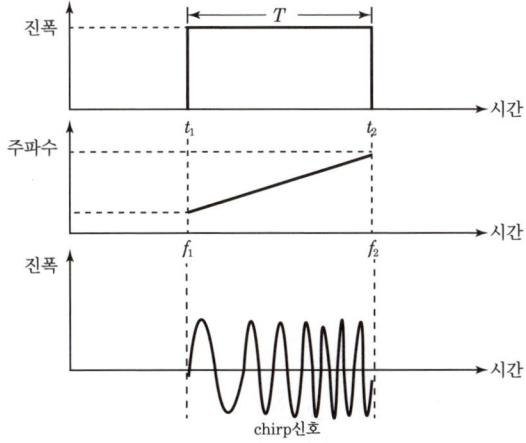

[Chirp신호]

> **합격예측**
> TH에서는 Time Slot의 시간폭을 짧게 할수록, 프레임의 시간폭을 길게 할수록 처리이득이 커진다.

이와 같은 Chirp신호를 수신기의 정합필터에 통과시키면 아래 그림과 같은 압축된 Chirp신호를 얻는다.

[압축된 Chirp신호]

(2) 처리이득

유한한 전력을 갖는 간섭신호를 제거할 수 있는 능력을 나타내는 처리이득은 다음과 같다.

$$G_p = \frac{T(\text{첩신호의 폭})}{T_c(\text{압축된 첩신호의 폭})}$$

(3) 특징

① Chirp신호만으로는 개별 부호를 얻기 어려우므로 보통 다른 부호와 조합해서 사용한다.

② Chirp신호는 원래 레이더의 거리 분해 능력을 향상시킬 목적으로 사용되고 있으나 통신 시스템에도 역시 사용된다.

합격예측

CM 방식에서의 처리이득은 압축된 첩 신호의 폭이 짧을수록, 첩신호의 폭이 길수록 처리이득이 커진다.

출제 예상 문제

제3장 대역확산 기술(대역확산 통신)

01 스펙트럼 확산 통신에 대한 다음 설명 중 틀린 것은?

① 무선채널을 통해 전송되는 정보를 비우호적인 3자가 수신하는 것을 방지한다.
② 정보신호의 스펙트럼을 넓은 주파수 대역으로 확산시켜 전송한다.
③ 복수의 사용자에 의한 불규칙한 다원접속이 가능하다.
④ 전력 스펙트럼 밀도가 낮게 유지되므로 간섭, 페이딩에 약하다.

해설
스펙트럼 확산 통신은 전력 스펙트럼 밀도가 낮게 유지되므로 간섭 및 페이딩에 강하다.

02 다음 중 확산 스펙트럼 통신의 목적에 해당하는 것은?

① 불규칙 잡음을 억제하기 위한 통신 방식이다.
② 전송되는 정보가 비우호적인 3자에게 전송되는 것을 방지하고 악의적인 전파방해로부터 간섭을 제거하는 통신 방식이다.
③ 송신측의 전력 밀도 스펙트럼을 증대시키기 위한 통신 방식이다.
④ AM 또는 FM 수신기를 이용하여 수신할 수 있도록 하는 통신 방식이다.

해설
확산 스펙트럼 통신은 전송하고자 하는 스펙트럼을 넓게 펼쳐서 전송함으로써 전송되는 정보가 비우호적인 3자에게 전송되는 것을 방지하고 악의적인 전파방해로부터 간섭을 제거할 수 있다.

03 스펙트럼 확산 통신 방식의 특징을 설명한 다음 내용 중 틀린 것은?

① 내간섭 특성이 우수하다.
② 선택성 페이딩에 강하다.
③ 서로 직교하는 코드를 사용하므로 비화성이 나쁘다.
④ 동시 통화자수의 증가율에 비해 포화되는 비율이 낮다.

해설
스펙트럼 확산 통신은 서로 직교하는 코드를 사용하므로 비화성이 우수하다.

04 다음 중 스펙트럼 확산 통신 방법에 해당되지 않는 것은?

① 직접 확산 방식   ② 주파수 도약 방식
③ 선형 예측 방식   ④ 시간 도약 방식

해설
스펙트럼 확산 통신 방식으로는 DS(직접 확산), FH(주파수 도약), TH(시간 도약), CM(첩변조)방식이 있다.

05 다음은 대역확산 통신의 기능에 대한 설명이다. 잘못 설명된 것은?

① 특정 가입자를 지정하여 통화할 수는 없다.
② 특성이 나쁜 경우에도 최소한의 필수 통신을 할 수 있다.
③ CDMA가 가능하며 다중경로 페이딩 현상을 극복할 수 있다.
④ 원거리 고정밀 거리 측정 레이더에 적합한 기술이다.

해설
대역확산 통신은 CDMA를 구현하기 위해 사용된다. CDMA에서는 각 사용자마다 직교관계에 있는 코드를 사용하여 접속하고 코드가 일치하는 경우에만 복조할 수 있어 특정 가입자를 지정하여 통화할 수 있다.

[정답] 01 ④ 02 ② 03 ③ 04 ③ 05 ①

06 다음은 어떠한 확산 통신 방식을 설명한 것인가?

"송신측에서는 데이터로 변조된 반송파를, 직접 고속의 확산 부호를 이용하여 재변조 후 스펙트럼 대역을 확산시켜 전송하고, 수신측에서는 송신측에서 사용했던 확산 부호와 동기되고, 동일한 역확산부호를 사용하여 원래의 스펙트럼 대역으로 환원시킨 다음 복조하는 방식"

① PN Sequence
② Frequency Hopping
③ Time Hopping
④ Chirp Modulation

해설
DS 방식에 대한 설명이며 PN Sequence는 Direct Sequence (DS) 방식을 말한다.

07 DS 방식의 데이터 변조 방식으로 주로 사용되는 방식은?

① ASK   ② FSK
③ PSK   ④ QAM

해설
DS방식에서는 데이터 변조 방식으로 PSK가 주로 사용된다.

08 다음 그림은 어떤 대역 확산 방식의 시스템 구성도인가?

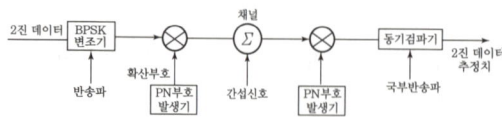

① DS 방식   ② FH 방식
③ TH 방식   ④ CM 방식

해설
DS 방식은 2진 데이터로 BPSK 변조 후, 그 피변조파 스펙트럼을 PN부호를 이용하여 확산시켜 전송한다.

09 DS 방식에 대한 다음 설명 중 틀린 것은?

① 데이터로 변조된 반송파를 PN부호로 변조하는 것은 시간 영역에서 두 개의 시간함수의 곱으로 나타난다.
② 데이터로 변조된 반송파를 PN부호로 변조하는 것은 주파수 영역에서 데이터로 변조된 반송파의 스펙트럼과 PN부호의 스펙트럼과의 Convolution 으로 나타난다.
③ 데이터로 변조된 반송파의 스펙트럼과 PN부호의 스펙트럼과의 Convolution 결과는 데이터로 변조된 반송파의 스펙트럼과 같게 되어, 데이터로 변조된 반송파가 확산부호 역할을 수행한다.
④ DS 방식으로 변조된 신호의 전력 스펙트럼 밀도의 포락선 모양은 Sinc 함수로 나타난다.

해설
데이터로 변조된 반송파의 스펙트럼과 PN부호의 스펙트럼과의 Convolution 결과는 PN부호의 스펙트럼과 같게 되어, PN부호의 스펙트럼이 확산부호 역할을 수행한다.

10 DS 방식으로 변조된 신호의 전력 스펙트럼 밀도에서 main lobe와 sidelobe의 대역폭을 바르게 나타낸 것은?(단, T_c는 chip time이다.)

① $\dfrac{1}{T_c}, \dfrac{1}{T_c}$ ② $\dfrac{1}{T_c}, \dfrac{2}{T_c}$

③ $\dfrac{2}{T_c}, \dfrac{1}{T_c}$ ④ $\dfrac{2}{T_c}, \dfrac{2}{T_c}$

해설
DS 방식에서 Main Lobe의 대역폭은 Chip Rate인 $R_c = \dfrac{1}{T_c}$ 의 2배이고, Side Lobe의 대역폭은 Chip Rate인 $R_c = \dfrac{1}{T_c}$ 과 같다.

11 DS 대역확산 통신 방식에 대한 다음 설명 중 잘못된 것은?

① PN부호를 Chirping Sequence, PN부호의 비트폭을 Chip Time이라 한다.

② Chip Time을 짧게 해줌으로써 대역확산을 더욱 크게 할 수 있다.
③ 수신측에서는 송신측에서 사용했던 확산코드와 동기되고, 동일한 역확산코드를 곱해 원래의 신호를 복조한다.
④ 채널에 유입된 잡음이나 간섭신호는 대역 집중되어 그 영향이 크게 감소한다.

해설
채널에 유입된 잡음이나 간섭신호는 수신측에서 처음으로 대역확산되므로 그 영향이 크게 감소한다.

12 4단 귀환 Shift Register로 구성되는 최장 부호 발생기(PN Code 발생기)의 출력 데이터 계열의 주기를 구하면?

① 8 ② 10
③ 12 ④ 15

해설
PN code의 길이는 $2^n - 1 = 2^4 - 1 = 15$

13 다음 중 대역확산 통신의 처리이득(Processing Gain)을 바르게 나타낸 것은?

① 유한한 전력을 갖는 간섭신호를 제거할 수 있는 능력
② 시스템에서 신호 처리시 얻을 수 있는 이득
③ 송신측 전력과 수신측 전력과의 비(Ratio)
④ 외부의 잡음이나 간섭으로부터 정보 비트를 신뢰성 있게 복조할 수 있는 한계

해설
처리이득이란 대역을 확산시켰다가 역확산시키는 과정에서 얻어지는 이득으로 유한한 전력을 갖는 간섭신호를 제거할 수 있는 능력을 말한다.

14 DS 방식의 처리이득 G_p에 대한 다음 설명 중 틀린 것은?

① 보통 20~60[dB] 정도의 값을 갖는다.
② Chip Time을 크게 하면 증가시킬 수 있다.
③ 충분한 값을 얻기 어려워 DS는 흔히 FH나 TH와 결합해 사용한다.
④ 정보 데이터의 최소 대역폭과 Chip Rate와의 비로 나타낼 수 있다.

해설
DS 방식의 처리이득은 $\frac{T_b}{T_c}$로 Chip Time T_c를 작게 하면 증가시킬 수 있다.

15 DS 방식의 처리이득을 바르게 나타낸 것은?(단, T_b는 bit time이고 T_c는 chip time이다.)

① $T_b \cdot T_c$ ② $\frac{1}{T_b \cdot T_c}$
③ $\frac{T_c}{T_b}$ ④ $\frac{T_b}{T_c}$

해설
DS 방식의 처리이득은 $G_p = \frac{R_c}{R_b} = \frac{T_b}{T_c}$의 관계를 갖는다.

16 스펙트럼 확산 통신을 위해 DS/BPSK 시스템과 Shift Register의 길이가 10인 PN부호 발생기를 사용하였을 때 처리이득은?

① 968 ② 1,023
③ 1,246 ④ 2,034

해설
DS방식에서의 처리이득은 PN 부호의 길이와 같으므로
$G_p = 2^n - 1 = 2^{10} - 1 = 1,023$

17 DS 방식에서 Bit Rate R_b와 Chip Rate R_c가 같다면 처리이득은 몇 [dB]인가?

① 0 ② 1
③ 10 ④ 100

[정답] 12 ④ 13 ① 14 ② 15 ④ 16 ② 17 ①

해설

$G_p = \dfrac{R_c}{R_b} = 1$

18 DS 방식을 사용하는 대역확산 통신 방식에서 정보 비트폭 T_b가 5[ms]이고, PN부호의 Chip Time T_c가 2[μs]일 때 처리이득은?

① 500
② 1,500
③ 2,500
④ 3,500

해설

$G_p = \dfrac{T_b}{T_c} = \dfrac{5 \times 10^{-3}}{2 \times 10^{-6}} = 2,500$

19 DS 방식을 이용하여 얻을 수 있는 처리 이득이 8191일 때 귀환 Shift Register의 길이는?

① 10
② 11
③ 12
④ 13

해설

$G_p = N = 2^n - 1$에 의거 $8,191 = 2^n - 1$로부터 $n = 13$

20 DS 방식에서 PN 부호율(Chip Rate)이 200×10^5 [chips/sec]이고, 정보율(Bit Rate)가 10,000[bps]일 때 처리이득[dB]은?

① 30[dB]
② 31[dB]
③ 32[dB]
④ 33[dB]

해설

$G_p = \dfrac{R_c}{R_b} = \dfrac{200 \times 10^5}{10,000} = 2,000$

이제 dB로 나타내면 $10\log 2,000 = 33$[dB]

21 DS 방식에 대한 다음 설명 중 틀린 것은?

① 선택적 통신이 가능하다.
② PN Code는 확산 및 역확산을 위해 사용된다.
③ PN Code는 서로 직교관계가 있다.
④ 확산 과정에서 사용된 PN Code와 역확산 과정에서 사용된 PN Code가 일치하면 0, 일치하지 않으면 1이 된다.

해설

확산 과정에서 사용된 PN Code와 역확산 과정에서 사용된 PN Code가 일치하면 1, 일치하지 않으면 0이 된다.

22 DS 방식의 장·단점에 대한 설명이다. 틀리게 설명되어 있는 것은?

① 보안성이 높다.
② 전파방해에 강하다.
③ 다중경로 페이딩에 강하다.
④ 수신기에서 부호동기를 포착하는 시간이 짧다.

해설

DS 방식은 수신기에서 부호동기를 포착하는 시간이 길고 원근단 간섭이 발생한다.

23 다음은 어떤 현상을 설명한 것인가?

"m번째 송신기와 n번째 송신기가 동일전력으로 송신하는 경우, m번째 수신기가 n번째 송신기에 더 가깝게 위치하면 m번째 수신기에 n번째 신호가 수신되어 발생되는 현상"

① 페이딩
② 재밍
③ 원근단 간섭
④ 부호간 간섭

해설

원근단 간섭에 대한 설명이며, DS 방식에서 발생되는 원근단 간섭은 전력제어를 이용해 제거할 수 있다.

24 FH 방식에 대한 다음 설명 중 잘못된 것은?

① 대역확산을 위해 주파수 도약을 이용한다.
② 주파수 합성기를 사용하며 그 출력 주파수는 PN 부호 발생기의 2원부호에 의해 결정된다.

[정답] 18 ③ 19 ④ 20 ④ 21 ④ 22 ④ 23 ③ 24 ④

③ 주파수 합성기의 출력신호는 Frequency Hopping Pattern 이라 한다.
④ 데이터 변조 방식으로 M진 ASK가 주로 사용된다.

해설
FH 방식에서는 데이터 변조 방식으로 M진 FSK가 주로 사용된다.

25 FH 방식에서 사용되는 주파수 합성기의 출력 주파수는 무엇에 의해 결정되는가?

① 데이터로 변조된 반송파 주파수
② 확산부호
③ 주파수 도약 패턴
④ PN부호 발생기의 2원부호

해설
주파수 합성기의 출력 주파수는 PN부호 발생기의 2원부호에 의해 결정된다.

26 다음 중 FH 방식에 대해 잘못 설명한 것은?

① 송신측에서는 데이터로 변조된 반송파를, 시간에 따라 계속 변화하는 주파수 합성기의 출력신호와 더해서 반송파의 주파수를 다른 주파수 대역으로 도약시켜 전송한다.
② 수신측에서는 송신측에서 사용했던 주파수 합성기 출력신호와 동기된 국부 발진신호를 수신신호에서 빼서 주파수 도약을 제거한 후 복조시킨다.
③ 주파수 합성기의 출력신호는 전송대역을 확산시키기 때문에 Spreading Code라 한다.
④ FH 방식의 데이터 변조 방식으로는 주로 M진 FSK가 사용되므로 스펙트럼 효율이 좋지 않다.

해설
주파수 합성기의 출력신호는 전송대역을 확산시키는 것이 아니고 데이터로 변조된 반송파의 도약주파수를 결정하기 때문에 Spreading Code라 하지 않고, Frequency Hopping Pattern 이라 한다.

27 다음 그림은 어떤 대역확산 통신 시스템을 나타낸 것인가?

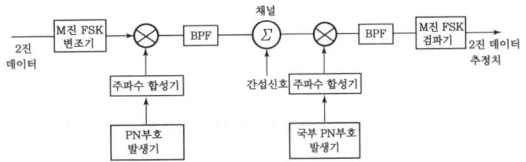

① Direct Sequence
② Frequency Hopping
③ Time Hopping
④ Chirp Modulation

해설
FH 방식은 2진 데이터를 M진 FSK 변조한 후 그 피변조파(주파수가 변화된 반송파)를 주파수 합성기의 출력 주파수와 더해 다른 주파수 대역으로 도약시켜 전송하고, 수신측에서는 주파수 합성기의 출력 주파수를 빼서 주파수 도약을 제거한 후 복조한다.

28 FH 방식에 대한 다음 설명 중 틀린 것은?

① PN부호 발생기는 도약 주파수 패턴을 발생시킨다.
② 주파수 합성기는 PN부호 발생기의 2원부호에 따라 도약 주파수를 발생시킨다.
③ 도약 주파수의 종류는 PN부호 발생기의 LPF의 수에 의해 결정된다.
④ 도약 주파수 사이의 최소 간격은 데이터로 변조된 피변조파의 심볼 주기에 의해 결정된다.

해설
도약 주파수의 종류는 PN부호 발생기의 Shift Register수에 의해 결정된다.

29 FH 방식의 처리이득을 바르게 나타낸 것은?

① Bit Time과 Chip Time과의 비
② 스펙트럼 확산 대역폭과 정보 대역폭과의 비
③ Frame의 주기와 Time Slot 주기와의 비
④ Chirp신호폭과 압축된 Chirp신호폭과의 비

[정답] 25 ④ 26 ③ 27 ② 28 ③ 29 ②

해설
FH 방식의 처리이득은 $\dfrac{\text{스펙트럼 확산 대역폭}}{\text{정보 대역폭}}$ 으로 구한다.

30 FH 방식의 장점을 열거한 것이다. 해당되지 않는 것은?
① 원근단 간섭이 발생되지 않는다.
② Hit 등의 간섭이 발생되지 않는다.
③ 수신기에서 부호동기를 포착하는 시간이 짧다.
④ 도약 주파수 수를 증가시킴으로써 스펙트럼 확산이 용이하게 달성된다.

해설
FH 방식에서는 둘 이상의 사용자가 동일한 주파수를 사용하게 될 때 발생하는 Hit라는 간섭이 발생한다.

31 둘 이상의 사용자가 동시에 동일한 주파수를 사용하게 될 때 발생되는 간섭을 무엇이라 하는가?
① 주파수 편차
② 히트
③ 위상 지터
④ 군지연 왜곡

해설
FH 방식에서는 여러 사용자가 동일한 주파수를 사용할 때 히트(Hit)라는 간섭이 발생한다.

32 다음은 어떠한 확산 대역 통신 방식을 설명한 것인가?

"PN부호 발생기의 2진 출력에 의해 선택된 특정 Time Slot 동안 데이터로 변조된 반송파를 연집 형태로 송출하는 방식"

① DS
② FH
③ TH
④ CM

해설
TH에 대한 설명이며 TH는 시간 도약 방식이라 한다.

33 TH 방식에 대한 다음 설명 중 잘못된 것은?
① 주파수 합성기의 출력을 가지고 데이터로 변조된 반송파의 중심 주파수를 불규칙하게 변동시킨다.
② 유한한 전력을 갖는 간섭신호를 제거할 수 있는 능력을 처리이득이라 한다.
③ 전송된 신호의 대역폭은 정보신호 대역폭의 2배에 Time Slot 수를 곱한 것과 같다.
④ 일반적으로 다른 대역확산 방식과 함께 사용한다.

해설
주파수 합성기의 출력을 가지고 데이터로 변조된 반송파의 중심 주파수를 불규칙하게 변동시키는 것은 FH 방식이다.

34 TH 방식에서의 처리이득을 바르게 나타낸 것은? (단, 프레임의 시간폭은 T_f, Time Slot의 시간폭은 T_s이다.)
① $T_s \cdot T_f$
② $\dfrac{T_f}{T_s}$
③ $\dfrac{T_s}{T_f}$
④ $\dfrac{1}{T_s \cdot T_f}$

해설
TH 방식에서의 처리이득은 $\dfrac{T_f}{T_s}$로 구한다. T_s가 짧고 T_f가 길수록 처리이득을 크게 할 수 있다.

35 다음은 어떤 대역확산 통신 방식을 설명한 것인가?

"폭이 T인 펄스를 선형 주파수 특성을 이용하여 반송파를 f_1에서 f_2로 대역폭을 확산시키는 방식"

① FH 방식
② TH 방식
③ CM 방식
④ DS 방식

해설
CM을 말하며 특히 스펙트럼 확산 신호를 Chirp신호라 한다.

[정답] 30 ② 31 ② 32 ③ 33 ① 34 ② 35 ③

36 Chirp Modulation에서의 처리이득을 바르게 나타낸 것은?(단, T는 Chirp 신호의 폭이고 T_c는 압축된 Chirp 신호의 폭이다.)

① $T \cdot T_c$
② $\dfrac{T_c}{T}$
③ $\dfrac{T}{T_c}$
④ $\dfrac{1}{T \cdot T_c}$

해설

CM 방식의 처리이득은 $\dfrac{T}{T_c}$로 구한다. T가 클수록, T_c가 작을수록 처리이득이 커진다.

37 CM 방식에 대한 다음 설명 중 잘못된 것은?

① Chirp신호만으로는 개별 부호를 얻기 어려우므로 보통 다른 부호와 조합해서 사용한다.
② Chirp신호를 수신기의 정합 필터에 통과시키면 압축된 Chirp신호를 얻는다.
③ 스펙트럼 확산 신호를 압축된 Chirp신호라 한다.
④ 레이더 및 통신 시스템에 사용된다.

해설

CM 방식에서는 스펙트럼 확산 신호를 Chirp신호, 정합필터에 통과된 신호를 압축된 Chirp신호라 한다.

[정답] 36 ③ 37 ③

합격 NOTE

4. 다중경로 채널 및 페이딩

1. 원근단 간섭

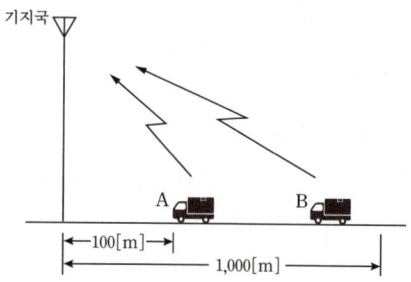

[원근단 간섭]

그림처럼 이동국 A는 기지국으로부터 100[m] 떨어져 있고, 이동국 B는 1,000[m] 떨어져 있을 때 기지국에서 수신되는 전계강도는 B의 경우 A의 $\frac{1}{10}$이 되는 것이 아니라 $\frac{1}{100} \sim \frac{1}{1,000}$ 정도 밖에 되지 않아, 기지국은 이동국 B의 신호를 거의 수신할 수 없게 된다. 이와 같이 기지국으로부터 가까이 있는 이동국으로부터의 신호는 잘 수신되나, 멀리 떨어져 있는 이동국의 신호는 거의 수신할 수 없게 되는 것을 원근단 간섭이라 하며 이를 해결하기 위해서는 이동국 B의 송신출력을 증가시키는 역방향 전력제어를 행하여야 한다.

원근단 간섭은 타채널 간섭의 한 종류로 타채널 간섭에는 인접채널 간섭, 원근단 간섭 및 히트(Hit : 두 개 이상의 신호가 동일한 반송파를 사용할 때 발생되는 간섭)가 있다. 히트를 경감시키기 위해서는 강력한 에러정정부호를 사용하여야 한다.

> **합격예측**
> 원근단 간섭을 해결하려면 전력제어를 행하여야 한다.

2. 동일채널 간섭(Co-Channel Interference)

셀룰러 이동통신시스템에서는 가입자 수용용량을 증가시키기 위해서 주파수 재사용(Frequency Reuse)을 이용하는데, 이렇게 일정거리 떨어진 cell에서 동일한 채널을 사용함으로써 발생되는 간섭을 말한다. 동일채널 간섭은 동일 무선 주파수 채널의 재사용거리를 충분히 크게 하거나, 섹터수를 증가시키거나, 기지국 안테나로 우산형 복사패턴을 가진 디스콘 안테나 및 틸팅(Tilting) 안테나를 사용함으로써 방지할 수 있다.

> **합격예측**
> 동일채널 간섭을 줄이기 위해서는 주파수 재사용거리를 충분히 크게 하거나 섹터수를 증가시킨다. 기지국 안테나로는 디스콘 안테나나 틸팅 안테나를 사용한다.

3. 전력제어(Power Control)

전력제어를 하는 목적은 가입자 수용용량 증대와 원근단 간섭 제거이며, 전력제어에는 순방향 전력제어(기지국의 송신출력을 제어하는 것)와 역방향 전력제어(단말기 송신출력을 제어하는 것)가 있다. 전력제어를 통하여 셀 안에서 송신하고 있는 이동단말기들의 송신전력을 다르게 제어할 수 있다.

4. Handover(Handoff)

Handover란 단말기가 이동함에 따라 기지국의 서비스 영역이 변경되면 통화채널의 주파수를 바꿀 필요가 발생하게 되는데 이를 통화채널 전환(Handover 또는 Handoff)이라 한다.

Handover가 필요한 경우로는 단말기가 기지국 서비스 영역의 경계에 있거나 단말기가 전파음영지역으로 진입하는 경우로 이의 처리기준은 기지국 수신전계의 세기인 RSSI(Received Signal Strength Indicator)와 C/I(Carrier to Interference)비이다. (Analog Cellular 시스템에서는 RSSI를 사용했고 Digital Cellular 시스템에서는 C/I를 이용.)

가. Hard Handover

이동통신 교환국으로부터 새로 할당받은 채널을 점유하는 즉시 지금까지 이용하던 채널을 복귀시키는 방식으로 아날로그 셀룰러 이동통신시스템이 사용했던 통화채널 전환방식이다. 이 방식은 주파수 채널 이용효율은 증가하나 통화채널 전환시 통화회선이 끊어지는 현상이 발생할 수 있다.

나. Soft Handover

이동통신 교환국으로부터 새로 할당받은 채널과 현재까지 사용하던 채널을 동시에 점유하여 사용하다가 어느 한 채널의 전계강도가 일정 수준 이하로 떨어지면 그 채널을 복귀시키는 방식으로 디지털 셀룰러 이동통신시스템에 적용되고 있는 통화채널 전환방식이다. 이 방식은 주파수 이용효율은 감소하나 통화채널 전환시 통화회선이 끊어지지 않아 통화품질이 우수하다.

다. Softer Handover

Sector(하나의 셀을 나누어 놓은 것) 간 Handover를 말한다.

합격 NOTE

합격예측
디지털 셀룰러 시스템에서는 Handover 처리기준으로 C/I를 사용한다.

합격예측
Handover 방법으로는 Hard Handover, Soft Handover, Softer Handover가 있다.

합격예측
디지털 셀룰러 시스템에서는 Soft Handover를 사용한다.

5. 로밍(Roaming)

로밍이란 자신이 등록한 이동통신 교환국 서비스지역을 벗어나 다른 이동통신 교환국 서비스 지역에 들어가서도 전화를 걸거나 받을 수 있도록 하는 기능으로 **mobility**(이동성)을 의미하며 로밍이 이루어짐으로써 이동통신 서비스의 광역성과 연속성을 달성할 수 있다.

6. 도플러 효과(Doppler Effect)

이동체의 움직임에 따라 수신 주파수가 변하는 현상을 말한다.

도플러 (편이)주파수는 $f_d = v_m/\lambda$ 로부터 구할 수 있다. v_m은 이동체의 속도이고, λ는 파장으로 $\lambda = v/f$ 로부터 구할 수 있다.

v는 전자기파의 속도이고 f는 사용주파수이다. 만약 이동체의 속도가 초속이 아닌 시속으로 주어져 있으면 f_d를 구한 후 3,600으로 나누어 주어야 한다.

만약 이동체가 속도 v_m으로 수신파에 대해 θ방향으로 움직이는 경우 도플러 (편이)주파수는 $f_d = (v_m/\lambda)\cos\theta$ 로 구한다.

따라서 이동국에 수신되는 신호의 주파수 $f_r = f_c - f_d = f_c - (v_m/\lambda)\cos\theta$ 가 된다. (f_c는 기지국으로부터의 반송파 주파수)

※ 도플러 이동 주파수는 도플러 편이주파수의 2배이다.

※ 도플러 확산(Doppler Spread)은 이동체의 이동 등에 의해 통신채널이 시간에 따른 변화를 겪게 되고(도플러 편이가 발생하게 되고 이것이 시간에 따라 변화) 따라서 주파수축 상에서는 스펙트럼이 넓게 확산되는데 이를 도플러 확산이라 하며 시간 선택적 페이딩을 발생시킨다.

Coherence Time은 시간적으로 채널이 정적인 또는 균일한 특성을 보이는 시간으로 Doppler Spread와 반비례 관계를 갖는다.

7. 지연확산(Delay Spread)

지연확산은 가장 짧은 지연시간과 가장 긴 지연시간 간의 차로 정의된다. 즉 전파가 다중반사되어 수신점에 도달함으로써 생기는 시간차를 의미한다. 지연확산은 주파수 선택적 페이딩(전파가 받는 감쇠가 주파수와 밀접한 관계를 가짐으로 해서 반송파와 측파대가 받는 감쇠의 정도가 다르므로 생기는 페이딩)을 발생시킨다.

※ **Coherence Bandwidth**는 주파수적으로 채널이 정적인 또는 균일한 특성을 보이는 대역폭으로 Delay Spread와 반비례 관계를 갖는다.

※ 지연왜곡 : 신호를 구성하는 다양한 주파수 성분들의 가변적 속도 때문에 발생되는 왜곡

8. 페이딩

가. 페이딩의 정의

수신전계강도가 시시각각으로 변화하는 현상을 말한다.

나. 페이딩의 종류

이동통신에서의 페이딩에는 Long Term Fading(Slow Fading), Short Term Fading(Fast Fading), Rician Fading이 있으며 발생원인과 확률밀도함수는 다음과 같다.

종 류	발생원인	확률밀도함수	특성
Long Term Fading (Log Normal Fading)	산·언덕 등과 같은 지형의 굴곡에 의한 기지국 안테나의 유효 높이의 변화로 발생	대수정규분포 (Log Normal Distribution)	수신전계의 변화속도가 느리다.(즉 Slow Fading 임)
Short Term Fading (Multipath Fading, Rayleigh Fading)	철탑이나 고층건물과 같은 인공 구조물에 의한 다중경로 전파에 의해 발생	레일리분포 (Rayleigh Distribution)	• 수신전계의 변화속도가 빠르다.(즉 Fast Fading 임) • 대도시 지역에서 발생하는 페이딩이다.
Rician Fading	직접파와 반사파가 같이 존재하는 경우에 발생	라이시안분포 (Rician Distribution)	• 대도시 지역의 이동통신 환경에서 기지국과 이동국 사이에 가시경로(LOS)가 확보되는 경우에 발생하는 페이딩이다. • 직접파가 없는 경우에는 Rayleigh 페이딩과 동일하다.

다. 페이딩의 방지대책

(1) 다이버시티

페이딩을 방지하기 위해서는 다이버시티 기술 등이 사용된다.

다이버시티 기술에는 공간 다이버시티(Space Diversity), 주파수 다이버시티(Frequency Diversity), 편파 다이버시티(Polarization Diversity), 각도 다이버시티(Angle Diversity), 시간 다이버시티(Time Diversity) 등이 있다.

① 공간 다이버시티 : 수신측에 두 개 이상의 안테나를 설치했을 때(안테나 사이는 2파장 이상 떨어지게 설치) 이들 안테나에서 동시에 다중경로 페이딩이 발생하지 않는다는 원리를 이용해서 페이딩을 방지

합격 NOTE

합격예측
Short Term Fading은 대도시 지역에서 발생하는 페이딩으로 Multipath Fading이라고도 하며 레일리분포를 갖는다.

합격 NOTE

합격예측
페이딩의 방지대책으로는 다이버시티, 채널코딩과 디코딩, 대역확산통신, 레이크 수신기를 사용할 수 있다.

합격예측
수신측에 2개 이상의 안테나를 사용하여 페이딩을 방지하는 방법을 공간 다이버시티라 한다.

하는 방법으로, 페이딩이 발생하지 않는 신호를 수신기에 제공하거나(절환 공간 다이버시티라 한다) 또는 수신신호를 합성하여 수신기에 제공한다(합성 공간 다이버시티라 한다).

② 주파수 다이버시티 : 하나의 신호를 전송하는 데 있어 두 개 이상의 반송파 주파수를 사용하여 송신함으로써 이들 주파수에서 동시에 다중경로 페이딩이 발생하지 않는다는 원리를 이용해서 페이딩을 방지하는 방법으로 페이딩이 발생하지 않는 신호를 수신기에 제공하거나(절환 주파수 다이버시티라 한다) 또는 수신신호를 합성하여 수신기에 제공한다.(합성 주파수 다이버시티라 한다).

※ 이 방법은 다수의 송신 안테나에서 같은 데이터를 전송함으로써 송신 다이버시티의 이득을 극대화시키는 시공간 부호를 적용한다.

③ 편파 다이버시티 : 송신측에서 전송시 사용했던 직선편파가 전송과정에서 타원편파로 바뀌게 되고 이러한 전파를 수신함으로써 생기는 페이딩을 편파성 페이딩이라 하는데, 이를 방지하기 위해서는 수신측에 수직편파 및 수평편파 안테나를 따로따로 설치하여 각 편파성분을 수신한 다음 합성하여 수신기에 제공하는 방법을 말한다.

④ 각도 다이버시티 : 수신 안테나의 각도를 다양하게 구성하여 수신신호를 받아들임으로써 페이딩을 방지하는 방법을 말한다.

⑥ 시간 다이버시티 : 동일 정보를 일정시간 간격을 두고 중복해서 송출하는 경우 이들 정보에 동시에 다중경로 페이딩이 발생하지 않는다는 원리를 이용해서 페이딩을 방지하는 방법을 말한다.

(2) 채널 코딩과 채널 디코딩

송신측에서는 전송하려는 정보에 여분의 비트를 적절히 삽입하는 채널 코딩을 실시하고 수신측에서는 여분의 비트를 이용하여 에러의 검출과 정정을 행하는 채널 디코딩을 실시한다.

(3) 대역확산 통신

DS, FH와 같은 대역확산 통신기술을 사용하면 다중경로 페이딩을 억압하는데 매우 효과적이다.

※ CDMA 시스템에서는 다양한 다중경로전파 가운데 원하는 신호만을 선별하여 수신할 수 있게 구성된 수신기인 레이크 수신기(Rake Receiver)를 사용하여 다중경로 페이딩의 영향을 극복할 수 있다.

(4) 수신기에 AGC(또는 AVC) 회로 사용

출제 예상 문제

제4장 다중경로 채널 및 페이딩

01 기지국으로부터 가까이 있는 이동국으로부터의 신호는 잘 수신되나, 멀리 떨어져 있는 이동국으로부터의 신호는 잘 수신되지 않는 현상을 무엇이라 하는가?

① 동일채널 간섭 ② 전력제어
③ 원근단 간섭 ④ 핸드오버

해설
기지국에 가까이 있는 이동국으로부터의 신호는 잘 수신되나, 멀리 떨어져 있는 이동국으로부터의 신호는 거리에 따른 급격한 감쇠 때문에 잘 수신되지 않는다. 이러한 현상을 원근단 간섭이라 하며 전력제어를 이용해 해결한다.

02 다음 중 근거리/원거리 문제(Near-Far Problem)에 대한 설명으로 적합하지 않은 것은?

① CDMA 시스템에서 주로 발생
② 단말기의 송신전력제어로 해결
③ 데이터의 스크램블링 기술로 해결
④ 기지국과 각 단말기 사이의 거리가 일정하지 않기 때문에 발생

해설
근거리/원거리 문제란 원근단 간섭을 말하는 것으로 전력제어를 이용해 해결한다.

03 동일채널 간섭을 방지하기 위한 방법에 해당되지 않는 것은?

① 전력제어를 한다.
② 동일 무선 주파수 채널의 재사용거리를 충분히 크게 한다.
③ 섹터수를 증가시킨다.
④ 기지국 안테나로 틸팅 안테나를 사용한다.

해설
전력제어는 원근단 간섭 문제를 해결하기 위한 방법이다.

04 원근단 간섭을 제거하기 위해 사용하는 방법은?

① 핸드오프 ② 로밍
③ 전력제어 ④ 지연확산

해설
원근단 간섭을 해결하기 위한 전력제어에는 순방향 전력제어와 역방향 전력제어가 있다.

05 전력제어 목적으로 적합하지 않은 것은?

① 이동국 배터리 수명 연장
② 균일한 통화품질 유지
③ 인접 기지국 통화용량의 최대화
④ 다중경로에 의한 페이딩 방지

해설
다중경로에 의한 페이딩을 방지하기 위해서는 다이버시티 기술을 사용해야 한다.

06 셀 방식의 이동통신에서 문제점으로 가장 영향이 적은 것은?

① 대류권 산란 ② 다경로 페이딩
③ 채널간 간섭 ④ 동일채널 간섭

해설
대류권 산란은 대류권에서 전파가 산란되는것으로 셀 방식의 이동통신과는 아무 관계가 없다.

07 이동통신 교환국(MSC)에서 통화채널 전환(Handover)이 수행되는 경우는?

① 같은 셀(Cell)내에서 통화채널 상태가 좋지 않은 경우에만 수행된다.
② 이동국이 한 셀에서 다른 셀로 이동한 경우에만 수행된다.

[정답] 01 ③ 02 ③ 03 ① 04 ③ 05 ④ 06 ① 07 ④

③ 이동국이 한 섹터에서 다른 섹터로 이동한 경우에만 수행한다.
④ ①, ②, ③ 모두 수행된다.

해설
통화채널 전환은 ①, ②, ③ 모든 경우에 수행된다.

08 셀룰러 시스템에서 사용되는 핸드오버에 관한 설명으로 옳은 것은?

① 가입자가 이동 중 소속된 셀에서 다른 셀로 이동할 때 연속적으로 서비스를 받도록 변경시켜 주는 기능이다.
② 외국인이 한국에서 서비스를 받도록 제공해 주는 기능이다.
③ 사용자가 가입된 사업자 영역을 벗어나 타사업권에서 서비스를 받는 기능이다.
④ 인공위성을 이용해 세계 전체를 서비스권으로 하는 기능을 말한다.

해설
핸드오버란 어떤 셀에서 사용하던 통화채널을 다른 셀로 옮겨 갔을 때 전환하는 기능이다.

09 디지털 셀룰러 이동통신시스템에서 핸드오버의 처리기준으로 사용하는 것은?

① S/N
② C/I
③ RSSI
④ Eb/No

해설
디지털 셀룰러 이동통신시스템에서 핸드오버의 처리기준으로는 C/I를 사용한다.

10 섹터 간의 핸드오버를 무엇이라 하는가?

① Hard Handover
② Harder Handover
③ Soft Handover
④ Softer Handover

해설
섹터 간 핸드오버를 Softer Handover라 한다.

11 동일 기지국 내에서 섹터 간 전파가 겹치는 지역에서 통화가 이루어지면 현재 서비스를 받고 있는 섹터와 통신의 단절없이 새로운 인접 섹터와 통화를 개시하는 핸드오프는?

① 하드 핸드오프
② 소프트 핸드오프
③ 소프터 핸드오프
④ 아날로그 핸드오프

해설
소프터 핸드오프(Softer Handoff)란 섹터 간 핸드오프를 말한다.

12 자신이 등록한 이동통신 교환국 서비스 지역을 벗어나 다른 이동통신 교환국 서비스 지역에 들어가서도 전화를 걸거나 받을 수 있도록 하는 기능을 무엇이라 하는가?

① 핸드오버
② 로밍
③ 전력제어
④ 도플러

해설
자신이 등록한 이동통신 교환국 서비스 지역을 벗어나 다른 서비스 지역에 들어가서도 연속적으로 서비스를 받을 수 있는 기능을 로밍이라 한다.

13 이동체의 움직임에 따라 수신 주파수가 변하는 현상을 무엇이라 하는가?

① 동일채널 간섭
② 원근단 간섭
③ 도플러 효과
④ 페이딩 현상

해설
이동체의 움직임에 따라 수신 주파수가 변하는 현상을 도플러 효과라 한다.

14 이동체가 속도 V_m으로 수신파에 대해 θ방향으로 움직이는 경우 도플러 편이주파수를 바르게 나타낸 것은?

① $V_m \lambda \cos\theta$
② $V_m \cos\theta / \lambda$
③ $V_m \lambda \sin\theta$
④ $V_m \lambda / \sin\theta$

해설
도플러 편이주파수는 $\frac{V_m}{\lambda}$이며, 이동체가 수신파에 대해 θ방향으로 움직이는 경우 $\cos\theta$를 곱한다.

[정답] 08 ① 09 ② 10 ④ 11 ③ 12 ② 13 ③ 14 ②

15 기지국으로부터의 송신 반송파 주파수가 f_c이고, 이동국이 v속도로 수신파에 대해 θ의 방향으로 움직이고 있는 경우 수신되는 신호 f_r은?

① $f_r = f_c - \dfrac{v}{\lambda}\cos\theta$
② $f_r = f_c - \dfrac{v}{\lambda}\sin\theta$
③ $f_r = f_c - \dfrac{\lambda}{v}\cos\theta$
④ $f_r = f_c - \dfrac{\lambda}{v}\sin\theta$

해설
$f_r = f_c -$ 도플러 편이주파수 $= f_c - \dfrac{v}{\lambda}\cos\theta$

16 무선통신 환경에 대한 설명 중 가장 옳지 않은 것은?

① Coherence Time과 Doppler Spread는 반비례 관계이다.
② Delay Spread는 가장 짧은 지연시간과 가장 긴 지연시간 간의 차이로 정의된다.
③ 통신대역이 Coherence Bandwidth에 비해 작을 때 주파수 선택적 채널이라고 한다.
④ Coherence Bandwidth와 Delay Spread는 반비례 관계이다.

해설
통신대역이 Coherence Bandwidth에 비해 클 때 주파수 선택적 채널이라고 한다.

17 가장 짧은 지연시간과 가장 긴 지연시간과의 차이로 주파수 선택적 페이딩을 일으키는 것은?

① 페이딩 ② 지연확산
③ 채널간섭 ④ 특성왜곡

해설
지연확산(Delay Spread)이란 가장 짧은 지연시간과 가장 긴 지연시간과의 차이를 말한다.

18 수신전계강도의 크기가 시시각각으로 변하는 현상을 무엇이라 하는가?

① 페이딩 ② 지연확산
③ 신호간섭 ④ 전자파 장애

해설
수신전계강도의 크기가 시시각각으로 변하는 현상을 페이딩이라 한다.

19 전파의 페이딩 방지책이 아닌 것은?

① 공간 다이버시티를 사용한다.
② AVC(Automatic Volume Control)를 첨가한다.
③ 송신 주파수를 안정시킨다.
④ 서로 수직으로 놓인 안테나를 합성하여 사용한다.

해설
페이딩 방지대책으로 다이버시티(공간 다이버시티, 주파수 다이버시티, 편파 다이버시티 등), 채널 코딩과 채널 디코딩, 대역확산 통신, 송신기에 AGC(또는 AVC) 회로 사용 등이 있다.

20 long term fading에 대한 다음 설명 중 잘못된 것은?

① 산, 언덕 등과 같은 지형의 굴곡에 의한 기지국 안테나의 유효 높이의 변화로 발생한다.
② 레일리분포 특성을 나타낸다.
③ 수신전계의 변화속도가 느리다.
④ Slow Fading이다.

해설
Long Term Fading은 야외지역에서 발생되는 페이딩으로 대수정규분포를 갖는다.

21 Short Term Fading에 대한 다음 설명 중 잘못된 것은?

① 인공 구조물 등에 의한 다중경로 전파에 의해 발생한다.
② 수신전계의 변화속도가 빠르다
③ 레일리분포 특성을 나타낸다.
④ 농촌지역에서 발생하는 페이딩이다.

[정답] 15 ① 16 ③ 17 ② 18 ① 19 ③ 20 ② 21 ④

해설
Short Term Fading은 대도시지역에서 발생하는 페이딩이다.

22 다음 페이딩 중 직접파와 반사파가 같이 존재하는 경우에 발생하는 페이딩은?

① Long Term Fading
② Short Term Fading
③ Multipath Fading
④ Rician Fading

해설
직접파와 반사파가 같이 존재하는 경우에는 라이시안분포를 나타내는 Rician fading이 발생한다.

23 페이딩 현상에 대한 설명으로 옳지 않은 것은?

① Slow Fading은 송신기와 수신기 사이에 있는 건물, 숲 등 상대적으로 큰 구조물들이 겹쳐져 있는 경우에 발생하며 Shadow Fading이라고도 한다.
② 송신기와 수신기 주변에 장애물 및 반사 물체가 없는 공간에서는 페이딩 현상이 일어나지 않는다.
③ 페이딩에 의해 수신신호의 크기와 함께 위상도 변화한다.
④ Fast Fading은 다중경로를 통해 전송되는 신호에 의해 발생하며 수신기의 이동속도와는 관계가 없다.

해설
Fast Fading은 Multipath Fading으로 수신기의 이동속도와 관계가 있다.

24 이동전화의 무선환경에 대한 설명이 아닌 것은?

① 전파 경로 손실은 주파수가 높아질수록 또는 전파 경로가 길어질수록 증가한다.
② 단말기에 수신된 전파는 다중경로를 통한 전계강도의 합이 되므로 다중경로 페이딩이 발생한다.
③ 단말기가 이동중 수신한 페이딩 신호는 주기적인 형태를 갖는다.
④ 다중경로 페이딩은 통계적으로 Rayleigh분포를 갖는다.

해설
단말기가 이동중 수신한 페이딩 신호는 비주기적인 형태를 갖는다.

25 다음 중 다중경로 페이딩 등에 의해서 수신된 신호가 심볼간 간섭(ISI)이 일어나는 경우 이를 보정하기 위해서 필요한 것은?

① SAW필터
② 등화기
③ 신장기
④ 다이버시티 컴바이너

해설
ISI를 제거하기 위해 사용하는 것이 등화기(Equalizer)이다.

26 다음 중 수신측에 두 개 이상의 안테나를 설치했을 때 이들 안테나에서 동시에 다중경로 페이딩이 발생하지 않는다는 원리를 이용해 페이딩을 방지하는 다이버시티 기술은?

① 공간 다이버시티
② 주파수 다이버시티
③ 시간 다이버시티
④ 각도 다이버시티

해설
공간 다이버시티란 수신측에 두 개 이상의 안테나를 설치해 페이딩이 발생하지 않는 신호를 수신기에 제공하거나 두 개 이상의 안테나의 수신신호를 합성해 평균값을 수신기에 제공함으로써 페이딩을 방지하는 기술이다.

27 하나의 신호를 전송하는 데 있어 두 개 이상의 반송파 주파수를 사용하여 송신함으로써 이들 주파수에서 동시에 페이딩이 발생하지 않는다는 원리를 이용해 페이딩을 방지하는 다이버시티 기술은?

① 공간 다이버시티
② 주파수 다이버시티
③ 시간 다이버시티
④ 각도 다이버시티

[정답] 22 ④ 23 ④ 24 ③ 25 ② 26 ① 27 ②

해설
주파수 다이버시티란 하나의 신호를 전송하는 데 두 개 이상의 반송파 주파수를 사용하여 송신하고 수신측에서는 페이딩이 발생하지 않는 신호를 수신기에 제공하거나 수신신호의 평균치를 수신기에 제공함으로써 페이딩을 방지하는 기술이다. 이 기술은 주파수 효율이 낮아 거의 사용되지 않는다.

28 수신측에 수직편파 및 수평편파 안테나를 따로따로 설치하여 각 편파성분을 수신한 다음 합성하여 수신기에 제공하므로써 페이딩을 방지하는 방법은?
① 공간 다이버시티 ② 주파수 다이버시티
③ 편파 다이버시티 ④ 각도 다이버시티

해설
편파 다이버시티란 수직편파 안테나와 수평편파 안테나가 각각 수신한 편파성분을 더해 수신기에 제공함으로써 페이딩을 방지하는 기술이다.

29 다양한 다중경로 전파 가운데 원하는 신호만을 선별하여 수신할 수 있게 구성된 수신기는 다음 중 어느 것인가?
① 헤테로다인(Heterodyne)수신기
② 호모다인(Homodyne) 수신기
③ 레이크(Rake) 수신기
④ 협대역 수신기

해설
CDMA 시스템에서는 다양한 다중경로 전파 가운데 원하는 신호만을 선별하여 수신할 수 있게 구성된 수신기인 레이크 수신기를 사용해 다중경로 페이딩의 영향을 극복한다.

30 안테나를 통해 복사된 전파는 하나 이상의 전파 통로를 통해 수신기에 도달하게 되는데 이들 전파들은 수신기에 도달하는 시간과 크기가 다르기 때문에 이들 전파끼리 간섭을 일으켜 페이딩을 야기시킨다. 이러한 페이딩을 무슨 페이딩이라 하는가?
① 편파성 페이딩 ② 흡수성 페이딩
③ 감쇠형 페이딩 ④ 다중경로 페이딩

해설
안테나를 통해 복사된 전파는 여러 전파 통로를 거쳐 수신되는데 이들 전파들이 간섭을 일으켜 페이딩이 발생된다. 이러한 페이딩을 다중경로 페이딩(Multipath Fading)이라 한다.

31 다중경로 페이딩에 대한 다음 설명 중 잘못된 것은?
① Short Term 페이딩 또는 Rayleigh 페이딩이라고도 한다.
② 고층 건물, 철탑 등과 같은 인공 구조물에 의한 다중전파경로에 의해 발생한다.
③ 확률밀도함수는 Rayleigh분포를 갖는다.
④ 수신전계 변화의 속도가 느리다.

해설
다중경로 페이딩은 Short Term Fading으로 수신전계의 변화 속도가 빠르다.

32 다음 설명 중 틀리게 표현되어 있는 것은?
① 스펙트럼 확산 방식을 사용하면 다중경로 페이딩을 완전히 억압할 수 있다.
② Rake 수신기는 다중경로 전파 가운데 원하는 신호만을 선별하여 수신할 수 있도록 구성되어 있다.
③ 다중경로 페이딩이 발생하면 공간 다이버시티를 사용하여 방지시킨다.
④ CDMA 이동통신시스템의 경우 전력제어는 1[dB] 간격으로 100[dB] 범위에서 1초에 수백회 정도 이루어진다.

해설
DS, FH와 같은 대역확산 통신기술을 사용하면 다중경로 페이딩을 억압하는 데 매우 효과적이다. 단, 완전히 억압할 수는 없다.

[정답] 28 ③ 29 ③ 30 ④ 31 ④ 32 ①

ENGINEER
INFORMATION & COMMUNICATION

02 정보통신기기

Chapter 01 정보통신시스템
정보통신시스템 일반

Chapter 02 단말기 개발검증
1. 정보단말기의 기능과 구성요소
2. 정보전송기기

Chapter 03 회선 개통
1. 음성통신기기
2. 무선 및 이동통신기기

Chapter 04 영상정보처리기기 설비공사
1. 영상통신기기
2. 멀티미디어/뉴미디어기기

Chapter 05 홈 네트워크 설비 및 스마트 미디어기기
1. 홈 네트워크 단말
2. 스마트 미디어기기 및 실감형 미디어기기

Chapter 1 정보통신시스템

합격 NOTE

1 정보통신의 개요

1. 정보 통신(Data Communication)

① 정보 통신이라 함은 "전기 통신회선에 문자, 부호, 영상, 음향 등 정보를 저장, 처리하거나 그에 부수되는 입·출력장치 또는 기타의 기기를 접속하여 정보를 송신, 수신 또는 처리하는 전기 통신"을 말한다.
② 정보 통신이란 디지털 전송 기술에 의한 통신으로서 컴퓨터가 처리하는 정보를 송신 또는 수신하는 통신이라고 말할 수 있다.

2. 정보 통신의 특징

① 고속 통신에 적합하다.
② 오류 제어(Error Control) 기술을 사용하므로 신뢰성이 높다.
③ 다치 전송이나 광대역 전송이 가능하다.
④ 고품질의 통신이 가능하다.
⑤ 경제성이 높다.
⑥ 응용 범위가 대단히 넓다.

2 정보 통신 시스템

1. 정보 통신 시스템의 구성 요소

① 정보 통신 시스템은 컴퓨터와 원거리에 있는 터미널 또는 컴퓨터 상호간을 통신회선으로 결합하여 정보 처리를 수행하는 시스템이다.
② 정보 통신 시스템의 구성 : 컴퓨터를 중심으로 하는 정보 처리 시스템과 입·출력을 수행하는 데이터 터미널 장치, 그리고 그 양자를 연결하는 통신회선으로 구성된다.
③ 정보의 통신 시스템은 단순한 데이터 전송뿐만 아니라 데이터의 가공, 보관, 처리 등을 수행하는 기능을 포함하게 된다.

합격예측
정보 : 데이터를 처리/가공하여 의미를 부여한 것

합격예측
정보 통신 : 송·수신자 간에 효율적으로 정보를 전달, 교환하는 과정이다.

합격예측
정보 통신 시스템 : 정보 처리와 정보 전달(전송) 기능이 결합된 시스템

참고

📍 **정보 통신 시스템은 크게 2부분으로 나누어진다.**

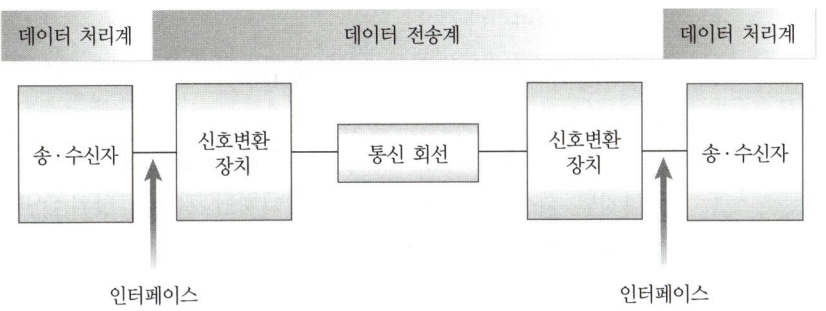

① 데이터 전송계 : 데이터의 전송만을 수행한다.
② 데이터 처리계 : 데이터의 가공, 처리 및 보관 기능을 수행한다.

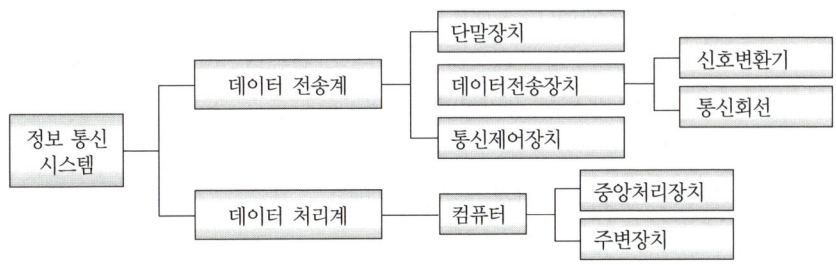

[정보 통신 시스템의 구성]

가. 데이터 전송계

(1) 데이터 단말장치(DTE : Data Terminal Equipment)

① 정보를 송·수신하기 위해서 사용되는 입·출력장치로 입·출력 기능과 정보를 정확하게 송·수신하기 위한 제어 기능을 담당한다.
② 기능
  ㉠ 데이터 입력/출력 기능
  ㉡ 데이터 수집과 저장 기능
  ㉢ 데이터 처리 기능
  ㉣ 통신 및 통신제어 기능
③ 일반적 분류 : 단말장치, 범용 단말장치, 전용 단말장치
④ 처리 능력에 따른 분류 : 지능 단말장치, 비지능 단말장치

합격 NOTE

합격예측
정보 통신 시스템은 크게 데이터 처리계와 데이터 전송계로 나누어진다.

합격예측
DTE는 전송할 데이터를 부호로 변환하거나 처리하는 장치

합격예측
비지능 단말장치는 프로그램을 수행할 수 없는 종래의 단말장치로서 Dummy Terminal 이라고도 한다.

합격 NOTE

합격예측
DEC : MODEM, DSU 등

합격예측
통신회선 : 유선선로, 무선선로

합격예측
인터페이스의 예 : RS-232-C

합격예측
CCP : 원격처리장치, 전단처리장치, 후처리장치

(2) 신호 변환 장치 또는 회선 종단 장치(DCE : Data Circuit-terminal Equipment)
  ① DTE로부터 나오는 2진 신호를 통신회선에 적합한 신호로 변환하거나, 반대로 통신회선에서 들어온 신호를 컴퓨터에 적합한 원래의 2진 신호로 변환한다.
  ② 터미널과 통신제어장치를 통신회선에 접속하기 위한 신호 변환 장치이다.
    ㉠ 아날로그 회선을 사용하는 경우는 변복조기(MODEM) 사용
    ㉡ 디지털 회선을 사용하는 경우는 디지털 서비스 장치(DSU : Digital Service Unit)를 사용한다.

(3) 통신회선 : 단말장치와 정보처리 시스템, 단말기기 상호간 그리고 컴퓨터 상호간의 물리적인 통신로이다.

(4) 인터페이스(Interface) : 데이터 단말장치(DTE)와 신호변환 장치(DCE) 간의 연결을 담당하며, 커넥터(connector)의 크기, 전기적인 신호, 각 핀(pin)의 상호기능과 응용절차 등에 대한 규정이다.

(5) 통신제어장치(CCP : Communication Control Processor)
  ① 통신제어장치는 데이터 전송회선과 컴퓨터 사이에 위치하며, 이들을 결합하기 위한 장치이다.
  ② 기능
    ㉠ 문자 및 메시지의 조립, 분해
    ㉡ 버퍼링
    ㉢ 전송 제어
    ㉣ 에러의 검출 및 제어
    ㉤ 회선의 감시 및 접속 제어

나. 데이터 처리계

(1) 데이터 처리계는 컴퓨터의 중앙처리장치, 입출력장치와 주변장치로 구성된다.
(2) 컴퓨터의 중앙처리장치는 통신제어장치에서 입력되는 데이터를 처리한다.
  ① 중앙처리장치(CPU) : 주기억장치, 연산장치, 제어장치
  ② 주변장치 : 입·출력장치, 보조기억장치

3. 정보 통신 시스템의 자료 처리 방식

1. 데이터 전송 측면의 분류

가. 온라인 시스템(On-Line System)

① 전송과 작업 처리 사이에 사람이 개입하지 않으며 실시간 처리(Real Time Processing)에 이용되는 방식이다.
② 단말기와 컴퓨터 사이를 통신회선으로 연결한다.
③ 응용 분야 : 전화 교환의 제어, 공작 기계의 수치 제어, 은행 업무, 좌석 예약 등

나. 오프라인 시스템(Off-Line System)

① 전송과 작업 처리 사이에 사람이 개입해야 한다.
② 단말기와 컴퓨터 사이에 직접 연결된 통신회선이 없다.
③ 응용 분야 : 경영자료 작성, 급여 업무 등

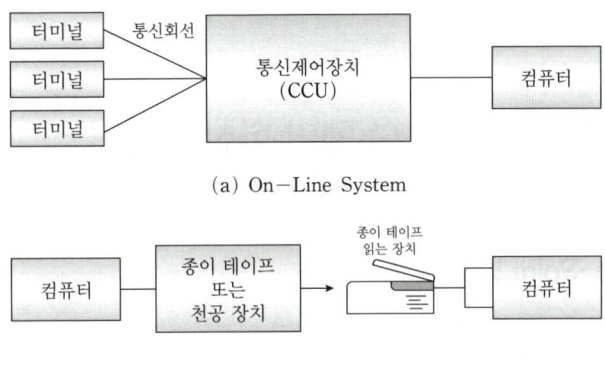

[On-Line System과 Off-Line System]

2. 데이터 처리 측면의 분류

가. 시분할 처리(TSS : Time Sharing System)

원격지에 있는 다수의 터미널이 중앙의 컴퓨터를 시간차를 두고 공동으로 이용하는 방식이다.

나. 실시간 즉시 처리(Real Time Processing System)

물리적인 통신회선으로 연결되어 있는 다수의 단말기가 컴퓨터 시스템을 공유하며, 정보가 발생된 즉시 중앙의 컴퓨터에 의해 처리하는 방식이다.

합격예측
- 온라인 시스템 : 실시간 처리에 이용
- 오프라인 시스템 : 일괄 처리에 이용

합격예측
실시간 즉시 처리 : 데이터 발생과 동시에 처리한다.

다. 일괄 처리(Batch Processing System)

자료를 일정 기간 동안 모았다가 한꺼번에 처리하는 방식이다. 대량의 데이터를 한 번에 처리하는 데 효율적이다.

라. 분산 처리(Distributed Processing System)

데이터가 발생한 지역에서 독립적으로 데이터를 처리하는 방식이다. 데이터가 생성되는 곳에서 직접 처리가 가능하므로 중앙의 컴퓨터에 의존할 필요가 적다.

> **합격예측**
> 분산 처리 : 여러 지역에 위치한 컴퓨터들이 서로 연결되어 있음
> (※) Client-Server)

마. 지연 처리(Delayed Time Processing System)

Real Time으로 데이터를 수집하고 처리시에는 일괄(Batch)하여 처리하는 방식이다.

바. 대화식 처리(Interactive Processing System)

컴퓨터에게 처리를 요청하고, 모니터의 화면에 나타난 컴퓨터의 처리 결과에 따라 다음 처리를 요청하는 방식이다. 사용자가 컴퓨터와 상호 작용을 하면서 대화하듯이 업무를 처리한다.

> **합격예측**
> 항공예약의 경우 온라인 시스템이면서 동시에 대화식 처리 시스템

4 정보 통신 시스템의 회선 구성 방식

1. Point-to-Point 방식

① 중앙의 컴퓨터와 터미널이 일대일로서 연결되는 방식이다.
② 연결된 터미널은 언제든지 데이터를 전송할 수 있다.

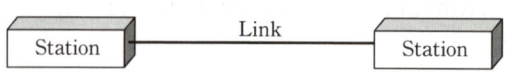

[Point-to-Pont 방식의 구성도]

> **합격예측**
> 점대점(Point-To-Point) 방식은 전송 정보량이 많을 때 유리하며 고장 시 유지 보수가 쉽다.

2. Multi-Point 방식

① 다수의 터미널이 하나의 통신회선에 연결되어 전송하는 방식이다.
② Multi-Drop 방식이라고도 하며, 데이터 전송은 폴링(Polling)과 셀렉션(Selection)에 의해 수행된다.

> **합격예측**
> Multi-Point 방식은 전송량이 적을 때 유리, 회선경쟁 방식이므로 DTE는 주소판단기능과 버퍼 기억장치를 가져야 한다.

> **합격예측**
> • 폴링 : 제어국에서 종속국으로 차례로 송신할 데이터가 있는지 질의
> • 셀렉션 : 제어국에서 종속국을 지정한 후 수신가능한지를 질의

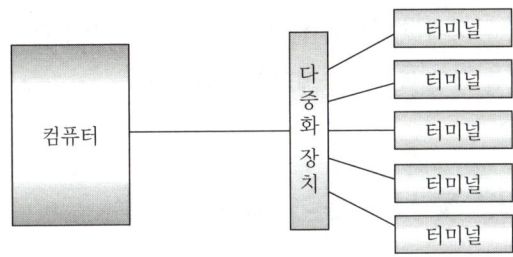

[Multi-point 방식의 구성도]

3. 회선 다중(Line Multiplexing) 방식

① 일정 지역 내의 중심에 다중화 장치(Multiplexer)를 설치해 두고, 이것을 통해 다수의 터미널을 연결하는 방식이다.
② 회선 사용률이 높은 시스템에 적합하다.

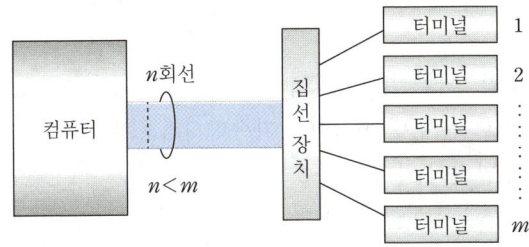

[회선 다중 방식의 구성도]

4. 회선 집선(Line Concentration) 방식

① 일정 지역 내에 다수의 터미널이 설치되어 있는 경우, 지역 중심에 집선 장치를 설치하여 비교적 저속의 데이터를 집선 장치에 모아 축적한 후 고속으로 컴퓨터에 보내는 방식이다.
② 회선 사용률이 낮은 터미널에 유리하다.

[회선 집선 방식의 구성도]

합격예측

다중화란 두 개 이상의 신호를 결합하여 하나의 물리적 회선을 통하여 전송하는 것이다.

합격 NOTE

합격예측
단방향통신(TV), 반이중통신(무전기), 전이중통신(전화)

5. 통신회선 이용 방식

가. 단방향통신(Simplex)
한 단말(DTE)은 송신 기능만 가능하고, 다른 단말은 수신 기능만 가지는 형태이다.

나. 반이중통신(Half Duplex)
통신하는 두 단말이 시간적으로 교대로 데이터를 교환하는 방식의 통신이다. 한 번에 한 방향의 정보 전송만이 가능하다.

다. 전이중통신(Full Duplex)
두 단말이 동시에 송신과 수신이 가능한 형태를 말한다. 이를 위해서는 송신과 수신을 위한 독립적인 채널이 필요하다.

6. 정보 통신기술의 발전 형태

합격예측
정보 통신 시스템의 특징
① 거리와 시간의 극복
② 대형 컴퓨터의 공동 이용
③ 대용량 파일의 공동 이용

가. 고속화
고성능 네트워킹, 고속전달 기술 등을 통해 수십 테라급에 이르는 고속화로 발전

나. 대용량화
광전송기술, WDM, 광가입자 전송기술 등의 확보로 광통신망(All Optical Network) 구현 가능

다. 초소형화/대형화, 이동성 증대
반도체 기술의 발달로 인한 정보 단말의 소형화와 디스플레이 기술을 바탕으로 한 대형화가 동시에 진행 중

라. 유·무선 통합화
이동 멀티미디어 인터넷을 실현함으로써 유·무선 인터넷기술들 간의 상호 연계 및 통합화를 가속화시켜 광대역 이동 멀티미디어 실용화 기술로의 발전이 기대됨

마. 인간화 및 지능화
인간의 오감을 대신할 수 있는 멀티미디어화, 지능화된 응용서비스들이 지속적으로 창출될 전망

출제 예상 문제

Chapter 1. 정보통신시스템

01 다음은 정보 통신의 정의를 말한 것이다. 관계가 먼 것은?
① 디지털 부호와 2진 신호 방식을 통해 기계와 기계 간의 통신을 하는 것을 말한다.
② 기계적으로 처리되는 정보의 전송을 목적으로 하는 전기 통신의 한 분야이다.
③ 보통의 전화선을 이용하는 모든 통신을 말한다.
④ 컴퓨터와 연결하여 부호화, 변조, 전송, 복조, 수신, 기록의 과정을 행하는 것을 말한다.

해설
정보 통신이란 송신자와 수신자 사이에서 효과적인 정보를 전달하거나 받는 과정을 말한다.

02 다음 중 정보 통신의 정의가 잘못된 것은?
① 정보 기기 사이에서의 디지털 형태로 표현된 정보를 송수신하는 통신
② 전기 통신회선에 컴퓨터의 본체와 이에 부수되는 입·출력장치 및 기타의 기기를 접속하고 이에 의하여 정보를 송수신 또는 처리하는 통신
③ 데이터 전송과 정보 처리 등 소정의 목적을 위하여 유기적으로 결합하여 새로운 시스템을 수정한 것
④ 아날로그 형태의 음성이나 화상을 목적으로 하는 통신

해설
정보 통신의 정의
① 전기적인 수단을 이용하며 컴퓨터를 이용하여 정보를 처리하는 방법을 말한다.
② 정보 통신=전기 통신+컴퓨터에 의한 정보 처리

03 다음 중 정보 통신의 특징에 속하지 않는 것은?
① 통신 속도가 매우 빠르다.
② 신뢰성이 높다.
③ 주야간 관계없이 장시간에 걸쳐 같은 동작을 행할 수 있다.
④ 에러 제어 방식은 채용되지 않고 있다.

04 정보 통신 시스템이 갖추어야 할 일반적인 기능에 대한 설명 중 옳지 않은 것은?
① 통신회선의 효율적 이용
② 정보 처리 기기와 통신망의 용이한 접속
③ 목적지 주소의 정확한 인식과 아날로그신호의 의미 단위의 시작과 끝의 감지 능력
④ 통신 기능에서 발생하는 에러 발견 및 교정

해설
정보통신이란 2진 부호를 목적물로 하는 기계와 기계 사이의 통신으로서, 기존의 전기 통신에 computer를 접속하여 데이터를 전송, 처리하는 방식이다.

05 정보 통신의 특징에 대한 설명 중 잘못된 것은?
① 시스템 신뢰도가 높고 고도의 에러 제어 방식이 요구된다.
② 프로그램을 효과적으로 운영하기 위한 소프트웨어 기술이 필요하다.
③ 정보 기기 사이에서의 디지털 형태로 표현된 정보를 송수신하는 통신
④ 다치전송은 가능하나 광대역 전송이 어렵다.

해설
정보 통신의 특징
① 고속도 통신에 적합하다.
② 에러제어 방식을 사용하므로 신뢰성이 높다.
③ 다치 전송이나 광대역 전송이 가능하다.
④ 경제성이 높고 응용 범위가 대단히 넓다.
⑤ 대형 컴퓨터와 대용량 파일의 공동 이용이 가능하다.

[정답] 01 ③ 02 ④ 03 ④ 04 ③ 05 ④

06 정보 통신의 일반적인 기능에 적합하지 못한 것은?
① 정보 처리 기기와 통신망의 용이한 접속
② 통신망에서 발생하는 오류(error)의 발견 및 교정
③ 목적지까지 여러 교환기를 경유하는 경우에 최단 거리 찾기
④ 데이터의 도청 방지를 위한 비암호화

해설
정보 통신의 일반적인 기능
① 통신회선의 효율적 사용
② 정보 처리 기기와 통신망의 용이한 접속
③ 통신망에서 발생하는 에러 발견 및 교정
④ 전송 중인 데이터의 분실 발견 및 방지
⑤ 정보 처리 기기 사이의 처리 속도 차이에서 오는 데이터의 유통 흐름 조절
⑥ 목적지 주소의 정확한 인식
⑦ 목적지까지 여러 교환기를 경유하는 경우에 최단 거리 찾기
⑧ 데이터의 도청 방지를 위한 암호화
⑨ 데이터의 의미 단위(문자, 패킷)의 시작과 끝 감지 능력
⑩ 교환기가 해석할 수 있는 형태로 전송 데이터에 추가 데이터 삽입
⑪ 통신망의 운영, 관리 기능

07 다음 중 정보 통신의 구성 요소에 해당되지 않은 것은?
① 가입자 단말기기
② 데이터 전송계
③ 데이터 처리계
④ 멀티시스템

해설
정보 통신 시스템의 구성 요소
Computer의 원거리에 있는 Terminal 또는 Computer 상호 간을 통신회선으로 결합하여 정보 처리를 하기 위한 장치는 다음과 같은 두 부분으로 나뉘어진다.
① 데이터 전송계 : 데이터의 전송만을 담당
② 데이터 처리계 : 데이터의 처리를 담당
※ 데이터 전송계 - 단말장치, 데이터 전송 회선, 통신 제어장치로 구성

08 정보 통신 시스템의 기본 구성 요소가 아닌 것은?
① 가입자 단말장치
② 데이터 처리 장치
③ 데이터 전송 장치
④ 다중화 장치

해설
정보 통신 시스템의 구성 요소
① 데이터 전송계 : 단말장치, 데이터 전송 회선, 통신 제어장치
② 데이터 처리 : 컴퓨터(중앙처리장치, 주변장치)

09 다음 중 정보통신시스템의 구성요소가 아닌 것은?
① 통신회선
② 통신제어장치
③ 단말장치
④ 전송통제기

10 정보 시스템의 구성 요소 중 데이터 처리계에 속하는 것은?
① 통신 제어장치
② 신호 변환 장치
③ 통신회선
④ 중앙처리장치

해설
① 데이터 전송계 : 단말장치, 신호 변환 장치(회선 종단 장치), 데이터 전송 회선, 통신 제어장치
② 데이터 처리계 : 컴퓨터(중앙처리장치, 주변장치)

11 정보통신 데이터 처리기술의 일반적인 기능에 대한 설명으로 옳지 않은 것은?
① 데이터의 암호화
② 데이터의 통계화
③ 통신망에서 발견되는 오류 발견 및 정정
④ 전송 중인 데이터의 분실 발견 및 방지

해설
정보처리 기술은 데이터를 정보(Information)로 변환하기 위하여 컴퓨터를 이용한 데이터 처리(Data Processing)를 말한다.

출제 예상 문제

12 다음 중 데이터 전송계에서 신호변환 외에 전송신호의 동기제어 송수신 확인, 전송 조작절차의 제어 등을 담당하는 역할을 하는 장치는?

① DCE　　　　　② DTE
③ DDU　　　　　④ DID

[해설]
회선 종단장치(신호변환기, DCE) : 데이터 전송계에서 통신회선의 양 끝에 위치한다는 의미에서 DCE라 한다.

13 다음 중 정보통신 시스템의 데이터 전송계에 해당되지 않는 것은?

① 데이터 단말장치
② 신호변환장치
③ 통신회선
④ 입·출력 채널

14 데이터 통신 시스템을 올바르게 설명한 것은?

① 통신 제어장치 : 터미널 또는 컴퓨터 상호간을 연결시켜주는 기능을 갖는다.
② 터미널 : 시스템과 외부와의 접속점에 위치하여 데이터를 입·출력하는 기능을 수행한다.
③ 데이터 통신회선 : 논리 장치, 주기억장치 또는 파일 기억장치간에 정보를 전송, 제어한다.
④ 전송 장치 : 전송로와 컴퓨터 사이에서 오류 검출과 처리 속도를 조절한다.

[해설]
통신 제어장치(CCU)
① 기능 : 통신회선과 CPU를 결합시키는 장치이고, Computer의 CPU와 데이터 전송 회선 사이에서 이들을 전기적으로 연결시킨다.
② 구성 요소 : 회선 접속부, 연산부, 회선 인터페이스 제어부, 호스트 컴퓨터

15 다음 중 데이터 전송계에서 신호변환 외에 전송신호의 동기제어 송수신 확인, 전송 조작절차의 제어 등을 담당하는 역할을 하는 장치는?

① DCE　　　　　② DTE
③ CCU　　　　　④ CC

[해설]
회선 종단장치(신호변환기, DCE : Data Circuit-terminating Equipment)
① 데이터 전송계에서 통신회선의 양 끝에 위치한다는 의미에서 DCE라 하며, 아날로그 전송회선의 경우 MODEM, 디지털 전송 회선의 경우는 DSU라 한다.
② 데이터 단말장치(DTE : Data Terminal Equipment)는 인간과 기계의 정보교환을 위한 입·출력장치이다.

16 다음 중 정보 처리 시스템인 컴퓨터의 기본 역할이 아닌 것은?

① 정보의 축적　　② 통신 제어
③ 데이터 전송　　④ 정보 처리

[해설]
① Data 처리계의 컴퓨터 시스템은 통신 제어장치로부터 입력되는 데이터를 처리하며 소프트웨어의 도움을 받아 정보 통신 시스템 전체를 제어한다.
② 컴퓨터의 3가지 역할
　㉠ 통신 제어　㉡ 데이터 처리　㉢ 데이터 축적

17 다음 중 정보 단말기의 설명으로 옳지 않은 것은?

① 디지털 자료 전송시스템에서 자료를 만들거나 보기 위한 기기이다.
② 디지털 자료 전송시스템에서 자료를 보내거나 받기 위한 기능을 수행하는 기기이다.
③ 통신망에서 정보가 입·출력되는 지점이다.
④ 통신망과 통신망이 연결되는 지점에서 통신망 제어를 위하여 사람이 조작하도록 한 기기이다.

[해설]
① 단말기(Terminal)는 컴퓨터나 컴퓨팅 시스템에 데이터를 입력하거나 표시하는 데 쓰이는 전자 하드웨어 기기이다.
② 단말기는 중앙의 컴퓨터와 네트워크로 연결되어 있어, 데이터의 입력과 출력을 담당하는 말단 부분의 장치를 말한다.

[정답] 12 ① 13 ④ 14 ① 15 ① 16 ③ 17 ④

18 정보 단말기의 기능 중 사람이 식별 가능한 데이터를 통신 장비가 처리 가능한 2진 신호로 변환하거나 그 역(逆)을 행하는 기능은?

① 신호 변환 기능
② 입·출력 기능
③ 송·수신 제어 기능
④ 에러 제어 기능

해설

정보 단말기의 기능
정보 단말기는 데이터 전송시스템에서 최종적으로 데이터를 보내거나 받는 기능을 수행하는 장치이다.
① 입·출력 기능 : 사람이 식별 가능한 데이터를 통신 장비가 처리 가능한 2진 신호로 변환하거나 그 역을 행하는 기능
② 전송제어 기능 : 선택된 전송제어 절차에 따라 정확한 데이터의 송수신을 하기 위한 것
　㉠ 입·출력제어 기능 : 입력되는 신호를 검출하여 데이터를 입력하거나, 출력하는 기능
　㉡ 에러제어 기능 : 쌍방 통신 장비간에 약속된 부호를 검출하여 에러를 검출하는 기능
　㉢ 송수신제어 기능 : 데이터의 송수신 기능

19 다음 중 정보 단말기의 기능 중 전송 제어 기능에 속하지 않는 것은?

① 신호 변환 기능
② 입·출력 제어 기능
④ 에러 제어 기능
④ 송수신 제어 기능

해설

정보 단말기의 기능
① 입·출력 기능 : 사람이 식별 가능한 데이터를 통신 장비가 처리 가능한 2진 신호로 변환하거나 그 역을 행하는 기능을 말한다.
② 전송 제어 기능 : 선택된 전송 제어 절차에 따라 정확한 데이터의 송수신을 하기 위한 것이다.
　㉠ 입·출력 제어 기능 : 입력되는 신호를 검출하여 데이터 입력하거나, 출력 기능을 동작시킨다.
　㉡ 에러 제어 기능 : 쌍방 통신 장비간에 약속된 부호를 검출하여 에러를 검출
　㉢ 송수신 제어 기능 : 데이터의 송수신 기능

20 정보 통신 시스템의 단말장치에서 사용되는 디스플레이 소자가 아닌 것은?

① 키보드　　　② 음극선관
③ 플라즈마　　④ 액정

해설

디스플레이 소자
음극선관(CRT) 디스플레이, 플라즈마(Plasma) 디스플레이 패널(PDP), 형광표시관, LED 디스플레이, 액정 디스플레이, EC 디스플레이

21 정보 통신 시스템의 DTE/DCE 인터페이스용 RS-232C의 DCD 기능은?

① DCE가 신호쪽으로부터 감지할 수 있는 크기의 신호를 수신하고 있음을 DTE에 알리는 역할
② DTE가 정상적인 동작 상태에 있음을 DCE에게 알리는 역할
③ DCE가 송신하는 준비 완료 여부를 DTE에게 알리는 역할
④ DCE가 시험 상태에 있지 않고 정상적인 동작 상태에 있음을 DTE에게 알리는 역할

해설

RS-232C의 pin 중 pin 8은
① 수신 전 신호 감시(데이터 채널 수신 캐리어 검출) 기능을 수행한다.
② 상대방 DCE와 회선이 이상이 없을 시에 동작하는 회로로 선로로부터 감지할 수 있는 신호를 수신하고 있음을 DTE에게 알려준다.

22 다음 중 DTE와 DCE를 상호 연결하기 위해 기계적, 전기적, 기능적, 절차적인 조건들을 표준화한 것은?

① 토폴로지
② DCC 아키텍처
③ DTE/DCE 인터페이스
④ 참조 모형

해설

DTE/DCE 인터페이스는 컴퓨터 또는 단말기를 데이터통신망에 연결시키는 장치이다.

[정답] 18 ② 19 ① 20 ① 21 ① 22 ③

출제 예상 문제

23 데이터 통신 시스템의 기본 구성이 아닌 것은?
① 센터 시스템
② 단말 시스템
③ 네트워크 시스템
④ 정보 시스템

해설
데이터 통신 시스템의 기본 요소는 정보 제공자(센터), 정보 수신자(단말) 그리고 전송 채널(네트워크)이다.

24 통신회선과 컴퓨터 사이에 위치하여 다수의 통신회선으로부터 오는 데이터의 흐름을 정리 작용을 하는 장치는?
① 컴퓨터
② 모뎀
③ 통신 제어장치
④ 터미널 장치

해설
통신 제어장치는 데이터 전송 회선과 컴퓨터의 전기적 결합과 함께 둘 사이의 표현 방식의 차이를 조정해 준다.

25 데이터통신용 단말장치의 구성부분이 아닌 것은?
① 입력 장치부
② 회선 접속부
③ 회선 제어부
④ 변·복조부

해설
데이터단말장치의 구성
① 회선 접속부 : 터미널과 데이터 전송회선을 연결 등
② 회선 제어부 : 전송제어 역할
③ 입출력 제어부 : 입출력장치들을 직접 제어 및 감시
※ 변·복조부는 신호변환장치 또는 회선종단장치이다.

26 다음 중 단말기의 입·출력 기능에 해당되는 것은?
① 회전제어 기능
② 오류제어 기능
③ 출력변환 기능
④ 전송제어 기능

해설
단말장치(terminal)의 기본 기능
① 입·출력 기능
  ㉠ 입력변환 기능
  ㉡ 출력변환 기능
② 전송제어 기능
  ㉠ 입출력제어 기능
  ㉡ 송수신제어 기능
  ㉢ 에러제어 기능

27 단말기에 마이크로프로세서를 내장하여 분산처리 방식에 적절한 단말장치는?
① 전용단말장치
② 지능형단말장치
③ 복합단말장치
④ 범용단말장치

해설
지능형(Intelligent) 단말장치(스마트(Smart) 단말장치)
① CPU와 저장장치가 내장된 단말장치로, 프로그램을 설치하여 단독으로 일정 수준 이상의 작업 처리가 가능
② 네트워크 환경에서 분산 처리를 수행하기 위한 용도로 사용

28 정보통신 시스템에서 단말장치로 사용되지 않는 것은?
① 컴퓨터
② 모뎀
③ 프린터
④ 플로터

해설
정보 단말 기기(Terminal)
① 정보 단말 기기는 데이터 전송 시스템에서 최종적으로 데이터를 보내거나 받는 기능을 수행하는 장치이다.
② MODEM은 정보 전송 기기이다.

[정답] 23 ④ 24 ③ 25 ④ 26 ③ 27 ② 28 ②

29 다음 중 DCE에 대해서 잘못 설명한 것은?

① 신호 변환 장치이다.
② 아날로그 전송로에는 모뎀(modem)을 사용한다.
③ 디지털 전송로에는 회선 종단 장치(DSU)를 사용한다.
④ 데이터 단말 장치이다.

해설
① DCE(회선 종단 장치 : Data Circuit-terminating Equipment)
  ㉠ 신호 변환 장치라고도 하며 Data 전송계에서 통신 회선의 양쪽 끝에 위치한다.
  ㉡ DCE는 DTE와 물리적인 통신 연결 매체 사이의 데이터를 전송하는 장치를 의미하며 일반적으로 데이터 전송 연결을 확립하고 유지하는 역할을 한다. 모뎀, DSU 등은 DCE이다.
② DTE(터미널 : Data Terminal Equipment)
  정보 교환용 입·출력 장치로 통신 제어 장치와 단말 장치 등을 말한다.

30 다음 중 통신제어 장치의 설명으로 올바른 것은?

① 중앙처리 장치의 부하를 가중시킨다.
② 통신회선의 감시 및 접속, 전송오류검출을 수행한다.
③ 회선접속장치를 원격처리장치로 연결한다.
④ 중앙처리장치의 제어를 받지 않는다.

31 다음 정보 시스템에서 통신 제어의 필요성에 대한 설명 중 틀린 것은?

① 데이터를 송·수신하는 일
② 자원의 효율적 이용을 가능하게 하는 일
③ 다양한 제어 기능을 수행하는 일
④ 입·출력, 인터럽트와 오류 처리를 하는 일

해설
통신 제어의 필요성
데이터 전송 회선과 컴퓨터와의 사이에서 양자를 전기적으로 결합하고 데이터의 송·수신 제어 및 통신회선의 감시, 접속과 전송 오류의 검출과 정정을 수행한다.
① 데이터 송·수신
② 다양한 제어 기능 수행
③ 자원의 효율적인 이용
④ 에러의 검출과 정정

32 정보 통신 시스템에서 통신 제어장치의 통신 제어 필요성에 대한 설명으로 옳지 못한 것은?

① 데이터의 송·수신을 제어
② 입·출력 인터럽트
③ 다중 접속 제어
④ 오류 검출과 정정을 수행하는 일

해설
통신 제어의 종류
① 회선 제어 : 모뎀 등을 제어
② 동기 제어 : 비트, 문자 등의 동기 유지
③ 에러 제어 : 통신회선상 발생하는 에러의 검출 및 정정을 함
④ 버퍼 제어 : 데이터를 일시 보관한 다음 전송함
⑤ 다중 처리 제어 : 많은 통신회선과 단말장치를 동시 병행 처리
⑥ 흐름 제어 : 데이터 폭주를 방지

33 정보 통신용 단말기의 표시 장치 중 플라즈마 표시 장치(Plasma Display Panel)의 설명으로 옳지 않은 것은?

① 방전관의 원리를 응용
② 휘도는 높으나 수명이 짧은 편이다.
③ 한 쌍의 유리 기판 위에 전극, 유전체층이 있다.
④ 구동 회로가 복잡하고 가격이 비싸다.

해설
플라즈마 표시 장치의 특징
① 중용량 표시
② 얇은 평면 처리
③ 외부의 장애가 적음
④ 주황색, 녹색 처리가 용이함

34 정보처리과정에서 데이터의 처리가 컴퓨터에 의해서만 이루어지는 시스템은?

① Off Line
② Real Time
③ On Line
④ Batch Process

[정답] 29 ④ 30 ② 31 ④ 32 ② 33 ② 34 ①

해설

데이터 전송 측면에서의 자료 처리 방식
① 온라인 시스템(On-Line System)
  ㉠ 전송과 작업 처리 사이에 사람이 개입하지 않으며 실시간 처리에 이용되는 방식이다.
  ㉡ 단말기와 컴퓨터 사이에 통신회선으로 연결된다.
② 오프라인 시스템(Off-Line System) : 전송과 작업 처리 사이에 사람이 개입해야 한다.

35 정보 통신 단말의 입·출력장치가 직접 정보 처리 장치를 신속하게 수초 이내에 동작시키는 시스템은?

① real time
② batch
③ off line
④ delayed time

해설

정보 통신 자료 처리 형태
① 시분할 처리(TTS : Time Sharing System)
  원격지에 있는 다수의 터미널이 중앙의 Computer를 시간차를 두고 공동으로 이용하는 방식
② 실시간 즉시 처리(On-Line Real Time Processing System)
  다수의 단말기가 컴퓨터 시스템을 공유하며, 정보가 발생 즉시 중앙의 Computer에 의해 처리하는 방식
③ 일괄 처리(Batch Processing System)
  자료를 일정 기간 동안 모아 놓았다가 한꺼번에 처리하는 방식
④ 지연 처리(Delay Time Processing System)
  실시간으로 데이터를 수집하고 처리는 일괄(batch)하여 처리하는 방식

36 다음 정보통신 시스템에서 컴퓨터를 이용한 데이터 처리와 거리가 먼 것은?

① 주파수 분할
② 시분할
③ 실시간 처리
④ 원격일괄 처리

37 다음 중 분산처리 시스템에 대한 설명으로 틀린 것은?

① 중앙집중형 시스템 개념과는 반대되는 시스템이다.
② 한 업무를 여러 컴퓨터로 작업을 분담시킴으로써 처리량을 높일 수 있다.
③ 보안성이 매우 높다.
④ 업무량 증가에 따른 점진적인 확장이 용이하다.

해설

① 분산처리(Distributed Processing)시스템은 독립적으로 운영될 수 있는 컴퓨터 시스템들을 네트워크를 기반으로 상호 연결하여 특정 작업을 공동으로 처리할 수 있게 만들어진 시스템이다.
② 분산처리시스템 구현 목적 : 자원의 공유, 연산속도 향상, 신뢰도 향상
③ 보안 문제 및 시스템의 통일성 저하, 시스템 설계가 매우 복잡하다.

38 다음 중 멀리 떨어진 지역의 컴퓨터를 통신회선을 이용하여 결합하고 정보를 공유함으로써 컴퓨터의 기능과 처리면에서 전체 시스템의 성능과 신뢰성을 향상시키는 방식은?

① 분산처리방식
② 시분할처리방식
③ 오프라인처리방식
④ 일괄처리방식

39 일정시간 모여진 변동 자료를 어느 시기에 일괄해서 처리하는 방법은?

① 리얼 타임 프로세싱(Real Time Processing) 방식
② 배치 프로세싱(Batch Processing) 방식
③ 타임 셰어링 시스템(Time Sharing System) 방식
④ 멀티 프로그래밍(Multi Programming) 방식

해설

일괄 처리(Batch Processing) : 일정량 또는 일정 기간 동안 데이터를 모아서 한꺼번에 처리하는 방식으로 요금과 급여계산 및 경영자료 작성 등에 주로 사용된다.

[정답] 35 ① 36 ① 37 ③ 38 ① 39 ②

40 DATA 통신에서 전송해야 할 정보를 2개의 통신로 이상으로 분할하여 동시에 전송시키는 방식은?

① 직렬 전송 ② 병렬 전송
③ 대역 전송 ④ 다치 합성 전송

해설
병렬 전송
데이터를 전송하는데 있어 한 문자를 이루고 있는 임의의 n개 비트를 전송 회선을 통해 전송하는 방식이다.
① 직렬 전송에 비해 데이터 전송 속도가 빠르다.
② 근거리 전송에 적합하다.

41 데이터 통신 시스템의 부호 전송 방식 설명 중 직렬 전송 방식은?

① 직병렬 변환 회로가 필요하다.
② 근거리 데이터 전송에 적합하다.
③ 동일 시간 내에 많은 정보를 보낼 수 있다.
④ 비트수에 대응한 전송로 및 변복조 회로수가 필요하다.

해설
① 데이터 전송(Data Transmission)
  ㉠ 컴퓨터와 같은 기계에 의하여 발생된 정보를 전송하고 또한 다른 기계 장치를 통해 수신하는 처리 과정을 말한다.
  ㉡ 정보 처리 장치(주로 컴퓨터)와 데이터 단말장치를 통신회선에 접속하여 수행하는 통신을 말한다.
  ㉢ 전송 방법은 직렬 전송과 병렬 전송 방법이 있다.
② 직렬 전송(serial transmission) : 데이터를 전송하는데 있어 한 문자를 이루고 있는 비트들을 한 비트씩 차례대로 전송하는 방식이다.
  ㉠ 시스템 구성이 간단하다.
  ㉡ 직병렬 변환기가 필요하다.
  ㉢ 병렬 전송에 비해 정보 전송 속도가 느리다.
  ㉣ 병렬 전송에 비해 경제적이다.
  ㉤ 원거리 전송에 적합하다.

42 다음 중 다량의 데이터를 고속 전송하는 컴퓨터와 주변장치 간에 사용되는 방식은?

① 단방향전송 ② 직렬전송
③ 반이중전송 ④ 병렬전송

해설
병렬전송의 특징 : 전송속도가 빠름, 전송로 비용이 상승, 근거리 전송에 이용, 직·병렬 변환회로가 필요 없음, Strobe와 Busy 신호를 이용하여 데이터 송·수신

43 병렬전송과 비교하여 직렬전송의 특징으로 적합하지 않은 것은?

① 전송속도가 빠르다.
② 전송로의 비용이 저렴하다.
③ 직·병렬 변환회로가 필요하다.
④ 데이터 전송시스템에 주로 사용된다.

44 다음 중 DATA 통신의 직렬 전송 방식에 대한 설명으로 틀린 것은?

① 통신로 수가 많이 소요된다.
② 회선의 전송 대역을 유효하게 사용할 수 있다.
③ 단위 비트를 시간적으로 차례차례 전송하는 방식이다.
④ 대부분의 데이터 전송 시스템에 사용되고 있다.

해설
직렬 전송 방식
① 직렬 전송 방식은 문자를 이루는 비트를 한 비트씩 차례로 전송하므로 통신로 수는 적다.
② 데이터 전송에서 통신로의 수를 적게 해 줌으로써 회선의 전송 대역을 유효하게 사용할 수 있는 방식이 직렬 전송 방식이다.

45 병렬 전송의 장점이 아닌 것은?

① 한 글자를 이루는 각 비트들이 여러 개의 전송선을 통하여 동시에 전송된다.
② 전송 매체의 비용이 적게 든다.
③ 전송 속도가 직렬 전송보다 빠르다.
④ 터미널의 구성이 직렬 전송의 경우보다 단순하다.

[정답] 40 ② 41 ① 42 ④ 43 ① 44 ① 45 ②

해설
병렬 전송
① 한 문자를 이루는 비트 수만큼의 통신로가 필요하므로 많은 비용이 소요되므로 주로 근거리 통신에 적합한 방식이다.
② 병렬 전송 시스템은 고속의 처리 속도를 보장하므로 시스템 내부의 버스(Bus)를 통한 미소 거리의 인터페이스(Interface) 등에 이용된다.

---

46 스트로브(Strobe) 신호와 비지(Busy) 신호를 이용하여 전송하는 형태는?

① 병렬 전송   ② 직렬 전송
③ 동기식 전송 ④ 비동기식 전송

해설
병렬 전송에서 정보의 전송
① 1문자가 전송 후 계속 다음 문자를 전송하면 문자와 문자의 간격을 구분할 수 없어 스트로브(Strobe)와 비지(Busy) 신호를 이용하여 데이터 정보를 송·수신한다.
② Strobe Pulse : 펄스의 기준 시간에 맞는 정확한 것으로 할 목적으로, 예를 들면 게이트 조작을 이 스트로브 펄스로 하면 입력 정보의 펄스에 얼마간의 시간적인 애매함이 있어도 이를 교정할 수 있다.

---

47 데이터 전송 시스템에 있어서 통신 방식의 종류가 아닌 것은?

① 단향(單向) 통신 방식   ② 우회(迂廻) 통신 방식
③ 반(半) 2중 통신 방식   ④ 전(全) 2중 통신 방식

해설
통신 방식
① 단방향 통신 방식
② 양방향 통신 방식
   ㉠ 반이중 방식
   ㉡ 전이중 방식

---

48 다음 설명 중 틀린 것은?

① 반이중(Half-Duplex) 통신 모드는 정보를 교대로 전송하여 두 회선이 필요하다.
② 전이중(Full-Duplex) 통신 모드는 비용면에서 가장 경제적이다.
③ 단방향(Simplex) 통신 모드의 경우 송·수신을 동시에 할 수 없다.
④ 단방향 통신 모드에서는 정보 전송이 한쪽으로만 이루어진다.

해설
전송 형태
두 장비간에 데이터가 전송될 때 사용할 수 있는 방식은 3가지가 있다.
① 단방향 통신(Simplex Communication) 방식 : 단방향으로만 신호 전송이 가능한 형태이다. 송신기와 수신기가 결정되어 있는 통신 방식으로 한쪽의 장치는 송신만을 행하고 다른 쪽은 수신만을 행한다.
   예) 라디오, TV 방송, 원격 제어 시스템 등
② 양방향 통신(Duplex Communication) 방식 : 한 개의 시스템이 송신기와 수신기의 역할을 할 수 있는 방식이다.
※ 정보를 동시에 송·수신할 수 있는지에 따라 2가지로 구분된다.
   ㉠ 반이중 통신(Half-Duplex Communication) 방식 : 한 시스템이 송신 기능과 수신 기능을 동시에 수행할 수 없는 방식
   ※ 한 개의 통신회선을 통해서 송·수신을 수행한다.
      예) 무전기 등이 대표적인 예이며 컴퓨터 통신망에서 널리 사용
   ㉡ 전이중(Full-Duplex Communication) 방식 : 두 개의 시스템이 동시에 정보를 송·수신할 수 있는 방식
   • 가장 효율이 좋은 방식이다.
   • 송·수신 회선이 따로 존재하는 4선식으로 구성된다.
   • 전송 효율은 좋지만 회선의 구성과 제어가 어렵다.
      예) 전화망 등
   ㉢ 단향 통신이나 반이중 통신의 경우에는 2선식 회선이 필요하다. 전이중 통신 방식은 그 구현에 비용이 많이 들기는 하나 높은 성취도를 얻을 수 있다.

---

49 한 방향으로만 전송이 가능한 경우로서 수신측에서는 송신측에 대답할 수 없는 통신 방식은?

① 반이중 통신   ② 전이중 통신
③ 단향 통신   ④ 이중 통신

해설
단방향 통신(Simplex)
① 한쪽 방향으로만 전송 가능 (예) 라디오, TV 방송)
② 일방 통화로 형성
③ 링크가 형성되면 송·수신기가 결정된다.

[단방향 통신 방식의 구성도]

[정답] 46 ① 47 ② 48 ② 49 ③

50 다음 전송 방식 중 양쪽 방향으로 전송이 가능하나 어떤 한순간에는 한 방향으로만 통신이 가능한 것은?

① Simplex ② Telex
③ Half-Duplex ④ Full-Duplex

해설

양방향 통신 방식(반이중 방식, 전이중 방식)
단방향 통신 방식과 달리 송신기와 수신기가 결정되어 있는 것이 아니라 한 개의 시스템이 송신기와 수신기의 역할을 할 수 있는 방식이다.
① 반이중 방식(Half-Duplex)
 ㉠ 양쪽 방향으로 데이터 전송이 가능하나 어느 순간에는 반드시 한쪽 방향으로 전송이 주어진다. 즉, 동시에는 양방향 전송이 불가능하다.
 ㉡ 데이터 흐름을 바꾸는데 시간(전송 반전 시간)이 존재한다.
 ㉢ 전송량이 적고 통신회선의 용량이 작을 때 사용한다.
② 반이중 방식의 구성도

51 데이터 통신에서 에러 제어용 신호선을 갖는 방식으로 회선 구성이 간단하고 가장 값싼 가격으로 설치할 수 있는 전송 방식은?

① 단향 통신 방식 ② 우회 통신 방식
③ 반이중 통신 ④ 전이중 통신

52 반이중 통신 시스템의 특징이 아닌 것은?

① 이 시스템은 2선을 사용한다.
② 정보 흐름의 방향을 바꾸기 위한 일정량의 시간이 필요하다.
③ 대부분 반이중 통신 시스템에는 일정량의 회귀(Turn Around) 시간을 갖는다.
④ 라디오와 텔레비전 방송이 전형적인 예이다.

해설
① 무전기 등이 반이중 시스템의 대표적인 예이며 컴퓨터 통신망에서도 널리 사용된다.
② 라디오, TV 방송 등은 단향 통신 시스템의 대표적인 예이다.

53 다음 중 4선식 회선에 가장 효율적인 통신방식은?

① 단방향 통신 ② 반이중 통신
③ 전이중 통신 ④ 기저대역 통신

해설
전이중 통신(Full-Duplex)은 양쪽이 송수신을 동시에 행할 수 있는 통신방식으로 전화, 비디오텍스(Videotex) 등이 여기에 속한다.

54 양쪽 방향으로 동시에 전송이 가능한 경우의 통신 방식은?

① 단향 통신 ② 반이중 통신
③ 전이중 통신 ④ 라디오

해설

전이중 통신(Full Duplex)
① 양쪽 방향으로 동시에 데이터 전송이 가능한 방식이다.
② 전송량이 많고 통신회선의 용량이 클 때 사용한다.
③ 전화망 등이 대표적인 예이다.
④ 전이중 통신망의 구성도

55 전이중 통신 시스템의 특징이 아닌 것은?

① 실제의 정보 교환은 단향성 통신이 이루어진다.
② 선로의 회귀 시간을 줄일 수 있다.
③ 선로의 회귀 시간을 줄일 수 없다.
④ 실제로 정보 교환은 반이중 통신으로 이루어질 수 있다.

해설

전이중 통신
① 전이중 통신의 큰 장점 : 송·수신을 동시에 할 수 있다.
② 4선식 회선에 가장 효율적인 통신 방식이다.

[정답] 50 ③ 51 ① 52 ④ 53 ③ 54 ③ 55 ③

56 다음 ( ) 안의 말이 순서대로 맞는 것은?

> 비디오텍스(Videotex)는 ( ) 통신이며, 텔레텍스트(Teletext)는 ( ) 통신이다.

① 단방향, 양방향
② 양방향, 양방향
③ 양방향, 단방향
④ 단방향, 단방향

해설
비디오텍스와 텔레텍스트
① 비디오텍스(Videotex)
  ㉠ 비디오텍스는 글자와 그림으로 구성된 화상 정보가 축적되어 있는 데이터 베이스로부터 TV 수상기와 전화기를 이용, 사용자가 원하는 각종 정보 검색을 할 수 있는 시스템이다.
  ㉡ 각종 정보 검색은 물론 예약 업무, 홈 쇼핑(Home Shopping), 홈 뱅킹(Home Banking) 등 다양한 서비스를 대화형 형식으로 제공하는 유선, 쌍방향 화상 정보 시스템이다.
② 텔레텍스트(문자 다중 방송)
  ㉠ TV 전파를 이용하여 통상의 TV 방송과 함께 문자 혹은 도형 형태의 정보 제공과 수신자가 원하는 정보를 수시로 화면에 정보 제공하는 단방향 제공 시스템이다.
  ㉡ 종래의 방송과 달리 다양한 정보를 값싸고 즉시 선택하여 상품 구입, 예약 등의 다양한 형태로 사용이 가능하다.

57 다음 중 동기식 전송방식에 대한 설명으로 적합하지 않은 것은?

① 송신측과 수신측은 동기되어 있으므로 동기문자 또는 특수 비트열의 사용이 필요하지 않다.
② 비동기(START-STOP)방식보다 전송속도가 높다.
③ 전송되는 글자들 사이에는 휴지기간을 두지 않는다.
④ 송·수신측 모두 버퍼기억장치를 가지고 있어야 한다.

해설
블록 단위로 전송하며 블록 앞에는 동기문자를 사용한다.

58 데이터 전송 방식 중 동기식 전송 방식에 해당하는 것은?

① 전송되는 각 문자 사이에는 일정치 않은 휴지 시간이 있을 수 있다.
② 각 비트의 길이는 통신 속도에 따라 정해지며 일정하다.
③ 전송 속도가 보통 2,000[bps]를 넘는 경우에 사용된다.
④ 동기는 글자 단위로 이루어진다.

해설
① 동기화(Synchronization)
  ㉠ 데이터 통신의 핵심 작업 중의 하나이다.
  ㉡ 송신기는 수신기에게 전송 매체를 통해 한 번에 한 비트씩 메시지를 보내는데 수신기는 한 블록(Block)의 비트에 대한 시작과 끝을 인식하는 과정이다.
  ㉢ 동기화는 비동기식과 동기식의 일반적인 2가지 방법이 있다.
② 동기식 전송(Synchronous Transmission) : 문자나 비트들의 블록은 시작-정지 부호 없이 전송되며, 각 비트들의 정확한 출발과 도착 시간의 예측이 가능한 방식이다. 즉, 동기식 전송은 통신을 더 효율적으로 하기 위한 수단이다.
  ㉠ 전 블록(또는 프레임)을 하나의 비트열로 전송할 수 있다.
  ㉡ 데이터 묶음 양쪽에는 반드시 동기 문자가 온다. 여기서 동기 문자는 송·수신측이 동기를 이루도록 하는 목적으로 사용한다.
  ㉢ 한 묶음으로 구성하는 글자들 사이에는 휴지 간격이 없다.
  ㉣ 송·수신 양측에 설치된 변복조기가 타이밍 신호(Clock)을 공급하여 이 타이밍 신호에 의해 정확한 전송이 이루어진다.
  ㉤ 전송 속도가 빠르므로 고속 통신 시스템(2,000[bps] 이상)에서 사용한다.

59 데이터 전송 방식에서 비동기식 전송의 특성이 아닌 것은?

① 동기는 글자 단위로 이루어지며 송·수신측이 항상 동기 상태에 있을 필요가 없다.
② 전송 속도는 보통 2,000[bps]를 넘는 경우에 사용한다.
③ 각 글자의 앞쪽에 스타트 펄스 1개, 뒤쪽에 1개 또는 2개의 스톱 비트를 갖는다.
④ 각 글자 사이에 휴지 간격이 있을 수 있다.

[정답] 56 ③ 57 ① 58 ③ 59 ②

> [해설]
>
> **비동기식 전송(Asynchronous Transmission)**
> 비동기 전송이란 송신기와 수신기가 서로 독립된 클럭에 의해서 동기를 맞추는 방식이다.
> ① 동기는 문자 단위로 이루어지며 송·수신측이 항상 동기 상태에 있을 필요가 없다.
> ② 데이터 전송이 없는 채널의 휴지 기간 : "1"의 상태
> ③ 한 비트의 시작 비트(Start Bit : "0")로서 데이터 전송의 시작을 알리고 1~2 비트의 정지 비트(Stop Bit : "1")로서 전송의 종료를 수신단에게 알린다.
> ※ 각각의 문자 앞뒤에 항상 시작-정지 비트가 전송된다.
> ④ 수신기는 시작 비트와 정지 비트 사이의 5~8 Bit를 수신한다.
> ⑤ 정보 외에 오버헤드 비트(즉, Start Bit, Stop Bit)가 추가되므로 전송 효율이 감소한다.
> ※ 전송 속도가 비교적 적은 110[bps]~19.2[kbps] 정도의 저속 통신에 사용한다.

60 전송의 형태에서 한 개의 스타트와 함께 혹은 2개의 스톱 비트를 갖는 방식은?

① 동기식(Synchronous)
② 비동기식(Asynchronous)
③ 혼합형 동기식(Isochronous)
④ 모두 아니다.

> [해설]
>
> **비동기식 전송**
> 일명 스타트-스톱 방식이라 불리며 스타트 비트에 의해 한 문자 단위로 동기가 이루어진다.

61 정보 통신 시스템의 전망에 대한 설명으로서 타당하지 않은 것은?

① 디지털 기술에 의한 음성, 화상, 데이터를 의식하지 않고 단일 통신망으로 전송이 가능하다.
② 정보 처리 시스템은 지역적 분산 처리 방식에서 대규모의 집중 처리 방식으로 전환된다.
③ 정보 전송 시스템의 전송로는 광섬유 케이블이나 위성통신이 증가된다.
④ 신호 처리 방식은 아날로그 방식에서 디지털 방식으로 전환된다.

62 데이터 통신이 더욱 실용화되기 위한 방안은?

① 온라인 처리 방식을 확장하고 저렴한 비용으로 실현시킨다.
② 컴퓨터 시스템을 시분할 처리 등으로 기술을 개발한다.
③ 데이터 전송의 고속성과 정확한 인터페이스가 요구된다.
④ 통신의 처리 계층간에 통신 규약의 통일과 표준화가 수행되어야 한다.

[정답] 60 ② 61 ② 62 ③

ENGINEER
INFORMATION & COMMUNICATION

MEMO

Chapter 2 단말기 개발 검증

합격 NOTE

1 정보단말기의 기능과 구성요소

합격예측
단말기개발검증_SO는 개발된 단말기를 검증하기 위하여 시험환경 구축, TEST BED H/E 운영, 소프트웨어와 하드웨어 품질 검증을 수행하는 능력이다

정보단말기는 단말, 터미널(Terminal)이라고도 하며, 디지털 데이터를 입출력하는데 사용하는 장치이다. 단말기는 키보드, 모니터와 프린터와 같이 컴퓨터와 연결되는 모든 주변장치를 말한다.

1. 정보 단말기의 기능과 구성

가. 정보 단말기(Terminal)의 기능

정보 단말기는 디지털 데이터 전송 시스템에서 최종적으로 데이터를 보내거나 받는 기능을 수행하는 장치이다.

합격예측
단말장치 기능 : 입·출력 기능, 전송제어기능, 기억기능

$$\text{Terminal} \begin{cases} \text{입·출력 기능} \begin{cases} \text{입력 변환 기능} \\ \text{출력 변환 기능} \end{cases} \\ \text{전송 제어 기능} \begin{cases} \text{입·출력 제어 기능} \\ \text{에러 제어 기능} \\ \text{송·수신 제어 기능} \end{cases} \\ \text{기억 기능} \end{cases}$$

(1) 입·출력 기능

합격예측
입출력기능 : 외부로부터 데이터를 받아들이며, 데이터를 출력하는 기능

사람이 식별 가능한 데이터(문자, 숫자, 화상 등)를 통신 장비(컴퓨터, 터미널 등)가 처리 가능한 2진 신호(부호화된 정보)로 변환하거나 또는 역의 기능을 수행한다.

(2) 전송 제어 기능

정해진 전송규약(Protocol)과 절차에 따라서 정확한 데이터의 송·수신을 수행하기 위한 기능이다.

합격예측
전송 제어 기능 : 데이터를 올바르게 전송하기 위한 기능

① 입·출력 제어 기능
입력되는 신호를 검출하여 데이터를 입력하거나 출력하는 기능을 수행한다.

② 에러(Error) 제어 기능
통신 장비간의 약속된 부호를 송수신하여 에러를 검출 및 정정하는 기능을 수행한다.

③ 송·수신 제어 기능
데이터를 송·수신하는 기능을 담당한다.

(3) 기억 기능

합격예측
기억기능 : 송수신할 데이터를 임시로 기억하는 기능

입·출력 속도와 송·수신 속도의 차이를 극복시켜 주는 임시기억장치의 역할을 한다.

① 단순 단말기(Dummy Terminal)인 경우 : 단순한 버퍼(임시기억 장치)만 필요하다.
② 지능형(Intelligent) 단말기나 컴퓨터간의 통신인 경우 : 용량이 크고 다양한 기능을 갖는 기억 기능을 요구한다.

 참고

단말장치
① Dummy Terminal : 입·출력 기능
② Smart Terminal : 입·출력 기능 + 데이터 처리 기능
③ Intelligent Terminal : 입·출력 기능 + 데이터 처리 기능 + 계산, 프로그램 개발 기능
④ Remote Batch Terminal : 원격지에서 일괄 처리하는 기능

나. 정보 단말기의 구성

정보 단말기는 입력장치부, 출력장치부, 회선 접속부, 회선 제어부, 입·출력 제어부로 나누어진다.

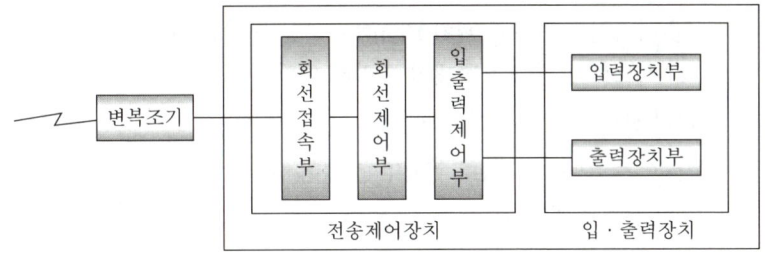

[정보 단말기의 구성]

(1) 입·출력장치
① 입력장치부
직접 또는 간접으로 사람이 알아볼 수 있는 데이터를 받아들여 컴퓨터에서 처리 가능한 전기적인 신호로 변환하는 장치부이다.
② 출력장치부
컴퓨터 시스템의 처리 결과를 데이터 또는 문자로 바꿔주는 장치이다.

합격 NOTE

합격예측
Dummy terminal : 단순히 데이터의 입·출력 기능만 처리한다.

합격예측
정보단말기의 구성 : 입출력 장치, 전송제어장치로 구성

합격예측
입력장치부
예 키보드, 마우스, 카드 리더, OMR 등

합격예측
출력장치부
예 프린터, 모니터, 플로터 등

합격 NOTE

합격예측
단말장치(terminal)는 컴퓨터와 연결하는 모든 주변장치를 말한다.

합격예측
- 충격식 프린터 : 도트 매트릭스 프린터
- 비충격식 프린터 : 잉크젯/레이저 프린터

합격예측
하드 카피 : 종이에 인쇄, 기록된 것

합격예측
콘솔(console)단말장치는 입·출력 병용 장치이다.

---

(2) 전송 제어장치(TCU : Transmission Control Unit)
① 회선 접속부 : 단말기와 데이터 전송회선을 물리적으로 연결해주는 부분이다.
② 회선 제어부 : 회선 접속부의 물리적 접속으로 들어온 데이터의 조립과 분해, 데이터의 버퍼링 기능, 오류 제어 등 전송 제어를 행하는 부분이다.
③ 입·출력 제어부 : 입·출력장치의 직접적인 제어 및 상태를 감시하는 역할을 한다.

2. 정보 단말기의 분류

정보 단말기는 용도에 따라 다양하게 분류되며, 단순한 입출력 기능에서 벗어나 점차 지능화 되고 있다.

가. 일반적인 분류

(1) 인쇄 장치
① 임팩트 프린터(Impact Printer) : 물리적인 충격에 따라 인쇄하는 방식의 프린터
② 비임팩트 프린터(Non-Impact Printer) : 전자적 또는 화학적으로 문자를 인쇄하는 프린터
③ 라인 프린터(Line Printer) : 한 줄씩 종합하여 인쇄하는 장치
④ 시리얼 프린터(Serial Printer) : 문자를 한 자씩 좌에서 우로 순차적으로 인쇄하는 형태의 프린터

(2) 표시 장치
① 디스플레이, 모니터, CRT(Cathode Ray Tube)
② CRT용 하드 카피

(3) 인식(입력) 장치
MICR, OCR, OMR, 키보드, 바코드 판독기, 터치스크린, 스캐너, 마우스 등

(4) 판독, 천공, 기록 장치
종이 카드 장치, 종이 테이프 장치, 자기 카드 장치 등

(5) 작도 장치
작도장치는 도형을 그리는 장치로, 플로터(Plotter) 등이 있다.

나. 기능상 분류

① 입력 전용 단말장치 : 입력 전용 단말기(OCR, OMR, MICR 등)이다.
② 출력 전용 단말기 : 출력 전용 단말기(프린터, 플로터 등)이다.

다. 데이터 매체로서의 분류

① 직접 입·출력 단말장치 : 사용자가 직접 단말기를 이용하여 데이터를 입·출력한다.
② 간접 입·출력 단말장치 : 다른 매체를 사용하여 데이터를 입·출력한다.

라. 내장된 프로그램 유무에 의한 분류

(1) 지능형 단말기(Intelligent Terminal)

프로그램을 내장하여 단독으로 상당 수준의 처리가 가능한 단말장치이다.

(2) 단순형 단말기(Non-Intelligent Terminal)

별도의 프로그램이 내장되어 있지 않아 프로그램을 수행할 수 없는 단말장치이다. 더미 터미널(Dummy Terminal)이라고도 한다.

마. 그래픽 단말기

(1) 디지타이저(Digitizer)

그림, 차트, 도표, 설계 도면을 읽어 이를 디지털화하여 컴퓨터에 입력시키는 기기이다.

(2) 광학 문자 판독기(OCR : Optical Character Recognition)

종이에 기록된 문자를 직접 광학적으로 읽어내는 장치이다.

(3) 광학 마크 판독기(OMR : Optical Mark Reader)

사람이 기입한 마크(mark)를 광학적으로 판독하는 장치이다.

(4) MICR(Micro Ink Character Reader)

자기 입자를 포함한 잉크를 사용하여 인자된 정보에 의해 자동 처리를 하는 목적으로 사용되는 판독 장치이다.

(5) CAD/CAM

① CAD(Computer Aided Design)

컴퓨터에 기억되어 있는 설계 정보를 이용하여 화면을 보면서 설계하는 것이다.

② CAM(Computer Aided Manufacturing)

컴퓨터를 사용하여 제조하는 방법이다.

바. 마이크로 그래픽 단말기

마이크로 그래픽 단말기는 마이크로 필름과 같이 문자정보를 비롯한 도형, 그림, 그래프 등을 작은 면적에 대량으로 저장하여 보관과 검색이 편리하도록 한 장치이다.

합격 NOTE

합격예측
- 직접 입·출력장치의
  예) 키보드, 모니터 등
- 간접 입·출력장치의
  예) OMR, OCR 등

합격예측
프로그램 내장 유무에 따른 단말기 분류 : 지능형 단말기, 비지능형(단순형) 단말기

합격예측
그래픽 단말기 : 도표나 그림을 입력시키거나 출력하는 장치(디지타이져, 스캐너 등)

합격예측
OMR은 문서에 빛을 비춰 표시된 위치를 인식하는 기술이다.

합격예측
CAD/CAM은 컴퓨터를 사용한 설계 및 생산을 의미한다.

합격 NOTE

합격예측
COM/CAR : 처리된 자료를 문자나 도형으로 변환하여 마이크로 필름에 기록하고 정보를 검색하는 장치

합격예측
컴퓨터 시스템은 기계 장치에 해당하는 하드웨어와 하드웨어를 동작시키는 데 필요한 소프트웨어로 구성된다.

합격예측
하드웨어의 5대 구성 요소
입력장치, 출력장치, 제어장치, 기억장치, 연산장치

합격예측
CPU는 명령어의 해석과 자료의 연산, 비교, 처리 등을 담당하는 컴퓨터의 핵심장치이다.

합격예측
제어장치 : 입·출력장치, 기억장치, 연산장치의 동작을 감독 및 통제한다.

---

(1) COM(Computer Output Microfilm)

컴퓨터에서 처리된 자료를 인간이 해독 가능한 형태인 문자나 도형으로 변환하여 마이크로 필름에 기록하는 장치나 기술이다.

(2) CAR(Computer Assisted Retrival)

CAR은 제작된 마이크로 필름을 찾아서 읽는 장치이다.

3. 컴퓨터 시스템

컴퓨터는 하드웨어와 소프트웨어로 구성되어 있다. 하드웨어란 컴퓨터를 구성하는 전자장치이고, 소프트웨어란 컴퓨터를 작동하는 기술을 말한다.

가. 컴퓨터 하드웨어(Hardware)

$$
\text{컴퓨터 시스템} \begin{cases} \text{중앙 처리 장치} \begin{cases} \text{제어 장치} \\ \text{주기억 장치} \\ \text{연산장치} \end{cases} \\ \text{주변 장치} \begin{cases} \text{입·출력 장치} \\ \text{보조 기억 장치} \end{cases} \end{cases}
$$

(1) 중앙처리장치(CPU : Central Processing Unit)

중앙처리장치(CPU)는 명령어의 해석과 자료의 연산, 비교 등의 처리를 제어하는 컴퓨터시스템의 핵심장치이다. CPU는 주기억장치, 연산장치 및 제어장치의 3부분으로 구성되며 특수 목적의 레지스터를 포함한다.

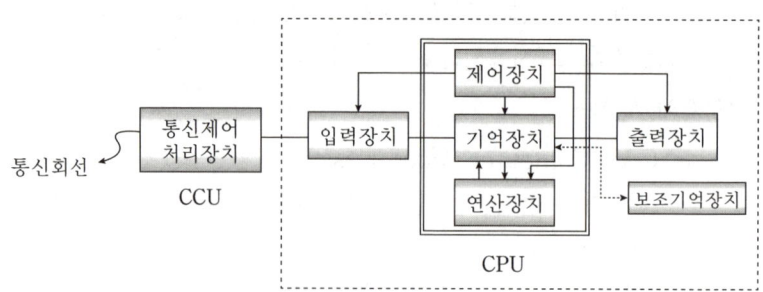

[컴퓨터의 구조]

① 제어장치

제어장치는 주기억 장치에 저장되어 있는 명령어(프로그램)를 순서대로 호출하여 해독한 후, 제어 신호를 발생시켜 컴퓨터의 각 장치를 동작하고, 감독 및 통제한다.

② 주기억장치
메모리 또는 주기억장치는 컴퓨터에서 수치·명령·자료 등을 저장하는 컴퓨터 하드웨어로서, ROM과 RAM이 대표적이다.
③ 연산장치
산술 연산 및 논리 연산을 수행한다.

합격예측
연산장치
① 산술 연산 : +, −, ×, ÷
② 논리 연산 : AND, OR, NOT 등

(2) 주변장치

① 입력장치
㉠ 입력장치를 통하여 데이터를 컴퓨터로 읽어들이는 장치이다.
㉡ 키보드, 종이 카드 해독 장치, OCR, 라이트 펜, 스캐너, 마우스 등이 있다.

② 출력장치
㉠ 저장된 데이터나 연산 결과를 출력 매체를 통해 표현하는 장치이다.
㉡ 프린터, 모니터, 플로터, CRT 등이 있다.

③ 보조기억장치
㉠ 보조 기억 장치는 필요한 데이터를 저장하는 장치로서, 주기억장치에 비해 속도는 느리지만 큰 용량을 갖는다
㉡ 랜덤액세스 기억장치(자기드럼, 자기디스크 등)와 순차액세스 기억장치(자기테이프 등)로 구분된다.

합격예측
- 랜덤액세스방식 : 기억장소에 관계없이 동일한 접근시간이 걸리는 방식
- 순차액세스방식 : 정보를 순차적으로만 읽고 쓰는 장치
※ 현재는 랜덤액세스방식이 주류를 이룬다.

나. 컴퓨터 소프트웨어(Software)

소프트웨어는 시스템 소프트웨어와 응용 소프트웨어로 구분한다.

(1) 시스템 소프트웨어(Operating System, 운영체제)

① 하드웨어를 효과적으로 동작시키기 위하여 컴퓨터 제작자가 제공한 프로그램이다.
② 운영체제(OS)의 역할
㉠ 사용자와 컴퓨터간의 연결을 도모한다.
㉡ 사용자들이 하드웨어를 공동 사용하도록 한다.
㉢ 사용자들간에 자료를 공유하도록 한다.
㉣ 사용자들간에 자원을 배분한다.
㉤ 입·출력시 보조역할을 한다.
㉥ 오류 발생시 적절한 처리를 한다.

합격예측
시스템 소프트웨어는 하드웨어를 동작시키는 프로그램으로 운영체제라고 한다.

합격 NOTE

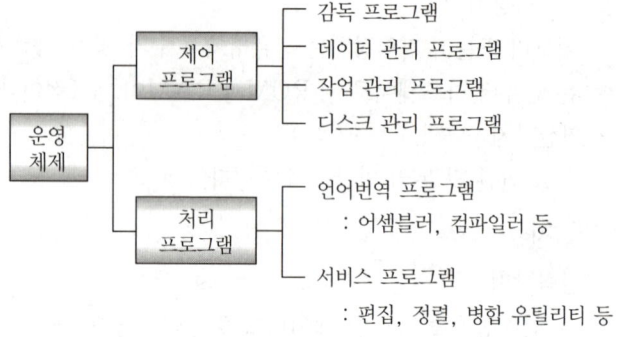

(2) 응용 소프트웨어(Application Software)
① 사용자가 특정 응용분야를 위하여 자신이 개발한 프로그램이다.
② 응용 소프트웨어의 종류
㉠ 패키지 프로그램 : 이용도가 높은 프로그램이나 업무에 적합한 프로그램을 묶어서 제공하는 프로그램이며, 워드, MS-오피스 등이다.
㉡ 사용자 프로그램 : 사용자의 필요에 의해 업무특성에 맞도록 개발한 프로그램이다.

(3) 통신 소프트웨어
① 데이터 전송회선과 통신제어장치를 이용하여 통신장치간에 정보를 송·수신하기 위한 프로그램을 총칭하여 통신 소프트웨어라 부른다.
② 통신 소프트웨어의 기능 : 데이터의 송·수신, 통신 하드웨어의 제어, 이용자 인터페이스의 제어
③ 통신 소프트웨어로 데이터를 전송하기 위해서는 통신제어장치와 단말장치의 전송제어부와 같은 통신 하드웨어의 도움이 필요하다.
※ 구동 프로그램(Driver Program)은 통신 하드웨어와의 제어신호 및 데이터의 송·수신을 행하는 프로그램이다.

다. 정보 통신 시스템에서 컴퓨터의 역할
(1) 통신 제어
회선 제어, 동기 제어, 전송 제어, 오류 제어, 흐름 제어 및 다중 처리 제어를 수행한다.
(2) 데이터 처리
실시간 처리, 시분할 처리, 원격 일괄 처리 등을 한다.
(3) 데이터 출력

합격예측
패키지(Package)는 사용자에게 특정 기능을 수행하도록 설계된 프로그램 집합을 의미한다.

합격예측
통신 소프트웨어 설계시 고려사항
① 수시입력
② 데이터의 다양성
③ 신속한 응답
④ 비동기 처리

합격예측
구동 프로그램 : Window에서 프린터 드라이버 등과 같은 것이다.

합격예측
정보 통신에서 컴퓨터의 역할
통신 제어, 데이터 처리, 데이터 출력

라. 정보 통신 시스템에서의 컴퓨터의 요구 조건
① 고속의 중앙처리장치(CPU)를 구비할 것
② CPU는 다중 프로그램 처리가 가능할 것
③ 이용자에게 편리한 소프트웨어를 준비하고 있을 것
④ 시분할 사용이 가능할 것
⑤ 시스템의 신뢰성이 높을 것
⑥ 시스템 응용에 적합한 확장성을 가질 것
⑦ 프로그램과 데이터의 독립성과 공유 처리기능을 제공할 것

4. 입·출력 채널

가. 채널(Channel)
① 입·출력장치와 주기억장치 사이에서 데이터 전송을 담당하는 입·출력 전용 처리기이다.
② 입·출력장치와 주기억장치간의 속도 차이를 해결하는 역할을 한다.

나. 채널의 기능
① 입·출력 명령을 해독
② 각각의 입·출력장치에 입·출력 명령 지시
③ 지시된 입·출력 명령의 실행을 제어

다. 채널(Channel)의 종류
① 셀렉터 채널(Selector Channel) : 자기디스크, 자기드럼, 자기테이프 같은 고속의 입·출력장치를 제어하기 위한 채널
② 바이트 멀티플렉서 채널(Byte Multiplexer Channel) : 저속의 입·출력장치 여러 개를 동시에 제어하는 채널
③ 블록 멀티플렉서 채널(Block Multiplexer Channel) : selector 채널과 Byte Multiplexer 채널의 장점을 결합시킨 형태의 채널이며, 비교적 고속의 입출력장치를 제어

5. 통신 제어장치(CCU : Communication Control Unit)

가. 통신 제어장치의 개요
① 통신 제어장치는 통신회선과 컴퓨터 사이에서 양자를 전기적으로 결합한다.
② 중앙처리장치와의 데이터 송·수신 제어를 한다.

합격 NOTE

합격예측
Channel=IOP(Input Output Processor)

합격예측
- 셀렉터 채널 : Block 단위 전송
- 멀티플렉서 채널 : Byte 단위 전송
- 블록 멀티플렉서 채널 : Block 단위 전송

합격예측
- 송신시 : 문자코드 → 직류 2진신호 변환
- 수신시 : 직류 2진 신호 → 문자코드 조립

합격예측

통신 제어장치는 전송 제어 전용 장치이며 통신회선은 주 컴퓨터와 접속되는 것이 아니라 통신 제어장치와 접속된다.

합격예측

FEP : 메시지 편집 기능 등 컴퓨터에 가까운 기능을 가지는 고도의 제어장치이다.

③ 통신회선의 감시, 코드변환, 접속 및 전송 오류를 제어한다.
④ 1대의 통신 제어장치에서 다수의 통신회선을 시분할 다중 제어한다.

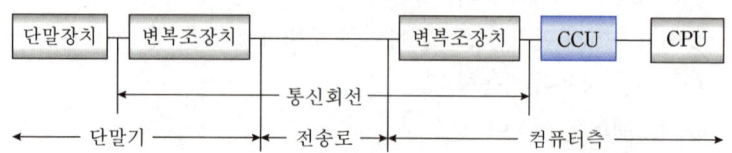

[통신 제어장치]

나. 통신 제어장치(CCU)의 종류

(1) 통신 제어 처리 장치(CCP : Communication Control Processor)

프로그램 제어가 가능하고 NCP(Network Control Program)가 내장되어 있어 통신 제어장치와 전처리 장치의 중간 정도의 기능을 갖고 있다.

(2) 전처리 장치(FEP : Front End Processor)

컴퓨터의 CPU 앞에 설치되어 통신회선 및 터미널 제어 등을 수행한다.

(3) 후처리 장치(BEP : Back End Processor)

자기디스크 기억장치에 대규모 데이터베이스를 구성할 때 이를 취급하는 장치이다.

(4) 원격 처리 장치(RP : Remote Processor)

터미널 근처에 설치되어 터미널의 제어, 정보량의 제어들을 수행한다.

(5) 네트워크 제어장치(NCU : Network Control Unit)

공중통신회선에 접속하기 위한 발신과 착신, 통신 종료 후의 통신회선 복귀 등의 기능을 수행하는 장치이다.

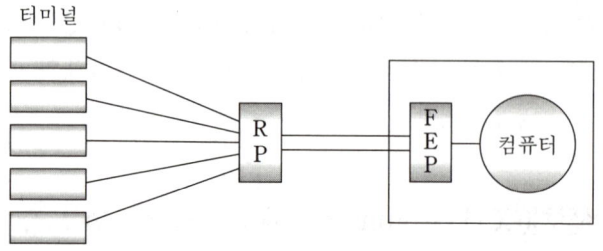

[통신 제어장치의 형태]

다. 통신 제어장치의 구성 및 기능

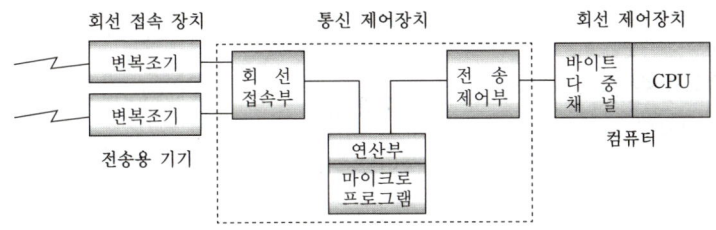

[통신 제어장치의 구성]

(1) 회선 접속부
   ① 변복조기 인터페이스 제어
   ② 송·수신 데이터의 직·병렬 변환

(2) 전송 제어부
   ① 전송 제어 문자의 식별
   ② 송·수신 데이터의 기억
   ③ 오류 검출 부호의 생성 및 오류 검출
   ④ 컴퓨터의 데이터 전송

 참고

📍 TCU(전송 제어장치)와 CCU(통신 제어장치) 비교
   ① CCU는 컴퓨터에 대하여, TCU는 입·출력장치에 대하여 전송제어 담당
   ② CCU는 많은 회선과 연결되고, 메시지 처리 능력이 있지만, TCU는 그렇지 못함

합격예측

통신 제어장치의 구성 : 회선 접속부, 전송 제어부

출제 예상 문제

제1장 정보단말기의 기능과 구성요소

01 다음 중 정보 단말기의 설명으로 옳지 않은 것은?
① 디지털 자료 전송시스템에서 자료를 만들거나 보기 위한 기기이다.
② 디지털 자료 전송시스템에서 자료를 보내거나 받기 위한 기능을 수행하는 기기이다.
③ 통신망에서 정보가 입·출력되는 지점이다.
④ 통신망과 통신망이 연결되는 지점에서 통신망 제어를 위하여 사람이 조작하도록 한 기기이다.

해설
단말기(Terminal)는 컴퓨터나 컴퓨팅 시스템에 데이터를 입력하거나 표시하는 데 쓰이는 전자 하드웨어 기기이다.

02 정보단말기의 발전 양상에 대한 설명으로 맞지 않는 것은?
① 고속화 ② 지능화
③ 범용화 ④ 개인화

해설
정보단말기는 디지털화, 고속화, 지능화, 개인화 형태로 발전되고 있다.

03 정보 단말기의 기능 중 사람이 식별 가능한 데이터를 통신 장비가 처리 가능한 2진 신호로 변환하거나 그 역(逆)을 행하는 기능은?
① 신호 변환 기능 ② 입·출력 기능
③ 송·수신 제어 기능 ④ 에러 제어 기능

04 다음 정보 단말기의 기능 중 성격이 다른 것은?
① 입·출력 기능 ② 에러제어 기능
③ 입·출력제어 기능 ④ 송·수신제어 기능

해설
단말기기의 기능
① 입·출력 기능
② 전송제어 기능 : 입·출력제어기능, 에러제어기능, 송수신제어기능

05 다음 중 정보 단말기의 입·출력장치에 속하는 것은?
① 변·복조부 ② 회선접속부
③ 오류처리부 ④ 출력장치부

해설
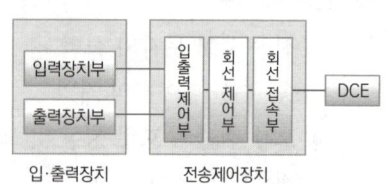

06 다음 중 정보 단말기의 전송제어 기능이 아닌 것은?
① 입·출력 제어기능 ② 송·수신 제어기능
③ 모뎀 제어기능 ④ 에러 제어기능

07 데이터 전송시에 발생하는 에러의 검출, 정정 등을 담당하는 장치는?
① 전송제어장치 ② 회선제어장치
③ 신호제어장치 ④ 중앙처리장치

해설
전송제어장치(Transmission Control Unit)
전송제어장치는 링크가 확립되면 전송제어 절차에 따라 정확한 데이터의 송·수신을 위한 필수적인 기능을 한다.
① 회선 접속부를 통하여 들어온 데이터의 직·병렬 변환을 행한다.
② 문자의 조립과 분해 또는 데이터 버퍼링(Buffering)을 행한다.
③ 에러제어를 포함한 전송제어를 수행한다.
④ 입·출력장치의 직접적인 제어 및 상태의 감시를 행한다.

[정답] 01 ④ 02 ③ 03 ② 04 ① 05 ④ 06 ③ 07 ①

출제 예상 문제

08 정보 단말기의 구성 중 전송제어장치에 해당되지 않는 것은?

① 입출력제어부 ② 회선제어부
③ 회선접속부 ④ 출력장치부

해설
전송제어장치(TCU : Transmission Control Unit)
① 전송제어장치는 데이터 전송시에 발생하는 오류를 검출 혹은 정정하는 장치이다.
② 전송제어장치는 입출력 제어부, 회선 제어부, 회선 접속부로 구성된다.
  ㉠ 회선 접속부 : 터미널과 데이터 전송회선을 연결
  ㉡ 회선 제어부 : 데이터의 직·병렬 변환, 에러제어 등의 전송제어 역할
  ㉢ 입출력 제어부 : 입출력장치들을 직접 제어 및 감시

09 터미널과 데이터 전송회선을 연결해 주는 부분으로 터미널 내부의 전기적 신호레벨과의 상호변환 역할은 어느부분에서 담당하는가?

① 회선 접속부 ② 회선 제어부
③ 입출력 제어부 ④ 신호 제어부

해설
회선 접속부
① 터미널과 데이터 전송회선을 연결
② 터미널 내부의 전기적 신호와의 상호 변환 역할(직병렬 변환, 2진 비트열 변환)

10 다음 중 휴대형 정보 단말기의 특성으로 옳지 않은 것은?

① 대용량 메모리 IC
② 저전력 RF(Radio Frequency)부품 기술
③ 고용량 전지
④ 부품의 대형화

해설
휴대형 정보단말기는 부품의 소형화와 다기능화를 기반으로 유·무선 통합뿐만 아니라 타 정보가전 단말기와의 통합이 완성될 것이다.

11 전송제어장치(TCU)의 구성요소 중 회선 접속부를 통해 들어온 데이터를 직렬과 병렬 신호로 변환하는 것은?

① 신호변환부 ② 직·병렬신호부
③ 회선제어부 ④ 입·출력장치부

해설
회선제어부의 역할
① 회선접속부를 통해 들어온 데이터의 직병렬변환
② 문자의 조립과 분해 또는 데이터 버퍼링(Data Buffering)
③ 오류제어 등의 전송제어 역할

12 전송 제어 장치(TCU)에서 입·출력 장치에 대한 직접적인 제어 및 상태를 감시하는 것은?

① 입·출력 제어부 ② 입·출력 장치부
③ 회선 접속부 ④ 회선 제어부

해설
① 회선 접속부 : 단말장치와 전송회선을 연결, 변복조기의 인터페이스를 제어
② 회선 제어부(에러 제어부) : 회선 접속부를 통해 들어온 데이터의 조립과 분해, 데이터 버퍼링(Buffering), 에러 제어를 포함한 전송 제어를 담당
③ 입출력 제어부 : 입출력장치에 대한 직접적인 제어 및 상태를 감시하는 기능

13 다음 중 출력장치의 기능에 대한 설명으로 알맞은 것은?

① 발생한 정보의 입력을 부호화하여 전기신호로 변환하는 것
② 입·출력 장치의 제어, 호스트 컴퓨터와의 정보교환 제어 등을 수행하는 것
③ 발생한 정보의 출력을 부호화하여 전기신호로 변환하는 것
④ 전기신호를 인간이 이해할 수 있는 형태로 출력하는 것

해설
출력장치는 중앙처리장치로부터 결과를 입력받아 사용자가 볼수 있는 형태의 정보로 변화시켜 주는 장치이다.

[정답] 08 ④ 09 ① 10 ④ 11 ③ 12 ① 13 ④

14 컴퓨터 시스템의 처리결과를 데이터 또는 문자로 바꿔주는 장치는?

① 플로터   ② OMR
③ OCR   ④ 카드 리더

해설
① 플로터(Plotter)는 그래프나 도형, CAD, 도면 등을 출력하기 위한 대형 출력장치이다.
② OMR, OCR, 카드리더는 입력장치이다.

15 다음 중 터미널의 기본적인 구성 중 출력장치에 속하는 것은?

① MICR   ② OCR
③ OMR   ④ CRT

해설
입출력장치
① 입력장치
키보드, 태블릿, 종이 테이프 리더, 종이 카드 리더, 자기 디스크 장치, 자기 테이프 장치, MICR, OCR, OMR 등
② 출력장치
프린터(충격식, 비충격식), CRT(Cathod Ray Tube), 종이 테이프 천공장치, 종이 카드 천공장치, 자기 테이프 장치, 자기 디스크 장치, 자기 드럼 장치 등

16 다음 중 직접 또는 간접으로 사람이 알아볼 수 있는 데이터를 컴퓨터에서 처리 가능한 전기적 신호로 변환하는 장치는?

① 플로터   ② OCR
③ 프린터   ④ CRT

해설
광학식 문자판독장치(OCR : Optical Character Reader)는 문자인식 프로그램을 말한다.

17 종이에 기록된 문자를 직접 광학적으로 읽어내는 광학식 문자입력장치는?

① 디지타이저   ② OCR
③ CAD/CAM   ④ 그래픽 단말기

해설
광학식 문자판독장치(OCR)는 타이프 라이터나 프린터로 인쇄한 문자라든가 손으로 쓴 문자를 광학적으로 직접 판독하는 장치이다. 즉, 종이에 기록된 문자를 반사광을 이용하여 인식하는 입력장치이다.

18 다음 중 정보 단말기의 일반적인 분류에서 인식장치가 아닌 것은?

① 광학문자판독기(OCR)
② 광학마크판독기(OMR)
③ MICR(Magnetic Ink Character Reader)
④ 라인프린터(Line Printer)

해설
인식장치는 입력장치이며, 프린터(printer)는 출력장치이다.

19 컴퓨터 입력장치 중 X, Y 위치를 입력할 수 있는 것은?

① MICR   ② Digitizer
③ OCR   ④ Scanner

해설
디지타이저는 펜(Digitizing pen)으로서 X-Y 좌표를 가진 입력 감지판에 의해 그려진 영상이 컴퓨터에 보내지며, 시스템은 보내온 좌표로부터 모니터에 그 모양을 재생시킨다.

20 키보드의 조작 없이 프로그램을 수행하는 단말장치는?

① 디지타이저   ② CAD/CAM
③ Mouse   ④ COM/CAR

해설
① CAD/CAM(Computer Aided Design/Computer Aided Manufacturing) : 컴퓨터를 사용한 설계 및 생산을 의미한다.
② 마우스(Mouse) : 키보드대신 사용하는 입력장치이다.

[정답] 14 ① 15 ④ 16 ② 17 ② 18 ④ 19 ② 20 ③

출제 예상 문제

21 다음 중 컴퓨터를 이용하여 마이크로필름에 들어 있는 정보를 검색하기 위한 장치는?

① OMR　　② OCR
③ COM　　④ CAR

해설
Micro Graphic 단말기는 문자, 도형, 그림 등으로 구성된 정보를 보관 및 검색하기 위해 작은 면적에 대량의 Data를 저장하는 기술을 말하며, CAR과 COM이 있다.
① CAR(Computer Assisted Retrieval)
　computer를 사용하여 Micro film에 들어 있는 정보를 검색하는 데 사용되는 것이다.
② COM(Computer Output Microfilm)
　computer에서 처리된 data를 사람이 해독 가능한 형태인 문자 및 도형으로 변환시켜 Micro film에 기록하는 장치나 기술을 의미한다.

22 다음 중 그림이나 사진을 직접 컴퓨터에 입력하는 것은?

① 스캐너　　② 마우스
③ 디지타이저　　④ 플로터

해설
① 스캐너(Scanner)는 사진, 글과 같이 종이에 나타나 있는 정보를 그래픽형태로 읽어 들여 컴퓨터에 전달하는 입력장치이다.
② 사진, 필름, 손으로 직접 그린 그림 등 을 디지털데이터로 변환해 컴퓨터로 전송할 수 있는 편리한 기능을 가진 데이터 변환기이다.

23 다음 중 범용단말장치가 아닌 것은?

① POS(Point of Sale)
② OMR(Optical Mark Reader)
③ MICR(Magnetic Ink Character Reader)
④ CRT(Cathode Ray Tube)

해설
① 전용 단말장치 : 좌석예약, 주식문의 등과 같은 특정 업무에 적합한 단말장치이다.
② 범용 단말장치는 프린터 등을 조합한 단순 범용 단말장치이다.
※ POS(Point Of Sales)는 판매와 관련한 데이터를 일괄적으로 관리하고, 고객정보를 수집하는 시스템이다.

24 다음 중 믹스모드(혼합형) 단말기의 기본적인 기능이 아닌 것은?

① 문서 인쇄 기능　　② 문서 통신 기능
③ 문서 편집 기능　　④ 정보의 교환 기능

25 휴대전화에 인터넷통신과 정보검색 등 컴퓨터 지원기능을 추가한 지능형 단말기로 사용자가 원하는 애플리케이션을 설치할 수 있는 멀티미디어 기기는 무엇인가?

① Tablet PC　　② PDA
③ Smart Phone　　④ Smart Grid

해설
멀티미디어 기기는 컴퓨터, 통신, 가전 등을 하나로 통합한 특징을 갖는다. 그리고 이 기기를 통하여 다양한 형태의 정보를 디지털신호로 가공, 저장, 편집하여 전송하는 체계를 가진 종합적인 시스템이다.

26 다음 중 멀티미디어 단말기의 기본 구성요소가 아닌 것은?

① 처리장치　　② 저장장치
③ 미디어 입출력장치　　④ 신호변환장치

해설
① 멀티미디어 단말은 음성과 데이터, 화상 등 각종 정보미디어를 통합한 것이다.
② 신호변환은 전송기기의 구성요소이다.

27 다음에서 설명하는 내용은 정보단말기의 어떤 기술을 설명한 것인가?

> 소형 전자칩과 안테나로 구성된 전자 Tag를 제품에 부착하여 사물을 정보단말기가 인식하고, 인식된 정보를 IT 시스템과 실시간으로 교환하는 기술

① IPTV　　② PLC
③ RFID　　④ HSDPA

[정답] 21 ④　22 ①　23 ④　24 ①　25 ③　26 ④　27 ③

28 다음 중 자체 프로그래밍이 가능한 터미널은 어느 것인가?
① RJE 시스템　　② 지능화된 터미널
③ 비디오 디스플레이　④ 텔레타이프 라이터

29 다음은 단말장치를 일반적 분류로 나눈 것이다. 해당되지 않는 것은?
① 범용 단말장치　② 복합 단말장치
③ 전용 단말장치　④ 특수 단말장치

30 다음은 데이터 통신 시스템의 센터 시스템에서 사용되고 있는 입·출력장치들이다. 표시 장치는?
① terminal　② OMR
③ OCR　④ CRT

31 다음 중 정보단말기 변조기능의 목적 또는 필요성에 맞지 않는 것은?
① 잡음, 간섭을 줄인다.
② 전파 복사(Radiation)를 용이하게 한다.
③ 전송 신호를 전송매체에 정합시킨다.
④ 역다중화가 이루어진다.

> **해설**
> 변조는 보내고자 하는 정보를 전송매체의 특성에 맞게 효율적으로 변환시키는 기술이다.

32 데이터 통신에 있어 단말기(Terminal)의 종류에 속하지 않는 것은?
① 텔레프린터(Tele Printer) 단말기
② 비디오 CRT(Video CRT) 단말기
③ AM/FM 라디오 단말기
④ RJE(Remote Job Entry) 단말기

33 "방송통신망에 접속되는 단말기기 및 그 부속설비"로 정의되는 것은?
① 전송장치　② 정보설비
③ 단말장치　④ 선로설비

34 주로 터미널로 사용되는 것은?
① CRT, 프린트
② 프린트, 하드 카피
③ CRT, 텔렉스
④ CRT, 하드 카피

35 다음 보기 중 가항과 나항의 내용에서 관련이 있는 것끼리 짝지어진 것은?

가항	① OCR　② OMR　③ MICR ④ Display　⑤ Plotter
나항	㉠ 지도, 천기도 ㉡ 은행 수표 ㉢ 대학 입시, 예비 고사 채점 ㉣ 터미널

① ①→㉢, ②→㉡, ③→㉣, ④→㉠
② ②→㉢, ③→㉡, ④→㉣, ⑤→㉠
③ ①→㉠, ③→㉡, ④→㉢, ⑤→㉣
④ ①→㉠, ②→㉢, ④→㉣, ⑤→㉡

36 다음 장치 중 입력, 출력 모두가 가능한 장치로만 이루어진 항은?

> ㉠ 자기 테이프 장치　㉡ 자기 디스크 장치
> ㉢ 인쇄 장치　㉣ 카드 입력장치
> ㉤ 자기 드럼 장치　㉥ 카드 천공 장치

① ㉢-㉣-㉥　② ㉣-㉥
③ ㉠-㉡-㉤　④ ㉠-㉡-㉥

[정답] 28 ② 29 ④ 30 ④ 31 ④ 32 ③ 33 ③ 34 ④ 35 ② 36 ③

37 다음 중 출력장치로만 구성된 항은?

① Line Printer, Magnetic Disk, Paper Tape
② Card Reader, Console, Keyboard, Line Printer
③ Card Reader, X-Y Plotter, MICR, OCR
④ Card Storage, X-Y Plotter, MICR, OMR

해설
① 입력장치 : 판독기(Card Reader), 자기디스크(Magnetic Disk), Console, 키보드
② 출력장치 : 펀치 카드(Punch Card), X-Y Plotter, 프린터(Printer)

38 컴퓨터를 이루고 있는 두 가지 구성 요소는?

① 하드웨어, 소프트웨어 ② 기억장치, 입력장치
③ 정보, 시스템 ④ 제어장치, 연산장치

39 컴퓨터의 주변장치는 다음 중 어느 것인가?

① 제어장치 ② 주기억장치
③ 연산장치 ④ 입·출력장치

해설
컴퓨터 하드웨어의 기본 구성
① 중앙처리장치 : 주기억장치, 연산장치, 제어장치
② 주변장치 : 입력장치, 출력장치

40 컴퓨터 중앙처리장치 중 입력장치, 기억장치, 연산장치, 출력장치에게 동작을 명령, 감독, 통제하는 장치는?

① 주기억장치 ② 논리 연산장치
③ 주변장치 ④ 제어장치

해설
제어장치의 기능
① 데이터의 입력과 출력 제어
② 산술 연산과 논리 연산 제어 지시
③ 주기억장치에 저장된 프로그램 호출 및 해독
④ 제어 신호 발생 및 전송
⑤ 입·출력장치 제어

41 다음 중 소프트웨어의 정의에 해당하지 않는 것은?

① 하드웨어를 동작하도록 하는 기능과 기술
② 컴퓨터 활용에 필요한 모든 프로그래밍 시스템
③ 운영체제(OS : Operating System)와 응용프로그램
④ 제어와 연산기능만을 수행하는 모듈

42 다음 중 시스템 소프트웨어에 대한 설명으로 틀린 것은?

① 시스템 소프트웨어와 응용소프트웨어로 구별할 수 있다.
② 시스템 소프트웨어는 관리, 지원, 개발 등으로 분류할 수 있다.
③ 스프레드시트, 데이터베이스 등은 대표적인 시스템 소프트웨어이다.
④ 운영체계는 대표적인 시스템 소프트웨어이다.

해설
시스템 소프트웨어(System Software)
① 소프트웨어는 크게 컴퓨터 시스템의 운영을 제어하고 관리하는 시스템 소프트웨어와 사용자가 필요한 일을 수행할 수 있도로고 만든 응용 소프트웨어로 구분할 수 있다.
② 시스템 소프트웨어는 컴퓨터를 작동시키고, 효율적으로 사용하기 위한 프로그램으로서, 사용자들이 컴퓨터를 보다 편리하게 이용할 수 있도록 도와준다.
③ 시스템 소프트웨어에는 로더, 운영체제, 장치 드라이버, 프로그래밍 도구, 컴파일러, 어셈블러, 링커, 유틸리티 등을 포함한다.
∴ 응용 소프트웨어(Application Software)는 어떤 목적을 달성하기 위해서 만들어진 프로그램으로, 워드 프로세서, 스프레드시트 등이 있다.

43 운영체제의 목적이 아닌 것은?

① 처리 능력의 향상 ② 처리시간의 단축
③ 컴퓨터 모델의 다양화 ④ 사용 가용도의 향상

해설
운영체제(OS : Operating System)의 목적
① 운영체제는 컴퓨터 하드웨어와 사용자간의 교량적인 역할을 하기 위한 프로그램으로, 컴퓨터 시스템을 구성하는 각종 자원을 효율적으로 관리, 운용하여 시스템 성능을 향상시키는 시스템 프로그램이다.
② 처리량(throughput) 증가, 응답시간 단축, 사용기능도 증대, 신뢰도 향상 등

[정답] 37 ① 38 ① 39 ④ 40 ④ 41 ④ 42 ③ 43 ③

44 마이크로프로세서 및 하드웨어의 자원을 관리하고 사용자의 입력을 받거나 결과를 출력하는 일을 담당하는 것을 무엇이라 하는가?

① 운영체제
② MMU
③ 컴파일러
④ BIOS

45 다음 중 운영체제에 대한 설명으로 거리가 먼 것은?

① 컴퓨터 하드웨어에 대한 자원을 관리하는 소프트웨어이다.
② 운용 프로그램과 하드웨어 자원에 대한 연계역할을 수행하는 소프트웨어이다.
③ 컴퓨터에서 항상 수행되고 있으며, 운영체제의 가장 핵심적인 부분은 커널(Kernel)이다.
④ 사용자가 필요하다고 생각되는 경우 쉽게 접근하여 운영체제의 프로그램을 변경할 수 있다.

46 사용자가 컴퓨터의 본체 및 각 주변장치 등을 가장 효율적이고 경제적으로 사용할 수 있도록 하는 프로그램을 무엇이라고 하는가?

① 컴파일러(Compiler)
② 로더(Loader)
③ 매크로(Macro)
④ 운영체제(Operating System)

[해설]
운영체제(OS : Operating System)
① 운영체제는 컴퓨터 하드웨어와 사용자간의 교량적인 역할을 하기 위한 프로그램이다.
② 운영체제는 컴퓨터 시스템을 구성하는 각종 자원을 효율적으로 관리, 운영하여 시스템 자원을 향상시키는 시스템 프로그램이다.

47 정보통신시스템 소프트웨어에서 운영체제의 기능이 아닌 것은?

① 메모리관리
② 잡(Job)관리
③ 범용라이브러리
④ 통신제어

[해설]
① 운영체제(OS : Operating System)는 사용자와 하드웨어간의 중간 매개체 역할을 한다.
② 운영체제의 3대 기능은 CPU관리, 메모리관리, 디스크관리이다.

48 다음 운영체제의 방식 중 가장 먼저 사용된 방식은?

① Batch Processing
② Time Slicing
③ Multi-Threading
④ Multi-Tasking

[해설]
세대별 운영체제

1세대	일괄 처리 시스템 (Batch Processing System)	• 가장 먼저 생겨난 방식 • 유사한 성격의 작업을 한꺼번에 모아서 처리
2세대	다중 프로그래밍 (Multi Programming)	• 처리량의 극대화 • 한 대 컴퓨터, 여러 프로그램들 동시 실행
2세대	시분할 시스템 (Time Sharing System)	• 응답시간의 최소화 • 각자 독립된 컴퓨터를 사용하는 느낌을 주는 시스템
2세대	다중 프로세싱 (Multi Processing)	• 한 대의 컴퓨터에 CPU를 2개 이상 설치, 여러 프로그램 실행
2세대	실시간 시스템 (Real-Time System)	• 한정된 시간 제약조건에서 자료를 분석하여 처리 (예) 비행기 제어 시스템, 교통 제어
3세대	다중 모드(mode) 시스템	1, 2 세대 혼합 시스템
4세대	분산 처리 시스템 (Distributed Processing)	여러 대의 컴퓨터들에 의해 작업들을 나누어 처리, 그 내용이나 결과를 통신망을 이용하여 상호 교환

49 다음과 같은 운영체제의 운용기법은?

데이터 발생 또는 처리요구가 발생했을 경우에 즉시 처리결과를 산출하는 운용기법을 말하며, 처리시간을 단축하고, 비용이 절감되기 때문에 은행과 같이 온라인 업무에 시간제한을 두고, 수행하는 작업 등에 주로 사용된다.

① 단일 사용자 시스템
② 실시간처리 시스템
③ 분산처리 시스템
④ 시분할 시스템

[정답] 44 ① 45 ④ 46 ④ 47 ③ 48 ① 49 ②

출제 예상 문제

50 정보통신시스템을 운용하기 위한 소프트웨어 파일 관리 기능만을 열거한 것으로 적합하지 않은 것은?

① 매체공간 관리기능 ② 기억소자 관리기능
③ 에러제어 관리기능 ④ 액세스 제어기능

해설
① 대부분 메모리, 프로세스, 장치, 파일 등의 시스템구성 요소를 자원이라 하며, 운영체제는 이런 자원을 관리하는 역할을 수행한다.
② 파일 관리 기능 : 운영체제는 파일의 추상적인 개념을 운영하고 쉽게 사용하기 위해 디렉터리로 구성, 다수의 사용자에 의한 파일 접근을 제어한다.

51 다음 중 운영체제가 제공하는 소프트웨어 프로그램이 아닌 것은?

① 스택(Stack)
② 컴파일러(Compiler)
③ 로더(Loader)
④ 응용 패키지(Application Package)

해설
스택(Stack)은 한 쪽 끝에서 자료를 삽입하고 삭제할 수 있는 형태를 가지는 자료 구조이다.

52 다음 중 운영체제의 제어프로그램이 아닌 것은?

① 작업제어 프로그램 ② 감시 프로그램
③ 언어번역 프로그램 ④ 데이터관리 프로그램

해설
운영체제(OS : Operating System)
운영체제는 크게 제어 프로그램과 처리 프로그램으로 구성된다.
① 제어 프로그램의 종류
  ㉠ 감시 프로그램 : 가장 핵심 프로그램으로 시스템 전체의 작동 상태를 감시 감독
  ㉡ 자료(데이터)관리 프로그램 : 데이터와 파일을 표준적으로 관리해 주는 프로그램
  ㉢ 작업관리 프로그램 : 컴퓨터가 처리하기 위한 일의 단위인 작업관리
② 처리 프로그램의 종류
  ㉠ 언어번역 프로그램 : 기계어로 번역하기 위한 프로그램
  ㉡ 서비스 프로그램(유틸리티 프로그램/라이브러리) : 사용 빈도가 높은 프로그램들을 제작 회사에서 미리 프로그램화하여 제공하는 프로그램들
  ㉢ 문제처리 프로그램 : 사용자가 업무상 필요에 의해서 작성한 프로그램

53 다음 중 오퍼레이팅 시스템에서 제어 프로그램에 속하는 것은?

① 데이터 관리프로그램 ② 어셈블러
③ 컴파일러 ④ 서브루틴

54 전자계산기 소프트웨어는 시스템 소프트웨어와 응용 소프트웨어의 두가지 종류로 구분될 수 있다. 다음 중 시스템 소프트웨어가 아닌 것은?

① 과학용 프로그램
② 운영 시스템
③ 데이터 베이스 관리 시스템
④ 통신 제어 프로그램

해설
소프트웨어의 종류
① 시스템 소프트웨어(system software)는 컴퓨터를 작동시키고, 효율적으로 사용하기 위한 프로그램으로서, 사용자들이 컴퓨터를 보다 편리하게 이용할 수 있도록 도와준다. **예** 운영체제 등
② 응용 소프트웨어(application software)는 어떤 특정 목적을 달성하기 위해서 만들어진 사용자 프로그램이다.
  ∴ 과학용 프로그램은 응용소프트웨어이다.

55 다음 중 비교적 속도가 빠른 I/O장치를 통해, 특정한 하나의 장치를 독점하여 입·출력으로 사용하는 채널은?

① Simple Channel
② Select Channel
③ Byte Multiplexer Channel
④ Block Multiplexer Channel

해설
중앙처리장치의 지시를 받아 독립적으로 입·출력장치를 제어하는 하드웨어장치가 채널(Channel)이다.
① 바이트 다중채널(Byte Multiplexer Channel) : 저속의 입·출력 장치를 제어한다.
② 블록 다중채널(Block Multiplexer Channel) : 비교적 고속의 입·출력 장치를 제어한다.
③ 입·출력 선택 채널(I/O Selector Channel) : 고속의 입·출력 장치를 제어하기 위하여 채널이 확보되면 일정 기간 독점 사용하는 버스트(Burst)방식을 사용한다.

[정답] 50 ② 51 ① 52 ③ 53 ① 54 ① 55 ②

56 I/O채널(Channel)의 설명 중 맞지 않는 것은?

① CPU는 일련의 I/O 동작을 지시하고 그 동작 전체가 완료된 시점에서만 인터럽트를 받는다.
② 입출력 동작을 위한 명령문 세트를 가진 프로세서를 포함하고 있다.
③ 선택기 채널(Selector Channel)은 여러 개의 고속 장치들을 제어한다.
④ 멀티플렉서 채널(Multiplexer Channel)에는 보통 하드디스크 장치들을 연결한다.

57 다음 중 통신제어 처리장치에 대한 설명이 아닌 것은?

① 프로그래밍에 의해 복잡한 제어를 용이하게 한다.
② 통신제어장치를 개선한 것이다.
③ 프로그램 제어가 가능한 소형의 중앙처리장치를 사용한다.
④ 컴퓨터 상호 간이나 다른 컴퓨터를 원격처리할 목적으로 사용된다.

해설

① 통신제어 처리장치(CCP : Communication Control Processor)는 프로그램 제어 방식의 통신 제어장치(CCU) 이다.
② 통신제어 처리장치는 온라인 컴퓨터 시스템에서 주 컴퓨터에 접속되어 주 컴퓨터와 단말 간 또는 다른 주 컴퓨터 간의 통신제어 기능을 수행하는 장치이다.

58 다음 중 통신제어장치(CCU)의 설명으로 틀린 것은?

① 다수의 통신회선과의 사이에 데이터의 송·수신을 수행하고, 전송속도와 컴퓨터의 처리 속도의 차이를 보완한다.
② 주변장치를 제어하며, 기억장치와의 데이터 전송을 수행하는 장치이다.
③ 통신회선과의 전기적 인터페이스, 통신회선의 접속 및 절단 제어 등의 기능이 있다.
④ 데이터의 처리에 따라 비트 버퍼 방식, 문자 버퍼 방식, 블록 버퍼 방식, 메시지 버퍼 방식 등으로 구분된다.

해설

① 중앙처리장치와의 Data 송수신제어
② Data 신호의 직병렬변환
③ 통신회선의 시분할제어
④ 문자 및 메시지의 조립 및 분해
⑤ Data 전송시 필요한 제어신호의 송수신과 통신회선의 감시, 접속 및 전송오류제어

59 다음 중 통신제어장치(CCU : Communication Control Unit)의 형태에 따른 분류가 아닌 것은?

① 전처리장치(FEP)
② 중앙처리장치(CPU)
③ 원격처리장치(RP)
④ 통신제어처리장치(CCP)

해설

① 통신제어장치는 전송회선과 컴퓨터 사이에 위치하여 컴퓨터를 대신해서 전송 관련 제어 기능을 수행하는 장치이다.
② 종류 : 통신제어처리장치(CCP : Communication Control Processor), 전처리장치(FEP : Front End Processor), 후처리장치(BEP : Back End Processor), 원격처리장치(RP : Remote Processor), 네트워크제어장치(NCU : Network Control Unit) 등

60 통신제어장치(CCU)의 종류 중 아래의 설명에 해당하는 것은?

> 공중통신회선에 접속하기 위한 발신과 착신, 통신 종료 후의 통신회선 복귀 등의 기능을 수행하는 장치이다.

① 전처리장치(FEP)
② 후처리장치(BEP)
③ 원격처리장치(RP)
④ 네트워크 제어장치(NCU)

해설

망제어장치(NCU : Network Control Unit) : 전화회선의 호 제어(다이얼)신호를 송수신하는 장치

[정답] 56 ④ 57 ④ 58 ② 59 ② 60 ④

2. 정보전송기기

1. 정보전송기기

가. 신호변환장치(DCE)

정보통신시스템에서 데이터 단말장치(DTE)가 원격지와 정보를 주고 받기 위해 신호변환장치를 이용하여 송신 정보를 전기적 신호로 변환한 후 전송매체를 통해 전송하며, 수신측에서는 역과정으로 정보를 복원한다. 신호변환장치는 전송매체(통신회선)의 특성에 따라 MODEM, DSU, CSU 등이 있다.

(1) 신호변환장치(DCE)의 기능

① 단말 장치와 통신 회선사이에 신호 변환
② 컴퓨터나 단말장치의 데이터를 통신회선에 적합한 신호로 변환

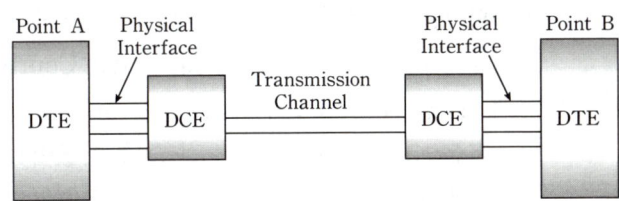

나. 변복조기(MODEM)

(1) 변복조기의 개요

① 변복조기(MODEM)는 송신측에서의 변조기(Modulator)와 수신측에서의 복조기(Demodulator)의 합성어이다.
② 송신측에서는 디지털 신호를 아날로그 전송 공간에 맞게 변조하여 송신하며, 수신측에서는 역의 과정을 통해 다시 원래의 디지털 신호로 변환하는 기능을 수행한다.

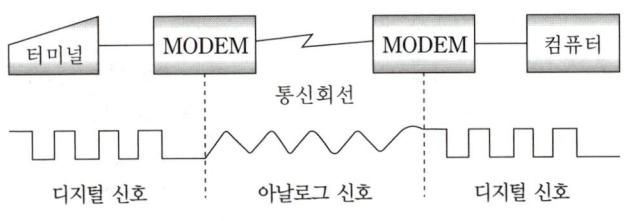

[모뎀의 개요]

합격예측

DCE : 신호 변환 장치 또는 회선 종단 장치

합격예측

DCE는 회선 속도 등에 따라 MODEM 또는 DSU/CSU로 구분

합격예측

MODEM은 아날로그회선을 사용하여 통신을 할 때 사용

합격예측

- 송신 : 디지털 신호 → 아날로그 신호
- 수신 : 아날로그 신호 → 디지털 신호

③ MODEM의 구조

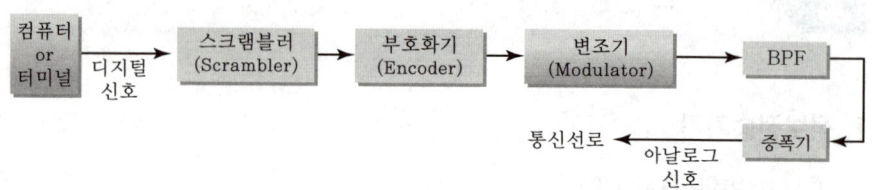

[송신부]

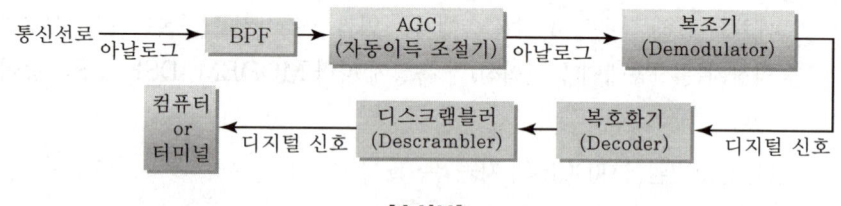

[수신부]

④ MODEM의 기능

㉠ 등화기능 : 신호의 전송에 따른 일그러짐을 보상해 주는 기능
㉡ 자동이득조절(AGC : Automatic Gain Control) 기능 : 신호의 이득을 자동으로 조절하는 기능
㉢ 스크램블(Scramble) 기능 : 전송오류를 줄이기 위하여 데이터의 1과 0이 연속적으로 발생하는 것을 방지하는 기능
㉣ 디스크램블(Descramble) 기능 : 스크램블하여 전송된 데이터를 복원하는 기능
㉤ 시험(Test) 기능 : 모뎀자체 및 전송선로의 고장상태를 파악할 수 있는 기능

(2) 변복조기의 분류

분류	종류	비고
동기 방식	비동기식 변복조기	저속도, 비동기식 단말기에서 사용
	동기식 변복조기	중속도 이상, 동기식 단말기에서 사용
대역폭	음성 이하 대역 모뎀	저속 모뎀에 사용
	음성 대역 모뎀	9,600[bps] 이하에 사용
	광대역 모뎀	고속 변조기
사용 가능 거리	선로 구동기	1[mile] 미만의 거리에서 100[bps]~1[Mbps]의 속도로 사용
	제한 거리(단거리) 변복조기	1~20[mile]
	장거리 변복조기	거리의 제한 없음

합격예측
대역통과필터(BPF)

합격예측
송신측(스크램블러), 수신측(디스크램블러)

합격예측
스크램블러는 데이터의 패턴을 랜덤 하게 하여 수신측에서 동기를 잃지 않도록 하는 기능이다.

합격예측
• 비동기식 전송 : 시작, 종료비트 이용, 저속전송에 이용
• 동기식 전송 : 시작/종료비트 없이 전송, 고속전송에 이용

분 류	종 류	비 고
포트 수	단포트 변복조기	포트가 1개
	멀티포트 변복조기	포트 여러 개, 고속 모뎀에서 사용
속 도	저속도 변복조기	1,200[bps] 이하의 속도
	중속도 변복조기	1,200[bps]~9,600[bps]의 속도
	고속도 변복조기	48[kbps] 이상의 속도
등화 방식	고정 등화 변복조기	보통 저·중속도에 사용
	가변 등화 변복조기	2선, 4선 전용 회선을 이용하며 통신 속도에는 제한이 없다.
변조 방식	진폭 편이 변조(ASK) 방식	구조 간단, 가격 저렴
	주파수 편이 변조(FSK) 방식	저속, 비동기식에 사용
	위상 편이 변조(PSK) 방식	중·고속 동기식에 사용
	진폭·위상 편이 변조(QAM) 방식	고속 이상에서 사용

합격예측
동일 조건에서 변조 성능 :
QAM>PSK>FSK>ASK

(3) 모뎀의 표준 규격

① ITU-TS 표준에 의한 모뎀 : ITU-T의 V시리즈는 아날로그 전송로를 이용한 데이터 통신에 관한 권고안으로, 음성 대역 모뎀에 관한 권고안은 V.21, V.23, V.26, V.26bis, V.27, V.27bis, V.29 등이다.

② 변복조기 규격의 예(일부)

ITU-T 규격	Bell 규격	전송속도(bps)	변조방식	전송회선
V.21	103A	300	FSK	교환회선
V.22	212A	300/1,200	PSK	교환회선
V.23	202	600/1,200	FSK	교환회선
V.26	201B	2,400	4상 PSK	전용회선
V.27	208A	4,800	8상 PSK	전용회선
V.29	209A	9,600	QAM	전용회선

합격예측
- ITU-TS(구 CCITT) : 유럽 중심 표준
- BELL 표준 : 미국 중심 표준

합격예측
ITU-T
① V 계열(전화망에 관한 데이터 통신)
② X 계열(데이터 통신망에 대한 데이터 통신)

(4) 기타 모뎀의 종류

① 멀티포트 모뎀(Multi-port Modem)
  ㉠ 변복조기와 제한된 기능의 다중화기가 혼합된 형태이다.
  ㉡ 고속 동기식 모뎀과 시분할 다중화기가 결합된 형태이다.
  ㉢ 4개의 채널이 속도별로 이용 가능한 6가지의 조합 형태가 있다.
  ㉣ 별도의 다중화기가 필요치 않으며, 구조가 간단하여 운용이 쉽다.

합격예측
멀티포트 모뎀은 여러 개의 포트에 속도를 차별화하여 운영한다.

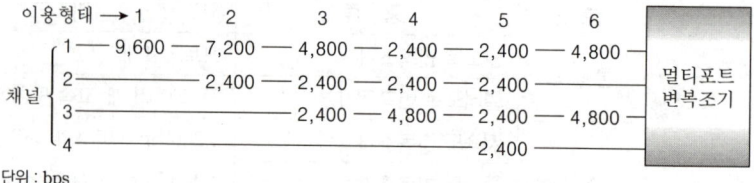

[멀티포트 모뎀의 이용 가능한 속도 조합]

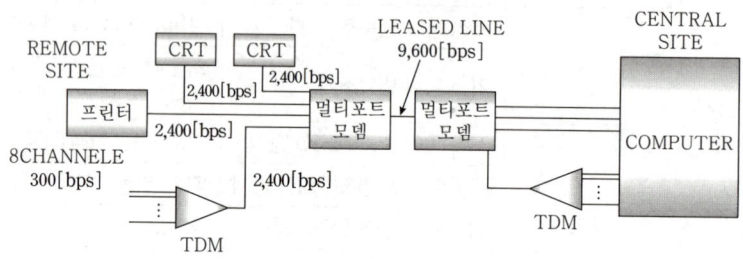

② 멀티포인트 모뎀(Multi-point Modem)
- ㉠ 멀티포트 시스템에서 발생하는 전송 지연을 최소화하기 위해 고안된 고속 폴링(Polling) 모뎀이다.
- ㉡ 주로 분산되어 있는 대화형 단말기들이 중앙 컴퓨터내의 데이터 베이스를 이용할 때 주로 사용한다.
  - 예) 여행사의 비행기 좌석 예약시스템

③ 제한(단)거리 모뎀(Limited Distance Modem)
- ㉠ 1~20[mile]의 비교적 단거리에서 사용된다.
- ㉡ 가격이 저렴하며, 반이중/전이중으로 동작한다.

④ 선로 구동기(Line Driver)
- ㉠ 선로 구동기는 신호의 전송 거리를 연장하는 데 사용된다.
- ㉡ 전송 신호는 디지털 형태이다.
- ㉢ 단거리의 경우가 경제적이다.

다. 디지털 서비스 유닛(DSU : Digital Service Unit)

(1) DSU의 역할
- ① 아날로그 전송로에서 DCE로는 모뎀(Modem)을 사용하는 반면, 디지털 전송로에서는 디지털 서비스 유닛(DSU)을 사용한다.
- ② DSU는 디지털 신호를 전송로에 적합하도록 변환한다.
- ③ 다양한 Loopback 기능이 있어서 유지 보수 등이 용이하다.

(2) DSU의 특성
- ① 변복조기보다 비용이 저렴하다.
- ② 정확한 동기 유지를 위한 클록(Clock) 추출 회로가 있다.

③ 송신측에서는 단극성(Unipolar) 신호를 변형된 쌍극성(Bipolar) 신호로 바꾸어주며 수신측에서는 반대의 과정을 거쳐 원래의 신호를 만들어낸다.

④ 단말기가 DDS(Dataphone Digital Service) 네트워크를 이용하고자 할 때에는 반드시 DSU를 사용해야 한다.

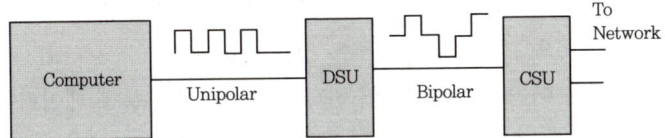

합격예측
데이터 통신 전용 장비 :
DSU/CSU

 참고

📍 디지털 전송 신호의 형태

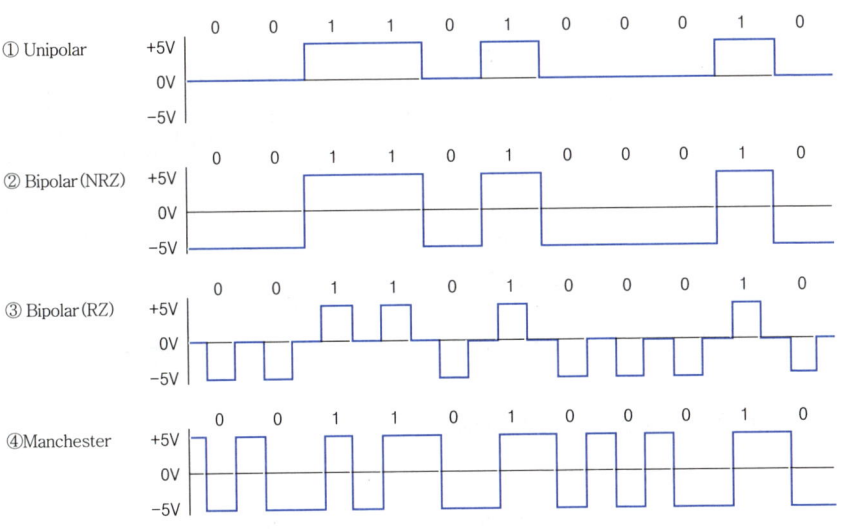

① Unipolar
② Bipolar(NRZ)
③ Bipolar(RZ)
④ Manchester

합격예측
① 영복귀부호
  (RZ : Return to Zero)
  한 비트 구간의 50%만 펄스유지
② 영비복귀부호
  (NRZ : Non Return to Zero)
  한 비트구간의 100%에서 펄스 유지

라. CSU(Channel Service Unit)

① CSU/DSU는 LAN의 디지털 데이터 프레임(Frame)을 WAN에 적합한 디지털 데이터 프레임으로 또는 그 역으로 변환하는 기능을 수행
② CSU는 광역통신망으로부터 신호를 받거나 전송하며, 장치 양측으로부터의 전기적인 간섭을 차단하는 기능을 한다.
③ CSU/DSU는 별개의 제품으로 만들어지지만, 때로는 라우터와 함께 통합되기도 한다.
④ CSU는 T1 또는 E1 트렁크를 수용할 수 있는 장비로서 각각의 트렁크를 받아서 속도에 맞게 나누어 분할하여 쓸 수 있는 장비이다.

합격예측
CSU/DSU의 DTE 인터페이스는 보통 V.35나 RS-232C 등이다.

합격예측
CSU는 128[kbps] 이상의 디지털 전용회선에 사용하는 국선측 장비 또는 망장비이다.

2. 다중화 장비와 집중화 장비

가. 다중화(Multiplexing) 장비

(1) 다중화 장비의 개요

① 다중화란 몇 개의 DTE가 하나의 통신회선을 통하여 결합된 형태로 신호를 전송하고, 수신측에서는 다시 터미널 신호로 분리하여 원래의 형태로 나누어주는 것을 말한다.

② 여러 단말장치들이 하나의 통신회선을 통해 데이터를 전송하고, 수신측에서 여러 개의 단말장치들의 신호로 분리하여 출력할 수 있도록 하는 방식이다.

③ 다중화 방식은 주파수 분할 다중화(FDM : Frequency Division Multiplexing)와 시분할 다중화(TDM : Time Division Multi-plexing) 방식 등이 있다.

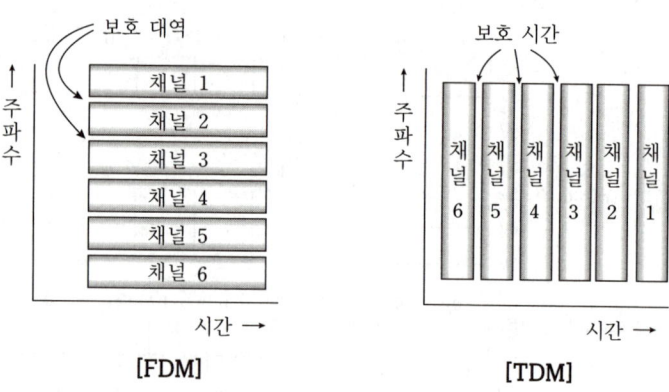

[FDM]   [TDM]

(2) 주파수 분할 다중화기(FDM)

① FDM의 개념

㉠ FDM은 통신선로의 주파수 대역을 몇 개의 작은 대역폭으로 나누어 여러 개의 저속도 장비를 동시에 이용하는 것이다.

㉡ 수신측에서는 적절한 여파기를 통해 각 대역폭의 신호를 구분한 후 본래의 신호를 수신한다.

② FDM의 특징

㉠ 구조가 간단하고 가격이 저렴하다.

㉡ 1,200[bps] 이하의 비동기 저속도 장비에 이용된다.

㉢ 주파수 분할 다중화기 자체가 FSK 변복조의 역할을 수행하므로 별도의 변복조기가 필요없다.

㉣ 멀티포인트(Multipoint) 구성에 적합하다.

㉤ 비동기식 데이터를 다중화하는 데 주로 사용한다.

ⓑ 채널간 완충 지역으로 가드 밴드(Guard Band)를 필요로 한다.

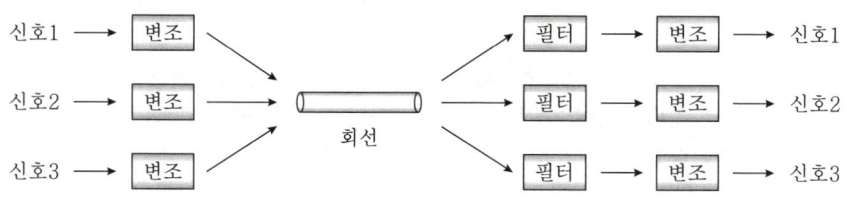

[FDM 다중화기의 원리]

> **합격예측**
> Guard band는 다중화 방식에서 각 채널간의 간섭을 막기 위해 일종의 완충지역 역할을 한다.

 참고

 FDM과 TDM의 특징

주파수 분할 다중화(FDM)	시분할 다중화(TDM)
• 아날로그 형태로 전송된다. • 가드 밴드(보호 대역)를 주어야 하므로 대역폭 낭비가 있다. • 저속도의 비동기에서 이용된다. • 시분할 방식에 비해 비효율적이다. • TV, 라디오, CATV 등에 이용한다. • 구조 간단, 가격 저렴하다.	• 디지털 회선에서 이용하는 방식이다. • 다중화기는 고속이고, 단말기는 저속이므로 버퍼가 필요하다. • 고속 전송이 가능하다. • 동기식, 비동기식 데이터 다중화에 이용한다.

(3) 시분할 다중화기(TDM)

① TDM의 개념

㉠ TDM은 한 전송로의 데이터 전송 시간을 일정한 시간폭으로 나누어 각 부채널에 차례로 분배함으로써 몇 개의 저속 부채널이 한 개의 고속 전송선을 나누어 이용하는 것이다.

㉡ 수신측 다중화 장치는 수신 프레임에서 프레임 동기를 취하고, 전송로의 순서대로 수신단말의 채널로 분배한다.

② TDM의 특징

㉠ 동기 및 비동기식 데이터를 다중화하는 데 사용된다.

㉡ 저속 혹은 고속 DTE에도 이용할 수 있다.

㉢ Point-To-Point 방식에 적합하다.

㉣ 종류

ⓐ 동기식 시분할 다중화기 : 입력측 채널의 타임 슬롯과 출력측 채널의 타임 슬롯이 1:1로 대응된다. 모든 단말장치에 타임 슬롯을 고정시켜 비효율적이다.

> **합격예측**
> TDM은 디지털 신호 다중화에 사용된다.

> **합격예측**
> 시분할 다중화기는 고속이고, 단말기들은 저속이므로 버퍼가 필요하다.

합격 NOTE

합격예측
비동기식 시분할 다중화기=지능 다중화기 또는 통계적 시분할 다중화기

ⓑ 비동기식 시분할 다중화기 : 실제로 보낼 데이터가 있는 단말장치에만 동적으로 각 채널에 타임 슬롯을 할당한다.

동기식 시분할 다중화 (Synchronous TDM)	비동기식 시분할 다중화 (Asynchronous TDM)
• 타임 슬롯을 모든 이용자에게 규칙적으로 할당(정적 할당)한다. • 보낼 데이터가 없어도 슬롯이 할당되므로 타임 슬롯의 낭비가 있다. • 프로토콜에 투명성을 가진다. • 동기비트가 필요하다.	• 전송할 데이터를 갖고 있는 사용자에게만 타임 슬롯을 할당(동적 할당)한다. • 통계적 시분할 다중화라고도 한다. • 대역폭 이용이 효율적이다. • 버퍼가 필요하다. • 전송효율이 높다.

합격예측
TDM에서 인접 채널간의 간섭을 막기 위해 보호시간(Guard Time)을 둔다.

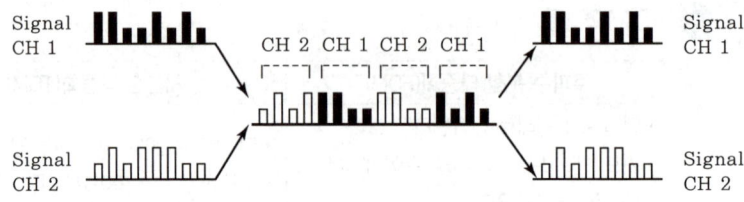

(4) 지능 다중화기(STDM : Statistical Time Division Multiplexer)
  ① STDM의 개념
    ㉠ 실제로 보낼 데이터가 있는 **DTE**에만 동적인 방식으로 각 부채널에 시간폭을 할당하는 방식이다.
    ㉡ 통계적 시분할 다중화기 또는 비동기식 시분할 다중화기라고도 한다.

합격예측
STDM은 집중화기 기능도 수행한다.

  ② STDM의 특징
    ㉠ 같은 시간에 더 많은 데이터 전송이 가능하다.
    ㉡ 주소 제어, 메시지 보관, 오류 제어 등의 기능이 제공된다.
    ㉢ 가격이 비싸고 접속에 소요되는 시간이 길어진다.

(5) 광대역 다중화기

합격예측
광대역 다중화기의 사용가능 속도 : 2.4~56[kbps]

  ① 서로 다른 속도의 동기식 데이터를 묶어서 광대역을 이용해서 전송하는 시분할 다중화기이다.
  ② 고속 전송 시 송·수신측의 정확한 동기 유지를 위하여 별도의 동기용 채널이 필요하다.
  ③ 비트 삽입식 다중화 방식을 이용한다.
  ④ 광대역 변복조기와 함께 사용되며 피라미드식으로 이용이 가능하다.

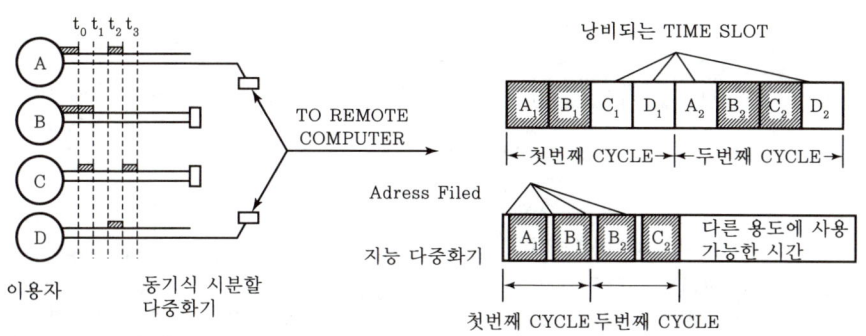

[동기식 다중화기와 지능 다중화기]

(6) 역다중화기(Inverse Multiplexer)
  ① 두 개의 음성 대역폭을 이용해서 광대역에서 얻을 수 있는 통신 속도를 얻도록 하는 기기이다.
    ㉠ 송신측 : 고속의 데이터 열을 2개의 낮은 속도의 데이터 열로 변환
    ㉡ 수신측 : 2개의 낮은 속도의 데이터 열을 합하여 하나의 고속 데이터 열로 변환
  ② 한 채널 고장시 나머지 한 채널로 1/2의 속도로 계속 운영이 가능하다.
  ③ 시분할 다중화기의 역동작을 수행한다.

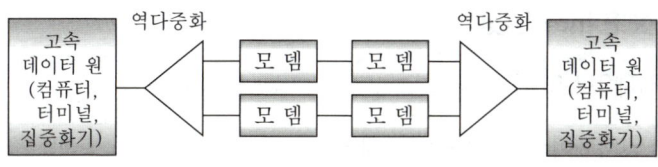

[역 다중화기]

나. 집중화 장비(Concentrator)

(1) 집중화 장비의 개요
  ① 집중화 장비는 다수의 단말회선을 소수의 회선으로 집중 또는 통합하기 위한 장비이다.
  ② 일반적으로 입력회선의 수(M개)는 출력회선의 수(N개)와 같거나 많게 된다.($M \geq N$)
  ③ 동적 할당을 통해서 실제 전송할 데이터가 있는 단말장치에게만 시간폭을 할당한다.
  ④ 단일회선제어기, 중앙처리장치, 다수선로제어기 등으로 구성된다.

합격 NOTE

합격예측
고속데이터 발생원 : 컴퓨터, 단말기, 집중화기

합격예측
역다중화기는 바이플렉서(Biplexer) 혹은 라인플렉서(Lineplexer)라고도 한다.

합격예측
집중화기는 동적인 시간 할당을 하며, 구조가 복잡하고 불규칙한 전송에 적합하다.

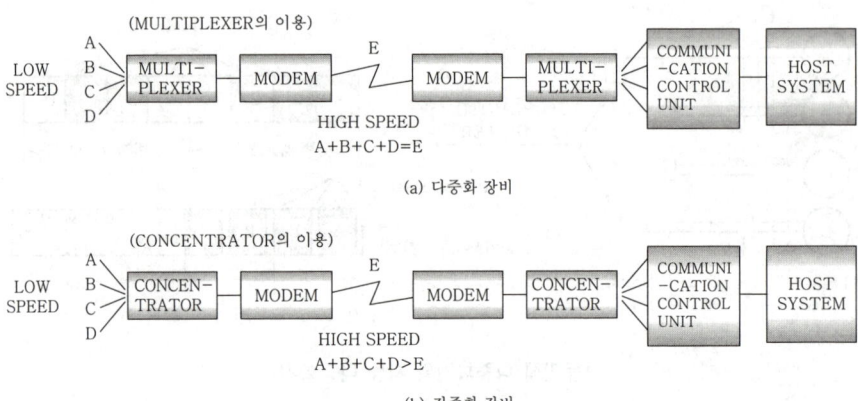

(a) 다중화 장비

(b) 집중화 장비

[다중화 장비와 집중화 장비]

[다중화 장비와 집중화 장비의 비교]

다중화 장비	집중화 장비
• 선로를 정적(Static)으로 이용	• 선로를 동적(Dynamic)으로 이용
• 구성이 간단(부채널 제어 필요 없음)	• 구성이 복잡(부채널 제어 필요)
• 전송효율이 낮다.	• 전송효율이 높다.

합격예측
- 정적 방법 : 입력 데이터 신호의 합계=출력속도
- 동적 방법 : 입력 데이터 신호의 합계>출력속도

합격예측
인터페이스는 DTE와 DCE 간을 접속한다.

합격예측
ITU-T : V, X-series 등의 표준을 제정한 표준화기구

3. DTE/DCE Interface

가. 인터페이스의 규격

(1) 인터페이스(Interface)의 개요

① 호스트와 모뎀, 터미널과 모뎀 사이의 데이터를 주고받는 규격을 정해 놓은 것을 단말장치의 접속 규격이라 한다.

② 인터페이스 표준 규격은 ITU-T, EIA, ISO 등에서 제정된다.

(2) V 시리즈와 X 시리즈 인터페이스

① V 시리즈
  ㉠ 아날로그 데이터를 전송하기 위하여 개발된 기존 터미널 인터페이스이다.
  ㉡ 공중전화망(PSTN)을 이용한 데이터 전송의 표준

② X 시리즈
  ㉠ 디지털 데이터를 전송하기 위하여 개발된 신규 터미널용 인터페이스이다.
  ㉡ 공중 데이터 교환망(PSDN)을 이용한 데이터 전송의 표준

ⓐ V 시리즈 권고안

번호	내용
V.1	2진 부호 시스템의 상호교환에 필요한 기호
V.2	전화선을 이용한 데이터 전송에 있어서의 출력 신호의 전력레벨
V.3	데이터와 메시지의 전송을 위한 국제 전신부호
V.4	데이터와 메시지 전송을 위한 7단위 코드의 구조
V.5	공중회선을 이용한 동기식 데이터 전송속도(600, 1200, 2400, 9600[bps] 등)
V.6	공중회선을 이용한 동기식 데이터 전송속도(600, 1200, 2400, 3600, 9600[bps] 등)
V.15	데이터 전송을 위한 음향 결합기에 관한 사항
V.20	공중회선을 위한 병렬 데이터 전송용 변복조기에 관한 사항
V.22	공중회선(교환회선)을 통한 동기식 1200[bps] 변복조기
V.22 bis	전용회선을 통한 동기식 1200[bps] 변복조기
V.23	공중회선을 위한 600/1200[baud] 변복조기
V.24	데이터 터미널과 데이터 통신기기의 접속규격
V.25	공중회선을 이용한 자동호출 및 응답장치
V.26	4선식 전용회선을 위한 2400[bps] 변복조기
V.26 bis	공중회선을 위한 2400/1200[bps] 변복조기
V.27	전용회선을 위한 4800[bps] 변복조기
V.27 bis	전용회선을 위한 4800[bps] 변복조기
V.27 ter	공중회선을 위한 4800/2400[bps] 변복조기
V.29	전용회선을 위한 9600[bps] 변복조기
V.35	60~108[kHz] 군대역 회선을 통한 48[kbps] 데이터전송
V.36	60~108[kHz] 군대역 회선을 통한 48[kbps] 동기식 변복조기
V.37	60~108[kHz] 군대역 회선을 통한 72[kbps] 이상의 데이터 전송
V.41	모든 코드에 사용이 가능한 에러 제어방식에 관한 사항
V.50	데이터 전송의 전송품질을 위한 표준한계 값

(3) X 시리즈 권고안

번호	내용
X.1	공중데이터 네트워크에서의 국제 이용자 서비스 분류
X.2	공중데이터 네트워크에서의 국제 이용자 설비
X.3	공중데이터 네트워크에서의 패킷 분해, 조립장치 덤터미널들이 X.25 네트워크에 연결하기 위해 사용하는 패킷 어셈블리/디어셈블리(PAD) 변환기 정의
X.4	공중데이터 네트워크를 이용한 데이터 전송시 코드의 구조
X.20	공중데이터 네트워크에서 비동기 전송을 위한 DTE, DCE 접속규격
X.20 bis	V.21과 호환성이 있는 공중데이터 네트워크에서 비동기 전송을 위한 DTE, DCE 사이의 접속규격

합격 NOTE

합격예측
① V 시리즈 : DTE와 아날로그 통신회선 간에 접속 규정을 정의. 모뎀 인터페이스
② X 시리즈 : DTE와 디지털 교환망 간에 접속 규정을 정의

합격예측
* bis라는 접미어는 두 번째라는 의미이며, 3 개정판에는 ter가 붙는다.

합격예측
V.24: ITU-T가 규정한 모뎀(DCE)과 단말(DTE) 간의 인터페이스 규격이다.
∴ 데이터 터미널과 데이터 통신기기의 접속규격이다.

합격예측
V.32bis : ITU-T의 모뎀표준으로 14,400[bps] 전송을 지원하는 최초의 표준

합격예측
① X.20 : 공중데이터망에서 비동기전송을 위한 DTE/DCE간의 접속규격
② X.21 : 공중데이터망에서 동기전송을 위한 DTE/DCE간의 접속규격

합격 NOTE

번 호	내 용
X.21	공중데이터 네트워크에서 동기식 전송을 위한 DTE와 DCE 사이의 접속규격
X.21 bis	V 시리즈의 동기식 변복조기에 맞게 설계된 DTE의 PDN에서의 사용
X.24	공중데이터 네트워크에서 사용되는 DTE와 DCE 사이의 인터체인지 회선에 대한 정의
X.25	공중데이터 네트워크에서 패킷형 터미널을 위한 DCE와 DTE 사이의 접속규격
X.28	동일 국내의 PDN에 연결하기 위한 DTE/DCE접속
X.29	패킷형 DTE와 PAD 사이에 제어정보 및 데이터 교환에 대한 정차
X.40	기초군을 주파수 분할하여 전신과 데이터 채널을 만들기 위한 주파수편이방식의 표준화
X.50	동기식 데이터 네트워크 사이의 국제적 접속을 위한 다중화 방법

> **합격예측**
> X.28은 공중 데이터 통신망에서 패킷의 조립/분해장치(PAD)를 액세스하는 동기식 데이터 단말장치용 DTE/DCE 접속규격

> **합격예측**
> 물리계층에서만 정의되는 대표적인 표준 : RS-232C, V.24, V.35, X.21 등

(4) DTE/DCE 인터페이스 특성
  ① 전기적 특성
    ㉠ 전압 수준 레벨 규정
    ㉡ 전압 수준이 변경되는 타이밍 규정
  ② 기계적 특성
    ㉠ DTE와 DCE 사이의 상호 접속 회로의 핀의 수, 크기, 형상, 레이아웃을 규정
    ㉡ 커넥터 형상, 핀 사이의 간격 등을 규정
  ③ 기능적 특성
    ㉠ 상호 교환 회로에 나타나는 신호와 관계되는 특성을 규정
    ㉡ 데이터 송·수신, 제어 타이밍, 접지 기능으로 분류
  ④ 절차적 특성
    데이터를 송·수신하기 위하여 일어나는 사건의 순서를 규정

나. X.25

(1) X.25는 ITU의 부속기구인 CCITT에 의해 1974년 발표된 이후 여러 번의 수정을 거쳐 1993년에 ITU-T X.25 권고안으로 발표되어 현재에 이르고 있다.

(2) X.25는 패킷 스위칭 기술을 기반으로 패킷형 사용자 단말기인 DTE와 패킷 교환 네트워크 접속장비인 DCE간의 인터페이스를 규정하는 프로토콜이다.

> **합격예측**
> X.25는 패킷교환망에서 DCE와 DTE 사이에 이루어지는 상호작용을 규정한 프로토콜이다.

(3) X.25의 계층구조

X.25는 ISO의 OSI 참조 모델보다 먼저 개발되었으나 사실상 OSI 참조 모델의 계층 1, 2, 3에 해당한다.

① X.25 레벨 1(물리계층)

데이터 터미널 장비(DTE)와 데이터 회선 종단 장치(DEC)사이에 비트를 보내고 접속을 설정해 주는 접속 규격을 정의

② X.25 레벨 2(데이터링크 계층)

OSI 참조 모델의 계층 2에 해당하는 데이터링크 계층으로 흐름 제어와 에러 제어와 같은 기능을 제공. 이때의 레벨 2는 LAPB(Link Access Procedure Balanced), MLP(Multi Link Procedure)로 구성

③ X.25 레벨 3(네트워크 계층)

네트워크에 접속하여 호출 설정을 하고 패킷을 교환하며 통신이 끝난 후 호출을 해제하는 절차를 정의

(4) X.25 특징

우수한 호환성, 높은 신뢰성, 우수한 전송 품질, 고효율 방식

다. 모뎀 인터페이스(RS-232-C, V.24/V.28)

(1) RS-232는 PC와 음향 커플러, 모뎀 등을 접속하는 직렬 방식의 인터페이스의 하나이다.

(2) 원래 RS-232-C는 터미널 단말기와 모뎀의 접속용으로 쓰였다. ITU-T가 V.24, V.28을 권고로 하고 있던 것을 미국 EIA(The Electronic Industries Alliance)가 통신용으로 규격화한 것으로, 텔레타이프 라이터, PC 등의 DTE, 모뎀 등의 DCE를 접속해 데이터를 전송하기 위한 전기적, 기계적인 특성을 정의한 것이다.

 참고

● 직렬포트(Serial Port)와 병렬포트(Parallel Port)

① 직렬포트는 한 번에 하나의 비트 단위로 정보를 주고 받을 수 있는 직렬 통신의 물리적 인터페이스이다. 데이터는 단말기와 다양한 주변 기기와 같은 장치와 컴퓨터 사이에서 직렬 포트를 통해 전송된다.

② 병렬포트는 다양한 주변 기기를 연결하기 위한 일종의 인터페이스이다. 프린터 포트라고 부르기도 한다.

※ USB(범용 직렬 버스 : Universal Serial Bus) : USB는 컴퓨터와 주변 기기를 연결하는 데 쓰이는 입·출력 표준 가운데 하나이다. USB는 다양한 기존의 직렬, 병렬 방식의 연결을 대체하기 위하여 만들어졌다.

합격 NOTE

합격예측

X.25 Protocol

① 패킷형 단말과 패킷교환기 간의 인터페이스로 권고하고 있는 프로토콜로 물리계층, 데이터링크층, 패킷계층의 3계층으로 구성

② 물리계층 프로토콜 : X.21(또는 X.21 bis)
데이터링크계층의 프로토콜 : LAP-B
패킷계층의 프로토콜 : X.25 Packet Level

합격예측
- V.24 : 기능적, 절차적 규정
- V.28 : 전기적 조건 규정

합격예측
V.24 : ITU-T가 규정한 모뎀(DCE)과 단말(DTE) 간의 인터페이스 규격이다.
∴ 데이터 터미널과 데이터 통신기기의 접속규격이다

합격예측
RS-232C는 미국의 EIA에 의해서 정해진 표준 인터페이스로, "직렬 2진 데이터"의 교환을 하는 DTE와 DCE간의 인터페이스의 제반 사항을 규정한다.

합격예측
USB 인터페이스는 병렬 프린터 포트를 효율적으로 대체하였다.

합격 NOTE

합격예측
RS-232-C : 근거리용

합격예측
① Pin 2(TD : Transmit Data) : PC에서 모뎀이나 프린터로 신호가 전송
② Pin 3(RD: Receive Data) : 모뎀이나 프린터에서 PC의 직렬 포트로 신호가 전송
③ Pin 4(RTS: Request To Send) : Pin 2에 데이터를 송신할 수 있도록 clear하라는 것을 요구 하는 신호를 모뎀이나 프린터로 보내기 위해 사용

합격예측
X시리즈는 디지털 데이터 통신에서 사용되는 인터페이스 권고안이다.

합격예측
X.21은 2.4[kbps] 이상에 적용한다.

(3) 규격
① 가장 널리 알려진 접속 규격이다.
② 불평형 방식의 전송(Unbalanced Transmission)
③ 25pin 커넥터 사용
④ 전송 속도 제한 : 20[kbps] 이하
⑤ 전송 거리 제한 : 15[m]까지
⑥ 비동기 및 동기전송 가능

(4) RS-232-C의 25-pin 배열

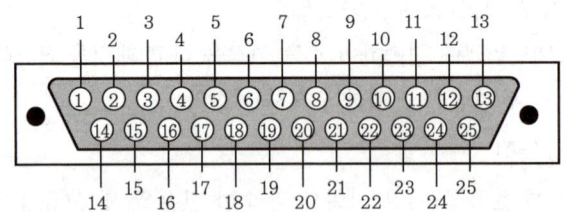

[25-pin 연결기(connector)]

PIN	신호이름	기능	PIN	신호이름	기능
1	---	Protective Ground	14	SBA	2nd Transmitted Data
2	TXD	Transmitted Data	15	DB	DCE Element Timing
3	RXD	Receive Data	16	SBB	2nd Received Data
4	RTS	Request To Send	17	DD	Received Element Timing
5	CTS	Clear To Send	18	---	Unassigned
6	DSR	Data Set Ready	19	SCA	2nd Request To Send
7	GND	Signal Ground/Common	20	DTR	Data Terminal Ready
8	CD	Carrier Detect	21	CG	Signal Quality Detector
9	---	+Voltage	22	RI	Ring Detector
10	---	-Voltage	23	CH/CI	Data Signal Rate Detector
11	---	---	24	DA	DTE Element Timing
12	SCF	2nd Line Detector	25	---	Unassigned
13	SCB	2nd Clear To Send	---	---	---

라. DTE-DSU 인터페이스(X 시리즈 인터페이스)

컴퓨터나 단말장치 같은 DTE를 데이터 교환망(PSDN 등)에 접속하기 위해 DSU를 이용하며, 이 접속 규격에는 X시리즈 인터페이스를 권고하고 있다.

① X.21 : 공중 데이터망의 동기식 전송을 위한 접속 규격
② X.21bis : V계열의 동기식 변복조기에 맞게 설계된 DTE를 공중 데이터망에서 사용하기 위한 접속 규격이다.

4. 광통신 종단장치

가. 광가입자망 기술의 개요

(1) 사물지능통신(IoT) 등의 발달로 인해 인터넷에 접속되는 기기가 급증하며, 비디오 콘텐츠를 비롯한 초대용량 서비스, 무선 인터넷 서비스 등이 활성화되고, 트래픽이 폭증할 것으로 예측된다. 광가입자망은 이러한 급변하는 가입자망의 변화에 효과적으로 대처할 수 있는 기술로써, 인터넷 서비스 사업자와 가입자를 연결하는 중요한 네트워크이다.

(2) 광가입자망이란 음성전화용 동선, 케이블TV용 동축케이블, 무선주파수 등 전통적인 전송매체가 아닌 광섬유 케이블과 레이저 송수신 방법을 이용하여 각 가입자들에게 10Mbps 이상의 초고속 광대역 접속서비스를 제공할 수 있는 가입자망을 말한다.

나. 광 가입자망의 구성

광가입자망은 통신사업자 측에 설치된 OLT와 가입자측에 설치된 ONU, 그리고 이들을 연결해주는 광선로와 광분배(Splitter) 네트워크로 구성된다.

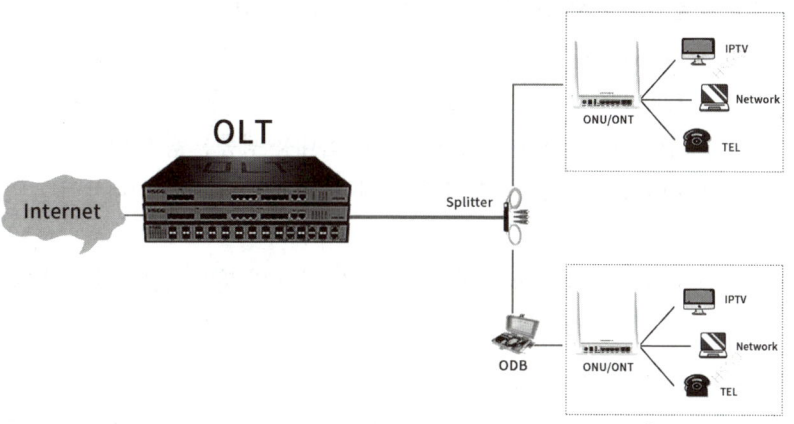

[FTTH 광 가입자망의 구성 장치] (출처 : hsgq-ONU Industry news, 2020. 10)

(1) 광 선로 종단장치(OLT : Optical Line Terminal)
① OLT는 PON 방식에 사용하는 장비이다.
② OLT는 국사(Central Office) 또는 집중 구내 통신실(MDF 실) 내에 설치되어 백본망과 가입자망을 서로 연결시켜 준다.
③ OLT는 광 가입자 망의 일부로서 서비스 제공업체 측의 광 종단 장치이다.

합격 NOTE

합격예측
광통신 : 영상·음성·데이터 등의 전기신호를 레이저광의 강약으로 변환하여 전송하는 통신

합격예측
광 가입자망 : 기존 전화용 동선 케이블의 일부 또는 전부를 광케이블로 대체하여 고속 광대역의 가입자망 구성한 망

합격예측
광 인터넷 방식 : 개인주택이나 소규모 집단주택 단지에 광케이블을 전송 매체로 LAN 망을 구성하는 방식

합격예측
OLT와 ONU 간의 신호 전송이 어떤 다중화 방법을 이용하는지에 따라 TDM-PON, WDM-PON, OFDM-PON 등으로 구분

합격예측
OLT는 하향 이더넷 프레임을 PON 방식으로 전/광 변환하여 수동소자(Splitter 등)로 전송한다.

(2) 광분배기(Splitter)

Splitter는 하나 또는 두 개의 광신호를 N개(2, 4, 8, … 64)의 경로로 분기하는 광 수동(Passive) 소자이다.

> **합격예측**
> Splitter는 PON 방식의 광네트워크 시스템 구축을 용이하게 한다.

 참고

📍 **수동광가입자망(PON)에서 RN(Remote Node)**
① 광 분배기(스플리터)를 수용하는 장치 또는 노드를 말한다.
② 광 신호를 분배, 결합하는 장치로 FTTH를 구축하는데 있어서 통신실 또는 구내에 설치되어 하나의 광케이블을 통하여 전송되는 신호를 여러 가입자의 광수신기로 균등하게 분배하여 전송해 주는 수동 광 파워분배기이다.
③ RN은 OLT에서 ONU 또는 ONT로 분배되는 지점에서, 광분배기(스플리터)를 수용하는 장치/노드를 말한다.
④ RN은 가입자 지역내 인공, 전주, 구내에 설치된다.

(3) 광 망 종단장치(ONU : Optical Network Unit)

① ONU는 광 가입자계 시스템에 접속하기 위한 종단 장치이다.
② ONU는 보통 Hybrid FTTx 구성시 주거용 가입 밀집 지역의 중심부에 설치하는 소규모의 옥외/옥내용 광통신 장치이다.
③ ONU는 가입자와 망과의 분계점으로서 가입자망 인터페이스 역할을 한다.
④ ONU는 PON 방식의 분계점에서 집선 및 분배 역할을 수행할 때 사용되며, L2 스위치, DSLAM 장치 등이 있다.

> **합격예측**
> ONU : PON에서 하나의 광케이블을 이용하여 다수의 가입자가 사용할 수 있도록 1:N로 신호를 분배하는 분배 함체이다.

> **합격예측**
> ONU : 업무용 건축물, 관공서 등에 적용

(4) 옥내 광 종단장치(ONT : Optical Network Terminal)

① ONT는 국사로부터 광케이블이 가입자 댁내 또는 사업자 구내까지 확장 포설되어 최종적으로 종단되는 장치를 말한다.
② ONT는 최종 종단 장치이며 PC와 연결할 수 있는 광 모뎀이라고도 한다.

> **합격예측**
> ONT는 광모뎀(MODEM)이라고도 한다.

(5) 광분배함(FDF : Fiber Distribution Frame)

① FDF는 옥외 또는 옥내용 광케이블로부터 단말처리(융착작업) 부분을 어댑터를 사용하여 취부판에 고정함으로서 충격 등 외부의 영향으로부터 안전하게 보호하는 함체이다.
② FDF는 광 점퍼코드를 이용하여 광단국장치로 분기시키는 역할을 한다.

> **합격예측**
> 광 단국장치(네트워크 단말장치)

다. 광가입자망 기술의 종류

(1) FTTx(Fiber To The x)

IPTV, VoIP 등 융합서비스는 보다 넓은 대역폭과 빠른 전송속도를 요구하고 있어, 국내·외 통신사업자들은 기존 동선위주의 가입자망을 FTTC, FTTH 등의 광가입자망으로 고도화하는 데 주력하고 있다.

① FTTx는 구리선으로 되어 있는 전화망을 대체하는 광(Optical Fiber)의 네트워크 구조를 총칭한다.

② FTTx는 가입자 근방까지 광섬유를 배치하기 위한 기술을 총칭하는 것으로, 모든 광 솔루션이 액세스 망에서 가입자/댁내까지 직접 광으로 설비하는 것을 의미하는 것은 아니다.

③ FTTx의 종류
　㉠ FTTN(Fiber To The Node/Neighborhood) : 가입자 주변의 특정 노드까지 광이 들어간 경우
　㉡ FTTC(Fiber To The Curb) : 통신사업자들이 설치하는 주택가 주변의 Cabinet까지 광이 들어가는 경우
　㉢ FTTB(Fiber To The Building) : 빌딩의 통신 관리실, 일반적으로 지하까지 광이 들어가는 경우
　㉣ FTTH(Fiber To The Home) : 집안에까지 광 라인이 들어가는 경우

> 합격예측
> 전송거리 :
> ADSL(3[km]), VDSL(1[km]), FTTH(20[km] 이상)

> 합격예측
> FTTC는 전화 서비스를 대체할 목적으로, 광케이블을 집이나 회사 근처의 도로까지 설치하고 사용하는 것이다.

> 합격예측
> FTTH는 각 가입자의 모든 액세스 망까지 광으로 제공하는 것을 말함

 참고

● FTTC

① FTTC는 기본적으로 CO(Central Office), ONU(Optical Network Unit), 가입자 옥내의 STU(Subscriber Terminal Unit) 그리고 광분배망으로 구성된다.

② 가입자망은 CO에서 ONU까지는 광케이블을, 그 이후는 전화선을 사용해 구성된다.

③ VDSL과 ADSL설비는 ONU를 종단의 사용자에게 연결하기 위한 것으로 필수가 아닌 사용자의 선택사항이다.

④ CO는 전화국의 내부나 외부에 위치할 수 있고 또 멀리 떨어져 위치할 수도 있다.

합격 NOTE

합격예측
AON은 국사에서 RN까지의 연결구간을 모든 가입자가 공유하므로 광케이블을 줄일 수 있다.

합격예측
AON은 아파트단지와 같은 공동주택 환경에 적합

합격예측
AON과 PON의 구별은 광신호를 분기시키는데 전원을 필요로 하는 장치를 필요로 하느냐, 필요로 하지 않느냐로 구분

합격예측
PON은 광케이블 소요를 억제시킴

합격예측
PON은 일정 거리까지는 하나의 광선로를 이용한 후 분배기를 이용하므로 구축 비용이 저렴

합격예측
FTTH 망 구성방식 : AON, PON

---

(2) 능동형 광통신망(AON)과 수동형 광통신망(PON)

① AON(Active Optical Network)
  ㉠ AON은 가입자 지역 내의 적절한 위치에 능동(Active) 소자(이더넷 스위치)를 수용한 RN(Remote Node)를 배치하고, 이곳으로부터 각 가입자들에게 광케이블을 통해 연결하는 방식이다.
  ㉡ 사용 광케이블 : 100B-FX, 100/1000B LX

AON 특징	• IEEE 802.3표준 이더넷 통신기술 사용 • 이더넷 패킷스위칭, 스위칭 노드간 점대점 MAC 기능을 수행 • 이더넷 통신기술 사용으로 별도의 FTTH기술 개발 소요가 없음 • 저렴한 가격에 구축이 가능
AON 단점	• 외부환경에 장비가 설치 됨으로 관리운용적 측면에서 어려움 • 장애 발생시 즉각적인 조치가 힘드며 추가적인 관리비용 발생

② PON(Passive Optical Network)
  ㉠ PON은 외부 환경에 능동소자 대신 전원이 필요하지 않은 수동(Passive) 광소자를 사용해 국사에서 RN까지 연결되는 단일 광케이블을 분기시켜 가입자들에게 연결하는 방식이다.
  ㉡ PON이 어느 위치에서 종말 처리되느냐에 따라, FTTC, FTTB 또는 FTTH 등으로 나누어진다.
  ㉢ PON은 광케이블의 소요를 억제시킴과 동시에 외부환경에 능동소자들을 제거함으로써 FTTH 서비스에 가장 적합한 기술이다.

PON 특징	• 수동 광소자 사용 • 하나의 OLT가 여러 ONU로 접속할수 있게 함 • 광케이블 소요 억제 • 외부환경 능동소자 제거
PON 단점	• 초기 가설비용이 높음

📝 참고

📍 **수동 광 통신망(PON : Passive optical network)**
  ① PON은 광케이블 망을 통해 최종 사용자에게 신호를 전달하는 시스템이다.
  ② PON이 어느 위치에서 종말 처리되느냐에 따라, FTTC, FTTB 또는 FTTH 등으로 나누어진다.

③ PON에서 Passive 즉 '수동'이란 일단 신호가 네트워크를 통해 지나가기 시작하면 광전송을 위해 전력 에너지 또는 활성 전자부품이 더이상 필요없다는 것을 의미한다.

(3) TDM-PON, WDM-PON
① 시분할 수동 광가입자망(TDM-PON)
㉠ OLT에서 ONU 쪽으로 전달되는 하향신호와 ONU에서 OLT로 전달되는 상향신호가 TDM 방식으로 이루어 지는 방식
㉡ 장점 : 하나의 광원으로 여러 가입자를 수용 할 수 있다.
㉢ 단점 : 운용하는 ONU의 수가 증가할수록 가입자당 할당되는 대역폭이 줄어든다.
② 파장분할 수동 광가입자망(WDM-PON)
㉠ OLT와 ONU들을 연결하는 광분배 네트워크가 광파장 분할기이며, 각각의 ONU들은 서로 다른 파장의 광신호를 사용하는 방식
㉡ 장점 : 운용되는 ONU의 수와 관계없이 항상 일정한 대역폭을 사용자에게 제공한다.
㉢ 단점 : 가입자 수만큼의 광원을 보유하고 관리해야 하는 비용 부담이 존재한다.

합격 NOTE

합격예측
PON 방식 : TDM-PON 방식, WDM-PON 방식으로 분류

합격예측
OLT와 ONU 간의 신호 전송이 어떤 다중화 방법을 이용하는지에 따라 TDM-PON, WDM-PON 등으로 구분

합격예측
TDM-PON 기술 : 이더넷기술 기반의 EPON, GEM 프레임 기반의 GPON 기술

합격예측
WDM-PON : 채널 수, 전송 용량의 증가, 프로토콜이나 전송속도에 무관하게 네트워크를 구성할 수 있다.

출제 예상 문제

제2장 정보전송기기

01 모뎀(MODEM)이란?
① 데이터 신호를 전송 매체에 적합한 형태로 바꾸고, 또 반대로 원상 복귀시키는 기기
② 데이터 처리를 위한 일종의 통계 패키지(package)이다.
③ 입·출력에 관한 작업을 맡음으로써 컴퓨터 CPU의 부담을 덜어주는 기기
④ 디지털 데이터 전송 시스템에서 최첨단에 위치하는 정보 발생원과 정보 처리원의 기능을 수행하는 기기

해설
① MODEM = Modulator + Demodulator
② 변조와 복조를 하는 장치이다.

02 MODEM에 대한 설명 중 잘못된 것은?
① MODEM은 아날로그 전송 매체를 통해 디지털 데이터를 전송하는 데 필요한 기기이다.
② 크게 송신부와 수신부로 구분된다.
③ 변조 방식으로는 ASK 방식이 가장 많이 쓰인다.
④ 자동 이득 조절기(AGC)는 수신부에 속한다.

해설
대부분의 비동기식 모뎀은 FSK 방식을, 동기식 모뎀은 PSK 방식을 많이 사용한다.

03 다음은 변복조기(MODEM)의 기능을 설명한 것이다. 옳지 않은 것은?
① 전송 매체를 통해서 데이터를 전송하는 데 필요한 것이다.
② 디지털 신호를 아날로그 회선에서 전송이 적합하도록 변조하여 준다.
③ 디지털 신호를 복류 신호로 전송하기 위한 정보통신 기기이다.
④ 음성급 신호를 디지털 신호로 변환하여 주는 정보통신 기기이다.

해설
변복조기는 아날로그 전송매체를 통해 데이터를 전송하는데 필요한 장치로서, 일종의 신호변환기이다.

04 다음 변복조기의 송신부 동작 과정을 설명한 것 중 옳지 못한 것은?
① DTE로부터 온 디지털 신호의 전송을 위하여 스크램블링 과정을 거친다.
② 스크램블링 데이터는 채널의 특성에 맞는 데이터로 부호화되고 부호화된 데이터는 아날로그 신호로 변조된다.
③ 변조된 아날로그 신호는 저역 여파기와 증폭기, 변압기를 거쳐 전송로로 나간다.
④ 채널상의 오류율이 높은 경우에는 오류를 검출해서 복원할 수 있는 기능을 갖는 복원 부호로 부호화하기도 한다.

해설
MODEM 송신부의 구조
① 스크램블러(Scrambler) : 데이터의 패턴을 랜덤하게 하여 수신측에서 동기를 잃지 않도록 한다. 신호의 스펙트럼이 채널의 대역폭 내에 가능한 한 넓게 분포하도록 하여 수신측에서 등화기가 최적의 상태를 유지하도록 해준다.
② 채널 인코더(Encoder) : 스크램블된 데이터가 채널 특성에 맞는 데이터로 부호화된다.
③ 변조기(Modulator) : 아날로그 신호로 변조된다.
④ 대역 제한 여파기(Band Limiting Filter) : 미리 정해진 주파수 대역만 통과하도록 한다.
⑤ 증폭기와 변압기(Transformer)

05 다음 중 모뎀의 송신기의 구성요소가 아닌 것은?
① 스크램블러   ② 변조기
③ 필터   ④ 등화기

해설
MODEM 수신부 구성 : 자동이득 조절기, 등화기, 복조기, 복호기

[정답] 01 ① 02 ③ 03 ③ 04 ③ 05 ④

06 다음 변복조기의 수신부를 설명한 것 중 순서가 적당한 것은?

① 통신선로 → 대역 제한 여파기 → 자동 이득 조절기(AGC) → 복조기 → 데이터 복조화기
② 대역 제한 여파기 → 자동 이득 조절기 → 통신선로 → 복조기 → 데이터 복조화기
③ 데이터 복조화기 → 복조기 → 통신선로 → 자동 이득 조절기 → 대역 제한 여파기
④ 대역 제한 여파기 → 자동 이득 조절기 → 데이터 복조화기 → 통신선로 → 복조기

해설
변복조기 수신부의 동작
① 통신선로로부터 들어오는 아날로그 신호는 대역 제한 여파기(Band Limiting Filter)를 거쳐 자동 이득 조절기(AGC : Automatic Gain Control)로 들어간 신호는 적당한 크기가 되어 복조기로 들어간다.
② 복조기에서 아날로그 신호는 복조되어 디지털 신호로 변환되고 이어서 데이터 복호화기(Decoder)를 통해 디스크램블(Descramble)되어 원래의 데이터로 환원된 후 컴퓨터 혹은 터미널로 입력된다.

07 데이터 전송 장치 중 컴퓨터나 DTE(Data Termi-nal Equipment)에서 사용되는 디지털 신호를 아날로그 전송 회선에 전송이 가능하도록 하는 신호 변환기를 무엇이라고 하는가?

① MODEM ② DSU
③ CPU   ④ FEP

해설
신호 변환 장치(DCE) 또는 회선 종단 장치의 종류
① MODEM
  ㉠ 아날로그 신호와 디지털 신호 사이의 변환 기능
  ㉡ 아날로그 전송 회선에 적합한 신호로 변환
② DSU(디지털 서비스 유닛) : 디지털 전송로에 사용

08 다음 중 모뎀의 궤환시험(Loop Back Test) 기능과 관련된 것이 아닌 것은?

① 모뎀의 패턴발생기와 내부회로의 진단테스터
② 자국내 모뎀의 진단 및 통신회선의 고장 진단
③ 전송속도의 향상
④ 상대편 모뎀의 시험인 Remote Loop Back Test도 가능

해설
① 궤환시험(Loop Back Test)은 선로(회선) 및 장비를 시험하는 것이다.
② Loop Back Test는 주로 전송이나 수송 기반 시설을 테스트하는 수단이다.

09 그림에서 변복조기(modem)의 기본 기능 중 전송 신호를 알맞게 설명한 것은?

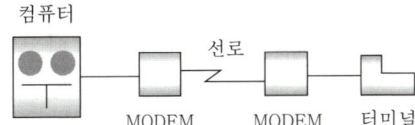

① 터미널과 변복조기 사이에는 디지털 신호를 송·수신한다.
② 변복조기와 변복조기 사이에는 아날로그 또는 디지털 신호를 송·수신한다.
③ 변복조기와 컴퓨터 사이는 디지털 신호 또는 아날로그 신호를 송·수신한다.
④ 터미널과 컴퓨터 사이는 디지털 신호를 송·수신한다.

해설
① 터미널과 변복조기 사이에는 디지털 신호를 송·수신한다.
② 변복조기와 변복조기(전송선로) 사이에는 아날로그 신호를 송·수신한다.
③ 변복조기와 컴퓨터 사이에는 디지털 신호를 송·수신한다.

10 변복조기(MODEM)에서 신호의 변환은 어떤 것인가?

① 디지털 신호 → 아날로그 신호
② 아날로그 신호 → 디지털 신호
③ ①, ②항 모두 변환
④ 단극성 펄스를 쌍극성 펄스로 변환

[정답] 06 ① 07 ① 08 ③ 09 ① 10 ③

해설
MODEM = Modulator + Demodulator
① Modulator(변조기) : 디지털 신호를 아날로그 전송 회선에 알맞은 아날로그 신호로 바꾸어 준다.
② Demodulator(복조기) : 전송된 아날로그 신호를 복조하여 원래의 디지털 신호로 변환해 준다.
③ 즉, 직류 2진 신호를 교류 신호로 변환해 주는 변조 기능과 이 교류 신호를 원래의 직류 2진 신호로 변환해 주는 복조 기능을 수행한다.

11 다음 그림에서 아날로그(Analog) 신호가 전송되는 구간은?

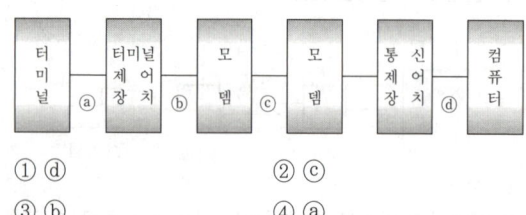

① ⓓ   ② ⓒ
③ ⓑ   ④ ⓐ

해설
변복조기(모뎀)
송신측에서는 디지털 신호를 아날로그 전송 회선에서 전송에 적합하도록 변조하고 수신측에서는 역과정을 수행하므로 전송로(모뎀과 모뎀 사이)에 전송되는 신호는 아날로그 신호이다.

12 공중전화망을 통하여 디지털데이터 전송이 가능할 수 있도록 하는 전송장치는?

① FET
② DSU
③ CODEC
④ MODEM

해설
공중 전화망(PSTN)은 아날로그 신호를 이용하여 음성신호를 전달한다. 하지만 컴퓨터는 디지털 신호(0과 1)를 사용하므로, 컴퓨터의 디지털 신호를 아날로그 신호를 사용하는 공중 전화망을 이용하여 전달하려면 송신측에서는 변조 그리고 수신측에서는 복조 과정이 필요하다.

13 다음 중 모뎀(Modem)의 고려사항과 거리가 먼 것은?

① 변조방식   ② 동기방법
③ 다중화방식 ④ 등화회로

해설
변복조기는 동기방법, 사용하는 채널의 대역폭, 사용 가능 거리, 전송속도, 사용 가능한 포트(Port) 수 등에 따라 분류된다.

14 모뎀에서 통신회선의 상태가 좋지 않아 고속의 전송이 불가능할 때 전송속도를 스스로 감소시키는 것은?

① Polling   ② Fall back
③ Calling   ④ Scanning

해설
모뎀의 자동속도 조절기능(Fallback Mode)은 모뎀에서 통신회선의 상태가 좋지 않아 고속의 전송이 불가능할 때 전송속도를 스스로 감소시키는 것이다.

15 다음 모뎀 사양 중 성능이 가장 좋은 것은?

① S/N비가 23인 것
② S/N비가 20인 것
③ S/N비가 17인 것
④ S/N비가 14인 것

해설
신호대 잡음비(SNR : Signal-To-Noise Ratio)
① 아날로그 신호는 전송 과정에서 변형되거나 잡음이 부가되기 때문에 신호의 평균 전력만을 생각하는 것은 큰 의미가 없으며 따라서 전송 과정에서 부가되는 잡음 전력을 반드시 고려하여 이들의 비(Ratio)를 알아보는 것이 중요하다.
② 이러한 신호 전력과 잡음 전력과의 비를 S/N비(SNR)라 하며 통신 시스템의 성능을 판단하는 중요한 양으로 다음과 같이 표시된다.
$$S/N = \frac{평균\ 신호\ 전력}{평균\ 잡음\ 전력} = \frac{Average\ Signal\ Power}{Average\ Noise\ Power}$$
③ SNR이 클수록 시스템의 성능은 좋다.

[정답] 11 ② 12 ④ 13 ③ 14 ② 15 ①

출제 예상 문제

16 다음 중 무잡음 상태로 볼 수 있는 것은?

① 60[dB] ② 40[dB]
③ 20[dB] ④ 0[dB]

해설

① SNR이 크다는 것은 신호 전력이 크거나 잡음 전력이 작음을 의미한다.
② S/N비의 평가
　㉠ 0[dB] : 통화 불능 상태
　㉡ 10[dB] : 잡음은 매우 크나 통화는 가능한 상태
　㉢ 20[dB] : 잡음이 귀에 거슬리나 통화는 가능한 상태
　㉣ 30[dB] : 잡음이 약간 있으나 통화는 가능한 상태
　㉤ 40[dB] : 잡음이 약간 들리는 상태
　㉥ 50[dB] : 잡음이 거의 들리지 않는 상태
　㉦ 60[dB] : 무잡음 상태

17 다음은 동기식 변복조기와 비동기식 변복조기에 대한 설명이다. 옳지 않은 것은?

① 동기식은 대화형이나 지능형 단말기에 주로 사용되고 주파수 편이 변조 방식(FSK)이다.
② 비동기식 주파수 편이 변조 방식(FSK)이 주로 이용되고 저속도용이다.
③ 동기식은 중고속 변복조기에 사용되고 위상 편이 변조(PSK)나 진폭 위상 변조 방식(QAM)이다.
④ 비동기식은 동기를 스타트/스톱 비트에 맞춘 후 데이터의 마크와 스페이스를 감지하는 방식이다.

해설

동기 방식에 의한 변복조기
① 비동기식 변복조기
　㉠ 주로 저속도(1,200[bps] 이하)의 비동기식 터미널에서 사용한다.
　㉡ 지능이 없는 낮은 속도의 터미널에 이용된다.
② 동기식 변복조기
　㉠ 주로 중속도(2,400[bps] 이상)의 동기식 터미널에서 사용한다.
　㉡ 지능이 있는 대화형 터미널 또는 일괄 처리형 터미널에 사용된다.

18 변복조기(Modem)에서 0이나 1의 신호가 연속되는 것을 방지하여 스펙트럼의 분산기능을 수행하며 수신측에서 동기를 잃지 않도록 해주는 것은?

① 채널 인코더 ② 채널 디코더
③ 프로토콜 제어기 ④ 스크램블러

해설

스크램블러(Scrambler)는 동기식 데이터 전송에 있어서 송신하는 데이터에 "0" 혹은 "1"의 연속과 같이 변환점이 없는 상태가 길게 계속됨으로써 타이밍 정보를 잃는 것을 피하기 위해 송신측에서 시프트 레지스터를 사용하여 데이터신호를 랜덤(Random)화하는 경우가 많다. 이 랜덤화하는 전기회로를 스크램블러라고 한다.

19 다음 중 동기식 모뎀의 특징이 아닌 것은?

① 대화형 단말기나 지능형 단말기에 사용한다.
② 음성통신회선과 광대역 통신회선에 모두 사용한다.
③ 위상변동에 민감하다.
④ 동기를 스타트/스톱 비트에 두어 데이터의 스페이스 마크를 감지하는 방식이다

해설

동기식 모뎀은 스타트비트와 스톱비트가 불필요하므로 전송속도는 향상되지만 전용선을 사용해야 하고 초기비용이 많이 든다.

20 DOCSIS(Data Over Cable Service Interface Specifications)라는 표준 인터페이스 규격을 활용하는 단말은?

① 케이블 모뎀
② 휴대폰
③ 스마트 패드
④ 유선 일반전화기

해설

DOCSIS(닥시스, Data Over Cable Service Interface Specifications)는 케이블TV 운영업체와 개인 또는 회사의 컴퓨터나 TV 셋 간의 데이터 입출력을 처리하는 장치인 케이블 모뎀의 표준 인터페이스이다.

[정답] 16 ①　17 ①　18 ④　19 ④　20 ①

21. 다음 복합 변복조기에 대한 설명으로 잘못된 것은?

① 변복조기와 제한된 기능의 다중화기가 혼합된 형태의 변복조기이다.
② 저속 비동기식 변복조와 집중화 장비가 하나의 장비로 만들어진다.
③ 멀티포트, 각 포트의 시험, 각 포트별 접속 상황 표시 등의 기능을 갖는다.
④ 멀티포트, 변복조기의 포트에 변복조기를 원격지까지 통신을 연장할 수 있다.

해설
복합 변복조기
① 멀티포트 변복조기
  ㉠ 변복조기와 제한된 기능의 다중화기가 혼합된 형태의 변복조기이다.
  ㉡ 고속 동기식 변복조기와 시분할 다중화기가 하나의 장비로 만들어진 것이다.
  ㉢ 멀티포트 선택, 각 포트의 시험, 각 포트별 접속 상황 표시 등의 기능을 가진다.
② 멀티포인트 변복조기 : 멀티포트 시스템에서 발생하는 전송 지연을 최소화하기 위해서 중앙국이 고속의 폴링(Polling)을 할 수 있도록 설계된 변복조기이다.
③ 지능 변복조기
  ㉠ 망 운영 시스템의 기능을 일부 가지고 있는 변복조기이다.
  ㉡ 주채널과 부채널로 모뎀간의 채널을 나누어서 주채널로는 실제적인 데이터 전송을 하고 부채널로는 망 운영 정보를 교환한다.
④ 음향 결합기(Acoustic Coupler)
  ㉠ 보통의 전화기의 송수화기를 통해 데이터를 전송한다.
  ㉡ 사용할 때에만 송수화기를 통해 데이터를 송·수신한다.
  ㉢ 주파수 편이 변조(FSK)를 사용하므로 2선식에서 전이중 방식의 전송이 가능하다.
  ㉣ 잡음의 영향을 받아 데이터 전송에 오류 발생 가능성이 높다.

22. ITU-T의 모뎀표준으로 14,400[bps] 전송을 지원하는 최초의 표준은?

① V.32
② V.32bis
③ V.34bis
④ V.90

해설
ITU-TSS가 정의한 모뎀 표준

항 목	설 명
V.29	반이중 9,600bps 통신에 대한 ITU-TSS 표준
V.32	전이중 9,600bps 통신에 대한 ITU-TSS 표준
V.32bis	14,400bps 통신에 대한 표준
V.34	33,600bps 통신에 대한 표준

23. 다음 ( )안에 적당한 장치의 이름은?

"전송회선이 아날로그 회선인 경우에는 (①)을(를) 신호변환장치로 사용하고, 디지털 회선인 경우에는 (②)을(를) 사용한다."

① ① CSU, ② DSU
② ① 모뎀, ② ONU
③ ① DSU, ② CSU
④ ① 모뎀, ② DSU

해설
데이터 전송계에서 통신회선의 양 끝에 위치한다는 의미에서 회선종단장치(신호변환기, DCE)라 하며, 아날로그 전송회선의 경우 MODEM, 디지털 전송회선의 경우는 DSU라 한다.

24. DSU(Digital Service Unit)에 대한 설명으로 틀린 것은?

① 선로에 한쪽 극성의 전압이 실리도록 하여야 한다.
② 동기유지를 위해 클록 추출회로가 있다.
③ 단극성 신호를 변형된 양극성 신호로 바꾸어 송신한다.
④ 디지털 전송로에 사용한다.

해설
DSU의 기능
① 신호파형 및 신호 전송속도의 변환
② 제어신호의 삽입 및 디지털 전송로에 사용
③ 직렬 단극성(Unipolar) 신호를 변형된 쌍극성(Bipolar) 신호로 변환하는 기능을 가지며 수신측에서는 그 반대 과정을 행한다.
④ 전송선로에 한쪽 극성의 전압이 실리는 것을 방지한다.
⑤ 정확한 동기유지로 전송 특성이 우수하며, 모뎀보다 비용이 저렴하다.

[정답] 21 ② 22 ② 23 ④ 24 ①

출제 예상 문제

25 다음 중 DSU(Digital Service Unit)의 특징이 아닌 것은?

① LAN 또는 WAN 상에서 디지털 전용회선 연결에 사용된다.
② 단말기가 디지털 네트워크 서비스를 이용하고자 할 때 필요하다.
③ 정확한 동기 유지를 위한 Clock 추출회로가 있다.
④ 음성급 전용망에서 디지털신호를 전송하기 위하여 등화기와 AGC가 필요하다.

해설
DSU는 디지털전송회선에 이용되며 디지털전송회선 양끝에 설치되어 디지털신호가 전송하기 적합하도록 해주며 선로에 한쪽 극성만의 전압이 실리는 것을 방지하고 정확한 동기 유지가 가능하도록 한다.

26 다음에서 디지털 서비스 유닛(DSU)의 기능을 열거한 것 중 옳지 않은 것은?

① 직렬 단극성(Unipolar) 신호를 변형된 쌍극성(Bipolar) 신호로 바꾸어준다.
② 쌍극성 신호를 직렬 단극성 신호로 운용된다.
③ 디지털 전송로 양단에 접속되어 운용된다.
④ 교환 회선에 주로 사용된다.

해설
디지털 서비스 유닛(DSU)
① 디지털 서비스 유닛(Digital Service Unit)은 데이터가 디지털 형태로 전송되며 재생기가 설치되어 원래의 형태로 만들어주고, 변복조기(Modem)보다 비용이 저렴하다.
② 단극성(Unipolar) 신호를 변형된 쌍극성(Bipolar) 신호로 바꾸어주며 수신측에서는 반대의 과정으로 원래의 신호를 만들어낸다.

27 디지털 데이터를 디지털 전송회선에 적합하도록 변형하여 원거리에 설치된 컴퓨터나 단말장치에 전송하는 장비는?

① MODEM ② DSU
③ CODEC ④ MPEG

해설
디지털 서비스 유닛(DSU : Digital Service Unit)
① 아날로그 전송로에는 모뎀(MODEM)을 이용하는 반면에 디지털 전송회선에는 DSU를 이용한다.
② DSU는 디지털 전송회선 양끝에 설치되어 디지털신호가 전송하기에 적합하도록 해준다.
③ DSU는 직렬 유니폴라(Unipolar) 신호를 변형된 바이폴라(Bipolar) 신호로 바꾸어 준다.

28 다음 중 DSU(Digital Service Unit)에 대한 설명으로 옳은 것은?

① 전송신호 형태는 Analog 신호이다.
② 변조방식으로는 주로 AMI(Bipolar)이다.
③ 전송속도는 1.2~9.6[kbps]이다.
④ 사용 Network은 음성급 전용망, 교환망이다.

해설
디지털 서비스 유닛(DSU : Digital Service Unit)
① MODEM과 DSU는 신호 변환장치(DCE)로서 아날로그 전송로에서는 변복조기(모뎀)를 사용하고, 디지털 전송로에서는 댁내회선종단장치(DSU)를 사용한다.
② DSU와 MODEM의 비교

분류	DSU	MODEM
전송신호 형태	Digital 신호	Analog 신호
변조방식	AMI(Bipolar)	QAM, DPSK
전송속도	2.4~64[kbps]	1.2~9.6[kbps]
사용 네트워크	DDS, 부호급 전용망	음성급 전용망, 교환망

29 가입자선에 위치하고 단말기와 디지털 네트워크 사이의 인터페이스를 제공하며, 유니폴라 신호를 바이폴라 신호로 변환시키는 것은?

① DSU(Digital Service Unit)
② 변복조기(MODEM)
③ CSU(Channel Service Unit)
④ 다중화기

[정답] 25 ④ 26 ④ 27 ② 28 ② 29 ①

30 다음 중 DSU(Digital Service Unit)의 기능과 거리가 먼 것은?

① 신호파형의 변환
② 신호 전송속도의 변환
③ 제어신호의 삽입
④ 아날로그와 디지털신호의 상호 변환

해설
DSU는 디지털 신호를 디지털 전송로로 전송하기 위해 사용되는 장치이다.

31 고속터미널 전용회선의 전송 특성을 개선하기 위한 회선 조절기능 및 성능 감시와 같은 회선의 유지보수기능, 타이밍 신호의 공급기능을 수행하는 장비는?

① Bridge ② DSU/CSU
③ Switch ④ Router

해설
① 채널 서비스장치(CSU : Channel Service Unit)와 디지털 서비스장치(DSU)는 LAN에 사용되는 통신기술로, 디지털 데이터 프레임들을 광역통신망에 보낼 수 있도록 적절한 프레임으로 변환하는 외장형 모뎀 크기의 하드웨어장치이다.
② CSU는 전용 회선의 전송 특성을 개선하기 위한 회선 조절(Line Conditioning) 기능, 고객 댁내장치가 전송 시스템에 영향을 미치지 않게 하는 보호기능, 되돌림 시험, 성능 감시와 같은 회선의 유지보수기능, 타이밍 신호의 공급기능 등을 수행한다.

32 매번 bit의 1/2시간 동안 (+) 또는 (−)의 상태를 유지한 뒤에 바로 "zero" 상태로 돌아오는 신호 형태를 갖는 것은?

① Return to Zero Space
② Return to Bias
③ Return to Zero
④ Non-Return to Zero

해설
전송 부호(Binary Code)
① 전송 부호 형식이란 데이터 전송에서 0, 1에 어떠한 펄스 파형을 대응시키는가 하는 것이다. 디지털 데이터를 디지털 신호로 바꾸는 방법이다.

② 2원 전송 부호의 특성
  ㉠ 단극형(Unipolar) 부호 : 극성이 양(+), 음(−)의 어느 한쪽 극성으로만 가정된 부호
  ㉡ 복극형(Polar) 부호 : 다른 논리 상태가 서로 다른 극성을 갖는 부호. 양극형 또는 복류형이라고 함
  ㉢ 영비복귀(Non-Return to Zero : NRZ) 부호 : 한 비트 간격 동안 전압이 항상 일정치 유지(점유율:100[%]). 가장 쉬운 인코딩 기법이며 대역폭을 효율적으로 사용하지만 직류 성분의 존재와 동기화 능력이 부족하다.
  ㉣ 영복귀(Return to Zero : RZ)부호 : 한 비트 간격의 반 동안만 전압이 일정치 유지하며 나머지 기간은 영 전압으로 되돌아온다(점유율 : 50[%]).

33 다음 중 전송부호가 가져야 하는 조건으로 적합하지 않은 것은?

① DC 성분이 포함되지 않아야 한다.
② 전송부호의 코딩효율이 양호해야 한다.
③ 전력밀도 스펙트럼상에서 아주 높은 주파수 성분도 포함해야 한다.
④ 누화, ISI, 왜곡 등과 같은 각종 장해에 강한 전송 특성을 가져야 한다.

해설
전력밀도 Spectrum상에서 아주 낮은 주파수 성분과 아주 높은 주파수 성분이 제한되어야 한다.

34 전송 부호의 형식에서 요구되는 조건으로 틀린 것은?

① 비트 동기 정보의 추출이 쉬울 것
② 직류 차단 특성의 영향을 적게 받을 것
③ 소요 전송 대역폭이 클 것
④ 회선의 감시가 가능할 것

해설
전송 부호 형식의 요구 조건
① 비트 동기 정보의 추출이 쉬울 것
  타이밍을 위해 스페이스(Space)가 연속하여 생기는 일이 없는 부호 형식이 바람직하다.
② 직류 차단 특성의 영향을 적게 받을 것
  전송로에는 대부분 직류에 의하여 전력을 중계기에 공급하므로 신호의 전송은 저주파 영역 이외를 사용하여야 한다. 전송로가 직류 차단 특성을 갖는 경우 신호 파형은 직류 성분을 포함하지 않는 부호 형식이 바람직하다.
③ 소요 전송 대역폭이 작을 것
  고역이 될수록 감쇠량이 증대하므로 소요 대역폭이 작은 부호 형식이 바람직하다.

[정답] 30 ④ 31 ② 32 ③ 33 ③ 34 ③

④ 잡음에 강할 것
⑤ 회선의 감시가 가능할 것
　수신 신호의 에러에는 잡음에 의한 우발적인 에러와 회선 또는 중계기 등의 이상에 의한 에러가 있으며 이러한 에러를 검출함으로써 회선을 감시할 수도 있다.
⑥ LSI Chip으로 구성될 수 있도록 구조가 복잡하지 않아야 한다.

35 디지털 신호의 펄스열을 그대로 또는 다른 형식의 펄스 파형으로 변환시켜 전송하는 방식은?

① 베이스밴드 전송 방식
② 반송대역 전송 방식
③ 광대역 전송 방식
④ 협대역 전송 방식

해설

베이스밴드(기저대역) 전송 방식
① 베이스밴드 전송 방식은 데이터를 변조하지 않은 상태. 즉, 직류 펄스의 형태 그대로 전송하는 방식이다.
② Baseband 전송 방식과 Bandpass 전송 방식의 차이점은 변조 과정을 행하였느냐 아니냐의 차이다.

36 신호의 2진 표시에서 1일 때는 전압이 발생하고 0일 때는 발생하지 않는 신호는?

① 단극성 NRZ
② 양극성 RZ
③ 맨체스터부호
④ CMI 부호

해설

단극성 NRZ(Unipolar Non-Return to Zero)방식은 1 또는 0을 나타내는 하나의 펄스파형 시간간격을 하나의 주기와 같게 한 선로부호이다.

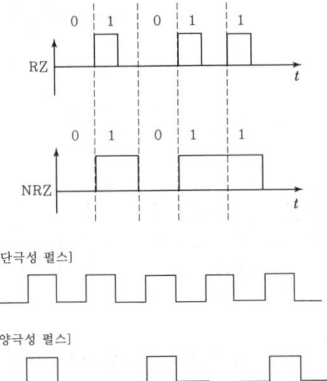

37 디지털 비트 구간의 1/2 지점에서 항상 신호와 위상이 변화하는 신호의 이름은?

① 맨체스터 코드
② 바이폴라 RZ
③ AMI(Alternating Mark Inversion)
④ NRZI(Non Return To Zero Inversion)

해설

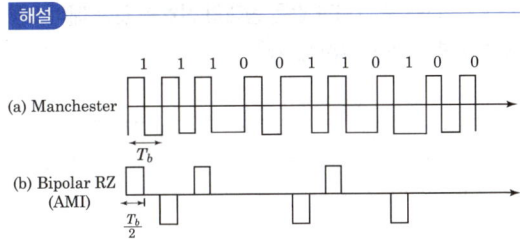

38 다음 그림의 전송 부호 형식은?

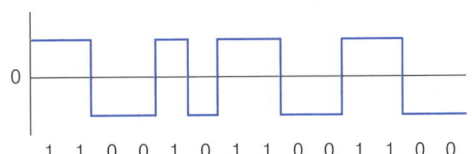

① 단극 방식
② 복극 방식
③ 복극 RZ 방식
④ 바이폴라 방식

해설

복극 부호
① 1과 0에 대해 서로 다른 양(+)과 음(-)의 펄스를 대응시키는 방식이다.
② 단극 부호 방식보다도 파형 왜곡의 영향을 덜 받으면서 저속도 전송의 표준 방식으로 사용된다.

39 파형왜가 작고 송·수신간에 특별한 타이밍을 필요로 하지 않는 것으로 자기 클록 신호(Self Clocking Signal)라고도 하는 전송 신호 방식은?

① 단극 방식
② 복극 방식
③ 복극 RZ 방식
④ 바이폴라 방식

[정답] 35 ① 36 ① 37 ① 38 ② 39 ④

해설
① 복극 RZ 방식(Double Current Return-To-Zero-System)은 각 단위가 각각 조보식 비트 타이밍으로 되어 있어서 특별한 타이밍을 필요로 하지 않으며 자기 클록 방식이라고도 한다.
② ②의 복극 방식은 복극 NRZ 방식을 의미한다.

40 다음 중 그림과 같은 형태의 신호를 갖는 베이스밴드 신호를 무엇이라 부르는가?

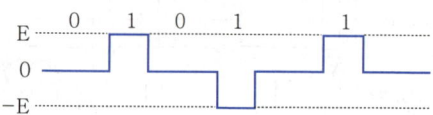

① RZ
② NRZ
③ 바이폴라
④ 차분

해설
바이폴라(Bipolar) 펄스
① 2원 입력 신호의 0은 0 레벨의 펄스로 1은 +, − 2개 레벨의 펄스로 서로 교대로 변환시키는 방식이다.
② 교대 마크 반전(AMI : Alternative Mark Inversion) 부호라고도 부른다.

41 디지털 전송에서 바이폴라 신호 형태를 설명한 것이다. 적당하지 않은 것은?

① 바이폴라 신호를 위하여 주표준 클록이 이용되는데 네트워크의 계층 구조를 이룬다.
② 정상적인 RZ(Return to Zero) 바이폴라 신호 방식에서는 2진수 0은 0[V]로 전송된다.
③ 선로에 어떤 한쪽 극성에만 치우치는 것을 피하기 위해 교대로 하여 전압의 합이 0이 되도록 한다.
④ 0의 상태가 오래 지속되면(6개 이상) 0의 상태는 0 억제 부호로 대치된다.

해설
바이폴라 부호의 특징
① AMI 부호라고도 한다.
② 파형의 평균값은 0이다.
③ 직류 성분이 포함되지 않아 저주파 차단왜가 가장 적다.
④ 부호의 에러 검출이 가능하다.
⑤ 영 부호의 연속을 억압하는 기능이 없으므로 수신기의 자기 Timing 추출에 어려움이 있다.

42 다음 중 전송 관련 시스템에서 다중화(Multiplexing)란?

① 몇 개의 신호원들이 한 수신기에서 공통 주파수로 동시에 전송하는 것
② 동일 신호를 다중 목적지에 다중 채널로 전송하는 것
③ 다중 신호를 다중 채널로 보내는 것
④ 다중 신호들을 하나의 통신 채널을 통해서 전송하는 것

해설
다중화(Multiplexing)
① 다중화 시스템은 두 개 혹은 그 이상의 신호를 결합하여 물리적 회선이나 무선 링크를 통하여 전송해 주는 시스템이다.
② 데이터 통신에서는 몇 개의 단말기들이 하나의 통신회선을 통하여 결합된 형태로 신호를 전송하고 이를 수신측에서 다시 단말기 신호로 분리해 내는 형태이다.

43 몇 개의 터미널들이 하나의 통신회선을 통하여 결합된 형태로 신호를 전송하고 이를 수신측에서 다시 몇 개의 터미널의 신호로 분리하여 컴퓨터에 입력할 수 있도록 하는 것은?

① 디지털 서비스 유닛(DSU)
② 변복조기(MODEM)
③ 채널 서비스 유닛(CSU)
④ 다중화 장비(Multiplexer)

해설
다중화 장비
① 다중화 시스템은 두 개 혹은 그 이상의 신호를 결합하여 물리적 회선이나 라디오 링크(Radio Link)를 통하여 전송해 주는 시스템이다.
② 몇 개의 터미널들이 하나의 통신회선을 통하여 결합된 형태로 신호를 전송하고 이를 수신측에서 다시 터미널 신호로 분리하여 컴퓨터에 입·출력할 수 있도록 하는 것이다.

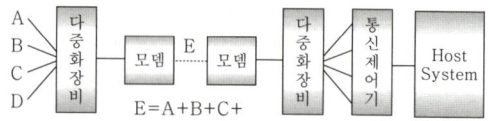

집중화 장비
① 여러 개의 입력 회선을 입력 회선의 수보다 같거나 더 많은 출력 회선으로 집중화한 것이다.

[정답] 40 ③ 41 ① 42 ④ 43 ④

② 집중화기는 동적인 방법을 통해서 실제 전송할 데이터가 있는 단말장치에게만 시간폭을 할당할 수 있다.
③ 단일 회선 제어기, 중앙처리장치, 다수 선로 제어기 등으로 구성된다.

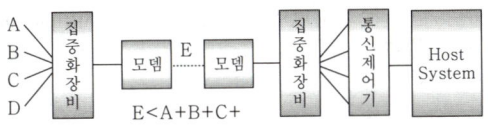

다중화 장비 및 집중화 장비 비교
① 다중화 장비의 저속도의 부채널 속도들의 합은 고속 링크측 속도와 일치한다.
  ※ 다중화기는 입력측과 출력측의 전체 대역폭이 같지만 집중화기는 일반적으로 서로 다르고, 동적인 방법으로 시간폭을 할당한다.
② 집중화 장비는 저속도측의 부채널들의 합이 항상 고속 링크측 채널 속도와 같거나 클 수 있다.

44 다중화장비와 집중화장비에 대한 설명으로 틀린 것은?

① 다중화장비는 정적인 채널을 공유하고, 집중화장비는 동적인 채널을 공유한다.
② 다중화장비는 입출력의 대역폭이 다르고, 집중화장비는 입출력의 대역폭이 같다.
③ 집중화장비에서 입력 회선수는 출력 회선수보다 크거나 같다.
④ 다중화장비는 주파수분할, 시분할 방식 등이 있다.

해설
다중화/집중화는 하나의 공통 선을 이용하여 전송되는 것으로 의미는 비슷하다. 단지, 다중화는 공통 선을 정적으로 이용하여 전송되는 형태를 말하고, 집중화는 공통 선을 동적으로 이용하는 형태를 말한다.

45 몇 개의 단말기들이 하나의 통신회선을 통하여 결합된 형태로 신호를 전송하는 방법은?

① 다중화
② 디지털 서비스 유닛
③ 분산화
④ 분할화

46 1,200[bps] 속도를 갖는 4채널을 다중화한다면 다중화 설비 출력 속도는 적어도 얼마 이상이어야 하는가?

① 1,200[bps]
② 2,400[bps]
③ 4,800[bps]
④ 9,600[bps]

해설
각 채널이 1,200[bps] 속도를 갖는 경우, 4개 채널을 다중화하면 적어도 4,800[bps] 이상의 전송속도를 가질 수 있다.

47 다음 전송 장비 중 다중화 장비의 특징이 아닌 것은?

① 다중화 장비는 정적인 공동 이용을 행한다.
② 두 개 이상의 신호를 결합하여 하나의 물리적 회선을 통하여 전송할 수 있는 시스템이다.
③ 한 전송로의 데이터 전송 시간을 일정한 시간폭으로 나누는 방식은 시분할 다중화이다.
④ 입력측과 출력측의 전체 대역폭이 다를 수 있다.

해설
다중화 장비의 특징
① 다중화 장비는 정적(Static)인 공동 이용을 행한다.(저속의 부채널이 항상 연결되어 있다.)
② 다중화는 FDM, TDM과 CDM으로 나눌 수 있다.
③ 부채널측에 연결된 터미널 속도의 합인 입력 속도와 출력 속도가 같다.

48 주파수 분할 다중화에서 부채널간의 상호 간섭을 방지하기 위한 완충지역은?

① Guard Band
② Guard Time
③ Channel
④ Sub Group

해설
① 주파수 분할 다중화(FDM)는 통신선로의 주파수대역을 몇 개의 작은 대역폭으로 나누어 여러개의 저속도 장비를 동시에 이용하는 것
② 주파수 분할 다중화의 경우 부 채널간의 상호 간섭을 방지하기 위해 완충 지역으로 보호대역(Guard Band)을 설정해 준다.
[참고] 시분할 다중화 전송(TDM)에서 데이터 프레임에 있어서 각 버스트를 분리하는 빈 시간대를 보호시간(Guard Time)이라 한다.

[정답] 44 ② 45 ① 46 ③ 47 ④ 48 ①

49 주파수 분할 다중화기에서의 다중 신호는?

① 시간을 분할하여 전송한다.
② 공동 대역폭을 나누어서 전송한다.
③ 다중 채널을 사용한다.
④ 다른 신호로 변조한다.

> **해설**
>
> **주파수 분할 다중화(FDM)**
> ① FDM의 정의 : 일정한 폭을 가진 통신선로의 대역폭을 몇 개의 작은 대역폭으로 나누어 여러 개의 저속도 장비를 동시에 이용하는 것이다.
> ② 각각의 시스템은 공동 대역폭 중 영구적으로 할당된 한 개의 일정 주파수 스펙트럼(주파수대역)만을 사용한다.
> ③ 사용자에게 할당된 주파수 대역이 제한된 특정 사용자의 정보 전송 유무에 관계없이 항상 고정되어 있다.

50 다중화 장비의 동작을 설명한 것이다. 틀린 것은?

① 다중화 장비의 동작은 동기와 무관하게 이루어진다.
② 다중화 장비의 동작은 컴퓨터와 무관하게 독자적으로 이루어진다.
③ 다중화 장비의 동작은 DSU와 무관하게 이루어진다.
④ 다중화 장비의 동작은 변복조기와 무관하게 이루어진다.

> **해설**
>
> FDM 같은 경우는 다중화기 자체가 MODEM의 역할을 하기 때문에 다중화기가 변복조기(MODEM)과 무관하게 이루어진다고 볼 수 없다.

51 다음 중 주파수 분할 다중화기(FDM)에 대한 설명으로 옳지 않은 것은?

① 채널간의 완충 지역으로 가드밴드(Guard Band)가 있어 대역폭이 낭비가 된다.
② 저속의 Data를 각각 다른 주파수에 변조하여 하나의 고속 회선에 신호를 싣는 방식이다.
③ 주파수 분할 다중화기는 전송하려는 신호에서 필요한 대역폭보다 전송 매체의 유효 대역폭이 클 경우에 가능하다.
④ 각 채널은 전용 회선처럼 고속의 채널을 독점하는 것처럼 보이지만 실제로 분배된 시간만 이용한다.

> **해설**
>
> ④항은 시분할 다중화기(TDM : Time Division Multiplexer)에 대한 설명이다.

52 시분할 다중화 장치에 대한 설명에서 옳지 않은 것은?

① 한 전송로의 데이터 전송 시간을 일정한 시간폭으로 나누어 각 부채널에 차례로 분배한다.
② 동기 및 비동기식 데이터를 다중화하는 데 사용된다.
③ 포인트 투 포인트(Point To Point) 방식에 적합하다.
④ 비트 삽입식은 비동기식 데이터, 문자 삽입식은 동기식 데이터를 다중화하는 데 이용된다.

> **해설**
>
> **시분할 다중화 장비(TDM)**
> ① FDM은 전송선로의 주파수 용량 중 일부만을 사용한다. 그러나 이것과는 달리 시간 분할 다중화 장비(TDM)는 사용자가 전체 주파수 대역을 모두 사용할 수 있으며 항상 제한된 시간 내에서만 정보를 전송할 수 있다.
> ② TDM의 정의 : 한 전송로의 데이터 전송 시간을 일정한 시간폭으로 나누어 각 부채널에 차례로 분배하므로 몇 개의 저속 부채널이 한 개의 고속 전송선을 나누어 이용하게 된다.
> ③ TDM의 특징
> ㉠ 높은 속도의 이용이 가능하며 음성 대역 이용의 경우 9,600[bps]까지의 속도에 이용된다.
> ㉡ 동기 및 비동기식 데이터를 다중화하는 데 사용된다.
> ㉢ 종류
> • 비트 삽입식(Bit Interleaving) : 동기식 데이터 다중화에 이용
> • 문자 삽입식(Character Interleaving) : 비동기식 데이터 다중화에 이용
> ㉣ 저속 혹은 고속 DTE도 이용할 수 있는 융통성이 있다.
> ㉤ Point-To-Point 방식에 적합하다.

[정답] 49 ② 50 ④ 51 ④ 52 ④

출제 예상 문제

53 다음은 다중화 방식을 열거한 것이다. 시분할 다중화 방식과 관계가 가장 먼 것은?

① 비트 삽입식(Bit Interleaving)
② 문자 삽입식(Character Interleaving)
③ 가드 밴드(Guard Band) 설정
④ 포인트 투 포인트(Point To Point)로 주로 이용

해설
① 주파수 분할 다중화의 경우 부채널간의 상호 간섭을 방지하기 위해 완충 지역으로 가드 밴드(Guard Band)를 설정해 준다. 이 가드 밴드는 결국 대역폭을 낭비하는 결과를 가져와 채널의 이용률을 낮추게 된다.
② 시분할 데이터 전송에서 데이터 프레임에 있어서 각 버스트를 분리하는 빈 시간대를 가드 타임(Guard Time)이라 한다.

54 시분할 다중화기(Time Division Multiplexer)의 특징에 해당하지 않는 것은?

① 고속 전송 가능
② 내부에서 버퍼 기억장치가 필요
③ 주로 점대점(Point-to-Point)시스템에서 사용
④ 좁은 주파수 대역을 사용하는 여러 개의 신호들이 넓은 주파수 대역을 가진 하나의 전송로를 따라서 동시에 전송되는 방식

해설
④는 주파수분할 다중화기(FDM : Frequency Division Multiplexer)에 대한 설명이다.

55 TDM에서 n개의 신호 출처가 있다면 각 프레임이 포함하는 시간슬롯(Time Slot)은 최소 몇 개인가?

① $n-1$개   ② n개
③ $n+1$개   ④ $n+2$개

해설
각 연결의 데이터 흐름은 각 단위별로 나누어 있고, 링크는 각 연결에서 한 단위씩 합쳐서 하나의 프레임을 만든다. 즉, N개의 입력이 있는 연결에는 한 프레임이 최소 n개의 타임 슬롯으로 만들어져 있고, 각 타임 슬롯은 각 연결로부터 한 단위씩 실어보낸다.

56 여러 다른 속도의 동기식 데이터를 묶어서 광대역을 이용해서 전송하는 시분할 다중화기는?

① 지능 다중화기   ② 복합 변복조기
③ 광대역 다중화기   ④ 지능 변복조기

해설
광대역 다중화기
① 여러 다른 속도의 동기식 데이터를 묶어서 광대역을 이용해서 전송하는 시분할 다중화기이다.
② 보통의 동기식 데이터를 위한 시분할 다중화와 비슷하며 비트 삽입식 다중화 방법을 이용한다.

57 다음 중 실제로 보낼 데이터가 있는 터미널에만 동적인 방식으로 각 부채널에 시간폭을 할당하는 것은?

① 지능 다중화기
② 광대역 다중화기
③ 주파수분할 다중화기
④ 역 다중화기

해설
① 지능 다중화기(Intelligent Multiplexer)는 실제 데이터가 있는 부채널에만 시간폭을 할당하므로 같은 시간에 더 많은 데이터의 전송이 가능하다.
② 통계적 시분할 다중화기(Statistical TDM) 혹은 비동기식 시분할 다중화기(Asynchronous TDM)라고도 한다.

58 다음 중 지능(Intelligent) 다중화기에 대한 설명으로 틀린 것은?

① 동기식 시분할 다중화기보다 전송효율이 좋지 않다.
② 실제 전송 데이터가 있는 터미널에만 시간폭을 할당한다.
③ 통계적 시분할 다중화기라고도 한다.
④ 동적인 시간폭의 배정이 가능한 방식이다.

해설
지능 다중화기는 실제 전송할 데이터가 있는 터미널에만 시간폭이 할당되므로 동기식 시분할 다중화기에 비해 전송효율을 높일 수 있게 된다.

[정답] 53 ③ 54 ④ 55 ② 56 ③ 57 ① 58 ①

59 다음 중 집중화 방식의 특징이 아닌 것은?

① 송수신할 데이터가 없어도 타임슬롯을 할당한다.
② 채널을 효율적으로 사용할 수 있다.
③ 단말기의 속도, 터미널의 접속 개수 등을 자유롭게 변경할 수 있다.
④ 패킷교환 집중화 방식과 회선교환 집중화 방식이 있다.

해설
① 집중화기는 동적 할당을 통해서 실제 전송할 데이터가 있는 단말장치에게만 시간폭을 할당한다.
② 집중화 장비는 개개의 입력회선을 n개의 출력회선으로 집중화하는 장비인데 입력회선의 수는 출력회선의 수와 같거나 많게 된다.
③ 집중화 장비는 동적인 시간 할당을 하며, 구조가 복잡하고 불규칙한 전송에 적합하다.

60 입력회선이 10개인 집중화기에서 출력회선을 몇 개까지 설계할 수 있는가?

① 10   ② 11
③ 13   ④ 15

해설
집중화 장비(Concentration)
① 집중화 장비는 하나의 고속 통신회선에 많은 저속 통신회선을 접속하기 위한 전송 장비이다.
② 집중화 장비는 개개의 입력회선을 n개의 출력회선으로 집중화하는 장비인데 입력회선의 수는 출력회선의 수와 같거나 많게 된다.
③ 단일 회선 제어기, 중앙처리장치(CPU), 다수 선로 제어기 등으로 구성된다.

61 다음 중 공동 이용기의 설명으로 맞는 것은?

① 폴링 방식으로 네트워크를 제어하는 경우 통신회선을 공동으로 이용하여 네트워크의 단순화와 비용을 절감할 수 있는 장치
② 여러 개의 단말장치들이 하나의 통신회선을 통하여 데이터를 전송하고, 수신측에서도 여러 개의 단말장치들의 신호로 분리하여 입출력할 수 있도록 하는 장치
③ 전송회선의 데이터 전송 시간을 타임 슬롯(Time Slot)이라는 일정한 시간 폭으로 나누고, 이들을 일정한 크기의 프레임으로 묶어서 채널별로 특정 시간대에 해당하는 슬롯에 배정하는 방식
④ 실제로 전송할 데이터가 있는 단말장치에만 동적인 방식으로 각 부채널에 시간폭을 할당하는 장치

해설
② : 다중화
③ : 시간분할 다중화
④ : 통계적 시분할 다중화(STDM)

62 2개의 음성 대역폭을 이용하여 광대역에서 얻을 수 있는 통신 속도를 이용하는 기기는?

① Inverse MUX   ② Concentrator
③ TDM   ④ STDM

해설
① 역다중화기(Inverse MUX)
  ㉠ 두 개의 음성 대역폭을 이용하여 광대역에서 얻을 수 있는 통신 속도를 얻는 기기
  ㉡ 모든 입력되는 직렬 비트열은 두 개의 경로로 나누어져 모든 홀수번째 비트가 한 경로로, 모든 짝수번째 비트는 다른 경로로 전송된 다음 수신측에서 본래의 차례대로 만들어서 내보내는 장치이다.
  ㉢ 시분할 다중화기의 역동작을 수행한다.
② 집중화 장비(Concentrator)
③ 시분할 다중화 장치(TDM : Time Division Multiplexer)
④ 지능 다중화기(STD : Statistical Time Division Multiplexer)

63 2개의 음성 대역 통신회선을 이용하여 19.2[kbps]의 전송량을 전송하고자 할 때 가장 경제적인 방식은?

① 동기식 모뎀   ② 복합 모뎀
③ 역다중화기   ④ 자동 다중화기

해설
역다중화기
① 역다중화기는 바이플렉서(Biplexer) 또는 라인 플렉서(Lineplexer)라 한다.
② 두 개의 음성급 회선을 이용하여 광대역에서 얻을 수 있는 통신 속도, 즉 9,600[bps]을 얻는 기기이다.
③ 광대역 다중화기는 12개의 음성 대역이 48[kHz]로 가장 좁으므로 19,200[bps] 통신 속도의 경우 48[kHz] 대역은 비경제적이므로 다중화를 경제적으로 이용하기 위한 것이 역다중화기이다.

[정답] 59 ① 60 ① 61 ① 62 ① 63 ③

64. 다음 공동 이용기에 대한 설명 중 잘못된 것은?

① 공동 이용기는 단말기에 필요한 컴퓨터를 줄일 수 있게 한다.
② 모뎀 공동 이용기, 선로 공동 이용기, 포트 공동 이용기 등이 있다.
③ 다중화기보다는 비싸지만 많은 장점을 갖는다.
④ 모뎀 공동 이용기는 인터페이스 선택 항목으로 RS-232C를 사용한다.

해설
공동 이용기의 사용
다중화 장비의 동작은 터미널(DTE)와 무관하게 이루어지며, 공동 이용 네트워크는 호스트 컴퓨터가 폴(Poll)에 의해 통신회선의 공동 이용을 제어하므로 네트워크 구성의 단순화와 사용 비용 절감을 할 수가 있다.
① 변복조기 공동 이용기(MSU)를 사용하는 경우 사용 비용을 절감할 수 있다.
② 선로 공동 이용기(LSU)를 사용하는 경우 공동 이용기와 터미널 사이에서 RS-232C에 의한 접속이 이루어진다.

65. 공동 이용기를 사용하는데 고려되어야 할 사항이다. 맞지 않는 것은?

① 공동 이용기와 단말기간의 거리
② 공동 이용기에 부착하는 단말의 대수
③ 공동 이용기에 접속이 가능한 모뎀의 종류
④ 공동 이용기에 접속이 가능한 다중화 장치의 종류

해설
공동 이용기를 사용할 때 고려해야 할 사항
① 공동 이용기와 단말기간의 거리
② 공동 이용기와 접속 가능한 변복조기(MODEM) 종류
③ 공동 이용기와 부착 가능한 단말기의 대수

66. 다음 공동이용기 중 폴(Poll)에 의해 네트워크 제어가 이루어지는 경우 사용되는 장치는?

① 지능 다중화기   ② 모뎀 공동이용기
③ 포트 공동이용기   ④ 포트 선택기

해설
① 모뎀 공동이용기(MSU) : 폴링 방식을 이용한 반이중방식에 이용
② 선로 공동이용기 : 폴링방식
③ 포트 공동이용기 : 폴링/셀렉션 방식
④ 포트 선택기 : 경쟁방식

67. 선로 공동 이용기에 해당하는 것은?

① 변복조기 공동 이용기의 대체 장비이다.
② 내부에 타이밍 소스를 가지고 있다.
③ 네트워크 구성이 복잡하게 되어 비용이 많이 든다.
④ 통신 속도를 높이거나 낮추기 위해 사용된다.

해설
선로 공동 이용기
공동 이용기는 네트워크 구성을 단순화함으로써 비용 절감을 기대할 수 있다.
① 선로 공동 이용기(LSU)는 내부에 타이밍 소스(Timing Source)를 갖고 있다.
② 선로 공동 이용기는 컴퓨터가 설치된 장소와 동일 장소에 수개의 터미널이 밀집되어 있는 경우에 사용한다.

68. 다음의 변복조기 공동 이용기와 선로 공동 이용기에 대한 설명 중 옳게 된 것은?

① 폴/셀렉터 프로토콜을 이용한다.
② 네트워크 구성이 복잡하고 비용이 다소 많이 든다.
③ 다중화기의 동작은 DTE와 무관하게 이루어지나 공동 이용 네트워크는 호스트 컴퓨터가 폴링을 해서 통신회선의 공동 이용을 제어한다.
④ 변복조기 공동 이용기는 타이밍 소스가 있고 선로 공동 이용기는 내부에 타이밍 소스가 없다.

해설
변복조기 공동 이용기와 선로 공동 이용기
① 다중화기의 동작은 DTE와 무관하게 이루어지나 공동 이용 네트워크는 호스트 컴퓨터가 폴링을 해서 통신회선의 공동 이용을 제어한다.
② 네트워크 구성을 단순화함으로써 비용이 절감된다.
③ 선로 공동 이용기는 내부에 타이밍 소스를 가지고 있으나 변복조기 공동 이용기는 타이밍 소스가 없다.
④ 공동 이용기와 터미널 사이의 거리, 부착 가능한 터미널의 수, 접속 가능한 변복조기 종류 등의 제약이 있다.
⑤ 변복조기 공동 이용기는 타이밍 신호를 변복조기 공동 이용기를 이용하는 모뎀으로부터 얻는다.
⑥ 변복조기 공동 이용기는 하나의 변조기를 몇 개의 터미널을 공동 이용하는 경우에 사용한다.

[정답] 64 ③ 65 ④ 66 ② 67 ② 68 ③

69 다음 중 포트 공용 이용기(Port Sharing Unit)의 특징이 아닌 것은?

① 여러 대의 터미널이 하나의 포트를 이용하므로 포트의 비용을 줄일 수 있다.
② 폴링과 셀렉션방식에 의한 통신이다.
③ 컴퓨터와 가까운 곳에 있는 터미널이나 원격지 터미널에 모두 이용할 수 있다.
④ 컴퓨터 포트의 평균 사용률이 낮으므로 낮은 이용률 개선을 위해 사용한다.

해설
포트 공용 이용기는 호스트 컴퓨터와 변복조기 사이에 설치되어 여러 대의 터미널이 하나의 공용 포트를 이용하여 컴퓨터 포트의 비용을 절감한다.

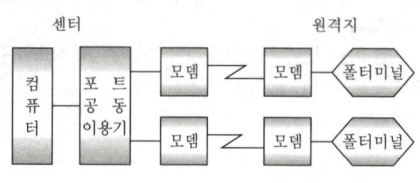

[포트 공용 이용기]

70 DTE와 DCE 접속을 위한 인터페이스의 특성이 아닌 것은?

① 기계적 특성   ② 전기적 특성
③ 절차적 특성   ④ 응용적 특성

해설
DTE/DCE 인터페이스
① 컴퓨터 또는 단말기를 데이터통신망에 연결시키는 장치이다.
② 특징 : 전기적 특성, 기계적 특성, 기능적 특성, 절차적 특성

71 DTE와 DCE를 상호 연결하기 위해 기계적, 전기적, 기능적, 절차적인 조건들을 표준화한 것은?

① 토폴로지
② DCC 아키텍처
③ DTE/DCE 인터페이스
④ 참조 모형

해설
DTE/DCE 접속규격(Interface)
① DTE와 DCE를 상호 연결하기 위해 기계적, 전기적, 기능적, 절차적 특성을 갖는 조건들을 상호 접속할 수 있도록 표준화한 것을 DTE-DCE Interface라고 한다.
② 표준화된 인터페이스로 RS-232 C/V.24가 사용되고 있다.

72 다음 중 ITU-T의 DTE/DCE간 인터페이스 표준규격이 아닌 것은?

① X시리즈 권고안   ② V시리즈 권고안
③ Q시리즈 권고안   ④ I시리즈 권고안

해설
① DTE와 DCE장치가 잘 동작하려면 연결기의 모양, 전압, 타이밍, 통신 회선의 종류 등 제반 조건이 잘 정합되어 있어야 한다. 따라서 인터페이스 조건은 표준으로 정해 놓은 규약을 따른다.
② DTE-DCE 인터페이스 규격은 ITU-T 권고에 정의되어 있고, V시리즈, X시리즈, I시리즈 인터페이스가 있다.
  ㉮ V시리즈 : DTE와 아날로그 통신 회선 간에 접속할 때의 규정을 정의한다. 모뎀 인터페이스라고도 하며 V.24/RS-232가 가장 대표적인 인터페이스이다.
  ㉯ X시리즈 : DTE와 디지털 교환망 간에 접속할 때의 규정을 정의한다.
  ㉰ I시리즈 : DTE와 종합 정보통신망(ISDN)간에 접속할 때의 규정을 정의한다.

73 RS-232C 25핀 표준 인터페이스에서 송신(TD)에 해당되는 핀은?

① 1번   ② 2번
③ 3번   ④ 4번

해설
RS-232는 1962년 EIA에서 표준화한 DTE 및 DCE 간 직렬(serial) 인터페이스 규격안을 말한다.

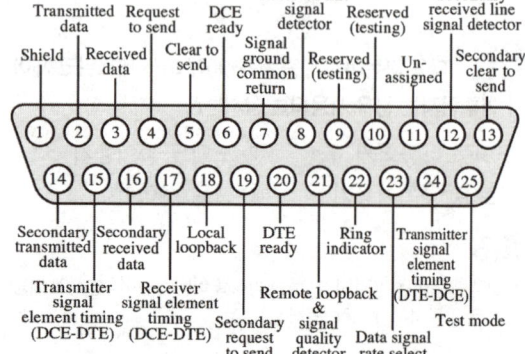

[정답] 69 ④ 70 ④ 71 ③ 72 ③ 73 ②

74 다음 중 단말기에서 모뎀으로 데이터를 보내기 위한 신호는 무엇인가?

① RTS(Request To Send)
② CTS(Clear To Send)
③ DCE(Data Circuit Equipment)
④ DSR(Data Set Request)

[해설]

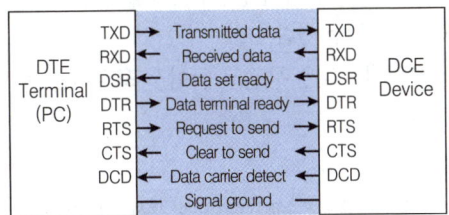

75 EIA의 RS-232C 25핀 접속규격 중 핀 번호의 정의가 틀린 것은?

① 핀 2번 : 데이터 송신(TD)
② 핀 4번 : 송신요구(RTS)
③ 핀 6번 : 데이터 세트 준비완료(DSR)
④ 핀 8번 : 데이터 단말준비 완료(DTR)

[해설]
pin 8 : 수신 전 신호 감시(데이터 채널 수신 캐리어 검출) 기능을 수행한다.

76 15[m] 이내의 DTE/DCE 인터페이스로 사용하는 표준안은?

① 주파수 분할 방식   ② RS-232-C
③ RS-449-A   ④ 조보식

[해설]
RS-232-C의 개요
① EIA(미국전자공업회)에서 제정
② 비동기 및 동기 전송 기능
③ 20[kbps] 이하까지의 전송 속도
④ 15[m]까지의 전송 거리 제한
⑤ 불평형 방식의 전송
⑥ 25pin 커넥터 사용

77 ITU-T X시리즈 권고 인터페이스 규약 중 X.21에 해당하는 것은?

① 공중 데이터망에서의 국제적인 사용자 서비스 클래스의 규약
② 공중 데이터망의 국제적인 사용자 설비의 규약
③ 공중 데이터망에서의 동기식 전송을 위한 DTE와 DCE간의 인터페이스 규약
④ 공중 데이터망에서 패킷모드로 동작하는 단말기의 DTE와 DCE간의 인터페이스 규약

[해설]
ITU-T의 X series
① X-series는 디지털 데이터 전송을 위한 인터페이스이며 V시리즈는 아날로그 데이터를 전송하기 위한 기존 터미널용 인터페이스이다.
② 단말기나 패킷교환기나 전송 장비간의 물리적 접속에 관한 것으로, X.21을 사용하며, X.21은 DTE와 데이터망에 적합하도록 만들어진 DCE간의 인터페이스를 정의하고 있다

78 ITU-T의 표준 시리즈 중 V 시리즈는 무엇에 관한 규정인가?

① 종합 정보 통신망을 이용한 데이터 전송
② 축적 데이터 교환망을 이용한 데이터 전송
③ 전화망을 이용한 데이터 전송
④ 공중 데이터 통신망을 이용한 데이터 전송

[해설]
ITU-T 표준
① ITU-T의 V 시리즈는 아날로그 전송로를 이용한 데이터 통신에 관한 권고안이다.
② ITU-T, V 계열 : 전화망에 관한 데이터 통신
X 계열 : 데이터 통신망에 대한 데이터 통신

79 ITU-T의 V시리즈는 무엇을 대상으로 하는 표준안인가?

① 망 간 접속에 관한 데이터통신
② 신호방식에 관한 데이터통신
③ 전화망을 통한 데이터통신
④ 메시지 처리에 관한 데이터통신

[정답] 74 ① 75 ④ 76 ② 77 ③ 78 ③ 79 ③

> 해설

V series : 전화나 음성대역 전용선 등의 아날로그 회선에서 사용하기 위해 개발된 터미널용 인터페이스

80 다음 중 ITU X 계열 권고내용으로 틀린 것은?

① X.20 : 공중데이터망에서 비 동기전송을 위한 DTE/DCE간의 접속규격
② X.21 : 공중데이터망에서 동기전송을 위한 DTE/DCE간의 접속규격
③ X.24 : 공중데이터망에서 사용되는 DTE/DCE 간의 상호접속회로에 대한 정의
④ X.28 : 불평형 복류 상호접속회로의 전기적 특성

> 해설

X.28은 공중 데이터 통신망에서 패킷의 조립/분해장치(PAD)를 엑세스하는 동기식 데이터 단말장치용 DTE/DCE 접속규격에 대하여 ITU-T에서 권고한 표준

81 다음 중 광섬유 케이블의 일반적인 특징이 아닌 것은?

① 초다중화가 가능하다.
② 채널 간 상호 전자기적인 누화의 영향을 받을 수 있다.
③ 광대역전송이 가능하다.
④ 광섬유는 측압을 받으면 손실특성이 달라진다.

> 해설

광섬유의 특징
① 가볍다. 가늘다. 경제성이 있다.
② 손실이 거의 없다.
③ 광대역성을 갖는다.
④ 정보를 빠르게 전송할 수 있다.
⑤ 전자파의 영향을 거의 받지 않는다.
⑥ 가공 및 접속이 어렵다.

82 광통신의 특징으로 옳지 않은 것은?

① 전송 손실이 아주 적다.
② 주파수가 마이크로파보다 수만 배 높은 광파를 사용하므로 매우 많은 정보량을 장거리 전송할 수 있다.
③ 비전도체(유리)이므로 습기에 영향을 받지 않고 타전자파나 고압선 전류 유도에 대한 방해를 전혀 받지 않아 송전선에 광섬유케이블을 함께 실어 실제 전송할 수 있다.
④ 광섬유케이블은 무겁고 굵어서 포설하기가 용이하지 않다.

> 해설

광통신이란 광섬유를 전송매체로 이용한 통신 방식으로 기존의 동축케이블, UTP케이블을 이용한 통신 방식보다 빠르고 안정적인 통신이다.
* 광통신의 장점 : 광대역성, 저손실, 무유도성, 세경, 경량, 자원풍부 등

83 광통신방식에서 광신호를 전기적 세력으로 변환해 주는 소자는?

① LD, LED ② LD, APD
③ LED, APD ④ APD, PD

> 해설

광통신은 광섬유를 통하여 전송하는 방식으로, 전기신호를 발광소자인 LD 또는 LED에 의해 전광변환(E/O)을 해서 광섬유케이블을 통해 전송하고, 수신측에서 수광소자인 Photo Diode(PD) 또는 Avalanche PD(APD)에 의해 광전변환(O/E)을 통해 원래의 신호로 재생한다.

84 광케이블통신의 구성에 있어서 전광변환기에 사용되는 반도체 레이저 또는 발광다이오드가 설치되는 곳은?

① 수신측
② 수신측과 송신측
③ 송신측
④ 광케이블 중간

[정답] 80 ④ 81 ② 82 ④ 83 ④ 84 ③

출제 예상 문제

85 다음 광통신에서 사용되는 소자가 잘못 연결된 것은?
① PIN diode: 광결합기
② EDFA : 광증폭기
③ LD : 전광변환
④ APD : 광전변환

해설
PIN diode : 수광소자로 광신호를 전기신호로 변환하는 광전변환 소자이다.
* 광결합기는 Optical Coupler라 한다.

86 광전송시스템에서 전송신호와 간섭을 유발시키는 역반사 잡음을 방지하기 위한 것은?
① 광감쇠기
② 광서큘레이터
③ 광커플러
④ 광아이솔레이터

해설
Isolator란 광이 한쪽 방향으로만 진행이 되도록 하는 광소자를 말한다.

87 다음 중 광통신시스템에서 전송속도를 제한하는 가장 주된 요인은?
① 광분산
② 광손실
③ 전반사
④ 굴절

88 광전송시스템을 구성할 때 고려할 사항이 아닌 것은?
① 전송매체
② 전자파의 간섭
③ 전송방식
④ 다중화방식

89 광전송시스템에서 광합파기 및 광분배기를 사용하는 광다중 전송방식은?
① TDM
② WDM
③ ADM
④ FDM

해설
WDM(Wavelength Division Multiplexing)은 송신측에서는 전송하고자 하는 정보를 각각의 부호기에서 디지털신호 1과 0으로 바꾼 다음 그것을 가지고 서로 다른 파장의 광원을 on/off 하여 광펄스를 광결합기(광합파기, Optical Coupler)를 이용해 결합하여 광케이블로 보낸다.

90 광파장분할 다중화방식(Wavelength Division Multiplexing)에 관한 설명으로 거리가 먼 것은?
① 양방향 전송이 가능하다.
② 누화의 영향을 거의 받지 않는다.
③ TV와 음성신호의 동시전송이 가능하다.
④ PCM 방식에서만 가능하다.

91 광통신시스템에서 파장분할 다중화방식(WDM)을 사용하는 가장 큰 장점은?
① 전송거리가 길어진다.
② 전송용량을 크게 할 수 있다.
③ 광수신기의 특성이 좋아진다.
④ 전송손실이 감소한다.

92 광통신에서 전송 용량을 증대시키는 (고속화)기술로서 가장 관계가 적은 것은?
① Soliten 기술
② WDM(Wavelength Division Multiplexing) 방식
③ EDFA(Erbium Doped Fiber Amplifier)
④ Intensity Modulation

[정답] 85 ① 86 ④ 87 ① 88 ② 89 ② 90 ④ 91 ② 92 ④

93 광 가입자망에 대한 설명 중 가장 옳은 것은?
① 가입자 망을 나선 케이블로 구축하는 것이다.
② 가입자 망을 동축 케이블로 구축하는 것이다.
③ 가입자 망을 광 케이블로 구축하는 것이다.
④ 가입자 망을 무선으로 구축하는 것이다.

94 광 가입자망의 구성요소로 볼 수 없는 것은?
① OTC(Optical Network Coupler)
② OLT(Optical Line Terminal)
③ ODN(Optical Distribution Network)
④ ONU(Optical Network Unit)

해설
[참고] ONT(Optical Network Terminal)

95 광 가입자망의 구성요소에 대한 기능 설명으로 가장 틀린 것은?
① ONU/ONT : 광신호를 전달받아 이더넷, ATM과 같은 사용자 데이터로 바꾸어 최종 사용자에게 전달하거나 송신할 데이터를 광신호로 변환하여 OLT에 전송
② OLT : OLT는 Ethernet 프레임을 PON방식으로 전/광 변환하여 수동형 광 분배기로 전송
③ ONU : 1:N의 광 포트를 수용한 가입자 광케이블 종단 단자
④ RN(Remote Node)는 ONT와 ONU사이에 설치된다.

해설
RN은 OLT와 ONU사이에 설치된다.

96 광 가입자망의 구성요소에 대한 설명으로 가장 틀린 것은?
① OLT는 통신사업자 측에 설치된다.
② ONU는 가입자 측에 설치된다.
③ 광선로는 ONU는 가입자 측에 설치된다.
④ 광분배 네트워크는 OLT와 ONU 사이에 설치된다.

해설
광선로는 OLT와 ONU 사이에 설치된다.

97 다음 중 망구성 방식은 FTTC구조를 가지고 있으며 아파트 등 수요밀집 지역을 광케이블화하는 데 필요한 광전송 시스템은?
① FLC-A
② FLC-B
③ FLC-C
④ FLC-D

해설
수요밀집형 광가입자 전송장치[FLC-C : Fiber Loop Carrier-C(Curb)]는 수요밀집가입자지역(아파트 단지 등)까지 광신호를 전송하여 가입자망의 고속화, 고품질화를 도모하는 광전송 시스템을 말한다.

98 광케이블을 집안까지 연결함으로써 기존 방식에 비해 빠르고 안정된 품질의 서비스가 가능한 초고속 인터넷 설비방식을 무엇이라 하는가?
① FTTH
② HFC
③ FTTO
④ FTTC

99 차세대 가입자망 기술의 하나로 광섬유 케이블로 댁내까지 접속하는 것은?
① xDSL
② PON
③ LAN
④ HFC

[정답] 93 ③ 94 ① 95 ④ 96 ③ 97 ③ 98 ① 99 ②

해설

수동 광통신망(PON : Passive Optical Network)
① PON은 광케이블망을 통해 최종사용자에게 신호를 전달하는 시스템이다.
② 기업 및 SOHO(Small Office Home Office), 일반가정에까지 광섬유에 기반한 초고속 서비스를 제공하는 광가입자망 기술이다.
▶ 수동 소자로 광통신망을 구성하는 방식을 택하였기 때문에 수동형(Passive) 광네트워크라고 한다.

[참고] ㉠ xDSL(x Digital Subscriber Line) : 전화선을 이용해 초고속 데이터통신을 가능하게 하는 여러 종류의 디지털 가입자 회선, 곧 디지털 가입자 장치를 통틀어 일컫는다.
㉡ 광동축 혼합망(HFC : Hybrid Fiber Coaxial Cable) : 비디오, 데이터 및 음성 등과 같은 광대역 콘텐츠를 운송하기 위해, 네트워크의 서로 다른 부분에서 광섬유 케이블과 동축 케이블이 사용되는 통신 기술이다.

100 가입자망 기술로 망의 접속계 구조 형태인 PON 기술에 대한 특징이 잘못 설명된 것은?

① 네트워크 양끝 단말을 제외하고는 능동소자를 전혀 사용하지 않는다.
② 광섬유의 효율적인 사용을 통하여 광전송로의 비용을 절감하다.
③ 유지보수 비용이 타 방식에 비해 저렴하다.
④ 보안성이 우수하다.

해설
PON은 중앙 집중국에서 모든 가입자에게 정보가 분산되므로 보안성이 약하다.

101 다음은 광 가입자망 기술을 설명한 것이다. 무엇에 대한 설명인가?

- 하나의 케이블을 통해 40[Gbps]급 대용량 데이터 전송속도를 제공하는 광가입자망 기술표준
- TWDM-PON(Time and Wavelength Division Multiplexed Passive Optical Networks, 파장분할 다중화 수동형 광 네트워크)이 업그레이드된 기술
- OLT 와 ONU 간 파장가변 송수신 기술을 사용하여 네트워크의 트래픽상황에 따라 통신파장 변경 가능

① E-PON ② A-PON
③ WDM-PON ④ NG-PON

해설
NG-PON(차세대 수동형 광가입자망)은 현재 사용중인 E-PON, G-PON의 차세대 기술 표준이다.

[정답] 100 ④ 101 ④

Chapter 3 회선 개통

합격 NOTE

합격예측
회선개통은 고객의 음성 전화 서비스 신청접수, 선로의 포설, 선로의 접속과 시험을 하여 서비스를 개통하는 능력이다.

합격예측
전화기 : 전기변환 → 전송 → 음성 변환 방법으로 정보교환

1 음성통신기기

1. 전화기

가. 전화기의 개요 및 구성

전화기는 전기적 진동을 이용하여 음성과 전기 에너지를 상호 변환시켜 정보를 교환하는 단말장치이다. 즉, 전화기는 음성을 전기신호로 바꾸어 먼 곳에 전송하고, 이 신호를 다시 음성으로 재생하여 상호간의 통화를 가능하게 하는 장치이다.

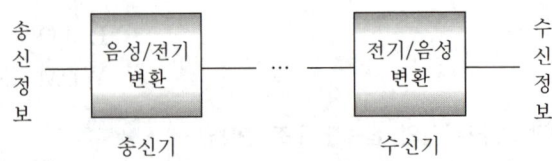

[전화기의 전송 원리]

합격예측
전화기의 구성 : 통화 회로, 신호 회로, 출력 회로

(1) 통화 회로
 ① 송·수화기를 말한다.
 ② 송화기는 음성 신호를 전기 신호로, 수화기는 전기 신호를 음성 신호로 변환하여 준다.

(2) 신호 회로
 ① 통화하고자 하는 상대방을 선택하여 호출하는 신호를 말한다.
 ② 다이얼(Dial), 푸시버튼(Push-Button)과 벨 또는 부저를 말한다.

(3) 출력 회로
 ① 전화국과 통신회선을 접속하는 부분이다.
 ② 2선식으로 접속된다.

합격예측
출력 회로 : 교환국과 가입자를 연결한다.

나. 송화기(Transmitter)

송화기는 인간의 음성 신호를 전기적인 신호로 변환하는 장치이다. 진동판과 탄소(Carbon) 입자로 구성되며, 탄소 입자가 압력을 받은 것에 의한 저항이 변화되는 원리를 이용한다.

합격예측
송화기 : 음성에너지(음압)를 전기에너지(직류전류)로 변환한다.

(1) 송화기의 감도(S)는 다음으로 정의된다.

$$S = 20\log_{10}\frac{\sqrt{W}}{P_f}$$

여기서 W : 송화기 전력, P_f : 자유 음장의 음압

(2) 일반적인 송화기의 동저항은 20~60[Ω]이며, 시간에 따라 증가하는데 160[Ω] 이상이 되면 사용이 곤란해진다.

다. 수화기(Receiver)

수화기는 전기적인 신호를 음성 신호로 변환하는 장치이다. 수화기는 영구 자석, 진동판, 유도 코일(Induction Coil)로 구성된다.

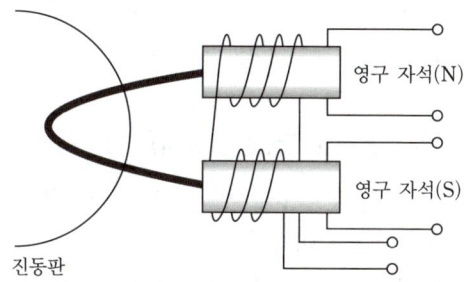

(1) 진동판의 구비 조건

  ① 자유 진동이 작을 것
  ② 외력에 의하여 되도록 큰 진폭으로 진동할 것
  ③ 진동이 외력에 비례할 것
  ④ 주파수 특성이 평탄할 것

(2) 수화기의 감도는 $20\log_{10}\dfrac{P_f}{\sqrt{W}}$로 정의된다.

라. 다이얼(Dial)

(1) 개요

  ① 상대방의 선택 번호를 발생하는 장치이다.
  ② 회전 다이얼 방식과 푸시버튼 방식이 있다.

(2) 다주파부호(MFC) 전화기(푸시버튼 방식)

  ① 전자 교환기에서 사용하고 있는 방식으로, 다이얼 대신 0~9, *와 #의 12개의 소형 정방형 키가 사용된다.

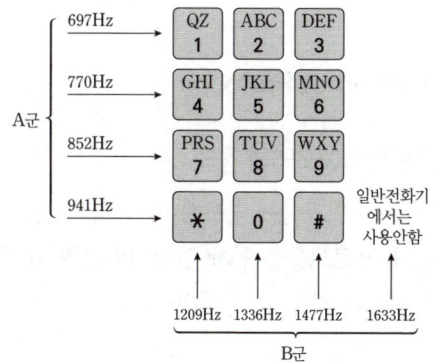

합격예측

유도 코일 : 송화 회로와 수화 회로를 분리하여 효율이 좋은 통화를 하게 한다.

합격예측

다이얼의 3요소

임펄스 속도(10[PPS] : Pulse Per Second), 메이크율(Brake : Make = 2:1), 미니멈 포즈(최소휴지시간 ≒ 600[ms])

합격예측

푸시버튼 전화기

① 푸시 버튼에는 숫자 버튼외 서비스 버튼이 있다.
② 푸시버튼을 누르면 고군 주파수와 저군 주파수가 혼합되어 송출된다.
③ Data 전송용 또는 원격 제어용에도 사용할 수 있다.

② 각각의 키는 2개의 주파수로 구성된 가청 발신음을 낸다.
  ㉠ 고군 주파수 : 1209[Hz], 1336[Hz], 1477[Hz], 1633[Hz]
  ㉡ 저군 주파수 : 697[Hz], 770[Hz], 852[Hz], 941[Hz]
③ 조작이 간단하다.

마. 훅 스위치(Hook Switch)

송수화기를 들면 가입자선이 닫혀서 통화 전류가 흐르고 이용자의 발호를 교환기에 알린다.

바. 측음 발진 회로(Antiside Tone Circuit)

(1) 측음이란 통화시 송화기의 출력 일부가 수화기에 흘러 들어와 자신의 음성을 듣게 되는 현상이다.
(2) 측음 방지 회로는 브리지(Bridge)형과 부스터(Booster)식이 있다.

사. 디지털 전화기

종합통신망의 구축으로 여러 가지 기능을 갖는 디지털 전화기가 등장하게 되었다.
(1) 특징 : 통신비용의 저렴화, 고품질, 다기능, 고도화, 데이터 단말 접속이 가능하다.
(2) 구성 : 회선 인터페이스 제어부, 전화 입·출력 제어부, 시스템 및 프로토콜 제어부

아. 기타 전화기

(1) 키폰(Key Phone) : 5회선 이내의 국선이나 구내 교환기의 내선을 여러 대의 내선 전화로 연결 사용하는 다기능 전화기이다. 키폰 전화의 디스플레이는 전화번호 표시 기능을 가지고 있다.
(2) 음성 정보 서비스(ARS) : 전화를 이용하여 저장된 각종 정보를 청취하거나 일반 공중전화망을 통해 음성으로 정보를 제공하는 것이다.

2. VoIP(Voice over Internet Protocol)

가. 음성 인터넷 프로토콜(VoIP)의 정의

VoIP는 컴퓨터 네트워크상에서 음성 데이터를 전송 가능한 패킷으로 변환하여 이를 인터넷 프로토콜을 통해 일반적인 전화와 같이 인터넷상에서 음성 통화가 가능하도록 하는 통신 서비스이다.

VoIP 기술은 패킷 전송방식을 사용, 작은 단위로 나뉜 음성 데이터 패킷을 기존에 사용하던 회사 전용망이나 국가 기간망 등을 통해 전송해주므로 훨씬 저렴한 비용으로 통화가 가능하다.

나. VoIP 서비스의 종류

PC to PC 서비스

송·수신자가 H.323을 지원하는 PC의 인터넷폰 S/W를 이용하여 인터넷에 접속을 하여 사운드 카드를 이용하여 양방향으로 통화

PC to Phone 서비스

송신자가 H.323을 지원하는 PC의 인터넷폰 S/W를 이용하여 전화측의 인터넷 Gateway를 경유하여 PC와의 전화간 통화

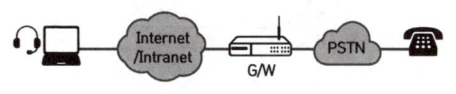

Phone to PC 서비스

송신자가 전화측의 인터넷 Gateway를 경유하여 수신측의 H.323을 지원하는 PC의 인터넷폰 S/W를 구동하여 전화와 PC간 통화

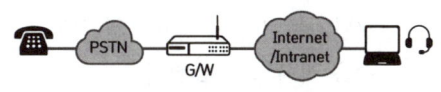

Phone to Phone 서비스

송·수신자 모두 Gateway를 경유하여 통화

다. VoIP와 전화망의 비교

기능	VoIP	전화망(PSTN)
접근범위	인터넷이 가능한 곳	전화회선이 설치되어 있는 곳
통신방식	H.323으로 통일	국가별로 다름
통신방법	패킷음성(Packet Voice)	아날로그 음성(Circuit Voice)
회선이용률	다수 사용자 동시 사용	한 명이 독점적 사용
통신사용률	접속 속도 및 회선 종류에 따라 다름	거리, 시간에 따라 차등
부가서비스	화상, 채팅 등 다양한 부가 서비스 가능	제한적인 부가 서비스 지원

라. VoIP 구성요소

① 응용계층 : 서비스의 생성/수행 기능, 지능화된 신호 처리, 서비스 관리
② 신호계층 : 신호 처리, 신호 변환, 자원관리, 매체 제어
③ 매체계층 : 실제 데이터 처리/전달 또는 변형, 품질 보장, 톤 발생 기능 담당

합격 NOTE

합격예측
H.323은 TCP/IP상에서 음성이나 영상을 전송하기 위하여는 양방향 통신을 가능하게 하고 세션을 연결해주기 위한 프로토콜이다.

합격예측
게이트웨이(Gateway)는 한 네트워크(Segment)에서 다른 네트워크로 이동하기 위하여 거쳐야 하는 지점이다.

합격예측
전화망의 문제점 : PSTN 운용비용 증가, 신규 서비스 제공 곤란 및 부가서비스의 용량 한계 등

합격예측
VoIP는 음성 신호를 디지털화하고 압축한 후 IP 패킷화하여 인터넷상에서 전달하므로 기존의 PSTN에 비해 낮은 가격으로 전화서비스 제공 가능

3. 교환기

가. 교환기의 기능

교환기는 다수의 전화 가입자를 수용하여 전화 가입자가 통화를 원하는 상대방과 임의의 통화로(링크)를 통하여 접속해 주는 장치이다.

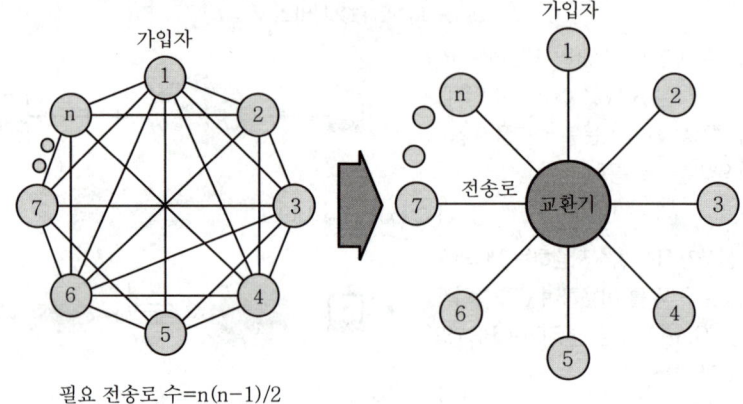

필요 전송로 수=n(n-1)/2

교환기는 가입자 상호간의 정보 교환을 위하여 중간에서 신호에 의하여 접속을 개시 및 종료한다.

참고

📍 **통신망 및 교환기**

① 통신망(Network) : 통신 서비스를 제공하기 위한 전기 통신 설비의 유기적인 집합이다.
② 교환기 : 다수의 발신측 회선과 다수의 수신측 회선 사이를 서로 연결해 주는 역할을 한다.
  ㉠ 회선 교환 방식 : 발신측 회선과 착신측 회선을 연결하여 호의 접속 경로를 설정한 다음, 통신이 끝날 때까지 회선을 유지시키는 교환 방식
  ㉡ 패킷 교환 방식 : 발신측 회선으로부터 들어오는 정보를 일단 메모리에 저장하여 일정한 크기의 패킷으로 만든 다음, 착신측 회선으로 전송하는 교환 방식
③ 전송회선 : 정보의 전달이 시작되는 점에서 끝나는 점까지 구성된 통신망 내의 접속 경로이다.

합격예측

교환기란 가입자선이나 중계선 등을 이용하여 사용자들이 원하는 음성 및 비음성 정보 등을 신속, 정확하면서도 경제적으로 교환할 수 있게 하는 시스템이다.

합격예측

교환기의 필요성 : 적은 회선으로 많은 가입자를 수용할 수 있다.

합격예측

통신망의 구성요소
① 노드 : 가입자 단말기(전화기 등), 교환 설비 등
② 링크 : 이들을 서로 연결하는 전송회선

(1) 중계방식

교환기의 각종 기능을 가진 단위 장치로서, 교환, 접속을 가능하게 한다.

① 직접 제어 방식 : 가입자의 다이얼 펄스를 직접 입력하여 제어 회로를 동작시켜 순서대로 접속 경로를 선택하는 방식

② 간접 제어 방식 : 수신한 다이얼 펄스를 기억 회로에 축적, 전체 숫자를 읽어서 상대국이 판명된 다음 종합적인 판단 후에 회로망 구성에 따라 접속 경로의 선택과 숫자 변환을 하는 교환 방식

> **합격예측**
> 간접 제어 방식=축적전송 교환방식 (Store-And-Forward Switching)

(2) 신호방식(Signaling)

2대의 전화기가 서로 접속되기 위해서는 전화기와 교환기 그리고 교환기와 교환기 사이에서 회선연결을 위한 각종 제어정보를 교환한다. 신호의 종류 및 전송방법, 순서 등을 규정한 것, 즉 신호의 전달체계를 규정한 것을 신호방식이라고 한다.

> **합격예측**
> 신호는 각종 제어정보를 말한다.

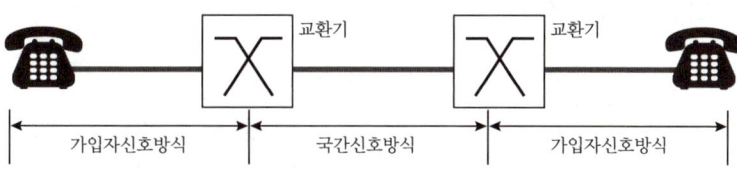

① 가입자 신호방식 : 전화기와 교환기간의 신호방식

② 국간 신호방식 : 교환기와 교환기간의 신호방식

③ 신호 경로에 따른 분류

　㉠ 통화로 신호방식(개별선 신호방식)

　　전화국간 통신선로가 전화 가입자수만큼의 송신선로와 수신선로로 양분되어, 각각의 선로에 신호를 함께 실어 보내는 방식이며, R1, R2, No.1~5가 있다.

　㉡ 공통선 신호방식(CCS : Common Channel Signaling)

　　음성 등 통신정보와는 별도의 신호회선을 구성해 여러 회선의 통신회선 및 서비스에 관련된 신호정보를 공통으로 송수신할 수 있도록 한 신호처리방식이다.

> **합격예측**
> 국간 신호방식 : 감시신호(제어, 표시신호), 선택신호(Dial Pulse, MFC)

> **합격예측**
> 통화로 신호방식은 통화로와 신호로가 개별회선에 중첩되는 방식이다.

> **합격예측**
> CCS의 종류 : No 6, No 7

📝 참고

📍 No.7 신호방식

① No.7 신호방식(SS7 : Signalling System No.7)은 하나의 신호채널로써 다수의 회선에 대한 신호를 교환한다는 의미에서 공통선신호방식이다.

> **합격예측**
> No.6 신호방식은 속도, 길이의 제한으로 널리 이용되지 못함

합격 NOTE

합격예측
SS7은 하나의 신호 채널상에 다수 회선에 대한 신호(시그널링)를 교환할 수 있다.

합격예측
No.7 공통선 신호망은 트래픽을 전달하는 통화 회선망(Voice)과 별도로 신호(Signalling)만을 전달하는 신호망으로 분리 구성된다.

합격예측
전자교환기의 구성 : 통화로부와 제어부

② No.7의 장점
  ㉠ 호 접속 상태와 무관하게(통화중에도) 신호 전송이 가능하다.
  ㉡ 고속(64[kbps])의 신호 채널을 사용하기 때문에 짧은 호 설정 시간을 갖는다.
  ㉢ 새로운 서비스와 부가 서비스의 도입을 포함하는 새로운 요구에 대해서 커다란 유연성을 갖는다.
  ㉣ 단일 64[kbps] 채널로 거의 1,000개 이상의 이용자 정보 채널을 동시에 제어할 수 있다.
  ㉤ 신호 요소의 신뢰성 있는 전달 즉, 전송 오류에 대한 보호 기능을 갖는다.

나. 교환기의 종류

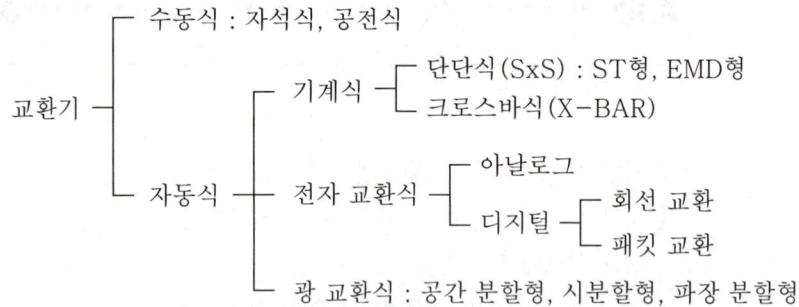

(1) 교환기의 발전 단계

설치연대	교환방식		제어방식	통화로 구성	교환기명
1900	수동식	단식	교환원에 의한 중앙제어	잭, 플러그	자석식
		복식	교환원에 의한 분산제어	잭, 플러그	공전식
1930	기계식 자동	단단식	직접제어	계전기	Stroger
1960		회전식	직접 및 간접제어	계전기	EMD
국내		크로스 스위칭	공통제어	계전기	X-BAR
1970	전자식 자동	공간 분할식	축적 프로그램 제어방식 (중앙컴퓨터에 의한 중앙집적제어)	리드계전기	M10CN
				렘리드계전기	No.1A
1980		1세대 시분할 방식		집적회로 (IC, LSI)	AXE-10, No.4ESS

설치연대	교환방식	제어방식	통화로 구성	교환기명
1980	전자식 자동	2세대 시분할 방식	축적 프로그램 제어방식 (소형컴퓨터에 의한 분산제어방식)	고밀도 집적회로 (LSI, VLSI)	S1240, TDX-1A, TDX-1B, 5ESS
1990				TDX-10, TDX-10A, 5ESS-2000
2000				TDX-100

(2) 전자 교환기

① 특성
  ㉠ 계전기나 스위치 등의 부품으로 교환기가 구성되는 것이 아니라 전자 부품으로 대폭 구성되는 교환기이다.
  ㉡ 축적 프로그램 제어(SPC : Stored Program Control) 방식을 채택하여 호의 접속, 복구 등의 제어를 기억장치에 미리 축적시킨 프로그램에 따라 교환기에서 제어한다.
  ㉢ 통화로계와 제어계가 완전히 분리되어 있다.
  ㉣ 소형, 고속, 저전력, 경량, 긴 수명을 가능하게 한다.

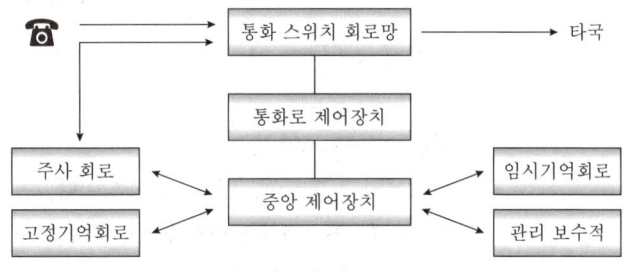

[전자 교환기의 기본 구성]

② 기본 구성
  ㉠ 통화로 스위치 회로망(SN : Switching Network)
     통화의 접속 절체 등을 하는 스위치군으로 PCM식은 시분할 전자 스위치, 반 전자식은 소형 X-bar 리드 스위치이다.
  ㉡ 중앙 제어 회로(CC : Central Control)
     제어 절차를 운용하는 논리 회로이다.
  ㉢ 주사 회로(SCN : Scanner)
     가입자선 또는 중계선에 흐르는 전류 상태를 시분할적으로 주사하여 그 결과를 중앙제어장치에 전달한다.
  ㉣ 일시 기억 회로(CS : Call Store)
     호 처리 과정에서 호에 관계되는 정보를 일시적으로 기억한다.

합격예측
SPC : 기억장치에 기억해 놓은 프로그램에 의해 교환하는 방식이다.

합격예측
통화로 : 교환되어야 할 정보(음성, 데이터 등)를 수신, 교환한 후 다시 송신하여 실제로 정보가 전달되는 부분이다.

합격예측
- 통화로부(하드웨어부분) : 통화로망, 중계선, 주사 장치, 신호 분배 장치 등
- 제어부(소프트웨어부분) : 중앙 제어장치, 호 처리 기억 장치, 프로그램 기억 장치 등

합격 NOTE

합격예측
- 반전자교환기
  ① 통화로부 : 기계식(Read-Relay)
  ② 제어부 : 전자식(Computer)
- 전전자교환기
  ① 통화로부 : 전자식(And Gate)
  ② 제어부 : 전자식(Computer)

합격예측
- 단독제어 : 각 스위치마다 제어회로(Strowger교환기, EMD교환기 등)가 있다.
- 공통 제어 : 한 군데 집중시켜 통화전체 상태 감시한다.

합격예측
TDX-1 계열 교환기 : 국내에서 개발하여 운용중인 디지털 교환기

ⓜ 반고정 기억 회로(PS : Program Store)
가입자선 전화번호와 수용 관계, 교환기의 동작을 규정하기 위한 프로그램 등을 저장하는 장소이다.

ⓑ 통화로 제어장치
중앙 제어장치의 동작 속도(μs)와 통화로계의 동작 속도(ms)와의 속도차를 정합시켜 주는 장치이다.

③ 제어 방식

제어 방식 { 단독 제어 방식
공통 제어 방식 { 포션 논리 제어 방식(WLC)
축적 프로그램 제어 방식(SPC)

㉠ 포션 논리 제어 방식(Wired Logic Control System)
ⓐ 제어 논리를 모든 부품 사이의 결선에 의해 회로 기능을 실현한다.
ⓑ 기계식 교환기, 전자식 교환기에 사용된다.

㉡ 축적 프로그램 제어 방식(Stored Program Control)
ⓐ 컴퓨터 기억장치에 축적시킨 프로그램 지시에 의해 논리 조작을 하는 방식이다.
ⓑ 다양한 기능의 부여, 신뢰성, 기능의 변경 및 추가 등의 융통성이 풍부하다.

④ 각종 전 전자 교환기
㉠ 디지털 전 전자 교환기
ⓐ 제어계와 통화로계가 모두 전자식이다.
ⓑ No.4 ESS, AXE-10 ESS, No.5 ESS, TDX-1A, TDX-1B, TDX-10 등

㉡ 반 전자 교환기
ⓐ 제어계만 전자식이고 통화로는 공간 분할형의 아날로그 방식이다.
ⓑ M10CN, No. 1A, ESS 등

⑤ 전자교환기의 특수 서비스
㉠ 단축 다이얼(Abbreviated Dialing Speed Calling)
㉡ 착신 통화(Call Transfer, Call Forwarding)
㉢ 부재중 안내(Absent Service)
㉣ 통화중 대기(Call Waiting)
㉤ 3인 통화(3 Way Calling)
㉥ 지정시간 통보(Wake-up Service)

4. 망 동기 방식(Network Synchronization)

망 동기는 망을 구성하는 모든 디지털 장치들을 기준 동기 클럭원에 동기화시킴을 말한다. 또한, 정확한 타이밍 정보를 전체 망에 공급하는 체계·방식을 의미하기도 한다.

가. 독립동기방식(Plesiochronous Synchronization Operation)
각 노드(교환기 등)들이 자체 클럭에 의해 독립적으로 운용하는 방식이다.

나. 동기적 운영 방식(Synchronous Operation)

(1) 외부 기준 동기(External Synchronization)
외부에서 매우 정확한 기준 동기 클럭을 제공하는 방식이다.

> **합격예측**
> 외부 기준 동기의 예 : GPS에 의한 동기 클럭 제공

(2) 상호동기방식(Mutual Synchronization)
기준 클럭이 여러군데 있고, 상호 상관 관계를 형성하여 그 결과를 자체 클럭에 대한 기준으로 삼는 방식이다.

(3) 종속동기방식(Master Slave Synchronization)
중심국에서 매우 안정된 클럭을 설치하여 주클럭(Master Clock)으로 삼고, 하위국들은 이 주 노드에서 전송되어온 클럭정보를 다시 PLL 등으로 복원하여 자체 클럭원으로 사용하는 방식이다.

> **합격예측**
> 종속동기의 종류 : 단순종속동기방식, 계층종속동기방식, 팜즈방식 등

5. 지능망(IN : Intelligent Network)

가. 지능망이란 통신망에 서비스를 제어할 수 있는 기능을 부여하여 새로운 서비스 또는 주문형 서비스를 추가·변경 가능하도록 구현된 지능화된 망을 말한다.

나. 지능망은 전화선과 교환기를 연결하였던 기존의 전화망에 통신서비스를 지능화시킨 네트워크를 말한다.

> **합격예측**
> 지능망 탄생 배경 : 디지털화, DB 기술 발전, No.7 신호방식

다. 지능망 주요 구성요소

(1) SMS(서비스관리시스템, Service Management System)
서비스 제공에 필요한 데이터의 관리

(2) SCP(서비스제어시스템, Service Control Point)
망 차원에서 서비스의 제어

(3) STP(신호전달점, Signalling Transfer Point)
신호점간에 신호메시지의 전달을 중계하여 주는 일종의 패킷교환기

(4) SSP(서비스수행교환기, Service Switching Point)

(5) IP(지능형정보제공시스템, Intelligent Peripheral)
사용자와 망 사이의 유연한 상호 작용을 제공

> **합격예측**
> 지능망 서비스의 예 : 전국대표번호, 개인번호(연결서비스), 착신자과금, 정보료 수납(과금서비스)

출제 예상 문제

제1장 음성통신기기

01 다음 전화기의 기능과 구성에 대한 설명 중 옳지 않은 것은?

① 송화기는 음성 신호를 전기 신호로 변환하는 장치이고 송화기의 저항은 전류와 탄소분의 진동에 의해 다르고 사용년수에 따라 감소한다.
② 수화기의 진동관은 자유 진동이 적어야 하고 영구자석을 사용해야 한다.
③ 전화기의 유도 코일은 선로에 흐르는 전류를 크게 하며 정합 변성기의 역할을 한다.
④ 전화기의 기본적인 구성은 통화 회로, 신호 회로 및 출력 회로로 대별된다.

해설

전화기
① 개요 : 전화기는 전기적 진동을 이용하여 음성과 전기 에너지를 상호 변환시켜 정보를 교환하는 단말장치로서 전기 변환 → 전송 → 음성 변환의 수단으로 정보를 교환하는 기기이다.
② 원리
  ㉠ 음파에 의하여 송화기의 진동판이 진동하고 이 진동판의 운동에 의해 송화기 내의 탄소 입자에 음파의 진동의 크기, 진동 주파수에 비례한 압력이 가해지는 구조(송화 원리)이다.
  ㉡ 보내온 신호 전류에 의해 전자식의 자력이 변화하기 때문에 이 변화되는 자력에 의해서 수화기의 진동판이 진동하여 음파를 재생하는 구조(수화 원리)이다.
  ㉢ 인간의 음성 주파수 범위는 개인차가 있다. 대략 남성 120 ~ 7,000[Hz], 여성 200 ~ 9,000[Hz]이고 설계 기준은 국제적으로 300 ~ 3,400[Hz]이다.
※ 송화기의 저항은 사용년수에 따라 증가한다.

02 다음의 전화기에 대한 설명에서 옳지 않은 것은?

① 자동식 전화기에는 측음 방지 회로가 있고 보통 브리지형이 사용된다.
② 전화에 사용되는 주파수 대역은 국제적으로 300 ~ 3,400[Hz]이다.
③ 전화기 회로는 기본적으로 통화 회로, 신호 회로 및 출력 회로로 대별된다.
④ 통화 상태와 신호 상태를 분리하는 것은 훅(Hook) 스위치이다.

해설

전화기 구성
① 전화기의 기본적인 구성은 통화 회로, 신호 회로 및 출력 회로로 대별된다.
② 통화 회로는 송화기와 수화기가 있고 음성 신호를 전기 신호로, 전기 신호를 음성 신호로 변환하는 부분이다.
③ 통화하고자 하는 상대방을 선택하여 호출하는 신호. 즉, 교환기를 작동시키는 신호를 내는 다이얼 또는 푸시 버튼, 교환기에서 호출을 알려주는 벨 또는 부저가 있다.
④ 전화기와 통신회선의 접속을 위해 필요하며 가입자와 교환국 사이는 2선으로 접속된다.
⑤ 송화 회로와 수화 회로를 분리하여 효율을 좋게 통화하기 위한 유도 선륜(Induction Coil)과 통화 상태와 신호 상태를 분리하는 훅 스위치(Hook Switch) 등이 있다.
⑥ 측음 방지 회로의 종류
  ㉠ 브리지식 : 휘스톤 브리지의 원리를 이용, 자석식 전화기에 사용된다.
  ㉡ 부스터(Booster)식 : 유도선륜의 제3권선을 이용하여 수화기에 들어오는 측음을 감소시키는 방식으로 주로 공전식, 자동식 전화기에 사용된다.
※ 측음(Sidetone)이란 통화를 할 경우 송화자의 송화 음성 전류가 자기 수화기의 수화에 흘러 송화자 자신의 소리를 수화기를 통하여 듣는 현상이다.

03 다음 중 전화기의 기본 구성이 아닌 것은?

① 통화회로
② 신호회로
③ 송수신 공용회로
④ 측음 방지회로

해설

① 전화기의 기본적인 구성은 통화회로, 신호회로 및 출력회로로 구분된다.
② 송화회로와 수화회로를 분리하여 효율을 좋게 통화하기 위한 유도 선륜(Induction Coil)과 통화 상태와 신호 상태를 분리하는 훅스위치(Hook Switch), 측음 방지회로(Antiside Tone Circuit) 등이 있다.

[정답] 01 ① 02 ① 03 ③

출제 예상 문제

04 다음 부품 중 각종 전화기가 공유하고 있는 것은?
① 다이얼(Dial) ② 발전기
③ 축전기 ④ 훅 스위치

해설
① 다이얼(Dial) : 자동식 전화기에 있음
② 발전기 : 자석식 전화기 및 교환기에 있다.
③ 축전기 : 자동식 전화기 및 공전식 전화기에 있다.
④ 훅 스위치 : 모든 전화기에 다 있으며 통화 회로 상태와 신호 회로 상태를 전환하는 장치이다.

종류	공동 부품	특성 부품
자석식	송수화기, 유도선륜, 훅 스위치, 자석벨	자석 발전기, 건전지
공전식		축전지(Condenser)
자동식		축전지, 코일

05 수화기에 영구자석을 사용하지 않으면 어떠한 현상이 생기는가?
① 주파수 특성이 평탄해진다.
② 음성 전류 2배의 주파수의 음성을 재생한다.
③ 음성 전류의 주파수와 같은 흡입력이 발생한다.
④ 진동판의 진동이 커진다.

해설
영구 자석
① 수화기에서 영구자석을 사용하는 이유는 수화기에서 수화 음성을 정확하게 진동하기 위해서이다.
② 영구자석을 사용하지 않으면 음성 전류 2배의 주파수의 음성을 재생하므로 잡음만이 나타나게 된다.

06 송화기의 동저항은 최대 어느 정도이면 사용이 불가능한가?
① 50[Ω] ② 100[Ω]
③ 150[Ω] ④ 170[Ω]

해설
송화기의 저항
① 송화기의 저항은 탄소분의 진동에 따라 다르다.
② 사용년수에 따라 증가하며 보통 20~60[Ω] 정도이다.

07 전화기에서 사용하는 진동판의 구비조건으로 맞지 않는 것은?
① 자유진동이 적을 것
② 외력에 비례해서 되도록 큰 진폭으로 진동할 것
③ 진동판의 평면 면적은 가급적 작을 것
④ 온도 변화에 안정적으로 구동할 것

해설
진동판의 구비조건
① 자유진동이 작을 것
② 외력에 의하여 되도록 큰 폭으로 진동할 것
③ 진동판의 평면 면적은 가급적 클 것
④ 온도 변화에 대해서도 안정할 것
⑤ 진동이 외력에 비례할 것

08 전화기의 송화기는 음성 신호를 전기 신호로 변환하는 장치이다. 송화와 밀접한 관계가 있는 것은?
① 진동판과 콘덴서 ② 진동판과 영구자석
③ 진동판과 탄소 입자 ④ 진동판과 유도 코일

해설
송화기(Transmitter)
① 송화기는 음성 세력을 전기적인 신호 세력으로 변환하는 장치이다.
② 송화 원리 : 음파에 의해 송화기의 진동판이 진동하고 이 진동판의 운동에 의해 송화기 내의 탄소립에 음파의 진동의 크기, 진동 주파수에 비례한 압력이 가해진다.

09 전화기의 유도 코일의 작용에 해당하지 않는 것은 다음 중 어느 것인가?
① 송화 전류 증대
② 측음 방지 회로 구성
③ 평형 결선망을 내장한다.
④ 명료도 향상

해설
유도 코일(Induction Coil)
① 송화 회로와 수화 회로를 분리하여 효율이 좋은 통화 회로를 구성한다.
② 효율이 좋은 통화를 할 수 있도록 하는 장치이다.

[정답] 04 ④ 05 ② 06 ④ 07 ③ 08 ③ 09 ④

10 전화 송화기에 흐르는 전류가 증가하면 발생하는 잡음은?

① 플리커 잡음(Flicker Noise)
② 탄소 잡음(Carbon Noise)
③ 열 잡음(Thermal Noise)
④ 산탄 잡음(Shot Noise)

해설
송화기의 원리는 진동파에 음파를 주어 이 음파에 의하여 탄소분 저항이 변화되어 회로의 전류에 변화를 주는 것이므로 탄소분에 의해 생긴다.

11 전화기에 탄소 송화기를 전적으로 사용하는 이유는?

① 감도가 월등히 좋다.
② 습기에 강하다.
③ 탄소의 접촉 저항이 음파에 의하여 정확히 변화한다.
④ 소량의 탄소분으로도 저항 변화 범위가 크다.

해설
탄소 송화기는 다른 음량 전기 변환 원리를 쓴 것에 비하여 그 감도가 월등하므로 전화기에는 특수한 용도를 제외하고는 모두 탄소 송화기를 사용하고 있다.

12 수화기에 북 댐퍼(Book Damper)를 쓰는 이유는?

① 누화 음량 증대
② 누화 음량 감소
③ 진동판의 공진 현상 억제
④ 진동판의 동임피던스 증대

해설
진동판의 진동에서 문제되는 것은 진동판의 주파수 리스폰스가 일반적으로 진동판 몇 개의 고유 공진 주파수를 가지고 있어 그 주파수로 인하여 감도가 크게 떨어진다. 이와 같은 주파수 특성은 재생되는 음성 왜곡을 발생하여 품질을 떨어지게 하므로 북 댐퍼 등을 사용하여 주파수 리스폰스가 평탄하게 설계한다.

13 유선 전화망의 구성 요소로 교환기와 단말기를 연결시켜 주고 신호와 정보를 전달하는 것은 무엇인가?

① 가입자 선로
② 중계 선로
③ 스위치
④ 프로그램 기억장치

해설
가입자 선로는 가입자 전화기를 시내 교환국에 연결시키는 전송설비이다.

14 유선전화망에서 노드가 10개일 때 그물형(Mesh형)으로 교환회선을 구성시 링크 수를 몇 개로 설계하여야 하는가?

① 30개
② 35개
③ 40개
④ 45개

해설
모든 노드를 망형(Mesh Type)으로 연결하는 경우 필요한 회선수는 n(n-1)/2이다.
$$\frac{10(10-1)}{2}=45회선$$

15 다음 중 디지털전화기의 특징에 대한 설명으로 틀린 것은?

① 음질이 우수하다.
② 기능이 다양하다.
③ 데이터의 단말기의 접속이 용이하다.
④ 회로가 단순하다.

해설
디지털전화기의 특징
① 총 통화 비용의 저가격화
② 고품질 통화
③ 다기능 통화기능
④ 데이터 단말 접속 가능
⑤ 통신 기능의 확장 및 고도화

[정답] 10 ② 11 ① 12 ③ 13 ① 14 ④ 15 ④

출제 예상 문제

16 전화기의 푸시버튼 다이얼방식 중 특수 서비스 기능이 아닌 것은?

① 단축 다이얼기능
② 착신통화 전환기능
③ Tone/Pulse 전환기능
④ 통화중 대기기능

해설
① 푸시버튼 다이얼방식은 내부에 트랜지스터식 저주파발진기가 들어 있어, 단추를 하나 누르면 2개의 저주파발진기가 작동하여 회전식에서의 전류단속신호 대신 이 저주파신호를 교환기에 보낸다.
② 이 방식은 *나 #와 같은 기능 버튼을 이용하여 착신 전송서비스, 단축 다이얼링서비스, 통화 대기서비스 등이 가능하다.

17 푸시버튼 전화기에서 숫자 버튼 기능의 주파수가 옳은 것은?

① 1 : 697[Hz]+1633[Hz]
② 5 : 941[Hz]+1336[Hz]
③ 9 : 852[Hz]+1477[Hz]
④ 0 : 770[Hz]+1336[Hz]

해설
Push Button Dial 방식
① Push Button과 발진회로로 이루어지며 하나의 숫자 버튼을 누르면 동작하여 저군과 고군으로 나누어진 2개의 교류 주파수의 조합에 해당되는 규정된 발진 주파 교류 신호가 송출되는 원리이다.
② 푸시버튼에는 숫자 버튼과 서비스 버튼이 있다.

구 분	선택 및 제어 신호 배열				저군[Hz]
선택신호배열	1	2	3	A	697
	4	5	6	B	770
	7	8	9	C	852
	*	0	#	D	941
고군[Hz]	1209	1336	1477	1633	

18 다음 조건에 해당하는 전화기의 접속률은?

[조 건]
접속시간 : 10, 절단시간 : 30

① 25[%]   ② 40[%]
③ 90[%]   ④ 133[%]

해설
메이크율(Make Ratio)과 브레이크율(Break Ratio)
① 접속시간(Make Time) : 발신자가 전화기를 드는 순간부터 다이얼이나 푸시버튼으로 착신자의 번호를 선택하는 데까지 소요되는 시간이다.
② 절단시간(Break Time) : 발착신 가입자의 접속이 끊어지는 데 필요한 시간이다.
③ 다이얼 펄스 주기 내에는 메이크(Make)와 브레이크(Break)가 임의시간 연속되어 나타난다.
㉠ Make ratio $= \dfrac{\text{메이크 시간}}{\text{다이얼 펄스의 주기}} = \dfrac{\text{Make time}}{\text{Make time+Break time}}$
$= \dfrac{10}{10+30} \times 100 = 25[\%]$
㉡ Break ratio $= \dfrac{\text{메이크 시간}}{\text{다이얼 펄스의 주기}} = \dfrac{\text{Make time}}{\text{Make time+Break time}}$
$= \dfrac{30}{10+30} \times 100 = 75[\%]$

19 통신망 신호방식 중 다이얼 방식에서 메이크시간=2, 브레이크시간=4일 때, 단속비는 얼마인가?

① 0.5   ② 1
③ 2   ④ 3

해설
단속비율(Break-Make Ratio)
전화기에서 발생시키는 다이얼 펄스 주기 내에는 접속하는(메이크, Make) 시간과 절단하는(단속, Break) 시간이 연속되어 나타난다.
단속비 $= \dfrac{\text{브레이크 시간}}{\text{메이크 시간}} = \dfrac{4}{2} = 2$

20 전화기의 주요 성능으로 접속률(Make Ratio)과 절단율(Break Ratio)이 있다. 접속률(%)을 구하는 공식으로 맞는 것은?(단, a : 접속시간, b : 절단시간)

① {a/(a+b)}×100
② {(a+b)/a}×100
③ {b/(a+b)}×100
④ {(a+b)/b}×100

해설
다이얼 펄스(Dial Pulse)
① 다이얼 각각의 펄스는 Make와 Break라고 하는 두 개의 부분으로 구성되어 있다.

[정답] 16 ③ 17 ③ 18 ① 19 ③ 20 ①

㉠ 접속시간(Make Time) : 번호를 다이얼하고 있는 동안 회선이 닫힌 상태의 시간을 나타낸다.
㉡ 절단시간(Break Time) : 열려 있는 상태의 시간을 의미한다.

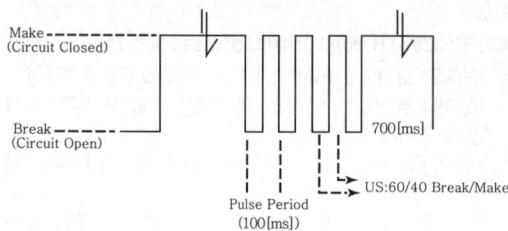

21. 다음 중 전화망의 통화품질에 해당하는 것은?
① 통화당량　② 명료도 등가감쇠량
③ 실효전송당량　④ 수화음량

해설
통화품질(Speech Quality)
① 전화 서비스에서 상대방의 이야기가 잘 전달되는 정도를 계량 가능한 측도(測度)로 나타낸 것이다.
② 주로 수화음량, 통화의 명료성, 통화자의 만족도를 측도로 사용한다.

22. 인터넷을 통하여 음성전화 서비스가 제공되는 단말기를 무엇이라 하는가?
① VoIP 전화기　② 무선 전화기
③ 코드리스 전화기　④ 유선 전화기

해설
VoIP(Voice over Internet Protocol)
① IP를 사용하여 음성정보를 전달하는 일련의 설비들을 위한 IP 전화기술을 지칭하는 용어이다.
② VoIP란 PSTN 네트워크를 통해 이루어졌던 음성 서비스를 Internet Protocol이라는 것을 이용해 여러가지 다양한 서비스를 제공하는 기술을 말한다.

23. 음성신호를 패킷 데이터로 변환하여 인터넷 망에서 전화서비스를 제공하는 것은?
① WiBro　② Telemartics
③ WCDMA　④ VoIP

해설
VoIP(Voice over Internet Protocol)는 IP를 사용하여 음성정보를 전달하는 일련의 설비들을 위한 IP 전화기술을 지칭하는 용어이다.

24. 인터넷 텔레포니의 핵심 기술로서 지금까지 PSTN을 통해 이루어졌던 음성 전송을 인터넷 망을 사용하여 제공하는 것은?
① VoIP　② DMB
③ WiBro　④ VOD

25. VoIP기술의 특징을 설명한 것으로 옳지 않은 것은?
① PSTN에 비해 요금이 저렴하다.
② 이미 구축된 인터넷 장비를 활용함으로써 구축 비용이 상대적으로 저렴하다.
③ 인터넷과 연계된 다양한 부가 서비스 기능이 가능하다.
④ 기능 및 동작이 PSTN에 비해 단순하고 보안에 강하다.

26. 다음 중 PC와 PC, PC와 전화간의 음성통화를 지원할 수 있는 것은?
① MHS　② 텔레텍스트
③ DMB　④ 인터넷폰

27. 텔레포니의 핵심 기술인 VoIP의 구성요소로 거리가 가장 먼 것은?
① 단말장치　② 게이트웨이
③ 게이트키퍼　④ 라우터

해설
VoIP 서비스는 사용자가 전화를 걸기 위한 수화기(단말장치)로부터 시작해 게이트웨이, 게이트키퍼, 소프트스위치 등으로 이어져 VoIP 네트워크에 연결된다.

[정답] 21 ④　22 ①　23 ④　24 ①　25 ④　26 ④　27 ④

출제 예상 문제

28 다음 중 VoIP서비스에 대한 설명으로 틀린 것은?

① 음성과 데이터를 하나의 망으로 전송한다.
② 인터넷 프로토콜과 연계하여 다양한 부가서비스의 제공이 가능하다.
③ 기존의 데이터망을 이용하므로 통신요금이 저렴하다.
④ 각각의 통화는 회선을 독점으로 점유하기 때문에 대역폭 사용이 비효율적이다.

해설
기존의 PSTN 아날로그 회선은 한명이 하나의 회선을 독점적으로 사용해야 하는데 반해, VoIP의 경우 인터넷 하나의 회선을 여러 사람이 공유할 수 있으므로 제한된 대역폭을 효율적으로 사용할 수 있는 서비스이다.

29 다음 중 인터넷 프로토콜(IP)를 이용한 VoIP 서비스 구성요소가 아닌 것은?

① 프록시서버(Proxy server)
② 게이트웨이(Gateway)
③ 게이트키퍼(Gate keeper)
④ 중앙제어장치(Central Controller)

30 VoIP 서비스를 위해서 일반 전화기와 직접 연결된 통신망이 인터넷과 연결되어야 하는데, 이 때 필요한 인터페이스 역할을 하는 장치는?

① PC
② 인텔리젼트 허브
③ 스위치
④ 게이트웨이

해설
VoIP 게이트웨이
① 게이트웨이는 서로 다른 두 망 간의 미디어 정합, 시그널링 정합 등을 수행하여 이질적인 두 망을 통한 종단간의 연결이 가능하도록 하는 변환 장치이다.
② 게이트웨이는 주로 인터넷망과 전화망의 상호연동을 위한 인터페이스 장치이다.

31 H.323 또는 SIP(Session Initiation Protocol)의 프로토콜을 이용하여 인터넷상에서 음성전화 서비스를 제공하는 것을 무엇이라 하는가?

① VoIP
② Zigbee
③ Bluetooth
④ WPAN

해설
VoIP의 가장 표준화된 프로토콜은 IETF에서 발표한 SIP와 ITU-T에서 제정한 H.323이다.
① H.323은 인터넷을 포함한 패킷 네트워크에서 실시간 음성, 영상 및 데이터통신을 위한 프로토콜이다.
② SIP는 인터넷을 포함하는 패킷 네트워크상에서 통신하고자 하는 단말들을 식별하고 위치를 파악하며, 그들 상호간에 멀티미디어 세션을 생성하거나 삭제, 변경하기 위한 절차를 명시한 응용계층의 시그널링 프로토콜이다.

32 인터넷 전화(VoIP)망과 유선 전화망(PSTN)간을 상호 연동시키는 데 사용되는 시그널링 프로토콜은?

① SIGTRAN
② No.7 CCS
③ R2 CAS
④ H.323

해설
SIGTRAN은 공중전화망(PSTN)과 인터넷망(IP Network) 간을 상호 연동시키는 데 사용되는 시그널링 프로토콜을 말한다. SIGTRAN은 Q.931, SS7 ISUP, MTP level 2/3과 같은 SS7 시그널링을 IP network에 전달하고 상호 호환되기 위해 요구되는 표준 및 변환된 시그널링 패킷을 올바르게 전달하는 프로토콜의 표준이다.

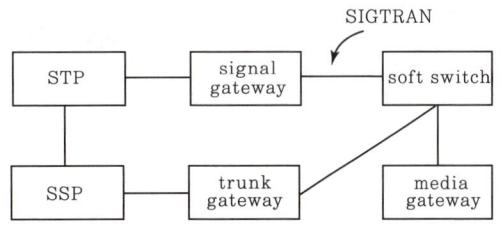

33 다음 중 전자(電子) 교환 방식의 특성이 아닌 것은?

① 통화계와 제어계로 구분한다.
② 소립이며 고속도이다.
③ X-bar 교환기가 대표적이다.
④ 축적 프로그램 제어 기술을 사용한다.

[정답] 28 ④ 29 ④ 30 ④ 31 ① 32 ① 33 ③

해설

교환기
① 교환기란 가입자의 전화기 등의 단말기기에서 호출 신호를 받아 통신을 행하여 상대방을 선택하여 통신회선을 접속하는 장치이다.
② 전자 교환 방식의 특성
　㉠ 고속, 소형, 경량
　㉡ 축적 프로그램 제어 방식(SPC : Stored Program Control) 채용
　㉢ 통화계와 제어계로 구분
　㉣ 다양한 특수 서비스 제공
　　· 가입자 특수 서비스 : 3자 통화, 착신 통화 전환
　　· 교환기 특수 서비스 : 대표 번호
　㉤ 자동 고장 탐지 기능 및 통화량 측정이 자동
　㉥ 저소비 전력 및 긴 수명
　㉦ 제어 부분 2중 회로 고신뢰성 및 모듈화 설계
　㉧ 자동 우회 기능 및 호의 우선 순위별 처리 기능

34 다음 중 전자 교환기의 특징이라고 볼 수 없는 것은?

① 처리 속도가 빠르고 국간 중계선을 경제적으로 이용한다.
② 신뢰성이 높다.
③ 고감도, 고속도의 동작이 가능하나 수명이 짧다.
④ 전력 소모가 적고 신속, 정확하다.

해설

전자 교환기의 특징
① 극히 소형이고 점유 면적이 작다.
② 신뢰성이 높고 수명이 길다.
③ 국간 중계선을 경제적으로 이용하는 자동 우회 기능이 있다.
④ 전력 소모가 적다.
⑤ 가동 부분이나 접속 부분이 거의 없어 고감도, 고속도 데이터 처리가 가능하다.
⑥ 장기간 사용할 때 잡음이나 System Down 현상이 조금 나타나는 단점이 있다.

35 다음 중 PBX(Private Branch Exchange)의 기능과 밀접한 것은?

① 문서 도형의 작성
② 데이터의 처리
③ 전화교환
④ 정보의 보존 및 검색

해설

① 사설 교환기(PBX : Private Branch Exchange)는 교환 기능, 중계 기능, 가입자 기능 등을 가지고 개인 또는 사무실, 공장, 학교, 병원, 관공서, 호텔 등에 설치되는 교환기를 말한다.
② PBX는 국선과 내선 또는 내선 사용자 상호간을 연결하여 주는 교환기로 국설 교환기에서 제공하지 않는 다양한 기능을 제공하는 교환기이다.

36 전자 교환 방식에서 공간 분할 방식이란 다음 중 어느 것인가?

① 펄스 변조 방식에 입각한 다중화 방식
② 스위칭의 통화로에 서로 다른 반송파를 할당하여 동시에 다수의 통화로를 구성하는 방식
③ 다른 분할 방식에 비하여 실용화되고 있지 못한 방식
④ 통화로 소자를 전자식 교환기의 스위치의 통화로 접점과 같이 취급하는 방식

해설

공간 분할 방식(SDS)
① 동시에 다수의 독립 통화로를 만들어 통화로의 구성을 실제 회선으로 접속하여 한 회선에 한 통화로를 구성하는 방식이다.
② 통화로 공간에 1개의 통화로를 연결시키는 방법이며 대용량국일수록 유리하다.
③ 통화로 소자를 전자식 교환기의 스위치 통화로 접점과 마찬가지로 취급하는 것이다.

37 전자교환기에서 중앙제어장치의 명령에 따라 통화로를 완성하고 감시하는 기능을 하는 것은 무엇인가?

① 트렁크
② 중앙제어장치
③ 통화제어장치
④ 주사장치

해설

트렁크(Trunk)는 스위치 프레임에 수용되는 입출회선에 설치되어 있는 장치이며 통화로의 일부를 구성하고 그 감시 제어를 하는 것으로, 통화에 필요한 전류 공급, 신호 송출, 요금 산출 기능 등을 갖는다.

[정답] 34 ③ 35 ③ 36 ④ 37 ①

38. 교환기의 교환방식은 수동식과 자동식으로 구분된다. 다음 중 자동식 교환기가 아닌 것은?

① 기계식 ② 전자 교환식
③ 광 교환식 ④ 공전식

해설
① 수동식 교환기는 교환수가 통화를 원하는 가입자를 상대편에 직접 연결시켜 주는 교환 방식
② 자동식 교환기는 발신자와 수신자 사이의 접속이 기계 장치에 의해 자동적으로 이루어지는 방식

39. 축적 프로그램 제어 방식과 관계없는 것은?

① 동작 순서, 회선 변경 등이 용이하고 융통성이 있다.
② 제어부와 동작 프로그램을 미리 만들어 기억시킨다.
③ 필요한 프로그램은 호처리에 관한 것과 보수용으로 나눈다.
④ 저장된 프로그램의 기능 변경이 곤란하다.

해설
축적 프로그램 제어 방식(SPC)
① 축적 프로그램 방식은 기능적으로 보다 집중화된 장치로서 대부분의 전자 교환기에서 채택되고 있으며 호의 접속, 복구 등의 제어를 기억 장치에 미리 축적시킨 프로그램에 따라 교환기로 제어하는 방식이다.
② 특징
 ㉠ 고도의 분리성 ㉡ 시설비 저렴
 ㉢ 다양한 기능 부여 ㉣ 기능 변경 용이
 ㉤ 기능의 추가 등의 융통성 풍부

40. 대용량 전자교환기에서 가장 많이 채택하고 있는 접속 제어 방식은?

① 자동 제어방식
② 반전자 제어방식
③ 축적프로그램 제어방식
④ 중앙 제어방식

해설
전자 교환기에서 제어 회로는 제어 형태에 따라 크게 2가지로 구분된다.

① 포선 논리 제어 방식(WLC : Wired Logic Control System)
 ㉠ 입력 조건에 따라 릴레이와 그 접점 및 기타 부품을 결선하는 것에 의하여 회선의 기능을 실현하도록 하는 방법이다.
 ㉡ X-bar 전자 교환기에 적용되며 기능의 추가와 변경에는 반드시 하드웨어의 변경이 있어야 한다.
② 축적 프로그램 제어 방식(SPC : Stored Program Control System)
 ㉠ 교환 처리 순서와 동작 과정을 미리 일정 형식(Program)의 명령으로 바꾸어 기억 장치에 기억시킨 후, 호(Call)가 발생하면 기억 장치에서 나온 명령이 통화로를 접속 제어하는 방식이다.
 ㉡ 대부분의 전자 교환기에서 채택하여 사용하고 있다.

41. 다음 중 디지털 전자교환기에 속하지 않는 것은?

① M10CN ② AXE-10
③ TDX-1A ④ TDX-10

해설
① 디지털 전자교환기는 디지털신호에 의해서 교환 접속하는 전화 교환기. 음성 등 아날로그 정보도 디지털화해서 취급한다.
② 종류 : No.4 ESS, AXE-10 ESS, TDX-1A, TDX-1B, TDX-10 등
[참고] M10CN은 반전자식 교환기이다.

42. 다음 교환기 중 국내에서 개발된 전전자교환기는?

① NO.5 ESS ② S1240
③ AXE-10 ④ TDX-10

해설
TDX는 1982년 세계에서 10번째로 개발에 성공한 한국형 전전자교환기(Digital Electronic Switching System)를 말한다.

43. 다음 중 전자 교환기의 소프트웨어에 해당하는 것은?

① 통화로 장치 ② 통화로 주변장치
③ 중앙 제어장치 ④ 데이터

해설
전자 교환기
① 하드웨어 : 통화로 장치, 주변장치, 중앙 제어장치로 구성
② 소프트웨어 : 데이터, 프로그램 등으로 구성

[정답] 38 ④ 39 ④ 40 ③ 41 ① 42 ④ 43 ④

44. 전자 교환기에서 SPC(Stored Program Controlled) 기술을 사용함으로써 나타나는 결과로 잘못된 것은?

① 가입자에 대하여 다양한 기능 부여
② 고도의 신뢰성
③ 시설비의 저렴
④ 공동 제어장치 증대

해설

축적 프로그램 제어 방식(SPC)의 장점
① 시설비가 저렴하다.
② 가입자에 대하여 다양한 기능을 부여할 수 있다.
③ 보수와 운영 경비를 절감할 수 있다.
④ 고도의 신뢰성이 있다.
⑤ 기능의 변경, 추가 등의 융통성을 가지고 있다.

45. 전자 교환 방식 SPC(Stored Program Control) 기술을 사용할 때의 특징으로 볼 수 없는 것은?

① 설치 비용의 증가와 공통 제어장치가 증가된다.
② 가입자에 대한 다양한 기능을 부여할 수 있다.
③ 고도의 신뢰성을 가지고 있다.
④ 설치 소요 면적이 작다.

해설

SPC(축적 프로그램 제어 방식)의 특징
① 시설비의 저렴 및 소요 면적의 감소, 설치 기간의 단축
② 가입자에 대한 다양한 기능을 부여할 수 있다.
③ 보수와 운용의 경비 절감
④ 리드 계전기에 의한 스위칭으로 요구되는 공통 제어장치의 수를 절감할 수 있다.

46. 다음 전자 교환기 장치 중 호를 처리하는 과정에서 호에 관계되는 정보를 일시적으로 기억하는 장치는?

① 중앙 제어장치(Central Control)
② 호 처리용 기억 장치(Call Store)
③ 프로그램 기억 장치(Program Store)
④ 신호 분배 장치(Signal Distributor)

해설

전자식 교환기의 기본 구성
① 통화로 회로망(Switching Network) : 중앙처리장치의 제어 정보에 의하여 희망하는 스위치를 개폐하여 가입자선 상호간, 가입자선과 중계선간, 중계선 상호간을 접속하여 통화로를 구성한다.
② 중앙 제어장치(Central Control) : 통화로망을 통해 서로 다른 경로를 형성하도록 제어한다.
③ 주사 장치(Scanner) : 회선의 활동을 시분할적으로 주사하여 그 결과를 중앙 제어장치에 전달
④ 호 처리 기억 장치(Call Store) : 공선, 화중 상태 또는 호(Call)에 관계되는 정보를 일시적으로 기억한다.
⑤ 프로그램 기억 장치(Program Store) : 가입자 번호, 수용 관계, 회선 루트 관계의 번역에 사용되거나 교환기 동작을 규정하기 위한 프로그램을 저장하는 데 사용한다.
⑥ 신호 분배 장치(Signal Distributor) : 중앙 제어장치에 의해 주어진 통화로 접속도 구성을 위한 신호를 가입자선 또는 중계선, 통화 회로망 등에 지시한다.

47. 전자 교환기에 필요한 입력 처리용 프로그램이 아닌 것은?

① 호출 신호 정지 검출 프로그램
② 중계선 상태 감시용 프로그램
③ 발신 레지스트 트렁크 주사용 프로그램
④ 과금 정보 기록용 프로그램

해설

전자 교환기에 필요한 프로그램은 호처리용과 보수용으로 구분된다.
① 입력 처리 프로그램
　㉠ 가입자 주사용
　㉡ 발신 레지스트 트렁크 주사용
　㉢ 중계선 상태 감시용
② 출력 처리 프로그램
　㉠ 데이터 송출용
　㉡ 타국 선택 숫자 송출용
　㉢ 과금 정보 기록용
③ 서브루틴 프로그램
　㉠ 데이터 편성용
　㉡ 접속 경로 설정 및 채널 정합용
④ 관리 프로그램
　㉠ 고장 장치 식별용
　㉡ 접속 패턴 설정용
　㉢ 고장 진단용
　㉣ 경보 표시용
　㉤ 장치 폐쇄 및 해제용

[정답] 44 ④　45 ①　46 ②　47 ④

출제 예상 문제

48 전자 교환기의 구성 부분은 다음 중 어느 것인가?

① 중앙 제어장치(CC)
② 트렁크 링크 프레임(TLF)
③ 넘버 그룹(NG)
④ 라인 링크 프레임(LLF)

해설
전자식 교환기(ESS : Electric Switching System) 구성
① 통화로 제어장치
② 중앙 제어장치
③ 호 처리용 기억 장치
④ 프로그램 기억 장치

49 가입자가 요청하는 호를 접속하기 위하여 필요한 정보를 전화기와 교환기 또는 교환기 상호 간에 주고받는 과정을 나타내는 방식은?

① 중계방식
② 교환방식
③ 신호방식
④ 서비스방식

해설
신호방식(Signalling)이란 통신망을 구성하고 있는 각 시스템 간 호에 관련된 정보, 망관리 및 유지보수를 위한 정보 등을 전달하는 일련의 신호 전달을 위한 규칙을 말한다.

50 다음 중 공통선 신호방식에 대한 설명으로 옳지 않은 것은?

① 신호 송수신만을 위한 독립된 루트와 독립된 프로토콜을 사용하는 방식이다.
② 송신 및 수신 선로로 구분할 필요 없이 하나의 선로를 통해 송수신한다.
③ 양방향의 통신이 가능한 신호방식이다.
④ 통화로와 신호로가 같아 통화 중 신호 전달이 불가능하다.

해설
공통선신호(No.7)방식은 통화채널과 분리된 별도의 신호채널을 통해 신호가 송수신된다.

51 다음 중 공통선 신호방식에 대한 설명으로 틀린 것은?

① No.6 신호방식과 No.7 신호방식이 있다.
② 국간 신호방식으로 R2 MFC 방식이라 한다.
③ 프로토콜 계층으로 MTP, SCCP및 TCAP 등의 구조로 되어 있다.
④ 공통된 신호선을 이용하여 신호를 데이터 형식으로 전송한다.

해설
① 신호방식(Signalling)이란 전화망에서 전화기와 교환기, 교환기와 교환기 상호간에 통화회선의 설정, 유지, 복구 및 과금 등과 같은 일련의 기능을 제공하기 위하여 필요한 신호 정보를 서로 교환하는 절차를 말한다.
② 공통선 신호방식(CCS : Common Channel Signaling)은 회선별로 처리되던 각종 신호들을 공통 신호선을 사용하여 연결에 필요한 교환 신호가 이 신호선을 통해 전송되는 방식으로 ITU-T No.6 방식과 No.7 방식이 표준화되어 있다.
③ R2 MFC(Register 2 Multi Frequency Compelled)는 개별선 신호방식이다.

52 다음 중 No.7 신호방식의 특징이 아닌 것은?

① 통화채널과 분리된 별도의 신호채널을 통해 신호가 송수신된다.
② 두 개의 음성대역 주파수를 혼합하여 송출한다.
③ 기능별로 모듈화된 계층구조를 갖는다.
④ 다양한 서비스 제공능력을 갖는다.

해설
공통선 신호방식에는 No.6 신호방식과 No.7 신호방식이 있는데 No.6 신호방식은 아날로그 통신시스템에 적용하기 위한 신호방식이고 No.7 신호방식은 디지털 통신시스템에 적용하기 위한 신호방식이다. 공통선 신호방식의 특징은 다음과 같다.
① 64[kb/s] 속도로 전송이 가능하다.(56/64[kb/s] 속도로 전송 가능)
② 디지털 교환망에 적합한 방식이다.
③ 국내망 및 국제망 모두에서 사용된다.
④ 최대 메시지의 길이는 273[byte]이다.
⑤ 신호 유닛의 길이는 가변이다.(신호 전송효율 향상)
⑥ 회선별 라우팅을 한다.

[정답] 48 ① 49 ③ 50 ④ 51 ② 52 ②

53 전화교환기에서 신호 정보를 집중 처리하는 특성에 의해 적용되는 방식으로 신호 회선과 통화 회선이 분리되어 있는 신호 방식은?

① 집중 신호 방식
② 통화로 신호 방식
③ 개별선 신호 방식
④ 공통선 신호 방식

54 아날로그 단말기를 디지털 교환기에 연결하기 위하여 필요한 BORSCHT 기능이 아닌 것은?

① 통화 전류 공급, 2/4선 교환
② 변복조, 집선 확대
③ 과전압 보호, 호출 신호 송출
④ 루프 회로 감시, 시험

> **해설**
> ① 아날로그 가입자 회선과 직접 연결되어 가입자선 정합 기능을 담당한다.
> ② "BORSCHT"의 약칭
>   ㉠ B(Battery Feed) : 통화 전류 공급(최대 : 40[V], 60[mA])
>   ㉡ O(Over Voltage Protection) : 낙뢰에 의한 과전압 보호
>   ㉢ R(Ringing) : 20[Hz] Ring 신호 공급
>   ㉣ S(Supervision) : 가입자선 상태 감시, 다이얼 펄스 검출
>   ㉤ C(Coding/Decoding) : A/D, D/A 상호 변환
>   ㉥ H(Hybrid) : 2선/4선 변환
>   ㉦ T(Test) : 내외선 시험

55 다음 중 전(全)전자교환기에서 가입자선 정합부의 기능이 아닌 것은?

① 가입자회선 수용
② 가입자 호출신호의 송출
③ 가입자선 통화전류를 위한 급전
④ 국간 신호처리

> **해설**
> **BORSCHT**
> BORSCHT란 디지털 전전자교환기의 가입자 정합장치가 제공하는 7가지 기본적인 기능들을 나타내는 용어로서, 기능을 나타내는 영어 단어들의 앞글자를 따서 만든 약자이다.

56 다음 중 전화교환기의 제어방식에 따른 분류가 아닌 것은?

① 단독제어방식
② 공통제어방식
③ 축적프로그램제어방식
④ 분산제어방식

> **해설**
> **교환기의 중계방식의 분류**
> ① 송, 수신 형식에 따라 분류 : 직접 제어방식과 간접 제어방식
> ② 제어장치의 이용에 따른 분류 : 단독 제어방식과 공통 제어방식
> [참고] 공통제어(Common Control)방식은 포선논리 제어방식과 축적프로그램 제어방식으로 나눈다.

57 교환기의 중계 방식에는 제어장치의 사용 방법에 따라 공통 제어 방식과 단독 제어 방식이 있다. 공통 제어 방식의 장점이 아닌 것은?

① 제어장치의 사용 능률을 크게 높일 수 있다.
② 교환기의 전체 기능면에서 교환의 융통성이 크다.
③ 교환수가 발생하는 모든 호(Call)에 대하여 공통으로 접속 조작한다.
④ 고장이 발생하여도 교환기 전체 제어에 영향을 미치지 않는다.

> **해설**
> ① 공통 제어 방식은 교환기와 제어 기구가 분리되어 그 제어장치는 많은 호의 접속에 대하여 공용되는 방식으로 교환에 융통성이 있고 유효 시간이 적으며 체적의 양이 적어지며 기구가 복잡해진다.
> ② 단독 제어 방식은 교환기 구성이 각 통화로마다 각 전용 장치가 부속되어 있다. 즉, 한 개의 교환기 요소가 숫자를 선택하는 교환 스위치와 그 스위치를 제어하는 부분을 갖추고 있으며 단단식 교환기가 여기에 속한다.

58 다음 중 전자교환기의 기본 구성요소 중 공통 제어계에 해당하는 것은?

① 중앙제어장치   ② 통화로망
③ 중계선장치   ④ 서비스회로

[정답] 53 ④ 54 ② 55 ④ 56 ④ 57 ④ 58 ①

해설
전자교환기의 기본 구성과 기능
① 통화로부 : 하드웨어 부분. 통화로망, 중계선, 주사장치, 신호분배장치 등
② 제어부 : 중앙제어장치, 소프트웨어 부분. 호 처리 기억장치, 프로그램 기억장치

59 다음 전자 교환기(ESS) 축적 프로그램 제어 방식(Stored Program Control System) 설명에서 옳지 않은 것은?

① 프로그램 내장용 기억 방식을 사용한 것이다.
② 전자 계산기의 소프트웨어(Software) 기술을 도입하였다.
③ 새로운 서비스가 쉽게 가능하다.
④ 회선 변경, 규모, 동작 순서 등의 변경시에 불편하다.

해설
① 축적 프로그램 제어 방식(SPC : Stored Program Control System) : 교환 처리의 순서와 처리 내용을 미리 프로그램을 짜서 기억 장치에 기억시켜 놓고, 호를 처리할 때 기억 장치로부터 차례로 읽어 내어 처리하는 방식으로 대부분의 전자 교환기에 사용하는 방식이며 교환 기능을 프로그램이란 순서표의 형식으로 축적해 두고 제어 회로는 이 순서표의 형식만 알아두면 되는 것으로 프로그램만 변경, 추가함으로써 변경이나 추가가 가능하므로 대단히 융통성이 풍부한 방식이다.
② 포선 논리 제어 방식(WLC : Wired Logic Control System) : 입력 조건에 따라 릴레이와 그 접점 및 기타 부품을 결선하는 것에 의하여 회선로 기능을 실현하도록 하는 방식으로 X-bar 교환기에 적용되며 기계식 교환 방식과 같이 계전기와 그 접점을 포선으로 연결하여 교환기의 제어 회로를 구성하고 있는 것이다.

60 호 기억 장치(Call Store)에 임시로 저장되는 데이터가 아닌 것은?

① 호 처리 프로그램
② 호출 가입자가 다이얼링한 디지트
③ 스위칭 회로망 안의 링크의 사용중/비사용중의 상태
④ 출 중계호로 전송되어야 할 디지트

해설
호 기억 장치(Call Store)
통화로망의 상태(즉, 공선 및 화중 상태)와 호를 처리하는 과정에서 호에 관계되는 정보를 일시적으로 기억시키는 역할을 담당한다.

61 전자 교환기의 호 처리 프로그램의 종류라고 볼 수 없는 것은?

① 입력 처리용 프로그램
② 보수용 프로그램
③ 출력 처리 프로그램
④ 관리 프로그램

해설
호 처리용 프로그램
① 입력 처리 프로그램 : 가입자 주사용, 발신 레지스터 트링크 주사용, 중계선 상태 감시용
② 출력 처리 프로그램 : 데이터 송출용, 타국 선택 숫자 송출용, 과금 정보 기록용
③ 서브루틴(Subroutine) 프로그램 : 데이터 편집용, 접속 경로 설정 및 채널 정합용, 번역용
④ 관리 프로그램

62 시분할형(Time Division System) 전자 교환기의 통화로를 구성하는 스위치의 종류가 아닌 것은?

① 위상 변환 스위치   ② 하이웨이 스위치
③ 펄스 스위치   ④ 다중화 스위치

해설
시분할형 통화로의 구성 요소
① 다중화 스위치 : 음성 신호 등을 펄스 변조시켜 시분할 다중화하고 하이웨이에 싣기도 하고 또는 하이웨이의 다중화 신호를 끄집어내어 복조하는 기능을 갖고 있으며 변복조 스위치라고도 한다.
② 하이웨이 스위치 : 하이웨이(HW) 상호간을 시분할 다중 게이트(G)로 결합해서 특정 채널에 대응하는 시각에 G를 도통시킴으로써 해당 채널의 통로가 될 수 있으나 임의의 채널간의 교환 접속을 행하는 기능은 없다.
③ 위상 변환 스위치 : 시분할 다중 전송로와 하이웨이의 특정 채널을 임의의 위상으로 변환하는 기능을 가지며 채널 시프터(CS : Channel Shifter)라고도 부른다. 그 기능은 $n \times n$개의 격자형 스위치와 등가이다.

63 전자 교환기의 중앙 제어장치에 있는 연산 제어부의 기능이 아닌 것은?

① 연산 처리한 데이터의 전송
② 정보의 기억
③ 명령을 읽어내어 해독하고 실행하는 기능
④ 상대방의 중앙 제어장치를 제어

[정답] 59 ④   60 ①   61 ②   62 ③   63 ④

64
전자 교환기 No.1A 시스템에서 비상주(非常住) 제너릭 프로그램과 콜 스토어(CS)에 필요한 이중 정보는 어느 기억부에 들어 있는가?

① 보조 데이터계(ADS)
② 파일 스토어(FS)
③ 콜 스토어(CS)
④ 프로그램 스토어(DS)

65
다음 전자 교환 장치 중 정보를 일시적으로 기억하는 장치는?

① CC(Center Control)
② CS(Call Store)
③ SCN(Scanner)
④ SD(Signal Distributor)

[해설]

전자 교환기의 기본 구성

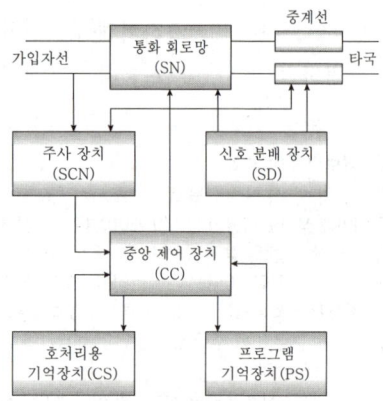

① 통화 회로망(SN : Switching Network) : 모든 입선은 X-bar 스위치, 리드 릴레이 및 반도체 스위치(Solid-State Switch) 등으로 구성한다.
  ㉠ 통화로의 교환 접속 가능
  ㉡ 신호음, 호출음 송출호의 형성 가능
  ㉢ 보오(baud)의 수신 및 송신 형성 가능
② 중앙 제어장치(CC : Central Control) : 한 단계씩 프로그램의 지시를 분석하여 수행하며 중앙 제어장치에서 출력된 제어 정보로 희망하는 스위치를 개폐하여 가입자 회선 상호간 가입자 회선과 중계선 상호간을 접속하여 통화로를 구성한다.
  ㉠ 통화 회로망 제어
  ㉡ 입·출력 시스템 제어
③ 주사 장치(SCN : Scanner) : 가입자 회선 및 중계선에 흐르는 전류 상태를 시분할적으로 주사하여 그 결과를 CC에 전달한다.

④ 신호 분배 장치(SD : Signal Distributor) : 통화로를 구성하기 위해 중앙 제어장치에서 지시한 명령을 가입자회선, 중계선과 통화로망의 각 부분에 분배한다.
⑤ 호 처리 기억 장치(CS : Call Store) : 가입자 회선, 중계선과 통화로망 각 부분의 상태(공선, 화중 상태)와 호 처리 과정에서 호에 관련되는 데이터를 일시적으로 저장하는 데 사용된다.
⑥ 프로그램 기억 장치(PS : Program Store) : 가입자 번호, 수용 관계, 회선 루트 관계의 번역에 사용되거나 교환기 동작을 규정하기 위한 프로그램을 저장하는 데 사용한다.

66
다음은 전자 교환기에 대한 질문이다. 잘못 설명된 것은?

① 전자 교환기의 주요 부품은 전자 부품을 사용하였다.
② 공통 제어 방식이다.
③ 축적 프로그램 제어(Stored Program Control) 방식을 이용하였다.
④ 단식 제어 방식

67
다음의 전자 교환기 중 시분할 방식을 채택한 교환기는 어느 것인가?

① AXE-10 ESS
② M-10N ESS
③ NO. 1A ESS
④ X-bar 교환기

[해설]

시분할 방식(TDS)
① PAM식 : 구내용
② PCM식 : No.4 ESS, AXE-10

68
다음 중 전전자 교환기의 구성에서 통화로계에 속하지 않는 것은?

① 가입자선 정합부
② 통화로망
③ 주변제어장치
④ 중계선 정합부

[해설]

통화로계란 교환되어야 할 정보(음성, 데이터 등)를 수신하고, 교환한 후 다시 송신시킴으로써 실제로 정보가 전달되는 부분을 말한다.
① 통화로 단말장치(가입자 회로, 트렁크 회로)
② 통화로망
③ 통화로 제어장치

[정답] 64 ① 65 ② 66 ④ 67 ① 68 ③

출제 예상 문제

69 공간 분할 방식 전자 교환기에서 가입자가 송출하는 펄스를 검출하는 것은?

① 자기 드럼 ② ORT
③ 주사 장치 ④ 라인 메모리

해설

주사 장치(SCN : Scanner)
가입자 회선 및 중계선에 흐르는 전류 상태를 시분할적으로 주사하여 그 결과를 중앙 제어장치에 전달한다.

70 어느 센터의 최번시 통화량을 측정하니 1시간 동안에 3분짜리 전화호 100개가 측정되었다. 이 센터의 최번시 통화량은 몇 [Erl]인가?

① 4[Erl] ② 5[Erl]
③ 6[Erl] ④ 7[Erl]

해설

최번시(Busy Hour)
① 최번시는 1일 중 호(Call)가 가장 많이 발생하는 1시간을 말하며, 호는 전화의 이용자가 통신을 목적으로 통신회선을 사용하는 행위이다.
② 통화량(Traffic Volume)은 각 호의 발생 횟수에 따른 보유 시간의 곱이다.
∴ [3(분)×100(개)]/60(분)=5[Erl]

71 트래픽 단위에서 180[HCS]는 몇 얼랑(Erlang)인가?

① 3[Erl] ② 4[Erl]
③ 5[Erl] ④ 6[Erl]

해설

트래픽(Traffic) 단위
① 얼랑(Erlang, Erl)
호(Call)가 하나의 회선과 교환기기를 1시간 동안 사용했을 때의 호량을 1얼랑이라고 한다.
② HCS(Hundred Call Seconds) : 호가 1개의 전화회선과 교환기기를 100초 동안 사용했을 때의 호량을 1[HCS]라 한다.
1[Erlang] = 36[HCS], 1[HCS]=$\frac{1}{36}$[Erlang]이다.
∴ 180[HCS]=$\frac{180}{36}$=5[Erlang]

72 20개의 중계선으로 5[Erl]의 호량을 운반하였다면 이 중계선의 효율은 몇 [%]인가?

① 20[%] ② 25[%]
③ 30[%] ④ 35[%]

해설

중계선 효율(Trunk Efficiency)
① 중계선 효율은 1군의 전화 중계선에서 단위 시간 내의 1중계선당 평균 사용 시간을 백분율로 환산한 것이다.
② 회선 수를 n, 얼랑을 단위로 한 통화량을 E[Erl]라 하면 $E/n \times 100[\%]$가 된다.
∴ $\frac{5}{20} \times 100 = 25[\%]$

73 국내 공중통신망의 총괄국 아래 계위의 디지털 교환기들이 사용하고 있는 망동기방식은?

① 단순 종속동기방식
(SMS : Simple Master Slave)
② 계위 종속동기방식
(HMS : Hierarchical Master Slave)
③ 선지정 대체 종속동기방식
(PAMS : PreAssigned Master Slave)
④ 자체 재배열 종속동기방식
(SOMS : Self Organized Master Slave)

해설

망동기방식(Network Synchronization)
① 망 동기는 망을 구성하는 모든 디지털 장치들을 기준 동기 클럭원에 동기화시킴을 말하며, 또한 정확한 타이밍 정보를 전체 망에 공급하는 체계/방식을 의미하기도 한다.
② 동기 클럭 설정 및 운영 방식에 따른 망동기 방법의 분류
㉠ 독립동기방식(Plesiochronous Synchronization Operation) : 각 노드의 자체 클럭에 의해 독립적으로 운용하며, 주로 국제 간 망에서 사용하는 방식이다.
㉡ 종속동기방식(Master Slave Synchronization) : 중심국에서 매우 안정된 클럭을 설치하여 주클럭(Master Clock)으로 삼고, 하위국들은 이 주 노드에서 전송되어온 클럭 정보를 다시 PLL 등으로 복원하여 자체 클럭원으로 사용하는 방식이다. 종류는 단순 종속동기방식, 계층 종속동기방식, 팜즈방식 등이 있다.
㉢ 상호동기방식(Mutual Synchronization Method) 기준 클럭이 여러 군데 있고, 상호 상관관계를 형성하여 그 결과를 자체 클럭에 대한 기준으로 삼는 방식이다.
③ PAMS방식(Preassigned Alternate Link Master & Slaver) : PAMS(선지정 대체방식)은 단순 종속동기방식과 계

[정답] 69 ③ 70 ② 71 ③ 72 ② 73 ③

층 종속동기방식의 장점을 모아서 구성한 것으로 안정도, 신뢰도, 융통성이 매우 높기는 하나 관리 비용이 많이 든다.
※ 우리나라 전기통신망에서는 종속동기방식 중에서 PAMS방식을 적용하고 있다

74 다음 중 지능망의 구성 요소가 아닌 것은?

① IP(Intelligent Peripheral)
② LBS(Location Base Service)
③ SCP(Service Control Point)
④ SSP(Service Switching Point)

해설

지능망(Intelligent Network)
① 지능망은 기존 전화망을 이용하면서 신규 서비스 또는 주문형 서비스를 쉽게 제공할 수 있는 지능화된 망이다.
② 지능망의 주요 구성요소
  지능형 부가시스템(IP), 서비스수행교환기(SSP), 서비스제어시스템(SCP), 신호중계교환기(STP), 신호망관리시스템(SEAS) 등
③ 지능망의 특징
  ㉠ 기술 및 망 환경 변화에 능동적으로 대응할 수 있는 개방형 망 구조
  ㉡ 기존 교환망의 수정 없이 신규 서비스의 수정, 보완, 적용 가능한 구조
  ㉢ 지능망 전용 시스템 구축으로 시스템 및 서비스에 대한 제어와 운용이 편리
④ 지능망의 예 : 대표번호 서비스(1588, 1577), 평생번호 서비스 등

75 지능망 구성요소 가운데 망 서비스를 위한 핵심적인 요소로서 서비스 제어 로직과 가입자에 대한 정보를 저장하고 있는 것은?

① SSP(Service Switching Point)
② SCP(Service Control Point)
③ STP(Signal Transfer Point)
④ SMS(Service Management System)

해설

① SCP(Service Control Point) : 지능망의 서비스를 위한 가장 중요한 요소로서, 서비스를 제공하는 서비스 로직과 서비스와 관련된 데이터를 가지고 있다. 보통 대용량의 트랜잭션을 실시간으로 처리할 수 있는 상용 컴퓨터나 특수한 형태의 전자 교환기를 SCP로 사용한다. SSP로부터 지능망 서비스 호에 관한 질의를 받으면 이를 처리하여 호처리를 위한 정보를 제공한다.
② SSP(Service Switching System) : 서비스 이용자와 지능망을 연결시켜주는 특수한 형태의 전자 교환기이다. 전화 이용자의 호 중에서 지능망 호가 인식되면 이와 관련된 정보를 SCP로 전달하며 SCP로부터 호처리에 필요한 정보를 받아 원하는 착신지로 호(call)를 연결한다.
[참고] SCP와 SSP(서비스 교환기) 사이의 정보를 전달하는 데 사용되는 프로토콜은 ITU-T No.7 공통선 신호방식이다.

2. 무선 및 이동통신기기

1. 무선통신기기

가. 무선통신 시스템의 개요

무선통신이란 송신측에서는 보내고자 하는 정보를 전자파에 실어서 공간에 방사하고 수신측에서는 전파되어 온 신호로부터 수신기를 이용하여 원래의 신호로 재현해 내는 것이다.

무선통신기기는 송신기(Transmitter), 수신기(Receiver), 안테나(공중선, Antenna) 및 급전선(Feeder) 등으로 구성된다.

(1) 무선 송신기

① 무선 송신기는 전자파가 될 수 있는 전기 진동을 발생하고, 여기에 목적하는 신호를 실어 충분히 증폭한 다음 안테나로부터 공간에 방사한다.

② 송신기의 기본 구성 및 기능

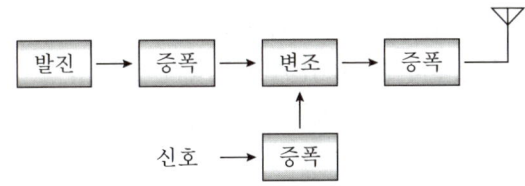

㉠ 발진부 : 주파수 안정도가 높은 수정 발진기(X-tal)를 이용하여 원하는 주파수를 발생시키는 부분이다.

㉡ 완충 증폭기(Buffer Amplifier) : 부하 변동에 따른 주파수 변화를 방지하며 A급 증폭 방식을 사용한다.

㉢ 주파수 체배기(Frequency Multiplier) : 수정 발진기에서 발진시킬 수 있는 주파수 이상의 주파수를 얻는 데 사용하며, C급 증폭 방식을 사용한다.

㉣ 변조기 : 입력 신호의 증폭과 함께 반송파를 변조하기 위한 부분이다.

㉤ 여진 전력 증폭기(Exciter) : 종단 출력단의 여진 전력을 만드는 증폭회로이다.

㉥ 종단 전력 증폭기 : 필요한 전력을 안테나에게 공급하는 증폭단이다.

합격 NOTE

합격예측
무선통신 : 공간을 전송매체로 하는 통신

합격예측
급전선 : 무선 주파수 에너지를 전송하기 위하여 무선 송·수신기와 안테나 사이를 잇는 도선(동축선 등)이다.

합격예측
- 발진부 : 반송파 발생
- 변조부 : 반송파와 정보신호 혼합

합격예측
- A급 증폭 : 안정적
- C급 증폭 : 고출력

합격예측
여진(Drive)은 전력 증폭기에 필요한 입력 전압을 가해 주는 것이다.

합격 NOTE

합격예측
스퓨리어스(Spurious)파 : 목적으로 하는 주파수 이외의 주파수 성분(불요파)을 말한다.

③ 무선 송신기가 갖추어야 할 구비조건
  ㉠ 송신되는 주파수의 안정도가 높을 것
  ㉡ 송신되는 전자파의 점유주파수 대역폭이 가능한 한 좁을 것
  ㉢ 송신되는 주파수외의 불요파(Spurious 파) 방사가 적을 것
  ㉣ 찌그러짐과 내부 잡음이 적을 것

(2) 무선 수신기
  ① 수신 안테나로 유기되는 신호로부터, 송신측에서 실린 신호를 검출하고 이를 필요한 정도로 증폭하여 정보를 획득한다.
  ② 수신기의 기본 구성

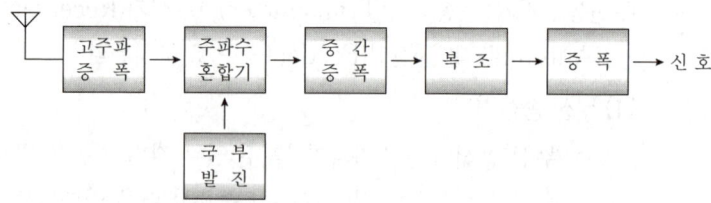

합격예측
Superheterodyne Receiver
① 수신된 고주파 신호를 중간주파수로 변환하여 검출한다.
② 장점 : 감도, 선택도 향상 등

  ㉠ 주파수 변환부
    슈퍼헤테로다인 수신기의 특유한 부분으로서 수신된 무선 주파수의 신호를 중간 주파수로 변환한다.
  ㉡ 중간 주파 증폭부(IF Amplifier)
    중간 주파수로 변환된 신호 전압을 증폭하는 부분이다.
  ㉢ 복조부
    중간 주파수로 변환된 신호로부터 원 신호를 분리해 내는 작용을 한다.

(3) 무선 수신기의 성능
  ① 감도(Sensitivity)
    어느 정도 미약한 전파를 수신할 수 있는가를 나타낸다.
  ② 선택도(Selectivity)
    수신기 입력단에서 희망하는 주파수의 전파만을 골라낼 수 있는 능력을 표시한다. 이것은 주로 증폭 회로의 주파수 특성에 의해서 결정된다.
  ③ 충실도(Fidelity)
    송신측에서 보내온 신호를 어느 정도까지 충실히 재생할 수 있는가 하는 능력을 말한다.
  ④ 안정도(Stability)
    일정한 입력 신호를 가했을 때 얼마나 오랫동안 일정한 출력을 얻을 수 있는가 하는 능력을 말한다.

합격예측
• 감도 : 신호 감지 능력
• 선택도 : 신호분리 능력
• 충실도 : 재현 능력
• 안정도 : 일정 전압 출력 능력
※ 수신기의 S/N비도 좋아야 한다.

(4) 부속 회로

① 송신기의 부속 회로

제어 회로, 보안 회로, 보호 회로, 감시 경보 회로, 과부하 계전기, 전자 개폐기 등

② 수신기의 부속 회로

자동 이득 제어 회로(AGC), 자동 잡음 제어 회로(ANC), 자동 선택도 제어 회로(ASC), 자동 주파수 제어 회로(AFC) 등

나. 아날로그 변복조

① 변조는 데이터를 멀리 보내기 위해서 캐리어 신호에 데이터 신호를 싣는 것을 말한다. 여기서 전송하고자 하는 정보신호를 변조신호, 변조된 신호를 피변조신호라 한다.

② 변조방식은 정보신호에 따라 반송파의 진폭, 주파수 또는 위상을 변화시켜 전송하는 것이다.

  ㉠ 아날로그 변조방식 : AM, FM, PM
  ㉡ 디지털 변조방식 : ASK, FSK, PSK, QAM 등

③ 변조의 필요성

  ㉠ 장거리 통신을 하기 위해 필요하다.
  ㉡ 안테나 크기가 작아진다.
  ㉢ 다중 통신을 수행할 수 있다.
  ㉣ 잡음 및 간섭을 제거시켜 S/N비를 개선시킬 수 있다.
  ㉤ 전송과정의 손실을 보상할 수 있다.
  ㉥ 전송 신호를 전송매체에 정합시키기가 용이해진다.

다. 진폭 변조(AM : Amplitude Modulation)

AM은 반송파의 진폭을 정보신호에 따라 변화시키는 방식이다. AM 변조방식에는 DSB-SC, DSB, SSB, VSB 방식이 있다.

(1) 반송파 억압 진폭 변조(DSB-SC)

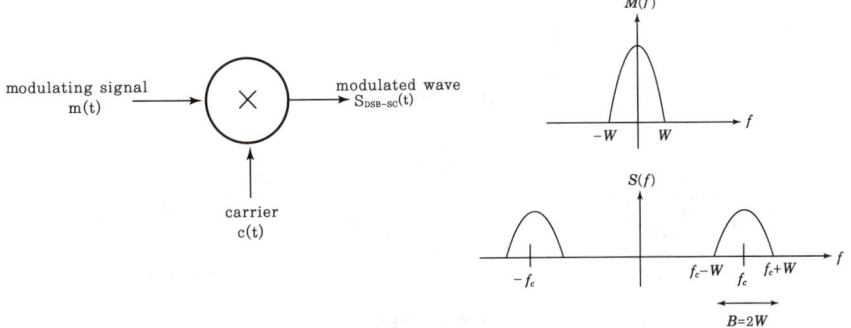

합격예측

복조(Demodulation) : 변조된 신호로부터 원래의 정보 신호를 추출해내는 과정

합격예측

반송파 신호 : $A\cos(\omega_c t + \theta)$

합격예측

안테나 크기는 $\lambda/4$(파장 $\lambda = \frac{c}{f}$)에 비례하므로, 변조 주파수가 높아질수록 안테나 크기는 작아진다.

합격예측

DSB-SC(Double Sideband-Suppressed Carrier)

합격예측

① 정보신호의 대역폭 : W
② DSB-SC 변조신호의 대역폭 : 2W

① 반송파를 $c(t) = A\cos(2\pi f_c t)$라 하자.
  ㉠ 신호의 스펙트럼, $S(f)$는 정보의 스펙트럼, $M(f)$가 $\pm f_c$만큼 이동한다.
  ㉡ 변조된 신호는 반송파 성분은 존재하지 않으므로 반송파 억압변조라 한다.
  ㉢ 진폭 변조된 신호의 대역폭은 신호 대역폭의 2배이므로 Double Sideband(DSB)라 한다.
② DSB-SC 신호의 복조
  ㉠ 동기검파(Coherent Detection)방식을 사용한다.
  ㉡ 동기검파기를 사용함으로써 회로는 복잡하지만 성능이 좋아진다.

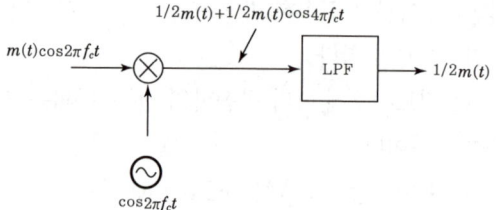

[동기검파기]

(2) 진폭 변조(DSB)

① 반송파가 있는 진폭 변조(DSB-LC : Double Side Band-Large Carrier)라고도 한다.
  ∴ 변조된 신호에는 캐리어 성분이 존재한다.
② DSB-SC는 동기 검파를 해야 하므로 수신기 측에 복잡한 회로를 요구하므로, 이를 해결한 방식이다.
  ㉠ DSB는 비동기적으로 신호를 검출하므로 간단한 수신기를 구성할 수 있다.
  ㉡ 정류형검파기, 포락선검파기가 사용된다.

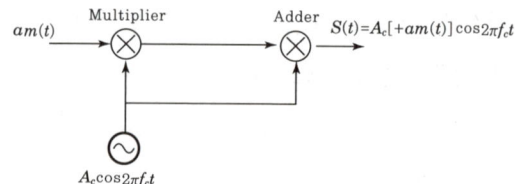

[DSB 변조기]

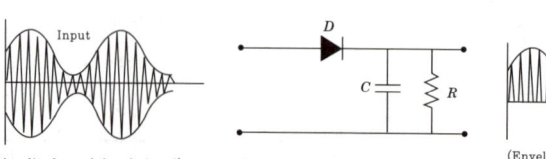

[포락선검파기]

합격예측

동기검파기(복조기)는 송신측에서 사용한 캐리어와 동일한 신호를 발생시켜 정보신호를 검출하는 방식이다.

합격예측

DSB는 DSB-SC에 비해 수신기는 간단하지만 송신기가 복잡해진다.

합격예측

비동기검파기 : 정류형검파기, 포락선 검파기 등

합격예측

포락선 검파기는 Diode와 C-R로 구성된 LPF로 간단히 정보신호를 검출할 수 있다.

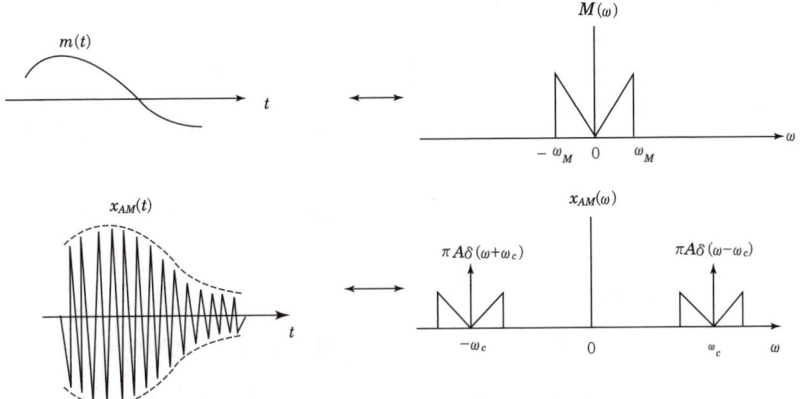

[변조신호의 스펙트럼]

(3) SSB(Single Sideband) 통신 방식
   ① SSB 방식의 개요
      단측대파 방식(SSB)은 상측대파 또는 하측대파 중 하나의 측대파(Sideband)만을 가지고 통신하는 방식이다.
   ② SSB 신호의 발생
      ㉠ 반송파 억압 변조기(링변조기, 평형변조기)를 사용한다.
      ㉡ 평형변조기를 이용하여 반송파를 제거한 후, 대역통과필터(BPF)를 이용하여 상/하 측대파 중 1개를 선택한다.
   ③ DSB와 비교한 SSB 방식의 장점
      ㉠ 점유주파수 대폭이 $\frac{1}{2}$로 줄어든다.
      ㉡ 적은 송신 전력으로 통신이 가능하다.
      ㉢ 선택성 페이딩의 영향이 적다.
      ㉣ 신호 대 잡음비(SNR)가 개선된다.
      ㉤ 비화성을 유지할 수 있다.
   ④ DSB와 비교한 SSB 방식의 단점
      ㉠ 송·수신기 회로 구성이 복잡하다.
      ㉡ 높은 주파수 안정도를 필요로 한다.
      ㉢ 가격이 고가이다.

(4) 잔류측대파 방식(VSB : Vestgial Side Band)
   ① SSB와 DSB-SC 방식의 절충형이다.
   ② SSB에서처럼 한쪽 측대파를 완전히 제거하지 않고 한쪽 측대파의 일부를 남기도록 하는 필터를 사용한다.
   ③ VSB는 SSB와 DSB의 장점만 취한 방식이다.
   ④ 선택성 페이딩이 있어도 DSB보다 적게 받는다.

합격 NOTE

합격예측
DSB 변조신호에는 캐리어 성분이 존재한다.

합격예측
SSB 변조기 구성법 : 필터법, 위상천이법, 위버법

합격예측
선택성 페이딩 : 수신 주파수내의 주파수 성분에 따라 다른 형태의 페이딩을 갖는 것을 말한다.

합격예측
VSB의 전송대역폭은 SSB보다는 크지만 DSB 보다 작다. 즉 대역폭: SSB<VSB<DSB

라. FM(Frequency Modulation) 방식

(1) 주파수 변조(FM) 방식의 개요

① 각도 변조(Angle Modulation)는 FM과 PM을 포함하며, FM과 PM은 아주 유사하다.

② FM 방송, TV의 음성 신호, Micro Wave 다중 통신에 사용된다.

③ FM 신호 발생 방식은 다음의 2가지 방식으로 분류된다.

㉠ 직접 FM 방식

ⓐ 변조 신호로 직접 반송파의 주파수를 변화시킨다.

ⓑ Reactance관 변조, 가변 Inductance 변조, 가변 용량 다이오드 변조 등이 있다.

㉡ 간접 FM 방식

ⓐ 변조 신호를 적분한 후 위상 변조(PM)하여 FM 신호를 얻는 방식이다.

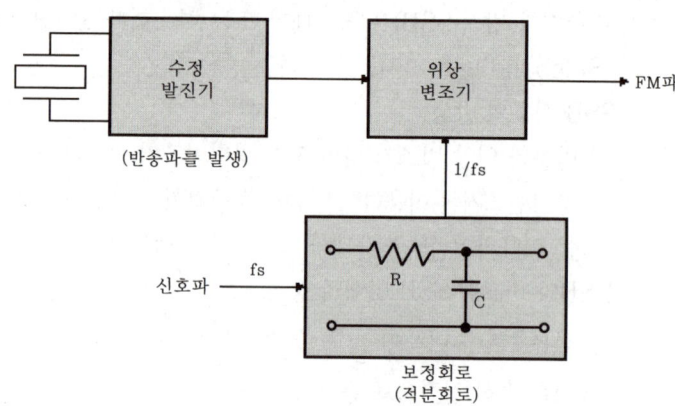

[간접 FM 방법의 원리]

ⓑ 벡터 합성법(Armstrong 방식, AM-C 합성 방식, AM-AM 합성 방식), 이상법(가변 리액턴스 소자, 가변 저항) 등이 있다.

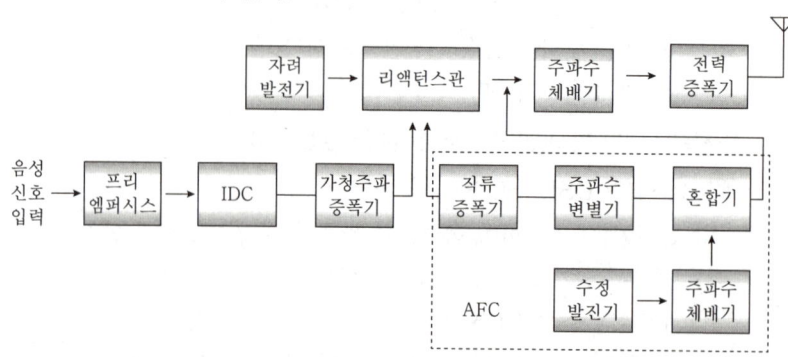

[FM 송신기 구성도]

합격 NOTE

합격예측
FM은 반송파의 주파수를 입력 신호파의 크기에 따라 변화시키는 방식이다.

합격예측
① 직접 FM의 발진기 : LC 자려 발진기
② 간접 FM의 발진기 : 수정 발진기

합격예측
① FM의 장점 : 진폭에 영향을 받지 않음, 페이딩에 덜 민감
② FM의 단점 : 대역폭이 넓어짐, Sidelobe가 많이 생김

(2) FM 송신기의 기능과 구성

① 자려 발진기 : 반송파를 발진한다.
② 리액턴스관 : FM 변조를 행한다. 진폭 자체는 일정하고 주파수만을 변화시킨다.
③ 프리엠퍼시스(Pre-Emphasis) 회로 : 고역에서 S/N의 저하를 방지하기 위해 고역을 보강시켜 고역에서의 S/N비를 개선시켜주는 역할을 한다.
④ 순시 주파수 편이 제어 회로(IDC : Instantaneous Deviation Control) : FM 송신기에서 최대 주파수 편이가 규정을 넘지 않도록 음성 신호의 진폭을 일정 레벨로 제한하는 회로이다.
⑤ 자동주파수 제어회로(AFC : Automatic Frequency Control) 자려 발진 주파수는 불안정하므로 자려 발진 주파수를 제어한다.

(3) FM 수신기의 기능과 구성

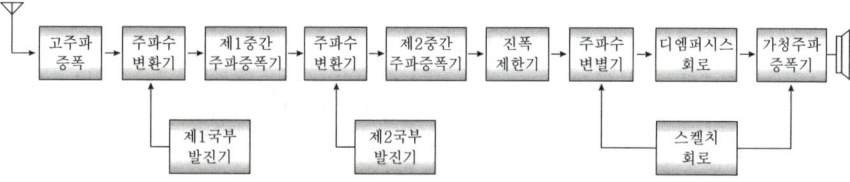

[FM 수신기 구성]

① 진폭 제한기(Limiter)
수신된 FM파는 진폭 변화를 가지므로 이러한 진폭 변화를 일정하게 하는 회로이다.
② 주파수 변별기(Frequency Discriminator)
FM파의 주파수 변화를 진폭 변화로 바꾸어 음성 출력을 뽑아내는 회로이다.
③ 디엠퍼시스(De-Emphasis) 회로
송신측에서 프리엠퍼시스 회로를 사용하여 고역의 주파수 성분을 강조했을 때, 수신측에서는 높은 주파수 성분을 억압하고 충실한 신호의 재생을 위해 디엠퍼시스 회로가 사용된다.
④ 스켈치(Squelch) 회로
잡음을 방지하기 위하여 수신 입력 전압이 어느 레벨 이하로 될 때 수신기의 가청 주파 증폭기가 동작하지 않도록 하는 회로이다.

(4) AM 방식과의 차이점

① FM 방식은 진폭 제한기, 주파수 변별기, 스켈치 회로가 사용된다.
② FM 방식은 대역폭이 넓다.

합격 NOTE

합격예측
프리엠퍼시스 : 신호 전송시 높은 주파수 성분들을 강조해 준다. (HPF로 구현)

합격예측
IDC=대역제한회로

합격예측
Limiter는 AM에서는 사용할 수 없다.

합격예측
디엠퍼시스 : 낮은 주파수 성분들을 강조한다. 즉 프리엠퍼시스의 역과정을 수행한다.(LPF로 구현)

합격예측
스켈치 회로는 FM 수신기의 감도를 향상시켜 준다.

합격예측
FM은 AM에 비해 대역폭이 넓지만, S/N비 및 선택도, 충실도가 우수하다.

합격 NOTE

합격예측
Fading은 경로가 다른 2 이상의 전파가 상호 간섭하여, 신호진폭 및 위상 등이 시간적으로 불규칙하게 변하는 현상이다.

③ FM 방식은 잡음, 페이딩(Fading)의 영향을 받지 않으므로 S/N 비가 개선된다.
④ 고이득, 고충실도이다.
⑤ 소비 전력이 적다.
⑥ 송·수신기가 복잡하다.

2. 위성통신기기

가. 위성통신 시스템

(1) 위성통신의 개요

합격예측
① 위성의 정의 : 지구 주위를 특정한 목적을 가지고 일정한 주기로 공전하는 물체
② 위성 동작 원리 : 원심력과 중력의 평형 원리

① 위성을 발사하여 지구의 자전 방향, 같은 주기로 회전하면서 장거리 통신의 중계기 역할을 하며 SHF 주파수를 이용하여 먼 거리까지 통신하는 방식이다.
② 위성통신은 동시통신 및 다원 접속이 가능하고 서비스 범위가 광범위하므로 널리 사용되고 있다.

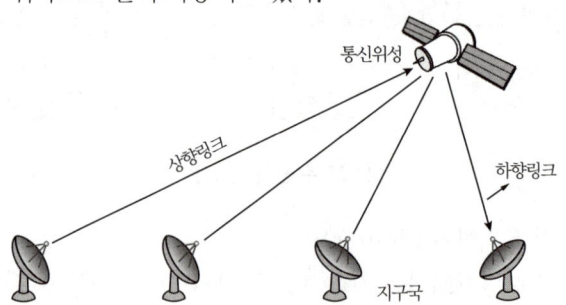

[위성통신 시스템의 구조]

합격예측
위성은 지구표면에서 떨어진 거리에 따라 저궤도, 중궤도, 정지궤도로 구분

위성의 분류	위성고도[km]	활용 서비스
저궤도위성(LEO)	300~1,500	이동통신(800~1,500[km]) 원격탐사(300~700[km])
중궤도위성(MEO)	1,500~10,000	이동통신, 원격탐사, 고정통신
고궤도위성(HEO)	10,000~40,000	이동통신, 위성방송, 고정통신
정지궤도위성(GEO)	35,860	위성방송, 고정통신

 참고

합격예측
전파의 창 : 1~10[GHz] 대역

📍 **전파의 창(Radio Window)**
① 위성통신에 가장 적합한 1~10[GHz]의 주파수범위를 말한다.
② 전파의 창에 해당하는 주파수대역은 강우, 감쇠 등 기상의 변화에 영향이 적다.

③ 전파 창 범위 결정요소 : 전리층, 대류권, 잡음영향, 정보 전송량, 송수신계 문제

(2) 위성통신 방식의 종류
  ① 임의위성(Random Satellite) 방식
  ② 위상위성(Polar Satellite) 방식
  ③ 정지위성(Geostationary Satellite) 방식
    ㉠ 지구 적도 상공 35,860[km]에 떠 있는 위성으로, 위성의 공전 주기와 지구의 자전 주기가 같고, 같은 방향으로 회전하므로 지구에서는 위성을 추적할 필요가 없다.
    ㉡ 정지 궤도 위성의 커버(Cover) 범위는 약 120°이므로 3개만 띄우면 전세계를 커버할 수 있다(단, 극지방은 제외된다).

합격예측
정지위성은 주로 통신 및 방송 서비스용이다.

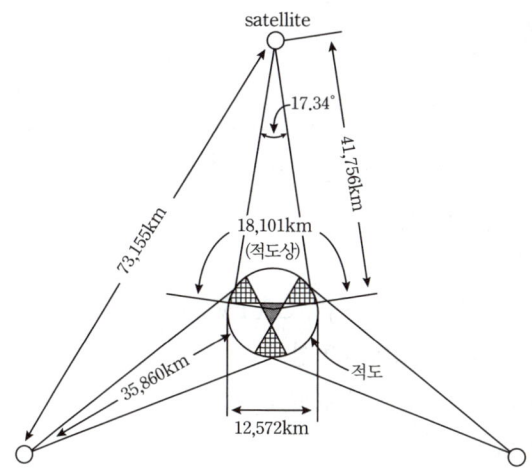

[정지 위성에 의한 통신망]

(3) 위성통신 서비스
  ① 고정위성 서비스(Fixed Satellite Service)
    ㉠ 고정 지점 사이의 통신을 목적으로 하며 TV 중계나 전화의 전송에 쓰인다.
    ㉡ INTELSAT(International Telecomm Satellite Organization)이 대표적인 예이다.
  ② 이동위성 서비스(Mobile Satellite Service)
    ㉠ 항공이동위성 서비스, 해상이동위성 서비스, 육상이동위성 서비스로 분류된다.
    ㉡ INMARSAT(International Marine Satellite Organization)이 대표적인 예이다.

합격예측
위성통신 서비스의 종류 : 고정 위성 서비스, 이동위성 서비스, 방송위성 서비스

③ 방송위성 서비스(Broadcasting Satellite Service)
  ㉠ 위성을 방송국으로 해서 TV나 라디오 방송을 한다.
  ㉡ BS, TDF-1이 대표적인 예이다.
④ 기타
  무선항행위성 서비스, 지구탐지위성 서비스, 지상위성 서비스 등

[통신위성 업무]

고정통신	국내	공중전화, 데이터 전송, 팩시밀리, CATV, TV, 프로그램 전송, TV화상회의 등
	국제	국제전화, 데이터 전송, 팩시밀리, 라디오방송, 국제TV중계 등
이동통신	국내	자동차, 선박, 항공기, 전화, 텔렉스, GPS, 고속 데이터, 조난구조 통신 등
	국제	이동전화, GPS, 선박, 항공기, 조난구조통신 등
DBS	국내	TV방송, HDTV방송, 데이터방송 등

 참고

● 직접 위성 방송(DBS : Direct Broadcasting Satellite) 서비스
  ① 지상의 방송시스템으로 서비스를 제공하기 어려운 난시청지역 위성을 통한 방송이다.
  ② 방송위성의 장점
    ㉠ 지상의 TV방송이나 CATV보다 품질이 좋은 화면을 제공
    ㉡ 서비스 지역의 광역성
    ㉢ 회선설정의 유연성 및 신속성
    ㉣ 다원 접속성
    ㉤ 통신품질의 균일성
    ㉥ 내재해성
    ㉦ 동보성
    ㉧ 고신뢰성

합격예측
동보성 : 다수의 지점에 동일 내용의 정보를 전달하는 것

합격예측
위성통신의 장점 : 광역성, 회선구성의 신속성·융통성, 동보성, 고신뢰성, TV의 난시청지역 해소, 방송서비스 확대

(4) 위성통신의 장·단점
  ① 위성통신의 장점
    ㉠ 여러 지점에 대한 동시 정보 전송(Point-To-Multipoint)이 가능하다.
    ㉡ 회선 설정 및 변경이 가능하다.
    ㉢ 고품질 광대역통신이 가능하다.

ⓔ 고신뢰성의 통신을 보장한다.
ⓜ 다원 접속(TDMA)이 가능하다.
ⓑ 통신 범위가 제한을 받지 않는다.
ⓢ 통신비용 및 품질이 균일하다.
② 위성통신의 단점
㉠ 약 250[ms](0.3초)의 전송 지연을 갖는다.
㉡ 전파 간섭을 받기 쉽다.
㉢ 고장시 수리가 어렵다.
㉣ 신호의 암호화가 필요하다.
㉤ 사용할 수 있는 정지궤도의 수가 제한적이다.

(5) 통신위성 시스템의 기본 구성과 기능

① 위성 시스템의 기본 구성
위성 시스템은 위성의 임무를 수행하는 페이로드 시스템과 위성의 전력공급, 통신 및 자세제어 등을 위해 사용하는 버스 서브 시스템으로 구성된다.
㉠ 페이로드 시스템(Payload System)
ⓐ 트랜스폰더(Transponder)
㉮ 상향링크(Up) 신호를 받아 증폭 및 주파수 변환하여 하향(Down)링크 신호로 만드는 과정을 수행한다.
㉯ 구성 : RF front end, 주파수 변환기, 전력 증폭기
ⓑ 안테나계 : 텔레메트리계 정보를 송수신할 수 있는 무지향성 안테나, 좁은 지역을 커버하는 스폿빔(Spot Beam)을 형성하는 파라보라 안테나, 넓은 지역을 커버하는 빔을 형성하는 혼 안테나 등으로 구성
㉡ 버스 서브 시스템(Bus Sub System) : 버스 서브 시스템은 전력계, 텔리메트리 명령계 및 기타 부분으로 구성된다.
ⓐ 전력계 : 위성에 전원을 공급하며, 전원 발생부와 전원 공급부로 구성한다.
ⓑ 텔리메트리 명령계(TTC : Tracking Telemetry & Control) 위성 관제소로부터의 명령 신호를 수신하거나 위성의 자세 및 위치 등에 관한 텔리메트리 데이터를 위성 관제소에 송신하는 기능을 수행하며, 그 외에 자세제어, 위치제어, 빔 중심 제어, 정상기능점검, 운용장비와 예비용 장비와의 절체기능을 수행한다.
㉮ 자세제어계 : 위성의 궤도상의 자세제어
㉯ 열제어계 : 위성각 부품의 열적 안정을 위한 장치

합격 NOTE

합격예측
위성통신의 단점 : 0.25초(약 7만[km])지연

합격예측
통신위성 3대 구성요소 : 위성시스템, 지구국(육상), 채널

합격예측
페이로드 : 우주공간에서 특정임무를 수행하는 인공위성

합격예측
① RF Front End : 이득이 높은 저잡음 증폭기(LNA)를 사용한다.
② 진행파관 증폭기(TWTA)는 고전력 증폭기이다.

합격예측
버스 서브 시스템 기능 : 위성의 전력공급, 통신 및 자세제어 등

합격예측
• 1차 전원 : 태양전지
• 2차 전원 : 축전지(Ni-Cd)

합격예측
자세 제어방법 스핀안정 방식과 3축 제어방식

ⓒ 추진계 : 위성 발사시 및 자세 변경시 궤도 위치 추진
ⓓ 구체계 : 각 기기들을 유지하는 기본 구조체

(6) 지구국(Earth Station)의 기본 구성과 기능

지구국은 안테나계, 송·수신계, 변·복조계, 인터페이스계, 감시 제어계, 전원계로 구성된다.

① 안테나계
  ㉠ 위성으로부터의 미약한 전파를 수신할 수 있어야 한다.
  ㉡ 고이득, 저잡음, 광대역, 예리한 지향 특성을 가져야 한다.
  ㉢ 파라볼라 안테나, 카세그레인 안테나, 리플렉터 안테나, 어레이 안테나 등이 있다.
  ㉣ 정확한 구동 제어 기능과 추미 기능을 가지고 있다.

 참고

📍 위성 추미 방식
① 자기 추미 방식 : Robing 방식, 비콘신호 수신 후 안테나를 비콘신호 도래 방향으로 추미한다.(안테나 회전)
② 프로그램 추미 방식 : 안테나의 각도 정보와 위성궤도 정보를 비교해서 추미한다.

② 송·수신계
  ㉠ 저잡음 증폭 장치(LNA : Low Noise Amplifier), 대전력 증폭 장치(TWT : Traveling Wave Tube) 및 주파수 변환기로 구성된다.
  ㉡ 다수의 중계기에 접근하는 경우는 송신 여파기와 채널 분파기가 필요하다.

③ 변·복조계
  ㉠ 아날로그 FM 방식이 주로 사용되나 최근에는 Digital 변조에 의한 TDMA가 사용된다.
  ㉡ 영상 신호의 전송은 FM 방식이 이용되나 최근에는 Digital 방식의 BPSK, QPSK를 주로 사용한다.

④ 인터페이스계
  ㉠ 위성 링크와 지상 시스템을 접속하는 부분이다.
  ㉡ 전화 단국, TV 영상 단국, TV 음성 단국 등이 있다.

합격예측
지구국 : 위성으로 전파를 보내고, 받는 역할을 한다.

합격예측
추미방식 : 안테나가 항상 통신위성을 행하도록 하는 장치

합격예측
LNA는 안테나가 잡은 미약한 신호를 증폭시키는 역할을 한다.

⑤ 감시 제어계
  ㉠ 지구국 전반적인 동작 상태를 감시 제어한다.
  ㉡ 회선 설정 제어 기능, 현용/예비 장치 전환 제어 기능, 원격 감시 제어 기능을 갖는다.

나. 범지구 위치결정 시스템(GPS : Global Positioning System)
① GPS 수신기는 세 개 이상의 GPS 위성으로부터 송신된 신호를 수신하여 위성과 수신기의 위치를 결정한다.
② GPS는 우주 부분(SS : Space Segment), 제어 부분(CS : Control Segment), 사용자 부분(US : User Segment)로 구성되어 있다.
③ GPS의 특징
  ㉠ 어디에서나 기상에 관계없이 24시간 위치결정 가능
  ㉡ 시계확보와 관계없이 측량 가능
  ㉢ GIS 데이터의 실시간 취득
  ㉣ 고도의 정확성 및 신속성 확보
  ㉤ 컴퓨터와 통신기기의 결합 : 다양한 응용분야 창출

3. 이동통신기기

가. 이동통신 시스템

(1) 이동통신의 개요
① 이동통신이란 이동체 상호간의 통신을 위한 수단으로 이동체(자동차, 열차, 선박 등)와 고정된 지점간 또는 이동체 상호간의 통신을 포함한다.
② 언제, 어디서나, 누구에게나 통신이 가능하게 하는 통신 수단이다.

(2) 이동통신의 진화과정

세대	종류	특 징
1세대	AMPS	• FDMA 방식의 아날로그 셀룰러 전화 • 음성 위주의 서비스
2세대	CDMA	• TDMA, CDMA 방식의 디지털 셀룰러 전화 • 음성+저속 데이터
3세대	WCDMA	• 멀티미디어 통신이 가능한 전화 • 언제, 어디서나 단절 없는 통신 서비스
4세대	LTE-A	• 다양한 멀티미디어 컴퓨팅 서비스 지원 • 광대역 무선이동통신 서비스 구축

합격 NOTE

합격예측
GPS는 위성 전파를 이용한 위치 측정 시스템이다.

합격예측
지리정보 시스템(GIS)

합격예측
이동통신은 고정통신에 대비되는 개념이다.

합격예측
① AMPS(Advanced Mobile Phone Service)
② WCDMA(Wideband CDMA)
③ LTE(Long Term Evolution)

합격 NOTE

합격예측
셀룰러시스템의 특징 : 주파수재사용(frequency reuse)이 가능

합격예측
주파수 재사용은 한정된 주파수 이용효율을 증가시킨다.

합격예측
이동통신 다원접속방식
아날로그(FDMA), 디지털(TDMA, CDMA)

합격예측
① FDMA : 각 사용자는 전송시간은 같고 주파수대역이 다르다.
② TDMA : 각 사용자의 주파수는 같고 전송시간이 다르다.

(3) 셀룰러(Cellular) 이동통신

① 셀룰러 이동통신이란 서비스 지역을 일정 셀(Cell) 단위로 구분하고, 각 셀에는 하나의 기지국을 두어 그 셀을 관장하는 시스템이다.

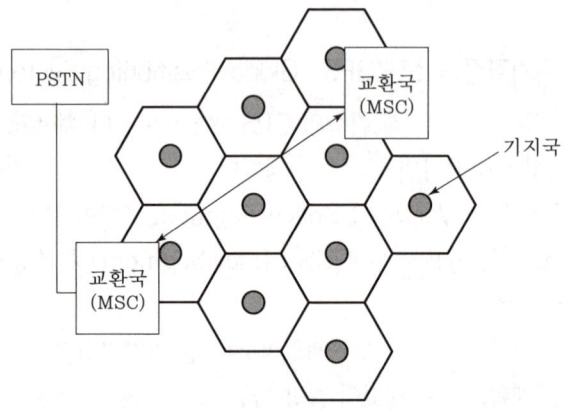

② 셀룰러 시스템은 저출력 다수 기지국으로 통화권 제공하며, 주파수 재사용(Frequency Reuse)이 가능하다.

  ※ 주파수 재사용 : 한 셀에서 사용한 주파수 대역을 충분히 멀리 떨어져 간섭 발생이 없는 다른 셀에서 다시 사용할 수 있는 방법이다.

(4) 다중접속(Multiple Access Method)방식

여러 가입자들이 동시에 간섭 없이 통신을 사용하기 위해서는 각 가입자들이 서로 다른 주파수, 시간, 코드 등을 사용하여 동시에 전송할 수 있는데, 이러한 기술을 다중접속이라고 한다.

① FDMA(Frequency Division Multiple Access : 주파수분할 다중접속) : FDMA방식은 주파수를 나누어서 각 사용자가 나누어진 부 주파수대역 중 하나를 항상 이용하여 통화하는 방식이다.

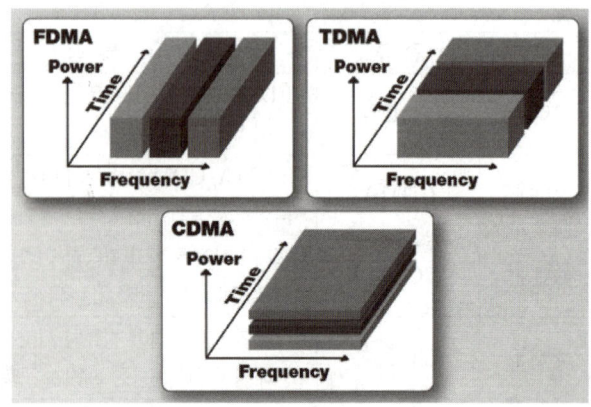

② TDMA(Time Division Multiple Access : 시분할 다중접속) : TDMA방식은 시간상에서 여러 개의 타임슬롯으로 나누어 하나의 타임슬롯을 한 명의 사용자가 고유하게 사용한다.

③ CDMA(Code Division Multiple Access : 코드분할 다중접속) : CDMA 방식은 주파수, 시간과 관계없이 각 사용자에게 고유한 코드(부호)를 부여해 전송한다.

(5) 이동통신 고려사항

① 전력제어(Power Control) : 가장 낮은 전력 레벨로도 시스템 성능을 유지할 수 있도록 이동국과 기지국의 송신 전력을 알맞은 레벨로 조절하는 기법이다.

② 핸드오프(Hand-Off) 또는 핸드오버(Hand-Over) : 핸드오프란 이동국이 현재 서비스를 제공받고 있는 셀 또는 섹터의 서비스 영역을 벗어나도 계속적으로 통화가 유지될 수 있도록 이동국과 기지국 간의 통화로를 절체해 주는 기술을 말한다.

③ 페이딩(Fading) : 페이딩은 단시간 내에서 일어나는 수신전력의 감쇠로 여러 가지 요인에 의해 발생된다. 전파의 반사, 산란 등으로 인해 전파의 경로가 여러 경로로 흩어지는 것을 다중 경로 페이딩이라 하며, 다중 경로로 인해 지연 확산(Delay Spread)이 발생하며, 신호의 왜곡을 발생시킨다.

④ 도플러 효과(Doppler Effect) : 이동체가 이동함에 따라, 이동체의 속도에 따라 수신신호의 주파수가 송신주파수와 달라지는 현상이다.

∴ 도플러 주파수, $f_d = \dfrac{v}{\lambda}\cos\theta$

여기서 v : 이동체 속도
θ : 수신전파 및 이동방향 사이의 각도

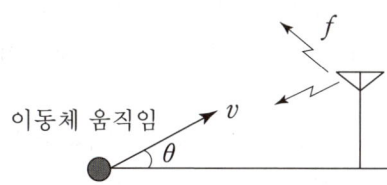

⑤ 로밍 (Roaming) : 이동 단말이 자신이 가입한 서비스 사업자의 망을 벗어나 타사업자의 망에서도 서비스를 받을 수 있는 것이며, 동시에 과금, 호처리가 기존 사업자 망에서 동일하게 관리되는 기능이다.

합격예측
전력제어:
원근문제(Near-far Problem)를 해결한다.

합격예측
① Soft Handsoff : 셀간의 핸드오프
② Softer Handoff : 섹터간의 핸드오프
③ Hard Handoff : 교환기간, 주파수간 핸드오프

합격예측
Fading을 해결하는 가장 일반적인 방법은 Diversity 기술이다.

합격예측
도플러 천이는 v, θ에 비례한다.

나. 이동통신 시스템의 구성

셀룰러 이동통신 시스템은 이동국(MS), 기지국(BS), 이동통신 교환국(MSC) 등으로 구성된다.

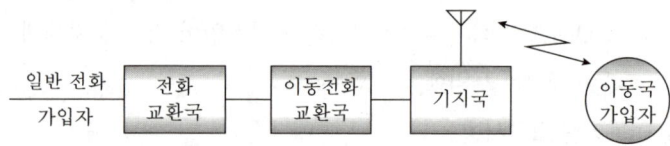

[이동통신 시스템]

(1) 이동국(MS : Mobile Station)
① 가입자에게 서비스를 제공하는 무선단말장치이다.
② 무선 송·수신기, 안테나 및 제어장치로 구성된다.
③ 전화번호의 다이얼링 전송과 신호 기능 등을 포함한다.

(2) 기지국(BS : Base Station)
① 단말기와 이동 전화 교환국을 연결하는 기능을 담당한다.
② 안테나, 송·수신기, 제어장치, 데이터 터미널 등으로 구성된다.
③ 발착신 신호의 송출 기능, 통화 채널 지정 및 감시 기능, 통화 채널의 품질 감시 기능을 갖는다.

(3) 이동 전화 교환국(MSC : Mobile Switching Center)
① 이동통신 시스템의 중심이며, 제어부, 통화로부 및 주변기기 등으로 구성된다.
② 무선 자원의 관리, 이동국의 위치 정보 관리, 핸드오프(Hand-Off) 기능 등을 갖는다.

(4) 기타 장치
① 홈 위치 등록 레지스터(HLR : Home Location Register) : 이동국의 호(Call)정보, 현재의 위치정보 등을 저장하는 데이터베이스이다.
② 방문 위치 등록 레지스터(VLR : Visitor Location Register) : 다른 구역 관할의 이동국이 들어왔을 때 그 이동국 가입자의 정보를 저장하는 데이터 베이스이다.
③ 운용 보존국(OMC : Operation and Maintenance Center) : 이동통신의 요소를 운용하고 보존하는 기능을 수행한다.

합격 NOTE

합격예측
이동국은 단말장치이다.

합격예측
이동통신시스템 구성
① 이동국/이동단말기(MT : Mobile Terminal)
② 기지국(BS)
③ 이동통신(전화)교환기(MSC)
④ 홈 위치등록기(HLR)
⑤ 방문자위치등록기(VLR)
⑥ 운용보존국(OMC)

합격예측
셀룰러 시스템은 공중전화 교환망(PSTN)이 연결되어 일반 전화와도 통신이 가능하다.

다. 이동통신 기술

(1) 대역 확산 통신(Spread Spectrum Communication)

① 개요

㉠ 스펙트럼 확산(SS : Spread Spectrum) 기술은 원래 비밀 유지와 적의 전파 방해(Jamming)를 받지 않는 특성을 가진다.

㉡ SS 통신은 확산 부호(Spreading Code)를 사용하여 정보의 스펙트럼을 훨씬 넓은 대역으로 확산시켜 전송하고, 수신측에서는 송신측과 동기된 동일한 부호를 사용하여 원래의 정보 신호를 재생한다.

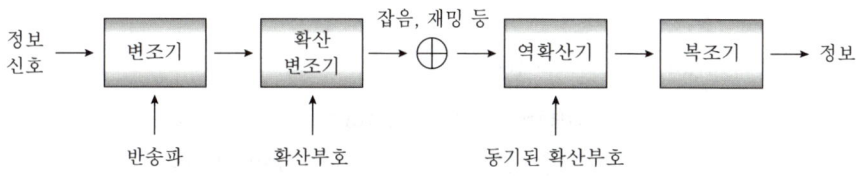

[대역 확산 통신 시스템의 계통도]

㉢ 스펙트럼 확산(SS) 시스템의 장점

ⓐ Anti-Jamming : 재밍에 강하다.
ⓑ Anti-Interference : 간섭에 강하다.
ⓒ Low Probability of Intercept : 보안성이 크다.
ⓓ Anti-Multipath : 다중경도 페이딩에 강하다.
ⓔ Multiple Access : 다중화가 가능하다.

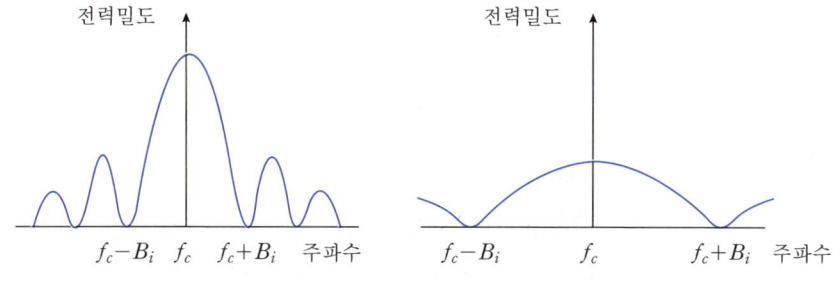

(a) 정보신호의 스펙트럼   (b) 송신신호의 스펙트럼

[대역폭의 비교]

> **합격예측**
> 확산대역 또는 대역확산 또는 스펙트럼 확산 방식이라 한다.

> **합격예측**
> SS 통신 : 송신측(확산), 수신측(역확산)을 사용한다.

> **합격예측**
> 재밍 : 의도적인 간섭이다.

합격 NOTE

합격예측
처리이득(PG)은 정보신호가 확산 코드에 의해 얼마나 확산되었는지, 확산된 정도를 표시한다.

합격예측
CDMA는 대역 확산 기술을 사용한다.

합격예측
CDMA는 동시에 동일주파수로 전송되지만, 사용자들은 코드로 구분한다.

합격예측
OFDM은 다중반송파(Multicarrier)방식이다.

> **참고**
>
> ● 처리이득(PG : Processing Gain)
> ① 확산된 신호의 대역폭을 W라고 하고 정보신호의 대역폭을 B라 하면 처리이득, $PG = W/B$로 정의된다.
> ② 칩률과 비트율의 비 또는 비트 시간 구간과 칩 시간 구간의 비로 정의된다. $PG = R_c/R_b = T_b/T_c$
> ③ 처리이득은 확산의 정도를 나타내며, 크면 클수록 잡음 및 간섭에 강하다.

  ② 대역 확산 통신 기법
    ㉠ 직접 확산(DS : Direct Sequence) 방식
    ㉡ 주파수 도약(FH : Frequency Hopping) 방식
    ㉢ 시간 도약(TH : Time Hopping) 방식
    ㉣ 첩 변조(CM : Chirp Modulation) 방식

(2) 부호 분할 다원접속 방식(CDMA : Code Division Multiple Access)
  ① 개요
    ㉠ CDMA 기술은 대역 확산 통신 기술을 이용한 것으로 대역 확산 기술이 가지고 있는 장점에 주파수 이용 효율을 크게 증가시킨 것이다.
    ㉡ 각각의 사용자는 직교성을 갖는 확산 부호를 사용함으로써 동시에 동일한 주파수 대역을 사용할 수 있으며, 다수의 사용자의 전송 신호로부터 원하는 사용자의 신호를 분리해 낼 수 있다.
    ㉢ 사용자들은 서로 다른 코드를 사용하여 통신을 하기 때문에 무선 구간에서 통신 비밀 보호 특성이 매우 우수하다.
  ② CDMA의 특성
    ㉠ 비화 특성이 우수하다.
    ㉡ 페이딩(Fading)과 시간 지연에 대해서 강하다.
    ㉢ 셀(Cell) 설계시 주파수 계획이 필요 없다.
    ㉣ 항 방해(Anti-Jamming) 능력이 있다.
    ㉤ 아날로그 방식에 비해 가입자 수용 용량을 늘릴 수 있다.

(3) 이동통신기술
  ① 직교 주파수 다중 분할방식(OFDM : Orthogonal Frequency Division Multiplexing)

㉠ 하나의 정보를 여러 개의 반송파(Subcarrier)로 분할하고, 분할된 반송파 간의 간격을 최소로 하기 위해 직교성을 부가하여 다중시켜 전송하는 방법이다.

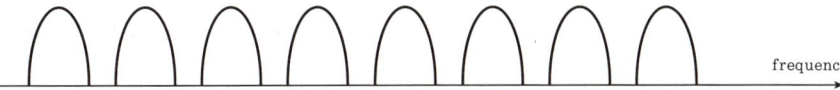

Conventional Frequency Division Multiplex (FDM) multicarrier modulation technique

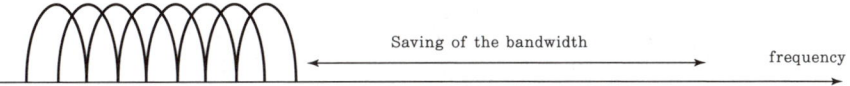

Orthogonal Frequency Division Multiplex (OFDM) multicarrier modulation technique

㉡ OFDM은 여러 개의 저속의 부 채널을 사용하여 고속의 데이터를 동시에 병렬 전송하는 방식이다.
㉢ OFDM의 장점
　ⓐ ISI 및 ICI 없이 많은 데이터 전송 가능
　ⓑ 효율적인 자원(대역폭) 사용이 가능
㉣ OFDM의 단점
　ⓐ ISI를 제거하기 위한 보호구간의 사용은 전송효율이 저하된다.
　ⓑ 주파수 동기 오차, 시간 동기 오차 등은 OFDM 시스템의 심각한 성능저하를 가져온다.
㉤ OFDM 기술은 이미 ADSL, 무선 LAN, DTV 등 고속의 데이터 전송이 필요한 분야에 활용되고 있다.

합격 NOTE

합격예측
OFDM은 LTE의 무선 전송 기술이다.

합격예측
OFDM은 1개의 반송주파수를 이용하는 CDMA통신의 전송속도의 한계를 극복하기 위한 기술이다.

합격예측
OFDM이 CDMA와 WCDMA 등과 다른 가장 큰 차이점은 데이터를 전송하기 위해 여러 개의 부반송파(Subcarrier)를 사용한다는 점이다.

 참고

📍 고속 데이터 전송 서비스의 문제점
① 고속 데이터는 다중 경로 페이딩의 영향을 더 쉽게 받는다.
② 채널의 큰 지연확산(Delay Spread)이 생긴다.
③ 심볼간 간섭(ISI : Inter-Symbol Interference)이 많이 발생하여 비트에러를 유발한다.
∴ 단일 반송파에 의한 고속 데이터 통신은 한계가 있다 → 다수 직교(Orthogonal) 반송파를 병렬로 사용하여 각각 저속으로 통신하는 Multi Carrier 방법을 사용한다.

합격 NOTE

합격예측
UWB는 2~10[GHz]의 고주파대역을 활용하는 무선통신기술이다.

합격예측
UWB는 저전력특성을 갖는다.

② 초광대역통신(UWB, Ultra Wide Band)
  ㉠ UWB통신방식은 수~수십[GHz]의 고주파대역을 활용하는 무선통신기술이다.
  ㉡ UWB는 전송거리가 10[m] 안팎으로 짧지만 전송속도가 빨라서 홈네트워킹 시스템이나 유비쿼터스 환경을 구현할 무선통신기술로 주목받고 있다.
  ㉢ UWB의 가장 큰 장점은 이미 다른 시스템이 사용하고 있는 주파수를 이용해 데이터를 송수신할 수 있다는 점이다.

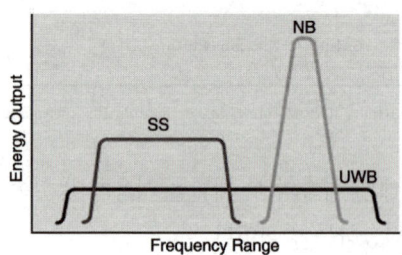

SS: Spread Spectrum
NB: Narrowband
UWB: Ultra-Wideband

 참고

📍 RFID(Radio-Frequency Identification)
① RFID는 전파를 이용해 먼 거리에서 정보를 인식하는 기술을 말한다. 여기에는 RFID 태그와 RFID 판독기가 필요하다.
② 태그는 안테나와 집적 회로로 이루어지는데, 집적 회로 안에 정보를 기록하고 안테나를 통해 판독기에게 정보를 송신한다.

📍 블루투스(Bluetooth)

합격예측
Bluetooth는 USB를 대체한다.

① IEEE 802.15.1 규격을 사용하는 블루투스는 개인 근(단)거리 무선통신(PANs)을 위한 산업 표준이다.
② 블루투스는 다양한 기기들이 안전하고 저렴한 비용으로 ISM 대역인 2.45[GHz]를 사용하여 서로 통신할 수 있게 한다.

📍 지그비(ZigBee)

합격예측
무선개인영역 통신망이란 주변장치 접속이 무선으로 이루어지는 개인영역 통신망이다.

① ZigBee는 868[MHz], 902~928[MHz] 및 2.4[GHz]에서 동작하는 무선 개인영역 통신망 규격이다.
② ZigBee를 사용하면 무선 개인영역 통신망 내에서 통상 50[m] 이내의 거리에 떨어져 있는 주변장치들 간에 최고 250[kbps]의 속도로 데이터를 주고받을 수 있다.

📍 전력선 통신(PLC : Power Line Communication)
① 가정이나 사무실에 이미 구축되어 있는 전력선을 이용하여 데이터를 전송하는 시스템이다.
② 100[kHz]~30[MHz] 사이의 고주파 대역에 신호를 실어 전송한다.

(4) 차세대 이동통신 서비스
① 유비쿼터스(Ubiquitous)
　㉠ 유비쿼터스는 시간과 장소에 구애받지 않고 언제나 정보통신망에 접속하여 다양한 정보통신 서비스를 활용할 수 있는 환경을 의미한다.
　㉡ 유비쿼터스 컴퓨팅의 개념
　　유비쿼터스 컴퓨팅은 모든 컴퓨터, 컴퓨팅 디바이스, 혹은 센서가 인터넷이나 유무선 네트워크로 서로 연결되어 우리의 일상생활에 통합되므로, 사용자 눈에 보이지는 않지만, 언제 어디서나 이를 사용할 수 있는 환경을 말한다.
② 휴대인터넷 기술
　휴대인터넷 서비스는 실내의 유선 초고속 인터넷을 휴대형 단말기를 이용하여 실내 외의 정지 및 이동환경에서도 고속으로 인터넷에 접속, 필요 정보나 멀티미디어 콘텐츠를 이용할 수 있는 통신 서비스이다.

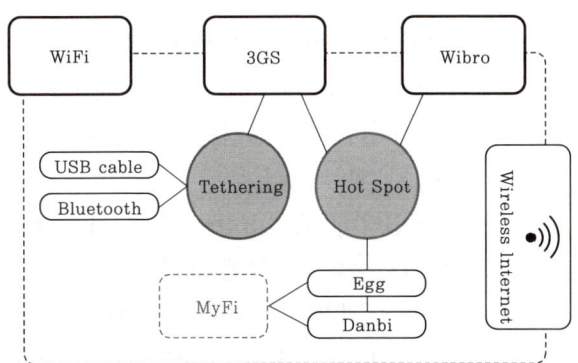

[휴대인터넷 기술]

　㉠ 무선 LAN(Wireless LAN)
　　무선 주파수 기술을 바탕으로 PDA나 노트북과 같은 휴대형 단말기를 이용하여 가정 또는 특정 서비스 제공지역(Hot-Spot)에서 무선으로 초고속 인터넷에 접속할 수 있도록 하는 기술과 서비스를 의미한다.

합격 NOTE

합격예측
Ubiquitous 어원 : '동시에 어디에나 존재하는, 편재하는'

합격예측
유비쿼터스 컴퓨팅은 모든 곳에 컴퓨터 칩을 집어넣은 환경. 즉, 모든 곳에서 사용 가능한 컴퓨팅 환경이다.

합격예측
휴대인터넷이란 이동하면서도 초고속 인터넷을 이용할 수 있는 서비스이다.

합격예측
WLAN : 2.4[GHz] 대역에서 IEEE 802.11b 표준, OFDM 이용

합격 NOTE

합격예측
Wi-Fi는 컴퓨터 등의 디바이스가 인터넷과 통신하는 데 사용할 수 있는 무선 네트워킹 기술이다.

합격예측
WiMAX는 Wi-Fi의 기능과 범위를 확장한 것이다.

합격예측
WiBro 특징 : 높은 전송속도, 이동성, 저렴한 요금, 다양한 콘텐츠 등

합격예측
DMB=디지털 라디오용 기술(DAB Digital Audio Broadcasting)+멀티미디어기술

합격예측
IoT = Services + Data + Networks + Sensors

ⓒ Wi-Fi(Wireless Fidelity)

IEEE 802.11 기반의 무선랜 연결과 장치간 연결(와이파이 P2P), PAN/LAN/WAN 구성 등을 지원하는 일련의 기술을 뜻한다. Wi-Fi는 통신거리가 100[m] 정도이지만 단말 제품 가격이 높고 전력소모가 많다는 것이 단점이다.

ⓒ 와이맥스(WiMAX : Worldwide Interoperability for Microwave Access)

와이맥스는 Wi-Fi보다 그 기능과 범위를 확장(최대 30[km] 이내에서 70[Mbps]의 데이터 전송이 가능)한 무선 LAN이라고 볼 수 있다. 용도 역시 유선 네트워크를 대체하며 광대역 네트워크를 제공하기 위해 개발되었다.

㉢ 와이브로(WiBro : Wireless Broadband Internet)

ⓐ WiBro란 휴대형 단말기를 이용하여 정지 및 이동 중에 언제, 어디서나 고속의 전송속도(약 1[Mbps]급)로 인터넷에 접속하여 다양한 정보 및 콘텐츠 사용이 가능한 초고속 인터넷 서비스이다.

ⓑ WiBro는 2.3[GHz] 주파수 대역을 이용하여 셀 반경 1[km] 이내, 이동시 최소 60[km/H] 이상에서도 끊김 없는 무선 인터넷 서비스를 보장하고, 보다 저렴하게 무선 인터넷을 이용할 수 있는 새로운 서비스이다.

㉤ 디지털 멀티미디어 방송(DMB : Digital Multimedia Broadcasting)

DMB는 디지털 영상 및 오디오 방송을 전송하는 방송기술로, 휴대전화, MP3, PMP 등의 휴대용 기기에서 텔레비전, 라디오, 데이터방송을 수신할 수 있는 이동용 멀티미디어 방송의 목적으로 개발되었다.

㉥ 사물 인터넷(IoT : Internet of Things)

ⓐ IoT는 각종 사물에 센서와 통신 기능을 내장하여 인터넷에 연결하는 기술을 의미한다. 여기서 사물이란 가전제품, 모바일 장비, 웨어러블 컴퓨터 등 다양한 임베디드 시스템이 된다.

ⓑ IoT는 인간, 사물과 서비스의 세 가지 분산된 환경 요소에 대하여 인간의 명시적 개입 없이 상호 협력적으로 센싱, 네트워킹, 정보처리 등 지능적 관계를 형성하는 사물 공간 연결망이다.

ⓒ IoT 3대 주요기술

㉮ 센싱 기술 : 전통적인 온도/습도/열/가스/조도/초음파 센서 등에서부터 원격 감지, SAR, 레이더, 위치, 모션, 영상 센서 등 유형 사물과 주위 환경으로부터 정보를 얻을 수 있는 물리적 센서를 포함한다.

㉯ 유무선 통신 및 네트워크 인프라 기술 : IoT의 유무선 통신 및 네트워크 장치로는 기존의 WPAN, WiFi, 3G/4G/LTE, Bluetooth, Ethernet

㉰ IoT 서비스 인터페이스 기술 : IoT의 주요 3대 구성 요소(인간·사물·서비스)를 특정 기능을 수행하는 응용서비스와 연동하는 역할을 한다.

⊗ USN(Ubiquitous Sensor Network)
ⓐ USN은 단순 인식 정보를 제공하는 RFID에 감지(Sensing) 기능이 추가되고 이들 간의 네트워킹이 이뤄져 실시간으로 통신이 가능하게 되는 형태를 의미한다.
ⓑ 필요한 모든 사물에 RFID를 부착하고(Ubiquitous), 이를 통해 사물의 인식 정보를 기본으로 주변의 환경 정보까지 탐지(Sensing)하여 이를 실시간으로 네트워크에 연결해 정보를 관리하는 것을 말한다.

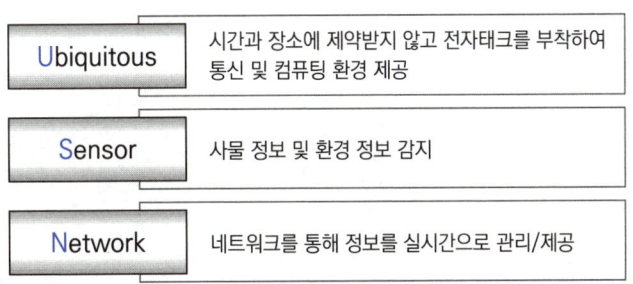

합격 NOTE

합격예측
IoT는 인터넷을 기반으로 모든 사물을 연결하여 사람과 사물, 사물과 사물 간의 정보를 상호 소통하는 지능형 기술 및 서비스이다.

합격예측
USN은 Sensing, Tracking, Monitoring, Actuating의 4단계로 수행된다.

합격 NOTE

합격예측
재난망은 상용망과 달리 전용 통신망과 설비를 통해 일사불란하게 국민 생명과 재산을 지키는 목적을 갖는다.

합격예측
PS-LTE는 끊김 없이 안정적인 통신이 가능하다.

합격예측
PS-LTE 기능 : VoLTE, MCPTT, PSVT 등

(5) 재난안전통신망

① 국가 재난안전통신망(재난망)이란 대규모 사고나 재해 발생 시 경찰이나 소방구조대 등이 신속히 소통할 수 있는 유·무선통신설비이다. 우리나라는 2014년 국가 재난안전망 통신방식을 PS-LTE(Public Safety-LTE)로 확정하고 철도망과 해상망도 PS-LTE로 단일화하여 유사시 일원화된 통합관제가 가능하도록 추진하고 있다.

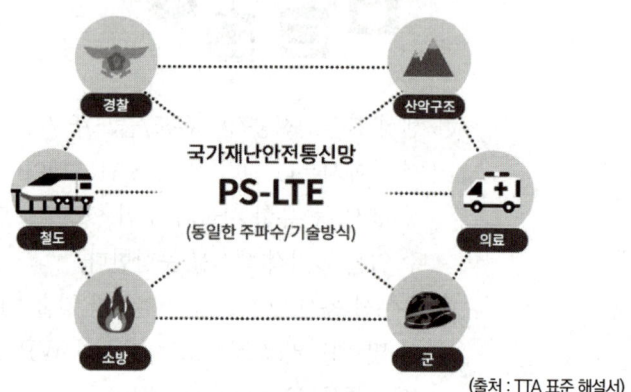

[국가재난안전통신망]

② 재난안전통신망 단말기 공통 요구사항

단말기 표준 내용에는 PS-LTE 단말기 공통 요구사항(H/W, S/W 등), 네트워크 시스템과 단말기 간의 상호연동을 위한 네트워크 접속 요구사항, 서비스 프로토콜 및 서비스 사용자인터페이스(UI) 등의 요구사항에 대한 기술규격을 포함한다.

[재난안전통신망 단말기 공통 요구사항 요약]

분류		요구사항
공통	기본 기능	• VoLTE 음성 및 영상 통화 • MCPTT 기능 • 호 폭주 대처 • 망 접속 시 AKA 방식으로 망 상호인증 • 음성통화(VoLTE, MCPTT)내용 녹음 • 개별통화 시 발신자 식별번호 표시 • 전송 속도 향상 MIMO 적용
	S/W	• 안드로이드 OS • FOTA 및 백신 • 기본앱(Pre-load App) 탑재
	H/W	• 형태: 휴대용(스마트폰형, 무전기형), 차량용, 고정용
네트워크 접속	LTE	• LTE 주파수 대역 : 밴드 28 및 상용주파수 밴드(1, 3, 5, 7, 8) • 시스템 접속 요구사항 : 3GPP TS 36.521-3, 36.523-1 • USIM OTA : 3GPP TS 23.048 • eMBMS : 핸드오버, 획득, 앱 연동 등 • D2D(선택사항) • 데이터 서비스: MTU 및 IPv6
	코덱	• 음성: EVS, WS-AMR 및 NB-AMR • 비디오: H.265, H.264 및 H.263
서비스 프로토콜		• 통화(VoLTE, PSVT) • 메시지(SMS, MMS, CBS) • 위치관리 서비스 • MCPTT 서비스
서비스 UI	공통 UI	• 하드웨어 사용자인터페이스(UI) 버튼 제공 • 홈 스크린 아이콘 및 위젯 배치 • 주요 기본 앱 탑재
	통화 UI	• 발신, 통화 연결, 수신, 통화 중, 통화종료, MCPTT 수신·발신, 다자간 전 이중
	MCPTT UI	• 채널목록 표시, 통화화면, 통화기록, eMBMS, 메시지, 파일전송, 녹음녹화, 주변음 및 영상청취, 즐겨찾기 등
무선품질	API	• 무선품질 측정 API를 이용하여 무선품질 측정 항목에 대한 값을 제공

(출처 : TTA 저널 188호, 2020년)

합격 NOTE

합격예측

MCPTT(Mission Critical Push To Talk)는 LTE 통신을 기반으로 무전기와 같은 푸시투토크(PTT) 기능을 이용해 긴급 통신할 수 있는 기술

합격예측

PS-LTE에서 지원하는 음성 코덱 : EVS, WS-AMR 및 NB-AMR

출제 예상 문제

제2장 무선 및 이동통신기기

01 다음 중 무선 송신기가 구비해야 할 조건이 아닌 것은?

① 점유 주파수 대역폭이 넓을 것
② 불필요한 스퓨리어스 방사가 적을 것
③ 외부의 온도나 습도의 변화에 영향을 받지 않을 것
④ 공중선 전력은 항상 안전·확실할 것

해설
무선 송신기의 구비 조건에는 다음과 같은 것이 있다.
① 수요 전력을 안정, 확실하게 발생할 것
② 송신 주파수는 정확하고 안정할 것
③ 외부 온도나 습도의 변화에 대하여 만족하게 동작할 것
④ 불필요한 주파수를 발사하지 않을 것
⑤ 주파수의 전환을 요하는 것은 신속하고 간단하게 할 수 있을 것
⑥ 취급이 안전하고 조정이 쉬울 것

02 다음 중 일반적인 무선 송신기의 기본적인 구성으로서 옳게 나타낸 것은?

① 발진부, 증폭부, 안테나부, 전원부
② 발진부, 변조부, 증폭부, 전원부
③ 혼합부, 증폭부, 체배부, 안테나부
④ 발진부, 체배부, 복조부, 전원부

해설
무선 송신기
① 무선 송신기의 개요 : 무선통신을 하기 위하여 안테나에 고주파 전력을 공급하는 기기를 무선 송신기라 한다.
② 기본 원리 : 전자파가 될 수 있는 전기 진동을 발생하고 여기에 목적으로 하는 신호를 실어 충분한 크기로 증폭하여 송신 안테나로부터 공간에 복사시킨다.
③ 기본 구성
  ㉠ 고주파부 : 발진, 증폭기
  ㉡ 변조부 : 신호의 변조
  ㉢ 전원부 : 각 장치에 전원 공급

03 무선송신기에서 주파수 체배기가 사용되는 목적은?

① 수정발진자의 주파수보다 더 낮은 주파수를 얻기 위해
② 수정발진자의 주파수보다 더 높은 주파수를 얻기 위해
③ 수정발진자의 주파수 허용편차를 개선하기 위해
④ 수정발진자의 주파수를 정수배 감소시키기 위해

해설
① 수정발진기로 발진시킬 수 있는 주파수는 한계가 있다.
② 체배기(Multiplier)란, 낮은 발진 주파수 발진기(LO)의 주파수를 정수배한 고조파 성분을 Filter를 이용하여 필요한 주파수를 만드는 것이다.

04 무선 송신기의 스퓨리어스 복사에 대한 방지법이 아닌 것은?

① 전력 증폭단을 푸시풀(Push-Pull)로 접속한다.
② 전력 증폭단과 공중선 회로에 π형 임피던스 매칭(Impedance Matching) 회로를 사용한다.
③ 공진 회로의 Q를 낮춘다.
④ 급전선에 트랩(Trap)을 설치한다.

해설
스퓨리어스(Spurious)는 필요 주파수 이외의 주파수 성분(불요파)을 말하며, 발생원인은 다음과 같다.
① 고주파 증폭 및 출력 회로의 여파 불량
② 회로의 불평형
③ 조정의 불완전

05 다음 중 무선 송신기의 발진기 조건으로 잘못된 것은?

① 주파수 안정도가 높을 것
② 고조파 발생이 적을 것
③ 부하의 변동에 영향이 클 것
④ 주파수의 미세조정이 용이할 것

해설
무선 송신기가 갖추어야 할 구비조건
① 송신되는 주파수의 안정도가 높을 것
② 송신되는 전자파의 점유주파수 대역폭이 가능한 한 좁을 것

[정답] 01 ① 02 ② 03 ② 04 ③ 05 ③

06 다음 중 수신기의 기본 회로가 아닌 것은?

① 고주파 증폭부
② 중간 주파 증폭부
③ 복조부
④ 완충 증폭부

해설

무선 수신기
① 기본 원리 : 장거리를 전파해 온 미약한 전자파를 안테나에 전기 진동으로 유기시키고, 유기되는 이 진동에는 목적한 주파수의 전기 진동만을 선택한 후 송신측에서 실린 신호를 검출하고 이를 필요할 정도로 증폭하여 정보를 획득한다.
② 기본적인 기능
  ㉠ 수신 안테나에 도래한 전파를 효율 좋게 전기 진동으로 변환
  ㉡ 증폭된 전기 진동으로부터 신호파를 왜곡 없이 수신
  ㉢ 신호파는 왜곡 없이 증폭
  ㉣ 신호파를 왜곡 없이 원래의 정보로 변환
③ 구성
  ㉠ 안테나부 : 전자파 선택
  ㉡ 동조 회로 : 희망하는 전파를 선택
  ㉢ 복조기(검파기) : 피변조 고주파에서 신호파를 재현
  ㉣ 증폭기 : 미약한 전파를 수신하여 증폭(고주파, 중간주파, 저주파)
  ※ 완충 증폭기(Buffer Amplifier) : 송신기에 구성되며 부하가 변하여 발진 주파수가 변동하는 것을 막기 위해 설치된 A급 증폭기이다.

07 다음 중 무선 수신기의 주요 기능에 해당하지 않는 것은?

① 공간상에 존재하는 많은 고주파 신호 중 원하는 신호를 선택한다.
② 수신안테나로부터 수신된 미약한 고주파의 반송파 신호를 적당한 크기로 증폭한다.
③ 고주파 반송파 신호를 적절한 중간주파수 대역의 신호로 바꾼다.
④ 중간주파수 대역에서 원래의 정보신호를 복원하기 위하여 고주파 신호와 혼합한다.

해설

주파수 변환부(Frequency Converter)에서는 높은 주파수의 고주파 증폭기 출력을 신호 처리가 용이한 중간주파수 대역으로 낮추는 기능을 한다.

08 다음 중 수신기의 성능 측정 변수에 해당하지 않는 것은?

① 감도(Sensitivity)　② 선택도(Selectivity)
③ 안정도(Stability)　④ 신뢰도(Reliability)

해설

① 감도(Sensitivity) : 어느 정도 미약한 전파까지 수신할 수 있는 능력
② 선택도(Selectivity) : 희망 신호 이외의 성분을 분리 제거하는 능력
③ 충실도(Fidelity) : 본래의 신호를 어느 정도 정확하게 재생시키느냐 하는 능력
④ 안정도(Stability) : 일정한 입력신호를 가했을 경우 재조정하지 않고 얼마나 오랫동안 일정한 출력을 얻을 수 있는가의 능력

09 다음 중 실효선택도(Effective Selectivity)에 속하지 않는 것은?

① 혼변조　　　　　② 스퓨리어스 레스폰스
③ 감도억압효과　　④ 상호변조

해설

실효 선택도(Effective Selectivity)는 무선 수신기에서 감도 억압 효과 및 상호 변조 등을 일으키는 불필요한 강한 신호가 희망 신호의 통과 대역 밖에 있을 때, 이 방해로부터 희망 신호를 보호하는 능력을 말한다.

10 무선 수신기에서 선택도를 높이는 방법으로 틀린 것은?

① 고주파 증폭 회로를 부가한다.
② 동조 회로의 Q를 부가한다.
③ 리미터 회로를 부가한다.
④ 슈퍼헤테로다인 수신 방식으로 한다.

해설

무선 수신기의 선택도를 높이는 방법
① 선택 작용을 하는 동조 회로의 Q를 높인다.
② 중간 주파수는 낮은 주파수로 택한다.
③ 고주파 증폭단을 부가한다.
④ 중간 주파 증폭단 수를 늘린다.
⑤ 슈퍼헤테로다인 방식으로 한다.
※ 선택도(Selectivity)란 희망하는 전파를 어느 정도까지 분리해낼 수 있는지의 능력이다.

[정답] 06 ④　07 ④　08 ④　09 ②　10 ③

11 다음 중 무선수신기에서 고주파증폭기를 사용하는 목적으로 거리가 가장 먼 것은?

① 페이딩을 방지한다.
② 신호대 잡음비를 개선한다.
③ 선택도를 개선한다.
④ 영상신호에 의한 혼신이 적어진다.

[해설]
고주파 증폭부는 수신기의 전단에 마련된 고주파 입력의 전압 증폭 회로로서, 수신 안테나에서 유기된 전파 중 목적 주파수만을 선택 증폭한다.

12 수신기의 성능 중 얼마나 미약한 전파까지를 수신할 수 있는가의 극한을 표시하는 양으로 종합 이득과 내부 잡음에 의해서 결정되는 것은?

① 감도   ② 선택도
③ 충실도   ④ 안정도

[해설]
감도(Sensitivity)의 해결책
① 고주파 동조 회로의 Q를 높게 한다.
② 내부 잡음이 작은 주파수 변환만을 사용한다.

13 AM 수신기의 수신전파의 강약에 있어서 자동으로 일정한 음량으로 수신할 목적으로 이용되는 것은?

① 검파기   ② 중간주파 증폭기
③ 자동잡음제한기   ④ 자동이득제어기

[해설]
자동이득제어(AGC : Automatic Gain Control)회로
① 무선 수신기 또는 증폭기에서 출력이 거의 일정하도록 이득을 자동적으로 조절하는 역할을 한다.
② 무선 수신기에서 변환된 저주파 전류를 이용해서 저주파 출력 레벨을 일정하게 하는 역할을 수행한다.

14 그림은 무선 수신기의 복조부이다. 어떤 방식에 해당하는 것인가?

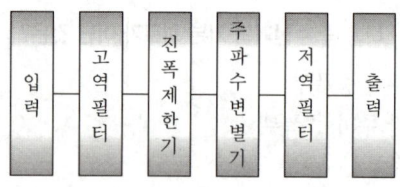

① AM-SC   ② FM
③ PM   ④ AM

[해설]
FM 수신기의 계통기이다.
① 수신된 주파수 변조파가 진폭 제한기(Limiter)를 통과하면 잡음에 의한 진폭 변동이 제거되므로 일정 진폭을 얻는다.
② 변조 신호(메시지 신호)는 변조파의 주파수 성분에 포함되어 있으므로 검파에는 아무런 영향을 미치지 않는다.
※ 진폭 제한기는 AM과 달리 FM에서만 사용될 수 있다.
③ 주파수 변별기(Frequency Discriminator) : FM파를 복조하여 원래의 신호로 복조하기 위해 주파수 변화에 따라 출력 전압이 변화하도록 하는 작용을 한다.

15 다음 중 아날로그 진폭 변조방식의 종류가 아닌 것은?

① DSB-LC(DSB-TC)
② DSB-SC
③ FM
④ SSB

[해설]

아날로그 변복조 방식	선형 변조	진폭변조(AM : Amplitude Modulation) ■ 종류 : 양측파대 진폭변조(DSB-TC) 　　　　양측파대 반송파억압 진폭변조(DSB-SC) 　　　　단측파대 진폭변조(SSB) 　　　　잔류측파대 진폭변조(VSB)
	비선형 변조	주파수변조(FM : Frequency Modulation) ■ 종류 : 직접 FM, 간접 FM
		위상변조(PM : Phase Modulation)

16 다음 중 DSB-LC(DSB-TC) 변조 후에 발생되는 (피)변조 신호를 구성하는 성분이 아닌 것은?

① 반송파   ② USB
③ LSB   ④ FSB

[정답] 11 ① 12 ① 13 ④ 14 ② 15 ③ 16 ④

출제 예상 문제

해설

진폭변조(AM : Amplitude Modulation)
양측파대(DSB : Double SideBand) 변조는 상측파대(USB : Upper Side Band)와 하측파대(LSB : Lower Side Band)를 모두 전송하는 방식이다. 피변조 신호에 반송파 전송 유무에 따라 2 방식으로 나뉜다.
① DSB-SC(DSB-Suppressed Carrier) : 반송파 억압, 즉 반송파를 전송하지 않음
② DSB-LC(DSB-Large Carrier) : 큰 반송파, 즉 변조하지 않은 반송파를 함께 전송
∴ DSB-LC의 피변조 신호에는 상측파(USB), 하측파(LSB) 및 반송파 신호가 포함된다.

17 DSB의 전송대역폭은 신호대역폭의 몇 배인가?
① 1배 ② 2배
③ 3배 ④ 4배

18 진폭변조(AM)에서 반송파 주파수(f_c)가 1,000[kHz]이고 신호파 주파수(f_s)가 2[kHz]일 때 필요한 주파수 대역폭(BW)은?
① 1[kHz] ② 4[kHz]
③ 1,000[kHz] ④ 4,000[kHz]

해설

진폭변조(AM, DSB-LC)
① AM은 상측파와 하측파 외에 반송파를 추가로 전송하기 때문에 양측파대 전송 반송파(Double Side Band Transmitted Carrier : DSB-TC) 변조방식이라 한다.
② AM의 대역폭(BW_{AM})은 최고주파수와 최저주파수의 차이므로
∴ $BW_{AM} = (f_c + f_s) - (f_c - f_s) = 2 \times f_s = 2 \times 2[kHz] = 4[kHz]$

19 진폭변조에서 변조도가 1일 때 반송파의 전력이 2[W]일 경우 상측파와 하측파의 전력은 얼마인가?
① 상측파 : 2[W], 하측파 : 2[W]
② 상측파 : 0.5[W], 하측파 : 0.5[W]
③ 상측파 : 2[W], 하측파 : 1[W]
④ 상측파 : 1[W], 하측파 : 0.5[W]

해설

AM 변조의 전력
① AM은 DSB(Double Band) 방식으로, 전송신호의 스펙트럼에는 2개의 측대파(상측파, 하측파)와 반송파 성분을 포함한다.
② 피변조파 전력(P_m) = 반송파 전력 + 상측파대 전력 + 하측파대 전력
$= P_c + \frac{m_a^2}{4}P_c + \frac{m_a^2}{4}P_c$, 여기서 m_a는 변조도이다.
③ AM 변조파에서의 상측파 전력(P_{USB})과 하측파 전력(P_{LSB})의 크기는 같다.
∴ $P_{USB} = P_{LSB} = \frac{1}{4}m_a^2 P_c = \frac{1}{4} \times (1)^2 \times 2 = 0.5[W]$

20 진폭변조에서 변조율이 100[%]인 경우, 피변조파의 전력은 반송파 전력의 몇 배가 되는가? (단, P_m : 피변조파의 전력, P_c : 반송파의 전력)
① $P_m = P_c$ ② $P_m = 2P_c$
③ $P_m = (1/2)P_c$ ④ $P_m = (3/2)P_c$

해설

AM 변조신호의 전력
① 피변조파 전력(P_m) = 반송파 전력(P_c) + 상측파대 전력(P_U) + 하측파대 전력(P_L) = $P_c + \frac{m^2}{4}P_c + \frac{m^2}{4}P_c = \left(1 + \frac{m^2}{2}\right)P_c$
여기서 P_c : 반송파 전력, m : 변조도
② 변조율이 100[%] 이므로 m=1을 대입한다.
∴ $P_m = \left(1 + \frac{1}{2}\right)P_c = \frac{3}{2}P_c$

21 다음 중 반송파를 제거하는 변조방식은?
① 진폭변조 ② 펄스변조
③ 위상변조 ④ 평형변조

해설

평형변조기(Balanced Modulator)
AM 변조에서 반송파를 제외한 상·하측대파의 출력을 얻는 변조기이다.

22 다음 중 평형변조회로를 사용하는 주목적은?
① 변조도를 크게 하기 위해서
② 직진성을 개선하고 변조 일그러짐을 없애기 위해서
③ SSB파를 얻기 위해서
④ 변조 전력을 줄이기 위해서

[정답] 17 ② 18 ② 19 ② 20 ④ 21 ④ 22 ③

해설
평형변조기는 SSB파를 만드는 경우에 사용되며, 변조과정에서 출력측에 반송파가 나타나지 않도록 한다.

23 필터법을 이용하여 DSB파에서 SSB파를 얻어내려면 어떤 종류의 필터를 사용해야 하는가?

① 저역필터(LPF) ② 전대역필터(APF)
③ 고역필터(HPF) ④ 대역필터(BPF)

해설
SSB(Single Side Band) 통신
① 상측파대(Upper Side Band) 또는 하측파대(Lower Side Band) 중 한쪽 측파대만을 가지고 통신하는 방식이다.
② AM파에서 반송파와 여분의 측파대를 Filter로 제거하면 SSB 신호를 만들 수 있다. 즉, 평형변조기의 출력으로부터 한쪽의 측파대를 제거하여 SSB신호를 얻는다.
이때 사용하는 필터는 BPF(Band Pass Filter)이다.

24 다음 중 전리층 반사파를 이용하여 원거리통신이 가능한 단파대(HF)에서 주로 사용되고 있는 통신방식은?

① SSB ② FM
③ PM ④ VSB

해설
SSB(Single Side Band) 변조방식
① 진폭 변조(DSB)로 반송파 양쪽에 생기는 양측파대 중에서 어느 한쪽만을 전송하는 방식을 말한다.
② SSB 방식은 양측파대 전송방식(AM)에 비하여 약 반(半) 정도의 주파수 대역이 필요하기 때문에 주파수 대역의 효과적인 이용이란 관점에서 널리 사용되고 있다.
③ 진폭 변조(DSB)방식보다 단측파대(SSB)가 장거리 전송에 더 유리하며, SSB는 주로 HF(3~30MHz) 대역에서 사용한다.

25 SSB 변조방식이 DSB 변조방식에 비해 장점이 아닌 것은?

① 주파수 효율이 높다.
② 선택성 페이딩의 영향을 덜 받는다.
③ 비화성이 없다.
④ 소비전력이 적다.

해설
DSB와 비교시 SSB 방식의 장단점
① 점유 주파수 대역폭이 1/2로 축소된다.
② 적은 송신 전력으로 통신이 가능하다.
③ 선택성 페이딩의 영향이 적다.
④ 신호대 잡음비(SNR)가 개선된다.
⑤ 비화성을 유지할 수 있다.

26 다음 중 단측파대 변조방식의 특징으로 틀린 것은?

① 점유주파수 대역폭이 매우 작다.
② 변복조기 사이에 반송파의 동기가 필요하다.
③ 송신출력이 비교적 작게 된다.
④ 전송 도중에 복조되는 경우가 있다.

27 아날로그 TV의 영상신호 전송에 사용되는 방식으로 한 쪽 측파대의 일부를 남겨 통신하는 방식은?

① VSB(Vestigial Side Band)
② DSB(Double Side Band)
③ SSB(Single Side Band)
④ FSK(Frequency Shift Keying)

해설
잔류측파대(VSB : Vestigial Side Band) 방식
① 아날로그 TV 방송에서는, 점유 대역폭을 절약하기 위하여 영상 진폭 피변조파의 하측파대를 제거한 후 전송한다.
② 잔류측파대(VSB) 방식은 진폭변조방식 중 SSB와는 달리, 한쪽 측파대를 완전히 제거하지 않고, 그 일부분을 잔류시키고 그 나머지를 제거하여 전송시키는 변조방식이다.
③ VSB는 이러한 DSB와 SSB의 단점을 극복하고 장점만을 살린 방식이다.

28 다음 중 주파수 변조방식의 특징이 아닌 것은?

① 진폭변조보다 레벨 변동 및 잡음에 강하다.
② 평형 변조기를 사용한다.
③ AFC회로가 필요하다.
④ 변별기를 이용하여 복조한다.

해설
FM(Frequency Modulation)
입력신호에 따라 반송파의 주파수를 변화시킨 것이다.

[정답] 23 ④ 24 ① 25 ③ 26 ④ 27 ① 28 ②

출제 예상 문제

29 반송파 $v_c(t)=V_c\cos\omega_c t$, 신호파 $v_s(t)=V_s\cos\omega_s t$ 라 할 때, FM 피변조파 $v_m(t)$를 표시한 것은?

① $v_m(t)=V_c(1+m_f\cos\omega_s t)\cos\omega_c t$
② $v_m(t)=V_c\cos(\omega_c t+m_f\sin\omega_s t)$
③ $v_m(t)=V_c\cos(\omega_c t+\dfrac{d}{dt}v_s(t))$
④ $v_m(t)=V_c\cos(\omega_c t+\dfrac{\Delta\omega}{\omega_s}V_s\cos\omega_s t)$

해설

$$v_m(t)=V_c\cos\left(\omega_c t+k_f\int_{-\infty}^{t}V_s\cos\omega_s t\,dt\right)$$
$$=V_c\cos\left(\omega_c t+\dfrac{k_f V_s}{\omega_s}\sin\omega_s t\right)$$
$$=V_c\cos(\omega_c t+m_f\sin\omega_s t)$$

여기서, m_f는 변조지수이다.
$m_f=\dfrac{\text{최대주파수 편이}}{\text{변조주파수}}=\dfrac{\Delta\omega}{\omega_s}=\dfrac{\Delta f}{f_s}$

30 주파수 변조에서 반송파의 전력이 10[W], 최대 주파수편이 $\Delta f=5$[kHz] 신호파의 주파수 $f_s=1$[kHz]인 경우 변조지수 m_f는?

① 3 ② 4
③ 5 ④ 6

해설

$m_f=\dfrac{\text{최대 주파수편이}}{\text{변조주파수}}=\dfrac{\Delta\omega}{\omega_s}=\dfrac{\Delta f}{f_s}$
$\therefore m_f=\dfrac{5[\text{kHz}]}{1[\text{kHz}]}=5$

31 FM 변조에서 주파수 편이가 일정한 한계를 넘지 않도록 자동적으로 제어하는 회로는?

① IDC회로 ② AVC회로
③ DAGC회로 ④ AFC회로

해설

순간 편이제어(IDC : Instantaneous Deviation Control)
IDC는 FM(또는 PM) 송신기에서 최대 주파수편이가 규정치를 초과하지 않도록 음성신호 등의 진폭을 일정 레벨로 제어하는 최대 주파수편이 변동 방지회로이다. IDC를 사용함으로써 인접 채널에 대한 방해를 억제하여 평균 변조도를 올릴 수 있다.

32 주파수 20[kHz]의 정현파로 30[MHz]의 반송 주파수를 주파수 변조할 때, 최대 주파수 편이가 80[kHz]일 때 FM파의 주파수 대역폭은 얼마인가?

① 180[kHz] ② 190[kHz]
③ 200[kHz] ④ 300[kHz]

해설

주파수 변조(FM : Frequency Modulation)
① 주파수 변조는 반송파의 주파수에 신호를 실어 보내는 방식이다.
② FM 신호의 대역폭(BW)은 Carson의 법칙에 의하여 근사적으로 표현된다.
$\therefore BW[\text{Hz}]=2(\Delta f+f_m)=2(\beta+1)f_m$
여기서 최대 주파수 편이(Δf), 변조주파수(f_m), 변조지수($\beta=\Delta f/f_m$)이다.
③ 문제에서 $f_m=20$[kHz], $\Delta f=80$[kHz] 이므로
$BW[\text{Hz}]=2(80[\text{kHz}]+20[\text{kHz}])=200[\text{kHz}]$

33 다음 중 간접 FM 변조회로에서 변조용으로 사용되는 다이오드는?

① 가변용량 다이오드 ② 터널 다이오드
③ 제너 다이오드 ④ 쇼트키 다이오드

해설

가변용량 다이오드(Varactor Diode)
① 버랙터 다이오드는 전압을 역방향으로 가했을 경우에 다이오드가 가지고 있는 콘덴서 용량(접합용량)이 변화하는 것을 이용하여, 전압의 변화에 따라 발진주파수를 변화시키는 용도 등에 사용한다.
② Varactor diode는 FM 변조회로, 자동주파수제어(AFC) 동조회로 등에 이용된다.

34 다음 중 NTSC 컬러 TV에서 음성신호의 변조방식은?

① AM ② VSB
③ FM ④ PM

해설

현행 TV방식(NTSC방식)
① TV에서 음성은 FM, 영상신호는 AM(DSB) 변조되어 전송된다.
② 통신방식은 AM 변조신호로부터 모든 정보를 재생할 수 있으므로 하측대파의 일부를 제거하여 주파수대의 절감을 꾀하는 잔류측파대(VSB : Vestigial Side Band) 방식을 사용한다.

[정답] 29 ② 30 ③ 31 ① 32 ③ 33 ① 34 ③

35. 다음 중 FM이 AM보다 충격성 잡음에 강한 이유로 가장 적합한 것은?

① 진폭제한기를 사용하기 때문이다.
② 스켈치 회로를 사용하기 때문이다.
③ 대역폭이 넓기 때문이다.
④ IDC 회로를 사용하기 때문이다.

해설

FM 수신기의 진폭제한기(Limiter)
① FM파에 있어서 진폭의 불균형이나 충격성 잡음 등이 혼입되었을 때 이것을 그대로 검파하면 잡음으로 나타나기 때문에 일정한 입력 레벨보다 큰 것을 제거하여 일정 레벨로 제한시키는 것이 필요하다.
② Limiter는 중간 주파 증폭기(IF Amp)의 뒤에 접속되어 충분히 증폭된 수신신호의 진폭을 일정히 제한하는 역할을 한다.
[참고] 충격성잡음(Impulse Noise) : 돌연적으로 발생하는 잡음 (예 : 뇌방전)

36. 다음 중 FM 복조회로가 아닌 것은?

① Slope Detector
② Foster-Seeley Detector
③ Ratio Detector
④ De-Emphasis Detector

37. 스켈치(Squelch)회로에 대한 설명으로 적합한 것은?

① FM 송신기에 입력신호가 없으면 자동으로 변조 회로의 동작을 정지시킨다.
② FM 수신기에서 입력신호가 없을 때 자동으로 저주파 증폭기의 기능을 정지시킨다.
③ SSB 송신기에 출력신호가 없으면 자동으로 변조 회로의 동작을 정지시킨다.
④ FM 수신기의 주파수 변별기의 일종이다.

해설

스켈치회로는 잡음억제회로이다.

38. AM 및 FM 수신기에서 공통으로 사용하는 것은?

① 검파기로 주파수 변별기를 사용한다.
② 프리엠퍼시스를 한다.
③ 제1국부 발진을 한다.
④ 스켈치 회로를 사용한다.

해설

주파수 변환단에서 제1국부 발진을 시키고 있다.

39. 다음 중 FM 수신기가 AM 수신기와 다른 점으로 잘못된 것은?

① 통과 대역폭이 넓다.   ② 선택도가 높다.
③ 이득이 크다.   ④ 체배 단수가 많아진다.

해설

FM과 AM의 비교
① FM 송신기가 AM 송신기와 다른 점
 ㉠ 변조를 발진기 또는 그 다음 단의 저전력단에서 행한다.
 ㉡ FM파를 증폭하므로 체배부, 전력 증폭부 등은 광대역 특성을 갖는다.
 ㉢ 체배단수가 많아진다.
② FM 수신기가 AM 수신기와 다른 점
 ㉠ FM파는 많은 측대파를 함유하므로 고주파 및 중간 주파수 증폭기의 대역폭을 넓게 잡는다.
 ㉡ FM파는 대역폭이 넓어 초단파대 이상에서 사용하는 관계상 송신 시설이 밀집해 있으므로 통과 대역폭이 넓은 반면 선택도도 높게 한다.
 ㉢ 리미터(Limiter)를 사용하므로 페이딩의 영향을 안 받는다.
 ㉣ 이득이 크다.

40. 다음 마이크로파 통신의 특징 중 잘못된 것은?

① 광대역성이 가능하다.
② 외부의 영향에 약하다.
③ 안전한 전파 특성을 나타낸다.
④ S/N비를 크게 할 수 있다.

해설

마이크로파 특성
① 마이크로파 통신 방식(Microwave Transmission System)
 ㉠ 공중 전파한 마이크로파를 사용한 통신 방식을 말한다.
 ㉡ 마이크로파는 VHF(Very High Frequency)대 300[MHz]~3[GHz]와 SHF(Super High Frequency)대 3[GHz]~30[GHz]의 총칭으로 널리 사용되고 있다.

[정답] 35 ① 36 ④ 37 ② 38 ③ 39 ④ 40 ②

② 마이크로 통신의 특징
 ㉠ 안테나의 이득을 높게 할 수 있다.
 ㉡ 안정한 전파 특성을 나타낸다.
 ㉢ 광대역성이 가능하다.
 ㉣ S/N비 개선도를 크게 할 수 있다.
 ㉤ 외부의 영향에 강하다.
 ㉥ 전파 손실이 적다.

41 마이크로파의 전파 특성이 아닌 것은?

① 전파 특성이 안정하다.
② 전파손실이 작다.
③ 협대역 특성이 있다.
④ S/N비의 개선도를 크게 할 수 있다.

해설
마이크로파(Micro-Wave)
① 마이크로파는 3[GHz]~300[GHz](파장은 약 1~10[cm]) 범위의 주파수를 갖는 가시광선과 같은 전파이다.
② 마이크로파 특성
 ㉠ 파장이 짧다.
 ㉡ 광대역이다.
 ㉢ 가시거리 통신용이다.
 ㉣ 이 크다
 ㉤ 전파손실이 적다.
 ㉥ 보안이 취약하다.

42 다음 중 마이크로파 다중 통신의 중계 방식이 아닌 것은?

① 헤테로다인 중계 방식 ② 직접 중계 방식
③ 간접 중계 방식   ④ 복조 중계 방식

해설
마이크로파 중계 방식
① 무급전 중계 방식 : 마이크로파의 직선성을 이용하고 금속 반사판이나 안테나에 의해서 그 진행로를 변화시키는 방법으로 중계용 전력을 필요로 하지 않으며 비교적 근거리의 간파할 수 없는 두 지점간의 중계에 쓰인다.
② 헤테로다인 중계 방식 : 헤테로다인 중계 방식은 수신한 Micro파를 증폭하기 쉬운 주파수(중간 주파수 : 보통 70[MHz])로 변환하고 중간 주파 증폭기로 증폭한 다음 다시 Micro파로 변환하여 송신하는 장치로서 현재 공중 통신용 Micro파 중계에 거의 이 방식을 채용하고 있다.
③ 직접 중계 방식 : 직접 중계 방식은 수신한 Micro파를 다른 주파수로 변환하지 않고 그대로 증폭하여서 중계하는 방식이다. 송·수신간의 간섭을 적게 하기 위해서 송·수신 주파수는 헤테로다인의 경우와 마찬가지로 일정치의 편이를 갖는다.

④ 복조 중계 방식 : 복조 중계 방식은 수신한 Micro파를 중간 주파로 변환한 뒤, 다시 복조하여 본래의 신호로 환원시켜 이 신호를 증폭하여 재차 보통의 마이크로파 송신기와 동일하게 내보내는 방식으로 근거리 중계 회선에 사용하는 방식으로 편리하다.

43 위성통신의 정의 중 틀린 것은?

① 주로 SHF 주파수를 이용하여 통신 위성의 중계기를 거쳐 통신을 하는 방식
② 마이크로웨이브 통신 방식에서 사용하는 주파수를 이용하며 가시거리 통신이 특징이다.
③ 위성통신 시스템에서는 다중화 장비를 사용할 수 없다.
④ 지구의 정지 궤도에 떠 있는 통신 위성이 중계소 역할을 한다.

해설
위성통신은 SHF(3~30[GHz]) 주파수를 사용하여 통신을 하는 방식으로 정지 궤도에 떠 있는 위성이 중계소 역할을 수행한다. 위성통신에서는 다자간 접속이 가능하며 다중화 장비를 사용하여 많은 양의 데이터를 송·수신할 수 있다.

44 위성통신의 특성이 아닌 것은?

① 경제성이 있고 점점 이용 분야가 넓어지고 있다.
② 이동통신에 적합하다.
③ 고품질의 광대역 통신이 가능하다.
④ 위성 회선을 중계하는 경우 전송 지연 없이 통신이 가능하다.

해설
위성통신의 단점
① 약 0.25초의 전송 지연이 발생한다.
② Point-To-Point 방식만 구성할 수 있다.
③ 전파 방해에 약하다.

45 위성통신의 특징 설명으로 틀린 것은?

① 통신회선을 구성하는 데 있어 신속성과 유연성이 떨어진다.
② 광대역의 통신회선을 구성할 수 있다.

[정답] 41 ③ 42 ③ 43 ③ 44 ④ 45 ①

③ 지상의 재해에 영향이 적다.
④ 동보성의 통신기능을 가진다.

해설

위성통신의 특징
① 서비스 지역의 광역성
② 지리적 장해의 극복
③ 통신품질의 균일성
④ 내 재해성, 동보성, 다원접속성
⑤ 회선 설정의 유연성
⑥ 통신망 설정의 신속성
⑦ 통신거리에 무관한 경제성
⑧ 높은 주파수대 이용 및 광대역 통신의 적용성
⑨ 지연 시간의 영향(단점), 보안 대책이 필요(단점)

46 다음에서 통신 위성 자체(Space Segment)의 구성 요소가 아닌 것은?

① 전력 공급부
② 변환기부(Transponder)
③ 주파수 분할 멀티플렉싱 변환기
④ 안테나부

해설

Space Segment는 Payload와 Bus-Sub System을 통칭하는 것이며, 주파수 분할 멀티플렉싱 변환기는 지구국에 있는 장비이다.

47 적도위의 고도 35,860[km]에 띄운 위성으로 지구의 자전 주기와 위성의 공전 주기를 같게 하여 적도상에 등간격으로 3개 정도를 배치하면 전세계를 커버할 수 있어 경제적인 위성통신을 할 수 있는 방식은?

① Random 위성 방식
② 위상 위성 방식
③ 정지 위성 방식
④ 다중 위성 방식

해설

정지 궤도 위성(Geo-Stationary Satellite)
적도 상공 35,860[km]에 떠 있는 위성으로, 위성의 공전 주기와 지구 자전 주기가 같고, 같은 방향으로 회전하므로 지구에서는 위성을 추적할 필요가 없다. 정지 궤도 위성의 Cover 범위는 약 120°이므로 3개만 띄우면 전세계를 커버할 수 있다.(단, 극지방은 제외된다.)

48 위성통신을 행하기 위해서 제안된 통신위성방식이 아닌 것은?

① 이동 위성방식
② 정지 위성방식
③ 위상 위성방식
④ Random 위성방식

해설

위성통신 방식에는 다음과 같은 3가지 방식이 있다.
① 정지 궤도 위성 방식
  ㉠ 원리
    ⓐ 궤도(Orbit)에는 회전 주기가 23.94[hr]인 Geosynchronous Orbit가 있으며(다수 존재) 이러한 조건 외에 다음 2가지 조건을 더 만족하는 Orbit를 Geostationary Orbit (정지 궤도)라 하며 이러한 정지 궤도를 이용하는 위성 방식을 정지 궤도 위성 방식이라 한다.
    ⓑ 적도 궤도면을 가지는 Orbit
    ⓒ 위성과 지구가 같은 방향으로 회전할 것
  ㉡ 특징
    ⓐ 지구의 자전 주기와 위성의 공전 주기가 같으므로 위성을 추적하기 위해 지구국 안테나를 회전할 필요가 없음
    ⓑ 3개의 정지 궤도 위성으로 극지방을 제외한 전세계 통신을 Cover할 수 있음(1개의 위성이 약 120°를 Cover)
    ⓒ 1일 24시간 연속 통신이 가능
    ⓓ 통신회선의 에러율은 적으나 전파 지연 시간(최소 238[ms], 최대 278[ms])이 문제가 됨
② 랜덤(Random) 위성 방식
  ㉠ 원리 : 수시간의 주기를 갖고 지구 고도 수백 [km]에서 수천 [km]의 상공에 떠 있는 위성을 이용하는 방식
  ㉡ 특징
    ⓐ 위성이 마주 보이는 시간에만 지구국간의 통신 가능
    ⓑ 상시 통신회선을 확보하기 위해서는 많은 위성을 띄워 Hand-Off(통화 절체)를 수행하여야 함
③ 위상(Polar) 위성 방식
  ㉠ 원리 : 극지방 상공에 위성을 띄워 기상 위성용으로 사용하는 방식
  ㉡ 특징
    ⓐ 정지 궤도 위성 방식에서 Cover될 수 없는 극지방에서의 통신도 가능
    ⓑ 정지 궤도 위성 방식보다 고도를 낮게 할 수 있어 전파 지연이 적음

49 다음 중 정지위성에 관한 설명으로 적합하지 않은 것은?

① 지표면에서 약 36,000[km] 상공에 위치한다.
② 저궤도 위성보다 운영비가 저가이며 전파지연시간은 크다.
③ 최소한 3개 이상이 있어야 지구 전역을 커버할 수 있다.
④ 주로 군사, 과학, 기상용으로 많이 사용된다.

[정답] 46 ③ 47 ③ 48 ① 49 ④

해설
정지위성은 주로 통신, 기상관측, 방송 등에 이용된다.

50 다음 중 위성통신에서 자유공간 전파손실에 대한 설명으로 옳은 것은?

① 전파거리의 제곱에 비례한다.
② 전자밀도의 제곱에 반비례한다.
③ 파장의 제곱에 비례한다.
④ 주파수의 제곱에 반비례한다.

해설
자유공간 경로손실(전파손실, L)은 전파의 에너지가 송신 안테나에서 3차원 공간상으로 확산되므로 발생하는 손실이다.
$$L = \frac{P_t}{P_r} = k\left(\frac{4\pi d}{\lambda}\right)^2$$
여기서 P_r : 수신전력, P_t : 송신전력, d : 송수신기간 거리, λ : 파장, k : 자유공간 경로손실 계수
∴ 자유공간 전파손실은 전파거리의 제곱에 비례한다.

51 다음 중 저궤도 위성통신 시스템의 일반적인 특징이 아닌 것은?

① 정지위성에 비해 많은 수의 위성이 필요하다.
② 동일한 궤도에서도 여러 개의 위성이 필요하다.
③ 정지위성에 비해 저궤도 위성의 수명이 매우 길다.
④ 다중 빔 방식으로 주파수를 효율적으로 사용한다.

해설
① 저궤도 위성(LEO : Low Earth Orbit)은 지구 표면으로부터 200~2,000km (124~1,240마일)인 고도의 궤도를 말한다.
② 저궤도 위성의 수명은 정지궤도 위성에 비해 적어, 지속적으로 수명이 다한 위성을 교체해주어야 한다.

52 지구 상공에 최소한 몇 개의 정지 위성을 적당히 배치하면 극지방을 제외한 모든 지역의 통신이 가능한가?

① 3개
② 4개
③ 5개
④ 6개

해설
정지 궤도 위성의 서비스 범위는 120°이므로 3개만 배치하면 극지방을 제외한 전세계의 지역을 커버할 수 있다.

53 위성 중계기의 수신부에서 사용하는 저잡음 증폭기가 아닌 것은?

① 파라메트릭(Parametric) 증폭기
② 전계 효과 트랜지스터(FET) 증폭기
③ 터널 다이오드(Tunnel diode) 증폭기
④ 고체 전력 증폭기(Solid Power Amplifier)

해설
위성 중계기의 수신부
① 입력 필터, 저잡음 증폭기, 주파수 감소 변환기로 구성된다.
② 저잡음 증폭기(LNA : Low Noise Amplifier)
  ㉠ 수신기 전단의 이득이 높고 잡음이 적은 저잡음 증폭기를 사용한다.
  ㉡ ①, ②, ③ 이외에 저잡음 TWTA, MASER 증폭기가 있다.

54 다음 중 위성통신용 지구국에서 고출력 송신장치의 대전력증폭기로 주로 사용되는 것은?

① 진행파관
② FET증폭기
③ 연산증폭기
④ 푸시풀증폭기

해설
대전력증폭기(HPA : High Power Amplifier)
① 대전력증폭기는 수백 와트[Watt] ~ 수 킬로와트[kWatt]의 출력을 안정된 상태에서 발사할 수 있으며 지구국 송신계에서는 진행파관과 클라이스트론 등이 사용되고 있다.
② 진행파관 증폭기(TWTA : Travelling Wave Tube Amplifier)는 소비전력은 많으나 광대역, 고이득, 고효율, 경량의 특성을 가지고 있다.
∴ TWTA는 미약한 초고주파신호를 대전력으로 증폭하는 고전력 증폭장치이다.

55 다음 중 위성탑재용 장치에 요구되는 특성이 아닌 것은?

① 소형 경량화
② 저소비 전력화
③ 고신뢰화
④ 저가격화

해설
위성 탑재용 장치에 요구되는 특성은 소형화, 경량화, 저소비, 전력화, 고신뢰화 등이 있다.

[정답] 50 ① 51 ③ 52 ① 53 ④ 54 ① 55 ④

56 위성의 Bus Sub System에 속하지 않는 것은?
① Transponder ② 전력계
③ 텔레메트리 명령계 ④ 자세 제어계

57 다음 중 위성통신의 텔레메트리 명령계의 기능에 해당되지 않는 것은?
① 위치 제어
② 빔 중심 제어
③ 위성의 각 부품들을 허용 온도 내로 제어
④ 정상 기능 검사

해설
Telemetry 명령계
TTC라 하며 위성 관제소로부터 명령 신호를 수신하거나 위성의 상태를 위성 관제소에 보고한다. 또한 위성의 위치 제어, 빔 중심 제어 및 정상 기능 검사를 수행한다. 위성의 각 부품들을 허용 온도 내로 제어하는 것은 열 제어계이다.

58 위성통신의 중계기로서 상위링크 신호를 수신하여 하위링크 주파수로 변환시켜 주는 것은?
① 트랜스폰더 ② 텔레코멘드 장치
③ 추미장치 ④ 제어 인터페이스

해설
위성의 중계기계(Transponder)는 지구국으로부터 송신된 상향링크 신호를 수신하여 저잡음 증폭기(LNA)에서 저잡음 증폭한 후 하향링크 주파수로 변환시켜 고전력 증폭기(HPA)에서 전력 증폭한 후 지구국에 송신한다.

59 다음 중 지구국의 구성 요소로 볼 수 없는 것은?
① 추미계 ② 열제어계
③ 지상 인터페이스계 ④ 수신계

해설
지구국의 구성
① 지구국은 안테나계, 추미계, 송신계, 수신계, 지상 인터페이스계, 통제관제 서브 시스템, 측정 장치 및 무정전 전원 장치로 구성된다.
② 열제어계는 위성 시스템의 구성 요소로서 위성의 전 임무동안 위성의 각 부품들의 허용 온도 범위내에 들도록 제어하는 기능을 가진 시스템이다.

60 지구국 안테나빔을 항상 통신 위성의 방향으로 향하게 하는 장치는 다음 중 어느 것인가?
① 구체계 장치 ② 자세 제어계
③ 어포지(Apogee)모터 ④ 추미 장치

해설
지구국
① 지구국이란 우주에 떠 있는 위성에 대해 지구쪽의 송수신국을 말한다.
② 지구국의 구성
㉠ 안테나계, 추미계, 송신계, 수신계, 지상 인터페이스계, 통신 관제 서브시스템, 측정 장치 및 전원 장치로 구성
㉡ 추미계 : 안테나가 위성을 향하도록 하기 위한 장치이다.

61 다음 중 지구국 시스템의 구성 장치가 아닌 것은?
① 감시, 제어 장치 ② 지상 통제 장치
③ 상향 주파수 변환기 ④ 안테나 시스템

해설
위성통신의 지구국
① 지구국의 구성 : 안테나계, 추미계, 송신계, 수신계, 지상 인터페이스계 통신관제 서브시스템, 측정 장치 및 전원 장치
② 위성통신의 중계기계의 구성 : 수신부, 주파수 변환부, 신호 증폭부, 송신부

62 다음 지구국 송·수신계에 대한 설명으로서 옳지 않은 것은?
① 저잡음 증폭기는 파라메트릭 증폭기가 사용되나 소형 지구국에서는 FET 증폭기도 사용된다.
② 대출력 증폭 장치는 100[W]~10[kW]의 대출력을 얻기 위하여 진행파관을 사용한다.
③ 송·수신 변환 장치에서의 변조 방식은 일반적으로 아날로그인 경우에 FM 방식이 주로 사용된다.
④ 지상 마이크로파대 링크용 장치에 요구되는 성능은 광대역성과 높은 안정도가 요구되고 주파수 고정형이 필요하다.

해설
지상 마이크로파대 링크용 장치는 높은 주파수 안정도와 광대역성이 요구되며 주파수를 가변할 수 있어야 한다.

[정답] 56 ① 57 ③ 58 ① 59 ② 60 ④ 61 ③ 62 ④

63 지구국 안테나의 성능 조건에 해당하지 않는 것은 어느 것인가?

① 고이득이어야 한다.
② 잡음 온도의 상승이 낮아야 한다.
③ 양호한 광각 지향성을 가져야 한다.
④ 가급적 광각이 넓어지도록 설계되어야 한다.

해설
지구국 안테나의 성능 조건은 다음과 같다.
① 고이득이어야 한다.
② 고지향성(예민한 지향성)을 가져야 한다.
③ 잡음 온도가 낮아야 한다.(저잡음 안테나이어야 한다.)
④ 광대역성을 가져야 한다.
⑤ Beam의 방사 방향을 가변시킬 수 있어야 한다.

64 다음 안테나 중 위성통신용 안테나로 주로 사용되고, 주반사기의 초점과 부반사기의 허초점을 일치시킨 형태의 안테나는?

① 롬빅 안테나
② 파라볼릭 안테나
③ 카세그레인 안테나
④ 혼 리플렉터 안테나

해설
카세그레인 안테나(Cassegrain Antenna)
① 2개의 반사판(주반사기와 부반사기)을 갖는 마이크로파 안테나이다.
② 주반사경과 부반사경이 동일한 허초점을 갖고 반사시키므로 평행하게 반사된다.
③ 위성통신 지구국용 안테나로 저잡음, 고이득, 광대역 특성을 갖는다.

65 다음 중 위성통신에서 사용하는 다원접속방식에 해당되지 않는 것은?

① FDMA
② TDMA
③ CDMA
④ WDMA

해설
위성통신의 다원접속(Multiple Access)
위성통신에서는 하나의 채널을 다수의 이용자가 공유하기 때문에 채널을 될 수 있는 한 효율적으로 사용하기 위하여 다음과 같은 다원접속방식을 사용한다.
① 주파수분할 다원접속(FDMA : Frequency Division Multiple Access)방식
② 시간분할 다원접속(TDMA : Time Division Multiple Access)방식
③ 부호분할 다원접속(CDMA : Code Division Multiple Access)방식

66 시간적으로 분할된 버스트(Burst)를 위성 중계기에서 서로 중첩되지 않게 사이사이에 삽입시켜 여러 지상국들에 의해 위성 중계기를 공유할 수 있도록 만든 위성통신의 회선 접속 방식은?

① FDMA
② TDMA
③ CDMA
④ HDMA

해설
TDMA란 시간적으로 분할된 Time Slot을 각 지구국에 할당하여 여러 지구국이 위성을 공유하는 다자간 접속 방식이다.

67 위성통신의 다원 접속 방식 중 넓은 대역폭이 소요되어 주파수의 이용 효율은 낮으나 간섭 및 혼신에 가장 강한 방식은 다음 중 어느 것인가?

① 주파수 분할 다원 접속(FDMA)
② 시분할 다원 접속(TDMA)
③ 부호 분할 다원 접속(CDMA)
④ 임의 접속 방식(RDMA)

해설
CDMA(Code Division Multiple Access)는 부호 분할 다원 접속 방식으로 사용 가능한 부호를 분할하여 다원 접속을 행하는 방식이다. CDMA는 사용되는 스펙트럼 확산 방식에 따라 DS CDMA와 FH CDMA로 나누어지며, DS CDMA에서는 각각의 사용자가 상호간에 직교성을 갖는 확산 부호를 사용하고, FH CDMA에서는 각각의 사용자가 상호간에 직교성을 갖는 도약 패턴을 사용함으로써, 같은 시간대에 동일한 주파수를 사용하더라도 간섭이 발생되지 않는다.
CDMA의 장·단점은 다음과 같다.
① CDMA의 장점
  ㉠ 협대역 잡음 신호에 강하다. (간섭 및 Fading에 강하다.)
  ㉡ 주파수 계획이 필요하지 않으며 주파수 사용 효율이 대단히 높다.
  ㉢ 사용자의 신호에 대한 비밀이 보장된다.
  ㉣ 대용량이며 추가적으로 사용자를 더하는 것이 용이하다.
  ㉤ Diversity, 전력 제어, 강력한 에러 정정 부호를 사용하므로 링크 품질이 좋다.
  ㉥ Soft Handover(이동통신의 경우)를 할 수 있다. Soft Handover란 새로 할당받은 채널과 현재까지 이용하던 채널을 동시에 점유하여 사용하다가 한 채널의 전계 강도가 어

[정답] 63 ④ 64 ③ 65 ④ 66 ② 67 ③

느 수준 이하로 떨어지면 한 채널을 복귀시키는 방법으로 CDMA 디지털 셀룰러 이동통신 시스템에 적용되고 있다.
② CDMA의 단점
  ㉠ 단말기에서의 전력 제어에 어려움이 있다.
  ㉡ 단말기 전력 제어 회로의 오동작은 전체 시스템을 무력화시킬 수 있다.
  ㉢ 수신측에서 Pseudo Random 계열의 획득 및 추적 실현을 위한 H/W가 대단히 복잡하다.

68 다음 중 위성통신에 있어서 CDMA의 특징으로 옳지 않은 것은?

① 전파의 간섭, 혼신에 강하고 광대역 전송로가 필요하다.
② 통신 보안성이 약하고 지구국의 수를 많이 할 수 있다.
③ 주파수 이용 효율이 높다.
④ 대역확산 개념을 이용하여 복수 개의 지구국이 위성 중계기를 공유하는 방식이다.

69 다음 중 위성통신에서 대역확산 통신방식을 이용하여 필요로 하는 대역보다 넓은 대역으로 신호를 변조하여 여러 신호를 동시에 통신할 수 있는 방식은?

① 주파수분할 다원접속
② 시분할 다원접속
③ 코드분할 다원접속
④ 다중분할 다원접속

[해설]
코드분할 다중접속(CDMA)방식

70 위성통신망에서 보다 효율적으로 채널을 사용하기 위한 채널의 선택방식으로 거리가 가장 먼 것은?

① 고정 할당방식   ② 임의 할당방식
③ 정지 할당방식   ④ 요구 할당방식

[해설]
위성통신의 회선 할당방식
① 사전 할당방식(고정 할당, PAMA) : 고정된 주파수 또는 시간

을 특별한 변경이 없는 한 한 쌍의 지구국에 항상 할당해 주는 접속방식(주파수 전세 개념)
② 요구 할당방식(DAMA) : 사용하지 않은 slot을 비워둠으로 원하는 다른 지구국이 활용할 수 있도록 함으로 한정 된 더욱 더 많은 지구국이 위성 트랜스폰더를 효율적으로 이용하는 기술.
③ 임의 할당방식(RAMA : Random Assignment Multiple Access) : 전송 정보가 발생하면 임의 slot으로 송신하는 방식

71 동기 위성(Synchronous Satellite)에 대한 설명으로 적합하지 않은 것은?

① 지구의 자전과 같은 방향과 주기로 지구 주위를 회전한다.
② 적도에서 약 36,000[km]의 고도를 일정하게 유지한다.
③ 지구에서 바라볼 때 위치가 계속 변한다.
④ 마이크로파 통신 시스템의 중계 역할을 행한다.

[해설]
궤도(Orbit)에는 회전 주기가 23.94[hr]인 Geosynchronous orbit가 있으며(다수 존재) 이러한 조건 외에 다음 2가지 조건을 더 만족하는 Orbit를 Geostationary Orbit(정지 궤도)라 하며 이러한 정지 궤도를 이용하는 위성 방식을 정지 궤도 위성 방식이라 한다.
정지 궤도 위성은 적도 상공(35,680[km])에 떠 있으며, 위성과 지구는 같은 방향으로 회전한다. 따라서 지구에서 위성은 항상 제자리에 있는 것처럼 보여 위성을 추적할 필요가 없다.

72 지상파방송 대비 위성방송의 특징을 설명한 것으로 잘못된 것은?

① TV 방송의 난시청 지역을 해소할 수 있다.
② 고주파 사용으로 고스트(Ghost)가 없는 고품질 방송이 가능하다.
③ 중계기가 천재지변에 영향을 받지 않아 재난방송망 확보가 용이하다.
④ 특정지역만 한정하여 방송이 가능하므로 인접 국가로의 전파 월경이 발생하지 않는다.

[해설]
위성방송은 지상에서 송출하는 것은 지상파방송과 같지만 각 수신처에 바로 공급하는게아니라 인공위성에 먼저 방송을 보내면 이 위성에서 지상에 전파를 발사하고 이용자는 수신장비(안테나)를 이용하여 방송을 보는 것이다.

[정답] 68 ② 69 ③ 70 ③ 71 ③ 72 ④

73 다음 중 위성통신을 이용한 통신서비스로 적합하지 않은 것은?

① HDTV 방송 ② 재난대비 백업회선
③ 웹서버 운영 ④ 해상 전화통화

해설
위성을 통한 방송서비스 종류로는 기존 TV방송 이외에 HDTV방송, 디지털 음성방송(DAB : Digital Audio Broadcasting), 팩시밀리방송, 정지화방송 등이 있다.

74 다음 중 위성통신에 사용되는 전파의 창에 해당되는 것은?

① 1[GHz] 미만 ② 1~10[GHz]
③ 100~200[GHz] ④ 300[GHz] 이상

해설
전파의 창(Radio Window)
① 수백 [MHz] 이하의 주파수 대에서는 우주잡음 및 전리층 영향이 크고, 10[GHz] 이상에서는 강우감쇠 및 열잡음 등이 문제가 되므로, 이들의 영향이 비교적 적은 300[MHz]~10[GHz] 주파수 영역을 전파의 창이라고 한다.
② 전파의 창은 위성통신에 적합한 1~10[GHz] 주파수대역 또는 주파수범위를 말한다.

75 다음 중 강우로 인한 위성통신 신호의 감쇠를 보상하기 위한 방법이 아닌 것은?

① Site Diversity ② Angle Diversity
③ Orbit Diversity ④ Beam Diversity

해설
강우로 인한 신호의 감쇠는 위성통신 시스템에서 링크 성능 저하의 가장 큰 요인 중의 하나이다. 강우감쇠는 시스템의 사용주파수 대역이 높아짐에 따라 그 피해가 심각해지므로 이를 보상하기 위한 대책이 필요하다.

76 지구와 정지위성까지의 거리가 약 36,000[km]라고 할 때 지구에서 발사한 전파가 위성에서 중계되어 지구까지 돌아오는 시간은 대략 얼마인가?(단, 위성 중계기 내에서의 지연시간은 무시하고, 전파속도는 3×10^8 [m/s]로 한다.)

① 120[ms] ② 360[ms]
③ 240[ms] ④ 180[ms]

해설
정지궤도위성(GEO : Geosynchronization Earth Orbit)
① 정지궤도위성은 지상 36,000[km]의 적도 상공에서 지구의 자전 속도와 같이 회전하는 위성으로서 "통신 및 방송 서비스"를 주로 제공한다.
② 길이 $L = \frac{ct}{2}$ 로부터 시간, $t = \frac{2L}{c} = \frac{2 \times 36,000 \times 10^3}{3 \times 10^8} = 240$[ms] 여기서 c는 광속이다.

77 최근 위성방송에서 일반적으로 사용하는 디지털 변조방식은?

① PSK ② OFDM
③ QAM ④ VSB

해설
위성 디지털 멀티미디어방송(DMB)의 전송기술은 PSK 계열을 사용한다.

78 위성의 통신영역은 위성의 고도(h)와 지구국 안테나의 통신가능 최저앙각(θ)의 함수관계로 표시할 수 있다. 다음 중 수식으로 옳은 것은?(단, R : 지구의 반경, β : 커버하는 범위의 중심각)

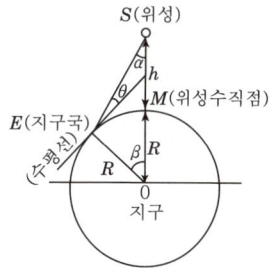

① $\frac{R}{R+h} = \frac{\cos\theta}{\sin(\beta+\theta)}$ ② $\frac{R}{R+h} = \frac{\cos\theta}{\cos(\beta+\theta)}$

③ $\frac{R}{R+h} = \frac{\cos(\beta+\theta)}{\cos\theta}$ ④ $\frac{R}{R+h} = \frac{\cos(\beta+\theta)}{\sin\theta}$

해설
안테나의 앙각(Angle Of Elevation)
① 앙각은 도래하는 위성 전파를 수신하기 위하여 안테나가 올려다 보아야 하는 각도이다.
② 앙각은 도래하는 전파가 지면과 이루는 각도인 전파 도래각(Wave Angle)이다.

[정답] 73 ③ 74 ② 75 ② 76 ③ 77 ① 78 ③

79 다음 중 위성을 이용한 위치, 속도 및 시간 측정 서비스를 제공하는 시스템은?

① DBS(Direct Broadcasting System)
② GPS(Global Positioning System)
③ TRS(Trunked Radio System)
④ VRS(Video Response System)

해설

범지구 위치 결정시스템(GPS : Global Positioning System)
① GPS 수신기는 세 개 이상의 GPS 위성으로부터 송신된 신호를 수신하여 위성과 수신기의 위치를 결정한다.
② GPS의 특징
  ㉠ 어디에서나 기상에 관계없이 24시간 위치결정 가능
  ㉡ 시계확보와 관계없이 측량 가능
  ㉢ GIS 데이터의 실시간 취득
  ㉣ 고도의 정확성 및 신속성 확보

80 다음 중 GPS(Global Positioning System)의 주요 구성부분에 속하지 않는 것은?

① 위성 부분
② 지상관제 부분
③ 사용자 부분
④ 패이로드 부분

해설

GPS는 우주(위성) 부분(Space Segment), 관제 부분(Control Segment), 사용자 부분(User Segment)의 3가지 구성을 갖는다.

81 다음 중 GPS위성에 대한 설명으로 가장 거리가 먼 것은?

① 3차원으로 위치, 고도 및 시간을 정확히 측정할 수 있다.
② 기상조건 및 간섭에 약하다.
③ 전 세계적으로 24시간 서비스를 제공하고 있다.
④ 수동적이며 무제한 사용이 가능하다.

해설

GPS(Global Positioning System)
① GPS(글로벌 포지셔닝 시스템 또는 범지구 위치 결정시스템)은 미 국방성에서 개발한 것이다.
② GPS는 위성을 이용하여 위치, 속도 및 시간측정 서비스를 제공하는 시스템이다.
③ GPS는 3차원 위치, 고도 및 시간의 정확한 측정을 할 수 있고, 24시간 연속적으로 서비스를 제공할 수 있다.
④ GPS는 기상조건, 간섭 및 방해에 강하고, 전세계적인 공통 좌표계를 사용한다는 특징이 있다.

82 다음 중 초소형 안테나를 사용하는 지상의 지구국에 해당되는 것은?

① VSAT
② TWTA
③ SNG
④ LNA

해설

VSAT(Very Small Aperture Terminal)
① VSAT는 가정이나 기업의 사용자가 쓸 수 있는 인공위성 통신 시스템이다.
② 직경 60[cm]~1.8[m]의 접시형 안테나로 정지궤도에서 선회중인 통신위성과 송수신하는 소형위성지구국이다.

83 다음 설명에 해당하는 위성서비스는?

"소형 안테나(직경 약 0.6[m]~2.4[m])를 사용하여 지구국을 통한 데이터통신 위성서비스"

① 디지털 위성서비스
② VSAT 서비스
③ 종합디지털 방송(ISDB) 서비스
④ GMPCS 서비스

해설

VSAT은 위성을 매개로 하여 지상 지구국을 통하여 가입자에게 데이터, 음성, 영상 등의 정보를 단방향 혹은 양방향으로 제공하는 전용 지구국 통신장치이다.

84 이동통신의 세대와 기술이 바르게 짝지어진 것은?

① 1세대 : GSM
② 2세대 : AMPS
③ 3세대 : WCDMA
④ 4세대 : CDMA

해설

세대	기술	특징
1세대	AMPS	음성통화만 가능한 아날로그 통신
2세대	CDMA	디지털 셀룰러 통신

[정답] 79 ② 80 ④ 81 ② 82 ① 83 ② 84 ③

3세대	WCDMA	멀티미디어 데이터를 유선 인터넷과 비슷한 속도와 화질로 제공
4세대	LTE-A	멀티미디어 등의 모든 서비스가 초고속 인터넷 속도와 화질로 제공

85. 다음 중 셀룰러 이동통신시스템의 구성과 관계없는 것은?

① 이동국
② 기지국
③ PSTN
④ ISDN

해설

셀룰러 이동전화시스템의 구성 : 기지국(Base Station), 이동전화교환국(MSC 또는 MTSO : Mobile Telephone Switching Center), 이동국(Mobile Station), 공중전화망(PSTN : Public Switched Telephone Network)

86. 이동통신시스템의 구성요소 중 이동전화교환국의 기능이 아닌 것은?

① 핸드오버 및 로밍 기능
② 단말기와 이동전화교환국을 연결하는 기능
③ PSTN 교환기와 연결할 수 있는 기능
④ 기지국에 할당된 채널을 관리 통제하는 기능

해설

셀룰러(Cellular) 이동전화시스템

① 셀룰러 이동통신시스템에서는 서비스영역을 복수의 셀(cell)로 분할하고, 각 셀에서는 셀영역내에서 통신을 할 수 있도록 하나의 기지국을 설치한다.
② 셀룰러시스템은 이동국(MS : Mobile Station), 기지국(BS : Base Station), 이동전화교환국(MTSO : Mobile Telephone Switching Office)으로 구성되어 있다.
  ㉠ 이동국(MS) : 무선가입자 단말기로서 기지국과 무선채널을 통하여 통신한다.
  ㉡ 기지국(BS) : 이동국과 이동전화교환국 중간에 위치하여 이동국과의 무선전송과 교환국과의 유선전송에 적합하도록 신호를 변환시켜 주는 역할을 한다.
  ∴ 기지국은 단말기와 이동전화교환국을 연결하는 기능을 갖는다.
  ㉢ 이동전화교환국(MTSO) : PSTN과 이동통신간의 인터페이스 역할, 이동가입자와 일반전화가입자간 또는 이동가입자간의 통화를 연결, 각 기지국에 할당된 채널을 관리 통제하는 중앙제어 역할, 요금계산, Handover, Roaming, 이동국 감시기능 등 수행

87. 이동통신 시스템에서 무선 교환국에 관한 설명으로 적합하지 않은 것은?

① 일반 전화망과 이동통신망을 접속하여 주는 임무를 수행한다.
② 교환국에서 운용하고 있는 이동 전화 교환기는 자동화와 축적 프로그램 제어(SPC) 방식으로 되어 있다.
③ 통화 절체 기능(Hand-off), 위치 검출 및 등록 기능이 있어야 한다.
④ 송·수신기, 안테나, 제어 부분 등으로 구성되어 있다.

해설

이동통신 시스템은 기지국, 교환국, 단말기로 구성되며 교환국은 Processor, Switching, Network, Home Memory로 구성된다.
이동 전화 교환국의 기능은 다음과 같다.
① 위치 검출 기능
② 등록 기능
③ 과금 처리 기능
④ 이동통신망과 일반 전화망과의 접속 기능
⑤ 통화 절체 기능
⑥ Roaming 기능
※ Roaming : 셀룰러 이동통신 방식에서 이동성(Mobility)은 로밍(Roaming)이라는 용어로 표현되는데, 이동국이 자신이 등록한 MTSO(이동 전화 교환국) 서비스 지역을 벗어나 다른 MTSO 서비스 지역에 들어가서도 전화를 걸거나 받을 수 있게 해주는 기능으로, 로밍이 이루어지기 위해서는 MTSO 사이의 연동에 의한 위치 등록 기능과 이동국 가입자 정보의 교환이 이루어져야 하며, 이렇게 함으로써 이동 전화 서비스의 광역성과 연속성을 달성할 수 있다.

88. 이동통신 시스템의 주요 기능에 해당되지 않는 것은?

① 위치 등록(Location Registration)
② 자동적 최적의 존(Cell) 구역화
③ 통화채널 전환(Hand off)
④ 소구역 기법(Small Cell Technique)

89. 이동통신망에서 레일리 페이딩(Rayleigh Fading)은 어떤 요인에 의하여 발생하는가?

[정답] 85 ④ 86 ② 87 ④ 88 ② 89 ①

① 고층건물, 철탑 등과 같은 인공 구조물
② 산, 언덕 등 자연 지형의 굴곡
③ 가시 경로의 직접파와 주변 상황에 의한 반사파의 동시 존재
④ 도로 주변의 가로수

해설

페이딩(Fading)
① 페이딩이란
  ㉠ 경로가 다른 2개 이상의 전파가 간섭한 결과, 진폭 및 위상이 불규칙하게 변하는 현상
  ㉡ 전파가 전파되는 경로상의 매질 변동 등에 의해 수신 전계강도가 불규칙하게 변동되는 현상
② 페이딩의 종류
  ㉠ 대규모/장기/느린 페이딩(Slow Fading)
    무선 이동단말이 넓은 지역에서 이동할 때 수신 신호세기의 느린 변동(출렁임)
  ㉡ 소규모/단기/빠른 페이딩(Fast Fading)
    무선 이동단말이 좁은 지역에서 이동할 때 수신 신호세기의 급격한 변동(출렁임)
  ㉢ 주파수 선택적 페이딩(Frequency Selective Fading)
    어떤 특정 주파수대역에서만 선택적으로 페이딩을 일으키는 현상
  ㉣ 주파수 비 선택적 페이딩(Frequency Non-selective Fading)
    넓은 주파수 영역에 걸쳐 페이딩이 나타나는 현상
  ㉤ 레일리 페이딩(Rayleigh Fading)
    여러 다양한 (인공)장애물에 의한 반사파 또는 산란된 파들의 합에 의한 수신신호 포락선이 갖는 확률적 분포 특성
  ㉥ 라이시안 페이딩(Rician Fading)
    반사파가 직접파보다 우세한 레일리 분포와는 달리, 직접파가 반사파보다 우세한 실내와 같은 환경에 주로 나타나는 무선 수신신호의 확률적 분포 특성

90 이동통신에서 PAPR(Peak Average Power Rate)은 첨두전력 대 평균전력비를 말하는데, 첨두전력이 10이고, 평균전력이 1일 때 PAPR은?

① 0[dB] ② 1[dB]
③ 10[dB] ④ 100[dB]

해설

최대전력 대 평균전력 비(PAPR, Peak-to-Avarage Power Ratio)
① PAPR은 '최대 전력' 대 '평균 전력' 비이다.
  ∴ PAPR은 신호가 가지는 전력의 최대치와 평균치의 비율이다.
② PARP가 클수록 하드웨어 설계가 어려워지고, 소모되는 전력도 크게 된다.
  ∴ $10\log_{10}\left(\dfrac{첨두전력}{평균전력}\right) = 10\log_{10}\dfrac{10}{1} = 10[dB]$

91 이동통신 채널의 한 특징으로 이동체의 움직임에 따라 수신신호의 주파수가 변하는 것은?

① 페이딩 효과 ② 동일채널간섭 효과
③ 도플러 효과 ④ 지연확산 현상

해설

도플러 효과(Doppler Effect)는 파원(波源)에 대하여 상대속도를 가진 관측자에게 파동의 주파수가 파원에서 나온 수치와는 다르게 관측되는 현상을 말한다.
∴ 이동체 속도에 따라 수신 주파수가 변화하는 현상이다.
[참고] 페이딩(Fading) 현상 : 전파 경로상의 매질 변동에 의해 수신 전계강도가 급속히 변동하는 현상이다.

92 이동통신시스템에서 단말기가 이동교환기 내에 있는 기지국에서 통화의 단절 없이 동일한 주파수를 사용하는 다른 기지국으로 옮겨 통화하는 경우에 해당되는 Handoff는?

① Hard Handoff ② Soft Handoff
③ Dual Handoff ④ Softer Handoff

해설

핸드오프(hand-off) 또는 핸드오버(hand-over)
① 핸드오프란 이동국이 현재 서비스를 제공받고 있는 셀 또는 섹터의 서비스 영역을 벗어나도 계속적으로 통화가 유지될 수 있도록 해 주는 기술이다.
② 핸드오프의 종류
  ㉠ Soft Hansoff : 셀(기지국)간의 핸드오프
  ㉡ Softer Handoff : 동일 기지국내 섹터간의 핸드오프
  ㉢ Hard Handoff : 교환기간, 주파수간 핸드오프

93 다음 중 CDMA의 특징이 아닌 것은?

① 상향 회선의 전력 조절이 불필요하다.
② 간섭신호의 배제 능력이 우수하다.
③ 통화의 비화성이 좋다.
④ 다중 전파로에 대한 페이딩의 영향을 적게 받는다.

해설

① CDMA(Code Division Multiple Access)는 각기 다른 코드를 사용하는 여러 명의 사용자가 같은 주파수 대역을 사용하여 접속하는 방식이다.
② CDMA는 단말기에서 전력제어를 해야 하는 어려움이 있다.

[정답] 90 ③ 91 ③ 92 ② 93 ①

출제 예상 문제

94 셀룰러(Cellular) 방식의 이동통신에서 입력속도 9.6 [kbps], 출력속도 1.2288[Mbps]일 때 확산이득은 약 얼마인가?

① 15.03[dB]　　② 19.40[dB]
③ 21.07[dB]　　④ 24.50[dB]

해설

확산이득(처리이득, PG : Processing Gain)
① 확산이득은 대역확산 방식의 특성을 표현하기 위한 파라미터이다.
② 확산이득은 데이터 신호의 대역이 확산코드에 의해서 얼마나 넓게 확산되었는지를 나타낸다.

$$PG = 10\log\left(\frac{\text{확산된 신호의 대역폭}}{\text{데이터 신호의 대역폭}}\right)[dB]$$

$$\therefore PG = 10\log\frac{1.2288[kbps]}{9.6[kbps]} = 10\log(128) = 21.07[dB]$$

95 다음 중 CDMA기반 이동통신망에서 Multi-path 페이딩을 방지하는데 가장 효율적인 것은?

① 레이크 수신기　　② 헤테로다인 수신기
③ 압신기　　　　　④ 반전 및 사치

해설

레이크 수신기(Rake receiver)
① 다중경로 페이딩(Multipath fading)
　다중경로에 의한 페이딩은 서로 다른 경로로 수신기에 도착한 신호의 시간 지연 차이에 의해서 발생하는 것이다. 이러한 페이딩은 신호의 크기를 감소시키므로, 반송파 대 간섭 전력비(C/I)를 약화시켜, 전송에러를 집중적으로 발생시킨다.
② Rake receiver
　㉠ 서로 시간차(지연)가 있는 두 신호를 분리해 낼 수 있는 기능을 가진 수신기를 말한다.
　㉡ 서로 다른 경로로 도착한 시간차(지연)가 있는 다중경로 신호들을 결합해서 보다 좋은 신호를 얻을 수 있도록 해주는 수신기이다.

96 다음 중 이동통신기기에 사용하는 PN(Pseudo Noise)코드에 대한 설명으로 틀린 것은?

① PN코드는 균형성을 가진 의사잡음이다.
② 형태가 무작위인 것 같지만 실제로는 규칙성을 갖는다.
③ PN코드는 런 특성을 가지고 있다.
④ PN코드는 초기동기를 잡는 데는 사용되지 않는다.

해설

의사잡음 코드(PN Code, Pseudo Random Noise Sequence)는 랜덤 잡음과 유사한 특성을 보이면서도 재생이 가능한 코드이다

97 이동통신망에서 기지국(BS)의 서비스 제공 가능지역(Service Coverage)을 확대하는 방법으로 알맞지 않은 것은?

① 기지국(BS)의 송신 출력을 높인다.
② 기지국(BS)의 안테나 높이를 증가시킨다.
③ 중계기(Repeater)나 반사기(Reflector)를 사용하여 전파 음영지역(Coverage Hole)을 제거한다.
④ 기지국(BS)의 수신기의 수신 한계 레벨(Threshold Sensitivity)을 증가시킨다.

해설

기지국의 서비스 지역을 확대시키기 위한 방법으로는 다음과 같은 것이 있다.
① 송신 출력을 증가시킨다.
② 기지국 안테나 높이를 높게 한다.
③ 지형에 맞는 안테나를 사용한다.
④ 음영지역(전파가 닿지 않는 지역)을 없앤다.
⑤ 고이득 또는 지향성 안테나를 사용한다.

98 다음 중 이동통신방식의 하나인 LTE(Long Term Evolution) 방식에 대한 설명으로 옳지 않은 것은?

① WCDMA에서 진화한 기술이다.
② CDMA2000계열 방식이다.
③ HSPA+와 더불어 3.9세대 무선이동통신규격이라고 한다.
④ OFDM과 MIMO는 이방식에서 사용되는 핵심 기술이다.

해설

LTE는 3G 이동통신의 WCDMA(광대역 부호분할 다중접속) 기술에서 발전했으며, 상용화가 미흡해 완벽한 4G가 되지는 못했다는 점에서 3.9세대 이동통신(3.9G)이라고 부르기도 한다.

[정답] 94 ③　95 ①　96 ④　97 ④　98 ②

99
이동통신 단말기기 중 안드로이드, 심비안, iOS, 바다 등의 운영체제를 탑재하여 구동하는 단말기기를 무엇이라고 하는가?

① WIPI폰
② WAP폰
③ 스마트폰
④ 피치폰

해설

스마트폰(Smartphone)
① 스마트폰은 개인정보단말기(PDA) 등에서 제공되던 개인정보 관리 기능과, 휴대폰의 휴대전화 기능을 결합한 휴대용 기기를 지칭한다.
② 스마트폰에 쓰이는 주 운영 체제는 심비안, 팜 OS, 윈도 모바일 스마트폰, 윈도 임베디드 CE 등이 있다. 새로운 스마트폰의 플랫폼으로 애플 아이폰과 구글 안드로이드가 생겨났다.

100
다음 중 전자칩을 부착하고 무선통신기술을 이용하여 사물의 정보를 확인하고 감지하는 센서 기술을 이용한 것은?

① WiBro
② Telemeties
③ RFID
④ DMB

해설

RFID(Radio-Frequency Identification) 기술
① RFID는 무선 주파수와 전자칩을 이용하여 대상물을 인식하고 정보를 획득하는 무선 인식 시스템으로 ISM(Industrial, Scientific and Medical) 주파수 대역에서 2.45[GHz] 대역의 주파수를 사용한다.
② RFID 시스템은 태그, 리더, 안테나, 미들웨어, 그리고 호스트 컴퓨터로 구성된다.
③ RFID는 소형 전자칩을 내장해 실시간으로 사물의 정보와 유통 경로 등을 파악할 수 있는 기술이다.

101
세계적으로 개방된 표준규격으로서 ISM(산업, 과학, 의료용)주파수 대역에서 단거리 무선 음성 및 데이터 통신이 가능한 시스템은?

① DMB시스템
② WCDMA시스템
③ 전력선 통신시스템
④ 블루투스시스템

102
다음 중 근거리 무선접속방식으로 저전력을 사용하는 이동통신방식은 어느 것인가?

① Zigbee
② WiFi
③ WCDMA
④ WiBro

해설

ZigBee
① ZigBee는 소형, 저전력 디지털 라디오를 이용해 개인 통신망을 구성하여 통신하기 위한 표준 기술이다.
② ZigBee는 IEEE 802.15 표준을 기반으로 만들어졌다.
③ ZigBee 장치는 메시 네트워크방식을 이용, 여러 중간 노드를 거쳐 목적지까지 데이터를 전송함으로써 저 전력임에도 불구하고 넓은 범위의 통신이 가능하다.

103
다음 중 UWB 기술에 대한 설명으로 거리가 가장 먼 것은?

① 무선 반송파를 사용하지 않는다.
② 기저대역에서 수[GHz] 이하의 좁은 주파수 대역을 사용한다.
③ 통신이나 레이더 등에 주로 응용된다.
④ 협대역 통신신호에 의한 간섭 특성이 우수하다.

해설

초광대역통신(UWB : Ultra Wide Band)
① UWB는 수~수십[GHz]대의 매우 넓은 주파수 대역을 사용하여 사용전력이 낮으며, 전송속도는 현재 가장 빠른 WLAN 표준인 IEEE 802.11a(54[Mbps])보다 10배 이상 빠른 500[Mbps]~1[Gbps]에 달한다.
② UWB는 전송거리가 10[m] 안팎으로 짧지만 전송속도가 빨라서 홈네트워킹 시스템이나 유비쿼터스 환경을 구현할 무선통신 기술로 주목받고 있다.

104
다음 중 WiBro 시스템에서 사용되는 다중접속방식은?

① OTDMA
② OFDMA
③ CDMA
④ WCDMA

해설

휴대형 무선 인터넷(와이브로 : WiBro)
① WiBro란 Wireless Broadband Internet의 줄임말로서 휴대형 단말기를 이용하여 언제 어디서나 이동하면서 고속의 전송속도로 인터넷에 접속하여 다양한 정보 및 컨텐츠 사용이 가능

[정답] 99 ③ 100 ③ 101 ④ 102 ① 103 ② 104 ②

한 초고속 인터넷 서비스를 말한다.
② WiBro는 동시 송수신을 위해 TDD를, 다중 접속을 위해 광대역 데이터 전송에 적합한 직교 주파수 분할 변조 기술(OFDMA)을 채택했으며, 한 채널에 8.75[MHz]의 대역폭을 가진다.

105 정지 및 이동 중에도 고속으로 무선 인터넷 접속이 가능한 휴대 인터넷 서비스는?

① WiBro
② WiFi
③ VoIP
④ RFID

106 고품질의 영상서비스를 언제 어디서나 제공할 수 있는 이동 멀티미디어 방송서비스가 가능한 것은?

① CATV
② DMB
③ DTV
④ RFID

해설
DMB(Digital Multimedia Broadcasting)란 음성·영상 등 다양한 멀티미디어신호를 디지털방식으로 변조하여 고정 또는 휴대용·차량용 수신기에 제공하는 방송과 통신이 결합된 새로운 개념의 이동 멀티미디어 방송 서비스이다.

107 다음은 무엇에 관한 설명인가?

"여러 개의 부반송파에 고속의 데이터를 저속의 병렬 데이터로 변환하여 실어 보내는 기법"

① AMC(Adaptive Modulation and Coding)
② HARQ(Hybrid ARQ)
③ DCT(Discrete Cosine Transform)
④ OFDM(Orthogonal Frequency Division Multiplexing)

108 디지털 방송과 휴대 인터넷 등의 고속전송시스템에서 가장 적합한 다중화 방식은?

① STDM
② FDM
③ TDM
④ OFDM

109 직교주파수분할다중방식(OFDM)의 응용에서 디지털 방송분야에 해당하는 것은?

① DMB
② W-LAN
③ WiBro
④ WiFi

해설
OFDM(Orthogonal Frequency Division Multiplexing)은 직교주파수분할 다중화로 많은 수의 직교 부반송파를 사용하여 심볼 블록들을 병렬로 전송하는 방법으로 데이터는 블록 단위로 나누어져 직교 부반송파상에 병렬로 전송된다.
OFDM은 디지털 멀티미디어 방송인 DMB, 무선 LAN인 W-LAN, 무선 광대역 인터넷서비스(또는 무선 휴대인터넷)인 WiBro, 무선 데이터 전송 시스템인 WiFi 등에 널리 사용된다.

110 다음은 TRS(Trunked Radio System)에 관한 설명으로 옳지 않은 것은?

① 주로 하나의 기지국은 Cellular보다 좁은 서비스 지역(Area)을 구성한다.
② 사용자가 사용하지 않는 시간을 이용하여 다수의 가입자군이 일정 주파수 채널을 공동으로 사용한다.
③ 일제통화, 선별통화, 개별통화 기능이 있다.
④ 통화누설이 없고, 잡음과 혼신이 적은 양호한 통화품질을 유지한다.

111 주파수공용통신(TRS)의 설명으로 적합하지 않은 것은?

① 통신방식은 반이중방식이다.
② 그룹호출(Group Call)이 가능하다.
③ 일대 다수의 통화가 불가능하다.
④ 잡음과 혼신이 적어 양호한 통화품질을 유지한다.

해설
주파수공용통신(TRS : Trunked Radio System)
① TRS는 주파수 이용효율을 높이기 위해 일정주파수를 다수의 이용자가 공동으로 사용하는 이동전화 서비스이다.
② TRS 서비스 특징
  ㉠ 서비스 반경이 넓다.(수십 km)
  ㉡ 일대 다수가 가능한 지령 서비스(Dispatch)
  ㉢ 그룹호출, 선택호출 등 집단적으로 운용 가능
  ㉣ 반이중(Half Duplex)방식 사용 등

[정답] 105 ① 106 ② 107 ④ 108 ④ 109 ① 110 ① 111 ③

112 다음 중 위치정보와 무선통신망을 이용하여 교통안내, 긴급구난, 인터넷 등 Mobile Office를 제공하는 것은?

① Telematics ② RFID
③ CDMA   ④ VoIP

해설
텔레매틱스(Telematics)는 위치정보와 무선통신망을 이용하여 차량을 안전하고 편리하게 유지, 관리하기 위하여 자동차 탑승자에게 경로안내, 교통정보제공, 긴급구난 정보 등 안전 편의 서비스와 인터넷, 영화, 게임 등 인포테인먼트(Infortainment) 서비스를 제공하는 기술이다.

113 GPS 위성을 통한 위치정보와 이동통신망을 활용하여 운전자 및 탑승자에게 각종 서비스를 제공하는 것은?

① 텔레메터링 ② 텔레텍스
③ 텔레메틱스 ④ 비디오텍스

해설
텔레매틱스는 무선통신과 GPS(Global Positioning System) 기술이 결합되어 자동차에서 위치 정보, 안전 운전, 오락, 금융 서비스, 예약 및 상품 구매 등의 다양한 이동통신 서비스 제공을 의미한다.

114 다음 중 근거리 무선접속방식인 NFC(Near Field Communication) 단말의 특징이 아닌 것은?

① 통상 전송거리는 10[cm] 이내이다.
② 주파수대역은 13.56[MHz]대이다.
③ 읽기만 가능하다.
④ 지불 및 티켓팅 서비스가 가능하다.

해설
근거리 무선 통신(NFC : Near Field Communication)은 13.56[MHz] 대역 비접촉식 근거리 무선통신기술을 의미하는 용어로 모바일기기, 특히 스마트폰과의 융합을 통해 단말 간 데이터통신을 제공할 수 있을 뿐만 아니라 기존의 비접촉식 스마트카드 기술 및 무선인식기술(RFID)과의 상호호환성을 제공한다.
∴ NFC는 휴대폰을 이용하여 10[cm] 정도의 근거리 접촉 시, 결제와 정보 전송이 가능한 IT 기술이다.

115 이동통신기기의 근거리 무선통신방식 중 전송거리 10[cm] 이내에서 쓰기/읽기가 가능한 통신방식은?

① WAN   ② WiFi
③ NFC   ④ WLAN

해설
NFC는 13.56MHz의 대역을 가지며, 아주 가까운 거리의 무선통신을 위한 기술이다.

116 다음 중 WPAN(Wireless Personal Area Network)방식이 아닌 것은?

① 블루투스 ② UWB
③ Zigbee   ④ 위성통신

해설
무선 개인통신망(WPAN : Wireless Personal Area Network)
① WPAN은 비교적 짧은 거리 내에서 비교적 적은 사용자간에 정보를 전달하며, 주변 장치간 케이블 없이 직접 통신할 수 있도록 한다.
② WPAN 기술의 종류에는 RFID, Bluetooth, Zigbee, UWB 등이 있다.

117 공공안전 및 재난구조를 위해 요구되는 통신망의 요구사항 및 고려사항으로 볼 수 없는 것은?

① 유연한 1:1 통신기능 제공
② 빠른 호접속과 정보전달이 가능한 가용성
③ 좋은 커버리지를 제공
④ 강화된 보안수준이 필요함

118 재난안전통신망의 기능으로 가장 볼 수 없는 것은?

① 음성 및 영상통화의 원활한 제공
② 평시와 재난발생 시 통합지휘통신 체계 확보
③ 응급상황에 대한 신속·정확한 지원
④ 평시와 재난발생 시 상호 운용성 확보

[정답] 112 ① 113 ③ 114 ③ 115 ③ 116 ④ 117 ① 118 ①

119 재난안전통신을 위한 통신으로 가장 적합한 것은?
① LTE-A
② MCPTT
③ WCDMA
④ PS-LTE

120 기존 재난망 대비 PS-LTE의 장점으로 볼 수 없는 것은?
① 높은 안정성
② 폭넓은 호환성
③ 단말기의 견고성
④ 초고속 멀티미디어서비스가 가능

121 재난망의 국내 표준을 채택하게 된 이유로 가장 볼 수 없는 것은?
① 단말의 기능, 성능, 및 서비스의 차별화된 품질 확보
② 상호 운용성 및 호환성 보장과 미래 응용서비스 확산 및 망의 고도화
③ 국내외 다양한 제조사에 공통 규격의 개발기준 제공
④ 각 이용기관에서 더 체계적이고 효율적인 관리 및 지원 가능

해설
단말의 기능, 성능, 및 서비스의 균일한 품질 확보

122 PS-LTE 요소기술 중 기본기술로 볼 수 없는 것은?
① 그룹통신(GCSE)
② 고성능 Antenna
③ MCPTT
④ 직접통신(ProSe)

해설
PS-LTE 요소기술
① 기본기술 : 그룹통신(GCSE), 직접통신(ProSe), MCPTT
② 재난대응기술 : 방수방진기술, 고내구성 설계기술, 영상관제 기술, 망연동 기술
③ 통신생존기술 : Relay 기술, 단독기지국 기술, 고성능 Antenna
④ 유지보수기술 : FOTA 기술, DM 기술

123 재난안전통신을 위한 단말기의 기본 요구사항으로 볼 수 없는 것은?
① VoLTE 음성 및 영상 통화
② 안드로이드 OS
③ 호 폭주 대처를 위한 기능
④ MCPTT 기능통화

124 재난안전통신을 위한 단말기에서 필수적으로 요구되는 사항으로 볼 수 없는 것은?
① VoLTE 음성 및 영상 통화
② 안드로이드 OS
③ 호 폭주 대처를 위한 기능
④ MCPTT 기능통화

[정답] 119 ④ 120 ③ 121 ① 122 ② 123 ② 124 ②

Chapter 4 영상정보처리기기 설비공사

합격 NOTE

1 영상통신기기

1. 영상통신 개요

가. 영상통신의 개요

① 화상(Image)은 문자, 사진, 그림 등의 정지 화상을 모두 포함한다.
② 화상은 정지된 이미지 화면을 의미하며, 영상(Video)이란 이러한 이미지 화상들의 연속적인 집합체이다.
③ 영상정보란 영상정보처리기기로 촬영하여 광 또는 전자적 방식으로 처리되는 모든 영상을 말한다.
④ 영상통신은 TV방송, 비디오텍스, 영상회의와 특정 분야에서 사용되는 영상응답시스템(VRS) 등이 있다.

나. 영상(화상)통신의 종류

(1) 영상(화상)통신

① 동화상(영상)통신 : 화상 회의 시스템, TV 전화, CATV, CCTV, HDTV 등
② 정지영상(화상)통신 : 정지화상통신 회의(Still Picture Conference) 시스템, 비디오텍스(Videotex), VRS(영상 응답 시스템) 등

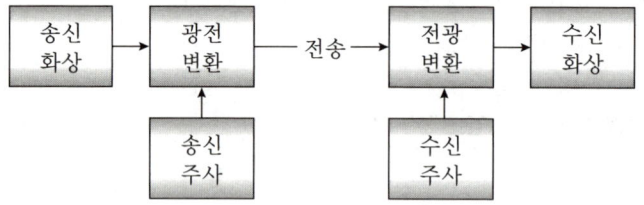

[화상통신의 개념도]

(2) 기록통신 : 팩시밀리 등

다. 영상정보의 입·출력장치

(1) 영상 입력장치

① ITV(Industrial TeleVision) : 카메라와 TV와 직접 연결되어 실시간 카메라의 영상신호를 전달받는 방식

합격예측

영상 정보 처리 기기
일정한 공간에 지속적으로 설치되어 사람 또는 사물의 영상 등을 촬영하거나 이를 유·무선망을 통해 전송하는 일체의 장치로, 폐쇄 회로 텔레비전 및 네트워크 카메라 등

합격예측
영상통신은 화상통신과 함께 중요성이 부각되고 있는 정보통신의 한 분류이다.

합격예측
화상통신 : 팩시밀리나 화상회의, 화상 전화 등과 같이 통신 회선을 통해 단말기 간에 정지 화상이나 동화상 등을 주고받는 통신 방식

합격예측
동화상의 전송에는 방대한 양의 정보가 요구되므로 고도의 압축 기술과 고속 통신기술이 필요하다.

② 비점 주사기(FSS : Flying Spot Scanner) : 고해상도 화상 데이터를 입·출력하는 장치
③ 이미지 스캐너 : 화상 입력장치
④ 고체 이미지 센서 : 화상을 전기 신호로 변환하는 소자
⑤ 디지타이저 : 2차원 평면상에 위치한 데이터를 디지털 신호로 수치 변환하는 장치
⑥ 기타 : 터치패널, 터치스크린, 라이트 펜

(2) 영상 출력장치
① 하드 카피 장치 : 장시간 보존이 가능한 방식으로, 프린트 방식, 스캔 방식, 라이트 방식으로 분류
② 소프트 카피 장치 : 액정 디스플레이(LCD), 플라즈마 디스플레이 패널(PDP)

2. 영상통신 기기

가. 영상통신회의(Video Conference, Teleconference)

영상회의는 서로 떨어진 지점에 있는 회의실 상호간을 영상 및 음성통신회선으로 연결해 회의 참가자가 화면을 보면서 회의를 할 수 있는 서비스이다.

(1) 회의 시스템 방식
① 영상회의 시스템 : 동화상을 전송한다.
② 화상회의 시스템 : 회의 문서, 도면, 정보 등의 음성을 사용한다.

(2) 영상회의 시스템 구성 및 기술
① 음성을 송·수신하는 음향부 (음성처리 등)
② 영상을 송·수신하는 영상부 (동화상처리, 벡터 양자화 등)
③ 회의 진행을 제어하는 제어부
④ 회의진행 시 기록연락을 행하는 회의 보조시설

(3) 영상회의 시스템 전송장비
① 코덱단말 : 코덱기능과 호처리 기능 제공
② 호 처리 서버(SIP 서버) : SIP를 이용하여 SIP 장비간 호 처리 및 호 연결 중계
③ 영상회의 서버 : SW 영상회의 시스템
④ 기타 : 응용 서버, 미디어 서버 등

합격 NOTE

합격예측
스캐너(Scanner) : 그림, 사진, 문자 등을 읽어서 디지털로 변환하고 저장하는 입력 장치

합격예측
영상 출력장치 : 전기 신호를 시각적 형태로 변환

합격예측
영상통신 회의 : 양방향 비디오 및 오디오 전송 기능

합격예측
벡터 양자화는 신호의 압축, 부호화, 패턴인식 등 사용되는 기술

합격예측
세션 개시 프로토콜(SIP : Session Initiation Protocol)
VoIP 또는 멀티미디어 통신용 신호 프로토콜

합격 NOTE

합격예측
CIF는 영상회의를 위해 사용되는 표준 비디오 포맷이다.

합격예측
H.323 : 멀티미디어 회의시스템 프로토콜

합격예측
팩시밀리 : 기록통신이며, 문자, 그림, 도형, 정보 등을 전화선을 통해 전송한다.

참고

CIF(Common Intermediate Format)

① CIF(Common Intermediate Format)은 영상회의 시스템에서 사용되는 비디오 형식이다.
② CIF는 북미 표준인 NTSC와 유럽표준인 PAL방식을 모두 지원한다.
③ CIF는 초당 30 프레임을 전송하며, 각 프레임은 352픽셀로 구성된 288 라인을 갖고 있다.
④ QCIF(Quarter CIF)는 CIF에 비해 1/4정도의 데이터를 전송하며, 전화회선을 이용한 영상회의시스템에 적합하다.

CIF 형식	해상도	초당 30 프레임 속도[Mbps]
SQCIF(Sub Quarter CIF)	128×96	4.4
QCIF(Quarter CIF)	176×144	9.1
CIF(Full CIF, FCIF)	352×288	36.5
4CIF(4×CIF)	704×576	146.0
16CIF(164×CIF)	1408×1152	583.9

[멀티미디어 회의시스템의 요구사항]

구분	내용
압축 기술	• H.264 표준 : 고화질 화상 회의 시스템에서 디지털 이미지 디코딩
멀티 캐스트 기술	• 다중 주소 브로드 캐스트이며 전송 및 수신은 일대 多 관계
전송 프로토콜	• H.323 프로토콜 : 터미널, 게이트웨이, 게이트 키퍼 및 다 지점 제어 장치의 네 가지 구성 요소를 정의 • SIP 프로토콜 : 신호 및 QoS 요구 사항을 증가
QoS 서비스 품질	• 오디오 및 비디오의 지연 : 0.25[s] 미만 • 지터 : 최대 10[ms] 미만

나. 팩시밀리(Facsimile)

팩시밀리는 문자, 도형을 미세한 점으로 분해해 전기신호로 변환하여 전송하고, 수신측에서는 다시 원래의 문자 및 도형으로 재현시키는 사무통신기기이다. 팩시밀리는 송신측의 문자, 그림, 도형 정보 등을 수신측에서 동일하게 재현할 수 있는 시스템이다.

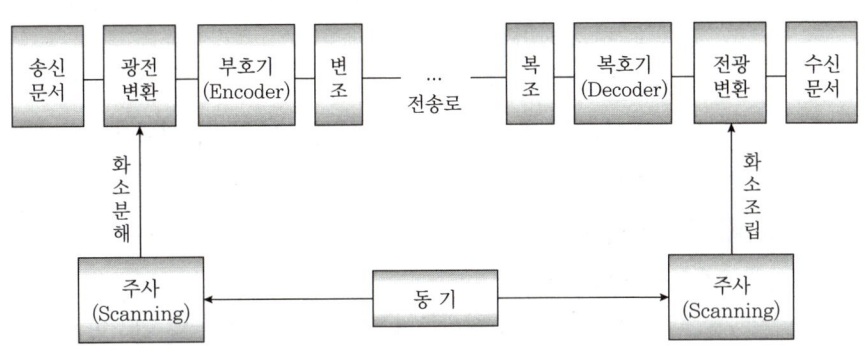

[팩시밀리의 구성]

(1) 주사(Scanning)방법
  ① 원통주사
     원화를 원통에 감은 후 동기회전기로 회전시키면서 원통축 방향으로 이동하면서 주사하는 방식
  ② 평면주사
     원화를 아래측에서 위측으로 이동하면서 좌측에서 우측으로 이동하면서 주사하는 방식

(2) 각종 상수
  ① 주사선 길이(L[mm])
     주사선의 길이이다. 원통주사에서는 $L=\pi D$이며, D는 원통 지름(mm)이다.
  ② 주사선 밀도(F[개/mm])
     부주사 방향의 단위 길이당 주사선의 개수이며, 보통 3~6[선/mm]이다.
  ③ 평면 협동 계수(K)
     주사선 길이와 주사선 밀도와의 곱을 말하며, 송신측과 수신측의 평면 협동 계수가 일치하면 수신측에서 송신화와 동일한 화면을 얻는다.
  ④ 주사 주파수(N[개/초])
     단위 시간당 주사선의 주사 주파수를 말한다.
  ⑤ 전송 시간(T[초])
     1장의 원화를 보내는 데 소요되는 시간이다.
     $$T=\frac{60 \cdot F \cdot U}{n}$$

합격 NOTE

합격예측
Scan : 영상장치에서 이미지를 분해하여 직렬 데이터화 하고, 이를 다시 재조립하여 이미지로 구성하는 것

합격예측
평면주사 : 복사기처럼 원고를 종이 그대로 취급한다.

합격예측
평면협동계수(K)= 주사선길이(L) × 주사선밀도(F), 송수신간 동일 화상을 얻으려면 K가 일치해야 한다

여기서 U는 원화의 부주사 방향의 길이[mm]이며, n[r.p.m]은 분당 원통 회전수이다.

⑥ 최고화 주파수(f_p[Hz])

원화가 $1/F^2$인 면적의 흑백 화소의 반복으로 되풀이된다고 할 때의 화신호의 기본파 주파수를 말한다.

(3) 팩시밀리의 종류

① G1(Group 1) Fax

㉠ 최초의 팩시밀리 형태로서 전송시 어떤 대역 압축도 하지 않는 기종이다.

㉡ A4 표준 원고인 경우 전송 시간이 약 6분 정도 소요된다.

㉢ AM, FM으로 전송한다.

㉣ Analog 팩시밀리이다.

② G2 Fax

㉠ 전송 대역폭은 VSB(잔류측대파) 방식을 사용한다.

㉡ A4 표준 원고인 경우 전송 시간이 약 3분 정도 소요된다.

㉢ AM, FM 방식으로 전송한다.

㉣ Analog 팩시밀리이다.

③ G3 Fax

㉠ Modified Huffman과 Modified Read 방식을 채용하여 데이터를 압축하는 기술을 사용하는 기종이다.

㉡ A4 표준 원고인 경우 전송 시간이 약 1분 정도 소요된다.

㉢ 최대 9,600[bps]의 고속 전송이 가능하다.

㉣ 현재 널리 사용되고 있는 Digital 팩시밀리이다.

④ G4 Fax

㉠ Modified MR 방식을 채용하여 데이터 압축률을 G3보다 개선한 기종이다.

㉡ A4 표준 원고를 전송하는 데 약 3초 정도 소요된다.

㉢ 디지털망 접속용 Digital 팩시밀리이다.

(4) 수신 기록 방식

전송계를 통해서 보내온 피변조 전류는 복조되어 원래의 화전류로 바꾸어지고, 이 화전류에 의한 화소의 재현을 수신 기록이라 한다.

합격예측
- ITV-T에서는 전화망용 팩스로 G1, G2, G3, G4를 표준화하고 있다.
- G1, G2 : 아날로그 방식
  G3, G4 : 디지털 방식

합격예측
전화망 : G3 사용
협대역 ISDN : G4 사용

합격예측
압축방식 : G2(MR), G3(MR, MH), G4(MMR)

[수신기록방식]

구 분	개요	장/단점
정전기록방식	전기의 잔상을 이용하는 방식	고가격
감열기록방식	발생된 열을 감열 용지에 가해서 기록하는 방식	소형화 가능 화질이 떨어짐
감열전사 기록방식	감열 용지 대신에 잉크에 열을 가하여 일반 용지에 기록하는 방식	저가 일반용지 고가 소모품
잉크젯 기록방식	잉크젯 프린터와 같은 방법으로 기록하는 방식	저가격 인쇄속도 저하
전자사진 기록방식 (레이저방식)	감광체를 이용하여 일반 용지에 기록하는 방식	고가격, 고해상도 고속인쇄

다. 영상응답 시스템(VRS : Video Response System)

VRS는 텔레비전이나 컴퓨터를 단말기로 활용하여 동영상, 정지화상, 음성정보 파일이 있는 데이터베이스에 광대역 전송로를 통해 접속하는 시스템이다.

(1) C-E(Center to End)형의 회화형 화상 정보 시스템

센터에 각종 영상정보 및 음성정보파일을 설치해 놓고 수신자의 각 단말기에서 개인별로 정보를 불러내는 서비스로 회화형 정보통신 시스템이다.

(2) VRS의 구성요소

단말기, 수신장치, 광케이블, 송신장치, 회선 접속장치, 동화상 파일 장치, 주제어장치, 디지털 음성파일장치, 송신장치 등

(3) VRS는 의료정보, 부동산정보, 관광안내, 호텔 내 영상정보, 교육정보, 기업 내 정보, 영상도서관 정보 등에 활용된다.

라. 케이블 텔레비전(CATV : Cable Television)

(1) 개요

① CATV는 유선방송국과 수신자 사이를 동축케이블 또는 광케이블로 연결하여 방송국에서 프로그램이나 데이터 등을 가입자에게 전송하는 통신시스템이다.

② CATV는 산간벽지의 난시청 문제를 해결하기 위한 공동 안테나 시스템으로 시작되었다.

③ CATV 서비스는 영상 신호의 전송뿐만 아니라 음향이나 팩시밀리 등 비영상 신호도 전송할 수 있고, 또한 쌍방향 전송기능을 부가하면 방송국으로 데이터, 음성, 영상 신호를 주고받을 수 있다.

합격 NOTE

합격예측
① 전기에 의한 방식
  정전 기록, 잉크제트, 통전 전사, 방전 파괴, 전해 기록
② 열에 의한 방식
  감열 기록, 통전 감열
③ 광에 의한 방식
  전자 사진, 사진

합격예측
VRS : 이용자 요구에 따라 개별적으로 서비스를 제공한다.

합격예측
• E-E(End of End)형 : 단말기와 단말기 사이에 교환기나 전송로를 이용한 방식이다.
• C-E(Center of End)형 : 호스트 컴퓨터를 이용한 방식이다.

합격예측
CATV는 자유공간에서 발생되는 고스트(Ghost) 현상이나 간섭에 의한 혼신 등이 없어 양질의 서비스를 제공한다.

합격예측
CATV는 광 동축 혼합망(HFC)에 의해 방송과 통신을 융합시킨 매체이다.

합격 NOTE

합격예측
CATV는 유선방송이다.

📝 참고

📍 CATV 제공 가능 서비스 종류

단방향	양(쌍)방향
TV 재송신 TV 자체 방송 음악방송(FM) 서비스	프로그램 서비스(영화 / 비디오 / 게임 / 음악) 비디오텍스 서비스(정보검색, Data 통신, TV 전화) 재택 시스템(학습, 여론조사, 홈뱅킹, 홈쇼핑) Security(방범, 방재) 전문채널 서비스(HDTV, MTV, 문자다중) 기타(자동검침, 건강검진)

(2) CATV의 분류
① 서비스 방법에 따른 분류 : 재송신용 CATV, 자주 반송용 CATV, 다목적용 CATV
② 통신 형태 : 단방향 방식, 쌍방향 방식
③ 전송 매체 : 동축 방식, 혼합 방식, 광 전송 방식

(3) CATV의 기본 구성
CATV는 헤드 엔드, 중계 전송망 및 가입자 설비의 3가지로 구성되어 있다.
① 헤드 엔드(Head-End) : 안테나로부터의 수신 출력을 레벨 조정하여 동축 케이블에 보내는 것으로 CATV의 가장 중요한 요소이다.
② 중계 전송망 : 헤드 엔드에서 보내는 신호를 가입자의 집까지 전달하는 기능을 가진다.
③ 가입자 설비 : 가입자 설비는 크게 구분하여 정합기, 옥내 분배기, TV로 구성된다.

(4) CATV 사업자 구분
① 프로그램공급자 (PP) : 프로그램 제작 송출
② 전송망사업자 (NO) : 방송 프로그램을 전용망을 통해 전송
③ 방송국운영사업자 (SO) : 종합유선방송국

(5) CATV 망 구조
① 방송국에서 ONU까지 : 광케이블에 의한 스타형 (성형 구조)
② ONU에서 가입자 댁내까지 : 동축케이블 (수직분기 구조, Tree / Branch 혼합형)

합격예측
헤드 앤드 : 증폭기, 컨버터, 변조기, 결합기 등으로 구성

합격예측
CATV 기본구성
① 센터계 : 헤드엔드 등의 송출설비
② 전송계 : 케이블 및 중계증폭기 등의 전송설비
③ 단말계(가입자계) : 가입자단말, 분배기 및 컨버터

합격예측
광단국(ONU : Optical Network Unit)

마. 폐쇄 회로 TV(CCTV : Closed Circuit Television)

(1) 개요

① CCTV란 특정 상호간만을 연결한 TV에 의한 통신 시스템이다.
② CCTV란 특정 지역의 현황 파악, 상태 검사, 감시 등을 위해서 사용되며, 공장, 댐, 은행 등 사람이 접근할 수 없는 산업 현장 등에서 사용된다.

(2) CCTV의 기본 구성

CCTV는 촬영장치, 전송장치 및 표시장치의 3개 부분으로 구성되어 있으며 여기에다 기록장치를 부가할 수 있다.

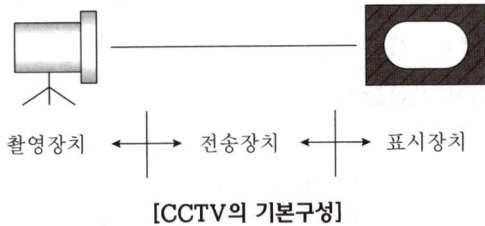

[CCTV의 기본구성]

① 촬영 장치 : 카메라(Camera) 설비가 주축이 되며, 카메라는 CCD 카메라가 일반적으로 많이 사용된다.
② 표시 장치 : 전송되어온 신호를 눈으로 볼 수 있도록 영상, 도형 문자와 같은 형식으로 표시하는 장치이다.
③ 전송 장치 : 전송로에는 광섬유 케이블, 동축 케이블 등이 사용된다.
④ 기록 장치 : CCTV의 기록용 장치로서는 VTR이 사용되고 있으며, 필요에 따라 광 디스크도 사용된다.

(3) CCTV의 용도

① Industrial TV(공업용) ② Educational TV(교육용)
③ Medical TV(의료용)   ④ TV 전화
⑤ 회의용 TV   ⑥ 유선 TV

[CCTV와 CATV의 비교]

구 분	CCTV	CATV
기 능	보안, 감시	자주방송, 정보제공
서비스 범위	건물, 공장	방송구역
채 널	단일	다수
전송방식	단방향성	쌍방향성
기기구성	간단	복잡
망 성격	사설용	공중용

합격 NOTE

합격예측
CCTV는 특정대상을 위하여 프로그램을 제공(폐쇄회로)

합격예측
CCTV의 구성 : 촬영장치, 전송장치, 표시장치, 기록장치

합격예측
CCTV는 호텔, 병원, 학교 등 특정 대상에 대해 VTR 또는 자체 스튜디오를 통해 특정 프로그램을 제공한다.

바. TV(Television)

(1) TV 신호의 송수신

① 빛의 밝기를 나타내는 휘도(Y), 신호와 색상신호 2개(U, V)로 표시하는 YUV 방식으로 화상을 전송한다.

② RGB 방식보다 메모리를 효율적으로 사용한다.

합격예측
RGB는 Red, Green, Blue인 빛의 3가지 속성으로 영상을 표현하는 방식이다.

(2) TV의 화면 주사방식(Scanning Method)

주사방식이란 신호를 입력받아 화상이 만들어지는 수상기에 실제 화면을 뿌려주는 방식을 말하는 것이다.

① 비월주사(Interlace Scan)

비월주사방식은 NTSC-TV에 적용되는 주사방식으로 화면을 구성하는 주사선을 홀수선과 짝수선으로 나누어 한번은 홀수선을 표시하고 한번은 짝수선을 표시하여 하나의 화상을 만들어주는 방식이다.

② 순차주사(Progressive Scan)

비월주사방식과 달리 처음부터 홀수선과 짝수선을 나누지 않고, 순차적으로 주사선을 뿌려주어 하나의 화상을 만드는 방식이다.

합격예측
TV 주사방식 : 비월주사, 순차주사

합격예측
주사 속도가 늦을 시에 화면이 흔들리거나 깜박거리는 플리커(Flicker) 현상이 나타나게 되는데 비월주사는 이를 없애기 위해 사용한다.

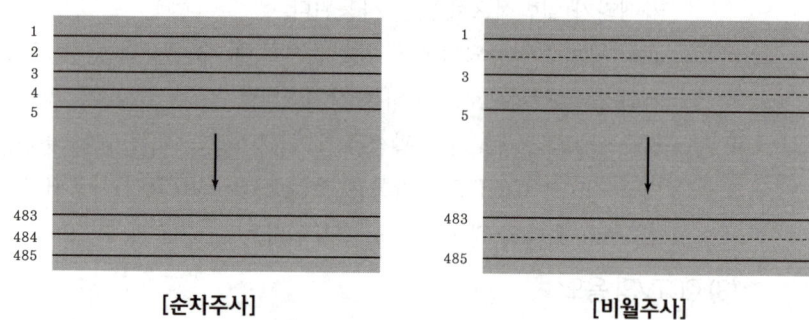

[순차주사]　　　　　　　　[비월주사]

합격예측
- 비월주사방식 : 30프레임/초
- 순차주사방식 : 60프레임/초

(3) TV 방송 방식

구분	사용지역	수직해상도	프레임수
NTSC	한국, 일본, 미국, 동남아	525	30[frame/s(fps)]
PAL	영국, 유럽일부, 중국, 호주	625	25[fps]
SECAM	프랑스, 동유럽, 러시아	625	25[fps]

(4) NTSC 방식

① 1953년에 미국에서 제정된 최초의 칼라 텔레비전 표준전송방식으로, 한국 등의 컬러 TV 방식이다.

② 30[frame/sec]의 속도를 사용하는 방식으로 525줄이 하나의 화면으로 구성되며, 화면의 종횡비(Aspect Ratio)로 3:4를 채택한다.

합격예측
종횡비(종과 횡의 비율) : 종(세로), 횡(가로)의 비율

	NTSC	PAL	SECAM	HDTV
주사선수	525	625	625	1125
수직주파수	60[Hz]	50[Hz]	50[Hz]	
주사방식	비월주사	비월주사		
비월주사	2 : 1	2 : 1	2 : 1	
매초당프레임	30	25	25	
가로세로비	4 : 3	4 : 3	4 : 3	16 : 9
종횡비	3 : 4	3 : 4	3 : 4	9 : 16
영상변조	AM	AM		FM
음성변조	FM	FM		PCM
채널대역	6[MHz]	7[MHz]		6[MHz]
채택	미국	유럽	프랑스	

사. 디지털 TV(DTV : Digital Television)

(1) DTV의 개요

기존의 TV에서 아날로그 신호를 사용했던 것에 반해, DTV는 디지털 신호를 이용하여 동영상과 소리를 방송 및 수신할 수 있는 방송 시스템을 말한다. 디지털 텔레비전은 디지털 방식으로 압축되고 변조된 데이터를 이용하므로, 디지털 텔레비전용으로 설계된 텔레비전 수상기나 셋톱박스를 통해서만 시청할 수 있다.

(2) 디지털 TV의 특징

① DTV가 아날로그 TV보다 화질이 2배 이상 선명

아날로그 TV는 가로 주사선 525개를 사용하고, 시청 화질을 결정하는 수평선 해상도가 330선 정도인 반면 HD급 DTV는 수평해상도가 7백선 정도에 달하기 때문이다.

② 획기적인 입체 음향을 제공

AC3기술을 사용하는 디지털 TV는 5.1 채널의 입체 음향을 제공한다.

③ 멀티캐스팅 가능

동일한 대역폭에 4개 정도의 프로그램을 동시에 전송이 가능하다.

④ 멀티미디어 기능을 제공

인터넷 검색, 홈쇼핑, 홈뱅킹 등 다양한 양방향 서비스의 제공이 가능하다.

⑤ 채널이 차지하는 대역폭을 줄일 수 있다.

디지털 TV는 아날로그 TV와 같은 대역폭(6[MHz])에서 더 많은 채널을 수신하고 HD급 방송을 볼 수 있다.

합격 NOTE

합격예측
- NTSC(National Television System Committee)
- PAL(Phase Alternation by Line)
- SECAM(SEquential Couleur A Memoire)

합격예측
HDTV는 해상도가 높은 고품질의 텔레비전 방식을 말한다.

합격예측
DTV는 보다 선명한 영상, 깨끗한 오디오, 다양한 프로그램들을 제공할 수 있게 해준다.

합격예측
멀티캐스팅 : 한 채널에 여러 프로그램을 동시에 방송하는 기능

합격예측
DTV의 단점 : 무단 복제에 따른 저작권 문제 발생 가능, 설치비용 증가

합격 NOTE

구 분	디지털 TV
영 상	영상 압축기술 (MPEG2 : Moving Picture Expert Group-2)
음 성	음성 압축기술 (미국 : AC-3(audio coding-3)/ 유럽, 일본 : MPEG-2
영상기기	프로젝션 TV, PDP, LCD TV 등 첨단 제품으로 시청
규 격	미국은 표준방식으로 ATSC 방식을 적용(한국, 캐나다, 남미) 유럽은 표준방식으로 DVB-T 방식을 적용(유럽 지역 등)

합격예측
8-VSB(Vestigial Side Band) : 6[MHz] 대역을 사용, 19.39[Mbps] 전송률을 얻는다.

합격예측
DTV의 종류 : HDTV와 SDTV (Standard Definition TV)

방송 규격	전송방식	Video 압축	Audio 압축
ATSC	단일반송파 8-VSB	SDTV/HDTV 겸용 MPEG-2	Dolby AC-3
DVB-T	다중반송파	COFDM SDTV	MPEG-2 5.1CH

(3) 디지털 TV와 아날로그 TV의 비교

구 분	아날로그 TV	디지털 TV	
		SDTV	HDTV
주사선 수	525개	704*480	1920*1080
해상도	약 330선	700선 이상	
음질	2ch. FM 스테레오	5.1 멀티채널	
화면비(가로:세로)	4:3	4:3/16:9	16:9
부가기능	문자다중방송, 데이터방송	홈쇼핑 등의 양방향 방송	

합격예측
HDTV의 정보량은 기존 방식보다 4~5배 증가한다.

아. 고선명 TV(HDTV : High Definition TV)

(1) 고선명 텔레비전은 과거의 아날로그 전송 방식(NTSC, PAL, SECAM)보다 월등히 향상된 화질로 방송을 시청할 수 있는 텔레비전 방송 수신기이다.

(2) HDTV의 특성 : 고화질, 대화면, 영상대역폭 증가

[TV와 HDTV 비교]

구 분	기존 TV	HDTV
주사선 수	525	1,125
화면 비(가로:세로)	4:3	16:9
화상수/초	30	30
최적 시거리	화면 높이의 7배	3배

자. 초고선명 텔레비전(Ultra High Definition Television, UHDTV, Ultra HDTV)

(1) UHDTV는 초고화질 영상 시스템(Ultra High Definition Video, UHDV) 또는 슈퍼 하이비전(Super Hi-Vision, SHV)이라고도 불린다.

(2) UHDTV는 HD급에 비해 4배~16배 해상도의 비디오와 10채널 이상의 다채널 오디오로 극사실적인 초고품질 방송서비스를 통하여 소비자의 품질 요구를 만족시킬 수 있는 차세대 방송 시스템 및 서비스이다.

[UHDTV와 HDTV의 주요 특징 비교]

구 분	UHDTV		HDTV	비 고
	4K	8K		
화면당 화소 수	3,840×2,160	7,680×4,320	1,920×1,080	4K(4배) 8K(16배)
화면 주사율	60[Hz]		30[Hz]	2배
화소당 비트 수	24~36[bit]		24[bit]	1~1.5배
컬러 샘플링 형식	4:4:4, 4:4:2, 4:2:0		4:2:0	1~2배
가로 세로 화면비	16:9		16:9	동일
오디오 채널 수	10.1~22.2		5.1	2~4.4배
표준 시청 거리	1.5H		0.75H	H(화면높이)

차. IPTV(Internet Protocol Television)

(1) IPTV의 정의
  ① IPTV는 IP를 이용하여 다채널 방송 서비스와 VOD 서비스 등을 제공하는 서비스이다.
  ② IPTV는 TV를 통해 인터넷 서비스를 이용할 수 있도록 개발된 서비스 및 장비로, TV와 인터넷의 융합으로 인해 기존의 TV 기능을 넘어서 다양한 서비스를 제공할 수 있는 통신과 방송의 융합서비스이다.

(2) IPTV 시스템 구성 및 기술
  IPTV 시스템의 구성은 헤드엔드 시스템, 네트워크 및 단말장치로 구성된다.
  ① 헤드엔드 시스템(Head-End System)
    ㉠ 원본 방송콘텐츠를 취득·가공(압축, 다중화, 암호화, IP 패킷화) 편성하고 가입자 관리, 과금 등 서비스를 제어하는 기능을 수행

합격 NOTE

합격예측
UHDTV는 원신호로부터 4:2:2 이상의 컬러 신호 샘플링으로 큰 화면에서 섬세하고 자연스러운 영상의 표현이 가능

합격예측
IPTV 정의
① IP를 기반으로 한 멀티미디어서비스
② IP 및 혼합된 전달방식(IP+방송, DMB)을 기반으로 하는 멀티미디어서비스

합격예측
IPTV를 이용하기 위해서는 텔레비전 수상기와 셋톱박스, 인터넷 회선만 연결되어 있으면 된다.

합격 NOTE

합격예측
네트워크 품질 기준 : 패킷전달지연(100[ms] 이하), 패킷손실률(10^{-3} 이하), 패킷지연편차(50[ms] 이하)

ⓒ 베이스밴드(Baseband System), 압축다중화, VOD 시스템, 데이터방송 시스템, 보안 및 운영 관리 시스템 등으로 구성

② 네트워크(Network)
㉠ 헤드엔드와 단말기간의 IPTV 콘텐츠 전달, 서비스 제어, 전송 품질 제어 등의 기능 수행
ⓒ 백본(Core, Edge)망, 액세스(Access)망 구성을 위한 라우터, 스위치 등으로 구성

③ 단말(Set Top Box)
㉠ 가입자에게 서비스를 제공하기 위한 STB 장치로 영상/음성 복호화, 수신제한 프로그램 정보 및 양방향 데이터 방송 서비스 제공
ⓒ 미들웨어, 보안, 네트워크 접속, 전자 프로그램 가이드 및 웹 브라우저 등으로 구성

합격예측
IPTV의 특징 : 쌍방향서비스 가능, 개인화서비스 가능, 번들 서비스가 용이 등

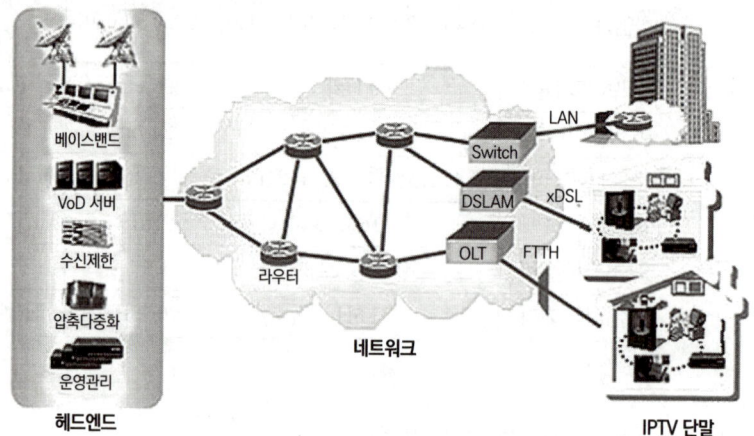

합격예측
인터넷 TV란 TV에 Internet Set-Top Box와 전화선(또는 전용선)을 연결하여 TV에서 인터넷은 물론 TV Program 시청 및 홈시큐리티, 홈 오토메이션 등을 원격으로 제어할 수 있는 기기이다.

(3) IPTV와 Internet TV의 차이점

구 분	인터넷 TV	IPTV
입력장치	키보드	리모콘
네트워크	IP망(공개망)	IP망(방송 : 폐쇄망)
전송방식	유니캐스트	다채널 방송 : 멀티캐스트 데이터/통신 : 유니캐스트
사용자	전 세계 인터넷 사용자	해당 사업자의 가입자
장 점	구축비용 저렴	HD 영상
단 점	VHS 수준 영상, 버퍼링 있음	구축비용이 많이 듦

참고

Mobile IPTV란?

① 모바일 IPTV란 IP기반 무선 네트워크를 이용하여 TV, Video, Audio를 전송받아 전세계 어디서나 자유롭게 IPTV 시청이 가능한 서비스를 말한다. 즉, 모바일 휴대기기에서 제공되는 IPTV 방송 서비스이다.
② 장소와 단말기 종류, 콘텐츠 접속 등의 제약을 극복하고 단순 방송 서비스뿐만이 아닌 인터넷 서비스와 양방향 부가서비스를 이용할 수 있는 유-무선통합 TV서비스이다.

합격예측
IPTV 서비스 : 초고속 인터넷 네트워크를 이용하여 HD(고화질) 동영상 및 방송을 TV로 제공하는 서비스

카. 스마트 TV(Smart TV)

(1) 스마트 TV의 개요

스마트 TV란, 기존의 TV에 인터넷을 연결하여 TV 방송 콘텐츠뿐만 아니라 웹서핑, e-뱅킹, 전자상거래, 검색 등 인터넷 서비스를 이용할 수 있는 TV이다. 스마트 TV는 방송과 인터넷이 결합된 형태이다.
① 방송 : 드라마, 뉴스, 연예, 다큐멘터리 등
② 인터넷 : 웹서핑, e-뱅킹, 전자상거래, 검색 등

합격예측
스마트 TV는 각종 앱(Application : 응용프로그램)을 설치해 다양한 기능을 활용할 수 있다.

합격예측
Smart TV는 인터넷에 접속되어 앱스토어, 웹검색, 게임, SNS 등이 가능한 TV이다.

(2) 스마트 TV의 구성

TV에 내장 또는 외장 형태로 연결된 셋톱박스에 인터넷 회선을 연결하여 TV 방송 및 인터넷 서비스를 동시에 이용 가능하다.

합격예측
셋톱박스(Set Top Box) : 외부에서 들어오는 신호를 받아 TV로 그 내용을 표시해주는 멀티미디어 기기

(3) IPTV와 스마트 TV와의 차이점

구 분	IPTV	스마트 TV
전송매체	프리미엄망	일반 인터넷망
서비스 품질	보장	보장 곤란
실시간 방송	○	×
웹서핑	△	○
사업 모델	폐쇄적	개방적

합격예측
스마트 TV를 쌍방향 TV(Interactive TV)라 한다.

타. 디지털 멀티미디어 방송(DMB : Digital Multimedia Broadcasting)

(1) DMB의 개요

① DMB는 디지털 영상 및 오디오 방송을 전송하는 방송기술로, 휴대전화, MP3, PMP 등의 휴대용 기기에서 텔레비전, 라디오, 데이터방송을 수신할 수 있는 이동용 멀티미디어 방송의 목적으로 개발되었다.

합격예측
DMB=디지털 라디오용 기술(DAB Digital Audio Broadcasting)+멀티미디어기술

합격 NOTE

합격예측
위성 DMB는 인공위성을 통해 방송전파를 송출하고 이동단말기로 수신하는 위성 이동방송 서비스이다.

② 이동 멀티미디어 방송이라는 용어를 사용하며, 이동중 수신을 주목적으로 다채널을 이용하여 텔레비전방송·라디오방송 및 데이터방송을 복합적으로 송신하는 방송으로 정의한다.

③ DMB는 기본적으로 전파 송수신 방식에 따라 지상파 DMB(T-DMB)와 위성 DMB(S-DMB)방식으로 나뉜다.

항목	위성 DMB	지상파 DMB
용도	위성용으로 표준화	지상파, 위성 가능
동영상 가능여부	가능	가능
고속이동 수신	가능	가능
상대적 장점	전력효율이 우수	주파수 이용효율 우수
오류정정	Convolutional Code	Convolutional Code
다중화	MPEG-2	MPEG-2
변조	QPSK	DQPSK
전송대역폭	25[MHz]	12[MHz]

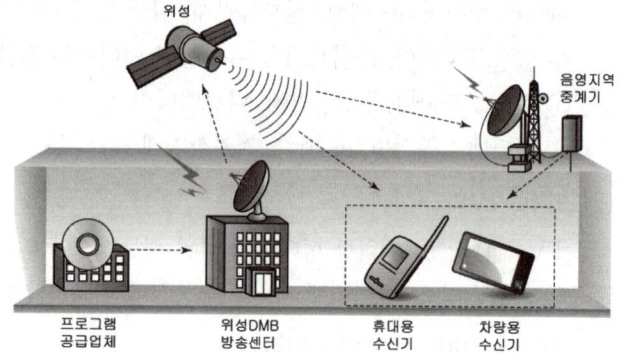

[위성 DMB 방식]

(2) DMB 방식의 장점

① 이동하면서 언제 어디서나 수신 가능
② 수신지역이 바뀌어도 주파수 바꿀 필요 없다.
③ 비디오, 오디오 및 데이터 서비스 가능
④ 다채널, CD·DVD급의 고음질, 고화질 서비스 제공
⑤ 쉽고 다양한 응용 서비스

출제 예상 문제

제1장 영상통신기기

01 컴퓨터나 인공위성 등의 통신수단을 이용하여 화면상으로 서로 얼굴을 보면서 통신할 수 있는 시스템 또는 팩스와 같이 종이를 이용해 정보를 전달하는 통신을 무엇이라 하는가?

① 화상통신　　② 위성통신
③ 음향통신　　④ 이동통신

해설

화상통신의 개요
① 전화와 같은 음성통신과 대비하여 화상통신은 시각적인 정보가 전달되는 통신이다.
② 화상통신이란 그림, 그래픽 또는 영상 등의 정보전송을 말한다.
③ 화상통신의 종류 : 영상통신, 기록통신

02 원거리에 있는 사람들끼리 서로의 얼굴이나 영상을 보면서 회의 및 통화를 할 수 있도록 만든 시스템을 무엇이라 하는가?

① 무선통신　　② 위성통신
③ 이동통신　　④ 화상통신

03 다음 중 화상통신에서의 전송 순서로 올바른 것은?

① 송신화상 → 광전변환 → 전송로 → 전광변환 → 수신화상
② 송신화상 → 변조 → 전광변환 → 광전변환 → 복조 → 수신화상
③ 송신화상 → 전광변환 → 변조 → 복조 → 광전변환 → 수진화상
④ 송신화상 → 광전변환 → 전광변환 → 변조 → 복조 → 수신화상

해설

[화상통신 시스템]

04 다음 중 화상통신 서비스에서 단말 대 단말의 형태인 것은?

① 팩시밀리 통신　　② CAI
③ 쌍방향 CATV　　④ Videotex

해설

화상통신 서비스는 E-E(단말 대 단말)형과 C-E(센터 대 단말)형으로 구분된다.
① E-E(End to End)형 : 영상전송서비스(TV, CATV, CCTV 등), TV 회의/TV 전화, 팩시밀리 등
② C-E(Center to End)형 : 화상응답서비스(VRS), 양방향 CATV, 비디오텍스 등

05 다음 중 화상회의 시스템에 대한 기능으로 틀린 것은?

① 일반적으로 소프트웨어 기반 영상은 하드웨어 기반에 비해 화질이 좋지 않다.
② 영상신호의 부호화와 복호화를 위해 코덱이 사용된다.
③ 고화질의 영상을 전송하기 위한 영상압축 기술이 필요하다.
④ 화상회의 시스템은 보안에 강하다.

해설

① 화상회의 시스템이란 화상 및 음성데이터의 실시간 전송을 통하여 회의상대방을 직접 대면하면서 실제 회의와 동일한 환경에서 회의진행이 가능하도록 해주는 시스템이다.
② 화상회의 시스템은 인터넷을 통해 접속하므로 보안에 약하다.

06 다음 중 화상회의 시스템 설명으로 적합하지 않은 것은?

① 동화상 처리방식에는 프레임 다중방식 등이 있다.
② 음성처리 과정에서 하울링이나 에코현상이 일어날 수 있다.

[정답] 01 ① 02 ④ 03 ① 04 ① 05 ④ 06 ④

③ 음성, 영상압축 기술이 필요하며 광대역 고속 통신망이 유리하다.
④ 정지화상 통신회의 시스템은 협대역 전송로를 사용하므로 가격이 비싸다.

07 다음 중 화상통신회의 시스템의 기본 구성 요소가 아닌 것은?

① 전송로
② 단말기
③ 컴퓨터 센터 시스템
④ 다중화기

08 다음 중 화상통신회의 시스템의 기본적인 구성요소가 아닌 것은?

① 영상 시스템부
② 제어 시스템부
③ 음향 시스템부
④ 망분배 시스템부

해설

화상통신회의(Teleconference)
① 화상통신회의는 서로 떨어진 지점에 있는 회의실 상호간을 영상 및 음성통신회선으로 연결해 회의 참가자가 화면을 보면서 회의를 할 수 있는 서비스 시스템이다.
② 화상통신회의 시스템 구성
  ㉠ 음향부 시스템 : 전화기, 마이크로폰, 스피커 및 음향신호 처리부로 구성
  ㉡ 영상부 시스템 : 카메라, 모니터, 영상신호 처리부로 구성
  ㉢ 제어부 시스템
  ㉣ 모니터

09 다음 중 영상회의 시스템에 대한 설명으로 틀린 것은?

① 시간과 경비가 절약된다.
② 회의 참석이 용이하다.
③ 신속하고 정확한 정보 전달이 어렵다.
④ 고속 및 광대역의 네트워크가 필요하다.

해설

영상회의 시스템의 특징
운영비용 절감 효과, 업무의 능률화, 신속한 의사결정, 기업의 정보화, 고속의 장비 및 네트워크 필요 등

10 다음 중 영상회의 시스템의 기본구성요소가 아닌 것은?

① 음향부
② 팩스부
③ 영상부
④ 제어부

해설

① 영상 회의는 양방향으로 영상 및 음성을 전송하는 통신 기술을 이용한다.
② 시스템의 기본 구성
  ㉠ 음성을 송·수신하는 음향부
  ㉡ 영상을 송·수신하는 영상부
  ㉢ 회의 진행을 제어하는 제어부
  ㉣ 회의진행 시 기록연락을 행하는 회의 보조시설

11 영상회의 시스템의 비디오 프레임 포맷을 전송하고자 한다. 가장 높은 데이터 전송률을 갖는 포맷은?

① Sub-QCIF
② QCIF
③ CIF
④ 4CIF

12 다음 중 팩시밀리 통신에서 송신원고 내용을 베이스밴드의 전기신호로 바꾸는 과정은?

① Reflection
② Scanning
③ Moulation
④ Light Variabion

해설

주사(Scanning)란 2차원의 화상을 시간적인 전기신호로 전송하기 위해 화상을 화소로 분해하고 각 화소의 신호 값을 일정한 순서와 방법으로 읽어내는 동작 또는 이와 같은 신호로부터 원래 화상을 복원하는 동작을 말한다.

13 팩시밀리에서 주사선 밀도란?

① 화면 1[cm]를 몇 주사로 분해하는가를 나타낸다.
② 화면 1[mm]를 몇 주사로 분해하는가를 나타낸다.
③ 화면에서 한 선의 길이가 몇 [mm]인가를 나타낸다.
④ 화면에서 한 선의 길이가 몇 [cm]인가를 나타낸다.

[정답] 07 ④ 08 ④ 09 ③ 10 ② 11 ④ 12 ② 13 ②

> **해설**
>
> **주사선 밀도(Scanning Density)**
> ① 단위폭당 주사선의 수를 말한다.
> ② 보통 활자나 사진을 전송하는 경우 1[mm]당 4~5개이다.
> ③ 화선 밀도라고도 한다.

14 팩시밀리(Facimile)의 주사방법에 해당하는 것은 어느 것인가?

① 원통 주사　　　② 입체 주사
③ 삼각 주사　　　④ 원주사

> **해설**
>
> **주사방법**
> ① 원통 주사 : 원화를 원통에 감아서 원통을 동기 전동기로 회전시켜 다시 원동축 방향으로 이동하면서 주사를 행하는 방법
> ② 평면 주사 : 아래쪽에서 윗쪽으로 이동시키면서 좌에서 우로 주사하는 방법으로 송신 주사와 수신 주사 방법이 동일하다.
> ③ 기계적 주사방식
> ④ 전자식 주사방식

15 팩시밀리 통신에서 송신 원화와 유사한 수신 원화를 얻으려면 어떠한 조건이 이루어져야 하는가?

① 송신 장치와 수신 장치의 협동 계수만 동원하면 된다.
② ①의 조건과 회전수가 같으면 된다.
③ ①, ②의 조건 외에 위상 동기까지 맞아야 한다.
④ 위상 동기 및 회전수만 같으면 된다.

> **해설**
>
> 송신 원화와 비슷한 수신 원화를 얻으려면 다음의 조건이 만족되어야 한다.
> ① 협동 계수가 같아야 한다.
> 　- 송신 원화와 비슷한 수신 원화를 얻으려면 협동 계수가 264 또는 352를 유지해야 한다.
> ② 원통 계수가 같아야 한다.
> ③ 회전 동기와 위상 동기가 같아야 한다.

16 팩시밀리 장치에서 주사기능과 광전변환 기능을 가지며, 고속주사가 가능한 장치는?

① 포토 다이오드　　　② LED
③ CCD　　　　　　④ 광 트랜지스터

> **해설**
>
> 광전변환이란, 원고에 Lamp나 발광 Diode 등으로 광을 조사하고 원고의 농도에 따라 반사광을 집광 Lens를 통하여 광전변환 소자(CCD)에 의해서 전기신호로 변환한다.

17 팩시밀리에서 사용되는 광전 변환 소자가 아닌 것은?

① 광전자 증배관　　　② 촬상관
③ 포토 트랜지스터　　④ 등화 증폭기

> **해설**
>
> **광변환 소자의 종류**
> 광전관, 광전자 증배관, 촬상관, 포토 다이오드, 포토 트랜지스터, CCD, MOS 이미지 센서 등이 있다.

18 주사된 화소의 명암을 연속적인 화소 전류로 바꾸는 변환은?

① 수신 기록 변환　　　② 광전 변환
③ 전광 변환　　　　　④ 주사 변환

> **해설**
>
> ① 광전 변환(Photoelectric Conversion)
> 　㉠ 팩시밀리(모사 전송, 사진 전송)의 송신측에서 원화를 광선으로 주사하고 각 화점의 반사광 농담을 광전관 또는 포토 트랜지스터에 의해 전류(화전류)로 변환하는 것
> 　㉡ 송신기에서의 광전 변환은 송신 원화를 조사하는 광원, 원화 위 또는 광전 변환 소자 위에 초점을 맞추기 위한 광학 렌즈계 등의 광전 변환 소자에 의해서 행하여진다.
> ② 수신측에서는 보내온 전기 신호를 규칙에 따라 부호화하여 순차적으로 화소 정보를 복원한 후(전광 변환) 원래의 화상 정보의 형태로 재생, 복원시키는 방식이다.

19 팩시밀리(Facimile)장치의 기본적인 상수 중 맞지 않는 것은?

① 주사선 길이　　　② 주사선 밀도
③ 전송 시간　　　　④ 최소화 주파수

[정답] 14 ① 15 ③ 16 ③ 17 ④ 18 ② 19 ④

> **해설**
>
> **팩시밀리 장치의 규격이나 성능을 나타내는 각종 상수**
> ① 주사선 길이[L(mm)] : 주주사의 길이
> ② 주사선 밀도[F(줄/mm)] : 부주사 방향의 단위 길이 mm당 주사선의 개수
> ③ 평면 협동 계수[K] : 주사선 길이와 주사선 밀도와의 곱
> ∴ 협동계수(M) = 주사선 밀도(F) × 원통지름(D)
> ④ 주사 주파수[TN(개/초)] : 단위 시간(초)당 주사선의 주사 주파수
> ⑤ 전송 시간[T(sec)] : 1장의 원화를 보내는 데 필요한 시간
> ⑥ 최고화 주파수[f_p(Hz)] : 원화가 $1/F^2$인 면적의 흑백화소의 반복으로 된다고 할 때 화신호의 기본 주파수

20 팩시밀리에서 협동 계수란?

① 송·수신 두 원통의 직경과 선밀도의 적
② 송신 원통과 수신 원통의 직경의 비
③ 원통의 유효 길이와 선밀도의 상승적
④ 원통의 직경과 유효 길이의 상승적

> **해설**
>
> **협동 계수(Index Of Cooperation)**
> ① 수신측에서 송신 원화가 같으려면 협동 계수가 같아야 한다. 따라서 협동 계수는 원통의 직경을 D라 하고 선밀도를 d라 하면
>
> $$협동\ 계수(I_{Dd}) = D \times d = \frac{원통\ 직경(D)}{피치의\ 거리(P)}$$
>
> ② 주사선 또는 기록선의 길이와 부주사 방향의 단위폭당 주사선 또는 기록선의 길이와의 곱이다.
> ③ ITU에서는 협동 계수로서 264(70×3.77, 66×4)와 352를 권고하고 있다.
> ④ 주사선 협동 계수 또는 평면 협동 계수라 한다.

21 팩시밀리의 원통직경이 D[mm]이고 주사선 밀도가 N[선/mm]일 때 협동계수는 다음 중 어느 것으로 정의되는가?

① $\dfrac{D}{N}$
② $\dfrac{N}{D}$
③ $D \times N$
④ πD^2

> **해설**
>
> ① 협동계수는 원통 직경과 주사선 밀도와의 곱으로 표시된다.
> ∴ 협동계수(M) = 주사선 밀도(N) × 원통지름(D)
> ② 수신측에서 송신화와 동일한 화면을 얻기 위해서는 송신측과 수신측에서 협동 계수가 같아야 한다.

22 다음 중 협동 계수와 관계가 없는 것은?

① 송신(TD) 원통의 지름과 관계 있다.
② 수신(RD) 원통의 지름과 관계 있다.
③ 주사선 밀도와 관계 있다.
④ 원통 밀도와 관계 있다.

23 팩시밀리의 원통직경이 50[mm]이고, 주사선 밀도가 5[선/mm]일 때 협동계수는 얼마인가?

① 10
② 25
③ 100
④ 250

> **해설**
>
> 협동계수 : 원통직경과 주사선 밀도의 곱이다.
> ∴ 협동계수(K) = 50[mm] × 5[선/mm] = 250

24 팩시밀리의 원통 계수는?

① 원통의 직경과 선밀도의 비
② 원통의 유효 길이와 직경의 적
③ 원통의 유효 길이와 직경의 상승적
④ 원통의 유효 길이와 직경의 비

> **해설**
>
> **원통 계수**
> 원통 계수는 원통의 유효 길이(L)와 지름(D)의 비로써 나타낸다.
> ∴ 원통 계수 = $\dfrac{L}{D}$

25 팩시밀리에 의해서 사진을 전송할 경우 그 협동 계수(協同係數)가 352이고, 송신 원통의 회전 속도가 60[rpm]이면 최고 주파수는 얼마가 되는가?

① 553[Hz]
② 352[Hz]
③ 120[Hz]
④ 60[Hz]

> **해설**
>
> **팩시밀리에서 화전류의 최대 주파수(f_m)**
> ① $f_m = \dfrac{\pi dDL}{2T}$
> 여기서 D : 송신 원통의 지름[mm]

[정답] 20 ① 21 ③ 22 ④ 23 ④ 24 ④ 25 ①

N : 회전수[rpm]
d : 주사선 밀도[선/mm]
L : 송신 원통의 유효 길이[mm]
T : 전 화면의 전송 시간[초]

② $f_m = \dfrac{\pi d D L}{2T} = \dfrac{3.14 \times 352 \times 60}{2 \times 60}$

여기서 $D \times d$는 협동 계수이다.

26 팩시밀리 길이가 120[mm]인 그림을 송신하고자 할 때 전송에 필요한 시간은 얼마이겠는가?
(회전수(N)=120[rpm], 주사선 밀도(d)=4[4선/mm])

① 2분 ② 3분
③ 4분 ④ 5분

해설

① 팩시밀리의 주사선 밀도를 d, 송신 원통의 유효 길이를 L[mm], 회전수를 N[rpm]라 할 때 전 화면의 전송 시간 t는?

$t = \dfrac{60dL}{N}$

② $t = \dfrac{60 \times 4 \times 120}{120} = 240초 = 4분$

27 팩시밀리에서 송·수신 사이에서 사용하는 동기 방식에 해당하지 않는 것은?

① 독립 동기 방식
② 강제 동기 방식
③ 위상 동기 방식
④ 간접 동기 방식

28 팩시밀리에서 송신측으로부터 화전류 외에 동기 전류를 보내어 수신 장치를 동기시키는 방법을 무엇이라 하는가?

① 전송 동기 방식 ② 독립 동기 방식
③ 강제 동기 방식 ④ 위상 동기 방식

해설

화신호와 같이 동기 신호를 전송하고 수신기에서 동기 신호를 분리하여 동기를 행하는 방법은 전송 동기 방법이다.

29 다음 중 팩시밀리의 문서나 그림 전송시 흑 또는 백의 화소 길이에 대하여 가장 효율적인 압축방식은?

① HDLC coding
② EBCDIC coding
③ Run length coding
④ Data compression coding

해설

Run Length Coding 압축 방법은 반복해서 나오는 코드를 제거함으로써 압축하는 방법이다. 이 방법은 Huffman coding에 근거하며 무손실이고 Fax. 전송 등에 사용한다.

30 팩시밀리의 압축부호화 방식 중 MR부호화 방식의 모드에 해당되지 않는 것은?

① 전달모드 ② 패스모드
③ 수평모드 ④ 수직모드

해설

참조선상의 참조 화소로부터의 거리를 부호화하는 "수직 모드", 부호화 주사선상의 참조 화소로부터의 거리를 부호화하는 "수평 모드" 및 참조선상의 정보 변화 화소를 참조 화소로 보지 않는 것을 나타내는 "통과(Pass) 모드" 중에서 어떤 것이든 선택하여 고능률로 부호화한다.

31 다음 중 G3 Fax의 설명으로 거리가 먼 것은?

① 디지털 전송방식을 이용한다.
② 수직방향의 표준 해상도는 3.85[선/mm]이다.
③ A4용지를 1분대에 전송한다.
④ 압축 부호화 방식으로 MMR을 적용한다.

해설

구분	G1	G2	G3	G4
접속망	전화망	전화망	전화망	데이터망
전송방식	아날로그	아날로그	디지털	디지털
변조방식	FM	AM(VSB)	QPSK, QAM	
대역압축	적용하지 않음	적용	MH, MR	MMR
A4 전송시간	4~6분	2~3분	1분	3~5초

[정답] 26 ③ 27 ④ 28 ① 29 ③ 30 ③ 31 ④

32 팩시밀리 중 MH(Modified Huffman)와 MR(Modi-fied Read) 방식의 데이터 압축 기술을 사용하며, A4 표준 원고인 경우 전송 시간이 약 1분 정도 소요되는 것은 무엇인가?

① G1
② G2
③ G3
④ G4

33 다음 중 팩시밀리(Facsimile) 통신방식인 G4 FAX에 대한 설명이 아닌 것은?

① Modified Huffman과 Modified Read방식을 채용하여 데이터를 압축하는 기술을 사용하는 기종이다.
② A4 표준 원고를 전송하는 데 약 3초 정도 소요된다.
③ 광범위한 서비스와 다기능 문서 통신을 구현할 수 있다.
④ 디지털망 접속용 Digital 팩시밀리이다.

해설

G4 팩시밀리의 특성
① 고속의 Data 전송기능 : 한 page를 2~3초 이내 전송하기 위한 효과적인 압축기법 사용
② 통합된 기능 : 광범위한 서비스와 다기능 문서 통신을 위해 다른 서비스와 호환성 유지
③ 적용망 : 패킷교환 데이터망, 회선교환 데이터망, 공중 데이터망, ISDN
④ 부호화방식 : 확장 MR(Modified MR)방식

34 G4 팩시밀리의 일반적인 특징에 해당하지 않는 것은?

① 고속의 전송이 가능하다.
② 해상도가 높으며 정밀도가 높다.
③ 오류제어에 따른 고품질성을 갖는다.
④ PSTN에 적합한 형태이다.

35 다음 중 CATV의 특성이라고 볼 수 없는 것은?

① 서비스는 지역적 특성이 높다.
② 전송 품질이 양호하다.
③ 단방향 전송만 가능하다.
④ 채널용량이 증가한다.

36 CATV의 발전 단계를 순서적으로 표시한 것은?

① 중계형 난시청 해소 – 정보센터 – 정보 제공 – 자체 방송
② 공시청 – 단순쌍방향 – 완전쌍방향
③ 단방향 – 단순쌍방향 – 완전쌍방향
④ 국지적 – 전국적 – 지역사회 – 전세계적

37 CATV의 발전요인이 아닌 것은?

① 도시잡음 등의 고주파 방해 잡음의 증가에 의한 화질의 열화
② 지역정보 시스템의 사회적 필요성
③ TV 방송 프로그램의 다채널 요망
④ 도시의 고층 건물의 증가와는 무관하다.

38 케이블 텔레비전(CATV)의 용도로서 부적당한 것은?

① 컴퓨터와 접속하여 정보 제공을 시스템화한다.
② 단지 특정자 상호간에 텔레비전 방송의 채송 뿐만 아니라 자주적인 방송을 행한다.
③ 가입자 단말로서 쌍방향 전송 기능을 부가하므로서 다채로운 서비스를 제공한다.
④ 방송 수신이 곤란한 난시청 지역의 해결 방안이다.

해설

CATV(Cable Television)
① 방송국에서 가입자에게 동축 케이블이나 광섬유 케이블을 이용하여 각 가정의 TV 브라운관에 방송 프로그램을 전송하는 통신 시스템
② CATV는 난시청 해소를 위해 산간 벽지의 산정에 공동 수신 안테나를 설치하여 수신한 방송 전파를 동축 케이블이나 광섬유 케이블을 이용하여 각 가정에 전송한다.
③ CATV는 쌍방향 전송 기능을 가진다.

[정답] 32 ③ 33 ① 34 ④ 35 ③ 36 ① 37 ④ 38 ①

39 다음 중 CATV에 대한 설명으로 옳지 않은 것은?

① 안테나로 수신한 TV신호를 동축케이블 등의 광대역 전송로로 전송한다.
② 난시청 해소를 위한 TV방송의 재송신 및 자체프로그램 방송을 서비스한다.
③ CATV는 도시형 CATV, 양방향 CATV 등이 있다.
④ CATV의 간선에는 FTTH(Fiber To The Home)가 적용된다.

해설
FTTH(Fiber To The Home)는 광섬유를 집안까지 연결한다는 뜻으로, 초고속 인터넷 설비방식의 한 종류이다.

40 다음 중 CATV의 기대가 되는 효과로 적합하지 않은 것은?

① 지역 정보화의 초석이 되는 뉴미디어의 역할을 담당하게 된다.
② 지역 주민간의 유대감을 강화할 수 있다.
③ 지역간의 격차를 없애고 지방의 균등한 발전을 이루는 데 기여한다.
④ 전국적 대중을 대상으로 동시적 광고 효과를 높일 수 있다.

해설
CATV의 기대 효과
① 지역 정보의 초석이 되는 뉴미디어의 역할을 담당
② 지역 주민간의 유대감을 강화
③ 지역간의 격차를 없애고 지방의 균등한 발전을 이루는데 기여
④ 지역 주민들의 정치 의식의 함양을 도모
⑤ 광도 효과의 극대화

41 CATV 시스템의 설명으로 옳지 않은 것은?

① 유선방송 시스템은 공동수신 CATV, 지역외 CATV, 자체방송 CATV, 쌍방향 CATV로 구분
② 국소적인 분야에서 특수한 목적으로 사용하는 경우 간단한 카메라와 모니터링 화면 및 화상정보의 전송로 전달과 통제실 확인장치 및 컴퓨터시스템으로 구성
③ CATV의 3요소는 전체 시스템을 통제하는 유선국, 신호를 분배 전송하는 분배 전송로, 서비스를 받는 가입자국으로 구성
④ 유선방송 시스템의 응용으로는 호텔용 CATV, 교통감시용 CATV, 교육용 CATV, 정지화상 통신, TV회의, TV 전화 등

42 다음 중 CATV의 전송선로에서 요구되는 일반적인 조건이 아닌 것은?

① 저손실성
② 광대역성
③ 우수한 차폐 특성
④ 가격의 저렴성

해설
CATV 전송로의 요구 조건
① 저손실이어야 한다.
② 광대역이어야 한다.
③ 우수한 차폐 특성을 가져야 한다.

43 다음 뉴미디어에 비해 CATV의 가장 독특한 특징은 무엇인가?

① 전국 동일 동시 시청권화
② 대화면, 고화질, 고음질
③ 다채널, 쌍방향
④ 음성, 영상, 데이터 전송

해설
CATV의 특징
① 쌍방향 통신으로 수용자의 범위가 한정적이다.
② 밀도있는 프로그램 제작이 가능하다.
③ 다채널로 108개의 채널을 가질 수 있다.
④ 홈 뱅킹, 홈 쇼핑 등으로 지역 발전과 정보화에 크게 기여할 수 있다.
⑤ 동축, 광 또는 위성을 이용한 광대역의 전송 매체를 사용하여 정보를 전송한다.

[정답] 39 ④ 40 ④ 41 ② 42 ④ 43 ③

44 다음 중 재송신용 CATV 시스템의 기능이 아닌 것은?
① 벽지 난시청 대책용 CATV 시스템
② 도시 난시청 대책용 CATV 시스템(MATV)
③ 자주 방송 CATV 시스템
④ 빌딩 공동 수신 CATV 시스템

해설
CATV 시스템 종류
① 서비스 방법에 따른 분류 : 재송신용, 자주방송용, 다목적용
② 재송신용 CATV 시스템 : 초기의 CATV 시스템은 텔레비전을 보다 선명하게 시청하고자 하는 난시청 지역 주민들의 요구에 의한 것으로서 전계 강도가 양호한 지역에 공동 수신용 안테나를 설치하고 이들 신호를 각 가입자의 텔레비전까지 케이블을 통하여 전송해 주는 방식이 대부분이었다.
  ㉠ 벽지 난시청 대책용 CATV 시스템 : 산간 벽지, 도서 지방 등의 난시청 지역을 해소
  ㉡ 도시 난시청 대책용 CATV 시스템(MATV : Master Antenna Television) : 고층 건물 등에 의해 TV 전파가 차단되는 지역의 수신 장애를 해소
  ㉢ 빌딩 공동 수신 CATV 시스템 : 공동 수신용 안테나를 설치하여 연립주택, 아파트, 호텔, 빌딩 등의 건물 내 가입자들이 공동으로 수신하는 시스템

45 다음 중 단말기와 방송국 간의 데이터를 송수신할 수 있는 CATV 시스템으로 적합한 것은?
① 공동수신 CATV   ② 자주방송 CATV
③ 재송신 CATV   ④ 양방향 CATV

해설
양방향 CATV 시스템은 분배 기능만을 가지고 있는 단방향 CATV에 수집 기능을 첨가하여 가입자와 방송센터 간의 의사전달이 가능하다.

46 CATV의 제공 서비스에 해당하지 않는 것은?
① 홈뱅킹 서비스   ② TV 및 FM 방송
③ VAN, LAN 서비스   ④ 홈쇼핑 서비스

해설
CATV의 응용
① 방송 응답 퀴즈, 앙케이트 등 시청자가 방송에 직접 참여하는 방송 서비스 제공
② 각종 데이터 베이스와 연결하여 Home Banking, Home Shopping, 방범, 방재 등의 서비스 제공

47 다음 중 CATV망 구성으로 적합하지 않은 것은?
① Star형   ② Mesh형
③ Tree and Branch형   ④ Switch Star형

해설
① CATV 망의 토폴로지는 일반적으로 Tree(and Branch)형, Star형, Loop형으로 구분된다.
② 동축케이블은 트리형, 광케이블은 스타형으로 배선한다.

48 다음 CATV의 기본 구성 요소 중 가장 핵심으로서 수신 안테나에서 수신한 각 채널의 반송 신호를 VHF대로 재변환하여 중계 전송망을 통해 가입자에게 송출하는 장치는?
① 헤드엔드   ② 간선 제어기
③ 프레임 메모리   ④ 게이트웨어 프로세서

해설
CATV의 기본 구성
① 헤드엔드(Head-End)
  ㉠ 수신 안테나에서 수신한 각 채널의 방송 신호를 중간 주파수대로 변환하여 영상 및 음성 레벨을 조종한 후 VHF대로 재변환하여 각각의 신호들을 혼합해 중계 전송망으로 송출하는 역할을 하며 Cable Head와 Antenna Head의 합성어이다.
  ㉡ Head-End의 구성 요소는 수신 증폭기, 텔레비전 변조기, 혼합 분배기, 파일럿 신호 발생기이다.
② 중계 전송망
  ㉠ Head-End에서 보내는 신호를 가입자의 브라운관까지 전달하는 기능을 가진 전송 선로이다.
  ㉡ 구성 요소는 분기 증폭기, 간선 증폭기, 간선 분기 증폭기이다.
③ 가입자 설비
  ㉠ 각종 서비스를 제공받을 수 있는 Keyboard, Terminal, Printer 등이 필요하다.
  ㉡ 정합기, 옥내 분배기, TV로 구성한다.

49 다음 중 CATV의 헤드엔드(Head End)의 주요 기능이 아닌 것은?
① 채널 변환 기능   ② 신호 분리 및 혼합 기능
③ 옥내 분배 기능   ④ 신호 송출 기능

해설
CATV는 센터계(수신점 설비, 헤드엔드, 방송 설비 및 기타 설비), 전송계(중계 전송망으로 간선, 분배선, 간선증폭기, 분배증폭기 등), 단말계(가입자설비로서 컨버터, 옥내분배기, TV 및 부가장치 등)로 구성된다.

[정답] 44 ③ 45 ④ 46 ③ 47 ② 48 ① 49 ③

50 다음 중 CATV의 헤드엔드(Head-End)의 구성요소가 아닌 것은?

① FM 증폭기 ② PILOT 신호 발생기
③ TV 변조기 ④ 간선 증폭기

해설
CATV의 기본 구성
① 헤드엔드(Head-End)
  ㉠ 수신안테나에서 수신한 각 채널의 방송신호를 중간 주파수대로 변환하여 영상 및 음성 레벨을 조종한 후 VHF대로 재변환하여 각각의 신호들을 혼합해 중계 전송망으로 송출하는 역할을 하며 Cable Head와 Antenna Head의 합성어이다.
  ㉡ Head-End의 구성요소는 수신 증폭기, TV 변조기, 혼합 분배기, PILOT 신호 발생기이다.
② 중계 전송망
  ㉠ Head-End에서 보내는 신호를 가입자의 브라운까지 전달하는 기능을 가진 전송선로이다.
  ㉡ 구성요소는 분기 증폭기, 간선 증폭기, 간선 분기 증폭기이다.
③ 가입자 설비
  ㉠ 각종 서비스를 제공받을 수 있는 Keyboard, Terminal, Printer 등이 필요하다.
  ㉡ 정합기, 옥내 분배기, TV로 구성한다.

51 다음 CATV의 구성 요소 중 가입자 설비로 컨버터, 홈 터미널, TV수상기 등으로 구성된 것은?

① 전송계 ② 단말계
③ 센터계 ④ 분배계

52 CATV의 중계전송에서 광케이블 전송으로 적합하지 않은 것은?

① 아날로그 전송
② 디지털 전송
③ 위상분할다중 전송
④ 파장분할다중 전송

해설
광 전송 방식은 아날로그, 디지털 방식 및 파장분할 방식으로 구분된다.

53 다음 중 광케이블을 이용한 CATV 시스템의 요건으로 틀린 것은?

① 고품질의 서비스를 제공한다.
② 산업 현장의 감시용 시스템으로 사용하는 데 적합하다.
③ 원거리 통신 및 쌍방향의 서비스를 효과적으로 도입할 수 있다.
④ B-ISDN으로 발전해 나가는 데 매우 적절한 시스템이다.

해설
① ②는 CCTV(폐회로 TV)에 관한 설명이다.
② CCTV 매체의 특성
  ㉠ 보이지 않는 영역의 관찰
  ㉡ 다수인에 대한 동시 관찰
  ㉢ 원거리의 일정한 감시 기능
  ㉣ 유해한 환경들의 감시 기능
  ㉤ 집중적인 감시 기능

54 다음 광섬유 CATV에 대한 설명 중 옳은 것은?

① 광섬유중계의 장점은 저손실 무유도성에 의한 장거리 저품질이다.
② 광섬유중계의 장점은 저손실 무유도성에 의한 장거리 저신뢰도이다.
③ 센터나 가입자간에는 일정지역까지 개별 배선하고 그 지점으로부터 공동 배선화하여 다중신호가 전송된다.
④ 광섬유 통신 방식의 CATV 도입은 분배를 요하지 않는 중계선과 가입자에 이르기까지의 전 시스템이 2단계이다.

55 CATV방송에서 입력측 $(C/N_i)=20$이고, 출력측 $(C/N_o)=10$이라고 가정하면 잡음지수(Noise Factor)는?

① 0.5 ② 1
③ 2   ④ 3

[정답] 50 ④ 51 ② 52 ③ 53 ② 54 ④ 55 ③

해설

잡음지수(NF : Noise Factor)

잡음지수(NF)는 어떤 시스템이나 회로에 신호가 지나면서, 얼마나 잡음이 추가되었느냐를 나타내는 지표이다. 이것은 출력 SNR에 대한 입력 SNR의 비로 계산된다.

$$NF = \frac{SNR_{입력}}{SNR_{출력}} \text{ 또는 } \frac{CNR_{입력}}{CNR_{출력}}$$

여기서 CNR(Carrier to Noise Ratio)은 반송파대잡음비이다.

$$\therefore NF = \frac{CNR_{입력}}{CNR_{출력}} = \frac{20}{10} = 2$$

---

56 폐쇄회로 텔레비전(CCTV)의 설명으로 적합한 것은?

① 산업, 교육 등 한정된 목적이나 장소에서 주로 사용된다.
② 초기에 TV의 난시청 지역을 해소하기 위한 것이다.
③ 송신에서 수신까지 무선통신 채널로만 구성된다.
④ 공중파 수신안테나를 사용하여 지역에 구분 없이 누구나 수신할 수 있다.

해설

CCTV(Closed Circuit Television)
① CCTV는 특정 상호 간만을 연결한 TV에 의한 통신 시스템으로서 방송TV에 대비되는 용어이다.
② CCTV는 가게나 사무실, 대학 캠퍼스 등 제한된 구역 내에 설치된 텔레비전 시스템으로서, 카메라가 텔레비전 모니터에 접속되어 있으므로 신호가 공중으로 전파되지 않는다.
③ 호텔, 병원, 학교 등 특정 대상에 대해 VTR 또는 자체 스튜디오를 통해 특정 프로그램을 제공하는 시스템 또는 사람이 접근할 수 없는 산업 현장 등의 감시용 시스템으로 사용된다.

---

57 다음 중 호텔, 병원, 학교 등에서 방범, 방재 등의 목적에 주로 이용되는 것은?

① CATV
② CCTV
③ VRS
④ HDTV

해설

CCTV는 호텔, 병원, 학교 등 특정 대상에 대해 VTR 또는 자체 스튜디오를 통해 특정 프로그램을 제공하는 시스템 또는 사람이 접근할 수 없는 산업 현장 등의 감시용 시스템으로 사용된다.

---

58 화상정보를 특정 목적으로 특정 수신자에게 전달하여 보안, 감시 등 분야에 응용하는 화상정보 시스템은?

① CCTV
② CATV
③ HDTV
④ DTV

해설

폐쇄회로 TV(CCTV : Closed Circuit Television)
① CCTV는 특정 상호간만을 연결한 TV에 의한 통신 시스템으로서 방송TV에 대비되는 용어이다.
② CCTV는 가게나 사무실, 대학 캠퍼스 등 제한된 구역 내에 설치된 텔레비전 시스템이다.

---

59 다음 중 CCTV의 기본 구성이 아닌 것은?

① 촬상장치
② 전송장치
③ 교환장치
④ 표시장치

해설

CCTV의 구성요소
① 촬상장치 : 촬영용의 광학 렌즈계, TV 카메라계, 지지 보호 체계로 구분된다.
② 전송장치 : 광섬유케이블을 사용하며 100[Mbit/s] 정도의 전송방식이 사용되고 있다.
③ 표시장치
④ 기록장치(VTR)

---

60 CCTV 기본 구성 중 촬상 장치에 해당하지 않는 것은?

① 광학렌즈계
② 지지보호계
③ TV 모니터계
④ TV카메라계

해설

CCTV의 구성
① 촬상계 : TV카메라 본체
② 전송계 : 유선 전송과 무선 전송
③ 수상계 : 전송되어온 영상신호를 수신 신호에 재생하는 장치
④ 기록 장치 : VTR, 광디스크
※ TV모니터계는 수상 장치에 속한다.

[정답] 56 ① 57 ② 58 ① 59 ③ 60 ③

출제 예상 문제

61 다음 중 CCTV와 CATV에 대한 설명으로 틀린 것은?

① CCTV는 헤드엔드, 중계전송망, 가입자설비로 구성되어 있다.
② CCTV는 특정 건물 및 공장지역 등 서비스 범위가 한정적이다.
③ CCTV는 다수의 채널에 쌍방향성 서비스를 제공한다.
④ CATV는 방송국에서 가입자까지 케이블을 통해 프로그램을 전송하는 시스템이다.

해설

CATV와 CCTV
① CATV(Cable Television)
  ㉠ CATV는 방송국에서 가입자에게 케이블을 통해 방송 프로그램을 전송하는 시스템이다.
  ㉡ CATV는 산간 벽지의 난시청 해소를 위해 산정에 공동 안테나를 설치하여 수신한 방송 전파를 동축 케이블을 통해 각 가정에 분배하는 시스템이다.
  ㉢ 쌍방향 CATV는 방송 서비스와 달리 방송 응답 퀴즈, 앙케이트 등 시청자가 직접 방송에 참여하는 방송 서비스를 제공, 각종 데이터베이스와 연결되어 홈뱅킹(Home Banking), 홈쇼핑(Home shopping), 방범, 방재 등의 서비스를 할 수 있다.
② CCTV(Closed Circuit Television)
  ㉠ CCTV는 특정자 상호간만을 연결한 TV에 의한 통신 시스템으로서 방송 TV에 대비되는 용어이다.
  ㉡ 호텔, 병원, 학교 등 특정 대상에 대해 VTR 또는 자체 스튜디오를 통해 특정 프로그램을 제공하는 시스템
  ㉢ 사람이 접근할 수 없는 산업 현장 등의 감시용 시스템
  ㉣ CCTV 신호의 전송은 종래 동축 케이블이 사용되고 있었으나 최근에는 광섬유 케이블의 사용으로 바뀌고 있다.

62 국내 지상파 아날로그 컬러 TV방식과 채널당 주파수대역이 옳은 것은?

① NTSC, 8[MHz]
② NTSC, 6[MHz]
③ PAL, 6[MHz]
④ SECAM, 6[MHz]

해설

현행 TV방식(NTSC방식)
① 현행 TV에 이용되는 VHF나 UHF 주파수대의 6[MHz] 대역폭으로 송신이 이루어진다.
② 영상은 AM방식, 음성은 FM방식을 사용한다.
③ 통신방식은 잔류측대파(VSB)방식을 사용한다.

63 TV에서 NTSC방식과 PAL방식에 대한 설명으로 틀린 것은?

① 주사선수 NTSC방식은 525개, PAL방식은 625개이다.
② 화면의 가로세로비는 NTSC방식은 4:3이고, PAL방식은 16:9이다.
③ NTSC방식은 미국, 한국 등이고, PAL방식은 독일, 서유럽 등에서 사용된다.
④ NTSC 및 PAL방식에서 음성변조는 모두 FM방식이다.

해설

아날로그 TV 방송의 방식

구분	NTSC	PAL	SECAM
주사선수	525	625	625
수직동기주파수	59.94[Hz]	50[Hz]	50[Hz]
수평동기주파수	15,734[kHz]	15,625[kHz]	15,625[kHz]
가로(횡):세로(종)	4:3	4:3	4:3
영상변조방식	AM	AM	AM
음성변조방식	FM	FM	AM
음성대역	1.8[MHz]	2[MHz]	2[MHz]
사용지역	북미, 한국	유럽	프랑스, 동유럽

64 다음 중 NTSC 컬러 TV의 음성신호를 변조하는 방식은?

① AM
② PCM
③ VSB
④ FM

해설

NTSC는 대한민국, 일본, 미국 등에서 널리 사용하는 아날로그 텔레비전 방식이다.

65 다음 중 디지털 지상파방송 ATSC의 사양으로 틀린 것은?

① 비디오 압축 : MPEG-2
② 오디오 압축 : 돌비 AC-3
③ 전송용량 : 19.39[Mbps]
④ 변조방식 : FM

[정답] 61 ③ 62 ② 63 ② 64 ④ 65 ④

해설
ATSC(Advanced Television Systems Committee)
① Digital TV의 신호를 송출(Decoding/Encoding)하는 방식은 각국에 따라 규격을 달리하고 있는데 크게 미국의 ATSC 방식과 유럽의 DVB방식으로 나뉜다.
② ATSC란 디지털신호의 송출방식이며 미국 표준방식이다.

	ATSC	DVB
사용지역	북미표준	유럽표준
특 징	HDTV의 특징을 모두 살릴 수 있다. 기존NTSC와 공존가능	PAL 등 기존의 방식보다는 DTV 고유의 부가기능에 초점, 다양하고 세분화된 서비스 제공가능
사용규격	MPEG-2 Video Dolby AC-3 Audio 사용	MPEG-2 Video / Audio 사용
장 점	폭넓은 수신대역폭	뛰어난 전파수신능력, 이동수신가능
단 점	산악지역에서의 떨어지는 전파수신능력, 이동통신에 부적합	고화질과 뛰어난 음질의 HDTV의 특성을 살리지 못한다.
변조방식	지상방송용 8VSB, 유선방송용 16VSB 변조방식 채용	COFDM, QPSK, QAM 등의 변조방식사용

66 다음 중 동영상 압축전송 기술로 디지털TV 방송 서비스를 지원하지 않는 것은?
① 돌비(Dolby Digital) ② H.264
③ MPEG2 ④ MPEG4

해설
디지털 TV(Digital TV, DTV)는 제작, 편집, 전송, 수신 등 방송의 모든 단계를 디지털 신호로 처리하는 TV 방송 시스템으로, DTV 전송의 표준으로는 ATSC, DVB 및 ISDB이 모두 적용, 개발되고 있으며, 우리나라가 채택한 DTV 규격은 ATSC 방식이다.

	ATSC	DVB-T	ISDB-T
전송방식	8-VSB	QPSK, 64QAM	DQPSK, 64QAM
채널간격	6[MHz]	7 또는 8[MHz]	6[MHz]
영상압축방식	MPEG-2	MPEG-2	MPEG-2
음성압축방식	Dolby AC-3	MPEG-2 오디오	MPEG-2 오디오

∴ 돌비 디지털(Dolby Digital)은 손실 오디오(음성) 압축 기술이다.

67 ATSC 방식의 영상신호 압축방식은?
① MPEG-1 ② MPEG-2
③ MPEG-3 ④ MPEG-4

68 ATSC 영상방식에서 송신시스템의 입력 데이터로서 하나의 패킷(세그먼트)은 몇 [byte]로 구성되는가?
① 64[byte] ② 128[byte]
③ 188[byte] ④ 207[byte]

해설
ATSC(Advanced Television Systems Committee)
① ATSC는 미국의 디지털 텔레비전(DTV) 방송 표준을 개발하는 위원회, 혹은 그 표준을 말한다.
② 1996년 미국 연방통신위원회(FCC)는 ATSC 디지털 TV 규격(A/53)의 주요 사항들을 미국의 차세대 TV방송 규격으로 채택했다.
③ ATSC 전송 표준의 RS부호화기는 188[byte]의 입력 패킷에 대하여 패킷당 20[byte]의 FEC(Forward Error Correction) 정보를 삽입하여 총 10[byte]의 에러를 정정할 수 있다.

69 다음 중 디지털 TV 방송의 특성에 대한 설명으로 틀린 것은?
① 영상 및 음향신호의 압축이 용이하고 녹화 재생 시 화질이나 음질의 열화가 적다.
② 다양한 멀티미디어의 많은 정보를 서비스할 수 있다.
③ 오류 정정 기술을 사용할 수 있고 저장 및 복제에 따른 손실이 적다.
④ 상호간섭이 비교적 많고, 신호의 열화가 급격한 편이다.

해설
디지털 TV(Digital TV)
① 디지털 TV는 프로그램의 제작, 전송, 수신 등 모든 과정이 아날로그 대신 디지털방식으로 처리되는 디지털 방송을 수신할 수 있는 TV를 말한다.
② 디지털 TV의 특징
  ㉠ 선명하고 고화질이다.
  ㉡ 다양한 멀티미디어의 많은 정보 서비스, 영상 및 음향 신호의 압축이 용이하다.
  ㉢ 녹화 재생시 화질이나 음질의 역화가 적다.
  ㉣ 오류 정정 기술을 사용할 수 있고 저장 및 복제에 따른 손실이 적다.

[정답] 66 ① 67 ② 68 ③ 69 ④

70 다음 중 디지털 지상파 TV 방송의 전송방식이 아닌 것은?

① ATSC ② DVB-H
③ ISDB-T ④ DMB-T/H

해설

디지털 TV 방송(DTV : Digital TV Broadcasting)
① DTV는 방송 프로그램의 제작, 편집, 송출, 수신, 재현에 이르는 전 과정이 모두 디지털화된 것을 말한다.
② 디지털 지상파 TV 방송에 대한 전송 방식 표준 : 미국(ATSC), 유럽(DVB-T)방식, 일본(ISDB-T)

71 우리나라 DTV 표준에 관한 사항으로 틀린 것은?

① 오디오표준 : Dolby AC-3
② 영상표준 : MPEG-2
③ 전송방식 : OFDM
④ 채널당 대역폭 : 6[MHz]

해설

디지털 TV 방송(D-TV : Digital TV Broadcasting)
디지털 TV 전송의 표준으로는 전 세계적으로 미국 방식(ATSC), 유럽 방식(DVB) 및 일본 방식(ISDB)이 모두 적용, 개발되고 있으며, 우리나라가 채택한 DTV 규격은 ATSC 방식이다.

72 비디오, 오디오, 데이터 등 모든 것을 디지털 처리한 후 전송하는 TV방식과 거리가 먼 것은?

① SDTV
② HDTV
③ UHDTV
④ 아날로그TV

해설

디지털 텔레비전(DTV : Digital Television)
① 디지털 텔레비전은 기존의 텔레비전에서 아날로그 신호를 사용했던 것에 반해, 디지털 신호를 이용하여 동영상과 소리를 방송 및 수신할 수 있는 방송 시스템을 말한다.
② 디지털 TV를 해상도에 따라 구분하면 HDTV(High Definition TV)와 SDTV(Standard Definition TV) 등으로 나눌 수 있다.
[참고] 아날로그 TV : NTSC방식, 디지털 TV : ATSC방식

73 고품위 TV(HDTV)의 설명으로 틀린 것은?

① 영상 신호에는 강한 FM 변조 방식을 사용한다.
② 음성 신호는 PCM 방식으로 송신한다.
③ 채널 대역폭을 최대한 압축하여 27[MHz]를 이용한다.
④ 순차 주사하여 필드를 형성한다.

해설

고품위 TV
① 변조 방식 : 음성 신호는 PCM 방식을 사용하고 영상 신호는 FM 변조 방식을 사용한다.
② 주사선수 : 기존 NTSC TV 방식에 비해 주사선수(해상도)를 2배 증가시켜 깨끗한 화상 정보를 제공한다. 즉 프레임당 주사선 수는 1,125개이다.
③ Fram을 구성하는 주사방식은 비월 주사방식을 사용한다. 여기서 비월주사방식이란, 처음에는 홀수번째의 주사선을 주사하고 다음에는 짝수번째의 주사선을 주사하는 방식이다.
④ 화면의 종횡비 : 미국(3 : 5), 일본(9 : 16)으로 현장감이 풍부한 장점을 갖는다.
⑤ 필요 전송 대역폭 : 한 채널당 기본 60[MHz]의 대역을 필요로 하지만 채널 대역폭을 최대로 압축하여 26[MHz] 대역으로 전송한다.

74 다음 중 HDTV에 대한 설명으로 틀린 것은?

① 변조방식은 NTSC방식이다.
② 화면의 종횡비는 9:16이다.
③ 주사선수는 1125개 이상이다.
④ 음성품질은 CD급 수준이다.

해설

① 음성신호 압축방식(AC-3), 영상신호 압축방식(MPEG-2), 전송방식(8VSB)
② 한 채널당 주파수 대역폭 : 6[MHz]

75 국내 지상파 HDTV 방식에서 1채널의 주파수 대역폭은?

① 6[MHz] ② 9[MHz]
③ 18[MHz] ④ 27[MHz]

해설

HDTV(High Definition TV)
① 주사선 수 : 1,125개

[정답] 70 ② 71 ③ 72 ④ 73 ④ 74 ① 75 ①

② 종횡비 : 9 : 16
③ 주사방식 : 2 : 1 비월주사
④ 음성신호 압축방식으로는 AC-3, 영상신호 압축방식으로는 MPEG-2가 사용되고 전송방식으로는 8-VSB
⑤ 한 채널당 주파수 대역폭은 6[MHz] 정도

76 다음 중 IPTV의 특성에 대한 설명으로 옳지 않은 것은?

① IPTV 시스템의 양방향성은 서비스 제공자가 많은 상호작용 TV의 응용을 제공할 수 있다.
② 디지털 녹화기와 결합된 IPTV는 프로그램 콘텐츠의 타임시프팅(Time shifting)을 허용한다.
③ 서비스 제공자가 요청한 채널만 전송하므로 네트워크상의 대역폭을 절약할 수 있다.
④ 실시간 채널이나 UHDTV 등의 초고화질 프로그램이 늘어나더라도 고스트 현상이나 끊김 현상은 발생하지 않는다.

해설

IPTV(Internet Protocol TV)
① IPTV는 광초고속 인터넷망을 이용하여 동영상 및 방송 콘텐츠를 텔레비전 수상기로 제공하는 서비스이다. 또한 VOD, 정보검색, 쇼핑이나 VoIP 등과 같은 인터넷 서비스를 부가적으로 제공할 수 있게 되어 사용자와의 활발한 상호작용이 가능하다.
② IPTV에는 움직이는 영상을 전달하기 위하여 1초에 나타내는 프레임 수를 올바르게 활용할 수 있게 하기 위하여 별도로 정해둔 최소 속도를 요구한다. 이는 인터넷 속도가 느린 지역의 IPTV 고객은 서비스 품질에 제한을 받을 수 있음을 뜻한다.

77 IPTV 서비스의 데이터 전송방식으로 가장 많이 쓰이는 방식은?

① 유니캐스트(Unicast)
② 멀티캐스트(Multicast)
③ 브로드캐스트(Broadcast)
④ 애니캐스트(Anycast)

해설

① 멀티캐스트(Multicast)란 한 번의 송신으로 메시지나 정보를 목표한 여러 컴퓨터에 동시에 전송하는 것을 말한다.
② 멀티캐스트는 보통 IP 멀티캐스트 형태로 구현되는데, 이는 스트리밍을 위한 인터넷 프로토콜 응용프로그램 및 IPTV에서 주로 사용된다.

78 IPTV 서비스의 구성요소 중 보기의 설명에 대한 것으로 적절한 것은?

[보 기]
디지털 콘텐츠를 TV 또는 이용자 단말장치를 통해 볼 수 있게 해주는 장치로서 이용자와 직접 인터페이스하는 IPTV의 핵심 요소로 TV 위에 설치된 상자라는 의미에서 명명된 용어이다.

① 셋톱박스   ② 인코더
③ 헤드엔드   ④ 방송소스

79 다음 중 IPTV 서비스를 위한 네트워크 엔지니어링과 품질 최적화를 위한 기능으로 맞지 않는 것은?

① 트래픽 관리   ② 망용량 관리
③ 네트워크 플래닝 ④ 영상자원 관리

해설

네트워크 엔지니어링은 서비스에 원활한 호 처리를 위해 통신 및 교환시설을 설비하는 과정이다.

80 다음 중 IPTV 시스템의 고려사항이라고 볼 수 없는 것은?

① 고화질 오디오 서비스 지원 가능
② 서비스 제공률 향상
③ 신뢰도 및 가용성 확보
④ 고품질 콘텐츠 사용자 환경 조성

해설

IPTV 시스템의 고려사항
① 고화질 비디오 서비스 지원 가능
② 서비스 제공률 향상 : 다수의 사용자를 위한 Scalable 시스템으로 구성
③ 선택의 폭 확대 : 전체적으로 100~500개의 다채널 서비스를 제공
④ 가입 가구당 3개의 HDTV를 동시 서비스 위한 60[Mbps]와 게임 및 기타 양방향 서비스가 가능하도록 가입자당 100[Mbps] 용량의 회선을 제공
⑤ 신뢰도/가용성(Reliability & Availability)이 확보
⑥ 서비스 품질관리를 위한 시스템이 필요
⑦ 기타 : 고품질 콘텐츠 사용자 환경(Rich Media User Interface), 통합 관리/보안, Home/Office Network와의 연결의 유연성, TV와 PC 동시 지원, 비용의 저감 등

[정답] 76 ④ 77 ② 78 ① 79 ④ 80 ①

출제 예상 문제

81 다음 중 양안시차, 폭주(Vergence)를 이용하는 방식의 TV는?

① HDTV ② SDTV
③ 3DTV ④ IPTV

해설
① 3차원 TV(3 Dimension TV)란, 기존 TV의 2차원 영상물에 입체감을 구현할 수 있는 기술을 적용하여 마치 실제 현장에 있는 느낌의 실감영상을 제공해 주는 TV이다.
② 3DTV의 기술 : 양안 시차에 의한 입체감, 폭주에 의한 입체감

82 다음 중 TV에 인터넷 접속 기능을 결합, 각종 앱(Application)을 설치해 웹서핑 및 VOD 시청, 소셜 네트워크 서비스(Social Networking Service), 게임 등의 다양한 기능을 활용할 수 있는 기기는?

① HDTV ② OLED TV
③ PDP TV ④ SMART TV

해설
스마트 TV(Smart TV, Connected TV, Hybrid TV)
① 스마트 TV란 TV와 휴대폰, PC 등 3개 스크린을 자유자재로 넘나들면서 데이터의 끊김 없이 동영상을 볼 수 있는 TV를 말한다. 인터넷 TV라고도 불린다.
② 스마트 TV는 TV에 인터넷 접속 기능을 결합하고, 각종 앱을 설치해 웹 서핑 및 VOD시청, 소셜 네트워크 서비스(SNS), 게임 등의 다양한 기능을 활용할 수 있는 다기능 TV이다.

83 다음 중 인터넷 서핑은 물론 다양한 멀티미디어의 이용이 가능한 TV는?

① 스마트 TV ② 케이블 TV
③ 흑백 TV   ④ 칼라 TV

해설
스마트 TV(Smart TV)는 TV에 인터넷 접속 기능을 결합, 각종 앱을 설치해 웹 서핑 및 VOD시청, 소셜 네트워크 서비스, 게임 등의 다양한 기능을 활용할 수 있는 다기능 TV이다.

84 비디오, 오디오, 데이터 등 모든 것을 디지털 처리한 후 전송하는 TV방식이 아닌 것은?

① SDTV   ② HDTV
③ UHDTV ④ 아날로그TV

해설
SDTV, HDTC, UHDTV
① Digital TV는 선명도에 따라 HDTV와 SDTV로 구분할 수 있다.
 HDTV(High Definition Television)는 주사선이 기존 TV(SDTV : Standard Television)의 주사선에 비해 2배 이상이 되고 화면비(가로와 세로의 비 : Aspect Ratio)는 SDTV의 4:3에 비해서 16:9로서, 영상의 현장감이 좋아지고 화면의 정밀도가 SDTV보다 약 5배 정도 향상되었다.
② 초고선명 텔레비전(Ultra High Definition Television : UHDTV, Ultra HDTV)는 HDTV보다 화질이 네 배 이상 선명하고 음질도 뛰어난 차세대 방송이다.

85 스마트폰, 태블릿, 스마트TV 등과 같이 기존의 기능에 컴퓨터의 기능이 부가된 기기를 무엇이라 하는가?

① 와이브로기기   ② 블루투스기기
③ 유선데이터기기 ④ 스마트기기

해설
스마트기기(Smart Device)
① 스마트(Smart)는 일반적으로 인공지능, 다기능 등의 뜻으로 쓰인다.
② 스마트기기란 기능이 제한되어 있지 않고 응용 프로그램을 통해 상당 부분 기능을 변경하거나 확장할 수 있는 제품을 가리킨다.
③ 스마트기기란 기존의 기기에 컴퓨터 기능이 부가된 기기를 말한다. 예를 들면 Smart Car, Smart Key, Smart TV, Smart Phone 등이 있다.

86 고품질의 영상서비스를 언제 어디서나 제공할 수 있는 이동 멀티미디어 방송서비스가 가능한 것은?

① CATV ② DMB
③ DTV   ④ RFID

해설
DMB(Digital Multimedia Broadcasting)
① DMB란 음성·영상 등 다양한 멀티미디어신호를 디지털방식으로 변조하여 고정 또는 휴대용·차량용 수신기에 제공하는 방송과 통신이 결합된 새로운 개념의 이동 멀티미디어 방송 서비스이다.

[정답] 81 ③ 82 ④ 83 ① 84 ④ 85 ④ 86 ②

② 디지털 라디오용 기술인 DAB(Digital Audio Broadcasting)에 바탕을 두고 있으며, 여기에 멀티미디어 방송 개념이 추가되어 동영상과 날씨·뉴스·위치 등 데이터 정보를 추가로 보낼 수 있는 서비스이다. 이동중에도 개인휴대단말기나 차량용 단말기를 통해 CD·DVD급의 고음질·고화질 방송을 즐길 수 있어 차세대 방송으로 주목받고 있다.
③ 지상파 DMB와 위성 DMB의 두 종류가 있다.

87 다음 중 우리나라 지상파 DMB의 압축방법은?

① MPEG-1
② MPEG-2
③ MPEG-3
④ MPEG-4

해설

디지털 멀티미디어 방송(DMB : Digital Multimedia Broadcasting)
① DMB란 음성·영상 등 다양한 멀티미디어신호를 디지털방식으로 변조하여 고정 또는 휴대용·차량용 수신기에 제공하는 방송과 통신이 결합된 이동 멀티미디어 방송 서비스이다.
② DMB는 전파 송수신방식에 따라 지상파 DMB(DMB-T)와 위성 DMB(DMB-S)방식으로 나뉜다.
③ 지상파 DMB 비디오 송수신 정합 표준

종류	기능
압축 부호화	■ 비디오 : H.264	MPEG-4 Part 10 AVC(Advanced Video Coding) ■ 오디오 : MPEG-4 Part 3 ER-BSAC(Bit Sliced Arithmetic Coding)
채널 부호화	■ Reed-Solomon Coding (204,188) ■ Convolutional Interleaving
요구 BER 성능	■ 10^{-8} 이하

88 다음 중 화상응답 시스템(VRS)의 특징에 대한 설명으로 옳지 않은 것은?

① 동영상이 아닌 그림과 문자만을 서비스한다.
② 센터와 단말장치 사이에 광대역의 전송로를 사용한다.
③ 화면정지, 다시보기, 앞으로 가기, 뒤로 가기 등 자유자재로 다양한 화면상태의 표현이 가능하다.
④ 방송정보와 같이 단방향이 아닌 양방향 정보를 제공한다.

해설

VRS에서는 문자 도형뿐만 아니라 자연 화상 등의 임의의 정지화상이나 움직이는 화상, 또한 음성도 전송된다.

89 센터의 컴퓨터 시스템에 정지화상이나 동화상 등의 각종 영상정보 및 음성정보 파일을 설치해 놓고, 각 단말기에서 개별 액세스에 의해 각종 정보안내 및 학습프로그램 등의 서비스를 개별적으로 제공하는 것은?

① 텔레텍스트
② TV회의 시스템
③ 화상응답 시스템
④ 정지화 통신회의 시스템

해설

화상응답 시스템(VRS : Video Response System)
① VRS는 회화형 화상정보시스템으로서, 센터에 정지화나 동화의 각종 영상정보파일 및 음성정보파일을 설치해놓고, 각 단말기에서 개별 액세스에 의해서 각종 정보 안내나 학습 프로그램 등의 서비스를 개별로 제공하는 C-E(Center to End)형의 회화형 정보시스템이다.
② VRS에서는 화상단말로부터의 요구에 공중망을 사용하지만 비디오텍스와는 달리 화상 정보 센터로부터의 정보는 광대역 전송로로 보내게 된다.

90 일반적으로 텔레비전 수상기와 전용키보드를 단말로 하고 이들 단말과 화상·음성 파일장치를 가진 센터 사이를 광대역 전송로로 개별적으로 접속하여 이용자 요구에 따라 정보를 개별적으로 제공해 주는 시스템은?

① 텔리텍스트
② VRS(Video Response System)
③ 화상전화시스템
④ CRS(Computer Reservation System)

해설

화상응답시스템(Video Response System)
① VRS는 센터에 각종 영상정보 및 음성정보 파일을 설치해 놓고 수신자의 각 단말기에서 개인별로 정보를 불러내는 서비스로 회화형 정보통신 시스템이다.
② VRS는 텔레비전이나 컴퓨터를 단말기로 활용하여, 동영상·정지화상·음성정보 파일이 있는 데이터베이스에 광대역 전송로를 통해 접속하는 시스템이다. 이용자는 필요한 정보를 대화형 검색을 통해 얻을 수 있다.
③ VRS는 주로 시각자료가 많이 필요한 교육·의료·디자인 분야에서 많이 쓰인다.

[정답] 87 ④ 88 ① 89 ③ 90 ②

2. 멀티미디어/뉴미디어기기

1. 멀티미디어의 개념

가. 멀티미디어 정의

① 멀티미디어는 Multi(다중)와 Media(매체)의 합성어로, 문자나 그림, 소리, 동영상과 같은 여러 가지 매체들이 하나의 정보로 통합되어 전달되는 것을 말한다.
② 멀티미디어는 문자(Text), 소리(Sound), 이미지(Image), 동화상(Animation) 등과 같은 단일 매체의 조합으로 표현된 컴퓨터 정보이다.
③ 멀티미디어의 정보는 용량이 크기 때문에 일반적으로 압축하여 송·수신한다.

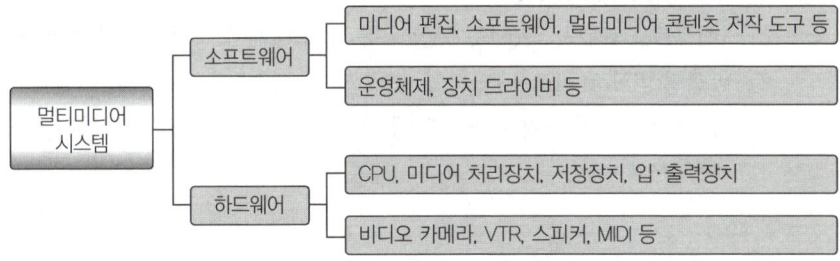

> **합격예측**
> 매체(Media)란 인간 상호간에 정보, 지식, 감정, 의사 등을 전달하는 수단을 의미한다.

> **합격예측**
> 미디어의 종류 : 멀티미디어, 뉴미디어

✏️ **참고**

📍 **뉴미디어(New Media)**

① 기존의 매체에 대하여 전자 및 통신 신기술에 의하여 개발된 새로운 정보교환 및 통신수단을 의미한다.
② 종류 : HDTV, 비디오텍스(Videotex), 개인 휴대통신(PCS), 비디오폰(Video Phone), Caption TV 등

> **합격예측**
> 뉴미디어는 기존 매체가 서로 결합하여 보다 편리하고 진보된 새로운 기능을 제공한다.

나. 멀티미디어의 조건

① 상호 대화 형태이어야 한다.
② 디지털 형태로 생성, 저장, 처리 및 표현되어야 한다.
③ 다수의 미디어 정보를 동시에 포함해야 한다.
④ 컴퓨터를 이용하여 획득, 저장, 처리, 표현되어야 한다.

> **합격예측**
> 상호 대화 형태 : 사용자가 정보를 제어할 수 있는 것을 말한다.

합격 NOTE

합격예측
무어의 법칙(Moore's Law)
가격은 동일하지만 마이크로 칩의 정보처리 속도는 18개월마다 두 배로 늘어난다.

합격예측
상호작용성(대화성, 쌍방향성)

다. 멀티미디어 발전 배경
① 데이터 압축기술 및 멀티미디어 처리기술의 발전
② 대용량 저장 매체의 발달
③ 인터넷 기술의 발전
④ 정보통신 기술의 발전
⑤ HCI(Human-Computer Interface) 기술 발전

라. 멀티미디어 특징
① 디지털화(Digitalization)
   다양한 형태의 데이터를 디지털 방식으로 변환하여 통합 처리한다.
② 상호작용성(Interactive)
   시간과 장소의 제약을 초월한 사용자간의 상호작용으로 정보 전달 효과를 극대화한다.
③ 통합성(Integration)
   텍스트, 그래픽, 사운드, 동영상 등 여러 매체를 광범위하게 통합한다.
④ 비선형성(Non-linear)
   순차적이 아닌 사용자의 선택에 따라 다양한 방향으로 처리한다.
⑤ 대용량성

참고

📍 **하이퍼텍스트와 하이퍼미디어**
① 하이퍼텍스트(Hypertext) : 전자적인 매체에 저장되어 있는 문서로서 내용을 읽다가 특정 용어를 마우스로 클릭하면 그 용어에 관련된 페이지를 즉시 참조할 수 있는 것을 말한다.
② 하이퍼미디어(Hypermedia) : 멀티미디어(그림, 소리, 동영상)와 하이퍼텍스트의 결합 형태이다.
③ 하이퍼텍스트가 하이퍼미디어와 다른 점
   ㉠ 하이퍼텍스트 : 텍스트 데이터와 그래픽(이미지) 데이터만 취급한다.
   ㉡ 하이퍼미디어 : 음성, 문자, 그림, 영상 등과 같은 여러 가지 미디어를 한꺼번에 취급한다.

2. 멀티미디어 데이터의 압축방식

가. 압축의 개념

정지 영상, 동영상, 사운드 등의 멀티미디어 데이터는 문자 데이터에 비해 많은 저장 공간을 필요로 한다. 또한 멀티미디어 데이터를 전송할 때, 일반적으로 전송 대역폭의 제한을 받게 되므로 데이터의 압축(Compression)이 필요하다.

합격예측
압축은 저장공간과 전송대역폭의 효율적인 이용을 위해 필요하다.

나. 압축기법의 분류

무손실 압축	반복길이(Run-Length) 코드, 허프만(Huffman) 코드, 렘펠-지프(Lempel-Ziv) 코드	
손실 압축	변환기법(Transformation)	FFT, DCT
	예측기법(Prediction)	DPCM, ADPCM, (A)DM
	양자화(Quantization), 웨이블렛(Wavelet-Based) 코드, 보간법(Interpolation), 프랙탈 압축(Fractal Compression)	
혼성 압축	JPEG, GIF, MPEG, H.261, H.263 등	

(1) 무손실 압축(Lossless Compression)

일반적으로 동일한 정보의 반복적인 출현에 의해 나타나는 중복성만을 제거함으로써, 압축이전의 데이터 정보를 손실 없이 복원할 수 있다.

(2) 손실 압축(Lossly Compression)

중요하지 않은 정보를 삭제하는 방법으로, 압축 후 데이터를 복원했을 때, 복원한 데이터가 압축 전의 데이터와 일치하지 않는 기법이다. 화질과 음질에 약간의 저하를 주는 대신 무손실기법에 비해 큰 압축효과를 얻는다.

합격예측
- 무손실 압축 : 의학용영상 등
- 손실 압축 : 음향, 비디오, 동영상 등

(3) 혼성 압축(Hybrid Compression)

무손실 압축과 손실 압축 두 가지를 모두 사용하는 방법이다.
① 정지영상(이미지)을 위한 JPEG
② 동영상(비디오)을 위한 MPEG

다. JPEG(Joint Photograph Experts Group)

(1) JPEG는 정지 화상을 위해서 만들어진 손실 압축 방법 표준이다.

(2) JPEG는 H.261(통신미디어용)과 함께 MPEG(저장, 방송용)의 기초가 되는 표준이다.

(3) JPEG를 사용하는 파일 형식들도 보통 JPEG 이미지라 불리며, .jpg, .jpeg, .jpe 등의 확장자를 사용한다.

합격예측
JPEG는 정지영상 압축을 위한 국제 표준규격(손실 압축)이다.

합격 NOTE

합격예측
MPEG는 동영상 압축 기술에 대한 국제 표준규격(손실 압축)이다.

합격예측
- MPEG-1 : 저장 미디어용 영상 부호화
- MPEG-2 : 고품질 영상 범용 부호화
- MPEG-4 : 영상부호화와 다양한 기능 제공
- MPEG-7 : 멀티미디어 정보 검색 표현 기능 제공

합격예측
H.263 표준은 공중 전화망(PSTN)을 이용한 영상부호화 표준을 말한다.

합격예측
화상회의 시스템은 인터넷을 통해 접속하므로 보안에 약하다.

라. MPEG(동화상 전문가그룹 : Moving Picture Experts Group)

(1) MPEG는 ISO 및 IEC 산하에서 비디오와 오디오 등 멀티미디어의 표준의 개발을 담당하는 소규모의 그룹이다.

(2) MPEG의 동영상 압축 기법은 시간적 중복 및 공간적 중복을 제거하는 기법에 그 기반을 두고 있다.

[MPEG 표준]

	MPEG-1	MPEG-2	MPEG-4	MPEG-7
대상	현 TV의 영상을 가정용 VTR의 품질로 CD-ROM 등에 저장하기 위한 압축	현 TV, HDTV의 영상을 방송용 품질로 통신, 방송 저장 등에서 이용하기 위한 압축	이동통신, 기존전화선에서의 이용을 위하여 64[kbps] 이하의 저속 전송속도로 압축	내용에 기반을 둔 Audio/Viedo 정보검색 등 Multi-media 정보검색을 효과적으로 수행 표준기획
전송 속도	1.5[Mbps]급	3M[bps]급 이상	4.8~64[kbps]	
응용 분야	CD 비디오, 인터랙티브 비디오, 게임, 비디오, 데이터베이스	ATM용, 화상통신, CATV, 위성방송, VOD, 비디오 디스크 등	이동체용, 비디오메일, 비디오, 데이터베이스, 화상통신 TV, 리모트 센싱 등	언론분야, 오락 분야, 사람의 특징 인식과 같은 범죄수사 등

마. H.263

(1) PSTN(Public Switch Telephone Network)에서 동영상을 전송하기 위한 표준이다.

(2) PSTN을 이용해서 영상회의나 영상전화 등을 구현한다.

(3) H.261에 기반을 두고 있으며 H.261에 비해서 동일화질을 제공하는데 반정도의 데이터 양으로도 가능하게 해준다.

3. 멀티미디어 활용분야

가. 화상회의 시스템(VCS : Video Conference System)

(1) 화상회의 시스템이란 화상 및 음성데이터의 실시간 전송을 통하여 회의 상대방을 직접 대면하면서 실제 회의와 동일한 환경에서 회의진행이 가능하도록 해주는 시스템이다.

(2) 화상회의 시스템은 각각 다른 두 장소에서 회의를 하면서 TV화면을 통해 음성과 화상을 동시에 전송받아 한 사물실에서 회의를 하는 것처럼 효과를 내는 장치다.

(3) 화상회의 시스템은 대형 스크린, 특수 TV카메라, 스피커, 마이크, 신호 변환 시스템 등으로 구성된다.

(4) H.323은 멀티미디어 화상회의 데이터를 TCP/IP와 같은 패킷교환방식의 네트워크를 통해 전송하기 위한 ITU-T의 표준이다.

나. 전화 비디오 서비스(VDT)

전화선을 이용하여 영상 정보를 가정에 제공하는 서비스이다.

다. 주문형 비디오 서비스(VOD : Video-On-Demand)

(1) 뉴스, 영화, 문화 정보, 게임 등 다양한 정보의 데이터베이스를 구축하여 사용자가 원하는 정보를 통신망을 통해 전송하여 가정에서 이용할 수 있도록 하는 서비스이다.

(2) VOD 서비스는 비디오 프로그램을 디지털로 압축하여 비디오 서버에 저장하고, 가입자가 원하는 프로그램을 고속 통신망을 이용하여 제공하는 서비스로서 이용자는 프로그램의 선택, 재생, 제어, 색인검색, 질의 등을 할 수가 있다.

(3) VOD의 3가지 이용방식

　① FOD(Free VOD) : 무료로 제공되는 방식
　② RVOD(Real VOD) : 이용할 때마다 과금이 되는 방식
　③ SVOD(Subscription VOD) : 월정액 방식으로 제공되는 방식

참고

On-Demand란 사용자가 다양한 멀티미디어 정보 중에서 원하는 내용(Contents)을 원하는 시간(Realtime)에 선택적으로 활용 가능한 것을 뜻한다.

라. 가상현실, 증강현실, 혼합현실

(1) **가상현실(VR)** : 몰입형 장치를 통해 현실 세계와 단절된 콘텐츠를 체험하게 해주는 기술

(2) **증강현실(AR)** : 실제 세계와 융합된 콘텐츠를 제시하는 기술

(3) **혼합 현실** : 가상 세계와 현실 세계를 합쳐서 새로운 환경이나 시각화 등의 새로운 정보를 만들어 내는 기술

합격 NOTE

합격예측
VOD는 양방향 멀티미디어 서비스

합격예측
VOD 구성요소 : 비디오 서버(Video Server)와 접속망을 연결하는 고속 기간망, 고속 기간망과 셋톱박스를 연결하는 접속망, 셋톱박스, 멀티미디어 DBMS 등

합격예측
① 가상현실(VR : Virtual Reality)
② 증강현실(AR : Augmented Reality)
③ 혼합 현실(MR : Mixed Reality)

마. CAI(Computer Aided Instruction)

컴퓨터를 수업 매체로 활용하여 학생들을 교육하는 활동 분야로 학습자에게 필요한 지식, 정보, 기술 등을 제공한다.

바. 키오스크(Kiosk)

컴퓨터나 정보시스템에 대한 지식이나 경험이 없거나 적은 대다수의 사람들이 손쉽게 이용할 수 있게 고안된 무인 주문(안내) 시스템이며, 인건비 절감과 서비스 프로세스 단축을 통한 원가절감을 위해 많이 도입되고 있다.

사. OTT(Over The Top)

(1) OTT는 인터넷을 통해 방송 프로그램·영화·교육 등 각종 미디어 콘텐츠를 제공하는 서비스를 말한다.

(2) 셋톱박스(Set Top Box)를 통해 TV로 동영상을 볼 수 있게 해 주는 일종의 방송 서비스이다.

(3) 셋톱박스를 이용하지 않아도, TV 대신 PC나 핸드폰을 단말로 이용해도, 심지어 기존의 통신사나 방송사가 추가적으로 서비스를 제공할 목적으로 이용할 경우에도 그것이 인터넷 기반의 동영상 서비스라면 모두 OTT의 한 형태라 할 수 있다.

4. 뉴미디어(New Media)

가. 뉴미디어의 개요

(1) 뉴미디어란 현재 사용되고 있는 미디어에 새로운 기능을 결합하여 사용자의 욕구를 충족시키기 위해 개발된 미디어이다.

(2) 뉴미디어의 특징

디지털화(Digitalization), 미디어의 종합화(Integration), 정보의 양과 채널수의 증가, 쌍방향성(Interactivity), 탈 대중화, 비동시성(Asynchronicity), 영상화(Visualization), 속보성

(3) 뉴미디어의 분류

유선계	LAN, VAN, ISDN, ARS, CATV, CCTV, Videotex, TV 회의, Teletex, VRS 등
무선계	Telex, Teletext, Fax., HDTV 등
Package계	CD, VTR, 전자우편, 비디오디스크 등

방송계	CATV, 위성방송, 다중방송, HDTV, Fax 방송 등
통신계	LAN, ISDN, VRS, Videotex, 화상회의, Fax. 등
Package계	비디오디스크, 광디스크, 전자우편, CD-ROM 등

나. 뉴미디어 기기의 종류

(1) CATV(Cable Television, Community Antenna Television)
  ① 방송센터와 가입자 사이를 동축 케이블이나 광 케이블로 연결하여 프로그램, 영상, 음성, 데이터 등을 전송하는 서비스이다.
  ② 방송의 전파특성(무선)으로 인한 빌딩이나 산으로부터 수신 장애를 받는 지역에 고감도 안테나로 수신한 양질의 TV 신호를 제공하여 주며, 혼선이 거의 없다.

(2) CCTV(Closed Circuit Television)
  ① 특정 상호자간을 연결한 TV에 의한 통신 시스템이다.
  ② 호텔, 병원, 학교 등 특정 대상을 위하여 프로그램을 제공하는 시스템이다.

(3) 텔레라이팅(Telewriting)
  텔레라이팅은 전화회선을 이용하여 음성과 함께 손으로 쓴 문자 및 도형의 그래픽정보를 동시에 전송하는 미디어이다. 태블릿(Tablet)과 PC로 구성된다.

(4) 고화질 TV(HDTV : High Definition TV)
  ① 고화질 TV는 현재 사용되고 있는 TV의 주사선수를 2배로 늘려 화질을 향상시키고, 고품질의 영상을 제공하는 TV 서비스이다.
  ② HDTV의 특징
    ㉠ 고화질 TV는 주사선이 1,125개로 현행 TV(525개)의 2배 이상이어서 고화질을 구현한다.
    ㉡ 음성압축방식으로는 AC-3, 영상신호 압축방식으로는 MPEG-2가 사용되고 전송방식으로는 8VSB가 사용된다.
    ㉢ HDTV는 6[MHz]의 대역폭을 사용한다.
    ㉣ 화면을 대형화하고 현실감을 높이기 위해 종횡비를 16 : 9로 한다.

(5) MHS(Message Handling System)
  메시지 통신 시스템(MHS)이란 컴퓨터를 통해 이용자가 보내고 싶은 정보를 축적, 전송하고 이용자가 요구하는 조건에 따라서 수신측에 보내는 메시지 전송 서비스를 말한다.

합격 NOTE

합격예측
HDTV : 고화질, 대화면 특성

합격예측
MHS는 문자 데이터뿐만 아니라 음성, 수치, 도형, 화상 등의 메시지도 처리한다.

합격 NOTE

① MHS의 구성 요소
    ㉠ UA(User Agent)
    ㉡ MTA(Message Transfer Agent)
    ㉢ MS(Message Store)
    ㉣ AU(Access Unit)
② MHS 서비스
    ㉠ 사서함 서비스
    ㉡ 배달 서비스
    ㉢ 정보 검색 안내 서비스
    ㉣ 타 기종 터미널간 서비스

(6) 비디오텍스(Videotex)

비디오텍스는 글자와 그림의 화상 정보가 축적되어 있는 데이터베이스(Data Base)로부터, 사용자는 컴퓨터를 사용하여 원하는 각종 정보의 검색은 물론 예약, 홈뱅킹, 홈쇼핑 등의 다양한 서비스를 대화 형식으로 이용할 수 있는 시스템이다.

① 운영상의 구성 요소
    ㉠ 시스템 제공자 : 서비스를 위해 필요한 컴퓨터 시스템 및 소프트웨어 제공
    ㉡ 정보 제공자 : 사용자들에게 필요한 정보를 수집, 가공하여 데이터베이스를 구축하는 역할을 한다.
    ㉢ 서비스 제공자 : 판촉, 홍보, 새로운 응용 서비스 도입 등으로 정보 및 서비스를 제공하는 역할을 담당한다.
    ㉣ 정보 이용자 : 각 이용자들은 비디오텍스 단말기를 이용하여 원하는 정보를 이용할 수 있다.

합격예측
비디오텍스는 유선, 쌍방향 서비스이다.

합격예측
VRS는 문자나 그림으로 구성된 화상 정보가 축적되어 있는 데이터베이스로부터 TV수상기와 전화회선을 이용하여 사용자가 원하는 각종 정보를 제공한다.

합격예측
Videotex는 TV와 전화회선을 이용하여 사용자가 원하는 정보를 얻는다.

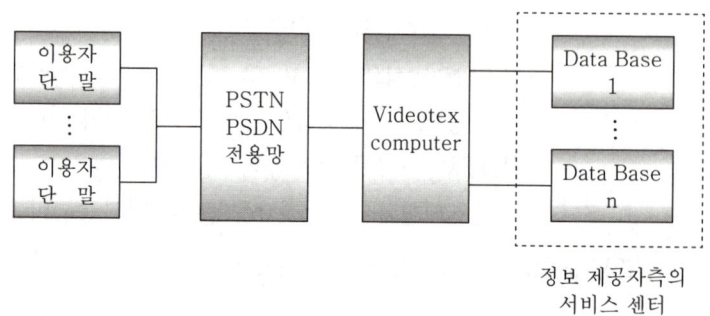

[비디오텍스 통신 시스템의 구성]

② 하드웨어적 구성 요소
  ㉠ 정보 입력 단말기 : 데이터베이스에 사용자들이 필요로 하는 정보를 생성, 삭제, 편집, 저장하는 기능을 가지고 있다.
  ㉡ 중앙 정보 센터 : 비디오텍스 시스템의 센터 역할을 수행하는 것으로, 정보를 저장, 검색하는 기능뿐만 아니라 사용자 단말기의 제어 및 시스템 통제, 관리, 감시 기능을 수행한다.
  ㉢ 사용자 단말기 : TV 수상기에 어댑터(Adapter)를 부착하여 여러 정보들을 검색, 선택하기 위한 장치이다.
  ㉣ 통신망 : 중앙 정보 센터와 사용자 단말기간의 정보를 전송해 주는 통신 매체이다.
③ 비디오텍스의 특징
  ㉠ 대용량의 화상 정보를 축적, 검색하는 기능을 제공한다.
  ㉡ 쌍방향 통신을 이용하여 다양한 서비스를 제공한다.
  ㉢ 시스템의 개발 비용이 비싸다.
  ㉣ 정보 제공자와 운영 주체가 다르다.
④ 비디오텍스의 응용 분야
  정보 검색, 거래 처리 서비스, 메시지 전달 서비스, 전산 처리 서비스, 원격 감시 시스템

(7) 텔렉스(Telex)

통신네트워크를 통하여 가입자와 직접 다이얼 접속하여 송·수신할 수 있는 장치로 가입 전신이라 부르며, 키보드를 이용하여 전기 신호화된 문자, 숫자, 기호 등이 자동적으로 수신측의 종이에 인자되는 문서 기록 통신이다.

(8) 텔레텍스(Teletex)

기존의 텔렉스에 편집기능(워드프로세서)을 추가하여 문자정보를 보낼 수 있는 문자통신 서비스이다.

(9) 텔레텍스트(문자다중방송 : Teletext)
① 개요
  ㉠ TV 방송 전파를 이용하여 다양한 정보를 TV 방송과 함께 문자 혹은 도형 형태의 정보를 수신자가 원할 때 제공해 주는 서비스이다.
  ㉡ 수신자는 별도의 수신장치 없이 정보를 이용할 수 있으며 다양한 정보를 즉각적으로 선택하여 상품 구입 및 예약 등 다양한 형태로 이용이 가능하다.

합격 NOTE

합격예측
Videotex는 전송속도가 느리다.

합격예측
Teletext=Telex(가입전신)
+Text(워드프로세서)

합격 NOTE

합격예측
Teletext는 문자다중방송이다.

② 텔레텍스트 시스템의 기능
　㉠ 취재, 정보 수집 기능
　㉡ 프로그램 제작 기능
　㉢ 프로그램 송출 기능
　㉣ 신호 전송 기능
③ 텔레텍스트의 응용 분야
　㉠ 정보 검색 서비스 : 뉴스, 일기예보 등
　㉡ 거래 처리 서비스 : 홈쇼핑 등
　㉢ 메시지 전달 서비스 : 전자 우편, 여론 조사 등
　㉣ 전산 처리 서비스 : 수학 계산 등
　㉤ 원격 감시 서비스 : 도난 및 화재 경보 등

[텔레텍스트와 비디오텍스의 비교]

항 목	비디오텍스	텔레텍스트
기본 특성	쌍방향 통신, 동시 접속 한정	단방향 동시 분배, 다수 동시 접속
정보 축적량	비교적 많음	적음
서비스 형태	검색, 회화용	반복 송출, 선택 수신
서비스 운용	정보 제공자와 운용 주체 다름	정보 제공자와 운용 주체가 동일함
기술적 특성	지역적 화면속도 느림	전국적 화면속도 빠름

(10) 다중방송(multiplex broadcasting)

① 다중방송은 하나의 주파수로 여러 가지 방송을 동시에 내보내는 방송 형태이다.
② 다중방송의 목적

다중방송의 목적	종 류
주 서비스를 고품질화하기 위해	컬러 TV, FM 스테레오방송, TV 음성다중방송
주 서비스를 고기능화하기 위해	TV 문자다중방송, TV 음성다중(2개언어)
독립된 새로운 서비스를 하기 위해	Teletext, 팩시밀리방송, 정지화방송

③ 음성다중방송
　외국영화 및 뉴스 등의 프로그램을 자기 말과 외국어로 동시 방송하는 방식이며, TV 신호의 빈틈을 이용하여 혼신 방지용으로 남겨둔 전파의 간격이 필요 없게 되어 그 간격을 이용해서 각종 정보를 보내는 것이다.

합격예측
음성다중방송 종류 : FM-FM방식, Two-carrier 방식

(11) 기타 뉴미디어 기기

뉴미디어기기	설 명
화상응답시스템 (Video Response System)	VRS는 센터에 각종 영상정보 및 음성정보파일을 설치해 놓고 수신자의 각 단말기에서 개인별로 정보를 불러내는 서비스로 회화형 정보통신 시스템이다.
IPTV (Internet Protocol TV)	IPTV는 광초고속 인터넷망을 이용하여 동영상 및 방송 콘텐츠를 텔레비전 수상기로 제공하는 서비스이다. 또한 VOD, 정보검색, 쇼핑이나 VoIP 등과 같은 인터넷 서비스를 부가적으로 제공할 수 있게 되어 사용자와의 활발한 상호작용이 가능하다.
VoIP (Voice over IP)	음성 인터넷 프로토콜(VoIP : Voice over Internet Protocol)은 인터넷 프로토콜을 이용하여 소비자에게 음성 통신을 제공하는 시스템을 말한다.
전자 데이터 교환 (Electronic Data Interchange)	EDI는 독립된 조직간에 정형화된 문서를 표준화된 자료표현 양식에 준하여 전자적 통신매체를 이용해 교환하는 방식이다. 서로 다른 기업(조직)간에 약속된 포맷을 사용하여 상업적 거래를 컴퓨터와 컴퓨터간에 행하는 것

합격 NOTE

합격예측
국내 IPTV : 하나TV, 메가TV, myLGtv 등

합격예측
VoIP : IP 전화, 인터넷 전화라고도 한다.

합격예측
EDI = 전자상거래

출제 예상 문제

제2장 멀티미디어/뉴미디어기기

01 문자, 그림, 애니메이션, 동영상 등의 다양한 정보 매체를 디지털 형식으로 통합하여 제공하는 것을 무엇이라고 하는가?
① 멀티미디어
② 아날로그매체
③ 모사전신매체
④ 음성매체

해설
멀티미디어는 멀티와 미디어의 합성어로서 문자, 이미지, 소리, 애니메이션, 영상 등을 디지털로 표현하여 사용자와 상호작용 할 수 있는 형태를 의미한다.

02 다음 멀티미디어에 대한 설명 중 잘못된 것은?
① 문자, 그래픽, 오디오, 비주얼 등의 정보를 컴퓨터로 구현한 영상의 통합이다.
② 멀티미디어 정보들을 컴퓨터에 의해 처리하기 위해서는 디지털화해야 된다.
③ 대체로 멀티미디어 정보들은 정보량이 크기 때문에 압축기술을 사용하여 저장한다.
④ 방송, 인터넷에서는 멀티미디어 정보를 취급할 수 없다.

03 다음 중 멀티미디어에 대한 설명으로 거리가 먼 것은?
① 정보 매체의 통합성을 갖는다.
② 단일 채널의 단방향성을 유지한다.
③ 사용자와 시스템간의 상호 작용성을 갖는다.
④ 압축에 의한 정보전송이 가능하다.

해설
멀티미디어 데이터의 특징 : 쌍방향성(Interactive), 비선형(Non-Linear), 통합성(Integration), 디지털(Digital), 대용량성

04 다음 중 멀티미디어가 갖는 특성이 아닌 것은?
① 동시성
② 상호작용성
③ 매체를 이용한 정보의 전달
④ 표본성

해설
멀티미디어의 조건
① 두 가지 이상의 미디어를 동시에 사용 가능
② 사용자는 시스템과 대화 가능
③ 시스템을 사용해 정보를 얻을 수 있음

05 멀티미디어의 특징에 관한 설명과 거리가 먼 것은?
① 기존 미디어가 발전 융합된 것이 많다.
② 대화형 정보 전달로 상호 작용성이 있다.
③ 통신 기술의 발전으로 가능하게 되었다.
④ 단방향 통신기능 전용으로 정보접근이 용이하다.

해설
① 멀티미디어에서 기대하는 것은 영상을 중심으로 음성·문자·기호·도형·화상 등 여러 가지 미디어를 종합적으로 조합해서 이용자의 요구에 따라 쌍방향으로 각 미디어의 특징을 살리면서 자유롭게 이용할 수 있는 것이다. 즉 멀티미디어는 쌍방향이 필수 조건이다.
② 멀티미디어는 쌍방향성, 영상(화상)을 중심으로 한 복수 미디어, 디지털이자 컴퓨터 기술의 중심이라고 말할 수 있다.

06 다음 중 멀티미디어의 특징이 아닌 것은?
① 두 가지 이상의 매체를 동시에 사용한다.
② 사용자와 시스템간에 상호작용을 해야 한다.
③ 시스템을 사용해 정보를 얻을 수 있어야 한다.
④ 두 가지 이상의 시스템으로 매체가 통제되어야 한다.

[정답] 01 ① 02 ④ 03 ② 04 ④ 05 ④ 06 ④

07 다음 중 멀티미디어 관련 정보처리의 요구사항이 아닌 것은?

① 영상정보의 압축 기술 필요
② 영상정보의 실시간 전송을 위한 고속 통신망 구축
③ 통합된 다중 처리를 위한 아날로그화 변환 기술의 확보
④ 다량의 멀티미디어 정보 처리를 위한 대용량 저장장치가 필요

해설
Multimedia system 요구사항
① 영상정보의 고압축 알고리즘 기술
② 영상정보의 실시간 전송을 위한 고속 통신망 구축
③ 방대한 양의 정보 처리를 위한 대용량 저장장치 구비
④ 분산 환경 통신 프로토콜 및 그룹 환경 통신 프로토콜 기술

08 다음 중 멀티미디어 응용분야가 아닌 것은?

① 원격회의   ② 원격교육
③ 원격진료   ④ 원격검색

해설
멀티미디어 응용
원격회의(Teleconferencing), 원격교육과 주문형 강의(LOD : Lecture On Demand), 원격 진료, 인터넷 방송과 주문형 Video(VOD) 등

09 다음 중 멀티미디어 기기의 기능으로 맞지 않는 것은?

① 고사양 CPU
② 저해상도 디스플레이
③ 고속지원
④ 다양한 서비스 형태 이용

10 다음 중 멀티미디어 단말기의 요구사항과 거리가 먼 것은?

① 음성 정보의 고압축 알고리즘 기술
② 영상 정보의 Real Time 전송을 위한 고속 통신망의 구축
③ 분산환경의 통신 Protocol 및 Group 환경의 통신 Protocol
④ 동적인 정보들 간의 동기화 속성을 부여할 수 있는 기술

해설
영상 정보의 고압축 알고리즘 기술 실현해야 한다.

11 멀티미디어 단말장치가 갖추어야 할 구성요소가 아닌 것은?

① 미디어 입출력장치
② 압축, 복원장치
③ 오디오, 비디오 캡처장치
④ 비동기 디지털 전송장치

해설
멀티미디어 단말기 요구사항
① 방대한 양의 멀티미디어 정보처리를 위한 대용량 저장장치 구비
② 영상 정보의 실시간 전송을 위한 고속 통신망 구축
③ 영상 정보의 고압축 알고리즘 기술
④ 동적 정보들간의 동기화 속성을 부여할 수 있는 기술
⑤ 분산환경 통신 프로토콜 및 그룹 환경 통신 프로토콜
⑥ 통합된 환경에서 정보 서비스를 위한 사용자 인터페이스

12 다음 중 멀티미디어 단말의 구성 요소가 아닌 것은?

① 처리장치   ② 저장장치
③ 미디어 입출력장치 ④ 신호 변환장치

해설
멀티미디어 시스템
① 하드웨어 구성 : 입력장치, 인터페이스 카드, 저장장치 및 장치드라이버와 출력장치
② 미디어 처리장치 : 사운드카드와 그래픽가속보드, 비디오 보드
※ 신호변환은 전송기기의 구성 요소이다.

13 MPEG는 멀티미디어 기술 중 어디에 해당되는가?

① 압축 기술   ② 전달 기술
③ 표현 기술   ④ 반도체 기술

[정답] 07 ③ 08 ④ 09 ② 10 ① 11 ④ 12 ④ 13 ①

> **해설**
>
> **MPEG(Moving Picture Experts Group)**
> ① MPEG는 동영상 및 오디오 처리에 관한 전문가 그룹이다.
> ② MPEG에서는 동영상을 포함한 멀티미디어 압축(Compression), 전송(Transmission) 및 표현에 관한 국제 표준을 제정하고 있으며, MPEG의 국제 표준화 작업은 응용 분야별 필요 기술 특성에 따라 단계별로 진행되고 있다.

14 다음 중 음악 압축에 사용되는 것으로 CD 수준의 음질로 압축하는 표준은?

① JPEG ② MPEG-2
③ MP3   ④ MPEG-4

> **해설**
>
> **MP3(MPEG-1 Audio Layer-3)**
> ① MP3는 오디오 신호를 효과적으로 사용하기 위하여 고안된 압축방식을 지칭하는 말이다.
> ② MP3는 음악을 CD 수준의 음질로 유지하면서 12대1 정도로 압축할 수 있는 장점이 있다.
> ③ MPEG-1 규격 중 가장 알려진 것은 MP3 오디오 형식이다.

15 멀티미디어 압축방식 중 동영상 압축기술에 대한 표준규격은?

① TXT   ② DOC
③ JPEG ④ MPEG

> **해설**
>
> ① JPEG(Joint Photographics Expert Group) : 흑백 및 컬러 정지화상을 위한 국제표준안
> ② MPEG(Moving Picture Expert Group) : 동영상 압축을 위한 표준

16 다음 중 영상압축에 대한 설명으로 거리가 먼 것은?

① 저장장치의 영상 저장 효율 증가
② 데이터 양이 경감됨으로 하드웨어의 크기도 감소
③ 전송시스템에서 대역폭을 절감하게 됨으로 대역폭이 고정된 시스템은 전송속도가 감소됨
④ 데이터 양, 대역폭 및 속도가 감소됨으로 하드웨어 제품의 비용과 전송비용이 절감됨

17 멀티미디어 데이터 압축기법 중 손실 압축 기법으로 틀린 것은?

① FFT(Fast Fourier Transform)
② DCT(Discrete Cosine Transform)
③ DPCM(Differential Pulse Code Modulation)
④ Huffman Code

> **해설**
>
> | 무손실 압축 (Lossless Compression) | • 반복길이 코딩(Run-Length Coding)
• 허프만 코딩(Huffman Coding)
• 렘펠-지프 코딩(Lempel-Ziv Coding) |
> |---|---|
> | 손실 압축 (Lossy Compression) | • 변환 코딩(Transform Coding) : FFT, DCT
• 예측 코딩(Predictive Coding) : DPCM, ADPCM, DM, ADM
• 양자화(Quantization)
• 웨이블릿 코딩(Wavelet-Based Coding)
• 보간법(Interpolation)
• 프랙탈 압축(Fractal Compression) |
> | 혼성 압축 | JPEG, GIF, MPEG, H.261, H.263 등 |

18 멀티미디어 데이터압축 기법 중 혼성압축 기법으로 틀린 것은?

① MPEG ② JPEG
③ GIF   ④ FFT

19 다음 중 음악 압축에 사용되는 것으로 CD 수준의 음질로 압축하는 표준은?

① JPEG ② MPEG-2
③ MP3   ④ MPEG-4

> **해설**
>
> **MP3(MPEG-1 Audio Layer-3)**
> ① MP3는 오디오 신호를 효과적으로 사용하기 위하여 고안된 압축방식을 지칭하는 말이다.
> ② MP3는 음악을 CD 수준의 음질로 유지하면서 12 대 1 정도로 압축할 수 있는 장점이 있다.
> ③ MPEG-1 규격 중 가장 알려진 것은 MP3 오디오 형식이다.

[정답] 14 ③ 15 ④ 16 ③ 17 ④ 18 ④ 19 ③

20 다음 중 동영상 압축전송 기술로 디지털 TV 방송 서비스를 지원하지 않는 것은?

① 돌비(Dolby Digital) ② H.264
③ MPEG2 ④ MPEG4

해설
돌비 디지털(Dolby Digital)은 손실 오디오(음성) 압축 기술이다.

21 다음 중 H.264/MPEG-4 기술과 비교하여 약 2배 높은 압축률을 가지면서도 동일한 비디오 품질을 제공하는 고효율 비디오 코딩(압축) 표준은?

① HEVC(High Efficiency Video Coding)
② AVC(Advanced Video Coding)
③ VCEG(Video Coding Expert Group)
④ SVC(Scalable Video Coding)

해설
고효율 비디오 코딩(HEVC/H265/x265)
① HEVC는 H.264/MPEG-4 AVC(Advanced Video Coding)의 성공에 힘입어 개발된 차세대 동영상 부호화 기술이다.
② HEVC는 MPEG의 차세대 압축표준으로 AVC대비 2배의 압축률을 가진다.
③ HEVC는 UHD-TV 영상(동영상) 압축기술이다.

22 화상회의의 오디오 압축방식으로 300~3,400 [Hz]의 대역폭을 가진 채널 상에서 16, 24, 32, 40[kbps] ADPCM을 지원하는 표준은?

① G.721 ② C.722
③ G.724 ④ G.726

해설
G 계열의 코덱 비교
① 코덱(Codec)이란 COmpress(압축)와 DECompress(해제)의 합성어로, 디지털 미디어에서 압축을 하고 또 압축을 푸는 하나의 프로그램을 말한다.
② 오디오 코덱(Audio Codec)은 디지털 오디오를 압축 및 압축 해제하는 컴퓨터 프로그램이다.
③ G 계열은 보이스 전용 코덱이다.

코덱 종류	알고리즘(압축방식)	속도 Bit Rate(BW)	설명
G.711	PCM	64 kbps	PSTN 통화품질
G.726	ADPCM	16/24/32 kbps	BW 크면 품질 좋음
G.722	SB-ADPCM	64 kbps	멀티미디어 음성회의
G.723.1	MPC-MLQ, ACELP	6.3/5.3 kbps	이동통신
G.728	LD-CELP	16 kbps	디지털 이동통신
G.729	CS-ACELP	8 kbps	VoIP 코덱

23 다음 중 영상통신기기의 압축에 대한 평가 기준으로 맞지 않는 것은?

① 압축률 ② 암호화율
③ 복원된 데이터의 품질 ④ 압축/복원 속도

해설
압축시스템의 평가 기준 : 압축률(Compression Ratio), 복원 데이터의 품질(Quality), 압축 및 복원 속도

24 다음 중 화상회의 시스템 설명으로 적합하지 않은 것은?

① 동화상처리 방식에는 프레임 다중 방식 등이 있다.
② 음성처리 과정에서 하울링이나 에코현상이 일어날 수 있다.
③ 음성, 영상압축 기술이 필요하며 광대역 고속 통신망이 유리하다.
④ 정지화상 통신회의 시스템은 협대역 전송로를 사용하므로 가격이 비싸다.

해설
화상회의 시스템은 광대역 전송로를 이용한다.

25 다음 중 화상회의 시스템에 대한 기능으로 틀린 것은?

① 일반적으로 소프트웨어 기반 영상은 하드웨어 기반에 비해 화질이 좋지 않다.
② 영상신호의 부호화와 복호화를 위해 코덱이 사용된다.
③ 고화질의 영상을 전송하기 위한 영상압축 기술이 필요하다.
④ 화상회의 시스템은 보안에 강하다.

[정답] 20 ① 21 ① 22 ④ 23 ② 24 ④ 25 ④

26 다음 중 데스크톱 화상회의 시스템에서 화상신호를 부호화 및 복호화 하는 것은?

① 라우터 ② CRT
③ 모뎀   ④ 코덱

27 ITU가 제정한 화상회의 관련 권고안 H시리즈 중에서 LAN 전용회선을 통한 화상회의 표준규격은?

① H.221 ② H.231
③ H.320 ④ H.323

해설

H.323(Packet-Based Multimedia Communication System)
① ITU-T의 H시리즈는 비디오, 오디오, 멀티미디어 세션의 제어 및 다중화 등 음성 전화가 아닌 멀티미디어 회선에 대한 일련의 표준 프로토콜들을 말한다.
② H.323 표준
㉠ H.323 표준은 1996년 ITU-T SG(Study Group) 16에서 제안한 영상회의 표준이다.
㉡ LAN, 인터넷 등 패킷기반의 망을 통해 전송되는 영상, 음성, 데이터 등 멀티미디어 통신을 포괄적으로 다루고 있다.

28 영상회의 시스템의 비디오 프레임 포맷을 전송하고자 한다. 가장 높은 데이터 전송률을 갖는 포맷은?

① Sub-QCIF ② QCIF
③ CIF   ④ 4CIF

해설

CIF(Common Intermediate Format)
① CIF는 화상회의를 위해 사용되는 표준 비디오 포맷이다.
② H.261에서는 두 시스템간의 변환을 위해 CIF라는 공통 양식을 만들어 코덱의 영상 입출력 포맷으로 사용한다.

CIF 형식	해 상 도	초당 30프레임 속도 [Mbps]
SQCIF(Sub Quarter CIF)	128×96	4.4
QCIF(Quarter CIF)	176×144	9.1
CIF(Full CIF, FCIF)	352×288	36.5
4CIF(4×CIF)	704×576	146.0
16CIF(16×CIF)	1408×1152	583.9

29 VOD(Video On Demand) 시스템의 구성 중 헤드엔드와 통신이 가능한 애플리케이션이 셋탑박스 부팅과 함께 동시 로딩되어 고객이 요청하는 시간과 콘텐츠를 상기 시스템과 실시간으로 통신하여 이용자에게 서비스를 제공하는 구간은?

① Pumping부   ② 전송부
③ 사용자부(Client) ④ 데이터 변환부

해설

주문형 비디오(VOD : Video On Demand)
① VOD 서비스는 서비스 이용자의 요구에 따라 영화나 뉴스 등의 영상 기반 서비스를 케이블 또는 인터넷 등을 통해 제공하는 새로운 개념의 영상 서비스 이다.
② VOD 시스템의 구성
㉠ VOD 서버 : 사용자에게 동영상을 제공하고, 서비스 할 영상 및 음성 등을 저장한다.
㉡ 통신망 및 전송 프로토콜 : 사용자의 요구를 서버에서부터 사용자(Client)에게 전송한다.
㉢ 사용자(Client) : VOD 서버가 보내주는 동영상을 사용자들이 TV를 통해 볼 수 있도록 한다.

30 다음 중 VOD(Video On Demand) 시스템의 사용자부에 대한 설명으로 틀린 것은?

① 세션에 대한 물리적 관리를 진행한다.
② '클라이언트부'라고도 한다.
③ 헤드엔드와 통신이 가능한 셋톱박스가 있다.
④ 고객이 요청하는 시간과 콘텐츠를 상기 시스템과 실시간으로 통신하여 이용자에게 서비스를 제공한다.

해설

VOD 시스템은 크게 서비스를 제공하는 서버와 사용자의 요구를 처리하는 클라이언트로 구성된다.

31 VOD(Video On Demand) 시스템의 구성 중 Main Control부에서 인증된 클라이언트에게 실제 처리할 VOD 서버 및 QAM Port 관리 Session에 대한 물리적 관리를 진행하는 구간을 무엇이라 하는가?

① Pumping부   ② 전송부
③ 사용자부(Client) ④ 데이터 변환부

[정답] 26 ④ 27 ④ 28 ④ 29 ③ 30 ① 31 ①

해설

Pumping server는 VOD 서버 및 QAM port 관리 Session에 대한 물리적 관리를 진행한다.
[참고] 전송부는 실제 사용자 단까지 ALL IP 구간으로 전달하는 역할을 한다.

32 VOD(Video On Demand) 시스템의 구성 중 실제 사용자 단까지 ALL IP 구간으로 전달하는 부분은?

① Pumping부 ② 전송부
③ 사용자부(Client) ④ 데이터 변환부

33 다음 중 VOD(Video On Demand) 시스템의 Main Control부에 대한 설명으로 틀린 것은?

① 전체 시스템 관리의 머리역할을 담당한다.
② 각 시스템과의 유기적 관계를 관리한다.
③ 통합 사이트와 로컬 사이트의 콘텐츠 분배 역할을 담당한다.
④ 시스템의 중앙처리부를 담당한다.

해설

주문형 비디오(VOD : Video On Demand)
① VOD 서비스는 기존의 공중파 방송과는 다르게 인터넷 등의 통신회선을 사용하여 원하는 시간에 원하는 매체를 볼 수 있도록 하는 서비스이다.
② VOD의 Main control부는 시스템의 중앙처리 역할을 담당하며 전체 시스템을 관리하는 기능을 갖는다.

34 VOD(Video On Demand) 시스템의 구성 중 전체 시스템의 리소스를 조정하고 운용하는 시스템의 중앙 처리부를 담당하는 구간은?

① Pumping부 ② 전송부
③ 사용자부 ④ Main Control부

해설

주문형 비디오(VOD : Video On Demand)
① VOD 서비스는 기존의 공중파 방송과는 다르게 인터넷 등의 통신회선을 사용하여 원하는 시간에 원하는 매체를 볼 수 있도록 하는 서비스이다.
② VOD 구성요소는 비디오 서버(Video Server)와 접속망을 연결하는 고속 기간망, 고속 기간망과 셋톱박스를 연결하는 접속망, 셋톱박스, 멀티미디어 DBMS 등이다.

35 제공되는 프로그램 패키지를 횟수에 관계없이 일정기간 시청하고 정액제 방식으로 VOD 콘텐츠를 과금하는 방식을 무엇이라 하는가?

① Real VOD ② Subscription VOD
③ Near VOD ④ Free VOD

해설

① FOD(Free VOD) : 무료로 제공되는 방식
② RVOD(Real VOD) : 이용할 때마다 과금이 되는 방식
③ SVOD(Subscription VOD) : 월정액 방식으로 제공되는 방식

36 다음 중 뉴미디어의 특징이 아닌 것은?

① 즉시성과 공평성 ② 간편성과 수익성
③ 개인화와 능동성 ④ 단일화와 단방향성

해설

뉴미디어(New Media)
① 뉴미디어란 현재 사용되고 있는 미디어에 새로운 기능을 결합하여 사용자의 욕구를 충족시키기 위해 개발된 미디어이다.
② 뉴미디어의 특징

특징	기능
다채널화, 쌍방향성	• 광 케이블 등을 통한 대량의 정보전달로 다채널화를 실현 • 이용자의 요구를 수용하는 대화형, 쌍방향성을 구현
즉시화, 공평성	• 네트워크를 통한 실시간 처리가 가능 • 각종 예약 시스템, 정보 검색, 재고 관리
간편성, 수익성	• 사용자의 편의성과 사업자의 수익성 증대
개인화, 능동성	• 개인 상호간의 통신의 확대로 정보의 교환
원거리 통신의 저렴화	• 거리에 대한 상대적인 비용 절감

37 뉴미디어를 방송계, 통신계, 패키지계로 구분할 때 통신계에 해당하지 않는 것은?

① VRS ② LAN
③ 위성방송 ④ 비디오텍스

[정답] 32 ② 33 ③ 34 ④ 35 ② 36 ④ 37 ③

해설
New Media의 분류
① 방송계 : TV 위성방송, 고품위 TV, 음성 PCM 방송, 팩시밀리 방송, 다중방송, CATV 등
② 통신계 : LAN, Videotex, 공중전화망, Data통신, VAN, VRS 등
③ 패키지계 : VTR, 비디오디스크, 콤팩트디스크, DAT 등

38 다음 중 방송계 뉴미디어에 해당하는 것은?
① CATV   ② ARS
③ WAN   ④ VAN

39 뉴미디어의 분류 중 방송계에 해당되지 않는 것은?
① 위성TV방송   ② HDTV방송
③ VTR   ④ 문자다중방송

40 뉴미디어(New Media) 정보 전달방식의 분류에 해당하지 않는 것은?
① 케이블 TV 등의 유선계
② 텔레텍스트(Teletext) 등의 무선계
③ 컴퓨터를 이용한 비디오텍스계
④ 비디오디스크 등의 패키지계

해설
새로운 뉴미디어 기술은 미디어의 정보전달 수단에 따라서 유선계와 무선계, 위성계, 그리고 패키지계로 구분할 수 있다.

41 TV 방송전파를 이용하여 TV 방송과 함께 문자 또는 도형 형태의 정보제공이 가능한 뉴미디어는?
① 텔렉스   ② 텔레텍스트
③ 정지화방송   ④ 비디오텍스

해설
① Teletext는 TV 방송전파를 이용하여 통상의 TV 방송과 함께 문자 혹은 도형 형태의 정보 제공과 수신자가 원하는 정보를 수시로 화면에 제공하는 시스템이다.
② 문자다중방송이라고 한다.

42 다음 뉴미디어 기기 중 문자 혹은 도형 형태의 정보를 수신자가 원할 때 제공하며 수신자는 별도의 수신장치 없이 정보를 이용할 수 있는 것은??
① 비디오텍스(Videotex)
② 팩시밀리(Facsimile)
③ 텔레텍스트(Teletext)
④ 텔레텍스(Teletex)

43 비디오텍스 통신시스템을 바르게 설명한 것은?
① 회화형 화상정보통신이다.
② 단방향성 정보전달 서비스이다.
③ 전용통신망을 사용한다.
④ 비디오폰과 유사한 가입자 전용 통화장치이다.

해설
비디오텍스(Videotex)의 특성
① 쌍방향 통신기능을 갖는 검색, 회화형 화상 정보 서비스이다.
② 대용량의 축적 정보를 제공한다.
③ 시간적인 제한은 없으나 화면의 전송이 느리고 Interface가 필요하다.
④ 다수 사용자의 동시 접속은 한정된다.
⑤ 지역적이다.

44 다음 중 비디오텍스 통신 시스템의 기본 구성이 순서대로 맞게 연결된 것은?
① 입력장치- 전화망 - 정보저장장치- 비디오텍스 통신처리 장치-전화 단말기 - 텔레비전
② 입력장치-정보 축적장치- 비디오텍스 통신처리 장치-전화망 - 텔레비전
③ 입력장치- 비디오텍스 통신처리 장치- 정보축적 장치 -전화망 - 텔레비전
④ 입력장치-정보저장장치- 비디오텍스 통신처리 장치- 전용선 - 전화망 - 텔레비전

[정답] 38 ① 39 ③ 40 ② 41 ② 42 ③ 43 ① 44 ②

45 다음 중에 인터넷의 Web 서비스를 받을 수 있는 통신 방식은?

① HDTV
② CATV
③ Telex
④ Electronic Board

해설
HDTV에 Internet Surfing을 할 수 있는 Set Top Box를 부착하여 간단히 Internet에 접속할 수 있다.

46 MHS(Message Handling System)의 특징으로 볼 수 없는 것은?

① 국제적으로 표준화된 전자 메일 통신 방식
② 풍부한 네트워크 통신 처리 기능
③ 데이터의 투과성
④ 장소 및 장비가 제한적이나 재배치성이 우수

해설
메시지 통신 시스템(MHS : Message Handling System)
① 메시지 통신시스템이란 컴퓨터를 통해 이용자가 보내고 싶은 정보를 축적, 전송하고 이용자의 요구 조건에 따라서 수신측에 보내는 서비스를 말한다.
② MHS란 컴퓨터와 통신기술의 결합으로 이루어진 전자 사서함 시스템(또는 서비스)을 말하는 것으로 이용자들이 각자의 사서함(Mail Box)을 할당받아 상호간의 메시지를 교환하게 된다.

47 다음 중 X.400 계열의 권고에 따른 전자우편 시스템은?

① MHS   ② VAN
③ CATV   ④ Teletex

해설
ITU-T 권고 X.400 계열(ITU-T Recommendations X.400 Series)
① 메시지 통신 처리 시스템(MHS)에 관계되는 권고 계열이다.
② MHS의 모델, 서비스, 시스템 상호간의 메시지 전송 프로토콜과 전송 메시지의 부호 변환 규칙을 규정하고 있다.

48 다음 중 메시지 처리시스템(MHS)의 구성 요소가 아닌 것은?

① MS(Message Store)
② UA(User Agent)
③ AU(Access Unit)
④ MH(Message Host)

해설
① 메시지 통신 시스템이란 컴퓨터를 통해 이용자가 보내고 싶은 정보를 축적, 전송하고 이용자의 요구조건에 따라서 수신측에 보내는 서비스를 말한다.
② MHS의 구성 요소 : 접근장치(AU : Access Unit), 메시지 전송 에이전트(MTA : Message Transfer Agent), 메시지 저장장치(MS : Message Store), 사용자 에이전트(UA : User Agent)

49 MHS의 구성요소로서 이용자로부터 의뢰된 메시지를 MTA로 보내고 이용자에게 메시지 편집기능 등의 서비스를 제공하는 것은?

① UA   ② MTS
③ MS   ④ AU

해설
① AU : MTA와 외부 통신망을 이용하여 MHS에 액세스하는 간접 이용자 사이의 상호 통신서비스를 제공하는 기능 수행
② MTA : 메세지의 중계 및 교환, 코드변환 등의 기능 수행
③ MS : 메시지의 저장 및 검색을 가능하게 하며 사서함과 같은 기능을 제공
④ UA : 이용자로부터 의뢰된 메시지의 MTA로의 발신

50 초고속 인터넷망을 이용하여 동영상 및 방송 콘텐츠를 텔레비전 수상기로 제공하는 서비스?

① IP-TV   ② 전자우편
③ 화상응답 시스템   ④ VoIP

해설
IP-TV(Internet Protocol TV)
① IP-TV는 광초고속 인터넷 망을 이용하여 동영상 및 방송 콘텐츠를 텔레비전 수상기로 제공하는 서비스이다.
② IP-TV는 VOD, 정보검색, 쇼핑이나 VoIP 등과 같은 인터넷 서비스를 부가적으로 제공할 수 있게 되어 사용자와의 활발한 상호작용이 가능하다.

[정답] 45 ① 46 ④ 47 ① 48 ④ 49 ① 50 ①

51 음성신호를 패킷 데이터로 변환하여 인터넷 망에서 전화서비스를 제공하는 것은?

① WiBro
② Telematics
③ WCDMA
④ VoIP

해설
VoIP(Voice over Internet Protocol)는 IP를 사용하여 음성정보를 전달하는 일련의 설비들을 위한 IP 전화기술을 지칭하는 용어이다.

52 텔레포니의 핵심 기술인 VoIP의 구성요소로 거리가 가장 먼 것은?

① 단말장치　　② 게이트웨이
③ 게이트키퍼　④ 라우터

해설
VoIP 서비스는 사용자가 전화를 걸기 위한 수화기(단말장치)로부터 시작해 게이트웨이, 게이트키퍼, 소프트스위치 등으로 이어져 VoIP 네트워크에 연결된다.

53 다음 중 VoIP서비스에 대한 설명으로 틀린 것은?

① 음성과 데이터를 하나의 망으로 전송한다.
② 인터넷 프로토콜과 연계하여 다양한 부가서비스의 제공이 가능하다.
③ 기존의 데이터망을 이용하므로 통신요금이 저렴하다.
④ 각각의 통화는 회선을 독점으로 점유하기 때문에 대역폭 사용이 비효율적이다.

해설
기존의 PSTN 아날로그 회선은 한 명이 하나의 회선을 독점적으로 사용해야 하는 데 반해, VoIP의 경우, 인터넷 하나의 회선을 여러 사람이 공유할 수 있으므로 제한된 대역폭을 효율적으로 사용할 수 있는 서비스이다.

54 다음 중 인터넷 프로토콜(IP)을 이용한 VoIP서비스의 구성요소가 아닌 것은?

① 프록시서버(Proxy server)
② 게이트웨이(Gateway)
③ 게이트키퍼(Gate keeper)
④ 중앙제어장치(Central Controller)

55 다음 중 화상응답 시스템(VRS)의 특징에 대한 설명으로 옳지 않은 것은?

① 동영상이 아닌 그림과 문자만을 서비스한다.
② 센터와 단말장치 사이에 광대역의 전송로를 사용한다.
③ 화면정지, 다시보기, 앞으로 가기, 뒤로 가기 등 자유자재로 다양한 화면상태의 표현이 가능하다.
④ 방송정보와 같이 단방향이 아닌 양방향 정보를 제공한다.

해설
화상응답 시스템(VRS : Video Response System)은 회화형 화상정보시스템으로서, 센터에 정지화나 동화의 각종 영상정보파일 및 음성정보파일을 설치해 놓고, 각 단말기에서 개별 액세스에 의해서 각종 정보 안내나 학습 프로그램 등의 서비스를 개별로 제공하는 C-E(Center to End)형의 회화형 정보시스템이다.

56 다음 중 IPTV의 특성에 대한 설명으로 옳지 않은 것은?

① IPTV 시스템의 양방향성은 서비스 제공자가 많은 상호작용 TV의 응용을 제공할 수 있다.
② 디지털 녹화기와 결합된 IPTV는 프로그램 콘텐츠의 타임시프팅(Time Shifting)을 허용한다.
③ 서비스 제공자가 요청한 채널만 전송하므로 네트워크상의 대역폭을 절약할 수 있다.
④ 실시간 채널이나 UHDTV 등의 초고화질 프로그램이 늘어나더라도 고스트 현상이나 끊김 현상은 발생하지 않는다.

[정답] 51 ④　52 ④　53 ④　54 ④　55 ①　56 ④

해설

IPTV에는 움직이는 영상을 전달하기 위하여 1초에 나타내는 프레임 수를 올바르게 활용할 수 있게 하기 위하여 별도로 정해 둔 최소 속도를 요구한다. 이는 인터넷 속도가 느린 지역의 IPTV 고객은 서비스 품질에 제한을 받을 수 있음을 뜻한다.

57 동영상 및 데이터 정보를 실시간 전송하는 인터넷 방송의 주요 기술이 아닌 것은?

① IP 캐스팅
② 푸시 및 스트리밍 기술
③ 오디오·비디오 압축/복원 기술
④ 파일럿 신호발생 기술

해설

인터넷 방송(Internet Broadcasting)
① 인터넷의 출현과 초고속 통신망의 발달 및 디지털 기술의 통합화로 뉴미디어 기술의 하나인 인터넷 방송이 등장하였다.
② 인터넷 방송이란 동영상, 데이터 정보 등의 콘텐츠를 푸시(Push) 및 스트리밍(Streaming) 기술을 기반으로 인터넷 또는 고속망을 통해 실시간으로 전송하는 기술이다.
③ 인터넷상에서의 방송을 구현하기 위해서 필요한 기술 : 비디오 및 오디오 압축·복원 기술, IP 멀티캐스팅, 그리고 푸시 및 스트리밍 기술 등이다.

[정답] 57 ④

Chapter 5 홈 네트워크 설비 및 스마트 미디어기기

합격 NOTE

1 홈 네트워크 단말

1. 홈 네트워크의 개요

합격예측
홈 네트워크란 가정내의 모든 기기가 네트워크로 연결되어 정보의 전달과 처리, 감시가 가능한 가정내의 네트워크를 말한다.

① 홈 네트워크는 가정내의 가전기기, 통신기기, 컴퓨터 등이 유·무선 네트워크로 연결되어 기기·시간·장소에 구애받지 않고 쌍방향 서비스를 제공할 수 있는 환경이다
② 홈 네트워크는 외부와의 연결은 물론 집 안의 각 공간을 네트워크로 연결하여 모든 기기들이 제어되고 작동되는 서비스 환경이다.
③ 홈 네트워크는 초고속 인프라를 기반으로 네트워크, 정보처리 등 다양한 IT 기술이 접목되어 서비스를 창출하는 복합 산업분야이다.

합격예측
① 유선 홈 네트워킹기술 : Home PNA, PLC, IEEE1394, USB, 광홈랜 등
② 무선 홈 네트워킹기술 : Bluetooth, UWB, Wireless1394, Zigbee, Home RF, IrDA, WLAN 등

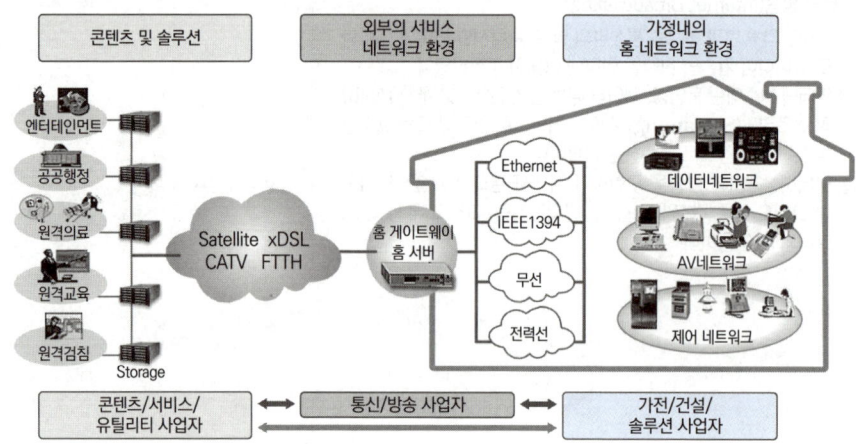

2. 홈 네트워크 구축의 이점

① 가정내 기기간 멀티미디어 정보의 공유 및 상호제어
② 외부 네트워크와의 연동을 통한 다양한 정보 접근 및 장치제어
③ 가정내 모든 기기들의 통합 및 제어
④ 디지털 전송을 통한 고품질 A/V 정보제공
⑤ 정보 공유 및 상호 제어된 정보들에 대한 분석, DB화, 지능화

3. 홈 네트워크의 4가지 중점 기술

대분류	중분류	소분류
지능형 홈 네트워크 기술	홈 플랫폼 기술	홈 서버 / 홈 게이트웨이 기술
		홈 네트워크 보안
		개방형 서버 기술
	유·무선 홈 네트워킹 기술	유선 홈 네트워킹 기술(Ethernet, PLC, IEEE1394)
		무선 홈 네트워킹 기술(WLAN(802.11a/b/g/n))
	정보가전 기술	지능형 정보가전
		홈 센서 기술(센서, RFID)
	지능형 미들웨어 기술	홈 네트워킹 미들웨어 기술
		상황적응형 미들웨어 기술
		멀티 인터페이스 기술

가. 홈 플랫폼 기술

외부망과 가정을 연결하고 가정 내의 다양한 서비스를 주관하는 기술

(1) 홈 서버
① 홈 네트워크 서비스를 제공하는 핵심 시스템을 구성하는 요소이다.
② 다양한 멀티미디어 홈 서비스를 제공하기 위하여 멀티미디어 데이터를 저장, 관리, 분배하는 기능을 수행

(2) 홈 게이트웨이 : 댁내 네트워크와 댁외 네트워크를 상호 접속, 중재하는 장치

(3) 홈 네트워크 보안 : 다양한 가정정보 서비스를 안전하게 제공하기 위한 기술

(4) 개방형 서버 : 개방형 표준 환경을 제공하기 위한 기술

 참고

📍 홈 게이트웨이(Home Gateway)의 기능
① 가정에서 PC 및 정보 가전기기들을 연결하고 관리하는 허브(Hub) 역할
② 가정과 외부 인터넷망을 연결하는 게이트웨이로서의 역할
∴ 홈 게이트웨이는 가정 내부의 정보기기들을 유선, 무선으로 통합 연결하여 가정 내 어느 곳에서든지 각종 정보 가전기기들을 제어, 관리 및 서비스를 수행하며, 외부 인터넷망에 접속하여 통화, 초고속 인터넷 접속 등 다양한 서비스를 제공한다.

합격 NOTE

합격예측
홈 네트워크의 핵심 기술 : 홈플랫폼 기술, 유·무선 홈네트워킹 기술, 정보가전 기술, 지능형 미들웨어 기술

합격예측
홈 게이트웨이는 윈도CE, 내장형 리눅스, 실시간 OS 등과 같은 운영체제를 갖고 있으며, 홈 게이트웨이 플랫폼은 운영체제에서 수행되는 응용프로그램의 일종

합격예측
미들웨어 기술은 UPnP, Jini, Havi 등 다양한 단체 표준이 존재

합격예측
홈 서버 : 홈 네트워크에 접속된 각종 가전기기의 제어, 관리 및 연동을 담당

합격예측
홈 게이트웨이 : 허브 기능, 게이트웨이 기능

나. 유, 무선 홈 네트워크 기술

유선 홈 네트워킹 기술/무선 홈 네트워킹 기술

방식	종류	내용	특징
유선	HomePNA (Home Phoneline Network Alliance)	가정내 전화선을 네트워크 라인으로 이용하여 PC를 포함, 가능한 모든 기기를 하나의 네트워크로 연결하는 방법	• IEEE 802.3 표준 (CSMA/CD방식) 적용 • HomePNA Ver 2.0 : 최대 10Mbps 속도 지원
유선	PLC (Power Line Communication)	가정 곳곳에 설치된 기존 전기선을 이용하여 네트워크를 구성하는 방식, 가장 편리하고 효율적인 홈 네트워크 구성 방법	• 전송속도 : 10[Mbps] • 전송거리 : 100[m]
유선	IEEE 1394	Serial Bus Interface 방식의 전송기술, 동기식 전송과 비동기식 전송 모두를 지원하므로, 디지털 기기들을 위한 홈 네트워크 구성을 지원	최대 100[m]의 거리를 연결할 수 있어 가정 내 홈 네트워크 구성이 가능
유선	Ethernet LAN	기업 네트워크 기술의 가장 대표적인 Ethernet방식을 사용한 네트워크 구성	10M~1[Gbps]의 전송속도를 지원하며 데이터 전송을 위해 CSMA/CD 방식을 사용
무선	Bluetooth	가격이 저렴한 무선 인터페이스인 블루투스를 이용하여 네트워크 구성	• 2.4[GHz] 주파수 대역 사용 • 전송거리 : 10[m]
무선	HomeRF (Home Radio Frequency)	가정내 컴퓨터, 가전기기들을 무선으로 연결하여 네트워크화 하는 방법	• 2.4[GHz] 주파수 대역 사용 • 전송거리 : 50[m]
무선	WLAN (IEEE 802.11b)	이동성이 많은 기업과 일부 유통점 등에 채용되어 사실상 무선 네트워크 표준으로 인정받고 있는 방법	• 2.4[GHz] 주파수 대역 사용 • 전송거리 : 50[m]

다. 정보가전 기술

백색 가전기기들과 센서들을 네트워크로 연결하여 새로운 서비스 창출

라. 지능형 미들웨어 기술

매체 및 OS에 상관없이 정보 가전기기의 제어 및 감시를 수행

합격예측
유,무선 홈 네트워크 기술 : 가정 정보화 인프라 구축

합격예측
홈 네트워크를 구성하는 방법에는 유선과 무선 방법이 있다.

합격예측
HomePNA는 Ethernet에서 필요한 별도의 케이블이나 허브, 라우터 등이 필요치 않고 간단히 네트워크를 구성할 수 있다.

합격예측
Bluetooth : 전송거리 10[m]

합격예측
IEEE 802.11b : 가격이 비싸고, 보안문제가 단점임

합격예측
미들웨어 기술 : 사용자의 편의성 제공

4. (지능형) 홈 네트워크 서비스

분 류	개 요	유 형
홈 엔터테인먼트 서비스	영화, MP3, HDTV 등 외부에서 전송된 고품질 멀티미디어 데이터를 가정내 유무선 홈네트워크에 연결되어 있는 오디오/비디오 기기로 볼 수 있게 하거나 가정내 콘텐츠를 외부에서 볼 수 있게 해주는 서비스	HDTV급 방송 유무선 스트리밍, VoD, 게임
홈 데이터 서비스	컴퓨터와 컴퓨터, 컴퓨터와 프린터, 스캐너 등의 주변기기를 연결하여 데이터 교환과 동시에 인터넷 접속이 가능하게 하는 서비스	전자메일, 인터넷 검색, 홈쇼핑, 전자정부, 인터넷 앨범, 파일공유
홈 오토메이션 서비스	가정내 가전기기, 센서, 조명 등을 PDA, 휴대폰으로 집안이나 집밖에서 기기와 집안의 상태를 감시하고 제어할 수 있는 서비스	원격제어, 홈시큐리티, 방범 방재, 에너지 관리
헬스케어 서비스	외부 의료기관과 연결하여 의료기기나 생체정보 센서를 이용하여 사용자의 건강상태를 원격에서 검진하고 위급상황을 통보하는 서비스	원격진료, 실버케어, 응급구난

(출처 : TTA Journal No. 99)

합격예측
홈 네트워크 산업은 통신, 방송, 가전, 건설 및 의료 등과 같은 첨단기술과 서비스가 융합되는 IT 융합산업이다.

5. 지능형 홈 네트워크 설비 설치 기준

가. 관련 용어

용 어	용어의 정의
홈 네트워크 설비	• 주택의 성능과 주거의 질 향상을 위하여 세대 또는 주택단지 내 지능형 정보통신 및 가전기기 등의 상호 연계를 통하여 통합된 주거서비스를 제공하는 설비 • 홈 네트워크망, 홈 네트워크 장비, 홈 네트워크 사용기기로 구분
홈 네트워크망	• 홈 네트워크 장비 및 홈 네트워크 사용기기를 연결하는 것으로 다음으로 구분 ① 단지망 : 집중구내통신실에서 세대까지를 연결하는 망 ② 세대망 : 전유부분(각 세대내)을 연결하는 망
홈 네트워크 장비	• 홈 네트워크망을 통해 접속하는 장치이며 다음으로 구분 ① 홈 게이트웨이 : 전유부분에 설치되어 세대내에서 사용되는 홈 네트워크사용기기들을 유선 네트워크로 연결하고 세대망과 단지망 혹은 통신사의 기간망을 상호 접속하는 장치 ② 세대 단말기 : 세대 및 공용부의 다양한 설비의 기능 및 성능을 제어하고 확인할 수 있는 기기로 사용자인터페이스를 제공하는 장치 ③ 단지 네트워크 장비 : 세대내 홈 게이트웨이와 단지 서버간의 통신 및 보안을 수행하는 장비로서, 백본(Back-Bone), 방화벽(Fire Wall), 워크그룹 스위치 등 단지망을 구성하는 장비 ④ 단지 서버 : 홈 네트워크 설비를 총괄적으로 관리하며, 이로부터 발생하는 각종 데이터의 저장·관리·서비스를 제공하는 장비

합격예측
이 기준은 법 및 주택건설기준에 따라 홈 네트워크 설비를 설치하고자 하는 경우에 적용한다.

합격예측
홈 네트워크 설비 :
홈 네트워크망, 홈 네트워크 장비, 홈 네트워크 사용기기

합격예측
홈 네트워크망 : 단지망, 세대망

합격예측
홈 네트워크 장비 : 홈 게이트웨이, 세대단말기, 단지 네트워크 장비, 단지 서버

합격 NOTE

합격예측
원격제어기기 :
주택내부 및 외부에서 가스, 조명, 전기 및 난방, 출입 등을 원격으로 제어할 수 있는 기기

홈 네트워크 사용기기	• 홈 네트워크망에 접속하여 사용하는 장비로 다음과 같다. ① 원격제어기기 : 주택내부 및 외부에서 가스, 조명, 전기 및 난방, 출입 등을 원격으로 제어할 수 있는 기기 ② 원격검침시스템 : 주택내부 및 외부에서 전력, 가스, 난방, 온수, 수도 등의 사용량 정보를 원격으로 검침하는 시스템 ③ 감지기 : 화재, 가스누설, 주거침입 등 세대 내의 상황을 감지하는데 필요한 기기 ④ 전자출입시스템 : 비밀번호나 출입카드 등 전자매체를 활용하여 주동출입 및 지하주차장 출입을 관리하는 시스템 ⑤ 차량출입시스템 : 단지에 출입하는 차량의 등록여부를 확인하고 출입을 관리하는 시스템 ⑥ 무인택배시스템 : 물품배송자와 입주자간 직접대면 없이 택배화물, 등기우편물 등 배달물품을 주고받을 수 있는 시스템 ⑦ 그 밖에 영상정보처리기기, 전자경비시스템 등 홈 네트워크 망에 접속하여 설치되는 시스템 또는 장비
홈 네트워크 설비 설치공간	• 홈 네트워크 설비가 위치하는 곳을 말하며, 다음으로 구분 ① 세대단자함 : 세대내에 인입되는 통신선로, 방송공동수신설비 또는 홈 네트워크 설비 등의 배선을 효율적으로 분배·접속하기 위하여 이용자의 전유부분에 포함되어 실내공간에 설치되는 분배함 ② 통신배관실(TPS실) : 통신용 파이프 샤프트 및 통신단자함을 설치하기 위한 공간 ③ 집중구내통신실(MDF실) : 국선·국선단자함 또는 국선배선반과 초고속통신망장비, 이동통신망장비 등 각종 구내통신선로설비 및 구내용 이동통신설비를 설치하기 위한 공간 ④ 그 밖에 방재실, 단지서버실, 단지네트워크센터 등 단지 내 홈 네트워크 설비를 설치하기 위한 공간

합격예측
집중구내통신실(MDF실) :
국선·국선단자함 또는 국선배선반과 초고속통신망장비, 이동통신망장비 등 각종 구내통신선로설비 및 구내용 이동통신설비를 설치하기 위한 공간

합격예측
공동주택이 홈 네트워크망, 홈 네트워크 장비를 모두 갖추는 경우에는 홈 네트워크 설비를 갖춘 것으로 본다.

합격예측
단지 서버는 클라우드컴퓨팅 서비스로 대체 가능

나. 홈 네트워크 필수설비

　(1) 홈 네트워크망

　　　: 단지망, 세대망

　(2) 홈 네트워크 장비

　　　: 홈 게이트웨이, 세대 단말기, 단지 네트워크 장비, 단지 서버

다. 홈 네트워크 설비의 설치기준

　(1) 홈 네트워크망

　　　배관·배선 등은 「방송통신설비의 기술기준에 관한 규정」 및 「접지설비·구내통신설비·선로설비 및 통신공동구 등에 대한 기술기준」에 따라 설치하여야 한다.

(2) 홈 게이트웨이
세대 단자함에 설치하거나 세대 단말기에 포함하여 설치할 수 있다.

(3) 세대 단말기
세대내의 홈 네트워크 사용기기들과 단지 서버 간의 상호 연동이 가능한 기능을 갖추어 세대 및 공용부의 다양한 기기를 제어하고 확인할 수 있어야 한다.

(4) 단지 네트워크 장비
① 집중구내통신실 또는 통신배관실에 설치하여야 한다.
② 외부인으로부터 직접적인 접촉이 되지 않도록 별도의 함체나 랙(Rack)으로 설치하며, 함체나 랙에는 외부인의 조작을 막기 위한 잠금장치를 하여야 한다.

(5) 단지 서버
① 집중구내 통신실 또는 방재실에 설치할 수 있다.
② 단지 서버는 외부인의 조작을 막기 위한 잠금장치를 하여야 한다.
③ 단지 서버는 상온·상습인 곳에 설치하여야 한다.
④ 단지 서버가 설치되는 공간에는 보안을 고려하여 영상정보처리기기 등을 설치하되 관리자가 확인할 수 있도록 하여야 한다.

라. 홈 네트워크 사용기기
홈 네트워크 사용기기를 설치할 경우, 다음의 기준에 따라 설치하여야 한다.

기기	설치 기준
원격제어기기	전원공급, 통신 등 이상상황에 대비하여 수동으로 조작할 수 있어야 한다.
원격검침시스템	각 세대별 원격검침장치가 정전 등 운용시스템의 동작 불능 시에도 계량이 가능해야 하며 데이터 값을 보존할 수 있도록 구성하여야 한다.
감지기	① 가스감지기는 LNG인 경우에는 천장 쪽에, LPG인 경우에는 바닥 쪽에 설치하여야 한다. ② 동체감지기는 유효감지반경을 고려하여 설치하여야 한다. ③ 감지기에서 수집된 상황정보는 단지서버에 전송하여야 한다.
전자출입시스템	① 지상의 주동 현관 및 지하주차장과 주동을 연결하는 출입구에 설치하여야 한다. ② 화재발생 등 비상시, 소방시스템과 연동되어 주동현관과 지하주차장의 출입문을 수동으로 여닫을 수 있게 하여야 한다. ③ 강우를 고려하여 설계하거나 강우에 대비한 차단설비(날개벽, 차양 등)를 설치하여야 한다. ④ 접지단자는 프레임 내부에 설치하여야 한다.

> **합격 NOTE**
>
> **합격예측**
> 홈 게이트웨이 : 제품을 보호할 수 있는 기능을 내장, 동작 상태와 케이블의 연결 상태를 쉽게 확인할 수 있는 구조로 설치
>
> **합격예측**
> 단지 네트워크장비 : 홈 게이트웨이와 단지 서버 간 통신 및 보안을 수행할 수 있도록 설치
>
> **합격예측**
> 단지 서버는 외부인의 조작을 막기 위한 잠금장치를 하여야 한다.
>
> **합격예측**
> 원격제어기기는 이상상황에 대비하여 수동으로 조작할 수 있어야 한다.

합격 NOTE

구분	기능
차량출입시스템	① 차량출입시스템은 단지 주출입구에 설치하되 차량의 진·출입에 지장이 없도록 하여야 한다. ② 관리자와 통화할 수 있도록 영상정보처리기기와 인터폰 등을 설치하여야 한다.
무인택배시스템	① 무인택배시스템은 휴대폰·이메일을 통한 문자서비스(SMS) 또는 세대단말기를 통한 알림서비스를 제공하는 제어부와 무인 택배함으로 구성하여야 한다. ② 무인택배함의 설치 수량은 소형주택의 경우 세대 수의 약 10~15%, 중형주택 이상은 세대 수의 15~20%로 정도 설치할 것을 권장한다.
영상정보처리기기	① 영상정보처리기기의 영상은 필요시 거주자에게 제공될 수 있도록 관련 설비를 설치하여야 한다. ② 렌즈를 포함한 영상정보처리기기장비는 결로되거나 빗물이 스며들지 않도록 설치하여야 한다.

참고

📍 월 패드(Wall Pad)

① 월 패드는 홈 네트워크 기기로서 집 내에서 방문객 출입 통제, 가전제품 제어 등의 역할을 한다.
② 월 패드는 거실 벽에 부착돼 가정 내에서 외부 방문자를 확인하고 방범, 방재, 조명 제어 기능 등을 수행하는 태블릿형 기기로, 카메라가 장착되어 있다.

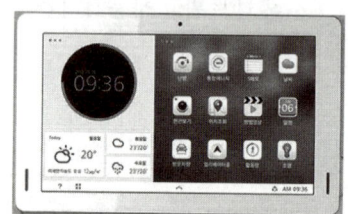

③ 월 패드의 제공 서비스
방범(보안시스템, 침입경보, 가스경보, 화재경보 등), 통화(방문자 조회, 세대간 통화, 경비실-관리실 통화, 일반전화 등), 제어(조명, 난방, 에어컨, 환기, 커튼, 대기전력 등 제어), 조회(관리비 조회, 주차 조회, 무인택배 조회, CCTV 관리 등), 서브 기기 연동 외(주방 TV, 욕실폰 연동 및 외부 제어(Web, App) 등

합격예측
서브폰(Sub-phone) : 욕실(TV)폰, 안방(TV)폰 및 주방(TV)폰 등의 홈 네트워크 기기에서 월 패드의 기능 일부 또는 전부가 적용된 제품

6. 홈 네트워크 보안

항목	내용
연동 및 호환성	① 홈 게이트웨이는 단지 서버와 상호 연동할 수 있어야 한다. ② 홈 네트워크 사용기기는 홈 게이트웨이와 상호 연동할 수 있어야 하며, 각 기기 간 호환성을 고려하여 설치하여야 한다. ③ 홈 네트워크 설비는 타 설비와 간섭이 없도록 설치하여야하며, 유지·보수가 용이하도록 설치하여야 한다.
기기인증	① 홈 네트워크 사용기기는 산업통상자원부와 과학기술정보통신부의 인증 규정에 따른 기기인증을 받은 제품이거나 이와 동등한 성능의 적합성 평가 또는 시험성적서를 받은 제품을 설치하여야 한다. ② 기기인증 관련 기술기준이 없는 기기의 경우 인증 및 시험을 위한 규격은 산업표준화법에 따른 한국산업표준(KS)을 우선 적용하며, 필요에 따라 정보통신단체표준 등과 같은 관련 단체 표준을 따른다.
유지·관리	① 홈 네트워크 설비를 설치한 자는 홈 네트워크 설비의 유지·관리 매뉴얼을 관리 주체 및 입주자 대표회의에 제공하여야 한다. ② 홈 네트워크 사용기기는 하자담보기간과 내구연한을 표기할 수 있다. ③ 홈 네트워크 사용기기의 예비부품은 5%이상 5년간 확보할 것을 권장하며, 이 경우 제1항의 규정에 따른 내구연한을 고려하여야 한다.
홈 네트워크 보안	① 단지 서버와 세대별 홈 게이트웨이 사이의 망은 전송되는 데이터의 노출, 탈취 등을 방지하기 위하여 물리적 방법으로 분리하거나, 소프트웨어를 이용한 가상사설통신망, 가상근거리통신망, 암호화 기술 등을 활용하여 논리적 방법으로 분리하여 구성하여야 한다. ② 홈 네트워크 장비는 보안성 확보를 위하여 보안요구사항을 충족하여야 한다. 다만, 정보보호인증을 받은 세대 단말기는 보안요구사항을 충족한 것으로 인정한다. ③ 홈 네트워크 사용기기 및 세대 단말기는 「정보통신망 이용촉진 및 정보보호 등에 관한 법률」에 따라 정보보호 인증을 받은 기기로 설치할 수 있다.

합격예측
보안 요구사항 :
데이터 기밀성, 데이터 무결성, 인증, 접근통제, 전송데이터 보안

7. 홈 네트워크 건물인증 제도

① 초고속 정보통신건물 인증제도로는 홈 네트워크설비 및 서비스를 수용하기가 곤란하다. 초고속 정보통신 건물인증제도가 외부망(인터넷)이 댁내로 연결되기 위한 인프라를 대상으로 하는데 비해 홈 네트워크 인증제도는 홈 네트워크 서비스 제공을 위해 필요한 댁내 통신 인프라를 인증대상으로 한다.

② 홈 네트워크건물 인증등급은 초고속 정보통신 건물 1등급 이상 받은 공동주택을 대상으로 추가적으로 신청할 수 있으며, 조명제어, 침입탐지, 원격검침, 난방 제어 등의 홈 네트워크용 배선설비와 관련기기 설치 공간 확보수준에 따라 AAA(홈IoT), AA, A, 준A 등의 등급으로 구분된다.

합격예측
홈 네트워크건물 인증대상은 「건축법」 제2조제2항 제2호의 공동주택 중 20세대 이상의 건축물을 대상으로 한다.

2. 스마트 미디어기기 및 실감형 미디어기기

1. 스마트 미디어(Smart Media) 기기

가. 스마트 기기와 스마트 미디어기기

(1) 스마트 기기는 기능이 제한되어 있지 않고 응용 프로그램을 통해 상당 부분 기능을 변경하거나 확장할 수 있는 장치를 말한다.

(2) 스마트 미디어기기는 사용자와 사용자를 둘러싼 환경에 대한 다양한 정보를 측정, 기록, 분석하여 사용자에게 신체·운동정보, 환경정보 등을 제공하는 착용형 스마트 기기와 사물인터넷(IoT) 기술이 결합되어 다양한 전자·정보기기를 통해 게임, 가상현실 등 엔터테인먼트, 교육, 여행, 쇼핑 등의 콘텐츠와 연계, 정보를 제공하고 체험·상호작용 할 수 있도록 하는 장치이다.

나. 스마트 미디어기기

(1) 웨어러블 스마트기기(Wearable Smart Device)의 정의

① 신체에 부착하여 컴퓨팅 행위를 할 수 있는 모든 전자기기를 의미

② 사용자가 이동 또는 활동 중에도 자유롭게 사용할 수 있도록 신체나 의복에 착용 가능하도록 작고 가볍게 개발되어 신체의 가장 가까운 곳에서 사용자와 소통가능한 전자기기를 의미

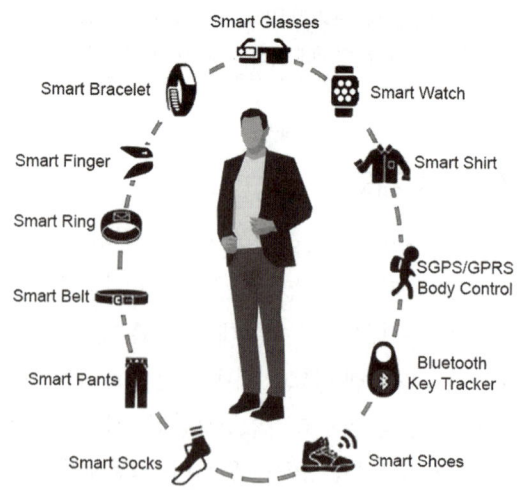

합격예측

스마트 기기의 예 :
Smart phone, Smart TV, Smart key, Smart card 등

합격예측

스마트 기기의 운영체제 :
애플(iOS), 구글(Android)

합격예측

스마트미디어 정의 :
미디어가 ICT 인프라와 결합해서 시공간 및 기기 제약 없이 다양한 콘텐츠를 이용자에게 융합적 지능적으로 전달할 수 있도록 발전 중인 매체를 포괄적으로 지칭

합격예측

스마트 미디어 기기의 대표적 예는 착용형 기기(wearable device)이다.

합격예측

웨어러블(착용) 기기는 컴퓨팅 기능을 수행할 수 있는 어플리케이션까지 포함한다.

합격예측

웨어러블(착용) 컴퓨터(디바이스, 기기)는 안경, 시계, 의복 등과 같이 착용할 수 있는 형태로 된 컴퓨터를 뜻한다.

(2) 웨어러블 스마트기기의 주요 기능

구분	기능
착용감	사용자가 거부감 없이 신체의 일부처럼 항상 자연스럽게 착용하고 사용할 수 있는 기능
항시성	언제 어디서나 사용자 요구에 즉각적이고 끊임없는 반응을 제공하는 기능
편리성 (사용자 인터페이스)	사용자와 자연스러운 일체감으로 쉽게 사용할 수 있는 기능
안정성	착용에 따른 신체적 불쾌감 및 피로감을 최소화하며 기기사용에 대한 안정성 제공 기능
사회성	착용에 따른 문화적 이질감을 배제하며, 개인 프라이버시를 보호하는 기능

※ 웨어러블 디바이스의 요구 조건
  ㉠ 언제 어디서나(항시성), 쉽게 사용할 수 있고(편의성), 착용하여 사용하기에 편하며(착용감) 등의 기술 특성이 요구된다.
  ㉡ 전력 소모를 최소화(저전력)하면서도 디바이스의 무게와 크기를 최소화(소형 및 경량화)할 수 있는 기술 특성이 요구된다.

(3) 웨어러블 스마트기기의 핵심기술

기술	내용
센싱기술 (입력기술)	• 사용자나 주변 환경의 변화를 감지하고 구분, 측정하여 신호로 알려주는 기술 • 분야 : 인체정보 측정기술, 환경정보 측정기술, UI/UX 입력기술 등
처리기술	• 입력된 데이터들을 자체 내장된 소프트웨어를 이용해 데이터 축적, 분석, 처리 하는 기술 • 분야 : 처리 SW(HW) 기술 등
출력기술	• 처리기술을 통해 얻은 결과를 기기의 목적과 용도에 맞게 표시해주는 기술 • 분야 : 시각/청각/촉각 기술 등
전원기술	• 웨어러블 디바이스에 전원을 공급하는 기술 • 분야 : 에너지 변환/전달/저장 기술, 고효율 배터리기술 등

합격 NOTE

합격예측
웨어러블 디바이스의 유형 : 액세서리형, 직물/의류 일체형, 신체부착형, 생체이식형

합격예측
웨어러블 스마트기기의 주요 기능 : 착용감, 항시성, 편리성, 안전성, 사회성, 가격, 내구성과 AS

합격예측
웨어러블 스마트기기의 핵심 기술 : 센싱기술, 처리기술, 출력기술 등

합격예측
사용자 인터페이스(UI/UX)에는 음성, 터치, 제스처, 상황인식 기술이 있음

합격예측
기타 웨어러블 스마트기기의 핵심기술 : 유무선통신 및 네트워크 인프라기술, 사물인터넷 서비스 인터페이스기술

합격 NOTE

 참고

 센서(Sensor)
① 센서는 빛, 소리, 온도, 압력 등 물리적 환경 정보의 변화를 전기적 신호로 바꿔주는 기계 장치이다.
② 센서의 종류 : 가속도 센서, 기압 센서, 지문 센서, 자이로 센서, 홀 센서, LED 센서 등

다. 웨어러블 스마트기기의 유형

웨어러블 디바이스는 차세대 컴퓨팅 분야로 주목받고 있고 활용 범위가 일상생활뿐만 아니라 피트니스·웰빙, 헬스케어·의료, 인포테인먼트, 군사·산업 영역으로 확산되고 있다.

산업군	특 징
피트니스, 웰빙	사용자가 운동/활동하는 동안에 기기가 데이터(거리, 속도, 소모된 칼로리, 심장 박동 수 등)를 수집하여 운동량 및 활동량 등의 정보 제공
헬스케어·의료	기기가 신체상황을 측정하여 건강정보를 사용자(의사 등)에게 제공
산업, 군사	로봇 형태의 웨어러블 디바이스로 신체 보호, 무기탑재, 물품이동 등의 기능 제공
인포테인먼트	전화, 음성인식, 네비게이션 등과 같은 기능을 구현하여 사용자가 실생활에서 요구하는 정보를 실시간으로 제공

2. 실감형(실감) 미디어 기기

가. 실감형 미디어(Realistic Media)의 의미

(1) 실감형 미디어는 가상의 환경에서 공간과 시간의 제약을 극복하면서 현실감과 몰입감을 제공할 수 있는 다양한 형태의 미디어 정보들의 통합된 표현으로 정의한다.
(2) 실감형 미디어는 사용자 만족을 위해 몰입감과 현장감을 극대화 할 수 있도록 현장의 모든 감각의 정보를 전달하는 매체를 의미한다.

합격예측
Healthcare and Medical : wBAN(wireless Body Area Network과 Ubiquitous Healthcare 기술이 융합된 형태

합격예측
인포테인먼트(Infotainment) : 정보(information)와 오락(entertainment)의 합성어, 정보 전달에 오락성을 가미한 소프트웨어 또는 미디어를 지칭

합격예측
인포테인먼트 주요제품 : Galaxy Gear, Google Glass, Smart Watch 등

합격예측
실감형 미디어는 사실감, 현장감, 몰입감 등을 극대화하는 미디어를 뜻한다.

참고

실감형 미디어(Realistic Media)
① 실감형 미디어 기술 : 고품질의 시각, 청각 정보는 물론 촉감 등 다감각 정보의 생성, 처리, 저장, 변환, 전송 등에 관한 기술
② 실감형 미디어 콘텐츠 : 다양한 센서를 이용해서 사람의 제스처, 모션, 음성 등 사람의 행위를 인식하고 분석하는 기술을 활용하여 가상의 디지털 콘텐츠를 실제의 물체처럼 조작할 수 있게 만든 디지털 콘텐츠
③ 실감형 미디어 산업 : 3D 입체 미디어, 고선명, 고해상도 미디어, 오감 미디어, 증강현실 등의 기술에 기반을 둔 산업

나. 실감형 미디어의 핵심 요소 기술

(1) 3차원(3D) 입체 영상 기술
① 3차원 입체영상이란 2차원 평면정보와 달리 깊이 및 공간 형상 정보를 동시에 제공하는 보다 사실적인 영상을 말한다.
② 3차원 입체영상 기술은 사용자에게 시청각적 입체감을 느끼게 함으로써 3차원 공간에 있는 것 같은 실재감과 생동감을 제공하는 핵심적인 기술이다.

(2) 4차원(4D) 영상 기술
① 4D란 3D 입체 영상에 오감(시각·청각·후각·미각·촉각)을 더한 것을 말한다.
② 4D 영상 기술은 3D 입체영상 기술에 좌석 움직임, 바람, 향기 등 물리적 효과가 추가된 기술이다.

(3) UHD(Ultra High Definition)
초고선명 또는 초고화질을 통해 사실감과 몰입감을 제공하는 기술이다.

(4) 홀로그래피(Holography)
가장 자연스러운 입체영상을 제공하는 기술로서 두 개의 레이저 광이 서로 만나 빛의 간섭을 이용하여 입체정보를 기록하고 재생하는 기술이다.

(5) 감성 인터랙션(Affective interaction)
인간이 기기와 상호작용하는 기술 또는 환경을 의미한다.

합격 NOTE

합격예측
다중(다차원) 실감 미디어는 사용자의 오감 정보를 통하여 미디어의 실감효과를 극대화하는 기술 (예, 기존 TV 장면들을 3D 영상으로 구현 등)

합격예측
실감 미디어 기술은 방송통신, 인터페이스 장비 등 하드웨어 기술뿐만 아니라 영화, 콘텐츠 제작 및 재현 등 소프트웨어 기술 등을 포괄하고 있다.

합격예측
3D 입체영상 : 2D 평면 위에 공간감을 느낄 수 있도록 '입체감'이라는 시각요소를 발생시킨다.

합격예측
4D 영상기술은 사용자들에게 들에게 실감을 더해주는 기술이다.

합격예측
홀로그램(Hologram)
① 피사체에 대한 모든 정보를 기록하는 기술
② 홀로그래피로 촬영된 것

합격예측
인터랙션(Interaction) : 상호작용

합격 NOTE

합격예측
VR, AR, MR 기술은 서로 연관된 기술이지만 각 기술이 구현하는 특성에 따라 활용되는 분야에는 차이가 있다.

합격예측
VR : 실제로 존재하지 않으나 존재하는 것처럼 현실감을 주는 상황

합격예측
VR의 특징 :
HMD(Head Mounted Display) 즉, VR 헤드셋 혹은 VR 고글 같은 특수장비가 필요하다.

합격예측
AR : 디지털 방식으로 제작한 콘텐츠를 현실 세계 위에 입히는 기술이다.

합격예측
① 가상현실 : 현실에서 존재하지 가상 환경 제공(표현) 기술
② 증강현실 : 현재 환경에 가상 정보를 부가해주는 기술

합격예측
MR : 이용자의 몰입경험을 극대화 하는 기술

합격예측
MR : VR(몰입도) + AR(현실감)

---

(6) 가상현실(VR, Virtual Reality)과 증강현실(AR, Augmented Reality)

① 가상현실(VR) : 몰입형 장치를 통해 현실 세계와 단절된 콘텐츠를 체험하게 해주는 기술
② 증강현실(AR) : 실제 세계와 융합된 콘텐츠를 제공하는 기술

 참고

📍 **가상현실(VR)**
① 컴퓨터가 만든 가상환경 내에서 사용자의 감각 정보를 확장·공유함으로써 현실 세계에서 경험하기 어려운 상황을 실감 나게 체험할 수 있게 하는 기술이다.
② 특수 장비를 이용하여 현실을 차단하고, 가상현실을 체험할 수 있도록 하는 기술이다.
③ VR 활용의 예
수술 시뮬레이션, 가상 여행, 전문 스포츠 훈련 프로그램, 게임 등
④ 장점 : 높은 몰입도
단점 : 낮은 현실감, 사용 영역의 제한

📍 **증강현실(AR)**
① AR은 현실세계와 가상의 체험을 결합하는 기술을 의미한다.
② 실제로 존재하는 사물이나 환경에 가상의 사물이나 환경을 덧입혀서, 마치 실제로 존재하는 것처럼 보여주는 기술이다.
③ AR 활용의 예 : 길 안내, 관광 정보안내, 포켓몬GO, Ingress 등
④ 장점 : 높은 현실감
단점 : 낮은 몰입도

📍 **혼합 현실 (MR, Mixed Reality)**
① 가상 세계와 현실 세계를 합쳐서 새로운 환경이나 시각화등 새로운 정보를 만들어 내는 기술이다.
② 실세계와 가상세계를 실시간으로 혼합하여 사용자에게 제공함으로써 정보 사용의 효율성과 효과성을 극대화하는 기술이다.
③ 특성 : 높은 몰입도 및 높은 현실감

다. VR, AR, MR 관련기술

기술	내용
디스플레이 기술 (Display Technology)	• 가상/증강현실 속 몰입콘텐츠를 사용자가 감각적으로 경험할 수 있도록 제공하는 표시장치 기술 • 대표장치 : HMD(Head Mounted Display)
트래킹 기술 (Tracking Technology)	• 몰입 콘텐츠에서 사용자의 생체데이터를 실시간으로 추적하는 기술 • 대표장치 : 립모션(Leap Motion), 마이오(Myo), 옴니(Omni), 버추얼라이저(Virtualizer)
랜더링 기술 (Rendering Technology)	• 표시장치에 보여지는 몰입 콘텐츠를 고해상도/고화질로 구현하는데 필요한 HW 및 SW 기술 • 대표장치 : 유니티 3D, 언리얼엔진
인터랙션 및 사용자 인터페이스 기술 (Interaction & UI Technology)	• 몰입 콘텐츠를 지각, 인지, 조작, 입력할 수 있도록 돕는 상호작용 및 인터페이스 기술 • 대표장치 : 각 제조사들이 컨트롤러를 개발 제공

(출처 : KISTEP, AR/VR기술, 2018. 9.)

참고

📍 **콘텐츠 전송 네트워크(CDN : Contents Delivery Network)**

① CDN은 인터넷 통신망의 용량 확장없이 캐싱서버와 웹스위치 등을 이용해 콘텐츠를 최대한 사용자 가까이에 옮겨 전송속도를 획기적으로 향상시키는 최첨단 서비스이다.
② CDN은 콘텐츠를 효율적으로 전달하기 위해 여러 노드를 가진 네트워크에 데이터를 저장하여 사용자들에게 서비스를 제공하는 시스템을 말한다.
③ 캐싱서버와 웹스위치를 동시에 적용하면 동영상 등 대용량 콘텐츠를 10배 이상의 속도로 전송할 수 있다.

합격 NOTE

합격예측
현재 디스플레이 기술을 중심으로 기술발전이 주도되고 있다.

합격예측
디스플레이 기술 : 인간의 오감에 대한 감각적 정보를 표현하는 기술

합격예측
트래킹 기술 : 사물의 위치와 움직임, 속도와 방향 등 판단하는 기술

합격예측
랜더링 기술 : 사실적인 콘텐츠의 표현과 관련된 기술

합격예측
CDN은 대용량 콘텐츠를 효율적으로 전송하는 특징을 갖는다.

합격예측
장점
① 인터넷 QoS(Quality of Service) 유지
② 인터넷 서비스 제공자(ISP)에 직접 연결되어 전송하므로, 콘텐츠 병목을 피할 수 있다.

출제 예상 문제

Chapter 5. 홈 네트워크 설비 및 스마트 미디어기기

01 홈 네트워크에 대한 설명으로 가장 맞는 것은?
① 가정 내의 정보 가전간 데이터 통신 제공
② 외부 인터넷 망과의 접속 제공
③ 댁내 가전, 통신, 정보기기 등을 네트워크에 연결하여 언제 어디서나 원하는 기기와 접속 제공
④ 가정 내의 가전 간 데이터 통신 제공 및 외부 인터넷 망과의 접속 제공

해설
Home Network : 가정 내의 가전간 데이터 통신 제공 및 외부 인터넷 망과의 접속 제공을 통한 지능화된 커뮤니케이션 네트워크 방식

02 홈 네트워크에 대한 설명으로 가장 틀린 것은?
① 가정내 모든 기기들의 분산 네트워크로 연결하여 개별화된 제어
② 가정 내의 가전기기 및 시스템을 연결하는 네트워크
③ 가전기기들 간에 데이터 전송을 가능하게 하는 소규모 네트워크
④ 외부 네트워크에서 핸드폰/PDA와 같은 정보기기를 이용하여 가정내의 시스템에 대한 원격 접근과 제어가 가능한 네트워크

03 홈 네트워크를 구축함으로서 얻을 수 있는 이점으로 틀린 것은?
① 가정내 모든 기기들의 통합 및 제어
② 아날로그 전송을 통한 고품질 A/V 정보제공
③ 가정내 기기간 멀티미디어 정보의 공유 및 상호 제어
④ 외부 네트워크와의 연동을 통한 다양한 정보 접근

해설
디지털 전송을 통한 고품질 A/V 정보제공

04 다음 중 유선 홈 네트워크 기술이 아닌 것은?
① UWB(Ultra Wideband)
② HomePNA
③ PLC(Power Line Carrier)
④ IEEE1394

해설
HomePNA, IEEE1394, USB, PLC, Ethernet 등

05 다음 중 HomePNA 방식에 대한 설명 중 가장 맞는 것은?
① 고속 데이터 전송용 시리얼 버스 방식
② 전화선을 이용한 고속 데이터 전송 방식
③ 초 광대역 주파수 밴드 사용 방식
④ 디지털 AV기기의 고속 전송 시리얼 버스

06 다음 중 유선 홈 네트워크 구성하기 위한 가장 일반적인 기술이라고 볼 수 있는 것은?
① Ethernet
② HomePNA
③ PLC(Power Line Carrier)
④ IEEE1394

해설
이더넷(Ethernet)은 컴퓨터 네트워크 기술의 하나로, 일반적으로 LAN, MAN 및 WAN에서 가장 많이 활용되는 기술 규격이다.

07 다음 중 무선 홈 네트워크 기술이 아닌 것은?
① HomePNA ② HomeRF
③ UWB ④ WLAN

해설
HomeRF, Bluetooth, WLAN, UWB, Wireless 1394 등

[정답] 01 ④ 02 ① 03 ② 04 ① 05 ② 06 ① 07 ①

08 홈 네트워크의 4가지 중점 기술로 볼 수 없는 것은?

① 홈 플랫폼 기술 ② 정보가전 기술
③ 광통신 네트워크 기술 ④ 지능형 미들웨어 기술

해설
홈 네트워크의 핵심 기술 : 홈 플랫폼 기술, 유·무선 홈 네트워킹 기술, 정보가전 기술, 지능형 미들웨어 기술

09 홈 네트워크의 홈 플랫폼 기술로 틀린 것은?

① 홈 게이트웨이 기술 ② 홈 네트워크 보안 기술
③ 홈 센서 기술 ④ 홈 서버 기술

해설
홈 플랫폼 기술 : 홈 서버, 홈 게이트웨이, 홈 네트워크 보안, 개방형 서버

10 홈 플랫폼 구성요소에서 홈 서버의 설명으로 가장 틀린 것은?

① 다양한 가정정보 서비스를 안전하게 제공하기 위한 기술이다.
② 홈 네트워크 서비스의 핵심 기술이다.
③ 가정에 위치한 컴퓨팅 서버를 말한다.
④ 홈 네트워킹이나 인터넷을 통해 홈 내외의 장치에 서비스를 제공한다.

해설
홈 네트워크 보안 : 다양한 가정정보 서비스를 안전하게 제공하기 위한 기술

11 다양한 홈 네트워크 기술과 초고속 액세스 망 기술을 연결시켜 주는 장치로서 가장 맞는 것은?

① 홈 서버 ② 홈 게이트웨이
③ 지능형 미들웨어 기술 ④ HomePNA

해설
Home Gateway 기능
① 가정에서 PC 및 정보 가전기기들을 연결하고 관리하는 허브(Hub) 역할
② 가정과 외부 인터넷망을 연결하는 역할

12 홈 게이트웨이의 기능으로 가장 옳은 것은?

① 허브 기능, 라우터 기능
② 리피터 기능, 게이트웨이 기능
③ 스위치 기능, 게이트웨이 기능
④ 허브 기능, 게이트웨이 기능

13 백색 가전기기들과 센서들을 네트워크로 연결하여 서비스 제공하는 기술로 가장 맞는 것은?

① 홈 플랫폼 기술
② 유, 무선 홈 네트워크 기술
③ 정보가전 기술
④ 지능형 미들웨어 기술

14 지능형 미들웨어 기술의 기능으로 가장 옳은 것은?

① 가정 정보화 인프라 구축
② 가정 통신 인프라 구축
③ 사용자의 편의성 제공
④ 다양한 서비스 접속 제공

해설
지능형 미들웨어 기술은 매체 및 OS에 상관없이 정보 가전기기의 제어 및 감시를 수행한다.

15 다음 용어의 설명으로 가장 틀린 것은?

① 단지망 : 집중구내통신실에서 세대까지를 연결하는 망
② 세대망 : 전유부분(각 세대내)을 연결하는 망
③ 단지 서버 : 홈 네트워크망을 통해 접속하는 장비
④ 세대단말기 : 세대 및 공용부의 다양한 설비의 기능 및 성능을 제어하고 확인할 수 있는 기기

해설
단지 서버 : 홈 네트워크 설비를 총괄적으로 관리하며, 이로부터 발생하는 각종 데이터의 저장·관리·서비스를 제공하는 장비

[정답] 08 ③ 09 ③ 10 ① 11 ② 12 ④ 13 ③ 14 ③ 15 ③

16 홈 네트워크 설비로서 틀린 것은?
① 통신배관실(TPS실)   ② 홈 네트워크망
③ 홈 네트워크장비   ④ 홈 네트워크 사용기기

해설
홈 네트워크 설비는 주택의 성능과 주거의 질 향상을 위하여 세대 또는 주택단지 내 지능형 정보통신 및 가전기기 등의 상호 연계를 통하여 통합된 주거서비스를 제공하는 설비이다.

17 공동주택이 홈 네트워크 설비를 갖춘 것으로 볼 수 있는 것은?
① 공동주택이 단지 서버, 홈 네트워크 사용기기를 모두 갖추는 경우
② 공동주택이 홈 네트워크망, 홈 네트워크 장비를 모두 갖추는 경우
③ 공동주택이 홈 네트워크 설비 설치공간, 홈 네트워크 장비를 모두 갖추는 경우
④ 공동주택이 홈 네트워크 설비 설치공간, 홈 네트워크 사용기기를 모두 갖추는 경우

해설
공동주택이 홈 네트워크망, 홈 네트워크 장비를 모두 갖추는 경우에는 홈 네트워크 설비를 갖춘 것으로 본다.

18 홈 네트워크망으로 가장 맞는 것은?
① 단자망, 세대 단말기
② 홈 게이트웨이, 세대 단말기
③ 세대망, 세대 단말기
④ 단지망, 세대망

19 다음 중 공동주택에 홈 네트워크를 설치하는 경우 갖추어야 할 홈 네트워크 장비에 해당하지 않는 것은?
① 집중구내통신실   ② 단지 네트워크장비
③ 폐쇄회로텔레비전장비   ④ 홈 게이트웨이

해설
홈 네트워크장비 : 홈 게이트웨이, 월패드, 단지 네트워크장비. 단지 서버, 폐쇄회로텔레비전장비, 예비전원장비

20 지능형 홈 네트워크 설비에서 세대망과 단지망을 상호 접속하는 장치는?
① 단지 서버   ② 세대단자함
③ 월패드   ④ 홈 게이트웨이

해설
홈 네트워크 장비 : 홈 게이트웨이, 월패드, 단지 네트워크장비. 단지 서버, 폐쇄회로텔레비전장비, 예비전원장비

21 다음 내용에 해당하는 것은?

> IEEE 802.15.4 표준 기반 저전력으로 지능형 홈네트워크 및 산업용 기기, 자동차, 물류, 환경 모니터링, 휴먼인터페이스, 텔레매틱스 등 다양한 유비쿼터스 환경에 응용이 가능하다.

① Bluetooth   ② Zigbee
③ NFC   ④ RFID

해설
Zigbee는 소형, 저전력 디지털 라디오를 이용해 개인 통신망을 구성하여 통신하기 위한 표준 기술이며, IEEE 802.15.4 표준을 기반으로 만들어졌다.

22 지능형 홈 네트워크 설비 설치 및 기술기준에서 공용부분 홈 네트워크 설비의 설치기준에 맞지 않는 것은?
① 단지 서버는 상시 운용 및 조작을 위하여 별도의 잠금장치를 설치하지 아니한다.
② 원격검침시스템은 각 세대별 원격검침장치가 정전 등 운용시스템의 동작 불능 시에도 계량이 가능하여야 하다.
③ 집중구내통신실은 독립적인 출입구를 설치하여야 한다.
④ 단지 네트워크 장비는 집중구내통신실 또는 통신배관실에 설치하여야 한다.

해설
단지 서버는 외부인의 조작을 막기 위한 잠금장치를 하여야 한다.

[정답] 16 ① 17 ② 18 ④ 19 ① 20 ④ 21 ② 22 ①

출제 예상 문제

23 스마트 미디어기기에 대한 설명으로 가장 틀린 것은?
① 미디어(Media)가 정보통신기술(ICT)과 결합한 기기
② 네트워크에 연결되어 자율적 또는 상호 의존적으로 작동하는 기기
③ 사용자의 주변 환경정보 등을 제공하는 기기
④ Bluetooth 기술과 결합하여 각종 미디어를 제공하는 기기

해설
사물인터넷(IoT) 기술이 결합되어 다양한 전자·정보기기를 통해 게임, 가상현실 등 엔터테인먼트, 교육, 여행, 쇼핑 등의 콘텐츠와 연계, 정보를 제공하고 체험·상호작용 할 수 있도록 하는 장치

24 스마트폰, 태블릿, 스마트TV 등과 같이 기존의 기능에 컴퓨터의 기능이 부가된 기기를 무엇이라 하는가?
① 와이브로기기　② 블루투스기기
③ 유선데이터기기　④ 스마트기기

해설
스마트기기란 기존의 기기에 컴퓨터기능이 부가된 기기를 말한다. 예를 들면 Smart Car, Smart Key, Smart TV, Smart Phone 등이 있다.

25 웨어러블 스마트기기에 대한 설명으로 가장 틀린 것은?
① 착용할 수 있는 형태로 된 컴퓨터를 말한다.
② 신체에 부착하여 컴퓨팅 행위를 할 수 있는 모든 전자기기를 말한다.
③ 착용하는 컴퓨터 기능뿐 만 아니라 어플리케이션까지 포함한다.
④ 이동에는 자유롭지 못하나 신체의 가장 가까운 곳에서 사용자와 소통가능한 전자기기이다.

26 웨어러블 디바이스의 유형으로 볼 수 없는 것은?
① 휴대형(Portable)
② 부착형(Attachable)
③ 확장형(Expandable)
④ 이식/복용형(Implantable/Eatable)

해설
웨어러블 디바이스의 유형 : 액세서리형, 직물/의류 일체형, 신체부착형, 생체이식형

27 웨어러블 디바이스의 특징으로 틀린 것은?
① 문화적 이질감은 다소 있더라도 내구성이 높아야 한다.
② 사용자가 거부감 없이 신체의 일부처럼 항상 자연스럽게 착용할 수 있어야 한다.
③ 언제 어디서나 사용자 요구에 즉각적으로 반응을 제공할 수 있어야 한다.
④ 착용에 따른 신체적 불쾌감 및 피로감을 최소화하여야 한다.

해설
웨어러블 스마트기기의 주요 기능 : 착용감, 항시성, 편리성, 안전성, 사회성, 가격, 내구성과 AS

28 다음 중 웨어러블 디바이스가 갖춰야 할 기본 기능으로 틀린 것은?
① 항시성　② 가시성
③ 저전력　④ 경량화

해설
웨어러블 디바이스 또는 웨어러블 컴퓨터(Wearable Computer)로 불리는 착용 기기는 안경, 시계, 의복 등과 같이 착용할 수 있는 형태로 된 컴퓨터를 뜻한다.

[정답] 23 ④　24 ④　25 ④　26 ③　27 ①　28 ②

29 웨어러블 스마트기기의 주요 핵심 기술로 볼 수 없는 것은?

① 무선인터페이스 기술 ② 처리기술
③ 전원기술 ④ 센싱기술

해설

웨어러블 스마트기기의 핵심 기술
입력기술(센싱기술), 처리기술, 출력기술, 전원기술, 유무선통신 및 네트워크 인프라기술, 사물인터넷 서비스 인터페이스기술

30 웨어러블 스마트기기에서 입력기술에 대한 설명으로 틀린 것은?

① 인체정보 측정기술, 환경정보 측정기술, UI/UX 기술 등이 있다.
② 사용자나 주변 환경의 변화를 감지하고 구분, 측정하여 신호로 알려주는 기술이다.
③ 입력된 데이터들을 자체 내장된 소프트웨어를 이용해 데이터 축적, 분석, 처리 하는 기술이다.
④ 음성, 터치, 제스처, 상황인식 기술이 있다.

해설

① 사용자 인터페이스(UI/UX)에는 음성, 터치, 제스처, 상황인식 기술이 있다.
② 처리기술 : 력된 데이터들을 자체 내장된 소프트웨어를 이용해 데이터 축적, 분석, 처리 하는 기술

31 다음 중 실감미디어를 설명한 내용으로 볼 수 없는 것은?

① 실감미디어는 사실감, 현장감, 몰입감 등을 극대화하는 미디어이다.
② 실감미디어는 가상의 환경에서 공간과 시간의 제약을 극복하면서 실재감과 몰입감을 제공할 수 있는 다양한 형태의 미디어이다.
③ 실감미디어는 전화, 음성인식, 네비게이션 등과 같은 미디어를 생생하게 구현하여 사용자가 실생활에서 요구하는 정보를 제공하는 미디어이다.
④ 실감미디어는 사용자 만족을 위해 몰입감과 현장감을 극대화 할 수 있도록 현장의 모든 감각의 정보를 전달하는 미디어이다.

32 다음 문장의 괄호 안에 들어갈 내용으로 틀린 것은?

> 실감형 미디어는 (   ) 등을 극대화하는 미디어를 뜻한다.

① 안정감 ② 사실감
③ 현장감 ④ 몰입감

해설

실감형 미디어는 사실감, 현장감, 몰입감, 입체감 등을 극대화하는 미디어를 뜻한다.

33 실감형 미디어의 요소 기술 중 홀로그래피(Holography)에 대한 설명으로 가장 틀린 것은?

① 고화질을 통해 사실감과 몰입감을 제공하는 기술
② 자연스러운 입체영상을 제공하는 기술
③ 입체정보를 기록하고 재생하는 기술
④ 피사체에 대한 모든 정보를 기록하는 기술

해설

UHD : 초고선명 또는 초고화질을 통해 사실감과 몰입감을 제공하는 기술

34 이용자에게 몰입감을 제공해 주는 기술로 틀린 것은?

① 가상현실(Virtual Reality)
② 상승현실(Increased Reality)
③ 증강현실(Augmented Reality)
④ 혼합 현실(Mixed Reality)

35 다음 중 AR, VR, MR에 대한 설명이 틀린 것은?

① MR은 현실세계와 가상세계 정보를 결합해 두 세계를 융합시키는 공간을 만들어내는 기술
② AR은 현실과 가상환경을 융합하는 복합형 가상현실 기술
③ VR은 컴퓨터를 통해 가상현실을 체험하게 해주는 기술
④ MR은 가상세계와 현실정보를 결합한 기술

[정답] 29 ① 30 ③ 31 ③ 32 ① 33 ① 34 ② 35 ④

36. 다음 중 AR, VR, MR에 대한 설명이 틀린 것은?

① VR은 높은 몰입도를 갖지만 현실감이 떨어진다.
② VR은 가상 현실감을 극대화시킨다.
③ MR은 높은 몰입도와 높은 현실감을 갖는다.
④ AR은 현실감은 높지만 몰입도가 떨어진다.

해설
MR : VR(몰입도) + AR(현실감)

37. 다음 중 실감형 관련 기술에 대한 설명으로 틀린 것은?

① 디스플레이 기술 : 인간의 오감에 대한 감각적 정보를 표현하는 기술
② 인터랙션 기술 : 콘텐츠를 인지, 조작할 수 있는 입출력 기술
③ 트래킹 기술 : 사물의 위치와 움직임, 속도와 방향 등 판단하는 기술
④ 랜더링 기술 : 사실적인 콘텐츠의 표현과 관련된 기술

38. VR의 핵심기술로 가장 틀린 것은?

① 몰입가시화
② 실감 상호작용
③ 가상현실 환경생성 및 시뮬레이션
④ 영상합성

해설
가상현실(VR)의 핵심기술
① 몰입가시화 : 사용자에게 가상현실 몰입환경을 제공하는 기술
② 실감 상호작용 : 사용자의 오감을 기반으로 가상현실 참여자와 시스템과의 입출력에 해당하는 기술
③ 가상현실 환경생성 및 시뮬레이션 : 360도 파노라마 이미지나 복원을 기반으로 가상현실 환경을 생성하는 기술

39. AR의 핵심기술로 가장 틀린 것은?

① 센싱 및 트래킹
② 영상합성
③ 몰입가시화
④ 실시간 증강현실 상호작용

해설
증강현실(AR)의 핵심기술
① 센싱 및 트래킹 : 증강을 위한 가상 물체를 실제 공간에 정밀하게 위치를 제공하는 기술
② 영상합성 : 가상의 물체를 실제 공간의 영상과 일치하게 표현하는 기술
③ 실시간 증강현실 상호작용 : 실제 공간에 합성된 가상의 물체를 증강현실 참여자가 실시간 상호작용을 통해 증강현실 공간을 체험할 수 있게 하는 기술

40. 실감 미디어 관련 대표적인 표준화 규격으로 가장 맞는 것은?

① H.261
② H.263
③ MPEG-H
④ MPEG-V

해설
① H.261 : ISDN 망을 이용하는 영상부호화 표준안
② H.263 : 화상 회의와 화상 전화를 응용하기 위한 영상 압축 코딩 표준
③ MPEG-H : 이기종 환경에서 고효율 코딩 및 미디어 전송을 위한 표준
④ MPEG-V(Media Context and Control) : 가상세계와 가상세계 그리고 가상세계와 현실세계간 소통을 위한 인터페이스 규격을 정의

41. 콘텐츠 전송 네트워크(CDN)에 대한 설명으로 틀린 것은?

① 대용량 콘텐츠를 효율적으로 전송할 수 있다.
② 인터넷상 콘텐츠의 QoS를 유지시켜준다.
③ 대용량 콘텐츠의 용량을 획기적으로 감소시켜 준다.
④ 인터넷상의 콘텐츠 병목현상을 피할 수 있다.

[정답] 36 ② 37 ② 38 ④ 39 ③ 40 ④ 41 ③

ENGINEER
INFORMATION & COMMUNICATION

03 정보통신 네트워크

Chapter 01 네트워크 구축 설계
1. 정보통신 네트워크
2. 프로토콜과 TCP/IP
3. 오류제어와 흐름제어

Chapter 02 근거리통신망(LAN) 설계
1. LAN과 VLAN
2. 라우팅 프로토콜
3. 무선 LAN

Chapter 03 구내통합설비 설계
1. 전화망 및 패킷교환망
2. 인터넷 통신망
3. 전송망

Chapter 04 이동통신서비스 시험
1. 이동 및 위성통신망
2. 차세대 정보통신망

Chapter 1 네트워크 구축 설계

합격 NOTE

1 정보통신 네트워크

1. 정보통신 시스템

가. 정보통신의 개요
① 정보통신이란 송신자와 수신자 사이에 효과적으로 정보를 전달하거나 받는 과정을 말한다. 즉, 정보를 필요로 하는 사람에게 전달함으로써 정보의 가치를 상승시키는 행위이다.
② 정보통신이란 원격지에 떨어져 있는 입·출력장치와 컴퓨터를 통신회선으로 연결하여 넓은 범위의 데이터 처리와 데이터 전송을 실행하는 방식이다.

나. 정보통신의 특징
① 고속 통신에 적합하다.
② 에러 제어 방식을 사용하므로 신뢰성이 높다.
③ 다중 전송이나 광대역 전송이 가능하다.
④ 시간, 거리에 구애받지 않고 고품질의 통신을 할 수 있다.
⑤ 경제성이 높고, 응용범위가 넓다.
⑥ 분산처리 방법의 활용
⑦ 대형 컴퓨터의 공동 이용

다. 정보통신 시스템의 기본 구성 요소
정보통신 시스템은 정보의 이동을 담당하는 데이터 전송계와 정보의 처리, 보관 등의 기능을 수행하는 데이터 처리계로 나눌 수 있다.

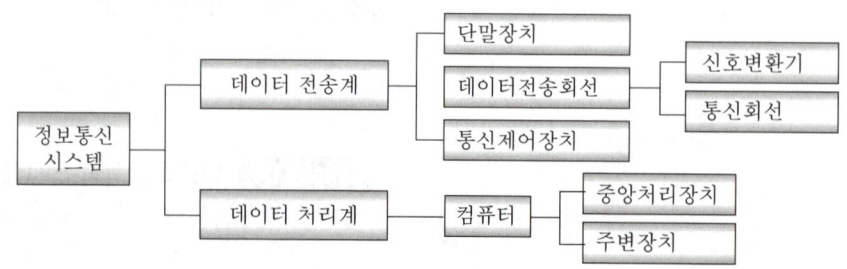

합격예측
정보통신이란 송신자와 수신자 사이에 효과적으로 정보를 전달하거나 받는 과정

합격예측
정보통신의 3요소 : 정보원, 전달매체, 목적지

합격예측
정보 : 데이터를 처리, 가공하여 의미를 부여한 것

합격예측
- 단말장치(DTE) : 입·출력 수행하는 단말장치
- DCE : 신호변환장치
- 컴퓨터 : 정보 처리

라. 데이터 전송방식의 종류와 특성

(1) 단방향 통신과 양방향 통신

단방향 통신 (Simplex)		• 2선식 회선을 이용 • 한쪽 방향으로만 송수신이 이루어지는 형태이다.
양방향 통신	반이중 통신 (Half Duplex)	• 2선식 회선을 이용 • 양방향 통신이 가능하지만 동시에는 불가능
	전이중 통신 (Full Duplex)	• 4선식 회선을 이용 • 양방향 동시 통신 가능한 회선 • 대량의 데이터 전송이 가능, 비용이 많이듦

합격예측
- 단방향 통신의 예 : TV, 라디오
- 반이중 통신의 예 : 무전기, 모뎀
- 전이중 통신의 예 : 전화

(2) 동기식 전송과 비동기식 전송

동기식 전송	비동기식 전송
• 블록단위 전송 • 전송블록사이에 동기문자 사용 • 블록사이의 휴지기간 존재 안함 • 중고속 통신에 이용	• 문자단위 전송 • 전송 문자에 Start Bit, Stop Bit 사용 • 전송되는 문자사이에 휴지기간 존재 • 1,800[bps] 미만의 저속 통신에 이용

합격예측
동기식 전송이란 송수신측이 동일 클록으로 운영되면서 데이터를 주고 받는 전송방식이다.

합격예측
비동기식 전송은 동기화를 위해 시작비트(Start Bit)와 종료비트(Stop Bit)를 사용한다.

(3) 직렬 전송과 병렬 전송

직렬 전송	병렬 전송
• 하나의 전송로를 통해 1[bit]씩 차례로 전송 • 비용 절감 • 데이터 통신과 같은 장거리통신에 이용	• 문자를 이루는 bit수만큼의 전송로를 통해 동시에 전송 • 속도가 빠름 • 컴퓨터 주변장치와 같은 근거리전송에 사용

합격예측
대부분의 데이터 통신은 직렬전송 방식이다.

(4) 전송회선의 연결 방식

전용회선	교환회선
• 특정 상대방과 1:1로 직접 연결되는 방식 • 전송속도가 빠르다. • 통신사용료 : 일정액	• 특별히 정해지지 않은 여러 상대방과 교환기를 통해 연결하는 방식 • 전송속도가 느리다. • 회선 사용료 : 연결 사용시간만큼 과금

합격예측
- 교환회선 : 교환기에 의해 연결되는 방식
- 전용회선 : 단말기간 회선이 항상 고정되어 있는 방식(1:1연결)

(5) 기저대역 전송(Baseband Transmission)

① 디지털화된 정보나 데이터를 변조과정 없이 전송로에 적합한 펄스파형으로 변환시켜 전송하는 방식이다.
② 컴퓨터 주변장치와 같은 근거리 통신에 사용한다.
③ 대표적인 부호는 단극부호와 양극부호 등이 있다.

합격예측
① 기저대역 신호 : 변조과정을 거치기 전의 신호
② 기저대역 전송 : 변조를 하지 않고 전송한다.

합격 NOTE

합격예측
① 단극형(Unipolar) : 신호가 있고(+A) 없음(0)으로 구분
② 극형(Polar) : '0'인 경우는 −A 전위, '1'인 경우는 +A 전위로 구분
③ 양극형(Bipolar) : '0'인 경우는 0 전위, '1'인 경우는 극성을 교대로 바꾸어 줌

합격예측
- RZ : Return to Zero
- NRZ : Non-Return to Zero

합격예측
기저대역 전송과 대역 전송의 차이는 변조의 유무에 있다.

합격예측
대역 전송의 장점
① 원거리전송 가능
② 전송로 잡음에 강인
③ 수신 안테나 크기 감소
④ 다중화 가능 등

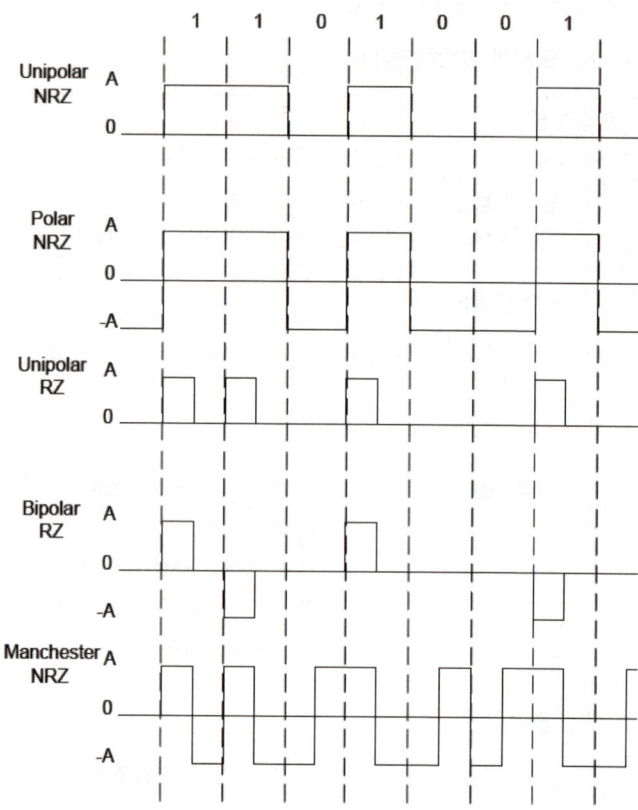

[단극형(Unipolar), 극형(Polar), 영복귀(RZ), 영비복귀(NRZ)]

(6) 대역통과 전송(Bandpass Transmission)

입력 디지털 데이터를 디지털 변조해서 전송하는 것을 말한다.

진폭편이변조 (ASK)	• 입력 '0, 1'에 따라 반송파의 진폭을 변화(주파수, 위상 불변) • 전송로 잡음의 영향을 많이 받으므로 거의 사용되지 않는다. • 동기 및 비동기 검파가 가능하다.
주파수편이변조 (FSK)	• 입력 '0, 1'에 따라 반송파의 주파수를 변화(진폭, 위상 불변) • 동기 및 비동기 검파가 가능하다.
위상편이변조 (PSK)	• 입력 '0, 1'에 따라 반송파의 위상 변화(진폭, 주파수 불변) • 동기검파만 가능하다.(비동기 검파를 위해 DPSK 방식 사용) • 4진 PSK(QPSK, OQPSK)가 많이 사용된다.
진폭위상편이 변조 (QAM, APSK)	• 입력 '0, 1'에 따라 반송파의 진폭과 위상을 동시에 변화시킨다. • 한정된 주파수 대역 내에서 고능률의 데이터 전송을 할 수 있다. • 고속 전송에 사용된다.

참고

📍 채널용량(Channel Capacity)
① 전송매체가 가질 수 있는 최대 정보 전송 능력을 나타낸다.
② Shannon의 채널용량
$$C = W\log_2\left(1+\frac{S}{N}\right)[\text{bps}]$$
채널용량(C)은 채널대역폭(W), 신호대잡음비(S/N)에 비례한다.

합격예측
채널용량 단위 : [bps]

(7) 전송회선 구성
① 2지점간 통신(Point-To-Point) 방식
  전송 매체가 두 장치(Device)간의 직접 링크를 제공해 주고 이 전송 매체가 오직 이 장치들만에 의해 사용되는 전송 형태
② 멀티포인트 통신(Multipoint) 방식
  Multidrop이라고도 하며 여러 개의 장치가 하나의 전송매체를 공유하여 사용하는 전송형태
③ Loop 방식 등

(8) 다중화(Multiplexing) 방식
① 다중화란 두 개 혹은 그 이상의 신호를 결합하여 하나의 물리적 회선을 통하여 전송하는 것을 말한다.
② 다중화는 통신망의 연결 효율을 최대화하고, 통신비용을 절감하기 위해서 사용한다.
③ 다중화의 종류
  ㉠ 주파수 분할 다중화(FDM : Frequency Division Multiplexing)
    한 전송로의 대역폭을 몇 개의 작은 대역폭으로 나누어 여러 개의 단말장치들이 동시에 이용할 수 있도록 하는 것이다.
  ㉡ 시간 분할 다중화(TDM : Time Division Multiplexing)
    한 전송로에 주어진 시간대역을 여러 타임 슬롯으로 나누어 각 채널에 할당함으로써 몇 개의 채널들이 한 전송로를 나누어 사용할 수 있도록 하는 것이다.

합격예측
- 아날로그 신호의 다중화 : FDM 방식 사용
- 디지털 신호의 다중화 : TDM (동기, 비동기) 방식 사용

FDM	TDM
• 별도의 모뎀이 필요 없음	• 다중화기는 고속, 단말기는 저속이므로 속도차 극복을 위한 버퍼가 필요
• 구조 간단, 가격 저렴	• 고속 전송 가능
• 이용분야 :저속도, 비동기시스템, multipoint방식, TV, CATV	• 이용분야 : point-to-point, 디지털 회선

2. 네트워크의 기본 구성

가. 네트워크(Network, 통신망)의 개요

(1) 네트워크의 정의
① 네트워크(통신망)란 정보를 효율적으로 전송하기 위한 다양한 시스템(Hardware)과 프로토콜(Software)이 유기적으로 결합된 정보의 전달체계를 말한다.
② 네트워크란 몇 개의 독립적인 장치가 적절한 영역 내에서 적당히 빠른 속도의 물리적 통신 채널을 통하여 서로가 직접 통신할 수 있도록 지원해 주는 데이터 통신체계이다.

(2) 네트워크의 기본 요소
① 단말장치
  ㉠ 데이터를 송신/수신할 수 있는 모든 장치(컴퓨터 등)
  ㉡ 송신기능과 수신기능을 갖는다.
② 전송장치
  ㉠ 전기적인 수단을 이용하여 정보전달의 기능을 가진 부분이다.
  ㉡ 유선 방식과 무선 방식이 있다.
③ 기타 장치 (프로토콜, 교환장치 등)
  단말장치의 경로 선택, 접속 제어, 각종 서비스의 실행, 네트워크의 관리 및 제어를 실행한다.

(3) 네트워크의 요구 조건
① 접속의 임의성이 있어야 한다.
② 접속의 신속성이 있어야 한다.
③ 정보 전송의 투명성이 있어야 한다.
④ 통화 품질의 동일성이 유지되어야 한다.
⑤ 신뢰성이 있어야 한다.
⑥ 번호 체계가 통일적이고 장기간 보장되어야 한다.
⑦ 요금 구조가 합리적이어야 한다.

(4) 네트워크의 장점
① 자원 공용에 의한 경제화
② 자원 분산에 의한 신뢰성 향상
③ 공동 처리에 의한 처리 기능의 확대
④ 분산 처리에 의한 성능 향상

합격 NOTE

합격예측
네트워크 : 프로토콜을 사용하여 데이터를 교환하는 시스템들의 집합

합격예측
네트워크의 구성요소 : 전송장치, 교환장치, 단말장치, 네트워크장치, 프로토콜, 표준기술, 통신매체(회선) 등

합격예측
용어 : 단말장치(노드, node), 통신매체(회선, 링크, Link)

합격예측
네트워크의 3대 기능 : 전달기능, 신호기능, 제어기능

합격예측
네트워크 평가기준 :
성능(Performance),
신뢰도(Reliability),
보안(Security)

합격예측
네트워크 구성의 이점 : 데이터공유, 주변장치공유, 능률적인 통신 등

참고

📍 정보통신망(정보통신 네트워크)의 분류

분 류	종 류
정보 내용에 따른 분류	데이터 통신망, 전화망, 전신망, 화상 통신망
서비스 대상에 따른 분류	전기 통신망, 지역 통신망, 전용 통신망, 이동체 통신망, 군용 통신망
규모에 따른 분류	LAN, MAN, WAN
교환방식에 따른 분류	회선 교환망, 축적 교환망(메시지 교환망, 패킷 교환망)
전송방식에 따른 분류	아날로그 통신망, 디지털 통신망, 광 통신망

나. 데이터 교환방식에 따른 네트워크

교환방식은 네트워크에서, 단말기와 단말기 또는 단말기와 컴퓨터 사이에서 데이터를 주고 받는 방식을 말한다.

(1) 회선 교환(Circuit Switching)방식

① 개요

회선 교환방식은 송신측과 수신측 단말기 사이에 통신을 할 때, 통신할 수 있는 경로가 미리 제공되고 있는 경우를 말한다. 즉 데이터를 전송할 때마다 통신경로를 설정한 후 데이터를 교환하는 방식이다.

② 특징

㉠ 전송 중 항상 일정한 경로를 사용한다.(예 전화시스템)
㉡ 데이터의 연속적인 전송이 가능하다.
㉢ 전송지연이 거의 없으나 접속에 긴 시간이 소요된다.
㉣ 수신측이 준비되지 않은 경우 전송이 불가능하다.
㉤ 고정적인 대역폭을 사용한다.
㉥ 길이가 긴 연속적인 데이터 전송에 적합하다.

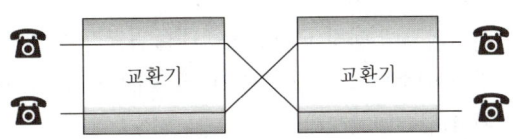

[회선 교환방식의 개념]

합격예측
교환방식 : 회선교환, 축적교환(메시지교환, 패킷교환)

합격예측
회선 교환망은 통신회선이 설정되어 전용회선처럼 사용한다.

합격예측
회선확립(설정) → 데이터전송 → 회선해제

합격예측
전통적인 전화망에서 물리층 교환은 회선 교환 방식을 사용한다.

합격 NOTE

합격예측
메시지 교환은 데이터의 논리적 단위를 교환하는 방식으로 디지털교환에 적합하다.

합격예측
패킷 : 데이터 전송 단위

합격예측
패킷 교환 특징 : 고신뢰성, 고품질, 고효율, 이기종간 통신

합격예측
패킷 교환은 메시지방식과 달리 데이터의 저장 없이 전송 가능하므로 실시간 전송에 적합

---

(2) 메시지 교환(Message Switching)방식

① 개요 : 메시지 교환방식은 축적교환(Store and Forward) 방식으로 데이터의 논리적 단위인 메시지를 교환하는 방식이다.

② 특징
  ㉠ 축적교환 메시지 망이라고 한다.
  ㉡ 메시지 축적 후 전송이 가능하므로 전송로를 효율적으로 이용할 수 있다.

(3) 패킷 교환(Packet Switching)방식

① 패킷 교환이란 전송할 메시지를 패킷이라 부르는 일정한 길이인 패킷 형태로 만들어진 데이터를 패킷 교환기가 목적지 주소에 따라 적당한 통신 경로를 선택하여 보내주는 방식이다.

② 특징
  ㉠ 통신회선의 이용도가 높다.
  ㉡ 고품질, 고신뢰성 서비스를 실현한다.
  ㉢ 빠른 응답시간이 요구되는 응용에 사용한다.
  ㉣ 트래픽 용량이 큰 경우에 유리하다.
  ㉤ 축적 교환방식의 일종이다.
  ㉥ 데이터 전송을 위한 추가 데이터가 필요하다.

 참고

● 패킷조립분해기(PAD : Packet Assembler/Disassembler)

① 패킷 전송을 하기 위해서 단말기가 메시지를 패킷으로 분해하고, 수신된 패킷들을 하나의 메시지로 합치는 기능을 지녀야 하며, 만약 이 기능이 없다면 PAD라는 부가장치가 있어야 한다.

② PAD는 일반 단말로부터의 데이터를 패킷으로 조립하거나, 또는 역으로 패킷을 분해하여 문자열로 변환하는 기능을 수행한다.

---

③ 패킷의 교환방식에는 데이터그램(Datagram) 방식과 가상회선(Virtual Circuit) 방식이 있다.
  ㉠ 데이터그램 패킷 교환방식 : 네트워크가 각 발신 DTE로부터 패킷을 인수받아 패킷을 각각 독립적으로 해당되는 수신 DTE로 전달하는 방식이다.
  ㉡ 가상회선 패킷 교환방식 : 패킷이 전송되기 전에 발신 및 수신 DTE 간에 논리적인 경로가 미리 성립되는 방식이다.

[교환방식별 비교]

특성 \ 교환방식	회선 교환	메시지 교환	패킷 교환
데이터 전송 형식	데이터 연속 전송	메시지 전송	패킷 전송
메시지 저장	저장하지 않음	저장 후 검색 가능	저장은 가능, 검색은 불가능
전송 형태	길이가 긴 연속적인 전송, 속도 빠름	일반적인 메시지 전송, 속도 느림	순간적인 대량의 데이터, 고속 전송
실시간처리	가능	불가능	불가능
회선망	Point-To-Point	Multi-Point	Multi-Point
전용 전송로 여부	전용 전송로 있음	전용 전송로 없음	전용 전송로 없음
속도나 코드의 변환	없음	있음	있음
대역폭	고정 대역폭	필요에 따라 선택	필요에 따라 선택

합격예측
메시지 교환방식은 거의 사용되지 않는다.

다. 통신망 구성 형태에 따른 네트워크

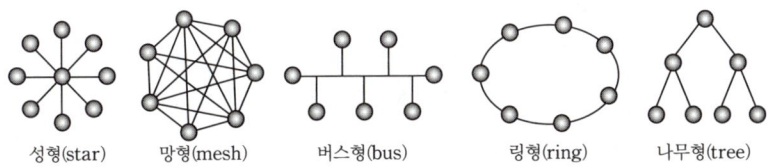

성형(star) 망형(mesh) 버스형(bus) 링형(ring) 나무형(tree)

[통신망의 구성]

(1) 성형(Star Topology)
　① 중앙에 허브(Hub)가 있고 주변 노드(스테이션, 컴퓨터)와 점대점(Point-To-Point)으로 연결되는 네트워크 형태이다.
　② 특징
　　㉠ 통신망 구성의 가장 기본적인 방법이다.
　　㉡ 중앙 집중식이다.
　　㉢ 회선 경로수가 적다.
　　㉣ 회선 길이는 망형보다 짧다.
　　㉤ 회선 경비가 높고 교환 경비가 낮을 때 유리하다.
　③ 성형망의 장·단점

장 점	단 점
• 보수, 관리가 용이 • 단말의 고장발견이 용이 • 각 단말마다 전송속도를 다르게 할 수 있다.	• 중앙의 컴퓨터가 고장나면 전체 시스템의 기능이 마비된다. • 통신망 전체가 복잡하다. • 통신망의 신뢰성을 높여야 한다.

합격예측
① 성형방식은 온라인 시스템의 전형적인 방법이다.
② 시내교환국에서는 가입자와 성형으로 구성된다.

합격예측
교환국 수가 n일 때 회선 경로수는 $n-1$이다.

합격예측
성형 : 중앙집중식 구성으로 폴링/셀렉팅을 통하여 전송권을 얻음

합격 NOTE

합격예측
트리형 : 성형의 변형이며, 계층적 구성으로 상위계층에서 하위계층을 수용하고 연결해주는 구조.

합격예측
트리형은 CATV망에 적합하다.

합격예측
링형 : 이웃하는 단말이나 교환국과 1:1연결하는 원형구조

합격예측
링형은 LAN에 이용된다.

합격예측
링형의 대표적 프로토콜 : 토큰링(Tocken Ring)

합격예측
망형 : 모든 단말을 1:1로 연결하는 구조로 실제 환경에서는 효율성이 떨어짐

합격예측
망형은 공중 통신망, WAN에 많이 이용된다.

(2) 트리형(Tree Topology)
① 중앙에 컴퓨터가 있고 일정 지역 터미널까지는 하나의 통신회선으로 연결시키며 그 이웃 터미널은 이 터미널로부터 다시 연장하는 구성 형태이다.
② 특징
    ㉠ 성형보다는 통신회선을 많이 필요로 하지 않는다.
    ㉡ 멀티포인트(Multipoint)나 방송 형태의 구조이다.
    ㉢ 일정 지역에 설치된 터미널을 컴퓨터로 대치시키면 분산 처리 시스템이 된다.

(3) 링형(Ring Topology)
① 루프(Loop)형이라고도 하며, 컴퓨터와 터미널의 연결은 서로 이웃하는 것끼리만 연결시킨 구성 형태이다.
② 특징
    ㉠ 일반적으로 단방향 전송이나 양방향으로의 데이터 전송도 가능하다.
    ㉡ 통신회선의 장애시 융통성을 가질 수 있다.
    ㉢ 근거리 통신망(LAN)에서 많이 채택되는 방식이다.
③ 링형의 장·단점

장 점	단 점
• 전송매체와 단말의 고장 발견이 용이하다. • 방송형태의 데이터 전송이 용이하다. • 분산 및 집중제어방식 모두 가능하다.	• 단말의 추가 및 삭제시 복잡하다. • 기밀보호가 어렵다. • 각 단말에서 전송지연이 발생한다. • 하나의 단말기 또는 통신회선의 일부 고장으로 전체 시스템에 장애가 있을 수 있다.

(4) 망형(Mesh Topology)
① 망형은 모든 터미널과 터미널을 통신회선으로 연결시킨 형태로서 통신회선의 총 경로가 다른 통신망의 형태에 비해 가장 길다.
② 특징
    ㉠ 데이터 통신 네트워크와 사설 네트워크에서 사용된다.
    ㉡ 통신선로의 총 경로가 가장 길다.
    ㉢ 통신회선의 장애시 다른 경로를 통하여 데이터 전송을 수행할 수 있다.
    ㉣ 회선 장애가 적다.
    ㉤ 회선 경비가 낮고 교환경비가 높을 때 유리하다.

(5) 버스형(Bus Topology)

① 1개의 통신회선에 여러 개의 단말기를 접속하는 형태로서, 끝이 연결되지 않은 것 이외에는 링형과 같은 구조이다.

② 특징
　㉠ 컴퓨터와 단말기 또는 단말기와 단말기 사이의 데이터 전송은 컴퓨터의 폴링(Polling)과 단말기의 셀렉션(Selection)에 의해 수행된다.
　㉡ 신뢰성이 높다.

③ 버스형의 장·단점

장 점	단 점
• 통신회선이 1개이므로 물리적 구조가 간단하다. • 단말의 추가와 삭제가 용이하나 재구성은 복잡하다. • 일부 단말기의 고장이 전체 시스템에 영향을 주지 않는다.	• 데이터의 기밀 보장이 어렵다. • 통신회선의 길이에 제한이 있다. • 데이터 송신시 충돌이 일어나기 쉽다.

라. 통신망 범위(규모)에 따른 네트워크

네트워크는 구성범위에 따라 PAN, LAN, MAN 그리고 WAN 등으로 구분할 수 있다.

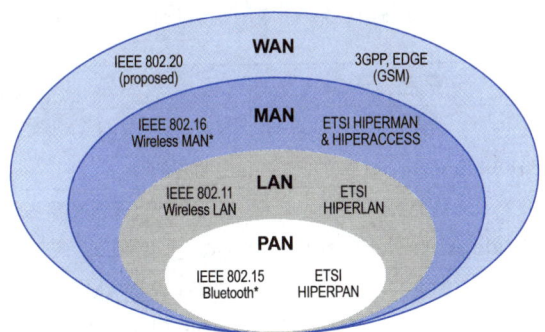

가. 개인 통신망(PAN : Personal Area Network)

(1) PAN은 개인 주변의 10[m] 영역 내에서 정보기기간의 상호통신을 지원하는 통신망이다.

(2) PAN은 휴대용 가전기기 및 단말기들 사이에서 일반적으로 10[m] 이내의 단거리 Ad-Hoc 통신을 가능하게 해주는 기술이다.

(3) PAN은 낮은 소비전력, 소형화 및 저가의 특징을 갖는다.

합격 NOTE

합격예측
버스형 : 하나의 매체를 공유하기 위한 구조

합격예측
버스형은 LAN에서 데이터 양이 적을 때 사용한다.

합격예측
버스형은 Ethernet의 기본 토폴로지이다.

합격예측
① 중계 회선수
　㉠ 성형 : $n-1$
　㉡ 메시형 : $n(n-1)/2$
　㉢ 링형 : n(node의 수)
② 통신선로의 길이
　메시형＞성형＞링형＞트리형

합격예측
PAN은 근거리 무선 네트워크이다.

합격예측
PAN은 전송속도가 수백 Kbps 정도로 낮은 것이 단점

합격 NOTE

합격예측
LAN은 거리에 제한을 둠으로써 비교적 높은 데이터 전송률 제공이 가능

합격예측
LAN의 전송매체 : UTP, 동축케이블, 광케이블, 무선 등

합격예측
① 이더넷 표준 : IEEE 802.3
② 토큰링 표준 : IEEE 802.5
③ 토큰버스 표준: IEEE 802.4

합격예측
MAN : 도시내의 여러 LAN을 통합하는 네트워크

합격예측
MAN의 예: DSL 전화망, 케이블 TV 네트워크를 통한 인터넷 서비스 제공 등

합격예측
LAN간의 통신을 위해서는 라우터를 통해 가능하다.

합격예측
GAN의 예 : Internet

합격예측
WAN 프로토콜 : PPP, HDLC, SDLC, HNAS, ISDN, X.25, Frame Relay

합격예측
LAN 프로토콜 : Ethernet, Token Ring 등

나. 근거리 통신망(LAN : Local Area Network)

(1) LAN은 건물, 학교, 빌딩 내 등과 같이 비교적 한정된 근거리 영역 내에서 정보기기간의 상호연결을 지원하는 통신망이다.
(2) LAN은 여러 대의 컴퓨터와 주변장치 등이 전용회선을 통해 연결된 네트워크로 반경 수 [Km] 내에 설치된 소규모 지역네트워크이다.
(3) LAN은 기저대역(Baseband) 전송방식을 사용한다.
(4) LAN의 종류 : Ethernet, Fast Ethernet, Gigabit Ethernet, Token Ring, FDDI 등

다. 도시권 통신망(MAN : Metropolitan Area Network)

(1) MAN은 도시를 중심으로 반경 5~50[Km] 이내의 정보기기들 간의 상호 연결을 지원하는 통신망이다.
(2) MAN은 대도시를 중심으로 한 통신망이며, LAN과 WAN의 중간 규모의 네트워크이다.

라. 광역통신망(WAN : Wide Area Network)

(1) WAN은 서로 분리된 LAN과 LAN 또는 MAN과 MAN을 지역단위로 연결한 네트워크로, 좁게는 시 나 도, 넓게는 국가와 국가 간을 연결한 네트워크이다.
(2) WAN은 가장 상위 네트워크이며, ISP(Internet Service Provider)가 인터넷 서비스를 제공하기 위해 구축한 통신망이다.

구분	설 명
GAN (Global Area Network)	세계적통신망(GAN)은 국가와 국가 사이를 연결하는 네트워크
WAN (Wide Area Network)	광역통신망(WAN)은 국가 이상의 넓은 지역을 지원하는 네트워크
MAN (Metropolitan Area Network)	도시권 통신망(MAN)은 LAN보다 큰 지역, 대도시 정도의 넓은 지역을 연결하기 위한 네트워크
LAN (Local Area Network)	근거리통신망(LAN)은 대학 캠퍼스나 건물과 같은 비교적 좁은 지역 내의 네트워크
HAN (Home Area Networks)	가정통신망(HAN)은 가정 내 다양한 정보기기들 상호간의 네트워크
PAN (Personal Area Network)	개인통신망(PAN)은 10m 이내의 네트워크로, 블루투스, 지그비 등의 무선통신으로 구성된 네트워크
BAN (Body Area Network)	인체통신망(BAN)은 사람이 착용하는 옷이나 인체에 부착된 여러 장치로부터 구성된 네트워크

출제 예상 문제

제1장 정보통신 네트워크

01 데이터 전송(Data Transmission)을 정의한 것 중 적절한 것은?

① 데이터의 전송을 위해 매체의 역할에 관한 사항
② 인간과 컴퓨터간의 데이터 송·수신을 위한 단말에 관한 사항
③ 기계와 인간과의 처리 정보의 전송에 관한 사항
④ 기계를 이용하여 처리할 또는 처리된 데이터의 전송에 관한 사항

해설
데이터 전송(Data Transmission)이란
① 정보 처리 장치에 의해서 처리할 데이터 또는 처리된 데이터의 전송에 관한 것이다.
② 데이터 통신 시스템은 컴퓨터와 원거리에 있는 터미널 또는 컴퓨터 상호간을 통신회선으로 결합하여 정보 처리를 수행하는 시스템이다.

02 데이터 전송 시스템의 구성 요소를 나열한 것이다. 다음 중에서 직접적인 관계가 없는 것은 어느 것인가?

① 입·출력 단말 장치
② 통신회선과 변복조 장치
③ 광전 변환 및 검출 장치
④ 컴퓨터 시스템

해설
① 데이터 전송계의 구성 요소
  ㉠ 단말 장치
  ㉡ 신호 변환 장치
  ㉢ 통신회선
  ㉣ 통신 제어 장치
② 데이터 처리계의 구성 요소
  컴퓨터 시스템

03 다음 중 정보 단말기의 기능이 아닌 것은?

① 신호 변환 기능   ② 에러 제어 기능
③ 입·출력 제어 기능 ④ 입·출력 기능

해설
정보 단말기 기능
① 입·출력 기능
② 전송 제어 기능
  ㉠ 입·출력 제어 기능
  ㉡ 에러 제어 기능
  ㉢ 송수신 제어 기능

04 그림과 같은 터미널에 대한 설명이다. 틀린 것은 어느 것인가?

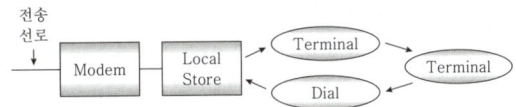

① 응답 시간이 짧아 수초이다.
② 컨트롤러(Controller)는 미니 컴퓨터 정도의 처리 능력을 갖는다.
③ 주변 장치들이 오프라인으로 연결되어서 데이터를 일괄 처리한다.
④ 금융업, 수퍼마켓, 크레디트 체크 등에 사용된다.

해설
Store Controller는 현금 기록기의 기본 기능에 On-Line 인터페이스, ID 카드리더, 플로피디스크 등이 접속된 POS(Point Of Sale) 단말에서 입력된 데이터의 수집, 상품별 매상고 등의 즉시 변경과 문의 응답 등을 송·수신한다.

05 송신 DTE가 한 데이터의 한 블록을 보내는 데 걸리는 시간을 무엇이라 하는가?

① 전송 시간   ② 전파 시간
③ 노드 지연   ④ 처리 시간

해설
① 10[kbps] 회선으로 데이터의 10,000비트 블록을 전송하는 데 걸리는 전송 시간은 1초이다.
② 전파지연 : 신호가 한 노드에서 다음 노드로 전송하는 데 걸리는 시간으로서 보통 2×10^8 [ms] 정도의 지연이다.
③ 노드 지연 : 한 노드가 데이터를 교환할 때 필요한 처리를 수행하는 데 소요되는 시간이다.

[정답] 01 ④ 02 ③ 03 ① 04 ③ 05 ①

06 정보 통신 시스템의 일반적인 구성도에서 신호 변환 장치 또는 회선 종단장치의 설명 중 틀린 것은?

① 데이터 전송계에서 통신회선의 양쪽 끝에 위치한다는 의미에서 DTE라고 한다.
② Analog 전송 회선인 경우에는 MODEM을 사용한다.
③ Digital 전송 회선인 경우는 DSU를 사용한다.
④ 전송 신호의 동기 제어, 송수신 확인, 전송 조작 절차의 데이터 송수신 제어 및 통신회선의 감시, 전송 오류의 검출 및 정정을 수행한다.

해설

정보 통신 시스템의 구성도
정보 통신 시스템은 정보의 이동을 담당하는 데이터 전송계와 정보의 가공, 처리, 보관 등의 기능을 수행하는 데이터 처리계의 2부분으로 크게 나누어진다.

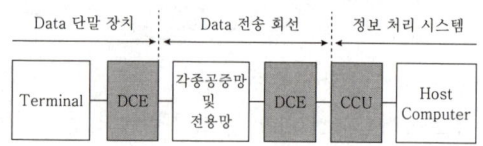

[정보 통신 시스템의 구성도]

① 단말장치(DTE : Data Terminal Equipment)
데이터 통신 시스템에서, 인간과 기계와의 정보 교환을 위한 데이터의 입·출력 기능 및 전송 제어 기능을 수행한다.
② 신호 변환 장치 또는 회선 종단 장치(DCE : Data Circuit-Terminating Equipment) : 통신회선의 양쪽 끝에 위치한다는 의미에서 DCE라고 한다.
③ 전송 회선
  ㉠ 터미널과 컴퓨터간 또는 터미널 상호간, 컴퓨터 상호간을 연결시켜주는 기능을 담당한다.
  ㉡ 전송 회선은 크게 유선과 무선의 형태로 나뉜다.
    ⓐ 유선 전송 회선 : 전화선, 동축 케이블, 광섬유 케이블 등
    ⓑ 무선 전송 회선 : 마이크로웨이브, 위성 통신 등
④ 통신 제어 장치(CCU)
데이터 전송 회선과 컴퓨터와의 사이에서 양자를 전기적으로 결합하고 데이터의 송수신제어 및 통신회선의 감시, 전송 오류의 검출 및 정정을 수행한다. 처리 형태에 따라, 통신 제어 장치(CCU : Communication Control Unit), 통신 제어 처리 장치(CCP : Communication Control Processor), 전단 처리 장치(FEP : Front End Processor)로 구분한다.

07 정보 통신 시스템의 구성 요소 중 데이터 회선 종단 장치(DCE)의 기능으로 볼 수 없는 것은?

① 송·수신 신호의 변환
② 전송 신호의 동기 제어
③ 전송 오류의 검출과 정정
④ 정보의 가공, 처리, 보관 기능

해설

① DCE(Data Communication Equipment)
  신호 변환 장비, 통신회선 등을 정보 전송 관련 장비로 본다.
② DTE(Data Terminal Equipment)
  데이터 전송 시스템에 접속되는 장비들로 정보의 가공, 처리, 보관, 연산 기능 등을 담당한다.

08 다음 데이터 통신 시스템의 설명 중 옳지 않은 것은?

① 온라인 방식이 오프라인 방식보다 신속한 방식이다.
② 오프라인 방식에는 리얼타임 방식과 타임셰어링 방식이 있다.
③ 자기 테이프 등 기록 매체는 집중 처리에 사용된다.
④ 분산 처리는 집중 처리와 대비되는 방식이다.

해설

온라인 방식과 오프라인 방식
① 온라인 방식(On-Line System)
  ㉠ 데이터 발생 현장에 설치된 단말기와 원격지에 설치된 컴퓨터가 통신회선으로 연결하여 실시간 데이터 처리를 함
  ㉡ 좌석 예약, 수치 제어, 은행 업무 등에 이용
② 오프라인 방식(Off-Line System)
  ㉠ 단말기와 컴퓨터가 직접 연결되지 않고 기록 매체를 경유하여 연결된다.
  ㉡ 급여 계산, 요금 계산 등에 이용
③ 리얼타임(Real-Time) 방식은 실시간 처리 방식으로 온라인 방식에 해당된다.

[정답] 06 ① 07 ④ 08 ②

출제 예상 문제

09 데이터 발생 현상에 설치된 단말기와 원격지에 설치된 컴퓨터가 통신회선을 통해 직접 연결되어 있는 정보 처리 방식은?

① On-Line System
② Off-Line System
③ Delayed Time System
④ Batch Process System

해설
① On-Line System
  ㉠ 전송 과정에서 사람의 개입이 필요 없다.
  ㉡ 좌석 예약, 수치 제어, 은행 업무 등에 이용
② Off-Line System : 전송과 작업 사이에 사람이나 기록 매체가 개입된다.

10 두 대의 CPU에 똑같은 내용의 업무를 처리하게 한 후 양자의 처리 결과를 비교하여 일치할 경우에만 다음 업무를 수행토록 하는 시스템 구성 방식은?

① Duplex 방식
② Dual 방식
③ Separate 방식
④ Multi Processing 방식

해설
Dual 방식
① 중앙의 컴퓨터를 2중화하여 2개의 컴퓨터가 동시에 동일한 업무를 수행하고 그 처리 결과를 비교하여 그 결과가 동일한 경우에만 그 결과를 이용하는 방식이다.
② 미사일 등 최고도의 신뢰성이 요구되는 경우에 사용한다.

11 컴퓨터에서 수신한 data를 즉시 처리하여 그 결과를 단말에 반송하는 시스템은?

① Multics System
② Remote Control System
③ Real Time System
④ Integrated Switching System

해설
실시간 처리 방식(Real Time System)
① 컴퓨터의 처리 결과를 사용자가 원하는 시간 이내에 받아볼 수 있다.
② 즉시 처리 방식으로 그 응답이 수초 이내이다.
③ 은행 업무, POS(Point Of Sale) 업무 등에 이용한다.

12 급여, 요금 계산, 경영자료 작성 등의 작업이 발생할 때 바로 처리하지 않고 기록 매체에 의해 일괄 처리하는 방식은?

① On Line System
② Real Time System
③ Delayed Time System
④ Batch Process System

해설
Batch 처리 방식
데이터를 어느 정도 수집한 다음 일괄하여 처리하는 방법이다.

13 통신 전송로의 구성 조건과 거리가 먼 것은?

① 저손실성   ② 접속의 임의성
③ 고신뢰성   ④ 광대역성

해설
정보 통신의 구성 조건
① 고속 통신에 적합하여야 한다.
② 신뢰성이 높아야 한다.
③ 다치 전송과 광대역 전송이 가능해야 한다.
④ 경제성이 높고, 응용 범위가 넓어야 한다.
⑤ 거리와 시간을 극복할 수 있어야 한다.

14 아날로그(Analog) 방식의 회선을 사용하여 데이터 전송을 행하는 경우에는 전송로의 각종 특성과 외부의 방해에 의하여 데이터 품질에 영향을 받는데 주요 요인 중 틀린 것은?

① 임펄스성 잡음   ② 순단
③ 군지연 왜곡   ④ 임피던스 부정합

해설
① 데이터 전송 품질을 저하시키는 주요 원인은 군지연 왜곡, 임펄스성 잡음, 순단이다.
② 군지연 왜곡, 임펄스성 잡음, 순단
  ㉠ 군지연 왜곡 : 필터 등의 전송 선로나 전송로 등은 그 전파 시간이 신호의 주파수에 따라 달라 출력 신호 파형에 왜곡을 일으키는 요인이 된다. 즉, 전송계에서 위상 특성이 주파수에 비례적 관계가 아닐 때 생기는 왜곡이다.
  ㉡ 임펄스성 잡음 : 발생 간격, 진폭이 모두 불규칙으로 발생되는 충격적인 잡음으로, 주로 교환기나 케이블 부분에서 발생한다.
  ㉢ 순단 : 수신 신호의 레벨이 비교적 단시간에 큰 폭으로 저하하는 현상이다.

[정답] 09 ① 10 ② 11 ③ 12 ④ 13 ② 14 ④

15 전송되는 데이터 신호가 어떤 원인으로 위상 변조나 주파수 변조를 받아 수신 파형이 표본화 시점의 전후에서 흔들리는 현상은?

① 임펄스성 잡음　② 위상 지터
③ 위상 도약　　　④ 위상왜

[해설]
위상 지터(Phase Jitter)
통신회선에서 잡음, 누화, 중계기의 내부 요인 등으로 신호의 위상이 흔들리는 현상을 말한다.

16 다음 설명 중 틀린 것은?

① 반이중(Half-Uplex) 통신 모드는 정보를 교대로 전송하며 두 회선이 필요하다.
② 전이중(Full-Duplex) 통신 모드는 비용면에서 가장 경제적이다.
③ 단방향(Simplex) 통신 모드의 경우 송·수신을 동시에 할 수 없다.
④ 단방향 통신 모드에서는 정보 전송이 한쪽으로만 이루어진다.

[해설]
전송 방식
① 단방향 통신(Simplex Communication)
　정보가 오직 한방향으로만 전송되는 것이며 송신기와 수신기가 결정이 되어 있다.
② 양방향 통신(Duplex Communication)
　㉠ 반이중 통신(Half Duplex Communication)
　　송신 기능과 수신 기능을 한 개의 시스템이 동시에 수행할 수 없는 방식으로 정보의 송신과 수신이 교대로 발생한다.
　㉡ 전이중 통신(Full Duplex Communication)
　　ⓐ 두 개의 시스템이 동시에 정보를 송·수신할 수 있는 방식으로 가장 효율이 높은 통신 방식이다.
　　ⓑ 송·수신 회선이 따로 존재하는 4선식으로 구성하여 비경제적이지만 주파수 분할 방식을 사용할 경우 2선식으로도 가능하다.

17 다음 전송방식 중 2선식 전송로를 사용하여 양방향 신호 전송이 가능하지만 동시에 양방향 전송이 불가능한 통신방식은?

① Simplex　　　② Half-Duplex
③ Full-Duplex　④ One-Way

18 다음 전송방식 중 양쪽 방향으로 송수신이 가능하지만 한쪽이 송신하면 다른 한쪽은 수신하는 방식은?

① 단방향 전송방식　② 반이중 전송방식
③ 전이중 전송방식　④ 병렬 전송방식

19 전이중 통신 시스템의 특징이 틀린 것은?

① 실제의 정보 교환은 단방향성 통신이 이루어질 수 있다.
② 선로의 회귀 시간을 줄일 수 있다.
③ 선로의 회귀 시간을 줄일 수 없다.
④ 실제의 정보 교환은 반이중 통신으로 이루어질 수 있다.

[해설]
전이중 방식은 양쪽의 교신자가 모두 전송할 수 있으므로 선로의 회귀 시간을 줄일 수 있다.

20 다음 중 비동기식 전송방식과 비교했을 때 동기식 전송방식의 장점으로 가장 적합한 것은?

① 비동기식보다 비용이 작게 든다.
② 통신채널을 효율적으로 이용한다.
③ 낮은 속도의 전송에 유리하다.
④ 기계적으로 별로 복잡하지 않다.

[해설]
① 비동기식 전송(Asynchronous Transmission)
　데이터 통신에서 정보의 송신 및 수신을 위해 사용되는 Clock이 상대측과 서로 독립적으로 운용되면서, 송신될 정보가 있을 때마다 정보의 시작, 정지(Start/Stop)를 수신측에 알려주는 데이터 전송 형태로 한 문자씩 전송하며 다음과 같은 특징을 갖는다.
　㉠ 정보전송 형태는 문자 단위로 이루어지며, 송신측과 수신측이 항상 동기 상태에 있을 필요 없음(문자 전송시에만 동기 유지)
　㉡ 2,000[bps] 이하의 전송속도에서 사용
　㉢ Teletype(인쇄 전신기)형 단말기는 대부분 비동기식으로 데이터를 전송
　㉣ 전송 성능이 나쁘고 전송 대역이 넓어짐
② 동기식 전송(Synchronous Transmission)
　수신장치와 송신장치가 계속 같은 Clock 주파수(또는 Timing)로 동작하며 일정 시간 간격으로 위상을 조절 또는 보완하는 데이터 전송 형태로 한 block씩 전송하며 다음과 같은 특징을 갖는다.

[정답] 15 ② 16 ② 17 ② 18 ② 19 ③ 20 ②

㉠ 정보전송 형태는 Block 단위로 이루어지며 송신측과 수신측이 항상 동기 상태를 유지
㉡ Block 앞에는 동기 문자를 사용하며 단말 등에 의해 제공되는 Timing신호를 이용하여 송수신측이 동기 유지
㉢ Block과 Block 사이에는 휴지 간격이 없다.
㉣ 2,000[bps] 이상의 전송속도에서 사용
㉤ 송신이 Block 단위로 이루어지기 때문에 수신측 단말에는 반드시 Buffer 기억장치를 갖고 있어야 한다.
㉥ 전송 성능이 좋고 전송 대역이 좁아짐
동기식 전송의 종류에는 다음과 같은 것이 있다.
㉠ Bit 동기(Digit 동기 또는 Clock 동기) : 송신되어온 동기 Timing신호, 수신 데이터로부터 추출한 Timing신호를 이용하여 각 Bit의 위치를 맞추는 동기방식
㉡ 문자 지향성 동기 : Frame의 앞뒤에 Flag라는 특수 Bit열을 사용하는 동기방식으로 Bit Oriented라 하며 SDLC 또는 HDLC Protocol에서 사용

21 데이터 전송방식에 대한 설명 중 동기식 전송방식에 해당하는 것은?

① 정보전송 형태는 문자단위로 이루어진다.
② 각 문자의 앞에는 1개의 Start 비트가 있다.
③ 수신측 단말에 버퍼기억장치가 필요하다.
④ 전송되는 각 글자 사이에는 일정치 않은 휴지기간이 있을 수 있다.

22 데이터를 비동기식 전송하는데 하나의 스타트 비트와 두 개의 스톱 비트를 사용한다. 전송되는 데이터가 ASCII 코드로서 하나의 패리티 비트를 갖는다면, 이 시스템의 전체 효율은 얼마인가?

① 0.73   ② 0.70
③ 0.64   ④ 0.60

해설
전체효율
① ASCII Code는 대표적인 정보통신용 Code로서, 7비트의 정보비트와 1비트의 패리티 비트로 총 8비트로 구성된다.
② 비동기 전송은 1개의 Start Bit와 2개의 Stop Bit를 부가하여 전송한다.
③ 부호효율과 전송효율
㉠ 부호효율=7/8=87.5[%]
㉡ 전송효율=8/11=72.7[%]
∴ 전체효율=부호효율×전송효율=0.64

23 다음 중 혼합형 동기식 전송방식에 대한 설명으로 적합하지 않은 것은?

① 문자와 문자 간에 휴지시간이 없다.
② 비동기식보다 전송속도가 빠르다.
③ 송신측과 수신측이 동기 상태이어야 한다.
④ 비동기식의 경우처럼 시작 비트와 종료 비트를 가진다.

해설
혼합형 동기식 전송(Isochronous Transmission)
비동기식 전송의 특성과 동기식 전송의 특성을 혼합한 방식으로 한 문자씩 전송하며 다음과 같은 특징을 갖는다.
① 정보전송 형태는 문자 단위로 이루어지며 송신측과 수신측이 동기 상태에 있어야 한다.
② 비동기식의 경우처럼 Start Bit와 Stop Bit를 가진다.
③ 문자와 문자 사이에 휴지 간격이 있을 수 있다.
④ 비동기식의 경우보다 전송속도가 빠르다.
혼합형 동기식 전송은 비동기식 전송의 경우보다 전송속도가 빠르다는 점과 송수신측이 동기 상태에 있어야 한다는 점을 제외하고는 비동기식 전송과 동일하다.

24 스트로브(Strobe)신호와 비지(Busy)신호를 이용하여 전송하는 형태는?

① 병렬전송   ② 직렬전송
③ 동기식 전송   ④ 비동기식 전송

해설
전송을 전송방법에 따라 분류하면 다음과 같다.
① 직렬전송 : 한 개의 전송선을 이용하여 한 문자를 이루는 각 비트들을 차례로 전송하는 방식으로 다음과 같은 특징을 갖는다.
㉠ 전송속도가 느림
㉡ 전송로 비용이 저렴
㉢ 원거리 전송에 사용
㉣ 직병렬 변환회로가 필요
㉤ 대부분의 데이터 전송시스템에서 사용
② 병렬전송 : 여러 개의 전송선을 이용하여 한 문자를 이루는 각 비트들을 동시에 전송하는 방식으로 다음과 같은 특징을 갖는다.
㉠ 전송속도가 빠름
㉡ 전송로 비용이 상승
㉢ 근거리 전송에 이용
㉣ 직병렬 변환회로가 필요 없음
㉤ Strobe와 Busy신호를 이용하여 데이터 송수신(병렬전송의 경우)
* 한 문자 전송 후 계속해서 다음 문자를 전송하면, 문자와 문자 사이의 간격을 구분할 수 없기 때문에 Strobe와 Busy신호를 이용하여 데이터 정보를 송수신한다.

25 다음 중 병렬 전송 방식에 대한 특징을 가장 잘 나타낸 것은?

① 전송속도가 느리다.
② 전송로 비용이 상승한다.
③ 주로 원거리 전송에 사용한다.
④ 직병렬 변환회로가 필요하다.

26 터미널과 컴퓨터 시스템을 연결한 지점간 공유 회선 방식의 장점은?

① 공용 회선 구성시 전화번호가 주어진다.
② 응답 속도가 다르다.
③ 여러 대의 단말기가 동시에 송신할 수 있다.
④ 회선의 운영면에서 경제적이다.

27 비트에 대한 설명 중 틀린 것은?

① Binary Digit의 약자이다.
② 0과 1이라는 두 가지 상태를 나타낼 수 있다.
③ 자료 표현의 최소 단위이다.
④ 초당 정보량을 표시한다.

> **해설**
> **비트(Bit)**
> 비트(Bit)는 "Binary Digit"의 약자로 0과 1이라는 두 가지 상태를 나타낼 수 있는 자료 표현의 최소 단위이다.

28 보오에 대한 설명 중 틀린 것은?

① 변조율(Modulation Rate)라고도 한다.
② 최단 펄스의 길이를 의미한다.
③ 초당 신호 요소의 수를 의미한다.
④ 초당 정보량을 표시한다.

> **해설**
> **보오(Baud)**
> ① 변조율(Modulation Rate)이라고도 하며, 신호의 변조 과정에서 1초간 몇 번의 변조가 수행되었는가를 표시한다.
> ∴ 변조율은 보오(Baud)로 표현되는데, 초당 신호 요소의 수를 의미한다.

② 매초당 단속적인 신호 사건의 수에 해당하는 신호 속도의 단위로서 가장 짧은 신호 소자의 시간적 길이의 역수이다.
∴ $Baud = \dfrac{1}{\text{최단 시간펄스의 길이}}$
③ 초당 정보량을 표시한다.

29 다음 중 디지털 전송방식에 대한 설명으로 옳지 않은 것은?

① 신호를 변환하지 않고 전송하는 방식이 Base-band 전송이다.
② Baseband 전송 방식은 대역폭이 좁은 반면 전송 가능한 거리가 짧다.
③ Baseband 전송은 반송파의 진폭 또는 주파수 등을 변환하여 전송하는 방식이다.
④ 동축케이블은 Broadband와 Baseband 전송에 모두 이용된다.

> **해설**
> Digital 데이터의 전송방법에는 크게 기저대역 전송(Baseband Transmission)과 반송대역 전송(Bandpass Transmission) 방법이 있다. 기저대역 전송이란 Digital화된 정보나 데이터를 그대로 보내거나 또는 전송로의 특성에 알맞는 부호(전송부호)로 변화시켜 전송하는 방식이고 반송대역 전송이란 Digital 신호를 가지고 반송파의 진폭, 주파수 또는 위상을 변화시켜 (즉 Digital 변조하여) 전송하는 방식이다.

30 다음 중 기저대역(Baseband) 전송방식이 아닌 것은?

① RZ 전송방식
② NRZ 전송방식
③ 캐리어 전송방식
④ 바이폴라 전송방식

> **해설**
> 기저대역(Baseband) 전송방식이란 디지털 신호를 그대로 보내거나 또는 전송로의 특성에 알맞은 전송부호로 변환하여 전송하는 것으로 전송로상에는 디지털 신호가 전송된다. 전송부호로는 단극, 복극, bipolar, 맨체스터, 차동펄스, CMI, 다이코드, RZ, NRZ 등이 있다.

[정답] 25 ② 26 ③ 27 ④ 28 ② 29 ③ 30 ③

출제 예상 문제

31 데이터를 변조하지 않은 상태, 즉 직류펄스의 형태 그대로 전송하는 방식으로 RZ, NRZ, AMI(Bipolar), Manchester, CMI 등의 방식이 사용되는 전송방식은?

① 동기식 전송방식
② 비동기식 전송방식
③ 기저대역 전송방식
④ 반송대역 전송방식

32 기저대역(Baseband) 전송 방식에서 다음 그림의 전송 방식으로 올바른 것은?

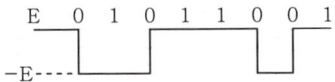

① 바이폴라 RZ 방식
② AMI 방식
③ 차분(Differential) 방식
④ CMI 방식

[해설]
0일 때는 상태를 반전, 1일 때는 상태를 유지하는 전송부호(전송방식)는 차분펄스 또는 차분방식이라 한다.

33 다음 중 기저대역 전송에서 전송부호가 가져야 하는 조건으로 적합하지 않은 것은?

① 전송대역폭이 압축되어야 한다.
② DC성분이 포함되어야 한다.
③ 동기정보가 충분히 포함되어야 한다.
④ 에러의 검출이 용이하다.

[해설]
DC성분이 포함되지 않아야 한다.(선로중에는 직류성분 내지 저주파성분을 통과시키지 못하는 선로가 있으므로 직류성분 내지 저주파성분을 포함하지 않는 것이 좋다.)

34 정보 통신 시스템의 회선 구성에서 사용하는 변복조기(모뎀)에 관한 설명 중 옳지 않은 것은?

① 동기식 모뎀은 주로 고속 대용량 전송에 많이 사용되고 있다.
② 모뎀의 기능에는 일반적으로 전송 오류의 검출, 정정 기능이 있다.
③ 모뎀은 디지털 전송 회선에만 사용 가능하다.
④ 모뎀에 관한 CCITT 권고안은 V.20, V.21, V.23 등이 있다.

[해설]
① Modem은 Modulator(변조)와 Demodulator(복조)의 합성어로, 컴퓨터와 터미널에서 사용하는 Digital 신호를 기존 Analog 전송 회선에서 전송에 적합하도록 변조하여 통신회선을 통해 전송하며, 수신측에서는 이의 역과정을 통해 신호를 복조해 주는 DCE(신호 변환기)의 일종이다.
② 모뎀의 기능
 ㉠ 스크램블 및 디스크램블 기능
 ㉡ Timing 회로 및 클록 위상 회로
 ㉢ 등화 및 자동 이득 조절 회로
 ㉣ 테스트 기능
③ Modem의 분류
 ㉠ Modem의 국제적 표준은 ITU-TSS(구 CCITT)의 권고이고, 전화망을 이용한 Data 전송용 모뎀에 관한 권고는 "V 시리즈"로 일련 번호를 부여하고 있다.
 ㉡ V.20, V.21, V.22, V.23, V.26, V.28 bis 등이 있다.

35 데이터의 변복조 방식 중 발신측 속도가 가장 빠른 경우에 이용된다고 생각되는 것은?

① 진폭 변조
② 주파수 변조
③ 위상 변조
④ 진폭 변조+위상 변조

[해설]
QAM(Quadrature Amplitude Modulation)
① QAM은 반송파의 진폭과 위상을 상호 변환하여 신호를 얻는 변조 방식이다.
② 고속 데이터 전송에 매우 좋고 통신회선의 잡음과 위상 변화에 대해 우수한 특성이 있다.

[정답] 31 ③ 32 ③ 33 ② 34 ③ 35 ④

36 채널을 통해 보낼 수 있는 데이터량과 채널의 대역폭과의 관계는?

① 반비례　　　② 제곱근에 비례
③ 1/3 비례　　④ 비례

해설

통신 용량(channel capacity)
① 통신 채널이 주어지면 이 채널이 가질 수 있는 정보의 최대 전송률을 말한다.
② Shannon 정리
　통신 채널의 정보량(C), 대역폭(W)과 신호 전력(S), 채널의 잡음(N)에 관련된다.
　$C = W\log_2\left(1+\dfrac{S}{N}\right)$[bps]

37 하나의 전송로에 여러 개의 데이터 신호를 중복시켜 하나의 고속 신호를 만들어 전송하는 장비는?

① 집중화기　　② 다중화기
③ 모뎀 공유 장치　④ 라우터

해설

다중화(Multiplexing)
① 다중화 시스템은 두 개 혹은 그 이상의 신호를 결합하여 하나의 물리적 회선이나 무선 링크를 통하여 전송해 주는 시스템이다.
② 데이터 통신에서는 몇 개의 단말기들이 하나의 통신 회선을 통하여 결합된 형태로 신호를 전송하고 이를 수신측에서 다시 단말기 신호로 분리해내는 형태이다.
③ 다중화 방식의 종류
　㉠ 주파수 분할 다중화(FDM : Frequency Division Multiplexing)
　㉡ 시간 분할 다중화(TDM : Time Division Multiplexing)
　㉢ 부호 분할 다중화(CDM : Code Division Multiplexing)

38 다음 중 전송시스템에서 다중화(Multiplexing)이란 무엇인가?

① 다중 신호를 다중 통신채널에 보내는 것
② 다중 신호를 하나의 통신채널에 보내는 것
③ 동일 신호를 다중 통신신호로 보내는 것
④ 동일 신호를 하나의 통신채널에 보내는 것

39 다음 중 주파수분할 다중화(FDM)기의 설명이 아닌 것은?

① 동기식 데이터 다중화에 사용된다.
② 1,200[bps] 이하에서 사용된다.
③ 채널간 완충지역으로 가드밴드(Guard Band)를 주어야 한다.
④ 별도의 모뎀이 필요없다.

해설

주파수분할 다중화(FDM : Frequency Division Multiplexing)
① FDM은 통신선로의 주파수대역을 몇 개의 작은 대역폭으로 나누어 여러 개의 저속도 장비를 동시에 이용하는 방식이다.
② FDM과 TDM의 비교

주파수분할 다중화(FDM)	시분할 다중화(TDM)
• 아날로그 형태로 전송 • 가드 밴드(보호 대역)를 주어야 하므로 대역폭 낭비가 있다. • 저속도의 비동기에서 이용된다. • 시분할 방식에 비해 비효율적이다. • 구조 간단, 가격 저렴	• 다중화기는 고속이고, 단말기는 저속이므로 버퍼가 필요하다. • 가드 타임(보호 시간)이 필요하다. • 디지털 회선에서 이용하는 방식이다. • 고속 전송이 가능하다. • 동기식 및 비동기식 데이터 다중화에 이용된다.

40 시분할 다중화(TDM)에서 부채널간 상호간섭을 방지하기 위한 완충 지역은?

① Guard time　　② Guard band
③ Channel　　　④ Sub-group

해설

① 주파수 분할 다중화(FDM)의 경우 부채널간의 상호간섭을 방지하기 위해 완충 지역으로 가드 밴드(guard band)를 설정해 준다. 그러나 이 가드 밴드는 결국 대역폭을 낭비하는 결과를 가져와 채널의 이용률을 낮추게 된다.
② 시분할 다중화(TDM) 전송에서 데이터 프레임에 있어서 각 버스트를 분리하는 빈 시간대를 가드 타임(guard time)이라 한다.

41 채널간의 상호 간섭을 막기 위해 보호대역이 필요한 다중화는?

① 주파수분할 다중화　② 진폭분할 다중화
③ 시분할 다중화　　　④ 코드분할 다중화

42 여러 개의 타임 슬롯(time slot)으로 하나의 프레임이 구성되며 각 타임 슬롯에 채널을 할당하여 다중화하는 것은?

① TDMA ② CDMA
③ FDMA ④ CSMA

해설

Multiplexing

① 정의
  ㉠ 여러 개의 독립된 정보 신호가 하나의 통신회선을 통하여 결합된 형태로 전송되는 것을 말한다.
  ㉡ 다중화(multiplexing)는 전송 설비를 더욱 효율적으로 사용하기 위해 사용되는 여러 기법들을 의미한다.
  ㉢ 대부분의 경우, 전송 설비의 용량은 두 개의 장치(송·수신기) 간의 데이터 전송에 필요한 요구를 충족시키고도 남는다. 이러한 용량은 다수의 신호를 동일한 매체에 다중화함으로써 다중 전송자 등에 의해 공유될 수 있다.
  ㉣ 송신측에서는 여러 개의 터미널들이 하나의 고속 회선을 통해 결합된 형태로 신호를 전송하고, 수신측에서는 다중화된 정보 신호로부터 여러 개의 독립된 정보 신호로 분리할 수 있도록 하는 것이다.

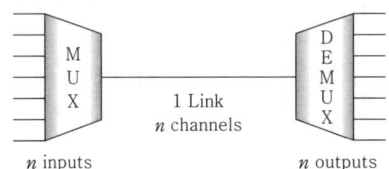

② 다중화 방법
  다중화 기술은 시간, 주파수, 코드에 따라 전송 채널을 부채널(sub-channel)로 분류하여 정보를 전송하는 기술이다.
  ㉠ 주파수 분할 다중화(FDM : Frequency Division Multiplexing)
    ⓐ 정의 : 주파수가 다른 반송파를 각 신호파로 변조하여 이들의 대역폭이 서로 중복되지 않도록 주파수축 상에 순서대로 배열하여 신호를 다중 전송하는 방식이다.

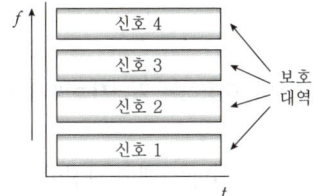

    ⓑ 특징
      • FDM은 전송하려는 신호의 필요한 주파수 대역폭보다 전송 매체의 유효 대역폭이 클 때 가능하다.
      • Analog 신호의 다중화에 주로 이용된다.
      • 신호간 상호 간섭을 배제하기 위해, 채널간 사용되지 않는 부분의 보호 대역(Guard Band)으로 분리된다.
      • 방송과 케이블 TV 등이 FDM의 예이다.

  ㉡ 시분할 다중화(Time Division Multiplexing : TDM)
    ⓐ 정의 : 하나의 송신기에서 여러 명의 사용자에게 보낼 신호를 시간 간격을 나누어서 하나의 반송파에 실어서 전송하고 수신측에서는 자기의 시간 간격에 있는 신호만을 골라서 수신하는 방식을 말한다.

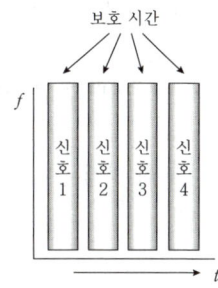

[TDM의 개념도]

    ⓑ 특징
      • TDM은 매체의 데이터 전송률(Data Rate)이 전송 디지털 신호의 데이터 전송률을 능가할 때 가능하다.
      • Digital 신호의 다중화에 주로 이용된다.
      • 혼선을 방지할 목적으로 인접된 시간 슬롯의 경계에 설치된 시간 구간을 보호 시간(Guard Time)이라 한다.

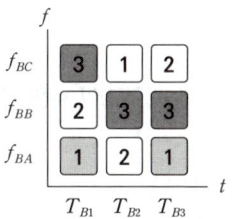

  ㉢ 부호 분할 다중화(CDM : Code Division Multiplexing)
    ⓐ 정의 : 하나의 송신기에서 여러 명의 사용자에게 보낼 신호를 시간과 주파수를 공유하면서, 각 사용자에게 할당된 상호 상관이 적은 의사 잡음 부호를 이용, 송신할 신호를 확산(Spread)하여 전송하고 수신측에서는 송신측에서 사용한 것과 같은 의사 잡음 부호를 이용하여 수신된 신호를 역확산(Despread)하여 원하는 신호를 복원한다.
    ⓑ 특징
      • FDM과 TDM의 혼합 방식이라 할 수 있다.
      • 방해 전파에 강한 특성을 갖는다.
      • 통신의 비화성이 높다.
      • Spread Spectrum 기법
        - 직접 확산(Direct Sequence : DS) 기법
        - 주파수 도약(Frequency Hopping : FH) 기법
        - 시간 도약(Time Hopping : TH) 기법
        - 하이브리드(Hybrid) 기법

[정답] 42 ①

43 적합한 교환망 형태의 설명 중 잘못된 것은?
① 대화형 통신에서는 메시지 교환 방식은 부적절하다.
② 부하가 적거나 간헐적인 통신에서는 회선 교환 방식이 가장 유리하다.
③ 패킷 교환 방식은 데이터의 교환이 적은 경우에 유리하다.
④ 가상 회선 패킷 교환 방식은 메시지의 변환이 긴 경우에 유리하다.

해설
적합한 교환망 형태
① 두 스테이션간에 지속적으로 통신을 하는 경우나 부하가 많은 경우에는 전용(Leased) 회선 교환 방식의 선로가 가격면에서 가장 효율적이다.
② 패킷 교환 방식은 데이터의 교환이 많은 경우에 유리하다.
③ 데이터그램 패킷 교환 방식은 융통성이 요구되거나, 메시지가 짧은 경우에 유리하다.

44 정보통신망(네트워크)이 제공해야 할 사항이 아닌 것은?
① 유지 관리의 용이성
② 기밀의 보안성
③ 높은 신뢰성
④ 부하의 집중성

45 정보통신망의 3대 구성 요소가 아닌 것은?
① 전송로
② 교환기
③ 공중 통신회선
④ 통신 단말기기

해설
통신망의 구성 요소
① 통신 단말기기
　정보를 전송하기 쉬운 형태로 바꾸어주는 변환 장치이다.
② 전송로
　정보 전달을 행하는 물리적 매체
③ 교환기
　여러 대의 단말의 접속 경로를 설정하는 장치이다.

46 다음 중 네트워크 구조상의 논리적 모델 요소가 아닌 것은?
① 개체
② 링크
③ 노드
④ 프로세스

해설
네트워크 구조상 논리적 모델
① 링크(Link) 혹은 회선(Circuit) : 통신 채널, 전송 경로
② 노드(Node) : 네트워크 내 교환 센터
③ 국(Station)
　㉠ 통신하고자 하는 디바이스들의 모임
　㉡ 가입자, 네트워크에 연결되는 장치
　　예 컴퓨터, 터미널, 전화 등
　㉢ Station은 각 Node에 접속된다.
④ 프로세스(Process) : 단말 운용자나 호스트 컴퓨터의 응용 프로그램 등 정보 처리나 통신을 하는 자체를 모델화한 것
⑤ 인터페이스 : 지국과 네트워크간의 상호 접속

47 통신망 구성시 반드시 구비해야 할 조건이 아닌 것은?
① 명료성
② 경제성
③ 신속성
④ 응용성

해설
통신망 구성 조건
① 임의성
② 신속성
③ 품질의 동일성
④ 신뢰성
⑤ 정보 전달의 투명성
⑥ 전송할 정보의 내용에는 제한이 없을 것

48 통신망을 이용하는 가입자들의 일반적인 특성이 아닌 것은?
① 가입자들은 통신망 상태에 관심이 상당히 있다.
② 호가 절단되면 계속해서 재시도하려 한다.
③ 일정 수준 이상의 통신 요금 지불에 거부 의사가 있다.
④ 전화 서비스의 이용 비율은 사회 생활 시간대와 유사하다.

[정답] 43 ③　44 ④　45 ③　46 ①　47 ④　48 ①

49. 데이터 네트워크의 도입 설치시 고려할 사항과 가장 관련이 적은 것은?

① 표준안에 따른 제품의 선정
② 네트워크 변동에 대한 유연성
③ 고가 또는 염가 제품의 선정
④ 장치 및 S/W의 추가 또는 제거의 용이성

50. 정보통신망의 설계 순서로서 맞는 것은?

① 시스템 특성 파악 → 적용 불가능 회선 판정 → 적용 가능한 회선의 소요 경비 산출 및 평가 → 회선 구성의 결정
② 적용 가능한 회선의 소요 경비 산출 및 평가 → 시스템 특성 파악 → 적용 불가능 회선 판정 → 회선 구성의 결정
③ 시스템 특성 파악 → 회선 구성의 결정 → 적용 가능한 회선의 소요 경비 산출 및 평가 → 시스템 특성 파악
④ 적용 가능한 회선의 소요 경비 산출 및 평가 → 시스템 특성 파악 → 적용 불가능 회선 판정 → 회선 구성의 결정

해설

정보통신망 설계
① 설계시 고려 사항
  ㉠ 시스템의 기본 특성
  ㉡ 시스템의 필요 조건
  ㉢ 각 회선의 특징 고려
  ㉣ 소요 경비 고려
② 설계 순서
  ㉠ 시스템의 기본 특성 파악
  ㉡ 시스템의 필요 조건 정리
  ㉢ 회선 특징을 감안한 적용 가능한 회선 판정
  ㉣ 회선의 소요 경비 산출 및 평가
  ㉤ 시스템 전체에 대한 평가
  ㉥ 회선 구성 결정

51. 정보 통신 시스템 설계시 시스템의 신뢰성 설계 요소로 인정하기 곤란한 것은?

① 신뢰성(Reliability)
② 가용성(Availability)
③ 호환성(Compatibility)
④ 보전성(Serviceability)

해설

① 신뢰성
  시스템 또는 각 구성 요소가 정해진 조건으로 의도하는 기간 중, 소정의 기능을 완수하는 능력이다.
② 가용성
  어떤 특정 시점에서 소정의 기능을 완수하고 있는 비율로 정의한다.
③ 보전성
  시스템 또는 각 구성 요소에 장애가 발생했을 때 회복을 위한 간편도, 정기적인 점검, 대책의 간편성을 말한다.

52. 정보통신망의 설계 당시 유의 사항으로서 맞지 않는 것은?

① 회선의 확장성을 고려하여 선택한다.
② 시분할 장치의 시간 지연을 고려한다.
③ 유지 보수의 편리성을 고려(회선망의 단순화)해야 한다.
④ 집선 장치 등은 축적 데이터량이 적으므로 전송 지연이 증가한다.

해설

통신망 설계시 유의 사항
① 유지 보수의 편리성을 고려한다.
② 회선의 확장성을 고려한다.
③ 시분할 장치의 시간 지연을 고려하여 응답 시간이나 타이밍을 검토한다.
④ 데이터량이 많으므로 전송 지연이 증가하는 것을 고려한다.

53. 정보 통신 시스템의 CPU 처리 능력을 결정하기 위하여 시스템 구축 기본 설계 단계에서 가장 중점적으로 검토해야 할 것은?

① 장비 수용 조건
② 전송 회선의 분기 방식
③ 운용상의 통신 보안 대책
④ 기초 트래픽의 조사 분석

[정답] 49 ③ 50 ① 51 ③ 52 ④ 53 ④

54 데이터 통신 시스템의 신뢰도의 척도로 사용되지 않는 것은?

① 유용률(Availability)
② 점유율(Seizure Time)
③ 잔존율(Probability Of Survival)
④ 평균 수명(Mean Time To Failure)

해설
시스템 신뢰도의 척도
① 유용률
② 잔존율
③ 평균 수명

55 시스템 신뢰성을 나타내는 가동률에 대한 설명 중 틀린 것은?

① 장비의 총 운영 시간에 대해 정상적 기능을 수행한 시간 비율이다.
② 평균 고장 수리를 하는 시간을 사용시간 대비 비율로 나타낸다.
③ 평균 수리시간이 길수록 가동률은 떨어진다.
④ 가동률 = $\dfrac{평균\ 고장\ 간격}{평균\ 고장\ 간격 + 평균\ 수리\ 소요\ 시간}$

56 데이터 통신 시스템의 평균 고장 간격(MTBF)을 나타내는 공식은 어느 것인가?

① $\dfrac{장해건수}{전원\ 투입\ 시간 - 장치\ 장해\ 시간}$
② $\dfrac{장해건수}{장치\ 장해\ 시간 + 전원\ 투입\ 시간}$
③ $\dfrac{전원\ 투입\ 시간 - 장치\ 장해\ 시간}{장해건수}$
④ $\dfrac{장치\ 장해\ 시간 + 전원\ 투입\ 시간}{장해건수}$

해설
MTBF(Mean Time Between Failure)
장치나 시스템의 고장에서 다음 고장까지의 평균 시간으로서, 고장 없이 기능이 정상 운영된 평균 시간을 말한다.

57 정보 통신 시스템의 변경 요인 중 가장 거리가 먼 것은?

① Transaction의 증가 및 처리 능력 부족
② On-Line 업무 후 Batch 처리 시간의 감소
③ 소프트웨어 유지 보수 효율 저하
④ 단말 설비의 처리 능력과 노후화

58 정보통신 시스템의 설계에서 시스템의 목적과 요구 조건을 명확히 하는 과정은?

① 기초 조사, 기획   ② 기본 설계
③ 세부 설계   ④ 종합 검사

59 정보통신 시스템의 설계에서 소프트웨어와 하드웨어의 구성, 파일 구성, 회선 구성 등의 방식을 결정하는 과정은?

① 기초 조사, 기획   ② 기본 설계
③ 세부 설계   ④ 종합 검사

60 정보통신 시스템의 설계에서 소프트웨어의 구체적 설계와 코딩 및 디버깅 등을 하는 과정은?

① 기초 조사, 기획   ② 기본 설계
③ 세부 설계   ④ 종합 검사

61 기초 조사 및 계획 단계에서 시스템 도입 목적의 위한 제약 조건이 아닌 것은?

① 경제적 제약   ② 시간적 제약
③ 공간적 제약   ④ 운용적 계약

해설
기초 조사 및 계획 단계에서 시스템 도입 목적의 명확화를 위한 제약 조건에는 경제적 제약(투자액), 시간적 제약(시스템 개발 시간), 공간적 제약(설비 설치장소), 기능적 제약, 인간적 제약(Operation), 사회적 제약(법률), 기술적 제약(하드웨어, 소프트웨어) 등이 있다.

[정답] 54 ② 55 ② 56 ③ 57 ② 58 ① 59 ② 60 ③ 61 ④

62 기초 자료의 조사 중 트래픽의 현상과 예측을 하는 과정에서 조사하지 않아도 되는 것은?

① 시간대별 데이터량
② 일일 데이터량
③ 연간 데이터량
④ 시스템 내 데이터량

63 기초 자료의 조사, 분석 중 업무분석에 해당하지 않는 것은?

① 타기업과의 경쟁력
② 대상업무와 처리방식
③ 업무별 입력 및 출력의 종류와 형식
④ 단말기 및 회선의 형식과 예상되는 설비

64 도입 효과의 추정 단계에서 경제성에 관한 사항이 아닌 것은?

① 사무 처리 시간의 단축
② 고객 서비스의 향상
③ 경영 관리 자료의 충실
④ 처리 순서 통일에 의한 합리화

65 기초조사, 계획의 결과를 기초로 '시스템 제안서'를 작성할 때 제안서 내에 넣지 않아도 되는 것은?

① 시스템 개요　　② 설비 구성
③ 시스템 가격　　④ 신뢰성과 기밀 유지

66 데이터 통신 시스템의 네트워크에서 실현되고 있는 소프트웨어는 어느 것인가?

① 전송 제어 프로그램만이 실현되고 있다.
② 네트워크 제어 프로그램만이 실현되고 있다.
③ 전송 제어 프로그램과 네트워크 제어 프로그램이 모두 실현되고 있다.
④ 응용 프로그램과 처리 프로그램이 모두 실현되고 있다.

> **해설**
> 네트워크의 소프트웨어 기능은 전송 제어 프로그램과 네트워크 제어 프로그램을 모두 실현시킨다.

67 데이터 전송 방식의 발전을 단계별로 표시한 것 중 맞는 것은?

① 아날로그 전용 회선-고속도 아날로그 전용 회선-음성급 전용 회선
② 음성급 전용 회선-광대역 아날로그 전용 회선-디지털 전용 회선
③ 전용 교환망-전용 회선-전용 네트워크-종합 정보통신망
④ 데이터 전용 교환망-음성급 전용 회선-디지털 전용 회선-종합 정보통신망(ISDN)

> **해설**
> 데이터 전송 방식의 발전
> ① 교환 회선 : 음성급 교환 회선-데이터 전용 교환망(패킷 교환, 회선 교환)-종합 통신망(ISDN)
> ② 전용 회선 : 음성급 전용 회선-고속도 광대역 아날로그 전용 회선-디지털 전용 회선-종합 통신망(ISDN)

68 정보통신망의 서비스 부문 중 광범위하게 분산되어 있는 컴퓨터 시스템, 프로그램 또는 데이터 등의 각종 지원을 통신 선로를 거쳐서 이용함을 목적으로 하는 서비스는?

① 정보 처리 서비스　　② 정보 제공 서비스
③ 네트워크 서비스　　④ 조회 처리 서비스

> **해설**
> **정보 통신의 이용 목적 측면에서 본 서비스**
> ① 정보 제공 서비스
> 　컴퓨터 시스템의 파일에 축적되어 있는 정보를 공동으로 이용하는 서비스이다.
> ② 정보 처리 서비스
> 　컴퓨터의 처리 능력이나 파일 등을 다수 이용자가 공동으로 이용함으로써 이용자 상호간의 편의 및 비용의 절감을 목적으로 하는 서비스이다.
> ③ 네트워크 서비스
> 　분산되어 있는 컴퓨터 시스템, 프로그램, 데이터 등의 각종 지원을 통신 선로를 거쳐 이용하는 서비스의 형태이다.

[정답] 62 ④　63 ①　64 ②　65 ③　66 ③　67 ②　68 ③

69 다음 중 통신망 분류에 대한 설명으로 옳지 않은 것은?

① 정보 내용에 의한 분류는 전화망, 데이터망, 전산망 등이 있다.
② 서비스 대상에 의한 분류는 공중 통신망, 지역 통신망, 전용 통신망 등이 있다.
③ 전송 방식에 의한 분류는 아날로그 통신망, 회선 통신망, 광통신망 등이 있다.
④ 규모에 의한 분류는 구내 통신망, 시내 통신망, 시외 통신망 등이 있다.

해설
통신망의 기능별 분류
① 정보 내용 측면에서의 분류
  전화망, 전산망, 데이터 통신망, 화상 통신망
② 서비스 대상 측면에서의 분류
  공중 통신망, 지역 통신망, 전용 통신망, 이동체 통신망, 군용 통신망
③ 규모 측면에서의 분류
  구내 통신망, 시내 통신망, 시외 통신망, 국제 통신망
④ 교환방식 측면에서의 분류
  회선 교환망, 축적 교환망(메시지 교환망, 패킷 교환망)

70 서비스 대상 측면에서 분류한 통신망이 아닌 것은?

① 공중 통신망 ② 시내 통신망
③ 지역 통신망 ④ 군용 통신망

해설
통신망의 기능별 분류
① 정보 내용 측면의 분류
  ㉠ 전화망 : 음성의 전달을 목적으로 한다.
  ㉡ 전신망 : 문자나 숫자의 기록 통신을 행하는 것을 목적으로 한다.
  ㉢ 데이터 통신망 : 데이터 정보의 전달 및 처리를 목적으로 한다.
  ㉣ 화상 통신망 : 화상 정보의 전달을 목적으로 한다.
② 서비스 대상 측면의 분류
  ㉠ 공중 통신망 : 불특정 다수의 공중을 대상으로 한다.
  ㉡ 지역 통신망 : 특정 지역을 대상으로 한다.
  ㉢ 전용 통신망 : 특정 업체가 전용적으로 사용한다.
  ㉣ 군용 통신망 : 군용 통신을 대상으로 한다.
③ 규모적인 측면의 분류
  ㉠ 구내 통신망 : 특정 사업체 내부의 통신 연락을 목적으로 한다.
  ㉡ 시내 통신망 : 시내 구역의 통신을 목적으로 한다.
  ㉢ 시외 통신망 : 다수의 시내 통신망 상호간의 연락을 목적으로 한다.
  ㉣ 국제 통신망 : 국제간의 통신을 목적으로 한다.

④ 교환 방식 측면의 분류
  ㉠ 회선 교환망 : 교환 동작에 의해서, 통신 중 그 단말에 그 회선을 전용하도록 하는 방식
  ㉡ 축적 교환망 : 직접적인 접속로를 설정하지 않고, 정보를 각 교환점에서 일단 축적했다가 보내는 방식
    ⓐ 메시지 교환망 : 축적 단위를 메시지로 한다.
    ⓑ 패킷 교환망 : 패킷을 축적, 전송 단위로 하는 방식이다.
⑤ 정보 전송 방식 측면의 분류
  ㉠ 아날로그 통신망 : 아날로그 형식의 정보를 전송하는 통신망
  ㉡ 디지털 통신망 : 디지털 형식의 정보를 전송하는 통신망
  ㉢ 광통신망 : 광케이블을 이용하여 전송하는 통신망

71 정보 통신 서비스의 분류 중 이용 목적에서 본 서비스가 아닌 것은?

① 정보 처리 서비스 ② 데이터 처리 서비스
③ 정보 제공 서비스 ④ 망 서비스

해설
정보 통신 서비스
① 통신회선상의 서비스
② 데이터 전송상의 서비스
  ㉠ 데이터 집배신 서비스
  ㉡ 메시지 교환 서비스
  ㉢ 조회 처리 서비스
③ 이용 목적상의 서비스
  ㉠ 정보 처리 서비스 : 컴퓨터 시스템의 처리 능력이나 파일 기능을 불특정 다수의 이용자가 공동으로 이용함으로써 이용자 상호간의 편의, 비용 절감을 노리는 통신 서비스이다.
    – 재고 관리나 은행 온라인 시스템과 같은 사무 계산 서비스를 말한다.
  ㉡ 정보 제공 서비스 : 컴퓨터 시스템의 파일에 축적되어 있는 정보를 공동으로 이용함을 목적으로 하는 통신 서비스이다.
    – 정보 검색 서비스나 정보 안내 서비스 등을 말한다.
  ㉢ 망(Network) 서비스 : 광범위하게 분산되어 있는 컴퓨터 시스템, 프로그램 또는 데이터 등의 각종 자원을 통신 선로를 거쳐 이용하는 것을 목적으로 하는 통신 서비스이다.
    – 좌석 예약, 어음 교환 등의 서비스를 말한다.

72 정보 통신 서비스의 분류에 속하는 것이 아닌 것은?

① 통신회선에서 본 서비스
② 이용 목적에서 본 서비스
③ 데이터 저장에서 본 서비스
④ 데이터 전송에서 본 서비스

해설
정보 통신 서비스
① 통신회선상의 서비스
② 데이터 전송상의 서비스
③ 이용 목적상의 서비스

73 데이터 전송상의 서비스가 아닌 것은?

① 데이터 집배신 서비스
② 데이터 처리 서비스
③ 메시지 교환 서비스
④ 조회 처리 서비스

해설
정보 통신 서비스
① 통신회선상의 서비스
　회선의 제공과 설비의 제공이 데이터 통신 업무라면, 회선망의 제공은 회선 서비스이다.
② 데이터 전송상의 서비스
　㉠ 데이터 집배신 서비스
　㉡ 메시지 교환 서비스
　㉢ 조회 처리 서비스

74 전기 통신망에서 정보를 교환하는 방식이 아닌 것은?

① 전문 교환(Message Switching)
② 망 교환(Network Switching)
③ 회선 교환(Circuit Switching)
④ 패킷 교환(Packet Switching)

75 다음의 통신 교환 방식 중 신호의 전송 지연이 가장 작은 것은?

① 회선 교환 방식
② 메시지 교환 방식
③ 데이터그램 패킷 교환 방식
④ 가상 회선 패킷 교환 방식

해설
회선 교환 방식
회선 교환을 통한 통신이란 두 스테이션간에 전용 통신로가 있음을 의미한다. 예 전화망
① 통신 단계
　• 회선 설립(Circuit Establishment)
　• 데이터 전송(Data Transfer)
　• 회선 해제(Circuit Disconnect)
② 데이터는 전송 링크를 지나는 동안에 전파 지연 외에 다른 지연 없이 일정한 데이터 전송률로 전송된다.

76 다음 통신 교환 방식 중 저장성이 없는 것은?

① 메시지 교환 방식
② 회선 교환 방식
③ 데이터그램 패킷 교환 방식
④ 가상 회선 패킷 교환 방식

77 정보통신망에서 송신측과 수신측이 실체의 물리적 경로가 선택되는 교환망은?

① 메시지 교환망　② 패킷 교환망
③ 회선 교환망　④ 패킷 무선망

해설
회선 교환망(Circuit-switched Network)
① 전용의 통신로가 통신망의 노드(Node)를 통해 두 개의 스테이션(Station) 사이에 설정되어진다.
② 이 통신로는 노드들간의 물리적 접속의 연속으로 구성된다.
③ 각 링크(Link)상에서 하나의 논리적 채널이 이 접속을 위해 할당된다.
④ 송신측에서 발생된 데이터는 가능한 한 빠른 속도로 이 전용 통신로를 통해 전송된다.

78 다음의 통신 교환 방식 중 신호의 전송 지연이 가장 작은 것은?

① 회선 교환 방식
② 메시지 교환 방식
③ 데이터그램 패킷 교환 방식
④ 가상 회선 패킷 교환 방식

[정답] 73 ② 74 ② 75 ① 76 ② 77 ③ 78 ①

해설

회선 교환 방식
회선 교환을 통한 통신이란 두 스테이션간에 전용 통신로가 있음을 의미한다. **예** 전화망
① 통신 단계
　㉠ 회선 설립(Circuit Establishment)
　㉡ 데이터 전송(Data Transfer)
　㉢ 회선 해제(Circuit Disconnect)
② 데이터는 전송 링크를 지나는 동안에 전파 지연 외에 다른 지연 없이 일정한 데이터 전송률로 전송된다.

79 다음 중 대화식 통신에 사용하기에는 너무 느려서 적당하지 않은 교환 방식은?

① 메시지 교환 방식
② 패킷 교환 방식
③ 데이터그램 패킷 교환 방식
④ 가상 회선 패킷 교환 방식

해설

메시지 교환의 단점
① 실시간 통신 혹은 대화식 통신에 적합하지 않다.
　네트워크를 지나는 동안 지연은 비교적 길고, 변화가 큰 편이어서 음성급 연결(Voice Connection)로서는 사용될 수 없다.
② 대화식 터미널 : 호스트 연결도 적합하지 않다.

80 데이터 교환 방식 중에서 전송 지연이 가장 긴 것은?

① 회선 교환 방식
② 메시지 교환 방식
③ 데이터그램 패킷 교환 방식
④ 가상 회선 패킷 교환 방식

해설

교환 방식의 비교

구 분	회선 교환	메시지 교환	패킷 교환
메시지 저장 여부	저장 않음	저장 후 검색	일시 저장 후 검색하지 않음
전송 지연	거의 없음	매우 길다	1초 미만

81 다음 중 일정한 길이의 전송 단위를 교환하는 방식으로 기종이 서로 다른 컴퓨터의 경우에도 통신이 가능한 융통이 있는 교환 방식은?

① 메시지 교환 방식　② 패킷 교환 방식
③ 회선 교환 방식　　④ 시분할 교환 방식

해설

패킷 교환(Packet Switching)
전송할 메시지를 패킷이라 부르는 일정한 길이인 패킷 형태로 만들어진 데이터를 패킷 교환기가 목적지 주소에 따라 적당한 통신 경로를 선택하여 보내주는 교환 방식이다.

82 디지털 데이터 통신에 적당한 패킷 교환 방식에 대한 설명 중 틀린 것은?

① 패킷형 단말기를 패킷 교환기에 접속하는 프로토콜이 X.25이다.
② 데이터를 패킷으로 절분하여 전달해야 하므로 회선 교환보다 시설 이용 효율이 낮다.
③ 비패킷형 단말기는 PAD를 통해 패킷 교환기에 접속된다.
④ 패킷을 전달하는 방법으로 가상 회선 방식과 데이터그램 방식이 있다.

해설

① 패킷 교환(Packet Switching)은 축적 교환의 일종으로 단말기로부터 송출된 데이터를 일단 교환기가 축적하고 다음 패킷망 내를 고속으로 전송하여 상대 단말기기에 도달케 하는 방식이다.
② 장점
　㉠ 고신뢰성
　㉡ 고품질
　㉢ 패킷 멀티플렉싱 : 전송로의 전송 효율을 향상시키고 경제적으로 망을 구축할 수 있다.
　㉣ 다른 기종 단말기간의 통신 가능
　㉤ 부가 서비스 제공 가능

83 데이터 교환 방식 중 패킷 교환 방식의 특징이 잘못된 것은?

① 순간적인 대량 데이터 전송
② 접속 소요 시간이 매우 짧음
③ 메시지의 검색 불가능
④ 직접 전기적 연결 있음

[정답] 79 ①　80 ②　81 ②　82 ②　83 ④

출제 예상 문제

해설
통신망 교환 방식 비교

교환 방식 구분	회선 교환	메시지 교환	패킷 교환
전송구조	Point-To-Point	방송 교환	방송 교환
메시지 저장	불가능	저장 후 검색	일시 저장, 검색은 불능
전송형태	길이가 긴 Data의 연속 전송	일반적인 메시지 전송	짧은 Data 전송
접속시간	길다	없다	짧다
응용 가능분야	실시간 대화형 가능	응답 시간이 느려 불가능	실시간 대화형 가능
전기적 연결	접속시 전기적 연결 상태가 지속됨	직접 연결 없음	직접 연결 없음

84. 패킷 교환의 일반적인 이점에 해당하는 것은?
① 회선 교환이기 때문에 송신기, 수신기 망과의 사이에 통신 속도가 달라져도 통신이 가능하다.
② 통신회선의 사용 효율이 매우 높고 비어 있는 중계선이 계속해서 사용되기 때문에 통신 비용이 싸진다.
③ 중계선이나 노드의 하나에 고장이 생겨도 자동적으로 우회 중계가 되어 원칙적으로 통신이 중단되지 않는다.
④ 일정한 길이를 가진 패킷 형태로 통신이 행해지므로 정도가 높은 전송 제어 절차를 적용하는 것이 쉽고 망 내에서 전송 에러를 매우 낮게 유지할 수가 있다.

해설
패킷 교환(Packet Switching)은 메시지 교환과 회선 교환의 장점을 수용하고 두 방식의 단점을 최소화한 방식이다.

85. 패킷 교환의 일반적인 이점에 해당되지 않는 것은?
① 리얼타임, 대화형의 응용이 가능하다.
② 각 패킷마다 경로가 할당된다.
③ 상대방이 통화중으로 전송이 불가능하면 패킷은 송신측으로 돌아온다.
④ 전송량이 많지 않은 경우에 경제적이다.

해설
패킷 교환(Packet Switching) 방식은 전송량이 많은 경우가 경제적이다.

86. 패킷 스위칭 방식의 설명으로 틀린 것은?
① 패킷 단위로 데이터 전송이 일어난다.
② 메시지를 일정 크기로 자른 것을 패킷이라 한다.
③ Store-And-Forward 방식을 이용한다.
④ 많은 양의 정보를 연속으로 보낼 때 유효한 방식이다.

해설
패킷 교환 방식
① 전송할 메시지를 일정한 패킷으로 만들어 전송한다.
② 메시지 교환 방식과 같이 축적 교환 방식(Store-And-Forward Switching)의 일종이다.
③ 짧은 메시지와 낮은 정보량의 데이터 전송에 적합하다.

87. 서로 다른 단말 장치간에 전송이 가능하도록 제공해주는 통신 방식은?
① 메시지 교환 방식
② 회선 교환 방식
③ 전용 회선 방식
④ 패킷 교환 방식

해설
패킷 교환 방식
① 흔히 터미널-컴퓨터 및 컴퓨터-컴퓨터 간의 통신에 사용된다.
② 패킷 교환 방식은 사용 및 축적 전송으로 인하여 상호 속도 및 사용 코드가 다른 단말 장치간의 전송이 가능하도록 제공해 주는 통신 방식이다.

88. 패킷 교환 방식에서 트래픽 제어 기법의 요소가 아닌 것은?
① Flow Control
② Congestion Control
③ Deadlock Avoidance
④ Error Control

[정답] 84 ① 85 ④ 86 ④ 87 ④ 88 ④

해설

트래픽 제어(Traffic Control)
① 트래픽 제어는 네트워크 내로 전송되거나 네트워크를 사용하는 패킷의 수를 통제한다. 또한 네트워크가 병목 현상이 되는 것을 막고, 네트워크를 효율적으로 이용할 수 있게 한다.
② 트래픽 제어의 3가지 기능
  ㉠ 흐름 제어(Flow Control) : 두 지점 사이의 데이터 흐름을 조절한다.
  ㉡ 혼잡 제어(Congestion Control) : 네트워크 내 또는 네트워크의 한 지역에서 패킷의 대기 지연이 너무 높아지지 않도록 유기시킨다.
  ㉢ 교착 상태 회피(Deadlock Avoidance) : 교착 상태가 발생하지 못하도록 네트워크를 설계하는 데 쓰인다.

89 데이터그램(Datagram) 패킷 교환 방식을 설명한 것 중 틀린 것은?

① 각각의 패킷들은 독립적으로 취급한다.
② 패킷 전송 지연 시간이 거의 없다.
③ 하나 혹은 소수의 패킷을 보내는 경우에 유리하다.
④ 망의 어느 한 부분에 문제시 즉시 다른 통로를 선택하므로 융통성이 있다.

해설

데이터그램(Datagram) 방식
데이터그램 방식에서는 네트워크가 각 발신 DTE로부터 패킷을 인수받아 패킷을 각각 독립적으로 해당되는 수신 DTE로 전달하는 방식이다.
① 메시지 교환망에서 각 메시지가 독립적으로 처리되는 것과 같이 패킷이 독립적으로 처리된다.
② 경로를 설정하는 데 걸리는 시간을 피할 수 없다.
③ 소수 패킷을 보내는 경우에 유리하다.
④ 망의 어느 한 부분의 문제가 발생하면 즉시 다른 통로를 선택하므로 융통성이 있다.
⑤ 한 노드 실패시 다른 노드를 이용하므로 데이터의 신뢰성이 높다.

90 교환망에서 융통성이 요구되고 메시지가 짧은 경우에 유리한 통신망의 형태는?

① 메시지 교환 방식
② 음성 회선 교환 방식
③ 가상 회선 패킷 교환 방식
④ 데이터그램 패킷 교환 방식

해설

데이터그램(Datagram) 방식
데이터그램 방식에서는 네트워크가 각 발신 DTE로부터 패킷을 인수받아 패킷을 각각 독립적으로 해당되는 수신 DTE로 전달하는 방식이다.

91 데이터그램 패킷 교환(Datagram Packet Switching)의 특징이 아닌 것은?

① 패킷 전송
② 각 패킷마다 오버헤드 비트가 있음
③ 각 패킷마다 오버헤드 비트가 없음
④ 전용 전송로를 가짐

해설

데이터그램(Datagram) 방식
① 데이터그램 방식에서는 네트워크가 각 발신 DTE로부터 패킷을 인수받아 패킷을 각각 독립적으로 해당되는 수신 DTE로 전달하는 방식이다.
② 연결 경로를 확립하지 않고 개개의 패킷들을 순서에 상관 없이 독립적으로 운반하는 방식이다.

92 가상 회선 패킷 교환 방식의 서비스 기능이 아닌 것은?

① 고장 제어   ② 순서 제어
③ 에러 제어   ④ 흐름 제어

해설

패킷을 처리하는 방법에 따라, 가상 회선(Virtual Circuit) 패킷 교환 방식과 데이터그램(Datagram) 패킷 교환 방식이 있다.

가상 회선 방식
① 패킷이 전송되기 전에 논리적(Logical) 접속은 패킷이 전송되기 전에 확정되어야 한다.
② 미리 확정된 경로상의 각 노드는 패킷이 전송되어질 방향을 알기 때문에 경로 설정이 필요없다.
③ 가상 회선 서비스 종류
  ㉠ 에러 제어(Error Control) : 패킷이 적절한 순서로 도착할 뿐만 아니라 모든 패킷이 정확하게 도착함을 보장하는 서비스이다.
  ㉡ 흐름 제어(Flow Control) : 송신측이 수신측에게 데이터를 과도하게 보내지 않도록 하는 기술이다.
  ㉢ 순서 제어(Sequence Control) : 모든 패킷이 동일한 경로로 움직이므로 원래의 보낸 순서대로 도착한다는 것이다.

[정답] 89 ② 90 ④ 91 ③ 92 ①

출제 예상 문제

93 PAD(packet Assembly Disassembly)를 설명한 것 중 올바른 것은?

① 패킷 모드 단말기를 위한 장치이다.
② 비패킷 모드를 위한 장치이다.
③ X.25는 PAD의 기본적인 특징을 포함하고 있다.
④ X.28은 PAD의 기본적인 특징을 규정하고 있다.

해설
PAD는 비패킷 단말에서 이용자 데이터를 패킷화하여 송·수신하는 기능을 가지고 있다.

94 비패킷 단말(Non Packet Terminal)에서 이용자 데이터를 패킷화하여 송·수신하는 기능을 가진 장치는?

① PMX
② NTP
③ PT
④ PAD

해설
PAD(Packet Assembler/Disassembler)
- PMX(Packet Multiplexing) : 패킷 다중화 장치
- NPT(Non Packet Mode Terminal) : 일반 터미널
- PT(Packet Mode Terminal) : 패킷형 터미널

95 PAD(Packet Assembly Disassembly) 기능에 관한 ITU-T(CCITT 권고안) 중에서 PAD의 변수와 기능에 관한 표준은?

① X.3
② X.25
③ X.28
④ X.29

해설

번호	권 고 내 용
X.3	패킷 조립 및 분해 장치
X.25	패킷형 DTE와 DEC간의 인터페이스 규격
X.28	PAD를 접속하는 DTE와 DCE간의 인터페이스
X.29	패킷형 DTE와 PAD 사이에 제어 정보 및 데이터 교환에 대한 절차

PAD(Packet Assembler/Disassembler)
송신측 터미널은 데이터를 패킷화하여 패킷 교환망에 송신하는 것이 원칙이지만 패킷화 기능을 갖지 않는 일반형 터미널을 패킷 교환망에 접속할 수 있도록 하기 위하여 교환망이 데이터를 패킷화하는 기능을 갖도록 한다.

96 패킷 교환망에서 우수한 라우팅 알고리즘이 갖추어야 될 성질로서 적합하지 않은 것은?

① 최적의 패킷 전송 시간(Optimality)
② 자원 할당의 공정성(Fairness)
③ 라우팅 결정의 안정성(Stability)
④ 라우팅 경로의 이중성 확보(Duality)

97 패킷 교환망과 패킷 교환망의 연결을 망(Network) 간 접속이라고 하는데, 이 망간 접속을 위한 프로토콜은?

① X.3
② X.25
③ X.29
④ X.75

해설
패킷 교환망간의 접속
ITU X.75 권고안은 X.25 권고안을 보완하여 패킷 교환망간의 접속에 사용될 STE(Signalling Terminal Equipment)의 동작 절차를 정의한다.

98 패킷 교환망과 메시지 교환망의 가장 큰 차이점은?

① 블로킹(Blocking) 현상의 존재 유무
② 메시지 단위
③ 목적지에 도착하는 메시지 순위
④ 속도 및 코드 변환 기능

해설
패킷 교환 방식에서는 메시지 교환 방식이 가지는 문제점을 개선하여, 전송하고자 하는 데이터를 패킷(Packet)이라는 논리적인 데이터 단위(약 256[byte]의 정보)로 분할하여 송·수신국의 주소와 순서를 헤더에 부가하여 전송하는 방식으로 패킷의 길이는 송·수신국이 상호 결정한다.

[정답] 93 ② 94 ④ 95 ① 96 ④ 97 ④ 98 ②

99 메시지 교환과 패킷 교환을 올바르게 비교한 것은?

① 메시지 교환망의 가장 대표적인 예로 전화를 들 수 있다.
② 회선 교환과 같이 메시지 교환도 블록킹(Blocking) 현상이 존재한다.
③ 메시지 교환에서 목적지에 도달하는 메시지의 순서는 일정하다.
④ 회선 교환의 경우 각 호에 대해 전용 회선이 할당되나 메시지 교환은 전용 회선이 필요없다.

해설
① 전화망은 회선 교환망의 대표적 예이다.
② 회선 교환을 통한 통신이란 두 스테이션간에 전용 통신로가 있음을 의미한다.

100 다음 중 방송 통신망에 해당하는 것은?

① 메시지 교환망   ② 패킷 교환망
③ 회선 교환망   ④ 패킷 무선망

해설
통신망은 데이터를 전송하는 데 사용되는 구조화 기법에 따라 분류될 수 있다.
① 교환 통신망
  여러 개의 중간 교환 장치를 거쳐 송신측에서 수신측으로 정보가 전송된다.
  ㉠ 회선 교환망(Circuit-Switched Network)
  ㉡ 패킷 교환망(Packet-Switched Network)
② 방송 통신망
  중간적 교환 노드가 존재하지 않는다.
  ㉠ 패킷 위성망
  ㉡ 위성 통신망
  ㉢ 로컬(지역) 통신망

101 다음의 정보통신망의 모든 노드와 노드가 상호 연결되는 방식은?

① 메시형(Mesh)   ② 트리형(Tree)
③ 루프형(Loop)   ④ 성형(Star)

해설
통신망 구성 형태
통신망을 컴퓨터와 터미널, 컴퓨터와 컴퓨터 회선을 이용하여 구성하는 것이다.

① 성형(Star) : 중앙에 컴퓨터가 있고 이를 중심으로 터미널들이 연결되는 형태
② 링형(Ring) 또는 루프형(Loop) : 컴퓨터와 터미널의 연결은 서로 이웃하는 것끼리만 연결시킨 구성 형태
③ 버스형(Bus) : 1개의 통신회선에 여러 개의 단말을 접속하는 방식의 전송 형태
④ 트리형(Tree) : 중앙에 컴퓨터가 있고 일정 지역의 터미널까지 하나의 통신회선으로 연결시키며 그 이웃의 터미널은 이 터미널로부터 다시 연장되는 구성 형태
⑤ 메시형(Mesh) : 모든 터미널과 터미널을 통신회선으로 연결시킨 형태

102 다음의 네트워크의 구성 형태 중 Mesh형을 나타낸 것은?

① 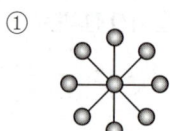   ②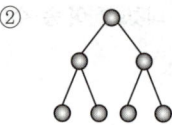

③ 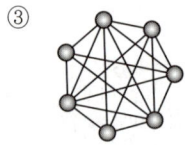   ④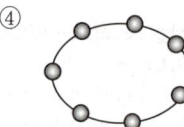

해설
① 성형(Star)
② 트리형(Tree)
③ 메시형(Mesh)
④ 링형(Ring)

103 10개의 지국을 그물형(Mesh)으로 연결하여 할 때 소요되는 최소 링크 수는?

① 25   ② 35
③ 45   ④ 55

해설
망형(Mesh type)
① 그물모양의 형태로 모든 단말 상호간의 완전 결합형으로 구성된다.
② 다른 형태에 비해 통신회선의 총 연장길이는 가장 길며 주로 장거리 통신망에 이용되는 방식이다.
③ 망형 회선망의 회선경로수는 $N(N-1)/2$이다. 여기서 N은 교환국(지국)의 수이다.
∴ $\dfrac{10(10-1)}{2}=45$

104 다음은 통신망 구성 형태 중 트리형에 대한 설명이다. 가장 알맞은 내용은?

① 주컴퓨터의 통제가 없어도 직접 터미널간의 자료 통신이 가능하다.
② 터미널들이 횡적으로 연결되어 근거리 통신망에 주로 사용된다.
③ 각 컴퓨터간에 우선 순위가 있어서 주컴퓨터가 전체 계획을 총괄한다.
④ 회로망의 제어를 행하는 중앙의 컴퓨터에 모든 터미널이 연결된다.

해설
모든 통신 제어가 중앙에 있는 컴퓨터에 의해 수행되는 중앙 집중식 통신망은 성형(Star) 통신망이다.

105 중앙에 중심국이 있고 각 스테이션을 주위에 분산시켜 1 : 1로 연결된 통신망 형태는?

① 메시형(Mesh)   ② 트리형(Tree)
③ 루프형(Loop)   ④ 성형(Star)

106 다중 접근 제어 방식 중 경쟁 방식(Contention)과 거리가 먼 것은?

① ALOHA   ② CSMA/CD
③ CSMA/CA   ④ Polling

해설
매체 접속 제어(Media Access Control : MAC)
① 데이터의 충돌을 방지하기 위하여 컴퓨터 기기들은 데이터를 송신하기 전에 통신회선에 접속하기 위해 일정한 규칙을 따라야 하는데 이 규칙을 매체 접속 제어라 한다.
② 매체 접근방식에 따른 분류
  ㉠ 경쟁(Contention) 방식 : 회선에 접근하기 위해 서로 경쟁하는 방식이다.
    (예) ALOHA, CSMA, CSMA/CD, CSMA/CA 방식 등
  ㉡ 폴링(Polling) 및 셀렉션(Selection)
    - 폴링 : 컴퓨터가 단말기에게 전송할 데이터의 유무를 묻는 방식이다.
    - 셀렉션 : 컴퓨터가 단말기에게 전송할 데이터가 있는 경우 단말기의 상태를 확인하는 방식이다.

107 단말과 단말은 1:1로 회선 연결할 때 단말의 수량이 n개라면 회선의 수는 얼마나 필요한가? (단, 단말 대 단말의 회선수는 1이다.)

① n^2 ② $\dfrac{n(n+1)}{2}$

③ $\dfrac{2n^2}{2}$ ④ $\dfrac{n(n-1)}{2}$

해설
$\dfrac{n!}{(n-2)!2!} = \dfrac{n(n-1)}{2}$ 이 된다.

108 컴퓨터가 어떤 터미널에 전송할 데이터가 있는 경우 터미널이 수신준비가 되어 있는지를 묻고 준비가 된 경우에 터미널로 데이터를 전송하는 것을 무엇이라 하는가?

① 폴링   ② 셀렉션
③ 링크   ④ 리퀘스트

해설
데이터 링크 확립 방법
하나 또는 다수의 터미널에 정보를 전송하기 위해서는 데이터 링크가 필요하며 회선 구성방법, 전송 정보량에 따라 그 방법이 구분된다.
① 폴링(Polling) 방식
  하나의 중앙국이 정해진 순서에 따라 터미널을 선택하여 데이터의 송신 유무를 문의하여 전송할 데이터가 있는 터미널은 중앙국으로 전송하고 그렇지 않으면 다음 터미널을 폴링한다.
  ∴ 컴퓨터가 단말기들에게 "송신할 데이터가 있는가?"라고 묻는 절차이다.
② 셀렉션(Selection) 방식
  하나의 터미널을 선택하여 수신 준비가 되어 있는지의 여부를 확인한 후 데이터를 전송하는 방식이다.
  ∴ 컴퓨터가 특정단말장치에게 "수신할 준비가 되어 있는가?"라고 묻는 절차이다.

[정답] 104 ③ 105 ④ 106 ④ 107 ④ 108 ②

109 컴퓨터가 터미널에게 전송할 데이터가 있는지를 묻는 것을 무엇이라 하는가?

① 링크
② 폴링
③ 셀렉션
④ 어드레싱

해설
매체 접근 방식에 따른 분류
① 폴링(Polling) : 주 컴퓨터가 여러 단말들에게 전송할 데이터가 있는지 반복적으로 물어보는 방식
② 셀렉션(Selection) : 주 컴퓨터가 단말에게 전송할 데이터가 있는 경우에 단말기의 상태를 확인하는 방식
③ 경쟁(Contention) : 회선에 접근하기 위해 서로 경쟁하는 방식

110 다음 중 CPU가 정기적으로 I/O장치에서 요구되는 서비스 요청이 있는지 확인하는 기법은?

① 인터럽트(Interrupt)
② 버퍼링(Buffering)
③ 폴링(Polling)
④ 스풀링(Spooling)

해설
① 폴링은 하나의 장치(또는 프로그램)가 충돌 회피 또는 동기화 처리 등을 목적으로 다른 장치(또는 프로그램)의 상태를 주기적으로 검사하여 일정한 조건을 만족할 때 송수신 등의 자료처리를 하는 방식을 말한다.
② 폴링은 처리해야 할 작업들을 순차적으로 돌아가면서 처리하는 방법을 말한다.

111 통신망의 기본적인 유형은 데이터의 처리 관점에서 보면 중앙 집중 통신망과 분산 통신망이 있다. 다음 중 중앙 집중 통신망의 설명 중 옳은 것은?

① 데이터의 신속한 현장 처리가 가능하다.
② 규모의 경제성을 기할 수 있으므로 CPU 가격이 절감된다.
③ 데이터 분산 처리가 가능하다.
④ 데이터 교환을 위한 통신 프로토콜이 복잡하다.

112 분산 네트워크에 비해 중앙 집중 네트워크의 이점 중 틀린 것은?

① 유지 보수가 간단하다.
② Data Base 운영 Routine이 간단하다.
③ 네트워크의 확장이 용이하다.
④ 우선권이나 대역폭을 확보하기가 나쁘다.

해설
매체 액세스 제어 기술
모든 방송망에 있어서 가장 중심이 되는 기술은 액세스제어 기술이다. 중앙 집중형에서는 액세스할 수 있는 모든 권한을 갖도록 Controller를 설계한다. 반면에 분산형 네트워크에서는 스테이션들이 액세스 제어 기술을 일괄적으로 수행한다.
① 중앙 집중형의 장점
  ㉠ 우선권이나 대역폭을 확보하는 데 좋다.
  ㉡ 스테이션 조작을 간단히 할 수 있다.
  ㉢ 한 스테이션이 제어기와 통신을 하는데 있어 다른 스테이션의 영향을 받지 않는다.
② 중앙 집중형의 단점
  ㉠ 제어기가 고장이 날 경우 통신이 불가능하다.
  ㉡ 효율이 낮아짐에 따라 병목 현상이 발생할 수 있다.
  ㉢ 전송 지연이 커지면 오버헤드는 문제가 된다.

113 방송망에서 사용되는 액세스 제어 기술 방식이 아닌 것은?

① 라운드 로빈(Round-Robin) 방식
② 경쟁(Contention) 방식
③ 예약(Reservation) 방식
④ 분할(Division) 방식

해설
액세스 제어 기술
① 방송망에서 가장 중심이 되는 기술은 액세스 제어 기술이다.
② 방송망에서는 비동기식이 더 좋으며, 비동기식 시스템은 다음 3가지로 분류된다.

종류	중앙 집중형	분산형
라운드-로빈 방식	폴링(Polling)	Token Bus Token Ring Collision Avoidance
예약 방식	집중 예약 방식	분산형 예약 방식
경쟁 방식		ALOHA, 슬롯링 CSMA, CSMA/CD

③ 이용 목적상의 서비스
  ㉠ 정보 처리 서비스
  ㉡ 정보 제공 서비스
  ㉢ 망 서비스

[정답] 109 ② 110 ③ 111 ② 112 ④ 113 ④

114 컴퓨터 네트워크의 구성 형태에 대한 설명으로 틀린 것은?

① MAN : 대도시 정도의 넓은 지역을 연결하기 위한 네트워크
② PAN : 대학캠퍼스 또는 건물 등과 같은 일정지역 내의 네트워크
③ WAN : 도시와 도시 또는 국가와 국가를 연결하기 위한 네트워크
④ BAN : 인체를 중심으로 하는 네트워크

해설

PAN(Personal Area Network) : 10[km] 이내의 비교적 근거리에서 다양한 장비들을 연결시켜 데이터 통신을 하는 "개인 근거리 통신망"

115 다음 중 지방과 지방, 국가와 국가, 국가와 대륙, 전세계에 걸쳐 형성되는 통신망으로 지리적으로 멀리 떨어져 있는 넓은 지역을 연결하는 통신망은 무엇인가?

① PAN
② LAN
③ MAN
④ WAN

해설

거리에 의한 네트워크 구분
① 개인통신망(PAN, Personal Area Network): 대개 10[m] 안팎의 개인 영역 내에 위치한 정보장치들 간의 네트워크
② 근거리 영역 네트워크(LAN, Local Area Network) : 비교적 가까운 거리에 존재하는 장비들을 서로 연결하는 네트워크
③ 도시권 통신망(Man, Metropolitan Area Network): 대도시를 중심으로 한 네트워크
④ 광대역 네트워크(WAN, Wide Area Network) : 국가와 국가처럼 넓은 지역을 하나로 연결하는 네트워크

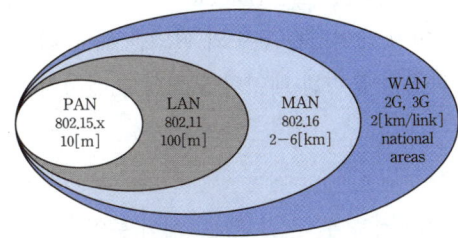

[거리에 의한 네트워크 구분]

116 일반적으로 통신망의 크기(Network coverage)에 따라 통신망을 분류할 때 적절하지 않은 것은?

① LAN
② MAN
③ WAN
④ CAN

[정답] 114 ② 115 ④ 116 ④

2. 프로토콜과 TCP/IP

1. 프로토콜(Protocol)의 개요

가. 프로토콜의 정의

(1) 프로토콜은 컴퓨터 시스템 사이의 정보교환을 관리하는 규약(규칙, 절차, 약속)들의 집합이다.
(2) 프로토콜은 효율적이고 정확한 정보전송을 위한 정보 기기간의 필요한 규약들의 집합이다.
(3) 데이터 통신에서 사용되는 프로토콜은 국제 표준화기구(ISO)에서 7계층으로 구분하고 있다.

나. 프로토콜의 기본 구성요소

(1) 구문(Syntax)
    데이터 형식, 부호화와 신호 레벨 등을 규정한다.
(2) 의미(Semantics)
    효율적이고 정확한 전송을 위한 개체간의 제어와 오류복원을 위한 제어 정보 등을 규정한다.
(3) 순서(Timing)
    접속되는 개체간의 통신속도와 정합 또는 메시지의 순서 등을 규정한다.

다. 프로토콜의 기능

(1) 분리와 재합성(Fragmentation and Reassembly)
    전송되는 데이터를 같은 크기의 작은 블록(Block)으로 구분해주어야 할 필요성이 있다. 이런 주어진 데이터를 전송의 편의를 위해 더 작은 데이터 블록으로 나누는 과정과 분리된 데이터를 적합한 메시지로 재합성하는 기능을 한다.
(2) 캡슐화(Encapsulation)
    데이터에 통신국의 주소, 에러 검출 부호, 프로토콜제어 등의 제어정보인 헤더(Header)와 트레일러(Trailer)를 부착하는 기능이다.
(3) 연결제어(Connection Control)
    연결 설정, 데이터 전송, 연결 해제의 기능을 갖는다.

합격 NOTE

합격예측
Protocol은 보다 정확한 정보를 주고받기 위한 약속이다.

합격예측
프로토콜은 서로 다른 호스트에 위치한 동일 계층끼리의 통신 규칙이다.

합격예측
프로토콜 구성요소 : 구문, 의미, 순서

합격예측
① 구문 : 데이터의 형식, 부호화, 신호의 크기 등을 규정.
② 의미 : 제어와 오류 관리 등의 제어 정보등을 규정.
③ 순서 : 속도의 조화 등을 규정.

합격예측
제어정보의 내용 : 주소, 에러 검출 코드, 프로토콜제어

합격예측
연결제어방법, 가상회선방식, 데이터그램방식

(4) 흐름제어(Flow Control)

전송을 받는 개체가 발송지에서 오는 데이터의 양과 전송속도 등을 조절하는 기능이다.

(5) 오류제어(Error Control)

전송 중에서 발생 가능한 오류를 검출하고 복원하는 기능을 갖는다.

(6) 동기화(Synchronization)

2개의 프로토콜 개체(Entity)가 초기의 시작, 중간의 체크 포인트 기능, 통신 종료 등을 수행할 수 있도록 두 개체가 같은 상태를 유지시키는 기능을 한다.

합격예측
동기화 : 동기식 전송, 비동기식 전송

(7) 순서결정(Sequencing)

순서결정은 PDU의 데이터들이 보내진 순서대로 되어 있는지를 명시하는 기능이다.

(8) 주소지정(Addressing)

송신국의 주소를 표기함으로써 정확한 목적지에 데이터가 전달되도록 하는 기능이다.

(9) 다중화(Multiplexing)

하나의 통신로를 다수의 사용자들이 동시에 사용 가능하게 하는 기능이다.

합격예측
다중화 종류 : 주파수분할 다중화(FDM), 시분할 다중화(TDM)

(10) 전송 서비스

프로토콜은 개체(Entity)가 사용되도록 부수적인 서비스를 제공한다.

라. 프로토콜의 이용 목적

① 호출 확립과 연결
② 회선 접속
③ 메시지의 구성 형태 규약
④ 에러 검출 및 재전송과 정정 기술
⑤ 회선 반전 절차
⑥ 비트, 문자, 프레임 동기 기술
⑦ 의미 변경 및 확인
⑧ 인터럽트(Interrupt)와 절단

마. 프로토콜의 3가지 방식

(1) 문자방식 프로토콜

① 특수 문자를 사용하여 정보 메시지의 처음과 끝, 실제 데이터의 처음과 끝을 표시하도록 전송하는 방식이다.

합격예측
특수 문자 : SOH, STX, EOT, ENQ, ACK 등

합격 NOTE

합격예측
① 경쟁방식 : 통신 회선이 Point-To-Point 방식으로 연결되어 있는 경우에 주로 사용
② 폴링방식 : 통신회선이 Multi-Point 방식으로 연결되어 있는 경우에 주로 사용

합격예측
DDCMP는 컴퓨터-단말사이보다는 컴퓨터와 컴퓨터 사이에서 더욱 더 효율적인 프로토콜이다.

합격예측
특수한 flag 문자 : '01111110'

합격예측
① SDLC(Synchronous Data Link Control)
② HDLC(High-level Data Link Control)

합격예측
ISO(국제표준화기구)에서 OSI(개방형 시스템 상호접속) 참조모델을 제안 및 표준화 하였다.

합격예측
개방형 시스템 : 응용 프로세스 간의 통신을 수행할 수 있도록 통신 기능을 제공한다.

② BSC(Binary Synchronous Communication)가 대표적 방식이다.
③ BSC(BISYNC) 방식의 단말에서 회선 제어는 경쟁 방식이나 폴링 방식을 사용한다.

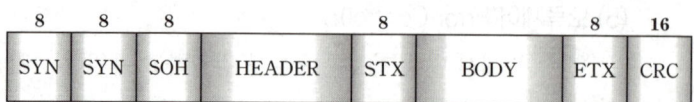

(2) 바이트방식 프로토콜
① 데이터의 헤드(Header)에 처음을 표시하는 특수 문자, 메시지를 구성하는 문자의 개수, 메시지 수신 상태를 나타내는 제어 정보와 블록 체크를 포함시켜 전송하는 방식이다.
② DDCMP(Digital's Data Communication Message Protocol)가 대표적 방식이다.
③ 바이트방식은 직렬/병렬, 동기식/비동기식 전송 방식 모두에 이용이 가능하다.

(3) 비트방식 프로토콜
① 특수한 플래그 문자를 메시지의 처음과 끝에 위치하도록 한 다음, 비트 메시지를 구성하여 전송하는 방식이다.
② SDLC, HDLC, X.25의 LAP-B Protocol이 대표적인 예이다.

2. OSI-7계층 참조 모델

가. OSI 참조 모델의 정의
① OSI 참조모델은 개방형 이기종 시스템 간의 원활한 정보교환 및 통신망 구축을 위해 계층화된 기술표준 규격으로 현재 대부분 인터넷과 네트워크에서 사실상 표준으로 활용되고 있다.
② OSI 참조 모델은 각각 특정 기능을 수행하는 서로 다른 7개 계층을 말하며, 7개의 계층에서 수행해야 하는 기능을 분류하여 표준화시킨 것이다.

나. OSI-7계층 참조 모델의 목적
① 시스템간 상호접속을 위한 개념을 규정한다.
② OSI 규격을 개발하기 위한 범위를 정한다.
③ 관련 규격의 적합성을 조정하기 위한 공통적인 기반을 제공한다.

다. OSI-7계층 참조 모델의 기본 구성요소

(1) 개체(Entity)
개방형 시스템 사이의 통신을 가능하게 하는 능동적 요소이다.

(2) 접속(Connection)
동일 개체 사이에서 프로토콜 데이터 단위(PDU)라 불리는 이용자 정보를 교환하기 위한 논리적인 통신로를 접속이라 한다.

(3) 프로토콜(Protocol)
접속에 의해 연결된 동일 개체 사이의 통신의 약속을 말한다.

(4) 서비스(Service)
계층구조에서는 인접 계층에만 정보를 전달하고 수신할 수 있다. N층이 ($N\pm1$)층에 제공하는 통신기능을 서비스라 한다.

(5) 데이터 단위(Data Unit)
접속상의 정보단위이다. 서비스 데이터 단위(SDU)와 프로토콜 데이터 단위(PDU)의 2가지가 있다.
① SDU(Service Data Unit) : 수직적 계층 사이에 주고받는 데이터 단위, 즉 상위 계층이나 하위 계층 사이에서 주고받는 데이터 단위
② PDU(Protocol Data Unit) : 수평적 계층 사이에서 주고받는 데이터 단위, 즉 같은 계층 사이에서 주고받는 데이터 단위

라. OSI-7계층의 구조와 기능

OSI의 계층 모델은 7개의 계층으로 되어 있다. 물리계층, 데이터링크계층, 네트워크계층을 하위계층이라 하고, 전송계층, 세션계층, 표현계층, 응용계층을 상위계층으로 규정한다.

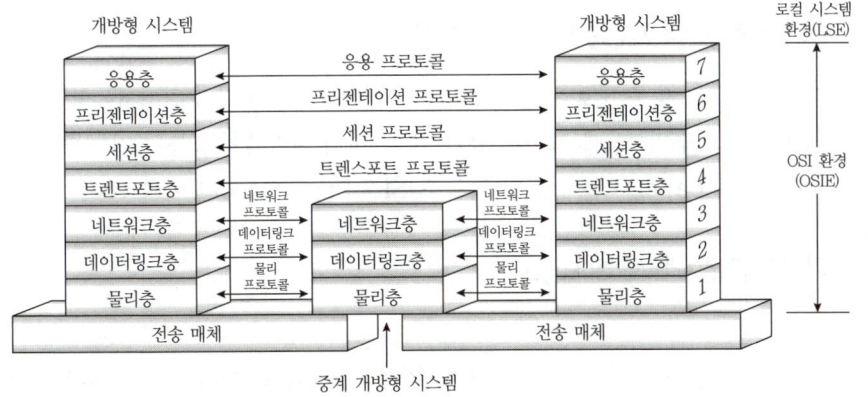

합격 NOTE

합격예측
개체는 물리적 하드웨어, 소프트웨어 등의 컴퓨터 프로그램을 의미한다.

합격예측
① Data Unit는 접속상의 정보단위이다.
② SDU와 PDU가 있다.

합격예측
네트워크 설계 시에는 주로 Layer1(물리계층) ~ Layer4(전송계층)까지를 고려한다

합격예측
① 하위계층(1~3) : 기본적인 데이터 전송에 관한 계층
② 상위계층(4~7) : 정보 표현형식에 대한 프로토콜을 규정, 통신의 효율적인 이용방법이나 부가 처리 등의 통신처리에 대한 계층

합격 NOTE

합격예측
각 계층은 헤더와 데이터 단위로 정의된다.

합격예측
헤더 : 각 계층의 기능과 관련된 정보가 포함되어 있다.

계층(Layer)		개요 및 기본 역할
1	물리계층 (Physical Layer)	• 시스템과 시스템간의 물리적인 접속을 제어하기 위해 필요한 기능을 제공한다. • 전송 매체에서의 전기적 신호전송기능, 제어 및 클록신호로 제공하며, 기계적 특성 및 절차를 규정한다.
2	데이터링크계층 (Data Link Layer)	• 동기화, 오류제어, 흐름제어 등의 물리적 링크를 통해 신뢰성 있는 정보를 전송하는 기능을 제공한다. • 2개의 인정하는 시스템간의 통신 및 전송오류제어 기능을 제공한다.
3	네트워크계층 (Network Layer)	• 상위계층과의 연결을 설정하고 관리하여, 시스템을 연결하는 데 필요한 데이터 전송과 교환기능을 제공한다. • 정보교환 및 중계기능, 경로 제어, 흐름 제어 기능을 갖는다.
4	전송계층 (Transport Layer)	• 종점 간의 오류수정과 흐름 제어를 수행하여 신뢰성있고 투명한 데이터 전송을 제공한다. • 1~3 계층을 사용하여 종단점간(End-To-End)에 신뢰성있는 데이터 전송을 수행한다.
5	세션계층 (Session Layer)	• 응용간에 연결을 설정, 관리, 해제하는 통신에 대한 제어구조를 제공한다. • 응용 프로세스간의 송수신제어 및 동기제어를 수행한다.
6	표현계층 (Presentation Layer)	• 데이터 표현에 차이가 있는 응용 프로세스간의 차이에 관계하지 않고 통신이 가능하게 한다. • 정보의 형식 설정과 코드 교환, 암호화 및 판독기능을 수행한다.
7	응용계층 (Application Layer)	• 사용자가 OSI 환경에 액세스가 가능하도록 하며 분산 정보 서비스를 제공한다. • 응용 프로세스간의 정보교환 및 이용자간의 통신, 전자사서함, 파일 전송 기능을 갖는다. • 응용이나 시스템의 작동을 지원하기 위해 제공하는 상위 레벨 기능이다.

합격예측
전송단위
물리계층(Bits),
데이터링크계층(Frames),
네트워크계층(Packets),
전송계층(Segments),

3. OSI 참조 모델 7계층의 기능과 특성

서로 다른 시스템을 상호 연결하여 통신이 제대로 이루어지기 위해서는 많은 모델에 기초하여 기능을 분류할 필요가 있다. 여러 시스템에 공통된 기능을 모아 7개의 계층(Layer)으로 분류한 것을 "OSI 7 Layer Model"이라 한다.

가. 물리계층(Physical Layer)

(1) 개요

① 물리계층은 링크(전송매체)간의 비트 전송을 위한 물리적 연결의 설정, 유지, 해제하기 위한 기계적, 전기적, 기능적, 순서적인 특성을 제공한다.

합격예측
물리 계층은 물리적인 접속, 즉 물리적으로 데이터를 전송해 주는 역할을 하는 계층이다.

② 정보의 최소단위인 Bit를 생성하고, 전기 및 광신호를 통하여 정보를 전송하는 계층이다.
③ 프로토콜 계층상 제일 하위계층이다.

(2) 특성
① 기계적(Mechanical) 특성
물리적 접속을 위한 접속기기(시스템과 주변기기 등)의 외형 등을 규정한다.
② 전기적(Electrical) 특성
두 단말기기간의 상호 접속회로의 전기적 특성을 규정한다.
③ 기능적(Functional) 특성
상호 접속 회로의 기능(데이터, 제어, 타이밍, 접지) 등을 정의한다.
④ 절차적(Procedural) 특성
데이터의 전송을 위한 동작 순서를 규정한다.

(3) DTE/DCE Interface(RS-232C Interface)
① Host와 Modem, Terminal과 Modem 사이의 자료를 주고받는 데이터 단말 접속은 RS-232C인 25-pin이 주로 사용된다.

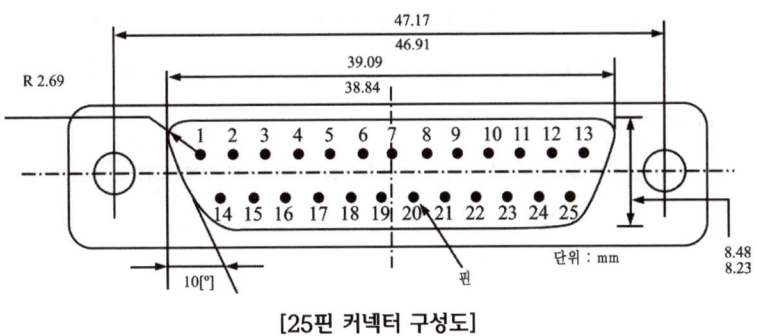

[25핀 커넥터 구성도]

② 데이터 접속에 있어서 DTE/DCE 사이의 2진 직렬 데이터, 제어 신호 및 타이밍 신호의 전송을 하기 위한 인터페이스이다.

 참고

● 인터페이스(Interface) 표준안 및 권고안
① ITU-T 시리즈 인터페이스
㉠ V 시리즈 : 기존의 전화망을 이용한 아날로그 데이터를 전송하기 위해 개발된 터미널 인터페이스
㉡ X 시리즈 : 디지털 데이터를 전송하기 위해 개발된 터미널용의 인터페이스

합격 NOTE

합격예측
DTE/DCE 인터페이스 규정 : 기계적, 전기적, 기능적, 절차적 특성

합격예측
물리계층장비(물리계층의 네트워크 접속장치) : 허브, 리피터 등

합격예측
물리적 연결 장치 : UTP 케이블, 광케이블과 모뎀, CSU, DSU 등

② 25핀 인터페이스
   ㉠ DTE/DCE 사이의 2진 직렬 데이터 및 제어 신호, 타이밍 신호의 전송 접속 규격에 관한 인터페이스
   ㉡ V.28, EIA 및 ISO 2110에서 규정
      비동기/동기 방식의 직통 전용회선, 분기 전용회선 및 교환회선에 이용
③ RS-232C 인터페이스
   ㉠ 공중 전화망을 통한 데이터 전송에 필요한 모뎀과 컴퓨터를 연결시켜 주는 표준 인터페이스
   ㉡ 모뎀과 DTE 사이가 짧은 거리인 경우 사용, 감쇠의 영향이 적음

나. 데이터링크계층(Data Link Layer)

(1) 개요
  ① 데이터링크계층은 네트워크 개체(Entity)간의 데이터링크의 설정, 유지, 단락 및 데이터 전송등의 제어를 한다.
  ② 물리 계층의 비트들을 프레임(Frame)으로 구성하며, 물리적 링크를 이용하여 신뢰성 있는 데이터를 전송하는 계층이다.

(2) 데이터링크 프로토콜의 기능
  ① 데이터링크의 접속과 설정(Data Link Connection, Establishment)
  ② 에러 제어(Error Control)
  ③ 정보의 프레임화
  ④ 흐름제어 및 링크 관리
  ⑤ 프레임의 순서 제어

(3) 전송 제어 문자

전송 제어 문자를 이용하여 데이터링크를 확립하고 메시지를 전달하고 링크를 절단한다.

전송 제어 문자	ASCII 코드	기능
SOH(Start of Heading)	01H	정보 메시지의 헤딩의 개시를 표시한다.
STX(Start of Text)	02H	본문의 개시 및 헤딩의 종료를 표시한다.
ETX(End of Text)	03H	텍스트의 종결을 표시한다.
ETB(End of Transmission Block)	17H	전송 블록의 종료를 표시한다.
EOT(End of Transmission)	04H	전송의 종료를 표시한다.

합격예측
데이터링크계층에서는 물리 계층의 [bit]들을 [frame]으로 구성한다.

합격예측
데이터링크계층의 기능 : 주소지정, 순서제어, 흐름제어, 오류처리, 프레임화, 동기화, 데이터 링크 설정 등

합격예측
데이터링크계층의 기기 : 지능형 허브, 브리지(Bridge), 네트워크 카드, 접속기 등

전송 제어 문자	ASCII 코드	기능
ENQ(Enquiry)	05H	상대국에 데이터링크의 설정, 응답 요구
DLE(Data Link Escape)	10H	전송제어기능을 추가할 때 사용한다.
SYN(Synchronous Idle)	16H	문자 동기를 취하고 유지한다.
ACK(Acknowledge)	06H	수신 정보 메시지에 대한 긍정 응답
NAK (Negative Acknowledge)	15H	수신 정보 메시지에 대한 부정 응답

(4) 전송제어 절차의 개요

① 전송제어 절차는 데이터를 전송하기 위한 동작순서로서 5가지 단계(Phase)로 구성된다.

② 5단계의 순서는 회선 접속, 데이터링크 확립, 데이터 전송, 링크 절단, 회선 절단이다.

③ 전용선을 이용하는 데이터 전송에서는 1단계와 5단계는 불필요하다.

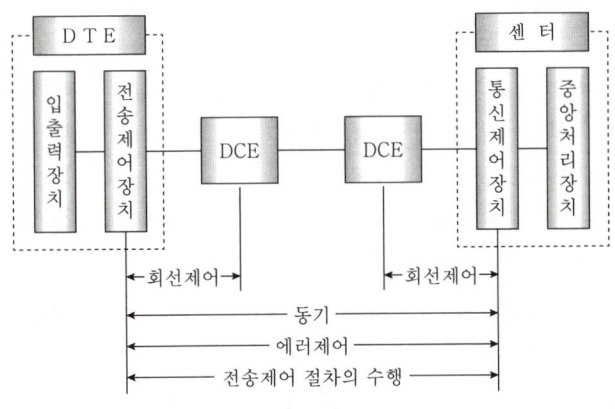

[전송제어의 역할]

(5) 전송제어 절차 5단계

① 제1단계 : 회선 접속
  ㉠ 일반 교환망에서 정보 전송에 앞서 회선의 물리적 연결이다.
  ㉡ 다이얼(Dial) 등에 의해 상대방 호출 후 모뎀이나 DSU 등을 데이터 전송 가능한 상태로 동작되도록 하는 단계이다.

② 제2단계 : 데이터링크 확립
  ㉠ 송신측과 수신측간에 확실한 데이터 송수신을 행하기 위한 논리적인 경로를 구성하는 단계이다.
  ㉡ 데이터링크 확립법
    ⓐ 콘텐션(Contention) 방식
    ⓑ 폴링/셀렉션(Polling/Selection) 방식

합격 NOTE

합격예측
전송제어절차 : 데이터를 전송하기 위한 동작 순서

합격예측
전용회선일 경우 '회선접속', '회선절단' 과정은 필요없음

합격예측
전송제어절차 : 회선 연결 → 링크 설정 → 데이터 전송 → 링크 해제 → 회선 해제

③ 제3단계 : 정보 전송
　㉠ 데이터링크의 확립 후 정보의 전송이 시작된다.
　㉡ 전송로에서 발생하는 에러의 검출, 교정하는 제어를 받으면서 전송된다.
④ 제4단계 : 데이터링크 해제
　㉠ 데이터의 전송이 종료되면 수신측에 통보된다.
　㉡ EOT(End Of Transmission) 캐릭터를 보내고 스테이션간의 논리적 연결을 절단한다.
⑤ 제5단계 : 회선 절단
　㉠ 교환망에서 회선이 접속되어 있는 경우 연결된 회선을 절단한다.
　㉡ 수화기를 전화기에 올려놓은 상태에 해당된다.

 참고

📍 데이터링크 확립방법

하나 또는 다수의 터미널에 정보를 전송하기 위해서는 데이터링크가 필요하며 회선 구성방법, 전송 정보량에 따라 그 방법이 구분된다.
① 콘텐션(Contention) 방식
　㉠ 회선 경쟁 선택 방식이라고 하며 회선 제어 형태 중 가장 간단한 방법이다.
　㉡ 터미널들이 회선의 액세스를 위하여 서로 경쟁 선택한다.
② 폴링(Polling) 방식
　㉠ 터미널로부터 컴퓨터로 데이터를 전송하는 데 필요한 절차이다.
　㉡ 하나의 중앙국이 정해진 순서에 따라 터미널을 선택하여 데이터의 송신 유무를 문의하여 전송할 데이터가 있는 터미널은 중앙국으로 전송하고 그렇지 않으면 다음 터미널을 폴링한다.
③ 셀렉션(Selection) 방식
　㉠ 터미널을 선택하여 데이터의 출력 전송을 행하는 방식이다.
　㉡ 하나의 터미널을 선택하여 수신 준비가 되어 있는지의 여부를 확인한 후 데이터를 전송하는 방식이다.

(6) 데이터링크계층의 프로토콜
① BSC 프로토콜(Binary Synchronous Communication Protocol)
　㉠ 문자 방식(중심)의 프로토콜이다.

합격예측

① 콘텐션 : 단말사이가 대등한 상태에서 이용되는 회선쟁탈방식
② 폴링 : 단말사이가 주종 상태에서 '송신할 데이터가 있는가'라는 형태로 제어
③ 셀렉션 : 단말사이가 주종 상태에서 '수신 준비가 되어 있는가'라는 형태로 제어

합격예측

데이터링크계층의 프로토콜 : HDLC, SDLC, Ethernet(LLC/MAC), PPP, SONET/SDH 등

ⓛ 특수 문자(SOH, STX, ETX, EOT 등)를 사용하여 메시지의 처음과 끝, 실제 데이터의 처음과 끝을 나타내도록 하여 전송하는 방식이다.
  ⓐ BSC 프로토콜의 주요 특성
    - 반이중(Half-Duplex) 방식에서만 사용 가능하다.
    - Point-To-Point, Multipoint 방식만 가능하고 Loop 방식은 불가능하다.
    - Stop-And-Wait ARQ 방식을 사용한다.
    - 투명모드인 경우는 비효율적이다.
  ⓑ BSC 블록 형식
    2개 이상의 SYN 제어문자로 시작되며, STX → 텍스트 또는 SOH → Heading 순서로 전송되는데 블록의 끝은 ETX 또는 ETB 제어문자 그리고 BCC로 끝난다.

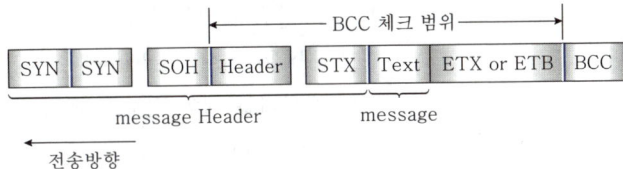

② HDLC 프로토콜(High-level Data Link Protocol)
  ㉠ 비트 방식(중심)의 프로토콜이며, 문자 중심 프로토콜에 있는 투명성 문제를 해결한다.
  ㉡ 이 프로토콜은 특수한 플래그 캐릭터(01111110)를 메시지의 처음과 끝에 둔 후 비트 메시지를 구성하여 전송하는 방식이다.
    ⓐ HDLC 프로토콜의 개요
      - 단방향 전송, 반이중 전송, 전이중 전송방식이 모두 가능하다.
      - Point-To-Point, Multipoint, Loop 방식 등이 모두 가능하다.
      - Go-Back-N ARQ 에러 제어 방식을 사용한다.
    ⓑ HDLC 프로토콜의 주요 특성
      - 전송 효율의 향상, 신뢰성 향상, 비트 투과성
      - HDLC는 비트 지향성 프로토콜이므로 전송 데이터의 내용에는 아무런 제약이 없다.
    ⓒ 국(Station)의 구성
      - 1차국 : 명령 프레임을 송신하고 응답 프레임을 수신한다.
      - 2차국 : 1차국으로부터 명령 프레임을 수신하고 응답 프레임을 송신한다.
      - 복합국 : 명령 프레임과 응답 프레임 모두를 송·수신한다.

합격 NOTE

합격예측
ARQ(Automatic Repeat Request) : 검출 후 재전송방식

합격예측
① 비트 중심의 프로토콜에서 각 비트 또는 비트 그룹이 의미를 갖는다.
② 비트 방식 프로토콜 종류 : SDLC, HDLC, LAPs, PPP 등

합격예측
비트 투과성은 프레임 내에 임의의 비트를 삽입하여 데이터의 자유로운 전송을 보장하는 기능이다.

합격예측
국이란 HDLC 절차를 수행하는 부분이다.

합격예측
1차국(주국), 2차국(보조국)

합격 NOTE

합격예측
Flag : 8비트

합격예측
ITU-T에서 권고 CRC 부호 :
$G(x) = x^{16} + x^{12} + x^5 + 1$(16비트)

합격예측
데이터 투명성 : 프레임의 내용 부분에 임의의 비트 패턴을 넣을 수 있는 것

ⓒ HDLC 전송 프레임의 구성

HDLC에서 국 사이에 교환되는 데이터 전송단위를 프레임(Frame)이라 한다.

플래그 (8비트)	주소부	제어부	정보부	프레임 검사순서	플래그 (8비트)
01111110	8비트	8비트	임의	16비트	01111110

- 플래그(Flag) : 프레임의 시작과 종료를 표시하며 특유의 패턴(01111110)을 갖는다.
- 주소부(Address Field) : 명령을 수신 또는 응답하는 국의 주소를 지정한다.
- 제어부(Control Field) : 1차국 또는 복합국이 주소부에서 지정하는 2차국에 대한 동작을 명령하거나 2차국이 그 명령에 대한 응답에 사용한다.
- 정보부(Information Field) : 사용자 사이에서 교환되는 정보 메시지와 제어 정보가 들어가며 비트 패턴 및 길이에는 제한이 없다.
- 프레임 검사순서(FCS : Frame Check Sequence)
주소부, 제어부, 정보부의 내용에 오류가 발생하지 않도록 오류 검출의 역할을 담당한다.

참고

📍 데이터 투명성(투과성, Data Transparency)
① 데이터 내의 제어비트와 동일한 패턴이 존재할 경우 수신측이 해당 비트패턴을 제어비트로 인식해서 프레임이 손실될 수 있는 문제를 해결하기 위해 비트 스터핑(Bit Stuffing)을 사용한다.
② 송신측의 비트 스터핑
  ㉠ 연속으로 다섯 개의 '1'을 전송하려고 하면 비트 스터핑을 수행한다.
  ㉡ 다섯 번째 1 다음에 하나의 0을 삽입한다.

③ LAP(Link Access Procedure)
LAP는 X.25 패킷교환을 위해 개발된 표준으로서 HDLC 프로토콜의 일부분으로 간주된다.

종류	설계목적	사용 용도
LAPB	단말 간 통신에 필요한 기본 제어기능 제공	ISDN B 채널
LAPD	대역 외 신호방식으로 비동기 균형모드 사용	ISDN
LAPM	모뎀에 HDLC의 특징을 적용하도록 설계	비동기/동기변환 및 에러검출과 재전송

다. 네트워크계층(Network Layer)

(1) 개요
① 단말기의 주소정보를 기준으로 데이터 전송과 경로 선택 기능을 제공하고, 라우팅 프로토콜을 사용하여 최적의 경로를 선택한다.
② 시스템 간의 데이터 교환기능을 제공하는 것을 목적으로 하며 정보교환, 중계기능, 경로제어, 흐름제어의 기능을 갖는다.

(2) 기능
① 경로선택(Routing)
② 중계기능(Relaying)
③ 흐름제어(Flow Control)
④ 네트워크 연결 및 다중화(Network Connection, Multiplexing)
⑤ 에러검출 및 복구

(3) 네트워크계층 서비스형태
① 연결형(Connection) 서비스 : 미리 논리적 링크(경로)를 확립한 후 데이터를 전송하며, 연속적인 대용량의 파일 전송에 적합하다.
② 비연결형(Connectionless) 서비스 : 논리적 링크(경로)를 확립하지 않고 데이터를 전송하며, 데이터 양이 작은 경우에 적합하다.

(4) 네트워크계층 프로토콜
네트워크계층 역할을 담당하는 프로토콜에는 IP, ICMP, IGMP, ARP, OSPF, BGP, RIP 등이 있다.
① IP(Internet Protocol)
㉠ 네트워크상에서 패킷 교환 및 데이터를 교환하기 위한 프로토콜이다.
㉡ IPv4(IP 버전 4)의 주소는 32비트로 구성되어 있으며, 주소체계는 총 12자리이며 네 부분으로 나누어지며 각 부분은 0~255까지 3자리의 수로 표현된다. 현재 인터넷 사용자의 증가로 인해 주소공간이 부족함에 따라 이에 따른 대안으로 128비트 주소체계를 갖는 IPv6(IP 버전 6)가 나왔다.

합격 NOTE

합격예측
네트워크계층은 Packet을 생성하여 전달하는 계층으로 대부분 IP주소와 IP Routing 프로토콜을 활용한다.

합격예측
라우터가 네트워크계층에서 동작한다.

합격예측
① 연결형 (접속형), 비연결형(비접속형)
② 비연결형서비스는 PDU를 전송하는 방식이다.

합격예측
PDU는 특정 계층의 프로토콜 안에서 두 개의 실체 간에 교환되는 데이터 블록의 단위이다.

합격예측
네트워크계층의 프로토콜
IP, ICMP, IGMP, ARP, OSPF, BGP, RIP 등

합격 NOTE

합격예측
ARP 프로토콜 : 논리 주소인 IP 주소를 물리 주소인 MAC 주소로 매핑하는 프로토콜

합격예측
인터넷 제어 메시지 프로토콜(ICMP), 인터넷 그룹 메시지 프로토콜(IGMP)

합격예측
특정 IP 멀티캐스트 주소를 수신 대기하는 호스트 집합을 멀티캐스트 그룹이라 한다.

합격예측
전송계층은 전송 서비스 이용자에게 신뢰성 있는 데이터를 전달하는 목적이 있다.

합격예측
① 연결형 : 신뢰성 우선
② 비연결형 : 효율성 우선

---

② 주소 결정 프로토콜(Address Resolution Protocol : ARP)
  네트워크상에서 IP 주소를 물리적 네트워크 주소로 대응시키기 위해 사용되는 프로토콜이다. 여기서 물리적 네트워크 주소는 이더넷 또는 토큰링의 48비트 네트워크 카드 주소를 뜻한다.

③ RARP(Reverse Address Resolution Protocol)
  MAC주소를 IP주소로 변환시켜 주는 프로토콜을 말한다.

④ ICMP(Internet Control Message Protocol)
  IP 패킷의 전달에 따른 오류나 상태를 리포트하고 진단하는 기능을 제공한다.

⑤ IGMP(Internet Group Management Protocol)
  IP 멀티캐스트(Multicast) 그룹을 관리하는 기능을 갖는다.

라. 트랜스포트계층(전송계층 : Transport Layer)

(1) 개요

① 송수신 시스템간의 논리적 안정과 균일한 서비스 제공, 통신망의 차이를 흡수하여 세션계층간의 투명한 데이터 전송을 목적으로 한다.
② 종점간(End-To-End)에 신뢰성 있고 투명한 데이터 전송을 제공한다.
③ 각종의 통신망에서 제공되는 네트워크 서비스를 고품질의 전이중 방식의 데이터 전송 서비스로 세션계층에 제공한다.

(2) 트랜스포트계층 프로토콜

전송계층의 역할을 담당하는 프로토콜로 연결형인 TCP와 비연결형인 UDP(User Datagram Protocol)가 있다.

① TCP(연결형)
  ㉠ 연결형은 신뢰성이 우선이므로 데이터를 전송할 때 여러 번 확인하고 전송한다.
  ㉡ 오류 발생시 데이터 재전송, 패킷 전달순서 확인, 중복 패킷 제거, 흐름제어, 네트워크 오동작시 보고 등을 제공한다.

② UDP(비연결형)
  ㉠ 비연결형은 효율성이 우선이므로 확인 절차 없이 일방적으로 데이터를 전송한다.
  ㉡ 연결형을 제공하지 않고 단순히 패킷을 하나씩 목적지 주소로 전송만 한다. 따라서 UDP를 안정적으로 사용하려면 응용 프로그램에서 데이터의 분실, 흐름제어, 오류 등을 처리하여야 한다.

참고

 TCP/IP(Transmission Control Protocol/Internet Protocol)

① TCP/IP는 2개의 계층으로 이루어진 프로그램이다. 상위계층인 TCP는 메시지나 파일들을 좀더 작은 패킷으로 나누어 인터넷을 통해 전송하는 일과, 수신된 패킷들을 원래의 메시지로 재조립하는 일을 담당한다. 하위계층, 즉 IP는 각 패킷의 주소 부분을 처리함으로써, 패킷들이 목적지에 정확하게 도달할 수 있게 한다.

② TCP/IP 프로토콜을 쓰고 있는 다른 컴퓨터 사용자와 메시지를 주고받거나, 또는 정보를 얻을 수 있게 한다.

합격 NOTE

합격예측
- TCP : 패킷의 확실한 전송을 보장함
- UDP : 패킷의 확실한 전송을 보장하지 못함

합격예측
TCP/IP는 인터넷의 기본적인 통신 프로토콜이다.

합격예측
세션계층은 데이터 송신권 제어, 데이터 전송의 동기점 부가, 재전송 기능을 통해 원활한 데이터 교환을 수행한다.

마. 세션계층(Session Layer)

(1) 개요

① 세션계층은 표현계층 특성에 맞는 데이터를 교환할 수 있게 통신방법을 제공하는 것을 목적으로 한다. 이를 위해 세션 접속을 설정하고, 데이터 제어를 수행한다.

② 두 프리젠테이션계층의 개체 사이에서 세션 접속을 설정하기 위한 서비스를 제공한다.

(2) 기능

① 접속확립, 해제 및 데이터 전송기능
② 반이중, 전이중의 제어기능
③ 데이터 전송의 송신권 절충 관리기능
④ 데이터 전송을 위한 동기점 및 동작 관리기능 등
⑤ 데이터 흐름 관리기능
⑥ 해제 신호 전송기능

(3) 세션 서비스

송신권 제어, 검사 포인트 제어, 통신장애 복구 및 서비스 개시, 완료 통지 등

합격 NOTE

합격예측
표현계층의 역할 : 정보의 압축/복원, 오류제어, 부호화/복호화, 암호화/복호화 및 인증 등

합격예측
응용계층은 최종 사용자가 직접 사용할 수 있는 서비스를 제공한다.

합격예측
① TCP 응용계층 프로토콜 : FTP, HTTP, telnet, SMTP, POP3, IMAP
② UDP 응용계층 프로토콜 : DHCP, SNMP

바. 프레젠테이션계층(표현계층 : Presentation Layer)

(1) 개요

① 상위계층인 응용계층의 다양한 표현형식을 공통의 전송형식으로 변환하고, 암호화, 데이터 압축 등을 행한다.
② 응용 프로토콜에 공통의 정보 표현 형식에 관한 기능을 실현한다.

(2) 표현계층의 서비스

① 접속 설정기능
② 접속 해제기능
③ 문맥 관리기능
④ 정보 전송기능
⑤ 회화 제어기능

사. 응용계층(Application Layer)

(1) 개요

① 응용계층은 참조 모델에서 정의되는 최상위계층이며, 응용프로세스(사용자 프로세스)간의 정보 교환기능을 실현하기 위한 것이다.
② 응용 프로세스간의 정보교환 및 이용자간 통보, 전자우편, 파일 전송 등의 기능을 수행한다.

(2) 응용계층 서비스

① 공통 응용 서비스
 응용계층 내에서 공통으로 사용되는 서비스이다.
 ㉠ 어소시에이션 제어(Association Control)
 ㉡ 문맥 제어(Context Control)
 ㉢ 정보 전송과 회화 제어
 ㉣ CCR 제어
② 특정 응용 서비스
 가상 터미널, 파일 전송 액세스 관리, 작업 전송조작, 원격 데이터베이스 액세스, 네트워크 관리 등 특정 기능에 사용되는 서비스 요소이다.

(3) 응용계층 프로토콜

① 파일 전송 프로토콜(FTP : File Transfer Protocol) : 서버와 클라이언트 사이의 파일 전송을 하기 위한 프로토콜이다.
② HTTP(Hyper Text Transfer Protocol) : WWW 상에서 정보를 주고 받을 수 있는 프로토콜이다. 주로 HTML 문서를 주고 받는 데에 쓰인다.

③ 텔넷(TELNET) : 네트워크 호스트에 원격 접속하기 위해 사용한다.
④ 간이 전자 우편 전송 프로토콜(SMTP : Simple Mail Transfer Protocol) : 인터넷에서 이메일을 보내고 받기 위해 이용되는 프로토콜이다.
⑤ POP3(Post Office Protocol version 3) : 원격 서버로부터 TCP/IP 연결을 통해 이메일을 가져오는 데 사용된다.
⑥ IMAP(Internet Message Access Protocol) : 원격 서버로부터 TCP/IP 연결을 통해 이메일을 가져오는 데 사용된다.

> **합격예측**
> WWW(World Wide Web, Web browser) : 하이퍼텍스트를 기반으로 서로 연관된 정보를 검색하는 도구(Explorer, Mosaic 등)

참고

 POP과 IMAP

① SMTP : 메일 전송 프로토콜
  - POP : TCP/IP를 통해 메일 서버에서 클라이언트로 메일을 다운로드 하는 프로토콜
  - IMAP : 메일 서버 접속 프로토콜
② IMAP는 온라인 모드와 오프라인 모드를 모두 지원하므로 POP3를 사용할 때와 달리 이메일 메시지를 서버에 남겨 두었다가 나중에 지울 수 있다. 그러므로 다른 컴퓨터 환경에서 서로 다른 이메일 클라이언트가 같은 이메일을 받아올 수 있는 장점을 가지고 있다.
③ POP와 달리 IMAP는 웹 Gmail과 이메일 클라이언트 간의 양방향 통신을 제공한다.

⑦ 동적 호스트 설정 통신규약(DHCP : Dynamic Host Configuration Protocol) : 네트워크 관리자들이 조직 내의 네트워크상에 IP 주소를 중앙에서 관리하고 할당 해줄 수 있도록 해주는 프로토콜이다.
⑧ 간이 망 관리 프로토콜(SNMP : Simple Network Management Protocol) : 네트워크 관리자가 네트워크 성능을 관리하고 네트워크 문제점을 찾아 수정할 수 있게 한다.
⑨ 도메인 네임 서버(DNS : Domain Name Server) : 호스트의 도메인 이름을 호스트의 네트워크 주소로 바꾸거나 그 반대의 변환을 수행한다.

> **합격예측**
> DNS는 사람이 이해하기 쉬운 도메인 이름을 숫자로 된 식별 번호(IP 주소)로 변환

4. 국제표준안 및 권고안

가. 표준의 필요성

정보통신 표준이란 궁극적으로 정보통신망 및 정보통신 서비스를 제공하거나 이용하는 데 필요한 정보통신 주체간에 미리 합의된 규약의 집합이라고 볼 수 있고, 이러한 정보통신 시스템간의 프로토콜을 정립하는 활동을 표준화라 한다.

표준화(Standardization)란 표준을 설정하고 이것을 활용하는 조직적인 행위라고 볼 수 있으며, 이는 정보통신 분야에 있어서 공통성, 통일성, 호환성 등을 확보하기 위한 일반적인 요구사항이라 볼 수 있다.

나. 국제 표준화 기구

(1) 국제 표준화 기구(ISO : International Standards Organization)
   ① 1964년에 창설된 국제적인 표준 기관이다.
   ② 통신 시스템과 관련하여 각국의 표준화 사업을 위해 만들어진 비조약 기구이며, OSI(Open System Interconnection) 7계층 모델을 설계하였다.

(2) 국제 전기통신 연합(ITU-T : International Telecommunication Union)
   전화 전송, 전화 교환, 신호 방법 등에 관한 여러 표준을 권고하고 있는데 이 가운데 데이터 통신과 관련된 표준안은 V 시리즈와 X 시리즈이다.
   ① V 시리즈는 전화망을 이용한 아날로그 통신에서 사용되는 인터페이스를 위한 권고안이다.
   ② X 시리즈는 일반적인 디지털 데이터 통신에서 사용되는 인터페이스를 위한 권고안이다.

> **참고**
>
> I 시리즈 : 종합 정보통신망을 통한 데이터 통신과 관련된 표준안

(3) 전자 공업협회(EIA : Electronic Industries Association)
   ① 신호 품질, 디지털 인터페이스, 통신망 인터페이스 등 주로 하드웨어에 관한 규격을 개발한다.
   ② RS-232 접속 규격과 이를 보강하기 위한 RS-449 접속 규격을 개발

(4) NIST(National Institute Standards and Technology)
① 데이터 암호 알고리즘 제정
② 데이터 암호 알고리즘으로 가장 널리 사용되는 DES(Data Encryption Standard) 표준 규격 제정

5. TCP/IP

TCP/IP(Transmission Control Protocol /Internet Protocol)는 인터넷(Internet)에서 사용되는 프로토콜로 전송제어 프로토콜(TCP)과 인터넷프로토콜(IP)로 구성된다. 상위계층인 TCP는 메시지나 파일들을 좀 더 작은 패킷으로 나누어 인터넷을 통해 전송하는 기능과, 수신된 패킷들을 원래의 메시지로 재조립하는 역할을 담당한다. 하위계층, 즉 IP는 각 패킷의 주소 부분을 처리하여, 패킷들이 목적지에 정확하게 도달할 수 있게 한다.

가. TCP/IP 프로토콜 계층구조

TCP/IP 프로토콜	OSI 7 Layer
Application	Application
	Presentation
	Session
Transport	Transport
Internet	Network
Network Interface	Data link
	Physical

[TCP/IP와 OSI 7계층의 비교]

(1) 네트워크 인터페이스(Network interface) 계층
① 패킷을 전달하는 물리적 인터페이스와 관련된 하드웨어를 제어하는 기능을 제공하는 역할
② 사용되는 인터페이스 : Ethernet, PPP, SONET/SDH, X.25 등

(2) 인터넷(Internet) 계층
① 네트워크상의 패킷 이동의 제어한다, 즉 패킷을 전달하고 경로를 선택하는 역할을 담당한다.
② IP(Internet Protocol)는 데이터 전달을 위한 IP패킷(또는 데이터그램 패킷) 형성, IP주소 작성, 경로설정 등의 역할을 수행하며 비연결형 서비스를 수행한다.

합격 NOTE

합격예측
TCP/IP란 네트워크 전송프로토콜로, 인터넷에 연결된 컴퓨터간에 정보를 주고받는 일종의 통신규약이다.

합격예측
TCP/IP 4계층 : Network Interface(Data Link) 계층, Internet(Internetwork) 계층, Transport 계층, Application 계층

합격예측
Network interface 계층 : 네트워크로의 접속을 수행하는 계층

합격예측
PPP(Point-to-Point Protocol) : 모뎀과 같은 직렬접속 상에서 TCP/IP 프레임을 전송하는 방식

합격예측
Internet 계층 기능: 패킷데이터 전달, 라우팅, 주소관리

합격예측
① 연결형 서비스 : 논리적 링크(경로)를 확립한 후 데이터 전송
② 비연결형 서비스 : 논리적 링크를 확립하지 않고 데이터 전송

③ 프로토콜로는 IP, ARP, ICMP, OSPF, BEG, 라우팅 프로토콜 등이 있다.

[인터넷 계층의 주요 프로토콜]

명칭	설명
IP(Internet Protocol)	• 주소화, 데이터 그램 포맷, 패킷 핸들링 등을 정의 • 인터넷 프로토콜은 현재 IPv4와 IPv6을 사용한다.
ARP(Address Resolution Protocol)	호스트의 IP주소를 호스트와 연결된 네트워크 접속 장치의 물리적 주소(MAC Address)로 바꿔준다.
RARP(Reverse ARP)	APP와 반대로 MAC Address를 IP 주소로 변환하는 기능
ICMP(Internet Control Message Protocol)	IP 와 조합하여 통신 중에 발생하는 오류 처리, 전송경로 변경 등, 제어 메시지를 관리하는 역할, 헤더는 88[byte]로 구성

④ 라우팅(Routing)은 송수신 호스트 사이의 패킷 전달 경로를 선택하는 일련의 과정을 말한다.
  ㉠ 라우터는 전송할 데이터를 알맞은 크기의 패킷으로 만들고, 라우터에 있는 라우팅 테이블(Routing Table)에 의해 최적의 경로로 최종 목적지까지 도달하도록 하는 기능을 한다.
  ㉡ 라우팅 프로토콜
    ⓐ EGP(Exterior Gateway Protocol) : AS 간에 사용되는 라우팅 프로토콜(종류 : BGP 등)
    ⓑ IGP(Interior Gateway Protocol) : AS 내에 사용되는 라우팅 프로토콜(종류: RIP, OSPF 등)
  ㉢ 라우팅 알고리즘
    ⓐ 거리 벡터(Distance Vector) 알고리즘 : 네트워크 거리 정보를 이용하는 방법으로 홉(Hop) 수를 사용하며 가장 적은 홉 수가 사용되는 경로로 라우팅을 수행한다. 대표적으로 RIP IGRP 등이 있다.
    ⓑ 링크 상태(Link State) 알고리즘 : 링크 상태의 변화를 이용한 라우팅을 수행하며, 대표적으로 OSPF 등이 있다.

(3) 전송(Transport) 계층
  ① 전송계층은 Internet 계층으로부터 IP 패킷을 받아 Application 계층으로 전달하거나 그 반대의 역할을 수행한다.
  ② 프로세스(Process) 대 프로세스 간의 연결을 맺고 데이터를 전송하는 계층이다.

합격 NOTE

합격예측
라우터(Router)는 상이한 망을 연결해 주고 OSI계층 3에서 운용되는 장비이다.

합격예측
라우터는 네트워크 트래픽을 살펴 가장 트래픽이 적은 최적의 경로를 찾아 데이터를 전송하는 기능을 한다.

합격예측
자율시스템(AS : Autonomous System)은 하나의 관리 도메인에 속해 있는 라우터들의 집합을 말한다.

합격예측
라우팅 알고리즘의 종류
① 거리 벡터(distance vector) 알고리즘(RIP IGRP 등)
② 링크 상태(link state) 알고리즘(OSPF 등)

합격예측
Hop 수 : 데이터 패킷이 수신지에 도착할 때까지 거치게 되는 라우터의 개수

합격예측
OSPF 프로토콜은 링크 상태 라우팅에 근거를 둔 도메인 내 라우팅 프로토콜이다.

③ TCP와 UDP 프로토콜이 있으며, TCP(Transmission Control Protocol)는 연결형 서비스를 수행하고 UDP(User Datagram Protocol)는 비연결형 서비스를 수행한다.

 참고

① TCP는 전송계층에서 사용되는 프로토콜로 연결형 서비스를 제공한다.
② TCP는 흐름 제어와 오류 제어를 제공하므로 신뢰성 있는 서비스 제공한다.
  ㉠ 흐름 제어 방법 : Sliding Window Flow Control(SWFC) 등을 사용
  ※ 가변창(Sliding Window) 방식 : 전송 계층에서 제공하는 흐름 제어 기법으로, 일정 개수의 PDU를 보낸 다음 수신측으로부터의 응답을 받아 다음 PDU 전송을 결정하는 방식이다.
  ㉡ 오류제어 방법 : 검사합(Checksum), 확인응답, 재전송, 연결관리, 창(Window)제어 등을 사용

합격 NOTE

합격예측
TCP의 주요 기능
① 연결형 서비스 제공
② 전이중 방식의 양방향 가상 회선 제공
③ 신뢰성 있는 데이터 전송 보장

합격예측
① Network interface 계층 주소 : MAC주소
② Internet 계층 주소 : IP주소
③ Transport 계층 주소 : 포트번호
※ 포트번호와 IP 주소와의 조합을 소켓주소라 한다.

합격예측
TCP는 대표적인 연결 지향형 프로토콜이다.

합격예측
흐름 제어란 수신측이 송신측의 전송속도를 제어하는 것을 말한다.

(4) 응용(Application) 계층
① TCP/IP 프로토콜을 이용하는 서비스로서 대부분의 시스템에서 제공하는 여러 응용들이 있다.
② 응용계층 프로토콜
  ㉠ 텔넷(Telnet) : 단말이 네트워크를 통해 원격지 호스트에 로그인(Log-in)함으로써 단말을 마치 원격지 호스트에 직접 연결된 단말처럼 사용하는 기능이다.
  ㉡ FTP(File Transfer Protocol) : 네트워크상의 스테이션간에 파일 전송을 위해 사용되는 프로토콜이다.
  ㉢ SMTP(Simple Mail Transfer Protocol) : 전자메일(E-mail)을 보내기 위해 사용되는 프로토콜이다.
  ㉣ DNS(Domain Name Server) : 문자로 표현된 주소(www.kft.co.kr)를 도메인 네임이라고 하는데, 이러한 문자 주소를 IP 주소로 바꾸어 주는 체계를 도메인 네임 서버(DNS)라 한다.

합격예측
Telnet : 원격지의 컴퓨터를 온라인으로 연결하여 사용할 수 있게 해주는 서비스

합격예측
FTP는 전송계층의 프로토콜로는 TCP를 사용해 신뢰성있게 파일을 전송하게 된다.

합격예측
DNS 역할을 하는 컴퓨터를 도메인 네임 서버라고 한다.

나. 인터넷 주소 체계

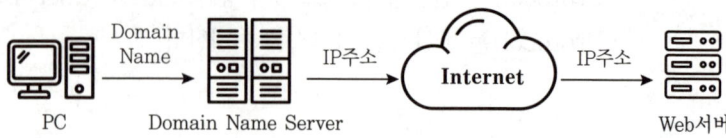

(1) IP 주소(Internet Protocol Address)

IP 주소(인터넷 규약 주소)는 TCP/IP를 사용하는 컴퓨터 네트워크에서 장치들이 서로를 식별하고 통신을 하기 위해서 사용하는 고유한 주소이다. IP 주소는 네트워크를 구분하기 위한 Network ID(네트워크 주소)와 네트워크 안의 컴퓨터들을 구분하기 위한 Host ID(호스트 주소)로 구성된다.

(2) IPv4(IP Version 4)

① IPv4 주소는 일반적으로 사용하는 기존의 IP 주소체계이다.
② IPv4는 32비트 주소체계로서, 8비트마다 '.'(Dot)로 구분되는 4개의 옥텟으로 이루어진다. 각 옥텟은 통상 10진수로 표시되는데 0~255까지의 값을 가진다.

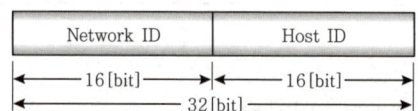

[IPv4의 주소체계]

③ IPv4 주소 클래스

IPv4의 IP주소는 크게 네트워크 부분과 호스트 부분으로 구별되는데, 네트워크 부분의 값에 따라 A, B, C, D, E 클래스로 구분된다. 이중 A, B, C 클래스가 주로 사용되고, D 클래스는 멀티캐스트용으로 사용되며, E 클래스는 나중을 위해 남겨둔 클래스이다.

㉠ A 클래스
ⓐ 첫 비트가 '0'으로 시작하는 클래스
ⓑ 7비트는 네트워크를 구별하고 나머지 24비트는 호스트를 구별
  ∴ 2^{24}개의 호스트 연결 가능

㉡ B 클래스
ⓐ 처음 2비트가 '10'으로 시작하는 클래스
ⓑ 14비트는 네트워크를 구별하고 나머지 16비트는 호스트를 구별
  ∴ 2^{16}개의 호스트 연결 가능
ⓒ 하나의 네트워크 내에 중간 정도의 호스트가 있는 경우이다.

합격 NOTE

합격예측
① IP 주소: 인터넷상에서 컴퓨터(단말 등)의 유일한 번호(주소), 숫자로 표현
② Domain Name : IP를 쉽게 기억할 수 있게 한 방법, 영문자로 표현
③ DNS : Domain Name → IP 주소 변환

합격예측
고정된 IP 주소를 할당받는 방법 이외에도 동적 호스트 설정 프로토콜(DHCP)을 이용하여 동적으로 IP 주소를 할당받는 방법도 있다.

합격예측
IP 주소의 구성 : Network ID(주소) + Host ID

합격예측
① IPv4 : 32[bit](4[byte])를 사용하는 IP주소 체계
② IPv6 : 128[bit](16[byte])를 사용하는 IP주소 체계

합격예측
IPv4는 0.0.0.0~255.255.255.255까지의 값을 가질 수 있다.

합격예측
인터넷에는 주로 A, B, C Class가 사용된다.

합격예측
A-Class : 한 네트워크 내에 가장 많은 호스트를 가질 수 있음

합격예측
B-Class : 한 네트워크 내에 중간 정도의 호스트를 가질 수 있음

ⓒ C 클래스
　　ⓐ 처음 3비트가 '110'으로 시작하는 클래스
　　ⓑ 21비트는 네트워크를 구별하고 나머지 8비트는 호스트를 구별
　　∴ 2^8개의 호스트 연결 가능

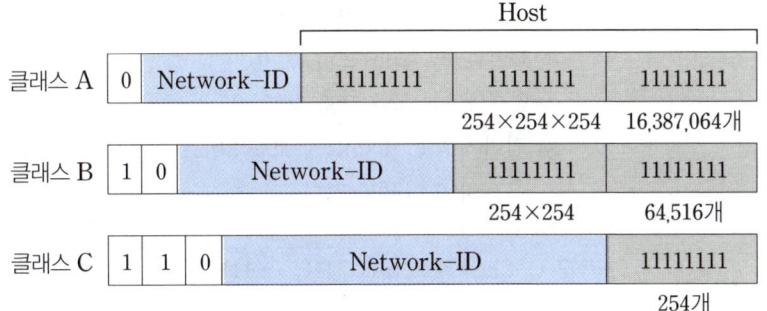

[IPv4 주소의 클래스]

④ 서브넷팅(Subnetting)
　㉠ 서브넷팅은 서브넷 마스크를 이용하여 하나의 네트워크를 여러 개의 네트워크로 분리하는 과정이며, 이렇게 원래의 네트워크를 논리적인 분할한 네트워크를 서브넷(Subnet, Sub Network)이라 한다.
　㉡ 서브넷 마스크(Subnet Mask)
　　ⓐ 서브넷 마스크는 주어진 네트워크를 분할하는 논리적인 수단이다.
　　ⓑ 서브넷을 만들 때 사용하는 마스크를 서브넷 마스크라 하며, 서브넷 마스크를 이용해 IP 주소 체계의 Host ID를 네트워크(Subnet) ID로 네트워크 영역을 분리한다.

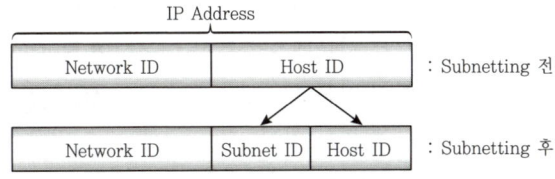

　　ⓒ 서브넷 마스크의 형태는 IP 주소와 같이 32비트의 2진수로 되어있고, 1바이트마다 '.'(Dot)로 구분한다.
　　∴ 서브넷 마스크는 IP주소와 AND 연산하여 새로운 네트워크 영역과 호스트 영역을 만들 수 있다.
　　ⓓ 네트워크 부분은 서브넷 마스크가 2진수로 1인 부분이고, 호스트 부분은 서브넷 마스크가 2진수로 0인 부분을 나타낸다.
　　　(예) 11111111.11111111.11111100.00000000

합격 NOTE

합격예측
C-Class : : LAN과 같이 한 네트워크 내에 적은 호스트가 있는 경우에 주로 사용

합격예측
IPv4의 주소 범위
① A클래스 :
　0.0.0.0~127.255.255.255
② B클래스 :
　128.0.0.0~191.255.255.255
③ C클래스 :
　192.0.0.0~223.255.255.255
④ D클래스 :
　224.0.0.0~239.255.255.255
⑤ E클래스 :
　240.0.0.0~255.255.255.255

합격예측
Subnetting
① 네트워크를 나누는 것
② IP를 좀 더 세분화 하여 관리 하는 것

합격예측
Subnet : 하나의 네트워크가 분할된 작은 네트워크

합격예측
Subnetting 장점 : 네트워크의 성능 향상, IP주소의 낭비 방지, 보안성 향상

합격예측
・Subnetting 전 IP=
　네트워크 ID+호스트 ID
・Subnetting 후 IP=
　네트워크 ID+서브네트워크 ID
　+호스트 ID

합격예측
Subnet Mask의 목적
① 네트워크의 부하 감소
② 네트워크의 논리적인 분할
③ 네트워크 ID와 호스트 ID의 구분

합격예측
IP주소와 Subnet Mask 구조가 같은 것은, 서브넷 마스크를 계산할 때 AND 연산하기 위해서이다.

합격예측
서브넷 마스크는 연속된 1과 연속된 0으로 구성되어 있다.

합격 NOTE

합격예측
디폴트 서브넷 마스크(기본 서브넷 마스크)

합격예측
CIDR=Supernetting(수퍼넷팅)

합격예측
CIDR는 네트워크의 구분을 Class로 하지 않음

합격예측
CIDR(Supernetting)은 서브넷 마스크를 이용하여 Network ID를 Host ID로 다시 변환한다.

합격예측
IP 주소 Prefix : IP 주소에서 네트워크 ID에 해당하는 선두 상위 비트들의 집합을 의미

ⓒ 디폴트 서브넷 마스크(Default Subnet Mask) : 하나의 네트워크를 분할하지 않는 경우에도 서브넷 마스크가 필요한데, 이런 경우의 서브넷 마스크를 디폴트 서브넷 마스크라 한다. 각 클래스의 디폴트 서브넷 마스크는 다음과 같다.
 ⓐ A클래스 : 255. 0. 0. 0
 ⓑ B클래스 : 255. 255. 0. 0
 ⓒ C클래스 : 255. 255. 255. 0

예 일반적인 C-Class 주소를 3비트 서브넷 마스크를 이용하여 구성하면 다음과 같다.

일반적인 C-Class 주소

11111111	11111111	11111111	00000000
255	255	255	0

3bit를 사용하여 Subnetting

11111111	11111111	11111111	111	00000
255	255	255	224	

ⓔ CIDR(Classless Inter-Domain Routing)
 ⓐ CIDR(사이더)은 IP 네트워크의 폭발적인 성장으로 인해 가용한 IP 주소 공간이 고갈되어 가고, 코어 인터넷 라우터들이 수용 용량에 한계를 느끼고 있는 문제점을 해결하기 위해서 개발된 새로운 주소 방식이다.
 ⓑ CIDR은 클래스 없는 도메인 간의 라우팅 기법이다.
 ⓒ 기존의 IP주소(네트워크) 할당방법은 A/B/C-Class 방식이었지만, CIDR은 클래스로 네트워크를 구분하지 않고, 여러 개의 클래스 C 주소를 하나의 네트워크(또는 라우트)로 결합하는 방법이다.
 ⓓ CIDR은 Subnetting과 반대의 개념이다. 즉, Supernetting으로 서브넷 마스크를 이용하여 Network ID를 Host ID로 다시 변환하는 것으로, Subnetting한 네트워크를 다시 하나로 합치는 것이다.

종류	개념	특성
서브넷팅 (Subnetting)	네트워크 분할	Host 비트를 Network 비트에게 넘겨주는 것 (Prefix 값 증가)
슈퍼넷팅 (supernetting)	네트워크 결합	Network 비트를 Host 비트에게 다시 돌려주는 것 (Prefix 값 감소)

ⓔ CIDR은 다수의 C클래스 네트워크를 하나의 그룹으로 묶고, 이 그룹 정보를 인터넷 라우터에 하나의 요약된 정보로 이용하도록 하여 전체적으로 라우팅 테이블 크기를 줄일 수 있다.
∴ CIDR은 불필요한 라우팅 업데이트의 트래픽을 감소시켜 사용 대역폭을 줄일 수 있다.

㉺ 가변 길이 서브넷 마스크(VLSM : Variable Length Subnet Mask)

ⓐ VLSM은 서로 다른 서브넷에서 동일한 네트워크 번호로 다른 서브넷 마스크를 지정할 수 있는 기능을 갖는다.

ⓑ VLSM은 다양한 길이의 Subnet Mask를 사용하는 것을 말하는 것으로, 결국 Subnetting을 한 후 한번 더 Sub-netting하는 것으로 볼 수 있다.

ⓒ VLSM을 지원하는 라우팅 프로토콜

구 분	설 명	프로토콜 종류
클래스풀(Classful) 라우팅 프로토콜	라우팅 정보 전송시 서브넷 마스크 정보가 없는 라우팅 프로토콜	RIP v1, IGRP 등
클래스리스 (Classless) 라우팅 프로토콜	라우팅 정보 전송시 서브넷 마스크 정보가 있는 라우팅 프로토콜	RIP v2, EIGRP, IS-IS, OSPF, BGP 등

ⓓ VLSM의 특징
  ㉮ Routing Table의 크기가 줄어든다.
  ㉯ Route Summarization을 할 수 있는 경우가 많아진다.
  ㉰ IP 주소를 효율적으로 사용할 수 있다.

(3) IPv6(IP version 6)

기존의 IP주소 체계(IPv4)의 경우, 32[bit]로 주소를 표시하므로 산술적으로는 약 40억 개의 주소가 가능하다. 하지만 인터넷에 연결된 컴퓨터의 개수가 점점 많아지고, 또 주소를 분배할 때 클래스별로 네트워크 주소를 분배하므로 낭비되는 IP주소가 많아서 128[bit]로 IP주소를 표현하는 IPv6 주소를 도입하여 IP주소의 부족 현상에 대비하고 있다. 즉, IPv6란 IPv4의 주소길이(32[bit])를 4배 확장하여 IETF(Internet Engineering Task Force)가 1996년에 표준화한 128[bit] 차세대 인터넷 주소체계이다.

합격 NOTE

합격예측
CIDR은 대역폭 절약을 향상시킨다.

합격예측
① Classful : A,B,C-Class 디폴트 서브넷을 말함
② Classless : 클래스의 구분이 없는 CIDR 등

합격예측
Classless Routing이 최근에 많이 사용됨

합격예측
VLSM은 서브넷 지정의 융통성과 성능을 향상시켜 준다.

합격예측
IPv4의 한계
① 주소 할당 공간 부족
② 주소 설정 어려움
③ ISP 변경시 사이트주소 재할당 문제 발생
④ 네트워크 계층 수준의 보안대책 미비

합격 NOTE

합격예측
'Flow Labeling'은 특정 트래픽 은 별도의 특별한 처리(실시간 통신 등)를 통해 높은 품질의 서비스를 제공할 수 있도록 한다.

합격예측
IPv4 주소를 IPv6 주소에서 그대 로 수용하여 사용할 수 있는 것을 주소 매핑(Address Mapping) 이라 한다.

합격예측
IPv6는 IPv4의 (A,B,C) Class 대신 Unicast, Anycast, Multicast, Broadcast 주소를 사용한다.

합격예측
Unicast는 1:1 통신방식이며, Multicast는 1:N 혹은 N:M간 의 통신방식이다.

합격예측
IPv6에서 사주소 유형
① Unicast : 인터넷 개인 사용자 용
② Anycast : LAN 등 기업 전산 망용
③ Multicast : ISP(Internet Service Provider)용

합격예측
IPv6는 기존 인터넷 환경에서 사 용하는 IPv4를 대체하기 위한 차 세대 프로토콜이다.

합격예측
IPv6 주요 변경사항 : 주소공간확 장, 헤더구조 단순화, 흐름제어기능 지원

---

① IPv6의 특징
   IP 주소의 확장, 호스트 주소 자동 설정, 패킷 크기 확장, 효율적인 라우팅, 플로 레이블링(Flow Labeling), 인증 및 보안 기능 등

② IPv6 주소의 유형

종류	특성
유니캐스트 (Unicast)	• 주소에 해당하는 단일 인터페이스에 전달되는 형태 • 1:1로 단일 인터페이스를 위한 식별자
애니캐스트 (Anycast)	• 주소에 해당하는 인터페이스 중 하나에 전달되는 형태 • 인터페이스 집합을 위한 식별자로 특정 하나의 인터페이스로 전달
멀티캐스트 (Multicast)	• 주소에 해당하는 모든 인터페이스에 전달되는 형태 • 1:N 으로 인터페이스집합을 위한 식별자로 특정 다수의 인터페이스로 전달

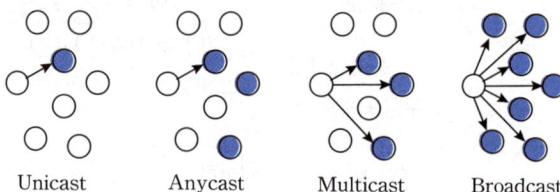

Unicast   Anycast   Multicast   Broadcast

[IPV4와 IPV6 특징 비교]

구분	IPv4	IPv6
주소 길이	32비트	128비트
표시 방법	8비트씩 4부분으로 10진수로 표시 예) 203.252.53.55	16비트씩 8부분으로 16진수로 표시 예) 2002:0221:ABCD:DCBA: 0000:0000:FFFF:4002
주소개수	약 43억개(2^{32})	약 43억×43억×43억×43억개(2^{128})
주소할당 방식	A, B, C, D 등의 클래스단위 비순차적 할당	네트워크 규모, 단말기 수에 따른 순차적 할당
브로드캐스트 주소	있음	없음(대신, 로컬 범위 내에서의 모든 노드에 대한 멀티캐스트 주소 사용)
보안	IPSec 프로토콜 별도 설치	IPSec 자체 지원
서비스 품질	제한적 품질 보장	확장된 품질 보장
Plug & Play	불가	가능

다. 동적 호스트 구성 프로토콜(DHCP : Dynamic Host Configuration Protocol)

(1) DHCP란 인터넷의 IP, 서브넷마스크, 기본 게이트웨이 등의 설정들을 자동적으로 제공해주는 UDP 기반 비연결형 서비스 프로토콜이다.

(2) DHCP 서버는 네트워크에 연결된 장치들에게 동적으로 IP 주소를 할당한다.

(3) DHCP 구성
① DHCP Server : 클라이언트로부터 IP 할당 요청이 들어오면 IP를 부여하고, 할당 가능한 IP들을 관리한다.
② DHCP Client : DHCP 서버에 자신의 시스템을 위한 IP 주소를 요청하고, DHCP 서버로부터 IP 주소를 부여받는다.
③ DHCP 프로토콜 : IP 주소와 TCP/IP 프로토콜 기본 설정을 개별 클라이언트에게 자동적으로 할당하는 역할을 한다.
④ DHCP Relay Agent : 라우터나 스위치에서 DHCP가 사용하는 포트(68, 69)를 감지해서 호스트와 DHCP서버를 중계해줌으로써 다른 네트워크에 있는 DHCP로부터 IP를 할당받을 수 있다.

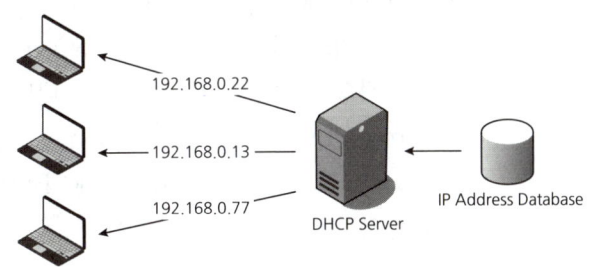

(4) DHCP 동작과정

DHCP를 통한 IP 주소 할당은 '임대'라는 개념을 가지고 있는데 이는 DHCP 서버가 IP 주소를 영구적으로 단말에 할당하는 것이 아니고 임대 기간(IP Lease Time)을 명시하여 그 기간 동안만 단말이 IP 주소를 사용하도록 하는 것이다.

① 임대(Lease) : IP 할당은 임대된다.
② 갱신(Renewal) : 임대 기간이 50% 지났을때와 87.5%의 시간이 지났을때, IP를 사용하고 있다면 서버에 갱신을 요청하고 갱신이 성공하면 연장된다.
③ 반환(Release) : 임대기간이 끝났거나, IP주소를 더 사용하지 않는다면 IP 주소를 DHCP 주소풀에 반환하게 된다.

합격 NOTE

합격예측
DHCP는 네트워크에 연결된 장치에 IP 주소를 자동으로 할당하는 네트워크 프로토콜이다.

합격예측
DHCP 구성요소 : DHCP 서버, DHCP 클라이언트, DHCP 릴레이

합격예측
DHCP 서버는 임대시간(IP Lease Time)을 명시하여 그 시간 동안만 IP 주소를 사용하도록 한다.

라. 이동 IP(MIP : Mobile IP)

(1) 현재의 IP주소와 MIP

현재 인터넷에서 사용하고 있는 IP(Internet Protocol)는 IPv4이다. 이러한 IP는 주소체계가 "Network ID+Host ID"로 되어있기 때문에 호스트가 인터넷을 이용하기 위해 접속되는 위치가 반드시 고정적으로 지정되어 있어야 했다. 만약 호스트의 위치가 바뀌게 되면 IP주소는 매번 바뀌어야 하기 때문에 이러한 문제점을 해결하기 위한 IP가 MIP(Mobile IP)이며 1992년 IETF(Internet Engineering Task Force)의 MIP Working Group에서 제안되었다.

(2) MIP에서 사용되는 용어 정의

① 이동성(Mobility)과 이동노드(MN)

이동성이란 어떤 노드가 현재 사용 중인 IP주소와 통신 상태를 그대로 유지하면서, 다른 네트워크로의 접속점을 바꿀 수 있는 것을 말하며 이러한 기능을 가진 호스트 또는 라우터를 이동노드라 한다.

② Home Link와 Foreign Link

㉠ Home Link : 어떤 노드의 IP주소의 Network-Prefix와 같은 네트워크주소를 가지고 있는 링크 또는 네트워크로 즉 그 노드가 접속되어 있어야 할 링크 또는 네트워크를 말한다.

㉡ Foreign Link : 어떤 노드의 Home Link가 아닌 임의의 다른 링크로 노드의 IP주소의 Network-Prefix와 다른 네트워크주소를 가지고 있는 링크를 말한다.

③ 이동성 에이전트(Mobile Agent)

㉠ Home Agent(HA) : 이동노드의 Home Link에 있는 라우터를 말하며, 이동노드의 현재의 위치 정보를 추적한다.

㉡ Foreign Agent(FA) : 이동노드의 Foreign 링크에 있는 라우터로서 이동노드가 현재 있는 주소(Care-Of-Address)를 Home Agent로 보내준다.

④ COA(Care-Of-Address)

COA란 어떤 이동노드가 어떤 Foreign 링크에 접속되어 있을 때 그 이동노드를 관리하기 위하여 배정되는 주소를 말하며 이 주소는 이동노드가 다른 Foreign 링크로 이동하면 다시 바뀌게 된다. COA를 달리 표현하면 HA가 이동노드로 패킷을 전달할 때 필요한 주소로서, 터널링 시 터널 끝부분의 주소라고 할 수 있으며 이 COA를 경유해서 패킷이 최종 이동노드로 전달되는 것이다.

합격예측
IPv4는 고정 IP 또는 simple IP 라 한다.

합격예측
① HA : 이동노드의 홈 링크에 있는 라우터
② FA : 이동노드의 포린 링크에 있는 라우터

합격예측
COA는 이동노드가 Foreign링크에 가서 임시로 배정받는 주소를 말한다.

합격예측
COA의 종류 : Foreign Agent COA(FACOA), Collocated COA(CCOA)

(3) Mobile IP의 동작개요

Mobile IP의 동작은 다음과 같이 크게 3가지로 나누어지며, 순서대로 진행된다.

① Agent Discovery(Agent Advertisement)

HA와 FA는 주기적으로 자신이 어느 링크에 접속되어 있는지를 광고로 알린다. 이때 Agent Advertisement라는 Mobile IP 메시지를 사용한다.

② Registration

MN은 위에서 얻은 COA를 자신의 HA에 등록한다. 이 등록(정보)은 일정시간 동안만 유효하므로 이동노드가 다른 곳으로 이동하지 않았어도 일정시간이 지나면 다시 등록해야 한다.

③ FA를 통해 MN에게 패킷이 전달되는 과정

㉠ HA는 이동노드의 Network-Prefix에 대한 접근성(Reachability)을 광고한다.

㉡ COA에서 터널링되어 도착한 원래 패킷이 추출되어 이동노드에게 전달된다.

(4) 바인딩과 등록과정

① 바인딩(Binding)

바인딩이란 MN이 이동하여 얻은 임시주소인 COA와 모바일 단말기의 홈주소를 연결시켜 주는 작업을 말한다.

② 등록과정(Registration)

이동노드는 COA를 얻은 경우 HA에게 등록한다. 이러한 등록과정을 통해 HA에는 바인팅 리스트가, FA에는 방문자 리스트가 만들어진다.

 참고

MAC 주소(Media Access Control address)

① MAC주소는 네트워크 인터페이스에 할당된 물리적 고유 식별 주소이다.
② MAC주소는 OSI 모델에서 데이터 링크 계층 해당한다.
③ MAC주소는 총 48비트로 구성되며, 두 개의 16진수로 구성된 6개의 그룹으로 구성된다. 편의상 8비트씩 6자리로 구분하여 표기하는데, 앞의 3자리(24비트)는 제조사 코드, 뒤의 3자리(24비트)는 기기 고유코드이다.

```
00-23-AE-D9-7A-9A
```
랜 카드를 만든 제조사 번호 / 제조사가 붙인 일련번호

합격 NOTE

합격예측
Agent Discovery란 이동노드(MN)가 자신이 홈 링크에 있는지 Foreign 링크에 있는지 파악한 후 Foreign 링크에 있다면 임시주소인 COA를 얻는 과정을 말한다.

합격예측
MIP에서는 MN이 Agent Discovery를 통해 얻은 COA를 자신의 HA에 등록함으로써 HA 또는 FA가 보내오는 패킷을 받을 수 있게 된다.

합격예측
COA와 MN의 HA를 연결시켜 주는 것을 바인딩(Binding)이라 한다.

합격예측
MAC주소는 네트워크에서 장치를 식별하는 고유한 하드웨어 주소이다.

합격예측
MAC주소는 이더넷 인터페이스를 특정하기 위한 48비트 주소이다.

출제 예상 문제

제2장 프로토콜과 TCP/IP

01 프로토콜에 관한 설명 중 틀린 것은?
① 컴퓨터를 이용한 온라인(On-Line) 시스템 등장 이후 필요성이 제기되었다.
② 프로토콜의 기본구성은 구문(Syntax), 패스(Path), 의미(Semantics)로 분류된다.
③ 통신 프로토콜의 표준화가 제기되면서 국제전기통신연합(ITU)에서 공중패킷교환망용 X.25를 표준화하였다.
④ 기능별 계층(Layer)화 프로토콜 기술을 채택하는 네트워크 아키텍처로 발전하게 되었다.

02 프로토콜의 3요소가 아닌 것은?
① 형식(Syntax)
② 구조(Configuration)
③ 의미(Semantics)
④ 타이밍(Timing)

해설
프로토콜(Protocol)
① 2개의 개체(Entity)가 성공적으로 통신하려면 서로 "같은 언어"로 말해야 한다.
② 무엇을 통신하고, 어떻게 통신하고, 언제 통신할 것인가는 관련된 개체들간에 서로 용납되는 규약에 따라야 하는데, 이러한 규약을 프로토콜이라 한다.
③ 프로토콜은 두 개체 사이에서의 데이터 교환을 규정한다.
※ 프로토콜의 구성은 일반적으로 형식(Syntax), 의미(Semantics), 타이밍(Timing) 등 세 가지 요소로 구성된다.
  ㉠ 형식 : 데이터 사양, 부호화 방법, 전기적 신호의 전압 레벨 등에 대한 정의
  ㉡ 의미 : 오류 제어, 동기 및 흐름 제어 등의 각종 제어 절차에 관한 제어 정보 등에 대한 정의
  ㉢ 타이밍 : 송수신단간 또는 양단의 통신시스템과 교환망간의 통신 속도 및 시퀀스 등에 대한 정의
※ 이와 같은 세 가지 구성 요소는 정보 교환을 위해서 수행되는 기능에 따라 아래와 같은 구체적인 프로토콜의 기능으로 분류할 수 있다.
  ㉠ 정보의 분할 및 조립(Fragmentation and Reassembly)
  ㉡ 정보의 캡슐화(Encapsulation)
  ㉢ 연결 제어(Connection Control)
  ㉣ 흐름 제어(Flow Control)
  ㉤ 오류 제어(Error Control)
  ㉥ 동기화(Synchronization)
  ㉦ 순서 지정(Sequencing)
  ㉧ 주소 지정(Addressing)
  ㉨ 이름 지정(Namming)
  ㉩ 다중화 및 역다중화(Multiplexing and Demultiplexing)

03 프로토콜의 기본적인 요소가 아닌 것은?
① 구분
② 의미
③ 타이밍
④ 처리

04 프로토콜의 기본 요소에서 각종 제어절차에 관한 제어정보 등을 규정한 것은?
① Syntax
② Semantics
③ Timing
④ Format

해설
프로토콜의 기본요소
① 구문(Syntax) : 데이터 형식, 부호화(Coding) 및 신호의 크기 등 규정
② 의미(Semantics) : 정확한 정보전송을 위한 전송제어와 에러 복원을 위한 제어 정보의 규정
③ 순서(Timing) : 두 지점 간의 통신속도 조정 및 순서제어 등에 관한 규정

05 프로토콜의 주요 구성요소 중에서 데이터 형식, 부호화 및 신호레벨을 나타내는 것은?
① 구문(Syntax)
② 의미(Semantic)
③ 타이밍(Timing)
④ 주소(Address)

해설
"데이터"는 인간이나 컴퓨터가 통신, 처리 또는 해석하는 데 적합하도록 포맷팅된 표현(Syntax : 문법, 구문)을 말하며, "정보"는 정의된 규약에 따라 인간이 데이터에 부여한 의미(Semantics)를 말한다.

[정답] 01 ② 02 ② 03 ④ 04 ② 05 ①

06 다음 중 통신 프로토콜의 기본 구성 요소는?

① 주소지정, 연결해제, 계층구조
② 데이터 형식, 코딩, 신호레벨
③ 제어정보, 에러정보, 분할정보
④ 구문, 의미, 타이밍

07 Data 통신 시스템에서 프로토콜(Protocol)의 기본적인 기능이 아닌 것은?

① 정보의 분석
② 정보의 캡슐화
③ 연결 제어
④ 동기화

해설

프로토콜의 기능
① 정보의 분할 및 조립(Fragmentation and Reassembly)
② 정보의 캡슐화(Encapsulation)
③ 동기화(Synchronization)
④ 연결 제어(Connection Control)
　연결 제어 과정은 통신망에서 제공하는 연결 서비스로서 연결 지향성(Connection Oriented) 서비스와 비연결성(Connectionless) 서비스로 분류된다.
⑤ 흐름 제어(Flow Control)
　흐름 제어는 송수신기와 수신기간에 전송 속도가 일치하지 않는 경우에 사용하는 트래픽 제어 방식으로서 정보가 전송되지 못하고, 지연되는 현상을 제어하기 위한 방법이다.
⑥ 오류 제어(Error Control)
　오류 제어는 정보에 신뢰성을 부여하는 것으로 채널 코딩(Channel Coding)을 이용하여 오류를 줄일 수 있다.
⑦ 순서 지정(Sequencing)
　순서 지정은 패킷 교환망에서 사용되는 방식으로서 정보가 분할되어 캡슐화 과정을 거쳐 전송되는 과정에서 전송되는 패킷의 순서가 바뀌는 경우에 수신단에서 정확한 정보의 발생 순서대로 정보를 재조립하는 과정에 이용되는 방식이다.
⑧ 주소 지정(Addressing)
　전화망에 가입된 모든 전화에 각각의 고유한 번호가 부여되듯이 정보통신망에 접속된 통신기기에도 고유한 주소가 존재한다.
⑨ 이름 지정(Naming)
　정보통신망에 접속된 통신 기기에 고유한 주소와 함께 정보 통신 시스템의 명칭, 즉 이름이 부여되어야만 한다.
⑩ 다중화 및 역다중화(Multiplexing and Demultiplexing)
⑪ 전송 서비스(Transmission Service)

08 다음 중 프로토콜의 기능으로 적합하지 않은 것은?

① 주소부여
② 단순화
③ 흐름제어
④ 데이터의 분할 및 조립

09 다음 중 통신 프로토콜의 일반적 기능과 관계가 없는 것은?

① 세분화
② 연결 제어
③ 흐름 제어
④ 상태 제어

10 계층화된 통신 구조를 통한 데이터 전송시 상위 계층에서 하위 계층으로 데이터를 전달할 때 필요한 제어 정보(Header/Trailer)를 덧붙이는 과정은?

① Fragmentation
② Encapsulation
③ Reassembly
④ Synchronization

해설

프로토콜의 기능
① 정보의 분할(Fragmentation)
　송신기에서 발생하는 정보를 오류 없이 또는 전송의 효율을 증가시키기 위해서 적절한 크기로 분할하여 전송하는 것은 패킷 교환망에서 사용된다.
② 정보의 조립(Reassembly)
　송신기에서 분할된 정보를 수신기에서 다시 원래의 정보로 재조립되어 최종적으로 사용자에게 전달된다.
③ 정보의 캡슐화(Encapsulation)
　송신기에서 발생된 정보의 정확한 전송을 위해서 헤더와 트레일러(Trailer)를 부가하는 과정으로 패킷화 과정이라고도 한다.
④ 동기화(Synchronization)
　정보를 전송하는 정보 통신 시스템에서 송·수신기간의 정확한 동기를 이루는 과정이다.

11 OSI 참조모델에서 제 $N-1$계층의 패킷의 데이터 부분은 제 N계층의 패킷(데이터와 헤더) 전체를 포함한다. 이러한 개념을 무엇이라고 하는가?

① 서비스
② 인터페이스
③ 대등-대-대등 프로세스
④ 캡슐화

해설

캡슐화(Encapsulation)
① 데이터가 상위계층에서 하위계층으로 내려가면서 데이터에 제어 정보를 덧붙이는 과정을 캡슐화라고 한다.
② $(N+1)$계층으로부터 PDU(Protocal Data Unit)를 받아들여 N SDU에 N계층의 제어정보(PCI)를 덧붙여 N PDU를 만든다.

[정답] 06 ④ 07 ① 08 ② 09 ④ 10 ② 11 ④

12 다음 중 정보의 캡슐화(Encapsulation)에 사용되는 프로토콜 제어정보가 아닌 것은?

① 동기신호
② 수신주소
③ 송신주소
④ 오류검출코드

해설

데이터의 캡슐화(Encapsulation)
① 각 계층의 프로토콜에 적합한 데이터 블록(패킷 프레임)으로 만들고 통신 상대국의 주소, 에러검출코드 등을 갖는 헤더를 부가하는 기능을 수행한다.
② 각 PDU는 데이터뿐만 아니라 제어정보도 포함되며 때로는 제어정보만으로 된 PDU도 있다.

13 프로토콜의 기능 중 송신측 개체로부터 오는 데이터의 양이나 속도를 수신측 개체에서 조절하는 기능은 무엇인가?

① 연결제어
② 에러제어
③ 흐름제어
④ 동기제어

14 OSI 모델에서 계층 구조상 기본 구성 요소가 아닌 것은?

① 개체(Entity)
② 접속(Connection)
③ 데이터 단위(Data Unit)
④ 타이밍(Timing)

해설

N 계층 구성에 관한 기본 개념
① 개체(N-Entity)
② 서비스(N-Service)
③ 프로토콜(N-Protocol)
④ 접속(N-Connection)
⑤ 데이터 단위(Data Unit)

15 통신 프로토콜의 세 가지 방식에 해당되지 않는 것은?

① 문자 방식
② 폴링 방식
③ 바이트 방식
④ 비트 방식

16 문자 방식의 대표적인 프로토콜은?

① BSC
② ADCCP
③ SDLC
④ HDLC

해설

비트 방식 : ADCCP, SDLC, HDLC
바이트 방식 : DDCMP

17 다음 중 문자 방식 Protocol(Character-Oriented Protocol)이 아닌 것은?

① BSC
② BISYNC
③ BASIC
④ SDLC

해설

SDLC는 비트 방식 Protocol임
• 문자 방식 프로토콜 : BSC, BASIC, BISYNC
• 문자 계수식 : DDCMP
• 비트 방식 : SDLC, HDLC 등

18 문자 방식 Protocol에서는 Text가 긴 경우 Block 단위로 나누어 전송하게 되는데 이때 Block 뒤에 붙는 전송제어 문자는?

① DLE
② ENQ
③ ETX
④ ETB

해설

Block 뒤에 붙는 전송제어 문자는 ETB이며, 최후의 Block 뒤에 붙는 전송제어 문자는 ETX임

19 문자 방식 Protocol의 Frame 구조를 바르게 나타낸 것은?

①	SOH	heading	STX	text	ETX	BCC
②	STX	heading	SOH	text	ETX	BCC
③	heading	SOH	STX	text	ETB	BCC
④	heading	STX	SOH	text	ETB	BCC

[정답] 12 ① 13 ③ 14 ④ 15 ② 16 ① 17 ④ 18 ④ 19 ①

해설
문자 방식 프로토콜의 Frame 구조는
SOH - heading - STX - text - ETX - BCC 순이다.

20 DDCMP 프로토콜과 관계가 없는 프레임은?

① HEADER ② DATA
③ BLOCK CHECK ④ FLAG

해설
DDCMP(Digital's Data Communication Message Protocol)
① Byte 계수 방식의 프로토콜이다.(문자 위주 프로토콜)
② DDCMP 프레임 형식

Header Checksum	Data	Data Checksum

㉠ Data : 임의 순서의 바이트들을 포함한다.
㉡ Data Checksum : 데이터 필드상의 CRC-16 FCS이다.

21 다음 중 문자계수식 Protocol(Byteoriented Protocol)은?

① UDLC ② SDLC
③ DDCMP ④ HDLC

해설
문자계수식 Protocol(Character Count Protocol)
Character Count Protocol은 전송 제어 부호상에 의미를 부여하지 않고, Header에 송신하고자 하는 전송 방식을 Full-Duplex로 운용할 수 있다. 이 방식은 Byte-Oriented Protocol이라고 하며 대표적인 것으로는 DEC 사에서 개발한 DDCMP(Digital Data Communication Message Protocol)가 있다.

22 DDCMP Protocol의 Frame 구조에서 Header 부분을 바르게 나타낸 것은?

①	class	count	flag	Response	Sequence	Address
②	count	class	Response	Sequence	Address	flag
③	class	count	Response	Sequence	Address	flag
④	count	class	flag	Response	Sequence	Address

해설
DDCMP의 Frame 구조

SYN	SYN	Class	Count 14bit	flag 2bit	Response 8bit	Sequence 8bit	Address 8bit	BCC-1 16bit	text 16,363개 character (8bit)	BCC-2 16bit

- SYN : 동기 문자
- Count : 데이터 Block 내에 포함되는 Character 개수(14bit)
- Sequence : 메시지 순서 번호
- BCC : 에러 검색용 CRC(16bit)

특징
DDCMP Protocol은 최대 255개 (28-1)까지의 메시지 Block을 응답 확인 없이 전송할 수 있어, 전송 효율은 향상되지만 대용량의 송수신 Buffer가 필요하게 된다.

23 다음 중 네트워크 구조상의 논리적 모델 요소가 아닌 것은?

① Node ② Link
③ Process ④ Interface

24 정보를 송수신할 수 있는 능력을 가진 개체로서, 주어진 입력에 대하여 어떤 기능을 수행하고 출력하는 것은?

① 데이터(Data)
② 엔티티(Entity)
③ 프로토콜(Protocol)
④ 스테이트(State)

해설
OSI-7계층 참조 모델의 기본 구성요소
① 개체(Entity) : 개방형 시스템 사이의 통신을 가능하게 하는 능동적 요소이다.
② 접속(Connection) : 동일 개체 사이에서 프로토콜 데이터 단위(PDU)라 불리는 이용자 정보를 교환하기 위한 논리적인 통신로를 접속이라 한다.
③ 프로토콜(Protocol) : 접속에 의해 연결된 동일 개체 사이의 통신의 약속을 말한다.
④ 서비스(Service) : N층이 $(N+1)$층에 제공하는 통신기능이다.
⑤ 데이터 단위(Data unit) : 접속 상의 정보 단위이다.

[정답] 20 ④ 21 ③ 22 ① 23 ④ 24 ②

25 OSI 참조모델의 구성요소 중 서비스와 데이터 단위에 대한 설명이다. 괄호 안에 알맞은 말은?

> (N)-계층이 상위계층인 ($N+1$)-계층에게 제공해 주는 기능을 ( )라고 한다.

① (N)-서비스
② (N)-SAP
③ (N)-SDU
④ ($N+1$)-SAP

26 다음 그림은 프로토콜 계층 구조에서 인접한 계층 구조간의 데이터 전송을 나타낸 것이다. 빗금친 부분이 의미하는 것은?

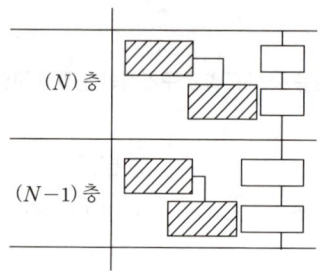

① Protocol Data Unit
② Interface Data Unit
③ Service Data Unit
④ Protocol Control Information

해설
PCI(프로토콜 제어 정보)는 헤더로서 데이터 단위의 앞에 위치한다.

27 프로세스간 통신 프로토콜에 기반을 둔 모든 상위 프로토콜은?

① 네트워크 액세스 프로토콜
② 네트워크간 프로토콜
③ 프로세스간 프로토콜
④ 응용 지향 프로토콜

28 다음 중 OSI 참조모델에 대한 설명으로 맞지 않는 것은?

① 개방형 시스템의 상호 통신을 위한 참조 모델이다.
② ISO에서 동일 기종간의 컴퓨터 통신을 위한 구조 개발에 의해 만들어진 규정이다.
③ 통신 기능을 7계층으로 나누어 각 계층의 기능을 정의하였다.
④ 서로 다른 컴퓨터나 정보통신시스템간의 연결과 원활한 정보 교환을 위한 표준화된 절차이다.

해설
OSI 참조모델은 ISO에서 이기종 컴퓨터간의 통신을 위한 구조개발에 의해 만들어진 규정이다.

29 다음 중 OSI-7계층의 순서가 맞는 것은?

① 물리계층-네트워크계층-데이터링크계층-트랜스포트계층-세션계층-표현계층-응용계층
② 물리계층-데이터링크계층-트랜스포트계층-네트워크계층-세션계층-표현계층-응용계층
③ 물리계층-데이터링크계층-네트워크계층-트랜스포트계층-표현계층-세션계층-응용계층
④ 물리계층-데이터링크계층-네트워크계층-트랜스포트계층-세션계층-표현계층-응용계층

30 OSI(Open System Interconnection) 7계층(Layer) 2, 3, 6계층의 순서로 옳은 것은?

① 전송 계층-세션 계층-표현 계층
② 물리 계층-세션 계층-표현 계층
③ 데이터링크 계층-네트워크 계층-표현계층
④ 데이터링크 계층-세션 계층-표현 계층

해설
OSI(개방형 시스템 상호 접속)
통신 계위를 표준화하여 서로 다른 컴퓨터간의 상호 접속이 가능하도록 한 방법으로서 국제 표준 기구에서 제안한 망 구조 설계 방안으로 7계층(Layer)의 처리 단계와 망 관리를 위한 기능을 포함한다.

[정답] 25 ① 26 ④ 27 ④ 28 ② 29 ④ 30 ③

출제 예상 문제

계층	명칭	역할	비고
7	응용 계층 (Application)	시스템 관리 및 종단 사용자의 응용 프로그램 등을 제공한다.	상위 계층
6	표현 계층 (Presentation)	응용 계층에서 발생하는 데이터(Data)들을 전송할 수 있는 형태로 변환시키고, 전달받은 데이터를 응용 계층이 해석할 수 있는 데이터의 형태로 제공하는 기능을 제공한다.	
5	세션 계층 (Session)	통신 시스템간의 회화 기능을 제공한다. 서로 연관된 응용간의 접속을 설정, 관리, 종결하는 기능을 담당한다.	
4	전송 계층 (Transport)	통신망 양단간의 투명한 데이터 전송 기능을 제공한다. 두 종점간의 에러 복구와 흐름 제어를 담당한다.	
3	네트워크 계층 (Network)	호의 설립과 해제, 데이터의 경로 설정, 유지, 종결의 기능을 제공한다.	
2	데이터링크 계층 (Data Link)	전송 선로상에서의 정보 전송을 담당한다. 필요한 동기화, 에러제어, 흐름 제어로서 데이터 블록을 전송한다.	
1	물리 계층 (Physical)	OSI 모델의 최하위 계층이다. 정보 전송을 위한 물리적 전송 선로의 기능을 제공한다.	하위 계층

31 다음 설명 중 올바른 것은?

① QPSK 모뎀의 경우 보오율과 비트율은 동일하다.
② TDM이란 주파수 대역을 분할하여 각각의 채널로 할당하여 다중화하는 방식이다.
③ CRC는 에러 정정을 하기 위함이다.
④ OSI 개방 시스템 모델의 7계층 중 최하위 계층은 물리 계층이다.

해설
① QPSK의 경우 비트율은 2배의 보오율이다.
② ②번은 FDM을 설명한 것이다.
③ CRC는 집단 에러를 검출하는 코드로 많이 이용된다.

32 OSI 7계층(Layer)에서 물리층(Physical Layer)을 설명한 것이 아닌 것은?

① OSI 모델의 최하위 계층이다.
② 정보 전송을 위한 물리적 전송 선로의 기능을 제공한다.
③ 통신 시스템간의 물리적, 전기적 인터페이스를 담당하는 부분이다.
④ 전기적인 정보 신호의 저장에 관련된 기능을 제공한다.

해설
OSI 7계층
① 3개의 하위 계층(물리 계층, 데이터링크 계층, 네트워크 계층) : 전기통신적인 기능과 네트워킹 기능을 제공한다.
② 3개의 상위 계층(세션 계층, 표현 계층, 응용 계층) : 정보의 처리 기능을 처리하는데, 특히 세션 계층과 표현 계층은 회화 기능을 수행한다.
③ 중간 계층(전송 계층) : 정보의 전송 기능을 담당하는 하위 계층과 정보의 가공 및 처리 기능을 수행하는 상위 계층간의 연결 기능을 제공한다.
- 물리 계층은 통신 시스템간의 물리적, 전기적 인터페이스를 담당하는 부분으로서 전송 선로를 통한 전기적인 정보 신호의 전송에 관련된 기능을 제공한다. 즉, 송신기와 수신기간의 전기적인 회로를 통한 상호 작용을 정의하고 있다.

33 OSI-7 프로토콜 중에서 물리계층이 하는 역할을 바르게 나타낸 것은?

① 회선의 제어 규약을 정의
② 회선의 전기적 규약을 정의
③ 회선의 다중화 규약을 정의
④ 회선의 유지보수 규약을 정의

해설
OSI 7계층 중 제1계층인 physical Layer는 회선의 전기적, 기계적, 물리적, 절차적 사양을 규정하고 있다.

34 OSI 7계층에서 기계적, 전기적, 기능적, 절차적 특성을 갖는 구조화되지 않은 비트 스트림을 전송하는 계층은?

① 물리계층
② 세션계층
③ 응용계층
④ 네트워크계층

35 다음 규격 중 OSI 7계층의 물리 계층과 관계가 가장 적은 것은?

① RS-232
② RS-449
③ X.21
④ X.25

해설
X.25 : 공중 데이터 네트워크에서 패킷형 터미널을 위한 DCE와 DTE 사이의 접속을 규정

[정답] 31 ④ 32 ④ 33 ② 34 ① 35 ④

36 RS-232C/V.24를 설명한 것 중 틀린 것은?

① DTE와 모뎀을 연결하는 표준 인터페이스이다.
② RS-232C는 25개의 핀 할당을 통해 동작을 규정하고 있다.
③ 물리 계층 인터페이스 표준이다.
④ RS-232C는 실제 동축 케이블을 이용하여 제작하며 신호의 전기적 특성도 규정하고 있다.

해설

RS-232C/V.24 규격
① EIA에서 제정
② 가장 널리 알려진 접속 규격
③ 불평형 방식의 전송(Unbalanced Transmission)
④ 25pin 커넥터 사용
⑤ 전송 속도 제한 : 20,000[bps]까지
⑥ 전송 거리 제한 : 15[m]까지
⑦ 동기 및 비동기 전송 가능

37 RS-232C, V.24/38 등의 프로토콜은 OSI 7계층 중 어디에 해당하는가?

① 1계층   ② 2계층
③ 3계층   ④ 4계층

해설

물리계층(Physical Layer)
① 물리계층은 OSI 7 계층모델에서 최하위 계층인 제1계층이다.
② 물리계층은 단말기기와 전송매체 사이의 인터페이스를 정의하며, 데이터링크계층 엔티티 간의 비트 전송을 위한 기계적, 전기적, 기능적, 절차적인 수단을 제공하는 계층이다.
③ 물리계층에서만 정의되는 대표적인 표준 : RS-232C, V.24, X.21, V.35 등

38 단말기와 변복조기의 연결 커넥터(25pin)의 설명 중 틀린 것은?

① 동기 및 비동기식으로 구분된다.
② 데이터 속도는 20[kbps] 이하이다.
③ ITU 권고 사항 V.24/V.28에 준한다.
④ 아날로그 신호를 연결하는 커넥터이다.

해설

① 동기 방식 : 동기식 및 비동기식 전송이 가능
② 적용 회선 : Point-To-Point, Multi-Point, 교환 회선 등
③ Data 신호 속도 : 20[kbps] 이하
④ 전기적 특성 : CCITT 권고 V.28에 규정된 불평형 복류 상호 접속 회로에 의한 불평형 전송
⑤ 물리적 특성 : ISO 2110(25pin)

39 ITU-T의 X시리즈에 대한 권고 내용 중 공중 Data Network에서 비동기 전송을 위한 DTE/DCE 접속 규격은?

① X.20   ② X.21
③ X.25   ④ X.27

해설

인터페이스 규약
① DTE/DCE 인터페이스를 권고하는 표준 접속 규약으로 ITU-T권고안, EIA 및 ISO의 표준안 등이 있다.
② 공중전화 교환망(PSTN : Public Switched Telephone Network)을 사용하면 ITU-T의 권고 V계열 권고를 준수한다.
③ 공중 데이터 교환망(PSDN : Public Switched Data Network)을 사용한다면 ITU-T의 권고 X계열 권고를 준수한다.
④ X계열 권고안은 공중 데이터망을 이용한 데이터 전송에 관한 규격으로서 DTE/DCE간의 인터페이스 규격 그리고 상호접속 회로의 전기적 특성을 정의하고 있다.
⑤ ITU-T의 X계열 권고안

권고안	내 용
X.20	공중 데이터망에서의 비동기 전송을 위한 DTE/DCE인터페이스 규격
X.20 bis	V계열의 비동기 전이중 모뎀의 인터페이스용으로 설계된 DTE의 공중 데이터망의 규격
X.21	공중 데이터망에서의 동기식 전송을 위한 DTE/DCE 인터페이스 규격
X.21 bis	V계열의 동기식 모뎀에 적합하게 설계된 DTE의 공중 데이터망 규격
X.22	사용자 등급이 3~6인 다중 DTE/DCE 인터페이스 규격
X.24	공중 데이터망에서 사용되는 DTE/DCE 간의 상호 접속 회로 규격
X.25	공중 데이터 네트워크에서 패킷형 터미널을 위한 DCE와 DTE 사이의 접속 규약
X.26	데이터 통신 분야에서 직접 회로 장치로 이용되고 있는 범용의 불평형 복류 상호 접속 회로의 전기적 특성 규격
X.27	데이터 통신 분야에서 직접 회로 장치로 이용되고 있는 범용의 평형 복류 상호 접속 회로의 전기적 특성 규격
X.28	동일한 국가 내에 위치하는 공중 데이터망에서 PAD에 액세스 하는 비동기식 터미널을 위한 DTE/DCE 인터페이스 규격

[정답] 36 ④ 37 ① 38 ④ 39 ①

출제 예상 문제

40 다음 중 물리계층에서 사용하는 데이터 전송단위는?

① Bit ② Frame
③ Packet ④ Message

해설
OSI-7 Layer의 각 계층에서 사용되는 데이터 단위는 다음과 같다.
① 제7계층(응용계층) : message
② 제6계층(표현계층) : message
③ 제5계층(세션계층) : message(record라고도 한다.)
④ 제4계층(전송계층) : message(segment 라고도 한다.)
⑤ 제3계층(네트워크계층) : packet
⑥ 제2계층(데이터링크계층) : frame
⑦ 제1계층(물리계층) : bit

41 OSI 7 Layer에서 Data Link Control 계층의 기능으로 볼 수 없는 것은?

① 전송 오류 제어 기능
② Text의 압축, 암호화 기능
③ Flow 제어 기능
④ Link의 관리 기능

해설
텍스트의 압축, 암호화(Encryption) 등과 같은 데이터 변형에 관한 규범은 6번째 계층인 표현층(Presentation Layer)에서 담당한다.

42 전송 제어 절차를 순서에 맞게 기술한 것은 다음 중 어느 것인가?

1	회선의 절단
2	정보의 전송
3	데이터링크의 설정
4	데이터링크의 해제
5	회선의 접속

① 3 - 1 - 2 - 5 - 3
② 3 - 5 - 2 - 1 - 3
③ 5 - 3 - 2 - 4 - 1
④ 1 - 4 - 2 - 1 - 3

해설
전송 제어 절차의 5단계
제 1단계 : 일반 교환망에서의 회선 접속
제 2단계 : 데이터 링크의 확립
제 3단계 : 정보의 전송
제 4단계 : 데이터 링크의 해제(*종결이라고도 함)
제 5단계 : 일반 교환망에서의 회선 절단

43 전송 제어 절차의 4단계는 무엇인가?

① 데이터 링크 확립
② 회선 접속
③ 데이터 링크 해제
④ 회선 절단

해설
전송 제어 절차
1단계 : 회선 접속
2단계 : 데이터링크 확립
3단계 : 정보 전송
4단계 : 데이터 링크 해제
5단계 : 회선 절단

44 전송 제어 기능을 수행하는 Layer는?

① Layer 2 ② Layer 3
③ Layer 4 ④ Layer 5

해설
입출력 제어, 회선 제어, 동기 제어, 착오 제어를 총칭하여 전송 제어라 하며 OSI 7 Layer의 2번째 Layer인 Data Link Layer에서 그 역할을 수행한다.

45 다음 중 전송 제어에 해당되지 않는 것은?

① 회선 제어 ② 주소 부여
③ 동기 제어 ④ 착오 제어

해설
전송 제어란 입출력 제어, 회선 제어, 동기 제어, 착오 제어를 총칭한 것이다.

[정답] 40 ① 41 ② 42 ③ 43 ③ 44 ① 45 ②

46 ISO에서 제한한 LAN의 프로토콜 중 논리 링크 제어 및 매체 액세스 제어를 기술하고 있는 계층은 OSI 개방 시스템의 어느 계층에 해당하는가?

① 응용 계층 ② 전송 계층
③ 세션 계층 ④ 링크 제어 계층

해설
Data Link Layer
① 데이터링크 계층은 두 번째 계층으로서 전송 선로상에서의 정보 전송을 담당한다.
② 데이터링크 계층의 대표적인 것
　㉠ 교환망 : Point-to-Point 접속 기능을 제공하는 HDLC 절차, IBM사에서 제공하는 BISYNC, X.25의 LAPB(Link Access Procedures Balanced) 등
　㉡ 방송형 통신을 지원하는 IEEE 802 계열의 LAN 프로토콜(CSMA/CD, 토큰 버스, 토큰 링)로 데이터링크 계층의 프로토콜이다.

47 개방형 시스템의 7계층에서 에러 감시 및 제어를 하는 계층을 무엇이라 하는가?

① 물리 계층 ② 데이터링크 계층
③ 네트워크 계층 ④ 트랜스포트 계층

해설
데이터링크 계층(Data Link Layer)의 기능
① 정보의 프레임(Frame)화
② 프레임의 순서 제어
③ 프레임의 전송 확인과 흐름 제어
④ 오류의 검출 및 회복
⑤ 데이터링크의 접속 및 해제
⑥ 데이터링크 서비스
∴ 논리적 링크의 설정, 유지 및 해방, 오류의 검출 및 정정 등의 기능을 수행한다.

48 OSI에서 표준 모델로 정한 컴퓨터 상호간 연결을 위한 계층 구조 중 전송로의 개설과 유지, 해제를 담당하는 계층은?

① Physical Layer ② Data Link Layer
③ Network Layer ④ Session Layer

해설
① OSI(Open System Interconnection) 참조 모델 : 타기종 컴퓨터 사이를 통신회선 등으로 상호 연결하였을 때, 이들 상호간에 통신을 원활히 할 수 있도록 한 표준 네트워크 아키텍처이다.
② Data Link Layer
　㉠ OSI 참조 모델의 계층 2에 해당하는 계층으로서 전송 선로상에서의 정보 전송을 담당한다.
　㉡ 물리적 계층에서 제공하는 송·수신간의 비트 전송 기능을 이용하여 2개의 인접된 개방형 시스템간에서 비트열을 모든 프레임 단위의 데이터를 논리적 링크를 통하여 오류 없이 확실하게 송·수신하기 위하여 데이터링크라는 논리적 링크의 설정, 유지 및 해방, 오류의 검출 및 정정 등의 기능을 수행한다.

49 ISO의 OSI 7계층의 RM(Reference Model)에서 데이터링크의 전송 에러로부터의 영향을 제거하여 상위층에 신뢰성있는 정보를 제공하는 기능을 갖는 계층은?

① Layer 1 ② Layer 2
③ Layer 3 ④ Layer 4

50 흐름제어의 대표적인 기술로서 송수신측에 일정 버퍼를 두고 송수신 블록수와 ACK신호에 따라 버퍼크기를 조정해가면서 버퍼 오버플로우가 발생하지 않도록 하는 기술은 무엇인가?

① X-ON/X-OFF ② RTS/CTS
③ Sliding Window ④ ARQ

해설
OSI 7계층의 2번째 계층인 데이터링크계층의 역할은 전송제어(입출력장치제어, 동기제어, 회선제어, 에러제어)와 흐름제어이다. 흐름제어란 수신측이 송신측의 전송속도를 제어하는 것으로 Sliding Window Flow Control(SWFC)방법이 사용된다. 다시 말하면 흐름제어는 데이터의 양이나 통신속도 등이 수신측의 처리능력을 초과하지 않도록 조정하는 기능을 말한다.

51 프로토콜의 기능 중 데이터의 양이나 통신속도 등이 수신측의 처리능력을 초과하지 않도록 조정하는 기능은?

① 다중화 ② 흐름제어
③ 연결제어 ④ 주소설정

[정답] 46 ④ 47 ② 48 ① 49 ② 50 ③ 51 ②

출제 예상 문제

52 다음은 데이터링크 계층의 프로토콜이다. 이 중 비트 방식 프로토콜(Protocol)이 아닌 것은?

① BSC ② SDLC
③ HDLC ④ ADCCP

해설
문자 방식 프로토콜 : BSC

53 전송 에러를 검출하고 복구해 주는 작업을 수행하는 계층은?

① 물리 계층 ② 링크 제어 계층
③ 망 계층 ④ 세션 계층

해설
Data Link Layer
동기화, 오류 제어, 흐름 제어 등의 물리적 링크를 통해 신뢰성 있는 정보를 전송하는 기능을 한다.

54 Point-To-Point 사이를 잇는 전달 매체의 품질에 관계없이 에러 없는 데이터 전송을 책임지는 프로토콜은?

① 데이터링크 프로토콜 ② 네트워크 프로토콜
③ 세션 프로토콜 ④ 트랜스포트 프로토콜

해설
데이터링크 계층의 기능
① 데이터링크 접속의 설정과 해제
② 에러의 검출과 회복
③ 정보의 프레임화
④ 프레임 순서 제어
⑤ 프레임의 전송 확인과 흐름 제어

55 Open System간 상호접속(OSI) 모델 중 Data Link 중에 해당하는 전송 에러 절차시 이용되는 전송 제어 문자(Character)에서 "둘 이상의 문자들의 의미를 변경하거나 전송 제어 기능을 추가"할 때 사용하는 문자는?

① SYN ② STX
③ ETX ④ DLE

해설
2진 동기식 통신(BSC)
① 2진 동기식 통신(BSC : Binary Synchronous Communication)은 문자들의 스트링으로 구성되어 있는 메시지를 전달하는 반이중 프로토콜(Half-duplex Protocol)이다.
② 제어 문자는 제어 정보를 전달하기 위해 사용하는 특수한 문자에 의해 제공된다. 이들 문자에 대한 비트 조합은 ASCII와 같은 문자코드를 바탕으로 만들어졌다.

제 어 문 자	의 미
SYN(Synchronous Idle)	동기화 유지
SOH(Start of Heading)	헤딩블록 앞에서 헤딩의 시작을 표시
STX(Start of Text)	헤딩의 종료 및 텍스트의 개시를 표시
ETX(End of Text)	텍스트의 종료를 표시
ETB(End of Transmission block)	전송 블록의 종료를 표시
EOT (End of Transmission)	전송의 종료 및 데이터링크의 초기화 표시
ENQ(Enquiry)	상대국에 데이터링크 설정 요구
DLE(Data link escape)	둘 이상의 문자들의 의미를 변경하거나 전송 제어 기능을 추가할 때 사용한다.
ACK(Acknowledge)	수신한 정보 메시지에 대한 긍정 응답
NAK (Negative Acknowledge)	수신한 정보 메시지에 대한 부정 응답

56 기본형 데이터 전송 제어 절차에서 사용되는 제어 캐릭터 중 최종 블록의 최후에만 부가되는 것은?

① SOH ② ETB
③ STX ④ ETX

해설
기본형 전송제어절차란, BASIC Protocol을 의미하며, 최종 Block이란 Text의 마지막이므로 ETX가 부가된다.

문자 방식 Protocol(Character-Oriented Protocol)
메시지를 전송단위인 Frame으로 구분해서, 수신단에서 Frame의 시작과 끝을 구분할 수 있도록 특별히 정의된 제어 문자(Control Character)를 사용하는 방식을 Character-Oriented Protocol이라 한다. 이 방식의 대표적인 Protocol은 BSC(BISYNC)와 BASIC이 있다.

Frame 구조
• Unique Character(Optional)
  - Text가 긴 경우에는 Block 단위로 나누어 전송하며 Block 뒤에는 ETB를 붙이고 마지막 Block은 Text의 끝을 의미하므로 ETX를 붙인다.
  - Heading : Text를 전송하기 위한 보조 정보
  - BCC(Block Check Character) : Error 검색용 CRC로 Heading에서 ETX까지가 BCC의 Check 범위임.

[정답] 52 ① 53 ② 54 ① 55 ④ 56 ④

57 다음은 ASCII 링크 제어 문자들이다. 이들 중에서 실제 전송할 데이터의 시작임을 의미하는 통신 제어 문자는 어느 것인가?

① EOT　　② ETB
③ STX　　④ ETX

58 문자 동기 설정을 유지시키거나 어떤 데이터 또는 제어 문자가 없을 때 채우기 위하여 사용되는 제어 문자는 어느 것인가?

① STH　　② SOH
③ DLE　　④ SYN

59 비트 방식 Protocol의 정보부는 비트 투명성을 갖기 위해 Zero Insertion Technique을 사용한다. 이에 대한 설명으로 맞는 것은?

① 데이터 중에 3개의 연속된 1이 나타나면 그 다음에 0을 삽입시켜 전송한다.
② 데이터 중에 4개의 연속된 1이 나타나면 그 다음에 0을 삽입시켜 전송한다.
③ 데이터 중에 5개의 연속된 1이 나타나면 그 다음에 0을 삽입시켜 전송한다.
④ 데이터 중에 6개의 연속된 1이 나타나면 그 다음에 0을 삽입시켜 전송한다.

[해설]
Zero Insertion Technique은 Bit 투명성(어떤 Bit Stream도 전송할 수 있는 것)을 확보하기 위하여, 전송 Bit에 5개의 연속된 1이 나타나면 그 다음에 0을 삽입시켜 전송하고 수신측에서 이를 제거하는 기술

60 송신자에게 긍정적인 답을 보낼 때 이용되는 제어 문자로서 상대방이 보내온 내용을 에러 없이 수신하였다는 의미로 이용되는 제어 문자는 어느 것인가?

① SOH　　② ACK
③ SYN　　④ ENQ

61 데이터링크 제어 프로토콜의 유형을 분류한 것 중 잘못된 것은?

① 비동기 프로토콜–Start-Stop
② 문자 지향 프로토콜–IBM SDLC
③ 카운트 지향 프로토콜–DECNET DDCMP
④ 비트 지향 프로토콜–X.25 LAPB

[해설]
SDLC(Synchronous Data Link Control)
비트 방식의 프로토콜이다.

62 다음은 데이터링크 계층의 프로토콜들이다. 이 중 비트방식의 프로토콜이 아닌 것은?

① HDLC　　② SDLC
③ DDCMP　　④ ADCCP

[해설]
① DDCMP : 바이트 카운트 방식의 프로토콜(문자 위주 프로토콜)
② BSC(Binary Synchronous Communication)도 문자 방식의 프로토콜이다.

63 BSC 프로토콜의 메시지 형태 중 기본 모드의 블록 형식에서 끝에 오는 제어문자는?

① BCC　　② STX
③ SOH　　④ SYN

[해설]
BSC 프로토콜
① SDLC가 발표될 때까지 사용되어온 문자 방식의 프로토콜
② 반이중 방식과 Point-To-Point, Multipoint 방식에 사용
③ 에러 제어 방식은 Stop-And-Wait ARQ이다.
④ 이 프로토콜은 특수 문자(SOH, STX, ETX, EOT, ENQ, ACK 등)를 사용하여 메시지의 처음과 끝, 실제 데이터의 처음과 끝을 표시하여 전송하는 방식이다.
⑤ 기본 모드에서의 블록 전송은 2개 이상의 SYN 제어문자 다음에 STX-본문 또는 SOH-헤딩으로 시작되며, ETB(또는 EXT) 제어문자 BCC로 끝나게 된다.
⑥ BSC에서 사용하는 전송 코드
　㉠ EBCDIC 코드 : 256자
　㉡ ASCII 코드 : 128자
　㉢ 6비트 전송 코드 : 64자

[정답] 57 ③　58 ④　59 ③　60 ②　61 ②　62 ③　63 ①

출제 예상 문제

64 통신의 목적으로 한 블록의 끝임을 의미하는 제어 문자는?

① ETB　　② ETX
③ SYN　　④ STX

해설
제어 문자
① SYN(Synchronous Idle) : 문자 동기 유지
② SOH(Start of Header) : 헤딩의 시작
③ STX(Start of Text) : 텍스트 앞에 위치
④ ETX(End of Text) : STX 또는 SOH로 시작한 문자의 한 블록이 끝남

65 BSC(Binary Synchronous Communication) 데이터링크 프로토콜에 대한 설명 중 옳지 못한 것은?

① 지정된 제어문자를 사용하는 문자 위주의 데이터 링크 프로토콜에는 프레임의 시작과 끝부분에 지정된 제어문자로서 프레임의 길이를 규정하는 방식이다.
② 연속된 문자들의 조합으로 구성되어 있는 메시지 전송용의 전이중 프로토콜이며, 제어 정보를 전달하기 위하여 인쇄되지 않은 특수 문자를 사용한다.
③ 국간 통신 과정은 접속의 설정, 데이터 전송, 접속의 종료 등 3가지로 구분되어 운용된다.
④ 전송 프레임 구조는 각 프레임의 시작이 두 개 이상의 SYN 문자로 구성되며 각 전송 블록은 헤더, 텍스트, 트레일러의 3부분으로 구성된다.

해설
메시지 전송용은 반이중 프로토콜이 사용된다.

66 BSC 프로토콜에서 사용되지 않는 방식은?

① 반이중 전송방식
② Point To Point 방식
③ Loop 방식
④ Selection Hold 방식

67 BSC에서 사용되는 전송 코드 중 EBCDIC 코드를 사용할 때 전송 에러 점검 방식은 어느 것인가?

① ARQ 방식　　② LRC 방식
③ CRC-16 방식　④ CRC-12 방식

68 BSC 프로토콜에서 사용되는 전송 코드가 아닌 것은?

① 7bit Baudcode
② 6bit Transcode
③ ASCII Code
④ EBCDIC Code

69 BSC 프로토콜에서 셀렉티브(Selective) ARQ 방식에서 n번째 ERROR가 발생시 어떻게 재송신하는가?

① n번만　　　　② $n+1$번부터
③ n번부터 전부　④ $n-1$번부터 전부

해설
검출 후 재송신 방식(ARQ)
① 통신회선에서 에러가 발생시 수신측은 에러의 발생을 송신측에 알리고 송신측은 에러가 발생한 프레임을 재전송하는 방식이다.
② ARQ 방식은 데이터 재전송 방식이며, 재전송하는 방법에 따라 크게 3가지로 나뉜다.
　㉠ 정지-대기 ARQ(Stop-And-Wait ARQ)
　㉡ 연속적 ARQ 방식
　　ⓐ 반송 N블록 ARQ(Go-Back-N ARQ)
　　ⓑ 선택적(Selective) ARQ
　㉢ 적응적(Adaptive) ARQ 방식
③ 선택적 ARQ 방식 : 에러가 검출된 해당 블록만을 재전송하는 것이다. SDLC 프로토콜에서 채택하고 있다.

70 SDLC(Synchronous Data Link Control) 프로토콜의 특성이 아닌 것은?

① 네트워크 구조에 무관하게 운용한다.
② 반이중 방식만 가능하다.
③ 비트 방식의 프로토콜이다.
④ GO BACK N ARQ를 사용한다.

[정답] 64 ① 65 ② 66 ③ 67 ③ 68 ① 69 ① 70 ②

해설

SDLC 프로토콜
① 1973년 IBM에서 BSC 프로토콜의 많은 문제를 해결한 SDLC 프로토콜 개발
② 주요 특성
  ㉠ 비트 방식의 프로토콜이다.
  ㉡ 네트워크 구조나 기기의 종류와는 무관하게 운용된다.
  ㉢ 연속적 ARQ(Go-Back-N ARQ)를 이용하여 에러를 제어한다.
  ㉣ Point-To-Point, Multipoint, Loop 방식의 모든 Link 형태가 가능
  ㉤ 단방향 전송, 반이중 전송, 전이중 전송의 운용 모두 가능하다.
  ㉥ 완전히 투명한 텍스트 운용

71 다음은 HDLC Protocol의 특징을 설명한 것이다. 틀린 것은?

① 비트 방식 Protocol이다.
② Simplex, Half-Duplex, Full-Duplex에서 모두 사용가능하다.
③ 데이터 링크 형식은 Point-To-Point, Multipoint, Loop 방식 모두 가능하다.
④ 에러 제어 방식으로는 Stop-And-Wait ARQ를 사용한다.

해설

HDLC Protocol의 에러 제어 방식은 반송 N 블록 ARQ를 사용한다.

72 다음 중 HDLC 프로토콜의 설명으로 맞는 것은?

① 네트워크 계층의 정보 전송을 위한 아키텍처이다.
② 캐릭터 방식의 프로토콜이다.
③ 에러 제어 방식은 연속적 ARQ 방식을 사용한다.
④ Full Duplex 방식에서는 사용할 수 없다.

해설

HDLC 프로토콜
① 개요 : 1974년 국제표준기구(ISO)에서 발표한 비트 방식의 프로토콜이다.
② 특징
  ㉠ 비트 방식의 프로토콜이다.
  ㉡ 단방향 전송, 반이중 전송, 전이중 전송 방식이 모두 가능하다.
  ㉢ Point-To-Point, Multipoint, Loop 방식이 모두 사용 가능하다.
  ㉣ Go-Back-N ARQ의 에러 제어 방식을 사용한다.

73 다음 정보 통신 시스템의 HDLC에 대해 설명한 것 중 틀린 것은 어느 것인가?

① 임의의 비트 패턴의 전송이 불가능하다.
② 오류 검출 방식으로는 CRC 방식을 채택하고 있다.
③ 수신측으로부터 응답을 기다리지 않고 연속하여 데이터를 전송할 수 있다.
④ 신뢰성이 높아 고속 전송이 가능하다.

해설

HDLC는 어떠한 부호 체계에도 의존하지 않고 임의의 비트 패턴의 전송이 가능하다.

74 네트워크 사회가 형성되면서 컴퓨터 사이에 효율이 높고, 고속으로 Data를 전송할 필요에 따라, HDLC 절차를 제정하게 되는데, 이 절차의 제정 목적이 아닌 것은?

① 신뢰성 향상
② 전송 효율의 향상
③ 비트 투과성 확보
④ 일정한 데이터링크에 적용 가능

해설

HDLC 절차
HDLC절차는 신뢰성이 높은 성능을 제공하는 것으로서 임의의 비트열을 전송할 수 있으므로 비트 지향성 전송 제어 절차라고도 한다.
① 신뢰성 향상 : 프레임의 뒷부분에 오류 검출을 수행할 수 있는 FCS(Frame Check Sequence)라는 프레임을 두어 CRC(Cyclic Redundancy Check) 방식을 이용한 엄격한 오류 제어를 수행한다.
② 전송 효율의 향상 : HDLC는 단방향 통신 방식, 반이중 통신 방식, 전이중 통신 방식 등을 사용할 수 있으므로 수신 응답이 없어도 어느 범위까지는 정보 메시지를 연속적으로 전송할 수 있어 회선을 효율적으로 사용할 수 있다.
③ 비트 투과성 확보 : HDLC는 전송 제어상의 제한을 받지 않고 자유롭게 비트 정보를 전송할 수 있다.
④ 다양한 데이터링크에 적용가능 : Point-To-Point 방식, Multi-Point 방식, Loop 방식 등 다양한 데이터링크에 적용이 가능하다.

[정답] 71 ④ 72 ③ 73 ① 74 ④

75. HDLC 프레임의 구조에 대한 설명 중 옳지 않은 것은?

① 시작 및 종결 플래그는 프레임 양단에 위치하며, 한 프레임의 시작과 끝을 표시한다.
② 주소 필드는 한 프레임의 송·수신국을 식별하는 데 사용되고 16비트로 구성된다.
③ 시작, 플래그, 주소, 제어 코드를 프레임 헤더라 하고 FCS와 종결 플래그를 트레일러라고 한다.
④ 제어 필드는 8비트 조합으로 프레임이 명령인 경우에는 상대국에 대한 동작의 지령을 나타낸다.

76. HDLC(HIGH LEVEL DATA LINK CONTROL) SQUENCE는?

① | FLAG | ADDRESS | 제어부 | DATA | Frame 체크 | FLAG |

② | PHASE A | PHASE B | PHASE C | PHASE C |

③ | SOH | STX | ETX | BCC |

④ | START | DATA | STOP | STOP |

77. 다음은 HDLC 전송 프레임 구성이다. ㉠, ㉡에 해당하는 것은?

| 플래그 | ㉠ | ㉡ | ㉢ | ㉣ | 플래그 |

① ㉠ 주소부, ㉡ 제어부
② ㉠ 주소부, ㉡ 정보부
③ ㉠ 제어부, ㉡ 주소부
④ ㉠ 제어부, ㉡ 정보부

해설
㉠ 주소부(8비트) ㉡ 제어부(8비트)
㉢ 정보부(무제한) ㉣ 프레임 검사 순서(FCS)

78. HDLC 프레임 전송 방법에 대한 설명 중 옳지 않은 것은?

① 플래그는 "01111110"으로 구현된다.
② 주소부와 제어부는 높은 비트로부터 FCS는 낮은 비트로부터 송출한다.
③ 프레임은 개시 플래그, 주소부, 제어부, 정보부, FCS, 종결 플래그 순으로 송출한다.
④ 개시 플래그 시퀀스와 종료 플래그 시퀀스의 사이가 짧은 프레임(32비트 이하)은 무효 프레임으로 한다.

해설
주소부, 제어부는 낮은 비트로부터 FCS는 높은 비트로부터 송출한다.

79. HDLC Protocol에서 개시 및 종결을 나타내는 것은?

① $11111111_2 (FF_{16})$ ② $00110010_2 (32_{16})$
③ $01111110_2 (7E_{16})$ ④ $01111111_2 (7F_{16})$

해설
HDLC 프레임의 구성
① 플래그(Flag) 필드, 주소(address) 필드, 제어(Control) 필드, 정보(Information) 필드 및 FCS(Frame Check Sequence) 필드 등의 여러 개의 부필드(Sub-Field)로 나누어진다.

8비트	8비트	8비트	임의	8비트	8비트
시작 플래그	주소	제어	정보	FCS	종료 플래그

FCS의 대상영역

② 플래그 필드
  ㉠ HDLC 프레임의 시작과 끝을 알리는 Start Flag와 Stop Flag가 있다.
  ㉡ 플래그 필드의 길이는 8비트로서 항상 플래그의 형태는 "01111110"의 패턴을 갖는다.

80. HDLC Protocol의 Frame 구조에서 Address부의 모든 Bit가 1인 경우를 무엇이라 부르는가?

① No Station Address
② Global Address

[정답] 75 ② 76 ① 77 ① 78 ② 79 ③ 80 ②

③ Destination Address
④ Source Address

[해설]

Address부의 모든 Bit가 0인 경우를 No Station Address, 모든 Bit가 1인 경우를 Global Address라 함

HDLC Frame 구조

SDLC나 HDLC Protocol은 BASIC Protocol의 기술적 제약 조건을 해결한 고속 전송 제어 Protocol로, 국 사이에서 교환되는 데이터 전송 단위를 프레임(Frame)이라 하고 종류에는 Command Frame과 Response Frame이 있다.

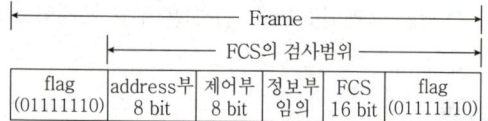

- FCS : Frame Check Sequence
- 정보부는 없을 수도 있음
- Command Frame과 Response Frame의 구별은 Address부의 주소와 제어부의 5번째 Bit인 Poll/Final Bit에 의해 결정됨

① Flag
  Frame의 동기를 맞추기 위해 사용되며, 특유의 패턴(01111110 : 1이 6개 연속)을 가진다. 모든 Frame은 Flag에서 시작해서 Flag로 끝난다.
② Address부
  ㉠ Command Frame일 때 : Command Frame을 수신해야 할 2차국 또는 상대 복합국의 번지를 나타낸다.
  ㉡ Response Frame일 때 : Response Frame을 송신한 2차국 또는 복합국의 번지를 나타낸다.
    - Global Address : Address부의 모든 Bit가 1인 경우로 모든 국에 대한 명령으로 사용됨.
    - No Station Address : Address부의 모든 Bit가 0인 경우로 시험용으로 사용되며 어느 국도 이것을 무시.
③ 제어부
  1차국 또는 복합국이 Address부에서 지정하는 2차국 또는 복합국에 대해 동작을 Command로 지령(Command Frame일 때)하고, 2차국 또는 복합국이 Command에 대한 Response로 사용(Response Frame일 때)
④ 정보부
  이용자(Computer나 단말의 프로그램) 사이에 교신하는 정보 메시지를 넣는 부분으로, 정보 비트의 구성은 특정한 제한이 없는 비트 투명성(Bit Transparency)을 가지므로 HDLC (SDLC)Protocol은 비트 정보를 다루는 Computer 사이의 통신에 적합.
  - Zero Insertion Technique
    비트(데이터) 투명성을 유지하기 위해 Flag와 같은 Bit Pattern이 나타나는 것을 0을 삽입해서 방지하는 기술로 데이터 중에 다섯 개의 연속된 1이 나타나면 그 다음에 0을 강제로 삽입하여 Flag와의 혼동을 방지하며 강제 삽입된 0은 수신측에서 제거됨.
⑤ FCS
  Frame이 잘 전송되었는지를 확인하기 위한 에러 검출용 16bit 코드로, CRC 방식을 이용한다.

81. HDLC Protocol에서 사용되는 국의 종류가 아닌 것은?

① 1차국 ② 2차국
③ 주국   ④ 복합국

[해설]

HDLC Protocol에는 통신 제어 주도권을 명확하게 하기 위한 1차국, 2차국 및 복합국이 정의되어 있다.
① 1차국 : Data Link를 제어하는 국으로, 에러 제어 및 회복에 대해 모든 책임을 지며 Command Frame을 송신하고, Response Frame을 수신하는 국
② 2차국 : 1차국으로부터 Command Frame을 수신하고, Response Frame을 송신하는 국
③ 복합국 : Data Link 제어에 대해서 서로 대등한 책임을 갖는 국으로 Command Frame과 Response Frame 양쪽을 송수신할 수 있는 국

82. HDLC 전송 제어 절차가 사용하는 세 가지 동작 모드에 해당되지 않는 것은 다음 중 어느 것인가?

① 정규 응답 모드(NRM)
② 비동기 평형 모드(ABM)
③ 비동기 응답 모드(ARM)
④ 절단 모드(DM)

[해설]

데이터 전송 동작 모드

데이터 전송 모드에는 동작 모드, 절단 모드, 초기 모드가 있으며, 1차국과 2차국 또는 복합국끼리 Data Link에 의해 접속되고 Data를 전송할 수 있는 상태를 동작 모드라 한다.
① 정규 응답 모드(NRM : Normal Response Mode)
  1차국과 2차국 사이에서 교대로 통신하는 방식으로 2차국은 1차국으로 부터 P bit가 '1'인 frame을 수신하기까지는 Frame을 송신하면 안되며, 제어부의 P bit가 '1'로 Set된 Command Frame을 수신했을 때는 빨리 F Bit가 '1'인 Response Frame을 보낼 책임이 있다.
② 비동기 응답 모드(ARM : Asynchronous Response Mode)
  1차국과 2차국 사이에서 통신하는 방식으로 2차국은 1차국으로부터의 허가가 없어도, 1차국에 대하여 응답을 송신할 수 있으나, P bit가 '1'인 Command Frame을 수신했을 때는 빨리 F Bit가 '1'인 Response Frame을 보낼 책임이 있다.
③ 비동기 평형 모드(ABM : Asynchronous Balanced Mode)
  복합국과 복합국끼리 통신하는 방식으로, 복합국은 상대 복합국의 허가없이 Command Frame이나 Response Frame을 송수신할 수 있다.

83. HDLC 데이터 전송 모드 중 1차국과 2차국이 교대로 1차국의 허가를 얻을 때만 2차국은 응답을 송신할 수 있는 동작모드는?

① NRM
② ARM
③ ABM
④ IBM

해설

HDLC 프로토콜(비트 방식의 프로토콜)
① HDLC국의 구성 : 국이란 HDLC 절차를 수행하는 부분으로서 데이터링크계층 개체이다.
  ㉠ 1차국
  ㉡ 2차국
  ㉢ 복합국
② 데이터 전송 모드의 종류

모드	기 능
절단 모드(DCM)	데이터링크가 설정되어 있지 않는 2차국, 복합국의 모드
초기 모드(IM)	데이터링크 레벨의 제어 기능의 초기화를 수행하기 위한 2차국, 복합국의 모드
동작모드 - 정규 응답 모드(NRM)	1차국으로부터 송신 허가를 받을 때에만 프레임을 송신할 수 있는 2차국의 모드
동작모드 - 비동기 응답 모드(ARM)	1차국으로부터 송신 허가를 받지 않아도 프레임을 송신할 수 있는 2차국의 모드
동작모드 - 비동기 평형 모드(ABM)	상대방으로부터 송신 허가를 받지 않아도 프레임을 송신할 수 있는 복합국의 모드

84. HDLC Protocol의 데이터 전송 동작모드 중 복합국과 복합국이 통신하는 방식을 무엇이라 하는가?

① 정규 응답 모드(NRM)
② 비동기 응답 모드(ARM)
③ 비동기 평형 모드(ABM)
④ 초기 모드(IM)

해설

비동기 평형 모드(ABM)는 복합국과 복합국이 통신하는 방식이며 복합국은 상대 복합국의 허가없이 Command Frame과 Response Frame을 송수신할 수 있다.

85. HDLC Protocol의 데이터 전송모드 중 ARM의 기본 순서 Class는 무엇이라 하는가?

① UNC
② UAC
③ BAC
④ BNC

해설

기본순서 Class란 통신 중 최소로 필요한 Command와 Response를 선택하여 결정해 놓은 것으로, 각 전송 동작 모드에 대한 기본 순서 Class는 다음과 같다.

동작모드	기능	Data Link의 종류	기본 순서 class
NRM	1차국과 2차국 사이에 통신	Unbalanced (불평형형)	UNC
ARM	1차국과 2차국 사이에 통신		UAC
ABM	복합국과 복합국 사이에 통신	Balanced (평형형)	BAC

※ UNC : Unbalanced Normal Class
  UAC : Unbalanced Asynchronous Class
  BAC : Balanced Asynchronous Class

86. 일반적인 메시지 블록의 형태 중 BCC의 체크 범위가 아닌 것은?

① SOH
② HEADER
③ STX
④ TEXT

87. BCC는 에러 검색용으로 사용되는 검사 문자이다. 에러 검출용으로 어떤 방식을 사용하는가?

① Parity Check 방식
② 군 계수 Check 방식
③ CRC 방식
④ BCH 방식

해설

BCC는 에러 검색용 CRC(Cyclic Redundancy Check)이다.

88. HDLC를 BSC와 비교했을 때의 특징으로 잘못 설명된 것은?

① 비트 방식의 프로토콜이다.
② 에러 제어 방식은 Go-Back-N ARQ 방식이다.
③ 전송 방식으로 단방향, 반이중, 전이중 통신방식이 모두 사용 가능하다.
④ 데이터링크 형식으로 포인트 투 포인트는 불가능하고 멀티포인트에만 가능하다.

[정답] 83 ① 84 ③ 85 ② 86 ① 87 ③ 88 ④

해설
HDLC의 데이터링크 형식
Point-To-Point, Multipoint, Loop 방식 등 모두 가능

89 다음 중 데이터링크 장비에 대한 설명으로 옳지 않은 것은?

① 네트워크 장비는 MAC 주소를 기반으로 작동한다.
② LAN 카드 자체는 물리계층에서 작동하지만, 드라이버를 포함하면 데이터링크계층에서 작동한다.
③ 데이터링크계층과 관련된 장비는 리피터, 스위치, 허브가 있다.
④ 브리지(Bridge)는 두 개의 근거리통신망(LAN)을 서로 연결해 주는 통신망 연결장치이다.

해설

계층 구분	사용 장비
제3계층(네트워크계층)	라우터
제2계층(데이터링크계층)	브리지, 스위치
제1계층(물리계층)	리피터, 허브

∴ Bridge는 두 개의 근거리통신망(LAN)을 상호 접속할 수 있도록 하는 통신망 연결장치로서 OSI 참조 모델의 데이터링크계층에서 동작한다.

90 OSI 계층에서 통신망 연결에 필요한 데이터 교환 기능의 제공 및 관리를 규정하는 계층으로서 네트워크 연결 관리, 경로 설정 등의 기능을 수행하는 계층은?

① 데이터링크 계층   ② 네트워크 계층
③ 전송 계층   ④ 세션 계층

해설
네트워크 계층은 통신망 연결에 필요한 교환기능 제공 및 관리를 제공하는 계층으로 네트워크 연결관리, 경로설정, 혼잡제어, 주소 및 종단점의 식별 등의 기능을 수행한다.

91 다음 중 경로 설정(Routing) 기능을 담당하는 계층은?

① 물리 계층(Physical Layer)
② 세션 계층(Session Layer)
③ 망 계층(Network Layer)
④ 전송 계층(Transport Layer)

해설
네트워크 계층(Network Layer)
① OSI 모델의 세 번째 계층이다.
② 호의 성립과 해제, 데이터의 경로 설정 및 데이터 흐름 제어 등의 수준적인 기능을 제공한다.
③ 네트워크 계층에서는 통신망의 연결 설정, 유지 및 해제 기능을 수행하며 또한 전송될 데이터가 여러 개의 통신망을 경유해야 하는 경우에 양단 시스템에서 상위 계층인 수송층에 동일한 서비스 품질을 제공하는 기능도 제공된다.

92 발신지로부터 목적지로 패킷을 전달하는 기능을 수행하는 OSI 7계층은?

① 물리계층   ② 데이터링크계층
③ 네트워크계층   ④ 전송계층

93 네트워크 장비인 라우터에 대한 설명으로 옳지 않은 것은?

① 네트워크계층에서 동작한다.
② 서로 다른 네트워크 간의 연결을 위해 사용된다.
③ 하나의 네트워크 세그먼트 안에서 크기를 확장한다.
④ 서로 다른 VLAN 간의 통신을 가능하게 해준다.

해설
라우터(경로기 : Router)
① 라우터는 OSI 참조 모델에 있어 네트워크계층(제3계층)의 기능을 수행한다.
② 라우터는 각기 독립된 네트워크(LAN-WAN 등)들을 연결시켜주는 장치이다.
③ 라우터는 네트워크 주소(IP 주소)를 기반으로 목적지까지의 경로를 선택하며, 라우팅 테이블에 따라 효율적인 경로를 선택하여 패킷 전송한다.
④ 라우터는 각 세그먼트 내에서 주고받는 데이터는 세그먼트 내에서만 전파되도록 제한을 가하여, 백본 네트워크에 발생될 수 있는 불필요한 트래픽을 제거해 준다.
⑤ VLAN(Virtual LAN)은 한 대의 스위치를 여러 개의 네트워크로 나누기 위해 사용한다. 따라서 스위치가 일단 VLAN으로 나누어지면 VLAN 간의 통신은 오직 라우터를 통해서 한다.

[정답] 89 ③ 90 ② 91 ③ 92 ③ 93 ③

94. 다음 중 네트워크계층 중 접속형 연결방식에 대한 설명으로 맞지 않는 것은?

① 가상회선 교환방식이다.
② 패킷 수신 순서는 전송 순서와 다르다.
③ 초기 설정과정이 필요하다.
④ 상대 주소는 접속 설정 시에만 필요하다.

해설
네트워크계층에서 접속형 연결방식이란 패킷을 전송하기 전에 송신측과 수신측을 연결한 후 패킷을 전송하는 방식으로 가상회선 패킷 교환방식이 여기에 해당된다.
가상회선 패킷교환(Virtual Circuit Packet Switching)은 회선교환방식의 장점을 이용한 패킷 교환방식으로, 패킷을 전송하기 전에 물리적 회선의 어떤 가상경로(Virtual Path : VP) 및 가상 채널(Virtual Channel : VC)을 이용할 것인가를 결정한 다음, 결정된 VP와 VC를 이용해 패킷을 전송 및 교환하는 방식으로 연결형 서비스를 제공한다.

95. OSI 7계층에서 네트워크계층 프로토콜이 아닌 것은?

① ARP(Address Resolution Protocol)
② RARP(Reverse Address Resolution Protocol)
③ ICMP(Internet Control Message Protocol)
④ UDP(User Datagram Protocol)

96. No.7 신호 방식을 기능 레벨 구조로 볼 때 신호 접속 제어부(SCCP)는 OSI 기준 모델의 어느 계층과 관계가 있는가?

① Layer 2   ② Layer 3
③ Layer 4   ④ Layer 5

해설
네트워크 계층
① OSI 모델의 세 번째 계층으로서 통신망의 연결 설정, 유지 및 해제 기능을 수행하며 또한 전송될 데이터가 여러 개의 통신망을 경유해야 하는 경우에 양단 시스템에서 상위 계층인 수송층에 동일한 서비스 품질을 제공하는 기능도 제공한다.
② SCCP(Signalling Connection Control Part)는 No.7 신호망을 이용하여 호 제어용 신호 이외의 각종 신호나 범용적인 데이터 정보의 전송 기능을 가지고 있다.

97. OSI 7계층 참조모델 중 제4계층에 해당되는 것은?

① 응용계층   ② 전송계층
③ 표현계층   ④ 물리계층

98. OSI 7 계층 중 전송계층의 주요 기능으로 옳은 것은?

① 동기화
② 프로세스 대 프로세스 전달
③ 노드 대 노드 전달
④ 라우팅 테이블의 생성과 유지

99. OSI 7계층에서 하위 3계층에서 발생한 데이터 분실 등의 오류를 회복시키는 계층은?

① 네트워크 계층
② 트랜스포트 계층
③ 세션 계층
④ 데이터링크 계층

해설
하위 3계층의 오류를 회복하는 것은 종단 대 종단에 대해 오류제어와 흐름제어를 수행하는 4계층인 트랜스포트 계층에서 이루어진다.

100. 다음 응용 프로그램(응용계층 서비스)중 전송계층(Transport Layer)프로토콜로 TCP를 사용하지 않는 것은?

① TFTP   ② SMTP
③ HTTP   ④ Telnet

해설
전송계층 프로토콜로 TCP(Transmission Control Protocol)를 사용하는 응용 프로그램에는 HTTP, SNMP, SMTP, telnet 등이 있고, UDP를 사용하는 응용 프로그램에는 TFTP(Trivial File Transfer Protocol)가 있다. DNS와 NFS(Network File System)는 TCP와 UDP 모두를 사용할 수 있다.

[정답] 94 ② 95 ④ 96 ② 97 ② 98 ② 99 ② 100 ①

101
UDP(User Datagram Protocol)를 사용하는 애플리케이션은 무엇인가?
① DHCP
② FTP
③ HTTP
④ Telnet

해설
TFTP, DHCP, DNS, SNMP, NFS, RTP 등의 애플리케이션(프로토콜)들은 전송계층 프로토콜로 UDP를 사용한다.

102
SSL(Secure Socket Layer)은 사이버 공간에서 전달되는 정보의 안전한 거래를 보장하기 위해 넷스케이프사가 정한 인터넷 통신규약 프로토콜을 말한다. 다음 중 OSI 7계층 중 SSL이 동작하는 계층은?
① 물리계층
② 데이터링크계층
③ 네트워크계층
④ 전송계층

해설
SSL(Secure Sockets Layer)
① SSL은 네트워크 내에서 메시지 전송의 안전을 관리하기 위해 넷스케이프에 의해 만들어진 프로그램 계층이다.
② SSL은 넷스케이프사에서 전자상거래 등의 보안을 위해 개발하였다. 이후 TLS(Transport Layer Security)라는 이름으로 표준화되었다.
③ SSL은 특히 전송계층(Transport Layer)의 암호화 방식이기 때문에 HTTP뿐만 아니라 NNTP, FTP, XMPP 등 응용계층(Application Layer) 프로토콜의 종류에 상관없이 사용할 수 있는 장점이 있다.

103
ISO의 OSI 7계층 중 5번째 계층은 무엇인가?
① 세션계층
② 표현계층
③ 응용계층
④ 데이터링크계층

해설
Layer 1 : 물리계층
Layer 2 : 데이터링크계층
Layer 3 : 네트워크계층
Layer 4 : 트랜스포트계층
Layer 5 : 세션계층
Layer 6 : 프리젠테이션계층
Layer 7 : 응용계층

104
응용계층 엔티티간에 정보를 표현하는 방식이 다를 경우, 하나의 공통된 방식으로 통일되게 해주거나 효율적인 전송을 위해 압축 기능을 제공하는 계층은?
① 세션계층
② 표현계층
③ 전송계층
④ 네트워크계층

해설
OSI 7계층 중 6계층은 표현계층(Presentation Layer)으로 응용 Process간에 교환될 데이터형식과 상호 이해되는 형식을 제공(구문변환, 압축, 암호화)하는 등의 역할을 한다.

105
OSI 모델의 세션 계층에서 세션 유지에 필요한 각종 정보를 교환하는 경우 단위는?
① Record
② Bit
③ Frame
④ Packet

해설
세션층(Session Layer)
① 응용간의 통신에 대한 제어 구조를 제공한다. 즉, 서로 협력하는 응용들에 대하여 연결을 설립, 관리, 해제한다.
② 세션 사용자와 세션 프로토콜 엔티티 사이에 교환되는 데이터 단위를 레코드(Record)라 하기도 한다.

106
가상 터미널 프로토콜(Virtual Terminal Protocol)의 기능 중 옳지 않은 것은?
① 흐름 제어
② 대화 제어
③ 자료 구조의 생성과 유지
④ 응용 레벨 개체간 연결 설정 및 유지

해설
가상 터미널 프로토콜
① 프리젠테이션층(Presentation Layer)은 응용 엔티티(Entity) 간에 교환되는 데이터의 구문에 관계하여 데이터 표현과 형식의 차이를 해결한다.
② 프리젠테이션층은 응용 엔티티 사이에 사용되는 구문을 정의하며, 사용되는 표현을 선택하거나 교정하는 작업을 한다.
③ 이 프로토콜의 예는 암호화(Encryption)와 가상 터미널 프로토콜 등이 있다.

[정답] 101 ① 102 ④ 103 ① 104 ② 105 ① 106 ①

출제 예상 문제

107 개방형 시스템의 7계층에서 문장의 축소, 암호화, 상위 계층의 표현 차이 해소 등을 수행하는 계층은?

① 트랜스포트 계층　② 세션 계층
③ 표현 계층　　　　④ 응용 계층

108 사용자 단말기와 공중 데이터망 사이의 인터페이스를 위해 표준화된 망 액세스 프로토콜은?

① X.25　② X.23
③ X.28　④ X.29

해설

X.25
① 가장 널리 사용되는 프로토콜 표준이다.
② 이 표준은 호스트 시스템과 패킷 교환망간의 인터페이스를 제공한다.
③ 이 표준은 일반적으로 패킷 교환망의 인터페이스에 많이 사용되며 ISDN의 패킷 교환을 위해 사용된다.

109 OSI 참조모델에서 구문(Syntax)의 협상 및 재협상, 문맥(Context) 제어기능, 암호화 및 데이터 압축기능 등을 수행하는 계층은?

① 네트워크계층　② 전송계층
③ 세션계층　　　④ 표현계층

110 패킷 공중 통신망의 프로토콜은 무엇인가?

① X.21　② X.23
③ X.25　④ X.27

해설

패킷 공중 통신망
① 회선 교환망과 달리 패킷 교환 통신망은 데이터 전송 단계조차도 부착된 스테이션들에 투명하지 않다.
② 스테이션들은 그들의 데이터를 패킷으로 쪼개야 한다.
③ Station-Node 프로토콜은 다음과 같은 기능을 수행해야 한다.
　㉠ 흐름 제어(Flow Control)
　㉡ 에러 제어(Error Control)
　㉢ 다중화(Multiplexing)
④ X.25 Protocol : 잘 알려져 있고 가장 널리 사용되는 프로토콜은 X.25로서, 원래 1976년에 승인되었다.

111 두 개의 랜을 연결하여 확장된 랜을 구성하는 데 사용하며 ISO 7 Layer의 2계층에서 이용되는 장비는?

① 게이트웨이　② 리피터
③ 라우터　　　④ 브리지

해설

브리지(Bridge)
① OSI의 제2계층인 데이터링크계층의 기능을 수행하는 장비이다.
② 브리지는 하나의 랜을 이더넷이나 토큰링과 같이 서로 같은 프로토콜을 쓰고 있는 다른 랜과 연결시켜주는 장비이다.
③ 제2계층의 장비로는 브리지, 스위치, NIC(Network Interface Card)가 있다.
[참고] ㉠ 1계층(물리계층) : 허브, 케이블, 리피터
　　　㉡ 3계층(네트워크계층) : 라우터, L3 스위치

112 네트워크장비 중 경로 결정(Path Determination)과 스위칭(Switching) 기능을 가진 장비는?

① 허브(Hub)
② 리피터(Repeater)
③ 트랜시버(Transceiver)
④ 라우터(Router)

해설

라우터(Router)
① 라우터는 동일한 전송 프로토콜을 사용하는 분리된 네트워크를 연결하는 장치로 네트워크 계층(3계층) 간을 서로 연결한다.
② 라우터는 브리지가 가지는 기능에 추가하여 경로 배정표에 따라 다른 네트워크 또는 자신의 네트워크 내의 노드를 결정한다. 그리고 여러 경로 중 가장 효율적인 경로를 선택하여 패킷을 보낸다.
③ 라우터는 흐름제어를 하며, 인터네트워크 내부에서 여러 서브네트워크를 구성하고, 다양한 네트워크 관리 기능을 수행한다.

113 네트워크 기기에 대한 설명이다. 괄호 안에 들어갈 알맞은 네트워크장비는 어느 것인가?

"( )는 서로 다른 통신망(네트워크)을 중계해 주는 장치로 보내지는 송신정보에서 수신처 주소를 읽어 가장 적절한 통신선로를 지정하고 다른 통신망으로 전송하는 장치이다."

① Bridge　② Router
③ Repeater　④ Switch

[정답] 107 ③ 108 ① 109 ④ 110 ③ 111 ④ 112 ④ 113 ②

해설
네트워크 기기
① Bridge : 두 개의 근거리 통신망(LAN)을 서로 연결해 주는 통신망 연결장치이다.
② Router : 서로 다른 네트워크를 중계해주는 장치로서 보내지는 송신정보에서 수신처 주소를 읽어 가장 적절한 통신통로를 지정하고 다른 통신망으로 전송하는 장치를 말한다.
③ Repeater : 디지털방식의 통신선로에서 신호를 전송할 때 전송하는 거리가 멀어지면 신호가 감쇠하는 성질이 있는데 이때 감쇠된 전송신호를 새롭게 재생하여 다시 전달하는 재생중계장치이다.
④ Switch : 네트워크 단위들을 연결하는 통신 장비로서 허브보다 전송속도가 개선된 것이다.

114 다음 중 OSI Layer계층과 네트워크 기기 간의 연결이 올바른 것은?

① Transfer Layer-Repeater
② Network Layer-Hub
③ Data Link Layer-Bridge
④ Physical Layer-Router

해설
인터네트워킹 장비의 종류
① 브리지(Bridge) : 데이터링크계층에서 망을 연결한다.
② 라우터(Router) : 네트워크계층에서 망을 연결한다.
③ 게이트웨이(Gateway) : OSI 표준모델의 4~7계층에서 망을 연결한다.
④ 리피터(Repeater) : OSI 참조모델의 물리계층에서 망을 물리적으로 연결한다.
⑤ 허브(Hub) : 물리계층에서 동작한다.

115 컴퓨터가 어떤 터미널로 전송할 데이터가 있는 경우 그 터미널이 수신할 준비가 되어 있는지를 묻고 준비가 되어 있다면 컴퓨터는 터미널로 데이터를 전송하는 것은 다음 중 어느 것인가?

① NAK
② ENQ
③ SELECTION
④ POLL

116 컴퓨터가 터미널에 전송할 데이터가 있는가를 확인하는 동작을 무엇이라 하는가?

① ACK
② Polling
③ Selection
④ NAK

117 단말로부터 제어국 방향으로 데이터를 전송하기 위한 동작을 무엇이라 하는가?

① Contention   ② Polling
③ Selecting   ④ Routing

해설
Polling과 Selecting은 제어국의 뜻대로 (BASIC Protocol에서는 정보 메시지를 보내는 국을 주국, 받는 것을 종국, 중앙 Computer를 제어국이라 한다.) 통신하는 방식으로 Multipoint 시스템에 사용하며 Polling은 단말로부터 제어국 방향으로 데이터를 전송하기 위한 동작을, Selecting은 제어국이 종속국으로 데이터를 전송하기 위한 동작을 말한다.

118 회선 경쟁(Contention) 방식의 프로토콜에 관한 설명 중 맞는 것은?

① 경쟁 선택이 동시에 일어나도 데이터가 충돌하여 유실되는 경우가 없다.
② 트래픽이 많은 멀티포인트 회선에 사용할 경우에는 비효율적이다.
③ 터미널의 통신량, 사용 빈도에 따라 경쟁 선택의 기회를 차등적으로 부여할 수 있다.
④ 이 방식의 프로토콜에는 토큰 링, 토큰 버스와 같은 방식이 있다.

해설
① 데이터링크의 확립에는 회선 경쟁 방식(Contention)과 폴링/셀렉팅(Polling/Selecting) 방식이 있다.
② 회선경쟁(Contention) 방식 : 회선제어 형태 중 가장 간단한 방식으로 터미널들이 회선의 액세스를 위하여 서로 경쟁한다.

[정답] 114 ③ 115 ③ 116 ② 117 ② 118 ④

119 회선 경쟁 선택(Contention) 방식의 프로토콜에 관한 설명으로 맞는 것은?

① 트래픽이 많은 멀티포인트 회선에 사용할 경우에 효율적이다.
② 이 방식의 프로토콜에는 토큰링, 토큰버스와 같은 방식이 있다.
③ 터미널의 통신량, 사용 빈도에 따라 경쟁 선택의 기회를 차등적으로 부여할 수 있다.
④ 경쟁 선택이 동시에 일어나도 데이터가 충돌하여 유실되는 경우가 없다.

해설
회선 경쟁 선택 방식은 Point-To-Point 회선에 사용하며, 토큰링, 토큰버스와 같은 Protocol을 사용한다.

120 송신 요구를 먼저 한 쪽이 송신권을 갖는 방식을 무엇이라 하는가?

① Contention 방식   ② Polling
③ Selecting   ④ Routing

해설
Contention 방식이란 송신 요구를 먼저 한 쪽이 송신권을 갖는 방식으로 Point-To-Point 회선에 이용한다.

121 다음은 Selecting에 대한 설명이다. 틀리게 설명된 것은?

① 제어국이 하나의 종속국을 선택하여 수신 준비가 되었는지의 여부를 확인한 후 데이터를 전송하는 방식을 Select-Hold라 한다.
② Select-Hold 방식은 BSC Protocol에서 사용된다.
③ 제어국이 종속국의 수신 준비 여부를 묻지 않고 출력 정보를 종속국이 수신하게 하는 방식을 Fast-Select라 한다.
④ Fast-Select 방식은 BSC Protocol에서 사용된다.

해설
Selecting이란 제어국이 종속국으로 데이터를 전송하기 위한 동작으로 다음 2가지 방법이 있다.
① Select-Hold 방식
제어국이 하나의 종속국을 선택하여 수신 준비가 되었는지의 여부를 확인(SEL 송신)한 후 데이터를 전송하는 방식으로 BSC Protocol에서 사용
② Fast-Select 방식
종속국의 수신 준비 여부를 묻지 않고 그대로 제어국의 출력 정보를 종속국이 수신하게 하는 방식으로 SDLC Protocol에서 사용하며 특히 메시지가 빈번히 전송되거나 메시지 전송 시간이 응답 시간보다 길지 않을 때 적합

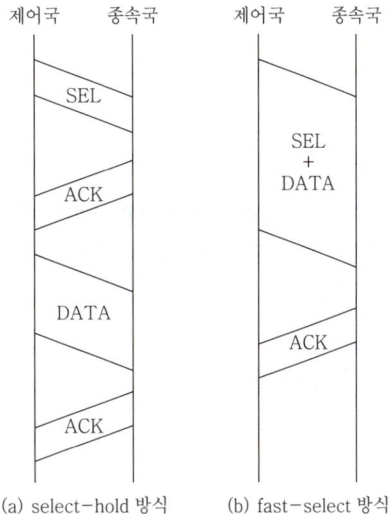

(a) select-hold 방식   (b) fast-select 방식

122 제어국이 가장 멀리 떨어져 있는 종속국으로 Poll을 보내 Poll Cycle을 진행시키고 모든 종속국이 Polling 동작에 능동적으로 참여하게 되는 Polling 방식은?

① Roll-Call Polling
② Hub-Go-Ahead Polling
③ Select-Hold
④ Fast-Select

해설
폴링은 단말로부터 제어국 방향으로 데이터를 전송하기 위한 동작을 말하며 다음 2종류가 있다.
① Roll-Call Polling
하나의 제어국이 정해진 순서에 따라 종속국을 선택하여 데이터의 송신 유무를 문의(Polling Message=Poll)하도록 하여 전송할 데이터가 있는 종속국은 다른 종속국으로 데이터를 보내기 전에 일단 제어국으로 데이터를 전송하는 방식

[정답] 119 ② 120 ① 121 ④ 122 ②

② Hub-Go-Ahead Polling(Hub Polling)
제어국이 가장 멀리 떨어져 있는 종속국으로 Poll을 보내면 그 종속국은 전송할 데이터가 있으면 제어국으로 데이터를 보내고 데이터가 없으면 즉시 다음 종속국으로 Poll을 넘겨준다. 회선에 연결된 마지막 종속국이 제어국으로 Poll을 돌려주면 다시 새로운 Poll Cycle이 시작된다. 이 방법은 종속국을 Polling 동작에 능동적으로 참여시킴으로써 Overhead(응답시간 등)가 감소될 뿐 아니라 이 과정동안 제어국에서 출력 Line을 통해 종속국으로 데이터를 보낼 수도 있다.

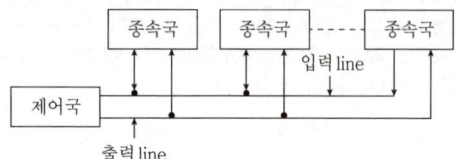

123
전화의 중앙국(Station)이 정의된 순서에 따라 각 원격국간에 전송할 데이터가 있는지를 물어보는 회선 액세스 제어 방식은?

① 회선 경쟁 선택
② Roll-Call Polling
③ Hub Go-Ahead Polling
④ Selection

해설

Roll-Call Polling
하나의 중앙국이 정해진 순서에 따라 터미널을 선택하여 데이터 송신의 유무를 문의하여 전송할 데이터가 있는 터미널은 다음 터미널을 폴링하기 전에 중앙국으로 전송하도록 한다.

124
하나의 TERMINAL을 선택하여 수신 준비 여부를 묻지 않고 그대로 출력 정보를 전송하여 수신하게 하는 방식은 어느 것인가?

① CRC-16 방식
② Select-Hold 방식
③ Roll-Call-Polling 방식
④ Fast-Select 방식

125
정보통신 표준에서 표준규정에 해당되지 않는 것은?

① 권고표준
② 기본표준
③ 기능표준
④ 시험표준

해설

정보통신 분야의 표준
① 정보통신 표준이란 각종 프로토콜이나 정보통신 규약을 정립하는 활동이라고 할 수 있다.
② 정보통신 표준은 정보의 생산, 가공, 유통 및 축적활동 등 정보통신과 관련된 제품 및 서비스 등의 호환성과 연동성을 확보하고, 정보의 공동활용을 촉진하기 위해 정보통신 주체간에 합의된 규약의 집합이다.
③ 표준의 구현정도에 따라서 기본표준, 기능표준, 이용자표준, 시험규격으로 분류한다.

126
정보통신 관련 표준안을 제안하는 기구가 아닌 것은?

① ISO
② ITU-T
③ ISDN
④ ANSI

해설

① ISO(International Standard Organization) : 국제표준화기구
② ITU-T(International Telecommunications Union Tele-communication) : 국제전기통신연합(정보통신부문)
③ ISDN(Integrated Services Digital Network) : 종합정보통신망
④ ANSI(American National Standard Institute) : 미국표준협회

127
국제표준화기구 중 정보통신 기술 분야의 표준화를 목적으로 한 국제표준화기구는?

① ITU(International Telecommunication Union)
② ISO(International Organization for Standardization)
③ IEEE(Institute of Electrical and Electronics Engineers)
④ TTA(Telecommunication Technology Association)

[정답] 123 ② 124 ④ 125 ① 126 ③ 127 ①

128 다음 중 ITU-T에 관한 내용과 거리가 먼 것은?
① CCITT의 후신이다.
② 전기통신일반에 관한 표준을 제정한다.
③ 무선 통신시스템에 관한 표준을 제정한다.
④ 전화 및 데이터 통신시스템에 관한 표준을 제정한다.

해설
① CCITT의 후신으로 ITU-T와 ITU-R 등이 있다.
 ITU-T(전기통신 및 관련 표준화), ITU-R(무선 전파통신), ITU-D (정보통신 개발 부문)
② ITU-T는 전화 전송, 전화 교환, 신호 방법 등에 관한 여러 표준을 권고하고 있는데 이 가운데 데이터 통신과 관련된 표준안은 V 시리즈와 X 시리즈이다.

129 다음 중 표준안 제안 기구가 아닌 것은?
① ISO
② ITU-T
③ ISDN
④ ANSI

130 인터넷 프로토콜 중 TCP/IP 계층은 ISO의 OSI 모델 7 계층 중 각각 어느 계층에 대응되는가?
① 물리계층-데이터링크계층
② 네트워크계층-세션계층
③ 전송계층-물리계층
④ 전송계층-네트워크계층

해설

TCP/IP 프로토콜 계층	OSI-7 Layers
응용계층 (telnet, ftp, http, snmp)	응용계층
	표현계층
	세션계층
전송계층 TCP, UDP	전송계층
네트워크계층 IP, ICMP, IGMP	네트워크계층
데이터링크계층 (이더넷, 토큰버스, 토큰링, FDDI)	데이터링크계층
	물리계층

131 다음 중 OSI 7 계층과 TCP/IP 프로토콜의 관계에 대한 설명으로 옳지 않은 것은?
① TCP/IP 프로토콜은 OSI 참조모델보다 먼저 개발되었다.
② TCP/IP 프로토콜의 계층구조는 OSI 모델의 계층구조와 정확하게 일치하지 않는다.
③ OSI 모델은 7개 계층으로 TCP/IP 프로토콜은 4개 계층으로 구성되어 있다.
④ OSI 모델의 상위 4개의 계층은 TCP/IP 프로토콜에서 응용계층으로 표현된다.

132 다음 중 TCP/IP 프로토콜에 관한 설명으로 거리가 먼 것은?
① TCP/IP는 De Jure(법률) 표준이다.
② IP는 ARP, RARP, ICMP, IGMP를 포함한다.
③ 인터넷에서 사용하는 프로토콜이다.
④ TCP는 신뢰성 있는 스트림 전송 포트 대 포트 프로토콜이다.

해설
표준안을 만든 주체가 누구인가에 따라 "De Jure" 표준과 "De Facto" 표준으로 구분한다. 'De Jure'는 국가기관(기구) 등에 의해서 제정되는 공식적인 의미의 표준안으로 OSI 참조모델이 이에 해당되며, 'De Facto'는 일반 산업체에서 만들어졌으나 널리 쓰여 사실상의 표준 역할을 하는 표준안으로 TCP/IP 프로토콜이 해당된다. 여기서 De Jure는 "법률상의", De Facto는 "사실상의"라는 의미이다.

133 TCP/IP 프로토콜 계층구조에서 호스트 대 호스트 간 데이터 전달 기능을 제공하는 계층은?
① 네트워크인터페이스계층
② 인터네트워크계층
③ 전달계층
④ 응용계층

[정답] 128 ③ 129 ③ 130 ④ 131 ④ 132 ① 133 ②

해설
TCP/IP 프로토콜 계층구조

응용계층	: OSI 7 계층의 5~7 계층에 해당
전달계층	: OSI 7 계층의 4계층에 해당
인터네트워크계층	: OSI 7계층의 3계층에 해당
네트워크 인터페이스계층	: OSI 7 계층의 1~2 계층에 해당

인터네트워크(Internetwork)계층은 물리적인 네트워크들을 상호연결해 상대측 호스트로의 경로를 선택하는 라우팅 기능과 호스트 대 호스트 간 데이터 전달 기능을 제공한다.

134 TCP(Transmission Control Protocol)의 설명으로 틀린 것은?

① 연결형, 양방향성 프로토콜을 사용한다.
② 메시지 전송을 신뢰할 수 있고, 모든 데이터에 승인이 있다.
③ 모든 데이터 전송을 관리하며, 손실된 데이터는 자동으로 재전송한다.
④ 애플리케이션이 네트워크계층에 접근할 수 있도록 하는 인터페이스만 제공한다.

해설
① TCP는 TCP/IP 계층모델의 전달계층(Transport Layer)에서 사용되는 프로토콜로 연결형 서비스를 지원하는 양방향성 프로토콜이다.
② 두 프로세스 간의 연결을 설정, 유지, 종료시키는 기능을 수행한다.
③ 에러제어를 위한 메커니즘을 제공하므로 신뢰성 있는 서비스가 가능하다.

135 다음 중 TCP(Transmission Control Protocol)의 주요 서비스 기능이 아닌 것은?

① 두 프로세스 간의 연결을 설정, 유지, 종료시키는 기능
② 에러 제어를 위한 메커니즘 제공
③ 포트번호를 사용하여 송수신 간 다중연결 허용
④ 데이터 표현방식, 상이한 부호체계 간의 변화에 대하여 규정

136 TCP/IP 프로토콜 계층구조의 전달계층에서 사용되는 프로토콜에는 TCP와 UDP가 있다. TCP와 UDP가 제공하는 서비스를 바르게 나타낸 것은?

① TCP는 연결형 서비스, UDP는 비연결형 서비스
② TCP는 비연결형 서비스, UDP는 연결형 서비스
③ TCP도 UDP도 연결형 서비스
④ TCP도 UDP도 비연결형 서비스

해설
전달계층은 프로세스 대 프로세스간 데이터 전송을 제공하는 계층으로 TCP는 연결형 서비스를 수행하고, UDP는 비연결형 서비스를 수행한다.

137 다음 중 인터넷 프로토콜에 대한 설명으로 틀린 것은?

① UDP는 연결형(Connection-Oriented) 프로토콜이다.
② TCP 및 UDP는 전달계층에 해당된다.
③ TCP 및 UDP는 IP상위에서 동작한다.
④ ICMP는 IP에서 발생하는 문제를 처리하기 위한 프로토콜이다.

해설
인터넷 프로토콜(IP : Internet Protocol)
IP는 TCP/IP 기반의 인터넷 망을 통하여 데이터그램의 전달을 담당하는 프로토콜을 말한다.
① 인터넷 프로토콜(IP)은 TCP, UDP 등의 전송계층 프로토콜에 기본적인 전달 서비스를 제공한다.
② Transport Layer에서는 신뢰성 있는 데이터를 전송하는 역할을 하는데, Transport계층 프로토콜에는 TCP, UDP가 있다.

138 TCP/IP 프로토콜 계층구조의 전달계층에서 사용되는 주소를 나타내는 것은?

① Hardware주소
② MAC주소
③ IP주소
④ 포트번호(Port Number)

[정답] 134 ④ 135 ④ 136 ① 137 ① 138 ④

해설
① 네트워크인터페이스계층 : MAC주소(또는 Hardware 주소)
② 인터네트워크계층 : IP주소
③ 전달계층 : 포트번호
* IP주소와 포트번호와의 조합을 소켓주소라 한다.

139 인터네트워크계층에서 사용되는 프로토콜이 아닌 것은?

① IP   ② ARP
③ ICMP   ④ TCP

해설
TCP는 UDP와 함께 전달계층(Transport Layer)에서 사용되는 프로토콜이다.

140 물리주소(MAC Address)에 해당하는 IP주소를 얻는 데 사용하는 프로토콜은?

① RIP   ② ARP
③ RARP   ④ ICMP

해설
① RIP(Routing Information Protocol)
TCP/IP 프로토콜 계층모델의 internetwork층에서 사용되는 프로토콜로 distance vector 알고리즘을 이용해 라우팅(경로설정)을 수행하는데 사용된다.
② ARP(Address Resolution Protocol)
TCP/IP 프로토콜 계층모델의 internetwork층에서 사용되는 프로토콜로 IP주소를 가지고 수신측 물리적 주소(MAC주소)를 찾는데 사용된다.)
③ RARP(Reverse Address Resolution Protocol)
TCP/IP 프로토콜 계층모델의 internetwork층에서 사용되는 프로토콜로 물리주소(MAC주소)를 가지고 수신측 IP주소를 찾는데 사용된다.
④ ICMP(Internet Control Message Protocol)
TCP/IP 프로토콜 계층모델의 internetwork층에서 사용되는 프로토콜로 메시지 전달에 문제가 발생했을 때 이를 송신측에 알려주는데 사용된다.

141 다음 중 IP의 특성이 아닌 것은?

① 비접속형   ② 신뢰성
③ 주소 지정 ④ 경로 설정

해설
IP(Internet Protocol)는 인터넷을 위한 네트워크층의 호스트간 전달 프로토콜로 신뢰성이 없는 비연결성(비접속형)의 데이터그램 프로토콜이다. IP는 최선 노력 전달(Best Effort Delivery) 서비스를 제공하는데 이는 IP에서 오류제어나 흐름제어를 제공하지 않는다는 의미이다.(만약, 신뢰성이 중요하다면 전송계층에서 TCP와 같은 프로토콜을 사용하면 된다.) IP에는 IPv4와 IPv6가 있으며 IPv4는 32비트 주소체계를 사용하고 IPv6는 128비트 주소체계를 사용하여 주소를 지정하며 라우팅 기능은 IP주소를 이용하게 된다.

142 다음 중 TCP/IP 프로토콜 스택(구조)의 Internetwork Layer에서 사용되는 프로토콜이 아닌 것은?

① IP   ② ARP
③ ICMP   ④ UDP

해설
TCP/IP 프로토콜 계층모델과 각 계층에서 사용되는 데이터 단위 및 프로토콜은 다음과 같다.

application Layer	메시지(HTTP, FTP, DNS, telnet, SMTP, SNMP 등)
transport Layer	메시지(또는 레코드)(TCP, UDP)
internetwork Layer	패킷(IP, ICMP, ARP 등)
network interface	프레임과 비트

143 AS(Autonomous System) 외부에서 사용하는 라우팅 프로토콜은 무엇인가?

① RIP(Routing Information Protocol)
② IGRP(Interior Gateway Routing Protocol)
③ OSPF(Open Shortest Path First)
④ BGP(Border Gateway Protocol)

해설
AS(Autonomous System)란 단위 네트워크의 집합을 말하는 것으로 다음과 같은 라우팅 프로토콜이 사용된다.
① AS 내부에서 사용되는 라우팅 프로토콜에는 IGP(Interior Gate-way Protocol), IGRP가 있고 IGP에는 RIP와 OSPF가 있다.
② AS간에 사용되는 라우팅 프로토콜에는 EGP(Exterior Gateway Protocol)가 있다. EGP의 예로 BGP를 들 수 있다.

[정답] 139 ④ 140 ③ 141 ② 142 ④ 143 ④

144. 동적 라우팅 프로토콜(Dynamic Routing Protocol)에서 사용하는 알고리즘이 아닌 것은?

① 거리 벡터 알고리즘(Distance Vector Algorithm)
② 링크 상태 알고리즘(Link State Algorithm)
③ 패스 벡터 알고리즘(Path Vector Algorithm)
④ 디폴트 상태 알고리즘(Default State Algorithm)

해설

동적 라우팅 프로토콜(특정 알고리즘을 이용하여 경로수집과 선출 및 관리동작을 자동으로 수행하는 프로토콜)에서 사용하는 알고리즘에는 다음과 같은 것이 있다.
① 거리 벡터 알고리즘 : 라우터간 최적 경로만 교환한다. 따라서 모든 경로를 알지 못하는 단점이 있으며 최적 경로를 이용할 수 없게 되었을 때는 그때서야 다른 경로를 찾기 시작하는 알고리즘이다. 대표적인 동적 라우팅 프로토콜로는 RIP v1, RIP v2, IGRP, EIGRP가 있다.
② 링크 상태 알고리즘 : 라우터간 가능성 있는 모든 경로 정보를 교환한다. 따라서 각 라우터의 연결상태를 다 알고 있으며 최적 경로를 이용하지 못하는 상황이 발생하면 이미 지정해 놓은 대체 경로를 이용해서 곧바로 찾아가는 알고리즘이다. 대표적인 동적 라우팅 프로토콜로는 OSPF, IS-IS가 있다.
③ 패스 벡터 알고리즘 : BGP v4라는 ERP 유형에 해당하는 프로토콜의 알고리즘으로 Next-Hop이나 BGP 라우팅방식에 대한 내용 설명을 포함한다.
④ 진보된 거리 벡터 알고리즘 : 이 알고리즘은 거리 벡터 알고리즘과 링크 상태 알고리즘이 결합된 알고리즘으로, 일단은 거리 벡터 알고리즘으로 동작하지만(최적 경로만 교환) 링크 상태 알고리즘이 수행하는 목적지 서브넷, 메트릭, Next-Hop 정보도 포함한다.(EIGRP는 거리 벡터 알고리즘을 사용하는 동적 라우팅 프로토콜이라 언급했지만 사실 EIGRP는 거리벡터 알고리즘 보다는 진보된 거리 벡터 알고리즘을 사용하는 동적 라우팅 프로토콜에 해당된다.)

145. 네트워크 거리를 결정하는 방법으로 홉 수(Hop Count)를 사용하며 가장 적은 홉 수가 사용되는 경로로 라우팅을 수행하는 프로토콜은?

① RIP
② OSPF
③ TCP
④ IP

해설

라우팅 프로토콜에는 RIP와 OSPF가 있다.
① RIP : 홉 수가 가장 적은 경로로 라우팅을 수행하는 프로토콜
② OSPF : 경로의 품질이 가장 좋은 경로로(홉 수가 많아지더라도) 라우팅을 수행하는 프로토콜

146. 다음 중 RIP의 특징으로 틀린 것은?

① 라우팅 정보 전달방식은 브로드캐스트 방식이다.
② 한 번에 전송 가능한 경로 정보의 크기는 512[kbyte]이다.
③ 경로 설정 알고리즘은 거리 벡터 알고리즘을 사용한다.
④ 경로 정보에는 서브넷 마스크 값이 포함된다.

해설

RIP(Routing Information Protocol)은 라우팅 프로토콜로 다음과 같은 특징을 갖는다.
① 라우팅 정보 전달방식은 브로드캐스트(Broadcast) 방식이다.
② 한 번에 전송 가능한 경로정보의 크기는 512[kbyte]이다.
③ 경로 설정 알고리즘은 거리 벡터 알고리즘을 사용한다.
④ 경로 정보에는 서브넷 마스크 값은 포함되지 않는다. 서브넷 마스크 값은 라우터에서 서브넷 식별자를 구별하기 위해 필요한 것이기 때문이다.

147. 거리 벡터 라우팅을 이용하는 네트워크 간 연결에서 5개의 라우터와 6개의 네트워크가 있다면 몇 개의 라우팅 표가 있어야 하는가?

① 1
② 5
③ 6
④ 11

해설

거리 벡터 라우팅 알고리즘은 라우터간의 최적 경로만 교환하므로 라우팅 표는 라우터의 개수만큼 있으면 된다. 따라서 5개의 라우팅 표가 있어야 한다.

148. 다음 중 VLSM을 지원하는 내부 라우팅 프로토콜이 아닌 것은?

① RIP v1
② EIGRP
③ OSPF
④ Integrated IS-IS

해설

네크워크에 VLSM이 있다면 EIGRP, IS-IS, OSPF, RIP v2, BGP v4와 같은 클래스리스(Classless) 내부용 라우팅 프로토콜이 필요하지만, 네트워크에 VLSM이 없는 경우에는 클래스풀(Classful) 라우팅 프로토콜인 RIP v1이나 IGRP와 같은 프로토콜이 필요하다.

[정답] 144 ④ 145 ① 146 ④ 147 ② 148 ①

출제 예상 문제

149 IP통신망의 경로 지정 통신규약의 하나로서 경유하는 라우터의 대수(또는 홉)에 따라 최단 경로를 동적으로 결정하는 거리 벡터 알고리즘을 사용하는 프로토콜은?

① RIP(Routing Information Protocol)
② OSPF(Open Shortest Path First)
③ BGP(Border Gateway Protocol)
④ DHCP(Dynamic Host Configuration Protocol)

해설

라우팅 프로토콜에는 RIP, OSPF, EGP(Exterior Protocol), BGP(Border Gateway Protocol), IGP(Interior Gateway Protocol) 등이 있다. EGP는 단위 네트워크 집합인 AS간에 사용되는 프로토콜 IGP는 단위 네트워크 집합인 AS 내에서 사용되는 프로토콜 RIP과 OSPF가 있다. RIP에서 라우터는 전체 라우팅 테이블을 가장 가까운 인근 호스트에 매 30초마다 보낸다. 인접한 호스트는 자신의 차례가 되면 그 정보를 그 다음 인접한 호스트로 넘기는데 이러한 전달은 그 네트워크 내의 모든 호스트들이 같은 라우팅 경로 정보를 가질 때까지 계속된다. RIP는 네트워크 거리를 결정하는 방법으로 홉수(Hop Count)를 사용한다. RIP에서 라우터는 라우팅 테이블을 오직 인접 라우터와 주기적으로 교환한다.

150 라우팅의 루핑 문제를 방지하기 위한 여러 가지 방법 중 라우팅 정보가 들어온 곳으로는 같은 라우팅 정보를 내보내지 않는 방법은?

① 최대 홉 카운트(Maximum Hop Count)
② 스플릿 호라이즌(Split Horizon)
③ 홀드 다운 타이머(Hold Down Timer)
④ 라우트 포이즈닝(Route Poisoning)

해설

루핑(Looping)이란 프로그램 속에서 동일한 명령이나 처리를 반복하여 실행하는 것을 말하는 것으로 라우팅시 루핑 문제를 방지하기 위한 방법 중 Split Horizon은 라우팅 정보가 들어온 곳으로는 같은 라우팅 정보를 내보내지 않는 방법을 말한다.

151 B클래스의 경우 IP주소 범위를 바르게 나타낸 것은?

① 0.0.0.0 ~ 127.255.255.255
② 128.0.0.0 ~ 191.255.255.255
③ 192.0.0.0 ~ 223.255.255.255
④ 224.0.0.0 ~ 239.255.255.255

해설

IPv4의 클래스별 주소범위는 다음과 같다.
① A클래스 : 0.0.0.0 ~ 127.255.255.255
② B클래스 : 128.0.0.0 ~ 191.255.255.255
③ C클래스 : 192.0.0.0 ~ 223.255.255.2551
④ D클래스 : 224.0.0.0 ~ 239.255.255.255
⑤ E클래스 : 240.0.0.0 ~ 255.255.255.255

152 인터넷 IP주소가 십진법으로 129.6.8.4일 때, 이 주소는 어느 클래스에 속하는가?

① A클래스   ② B클래스
③ C클래스   ④ D클래스

해설

B클래스

B클래스는 처음 2비트가 10으로 시작하는 클래스로, 14비트는 네트워크를 구별하고, 나머지 16비트는 호스트를 구별한다. 따라서, B클래스의 네트워크 주소 하나에는 대략 2^{16}개의 호스트가 연결 가능하다. B클래스의 경우, IP주소의 범위는 128.0.0.0에서 191.255.255.255이다.(10000000이면 128, 10111111이면 191)

A클래스				
0	네트워크 id	호스트 id	호스트 id	호스트 id
B클래스				
1 0	네트워크 id	네트워크 id	호스트 id	호스트 id
C클래스				
1 1 0	네트워크 id	네트워크 id	네트워크 id	호스트 id
D클래스				
1 1 1 0	멀티캐스트 그룹 id			
E클래스				
1 1 1 1	예약된 주소			

[IP주소의 클래스]

153 IPv4 주소체계는 Class A, B, C, D, E로 구분하여 사용하고 있으며 Class C는 가장 소규모의 호스트를 수용할 수 있다. Class C가 수용할 수 있는 호스트 개수로 가장 적합한 것은?

① 1개   ② 254개
③ 1,024개   ④ 65,536개

해설

IPv4 주소체계

① IP주소는 TCP/IP를 사용하는 컴퓨터마다 하나씩 할당되는 32비트(4바이트) 주소체계이다.

[정답] 149 ① 150 ② 151 ② 152 ② 153 ②

② IP주소는 A, B, C, D, E 클래스로 나누지만, D와 E는 쓰이지 않는다.
③ IP주소 구성은 네트워크 부분과 호스트 부분으로 나뉘며, 호스트는 네트워크에 연결되는 PC의 개수를 말한다.

A Class

116	81	97	8
Network ID	Host ID	Host ID	Host ID

B Class

171	47	154	1
Network ID	Network ID	Host ID	Host ID

C Class

214	175		51
Network ID	Network ID	Network ID	Host ID

㉠ Class A : 처음 8[bit](1[byte])가 Network ID이며, 나머지 24[bit](3[byte])가 Host ID로 사용된다.
㉡ Class B : 처음 16[bit](2[byte])가 Network ID이며, 나머지 16[bit](2[byte])가 Host ID로 사용된다.
㉢ Class C : 처음 24[bit](3[byte])가 Network ID이며, 나머지 8[bit](1[byte])가 Host ID로 사용된다. 비트가 110으로 시작하기에 네트워크 할당은 2,097,152 곳에 가능하며, 최대 호스트 수는 254개 이다.

154 다음 중 서브넷 주소지정의 장점이 아닌 것은?

① 기관의 실제 물리 네트워크 구조에 맞게 호스트를 서브넷으로 묶을 수 있다.
② 서브넷 수와 서브넷별 호스트의 수를 기관별 필요에 맞게 맞출 수 있다.
③ 서브넷 구조는 특정 네트워크의 내부 구분이 오직 기관 내에서만 보이도록 구현되어 있다.
④ 라우팅 테이블 항목을 많이 넣어야 한다.

해설

서브넷(Subnet) 주소지정은 호스트 아이디의 일부분의 비트를 서브넷 아이디로 사용하는 방법으로 이를 사용할 때의 장점은 다음과 같다.
① 기관의 실제 물리 네트워크 구조에 맞게 서브넷별로 호스트를 묶을 수 있다.
② 서브넷 수와 서스넷별 호스트의 수를 기관별 필요에 따라 가변시킬 수 있다.
③ 서브넷 구조는 오직 기관내에서만 보이도록 구현된다.
④ 서브넷별로 호스트를 묶어 처리하므로 라우팅 테이블 항목이 줄어든다.

155 다음 중 서브넷팅(Subnetting)을 하는 이유로 옳지 않은 것은?

① IP주소를 효율적으로 사용할 수 있다.
② 트래픽의 관리 및 제어가 가능하다.
③ 불필요한 브로드캐스팅 메시지를 제한할 수 있다.
④ 서브넷 분할을 하면 호스트 ID를 사용하지 않아도 된다.

해설

서브넷팅(Subnetting)이란 Network ID의 부족을 조금이라도 해결하기 위해 Host ID의 일부분의 비트를 Sub-Network ID로 사용하는 방법으로 B클래스 IP주소에 주로 적용한다. Host ID 중에서 2개의 비트를 Sub-Network ID로 사용하는 경우 4개의 Sub-Network을 만들 수 있다. 서브넷팅을 사용하는 이유는 다음과 같다.
① 사용되지 않는 Host ID를 없게 하고 Network ID를 좀더 확보함으로써 IP주소를 효율적으로 사용할 수 있다.
② 트래픽의 관리 및 제어가 가능해진다.
③ Sub-Network를 둠으로써 Host에게 전달되는 불필요한 브로드캐스팅 메시지를 제한할 수 있다.

156 다음 중 서브넷 마스크(Subnet Mask)의 목적이 아닌 것은?

① 주소 확장
② 네트워크의 부하 감소
③ 네트워크의 논리적인 분할
④ 네트워크 ID와 호스트 ID의 구분

해설

서브넷 마스크(Subnet Mask)는 라우터에서 서브넷 식별자를 구별하기 위해 필요한 것으로 IP주소와 마찬가지로 32비트로 이루어져 있다. 하나의 예를 들면 다음과 같다.(Class B의 경우)
Default Mask 255. 255. 0. 0(11111111 11111111 00000000 00000000)
Subnet Mask 255. 255. 224. 0(11111111 11111111 11100000 00000000)
서브넷 마스크의 비트열이 1인 경우 해당 IP주소의 비트열을 네트워크 주소 부분으로 간주된다.
서브넷 마스크를 적용하는 방법은 목적지 IP주소의 비트열에 서브넷 마스크 비트열을 AND연산한다. 예를 들면 목적지 IP주소가 190. 240. 33. 91인 경우 이를 수신한 라우터는 190. 240. 33. 91에 서브넷 마스크 255. 255. 224. 0을 적용한다. 이제 AND연산을 수행함으로써 서브넷 주소는 190. 240. 33. 0이 되며 이제 패킷은 190. 240. 33. 0을 사용하는 서브넷에 전달되었을 것이고 마지막으로 91번을 사용하는 Host에 전달하기만 하면 된다. 서브넷 마스크의 목적은 다음과 같다.

[정답] 154 ④ 155 ④ 156 ①

① 네트워크의 부하 감소
② 네트워크의 논리적인 분할
③ 네트워크 ID와 호스트 ID의 구분

다. 이때 각각의 서브네트워크에서 사용 가능한 최대 호스트 수는 몇 개인가?(단, 호스트 주소에 할당된 비트가 모두 0이거나 모두 1인 주소는 사용하지 않는 것으로 한다.)

① 52 ② 62
③ 124 ④ 256

해설

192는 11000000이므로 서브네팅용으로 2비트가 사용되어 subnet은 2^2개를 만들 수 있고 각 Subnet에서 사용가능한 최대 호스트 수는 $2^6 - 2 = 62$

157 다음 중 서브넷 마스크(Subnet Mask)에 대한 설명으로 옳지 않은 것은?

① 서브넷 마스크는 라우터에서 서브넷 식별자를 구별하기 위해서 필요한 것이다.
② 서브넷 마스크는 IP주소와 마찬가지로 32비트로 이루어져 있다.
③ 서브넷 마스크의 비트열이 1인 경우 해당 IP주소의 비트열은 네트워크 주소 부분으로 간주된다.
④ 서브넷 마스크를 적용하는 방법은 목적지 IP주소의 비트열에 서브넷 마스크 비트열을 OR논리를 적용한다.

해설

디폴트 서브넷 마스크(Default Subnet Mask)와 서브넷 마스크
① 디폴트 서브넷 마스크
  IPv4의 각 주소 클래스의 디폴트 서브넷 마스크는 다음과 같다.
  ㉠ A클래스:255.0.0.0
  ㉡ B클래스:255.255.0.0
  ㉢ C클래스:255.255.255.0
② 서브넷 마스크
  서브 네트워크(subnetwork)를 구성하기 위해 디폴트 서브넷 마스크를 바꾼 것으로 다음과 같은 특징을 갖는다.
  ㉠ 서브넷 마스크는 라우터에서 서브넷 식별자를 구별하기 위해서 필요한 것이다.
  ㉡ 서브넷 마스크는 IP주소와 마찬가지로 32비트로 이루어져 있다.
  ㉢ 서브넷 마스크의 비트열이 1인 경우 해당 IP주소의 비트열은 네트워크 주소 부분으로 간주된다.
  ㉣ 서브넷 마스크를 적용하는 방법은 목적지 IP주소의 비트열에 서브넷 마스크 비트열을 AND연산하면 된다. 예를 들어 만약 라우터가 목적지 주소가 190. 240. 33. 91인 패킷을 수신하였고 서브넷 마스크가 255. 255. 224. 0이라면 라우터는 AND연산을 수행함으로써 서브넷 주소는 190. 240. 33. 0이 된다. 이제 패킷은 190. 240. 33. 0을 사용하는 서브넷에 전달되었을 것이고 마지막으로 91번을 사용하는 호스트에 전달되기만 하면 된다.

159 다음 IP Address 중 지정된 네트워크의 모든 호스트에 브로드캐스팅이 불가능한 IP Address는 무엇인가?

① 77. 255. 255. 255 ② 154. 3. 255. 255
③ 211. 82. 157. 255 ④ 80. 222. 230. 255

해설

① 77. 255. 255. 255는 A Class 주소로 Hostid 24비트가 255. 255. 255로 되어 있으므로 지정된 네트워크의 모든 호스트에 브로드캐스팅이 가능하다.
② 154. 3. 255. 255는 B Class 주소로 Hostid 16비트가 255. 255로 되어 있으므로 지정된 네트워크의 모든 호스트에 브로드캐스팅이 가능하다.
③ 211. 82. 157. 255는 C Class 주소로 Hostid 8비트가 255로 되어 있으므로 지정된 네트워크의 모든 호스트에 브로드캐스팅이 가능하다.
④ 80. 222. 230. 255는 A Class 주소로 (Netid 부분이 0~127 범위에 있으면 A Class이다.) Hostid 24비트가 255. 255. 255로 되어 있어야 모든 호스트에 브로드캐스팅이 가능한데 현재는 222. 230. 255로 되어 있으므로 지정된 네트워크의 모든 호스트에 브로드캐스팅이 불가능하다.

160 C Class의 네트워크 200.13.95.0의 서브넷 마스크가 255.255.255.224 일 경우 사용가능한 최대 호스트 수는 몇 개인가?

① 6 ② 14
③ 30 ④ 62

해설

224는 다음과 같고 서브네팅에 사용되는 비트수는 3개이므로

128	64	32	16	8	4	2	1
1	1	1	0	0	0	0	0

158 IP주소가 212. 230. 234. 0이고 디폴트 서브넷 마스크가 255. 255. 255. 0일 때 서브넷 마스크를 255. 255. 255. 192로 변경하여 서브네트워크를 구성하고자 한

[정답] 157 ④ 158 ② 159 ④ 160 ③

서브넷은 2^3개를 만들 수 있고, 각 서브넷에서 사용 가능한 최대 호스트 수는 $2^5-2=30$개이다.
호스트는 00000~11111이 될 수 있으며 호스트 주소에 할당된 비트가 모두 0이거나 1인 주소를 빼면 30개가 되는 것이다.

161 IPv4와 IPv6의 설명으로 적합하지 않은 것은?

① 인터넷 프로토콜의 주소 표현방식이다.
② IPv6의 주소 부족으로 IPv4가 개발되었다.
③ IPv4는 32비트로 구성되어 있다.
④ IPv6는 128비트로 구성되어 있다.

162 인터넷상에서 주소체계인 IPv4와 IPv6을 비교한 설명으로 옳지 않은 것은?

① IPv4는 32비트의 주소체계를 가지고 있다.
② IPv4는 헤더구조가 복잡하다.
③ IPv4는 네트워크 크기나 호스트의 수에 따라 A, B, C, D, E클래스로 나누어진다.
④ IPv4는 확실한 QoS(Quality of Service)가 보장된다.

163 IPv6에 대한 설명으로 거리가 가장 먼 것은?

① IPv6의 주소 길이는 128비트이다.
② IPv4에서 옵션필드는 IPv6에서 확장헤더로 구현된다.
③ 암호화와 인증 옵션들은 패킷의 신뢰성과 무결성을 제공한다.
④ 패킷헤더에서 레코드 라우트 옵션은 IPv6에서 새로 생긴 것이다.

> 해설

IPv4와 IPv6 특징 비교

구 분	IPv4	IPv6
주소 길이	32비트	128비트
표시 방법	8비트씩 4부분으로 10진수로 표시 (예) 203.252.53.55	16비트씩 8부분으로 16진수로 표시 (예) 2002:0221:ABCD:DCBA :0000:0000:FFFF:4002

164 인터넷 프로토콜 중 IPv4는 주소부족, 보안성 취약, 실시간 전송 시의 문제점 등이 있어 IPv4의 주소체계를 획기적으로 개선한 차세대 인터넷 프로토콜은?

① IPv5　　② IPv6
③ Subnetting　　④ NAT

165 인터넷 표준화에서 IP 주소체계를 128비트로 확장하여 많은 호스트 수용이 가능한 주소체계는?

① IPv3　　② IPv4
③ IPv5　　④ IPv6

166 다음 중 IPv4와 IPv6의 연동 방법으로 틀린 것은?

① 이중 스택(Dual Stack)
② 터널링(Tunneling)
③ IPv4/IPv6변환(Translation)
④ 라우팅(Routing)

167 IPv6에서 사용되는 주소가 아닌 것은?

① 유니캐스트(Unicast)
② 애니캐스트(Anycast)
③ 멀티캐스트(Multicast)
④ 브로드캐스트(Broadcast)

> 해설

IPv6에서 사용되는 주소에는 유니캐스트, 애니캐스트, 멀티캐스트가 있다.
① 유니캐스트 : 인터넷 개인 사용자들에게 배당
② 애니캐스트 : LAN 등 기업 전산망에 배당
③ 멀티캐스트 : ISP(Internet Service Provider)에게 배당

168 TCP/IP 프로토콜 계층구조의 응용계층에서 사용되는 프로토콜에 해당되지 않는 것은?

① Telnet　　② FTP
③ ARP　　④ DNS

[정답] 161 ② 162 ④ 163 ④ 164 ② 165 ④ 166 ④ 167 ④ 168 ③

해설
응용계층에서 사용되는 프로토콜에는 Telnet, FTP, SMTP, DNS 등이 있다. ARP는 인터네트워크계층에서 사용되는 프로토콜로 IP주소를 MAC주소로 변환시켜주는 기능을 수행한다.

169 TCP/IP 프로토콜 계층구조의 응용계층에서 사용되는 프로토콜 중 원격지의 컴퓨터를 온라인으로 연결하여 사용할 수 있게 해주는 서비스를 무엇이라 하는가?

① telnet ② SMTP
③ TFTP ④ DNS

해설
① telnet : 원격지의 컴퓨터를 온라인으로 연결하여 사용할 수 있게 해주는 서비스(프로토콜)
② SMTP : 전자메일을 보내기 위해 사용되는 프로토콜
③ TFTP : 파일전송 프로토콜(단 전달계층 프로토콜로 UDP를 사용하여 신뢰성 없는 파일 전송)
④ DNS : 문자 주소(웹주소)와 IP주소와의 변환기능을 제공하는 프로토콜

170 FTP(File Transfer Protocols)는 OSI 7계층 중 어느 계층에 속하는가?

① 데이터링크계층 ② 네트워크계층
③ 세션계층 ④ 응용계층

171 다음 중 TCP/IP 프로토콜에서 통신망 이용자 간에 전자우편을 위한 프로토콜은?

① FTP ② VT
③ SMTP ④ SNMP

해설
SMTP(Simple Mail Transfer Protocol)
① TCP/IP 프로토콜이라는 말의 의미는 IP를 비롯해서 TCP와 이들을 사용해서 서비스를 제공하는 응용 계층의 프로토콜을 포함하고 있다. TCP/IP의 응용에 해당하는 프로토콜에는 TELNET, FTP, SMTP, TFTP, DNS 등이 있다.
② SMTP는 두 시스템이 전자우편을 교환할 수 있도록 구현된 비교적 간단한 메시지 전송용 프로토콜을 말한다.

172 이동노드의 홈 링크에 있는 라우터를 무엇이라 하는가?

① FA ② HA
③ COA ④ CCOA

해설
홈(Home) 링크에 있는 라우터는 HA, 포린(Foreign) 링크에 있는 라우터는 FA라 한다.

173 이동노드가 얻은 임시주소인 COA와 모바일 단말기의 홈 주소를 연결시켜 주는 작업은?

① 이동성 ② 광고
③ 바인딩 ④ 등록

해설
이동노드가 포린(foreign) 링크로 이동하여 얻은 임시주소인 COA(Care Of Address)와 모바일 단말기의 홈 주소를 연결시켜 주는 작업을 바인딩(Binding)이라 한다.

174 Mobile IP 서비스에서 사용되는 바인딩(Binding)에 대한 설명으로 옳은 것은?

① HA(Home Agent)가 MN(Mobile Node)에게 데이터를 보내기 위해 터널을 연결하는 것
② COA(Care Of Address)와 MN(Mobile Node)의 홈 주소를 연결시키는 것
③ HA(Home Agent)와 FA(Foreign Agent)가 자신이 어느 링크에 접속되어 있는지를 광고로 알리는 것
④ FA(Foreign Agent)가 MN(Mobile Node)과 다른 MN(Mobile Node)을 연결시키는 것

[정답] 169 ① 170 ④ 171 ③ 172 ② 173 ③ 174 ②

3 오류제어와 흐름제어

합격예측
오류제어는 전송 정보의 신뢰성을 보장한다.

오류(에러, 착오)제어(Error Control)는 전송 정보의 신뢰성을 보장하는 것으로, 전송 과정에서 발생 가능한 오류(Error)를 검출(Detection)하고 정정(Correction)하는 기능을 갖는다. 또한 흐름제어(Flow Control)는 송신측이 수신측의 처리속도 보다 더 빨리 데이터를 보내지 못하도록 제어해 주는 것으로 송신측과 수신측의 데이터 처리 속도 차이를 해결하기 위한 기법이다.

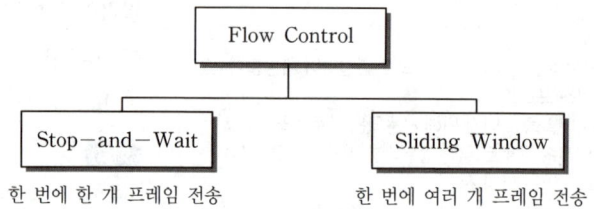

1. 오류 평가 방법

합격예측
① 비트 오류율(비트 오류확률)
② 비트오류율은 작을수록 좋으며, 오류율이 10^{-7}이라는 것은 총 전송한 비트수가 10^7인데 그중 하나의 비트에서 오류가 발생했음을 의미한다.

채널상의 잡음과 왜곡 등으로, 송신 데이터와 수신 데이터의 비트가 일치하지 않으면 오류가 일어난 것으로 판단하며, 비트 오류율(BER : Bit Error Ratio)로 평가할 수 있다.

$$\text{비트 오류율(에러율)} = \frac{\text{오류가 발생한 비트수}}{\text{총 전송한 비트수}}$$

합격예측
오류제어 : 데이터 전송 시 잡음 및 왜곡 등에 의해 발생된 오류를 검출하고 정정하는 기능

2. 오류 제어 방식의 분류

합격예측
용장성(Redundancy) : 오류의 검출과 정정을 위해 여분의 비트 및 방법 등을 부가하는 것

합격예측
반송 방식 : 송신측에서 전송된 정보와 수신측을 경유하여 궤환된 정보를 비교하여 송신측에서 오류를 검출하는 방식

오류제어 방식	전송에 용장성을 부가하는 방식	반송 방식(정보 궤환 방식)
		연송 방식(연속 송출 방식)
	정보에 용장성을 부가하는 방식	오류 검출 방식 • 패리티(수직, 수평, 수직/수평) 방식 • 정 마크/정스페이스 방식 • 군계수 검사 방식

		① ARQ 방식
		② FEC 방식
		  • Hamming code
		  • CRC code
		  • BCH code
		  • Reed-Solomon code 등

3. 오류 검출 기법

가. 패리티 검사(Parity Check) 방식

패리티검사 방법은 오류 검출 부호(Error Detection Code)의 가장 대표적인 방식이다.

(1) 패리티 검사는 전송하고자 하는 Character, Byte 또는 Word의 데이터에 1 비트의 패리티 비트(Parity Bit)를 더하여 정보의 전달 과정에서 오류가 발생했는지를 검사(검출)하는 방식이다.

(2) 패리티 검사의 종류

① 짝수 패리티(Even Parity) : 전송 데이터를 포함해서 1의 개수가 짝수가 되도록 패리티 비트를 부가하고, 수신측에서 모든 비트에 1의 개수가 짝수이면 오류가 발생하지 않은 것으로 본다.

② 홀수 패리티(Odd Parity) : 전송 데이터를 포함해서 1의 개수가 홀수가 되도록 패리티 비트를 부가하고, 수신측에서 모든 비트에 1의 개수가 홀수이면 오류가 발생하지 않은 것으로 본다.

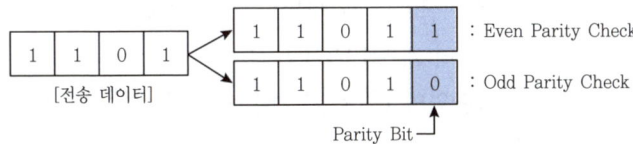

> **합격 NOTE**
>
> **합격예측**
> 검출(detection)은 오류의 발생 여부만을 판단한다.
>
> **합격예측**
> 오류검출부호의 종류 : 패리트비트(Parity bit), Check sum, 비퀴너리 코드(Biquinary Code), 2중 5코드(2-out-of-5-code) 등
>
> **합격예측**
> 패리티 검사방법은 정보 비트 수가 적고, 오류 발생확률이 낮은 경우에 주로 사용한다.
>
> **합격예측**
> 패리티 검사방법은 패리티비트를 포함에서 '1'의 개수가 짝수 또는 홀수가 되도록 하는 방식이다.
>
> **합격예측**
> Parity Check는 짝수 개의 비트에 오류가 발생할 경우, 오류를 검출할 수 없다.

📝 참고

📍 1차원 패리티 검사

정보에 한 개의 패리티 비트를 추가하는데 비트 1개의 개수가 짝수 또는 홀수가 되도록 패리티 비트 값을 결정하는 방식으로 수평 패리티 체크 방식과 수직 패리티 체크 방식이 있다.

📍 2차원 패리티 검사

① 정보에 추가되는 패리티 비트 이외에, 패리티 비트로만 구성되는 패리티 검사 문자(Parity Check Character)를 블록 단위로 추가해서 수평 패리티 체크(LRC : Longitudinal Redundancy)와 수직 패리티 체크(VRC : Vertical Redundancy Check)를 실시한다.

② LRC는 패리티 검사 문자에 의해 이루어지고, VRC는 패리티 비트에 의해 이루어지며, 이같은 2차원 패리티 검사 방식은 1차원 패리티 검사 방식에 비해 검출되지 않는 비트 오류율을 1/100~1/10,000배로 감소시킨다.

> **합격예측**
> 2차원 패리티 검사는 모든 행과 열에 대해 각각 1차원 패리티 검사를 하는 기법이다.
>
> **합격예측**
> 2차원 패리티 검사 : (장점) 모든 홀수개의 오류 와 2비트의 오류를 검출 (단점) 오버헤드 발생

③ N개의 ASCII 문자를 수평, 수직 패리티 문자로서 검사하게 될 때 하나의 문자가 순수한 정보 비트 7비트와 패리티 비트 1비트로 이루어져 있다면 총 비트 수는 $(8N+8)$이 되며 효율은 $\dfrac{7N}{(8N+8)}$이 된다.

(3) Parity Check 기법

① 수직 패리티 체크(VRC)
  ㉠ 문자 단위의 1의 수가 짝수(Even Parity) 또는 홀수(Odd Parity)가 되도록 각 열에 Check Bit(Parity Bit)를 부가하는 방식
  ㉡ 문자단위의 1의 수가 짝수 또는 홀수가 되도록 각 열에 패리티 비트를 부가하여(1의 수가 짝수가 되게 하는 것을 짝수 패리티 방식, 1의 수가 홀수가 되게 하는 것을 홀수 패리티 방식이라 한다.) 전송하고 수신측에서는 전송되어 온 정보 내의 1의 수가 짝수 또는 홀수인가를 체크하여 오류를 검출하는 방식을 말한다.

② 수평 패리티 체크(LRC)
  ㉠ 블록단위의 1의 수가 짝수 또는 홀수가 되도록 각 행에 Check Bit를 부가하는 방식
  ㉡ 블록단위의 1의 수가 짝수 또는 홀수가 되도록 각 행에 패리티 비트를 부가하여 전송하고 수신측에서는 전송되어온 정보 내의 1의 수가 짝수 또는 홀수인가를 체크하여 오류를 검출하는 방식을 말한다.

	Data						VRC
1	0	0	1	0	1	0	0
0	0	1	1	1	0	0	0
1	1	1	0	1	1	1	1
1	1	1	1	1	1	1	0
0	0	1	1	1	0	0	0
0	0	1	0	1	0	1	0
0	0	1	1	1	0	0	0
LRC 0	0	0	0	1	1	1	0

[Odd Parity Check를 기준으로 함]

③ 수직/수평 패리티 검사
수직 패리티 검사 방식과 수평 패리티 검사 방식을 중복해서 사용하는 패리티 검사 방식이다.

합격예측

수직 패리티 체크(수직 중복 검사) : 수직 방향으로 패리티 비트를 부여하는 방식

합격예측

수평 패리티 체크 : 수평 방향으로 패리티 비트를 부여하는 방식

나. 정 마크(정 스페이스) 방식

(1) 송신측에서 각 문자를 부호화할 때 부호 중 "1" 또는 "0"의 수가 항상 일정하도록 부호를 조립해서 송출함으로써 수신측에서 오류를 검출하는 방식

(2) 1의 수가 항상 일정하면 정 마크 방식, 0의 수가 항상 일정하면 정 스페이스 방식이라 한다.

다. 군계수 검사 방식(Group Count Check)

수평방향의 비트열을 블록 단위로 하여, 각 블록의 1인 비트 수를 세어서 그 결과를 검사코드로 하여 블록 다음에 추가시켜서 송신하는 방식이다.

라. 궤환 전송방식(Echo Check)

송신측에서 데이터를 전송하면 수신측에서는 받은 데이터를 그대로 다시 되돌려 보내고, 송신측에서는 되돌아온 데이터를 보낸 데이터와 비교해서 에러가 있는지를 검사하는 방법이다.

4. 오류 정정 기법

가. 검출 후 재전송 방식(ARQ : Automatic Repeat Request)

송신측에서 전송된 데이터가 수신측으로 수신된 경우, 수신측은 수신 데이터를 바탕으로 오류의 발생여부를 검출한다. 이 검출결과를 역방향 채널을 통해 송신측에 알리는데, 오류가 발생하였다면 송신측은 오류가 발생한 블록(Block)을 재전송하는 방식이다.

(1) 정지 조회(대기) ARQ(Stop-and-Wait ARQ) 방식

① Stop-and-Wait ARQ 방식

송신측이 한 개의 블록을 전송한 후, 수신측에서 오류의 발생을 점검한 다음 ACK(긍정응답)나 NAK(부정응답) 신호를 보내올 때까지 기다리는 방식이다. 만약 송신측이 ACK 신호를 받으면 다음 블록을 전송하며, NAK 신호를 받으면 그 블록을 다시 전송한다.

② 슬라이딩 윈도우(Sliding Window)

㉠ 슬라이딩 윈도우 프로토콜은 가장 대표적인 흐름제어 프로토콜이다.

㉡ 슬라이딩 윈도우 방식은 수신 측에서 설정한 윈도우 크기만큼 송신 측에서 확인 응답(ACK) 없이 전송할 수 있게 하여 데이터 흐름을 동적으로 조절하는 제어 기법이다.

합격 NOTE

합격예측
정 마크(정 스페이스)방식의 대표적인 부호로는 2 out of 5 부호(Biquinary 부호)가 있다.

합격예측
군계수 검사방식: 데이터 전송에 많이 이용한다.

합격예측
정정(Correction)은 오류를 정정(복원)한다.

합격예측
ARQ는 수신측에서 오류를 검출하고 오류가 검출되면 송신측에 재전송을 요구하는 방식이다.

합격예측
정지 대기 ARQ : 송신측은 응답신호를 받을 때 까지 1개 블록의 데이터를 저장하고 있어야 한다.
(Buffer Size 최소)

합격예측
Stop-and-Wait ARQ : BSC Protocol에서 채택, Half-Duplex에서 사용

합격 NOTE

합격예측
① 윈도우(Window) : 메모리 버퍼의 일정 영역
② 윈도우 크기(Window Size) : 연달아 보낼 수 있는 프레임의 개수

합격예측
윈도우의 크기를 증가시키다가 혼잡이 감지되면 윈도우 크기를 1로 줄인다.

합격예측
슬라이딩 윈도우 방식은 Stop-and-Wait 방식보다 훨씬 효율적이다.

합격예측
연속적 ARQ : 복잡한 논리 회로와 큰 용량의 Buffer가 필요

ⓒ 슬라이딩 윈도우는 '윈도우(Window)'에 포함되는 모든 패킷을 전송하고, 그 패킷들의 전달이 확인되는 대로 이 윈도우를 옆으로 옮김(slide)으로서 그 다음 패킷들을 전송하는 방식이다.

예 윈도우 크기가 7이라면 송신측 0번부터 6번까지의 프레임을 연속해서 수신측에 전송하고, ACK 응답을 기다린다는 것이다.

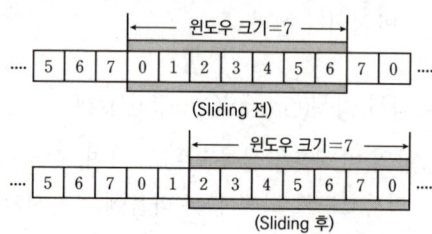

ⓐ 최초로 수신자는 윈도우 사이즈를 7(W=7)로 정한다.
ⓑ 송신자는 수신자의 확인 응답(ACK)을 받기 전까지 W내에서 데이터를 차례로 보낸다.
ⓒ 송신자가 ACK0, ACK1을 받으면, W=7을 만족하도록 윈도우를 옆으로 옮긴다
ⓓ 이후 데이터를 다 받을 때까지 위 과정을 반복한다.

ⓔ 송신 측은 일정 시간 동안 수신 측으로부터 확인 응답(ACK)을 받지 못하면, 패킷을 재전송한다.

ⓜ 슬라이딩 윈도우의 장점 및 단점

장 점	단 점
• 윈도우의 크기를 동적으로 조절하여 네트워크 상황에 맞게 효율적인 패킷 전송이 가능하다. • 순서 번호와 ACK/NAK 메시지를 통해 오류 제어와 흐름 제어를 동시에 수행할 수 있다.	• 윈도우의 크기가 너무 작으면 네트워크 대역폭을 충분히 활용하지 못하고, 너무 크면 네트워크 혼잡이 발생할 수 있다. • 송신자와 수신자의 윈도우 크기가 일치하지 않으면 비효율적인 패킷 전송이 발생할 수 있다.

(2) 연속적 ARQ(Continuous ARQ) 방식

정지 조회 ARQ에서 생기는 오버헤드(Overhead)를 줄이기 위해, 연속적으로 데이터 블록을 전송하는 방식으로 전파 지연이 긴 시스템에 적용하면 효과적이다.

① 반송 N 블록 ARQ(Go-Back-N ARQ)
  ㉠ 연속적으로 데이터 블록을 전송하는 과정에서, 송신측이 NAK를 받으면 해당 오류 블록부터 재전송하는 방식
  ㉡ HDLC 프로토콜에서 채택, Full-Duplex 에서 사용

② 선별(선택적) 재송 ARQ(Selective-Repeat ARQ)
  ㉠ 연속적으로 데이터 블록을 전송하는 과정에서, 송신측이 NAK를 받으면 해당 오류 블록만 재전송하는 방식
  ㉡ SDLC 프로토콜에서 채택, Full-Duplex에서 사용

(3) 적응적 ARQ(Adaptive ARQ)
  ① 에러 발생 비율이 높아 데이터 재전송 요청 비율이 클 경우에는 블록의 길이를 작게 하고, 데이터 재전송 요청 비율이 작을 경우에는 블록의 크기를 크게 하는 적응적 방식
  ② 채널의 효율을 최대로 하기 위하여, 블록의 길이를 동적으로 변경할 수 있는 방식으로 ARQ 효율은 높으나 제어 회로가 복잡해지고, 블록 길이 변경에 따른 채널의 유휴 시간(Idle Time)이 발생

 참고

📍 피기백 확인응답(Piggyback Acknowledgement) 방식
  ① 수신측에서 수신된 데이터에 대한 확인 응답(ACK, NAK)을 따로 보내지 않고, 상대편으로 향하는 데이터 프레임에 확인응답 필드를 함께 실어 보내는 방법을 말한다.
  ② 피기백 방식은 전송 채널 대역의 이용 효율을 높이기 위해 사용한다.

합격예측
하이브리드 ARQ : ARQ와 FEC를 결합하여 에러제어를 행하는 기술로 무선패킷 데이터 서비스 시스템에서 처리율을 향상시키기 위해 사용되고 있다.

합격예측
Piggyback 용어의 의미 : 등에 업혀 보냄

합격예측
피기백응답은 수신측이 별도의 ACK를 보내지 않고 상대편으로 향하는 데이터 전문을 이용하여 응답하는 것이다.

나. 전진 에러 정정(FEC : Forward Error Correction)

FEC 방식은 ARQ 방식에 비해 더 많은 수의 부가 비트들을 추가해서 전송하고, 수신측에서는 오류를 검출할 뿐 아니라 오류 정정 기능까지도 포함하는 방식이다. ARQ 방식은 역방향 채널(Reverse CH)을 통해 ACK와 NAK 정보를 전송하는데 비해 FEC 방식은 역방향 채널을 사용하지 않기 때문에 Forward Error Correction(FEC) 기법이라 한다.

합격예측
전진오류정정(순방향오류정정)기법은 수신측에서 오류를 검출 및 정정한다.

 참고

📍 FEC 코드의 분류
  ① 블록 코드
    각 블록에서의 부호화가 그 이전의 블록에 영향을 받지 않는, 즉 현재 블록의 조합으로 부호화가 행해지는 부호로 해밍 코드, CRC 코드, BCH 코드 등이 여기에 해당된다.

합격예측
블록 코드와 비블록 코드의 차이점은 기억장치의 유무이다.

합격 NOTE

합격예측
부호화율(Code Rate)
$=\dfrac{m}{n}=\dfrac{정보비트}{전송비트}$

합격예측
(7,4) 해밍코드는 한 비트 오류를 정정할 수 있다.

합격예측
해밍 무게(Hamming Weight)
: 한 부호어 내에서 영이 아닌 성분(비트)의 개수

합격예측
Hamming 비트(Parity 비트)의 개수를 구하는 방법으로 $2^p \geq n+1 = m+p+1$이 사용된다. 예로서 정보비트 수가 8개인 경우 Hamming Bit수 즉 Parity Bit 수는 4개이다.

---

② 콘볼루션 코드
각 블록에서의 부호화가 현재 블록과 이전의 블록의 조합으로 부호화가 행해지는 부호로 비블록 코드라고도 하며 위너(Wyner) 부호 등이 여기에 해당된다.

---

(1) Hamming Code

n비트 부호어(Code Word) 중 m개는 정보 비트로, p개는 검사 비트(Hamming Bit)로 하여 오류의 검출 및 정정을 수행할 수 있는 부호이다.

예 7비트 해밍코드
- m : $D_1 \sim D_4$(4개), p : $P_1 \sim P_3$(3개)
- ∴ n(전송 비트, 부호어)는 $m+p=7$비트이다.

| P_1 | P_2 | D_1 | P_3 | D_2 | D_3 | D_4 |

① 해밍거리(Hamming Distance)
해밍거리(d)는 같은 길이를 갖는 두 비트 열에서, 같은 위치의 대응되는 비트 값이 서로 일치하지 않은 것의 개수이다.
  ㉠ 검출 가능한 에러 개수 : $(d-1)$개
  ㉡ 정정 가능한 에러 개수
    ⓐ d가 짝수인 경우 : $(d-2)/2$개
    ⓑ d가 홀수인 경우 : $(d-2)/2$개

② Hamming 비트의 개수를 구하는 방법과 Hamming 부호화의 예
  ㉠ Hamming 비트의 개수를 구하는 방법
  $2^p \geq n+1 = m+p+1$
  $n = m+p$
  여기서 n : n 비트 부호어(전송하려는 총 비트 수)
  　　　m : 정보 비트의 수
  　　　p : Hamming 비트의 수
  ㉡ Hamming 부호화의 예
    ⓐ Hamming 비트를 만드는 방법
    12bit 부호어의 경우 $2^p \geq n+1$에서 $p=4$, $m=8$이며 4개의 Hamming 비트는 정보 비트가 '1'인 위치 번호(10진수)를 2진수로 변환한 후 모두 Exclusive-OR함으로써 계산된다.

비트 번호	12	11	10	9	8	7	6	5	4	3	2	1
bit	1	0	0	1		0	1	0		0		

비트 번호	Binary
12	1 1 0 0
9	1 0 0 1
6	0 1 1 0
EX-OR :	0 0 1 1

따라서 전송되는 비트 열은 다음과 같다.

1 0 0 1 ⓪ 0 1 0 ⓪ 0 ① ①

ⓑ 에러 정정

수신된 정보 Bit가 "1"인 위치와, Hamming 비트를 EX-OR하여 나온 비트의 10진값이 에러가 난 비트의 위치임

비트 번호	12	11	10	9	8	7	6	5	4	3	2	1
송신 bit	1	0	0	1	0	0	1	0	0	0	1	1
수신 bit	0	0	0	1	0	0	1	0	0	0	1	1

비트 번호	Binary	
9	1 0 0 1	
6	0 1 1 0	
Hamming	0 0 1 1	
EX-OR :	1 1 0 0	$=(12)_{10}$

따라서 수신된 비트 열에서 12번째 비트에 오류가 발생했음을 알 수 있다.

(2) CRC(Cyclic Redundancy Check) 방식

다항식 코드(Polynominal Code)를 이용하여 집단 에러를 검출하는 방식을 사용하는데 이를 CRC 방식이라 한다.

① 전송 비트의 다항식에 의한 표현

입력 데이터가 10001101이라 할 때 번호를 부여하여 다항식으로 표현하면 다음과 같다.

번호	7	6	5	4	3	2	1	0
입력 데이터	1	0	0	0	1	1	0	1

$$P(X) = X^7 + X^3 + X^2 + X^0 = X^7 + X^3 + X^2 + 1$$

합격 NOTE

합격예측

예 정보비트가 '1'인 위치는 12(1100), 9(1001), 6(0110)

합격예측

CRC 코드는 에러정정부호인 FEC code이지만 주로 집단에러검출에 사용된다.

합격 NOTE

합격예측
X^4+X^3+X+1의 다항식을 2진수로 표시하면 (11011)이 된다. 즉, X^4, X^3, X^1, X^0자리에 '1'이 있다고 생각한다.

② 패리티 비트를 만드는 방법

입력 데이터의 다항식 표현 $[P(X)]$에 생성 다항식의 최고차 항을 곱하고 생성 다항식으로 나눈다.

여기서 생성 다항식을 $G(X)=X^5+X^4+X+1$이라 하면

$$\frac{X^5P(X)}{G(X)}=\frac{X^5(X^7+X^3+X^2+1)}{X^5+X^4+X+1}=\frac{X^{12}+X^8+X^7+X^5}{X^5+X^4+X+1}$$

몫은 $X^7+X^6+X^5+X^4+X^3+1$이고 나머지는 X^4+X^3+X+1이 된다. 따라서 추가되는 Parity 비트 형태는 11011이 된다.

③ 송신 데이터 형태

송신 데이터는 $P(X)$에 생성 다항식의 최고차 항을 곱한 것에 parity 비트를 부가시킨 것으로 이것을 $T(X)$라 하면

$$T(X)=X^5 \cdot P(X)+(X^4+X^3+X+1)$$
$$=X^{12}+X^8+X^7+X^5+X^4+X^3+X^2+X+1$$

④ 오류 검출 방법

수신측에서는 $T(X)$를 생성 다항식 $G(X)$로 나누어 나머지가 없으면 오류가 없음을, 나머지가 있으면 오류가 있음을(에러가 발생했음을) 의미한다. 위의 예에서는 몫이 $(X^7+X^5+X^4+X^3+X^2+X+1)$이고 나머지가 0이 되어 오류가 없음을 알 수 있다.

합격예측
BCH 부호의 예로서 7비트 부호어이고 검사비트수를 6으로 하면 $m=3$이 되고 따라서 오류정정 가능 개수는 2개이다.

(3) BCH(Bose-Chaudhuri-Hocquenghen) Code

n 비트 부호어에서 m이라는 양의 정수를 구한 다음($2^m-1 \leq n$ 이용), 이것으로 검사 비트수를 나누면 오류 정정 가능 개수 t를 구할 수 있다.

$$\left(\frac{검사\ 비트\ 수}{m}=t\right)$$

출제 예상 문제

제3장 오류제어와 흐름제어

01 정보 통신의 전송 기준의 척도로 틀린 것은?
① 비트 오율
② 블록 오율
③ 조보 왜율
④ 전신 오율

[해설]
비트 오율, 블록 오율, 전신 왜율은 정보 통신의 전송 기준의 척도로 사용된다.

02 비트 오율의 정의는?
① 수신된 비트의 수에 대한 잘못된 비트의 수의 비율을 말한다.
② 송신한 비트의 수에 대한 잘못 수신된 비트의 수의 비율을 말한다.
③ 송신한 비트의 수와 수신된 비트의 수를 합한 비트수에 대한 수신된 비트의 수의 비율을 말한다.
④ 송신한 비트의 수와 수신된 비트의 수의 차를 말한다.

[해설]
비트 오류율(에러율) = $\dfrac{\text{오류가 발생한 비트 수}}{\text{총 전송한 비트 수}}$

03 통신 속도가 4,800[bit/s]인 회선에서 50분간 전송했을 때 오류 비트가 36[bit]였다면, 이 회선의 평균 비트 오율은?
① 2.5×10^{-7}
② 7.5×10^{-7}
③ 2.5×10^{-6}
④ 7.5×10^{-6}

[해설]
비트 오류율 = $\dfrac{\text{오류가 발생한 비트 수}}{\text{총 전송한 비트 수}}$
$= \dfrac{36}{4,800 \times 50 \times 60} = 2.5 \times 10^{-6}$

04 전송로에 9600[kbps]의 데이터를 전송하는 경우 비트오율이 5×10^{-7}이라면 매 초 몇 개의 에러 비트가 발생하는가?
① 2.4개
② 4.8개
③ 9.6개
④ 12.0개

[해설]
비트오율(비트에러율) = $\dfrac{\text{에러 비트수}}{\text{총 전송한 비트수}}$ 에 의거
"에러 비트수 = 비트오율 × 총 전송한 비트수"
$= 5 \times 10^{-7} \times 9600 \times 10^{3} = 4.8$(개)

05 데이터 신호 속도 4,000[bps]로 1시간 전송했을 때, 수신측 에러 비트수가 24[bit]라면 비트 에러율(비트 오율)은?
① 1.34×10^{-5}
② 1.67×10^{-6}
③ 1.34×10^{-6}
④ 1.67×10^{-5}

[해설]
비트 오류율(에러율) = $\dfrac{\text{오류가 발생한 비트 수}}{\text{총 전송한 비트 수}}$
$= \dfrac{24}{4,000 \times 60 \times 60} = \dfrac{24}{144 \times 10^{5}}$
$= 0.166 \times 10^{-5} = 1.67 \times 10^{-6}$

06 2,000[BPS]의 데이터 신호 속도로 50분간 전송했을 경우 최대 비트 에러율이 6×10^{-6}이었다면 최대 블록 에러율은 얼마인가?(단, 한 블록의 크기는 511[bit]이다.)
① 0.306[%]
② 1.03[%]
③ 3.6[%]
④ 13.66[%]

[해설]
① 비트 오류율(에러율) = $\dfrac{\text{오류가 발생한 비트 수}}{\text{총 전송한 비트 수}}$ 에서
비트 오류율 × (총 전송한 비트수)
$= 6 \times 10^{-6} \times (2,000 \times 50 \times 60)$
$= (6 \times 10^{-6}) \times (6 \times 10^{6}) = 36[\text{bit}]$

[정답] 01 ③ 02 ② 03 ③ 04 ② 05 ② 06 ①

② 최대 블록 에러율은 에러 비트가 각 Block마다 하나씩 나오는 경우이므로 최대 에러 블록수는 36 Block이다.

따라서 최대 block 에러율 = $\dfrac{\text{최대 에러 Block 수}}{\text{총 전송한 Block 수}}$

$= \dfrac{36}{\dfrac{2,000 \times 50 \times 60}{511}} = \dfrac{511 \times 36}{6,000,000}$

$= 3.066 \times 10^{-6} = 3.066 \times 10^{-3}$

이제 [%]로 나타내면 0.3066[%]이 된다.

07 일정시간 동안 200개의 비트가 전송되고, 전송된 비트 중 15개의 비트에 오류가 발생하면 비트 에러율(BER)은?

① 7.5[%]
② 15[%]
③ 30[%]
④ 40.5[%]

해설

비트 에러율(BER : Bit Error Rate)은 전송된 총 비트수에 대한 오류 비트수의 비율이다.

∴ $\dfrac{\text{오류 비트의 수}}{\text{총 전송 비트의 수}} = \dfrac{15}{200} \times 100 = 7.5[\%]$

08 2.4[Gbyte]의 영화를 다운로드하려고 한다. 전송회선은 초당 100[Mbps]의 속도를 지원하는 데 회선 에러율이 10[%]라고 가정한다면 얼마의 시간이 소요되는가?(단, 에러에 대한 재전송 및 FEC 코드는 없다고 가정한다.)

① 약 1.5분
② 약 3.5분
③ 약 5.5분
④ 약 7.5분

해설

파일 전송 시간

① 오류율 또는 오류확률(BER)은 전송된 총 비트수에 대한 오류 비트수의 비율이다.

Bit Error Rate(BER) = $\dfrac{\text{오류 비트수}}{\text{총 전송 비트수}}$ [%]

② 오류율이 10[%]라는 것은 10[bit]가 전송될 때 1[bit]의 오류가 발생한다는 것으로, 2.4[Gbyte]의 데이터라면 0.24[Gbyte]의 오류가 발생될 것이다. 파일전송에 소요되는 시간은 총 전송된 비트를 전송속도로 나누어 다음과 같이 구한다.

∴ 전송시간 = $\dfrac{(2.64 \times 10^9) \times 8[\text{bit}]}{100 \times 10^6[\text{bit/s}]} = \dfrac{2.112 \times 10^{10}[\text{bit}]}{100 \times 10^6[\text{bit/s}]}$

= 211.2초 = 3분 52초 = 3.52분

[참고] 1[byte] = 8[bit]이다.

09 다음 중 데이터 전송계의 Error 검출 방식이 아닌 것은 어느 것인가?

① 수직 패리티 방식
② 수평 수직 마크 제어 방식
③ 군계수(群計數) 체크 방식
④ 정마크 부호 방식

해설

착오 제어 방식의 분류
① 전송에 용장성을 부가하는 방식
  ㉠ 반송 방식
  ㉡ 연송 방식(연속 송출 방식)
② 정보에 용장성을 부가하는 방식
  ㉠ 착오 검출 부호 사용
    ⓐ 수직 Parity Check 방식
    ⓑ 수평 Parity Check 방식
    ⓒ 정마크 정스페이스 방식
    ⓓ 군계수 Check 방식
    ⓔ SQD 방식
  ㉡ 착오 정정 부호 사용
    ⓐ Hamming Code
    ⓑ CRC code
    ⓒ BCH code

10 다음 에러 제어 방식 중 성질이 다른 하나는?

① 수평, 수직 패리티 방식
② 자기 정정 방식
③ 재송 정정 방식
④ 해밍 부호 방식

해설

수평, 수직 패리티 방식은 착오 검출 방식이고, 나머지는 착오 정정 방식이다.

11 한 Block 내의 각 행의 1의 수를 2진으로 계수한 다음 아래 2자리의 결과를 Check Bit로 부가하는 착오 검출 방식은?

① Check Bit 방식
② 정마크 방식
③ 군계수 Check 방식
④ SQD 방식

해설

한 Block 내의 각 행의 1의 수를 2진으로 계수한 다음, 아래 2자리의 결과를 Check Bit로 부가하는 방식을 군계수 체크 방식이라 한다.

[정답] 07 ① 08 ② 09 ② 10 ① 11 ③

12 동일한 데이터를 2회 송출하여 수신측에서 이 2개의 데이터를 비교 체크함으로써 에러를 검출하는 에러 제어 방식은?

① 연속 송출 방식
② 반송 조회 방식
③ 캐릭터 패리티 체크 방식
④ 사이클릭 부호 방식

> **해설**
> 송신측에서 동일 데이터를 두 번 계속해서 송신하고, 수신측에서는 2개의 데이터를 비교하여 착오를 검출하는 방식(수신측에서 착오를 Check하고 송신측에서 재송하는 방식)

13 데이터 전송에 있어서 송신측에서 각 문자를 부호화할 때에 부호 중에서 "1"의 수가 항상 일정한 수가 되도록 새로 부호를 조립해서 송출함으로써 수신측에서 오류를 검출하는 방법은?

① 일정 마크 방식
② 수직 패리티(Parity) 방식
③ 기수 패리티(Parity) 방식
④ 수평 패리티(Parity) 방식

> **해설**
> 송신측에서 각 문자를 부호화할 때 부호 중 "1" 또는 "0"의 수가 항상 일정하도록 부호를 조립해서 송출함으로써 수신측에서 오류를 검출하는 방식으로 대표적인 부호는 2 out of 5 부호(Biquinary 부호)가 있음
> ※ 1의 수가 항상 일정하면 정마크 방식, 0의 수가 항상 일정하면 정스페이스 방식

14 다음 중 패리티 검사(Parity Check)를 하는 이유는 무엇인가?

① 수신정보내의 오류 검출
② 전송되는 부호의 용량 검사
③ 전송데이터의 처리량 측정
④ 통신 프로토콜의 성능 측정

> **해설**
> 패리티 체크는 수신정보 내의 오류를 검출하기 위해 사용되는 방식으로 수직 패리티 체크방식, 수평 패리티 체크방식 등이 있다.

15 다음 설명 중 Parity Bit에 대한 설명으로 틀린 것은?

① 기수 체크(Odd Check)를 사용하기도 한다.
② 우수 체크(Even Check)를 사용하기도 한다.
③ 데이터의 오류를 판별하기 위하여 사용한다.
④ 데이터의 표현에 여유를 두기 위하여 사용한다.

> **해설**
> Parity Bit는 우수(1의 수가) 또는 기수(1의 수가)방법을 이용할 수 있으며 착오를 검출하기 위해 사용한다.

16 다음 중 Error 제어에 관한 설명 중 잘못된 것은 어느 것인가?

① 자기 조합 부호에서는 Error가 발생하여도 사용하지 않는 부호로 변환된다.
② 수직 패리티 체크 방식은 "1" 부호 중에서 기수개의 단위가 틀리면 Error가 발견되지 않는다.
③ 정마크 정스페이스 방식에서는 "1" 또는 "0"의 수가 일정한 부호만 유효하고 다른 부호는 Error로 검출한다.
④ Bearer법에서는 1회와 2회에 위상을 역전하여 전송하고 수신측에서 Error를 검출한다.

> **해설**
> 수직 패리티 체크 방식에서 기수 Parity 체크 방식을 사용하면 Error를 검출할 수 있다.

17 데이터 통신에서 한 Character를 표시하는 정보 비트열에서 "0" 또는 "1"을 부가시켜 "1"의 개수를 홀수 또는 짝수로 통일시킨 다음 수신측에서 "1"의 수가 홀수 또는 짝수인가에 따라 정보의 왜곡을 검출하는 방식을 무엇이라 하는가?

① 패리티 체크
② 정 표시 방법
③ 군계수 방식
④ 크로스 체크

> **해설**
> ① 문자 단위의 1의 수가 짝수(Even Parity) 또는 홀수(Odd Parity)가 되도록 각 열에 Check Bit(Parity Bit)를 부가하는 방식

[정답] 12 ① 13 ① 14 ① 15 ④ 16 ② 17 ①

② 수평 Parity Check 방식 : Block 단위의 1의 수가 짝수 또는 홀수가 되도록 각 행에 Check Bit를 부가하는 방식

18 10진수 9를 2진수로 표현할 때, 기수 패리티 코드화한 값으로 옳은 것은?

① 10010
② 10001
③ 10011
④ 01001

해설
$(9)_{10} = (1001)_2$은 1의 개수가 짝수이므로 기수 패리티가 되기 위해서 "1"을 하나 더 부가하여 "1"의 개수를 홀수가 되게 한다.

19 데이터 전송 선로의 수평, 수직 우수 패리티 체크 방식이다. 정확히 수신했을 때 나온 데이터의 * * * 에 들어가야 할 비트는 다음 중 어느 것인가?

```
1 0 1 0 1 0 1 0 | 0
0 0 1 1 0 0 0 1 | 1
0 1 0 0 0 1 1 0 | 1
1 0 0 0 1 1 0 1 | 0
1 0 0 1 1 0 1 0 | 0
─────────────────
1 1 0 0 1 0 * * | *
```

① 001
② 011
③ 100
④ 110

해설
수평, 수직으로 1의 개수를 세어 짝수로 만든다.

20 정보에 추가되는 Parity Bit 외에, Parity Bit로만 구성되는 Parity 검사 문자를 Block 단위로 추가해서 LRC와 VRC를 실시하는 방법은?

① 1차원 Parity 검사
② 2차원 Parity 검사
③ 군계수 Check 방식
④ SQD 방식

해설
① 1차원 Parity 검사
정보에 한 개의 Parity Bit를 추가하는데 Bit 1개의 개수가 짝수 또는 홀수가 되도록 Parity Bit 값을 결정하는 방식으로 수평 Parity Check 방식과 수직 Parity Check 방식이 있음

② 2차원 parity 검사
정보에 추가되는 Parity Bit 이외에, Parity Bit로만 구성되는 Parity 검사 문자(Parity Check Character)를 Block 단위로 추가해서 Longitudinal Redundancy Check(LRC)와 Vertical Redundancy Check(VRC)를 실시한다. LRC는 Parity 검사 문자에 의해 이루어지고, VRC는 Parity Bit에 의해 이루어지며, 이같은 2차원 Parity 검사 방식은 1차원 Parity 검사 방식에 비해 검출되지 않는 비트 에러율을 $\frac{1}{100} \sim \frac{1}{10,000}$로 감소시킨다.

21 다음 중 잘못된 Bit를 찾아서 교정도 할 수 있는 코드는?

① GRAY CODE
② HAMMING CODE
③ ASCII CODE
④ EXCESS-3 CODE

해설
해밍 코드(에러의 검출과 정정 가능)를 제외하고는 일반 코드들이다.

22 다음 중 오류검출과 오류교정까지도 가능한 코드는?

① Hamming Code
② Biquinary Code
③ 2-out of-5 Code
④ EBCDIC Code

23 전송하려는 부호어들의 최소 해밍거리가 6일 때 수신 시 정정할 수 있는 최대 오류의 수는?

① 1
② 2
③ 3
④ 6

해설
해밍거리가 짝수이므로 정정할 수 있는 오류 개수는 $\frac{d-2}{2} = \frac{6-2}{2} = 2$개이다.
해밍거리가 홀수인 경우에는 $\frac{d-1}{2}$이다.

[정답] 18 ③ 19 ③ 20 ② 21 ② 22 ① 23 ②

출제 예상 문제

24 Hamming 코드에서 총 전송비트수가 17비트일 때, 해밍비트수와 순수한 정보비트수는?

① 해밍비트수 : 4, 정보비트수 : 13
② 해밍비트수 : 5, 정보비트수 : 12
③ 해밍비트수 : 6, 정보비트수 : 11
④ 해밍비트수 : 7, 정보비트수 : 10

해설

Hamming 코드에서는 $2^p \geq n \times 1 = m + p + 1$이 성립한다.
여기서 n : 총 전송비트수
　　　 m : 순수한 정보비트수
　　　 p : 패리티비트수(해밍비트수)
$n=17$이므로 $2^p \geq 17+1 = 18$로부터 $p=5$이고
따라서 $m=n-p=17-5=12$이다.

25 짝수 패리티를 이용한 8421 BCD코드를 해밍코드로 변환하면 다음 표와 같다. 빈칸에 들어갈 것은?

10진수/비트의 위치	1	2	3	4	5	6	7
	P_1	P_2	d_4	P_4	d_3	d_2	d_1
4			0		1	0	0
5			0		1	0	1

① 4 : 000, 5 : 111
② 4 : 110, 5 : 001
③ 4 : 101, 5 : 010
④ 4 : 100, 5 : 101

해설

① 패리티 비트의 위치
예를 들어 정보가 4[bit]($d_4 \sim d_1$)라면 패리티 비트 수는 3(P_1, P_2, P_4)이 되고, 다음과 같이 1,2,4번 자리에 패리티 비트가 위치하게 된다.

P_1	P_2	d_4	P_4	d_3	d_2	d_1

② 해밍코드 구성 방법
7비트 해밍코드에 대해 짝수 패리티를 수행한다고 했을 경우 각 패리티 비트에 다음과 같은 패리티 체크를 수행하여 "1" 또는 "0"을 할당한다.
- P_1 : 1, 3, 5, 7 비트 자리에 대해 짝수 패리티 체크를 수행
- P_2 : 2, 3, 6, 7 비트 자리에 대해 짝수 패리티 체크를 수행
- P_4 : 4, 5, 6, 7 비트 자리에 대해 짝수 패리티 체크를 수행

(예) 4_{10}과 5_{10}에 대한 해밍코드

비트 표시	P_1	P_2	d_4	P_4	d_3	d_2	d_1
비트 자리	1	2	3	4	5	6	7
정보비트(4)	1	0	0	1	1	0	0
정보비트(5)	0	1	0	0	1	0	1

[참고] 짝수 페리티 체크(Even Parity Check)는 패리티 비트까지 포함해서 1의 수를 짝수로 만든다.

26 다음 중 BCD 코드 1001에 대한 해밍 코드를 구하면?(단, 짝수 패리티 체크를 수행한다.)

① 0011001
② 1000011
③ 0100101
④ 0110010

해설

비트의 의미 10진수	1	2	3	4	5	6	7
	C_1	C_2	8	C_4	4	2	1
9	0	0	1	1	0	0	1

27 ARQ 방식이란 어느 것인가?

① 에러를 정정하는 방식
② 부호를 전송하는 방식
③ 에러를 검출하는 방식
④ 에러를 검출하여 재전송을 요구하는 방식

해설

ARQ란 Automatic Repeat Request로 송신측에서 송신한 신호를 가지고 (여기에는 패리티 비트가 포함되어 있다.) 수신측에서 착오 제어를 수행하여 착오가 있으면, 수신측에서 송신측에 데이터의 재전송을 요구하는 방식을 말한다.

28 ARQ 방식의 특징으로 틀린 것은?

① 송신측은 항시 수신측으로부터 프레임에 에러가 발생했다는 신호를 받아들일 수 있는 상태에 있어야 한다.
② 에러 발생시 송신측은 다음 프레임의 전송 대신에 에러가 발생한 프레임을 재전송해야 한다.
③ 송신측은 버퍼(Buffer)가 필요하다.
④ 역채널(Reverse Channel)이 필요하다.

해설

수신측은 전송되어 오는 데이터 Block 가운데 가장 큰 Block을 저장할 수 있어야 한다.

[정답] 24 ② 25 ③ 26 ① 27 ④ 28 ③

29 다음 중 에러 검출 방식으로 옳지 않은 것은?

① 패리티 체크 방식　② 군계수 체크 방식
③ 정 마크 방식　④ ARQ 방식

해설

에러검출방식으로는 패리티 체크 방식, 군계수 체크 방식, 정마크(정 스페이스)방식이 사용된다. ARQ는 통신회선에서 에러가 발생하면 수신측은 에러의 발생을 송신측에 알리고, 송신측은 에러가 발생한 블록을 재전송하는 방식으로 검출 후 재전송이라 한다.

30 잉여 Bit들을 데이터와 함께 전송하여 에러를 검출하는 데 사용하고, 에러가 검출되면 송신측으로 재전송을 요구하여 에러 수정을 실시하는 것을 무엇이라 하는가?

① 에러 무시
② Loop 또는 Echo에 의한 점검
③ ARQ
④ FEC

해설

검출 후 재전송(ARQ : Automatic Repeat Request)

통신 회선에 착오가 발생하면 수신측은 착오의 발생을 송신측에 알리고 송신측은 착오가 발생한 Block을 재전송하는 방식으로 다음과 같은 종류가 있다.
① 정지 조회 ARQ(Stop-and-Wait)방식
　송신측이 한 개의 block을 전송한 후, 수신측에서 착오의 발생을 점검한 다음 ACK나 NAK 신호를 보내올 때까지 기다리는 방식
　㉠ ARQ 방식 중에서 가장 간단
　㉡ 착오 검출 능력이 우수한 부호를 사용해야 함
　㉢ 신호를 재송할 역 CH(Reverse CH : 수신측에서 ACK나 NAK를 송신측으로 보내기 위한 CH)이 필요
　㉣ BSC Protocol에서 채택(Half-Duplex에서 이용)
　㉤ 데이터 통신 시스템의 Buffer 메모리 용량은, 전송되는 데이터 Block 가운데 가장 큰 Block을 저장할 수 있어야 한다.
② 연속적 ARQ(Continuous ARQ)방식
　정지 조회 ARQ에서 생기는 Overhead를 줄이기 위해, 연속적으로 data block을 전송하는 방식으로 전파 지연이 긴 시스템에 적용하면 효과적
　㉠ 반송 N 블록 ARQ(Go-Back-N ARQ)
　　ⓐ 송신측이 NAK를 받으면 착오가 발생한 Block으로 되돌아가서 그 이후의 모든 Block을 재전송하는 방식
　　ⓑ HDLC Protocol에서 채택(Full-Duplex에서 이용)
　㉡ 선별 재송 ARQ(Selective ARQ)
　　ⓐ 송신측이 NAK를 받으면 착오 Block을 탐지하여 해당 Block만을 재전송하는 방식
　　ⓑ SDLC Protocol에서 채택(Full-Duplex에서 이용)
　　ⓒ 복잡한 논리 회로와 큰 용량의 Buffer가 필요

　　ⓓ 수신단에서 데이터를 처리하기 전에 원래 순서대로 조립해야 함
③ 적응적 ARQ(Adaptive ARQ)
　에러 발생 비율이 높아 데이터 재전송 요청 비율이 클 경우에는 block의 길이를 작게 하고, 데이터 재전송 요청 비율이 작을 경우에는 Block의 크기를 크게 하는 방식
　㉠ 채널의 효율을 최대로 하기 위하여, Block의 길이를 동적으로 변경할 수 있는 방식으로 ARQ 효율은 높으나 제어 회로가 복잡해지고, Block 길이 변경에 기인하는 채널의 유휴 시간(Idle Time)이 발생
　㉡ 일반 통신 Protocol에는 적용 안함

31 다음은 정지 조회 ARQ에 대한 특징을 설명한 것이다. 틀린 것은?

① 착오 검출 능력이 우수한 부호를 사용해야 한다.
② ACK나 NAK를 송신측으로 보내기 위한 역 채널이 필요하다.
③ SDLC protocol에서 채택하고 있다.
④ ARQ 방식 중에서 가장 간단하다.

해설

정지 조회 ARQ 방식은 BSC(또는 BASIC) Protocol에서 채택하고 있다.
정지 조회 ARQ(Stop-and-Wait ARQ)방식이란 송신측이 한 개의 block을 전송한 후, 수신측에서 착오의 발생을 점검한 다음 ACK나 NAK 신호를 보내올 때까지 기다리는 방식으로 다음과 같은 특징을 가진다.
① ARQ 방식 중에서 가장 간단
② 착오 검출 능력이 우수한 부호를 사용해야 함
③ 신호를 재송할 역 CH(Reverse CH : 수신측에서 ACK나 NAK를 송신측으로 전송하기 위한 채널)이 필요함
④ BSC Protocol에서 채택(Half-Duplex에서 이용)
⑤ 데이터 통신 시스템의 Buffer 메모리 용량은, 전송되는 데이터 Block 가운데 가장 큰 Block을 저장할 수 있어야 한다.

32 송신측이 한 개의 블록을 전송한 다음 수신측에서 에러의 발생을 점검한 후 ACK나 NAK를 보내올 때까지 기다리는 방식은?

① 연속적 ARQ
② 적응적 ARQ
③ 전진에러수정
④ 정지-대기 ARQ

[정답] 29 ④　30 ③　31 ③　32 ④

해설

자동반복요청(ARQ : Automatic Repeat Request)
① ARQ란 수신기가 에러를 검출하여 정정하지 않고, 송신기에 재전송을 요구하는 방식이다.
② ARQ 방식의 종류
  ㉠ 정지-대기 ARQ : 송신측은 한 블록을 전송한 다음 수식측에서 에러발생을 점검하고 ACK나 NAK 신호가 올 때까지 기다림
  ㉡ 연속적 ARQ
   - Go-Back-N ARQ : 오류가 발생한 데이터 프레임부터 재전송
   - 선택적 ARQ : 오류가 발생한 데이터 프레임만 재전송
   - 적응적 ARQ : 전송효율을 높이기 위해 채널의 상태에 따라 블록의 길이를 동적으로 변경

33 연속적 ARQ에 대한 설명이다. 틀린 것은?
① 신호를 재송할 역채널이 필요하다.
② 정지 조회 ARQ보다 Overhead가 적다.
③ SDLC, HDLC Protocol에서 사용한다.
④ 반송 N 블록 방식과 선별 재송 ARQ 방식이 있다.

해설

신호를 재송할 역채널이 필요한 것은 정지 조회 ARQ 방식이다. 연속적 ARQ(Continuous ARQ)방식의 종류와 특징은 다음과 같다. 정지 조회 ARQ에서 생기는 Overhead를 줄이기 위해 연속적으로 Data Block을 전송하는 방식으로 전파 지연이 긴 시스템에 적용하면 효과적이다.
① 반송 N 블록 ARQ(Go-Back-IV ARQ)
  ㉠ 송신측이 NAK를 받으면 착오가 발생한 Block으로 되돌아가서 그 이후의 모든 Block을 모두 재전송하는 방식이다.
  ㉡ HDLC Protocol에서 채택(Full-Duplex에서 이용)
② 선별 재송 ARQ(Selective ARQ)
  ㉠ 송신측이 NAK를 받으면 착오 Block을 탐지하여 해당 Block만을 재전송하는 방식이다.
  ㉡ SDLC Protocol에서 채택(Full-Duplex에서 이용)
  ㉢ 복잡한 논리 회로와 큰 용량의 Buffer가 필요하다.
  ㉣ 수신단에서 데이터를 처리하기 전에 원래 순서대로 조립해야 한다.

34 ARQ 방식 중 에러가 발생한 프레임만 재전송하는 기법은?
① Stop-Wait ARQ
② Go Back N ARQ
③ Selective Repeat ARQ
④ H-ARQ

35 링크를 가장 효율적으로 사용할 수 있으나 프레임 재순서화 기능이 요구되는 등 시스템 구현이 복잡한 단점을 가지고 있는 방식은?
① Simple ARQ
② Go Back N ARQ
③ Stop And Wait ARQ
④ Selective Repeat ARQ

36 송신측이 NAK를 받으면 착오가 발생한 Block으로 되돌아가서 그 이후의 모든 Block을 재전송하는 ARQ 방식은?
① 정지 회로 ARQ
② 반송 N 블록 ARQ
③ 선별 재송 ARQ
④ 적응적 ARQ

해설

송신측이 NAK를 받으면, 착오가 발생한 Block으로 되돌아가서 그 이후의 모든 Block를 재전송하는 것은 반송 N 블록 ARQ이고, 에러 Block만 재전송하는 것은 선별 재송 ARQ임

37 BSC 프로토콜에서 셀렉티브(Selective) ARQ 방식에서 n번째 ERROR가 발생시 어떻게 재송신하는가?
① n번만
② $n+1$번부터
③ n번부터 전부
④ $n-1$번부터 전부

38 오류제어 기술 중 FEC방식의 높은 정보전송률을 유지하면서 ARQ방식의 높은 신뢰성을 유지할 수 있는 방식으로 가장 적합한 것은?
① Go-Back-N ARQ
② Stop-And-Wait ARQ
③ Hybrid ARQ
④ Selective-Repeat ARQ

해설

HARQ는 3.5세대 이동통신기술인 HSDPA(High Speed Downlink Packet Access) 전송 등에서 사용하는 프로토콜로서 원래 전송된 정보와 재전송되어온 정보를 결합(Combining)하여 디코딩함으로써 재전송의 횟수를 줄인다.

[정답] 33 ① 34 ③ 35 ④ 36 ② 37 ① 38 ③

39 피기백(Piggyback) 확인 응답이란 어느 것인가?

① 송신측이 일정한 시간 안에 수신측으로부터 ACK 가 도착하지 않으면 에러로 간주하는 것
② 송신측이 타임아웃 시간을 설정하기 위한 목적으로 내보낸 테스트 프레임에 대한 응답
③ 수신측이 에러를 검출한 후 재전송해야 할 프레임의 개수를 송신측에게 알려주는 응답
④ 수신측이 별도의 ACK를 보내지 않고 상대편으로 향하는 데이터 전문을 이용하여 응답하는 것

해설

전송 채널 대역의 사용효율을 높이기 위해서 수신한 전문에 대해 확인 응답 전문(ACK 또는 NAK)을 따로 보내지 않고, 상대편으로 향하는 데이터 전문에 확인 응답 전문을 함께 실어보내는 방법을 말하며 상대편으로 보낼 데이터 전문이 오랫동안 발생하지 않으면 응답 회신을 무한정 지연시킬 수 없기 때문에 이런 경우를 위해 각 수신 전문에 대해 Timer를 작동시켜 Time Out되는 경우, 개별적인 응답 전문을 회신하여 송신측이 다음 동작을 취할 수 있게 한다.

40 전진 에러 수정(FEC)의 특징이 아닌 것은?

① ARQ와는 달리 데이터 비트 프레임에 잉여비트를 추가해 에러를 검출, 수정하는 방식이다.
② FEC 코드에는 블록 코드와 비블록 코드가 있다.
③ 연속적인 데이터 흐름이 필요하며 또한 역채널이 필요하다.
④ 에러율이 낮은 경우에는 효과적이나 잉여 비트를 첨가하므로 전송 효율이 떨어진다.

해설

에러 제어 방식
① 순방향 에러 정정(Forward Error Correction)
 ㉠ 송신측이 전송할 문자나 프레임에 부가적인 정보를 첨가하여 전송하고 수신측은 에러가 있을 때 이 부가적인 정보를 이용하여 에러의 검출과 정정을 하는 방식이다.
 ㉡ 해밍부호, BCH 부호 등이 예이다.
② 역방향 에러 정정(Backward Error Correction)
 ㉠ 송신측은 부가적인 정보를 문자나 프레임에 첨가시켜 전송하고 수신측이 에러를 검출하면 송신측에게 재전송을 요구하는 방식이다.
 ㉡ 데이터 통신 시스템, 전화 등과 같은 양방향 시스템에서 사용한다.

41 FEC(Forward Error Correction) 코드에 대한 설명으로 적합하지 않은 것은?

① 역채널을 사용한다.
② 에러 정정 기능을 포함한다.
③ 연속적인 데이터 전송이 가능하다.
④ CRC 코드, 콘볼루션 코드 등이 이에 해당한다.

해설

ARQ방식에 비해 더 많은 수의 잉여 비트들을 추가해서 에러 검출 기능뿐 아니라 에러 정정 기능까지도 포함하고 있는 코드를 말한다. ARQ방식은 역채널을 통해 ACK와 NAK 정보를 전송하는 데 비해 FEC방식은 역채널을 사용하지 않기 때문에 Forward Error Correction(FEC) 기법이라 한다.

42 데이터 비트 프레임에 잉여 비트를 추가하여 에러를 검출 수정하는 에러 제어 방식은?

① 순환 잉여 검사(CRC)
② 검출 후 재전송(ARQ)
③ 전진 에러 수정(Forward Error Correction)
④ 블록 종합 검사(Block Sum Check)

해설

ARQ 방식에 비해 더 많은 수의 잉여 bit들을 추가해서 에러 검출 뿐 아니라 에러 정정 기능까지도 포함하고 있는 Code. ARQ 방식은 Reverse 채널을 통해 ACK와 NAK 정보를 전송하는데 비해 FEC 방식은 Reverse 채널을 사용하지 않기 때문에 Forward Error Correction(FEC) 기법이라 한다.

43 다음 중 FEC(Forward Error Correction) 기법에서 사용하는 오류정정부호가 아닌 것은?

① CRC
② LDPC
③ Turbo Code
④ Hamming Code

해설

FEC코드는 전진에러 수정코드로 에러정정부호를 말하며 Hamming 코드, BCH 코드, Turbo 코드, Convolution코드, LDPC 등이 있다.

[정답] 39 ④ 40 ③ 41 ① 42 ③ 43 ①

44 전진 에러 수정(FEC) 방식을 적용할 수 있는 분야가 아닌 것은?

① data가 연속적으로 전송되는 경우
② 역채널이 없는 경우
③ 4,800[bps] 이상 속도로 운용되는 시분할 다중화기에서 Half-Duplex로 운용되는 경우
④ 서로 다른 Bit Error Rate를 요구하는 다수의 이용자를 수용하는 공중 반송 채널의 경우

해설

FEC 방식을 적용할 수 있는 분야는 다음과 같다.
① Data가 연속적으로 전송되는 경우
② Reverse 채널이 없는 경우
③ 4,800[bps] 이상 속도로 운용되는 시분할 Multiplexer 사이에서 Full-Duplex로 운용되는 경우
④ 서로 다른 Bit Error Rate를 요구하는 다수의 이용자를 수용하는 공중 반송 채널의 경우

45 다음 중 자기 정정을 할 수 없는 코드는 무엇인가?

① 허프만코드　　② 컨벌루션코드
③ 해밍코드　　　④ BCH코드

해설

에러정정 부호에는 다음과 같은 것이 있다.
① 해밍코드
② CRC코드
③ BCH코드
④ Convolution코드
이 중 ① ~ ③은 블록코드이고 ④는 비블록코드이다.

46 다음 중 Block Code에 포함되지 않는 Code는?

① Hamming Code　　② CRC Code
③ BCH Code　　　　④ Convolution Code

해설

FEC Code의 종류
① Block Code
　㉠ 선형 Code(Hamming Code) : 자기 정정 부호라 함
　㉡ 순회 Code(CRC Code, BCH Code) : 자기 정정 부호라 함
② Convolution Code(비 BLOCK CODE)
　부호화는 일정 길이의 block 단위로 이루어지는데, 각 Block에서의 부호화가 그 Block뿐만 아니라, 그 이전의 Block에도 의존하는 부호로 Tree 부호라고도 함

㉠ Coding 방식 : 정보 Bit를 Shift Register에 통과시킨 다음, Modulo-2 가산기를 이용하여 전송 bit를 만듦.
㉡ Decoding 방식 : Threshold Decoding과 Sequential Decoding이 있음.
㉢ 전진 에러 수정 효율이 높음.
㉣ 종류 : 자기 직교(Self-Orthogonal) 부호, 위너(Wyner) 부호, 비터비(Viterbi) 부호 등이 있음.

47 Convolution Code의 종류에 해당되지 않는 code는?

① 자기 직교(Self-Orthogonal) 부호
② 위너(Wyner) 부호
③ 비터비(Viterbi) 부호
④ 해밍(Hamming) 부호

해설

Hamming 부호는 Block Code의 일종이다.

48 Convolution Code의 특징을 설명한 것이다. 틀린 것은?

① Coding 방식으로는 Shift Register와 Modulo-2 가산기를 이용한다.
② Decoding 방식으로는 Threshold Decoding과 Sequential Decoding을 이용한다.
③ 전진 에러 수정 효율이 낮다.
④ Convolution Code의 종류로는 위너 부호, 비터비 부호 등이 있다.

해설

Convolution Code는 전진 에러 수정 효율이 높다.

49 CRC 코드를 사용하는 경우 수신측에서는 어떻게 착오를 검출하는가?

① 송신되어온 데이터를 생성 다항식으로 나누어
② 송신되어온 데이터에 생성 다항식을 곱하여
③ 송신되어온 데이터에 생성 다항식을 더하여
④ 송신되어온 데이터에서 생성 다항식을 빼서

[정답] 44 ③　45 ①　46 ④　47 ④　48 ③　49 ①

[해설]
수신측에서는 송신되어온 데이터를 생성 다항식으로 나누어 나머지가 없으면 착오가 없음을, 나머지가 있으면 착오가 있음을 의미한다.

50 CRC방식에서 $T(X)$로 송신했을 때 수신측에서 오류가 없다면 생성다항식[$G(X)$]으로 처리한 나머지는?(단, $T(X)$는 입력데이터 다항식을 생성다항식의 최고차항을 곱한 것에 패리티를 부가시킨 것임)

① 0
② 1
③ 송신데이터
④ 생성다항식의 최고차항

[해설]
CRC코드는 다음과 같은 과정을 통해 만들어진다.
① 전송하려는 데이터를 다항식의 표현으로 나타낸다 : $P(X)$
② $P(X)$에 생성다항식 $G(X)$의 최고차항을 곱하고 생성다항식 $G(X)$로 나눈다. 이때 나머지는 패리티 비트이다.
③ 완전한 CRC코드는 "생성다항식의 최고차항×$P(X)$ + 패리티비트"이다.[이 CRC코드가 수신측으로 전송되는 것이며 이를 $T(X)$라 나타낸다.]
④ 수신측에서는 $T(X)$를 $G(X)$로 나누어 나머지가 없으면 에러가 없다고 판단하고, 나머지가 있으면 에러가 있다고 판단한다.

51 순환 잉여도 검사(Cyclic Redundancy Check) 방식의 에러 검사 방식을 설명한 것이 아닌 것은?

① 문자 단위의 전송에서 응용하기가 적당하다.
② 패리티 검사 코드의 일종인 순환 코드를 이용한다.
③ 단일 비트 에러는 100[%] 추출할 수 있다.
④ CRC-16은 $x^{16}+x^{15}+x^2+1$의 다항식을 이용한다.

[해설]
순회 부호 검사 방식(CRC)
① HDLC X.25 프로토콜은 블록 단위로 메시지가 전송되므로 이러한 경우에 사용하는 오류 제어 방식으로 CRC 방식을 사용한다.
② 블록 합 검사나 패리티 검사 방식 등은 집단 에러에 대한 검출 기능이 없기 때문에 다항식 코드를 사용하여 에러를 검사하는 방식이다.
③ 데이터 통신에서 사용된 4가지 생성 다항식 유형
  ㉠ CRC-12=$x^{12}+x^{11}+x^3+x^2+1$
  ㉡ CRC-16=$x^{16}+x^{15}+x^5+1$
  ㉢ CRC-CCITT=$x^{16}+x^{12}+x^5+1$
  ㉣ CRC-32=$x^{32}+x^{26}+x^{23}+x^{22}+x^{16}+x^{12}+x^{11}+x^{10}+x^8+x^7+x^5+x^4+x^2+x+1$

52 BCH 부호어가 7비트로 되어 있고, 검사 비트수를 6으로 하면 오류정정가능개수는 몇 개가 되는가?
① 1개
② 2개
③ 3개
④ 4개

[해설]
오류정정가능개수 = $\dfrac{\text{검사비트 수}}{m}$
한편 $2^m-1 \leq n$으로부터 한편 $2^m \leq n+1 = 7+1$이 되므로 $m=3$이 된다. 따라서 오류정정가능개수는 $\dfrac{6}{3}=2$개가 된다.

53 에러제어방식 중에서 복수의 에러를 정정할 수 있는 것은?
① BCH부호
② ARQ방식
③ BCD부호
④ PARITY부호

[해설]
BCH 코드는 복수개의 에러를 정정할 수 있는 에러 정정 부호로 블록코드에 해당되며, Convolution 코드는 비블록코드에 해당된다. 블록코드란 현재의 데이터를 Coding하는 데 있어 그 이전의 데이터를 Coding한 결과가 영향을 미치지 않는 코드이고, 비블록코드란 영향을 미치는 코드를 말한다.

54 Reed-Solomon 부호에 대한 설명 중 잘못된 것은?
① 선형 블록 부호이다.
② l개의 연집에러를 검출하기 위해서는 l개의 패리티 검사 비트를 포함한 길이 n인 부호어가 필요하다.
③ l개의 연집에러를 정정하기 위해서는 $4l$개의 패리티 검사 비트를 포함한 길이가 n인 부호어가 필요하다.
④ 패리티 검사 비트수 l과 부호의 데이터 비트수 n과는 독립적이다.

[해설]
l개의 연집에러를 정정하기 위해서는 $2l$개의 패리티 검사 비트를 포함한 길이가 n인 부호어가 필요하다.

[정답] 50 ① 51 ④ 52 ② 53 ① 54 ③

ENGINEER
INFORMATION & COMMUNICATION

MEMO

Chapter 2 근거리통신망(LAN) 설계

합격 NOTE

1 LAN과 VLAN

1. 근거리통신망(LAN : Local Area Network)

가. LAN의 정의

① LAN은 다수의 독립된 컴퓨터 기기들이 비교적 한정된 영역내에서 에러율이 낮고 상당히 빠른 속도의 물리적 통신 채널을 통하여 상호간에 통신이 가능하도록 하는 데이터 통신 시스템이다.

② LAN은 비교적 한정된 지역 내에서 다양한 통신기기의 상호 연결을 가능케 하는 고속의 통신 네트워크이다.

합격예측
LAN의 예 : 빌딩/캠퍼스 등에서 사용되는 통신망

나. LAN의 특징

① 광대역 전송 매체의 사용으로 고속 통신이 가능하다.(1~10[Mbps])
② 패킷 지연이 최소화된다.
③ 네트워크 내의 어떤 기기와도 통신이 가능하다.
④ 경로 선택이 필요 없다.
⑤ 매우 낮은 에러율을 나타낸다.
⑥ 방송 형태의 이용이 가능하다.
⑦ Node의 값이 싸다.
⑧ 네트워크 구축이 유연하다.
⑨ 통신비의 경감이 가능하다.

합격예측
LAN의 특징 : 수 [km] 이내로 통신거리가 짧다, 전송매체를 공동으로 이용한다.

다. LAN 네트워크 토포로지(Topology)

(1) 망 형태(Topology)에 의한 분류

① 버스(Bus)형
여러 개의 노드가 하나의 통신회선에 커넥터를 통해 접속되어 있는 형상으로 한 노드로부터 메시지는 양방향으로 전송된다.

합격예측
버스형 : 소규모 근거리 통신망에 이용

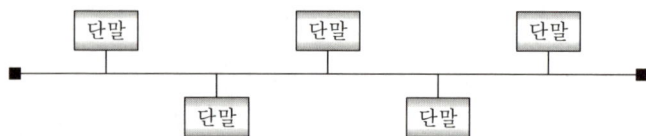

㉠ 설치비용이 적다.
㉡ 한 기기의 고장 파급이 없다.
㉢ 설치 및 확장이 용이하다.

ⓔ 고장 발견이 어렵다.
　　ⓜ 구내 정보통신망, 고속 근거리 통신망에 가장 많이 사용된다.
② 성(Star)형
　모든 노드가 중앙의 노드에 Point-To-Point 방식으로 접속되어 있으며 각 노드는 중앙의 제어장치의 교환기능에 의하여 통신한다.

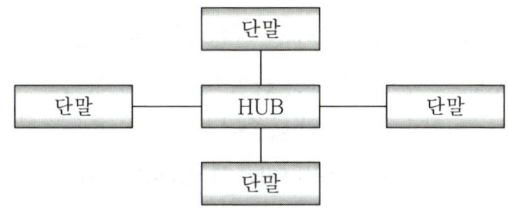

　ⓐ 고장 발견이 용이하다.
　ⓑ 한 기기의 고장 파급 효과가 적다.
　ⓒ 중앙 노드 고장시 전체 운영이 불가하다.
　ⓓ 설치 비용이 많이 든다.
③ 링(Ring)형
　인접한 2개의 노드를 순차적으로 연결한 형상으로서, 한 노드로부터 송출된 메시지는 한 방향으로 전송되며 송출된 메시지가 자신의 것이면 받아들이고 아닌 경우에는 그 다음 노드로 재전송한다.
　ⓐ 광섬유에 적합하다.
　ⓑ 설치 비용이 많이 들고 네트워크의 변경 추가가 어려우며 한 노드 고장시 복구가 어렵다.
　ⓒ 분산제어 프로토콜을 사용한다.

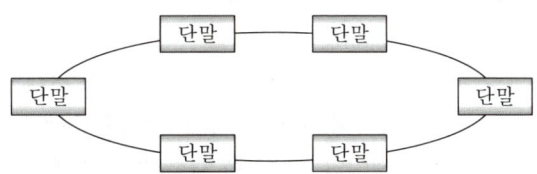

(2) LAN 구성 방식
① 동배형(P2P, Peer-to-Peer)
　ⓐ 네트워크 내에 있는 모든 단말이 동등한 권한으로 상호 연결되어 있다. 즉, 어떤 경우에는 서버(Server)의 역할, 또 어떤 경우에는 클라이언트(Client)의 역할을 수행한다.
　ⓑ P2P 방식은 전용 서버가 존재하지 않으며, 파일이나 프린터 같은 자원을 공유하기 쉬우나, 서버 역할을 수행하는 스테이션이 따로 없는 것이 단점이다.

합격 NOTE

합격예측
① 성형 : 중앙집중형 통신망
② 성형(스타형) : 신호를 분배해주는 허브(Hub)라는 장치를 이용한 구성 형태

합격예측
① 링형 : 데이터 흐름은 한쪽 방향으로만 이루어진다.
② 링형 : 메세지 전송 권한을 의미하는 토큰(Token)을 사용해서 모든 컴퓨터에 동등한 액세스 기회를 제공

합격예측
P2P : 1:1 구조, 작은 규모의 LAN 구성에 유리

합격예측
① 서버 : 정보 제공 서비스를 제공하는 컴퓨터
② 클라이언트 : 서버에서 보내주는 서비스를 이용하는 컴퓨터

합격 NOTE

합격예측
client-server : 1:N 구조, 대규모 망 구성에 유리

합격예측
TCP/IP, 대규모의 업무용 프로그램들이 client-server 모델을 적용하고 있다.

합격예측
매체접속제어 : 여러 단말들이 동일한 매체를 공유할 때, 손실없이 효과적으로 송·수신하기 위한 방법

합격예측
매체접속제어(MAC) : OSI 3계층(Data Link Layer)에서 담당

합격예측
① 자유경쟁법(Contention) : 노드가 독자적으로 직접접속을 시도하는 방법(CSMA/CD 등의 버스형 LAN에서 사용)
② 토큰이용법(Token Passing Method)

합격예측
① LAN에서는 주로 CSMA/CD와 Token Passing 방식이 쓰인다.
② Ethernet/IEEE 802.3 네트워크 : CSMA/CD 사용 Token Ring/IEEE 802.5, FDDI : Token Passing 사용

---

② 클라이언트 서버형(Client-Server)

네트워크 내에서 각종 어플리케이션 프로그램과 데이터를 가지고 클라이언트가 요구하는 서비스를 제공해 주는 'Server'와 서버가 공급하는 서비스를 받아서 사용하는 'Client'로 나누어 동작하는 방식이다.

(3) 매체접속제어(MAC : Media Access Control)방법에 의한 분류

① LAN은 모든 노드(단말)들이 하나의 매체(채널)를 공유하는 방식이므로, 여러 노드들간의 다중접속에 따른 효율적인 제어가 필요하다.
② OSI 참조 모델의 데이터링크계층(Data Link Layer)을 두 개의 부계층으로 나누어 생각한다.

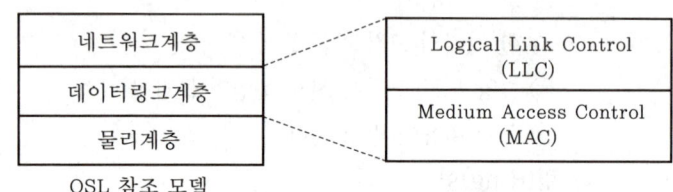
OSI 참조 모델

㉠ LLC 계층 : 상위 네트워크계층(Network Layer)으로의 연결을 한다.
㉡ MAC 계층 : 하부 물리계층(Physical Layer)과의 물리적 매체 접속 방식을 다룬다.

③ MAC 프로토콜의 종류에는 크게 CSMA/CD와 Token-Passing 방식이 있다.

㉠ CSMA/CD(Carrier Sense Multiple Access with Collision Detection)

충돌에 의한 채널 이용률의 저하를 막기 위해 충돌이 발생하면 즉시 검출하여 데이터 프레임의 송신을 중단하고 일정시간 동안 대기한 후 데이터 프레임을 재송신하는 방식이다.

ⓐ 가장 많이 사용되는 액세스 방법으로 버스형에 사용한다.
ⓑ 이용자가 필요할 때 임의로 액세스하는 방법이다.
ⓒ 특징
　㉮ 채널로 송출된 패킷은 모든 컨트롤러에서 수신 가능하다.
　㉯ 각 컨트롤러는 액세스 제어에 관하여 캐리어 감지와 충돌 검출 이외의 정보를 필요로 하지 않는다.
　㉰ 컨트롤러가 상위계층으로부터 패킷을 받고 나서 완료할 때까지의 시간은 확률적으로 변화한다.
　㉱ 작업량이 적을 때 효율적이다.

ⓛ 토큰 패싱(Token Passing) 방식
  ⓐ 채널의 사용권을 균등 분배하기 위해 사용권을 의미하는 토큰을 차례로 전달해 가는 방법이다.
  ⓑ 토큰을 소유한 기기가 전송하는 권리를 확보하며, 전송이 끝나면 다른 이용자가 채널을 이용할 수 있도록 정해진 방향으로 토큰을 전송한다.
  ⓒ 링형망에서 주로 사용되나, 논리적인 링을 위한 토큰 패싱 방법의 경우에는 버스 구조의 망에서도 사용 가능하다.
  ⓓ 충돌에 의한 데이터 지연 현상이나 시간 예측이 불가능한 링들을 보완하고 있으나 전송할 데이터가 없는 기기에도 토큰이 전송되는 낭비가 있다.
  ⓔ 노드가 능동 소자로 구성되어 한 노드가 고장나면 망의 동작이 중단되므로 신뢰성이 떨어진다.
  ⓕ 토큰 패싱 방식은 토큰 버스 방식과 토큰링 방식을 말한다.

CSMA/CD	전송 매체를 감시하다가 신호가 있으면 기다리고, 신호가 없으면 전송을 즉시 개시하는 방식
토큰 패싱	토큰이라는 제어 패킷을 통신망에 순화시켜 이것을 받은 송신자가 송신권을 얻는 방식
토큰 버스	한 스테이션이 토큰을 가지게 되면 특정 시간 동안 매체를 제어하고 하나 이상의 패킷을 전송할 수 있는 방식
토큰 링	링 주위를 프리 토큰이 순회하다가 패킷을 전송하려는 스테이션을 만나면 프리 토큰을 잡아 제어권을 얻는 방식

참고

 무선 LAN
① Network 구축시 Hub에서 Client까지 유선 대신 전파(RF)나 빛 등을 이용하여 네트워크를 구축한다.
② 무선 LAN의 장점
  ㉠ 저전력
  ㉡ 비면허 주파수대역 사용(ISM Band)
  ㉢ 대역확산기술(Spread Spectrum)의 이용
  ㉣ 설치, 유지보수, 재배치가 간편하다.
  ㉤ 유선 연결이 어려운 곳의 Cabling 문제 해결
  ㉥ 단말의 이동성 보장, Network의 확장성 용이

합격 NOTE

합격예측
Token : 사용권

합격예측
Token Passing : Token Bus, Token Ring 망에서 사용

합격예측
전송 매체는 네트워크상의 각 노드를 연결시켜 주는 물리적인 채널이다.

합격예측
꼬임선 : 보통의 전선을 전기적인 간섭을 줄이기 위해 쌍으로 꼬이게 하여 전자적 유도 현상을 줄인 케이블

합격예측
Hub란 네트워크상에서 여러 대의 Client를 단일 노드로 연결하는 LAN 장비를 의미한다.

합격예측
IEEE 802.11 무선 LAN 표준 : 2.4[GHz] ISM Band, 1~2[Mbps], DSSS/FHSS/IR

합격 NOTE

합격예측
기저대역전송은 정보신호를 변조를 하지않고 전송한다.

합격예측
(광)대역전송은 변조과정을 통해 정보를 전송한다.

합격예측
FDDI는 ANSI에 의해 제안된 고속 LAN 방식이다.

합격예측
FDDI는 광케이블을 이용한 네트워크로 속도는 100Mbps이고 전송거리는 200km이다.

합격예측
* 이더넷 케이블의 규격 표시는 전송 속도, 전송방식, 전송 매체로 표기한다.
① 100 : 전송속도(100Mbps)
② BASE : 전송방식(Baseband 방식)
③ Tx, Fx : 전송매체(Tx : UTP/STP, Fx : Fiber)

---

(4) 변조방식에 의한 분류

① 기저대역(Baseband) 방식
  ㉠ 디지털 신호를 직접 전송한다.
  ㉡ 동축 케이블과 트위스트 페어 케이블을 모두 사용한다.
  ㉢ 고속 전송시 신호 감쇠 현상으로 거리상의 제약을 받는다.
  ㉣ 가격이 저렴하다.
  ㉤ 설치와 보수가 용이하다.
  ㉥ 음성 및 화상의 전송이 불가능하다.

② 광대역(Broadband) 방식
  ㉠ 주파수 분할 다중방식(FDM)을 사용한 LAN 통신방식이다.
  ㉡ 동축 케이블, 광섬유를 사용한다.
  ㉢ 음성, 화상도 전송 가능하다.
  ㉣ CATV 기술에 적용된다.
  ㉤ 설치 및 보수가 복잡하다.
  ㉥ 고가의 RF MODEM이 요구된다.

 참고

📍 이더넷(Ethernet)

① 가장 광범위하게 설치된 근거리통신망 기술이다.
② Ethernet 랜은 일반적으로 동축 케이블 또는 특별한 등급이 매겨진 비차폐 연선을 사용한다.
③ 일반적인 Ethernet은 10BASE-T라고 불리며, 10[Mbps]의 전송속도를 제공한다. 모든 장치들은 케이블에 접속되며, CSMA/CD 프로토콜을 이용하여 경쟁적으로 액세스한다.

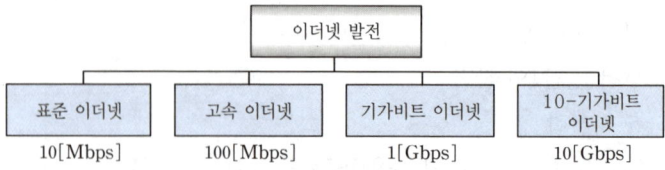

라. 고속 이더넷(Fast Ethernet)

① 고속 이더넷은 100BASE-T라고도 불리는 이더넷의 고속 버전으로서 100[Mbps]의 전송속도를 지원하는 근거리통신망의 표준(IEEE 802.3u)이다.
② 이더넷과 마찬가지로 고속 이더넷 역시 액세스 방식은 CSMA/CD에 기반을 두고 있다.
③ 100BASE-TX : 고급 UTP(Category 5 UTP) 케이블 철심 두 쌍, 100BASE-T4 : 보통 UTP(Category 3 UTP) 케이블 철심 네 쌍, 100BASE-FX : 광케이블
④ 반이중 통신의 리피터 허브, 혹은 전이중 통신을 지원하는 교환기에 사용한다.

마. FDDI(Fiber Distributed Data Interface)

① FDDI는 고속전송에 대한 급증하는 요구에 부합하기 위하여 Ethernet(IEEE 802.3)과 Token Ring(IEEE 802.5)에 뒤이어 등장한 고속 근거리망의 표준으로서 ANSI(미국표준협회)에 의해 개발되고 표준화되어 ISO 9314로 채택되었다.
② 이 방식은 주로 기간망(Backbone)으로 사용되며 각기 분할된 다양한 LAN들을 고속의 Backbone을 통해 통합시키는 경우에 많이 쓰인다.
③ 100[Mbps] 전송률을 가지는 Token-Ring 네트워크로 구성되며, 전송매체로는 광섬유를 사용한다.
④ 100[Mbps]의 전송속도를 갖는 이중링(Dual Ring) 광섬유 네트워크이다.

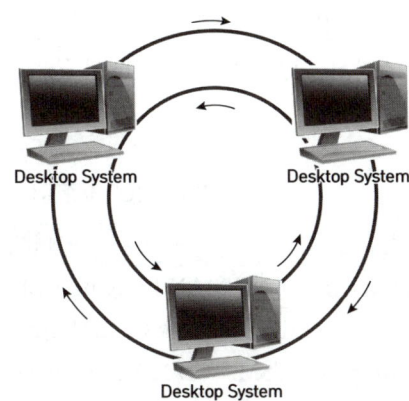

[FDDI]

합격 NOTE

합격예측
UTP : 비차폐형 이중나선(구리전화선)

합격 NOTE

합격예측
IEEE 802.11 : 무선 LAN 표준

바. IEEE 802 표준(IEEE 802 Standards)

① 컴퓨터 통신망의 표준화를 추진하고 있는 IEEE 802 위원회에서 개발한 일련의 LAN의 접속 방법과 프로토콜 표준들이다.

② IEEE 802.11은 흔히 무선랜, 와이파이(Wi-Fi)라고 부르는 좁은 지역(local area)을 위한 컴퓨터 무선 네트워크에 사용되는 기술로, IEEE의 LAN/MAN 표준 위원회 (IEEE 802)의 11번째 워킹 그룹에서 개발된 표준 기술을 의미한다.

③ IEEE 802.11

  ㉠ 802.11(초기버전)

  802.11은 2[Mbps]의 최고속도를 지원하는 무선 네트워크 기술로, 적외선 신호나 ISM 대역인 2.4[GHz] 대역 전파를 사용해 데이터를 주고받으며 여러 기기가 함께 네트워크에 참여할 수 있도록 CSMA/CA 기술을 사용한다.

  ※ CSMA/CA(Carrier Sense Multiple Access/Collision Avoidance)는 CSMA/CD의 변형이다. 장치들은 항상 네트워크의 반송파를 감지하고 있다가 네트워크가 비어 있을 때 목록에 등재된 자신의 위치에 따라 정해진 만큼의 시간을 기다렸다가 데이터를 보낸다.

  ㉡ 802.11b

  802.11b는 802.11 규격을 기반으로 더욱 발전시킨 기술로, 최고 전송속도는 11[Mbps]이다.

  ㉢ 802.11a

  ⓐ 802.11a는 허가가 필요 없는 대역(U-NII)인 5[GHz]대에서 6~54 [Mbps] 속도로 동작하는 무선 LAN 표준규격을 말한다.

  ⓑ 변조방식 : OFDM(Orthogonal Frequency Division Multiplexing)

합격예측
802.11a의 사용 대역폭 : 20[MHz],
전송거리 : 30~60[m],
CSMA/CA, TDD

[IEEE 802 표준들]

표준	내용
IEEE 802.1	LAN/MAN Bridging & Management
IEEE 802.2	Logical Link Control(LLC)
IEEE 802.3	CSMA/CD MAC and PHY
IEEE 802.4	Token Passing Bus(토큰 버스)
IEEE 802.5	Token Passing Ring(토큰 링)
IEEE 802.6	Metropolitan Area Network(DQDB)
IEEE 802.8	Optical Fiber Technology Advisory Group

IEEE 802.11	Wireless LAN
IEEE 802.15	Wireless Personal Area Network(WPAN)
IEEE 802.20	Mobile Wireless Access

2. LAN/WAN 장비

가. LAN 관련 장비

(1) LAN의 구성요소

① 서버(Server)
㉠ LAN의 중심이 되는 컴퓨터이다.
㉡ 서버는 대용량 하드디스크, 고속의 CPU를 장착하고 있으며, 네트워크 운영체계, 각종 응용프로그램 등을 담고 있다.

② 네트워크 운영체계(NOS : Network Operating System)
㉠ 네트워크 전체를 관장하는 운영체계이다.
㉡ 네트워크에 연결된 컴퓨터에 서버 기능이나 클라이언트 기능을 할 수 있도록 해준다.
㉢ 노벨사의 노벨 네트웨어, 마이크로소프트의 윈도우NT, 알리소프트의 LANtastic 등이 있다.

③ LAN 카드
㉠ LAN 카드는 컴퓨터(PC)와 전송선을 이어주는 장치이다.
㉡ LAN 카드는 통신망과의 접속장치이므로 네트워크 접속카드(Network Interface Card)라고도 한다.

④ 전송 매체
전송 매체로는 전류 신호를 전달하는 구리 등의 금속선과, 빛을 통과시키는 광섬유, 그리고 전파로 연결되는 무선 LAN 등이 있다.

(2) LAN 관련 장비

LAN을 구성하기 위한 장비는 랜카드, 리피터, 허브, 스위치, 브리지, 라우터, 브라우터, 게이트웨이 등이다. 이들 장비는 모두 세계표준화기구(ISO)에서 제정한 네트워크 기준, 즉 개방형 시스템 상호접속(OSI) 7계층 모델에 맞춰 작동하고 있다.

① 허브(Hub)
㉠ 네트워크의 중앙에 위치하여 여러 전송 케이블을 한 곳에 모아 접속하기 위한 접속장치이다.
㉡ 허브는 각 LAN이 보유한 대역폭을 PC의 대수만큼 쪼개서 제공한다는 단점이 있다.

합격 NOTE

합격예측
데이터 통신망은 LAN/WAN으로 발전을 하고 있다.

합격예측
LAN은 한정된 지역 내에서 각기 다른 기능을 가진 단말기들을 연결하여 사용하는 통신망을 말한다.

합격예측
LAN 구성요소
서버, NOS, LAN카드, 전송매체

합격 NOTE

합격예측
스위치는 가상(Virtual) LAN을 지원할 수 있는 장점을 갖는다.

합격예측
라우터는 Inter-networking 장비이다. Routing은 패킷을 목적지까지 보내는 것을 말한다.

합격예측
- 브리지 : 데이터링크계층에서 망을 연결
- 라우터 : 네트워크계층에서 망을 연결

합격예측
DSU/CSU는 종단장치이다.

합격예측
스위치는 장점 : 완전한 2중화, Fault-Tolerant 구성이 가능, 대역폭 비용 감소

합격예측
L4 스위치: L2, L3 스위치의 기능을 제공

---

② 스위치(Switch)

PC에 할당되는 대역폭을 확대시키기 위해 탄생한 장비로 허브와는 달리 LAN이 제공하는 대역폭을 그대로 PC에 전달한다.

③ 리피터(Repeater)

수신된 신호를 증폭, 재전송하여 전송거리를 확장시키는 장치이나 UTP케이블, 광케이블 등 성능이 뛰어난 케이블의 등장으로 잘 쓰이지 않는다.

④ 라우터(Router)

㉠ 프로토콜이 다른 LAN을 연결시킬 때 사용하거나 LAN을 WAN에 접속시킬 때 사용한다.

㉡ 라우터는 전송 데이터를 일정 크기의 패킷으로 만든 후 그것을 내부에 위치한 경로표(라우팅 테이블)에 따라 최적의 경로로 목적지까지 보내는 기능을 갖고 있다.

㉢ 라우터는 또 방화벽(Firewall)의 기초형태로 자리 잡고 있다.

㉣ 라우터에는 스태틱(Static)형과 다이나믹(Dynamic)형의 두 종류가 있다.

⑤ 브리지(Bridge)

서로 독립적으로 동작하면서 같은 프로토콜을 사용하는 두 LAN을 연결하는 네트워크 장비이다.

⑥ 게이트웨이(Gateway)

프로토콜 변환이나 성격이 전혀 다른 네트워크와 연결할 때 데이터의 전달통로를 제공하는 역할을 한다.

⑦ DSU/CSU(Digital Service Unit/Channel Service Unit)

DSU/CSU는 종단장치로, 고속 디지털 전용회선의 전송 특성을 개선하기 위한 회선 조절기능, 성능 감시와 같은 회선의 유지 보수기능, 타이밍 신호의 공급기능을 수행한다.

⑧ 네트워크 스위치(Network Switch)

㉠ Network Switch 는 네트워크 단위(네트워크 회선, 서버, 컴퓨터 등)들을 연결하는 통신 장비로서 허브보다 전송 속도가 개선된 것이다.

㉡ 스위치는 어떤 주소를 가지고 스위칭을 하는가에 따라 다음으로 분류되는데, 상위 레벨의 스위치가 하위 레벨의 기능을 포함한다.

종류	동작 계층	특성
L2 스위치	OSI Layer 2 (Data Link Layer)	• MAC 주소를 참조하여 스위칭 • MAC 주소 기반 부하 분산 • 동일 네트워크 간의 연결 만 가능
L3 스위치	OSI Layer 3 (Network Layer)	• IP 주소를 참조하여 스위칭 • IP 주소 기반 부하 분산 • 서로 다른 네트워크간의 연결이 가능
L4 스위치	OSI Layer 4 (Transport Layer)	• IP 주소 및 TCP/UDP 포트 정보를 참조하여 스위칭 • 서버나 네트워크 간의 부하 분산
L7 스위치	OSI Layer 7 (Application Layer)	• IP 주소, TCP/UDP 포트정보 및 패킷 내용까지 참조하여 스위칭 • 데이터 안의 실제 내용을 기반으로 한 부하 분산

참고

부하 분산 (Load Balancing) 기능

① 부하 분산은 네트워크 또는 서버에 가해지는 부하를 분산 해주는 기술을 의미한다.
② 부하 분산은 둘 혹은 셋 이상의 중앙처리장치 혹은 저장장치와 같은 컴퓨터 자원들에게 작업을 나누는 것을 의미한다.
③ 네트워크에서의 부하 분산은 VLAN을 이용한 2-계층 부하 분산, 라우팅 프로토콜을 이용한 3-계층 부하 분산, 서버 부하 분산 등이 존재한다.

나. WAN 관련 장비

(1) 광역 통신망(WAN : Wide Area Network)

① WAN은 LAN과 구별하여 보다 넓은 지역을 커버하는 통신 구조를 나타낸다.
② WAN은 보통 공중 통신 사업자가 제공하는 전용선, 패킷 교환망, 종합 정보 통신망(ISDN) 등의 통신 회선 서비스를 사용하여 광범위한 지역에 분산되어 있는 구내 정보 통신망(LAN)이나 도시권 통신망(MAN)을 상호 접속하여 형성한 대규모 통신망이다.

합격 NOTE

합격예측
L2 스위치를 (이더넷)스위치로 부른다.

합격예측
MAC 주소: 인터넷 가능한 장비가 가지고 있는 물리적 주소

합격예측
부하 분산은 가용성 및 응답 시간을 최적화시킬 수 있다.

합격예측
라우터는 LAN의 중심에 있으며 라우터들을 이어줌으로서 WAN이 만들어 진다.

합격예측
LAN과 WAN 사이에 위치하는 중간정도 크기의 네트워크를 도시권통신망(MAN : Metropolitan Area Network)이라 한다.

③ LAN이 비교적 좁은 범위에서 고속으로 품질이 좋은 전송을 행하는 반면, WAN은 통신 속도 및 전송 품질은 다소 나쁘지만 넓은 지역을 서비스 할 수 있는 특징이 있다.

(2) WAN의 3가지 구성 방식

① 임대회선(Leased Line) : 전화국과 같은 통신 사업자에게 통신회선을 임대 받아서 쓰는 방식

② 회선 스위칭(Circuit Switched) : 통신을 하는 순간에만 필요한 회선을 열어주고 통신이 끝나면 회수하는 방식이다. 전화, 모뎀, ISDN 등에서 사용한다.

③ 패킷 스위칭(Packet Switched) : 패킷 하나하나가 나뉘어서 통신회선을 타고 목적지까지 전달되는 방식으로 회선을 다른 사람들과 나누어서 쓰는 방식이다. 프레임 릴레이, ATM, X.25 등에서 사용한다.

(3) WAN 관련 장비

① Router : 네트워크계층을 연결할 때 사용하며, LAN과 WAN 인터페이스를 연결해준다.

② Switch : 데이터링크계층을 연결할 때 사용하며, 음성, 데이터 그리고 비디오 통신 연결을 제공한다.

③ CSU/DSU : 디지털 링크를 위해 사용되며, WAN 링크를 위한 싱글 포맷을 제공한다.

④ Modem : 디지털 신호를 아날로그로, 아날로그 신호를 디지털 신호로 변환시켜준다.

⑤ RAS(Remote Access Server) : 가정에서 LAN에 바로 접속할 수 있는 장비이며, LAN에 원격 접속을 제공한다.

3. 가상랜 (VLAN : Virtual LAN)

가. VLAN의 개요

① VLAN은 하나의 물리적인 스위치를 논리적인 방법을 사용하여 여러 개의 스위치로 분리하는 기술이다.

② VLAN을 사용할 경우 한 대의 스위치를 마치 여러 대의 분리된 스위치처럼 사용하고, 여러 개의 네트워크 정보를 하나의 포트를 통해 전송 할 수 있다. 스위치가 일단 VLAN으로 나누어지면 나누어진 VLAN간의 통신은 반드시 라우터를 통해서만 가능하다.

합격 NOTE

합격예측
WAN 프로토콜
LAPB, HDLC, PPP 등

합격예측
WAN관련장비
Router, Switch, CSU/DSU, Modem, RAS

합격예측
VLAN은 스위치에서 지원하는 기능이다.

합격예측
VLAN은 보안적, 관리적 목적으로 하나의 네트워크를 분리하는 것.

③ VLAN을 사용하면 네트워크상의 자원과 사용자들을 여러 작업그룹으로 분리하여 불필요한 브로드캐스트 트래픽을 현저히 줄일 수 있고, 네트워크 자원사용을 오직 인증된 사용자만이 이용할 수 있도록 함으로써 네트워크의 보안성을 강화할 수 있어 전체 네트워크 성능을 보다 향상시키게 된다.

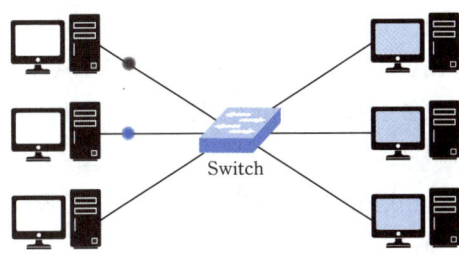

나. VLAN의 장점

① 더 작은 LAN으로 세분화시켜 과부하 감소 가능
② 보안성 및 안정성 강화
③ 네트워크 구성변경에 유연함
④ 스위치만으로 브로드캐스트 도메인을 분할 가능

합격예측

VLAN 장점
① 불필요한 트래픽 감소
② 네트워크 보안성 강화
③ 스위치 네트워크에서 부하분산이 가능
④ 비용 절감 및 높은 성능 등

다. VALN의 종류

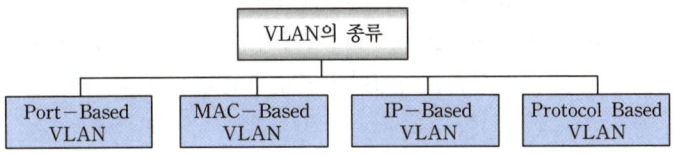

(1) Port-Based VLAN
   물리계층(1계층)에서 포트 단위로 단말의 멤버쉽 구분 관리
(2) MAC-Based VLAN
   데이터링크계층(2계층)의 MAC 주소에 의해 단말의 멤버쉽 구분 관리
(3) IP-Based VLAN
   네트워크계층(3계층)의 IP 주소에 의해 단말의 멤버쉽 구분 관리
(4) Protocol-Based VLAN
   프로토콜 종류, MAC 주소, 포트번호 모두에 의해 단말의 멤버쉽 구분 관리

합격예측

프로토콜에 의한 VLAN (Protocol Based VLAN) : 1~3계층 모두 사용

합격 NOTE

합격예측
VTP
① VLAN 정보를 자동으로 주고받아 동기화 하는 프로토콜
② VLAN 설정 정보는 받아오나 포트 정보들은 받아오지 않는다.

합격예측
VTP Mode : Server/Client/Transparent Mode, 기본적으로 Server Mode로 동작

합격예측
트렁크 : 복수개의 VLAN 프레임을 전송할 수 있는 링크
트렁킹 : 여러 개의 VLAN을 한 번에 전송하는 방식
트렁크 포트 : 트렁킹할 수 있게 하는 포트

합격예측
Trunk Port가 가능하기 때문에 VLAN은 여러 대의 스위치 구성이 가능

합격예측
STP : 스위치나 브리지에서 플러딩에 의해 프레임의 루핑이 발생하는 것을 방지하기 위한 프로토콜

합격예측
RSTP(Rapid Spanning Tree Protocol) : STP의 속도 부분을 개선한 프로토콜

라. VLAN 프로토콜

(1) VLAN 트렁킹 프로토콜(VTP : VLAN Trunking Protocol)
  ① 일관성 있는 VLAN 설정을 위해 VTP 프로토콜을 사용한다.
  ② VTP란 시스코(Cisco) 전용 프로토콜로서 스위치간 트렁크로 연결된 구간에서 VLAN의 생성, 삭제, 수정 정보를 공유하는 역할을 한다.
  ③ VLAN 간을 연결하여 여러 개의 VLAN 프레임을 전송할 수 있는 링크를 트렁크(Trunk)라고 한다. VTP 정보는 트렁크 포트만 통과하므로 특정 포트를 트렁크 포트로 설정하는 것을 트렁킹(Trunking)이라 한다.
  ④ 트렁크 프로토콜
    이더넷 프레임에 식별용 VLAN ID를 삽입하여, 이를 통해 스위치 포트(노드)들을 그룹핑 연결시킬 수 있는 프로토콜이며, 802.1Q (IEEE 표준)와 ISL (시스코 전용)이 있다.

(2) 스패닝 트리 프로토콜(STP : Spanning Tree Protocol)
  ① 이더넷 네트워크에서 프레임이 전달될 경우, 네트워크에 환형 토폴로지(Loop)가 형성되면 이더넷 프레임이 지속적으로 순환되는 루핑(Looping) 현상이 발생한다.
  ② STP는 OSI 2-계층 프로토콜로서, 스위치에서 이더넷 프레임의 루핑을 방지해주는 프로토콜이다.
  ③ 링형(Ring-type)이 발생하지 않도록 하기 위해 네트워크 토폴로지를 트리(Tree)형태의 토폴로지로 변환하는 프로토콜이다.

 참고

📍 루핑(Looping)
  ① 루핑은 프레임이 네트워크 상에서 계속 돌아, 이더넷(CDMA/CD) 특성상 다른 데이터의 전송이 불가능한 상태를 말한다.
  ② 루핑은 브리지나 스위치에서 자주 발생하며, 목적지 까지의 경로가 둘 이상일 경우에 발생하게 된다.
  ③ 루핑 해결방법
    ㉠ 데이터 출발지부터 목적지까지의 경로를 한개만 하도록 설계
    ㉡ 스패닝 트리 알고리즘 사용

4. 사설 VLAN(PVLAN : Private VLAN)

(1) PVLAN이란 스위치에 생성할 수 있는 VLAN 개수 문제점, IP 주소 낭비 방지, 같은 도메인 간에 불필요한 트래픽 교환으로 인한 보안 이슈를 해결해 주는 스위치 보안 기능이다.

(2) PVLAN은 복수의 VLAN을 생성하여 외부 네트워크 또는 VLAN 간의 라우팅 및 방화벽 설정 기능을 제공하여 보안을 강화하는 방법이다.

(3) PVLAN은 VLAN 부족, IP 주소 낭비, 보안 문제 등을 해결해 준다.

합격 NOTE

합격예측
PVLAN은 하나의 VLAN 안에 VLAN을 또 만드는 것이다.

출제 예상 문제

제1장 LAN과 VLAN

01 한 건물 안이나 제한된 지역 내에서 컴퓨터 및 주변장치 등을 연결하여 정보와 프로그램을 공유할 수 있도록 해주는 네트워크를 무엇이라 하는가?
① LAN   ② MAN
③ WAN   ④ PON

02 근거리 내에서 컴퓨터가 주변기기, 소프트웨어 또는 데이터와 같은 자원을 공유할 수 있는 것은?
① ISDN   ② PABX
③ LAN   ④ VAN

[해설]
근거리 통신망(LAN : Local Area Network)의 정의
LAN은 다수의 독립된 컴퓨터 기기끼리 서로 통신할 수 있는 데이터통신 시스템이다.

03 다음 중 LAN(Local Area Network)의 특성이 아닌 것은?
① 고속 통신이 가능하다.
② 구성 및 연결, 사용방법이 복잡하다.
③ 패킷 지연이 최소화된다.
④ 네트워크 유지, 보수, 운용이 용이하다.

[해설]
근거리 통신망(LAN : Local Area Network)
① LAN은 비교적 한정된 지역 내에서 다양한 통신기기의 상호 연결을 가능케 하는 고속의 통신 네트워크이다.
② LAN의 특징
 ㉠ 광대역 전송 매체의 사용으로 고속 통신이 가능하다
 ㉡ 패킷 지연이 최소화된다.
 ㉢ 네트워크 내의 어떤 기기와도 통신이 가능하다.
 ㉣ 경로 선택이 필요 없다.
 ㉤ 매우 낮은 에러율을 나타낸다.
 ㉥ 방송 형태의 이용이 가능하다.
 ㉦ 네트워크 구축이 유연하다.
 ㉧ 통신비의 경감이 가능하다.

04 LAN의 특징이 아닌 것은?
① 호환성   ② 경제성
③ 연결성   ④ 결핍성

05 LAN을 사용하는 시스템의 정량적인 평가 척도는 어느 것이 되겠는가?
① 노드(Node)수, 회선
② 통신 장비
③ 응답 시간, 전송 효율
④ 통신 소프트웨어

[해설]
LAN 시스템의 평가 척도
① 응답 시간(Response Time)
② 전송 효율(Throughput)
③ 턴 어라운드 타임(Turn Around Time)
④ 신뢰도(Reliability)
⑤ 전송 거리

06 LAN의 분류 중 틀린 것은?
① 물리적 위상에 의한 분류
② 논리적 위상에 의한 분류
③ 전송 매체에 의한 분류
④ 거리에 의한 분류

[해설]
LAN의 분류
① 물리적 위상에 의한 분류
② 논리적 위상에 의한 분류
③ 전송 매체에 의한 분류
④ 변조 방식에 의한 분류

[정답] 01 ① 02 ③ 03 ② 04 ④ 05 ③ 06 ④

07 LAN의 분류 중 Access 방식에 따라 분류한 것이 아닌 것은?

① 고정 할당 ② 랜덤 할당
③ 수요 할당 ④ 요구 할당

08 LAN의 분류 중 전송 매체에 의한 분류가 아닌 것은?

① 동축 케이블
② 광 케이블
③ 트위스티드 페어 케이블
④ 알페스 케이블

09 LAN의 분류 중 변조 방식에 의한 분류가 아닌 것은?

① 베이스 밴드와 브로드 밴드가 있다.
② 베이스 밴드는 디지털 전송에 적합하다.
③ 브로드 밴드는 아날로그 전송에 적합하다.
④ 광 케이블을 사용한다.

해설
동축 케이블을 사용한다.

10 다음 중 LAN에서 베이스밴드의 장점이 아닌 것은?

① 가격이 저렴하다.
② 아날로그신호 전송이 가능하다.
③ 단순하여 설치와 유지가 쉽다.
④ 전파지연이 짧다.

해설

특성	베이스밴드 방식	브로드밴드 방식
채널 수	단일 채널/단일 케이블	다수 채널/단일 케이블
전송 방식	CSMA/CD 또는 토큰 링형	토큰 버스형
전송 거리	10[Km] 이내	10[Km] 이상
장점	단순 기술, 저비용	원거리 전송 가능
단점	제한된 서비스, 전송거리 제약	복잡한 기술, 고비용
응용 분야	소규모 데이터 전송	대규모 멀티미디어 전송

11 다음 LAN에 관한 설명 중 틀린 것은?

① 환형 LAN은 데이터의 전파 지연이 스테이션간 거리를 제한하게 된다.
② "10 BASE 5"는 구간이 500[m], 접속 단말수가 10개로 표준화되었음을 의미한다.
③ 전송 매체로 광케이블, 동축 케이블, 전화 케이블 등이 있다.
④ CSMA/CD는 통신권한을 제어하는 방식이다.

해설
10 BASE 5 LAN
① 10 BASE 5는 맨체스터 디지털 부호화를 통해서 정보를 전송하는 것으로 50[Ω]의 특성 임피던스를 갖는 동축 케이블을 이용한다.
② 10[Mbps]의 전송 속도를 제공하고, 케이블의 최대 길이는 500[m]로 제한하고 있다.
③ N BASE M은 전송 속도가 N[Mbps]이고 최대 길이가 M00[m]인 LAN을 의미한다.

12 다음 중 10Base 5 Ethernet의 기본 규격에 해당하지 않는 것은?

① 최대거리는 125[km]이다.
② 데이터 전송속도는 10[Mbps]이다.
③ 액세스방식은 CSMA/CD이다.
④ 전송매체는 동축케이블을 사용한다.

해설
10Base 5
① 10BASE-T는 전송 매체로 트위스트 페어 케이블을 사용하는 것으로서, 10BASE-T의 10은 전송속도가 10[Mbps]임을, BASE는 BASEBAND방식임을, T는 전송 매체로 Twisted Pair Cable을 사용함을 나타낸다.
② 10Base 5는 간선의 전송속도가 10[Mbps], Baseband 전송방식, 간선의 전송거리 500[m] LAN이다.

[정답] 07 ③ 08 ④ 09 ④ 10 ② 11 ④ 12 ①

13 LAN(Local Area Network)에 대한 설명 중 잘못된 것은?

① 사무실용 빌딩, 공장, 연구소 또는 학교 등의 구내에 분산적으로 설치된 여러장치를 연결할 수 있다.
② 약 10[km] 이내의 거리에서 100[Mbps] 이내의 고속 데이터 전송이 가능하다.
③ LAN 프로토콜은 ISO의 OSI 기준모델인 상위계층을 채택한 계층화된 개념을 사용한다.
④ LAN의 전송방식은 베이스밴드 방식과 브로드밴드 방식이 있다.

14 LAN의 프로토콜 구조로 올바른 것은?
(LLC : Logical Link Control, MAC : Medium Access Control)

①
| MAC |
| PHYSICAL |
| LLC |

②
| MAC |
| LLC |
| PHYSICAL |

③
| LLC |
| PHYSICAL |
| LLC |

④
| LLC |
| MAC |
| PHYSICAL |

해설
LAN 프로토콜 구조
LAN의 프로토콜은 IEEE 802 위원회에서 제정한 프로토콜을 주로 사용한다.
① 논리링크접속(LLC : Logic Link Control)계층
  노드간의 패킷전송을 담당
② 매체제어액세스(MAC : Media Access Control)계층
  공유하는 매체로의 접속을 규제하여 모든 노드에 패킷전송기회 부여
③ 물리(Physical)계층 : 비트단위 전송, 전송매체 및 형태 지정
[참고] LLC와 MAC는 OSI-7계층의 데이터링크계층에 해당한다.

15 ISO에서 제안한 LAN 프로토콜 중 논리링크제어 및 매체 액세스제어를 기술하고 있는 계층은 OSI의 어느 계층에 해당하는가?

① 물리계층 ② 데이터링크계층
③ 네트워크계층 ④ 전달계층

16 다음 중 LAN의 액세스 제어방식이 아닌 것은?
① CSMA/CD ② TCP/IP
③ Token Bus ④ Token Ring

해설
매체 접속 제어(MAC : Media Access Control)
① 공통 데이터 전송 채널을 공유하는 각 네트워크의 노드가 데이터를 손실 없이 효과적으로 송·수신하기 위해 사용하는 방법이다.
② 종류
  ㉠ CSMA/CD(Carrier Sense Multiple Access with Collision Detection)
  ㉡ 토큰링(Token Ring), 토큰버스(Token Bus)
  ㉢ CSMA/CA(Carrier Sense Multiple Access with Collision Avoidance) 등
▶ TCP/IP는 인터넷의 기본적인 통신 프로토콜로서 같은 TCP/IP 프로토콜을 쓰고 있는 다른 컴퓨터 사용자와 메시지를 주고받거나 또는 정보를 얻을 수 있게 된다.

17 어떤 단말기건 언제라도 통신을 할 수 있는 방식은?
① 토큰 패스 방식 ② 토큰링 방식
③ 토큰 패싱 방식 ④ CSMA/CD 방식

해설
CSMA/CD 방식
① 가장 많이 사용되는 버스/트리 구조, 그리고 성형 구조 토폴로지의 매체 액세스 제어 기법이다.
② 송신하는 동안에도 수신을 연속적으로 하여 데이터의 충돌을 감지한 후 패킷 송신을 멈추고 일정 시간 대기 후에 데이터의 재전송을 함으로써 성능을 극대화한다.

18 다음 중 CSMA/CD방식의 특징으로 옳지 않은 것은?
① 충돌이 발생하면 랜덤 시간 동안 기다린 후에 다시 전송을 시도한다.
② 토큰 공유 방식으로 데이터 속도가 낮다.
③ 전송시 충돌이 감지되면 Jamming신호를 보낸다.
④ 모든 컨트롤러는 동일한 액세스 권리를 갖는다.

[정답] 13 ③ 14 ④ 15 ② 16 ② 17 ④ 18 ②

> **해설**
>
> CSMA/CD(Carrier Sense Multiple Access with Collision Detection)
> 자료를 전송하고 있는 동안 회선을 감시하여 충돌이 감지되면 즉각 전송을 종료시키는 방식이다.

19 다음 중 각 Token-Bus 방식의 프로토콜에 관한 설명 중 옳지 않은 것은?

① CSMA/CD 방식에 비하여 복잡하다.
② Ring Topology를 논리적으로 Bus Topology로 만드는 방식이다.
③ 각 Station에 차등적으로 Token 배부가 가능한 방식이다.
④ 전송 신호 검출을 지속적으로 수행해야 할 필요가 없다.

> **해설**
>
> Token-Bus
> ① 토큰 버스는 토큰링과 매우 다른 MAC 프로토콜을 사용하는 통신망으로서, 토큰 버스 프로토콜은 CSMA/CD LAN보다 제어하기 쉬운 토큰링 프로토콜 전달 기법과 신뢰성이 높은 링 구조의 통신망으로 구성되기 때문에 프로토콜이 약간 복잡하다.
> ② 논리적인 링에서 토큰은 한 스테이션에서 다른 스테이션으로 순서대로 전달되며 토큰을 점유한 스테이션은 정보를 전송할 수 있고, 전송을 끝낸 후 토큰을 다음 스테이션에 전달한다.

20 다음의 프로토콜들 중에서 요구 할당 프로토콜은?

① 주파수 분할 다중화 방식(FDM)
② 시분할 다중화 방식(TDM)
③ CSMA/CD 방식
④ Token bus 방식

21 LAN의 매체 접근제어(medium access control) 프로토콜 가운데 패킷 충돌이 발생하지 않는 것은?

① Aloha
② Slotted Aloha
③ CSMA/CD
④ Token ring

> **해설**
>
> 토큰패싱 링(Token Passing Ring), 토큰패싱 버스(Token Passing Bus)
> 토큰패싱 방식은 토큰이라는 송신권을 미리 정한 순서대로 전달하는 방식인데, 이를 링형에 사용하느냐, 버스형에 사용하느냐에 따라 토큰패싱 링과 토큰패싱 버스로 나뉜다. 이 방식은 패킷 충돌을 거의 완전히 방지할 수 있으며, 데이터를 길이에 상관없이 안전하게 전달할 수 있다.

22 근거리 통신망에서 하나의 국이 토큰을 수신하여 규정된 시간 동안 매체의 제어권을 가지고 한 개 이상의 패킷을 전송하며 다른 국들을 폴링하거나 다른 국들로부터 응답을 수신하고 액세스를 대기하는 시간이 전체 토큰 전달 시간과 메시지 전송 시간의 합이 되는 액세스 방식은?

① 토큰 링 액세스 방식
② 토큰 버스 액세스 방식
③ CSMA 액세스 방식
④ CSMA/CD 액세스 방식

23 다음에 열거한 액세스 제어 방식과 이에 관련된 제품 기술 중 관계가 없는 것은?

① Token Bus-MAP
② Polling-PBX
③ Token Ring-FDDI
④ CSMA/CD-Ethernet

> **해설**
>
> ① CSMA/CD
>   ㉠ 데이터를 송신할 노드가 전송로상에 어떠한 노드로 송신하고 있지 않다는 것을 확인한 후 데이터를 송신하는 방법
>   ㉡ 대표적인 망 : 이더넷(Ethernet)
> ② MAP(Manufacturing Automation Protocol)
>   FA용 LAN 프로토콜로서 물리계층과 데이터링크 계층에 IEEE 802.4의 토큰 버스 방식 채택
> ③ FDDI(Fiber Distributed Data Interface)
>   광섬유를 전송 매체로 사용하여 100[Mbps]의 전송 속도를 갖는 토큰 패싱 링(ring)형 토폴로지이다.

[정답] 19 ③ 20 ④ 21 ④ 22 ② 23 ②

24 LAN에서 사용하는 다중 액세스 방식 중 토큰 패싱 방식과 비교한 CSMA 방식의 특징은?

① 각 노드의 액세스 시간이 보장된다.
② 가변 길이 메시지 송신이 가능하다.
③ 토큰 패싱 방식에 비해 복잡하고 장치 가격이 비싸다.
④ 한 노드에서 송출된 메시지는 모든 노드의 컨트롤러에서 수신 가능하다.

해설
1. 토큰 패싱(Token-Passing)
   ① 정의
      공유하고 있는 통신회선에 대한 제어 신호(Token)을 각 노드간에 순차적으로 옮겨가면서 전송하는 방식이다.
   ② 특징
      ㉠ 일부의 노드, 통신회선의 장애가 전체적인 장애에 연결된다.
      ㉡ CSMA/CD 방식보다 더 복잡하고 장치의 가격이 비싸다.
      ㉢ 액세스 시간이 보장된다.
      ㉣ 높은 부하에 대해 안정하게 동작한다.
      ㉤ 최대 거리 제한이 없다.
2. CSMA/CD 방식
   ① 각 컨트롤러는 액세스 제어에 관하여 캐리어 감시와 충돌 검출 이외의 정보를 필요로 하지 않는다.
   ② 모든 컨트롤러는 대등한 액세스 권리를 갖는다.
   ③ 채널로 송신된 패킷은 모든 컨트롤러에서 수신 가능하다.
   ④ 컨트롤러가 상위 계층으로부터 패킷을 받고 나서 전송을 완료할 때까지의 시간은 확률적으로 변화한다.

25 근거리 통신망(Local Area Network)에서 사용되지 않는 토폴로지(Topology)는?

① 링 토폴로지(Ring Topology)
② 메시 토폴로지(Mesh Topology)
③ 스타 토폴로지(Star Topology)
④ 버스 토폴로지(Bus Topology)

해설
LAN의 망 형태(Topology)
① 성(Star)형
② 링(Ring)형
③ 버스(Bus)형
④ 트리(Tree)형

26 다음 중 LAN의 통신망 구조가 아닌 것은?

① 버스형   ② 링형
③ 스타형   ④ 종형

해설
근거리 통신망(LAN)
① LAN은 동일한 지역 혹은 빌딩이나 구내 등 비교적 한정된 지역 내에서 분산 배치된 각종 통신기기 상호간을 통신회선으로 연결하여 각종 정보를 교환하게 할 일종의 구내 통신 Network이다.
② LAN은 주로 토폴로지(Topology)에 의해 결정되는데 주로 성형(Star), 링(Ring), 버스(Bus) 혹은 트리(나무) 구조이다.

27 근거리 데이터 통신망의 구성에서 성형 통신망의 특징이 아닌 것은?

① 망의 제어 기능이 중심 노드에 위치한다.
② 링크를 추가할 때 통신망의 가동이 전면 중단된다.
③ 고장 진단이 비교적 용이하다.
④ 중심 노드가 시분할 방식일 때 자주 이용된다.

해설
LAN(Local Area Network)
① LAN 또는 MAN을 기술적으로 볼 때, 이들의 성질은 네트워크의 전송 매체와 토폴로지에 의해 결정된다.
② 성형(Star) 토폴로지
   ㉠ 각 스테이션이 중앙 스위치에 직접 연결되어 있다.
   ㉡ 전화망과 사설 교환망에서 주로 이용하는 형태로, 중앙에 교환기가 있고 그 주위에 분산된 터미널을 연결시킨 네트워크이다.
   ㉢ 주로 대도시 시내 망형에 사용된다.

28 근거리통신망(LAN)에서 사용되는 이더넷 프레임(Ethernet Frame)의 목적지 주소크기와 출발지 주소크기의 합은 얼마인가?

① 6[bits]   ② 12[bits]
③ 64[bits]   ④ 96[bits]

해설
이더넷(Ethernet)
① 이더넷은 컴퓨터 네트워크 기술의 하나로, LAN에서 가장 많이 활용되는 기술 규격이다.
② 이더넷은 반송파감지 다중접속 및 충돌 탐지(CSMA/CD : Carrier Sense Multiple Access with Collision De-

tection) 기술을 사용한다. 이 기술은 이더넷에 연결된 여러 컴퓨터들이 하나의 전송 매체를 공유할 수 있도록 한다.
③ 이더넷 LAN에서 보내지는 패킷을 프레임(Frame)이라 하며, 이더넷 프레임은 7개 영역으로 구성되어 있다.
∴ 목적지 주소(DA)와 출발지 주소(SA) 각각 6[byte]이므로 12[byte], 즉 96[bit]의 크기를 갖는다.

[Ethernet frame]

물리계층 헤더		MAC 프레임				
Preamble	SFD	DA	SA	Len/Type	Data	Padding	FCS
7	1	6	6	2	46~1500		4바이트
		MAC 헤더		LLC 프레임			Trailer

해설
FDDI(Fiber Distributed Data Interface)는 광 케이블(멀티 모드 케이블)을 사용한 100[Mbps]의 고속 LAN이다. 접속 제어는 토큰 패싱으로 링형 통신망을 사용하고 있기 때문에 광 케이블 토큰 링으로 구성되어 있다.

[FDDI의 개요]

통신망 토폴로지	이중 링
케이블 종류	GI형 광 케이블
전송 속도	100[Mbps]
접속 제어 방식	토큰 패싱
최대 접속 노드 수	500개
노드간 최대 접속 거리	2[km]
최대 전송 거리	100[km]

29 다음 중 LAN에서 100 Base-FX에 관한 설명으로 적합하지 않은 것은?

① 광케이블을 이용해서 100[Mbps]의 Network를 구성한다.
② MAC에서 CSMA/CD 프로토콜을 사용한다.
③ 100 Base-FX를 사용하려면 양쪽에 연결되는 장비들이 모두 100 Base-FX를 지원하여야 한다.
④ 이용하는 커넥터를 RJ-45로 이용한다.

해설
고속 이더넷(Fast Ethernet)
① 고속 이더넷은 100 BASE-T라고도 불리는 이더넷의 고속 버전으로서 100[Mbps]의 전송속도를 지원하는 근거리통신망의 표준(IEEE 802.3u)이다.
② 이더넷과 마찬가지로 고속 이더넷의 액세스방식은 CSMA/CD에 기반을 두고 있다.
③ 고속 이더넷은 케이블 사용에 따라 몇 가지 다른 구성이 가능하다.
  ㉠ 100 BASE-TX : 고급 UTP(Category 5 UTP) 케이블 철심 두 쌍, 약 100[m] 전송거리
  ㉡ 100 BASE-T4 : 보통 UTP(Category 3 UTP) 케이블 철심 네 쌍, 약 100[m] 전송거리
  ㉢ 100 BASE-FX : 광케이블, 약 2[km] 전송거리

30 다음 중 고속 LAN으로 대학캠퍼스나 공장같이 한 곳에 모여 있는 LAN들을 연결하는데 주로 사용되는 것은?

① FDDI   ② ASK
③ QAM   ④ FSK

31 다음 중 100[Mbps]로 동작하는 토큰링방식을 사용하는 광 LAN은?

① 고속 이더넷   ② FDDI
③ 스위칭 LAN   ④ 기가비트 이더넷

32 다음 중 100Base-T 방식에서 사용하는 매체접근방법은?

① FDDI   ② CSMA/CD
③ MAP   ④ Token Ring

해설
100Base-T
① 100[Mbps] 고속 이더넷(Ethernet)용으로 제안된 케이블 방식이다.
② Ethernet 전송 액세스 제어 방식인 CSMA/CD를 사용하며, 최대 200[m]까지 전송거리가 보장된다.

33 IEEE 802 표준의 권고안이 잘못 연결된 것은?

① IEEE 802.1 : 상위계층 인터페이스
② IEEE 802.2 : 논리 연결 제어
③ IEEE 802.3 : 이더넷
④ IEEE 802.4 : 토큰링

[정답] 29 ④ 30 ① 31 ② 32 ① 33 ④

34 다음 중 IEEE 802.3 프로토콜에 해당하는 것은?
① CSMA/CD ② Token Bus
③ Token Ring ④ Frame Relay

해설
LAN에서 사용되는 MAC(Medium Access Control : 전송매체 접속제어) 방식으로는 CSMA/CD, Token Bus, Token Ring 등이 있다.
① CSMA/CD : IEEE 802.3으로 규격화되어 있다.
② token bus : IEEE 802.4로 규격화되어 있다.
③ token ring : IEEE 802.5로 규격화되어 있다.
④ DQDB : IEEE 802.6으로 규격화되어 있다.
⑤ 무선 LAN : IEEE 802.11로 규격화되어 있다.(무선 LAN은 MAC 방식으로 CSMA/CA를 사용한다.)
* Token Bus와 Token Ring을 묶어 Token Passing이라 한다.

35 다음 중 LAN에서 사용되는 리피터의 기능으로 맞는 것은?
① 네트워크계층에서 활용되는 장비이다.
② 두 개의 서로 다른 LAN을 연결한다.
③ 모든 프레임을 내보내며, 필터링 능력을 갖고 있다.
④ 같은 LAN의 두 세그먼트를 연결한다.

해설
① 리피터(Repeater)는 동일한 두 개의 네트워크 사이에서 신호전송을 담당하며, 전기신호 증폭을 주 기능으로 하는 장비이다.
② 리피터를 사용하면 LAN 세그먼트와 세그먼트를 접속해 네트워크의 연결 거리를 더 확장시킬 수 있다.

36 다음 중 HUB에 대한 설명으로 옳은 것은?
① 구내 정보통신망(LAN)과 단말장치를 접속하는 선로분배장치이다.
② 구내 정보통신망(LAN)과 외부 네트워크를 연결하여 다중경로를 제어하는 장치이다.
③ 개방형접속표준(OSI)에서 제5계층의 기능을 담당하는 장치이다.
④ 아날로그 선로상의 신호를 분배, 접속하는 중계장치이다.

해설
Hub란 하나의 네트워크 케이블을 트리구조로 연결하여 여러 대의 단말기와 연결하는 용도로 사용된다.

37 프로토콜이 다른 LAN을 연결할 때 또는 LAN을 WAN에 접속할 경우에 사용하며 동일한 망(Network) 내에서 주고받는 데이터는 망 내에서만 전송되도록 제한을 가하여 불필요한 작업량을 제거하여 주는 장비는?
① 허브(Hub)
② 스위치(Switch)
③ 라우터(Router)
④ 게이트웨이(Gateway)

해설
라우터(Router)는 프로토콜이 다른 LAN을 연결할 때 또는 LAN을 WAN에 접속할 경우에 사용하며 동일한 망(Network) 내에서 주고받는 데이터는 망 내에서만 전송되도록 제한을 가하여 불필요한 작업량을 제거하여 주는 장비이다.

38 네트워크 장비인 라우터에 대한 설명으로 옳지 않은 것은?
① 네트워크계층에서 동작한다.
② 서로 다른 네트워크 간의 연결을 위해 사용된다.
③ 하나의 네트워크 세그먼트 안에서 크기를 확장한다.
④ 서로 다른 VLAN 간의 통신을 가능하게 해준다.

해설
라우터는 각 세그먼트 내에서 주고받는 데이터는 세그먼트 내에서만 전파되도록 제한을 가하여, 백본 네트워크에 발생될 수 있는 불필요한 트래픽을 제거해 준다.

39 게이트웨이로 유입되는 인터넷의 프레임을 목적지로 보내는 장치로서 프레임 경로를 제어할 수 있는 기기는?
① 모뎀 ② 허브
③ 리피터 ④ 라우터

[정답] 34 ① 35 ④ 36 ① 37 ③ 38 ③ 39 ④

> [해설]
Router는 복수의 구내 정보 통신망(LAN)을 상호 접속하여 데이터를 주고받을 수 있게 하는 장치의 하나이다. 기능은 기본적으로 브리지와 같지만 라우터는 OSI 기본 참조 모델의 네트워크층(제3계층)에서 경로 선택을 함으로써 논리 링크 제어(LLC) 프로토콜과 매체 접근 제어(MAC) 프로토콜이 서로 다른 복수의 LAN을 상호 접속한다.

40 동종 또는 이종의 LAN을 연결시켜 확장형 LAN을 만들거나 OSI 참조모델의 데이터링크계층 중 MAC 계층에서 통신을 하며 두 세그먼트를 연결해 주는 장비는?

① 허브(Hub)
② 스위치(Switch)
③ 브리지(Bridge)
④ 게이트웨이(Gateway)

> [해설]
브리지(Bridge)
① 브리지는 OSI의 제2계층인 Data Link Layer의 기능을 수행하는 장비로서 OSI 물리계층의 프로토콜만 서로 다른 망을 접속하는 데 이용된다.
② 브리지는 동종 LAN 사이에는 프레임 전달, 이 기종 LAN 사이에는 프레임 변환기능을 수행한다.

41 두 개의 랜을 연결하여 확장된 랜을 구성하는 데 사용되며 ISO 7 Layer의 2계층에서 이용되는 장비는?

① 허브
② 리피터
③ 라우터
④ 브리지

42 네트워크 기기에 대한 설명이다. 괄호 안에 들어갈 알맞은 네트워크장비는 어느 것인가?

> "( )는 서로 다른 통신망(네트워크)을 중계해 주는 장치로 보내지는 송신정보에서 수신처 주소를 읽어 가장 적절한 통신선로를 지정하고 다른 통신망으로 전송하는 장치이다."

① Bridge
② Router
③ Repeater
④ Switch

> [해설]
Router : 서로 다른 네트워크를 중계해주는 장치로서 보내지는 송신정보에서 수신처 주소를 읽어 가장 적절한 통신통로를 지정하고 다른 통신망으로 전송하는 장치를 말한다.

43 다음 중 데이터링크 장비에 대한 설명으로 옳지 않은 것은?

① 네트워크 장비는 MAC 주소를 기반으로 작동한다.
② LAN 카드 자체는 물리계층에서 작동하지만, 드라이버를 포함하면 데이터링크계층에서 작동한다.
③ 데이터링크계층과 관련된 장비는 리피터, 스위치, 허브가 있다.
④ 브리지(Bridge)는 두 개의 근거리통신망(LAN)을 서로 연결해 주는 통신망 연결장치이다

44 서로 다른 네트워크 구조를 갖는 컴퓨터간 데이터를 송·수신할 경우, 이기종간을 상호 접속하여 통신이 가능하도록 해주는 인터네트워킹 장비가 아닌 것은?

① Transceiver
② Repeater
③ Hub
④ Router

> [해설]
인터네트워킹(Internetworking)
① 두 개의 서로 다른 네트워크 구조를 갖는 컴퓨터끼리 데이터 송수신을 하는 경우 OSI의 7계층을 서로 맞추어야 하는데 이와 같이 이기종간을 상호 접속하여 통신이 가능하도록 해 주는 장비를 인터네트워킹(Internetworking) 기기라 한다.
② 인터네트워킹 장비 : 리피터(Repeater), 브리지(Bridge), 라우터(Router), 허브(Hub) 등
[참고] 트랜시버(Transceiver)는 PC나 Repeater 등 모든 통신 장비를 Ethernet에 접속시킬 때 사용되는 접속 장비이다.

45 다음 중 프로토콜 구조가 전혀 다른 네트워크 사이를 결합하는 장비는 무엇인가?

① Bridge
② Router
③ Repeater
④ Gateway

[정답] 40 ③ 41 ④ 42 ② 43 ③ 44 ① 45 ④

해설

인터네트워킹(Internetworking)은 둘 이상의 서로 다른 네트워크를 연결하는 기능이다.

인터네트워킹 장비	동작 계층	기 능
브리지(Bridge)	데이터링크 계층	동종의 다수 네트워크 사이에서 Packet 전송 담당
라우터(Router)	물리/링크/ 네트워크계층	이종 네트워크간의 Packet 전송 담당
리피터(Repeater)	물리계층	동종의 두 개 네트워크 사이에서 신호 전송 담당
게이트웨이 (Gateway)	트랜스포트 ~ 응용계층	상이한 프로토콜을 이용하는 네트워크들을 연결
허브(Hub)	물리계층	가까운 거리의 PC를 UPT 케이블을 사용 상호 연결
CSU/DSU	물리계층	DSU(저속, 신호구조변환), CSU(고속, 회로검사 및 에러제어기능)

46 다음 내용은 어떤 장비에 대한 설명인가?

> "서버나 장비, 네트워크의 부하를 분산(Load Balancing)하고, 고가용성 시스템을 구축해 신뢰성과 확장성을 향상시킬 수 있으며, 장비 간 효과적인 결합을 통해 네트워크와 시스템의 속도를 개선한다."

① $L2$ 스위치 ② $L3$ 스위치
③ $L4$ 스위치 ④ 라우터

해설

스위치(Switch)
① 스위치는 단위 데이터를 다음 목적지까지 보내기 위해 경로 또는 회선을 선택하는 네트워크 장비로, 허브의 확장된 개념이다.
② 스위치의 구분
어떤 주소를 가지고 스위칭을 하는가에 따라 L_2, L_3, L_4 스위치 등으로 구분된다. L_2는 MAC주소, L_3은 프로토콜 주소, L_4는 세션 프로토콜을 이용하여 스위칭(연결)할 수 있다.

스위치	기 능	특 징
$L2$	스위칭 허브 기능	• 데이터링크계층에 위치하여 서로 다른 데이터링크 간을 연결해주는 장비 • 패킷의 MAC 주소를 읽어 연결
$L3$	라우터 기능	• 네트워크계층에 위치하여 서로 다른 네트워크 간을 연결해 주는 장비 • 데이터의 네트워크 주소를 보고 연결해주는 장비
$L4$	로드 밸런싱 기능 (서버부하분산 및 조정)	• 애플리케이션별로 우선 순위를 두어 연결이 가능 • 여러 대의 서버를 1대처럼 묶을 수 있는 부하 분산(Load Balancing) 기능을 제공
$L7$	로드 밸런싱 기능	• 데이터 안의 실제 내용까지 조회해 보고 특정 문자열이나 특정 명령을 기준으로 트래픽을 연결

[참고] L_2, L_3 등은 OSI의 7 레이어 중 어떤 레이어에서 수행되는가에 따라 정의된 분류이다.

47 다음 중 Network Layer를 지원하는 이더넷 스위치는 어떤 장비인가?

① L2 Switch
② L3 Switch
③ L4 Switch
④ L7 Switch

48 다음 중 WAN(Wide Area Network)의 전송방식이 아닌 것은?

① Leased Line
② Circuit Switched
③ Packet Switched
④ Message Switched

해설

광역통신망(WAN : Wide Area Network)
① WAN은 LAN과는 달리 1[km] 이상의 먼 거리를 서로 연결하는 네트워크이다.
② WAN의 전송방식
  ㉠ 전용선방식(Leased Line) : 전화국과 같은 통신사업자에게 통신회선을 임대 받아서 쓰는 방식
  ㉡ 회선 스위칭방식(Circuit Switched) : 내가 통신을 하는 순간에만 나에게 필요한 회선을 열어주고 통신이 끝나면 회수하는 방식
  ㉢ 패킷 스위칭방식(Packet Switched) : 실제 내 전용 회선은 없지만 있는 것처럼 동작하도록 해주는 방식(Virtual Circuit)

[정답] 46 ③ 47 ② 48 ④

출제 예상 문제

49 물리적으로 동일한 네트워크에 연결되어 있지만 논리적으로 새로운 그룹을 만들어서 각각의 그룹 내에서만 통신이 가능하도록 구성되어 있는 것을 무엇이라 하는가?

① GSM
② VLAN
③ GPRS
④ DECT

50 다음 중 VLAN(Virtual LAN)에 대한 설명으로 틀린 것은?

① 한 대의 스위치를 마치 여러 대의 분리된 스위치 처럼 사용한다.
② 여러 개의 네트워크 정보를 하나의 포트를 통해 전송할 수 있는 기술을 제공한다.
③ IEEE 802.1P는 VLAN 국제 표준 규격이다.
④ 더 작은 LAN으로 세분화시켜 과부하 감소가 가능하다.

해설
IEEE 802.1P는 LAN 스위치를 사용한 브리지 LAN에서의 우선 제어 구조 규격만 주력하여 표준화하기 위해 IEEE 802.1 작업그룹 내에 설립된 테스크 포스이다. MAC 프레임 안에 삽입하는 태그를 붙인 프레임에 관해 LAN 스위치 간에 교환하는 방법 등을 GARP(Generic Attribute Registration Protocol)로 규정한다.

51 다음 중 VLAN의 설명으로 옳은 것은?

① 유니캐스트 도메인(Unicast Domain)을 분리한다.
② 브로드캐스트 도메인(Broadcast Domain)을 분리한다.
③ 애니캐스트 도메인(Anycast Domain)을 분리한다.
④ 멀티캐스트 도메인(Multicast Domain)을 분리한다.

해설
컴퓨터 네트워크에서 여러 개의 구별되는 브로드캐스트 도메인(broadcast domain)을 만들기 위해 단일 2계층 네트워크를 분할할 수 있다. 단일 2계층 네트워크가 분할되면 패킷들은 하나 이상의 라우터들 사이에서만 이동할 수 있는데 이러한 도메인을 가상 랜(VLAN : Virtual LAN)이라 한다. 가상 랜은 물리적인 랜(일반적인 LAN)과 동일한 특성을 가지고 있으나 종단국(End Station)이 동일 네트워크 스위치에 존재하지 않더라도 더 쉽게 묶일 수 있게 한다는 차이점이 있다. VLAN을 공유하는 일에는 개별 VLAN을 위한 전용 케이블 설비가 필요하며, VLAN이 없으면 스위치는 스위치상의 모든 인터페이스가 동일한 브로드캐스트 도메인에 위치한 것으로 간주한다.

52 다음 중 VLAN의 종류로 거리가 먼 것은?

① 포트 기반(Port-Based) VLAN
② LLC 주소 기반 VLAN
③ 프로토콜 기반 VLAN
④ IP 서브넷을 이용한 VLAN

해설
VLAN의 종류로는 다음과 같은 것이 있다.
① 포트 기반(Port-Based) VLAN : 스위치 포트를 각 VLAN에 할당하는 방법으로 정적 VLAN(Static VLAN)이라고도 하며 가장 일반적으로 사용되는 방법
② MAC 기반 VLAN : 각 호스트들의 MAC 주소를 VMPS(VLAN Membership Policy Server)에 등록한 후 호스트가 스위치에 접속하면 등록된 정보를 바탕으로 VLAN을 할당하는 방법
(이 방법은 MAC 주소를 전부 등록해야 하는 번거로움이 있다.)
③ 프로토콜 기반 VLAN : 같은 통신 프로토콜을 가진 호스트들 간에만 통신이 되도록 하는 방법
④ 네트워크 주소 기반 VLAN : 네트워크 주소별로 VLAN을 구성하여 같은 네트워크에 속한 호스트들 간에만 통신이 되도록 하는 방법
⑤ IP 서브넷을 이용한 VLAN : 네트워크의 IP 서브넷이 VLAN을 구성하는 데 사용되는 방법으로, VLAN 구성원을 IP정보를 이용하여 구성할 경우 VLAN은 라우터처럼 동작한다.

53 다음 중 하나의 물리적인 스위치를 논리적인 방법을 사용하여 여러개의 스위치로 분리하는 기술은?

① STM
② ATM
③ VLAN
④ MIP

해설
가상 LAN(VLAN)이란 논리적으로 분할된 스위치 네트워크를 말한다.

[정답] 49 ② 50 ③ 51 ② 52 ② 53 ③

54 VTP에는 3가지 모드가 있다. 이에 해당되지 않는 것은?

① Server Mode ② Client Mode
③ Transparent Mode ④ Clear Mode

해설

VTP에는 3가지 모드가 있다.
① server mode : VLAN 정보생성/삭제/이름변경 가능
② client mode : VLAN 정보생성/삭제/이름변경 불가능
③ transparent mode : 자신만의 VLAN 생성/삭제/이름변경 가능(정보를 다른 스위치에 알리지 않는다.)

55 라우팅의 루핑 문제를 방지하기 위한 여러 가지 방법 중 라우팅 정보가 들어온 곳으로는 같은 라우팅 정보를 내보내지 않는 방법을 무엇이라 하는가?

① 최대 홉 카운트(Maximum Hop Count)
② 스플릿 호라이즌(Split Horizon)
③ 홀드 다운 타이머(Hold Down Timer)
④ 라우트 포이즈닝(Route Poisoning)

해설

루핑(Looping)이란 프로그램 속에서 동일한 명령이나 처리를 반복하여 실행하는 것을 말하는 것으로 라우팅시 루핑 문제를 방지하기 위한 방법 중 Split Horizon은 라우팅 정보가 들어온 곳으로는 같은 라우팅 정보를 내보내지 않는 방법을 말한다.
루핑이 발생하는 원인은 한 라우터가 라우터 정보에 대한 모든 정보를 가지고 있지 못하고, 또 이웃 라우터로부터의 업데이트가 느리게 이루어지기 때문이다. 루핑 방지 대책으로는 다음과 같은 것이 있다.
① Maximum Hop Count : 지나갈 수 있는 라우터의 개수를 최대 15개까지 지정하는 방법
② Hold Down Timer : 일정 시간이 지날 때까지 홀드 시간을 걸어 정보를 무시하는 방법
③ Split Horizon : 라우팅 정보가 들어온 곳으로는 같은 정보를 내보낼 수 없으며 새로운 정보만을 보내는 방법
④ Route Poisoning : 사용할 수 없는 값으로 지우지는 않음
⑤ Poison Reverse : 라우팅 정보를 되돌려 보내되 그 값을 무한대로 하는 방법

[정답] 54 ④ 55 ②

2. 라우팅 프로토콜(Routing Protocol)

1. 라우팅(Routing) 개요

가. 라우팅
(1) 라우팅이란 네트워크상에서 주소를 이용하여 목적지까지 메시지를 전달하는 방법을 체계적으로 결정하는 최적 경로선택 과정을 말한다.
(2) 라우팅이란 라우터가 네트워크에서 패킷을 목적지까지 최적의 경로를 선택하는 과정이다.

나. 라우팅 알고리즘
(1) 송신측에서 목적지까지의 경로 중에서 최소 비용을 갖는 경로를 결정하는 알고리즘이다.
(2) 목적지까지의 최적 경로를 산출하고, 라우팅 테이블을 만들고 유지관리하기 위해 사용되는 알고리즘이다.

다. 라우팅 프로토콜
(1) 라우터 간 통신 방식을 규정하는 통신 규약이다.
(2) 라우터 간에 라우팅 정보의 교환 및 라우팅 테이블의 유지관리를 동적으로 수행하는 프로토콜이다.
(3) 라우팅 프로토콜의 가장 중요한 목적이 라우팅 테이블의 구성이다.
(4) 라우팅 프로토콜의 구성 요소

구성요소	기능
라우팅 테이블	• 패킷이 목적지까지 가는 거리와 방법 등을 명시하는 테이블 • 라우터는 라우팅 테이블을 사용하여 최적의 경로를 결정하고 패킷을 전송
메시지	• 네트워크 내에서 라우팅을 위해 교환하는 라우팅 정보
메트릭(Metric)	• 라우터가 목적지에 이르는 여러 경로 중 최적의 경로의 등급을 결정할 수 있게 숫자로 환산한 변수

합격 NOTE

합격예측
라우팅(경로배정)은 송신측에서 목적지까지의 경로를 정하고 정해진 경로를 따라 패킷을 전달하는 일련의 과정이다.

합격예측
라우팅 알고리즘: 최적의 경로를 찾는 방법

합격예측
라우팅 프로토콜 : 네트워크 정보의 생성과 교환을 제어하는 프로토콜

합격예측
라우팅 테이블 : 경로선택을 위한 데이터베이스

합격예측
Metric 종류 : 경로길이(Hop 수), 신뢰성, 지연, 대역폭, 비용, 부하 등

합격 NOTE

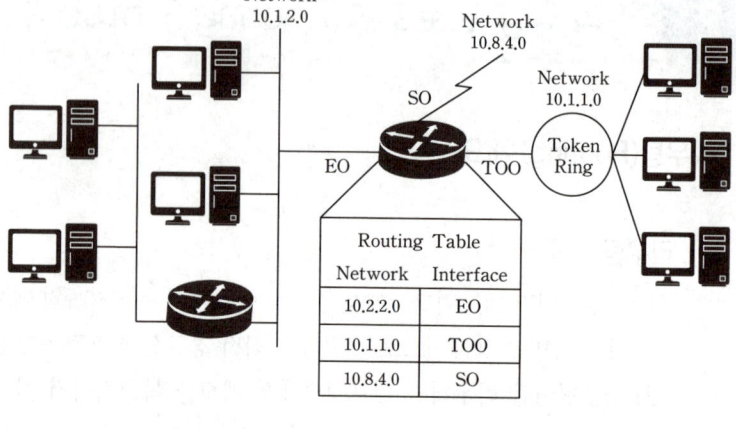

(5) 라우팅 테이블 등록 방법
　① 수동 방식 : 관리자가 직접 입력하는 방식이며, 소규모 네트워크에 적합
　② 능동 방식 : 라우터가 자동으로 등록하는 방식이며, 대규모 네트워크에 적합

라. 라우터(Router)

(1) 라우터는 OSI 3계층 장비이며, 라우팅 과정을 능동적으로 수행하는 장치를 말한다.
(2) 라우터는 패킷이 목적지로 가기 위한 최적의 경로를 지정하며, 이 경로를 따라 데이터 패킷을 다음 장치로 전달하는 장치이다.
(3) 라우터는 서로 다른 네트워크 간에 중계 역할, 즉 LAN과 LAN을 연결하거나 LAN과 WAN을 연결하기 위한 인터 네트워크 장비이다.
(4) 라우터의 기능 : 경로설정, 스위칭 등

2. 라우팅의 유형

가. 정적 라우팅(Static Routing)

(1) 네트워크 관리자가 라우팅 테이블에서 라우팅 항목을 수동으로 설정하는 방법이다.
(2) 미리 정해진 루트를 따라 경로를 선택하는 수동 경로 설정 방법이다.

나. 동적 라우팅(Dynamic Routing)

(1) 네트워크 관리자의 개입 없이 라우팅 프로토콜에 의해 라우팅 항목이 자동으로 생성 및 유지된다.

합격예측
수동방식 : 정적 라우팅
능동방식 : 동적 라우팅

합격예측
라우터는 OSI 3계층(Network Layer) 장비이다.

합격예측
라우터는 내부 네트워크와 외부 네트워크를 연결시켜 준다.

합격예측
정적 라우팅 : 관리자가 직접 라우팅 테이블에 경로를 설정하는 프로세스이다.

합격예측
동적 라우팅 : 라우팅 프로토콜에 의해서 경로를 자동으로 설정하는 프로세스로 현재 대부분의 네트워크에서 사용된다.

(2) 망의 상태에 따라 경로를 선택하는 자동 경로 설정 방법이다.

	정적 라우팅	동적 라우팅
장점	• 라우팅 정보만을 참조하므로 속도가 빠르며 안정적 • 소규모 네트워크에 유리 • 보안성 향상 • CPU 부하가 적다.	• 관리자의 초기 설정만으로 네트워크 변화에 능동적으로 대처 가능 • 대규모 네트워크에 유리 • 항상 최신 라우팅 정보를 유지할 수 있다.
단점	• 초기구성 및 유지보수에 많은 시간 소요 • 네트워크 수나 변화가 빈번한 경우, 변경이 어려움 • 확장성 미흡	• 라우터의 메모리를 많이 차지함 (라우터의 부하가 큼) • 대역폭 소비가 크다.
라우팅테이블 관리	• 수동 • 네트워크 변화 자동 인식 불가	• 자동 • 네트워크변화 자동 인식 가능

합격예측
플러딩 라우팅 : 라우터가 입력된 패킷을 출력 가능한 모든 경로로 중개하는 방식

(3) 동적 라우팅 알고리즘

라우팅 테이블을 동적으로 생성하는 알고리즘에는 거리 벡터 라우팅 알고리즘과 링크 상태 라우팅 알고리즘 등이 있다.

① 거리 벡터(Distance Vector) 라우팅 알고리즘
   ㉠ 라우터가 자신과 직접 연결된 주변 라우터에게 라우팅 정보를 교환하는 방식이다.
   ㉡ 거리와 방향만을 위주로 만들어진 라우팅 알고리즘이다.

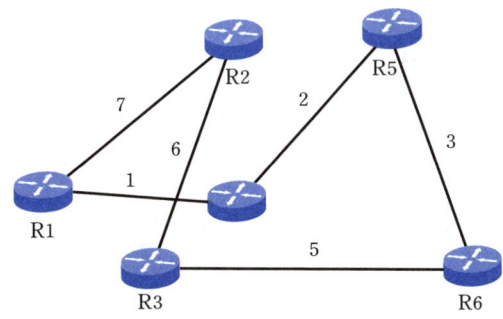

[Distance Vector Routing]

합격예측
개별 라우터에서 유지하는 필수 정보 : ① 링크 벡터 ② 거리 벡터 ③ 다음 홉 벡터

② 링크 상태(Link State) 라우팅 알고리즘
   ㉠ 주변 상황에 변화가 있을 때 그 정보를 모든 라우터에게 전달하는 방식이다.

합격 NOTE

합격예측
플러딩 : 정적 알고리즘으로, 패킷이 도착되어 있는 곳을 제외한 모든 나가는 라인에 들어오는 모든 패킷들을 단순하게 복사 전송하는 방법이다.

ⓒ 링크 상태 정보를 모든 라우터에 전달하여 최단 경로 트리를 구성하는 라우팅 알고리즘이다.
ⓒ 정보 전달을 하기 위해 플러딩(Flooding) 기법을 사용한다.

[동적 라우팅 알고리즘의 주요 특징]

	거리 벡터 방식	링크 상태 방식
특징	• 자신의 라우팅 테이블 전체 또는 일부를 이웃 라우터에게 주기적으로 전달 • 이웃 라우터로부터의 정보를 이용하여 전체 네트워크 구성 • 작은 규모의 네트워크에 적용	• 각 라우터는 자신의 네트워크 정보와 전달받은 라우팅 정보를 이웃의 모든 라우터에게 전달 • 네트워크의 모든 라우터에 의해 수행된다. • 대규모 네트워크에 적용
경로 계산방법	홉 카운트	홉, 지연, 대역폭 등
알고리즘	벨만-포드(Bellman-Ford)	다익스트라(Dijkstra)

합격예측
홉(Hop)수, 홉 카운트 : 경유하는 라우터 수

③ 경로 벡터(Path Vector) 라우팅 알고리즘
ⓒ 목적지 네트워크에 대한 거리에는 의존하지 않고, 단지 경로(Path)에 기반한 라우팅 기법이다.
ⓒ AS 간 라우팅에 유용하다.

합격예측
경로 : 패킷이 목적지에 도달하기 위해 지나야하는 AS의 순차적 목록

3. 라우팅 범위에 따른 분류

가. 내부 라우팅(Interior Routing)

내부 라우팅이란 자율시스템(AS) 내부의 라우터들끼리 라우팅 정보를 전달하는 라우팅 기법을 말하며, 이때 라우터가 사용하는 프로토콜을 내부 라우팅 프로토콜(IGP)이라 한다.

합격예측
IGP의 종류 :
RIP, IGRP, EIGRP, OSPF

나. 외부 라우팅(Exterior Routing)

외부 라우팅이란 AS와 AS간, 서로 다른 AS로 라우팅 정보를 전달하는 라우팅 기법을 말하며, 이때 라우터가 사용하는 프로토콜을 외부 라우팅 프로토콜(EGP)이라 한다.

합격예측
EGP 종류 : BGP EGP (현재는 BGP를 많이 사용)

참고

📍 **자율시스템(AS: Autonomous System)**

합격예측
AS는 동일한 라우팅 정책으로 관리되는 라우터들과 서브네트워크들의 집합체

① AS는 관리적 측면에서 한 단체에 속하여 관리되고 제어됨으로써, 동일한 라우팅 정책을 사용하는 네트워크들 또는 네트워크 그룹을 일컫는다.

② AS는 하나의 네트워크 관리자에 의해서 관리되는 라우터의 집단, 하나의 관리 규정 아래서 운영되는 라우터의 집단, 또는 하나의 관리 전략으로 구성된 라우터의 집단으로 설명할 수 있다.

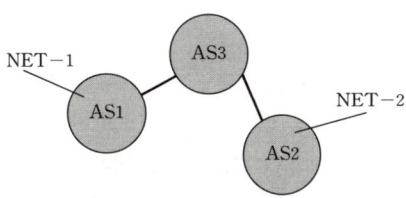

③ 자율시스템(AS)으로 네트워크를 분리하는 이유
　㉠ 라우팅 정책의 독립성
　㉡ 보안 유지
　㉢ 고장 및 오류 등 운용관리의 국지화
　㉣ 라우팅 트래픽량의 최소화 등

합격예측
AS로 라우터가 가지는 정보를 효율적으로 관리할 수 있다.

4. 라우팅 프로토콜의 종류

라우터 간에 정보를 교환하기 위한 프로토콜을 라우팅 프로토콜이라고 하며, 라우팅 프로토콜을 설정하여 라우터 간에 경로 정보를 서로 교환하고 그것을 라우팅 테이블에 등록한다.

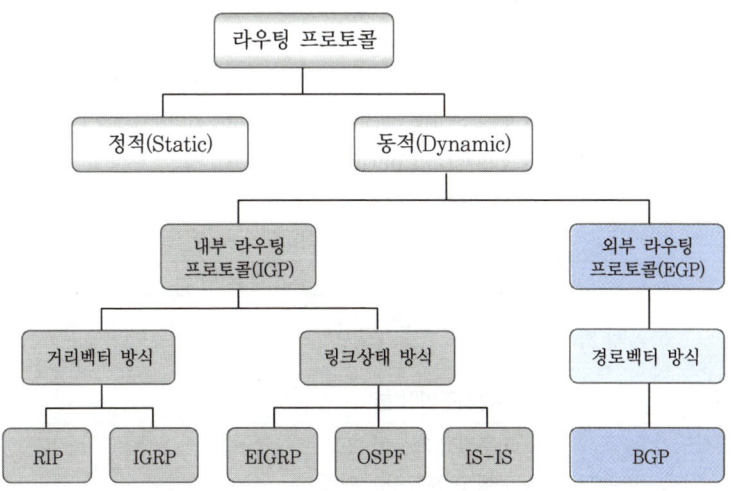

합격예측
경로벡터(Path Vector) 라우팅 : 최종 목적지까지 경로(Path)를 이용하여 라우팅을 하는 방식이다.

가. 내부 라우팅 프로토콜(IGP : Interior Gateway Protocol)

(1) 라우팅 정보 프로토콜(RIP : Routing Information Protocol)

구분	설명
개요	RIP는 경유할 가능성이 있는 라우터를 홉수로 수치화하여, 거리벡터 알고리즘(DVA)으로 인접 호스트와의 경로를 동적으로 교환하여, 패킷이 목적 네트워크 주소에 도착할 때까지의 최단 경로를 결정한다.
특징	• 거리 벡터 알고리즘을 사용하는 IGP 라우팅 프로토콜 • Classful Routing 수행 • 최대 홉 수 15로 제한 • 매 30초마다 주기적인 라우팅 업데이트 • 소규모 네트워크에 적합하다.
장점	• 설정 및 운영이 간단하다. • 표준 라우팅 프로토콜로 호환성이 좋다.
단점	• Hop Count만으로 경로설정을 하므로 비효율적 • Hop Count의 제한으로 대규모 네트워크에서는 사용 불가 • 라우팅 트래픽 부하 증가 • 수렴시간이 느림

(2) 내부 게이트웨이 라우팅 프로토콜(IGRP : Interior Gateway Routing Protocol)

구분	설명
개요	RIP 라우팅 프로토콜의 문제점을 개선한 라우팅 프로토콜이며 다양한 메트릭으로 최적의 경로 선택한다.
특징	• 거리 벡터 알고리즘을 사용하는 IGP 라우팅 프로토콜 • 다양한 메트릭(대역폭, 지연, 부하, 신뢰성 등)을 지원 • Classful Routing 수행 • 매 90초마다 경로 정보 전송 • 중규모 네트워크에 적합하다.
장점	• 다양한 메트릭들을 계산하여 최적의 경로를 결정 • 멀티패스 라우팅 지원 • 운영과 설정이 간단 • 수렴시간이 빠름
단점	• 비용결정 계산이 복잡 • 국제 표준 규약이 아님 • AS 번호가 필요함

합격 NOTE

합격예측
내부 라우팅(게이트웨이) 프로토콜 : AS 내부에서 만 이루어지는 라우팅 프로토콜

합격예측
① 홉(Hop)수는 라우터를 통과할 때 마다 1씩 증가하게 됨
② 최대 15 홉 수로 제한 (16은 무한대)
③ RIP는 최적 경로를 단순히 Hop 수로 찾는다.

합격예측
RIP 문제점 : 홉 수만을 메트릭으로 사용, 최대 홉 수(15) 제한

합격예측
AS 번호(망식별 번호)가 다르면 라우터 간에 라우터 정보를 주고 받을 수 없다.

(3) EIGRP(Enhanced IGRP)

구 분	설 명
개 요	EIGRP는 IGRP를 기반으로 한 프로토콜로, 라우터 내 대역폭 및 처리 능력의 향상뿐 만 아니라, 다양한 토폴로지에서 불안정한 라우팅을 최소화하는데 최적화된 라우팅 프로토콜이다.
특 징	• 거리벡터를 이용하지만 링크상태처럼 동작하는 프로토콜 • IGRP의 매트릭 방식과 동일하게 최적경로를 선택 • Classless Routing 수행
장 점	• 수렴 시간이 빠름 • 네트워크 변화에 즉시 반응하여 최적경로 설정 • Load Balancing 지원
단 점	• 대규모 네트워크에서는 관리가 어려움 • 시스코 라우터에서만 동작

(4) 최단 경로 우선 프로토콜(OSPF : Open Shortest Path First)

구 분	설 명
개 요	동적 라우팅 프로토콜로서, 링크 상태 정보를 이용하여 최단 경로로 패킷을 전달해주는 라우팅 프로토콜이다.
특 징	• IP 네트워크를 위한 링크 상태 IGP 라우팅 프로토콜 • 최단 경로를 선택하기 위해 다익스트라(Dijkstra)의 SPF(Shortest Path First) 알고리즘 사용 • 라우팅 메트릭으로 링크비용 사용 • AS 내부를 영역(Area) 단위로 나누어 구분 관리 • Classless Routing
장 점	• 빠른 재수렴 및 부분 갱신 기능 • 홉 카운트의 제약이 없음 • 영역사용으로 라우팅 테이블 크기 감소
단 점	• 라우팅 설정이 복잡 • 자원 소모량이 큼

나. 경계 경로 프로토콜(BGP : Border Gateway Protocol)

BEG는 외부 라우팅 프로토콜(EGP)에서 가장 많이 사용되는 라우팅 프로토콜이다.

합격 NOTE

합격예측
EIGRP는 링크 상태 라우팅의 기능을 거리 벡터 라우팅 프로토콜과 통합한다.

합격예측
EIGRP는 시스코 전용 프로토콜이다.

합격예측
OSPF는 표준 라우팅 프로토콜이다.

합격예측
OSPF 특징 : 영역(Area)를 사용하여 인접 라우터와 Neighbor을 맺어, 라우터들은 서로의 정보를 주고 받는다.

합격예측
BGP : AS 상호 간에 적용되는 라우팅 프로토콜

구 분	설 명
개 요	BGP는 다른 BGP 시스템과 네트워크 도달 가능성 정보를 교환하는 것으로, 인터넷에서 주 경로 지정을 담당하는 프로토콜이다.
특 징	• AS의 라우터 간 라우팅 정보를 교환하는 데 사용되는 EGP • 경로 벡터 라우팅 프로토콜을 이용한다. • 도달 가능성(Network Reachability)을 알리는 프로토콜 • 다양하고 풍부한 메트릭 사용 • Classless Routing
장 점	• 회선 장애 시 우회경로 생성 • 라우팅 정보의 부분 갱신 가능 • 대용량의 라우팅 정보 교환 가능 • IGP와 재분배가 가능 • 독립적으로 운용되는 대규모 네트워크 간에 적합
단 점	• 수렴 시간이 느림 • CPU와 Memory 부하 증가 • 메트릭 설정의 어려움

합격예측
최대 지원 네트워크 크기 : RIP(15개), OSPF(255개)

합격예측
LSA(Link State Advertisement) : OSPF 에서의 라우팅 정보

합격예측
멀티캐스트는 Multicast Group에 소속된 특정 다수(1:N)에게 데이터를 전송하는 기법이다.

합격예측
데이터그램(Datagram)이란 IP가 전송하는 패킷이다.

합격예측
Mullticast는 보통 IP Mullticast 형태로 구현된다.

합격예측
Unicast 전송 : (1:1) 전송 방식

합격예측
Tunneling Protocol : ① 한 네트워크에서 다른 네트워크로 데이터를 이동하게 하는 통신 프로토콜이다. ② 캡슐화라는 프로세스를 통해 개인 네트워크 통신이 공용 네트워크를 통해 전송 될 수 있다.

[라우팅 프로토콜 비교]

구 분	RIP	OSPF	BGP
알고리즘	거리값 기반	최소링크비용	거리값 기반
계산단위	HOP단위 경로	Area(연속된 망 집합)	AS(관리도메인)
정보기록	라우팅 테이블	LSA	프리픽스 목록
특징	홉제한	다엑스트라 알고리즘	TCP활용(서브넷 집합)
정보수집	30초 주기	필요시 변경 정보수집	필요시 변경 정보수집
적용	소규모	대규모망(도메인내)	대규모망(도메인간)

5. 멀티캐스트 라우팅 프로토콜(Multicast Routing Protocol)

가. 멀티캐스트(Mullticast)의 개념

(1) 네트워크에서 멀티캐스트는 동일한 메시지나 정보를 한 번의 송신으로 목표한 여러 호스트(컴퓨터, 단말 등의 멤버)에 동시에 전송하는 기술 또는 프로세스를 말한다.

(2) 멀티캐스트는 하나의 발신지에서 선택된 특정 그룹으로 전송하는 것 또는 하나의 데이터그램을 다중의 목적지에게 복사하여 전달하는 것을 말한다.

(3) 멀티캐스트는 보통 IP 멀티캐스트 형태로 구현되는데, IP 멀티 캐스트는 인터넷 프로토콜 데이터그램을 단일 전송으로 특정 수신자 그룹에 전송하는 방법이다.

(4) 인터넷상의 라우터들은 대부분 유니캐스트(Unicast)만을 지원하기 때문에 멀티캐스트 패킷을 전송하기 위하여서는 멀티캐스트 라우터 사이에 터널링(Tunneling)이라는 개념을 사용하여 캡슐화된 패킷을 전송한다.

(5) 멀티캐스트의 사용 예 : 스트리밍을 위한 인터넷 프로토콜 응용 프로그램, 영상회의, IPTV, Interactive Gaming 등

나. 멀티캐스트 서비스 모델

종류	내용
ASM (Any Source Multicast)	• 1:M, N:M을 지원하는 멀티캐스트 • 멀티캐스트 정보를 보내는 소스에 대해 신경 쓰지 않는 모델
SSM (Source Specific Multicast)	• 1:M을 지원하는 멀티캐스트 • 멀티캐스트 발신지가 어디에 있는지 명시하는 모델
SGM (Small Group Muticast)	• 소규모 그룹의 많은 세션을 위한 멀티캐스트 기술 • 대표 프로토콜: Xcast(eXplicit Multicast)
Ovelay Multicast	• Application Layer Multicast라고도 한다. • 종단 호스트에 의해 멀티캐스트 라우팅이 이루어지는 모델

다. 인터넷 멀티캐스트의 필요 기술

(1) 멀티캐스트 라우팅 기술 (네트워크 계층)

인터넷 데이터 패킷(Packet)이 목적지에 도달하기까지 경유하게 되는 전송 경로를 설정하는 매커니즘을 말한다.

(2) 신뢰성 제공기술 (전송계층)

기존 TCP에서의 오류제어(Error Control) 및 혼잡제어(Congestion Control)을 통해 멀티캐스트 종단 사용자간의 데이터 전송의 신뢰성(Reliability)을 제공하는 기술을 말한다.

합격 NOTE

합격예측
멀티캐스트의 요구사항 : 멀티캐스트 라우팅 기술, 신뢰성 제공기술

합격예측
인터넷 멀티캐스트 서비스는 Class D라 불리는 인터넷 주소체계를 사용한다.

합격 NOTE

합격예측
멀티캐스트 라우팅 프로토콜에 의해 그룹에 속한 송수신자들을 연결시켜 주는 트리(Tree)가 구성된다.

합격예측
SBT 방식은 소스별로 트리를 구성한다.

합격예측
PIM이란 대규모 네트워크상에서 프로토콜에 의존하지 않고 멀티캐스트 라우팅 트리를 구성할 수 있게 한다.

합격예측
CBT 방식은 확장성 측면에서 SBT 방식에 비해 우수한 특성을 가진다.

---

(3) 주소체계

Class D 주소 체계를 사용하며, Class D 멀티캐스트 그룹 주소는 특정 그룹 세션(Session)을 위해 사용된다.

1110	Multicast Address
4	32

[Class-D]

라. 멀티캐스트 라우팅 과정

(1) 그룹별로 송신 호스트와 그룹 멤버를 연결시켜주는 트리 구성
(2) 멀티캐스터 라우터는 포워딩 테이블(Forwarding Table) 작성
(3) 테이블에 따라 수신된 데이터그램을 소속별로 내보낼 인접 라우터 지정

마. 멀티캐스트 라우팅 프로토콜(Multicast Routing Protocol)

(1) 멀티캐스트 라우팅 프로토콜은 멀티캐스트 트래픽을 다수의 수신자에게 전달할 수 있도록, 멀티캐스트 트리를 구성하고 운용하는데 사용된다.
(2) 멀티캐스트 라우팅 프로토콜은 라우터와 라우터간에 멀티캐스트 데이터 전송 경로 즉 멀티캐스트 트리(Tree)를 구성하기 위해 사용된다.
(3) 멀티캐스트 라우팅 프로토콜은 데이터를 보내는 소스 호스트로부터 그 데이터를 받는 목적지까지 중복되지 않고 루프가 없는 최단경로를 구성하는데 사용된다.

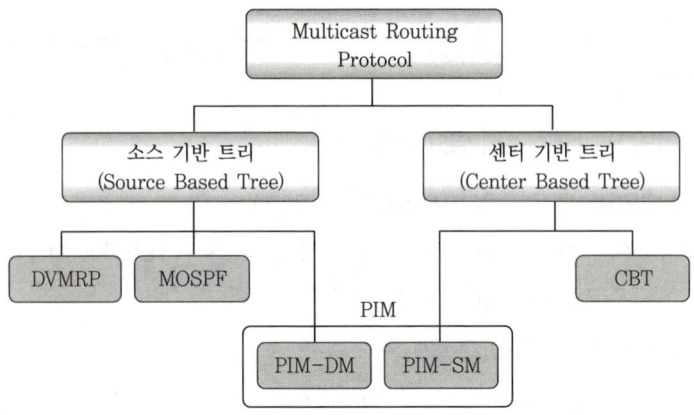

(4) 멀티캐스트 라우팅 프로토콜의 종류
① SBT(Source Based Tree) 방식
SBT 방식은 소스마다 각각 트리를 구성하는 방법으로 그룹 멤버들의 밀집도가 높은 방식이다.
㉠ DVMRP(Distance Vector Multicast Routing Protocol)
DVMRP는 네트워크 사이에 멀티캐스트 데이터그램 포워딩 기능을 지원하기 위해 설계된 라우팅 프로토콜이다.
㉡ MOSPF(Multicast Extensions To OSPF)
각 라우터들에게 유니캐스트 토폴로지 정보를 전달하기 위해 설계된 IGP 이다.
㉢ PIM-DM(Protocol Independent Multicast-Dense Mode)
멀티캐스트용 프로토콜 또는 PIM은 LAN이나 WAN 또는 인터넷의 데이터 전송의 다 대 일 또는 다 대 다 분배를 제공하는 인터넷 프로토콜 네트워크의 멀티캐스트 라우팅 프로토콜이다.
② CBT(Center Based Tree) 방식
㉠ CBT는 센터 라우터를 중심으로 공유형 트리를 구성하여 각각의 소스가 이를 공유하는 방법으로, 그룹 멤버들의 밀집도가 낮은 방식이다.
㉡ CBT는 가장 최근에 제안된 멀티캐스트 포워딩 알고리즘이다. 기존의 SBT와는 달리, CBT는 그룹의 모든 멤버에 의해서 공유되는 단일 트리를 구성한다.

바. 인터넷 그룹 관리 프로토콜(IGMP : Internet Group Management Protocol)
(1) IGMP는 호스트 컴퓨터와 인접 라우터가 멀티캐스트 그룹 멤버십을 구성하고 유지할 수 있게 하는 프로토콜이다.
(2) IGMP 프로토콜은 여러 호스트(수신자)에게 채널이 효과적으로 전송되게 하기 위해 사용하는 통신 프로토콜이다.
(3) IGMP는 IPTV와 같은 곳에서 호스트가 특정 그룹에 가입하거나 탈퇴하는데 사용하는 프로토콜이다.

출제 예상 문제

제2장 라우팅 프로토콜(Routing Protocol)

01 다음 중 라우팅의 역할로 가장 알맞은 것은?

① 송신지에서 수신지까지 데이터가 전송될 수 있는 여러 경로 중 가장 적절한 전송 경로를 선택하는 기능이다.
② 수신지의 네트워크 주소를 보고 다음으로 송신되는 노드의 물리 주소를 찾는 기능이다.
③ 네트워크 전송을 위해 물리 링크들을 임시적으로 연결하여 더 긴 링크를 만드는 기능이다.
④ 하나의 데이터 회선을 사용하여 동시에 많은 상위 프로토콜 간의 데이터 전송을 수행하는 기능이다.

해설
라우팅(Routing)이란 송신지에서 수신지까지 데이터가 전송될 수 있는 여러 경로 중 가장 적절한 전송경로를 선택하는 기능이다.

02 다음 중 라우팅(Routing)에 대한 설명으로 틀린 것은?

① 라우팅 알고리즘에는 거리 벡터 알고리즘과 링크 상태 알고리즘이 있다.
② 거리 벡터 알고리즘을 사용하는 라우팅 프로토콜에는 RIP, IGRP가 있다.
③ 링크 상태 알고리즘을 사용하는 대표적인 라우팅 프로토콜로는 OSPF프로토콜이 있다.
④ BGP는 플러딩을 위해서 D class의 IP 주소를 사용하여 멀티캐스팅을 수행한다.

해설
플러딩(Flooding)은 대규모 네트워크에서 수정된 라우팅 정보를 모든 노드에게 빠르게 배포하는 수단이다. (즉 어떤 노드에서 온 하나의 패킷을 라우터에 접속되어 있는 다른 모든 노드로 전달하는 것.) BGP의 대표적인 프로토콜인 OSPF 프로토콜도 플러딩을 사용한다.

03 정적 라우팅과 동적 라우팅에 관한 설명으로 옳지 않은 것은?

① 정적 라우터는 라우팅 테이블을 직접 작성하고 갱신해야 한다.
② 동적 라우팅 프로토콜은 라우터 사이에서 정기적으로 라우팅 정보를 교환한다.
③ 정적 라우팅에서 라우팅 테이블은 RIP와 OSPF가 담당한다.
④ 일반적으로 규모가 큰 네트워크에서는 동적 라우팅을 사용한다.

해설
① 라우팅테이블 구성 방법 : 정적 라우팅과 동적 라우팅
② 정적 라우팅은 관리자가 라우팅 테이블에 경로를 수동으로 설정하여 등록하는 방법을 말한다.

04 라우터에 대한 설명 중 옳지 않은 것은?

① 네트워크상의 패킷을 전달하는 네트워크 디바이스이다.
② OSI 7 Layer 중 Transport 층에 대응된다.
③ 하드웨어에 따라 패킷을 다시 적절한 크기로 분할하거나, 또는 재조립하고, 이들을 데이터 프레임의 형태로 캡슐화 하는 기능을 가지고 있다.
④ 패킷 전달을 위해 최적의 경로를 결정한다.

해설
라우터는 OSI-3계층에서 동작하는 경로를 지정해주는 장비다. 라우터는 원격지 통신에서 필수적인 장비이다.

05 다음 중 라우터(Router)에 대한 설명 중 옳지 않은 것은?

① 네트워크상에서 경로표를 사용하여 경로를 지정해 주는 장치이다.
② 데이터링크 계층에서 중계를 하는 접속장치이다.
③ 물리계층에서 연동하는 장치이다.
④ 브리지와 같이 이더넷 네트워크만의 접속장치이다.

[정답] 01 ① 02 ④ 03 ③ 04 ② 05 ①

출제 예상 문제

06 다음 중 경로 설정 기능을 가진 장비는?
① Bridge   ② Modem
③ Repeater ④ Router

해설
라우터(Router)
① 라우터장비는 상이한 망을 연결해 주며 OSI 제3계층인 네트워크계층(Network Layer)에서 운용되는 장치이다.
② 라우터는 한 네트워크에서 다른 네트워크로 패킷을 보낼 때 데이터를 잘게 쪼개어 알맞은 크기의 패킷을 라우터에 있는 라우팅 테이블(Routing Table)에 의해 최적의 경로로 최종 목적지까지 도달하도록 하는 기능을 한다.

07 다음 중 라우터의 주요 기능이 아닌 것은?
① 경로설정   ② IP패킷 전달
③ 라우팅 테이블 갱신 ④ 폭주 회피 라우팅

해설
라우터의 주요 기능으로는 경로설정, 라우팅 테이블 갱신, IP패킷 전달이 있다. 경로설정(Routing)은 목적지까지 최단경로로 라우팅하는 방법과, 경로는 조금 멀더라도 전송품질이 좋은 경로로 라우팅하는 방법이 있다.

08 인터네트워킹장비 중 경로설정 기능을 가진 것은?
① 브리지(Bridge)   ② 라우터(Router)
③ 모뎀(Modem)   ④ 리피터(Repeater)

해설
라우터장비는 상이한 망을 연결해 주고 OSI계층 3에서 운용되는 장치이다.

09 네트워크 장비인 라우터에 대한 설명으로 옳지 않은 것은?
① 네트워크계층에서 동작한다.
② 서로 다른 네트워크 간의 연결을 위해 사용된다.
③ 하나의 네트워크 세그먼트 안에서 크기를 확장한다.
④ 서로 다른 VLAN 간의 통신을 가능하게 해준다.

해설
라우터는 각 세그먼트 내에서 주고받는 데이터는 세그먼트 내에서만 전파되도록 제한을 가하여, 백본 네트워크에 발생될 수 있는 불필요한 트래픽을 제거해 준다.

10 다음은 라우터의 경로배정(Routing) 과정을 요약한 것이다. 라우팅 하는 과정을 순서대로 나열한 것은?

A. 패킷의 목적지 주소정보를 라우팅 테이블에서 검색한다.
B. 목적지 주소가 라우팅 테이블에 없다면 해당 패킷을 파기하고, 있다면 어느 인터페이스와 연결되어 있는지 확인한다.
C. 인터페이스가 결정되면 패킷을 해당 인터페이스로 전송한다.
D. 인터페이스를 통해 패킷을 수신한다.

① A→D→B→C   ② A→B→D→C
③ D→A→B→C   ④ D→C→A→B

11 다음 문장의 괄호 안에 들어갈 알맞은 용어는?

라우터를 구성한 후 사용하는 명령인 트레이스(Trace)는 목적지까지의 경로를 하나하나 분석해 주는 기능으로 (   )값을 하나씩 증가시키면서 목적지로 보내서 돌아오는 에러 메시지를 가지고 경로를 추적 및 확인해 준다.

① TTL(Time To Live) ② Metric
③ Hold Time   ④ Hop

해설
TTL(Time To Live)은 IP헤더 내에서 폐기까지의 시간을 나타내는 부분(Field)으로 일정 시간이 지났는데도 불구하고 패킷이 목적지에 도달하지 못한 경우 그 패킷을 버리고 재전송할 것인지를 결정하도록 그 사실을 송신측에게 알릴 수 있도록 하기 위해 사용된다. 패킷을 받은 각 라우터는 TTL Field 내의 값에서 1을 빼며 그 값이 0이 되었을 때 라우터는 그것을 감지하여 그 패킷을 버리고 ICMP 메시지를 송신측 호스트로 보낸다.

[정답] 06 ④ 07 ④ 08 ② 09 ③ 10 ③ 11 ①

12 라우터가 패킷을 수신하면 라우터 포트 중 단 하나만을 통해 패킷을 전달하는 라우팅을 무엇이라 하는가?

① 싱글캐스트 라우팅
② 유니캐스트 라우팅
③ 멀티캐스트 라우팅
④ 브로드캐스트 라우팅

> **해설**
> 인터넷은 라우터들에 의해 연결되는 네트워크들의 집합체라 할 수 있다.
> ① 유니캐스트 라우팅(Unicast Routing)
> 라우터가 패킷을 수신하면 라우팅 테이블에 정의된 라우터 포트 중 단 하나(최적경로에 속해 있는 포트)만을 통하여 패킷을 전달하는 방식이다.
> ② 멀티캐스트 라우팅(Multicast Routing)
> 라우터는 수신된 패킷을 라우터의 모든 포트 중 여러 개의 포트를 통해 전달하는 방식이다.
> [참고] Unicast는 1:1 통신방식이며, Multicast는 1:N 혹은 N:M 간의 통신방식이다.

13 다음 중 라우팅 테이블에 포함되어 있지 않은 정보는?

① 송신지 IP Address
② 목적지 네트워크
③ 다음 홉(hop) IP Address
④ 로컬 인터페이스

> **해설**
> 클래스형 주소지정을 위한 라우팅 테이블의 예를 들어 설명하면 다음과 같다.
>
> | 기본 마스크 | 목적지 주소 | 다음 홉(hop) IP 주소 | 로컬 인터페이스 |
> |---|---|---|---|
> | /8 | 14.0.0.0 | 118.45.23.8 | m1 |
> | /24 | 193.14.5.0 | 84.78.4.12 | m2 |
> | /0 | /0 | 145.11.10.6 | m3 |
>
> 앞의 라우팅 테이블을 이용하여 라우터가 목적지 193.14.5.22로 가는 패킷을 수신한 경우 193.14.5.22는 C클래스이며 Default Mask는 255.255.255.0이므로 이 두 개를 AND하면 목적지 주소는 193.14.5.0이 되며 따라서 라우터는 m2로 패킷을 송신한다.
> ① /24는 Network ID(약어로 Netid)의 비트수가 24개라는 것을 의미한다.
> ② 목적지 주소(Destination Address)
> ③ 다음 홉 IP 주소(Next Hop Address)
> ④ 현재 라우터의 출구 인터페이스가 m2이며 다음 라우터의 입구 어드레스가 84.78.4.12라는 것을 의미한다. 만약 라우터가 목적지 주소 200.34.12.34로 가는 패킷을 수신한 경우 C클래스이며, C클래스의 Default Mask는 255.255.255.0이므로 AND하면 목적지 주소는 200.34.12.0이 된다. 한편 라우터는 위의 라우팅 테이블에서 목적지 주소를 찾지 못하였으므로 라우터는 기본 인터페이스인 m0로 패킷을 송신한다.

14 라우터가 라우팅 프로토콜을 이용해서 검색한 경로 정보를 저장하는 곳은?

① MAC Address 테이블
② NVRAM
③ 플래쉬(Flash) 메모리
④ 라우팅 테이블

15 패킷이 라우팅 되는 경로의 추적에 사용되는 유틸리티로, 목적지 경로까지 각 경유지의 응답속도를 확인할 수 있는 것은?

① ipconfig   ② route
③ tracert   ④ netstat

> **해설**
> ① 'ipconfig' 명령어는 내 컴퓨터의 아이피를 확인할 때 사용
> ② 'route' 명령어는 라우팅 테이블 정보를 조회하거나 관리하는데 사용
> ③ 'netstat'는 네트워크 접속, 라우팅 테이블, 네트워크 인터페이스의 통계 정보를 보여주는 도구이다.

16 다음 중 자율시스템(AS : Autonomous System)에 대한 설명으로 틀린 것은?

① 인터넷 상에서 자율시스템이라 함은 관리적 측면에서 한 단체에 속하여 관리되고 제어됨으로써, 동일한 라우팅 정책을 사용하는 네트워크 또는 네트워크 그룹을 말한다.
② 라우팅 도메인으로도 불리며, 전세계적으로 유일한 자율시스템 번호, ASN(Autonomous System Number)을 부여받는다.
③ 한 자율시스템 내에서의 IP네트워크는 라우팅 정보를 교환하기 위해 내부 라우팅 프로토콜인 IGP(Interior Gateway Protocol)를 사용한다.

[정답] 12 ② 13 ① 14 ④ 15 ③ 16 ④

④ 타 자율시스템과의 라우팅 정보 교환을 위해서는 외부 라우팅 프로토콜인 EIGRP(Enhanced Interior Gateway Routing Protocol)를 사용한다.

17 다음 중 라우터의 경로제어 방식에서 수신된 정보를 인접된 게이트웨이로 보내어 게이트웨이에 의해 착신지점을 정하도록 하는 방법은?

① Direct Routing
② Indirect Routing
③ Forward Routing
④ Routing Solution

해설

라우팅(Routing)
① 직접 라우팅(Direct routing)
  ㉠ 패킷을 전송한 시스템과 패킷이 도달할 수신 시스템이 동일한 네트워크에 있을 경우 사용하는 방법이다.
  ㉡ 통신을 하는 시스템이 모두 같은 네트워크에 있어 별도의 패킷교환 없이도 패킷을 주고받는 것이 가능하다.
② 간접 라우팅(Indirect routing)
  서로 다른 네트워크에 있는 시스템끼리의 통신이기 때문에 반드시 양쪽 네트워크에 모두 연결되어 있는 라우터 A 라우터 B를 통해 패킷교환이 이루어져야 정상적으로 패킷을 주고받을 수 있다.

18 거리 벡터 라우팅을 이용하는 네트워크 간 연결에서 5개의 라우터와 6개의 네트워크가 있다면 몇 개의 라우팅 표가 있어야 하는가?

① 1   ② 5
③ 6   ④ 11

해설

거리 벡터 라우팅 알고리즘은 라우터간의 최적 경로만 교환하므로 라우팅 표는 라우터의 개수만큼 있으면 된다. 따라서 5개의 라우팅 표가 있어야 한다.

19 동적 라우팅 프로토콜(Dynamic Routing Protocol)에서 사용하는 알고리즘이 아닌 것은?

① 거리 벡터 알고리즘(Distance Vector Algorithm)
② 링크 상태 알고리즘(Link State Algorithm)
③ 패스 벡터 알고리즘(Path Vector Algorithm)
④ 디폴트 상태 알고리즘(Default State Algorithm)

해설

특정 알고리즘을 이용하여 경로수집과 선출 및 관리동작을 자동으로 수행하는 동적 라우팅 프로토콜에서 사용하는 알고리즘 : 거리 벡터 알고리즘, 링크 상태 알고리즘, 패스 벡터 알고리즘, 진보된 거리 벡터 알고리즘

20 링크 상태 라우팅(Link State Routing)의 설명으로 옳지 않은 것은?

① 각 라우터는 인터네트워크 상의 모든 라우터와 자신의 이웃에 대한 지식을 공유한다.
② 각 라우터는 정확히 같은 링크 상태 데이터베이스를 갖는다.
③ 최단 경로 트리와 라우팅 테이블은 각 라우터마다 다르다.
④ 각 라우터 간 경로의 경비는 홉 수로 계산한다.

해설

링크 상태 라우팅 : 링크 상태 정보를 모든 라우터에 전달하여 최단 경로 트리를 구성하는 라우팅 프로토콜 알고리즘

21 동적 라우팅 프로토콜 중에 링크 상태(Link State) 라우팅 프로토콜은 무엇인가?

① RIP (Routing Information Protocol)
② EIGRP (Enhanced Interior Gateway Routing Protocol)
③ OSPF (Open Shortest Path First)
④ BGP (Border Gateway Protocol)

해설

EIGRP는 거리벡터를 이용하지만 링크상태처럼 동작하는 프로토콜이며, 진보된 거리벡터 라우팅 프로토콜이라 한다.

[정답] 17 ② 18 ② 19 ④ 20 ④ 21 ③

22 AS(Autonomous System) 외부에서 사용하는 라우팅 프로토콜은 무엇인가?

① RIP(Routing Information Protocol)
② IGRP(Interior Gateway Routing Protocol)
③ OSPF(Open Shortest Path First)
④ BGP(Border Gateway Protocol)

해설
AS(Autonomous System)란 단위 네트워크의 집합을 말하는 것으로 다음과 같은 라우팅 프로토콜이 사용된다.
① AS 내부에서 사용되는 라우팅 프로토콜에는 IGP(Interior Gateway Protocol), IGRP가 있고 IGP에는 RIP와 OSPF가 있다.
② AS간에 사용되는 라우팅 프로토콜에는 EGP(Exterior Gateway Protocol)가 있다. EGP의 예로 BGP를 들 수 있다.

23 다음 중 라우팅 프로토콜이 아닌 것은?

① BGP(Border Gateway Protocol)
② EGP(Exterior Gateway Protocol)
③ SNMP(Simple Network Management Protocol)
④ RIP(Routing Information Protocol)

해설
라우팅 프로토콜에는 IGP, BGP, EGP 등이 있다. IGP는 단위 네트워크의 집합인 AS(Autonomous System) 내부에서 사용되는 프로토콜이고, EGP는 AS간에 사용되는 프로토콜로 BGP가 대표적인 예이다. IGP에는 RIP와 OSPF가 있다. SNMP는 네트워크 관리 프로토콜로 응용계층에서 사용되는 프로토콜 중의 하나이다.

24 라우팅 정보를 교환하기 위해 네트워크 컴퓨터에 의해 사용되는 프로토콜로 옳지 않은 것은?

① IGRP   ② SMTP
③ OSPF   ④ BGP

해설
SMTP는 간이 전자 우편 전송 프로토콜(Simple Mail Transfer Protocol)로 메일을 보낼때 사용하는 프로토콜이다.

25 패킷 전송의 최적 경로를 위해 다른 라우터들로부터 정보를 수집하여 라우팅 테이블에 저장하게 된다. 이때 사용되지 않는 프로토콜은?

① RIP   ② OSPF
③ CGP   ④ EGP

26 라우팅 프로토콜이 아닌 것은?

① Border Gateway Protocol
② Open Shortest Path First
③ Routing Information Protocol
④ Serial Line Internet Protocol

해설
시리얼 라인 인터넷 프로토콜(SLIP)은 컴퓨터 직렬 포트에서 인터넷 등의 TCP/IP 네트워크에 전화선 등 직렬 통신 회선을 일시적으로 접속하기 위한 프로토콜이다.

27 다음의 내용을 가장 잘 설명하는 것은?

> 다수의 C클래스 네트워크를 하나의 그룹으로 묶고, 이 그룹 정보를 인터넷 라우터에 하나의 요약된 정보로 이용하도록 하여 전체적으로 라우팅 테이블 크기를 줄일 수 있다.

① CIDR
② 사설 어드레싱(Private Addressing)
③ NAT
④ IPv6

해설
CIDR(Classless Inter Domain Routing)은 Subnetting과 반대 개념이다. CIDR은 Subnetting한 네트워크를 다시 하나로 합치는 것이다. 즉 다수의 C 클래스 네트워크를 하나의 그룹으로 묶고, 이 그룹 정보를 인터넷 라우터에 하나의 요약된 정보로 이용하도록 하여 전체적으로 라우팅 테이블 크기를 줄일 수 있다.

[정답] 22 ④ 23 ③ 24 ② 25 ③ 26 ④ 27 ①

28 다음 중 CIDR 기법을 사용하지 않는 라우팅 프로토콜은?

① RIP v1   ② RIP v2
③ EIGRP   ④ OSPF

29 라우팅의 루핑 문제를 방지하기 위한 여러 가지 방법 중 라우팅 정보가 들어온 곳으로는 같은 라우팅 정보를 내보내지 않는 방법을 무엇이라 하는가?

① 최대 홉 카운트(Maximum Hop Count)
② 스플릿 호라이즌(Split Horizon)
③ 홀드 다운 타이머(Hold Down Timer)
④ 라우트 포이즈닝(Route Poisoning)

해설
루핑(looping)이란 프로그램 속에서 동일한 명령이나 처리를 반복하여 실행하는 것을 말하는 것으로 라우팅시 루핑 문제를 방지하기 위한 방법 중 Split Horizon은 라우팅 정보가 들어온 곳으로는 같은 라우팅 정보를 내보내지 않는 방법을 말한다.

30 라우터에 사용되는 라우팅 프로토콜 중 가장 작은 Administrative Distance값을 가진 라우팅 프로토콜은?

① OSPF(Open Shortest Path First)
② IGRP(Interior Gateway Routing Protocol)
③ RIP(Routing Information Protocol)
④ Static Route

해설
① 관리거리(Administrative Distance)는 라우터 관리자가 라우팅 정보 소스의 신뢰성에 대해 정해 놓은 비율로서 여러 가지 라우팅 프로토콜을 운영할 경우 동일 목적지에 대한 여러 개의 경로 중에서 어떤 프로토콜에 의해 얻은 정보를 우선할 것인지 그 값을 정해 놓은 것이다.
② AD 값은 작은 경로를 선정하게 된다.
② 라우팅 프로토콜별 AD 값 : Static Route(정적 경로, 1), BGP(20), EIGRP(90), OSPF(110), RIP(120) 등

31 다음 중 RIP의 특징으로 틀린 것은?

① 라우팅 정보 전달방식은 브로드캐스트 방식이다.
② 한 번에 전송 가능한 경로 정보의 크기는 512[kbyte]이다.
③ 경로 설정 알고리즘은 거리 벡터 알고리즘을 사용한다.
④ 경로 정보에는 서브넷 마스크 값이 포함된다.

32 다음 중 RIP(Routing Information Protocol)의 동작 특성이 아닌 것은?

① Distance Vector 알고리즘을 사용하여 최단 경로를 구한다.
② 링크 상태 라우팅에 근거를 둔 도메인 내 라우팅 프로토콜이다.
③ 라우팅 정보의 기준인 서브네트워크의 주소는 클래스 A, B, C의 자연 마스크를 기준으로 하여 라우팅 정보를 구성한다.
④ 자신이 갖고 있는 라우팅 정보를 RIP 메시지로 작성하여 인접해 있는 모든 라우터에게 주기적으로 전송한다.

해설
라우팅 정보 규약(Routing Information Protocol : RIP)
① RIP는 거리 벡터(Distance Vector) 방식을 채택한다. 여기서 Distance Vector는 자기 자신에서 각 호스트까지의 거리(Hop 수)를 모아놓은 정보이다.
② 라우팅 프로토콜은 경로 설정을 위하여, 메트릭(거리)을 산정하나 RIP는 홉 수를 이용한다.

33 다음에서 설명하는 라우팅 프로토콜은 무엇인가?

· 내부 라우팅 프로토콜의 일종이다.
· 경로 결정을 위해 거리 기반 벡터 알고리즘을 사용한다.
· 여러 한계에도 불구하고 설정하기 쉽고 간단해서 널리 사용된다.

[정답] 28 ① 29 ② 30 ④ 31 ④ 32 ② 33 ①

① RIP(Routing Information Protocol)
② IGRP(Interior Gateway Routing Protocol)
③ OSPF(Open Shortest Path First)
④ BGP(Border Gateway Protocol)

34 네트워크 거리를 결정하는 방법으로 홉 수(Hop Count)를 사용하며 가장 적은 홉 수가 사용되는 경로로 라우팅을 수행하는 프로토콜은?

① RIP
② OSPF
③ TCP
④ IP

해설
라우팅 프로토콜에는 RIP와 OSPF가 있다.
① RIP : 홉 수가 가장 적은 경로로 라우팅을 수행하는 프로토콜
② OSPF : 경로의 품질이 가장 좋은 경로로(홉 수가 많아지더라도) 라우팅을 수행하는 프로토콜

35 다음 보기 중에 RIP Routing Protocol에 대한 설명으로 옳지 않은 것은?

① 디스턴스 벡터(Distance Vector) 라우팅 프로토콜이다.
② 메트릭은 Hop Count를 사용한다.
③ 표준 프로토콜이기 때문에 대부분의 라우터가 지원한다.
④ RIPv1, RIPv2 모두 멀티캐스트를 이용하여 광고한다.

36 라우팅 프로토콜 중 홉(Hop)의 수에 제한을 받는 것은?

① SNMP
② RIP
③ SMB
④ OSPF

해설
RIP에서 최대 홉 수는 15로 제한된다.

37 RIP(Routing Information Protocol)의 특징에 대한 설명으로 올바른 것은?

① 서브넷 주소를 인식하여 정보를 처리할 수 있다.
② 링크 상태 알고리즘을 사용하므로, 링크 상태에 대한 변화가 빠르다.
③ 메트릭으로 유일하게 Hop Count만을 고려한다.
④ 대규모 네트워크에서 주로 사용되며, 기본 라우팅 업데이트 주기는 1초이다.

38 RIP 프로토콜의 일반적인 특징을 기술한 것으로 옳지 않은 것은?

① RIP 메시지는 전송계층의 UDP 데이터그램에 의해 운반된다.
② 각 라우터는 이웃 라우터들로부터 수신한 정보를 이용하여 경로 배정표를 갱신한다.
③ 멀티캐스팅을 지원한다.
④ 네트워크의 상황 변화에 즉시 대처하지 못한다.

해설
RIP 프로토콜은 유니케스팅(Unicasting) 프로토콜이다.

39 IP 통신망의 경로 지정 통신규약의 하나로서 경유하는 라우터의 대수(또는 홉)에 따라 최단 경로를 동적으로 결정하는 거리 벡터 알고리즘을 사용하는 프로토콜은?

① RIP(Routing Information Protocol)
② OSPF(Open Shortest Path First)
③ BGP(Border Gateway Protocol)
④ DHCP(Dynamic Host Configuration Protocol)

해설
RIP는 네트워크 거리를 결정하는 방법으로 홉수(Hop Count)를 사용한다. RIP에서 라우터는 라우팅 테이블을 오직 인접 라우터와 주기적으로 교환한다.

[정답] 34 ① 35 ④ 36 ② 37 ③ 38 ③ 39 ①

40 다음 중 VLSM을 지원하는 내부 라우팅 프로토콜이 아닌 것은?

① RIP v1
② EIGRP
③ OSPF
④ Integrated IS-IS

해설
네트워크에 VLSM이 있다면 EIGRP, IS-IS, OSPF, RIP v2, BGP v4와 같은 클래스리스(classless) 내부용 라우팅 프로토콜이 필요하지만, 네트워크에 VLSM이 없는 경우에는 클래스풀(Classful) 라우팅 프로토콜인 RIP v1이나 IGRP와 같은 프로토콜이 필요하다.
여기서 VLSM(Variable Length Subnet Mask)은 가변길이 서브넷 마스크이다.

41 OSPF 프로토콜이 최단경로 탐색에 사용하는 기본 알고리즘은?

① Bellman-Ford 알고리즘
② Dijkstra 알고리즘
③ 거리 벡터 라우팅 알고리즘
④ Floyd-Warshall 알고리즘

해설
① OSPF는 AS 내부를 구성하는 내부용 라우팅 프로토콜 (IGP) 이다.
② OSPF는 링크 상태 기술에 의한 최단경로 선택 라우팅 알고리즘이다.
③ 최단 경로를 선택하기 위해 다익스트라(Dijkstra)의 SPF (Shortest Path First) 알고리즘을 사용한다.

42 OSPF(Open Shortest Path Fast) 프로토콜에 대한 설명으로 옳지 않은 것은?

① OSPF는 AS의 네트워크를 각 Area로 나누고 Area들은 다시 Backbone으로 연결이 되어 있는 계층구조로 되어있다.
② Link-State 알고리즘을 사용하여 네트워크가 변경이 되더라도 컨버전스 시간이 짧고 라우팅 루프가 생기지 않는다.
③ VLSM(Variable Length Subnet Mask) 구성이 가능하기 때문에 한정된 IP Address를 효과적으로 활용할 수 있다.
④ 라우터 사이에 서로 인증(Authentication)하는 것이 가능하여 관리자의 허가 없이 라우터에 쉽게 접속하고 네트워크를 확장할 수 있다.

해설
OSPF는 링크 상태 기반으로 전송시간을 비용으로 산정해 최단경로를 구한다.
④는 거리벡터에 관련된 사항이다.

43 OSPF에 대한 설명으로 옳지 않은 것은?

① 기업의 근거리 통신망과 같은 자율 네트워크 내의 게이트웨이들 간에 라우팅 정보를 주고받는데 사용되는 프로토콜이다.
② 대규모 자율 네트워크에 적합하다.
③ 네트워크 거리를 결정하는 방법으로 홉의 총계를 사용한다.
④ OSPF 내에서 라우터와 종단국 사이의 통신을 위해 RIP가 지원된다.

해설
OSPF
① 변경된 부분만 멀티캐스트 하므로 RIP보다 네트워크에 부담이 적어 대규모 네트워크에 적합
② 구성 및 관리가 어렵다.

44 OSPF에 관한 설명으로 옳지 않은 것은?

① IP의 서비스를 받는다.
② 프로토콜 Number는 89번을 사용한다.
③ 물리적인 네트워크 토폴로지에 따라 네트워크 타입을 규정하고 있다.
④ Distance Vector 라우팅 프로토콜이다.

45 멀티캐스트 라우터에서 멀티캐스트 그룹을 유지할 수 있도록 메시지를 관리하는 프로토콜은?

① ARP
② ICMP
③ IGMP
④ FTP

[정답] 40 ① 41 ② 42 ④ 43 ③ 44 ④ 45 ③

해설
GMP(Internet Group Management Protocol) : 멀티캐스트 라우터에서 멀티캐스트 그룹을 유지할 수 있도록 메시지를 관리하는 프로토콜
ICMP(Internet Control Message Protocol) : IP에서의 오류제어를 위해 사용되며 시작지 호스트의 라우팅 실패를 보고하는 프로토콜

46 인터넷 그룹 관리 프로토콜로 컴퓨터가 멀티캐스트 그룹을 인근의 라우터들에게 알리는 수단을 제공하는 인터넷 프로토콜은?
① ICMP ② IGMP
③ EGP   ④ IGP

47 IGMP에 대한 설명으로 올바른 것은?
① 다중 전송을 위한 프로토콜이다.
② 네트워크 간의 IP 정보를 물리적 주소로 매핑한다.
③ 하나의 메시지는 하나의 호스트에 전송된다.
④ TTL(Time To Live)이 제공되지 않는다.

48 인터넷에서 멀티캐스트를 위하여 사용되는 프로토콜은?
① IGMP ② ICMP
③ SMTP ④ DNS

49 IGMP에 대한 설명 중 올바른 것은?
① 라우터가 주어진 멀티캐스트 그룹에 속한 호스트 존재 여부를 판단하기 위해 사용되는 인터넷 프로토콜
② IP Address를 물리적인 랜카드 주소로 변환시키는 주소 결정 프로토콜
③ 신뢰성이 있는 연결형 프로토콜
④ 신뢰성이 없는 비연결형 프로토콜

해설
② ARP, ③ TCP, ④ UDP

50 IGMP 패킷의 필드에 대한 설명 중 옳지 않은 것은?
① 체크섬(Checksum)은 데이터가 전송도중에 문제가 생기지 않았음을 보장하는 역할을 한다.
② Message Type은 질의 보고서 등의 메시지 종류를 나타내는데 사용된다.
③ Version 필드에는 값을 0으로 설정된다.
④ 그룹동보통신에 포함된 그룹에서 질의를 요청할 때 이 필드는 모든 값이 0으로 설정된다.

[정답] 46 ② 47 ① 48 ① 49 ① 50 ④

3 무선 LAN

1. 무선 LAN(WLAN) 시스템 구성

가. 무선 LAN(WLAN : Wireless LAN)

무선 LAN은 다양한 정보와 자원을 공유할 수 있는 LAN의 장점과 제약 없는 연결성을 제공하는 무선의 편리성을 동시에 갖는다.

(1) 무선 근거리 네트워크(WLAN)의 개요

① 무선 LAN은 오피스, 상가, 가정 등과 같이 일정 공간 또는 건물로 한정된 옥내 또는 옥외 환경에서 무선 주파수 또는 적외선 기술을 사용하여 허브에서 각 단말까지 무선 네트워크 환경을 구축하는 것을 말한다.

② 무선 LAN은 무선 주파수 기술 등을 바탕으로 PDA나 노트북과 같은 휴대형 단말기를 이용하여 가정 또는 특정 서비스 제공지역(Hot-Spot)에서 무선으로 초고속 인터넷에 접속할 수 있도록 하는 기술과 서비스를 의미한다.

③ 무선 LAN은 무선접속장치(AP)가 설치된 곳의 일정 거리 안에서 어떠한 물리적인 연결 없이도 네트워크에 접속이 가능하도록 하는 기술이다.

④ 무선 LAN은 IEEE 802.11 표준 규격을 따르는 기술을 의미하며, Wi-Fi라는 용어로도 불린다.

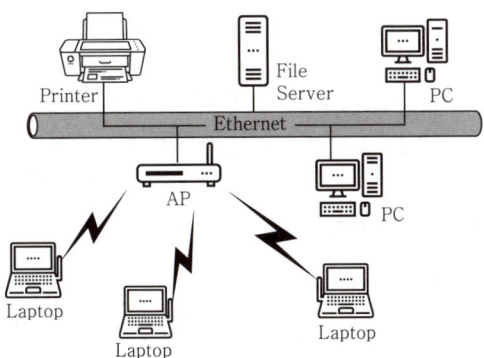

(2) 무선 LAN의 특징

① 유선 LAN에 비해 전송속도가 낮다.
② 무선이므로 외부잡음의 영향이나 신호간섭이 발생할 수 있다.
③ 복잡한 배선이 필요 없다.

합격 NOTE

합격예측
WLAN은 유선 LAN의 확장 또는 대안으로 구현된 유연한 통신 시스템이다.

합격예측
WLAN은 워크그룹 또는 소호 환경에서 인터넷 회선을 공유하는 가장 효율적인 방법이다.

합격예측
IEEE 802.11은 무선랜, Wi-Fi라 부르는 좁은 지역을 위한 컴퓨터 무선 네트워크에 사용되는 기술이다.

합격예측
무선 LAN 단점
① 유선 LAN에 비해 전송속도가 느리다
② 보안에 취약하다.

합격 NOTE

합격예측
DSSS, FHSS, OFDM과 같은 스펙트럼(spectrum) 확산 방식을 이용해 간섭과 방해에 강하다.

합격예측
IEEE 802.11 표준 대상 범위
① 물리계층(PHY)
② MAC 부계층
③ MAC 관련 서비스 및 프로토콜

합격예측
AP는 유선랜과 무선랜을 연결시켜 주는 장치이며, WAP(Wireless Access Point)라고도 한다.

합격예측
UTP 케이블은 Category 5/5e 규격에서 최대 100m 까지 통합된 전력과 데이터전송 가능

합격예측
L2 Switch : OSI 2계층 MAC 주소 기반 네트워크 장치

합격예측
Ad-hoc 네트워크: 분산 유형의 무선 네트워크

합격예측
WIPS : 인가받지 않고 설치한 AP들을 감지하고 차단하는 장치

합격예측
WIPS(침입 방지 및 차단), WIDS(침입 탐지)

합격예측
근거리 무선통신 기술 :
IEEE 802.11, HIPERLAN/2, HomeRF, Bluetooth 등

합격예측
IEEE 802.11은 무선 네트워크 기술이다.

④ 단말기의 재배치가 용이하다.(망 구성이 쉽다.)
⑤ MAC(전송매체 접속제어)방식으로 CSMA/CA (Carrier Sense Multiple Access/Collision Avoidance)를 사용한다.
⑥ Spread Spectrum 기술이나 OFDM 기술이 사용된다.

(3) 무선 LAN 관련 장비

용어	설명
IEEE 802.11	• 무선 LAN에 대해 IEEE 802 위원회에서 권고하는 일련의 표준 규격
액세스 포인트 (AP: Access Point)	• 기지국 역할을 하는 소출력 무선기기 • 기기들과 무선 접속하여 상위 네트워크로 연결 • Bridge 기능을 가짐
이더넷 전원 장치 (PoE: Power over Ethernet)	• 데이터 트래픽에 사용되는 UTP 케이블을 통해 네트워크 장치에 전원을 공급하는 방법 • AP, IP 전화, 네트워크 카메라 등에 전원 공급 장치
L2 스위치 (Layer-2 Switch)	• 맥주소 정보(MAC Table)를 보고 스위칭을 하는 스위치 • Ethernet Switch라고도 하며, 단말기를 인터넷 망에 접속하기 위해 필요한 장비
애드혹 (Ad hoc)	• 여러 스테이션들이 중앙 라우팅 시스템을 사용하지 않고 직접 통신 할 수 있는 시스템 • AP 없이 내부 단말기(스테이션)로 구성된 WLAN
WLC(Wireless Lan Controller)	• 무선 LAN을 구성하는 AP 그룹들을 통합 관리하는 장치 • 광범위한 무선 인터넷이 제공되며, 보안, 음성 및 위치 서비스를 관리하는 데 사용
WIPS(Wireless Intrusion Prevention System)	• 무선 침입 방지 시스템(WIPS)은 AP와 Station간 등의 불법적인 연결을 탐지, 차단 및 통제하는 장치 • 무단 AP가 있는지를 모니터링하고 대응하는 장치
WIDS(Wireless Intrusion Detection System)	• 무선 침입 탐지 시스템(WIDS)은 AP와 Station간, Station과 Station간 등의 불법적인 연결을 탐지하는 장치

(4) 무선 LAN 표준

① IEEE 802 표준
  ㉠ 컴퓨터 통신망의 표준화를 추진하고 있는 IEEE 802 위원회에서 개발한 일련의 LAN의 접속 방법과 프로토콜 표준들이다.
  ㉡ IEEE 802.11은 흔히 무선랜, 와이파이(Wi-Fi)라고 부르는 좁은 지역(Local Area)을 위한 컴퓨터 무선 네트워크에 사용되는 기술로, IEEE의 LAN/MAN 표준 위원회(IEEE 802)의 11번째 워킹그룹에서 개발된 표준 기술을 의미한다.

ⓒ 802.11은 초기 버전이고 그 후 a, b, g, n, ac 등을 붙여 진화하고 있다.

[무선 LAN 표준 (IEEE 802.11)]

표준	적용기술	전송속도 (최대)	주파수대역	전송거리	기타
802.11a	OFDM	54[Mbps]	5[GHz]	35[m]	
802.11b	CCK	11[Mbps]	2.4[GHz]	38[m]	
802.11g	OFDM	54[Mbps]	2.4[GHz]	38[m]	
802.11n	MIMO, OFDM	600[Mbps]	2.4/5[GHz]	30[m]	
802.11ac	MIMO, OFDM	6.9[Gbps]	5[GHz]	30[m]	Gigabit WiFi
802.11ad	Beam-forming	6.7[Gbps]	60[GHz]	10[m]	
802.11af	인지 무선	384[Mbps]	TV white space (TVWS)	1[km]	
802.11ah	BSS coloring, DSC	347[Mbps]	sub-GHz	1[Km]	WiFi HaLow

② HiperLAN/2

㉠ HiperLAN/2는 1991년에 시작된 HiperLAN/1 프로젝트와 연계하여 ETSI BRAN 프로젝트의 일환으로 개발되었으며, 고속 무선 네트워킹 환경을 실현할 수 있는 차세대 무선 LAN 표준으로 평가 받고 있다.

㉡ HiperLAN/2는 5[GHz] 대역에서 OFDM 변조방식을 이용해 최대 54[Mbps]까지 고속 데이터를 전송할 수 있다. HiperLAN/2는 IEEE 802.11a와 다른 매체접근제어 계층인 시분할 다중화 방식의 구조를 가지므로 대역폭, 시간지연, 비트오류율 등과 같은 QoS 기능을 제공할 수 있어, 향후 이동 단말이나 BcN과 같은 유선 광대역망과 연동하여 사용이 가능하다는 장점이 있다.

[무선 LAN 비교]

특징	802.11	802.11b	802.11a	HiperLAN/2
변조	FH/DSSS	DSSS	OFDM	OFDM
매체접속제어	CSMA/CA	CSMA/CA	CSMA/CA	Central resource /TDMA/TDD
교환방식	비연결형	비연결형	비연결형	연결형
고정망지원	Ethernet	Ethernet	Ethernet	Ethernet, IP, ATM, UMTS FireWire, PPP
망관리	802.11MIB	802.11MIB	802.11MIB	HiperLAN/2 MIB

합격 NOTE

합격예측
802.11n, 802.11ac가 많이 사용된다.

합격예측
CCK(Complementary Code Keying)는 64개의 8비트 코드 잡음과 다중경로 혼신을 방지할 수 있는 코드방식이다

합격예측
TVWS 대역은 무선 LAN보다 낮은 주파수를 사용하므로 장거리 전송에 유리하다

합격예측
BSS Coloring 기술 : 근처 와이파이 통신 간섭을 최소화시키는 기술, DSC(Dynamic Sensitivity Control)

합격예측
① HiperLAN/2(High Peformance RadioLAN type 2)
② HiperLAN이란 5[GHz] 대역의 무선 LAN 표준이다.

합격예측
직교주파수분할다중(OFDM)

합격 NOTE

합격예측
WLAN Topology : Infrastructure 모드, Ad-Hoc 모드

합격예측
하부구조(Infrastructure) 모드 : Client-Server 구조

합격예측
Ad Hoc 모드 : Peer-to-Peer 구조

합격예측
Ad Hoc 모드 : 소규모 무선망 구성에 적합

합격예측
① BSS(Basic Service Set) : AP 1대를 이용해서 무선 랜을 구성하는 방식 (기본 서비스 집합)
② ESS(Extended Service Set)
　㉠ 여러대의 AP를 이용해서 무선 랜을 구성하는 방식
　㉡ BSS보다 규모가 큰 LAN 환경

나. 무선 LAN의 주요 기술

(1) 무선 LAN의 망 형태(Topology)

무선 LAN의 망 구축방식에는, 일정한 공간 안에서 유선 망과 연결 없이 무선 LAN 카드를 장착한 2대 이상의 스테이션들이 직접 연결하는 Ad-Hoc 네트워크(또는 독립 BSS) 모드와 무선 AP에 여러대의 스테이션들을 연결시키는 Infrastructure 네트워크(또는 Infrastructure BSS) 모드로 구분된다.

① Ad-Hoc 모드
　㉠ 무선 AP 없이 NIC를 장착한 LAN 장비들끼리만으로 네트워크를 구성한다.
　㉡ 무선 AP를 이용하지 않고, 단말기간의 설정을 통해 통신이 이루어지는 모드이다.
　㉢ 무선 AP 없이 네트워크가 구성되므로 쉽고 빠르게 설정이 가능하지만, 고정된 유선 LAN 환경이 없이 외부 네트워크 및 인터넷에 연결할 수 없다.
　㉣ 특징 : 동적 토폴로지, 유연한 망 구성, 자율 고장 치유 능력, 노드 추가/탈퇴 유연성 등

② Infrastructure 모드
　㉠ 유선망과 브리지 기능을 수행하는 무선 AP와 함께 네트워크를 구성한다.
　㉡ 1개 이상의 무선 AP로 구성되고, 무선 AP는 기업용 백본 라인 또는 개인용 초고속 인터넷 라인 등에 연결되어 통신이 이루어지게 된다.
　㉢ 단말기 간의 직접적인 통신은 불가능하며, 반드시 무선 AP를 경유하여 통신이 이루어 진다.

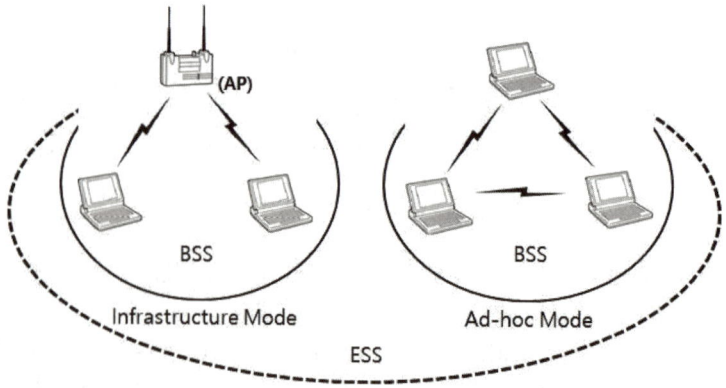

(2) 802.11 매체접근방식(MAC)

무선 LAN에서는 공기가 전송매체이므로 충돌 감지가 거의 불가능하기 때문에, 무선 LAN의 MAC 프로토콜은 기본적으로 충돌을 회피할 수 있는 반송파 감지 다중접속(CSMA/CA) 방식을 이용하는 DCF에 기반을 두고 있다.

[무선 LAN 표준 (IEEE 802.11)]

종류	내용	특징
DCF	스테이션들은 채널의 상태를 관찰하고 있다가 채널이 사용되지 않는 상태가 지속되면, 해당 스테이션은 임의 백오프 시간 후에 전송을 시도하게 된다.	• CSMA/CA 방식 사용 • 경쟁 방식 • QoS 지원 안함
PCF	매체의 전체 전송기간을 독점하여 사용하는 것이 아니고, DCF 방식의 경쟁기반 서비스와 교대로 사용한다.	• 중앙제어식 폴링 기능을 사용 • 비경쟁 방식
HCF	DCF에 의해 제어되는 경쟁 구간과 PCF에 의해 제어되는 비경쟁 구간 동안 QoS 데이터를 전송할 수 있는 방식이다.	• 혼성적 매체접근방식 • 경쟁 방식 • DCF의 확장 방식 • QoS 지원

참고

● **반송파 감지 다중 엑세스/충돌 회피**
(CSMA/CA : Carrier Sense Multiple Access with Collision Avoidance)

① 'CSMA'는 각 노드들이 프레임을 전송하려고 공유 매체(반송파)에 접근하기 전에, 먼저 전송매체가 사용 중인지를 확인(반송파 감지, Carrier Sensing)하며 다중접속(Multiple Access)하는 방식이며, 'CA'는 반송파 감지만으로 충돌로 간주하여 가급적 충돌을 회피하는 방식을 취한다는 것이다.

② CSMA/CA 방식은 다른 노드들이 데이터 송신 중인지를 판단한 후, 채널이 Idle 상태이면 DIFS(Distributed Inter-Frame Space) 시간 동안 대기한 후 여전히 Idle 상태이면 전송하며, 채널이 사용 중이면 대기시간(Backoff Time)을 갖는다.

③ CSMA/CA 방식은 OSI 7 Layer에서 데이터 링크 계층의 MAC 계층에서 동작하는 매체 액세스 방법이다.

합격 NOTE

합격예측
무선 LAN의 MAC 기본은 CSMA/CA이다.

합격예측
유선 LAN은 충돌 검출이 가능하므로 CSMA/CD 방식 등이 사용된다.

합격예측
① DCF (Distributed Coordination Function)
② PCF (Point Coordination Function)
③ HCF (Hybrid Coordination Function)

합격예측
충돌(Collision) : 동일 전송매체에 2개 이상의 노드에서 동시에 프레임이 전송되어 서로 겹쳐 깨지는 현상

합격예측
IFS : 충돌 회피를 위해 프레임 간에 여유 간격을 두는 간격

합격 NOTE

[기타] ① CSMA/CD는 일단 전송 한 후에 전송과정에서 충돌이 발생하면 일정 시간 기다린 후 재전송하는 방식이다.
② Ethernet : IEEE 802.3, CSMA/CD 사용
무선 LAN : IEEE 802.11, CSMA/CA 사용

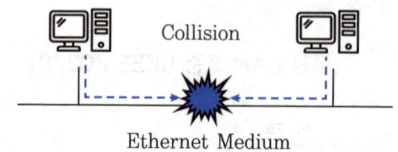

(3) 무선 LAN의 계층구조

802.11 프로토콜은 물리계층(PHY)과 데이터링크계층(MAC)에 대해서 정의하고 있다.

합격예측
① 물리계층 : 신호를 검출하여 데이터를 전송하는 기능
② 데이터 링크 계층 : 데이터가 정확히 전송되었는지 확인하는 기능

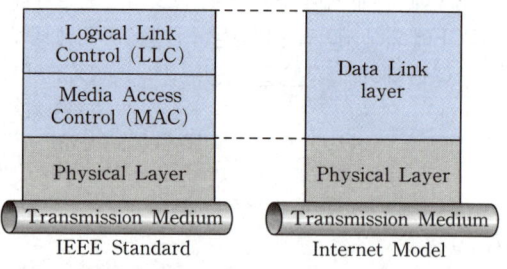

합격예측
물리계층 기능
① 데이터 송수신
② 신호 검출
③ 채널의 사용 유무 평가

① 물리계층(Physical Layer)의 역할
 ㉠ 반송파 감지(Carrier Sense)
  들어오는 신호 검출하며, 빈 채널인지를 평가(Busy/Idle) 한다.
 ㉡ 무선매체의 사용 여부를 MAC 부계층에게 통보한다.
 ㉢ 데이터 프레임을 옥텟(8비트) 단위로 송신 및 수신

② 데이터링크(Data Link) 계층
 데이터 계층은 LLC(Logical Link Control) 계층과 MAC(Media Access Control) 계층으로 구성된다.

합격예측
① LLC : 로컬 장비간의 논리적 연결을 지원
② MAC : 매체접근을 제어하는 역할

계층	역할
논리적 링크제어(LLC) 계층	• 두 장비간의 링크를 설정하고, 프레임을 송수신 • 흐름제어, 에러제어 등 수행
매체 접근제어(MAC) 계층	• 무선매체에 접근 제어(CSMA/CA 등) • 무선 네트워크에 접속 • 인증 및 보안 기능 수행

(4) 무선 LAN의 프레임 포맷(Frame Format)

① 유선 LAN은 대부분 동일한 형태의 프레임으로 전달되지만, 무선 LAN은 상황에 따라 다른 형태의 프레임을 사용한다.

MAC Header									
2bytes	2bytes	6bytes	6bytes	6bytes	2bytes	6bytes	2bytes	0-2312bytes	4bytes
Frame Control	Duration/ID	Adress 1	Adress 2	Adress 3	Sequence Control	Adress 4	QOS Control	Frame Body	FCS

2bits	2bits	4bits	1bit	1bit	1bit	1bit	1bit	1bit	1bit	1bit
Protocol Version	Type	Subtype	To DS	From DS	More Frag	Retry	Pwr Mgmt	More Data	Protected Frame	Order

㉠ 프레임 제어(FC, Frame Control) : 프레임 종류 등의 제어 정보 정의

㉡ 기간(Duration) : NAV 값 또는 PS-조사 프레임 해당 스테이션 ID 정의

㉢ 주소(Address) : 주소 1(수신기 주소), 주소 2(송신기 주소) 정의

㉣ 순서 제어(SC : Sequence Control) : 프레임 순서 부여 등의 제어

㉤ 프레임 몸체(Frame Body) : 실제 데이터를 정의

㉥ FCS(Frame Fheck Sequence) : CRC-32를 이용한 오류 검출

② 프레임의 유형

802.11 MAC 프레임 내 802.11 프레임 제어(FC)필드 중 'Type', 'Subtype' 필드로 프레임 유형이 결정된다.

㉠ 관리프레임 (Management Frame) : 무선단말과 AP 사이에 초기 통신을 확립하기 위한 프레임 (Type: 00)

㉡ 제어프레임 (Control Frame) : 채널 접근과 확인 응답을 위한 프레임 (Type: 01)

㉢ 데이터프레임 (Data Frame) : 실제 데이터와 제어정보를 위한 프레임 (Type: 10)

참고

📍 Ethernet(IEEE 802.3) Frame Format

① Ethernet Frame Format

Preamble	Dest Addr	Source Addr	Type	Info	FCS
8bytes	6bytes	6bytes	2bytes	46(=N<=1500bytes)	4bytes

합격 NOTE

합격예측
네트워크 할당 벡터
(NAV: Network Allocation Vector)

합격예측
주소는 유형에 따라 여러 형태로 쓰여지며, 보통 3개 주소만 사용

합격예측
무선 LAN은 상황에 따라 다른 프레임 유형을 사용 하는데, 'Type', 'Subtype' 필드가 이를 결정한다.

합격예측
IEEE802.3의 경우 'Type'이 아닌 'Length' 정보가 담겨있고 DSAP, SSAP, Control 필드가 추가적으로 구성되어 있다.

② IEEE 802.3 Frame Format

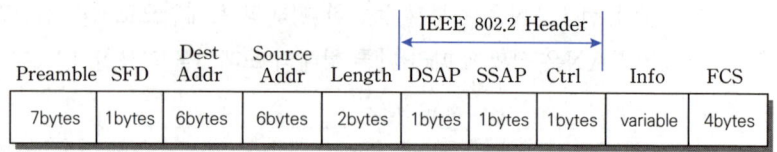

영역 구성	기능 및 특성
Preamble	송수신간에 동기를 맞추는 역할, 7byte 이며 (10101010)로 설정
SFD (Start Frame Delimiter)	프레임의 시작을 알리며, 1byte이며 (10101011)로 설정
DA (Destination Address)	목적지 MAC 주소
SA (Source Address)	출발지 MAC 주소
Type	상위계층의 프로토콜 종류를 표시
Length	MAC 프레임 정보의 길이를 표시
Info(Data)	상위계층으로 부터 전달받은 데이터
FCS(CRC)	프레임 오류 검사

다. 무선 LAN 보안 (Security)

(1) 무선 LAN의 취약점

무선랜은 기존 유선 LAN에 무선 AP를 연결한 후, 클라이언트에 네트워크 인터페이스 카드(NIC)를 장착하여 무선으로 접속하는 형태이다. 따라서 무선랜 카드(NIC)가 탑재된 장비를 사용하고 있는 사용자는 누구나 지원 범위 내에서 네트워크에 접속할 수 있어 이용이 편리하지만 그 자체로 보안위협에 노출되기 쉽다.

① 물리적 취약점
  ㉠ 무선 AP는 외부에 노출된 형태로 위치하므로, 이로 인해 비인가자에 의한 장비의 파손 및 장비 리셋을 통한 설정 값 초기화 등의 문제가 발생할 수 있다.
  ㉡ 유형 : 도난 및 파손, 구성설정의 초기화, 전원 차단, LAN 차단 등

② 기술적 취약점
  ㉠ 공기를 전송매체로 사용하므로, 불특정 다수에 의한 도청 또는 무선 장비에 대한 공격이 발생할 수 있다.

합격예측
Preamble 크기는 (동기화) 7byte와 (헤더) 1byte를 더해 8byte로 표시하기도 한다.

합격예측
(동기화) 7byte모두 '10101010'으로된 비트열을 전달한다.

합격예측
무선 LAN 보안기술 : 인증, 암호화, 보안성

합격예측
무선 인터넷 서비스의 취약점
① 무선 네트워크 접속 시 인증 과정에서의 문제점
② 무선 전송데이터의 암호화 취약점

합격예측
무선 AP의 설치장소는 비인가자가 접근할 수 없는 위치에 설치 또는 철저히 보호해야 한다.

합격예측
불법 AP(Rogue AP) : 공격자가 불법적으로 무선 AP를 설치하여 무선랜 사용자들의 전송 데이터를 수집하는 것

ⓒ 유형 : 도청, 서비스 거부, 불법 AP 등
③ 관리적인 취약점 : 사용자의 보안인식 부족, 전파 출력관리 부족 등

(2) 무선 LAN의 보안
① 인증 (Authentication) : 무선 네트워크로 접근하는 사람 또는 기기의 정확한 주체가 맞는지를 확인하는 것
② 암호화 (Encryption) : 무선 구간에서 데이터의 보호하는 것

(3) 무선 LAN 인증 방식

방 식	암호화 방법	인증 방법
Pre RSN (Robust Security Network)	WEP (Wired Equivalent Privacy)	개방 인증(Open System Authentication)과 공유키 인증(Shared Key Authentication) 방법
RSN 또는 RSNA (Robust Security Network Association)	TKPI, AES	WPA (Wi-Fi Protected Access)

(4) 무선 LAN 보안 (IEEE 802.11i 표준)
① IEEE 802.11i 표준은 IEEE 802.11에서 다루는 무선 LAN에서 보안의 취약성을 해결하기 위한 표준이다.
② IEEE 802.11i 표준의 주요 특징

구 분	내 용
접근제어	• 포트(port) 기반 접근제어
암호화 방식	• CCMP, TKIP
인증 및 Key 생성	EAP 방식 • 802.1X/EAP 방식(기업용,대규모) • 사전 공유 키(Pre Shared Key) 방식(개인용, 소규모)

③ 인증 절차
㉠ 1단계(Discovery, 발견) : 무선단말 발견 및 AP간 인증요청 단계
㉡ 2단계(Authentication, 인증) : AP와 인증서버(AAA)간 RADIUS 프로토콜을 이용한 인증 단계
㉢ 3단계 (Key Management, 키 관리): 무선단말과 AP간 암호화키를 교환하기 위해 주고 받는 기술인 4-way Handshaking 단계
㉣ 4단계(Protected Key Transfer, 암호화된 키 전달) : 무선단말과 AP간 암호화된 데이터 통신단계

합격 NOTE

합격예측
효과적인 보안을 위해 '인증'과 '암호화'는 완벽하게 분리해야 한다.

합격예측
① Pre RSN : 과거, 기존 방식
② RSNA: 현재의 인증방식

합격예측
RSN, RSNA : 인증 및 암호화의 완벽한 분리 (802.11i 표준)

합격예측
802.11i 표준 특징 : 강화된 암호화 방식 및 인증방식

합격예측
임시 키 무결성 프로토콜(TKIP: Temporal Key Integrity Protocol) : IEEE 802.11의 무선 네트워킹 표준으로 사용되는 보안 프로토콜

합격예측
4단계 : TKIP, CCMP 알고리즘을 사용

출제 예상 문제

제3장 무선 LAN

01 근거리 통신망을 나타내는 용어는?
① AAA   ② LAN
③ WAN   ④ WAN

해설
LAN은 Local Area Network으로 근거리 통신망을 의미한다.

02 다음 중 무선 LAN의 특징으로 적합하지 않은 것은?
① 복잡한 배선이 필요 없다.
② 단말기의 재배치가 용이하다.
③ 일반적으로 유선 LAN에 비하여 상대적으로 높은 전송속도를 낸다.
④ 신호간섭이 발생할 수 있다.

해설
무선 LAN은 유선 LAN에 비해 전송속도가 낮다.

03 무선 LAN에 대한 설명으로 옳지 않은 것은?
① 단말기를 이동하면서 사용할 수 있다
② 무선 매체는 통신망 설계에 영향을 준다.
③ 데이터 전송 시 목적지 주소와 위치가 동일하지 않다.
④ 무선 주파수 자원은 무한하다

해설
무선 주파수 자원은 유한하다.

04 무선접속 장치가 설치된 곳을 중심으로 일정 거리 이내에서 PDA나 노트북, 스마트폰 등을 이용하여 초고속 인터넷을 이용할 수 있는 서비스를 무엇이라 하는가?
① RFID   ② Bluetooth
③ SWAP   ④ WiFi

해설
Wi-Fi(와이파이, Wireless Fidelity)
① WiFi는 무선 통신 표준 기술 중 하나인 IEEE 802.11에 기반한 서로 다른 장치들간의 데이터 전송 규약이다.
② WiFi란 무선 인터넷이 개방된 장소에서 무선접속 장치(AP : Access Point)가 설치된 곳을 중심으로 일정 거리 이내에서 휴대 전화나 노트북 등을 통해 초고속 인터넷을 이용할 수 있는 근거리무선통신망(LAN)을 이르는 말이다.

05 다음 내용에서 괄호안에 알맞은 네트워크 장비는 무엇인가?

> IEEE 802.11에서 2개의 다른 BSS의 두 지국 간의 통신은 종종 2개의 ( )을(를) 통해 이루어진다.

① AP(Access Point)
② PoE(Power over Ethernet)
③ Layer-2 Switch
④ WLC (Wireless Lan Controller)

해설
① BSS(Basic Service Set, 기본 서비스 집합) : AP 1대를 이용해서 무선 랜을 구성하는 방식
② ESS(Extended Service Set) : 여러대의 AP를 이용해서 무선 랜을 구성하는 방식

06 다음 중 무선 LAN에서 여러대의 AP를 통합관리 및 제어하기 위한 장비를 무엇이라 하는가?
① L2 스위치   ② L3 스위치
③ WLC   ④ WIPS

해설
무선 LAN에서 여러대의 AP를 통합관리 및 제어하기 위해 무선 LAN 구성 및 감시, 유지관리 및 제어기능을 수행하는 장비가 WLC(Wireless LAN Controller)이다.

[정답] 01 ② 02 ③ 03 ④ 04 ④ 05 ① 06 ③

07 IEEE에서 제정한 무선 LAN의 표준은?

① 802.3 ② 802.4
③ 802.9 ④ 802.11

08 IEEE 802.11로 표준화된 WLAN 규격 중 가장 빠른 속도를 지원하는 것은 어느 것인가?

① IEEE 802.11a ② IEEE 802.11b
③ IEEE 802.11g ④ IEEE 802.11n

해설

IEEE 802.11 WLAN(Wireless LAN) 표준안
① IEEE 802.11은 흔히 무선랜 또는 와이파이(Wi-Fi)라고 부르는 무선 근거리 통신망(WLAN)을 위한 컴퓨터 무선 네트워크에 사용되는 기술이다.
② IEEE 802.11은 유선 LAN 형태인 이더넷의 단점을 보완하기 위해 고안된 기술로, 이더넷 네트워크의 말단에 위치해 필요 없는 배선 작업과 유지관리 비용을 최소화하기 위해 널리 쓰인다.

표준안	전송 속도	특 성
802.11a	6~54 Mbps	OFDM 방식, 멀티미디어 지원, 35[m] 커버범위
802.11b	11 Mbps	DSSS 방식, 38[m] 커버범위
802.11g	54 Mbps	OFDM 방식, 38[m]의 커버범위
802.11n	600 Mbps	OFDM 방식, 70[m]의 커버범위

09 다음 중 MIMO 기술과 OFDM 기술을 사용하여 최대 600[Mbps]의 전송속도를 제공하는 무선 LAN 표준은?

① IEEE 802.11b ② IEEE 802.11g
③ IEEE 802.11n ④ IEEE 802.11ac

해설

IEEE 802.11n은 MIMO 기술과 OFDM 방식을 사용하여 최대 600[Mbps]의 전송속도를 제공하는 무선 LAN으로 사용주파수는 2.4[GHz] ISM 대역과 5[GHz]대역이다.

10 5G WiFi 또는 Gigabit WiFi라고도 불리우는 무선 LAN 표준은?

① 802.11a ② 802.11g
③ 802.11n ④ 802.11ac

해설

802.11ac는 다중사용자 MIMO 기술과 OFDM 방식을 사용하여 최대 6.9[Gbps]의 전송속도를 제공하는 무선 LAN으로 5G WiFi 또는 Gigabit WiFi라고도 불리운다.

11 유휴채널을 찾아내는 인지 무선기술을 이용하여 최대 384[Mbps]의 전송속도를 내는 무선 LAN 표준은?

① 802.11g ② 802.11n
③ 802.11af ④ 802.11ah

해설

802.11af는 유휴채널을 찾아내는 인지 무선기술을 이용하여 최대 384[Mbps]의 전송속도를 제공하는 무선 LAN으로 사용주파수는 TV white space 대역이다.

12 100Mbps 이상의 전송속도를 제공하는 무선 LAN의 표준은?

① IEEE 802.11a ② IEEE 802.11b
③ IEEE 802.11g ④ IEEE 802.11n

13 IEEE 표준안 중 CSMA/CA에 해당하는 표준은?

① 802.1 ② 802.2
③ 802.3 ④ 802.11

14 WiFi 기술 중 Multicast 기술을 바르게 설명한 것은?

① WiFi AP 같은 중계 네트워크를 통하지 않고 직접 Peer-to-Peer로 데이터를 송수신하는 기술
② 스마트 기기의 화면을 TV화면에 그대로 재생해 주는 미러링 기능을 제공하는 기술
③ 스마트 기기에서 프린터와 무선으로 연결하여 프린트를 지원하는 기술
④ DLNA 기기들간에 상호탐색 및 연결 기능을 제공하는 기술

[정답] 07 ④ 08 ④ 09 ④ 10 ④ 11 ④ 12 ④ 13 ④ 14 ②

해설
스마트폰 및 PC 등과 같은 스마트 기기의 화면을 TV화면에 그대로 재생해주는 미러링 기능을 제공하는 기술

15 WLAN(Wireless Local Area Network)의 MAC 알고리즘으로 옳은 것은?

① FDMA(Frequency Division Multiple Access)
② CDMA(Code Division Multiple Access)
③ CSMA/CA(Carrier Sense Multiple Access/Collision Avoidance)
④ CSMA/CD(Carrier Sense Muliple Access/Collision Detection)

해설
무선랜(WLAN : Wireless LAN)
① WLAN은 무선 접속 장치(AP : Access Point)가 설치된 곳에서 전파나 적외선 전송 방식을 이용하여 일정 거리 안에서 무선 인터넷을 할 수 있는 근거리 통신망을 칭하는 기술이다.
② CSMA/CA는 WLAN에서 일반적으로 사용되는 MAC알고리즘으로써 자동적으로 매체를 공유하도록 해주는 기본적인 매체접속 프로토콜이다.
∴ CSMA/CA는 IEEE 802.11 무선 LAN(또는 무선 Ethernet)에서 사용하는 프로토콜이다.

16 무선 LAN에서 사용하는 무선접속 프로토콜은?

① CSMA/CA   ② CSMA/CD
③ Token Bus   ④ Token Ring

해설
무선 LAN에서는 무선접속(또는 다원접속) 프로토콜로 CSMA/CA를 사용한다.

17 IEEE 802.11의 망 구축형태에서 AP를 포함한 BSS를 뜻하는 무선 네트워크 구조는?

① Ad-Hoc 네트워크
② Infrastructure 네트워크
③ PAN 네트워크
④ WAN 네트워크

해설
하부구조 네트워크(Infrastructure network : 여러 대의 AP에 의하여 무선통신이 일어나며, 이더넷(Ethernet) 포트에 AP를 연결하여 무선 네트워크를 구성한다.

18 IEEE 802.11의 망 구축형태에서 AP를 제외한 BSS를 뜻하는 무선 네트워크 구조는?

① Ad-Hoc 네트워크
② Infrastructure 네트워크
③ PAN 네트워크
④ WAN 네트워크

해설
애드혹(Ad-Hoc Network) 네트워크 : 노드(Node)들에 의해 자율적으로 구성되는 기반 구조가 없는 네트워크이다. 네트워크의 구성 및 유지를 위해 기지국이나 액세스 포인트와 같은 기반 네트워크 장치를 필요로 하지 않는다.

19 무선 LAN의 매체 접근 제어 방식 중 경쟁에 의해 채널 접근을 제어하는 것은?

① PSK   ② ASK
③ DCF   ④ PCF

해설
DCF 란 먼저 송신한 쪽이 해당 망을 점유하는 방법으로 경쟁 방식이다.

20 IEEE 802.11에서 분산 조정 함수(DCF)에서 매체 접속 기법으로 사용 하는 것은?

① Tocken Ring   ② Tocken Bus
③ CSMA/CD   ④ CSMA/CA

21 IEEE 802.11에서 PCF 부계층에서 사용하는 접속 기법으로 옳은 것은?

① Contention 방식   ② Polling 방식
③ Selection 방식   ④ MAC 방식

[정답] 15 ③ 16 ① 17 ② 18 ① 19 ③ 20 ④ 21 ②

22. LAN의 프로토콜 구조로 올바른 것은?

①
| LLC |
| MAC |
| PHYSICAL |

②
| MAC |
| PHYSICAL |
| LLC |

③
| MAC |
| LLC |
| PHYSICAL |

④
| MAC |
| LLC |
| PHYSICAL |

해설
LAN은 물리 계층과 데이터 링크 계층(LLC와 MAC 계층)으로 구성된다.

23. 무선랜 보안에 대한 설명으로 옳지 않은 것은?

① WEP 보안프로토콜은 RC4 암호 알고리즘을 기반으로 개발되었으나 암호 알고리즘의 구조적 취약점으로 인해 공격자에 의해 암호키가 쉽게 크래킹되는 문제를 가지고 있다.
② 소규모 네트워크에서는 PSK(PreShared Key) 방식의 사용자 인증이, 대규모 네트워크인 경우에는 별도의 인증서버를 활용한 802.1x 방식의 사용자 인증이 많이 활용된다.
③ WPA/WPA2 방식의 보안프로토콜은 키 도출과 관련된 파 라미터 값들이 암호화되지 않은 상태로 전달되므로 공격자 는 해당 파라미터 값들을 스니핑한 후 사전공격(Dictionary attack)을 시도하여 암호키를 크래킹할 수 있다.
④ 현재 가장 많이 사용 중인 암호 프로토콜은 CCMP TKIP이며 이 중 여러 개의 암호키를 사용하는 TKIP역 보안성이 더욱 우수하며 사용이 권장되고 있다.

해설
TKIP 취약점 : 키 관리 방법제공하지 않음, 암/복호화 시간지연

24. 다음 중 무선랜(Wireless Local Area Network)에서 사용하는 보안기술이 아닌 것은?

① IEEE 802.11n
② IEEE 802.11i
③ IEEE 802.1x
④ IPSec

해설
무선랜(WLAN : Wireless Local Area Network)
① IEEE 802.11은 흔히 무선랜, 와이파이(Wi-Fi)라고 부르는 무선 근거리 통신망을 위한 컴퓨터 무선 네트워크에 사용되는 기술로, IEEE의 LAN/MAN 표준 위원회(IEEE 802)의 11번째 워킹 그룹에서 개발된 표준 기술을 의미한다.
 ∴ 802.11n은 상용화된 전송규격이다. 2.4[GHz] 대역과 5[GHz] 대역을 사용하며 최고 600[Mbps]의 속도를 지원하고 있다.
② 와이파이 협회(WiFi Alliance)에서 정의한 무선랜 보안 표준 제정
 ㉠ 인가된 사용자 접속 통제를 위한 사용자 인증, 무선 구간 데이터 암호화를 위한 표준 규격
 ㉡ 사용자 인증(IEEE 802.1x) : 공유키, 사전 공유키(PSK), EAP 인증
 ㉢ 무선구간 데이터 암호화(802.11i) : WEP, TKIP, CCMP
③ IPSec : 네트워크계층 보안 프로토콜

25. 무선랜의 보안을 강화하기 위한 대책으로 안전하지 않은 것은?

① 무선랜 AP 접속 시 데이터 암호화와 사용자 인증 기능을 제공하도록 설정한다.
② 무선랜 AP에 지향성 안테나를 사용한다.
③ 무선랜 AP에 MAC 주소를 필터링하여 등록된 MAC 주소만 허용하는 정책을 설정한다.
④ 무선랜 AP의 이름인 SSID를 브로드캐스팅하도록 설정한다.

해설
SSID (Service Set IDentifier)
① 무선랜(WLAN) 환경에서 서로 다른 무선랜을 구분하기 위한 용도로 사용되는 32bytes의 이름이다.
② 무선 클라이언트가 무선 네트워크의 모든 장치에 연결하거나 공유할 수 있는 고유한 식별자이다.
③ 무선 클라이언트들은 SSID로 구분하여, 무선연결을 시도하기 때문에 주변에 동일한 무선이름이 존재할 경우 무선 접속이 불안해 지는 원인이 된다.

26. IEEE 802.11에서 제안한 무선 구간 데이터 암호화 기법으로 옳지 않은 것은?

① WEP(Wired Equivalent Privacy)
② SIP(Secure Initiation Protocol)
③ TKIP(Temporal Key Integrity Protocol)
④ CCMP(CTR with CBC-MAC Protocol)

[정답] 22 ① 23 ④ 24 ① 25 ④ 26 ②

Chapter 3 구내통합설비 설계

> **합격 NOTE**

1 전화망 및 패킷교환망

1. 공중전화 교환망(PSTN : Public Switched Telephone Network)

가. PSTN의 정의

① 전화에 의해 음성정보를 전송할 목적으로 설치된 통신망이다.
② 전송속도가 느리고 오류확률이 높아서 고속, 고품질의 통신서비스를 제공할 수는 없지만 이용이 편리하고 기존 시설을 그대로 이용할 수 있다.
③ 공중전화 통신망에 데이터 단말장치, 비디오텍스, 팩시밀리 등 비음성 기기를 접속하여 사용할 수 있다.

나. PSTN의 특징

① 전송속도가 느리다.
② 비트 에러율이 높다.
③ 기존의 시설을 이용할 수 있으므로 광역 서비스가 가능하다.
④ 손쉽게 이용할 수 있으며 별도의 시설투자가 필요치 않다.
⑤ 교환기능이 있어 어느 곳이라도 통신이 가능하다.

다. PSTN을 이용한 서비스 형태

① 음성 통신용 전화
② 컴퓨터를 이용한 데이터 통신
③ 팩시밀리(Facsimile)
④ 텔레텍스(Teletex)
⑤ 비디오텍스(Videotex)
⑥ 텔레미터링(Telemetering) 등

라. PSTN의 전송품질 저하 요인

① 손실(Loss) 및 잡음(Noise)
② 감쇠특성(Attenuation)과 지연특성(Delay)
③ 비직선왜곡(Non-Linear Distortion)
④ 위상왜곡(Phase Distortion)
⑤ 위상히트(Phase Hit)
⑥ 누화(Cross-Talk)
⑦ 주파수 편이(Frequency Shift)
⑧ 절단(Drop-Out)

합격예측

PSTN(공중 전화망, 전화망) : 음성 통신을 위한 교환방식을 사용하는 전화망의 집합을 의미

합격예측

PSTN : 과거로부터 사용되던 일반 공중용 아날로그 전화망을 말한다.

합격예측

유선전화망 또한 회선교환 기반의 PSTN은 광케이블과 패킷교환방식의 IP망으로 점차 고도화되고 있다.

합격예측

① 손실 : 신호 전송 중 세기가 약해지는 것
② 왜곡 : 신호가 전송되면서 찌그러지는 것
③ 위상 히트 : 신호의 위상이 순간순간 불연속적으로 변하는 현상
④ 누화 : 한 회선의 신호가 다른 통신로에 영향을 미치는 것

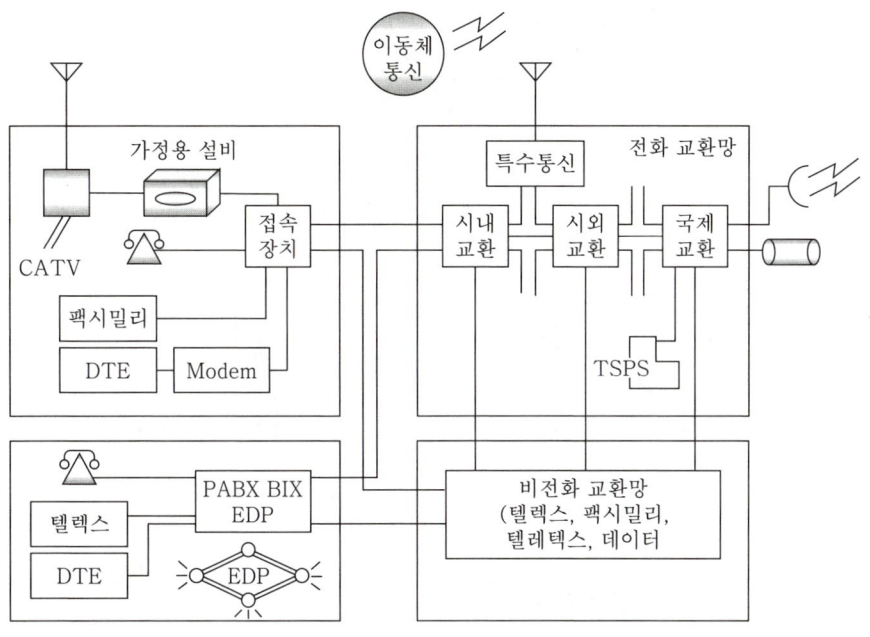

[PSTN의 형태]

마. PSTN의 구성

PSTN은 통신범위에 따라 구내 전화망, 시내 전화망, 시외 전화망, 국제 전화망으로 분류한다.

(1) 시내 전화망

가입 구역 내에 여러 개의 전화국이 설치되는 경우에 선로 시설을 절약하기 위하여 전화국 수가 적으면 망형 회선망, 전화국 수가 많으면 탠덤(Tandem) 교환기를 설치하여 성형 회선망을 계통으로 한다.

(2) 시외 전화망

① 도시 간, 지역 간을 소통하는 트래픽(Traffic)량을 분산하기 위해, 전화가입자 지역을 계층화된 성형 교환 회선망으로 구성한다.

② 기본 구성 방법

㉠ 총괄국(Regional Center) : 중심국의 상위국인 동시에 최상위국이다.

㉡ 중심국(District Center) : 집중국 군의 중심을 이루는 국이다.

㉢ 집중국(Toll Center) : 단국의 상위국으로서 그 담당구역은 교환망의 기본단위이다.

㉣ 단국(End Office) : 시외국의 최하위국으로서 가입전화를 수용하는 전화취급국이다.

합격 NOTE

합격예측
시내 전화망 : 시내 교환기간 상호 연결망이다.

합격예측
시외 전화망은 시외 교환기간의 상호 연결망이다.

합격예측
집중국은 회선망, 번호계획, 요금산정의 기초가 되는 국이다.

합격 NOTE

합격예측
전화선모뎀의 표준 : V.32와 V.32 bis, V.34 bis(33.6kbps 전송속도 지원), V.90(56Kbps 지원)

합격예측
전화망의 주요 구성요소 : 가입자회선, 중계선, 교환국

합격예측
시내 중계선 : 케이블, 중계기, 아날로그 및 디지털 반송장치로 구성

합격예측
가입자 선로와 아날로그 전화기 구간에서 만 아날로그 신호로 처리되고, 그 외 모든 통신망 구간에서 디지털 신호로 처리됨

※ 우리나라는 총괄국, 중심국, 단국의 3단계로 구성한다.

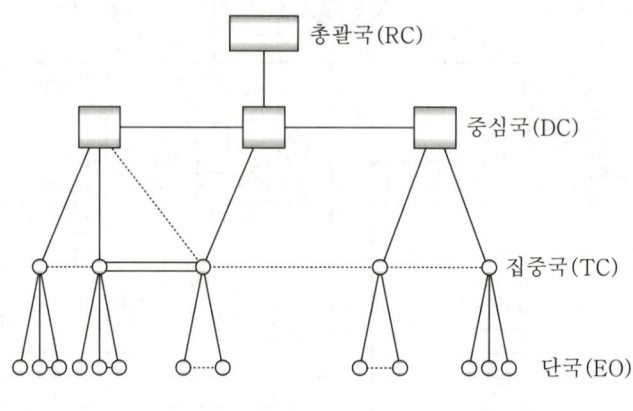

―――― : 기간회선, ------- : 근도회선, ══════ : 연결회선

바. 전화망의 구성요소와 기능

전화망을 구성하는 시설은 크게 전송시설과 교환시설로 분류되며, 전송시설은 다시 가입자 선로(Loop)시설과 중계선(Trunk)으로 구분된다. 또한 교환시설은 기능에 따라 시내(Local)교환기, 시외(Toll)교환기, 중계(Tandem)교환기 등으로 구분된다.

(1) 전송 시설

구성장비		수행기능
가입자 선로(회선) (Loop)		• 전화국에서 각 가입자 댁내까지의 배선케이블을 가입자선이라 한다. • 가입자 전화기를 시내 교환기에 연결하는 전송설비이다.
중계선 (Trunk)	시내 중계선	시내 교환기 상호간, 시내 교환기와 시외 교환기 사이를 연결해 준다.
	시외 중계선	시외 교환기 상호간의 연결한다.

① 가입자 선로 (Subscriber Loop, Local Loop)
  ㉠ 교환기와 가입자 댁내 전화기 사이를 케이블로 연결시켜주는 구간을 의미한다.
  ㉡ 가입자 전화와 가까운 종단국(End Office) 또는 지역국(Regional Office)을 연결하는 꼬임쌍선 케이블을 말한다.
  ㉢ 가입자측의 선로가 부착된 단자 또는 초고속 인터넷용 모뎀과 기간통신사업자의 전화국내 가입자측 최초 단자를 연결하여 전기통신신호를 전달하는 선로를 말한다.

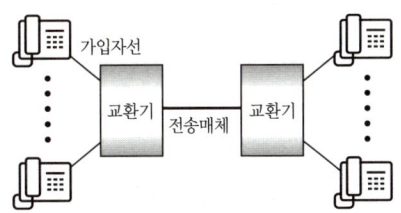

② 중계선(트렁크, Trunk)
  ㉠ 교환기 간을 연결시키는 집중화된 회선을 말한다.
  ㉡ 통화로를 구성하며, 이외에도 시그널링 통로의 역할도 한다.
  ㉢ 전류 공급, 시그널링 송출, 과금 기능 등을 가지며, 지역별, 신호방식별, 접속계위별 등 사용목적에 따라, 여러 종류의 트렁크가 있을 수 있다.

(2) 교환국(Switching Office)
  ① 교환국은 교환기를 사용하여 여러 개의 가입자 회선 또는 중계선을 연결하며 서로 다른 가입자들 사이를 연결한다.
  ② 교환기는 가입자선, 전기통신 회선 또는 기타 기능을 가진 장치들을 상호 접속 가능하게 하는 전달장치로서 여러 교환단계, 제어 및 신호 방식 그리고 기타 장치들의 집합체이다.

구성장비	수행기능
국제관문교환기 (Class 1)	• 모든 교환기의 국제 전화 호를 중계
총괄 시외 교환기 (Class 2)	• 지역별 시외 교환기를 수용, 중계
시외 교환기 (Class 3)	• 시외 전화 호를 중계 • 시내 교환기의 중계선과 시외 교환기의 중계선 사이에서 교환기능 수행
중계 교환기 (Class 4)	• 교환기가 많은 대도시에서 시내 전화 호를 중계하거나 시외 전화 호를 처리 • 중계선 사이의 교환기능은 시외 교환기와 동일하나 연결 구역이 시내지역으로 한정됨
시내 교환기 (Class 5)	• 가입자를 수용하여 각종 전화서비스를 처리 • 동일 시스템 내부 가입자 상호간이나 내부 가입자를 다른 교환기와 연결되는 중계선 사이에서 교환기능 수행

합격 NOTE

합격예측
중계선 : 전화국들 사이의 통신을 담당하는 전송매체

합격예측
통화로 : 통화 채널의 묶음

합격예측
시내 교환기 : 동일 교환기나 다른 교환기로 교환

합격예측
시외 교환기 : 시내중계선과 시외중계선 사이 연결, 교환

합격예측
중계(탄뎀) 교환기 : 시외교환기와 기능은 비슷, 시내 지역에만 설치

합격예측
Class 5를 제외하고, 나머지 Class들의 기능은 유사하다.

합격 NOTE

> 참고

📍 **교환기의 구분**

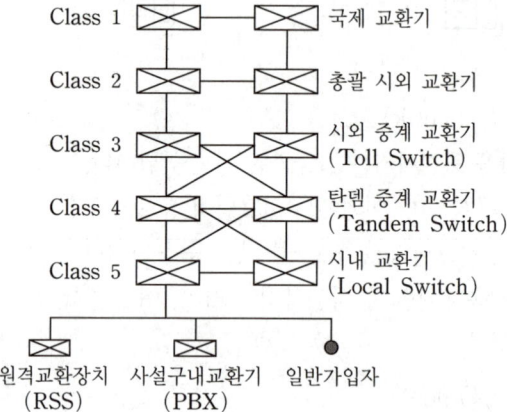

📍 **교환기의 기능**

① 감시 기능 : 호의 상태 변화를 감시
② 선택 기능 : 호 연결 및 루팅 선택
③ 운용 기능 : 망관리, 과금, 유지보수 등

---

(3) 통신 매체

① 가입자 회선: 트위스트 페어(Twisted Pair)
② 교환기 상호간: 동축 케이블, 마이크로웨이브, 광섬유

(4) 구내 전화 교환설비

① 구내 전화 교환설비는 다수의 정보통신회선을 제어 접속하여 회선 상호 간의 정보통신을 가능하게 하는 교환기와 그 부대설비이다
② 구내전화교환설비의 구성요소
전화교환설비는 가입자 선로 접속부, 교환회로망, 국간선로 접속부, 교환 제어부, 관리 보전부, 신호망 접속부로 구성된다.

사. 신호방식(Signalling Method)

(1) 신호방식의 정의

전화망을 교환 접속하려면 단말기와 교환기 상호간, 교환기와 교환기 사이에서 여러 가지 제어신호를 주고받을 필요가 있는데, 이러한 송수신 신호에 관한 일정한 약속의 형태와 방법을 신호방식이라 한다.

합격예측

교환기 기능
① 감시 기능
② 선택 기능
③ 운용 기능

합격예측

신호는 각종 제어정보를 말한다.

전화기 —— 교환기 —— 교환기 —— 전화기
|← 가입자신호방식 →|← 국간신호방식 →|← 가입자신호방식 →|

(2) 신호방식의 종류
    ① 가입자선 신호방식 : 전화기와 교환기간의 신호방식이다.
    ② 국간 신호방식 : 교환기와 교환기간의 신호방식이다.

(3) 신호 선택 방법
    ① 개별 회선 신호방식(통화로 신호방식)
        ㉠ 교환접속의 대상인 통화회선 그 자체에서 교환제어용의 신호를 전달하는 방법이다.
        ㉡ 신호전송로와 통화로를 공동 사용한다.
    ② 공통선 신호방식(CCS : Common Channel Signalling System)
        ㉠ 신호 전달만을 담당하는 별도의 회선(공통선)을 설치하여 통화로와 신호로를 분리한 고속 송수신방식이다.
        ㉡ 신호 전송로와 통화로가 분리되어 있다.

(4) ITU-T No. 7 신호방식
    ① 공통선 신호방식으로 하나의 채널이 규격화된 메시지들에 의하여 다수 회선에 관련되는 신호정보를 운반하는 신호방식이다.
    ② 디지털 교환망에 적합한 신호방식이다.
    ③ 기능별로 모듈화된 계층구조를 갖는다.
    ④ 다양한 서비스 제공 능력이 있다.

참고

📍 No. 7 신호방식
    ① No. 7 신호방식(Signalling System No.7 : SS7)은 하나의 신호채널로써 다수의 회선에 대한 신호를 교환한다는 의미에서 최초의 공통선신호방식이다.
    ② NO. 7의 장점
        ㉠ 호 접속 상태와 무관하게 (통화중에도) 신호 전송이 가능하다.
        ㉡ 고속(64[kbps])의 신호 채널을 사용하기 때문에 짧은 호 설정 시간을 갖는다.
        ㉢ 새로운 서비스와 부가 서비스의 도입을 포함하는 새로운 요구에 대해서 커다란 유연성을 갖는다.

합격 NOTE

합격예측
개별 회선 신호방식은 통화로와 신호로가 개별 회선에 중첩되는 방식이다.

합격예측
공통선신호방식은 통화로와 신호로가 논리적으로 분리되어 있다.

합격예측
No.7은 Intelligent Network에 표준으로 채택하고 있다.

합격예측
SS7은 공중전화망에서 국간 중계선 신호 방식으로 회선 설립, 정보 교환, 라우팅, 운용, 지능망 서비스를 지원한다.

ⓔ 단일 64[kbps] 채널로 거의 1,000개 이상의 이용자 정보 채널을 동시에 제어할 수 있다.
ⓜ 신호 요소의 신뢰성 있는 전달 즉, 전송 오류에 대한 보호기능을 갖는다.

2. 패킷교환망(PSDN : Packet Switching Data Network)

가. PSDN의 개념

(1) 정보 데이터를 일정한 길이로 나누는 것을 패킷(packet)이라 하며, PSDN은 이러한 패킷을 저장, 송출하면서 비동기적으로 송수신하는 교환망을 말한다.

(2) 패킷교환은 축적교환의 일종으로서 단말기로부터 송출된 데이터를 일단 교환기가 축적한 다음 패킷망 내를 고속으로 전송한다.

(3) 패킷은 전송하고자 하는 데이터 한 블록(Payload)과 발신/수신 주소지 정보, 관리정보(Header)로 구성된다.

나. PSDN의 특징

① 선로의 장애 시 타경로를 선택하므로 신뢰성이 높다.
② 회선효율이 높다.
③ 디지털 전송방식을 채용하므로 전송품질이 좋다.
④ 전송효율이 높고 경제적으로 망을 구축할 수 있다.
⑤ 상호속도, 프로토콜 코드 등이 다른 기종간의 통신을 가능하게 해준다.
⑥ 축적 교환의 형태이므로 대량의 데이터 전송시 전송 지연이 생긴다.
⑦ 비동기적으로 데이터를 송수신한다.
⑧ ITU-T 권고안 X.21, X.21bis, X.25, X.28, X.29 등의 표준화된 프로토콜을 사용한다.

다. PSDN의 구성

패킷교환망은 패킷 교환기(PS), 패킷 다중화 장치(PMX), 회선 종단 장치(DCE) 등의 교환망 구성 장치와 중계 회선, 가입자 회선 등의 통신회선으로 구성된다.

합격 NOTE

합격예측
PSDN은 패킷교환망이라고도 하며, 현재 가장 많이 사용하는 방식이다.

합격예측
① Packet : 정보 전달의 단위
② 패킷의 구성 : Payload, Address, Header

합격예측
PSDN은 공공 전화회선에 의해 운영되는 네트워크로서, 주로 데이터 전송을 위한 것이다.

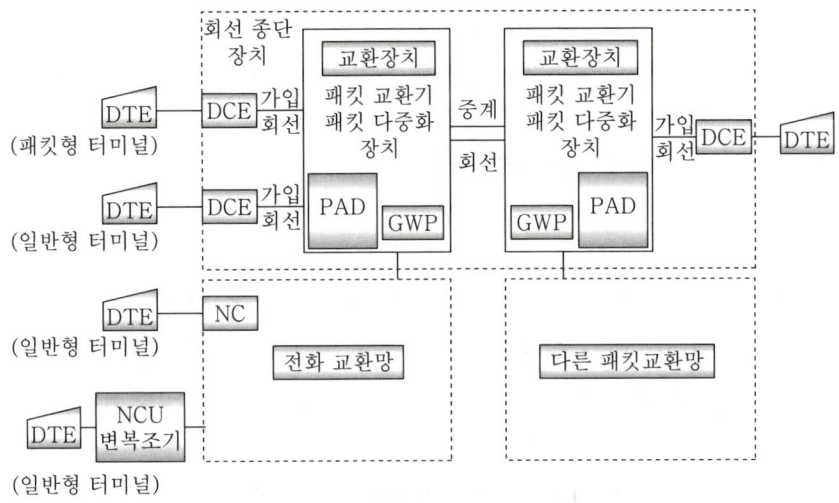

[패킷교환망의 구성]

(1) 패킷 교환기(PSE)

DTE에서 호출 요구에 의해 지정된 수신측 DTE간의 호출을 설정하고 복구 요구에 의한 호출의 해제를 수행하는 접속 제어와 패킷의 송수신을 수행하기 위한 오류제어 및 흐름제어를 수행한다.

(2) 패킷 다중화 장치(PMUX)

패킷화 기능이 없는 일반형 터미널을 접속하여 패킷의 조립과 분해 기능(PAD)을 대신해 주는 장치이다.

(3) 터미널 장치(DTE)

송신되는 문장을 패킷 단위로 분해하여 헤더 정보를 부가하는 패킷화 기능을 갖는다. 또한 수신된 패킷에서 본문을 유출하여 원래의 전체 문장을 조립하는 기능을 가진 패킷형 터미널(PT)과 패킷화 기능을 전혀 갖지 않는 일반형 터미널(NPT)로 구분된다.

라. PSDN의 기능

(1) 경로 제어 및 순서 제어
(2) 패킷 다중화
(3) 흐름제어
(4) 부가서비스(단축 다이얼, PAD, 센터일괄요금, 동시 동보 서비스 등)

마. 패킷의 교환방식에는 데이터그램(Datagram) 방식과 가상회선(Virtual Circuit) 방식이 있다.

합격예측

패킷교환방식이란, 각 패킷에 담긴 목적지 주소를 바탕으로 네트워크를 통해 패킷을 전송하는 형태이다.

합격 NOTE

합격예측
패킷교환방식 : 데이터그램방식, 가상회선방식

합격예측
가상 회선이란 회선 교환에서와 같은 독점적인 통신 경로는 아니지만 패킷 전송을 위해서 설정된 논리적 경로를 의미한다.

합격예측
① 짧은 정보는 1개의 패킷으로 구성되지만 긴 정보는 여러 개의 패킷으로 분할 전송된다.
② 각각의 패킷에는 수신 단말기의 주소를 갖고 있다.

합격예측
패킷교환은 축적 전송 (Store-and-Forward) 방식이다.

합격예측
X.25
① ITU-T의 X 표준 중 하나로 Frame Relay의 근간을 이루는 전송 프로토콜
② 패킷 교환망에서 DCE(회선 종단 장치)와 DTE(데이터 단말 장치) 사이에 이루어지는 상호작용을 규정한 프로토콜

---

(1) 데이터그램 패킷교환방식

① 패킷을 전송 하기전에 발신 및 수신 사이에 가상 회선이라 불리는 논리적 경로를 설정하지 않고, 패킷들이 각기 독립적으로 전송되는 방식이다.
② 비연결형(Connectionless)서비스 방식이다.
③ 각 패킷이 독립적으로 설정된 경로를 통해서 전송하기 때문에 모든 패킷의 헤더에는 완전한 목적지 주소가 필요하다.
④ 몇 개의 패킷으로 구성된 짧은 데이터 전송에 적합하다.

(2) 가상회선 패킷교환방식

① 패킷이 전송되기 전에 발신 및 수신 DTE 간에 논리적인 경로가 미리 성립되는 방식이다.
② 연결형(Connection-Oriented) 서비스 방식이다.
③ 모든 패킷은 동일한 경로를 통해서 전송된다.
④ 통신 경로 설정, 데이터 전송, 통신 경로 해제의 3단계 과정을 통해 전송이 이루어 진다.
⑤ 길고 연속적인 전송에 적합하다.

가상회선 패킷교환	데이터그램 패킷교환
• 각 교환기마다 오류제어함	• 오류제어 안함(오류발생시 데이터 폐기)
• 경로설정으로 인한 지연발생	• 경로설정 안함
• 고정경로만 전송하므로 융통성 없음	• 정체구간 피해 우회함 : 융통성 크다.
• 송신 순서대로 수신지에 도착	• 송신 순서대로 수신지에 도착하지 않음
• 신뢰성 있음	• 비신뢰성
• 전송속도 빠름	• 전송속도 느림

바. 패킷 교환망의 구성

(1) 사용자가 전송할 데이터는 전송하기 전에 먼저 패킷 단위로 분할이 되어 순차적으로 패킷망에 전송 된다.
(2) 단말로부터 송신된 패킷은 패킷 교환기(PSE)에 일단 축적되며, 패킷 교환기는 수신된 패킷에 포함되어 있는 목적지 단말의 주소에 따라 최적 경로를 선택하여 다음 교환기로 전송한다.
(3) 목적 교환기까지 전달되고 교환기는 이를 해당 목적지 단말에게 전송한다.

※ 패킷단말기와 패킷교환망간에 접속될 수 있도록 규정한 프로토콜은 X.25이며, 비패킷형 단말기가 패킷교환망에 접속되기 위해서는 PAD가 필요하다.

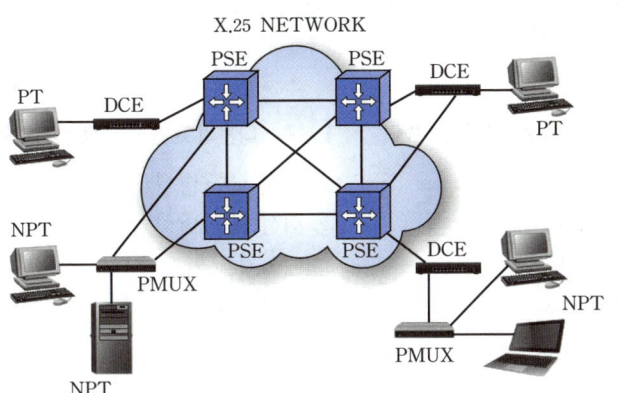

구성 요소	기 능
패킷형 단말기 (PT, Packet Terminal)	• 패킷 교환기에 접속되어 패킷 단위로 정보를 송수신할 수 있는 능력을 갖는 단말기
비패킷형 단말기 (NPT, Non Packet Terminal)	• 정보를 패킷화하거나 패킷된 정보를 다시 원래의 정보로 복원시키는 능력이 없는 단말기 • 비동기형 단말장치
패킷 다중화 장치 (PMUX, Packet Multiplexer)	• 비패킷 단말이 패킷교환망에 접속될 수 있도록 이용자 전송 정보의 패킷화 및 그 역기능을 수행하는 장치
패킷 교환기 (PSE, Packet Switching Exchange)	• 패킷의 일시적 저장, 경로설정, 전송 등의 교환 기능을 수행하는 장치

합격 NOTE

합격예측
① 상위 교환계 : PSE
② 하위 접속계 : PT, NPT, PMUX(PMX)

합격예측
패킷 교환망의 단말 : 정보를 주고받는 형태(프로토콜의 사용 유무)에 따라 패킷형 단말과 비패킷형(일반) 단말로 나눈다.

합격예측
PMUX : 비패킷형 단말을 패킷교환망에 접속하기 위한 장치

사. 부가 서비스

(1) 폐역 접속

특정된 단말 사이에서 폐역군을 형성하고 동일한 폐역군 내의 단말 사이에 한해서 통신을 행하는 방식이다.

(2) PAD(Packet Assembler/Disassembler)

① 패킷화 기능을 갖지 않는 일반형 터미널을 패킷교환망에 접속할 수 있도록 하기 위하여 데이터를 패킷화하는 기능을 갖도록 한다.

② PAD 기능
  ㉠ 가상호출의 설정 및 해제
  ㉡ 비패킷형 단말기로부터 수신한 정보의 패킷화
  ㉢ 패킷교환기로부터 수신한 패킷을 비패킷형 단말기로 보내기 위한 정보 복원

합격예측
PAD(패킷 조립/분해기)

출제 예상 문제

제1장 전화망 및 패킷교환망

01 전기 통신망에서 정보를 교환하는 방식이 아닌 것은?

① 전문 교환(Message Switching)
② 망 교환(Network Switching)
③ 회선 교환(Circuit Switching)
④ 패킷 교환(Packet Switching)

02 교환 통신망의 유형이 아닌 것은?

① 회선 교환망
② 메시지 교환망
③ 로컬 네트워크
④ 패킷 교환망

해설
① 교환 통신망(Switched Communicatiom Network)은 상호 연결된 노드들의 모임으로 구성되며 정보가 네트워크를 통해 전송된다.
② 교환망은 회선(Circuit), 메시지(Message), 패킷(Packet)으로 분류한다.

03 다음 중 일반 공중전화망에 적합한 대표적인 교환 방식은?

① 패킷교환방식
② 회선교환방식
③ 메시지교환방식
④ 데이터그램교환방식

해설
회선교환망(PSTN : Public Switching Telephone Network)
① PSTN은 공중전화망이라고도 하며 음성정보의 교환을 주목적으로 하는 전화서비스를 지원하기 위하여 구축된 공중통신망이다.
② PSTN은 회선이 부족하면 불통되는 현상이 발생하므로 국가 회선용량의 최적화된 설계가 중요하다.
③ PSTN을 이용하는 정보통신서비스
  ㉠ 데이터 통신 서비스
  ㉡ 아날로그 전송방식을 이용한 PC 통신이나 FAX 통신
  ㉢ Teletex, Telex, Videotex 등

04 다음의 교환 방식 중 전화망은 어느 것인가?

① 패킷 교환 방식
② 회선 교환 방식
③ 메시지 교환 방식
④ 데이터그램

해설
회선 교환 방식
① 통신을 원하는 두 스테이션 사이에 통신을 할 수 있는 경로가 미리 제공되는 경우를 회선 교환이라 한다.
② 전송 중 항상 일정한 경로를 사용하며 전화 시스템이 대표적인 예이다.

05 회선 사용에 의한 전송 방식에서 교환 회선의 특징이 아닌 것은?

① 다이얼에 의하여 누구와도 접속 가능
② 사용에 따른 변동 요금제 가능
③ 루트에 의하여 접속되는 시간과 품질이 다름
④ 데이터량이 많고 회선 사용 기간이 많은 구간에 유리

해설
교환 회선(Interchange Circuit)
① 다이얼 업(Dial-Up) 회선이라 하며 교환기를 점유하여 전화가 가능한 모든 지역과 연결이 가능하다.
② 한 번의 연결에서 이루어지는 통신량이 많지 않으면 교환 회선을 이용하는 것이 유리하다. 데이터 전송량이 많은 경우는 전용 회선을 이용하는 것이 좋다.

구 분	전송 거리	전송 속도	이용 경우
교환 회선 (Dial-Up)	전화가 가능한 어느 곳이나 전송 가능	보통 4,800[bps] 이하	짧은 기간의 전송
전용 회선	전화 회사의 형편에 따라 달라짐	변복조에 의해 결정	장기간 자주 사용하는 경우

[정답] 01 ② 02 ③ 03 ② 04 ② 05 ④

출제 예상 문제

06 회선 교환망에 대한 설명 중 옳은 것은?
① 물리적인 통신 경로가 통신 종료시까지 구성된다.
② 일반적으로 전송 속도 및 코드 변환이 가능하다.
③ 전송 대역폭 사용이 가변적이다.
④ 소량의 데이터 전송에 효율적이다.

해설

회선 교환망의 특징
① 데이터의 연속적인 전송이 가능하다.
② 전송 지연이 거의 없다.
③ 고정 대역폭을 사용한다.
④ 길이가 긴 연속적인 데이터 전송에 적합하다.
⑤ 추가 데이터가 필요 없다.

07 회선 교환 방식으로 이루어지는 통신에서 고려하여야 할 세 가지 형태가 아닌 것은?
① 데이터 전송 전 스테이션간의 회선이 만들어져야 한다.
② 데이터 전송은 디지털 아날로그로 이루어진다.
③ 데이터 전송 수행 후 스테이션간의 연결이 단락된다.
④ 데이터 송신시 스테이션간의 이용 가능한 상태로 되어야 한다.

해설

회선 교환망
① 회선 교환망을 통해서 이루어지는 통신은 접속된 스테이션간에 전용선이 설정된 것을 의미하며, 대표적인 회선 교환망이 전화망이 있다.
② 회선 교환망에서 통신을 하기 위해 다음과 같은 3가지 상태를 고려할 수 있다.
  ㉠ 회선 설정(Circuit Establishment) : 스테이션간(Station-To-Station)에는 정보가 전송되기 이전에 회선이 설정되어야 한다.
  ㉡ 데이터 전송(Data Transfer) : 회선이 설정되면 정보는 통신망을 통해서 스테이션으로 전송되는데, 전송되는 데이터 형태는 통신망 내에서 제공하는 신호 체계를 따른다.
  ㉢ 회선 해제(Circuit Disconnect) : 데이터가 전송되는 일정 기간이 지난 후 접속된 회선은 송신단과 수신단 중의 한 개의 스테이션에 의하여 설정이 해제될 수 있다.

08 공중 전화망(PSTN)의 일반적인 구성 요소가 아닌 것은?
① 인터페이스   ② 폴링
③ 노드   ④ 링크

해설

전화망의 일반적인 구성 요소
① 인터페이스   ② 노드
③ 링크   ④ 단말(스테이션)

09 다음 중 PSTN의 전송구간에서 신호가 바르게 된 것은?
① 컴퓨터 → 모뎀 : 아날로그신호
② 모뎀 → 모뎀 : 디지털신호
③ 모뎀 → 컴퓨터 : 디지털신호
④ 컴퓨터 → 컴퓨터 : 아날로그신호

해설

공중 전화망(PSTN : Public Switched Telephone Network)
① PSTN은 음성 위주의 공중 전화망 집합을 의미하며, 회선 교환 방식 전화망의 집합체이다.
② 모뎀은 공중 전화망(PSTN)을 통해 연결된다.
  ㉠ DTE(컴퓨터) ⇔ 모뎀 : 디지털신호
  ㉡ 모뎀 ⇔ 모뎀 : 아날로그신호

DTE   DCE   통신망   DCE   DTE

10 공중전화망을 통하여 디지털데이터 전송이 가능할 수 있도록 하는 전송장치는?
① FET   ② DSU
③ CODEC   ④ MODEM

해설

모뎀(MODEM)
공중 전화망(PSTN)은 아날로그 신호를 이용하여 음성신호를 전달한다. 하지만 컴퓨터는 디지털 신호(0과 1)를 사용하므로, 컴퓨터의 디지털 신호를 아날로그 신호를 사용하는 공중 전화망을 이용하여 전달하려면 송신측에서는 변조 그리고 수신측에서는 복조 과정이 필요하다.

[정답] 06 ① 07 ④ 08 ② 09 ③ 10 ④

11 다음 중 전화망의 교환시설에 속하지 않는 것은?

① 시내교환기　　② 시외교환기
③ 중계교환기　　④ 가입자선로

해설

전화망에 사용되는 시설
① 공중 전화망(PSTN : Public Switched Telephone Network)은 전화에 의해 사람의 음성 정보를 소통시킬 목적으로 설치된 통신망이다.
② 전화망의 시설은 전송시설과 교환시설로 나눈다.
　㉠ 전송시설은 가입자선로, 중계선시설로 구분한다.
　㉡ 교환시설은 시내교환기, 시외교환기, 중계교환기로 구성된다.

12 다음 설명 중 틀린 것은?

① 국내 공중 전기 통신망(PSTN) 계위는 총괄국, 집중국, 중심국, 단국 4계위이다.
② CCITT I 300 시리즈는 ISDN 통신망 관련 권고이다.
③ CCITT에서는 광대역 ISDN 교환 방식으로 ATM을 권고하고 있다.
④ 국제 ISDN 번호의 최대 길이는 15자리이다.

해설

국내 공중 전화망(PSTN) 계위는 총괄국, 중심국, 단국의 3계위로 구성한다.

13 시외 전화망에서 채택되는 대역제 통신망의 회선 구성에서 최후로 선택되는 회선은?

① 근도 회선　　② 기간 회선
③ 우회 회선　　④ 직통 회선

14 시외 대역제 통신망에서 최상위 국에 해당되는 국은?

① 중심국　　② 총괄국
③ 집중국　　④ 단국

15 국내 공중통신망의 총괄국 아래 계위의 디지털 교환기들이 사용하고 있는 망동기방식은?

① 단순 종속동기방식
　(SMS : Simple Master Slave)
② 계위 종속동기방식
　(HMS : Hierarchical Master Slave)
③ 선지정 대체 종속동기방식
　(PAMS : PreAssigned Master Slave)
④ 자체 재배열 종속동기방식
　(SOMS : Self Organized Master Slave)

해설

망동기방식(Network Synchronization)
① 망 동기는 망을 구성하는 모든 디지털 장치들을 기준 동기 클럭원에 동기화시킴을 말하며, 또한 정확한 타이밍 정보를 전체 망에 공급하는 체계/방식을 의미하기도 한다.
② 동기 클럭 설정 및 운영 방식에 따른 망동기 방법의 분류
　㉠ 독립동기방식(Plesiochronous Synchronization Operation)
　　각 노드의 자체 클럭에 의해 독립적으로 운용하며, 주로 국제 간 망에서 사용하는 방식이다.
　㉡ 종속동기방식(Master Slave Synchronization)
　　중심국에서 매우 안정된 클럭을 설치하여 주클럭(Master Clock)으로 삼고, 하위국들은 이 주 노드에서 전송되어온 클럭 정보를 다시 PLL 등으로 복원하여 자체 클럭원으로 사용하는 방식이다. 종류는 단순 종속동기방식, 계층 종속동기방식, 팜즈방식 등이 있다.
　㉢ 상호동기방식(Mutual Synchronization Method)
　　기준 클럭이 여러 군데 있고, 상호 상관관계를 형성하여 그 결과를 자체 클럭에 대한 기준으로 삼는 방식이다.
③ PAMS방식(Preassigned Alternate Link Master & Slaver) : PAMS(선지정 대체방식)은 단순 종속동기방식과 계층 종속동기방식의 장점을 모아서 구성한 것으로 안정도, 신뢰도, 융통성이 매우 높기는 하나 관리 비용이 많이 든다.
※ 우리나라 전기통신망에서는 종속동기방식 중에서 PAMS방식을 적용하고 있다.

16 다음 중 옳지 않은 것은?

① 탄뎀 교환 방식은 중계선 절약 및 회선 사용 능률을 높이는 방식이다.
② 통신망의 구성·설계시 경비를 낮추기 위하여 중계선 수를 과도하게 줄여서는 아니된다.
③ 통신망은 연속적인 변화에 대처할 수 있어야 한다.
④ 디지털 통신은 아날로그 통신에 비해 채널 대역폭이 넓다는 단점이 있다.

[정답] 11 ④　12 ①　13 ②　14 ②　15 ③　16 ④

17 시내국간 중계 회선망 설계에 있어서 탄뎀국은 어느 것을 원칙적으로 사용하고 있는가?

① 발신 탄뎀   ② 착신 탄뎀
③ 착발신 탄뎀 ④ 망형 탄뎀

18 회선망 구성에 있어서 구획안의 탄뎀국과 그 구획안의 분국과의 사이에 어떤 망으로 구성하는가?

① 망형   ② 성형
③ 복합형 ④ 링형

19 국내 시외 회선망의 구성에 대하여 전화 전송 기준에 정한 사항과 틀린 내용은 어느 것인가?

① 회선망의 구성은 거의 망형과 성형의 복합형으로 구성된다.
② 총괄국 상호간의 기간 회선망은 망형으로 한다.
③ 총괄국과 중심국간은 망형과 성형을 복합적으로 사용하되, 성형이 원칙적이다.
④ 단국과 단국 상호간은 성형으로 한다.

해설
총괄국과 중심국은 망형이 원칙이다.

20 다음은 성형(星形) 회선망과 망형(網形) 회선망에 대한 설명이다. 옳은 것은?

① 성형 회선망은 회선 경비가 낮고 교환 경비가 높을 때 채택된다.
② 망형 회선망은 회선의 증설이 용이하며 저렴하다.
③ 성형 회선망은 복국지 회선망이나 시외 회선망에 적당하다.
④ 망형 회선망은 통화량이 지역 상호간에 구성한다.

해설
통신망 구성
① 성형(Star) 회선망의 특징
  ㉠ 집중 제어형이므로 보수와 관리가 용이하다.
  ㉡ 각 단말마다 전송 속도를 다르게 할 수 있다.
  ㉢ 하나의 단말이 전체 통신망에 영향을 주지 않는다.
  ㉣ 단말의 고장 발견이 용이하다.
  ㉤ 기밀성이 풍부하다.
② 망형(Ring) 회로망의 특징
  ㉠ 전송 매체와 단말의 고장 발견이 용이하다.
  ㉡ 단말의 추가 및 삭제가 복잡하다.
  ㉢ 전체적인 통신 처리량이 증대한다.

21 초기 전화망은 각각의 전화기가 모두 연결된 형태로 구성되었다. 이와 같은 구성의 경우, 전화기 n개를 연결하기 위해 필요한 회선의 개수는?

① $(n-1)/2$ ② $n(n-1)/2$
③ $(n+1)/2$ ④ $n(n+1)/2$

해설
초기의 전화망 형태

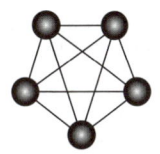

[Mesh Network]

① 초기에는 교환기 없이 전화와 전화 사이를 직접 연결하였다.
  ∴ 초기의 전화망 형태는 메시형(망형, Mesh Type) 구조이다.
② 메시형은 그물모양의 형태로 모든 단말상호 간의 완전 결합형으로 다른 형태에 비해 통신회선의 총 연장길이는 가장 길며 주로 장거리 통신망에 이용되는 방식이다.
  ∴ 사용자가 n인 경우, 메시형 회선망의 회선 경로수는 $\dfrac{n(n-1)}{2}$ 이다.
[참고] 메시형 구조는 연결 비용이 많이 들고, 관리가 어려워 교환기가 등장한다.

22 70개의 노드를 모두 망형으로 연결하려면 최소로 필요한 회선수는?

① 780   ② 1225
③ 2415 ④ 3160

해설
망형(Mesh Type or Delta Type) Topology
① 망형은 그물모양의 형태로 모든 단말상호 간의 완전 결합형으로 다른 형태에 비해 통신회선의 총 연장길이는 가장 길며 주로 장거리 통신망에 이용되는 방식이다.

[정답] 17 ② 18 ② 19 ③ 20 ③ 21 ② 22 ③

② 망형 회선망의 회선경로수는 $\frac{N(N-1)}{2}$ 이다. 여기서 N은 교환국의 수이다.
∴ $\frac{70(70-1)}{2}$ = 2415회선

23 전화통신망(PSTN)에서 인접선로 간 차폐가 완전하지 않아, 인접선로상의 다른 신호에 영향을 미쳐 발생하는 품질저하 요인은?

① 누화(Cross Talk) ② 신호 감쇠
③ 에코(Echo)   ④ 신호 지연

해설
① 누화(Crosstalk) : 전기 신호의 파장의 크기에 비해서 두 개의 회로나 도선 사이의 거리가 충분히 가까울 때 두 회로나 도체 사이에 일어나는 전기적 간섭 현상
② 신호 감쇠(Attenuation) : 다양한 손실 요인에 의해 신호 전력이 약화되는 현상
③ 에코(Echo) : 전화 송·수화자의 음성이 되돌아와 들리는 현상
④ 신호 지연(Delay) : 장치·채널·매질 등을 지날 때 반드시 겪는 시간적인 지연 현상

24 PSTN을 통한 데이터 통신의 전송 품질 저하 요인이 아닌 것은?

① 위상 지터   ② 비직선 왜곡
③ 손실 및 잡음   ④ 측음

25 PSTN 품질 관리 항목인 아날로그 특성이 아닌 것은?

① 감쇠 일그러짐
② BER(Bit Error Rate)
③ 손실
④ 과도 현상

26 전화통신망(PSTN)을 이용한 정보통신 서비스로 맞지 않는 것은?

① 팩시밀리   ② 전화
③ 인터넷   ④ 케이블TV방송

해설
전화통신망(PSTN : Public Switching Telephone Network)
① PSTN은 공중전화망이라고도 하며 음성정보의 교환을 주목적으로 하는 전화서비스를 지원하기 위하여 구축된 공중통신망이며, 통신망의 가장 기본적인 망으로서 전기통신망의 시발점인 망이다.
② PSTN은 인터넷과 관련하여 실제로 장거리 기반 시설의 대부분을 제공한다.
③ PSTN을 이용하는 정보통신 서비스
 ㉠ 데이터통신 서비스
 ㉡ 음성통신용 전화, 컴퓨터 접속 데이터통신(모뎀이용), 팩시밀리(FAX), 텔레텍스(Teletex), 비디오텍스(Videotex), 원격측정(Telemetering)등 다수 뉴미디어(New Media) 서비스

27 다음 서비스 중 PSTN을 통하여 제공하기 곤란한 서비스는?

① Teletext   ② Videotex
③ 원격 검침   ④ 전자 우편

해설
공중 전화 통신망(PSTN : Public Switched Telephone Network)
① 전화에 의한 음성 통신망을 소통시킬 목적으로 설치된 통신망이다.
② PSTN을 이용한 정보 통신 서비스 형태
 ㉠ 데이터 통신 서비스
 ㉡ 팩시밀리
 ㉢ 텔레텍스
 ㉣ 비디오텍스

28 다음 중 PSTN의 일반 교환 회선을 이용하여 정보 검색 시스템을 구축하고자 할 경우 가장 적당한 전송 장비는?

① SDSU   ② PAD
③ NT   ④ Dial Up Modem

29 PSTN(공중 전화망)을 통한 비음성 통신의 사용에서 공사는 어느 속도 이하로 사용하는 경우 품질을 보장하고 있는가?

① 1,200[bps]   ② 2,400[bps]
③ 4,800[bps]   ④ 9,600[bps]

[정답] 23 ① 24 ④ 25 ② 26 ④ 27 ④ 28 ④ 29 ③

30. 트래픽 단위에서 180[HCS]는 몇 얼랑(Erlang)인가?

① 3[Erl] ② 4[Erl]
③ 5[Erl] ④ 6[Erl]

해설
트래픽(Traffic) 단위
① 얼랑(Erlang, Erl)
  호(call)가 하나의 회선과 교환기기를 1시간 동안 사용했을 때의 호량을 1얼랑이라고 한다.
② HCS(Hundred Call Seconds) : 호가 1개의 전화회선과 교환기기를 100초 동안 사용했을 때의 호량을 1[HCS]라 한다.
  $1[Erlang] = 36[HCS]$, $1[HCS] = \frac{1}{36}[Erlang]$이다.
  $\therefore 180[HCS] = \frac{180}{36} = 5[Erlang]$

31. 전화통신망(PSTN)에서 최번 시 1시간에 발생한 호(Call) 수가 120이고, 평균통화시간이 3분일 때 이 회선의 호량(Erlang)은?

① 0.1[Erl] ② 6[Erl]
③ 40[Erl] ④ 360[Erl]

해설
트래픽(Traffic) 단위
① 얼랑(Erlang, Erl)
  호(call)가 하나의 회선과 교환기기를 1시간 동안 사용했을 때의 호량을 1[Erlang]이라 한다.
  ∴ 1[Erlang]은 1시간이나 3,600초 동안 전화한 것과 같다.
② Erlang은 호량의 단위이며, 호량=호수×평균점유시간으로 계산한다.
  $\therefore$ 호량 $= \frac{120 \times (3 \times 60)[sec]}{3,600[sec]} = \frac{21,600}{3,600} = 6[Erl]$

32. 20개의 중계선으로 5[Erl]의 호량을 운반하였다면 이 중계선의 효율은 몇 [%]인가?

① 20[%] ② 25[%]
③ 30[%] ④ 35[%]

해설
중계선효율(Trunk Efficiency)
① 중계선효율은 1군의 전화 중계선에서 단위 시간 내의 1중계선당 평균 사용 시간을 백분율로 환산한 것이다.
② 회선 수를 n, 얼랑을 단위로 한 통화량을 $E[Erl]$라 하면 $E/n \times 100[\%]$이다.
  $\therefore \frac{5}{20} \times 100 = 25[\%]$

33. 전화통신망에서 적용되고 있는 신호방식(Signaling)은 무엇인가?

① K2 ② R2
③ L2 ④ P2

해설
R2 신호방식(Signaling)
① 신호방식이란 통신망을 구성하고 있는 각 시스템간 호에 관련된 정보, 망 관리 및 유지 보수를 위한 정보 등을 전달하는 일련의 신호 전달을 위한 규칙을 말한다.
② 기존 공중전화망(PSTN)의 신호방식은 신호와 트래픽이 동일한 회선 및 동일한 루트를 통하여 전달되는 개별선 신호방식을 이용하였다.
③ 개별선 신호방식의 종류에는 Loop Decadic, R2 신호방식 등이 있다.

34. 전화기와 교환기 간의 접속제어 정보를 전달하는 신호방식은?

① 가입자선 신호방식 ② 중계선 신호방식
③ No.6 신호방식 ④ No.7 신호방식

해설
신호방식(Signaling)
① 신호방식이란 통신망을 구성하고 있는 각 시스템간 호에 관련된 정보, 망관리 및 유지보수를 위한 정보 등을 전달하는 일련의 신호 전달을 위한 규칙을 말한다.
② 신호방식은 그것이 적용되는 구간에 따라 가입자선 신호방식과 국간 신호방식으로 크게 나누어질 수 있다.
  ㉠ 가입자선 신호방식 : 가입자와 로컬교환기 간에 주고받는 신호 및 그와 관련된 신호방식
  ㉡ 국간 신호방식 : 교환기 간에 주고받는 신호방식
∴ 가입자선 신호방식 : 가입자~교환기 간
  국간 신호방식 : 교환기~교환 기간

35. 다음 중 통화로 신호방식(개별선 신호방식)이 아닌 것은?

① R1 방식 ② R2 방식
③ NO.5 방식 ④ NO.6 방식

[정답] 30 ③ 31 ② 32 ② 33 ② 34 ① 35 ④

해설

통화로 신호방식에는 R1 신호방식, R2 신호방식, No.5 신호방식이 있고 공통선 신호방식에는 No.6 신호방식과 No.7 신호방식이 있는데 No.6 신호방식은 아날로그 통신시스템에 적용하기 위한 신호방식이고 No.7 신호방식은 디지털 통신 시스템에 적용하기 위한 신호방식이다.

36 통화로 신호방식(Channel Associated Signaling)에서 1개 또는 다수의 신호주파수를 음성주파수 대역 내에 두는 방식으로 주파수 이용효율은 좋은 반면 통신신호와의 간섭에 대한 처리가 필요한 방식은?

① 직류방식
② In-Band방식
③ Out-Of-Band 방식
④ 혼합방식

해설

통화로 신호방식에는 직류방식, In-Band방식, Out-Of-Band 방식이 있다.
① In-Band방식은 1개 또는 다수의 신호주파수를 음성주파수 대역내에 두는 방식으로 주파수 이용효율은 좋으나 통신신호와의 간섭에 대한 처리가 필요한 단점이 있다.
② Out-Of-Band방식은 통신용 주파수대역의 외측에 신호주파수를 두고 신호를 전송하는 방법으로 대역내 통신신호와의 간섭이 없다는 이점이 있으나 다중전송방식의 주파수 이용효율이 낮고 다중분리 필터가 복잡해지는 단점이 있다.

37 다음 중 공통선 신호방식에 대한 설명으로 옳지 않은 것은?

① 신호 송수신만을 위한 독립된 루트와 독립된 프로토콜을 사용하는 방식이다.
② 송신 및 수신 선로로 구분할 필요 없이 하나의 선로를 통해 송수신한다.
③ 양방향의 통신이 가능한 신호방식이다.
④ 통화로와 신호로가 같아 통화 중 신호 전달이 불가능하다.

해설

신호방식(Signalling)이란 전화망에서 전화기와 교환기, 교환기와 교환기 상호간에 통화회선의 설정, 유지, 복구 및 과금 등과 같은 일련의 기능을 제공하기 위하여 필요한 신호 정보를 서로 교환하는 절차를 말하며, 전화 단말기와 교환기 사이에 적용되는 신호방식인 가입자선 신호방식(Subscriber Line Signalling)과 중계선 구간을 대상으로 하는(즉 교환기와 교환기 사이에 적용되는) 국간 중계선 신호방식(Inter-Office Trunk Signalling)으로 구분할 수 있으며 이 방식이 전송 및 교환 기술의 발달에 따라 가입자선 신호방식보다 발달하여 왔다.

38 다음 중 공통선 신호방식(Common Channel Signaling)의 특징이 아닌 것은?

① 통화채널과 분리된 별도의 신호채널을 통해 신호가 송수신된다.
② 축적 프로그램 제어 방식에 의해 신속한 상호 전달 능력과 망의 상태관리나 보수 과금 정보 전송도 수행할 수 있다.
③ 신호망의 일부 손상이 통신망의 마비를 초래할 수 있다.
④ 신호전송의 전기적 조건에 따라서 직류방식, In-Band 방식 등으로 나눈다.

해설

직류방식, In-Band, Out-Of-Band방식으로 나누는 것은 통화로 신호방식이다.

39 전화교환기에서 신호 정보를 집중 처리하는 특성에 의해 적용되는 방식으로 신호회선과 통화회선이 분리되어 있는 신호 방식은?

① 집중 신호방식   ② 통화로 신호방식
③ 개별선 신호방식   ④ 공통선 신호방식

40 전화통신망(PSTN)의 교환기와 교환기 사이에 제어신호 전달에 사용되는 전송규격은?

① SIP   ② MGCP
③ H.323   ④ No.7 신호방식

해설

공중교환전화망(PSTN : Public Switched Telephone Network)
① 일반 공중용 아날로그 전화망이었던 PSTN은 이제 거의 완전히 디지털이 되었으며 현재 고정 전화뿐 아니라 휴대 전화를 모두 포함한다.

[정답] 36 ② 37 ④ 38 ④ 39 ④ 40 ④

② 1980년에 ITU-T가 No.7 신호 방식을 권고하였다. 이로써 개인 전화번호, 착신 과금 전화번호 등 교환기끼리 많은 정보를 쌍방향으로 교환하는 부가 서비스를 제공할 수 있게 되었다.

[참고] 신호방식은 전화기와 교환기 간, 교환기 상호간 통신회선의 설정, 유지, 과금, 복구 등에 필요한 정보를 교환하는 것으로, NO.7 신호방식은 가입자 정보회선과 별도의 제어신호 회선으로 구성된 공통선 신호방식으로, 신호회선마다 64[Kbps]급의 전송속도를 제공하고 있다.

41 다음 중 No.7 CCS(Common Channel Signaling) 장점이 아닌 것은?
① 신호와 이용자 정보의 동시전달이 망 접속의 설정과 동시에 가능, 호 접속 상태와 무관하므로 통화 중에도 신호전송이 가능하다.
② 통화로와 신호로가 개별회선에 중첩되는 방식으로 전송로 사용이 효율적이다.
③ 새로운 서비스와 부가 서비스의 도입을 포함하는 새로운 요구에 대해서 커다란 유연성을 갖는다.
④ 단일 64[kbps] 채널로 거의 1,000개 이상의 이용자 정보 채널을 동시에 제어할 수 있는 집중화된 신호장비를 사용하기 때문에 개별채널방식에 비해 경제적이다.

42 ITU-T의 V시리즈는 무엇을 대상으로 하는 표준안인가?
① 전화망을 통한 데이터통신
② 신호방식에 관한 데이터통신
③ 망 간 접속에 관한 데이터통신
④ 메시지 처리에 관한 데이터통신

해설
ITU-T의 표준화 시리즈 중 Data통신과 직접적인 관련이 있는 표준안 시리즈는 V시리즈와 X시리즈이다.
① V시리즈는 Analog Data를 전송하기 위하여 개발된 기존 터미널 인터페이스로 모뎀 인터페이스라고도 하며 기존의 PSTN (공중전화망)을 이용한 정보 전송용으로 수행하는 경우의 터미널 접속 규격의 종류이다.
∴ 전화나 음성 대역 전용선 등의 아날로그회선에서 사용하기 위해 개발된 터미널용 인터페이스 조건이다.
② X시리즈는 Digital Data를 전송하기 위해서 개발된 신규 터미널 인터페이스이다.

43 패킷 교환망의 설명으로서 옳지 않은 것은?
① 축적 교환 방식이다.
② 패킷 단위로 데이터를 전송한다.
③ 많은 양의 데이터를 계속해서 전송하는 데 유효한 방식이다.
④ 메시지를 일정한 크기로 자른 것을 패킷이라 한다.

44 패킷망에 대한 설명 중 옳지 않은 것은?
① 패킷 교환망에는 반드시 PAD를 사용하여야 한다.
② PAD는 패킷 조합 기능과 역으로 패킷으로부터 통신 데이터를 복원하는 기능을 가지고 있다.
③ 데이콤의 패킷망 명칭은 DNS이다.
④ 패킷망의 번호 구성은 ITU-TS 권고 표준으로 15자리를 사용한다.

해설
패킷망의 번호구성은 14자리이다.

45 일반적인 패킷 교환망에 대한 설명 중 틀린 것은?
① 2진 데이터 신호를 일정한 길이의 Block으로 나누어진 패킷을 이용한다.
② 패킷을 저장·송출하면서 비동기적으로 송·수신하는 교환망이다.
③ 패킷의 크기는 어느 망이건 항상 일정한 크기로 이루어진다.
④ 패킷 교환의 기원은 1960년대 초에 미국 RAND Co.의 Paul Baran과 그 동료들이 군용 통신의 Security 문제를 다루면서 탄생시킨 기술이다.

해설
패킷의 크기는 많이 제공하는 기능에 따라 128B에서 096B 등으로 각각 다르다.

[정답] 41 ② 42 ① 43 ③ 44 ④ 45 ③

46 패킷 교환망에 대한 다음의 설명에서 틀린 것은?

① 패킷의 처리 과정은 형성 → 교환 → 전송 → 분해의 순으로 이루어진다.
② 패킷의 전달 방식에는 데이터그램 방식과 가상 회선 방식이 있다.
③ 데이터 그램 방식은 같은 발생지와 같은 목적지를 가진 패킷들도 상호 독립적으로 전달된다.
④ 가상 회선 방식은 패킷의 도달 순서가 보존되지 아니한다.

47 패킷 교환 방식의 특징이 아닌 것은?

① 회선 교환 방식과 메시지 교환 방식의 단점을 최대한 보완한 방식
② 상당한 트래픽 용량이 있는 상황하에서 패킷 교환의 효율성이 배가된다.
③ 패킷 교환에서는 메시지의 길이(패킷)가 제한된다.
④ 축적 개념을 가지지 않는 교환 방식이다.

해설
패킷 교환(Packet Switching)
전송할 메시지를 패킷이라 부르는 일정한 길이인 패킷 형태로 만들어진 데이터를 패킷 교환기가 목적지 주소에 따라 적당한 통신 경로를 선택하여 보내주는 교환 방식이다.
① 패킷 교환은 메시지 교환과 회선 교환의 장점을 수용하고 두 방식의 단점을 최소화한 방식이다.
② 많은 스테이션간에 상당한 양의 통신이 있는 상황에서 효율성이 증가한다.
③ 메시지 교환 방식과 유사하지만 패킷 교환에서는 메시지의 길이(Packet)가 제한된다.
④ 축적 교환 방식의 일종이다.

48 패킷 교환의 일반적인 이점에 해당되지 않는 것은?

① 회선 교환이기 때문에 송신기, 수신기와 망과의 사이에 통신 속도가 달라졌고 통신이 가능하다.
② 통신회선의 사용 효율이 매우 높고 비어 있는 중계선이 계속해서 사용되기 때문에 통신 비용이 싸진다.
③ 중계선이나 노드의 하나에 고장이 생겨도 자동적으로 우회 중계가 되어 원칙적으로 통신이 중단되지 않는다.
④ 일정한 길이를 가진 패킷 형태로 통신이 행해지므로 정도가 높은 전송 제어 절차를 적용하는 것이 쉽고 망 내에서 전송 에러를 매우 낮게 유지할 수가 있다.

해설
패킷 교환(Packet Switching)은 메시지 교환과 회선 교환의 장점을 수용하고 두 방식의 단점을 최소화한 방식이다.

49 데이터 교환 방식 중 패킷 교환 방식의 특징이 잘못된 것은?

① 순간적인 대량 데이터 전송
② 접속 소요 시간이 매우 짧음
③ 메시지의 검색 불가능
④ 직접 전기적 연결 있음

50 데이터그램 패킷 교환 방식에 관한 설명 중 옳지 않은 것은?

① 데이터 전송 전에 호출 설정 단계가 필요하다.
② 전송중 노드(Node)의 장애시 다른 노드의 경로 설정이 가능하다.
③ 각 패킷마다 오버헤드 비트가 필요하다.
④ 각 패킷마다 경로가 설정된다.

51 다음 정보를 전송하는 방식 중 축적교환방식이 아닌 것은?

① 회선교환방식
② 데이터그램 패킷교환방식
③ 메시지교환방식
④ 가상회선 패킷교환방식

출제 예상 문제

52 다음 교환방식 중 정보전송을 시작하기 전에 두 지점의 논리적인 전송로를 설정하고 VCI를 이용하여 전송하는 방식은?

① 회선교환방식
② 메시지교환방식
③ 가상회선교환방식
④ 데이터그램교환방식

해설
가상회선 패킷교환(Virtual Circuit Packet Switching)은 회선교환방식의 장점을 이용한 패킷교환방식으로, 패킷을 전송하기 전에, 물리적 회선의 어떤 가상경로(VP : Virtual Path) 및 가상채널(VC : Virtual Channel)을 이용할 것인가를 결정한 다음, 결정된 VP와 VC를 이용해 패킷을 전송 및 교환하는 방식으로 연결형 서비스를 제공한다.

53 다음 중 네트워크계층 중 접속형 연결방식에 대한 설명으로 맞지 않는 것은?

① 가상회선 교환방식이다.
② 패킷 수신 순서는 전송 순서와 다르다.
③ 초기 설정과정이 필요하다.
④ 상대 주소는 접속 설정 시에만 필요하다.

해설
모든 패킷은 설정된 VP와 VC를 따라 순차적으로 전송된다. 따라서 송신측에서 전송한 패킷 순서와 수신측에 도착하는 패킷의 순서가 같다.

54 다음 중 패킷 교환 방식의 가상 회선 방식에 대한 설명 중 옳은 것은 어느 것인가?

① 교환기는 각각의 패킷에 대해 독립적으로 경로를 결정하므로 목적지 주소가 같더라도 다른 경로를 따라 전송될 수 있다.
② 각 패킷들을 목적지 주소를 자세히 적어야 한다.
③ 패킷은 보내진 순서와 다른 순서로 목적지에 전달이 될 수 있으므로 수신측에서 패킷을 정렬해야 한다.
④ 각 패킷은 논리적인 접속이 이루어지므로 각 패킷에 대한 목적지 주소를 자세히 적을 필요가 없으므로 추가 데이터량을 줄일 수 있다.

해설
①, ②, ③ 항은 데이터그램(Data Gram) 방식이다.

55 다음 중 가상회선 패킷 교환 방식의 특징이 아닌 것은?

① 각 패킷은 가상회선을 따라서 미리 정해진 경로로 전송된다.
② 순서 제어, 오류 제어, 흐름 제어 등의 기능이 있다.
③ 비교적 짧은 데이터를 보낼 때 유리하다.
④ 추가 데이터량이 회선 교환보다 많다.

해설
가상회선 패킷 교환 방식(Virtual Circuit)
① 가상 회선 방식은 패킷이 전송되기 전에 발신 및 수신 DTE간에 논리적인 경로가 미리 성립되는 방식이다.
② 비교적 긴 데이터를 보낼 때 유리하다.

56 호출 개시 과정을 통해 수신측과 논리적 접속이 이루어지며 각 패킷은 미리 정해진 경로를 통해 전송되어 전송한 순서대로 도착되는 교환방법은?

① 회선교환방법
② 가상회선교환방법
③ 데이터그램교환방법
④ 메시지교환방법

57 패킷교환 방식에서 데이터그램 방식에 대한 설명 중 잘못된 것은?

① 패킷을 임시로 저장할 버퍼를 필요로 한다.
② 패킷마다 목적지 주소에 의해 개별적으로 송신경로가 정해지는 방식이다.
③ 데이터그램 방식의 대표적인 예는 X.500 인터페이스 프로토콜에 의한 통신망을 들 수 있다.
④ 패킷의 수신 순서는 중간 교환노드의 상황에 의해 변할 수 있다.

[정답] 52 ③   53 ②   54 ④   55 ③   56 ②   57 ③

해설

데이터그램(Datagram) 전송기술
① 데이터그램이란 패킷교환에서 각각 독립적으로 취급되는 각 패킷을 말한다.
② 데이터그램 방식이란 패킷교환에서 각 패킷이 독립적으로 처리되어 목적지까지 도달하는 방식을 말한다.
▶ 한편, 이와 반대되는 개념으로 패킷교환 상에서 회선 연결의 개념에 의해 양단간에 회선이 성립되는 방식을 가상회선(Virtual Circuit) 방식이라고 한다.
▶ X.500은 파일과 디렉토리에 대한 분산형 유지보수의 표준을 지정하는 ITU-T 권고이다.

58 패킷교환에서 데이터그램(Datagram)방식에 대한 설명으로 틀린 것은?

① 메시지 내의 각 패킷들은 독립적으로 교환 처리된다.
② 가상회선방식보다 호출설정의 시간 지연이 크다.
③ 수신단에서 각 패킷의 재구성이 필요하다.
④ 각 패킷마다 어드레스 정보를 포함한다.

해설

교환방식 구분	데이터그램 패킷교환	가상회선 패킷교환
목적지 어드레스	모든 패킷에 필요	setup시에만 필요
에러 제어	호스트에 의해 수행	서브네트에서 수행
지연 여부	패킷 전송 지연	호출설정 지연
전송경로 형태	각 패킷마다 전송로 설립	전체전송을 위해 전송로 설립

59 다음 중 WAN을 구성하기 위한 패킷교환의 설명으로 옳지 않은 것은?

① 데이터그램의 접근 방법은 네트워크층의 기술이다.
② 가상회선 접근 방법은 데이터링크층의 기술이다.
③ 가상회선을 위한 원거리 네트워크는 송신지에서 목적지의 트래픽을 전달하는 교환기가 있다.
④ 가상회선은 송신지에서만 전역 주소(Global Addressing)가 필요하다.

해설

패킷교환방식의 서비스 형태
① 데이터그램(Datagram) 서비스
  ㉠ 각 패킷마다 목적지의 주소를 가지며, 연결 경로를 확립하지 않고 각각의 패킷을 순서에 무관하게 독립적으로 전송하는 방식이다.
  ㉡ 각 패킷(데이터그램)은 다른 패킷과 무관하게 취급하며, 이것은 네트워크 층에서 구현된다.
② 가상 회선(Virtual Circuit) 서비스
  ㉠ 데이터의 전송 전에 송신-수신 스테이션 사이에 패킷이 전송될 논리적 경로(가상 회선)를 설정하며, 일단 경로가 설정되면 동일한 메시지에 속한 모든 패킷들은 동일한 가상 회선을 통하여 축적 교환 방식으로 전송된다.
  ㉡ 가상회선 네트워크는 보통 데이터 링크층에서 구현된다.
  ㉢ 가상회선 네트워크에서는 전역주소와 지역주소(가상회선 식별자)를 사용하는데, 전역주소는 네트워크 전체에서 통용되는 주소로서, 발신지 또는 목적지 주소를 갖는다.

60 패킷 교환망이 회선 교환망에 비해 장점이 아닌 것은?

① 고속 전송이 가능하다.
② 패킷 교환망은 대용량 전송에 적합하다.
③ 다른 기종간에 통신이 가능하다.
④ 종량제 요금에 유리하다.

해설

① 대용량 데이터 전송시 전송 지연이 커진다.
② 음성 통신을 할 경우 오류가 발생한 데이터를 재전송시 음성 통신에 장애를 가져올 경우가 있다.

61 패킷 교환망(PSDN)에서 패킷 교환망 접속 기능을 갖고 있지 않은 비패킷 단말장치를 패킷 교환망으로 접속시켜주는 기능을 수행하는 장치는 무엇인가?

① TAD   ② RAD
③ PAD   ④ WAD

해설

패킷 조립 분해기(PAD : Packet Assembly and Disassembly)
① 비 패킷형 단말장치들을 패킷교환망에 접속될 수 있도록 가입자의 데이터를 패킷화하고, 또 수신패킷을 원래의 데이터로 복원시켜 주기 위한 기능을 제공하는 것이다.
② PAD는 데이터 전송을 위해, 데이터 흐름을 분리된 패킷들로 나누고, 수신측에서는 패킷을 다시 재조립하는 하드웨어 또는 소프트웨어 장치를 일컫는다.

[정답] 58 ② 59 ④ 60 ② 61 ③

62. 다음 중 PAD의 설명으로 옳은 것은?

① 패킷모드 단말기를 위한 장치이다.
② 비패킷모드 단말기를 위한 장치이다.
③ X.25는 PAD의 기본적인 특징을 규정하고 있다.
④ X.28은 PAD의 기본적인 특징을 규정하고 있다.

63. 패킷교환망에서 PAD(Packet Assembly Disassembly) 기능과 그 동작을 제어하는 인자들에 관한 ITU-T 표준은?

① X.3   ② X.25
③ X.28   ④ X.29

해설

패킷 조립/분해기(PAD : Packet Assembly and Disassembly)
① PAD는 데이터 전송을 위해, 데이터 흐름을 분리된 패킷들로 나누고, 수신측에서는 패킷을 다시 재조립하는 하드웨어 또는 소프트웨어장치를 일컫는다.
② ITU의 X시리즈 권고안

번호	내용
X.3	PAD의 변수와 기능 등을 정의한다. 비동기 전송에서 패킷 조립과 해체에 관해 정의하고 있다.
X.25	패킷형 단말과 패킷교환기간의 인터페이스로 권고하고 있다.
X.28	X.25 기능이 없는 단말(Dumb Terminal)과 PAD간의 통신 규약이다.
X.29	PAD와 원격 단말간의 관계를 정의한다.

64. 공중데이터망에서 PAD를 액세스하는 비동기식 단말장치를 위한 DTE/DCE간의 접속규격은?

① X.3   ② X.28
③ X.29   ④ X.75

65. 패킷 공중 통신망에서 가입자와 망간의 인터페이스 프로토콜은?

① X.21   ② X.23
③ X.25   ④ X.27

[정답] 62 ② 63 ① 64 ② 65 ③

2. 인터넷 통신망

1. 인터넷(Internet)

가. 인터넷의 개요

(1) Internet은 네트워크들의 집합체이다.
(2) 인터넷은 개별 네트워크들이 모여 하나의 거대한 가상 네트워크(Virtual Network)로 이루어진 것이다.
(3) 인터넷은 TCP/IP(Transmission Control Protocol/Internet Protocol)를 사용하는 네트워크들의 집합이다.

> **합격예측**
> 인터넷(Internet)은 Inter와 네트워크(Network)의 합성어

나. 인터넷의 역사

1969년 : 미 국방부에서 ARPA Net를 구축. 인터넷의 효시
1974년 : TCP 프로토콜 탄생
1982년 : TCP/IP가 인터넷 표준 프로토콜로 채택
1992년 : WWW(World Wide Web) 시작
1993년 : INTERNIC을 설립 Mosaic 개발

다. 인터넷 주소 체계

각기 독립된 네트워크들이 상호 연결된 형태의 경우에는 네트워크들마다 상이한 주소체계를 가지고 있다.

(1) 인터넷 프로토콜(IP : Internet Protocol)

인터넷 프로토콜(IP)은 현재 광범위하게 이용되고 있는 인터네트워킹 프로토콜로서 TCP/IP 프로토콜의 일부이며 IP는 OSI 7계층 프로토콜의 네트워크계층에 해당된다.

> **합격예측**
> ① IP : 인터넷상에서 컴퓨터의 유일한 번호(주소), 숫자로 표현
> ② Domain Name : IP를 쉽게 기억할 수 있게 한 방법, 영문자로 표현

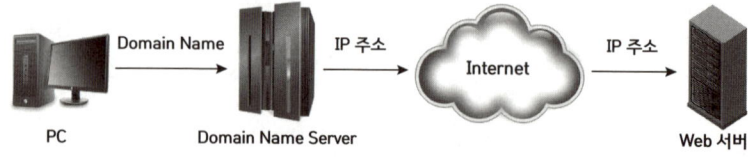

> **합격예측**
> DNS : Domain Name → IP주소 변경

(2) IP Address

① IP 주소는 컴퓨터 네트워크에서 장치들이 서로를 인식하고 통신을 하기 위해서 사용하는 특수한 번호이다.

② 고정된 IP 주소를 할당받아 사용하는 방법 이외에도 DHCP를 이용하여 동적으로 IP 주소를 할당받는 방법도 있다.

③ IPv4(IP Version 4)

IPv4 주소는 일반적으로 사용하는 IP 주소체계이다. 이 주소의 범위는 32비트로, 각 바이트(8비트)를 0~255 사이의 십진수로 쓰고 '.'으로 구분하여 나타낸다.

예 2진수 : 11000001 00100000 11011000 00001001
    IPv4 :   103.32.216.9

④ IPv6(IP Version 6)

모든 단말에 주소를 부여하기에 32비트로는 부족해짐에 따라 IP의 새로운 버전인 버전 6에서는 주소 길이를 128비트로 늘렸다. IPv6 주소는 16비트 단위로 구분하며, 각 단위는 16진수로 변환되어 콜론(:)으로 구분한다.

예 2001:0db8:3c4d:0015:0000:0000:1a2f:1a2b

⑤ IP Address 체계

네트워크의 크기에 따라 5개의 Class로 나뉘며, 인터넷은 주로 A, B, C Class가 사용된다.

ⓒ Class A : 하나의 네트워크 내에 많은 호스트가 있는 경우이다.
ⓒ Class B : 하나의 네트워크 내에 중간 정도의 호스트가 있는 경우이다.
ⓒ Class C : LAN과 같이 하나의 네트워크 내에 적은 호스트가 있는 경우로서 대부분의 네트워크는 클래스 C에 해당된다.

클래스 A	0	Network-ID	11111111	11111111	11111111
				254×254×254	16,387,064개

클래스 B	1	0	Network-ID	11111111	11111111
				254×254	64,516개

클래스 C	1	1	0	Network-ID	11111111
					254개

[클래스별 최대 호스트 개수]

라. 인터넷 프로토콜(IP) 구성

(1) 인터넷 프로토콜(IP)은 TCP, UDP 등의 전송계층 프로토콜에 기본적인 전달 서비스를 제공한다.

(2) IP는 목적 호스트와 네트워크에 데이터를 전달하는 역할을 수행하지만, 신뢰성을 보장하지 않으므로 실패하는 경우도 있다.

합격 NOTE

합격예측
동적 호스트 설정 프로토콜(DHCP)
: IP를 중앙에서 관리/할당

합격예측
IP 주소는 네트워크의 크기에 따라 클래스(Class)로 나뉘며, 대부분의 네트워크는 클래스 C에 해당한다.

합격 NOTE

(3) OSI 프로토콜계층과 IP계층의 비교

응용계층 (FTP, SMTP, TELNET SNMP, HTTP)	응용계층
	표현계층
	세션계층
전송계층 (TCP, UDP)	전송계층
인터넷계층 (IP, ICMP)	네트워크계층
네트워크인터페이스 계층	데이터링크계층
	물리계층

① IP는 OSI의 네트워크계층을 담당한다.
② TCP/UDP는 OSI의 네트워크계층과 전송계층의 일부를 담당한다.

> **합격예측**
> IP는 네트워크계층을 담당한다.

 참고

 TCP 와 UDP

① TCP(Transmission Control Protocol)
 TCP는 인터넷상의 컴퓨터들 사이에서 데이터를 메시지의 형태로 보내기 위해 IP와 함께 사용되는 프로토콜이다. IP가 실제로 데이터의 배달 처리를 관장하는 동안, TCP는 데이터 패킷을 추적 관리한다.

② UDP(User Datagram Protocol)
 ㉠ UDP는 IP를 사용하는 네트워크 내에서 컴퓨터들 간에 메시지들이 교환될 때 제한된 서비스만을 제공하는 통신 프로토콜이다.
 ㉡ UDP는 IP계층에서 제공되지 않는 두 개의 서비스를 제공하는데, 하나는 다른 사용자 요청을 구분하기 위한 포트 번호와, 도착한 데이터의 손상여부를 확인하기 위한 체크기능이다.

> **합격예측**
> UDP는 TCP의 대안이다.

마. 인터네트워킹 장비

인터네트워킹 장비는, 네트워크를 확장하거나 두 개 이상의 네트워크 사이의 통신을 위한 장비이다.

> **합격예측**
> 인터네트워킹 장비의 필요성 : 각종 통신망 상호 접속, 물리적 거리제한의 극복

[계층별 접속장비]

계층 구분	사용 장비
네트워크계층	라우터
데이터링크계층	브리지
물리계층	리피터

(1) 리피터(Repeater)

　　Repeater는 두개의 네트워크 사이에서 신호 전송을 담당하는데, 전기 신호 증폭을 주 기능으로 하는 가장 기초적인 장비이다.

(2) 브리지(Bridge)

　　Repeater는 동종의 두 네트워크 사이에서 신호전송을 하는 데 비해 Bridge는 동종의 다수 네트워크 사이에서 packet 전송을 담당한다.

(3) 라우터(Router)

　　Router는 이종 Network간의 packet 전송을 담당한다.

(4) 게이트웨이(Gateway)

　　① 게이트웨이는 OSI 참조모델의 모든 계층을 포함하는 인터네트워킹 장비로서, 상이한 프로토콜을 이용하는 네트워크들을 연결할 수 있다.

　　② 대형 Main Frame에 LAN을 접속하거나, CCITT X.25처럼 WAN 프로토콜을 LAN에 맞추기 위한 목적으로 사용된다.

바. 인터넷의 활용분야

(1) 통신 서비스 : 전자우편, 전자게시판, 전자회의, 대화, 인터넷폰
(2) 정보 검색 : Archie, Gopher, WWW
(3) 교육 매체, 연구 자원 : 전자 저널, 가상 현실
(4) 사이버 비즈니스, 사이버 쇼핑몰(Cyber Shopping Mall)
(5) 인트라넷(Intranet)
(6) 엔터테인먼트(Entertainment)

2. 인터넷 통신망

가. VoIP(Voice over Internet Protocol)

(1) 음성 인터넷 프로토콜(VoIP)의 정의

　　① VoIP는 컴퓨터 네트워크상에서 음성 데이터를 전송 가능한 패킷으로 변환하여 이를 인터넷 프로토콜을 통해 일반적인 전화와 같이 인터넷상에서 음성 통화를 가능하도록 하는 통신 서비스 기술이다.

합격 NOTE

합격예측
두 개의 Network의 예 : LAN과 LAN

합격예측
브리지는 물리적으로 서로 다른 LAN들을 상호 연결한다.

합격예측
이종 Network의 예 : LAN과 WAN

합격예측
최근 gateway 기능을 router가 대체하고 있다.

합격예측
Voice over IP(VoIP)는 IP 전화, 인터넷 전화라고도 한다.

② VoIP 기술은 패킷 전송방식을 사용, 작은 단위로 나뉜 음성 데이터 패킷을 기존에 사용하던 전화망(PSTN)을 통해 전송해주므로 훨씬 저렴한 비용으로 통화가 가능하다.

(2) VoIP 서비스의 종류

인터넷 전화 서비스는 크게 4가지 형태로 구분된다.

PC to PC 서비스

① 송·수신자가 H.323을 지원하는 PC의 인터넷폰 S/W를 이용하여 인터넷에 접속을 하여 사운드 카드를 이용하여 양방향으로 통화
② 전화통화를 원하는 두 PC 사용자 간에 웹을 통하여 통화를 하는 방식이다.

PC to Phone 서비스

송신자가 H.323을 지원하는 PC의 인터넷폰 S/W를 이용하여 전화측의 인터넷 Gateway를 경유하여 PC와의 전화간 통화

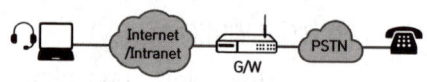

Phone to PC 서비스

송신자가 전화측의 인터넷 Gateway를 경유하여 수신측의 H.323을 지원하는 PC의 인터넷폰 S/W를 구동하여 전화와 PC간 통화

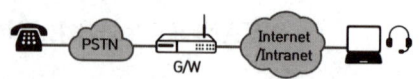

Phone to Phone 서비스

송·수신자 모두 Gateway를 경유하여 통화

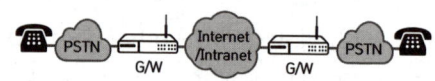

(3) VoIP와 전화망의 비교

기능	VoIP	전화망(PSTN)
접근범위	인터넷이 가능한 곳	전화회선이 설치되어 있는 곳
통신방식	H.323으로 통일	국가별로 다름
통신방법	패킷음성(Packet Voice)	아날로그 음성(Circuit Voice)
회선이용률	다수 사용자 동시 사용	한 명이 독점적 사용
통신사용률	접속 속도 및 회선 종류에 따라 다름	거리, 시간에 따라 차등
부가서비스	화상, 채팅 등 다양한 부가 서비스 가능	제한적인 부가 서비스 지원

합격 NOTE

합격예측
VoIP 서비스란 종래의 회선교환방식의 전화와는 달리 인터넷망의 근간인 IP Network에 음성을 패킷 형태로 전송하는 음성서비스이다.

합격예측
H.323은 TCP/IP상에서 음성이나 영상을 전송하기 위하여는 양방향 통신을 가능하게 하고 세션을 연결해주기 위한 프로토콜이다.

합격예측
게이트웨이(Gateway)는 한 네트워크(Segment)에서 다른 네트워크로 이동하기 위하여 거쳐야 하는 지점이다.

합격예측
전화망의 문제점 : PSTN 운용비용 증가, 신규 서비스 제공 곤란 및 부가서비스의 용량 한계 등

(4) VoIP 구성요소
   ① 응용계층 : 서비스의 생성/수행 기능, 지능화된 신호 처리, 서비스 관리
   ② 신호계층 : 신호 처리, 신호 변환, 자원관리, 매체 제어
   ③ 매체계층 : 실제 데이터 처리/전달 또는 변형, 품질 보장, 톤 발생 기능 담당

(5) VoIP 프로토콜
   ① H.323
      ㉠ QoS(Quality of Service)를 보장하지 않는 PBN(Packet Based Network)을 통하여 멀티미디어(음성, 비디오, 데이터 등)를 전송하는데 관련된 ITU-T 표준이다.
      ㉡ 멀티미디어 데이터를 TCP/IP, UDP 등의 패킷 교환 방식의 네트워크를 통해 전송하기 위한 ITU-T 표준이다.
      ㉢ 고품질 비디오를 위한 LAN 표준으로 28.8 Kbps 정도의 느린 회선을 위한 표준을 모두 포함한다.
      ㉣ 음성 중심의 프로토콜이다.
   ② 세션 설정 프로토콜(SIP : Session Initiation Protocol)
      ㉠ 매우 간단한 텍스트 기반의 응용계층 제어 프로토콜로서, 하나 이상의 참가자들이 함께 세션을 만들고, 수정하고 종료할 수 있게 한다.
      ㉡ 멀티미디어 통신을 원하는 단말기들의 상호 식별, 위치탐색, 세션 생성, 삭제, 변경을 위한 IETF(Internet Engineering Task Force) 표준 프로토콜이다.
      ㉢ 간단한 텍스트 기반의 제어 프로토콜이다.
      ㉣ 특징 : 최소 상태 유지, 하위 계층 프로토콜에 중립, 텍스트 기반 프로토콜, 사용자 이동성 보장

[H.323과 SIP의 비교]

항목	H.323	SIP
표준 기관	ITU	IETF
기반	인터넷 기반	음성전화망 기반
인코딩	ANS.1에 의한 코딩	HTTP 기반의 텍스트
전송프로토콜	UDP 또는 TCP	UDP
프로토콜 구성	복잡	단순
서버	게이트 키퍼(Gatekeeper)	SIP 네트워크 서버
확장성	부족	가능
복잡성	복잡	간단

합격 NOTE

합격예측
VoIP는 음성 신호를 디지털화하고 압축한 후 IP 패킷화하여 인터넷상에서 전달하므로 기존의 PSTN에 비해 낮은 가격으로 전화서비스 제공 가능

합격예측
VoIP 프로토콜은 H.323, SIP, MGCP 등이 있는데 우리나라의 VoIP 장비는 대부분 H.323으로 되어 있다.

합격예측
VoIP 프로토콜 : H.323 기반의 패킷망에서의 멀티미디어 서비스

합격예측
세션(접속) 설정 프로토콜 : 인터넷 전화 호와 같은 멀티미디어 세션(Conference)을 설정, 수정, 종료할 수 있는 응용 계층의 시그널링(Signaling) 프로토콜

합격예측
SIP는 H.323과 같은 복잡한 호 절차를 생략하였고, 구문이 간단하여 구현이 쉽다는 장점을 갖는다.

합격예측
① H.323 프로토콜은 수백개의 구성요소로 정의되므로 복잡하다.
② SIP 프로토콜은 37개의 헤더 구성요소로 정의되므로 간단하다.

합격예측
게이트키퍼(Gatekeeper) : H.323 터미널에 대한 주소변환, 접근제어 등의 기능을 하며, 게이트웨이의 위치를 터미널에 알려주거나, 대역폭 관리를 하는 장치

합격 NOTE

합격예측
RTP : QoS나 전송의 신뢰성은 보장하지 않음

합격예측
RSVP : 송수신 종단간 QoS 보장

합격예측
소프트 스위치는 소프트웨어로 구현한다.

합격예측
게이트웨이들간의 정보의 전달을 위해서 RTP 사용

합격예측
사설교환기(PBX:Privite Branch Exchange) : 사용자들간에 (음성) 전화를 자동으로 연결해주기 위한 유선 전화교환 시스템

---

③ MGCP(Media Gateway Control Protocol)
  ㉠ 외부 망의 호 처리 장비에 의해 게이트웨이(Gateway)가 제어될 수 있도록 설계되어 있는 프로토콜이다.
  ㉡ 인터넷 망과 기존의 PSTN 망 사이에 게이트웨이를 사용함으로써 서로 다른 네트워크를 연동하여 VoIP 서비스를 제공한다.

④ RTP(Real-time Transport Protocol)
  음성 영상 데이터 등과 같은 실시간 정보를 멀티캐스트나 유니캐스트 서비스를 통해서 전송하는데 적합한 프로토콜이다.

⑤ RSVP (ReSource Reservation Protocol)
  실시간 전송을 위한 자원 예약 프로토콜이다.

(6) VoIP 관련 장비

장비	기능
소프트 스위치 (Soft Switch)	• 음성, 데이터, 영상 등의 통신정보를 통합적으로 관리 • 미디어 게이트웨이를 제어 • 기존 회선 음성 교환망과의 연동 기능
미디어 게이트웨이 (Media Gateway)	• 이종 네트워크간에 미디어를 주고받기 위해 데이터 포맷 변환 기능 • 음성신호를 패킷형태로 바꾸기 위해 음성의 압축 또는 해체
IP-PBX	• 인터넷망을 통한 전화통화는 물론 웹 기반에서의 자유로운 멀티미디어 구현이 가능한 차세대 교환시스템 • 이더넷 또는 패킷 LAN을 사용하여 전화를 연결할 수 있도록 IP 프로토콜을 지원하고, 음성 대화를 IP 패킷으로 보내는 PBX

 참고

📍 IP-PBX

(1) IP-PBX의 장점
  : 통신비용의 절감, 물리적 배선의 통합, 애플리케이션 연동, 다양한 부가 서비스 등

(2) IP-PBX의 종류
  ① 하드웨어형 IP-PBX
    ㉠ 기존 PBX와 유사한 형태로써 전용 OS에 의해 동작한다.
    ㉡ 소프트웨어형보다 신뢰성이 높으나 설치하는데 특수한 기술이나 지식이 필요하다.

② 소프트웨어형 IP-PBX
　㉠ 윈도우나 리눅스 상에서 동작한다.
　㉡ 관리가 용이하고 소프트폰이나 UMS 등 애플리케이션과 데이터베이스 등의 시스템과의 호환성이 높아 IP-PBX 기능만도 이용 가능하다.
③ 통합형 IP-PBX

나. 인터넷 프로토콜 텔레비전(IPTV : Internet Protocol Television)

(1) IPTV(Internet Protocol Television)

① IPTV는 광대역 연결 상에서 인터넷 프로토콜을 사용하여 소비자에게 디지털 텔레비전 서비스를 제공하는 시스템을 말한다. 더불어 같은 기반구조를 이용하는 주문형 비디오(VOD)는 물론 기존 웹에서 이루어지던 정보검색, 쇼핑이나 VoIP 등과 같은 인터넷 서비스를 부가적으로 제공할 수 있게 되어 사용자와의 활발한 상호작용이 가능하다.

② IPTV는 초고속 인터넷을 이용하여 정보 서비스, 동영상 콘텐츠 및 방송 등을 텔레비전 수상기로 제공하는 서비스를 말한다. 즉, IPTV는 인터넷과 텔레비전의 융합이라는 점에서 디지털 컨버전스의 한 유형이라고 할 수 있다.

③ IPTV의 구성요소

IPTV 구성요소	종류 및 내용
콘텐츠	고객 맞춤형 서비스 고객 참여형 서비스 엔터테인먼트형 서비스 실용 중심형 서비스
미디어 플랫폼	Recursive System Head/End System, Management System
네트워크(인터넷)	초고속 인터넷망 QoS Enabled IP Network
단말(셋톱박스)	셋톱박스와 연결된 TV

합격 NOTE

합격예측
IPTV는 초고속 인터넷망을 이용한 양방향 텔레비전 서비스이다.

합격예측
스마트TV는 케이블TV와 IPTV의 특징을 갖는 통합 미디어 서비스이다.

합격 NOTE

④ IPTV 서비스의 분류

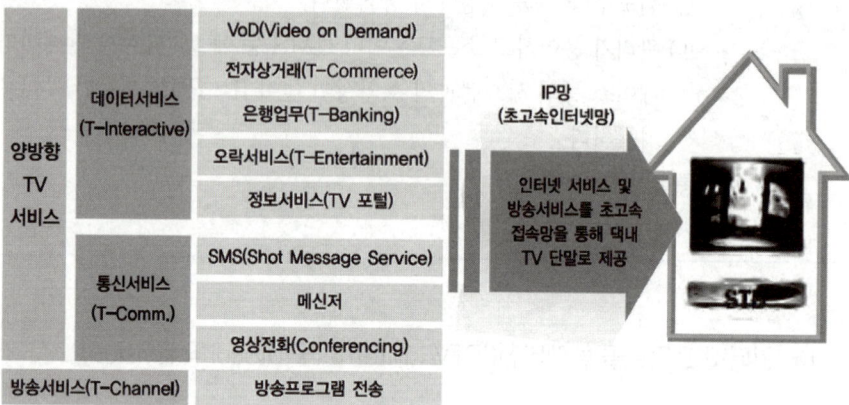

⑤ IPTV의 주요 기술

IPTV 주요 기술	내 용
영상/음성 압축 기술	• 최소의 대역폭으로 콘텐츠를 전송하기 위한 영상 압축 기술이 필수적이다. • 압축 기술 : H.264(영상), AAC, AC-3(음성)

콘텐츠 보안 기술	① CAS(Conditional Access System)
	   유료 TV 시스템에서 자격을 가진 가입자만이 해당 채널을 시청할 수 있도록 하는 콘텐츠 보안 기술
	② DRM(Digital Right Management)
	   네트워크에서의 다양한 콘텐츠를 제공자(CP : Content Provider)로부터 고객으로 안전하게 전달하고 이 고객이 불법적으로 콘텐츠를 유통하지 못하도록 하는 기술

네트워크 전송 기술	동일한 가입자망에 속한 다수의 가입자가 동일한 채널을 시청할 경우 네트워크 트래픽 폭주를 최소화하기 위하여 IP 멀티캐스팅, QoS 기술을 사용한다.
데이터방송 미들웨어기술	• 지상파 : ACAP(Advanced Common Application Platform) • 케이블 : OCAP(Open Cable Application Platform) • 위성 : MHP(Multimedia Home Platform) ▶ 모두 GEM을 기반으로 하고 있어 기술적으로 거의 유사하다.
STB (Set-Top Box) 기술	• IP STB는 헤드엔드 장비에서 송출하는 방송서비스 및 다양한 부가 서비스를 수신 및 재현하는 장치

합격예측
- CAS : 방송 프로그램에 대한 사용자 접근제어 기능을 제공
- DRM : 콘텐츠 데이터의 불법 유출을 방지하는 기술

⑥ IPTV의 장·단점
  ㉠ 장점
    ⓐ 시청자가 편한 시간에 자신이 보고 싶은 프로그램만 골라서 볼 수 있다.
    ⓑ 실시간으로 제공되는 프로그램에 대해서 중간에 자신의 의견을 전달할 수 있다.
    ⓒ 리모콘 조작이라는 간편한 방법으로 다양한 서비스를 제공받을 수 있다.
  ㉡ 단점
    ⓐ 방송과 IP 기술의 단순결합의 형태이다.
    ⓑ 거실에서 보는 유선 기반의 고품질 인터넷 TV 개념에 지나지 않는다.
    ⓒ 아직은 새로운 부가가치 서비스 모델이 미흡, 부재한 실정이다.

(2) 모바일 IPTV (Mobile IPTV)
  ① 이동성과 편의성 측면에서 유선 인터넷에서 이루어지는 IPTV 서비스가 모바일 환경에서 이루어지는 것을 말한다.
  ② 모바일 IPTV는 특성이 전혀 다른 망간에 서비스가 연속성적으로 이루어 질 수 있는 기술이 필요하다.

다. OTT(Over The Top)
  ① OTT는 인터넷을 통해 언제 어디서나 방송 프로그램·영화·교육 등 각종 미디어 콘텐츠를 시청할 수 있는 서비스를 말한다.
  ② OTT 서비스란, 기존의 통신 및 방송 사업자와 더불어 제 3사업자들이 인터넷을 통해 드라마나 영화 등의 다양한 미디어 콘텐츠를 제공하는 서비스이다.
  ③ OTT는 범용 인터넷망을 이용해 디바이스의 제약 없이 콘텐츠를 제공하는 서비스이다.

(1) OTT 서비스 사업자 유형

구분	주요 사업자
플랫폼과 단말기 중심	Apple, MS 등
플랫폼 중심	Netfflix, Amazon, Google 등
단말기 중심	Roku, Boxee 등
콘텐츠 중심	Hulu

[출처 : 배병환, 인터넷진흥원]

합격예측
Mobile IPTV : 기존 IPTV에 이동성을 추가하여, 이동 환경에서도 동영상 서비스를 제공한다.

합격예측
'Top'은 Set-Top Box를 의미하며, OTT는 셋톱박스의 기능을 넘어선다는 의미이다.

합격예측
OTT는 전용망이 아니라 범용 인터넷망을 이용해 다양한 콘텐츠를 제공한다.

합격예측
넷플릭스, Hulu가 대표적인 OTT 서비스를 제공하고 있다.

합격 NOTE

(2) OTT의 특징
① 가격 저렴
② 사업을 위한 진입장벽이 낮음
③ 간편하게 영화나 프로그램을 시청하고자 하는 소비자의 요구를 적절하게 충족

참고

VOD, IPTV, OTT

① IPTV와 OTT의 차이는 어떠한 인터넷 망을 사용하는가 이다.
  ㉠ IPTV : 서비스업체가 소유한 인터넷 망으로 서비스 제공
  ㉡ OTT : 서비스업체가 소유하지 않은 인터넷 망, 즉 타사의 인터넷 망으로 서비스 제공
② 주문형 비디오(VOD : Video On Demand)
  : OTT에서 제공받을 수 있는 서비스이다.

초고속 가입자망의 종류

① xDSL : 기존 전화용 동선 케이블에 초고속 모뎀을 접속하여 최소 128[kbps], 최대 53[Mbps]급의 디지털 가입자망 구성
② HFC(Hybrid Fiber Coaxial) : 기존 CATV망을 활용하여 CATV용 단방향 서비스를 제외한 전송대역을 양방향 디지털 서비스용 가입자망으로 구성
③ 광 가입자망 : 기존 전화용 동선 케이블의 일부 또는 전부를 광케이블로 대체하여 고속 광대역의 가입자망 구성
④ 무선 가입자망 : 무선방식으로 초고속 접속기능을 제공하는 광대역 가입자망 구축

3. 초고속 통신망

가. 디지털 가입자 회선(xDSL : x-Digital Subscriber Line)

(1) xDSL

① xDSL은 여러 종류의 DSL(디지털 가입자 장치)을 총칭하여 부르는 용어이며, 여기서 DSL은 일반 구리 전화선을 통하여 가정이나 소규모 기업에 고속으로 정보를 전송하기 위한 기술이다.

합격예측
OTT 사업자는 인터넷만 되면 서비스가 가능하다.

합격예측
VOD는 OTT 플랫폼에서 사용할 수 있는 서비스이다.

합격예측
초고속 가입자망
① xDSL : 전화선(동선)을 이용
② HFC : 광동축 혼합망 을 이용
③ FTTx : 광케이블을 이용
④ 무선가입자망 : 무선을 이용

② xDSL은 일반 전화망의 주파수 대역 중 사용하지 않는 대역을 이용하고, 기존의 전화서비스를 보장하면서, 고속의 데이터 전송을 제공하는 각종 전송기술을 총칭한다.

③ 종류

ADSL(Asymmetric Digital Subscriber Line), RADSL(Rate-Adaptive DSL), SDSL(Symmetric DSL), HDSL(High bit-rate DSL), VDSL(Very high data rate DSL) 등

구분	전송속도(bps)	최대거리	변조방식	응용	비고
ADSL	수신:160K~9M 송신:2~768k	5.4[km] (2선식)	DMT, CAP	인터넷, VOD, 원격지 LAN 접속	가장보편적인 DSL
RADSL	수신:600K~7M 송신:128~768K	6.3[km] (2선식)	DMT, CAP	회사, 캠퍼스, 공장, 관공서 등 LAN-to-LAN 접속	S/W 업그레이드로 서비스질, 속도향상
SDSL	수신:160K~2.048M 송신:160K~2.048M	3.6[km] (2선식)	DMT, CAP	T1/E1서비스, LAN, WAN접속, 서버접속	HDSL의 단일 구리
HDSL	수신:1.5~2.048M 송신:1.5~2.048M	5.4[km] (4선식)	2B1Q, CAP	T1/E1서비스, LAN, WAN접속, 서버접속	
VDSL	수신:1.3~52M 송신:3M	1.4[km] (2선식)	CAP, DWMT, QAM	인터넷, VOD, HDTV	ATM 네트워크에서 사용

(2) VDSL(Very high-data rate Digital Subscriber Line)

① VDSL은 ADSL에 이어 등장한 초고속 디지털 전송기술의 하나이다.
② ADSL이 상대적으로 긴 가입자 회선에 광대역 서비스를 제공하고 VDSL은 단거리 구간에 고속데이터를 전송하는 기술이라는 차이점이 있다.
③ 특징

xDSL 기술 중 가장 빠른 속도를 제공, 양방향 최소 10Mbps 전송속도를 보장, 대칭형/비대칭형 서비스 가능

합격 NOTE

합격예측
xDSL은 기존의 전화선 이용하여 초고속 네트워크 구축하는 방법이다.

합격예측
전송거리
ADSL(3[km]), VDSL(1[km]), FTTH(20[km] 이상)

합격예측
VDSL과 PON은 FTTx를 지원하는 데 필수적인 기술이다.

합격예측
초고속 디지털 가입자 회선(VDSL)
: xDSL 기술 중 가장 빠른 속도 제공

합격 NOTE

합격예측
비대칭 : 네트워크 전송사업자로부터 전화가입자로 흐르는 하향채널의 전송속도와 반대인 상향채널의 속도가 다르다는 것

합격예측
ADSL
① 장점 : 추가적인 케이블 시공이 필요 없음
② 단점 : 전송 속도를 보장할 수 없음

합격예측
QAM은 진폭과 위상을 동시에 변화시켜 전송효율을 높인다.

합격예측
2B1Q : 2진 데이터 4개를 1개의 4진 심볼(-3,-1,+1,+3)로 변환하여 사용하는 선로부호화 방식

합격예측
HFC는 10Mbps 이상의 초고속 인터넷서비스를 제공한다.

참고

📍 **비대칭 디지털 가입자회선(ADSL : Asymmetrical Digital Subscriber Line)**

① 동축 케이블로 이루어진 기존의 전화망을 이용해 디지털신호를 쌍방향으로 전송하기 위해 개발된 기술이다.
② 상, 하향 전송속도가 같은 모뎀에 비해 300배 이상의 빠른 전송속도를 제공한다.
③ 기존 전화선이나 전화기를 사용하면서 고속 데이터 통신도 가능하며 동시 사용도 가능하다.
④ 일반 가정에 멀티미디어와 같은 고속의 통신 서비스를 쉽게 제공할 수 있는 장점이 있다.

---

④ 변조 방식
  ㉠ CAP(Carrierless Amplitude Phase Modulation) 방식
    ⓐ QAM에서 유래한 일종의 싱글캐리어 방식
    ⓑ 2B1Q(2Binary 1Quartenary)와 같은 대역폭을 사용하더라도 2B1Q보다 2배의 신호 전송속도를 갖는다.
    ⓒ 선로상의 임펄스 잡음 및 기존 서비스와의 간섭을 최소화할 수 있도록 주파수 배치가 용이하다.
  ㉡ DMT(Discrete Multi-Tone) 방식
    ⓐ 다중 반송파 변조(MCM : Multi-Carrier Modulation) 방식으로, 채널 스펙트럼을 여러 개의 부채널로 나누고 각 부채널을 QAM으로 만들어 전송
    ⓑ 각 주파수 대역별로 변조신호의 심볼률 변경가능
    ⓒ 부채널로 분리 처리되어 시스템이 복잡하고 시간동기 및 반송파 동기 필요

나. 광동축 혼합망(HFC : Hybrid Fiber Coaxial)

난시청을 해소하기 위한 공동 수신 시스템으로 시작한 케이블 TV(CATV) 망이 동축망에서 광동축 혼합망인 HFC로 발전하였다.

(1) HFC의 개요

① HFC는 광케이블과 동축케이블을 혼합한 선로 기술로 케이블 TV망에 광케이블을 도입한 양방향 케이블 TV망이다.

② HFC 망은 광케이블(Optical Fiber)과 동축케이블(Coaxial Cable)로 구성된 망이다.

　㉠ 방송국과 광단국(ONU)까지는 광케이블을 이용 (Star형 구성)

　㉡ 광단국에서 가입자까지는 동축케이블을 이용(Tree and Branch형으로 구성)

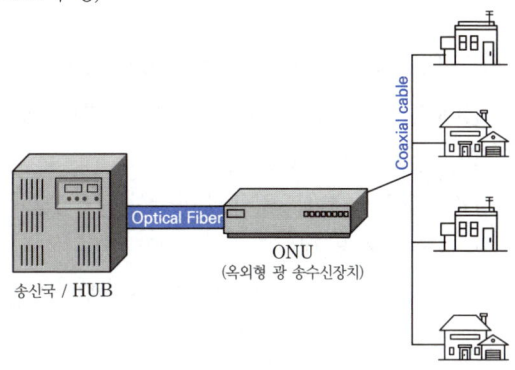

[HFC 망의 구성]

③ HFC는 많은 양의 데이터(인터넷, 케이블 TV, 방범, 방재, 원격검침, 자동제어)를 전송할 수 있는 광대역 전송망이다.

(2) HFC 망 기술

① HFC 전송망의 구분

　광전송 부분, 동축 전송 부분으로 구분

② HFC 주파수 대역

　상향대역(5[MHz]~42[MHz]), 하향대역(54[MHz]~750[MHz])

③ HFC 망 구성 요소

구분	종류	용도
광전송장치	광송신기	분배센터에서 전송된 RF 신호를 광신호로 변환하여 ONU로 송신
	광수신기	광케이블을 통해 ONU에서 전송된 광신호를 원래의 RF 신호로 변환
	옥외형 광송수신기 (ONU)	하향축으로는 광케이블을 통해 전송된 광신호를 원래의 RF 신호로 변환한 후 RF 증폭 모듈을 통해 적정 크기의 신호로 증폭하여 동축케이블로 전송하고, 상향축으로는 전단 증폭기에서 인가된 RF 신호를 광신호로 변환하여 광케이블로 전송
광케이블(Optical cable)		분배센터에서 ONU까지의 전송로

합격 NOTE

합격예측
① 광케이블 구간 : 방송국~광단국
② 동축케이블 구간 : 광단국~가입자

합격예측
옥외용 광 송수신장치
(ONU : Optical Network Unit)
전기적 신호를 광신호로 변환하여 광케이블을 통해 상대국 광단국 장치로 송수신하는 장치

합격예측
FTTH는 각 가입자의 모든 액세스 망까지 광으로 제공하는 것을 말함

합격 NOTE

동축 전송장치	증폭기 (TBA)	동축케이블의 선로 신호손실을 보상하고 필요한 레벨 유지
	분배기 (Splitter)	하나의 RF 신호를 둘 이상의 신호로 균등 분배
	분기기 (Tap-off)	가입자 단말로 신호를 균등 분배하기 위한 전송망의 최종 소자
동축케이블(Coaxial cable)		RF 신호를 전송하기 위해 사용되는 ONU에서 가입자까지의 전송로

[전자통신동향분석 2003-12]

(3) DOCSIS(Data Over Cable Service Interface Specifications)
① DOCSIS(닥시스)는 케이블망(HFC망) 상에서 데이터 전송에 요구되는 인터페이스 표준 규격이다.
② DOCSIS는 케이블 상에서 양방향 신호 교환을 위한 변조 방식과 프로토콜을 지정한다.
③ DOCSIS는 케이블TV 운영업체와 개인 또는 회사의 컴퓨터나 TV 셋 간의 데이터 입출력을 처리하는 장치인 케이블 모뎀의 표준 인터페이스이다.

(4) HFC의 특징
① 방송과 통신이 융합되어있는 망
② 혼합된 케이블 구성
③ 서비스구역이 Cell로 분할됨
④ 광대역, 다채널, 양방향 기능 수용
⑤ 주파수분할다중화(FDM)를 이용하여 아날로그 및 디지털 채널 지원

다. FTTx(Fiber to the x)

IPTV, VoIP 등의 융합서비스는 보다 넓은 대역폭과 빠른 전송속도를 요구하고 있어, 국내·외 통신사업자들은 기존 동선위주의 가입자망을 FTTC, FTTH 등의 광가입자망으로 고도화하는 데 주력하고 있다.

(1) FTTx
① FTTx는 구리선으로 되어 있는 전화망을 대체하는 광(optical fiber)의 네트워크 구조를 총칭한다.
② FTTx는 가입자 근방까지 광섬유를 배치하기 위한 기술을 총칭하는 것으로, 모든 광 솔루션이 액세스 망에서 가입자 댁내까지 직접 광케이블로 설비하는 것을 의미하는 것은 아니다.

합격예측
DOCSIS : 케이블 모뎀을 포함하여 케이블 TV 시설을 통한 초고속 인터넷 서비스를 위한 표준

합격예측
HFC : CATV 망을 통해 데이터, 음성, 영상서비스 동시 제공

합격예측
FTTx는 가입자 근방까지 광섬유를 배치하기 위한 기술

(2) FTTx의 종류

종류	설명
FTTN (Fiber to the Neighborhood)	가입자 주변의 특정 노드까지 광케이블이 연결되는 통신망
FTTC (Fiber to the Cabinet/Curb)	통신사업자들이 설치하는 주택가 주변의 작은 박스(Cabinet)까지 광케이블이 연결되는 통신망
FTTB (Fiber to the Building)	빌딩의 통신 관리실, 일반적으로 지하까지 광케이블이 연결되는 통신망
FTTO (Fiber-To-The Office)	대도시의 업무 지구를 대상으로 광케이블이 연결되는 통신망
FTTH (Fiber to the Home)	각 가정에까지 광케이블이 연결되는 통신망

(3) FTTH 네트워크 구성 방식

FTTH는 일반가정에까지 광섬유 케이블에 기반한 초고속 서비스를 제공하는 광가입자망 기술로, FTTH를 구현하는 방식으로 AON, PON이 있다. 여기서 AON과 PON의 구별은 광 신호를 분기시키는데 전원 장치가 필요한지, 필요치 않은지로 구분된다.

① 능동형 광 네트워크(AON : Active Optical Network)
  ⓐ 능동형 광 통신망은 주택 인근에 광 이더넷 스위치 등의 능동형 장비를 구축한 후, 여기서부터 가정의 광-전 변환기까지 광케이블로 연결하는 방식이다.
  ⓑ 별도의 전원공급이 필요한 광 능동소자로 구성되는 가입자구간용 광 통신망(즉, 광가입자망)이다.
  ⓒ ODN(Optical Distribution Network)에 전력공급이 필요한 능동형 광소자가 사용된다.
② 수동 광 네트워크(PON : Passive Optical Network)
  ⓐ PON은 수동소자로 광통신망을 구성하는 방식을 택하였기 때문에 수동형(Passive) 광 네트워크라고 한다.
  ⓑ PON이 어느 위치에서 종단 처리되느냐에 따라, FTTC, FTTB 또는 FTTH 등으로 나누어진다.

합격 NOTE

합격예측
FTTC : FTTH보다 경제적이다.

합격예측
FTTH는 가정에 광 망종단 장치(ONU)도 설치해야 하므로 경제성이 문제가 된다.

합격예측
광 가입자망 : 광섬유 케이블과 레이저 송수신 방법을 이용하여 각 가입자들에게 10Mbps 이상의 초고속 광대역 접속서비스를 제공할 수 있는 가입자망

합격예측
FTTH 망 구성방식 : AON, PON

합격예측
AON
① 가장 경제적이고 일반적인 구축 방안
② 능동장치에 전력을 공급해야 하는 단점

합격예측
PON은 일정 거리까지는 하나의 광선로를 이용한 후 분배기를 이용하므로 구축 비용이 저렴

합격 NOTE

합격예측
이중화의 목적 : 부하분산, 장애조치, 백업 등

합격예측
Gateway(출입구, 관문) : 이종 프로토콜 및 네트워크 간에 통신을 가능하게 한다.

합격예측
L3장비가 게이트웨이로 동작한다.

합격예측
게이트웨이 이중화 프로토콜 : HSRP, VRRP, GLBP 등

합격예측
GLBP의 기능 : Load Balancing, Failover, 가용성 향상

합격예측
초고속 무선 가입자 네트워크 종류 : 무선 LAN, UWB, B-WLL 등

합격예측
UWB는 HD급 대용량 멀티미디어 서비스를 제공하기 위한 저가, 저전력, 대용량이 가능한 단거리 무선통신기술이다.

참고

🔵 **안정적인 통신 환경을 구성하기 위한 방법**
  (1) Load balancing 또는 Failover의 목적으로 이중화를 구성한다.
  (2) 부하분산(Load balancing) : 동일 기능을 수행하는 장비를 여러 개 구성하여 네트워크 부하를 분산한다.
  (3) 장애조치(Failover) : 하나의 장비에 이상이 있을 경우, 다른 장비로 전환되어 서비스 단절 최소화한다.

🔵 **게이트웨이와 게이트웨이 이중화**
  (1) 게이트웨이(Gateway)
    ① 네트워크에서 서로 다른 통신망, 서로 다른 프로토콜을 사용하는 네트워크 간의 통신을 가능하게 하는 장치나 소프트웨어를 말한다.
    ② 한 네트워크(Segment)에서 다른 네트워크로 이동하기 위하여 반드시 거쳐야 하는 지점이다.
  (2) 게이트웨이 이중화
    ① 게이트웨이에 장애가 발생하면, 통신이 불가능해지기 때문에 2개 이상의 게이트웨이를 사용하여 환경을 구축하는 개념이다.
    ② 게이트웨이를 2개 이상 사용하여 안정적인 네트워크 환경을 구성하는 것을 게이트웨이 이중화라 한다.
    ③ 게이트웨이 이중화 프로토콜
      ㉠ HSRP(Hot Standby Router Protocol)
        : 간단하고 기본적인 장애 조치를 제공하는 프로토콜
      ㉡ VRRP(Virtual Router Redundancy Protocol)
        : Active-Standby로 동작하는 게이트웨이 이중화 프로토콜
      ㉢ GLBP (Gateway Load Balancing Protocol)
        : VRRP 기능에 Balancing 기능이 추가된 이중화 프로토콜

라. 초광대역통신(UWB : Ultra Wide Band)

(1) UWB의 소개
  ① UWB는 초 광대역 주파수 대역에서 낮은 전력으로 대용량의 정보를 전송하는 무선통신 기술이다.
  ② UWB는 다른 무선 기술에 거의 간섭을 일으키지 않으므로, NFC 및 블루투스(Bluetooth), 와이파이(Wi-Fi) 같은 다른 무선 기술과 병행하여 사용할 수 있다.

종 류	UWB	Bluetooth
주파수 대역	3.1~10.6[GHz]	2.4[GHz]
데이터 송수신 거리	100[m]	10[m]

③ UWB의 전송 속도는 500[Mbps] 정도로 기존 기술에 비해 10배 이상 앞서지만, 필요 전력량은 1/100(0.5[W/m]) 수준이다.

(2) UWB의 특징

① UWB통신방식은 수~수십[GHz]의 고주파대역을 활용하는 무선통신기술이다.
② UWB는 전송거리가 10[m] 안팎으로 짧지만 전송속도가 빨라서 홈 네트워킹 시스템이나 유비쿼터스 환경을 구현할 무선통신기술로 주목받고 있다.
③ UWB의 가장 큰 장점은 이미 다른 시스템이 사용하고 있는 주파수를 이용해 데이터를 송수신할 수 있다는 점이다.

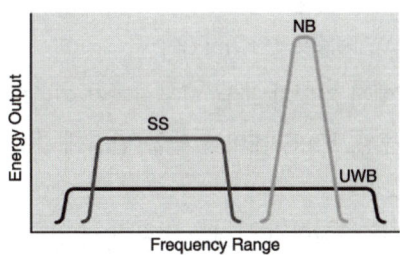

SS: Spread Spectrum
NB: Narrowband
UWB: Ultra-Wideband

(3) UWB의 사용기술

① 신호를 확산하는 DSSS(Direct Sequence Spread Spectrum)와 유사하게 주기가 1[ns] 이하인 초단파 펄스를 사용해 3.1~10.6[GHz]에 이르는 넓은 주파수 대역에 걸쳐 신호를 확산시킨다. 따라서 최대 20[m]의 단거리에서 480[Mbps] 이상의 대용량 전송이 가능하다.
② 반송파를 이용하지 않아도 통신이 가능하므로 믹서, 필터, VCO 등의 전통적인 RF부품이 필요 없어 저렴하게 소형으로 제작할 수 있다.
③ 주기가 짧은 펄스의 특성을 이용하여 수[cm] 수준까지 장치 및 기기의 위치추적이 가능하다.
④ 대역확산기술을 사용하므로 QoS(Quality of Service)를 보장할 수 있으며 다중경로로 인한 신호간섭 영향을 덜 받는다.
⑤ 기술규격으로는 DSSS와 Multiband-OFDM이 있다.

합격 NOTE

합격예측
BWLL은 HFR의 구현방식의 하나로, 초고속 무선 가입자망이다.

합격예측
HFR: 가입자망 광케이블화 방법의 하나로, 광케이블을 설치하기 어려운 지역까지는 무선화하고, 그 다음은 적은 규모로 FTTH에 의해 가정과 사무실을 광케이블화하는 것을 말함

합격예측
① WLL은 시내외 유선 전화망을 무선으로 구성하는 시스템이다.
② 2.3[GHz] 대역을 사용한다.

마. 광대역 무선가입자망(B-WLL : Broadband WLL)

(1) B-WLL은 준 밀리미터터파 대역을 이용하여 점대 다지점(1:N) 형태로 제공되는 음성전화, 고속 데이터, 통신 및 방송형 서비스를 말한다.

(2) B-WLL은 초고속 데이터 및 고속의 멀티미디어 서비스를 WLL에서도 제공할 수 있도록 하는 것이다.

(3) 가입자망의 광대역화를 위해서는 궁극적으로 FTTH 화가 되어야하며, 이를 위하여 고려되는 기술 중 B-WLL은 HFR(Hybrid Fiber Radio) 방식으로 구현되고 있다.

(4) 사용 주파수 대역
  ① 상향 주파수대역 : 24.25~24.75[GHz] (500[MHz] 대역폭)
  ② 하향 주파수대역 : 25.5~27.5[GHz] (2[GHz] 대역폭)

 참고

📍 **무선가입자망(WLL : Wireless Local Loop)**

① WLL이란 전화국에서 가입자 또는 사무실까지 기존의 전화선 대신에 무선을 이용해서 음성, Fax, 데이터 등을 연결해 주는 가입자 선로의 무선화를 말하는 것이다.

② WLL은 새로 유선을 설치하기 어려운 지역 또는 인구밀도가 낮은 지역 및 새로운 가입자 수용을 위한 기술로서 사용될 수 있다.

③ WLL 기술로는 셀룰러 기술, 코드리스 기술, 위성 WLL 기술이 있다.

출제 예상 문제

제2장 인터넷 통신망

01 다음 중 OSI 7 Layer TCP/IP의 관계에 대한 설명으로 옳지 않은 것은?

① TCP/IP는 OSI 참조모델보다 먼저 개발되었다.
② TCP/IP의 계층구조는 OSI 모델의 계층구조와 정확하게 일치하지 않는다.
③ OSI 모델은 7개 계층으로 TCP/IP 프로토콜은 4개 계층으로 구성되어 있다.
④ OSI 모델의 상위 4개의 계층은 TCP/IP 프로토콜에서 응용계층으로 표현된다.

해설
TCP/IP(Transmission Control Protocol/Internet Protocol)

OSI Model	TCP/IP
Application	Application
Presentation	
Session	
Transport	Transport
Network	Internetwork
Data Link	Network Interface
Physical	

02 네트워크계층의 핵심적인 프로토콜로 상위계층으로부터 메시지를 받아 이를 패킷 형태로 전송하는 프로토콜은?

① IP(Internet Protocol)
② UDP(User Datagram Protocol)
③ ICMP(Internet Control Message Protocol)
④ ARP(Address Resolution Protocol)

해설
TCP/IP 프로토콜 계층모델과 각 계층에서 사용되는 데이터 단위 및 프로토콜은 다음과 같다.

Application Layer	메시지 (HTTP, FTP, DNS, elnet, SMTP, SNMP 등)
Transport Layer	메시지(또는 레코드) (TCP, UDP)
Internetwork Layer	패킷(IP, ICMP, ARP 등)
Network Interface	프레임과 비트

03 OSI 7계층 참조모델에서 인터넷 프로토콜(IP)의 계층은?

① Presentation Layer ② Network Layer
③ Data-link Layer   ④ Physical Layer

04 다음 중 IP의 특성이 아닌 것은?

① 비접속형   ② 신뢰성
③ 주소 지정   ④ 경로 설정

해설
IP(Internet Protocol)는 인터넷을 위한 네트워크층의 호스트간 전달 프로토콜로 신뢰성이 없는 비연결성(비접속성)의 데이터그램 프로토콜이다. IP는 최선 노력 전달(Best Effort Delivery) 서비스를 제공하는데 이는 IP에서 오류제어나 흐름제어를 제공하지 않는다는 의미이다.(만약, 신뢰성이 중요하다면 전송계층에서 TCP와 같은 프로토콜을 사용하면 된다.) IP에는 IPv4와 IPv6가 있으며 IPv4는 32비트 주소체계를 사용하고 IPv6는 128비트 주소체계를 사용하여 주소를 지정하며 라우팅 기능은 IP주소를 이용하게 된다.

05 다음 중 인터넷 프로토콜에 대한 설명으로 틀린 것은?

① UDP는 연결형(Connection-Oriented) 프로토콜이다.
② TCP 및 UDP는 전달계층에 해당된다.
③ TCP 및 UDP는 IP상위에서 동작한다.
④ ICMP는 IP에서 발생하는 문제를 처리하기 위한 프로토콜이다.

[정답] 01 ④ 02 ① 03 ② 04 ② 05 ①

해설
Transport Layer에서는 신뢰성 있는 데이터를 전송하는 역할을 하는데, Transport계층 프로토콜에는 TCP, UDP가 있다.
① TCP(Transmission Control Protocol)
　연결형 전송 프로토콜로 양방향 데이터전송을 제공한다. TCP는 메시지를 세그먼트로 잘게 분할하고 목적지에서 재조립하며 수신이 안 된 것은 재전송하며 세그먼트를 재조립하여 메시지로 복구한다.
② UDP(User Datagram Protocol)
　비연결형 방식의 전송 프로토콜로 수신확인이나 전송 보장 없이 데이터를 교환한다. 오류 처리나 재전송은 상위 프로토콜에서 행해져야 한다. 빠른 속도의 처리 속도를 보장하나 신뢰성의 문제점이 따른다.
[참고] ICMP(Internet Control Message Protocol) : 네트워크 상의 각 노드에서 IP 서비스의 상태를 서로 알리는 기능으로 네트워크 관리 기능으로서의 일부 기능을 수행한다.

06 인터넷에서는 네트워크와 단말기들을 유일하게 식별하기 위해 고유한 주소체계인 인터넷 주소 IP를 사용한다. 다음 중 인터넷 주소 IP에 대한 설명으로 옳지 않은 것은?

① 인터넷 IP주소는 네트워크의 크기에 따라 5개의 클래스(A/B/C/D/E)로 구분되는데 그 중 클래스 A는 가장 많은 호스트를 가지고 있는 큰 네트워크를 위해 할당된다.
② 인터넷 IP주소는 64[bit]로 이루어지며 16[bit]씩 4부분으로 나누어 사용한다.
③ 인터넷 모든 IP주소는 InterNIC에서 할당한다.
④ 인터넷 IP주소는 네트워크 주소와 호스트 주소로 구성한다.

해설
인터넷 규약 주소(IP주소 : Internet Protocol Address)
IP주소는 컴퓨터 네트워크에서 장치들이 서로를 인식하고 통신을 하기 위해서 사용하는 특수한 번호이다.
① IPv4주소는 네트워크의 크기나 호스트의 수에 따라 A, B, C, D, E클래스로 나누어진다. A, B, C클래스는 일반 사용자에게 부여하는 네트워크 구성용, D클래스는 멀티 캐스트용, E클래스는 향후 사용을 위하여 예약된 주소이다.
② IPv4의 기존 32비트 주소공간에서 벗어나, IPv6는 128비트의 주소공간을 제공한다.
③ IP주소의 관리와 할당은 NIC(Network Information Center)에서 담당한다.
④ IP주소에는 네트워크 주소와 호스트 주소가 있다. 이 네트워크 주소와 호스트 주소를 나누는 기준이 서브넷 마스크이다.
[참고] IPv4주소길이는 32비트 이므로 8비트씩 4부분으로 10진수로 표시한다.

07 다음 중 Class 단위 주소지정방법의 특징으로 잘못된 것은?

① 라우팅이 용이하다.
② 주소를 무한대로 사용 가능하다.
③ 선택할 수 있는 클래스가 몇 개 밖에 되지 않아 주소분리 기준을 이해하는 것이 쉽다.
④ 일부 주소는 특수 목적으로 예약되어 있다.

해설
IPv4에서 사용하는 Class 단위 주소지정방법의 특징은 다음과 같다.
① 라우팅이 용이하다.
② 이론상으로는 2^{32}개의 주소를 사용할 수 있으나 무한대는 아니다.
③ 선택할 수 있는 클래스가 A, B, C, D로 몇 개 밖에 되지 않아 주소분리기준을 이해하는 것이 쉽다.
④ 클래스 E 주소는 특수목적으로 예약되어 있다.

08 IPv4 주소체계는 Class A, B, C, D, E로 구분하여 사용하고 있으며 Class C는 가장 소규모의 호스트를 수용할 수 있다. Class C가 수용할 수 있는 호스트 개수로 가장 적합한 것은?

① 1개　　② 254개
③ 1,024개　　④ 65,536개

해설
IPv4(Internet Protocol version 4) 주소체계
① IPv4란 IP주소를 부여하기 위한 규약이며, 이 주소 규약은 32비트로 구성되며 0~255 사이의 십진수 넷을 구분하여 부여한다. 즉, IP 주소를 168.126.63.1 과 같이 네 자리의 10진수로 나눠서 부를 때 이것이 IPv4 주소라고 보면 된다.
② IP Class의 경우 A, B, C, D, E Class로 나누어 Network ID와 Host ID를 구분하게 된다. 여기서 호스트는 네트워크에 연결되는 PC의 개수를 말한다.
③ C-Class의 경우 처음 24bit(3byte)가 Network ID이며, 나머지 8bit(1byte)가 Host ID로 사용된다. 비트가 110으로 시작하기에 네트워크 할당은 2,097,152 곳에 가능하며, 최대 호스트 수는 254개(2개는 예약)이다.

A	0				네트워크 주소(0~127)	호스트 주소(0.0.0~255.255.255)
B	1	0			네트워크 주소(128.0~191.255)	호스트 주소(0~255.255)
C	1	1	0		네트워크 주소(192.0.0~235.255.255)	호스트 주소(0~255)
D	1	1	1	0	멀티캐스트 주소(224.0.0.0~239.255.255.255)	
E	1	1	1	1	실험용 주소(예약)	

[정답] 06 ②　07 ②　08 ②

[참고] 실제 Network에서 사용되는 Class는 A, B, C Class이며, D Class는 Multicast(멀티캐스트), E Class는 미래에 사용하기 위해 남겨둔 것으로 예약되어 있다. 그래서 D와 E Class의 경우 실제 사용되는 경우가 거의 없다.

09 IP Address 체계의 C Class에 유효한 주소는 무엇인가?

① 35.152.68.39
② 202.96.48.5
③ 36.224.250.92
④ 128.96.48.5

해설

IPv4의 IP주소는 네트워크 부분과 호스트 부분으로 구별되는데, 네트워크 부분의 값에 따라 A, B, C클래스가 주로 사용되고, D클래스는 멀티캐스트용으로 사용되며, E클래스는 나중을 위해 남겨둔 클래스이다.

① A클래스
A클래스는 첫 비트가 0으로 시작하는 클래스로서, 7비트는 네트워크를 구별하고 나머지 24비트는 호스트를 구별한다. 따라서 A클래스의 네트워크 주소 하나에는 대략 2^{24} 개의 호스트가 연결 가능하다. A클래스의 경우 IP주소의 범위는 0.0.0.0에서 127.255.255.255 이다.(⓪0000000이면 0, ⓪1111111이면 127)

② B클래스
B클래스는 처음 2비트가 10으로 시작하는 클래스로, 14비트는 네트워크를 구별하고, 나머지 16비트는 호스트를 구별한다. 따라서, B클래스의 네트워크 주소 하나에는 대략 2^{16}개의 호스트가 연결 가능하다. B클래스의 경우, IP주소의 범위는 128.0.0.0에서 191.255.255.255이다.(①⓪000000이면 128, ①⓪111111이면 191)

③ C클래스
C클래스는 처음 3비트가 110으로 시작하는 클래스로서, 21비트는 네트워크를 구별하고 나머지 8비트는 호스트를 구별한다. 따라서, C클래스의 네트워크 주소 하나에는 대략 2^{8}개의 호스트가 연결 가능하다. C클래스의 경우, IP주소의 범위는 192.0.0.0에서 223.255.255.255이다.(①①⓪00000이면 192, ①①⓪11111이면 223)

10 인터넷 표준화에서 IP 주소체계를 128비트로 확장하여 많은 호스트 수용이 가능한 주소체계는?

① IPv3
② IPv4
③ IPv5
④ IPv6

해설

IPv6(Internet Protocol version 6)
① IPv6는 인터넷 프로토콜 스택 중 네트워크계층의 프로토콜로서 version 6 Internet Protocol로 제정된 차세대 인터넷 프로토콜을 말한다.
(cf) 인터넷(Internet)은 IPv4 프로토콜로 구축되어 왔으나 IPv4 프로토콜의 한계점으로 인해 지속적인 인터넷 발전에 문제가 예상되어 이에 대한 대안으로서 IPv6 프로토콜을 제정하였다.
② IPv6와 기존 IPv4 사이의 가장 큰 차이점은 바로 IP 주소의 길이가 128비트로 늘어났다는 점이다. 이는 폭발적으로 늘어나는 인터넷 사용에 대비하기 위한 것이다.
③ IPv6는 여러가지 새로운 기능을 제공하는 동시에 기존 IPv4와의 호환성을 최대로 하는 방향으로 설계되었다.

11 IPv6에 대한 설명으로 거리가 가장 먼 것은?

① IPv6의 주소 길이는 128비트이다.
② IPv4에서 옵션필드는 IPv6에서 확장헤더로 구현된다.
③ 암호화와 인증 옵션들은 패킷의 신뢰성과 무결성을 제공한다.
④ 패킷헤더에서 레코드 라우트 옵션은 IPv6에서 새로 생긴 것이다.

12 IPv4와 IPv6의 설명으로 적합하지 않은 것은?

① 인터넷 프로토콜의 주소 표현방식이다.
② IPv6의 주소 부족으로 IPv4가 개발되었다.
③ IPv4는 32비트로 구성되어 있다.
④ IPv6는 128비트로 구성되어 있다.

해설

주소부족, 보안성 증대 등의 이유로 IPv4에서 IPv6로 변경되고 있다.

13 인터넷 프로토콜인 IPv6에서 IP 주소는 몇 개의 비트로 구성되는가?

① 32
② 64
③ 128
④ 256

[정답] 09 ② 10 ④ 11 ④ 12 ② 13 ③

14. IPv6의 주소 유형으로 옳지 않은 것은?

① Broadcast ② Unicast
③ Anycast ④ Multicast

해설

IPv6(Internet Protocol version 6)
① IPv6는 128비트의 주소체계로 이루어져 있으며, 이것은 기존 32비트 주소체계를 갖는 IPv4보다 4배나 많은 정보를 수용할 수 있는 차세대 IP이다.
② IPv6의 주소 규칙
  ㉠ 유니캐스트(Unicast) : 단일한 인터페이스로 착신하는 주소 형태
  ㉡ 애니캐스트(Anycast) : 라우팅상 가장 근접한 하나의 인터페이스로 착신하는 주소 형태
  ㉢ 멀티캐스트(Multicast) : 다수의 인터페이스로 동시에 착신하는 주소형태
[참고] IPv4 주소 타입은 Unicast, Anycast, Multicast와 더불어 Broadcast가 존재한다.

15. 인터넷 프로토콜 IPv4에서 IPv6로 전환됨에 따른 장점과 거리가 먼 것은?

① IP주소 용량 증가
② 서비스 품질(QoS) 개선
③ Mobile IP 기능 개선
④ Multicasting 기능 개선

16. 네트워크에 연결될 때마다 특정 서버가 IP 주소를 임의로 동적으로 배정해 주는 것은?

① Flag ② ARP
③ Forwarding ④ DHCP

해설

① Flag : HDLC와 같은 데이터링크계층 프로토콜에서 프레임의 동기를 맞추기 위해 사용되며 01111110으로 구성되어 있다. 모든 프레임은 Flag에서 시작하여 Flag로 끝난다.
② ARP : TCP/IP 프로토콜 계층모델의 Internetwork층에서 사용되는 프로토콜로 수신측 IP 주소를 가지고 수신측 MAC 주소를 찾는 데 사용된다.

17. 인터넷 주소(IP주소)로 노드의 물리적 주소를 찾을 때, 사용하는 프로토콜은?

① ICMP ② IGMP
③ ARP ④ RIP

해설

① ICMP(Internet Control Message Protocol)
  TCP/IP 프로토콜 계층모델의 Internetwork층에서 사용되는 프로토콜로 메시지 전달에 문제가 발생했을 때 이를 송신측에 알려주는데 사용된다.
② IGMP(Internet Group Management Protocol)
  IP 멀티캐스트를 실현하기 위한 프로토콜로, LAN상에서 라우터가 멀티캐스트 통신기능을 구비한 PC에 대해 멀티캐스트 패킷을 분배하는 경우에 사용된다.
③ ARP(Address Resolution Protocol)
  TCP/IP 프로토콜 계층모델의 Internetwork층에서 사용되는 프로토콜로 IP 주소를 가지고 수신측 물리적 주소(MAC 주소)를 찾는데 사용된다.
④ RIP(Routing Information Protocol)
  TCP/IP 프로토콜 계층모델의 Internetwork층에서 사용되는 프로토콜로 Distance Vector 알고리즘을 이용해 라우팅(경로설정)을 수행하는데 사용된다.

18. 인터네트워킹을 구축할 때 요구되는 사항이 아닌 것은?

① 네트워크 간의 링크를 제공하며 최소한 물리적 계층과 링크의 제어 연결이 요구된다.
② 상이한 네트워크들 상의 프로세스들 사이에 데이터의 경로 배정과 전달에 관한 모든 것을 제공하여야 한다.
③ 여러 종류의 네트워크들과 게이트웨이의 사용에 대한 트랙을 보존하며 상태정보를 유지하고 요금 계산 서비스를 제공하여야 한다.
④ 다양한 서비스를 위해 임의 구성된 네트워크 구조 자체를 자유롭게 변형할 수 있어야 한다.

해설

인터네트워킹(Internetworking)
① 인터네트워킹은 하나 이상의 망을 상호 연결하는 것을 말한다. 이는 단순히 물리적으로 망을 연결한다는 의미 이외에도 망을 논리적으로 연결한다는 것을 의미한다.
② 서로 통신을 원하는 양당사자는 신뢰성 있고, 원활한 통신을 수행하기 위해 서로의 합의에 의해 설정한 통신규약, 즉 프로토콜(Protocol)을 가지게 된다.

[정답] 14 ① 15 ④ 16 ④ 17 ③ 18 ④

출제 예상 문제

19 네트워크를 서로 연결하여 상호접속을 위한 망간 연동장치로 사용되지 않는 것은?

① 리피터　　　　② 브리지
③ 라우터　　　　④ 트랜시버

해설
인터넷워킹(Internetworking) 장비
① 두 개의 서로 다른 네트워크 구조를 갖는 컴퓨터끼리 데이터 송수신을 하는 경우 OSI의 7계층을 서로 맞추어야 하는데 이와 같이 이기종 간을 상호 접속하여 통신이 가능하도록 해 주는 장비를 인터넷워킹(Internetworking)기기라 한다.
② 인터넷워킹을 위한 장비는 리피터(Repeater), 브리지(Bridge), 라우터(Router) 및 게이트웨이(Gateway) 등으로 간단히 구분할 수 있다.

20 서로 다른 전송매체를 갖는 네트워크를 상호 연결하는데 사용되며 데이터링크계층까지 LAN을 접속시키는 것은?

① 리피터(Repeater)
② 브리지(Bridge)
③ 라우터(Router)
④ 게이트웨이(Gateway)

해설
① 인터네트워킹 장비
　㉠ 브리지(Bridge) : 데이터링크계층에서 망을 연결한다.
　㉡ 라우터(Router) : 네트워크계층에서 망을 연결한다.
　㉢ 게이트웨이(Gateway) : OSI 표준모델의 4~7계층에서 망을 연결한다.
　㉣ 리피터(Repeater) : OSI 참조모델의 물리계층에서 망을 물리적으로 연결하고 신호재생의 역할을 수행하는 것으로서 인터네트워킹보다는 단순히 망을 확장한 개념에 가깝다.
② 브리지(Bridge)
　㉠ OSI의 제2계층인 Data Link Layer의 기능을 수행하는 장비로서 서로 같은 프로토콜을 쓰고 있는 다른 랜과 연결시켜주는 데 이용된다.
　㉡ 이더넷이나 토큰링 등과 같은 각 랜에 연결되어 있는 스테이션들은 프로토콜을 바꾸지 않고서도 랜이 확장되는 혜택을 받을 수 있게 된다.
　㉢ 브리지는 동일 또는 이기종 LAN 간을 연결하는 데 사용하며, LAN Frame의 MAC 주소에 기반을 두고 Frame의 전달 및 변환기능을 제공한다.

21 다음 중 LAN 장비에서 물리계층과 데이터링크계층의 연결장비가 아닌 것은?

① Router　　　　② Bridge
③ Repeater　　　④ Hub

해설
인터네트워킹(Internetworking) 장비

장비	기능
리피터	• OSI 참조 모델의 물리계층(1계층)에서 동작하는 장비 • 전기나 광 신호를 증폭하는 기능을 수행 • 리피터에 의해 연결된 네트워크는 완전히 하나의 네트워크로 동작
허브	• OSI 참조 모델의 물리계층(1계층)에서 동작하는 장비 • 가까운 거리의 컴퓨터들을 UTP(Unshielded Twisted Pair) 케이블을 사용하여 상호 연결하는 네트워크 장비이며 신호를 증폭하는 리피터의 역할도 한다.
브리지	• OSI 참조모델의 데이터링크계층(2계층)에서 동작하는 네트워크 장비 • 한 포트에서 수신한 모든 프레임을 일단 버퍼에 저장하였다가 오류가 발생하지 않은 프레임만을 선택하여 목적지로 전달한다.
라우터	• OSI 참조모델의 네트워크계층(3계층)에서 동작하는 네트워크 장비 • 기능 : 최적경로 선택, 세그먼트 분리, 이종 네트워크간의 연결

22 인터넷에서 IP 네트워크들 간을 연결하기 위해 사용되며, 네트워크계층에서 동작하는 것은?

① 리피터　　　　② 서버
③ 브리지　　　　④ 라우터

23 다음 중 리피터(Repeater)의 설명으로 옳은 것은?

① 멀티 네트워크 케이블을 접속하는 기기이다.
② 에러를 확인하지 않고 신호를 재생하여 전달한다.
③ 데이터링크계층 레벨의 데이터를 전송한다.
④ 프레임이나 패킷의 내용을 처리하여 분석하는 기능을 갖는다.

해설
리피터(Repeater)
① 리피터는 복수의 네트워크 사이에서 단순히 전기적 신호의 증폭을 통해 신호전송을 하는 것을 주된 기능으로 하는 장비이다.
② 리피터는 OSI 참조모델의 물리계층에서 망을 물리적으로 연결하고 신호재생의 역할을 수행하는 것으로서 인터네트워킹보다는 단순히 망을 확장한 개념에 가깝다.

[정답] 19 ④　20 ②　21 ①　22 ④　23 ②

③ 리피터는 신호를 전기적으로 증폭하는 것뿐이므로 같은 종류, 같은 규격의 케이블만이 접속 가능하다. 케이블의 속도가 서로 다른 경우는 버퍼를 내장한 리피터를 사용한다.

24 다음 중 프로토콜 구조가 전혀 다른 네트워크 사이를 결합하는 장비는 무엇인가?

① Bridge
② Router
③ Repeater
④ Gateway

해설

게이트웨이 (Gateway)	트랜스포트 ~ 응용계층	상이한 프로토콜을 이용하는 네트워크들을 연결
허브(Hub)	물리계층	가까운 거리의 PC를 UPT 케이블을 사용 상호 연결
CSU/DSU	물리계층	DSU(저속, 신호구조변환), CSU(고속, 회로검사 및 에러제어기능)

25 복수의 컴퓨터와 근거리통신망(LAN)등을 상호 접속할 때 컴퓨터와 공중통신망, LAN과 공중통신망 등을 접속하는 장치를 무엇이라 하는가?

① 브리지(Bridge)
② 허브(Hub)
③ 게이트웨이(Gateway)
④ 리피터(Repeater)

해설

게이트웨이(Gateway)
OSI 7계층의 1~7계층에서 사용되는 프로토콜이 서로 다른 네트워크를 연결하는데 사용되는 Internetworking 장비이다.(복수의 컴퓨터와 LAN, 공중통신망은 OSI 7계층의 1~7계층에서 사용되는 프로토콜이 서로 다르다.)

26 인터네트워킹에서 상호 연결된 네트워크의 집합을 무엇이라고 하는가?

① 게이트웨이(Gateway)
② 캐이트넷(Catenet)
③ 브라우터(Brouter)
④ 패킷망(Packet Network)

해설

인터네트워킹(Internetworking)
① 인터네트워킹이란 로컬 또는 리모트 지역의 LAN들을 상호 접속시켜 대규모의 네트워킹을 구성하는 것을 말하며 이를 위하여 브리징과 라우팅, 게이트웨이 등을 이용한 기술이 사용된다.
② Catenet(케이트넷)
  ㉠ 각각 라우터에 연결돼 있는 다양한 종류의 네트워크에 호스트가 연결이 돼 있는 네트워크. 인터넷은 케이트넷의 대표적인 예이다.
  ㉡ 두 개 이상의 독립적인 네트워크가 서로 연동되어 연결되는 형태의 망을 말한다.

27 다음 응용 프로그램(응용계층 서비스) 중 전송계층(Transport Layer) 프로토콜로 TCP를 사용하지 않는 것은?

① TFTP
② SMTP
③ HTTP
④ Telnet

해설

전송계층 프로토콜로 TCP(Transmission Control Protocol)를 사용하는 응용 프로그램에는 HTTP, SNMP, SMTP, telnet 등이 있고, UDP를 사용하는 응용 프로그램에는 TFTP(Trivial File Transfer Protocol)가 있다. DNS와 NFS(Network File System)는 TCP와 UDP 모두를 사용할 수 있다.

28 UDP(User Datagram Protocol)를 사용하는 애플리케이션은 무엇인가?

① DHCP
② FTP
③ HTTP
④ Telnet

해설

TFTP, DHCP, DNS, SNMP, NFS, RTP 등의 애플리케이션(프로토콜)들은 전송계층 프로토콜로 UDP를 사용한다.

29 다음 중 TCP/IP 서비스에서 프로토콜과 용도가 상호 틀린 것은?

① FTP-파일전송 프로그램
② RCP-가상 터미널
③ SMTP-전자우편
④ TELNET-원격 시스템으로의 접속

[정답] 24 ④ 25 ③ 26 ② 27 ① 28 ① 29 ②

해설
가상 터미널은 VT(Virtual Terminal)이고 RCP는 Routing Control Protocol로 경로제어 프로토콜이다.

30 인터넷 텔레포니의 핵심 기술로서 지금까지 PSTN을 통해 이루어졌던 음성전송을 인터넷 망을 사용하여 제공하는 것은?

① VoIP ② DMB
③ WiBro ④ VOD

해설
VoIP(Voice over Internet Protocol)
① VoIP란 지금까지 PSTN 네트워크를 통해 이루어졌던 음성 서비스를 Internet Protocol이라는 것을 이용해 여러 가지 다양한 서비스를 제공하는 기술을 말한다.
② IP망을 이용함으로써 기존의 전화망에서 하지 못했던 많은 서비스들이 이루어지고 있으며, 대표적인 응용들로서는 웹콜센터, Instance message, CTI(Computer Telephony Integration), UMS(Unified Messaging System) 등이 있다.

31 인터넷을 통하여 음성전화 서비스가 제공되는 단말기를 무엇이라 하는가?

① VoIP 전화기
② 무선 전화기
③ 코드리스 전화기
④ 유선 전화기

32 음성신호를 패킷 데이터로 변환하여 인터넷 망에서 전화 서비스를 제공하는 것은?

① WiBro
② Telematics
③ WCDMA
④ VoIP

33 VoIP 기술의 특징을 설명한 것으로 옳지 않은 것은?

① PSTN에 비해 요금이 저렴하다.
② 이미 구축된 인터넷 장비를 활용함으로써 구축 비용이 상대적으로 저렴하다.
③ 인터넷과 연계된 다양한 부가 서비스 기능이 가능하다.
④ 기능 및 동작이 PSTN에 비해 단순하고, 보안에 강하다.

해설
VoIP와 PSTN의 비교

	장 점	단 점
VoIP	• 통화료 및 회선유지 비용 저렴 • 다양한 부가서비스 기능 • 장소 제약 없음, 규모 확장 용이 • 다수 사용자 동시 사용 가능	• 기존 PSTN에 비해 상대적인 음질저하 • 정전 및 장애시 인터넷전화 사용불가 • 긴급전화로서의 신뢰성 부족 • 이용방법이 복잡
PSTN	• 통화품질이 좋음 • 안정적 서비스 • 정전시에도 사용가능	• 통화료가 상대적으로 비쌈 • 이동성이 제한됨 • 한 명이 독점적으로 사용

∴ VoIP는 PSTN에 비해 이용방법이 복잡하며 Internet망을 사용하므로 보안에도 취약하다.

34 텔레포니의 핵심 기술인 VoIP의 구성요소로 거리가 먼 것은?

① 단말장치 ② 게이트웨이
③ 게이트키퍼 ④ 라우터

해설
① 일반적인 VoIP 서비스는 사용자가 전화를 걸기 위해 드는 수화기로부터 시작해 게이트웨이, 게이트키퍼, 소프트스위치 등으로 이어져 VoIP 네트워크에 연결된다.
② VoIP 서비스를 위해 이 각자의 장비들은 아날로그를 디지털로, 디지털신호를 아날로그로 바꿔주는 역할을 하고, 음성을 압축시키는 작업도 하면서 서비스의 흐름을 진행시키고 있다.

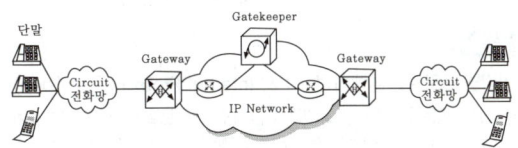

35 VoIP 서비스를 위해서 일반 전화기와 직접 연결된 통신망이 인터넷과 연결되어야 하는데, 이 때 필요한 인터페이스 역할을 하는 장치는?

① PC
② 인텔리젠트 허브
③ 스위치
④ 게이트웨이

36 H.323 또는 SIP(Session Initiation Protocol)의 프로토콜을 이용하여 인터넷상에서 음성 전화 서비스를 제공하는 것을 무엇이라 하는가?

① VoIP
② Zigbee
③ Bluetooth
④ WPAN

37 사무실에서 인터넷 구내망을 설치하여 음성전화 서비스를 제공하는 설비는?

① PBX
② IP-PBX
③ ISDN-PBX
④ Solo-PBX

[해설]
인터넷 전화 교환기
(IP-PBX : Internet Protocol Private Branch Exchange)
① 사설 교환기(PBX)는 일반 전화 교환망(PSTN)을 기반으로 호 교환을 해주는 사설 교환기(PBX)이다.
② IP-PBX는 일반 전화망이 아닌 IP 통신망을 기반으로 한 교환 기로서, 일반 음성 통화는 물론 다양한 부가 기능 및 데이터 통신 등을 함께 지원한다.
③ IP-PBX는 이더넷 또는 패킷 전환 LAN을 사용하여 전화를 연결할 수 있도록 IP 프로토콜을 지원하고, 음성 대화를 IP 패킷으로 보내는 PBX이다.

38 다음 중 IPTV 서비스를 위한 네트워크 엔지니어링과 품질 최적화를 위한 기능으로 맞지 않는 것은?

① 트래픽 관리
② 망용량 관리
③ 네트워크 플래닝
④ 영상자원 관리

[해설]
인터넷 프로토콜 텔레비전(IPTV : Internet Protocol Television)
① IPTV는 광대역 연결상에서 인터넷 프로토콜을 사용하여 소비자에게 디지털 텔레비전 서비스를 제공하는 시스템을 말한다.
∴ IPTV는 인터넷을 통해 텔레비전 방송을 원하는 시간에 시청할 수 있는 시스템이다.

② 네트워크 엔지니어링의 구분
  ㉠ 트래픽 관리 : 부하 조절 실패 등 모든 상황에서 망의 성능을 최적화하는 것
  ㉡ 망용량 관리 : 최소 비용으로 망 요구를 만족하며 성능을 보장하는 것
  ㉢ 네트워크 플래닝(망계획) : 노드, 전송용량을 계획하고 차후의 트래픽 변화에 대비하는 것

39 IPTV에서 특정 그룹 가입자에게 실시간 방송서비스를 가능하게 하는 네트워크 상의 패킷전송 기술은?

① Unicasting
② Broadcasting
③ Multicasting
④ Intercasting

[해설]
① Unicast : 일대일 전송방식으로 하나의 송신자가 하나의 수신자에게 데이터를 전송하는 방식이다.
② Multicast : 일대다 전송방식으로 하나의 송신자가 동일한 데이터를 요구하는 하나 이상의 수신자들이 속해있는 특정 그룹에게 데이터를 동시에 전송하는 방식이다.
③ Broadcast : 하나의 송신자가 모든 수신자에게 데이터를 전송하는 방식이다.
④ Anycast : 단일 송신자가 그룹 내에서 가장 가까운 곳에 있는 일부 수신자들에게 전송하는 방식이다.

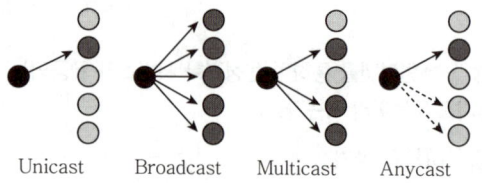

Unicast   Broadcast   Multicast   Anycast

40 다음 중 디지털 TV와 IPTV 방송의 영상압축 전송기술 방식이 아닌 것은?

① MPEG4
② H.264
③ WMT9
④ AC3

[해설]
IPTV(Internet Protocol TV)
① IPTV는 기존의 방송 서비스와 같은 채널 서비스와 PC 기반의 인터넷 서비스, 데이터 서비스 및 양방향 데이터방송 서비스를 TV 기반으로 제공한다.
② IPTV는 인터넷 망을 통하여 멀티미디어 콘텐츠 서비스를 제공하기 때문에 최소의 대역폭으로 콘텐츠를 전송하기 위한 영상압축 기술이 필수다. 영상압축 기술은 MPEG2에서 MPEG4로 그리고 H.264 및 WMT9 등으로 진화하여 왔다.

[정답] 35 ④　36 ①　37 ②　38 ④　39 ③　40 ④

출제 예상 문제

41 다음 중 정지 및 이동환경에서 고속으로 인터넷에 접속하여 멀티미디어 콘텐츠를 이용할 수 있는 것은?

① DMB　　　② WiBro
③ RFID　　　④ GPS

해설

WiBro란 Wireless Broadband Internet의 줄임말로서 휴대형 단말기를 이용하여 언제 어디서나 고속의 전송속도로 인터넷에 접속하여 다양한 정보 및 콘텐츠 사용이 가능한 초고속 인터넷 서비스를 말한다. 즉 실내의 유선 초고속 인터넷 서비스를 실외에서 이동하면서도 사용할 수 있도록 확장한 개념이다.

42 블루투스에 대한 설명으로 거리가 가장 먼 것은?

① 2.4[GHz] 주파수 대역을 사용한다.
② 저가격, 저전력 무선 구현을 지원한다.
③ 블루투스 규격은 크게 코어 규격과 프로파일 규격으로 구분한다.
④ 주변조 방식은 PSK이다.

해설

블루투스(Bluetooth)
① 블루투스는 핸드폰, PDA, 노트북과 같은 이동 장치들간의 양방향 근거리 무선통신을 복잡한 전선 없이 저전력(1[mW]), 저가격으로 구현하기 위한 근거리 무선통신 기술이다.
② 블루투스 기술의 특징
　㉠ 10[m] 거리에서 1[Mbps] 전송속도를 갖는다.
　㉡ 2.4[G]~2.4835[GHz] ISM band를 사용한다.
　㉢ 변조 방식 : BT=0.5인 GFSK(Gaussian Frequency Shift Keying)

43 근거리 무선통신 규격 중 반경 10~100[m] 안에서 컴퓨터, 프린터, 휴대폰, PDA 등 정보통신 기기는 물론 각종 디지털 가전 제품 간의 통신에 물리적인 케이블 없이 무선으로 고속의 데이터를 주고 받을 수 있는 기술은 무엇인가?

① Zigbee
② Bluetooth
③ UWB
④ Home RF

44 WPAN(Wireless Personal Area Network) 기술의 확산으로 멀티미디어 기기 간 연결이 많아지고 다양한 서비스가 제공되고 있다. 다음 중 WPAN 기술에 해당되지 않는 것은?

① UWB　　　② Zigbee
③ Bluetooth　　④ PLC

해설

무선 개인통신망(WPAN : Wireless Personal Area Network)
① WPAN은 비교적 짧은 거리 내에서 비교적 소수 사용자간에 정보를 전달하며, 주변장치간 케이블 없이 직접 통신할 수 있도록 한다.
② WPAN 서비스는 단순히 기기간의 통신이라는 기능적인 관점이 아니라 이동통신망을 연계하여 가입, 인증 등을 통한 새로운 정보 제공이라는 서비스이다.
③ WPAN 기술에는 UWB, Bluetooth, Zigbee, RFID 등이 있다.

45 기존 통신 및 방송사업자와 더불어 제3사업자들이 인터넷을 통해 드라마나 영화 등의 다양한 미디어 콘텐츠를 제공하는 서비스를 무엇이라 하는가?

① OTT　　　② IPTV
③ VOD　　　④ P2P

해설

① OTT(Over The Top) 서비스는 인터넷을 통해 방송 프로그램·영화·교육 등 각종 미디어 콘텐츠를 제공하는 서비스를 말한다.
② IPTV(Internet Protocol Television)는 인터넷 프로토콜을 사용하여 소비자에게 디지털 텔레비전 서비스를 제공하는 시스템을 말한다.
③ VOD(Video On Demand)는 이용자의 요구에 따라 영화나 뉴스 등의 영상 기반 서비스를 케이블을 통해 제공하는 영상 서비스이다.
④ P2P(Peer to Peer)는 인터넷 상의 정보를 검색엔진을 거쳐 찾아야 하는 기존 방식과 달리 인터넷에 연결된 모든 개인 컴퓨터로부터 직접 정보를 제공받고 검색은 물론 download 까지 할 수 있는 서비스이다.

46 OTT(Over The Top)는 전파나 케이블이 아닌 인터넷망을 통해 멀티미디어 콘텐츠를 볼 수 있는 서비스를 말한다. Over The Top에서 'Top'이 의미하는 기기는 무엇인가?

① 모뎀　　　② 셋톱박스
③ 공유기　　④ TV

[정답] 41 ② 42 ④ 43 ② 44 ④ 45 ① 46 ②

> 해설

OTT(Over The Top) 서비스
① OTT 서비스란, 기존의 통신 및 방송 사업자와 더불어 제3사업자들이 인터넷을 통해 드라마나 영화 등의 다양한 미디어 콘텐츠를 제공하는 서비스이다.
∴ OTT는 전파나 케이블이 아닌 범용 인터넷망으로 영상 콘텐츠를 제공한다.
② Top은 TV에 연결되는 셋톱박스를 의미한다.
③ 현재는 셋톱박스의 유무를 떠나 PC, 스마트폰 등의 단말기분만 아니라 기존의 통신사나 방송사가 추가적으로 제공하는 인터넷 기반의 동영상 서비스를 모두 포괄한 의미로 사용한다.
※ OTT 서비스 이용자는 TV 프로그램, 광고, 영화 등의 콘텐츠를 이용할 수 있다.

47 다음 중 xDSL에 대한 설명으로 잘못된 것은?
① 음성신호와 데이터신호를 동시 전송하기 위해 송·수신 속도를 같게 한다.
② 전화국과의 거리가 가까울수록 속도를 빠르게 할 수 있다.
③ ADSL, HDSL, SDSL, VDSL 등이 있다.
④ 기존의 전화회선을 이용하면서 주파수 대역폭이 넓은 범위를 사용하는 방식이다.

> 해설

xDSL(x Digital Subscriber Line)
① DSL은 일반 구리 전화선을 통하여 가정이나 소규모 기업에 고속으로 정보를 전송하기 위한 기술이다.
② xDSL이란 ADSL, HDSL 등 DSL의 여러 가지 다른 변종들을 총칭하는 말이다.
③ xDSL 구현을 위해 대역폭 확장이 가능한 CAP, DMT, 2BIQ 변조기술을 사용한다.
④ ADSL은 가입자와 전화국간의 데이터교환 속도가 서로 다르기 때문에 비대칭형 디지털 가입자망이라고도 부른다.
∴ xDSL의 송수신 속도는 서로 다르다.

48 가입자측과 망측에 각각 설치되어 고속데이터 전송을 하는 xDSL 모뎀에 대한 설명 중 옳지 않은 것은?
① ADSL은 비대칭형으로 하향 데이터속도와 상향 데이터속도가 다르고 장거리전송에 적합하다.
② VDSL은 ADSL에 비해 선로 외부에서 유기되는 간섭이나 잡음조건이 양호한 상태를 전제조건으로 하므로 짧은 거리에 사용된다.
③ ADSL은 가입자단에서 누화에 의한 신호의 손상이 대칭적인 전송시스템에 비해 상당히 크다.
④ VDSL은 전송거리가 짧은 구간에서 ADSL보다 고속광대역이 가능한 것으로 대칭형과 비대칭형이 있다.

> 해설

ADSL은 상향 데이터 속도가 하향 데이터의 전송속도에 비해 상당히 낮기 때문에 가입자 단에서 누화에 의한 신호의 손상은 대칭적인 데이터 전송 시스템에 비해 상당히 적다. 이로 인해 보다 장거리 전송이 가능하게 된다.

49 다음 중 xDSL회선의 변복조 방식인 CAP(Carrierless Amplitude/Phase)와 DMT(Discrete Multi-Tone)의 주파수 배치표로 옳은 것은?

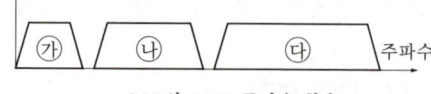

CAP와 DMT 주파수 활용

① CAP방식 : ㉮ 음성전화(POTS) ㉯ 역방향(Upstream) ㉰ 순방향(Downstream)
② CAP방식 : ㉮ 순방향(Downstream) ㉯ 역방향(Upstream) ㉰ 음성전화(POTS)
③ DMT방식 : ㉮ 순방향(Downstream) ㉯ 역방향(Upstream) ㉰ 음성전화(POTS)
④ DMT방식 : ㉮ 음성전화(POTS) ㉯ 순방향(Downstream) ㉰ 역방향(Upstream)

> 해설

xDSL(Digital Subscriber Line and its variations)의 구현을 위해 대역폭 확장이 가능한 CAP, DMT, 2BIQ 변조기술을 사용한다.
① CAP(Carrierless Amplitude Phase Modulation) 변조방식
2개의 기저대역 신호를 In-phase와 Quadrature-phase 필터를 이용하여 Passband Spectral Shaping 하여 전송하는 방식이다.
② DMT(Discrete Multi-Tone Modulation) 변조방식
멀티 QAM 변조방식으로, 사용 주파수대역을 FFT를 이용하여 여러 개의 부채널 주파수 별로 각각 데이터를 변조하여 전송하는 방식이다.

③ 주파수 분포도

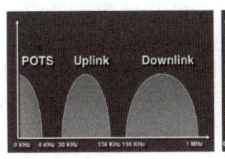
[CAP]

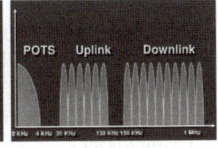
[DMT]

50 다음은 ADSL의 변조방식인 DMT와 CAP방식을 비교한 것이다. CAP방식에 대한 설명으로 옳은 것은?

① 가격이 상대적으로 저렴하다.
② 전력소모가 크며 열이 많이 발생한다.
③ 각 채널별로 변조가 이루어지기 때문에 빠른 속도를 제공한다.
④ 각 단위 채널이 제공하는 속도에 한계가 있어 지연속도가 크다.

해설

	DMT	CAP
장점	• 다양한 속도를 지원 • 잡음억제 기능 • 간섭현상이 CAP보다 양호	• 알고리즘이 간단하여 칩 구성이 단순하고 설계용이 • 여러 종류의 xDSL에 적용 • 저전력을 소모
단점	• 주파수 대역별 변조로 칩셋이 비쌈 • 에러 체크가 복잡	• 데이터 손실이 많음
제공 속도	• 상향 최대 768[kbps] • 하향 최대 8[Mbps]	• 상향 최대 1[Mbps] • 하향 최대 7[Mbps]

51 xDSL에서 사용되는 변조방식인 DMT의 장점이 아닌 것은?

① 회선상태에 따라 다양한 속도를 지원한다.
② 주파수를 독립적으로 운용하여 초기 모뎀간의 각 구간마다 전송파워의 범위를 정할 수 있다.
③ 회선의 잡음이 특정대역에 영향을 줄 경우에는 그 대역에서 통신이 가능한 QAM크기를 적용하여 최대의 통신속도 제공이 가능하다.
④ 초기 모뎀간의 설정시간이 짧고 오류 검사가 간편하다.

해설
① 대부분의 xDSL기술은 CAP와 DMT변조의 두 가지 변조기술을 이용한다.
② DMT(Discrete MultiTone Modulation) : DMT는 다수의 부반송파(Sub-Carrier)를 256개까지 사용하고, 각각은 4,000 보오로 변조되며, 부반송파 상호간에는 4.3125[kHz]로 분리된다.

DMT의 장점	DMT의 단점
㉠ 다양한 회선에 따라 다양한 속도 지원이 가능하다. ㉡ 각각의 톤은 독립적으로 운용되어 초기 모뎀간의 설정시 각 구간마다 전송 파워의 범위를 결정할 수 있다. 즉 회선의 노이즈가 특정 대역에 영향을 줄 경우에는 그 대역에서 통신 가능한 QAM 크기를 적용하여 통신을 함으로 최대의 통신속도를 제공한다.	㉠ 초기 모뎀간의 설정의 시간이 오래 걸린다. ㉡ 오류검사가 복잡하다.

52 초고속 인터넷 VDSL에 적용되는 변조방식에 해당되지 않는 것은?

① CAP   ② DMT
③ SLC   ④ PSK

53 다음 중 전송속도가 가장 빠른 디지털가입자회선(Digital Subscriber Line) 방식은?

① ADSL   ② SDSL
③ VDSL   ④ HDSL

해설
디지털 가입자 회선(DSL : Digital Subscriber Line)
① 기존 전기통신 네트워크를 이용하여 데이터, 음성, 영상 및 멀티미디어 등과 같은 정보를 고속으로 전송하기 위한 기술이다.
② DSL 계열의 종류 : ADSL, VDSL, HDSL, SDSL 등

종류	전송속도 : 하향(Down) / 상향(Up)	최대 전송거리
ADSL	8Mbps / 1Mbps	5.5Km
SDSL	2Mbps / 2Mbps	6.0Km
HDSL	1.5Mbps~2Mbps	4.6Km
VDSL	13Mbps/13Mbps, 26Mbps/3.2Mbps	1.3~1.5Km

③ 초고속 디지털 가입자회선(VDSL, Very-high-bit-rate DSL)은 대칭형 통신기술로 ADSL보다 전송거리는 짧지만 높은 속도로 데이터를 송수신 할 수 있는 기술이다.

[정답] 50 ① 51 ④ 52 ④ 53 ③

54 주배선반(MDF)에서 댁내 배선이 1페어(pair)인 아파트에서 1페어 동선을 이용하여 인터넷을 연결하기 위해 가장 적합한 초고속 인터넷 방식은?

① ADSL ② HDSL
③ 광랜 ④ FTTH

55 디지털 가입자 회선기술로서 망측과 가입자측에 각각 설치되어 가입자 선로상으로 효율적인 데이터 전송을 위한 것이 아닌 것은?

① HDSL ② ADSL
③ VDSL ④ DSSL

56 동축케이블과 광케이블의 혼합망으로 방송국에서 원거리까지 광케이블을 이용하여 전송하고, 광단국에서 가입자까지는 동축케이블을 이용한 망은?

① FTTH ② FTTO
③ HCO ④ HFC

〔해설〕
HFC(Hybrid Fiber Coax)란 광케이블과 동축케이블을 혼합한 망으로, 방송국에서 광단국까지의 원거리에서는 광케이블을 이용하여 전송하고 광단국에서 가입자까지는 동축케이블을 이용하여 전송한다.

57 HFC 네트워크의 전송 매체로 가장 적합한 것은?

① 무선
② UTP케이블
③ 평행 이선식(Twisted Pair)
④ 광섬유케이블과 동축케이블

〔해설〕
광동축 혼합망(HFC : Hybrid Fiber Coaxial cable)
① HFC는 비디오, 데이터 및 음성 등과 같은 광대역 콘텐츠를 운송하기 위해, 네트워크의 서로 다른 부분에서 광섬유케이블과 동축케이블이 사용되는 통신 기술이다.
② HFC망에서, 방송국과 광단국(ONU)까지는 광케이블을 이용하고 광단국에서 가입자까지는 동축케이블을 이용하여 많은 양의 데이터(인터넷, 케이블TV, 방범, 방재, 원격검침, 자동제어)를 전송할 수 있는 광대역 전송망이다.
③ 이론상으로는 6[MHZ] 대역폭의 1개 채널당 9,600[bps]~30[Mbps]의 전송속도로 연결할 수 있는 넓은 전송대역을 지원하나 국내의 경우 PC와의 인터페이스를 고려하여 10[Mbps]까지의 전송이 가능하다.

58 광케이블을 집안까지 연결함으로써 기존방식에 비해 빠르고 안정된 품질의 서비스가 가능한 초고속 인터넷 설비방식을 무엇이라 하는가?

① FTTH ② HFC
③ FTTO ④ FTTC

〔해설〕
① 댁내 광케이블(FTTH : Fiber To The Home)
　㉠ FTTH는 광섬유를 집안까지 연결한다는 뜻으로, 초고속 인터넷 설비 방식의 한 종류이다.
　㉡ 전송속도 및 거리에서 ADSL, VDSL을 능가하는 초고속 인터넷 서비스이다.
② 광동축 혼합망(HFC : Hybrid Fiber Coaxial cable) : HFC는 비디오, 데이터 및 음성 등과 같은 광대역 콘텐츠를 운송하기 위해, 네트워크의 서로 다른 부분에서 광섬유 케이블과 동축케이블이 사용되는 통신 기술이다.
③ FTTC(Fiber To The Curb) : FTTC는 평범한 전화 서비스를 대체할 목적으로, 광케이블을 집이나 회사 근처의 도로까지 설치하고 사용하는 것에 관련된다.

59 차세대 가입자망 기술의 하나로 광섬유 케이블로 댁내까지 접속하는 것은?

① xDSL ② PON
③ LAN ④ HFC

〔해설〕
수동 광통신망(PON : Passive Optical Network)
① PON은 광케이블 망을 통해 최종사용자에게 신호를 전달하는 시스템이다.
② 기업 및 SOHO(Small Office Home Office), 일반가정에까지 광섬유에 기반한 초고속 서비스를 제공하는 광가입자망 기술이다.
▶ 수동 소자로 광통신망을 구성하는 방식을 택하였기 때문에 수동형(Passive) 광 네트워크라고 한다.

[정답] 54 ① 55 ④ 56 ④ 57 ④ 58 ① 59 ②

60 다음 중 UWB 기술에 대한 설명으로 거리가 가장 먼 것은?

① 무선반송파를 사용하지 않는다.
② 기저대역에서 수 [MHz] 이하의 좁은 주파수 대역을 사용한다.
③ 통신이나 레이다 등에 주로 응용된다.
④ 근거리 고속통신이 가능한 무선기술이다.

해설

초광대역통신(UWB : Ultra Wide Band)
① UWB는 기존 무선기술이 사용하던 무선 반송파를 이용하지 않고, 기저대역 상태에서 수 GHz 이상의 넓은 주파수대역, 매우 낮은 스펙트럼 밀도를 이용한 단거리 고속 무선 통신기술이다.
② UWB는 전송거리가 10[m] 안팎으로 짧지만 전송속도가 빨라서 홈네트워킹 시스템이나 유비쿼터스 환경을 구현할 무선통신기술로 주목받고 있다.
③ UWB는 군용 레이더나 원격 탐지, 경찰, 소방 등의 목적에 응용되고 있다.

61 다음 중 무선가입자망 기술에 해당되지 않는 것은?

① WLL   ② MMDS
③ LMDS   ④ FTTH

해설

무선가입자망
① 정의 : 가입자와 국선교환기 사이의 전송경로인 가입자망(local loop)의 일부 또는 전체가 무선시스템으로 되어 있는 경우를 말한다.
② 종류
㉠ 무선가입자 회선(WLL : Wireless Local Loop)
  WLL은 전화국과 가입자 단말 사이의 회선을, 유선 대신 무선시스템을 사용하여 구성하는 방식이다.
㉡ 다채널 다지점 분배서비스(MMDS : Multichannel Multipoint Distribution System)
  MMDS란 2.5~2.7[GHz]의 고주파대역 채널을 이용해 전파도달거리 40[km] 내외 지역을 커버하는 무선 고속 영상 및 데이터 서비스를 말한다. 산간 벽지나 도서 지역 또는 동축케이블 매설이 어려운 환경에서 유선을 대체하기 위해 개발된 전송방식이었으나 최근에는 디지털 송수신장비의 발달로 최대 300개 이상의 채널을 최대 6~12[Mbps] 속도로 서비스할 수 있는 광대역서비스로 부상하고 있다.
㉢ 지역채널 다지점 분배서비스(LMDS : Local Multipoint Distribution Service)
  기지국과 가입자간의 통신로를 무선화하여 양방향 멀티미디어 서비스를 제공할 수 있는 고정통신시스템으로, MMDS의 단점인 주파수 대역폭을 보완하기 위하여 상위 대역인 28[GHz] 대역으로 이동하여 운용되는 MMDS로부터 진화된 개념이다.

[참고] FTTH(Fiber To The Home)는 광섬유를 집안까지 연결한다는 뜻으로, 초고속 인터넷 설비방식의 한 종류이다.

62 인터넷 통신망에서 가입자가 요구하는 서비스 품질을 만족시키기 위하여 가입자의 입력 트래픽을 특성에 의해 몇 개의 클래스로 그룹화하여 클래스 기반으로 서비스하는 방식은 무엇인가?

① Diffserv 방식
② Intserv 방식
③ Flow-based 방식
④ RSVP 방식

해설

인터넷 서비스품질(QoS : Quality of Service) 보장을 위한 기술
① Differentiated Services(Diffserv)방식
  ㉠ 개별 flow를 취합하여 QoS를 보장하기 위한 방법이다.
  ㉡ 간단하고, 구현이 용이하고, 가벼우며, 확장성이 용이한 프로토콜이다.
② Integrated Services(Intserv)방식
  ㉠ 개별 IP flow에 대하여 QoS를 보장하기 위한 방법이다.
  ㉡ 흐름 단위의 상태 유지로 복잡한 수락제어 및 트래픽 스케줄링 기법이 가능하다.

[정답] 60 ② 61 ④ 62 ①

합격 NOTE

합격예측
광 통신이란 빛의 파장을 이용해 정보를 전송하고 교환하는 기술

합격예측
광통신: 음성 신호 → 변조 회로 → 발광 소자 → (광섬유) → 수광 소자 → 복조 회로 → 음성 신호

합격예측
① 송신측 : 전광변환
② 수신측 : 광전변환

합격예측
전반사 : 입사광이 경계면으로 모두 반사되는 현상

3. 광 전송망

1. 광통신 (Optical Communication)

가. 광통신의 원리

(1) 광통신은 빛(光)을 이용하여 정보를 전달하는 방식이다. 송신측에서는 발광소자(LED 등)가 전기신호를 광신호로 바꾸어 빛의 전반사 원리를 이용하여 광섬유를 통해 보내며, 수신측에서는 수광소자(PD, APD 등)가 광 신호를 다시 전기 신호로 변환하여 정보를 검출한다.

(2) 광 디바이스
   ① 송신단 : 레이저 다이오드(LD), 발광 다이오드(LED)
   ② 수신단 : 애벌런치 포토다이오드(APD), PIN 다이오드
   ③ 광다중 전송을 위해서 빛의 합파기, 분파기가 필요하다.

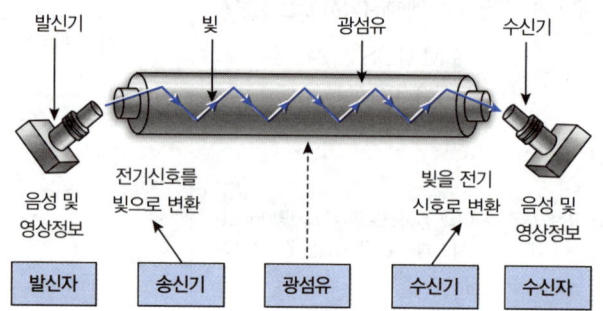

(3) 광 전송원리
   ① 광섬유는 굴절률이 높은 매질이 중심(코어)을 이루고 그 외부에 굴절율이 낮은 매질(클래딩, Cladding)로 구성된다.
   ② 광섬유는 전반사 현상을 이용하며 광원으로부터 코어로 입사된 광신호는 클래드의 경계면에서 계속적으로 전반사되면서 광섬유를 통하여 전달된다.

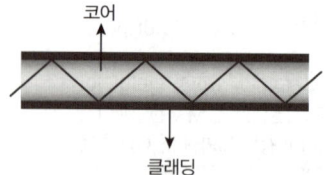

(4) 광섬유 특성 파라미터

광학적 파라미터	비 굴절률차	코어의 굴절률에 대한 클래드의 굴절률차
	수광각	전반사 조건에 의한 입사각과 굴절각의 관계
	개구수	중심축을 지나는 원뿔형의 개구각에 대한 상대 굴절률을 나타낸 것
	규격화 주파수	광섬유내에 얼마나 많은 전파모드를 전반할 수 있는가를 나타낸 파라미터
구조 파라미터	군경률	코어 및 클래드의 표준 직경에 대한 최대 직경의 비
	비원율	코어 및 클래드의 표준 직경에 대한 최대, 최소 직경의 차에 대한 비
	편심률	코어의 표준 직경에 대한 코어 중심과 클래드의 중심에 대한 간격의 비

(5) 광섬유 손실(Optical Fiber Loss)

광섬유 손실은 광신호가 광섬유를 진행하면서 산란, 흡수 등의 현상으로 신호 전력이 떨어지는 현상을 말한다.

재료 손실	흡수손실	빛에너지 일부가 열에너지로 변환된다.
	산란손실	직진하는 빛이 여러 갈래로 흩어진다. 주로 재료의 불균일성에 기인한다.
부가적 손실	구부림손실	마이크로 벤딩 손실, 매크로 밴딩 손실
	결합손실	광케이블, 광원, 부품, 소자들간 결합에 의한 손실

> **📝 참고**

📍 **레일리 산란(Rayleigh Scattering)**
① 광통신에서는 가장 큰 영향을 주는 산란손실이다.
② 광섬유 굴절률 변화가 빛의 파장보다 작은 영역에 존재할 때 물질의 성분 또는 밀도의 변화에 의해 생기는 손실로 파장의 4승에 반비례하여 감소하며 모드와 코어의 직경에는 무관하다.

합격 NOTE

합격예측
광섬유에서 주요 손실 요소 : 길이, 파장, 접속점

합격예측
• 재료손실 : 내적 요인
• 부가적 손실 : 외적 요인

(6) 광섬유의 분산 특성

분산 특성은 광섬유의 전송 특성 중 전송 신호의 대역폭을 제한하며 이는 파형의 퍼짐으로 도파로의 정보전송 용량을 제한하게 된다.

① 모드분산

광섬유내를 전파하는 여러 모드간의 속도차에 의한 모드간의 간섭에 의한 파형의 벌어짐 현상

② 색분산

㉠ 재료분산 : 광섬유의 재료인 유리의 굴절률이 전파하는 빛의 파장에 의해서 변화함으로써 일어나는 파형의 벌어짐 현상이다.

㉡ 구조분산(도파로분산) : 광선이 광섬유의 축과 이루는 각이 파장에 따라서 다르기 때문에 일어난다.

 참고

📍 **광중계기(Optical Repeaters)**

① 광섬유의 손실과 분산에 의해 광신호 왜곡이 발생한다.
   ∴ 약 40[km]마다 광중계기를 두어 원래 광신호로 재생한다.
② 광중계기는 광섬유로부터 광신호를 받아 이를 다시 전기신호로 바꾼 뒤 원래의 광신호로 바꾸는 역할을 한다.
③ 현재는 중계기보다 광섬유증폭기(EDFA : Erbium Doped Fiber Amplifier)와 분산보상 광섬유(DCF : Dispersion Compensation Fiber)를 사용한다.

(7) 광섬유(통신)의 장·단점

장 점	단 점
전송손실이 극히 적다.	접속이 어렵다.
광대역이다.	전력 전송이 어렵다.
전자파의 영향이 없다.	큰 힘에 약하다.
세형 및 경량이다.	분기 및 결합이 어렵다.
자원이 풍부하다.	
가요성이 우수하다.	
비밀화가 보장된다.	
설치공간이 적다.	

합격예측
광섬유의 분산 : 모드분산, 색 분산

합격예측
광 증폭기 : 광 신호를 전기신호로 변환없이 직접 증폭하는 장치

합격예측
광통신은 동축케이블, UTP케이블보다 빠르고 안정적이다.

나. 광 전송 네트워크 기술

(1) 개요

① 인터넷의 확산과 더불어 VOD, IPTV 등 고속, 고품질 데이터에 대한 요구가 증가하면서 코어망은 물론 가입자망에서도 고속화와 저비용화를 요구하고 있다.

② ADSL을 넘어선 차세대 가입자망 기술로 주목 받는 대표적 기술이 광 네트워크(Optical Network)이다.

③ 광네트워크는 이론적으로 무한대의 데이터를 송수신할 수 있는 광섬유를 이용하기 때문에 단일 통합 네트워크 상에서 음성, 데이터, 비디오 서비스를 제공할 수 있다.

④ 광네트워크 기술은 적용 영역에 따라 광접속망과 광코어망으로 분류되며, 광접속망은 교환기에서 가정까지를 광케이블화한 것이다.

(2) 광가입자망

광가입자망이란 음성전화용 동선, 케이블TV용 동축케이블, 무선주파수 등 전통적인 전송매체가 아닌 광섬유 케이블과 레이저 송수신 방법을 이용하여 각 가입자들에게 10Mbps 이상의 초고속 광대역 접속서비스를 제공할 수 있는 가입자망을 말한다.

① PON(Passive Optical Network, 수동형 광가입자망)

기업, SOHO(Small Office Home Office) 및 일반가정에까지 광섬유에 기반한 초고속 서비스를 제공하는 광가입자망 기술로 수동소자로 광통신망을 구성하는 방식을 택하였기 때문에 수동형(Passive) 광네트워크라고 한다.

② AON(Active Optical Network, 능동형 광가입자망)

별도의 전원공급이 필요한 광 능동소자로 구성되는 가입자구간용 광 통신망으로, 주택 인근에 광 이더넷 스위치 등의 능동형 장비를 구축한 후, 여기서부터 가정의 광-전 변환기까지 광 케이블로 연결하는 방식이다.

2. 광 전송 네트워크

기존 광 전송망 시스템의 표준인 SDH/SONET은 관리하기 쉬우며 높은 신뢰성과 가용성을 제공한다. 그러나 WDM의 도입으로 SDH/SONET은 한계를 보이고 있으며, 신규 트래픽 수용과 확장에 한계가 있어 새로운 광전송 표준인 OTN이 도입 되고 있다. 광 전송망은 PDH에서 SDH/SONET으로, 그리고 OTN으로 발전하고 있다.

합격 NOTE

합격예측
차세대 가입자망 기술 : 광 네트워크 기술

합격예측
광네트워크 기술 : 광접속망, 광코어망

합격예측
AON과 PON의 구별은 광신호를 분기시키는데 전원을 필요로 하느냐, 필요로 하지 않느냐로 구분된다

합격예측
전송망의 발전 과정
PDH → SDH/SONET → DWDM → ROADM → OTN → POTN

가. 비동기식 디지털 계위(PDH : Plesiochronous Digital Hierarchy)

(1) 각각의 디지털 다중화장치들이 자체 발진기 클럭을 사용하여, DS-n급 신호들을 만들어가는 다중화 체계이다.

(2) 북미방식(NAS)과 유럽방식(CEPT)이 있다.

(3) 우리나라 PDH (북미식)

다중화계위	음성채널수	전송속도[bps]
0 (DS-0)	1	64K
1 (DS-1)	24	1.544M
2 (DS-2)	96	6.312M
3 (DS-3)	672	44.736M
4 (DS-4)	4,032	274.176M

(4) 단점 : 지터(Jitter) 발생, 복잡한 동기화 과정 등

나. 동기 디지털 계위(SDH : Synchronous Digital Hierarchy)

SDH는 기존의 비동기식 디지털 계위(PDH)의 문제점들을 해결한 것으로 전송 속도의 고속화 및 신뢰성을 보장하고 있으며, 기존 PDH를 효과적으로 수용하며 이를 바탕으로 보다 값싼 서비스 제공과 유연한 망 구축 및 표준화에 따른 이종 장치간 호환성을 제공한다.

(1) SDH의 개요
① SDH는 고속 디지털 통신을 위한 광전송 시스템의 국제 표준이다.
② SDH는 광 매체상에서 동기식 데이터 전송을 하기 위한 기술표준이다.
③ SDH는 광섬유의 고속 디지털 전송 능력을 활용하기 위한 디지털 신호의 동기 다중화 계층과 속도 체계 및 인터페이스를 정의한다.
④ SDH의 기본이 되는 다중화 단위는 동기 전송 모듈(STM)이며 최저 다중화 단계인 STM-1의 전송 속도는 155.520Mbps이다. STM-1을 STM-3, STM-4 등으로 단계적으로 일정한 정수 배로 다중화한다.

다중화 단계	전송 속도
STM-1	155.520[Mbps]
STM-3	466.560[Mbps]
STM-4	622.080[Mbps]
STM-6	933.120[Mbps]

합격예측

디지털 다중화방식
① 유사(비)동기식 : PDH
② 동기식 : SDH/SONET

합격예측

DS-0 : PDH 계위의 가장 기본이 되는 신호단위(64[kbps])

합격예측

SDH : 동기 디지털 (다중화) 계층

합격예측

SDH는 ITU-T에 의해 만들어졌고, SONET은 ANSI에 의해 만들어졌다.

합격예측

STM-1 : 155.52[Mb/s]가 기본 전송 속도

합격예측

STM-N : 155.52 × N[Mb/s]

합격예측

우리나라 :
① 제1계위는
   STM-1(155.52[Mb/s])
② 제2계위는
   STM-4(622.08[Mb/s])

다중화 단계	전송 속도
STM-8	1,244.160[Mbps]
STM-12	1,866.240[Mbps]
STM-16	2,488.320[Mbps]

⑤ SDH는 고도의 망 운용/관리/보수기능을 제공하며 BcN에서의 응용을 위한 유연한 구조를 규정하고 있다.

⑥ SDH는 종래의 비동기식 디지털계층(PDH : Plesiochronous Digital Hierarchy) 장비에 비해, 더 빠르면서도 비용은 적게 드는 네트워크 접속방법이다.

(2) 동기식 디지털 계위의 구성도

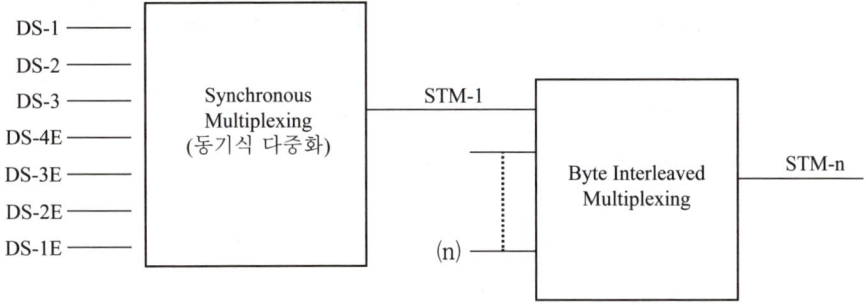

[동기식 디지털 계위의 구성도]

STM-1 신호는 기존의 비동기식 디지털 계위 신호인 DS-1, DS-2, DS-3, DS-1E, DS-2E, DS-3E, DS-4E로 동기식 다중화 과정을 거쳐 만들어진다(DS-4 및 DS-5E는 대상에서 제외된다).

STM-1 신호를 STM-n으로 변환할 때는 Byte Interleaved Multiplexing 과정이 이용된다.

(3) SDH의 특징

자체 복구(Self-Healing) 기능, SDH 프레임내에 충분한 오버헤드 확보, Point-to-Point 및 Ring 토포로지 구성 가능 등

합격 NOTE

합격예측
SONET은 북미식, SDH는 유럽식 표준이지만, 거의 동일한 방식이므로 SDH/SONET로 표기하기도 한다.

합격예측
B-ISDN의 핵심이 되는 ATM 다중 데이터는 SDH에 따른 전송 회선상에서 전송

합격예측
Byte Interleaving으로 더 높은 수준의 다중화를 구현한다.

합격예측
① 점대점 방식 (선형망)
② Ring 형 (환형망)

(4) PDH와 SDH의 특성비교

방식 항목	비동기식 디지털 다중화 계위	동기식 디지털 다중화 계위
동기 유지 방법	Pulse Stuffing	Pointer에 의한 동기화 (Byte Stuffing)
프레임 주기	각 계위마다 Stuffed Bit와 Overhead Bit가 추가되므로 125[1s]가 유지되지 않는다.	여러 입력신호가 Byte 단위로 단순하게 배열되므로 125[1s]가 유지된다.
높은 계위 신호의 다중화	여러 단계를 거쳐서 다중화해야 한다.	1단계로 직접 다중화할 수 있다.(One Step Multiplexing)
높은 계위 신호에서 채널의 분리 및 결합	역다중화 과정을 거쳐야 하므로 비효율적이다.	높은 계위에서도 직접 채널을 분리 결합할 수 있다.
다중화장치의 경제성	높은 계위로 올라갈수록 다중화 장치가 복잡하게 되어 가격이 상승한다.	Stuffing Control 기능이 불필요하므로 높은 계위로 올라가도 다중화 장치의 가격이 그다지 상승하지 않는다.
적용사례	NAS방식, CEPT방식	SONET, STM-n
최소 동기화 단위	비트	바이트
계층화 구조	비계층화 구조	계층화 구조
적합성	점대점 환경에 적합	망(Network) 환경에 적합
표준의 광역성	세계표준이 없음	세계표준

다. SONET(Synchronous Optical Network)

(1) 미국 표준협회(ANSI)가 표준화한 고속 디지털 통신을 위한 광전송 시스템의 북미 표준 규격이다.

(2) SONET의 기본 전송 단위는 STS-1이며, 전송속도는 51.84[Mbps]이다.

(3) 고도의 망 운용/관리/보수(OAM) 기능을 제공하며 고속 디지털망에서의 응용을 위한 유연한 구조를 갖고 있다.

(4) SDH와 SONET은 호환성이 있는데, SDH를 가능하게 한 것은 SONET이며 SONET을 국제 표준화한 것이 SDH이다.

(5) SONET 의 특징

광 장치를 수용하는 동기식 망, 신뢰성 있는 고속접속 및 신속 경로 선택 가능, 네트워크 모니터 및 관리 기능 등

합격예측

비동기식 디지털 (다중화)계층 : PDH 또는 ADH (Asynchronous Digital Hierarchy)로 부른다.

합격예측

다중화단계 : PDH(다단계 다중화), SDH(1단계 다중화)

합격예측

MSPP는 여러 서비스 및 계층을 하나의 공통 플랫폼으로 통합하는 기능을 수행하는 장비이다.

합격예측

동기 전송신호
(STS : Synchronous Transport Signal)

합격예측

STM-1과 OC-3의 전송속도가 같고, STM-4와 OC-12의 전송속도가 같다.

라. 다중 서비스 지원 플랫폼(MSPP, Multi-service Provisioning Platform)

  (1) MSPP는 여러 기술 또는 계층을 단지 하나의 장비에서 통합 구현하는 기술이다.

  (2) MSPP는 한 개의 광전송장비(SDH)를 통해 다양한 형태의 데이터를 전송, 처리할 수 있는 차세대 네트워킹 장비이다.

  (3) MSPP는 기존 SDH 망 및 인프라를 그대로 사용하면서, 동기식뿐만 아니라 이더넷, PSTN, 전용회선 등 다양한 서비스 제공이 가능한 전송기술이다. MSPP는 하나의 시스템에서 광전송 기능(SDH)뿐 아니라 다양한 형태의 서비스를 통합 수용할 수 있는 전용회선 장비로, 이더넷 기반(10[Mbps], 100[Mbps], 1[Gbps]등), TDM 기반(T1, E1, DS3 등) 및 SDH 기반(STM1/16/64 등)들을 포함한 다양한 서비스 인터페이스를 수용한다.

  (4) MSPP의 장점

   ① 기존 SDH 망 및 인프라를 그대로 사용하면서 다양한 서비스 제공
   ② 대역폭을 사용자가 원하는 만큼씩 세분화, 고속전송 제공 가능
   ③ 가입자가 원하는 속도 및 서비스를 중단없이 재빨리 구성하여 제공 가능
   ④ 자동으로 가상망 구성이 가능하며 다양한 형태의 망구성이 가능

  (5) MSPP 구분

   ① Transport-based MSPP(SDH/SONET 기반)
     : 기존의 SDH/SONET, ADM, OXC 기반의 회선 스위칭 구조
   ② Data-based MSPP(비 SDH/SONET 기반)
     : 이더넷을 기반의 데이터 스위칭 구조

마. 파장분할 다중방식(WDM : Wavelength Division Multiplexing)

  (1) 송신측에서는 서로 다른 빛의 파장에 정보를 실어 동시에 전송하고, 수신측에서는 파장별로 분리하여 원 신호를 재생하는 다중화 방법이다.

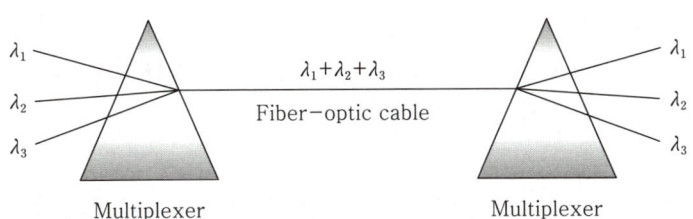

[Wavelength Division Multiplexing]

합격 NOTE

합격예측
MSPP는 여러 서비스 및 계층을 하나의 공통 플랫폼으로 통합하는 기능을 수행하는 장비이다.

합격예측
MSPP는 대역폭 관리, QoS, 보안 등의 기능, 인터넷, IPTV 등 다양한 서비스를 하나의 플랫폼에서 제공한다.

합격예측
대용량 MSPP : 10Gbps 이상의 속도, 10Gbps 8채널의 WDM 기능의 제공이 가능한 광전송 dn장치이다.

합격예측
다양한 형태의 망구성 : PTP, Ring Type, Multi-Ring, Subtending-Ring 등

합격예측
WDM은 파장이 다른 광선은 서로 간섭을 일으키지 않는 성질을 이용한다.

합격 NOTE

합격예측
두 파장을 함께 사용시 용량 2배 증가

(2) WDM은 정보 전송량을 비약적으로 증대시킬 수 있다.

(3) WDM의 특성
① 양방향 전송이 가능하다.
② 이종 신호의 동시 전송이 가능하다.
③ 단일 모드, 다중 모드에 모두 사용된다.
④ 광케이블의 증설 없이 회선 증설이 용이하며, 대용량화가 가능하다.

(4) WDM의 특징 및 발전

전송손실이 가장 작은 파장이 $1.55[\mu m]$이고, 색분산이 가장 작은 파장은 $1.31[\mu m]$이다. 4~8개 레이저 파장을 동시 전송하여 20[Gbps]의 전송속도를 구현한다.

합격예측
DWDM : WDM 기술의 발전으로 분할되는 파장간 사이 밀도가 좁아져 용량과 채널을 크게 향상한 광전송방식을 말한다.

바. 고밀도 파장 분할 다중화(DWDM : Dense WDM)

(1) 일정 파장 대역에 걸쳐 수십, 수백개의 파장의 광 신호를 동시에 변조시켜 하나의 광섬유를 통해 전송하는 WDM의 발전된 기술이다.

(2) Pass-band 내에서 파장간의 간격을 촘촘히 하여 8개 이상의 레이저 파장을 사용하여 40~200[Gbps]의 전송속도를 구현한다.

(3) DWDM 채널주파수는 100 GHz(0.8 nm), 50 GHz(0.4 nm), 200 GHz(1.6 nm) 등으로 등간격으로 떨어진 81개의 채널 파장 및 주파수 값을 사용할 것을 권고하고 있다.

합격예측
OADM : 광전변환없이 각종 속도(계위)의 광 신호 파장 자체를 광학적으로 분기, 결합시키는 장치

합격예측
ROADM(로드앰)은 기존 광섬유의 활용도를 획기적으로 높일 수 있는 차세대 광전송 신호 처리 기술이다.

사. 재설정식 광 분기·결합 다중화 장비(ROADM : Reconfigurable Optical Add Drop Multiplexer)

(1) 다채널의 신호를 하나의 광섬유를 통해 전달하는 WDM 전달 망에서는 각 신호별로 서로 다른 최종 목적지를 가지고 전달되는 경우가 대부분이다. 이렇듯 WDM 전달 망에서 각 노드에서 필요한 신호를 추출(Drop)해 내고 노드에서 생산된 신호를 삽입(Add)하는 기능을 수행하는 것이 필요한데 이러한 작업을 수행하는 장치를 광분기결합다중화기(OADM)이라 한다.

(2) ROADM은 차세대 광통신 기술로 새로운 광통신 회선이 추가되거나 삭제될 때 기술자가 직접 이를 조정해야 하는 OADM(광분기)의 단점을 개선한 광전송 기술이다.

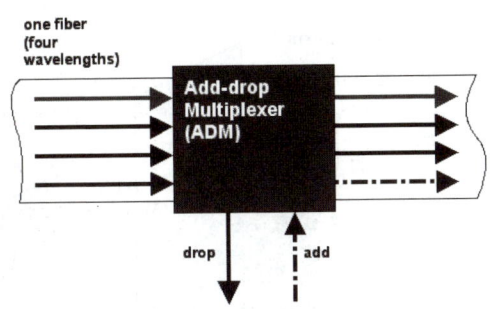

[Add/Drop Multiplexer]

(3) 원격제어 하에서 광 파장 단위로 광 회선을 분기/결합에 의해 동적으로 재구성할 수 있고, 트래픽 상황 변화에 유연하게 대처할 수 있게 함으로써 망의 투자 및 유지비용을 줄일 수 있는 광 전달망의 광 스위치를 말한다.

(4) ROADM의 특징
   ① 소프트웨어만으로 망 설정과 회선 조절이 가능하다.
   ② 원격으로 네트워크 재구성이 가능하기 때문에 유지보수 비용을 절감할 수 있다.
   ③ 신규 애플리케이션을 신속하게 반영할 수 있다.

아. OXC(Optical Cross Connect)
   (1) OXC는 DWDM 장비를 통해 전송되는 수십, 수백 개의 광 파장들을 관리할 수 있는 새로운 광교환기술이다.
   (2) OXC는 테라비트 이상의 데이터 처리 능력을 갖는다.
   (3) 구성 : 광스위치, 파장변환기, MUX/DEMUX, OA(Optical Amp), 제어평면 등

자. 광 전달망(OTN : Optical Transport Network)
   (1) 전기적 신호 단위가 아닌 광 파장 단위로 전달, 수송하는 기능을 갖는 광 네트워크이다.
   (2) 다양한 형태의 신호를 수용하고, 신호 다중화로 대용량 신호를 장거리로 전송하게 한다.

합격 NOTE

합격예측
R-OADM : 파장 가변형 OADM

합격예측
OXC는 광 신호 자체를 교차연결(Cross-Connect)하는 기술, 장비이다.

합격예측
OTN은 광 채널의 전송, 멀티플렉싱, 스위칭, 관리, 감시 기능 등을 제공한다.

합격 NOTE

합격예측
OTN은 광-전기-광 변환 없이 광-광 형태로 직접 전달하는 방식

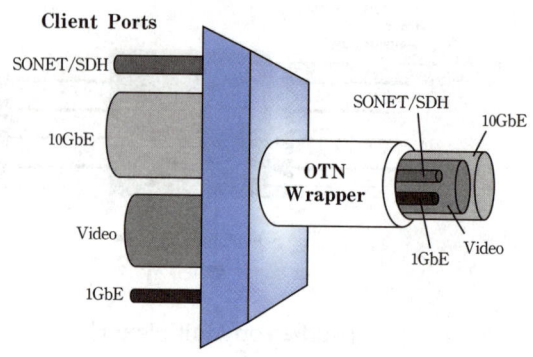

합격예측
광 전달망의 기능 : 페이로드 수송, 다중화, 라우팅, 망 생존성, 망 감시 유지 관리 등

합격예측
① 광 채널(OCH) 전송속도 : 2.5~100[Gbps]
② 광 채널 계층(OCH : Optical Channel Layer)

합격예측
POTN은 인터넷 서비스 연동은 물론 5G, 사물인터넷(IoT) 등에 적합하다.

(3) 광 전달망은 주로, WDM 기술에 바탕을둔 DWDM 광 네트워크로써, 사용자 데이터(페이로드)를 광에 실어 운반하는 전달망 구조를 말한다.

(4) 광 전달망의 주요 기능 : 페이로드 수송(Payload Transport), 다중화(Multiplexing), 라우팅(Routing), 망 생존성, 망 감시 유지 관리 등

(5) 광 전달망 특징
 ① 다양한 트래픽 형태를 통합 제어하는 체계
 ② 제어 평면 및 전송 평면이 분리됨
  ㉠ 제어 평면 : 연결제어를 목적으로 제어신호가 흐르는 평면
  ㉡ 전송 평면 : SDH 기반 전달망, OTH 기반 전달망 등이 혼재되어 있는 평면
 ③ 다양한 종속신호 수용
 ④ 광 채널(OCH) 당 다양한 전송속도로 동작

차. 패킷 광 전송망(POTN : Packet Optical Transport Network)

(1) POTN은 광전송과 회선, 패킷 전달망 계층을 합친 개념으로, 여러 개로 운영되던 전송망을 통합한 것이다.

(2) POTN은 기존의 전송망 장비 기능을 통합하여 네트워크 구조를 단순화할 수 있다.

(3) POTN은 네트워크 제어 기능을 지능화할 수 있으며, 트래픽 폭증이나 전송 용량 부족 현상에 대한 해결이 가능한 차세대 광 네트워크이다.

3. 광 다중화(Optical Multiplexing) 기술

광 다중화는 여러 개의 광 영역의 신호들을 하나의 광섬유를 통해 동시에 전송하는 기술이며, 광 영역에서 광-전 변환과 같은 전기적 변환 처리 없이 다중화하여 전송한다.

종류	방법
광시분할 다중화방식 (OTDM : Optical Time Division Multiplexing)	• 광신호를 시간영역에서 다중화 • 전송용량 증가에 한계가 있음
광부호분할 다중화방식 (OCDM : Optical Code Division Multiplexing)	• 직교 코드를 이용하여 다중화
파장분할 다중화방식 (WDM : Wavelength Division Multiplexing)	• 다수 신호를 파장으로 분할하여 다중화 • 중장거리 통신에 주로 활용
광주파수분할 다중화방식 (OFDM : Optical Frequency Division Multiplexing)	• 광신호를 주파수영역에서 다중화
부반송파 다중화방식 (SCM : Sub-Carrier Multiplexing)	• 직교성 부반송파를 이용하여 다중화

합격 NOTE

합격예측
광다중화기술
① 광 전송에서 대용량 전송을 위한 기술
② 전기적 처리 속도 한계를 극복하기 위한 기술이다.

합격예측
① 광다중화의 중심은 WDM이다.
② WDM : 장거리 전송시 광손실을 보상을 위해 광증폭기를 사용

합격예측
40[Gbps] 전송속도의 한계를 극복하기 위해 Coherent 광변조기술 사용

출제 예상 문제

제3장 광 전송망

01 광섬유케이블의 특징에 대한 설명으로 틀린 것은?
① 코어의 굵기가 가늘고 경량이다.
② 전자파 유도에 의한 영향을 받지 않는다.
③ 광대역 전송이 가능하다.
④ 빛을 이용하므로 전송속도가 빠르고 전송손실이 크다.

해설
광케이블은 다음과 같은 특징을 갖는다.
① 세경성
② 경량성
③ 경제성
④ 전기적 무유도성
⑤ 광대역성
⑥ 저손실성
⑦ 접속과 유지보수의 어려움

02 다음 중 광섬유 케이블의 일반적인 특징이 아닌 것은?
① 초다중화가 가능하다.
② 채널 간 상호 전자기적인 누화의 영향을 받을 수 있다.
③ 광대역전송이 가능하다.
④ 광섬유는 측압을 받으면 손실특성이 달라진다.

03 다음 중 동축케이블과 비교할 때 광섬유케이블이 갖는 장점이 아닌 것은?
① 장거리 전송이 가능하다.
② 경제적이고 수명이 길다.
③ 전송용량이 훨씬 크다.
④ 접속과 제조가 용이하다.

해설
접속과 제조는 동축케이블에 비해 광케이블이 더 어렵다.

04 광섬유에서의 신호원은 무엇인가?
① 빛
② 무선파
③ 적외선
④ 초단파

해설
광섬유는 광의 전반사(광 케이블의 코어를 따라 모두 반사하면서 진행한다는 의미) 성질을 이용한 전송매체이다.

05 광전송시스템을 구성할 때 고려할 사항이 아닌 것은?
① 전송매체
② 전자파의 간섭
③ 전송방식
④ 다중화방식

06 다음 중 광통신용 발광소자는?
① LD
② PD
③ APD
④ LAP

해설
광통신에서 광원으로 사용되는 소자(발광소자)로는 LD, LED, 고체 레이저 등이 있고 광검출기로 사용되는 소자(수광소자)로는 APD, PIN Photo 다이오드 등이 있다.

07 다음 중 광통신에서 수광소자에 해당하는 것은?
① 레이저 다이오드(LD)
② 발광 다이오드(LED)
③ 고체 레이저
④ PIN Photo 다이오드

[정답] 01 ④ 02 ② 03 ④ 04 ① 05 ② 06 ① 07 ④

08 광케이블통신의 구성에 있어서 전광 변환기에 사용되는 반도체 레이저 또는 발광다이오드가 설치되는 곳은?

① 수신측
② 수신측과 송신측
③ 송신측
④ 광케이블 중간

해설

광통신(Optical Communication)
① 광통신은 빛과 광섬유를 이용하는 디지털통신으로 보내려고 하는 정보를 파장이 긴 전파 대신에 파장이 매우 짧은 빛(레이저광)의 신호로 바꿔서 광섬유를 통해서 정보를 전달하는 통신체계이다.
② 광통신 과정
  ㉠ 송신측 : 전광변환
    음성이나 영상의 데이터 정보를 아날로그신호(전기신호)로 바꾸고 이를 변조회로에서 디지털신호로 바꾸고 발광소자(레이저)에서 빛신호로 바꾼 후 광섬유를 통해 전달한다.
  ㉡ 수신측 : 광전변환
    빛신호가 광섬유를 통해 전달되면 광검출기로 검출하여 디지털신호로 바꾸고 복조회로에서 다시 음성이나 영상의 아날로그신호로 바뀐다.
③ 광통신 흐름도
  음성, 영상신호 → 변조회로 → 발광소자(레이저나 발광다이오드 전기신호 → 빛신호) → 광섬유 → 수광소자(광검출기 빛신호 → 전기신호) → 복조회로 → 음성, 영상신호

09 광통신방식에서 광신호를 전기적 세력으로 변환해 주는 소자는?

① LD, LED
② LD, APD
③ LED, APD
④ APD, PD

10 통신시스템에 사용되는 광소자 중 능동형인 것은?

① 커플러
② 분배기
③ 광증폭기
④ 편광조절기

해설

광통신(Fiber Optic Communication)
① 광통신은 기존의 전기적인 신호에 의한 전송이 아닌, 광에 의한 전송을 하는 통신방식이다.
② 광소자의 구분
  ㉠ 광 능동소자
    ⓐ 광통신용 빛(광신호)을 발광, 수광, 재생, 제어(스위칭, 변조 등)를 할 수 있는 소자
    ⓑ 종류 : 광증폭기, 발광소자, 수광소자, 광변조기, 광 송신/수신모듈(광트랜시버), 광 스위치 등
  ㉡ 광 수동소자
    ⓐ 광신호의 발생/재생 역할은 하지 않고 특정 파장만을 통과시키거나 광신호를 한 방향으로만 흐르게 하는 등의 역할을 수행하는 소자
    ⓑ 종류 : 광커플러, 광필터, 광섬유격자, 분파기(Splitter), 광아이솔레이터, 광감쇠기, 광 서큘레이터(Circulator), 프리즘, 렌즈, 광 커넥터 등

11 하나의 광섬유에 다수의 광신호를 전송하기 위해 광신호를 결합하는 수동광소자는?

① 광감쇠기(Optical Attenuator)
② 광변조기(Optical Modulator)
③ 광아이솔레이터(Optical Isolator)
④ 광커플러(Optical Coupler)

12 광전송시스템의 각종 부품 및 경계면에서 반사되어 전송신호와 간섭을 유발하여 전체 성능을 저하시키는 역반사 잡음을 제거하기 위한 소자는?

① 광감쇠기
② 광서큘레이터
③ 광커플러
④ 광아이솔레이터

13 전송모드(Mode)에 따라 분류되는 전송매체는 어느 것인가?

① 트위스트 페어 케이블
② 동축케이블
③ 광섬유
④ 마이크로파 통신

해설

광케이블을 전송모드에 따라 분류하면 다음과 같다.
① 단일모드 광섬유(Single Mode Fiber)
  광이 코어 내를 직진하는 광전자계 하나만 존재하는 모드로 다음과 같은 특징을 갖는다.
  ㉠ 코어 내를 전파하는 모드가 한 개(HE_{11})만 존재한다.
  ㉡ 모드간 간섭이 없다.
  ㉢ 고속, 대용량 전송이 가능하다.
  ㉣ 코어의 직경이 작아($3 \sim 10[\mu m]$) 제조 및 접속이 어렵다.
② 다중모드 광섬유(Multi Mode Fiber)
  코어 내를 직진하는 광 이외에도 반사 횟수가 다른 여러 개의 광이 존재하는 모드로 다음과 같은 특징을 갖는다.

[정답] 08 ③ 09 ④ 10 ③ 11 ④ 12 ④ 13 ③

㉠ Core 내를 전파하는 모드가 여러 개 존재한다.
㉡ 모드간 간섭(분산)이 일어난다(따라서 전송 대역이 제한됨).
㉢ 고속, 대용량 전송이 불가능하다.
㉣ Core의 직경이 비교적 크기 때문에(30~90[μm]) 제조 및 접속이 용이하다.

14 ITU-T의 규격 중 광통신에서 사용되는 단일모드 광섬유의 코어와 클래딩의 직경은?

① 10[μm], 125[μm]   ② 10[μm], 250[μm]
③ 50[μm], 125[μm]   ④ 50[μm], 250[μm]

해설

① 단일모드 광섬유의 코어와 클래딩은 10[μm], 125[μm](코어는 3~10[μm] 사용)
② 다중모드 광섬유의 코어와 클래딩은 50[μm], 250[μm](코어는 30~90[μm] 사용)

15 다음 중 광통신시스템에서의 손실에 해당되지 않는 것은?

① 커넥터 손실   ② 접속 손실
③ 전반사 손실   ④ 광섬유 손실

16 광섬유 기반의 광통신 시스템에서 전송거리를 제한하는 가장 중요한 원인은 어느 것인가?

① 광손실   ② 광분산
③ 광전반사   ④ 광굴절

해설

광섬유 기반의 광통신 시스템에서 전송거리를 제한하는 가장 중요한 원인은 광손실이다. 광케이블에서는 광손실을 나타내기 위해 단위로 [dB/km]를 사용하는데 만약 광손실이 3[dB/km]라면 광이 1[km]를 진행했을 때 광전력이 반으로 줄어 들었다는 것을 의미한다.

17 다음 중 광통신시스템에서 전송속도를 제한하는 주된 요인으로 알맞은 것은?

① 광분산   ② 광손실
③ 전반사   ④ 굴절

18 다음 중 전파하는 광의 파장에 따른 전파속도차 때문에 발생하는 분산은?

① 색분산   ② 영분산
③ 모드분산   ④ 도파로분산

해설

분산(Dispersion)이란 광펄스가 전송되는 과정에서 퍼져, 이웃하는 광펄스와 겹침으로써 전송대역이 제한되는 현상으로 색분산과 모드분산으로 대별할 수 있다.
① 색분산 : 단일모드 광섬유에서 발생되는 분산으로 파장에 따른 전파속도차 때문에 발생하며 재료분산과 도파로(구조)분산이 있다.
② 모드분산 : 다중모드 광섬유에서 발생되는 분산으로 모드에 따른 전파속도차 때문에 발생하며 이를 줄이기 위해 GIF(Graded Index Fiber)를 사용한다. 다중모드 광섬유에서는 색분산도 약간 발생되나, 모드분산에 비해 훨씬 작으므로 색분산은 무시한다.

19 광송신기의 출력이 −3[dBm], 광수신기의 수신 감도가 −36[dBm], 광섬유의 손실이 1[dB/km]이다. 만약 접속 손실과 광커넥터 손실을 무시한다면, 이러한 광전송 시스템이 무중계로 전송 가능한 최대 거리[km]는?

① 33   ② 66
③ 99   ④ 132

해설

송수신기 사이에 33[dBm]의 차이가 만들어지고, 손실이 1[dB/km]이므로 33[km]의 전송이 가능하다.

20 파장이 서로 다른 복수의 광신호를 한 가닥의 광섬유에 다중화시키는 다중화방식은?

① FDM   ② TDM
③ WDM   ④ OFDM

해설

광통신에서는 다중화 방법으로 WDM(파장분할 다중화)이 사용된다. WDM은 전송하고자 하는 정보를 부호화하여 디지털신호로 만든 후 서로 다른 파장을 발생하는 광원을 사용하여 광신호를 만든 다음 광결합기로 결합하여 광케이블에 전송한다. 수신측에서는 광분파기(Optical Divider)를 이용해 광신호를 파장에 따라 분리한 후 광검출기에서 1과 0을 찾아낸 다음 복호기를 거쳐 원래의 정보형태로 만들게 된다.

[정답] 14 ① 15 ③ 16 ① 17 ① 18 ① 19 ① 20 ③

21 파장분할 다중전송시스템이 갖는 특성이 아닌 것은?

① 대용량화가 가능하다.
② 양방향 전송이 가능하다.
③ 다른 신호의 동시전송이 가능하다.
④ 전자기적인 누화가 통화품질에 영향을 줄 수 있다.

22 광통신시스템에서 광합파기 및 광분배기를 사용하는 광다중 전송방식은?

① TDM   ② WDM
③ ADM   ④ FDM

[해설]
WDM(Wavelength Division Multiplexing)
① WDM이란 파장분할 다중화를 말하는 것이다.
② 송신측에서는 전송하고자 하는 정보를 각각의 부호기에서 디지털 신호 1과 0으로 바꾼 다음 그것을 가지고 서로 다른 파장의 광원을 on/off하여 광펄스를 광결합기(Optical Coupler)를 이용해 결합하여 광케이블로 보낸다.
③ 수신측에서는 광분배기(Optical Divider)를 이용해 각 파장별로 광펄스를 나눈 다음 각각의 광검출기에서 DD(Direct Detection)방식을 이용하여 1과 0을 얻어낸다.

23 다음 중 파장분할다중화(WDM : Wavelength Division Multiplexing)와 관계가 가장 적은 것은?

① 광섬유   ② 레이저 다이오드
③ 광파장 분할   ④ 압축기

[해설]
WDM은 광통신에서 사용되는 다중화방식을 말한다. 광섬유는 광케이블이고, 레이저 다이오드(LD)는 전기적 신호를 광신호로 바꾸는 발광소자이며, 광파장 분할은 송신측에서 사용되는 광결합기와 수신측에서 사용되는 광분파기의 역할을 나타낸 것이다. 압축기는 PCM 시스템에서 큰 PAM 신호를 작게, 작은 PAM 신호는 크게 해주는 역할을 수행하는 장치이다.

24 WDM에서 사용되는 레이저(Laser)광의 특징이 아닌 것은?

① 고휘도(高輝度)   ② 지향성(指向性)
③ 열광(烈光)   ④ 편광현상(偏光現像)

[해설]
WDM은 광통신에서 사용되는 파장분할 다중화방식이며, 광통신에서 사용되는 광은 다음과 같은 특징을 갖는다.
① 단색성(단일 주파수 성분)
② 냉광
③ 고휘도
④ 지향성을 갖는다.
⑤ 가시광선에서 근적외선 영역에 속한다.
⑥ 편광현상을 가진다.

25 다음 중 Dense WDM(DWDM)에서 사용하는 파장대역이 틀린 것은?

① 20[nm]   ② 1.6[nm]
③ 0.8[nm]   ④ 0.4[nm]

[해설]
DWDM(Dense WDM)은 한 가닥의 광섬유를 통해 여러 개의 빛 파장을 전송하는 방식으로 보통 40~80개의 채널을 전송한다. 만약 80개의 빛 파장을 전송하는 경우(즉, 80개의 채널을 전송하는 경우) 사용파장은 1,550[nm]이고 채널간격으로는 0.4[nm], 0.8[nm], 1.6[nm]가 사용되며 약 400[GPS]의 전송속도를 제공한다.
* 채널간격 10[nm], 20[nm]는 CWDM(Coarse WDM : 저밀도 파장분할다중화)에서 사용된다.

26 다음 중 가입자망 기술로 망의 접속계 구조 형태인 PON 기술에 대한 특징으로 틀린 것은?

① 네트워크 양끝 단말을 제외하고는 능동소자를 전혀 사용하지 않는다.
② 광섬유의 효율적인 사용을 통하여 광전송로의 비용을 절감한다.
③ 유지보수 비용이 타 방식에 비해 저렴하다.
④ 보안성이 우수하다.

[해설]
수동형 광 네트워크(PON : Passive Optical Network)
① PON은 기존 동선이나 동축케이블이 아닌 광케이블을 이용하여

[정답] 21 ④ 22 ② 23 ④ 24 ③ 25 ① 26 ④

일반 가정에까지 수십 Mbps 이상의 초고속 광대역 서비스를 제공할 수 있도록 하는 광가입자망 구축 기술이다.
② PON의 특징
  ㉠ 광선로의 공유에 의한 설치비용 절감
  ㉡ 수동소자 사용에 의한 유지비용 절감
  ㉢ 전송거리가 10~20[km] 정도 가능
③ PON 단점 : 중앙 집중국에서 모든 가입자에게 정보가 분산되므로 보안성이 약하다.
[참고] 광케이블 매체를 이용하는 가입자망 기술은 크게 AON(Active Optical Network)과 PON으로 나눈다.

27 차세대 가입자망 기술의 하나로 광섬유 케이블로 댁내까지 접속하는 것은?

① xDSL ② PON
③ LAN   ④ HFC

해설
수동 광통신망(PON : Passive Optical Network)
① PON은 광케이블 망을 통해 최종사용자에게 신호를 전달하는 시스템이다.
② 기업 및 SOHO(Small Office Home Office), 일반가정까지 광섬유에 기반한 초고속 서비스를 제공하는 광가입자망 기술이다.
▶ 수동 소자로 광통신망을 구성하는 방식을 택하였기 때문에 수동형(Passive) 광 네트워크라고 한다.

28 다음은 광 가입자망 기술을 설명한 것이다. 무엇에 대한 설명인가?

> • 하나의 광케이블을 통해 40[Gbps]급 대용량 데이터 전송속도를 제공하는 광가입자망 기술표준
> • TWDM-PON(Time and Wavelength Division Multiplexed Passive Optical Networks, 파장분할 다중화 수동형 광 네트워크)이 업그레이드된 기술
> • OLT와 ONU 간 파장가변 송수신 기술을 사용하여 네트워크의 트래픽상황에 따라 통신파장 변경 가능

① E-PON   ② A-PON
③ WDM-PON ④ NG-PON

해설
NG-PON(차세대 수동형 광가입자망)은 현재 사용중인 E-PON, G-PON의 차세대 기술 표준이다.

구분	하향 1G, 2.5G급		하향 10G급		하향 40G급	
	G-PON	E-PON	XG-PON	10G-EPON	NG-PON2	NG-EPON
속도 (하향/상향)	2.5G/ 1.25G	1.25G/ 1G	10G/ 2.5G	10G/10G, 10G/1G	40G/10G, 40G/40G	미정
국제표준	ITU-TG. 984	IEEE 802.3ah	ITU-TG. 987	IEEE 802.3av	ITU-TG. 989	미정
상향 접속 방식	TDMA	TDMA	TDMA	TDMA	TWDMA	미정
분기수	128	32	128	64	속도, 거리에 따라 다름	미정

29 동기식 광전송시스템에 대한 설명으로 적합하지 않은 것은?

① STM-1신호를 기본신호 단위로 하여 그 배수로서 고계위 신호인 STM-n신호를 형성하는 장비이다.
② 간단히 다중처리가 가능하므로 경제적인 시스템을 구성할 수 있다.
③ PDH처럼 단계적인 다중방식을 사용함으로 중간 단계 다중화에서 오버헤드가 불필요하다.
④ 기존의 모든 통신망 통합이 가능하여 장거리 통신이 가능하고 단일표준의 망구성을 할 수 있다.

해설
광전송시스템(Optical Transmission System)
① 광 단국장치 간의 모든 전송매체 및 장치를 광전송시스템이라 한다.
② SDH는 광매체 상에서 동기식 데이터 전송을 하기 위한 표준 기술로, SONET과 국제적으로 동등하다. 두 기술 모두 전통적인 PDH 장비에 비해, 더 빠르면서도 비용은 적게드는 네트워크 접속방법이다.
② 동기식 수송모듈(STM) : SDH의 전송단위로서 기본단위는 STM-1이다. 동기디지털계위(SDH : Synchronous Digital Hierarchy), 비동기식/유사동기식 디지털 계위(PDH : Plesiochronous Digital Hierarchy)

[정답] 27 ② 28 ④ 29 ③

30 다음 중 SONET의 설명으로 틀린 것은?

① SONET은 미국내 공업 표준을 마련하는 기구인 ANSI 산하 ECSA에 의해 마련된 광통신 전송 표준이다.
② SONET의 기본 전송단위인 STS-1은 90열 9행의 2차원 논리적 배열구조를 가지는 프레임이다.
③ SONET은 ITU-T에서 국제표준으로 채택되었다.
④ 전체 810바이트의 영역에서 36바이트는 프레임의 올바른 전송에 필요한 프로토콜 오버헤드로 이용된다.

해설
SONET(Synchronous Optical Network)은 ANSI(미국표준협회) 산하 ECSA(통신교환사업자표준화협회)에 의해 마련된 광통신전송표준(북미 표준)으로 기본 전송속도는 STS-1이며 9행×90열(810바이트)의 2차원 논리적 배열구조를 갖는 정방형 프레임이다.

31 다음 중 SDH(Synchronous Digital Hierar-chy)에서 STM-1의 전송속도[Mbps]는?

① 155.52[Mbps]　② 139.26[Mbps]
③ 62.08[Mbps]　④ 50.84[Mbps]

해설
동기 디지털계층(SDH : Synchronous Digital Hierarchy)
① SDH는 광 매체 상에서 동기식 데이터 전송을 하기 위한 표준 기술로서, 동기식 광통신망(SONET)과 국제적으로 동등하다.
② SDH, SONET 기술 모두 전통적인 비동기식 디지털계층(PDH : Plesiochronous Digital Hierarchy) 장비에 비해, 더 빠르면서도 비용은 적게 드는 네트워크 접속방법이다.
③ SDH는 STM 시리즈와 속도를 사용한다.
　㉠ STM-1 : 155[Mbps]
　㉡ STM-4 : 622[Mbps]
　㉢ STM-16 : 2.5[Gbps]
　㉣ STM-64 : 10[Gbps]
∴ SDH의 기본이 되는 다중화 단위는 동기 전송 모듈(STM)이며 최저다중화단계인 STM-1의 전송속도는 155.520[Mbps] 이다.

32 다음 설명의 ( )안에 알맞은 것은?

"광대역 ISDN(B-ISDN)을 구현키 위하여 ITU-T에서 선택한 전송기술은 ( )이고, 이 기술의 실제 근간을 이루는 물리적 전송망은 ( )이다."

① SONET/SDH, LAN
② ATM, SONET/SDH
③ X.25, SONET/SDH
④ SONET/SDH, X.21

33 광전달망(OTN)에 대한 설명으로 옳지 않은 것은?

① 전기적 신호 단위가 아닌 광 파장 단위로 전달 및 수송하는 기능적인 광 네트워크이다.
② 일정 파장 대역에 걸쳐 수십, 수백개의 파장의 광 신호를 동시에 변조시켜 하나의 광섬유를 통해 전송하는 광 네트워크이다.
③ 광케이블로 이루어진 물리 계층 관점 내에서 정의되는 광 수송 네트워크이다.
④ 다양한 형태의 신호를 수용하고, 신호 다중화로 대용량 신호를 장거리로 전송하는 광 네트워크이다.

해설
DWDM : 일정 파장 대역에 걸쳐 수십, 수백개의 파장의 광 신호를 동시에 변조시켜 하나의 광섬유를 통해 전송하는 WDM의 발전된 기술이다.

34 광전달망(OTN)의 기능으로 옳지 않은 것은?

① 망 설정 기능
② 라우팅 기능
③ 망 감시 및 유지 관리 기능
④ 페이로드 수송 기능

[정답] 30 ③　31 ①　32 ②　33 ②　34 ①

Chapter 4 이동통신서비스 시험

> **합격 NOTE**

1 무선, 이동 및 위성통신망

1. 무선통신망

가. 무선통신망의 개요

① 무선통신이란 자유공간을 전송매체(전송로)로 하여 통신하는 것을 말한다.

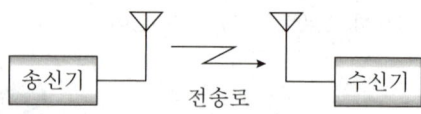

> **합격예측**
> 무선통신은 선(Line)을 사용하지 않고, 전파 및 빛 등을 사용하는 통신이다.

② 무선통신망이란 전선의 연결 없이 라디오 주파수를 사용하고 공기를 매개체로 하여 사용자에게 통신을 제공하는 망을 의미한다.

무선통신망의 장점	무선통신망의 단점
• 통신 장비의 이동성과 편리성 추구 • 통신회선을 사용하기 어려운 해안, 산간, 섬 지방 등의 지형과 통신 시설을 쉽게 설치할 수 없는 장소에 이용 • 국가와 국가 사이의 정보 전송과 원거리 정보통신망을 구성하는데 이용	• 외부의 간섭이나 잡음, 도청 등이 쉽다. • 데이터 전송속도가 낮다. • 주파수의 재사용에 어려움이 있다.

나. 무선 데이터통신망

(1) 공중망(Public Network)

① 모든 사람을 위한 공중 네트워크를 의미하며, 전체를 그 서비스 대상으로 한다.
② 인터넷과 같이 불특정 다수를 대상으로 하는 통신이다.

> **합격예측**
> ① 공중망 : 비용은 저렴하지만, 보안성이 나쁨
> ② 사설망 : 보안성은 높지만, 많은 비용이 소요됨

(2) 사설망(Private Network)

① 조직이나 기업과 같이 특정인들이 소유해서 독립적으로 사용하는 네트워크이다.
② 한 집단의 목적에 의해 구성된 네트워크로, 물리적으로 폐쇄된 회선을 이용하며, 네트워크 장비들도 자체적으로 구축한다.

다. 공중망을 이용한 무선통신

(1) 무선 데이터통신 서비스

① 무선 데이터통신이란 이동 중인 사람이 무선 송수신이 가능한 무선 장치를 이용하여 문자, 숫자, 영상 등 각종 데이터를 무선으로 주고받는 통신 서비스를 말한다.

② 휴대용 컴퓨터 등 각종 단말기를 이용하여 이동 중에 양방향으로 자료를 교환하거나 검색하는 서비스이다.

③ 휴대용 전화기가 음성위주의 서비스를 제공하는 것에 비해, 무선 데이터통신은 다량의 데이터를 양방향으로 전송하는 서비스이다.

(2) 주파수공용 무선전화 서비스

주파수 공용통신은 다수의 사용자 그룹이 한정된 주파수를 자동적으로 공유하는 무선통신 서비스로, 다중 채널의 무선 시스템을 주파수 공용화하고 무선채널의 논리적 제어로 무선채널의 사용을 능동적으로 관리함으로 무선 시스템의 효율을 증가시킬 수 있다.

(3) 광대역 부호 분할 다중접속(WCDMA)

① WCDMA의 목표는 언제, 어디서나 원하는 상대와 음성과 영상, 데이터 등의 멀티미디어 정보를 자유롭게 주고받을 수 있는 이동통신 서비스를 말한다.

합격예측
WCDMA(Wideband CDMA)는 3세대 이동통신 표준기술이다.

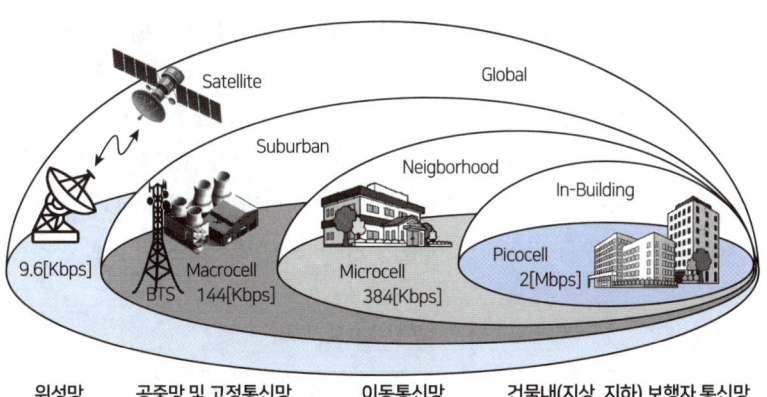

[차세대 이동통신 서비스 영역]

② ITU-T는 WCDMA서비스를 PSTN/ISDN 등 고정망을 기반으로 한 광범위한 통신 서비스 및 이동통신 사용자에게 특화된 통신 서비스를 하나 이상의 무선링크로 망 접속을 제공하는 서비스로 정의하고 있다.

합격 NOTE

합격예측
IEEE 802.11은 흔히 무선 LAN, Wi-Fi라 부르는 좁은 지역을 위한 컴퓨터 무선 네트워크에 사용되는 기술이다.

합격예측
① HiperLAN/2(High Peformance RadioLAN type 2)
② HiperLAN이란 5[GHz] 대역의 무선 LAN 표준이다.

합격예측
직교주파수분할다중(OFDM)

라. 사설망을 이용한 무선통신

(1) 802.11 무선 LAN(Wireless Local Area Network)

① 무선 LAN이란 사무실, 상가, 가정 등 옥내 또는 옥외 환경에서 무선으로 네트워크 환경을 구축하는 것을 말하며, 기술적인 측면에서 보면 허브에서 클라이언트까지 유선 대신 전파나 빛을 이용해서 네트워크를 구축하는 방식을 뜻한다. 일반적으로 30~150[m] 정도의 거리에서 무선으로 1~54[Mbps]의 데이터를 고속으로 전송하는 네트워크를 가리켜 무선 LAN이라고 부르고 있다.

② 무선 LAN을 정의하는 명확한 기준은 없으나, 10[m] 정도의 단거리에서 주로 운용되는 블루투스와 같은 WPAN(Wireless Personal Area Network) 기술이나 수km 정도의 거리에서 운용되는 HiperAccess, 그리고 IEEE 802.16과 같은 WMAN(Wireless Metropolitan Area Network) 기술과는 전송거리 관점에서 구분하고 있다.

(2) HiperLAN/2

① HiperLAN/2는 1991년에 시작된 HiperLAN/1 프로젝트와 연계하여 ETSI BRAN 프로젝트의 일환으로 개발되었으며, 고속 무선 네트워킹 환경을 실현할 수 있는 차세대 무선 LAN 표준으로 평가받고 있다.

② HiperLAN/2는 5[GHz] 대역에서 OFDM 변조방식을 이용해 최대 54[Mbps]까지 고속 데이터를 전송할 수 있다. HiperLAN/2는 IEEE 802.11a와 다른 매체접근제어 계층인 시분할다중화방식의 구조를 가지므로 대역폭, 시간지연, 비트오류율 등과 같은 QoS 기능을 제공할 수 있어, 향후 이동 단말이나 ATM과 같은 유선 광대역망과 연동하여 사용이 가능하다는 장점이 있다.

[무선 LAN 비교]

특징	802.11	802.11b	802.11a	HiperLAN/2
변조	FH/DSSS	DSSS	OFDM	OFDM
반송주파수	2.4[GHz]	2.4[GHz]	5[GHz]	5[GHz]
최대전송거리	300[m]	300[m]	200[m]	200[m]
최대속도	2[Mbps]	11[Mbps]	54[Mbps]	54[Mbps]
데이터속도	1.2[Mbps]	5[Mbps]	32[Mbps]	32[Mbps]
매체접속제어	CSMA/CA	CSMA/CA	CSMA/CA	Central Resource/TDMA/TDD

교환방식	비연결형	비연결형	비연결형	연결형
고정망지원	Ethernet	Ethernet	Ethernet	Ethernet, IP, ATM, UMTS FireWire, PPP
망관리	802.11MIB	802.11MIB	802.11MIB	HiperLAN/2 MIB

(3) 블루투스(Bluetooth)

① 블루투스의 개요
  ㉠ 블루투스는 에릭슨, 노키아, IBM, 인텔, 도시바 등이 결성한 블루투스 SIG(Special Interest Group)에서 개발한 무선 네트워킹 기술의 표준이다.
  ㉡ 블루투스는 10[m] 내외의 단거리 영역에서, ISM 대역인 2.4[GHz] 대역을 이용하여 최대 4[Mbps] 정도의 전송속도를 제공하는 단거리 무선통신 기술이다.
  ㉢ 블루투스의 사용주파수 대역은 2.4~2.48[GHz]로 79개의 채널로 이루어져 있으며 한 채널당 대역폭은 1[MHz]이다.
  ㉣ 블루투스 기술은 핸드폰, PDA 등 일부 개인 휴대기기에 사용되고 있고, 키보드, 마우스, 스캐너 등 다양한 정보통신기기에 적용이 확대되고 있다.

② 블루투스 네트워크
  블루투스 네트워크는 피코넷(Piconet)과 스캐터넷(Scatternet)이라는 두 가지 네트워크 유형을 정의하고 있다.
  ㉠ 피코넷은 총 8개(Master 1대, Slave 7대)의 스테이션이 존재할 수 있으며 통신은 Master와 Slave의 일대일(1:1) 또는 일대다(1:N)로 이루어질 수 있다.
  ㉡ 스캐터넷은 피코넷이 합쳐져 있는 네트워크이다.

③ 블루투스 계층
  ㉠ Radio Layer : OSI 7계층의 제1계층인 Physical Layer와 유사한 기능 수행
  ㉡ Baseband Layer와 L2CAP Layer : OSI 7계층의 제2계층인 Data Link Layer와 유사한 기능 수행
  ㉢ Radio Layer에서는 대역확산기술로 FHSS(Frequency Hopping Spread Spectrum)을 사용하며, 초당 1,600번 도약을 한다. 따라서 한 채널에 머무는 시간은 $\frac{1}{1,600}$[sec](625[μs])이다. 또한 변조방식으로는 GFSK(Gaussian FSK)가 사용된다.
  ㉣ Baseband Layer에서는 TDD/TDMA를 사용한다.

합격 NOTE

합격예측
블루투스란 10[m] 내의 단거리에서 최대 4[Mbps]의 속도로 데이터를 전송할 수 있는 단거리 무선통신 기술이다.

합격예측
블루투스는 다른 장치들과의 호환성이 떨어질 뿐 아니라 서비스 대역폭이 너무 작은 단점이 있다.

합격예측
블루투스 네트워크에서는 가장 작은 네트워크 단위가 피코넷이며 이러한 피코넷이 여러 개 합쳐져 있는 네트워크가 스캐터넷이다.

합격예측
① Baseband Layer : MAC 기능 수행
② L2CAP Layer : LLC 기능 수행

합격예측
블루투스에서는 대역확산기술로 FH (주파수도약)를, 변조방식으로 GFSK를 듀플렉싱 및 다원접속기술로는 TDD/TDMA를 사용한다.

합격예측
TDD(Time Division Duplexing)는 시간을 나누어 송신과 수신을 행하는 것으로 반이중 통신의 한 종류이다.

④ 데이터 전송구조

비동기 채널 전송 채널과 3채널의 동기 데이터 전송 채널로 구성된다. 이때 비동기 채널은 상·하향 채널에 대역을 동일하게 할당하거나 비대칭적으로 할당하여 운용할 수 있으며, ISM 대역은 누구나 이용가능하기 때문에 이 대역에서 동작하는 무선 시스템은 예기치 못한 간섭에 대처할 수 있어야 한다.

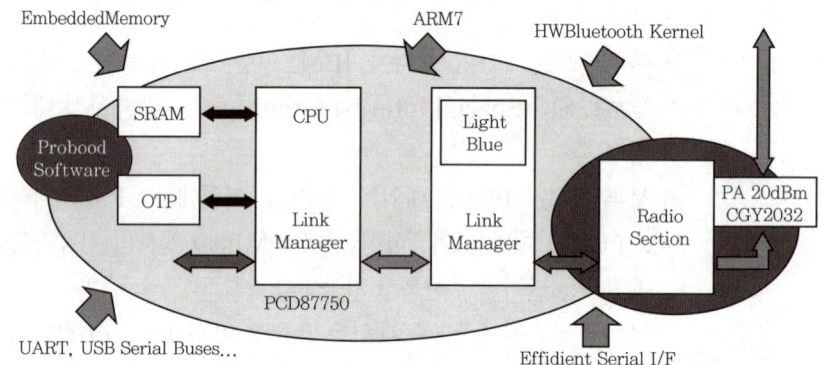

[블루투스 모듈의 기능 블록도]

(4) HomeRF

① HomeRF는 실내에서 통신 및 정보기기의 통합하여 홈 네트워크를 구성하는 근거리 무선통신 기술이다.
② HomeRF는 최장 45m의 거리에서 최고 1.6 Mbps까지의 속도를 전송하기 위해 주파수 홉핑(Frequency Hopping) 기술을 사용한다.
③ HomeRF는 100mW의 출력으로 2.4GHz ISM 대역을 이용한다.

합격예측
주파수도약(FH) 방식 : 정해진 시간에서 주파수를 이동하면서 통신하는 방법이다.

마. 무선통신의 응용분야

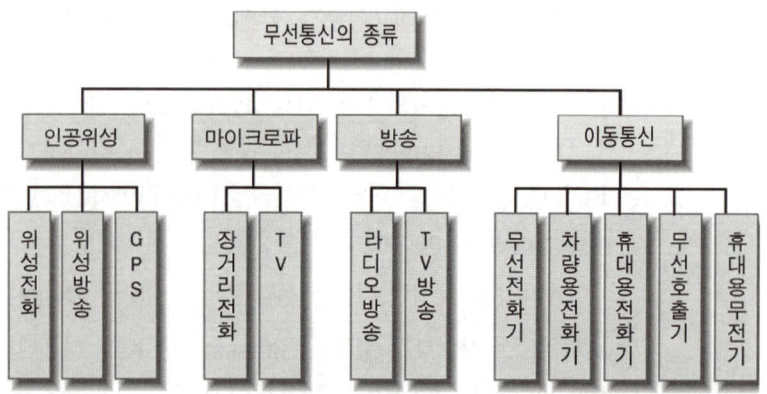

2. 이동통신망(Mobile Communication Network)

가. 이동통신이란

① 이동체를 대상으로 하는 통신으로서, 고정통신의 대비된 개념이다.
② 스마트폰, 블루투스, 위성통신 등이 대표적인 예이다.

나. 셀룰러 이동통신

(1) 셀룰러 (Cellular) 이동통신의 개요

① 전체 서비스 지역을 작은 서비스 지역인 셀(Cell)로 구분하고, 각 셀마다 기지국을 두어 이동통신이 가능하게 하는 시스템이다.

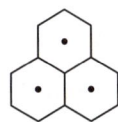 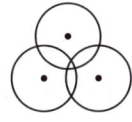  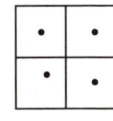

② 셀룰러 통신은 주파수 재사용(Frequency Reuse)이 가능하다. 즉 동일한 주파수를 다른 셀에서도 사용할 수 있는 장점이 있다.

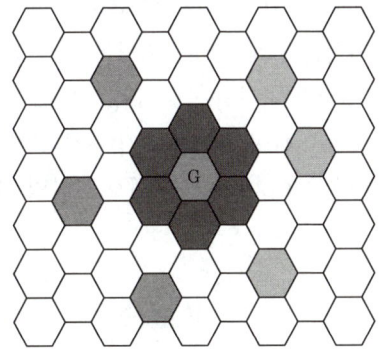

(2) 세대별 이동통신

① 제1세대(Analog Cellular System)
1980년대 초에 도입된 AMPS(Advanced Mobile Phone Service)를 기반으로 한다.

② 제2세대(Digital Cellular System)
㉠ 유럽은 TDMA에 의한 GSM 방식을 표준으로 채택하였고, 미국은 TDMA 방식과 Qualcomm사를 중심으로 한 CDMA 방식의 두 종류로 분류된다.
㉡ 국내의 경우 1993년 미국의 CDMA 방식이 차세대 디지털 방식의 표준으로 채택되었다.

합격 NOTE

합격예측
셀룰러 통신의 특징 : 주파수 재사용 가능

합격 NOTE

합격예측
세대별 이동통신의 변화로 전송 속도가 향상되고 있다.

③ 제3세대(WCDMA)

FPLMTS(Future Public Land Mobile Telecommunication system)를 IMT-2000(International Mobile Telecommunication 2000) 또는 WCDMA라 부른다.

④ 제4세대 이동통신
  ㉠ 4세대 이동통신은 저속 이동 사용자에게 1[Gbps] 이상, 고속 이동 사용자에게 100[Mbps] 이상의 데이터 서비스를 제공하는 것을 목표로 한다.
  ㉡ 우리나라는 4세대 이동통신 기술로 LTE-A(Long Term Evolution Advanced)를 도입하였다.

합격예측
5세대 이동통신의 특징 : 초고속, 초연결성, 초저지연

⑤ 제5세대 이동통신
  ㉠ 2018년부터 시작되는 무선 네트워크 기술이다.
  ㉡ 4세대 이동통신보다 최대 20배 빠른 속도, 10배 많은 IoT 기기의 연결, 10배 짧은 저지연 이동통신 서비스를 지원한다.
  ㉢ 26, 28, 38, 60 [GHz] 등에서 작동하는 밀리미터파 주파수대를 이용하는 이동통신이다.

(3) 셀룰러 이동통신 시스템의 기본 구성요소

합격예측
LTE는 기존 네트워크망과 연동할 수 있어 기지국 설치 등의 투자비와 운용비를 절감할 수 있다.

셀룰러 이동전화는 전체 서비스 지역을 다수의 무선 기지국으로 분할하여 소규모의 서비스 지역인 셀로 구성하므로, 무선 기지국들을 교환 시스템으로 집중 제어하여 가입자가 각 셀간을 이동하면서도 통화를 계속할 수 있게 한다. 셀이 여러 개 모여서 하나의 서비스 지역을 형성한다.

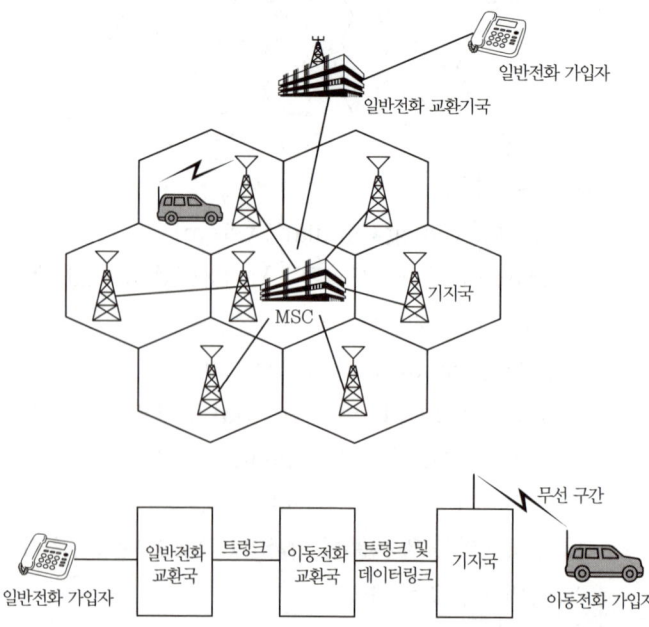

① 기지국(Base Station)
기지국은 기지국이 관리하고 있는 셀 내 위치한 이동체나 이동체로부터의 서비스 호를 관리한다.
② 이동국(Mobile Station)
서비스를 제공받는 단말기기(휴대전화 등)
③ 이동전화교환국(MSC : Mobile Switching Center)
㉠ 이동체와 고정된 전화망국간의 중앙통제 및 접속을 수행한다.
㉡ 호출, 위치추적, Hand Off 기능 등
④ 공용전화망(Public Switched Telephone Network)
유선전화 가입자와 MSC를 연결시켜준다.

(4) 이동통신 기술
① 전력제어(Power Control) : 낮은 전력레벨로 시스템 성능을 유지할 수 있도록 이동국과 기지국의 송신전력을 알맞은 레벨로 조정하는 기법이다.
② 핸드오프(Hand Off) : 이동국이 현재 서비스를 받고 있는 기지국 또는 섹터 영역을 벗어나도 계속적으로 통화가 유지될 수 있도록 통화로를 절체해 주는 기술이다.

다. 코드분할 다중접속(CDMA : Code Division Multiple Access)

(1) 개요
① CDMA는 1989년도에 미국의 Qualcomm사에 의해 제안되었으며, 그 후에 TIA(Telecommunication Industry Association)에 의해 표준화되어 널리 이용된 디지털 이동통신 기술이다.
② CDMA에서 사용자들은 동일 시간과 동일 주파수를 갖지만, 각 사용자들은 서로 다른 코드를 할당받아 다중전송하고, 수신측에서는 원하는 사용자의 코드를 가지고 신호를 검출해내는 다중화방식이다.

참고

● 대역확산통신(SS : Spread Spectrum Communication)
① 각 사용자는 상호상관특성이 좋은 확산코드를 사용하여 정보신호를 확산(spreading)하여 전송하며, 수신측에서는 송신측에서 사용한 것과 동일한 코드를 사용하여 수신신호를 역확산(despreading)하여 신호를 복원하는 방식이다.

합격 NOTE

합격예측
이동통신 시스템의 구성 : 이동국, 기지국, 이동전화교환국 등

합격예측
hand off 종류 : soft hand off, softer hand off, hard-hand off

합격예측
CDMA는 대역확산기법을 이용한다.

합격예측
SS : 송신측(확산), 수신측(역확산)

② SS의 종류
　㉠ 직접 확산방식(Direct Sequence Spread Spectrum)
　㉡ 주파수도약 확산방식(Frequency Hopping Spread Spectrum)
　㉢ 시간도약 확산방식(Time Hopping Spread Spectrum)
　㉣ 혼합(Hybrid)방식

(2) 특징
① 통화적체를 해소하는 최적의 통신방식이다.
② 통화절단이 생기지 않으며 통화품질이 우수하다.
③ 통화비밀을 유지한다.
④ 언제 어디서나 원하는 정보를 주고받는 이동통신 서비스이다.
⑤ 소형, 경량화가 가능하다.

라. WiBro(와이브로)

(1) 무선 광대역 인터넷(Wireless Broadband Internet)을 뜻하는 WiBro는 국내에서 개발되어 세계 최초의 상용화 서비스가 행해지고 있으며 IEEE 802.16e로 표준화되어 있다.(미국 등에서는 WiMAX라고 불린다.)

(2) WiBro는 휴대 인터넷(서비스)이라고 한다.

(3) WiBro는 휴대형 단말기를 이용하여 정지 및 이동 중에 언제, 어디서나 고속(약 1[Mbps]급)의 전송속도로 인터넷에 접속하여 다양한 정보 및 콘텐츠 사용이 가능한 초고속 인터넷 서비스를 말한다.

마. 고속 하향 패킷 접속(HSDPA : High Speed Downlink Packet Acess)

(1) HSDPA는 WCDMA를 확장한 고속 패킷 통신규격이다.

(2) HSDPA는 동일 주파수 대역에서 고속의 하향 패킷 데이터 서비스를 위한 시스템이다.

(3) HSDPA는 WCDMA보다 5배 이상 빠른 속도로 통신할 수 있으며 다운로드 속도는 최대 14.4[Mbps]이다.

(4) HSDPA는 WCDMA보다 훨씬 적은 기지국으로 품질이 좋은 서비스를 제공할 수 있다.

합격예측
① WiBro는 무선 광대역 인터넷, 무선 초고속 인터넷, 휴대 인터넷 등으로 불린다.
② WiBro는 유선 초고속 인터넷 서비스를 실외에서 이동 중에 사용할 수 있도록 확장된 개념이다.

합격예측
HSDPA 기술은 WCDMA를 확장한 고속 패킷 통신 규격이다.

WiBro 서비스기술	HSDPA 서비스기술
① IEEE 802.16e 규격을 기반으로 한다. ② 전송속도가 빠르다. ③ 이동성이 확대되었고 수요기반 도시중심 서비스이다. ④ 저렴한 요금(정액제)이다. ⑤ 다양한 콘텐츠 서비스가 가능하다. ⑥ 다양한 단말기를 사용할 수 있다. ⑦ 음성통신부재	① 3GPP release 5 규격을 기반으로 한다. ② downlink 전송속도가 비교적 빠르다. ③ 사용자 요금이 고가이다.(종량제) ④ 고속의 이동성 및 전국권 커버리지를 제공한다. ⑤ 음성, 비디오, 데이터의 3가지 신호를 한꺼번에 처리함으로써 전화, 디지털TV, 초고속 인터넷 서비스를 한꺼번에 제공할 수 있다. ⑥ 특정 단말기 사용

바. LTE(Long-Term Evolution)

(1) LTE는 HSDPA보다 한층 더 진화된 휴대전화 고속 무선 데이터 패킷 통신규격이다.

(2) LTE는 HSDPA보다 12배 이상 빠른 고속 무선데이터 패킷통신 규격으로 다운로드 최대 속도가 300[Mbps], 업로드 최대 속도가 75[Mbps]이다.

(3) 전송 방식 : 상향/하향 링크 모두 OFDM 전송방식을 사용

(4) 다중접속 방식 : 하향(OFDMA), 상향(SC-FDMA)

(5) LTE 네트워크 구조

LTE 시스템은 크게 eNB, EPC(MME, S-GW, P-GW) 등으로 구성된다.

종류	기능
UE(User Equipment)	• 사용자 단말
eNB(Evolved Node B)	• LTE 기지국 • UE와 LTE 네트워크 간에 무선 연결을 제공
S-GW(Serving Gateway)	• 통화 설정 관리, 패킷 데이터 전달, IP 이동성 관리, 3G 네트워크와의 연동을 담당
P-GW(PDN Gateway)	• 외부 네트워크와의 연동, 데이터 통화 설정 관리, 데이터 사용량에 따른 통화 요금 정보를 제공
MME (Mobility Management Entity)	• 가입자의 관리, 위치 등록, 인증, 통화와 관련된 제어 신호 처리, 3G 네트워크와의 연동을 담당
HSS (Home Subscriber Server)	• UE별로 인증을 위한 Key 정보와 가입자 프로파일을 가지고 있는 데이터베이스(DB)

합격 NOTE

합격예측
LTE : 3.9세대 이동통신

합격예측
변조 방식 : QPSK, 16QAM, 64QAM

합격예측
EPC(Evolved Packet Core)는 논리적인 개념이며, 실제 MME, SGW, PGW 등의 장비를 말한다.

합격예측
PDN(Packet Data Network) =Internet=IP Network

합격예측
MME는 LTE 망의 두뇌 역할을 한다.

합격 NOTE

합격예측
LTE-A : 4세대 이동통신

합격예측
Carrier Aggregation는 주파수를 묶는 기술로 LTE-A의 핵심 기술이다.

합격예측
Multi Carrier : 여러 개(국내: 2개)의 주파수 중 가장 양호한 것 하나를 이용해서 통신하는 기술이다.

합격예측
위성이란 우주 공간에 떠 있는 일종의 극초단파 기지국이다.

합격예측
위성통신은 위성 지구국, 위성체, 위성체를 제어하는 관제소로 구성된다.

합격예측
위성추미방식 : 변동하는 위성의 위치를 안테나가 자동 추적하는 기능

아. LTE-A(LTE Advanced)

(1) LTE-A는 4세대 이동통신서비스이다.

(2) LTE-A는 통신에 사용할 주파수를 늘려 전송속도를 크게 개선했으며, LTE보다 2배 이상의 전송속도를 제공한다.

(3) LTE-A는 정지 시 최대 전송속도 하향 1[Gbps], 상향 500[Mbps]의 데이터 통신속도를 제공한다.

(4) LTE-A의 주요 기술

① CA(Carrier Aggregation) : 캐리어 애그리게이션(CA)은 떨어져 있는 2개 이상의 주파수를 함께 이용하여 이용대역폭에 비례해 전송 속도를 향상시키는 기술이다. 즉 서로 다른 2개의 주파수를 합쳐 마치 하나의 주파수인 것처럼 활용하는 것이다.

② 멀티 캐리어(Multi Carrier) : 여러 개의 주파수 중에서 더 속도가 빠른 쪽의 주파수에 접속해서 쓰는 기술이다. 국내에서는 2개의 주파수 중에서 하나를 이용하여 통신 속도의 저하 없이 사용하고 있다.

3. 위성통신망

가. 위성통신의 정의

위성통신(Satellite Communication)이란 지표 상공에 떠 있는 위성을 이용하여 지구국과 지구국간에 각종 통신 서비스 및 방송 서비스를 제공하는 것을 말한다.

나. 위성 시스템의 기본 구성 요소

(1) 위성체

① 페이로드 시스템(Payload System)
중계기(Transponder)와 안테나계로 구성되어 있다.

② 버스 서브시스템(Bus Sub-System)
전력계 및 자세 제어계 등의 보조 장치를 말한다.

(2) 지구국

① 저잡음 증폭기(LNA : Low Noise Amplifier)
② 대전력 증폭기(HPA : High Power Amplifier)
③ 분파기
④ 추미제어장치
⑤ 주파수 변환기
⑥ 변복조기

참고

저잡음 증폭기(LNA)

① LNA(Low Noise Amplifier)
  ㉠ LNA는 안테나가 잡은 미약한 신호를 증폭시키며, 잡음이 최소가 되도록 설계된다.
  ㉡ 종류 : 파라메트릭(Parametric) 증폭기
    전계효과 트랜지스터(FET) 증폭기
    터널 다이오드(Tunnel Diode) 증폭기
    저잡음 진행파관 증폭기(TWTA) 등
② 진행파관 증폭기(TWTA : Travelling Wave Tube Amplifier)는 소비전력이 많으나 광대역 특성을 가지고 있어 위성중계기(트랜스폰더)에 사용되고 있는 증폭기의 일종이다.

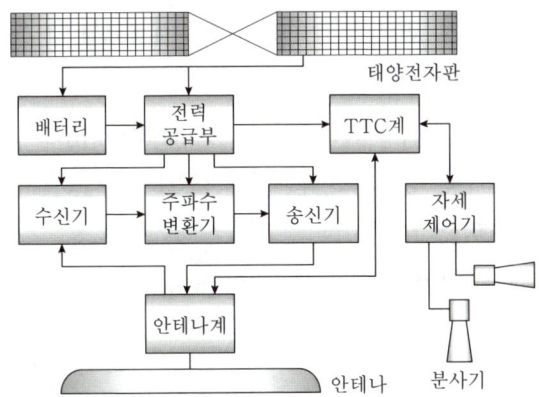

구분 \ 항목	구성요소	기능
페이로드 시스템	트랜스폰더	Up Link 신호(지구국에서 위성을 향해 가는 전파)를 받아 증폭 및 주파수 변환하여 Down Link 신호(위성에서 지구국으로 향해 가는 전파)로 만드는 기능을 수행한다. 트랜스폰더는 Up Link 신호를 저잡음 증폭기(LNA)를 사용하여 증폭하는 RF Front End 부분, Up Link 주파수를 Down Link 주파수로 변환해주는 Frequency Translator, Down Link 신호의 전력을 증폭하는 전력 증폭기로 구성되어 있다.
	안테나계	① TTC(텔레메트릭) 정보 송·수신용 안테나인 무지향성 안테나 ② 넓은 지역을 Cover하는 Beam을 형성하기 위해 사용되는 혼 안테나 ③ Spot Beam을 형성하기 위해 사용되는 Parabola안테나

합격예측

① 페이로드시스템 : 위성 임무 수행 장치
② 버스시스템은 여러개의 서브 시스템으로 구성
  ㉠ 위성의 전력 공급을 위한 전원계
  ㉡ 위성의 위치 및 동작 파악을 위한 원격 명령측정계
  ㉢ 위성체를 유지하기 위한 구조계
  ㉣ 위성의 궤도상의 위치 및 자세제어를 위한 자세제어계
  ㉤ 각부품의 열적 안정을 위한 열제어계
  ㉥ 위성궤도 위치유지를 담당하는 추진계 등

전력계	전원 발생부	① 1차 전원 : 태양 전지 ② 2차 전원 : 축전지(Ni-Cd)(일식기간 동안 전원 제공)
	전원 공급부	전원공급 및 전원전압 변동시 보상기능을 수행한다.
버스서브 시스템	TTC계(Tracking Telemetry & Control) : 텔레메트리 명령계	위성관제소로부터의 명령 신호를 수신하거나 위성의 자세 및 위치 등에 관한 Telemetry Data를 위성관제소로 송신하는 기능을 수행하며 그 외에도 위치 및 자세제어, 정상기능 점검 및 예비용 장비와의 절체기능, 빔 중심 제어 등을 수행한다.
	AOCS계 (자세 제어계)	위성의 자세제어 기능을 수행한다(스핀 안정방식 및 3축 제어 방식 사용).
	열제어계	각 부품들의 동작 온도가 허용온도 범위 내에 있도록 제어
	추진계	추진장치(Thruster)와 원지점 모터(AKM)로 구성된다.
	구체계	위성을 유지하는 기본 구조체이다.

다. 위성의 종류

위성은 크게 수동 위성과 능동 위성으로 나눌 수 있고, 능동 위성은 다시 정지 궤도 위성, 랜덤 위성, 위상 위성으로 구분할 수 있다.

(1) 정지 궤도 위성

정지 궤도 위성이란 적도 상공 약 36,000[km]의 궤도에 지구의 자전 방향과 같은 방향으로 회전 주기 23.94[hour]로 회전하는 위성을 말한다.

(2) 랜덤 위성

랜덤 위성이란 지구 상공 수백[km]에서 수천[km]에 수시간의 주기를 갖고 돌고 있는 위성을 여러 개 띄워 통신을 행하는 위성방식을 말한다.

(3) 위상 위성

극지방 상공에 위성을 띄워 자원 탐사 및 기상 관측용 위성으로 사용하는 위성을 말한다.

라. 위성통신망(Satellite Mobile Communication Network)

통신 위성을 중계국으로 한 지구국(Earth Station) 간의 통신방식이다.

(1) 장점

① 넓은 지역에서의 통신이 가능하다. (광역성)
② 자연 장애물 및 재해에 관계없이 통신회선을 구성할 수 있다.
③ 동보통신이 가능하다. (동일성)
④ 고속 광대역통신이 가능하다.
⑤ 통신 품질이 균일하다.

합격예측

동보통신(Broadcasting) : 특정 영역 내에 존재하는 모든 대상들에 대해 같은 정보나 메시지를 일제히 전송하는 통신기이다.

(2) 단점

① 전송손실이 발생한다.
② 전송지연이 발생한다.(정지 궤도 위성의 경우 최소 238[ms], 최대 278[ms])
③ 대형 지구국 안테나가 필요하다.
④ 위성체의 수명이 짧으며 고장 발생시 수리가 어렵다.
⑤ 위성 일식이 생긴다.
⑥ 운용 가능한 위성수에 제한을 받는다.

마. 위성통신 기술 및 서비스

(1) OBP(On-Board Processing) 기술

위성을 단순한 중계기로만 사용하지 않고 변복조는 물론이고 에러의 정정 기능까지도 수행할 수 있는 능동적인 위성으로 사용하는 기술을 말한다.

(2) 다중 빔 기술

원하는 형태의 빔을 여러 방향으로 동시에 발사할 수 있는 빔을 만드는 기술을 말한다.

(3) VSAT(Very Small Aperture Terminal)

VSAT란 직경이 1~2[m]인 소형 안테나와 낮은 송신 출력을 갖는 위성통신용 지상 장치를 말하는 것으로, 대형 안테나를 갖는 중앙국(Hub Station)과 위성을 이용하여 VSAT 통신망을 형성할 수 있다. 현재 VSAT은 기업 등에서 저속 데이터 통신망을 구축하는 데 이용하고 있다.

(4) 직접 위성 방송(DBS : Direct Broadcasting Satellite) 서비스

직접 위성 방송 서비스란 TV 난시청 지역 해소를 위해 개발된 서비스이다. DBS는 방송국에서 위성으로 TV 프로그램을 송출하면 위성은 이를 수신하여 증폭한 다음 지상에 설치되어 있는 파라볼라 안테나를 향해 전파를 송신하는 서비스이다.

DBS는 HDTV 등의 방송 서비스 제공을 위한 선행 기술이므로 향후 널리 이용될 것이다.

(5) 범 지구 측위 시스템(GPS : Global Positioning System)

GPS란 위성의 위치 및 속도를 이용하여 사용자의 위치, 속도 및 시간을 계산할 수 있도록 해주는 범세계적인 무선 항법 시스템으로 수동적이며 무제한 사용이 가능한 특징을 갖는다.

합격 NOTE

합격예측
위성통신의 단점 : 전송지연이 발생한다.

합격예측
VSAT는 일반 가정이나 중·소규모의 기업 사용자가 쓸 수 있는 인공위성 통신시스템이다.

합격예측
DBS는 정지 궤도에 있는 위성을 통하여 TV를 방영하는 것이다.

합격예측
GPS는 "범지구적 위치 결정 체계"이다.

출제 예상 문제

제1장 무선, 이동 및 위성통신망

01 무선통신에서 이용되는 송신기의 조건으로 옳지 않은 것은?

① 발사 주파수의 안정도가 높을 것
② 점유 주파수 대역폭이 가능한 최대일 것
③ 전력 효율이 높을 것
④ 출력 전력의 변동이 없을 것

> **해설**
> **무선통신 시스템**
> ① 무선통신은 전자파를 이용하여 정보를 목적지까지 신속, 정확하게 전달함으로써 전달된 정보의 가치를 극대화할 수 있는 통신수단이다. 무선통신 시스템은 송신기, 수신기, 급전선, 공중선의 4가지 요소로 구성된다.
> ② 무선 송신기는 발진부, 증폭부, 변조부, 종단 전력 증폭부, 결합회로, 급전선, 송신 공중선과 저주파 증폭부로 구성된다.
> ③ 무선 송신기가 갖추어야 할 구비조건
> ㉠ 송신되는 주파수의 안정도가 높을 것
> ㉡ 송신되는 전자파의 점유 주파수 대역폭이 가능한 한 좁을 것
> ㉢ 송신되는 주파수외의 불요파(스프리어스파) 방사가 적을 것
> ㉣ 찌그러짐과 내부 잡음이 적을 것

02 무선통신 수신기의 S/N비를 향상시키기 위한 방법으로 옳지 않은 것은?

① 중간 주파 증폭부의 증폭도를 적게 한다.
② 안테나의 이득을 높인다.
③ 주파수 변환부의 이득을 증가시킨다.
④ 수신 감도를 향상시키고, 저잡음 소자를 사용한다.

> **해설**
> **무선통신 수신기의 신호대 잡음비(SNR : Signal to Noise Ratio)**
> ① 무선 수신기는 변조된 반송파 신호를 안테나로 수신하고, 이 수신 반송파를 믹서에 의해 하향 주파수로 변환하여, 원 신호를 복원(복조)하는 장치이다.
> ② 무선 수신기의 SNR(S/N비) 향상시키는 방법
> ㉠ 송신 출력을 증가시킨다.
> ㉡ 안테나 이득을 높인다.
> ㉢ 주파수 변환 이득을 크게 한다.
> ㉣ 수신 감도를 향상시킨다.
> ㉤ 혼합기 전단에 고주파 증폭기를 설치한다.
> ㉥ 국부 발진기의 출력에 여파기를 설치한다.

03 다음 중 수신기의 성능 측정 변수에 해당하지 않는 것은?

① 감도(Sensitivity)
② 선택도(Selectivity)
③ 안정도(Stability)
④ 신뢰도(Reliability)

04 다음 중 LAN(Local Area Network)의 특성이 아닌 것은?

① 고속 통신이 가능하다.
② 구성 및 연결, 사용방법이 복잡하다.
③ 패킷 지연이 최소화된다.
④ 네트워크 유지, 보수, 운용이 용이하다.

> **해설**
> 근거리 통신망(LAN : Local Area Network)은 비교적 한정된 지역 내에서 다양한 통신기기의 상호 연결을 가능케 하는 고속의 통신 네트워크이다.

05 다음 중 LAN의 분류방법에 해당되지 않는 것은?

① 토폴로지에 의한 분류
② 전송매체에 의한 분류
③ 매체접근 방법에 의한 분류
④ OSI 참조모델에 의한 분류

06 다음 중 IEEE 표준의 무선 LAN 방식은?

① IEEE 802.2
② IEEE 802.4
③ IEEE 802.9
④ IEEE 802.11

> **해설**
> **IEEE 802.11**
> 무선랜, 와이파이(Wi-Fi)라고 부르는 좁은 지역(Local Area)을 위한 컴퓨터 무선 네트워크에 사용되는 기술로, IEEE의 LAN/MAN 표준위원회(IEEE 802)의 11번째 워킹 그룹에서 개발된 표준기술을 의미한다.

[정답] 01 ② 02 ① 03 ④ 04 ② 05 ④ 06 ④

07 IEEE 802.11로 표준화된 WLAN 규격 중 가장 빠른 속도를 지원하는 것은 어느 것인가?

① IEEE 802.11a
② IEEE 802.11b
③ IEEE 802.11g
④ IEEE 802.11n

해설
현재 무선 LAN 표준으로 사용되는 802.11n 무선 규격의 뒤를 잇는 802.11ac 규격은 기존 11n에 사용된 계승을 더욱 발전시켜 최대 전송 속도를 끌어올린 것이 특징이다.

08 WLAN(Wireless Local Area Network)의 MAC 알고리즘으로 옳은 것은?

① FDMA(Frequency Division Multiple Access)
② CDMA(Code Division Multiple Access)
③ CSMA/CA(Carrier Sense Multiple Access/Collision Avoidance)
④ CSMA/CD(Carrier Sense Muliple Access/Collision Detection)

해설
무선랜(WLAN : Wireless LAN)
① WLAN은 무선 접속 장치(AP : Access Point)가 설치된 곳에서 전파나 적외선 전송 방식을 이용하여 일정 거리 안에서 무선 인터넷을 할 수 있는 근거리 통신망을 칭하는 기술이다.
② CSMA/CA는 WLAN에서 일반적으로 사용되는 MAC알고리즘으로써 자동적으로 매체를 공유하도록 해주는 기본적인 매체접속 프로토콜이다.
∴ CSMA/CA는 IEEE 802.11 무선 LAN(또는 무선 Ethernet)에서 사용하는 프로토콜이다.

09 다음 중 TRS(Trunked Radio System)에 관한 설명으로 옳지 않은 것은?

① 주로 하나의 기지국은 Cellular보다 좁은 서비스 지역(Area)를 구성한다.
② 사용자가 사용하지 않는 시간을 이용하여 다수의 가입자군이 일정 주파수, 채널을 공동으로 사용한다.
③ 일제통화, 선별통화, 개별통화 기능이 있다.
④ 통화누설이 없고, 잡음과 혼신이 적은 양호한 통화품질을 유지한다.

해설
주파수 공용통신(TRS : Trunked Radio System)은 할당된 주파수 자원을 모든 사용자가 공동으로 사용하도록 함으로써 주파수 이용효율을 높인 이동통신방식이다.

10 블루투스에 대한 설명으로 거리가 가장 먼 것은?

① 2.4[GHz] 주파수 대역을 사용한다.
② 저가격, 저전력 무선 구현을 지원한다.
③ 블루투스 규격은 크게 코어 규격과 프로파일 규격으로 구분한다.
④ 주변조 방식은 PSK이다.

해설
블루투스(Bluetooth)
① 블루투스는 핸드폰, PDA, 노트북과 같은 이동 장치들간의 양방향 근거리 무선통신을 복잡한 전선 없이 저전력(1[mW]), 저가격으로 구현하기 위한 근거리 무선통신 기술이다.
② 블루투스 기술의 특징
  ㉠ 10[m] 거리에서 1[Mbps] 전송속도를 갖는다.
  ㉡ 2.4[G]~2.4835[GHz] ISM band를 사용한다.
  ㉢ 변조 방식 : BT=0.5인 GFSK(Gaussian Frequency Shift Keying)

11 근거리 무선통신 규격 중 반경 10~100[m] 안에서 컴퓨터, 프린터, 휴대폰, PDA 등 정보통신 기기는 물론 각종 디지털 가전 제품 간의 통신에 물리적인 케이블 없이 무선으로 고속의 데이터를 주고 받을 수 있는 기술은 무엇인가?

① Zigbee
② Bluetooth
③ UWB
④ Home RF

12 무선 이어폰은 전화기를 호주머니나 가방에 넣어 둔 채로 전화를 걸거나 받을 수 있고, 음악도 들을 수 있다. 이와 같이 근거리에서 2.4[GHz] 주파수 대역을 이용하여 휴대기기 간 연결을 도와주는 기술은 무엇인가?

① Bluetooth
② Zigbee
③ NFC
④ RFID

[정답] 07 ④ 08 ③ 09 ① 10 ④ 11 ② 12 ①

13 사물에 전자태그를 부착하여 사물의 정보를 자동 인식하고 주변 상황정보를 감지하며 실시간으로 네트워크를 연결하여 그 정보를 관리하는 기술은?

① RFID ② WIFI
③ 블루투스 ④ OFDM

해설
RFID(Radio-Frequency Identification)
① RFID는 주파수를 이용해 ID를 식별하는 시스템으로 일명 전자태그로 불린다.
② RFID는 전자 Tag를 제품에 부착하여 사물을 정보단말기가 인식하고 인식된 정보를 IT 시스템과 실시간으로 교환하는 기술이다.

14 다음 내용에 해당하는 것은?

> IEEE 802.15.4 표준 기반 저전력으로 지능형 홈 네트워크 및 산업용 기기 자동차, 물류, 환경 모니터링, 휴먼 인터페이스, 텔레매틱스 등 다양한 유비쿼터스 환경에 응용이 가능하다.

① Bluetooth ② Zigbee
③ NFC ④ RFID

해설
지그비 네트워크(Zigbee Network)
① Zigbee는 소형, 저전력 디지털 라디오를 이용해 개인 통신망을 구성하여 통신하기 위한 표준 기술이며, IEEE 802.15.4 표준을 기반으로 만들어졌다.
② Zigbee의 예는 버튼 하나로 집안 어느 곳에서나 전등 제어 및 홈 보안 시스템 가동, VCR 온/오프 등을 할 수 있다.
③ Zigbee 통신은 복잡하지 않은 시스템 구조로 구성되어 있으며 적은 소비전력으로 인해 소형화가 가능하다.

15 다음 중 무선 홈네트워킹 기술로 옳지 않은 것은?

① 블루투스(Bluetooth)
② CDMA
③ 무선 LAN(IEEE 802.11)
④ 지그비(Zigbee)

해설
무선 홈네트워크(Wireless Home Network)
① 홈네트워크란 집안의 각종 정보기기 및 가전기기를 상호 연결, 양방향 서비스 제공환경을 구축하여 홈 엔터테인먼트, 원격진료 등 삶의 질 향상을 도모하는 필수적인 수단이다.
② 홈네트워킹은 Ethernet을 비롯한 전화선, 전력선, 그리고 무선을 포함하는 다양한 네트워킹 프로토콜을 통해 구현된다.
③ 홈네트워크를 가능하게 하는 대표적인 무선통신기술 무선랜(WLAN), Bluetooth, Zigbee, UWB(Ultra-WideBand) 등

16 WPAN(Wireless Personal Area Network)기술의 확산으로 멀티미디어 기기간 연결이 많아지고 다양한 서비스가 제공되고 있다. 다음 중 WPAN 기술에 해당되지 않는 것은?

① UWB ② Zigbee
③ Bluetooth ④ PLC

해설
무선 개인통신망(WPAN : Wireless Personal Area Network)
① 비교적 짧은 거리 내에서 정보를 전달하며, 주변장치 간 케이블 없이 직접 통신할 수 있도록 한다.
② PLC(Programmable Logic Control)란 복잡한 시퀀스 시스템을 프로그램으로 바꾸어 사용자가 사용하기 편리하도록 만든 것이다.

17 디지털 셀룰러 방식의 일반적인 특성이 아닌 것은?

① 소형 및 경량이다.
② 고속 데이터 전송이 가능하다.
③ 다양한 서비스를 제공할 수 있다.
④ 통화 품질은 수신전력의 강도에 반비례한다.

18 이동전화 기지국이 가장 양호하게 이동전화의 호를 처리할 수 있는 지역을 의미하는 용어는?

① 핸드오프(Hand Off) ② 셀(Cell)
③ 로밍(Roaming) ④ 채널(Channel)

해설
셀(cell)의 개념
① 셀이란 이동국이 사용하는 무선자원에 대하여 하나의 기지국이 통제 가능한 서비스영역(Coverage Area)을 말한다.
② 셀룰러(Cellular) 이동통신 시스템에서는 서비스영역을 복수의 셀(Cell)로 분할하고, 각 셀에서는 하나의 기지국을 설치한다. 서

[정답] 13 ① 14 ② 15 ② 16 ④ 17 ④ 18 ②

로 충분히 멀리 떨어진 다른 셀에서 동일한 주파수 대역을 사용하여 공간적으로 주파수를 재사용(Frequency Reuse)할 수 있도록 함으로써 공간적으로 분포하는 채널수를 증가시켜 충분한 가입자 수용 용량을 확보할 수 있도록 하는 이동통신 방식을 말한다.

19 다음 중 셀룰러 이동통신방식에서 기지국 서비스 영역을 확대하는 방법이 아닌 것은?

① 고이득 지향성 안테나를 사용한다.
② 수신기의 수신 한계레벨을 높게 조정한다.
③ 다이버시티 수신기를 사용한다.
④ 기지국 안테나 높이를 증가시킨다.

20 이동통신의 세대와 기술이 바르게 짝지어진 것은?

① 1세대 : GSM   ② 2세대 : AMPS
③ 3세대 : WCDMA ④ 4세대 : CDMA

[해설]
이동통신 세대별 특징

세대	기술	특징
1세대	AMPS	음성통화만 가능한 아날로그 통신
2세대	CDMA, GSM	디지털 셀룰러 통신. 음성통화 외에 문자 메시지와 e메일 등
3세대	WCDMA	문자·음성·동화상 등 멀티미디어와 인터넷 등
4세대	LTE/LTE-A	음성, 화상, 대용량 멀티미디어, 초고속 인터넷 등

21 이동통신망에서 착·발신되는 신호처리, 기지국 감시 및 제어, 위치 등록의 기능을 수행하는 구성 요소는?

① 이동통신 교환기   ② 휴대용 단말기
③ BSC   ④ HLR/AC

[해설]
이동통신 시스템 구성요소
① 이동국(MS : Mobile Station)
  기지국과의 무선채널을 통해 통신하며 송수신장치, 안테나장치 등으로 구성

② 기지국(BS : Base Station)
  이동국과의 무선전송과 교환국과의 유선전송에 적합하도록 신호를 변환
③ 이동전화 교환국(MTSO : Mobile Telephone Switching Office)
  MSC(Mobile Switching Center)라고도 하며 각 기지국에 할당된 채널을 관리, 통제하는 중앙제어, 요금계산, 이동국의 감시기능, 신호처리 기능을 수행
④ 기타 : 홈 가입자 위치등록기(HLR : Home Location Register), 방문자 위치등록기(VLR : Visiter Location Register)

22 다음 중 셀룰러 이동통신시스템의 구성과 관계없는 것은?

① 이동국   ② 기지국
③ PSTN   ④ ISDN

23 셀룰러 이동전화 시스템에서 PSTN과 이동 통신망 간의 인터페이스 역할을 담당하는 것은?

① 채널 제어기   ② SMSC
③ MUX   ④ MTSO

24 디지털 이동통신시스템에서 BS(Base Station)의 설명으로 옳은 것은?

① 이동국과 이동통신 교환국 중간에 위치하여 이동국과의 무선전송을 담당한다.
② 이동국이 이동통신 교환기에 등록된 이동국인지를 확인하는 데이터베이스이다.
③ 디지털 셀룰러 이동통신 교환기이다.
④ 무선가입자 단말기로서 기지국과 무선채널을 통하여 통신을 하는 것이다.

25 이동전화망의 위치등록장치인 HLR(Home Location Register)의 기능이 아닌 것은?

① 등록인식   ② 위치확인
③ 채널할당   ④ 루팅정보조회

[정답] 19 ② 20 ③ 21 ① 22 ④ 23 ④ 24 ① 25 ③

해설
홈 위치 등록 레지스터(HLR : Home Location Register)
이동단말의 모든 정보(가입자정보, 위치정보, 과금정보 등)를 저장하는 일종의 가입자 서비스용 데이터베이스이다.

26 일반적인 셀룰러 이동통신 시스템의 구성요소 가운데 다른 지역에서 이동해 온 이동국의 가입자 정보를 일시적으로 저장하는 데이터베이스는?

① MTSO ② VLR
③ BS   ④ HLR

해설
방문자 위치등록기(Visiter Location Register : VLR)
① 이동통신 교환기 지역 안에 있는 모든 이동단말기의 정보를 일시적으로 저장하고 관리하는 데이터베이스이다.
② 이동국이 다른 곳으로 이동하였을 경우 임시적인 위치정보를 관리한다.

27 이동통신에서 반사나 회절 등으로 전파의 전송경로가 다르게 되어 수신신호의 레벨이 변동이 생기는데 이러한 현상을 무엇이라 하는가?

① 페이딩 현상   ② 도플러 현상
③ 채널간섭 현상 ④ 지연확산 현상

해설
① 페이딩(Fading)이란 수신되는 전파가 지나온 매질의 변화에 따라 그 수신 전파의 강도가 급격하게 변동되는 현상이다.
② 도플러 효과(Doppler Effect)는 어떤 파동의 파동원과 관찰자의 상대 속도에 따라 진동수와 파장이 바뀌는 현상을 가리킨다.
③ 지연 확산(Delay Spread)은 다중경로에 의해 채널 특성이 시간적으로 확산되어 나타나는 것이다.

28 디지털 셀룰러방식에서 페이딩에 의한 수비트의 연속적인 오류를 극복하기 위하여 오류정정부호와 함께 사용하는 기술은?

① 간섭제거기술 ② 인터리빙기술
③ 전력제어기술 ④ 등화기술

해설
인터리빙(Interleaving)
① 디지털 무선 전송시스템 등에서 말하는 인터리빙이란, 페이딩 등에 의한 집중 에러(Burst Error)가 발생되기 쉬운 무선 채널 환경에서 집중적인 비트 에러를 분산(비트 오류 발생을 랜덤하게 분산)시키는 기술을 말한다.
② 구현방법 : 데이터 열의 순서를 일정 단위(블록 등)로 재배열시킴으로써, 순간적인 잡음에 의한 데이터 열 중간의 비트가 손실되더라도 그 영향을 국부적으로 나타나게 하여 오류를 복구할 수 있게 한다.

29 디지털셀룰러 방식에서 페이딩에 의한 군집성 오류(Burst Error)를 극복하기 위하여 오류정정부호와 함께 사용하는 기술은?

① 등화기술   ② 인터리빙기술
③ 간섭제거기술   ④ 다이버시티기술

30 다음 중 CDMA기반 이동통신망에서 Multi-path 페이딩을 방지하는데 가장 효율적인 것은?

① 레이크 수신기
② 헤테로다인 수신기
③ 압신기
④ 반전 및 사치

해설
다중경로 페이딩(Multipath Fading)은 서로 다른 경로로 수신기에 도착한 신호의 시간 지연 차이에 의해서 발생하는 것이다. 이러한 페이딩은 신호의 크기를 감소시키므로, 반송파 대 간섭 전력비(C/I)를 악화시켜, 전송에러를 집중적으로 발생시킨다.

31 다음은 이동통신 기술 중 무엇에 관한 설명인가?

- CDMA방식에서 다중반사파 문제를 극복하는 기술
- 여러 갈래의 갈고리처럼 여러 경로를 거쳐오는 반사파 신호들을 분리
- 기지국간 이동 시 소프트 핸드오프를 가능하게 하는 기술

[정답] 26 ② 27 ① 28 ② 29 ② 30 ① 31 ①

① Rake 수신기 기법
② CDMA 채널 설정 방법
③ HSDPA 초기 동기 구분 기술
④ MIMO 기술

32 인공위성이나 우주비행체는 매우 빠른 속도로 운동하고 있으므로 전파 발진원의 이동에 따라서 수신주파수가 변하는 현상은?

① 페이저 현상　　② 플라즈마 현상
③ 도플러 현상　　④ 전파지연 현상

> **해설**
> 도플러 효과(Doppler Effect)
> ① 도플러 효과는 어떤 파동의 파동원과 관찰자의 상대 속도에 따라 진동수와 파장이 바뀌는 현상을 가리킨다.
> ② 도플러 효과는 이동체가 이동함에 따라, 이동체의 속도에 따라 수신신호의 주파수가 송신주파수와 달라지는 현상이다.

33 다음의 내용에 가장 적합한 것은?

> "통화중 이동국의 출력을 기지국이 수신 가능한 최소 전력이 되도록 최소화함으로써 기지국 역방향 통화용량을 최대화하며, 단말기 배터리 수명을 연장시킨다."

① 폐루프 전력제어
② 순방향 전력제어
③ 개방루프 전력제어
④ 외부루프 전력제어

> **해설**
> 이동통신에서 사용되는 전력제어(Power Control)
> ① 전력제어는 한 기지국 내 각 이동 단말로부터 기지국에 수신되는 전력이 거리에 무관하게 동일 신호 세기를 유지시키는 것이다.
> ② 전력제어의 목적 : 기지국 통화용량의 극대화, 단말기 배터리 수명시간 연장, 균일한 통신품질 유지
> ③ 순방향(하향 링크) 전력제어와 역방향(상향 링크) 전력제어가 있으며, 역방향 전력제어 에는 개방루프 전력제어 및 폐루프 전력제어로 구분한다.
>   ㉠ 개방루프 전력제어(Open Loop Power Control) : 이동국 최초 송신 출력을 최소화하기 위하여 기지국과의 거리에 반비례하여 이동국 출력을 증감시킨다.
>   ㉡ 폐루프 전력제어(Closed Loop Power Control) : 통화중 이동국의 출력을 최소화함으로써, 역방향 통화 용량을 최대화시키고, 배터리 수명을 연장한다.

34 셀룰러 이동통신에서 원근문제(near-far problem)를 해결하는데 적용하는 방식은?

① 광증폭기 적용
② 전력제어 적용
③ 등화기 적용
④ 감쇠기 적용

35 이동통신시스템에서 단말기가 이동교환기 내에 있는 기지국에서 통화의 단절 없이 동일한 주파수를 사용하는 다른 기지국으로 옮겨 통화하는 경우에 해당되는 Handoff는?

① Hard Handoff　　② Soft Handoff
③ Dual Handoff　　④ Softer Handoff

> **해설**
> 핸드오프(hand-off) 또는 핸드오버(hand-over)
> ① 핸드오프란 이동국이 현재 서비스를 제공받고 있는 셀 또는 섹터의 서비스 영역을 벗어나도 계속적으로 통화가 유지될 수 있도록 이동국과 기지국간의 통화로를 절체해 주는 기술을 말한다.
> ② 핸드오프의 종류
>   ㉠ Soft Hansoff : 셀(기지국)간의 핸드오프
>   ㉡ Softer Handoff : 동일 기지국내 섹터간의 핸드오프
>   ㉢ Hard Handoff : 교환기간, 주파수간 핸드오프

36 다음 중 이동통신시스템에서 핸드오프(Hand-Off) 기능을 수행하는 것은?

① 이동국(Mobile Station)
② 중계기(Repeater)
③ 데이터 센터(Data Center)
④ 이동전화 교환국((Mobile Telephone Switching Office)

[정답] 32 ③　33 ①　34 ②　35 ②　36 ④

37 이동통신 채널에서 일어나는 현상(효과)이 아닌 것은?

① 도플러 효과
② 채널 간섭 현상
③ 페이딩 현상
④ 전리층 반사 현상

해설
이동통신 채널 모델링에서는 페이딩(시간에 따라 수신 전계강도의 크기가 시시각각으로 변화하는 현상), 도플러 현상(이동체의 움직임에 따라 수신 주파수가 변화하는 현상), 동일채널 간섭과 타채널 간섭(일정거리 떨어진 지점에서 주파수를 재사용함으로써 발생되는 간섭과 다른 채널 사이의 간섭)이 중요하게 다루어진다.

38 다음 중 이동통신분야에서 사용되는 다원접속방식이 아닌 것은?

① CSMA   ② TDMA
③ CDMA   ④ FDMA

해설
이동통신시스템의 다원접속(Multiple access)방식
① 다원접속기술은 하나의 무선통신채널에 여러 사용자의 신호를 사용자 서로 간에 간섭을 일으키지 않고 전송할 수 있도록 하는 기술로서 여러 가지 디지털통신시스템의 요소기술 중에서 가장 중요한 것이며 또한 무선통신시스템의 구조를 가장 크게 바꾸어 주는 것이다.
② 이동통신시스템의 방식을 나눌 때 다원접속방식에 따라 주파수분할 다원접속(FDMA : Frequency Division Multiple Access), 시분할다원접속(TDMA : Time Division Multiple Access), 부호분할다원접속(CDMA : Code Division Multiple Access) 등으로 나눈다.
[참고] CSMA/CD(Carrier Sense Multiple Access/Collision Detect)는 이더넷 전송 프로토콜이다.

39 다음 중 대역확산 통신방식에 의해 필요로 하는 대역보다 넓은 대역으로 신호를 전송하는 방식은?

① CDMA   ② FDMA
③ SDMA   ④ TDMA

40 다음 중 CDMA의 특징이 아닌 것은?

① 상향 회선의 전력 조절이 불필요하다.
② 간섭신호의 배제 능력이 우수하다.
③ 통화의 비화성이 좋다.
④ 다중 전파로에 대한 페이딩의 영향을 적게 받는다.

41 다음 중 부호분할 다원접속(CDMA)방식에 대한 설명으로 옳지 않은 것은?

① 위성통신에서만 사용되고 있는 다원접속방식이다.
② 의사불규칙 잡음코드를 사용한다.
③ 주파수도약방식을 사용하므로 페이딩에 강하다.
④ 사용 스펙트럼의 확산으로 인접 주파수대역에 대한 간섭을 줄일 수 있다.

42 WCDMA방식에 대한 설명으로 옳은 것은?

① 주파수 간격은 1.15[MHz]이다.
② GPS로 기지국간 시간 동기를 맞추어 전송한다.
③ 서로 다른 코드로 기지국을 구분한다.
④ 칩 전송속도는 1.2288[Mcps]이다.

해설
광대역 부호 분할 다중 접속
(WCDMA : Wideband Code Division Multiple Access)
① WCDMA는 제3세대 이동통신 시스템이다. 우리나라, 유럽, 일본, 미국 그리고 중국 등의 많은 기관들이 3GPP(3'rd Generation Project Group)을 구성하여 기술을 발전시켜 나가고 있다.
② 제3세대 시스템은 멀티미디어 전송을 목적으로 개발되었고, 고화질 화상 서비스, 빠른 데이터 전송률 등 많은 기존 시스템과의 차별성을 가짐으로써 상상할 수도 없는 높은 부가가치를 창출할 것으로 예상되고 있다.
③ CDMA의 경우 모든 기지국은 같은 short PN 코드를 사용한다. 그리고 각 기지국을 서로 구분하기 위해서 각 기지국은 PN 코드의 시작 시간을 달리하여, 이동국은 이 시간차를 가지고 기지국을 구별할 수 있게 된다.

출제 예상 문제

43 다음 중 제4세대 이동통신서비스에 가장 가까운 기술규격은?

① Wibro ② WiFi
③ LTE ④ Bluetooth

해설
4세대(4G : 4-Generation) 이동통신서비스
① 4G는 2G와 3G 계열의 뒤를 잇는 무선이동통신표준의 네번째 세대를 의미한다.
② 4G 서비스는 이동시 100[Mbps], 정지시 1[Gbps] 전송속도로 언제, 어디서나, 고품질의 멀티미디어 융합서비스를 이용할 수 있는 기술이다.
③ 이동통신기술의 세대별 특징

구분	1세대	2세대	3세대	4세대
기술	아날로그 통신	CDMA 등	WCDMA HSDPA(3.5세대) WiBro(3.5세대)	WiBro Evolution, LTE/LTE-A
주요 서비스	음성 서비스	음성서비스 문자서비스 저속인터넷	음성서비스 고속인터넷 동영상통화	유무선통신 방송융합서비스 고화질동영상

[참고] 엄밀히 말하면, LTE는 3.9세대, LTE-A는 4세대 이동통신을 말한다.

44 다음 중 4세대 이동통신 서비스를 이용하기 위해 사용되는 단말기는?

① PCS 단말기
② CDMA 단말기
③ PSTN 단말기
④ LTE Advanced 단말기

45 다음 중 이동통신방식의 하나인 LTE(Long Term Evolution) 방식에 대한 설명으로 옳지 않은 것은?

① WCDMA에서 진화한 기술이다.
② CDMA2000계열 방식이다.
③ HSPA+와 더불어 3.9세대 무선이동통신규격이라고 한다.
④ OFDM과 MIMO는 이방식에서 사용되는 핵심 기술이다.

46 이동통신기기의 근거리 무선통신방식 중 전송거리 10[cm] 이내에서 쓰기/읽기가 가능한 통신방식은?

① WAN ② WiFi
③ NFC ④ WLAN

해설
근거리 무선통신(NFC : Near Field Communication)
① NFC는 13.56[MHz]의 대역을 가지며, 아주 가까운 거리의 무선통신을 하기 위한 기술이다.
② NFC는 모바일기기, 특히 스마트폰과의 융합을 통해 단말 간 데이터통신을 제공할 수 있을 뿐만 아니라 기존의 비접촉식 스마트카드기술 및 무선인식기술(RFID)과의 상호호환성을 제공한다.
∴ NFC는 휴대폰을 이용하여 10[cm] 정도의 근거리 접촉시, 결제와 정보전송이 가능한 IT 기술이다.

47 다음 중 차세대 이동통신망의 특징이 아닌 것은?

① All IP ② All Optic
③ BroadBand ④ Low Speed Data

해설
차세대 이동통신 네트워크
① 차세대 이동통신 네트워크는 하나의 무선 단말기가 인터넷, 무선 LAN, 위성 네트워크 및 무선 PAN 등을 액세스할 수 있게 되며 유선과 무선이 결합된 글로벌 네트워크가 구축되며 다양한 무선 멀티미디어 서비스를 제공해야 한다.
② 차세대 이동통신 네트워크의 특징
  ㉠ All-IP : 네트워크 통합 IP
  ㉡ AON(All Optical Network) : 모든 통신방식이 광통신화한 망
  ㉢ High Speed Data, Broadband : 광대역화를 통해 멀티미디어 정보를 인터넷망과 연동하여 고속, 고품질로 전송한다.

48 다음 중 레이더 또는 위성통신에 이용되며, Ka밴드, K밴드, Ku밴드, X밴드, L밴드 등 특수한 용어를 사용하여 밴드를 분류하는 파는 무엇인가?

① 단파 ② 마이크로파
③ 밀리미터파 ④ 초단파

해설
마이크로파는 SHF 주파수대를 의미하는 것으로 3~30[GHz] 주파수대이며 세분하면 다음과 같다.

[정답] 43 ③ 44 ④ 45 ② 46 ③ 47 ④ 48 ②

밴드	주파수[GHz]
L	1~2
S	2~4
C	4~8
X	8~12.5
Ku	12.5~18
K	18~26.5
Ka	26.5~40

49 다음 중 위성통신의 특징으로 옳지 않은 것은?

① 서비스지역의 광역성
② 통신품질의 균일성
③ 통신거리에 무관한 경제성
④ 통신용량의 무제한 광대역성

해설

위성통신의 특징
① 서비스 지역의 광역성
② 지리적 장해의 극복
③ 통신품질의 균일성
④ 내 재해성, 동보성, 다원접속성
⑤ 회선 설정의 유연성
⑥ 통신망 설정의 신속성
⑦ 통신거리에 무관한 경제성
⑧ 높은 주파수대 이용 및 광대역 통신의 적용성
⑨ 지연 시간의 영향(단점), 보안 대책이 필요(단점)

50 다음 중 위성통신의 장점이 아닌 것은?

① 광역성   ② 이동성
③ 동보성   ④ 지연성

51 다음 중 위성통신에서 업 링크(Uplink)에 대한 설명으로 옳은 것은?

① 위성으로부터 지구국으로의 회선
② 지구국으로부터 위성으로의 회선
③ 지구국으로부터 지구국으로의 회선
④ 위성으로부터 위성으로의 회선

52 다음 중 위성통신에서 자유공간 전파손실에 대한 설명으로 옳은 것은?

① 전파거리의 제곱에 비례한다.
② 전자밀도의 제곱에 반비례한다.
③ 파장의 제곱에 비례한다.
④ 주파수의 제곱에 반비례한다.

해설

자유공간의 전파손실(FSPL) 계산
$$\text{FSPL} = \left(\frac{4\pi d}{\lambda}\right)^2 = \left(\frac{4\pi df}{c}\right)^2$$

53 다음 중 강우로 인한 위성통신 신호의 감쇠를 보상하기 위한 방법이 아닌 것은?

① Site Diversity
② Angle Diversity
③ Orbit Diversity
④ Frequency Diversity

해설

다이버시티(Diversity)
강우감쇠 등에 의한 통신 품질 저하 현상을 방지하기 위하여 서로 다른 2개 이상의 독립된 전파경로를 통하여 수신된 여러 개의 신호 중 가장 양호한 특성을 갖는 신호를 선택하여 이용하는 방법을 의미한다.

54 우주잡음, 대기가스, 강우에 의한 감쇠 및 열잡음 등의 영향이 적은 전파의 창(Radio Window)에 해당하는 주파수대역으로 옳은 것은?

① 1[GHz] 이하   ② 1~10[GHz]
③ 10~15[GHz] ④ 30[GHz] 이상

해설

전파의 창(Radio Window)
① 전파의 창은 위성통신에 가장 적합한 1~10[GHz]의 주파수범위를 말한다.
② 전파의 창에 해당하는 주파수대역은 강우감쇠 등 기상의 변화에 영향이 적다.
③ 전파 창 범위 결정요소 : 전리층, 대류권, 잡음영향, 정보 전송량, 송수신계 문제 등

[정답] 49 ④ 50 ④ 51 ② 52 ① 53 ③ 54 ②

출제 예상 문제

55 다음 문장의 괄호 안에 들어갈 내용으로 적합한 것은?

> 일반적으로 신호 주파수가 높을수록 지향성이 (a), 동일한 신호 전력일 경우 지향성이 클수록 전파거리는 (b), 무선 라디오(radio)는 날씨의 영향을 (c), 마이크로파(micro wave)는 지향성이 (d) 위성통신 등에 사용되고 있다.

① (a) 크며, (b) 멀고, (c) 받으며, (d) 크므로
② (a) 크며, (b) 짧고, (c) 안받으며, (d) 작으므로
③ (a) 작으며, (b) 멀고, (c) 받으며, (d) 크므로
④ (a) 작으며, (b) 짧고, (c) 안받으며, (d) 작으므로

해설
(a) : 주파수가 높으면 파장이 짧아 지향성이 크다.(예리하다)
(b) : 지향성이 클수록 전파거리 즉 진행거리는 멀다.
(c) : 무선 전파는 날씨의 영향을 받으며 비나 눈이 오는 경우에는 감쇠가 크다.
(d) : 지향성이 크므로(즉, 직진성이 강해) 위성통신과 같은 마이크로파 통신 등에 사용된다.

56 위성통신의 회선할당방식 중 전송정보가 발생한 즉시 임의 슬롯으로 송신하는 방식으로 데이터의 형태가 Burst한 특성을 갖고, 많은 지구국을 수용하고자 하는 데이터망에서 주로 사용하는 회선할당방식은 무엇인가?

① 임의할당방식   ② 고정할당방식
③ 사전할당방식   ④ 요구할당방식

57 다음 중 위성통신을 위한 시스템의 구성요소에 해당하지 않는 것은?

① 지구국   ② 관제국
③ 통신위성   ④ 위성발사체

해설
위성 통신(Satellite Communication)
① 위성통신이란 인공위성을 지구 상공의 일정한 고도에 발사시켜 주로 SHF 주파수대를 사용하여 통신이나 방송업무를 수행하는 것을 말한다.
② 위성통신 시스템의 구성
 ㉠ 위성 : 위성 본체, 중계기 및 안테나로 구성
 ㉡ 지구국 : 위성과 통신, 송수신 장치 및 안테나로 구성
 ㉢ 지상 관제국 : 위성 본체와 중계기 등의 감시 및 제어

58 위성통신에서 지구국 장비의 기본 구성에 해당하지 않는 것은?

① 안테나계   ② 송신계
③ 수신계   ④ 추진계

해설
위성시스템은 위성체와 지구국으로 구성되는데, 지구국이란 우주에 떠 있는 위성에 대해 지구쪽의 송수신국을 말한다.

59 다음 안테나 중 위성통신용 안테나로 주로 사용되고, 주반사기의 초점과 부반사기의 허초점을 일치시킨 형태의 안테나는?

① 롬빅 안테나   ② 파라볼릭 안테나
③ 카세그레인 안테나   ④ 혼 리플렉터 안테나

해설
카세그레인 안테나(Cassegrain Antenna)
① 2개의 반사판(주반사기와 부반사기)을 갖는 마이크로파 안테나이다.
② 주반사기의 초점과 부반사기의 허초점을 일치시킨 형태의 안테나이다.
③ 위성통신 지구국용 안테나로 사용한다.
④ 저잡음, 고이득, 광대역 특성을 갖는다.

60 다음 안테나 중 위성통신용 안테나로 주로 사용되고, 주반사기의 초점과 부반사기의 허초점을 일치시킨 형태의 안테나는?

① 롬빅 안테나   ② 파라볼릭 안테나
③ 카세그레인 안테나   ④ 혼 리플렉터 안테나

61 다음 위성 안테나의 종류별 기능 및 역할의 설명으로 적합하지 않은 것은?

① 헬리컬(Helicaal) 안테나 : HF대 등 낮은 주파수대의 전파를 방사 및 수신하는데 이용한다.
② 파라볼라(Parabola) 안테나 : 좁은 지역에 대한 Spot Beam을 형성하는데 사용한다.

[정답] 55 ① 56 ① 57 ④ 58 ④ 59 ③ 60 ③ 61 ①

③ 혼(Horn) 안테나 : 넓은 지역을 커버하는 Beam을 형성하는데 사용하며, 필요에 따라서는 다중 피이드 혼으로 원하는 형태의 Beam을 형성하기도 한다.
④ 무지향성 안테나(Omni-Directional) 안테나 : 위성의 상태를 위성관제소로 보고하는 Telemetry 신호를 송신하고 위성관제소의 Command 신호를 수신한다.

62 위성통신시스템에서 송신신호와 수신신호를 분리하는 장치로서 일종의 방향성 결합기 역할을 하는 것은?

① 다이플렉서 ② 주파수 변환기
③ 전력 증폭기 ④ 안테나

63 위성통신의 저잡음 증폭기로 많이 사용되는 것은?

① Parametric 증폭기
② Magnetron 증폭기
③ Tunnel 증폭기
④ GaAs FET 증폭기

> **해설**
> 위성통신의 저잡음 증폭기(LNA : Low Noise Amplifier)
> ① LNA는 수신기 전체의 잡음 지수를 낮출 목적으로 만들어진 고주파 증폭기이다. 전파 손실이 큰 가시거리의 통신회선 등, 미소한 입력전압의 수신 전파에 사용된다.
> ② LNA는 무선 통신시스템의 수신기 초입단인 안테나 직후에 부착되어 미약한 RF 신호를 증폭하도록 잡음이 최소화되도록 설계된 저잡음성 증폭기이다.
> ③ LNA의 종류
> ㉠ 파라메트릭(Parametric) 증폭기
> ㉡ GaAs 전계효과 트랜지스터(FET) 증폭기
> ㉢ 터널 다이오드(Tunnel Diode) 증폭기
> ㉣ 저잡음 진행파관 증폭기(TWTA) 등

64 다음 중 위성중계기의 구성요소가 아닌 것은?

① 송신부 ② 수신부
③ 헤드엔드 ④ 주파수변환부

> **해설**
> 위성통신의 중계기계
> ① 지구국으로부터 송신된 상향 링크를 수신하여 LNA(저잡음증폭기)에서 저잡음 증폭한 후 하향 링크 주파수로 변환시켜 HPA(고전력증폭기)에서 전력 증폭한 다음 지구국에 송신한다.
> ② 구성
>   수신부, 주파수변환부, 신호증폭부, 송신부
> [참고] 헤드엔드(Head-end)는 CATV의 구성요소이다.

65 다음 중 인공위성 궤도의 종류에 해당하지 않는 것은?

① 저궤도(Low Earth Orbit)
② 중궤도(Medium Earth Orbit)
③ 임의궤도(Random Earth Orbit)
④ 정지궤도(Geostationary Orbit)

> **해설**
> 위성의 궤도는 높이(고도)에 따라 저궤도, 중궤도, 정지궤도, 고궤도로 나눌 수 있다.

66 다음 중 정지위성에 대한 설명으로 옳지 않은 것은?

① 지구 전체 커버 위성 수는 90° 간격으로 최소 4개이다.
② 지구 표면으로부터 정지궤도의 고도는 약 36,000[km]이다.
③ 지구 중심으로부터 고도는 약 42,000[km]이다.
④ 지구의 인력과 위성의 원심력이 일치하는 공간에 위치한다.

> **해설**
> 정지위성(Geostationary Satellite)방식
> ① 정지위성방식은 지구 적도 상공 35,860[km]에 지구의 자전과 같은 공전주기를 갖는 위성 3개를 이용하여 안정된 대용량의 통신을 가능하게 하는 방식이다.
>   ∴ 3개 위성으로 지구 전역을 커버한다, 즉 한 개의 위성이 지표면 약 43[%]를 커버한다.
> ② 정지위성은 지구 중심에서 42,000[km] 떨어진 궤도를 돈다.
> ③ 신호가 약 36,000[km] 이상을 전파할 때 심한 감쇠 현상이 발생한다.
> [참고] 위성의 종류에는 정지위성, 위상위성, 랜덤위성이 있다.

[정답] 62 ① 63 ④ 64 ③ 65 ③ 66 ①

67 다음 중 정지궤도 위성에 대한 설명으로 옳지 않은 것은?

① 정지궤도란 적도상공 약 36,000[km]를 말한다.
② 궤도가 높을수록 위성이 지구를 한 바퀴 도는 시간이 길어진다.
③ 극지방 관측이 불가능하다.
④ 정지궤도에 있는 통신위성에서는 지구면적의 약 20[%]가 내려다 보인다.

68 2010년 6월에 발사되어 한반도 주변 기상 및 해양 관측, 위성통신 임무를 수행하고 있는 천리안 위성의 궤도는?

① 랜덤궤도　　② 극지궤도
③ 저궤도　　　④ 정지궤도

[해설]
통신해양기상위성
(COMS : Communication Ocean and Meteorological Satellite)
통신해양기상위성은 지구의 적도 상공 36,000[km] 고도와 동경 128.2도에 위치하면서 해양관측, 기상관측, 통신서비스 임무를 수행하는 대한민국 최초의 정지궤도 복합위성이다.

69 저궤도 위성통신 시스템의 일반적인 특징이 아닌 것은?

① 정지위성에 비해 많은 수의 위성이 필요하다.
② 동일한 궤도에서도 여러 개의 위성이 필요하다.
③ 정지위성에 비해 저궤도 위성의 수명이 매우 길다.
④ 다중 빔방식으로 주파수를 효율적으로 사용한다.

[해설]
저궤도 위성(Low Earth Orbit)
① 위성은 떠 있는 높이에 따라 지상 35,800[km] 높이에 떠있는 것을 정지궤도 위성, 2백~6천[km]에 있는 위성을 저궤도 위성으로 부른다.
② 저궤도 위성의 특징
  ㉠ 지구 주위를 몇 시간 단위로 빠르게 돌게 되므로 정지위성 시스템에 비해 많은 수의 위성이 필요하다.
  ㉡ 계속해서 움직이는 특성으로 인해, 같은 궤도에만 많은 위성이 필요하다.
  ㉢ 위성 수명도 정지궤도 위성에 비해 적어, 지속적으로 수명이 다한 위성을 교체해주어야 한다.
  ㉣ 저궤도 위성통신에서는 정지위성처럼 시간지연에 따른 통화지연이 발생하지 않는다.

[참고] 대표적인 저궤도 위성 : 프로젝트21, 글로벌스타, 이리듐, 오딧세이 등

70 다음 중 위성통신의 통신위성체 구성에 대한 설명으로 옳지 않은 것은?

① 통신위성은 통신기기부와 공통기기부로 대별되고 통신기기부는 안테나계와 추진계로 구성된다.
② 텔리메트리 명령계는 위성상태를 보고하는 텔리메트리 신호를 송신한다.
③ 전원 발생부는 태양전지 판넬로 전원을 생성한다.
④ 중계기는 수신부, 신호증폭부, 송신부 등으로 구성된다.

[해설]
통신위성체는 위성 본체(bus system)와 통신신호의 중계 기능을 담당하는 탑재체(payload system)로 구성된다.

71 다음 중 위성통신을 이용한 통신서비스로 적합하지 않은 것은?

① HDTV 방송　　② 재난대비 백업회선
③ 웹서버 운영　　④ 해상 전화통화

[해설]
위성통신 서비스
① 위성을 통한 방송서비스 종류로는 기존 TV방송 이외에 HDTV 방송, 디지털 음성방송(DAB : Digital Audio Broadcasting), 팩시밀리방송, 정지화방송 등이 있다.
② 통신위성을 통해 공공안전 및 재난구조 서비스를 제공하고 있다.

72 다음 중 멀티빔(Multi Beam) 위성통신방식에 대한 설명으로 옳지 않은 것은?

① 전송용량을 증대시킬 수 있다.
② 위성안테나가 대형이면 지구국 안테나를 소형으로 할 수 있다.
③ 상호 거리를 축소시킬 수 있다.
④ 주파수를 효율적으로 이용할 수 있다.

[정답] 67 ④　68 ④　69 ③　70 ①　71 ③　72 ③

해설

멀티빔(Multi Beam) 위성통신

① 서비스 지역을 복수의 지역으로 분할하고 위성으로부터의 전파 빔을 좁게 하여 각각의 지역을 개별 빔으로 조사하도록 한 것이 멀티(다중)빔방식이다.
② 멀티빔 위성통신의 장점
  ㉠ 빔을 좁게 하면 조금 떨어진 지역에서 같은 주파수의 전파를 반복하여 사용할 수 있어 주파수를 효율적으로 이용할 수 있다.
  ㉡ 전력을 집중하여 전송할 수 있어 수신신호의 전력이 커진다.
  ㉢ 전송용량을 증대시킬 수 있다.
  ㉣ 수신안테나의 소형화가 가능해져 지구국을 경제적으로 구축할 수 있다.

73 다음 설명에 해당하는 위성서비스는?

> "소형 안테나(직경 약 0.6[m]~2.4[m])를 사용하여 지구국을 통한 데이터통신 위성서비스"

① 디지털 위성서비스
② VSAT 서비스
③ 종합디지털 방송(ISDB) 서비스
④ GMPCS 서비스

해설

VSAT(Very Small Aperture Terminal)

① VSAT은 위성을 매개로 하여 지상 지구국을 통하여 가입자에게 데이터, 음성, 영상 등의 정보를 단방향 혹은 양방향으로 제공하는 전용 지구국 통신장치이다.
② VSAT은 직경이 작은 소형 안테나와 낮은 송신 출력 장비를 이용한 위성통신 서비스이다.

74 다음 중 초소형 안테나를 사용하는 지상의 지구국에 해당되는 것은?

① VSAT ② TWTA
③ SNG   ④ LNA

75 다음 중 DBS에 대한 설명으로 거리가 가장 먼 것은?

① Up-link 주파수 대역은 4[GHz]이다.
② 방송 위성은 정지궤도 위성을 이용한다.
③ 한 개의 위성으로 한반도 전체를 서비스할 수 있다.
④ 가정에서는 소형 파라볼라 안테나를 사용한다.

해설

직접 위성방송 서비스(DBS : Direct Broadcasting Satellite)

① 직접 위성방송 서비스란 고정 TV방송 및 이동 TV방송국에서 위성을 향해 TV전파를 발사하고, 위성은 이를 받아 증폭한 후 다시 지상을 향해 전자파를 발사하여 사용자가 TV 전파를 수신할 수 있도록 하는 서비스이다.
② DBS는 위성을 지구 정지궤도에 쏘아올려 그 위성을 통하여 TV를 방영하는 것으로 난시청 지역을 해소할 수 있어 효과적이다.
③ DBS 등 직접 위성방송에서는 송출 출력을 높게 하고 Ku 밴드(10~18[GHz])를 사용하여 1[m] 미만의 접시안테나 사용을 가능하게 한다.

76 다음 중 위성을 이용한 위치, 속도 및 시간 측정 서비스를 제공하는 시스템은?

① DBS(Direct Broadcasting System)
② GPS(Global Positioning System)
③ TRS(Trunked Radio System)
④ VRS(Video Response System)

해설

위성 항법 시스템(GPS, Global Positioning System)

① GPS란 미국방성에서 자국의 군사목적을 위하여 개발한 것으로 지구상 어디에서나 기후에 구애 받지 않고 표준 좌표계에서의 위치, 속도, 시간 측정을 가능하게 해주는 인공위성을 이용한 첨단 항법체계이다.
② GPS 시스템의 구성
  ㉠ GPS 위성 부분 : Space Segment
  ㉡ 지상국 부분 : Ground Segment
  ㉢ 사용자 부분 : User Segment

[정답] 73 ② 74 ① 75 ① 76 ②

2. 차세대 정보통신망

1. 광대역 통신망(Broadband Network)

가. 개요
(1) 광대역 통신망은 차세대통신망(NGN) 기술과 광대역 통합망(BcN) 기술을 포함한 초고속(최소 50[Mbps]) 전송이 가능한 통신 네트워크를 말한다.
(2) 송신자와 수신자가 시간적 차이를 두고 데이터를 주고받는 비동기식 전송기술과 대량의 정보를 작은 단위로 분할해 전송하는 패킷 교환방식이 광대역 네트워크 발전에 기여한다.

나. 광대역 통합망(BcN : Broadband Convergence Network)
통신, 방송, 인터넷이 융합된 품질 보장형 광대역 멀티미디어 서비스를 언제 어디서나 끊김 없이 안전하게 광대역으로 이용할 수 있는 차세대 통합 네트워크이다.

(1) BcN이 갖는 의미
① 음성·데이터, 유·무선, 통신·방송 융합형 멀티미디어 서비스를 언제 어디서나 편리하게 이용할 수 있는 서비스 통합망
② 다양한 서비스를 이용하게 개발·제공할 수 있는 개방형 플랫폼 기반의 통신망
③ 보안(Security), 품질보장(QoS), IPv6가 지원되는 통신망
④ 단말에 구애받지 않고 다양한 서비스를 끊김 없이 이용할 수 있는 유비쿼터스 서비스 환경을 지원하는 통신망

(2) BcN의 특징
① 통합 네트워크에서 다양한 서비스 제공
② 표준화된 개방형 네트워크 구조
③ 패킷 기반의 유무선방송 멀티미디어 통합 네트워크
④ 운영비용 및 투자비 최소화 등

구분	현재	BcN
데이터 전송속도	1.5~2[Mbps] 인터넷으로 일반 TV 시청 가능하나 품질미흡	50~100[Mbps] HDTV, 영상전화 디지털홈서비스 등이 이용 가능

합격예측
광대역 통신망=광대역 정보통신망=초고속 정보통신망

합격예측
외국 : NGN, 국내 : BcN

합격예측
BcN : 50[Mbps]급 이상의 속도로 끊김없이 안전하게 이용할 수 있는 차세대 통합 네트워크

합격예측
개방형 플랫폼 : Open API (Application Programming Interface)

합격 NOTE

구분	현재	BcN
전송방식	ADSL(전화선) HFC(광동축혼합망 : CATV)	FTTH(광케이블) HFC
품질 보안 수준	미흡	양호
인터넷수조지원	IPv4	IPv6(거의 무한대)
서비스 이용	서비스별 통신망 구축으로 다른 서비스 이용시 단절	광대역 통합망 구축으로 단절없는 융합서비스 이용 가능

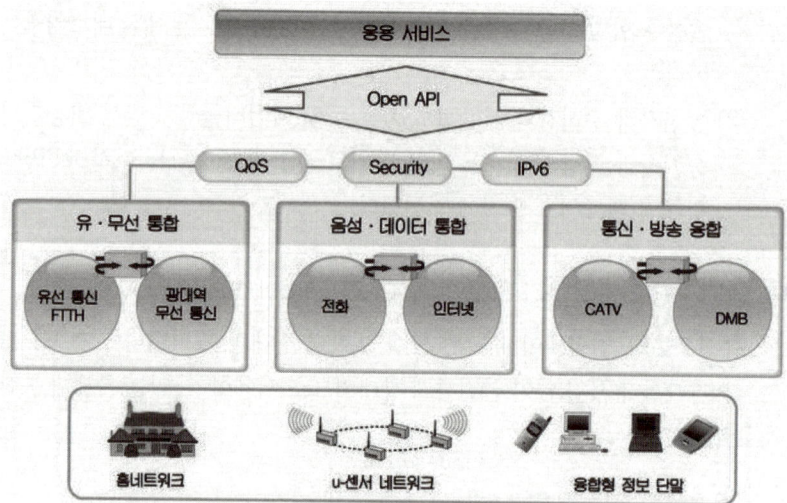

[Broadband Convergence Network]

합격예측
- 서비스 : 음성+데이터+멀티미디어
- 신호처리 : IP 기반 신호처리
- 교환전달 : ATM
- 전송 : WDM/NgSDH
- 가입자망 : 모든 접속망 수용

(3) BcN 통합서비스

① 음성-데이터 통합서비스

IP를 기반으로 하여 음성, 데이터, 영상을 통합하여 제공하는 BcN 음성전화, 멀티미디어메시징, 고품질영상전화 등 멀티미디어 통합 서비스

② 유-무선 통합서비스

유선, 무선의 구별이 없는 다양한 콘텐츠 및 Application(음성포함)을 BcN을 통하여 단말기나 접속방법에 제약을 받지 않고 이용자에게 전달되는 서비스

③ 통신-방송 융합서비스

다양한 영상단말을 통해 고선명 영상과 고품질 음향을 제공하면서 언제, 어디서나 이용자가 원하는 방송 콘텐츠를 자유롭게 선택하고 PC처럼 다양한 부가서비스를 제공

다. 차세대 네트워크(NGN : Next Generation Network)

NGN은 PSTN, BcN 등과 함께 다음 세대를 위해 개발되고 있는 네트워크 발전 기술을 모두 포함하는 의미로 사용된다.

NGN은 단일 통합망에서 음성, 데이터, 멀티미디어 등을 모두 수용하고 다양한 부가서비스를 효율적으로 지원할 수 있는 고도로 지능화된 미래형 네트워크를 뜻한다.

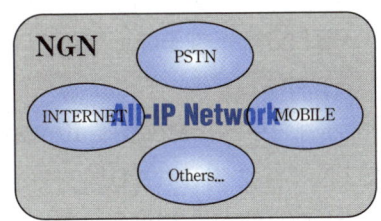

합격예측
NGN 서비스 제공 목표 : IP의 다양화, 고급화된 서비스를 사용자에게 제공

(1) NGN 구축의 이점
  ① 가입자 측면
      고도화가 되어 훨씬 안정적이고 빠른 속도로 대용량의 데이터를 주고받을 수 있다.
  ② 통신사업자 측면
      망 구축 및 관리 비용이 절감되어 고품질의 다채로운 통신서비스를 제공할 수 있다.

(2) NGN 계층 구조

계 층	구성 장비
서비스 계층	응용 서버(Application Server) 미디어 서버(Media Server)
호 제어 및 신호 계층	소프트스위치(Softswitch) 신호 게이트웨이(Signaling Gateway)
액세스 및 전달 계층	미디어 게이트웨이(Media Gateway) 패킷 스위치(Packet Switch)

합격예측
NGN 계층
① 서비스 계층
② 호 제어 및 신호 계층
③ 액세스 및 전달 계층

합격예측
각 계층은 표준화된 프로토콜을 사용하는 개방형 인터페이스로 연결되어 있다.

① 소프트 스위치(Softswitch)
  ㉠ 소프트 스위치는 서비스 제어, 호 제어 그리고 미디어 제어 기능을 담당하며 서비스제어 기능은 애플리케이션 API를, 호제어 기능은 종단간 호처리를 맡는다. 또 미디어제어 기능은 MGW 제어를 제공한다.
  ㉡ 소프트 스위치는 기존의 교환기 역할을 대체하는 차세대 통신장비로 차세대네트워크(NGN) 구축의 핵심요소다.

합격예측
NGN은 SIP, H.323, MGCP, MEGACO 등과, 비-NGN 단말들도 모두 지원한다.

합격 NOTE

합격예측
Softswitch : NGN에서 가장 중요한 장치

합격예측
Media Gateway : 통신망에 따라 트래픽 포맷을 변환하는 장치 또는 서비스이다.

합격예측
SDN은 사용자가 소프트웨어로 네트워크를 제어하는 기술이다

　　　ⓒ SS7, H.323, MGCP, SIP, SIGTRAN, MEGACO 등 다양한 프로토콜을 지원하며 주요 기능으로는 미디어 게이트웨이, 인터넷프로토콜(IP) 전화, 통합 접속장치(IAD : Integrated Access Device) 지원을 비롯해 기존 회선 교환망과의 연동기능 등이다.

　　　ⓔ 소프트스위치는 개방형 표준을 채용함으로써 음성과 비디오, 데이터 등 다양한 미디어를 전송할 수 있으며 기존 유선전화망(PSTN)에서 제공하는 기능보다 부가가치가 높은 서비스를 제공할 수 있는 장점을 지녔다.

　② 미디어 게이트웨이(Media Gateway)
　　PSTN과 패킷 기반의 NGN 사이에서 TDM 트래픽과 ATM/IP 패킷 트래픽의 상호 변환을 수행

　③ 응용 서버
　　고도 서비스를 제공하기 위하여 필요한 서비스 전달, 실행, 그리고 관리와 같은 일련의 절차를 정의한 서비스 논리를 제공하는 소프트웨어 플랫폼

　④ 미디어 서버
　　응용 서버와 함께 고도 서비스를 제공하기 위한 미디어 처리와 서비스 빌딩 블록으로 자원을 제공

2. 차세대 통신망 기술

가. 소프트웨어 정의 네트워크(SDN)와 네트워크 기능 가상화(NFV)

(1) SDN(Software Defined Network)

① SDN은 네트워크 가상화 기술 중 소프트웨어 프로그래밍을 통해 네트워크를 제어하는 차세대 네트워킹 기술이다.

② SDN이란 네트워크를 추상화하는 개념으로, 소프트웨어를 이용하여 네트워크 리소스를 가상화하는 것이다.

③ SDN의 구성

구성 요소	기 능
애플리케이션	전반적인 리소스 요청, 네트워크 관련정보를 통신
컨트롤러	애플리케이션정보를 활용하여 데이터 패킷 라우팅방식을 결정
네트워킹 다비이스	컨트롤러에서 데이터 이동할 위치에 대한 정보를 수신

④ SDN의 장점
  ㉠ 향상된 속도와 유연성을 통한 제어능력 향상
  ㉡ 맞춤 설정이 가능한 네트워크 인프라
  ㉢ 강력한 보안

(2) NFV(Network Functions Virtualization)
① NFV는 네트워크에 필요로 하는 L4-L7 관련 서비스 기능들(예를 들어 보안, 인증, 캐싱, DPI, 이동성, NAT 등)을 고가의 전용 하드웨어 장비 대신 소프트웨어 기반 고성능의 범용 서버에 가상화시키는 기술이다.
② NFV는 네트워크 장비에서 하드웨어와 소프트웨어를 분리하고, 범용 서버의 가상화 기반 위에서 네트워크 기능을 가상화하여 제공한다.
③ NFV의 구성요소 : 스위치, 서버, 스토리지 등
④ NFV 기술은 총 소유비용(장비비용 등)의 절감, 전력 소비 감소, 새로운 통신 서비스 제공에 대한 기대 등의 장점을 갖는다.

(NFV 네트워크 기능의 가상화) (SDN 네트워크의 프로그래밍 제어)

[SDN과 NFV의 비교- I]

공통점	소프트웨어를 기반으로 네트워크를 개방화하고 유연하게 만든다는 점
차이점	• SDN : 네트워크를 보다 쉽게 관리하고 설정할 수 있도록 지원하는 소프트웨어 • NFV : 네트워크를 보다 쉽게 구축하고 확장할 수 있는 소프트웨어

[SDN과 NFV의 비교- II]

	SDN	NFV
네트워크 위치	데이터센터, 클라우드, 캠퍼스	서비스 공급자 네트워크
네트워크 디바이스	서버와 스위치	서버와 스위치
프로토콜	OpenFlow	해당사항 없음
애플리케이션	클라우드 융합과 네트워킹	방화벽, 게이트웨이, 라우터, WAN 가속기, 컨텐트 네트워크
표준화 위원회	Open Networking Forum(ONF)	ETSI NFV 그룹

합격 NOTE

합격예측
SDN의 장점 : 비용 절감, 확장성 및 유연성 등

합격예측
NFV는 기존 라우터, 방화벽, 로드 밸런서 등의 네트워크서비스를 가상화하는 방식이다.

합격예측
SDN은 네트워크 장비를 프로그래밍으로 제어할 수 있는 인터페이스를 제공한다.

합격예측
NFV로 네트워크를 형성하고 구성, SDN을 통해 네트워크 유지 관리

합격 NOTE

> ✏️ **참고**

📍 **가상화(Virtualization)**
① 가상화란 가상화를 관리하는 소프트웨어(주로 Hypervisor)를 사용하여 하나의 물리적 머신에서 가상 머신(VM)이라는 다수의 가상 컴퓨터로 분할 할 수 있게 해주는 기술이다.
② 가상화 기술이란 하드웨어에 종속된 컴퓨터 리소스를 추상화하여 서버, 스토리지, 네트워크 등의 소프트웨어 IT 서비스를 생성하는 솔루션을 뜻한다.
③ 네트워크 가상화는 한때 하드웨어에 의존했던 네트워크를 소프트웨어 기반의 네트워크로 바꾸는 것이다.
④ 네트워크 가상화는 대표적으로 VPN, VLAN(Virtual LAN), NFV, SDN 등이 있다.

합격예측
Hypervisor
① 컴퓨터(물리적 머신) 1대에 다수의 운영체제를 동시에 실행할 수 있도록 해주는 소프트웨어이다.
② 가상화를 구현해 주는 기술이다.

합격예측
USN은 지능형 센서와 네트워크로 이루어진 유비쿼터스 시스템이다.

나. 유비쿼터스 센서 네트워크(USN : Ubiquitous Sensor Network)

(1) USN의 개념
① Ubiquitous : 필요한 모든 것(곳)에 전자태그를 부착
② Sensor : 기본적인 사물의 인식정보는 물론 주변의 환경정보(온도, 습도, 오염정보, 균열정보 등)까지 탐지
③ Network : 실시간으로 네트워크에 연결하고, 그 정보를 관리
∴ USN은 모든 사물에 Computing 및 Communication 기능을 부여하여 Anytime, Anywhere, Anything 통신이 가능한 환경을 구현하는 것

(2) USN의 주요 구성
① USN 센서 및 제어 노드(센서 노드 및 싱크 노드)
각종 센서와 연결되어 물리량을 계측하거나 기계장치를 제어하고 신호 처리를 수행하는 부품
② USN 게이트웨이
센서 및 제어 노드로부터 데이터를 수신하거나 제어 신호를 송신하는 기능을 수행하고, 통합 사용자 환경을 구성하기 위한 데이터를 생성하는 장비

합격예측
- Sensor node : Computation, Sensing, Communication
- Sink Node : 인터넷이나 위성을 통해 사용자와 통신

③ 통합 제어 시스템
사용자가 유비쿼터스 센서 네트워크의 구성 및 작동 상태를 한 눈에 볼 수 있도록 구성되어진 통합 관제 환경

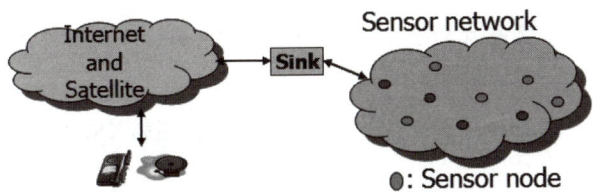

다. 지능형 교통시스템(ITS : Intelligent Transport System)

(1) ITS의 개념
① "지능형교통체계"란 교통수단 및 교통시설에 대하여 전자·제어 및 통신 등 첨단교통기술과 교통정보를 개발·활용함으로써 교통체계의 운영 및 관리를 과학화·자동화하고, 교통의 효율성과 안전성을 향상시키는 교통체계를 말한다.
② ITS는 교통의 수단/시설/운영 등 모든 분야에 첨단 기술을 도입하여 체계적으로 교통을 관리하기 위한 21세기형 첨단시스템이다.

(2) ITS의 예
① 첨단교통관리시스템(ATMS : Advanced Traffic Management System)
도로에 차량 특성, 속도 등의 교통정보를 감지할 수 있는 시스템을 설치하여 교통상황을 실시간으로 분석하고, 이를 토대로 도로 교통의 관리와 최적 신호체계를 구현하고 교통사고 파악 및 과적 단속 등을 수행한다.
예) 요금 자동 징수 시스템, 자동단속 시스템, 램프메터링 등
② 첨단 교통정보시스템(ATIS : Advanced Traveler Information System)
경로선택, 예상 이동시간 그리고 사고 및 도로 폐쇄 등 이동 관련정보와 차량 내 GPS을 통한 실시간 혼잡 및 혼잡정도, 병목구간 등 정보들을 운전자에게 제공 한다.
예) 교통상황 정보제공 등
③ 첨단 대중교통시스템(APTS : Advanced Public Transportation System)
대중교통 운영체계의 정보를 수집하고 차량 관리, 배차 및 모니터링 등을 위한 정보를 제공한다.

합격 NOTE

합격예측
ITS는 교통의 효율성과 안전성을 향상시키는 교통체계이다.

합격예측
ATMS의 예 : 요금 자동 징수, 자동 단속 등

합격 NOTE

합격예측
WAVE는 차량간 통신기술(V2V), 차량과 인프라 간 통신 기술(V2I)에 활용되는 기술이다.

참고
텔레매틱스(Telematics)
통신(telecommunication)과 정보과학(informatics)의 합성어로, 차량과 인터넷을 연결시켜주는 차량 정보 통신 장치

합격예측
C-ITS와 ITS의 차이 : 정보공유의 유무
① ITS : 관제센터에서 정보를 수집, 가공해서 전달하는 단방향 방식
② C-ITS : V2X 통신을 활용해 실시간 양방향으로 정보를 공유하고 대응하는 방식

합격예측
V2X(Vehicle to Everything) : V2V, V2I, V2N 등을 포함

---

④ 첨단 차량도로분야(AVHS : Advanced Vehicle & Highway System)

차량에 교통상황과 장애물 인식 등의 고성능 센서와 자동제어장치를 부착하여 운전을 자동 화하며, 도로상에 지능형 통신 시설을 설치하여 일정 간격 주행으로 교통사고를 예방하고 도로 소통능력을 증대시킨다.

예 차량간격 자동조정, 충돌방지, 위험정보 제공 등

참고

WAVE(Wireless Access in Vehicular Environments)

① 차량 환경용 무선 접속(WAVE)는 고속으로 이동중인 차량 간(V2V) 혹은 차량과 도로변 장치 간(V2I)의 통신을 위한 무선 액세스 시스템이다.
② WAVE는 고속으로 주행하는 차량 환경에서 통신서비스를 제공하기 위한 차세대 ITS 통신기술이다.
③ WAVE는 고속의 차량 간 통신과 차량과 인프라 간 통신을 지원하며 전방의 도로와 차량의 위험 정보 긴급 전송, 무차로 톨링 서비스 같은 다양한 차세대 지능형 교통 시스템 구축에 활용할 수 있다.
④ IEEE에서 표준화하고 있는 IEEE802.11p 규격과 IEEE P1609 규격의 조합이다.

---

(4) C-ITS (Cooperative-ITS)

① 협력 지능형 교통 체계(C-ITS)는 차세대 지능형 교통 시스템을 말한다.
② C-ITS는 차세대 지능형 교통 시스템을 말한다. 주변 교통 상황과 급정거, 낙하물 등 위험 상황 정보를 실시간으로 제공해 도로 관리 중심이 아닌 이용자 안전 중심의 교통 시스템이다.
③ C-ITS는 도로상에서 차량과 차량(V2V), 차량과 도로인프라(V2I), 차량과 사람(V2P), 차량과 네트워크장치(V2N) 간 정보를 수집하여 실시간 무선 통신으로 연결함으로써 최종적으로 차량과 모든 사물(V2X)을 기반으로 커넥티드 카(Connected Car) 및 자율 주행을 지원하는 미래의 교통체계이다.

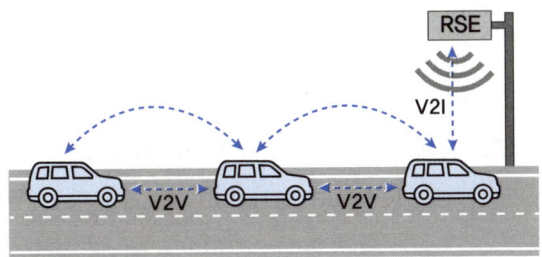

V2V : Vehicle to Vehicle
V2I : Vehicle to Infrastructure

라. 사물 인터넷(IoT : Internet of Things)

(1) IoT의 개념

① IoT는 각종 사물에 센서와 통신 기능을 내장하여 인터넷에 연결하는 기술을 의미한다. 여기서 사물이란 가전제품, 모바일 장비, 웨어러블 컴퓨터 등 다양한 임베디드 시스템이 된다.

② IoT는 상호 운용 정보와 통신기술을 기반으로 (물리적/가상적)사물이 서로 연결됨으로써 진보된 서비스가 가능한 정보화 사회의 인프라이다.

③ IoT는 인간, 사물과 서비스의 세 가지 분산된 환경 요소에 대하여 인간의 명시적 개입 없이 상호 협력적으로 센싱, 네트워킹, 정보처리 등 지능적 관계를 형성하는 사물 공간 연결망이다.

(2) IoT 3대 주요기술

① 센싱 기술
전통적인 온도/습도/열/가스/조도/초음파 센서 등에서부터 원격 감지, SAR, 레이더, 위치, 모션, 영상 센서 등 유형 사물과 주위 환경으로부터 정보를 얻을 수 있는 물리적 센서를 포함한다.

② 유무선 통신 및 네트워크 인프라 기술
IoT의 유무선 통신 및 네트워크 장치로는 기존의 WPAN, WiFi, 3G/4G/LTE, Bluetooth, Ethernet

---

합격 NOTE

합격예측
IoT는 사물에 센서를 부착해 수집된 실시간 데이터를 인터넷으로 주고받는 기술이나 환경을 의미한다.

합격예측
IoT는 인터넷을 기반으로 모든 사물을 연결하여 사람과 사물, 사물과 사물 간의 정보를 상호 소통하는 지능형 기술 및 서비스이다.

합격예측
IoT의 주요 3대 구성 요소 : 인간, 사물, 서비스

합격예측
WPAN : Wireless Personal Area Network

③ IoT 서비스 인터페이스 기술

IoT의 주요 3대 구성 요소(인간·사물·서비스)를 특정 기능을 수행하는 응용서비스와 연동하는 역할을 한다.

(3) IoT는 크게 소비자 중심 IoT(Consumer IoT)와 스마트팩토리로 대표되는 산업용 IoT(Industrial IoT)로 구분할 수 있다.

구 분	설 명
Consumer IoT	• 소비자 중심의 IoT Device • 영역 : 웨어러블 디바이스, Smart Device, Smart Phone, Smart Home, AR/VR 등
Industrial IoT	• IoT 기술이 제조, 에너지, 농업 등에 적용 • 영역 : Energy, Transportation, Smart City, Smart Factory(Farm, Industries) 등

① 개인 IoT : 사용자 중심의 편리하고 쾌적한 삶
② 산업 IoT : 생산성, 효율성 향상 및 신 부가가치 창출
③ 공공(도시) IoT : 살기 좋고 안전한 사회 실현

마. 스마트 홈(Smart Home)

(1) 스마트 홈은 인터넷에 연결된 장치를 사용하여 다양한 홈 시스템과 가전 제품을 자동화하고 제어하는 주거 공간이다.

(2) 스마트 홈은 가정에서 삶의 질과 편의성을 높이고, 보안을 향상시키고, 연결된 원격 제어 기기를 사용하여 에너지 효율을 높이는 목적을 갖는다.

(3) 스마트 홈 서비스의 구성요소

구성 요소	역 할
첨단 ICT	• 전화망을 컴퓨터 네트워크와 결합 • 스마트 단말(Device) : 스마트 폰이나 태블릿 PC 등
스마트 센서	• 각종 상황인식 및 전달 • 모션 센서, 누출·습기 감지 센서, 온·습도 센서 등
컨트롤러	• 각종 정보를 분석 및 조치, 특정한 기기가 적절하게 작동하도록 명령하고 관리하는 장치 • 스마트 홈 허브 등
유·무선 네트워크 기술	• 센서에 의해 취득된 정보나 컨트롤러에 의해 실행되는 명령이 해당 기기에 실시간으로 전달 • WiFi, 비콘(Beacon), 지그비(ZigBee), Z-Wave, LTE 등
스마트 홈 기기	• 사용자에게 직접적인 편의(청소, 온도습도 조절, 도어 개폐 등)를 제공하는 기기

합격예측

IoT는 웨어러블, 스마트 홈, 스마트 시티, 스마트 팩토리 등에 적용된다.

합격예측

스마트 홈의 목적
• 가정의 삶의 질, 편의성을 향상
• 원격 제어를 통한에너지 효율 향상
• 보안을 향상

합격예측

스마트 홈은 스마트폰과 스마트 TV에 각각 탑재된 스마트싱스 앱(App)이 서로 연동되어 집안의 스마트 홈 기기들을 자유자재로 제어할 수 있다.

합격예측

스마트 홈의 무선 네트워크 기술 : WiFi, Z-Wave, LTE 등

참고

 Z-Wave

① Z-Wave는 주로 가정(Home) 자동화에 사용되는 무선 통신 프로토콜이다.
② Z-Wave는 RF(Radio Frequency)를 사용한 양방향 단체 네트워크 통신 기술이다.
③ Z-Wave는 보안 시스템, 온도 조절 장치, 창문 및 차고문의 개폐와 같은 주거용 기기 및 기타 장치의 무선 제어가 가능하도록 저에너지 전파를 사용하는 메쉬 네트워크이다.

합격예측
Z-Wave 기술
① 스마트 홈을 제어 할 수 있다.
② 홈 네트워크 분야에서 가장 인기 있는 근거리 통신기술이다.

바. 스마트 도시(Smart City)

(1) 유비쿼터스 도시(U-City)

유비쿼터스(Ubiquitous) 환경은 다양한 컴퓨터가 각종 사물과 환경 속에서 상호연결 되어 언제, 어디서나 통신망에 접속해서 정보를 이용할 수 있는 환경을 의미한다.

U-City는 도시기능과 관리의 효율화를 위해 기존정보 인프라를 혁신하고 유비쿼터스 기술을 기간시설에 접목시켜, 도시 내에 발생하는 모든 업무를 실시간으로 대처하고 정보통신서비스를 제공하며, 주민에게 편리하고 안전하며 안락한 생활을 제공하는 신개념의 도시이다.

합격예측
U-City란 도시 기능이 유비쿼터스화된 미래형 첨단도시이다.

(2) 스마트 도시(U-City)로의 변화

U-City는 정보기술(IT)과 도시의 결합을 통한 인프라 구축이 핵심 목적인 반면, 스마트 시티는 시민 생활 전반에 관련된 서비스 개발 및 인프라 활용에 두고 있다는 것이 가장 큰 차이점이라 할 수 있다.

① Smart City는 도시의 건설 및 운영에 정보통신기술을 융합하여 지속가능한 생태환경을 유지함으로써 주민들의 삶의 질을 높이고 도시의 가치를 극대화한 도시이다.
② Smart City는 디지털 기술을 활용하여 시민을 위해 더 나은 공공서비스를 제공, 자원을 효율적으로 사용, 환경에 미치는 영향을 최소화하여 시민의 삶의 질 개선 및 도시 지속가능성을 높이는 도시이다.
③ Smart City는 기후변화, 환경오염, 산업화·도시화에 따른 비효율 등에 대응하기 위해 자연친화적 기술과 ICT 기술을 융복합한 도시로, 미래 지속가능한 도시를 의미한다.

합격예측
스마트 도시는 다양한 유형의 데이터 수집 센서를 사용하여 자산과 자원을 효율적으로 관리하는 도시 지역이다.

합격예측
Smart City는 첨단 정보통신기술(ICT)을 이용해 도시의 모든 인프라를 네트워크화한 미래형 첨단도시이다.

④ Smart City의 기반시설
  ㉠ 공공시설에 건설·정보통신 융합기술을 적용하여 지능화된 시설
  ㉡ 초연결 지능정보 통신망
  ㉢ 스마트 도시 서비스의 제공 등을 위한 스마트도시 통합운영센터 등 스마트도시의 관리·운영에 관한 시설
  ㉣ 스마트 도시 서비스를 제공하기 위하여 필요한 정보의 수집, 가공 또는 제공을 위한 건설기술 또는 정보통신기술 적용 장치로서 폐쇄회로 텔레비전 등

지능화된 시설

도시통합 운영센터

첨단정보통신 인프라

사. 스마트 공장(Smart Factory)

(1) 스마트 공장은 제품의 기획부터 판매까지 모든 생산과정을 정보 통신기술(ICT)을 적용하여 생산성, 품질, 고객만족도를 향상시키는 지능형 공장이다.

(2) 스마트 공장은 공장 내 설비와 기계에 사물인터넷(IoT)을 설치하여 공정 데이터를 실시간으로 수집하고, 이를 분석해 스스로 제어할 수 있게 만든 미래의 공장이다.

(3) 스마트공장에 관련된 핵심 기능
  ① IoT 기능 : 감지(Sensing), 통제 및 작동(Control and Actuating) 기능
  ② 사이버 물리 시스템(CPS : Cyber-Physical System)
    ㉠ CPS는 정보 및 소프트웨어 기술이 기계 구성요소와 결합하여 데이터 전송 및 교환은 물론 인터넷과 같은 인프라에 의한 모니터링 또는 제어가 실시간으로 이루어지는 시스템이다.
    ㉡ 스마트 공장에서 물리적 실제 시스템과 사이버 공간의 소프트웨어 및 주변 환경을 실시간으로 통합하고 상호 피드백하여 물리세계와 사이버세계가 실시간 동적 연동되는 시스템이다.

합격예측

스마트(Smart)
감지(Sensing), 통제 및 작동(Control and Actuating) 기능

합격예측

Industrial IoT 구성요소
Sensor, Actuator, Controller

합격예측

사물인터넷(IoT)은 각종 사물에 센서와 통신 기능을 내장하여 인터넷에 연결하는 기술이다.

(4) 스마트공장의 4대 솔루션

종류	기능
MES(Manufacturing Execution System)	제조실행시스템 : 제품 주문단계부터 완성까지 모든 생산활동의 최적화를 가능하도록 지원
PLM(Product Lifecycle Management)	제품수명주기관리 : 제품 설계부터 완료까지 제품 생산과정을 관리하며 제품의 부가가치를 향상
SCM(Supply Chain Management)	공급망 관리 : 제품의 생산과 유통과정을 하나의 통합망으로 관리하는 시스템
ERP(Enterprise Resource Planning)	전사적 자원관리 : 생산, 회계 등 경영과 관련된 모든 과정을 통합적으로 연계, 관리하는 시스템

아. 스마트 그리드(Smart Grid)

(1) 지능형 전력망(Smart Grid)은 기존 전력망(발전 → 송배전 → 판매)에 정보기술(IT)을 접목하여, 전력공급자와 소비자가 양방향으로 실시간 정보를 교환, 에너지효율을 최적화하는 차세대 전력망을 말한다.

(2) Smart Grid의 구성요소

① 에너지 관리 시스템(Energy Management System)
 ICT를 이용해 에너지 사용 상황을 최적으로 파악하고 관리해 비효율적인 에너지 사용을 줄임으로써 능동적으로 에너지 관리를 하는 시스템이다.

② 에너지 저장 시스템(Energy Storage System)
 생산된 전기를 저장 장치에 저장했다가 전력이 필요할 때 공급하여 전력 사용 효율 향상을 도모하는 장치이다.

③ 지능형 원격 검침 인프라, 스마트 계량기(Advanced Metering Infrastructure)
 다양한 유형의 분산전원 체계와의 정보 연계 등 미래 지능형 전력망 운용을 위해 요구되는 최우선적으로 구축해야 할 지능화 전력망 인프라이다.

합격 NOTE

합격예측
Smart Grid의 최종적인 목표는 에너지 절감이다.

합격예측
Smart Grid의 구성요소 : EMS, ESS, AMI

출제 예상 문제

제2장 차세대 정보통신망

01 국내의 통신망 발전 단계로 올바른 것은?
① ISDN → PSTN → BCN
② BCN → ISDN → PSTN
③ PSTN → ISDN → BCN
④ ISDN → BCN → PSTN

해설

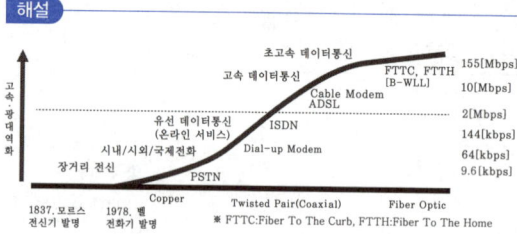

02 다음 중 BcN에 대한 설명으로 적합한 것은?
① 광대역통신망(Broadband communication Network)이다.
② 방송통신융합망(Broadcasting and communication Network)이다.
③ 광대역통합망(Broadband convergence Network)이다.
④ 기업간통신망(Business company Network)이다.

해설

광대역 통합망(BcN : Broadband Convergence Network)
① BcN이란 현재의 개별적인 망들이 갖고 있는 한계들을 극복하고 미래에 나타날 유·무선의 다양한 접속환경에서 고품질의 음성, 데이터 및 방송이 융합된 광대역 멀티미디어 서비스를 언제 어디서나 이용할 수 있도록 하는 차세대 통합 네트워크이다.
② 음성과 데이터 통합에 의해 IP 기반으로 유선전화 또는 그 이상의 품질을 가진 음성 서비스 및 멀티미디어 서비스를 경제적으로 제공한다.
③ 유선과 무선의 통합으로 단일 식별번호, 인증 및 통합 단말 등을 통하여 유, 무선망간 최적의 접속조건으로 끊김이 없는 광대역 멀티미디어 서비스 제공이 가능하다.
④ End-to-End 고품질 서비스가 제공 가능하도록 QoS가 보장되고 SLA에 따른 고객의 서비스 품질차별화가 가능해지며, 네트워크 전체 계층에서 Security가 보장된다.

03 다음 중 광대역통합망(BcN : Broadband convergence Network)의 특성에 대한 설명으로 옳지 않은 것은?
① 음성, 데이터, 유무선, 통신, 방송 융합형 서비스를 언제 어디서나 편리하게 이용할 수 있는 서비스통합망
② 다양한 서비스를 용이하게 개발해 제공할 수 있는 개방형 플랫폼(Open API)기반의 통신망
③ 보안(Security), 품질보장(QoS), IPv6가 지원되는 통신망
④ 특정 네트워크 및 단말을 사용하여 다양한 서비스를 끊어짐 없이 이용할 수 있는 유비쿼터스 환경을 지원하는 통신망

04 광대역통합망(BcN : Broadband Convergence Network)에서 VoIP 서비스를 제공하기 위한 프로토콜이 아닌 것은?
① R2 MFC   ② SIP
③ H.323   ④ Megaco

해설
R2 MFC 신호방식은 통화로 신호방식(CAS)으로서 전자교환국 간의 신호이다.

05 광대역통합망(BcN : Broadband Convergence Network)의 계층구조 중 전달망계층에 대한 설명으로 옳지 않은 것은?
① 광대역(Broadband) 서비스 제공
② 이동망 사용자의 이동성(Mobility) 확보
③ 서비스 보장(QoS) 및 정보보안
④ 소프트스위치에 의한 다양한 서비스 구현

[정답] 01 ③ 02 ③ 03 ④ 04 ① 05 ④

> **해설**
>
> **광대역 통합망(BcN : Broadband Convergence Network)**
> ① BcN은 통신, 방송, 인터넷이 융합된 품질 보장형 광대역 멀티미디어 서비스를 언제 어디서나 끊김 없이 안전하게 광대역으로 이용할 수 있는 차세대 통합 네트워크
> ② BcN의 4 계층 : 서비스 및 제어계층, 전달망계층, 가입자망계층, 홈 및 단말계층
> ③ 전달망계층은 실질적인 데이터 전송과 관련한 핵심 네트워크로서, QoS, OAM (Operation, Administration, and Maintenance) 보장, 망 간의 연동 및 통합 데이터를 전송하기 위한 기술, 구조, 요구사항, 인터페이스를 정의하고 있는 계층

06 모든 사물에 전자태그(RFID)를 부착하고 주변에 설치되어 있는 센서 판독기를 통해 관련 정보를 인식하고 관리하는 네트워크 개념은?

① USN　　② BCN
③ LAN　　④ VAN

> **해설**
>
> **유비쿼터스 센서 네트워크(USN : Ubiquitous Sensor Network)**
> ① USN은 모든 사물에 전자태그(RFID)를 부착해, 부착된 센서 노드간 자율통신을 통해 사물 및 환경 정보를 감지, 저장, 가공, 통합하여 언제, 어디서, 누구나 원하는 맞춤형 지식·정보 서비스를 제공하는 첨단 네트워크이다.
> ② USN은 저용량의 데이터를 최소한의 전력을 사용하여 동적인 네트워크를 구성하면서 효율적으로 데이터를 수집하는 것을 목적으로 한다.
> ③ USN의 응용분야 : 각종 환경감시 및 건강관리, 위치관리 모니터링 시스템에 적용가능

07 다음 중 센서 네트워크를 이용하여 유비쿼터스 환경을 구현하는 것을 목적으로 하는 것은?

① USN　　② BCN
③ TMN　　④ VAN

08 유비쿼터스 센서 네트워크(USN) 구성에서 기술 구성요소가 아닌 것은?

① 전송부(BUS)　　② 제어부(MCU)
③ 센서부(Sensor)　　④ 통신부(Radio)

> **해설**
>
> **USN(Ubiquitous Sensor Network)**
> ① USN은 지능형 센서와 네트워크로 이루어진 유비쿼터스 시스템이다.
> ② 센서노드의 구성요소는 무선통신부, 제어부, 센서부, 전원부로 구분된다.
> ③ 센서 노드기술은 USN의 핵심적인 요소로 센서들의 설정을 통해 주변 환경의 정보를 분석하여, 송신하는 역할을 수행한다.

09 USN(Ubiquitous Sensor Network) 구성 요소 중 감지된 센싱 정보를 취합하거나, 이벤트성 데이터를 센서 네트워크 외부로 연계하고 관련센서 네트워크를 관리하는 노드를 무엇이라고 하는가?

① 싱크노드　　② 센서노드
③ 릴레이노드　　④ 게이트웨이

> **해설**
>
> **유비쿼터스 센서 네트워크(USN : Ubiquitous Sensor Network)**
> ① USN은 다양한 위치에 설치된 태그와 센서노드를 통해 사람과 사물, 환경정보를 인식하고 그 정보를 무선으로 수집해 언제 어디서나 자유롭게 이용할 수 있도록 구성된 정보 네트워크를 말한다.
> ② USN 구성요소
>
> | 구분 | 기 능 |
> | --- | --- |
> | 센서노드 | 해당 지역의 환경 등 요구된 센싱 데이터를 수집하여 싱크노드에 전달 |
> | 싱크노드 | 센서노드들에게 센싱작업 요구, 센서노드들로부터 센싱 데이터 취합 |
> | 게이트웨이 | 센서 네트워크를 외부 망과 연동해주는 역할 |
> | 릴레이노드 | 멀리 떨어져 있는 센서노드가 싱크노드와 통신할 수 있도록 중계하는 기능 |

10 다음 중 괄호 안에 들어갈 내용으로 적합한 것은?

> "지능형교통체계(ITS)"란 교통수단 및 교통시설에 대하여 (가) 등 첨단교통기술과 교통정보를 개발·활용함으로써 교통체계의 운영 및 관리를 (나)하고, 교통의 효율성과 안전성을 향상시키는 교통체계를 말한다.

① (가) 무선 및 유선통신, (나) 과학화, 자동화
② (가) 전자·제어 및 통신, (나) 과학화, 자동화

[정답]　06 ①　07 ①　08 ①　09 ①　10 ②

③ (가) 전자·제어 및 통신, (나) 지능화, 자동화
④ (가) 무선 및 유선통신, (나) 지능화, 자동화

해설

지능형 교통체계(ITS : Intelligent Transport System)
① "지능형 교통체계(ITS)"란 교통수단 및 교통시설에 전자·제어 및 통신 등의 첨단기술을 활용하여 교통체계의 운영 및 관리를 과학화·자동화하고, 교통정보를 수집·처리·보관·가공 또는 제공함으로써 교통의 효율성과 안전성을 향상시키는 교통체계를 말한다.
② 지능형 교통체계의 예
버스정류장의 버스도착안내 시스템, 교차로에서 교통량에 따라 자동으로 차량신호가 바뀌는 시스템, 네비게이션의 실시간 교통정보, 하이패스 등

11 다음 중 국내 ITS용으로 할당된 주파수 대역이 아닌 것은?

① 5.795 ~ 5.815[GHz]
② 5.850 ~ 5.925[GHz]
③ 5.835 ~ 5.895[GHz]
④ 5.125 ~ 5.145[GHz]

해설

국내 ITS 경우의 주파수 대역
① 자가전기통신설비의 단거리전용통신용
  5.795~5.815[GHz]에서 20[MHz] 폭 사용
② 사업용전기통신설비의 단거리전용통신용
  5.835~5.855[GHz]에서 20[MHz] 폭 사용
③ 차세대 ITS(C-ITS)
  5.855~5.925[GHz]에서 70[MHz] 폭 사용

12 지능형 교통체계기술(ITS) 중에서 차량 간 통신기술(Vehicle to Vehicle Communication), 차량과 인프라 간 통신 기술(Vehicle to Infrastructure Communication)에 활용되는 기술은?

① WAVE
② IEEE 802.11s
③ WiBro
④ LTE-R

13 지능형교통체계(ITS) 서비스를 위해 차량탑재장치(OBE : On Board Equipment)와 노변기지국(RSE : Road Side Equipment)간 통신망으로 가장 적합한 것은?

① HFC(Hybrid Fiber and Coaxial)
② DSRC(Dedicated Short Range Communication)
③ WiFi
④ FTTC(Fiber To The Curb)

해설

단거리 전용통신(DSRC : Dedicated Short Range Communication)
① 지능형 교통시스템(ITS : Intelligent Transportation System)은 기존의 교통체계에 정보, 통신, 제어, 전자 등의 지능형 기술을 접목시킨 차세대 교통시스템이다.
② DSRC란 노변기지국과 차량탑재단말이 근거리 무선통신을 통해 각종 정보를 주고받는 시스템으로서 ITS의 핵심기술이다.

14 다음 중 지능형 교통시스템에서 통행료 자동지불 시스템, 주차장관리, 물류 배송 관리, 주유소 요금 지불 등에 활용되는 단거리 무선통신은?

① DSRC   ② GPS
③ WiBro   ④ LAN

15 다음 중 유비쿼터스도시(U-City) 기초인프라에 해당하지 않는 것은?

① 관로 및 인공(Manhole)
② 방송공동수신설비
③ IT Pole, 철탑
④ CCTV

해설

Ubiquitous City(U-City)
① U-City란 Ubiquitous와 City의 합성어로 최첨단 IT 기술을 집대성한 유비쿼터스 도시이다.
② U-City란 도시경쟁력과 주민 삶의 질 향상을 위하여 첨단 IT 기술 등을 활용하여 언제 어디서나 필요한 서비스를 제공하는 도시이다.
③ U-City 인프라는 U-City를 구성하는 필수적인 요소이다.
  U-City 인프라는 도시 통합센터, 통신망 인프라, 센서망 및 기초 인프라로 구성된다.

[정답] 11 ④ 12 ① 13 ② 14 ① 15 ②

㉠ 도시통합센터 : 도시의 상황을 모니터링하는 상황실, 관련 서버 및 장비로 구성
㉡ 통신망 인프라 : 광대역 통합망 기반의 유, 무선통신망으로 구성
㉢ 센서망 : RFID 태그 및 각종 센서로 구성
㉣ 기초 인프라 : 통신관로/맨홀, IT Pole, 통신철탑, CCTV, 지상 안테나, 지하 통신구, 인공, 수공 등으로 구성

16 다음 서비스 중 스마트시티(Smart City) 서비스와 가장 거리가 먼 것은?
① 실시간 교통상황 및 주차장 정보 제공
② 스마트 쓰레기통 수거
③ 하천 범람 알림
④ 운전자의 운전 정보 보험사 제공

17 모든 사물에 센서 및 통신 기능을 결합해 지능적으로 정보를 수집하고 상호 전달하는 네트워크는?
① M2M(Machine to Machine)
② SDR(Software Defined Radio)
③ BcN(Broadband Convergence Network)
④ IPS(Intrusion Prevention System)

해설
① M2M(사물지능통신, Machine to Machine) : M2M은, 모든 사물에 센서, 통신 기능을 부과하여 지능적으로 정보를 수집하고, 상호 전달하는 네트워크를 말한다.
② SDR이란 하드웨어, 즉 단말기나 칩을 바꾸지 않고 소프트웨어 조작만으로도 셀룰러, 와이브로, 무선 LAN, 위성통신과 같은 다양한 무선 통신서비스를 하나의 단말기에서 이용할 수 있도록 하는 기술이다.
③ 광대역통합망(BcN)은 초고속정보통신망 보다 빠른 최소 50Mbps 이상의 속도가 가능한 유·무선은 물론 방송 그리고 음성과 데이터 통신까지 통합할 수 있는 정보통신 인프라를 의미한다.
④ 침입 방지 시스템(IPS)은 잠재적 위협을 인지한 후 이에 즉각적인 대응을 하기 위한 네트워크 보안 기술이다.

18 다음 중 사물인터넷에 대한 설명으로 가장 거리가 먼 것은?
① 최근 갑자기 등장한 개념이 아닌 기술 발전에 따라 점차 기술과 개념이 진화하고 있다.
② 사물의 결합으로 새로운 가치보다는 새로운 기능만을 제공하는 것을 말한다.
③ 사물들이 인터넷을 통해 서로 연결된 것을 말한다.
④ 사물들이 서로의 존재(ID)를 파악하고 서로의 상태를 확인하는 것을 말한다.

해설
IoT는 각종 사물에 센서와 통신 기능을 내장하여 인터넷에 연결하는 기술을 의미한다.

19 다음 중 기술적 측면에서의 사물인터넷 활성화 요인으로 가장 적절한 것은?
① 제품의 대형화
② 디바이스의 고전력화
③ 디바이스 및 소자의 저가격화
④ 기술의 비표준화

20 다음 중 사물인터넷 플랫폼에 대한 설명으로 가장 거리가 먼 것은?
① 사물인터넷 서비스를 제공하기 위해 사물데이터의 수집/제공, 사물 기기의 관리, 연결 기능 등을 제공하는 공통시스템이다.
② 사물인터넷 플랫폼을 현실화하기 위해 일부 표준화 기관들은 플랫폼을 표준화하기 위해 노력하고 있다.
③ 일반적으로 서버나 클라우드 형태로 제공될 수 있으며, 또한 사물인터넷 디바이스에 직접 위치할 수도 있다.
④ 특정 사물인터넷 서비스에 종속적으로 동작하며 응용 서비스를 구성하기에 필요한 요구 기능들을 포함한다.

[정답] 16 ④ 17 ① 18 ② 19 ③ 20 ④

21 다음 중 사물인터넷의 보안 위협 중 "정보유출"과 가장 거리가 먼 것은?

① 스니핑(Sniffing)
② 데이터 위변조
③ 유·무선 통신 구간에서의 도청
④ 비인가 접근에 의한 유출

22 다음 중 2012년 결성된 단체로 사물인터넷 공통서비스플랫폼 개발을 위해서 발족된 사실상 표준화 국제 표준단체는 무엇인가?

① ISO/IEC JTC1 IoT
② ITU-T Reference Model(Y.2060)
③ OneM2M
④ InternationalM2M

[해설]
① OneM2M은 사물통신, IoT 기술을 위한 요구사항, 아키텍처, API 사양, 보안 솔루션, 상호 운용성을 제공하는 글로벌 단체이다.
② OneM2M의 사양은 스마트 시티, 스마트 그리드, 커넥티드 카, 홈 오토메이션, 치안, 건강과 같은 다양한 애플리케이션과 서비스를 지원하는 프레임워크를 제공한다.

23 아래 내용에 해당하는 표준화 기구는?

> IoT/M2M 공통 서비스 지원 계층 관련 사실상의 표준화 기구로서, 구조·요구사항·프로토콜·보안·시맨틱 기술 등의 표준 개발

① OIC(Open Interconnect Consortium)
② OneM2M
③ AllSeen Alliance
④ ITU-T

24 사물인터넷 응용 서비스에 대한 설명으로 가장 거리가 먼 것은?

① 스마트 물류를 적용한 아마존은 키바로봇을 적용하여 정확하고 빠르게 배송물품을 정리한다.
② 공장 전체의 제조과정에 사물인터넷 기술로 연결하여 자동화 및 지능화한 공장을 스마트 팩토리(Smart Factory)라 한다.
③ 스마트 카는 자율주행자동차, 무인자동차, 커넥티드카(Connected Car)를 포함하는 용어이다.
④ 스마트 마케팅은 정보통신기술을 적용하여 다양한 채널을 통해 금융서비스를 이용할 수 있도록 한다.

25 다음 중 스마트 홈(Smart Home) 서비스를 구성하는 기술 구성요소가 아닌 것은?

① 스마트 단말(Device)
② 게이트웨이(Gateway)
③ 스마트폰 애플리케이션
④ CCTV 통합관제센터

[해설]
① 스마트 홈은 IoT를 기반으로 여러 형태의 자동화 서비스를 제공하는 새로운 주거형태를 뜻한다.
② 스마트 홈 네트워크 기술은 스마트 홈 기기와 게이트웨이, 스마트폰, 스마트 TV가 서로 연결하여 사용한다.

26 스마트도시(Smart City) 기반시설에 해당하지 않는 것은?

① 기반시설 또는 공공시설에 건설·정보통신 융합기술을 적용하여 지능화된 시설
② 초연결지능통신망
③ 도시정보 데이터베이스
④ 스마트도시 통합운영센터 등 스마트도시의 관리·운영에 관한 시설

[정답] 21 ② 22 ③ 23 ② 24 ④ 25 ④ 26 ③

해설

스마트도시란 도시의 경쟁력과 삶의 질 향상을 위하여 스마트도시 기술을 활용하여 건설된 스마트도시 기반시설 등을 통하여 언제 어디서나 스마트도시 서비스를 제공하는 도시를 말한다.

27 다음 스마트공장의 구성 요소 중 IIOT(Industrial Internet of Things)에 해당하지 않는 것은?

① ERP(Enterprise Resource Planning)
② 각종 센서(Sensor)
③ 엑츄에이터(Actuator)
④ 제어기(Controller)

해설

① 스마트공장은 제품의 기획부터 판매까지 모든 생산과정을 정보통신기술(ICT)을 적용하여 생산성, 품질, 고객만족도를 향상시키는 지능형 공장이다.
② 전사적 자원관리(ERP : Enterprise Resource Planning) : 회사의 모든 정보뿐만 아니라, 고객의 주문정보까지 포함하여 통합적으로 관리하는 시스템이다.

28 다음에서 설명하고 있는 용어는?

> 스마트공장에서 물리적 실제 시스템과 사이버 공간의 소프트웨어 및 주변 환경을 실시간으로 통합하고 상호 피드백하여 물리세계와 사이버세계가 실시간 동적 연동되는 시스템

① CPS(Cyber-Physical System)
② MES(Manufacturing Execution System)
③ SCM(Supply Chain Management)
④ PLM(Product Lifecycle Management)

해설

사이버 물리 시스템(CPS : Cyber Physical System)
① CPS는 정보 및 소프트웨어 기술이 기계 구성요소와 결합하여 데이터 전송 및 교환은 물론 인터넷과 같은 인프라에 의한 모니터링 또는 제어가 실시간으로 이루어지는 시스템이다.
② CPS는 물리적 프로세스와 계산의 통합이다.

29 전력의 효율적인 활용을 위하여 생산, 저장, 전송, 전력수요 정보를 실시간 전송하는 차세대 지능형 전력망은 무엇인가?

① Smart Grid   ② Smart City
③ Smart Home   ④ Smart Buliding

[정답] 27 ① 28 ① 29 ①

ENGINEER
INFORMATION & COMMUNICATION

04 정보시스템 운용

Chapter 01 서버 구축
1. 리눅스 서버 구축
2. 윈도우 서버 구축
3. 서버 가상화 구축
4. Cloud 서비스 활용
5. IT서비스 연속성 관리

Chapter 02 정보통신설비 검토
1. 방송공동수신설비 적용
2. 통합 배선설비 적용
3. 정보통신망 운용계획

Chapter 03 구내통신 구축 설계
1. 구내통신 설계 및 운영
2. 설비 설치

Chapter 04 네트워크 보안 관리
1. 관리적 보안 수행
2. 물리적 보안 수행
3. 기술적 보안 수행

Chapter 1 서버 구축

합격 NOTE

합격예측
컴퓨터는 역할에 따라 서버와 클라이언트로 나뉜다.

합격예측
Solaris는 썬 마이크로시스템즈에서 개발한 운영체제이다.

서버(Server)는 네트워크를 통해 클라이언트(Client)에게 정보나 서비스를 제공하는 컴퓨터 프로그램(Server Program) 또는 장치(Device)를 의미한다. 서버는 어떤 운영체제(OS)로 구현하는가에 따라 여러 종류로 분류하는데, 리눅스(Linux) 서버, 윈도우(Windows) 서버와 솔라리스(Solaris)가 많이 사용되고 있다.

1 리눅스 서버 구축

1. 리눅스 서버 서비스환경 구축

가. 서버 구축환경

(1) 클라이언트(Client)와 서버(Server)
① 클라이언트 : 통신을 먼저 시작하는 주체
② 서버 : 통신 요청에 응답을 하는 주체, 여러 클라이언트들에 대한 요청처리가 가능

(2) 서버 운영체제의 요구조건
① 많은 클라이언트를 안정적으로 처리하여야 한다.
② 클라이언트 요청을 처리하기 위해 항상 준비하고 있어야 한다.
③ 클라이언트 요청을 받으면 즉시 처리해야 한다.
④ 여러 클라이언트가 동시에 요청을 해도 안정적으로 처리해야 한다.

나. 리눅스 운영체제

합격예측
Linux는 Unix의 무료버전(Open Source)이다.

합격예측
리눅스는 리눅스 커널에 기반을 둔 오픈소스 유닉스계열의 운영체제이다

(1) 리눅스(Linux)
리눅스는 다중사용자(Multi-User), 다중작업(Multi-Tasking), 다중스레드(Multi-Thread)를 지원하는 네트워크 운영체제이다.
(2) 리눅스는 서버급 운영체제이면서도 무료버전이며, 소스가 공개되어 있어 사용자들이 원하는 기능을 추가하거나 변경할 수 있다. 또한 서버용 프로그램들을 기본으로 갖고 있으며, 임베디드에도 널리 응용되고 있다.

참고

● 유닉스(UNIX) 운영체제
① 유닉스는 벨 연구소에서 개발한 운영체제로, 다중사용자방식의 대화식, 시분할처리가 가능한 신뢰성 높은 운영체제이다.
② 유닉스는 일부를 제외하고 유료 OS이다.
③ 유닉스는 인터넷서버, 워크스테이션 그리고 Solaris, Intel, HP의 PC에서 주로 사용한다.

합격 NOTE

합격예측
Unix : 네트워크 기능이 강력하며, 다중 사용자 지원이 가능하고, PC에서도 설치 및 운용이 가능한 버전이 있다.

(2) 리눅스의 특징

장 점	① 다중사용자 및 다중작업 ② 공개 운영체제 ③ 뛰어난 네트워크 환경구축 ④ 다양한 파일시스템 지원 ⑤ 뛰어난 이식성, 확장성 ⑥ 뛰어난 안전성과 보안성 ⑦ 하드웨어 기능의 효과적 사용 ⑧ 편리한 GUI 환경제공 ⑨ 유닉스와 완벽한 호환
단 점	① 기술지원의 부족 ② 보안상의 취약점이 쉽게 노출될 가능성 ③ 사용자의 숙련된 기술 요구

합격예측
리눅스는 C 언어로 작성되어 있으므로 쉽게 다른 시스템에 이식이 가능

합격예측
리눅스는 커널소스가 공개되어 있어서 빠른 피드백으로 안정성과 보안성을 보장 받을 수 있다.

(3) 리눅스의 구조
리눅스는 크게 커널, 쉘 그리고 응용프로그램의 3가지로 구성되어 있다.

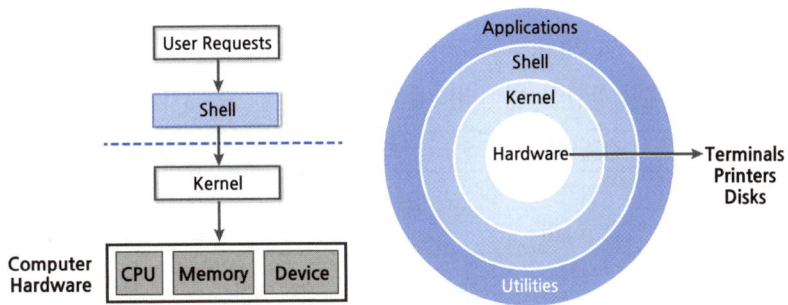

합격예측
리눅스는 Linux Kernel을 가진 운영체제이다.

합격예측
Hardware : 실질적인 물리적 데이터를 저장하고, 인출하는 실질적 장비들을 의미

① 커널(Kernel)
㉠ 리눅스의 가장 핵심이 되는 코어부분으로, 메모리에 상주하면서 쉘로부터 데이터를 받아와서 주기억장치로 보내는 역할을 한다.

합격예측
커널은 하드웨어를 제어하는 역할을 한다.

합격 NOTE

합격예측
Shell : 커널과 사용자가 대화할 수 있도록 하는 명령어 해석기 (종류: BASH, z쉘(zsh))

합격예측
Permission : 사용자가 File, Directory를 생성, 읽기, 변경, 실행 할 수 있는 자격 또는 권한을 의미

합격예측
기타(그 외) 사용자 : Others 또는 Public 로 표현

합격예측
접근 권한 종류 : 읽기(r), 쓰기(w), 실행(x)

합격예측
① ls : List의 약자, 디렉터리(폴더)에 있는 파일의 목록을 나열
② cd : Change Directory의 약자, 디렉터리를 이동하는 명령

ⓒ 프로세스관리, 메모리관리, 파일시스템관리, 장치관리 등 하드웨어의 모든 자원을 초기화하고 제어하는 기능을 수행한다.

ⓔ Kernel의 기능 : 메모리 관리, 프로세스 관리, 시스템 호출 및 보안 등

② 쉘(Shell)

ⓐ 리눅스의 사용자 인터페이스로서 사용자와 커널사이의 중간자 역할을 담당한다.

ⓑ 사용자가 입력한 명령을 해석하여 커널에 넘겨준다. 즉, 사용자가 입력한 문장을 해석하여 실행하는 명령어 해석기(번역기)이다.

③ 응용프로그램 (사용자프로그램)

프로그램 개발도구, 문서 편집도구나 웹 서버 등의 프로그램이 실행되는 환경이다.

다. 리눅스의 접근권한 (Linux Permission)

리눅스는 하나의 시스템(컴퓨터)에 복수의 사용자가 사용할 수 있는 멀티유저 시스템이다. 그러므로 특정 파일이나 디렉터리에 대하여 읽기/쓰기/삭제 등의 '권한(Permission)'을 설정하여 파일접근을 제한하고 파일을 보호한다.

(1) 권한의 종류

종류	의미
소유자 (User)	파일이나 디렉터리를 처음 생성한 사람
그룹 (Group)	사용자는 어느 특정한 그룹에 속하며 이 그룹에 소속된 모든 사용자
기타 사용자 (Others)	현재 사용자계정을 가진 모든 사람

(2) 접근권한의 종류

해당 파일 및 디렉터리에 대한 접근권한에는 3가지 형태가 존재한다.

접근 권한	파일(File)	디렉터리(Directory)
읽기 (r, read)	파일을 읽거나 복사 권한	'ls' 명령어로 디렉터리의 목록을 읽을 수 있는 권한
쓰기 (w, write)	파일의 수정, 이동, 삭제 권한	디렉터리의 해당 파일을 삭제, 생성할 수 있는 권한
실행 (x, execute)	쉘 스크립트나 실행파일의 경우 파일의 실행권한	'cd' 명령어로 파일을 디렉터리로 이동 및 복사할 수 있는 권한

(3) 접근권한의 확인

① "ls –l" 명령으로 표시되는 현재의 접근권한은 10자리의 알파벳으로 구성된다.

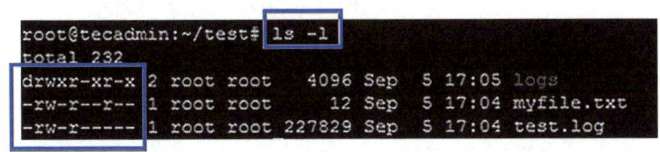

② 접근권한의 표기 방법

㉠ 파일의 소유자, 그룹, 기타 사용자의 카테고리 별로 누가 어떤 파일을 읽고 쓰고 실행할 수 있는지를 문자로 나타낸 것이다.

㉡ 소유자, 그룹, 기타 사용자로 구분하여 관리하며, 각각의 권한부여 여부를 'r/w/x'의 세 문자를 묶어서 표기하여, 다양한 의미를 나타낼 수 있다.

㉢ 각 카테고리 별로 r-w-x의 순서로 표기하며 해당권한이 없을 경우 (-)로 표기한다.

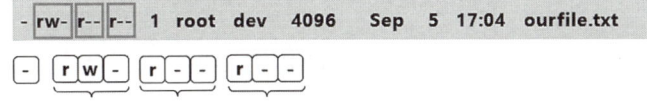

 참고

📍 파일의 속성

```
- rw- r-- r-- 1 root dev 4096 Sep 5 17:04 ourfile.txt
  ❶   ❷     ❸   ❹    ❺    ❻         ❼         ❽
```

❶ : 파일의 종류
  일반파일(-), 디렉터리파일(d), 특수파일(c)
❷ : 접근권한
❸ : 하드 링크의 수
❹ : 파일 소유자의 로그인 ID
❺ : 파일 소유자의 그룹명
❻ : 파일의 크기[byte]
❼ : 파일의 최종 수정일자와 시간
❽ : 파일명

합격 NOTE

합격예측
① ls - l : 파일들의 상세정보를 표시
② ls - al : 숨어있는 파일들까지 상세정보를 표시

합격예측
접근권한의 표기 : 소유자, 그룹, 기타 사용자로 구분하여 관리

합격예측
① 맨 앞의 '-'는 접근권한과 상관없으며, 파일의 종류(Shape)를 나타낸다.
② ourfile.txt 파일의 소유자는 root이고, 그룹은 dev이다.

합격예측
링크
① 기존 파일에 대한 또 하나의 새로운 이름(윈도우의 '바로가기' 기능과 유사)
② 하드링크와 심볼릭링크(소프트링크)가 있다.

ⓒ 접근권한의 다양한 조합의 예

접근권한	의미
rwxrwxrwx	소유자, 그룹, 기타 사용자 모두 읽기, 쓰기, 실행 가능
rwxr-xr-x	소유자만 읽기, 쓰기, 실행 가능 그룹, 기타 사용자는 읽기, 실행 가능
rw-rw-rw-	소유자, 그룹, 기타 사용자 모두 읽기와 쓰기 가능
rw-r--r--	소유자만 읽기, 쓰기 가능 그룹과 기타 사용자는 읽기만 가능
rwx------	소유자만 읽기, 쓰기, 실행 가능 그룹, 기타 사용자는 아무 권한 없음

(4) 접근권한의 변경

① 파일의 소유자나 시스템 관리자 : 파일이나 디렉터리의 접근 권한을 바꿀 수 있다.

② 파일이나 디렉터리의 접근권한을 변경할때 사용하는 명령은 'chmod (Change Mode)'이며, 다음은 심볼릭(기호) 모드로 권한변경방법을 설명한다.

chmod [OPTION] [MODE(레퍼런스,연산자,접근권한)] [FILE]

OPTION	-R : 하위 디렉터리와 파일의 권한 모두 변경
레퍼런스	• 변경할 대상을 표시 • 소유자(u), 그룹(g), 기타 모든 사용자(o) a(all)는 u+g+o를 의미
권한 연산자	권한 부여(+), 권한 해제(-), 권한설정(=)
접근권한	• 변경할 접근 권한을 표시 • 읽기(r), 쓰기(w), 실행(x)

예

형식	의미
chmod g+x File	파일이 속한 그룹에게 실행할 수 있는 권한추가
chmod u+x,go+w File	파일 소유자에게 실행권한 부여하고 파일을 소유한 그룹 및 기타 사용자에게 쓰기 권한부여
chmod a=r FILE	시스템의 모든 사용자가 읽을 수만 있는 권한지정
chmod o-r File	기타 사용자에게 파일의 읽기 권한제거

라. 메모리 관리

컴퓨터 시스템에서는 항상 물리적으로 존재하는 것보다 더 많은 양의 메모리를 필요하다. 이러한 물리적인 메모리의 한계를 극복하기 위한 많은 방법 중 가상 메모리 기법이 가장 대표적인 방법이다.

합격예측

파일 소유자, 시스템 관리자 이외의 사용자 : 다른 사용자가 소유한 파일의 접근권한 변경 불가능

합격예측

기호모드 : 문자와 기호를 사용하여 접근권한을 표시, 변경한다.

합격예측

OPTION은 -v/-f/-c/-R 등이 있지만 -R이 주로 쓰인다.

합격예측

u, g, o, a를 지정하지 않으면 all로 간주한다.

(1) 가상 메모리(VM : Virtual Memory)
　① 가상 메모리는 각 프로그램에 실제 메모리 주소가 아닌 가상의 메모리 주소를 부여하는 방식을 말한다.
　② 가상 메모리를 이용하면 실제 물리 메모리가 가지고 있는 크기를 논리적으로 확장하여 사용 할 수 있다. 즉, 메모리를 필요로 하는 프로세스들 사이에 물리 메모리를 공유하도록 하여, 각 프로세스가 실제 물리 메모리보다 큰 메모리를 가질 수 있도록 하는 소프트웨어 기법이다.
　③ 가상메모리를 사용하는 이유
　　㉠ 넓은 주소공간 : 논리적으로 물리 메모리를 확장하여 사용 할 수 있다.
　　㉡ 보호 : 프로세스들에게 독립적으로 분리된 메모리 공간을 제공해 줄 수 있다.
　　㉢ 메모리 관리에 효율적이다.

(2) Linux Kernel의 메모리 관리
　① 메모리 관리는 커널에서 가장 복잡하면서도 동시에 가장 중요한 부분 중 하나이다.
　② 메모리 관리는 메모리가 어디에서 무엇을 저장하는 데 얼마나 사용되는지를 추적한다.
　③ Kernel의 최적화
　　서버의 디렉토리(/proc/sys/vm)에 있는 각종 설정값을 조절하여 리눅스 커널의 가상 메모리(VM) 하위 시스템 운영을 조정할 수 있는데 설정 값에는 다음과 같은 것들이 있다.

설정 항목	내 용
bdflush	• bdflush는 가상 메모리(VM) 서브시스템의 활동과 관련이 되어있는데 bdflush 커널 데몬에 대한 제어를 한다. • bdflush는 블럭 디바이스 입출력 버퍼를 관리하는 커널 데몬으로 주로 버퍼를 비우는 역할을 맡고 있다.
buffermem	• 버퍼 메모리 사용량을 조절한다. • buffermem은 전체 메모리에서 버퍼 메모리 사용량을 [%] 비율로 조절한다.
freepages	• 시스템의 성능과 연관이 깊은 것으로 스와핑을 조절한다. • freepages는 커널에서 스와핑을 언제 어떻게 할지에 대한 동작을 제어한다.
kswapd	• 시스템에 충분한 프리 페이지가 남아 있게 동작하는 데몬이다

합격 NOTE

합격예측
가상 메모리
① 메모리를 관리하는 방법
② 물리 메모리의 크기가 제한적인 단점을 극복하기 위해 도입된 방법

합격예측
물리 메모리
서버 또는 데스크탑에 설치된 실제 메모리의 총량을 뜻한다.

합격예측
① 가상 메모리 : page 단위로 관리
② 물리 메모리 : frame 단위로 관리

합격예측
데몬(Deamon)은 운영체제에서 사용자가 직접 제어하지는 않지만, 백그라운드에서 계속 실행 중인 프로세스다.

합격예측
스왑(SWAP)은 Linux 기반 운영 체제에서 가상 메모리로 작동하는 저장 장치(예 : HHD, SSD, 가상 저장장치)의 전용 공간이다.

합격 NOTE

page-cluster	• 한번에 읽을 수 있는 페이지의 값은 시스템의 메모리크기와 직접 관련되는데 커널이 한번에 읽을 수 있는 페이지의 크기는 2^{page}-cluster 이다.
pagecache	• buffermem 설정변수와 똑같지만 페이지 캐시 구조만을 제어한다. • 페이지 캐시에 사용되는 메모리양을 제어한다.
pagetable_cache	• 커널은 하나의 프로세스 캐시 당 일정한 양의 페이지 테이블로 저장한다.

마. 프로세스 관리

(1) 프로세스(Process)

① 프로세스는 CPU의 자원을 할당받아 실행 중인 프로그램을 말한다.

② 프로세스는 하드디스크와 같은 보조기억장치에 저장된 프로그램이 CPU의 명령에 따라 메모리(RAM)와 같은 주기억장치로 옮겨(로딩)오면서 활성화된 것을 말한다.

(2) 커널의 프로세스 관리

① 커널은 리눅스 운영체제의 핵심부분으로, 프로세스관리, 메모리관리, 파일시스템 관리, 장치관리 등 하드웨어의 모든 자원을 초기화하고 제어하는 기능을 수행한다.

② 커널은 스케줄러(Scheduler)를 이용하여 여러 프로세스가 동작할 수 있도록 각 프로세스를 생성 또는 제거하며, 연결하고 관리한다.

③ 프로세스 스케줄링 : CPU를 사용하려고 하는 프로세스들 사이의 우선순위를 관리하는 일을 말하며, 처리율과 CPU 이용률을 증가시키고 오버헤드, 응답시간, 반환시간, 대기시간을 최소화시키기 위한 방법이다.

[프로세스 상태 5단계]

상태	설 명
생성(Create)	• 프로세스가 생성되는 단계
준비(Ready)	• CPU를 사용하여 실행준비 된 상태 • 우선순위가 높은 프로세스가 CPU를 할당받음
실행(Running)	• 프로세스가 CPU를 점유하여 실행중인 상태
대기(Waiting)	• 보류(Block) 상태 • 사건발생을 기다리는 상태
종료(Terminated)	• 프로세스의 실행이 종료되는 상태

합격예측

① Process는 Task 라고도 하며, 주어진 일을 하는 기본 단위이다.
② Process : 커널의 관리 하에 현재 시스템에서 실행중인 프로그램을 말한다.

합격예측

새로운 프로세스를 언제 어떻게 실행시킬지를 결정하기 위해 스케줄링 기능을 사용

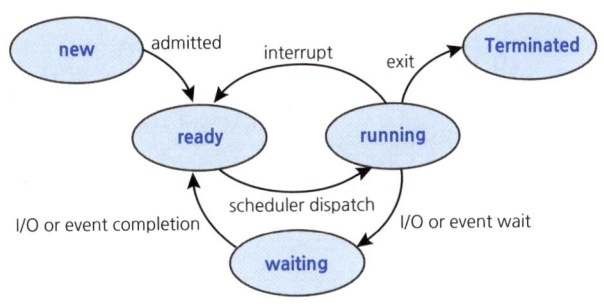

(3) 프로세스 관리 명령

명령어	ps
형식	ps [옵션]
기능	현재 실행중인 프로세스의 상태(목록 등)을 확인하는 명령
옵션	• -a : 터미널에서 실행한 프로세스 정보출력 • -e : 시스템에서 실행 중인 모든 프로세스 정보출력 • -f : 프로세스에 대한 자세한 정보출력 • -u uid : 특정 사용자에 대한 모든 프로세스 정보출력 등
기본 출력정보	① PID : 프로세스 고유번호(ID) ② TTY : 프로세스가 시작된 터미널 ③ TIME : 프로세스 실행시간 ④ CMD : 실행되고 있는 프로그램 명령이름

합격예측
ps(Process Status)

합격예측
기타 출력정보 : UID(프로세스를 실행시킨 사용자 ID), PPID, C(CPU 사용량[%]), STIME(프로세스의 시작시간) 등

예
```
$ ps
PID    TTY     TIME      CMD
8695   pts/3   00:00:00  bash
8720   pts/3   00:00:00  ps
```

명령어	pgrep
형식	pgrep [옵션] [패턴]
기능	특정 프로세스의 정보를 출력한다.
옵션	• -l : PID와 함께 프로세스의 이름을 출력한다. • -f : 명령어의 경로도 출력한다. • -x : 패턴과 정확하게 일치되는 프로세스만 출력한다. 등

합격예측
pgrep는 인자로 지정한 패턴과 일치하는 프로세스를 찾아 PID를 표시한다.

예
```
$ pgrep firefox
1720
```

명령어	kill
형식	kill [시그널] PID
기능	프로세스를 강제로 종료시키기 위해, 지정한 시그널을 해당 프로세스에 강제적으로 전달한다.

합격예측
프로세스에 보내는 시그널(인터럽트, 프로세스 강제종료, 정리종료 등)이 숫자로 지정되어 있다.

합격 NOTE

합격예측
'-15'는 작업종료의 개념

시그널	• -2 : 인터럽트 시그널을 보낸다. • -9 : 프로세스를 강제로 종료한다. • -15 : 프로세스가 관련 파일을 정리 후 종료한다. (종료되지 않은 프로세스가 있을 수 있다.)

예 `$ kill -9 1230`

 참고

📍 시그널(SIGNAL)

① 시그널은 특정 프로세스가 다른 프로세스에 메시지를 보낼 때 사용한다.
② 시그널은 예기치 않은 사건이 발생할 때 이를 알리는 소프트웨어 인터럽트이다.
③ 시그널 종류 : 사용자가 인터럽트 키를 통해 발생하는 시그널, 프로세스가 발생하는 시그널, 하드웨어가 발생하는 시그널 등 매우 다양하다.
④ 시그널 발생 예 : 부동소수점 오류(SIGFPE), 정전(SIGPWR), 'Ctrl-C'에 의한 종료요청(SIGINT), 'Ctrl-Z'에 의한 정지요청(SIGSTP), 프로세스 종료(SIGKILL) 등
⑤ 시그널 목록을 확인하는 방법

`$ kill -l`

⑥ 리눅스에서 시그널을 받은 프로세스는 시그널을 무시하거나, 시그널 처리를 위하여 특정 함수를 수행하거나, 프로세스를 종료한다.

합격예측
시그널은 프로세스끼리 서로 통신할 때 사용하며, 인터럽트의 일종이다.

합격예측
리눅스는 모든 자원을 파일로 다룬다.

합격예측
특수파일 : 프린터, CD-ROM, 디스크와 같은 주변 장치, 프로세스 간 상호 통신하는 파일

바. 파일시스템 관리

(1) 파일시스템

① 파일(File)
  ㉠ 파일은 사용자가 이용할 수 있는 데이터의 실체 또는 저장되어 있는 자료의 모음을 말한다.
  ㉡ 리눅스에서 파일은 일반파일, 디렉터리 파일, 특수파일이 있다.
  ㉢ 리눅스에서는 파일을 바이트의 단순한 연속으로 간주한다.
② 파일시스템(File System)
  ㉠ 사용자가 쉽게 파일이나 자료를 발견하고, 접근할 수 있도록 운영체제가 시스템의 디스크상에 일정한 규칙을 가지고 보관 또는 관리하는 방법이다.

ⓒ 운영체제가 규칙에 의해 파티션을 나누어 저장하여, 파일 저장이 용이해지고 파일의 검색, 관리를 효율적으로 할 수 있다.
③ 파일시스템의 종류
㉠ ext, ext2, ext3, ext4, swap, xfs, nfs, iso9660 등
㉡ 확장 파일시스템(ext, EXTended file system)
ext는 리눅스용 파일시스템 가운데 하나이며, 리눅스 배포판의 파일시스템으로 많이 사용되고 있다.

구 분	ext2	ext3	ext4
도입년도	1993	2001	2006
최대 파일 크기	16[GB]~2[TB]	16[GB]~2[TB]	6[GB]~16[TB]
최대 파일시스템 크기	2[TB]~32[TB]	2[TB]~32[TB]	1[EB]
저널링기능	없음	있음	있음

㉢ XFS : 고성능 64비트 저널링 파일시스템

참고

 저널링 파일시스템(Journaling File System)
① 저널링은 시스템 장애상황에서 fsck의 느린 파일시스템 복구시간을 단축하기 위해 제안된 일관성관리기법이다.
② 저널링 파일시스템은 시스템충돌이나 전원공급의 문제 등으로 시스템이 중단되었을 때, 하드디스크의 데이터를 오류 전으로 돌아가도록 복구시키는 파일시스템이다. 즉 예기치 않은 장애 발생 등을 대비해 일정 부분의 기록을 남겨 백업(Backup) 및 복구능력을 향상시키는 파일시스템이다.

(2) 파일시스템 관리 명령
① 마운트와 언마운트
㉠ 마운트(Mount)
리눅스 운영체제는 모든 장치를 파일단위로 관리하기 때문에 새로 추가된 장치는 계층적 디렉터리에 연결시켜서 사용해야 한다. 즉, 마운트는 리눅스시스템에서 사용하기를 원하는 장치들을 계층적 디렉터리 구조에 연결하는 작업이다.

합격 NOTE

합격예측
파일시스템은 파티션을 나누고 정리하는데 사용하며, 목록을 유지하고 관리하는 방법이다.

합격예측
ext(ext1)는 초기버전으로 현재 사용되지 않음

합격예측
ext3=ext2+Journalling

합격예측
TB(테라바이트) : 2^{40}[Byte],
PB(페타바이트) : 2^{50}[Byte],
EB(엑사바이트) : 2^{60}[Byte]

합격예측
fsck(file system consistency check)는 유닉스 계열 운영체제에서 파일시스템의 무결성을 검사하기 위한 도구

합격예측
저널링 파일시스템은 결함에 회복력을 향상시키는 파일시스템이다.

합격예측
Mount의 사전적 의미 : '어디위에 놓다'

합격예측
Mount는 시스템이 장치들을 인식하게 하는 명령어

합격 NOTE

합격예측
Mount point : 마운트 되는 위치를 말한다.

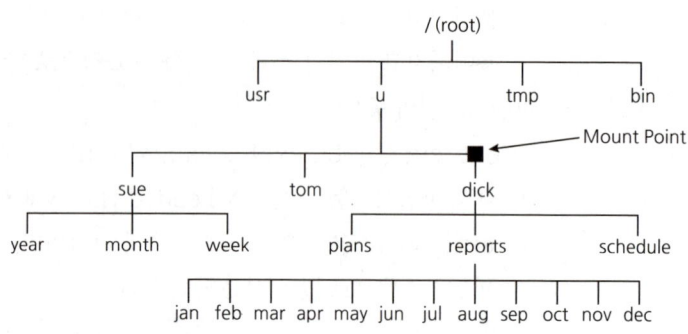

[File Tree]

명령어	mount
형식	mount [옵션][장치명][마운트 포인트(디렉터리)]
기능	장치명(하드드라이브, CD-ROM, USB 등의 물리적인 장치)을 리눅스의 특정한 위치(디렉터리)에 연결(할당) 시켜준다.
옵션	• -a : /etc/fstab에 있는 파일시스템들을 모두 마운트 함 • -t : 파일 시스템을 지정함
장치명	• FDD (/dev/fd0), CD (/dev/cdrom), DVD(/dev/dvd) • IDE HDD: /dev/hda • USB, SCSI, HDD, SATA HDD: /dev/sda, /sdb

합격예측
"/etc/fstab" 파일은 파일시스템 정보를 정적으로 저장하고 있는 파일이며, 부팅시 마운트정보를 가지고 있는 파일이다.

예 ext2 타입의 파일시스템 마운트

```
mount -t ext2 /dev/hdc1 /home/member
```

ⓛ 언마운트(Unmount)
'mount' 명령으로 인식된 장치들을 해당 디렉터리에서 해제(분리)한다.

예 /home/member(마운트포인트)에 연결 및 해제

```
mount   /dev/hdc1   /home/member
unmount /home/member
```

합격예측
member 사용자 디렉터리를 언마운트 시킨다.

② 디스크 파티션관리

명령어	fdisk
형식	fdisk [옵션][디스크드라이브]
기능	디스크 파티션을 생성, 수정, 삭제할 수 있는 일종의 유틸리티
옵션	• -b : 섹터의 크기지정 • -l : 디스크 파티션 정보출력

합격예측
파티션이란 하드디스크를 논리적으로 나눈 구역이다.

합격예측
fdisk(Fixed DISK)

예 `fdisk /dev/sda`

③ 디스크 사용정보

명령어	df
형식	df [옵션] [장치이름(마운트지점)]
기능	시스템에 마운트된 하드 디스크/파티션의 남은 용량을 확인
옵션	• -h : 용량 단위를 KB, MB, GB단위로 보여줌 • -T : 파일 시스템의 유형을 포함하여 출력함

합격예측
df(Disk Free)

명령어	du
형식	du [옵션] [디렉터리]
기능	디렉터리와 파일의 사용량을 확인한다.
옵션	• -a : 디렉터리 외에 파일의 디스크사용량도 출력 • -s : 주어진 디렉터리 또는 파일의 총 사용량 출력

합격예측
du(Disk Usage)

④ 파일시스템 유지 보수

명령어	fsck
형식	fsck [옵션]
기능	파일 시스템의 무결성을 검사하고 손상된 파일을 고치는 명령
옵션	• -a : 파일시스템에서 발견되는 모든 문제를 자동으로 보수 • -r : 파일시스템을 보수하기 전에 확인을 요청

합격예측
fsck(File System Check)

사. 소프트웨어 패키지 관리

(1) 패키지 관리

초기에 설치되는 기본 프로그램 이외에 사용자가 추가로 소프트웨어를 설치하고 유지 및 관리하는 것을 말한다.

(2) 패키지 관리 시스템(Package Management System)

컴퓨터 프로그램의 설치, 업그레이드, 구성, 제거과정을 자동화하는 소프트웨어 도구들의 모임이다.

① rpm(Redhat Package Management)

확장자가 rpm(*.rpm)인 패키지 파일을 관리 해준다.

명령어	rpm
형식	rpm [옵션] [패키지명]
기능	패키지의 설치, 업데이트, 삭제 등의 관리
옵션	• -i(설치), -u(업데이트), -e(삭제), -q(질의)

합격예측
패키지관리 : 새로운 소프트웨어를 설치, 업데이트, 삭제하는 작업

합격예측
관리시스템(관리도구)을 사용하는 것이 편리하다.

합격 NOTE

합격예측

yum
① 파일 하나하나를 작업해야하는 rpm 단점을 보완한 명령어
② 대표파일 하나의 설치만으로 의존성 파일 모두를 자동 설치해 준다.

합격예측

yum 단점
① 느린 속도
② 과다한 메모리 사용
③ 의존성 결정이 느림

합격예측

① 배포판은 리눅스 커널 기반의 설치형 Linux OS를 말한다
② 종류 : 센트OS(CentOS), 페도라(Fedora), 우분투(Ubuntu), 오픈수세(OpenSUSE) 등

합격예측

리눅스에서 작동하는 모든 프로세스는 사용자로 실행된다.

합격예측

리눅스 설치과정에서 root의 Password를 설정한다.

합격예측

su(Substitute User) : 접속계정 변경명령

---

② yum(Yellowdog Updater Modified)

rpm 기반의 시스템을 위한 패키지 관리도구이다.

명령어	yum
형식	yum [옵션] [명령] [패키지명]
기능	패키지의 설치, 업데이트, 삭제 등의 관리
옵션	• -y : 작업을 진행하는데 있어 확인하는 과정을 생략
명령	• install : 패키지 설치 • update : 패키지 업데이트 • remove : 의존성파일까지 모두 자동삭제 등

③ dnf(Dandified Yum)

㉠ rpm 기반 리눅스 배포판을 위한 패키지 관리도구이다.
㉡ yum의 단점을 개선한 새로운 패키지 관리도구이다.

명령어	dnf
형식	dnf [옵션] [명령] [패키지명]
기능	패키지의 설치, 업데이트, 삭제 등의 관리
옵션	• -y : 작업을 진행하는데 있어 확인하는 과정을 생략 • -v : 자세한 메시지출력
명령	• install : 패키지 설치 • update : 패키지 업데이트 • remove : 지정한 패키지 삭제 등

아. 사용자 관리

리눅스 운영체제는 다중사용자(Multi-User) 특성을 갖는다. 리눅스 최초 설치시 root라는 이름의 관리자(Super User)가 생성되는데, 이 관리자는 시스템에 접속하는 사용자 및 사용자그룹을 생성하는 등의 관리를 할 수 있다.

(1) 시스템 관리자 (Super User)

① 시스템을 관리할 수 있는 사용자이며, 사용하는 계정은 root이다
② 사용자 등록 및 삭제, 소프트웨어 관리(설치, 삭제, 업그레이드), 하드웨어 추가설치, 시스템 보안 등의 역할을 한다.
③ root 권한 획득방법
  ㉠ root 계정으로 로그인
  ㉡ 다른 계정으로 로그인 한 후 권한을 root로 변환

명령어	su 또는 su -
형식	su [계정이름] 또는 su - [계정이름]

기능	• 현재 계정을 로그아웃을 하지 않고 다른 계정으로 전환 • 관리작업을 위해 사용자의 권한을 root로 변경하는 데 사용
특징	• su : root 권한에 포함되어 있는 환경변수를 가져오지 않음 • su - : root 권한에 포함되어 있는 모든 환경변수를 가져옴

예
```
su  root
su - root
```

명령어	sudo
형식	sudo [계정이름]
기능	하나의 명령에 대하여 일시적으로 root 권한을 사용하는 것

합격 NOTE

합격예측
① $: 일반사용자 계정인 경우의 프롬프트 모양
② # : 관리자계정인 경우의 프롬프트 모양

합격예측
sudo(SuperUser DO) : 현재 계정에서 단순히 root의 권한만을 빌리는 것

(2) 사용자계정 관리

① 사용자계정 생성

명령어	useradd
형식	useradd [옵션][생성할 계정이름]
기능	사용자 계정을 생성하는 명령
옵션	• -p : 계정 생성시 암호지정 • -d : 계정의 홈 디렉터리지정 • -G : 계정이 속한 그룹외 다른 그룹에 계정추가 등

② 사용자계정 정보 수정

명령어	usermod
형식	usermod [옵션][계정이름]
기능	이미 존재하는 사용자 계정정보(로그인 ID, UID, GID, 홈 디렉터리 등)를 수정하는 명령
옵션	• -c : 계정의 설명을 변경한다. • -d : 계정의 홈 디렉터리 지정 등

합격예측
usermod : 사용자 계정정보를 수정하는 명령어이다.

③ 사용자계정 삭제

명령어	userdel
형식	userdel [옵션][계정이름]
기능	사용자 계정을 삭제하는 명령
옵션	• -r : 사용자의 홈 디렉터리도 삭제 • -f : 사용중인 계정이름도 강제 삭제 등

합격 NOTE

④ 사용자계정 패스워드

명령어	passwd
형식	passwd [옵션][계정이름]
기능	사용자 계정의 패스워드를 생성하거나 삭제하는 명령
옵션	• -l : 계정 패스워드 잠금 설정 • -u : 계정 패스워드 잠금 해제 등

자. 네트워크 관리

(1) 네트워크 관리 명령

종류	명령어	기능
인터페이스	ifconfig	활성화된 네트워크 인터페이스 설정정보(IP, MAC 등)를 확인
	ip	인터페이스, ip주소, 라우팅 등의 정보확인
	route	라우팅 경로 확인 및 변경, Gateway 정보확인
연결상태	ping	서버와 클라이언트 사이에서 원활한 통신 수행확인
	nslookup	호스트 네임 또는 DNS 서버 작동을 테스트

(2) DHCP 서버 및 서버관리

① 동적 호스트 구성 프로토콜(DHCP : Dynamic Host Configuration Protocol)
  ㉠ DHCP는 네트워크 관리자들이 IP 주소를 관리하고 할당해주는 인터넷 프로토콜이다.
  ㉡ DHCP 서버는 IP주소를 자동으로 할당해주는 서버이다.

② 리눅스에서 DHCP 서버는 여러 대의 클라이언트들에게 가상 IP를 할당하여 모두 인터넷에 연결되도록 구성한다.
  ㉠ NAT(Network Address Translation) : 1개의 실제 공인 IP 주소에 다량의 가상사설 IP 주소를 할당 및 매핑하는 주소 변환방식
  ㉡ IP 마스커레이드(IP Masquerade) : 일대다(1:N) IP 주소변환을 수행하는 데 사용되는 네트워크 주소 변환(NAT)의 일종이다.

(3) 원격접속

① 텔넷(Telnet)
  ㉠ 사용자의 컴퓨터에서 네트워크를 이용하여 원격지에 떨어져 있는 서버에 접속하여 자료를 교환할 수 있는 프로토콜을 말한다.

합격예측

네트워크 인터페이스 : 네트워크 장비와 각 장치 간의 주소를 설정하여 통신 상태를 유지하는 것을 의미

합격예측

DHCP 서버 : IP를 할당해 주는 서버

합격예측

NAT 사용이유 : 공인 IP 주소의 효율적 이용, 주소변환을 통해 내부 사설망 보안 및 Load Balancing 가능

합격예측

원격접속 프로토콜 :
telnet, SSH, FTP, SMTP, HTTP 등

ⓛ 서비스를 위해 텔넷서버와 텔넷클라이언트가 필요하다.
ⓒ 지정된 호스트에 원격접속하는 명령이다.

```
telnet  [호스트명](또는 [IP 주소])
```

② 시큐어 셸(SSH : Secure Shell)
  ㉠ 네트워크 상의 다른 컴퓨터에 로그인하거나 원격시스템에서 명령을 실행하고 다른 시스템으로 파일을 복사할 수 있도록 해 주는 응용프로그램 또는 그 프로토콜을 가리킨다.
  ㉡ 보안에 약한 텔넷의 단점을 보안한 SSH는 암호화기법을 사용하기 때문에 안전하게 통신을 할 수 있는 기능을 제공한다.
  ㉢ 지정된 호스트에 사용자명으로 원격 접속하는 명령이다.

```
ssh   사용자명@호스트명
```

③ 파일전송 프로토콜(FTP : File Transfer Protocol)
  ㉠ FTP 서버와 클라이언트 사이의 파일전송을 위한 서비스로서, 주로 파일을 업로드 하거나 다운로드 하기 위하여 사용한다.
  ㉡ 지정된 호스트 FTP 서버에 접속하여 파일을 전송하는 명령

```
ftp -n  [호스트명]
sftp -n  [호스트명]
```

(4) 데이터베이스(DB) 서버와 웹(Web) 서버 관리
  ① 데이터베이스 서버(DB Server) 관리
    ㉠ 데이터베이스 관리시스템(DBMS : DataBase Management System)
      ⓐ 데이터베이스(DB)에 접근(Access)하여 DB를 정의, 조작, 제어하는 등 데이터베이스 관리를 지원하는 소프트웨어이다.
      ⓑ 데이터베이스에 적재된 데이터작업을 수행할 뿐만 아니라 데이터베이스를 보호하고 보안을 제공한다.
      ⓒ 데이터베이스 관리시스템의 기능은 크게 구성(정의), 조작, 제어 기능으로 나눌 수 있다.

합격 NOTE

합격예측
텔넷 : 원격지 서버에 접속하는 프로그램

합격예측
SSH는 공개키방식의 암호방식을 사용하여 원격지 시스템에 접근

합격예측
sftp : secure ftp

합격예측
DMBS 장점: 데이터 일관성, 무결성, 보안성 등

합격 NOTE

합격예측
관계형 데이터베이스 : 테이블(table)로 이루어져 있으며, 이 테이블은 키(key)와 값(value)의 관계를 나타낸다.

합격예측
DDL(Data Definition Language), DML(Data Manipulation Language), DCL(Data Control Language)

합격예측
SQL 명령어 : 문장의 끝은 ';'으로 끝내야 한다.

합격예측
웹서버는 가장 많이 활용되는 서버이다.

합격예측
PHP
(Php Hypertext Preprocessor)
서버 측에서 실행되는 언어로, C언어를 기반으로 만들어진 웹 프로그래밍만을 위한 언어이다.

합격예측
(L)AMP : (Linux) Apache MySQL PHP

ⓒ SQL(Structured Query Language)
  ⓐ 관계형 데이터베이스를 생성, 저장, 갱신, 검색하기 위하여 IBM에서 개발되고 ANSI에 의해 표준화된 데이터베이스 질의언어이다.
  ⓑ 데이터베이스를 사용할 때, 데이터베이스에 접근할 수 있는 데이터베이스 하부언어이다.
  ⓒ SQL의 종류

종류	내용
데이터 정의어 (DDL)	데이터구조를 생성하거나 삭제, 수정하는 등 데이터의 전체골격을 결정하는 역할을 하는 언어
데이터 조작 처리어 (DML)	저장한 데이터를 실질적으로 처리(검색, 삽입, 갱신, 삭제)할 때에 사용하는 언어
데이터 접근 제어어 (DCL)	데이터베이스에 대한 접근권한을 부여하고 회수하는 작업을 수행하는 언어

  ⓓ 데이터베이스 관련 SQL 명령

명령	의미	사용 예
show	기존 데이터베이스 목록 출력	show database;
create	새로운 데이터베이스 생성	create database [DB이름];
use	작업할 데이터베이스 선택	use [DB이름];
drop	특정 데이터베이스 삭제	drop database [DB이름];

② 웹서버(Web Server)관리
  ㉠ 웹서버는 웹 문서를 클라이언트에게 보여주기 위한 서버로서 가장 많이 이용되고 있는 것은 Apache 웹서버이다.
  ㉡ 아파치(Apache) 웹서버
    ⓐ 리눅스나 윈도우 등 거의 모든 운영체제에서 사용할 수 있으며 구축이 쉽고, 다양한 추가기능을 가지고 있기 때문에 많이 사용되는 웹서버이다.
    ⓑ 웹서버의 방식

방식	내용
정적 웹	HTML 문서만을 사용자에게 제공
동적 웹	다양한 웹 페이지를 제공

    ⓒ 동적인 웹방식을 구현하기 위해서, 리눅스에서는 PHP라는 웹 프로그래밍 언어와 MySQL 데이터베이스를 연계해서 사용하는데, 이를 (L)AMP라고도 부른다.

참고

파일 공유 프로토콜

① 네트워크 파일시스템(NFS : Network File System)
  ㉠ 네트워크 상에서 파일시스템을 공유하도록 설계된 파일 시스템이다.
  ㉡ 사용자가 원격컴퓨터에 있는 파일 및 디렉터리에 액세스할 수 있고 해당 파일 및 디렉터리가 로컬에 있는 것처럼 처리할 수 있는 분산 파일시스템이다.
  ㉢ 사용자는 운영체제명령을 사용하여 원격파일 및 디렉터리에 대한 파일 속성을 읽고, 쓰고, 삭제할 수 있다.

② 삼바(Samba)
  ㉠ Windows 운영체제를 사용하는 PC에서 Linux 또는 UNIX 서버에 접속하여 파일이나 프린터를 공유하여 사용할 수 있도록 해 주는 소프트웨어이다.
  ㉡ 운영체제가 다른, 즉 윈도우와 리눅스 사이의 접근을 가능하게 해 주는 프로그램이다.

2. 리눅스서버 이중화 및 보안설정

가. 리눅스서버 이중화

고가용성과 고확장성을 갖는 서버를 구현하기 위해 고려해야 되는 내용과 방법은 점점 복잡해지고 있다. 또한 반드시 장애는 발생할 것이라고 예측하여 미리 대비책을 마련해 놓아야 신뢰성이 높은 서버시스템을 구축할 수 있다.

(1) 이중화의 개념
  ① 복수의 시스템 또는 장치들을 이용해 서비스를 구성함으로써 장애 발생 시에도 가용성(Availability)을 극대화하는 것이다.
  ② 시스템의 장애 또는 피해 등으로부터 가동률이 높이기 위하여 장비를 다중화시키는 방법이다.
  ③ 서버의 이중화는 운영중인 서비스의 안정성을 위하여 각종 자원(OS, 미들웨어 등)을 이중 또는 그 이상으로 구성하는 것이다.

합격 NOTE

합격예측
이중화는 중복구성이다.

합격예측
이중화는 고가용성(HA : High Availability)을 목적으로 한다.

합격예측
이중화 종류 : 전원, 링크, 디스크, 서보, DB 등

합격예측
이중화의 목적 : 가용성의 극대화

합격예측
미들웨어 : 양 쪽을 연결하여 데이터를 주고받을 수 있도록 중간에서 매개 역할을 하는 소프트웨어

합격 NOTE

합격예측
장애 극복 기능(Failover),
부하 분산 (Load Balancing)

합격예측
이중화 기능 : 장애 대응, 부하 분산

④ 이중화의 기능

구 분	내 용
Failover	• 서버 등에서 이상이 생겼을 때 예비시스템으로 자동 전환되는 기능 • 장애극복 및 장애조치 기능 (높은 가용성) • 장애 또는 재해시 빠른 서비스 재개를 위함
Load Balancing	• 여러 시스템(서버, CPU 등)들이 작업을 분산처리 하여 가용성 및 응답시간을 최적화 시키는 기능 • 각 시스템에 부하를 골고루 분산(부하 분산 기능) • 원활한 서비스의 성능을 보장하기 위함

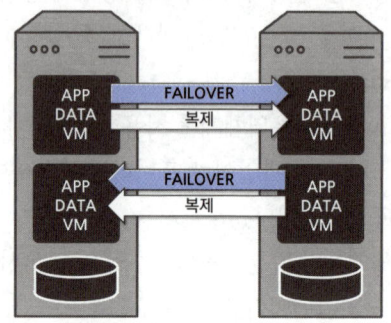

(2) 클러스터링(Clustering)기술

대형 및 고가의 컴퓨터를 사용하는 대신에 여러 개의 프로세싱 노드들을 클러스터링하여 고속 네트워크시스템 효과를 얻을 수 있다.

① 클러스터링 또는 클러스터(군집화)
  ㉠ 여러 컴퓨터(또는 서버)가 고속의 링크로 연결되어 있으며, 논리적으로는 하나의 컴퓨터인 것처럼 보이도록 자원들을 일관되고 통일되게 관리하는 것이다.
  ㉡ 장애대응시스템(Failover), 부하분산(Load Balance) 시스템, 병렬 처리 프로세싱, 대용량 데이터베이스(DB) 등에 응용될 수 있는 기술이다.

합격예측
클러스터
여러 대의 컴퓨터를 네트워크를 통해 연결하여 하나의 단일 컴퓨터처럼 동작하는 기술

합격예측
클러스터링기술은 제한적인 설계구조를 갖는 대칭형다중처리(SMP) 기술의 대안으로 제안되었다.

 참고

📍 **대칭형 다중처리(SMP : Symmetric Multiprocessing)**
① 두 개 또는 그 이상의 프로세서가 한 개의 공유된 메모리를 사용하는 다중프로세서 컴퓨터 아키텍처이다.
② 하나의 메모리를 공유하는 둘 이상의 프로세서가 작업을 분산하여 처리하는 시스템을 말한다.

③ 클러스터와 SMP의 비교
  ㉠ SMP가 클러스터보다 관리하고 구성하는데 더 쉽다.
  ㉡ SMP가 물리적인 공간과 전원을 덜 쓴다.
  ㉢ SMP 제품이 잘 정착되고 안정적이다.
  ㉣ 클러스터는 확장성 측면에서 SMP보다 우위에 있다.
  ㉤ 클러스터가 가용성 측면에서 우위에 있다.

② 클러스터링의 목적
  ㉠ 절대적 확장성 : 가장 큰 독립적인 기계의 능력을 능가하는 거대 클러스터의 구성이 가능하다.
  ㉡ 점진적인 확장성 : 작은 규모의 시스템에서 시작하여 점진적으로 노드를 추가하여 시스템의 크기를 확장할 수 있다.
  ㉢ 높은 가용성 : 한 노드의 장애가 서비스의 중단을 의미하지 않는다.
  ㉣ 우수한 가격/성능 : 저렴한 비용으로 우수한 컴퓨팅능력을 갖는 시스템을 구축할 수 있다.

③ 클러스터링의 요소기술

기술	기능
고속통신기술	서로 다른 컴퓨터에서 병렬적으로 수행하는 작업들 간에 프로세스 제어와 데이터 전송 기능 제공
파일시스템기술	대규모 데이터를 여러 노드에 분산저장하고 일관성 있게 접근할 수 있는 메커니즘을 제공
프로세스관리기술	병렬처리를 위한 프로세스를 관리하기 위하여 작업스케줄링, 자원할당, 제어 등의 기능을 제공

④ 서버 클러스터의 구성
  ㉠ 서버 클러스터링은 두 대 이상의 서버가 하나의 서버가 처리하는 것처럼 보이도록 서버간의 확립된 연결이다.
  ㉡ 관리서버는 주기적으로 상태를 점검(Heartbeat)하여, 어떤 이유에서 한 노드에 장애가 발생하면, 다른 노드로 부하를 이전하는 역할을 수행한다.
    ∴ 한 노드에 장애가 발생하면 다른 노드는 그 처리를 받고 사용자에게 무중단서비스를 제공한다.(Failover)

합격 NOTE

합격예측
클러스터 시스템의 장점 : 고확장성, 고가용성, 고성능, 가격대 성능비 우수 등

합격예측
파일 시스템기술 : 효율적인 데이터 관리기능

합격예측
Heartbeat : 클라이언트와 서버 간의 연결 상태를 체크하기 위한 메시지이다. 보통 이중화나 클러스터링이 구성되어 있는 장비에서 사용된다.

합격 NOTE

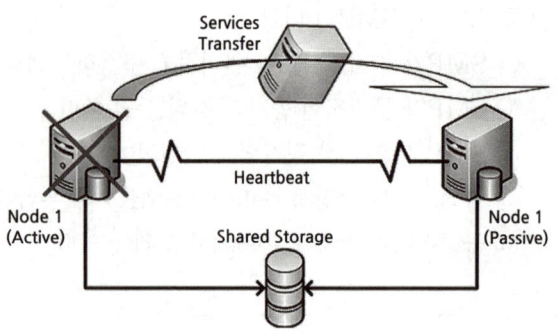

합격예측
CMS의 종류 : Codine, Connect : Queue, CS1/JP1 등

⑤ 클러스터 관리 소프트웨어(CMS : Cluster Management Software) 클러스터시스템에 주어진 작업을 관리하기 위한 소프트웨어이며, 부하균형 및 체크포인팅지원, 프로세스이전, 작업모니터링 및 재 스케줄링, 작업수행, 중지 및 재개시할 수 있는 기능을 제공한다.

(3) 클러스터의 종류

① 부하분산 클러스터(Load Balance Cluster)

합격예측
클러스터 종류 : 부하분산클러스터, 고가용성(HA)클러스터, 과학계산용클러스터

㉠ 부하분산 클러스터는 주로 Web서버에 사용한다.
㉡ Web서버에 접속할 때 클라이언트는 Web서버에 직접 접속하는 것이 아니라, 부하분산장치(Load Balancer)에 접속한다. 부하 분산장치에 의해 각 서버의 부하는 자동 분산처리 된다.

합격예측
부하분산클러스터는 인터넷서비스를 위해 Web Server에 주로 사용된다.

㉢ 한대의 서버에서 장애가 발생되더라도 다른 서버는 정상 동작하고 있기 때문에 클라이언트는 Web 서버에 접속할 수 있게 된다.
㉣ 네트워크 구성방식에 따른 부하 분산 클러스터 종류

합격예측
로드 밸런서(Load Balancer) : 서버에 가해지는 부하를 분산해주는 장치 또는 기술

종류	구현 방법
NAT 부하분산방식 (네트워크주소변환방식)	초기의 리눅스 IP 마스커레이딩 코드와 포트포워딩 코드를 재사용 하여 구현
Direct Routing 부하분산방식	실제 서버와 부하분산서버 사이에서 가상 IP를 공유하는 방식으로 부하분산서버와 실제 작업서버에 모두 동일한 가상 IP를 가지도록 네트워크구현
IP Tunneling 부하분산방식	IP 터너링은 IP화된 정보(IP Datagram)안에 IP화된 정보를 감싸 넣는(Encapsulate) 기술이다. 리눅스 커널에서 지원하고 이를 이용하여 WAN을 대상으로 작업 서버노드를 구현

합격예측
네트워크 주소 변환(NAT : Network Address Translation) : 사설 IP를 공중 IP로 변환하는 기능

② HA(High Availability) 클러스터

㉠ 고가용성(HA) 클러스터는 주로 DB서버에서 자주 사용된다.
㉡ HA 클러스터는 매우 높은 가용성확보를 목적으로 업무시스템을 이중화로 구성하여 장애가 발생하면 자동으로 전환되는 시스템이다.

합격예측
HA 클러스터는 DB서버에서 자주 사용되는 구성이다.

나. 리눅스서버 백업 및 복구

(1) 시스템 백업(Backup)

① 백업은 중요한 데이터나 프로그램을 다른 안전한시스템, 저장장치 또는 저장매체로 옮기거나 복사하여 보관하는 것을 말한다.
② 백업을 이용하면, 시스템 장애발생시 백업데이터로서 데이터 및 시스템을 복구할 수 있다.
③ 백업의 종류
  ㉠ 전체백업(Full Backup) : 선택한 모든 파일과 폴더를 백업하는 방법
  ㉡ 증분백업(Incremental Backup) : 이전백업 이후에 변경된 파일만을 백업하는 방법
  ㉢ 차등백업(Differential Backup) : 처음에는 전체백업을 하며, 이후에는 증분백업하는 방법

(2) 시스템 복구(Restore)

① 시스템이 원래의 형식으로 백업된 데이터를 반환하는 프로세스이다.
② 시스템자원이 장애발생 이전과 동일한 상태로 반환되어야 한다.

 참고

● **백업 및 복구를 위한 핵심기술**

① 고성능의 대용량 데이터압축, 복원기술
② 고성능 스트리밍 기술
③ 기존백업 시스템과의 연동기술
④ 3-Tier(Master Layer, Server Layer, Agent Layer)방식 구성
⑤ 편리한 User Interface

(3) 리눅스서버 백업, 압축 및 복구명령

리눅스는 압축하거나 관리할 파일들을 먼저 하나의 파일로 묶고, 이렇게 묶인 파일을 따로 추가로 압축을 해서 용량을 줄이는 방법을 사용한다.

① tar(Tape ARchive)

기능	여러 개의 파일 또는 디렉터리를 하나의 파일로 묶거나 풀 때 사용
형식	tar [옵션] [파일명][묶을파일]
특징	• 여러 파일을 하나로 합쳐서 처리하기 위한 목적 • 데이터의 크기를 줄이기 위한 파일 압축은 수행하지 않음 • 파일 내용을 장치에 그대로 기록한다.

합격 NOTE

합격예측
서버운영에 있어 백업은 필수이다.

합격예측
차등백업 : 전체백업과 증분백업의 중간 방법

합격예측
복구 : 백업 사본이 작성되었을 때의 상태와 동일한 상태가 되어야 한다.

합격예측
3-Tier 방식은 백업 시스템 구성의 융통성과 확장성을 부여한다.

합격예측
아카이브(Archive) : 파일이나 폴더들을 묶는 것

합격예측
tar : 여러 개의 파일을 하나의 파일로 결합하거나 분리할 때 사용

예) ㉠ 여러 파일을 하나의 T.tar로 결합한다.

```
tar cvf T.tar [FILE1] [FILE2]
```

㉡ 현재 위치에 T.tar 파일을 푼다.

```
tar xvf T.tar
```

② taper

기능	테이프의 백업과 복구 프로그램이다
형식	tar xzf taper-xx.xx.tar.g
특징	• 증분 백업과 복구 시 최신 데이터 복구가 기본값으로 설정 되어있다. • 테이프 드라이브에 파일 백업 및 복구 기능을 제공하는 사용자 인터페이스를 제공하며, 그 이외에 파일을 하드디스크에 백업할 수도 있다.

③ cpio(Copy Input to Output)

기능	특정 디렉터리 아래 모든 파일을 지정한 백업장치로 복사
형식	cpio [옵션] [장치명] (또는 [파일명])
특징	• tar 보다 처리속도가 빠르며 적은 용량을 사용한다. • find 명령의 출력을 입력으로 받아 백업장치에 저장한다. • 기존명령을 활용할 수 있다.

④ dump

기능	파일시스템 전체를 백업
형식	dump [옵션] [백업장치] [백업대상]
특징	• 어떤 형태의 파일도 백업가능 • 결함이 있는 파일도 작업가능

⑤ restore

기능	dump로 백업한 내용을 복원할 때 사용하는 명령
형식	restore [옵션] [백업파일/폴더명]
특징	파일기반으로 백업한 경우에는 복원하고자 하는 파티션 영역에 해당 파일을 복사 후에 실행한다.

⑥ dd(Disk Dump)

기능	블록 단위로 파일을 복사하거나 변환한다. 파티션이나 디스크 단위로 백업할 때 사용하는 유틸리티
형식	dd if=[원본파일 위치] of=[복사될 위치]
특징	• 부트플로피나 스왑파일을 만드는 작업에 유용한 명령 • 파일 내용을 장치에 그대로 기록한다.

합격예측

아카이브(Archive)는 참고용으로 생성한 데이터 사본이다.

합격예측

tar/cpio : 디렉터리 단위의 백업

합격예측

dump/restore : (파일이 아닌) 파일시스템 단위의 백업

합격예측

restore(복구)는 dump(백업)와 같이 수행하는 작업이다.

합격예측

dd : 디스크 단위의 백업

⑦ rsync(Remote Synchronous)

기능	서버간 또는 서버내 디렉터리 및 파일을 전송하고 동기화
형식	rsync [옵션] [동기화할 원본] [동기화할 위치]
특징	• 옵션이 많아 다양한 기능 이용가능 • cp, ftp, rcp 보다 동기화기능이 뛰어남 • 네트워크 프로토콜이다.

합격예측
Remote synchronous(원격 동기화)

⑧ gzip / gunzip

기능	• gizp은 파일을 압축할 때 사용 • gunzip은 파일의 압축을 해제할 때 사용
형식	gzip [옵션] [파일명]
특징	• GNU에서 만든 압축 프로그램이다. • UNIX의 대표적인 압축 프로그램인 compress를 대체하기 위해 만들어졌다.

합격예측
gzip(GNU zip)

⑨ bzip2 / bunzip2

기능	• 버로우즈-휠러 변환이라는 블록 정렬 알고리즘과 허브만 부호화를 사용한 압축 프로그램이다. • bzip2로 압축하고, bunzip2 명령으로 압축을 해제한다.
형식	bzip2 text.txt
특징	• 버로우즈-휠러 변환이라는 블록 정렬 알고리즘과 허브만 부호화를 사용한 압축 프로그램이다. • gzip보다 압축률은 좋지만, 압축하는데 더 많은 시간이 걸린다.

합격예측
파일, 디렉토리 단위로 압축되므로 여러 개의 파일을 압축하기 위해서는 tar 명령을 이용해야 한다.

⑩ xz / unxz

기능	• xz로 압축하면 파일명 뒤에 .xz가 붙고, 압축 해제는 unxz 명령을 사용한다.
형식	xz [옵션] [파일명]
특징	• LZMA2라는 알고리즘을 이용하여 만든 데이터 무손실 압축 프로그램이다. • gzip 및 gzip2와 비교하여 매우 높은 압축률을 자랑한다.

합격예측
xz는 높은 압축률을 가지며, 무손실 압축 프로그램이다.

합격예측
압축률 :
xz > bzip2 > zip > compresss
압축시간 :
xz > bzip2 > zip > compresss

다. 리눅스서버 보안설정

(1) 리눅스 보안

① 보안(Security)

㉠ 보안은 정보 및 정보 시스템에 허가되지 않은 접근, 사용, 공개, 손상, 변경, 파괴 등으로부터 보호함으로써 기밀성(Confidentiality), 무결성(Integrity), 가용성(Availability)을 제공하는 것을 뜻한다.

합격예측
정보보호의 3요소(CIA) : 기밀성, 무결성, 가용성

합격 NOTE

합격예측
리눅스는 Open Source Software 이므로 보안에 더욱 취약하다.

ⓒ 서버보안은 외부위협 및 침해사고에 대처하여 보다 안전하게 서버를 운영하는 것을 말한다.

② 리눅스의 보안위협 유형 및 대처방안

보안위협 유형	① 비 인가된 물리적접근 ② 계정 도용 ③ 파일시스템의 비밀성 및 무결성침해 ④ 비 인가된 네트워크의 접근
대처방안	① 주기적인 시스템점검 ② 소프트웨어 최신버전 유지관리 ③ 불필요한 서비스통제 ④ 정기적인 백업관리 ⑤ 물리적 보안요소점검 ⑥ 관리자의 보안의식고취

(2) 시스템 설정

① 물리적 보안(Physical Security)
  ㉠ 서버에 가해질 수 있는 각종 물리적 위협으로부터 보호하고 피해를 최소화하기 다양한 수단이다.
  ㉡ 비인가 접근통제와 주요 시설물 경계 등 정보시스템에 관련된 전반적인 대책을 포함한다.

합격예측
BIOS(Basic Input Output System) : OS 중 가장 기본적인 소프트웨어이자 컴퓨터의 입출력을 처리하는 펌웨어

합격예측
부트로더(Bootloader) : OS가 시작되도록 하는 프로그램

[물리적 보안 대책]

대 책	내 용
접근통제 및 출입 통제	• 출입통제 및 관리가 되는 장소에 설치 • CCTV, 서버에 물리적 자물쇠 등
바이오스(BIOS) 접근통제	• BIOS 설정을 변경하지 못하도록 암호설정 • 시스템 부팅방지
부트로더(Bootloader) 접근통제	• Bootloader 암호설정 • 시스템 부팅설정을 변경방지 • 안전하지 않은 운영 체제에 접근방지
Root Login 접근통제	• 단독 사용자모드로 들어가지 못하게 함 • Ctrl+Alt+Del 부팅 막기

합격예측
fdisk 명령은 새로운 파티션의 생성, 기존 파티션의 삭제, 파티션의 타입 결정 등의 작업을 수행한다.

합격예측
Quota : 사용자 혹은 그룹별로 디스크 사용량 제한하는 것

② 디스크 분할(파티션, Partition)
  ㉠ 파티션은 하나의 물리적인 디스크를 여러 개의 논리적 디스크로 나누는 것으로, 공유, 보안, 성능의 향상 등의 목적을 갖는다.
  ㉡ 사용자의 파일시스템은 쿼터(Quota)를 설정할 수 있도록 별도의 파티션을 지정하여 사용자가 디스크 공간을 모두 사용하는 것을 방지한다.

ⓒ 파티션은 데이터를 분리하는 효과를 가지므로 보안을 위한 대책이 될 수 있다.
③ 시스템서비스는 필요한 것 외에는 작동하지 않게 한다.
④ 소프트웨어의 취약점을 피하기 위해 불필요한 소프트웨어를 설치하지 않도록 한다.
⑤ 리눅스 커널과 소프트웨어를 최신상태로 유지한다.
⑥ 네트워크를 통해 전송되는 모든 데이터는 쉽게 모니터링되므로 데이터를 암호화한다.

(3) 운영체제 레벨 보안

① 소프트웨어 업데이트
소프트웨어는 수시로 핫픽스(Hotfix)와 버그수정이 이루어지므로 정기적인 업데이트로 항상 최신상태를 유지하도록 한다.

② 파일과 파일시스템 보안
파일과 디렉터리에 적절한 권한을 설정함으로써 시스템과 정보의 안전성을 확보한다.

③ 사용자 보안
㉠ root 계정은 복잡한 비밀번호로 설정하고 비밀번호를 아는 사람을 최소화 하도록 한다.
㉡ root 사용자로 로그인이 불가능하도록 설정한다.
㉢ root로 직접 로그인 대신 sudo 명령을 사용하여 root 권한을 적절히 사용한다.

 참고

 계정관리 방안

① root 계정 원격접속 제한
② 패스워드 복잡성 설정
③ 계정 잠금 임계값 설정
④ 패스워드 파일보호
⑤ root 이외의 UID가 '0' 금지
⑥ 패스워드 최소길이설정
⑦ 패스워드 최대사용기간 설정
⑧ 패스워드 최소사용기간 설정

합격 NOTE

합격예측
시스템 설정이 완료되면, 지속적으로 보안 수준을 유지하면서 시스템을 운영하는 것이 중요하다.

합격예측
root 계정의 패스워드가 노출된 경우 시스템 전체권한을 뺏긴 것과 같다.

합격 NOTE

합격예측
시스템 침입을 100% 막는 것은 불가능하기 때문에 침해 사고가 발생할 경우의 대책을 마련해 두어야 한다.

합격예측
로그파일은 보통 텍스트 형식으로 저장된다.

합격예측
방화벽은 미리 정해진 규칙에 따라 트래픽을 제어한다.

합격예측
SELinux : Linux의 Kernel을 보호하며, 강제(Enforcing), 허용(Permissive), 비활성화(Disabled)의 3가지 상태가 존재한다.

---

(4) 침입대비

① 시스템 로그 감시
  ㉠ 로그파일(Log File)은 컴퓨터의 모든 사용내역을 기록하고 있는 파일이며, 해킹 등의 사건이 발생했을 경우, 로그파일을 분석하여 사건의 원인을 파악한다.
  ㉡ 리눅스의 로그파일 저장 경로는 보통 "/var/log"에 저장된다.

② 침입 탐지
  ㉠ 침입자가 시스템에 무단으로 침입한 경우, 대부분이 흔적을 은폐하기 때문에 시스템 관리자가 즉시 알아채는 것은 매우 어렵다.
  ㉡ 침입탐지시스템(IDS : Intrusion Detection System)은 시스템침입이나 파일조작 등을 자동으로 감지하기 때문에 최대한 신속하게 대응할 수 있다.

 참고

📍 **Linux 방화벽**

① 방화벽 서비스 : 서버에 대한 모든 요청은 IP 주소와 포트번호에 대한 정보를 가지고 있으므로 클라이언트에서 서버로의 요청을 수용 또는 거부 할 수 있는 역할을 수행한다.

② 방화벽 상태 확인
  : 켜짐(running), 꺼짐(not running)

```
[root@host ~]# firewall - cmd
running
```

③ 보안강화 리눅스(SELinux : Security-Enhanced Linux)
  ㉠ 관리자가 시스템 액세스 권한을 효과적으로 제어할 수 있게 하는 리눅스시스템용 보안 아키텍처이다.
  ㉡ 침해사고 발생 시 피해를 최소한으로 막을 수 있는 구조로 사용자와 파일, 프로세스별 권한을 더 세분화하여 관리한다.

(5) 리눅스서버 로그 분석

① 리눅스서버 시스템이나 서버서비스의 작동상태는 로그파일에 기록되므로, 침해사고나 시스템에 문제가 발생했을 때 로그는 중요한 단서가 된다.

② 리눅스시스템 로그 개요
　㉠ 로그(Log)의 용도
　　ⓐ 사용자 및 서버의 활동기록
　　ⓑ 시스템공격에 대한 흔적기록
　　ⓒ 서버장애에 대한 흔적기록
　　ⓓ 로그기록을 통한 성능카운트
　㉡ 로그(Log)의 기능
　　ⓐ 보안적 관점 : 사용자의 허가되지 않은 접근시도에 대한 추적과 감시
　　ⓑ 운영적 측면 : 시스템장애를 해결하기 위한 방법
　㉢ 로그(Log) 관리도구
　　ⓐ syslog : 다양한 프로그램들이 생성하는 메시지들을 저장하고, 이 메시지들을 이용해서 다양한 분석 등이 가능하도록 로그 정보들을 제공한다.
　　ⓑ rsyslog : 기존 syslog의 성능과 편의성을 개선한 것이다.

(6) 커널 보안과 최적화 방법

방 법	내 용
긴급 복구 디스켓 만들기	• 사용하던 컴퓨터에 문제가 발생한 것을 복구하기 위한 것
boot 파티션 점검	• 파티션(Partition) 작업은 파일 시스템 점검 시간 단축 및 부팅 시간 감소 등을 위한 것
커널 튜닝	• 시스템 HW에서 지원하는 성능을 최대한 효율적으로 활용 가능하도록 해준다.
Openwall 커널 패치 적용	• Openwall 커널 패치는 일반적인 공격(예, buffer overflow, temp file race)으로부터 시스템을 보호하기 위한 보안 기능을 제공한다.
기타 방법	• 커널 청소하기, /etc/modules.conf 파일 재설정, 모듈에 관련된 파일의 편집과 프로그램 삭제, /boot 파티션을 읽기 전용으로 다시 마운트, 새로운 커널로 재부팅, 모듈화 커널용 응급 디스켓 만들기, 집적 커널용 응급 디스켓 만들기 등

합격 NOTE

합격예측
로그
① 이벤트에 대한 기록
② 장애발생시 중요한 단서 제공

합격예측
syslog : 로그 생성 및 관리 도구이다.

합격예측
리눅스는 syslog/rsyslog 데몬을 통해 로그가 기록된다.

합격예측
커널 보안 방법
긴급 복구 디스켓 준비, boot 파티션 점검, 커널 튜닝, Openwall 커널 패치 적용 등

합격예측
파티션은 시스템의 하드디스크 영역을 논리적으로 분할하는 것을 의미

합격예측
패치(patch) : 수정 또는 개선을 위해 컴퓨터 프로그램이나 지원 데이터를 업데이트하도록 설계된 일종의 소프트웨어이다.

출제 예상 문제

제1장 리눅스 서버 구축

01 다음 중 최근 운영체제 동향과 관련된 설명으로 틀린 것은?

① 편리한 사용자 인터페이스를 제공하고 있다.
② 개방적 운영체제에서 폐쇄적 운영체제로 바뀌고 있다.
③ 가상화 기술을 지원하고 있다.
④ 뛰어난 이식성을 지원하고 있다.

해설
① 리눅스는 오픈 소스(Open Source)로 제공되는 운영체제로 소스코드(Source Code)가 제공되므로 누구나 자유롭게 다운로드 해서 사용할 수 있으며, 자신만의 리눅스를 만들어 사용할 수가 있다.
② 리눅스는 서버부터 개인용 PC까지 대부분의 하드웨어에서 사용할 수가 있다.

02 리눅스의 특징에 대하여 설명한 것 중 틀린 것은?

① 리눅스는 shareware로 배포된다.
② 리눅스는 배포본 제작에 소요되는 비용을 받기도 한다.
③ 리눅스는 수정이나 업그레이드에 누구나 참여가 가능하다.
④ 리눅스는 소스코드가 공개되어 있다.

해설
셰어웨어(Shareware)는 정식 제품을 구매하기 전에 사전 체험해 볼 수 있도록 사용 기간이나 특정 기능에 제한을 둔 소프트웨어로 체험판 또는 평가판이라고도 한다.

03 리눅스의 구성요소로 볼 수 없는 것은?

① 셸(Shell)   ② 부트 로더
③ 커널(Kernel)   ④ 응용 프로그램

해설
리눅스의 3가지 구성요소 : 커널(Kernel), 셸(Shell), 응용(사용자) 프로그램

04 컴퓨터가 부팅 될 수 있도록 Linux 운영체제의 핵이 되는 커널을 주 기억 장소로 상주시키는데 사용되는 부트 로더는?

① GRUB   ② MBR
③ CMOS   ④ SWAP

해설
① 부트로더(Bootloader)란 리눅스가 부팅되기까지 부팅의 전과정을 진행하는 부팅전문 프로그램이다.
② GRUB(Grand Unified Bootloader)는 윈도우와 리눅스 등에서 모두 사용될 수 있는 멀티 부트로더이다.

05 Linux 시스템에서 사용자가 내린 명령어를 Kernel에 전달해주는 역할을 하는 것은?

① System Program
② Loader
③ Shell
④ Directory

해설
① Shell은 리눅스의 사용자 인터페이스로서 사용자와 커널 사이의 중간자 역할을 담당한다.
② Shell은 사용자가 입력한 명령을 해석하여 커널에 넘겨준다. 즉, 사용자가 입력한 문장을 해석하여 실행하는 명령어 해석기(번역기)이다.

06 리눅스 구성요소 중 하드웨어를 제어하고 스케줄링을 담당하는 것은?

① Shell   ② Utility
③ Kernel   ④ Application

해설
① 커널은 리눅스의 가장 핵심이 되는 코어 부분으로, 메모리에 상주하면서 쉘로 부터 데이터를 받아와서 주 기억 장치로 보내는 역할을 한다.
② 커널은 프로세스 관리, 메모리 관리, 파일 시스템 관리, 장치 관리 등 하드웨어의 모든 자원을 초기화하고 제어하는 기능을 수행한다.

[정답] 01 ② 02 ① 03 ② 04 ① 05 ③ 06 ③

출제 예상 문제

07 리눅스의 링 구조의 순서가 올바른 것은?

① 커널→하드웨어→셸→응용 프로그램
② 하드웨어→커널→셸→응용 프로그램
③ 응용 프로그램→하드웨어→커널→셸
④ 셸→하드웨어→커널→응용 프로그램

08 Linux 시스템에서 'ls' 라는 명령어 사용법을 알아보는 명령어로 올바른 것은?

① cat ls   ② man ls
③ ls man   ④ ls cat

해설
① 'man' 명령어 : Manual의 약자로써, 각종 명령어의 설명서, 프로그램의 사용법(매뉴얼)을 확인할 수 있다.
② 'man ls' : ls 명령어의 설명서를 출력한다.

09 Linux에서 사용되는 'free' 명령어에 대한 설명 중 올바른 것은?

① 사용 중인 메모리, 사용 가능한 메모리 용량을 알 수 있다.
② 패스워드 없이 사용하는 유저를 알 수 있다.
③ 디렉터리의 사용량을 알 수 있다.
④ 사용 가능한 파일 시스템의 양을 알 수 있다.

해설
① 'free' 명령어 : 전체 메모리(사용하고 있는 메모리, 남은 메모리, 버퍼메모리)에 대한 상태확인 및 시스템의 실제메모리와 스왑메모리에 대한 사용현황 확인가능
② 'du' 명령어 : Disk Usage의 약자로써 현재 디렉터리 혹은 지정한 디렉터리의 사용량을 확인할때 사용
③ 'df' 명령어 : Disk Free의 약자로써 전체 파일 시스템의 사용현황을 한눈에 볼 수 있다.

10 간단한 파일의 내용을 살피거나 다른 파일 내용을 결합시킬 때 사용하는 Linux 명령어는?

① ls   ② cp
③ mv   ④ cat

해설
ls(list), cp(copy), mv(move), cat(concatenate)

11 Linux에서 프로세스와 관련된 명령어에 대한 설명 중 옳지 않은 것은?

① kill - 프로세스를 종료시키는 명령어
② nice - 프로세스의 우선순위를 변경하는 명령어
③ pstree - 프로세스를 트리형태로 보여주는 명령어
④ top - 가장 우선순위가 높은 프로세스를 보여주는 명령어

해설
'top' 명령어 : 실시간으로 프로세스를 모니터링 할 수 있는 명령어

12 Linux시스템에서 디렉터리를 생성하는 명령어는?

① mkdir   ② rmdir
③ grep   ④ find

해설
① 'mkdir kkk' : 현재 디렉토리에 kkk 디렉토리를 생성한다.
② 'mkdir kkk ppp' : 한번에 여러개(kkk와 ppp)의 디렉토리를 생성한다.

13 Linux에서 네트워크 연결 상태, 라우팅 테이블 정보 등을 확인하는 명령어는 무엇인가?

① netstat   ② ifconfig
③ nslookup   ④ host

해설
ifconfig 명령(네트워크 인터페이스를 설정하거나 확인하는 명령어), nslookup 명령(DNS 서버에 질의하여, 도메인의 정보를 조회 하는 명령어), host 명령어(도메인, 즉 호스트명은 알고 있는데 IP주소를 모르거나 혹은 그 반대의 경우에 사용하는 명령어)

[정답] 07 ② 08 ② 09 ① 10 ④ 11 ④ 12 ① 13 ①

14 Linux에서 포트/프로토콜 정보를 확인할 수 있는 명령어는 무엇인가?

① etc/passwd
② etc/fdprm
③ etc/services
④ etc/fstab

해설
① Linux의 etc 폴더는 시스템 설정파일들이 들어있다
② etc/services 파일은 리눅스 서버에서 사용하는 모든 포트들에 대한 정의가 설정되어 있으며, 보안을 위하여 이 파일을 적절히 조절하면 기본 사용 포트를 변경하여 사용할 수 있다.

15 Linux시스템 명령어 중 root만 사용가능한 명령은?

① chown   ② pwd
③ ls   ④ rm

해설
① chown(Change the Owner of a File) : 파일의 Owner 또는 Group을 변경하는 명령어
② pwd(Print Working Directory) : 현재 어떤 디렉토리 경로에 있는가를 절대경로로 표시하는 명령어
③ rm(Remove) : (-r 옵션) 파일이나 디렉토리를 삭제 시킬때 사용하는 명령어

16 Linux 디렉토리 구성에 대한 설명으로 옳지 않은 것은?

① /tmp - 임시파일이 저장되는 디렉토리
② /boot - 시스템이 부팅 될 때 부팅 가능한 커널 이미지 파일을 담고 있는 디렉토리
③ /var - 시스템의 로그 파일과 메일이 저장되는 위치
④ /usr - 사용자 계정이 위치하는 파티션 위치

해설
① /usr 디렉토리는 시스템이 아닌 사용자가 실행할 프로그램들이 저장되며, 해당 계층에는 반드시 read-only 데이터만 존재한다.
② /home 디렉토리는 사용자계정이 위치하는 곳이다.

17 다음 중 허가권(Permission)에 대한 설명으로 틀린 것은?

① 파일의 내용을 볼 수 있는 권한 표시는 r을 사용한다.
② 디렉터리 안에 파일을 생성 또는 삭제할 수 없는 권한 표시는 w를 사용한다.
③ 실행 파일을 실행시킬 수 있는 권한 표시는 x를 사용한다.
④ 디렉터리 내부로 접근할 수 있는 권한 표시는 x를 사용한다.

해설
읽기권한(r, read), 쓰기권한(w, write), 실행권한(x, execute)

18 다음 중 ⓐ, ⓑ, ⓒ가 의미하는 내용을 순서대로 나열한 것은?

```
[root@localhost ~]# ls -l install.log
-rw-r--r--. 1 root root 57671 2015-08-05 21:51 install.log
   ⓐ          ⓑ    ⓒ
```

① 허가권(Permission), 사용자 소유권(User Ownership), 그룹 소유권(Group Ownership)
② 허가권(Permission), 그룹 소유권(Group Ownership), 사용자 소유권(User Ownership)
③ 사용자 소유권(User Ownership), 허가권(Permission), 그룹 소유권(Group Ownership)
④ 그룹 소유권(Group Ownership), 허가권(Permission), 사용자 소유권(User Ownership)

19
Linux 시스템에서 특정 파일의 권한이 '-rwxr-x--x' 이다. 이 파일에 대한 설명 중 옳지 않은 것은?

① 소유자는 읽기 권한, 쓰기 권한, 실행 권한을 갖는다.
② 소유자와 같은 그룹을 제외한 다른 모든 사용자는 실행 권한만을 갖는다.
③ 이 파일의 모드는 '751' 이다.
④ 동일한 그룹에 속한 사용자는 실행 권한만을 갖는다.

해설

- / rwx / r-x / --x
① 파일의 종류(-)
② 소유자(User) 권한(rwx) : 읽기, 쓰기, 실행
③ 그룹(Group) 권한(r-x) : 읽기, 실행만 가능
  ∴ 동일한 그룹에 속한 사용자는 읽기, 실행 권한을 갖는다.
④ 기타(Other) 사용자 권한(--x) : 실행만 가능
⑤ 읽기(r), 쓰기(w), 실행(x)을 8진수로 표현하여 각각 4, 2, 1을 나타낸다.
  ㉠ rwx : r(4)+w(2)+x(1)=7
  ㉡ r-x : r(4)+0+x(1)=5
  ㉢ --x : 0+0+x(1)=1
  ∴ 숫자모드를 이용하면 '751'이다.

20
Linux 시스템에서 특정 파일의 권한이 ´-rw-r--r--´ 이다. 이 파일에 대한 설명 중 옳지 않은 것은?

① 소유자는 읽기 권한, 쓰기 권한을 갖는다.
② 소유자와 같은 그룹은 읽기 권한만 갖는다.
③ 소유자와 같은 그룹을 제외한 다른 모든 사용자는 실행 권한만을 갖는다.
④ 이 파일의 모드는 ´744´ 이다.

해설

① Unux/Linux에서는 각 파일과 폴더를 '퍼미션(Permission, 허가권)' 을 이용하여 악의 적인 사용자의 파일 및 디렉토리의 접근 및 실행을 차단 할 수 있다.
② 읽기(r), 쓰기(w), 실행(x)을 8진수로 표현하여 각각 4, 2, 1을 나타낸다.
  rw- : r(4)+w(2)=6, r-- : r(4)+0+0=4, ㉢ r-- : r(4)+0+0=4
  ∴ 숫자모드를 이용하면 '644'이다.

21
어떤 파일의 허가 모드가 -rwxr--w-- 이다. 다음 설명 중 틀린 것은?

① 소유자는 읽기 권한, 쓰기 권한, 실행 권한을 갖는다.
② 동일한 그룹에 속한 사용자는 읽기 권한만을 갖는다.
③ 다른 모든 사용자는 쓰기 권한 만을 갖는다.
④ 동일한 그룹에 속한 사용자는 실행 권한을 갖는다.

해설
동일한 그룹에 속한 사용자는 읽기 권한만을 갖는다.

22
다음 중 파일이나 디렉토리에 설정된 접근권한을 변경할 때 사용하는 명령어로 알맞은 것은?

① chmod   ② chgrp
③ chown   ④ chfn

해설
① chmod(Change Mode)는 대상 파일과 디렉토리의 사용권한을 변경할 때 사용하는 명령어이다.
② chown(Change the Owner of a File) : 파일이 속한 그룹, 하위 디렉토리까지 소유자를 변경하는 명령어

23
프로세스(Process)에 대한 설명을 가장 옳지 않은 것은?

① 프로세스는 프로그램이 생성되는 것을 말한다.
② 프로세스는 CPU의 자원을 할당받아 실행 중인 프로그램을 말한다.
③ 프로세스는 태스크(Task) 라고도 하며, 주어진 일을 하는 기본 단위이다.
④ 프로세스는 커널의 관리 하에 현재 시스템에서 실행중인 프로그램을 말한다.

해설
프로세스는 하드디스크와 같은 보조기억장치에 저장된 프로그램이 CPU의 명령에 따라 메모리(RAM)와 같은 주기억장치로 옮겨(로딩)오면서 활성화된 것을 말한다.

[정답] 19 ④ 20 ④ 21 ④ 22 ① 23 ①

24 다음 중 프로세스(Process)에 관한 설명으로 틀린 것은?

① 실행 중인 프로그램을 프로세스라고 한다.
② 커널이 실행하는 init은 PID 번호가 2이다.
③ init 프로세스는 모든 프로세스의 부모 프로세스(Parent Process)이다.
④ 하나의 프로세스가 다른 프로세스를 실행하기 위한 시스템 호출 방법에는 fork와 exec가 있다.

해설
① 리눅스 부팅 시작 시 커널이 init 프로세스라는 최초의 프로세스를 발생시키고, init은 PID 1번 할당받는다.
② 이후 시스템 운영에 필요한 데몬을 비롯한 다른 프로세스들은 fork 방식으로 init 프로세스의 자식프로세스로 생성하게 된다.

25 프로세스의 실행과 관련된 설명으로 옳지 못한 것은?

① 백그라운드로 실행되고 있는 프로세스는 중지시킬 수 없다.
② 프로세스가 포그라운드로 실행되는 동안은 터미널에서 입력 작업을 할 수 없다.
③ 프로세스를 백그라운드로 실행시키려고 할 때에는 명령의 끝에 메타 문자인 '&'를 추가한다.
④ 포그라운드로 실행되고 있는 프로세스는 Ctrl+C나 kill 명령으로 중지시킬 수 있다.

26 Linux 프로세스를 확인하는 명령어로 올바른 것은?

① ps - ef
② ls - ali
③ ngrep
④ cat

해설
① 'ps'는 현재 실행중인 프로세스의 상태(목록 등)을 확인하는 명령어이다.
② 'ps - ef'는 모든 프로세스의 모든 정보를 출력한다.

27 다음 프로세스 관련명령어에 대한 설명으로 틀린 것은?(2016년 09월)

① top : 현재 동작중인 프로세스의 정보를 실시간으로 확인 가능
② kill : 현재 동작중인 프로세스를 종료할 때 많이 사용
③ nice : 실행 중인 프로세스의 PRI값을 조정할 때 사용
④ jobs : 백그라운드로 실행 중인 프로세스의 목록 출력

해설
'nice'는 많은 프로세스들 사이에 우선순위를 확인하고 변경할 수 있는 명령어이다.

28 다음 중 fsck 명령어에 대한 설명으로 틀린 것은?

① 리눅스 파일 시스템을 검사하고 수리하는 명령어이다.
② 손상된 파일을 수정할 때 사용자가 생성한 디렉터리에서 작업을 수행한다.
③ -a 옵션은 수행에 대한 질문 없이 무조건 점검을 진행한다.
④ e2fsck 명령어는 fsck 명령어 수행 시 실제 동작하는 명령어이다.

해설
① fsck(File System Check) : 파일을 점검하고 복원시켜주는 파일 시스템을 유지보수하는 명령어
② MS-DOS의 chkdsk나 scandisk명령과 유사하다.

29 다음 (괄호) 안에 들어갈 내용으로 알맞은 것은?

> fsck 명령은 리눅스 파일 시스템을 검사하고 수리하는 명령이다. fsck 명령은 손상된 디렉터리나 파일을 수정할 때 임시로 ( ) 디렉터리에 작업을 수행하고 정상적인 복구가 되면 사라진다.

[정답] 24 ② 25 ① 26 ① 27 ③ 28 ② 29 ②

① /found ② /lost+found
③ /lost ④ /lost-found

해설
① lost+found 디렉토리는 fsck등에 의해서 발견된 결함이 있는 파일에 대한 정보가 보관되는 디렉토리로 마운트 되는 파일시스템에 존재한다.
② 각 파일 시스템, 즉 각 파티션에는 고유 한 lost+found 디렉토리가 있다.

30 다음 중 /lost+found 디렉토리와 가장 관계가 깊은 명령어로 알맞은 것은?

① fdisk ② chmod
③ last ④ fsck

31 다음 중 MS-DOS의 chkdsk 명령어나 Windows 운영체제의 디스크검사와 유사한 기능의 리눅스 명령어로 알맞은 것은?

① fdisk ② chkconfig
③ parted ④ e2fsck

해설
e2fsck명령어는 fsck명령어의 확장 명령어라고 할수 있으며, 리눅스에서 사용가능한 거의 모든 종류의 파일시스템("ext2", "ext3", "ext4" 등)의 점검과 복구를 할 수 있는 명령어이다.

32 다음 중 리눅스의 파일 시스템 관련 명령어로 틀린 것은?

① convert ② fsck
③ mkfs ④ mount

33 다음 중 디스크를 증설하고자 할 때 이루어지는 작업과 사용되어지는 명령어가 순서에 맞게 짝지어진 것은?

① 파티션생성(fdisk)-파일시스템생성(mkfs)-마운트(mount)
② 파일시스템생성(mkfs)-파티션생성(fdisk)-마운트(mount)
③ 파티션생성(fdisk)-마운트(mount)-파일시스템생성(mkfs)
④ 파티션생성(mkfs)-파일시스템생성(fdisk)-마운트(mount)

해설
fdisk로 파티션 생성 → mkfs(또는 format)으로 파일 시스템 생성 → mount로 마운트

34 다음 중 리눅스 파일시스템에 대한 설명으로 옳지 않은 것은?

① 리눅스는 ufs, ext3, FAT16/32, nfs, iso9660 등의 파일시스템들의 사용이 가능하다.
② 파일명은 연속적인 문자, 숫자 및 특정 구두점의 단순한 열로 구성된다.
③ 파일명은 대/소문자를 구분하지 않는다.
④ 파일의 속성을 변경하면 실행 파일로 사용할 수 있다.

해설
Linux의 파일명은 대, 소문자를 구분한다.

35 64비트의 기억 공간 제한을 없애고, 최대 1Exabyte의 디스크 볼륨과 16Terabyte의 파일을 지원하는 등 대형 파일 시스템과 관련된 기능이 대폭 강화된 파일시스템으로 알맞은 것은?

① ext ② minix
③ ext4 ④ Reiserfs

해설
확장 파일 시스템(ext, EXTended file system)은 리눅스용 파일 시스템 가운데 하나이며, 리눅스 배포판에서 파일 시스템으로 널리 쓰이고 있다.

[정답] 30 ④ 31 ④ 32 ① 33 ① 34 ③ 35 ③

36 다음 설명이 의미하는 파일 시스템의 종류는?

네트워크상의 많은 컴퓨터들이 각각의 시스템에 가진 파일들을 서로 쉽게 공유하기 위해 제공되는 공유파일 시스템을 의미한다.

① msdos ② isofs CD-ROM
③ nfs   ④ sysv

해설
① NFS(Network File System)는 네트워크 상에서 파일시스템을 공유하도록 설계된 파일 시스템이다.
② NFS는 원래 리눅스와 리눅스, 리눅스와 유닉스간에 파일 공유 서비스를 제공하는 프로토콜 이였으나, 현재는 윈도우 시스템에서도 사용 할 수 있다.

37 다음 ( ) 안에 들어갈 내용으로 알맞은 것은?

리눅스 커널 2.4 버전부터는 ( ) 파일 시스템 기능이 있는 ext3를 사용하였고, 시스템에 충돌이 발생하거나 전원 문제가 발생된 경우에 데이터 복구 확률을 높여준다.

① 저널링(Journaling) ② ext4
③ ext   ④ ext2

해설
저널링 파일 시스템은 시스템 충돌이나 전원 공급의 문제 등으로 시스템이 중단되었을 때, 하드디스크의 데이터를 오류 전으로 돌아가도록 복구시키는 파일 시스템이다. 즉 예기치 않은 장애 발생 등을 대비해 일정부분의 기록을 남겨 백업(backup) 및 복구 능력을 향상시키는 파일 시스템이다.

38 다음 중 저널링 파일시스템에 대한 설명으로 틀린 것은?

① 파일시스템에 수정을 가하기전 우선 로그를 먼저 생성한다.
② 비정상적인 시스템 종료로 인해 파일시스템의 장애시 복구가 빠르다.
③ 주요 파일시스템으로는 ext2/3, jfs, ReiserFS 등이 있다.
④ 성능보다 안정성에 위주를 둔 파일시스템이다.

39 다음 중 저널링 파일 시스템이 아닌 것은?

① XFS   ② ext2
③ ReiserFS ④ JFS

40 다음 중 ext3, Reiser 등의 파일 시스템에 적용된 빠르고 안정적인 복구 기능을 제공하는 기술은?

① 홀   ② 저널링
③ 슈퍼블록   ④ 아이노드

41 리눅스배포판과 패키지관리기법의 연결이 알맞은 것은?

① RedHat - DPKG
② CentOS - RPM
③ Debian - YAST
④ SuSe - YUM

해설
rpm : RedHat에서 개발한 패키지 관리기법

42 다음 설명에 해당하는 도구로 알맞은 것은?

페도라22에서부터 적용된 패키지 관리 도구로서, 기존도구인 yum의 문제점을 보완한 도구이다.

① apt-get ② dnf
③ pip   ④ yast

[정답] 36 ③ 37 ① 38 ③ 39 ② 40 ② 41 ② 42 ②

43. 다음 중 루트(root)사용자에 대한 설명으로 틀린 것은?

① 루트 사용자는 파일에 대한 소유여부에 관계 없이 시스템에 존재하는 모든 파일과 프로그램에 접근할 수 있다.
② 루트 사용자의 실수로 시스템에 심각한 문제를 발생시킬 수 있다.
③ 루트 사용자가 다시 "root"로 로그인하면 패스워드를 입력해야 한다.
④ 루트 사용자는 시스템을 제한 없이 운영할 수 있다.

해설
리눅스(Linux)에서 특정 명령을 실행하거나 파일에 접근하기 위해서는 루트(root) 권한이 필요하다.

44. 다음 중 시스템관리를 수행하는 슈퍼유저(super user)에 관한 설명으로 틀린 것은?

① 슈퍼 유저의 ID는 root 이다.
② 슈퍼 유저의 UID는 0 이다.
③ 슈퍼유저는 시스템에 대한 강력한 권한과 기능을 수행한다.
④ root에서 일반 사용자로 사용할 때는 chown이라는 명령어를 사용한다.

해설
일반 사용자(유저)가 root 권한을 사용하기 위해서 su, sudo 명령어를 사용한다.

45. 다음 중 root 계정 관리 정책에 대한 설명으로 틀린 것은?

① 일반 사용자에게 특정 명령어 권한만 할당해 줄 경우에는 su 보다는 sudo를 이용하도록 한다.
② 환경 변수인 TMOUT를 설정하여 무의미하게 장시간 로그인하는 것을 막는다.
③ PAM를 이용하여 root 계정으로 직접 로그인하는 것을 막고, 필요하면 su 명령의 사용을 유도한다.
④ 일반 사용자 계정의 UID를 0으로 설정하여 보안을 강화한다.

해설
① UID(User Identification)가 "0"인 경우 슈퍼유저 권한을 갖는다.
② root 이외의 UID가 '0'으로 설정되지 않도록 한다.

46. useradd 명령을 이용하여 일반 사용자들을 추가할 때 사용자의 환경파일을 가져오는 곳으로 가장 알맞은 것은?

① /etc/init.d
② /etc/skel
③ /etc/shadow
④ /etc/passwd

47. 다음 중 사용자 계정을 일시적으로 로그인하지 못하도록 할 때 유용한 명령어로 알맞은 것은?

① passwd
② userdel
③ su
④ sudo

해설
① 'passwd'는 계정의 비밀번호(Password)를 변경 또는 지정하는 명령어이다.
② userdel(사용자 계정을 삭제하는 명령), su(현재 계정을 로그아웃을 하지 않고 다른 계정으로 전환하는 명령), sudo(하나의 명령에 대하여 일시적으로 root 권한을 사용하는 명령)

48. 다음 중 사용자와 그룹에 대한 설명으로 틀린것은?

① 사용자를 생성하면 자동으로 특정 그룹에 속한다.
② 사용자를 추가로 다른 그룹에 포함시키려면 groupmod 명령을 사용한다.
③ /etc/group 파일에서 해당 그룹에 추가로 포함된 사용자를 확인할 수 있다.
④ 그룹 추가는 groupadd, 그룹 삭제는 groupdel 명령을 사용한다.

해설
groupmod : 그룹의 정보를 변경하는 명령어

[정답] 43 ③ 44 ④ 45 ④ 46 ② 47 ① 48 ②

49 Linux에서 네트워크 설정에 대한 설명으로 옳지 않은 것은?

① Linux는 Windows 시스템과 같이 완벽한 PnP 기능을 지원하지 못한다.
② LAN 카드 설치는 Linux 커널에 드라이버를 포함시키거나, 필요할 때마다 메모리에 로딩 할 수 있다.
③ LAN 카드를 메모리에 로딩해서 사용하려면 'modprobe' 명령을 사용한다.
④ 네트워크 설정은 'ipconfig'로 확인 할 수 있다.

해설
① ipconfig(Internet Protocol Configuration)는 마이크로소프트 윈도우에서 현재 컴퓨터의 네트워크 환경정보(DNS, IP 주소 등)들의 설정값을 표시
② Linux에서는 'ifconfig'로 확인할 수 있다.

50 다음 중 Linux의 기본 명령어와 용도가 올바른 것은?

① nslookup : 현재 시스템에 접속한 사용자 정보와 프로세스 상태를 확인
② file : 해당 디렉터리를 삭제하고 새로 생성
③ chown : 파일이나 디렉터리의 소유권을 변경
④ ifconfig : 현재 모든 프로세서의 작동 상황을 실시간으로 확인

해설
① nslookup : DNS 서버에 질의하여, 도메인의 정보를 조회하는 명령어
② file : 파일의 종류 확인 및 파일 속성 값을 확인하는 명령어
③ ifconfig : 네트워크 인터페이스를 설정하거나 확인하는 명령어

51 다음 중 ifconfig 명령으로 알 수 있는 항목이 아닌 것은?

① MAC address   ② RX packets
③ Duplex   ④ MTU

해설
ifconfig 명령으로 알 수 있는 항목 : Mac Address, NetMask, TX/RX Packets, MTU(Maximum Transfer Unit), Metric 등

52 DHCP 서버에서 대한 설명으로 틀린 것은?

① DHCP는 1개의 서브넷만 구성하여 사용할 수 있다.
② IP 주소를 동적으로 할당해주는 기능을 수행한다.
③ DHCP는 사설망에서 고정 IP를 부여하기 위해 사용된다.
④ DHCP 클라이언트는 부팅 시, IP 주소를 받아오기 위해 요청한다.

해설
① DHCP 란 네트워크 정보(IP, Subnetmask, Gateway, DNS)를 자동으로 할당 해주는 인터넷 프로토콜이다.
② DHCP는 네트워크 관리자들이 IP 주소를 중앙에서 관리하고 할당해줄 수 있도록 해주는 프로토콜이다.
③ 클라이언트는 네트워크 부팅과정에서 DHCP 서버에 IP주소를 요청하고 이를 얻을 수 있다.

53 다음 중 DHCP 서버에 대한 설명으로 틀린 것은?

① 서버가 클라이언트에게 자동으로 IP주소를 할당해주는 서버를 말한다.
② ipv4 체계의 IP 주소 고갈문제를 해결할 수 있다.
③ 하드디스크가 없는 원격호스트에서 이더넷 카드로 부팅이 가능하다.
④ DHCP 서버는 특정 호스트에 고정 IP를 부여 할 수 없다.

해설
DHCP 서버에 IP를 요청하면 DHCP 서버가 자신이 보유하고 있는 IP 중 하나를 요청한 장비에게 할당한다.

54 DHCP 서버의 설정 파일인 dhcpd.conf 파일에서 DHCP 클라이언트가 DHCP 서버에 어떠한 요청을 하도록 하는 설정이 아닌 것은?(2003년 01월)

① netmask   ② timeout
③ retry   ④ backoff-cutoff

해설
① dhcpd.conf 설정 파일을 사용하여 DHCP 서버를 설정할 수 있다.

[정답] 49 ④ 50 ③ 51 ③ 52 ③ 53 ④ 54 ①

② timeout : 클라이언트가 서버의 응답을 기다리는 최대 시간
retry : 재시도를 하기까지 기다리는 시간(초)
backoff-cutoff-time : 클라이언트가 설정요청을 포기할 수 있는 최대시간

해설
시큐어 셸(SSH : Secure Shell)는 네트워크 상의 다른 컴퓨터에 로그인하거나 원격 시스템에서 명령을 실행하고 다른 시스템으로 파일을 복사할 수 있도록 해 주는 응용 프로그램 또는 프로토콜을 말한다.

55 다음 중 텔넷에 관한 설명으로 틀린 것은?
① 원격지에 있는 서버에 접속할 수 있는 서비스이다.
② 데이터를 평문 전송한다.
③ 익명(Anonymous) 계정으로만 접속이 가능하다.
④ 아이디 및 패스워드 입력을 통한 접속이 가능하다.

해설
① Telnet은 멀리 떨어져 있는 컴퓨터에 직접 접속하여 그 컴퓨터의 프로그램이나 문서와 같은 자원을 사용하는 것을 말한다. 그래서 Telnet을 원격 접속(Remote Login)이라고 합니다.
② Telnet는 Anonymous 계정을 사용하거나 서버에 계정을 부여받아 사용한다.

58 SSH는 포트포워딩(Port Forwarding) 기능을 제공한다. 이 기능을 사용함으로써 얻을 수 있는 장점은?
① 통신비용의 절감
② 암호화를 지원하지 않는 프로그램의 안전한 사용
③ 선택적인 데이터 압축으로 전송 속도 향상
④ 사용자의 자동 인증

59 다음 중 SQL 기반의 관계형 데이터베이스로 거리가 먼 것은?
① MongoDB   ② MariaDB
③ Oracle   ④ PostgreSQL

해설
관계형 데이터베이스는 모든 검색기준을 만족하는 행들의 선택으로 정보 접근이 제한되는 데이터베이스이다.

56 다음 텔넷(Telnet)에 대한 설명으로 틀린 것은?(2014년 06월)
① 원격지에 있는 서버에 접속할 수 있는 서비스이다.
② 텔넷 서버에 접속하기 위해서는 계정이 반드시 있어야 한다.
③ 텔넷의 포트 번호는 23번이다.
④ 평문 전송을 하여 SSH보다 보안상 안전하다.

해설
텔넷(Telnet)은 평문을 전송하므로 보안에 취약하다.

60 데이터베이스의 특성으로 옳지 않은 것은?
① 같은 내용의 데이터를 여러 사람이 동시에 공용할 수 있다.
② 데이터베이스는 데이터의 삽입, 삭제, 갱신으로 내용이 계속적으로 변한다
③ 수시적이고 비정형적인 질의에 대하여 실시간 처리로 응답할 수 있어야 한다.
④ 데이터의 참조는 저장되어 있는 데이터 레코드들의 주소나 위치에 의해 이루어진다.

57 원격 컴퓨터에 안전하게 액세스하기 위한 유닉스 기반의 명령 인터페이스 및 프로토콜, 기본적으로 22번 포트를 사용하고, 클라이언트/서버 연결의 양단은 전자 서명을 사용하여 인증되며, 패스워드는 암호화하여 보호되는 것은?
① SSH   ② IPSec
③ SSL   ④ PGP

해설
내용에 의한 참조(Content Reference) : 데이터베이스에 있는 데이터를 참조할 때 데이터 레코드의 주소나 위치에 의해서가 아니라 사용자가 요구하는 데이터 내용으로 찾는다.

[정답] 55 ③ 56 ④ 57 ① 58 ② 59 ① 60 ④

61 로드밸런싱(Load Balancing)에 대한 설명이 맞는 것은?

① 물리적인 망 구성과는 상관없이 가상적으로 구성된 근거리 통신망 기술
② 사용량과 처리량을 증가시키고 지연율을 낮추며 응답시간을 감소시키고 시스템 부하를 피할 수 있게 하는 최적화 기술
③ 가상머신이 실행되고 있는 물리적 컴퓨터로부터 분리된 또 하나의 컴퓨터
④ 웹 브라우저와 서버 간의 통신에서 정보를 암호화하는 기술

[해설]
① Load Balancing(부하분산, 부하균형)은 여러 시스템(서버, CPU 등)들이 작업을 분산처리 하여 가용성 및 응답시간을 최적화 시키는 기능
② Load Balancing은 과부하가 발생하지 않도록 작업을 분산하여 사용량, 처리량 및 지연율을 조정하는 역할을 한다.

62 SQL의 명령은 사용 용도에 따라 DDL, DML, DCL로 분할 수 있다. 다음 명령 중 그 성격이 나머지 셋과 다른 하나는?

① CREATE   ② SELECT
③ INSERT   ④ UPDATE

[해설]
DDL(create, alter, drop), DML(select, insert, delete, update), DCL(commit, rollback, grant, revoke)

63 다음 중 서버 이중화를 설계하고 구현하는 목적으로 볼 수 없는 것은?

① 시스템 다운 또는 불능 상태를 방지하기 위함
② 장애 또는 재해시 빠른 서비스 재개를 위함
③ 서비스의 일시적인 중단이 발생하여도 재빠르게 대응하기 위함
④ 원활한 서비스의 성능을 보장하기 위함

[해설]
① Failover: 장애 또는 재해시 빠른 서비스 재개를 위함
② Load balancing(부하분산) : 원활한 서비스의 성능을 보장하기 위함

64 리눅스 서버 클러스터링 방법으로 볼 수 없는 것은?

① 고계산용 클러스터(HPC : High Performance Computing Cluster)
② 부하분산 클러스터(LBC : Load Balance Cluster)
③ 고가용성 클러스터(HAC : High Availability Cluster)
④ 부하조정 클러스터(LCS : Load Control Cluster)

[해설]
① HPC 클러스터: 고성능의 계산능력을 제공을 목적으로 구성
② LVS 클러스터 : 대규모 서비스를 제공을 목적으로 구성
③ HA 클러스터 : 지속적인 서비스 제공을 목적으로 구성

65 다음 중 다수의 웹 서버를 운영하는 환경에서 구축할 때 유용한 조합으로 가장 알맞은 것은?

① 베어울프 클러스터와 부하분산 클러스터
② 고계산용 클러스터와 부하분산 클러스터
③ 부하분산 클러스터와 고가용성 클러스터
④ 고계산용 클러스터와 고가용성 클러스터

[해설]
① 부하분산 클러스터는 로드 밸런서를 운영하여 대규모의 트래픽을 여러 대의 서버로 분산하는 기술이다.
② 고가용성(HA) 클러스터는 높은 가용성확보를 목적으로 업무시스템을 이중화 구성하여 장애가 발생하면 자동으로 전환되는 시스템이다.

[정답] 61 ② 62 ① 63 ③ 64 ④ 65 ③

출제 예상 문제

66 다음 중 백업 방법에 대한 설명으로 틀린 것은?
① 백업 데이터는 동일한 시스템 내에 보관한다.
② 자료의 가치에 따라 다른 백업 전략을 세운다.
③ 오랫동안 보관하기 위해서는 백업테이프를 사용한다.
④ 중요한 백업 자료는 암호화한다.

67 다음 중 증분 백업을 지원하지 않는 명령으로 알맞은 것은?
① tar
② cpio
③ rsync
④ dump

해설
① 증분 백업(Incremental Backup) : 처음에는 전체 백업을 하고, 이후에는 변경된 데이터만 백업하는 것이다.
② cpio(Copy Input to Output)는 파일 시스템 간에 디렉토리를 복사하는 명령이며, 증분 백업을 지원하지 않는다.

68 다음 cpio 명령에 대한 설명 중 틀린 것은?
① 바이트 스와핑이 가능하다.
② 파이프를 통해 다른 프로그램으로 데이터를 넘겨줄 수 있다.
③ 네트워크를 통한 백업은 지원하지 않는다.
④ cpio 명령만 이용하여 디렉토리 트리를 옮길 수 있다.

69 다음 중 시스템 백업에 대한 설명으로 틀린 것은?
① tar, cpio와 같은 유틸리티는 증분백업이 가능하다.
② 리눅스에서는 tar, dd, dump, cpio, rsync와 같은 유틸리티로 백업이 가능하다.
③ 백업의 종류에는 전체 백업(Full Backup)과 부분 백업(Partial Backup)으로 구분된다.
④ 부분 백업은 증분백업(Incremental Backup)과 차등 백업(Differential Backup)으로 구분된다.

70 다음 중 rsync의 특징으로 가장 거리가 먼 것은?
① 레벨을 지정하여 증분 백업이 가능하며, 하드 링크 복사가 가능하다.
② 기본적으로 ssh나 rsh를 이용하여 전송하며, 다른 프로토콜 접속을 지원한다.
③ 이전에 받은 백업본을 삭제하고, 원본과 항상 똑같이 백업이 되도록 설정이 가능하다.
④ 데이터를 압축하여 전송이 가능하며 심볼릭 링크나, 심볼릭 링크가 참고하고 있는 파일도 복사가 가능하다.

해설
0~9레벨을 지정하여 백업하는 방식은 dump 백업이다.

71 다음 중 리눅스 보안 정책에 대한 설명으로 틀린 것은?
① 불필요한 서비스를 제거
② root 패스워드 변경 제한
③ 보안이 강화된 서비스로 대체 이용
④ Set-UID 설정을 추가하여 보안을 강화

해설
SetUID나 SetGID는 보통 root가 소유한 파일에 적용되며, 해당 명령을 실행하는 순간에 root의 권한을 갖게 되므로 설정을 금지해야 한다.

72 다음 중 리눅스 시스템에서 로그(log)의 용도로 틀린 것은?
① 사용자 및 서버의 활동 기록
② 시스템 공격에 대한 흔적 기록
③ 시스템 장애발생 해결책 기록
④ 서버 장애에 대한 흔적 기록

[정답] 66 ① 67 ② 68 ④ 69 ① 70 ① 71 ④ 72 ③

73 다음 로그 파일과 그에 대한 설명이 알맞게 짝지어진 것은?

① 시스템 로그(/var/log/messages) - 리눅스 커널 로그 및 주된 로그
② 보안 로그(/var/log/secure) - 시스템 부팅 시 로그
③ 부팅 로그(/var/log/boot.log) - 웹 사이트 방문 기록에 대한 로그
④ 액세스 로그(/usr/local/apache/logs/access_log) - inetd에 의한 로그

해설
① /var/log/secure : 로그인 인증 관련 기록
② /var/log/boot.log : 부팅과정에서 출력되는 로그

74 아파치, PHP, MySQL 연동 웹서버를 구성하고자 한다. 정보 유출 방지를 위한 보안 웹서버를 구성하기 위해 추가로 설치해야 되는 프로그램으로 알맞은 것은?

① Jserv
② SWAT
③ ZendOptimizer
④ OpenSSL

해설
OpenSSL은 BIO라고 하는 추상화 라이브러리를 사용하여 파일과 소켓을 포함한 다양한 종류의 통신을 보안 또는 비보안 방식으로 처리한다.

75 리눅스에서 보안을 강화하기 위한 조치로 가장 적절하지 못한 것은?

① 일반 패스워드 대신에 shadow 패스워드를 사용한다.
② 패스워드 파일에 MD5를 적용해 점검한다.
③ /etc/passwd 파일의 소유자를 root로, 권한을 -rw------- 로 설정한다.
④ 패스워드에 expire 일자를 둔다.

해설
① shadow파일은 패스워드를 암호화하여 저장하는 파일이다.
② MD5는 128비트 해쉬 암호화 함수이다.

76 패스워드 보안과 암호화에 대한 설명으로 옳지 못한 것은?

① 쉐도우 패스워드 (Shadow Password) : 쉐도우 패스워드는 특별한 권한이 있는 사용자들만 읽을 수 있도록 패스워드에 대한 정보를 /etc/shadow 파일에 저장한다.
② GnuPG : PGP 완성본의 일종으로서 무료로 얻을 수 있지만, IDEA나 RSA등을 사용하기 때문에 미국의 수출제한 조치에 의해 보호되어 미국 외에서의 사용은 금지되어 있다.
③ 커버로스(Kerberos) : MIT의 아데나 프로젝트에서 개발된 인증방식으로서 사용자가 접속하면 커버로스가 패스워드를 대신하여 사용자를 인증하고, 네트워크 상에 존재하는 서버와 호스트들에게 해당 사용자의 신분을 증명해 준다.
④ SSL(Secure Sockets Layer) : 인터넷 상에서의 보안을 위해서 넷스케이프사에서 개발한 것이며, 클라이언트/서버 인증용으로 사용된다.

해설
GNU 프라이버시 가드(GnuPG)는 IDEA 등의 특허 알고리듬을 사용하지 않고, 독일 정부의 후원을 받고 있으므로 PGP와 달리 미국 정부의 수출 규제를 받지 않는다.

77 다음 중 시스템 보안 관리의 사용자 접근 보안을 위한 대책으로 적절치 않은 것은?

① 부팅시 패스워드를 사용한다.
② BIOS에서 플로피 부트 옵션을 사용하지 않는다.
③ 로컬 사용자에게는 모든 접근을 허용한다.
④ xlock을 사용하여 X윈도우 화면을 잠근다.

78 다음 중 시스템 보안 관리 관련 명령어가 아닌 것은?

① su
② ssh
③ pam
④ cops

[정답] 73 ① 74 ④ 75 ③ 76 ② 77 ③ 78 ①

79 다음 [보기]에서 설명하고 있는 내용으로 적합한 것은?

> [보기]
> ㉠ 새로운 압축 파일을 적당한 디렉토리에 옮긴 다음 새로운 커널을 설치하기에 앞서 이전 커널을 삭제한다.
> ㉡ 새로운 커널을 설치하기 전에 이전의 커널을 삭제해도 커널은 이미 메모리에 존재하기 때문에 시스템을 재부팅하기 전까지는 아무런 영향을 주지 않는다.

① 긴급 복구 디스켓 만들기
② Boot 파티션 점검
③ 커널 튜닝 적용
④ Openwall 커널 패치 적용

해설
Kernel 튜닝은 시스템 HW에서 지원하는 성능을 최대한 효율적으로 활용 가능하도록 해준다.

80 리눅스 커널에서 보안과 관련된 패치 등의 집합체이며 해킹 공격의 방어에 효과적인 방법은?

① 긴급 복구 디스켓 만들기
② /boot 파티션 점검
③ 커널 튜닝 적용
④ Openwall 커널 패치 적용

해설
커널 레벨에서 시스템의 보안 취약점인 버퍼 오버 플로어나 혹은 특정한 자원 접근을 제한하는 방법 ; openwall 보안 패치 설치, xfs 커널 패치 설치 등

[정답] 79 ③　80 ④

합격 NOTE

2 윈도우 서버 구축

1. 윈도우 서버 서비스환경 구축

가. 윈도우 서버 (Windows Server)

(1) 윈도우 서버의 개요

① 마이크로소프트사가 공개한 서버 운영체제이며, 네트워크서비스를 제공하기 위해서 사용한다.
② 작업그룹에서 데이터센터까지 애플리케이션, 네트워크 및 웹서비스가 연결된 인프라를 구축하기 위한 플랫폼이다.

[리눅스 서버와 윈도우 서버의 상대적 비교]

구분	Linux Server	Windows Server
Open Source	Yes	No
안정성	높음	낮음
성능	낮음	높음
보안성	높음	낮음
상용 어플리케이션	적음	많음
운영관리	불편	편리
비용	무료	유료

③ 윈도우 서버의 변천과정

출시	서버 운영체제	특 성
1996	Windows NT 4.0	Windows 95 인터페이스 사용
2000	Windows 2000	Windows NT 계열 기업용 운영 체제
2003	Windows Server 2003	윈도우 XP 기반 서버 운영체제 서버용 x86, x64 동시 출시
2005	Windows Server 2003 R2	Windows Server 2003 성능 개선
2008	Windows Server 2008	윈도우 Vista 기반 서버 운영체제
2009	Windows Server 2008 R2	Server 2008 개선, 가상화기능 등
2012	Windows Server 2012	윈도우 8 기반 서버 운영체제
2013	Windows Server 2012 R2	윈도우 8.1 기반 서버 운영체제
2016	Windows Server 2016	윈도우 10 기반 서버 운영체제
2019	Windows Server 2019	신형 윈도우 10 기반 서버 운영체제

합격예측

Windows 10 등은 마이크로소프트가 개발한 개인용 컴퓨터 운영체제이다.

합격예측

운영관리적인 측면에서는 텍스트입력 방식의 리눅스보다 GUI(Graphical User Interface) 기반의 윈도우가 더 편리하다.

합격예측

본 교재는 Window Server 2012 R2를 기준으로 기술함.

참고

● x86(32[bit]) 그리고 x64(64[bit])

① x86
  ㉠ 32[bit] 전용 CPU를 대표하는 용어이며, 32비트용 CPU에 설치되는 운영체제를 말한다.
  ㉡ 2^{32} 데이터를 전달할 수 있다.

② x64
  ㉠ 64[bit] 전용 CPU를 대표하는 용어이며, 64비트용 CPU에 설치되는 운영체제를 말한다.
  ㉡ 2^{64} 데이터를 전달할 수 있다.

합격예측
전송량이 커진다는 것은 데이터 처리 속도가 향상된다는 것을 의미한다.

(2) 윈도우 서버의 특징

① 확장이 가능하고 이식이 가능하며 여러 운영환경, 다중처리 및 클라이언트-서버 컴퓨팅을 지원한다.
② 여러 명의 사용자가 네트워크를 통해 접속하여 컴퓨터 시스템을 사용할 수 있는 다중사용자(Multi-user) 환경을 지원한다.
③ 대형 및 고가디스크를 능가하는 성능을 낼 수 있는 RAID 방식을 소프트웨어적으로 구현한다.
④ 다양한 프로토콜을 지원하며, 강력한 네트워크기능이 기본으로 내장되어 있다.
⑤ 데이터 백업기능을 사용할 수 있다.
⑥ 대용량 데이터베이스를 작동시키기 위한 안정적인 성능을 지원한다.
⑦ IIS 기능이 기본으로 내장되어 있어 안정적인 웹서비스가 가능하며, 그에 따른 다양한 응용서비스도 가능하다.

합격예측
윈도우 서버의 대표적인 장점은: GUI 환경 제공

합격 NOTE

합격예측
IIS 웹 서버는 FTP, SMTP, NNTP, HTTP/HTTPS 등을 포함하고 있다.

합격예측
DNS(Domain Name System) 서버는 도메인을 IP 주소와 연결해 주는 서버이다.

합격예측
Clustering : 동일한 환경의 윈도우 서버를 2대 이상 구성하는 것

합격예측
NBL은 웹, FTP, 방화벽, 프록시, VPN등의 서버에 사용되는 인터넷 서버 응용 프로그램의 가용성과 확장성을 향상시킨다.

합격예측
AD는 윈도우 기반의 컴퓨터들을 위한 인증 서비스도 제공한다.

합격예측
RAID는 안정성과 성능을 향상시킨다.

　　㉠ 인터넷정보서비스(IIS : Internet Information Services)는 마이크로소프트 윈도우를 사용하는 서버들을 위한 인터넷기반 서비스들의 모임(IIS 웹서버)이다.
　　㉡ IIS는 웹사이트, 서비스 및 응용프로그램을 안정적으로 호스팅하기 위한 안전하고 쉽게 관리할 수 있는 플랫폼을 제공한다.
⑧ DNS 서버, E-Mail 서버, File 서버, DHCP 서버 등을 구축할 수 있다.
⑨ 장애조치(Failover)클러스터와 네트워크 부하분산(NBL : Network Load Balancing) 기능을 제공한다.
　　㉠ 장애조치 클러스터(Failover Cluster)
　　　ⓐ 고가용성을 제공한다.
　　　ⓑ 클러스터화된 서버 중 하나가 실패하면 다른 서버에서 장애조치로 알려진 프로세스를 통해 서비스를 제공하기 시작한다.
　　㉡ 네트워크 부하분산(NBL)
　　　ⓐ 확장성을 제공함과 동시에 웹기반서비스의 가용성을 향상시킨다.
　　　ⓑ 클라이언트로부터 들어오는 다수의 요청들을 서버들에게 적절히 배분하여 처리하게 하는 것이다.
⑩ Active Directory(AD) 환경을 구현할 수 있다.
　　㉠ AD는 업무를 수행하는 데 도움을 주는 데이터베이스이자 서비스 집합이다.
　　㉡ AD는 대규모 네트워크를 관리, 운영하는 기능을 갖는다.
⑪ 소프트웨어 RAID 지원
⑫ 서버의 보안을 강화하기 위하여 다양한 기능과 툴을 제공한다.

 참고

📍 **복수 배열 독립 디스크**
　　(RAID : Redundant Array of Independent Disks)
　① 디스크어레이(Disk Array)라고도 하며, 여러 개의 하드디스크에 일부 중복된 데이터를 나눠서 저장하는 기술이다.
　② 여러 개의 하드디스크를 병렬로 배열해서 하나의 대용량디스크로 구성하는 것이며, 상대적으로 속도가 느린 하드디스크를 보완하기 위해 만든 기술이다.

③ 여러 개의 디스크를 특정방법으로 연결하여, 저장장치가 갑자기 고장나도 이에 대비할 수 있으므로 안정성을 향상시킨다.

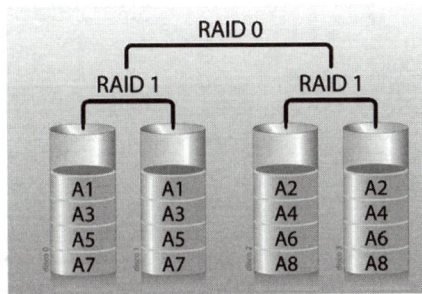

나. 윈도우 서버 사용자 관리

(1) 윈도우 서버의 기본 사용자계정

① 윈도우 서버환경에서는 사용자가 여러 명일 수 있으며, 각 사용자마다 별도의 환경을 구성할 수 있다.
② 사용자계정은 인증을 받거나 로컬이나 네트워크의 자원에 접근하는 것을 가능하게 해 주는 객체이다.
③ 컴퓨터자원(Resource)들에 대한 사용권한을 각 사용자마다 제한할 수 있다.

[사용자계정의 종류]

계정 이름	역 할
관리자 (Administrator)	파일, 디렉터리, 서비스 등의 모든 권한 부여된 기본관리자 계정, 서버의 모든 관리업무를 할 수 있는 권한을 가짐
게스트(Guest)	일회성 및 비정기적인 사용을 위해 생성된 계정
로컬 사용자 (Local User)	• 계정이 존재하는 서버로만 로그온 가능, 계정이 존재하는 서버자원만 액세스 가능 • 로컬에서는 관리자와 거의 대등한 권한을 갖지만 원격에서는 접속이 불가능 • Active Directory 도메인에 로그 온할 수 없고 현재 컴퓨터의 자원에만 접근할 수 있다.

(2) 사용자 추가방법

'시작' 버튼 우클릭 ➡ '컴퓨터 관리' ➡ '로컬사용자 및 그룹'의 '사용자' 클릭 ➡ '새 사용자' 클릭 ➡ 사용자 이름과 암호를 입력하고 클릭

합격예측

계정(account) : 로그인(login)할 수 있는 권리

합격예측

로컬 사용자계정 : 특정 서버의 데이터베이스에만 존재하는 사용자 계정

합격예측

암호는 복잡성을 만족해야 한다.

합격 NOTE

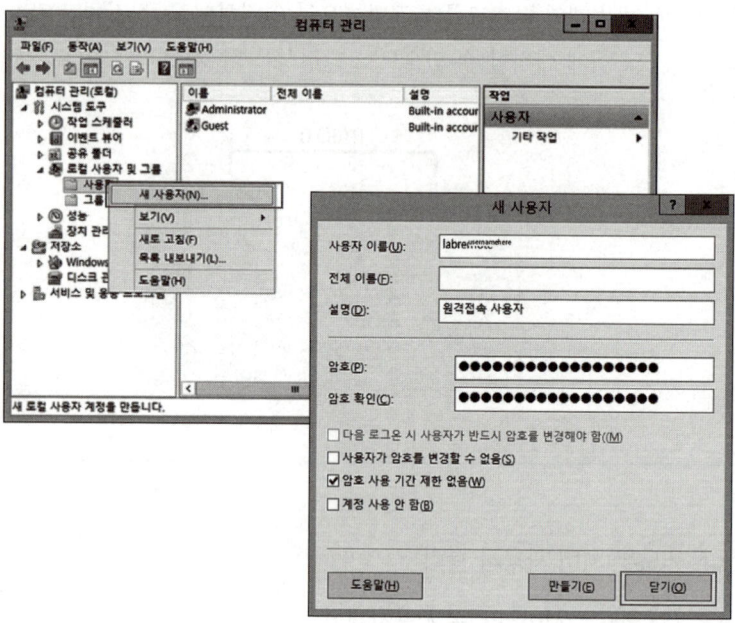

합격예측
그룹으로 묶으면 권한을 관리하기가 쉽다.

합격예측
원격접속이란 멀리 떨어진 장소에서 컴퓨터나 네트워크에 접근할 수 있는 능력

합격예측
서버에 접속하기 위해서는 꼭 클라이언트 프로그램이 필요하다.

합격예측
클라이언트 프로그램 설치가 되면 텍스트모드로 원격작업이 가능해진다.

다. 윈도우 서버 네트워크 관리

(1) 원격접속

멀리있는 장소의 컴퓨터에서 Windows Server에 접속하여 직접 서버 앞에서 작업하는 것과 동일한 효과를 갖게 하는 개념이며, 원격접속 프로그램에는 Telnet, SSH, VNC, 원격 데스크톱, 터미널 등이 있다.

① 텔넷(Telnet)서버
  ㉠ 접속속도는 매우 빠르지만 보안에 매우 취약하다.
  ㉡ 서버에 텔넷서버를 설치하고 원격지에서 접속할 PC에는 텔넷 클라이언트프로그램이 필요하다.
    ∴ 원격지의 텔넷 클라이언트 컴퓨터에서 접속하게 되면 서버 앞에 앉아서 직접 텍스트모드로 작업하는 것과 동일한 효과를 얻는다.

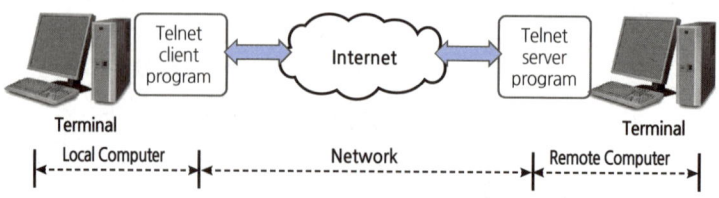

  ㉢ 텔넷의 경우 서버와 클라이언트 사이에 데이터전송 시 암호화하지 않아 해킹위협에 노출되는 단점이 있다.

② SSH(Secure SHell)서버
　㉠ 텔넷서버와 용도는 동일하지만 데이터를 전송할 때 암호화를 함으로서 보안이 강화되었다.
　㉡ 우분투에서 openssh라는 패키지를 통해 SSH를 구동할 수 있다.
③ 가상네트워크 컴퓨팅(VNC : Virtual Network Computing)서버
　㉠ 네트워크에 연결된 컴퓨터에 원격으로 접속하여 해당 컴퓨터의 화면을 그대로 보면서 제어할 수 있다.
　㉡ RFB(Remote Frame Buffer)프로토콜 방식을 이용해 서버에서 보낸 화면정보를 클라이언트에 설치된 그래픽 라이브러리를 이용해 그리는 방식이다.
　㉢ 단점 : 화질이 좋지 않고 속도가 저하됨
④ 원격 데스크톱(RDS : Remote Desktop Services)서버
　㉠ RDS는 로그인 인증정보를 알고 있는 윈도우 운영체제 컴퓨터를 마치 사용자 바로 앞에 있는 컴퓨터를 사용하고 있는 것처럼 지원해주는 프로그램이다.
　㉡ 윈도우 운영체제에서 자체적으로 제공하는 기능이며, 클라이언트 윈도우 자원을 사용하므로 그 성능이 VNC에 비하여 뛰어나다.

[원격 접속서버들의 비교]

	Telet	SSH	VNC	원격 Desktop
속도	빠름	빠름	느림	빠름
그래픽	지원안함	지원안함	지원	지원
보안	취약	강함	취약	강함
클라이언트 프로그램	기본내장	별도설치	별도설치	기본내장

(2) DHCP서버
① 인터넷주소는 통상 인터넷에 접속할 때 동적(Dynamic)으로 할당받는데 이처럼 동적으로 IP 주소를 할당해 주는 프로토콜을 동적 호스트 구성 프로토콜(DHCP)라 한다.
② DHCP(Dynamic Host Configuration Protocol) 기능을 하는 서버를 DHCP서버라고 한다.
③ DHCP서버는 자신의 네트워크 안에 있는 클라이언트 컴퓨터가 부팅할 때 자동으로 IP주소, 서브넷마스크, 게이트웨이주소, 서버주소를 할당해 준다.

합격 NOTE

합격예측
SSH는 보안을 중요시하는 프로토콜이다.

합격예측
VNC는 그래픽 모드로 원격관리를 지원한다.

합격예측
① 텔넷/SSH 서버 : Text모드 지원
② VNC 서버 : X 원도우모드 지원

합격예측
DHCP는 IP 등을 자동으로 할당, 분배 한다.

합격예측
접속하려는 컴퓨터가 변동되는 IP를 사용하는 경우는 DHCP 설정을 통해 IP를 고정시켜야 한다.

합격 NOTE

합격예측
Microsoft SQL(MSSQL) Server : SQL 기반에 DB 서버이다.

합격예측
공유 기능 : 공동으로 사용하는 파일들을 한곳에 모아 체계적으로 정리, 관리할 수 있다.

합격예측
DFS : 복제서비스를 통해 실시간으로 파일복제가 가능하여 사용자들에게 편의를 제공하는 서비스이다.

합격예측
네임스페이스는 여러 개의 공유 폴더에 대해서 가상의 폴더를 제공하는 개념이다.

합격예측
디렉터리는 계층 구조로 구성된 레코드의 집합

(3) 웹서버와 FTP서버

① 웹서버(Web server)는 웹브라우저를 통해 HTTP 요청을 받아들이고, HTML 문서와 같은 웹 페이지를 반환하여 클라이언트에게 서비스하는 서버이다.

② 파일전송 프로토콜(FTP : File Transfer Protocol)서버는 FTP 서버에서 클라이언트로 파일을 다운 및 업로드하기 위해 사용한다.

(4) 데이터베이스(DB)서버 (SQL Server)

① 구조화 질의어(SQL : Structured Query Language)는 관계형 데이터베이스 관리시스템(RDBMS)의 데이터를 관리하기 위해 설계된 특수목적의 프로그래밍언어이다.

② SQL서버는 MS가 SQL기반으로 개발한 데이터베이스 서버이다.

(5) 파일서버

공유폴더 또는 분산파일 시스템을 이용하여 파일서버를 구축할 수 있다.

① 공유폴더관리

㉠ 공유폴더는 같은 네트워크에서 파일을 공유하기 위한 폴더이다.

㉡ 공유폴더를 생성하면 서버는 자동으로 파일서버 역할이 활성화 되며, 공유폴더의 하위폴더들은 자동적으로 공유폴더를 상속한다.

② 분산파일시스템(DFS : Distributed File System)

㉠ 컴퓨터 네트워크를 통해 공유하는 여러 호스트컴퓨터의 파일에 접근할 수 있게 하는 파일시스템이다.

㉡ 여러 대의 컴퓨터에 분산된 공유폴더를 하나로 묶어서 마치 하나의 폴더인 것처럼 사용할 수 있다.

㉢ 서버위치가 다른 여러개의 공유폴더를 네임스페이스(Namespace)를 통하여 한곳에 모아 쉽게 관리가 가능하게 한다.

라. 윈도우서버 자원관리

(1) 액티브디렉터리(AD : Active Directory)

액티브 디렉토리(AD)는 윈도우 서버에서 사용자와그룹 등을 포함한 여러 관리 정보들을 쉽게 찾을 수 있도록 모아두는 전반적인 체계를 말한다. AD는 네트워크의 개체에 대한 정보를 저장하고 관리자 및 사용자가 이러한 정보를 쉽게 찾아서 사용할 수 있게 해준다.

구 분	내 용
디렉터리 서비스	분산된 네트워크상의 각종 자원(Object) 정보를 중앙의 저장소에 통합시켜 놓고, 사용자는 중앙의 저장소를 통해서 원하는 정보를 자동으로 취득하고, 네트워크 자원에 접근할 수 있는 서비스

액티브 디렉터리	디렉터리 서비스를 윈도우서버에서 구현한 것
액티브 디렉터리 도메인서비스	편리하게 네트워크 자원을 공유할 수 있게 하고 공동작업도 가능하게 하는 서비스

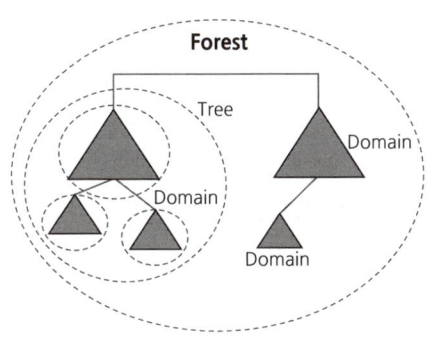

① 도메인(Domain) : AD의 가장 기본단위, 즉 AD가 설치된 윈도우서버가 하나의 도메인이 된다.
② 트리(Tree) : 도메인의 집합
③ 포리스트(Forest) : Active Directory에서 두 개 이상의 트리가 연결되어 구성되는 구조

합격예측
① Object(객체) : 사용자, 컴퓨터, 폴더 등 각종 자원
② Directory : Object 정보를 저장하는 정보 저장소
③ Directory Service : Object 를 생성, 검색, 관리, 사용할 수 있는 서비스

(2) AD서버의 장단점

장점	단점
중앙의 관리자가 많은 PC에 대해 효율적으로 통합 관리하는 기능	보안 강화 정책들로 인해 사용자의 불편함을 초래할 수 있음
내부망의 어떤 PC에서든 로그인 시 사용했던 환경으로 변경됨	AD 서버에 문제가 발생 시 네트워크 전체에 영향을 끼침
자신의 PC에 모든 정보를 보관할 필요가 없음	Windows Server 운영체제에서만 구축 가능

2. 윈도우 서버 이중화 및 보안설정

가. 윈도우 서버 이중화

서버 이중화는 운영중인 서비스의 안정성을 위하여 각종 자원(OS, 미들웨어, DB 등)을 이중 또는 그 이상으로 구성하는 것을 말한다.

(1) 서버 클러스터링 (Server Clustering)

① 여러 서버들을 하나로 묶어서 하나의 시스템같이 동작하게 하는 개념으로, 클러스터로 묶인 한 시스템에 장애가 발생하면, 정보의 제공 포인트는 클러스터로 묶인 다른 정상적인 서버로 이동하여 클라이언트들에게 고가용성(HA : High Availability)의 서비스를 제공하는 것을 말한다.
② 서버 클러스터는 사용자로 하여금 서버기반 정보를 지속적이고, 끊기지 않게 제공하여 높은 수준의 가용성, 안정성, 확장성을 제공받을 수 있게 한다.

합격예측
클러스터(Cluster)는 여러 대의 컴퓨터를 네트워크를 통해 연결하여 하나의 단일 컴퓨터처럼 동작하도록 한 것이다.

합격예측
서버 클러스터는 고가용성을 만족시켜 준다.

③ 스토리지의 소유방법에 따른 클러스터구성
　㉠ 공유스토리지(NAS : Network Attached Storage)방식
　　ⓐ 데이터 저장소를 네트워크로 연결하여 서버 및 사용자간 데이터공유, 서버 데이터동기화, 백업 등과 같은 데이터 공유와 관리를 안전하고 편리하게 하는 방식이다.
　　ⓑ 여러 대의 서버가 공유하는 스토리지를 마련함으로써 장애 시에 데이터의 무결성을 확보하는 방식이다.
　　ⓒ 공유 스토리지를 마련해야하는 단점이 있으나, 확장성이 높아서 대규모시스템에서 많이 채택하고 있다.
　㉡ 데이터베이스 미러(Mirror)방식
　　ⓐ 예기치 않은 사고 등으로 데이터가 손실되는 것을 막기 위해 하나 이상의 장치에 데이터를 중복 저장하여 데이터 손실을 최소화하는 것을 미러링이라 한다.
　　ⓑ 데이터베이스 미러링은 로컬디스크 볼륨의 복사본을 네트워크로 보냄으로써 장애시에 데이터의 무결성을 확보하는 방식이다.

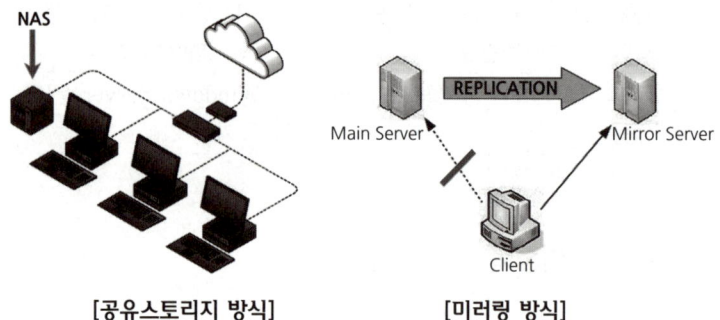

[공유스토리지 방식]　　　　[미러링 방식]

(2) 장애조치클러스터와 부하분산클러스터
　클러스터를 구성하면 한 대의 서버가 고장이 나도 다른 서버에서 처리를 계속할 수 있어서 서비스의 신뢰성을 확보할 수 있다. 윈도우 서버에서는 장애조치 클러스터와 네트워크 부하분산 클러스터 기술을 제공한다.
　① 장애조치클러스터(Failover Cluster)
　　㉠ 서비스 및 응용프로그램의 가용성과 확장성을 높이기 위해 함께 작동하는 독립적인 컴퓨터집합이다.
　　㉡ 상태저장 응용프로그램을 위해 설계되었다.
　　㉢ 파일서버, 프린터서버, 데이터베이스 서버 및 메시징 서버에 사용된다.

② 네트워크 부하분산 클러스터(Network Load Balancing Cluster)
  ㉠ 고가용성과 높은 안정성 및 높은 확장성을 제공하기 위한 기술이다.
  ㉡ 상태 비저장 응용프로그램을 위해 설계되었다.
  ㉢ 웹서버, 파일전송프로토콜(FTP) 및 가상사설망(VPN)서버에 사용된다.

나. Windows 서버 백업 및 장애복구

(1) 윈도우 서버 백업(Back-up)
  ① 백업은 스토리지에 저장된 데이터의 사본을 만들어 다른 곳에 위치시키는 것을 의미한다. 장애 등으로 원본 데이터에 문제가 발생하는 경우 복제된 사본데이터를 이용하여 복구할 수 있기 때문에 데이터 손상없이 장애이전 시점으로 완벽하게 복원할 수 있다.
  ② 백업과정 동안 데이터가 수정, 변경될 수 있어 데이터 연속성을 유지하는 데 각별히 주의해야 한다.
  ③ 백업방식에는 전체백업(Full Backup), 증분백업(Incremental Backup), 차등백업(Differential Backup)등이 있다.

(2) 윈도우서버 백업기능 설정
  ① [역할 및 기능 추가 마법사]에서 백업 기능을 설정할 수 있다.
  ② [Windows Server 백업] 창 – [로컬 백업]에서 백업일정을 통해 백업 주기 등의 백업옵션을 선택하여 설정할 수 있다.

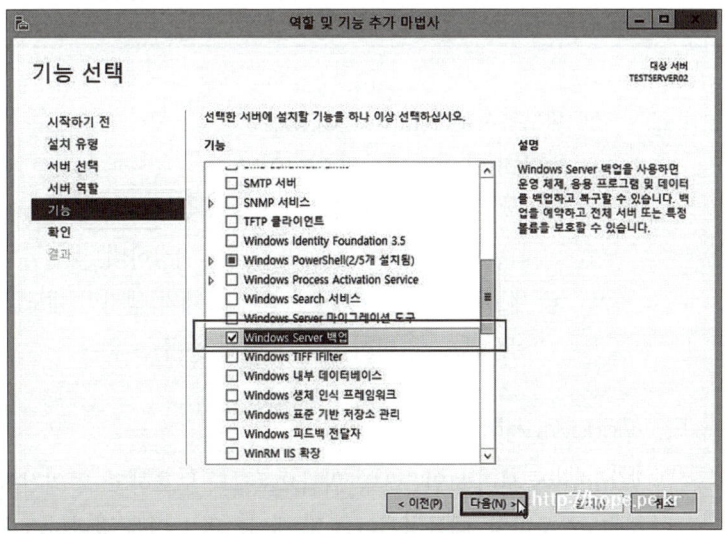

합격 NOTE

합격예측
NLB는 IP 트래픽을 서버 클러스터에 분산시키는 프런트 엔드 클러스터의 역할을 한다.

합격예측
상태 비저장 응용프로그램 : 비교적 작은 데이터(웹 페이지 등), 읽기전용, 장기간 실행 메모리 내 상태에 있지 않은 응용 프로그램

합격예측
백업은 임시 보관을 일컫는 말로, 데이터를 미리 임시로 복제하여, 문제가 일어나도 데이터를 복구할 수 있도록 준비해 두는 것을 말한다.

합격예측
백업계획 수립시 고려사항 : 백업대상, 백업스케쥴, 백업유형 등

합격 NOTE

(3) 윈도우 서버 백업 복구(Restore)

① 폴더나 파일을 복구하는 것은 Windows Server 백업에서 설정할 수 있다.

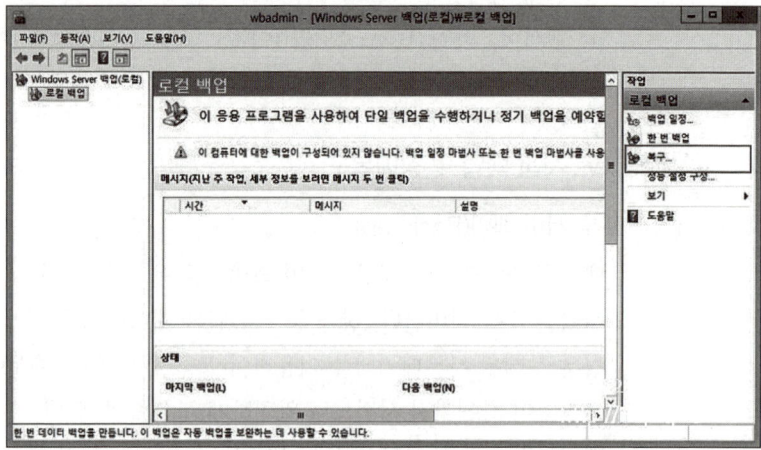

 참고

📍 윈도우서버 백업 방법 3가지

① Windows 실행 창에서 'wbadmin.msc' 실행
② [제어판] → [시스템 및 보안] → [관리 도구] → [Windows Server 백업] 선택
③ [컴퓨터 관리] → [저장소] → [Windows Server 백업] 선택

② 섀도복사본(Shadow Copies)
  ㉠ Windows 내장된 기능이다.
  ㉡ 문제가 생겼을 때 데이터를 살릴 수 있도록 만들어 놓은 일종의 세이브 파일로, 특정지점의 상태를 저장하며, 파일복구에 사용된다.
  ㉢ 섀도복사본을 저장한 볼륨에 문제가 생기면 섀도복사본 역시 손실되므로, 완벽히 백업을 대체 할 수는 없다.

다. Windows 서버 보안

Windows 서버 보안은 보안위협으로부터 보호하고, 악의적인 공격을 차단하고, 가상머신, 애플리케이션 및 데이터의 보안을 강화하기 위해 운영체제에 기본 제공되는 보호계층이다.

합격예측
섀도복사본은 가상화기술의 스냅샷과 유사하며, 빠른 복구속도가 장점이다.

(1) 계정관리

① Administrator 계정이름 변경

Windows의 최상위관리자 계정인 Administrator의 이름을 변경하여 악의적인 패스워드 추측공격을 차단할 수 있다.

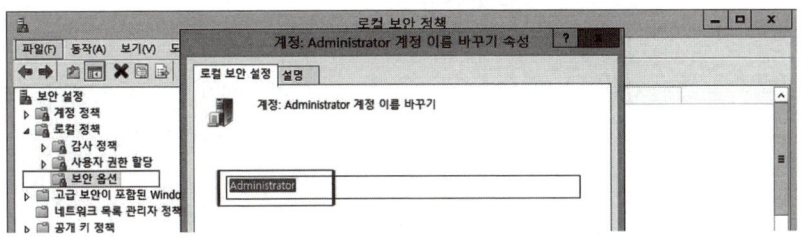

② Guset 계정을 비활성화 하여 불특정 다수의 임시적인 시스템접근을 차단한다.

③ 계정잠금 임계값을 설정하여 공격자의 자유로운 자동화 암호 유추 공격을 차단한다.

 참고

📍 계정잠금정책

해당계정이 시스템으로부터 잠기는 환경과 시간을 결정하는 정책이다.

① 계정잠금 임계값
  ㉠ 공격자는 자동화된 방법을 이용하여 모든 사용자계정에 대해 암호조합 공격을 시도할 수 있으므로 계정잠금 임계값설정을 적용하여 로그온 실패횟수를 제한하여야 한다.
  ㉡ 로그온 실패 허용횟수를 지정하는 것으로, 지정횟수로 계속 실패할 경우 해당계정은 차단되며, 이 후 관리자가 재설정해 주거나 잠금을 해제하기 전까지는 로그인을 할 수 없다.

② 계정잠금 기간
  ㉠ 계정을 사용하지 못하는 기간을 분 단위로 설정한다.
  ㉡ 해당시간이 지나면 잠겼던 계정이 자동으로 해제되어 로그인을 정상적으로 할 수 있게 된다.

④ 보안로그활성화를 수행한다.
  보안감사정책을 사용하여 계정의 접속정보를 이벤트 뷰어에 남기도록 설정한다.

합격 NOTE

합격예측
Administrator : 윈도우의 최상위 관리 계정

합격예측
Guest 계정은 삭제가 불가능한 built-in 계정으로 보안강화목적으로 반드시 비활성화 처리한다.

합격예측
계정잠금정책
① 계정잠금 임계값
② 계정잠금 기간
③ 다음 시간 후 계정잠금수를 원래대로 설정

⑤ 사용자계정의 비밀번호가 해독 가능한 텍스트 형태로 저장되는 것을 차단한다.

(2) 서비스 관리
① 공유폴더에 Everyone 그룹으로 공유되는 것을 금지하여 익명의 사용자의 접근을 차단한다.
② 하드디스크의 기본공유를 제거하여 시스템 정보유출을 차단한다.
③ 사용자환경에 필요치 않은 서비스 및 실행파일을 제거하거나 비활성화 처리하여 이를 통한 악의적인 공격을 차단한다.
④ 시스템을 최신 버전으로 유지하기 위해 최신 서비스 팩을 적용한다. 등

(3) 패치관리
① 최신 Hot Fix를 설치하여 시스템 및 응용프로그램의 취약성을 제거한다.
② 사용 백신의 최신 업데이트 상태를 유지한다.

(4) 로그관리
① 로그의 정기적인 검토 및 보고를 통해 안정적인 시스템상태를 유지한다.
② 원격 레지스트리 서비스를 비활성화하여 레지스트리의 원격접근을 차단한다.

(5) 보안관리
① 적절한 백신프로그램을 설치하여 예방조치를 하여야 한다.
② SAM 파일의 접근통제를 설정하여 악의적인 계정정보유출을 차단한다.
③ 사용자가 일정시간 작업을 하지 않을 경우 자동으로 로그오프 되도록 한다.
④ 특정 사용자만이 원격에서 운영체제를 종료할 수 있게 한다. 등

(6) 고급보안이 설정된 Windows 방화벽
① 호스트방화벽과 IPsec(인터넷 프로토콜 보안)을 결합한 기능을 구현한다.
② 상태저장 방화벽으로, IPv4 및 IPv6 트래픽의 모든 패킷을 검사하고 필터링한다.
③ 통신에 대한 데이터보호와 인증을 요구함으로써 컴퓨터 간 연결보안 기능을 제공한다.

합격 NOTE

합격예측
공유 디렉터리 접근 권한에서 Everyone 권한 제거

합격예측
공유 기능 경로로 바이러스가 침투할 가능성이 있음

합격예측
서비스 팩 : 윈도우의 안정성을 위해 응용프로그램/서비스/실행/수정 파일 등을 모아 놓은 업데이트 프로그램

합격예측
Hot Fix : 즉시 수정되어야 하는 주요 취약점

합격예측
레지스트리 : 윈도우를 실행하는데 필요한 모든 환경설정 데이터를 모아둔 중앙 저장소

합격예측
보안계정관리자(SAM : Security Account Manager)는 사용자의 비밀번호를 저장하는 데이터베이스 파일

합격예측
필터링 : 관리자가 정의한 규칙에 따라 트래픽을 허용하거나 차단하는 것을 의미한다.

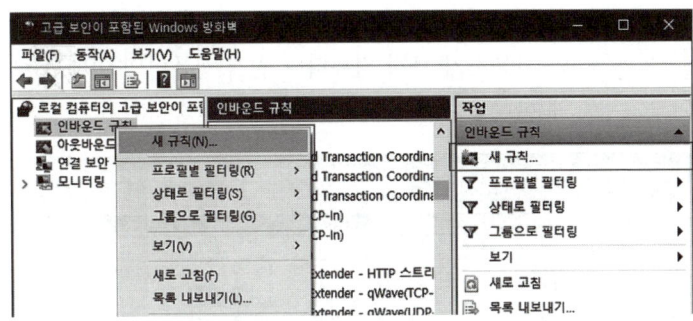

(7) 네트워크 액세스 보호(NAP : Network Access Protection)

NAP는 네트워크에 연결하거나 통신하려고 하는 네트워크 클라이언트의 시스템 상태를 평가하고 상태 요구사항이 충족될 때까지 네트워크 클라이언트의 액세스를 제한(차단)하는 통합된 방법을 제공한다.

라. Windows 서버 이벤트 뷰어

(1) 이벤트 로그(Event Log)

① 로그 데이터는 성능, 오류, 경고 및 운영 정보 등의 중요정보를 갖고 있으며, 기준에 따라 숫자와 기호 등으로 기록된다.

② 로그 데이터는 시스템에서 발생하는 모든 문제에 대한 유일한 단서가 될 수 있으며, 시스템에서 발생한 오류 및 보안 결함에 대하여 검색이 가능하다.

③ 로그 데이터는 잠재적인 시스템 문제를 예측하는 데 사용할 수가 있으며, 장애발생 시 복구에 필요한 정보로 활용하거나, 침해 사고가 발생된 경우 근거자료로 활용할 수가 있다.

④ Windows 시스템 이벤트 로그 종류

구 분	내 용
응용프로그램 로그	응용프로그램이 기록한 다양한 이벤트가 저장되며, 기록되는 이벤트는 해당제품의 개발자에 의해 결정된다.
보안 로그	유효하거나 유효하지 않은 로그온시도 및 파일생성, 열람, 삭제 등의 리소스사용에 관련된 이벤트를 기록한다.
시스템 로그	Windows 시스템 구성요소가 기록하는 이벤트로, 시스템 부팅 시 드라이버가 로드되지 않는 경우와 같이 구성요소의 오류를 이벤트에 기록한다.

(2) 이벤트 뷰어(Event Viewer)

① Windows 시스템에서는 시스템의 로그가 이벤트 로그 형식으로 관리되며, 이벤트 로그를 확인하기 위해서는 Windows의 이벤트 뷰어를 이용해야 한다.

합격 NOTE

합격예측
NAP의 핵심 서비스 : 네트워크 연결 제한, 유효성 검사

합격예측
NAP는 Windows Server 2012의 기능 중 하나이다.

합격예측
로그(Log) : 감사 설정된 시스템의 모든 기록을 담고 있는 데이터

합격예측
이벤트 로그 : 시스템 실행 동안 발생하는 모든 이벤트를 기록하며, 시스템 활동을 이해하고 문제를 진단하는데 사용된다.

합격 NOTE

합격예측
감사 로그 설정을 통해 다양한 보안 이벤트 저장이 가능하다.

합격예측
Event Viewer로 로그의 관리와 분석을 할 수 있다.

합격예측
감사추적(Audit Trail) : 컴퓨터 보안 시스템에서 시스템 자원 사용을 시간 순서에 따라 기록된 사용 내역을 말한다.

합격예측
CLI : 작업 명령을 위해 텍스트 또는 명령 행 형식으로 명령을 실행하는 인터페이스

합격예측
① CLI : 키보드 등을 통해 문자열의 형태로 작업명령을 입력하며, 출력 역시 문자열의 형태로 주어진다.
② GUI : 그래픽 아이콘 및 시각적 표시기를 통해 전자 장치와 상호 작용할 수 있는 사용자 인터페이스

② 이벤트 뷰어는 마이크로소프트 운영체제의 구성요소이며, 관리자와 사용자가 로컬 컴퓨터나 원격 컴퓨터의 이벤트 로그를 볼 수 있게 한다.

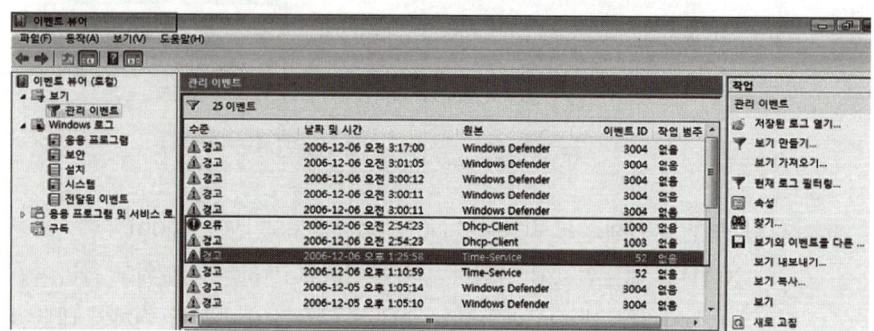

 참고

 파워쉘(PowerShell)

① 마이크로소프트가 개발한 확장가능한 명령줄 인터페이스(CLI : Command Line Interference) 쉘 및 스크립트 언어를 특징으로 하는 명령어 인터프리터이다.
② 시스템관리 및 자동화 등을 목적으로 설계된 명령어 쉘 및 스크립트 언어이다.
③ 커맨드(Command)기반의 화면에서 시스템의 상태모니터링, 설정변경, 서비스제어 등을 할 수 있는 환경을 제공한다.

출제 예상 문제

제2장 윈도우 서버 구축

01 윈도우 서버들의 공통적 특징으로 볼 수 없는 것은?
① 다중 사용자 시스템
② 소프트웨어 RAID 지원
③ 강력한 네트워크
④ 로컬 컴퓨터를 통한 원격 접속

해설
Windows 서버를 로컬 컴퓨터가 아닌 외부에서도 접속하여 사용할 수 있다.

02 윈도우 서버에서 공통적으로 구축할 수 있는 서버 기능으로 가장 맞지 않는 것은?
① ARP 서버 기능   ② DNS 서버 기능
③ DHCP 서버 기능   ④ 파일 서버 기능

해설
Windows 서버의 공통적인 기능 : 다중 사용자 시스템, 소프트웨어 RAID 지원, 강력한 네트워크, 데이터 백업, 외부에서 서버로 접속 기능, 데이터베이스 작동을 위한 안정적인 성능, 웹서버, FTP서버, DNS 서버, E-Mail 서버, DHCP 서버, 파일서버, Active Directory, 장애 조치 클러스터, 서버의 보안 강화 등

03 윈도우 서버의 기능 중 다음의 내용으로 가장 맞는 것은?

> Windows 서버를 운영하는 서버에 문제가 발생하여 서비스가 중단되어서는 안 되므로, 동일한 환경의 Windows 서버를 2대 이상 구성하는 방법을 사용할 수 있다.

① 클러스터링 기능   ② 부하분산 기능
③ 부하 균형기능   ④ 장애 방지 기능

해설
클러스터링(Clustering)은 동일한 환경의 윈도우 서버를 2대 이상 구성하는 것을 말한다.

04 Windows Server 2012 R2의 서버관리자를 이용하여 IIS(Internet Information Server)로 설정할 수 있는 서비스로 짝지어진 것은?
① HTTP, FTP
② DHCP, DNS
③ HTTP, DHCP
④ HTTP, TELNET

해설
① 윈도우 서버는 IIS 기능이 기본으로 내장되어 있어 안정적인 웹 서비스가 가능하며, 그에 따른 다양한 응용 서비스도 가능하다.
② IIS 웹 서버는 FTP, SMTP, NNTP, HTTP/HTTPS 등을 포함한다.

05 Windows Server 2012의 서버관리자의 역할 추가마법사를 이용하여 FTP 서버를 구축하고자 한다. 다음 중 어느 역할을 선택해서 설정해야 하는가?
① AD 도메인 서비스
② DNS 서버
③ 웹 서버(IIS)
④ 응용프로그램 서버

해설
Windows에서는 FTP Server를 구축하려면 IIS가 설치되어 있어야 한다.

06 Windows 2012 Server의 계정관리에 대한 일반적인 설명으로 옳지 않은 것은?
① 관리자 계정(Administrator)은 삭제할 수 있다.
② Guest 계정을 사용 불가로 만들 수 있다.
③ 관리자나 계정 운영자에 의해 생성된 사용자 계정은 삭제할 수 있다.
④ 각 사용자 계정은 사용자 이름에 의해 확인된다.

[정답] 01 ④ 02 ① 03 ① 04 ① 05 ③ 06 ①

07 Windows 2012 Server에서 사용되는 사용자 계정에 대한 설명 중 올바른 것은?

① Guest 계정은 Windows 2012 Server 설치 시 만들어 지며, 일반 사용자 계정을 가지는 사용자가 사용한다.
② 일반 사용자 계정은 각 사용자가 필요할 때에 만들어 사용 할 수 있다.
③ Administrator 계정으로 로그인하면 해당 컴퓨터에 대한 모든 권리를 행사 할 수 있다.
④ Guest 계정으로 로그인을 하면 모든 폴더에 읽기 권한을 가진다.

08 Windows Server 2012 R2에서 계정의 종류 중 로컬 사용자 계정(Local User Account)에 대한 설명으로 올바른 것은?

① 운영체제 설치시 관리자가 등록하지 않아도 미리 등록되는 계정으로 삭제나 편집이 불가능하다.
② Administrator, Guest, IUSER_XXX, IWAM_XXX 등이 있다.
③ 서버에 로그인 할 수 있는 계정으로 일반적인 계정은 모두 로컬 로그인 계정에 해당한다.
④ 로그인할 때 도메인 컨트롤러를 통해 도메인 사용자 계정을 인증 받아 로그인한다.

[해설]
Local User Account
① 독립 실행형 서버에서 생성한 사용자 계정
② 로컬에서는 관리자와 거의 대등한 권한을 갖지만, 원격에서 접속이 불가능한 계정
③ Active Directory 도메인에 로그 온할 수 없고 현재 컴퓨터의 자원에만 접근할 수 있는 계정

09 Windows Server 에서 로컬 사용자 계정 관리에 대한 설명으로 옳지 않은 것은?

① 보안을 위해 관리자 계정인 Administrator 라는 이름을 바꿀 수 있다.
② 관리자도 알 수 없도록 새 사용자의 암호를 첫 로그인 시 지정하도록 할 수 있다.
③ 장기 휴직인 사용자의 계정은 "계정 사용 안함"을 통해 휴면계정화 할 수 있다.
④ 삭제한 계정과 동일한 사용자 이름의 계정을 생성하면 삭제 전 권한을 복구할 수 있다.

[해설]
① 독립 실행형 서버에서 생성한 사용자 계정을 로컬 사용자 계정이라 한다.
② 계정을 삭제한 후 동일한 이름으로 계정을 생성해도, 이전 권한은 복구되지 않는다.

10 Windows 2012 Server 설치 시에 기본적으로 설정되는 그룹으로 옳지 않은 것은?

① Administrators   ② Users
③ Guests   ④ Operators

[해설]
Administrator, Backup Operators, Remote Desktop Users, Users.

11 Windows Server 2012의 원격 데스크톱 서비스에 대한 설명으로 옳지 않은 것은?

① 원격 데스크톱 서비스를 설치하지 않더라도 관리용 원격데스크톱을 통해 최대 5명까지 동시접속이 가능하다.
② 원격 데스크톱 세션 호스트 서버로 구성해 운영하려면 라이선스가 필요하다.
③ 네트워크 레벨 인증 시 접속하는 PC는 최소 Windows XP 서비스팩2 이상의 운영체제이어야 한다.
④ 인터넷을 통해서도 원격 데스크톱 서비스를 받으려면 원격 데스크톱 게이트웨이를 설치해야 한다.

[해설]
① 원격 데스크톱 서비스(RDS, Remote Desktop Services)는 네트워크가 연결되어 있는 원격 컴퓨터나 가상 머신에 사용자가 제어권을 가질 수 있게 하는 마이크로소프트 윈도우의 구성요소 중 하나이다.
② 1:1 접속이 원칙이다.

[정답] 07 ③ 08 ③ 09 ④ 10 ④ 11 ①

12. 다음 중 Windows 2012 Server에서 FTP Server와 관련이 없는 것은?

① TCP Port ② IIS
③ Anonymous ④ Exchange Server

해설
① FTP(File Transfer Protocol)서비스는 대용량 파일전송을 위해 지원되는 서비스이다.
② FTP 서버 구축 : IIS 하위 패키지에 포함되어 있다. 익명(Anonymous)연결이 가능하다. TCP/IP 통신 포트는 21(Port)을 사용한다.

13. Windows Server 2012의 FTP Server 설정에 관한 설명으로 옳지 않은 것은?

① FTP 방화벽 지원 - 외부 방화벽에 대해 패시브 연결을 수락할지에 대해 서버를 구성할 수 있다.
② FTP 메시지 - 사용자 지정 환영메시지, 종료메시지, 그리고 추가적인 연결이 사용가능하지 않아 사용자를 거부했을 때의 메시지 설정이 가능하다.
③ FTP 사용자 격리 - 다른 사용자의 FTP 홈 디렉터리에 대한 접근을 막을 수 있게 한다.
④ FTP SSL 설정 - FTP 사이트 생성 시에 연결한 SSL 설정을 확인하는 기능으로 한 번만 수정할 수 있다.

14. 인터넷의 잘 알려진 포트번호로 맞지 않는 것은?

① FTP - 21
② SMTP - 25
③ POP3 - 110
④ TFTP - 68

해설
① TFTP(Trivial File Transfer Protocol)는 FTP와 마찬가지로 파일을 전송하기 위한 프로토콜이지만 FTP보다 더 단순한 방식으로 파일을 전송한다.
② TFTP는 포트번호(69)를 이용하여 라우터나 스위치의 설정파일과 IOS 이미지를 받아올 때 사용한다.

15. Windows Server 2012 R2에서 자신의 네트워크 안에 있는 클라이언트 컴퓨터가 부팅될 때 자동으로 IP 주소를 할당해주는 서버는?

① DHCP 서버
② WINS 서버
③ DNS 서버
④ 터미널 서버

해설
① 동적 호스트 구성 프로토콜(DHCP : Dynamic Host Configuration Protocol)는 네트워크 관리자들이 IP 주소를 관리하고 할당해주는 인터넷 프로토콜이다.
② DHCP는 한 그룹의 모든 IP주소를 해당 서버에 저장해 두고 이용자의 컴퓨터가 요청할 때마다 IP주소를 자동으로 할당해주는 프로토콜이다.
③ DHCP 서버는 IP주소를 자동으로 할당해주는 서버이다.

16. Windows Server 2012 R2에서 DHCP 서버의 주요 역할의 설명으로 맞는 것은?

① 동적 콘텐츠의 HTTP 압축을 구성하는 인프라를 제공한다.
② TCP/IP 네트워크에 대한 이름을 확인한다.
③ IP 자원의 효율적인 관리 및 IP 자동 할당한다.
④ 사설 IP주소를 공인 IP 주소로 변환해 준다.

17. Windows Server 2012에서 DHCP 서버 구성 시 옳은 것은?

① 특정 호스트에게 항상 같은 IP 주소를 부여하려면 그 호스트의 이름이 필요하다.
② 특정 호스트에게 IP 주소 부여를 허가하거나 거부하려면 해당 호스트의 MAC 주소가 필요하다.
③ 클라이언트가 도메인 이름 조회를 할 수 있게 하려면 WINS 서버를 지정한다.
④ DHCPv6 클라이언트가 DHCP 서버로부터 IPv6 주소를 얻기 원한다면 상태 비저장 모드를 사용한다.

[정답] 12 ④ 13 ④ 14 ④ 15 ① 16 ③ 17 ②

18 Windows Server 2012에서 DHCP 구성에 대해 설명으로 올바른 것은?

① DHCP에서 새범위 구성시 임대 기간은 일, 시간, 분, 초단위로 설정할 수 있다.
② Windows Server 2008에서 DHCP에서 새범위 구성시 더이상 WINS 서버를 구성하지 않는다.
③ 새 예약 구성시 지원되는 유형은 BOOTP없이 DHCP만 가능하다.
④ DHCP 서버에서 주소를 분배할 때, 적용할 지연 시간은 ms 단위로 지정한다.

해설

지연시간은 밀리초(ms)를 단위로 지정하여 사용하며, 새 범위 임대 기간은 일, 시, 분 단위로 설정한다.

19 Windows Server 2012를 원격으로 관리하고자 한다. 데이터를 암호화하여 전송할 수 있는 원격 관리 서버는?

① Telnet서버   ② WINS서버
③ Exchange 서버   ④ SSH서버

20 Windows Server 2012에서 파일 및 프린터 서버를 사용할 수 있도록 지원하기 위해서 반드시 설치해야 하는 통신 프로토콜은?

① TCP/IP   ② SNMP
③ SMTP   ④ IGMP

21 Windows 2012 Server의 Active Directory 기능으로 옳지 않은 것은?

① 정보 보안   ② 정책 기반 관리
③ 확장성   ④ DNS와의 분리

해설

① Active Directory(AD)는 모든 네트워크 정보를 Directory에 저장하여 손쉽게 관리하고 찾을 수 있다.
② AD의 특징 : 융통성 있고 집중화된 자원관리, 동일한 DB를 이용하여 다양한 서비스 제공, 인증서비스와 보안서비스 제공, 대규모 네트워크에서 보다 효율적으로 관리하며 정보보안, 정책기반관리 확장성 등의 기능을 제공 등

22 Windows Server 2012 R2의 Active Directory에서 두 개 이상의 트리(Tree)가 연결되어 구성되는 구조를 무엇이라고 하는가?

① 도메인(Domain)   ② 트리(Tree)
③ 포리스트(Forest)   ④ 사이트(Site)

해설

① 도메인(Domain) : Active Directory의 가장 기본 단위
② 트리(Tree) : 도메인의 집합
③ 포리스트(Forest) : Active Directory에서 두 개 이상의 트리가 연결되어 구성되는 구조

23 Windows Server 2012의 Active Directory(AD) 서비스 중에서 디렉터리 데이터를 저장하고, 사용자 로그온 프로세스, 인증 및 디렉터리 검색을 포함하여 사용자와 도메인 간의 통신을 관리하는 서비스는?

① AD 인증서서비스
② AD 도메인 서비스
③ AD Federation 서비스
④ AD Rights Management 서비스

해설

① 액티브 디렉토리 도메인 서비스(ADDS, Active Directory Domain Services)와 같은 디렉터리 서비스는 디렉터리 데이터를 저장 하고 이 데이터를 네트워크 사용자 및 관리자가 사용할 수 있도록 하는 방법을 제공 한다.
② AD 인증서 서비스: 사용자 지정된 공개 키 인증서를 만들고, 배포하고, 관리하는 방법을 제공하는 서비스

24 Windows 2012 Server에서 제공하는 공유폴더 사용 권한으로 옳지 않은 것은?

① 변경   ② 읽기
③ 모든 권한   ④ 삭제

[정답] 18 ④ 19 ④ 20 ① 21 ④ 22 ③ 23 ② 24 ④

출제 예상 문제

25 윈도우 서버 2012의 파일시스템(File System)으로 볼 수 없는 것은?

① EXT4(EXTended file system 4)
② FAT(File Allocation Table)
③ NTFS(New Technology File System)
④ ReFS (Resilient File System)

해설
① 윈도우 파일시스템 : FAT, FAT32, NTFS, ReFS
② 리눅스 파일시스템: EXT2, EXT3, EXT4, XFS, JFS 등

26 서버 담당자가 Windows Server 2016 서버에서 파일 서버 구축에 NTFS와 ReFS 파일시스템을 고려하였다. NTFS와 ReFS 파일시스템에 대한 설명으로 옳지 않은 것은?

① NTFS는 퍼미션을 사용할 수 있어서 접근 권한을 사용자 별로 설정 할 수 있다.
② NTFS는 파일 시스템의 암호화를 지원한다.
③ ReFS는 데이터 오류를 자동으로 확인하고 수정하는 기능이 있다.
④ ReFS는 FAT32의 장점과 호환성을 최대한 유지한다.

해설
① NTFS는 가장 일반적인 파일시스템이다.
② ReFS(복원기능 파일시스템)는 소형 저장장치로부터 대규모 데이터센터까지 다양한 환경에 쓰이는 파일시스템이다.
③ ReFS 특징
  ㉠ NTFS 장점과 호환성을 최대한 유지
  ㉡ 데이터 오류를 자동으로 확인하고 수정하는 기능 포함한다.
  ㉢ 대용량 볼륨 및 파일 크기 지원한다.

27 윈도우 서버의 장애 조치 클러스터에 대한 설명으로 가장 옳지 않은 것은?

① 상태 비저장 응용프로그램을 위해 설계되었다.
② 고가용성(High Availability)을 제공한다.
③ 상태 저장 응용프로그램을 위해 설계되었다.
④ 파일서버, 인쇄서버, 데이터베이스서버 등에 사용된다.

해설
① 상태 저장 응용프로그램은 장기 실행메모리 내 상태를 가지거나 대량으로 자주 업데이트되는 데이터 상태를 가지는 응용 프로그램을 말한다.
② 장애조치클러스터는 상태 저장 응용프로그램을 위해 설계되었다.

28 로드밸런싱(Load Balancing)에 대한 설명이 맞는 것은?

① 물리적인 망 구성과는 상관없이 가상적으로 구성된 근거리 통신망 기술
② 사용량과 처리량을 증가시키고 지연율을 낮추며 응답시간을 감소시키고 시스템 부하를 피할 수 있게 하는 최적화 기술
③ 가상머신이 실행되고 있는 물리적 컴퓨터로부터 분리된 또 하나의 컴퓨터
④ 웹 브라우저와 서버 간의 통신에서 정보를 암호화 하는 기술

해설
로드밸런싱(Load Balancing) : 고가용성과 높은 안정성 및 높은 확장성을 제공하기 위한 기술이다.

29 다음 설명 중 가장 맞는 것은?

① 데이터베이스 미러(Mirror) 방식은 공유 스토리지를 이용하여 데이터가 손실되는 것을 방지한다.
② 공유 스토리지(NAS)방식은 데이터 저장소를 네트워크로 연결하여 데이터베이스 시스템을 구성하는 기술이다.
③ 데이터베이스 미러 방식은 데이터베이스의 가용성을 높여주어 데이터 손실을 최소화한다.
④ 공유 스토리지(NAS)방식은 공유 스토리지를 마련해야 하는 단점으로 소규모 시스템에 많이 사용되고 있다.

해설
① 공유 스토리지(NAS : Network Attached Storage)방식: 데이터 저장소를 네트워크로 연결하여 서버 및 사용자간 데이터 공유, 서버 데이터 동기화, 백업 등과 같은 데이터 공유와 관리를

[정답] 25 ① 26 ④ 27 ① 28 ② 29 ③

안전하고 편리하게 하는 방식이다.
② 데이터베이스 미러링은 DB 연결 및 데이터 손실을 최소화하여 데이터베이스의 가용성을 높여주는 주요 솔루션이다.

30 Windows Server의 백업에 관한 설명으로 옳지 않은 것은?

① 완전서버백업(bare-metal backup)이 가능하다.
② 다른 하드웨어에 서버를 복구 할 수 있다.
③ 자기 테이프 백업을 지원한다.
④ 네트워크 공유나 로컬 하드드라이브의 백업을 지원한다.

해설
① 백업 방식에는 전체 백업(Full Backup), 증분 백업(Incremental Backup), 차등 백업(Differential Backup)이 있다.
② 자기테이프는 하드디스크가 나오기 훨씬 이전부터 컴퓨터의 데이터를 저장하고 백업하기 위해 사용한 매체이다.

31 Windows Server 운영 시 보안을 위한 조치로 적절하지 않은 것은?

① 가급적 서버의 서비스들을 많이 활성화시켜 둔다.
② 비즈니스 자원과 서비스를 분리한다.
③ 사용자에게는 임무를 수행할 만큼의 최소 권한만 부여한다.
④ 변경사항을 적용하기 전에 정책을 가지고 검사한다.

해설
최소한의 서비스 활성화가 보안에 도움을 준다.

32 다음 중 아래의 설명과 관련된 것으로 옳은 것은?

> 시스템에 방화벽이 있는 경우 외부와의 통신을 위해 만들어 놓은 것으로, 방화벽 안쪽에 있는 서버들의 외부 연결은 이것을 통하여 이루어지며, 연결 속도를 올리기 위해서 다른 서버로부터 목록을 캐시하는 시스템이다.

① Web Server
② Proxy Server
③ Client Server
④ FTP Server

해설
Proxy Server : 클라이언트와 서버 사이에서 데이터를 중계하는 역할을 하는 서버

33 Windows Server의 감사 정책에 관한 설명으로 가장 옳지 않은 것은?

① 감사(auditing)란 사용자의 작업이나 시스템의 활동을 추적하고 감시하는 것을 말한다.
② 감사정책이란 어떤 이벤트가 발생하면 그 내용을 기록해 관리자가 알 수 있도록 이벤트들을 지정하는 것이다.
③ 기록된 이벤트는 관리도구의 이벤트 뷰어에서 확인할 수 있다.
④ 감사 대상 이벤트를 많이 구성할수록 시스템의 성능은 좋아진다.

해설
① 감사정책은 컴퓨터의 보안에 영향을 미치는 보안설정이다.
② 감사정책 설정은 사용자가 컴퓨터를 다시 시작하거나 종료할 경우 또는 컴퓨터 보안이나 보안 로그에 영향을 주는 이벤트가 발생할 경우에 이를 감사할지 여부를 결정한다.
③ 감사설정을 구성하지 않으면 보안과 관련하여 어떠한 일이 발생했는지 파악하기 어렵거나 전혀 파악할 수 없다.
④ 감사설정시 이벤트를 생성하는 작업을 너무 많이 허가하면 로그에 불필요한 데이터가 기록되며 이러한 작업은 컴퓨터 성능에도 영향을 줄 수 있다.
⑤ 감사설정은 제어판 → 관리도구 → 로컬 보안 정책에서 감사 정책을 설정 할 수 있음

34 Windows Server 2012 R2의 이벤트 뷰어에서 로그온, 파일, 관리자가 사용한 감사 이벤트 등을 포함해서 모든 감사된 이벤트를 보여주는 로그는?

① 응용 프로그램 로그
② 보안 로그
③ 설치 로그
④ 시스템 로그

출제 예상 문제

해설
① 보안 로그: 유효하거나 유효하지 않은 로그온 시도 및 파일생성, 열람, 삭제 등의 리소스 사용에 관련된 이벤트를 기록한다.
② 이벤트 뷰어(Event Viewer)는 마이크로소프트 운영체제의 구성요소이며, 관리자와 사용자가 로컬 컴퓨터나 원격 컴퓨터의 이벤트 로그를 볼 수 있게한다.
③ Windows 시스템에서는 시스템의 로그가 이벤트 로그 형식으로 관리되며, 이벤트 로그를 확인하기 위해서는 Windows의 이벤트 뷰어를 이용해야 한다.

35 윈도우 서버시스템의 이벤트 로그의 종류가 아닌 것은?

① 설정 로그 ② 응용프로그램 로그
③ 시스템 로그 ④ 보안 로그

36 서버를 안전하게 유지하는 방법이 아닌 것은?

① 운영체제를 정기적으로 패치하고, 데몬을 최신 버전으로 갱신하여 설치한다.
② 불필요한 suid 프로그램을 제거한다
③ 침입차단시스템의 정책을 적절하게 적용하여 내부 자원을 보호한다.
④ 사용자의 편리성과 가용성을 위하여 시스템이 제공하는 모든 데몬들을 설치하여 사용한다.

37 Windows Server 2016의 이벤트 뷰어에 대한 설명으로 옳지 않은 것은?

① '이 이벤트에 작업 연결'은 이벤트 발생 시 특정 작업이 일어나도록 설정하는 것이다.
② '현재 로그 필터링'을 통해 특정 이벤트 로그만을 골라 볼 수 있다.
③ 사용자 지정 보기를 XML로도 작성할 수 있다.
④ '구독'을 통해 관리자는 로컬 시스템의 이벤트에 대한 주기적인 이메일 보고서를 받을 수 있다.

38 Windows Server의 시스템관리를 위해서 설계된 명령 라인 셸 및 스크립팅 언어로, 강력한 확장성을 바탕으로 서버 상의 수많은 기능의 손쉬운 자동화를 지원하는 것은?

① PowerShell ② C-Shell
③ K-Shell ④ Bourne-Shell

해설
① 파워셸(PowerShell)은 마이크로소프트가 개발한 확장 가능한 명령 줄 인터페이스(CLI: Command Line Interference) 셸 및 스크립트 언어를 특징으로 하는 명령어 인터프리터이다.
② PowerShell은 시스템관리 및 자동화 등을 목적으로 설계된 명령어 셸 및 스크립트 언어이다.
③ PowerShell은 커맨드(Command) 기반의 화면에서 시스템의 상태 모니터링, 설정변경, 서비스제어 등을 할 수 있는 환경을 제공한다.

39 Windows Server 2012 R2에서 사용하는 Power Shell에 대한 설명으로 옳지 않은 것은?

① 기존 DOS 명령은 사용할 수 없다.
② 스크립트는 콘솔에서 대화형으로 사용될 수 있다.
③ 스크립트는 텍스트로 구성된다.
④ 대소문자를 구분하지 않는다.

해설
파워셸(PowerShell)의 특징
① 자동 탭 완성 지원
② 파이프라인 지원
③ DOS 커맨드 명령어 지원
④ 대화형 쉘, 실행 에러 방지 등

[정답] 35 ① 36 ④ 37 ④ 38 ① 39 ①

3 서버 가상화 구축

1. 가상화 서비스 환경구축

가. 가상화(Virtualization)기술

(1) 가상화기술의 등장배경

① 서버(컴퓨터, 자원 등)는 운영제체로 동작하며, 한 개의 물리적서버는 한 개의 운영체제가 필요하다. 만약 여러 대의 서버를 동시에 실행해야 하는 경우 여러 운영체제를 실행해야 하는데, 대부분의 서버 등은 단지 용량의 10~15[%] 정도만 사용하므로 이용률(utilization rate) 및 활용도가 매우 낮다.

② 서로 다른 벤더의 응용프로그램은 별도의 운영체제를 구성하고 응용프로그램을 설치하므로, 응용프로그램 간에 충돌 등으로 자원의 낭비가 증가되고 있다.

③ 서버 등의 증가는 공간의 증가, 소모전력의 증가, 운영 및 유지보수(O&M) 비용의 증가로 이어지므로 큰 부담이 되고 있다.

(2) 가상화의 정의

> 가상화는 물리적으로 다른 시스템을 논리적으로 통합하거나 하나의 시스템을 논리적으로 분할하여 자원을 효율적으로 사용하는 기술이다.

① 가상화란, 하이퍼바이저(Hypervisor) 등의 소프트웨어를 사용하여 프로세서, 메모리, 스토리지 등과 같은 단일 컴퓨터의 하드웨어 요소를 가상머신(VM)이라고 하는 다수의 가상시스템으로 분할하는, 즉 논리적인 객체로 추상화 하는 것을 의미한다.

② 가상화란, 물리적 컴퓨터 하드웨어를 보다 효율적으로 활용할 수 있도록 해주는 프로세스이며, 이는 클라우드컴퓨팅의 기반을 제공한다.

③ 가상화의 대상이 되는 컴퓨팅자원은 프로세서(CPU), 메모리(Memory), 스토리지(Storage), 네트워크(Network) 등이며, 이들을 분할하거나 통합하여 자원을 더욱 효율적으로 사용할 수 있게 하고 또는 분산처리를 가능하게 한다.

합격예측
가상화는 클라우드 컴퓨팅을 구성하는 핵심기술이다.

합격예측
가상화는 서버의 활용도를 70[%] 이상으로 올릴 수 있다.

합격예측
가상화는 하나의 자원을 분리해서 쓰거나, 여러개의 자원을 하나인 것처럼 합쳐서 쓸 수 있도록 해주는 것

합격예측
가상화는 컴퓨터에서 컴퓨터 리소스의 추상화를 말한다.

합격예측
가상화 대상 : 프로세서(CPU), 메모리(Memory), 스토리지(Storage), 네트워크(Network) 등

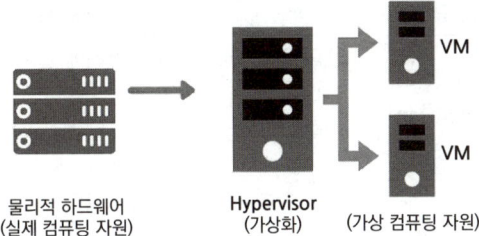

물리적 하드웨어　　Hypervisor　　(가상 컴퓨팅 자원)
(실제 컴퓨팅 자원)　(가상화)

(3) 가상화의 장점

① 자원이용률(Resource Utilization) 증가 : 자원 이용률이 최대 사용 가능한 양에 비해 현저히 떨어지는 여러 서버를 통합(Consolidate) 함으로써 서버 자원을 효율적으로 사용할 수 있다.

② 결함격리(Fault Isolation) : 같은 물리적 서버에서 동시에 실행되고 있는 가상 머신에 장애가 발생하더라고 다른 가상 머신에 영향을 끼치지 않는다.

③ 관리성(Manageability) 증가 : 여러 종류의 OS를 동시에 지원하는 것이 가능해 지며, 가상 CPU의 수, 메모리 양 등 다양한 가상머신 구성이 가능하다.

④ 기타 : 비용절감, 시스템 장애극복 및 재난복구, 유지비용 절감, 운영비용 절감, 환경 친화적 구성가능, 이종환경 대응가능 등

(4) 가상화의 종류

종류	내용
데이터(Data) 가상화	① 물리적인 데이터 이동없이 원천데이터를 결합하고 활용하는 개념 ② 분산되어 있는 데이터베이스, 파일, 빅데이터를 가상 데이터 계층에 통합하고 최신 데이터를 실시간으로 활용할 수 있는 기술
데스크탑(Desktop) 가상화	① 업무에 사용하는 PC들을 가상화하는 것을 의미 ② 사용자는 PC(모니터, 키보드, 마우스만 존재)나 노트북을 통해 작업하지만 실제 컴퓨팅 환경은 데이터 센터에 구축된 서버에서 운영되는 방식이다.
서버(Server) 가상화	① 소프트웨어 애플리케이션을 통해 물리적 서버를 여러 개로 분리된 고유한 가상서버로 나누는 기술 ② 하나의 컴퓨터에서 여러 개의 운영체제를 설치해 여러 개의 서버처럼 운용하는 기술
운영체제(OS) 가상화	① 운영체제의 중앙 태스크 관리자인 커널에서 이루어진다. ② 운영체제의 가상화를 통해 여러환경(Windows, Linux 등)의 운영체제를 실행할 수 있다.

합격 NOTE

합격예측
가상머신(VM) : 일반 컴퓨터에 가상머신을 설치하면 가상으로 여러 대의 서버를 구성할 수 있다.

합격예측
가상화의 장점 : 자원이용률 향상, 결함차단, 관리성 향상 등

합격예측
데이터가상화 : 여러 곳에 분산되어 있는 데이터를 단일 소스로 통합하고 활용하는 기술.

합격예측
데스크탑가상화 : 데이터 센터의 서버에서 운영되는 가상의 PC환경을 의미한다.

합격예측
서버가상화 : 각 가상 서버는 자체 운영 체제를 독립적으로 실행할 수 있다.

합격예측
운영체제 가상화 장점
① 하드웨어적 비용 감소
② 보안 강화
③ SW Update등에 소요되는 시간이 절약

종류	내 용
애플리케이션 (Application) 가상화	① 애플리케이션을 중앙 서버에 설치하고 가상의 인터페이스만 네트워크를 통해 보내는 기술 ② 응용프로그램은 실제로 설치되지 않으나 마치 설치된 것처럼 실행
스토리지(Storage) 가상화	① 여러 스토리지 시스템 사이의 리소스 공유를 통해서 물리적인 경계의 한계를 극복하는 기술 ② 종류 : 컨트롤러 파티셔닝, 스토리지 블록 가상화 등
네트워크기능 (Network Function) 가상화	① 네트워크기능을 추상화하여 네트워크기능을 설치하고 제어하도록 지원하는 기술 ② 기존에 독점 하드웨어에서 실행되었던 라우터, 방화벽, 로드 밸런서 등의 네트워크 서비스를 가상화하는 방식

> **합격예측**
> 네트워크 기능 가상화(NFV) : NFV는 유무선 네트워크 장비에 가상화 기술을 적용, HW 중심의 네트워크 기능을 SW로 구현하는 기술

나. 서버 가상화

(1) 서버 가상화의 의미

① 서버 가상화는 소프트웨어 애플리케이션을 통해 물리적 서버를 여러 개로 분리된 고유한 가상서버로 나누는 과정이다.
② 서버 가상화는 하나의 서버에서 여러 개의 어플리케이션, 미들웨어 및 운영체제가 설치되어 서비스될 수 있도록 해주는 기술이다.
③ 서버 가상화는 하나의 물리적서버에 여러 개의 가상머신(VM)을 생성하고 각 VM이 독립적인 개별 하드웨어를 가지고 있는 것처럼 만들어 준다.

> **합격예측**
> 각 가상서버는 자체 운영체제를 독립적으로 실행할 수 있다.

(2) 서버 가상화의 이점

① 서버의 가용성 증가 ② 운영비용 절감
③ 서버의 복잡성 제거 ④ 애플리케이션 성능향상 등

(3) 가상화 소프트웨어(SW)

종류	내 용
호스트 OS 형 가상화 소프트웨어	① 호스트(host) OS에 설치한 가상화 소프트웨어에서 가상머신(guest OS)을 작동시키는 가상화 기술 ② PC에도 간단히 설치하여 이용할 수 있다. ③ 종류 : VMware의 VMware player, 오라클의 VirtualBox 등
하이퍼바이저 형 가상화 소프트웨어	① 서버에 직접 설치한 가상화 소프트웨어에서 가상머신을 작동시키는 가상화 기술 ② 종류 : VMware의 Sphere, 마이크로소프트의 Hyper-V 등

> **합격예측**
> 가상화 소프트웨어 : 서버를 가상화하기 위해 필요한 소프트웨어

(4) 서버 가상화 기술

서버 가상화는 하나의 서버에서 여러 개의 어플리케이션, 미들웨어 및 운영체제가 설치되어 서비스될 수 있도록 해주는 가상화 기술이다. 서버 구축 측면에서 서버 가상화의 대표적인 기술은 다음과 같다.

종류		내용
호스트(Host) 가상화		① Base가 되는 Host OS위에 Guest OS가 구동되는 방식 ② 종류 : VM Workstation, VMware Server, VMware Player, MS Virtual Sever, Virtual PC, Virtual Box, Paralles Workstation 등 ③ 장점 : 설치와 구성이 편리
하이퍼바이저(Hyper-visor) 가상화	전 가상화 (Full-Virtualization)	① 하이퍼바이저(Hypervisor) 소프트웨어를 사용 ② 하드웨어를 완전히 가상화하는 방식으로, 게스트 OS에 아무런 수정 없이 다양한 OS를 이용 가능 ∴ 전가상화는 하드웨어를 완전히 가상화했다 라는 의미이다. ③ 게스트 OS를 호스트 시스템과 완전히 분리하여 실행 ④ 전가상화는 하이퍼바이저가 중개자 역할을 하므로 성능이 떨어진다. ⑤ 대표적인 제품 : VMWare
	반가상화 (Para-Virtualization)	① 전가상화의 성능적 문제점을 개선한 방식 ② 하드웨어를 완전히 가상화하지 않는다. ③ 게스트 OS를 일부 수정하여 필요한 하드웨어 자원을 직접 요구할 수 있음 ④ VM 운영체제의 커널의 일부분을 수정해줘야 한다는 단점이 있다. ㉣ 대표적인 제품 : Xen

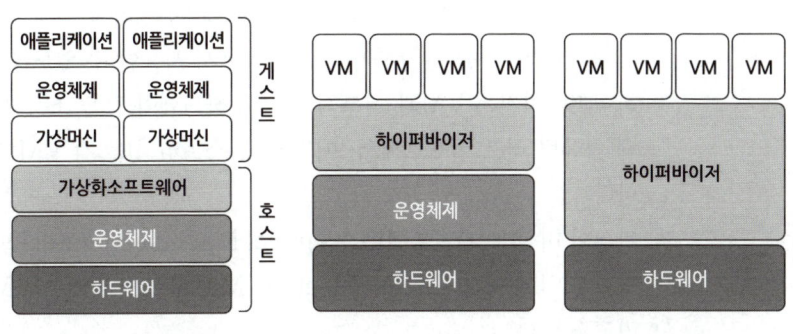

[호스트 가상화]　　[전가상화]　　[반가상화]

합격 NOTE

합격예측
가상화는 가상머신(VM)을 만드는 기술이다.

합격예측
물리 서버는 'Host'라고 하며, 가상 서버는 'Guest' 라고 한다.

합격예측
하이퍼바이저
① 서버 가상화를 실현하는 플랫폼
② 각 가상 서버들을 완전히 독립적으로 운용한다.

합격예측
하이퍼바이저 가상화
Host OS 없이 하드웨어에 하이퍼바이저를 설치하여 사용하는 방식

합격예측
반가상화는 전가상화보다 성능이 향상된다.

합격 NOTE

합격예측
호스트가상화 :
가상화 S/W를 설치하기 위한 OS가 필요한 기술

합격예측
하이퍼바이저 가상화 :
가상화 S/W를 H/W에 바로 설치하는 기술

합격예측
Hypercall :
H/W에 접근할 때 사용하는 명령

합격예측
Hypervisor: VM을 만들고 관리하는 프로그램

합격예측
VM
① 컴퓨팅 환경을 소프트웨어로 구현한 것
② 실제 컴퓨터의 가상 표현 또는 에뮬레이션

📝 참고

📍 **가상화 기술의 구분**

① 호스트 가상화(데스크톱 레벨 가상화)
  ㉠ 윈도우 또는 리눅스와 같은 일반 운영체제 위에 일종의 애플리케이션처럼 설치하여 사용하는 가상화 기술
  ㉡ 하드웨어 호환성이 우수하고 접근성이 쉬움
  ㉢ 대표적인 제품: VM웨어 워크스테이션, VM웨어 플레이어 등
② 하이퍼바이저 레벨 가상화
  ㉠ 전가상화 : Guest OS의 수정이 필요 없도록 H/W 전체를 가상화하는 기술
     반가상화 : Guest OS를 수정하여 특정 명령이 수행될 때 Hypercall을 호출하여 하이퍼바이저가 실행되도록 하는 기술
  ㉡ 데스크톱 레벨 가상화 기술보다 훨씬 더 강력한 성능을 제공
  ㉢ 대표적인 제품 : VM웨어 ESXi, 마이크로소프트의 Hyper-V 등

다. 하이퍼바이저(Hypervisor)

(1) 하이퍼바이저 란?

① 호스트 컴퓨터에서 다수의 운영체제(OS)를 동시에 실행하기 위한 논리적(가상) 플랫폼이다.
② 가상 머신(VM : Virtual Machine)을 생성하고 구동하는 소프트웨어(프로세스)이다.
   ∴ 하이퍼바이저가 물리 리소스를 필요로 하는 가상 환경으로부터 물리 리소스를 분할하여 가상 환경에서 사용할 수 있도록 한다.
③ 하이퍼바이저는 VM과 기본적인 실제 하드웨어 간을 조정하며, 실제 컴퓨팅 리소스(프로세서, 메모리 및 스토리지)를 각 VM에 할당한다.
④ 가상화 머신 모니터(VMM : Virtual Machine Monitor) 또는 가상화 머신 매니저(Virtual Machine Manager), 줄여서 VMM이라고도 한다.

(2) 하이퍼바이저의 구분
　① Type 1 : Native(Bare-metal) Hypervisor
　　㉠ "Bare-metal"은 어떤 응용프로그램이나 운영체제가 설치되지 않은 순수한 하드웨어를 의미한다.
　　㉡ Bare-metal-Hypervisor는 하드웨어 위에 운영체제가 아닌 Hypervisor가 있는 구조로 이루어지는 가상화이다.
　　㉢ 하드웨어 상에서 바로 동작하는 형태로 고성능의 가상화를 제공한다.
　　㉣ 종류 : Xen, KVM, VMware ESXi, MS Hyper-V 등

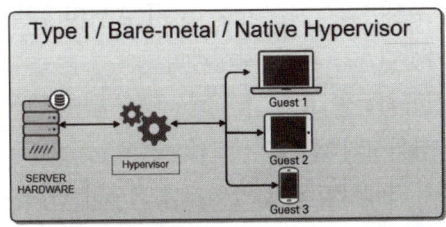
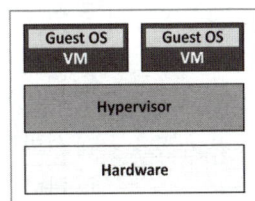

　② Type 2 : Hosted Hypervisor
　　㉠ 호스트기반(Hosted)은 Windows 또는 Linux와 같은 운영체제 위에 일종의 애플리케이션처럼 설치되어 가상화 기술을 제공하는 방법이다.
　　㉡ 개인용 컴퓨터의 운영 체제 상에 응용 프로그램의 형태로 인스톨되어 가상 머신을 구동할수 있는 환경을 제공하므로 설치 및 사용상의 편의가 있다.
　　㉢ Native(Bare-metal) Hypervisor보다 낮은 성능을 보인다.
　　㉣ 종류 : VMware Workstation, VMware Fusion, Parallels Desktop, Oracle VirtualBox, QEMU 등

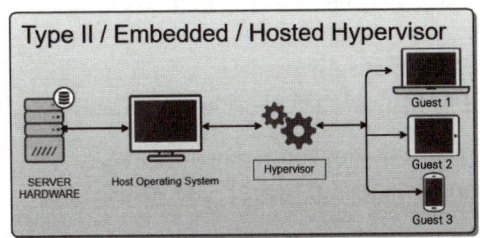
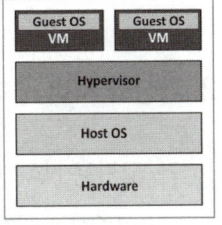

합격 NOTE

합격예측
① Bare-metal Hypervisor : 전가상화, 반가상화
② Hosted Hypervisor

합격예측
Type 1 는 실제 하드웨어(서버)에서 직접 실행되며, OS를 대신한다.

합격예측
(Type 1)은 다시 가상화 방식에 따라 전가상화와 반가상화로 구분한다.

합격예측
Hosted Hypervisor는 Host OS위에 Guest OS가 구동되는 방식이다.

합격예측
Type 2는 OS 내에서 애플리케이션으로 실행된다.

합격 NOTE

합격예측
VM은 컴퓨팅 환경을 소프트웨어로 구현한 것, 즉 컴퓨터 시스템을 에뮬레이션하는 SW이다.

합격예측
가상 머신은 이미지 파일 형태로 저장되어 일시 중지, 종료될 수 있다.

합격예측
VM은 악성 코드를 분석하고, 감염을 방지할 때도 사용한다.

합격예측
Live Migration은 서비스 중단 없이 물리적 호스트 간에 실행 중인 가상 머신을 이동할 수 있다.

합격예측
Migration을 위해서는 공용 스토리지가 필요하다.

합격예측
이중화는 고가용성(HA : High Availability)을 목적으로 한다.

라. 가상머신과 가상네트워크

(1) 가상머신(VM : Virtual Machine)

① 가상머신의 개요
  ㉠ 물리적 컴퓨터와 동일한 기능을 제공하는 소프트웨어로 구현된 컴퓨터이며, 물리적 컴퓨터처럼 애플리케이션과 운영체제를 실행한다.
  ㉡ 컴퓨터의 주요 자원들(CPU, 메모리, 네트워크 인터페이스 및 스토리지 등)의 기능을 소프트웨어적으로 가상으로 만들어서 구현한다.
  ㉢ 가상머신 구성파일 : 로그파일, NVRAM(비휘발성 RAM) 설정파일, 가상디스크 파일, 구성파일 등

② 가상머신을 사용하는 이유
  ㉠ 서버를 통합하고자 할 때
  ㉡ 하나의 컴퓨터에서 여러 운영체제를 실행하고자 할 때
  ㉢ 하나의 컴퓨터자원을 여러 사용자에게 분배하고자 할 때
  ㉣ 컴퓨터의 주요 부분에 영향을 주지 않는 독립환경을 만들고자 할 때
  ㉤ 호스트 환경에서 수행하기는 위험한 특정 작업을 수행하고자 할 때

(2) 라이브 마이그레이션(Live Migration)

① 구동중인 가상머신 또는 애플리케이션이 다른 물리머신으로 중단 없이 이동하여 실행하는 것을 말한다.
② 가상머신이 실행 중인 물리적호스트(가상화시스템)에 동작불량, 과부하 등의 문제가 발생했을 경우에는 실행 중인 가상머신을 실행중단 없이 다른 물리적인 호스트로 이동하는 것을 말한다.
③ 마이그레이션하는 가상시스템은 소스 호스트와 대상 호스트가 모두 액세스할 수 있는 공용 스토리지에 있어야 한다.

2. 가상화 서버 구축과 운용

가. 고가용(HA : High Availability) 이중화 구축 서비스

이중화는 복수의 시스템 또는 장치들을 이용해 서비스를 구성하여, 장애 발생 시에도 가용성(Availability)을 극대화시키는 것으로 주(Primary)서버 중단 시 자동으로 부(Secondary)서버로 업무 이관이 이뤄져 업무 중단을 최소화하는 방법이다.

(1) 가상화 서버의 고가용성(HA)

서버의 고가용성을 위한다면 장애조치(Fail Over)를 위한 클러스터링, 네트워크 로드밸런싱(NLB)를 이용한 클러스터링 방식을 이용할 수 있다.

(2) 하이퍼-V(Hyper-V)

① Hyper-V는 Windows Server 2008 부터 기본적으로 제공되는 가상화솔루션으로, 가상화기술을 사용하여 가상화된 컴퓨팅환경을 만들고 관리할 수 있는 인프라를 제공한다.

② Hyper-V는 가상화구성을 통하여 IT 구축비용절감, H/W 활용도 증대, 서버의 통합 등의 최적화된 인프라환경을 제공한다.

(3) Hyper-V 고가용성 기능

Hyper-V를 사용하면 운영체제, 응용 프로그램 및 서비스를 실행하는 가상 컴퓨터를 만들고 관리할 수 있는 가상화된 서버 컴퓨팅 환경을 만들 수 있으며, 장애 조치 클러스터는 이러한 응용 프로그램과 서비스의 가용성을 높이는 데 사용된다.

① Hyper-V 장애조치 클러스터(Failover Cluster)

㉠ 2대 이상으로 구축된 Hyper-V Node에서 장애 발생 시 VM(Virtual Machine)이 Node 이전을 통해 서비스의 고가용성을 유지할 수 있는 기술이다.

㉡ 클러스터 노드 중 하나 이상에 장애가 발생하면 다른 노드에서 서비스를 제공하기 시작한다.

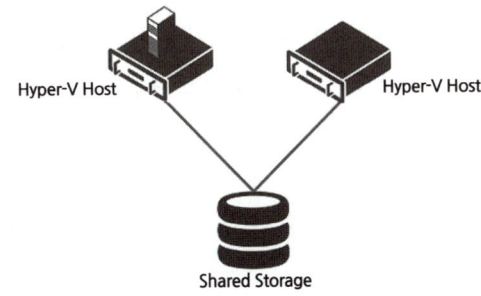

[클러스터된 가상머신]

② 클러스터 공유 볼륨(CSV : Cluster Shared Volumes)

CSV는 여러대의 서버가 하나의 파일시스템(NTFS, ReFS)에 동시에 접근할 수 있도록 해주는 기술로, 장애 조치 클러스터 내의 모든 노드에서 읽기 및 쓰기 작업에 액세스 할 수 있는 볼륨이다.

합격 NOTE

합격예측
Downtime : 시스템(서비스)의 이용 불가능 시간

합격예측
일반적인 '장애'는 계획되지 않은 다운타임을 말한다.

합격예측
계획된 다운타임은 공지 후 작업, 업무 시간 이후에 작업을 하므로 피해는 크지 않다.

합격예측
계획되지 않은 다운타임의 피해는 매우 크다.

합격예측
VMware는 가상화 와 클라우드 컴퓨팅 전문 소프트웨어 기업명이다.

③ 장애조치 유형과 대책
  ㉠ 다운타임(Downtime)은 시스템을 이용할 수 없는 시간, 즉 오프라인이거나 사용할 수 없는 상황에서 서비스를 이용할 수 없는 시간을 말한다.
  ㉡ 고가용성이 필요한 이유는 바로 다운타임(Downtime)에 대한 대비이다.
  ㉢ 다운타임의 유형에는 크게 계획된(예정된) 다운타임(Planned Downtime)과 계획되지 않은(갑작스러운) 다운타임(Unplanned Downtime)의 두 가지 종류가 있다.

종류	의 미	대응방법
계획된 다운타임	① 계획적으로 발생하는 서버의 다운타임 ② 서버의 유지보수작업, 하드웨어 교체와 같이 예정된 시간의 다운타임 ㉮ 정기적으로 수행하는 보안업데이트 후 시스템을 다시 시작하는 경우 ㉮ 시스템 하드웨어증설, 유지, 보수를 위하여 시스템을 일시 중단하는 경우	• 실시간 마이그레이션 형태로 대응 ㉮ VM웨어의 vMotion 기술
계획되지 않은 다운타임	① 예상하지 못한 경우의 다운타임 ② 서버의 하드웨어, 소프트웨어, 운영 체제의 문제 등으로 인한 다운타임 (서비스 불가) ㉮ 갑작스런 시스템 하드웨어의 오류로 인해 서버가 다운되는 경우	• 빠른 마이그레이션 형태로 대응 ㉮ HA 기술

  ㉣ 고가용성(HA)의 목적은 서비스의 다운타임을 최소화함으로써 가용성을 극대화하며 중단없는 서비스를 제공하는 것이다.

참고

● VMware의 vMotion
① VMware는 물리적 하드웨어의 제한없이 서버를 독립적으로 접근하고 사용할 수 있도록 하는 가상화프로그램이다.
② vMotion은 VM을 ESXi 호스트 간에 다운타임 없이 이동시키는 기술을 말한다. 호스트점검이나 시스템 업그레이드 등을 할 때 다운타임 없이 진행을 가능하게 한다.

나. 백업과 장애복구

산업부문이나 기업규모를 막론하고 서버 가상화기술을 도입해 가상머신 (VM)을 운영하는 방법이 점차 보편화되어가고 있다. 그러므로 데이터 보호 전략측면에서 가상화된 서버의 백업과 장애복구 문제에 큰 관심을 가져야 한다.

(1) 스냅샷 볼륨(Snapshot Volume)

① 스냅샷은 특정 시점에 생성되는 백업 복사본으로, 몇 초 안에 NAS 시스템과 데이터의 전체상태가 기록되며, 시스템에 예상치 못한 상황이 발생하는 경우 스냅샷이 기록한 이전 상태로 되돌릴 수 있다.

② 스냅샷은 기존 백업방식에 비해 공간효율성과 유연성이 뛰어나므로 파일과 데이터를 보호하는 최상의 방법이다.

(2) 가상머신 검사점(Check Point)

① 검사점은 'Snapshot'과 같은 기능으로 볼 수 있으며, 가상컴퓨터의 특정상태를 쉽게 저장하고 쉽게 복원할 수 있는 기능이다.

② 가상머신에서는 검사점이라는 기술을 제공하여 손쉽게 원하는 지점을 지정할 수 있으며, 검사점을 생성한 시점으로 상태를 되돌릴 수 있다.

③ Hyper-V 검사점 기능 설정

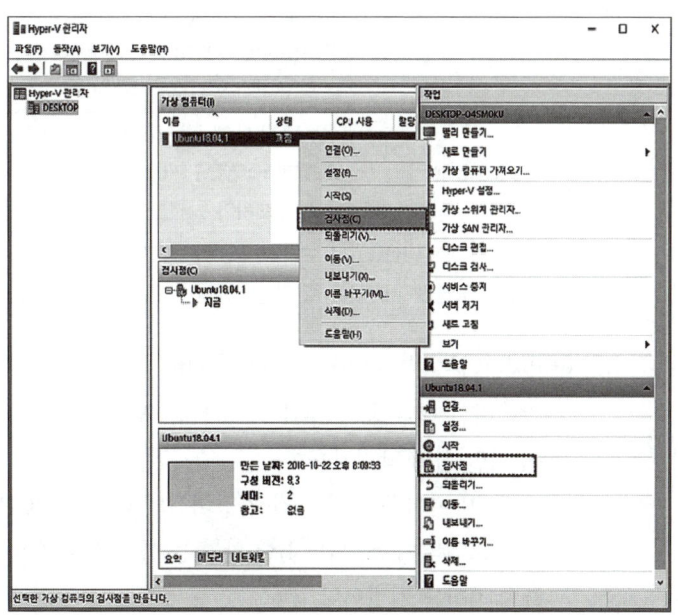

합격 NOTE

합격예측
스냅샷이란 특정 시간에 파일시스템을 복사해서 보관하다가 장애발생시 복원을 해주는 기능이다.

합격예측
네트워크 결합 스토리지(NAS)는 USB처럼 컴퓨터에 직접 연결하지 않고, 네트워크(인터넷)을 통해 데이터를 주고받는 저장장치

합격예측
검사점 : 시스템 장애발생시 파일 등을 이전상태로 복원하는 방법

합격예측
검사점은 Hyper-V에서 VMware의 Snapshot과 같은 기능을 제공한다.

합격 NOTE

합격예측
가상화 환경의 보안위협 : Malware 공격, 정보유출, 서비스 거부, 가상머신 인증, VMM 보안 등

합격예측
기존 보안기술의 가상화 환경 적용 시 한계점 : 네트워크 보안기술의 한계, 안티 바이러스의 한계

합격예측
① VM은 호스트에 막혀 물리적인 보안장비로는 제어할 수 없다.
② VM으로 운영하는 시스템이 많을 수록 중복된 악성코드 관리로 트래픽 발생과 자원의 낭비를 초래한다.

합격예측
가상머신 내부의 정보를 분석하고 탐지하는 VMI는 구동방식에 따라 하이퍼바이저 방식과 VM 방식으로 나뉜다.

합격예측
Agentless 방식의 장점
① Out of-the-box 방식의 침입 탐지를 실시함으로써 각 가상머신을 목표로 하는 침입 공격에 덜 취약
② 안티바이러스 스톰과 같은 성능 저하를 일으키지 않는다.

다. 가상화 환경에서의 보안

가상화는 서버 운용효율과 비용절감을 위해 매우 유용하지만, 보안을 고려하지 않고 수행할 경우 위협의 대상이 될 가능성이 매우 높다. 기존 보안 제품들은 서버 내부가 아닌 서버간의 트래픽을 모니터링 하도록 설계가 되어 있기 때문에, 가상머신 환경에서의 보안대책이 필요하다.

(1) 가상화 환경에서 보안의 취약점

① 기존 보안기술로는 보안탐지가 어렵다.
    방화벽 및 IPS/IDS 같은 기존의 보안기술들이 가상화계층을 이해하지 못하기 때문에, 이러한 가상화계층은 기존 보안기술이 모니터링 할 수 없는 보안 사각지대가 되는 문제점이 있다.
② 다양한 공격경로가 발생한다.
    가상화 시스템 내부영역에서는 서로 다른 이용자 그룹들의 가상머신들이 상호 연결되어 있으므로 다양한 해킹, 악성코드 전파 등 공격경로발생이 가능하다.
③ 보안관리가 복잡하다.

(2) 가상화기반 보안기술

종류	의 미
에이전트(Agent) 기반	VM 내부 가상화 트래픽 보안을 향상시킬 수 있고, 클라우드 간 복제, 복구 및 마이그레이션이 가능하며 데이터를 보다 세밀하게 선택할 수 있어 대역폭 및 스토리지 요구사항을 줄일 수 있다.
VMM기반	VMM 내에 있는 가상화된 트래픽도 보안이 가능하다. 그러나 VMM 안에 보안 솔루션이 들어가 있기 때문에 속도 저하가 발생할 수 있다.
가상 어플라이언스(Virtual appliance) 연결기반	보안 솔루션이 별도의 가상 어플라이언스에 있는 것으로 가상 스위치를 통해 보안기능을 수행한다.

(3) 하이퍼바이저기반 가상화 침입 대응기술

① 가상머신 내부정보(VMI : Virtual Machine Introspection) 분석 기반 침입 탐지기술
    하이퍼바이저를 통해서 각 가상머신의 내부상태(CPU 레지스터, 가상 메모리의 내용, 파일 I/O 활동 등)를 분석하여 외부로부터의 침입을 탐지하는 기법이다.
② Agentless 가상보안 어플라이언스
    각 가상머신 내에서 에이전트 방식으로 동작하지 않고 별도의 특별한 권한을 가진 보안전용의 가상머신 상에서 동작하는 보안 어플라이언스를 말한다.

출제 예상 문제

제3장 서버 가상화 구축

01 가상화의 등장 배경으로 가장 볼 수 없는 것은?
① 서버의 이용률과 활용도가 매우 낮다.
② 하나의 시스템에 다양한 운영체제가 동작될 필요성이 증가되고 있다.
③ 서로 다른 벤더들의 응용프로그램 간에 충돌이 발생한다.
④ 서버들의 증가는 운영 및 유지보수 비용의 증가로 이어지므로 큰 부담이 되고 있다.

해설
가상화는 서버의 활용도를 70[%] 이상으로 올릴 수 있다.

02 가상화의 의미를 표현한 내용 중 가장 옳지 않은 것은?
① 가상화는 물리적으로 다른 시스템을 논리적으로 통합하거나 하나의 시스템을 논리적으로 분할해 자원을 효율적으로 사용하는 기술이다.
② 하이퍼바이저(Hypervisor) 등의 소프트웨어를 사용하여 가상머신(VM)이라고 하는 단일 시스템으로 구성하는 기술이다.
③ 컴퓨팅 자원은 가상화를 통해 자원을 더욱 효율적으로 사용할 수 있고 또는 분산처리를 가능하게 한다.
④ 컴퓨터 리소스의 추상화를 말한다.

해설
가상화는 하이퍼바이저(Hypervisor) 등의 소프트웨어를 사용하여 프로세서, 메모리, 스토리지 등과 같은 단일 컴퓨터의 하드웨어 요소를 가상머신(VM)이라고 하는 다수의 가상시스템으로 분할하는 것을 의미한다.

03 가상화의 장점과 거리가 먼 것은?
① 가용성이 향상된다.
② 자원을 효율적으로 사용 가능하다.
③ 시스템의 확장이 간단하게 가능하다.
④ 물리적인 구성을 통해 통신 흐름을 파악할 수 있다.

해설
① 가상화란 가상화를 관리하는 소프트웨어(주로 Hypervisor)를 사용하여 하나의 물리적 머신에서 가상 머신(VM)을 만드는 프로세스이다.
② 가상화이므로 물리적인 구성이 아니다.

04 다음 중 서버 가상화의 장점에 대한 설명과 가장 거리가 먼 것은?
① 장애 발생 시에 문제 해결이 쉽다.
② 효율적인 서버 자원의 이용이 가능하다.
③ 서버가 차지하고 있는 물리적 공간을 절약할 수 있다.
④ 데이터 및 서비스에 대한 가용성이 증가한다.

05 다음은 가상화의 종류에 대한 설명이다. 가장 옳지 않은 것은?
① 전가상화는 하드웨어를 완전히 가상화하는 방식으로, 게스트 OS에 아무런 수정 없이 다양한 OS를 이용 가능
② 반가상화는 하드웨어를 완전히 가상화 하지 않는 방식으로, 이로 인해 성능은 향상되지만, 게스트 OS를 수정해야 한다.
③ OS 레벨 가상화는 하나의 OS를 다수의 가상화된 OS 환경으로 나눠 마치 각각의 독립된 OS처럼 보이게 하는 기술이다.
④ 스토리지 가상화는 논리적 스토리지를 물리적 스토리지로 가상화 시키는 것이다.

[정답] 01 ② 02 ② 03 ④ 04 ① 05 ④

해설
① 메모리 가상화: 각 서버의 메모리 자원을 고성능 네트워크를 통해 하나의 메모리 풀을 생성하는 가상화이다.
② 스토리지 가상화: 물리적 스토리지를 논리적 스토리지로 가상화 시키는 것이다.

06 다음 중 리눅스에 사용 가능한 서버 가상화 기술로 틀린 것은?

① Docker
② Hyper-V
③ Cloudstack
④ Openstack

해설
① 마이크로소프트 Hyper-V는 x64 시스템을 위한 하이퍼바이저 기반의 가상화 시스템이다.
② 서버 가상화의 장점 : 효율적인 서버자원 이용가능, 서버가 차지하고 있는 물리적 공간절약, 데이터 및 서비스에 대한 가용성증가

07 다음 중 하이퍼바이저 기반 가상화 기술로 틀린 것은?

① Xen
② VMware
③ Hyper-V
④ KVM(Kernel-based Virtual Machine)

해설
① 하이퍼바이저 가상화는 Host OS 없이 하드웨어에 하이퍼바이저를 설치하여 사용하는 방식으로, Xen, hyper-V, Citrix, KVM 등이 있다.
② 하이퍼바이저 가상화는 별도의 Host OS가 없기 때문에 오버헤드가 적고, 하드웨어를 직접 제어하기 때문에 효율적으로 리소스를 사용할 수 있다.

08 호스트 기반 가상화에 대한 설명으로 가장 옳은 것은?

① Windows 또는 Linux와 같은 일반 운영체제 위에 일종의 애플리케이션처럼 설치되어 가상화 기술을 제공하는 방식이다.
② 부트로더와 커널자체를 지닌 채 하드웨어 위에 직접 설치되어 작동하기 때문에 유연하고 강력한 성능을 제공한다.
③ Host OS없이 하드웨어에 하이퍼바이저를 설치하여 사용하는 방식이다.
④ 하드웨어를 완전히 가상화 하는 방식으로 Hardware Virtual Machine 이라고도 불린다.

해설
호스트 가상화는 기본이 되는 Host OS위에 Guest OS가 구동되는 방식이며, VM Workstation, VMware Server, VMware Player, MS Virtual Sever, Virtual PC, Virtual Box, Paralles Workstation 등의 종류가 있다.

09 다음 중 전가상화(Bare-Metal/Hypervisor) 기법을 이용하는 제품으로 알맞은 것은?

① Citrix의 XenServer
② VMware의 ESX Server
③ Oracle의 VirtualBox
④ Microsoft의 Virtual Server

10 다음 중 CPU 반가상화 기술을 기반으로 가상머신을 생성할 때 사용하는 기술로 가장 알맞은 것은?

① Xen
② KVM
③ VirtualVBox
④ Docker

해설
① 전가상화(Full Virtualization)는 하이퍼바이저를 이용해 호스트 서버장치가 직접 가상화되어 가상 머신이 직접 장치를 사용할 수 있도록 하는 방식이다.
② 반가상화(Para Virtualization)는 게스트가 하이퍼바이저를 통해 호스트에 접근한다.

11 다음 중 XEN, KVM과 같은 다양한 하이퍼바이저를 통합 관리하기 위한 플랫폼으로 틀린 것은?

① Cloudstack
② Docker
③ Openstack
④ OpenNebula

해설
Docker는 컨테이너 기반의 오픈소스 가상화 플랫폼이다.

[정답] 06 ② 07 ② 08 ① 09 ① 10 ① 11 ②

출제 예상 문제

12 다음 중 성능 향상을 위해 게스트(Guest) OS의 수정이 반드시 필요한 가상화 기술로 알맞은 것은?

① 전가상화
② 반가상화
③ OS 레벨 가상화
④ 애플리케이션 가상화

13 하이퍼바이저(Hypervisor)를 가장 잘 설명한 것으로 옳은 것은?

① 가상머신(VM)을 제거하는 프로세스
② 가상머신(VM)을 편집하는 프로세스
③ 가상머신(VM)을 생성하는 프로세스
④ 가상머신(VM)을 전송하는 프로세스

[해설]
하이퍼바이저는 가상머신(VM)을 생성하고 구동하는 소프트웨어(프로세스)이다.

14 다음 중 다양한 하이퍼바이저(Hypervisor)들을 통합 관리하기 위해 플랫폼에 해당하는 기술로 틀린 것은?

① Openstack
② Cloudstack
③ vSphere
④ Eucalyptus

[해설]
클라우드스택(CloudStack), 유칼립투스(Eucalyptus), 오픈네불라(Open Nebula), 오픈스택(OpenStack) 등

15 다음 중 전가상화(Bare-Metal/Hypervisor) 기법을 이용하는 제품으로 알맞은 것은?

① Citrix의 XenServer
② VMware의 ESX Server
③ Oracle의 VirtualBox
④ Microsoft의 Virtual Server

[해설]
Citrix의 XenServer: 반가상화

16 다음 중 리눅스 가상화 기술인 XEN에 대한 설명으로 틀린 것은?

① XEN은 베어메탈(Bare Metal)방식의 하이퍼바이저이다.
② EN은 전가상화 및 반가상화를 모두 지원한다.
③ XEN은 반가상화를 위해 QEMU 방식을 사용한다.
④ XEN은 Domain 0이라는 컨트롤 스택을 사용한다.

[해설]
QEMU는 가상화 소프트웨어이다.

17 가상 머신(Virtual Machine)에 대한 설명으로 옳지 않은 것은?

① 단일 컴퓨터에서 가상화를 사용하여 다수의 게스트 운영체제를 실행할 수 있다.
② 가상 머신은 사용자에게 다른 가상 머신의 동작에 간섭을 주지 않는 격리된 실행환경을 제공한다.
③ 가상 머신 모니터(Virtual Machine Monitor)를 사용하여 가상화하는 경우 반드시 호스트 운영체제가 필요하다.
④ 자바 가상 머신은 자바 바이트 코드가 다양한 운영체제 상에서 수행될 수 있도록 한다.

[해설]
① 가상머신(VM : Virtual Machine)은 컴퓨팅 환경을 소프트웨어로 구현한 것이다.
② 가상화를 제공하는 소프트웨어 계층은 가상 머신 모니터 또는 하이퍼바이저라고 한다.
③ 가상머신모니터는 가상머신(VM)을 생성하고 실행하는 프로세스이므로, 하드웨어를 관장하기 위한 호스트 운영체제(OS)가 필요 없는 형태이다.

18 다음 중에서 가상머신 관리자를 실행하기 위한 명령으로 알맞은 것은?

① libvirt
② libvirt-client
③ virt-manager
④ oVirt

[정답] 12 ② 13 ③ 14 ③ 15 ② 16 ③ 17 ③ 18 ③

해설
가상 머신 관리자
(Virt-Manager, Virtual Machine Manager)

19 가상머신을 사용하는 이유로 틀린 않은 것은?
① 서버를 통합하고자 할 때
② 하나의 컴퓨터에서 여러 운영체제를 실행하고자 할 때
③ 새로운 클라이언트들을 생성하고자 할 때
④ 하나의 컴퓨터 자원을 여러 사용자에게 분배하고자 할 때

20 Windows Server 2016에서 한 대의 물리적인 서버에 여러 개의 운영체제를 설치하여 가상의 컴퓨터와 리소스를 만들고 관리하는데 사용할 수 있는 서비스로서, 컴퓨터에서 동시에 여러 운영체제를 실행하여 사용할 수 있는 것을 무엇이라고 하는가?
① Hyper-V
② 액티브 디렉터리
③ 원격 데스크톱 서비스
④ 분산파일서비스

해설
① 하이퍼바이저는 가상 머신(VM : Virtual Machine)을 생성하고 구동하는 소프트웨어이다.
② Hyper-V는 Windows 환경에서 가상 머신을 생성, 구동, 관리를 해주는 Microsoft사의 hypervisor이다.
③ Windows Hyper-V 특징
 ㉠ 하드웨어 장치 드라이버에 대한 보안 및 VMWare 방식보다 안정성이 우수하다.
 ㉡ Parent OS가 반드시 필요하다는 단점이 있다.

21 Windows Server 2012의 Hyper-V를 사용하기 위한 하드웨어 기본 요구사항에 해당되지 않는 것은?
① x64 기반의 CPU
② CPU의 하드웨어 가상화 지원
③ 하드웨어 DEP(Data Execution Protection)
④ SCSI 디스크

해설
① 하이퍼 브이(Hyper-V)는 x64시스템을 위한 하이퍼바이저 기반의 가상화 시스템을 말한다.
② SCSI(스카시, Small Computer System Interface)는 컴퓨터에 주변기기를 연결할 때 직렬 방식으로 연결하기 위한 표준을 말한다.

22 Windows Server 2012 R2에서 Hyper-V 관리 콘솔의 '가상 컴퓨터 마법사'를 통해 가상 컴퓨터를 만들 때 설정하는 목록으로 옳지 않은 것은?
① 장애 조치 클러스터 지원
② 메모리 할당
③ 가상 하드 디스크 연결
④ 이름 및 위치 지정

해설
Hyper-V는 하이퍼바이저 기반의 가상화 시스템이다.

23 Windows Server의 Hyper-V에 관한 설명으로 옳지 않은 것은?
① 하드웨어 데이터 실행 방지(DEP)가 필요하다.
② 서버관리자의 역할 추가를 통하여 Hyper-V 서비스를 제공 할 수 있다.
③ 스냅숏을 통하여 특정 시점을 기록 할 수 있다.
④ 하나의 서버에는 하나의 가상 컴퓨터만 사용할 수 있다.

24 다음 중 가상 스위치(Virtual Switch)에 대한 설명으로 가장 옳지 않은 것은?
① Hyper-V 네트워크의 기본구성은 가상 스위치(Virtual Switch)와 가상 네트워크어댑터(Virtual Networking Adapter)이다.
② 가상 스위치는 Hyper-V Manager나 Powershell 을 사용하여 생성할 수 있다.
③ 가상스위치를 통해 공용 네트워크들 간의 직접적인 스위칭이 일어난다.

[정답] 19 ③ 20 ① 21 ④ 22 ① 23 ④ 24 ③

④ 가상 네트워크에서는 가상 스위치를 통해 네트워크 패킷 스위칭이 이루어진다.

해설
Hyper-V 가상 스위치는 Host에 설치된 Hyper-V 매니저를 통해 생성할 수 있으며, 외부, 내부, 개인(Private)의 어느 네트워크에 사용하느냐에 따라 적절한 가상 스위치를 선택하여 사용한다.

25 Hyper-V에서 지원하는 가상 네트워크의 구성으로 올바르지 않은 것은?

① 외부(External) 네트워크
② 내부(Internal) 네트워크
③ 개인(Private) 네트워크
④ 공유(Share) 네트워크

해설
Hyper-V에 의한 네트워크는 호스트의 자원을 사용해서 운용할 수 있으며 스위치 형태로 제공된다. 가상스위치 유형을 보면 외부 네트워크, 내부 네트워크, 개인 네트워크의 3가지가 있다.
① 외부 네트워크 : 게스트OS-게스트OS, 게스트OS-호스트OS, 게스트OS-인터넷
② 내부 네트워크 : 게스트OS-게스트OS, 게스트OS-호스트OS
③ 개인 네트워크 : 게스트OS-게스트OS

26 다음의 설명으로 가장 옳은 것은?

> 가상 머신이 실행 중인 물리적 호스트(가상화 시스템)에 동작 불량, 과부하 등의 문제가 발생했을 경우에는 실행 중인 가상 머신을 실행 중단 없이 다른 물리적인 호스트로 이동하는 기능

① 미러링(Mirroring)
② 모니터링(Monitoring)
③ 가상화(Virtualization)
④ 라이브 마이그레이션(Live Migration)

27 윈도우 서버의 장애조치에 대한 설명 중 가장 옳지 않은 것은?

① 일반적인 '장애'는 계획된 다운타임을 말한다.
② 고가용성시스템은 다운타임을 대비한다.
③ 다운타임은 실시간 마이그레이션으로 대처할 수 있다.
④ 계획되지 않은 다운타임의 피해는 계획된 다운타임보다 크다.

해설
일반적인 '장애'는 계획되지 않은 다운타임을 말한다.

28 Windows Server 2012 R2의 Hyper-V의 스냅숏(Snapshot)에 관한 설명으로 옳지 않은 것은?

① 스냅숏은 가상컴퓨터의 특정 시점이다.
② 스냅숏의 내용은 가상디스크, 메모리, 프로세스, 구성을 모두 포함한다.
③ 스냅숏은 가상 컴퓨터를 복사하는 기술이다.
④ 하나의 가상컴퓨터에 여러 개의 스냅숏을 만들 수 있다.

해설
① 스냅샷은 주기적으로 특정 시점에 생성되는 백업 복사본으로, 몇 초 안에 NAS 시스템과 데이터의 전체 상태가 기록되며, 시스템에 예상치 못한 상황이 발생하는 경우 스냅샷이 기록한 이전 상태로 되돌릴 수 있다.
② 스냅샷은 기존 백업 방식에 비해 공간 효율성과 유연성이 뛰어난 스냅샷은 파일과 데이터를 보호하는 최상의 방법이다.

29 Hyper-V에 대한 설명으로 옳지 않은 것은?

① MS Virtual PC와는 달리 하이퍼바이저 가상화 기술에 기초한다.
② Hyper-V를 지원하는 서버 에디션이 반드시 부모 파티션에 설치되어야 한다.
③ Hyper-V에서 가상 디스크는 vhd라는 확장자의 파일로 처리된다.
④ Hyper-V 관리자 콘솔의 스냅숏은 가상머신을 복제하거나 이동시키는 기능이다.

[정답] 25 ④ 26 ④ 27 ① 28 ③ 29 ④

30 가상화 환경이 기존 환경보다 보안에 더욱 취약한 이유로 가장 옳지 않은 것은?

① 방화벽 및 IPS/IDS 같은 기존의 보안 기술들이 가상화계층을 이해하지 못하기 때문이다.
② 기존 보안기술이 모니터링 할 수 없는 시스템들이 등장하기 때문이다.
③ 가상머신들이 상호 연결되어 있으므로 다양한 공격경로가 발생하기 때문이다.
④ 라이브 마이그레이션 기능과 같이 가상 머신의 동적인 라이프사이클로 인하여 보안관리가 복잡해지기 때문이다.

31 Windows Server의 VPN(Virtual Private Networks)에 관한 설명으로 옳지 않은 것은?

① VPN을 사용하기 위해서는 최소 두 개의 IP가 필요하다.
② 서버관리자의 GUI 환경에서는 [서버 역할 – 네트워크 정책 및 액세스 – 라우팅 및 원격 액세스 서비스 – 원격 액세스 탭] 순으로 접근하여 설치한다.
③ 클라이언트는 VPN에 한번 접속하면 VPN 연결을 통하지 않고도 내부 네트워크에 접근이 가능하다.
④ Gateway-to-Gateway VPN은 두 개의 VPN 서버가 공용 네트워크상에서 연결된다.

> **해설**
> VPN은 인터넷 망을 전용망처럼 사용할 수 있는 기술이다. VPN 접속은 접속할 때마다 VPN 연결을 해야 한다.

[정답] 30 ② 31 ③

4 Cloud 서비스 활용

1. 클라우드 컴퓨팅 서비스 환경 구축

가. 클라우드 컴퓨팅의 개요

(1) 클라우드 서비스(Cloud Service)의 개요

① 클라우드는 웹기반 응용 소프트웨어를 활용해 대용량 컴퓨팅자원을 인터넷 가상공간에서 분산처리하고, 이 데이터를 인터넷을 통해 컴퓨터나 휴대전화, PDA 등 다양한 단말기에서 불러오거나 가공할 수 있는 환경이다.

② 클라우드 서비스란 제공업체가 호스팅하여 인터넷을 통해 사용자에게 제공하는 인프라, 플랫폼 또는 소프트웨어를 말한다.

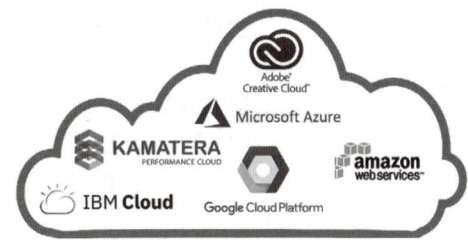

④ 클라우드의 장점
　㉠ 신속한 인프라 도입(빠른 구축속도)
　㉡ 유연한 인프라 관리(편리한 환경)
　㉢ 예상치 못한 트래픽폭주 대응
　㉣ 생산성 향상
　㉤ 합리적인 요금제 등

⑤ 클라우드의 단점
　㉠ 데이터보관의 불안함(보안)
　㉡ 초과비용 상승
　㉢ 점점 커지는 클라우드 의존도

(2) 클라우드 컴퓨팅(Cloud Computing)

① 클라우드에서 IT 자원(서버, 스토리지, 소프트웨어 등)을 대여하여 원하는 시점에 네트워크를 통해 사용하는 컴퓨팅 환경이다.

② 컴퓨터를 활용하는 작업(자료 처리, 저장, 전송 등)에 필요한 다양한 요소들을 인터넷 상의 서비스를 통해 다양한 종류의 컴퓨터 단말장치(휴대폰, TV, 노트북, PC 등)로 제공하는 것을 말한다.

합격 NOTE

합격예측
클라우드는 각각 고유의 기능을 가진 서버의 글로벌 네트워크, 즉 모든 가상화 서비스가 이뤄지는 공간이다.

합격예측
클라우드에 저장한 자료는 사용자가 인터넷을 이용하여 간단히 공유, 조작할 수 있다.

합격예측
서비스 구축, 운영을 빠르고 편리하게 해 주지만, 제공하는 기술을 많이 이용할수록 이용비용은 더욱 커진다.

합격예측
Cloud Computing : 인터넷(네트워크)을 통해 IT 자원을 사용하고 비용을 지불하는 것

합격 NOTE

합격예측
클라우드컴퓨팅 = IT 자원의 가상화 + 자동화 + 표준화

합격예측
① IaaS
  (Infrastructure as a Service)
② PaaS
  (Platform as a Service)
③ SaaS
  (Software as a Service)

합격예측
① IaaS : Storage+Server
② PaaS : Storage+Server
  +Platform
③ SaaS : Storage+Server
  +Software

③ 서로 다른 물리적인 위치에 존재하는 컴퓨터들의 리소스를 가상화기술로 통합해 제공하는 기술을 말한다.

(3) 클라우드 컴퓨팅 서비스 모델

① 제공하는 서비스형태에 따른 분류

클라우드서비스가 어떤 자원을 제공하는지에 따라서 다음과 같이 분류된다.

종류	내용
인프라서비스 (IaaS)	• 서버인프라 자체를 서비스로 제공하는 모델 • CPU, 메모리, 저장 장치 및 네트워크 등의 IT 인프라를 서비스형태로 제공 • 클라우드 서비스 제공자는 가상화기술을 이용하여 컴퓨터, 저장장치 등과 같은 IT 인프라 자원을 제공
플랫폼서비스 (PaaS)	• 소프트웨어 개발환경을 서비스로 제공하는 모델 • 클라우드 서비스 사업자가 서비스개발을 위한 개발도구와 라이브러리를 비롯하여 서비스 구성을 위해 필요한 SW와 HW를 포함한 IT 인프라를 제공
소프트웨어서비스 (SaaS)	• 소프트웨어를 클라우드서비스로 제공하는 모델 • 클라우드 서비스 사업자가 클라우드 컴퓨팅 자원을 통해 구동되는 SW를 사용자가 이용할 수 있도록 제공 • 사용자는 인터넷을 통한 원격접속으로 해당 소프트웨어를 사용

종류	서비스 대상	대표적 예
IaaS	컴퓨터 시스템 자원 등의 IT 인프라 자원	Amazon EC2, DigitalOcean, Microsoft Azure
PaaS	응용 소프트웨어 개발 및 서비스 환경	heroku, Microsoft Azure, salesforce
SaaS	응용 소프트웨어	PayPal, Dropbox, Facebook

합격예측
SaaS : 구글 앱스, 마이크로소프트 오피스 365 등

② 클라우드 서비스 제공 대상에 따른 분류
  ㉠ 공용(Public) 클라우드
    ⓐ 불특정 다수의 개인이나 기업을 대상으로 제공되는 클라우드
    ⓑ 비용면에서는 사용자에게 장점을 제공하지만, 각 클라우드 사용자를 위해 클라우드 컴퓨팅 환경을 구축해야 한다는 단점을 가진다.
  ㉡ 사설(Private) 클라우드
    ⓐ 특정기업이나 기관에서 직접 클라우드를 구축하여 내부 사용자들에게만 클라우드서비스를 제공하는 폐쇄형 클라우드
    ⓑ 기관의 목적에 맞게 구축할 수 있는 유연성은 높지만, 초기 도입비용이 비싸고 구축에도 시간이 걸리는 단점을 가진다.
  ㉢ 하이브리드(Hybrid) 클라우드
    ⓐ 공용 클라우드와 사설 클라우드가 혼용되어 있는 클라우드
    ⓑ 중요한 서비스나 데이터 등은 사설 클라우드를 이용하고, 보안에 덜 민감한 정보나 프로세싱은 공공 클라우드를 이용한다.

나. 클라우드 컴퓨팅 기술

가상화는 물리적인 컴퓨터 자원을 추상화 하며, 분산 컴퓨팅 환경을 가능하게 하는 기술이다. 클라우드 컴퓨팅의 기반이 되는 기술은 다음과 같다.

(1) 서버 가상화 기술 : 하이퍼바이저(Hypervisor)

① 서버 가상화는 독립적인 CPU, 메모리, 네트워크 및 운영체제를 갖는 여러 대의 가상머신(VM : Virtual Machine)들이 물리적인 서버의 자원을 분할해서 사용하는 기술을 의미한다.
② 가상화를 구현하기 위해서는 하드웨어들을 관장할 뿐만 아니라 각각의 가상머신들을 관리할 가상머신 모니터(VMM : Virtual Machine Monitor)와 같은 중간관리자가 필요하다.
③ 중간관리자를 하이퍼바이저라 하며, 하이퍼바이저는 공유 컴퓨팅 자원을 관리하고 가상머신들을 제어한다.
④ 하이퍼바이저의 구분
  ㉠ 베어메탈(Bare-metal) 기반 하이퍼바이저(Type-1)
    : 하드웨어 위에서 바로 구동되며, 하이퍼바이저가 다수의 VM들을 관장하는 형태이다.
  ㉡ 호스트(Host) 기반 하이퍼바이저(Type-2)
    : 하드웨어 위에 호스트 운영체제(OS)가 있고, 그 위에서 하이퍼바이저가 다른 응용프로그램과 유사한 형태로 동작하는 형태이다.

합격 NOTE

합격예측
공용 클라우드 : 회원 가입을 한 후 IaaS, PaaS, SaaS를 이용하고 비용을 지불한다.

합격예측
Hybrid 클라우드 : 백업 저장장치나 홍보용 웹서버 등은 공공 클라우드를 이용한다.

합격예측
가상화기술은 클라우드 컴퓨팅을 가능하게 하는 핵심기술이다.

합격예측
Hyperviser는 VM이 동작할 수 있는 환경을 제공한다.

합격 NOTE

합격예측
VLAN은 라우터, 스위치, 터미널 등의 네트워크 중계기기 및 단말의 가상화를 통해 가상의 네트워크를 만들고 서로 다른 프로토콜도 공존할 수 있도록 한다.

합격예측
VSwitch는 호스트 운영체제에서 소프트웨어로 구현되므로, 가상 스위치라 한다.

합격예측
가상 스위치는 실제 물리적 스위치와 연결된다.

합격예측
OpenStack : 오픈소스 소프트웨어이다.

합격예측
클라우드 컴퓨팅에서 컨테이너는 App과 App을 구동하는 환경을 격리한 공간을 의미

합격예측
컨테이너 : 모듈화된 프로그램 패키지

(2) 네트워크 가상화

가상 네트워크(VLAN : Virtual LAN)는 물리적 네트워크에서 분리된 가상의 네트워크를 제공하는 것이다.

① 가상 라우터는 가상 네트워크 내에서 VM에게 IP를 할당하는 DHCP 서버, 외부 통신을 위한 NAT, DNS 서비스, 그리고 로드밸런싱 기능까지 수행한다.

② 가상 스위치(VSwitch : Virtual Switch)
 ㉠ 가상 네트워크에서 VM을 위해서 제공되는 스위치를 의미한다.
 ㉡ 가상화 환경 내부의 가상 네트워크에서는 가상 스위치를 통해 네트워크 패킷 스위칭이 이루어진다.
 ㉢ VSwitch는 MAC 또는 IP주소를 바탕으로 트래픽 필터링이 제공되고, ACL 설정을 통해 격리시킬 수 있고, ARP 스푸핑을 사용하는 악성 VM으로부터 보호할 수 있다.

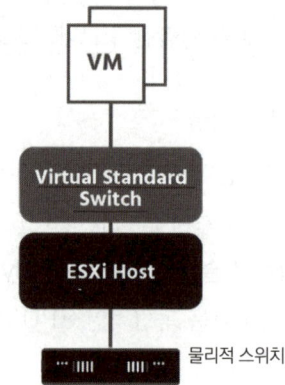

(3) 클라우드 운영관리

① 클라우드 컴퓨팅을 구현 및 관리를 편리하게하기 위해서 클라우드 플랫폼이 생겨났고 그 중 가장 대표적인 것은 클라우드 스택(Cloud-Stack)과 오픈 스택(OpenStack)이다.

② 두 플랫폼은 IaaS를 위한 소프트웨어 플랫폼이다.

다. 컨테이너 기반의 클라우드 가상화

(1) 컨테이너(Container)

① 컨테이너는 모듈화되고 격리된 컴퓨팅 공간 또는 컴퓨팅 환경을 의미한다.

② 컨테이너는 데스크탑, 기존의 IT 또는 클라우드 등 어디서나 실행될 수 있도록 애플리케이션 코드가 해당 라이브러리 등과 함께 패키징되어 있는 소프트웨어 실행단위이다.

③ 어플리케이션의 실행에 필요한 라이브러리, 바이너리, 기타 구성파일 등을 패키지로 묶어서 배포하면, 구동환경이 바뀌어도 실행에 필요한 파일이 함께 따라다니기 때문에 오류를 최소화할 수 있다.

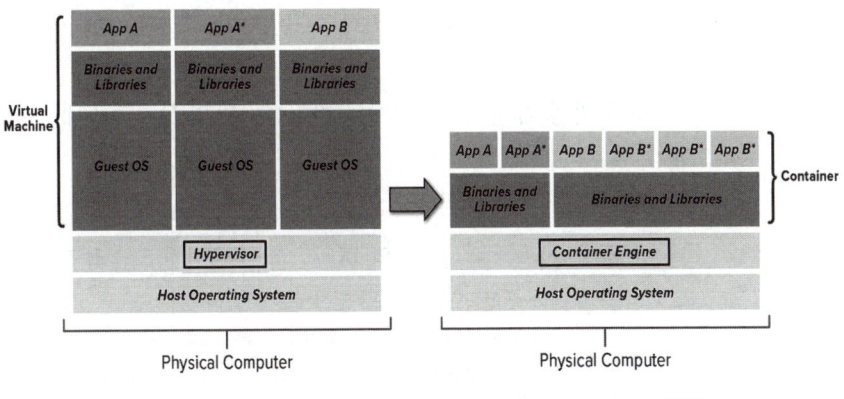

[Virtual Machines 방식]   [Containers 방식]

(2) 가상머신방식과 비교한 컨테이너방식의 장점
   ① 시스템 환경에 의존하지 않는다.
   ② 가볍다.(경량화)
   ③ 빠르고 안정적으로 동작한다.
   ④ 성능부하가 훨씬 적다.
   ⑤ 구동방식이 간단하다.

(3) 도커(Docker)
   ① 도커는 Linux 컨테이너 생성 및 사용을 돕는 컨테이너 기술이다.
   ② 도커는 리눅스의 응용 프로그램들을 프로세스 격리기술을 사용해 컨테이너로 실행하고 관리하는 오픈소스 프로젝트이다.
   ③ 도커는 매우 가볍기 때문에, 하나의 서버나 가상머신이 여러 컨테이너들을 동시에 구동할 수 있다.
   ④ 도커의 특징은 컨테이너 이미지 생성기능을 제공하는 것에 있다. 이 이미지는 수정이 불가한 형태로 배포된다.

2. 클라우드 컴퓨팅 구축 및 운용

가. 클라우드 서비스의 부하분산과 고가용성(HA)

클라우드 컴퓨팅 기반 애플리케이션의 안정적 운영과 성능유지를 위해서는 고가용성 및 부하분산에 대하여 고려하여야 한다.

합격예측
Container Engine의 예 : Docker

합격예측
Docker의 운영체제 : 리눅스, 윈도우

합격 NOTE

합격예측
부하분산(Load Balancing)은 처리해야 할 업무 혹은 요청 등을 나누어 처리하는 것이다.

합격예측
Scale UP : 추가적인 네트워크 연결 없이 용량을 증가시킨다.

합격예측
① 라운드 로빈 스케줄링은 시분할 시스템을 위해 설계된 선점형 스케줄링 방법이다.
② DNS(Domain Name System)은 도메인 이름과 IP 주소를 서로 변환하는 역할을 한다.

합격예측
Round Robin은 DNS 서버 구성 방식 중 하나이다.

---

(1) 부하분산

① 부하분산 또는 로드 밸런싱(Load Balancing)은 컴퓨터 네트워크 기술의 일종으로 둘 혹은 셋 이상의 중앙처리장치(CPU) 혹은 저장장치와 같은 컴퓨터 자원들에게 작업을 나누어 처리하는 것을 의미한다. 가용성 및 응답시간을 최적화시킬 수 있고, 최소성능을 보장할 수 있다.

② 부하분산의 장점 : 시스템전체의 처리능력의 향상, 장애 내구성의 향상

㉠ 처리능력의 향상방법

종류	의미	특징
Scale-UP	• 수직적으로 부하를 분산하는 방법 • 부족한 자원(CPU, 메모리 등)을 늘려 서버의 성능을 확장하는 방법. • 서버에 CPU나 RAM등을 추가하거나 고성능의 부품, 서버로 교환하는 방법을 의미 • 기존의 하드웨어를 보다 높은 사양으로 업그레이드하는 것을 의미	• 성능향상에 한계가 있음 • 한대의 서버에 부하가 집중되어 장애 영향도가 큼
Scale-Out	• 수평적으로 부하를 분산하는 방법 • 서버를 여러대 추가하여 이중화, 삼중화를 하는 방식으로 분산 확장하는 방법 • 장비를 추가해서 확장하는 방식을 의미	• 지속적 확장 가능 • 분산처리를 하므로 장애 영향이 적음

㉡ 장애대처 및 관리능력의 향상

대응 능력을 높이려면 서버의 운영 상태, 부하 정도 등을 모니터링하는 기술이 부가적으로 필요하다.

③ 서버 부하분산(Load Balancing)기술

㉠ 라운드로빈(Round Robin) DNS를 활용한 부하분산

ⓐ 라운드로빈 스케줄링은 프로세스들 사이에 우선순위를 두지 않고, 순서대로 시간단위(Time Quantum)로 CPU를 할당하는 방식의 CPU 스케줄링 알고리즘이다. 즉 컴퓨터 운영에서, 컴퓨터자원을 사용할 수 있는 기회를 프로세스들에게 공정하게 부여하기 위한 한 방법이다.

ⓑ 라운드로빈 DNS는 별도의 소프트웨어 혹은 하드웨어(로드 밸런스 장비 등)를 사용하지 않고, DNS만을 이용하여 도메인 레코드 정보를 조회하는 시점에서 트래픽을 분산하는 기법이다.

ⓒ DNS 부하분산방법은 HA(High Availability) 용도로는 적합하지 않다는 단점을 갖는다.
ⓛ LVS을 활용한 부하 분산
ⓐ 리눅스 가상 서버(LVS : Linux Virtual Server)는 리눅스 커널 기반 운영체제를 위한 부하분산 소프트웨어이다.
ⓑ LVS을 활용한 부하분산 방법은 운영 체제에서 제공하는 자체 기능으로 부하분산을 구현하는 것이다.
ⓒ 소규모의 단순한 구조에서 사용이 가능하다.
ⓒ 어플라이언스를 활용한 부하분산
ⓐ ADC(Application Delivery Controller)는 서버가 제공하는 애플리케이션을 사용자에게 중단 없이 빠르고 안정적으로 전송하게 해 준다. ADC의 기능은 다음과 같다.
- 부하분산으로 무중단, 무장애 서비스 제공
- 서버의 부하를 줄여주어 서비스 응답 속도 향상 등

ⓑ 애플리케이션 전송 컨트롤러(ADC)는 L4스위치와 L7스위치를 통칭하는 스위치장비를 의미한다. 서버의 앞단에 붙어 부하를 분산시켜 주는 것으로, 트래픽 관리와 애플리케이션 성능 최적화, 애플리케이션 가속기능을 제공하기 때문에 로드 밸런서(Load Balancer)라고도 한다.

④ 정적 및 동적 부하분산방식

부하분산방식이란 클라이언트의 요청 정보 중 어떤 것을 사용하여 어떤 서버로 할당해줄지를 결정하는 것이다. 이것은 사용하는 서버 성능이나 제공하는 서비스 특성, 운영관리의 효율성 등 다양한 요소를 고려하여 어떤 방식을 사용할지 결정한다.

종류	내용
정적부하 분산방식	• 관리자가 설정한 설정기준에 따라 서버에 할당한다. • 방식 : ㉠ 라운드로빈 : 순서대로 할당 　　　　 ㉡ 가중치 : 가중치가 높은 서버에 할당 　　　　 ㉢ Active-Standby : 액티브 장치에게만 할당
동적부하 분산방식	• 서버의 상태를 확인해서 상황에 맞게 할당한다. • 방식 : ㉠ 최소연결수 : 연결수가 적은 서버에 할당 　　　　 ㉡ 최소응답시간 : 가장 빠르게 응답하는 서버에 할당 　　　　 ㉢ 최소부하 : 가장 부하가 적은 서버에 할당

합격 NOTE

합격예측
LVS는 실제 서버를 통해 IP 로드 밸런스를 맞추기 위한 통합된 소프트웨어이다.

합격예측
어플라이언스 OS들과 응용 소프트웨어들의 설치나 설정들이 필요치 않는, 특정 용도를 위해 최적화 된 하드웨어

합격예측
대표적인 부하 분산 어플라이언스: L4 Switch

합격예측
① 부하분산 방식은 사용하는 부하분산 장치에 따라 다르다.
② 부하분산 장치를 L4 스위치라고 하는데, TCP/UDP 연결별로 변환하는 IP주소를 바꿔서 처리하기 때문이다.

합격예측
정적 분산방식 : 서버의 부하가 적으나 부하분산 효율성 감소

합격예측
동적 분산방식 : 부하분산 효율성 향상, 서버에 부하 발생

합격 NOTE

 참고

📍 **가상서버 구성방법과 스케줄링 알고리즘**

(1) 가상서버를 구성하는방법
  ① NAT(Network Address Translation)를 이용하는 방법
    ㉠ 패킷 내의 IP 주소를 변경해 부하분산을 수행하는 방법
    ㉡ 종류 : 레이어4 스위치, 시스코의 로컬 디렉터, LVS-NAT 방식 등
  ② IP 터널링을 이용하는 방법
  ③ 다이렉트 라우팅을 이용하는 방법

(2) 가상서버 스케줄링 알고리즘
  ① 라운드로빈 스케줄링(Round-Robin Scheduling)
  ② 가중치기반 라운드로빈 스케줄링(Weighted Round-Robin Scheduling) : 각 서버에 가중치를 부여하며, 여기서 지정한 정수값을 통해 처리 용량을 결정
  ③ 최소 접속 스케줄링(Least-Connection Scheduling) : 가장 접속이 적은 서버로 요청을 직접 연결하는 방식
  ④ 가중치기반 최소 접속 스케줄링(Weighted Least-Connection Scheduling) : 가중치의 비율인 실제 접속자수에 따라 네트워크 접속이 할당

(2) 고가용성 구성
  ① HA의 구성 목적은 장애가 발생하였거나 인스턴스가 손상되어 사용할 수 없게 되었을 때 다운타임(Downtime)을 줄이는 것이다.
  ② 클러스터라고도 하는 HA를 구성할 경우 클라이언트 애플리케이션에서 데이터를 계속 사용할 수 있다.

나. 데이터백업 및 복구

(1) EBS(Elastic Block Store) 데이터백업
  ① Amazon EBS는 사용이 쉽고 확장 가능한 고성능 블록 스토리지 서비스로서 Amazon EC2용으로 설계되었다.
  ② EBS 백업 방법
    ㉠ EBS Snapshot : EBS 볼륨 하나를 백업하는 것
    ㉡ AMI(Amazon Machine Image) : OS가 설치되어있는 루트 장치를 포함한 모든 EBS를 백업하는 것

합격예측

인스턴스(Instance)
① 하나의 컴퓨터
② 클라우드 상의 가상 서버

합격예측

EBS는 일종의 하드디스크이다.

(2) S3와 Glacier를 사용한 백업

① Amazon S3(Simple Storage Service)
  ㉠ 인터넷용 스토리지서비스이다.
  ㉡ 내구성이 매우 뛰어난 객체 스토리지 서비스이다.
  ㉢ 단순한 웹 서비스 인터페이스를 사용하여 웹에서 언제 어디서나 원하는 양의 데이터를 저장하고 검색할 수 있다.

② Amazon Glacier
  ㉠ 데이터보관 및 장기백업을 위한 안전하고 안정적인 스토리지 서비스이다.
  ㉡ 안정성 및 가격면에서는 우월하지만, 자유로운 검색, 삭제, 복구가 어렵다는 단점이 있다.
  ㉢ 예전의 테이프 저장장치와 같은 서비스이다.

다. 클라우드 서비스 보안

현대사회에서는 언제 어디서나 온라인에 연결하고 클라우드를 통해 업무가 가능해 지고 있다. 클라우드로 이전되는 컴퓨팅자원들이 점점 많아지면서 유례없는 보안문제들이 발생하고 있으므로 이에 대한 대책이 필요하다. 여기서 클라우드 보안이란 데이터, 애플리케이션 및 인프라서비스를 보호하기 위한 일련의 정책, 제어 및 기술을 말한다.

(1) 클라우드 환경에서 보안 위협요소

위협요소	내 용
데이터침해	표적공격 또는 단순한 사람의 실수, 취약성, 부적절한 보안관행, 공개되지 않은 모든 종류의 데이터 유출이 포함
잘못된 구성 및 부적절한 변경제어	클라우드리소스를 잘못 구성하여 데이터 유출과 서비스 중단의 주요원인이 발생
클라우드 보안 아키텍처 및 전략부족	사이버공격을 견딜 수 있는 적절한 보안 아키텍처를 구현하는 것이 필요
불충분한 아이덴티티, 자격증명, 액세스 및 키관리	자격증명의 부적절한 보호, 암호화 키, 암호 및 인증서의 정기적, 자동적인 변경미흡, 다단계인증사용 실패 등으로 발생
계정도용	계정도용은 악의적인 공격자가 권한이 높거나 민감한 계정에 액세스하여 악용하는 위협요소
내부자위협	내부자는 방화벽, VPN 및 다른 경계보안에 영향을 받지 않는 또 다른 위협자
안전하지 않은 인터페이스와 API	API와 사용자 인터페이스는 시스템에서 가장 노출된 부분으로 공격받을 가능성이 높은 요소

합격 NOTE

합격예측
AMI에는 인스턴스가 어떤 EBS 스냅샷과 연결되어있는지에 대한 정보가 포함되어있다.

합격예측
S3는 파일 서버의 역할을 하는 서비스이다.

합격예측
Glacier는 데이터를 백업하고 저장하는데 그 목적을 두고 만든 서비스이다.

합격예측
클라우드 서비스의 보안 위협
① 가상화 취약점 상속
② 정보 위탁에 따른 정보 유출의 위협
③ 사용 단말의 다양성과 분실에 따른 정보 유출
④ 자원 공유 및 집중화에 따른 서비스 장애
⑤ 분산 처리에 따른 보안 적용의 어려움
⑥ 법규 및 규제의 문제

합격 NOTE

위협요소	내 용
취약한 제어영역	제어영역은 데이터의 안정성과 런타임을 제공하는 데이터영역을 보완하는 역할을 하므로, 제어영역이 약하면 보안위협 요소가 됨
메타구조와 응용구조 실패	클라우드소비자는 클라우드 플랫폼을 완전히 활용하기 위해 클라우드 애플리케이션을 올바르게 구현하는 방법을 이해해야 함
제한된 클라우드 사용 가시성	조직 내 클라우드서비스 사용이 안전한지 아니면 악의적인지 분석할 수 있는 능력이 필요
클라우드 서비스의 남용 및 악의적인 사용	공격자는 클라우드 컴퓨팅 리소스를 활용하여 사용자, 조직 또는 클라우드 공급자를 대상으로 악의적인 행위를 할 수 있음

[출처 : 클라우드 위협 보고서, 클라우드 보안 협회, 2019]

(2) 클라우드 보안 서비스(SECaaS)

① SECaaS(SECurity As A Service)는 클라우드환경에서의 기밀성과 무결성, 가용성을 보장하기 위해 클라우드서비스에서 제공하지 않는 추가적인 보안기능을 서비스형태로 제공한다.

② SECaaS는 사용자가 별도의 보안환경을 스스로 구축할 필요 없이 소프트웨어 형태의 클라우드서비스(Saas)로 제공된다.

③ SECaaS는 사용한만큼 비용을 지불하며 필요에 따라서는 On-demand 형태를 적용해 보안수준은 극대화하고 비용은 절감할 수 있다.

(3) 클라우드 접근 보안 중계(CASB)

① CASB(Cloud Access Security Broker)는 클라우드서비스 사업자와 클라우드서비스 사용자 중간에 위치해 보안 전반을 책임지는 클라우드 보안 중계 서비스이다.

② CASB는 사용자와 클라우드서비스 제공자 사이에 위치하면서 클라우드환경으로 암호화 등의 보안기능을 제공하는 허브라고 볼 수 있다.

③ CASB 적용방식 3가지 : API, Agent 설치방식, Reverse Proxy

(4) 클라우드 보안 기술

① 아마존 AWS(Amazon Web Services)
② 마이크로소프트 Azure
③ 구글 GCP(Google Cloud Platform)

라. WEB 서버와 WAS 서버

웹 서비스는 Client, Web Server, WAS 그리고 DB로 요청(Request) 및 응답(Response)을 주고 받아 실행된다.

합격예측
SECaaS는 백신이나 방화벽 등이 SaaS 서비스 형태로 제공되는 것이다.

합격예측
CASB는 중개 서비스 형태로 클라우드 보안을 강화한다.

합격예측
웹 어플리케이션의 구성요소 : 웹 브라우저(Web Browser), 웹 서버(Web Server), 웹 어플리케이션 서버(WAS, Web Application Server)

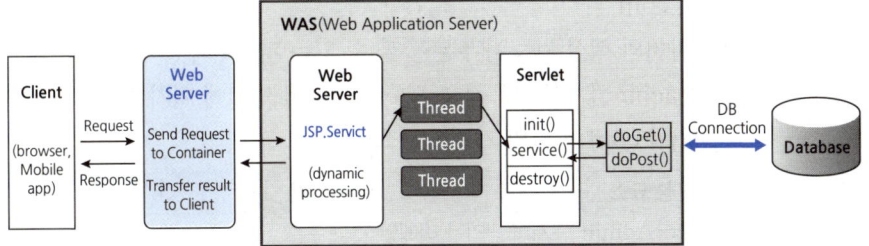

종류	내 용
Client	네트워크를 통하여 Server라는 다른 컴퓨터 시스템 상의 원격 서비스에 접속할 수 있는 응용프로그램
Web Server	클라이언트가 웹 서버에 HTTP 요청을 보내면 웹 서버는 HTTP로 응답하여 정적 리소스를 제공한다.
WAS	DB조회나 로직 처리를 요구하는 동적 컨텐츠를 제공하기 위한 프로그램(소프트웨어 엔진)이다.
DB	데이터 수집, 저장을 한다.

(1) 웹 서버(Web Server)
  ① 사용자가 클라이언트로 요청을 보내면 그 명령에 대한 처리를 실행하고 다시 사용자에게 답변을 보내주는 역할을 수행한다.
  ② 웹 브라우저 클라이언트로부터 HTTP 요청을 받아 정적인 컨텐츠(.html .jpeg .css 등)를 제공하는 컴퓨터이다.
  ③ 웹서버의 기능
    ㉠ 정적인 컨텐츠 제공
    ㉡ 동적인 컨텐츠 제공을 위한 요청 전달. 즉, 동적인 데이터를 요청하게 되면 WAS 서버로 데이터를 넘겨준다.
  ④ 웹서버의 예 : Apache Server, Nginx, IIS(Windows 전용 Web 서버) 등

참고

Apache Web Server
  ① Apache 재단에서 만든 HTTP서버이며, 기능적인 면에서 우수하고 구축이 쉬워 사용되고 있다.
  ② 정적인 데이터를 처리하는 웹서버이다.
  ③ 아파치 웹서버는 환경변수(environment variable)라는 변수에 정보를 저장할 수 있다. 이 정보를 사용하여 로그나 접근제어 등 여러 작업을 조절한다.

합격 NOTE

합격예측
Web server을 사용하는 이유 : 성능향상, 캐싱 및 압축, 로드 밸런싱, 보안 등

합격예측
Web server, WAS : Http 프로토콜을 기반으로 동작

합격 예측
Web server
인터넷을 기반으로 클라이언트에게 웹 서비스를 제공하는 컴퓨터

합격 예측
정적 데이터
① 내용이 바뀌지 않는 데이터(항상 동일한 내용)
② 예 : image, html, css, javascript 등

합격 예측
Apache Web Server : 가장 많이 사용되는 웹서버이다.

합격 예측
Apache Server 명령어 : PassEnv(쉘에서 환경변수를 가져옴), SetEnv(환경변수 설정) 등

합격 NOTE

합격 예측
httpd.conf 파일은 Apache의 메인 설정 파일이다.

합격 예측
Apache의 Timeout 값의 기본값은 300(초)로 설정되어 있다.

합격 예측
CGI는 웹서버 상에서 사용자 프로그램을 동작시키기 위한 조합이다.

합격 예측
WAS = Web Server + Web Container

합격 예측
동적 데이터
① 인자에 따라 내용이 변경되는 데이터
② 입력, 클릭, 로그인 등과 같이 페이지 이동이 있어야 보이는 데이터

합격 예측
Container : JSP, Servlet을 실행시킬 수 있는 소프트웨어를 말한다. WAS는 JSP, Servlet 구동 환경을 제공한다.

합격 예측
Container : 동적인 데이터들을 처리하여 정적인 페이지로 생성해주는 소프트웨어 모듈

---

④ httpd.conf 파일
  ㉠ 아파치의 핵심 기능 대부분을 볼 수 있는 파일이다.
  ㉡ apache 설치시 자동적으로 /etc/httpd 경로에 설치된다.
  ㉢ httpd.conf 파일의 기본 구성요소

구성 요소	기 능
ServerAdmin	서버 관리자 이메일 지정
Servername	서버의 도메인 지정
CustomLog	엑세스 로그 파일 위치 지정
ServerTokens	클라이언트에게 서버의 정보를 얼마나 알려주냐를 설정
ServerRoot	아파치 서버의 기본 Root 경로
Timeout	클라이언트가 요청에 서버가 대기하는 시간의 최대값을 설정
MaxClients	동시 접속할 수 있는 클라이언트 수를 결정
KeepAlive	접속 연결에 대한 재요청을 허용할 것인지 설정
ErrorLog	에러 로그 파일의 위치 지정

⑤ Apache는 CGI(공용 게이트웨이 인터페이스, Common Gateway Interface)

(2) WAS(Web Application Server)
  ① WAS는 DB 조회나 다양한 로직 처리를 요구하는 동적인 컨텐츠를 제공하기 위해 만들어진 Application Server이다.
  ② WAS는 HTTP를 통해 컴퓨터나 장치에 애플리케이션을 수행해주는 미들웨어(소프트웨어 엔진)이다.
  ③ WAS는 "웹 컨테이너(Web Container)" 혹은 "서블릿 컨테이너(Servlet Container)"라고도 한다.

 참고

 웹 컨테이너 (Container)
  ① 컨테이너는 동적인 데이터들을 처리하여 정적인 페이지로 생성해주는 소프트웨어 모듈이다.
  ② 컨테이너는 웹 서버와 애플리케이션 사이의 통신을 관리하고, 웹 애플리케이션의 생명 주기를 관리한다.
  ③ 웹 컨테이너는 웹 애플리케이션을 실행하기 위한 런타임 환경을 제공하는 소프트웨어이다.

④ WAS의 주요 기능
　㉠ 프로그램 실행 환경과 DB 접속 기능 제공한다.
　㉡ 여러 개의 트랜잭션(논리적인 작업 단위)을 관리할 수 있다.
　㉢ 업무를 처리하는 비즈니스 로직을 수행한다.
　㉣ WAS의 예 : 톰캣(Tomcat), JBoss, Jeus, Web Sphere 등
⑤ WAS의 구성요소

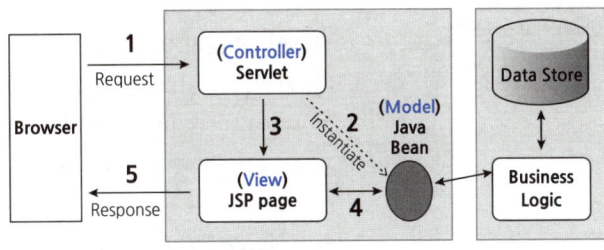

　㉠ JSP(JavaServer Pages)의 약자이며, HTML 코드에 JAVA 코드를 넣어 동적웹페이지를 생성하는 웹어플리케이션 도구이다
　㉡ 서블릿(Servlet) : 클라이언트의 요청을 받아 처리하고 그 결과값을 출력하여 웹 페이지(HTML 문서)를 생성하기 위한 자바 코드 또는 기술을 말한다.
　㉢ 자바빈(JavaBean) : 데이터를 표현하는 것을 목적으로 하는 자바 클래스이다.

[Web Server와 WAS의 비교]

항목	웹 서버	WAS 서버
정의	정적인 콘텐츠(HTML, CSS, 이미지 등)를 제공하는 서버	동적인 콘텐츠(웹 애플리케이션)를 처리하고 제공하는 서버
기능	HTTP 프로토콜을 이용해 클라이언트에게 웹 페이지 제공	웹 애플리케이션 실행 및 데이터 처리, 웹 서버와 클라이언트 간의 중계 역할
주요 소프트웨어	Apache, Nginx, IIS	Tomcat, JBoss, WebLogic, WebSphere

(3) Web Server와 WAS를 분리하는 이유
① 성능 및 확장성 : 각각의 역할에 특화된 서버를 구성하고, 성능 및 확장성을 높일 수 있다.
② 안정성 : 웹 서버와 WAS를 분리함으로써, 각각의 서버가 독립적으로 동작하여 안정성을 높일 수 있다.
③ 유지보수 및 관리 : 각각의 서버를 별도로 유지보수하고 관리할 수 있다.
④ 보안 : 보안에 대한 전문적인 대응을 할 수 있다.

합격 NOTE

합격 예측
① JSP는 웹 페이지를 동적으로 처리되도록 하는 기술
② Servlet는 자바를 사용하여 웹 페이지를 동적으로 생성하는 서버측 프로그램
③ JavaBean : JSP에서 객체를 가져오기 위한 기법

합격 예측
웹 서버 와 WAS서버는 웹 상에서 서비스를 제공하기 위해 사용되는 서버이다.

합격 예측
웹 서버(정적인 파일을 처리),
WAS(동적인 요청을 처리)

합격 예측
웹 서버는 클라이언트와의 통신을 처리하는 역할을 하므로, 외부 공격에 취약하다.

출제 예상 문제

제4장 Cloud 서비스 활용

01 다음은 무엇에 대한 설명인가?

> 서버, 스토리지, 응용프로그램 등의 전산자원을 구매하여 소유하지 않고 인터넷을 기반으로 필요한 만큼만 자신의 컴퓨터나 휴대폰 등에 불러와서 사용하는 웹 기반의 컴퓨팅기술을 말한다.

① 클라이언트–서버 컴퓨팅
② 클라우드 컴퓨팅
③ 웨어러블 컴퓨팅
④ 임베디드 컴퓨팅

해설
클라우드 컴퓨팅(Cloud Computing)은 클라우드에서 IT 자원(서버, 스토리지, 소프트웨어 등)을 네트워크를 통해 필요한 만큼 대여하여 원하는 시점에서 사용하는 컴퓨팅 환경이다.

02 다음 중 클라우드 컴퓨팅에 대한 설명으로 가장 거리가 먼 것은?

① 서버, 스토리지, S/W 등을 소유하지 않고, 필요 시 서비스 형태로 이용하는 방식이다.
② 컴퓨터의 리소스를 가상화하여 IT 자원을 필요한 만큼 빌려 쓰고 비용을 지급하는 방식이다.
③ 컴퓨터 가용률이 낮은 편이기 때문에 IT 서비스의 전략과 일치한다.
④ 서버가 공격당할 경우, 개인정보가 유출될 수 있는 단점이 있다.

해설
클라우드 컴퓨팅의 특징
① 컴퓨터 시스템의 유지보수 비용을 줄일 수 있다.
② 웹기반의 통제 인터페이스를 제공한다.
③ 각종 컴퓨팅 자원을 가상화 기술로 통합한 것이다. 등

03 다음 중 클라우드 컴퓨팅에 대한 설명으로 가장 거리가 먼 것은?

① 크리스토프 비시글리아가 유휴 컴퓨팅 자원에 대한 활용을 제안하며 처음 사용되었다.
② 컴퓨팅, 스토리지, 소프트웨어, 네트워크와 같은 IT 자원들을 인터넷을 통해 필요한 만큼 빌려 쓰고 사용한 만큼 비용을 지불하는 서비스이다.
③ 소프트웨어를 클라이언트에 설치하지 않고도 서비스를 받을 수 있다.
④ 서버 해킹으로 인한 개인정보의 유출이나 데이터 손실의 우려가 없는 것이 장점이다.

04 클라우드 컴퓨팅의 장점에 대한 설명으로 잘못된 것은?

① 초기 구입비용은 많이 소요되나 지출이 적다.
② 언제 어디서든 자신의 작업한 문서 등을 열람할 수 있다.
③ 외부 서버에 자료를 안전하게 보관할 수 있다.
④ 저장 공간의 제약을 극복할 수 있다.

05 다음 중 클라우드 컴퓨팅의 장점으로 가장 거리가 먼 것은?

① 서버 해킹으로 인한 개인정보의 유출을 막을 수 있다.
② 사용되는 데이터가 클라우드 서버에 저장되므로 백업이 필요 없다.
③ 서버에 저장된 문서를 동시에 협업하여 업무 효율 증대를 이룰 수 있다.
④ OA용 소프트웨어 구입이나 웹서버 구축이 필요하지 않아 비용이 저렴하다.

[정답] 01 ② 02 ③ 03 ④ 04 ① 05 ①

> **해설**
>
> **클라우드 컴퓨팅의 문제점**
> ① 서버 데이터의 신뢰성 검증에 문제가 있음
> ② 서버 데이터의 기밀성 유지에 문제가 있음
> ③ 서버 해킹으로 인한 개인정보의 유출 가능성이 있음
> ④ 서버 해킹으로 인한 데이터 손실 가능성이 있음 등

06 다음 중 클라우드 컴퓨팅에 대한 설명으로 잘못된 것은?

① 초기 구입 비용과 비용 지출이 많으나 컴퓨터 가용률이 높다.
② 서버가 공격당하면 개인 정보가 유출될 수 있다.
③ 웹 혹은 프로그램 기반의 통제 인터페이스를 제공한다.
④ 컴퓨터 시스템의 유지보수 비용을 줄일 수 있다.

07 클라우드 컴퓨팅의 단점에 대한 설명으로 잘못된 것은?

① 개별 정보의 물리적 위치 파악이 어렵다.
② 통신 환경이 열악하면 서비스 받기 힘들 수 있다.
③ 서버가 공격당해도 개인 정보를 보호할 수 있다.
④ 재해로 서버 데이터가 손상되면 백업하지 않은 정보는 복구하지 못할 수 있다.

08 다음 중 클라우드 컴퓨팅의 장단점에 대한 설명으로 가장 거리가 먼 것은?

① 컴퓨터 시스템의 유지보수 비용이 늘어난다.
② 시간과 인력을 줄일 수 있다.
③ 서버가 공격당하면 개인정보가 유출될 수 있다.
④ 전문적인 하드웨어 지식 없이 쉽게 사용할 수 있다.

09 불특정 다수를 대상으로 하는 클라우드 컴퓨팅 서비스는 무엇인가?

① 프라이빗 클라우드
② 하이브리드 클라우드
③ 모바일 클라우드
④ 퍼블릭 클라우드

> **해설**
>
> 클라우드 컴퓨팅은 서비스 제공 형태에 따라 퍼블릭 클라우드, 프라이빗 클라우드, 하이브리드 클라우드로 구분된다.
> ① 퍼블릭 클라우드는 불특정 다수(모든 인터넷 사용자)를 대상으로 하는 서비스로, 여러 서비스 사용자가 이용하는 형태이다.
> ② 프라이빗 클라우드(사설 클라우드, 폐쇄 클라우드) : 제한된 네트워크 상에서 특정 기업이나 특정 사용자만을 대상으로 하는 클라우드 서비스
> ③ 하이브리드 클라우드 : 퍼블릭 클라우드와 프라이빗 클라우드를 병행해 사용하는 서비스

10 다음에서 설명하는 클라우드 운용 방식은?

> 클라우드 컴퓨팅을 구축한 기업이나 기관 내부에 클라우드 서비스 환경을 구성하고 내부자에게 제한적으로 서비스를 제공하는 형태

① 퍼블릭 클라우드
② 프라이빗 클라우드
③ 퍼스널 클라우드
④ 하이브리드 클라우드

11 다음 클라우드 컴퓨팅 운용 모델 중 기업 내부에만 제공되고, 서비스 수준을 제어할 수 있으며 보안이 보장되는 서비스는?

① 퍼블릭 클라우드
② 프라이빗 클라우드
③ 하이브리드 클라우드
④ 커뮤니티 클라우드

[정답] 06 ① 07 ③ 08 ① 09 ④ 10 ② 11 ②

12 다음 중 클라우드 컴퓨팅 서비스의 운용 형태로 가장 거리가 먼 것은?

① 하이브리드 클라우드
② 인터랙티브 클라우드
③ 퍼블릭 클라우드
④ 프라이빗 클라우드

13 다음 중 클라우드 컴퓨팅 서비스 업체와 서비스명이 잘못 짝지어진 것은?

① 마이크로소프트 – Azure
② 애플 – iCloud
③ 구글 – Google Drive
④ KT – N드라이브

해설
N드라이브(NDrive)는 네이버의 클라우드 저장공간이다.

14 최근에 이슈가 되고 있는 자료 저장소로 PC와 모바일에서의 연동성이 뛰어나다. 인터넷에서 웹하드처럼 자유롭게 이용이 가능한 서비스와 제공업체가 바르게 짝지어지지 않은 것은?

① kCloud : KT
② iCloud : 애플
③ N드라이브 : 네이버
④ 다음 클라우드 : 다음

15 다음 중 클라우드 컴퓨팅에서 서비스 모델 중 SaaS에 대한 설명으로 옳은 것은?

① 소프트웨어를 임대 제공
② 서버, 스토리지 등을 임대, 제공
③ 소프트웨어 개발에 필요한 플랫폼을 임대, 제공
④ 하드웨어 자원 소프트웨어를 임대 제공

16 다음에서 설명하는 요소 기술을 이용하는 클라우드 컴퓨팅 솔루션은 무엇인가?

> Resource Pool,
> Hypervisor,
> Partition Mobility

① 오픈 인터페이스
② 가상화 기술
③ 서비스 프로비저닝
④ 자원 유틸리티

해설
가상화 요소 기술 : Resource Pool, Hypervisor, 가상 I/O, Partition Mobility 등

17 클라우드 컴퓨팅 관련 기술에 대한 설명으로 잘못된 것은?

① 서비스 프로비저닝은 서비스 제공업체가 실시간으로 자원을 제공한다.
② 전산자원에 대한 과금 체계를 정립하기 위한 기술은 자원 유틸리티이다.
③ SaaS를 제공하는데 필수 요소로 꼽히는 기술은 다중 공유모델이다.
④ 여러 대의 전산 자원을 반드시 한 대처럼 운영하는 기술은 가상화 기술이다.

해설
④는 가상화기술에 대한 설명이다.

18 다음 중 클라우드 컴퓨팅 서비스 유형이 아닌것은?

① SaaS
② PaaS
③ IaaS
④ MaaS

[정답] 12 ② 13 ④ 14 ① 15 ① 16 ② 17 ④ 18 ④

19 클라우드 컴퓨팅 서비스 유형 중 응용 프로그램 솔루션을 제공하는 서비스는 무엇인가?

① IaaS　　　② PaaS
③ SaaS　　　④ NaaS

20 클라우드 서비스 유형 중 이용자가 원하는 S/W를 임대·제공하는 서비스는 무엇인가?

① IaaS　　　② PaaS
③ SaaS　　　④ NaaS

[해설]
서비스로서의 소프트웨어(SaaS, Software-as-a-Service)는 클라우드 애플리케이션과 기본 IT 인프라 및 플랫폼을 사용자에게 제공하는 클라우드 서비스이다.

21 클라우드 컴퓨팅 서비스 중, 이용자에게 서버, 스토리지, CPU 등의 하드웨어 자원만을 임대·제공하는 서비스는?

① IaaS　　　② PaaS
③ SaaS　　　④ NaaS

[해설]
① 서비스로서의 인프라(IaaS : Infrastructure as a Service)는 사용자가 관리할 수 있는 범위가 가장 넓은 클라우드 서비스이다.
② IaaS는 서버, 스토리지, 네트워크 등의 인프라자원을 필요에 따라 사용할 수 있게 해주는 클라우드 서비스이다.

22 다음 설명에 해당하는 클라우드 컴퓨팅 서비스 유형은?

> 이용자에게 서버, 스토리지 등의 하드웨어 자원만을 임대하거나 제공하는 서비스

① CaaS　　　② SaaS
③ IaaS　　　④ PaaS

23 다음에서 설명하는 클라우드 컴퓨팅 기술은?

> • 서비스 제공업체가 실시간으로 자원을 제공
> • 요소기술은 자원 제공 기술
> • 서비스 신청부터 제공까지 자동화
> • 업무의 경제성과 유연성 증가

① 가상화 기술
② 서비스 프로비저닝
③ 자원 유틸리티
④ 보안 및 프라이버시

[해설]
프로비저닝(Provisioning)은 사용자의 요구에 맞게 시스템 자원을 할당, 배치, 배포해 두었다가 필요 시 시스템을 즉시 사용할 수 있는 상태가 될 수 있게 하는 것을 말한다.

24 다음 중 클라우드 컴퓨팅 관련 기술에서 서비스 제공업체가 실시간으로 자원을 제공하며, 서비스 신청부터 자원 제공까지의 업무자동화 솔루션을 가리키는 말은?

① 오픈 스페이스
② 서비스 프로비저닝
③ 서비스 수준 관리
④ 가상화 기술

25 다음 설명에 해당하는 클라우드 컴퓨팅 관련 기술은?

> • 인터넷을 통해 서비스를 이용하고 서비스간 정보 공유를 지원하는 인터페이스 기술
> • 클라우드 기반 SaaS, PaaS에서 기존 서비스에 대한 확장 및 기능 변경에 적용 가능
> • 요소기술 : SOA, Open API, Web Service 등

① 서비스 프로비저닝
② 오픈 인터페이스
③ 자원 유틸리티
④ 다중 공유모델

[정답] 19 ③　20 ③　21 ①　22 ③　23 ②　24 ②　25 ②

26 다음 중 클라우드 컴퓨팅 기술 중 전산자원에 대한 사용량 수집을 통해 과금 체계를 정립하기 위한 기술은 무엇인가?

① 자원 유틸리티
② 보안 및 프라이버시
③ 가상화 기술
④ 서비스 수준 관리

해설
① 대규모 분산처리 : 대규모의 서버 환경(수천 노드 이상)에서 대용량 데이터를 분산 처리하는 기술
② 자원 유틸리티 : 전산자원에 대한 사용량 수집을 통해 과금체계를 정립하기 위한 기술
③ 보안 및 개인정보 관리 : 민감한 보안 정보를 외부 컴퓨팅 자원에 안전하게 보관하기 위한 기술

27 다음 중 클라우드 컴퓨팅 관련 기술과 가장 거리가 먼 것은?

① 가상화 기술
② 디지털 포렌식
③ 오픈 인터페이스
④ 서비스 프로비저닝

28 다음 중 클라우드 환경의 스토리지 서비스 중, 자체적으로 웹 오피스 기능을 제공하지 않는 것은?

① 드롭박스
② 구글 드라이브
③ 마이크로소프트 원드라이브
④ 네이버 클라우드

해설
① 모두 클라우드 환경에서 스토리지 서비스를 지원한다.
드롭박스는 파일 동기화와 클라우드 컴퓨팅을 이용한 웹 기반의 파일 공유 서비스이다
② 구글 드라이브, 원드라이브, 네이버 클라우드는 웹 오피스 기능이 함께 제공된다.

29 다음 중 클라우드 환경에서 스토리지 서비스 중 웹 오피스 기능과 통합된 서비스 유형이 아닌 것은?

① DropBox
② Google Drive
③ MS Sky Drive
④ Naver N Drive

30 다음 중 부하분산방식에 대한 설명으로 옳지 않은 것은?

① 동적부하분산방식은 서버의 부하가 적으나 부하분산 효율성이 떨어질 수 있다.
② 정적부하분산방식은 관리자가 설정한 설정기준에 따라 서버에 할당한다.
③ 동적부하분산방식은 서버의 상태를 확인해서 상황에 맞게 할당한다.
④ 정적부하분산방식에는 라운드로빈, 가중치, Active-Standby기법이 있다.

해설
① 정적 분산 방식은 부하분산 서버의 부하가 적으나 부하분산 효율성이 떨어질 수 있다.
② 동적 분산 방식은 부하분산 효율은 좋을 수 있으나 서버에 부하가 발생한다.

31 다음 중 데이터 백업방법에 대한 설명으로 옳지 않은 것은?

① EBS(Elastic Block Store) Snapshot은 EBS 볼륨 하나를 백업하는 것이다.
② AMI(Amazon Machine Image)는 OS가 설치되어있는 루트 장치를 포함한 모든 EBS를 백업하는 것
③ Amazon S3(Simple Storage Service)는 장기 백업을 위한 안전하고 안정적인 스토리지 서비스이다.
④ Amazon Glacier는 데이터를 백업하고 저장하는데 그 목적을 두고 만든 서비스이다.

[정답] 26 ① 27 ② 28 ① 29 ① 30 ① 31 ③

출제 예상 문제

해설
Amazon Glacier는 데이터 보관 및 장기 백업을 위한 안전하고 안정적인 스토리지 서비스이다.

32 클라우드 환경에서 보안 위협 요소로 옳지 않은 것은?
① 취약한 OS 영역
② 가상화 취약점 상속
③ 자원 공유 및 집중화에 따른 서비스 장애
④ 분산 처리에 따른 보안 적용의 어려움

33 구글이 클라우드 시대를 겨냥해서 만든 차세대 태블릿 PC용 OS는?
① 크롬 OS　　② tinyOS
③ 비스타　　　④ 안드로이드

해설
구글 크롬 OS는 구글이 설계한 차기 오픈 소스 운영 체제이며 웹 애플리케이션과 동작한다.

34 다음은 정보통신 기술의 특징을 설명한 것이다. 무엇에 대한 설명인가?

> 클라우드 서비스를 기반으로 하나의 콘텐츠를 스마트폰 · PC · 스마트TV · 태블릿PC · 자동차 등 다양한 디지털 정보기기에서 공유할 수 있는 컴퓨팅 · 네트워크 서비스

① N-Screen　　② LTEM
③ Super-WiFi　④ MVNO

해설
N Screen(N 스크린, Network Screen 또는 Numbers Screen)은 공통된 콘텐츠 또는 애플리케이션을 N개의 디바이스를 통해 서비스하는 기술이다.
　예) 하나의 영화를 PC 모니터에서 감상하다 모바일에서 이어서 볼 수 있고 텔레비전 모니터에서 볼 수 있는 환경을 말한다.

35 클라이언트와 서버간의 통신을 담당하는 시스템 소프트웨어를 무엇이라고 하는가?
① 웨어러블　　② 하이웨어
③ 미들웨어　　④ 응용 소프트웨어

36 미들웨어 솔루션의 유형에 포함되지 않는 것은?
① WAS　　　　② Web Server
③ RPC　　　　 ④ ORB

해설
① 미들웨어는 양쪽을 연결하여 데이터를 주고 받을 수 있도록 중간에서 매개 역할을 하는 소프트웨어이다.
② RPC(Remote Procedure Call), ORB(Object Request Broker)

37 다음 [보기]와 그림에서 (가)에 해당하는 서버의 명칭은?

> [보 기]
> • 웹브라우저로부터 요청을 받아 정적인 콘텐츠를 처리하는 시스템이다.
> • 정적인 콘텐츠는 html, css, jpeg 등이 있다.

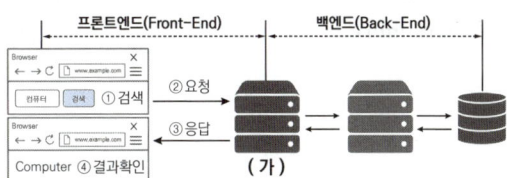

① Web Server
② WAS(Web Application Server)
③ DB Server
④ 보안 서버

해설
웹 브라우저를 프론트엔드 또는 클라이언트라고도 하는데, 웹 서버는 웹 브라우저의 요청을 받아 알맞은 결과를 웹 브라우저에 전송한다.

[정답] 32 ① 33 ① 34 ① 35 ① 36 ② 37 ①

38. httpd.conf 파일 설정 항목에 대한 설명으로 틀린 것은??

① ServerTokens는 클라이언트의 요청에 따라 웹 서버가 응답하는 방법을 설정한다.
② Timeout은 클라이언트가 요청한 정보를 받을 때까지 소요되는 초 단위 대기 시간의 최댓값을 의미한다.
③ ServerAdmin은 웹서버에 문제가 생겼을 때 클라이언트가 메일을 보내는 웹서버 관리자의 이메일 주소를 설정한다.
④ ErrLog는 웹서비스를 통해 사용자에게 보일 HTML 문서가 위치하는 곳의 디렉토리를 설정한다.

해설
아파치(Apache)의 환경설정 파일(httpd.conf)
ErrorLog 지시어는 가장 중요한 로그파일인 서버 오류 로그의 이름과 위치를 지정한다. 즉, 에러 로그 파일의 위치는 "ErrorLog"로 지정한다.

39. WAS(Web Application Server)가 아닌 것은?

① JEUS
② JVM
③ Tomcat
④ WebSphere

40. WAS(Web Application Server) 서버 구성요소가 아닌 것은?

① XML
② JSP
③ Serviet
④ JavaBeans

해설
WAS(Web Application Server)
① WAS는 웹 어플리케이션과 서버 환경을 만들어 기능을 제공하는 소프트웨어 프레임워크이다.
② WAS는 DB 조회나 로직 처리를 요구하는 동적 컨텐츠를 제공하기 위해 만들어진 Application Server이며, Web container 혹은 Servlet Container라고도 불린다.

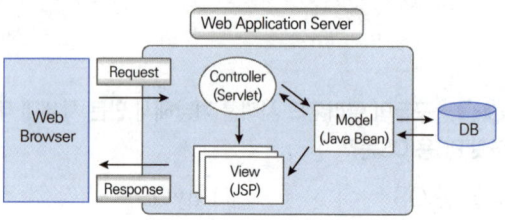

41. 다음 중 웹서버에서 APM을 설치하기 위한 명령어가 아닌 것은?

① yum -y install httpd
② yum -y install MySQL
③ yum -y install php
④ yum -y install proftpd

해설
yum(Yellowdog Updater Modified)은 rpm 기반의 시스템을 위한 updater 이자 패키지 설치 및 삭제 도구이다.

[정답] 38 ④ 39 ② 40 ① 41 ④

5 IT 서비스 연속성 관리

1. IT 서비스 연속성 관리

가. IT 서비스 연속성
- IT 서비스 연속성이란 장애, 재난·재해 발생 시에도 중단없이 IT 서비스를 제공하기 위한 모든 활동을 의미한다.
- IT 서비스 연속성은 자연재해, 보안침해 또는 기타 위협과 같은 긴급한 상황에서 서비스 기능을 유지하거나, 빠른 시간내에 서비스를 재개시키는 것을 의미한다.
- IT 서비스 연속성은 서비스 중단이 발생하지 않도록 하는 무결점 또는 무중단을 의미하는 것이 아니다. 중단이 되더라도 약속한 시간 내에 서비스를 다시 사용할 수 있도록 보장해주는 것이다.

> **합격예측**
> 서비스 연속성은 긴급 상황 또는 중단이 발생한 후 중요한 기능을 유지하기 위한 방법이다.

 참고

📍 용어 정리
① 장애 : 정보시스템의 고장, 오류, 기능 저하 등으로 사용자가 정보시스템을 사용할 수 없거나 그 기능 활용이 어려운 상태를 말한다.
② 변경 : 정보시스템의 기존 구성 항목을 추가, 교체, 증설, 이동, 제거하는 모든 작업을 말한다.
③ 서비스 연속성 : 장애, 재난·재해 발생 시에도 중단 없이 서비스를 제공하기 위한 모든 활동을 의미한다.
④ 연속성 : 제품 및 서비스가 중단 없이 제공되는 것을 의미하는 것은 아니며, 중단이 되어도 약속한 시간 내에 다시 공급을 하는 것을 의미한다.

(1) IT 서비스 연속성 관리(IT Service Continuity Management)
㉠ 장애, 재난·재해 발생으로부터 서비스를 복구할 전략을 결정하고 서비스 연속성을 보장하는 계획을 수립하는 관리시스템이다.
㉡ IT 서비스에 중단을 초래하는 상황이 발생하였을 때, 정해진 복구 스케줄에 의해 서비스 요구사항을 중단없이 지원하기 위한 관리영역이다.

합격 NOTE

합격예측
장애관제체계
① 서버관제시스템(SMS : Server Management System)
② 네트워크관제시스템(NMS : Network Management System)

합격예측
항상 서비스할 수 있는 시스템을 가용성이 높은 시스템이라고 한다.

합격예측
가용성은 시스템의 가동률과 비슷한 의미이다.

합격예측
Downtime : 시스템(서비스)의 이용 불가능 시간

합격예측
고가용성 시스템 설계 방법 : 시스템이중화, 시스템확장 리던던시

합격예측
유지성 : 시스템 정지 없이 구성 자원을 변경(Hot Swapping 등)하는 능력

합격예측
보안성(Security) : IT서비스가 지속적으로 안전한 범위 내에서 제공하기 위한 능력

합격예측
직렬 시스템의 전체 가용성(가동률)은 각 장치의 가용성을 곱해서 얻는다.

---

(2) IT 서비스 장애관리
① 장애의 효과적인 예방 및 대응을 위해 장애관제체계를 구축한다.
② 중요 정보시스템의 이중화를 구성한다.

나. IT 서비스 가용성 관리(Availability Management)

(1) IT 서비스의 가용성(Availability)
① 가용성은 IT 서비스를 수행하는 구성요소가 정의된 기간동안 기능을 제대로 발휘할 수 있는 능력을 말한다.
② 가용성은 서버와 네트워크 또는 프로그램 등의 다양한 정보시스템이 장애 없이 정상적으로 사용 가능한 정도를 의미한다.

$$\text{Availability} = \frac{\text{서비스 이용 가능시간}(\text{Up}-\text{Time})}{\text{전체 사용 시간}(\text{Up}-\text{Time}+\text{Down}-\text{Time})}$$

③ 고가용성(HA : High Availability)은 서버와 네트워크 또는 프로그램 등의 정보 시스템이 상당히 오랜 기간 동안 지속적으로 장애 없이 정상 운영이 가능한 성질을 의미한다.
④ 가용성은 정의되고 합의된 시간 동안 IT 서비스가 중단 없이 업무지원이 가능한지에 대한 품질지표이다.

(2) 가용성 하락요인
네트워크장애, 전원장애, 하드웨어장애, 소프트웨어장애, HW/SW 등의 점검기간, 고부하에 따른 요청 타임아웃

(3) 가용성 평가항목
① 가용성(Availability) : 서비스 제공시간 중에서 서비스가 가능한 시간의 비율[%]
② 신뢰성(Reliability) : 요구되는 기능을 중단없이 제공하는 정도
③ 유지성(Maintainability) : 지속적으로 서비스를 제공할 수 있는 정도
④ 서비스성(Serviceability) : 가용성 유지를 위해 모든 서비스를 중단없이 제공가능한 정도
⑤ 복원력(Resilience) : 이중화와 같이 운영중인 하나의 구성자원이 다운된 경우라고 해도 다른 장비를 통해 서비스를 복구할 수 있는 능력

(4) 가용성 산출
① 가용성(가동률) = $\dfrac{\text{MTBF}}{\text{MTBF}+\text{MTTR}} \times 100[\%]$

MTBF (Mean Time Between Failure)	평균 고장간격, 수리가 가능한 시스템이 고장난 후부터 다음 고장이 날 때까지의 평균시간(신뢰도의 척도)
MTTF (Mean Time To Failure)	평균 가동시간, 수리 불가능한 시스템의 사용시점부터 고장이 발생할 때까지의 가동시간 평균으로, 고장 평균시간이라고도 함
MTTR (Mean Time to Repair)	평균 수리시간, 시스템에 고장이 발생하여 가동하지 못한 시간들의 평균

합격예측
MTBF=MTTF+MTTR

② 시스템/서버/데이터센터 등의 가동률은 $\frac{가동시간}{가동시간+불가동시간}$ 의 비율의 개념으로 측정할 수 있다.

2. 논리적 자원의 연속성

가. 데이터베이스(DB : Database)

(1) 데이터베이스(DB)의 개요

① DB는 여러 시스템들에 의해 공유되어 사용될 목적으로 통합하여 관리되는 데이터의 집합이다.
② DB는 여러 자료파일을 조직적으로 통합하여 자료항목의 중복을 없애고 자료를 구조화하여 기억시켜 놓은 집합체이다.
③ DB는 데이터의 집합을 만들고, 저장 및 관리할 수 있는 기능들을 제공하는 응용프로그램이다.
④ 데이터베이스의 종류

종류	특징
관계형 데이터베이스 (RDB : Relational Database)	• 행(Column), 열(Row)을 갖는 표(Table) 형식으로 데이터를 저장하는 DB ∴ 데이터를 Table 형식으로 저장한다. • SQL(Structured Query Language)을 사용하여 데이터 관리 및 접근 • 종류 : Oracle, MySQL(Oracle), MS-SQL(Microsoft) 등

합격예측
DB는 여러 응용 시스템들의 통합된 정보들을 저장하여 운영할 수 있는 공용 데이터들의 묶음이다.

합격예측
DB 종류
① 계층형 DB
② 네트워크형 DB
③ 관계형 DB
④ NoSQL DB

합격 NOTE

합격예측
NoSQL : RDB의 특성이 확장된 DB

비관계형 데이터베이스 (NoSQL : Not Only SQL)	• 키(Key)와 값(Value)형태로 저장되고, 키를 사용해 데이터 관리 및 접근 ∴ 데이터를 문서 등에 카-값 형식으로 저장한다. • 대용량 데이터를 다루거나 데이터 분산처리에 용이, 유연한 데이터 모델링이 가능, Cloud Computing에 적합. • 종류 : MongoDB, hBase 등

참고

📍 SQL와 NoSQL

① 구조적 질의언어(SQL : Structured Query Language)
  ㉠ 관계형 데이터베이스 관리 시스템(RDBMS)에서 자료를 관리 및 처리하기 위해 설계된 특수목적의 프로그래밍 언어이다.
  ㉡ RDBMS에서 자료의 검색과 관리, 데이터베이스 스키마생성과 수정, 데이터베이스 객체 접근 조정관리를 위해 고안되었다.
  ㉢ 질의(Query)에 바로 결과를 확인할 수 있는 대화식언어로 구성되어 있다.
  ㉣ 상당수의 데이터가 구조화 된, Table 형태로 존재한다.

합격예측
SQL은 DB가 이해하는 질의언어이다.

합격예측
SQL 문법 : 데이터정의언어(DDL), 데이터조작언어(DML), 데이터 제어 언어(DCL)

합격예측
NoSQL : 최적화된 키값 저장기법을 사용하여 응답속도나 처리효율 등에서 매우 뛰어난 성능을 보임

② NoSQL(Not Only SQL)
  ㉠ 관계형 데이터베이스가 갖고 있는 특성뿐만 아니라 다른 특성들을 부가적으로 지원한다.
  ㉡ 비관계형 데이터베이스를 말하며, 데이터저장소의 새로운 형태이며, 수평적 확장성을 갖고 있다.
  ㉢ 문서, 그래프, 키 값, 인 메모리, 검색을 포함해 다양한 데이터모델을 사용한다.

합격예측
① DB는 자료항목의 중복을 없애고 자료를 구조화하여 저장함으로써 자료 검색과 갱신의 효율을 높인다.
② DB는 여러 응용 시스템들 의 통합된 정보들을 저장하여 운영할 수 있는 체계화된 데이터의 모임이다.

⑤ 데이터베이스의 요구조건
  ㉠ 데이터의 무결성(Integrity) : DB 데이터의 삽입(Insert), 삭제(Delete), 갱신(Update) 등의 이후에도 정해진 제약조건을 항상 만족해야 한다.

ⓒ 데이터의 독립성 : DB의 물리적변경(DB 크기, 파일 저장공간 변경 등)이 있어도 기존에 사용하던 응용프로그램은 아무런 변경 없이 계속 사용되어야 한다.
　　ⓒ 보안(Security) : 불법적인 데이터의 노출이나 변경, 손실로 부터 보호할 수 있어야 한다.
　　ⓔ 데이터중복의 최소화 : 동일한 데이터가 중복되어 저장되어서는 안된다.
　⑥ 데이터베이스 장점 : 데이터공유, 데이터중복 최소화, 일관성, 무결성, 보안성유지, 최신의 데이터유지, 데이터의 표준화가능, 데이터의 논리적·물리적 독립성, 용이한 데이터접근, 데이터 저장공간 절약 등
　⑦ 데이터베이스 단점 : 많은 비용부담, 데이터 백업과 복구가 어려움, 시스템의 복잡함, 대용량 디스크로 액세스가 집중되면 과부하 발생 등

(2) 데이터베이스 관리시스템(DBMS : DataBase Management System)
　① 데이터베이스 내의 데이터를 보다 체계적으로 관리하고 이용할 수 있게 해주는 소프트웨어 도구의 집합이다.
　② 데이터베이스의 생성, 사용을 관리 및 제어하고, 질의를 처리하는 소프트웨어를 말한다.
　③ DBMS의 주요기능
　　㉠ 중복성 최소화 : 데이터가 중복되면, 저장공간이 낭비되고 데이터의 일관성이 깨질 수 있으므로, 동일한 데이터가 여러 위치에 중복저장되는 현상을 최소화함
　　㉡ 접근통제 : 사용자마다 다양한 권한을 부여하여 권한에 따라 데이터에 대한 접근을 제어
　　㉢ 인터페이스 제공 : 응용 프로그램들이 데이터베이스에 접근할 수 있는 다양한 인터페이스 제공
　　㉣ 데이터 무결성(Integrity)의 유지
　　㉤ 백업, 장애에 대한 복구기능, 사용자권한에 따른 보안성유지 기능 등

(3) 관계형 데이터베이스 관리시스템(RDBMS : Relational DBMS)
　① 관계형(Relational)이란 정보를 저장하는 테이블들이 서로 연관되어 있음을 뜻한다.
　② 관계형 데이터베이스(RDB : Rational DB)는 모든 데이터를 2차원의 테이블 형태로 표현하며, 여러 키값들을 사용해 연관된 정보들을 함께 조회하는데 최적화되어 있다.

합격 NOTE

합격예측
DBMS는 DB를 관리하는 소프트웨어이다.

합격예측
기존 파일처리 방식의 문제점
① 종속성 문제(저장되는 방법, 접근방법을 변경하면 모두 변경해야 함)
② 중복성 문제(일관성, 보안성, 경제성, 무결성 부족)

합격예측
DBMS의 단점 : 고가의 운영비용, 전문인력 필요, 시스템 취약성 등

합격예측
① RDBMS는 DBMS의 한 유형이다.
② RDBMS는 DBMS에 관계형이 추가된 의미이다.

합격 NOTE

합격예측
관계형 DBMS(RDBMS) 종류 : Oracle, DB2, SQL Server 등

합격예측
① RDBMS : 클라이언트/서버 환경 적합
② NoSQL : 클라우드 환경 적합

합격예측
인터넷이 대중화되고 온라인 컨텐츠가 증가함에 따라 더욱 많은 저장 공간을 필요로 하고 있다.

합격예측
스토리지시스템은 저장장치이다.

---

③ RDBMS의 테이블은 서로 연관되어 있어 일반 DBMS보다 효율적으로 데이터를 저장, 구성 및 관리할 수 있다.
④ RDBMS의 종류
  ㉠ Oracle : 가장 많이 활용되며 뛰어난 기술력, 안정성과 신뢰도가 높다. 유료이다.
  ㉡ MySQL : Microsoft사의 대표적인 RDBMS, 오픈 소스이고 무료이며 호환성이 높다. 윈도우 시스템 환경을 지원한다.
  ㉢ SQL Server : Microsoft에서 개발한 DB 중 하나이다. 유닉스나 리눅스, C, C++로 작성되어 있다.
  ㉣ DB2 : 대형화된 데이터관리를 목적으로 만들어진 IBM의 RDBMS

나. 스토리지시스템(저장장치)

네트워크 기반에서 많은 기기들은 방대한 양의 멀티미디어 데이터를 지속적으로 생산하고 있다. 이와같은 데이터 양의 증대에 따라 높은 신뢰성과 성능, 내장애성(Fault Tolerance) 그리고 통합된 관리와 고속백업의 필요성이 증가하고 있다. 이상적인 스토리지시스템은 상이한 운영체제를 갖는 플랫폼 사이에서 데이터 공유가 가능해야 하고, 저장된 데이터 보호가 보장되어야 할 뿐만 아니라 고성능인 동시에 스토리지를 활용하는 클라이언트의 수 및 디스크 디바이스의 수를 지속적으로 확장할 수 있어야 한다.

(1) 스토리지시스템(Storage System)
  ① 스토리지시스템의 개요
    ㉠ 스토리지시스템은 대용량데이터를 저장하기 위해 구성한 것이다.
    ㉡ 스토리지시스템은 애플리케이션, 네트워크 프로토콜, 문서, 미디어, 주소록, 사용자 환경설정에 이르기까지 필요한 데이터를 보관, 구성, 공유하는 프로세스이다.
  ② 스토리지시스템의 필요성
    ㉠ 데이터의 효율적인 저장 : 멀티미디어 기반 데이터의 양적 팽창
    ㉡ 데이터의 관리 용이성 : 통합적 관리가 필요
    ㉢ 대용량 처리능력 : 새로운 비즈니스의 창출
  ③ 스토리지시스템의 가용성 향상 방법
    ㉠ 장애로 인해 손실되는 데이터의 양을 최소화하는 것
    ㉡ 복구로 인해 소요되는 시간을 최소화 하는 것

참고

디스크 가용성 확보기술과 서버 가용성 확보기술

① 디스크 가용성 확보 기술 : RAID
  ㉠ 복수배열독립디스크(RAID : Redundant Array of Independent Disks)는 여러 개의 저장장치를 합쳐서 하나의 고용량, 고성능 저장장치처럼 사용하는 기술이다.
  ㉡ RAID는 여러 저장장치(하드디스크 등)에 일부 중복된 데이터를 나눠서 저장하는 기술이다.
  ㉢ RAID는 데이터를 여러 대의 디스크에 저장하므로 입출력 작업이 균형을 이루게 되어 전체적인 성능이 개선된다.
  ∴ 여러 대의 디스크는 MTBF를 증가시키므로 장애에 대비하는 능력도 향상된다.

② RAID 종류

RAID 레벨의 종류	내 용
RAID-0 (Striping or Concatenation)	• 스트라이핑(Striping)기술을 사용하지만, 데이터를 중복 기록하지 않는다. • 데이터 분산으로 디스크 병렬접근 가능 • 장애대비 능력 없음
RAID-1 (Mirroring)	• 미러링(Mirroring)기술을 이용한다. • 고가용성을 보장하는 환경에 적합
RAID-2 (Hamming Code Correction)	• 디스크들은 스트라이핑 기술을 사용하여 구현 • 오류검출 및 정정을 위한 체크 디스크를 할당, 이것은 비용이 많이 드는 단점이 된다. • 데이터 크기가 큰 슈퍼컴퓨팅 계산에 유용
RAID-3 (Striping with Dedicated Parity)	• 스트라이핑 기술을 사용하여 디스크를 구성함. • 한 개의 그룹 당 체크디스크 하나만 할당 • 비용이나 신뢰성은 유지하면서 높은 성능을 보임
RAID-4 (Independent Reads and Writes)	• 블록형태의 스트라이핑 기술로 디스크를 구성 • 큰 크기의 데이터를 분산 전송하여 데이터 전송시간이 줄어 처리량이 향상 • 병목현상이 발생하여 사용되지 않음
RAID-5 (Striping and Distributed Parity)	• 가장 일반적인 형태 • 신뢰성을 높이기 위해 낮은 가격의 패리티 인코딩 사용 • 신뢰성 장점으로 많은 분야에서 활용됨

합격 NOTE

합격예측
가용성은 필요할 때 이용할 수 있는 것이다.

합격예측
RAID
① 중요데이터를 많이 가지는 서버(Server)에 주로 이용된다.
② 디스크 어레이(Disk Array)라고도 한다.

합격예측
MTBF : 평균고장간격

합격예측
Level에 따라 저장장치의 신뢰성을 높이거나 성능을 향상시키는 등의 다양한 목적을 만족시킬 수 있다.

합격예측
Mirroring : 디스크에 오류가 발생 시, 데이터 손실을 막기 위해 추가적으로 하나 이상의 장치에 중복 저장하는 기술(결함허용 기술)

합격예측
Striping : 연속된 데이터를 여러 개의 디스크에 라운드로빈 방식으로 기록하는 기술

RAID 레벨의 종류	내 용
RAID-6 (P+Q Redundancy)	• Reed-solomon 코드를 사용하여 2개 디스크의 오류까지 보호한다. • 다수의 오류로 보호할 수 있는 방법이다.
RAID-0+1	• RAID-0으로 구성된 하드들을 묶어 RAID-1로 구성하는 방법이다.
RAID-1+0	• RAID-1로 구성된 하드들을 묶어 RAID-0으로 구성하는 방법이다.

> **합격예측**
> 많이 사용되는 RAID 레벨 : RAID-0, RAID-1, RAID-5, RAID-1+0

② 서버 가용성 확보 기술
  ㉠ 고가용성(HA)서버 구성
    고가용성 서버는 결함과 시스템의 다운타임(Downtime)을 최소화함으로써 서비스의 손실을 줄일 수 있도록 관리한다.
  ㉡ 스토리지네트워크 구성
    DAS, NAS, SAN 등으로 가용성을 확보한다.

스토리지 시스템의 종류	
직접접속방식	DAS(Direct Attached Storage)
네트워크접속방식	NAS(Network Attached Storage) SAN(Storage Area Network)

(2) 직접연결 스토리지(DAS : Direct Attached Storage)
  ① 컴퓨터(서버)와 외장형스토리지 사이를 전용컨트롤러(SCSI) 또는 광케이블(Fiber Cable) 방식으로 직접 접속한다.
  ② RIAD기술을 이용하여 입출력(I/O) 성능을 향상시키고, 고성능 및 강력한 데이터 보호기능으로 신뢰성을 높인다.
  ③ 저장데이터가 크지 않고 공유가 필요하지 않은 환경에 적합하다.

> **합격예측**
> DAS는 외장형 스토리지를 전용 케이블로 연결하는 Point-to-Point 방식(전통적인 스토리지 접속방법)

DAS 장점	• 서버와 외장형 스토리지를 직접 접속하므로 구성비용 저렴, 빠른 설치, 운영이 편리 • 전용라인을 사용하므로 안정성 및 신뢰성 향상
DAS 단점	• 서버를 증설할 때마다 추가적으로 스토리지가 함께 필요하므로 전체비용 증가 • 서버와 스토리지가 분리되어 있고, 파일시스템을 공유하는 기술이 없으므로 파일공유 불가능 • 서버마다 스토리지가 연결되어 있으므로 관리복잡 • 서버 중심적인 방법이므로 서버부하가중, 확장성과 유연성이 감소

> **합격예측**
> DAS는 블록기반 구조이기 때문에 데이터 공유를 제한한다.

(3) 네트워크결합 스토리지(NAS : Network Attached Storage)

① DAS가 갖는 스토리지 연결성 제약과 스토리지 디바이스의 공유문제를 해결하기 위한 기술이다.
② 이더넷(Ethernet)과 같은 인터페이스 카드를 통해 LAN에 연결된 스토리지시스템에 접근하는 방식이다.
③ NAS는 일반적으로 이더넷 로컬이나 원거리통신망(WAN)에 연결되며 데이터에 액세스하기 위해 NFS(Network File System)나 CIFS(Common Internet File System)명령을 사용한다.

NAS 장점	• 파일공유 솔루션 중 가장 안정적인 방법이다. • 별도의 운영체제를 가진 서버 한 곳에서 파일을 관리하므로 서버 간 스토리지, 파일공유가 용이하다. • LAN이 다운되지 않는 한 장비 증설이 수월하다. • 네트워크서버 부하감소, 네트워크 트래픽관리 용이 • 관리비용 절감 및 손쉬운 백업 및 복구 지원
NAS 단점	• 네트워크 접속단계가 늘어나 지연시간이 발생 • 서버의 장애가 발생하면 데이터의 일치성의 문제 발생 ∴ DB와 같은 대용량 환경의 높은 트랜잭션 처리환경에서는 NAS 하나로 처리하는데 한계가 있음

참고

📍 네트워크 스토리지(Network Storage)의 요구 조건

① 스토리지시스템의 통합관리를 통한 대용량, 고속 데이터 처리
② 효율적인 데이터공유(공유, 분배, 보안강화), 자원공유방법과 새로운 백업방법
③ 서버 및 스토리지의 확장이 용이하고 구성변경의 유연성 제공

(4) 스토리지영역 네트워크(SAN : Storage Area Network)

① DAS의 빠른 처리와 NAS의 스토리지 공유의 장점들을 결합한 방식으로, 스토리지를 위해 고안된 전용 고속네트워크이다.
② 서버와 스토리지 사이에 Fiber(Fibre) Channel Switching 장비를 설치고, 여러 대의 서버와 스토리지를 Fiber Switch와 연결하여, 모든 서버가 모든 스토리지 시스템을 공유할 수 있다.

합격 NOTE

합격예측
클라우드와 같은 네트워크 기반의 대규모 스토리지 시스템을 구성 : NAS 또는 SAN 기술 사용

합격예측
NAS는 전용파일서버와 스토리지로 구성

합격예측
SAN은 Fiber Channel Switching 장비를 채널스위치로 구성하므로 많은 비용이 요구된다.

합격 NOTE

합격예측
SAN은 DAS의 확장으로 생각할 수 있다.

합격예측
① NAS 적용 분야 : 파일공유, 가상화환경, 아카이브 등
② SAN 적용 분야 : DB, 가상화환경, 영상편집 등

③ 광케이블(Fiber Cable)과 광 채널 스위치를 통해 근거리네트워크 환경을 구성하여 빠른 속도로 데이터를 처리할 수 있다.
④ SAN은 HBA(Host Bus Adapter)를 통해 전용네트워크에 연결된다.

SAN 장점	• 다수의 서버를 스토리지에 통합함으로서 원하는 자원을 해당 서버에 자유롭게 할당 가능 • 구성에 제한이 없으므로 확장성 및 구성변경이 용이 • 고가용성(HA) 제공, 전체 백업이나 재해복구 용이 • 높은 성능과 빠른 응답속도 제공
SAN 단점	• 호스트간의 데이터공유 불가능 • 초기구축 시 고비용이 요구

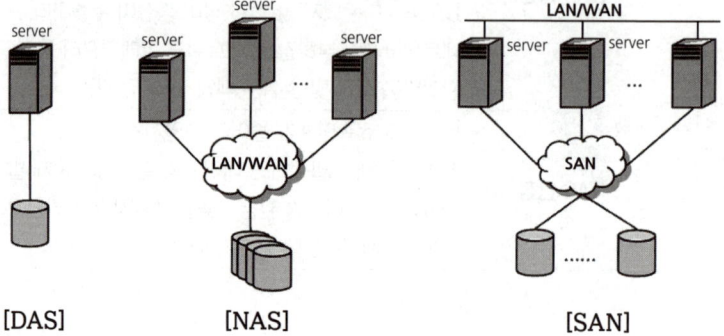

[DAS] [NAS] [SAN]

(5) 네트워크 직접연결 스토리지(NDAS : Network DAS)
① NAS 또는 SAN을 사용하기 위해서는 많은 비용을 들여 새로운 장비를 구축해야 하며 성능제한의 문제가 발생할 수 있다.
② 네트워크 또는 USB를 통해서 스토리지 장치에 접근할 수 있으며, 네트워크 접근을 위해서 기존과 같이 TCP/IP 프로토콜을 사용하지 않고 LPX(Lean Packet Exchange) 프로토콜을 사용한다.

출제 예상 문제

제5장 IT 서비스 연속성 관리

01 다음 중 IT 서비스 연속성에 대한 설명으로 가장 적절하지 않은 것은?

① 긴급 상황 또는 중단이 발생한 후 중요한 기능을 유지하기 위한 방법이다.
② 서비스 중단이 발생하지 않도록 하는 무결점 또는 무중단 활동을 의미한다.
③ 긴급한 상황에서 서비스 기능을 유지하거나, 빠른 시간내에 서비스를 재개시키는 것을 의미한다.
④ 장애, 재난·재해 발생 시에도 중단없이 IT 서비스를 제공하기 위한 모든 활동을 의미한다.

해설
IT 서비스 연속성은 서비스 중단이 발생하지 않도록 하는 무결점 또는 무중단을 의미하는 것이 아니다. 중단이 되더라도 약속한 시간 내에 서비스를 다시 사용할 수 있도록 보장해주는 것이다.

02 다음 용어의 의미로 가장 옳은 것은?

> 장애, 재난·재해 발생 시에도 중단 없이 서비스를 제공하기 위한 모든 활동

① 장애 관리   ② 서비스 변경
③ 서비스 연속성   ④ 장애 관제 체계

03 가용성은 IT 서비스를 수행하는 구성요소가 정의된 기간 동안 기능을 제대로 발휘할 수 있는 능력을 말한다. 다음 중 가용성의 하락요인으로 가장 적당하지 않은 것은?

① 데이터베이스 장애
② 네트워크 장애
③ 소프트웨어 장애
④ 고부하에 따른 요청 타임아웃

해설
가용성 하락 요인 : 네트워크 장애, 전원장애, 하드웨어 장애, 소프트웨어 장애, HW/SW 등의 점검기간, 고부하에 따른 요청 타임아웃

04 다음 중 고가용성 시스템을 설계하는 방법으로 가장 적당하지 않은 것은?

① 공용 스토리지 설치
② 시스템 이중화
③ 시스템 확장
④ 리던던시(Redundancy)

해설
Redundancy는 중복구성이다.

05 다음 중 가용성관리업무를 위한 단계별 절차 과정으로 가장 옳은 것은?

> ㉠ 가용성 모니터링 및 조정 단계
> ㉡ 가용성 확보 방안 수립 단계
> ㉢ 가용성 계획 단계
> ㉣ 가용성 개선 단계

① ㉠-㉡-㉢-㉣   ② ㉢-㉡-㉠-㉣
③ ㉢-㉠-㉡-㉣   ④ ㉠-㉢-㉡-㉣

06 다음 중 가용성을 평가하는 항목의 설명으로 가장 옳은 것은?

① 신뢰성(Reliability) : 서비스 제공시간 중에서 서비스가 가능한 시간의 비율
② 유지성(Maintainability) : 지속적으로 서비스를 제공할 수 있는 정도
③ 서비스성(Serviceability) : 서비스를 복구할 수 있는 능력
④ 복원력(Resilience) : 요구되는 기능을 중단 없이 제공하는 정도

[정답] 01 ② 02 ③ 03 ① 04 ① 05 ② 06 ②

07 통신시스템에서 평균고장간격(MTBF)과 평균수리시간(MTTR)이 주어질 경우 가동률[%]의 표시는?

① $\dfrac{MTBF}{MTBF+MTTR} \times 100[\%]$

② $\dfrac{MTTR}{MTBF+MTTR} \times 100[\%]$

③ $\dfrac{MTBF}{MTBF-MTTR} \times 100[\%]$

④ $\dfrac{MTTR}{MTTR-MTBF} \times 100[\%]$

해설

가용성(가동률, Availability)
① 가동률이란 신뢰성의 척도로, 장비의 총 운영시간에 대한 정상적인 기능을 수행한 시간이 얼마만큼인가를 나타낸다. 즉 가동률이란 시스템이 가동상태에 있을 확률을 구하는 것이다.

② 가동률 $= \dfrac{MTBF}{MTBF+MTTR} \times 100$
$= \dfrac{평균고장간격}{평균고장간격+평균수리시간} \times 100[\%]$

08 정보통신 시스템에서 평균고장시간을 나타내는 것은?

① MTBF　　② MTTR
③ MBTR　　④ MMTR

해설

평균고장시간(MTBF : Mean Time Between Failure)
① 신뢰도 척도의 하나로서, 수리 가능한 장치의 어떤 고장과 다음 고장 사이, 즉 수리 완료로부터 다음 고장까지 무고장으로 작동하는 시간의 평균값이다.
∴ $MTBF = MTTF + MTTR$
② 값이 클수록 좋다.

고장(Failure)	장비 정상가동, 운전	다음 고장
← MTTR →	← MTTF →	

← MTBF →

09 시스템의 평균고장간격이 97시간이고, 평균수리시간이 6시간인 경우 가동률(%)은?

① 60　　② 94
③ 95　　④ 97

해설

가동률 $= \dfrac{97}{97+6} \times 100 = 94.1[\%]$

10 MTBF가 72시간, MTTR이 1시간이 걸린 시스템이 있다고 할 때 가동률은 약 몇 [%]인가?

① 92.4　　② 96.2
③ 98.6　　④ 99.8

해설

① 가동률 $= \dfrac{평균고장간격}{평균고장간격+평균수리시간} = \dfrac{MTBF}{MTBF+MTTR}$

② 불가동률 $= 1-$가동률 $= \dfrac{MTTR}{MTTR+MTBF}$

∴ 가동률 $= \dfrac{MTBF}{MTBF+MTTR} \times 100$
$= \dfrac{72}{72+1} \times 100 = 98.6[\%]$

11 평균고장발생 간격이 23시간이고, 평균복구시간이 1시간인 정보통신 시스템의 1일 가동률은 약 몇 [%]인가?

① 104.34[%]　　② 100.00[%]
③ 95.83[%]　　④ 91.67[%]

해설

가동률 $= \dfrac{MTBF}{MTBF+MTTR} \times 100$
$= \dfrac{23}{23+1} \times 100 = 95.83[\%]$

12 평균고장간격(MTBF)이 49시간이고 평균수리시간(MTTR)이 1시간인 장치 3대가 직렬로 연결되어 있는 시스템에서 전체 직렬 시스템의 가동률은?

① 약 1.06　　② 약 1.00
③ 약 0.94　　④ 약 0.88

해설

가동률 $= \dfrac{평균고장간격}{평균고장간격+평균수리시간} = \dfrac{MTBF}{MTBF+MTTR}$

가동률 $= \dfrac{49}{49+1} = 0.98$

② 직렬시스템의 전체 가동률(A)은 각 장치의 가동률을 계속 곱함으로써 얻을 수 있다.
∴ $A = 0.98 \times 0.98 \times 0.98 = 0.94$

[정답] 07 ① 08 ① 09 ② 10 ③ 11 ③ 12 ③

13 데이터베이스의 특성으로 옳은 내용 모두를 나열한 것은?

> ㉠ 실시간 접근성
> ㉡ 계속적인 변화
> ㉢ 동시 공용
> ㉣ 내용에 의한 참조

① ㉠
② ㉡ ㉢
③ ㉠ ㉢ ㉣
④ ㉠ ㉡ ㉢ ㉣

14 다음 중 데이터베이스가 등장한 이유로 보기 어려운 것은?

① 여러 사용자가 데이터를 공유해야 할 필요가 생겼다.
② 데이터의 수시적인 구조 변경으로 응용 프로그램을 매번 수정하는 번거로움을 줄여보고 싶었다.
③ 데이터의 가용성 증가를 위해 중복을 허용하고 싶었다.
④ 물리적 주소가 아닌 데이터 값에 의한 검색을 수행하고 싶었다.

해설
데이터베이스(DB)는 여러 자료 파일을 조직적으로 통합하여 자료 항목의 중복을 없애고 자료를 구조화하여 기억시켜 놓은 집합체이다.

15 다음 중 데이터베이스 구성의 장점으로 볼 수 없는 것은?

① 데이터 중복 최소화
② 여러 사용자에 의한 데이터 공유
③ 데이터 간의 종속성 유지
④ 데이터 내용의 일관성 유지

해설
데이터베이스 장점 : 데이터 공유, 데이터 중복 최소화, 일관성, 무결성, 보안성 유지, 최신의 데이터 유지, 데이터의 표준화 가능, 데이터의 논리적, 물리적 독립성, 용이한 데이터 접근, 데이터 저장 공간 절약 등

16 다음 중 데이터베이스 관리 시스템의 기능과 그에 대한 설명이 가장 옳지 않은 것은?

① 데이터베이스 삭제 기능 – 저장매체를 이동하는 기능
② 데이터베이스 제어 기능 – 데이터의 무결성이 유지되도록 하는 기능
③ 데이터베이스 조작 기능 – 데이터 요청, 변경 등을 위한 질의를 수행하는 기능
④ 데이터베이스 정의 기능 – 저장될 때의 제약조건 등을 명시하는 기능

해설
데이터베이스 관리 시스템(DBMS : DataBase Management System)은 다수의 사용자들이 데이터베이스 내의 데이터를 보다 체계적으로 관리하고 이용할 수 있게 해주는 소프트웨어 도구의 집합이다.

17 다음 중 데이터베이스 관리 시스템(DBMS)의 필수 기능에 해당하지 않는 것은?

① 정의(Definition) 기능
② 관계(Relation) 기능
③ 제어(Control) 기능
④ 조작(Manipulation) 기능

18 다음 중 데이터베이스 관리 시스템(DBMS)의 기본 기능에 속하는 것은?

① 정의 기능, 조작 기능, 제어 기능
② 정의 기능, 조작 기능, 사전 기능
③ 정의 기능, 제어 기능, 처리 기능
④ 정의 기능, 제어 기능, 사전 기능

해설
① 정의(Definition) 기능 : 데이터베이스에 저장될 데이터의 형(Type)과 구조에 대한 정의, 이용 방식, 제약 조건 등을 명시하는 기능이다.
② 조작 기능 : 데이터 검색, 갱신, 삽입, 삭제 등을 체계적으로 처리하기 위해 사용자와 데이터베이스 사이의 인터페이스 수단을 제공하는 기능이다.
③ 제어(Control) 기능 : 데이터베이스를 접근하는 갱신, 삽입, 삭제 작업이 정확하게 수행되어 데이터의 무결성이 유지되도록 제어해야 한다.

[정답] 13 ④ 14 ③ 15 ③ 16 ① 17 ② 18 ①

19 다음 중 DBMS의 설명으로 옳지 않은 것은?
① 종속성과 중복성의 문제를 해결하기 위해서 제안된 시스템이다.
② 데이터 모델링을 수행하고 데이터베이스 스키마를 생성한다.
③ 응용 프로그램과 데이터의 중재자로서 모든 응용 프로그램들이 데이터베이스를 공유할 수 있도록 관리한다.
④ 데이터베이스의 구성, 접근 방법, 관리 유지에 대한 모든 책임을 지고 있다.

20 데이터를 파일로 관리하기 위해 파일을 생성·삭제·수정·검색하는 기능을 제공하는 소프트웨어를 무엇이라 하는가?
① 스토리지 시스템   ② 디렉터리 시스템
③ 파일시스템   ④ 디렉터리 관리 시스템

[해설]
파일 시스템은 파일의 이름을 정하고 저장, 검색을 위해서 논리적으로 어디에 위치시켜야 하는지에 대한 방법을 구성한 시스템이다.

21 다음 중 관계형 데이터베이스 관리 시스템(RDBMS)의 종류에 해당하지 않는 것은?
① MS-SQL Server   ② 오라클(ORACLE)
③ MY-SQL   ④ 파이썬(Python)

[해설]
파이썬(Python)은 프로그래밍 언어이다.

22 관계형 데이터베이스 관리 시스템(RDBMS)의 데이터를 관리하기 위해 설계된 특수 목적의 프로그래밍 언어로 챔벌린과 보이스가 개발되었던 프로그래밍 언어는 무엇인가?
① 파이썬   ② R
③ SQL   ④ SAS

[해설]
SQL(Structured Query Language)은 구조화된 질의 언어라는 뜻이며, 단순하게 질의만을 수행하는 것이 아니라 데이터베이스의 모든 작업을 통제하는 비절차적(Non-Procedural) 언어이다.

23 방대한 조직 내에서 분산 운영되는 각각의 데이터베이스 관리 시스템들을 효율적으로 통합하여 조정, 관리하기 때문에 효율적인 의사 결정 시스템을 위한 기초를 제공하는 정보관리시스템을 무엇이라 하는가?
① 데이터 웨어하우스   ② 관계형 데이터베이스
③ 데이터 마트   ④ 온라인분석처리시스템

24 데이터베이스의 3층 스키마 중 모든 응용 시스템과 사용자들이 필요로 하는 데이터를 통합한 조직 전체의 데이터 베이스 구조를 논리적으로 정의하는 스키마는?
① 내부 스키마   ② 개념 스키마
③ 외부 스키마   ④ 동적 스키마

[해설]
스키마(Schema)는 데이터베이스의 전체적인 구조와 제약조건에 대한 명세이다.
① 내부 스키마(Internal Schema) : 물리적 저장 장치 관점에서 본 DB의 물리적인 구조
② 개념 스키마(Conceptual Schema) : 논리적 관점에서 본 전체적인 데이터 구조
③ 외부 스키마(External Schema) : 사용자 관점에서의 논리적 구조

25 다음 RAID 시스템 중 한 드라이브에 기록되는 모든 데이터를 다른 드라이브에 복사해 놓는 방법으로 복구 능력을 제공하며, 'Mirroring'으로 불리는 것은?
① RAID 0   ② RAID 1
③ RAID 3   ④ RAID 4

[해설]
① RAID는 여러 저장장치(하드디스크 등)에 일부 중복된 데이터를 나눠서 저장하는 기술이다.
② RAID는 데이터를 여러 대의 디스크에 저장하므로 입출력 작업이 균형을 이루게 되어 전체적인 성능이 개선된다.

RAID 종류	내 용
RAID-0	• 스트라이핑(Striping)기술을 사용하지만, 데이터를 중복 기록하지 않는다.
RAID-1	• 미러링(Mirroring)기술을 이용한다. • 고가용성을 보장하는 환경에 적합
RAID-3	• 스트라이핑 기술을 사용하여 디스크를 구성함. • 한 개의 그룹 당 체크디스크 하나만 할당
RAID-4	• 블록 형태의 스트라이핑 기술로 디스크 구성
RAID-5	• 가장 일반적인 형태 • 신뢰성을 높이기 위해 낮은 가격의 패리티 인코딩 사용

26 RAID의 구성에서 미러링모드 구성이라고도 하며 디스크에 있는 모든 데이터는 동시에 다른 디스크에도 백업되어 하나의 디스크가 손상되어도 다른 디스크의 데이터를 사용할 수 있게 한 RAID 구성은?

① RAID 0 ② RAID 1
③ RAID 2 ④ RAID 3

해설
① RAID 0 : 속도위주 ② RAID 1 : 미러링
③ RAID 5 : 속도와 안정성 모두 추가

27 다음 RAID에 관한 설명 중 가장 올바른 것은?

① 하나의 RAID는 운영체계에게 논리적으로는 여러 개의 하드디스크로 인식된다.
② 모든 디스크의 스트립은 인터리브(Interleave)되어 있으며, 임의적으로 어드레싱 된다.
③ RAID-0 방식은 스트립은 가지고 있지만 데이터를 중복해서 기록하지는 않는다.
④ RAID에는 중복되지 않는 어레이를 사용하는 형식은 없다.

해설
RAID는 여러 개의 하드 디스크를 병렬로 배열해서 하나의 대용량 디스크로 구성하는 것이며, 상대적으로 속도가 느린 하드디스크를 보완하기 위해 만든 기술이다.

28 다음에서 설명하는 RAID 레벨로 알맞은 것은?

디스크에 2차 패리티(Parity) 구성을 포함하여 구성된 디스크 중에 2개의 디스크 오류에도 데이터를 읽을 수 있다. 2개의 패리티를 사용하므로 최소 4개의 디스크로 구성해야 한다.

① RAID-5 ② RAID-6
③ RAID-7 ④ RAID-53

해설
① RAID-6은 Reed-Solomon 코드를 사용하여 2개 디스크의 오류까지 보호한다.
② RAID-6은 분산 Parity가 적용된 RAID-5의 안정성 향상을 위해 Parity를 다중화하여 저장한다.

29 다음 중 스토리지 시스템이 등장하게 된 배경으로 볼 수 없는 것은?

① 데이터의 효율적인 저장을 위해
② 데이터 관리를 용이성을 위해
③ 데이터의 독립성을 위해
④ 대용량 처리 능력을 위해

30 다음 중 직접접속방식의 스토리지 시스템으로 옳은 것은?

① DAS(Direct Attached Storage)
② NAS(Network Attached Storage)
③ SAN(Storage Area Network)
④ LAN(Local Area Network)

해설
직접연결 스토리지(DAS : Direct Attached Storage)는 컴퓨터(서버)와 외장형 스토리지 사이를 전용 컨트롤러(SCSI) 또는 광케이블(Fiber Cable) 방식으로 직접 접속한다.

31 다음 중 스토리지를 위해 고안된 전용 고속 네트워크로 가장 알맞은 것은?

① MAN(Memory Area Network)
② SAN(Storage Area Network)
③ NAS(Network Attached Storage)
④ LSA(Local Storage Network)

[정답] 26 ② 27 ③ 28 ② 29 ③ 30 ① 31 ②

Chapter 2 정보통신설비 검토

합격 NOTE

1 방송 공동 수신설비 적용

1. 통합관제시스템

각 지방자치단체는 범죄예방, 교통, 불법 주정차 관리 등 각기 다른 목적으로 설치, 운영하고 있던 CCTV를 효율적이고 체계적으로 관리·운영하기 위해, 이들을 통합하여 관제 및 관리하는 통합관제센터를 설치하였다.

가. (CCTV) 통합관제센터(Integrated Control Center)

> 통합관제센터는 재난·방재, 방범, 교통, 시설안전, 법규 위반단속 등 공공목적을 위해 설치된 CCTV에 대한 통합관리를 통해 다양한 사건·사고를 예방·대비·대응 및 복구할 수 있도록 관제하면서 공공기관이 적절한 대응조치를 할 수 있도록 조직된 장소를 말한다.

① 통합관제센터는 폐쇄회로 TV(CCTV) 자원의 효율적 운영, 관리를 위해 관련 시스템의 물리적, 인적 통합체계를 구축하여 범죄 및 재난, 재해 발생시 신속하게 대응체계를 구축하는 시스템이다.
② 통합관제센터는 국가 영상 정보자원의 효율적 운영·관리를 제공하는 시스템 및 운영조직을 말한다.

③ 통합관제센터는 각 목적별, 기관별로 운영하고 있는 이 기종 CCTV 시스템의 영상정보를 공간적, 기능적으로 통합구성하여 생활방범, 교통수집 등의 도시정보를 관제함으로써 사회안전망 구현을 목표로 하는 시스템이다.

합격예측
통합관제센터=CCTV 통합관제센터

합격예측
관제란 "필요에 따라서 강제적으로 관리하여 통제한다"의 의미

합격예측
각자 분담, 관리하던 CCTV를 통합관제센터로 통합 운영함에 따라 체계적으로 관리할 수 있다.

합격예측
통합관제센터를 통해 운영되는 업무 : 기본 운영업무, 확장 운영업무, 연계운영업무 등

참고

📍 용어의 정의

용 어	정 의
영상정보처리기기	다음 중 하나에 해당하는 장치로 영상정보처리기기 통합관제센터에서 통합 관리하는 기기에 한한다. ① 폐쇄회로 텔레비전(CCTV : Closed Circuit Television)이란 일정한 공간에 지속적으로 설치된 카메라를 통하여 사람 또는 사물 등을 촬영하거나 촬영한 영상정보를 유, 무선 폐쇄회로 등의 전송로를 통하여 특정 장소에 전송하는 장치 또는 촬영되거나 전송된 영상정보를 녹화 기록할 수 있도록 하는 장치 ② 네트워크 카메라(Network Camera)란 일정한 공간에 지속적으로 설치된 기기로 촬영한 영상정보를 그 기기를 설치, 관리하는 자가 유, 무선 인터넷을 통하여 어느 곳에서나 수집, 저장 등의 처리를 할 수 있도록 하는 장치
영상정보	특정 목적을 위하여 영상정보처리기기로 촬영하여 광(光) 또는 전자적 방식으로 처리되는 모든 영상을 말한다.
영상정보처리기기 통합관리	기관 내 또는 기관 간에 영상정보처리기기의 효율적 관리 및 정보연계 등을 위하여 목적별로 설치된 영상정보처리기기를 물리적으로 통합하여 지정된 별도의 공간에서 관리 및 운영하는 것을 말한다.
영상정보처리기기 통합관제센터	생활 안전 법규위반 단속 시설물 관리 등 공공목적을 위해 설치된 영상정보처리기기를 지정된 별도의 공간에서 통합 관리할 수 있는 시설을 갖추고 영상정보처리기기를 이용하여 각종 사건 사고 예방 및 사후조치 등의 기능을 수행 할 수 있는 시설을 말한다.

합격 NOTE

합격예측
폐쇄회로 텔레비전(CCTV)는 정지 또는 이동하는 사물의 순간적 영상 및 이에 따르는 음성·음향 등을 특정인이 수신할 수 있는 장치를 말한다.

합격예측
① CCTV : 동축망 기반
② Network Camera : 인터넷 망 기반

나. 통합관제에 적용되는 영상정보처리기기(CCTV) 관련 법률 및 규정

(1) 개인정보보호법, 정보통신망이용촉진 및 정보보호 등에 관한 법률, 아동복지법, 주차장법 시행규칙, 도로교통법 시행령, 지하공공보도시설의 결정·구조 및 설치기준에 관한 규칙, 공중위생관리법 시행규칙, 폐광지역개발 자원에 관한 특별법 시행령, 정보통신공사업법 시행령, 산림보호법 시행규칙, 관광진흥법, 사격 및 사격장 안전관리에 관한 법률, 학교폭력예방 및 대책에 관한 법률, 보행안전 및 편익증진에 관한 법률

(2) 법률 및 규정 내용 (일부)

구 분	내 용

개인정보보호법	**제25조(영상정보처리기기의 설치 · 운영 제한)**
	① 누구든지 다음의 경우를 제외하고는 공개된 장소에 영상정보처리기기를 설치 · 운영하여서는 아니 된다.
	  1. 법령에서 구체적으로 허용하고 있는 경우
	  2. 범죄의 예방 및 수사를 위하여 필요한 경우
	  3. 시설안전 및 화재 예방을 위하여 필요한 경우
	  4. 교통단속을 위하여 필요한 경우
	  5. 교통정보의 수집 · 분석 및 제공을 위하여 필요한 경우
	② 누구든지 불특정 다수가 이용하는 목욕실, 화장실, 발한실(發汗室), 탈의실 등 개인의 사생활을 현저히 침해할 우려가 있는 장소의 내부를 볼 수 있도록 영상정보처리기기를 설치 · 운영하여서는 아니 된다.
	③ 제①항 각 호에 따라 영상정보처리기기를 설치 · 운영하려는 공공기관의 장과 제②항 단서에 따라 영상정보처리기기를 설치 · 운영하려는 자는 공청회 · 설명회의 개최 등 대통령령으로 정하는 절차를 거쳐 관계 전문가 및 이해관계인의 의견을 수렴하여야 한다.
	④ 제①항 각 호에 따라 영상정보처리기기를 설치 · 운영하는 자는 정보주체가 쉽게 인식할 수 있도록 안내판을 설치하는 등 필요한 조치를 하여야 한다.
	⑤ 영상정보처리기기운영자는 영상정보처리기기의 설치 목적과 다른 목적으로 영상정보처리기기를 임의로 조작하거나 다른 곳을 비춰서는 아니 되며, 녹음기능은 사용할 수 없다.
	⑥ 영상정보처리기기운영자는 개인정보가 분실 · 도난 · 유출 · 위조 · 변조 또는 훼손되지 아니하도록 안전성 확보에 필요한 조치를 하여야 한다.

아동복지법	**제32조(아동보호구역에서의 영상정보처리기기 설치 등)** ① 국가와 지방자치단체는 유괴 등 범죄의 위험으로부터 아동을 보호하기 위하여 필요하다고 인정하는 경우에는 아동보호구역으로 지정하여 범죄의 예방을 위한 순찰 및 아동지도 업무 등 필요한 조치를 할 수 있다. ② 국가와 지방자치단체는 제①항에 따라 지정된 아동보호구역에 「개인정보 보호법」에 따른 영상정보처리기기를 설치하여야 한다.

규 정	내 용
지자체 영상정보 처리기기 설치 및 운영규정	**제4조 (영상정보의 수집 이용 제공)** ① 지방자치단체의 장은 영상정보의 수집 이용 제공 등에 관해 개인정보보호법 시행령 시행규칙 표준개인정보보호지침 등 개인정보보호 관련 법령을 준수하여야 한다.

합격예측

CCTV 설치 안내판
① 설치목적 및 장소
② 촬영범위 및 시간
③ 관리책임자 및 연락처

② 지방자치단체의 장은 영상정보처리기기의 설치목적에 부합하는 최소한의 범위 내에서 영상정보를 수집하여야 하고 설치목적을 정보주체가 명확히 인식할 수 있도록 하여야 한다.
③ 수집된 영상정보는 그 목적 이외의 용도로 활용하여서는 안된다.
④ 지방자치단체의 장은 영상정보 열람청구권 등 정보주체의 권리를 보장하여야 한다.

다. 통합관제센터 서비스

(1) 통합관제센터 서비스
① 기본서비스 : 방범, 쓰레기투기방지, 주차관리, 주정차단속, 재난 화재감시 등
② 확장서비스 : 공공기관의 특성에 따른 문화재 감시, 어린이 지킴이 등
③ 연계서비스 : 유관기관과 연계할 수 있는 교통관제, 재난 관제서비스 등

(2) 통합관제센터의 업무
① 영상정보처리기기 총괄업무 : 계획수립, 업무분장, 조직운용, 정보보안 등
② 운영업무 : 시스템 변경관리, 장애관리, 백업관리, 시설관리, 민원대응관리 등
③ 관제업무 등

라. 통합관제센터의 구성요소

통합관제센터는 통합관제센터 하드웨어, 통합관제 솔루션, 기반시설, 공간구조, 운영조직 등으로 구성된다. 여기서 통합관제센터의 설비는 폐쇄회로 TV(CCTV) 영상정보의 수집, 통합, 가공, 제공 및 관리를 위한 하드웨어 시스템과 솔루션으로 구성된다.

구성 요소	내 용
통합관제센터의 설비 (하드웨어)	• 영상정보의 수집, 통합, 가공, 제공 및 관리를 한다. • 서버, 운용PC, 스토리지, 네트워크, 보안시스템, 영상장비, 음향장비 등으로 구성
통합관제센터의 설비 (통합관제 솔루션)	• 영상정보의 수집, 통합, 가공, 제공 및 관리를 위한 솔루션기능을 수행한다. • 통합관제 메인솔루션, 저장/분배 솔루션, 통합모니터링 솔루션, 지리정보시스템(GIS) 운영 솔루션 등으로 구성
기반시설	• 쾌적한 근무여건과 시스템의 원활한 운용을 위한 환경설비를 포함한다. • 공조설비, 전기설비, 소방설비 및 출입통제 시스템 등으로 구성

합격 NOTE

합격예측
확장 및 연계서비스를 제공할 경우에는 개인정보보호법에서 정한 절차 등을 준수한다.

합격예측
통합관제센터의 업무 : 영상정보처리기기 총괄업무, 운영업무, 관제업무 등

합격예측
통합관제센터는 CCTV 설치 대수와 방범·방재 센터의 수용여부에 따라 하드웨어와 솔루션, 운영인력의 규모를 설정한다.

합격예측
통합관제센터의 설비 : 하드웨어+솔루션

합격예측
통합관제센터의 모든 구성요소는 "표준모델과 현황분석 결과"를 반영하여 설계한다.

구성 요소	내 용
공간구조	• 효율적인 통합관제센터의 기능 유지와 운영인력의 업무환경 제공을 위한 공간이다. • 구축장소의 공간배치, 천정공사, 벽체공사, 바닥공사 등으로 구성
운영조직	• 센터의 효율적 운영을 위한 전문인력을 갖추어야 한다. • 전문성을 보유한 관제요원을 확보하며, 관제에 필요한 제반교육 및 모의훈련을 실시하여 전문성을 제고한다.

바. 통합관제센터 보안

(1) 보안관리 일반

① 보안정책 수립

정보보호, 인적보안, 서버보안, 네트워크 보안, 보안감사, 개발보안, 원격접근제한 등의 정책에 관한 권한 및 법적사항에 대한 표준이나 지침을 작성해야 한다.

② 보안접근체계 수립

통합관제센터의 보안사고 예방을 위하여 내부 직원 및 위탁 인력에 대한 보안인식 제고 교육과 물리적인 통제 수단, 정보유출 상황을 모니터링 할 수 있는 정보접근 체계를 만들어야 한다.

(2) 통합관제센터 보안관리

종 류	내 용
물리적 보안	• 통합관제센터 하드웨어, 통합관제 솔루션, 기반시설, 공간구조 등을 물리적으로 보호하여야 한다. • 출입통제 식별방식 : 식별(Identification), 인증(Authentication), 권한부여(Authorization) 등
기술적 보안	• 방화벽, 침입방지시스템, VPN 등을 이용하여 기술적 보안을 수행한다. • 종류 : 서버보안, 데이터보안, 네트워크보안 등
개인정보보호	• 영상정보의 통합관리와 취급에 대한 개인정보보호 문제를 반드시 고려하여야 한다.

사. 통합관제센터 구축 절차

(1) 계획 : 현황분석 및 계획수립

(2) 설계 : 통합관제센터 구축 설계, 서비스 연계 설계,

(3) 구축 : 시공 및 시험

(4) 운영 : 운영계획수립 및 운영관리

2. 시스템통합(SI : System Integration)

가. 시스템통합의 개요

① 시스템통합은 시스템 구성요소들을 결합하여 하나의 전체시스템을 구축하는 것이며, 또는 기존의 시스템과 새로 개발된 시스템을 통합시키는 것을 말한다.

② 시스템통합은 네트워크, 하드웨어 및 소프트웨어 등 IT와 관련된 수많은 요소들을 결합시켜 하나의 시스템으로서 함께 운영될 수 있도록 하는 것을 말한다.

나. 시스템통합의 기대효과

① 기존투자에 대한 보호
② 대규모 투자 없이도 기존환경에 빠르게 적용 가능
③ 빠른 시간내에 시스템효과 반영가능
④ 새로운 시스템 도입시 기존시스템과 연계용이
⑤ 시스템의 통합관리 가능

다. 시스템 통합 실행 절차

단 계	내 용
전략수립단계	• 전략적 요소 식별 • 통합을 위한 준비상황 평가
계획수립단계	• 조직 아키텍처 개발 : 조직내 시스템의 구성요소들을 식별, 요소들간에 관계 파악 및 요구사항 분석. • 어플리케이션 아키텍처 개발 : 단일 어플리케이션을 개발하기 위한 기반을 확보
구현단계	• 정의된 어플리케이션 컴포넌트들을 개발
배치 및 평가단계	• 어플리케이션 통합 및 배치 단계이다.

3. 가스식 소화설비

소화설비를 설치하는 목적은 화재를 신속히 소화하여 인명과 재산의 손실을 최소화 하는데 있다. 이런 의미로, 가스식 소화설비는 이러한 요구에 가장 적합한 설비이다.

가. 가스식 소화설비의 정의

(1) 물을 사용하지 않고 방출 후 가스상태의 설비로 CO_2, 할론, 할로겐 화합물 및 불활성기체 소화약제를 사용하여 가스상태로 화재를 진압하는 설비이다.

합격 NOTE

합격예측
SI는 기업이나 기관에서 필요로 하는 정보시스템을 기획, 개발, 구축 그리고 운영까지의 모든 서비스를 제공하는 것을 말한다.

합격예측
전략 수립 단계에서 명확한 전략이 수립되어야 한다.

합격예측
컴포넌트 : 특정한 인터페이스를 통해 결합된 기능을 제공하는 소프트웨어

합격 예측
가스식 소화설비는 물을 사용하여 화재를 진압하기 어려운 장소에 가스로 화재를 진압하는 것을 말한다.

합격 NOTE

합격 예측
부촉매작용: 반응속도를 감소시키는 작용

(2) 할로겐화합물 소화약제, 이산화탄소, 청정소화약제 등을 사용하여 가연물과 산소의 화학반응을 억제하고 냉각작용과 희석작용으로 소화하는 설비이다.

나. 가스식 소화설비의 설치목적

화재를 자동으로 감지하여 화재가 발생한 방호구역에 가스소화약제를 방사하여 신속하게 화재를 진압할 수 있도록 하는데 목적이 있다.

다. 가스식 소화설비의 설치대상

전기실, 발전기실 그밖의 이와 유사한 장소로 바닥 면적이 300㎡이상인 경우에 설치한다.

라. 가스식 소화설비의 종류

합격 예측
방출방식에 의한 분류 : 전역 방출방식, 국소 방출방식, 호스릴 방출방식

구 분	장 점	단 점
이산화탄소 소화약제	• 기화잠열로 냉각작용이 큼 • 약제 수명이 반영구적이며 가격이 저렴	• 질식의 위험이 있음 • 기화 시 급냉하여 동결위험
할로겐화합물 소화약제	• 상주구역 설치 가능 • 약제 방출로 인한 인명 위험성 적음	• 타 약제에 비해 고가로 과다 비용 소요
할론소화약제	• 소화능력이 뛰어남 • 독성 없음	• 피부와 직접 접촉시 피부를 동결 시켜 동상을 유발
불활성기체 소화약제	• 상주구역 설치 가능 • 환경유해성 가장 적음	• 산소농도 결핍으로 인한 인명 피해 우려

마. 가스식 소화설비의 구성요소

격 예측
감지기 : 교차회로 방식으로 설치

합격 예측
솔레노이드 : 전자석원리로 작동하는 장치이며, 기동용기를 개방시키는 격발장치이다.

감지기, 사이렌, 방출표시등, 수동조작함, 기동용기함, 기동용기, 솔레노이드(Solenoid), 압력스위치, 저장용기, 저장용기 개방밸브(Needle Valve), 집합관, 안전밸브(Safe Valve), 선택밸브(Select Valve) 등

4. 비상방송설비

가. 비상방송설비의 정의

합격 예측
비상방송설비는 피난 또는 화재의 초기진압을 용이하게 하는 설비이다.

(1) 화재 발생 시 수동으로 발신기(또는 기동장치)를 조작하거나, 감지기 동작으로 인한 화재신호를 자동화재탐지설비의 수신기가 수신하고 비상방송설비로 발신하여 건물에 설치된 확성기(스피커)로 방송을 하는 방송설비이다.

(2) 자동화재탐지설비 또는 소화설비에 의해서 감지된 화재를 신속하게 해당 특정소방대상물에 있는 사람에게 화재를 알려 피난을 용이하게 하기 위한 설비이다.

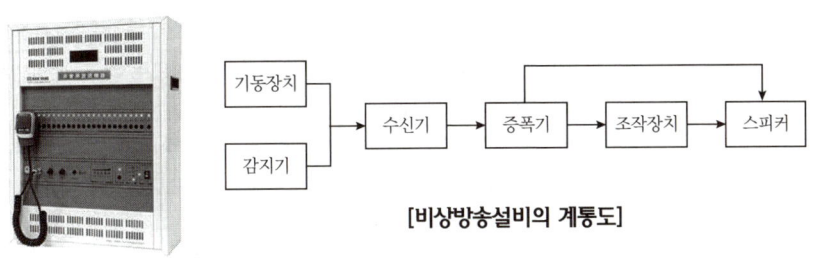

[비상방송설비의 계통도]

나. 비상방송설비의 구성요소

기동장치(발신기), 증폭기, 조작장치, 확성기, 음량조절기, 표시등(위치, 동작표시등), 입력장치(앰프, 마이크, 사이렌 등), 전원장치, 배선 등

구성요소	기능
확성기	소리를 크게 하여 멀리까지 전달될 수 있도록 하는 장치로써 일명 스피커를 말한다.
음량조정기	가변저항을 이용하여 전류를 변화시켜 음량을 크게하거나 작게 조절할 수 있는 장치
증폭기	전압, 전류의 진폭을 늘려 감도를 좋게하고 미약한 음성전류를 큰 음성전류로 변화시켜 소리를 크게하는 장치

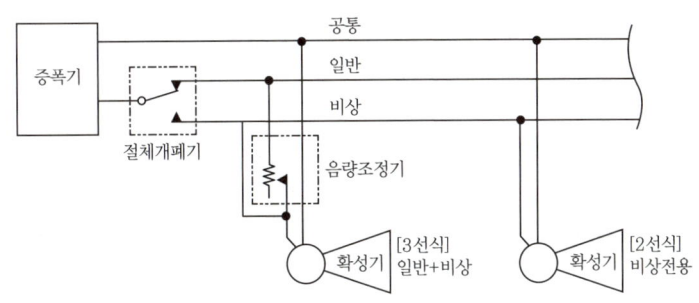

[비상방송설비의 구성]

다. 비상방송설비의 설치 기준

구성요소	설치 기준
확성기	• 3[W](실내 설치는 1[W]) 이상일 것 • 각 층마다 설치하되, 수평거리는 25[m] 이하일 것
음량조정기	• 음량조정기의 배선은 3선식으로 할 것
조작부	• 기동장치의 작동과 연동하여 해당 기동장치가 작동한 층 또는 구역을 표시할 수 있는 것으로 할 것
조작스위치	• 바닥으로부터 0.8[m]~1.5[m]의 높이에 설치할 것
배선	• 화재로 인하여 하나의 층의 확성기 또는 배선이 단락 또는 단선되어도 다른 층의 화재통보에 지장이 없도록 할 것 • 전원회로의 배선은 내화배선으로 하고, 그 밖의 배선은 내화배선 또는 내열배선으로 할 것

합격 NOTE

합격 예측
화재 수신후 방송개시 시간은 10[초] 이하일 것

합격 예측
다른 전기회로에 의해 유도장애가 발생하지 않을 것

전원	• 비상방송설비의 상용전원은 전기가 정상적으로 공급되는 축전지설비, 전기저장장치 또는 교류전압의 옥내 간선으로 하고, 전원까지의 배선은 전용으로 해야 한다. • 비상방송설비에는 그 설비에 대한 감시상태를 60분간 지속한 후 유효하게 10분 이상 경보할 수 있는 비상전원으로서 축전지설비 또는 전기 저장장치를 설치해야 한다.
개폐기	• "비상방송설비용"이라고 표시한 표지로 할 것

라. 비상방송설비의 설치 대상

(1) 다음 중 하나에 해당하는 건축물에는 반드시 비상방송설비를 설치해야 한다.

설치 대상	설치 조건
• 연면적 3,500[㎡] 이상 건축물 • 지하층을 제외한 층수가 11층 이상 건축물 • 지하층의 층수가 3개층 이상 건축물	전부해당

합격 예측
지하 3층 이상 건축물도 비상방송설비를 설치해야 한다.

(2) 비상방송설비의 설치 제외 대상
① 위험물 저장 및 처리시설 중 가스시설
② 사람이 거주하지 않는 동물 및 식물관련 시설
③ 지하가중 터널
④ 축사 및 지하구 등

5. 출입보안시스템

가. 출입보안시스템의 정의

합격 예측
출입보안시스템 : 물리적보안시스템

(1) 중요한 장소 및 시설에 불필요한 인력의 출입을 제한, 관리하여 인명, 재산 정보 등을 안전하게 보호하는 시스템이다.

(2) 주요 시설물에 일반인 또는 외부인들의 출입을 통제하고 출입이 허가되지 않은 사람들로부터 주요 시설물들을 보호하기 위한 필수적인 시스템이다.

합격 예측
출입보안시스템은 출입지역을 철저하게 통제함으로써 보안사고 위험을 사전에 예방하고 보안효율을 극대화한다.

나. 물리적 보호구역의 구분

출입보안시스템은 인가된 사용자만이 허용된 시간대에 출입이 허용된 장소를 출입할 수 있도록 보장하며, 출입자 기록을 유지하고 외부 위험요소로부터 재산, 인명, 정도 등을 효율적으로 보호, 관리하기 위한 시스템이다. 따라서 이러한 구역에 대해서는 출입보안 정책을 달리하여 출입통제시스템을 운영하는 것이 효율적이다.

보호구역의 종류	설치 기준
제한지역	• 비밀 또는 국가재산의 보호를 위하여 울타리 또는 경호원에 의하여 일반인의 출입의 감시가 요구되는 지역
제한구역	• 비밀 또는 중요시설 및 자재에 대한 비인가자의 접근을 방지하기 위하여 그 출입에 안내가 요구되는 구역 • 내부 직원의 출입은 허용되지만 외부인의 출입이 통제된 보호구역
통제구역	• 비인가자의 출입이 금지되는 보안상 극히 중요한 구역 • 외부인뿐만 아니라 내부 직원의 경우에도 통제 받는 보호구역

합격 예측
일반 및 공용구역 : 자유롭게 출입이 허용되는 구역

 참고

📍 **비밀보호규칙 제60조**
① 각급기관의 장과 국가중요시설, 장비 및 자재를 관리하는 자는 국가비밀의 보호와 국가중요 시설장비 및 자재의 보호를 위하여 필요한 장소에 일정한 범위를 정하여 보호구역을 설정할 수 있다.
② 보호구역은 그 중요도에 따라 이를 제한지역, 제한구역 및 통제구역으로 나눈다.
③ 보호구역 설정자는 전항의 보호구역에 보안상 불필요한 인원의 접근 또는 출입을 제한하거나 금지시킬수 있다.

합격 예측
제60조 : 보호구역

합격 예측
보호구역은 외부인의 출입을 제한하는 구역을 의미하면서 제한지역, 제한구역 및 통제구역으로 나눈다.

다. 보호구역의 출입통제 방법

보호구역의 종류	통제 방법
제한지역	• 공무외의 용무를 위한 외래자의 출입은 일과 시간 중에 한한다. • 잡상인의 출입을 단속하고 일반차량의 출입을 제한한다.
제한구역	• 제한구역을 관리하는 부서의 직원이 아닌 직원이나 외래자로서 업무상 필요에 의하여 제한구역을 출입하고자 할 때에는 사전에 당해 구역 관리책임자에게 신고한다. • 관리책임자는 출입하고자 하는 자의 신분과 용무의 필요성 유무를 확인한 후 소속직원으로 하여금 안내하게 하여 출입을 허가한다.
통제구역	• 업무상 필요에 의하여 통제구역 내에 출입하고자 하는 자는 사전에 당해구역 관리책임자의 허가를 받아야 한다. • 관리책임자는 출입자의 출입을 입회·감독하여야 하며, 출입자 기록부를 비치하여 출입통제상황을 기록·유지하여야 한다.

합격 NOTE

합격 예측
전기정 : 전원의 공급, 차단으로 출입문의 잠김 및 열림 상태를 통제하는 전자 잠금장치

합격 예측
인식장치 : 승인, 인식 및 인증을 할 수 있는 장치

합격 예측
현재에는 생체인식 방법으로 발전하고 있다.

라. 출입보안시스템의 구성요소

(1) 통제장치 : 전기정, 잠금장치

(2) 제어장치 : 메인호스트, 콘트롤러

(3) 인식장치
① 키패드(Keypads),
　바코드(Barcode Card Authentication),
　천공카드(Hollerith Cards Authentication),
　바륨페라이트(BariumFerrite Card Authentication),
　자기스트립카드(Magnetic StripCard Authentication),
　광카드(Optical Card Authentication),
　비접촉/RF카드(RF Card Authentication),
　집적회로카드/스마트카드(IC Card/Smart Card Identification) 인식 등
② 지문인식, 그 외에 얼굴인식, 홍채인식, 손모양 인식, 망막인식, 정맥인식, 음성, 필체, 체중인식 등이 있다.

 참고

● 전기정(Electric Lock)
① 전기정은 전기 에너지의 공급 및 차단을 통해 잠금 장치의 잠김 및 열림을 제어하는 장치이다. 일반적으로 전원이 인가되면 잠금 장치가 잠기게 되고 전원이 차단되면 잠금 장치는 열리게 된다.
② 전기정은 출입보안시스템 설치시 출입문을 통제하는데 사용된다.
③ 출입제어기(근접식 카드키, 번호키, 생체인식기 등)가 전기를 통전시키거나 단전시킴으로써 전기정들을 제어하게 된다.

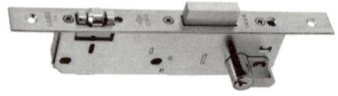

라. 출입보안시스템의 주요기능

　　(1) 출입자 현황 파악
　　(2) 보안요구 장소의 출입제한
　　(3) 출입허가 및 방문자 선별
　　(4) 출입출입문 개폐상태확인
　　(5) 화재나 비상시 원격제어

마. 출입보안시스템의 기대효과

　　(1) 외부인들의 무단 출입제어
　　(2) 사용자들의 보안의식 및 자부심 고취
　　(3) 깨끗하고 쾌적한 작업 환경 유지
　　(4) 대외적 기업이미지 제고
　　(5) 도난 및 사고의 사전 예방과 감소
　　(6) 기타 시설관리의 효율성

6. 네트워크 타임 프로토콜 시스템

가. 네트워크 타임 프로토콜(NTP : Network Time Protocol)

　　(1) 네트워크 타임 프로토콜의 개요
　　　① NTP는 가변 지연(Latency) 네트워크에서 컴퓨터시스템 간 시간 동기화를 위한 네트워크 프로토콜이다.
　　　② NTP는 인터넷을 통해 컴퓨터 시간을 최상위 동기 클럭원(Master Clock)에 동기시키는 프로토콜이며, 네트워크상에서 분산된 클라이언트(호스트, 라우터 등)의 동기화를 수행한다.
　　　③ NTP는 시간 동기화 프로토콜이다.

　　(2) NTP 계층구조

계층	내 용
Stratum 0 (PRC)	• 세슘, 루비듐 시계나, GPS 시계 등의 장치들로 구성 • 주 기준 클럭(Primary Reference Clock)
Stratum 1	• Stratum 0(PRC)에 동기화시킨 시간서버(Primary Time Server) • 타임 서버에 시간을 제공
Stratum 2	• Stratum 1의 타임 서버로 시간을 요청하여 Stratum 3 의 요청에 응답하기 위한 시간을 유지 • 계층적 트리구조를 형성
Stratum 3	• 사용자 계층 • 동기화 시간을 사용

합격 NOTE

합격예측
NTP는 네트워크에 연결된 컴퓨터들이 시간을 설정하기 위한 클럭(Clock)을 최상위 클럭을 기반으로 시간을 결정하는 것이다.

합격예측
NTP는 컴퓨터 클록시간을 1/1000초 이하까지 동기화하기 위해 협정세계시각(UTC)을 사용한다.

합격예측
NTP는 Stratum 0~3까지 4개의 층으로 구분된다.

합격예측
NTP 서버를 경유할 때 마다 Stratum이 1씩 증가한다.

합격 NOTE

합격예측
Stratum 2 부터는 계층적 트리 구조를 형성한다.

합격예측
NTP는 계층적인 구조를 갖는데 각각의 계층은 상위 계층으로부터 시간을 동기화한다.

합격예측
NTP 클라이언트들은 NTP 서버가 있는 PC의 UDP 123번 포트로 동기화에 이용할 기준 시간을 요청하고 해당 시간으로 자신의 시스템 시간을 동기화한다.

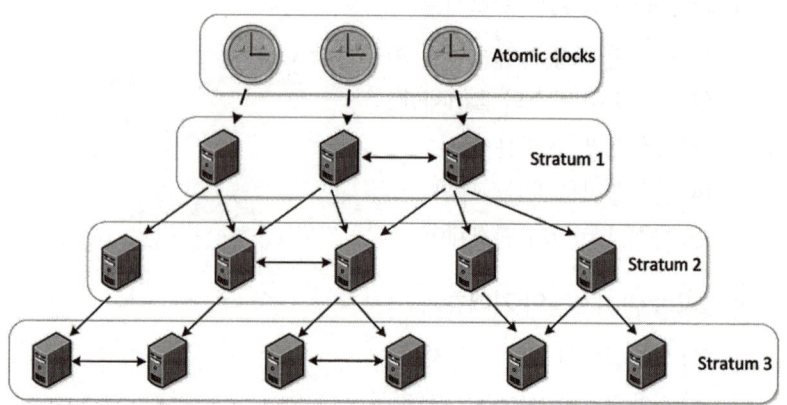

[NTP 요청 흐름도]

(3) NTP 특징

① 시간기준 및 정확도

협정세계시(UTC)를 사용하여, 수 밀리초 이하 정확도 유지가 가능하다.

② 사용 포트 : UDP 기반의 서비스

㉠ 시간 서버 간에는 포트 123(기본 포트)

㉡ 일반 클라이언트 컴퓨터(장치)는 포트 1023 이상을 사용

출제 예상 문제

제1장 방송 공동 수신설비 적용

01 다음 설명의 내용으로 가장 맞는 것은?

> 재난·방재, 방범, 교통, 시설안전, 법규 위반단속 등 공공목적을 위해 설치된 CCTV에 대한 통합관리를 통해 다양한 사건·사고를 예방·대비·대응 및 복구할 수 있도록 관제하면서 공공기관이 적절한 대응조치를 할 수 있도록 조직된 장소

① 통합 관제센터 ② 지리 정보 시스템
③ 지능형 교통 시스템 ④ 지능형 빌딩시스템

해설
통합관제센터는 폐쇄회로 TV(CCTV) 자원의 효율적 운영, 관리를 위해 관련 시스템의 물리적, 인적 통합체계를 구축하여 범죄 및 재난, 재해 발생 시 신속하게 대응체계를 구축하는 시스템이다.

02 다음 중 통합관제센터의 목표로 가장 적절한 것은?

① 에너지 관리시스템 구현
② 고효율의 소통관리 시스템 구현
③ 사회 안전망 구현
④ 장애 최소화 구현

해설
통합관제센터는 각 목적별, 기관별로 운영하고 있는 이 기종 CCTV 시스템의 영상정보를 공간적, 기능적으로 통합 구성하여 생활방범, 교통수집 등의 도시정보를 관제화함으로써 사회 안전망 구현을 목표로 하는 시스템이다.

03 다음 중 통합관제센터의 목적으로 볼 수 없는 것은?

① 각각의 CCTV에 대한 통합관리
② 다양한 사건·사고를 예방, 대비 및 대응
③ 재난, 재해 발생 시 신속하게 대응체계를 구축
④ 각자 분담, 관리하던 CCTV를 강제적으로 관리

해설
통합관제센터는 각자 분담, 관리하던 CCTV를 통합관제센터로 통합 운영함에 따라 체계적으로 관리할 수 있다.

04 다음 중 용어에 대한 설명으로 가장 옳지 않은 것은?

① 영상정보처리기기는 영상정보처리기기 통합관제센터에서 통합 관리하는 기기이다.
② 네트워크 카메라(Network Camera)란 촬영한 영상정보를 그 기기를 설치, 관리하는 자가 동축 케이블을 통하여 어느 곳에서나 수집, 저장 등의 처리를 할 수 있도록 하는 장치
③ 영상정보는 특정목적을 위하여 영상정보처리기기로 촬영하여 광(光) 또는 전자적 방식으로 처리되는 모든 영상을 말한다.
④ 폐쇄회로 텔레비전(CCTV)는 정지 또는 이동하는 사물의 순간적 영상 및 이에 따르는 음성·음향 등을 특정인이 수신할 수 있는 장치를 말한다.

해설
네트워크 카메라(Network Camera)란 일정한 공간에 지속적으로 설치된 기기로 촬영한 영상정보를 그 기기를 설치, 관리하는 자가 유, 무선 인터넷을 통하여 어느 곳에서나 수집, 저장 등의 처리를 할 수 있도록 하는 장치

05 다음 중 영상정보처리기기로 가장 맞는 것은?

① 케이블 TV(CATV)
② 영상 응답 시스템(VRS)
③ 디지털 TV(DTV)
④ 폐쇄회로 텔레비전(CCTV)

해설
영상정보처리기기는 폐쇄회로 텔레비전(CCTV)와 네트워크 카메라(Network Camera)로, 영상정보처리기기 통합관제센터에서 통합 관리하는 기기에 한한다.

[정답] 01 ① 02 ③ 03 ④ 04 ② 05 ④

06 다음 설명이 의미하는 장치로 가장 맞는 것은?

> 일정한 공간에 지속적으로 설치된 카메라를 통하여 사람 또는 사물 등을 촬영하거나 촬영한 영상정보를 유, 무선 폐쇄회로 등의 전송로를 통하여 특정 장소에 전송하는 장치 또는 촬영되거나 전송된 영상정보를 녹화 기록할 수 있도록 하는 장치

① 폐쇄회로 텔레비전(CCTV)
② 케이블 TV(CATV)
③ 고선명 TV(HDTV)
④ 디지털 TV(DTV)

07 화상정보를 특정 목적으로 특정의 수신자에게 전달하여 보안, 감시 등 분야에 응용하는 화상정보시스템은?

① CCTV   ② CATV
③ HDTV   ④ DTV

해설
① CCTV는 주변에서 일어나는 상황이나 행동 등을 감시하기 위해서 고안된 시각용 감시기계이다.
② CCTV란 화상정보를 특정의 목적으로, 특정의 수신자에게 전달하며, 주로 유선에 의한 영상정보를 송수신 및 조작이 가능한 시스템을 총칭한다.

08 물리적 보안 시스템인 CCTV 관제센터 설비 구성 요소가 아닌 것은?

① DVR 및 NVR   ② 영상 인식 소프트웨어
③ 바이오 인식 센서   ④ IP 네트워크

해설
CCTV 통합관제센터(Integrated Control Center)
① 통합관제센터는 설치된 CCTV에 대한 통합관리를 통해 다양한 사건·사고를 예방·대비·대응 및 복구할 수 있도록 관제하면서 공공기관이 적절한 대응조치를 할 수 있도록 조직된 장소를 말한다.
② CCTV 통합관제센터의 구성
  ㉠ HW 구성요소 : 영상/음향장비, 서버, 스토리지, 네트워크 및 보안시스템 등
  ㉡ 솔루션 : 관제 메인솔루션, 저장·분배 솔루션, 통합 모니터링 솔루션 등

09 다음 중 통합관제센터 백업 설정요소로 고려사항이 아닌 것은?

① 백업 데이터에 대한 무결성
② 백업대상 데이터와 자원 현황
③ 백업 및 복구 목표시간
④ 백업 주기 및 보관기간

10 다음 중 통합관제센터 구축 이후 진행되는 성능시험 단계별 시험내역으로 틀린 것은?

① 단위 기능시험 : 시스템별 요구사항 명세서에 명시된 기능들의 수행여부를 판단하기 위한 시험
② 통합시험 : 시스템간 서비스 레벨의 연동 및 End-to-End 연동시험
③ 실환경 시험 : 최종단계의 시험으로 실제 운영환경과 동일한 시험
④ BMT(Bench Mark Test) 성능시험 : 장비도입을 위한 장비간 성능 비교시험

해설
성능시험은 사용자 요구사항에 따른 기능, 성능, 부하분산, 업무 시나리오를 고려하여 시험기준 충족여부를 검증한다.

11 다음은 영상정보처리기기 운영·관리 방침 마련 시 포함되어야 할 사항을 나열한 것이다. 잘못된 것은?

① 영상정보처리기기의 설치 근거 및 목적
② 영상정보처리기기의 설치 대수, 설치 위치 및 촬영 범위
③ 영상정보처리기기 운영자의 영상·음성정보 확인 방법 및 장소
④ 영상정보의 촬영시간, 보관기간, 보관장소 및 처리방법

해설
영상정보처리기기 운영·관리 방침에 포함해야 할 사항
① 영상정보처리기기의 설치 근거 및 설치 목적
② 영상정보처리기기의 설치 대수, 설치 위치 및 촬영 범위
③ 영상정보처리기기 운영자의 영상정보 확인방법 및 장소
④ 개인영상정보의 촬영시간, 보관기간, 보관장소 및 처리방법

[정답] 06 ① 07 ① 08 ③ 09 ① 10 ④ 11 ③

⑤ 관리책임자, 담당 부서 및 영상정보에 대한 접근 권한이 있는 사람
⑥ 영상정보 보호를 위한 기술적·관리적 및 물리적 조치 등

해설
정보시스템 개발과정은 계획, 분석, 설계, 구현, 시험 등의 개발주기 모델로 구성된다.

12 어린이집을 설치·운영하는 자는 폐쇄회로 텔레비전에 기록된 영상정보를 며칠 이상 보관하여야 하는가?
① 30일
② 60일
③ 90일
④ 180일

해설
영상정보의 보관기준 및 보관기간
폐쇄회로 텔레비전을 설치·관리하는 자는 60일 이상 보관하고 있는 폐쇄회로 텔레비전에 기록된 영상정보를 「영유아보육법 시행령」에 따른 내부 관리계획에서 정한 주기에 따라 삭제하여야 한다.

16 정보통신시스템 구축시 네트워크에 관한 고려사항이 아닌 것은?
① 파일 데이터의 종류 및 측정방법
② 백업회선의 필요성 여부
③ 단독 및 다중화 등 조사
④ 분기회선 구성 필요성

해설
네트워크 구축을 위한 준비단계 및 고려사항
① 기존 설치된 네트워크 시스템을 최대한 활용
② 향후 확장이 용이하게 설계
③ 장비의 규격, 프로토콜 등은 국내 및 국제 표준 규격을 준수
④ 트래픽 분산을 최적화하는 시스템
⑤ 네트워크 관리 및 유지보수가 용이
⑥ 추가 증설을 고려하여 설계
⑦ 장애발생시 즉각 조치가 가능하도록 하여 설계

13 영상정보처리기기를 임의로 조작하거나 녹음기능을 사용하다 적발될 경우 적용되는 법칙으로 맞는 것은?
① 1년 이하의 징역 또는 1천만원 이하 벌금
② 2년 이하의 징역 또는 2천만원 이하 벌금
③ 3년 이하의 징역 또는 3천만원 이하 벌금
④ 5년 이하의 징역 또는 5천만원 이하 벌금

17 다음 중 시스템통합(System Integration)에 대한 설명으로 가장 옳지 않은 것은?
① 시스템 구성 요소들을 결합하여 하나의 전체 시스템을 구축하는 것이다.
② 현행 시스템을 빠른 시간내에 안정시키는 것이다.
③ 많은 요소들을 결합시켜 하나의 시스템으로서 운영될 수 있도록 하는 것이다.
④ 시스템을 기획, 개발, 구축 그리고 운영까지의 모든 서비스를 제공하는 것이다.

14 다음 중 통합관제센터의 구성요소로 볼 수 없는 것은?
① 케이블 텔레비전
② 통합관제센터 하드웨어
③ 통합관제 솔루션
④ 운영조직

해설
통합관제센터는 통합관제센터 하드웨어, 통합관제 솔루션, 기반시설, 공간구조, 운영조직 등으로 구성된다.

18 화재를 소화시키는 소화작용이 아닌 것은?
① 냉각작용
② 질식작용
③ 부촉매작용
④ 활성화작용

15 정보통신 시스템을 실제로 만들어내는 과정은?
① 시스템 설계과정
② 시스템 계획과정
③ 시스템 구현과정
④ 시스템 운용지원과정

[정답] 12 ② 13 ③ 14 ① 15 ③ 16 ① 17 ② 18 ④

19 다음 중 가스계 소화약제가 아닌 것은?

① 포 소화약제
② 청정 소화약제
③ 이산화탄소 소화약제
④ 할로겐화합물 소화약제

해설
① 소화의 원리는 연소의 반대 개념으로서 연소의 4요소인 가연물, 산소, 열(점화에너지), 연쇄반응이 성립되지 못하게 제어하는 것이다.
② 냉각, 질식, 제거소화는 물리적 소화(Physical Extinguish)이나, 억제(연쇄반응차단)소화는 화학적 소화(Chemical Extinguish)가 된다.

20 산소의 농도를 낮추어 소화하는 방법은?

① 냉각소화　　② 질식소화
③ 제거소화　　④ 억제소화

21 다음 중 소화에 필요한 이산화탄소 소화약제의 최소설계농도 값이 가장 높은 물질은?

① 메탄　　② 에틸렌
③ 천연가스　　④ 아세틸렌

해설
아세틸렌은 다른 물질에 비해 높은 연소열을 가지고 있기 때문에 소화에 필요한 이산화탄소의 최소설계농도 값이 가장 높다.

22 비상방송설비의 구성요소 중 전압전류의 진폭을 늘려 감도를 좋게 하고 미약한 음성전류를 커다란 음성전류로 변화시켜 소리를 크게 하는 장치는?

① 확성기　　② 음량조절기
③ 증폭기　　④ 변조기

해설
증폭기는 전압, 전류의 진폭을 늘려 감도를 좋게하고 미약한 음성전류를 큰 음성전류로 변화시켜 소리를 크게하는 장치이다.

23 비상방송설비에서 가변저항을 이용하여 전류를 변화시켜 음량을 크게 하거나 작게 조절할 수 있는 장치는?

① 확성기　　② 음량조절기
③ 증폭기　　④ 혼합기

해설
가변저항을 이용하여 전류를 변화시켜 음량을 크게하거나 작게 조절할 수 있는 장치이다.

24 다음중 비상방송설비의 음향장치 설치기준으로 알맞은 것은?

① 정격전압의 70 [%] 전압에서 음향을 발할 수 있을 것
② 실내에 설치하는 확성기의 음성입력은 3[W] 이상일 것
③ 확성기는 2개층 마다 1개 이상 설치할 것
④ 자동화재 탐지설비의 작동과 연동하여 작동이 가능할 것

25 비상방송설비의 화재안전기준으로 옳은 것은?

① 음량조정기의 배선을 3선식으로 설치
② 조작부의 스위치는 0.8[m] 이상 2.5[m] 이하의 높이에 설치
③ 확성기의 유효반지름은 50[m] 이하가 되도록 설치
④ 다른 방송설비와 공용 불가능

26 비상방송설비의 확성기의 음성입력은 실내에 설치할 경우 얼마이상이어야 하는가?

① 1 [W]　　② 3 [W]
③ 10 [W]　　④ 30 [W]

[정답] 19 ① 20 ② 21 ④ 22 ③ 23 ② 24 ④ 25 ① 26 ①

출제 예상 문제

27 비상방송설비의 음량 조정기를 설치하는 경우 음량조정기의 배선방식은?

① 5선식 ② 4선식
③ 3선식 ④ 2선식

28 비상방송설비에서 기동장치에 따른 화재신고를 수신한 후 필요한 음량으로 화재발생상황 및 피난에 유효한 방송이 자동으로 개시될 때까지의 소요시간은 몇 초 이하로 하여야 하는가?

① 5초 이하 ② 10초 이하
③ 20초 이하 ④ 30초 이하

29 방송에 의한 비상경보설비중 확성기는 각 층 마다 설치하되 그 층의 각 부분으로 부터 다른 확성기까지의 수평거리는 몇 [m] 이하이어야 하는가?

① 25 ② 30
③ 35 ④ 40

30 층수가 5층 이상이고, 연면적이 3,000[㎡]를 초과하는 경우 특정소방대상물의 1층에서 화재가 발생한 때 비상방송설비에서 경보를 발하는 곳은?

① 발화층
② 발화층, 그 직상층 및 지하층
③ 발화층 및 그 직상층
④ 발화층 및 그 지하전층

해설
층수가 5층 이상으로서 연면적이 3,000[㎡]를 초과하는 특정소방대상물은 다음에 따라 경보를 발할 수 있을 것
① 2층 이상에서 발화한 때 : 발화층 및 그 직상층에 경보를 발할 것
② 1층에서 발화한 때 : 발화층·그 직상층에 경보를 발한 것
③ 지하층에서 발화한 때 : 발화층·그 직상층 및 기타의 지하층에 경보를 발할 것

31 다음 (㉠), (㉡)에 들어갈 내용으로 알맞은 것은?

> 비상방송설비에는 그 설비에 대한 감시상태를 (㉠)간 지속한 후 유효하게 (㉡) 이상 경보할 수 있는 축전지설비(수신기에 내장하는 경우를 포함한다) 또는 전기저장장치를 설치하여야 한다.

① ㉠ 10분, ㉡ 30분
② ㉠ 30분, ㉡ 10분
③ ㉠ 10분, ㉡ 60분
④ ㉠ 60분, ㉡ 10분

32 비상방송설비의 배선에서 부속회로의 전로와 대지 사이 및 배선상호간 절연저항은 1경계구역마다 직류 250[V]의 절연저항측정기를 사용하여 측정한 절연저항이 몇 [MΩ] 이상이 되도록 하여야 하는가?

① 0.1 [MΩ] ② 0.2 [MΩ]
③ 10 [MΩ] ④ 20 [MΩ]

해설
절연저항 시험

절연저항계	절연저항	구 분
직류 250 [V]	대지전압 150 [V] 이하	0.1 [MΩ] 이상
	대지전압 150 [V] 초과	0.2 [MΩ] 이상

33 다음 비상방송설비의 설치 및 시공내용중 적법하지 않는 것은?

① 비상전원의 용량을 감시상태 60분 지속 및 유효하게 10분 이상 경보할 수 있는 축전지설비를 설치하였다.
② 비상방송용 배선과 비상콘센트 배선을 동일한 전선관에 삽입 시공하였다.
③ 비상방송설비의 전원개폐기에 "비상방송설비용"이라고 표지하였다.
④ 비상방송의 전원회로를 내화배선으로 시공하였다.

[정답] 27 ③ 28 ② 29 ① 30 ② 31 ④ 32 ① 33 ②

34 아파트형 공장의 지하주차장에 설치된 비상방송용 스피커의 음량조정기 배선방식은?

① 단선식　　② 2선식
③ 3선식　　④ 복합식

해설
비상방송설비의 설치기준 : 음량조정기는 3선식 배선일 것

35 비상방송설비는 기동장치에 따른 화재신고를 수신한 후 필요한 음량으로 화재발생 상황 및 피난에 유효한 방송이 자동으로 개시될 때까지의 소요시간은 몇 초 이하이여야 하는가?

① 5　　② 10
③ 30　　④ 60

해설
기동장치에 따른 화재신고를 수신한 후 필요한 음량으로 화재발생 상황 및 피난에 유효한 방송이 자동으로 개시될 때까지의 소요시간은 10[초] 이하로 할 것

36 비상방송설비의 화재안전기준(NFSC 202)에 따라 비상방송설비 음향장치의 설치기준 중 다음 (　)에 들어갈 내용으로 옳은 것은?

> 층수가 (㉠)층 이상으로서 연면적이 (㉡)[m²]를 초과하는 특정소방대상물의 1층에서 발화한 때에는 발화층, 그 직상층 및 지하층에 경보를 발할 수 있도록 하여야 한다.

① ㉠ 2, ㉡ 3,500　　② ㉠ 3, ㉡ 5,000
③ ㉠ 5, ㉡ 3,000　　④ ㉠ 6, ㉡ 1,500

해설
비상방송설비 음향장치의 설치기준 중 "㉠"은 설치 위치에서 출구까지의 거리[m]를, "㉡"은 최소 출력[W]을 나타낸다. 따라서, "㉠ 5, ㉡ 3,000"은 출구까지의 거리가 5[m]이하이고 최소 출력이 3,000[W]이상이어야 한다는 의미이다.

37 비상방송설비의 화재안전기준(NFSC 202)에 따라 비상방송설비의 음향장치의 설치기준으로 틀린 것은?

① 다른 전기회로에 따라 유도장애가 생기지 아니하도록 할 것
② 음향장치는 자동화재속보설비의 작동과 연동하여 작동할 수 있는 것으로 할 것
③ 다른 방송설비와 고용하는 것에 있어서는 화재 시 비상경보외의 방송을 차단할 수 있는 구조로 할 것
④ 증폭기 및 조작부는 수위실 등 상시 사람이 근무하는 장소로서 점검이 편리하고 방화상 유효한 곳에 설치할 것

38 비상방송설비의 특징에 대한 설명으로 틀린 것은?

① 다른 방송설비와 공용하는 경우에는 화재시 비상경보 외의 방송을 차단할 수 있는 구조로 하여야 한다.
② 비상방송설비의 축전지는 감시상태를 10분간 지속한 후 유효하게 60분 이상 경보할 수 있어야 한다.
③ 확성기의 음성입력은 실외에 설치한 경우 3 [W] 이상이어야 한다.
④ 음량 조정기의 배선은 3선식으로 한다.

해설
비상방송설비에는 그 설비에 대한 감시상태를 60분간 지속한 후 유효하게 10분 이상 경보할 수 있는 비상전원으로서 축전지설비 또는 전기 저장장치를 설치해야 한다.

39 비상방송설비에 사용하는 확성기는 각 층 마다 설치하되 그 층의 각 부분으로 부터 하나의 확성기 까지 수평거리가 몇 [m] 이하가 되도록 설치하는가?

① 15　　② 25
③ 30　　④ 45

해설
① 소리를 크게 하여 멀리까지 전달될 수 있도록 하는 장치로써 일명 스피커를 말한다.
② 확성기 설치 기준
　㉠ 3[W](실내 설치는 1[W]) 이상일 것
　㉡ 각 층마다 설치하되, 수평거리는 25[m] 이하일 것

[정답] 34 ③　35 ②　36 ③　37 ②　38 ②　39 ②

40 비상방송설비의 음향장치를 실외에 설치하는 경우 확성기의 음성입력은 최소 몇 [W] 이상이어야 하는가?

① 1
② 3
③ 10
④ 30

41 비상방송설비의 음향장치의 설치기준 중 다음 ( ) 안에 알맞은 것으로 연결된 것은?

> 층수가 5층 이상으로서 연면적이 3,000[㎡]를 초과하는 특정소방대상물의 (㉠) 이상의 층에서 발화한 때에는 발화층 및 그 직상층에, (㉡)에서 발화한 때에는 발화층·그 직상층 및 지하층에, (㉢)에서 발화한 때에는 발화층·그 직상층 및 기타의 지하층에 경보를 발할 것

① ㉠ 2층, ㉡ 1층, ㉢ 지하층
② ㉠ 1층, ㉡ 2층, ㉢ 지하층
③ ㉠ 2층, ㉡ 지하층, ㉢ 1층
④ ㉠ 2층, ㉡ 1층, ㉢ 모든층

해설

층수가 5층 이상으로서 연면적이 3,000[㎡]를 초과하는 특정소방대상물은 다음에 따라 경보를 발할 수 있을 것
① 2층 이상에서 발화한 때 : 발화층 및 그 직상층에 경보를 발할 것
② 1층에서 발화한 때 : 발화층·그 직상층에 경보를 발한 것
③ 지하층에서 발화한 때 : 발화층·그 직상층 및 기타의 지하층에 경보를 발할 것

42 비상방송설비를 설치하여야 하는 특정소방대상물의 기준 중 틀린 것은?(단, 위험물 저장 및 처리시설 중 가스시설, 사람이 거주하지 않는 동물 및 식물 관련시설, 지하가 중 터널, 축사 및 지하구는 제외한다)

① 연면적 3,500[㎡] 이상인 것
② 지하층을 제외한 층수가 11층 이상인 것
③ 지하층의 층수가 3층 이상인 것
④ 50명 이상의 근로자가 작업하는 옥내작업장

해설

다음 중 하나에 해당하는 건축물에는 반드시 비상방송설비를 설치해야 한다.
① 연면적 3,500[㎡] 이상 건축물
② 지하층을 제외한 층수가 11층 이상 건축물
③ 지하층의 층수가 3개층 이상 건축물

43 다음 중 비상방송설비의 상용전원 설치 기준으로 적합한 것은?

① 전원은 전기가 정상적으로 공급되는 축전지, 전기저장장치 또는 교류전압의 옥내간선으로 하고 전원까지의 배선은 전용으로 한다.
② 전원은 전기가 정상적으로 공급되는 축전지로서 전원까지의 배선은 겸용으로 한다.
③ 전원은 전기가 정상적으로 공급되는 교류전압의 옥내간선으로서 전원까지의 배선은 겸용으로 한다.
④ 개폐기에는 "비상용"이라고 표시한 표지를 한다.

해설

개폐기에는 "비상방송설비용"이라는 표지를 할 것

44 출입통제시스템의 특징이 아닌 것은?

① 다양한 통신 매체를 통한 시스템 구성이 가능하다.
② 물리적 구조물 없이 출입통제가 가능하다.
③ 보안등급에 따라 적절한 출입등급 적용이 가능하다.
④ 다양한 조건의 조회, 검색기능으로 원하는 정보 추출이 가능하다.

45 출입통제시스템의 기능이 아닌 것은?

① 카드발급 관리
② 상황발생 예측관리
③ 출입자의 출입현황 관리
④ 출입문의 부분적 또는 일괄적 원격개폐

[정답] 40 ② 41 ① 42 ④ 43 ④ 44 ② 45 ②

46 출입통제시스템에서 사용하는 출입카드로 보안성이 가장 높은 것은?

① 바 코드 카드(Bar Code Card)
② IC 카드(Integrated Circuit Card)
③ RF 카드(Radio Frequency Card)
④ 마그네틱 스트라이프 카드(Magnetic Stripe Card)

47 출입통제시스템에서의 전기정을 구동시켜 출입할 수 있도록 하는 카드의 형태에 따른 분류가 아닌 것은?

① 밀폐형　　② 삽입형
③ 근접형　　④ 접촉형

해설
① 밀폐형 : 카드 내부에 코일이 삽입되어 있으며, 코일에 전류가 유도되어 출입이 허용된다. (예 : RFID 등)
② 삽입형 : 카드를 전용 리더기에 삽입하여 카드 내부에 저장된 정보를 읽고 출입을 제어한다.(예 : 신용카드 등)
③ 근접형 : 카드를 전기정에 가까이 가져가면 카드 내부에 저장된 정보를 읽고 출입을 제어한다. (예 : IC 카드, NFC 카드 등)
④ 접촉형 : 카드를 전기정에 직접 닿도록 하여 카드 내부에 저장된 정보를 읽고 출입을 제어한다. (예 : 자기띠 카드)

48 출입통제 장치 구성요소로 옳지 않은 것은?

① 중앙통제 장치
② 실내 유리 감지기
③ 컨트롤러
④ 전기정

해설
중앙통제 장치
① 출입통제 시스템의 핵심이며, 모든 구성 요소들을 제어하고 관리한다.
② 카드 리더, 지문 인식 장치, 감지기 등으로부터 수신된 정보를 처리하고, 출입 허가 여부를 판단한다.
③ 출입 기록을 저장하고, 관리자에게 필요한 정보를 제공한다.

49 출입통제시스템의 목적으로 옳지 않은 것은?

① 허가받지 않은 사람의 출입통제
② 허가받은 사람의 출입허용
③ 허가받은 차량의 출입허용
④ 허가와 무관한 물품의 반입

해설
출입통제시스템의 목적
① 보안 유지 : 허가받지 않은 사람의 출입을 제한하여 안전하고 보안된 환경을 유지합니다.
② 출입 관리 : 허가받은 사람의 출입을 기록하고 관리하여 출입 상황을 파악합니다.
③ 효율적인 운영 : 출입 통제를 자동화하여 운영 효율성을 높입니다.

50 다음 중 네트워크 타임 프로토콜(NTP)의 내용으로 가장 옳은 것은?

① 네트워크에 연결된 컴퓨터시스템 간 IP 동기화 프로토콜이다.
② 네트워크에 연결된 컴퓨터시스템 간 커널모드 동기화 프로토콜이다.
③ 네트워크에 연결된 컴퓨터시스템 캐리어 동기화 프로토콜이다.
④ 네트워크에 연결된 컴퓨터시스템 간 시간 동기화 프로토콜이다.

해설
NTP는 가변 지연(Latency) 네트워크에서 패킷 교환을 통해 컴퓨터 시스템 간 시간 동기화를 위한 네트워크 프로토콜이다.

51 다음 중 NTP 서버를 이용해서 시간을 동기화할 때 사용하는 명령으로 알맞은 것은?

① ntp　　② ntpq
③ ntpdate　　④ ntptime

해설
① ntpstat와 ntptime 명령을 통해 실제 NTP 서버와의 통신에 문제가 있는지 확인
② ntpdate는 리눅스의 시간을 Timeserver와 동기화하는 명령어이다.

[정답] 46 ② 47 ① 48 ② 49 ④ 50 ④ 51 ③

52 다음 중 NTP에 대한 설명으로 틀린 것은?

① NTP란 컴퓨터간 시간을 동기화 하는데 사용되는 프로토콜이다.
② NTP서버를 이용해서 시간을 동기화 할 때 사용하는 명령어는 ntpdate이다.
③ NTP서버는 여러 계층으로 구성되는데, 각 계층을 나타내는 용어로 Class를 사용한다.
④ NTP서버를 등록하기 위해서는 환경 설정 파일인 /etc/ntp.conf 내에서 등록할 수 있다.

해설
① NTP 서버를 경유할 때 마다 Stratum이 1씩 증가한다.
② Stratum 2 부터는 계층적 트리 구조를 형성한다.
③ 계층구조의 각 수준을 계급(Stratum)이라 한다.

[정답] 52 ③

2. 통합 배선설비 적용

1. 네트워크 케이블(Network Cable)

가. 네트워크 케이블

(1) 무선기술의 발전에도 불구하고 컴퓨터와 네트워크 장비(라우터, 스위치 등) 사이에는 여전히 한 종류 이상의 네트워크 케이블이 사용되고 있다.

(2) 로컬 네트워크의 대부분은 이더넷(Ethernet)에 기반을 두고 있으며, 이더넷은 전송매체로 동축케이블, 꼬임선(TP 케이블), 광케이블 등을 이용하여 데이터를 전달하고 있다.

(3) 네트워크 케이블은 컴퓨터나 네트워크 장비들 사이에서 신호를 전달하는 전송매체의 역할을 한다.

나. 네트워크 케이블의 종류와 특성

(1) 동축케이블(Coaxial Cable)

① 현재까지 가장 일반적인 케이블이며, 내부에 하나의 구리선으로 구성되어 있다

② 동축케이블은 10[Mbps] 이더넷 케이블의 표준이며, 아날로그 또는 디지털신호를 전송한다.

[동축케이블의 구조]

(2) UTP(Unshielded Twisted Pair) Cable

① UTP는 절연체로 감싸여있지 않은 꼬여있는(TP : Twisted-Pair) 한쌍의 선을 의미한다. 여기서 TP를 한 이유는 전류가 흐를때 간섭을 최소화하기 위해서이다.

② UTP는 Ethernet 등의 네트워크환경에서 가장 일반적으로 사용하는 케이블이며, 케이블 끝에 RJ-45 커넥터를 통하여 네트워크 장비들과 연결된다.

③ UTP는 전기적 잡음(Noise)과 전자기 장애에 약하다.

④ UTP 등과 같은 케이블들은 데이터 전송대역폭, 전송속도와 용도에 따라 분류된다.

카테고리	최대주파수	속도	용도
카테고리 1	–	–	전화선
카테고리 2	1 MHz	4 Mbps	저속의 Data 통신 케이블
카테고리 3	16 MHz	10 Mbps	10 Base-T 4 Token Ring
카테고리 4	20 MHz	16~25 Mbps	16 Token Ring 25 Mbps ATM
카테고리 5	100 MHz	100 Mbps	4/16 Mbps Token Ring(IEEE 802.5) 10/100 Base-T(IEEE 802.3) 155 Mbps ATM
카테고리 5e	100 MHz	1 Gbps	4/16 Mbps Token Ring(IEEE 802.5) 155 Mbps ATM
카테고리 6	250 MHz	1.2 Gbps	4/16 Mbps Token Ring(IEEE 802.5) 155/622 Mbps ATM Gigabit Ethernet
카테고리 7	600 MHz	10 Gbps	동영상 10GBASE-T

합격 NOTE

합격예측
구내 케이블 표준인 EIA/TIA 568 및 ISO/IEC 11801 에서는, 전송 성능별 케이블 특성을 여러 카테고리(클래스)로 나뉘어 구분한다.

합격예측
① 카테고리가 높을수록 : 더 높은 주파수에서도 적은 유전체 손실, 더 좋은 절연, 더 많은 꼬임(Twist)을 가짐
② 더 많은 꼬임 : 외부 및 내부선 간의 간섭에 강함

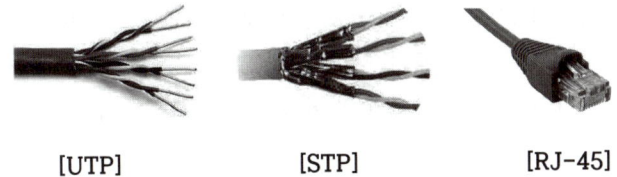

[UTP] [STP] [RJ-45]

(3) STP(Shielded Twisted Pair) 케이블

① Twisted pair 되어 있고, 외장(Sheath)이 은박, 편조쉴드 등으로 2중 차폐된 차폐케이블이다.
② 외부의 노이즈를 차단하거나 전기적신호의 간섭을 대폭 줄여준다.
③ Category-7의 경우는 STP 형태로 구성된다.

비교항목	UTP	STP
케이블 구조	금속박막에 의한 차단 없이 꼬인선만으로 구성함	꼬인회선이 얇은 금속박막 전도층으로 둘러싸여 있음
최대 전송길이	100m	100m
속도	최대 1[Gbps]	최대 155[Gbps]
잡음영향	외부 전기적간섭에 영향을 많이 받음	금속박막 전도층의 차단으로 인해 외부 전기적 간섭에 영향을 받지 않음
설치	설치가 쉽고, 비용이 쌈	취급이 어렵고, 비용이 비쌈
커넥터	RJ-45를 사용함	금속박막을 접지시키기 위해서 특별한 커넥터를 사용함

합격예측
FTP(Foil Twisted Pair) 케이블 : 전자기적 간섭의 효과를 최소화한 케이블

합격 NOTE

합격예측

케이블별 커넥터
① 동축케이블 : BNC 커넥터
② UTP 케이블 : RJ-45 커넥터
③ 광케이블 : SC, ST, MTRJ 커넥터 등

합격예측

단일(싱글) 모드는 가격은 비싸지만, 현재 장거리 광통신에서 주 전송매체로써 가장 널리 사용되고 있다.

(4) 광케이블(Optical Cable)

① 광섬유로 만든 케이블이며, 광(빛)을 이용해서 전송하기 때문에 전기 신호를 사용하는 구리선과는 비교할 수 없을 만큼의 장거리, 고속 통신이 가능하다.

② 광섬유는 코어(Core), 클래딩(Cladding), 코팅영역으로 구성되는데, 중심부분(코어)의 굴절률이 바깥부분(클래딩)의 굴절률 보다 약간 크도록 설계되어 전반사하며 진행한다.

③ 광케이블의 종류

  ㉠ 다중모드 광섬유(MMF : Multi Mode Fiber)
    : 코어직경이 크며(50㎛, 62.5㎛ 등), 광 코어 내에 수많은 광선(전파모드)이 진행할 수 있게 한 광섬유이다. 전송로가 많기 때문에 전송손실이 크고 전송거리를 늘리기 어렵다.

  ㉡ 단일모드 광섬유(SMF : Single Mode Fiber)
    : 코어직경을 작게(8~12㎛ 정도)해서 전송로(모드)가 하나가 되도록 엄격하게 설계되어 있기 때문에 장거리전송과 대용량전송이 가능하다.

④ 광섬유의 장점 : 극저손실, 광 대역폭, 보안성 우수, 가격이 저렴, 강하고 유연, 전자기간섭에 강함(EMI) 등

⑤ 광섬유의 단점 : 보수의 어려움, 네트워크를 새로 구축해야 한다. 등

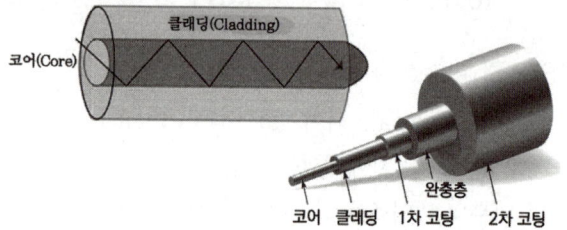

다. 네트워크 케이블의 성능측정 변수

종류	내용
결선도 (와이어맵, Wire Map)	• 양단에서의 핀 종단과 연결성을 확인하고 설치한 후, 연결에서의 오류 여부를 검사하기 위한 시험
특성임피던스 (Characteristic Impedance)	• 임피던스는 에너지가 전달되는 것을 방해하는 특성으로 전송매체는 고유의 임피던스를 가져야 한다. • 케이블의 고유 임피던스를 말한다. • 단위 : 오옴[Ω]

종류	내용
전달지연 (Propagation Delay)	• 신호가 전달되는 시간 즉 시작점에서 종단까지의 신호전달 시간 • 전체 케이블페어에 대하여 측정하여야 한다. • 단위 : 나노세컨드[ns]
지연왜곡 (Delay Skew)	• 두 개의 꼬임 페어 사이에서 측정 • 가장 빠른 페어와 가장 느린 페어의 전파지연 차이 • 단위 : 나노세컨드[ns]
삽입손실(감쇄) (Attenuation)	• 커넥터를 송, 수신기 사이에 삽입하였을 때 신호의 차 • 표피효과와 유전손실에 영향을 받는다. • 단위 : 데시벨[dB]
반사손실 (Return loss)	• 케이블의 임피던스 변화에 의한 반사된 에너지 • 동시 양방향 전송을 사용하는 애플리케이션들에게는 특히 중요 • 단위 : 데시벨[dB]
근단누화 (NEXT: Near End Crosstalk)	• 송신측에 가까운 케이블간에 발생하는 불필요한 신호 결합 • 인접 페어의 입력단으로 되돌아오는 잡음이며, 전자적 결합(R, C 성분)으로 발생 • 단위: 데시벨[dB]
전력합근단누화 (Power Sum NEXT)	• 모든 근단누화 발생원이 동시에 동작되고 있을 때 근단누화의 총 합(전력 합)이다.
원단누화 (FEXT: Far End Crosstalk)	• 수신측에 가까운 케이블간에 발생하는 불필요한 신호 결합 • 출력단으로 흘러가는 잡음이며, 정전적 결합(L, G 성분)으로 발생 • 단위: 데시벨[dB]
등위원단누화 (Equal Level FEXT)	• 측정된 FEXT 손실치에서 측정 페어의 감쇠량을 뺀 손실치이다[dB].

2. 통합배선

가. 통합배선의 개요

(1) 지금까지 모든 정보배선은 전화와 관련된 음성계통과 컴퓨터시스템과 관련된 데이터계, 화상정보와 관련된 배선 등이 각각 독립적으로 설치됐다.

(2) 통합배선이란 아파트나 빌딩 등에서의 음성, 화상, 데이터서비스가 모든 통신 인출구(Outlet)에 쉽게 접근하거나 접근이 가능하도록 하는 케이블공사를 뜻한다.

합격 NOTE

합격예측
전달지연은 전체케이블 페어에 대해 측정해야 한다.

합격예측
고속통신에 장애를 가져오는 전기적 특성 : 삽입손실, 근단누화, 반사손실, 지연 왜곡 등

합격예측
누화(Crosstalk) : 한 선로(채널, 접속로)의 신호가 다른 선로(채널, 접속로)에 전자기적 결합되면서 미치는 영향, 즉 혼선의 개념.

합격예측
일반적으로 근단누화 특성이 원단누화 특성 보다 더 많은 영향을 미친다.

합격예측
통합배선시스템은 음성, 데이터, 비디오 정보처리, 통신 장비, 건물 관리 등 각종 정보관리 시스템 뿐 아니라 외부 통신 시스템도 한꺼번에 지원한다.

(3) 통합배선시스템은 각각 관리되던 정보 배선을 통합처리할 수 있게 해 주는 시스템이다.

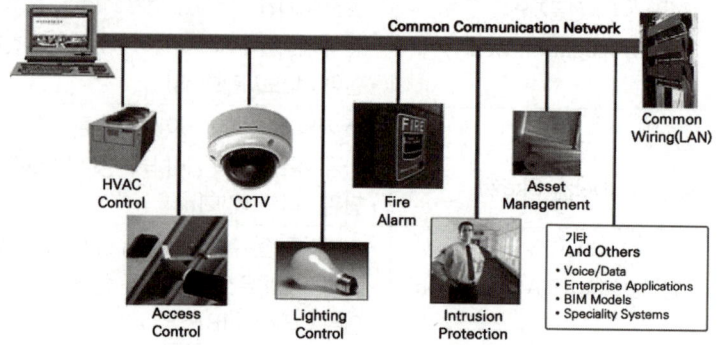

나. 통합배선시스템의 장점

① 정보통신의 통합화 실현
② 고속 데이터 전송보장
③ 다양한 전송매체 및 다기종 단말기 접속가능
④ 시스템의 변경 및 확장에 유연하게 대응
⑤ 기술지원이 용이
⑥ 설치, 시공의 경제성

다. 통합배선시스템의 관련 표준

① TIA/EIA568-A : 상업용 통신배선에 대한 표준
② TIA/EIA569-A : 배관경로와 공간 사용에 관한 표준
③ ISO/IEC 11801 : 업무용 건축물에 대한 구내통신 선로설비의 기술표준
④ EN 50173 : 유럽의 구내통신 선로설비에 대한 기술표준
⑤ EN 50174 : 구내통신 선로설비의 설치에 관한 유럽 표준 등

라. 통합배선시스템의 요구조건

① 유연성 및 호환성 : 접속장비를 모두 수용하는 범용배선이어야 한다.
② 확장성 : 미래 통신 표준화동향에 대비한 선행배선이어야 한다.
③ 경제성 : 설치 및 유지보수가 용이한 배선체계로 이루어져야 한다.
④ 분리 및 통합화 : 모듈에 입각한 배선시스템이 되어야 한다.
⑤ 공인된 제품 : 신뢰성이 높은 제품이어야 한다.
⑥ 표준성 : EIA/TIA 규격에 적합한 표준 인터페이스환경을 제공하여야 한다.
⑦ 공간성 : 집중화된 배선반과 경량의 케이블로 공간활용의 극대화가 되어야 한다.

합격예측

통합배선시스템의 요구조건

① TIA/EIA규정에 의거된 애플리케이션을 지원할 수 있는 대역폭과 유연성, 신뢰성을 가져야 한다.
② 음성 및 데이터를 고속(10~100 Mbps 이상)으로 전송할 수 있도록 구성하여야 한다.

합격예측

통합배선시스템의 기능 : 유연성, 호환성, 확장성, 경제성, 표준성, 공간성.

마. 통합배선시스템의 구성

통합배선은 기본적으로 배선의 하위시스템(Subsystem)을 구내배선으로 함께 묶는 것이다. 이를 위해 일반적으로 요구되는 구성요소는 다음과 같다.

(1) 주배선반/국선단자함(MDF : Main Distribution Frame)

① 외부, 내부 회선을 연결하는 배선반이며, 옥외 외선을 옥내장치로 인입하는 곳에 설치된다. 즉, 외부 선로시설과 내부 교환시설과의 단자를 연결시키는 장치이다.

② 수용되는 총 국선수가 300회선 이상인 공동주택 등의 대형건물에서 사업자설비와 이용자설비를 상호접속하고 원활한 회선의 절체접속과 유지보수를 위하여 주단자함 대신에 분계점에 설치되는 망 접속 장치를 말한다.

③ 주요기능
　㉠ 케이블의 국외(局外) 및 국내(局內)의 접속 분계점으로 삼는 기준이 된다.
　㉡ 케이블에 유입되는 과전류로부터 통신기기를 보호한다.
　㉢ 케이블 선로 및 기기의 상태를 감시한다.
　㉣ 국내와 국외 선로간에 절분시험을 수행한다.

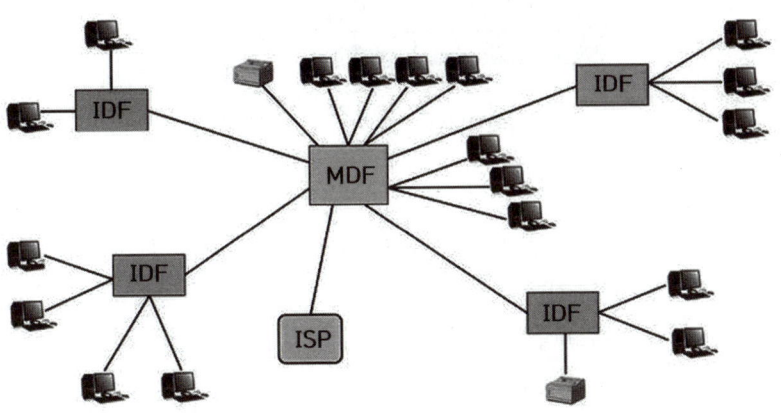

(2) 중간단자함/중간배선반(IDF : Intermediate Distribution Frame)

① 주배선반에서 세대단자함 사이에 구성된다. 즉 최종 사용자장치와 MDF 사이를 통신케이블로 연결하거나 관리한다.

② 주 배선반 또는 주 단자함으로부터 세대단자함 사이에 배관의 굴곡이나 선로의 분기 및 접속을 위하여 설치되는 단자함을 말한다.

합격 NOTE

합격예측
MDF : 외부회선과 내부회선을 연결하는 장치.

합격예측
분계점 : 사업용 전기통신설비와 이용자 전기통신설비간의 경계점

합격예측
① 아파트에는 MDF실이나 TPS실(Telecommunication Pile Shaft)이 있고, 여기서부터 각 가정으로 통신이 시작된다.
② MDF실, TPS실 : 건물전체의 통신선로를 분기하는 곳

합격예측
세대단자함은 세대내에 인입되는 통신선로, 방송공동수신설비 또는 홈네트워크설비 등의 배선을 효율적으로 분배·접속하기 위하여 이용자의 주거전용면적에 포함되는 실내공간에 설치되는 분배함을 말한다.

합격 NOTE

② 국선단자함은 광섬유케이블 또는 300회선 미만의 동케이블을 수용하는 경우 주단자함 또는 주 배선반에, 300회선 이상의 동케이블을 수용하는 경우 주 배선반에 구분하여 설치하며 다만, 구내교환기를 설치하는 경우에는 주 배선반에 수용하여야 한다.

[IDF단자함]

(3) 광케이블 분배함(FDF : Fiber Distribution Frame)

① 옥외 또는 옥내용 광케이블로부터 네트워크의 단말장치로 각각 분기되는 광섬유를 외부 충격으로부터 안전하게 보호하고 광 접속 및 분배에 사용되는 함체이다.

② 광접속장치, 광단말, 광분배장치 등으로 구성된다.

(4) 패치패널(Patch Panel)

① 수직 및 수평 케이블 간의 교차접속을 위한 접속반이며, 패치코드를 사용할 수 있도록 만들어진 장치이다.

② 각층의 IDF에 구축되는 배선반으로, 대부분 19인치 랙(Rack)에 마운트할 수 있게 되어있다.

합격예측
패치패널은 케이블들을 수납하여 접속하기 위한 패널이다.

[패치패널]　　　[패치코드]

(5) 패치코드

양 끝에 연결용 플러그(Modular Connector Plug/Jack)가 붙어있는 짧은 길이의 케이블이며, 선로간, 부품 및 장치 상호간을 절체접속 및 선로연장 등의 역할을 한다.

(6) 아울렛(Outlet)

단자반에서 오는 지선케이블을 종단에 연결하기 위한 강철 또는 플라스틱 박스이다.

출제 예상 문제

제2장 통합 배선설비 적용

01 다음 중 동축 케이블의 특징이 아닌 것은?

① 전력전송이 가능하다.
② 사용주파수가 높아지면 누화가 감소한다.
③ 전기적인 유도잡음에 영향을 받지 않는다.
④ 내부도체와 외부도체의 사이에는 절연 물질로 되어 있다.

해설
동축 케이블의 특징
① 내부도체와 외부도체 사이에 유전체(절연체)가 있다.
② 전력전송이 가능하다.
③ 전기적인 잡음(누화 등)의 영향을 받는다. 등

02 동축케이블이 꼬임쌍선 구리케이블에 비해 잡음에 강한 이유로 가장 적합한 것은?

① 내부 도선 때문
② 케이블 직경 때문
③ 외부 도체 때문
④ 절연 물질 때문

해설
꼬임쌍선 구리케이블은 나선 상태 즉 Open Wire 상태로 사용하는데 비해 동축케이블은 외부 도체를 접지해서 사용하므로 외부로부터 잡음의 영향을 거의 받지 않아 잡음에 강하다.

03 다음 중 동축케이블에서 외부로부터 유도 방해를 받지 않기 위해 접지하는 부분은 무엇인가?

① 외부도체
② 절연체
③ 내부도체
④ 피복

해설
동축케이블은 외부도체를 접지해서 사용하므로 외부로부터 잡음 및 에코 등에 강해 에코억제기가 불필요하다.

04 동축케이블의 전기적 특성 중 단위길이당 저항은 사용주파수(f)와 어떤 관계인가?

① f와 비례
② f와 반비례
③ $\sqrt{f}$와 비례
④ $\sqrt{f}$와 반비례

해설
동축케이블에서 단위길이당 저항과 감쇠정수 α는 $\sqrt{f}$에 비례하고 위상정수 β는($\beta = \omega\sqrt{LC} = 2\pi f\sqrt{LC}$) f에 비례한다.

05 다음의 손실 중 동축케이블에 나타나는 손실은?

① 적외선 흡수손실
② 레일리 산란손실
③ 와류손실
④ 구조 불완전손실

해설
① 적외선 흡수손실, 레일리 산란손실, 구조 불완전 손실은 광케이블에서 발생되는 손실이고, 와류손실(와전류 즉 맴돌이 전류에 의한 전력손실)은 동축케이블에서 발생되는 손실이다.
② 와류손실 : 도체를 관통하는 자속이 시간에 따라 변하면 이러한 변화를 막기 위해 도체내에 국부적으로 형성되는 임의의 폐회로를 따라 전류가 유기되는데 이 전류를 와전류(또는 맴돌이 전류)라 하고 와전류에 의한 전력손실을 와류손실(와류손)이라 한다.

06 동축케이블의 특징에 대한 설명으로 옳지 않은 것은?

① 값은 광섬유에 비해서는 싸지만 전화선보다는 비싸다.
② 아날로그와 디지털 신호 모두를 전송할 수 있는 매체이다.
③ 외부 구리망 때문에 중앙의 구리선에 흐르는 전기 신호는 전기적 간섭을 적게 받는다.
④ 생김새는 원통 모양이며 Core, Clad, Jacket 등으로 구성 되어 있다.

[정답] 01 ③ 02 ③ 03 ① 04 ③ 05 ③ 06 ④

07 다음 중 동축케이블의 구성요소에 해당되지 않는 것은?

① 클래드
② 절연체
③ 내부도체
④ 외부도체

해설
동축케이블은 외부도체 및 내부도체와, 외부도체와 내부도체 사이의 절연체로 구성되어 있다. 클래드(Clad)는 광케이블의 구성요소이다.

08 다음 중 동축케이블의 용도가 아닌 것은?

① 광대역 전송로로 사용
② TV 신호 분배(유선 TV의 경우)에 사용
③ LAN 구성에 사용
④ 장거리 시스템 링크용으로 사용

해설
동축케이블의 용도는 다음과 같다.
① 광대역 전송로로 사용
② 장거리 전화 및 TV 전송에 사용
③ TV 신호 분배(유선 TV의 경우)에 사용
④ 근거리 Network 구성(LAN 구성)에 사용
⑤ 단거리 시스템 링크(Short-Run System Link)용으로 사용

09 다음 중 동축케이블이나 광섬유 전송매체와 비교했을 때 일반적인 트위스티드 페어(Twisted Pair) 케이블에 대한 설명으로 잘못된 것은?

① 신호의 감쇠 및 간섭에 약하다.
② 아날로그 및 디지털 전송에 모두 사용할 수 있다.
③ 비용이 저렴한 편이다.
④ 대역폭이 넓다.

해설
트위스티드 페어(Twisted Pair)는 아날로그 및 디지털 전송에 모두 사용할 수 있고 비용이 저렴한 편이나, 나선상태(Open Wire)로 사용하므로 신호의 감쇠 및 간섭에 약하며 전송 대역폭도 좁은 협대역전송로이다.

10 다음 중 금속막에 의한 차단유무에 따라 STP 케이블과 UTP 케이블로 분류되는 전송매체는?

① 동축케이블
② 꼬임 쌍선
③ 단일 모드 광섬유
④ 다중 모드 광섬유

해설
STP(Shielded Twist Pair)는 두 개의 선을 꼬아 만든 TP(꼬임 쌍선)에 Shield막(차폐막)을 씌운 것으로 차폐막을 씌우지 않은 UTP(Unshielded Twist Pair)보다 가격은 비싸나 외부간섭을 받지않아 데이터 전송속도는 높다. 다만 UTP보다 유연하지 않아 설치가 용이하지 않으며 특수용도를 제외하고는 일반적으로 UTP가 많이 이용된다.

11 다음 중 STP 케이블에 대한 설명으로 적합하지 않은 것은?

① UTP 케이블에 비해 더 비싸다.
② UTP 케이블보다 유연하며 설치가 쉽다.
③ UTP 케이블보다 최대 전송가능 속도가 높다.
④ UTP 케이블보다 외부의 전기적 간섭에 영향을 덜 받는다.

12 다음 중 외부 피복이나 차폐재가 추가되어 있어 옥외에서 통신기기간에 사용하기 가장 적합한 케이블은 어느 것인가?

① UTP
② STP
③ ATP
④ KTP

해설
STP(Shielded Twisted Pair)는 외부 피복에 차폐재가 둘러싸여 있는 꼬임쌍선으로 외부의 잡음 및 간섭에 강한 특성을 보이므로 옥외에서 사용하기 적합한 케이블이다.

13 UTP Category 5 케이블을 이용하여 100[Mbps] 속도를 지원하도록 구성하기 위해 사용되는 UTP케이블의 페어(Pair) 수는?

① 1
② 2
③ 3
④ 4

해설

Category 5 UTP의 경우 2개의 pair로 최대 100[Mbps]의 속도로 데이터를 전송할 수 있으며 최대 전송거리는 100[m]이다.

14 UTP케이블의 카테고리(Category)라 함은 표준화 기구에서 정의한 케이블 회선의 꼬임 정도 등을 나타내는 인터페이스 규격이다. 다음 중 대부분 Unshielded 형태로 제작되며, 최대 100[MHz]의 전송대역까지 통신 가능한 미국 표준(EIA-568) 규격은?

① Category 5 또는 5e
② Category 6
③ Category 6A
④ Category 7

해설

UTP 케이블이란 Unshielded Twisted Pair로 비차폐 꼬임쌍선이라 하며 Category(등급) 1~6등급으로 분류된다.(1은 품질이 가장낮은 것을, 6은 품질이 가장 높은 것을 의미한다.)
① 유연하여 설치가 쉬우며 가장 널리 사용된다.
② 다른 전송매체에 비하여 가격이 싸다.
③ UTP 연결구(Connector)로는 RJ 45가 가장 많이 사용된다.
④ 사용주파수가 100[kHz]를 넘어서면 감쇠가 급격히 증가한다.
⑤ category 5 UTP의 경우 최대 100[Mbps]의 속도로 데이터를 전송할 수 있으며 최대 전송거리는 100[m]이다.

15 UTP케이블을 이용하여 네트워크 구성 시 1[Gbps] 속도를 지원하는 케이블 등급은?

① Category 1
② Category 3
③ Category 5
④ Category 6

16 가장 널리 사용되는 100[Mbps] 디지털 전송용 UTP 케이블의 접속에 사용되는 8핀 커넥터 표준 규격은?

① RS-22
② RS-42
③ RJ-22
④ RJ-45

17 다음 중 UTP 케이블을 PC 랜 단자와 연결하기 위한 커넥터 형태로 알맞은 것은?

① RJ-11
② RJ-23
③ RJ-45
④ RJ-56

18 다음 중 패스트 이더넷(Fast Ethernet)의 표준형태가 아닌 것은?

① 100Base-DX
② 100Base-TX
③ 100Base-FX
④ 100Base-T4

해설

고속 이더넷은 케이블 사용에 따라 몇 가지 다른 구성이 가능하다.
① 100BASE-TX : 고급 UTP(Category 5 UTP) 케이블 철심 두 쌍
② 100BASE-T4 : 보통 UTP(Category 3 UTP) 케이블 철심 네 쌍
③ 100BASE-FX : 광케이블

19 사람의 머리카락 굵기만큼의 가는 유리 섬유로, 정보를 보내고 받는 속도가 가장 빠르고 넓은 대역폭을 갖는 것은?

① Coaxial Cable
② Twisted Pair
③ Thin Cable
④ Optical Fiber

20 광섬유케이블의 특징으로 틀린 것은?

① 경량성이다.
② 전자유도의 영향이 없다.
③ 대용량 전송이 가능하다.
④ 차폐용 동 테이프를 사용하여 누화가 없다.

해설

광케이블은 다음과 같은 특징을 갖는다.
① 세경성
② 경량성
③ 경제성
④ 전기적 무유도성
⑤ 광대역성
⑥ 저손실성
⑦ 접속과 유지보수의 어려움

[정답] 14 ① 15 ④ 16 ④ 17 ③ 18 ① 19 ④ 20 ④

21 내부에 코어(Core)와 이를 감싸는 굴절률이 다른 유리나 플라스틱으로 된 외부 클래딩(Cladding)으로 구성된 전송 매체는?

① 이중 나선(Twisted Pair)
② 동축 케이블(Coaxial Cable)
③ 2선식 개방 선로(Two-Wire Open Lines)
④ 광 케이블(Optical Cable)

22 다음에서 설명하는 전송매체는?

> 중심부에는 굴절률이 높은 유리, 바깥 부분은 굴절률이 낮은 유리를 사용하여 중심부 유리를 통과하는 빛이 전반사가 일어나는 원리를 이용한 것으로, 에너지 손실이 매우 적어 송수신하는 데이터의 손실률도 낮고 외부의 영향을 거의 받지 않는 장점이 있다.

① Coaxial Cable
② Twisted Pair
③ Thin Cable
④ Optical Fiber

23 100Mbps 이상의 고속 데이터 전송이 가능하고, 트위스트 페어의 간편성과 동축 케이블이 가진 넓은 대역폭의 특징을 모두 갖고 있으며 중심부는 코어와 클래드로 구성되어 있는 전송회선은?

① BNC 케이블   ② 광섬유 케이블
③ 전화선   ④ 100Base-T

24 다음 중 광섬유의 특징에 대한 설명으로 알맞지 않은 것은?

① 아주 빠른 전송속도를 가지고 있다.
② 손실률이 높다.
③ 매우 낮은 전송 에러율을 가지고 있다.
④ 네트워크 보안성이 높다.

해설
① 광이 전파되므로 아주 빠른 전송속도를 갖는다.
② 손실이 거의 없다.
③ 전송 에러율이 매우 낮다.
④ 보안성이 높다.(유선이므로)
⑤ 광대역 전송로로 사용된다.

25 다음 중 동선과 비교한 광섬유의 특징에 대한 설명으로 적합하지 않은 것은?

① 저손실이다.
② 유연성이 좋다.
③ 무게가 가볍다.
④ 광대역 전송에 적합하다

해설
광케이블은 내구성이 약해 일정 이상 구부리면 내부의 심선이 끊어져 버릴 수 있다.

26 다음은 광섬유의 어느 부분을 설명한 것인가?

> 광을 전송하는 영역으로 거울과 같은 역할을 수행하여 빛이 반사하며, 유리나 플라스틱으로 구성된다.

① 코어   ② 클래딩
③ 코팅   ④ AWG

27 다음중 광섬유에 대한 설명으로 틀린 것은?

① 모드 분산은 단일모드 광섬유에서만 발생한다.
② 재료분산은 광섬유의 재질인 석영 유리의 굴절률이 전파하는 빛의 파장에 따라 변화하면서 생긴다.
③ 광소자란 빛을 발생하고 처리하고 감지하는 기능이 있는 전자 장치를 말한다.
④ 발광다이오드는 자연방출현상으로 빛을 발생하며, 레이저다이오드는 유도 방출현상으로 빛을 발생한다.

[정답] 21 ④ 22 ④ 23 ② 24 ② 25 ② 26 ① 27 ①

> 해설

광섬유 케이블의 분산(Dispersion)
광선로가 전송되는 도중에 광 Pulse의 파형이 퍼져 이웃하는 Pulse와 서로 겹침으로써 광섬유의 전송용량이 제한되는 현상으로 광에 실리는 Baseband신호의 주파수가 증가할수록 더 큰 왜곡을 받는다. 이와 같이 어떤 Baseband신호로 변조된 광신호의 왜곡량과 Baseband신호의 주파수와의 관계를 Baseband 주파수 특성 또는 분산 특성이라 하며 모드 내 분산과 모드(간)분산으로 나눌 수 있다.

28. 광섬유가 단일모드인지 다중모드인지를 구별하는 데 사용되는 광학 파라미터는?

① 모드수
② 개구수
③ 전반사각
④ 규격화 주파수

> 해설

광학 파라미터에는 다음과 같은 것이 있다.
① 수광각 : 빛을 받아들이는 각도
② 개구수 (NA : Numerical Aperture)
   Fiber가 광을 모을 수 있는 능력을 나타내는 숫자로 광의 입사각 조건을 표시한다고 한다.
③ 비굴절률차 : Core와 Clad간의 굴절률차
④ Goos-Hanchen Shift : 광이 코어 내를 진행하면서 일으키는 위상 변화
⑤ 규격화 주파수(V Number 또는 Normalized Frequency)
   Fiber가 단일모드 Fiber인지, 다중모드 Fiber인지 구분하는 데 이용하는 것으로 V<2.405 이면 단일모드 Fiber, V>2.405 이면 다중모드 Fiber이다.
⑥ 모드수 : Fiber 내에 몇 개의 Mode가 존재하는가를 나타내는 숫자

29. 다음 중 단일모드(Single Mode) 광섬유에 대한 설명으로 알맞은 것은?

① 광섬유 속을 지나는 전파모드가 여러 개이다.
② 광선의 도착시간 차이에 의해 전송대역폭이 제한된다.
③ 광선이 도착하는 시간차가 없으므로 10[GHz]의 넓은 전송대역폭을 가진다.
④ 코어 직경이 크므로 제조 및 접속이 용이하고 초대용량 단거리 전송에 적합하다.

> 해설

광케이블을 전송모드에 따라 분류하면 다음과 같다.
(1) 단일모드 광섬유
   ① 광섬유 속을 지나는 전파모드가 한 개이다.
   ② 전파모드가 한 개이므로 모드간 간섭이 없다.
   ③ 모드간 간섭이 없으므로 광선이 도착하는 시간차라는 것이 있을 수 없으며 따라서 고속, 대용량 전송이 가능하다.
   ④ 코어의 직경이 작아 제조 및 접속이 어려우며 장거리 전송에 적합하다.
(2) 다중모드 광섬유
   ① 광섬유 속을 지나는 전파모드가 여러 개이다.
   ② 전파모드가 여러 개이므로 모드간 간섭이 존재한다.
   ③ 모드간 간섭이 있으므로 광선이 도착하는 시간차가 있고 따라서 고속, 대용량 전송이 불가능하다.
   ④ 코어의 직경이 커 제조 및 접속이 용이하며 단거리 전송에 적합하다.

30. 다음 중 단일모드 광섬유에 대한 설명으로 적합하지 않은 것은?

① 모드 간 분산의 영향이 크다.
② 초 광대역 전송이 가능하다.
③ 장거리 대용량 시스템에 주로 사용된다.
④ 코어의 직경이 10[μm] 정도로 제조 및 접속하기가 어렵다.

> 해설

단일모드 광섬유는 코어 내에 하나의 광전자계(모드)만 존재하는 광섬유로 코어의 직경이 작으며 모드간 간섭이 없고 광의 산란이 적어 고속 대용량 장거리 전송이 가능하다.

31. 다음 중 광통신시스템에서 손실의 종류에 해당되지 않는 것은?

① 커넥터 손실
② 접속 손실
③ 전반사 손실
④ 광섬유 손실

> 해설

광섬유 케이블의 손실에는 다음과 같은 것이 있다.
① 구조 손실
   ㉠ 불균등 손실
      코어와 클래딩 경계면의 불균일로 인해 발생되는 손실로 계면 손실이라 한다.
   ㉡ 코어 손실
      광섬유 케이블을 구부려 사용함으로써 생기는 손실을 말한다.

[정답] 28 ④ 29 ③ 30 ① 31 ③

ⓒ Microbending 손실
광섬유의 측면에서 가해지는 불균일한 압력에 의해 축이 미소하게 구부러짐으로써 발생하는 손실을 말한다.
② 재료 손실
㉠ 산란 손실
ⓐ Rayleigh 산란 : 입사되는 광의 파장보다도 미소한 굴절률의 흔들림에 의해 일어나며 λ^4에 반비례하고 전송되는 Mode 및 Core의 직경과는 무관한 특성을 갖는다.
ⓑ Raman 산란 : 물질에 일정한 주파수의 광을 조사한 경우 분자의 고유한 진동이나 결정의 격자 진동 에너지만큼 벗어난 주파수의 빛이 산란되는 것을 말한다.
ⓒ Brillouin 산란 : 재료의 구조적 불완전성 때문에 생기는 산란을 말한다.
㉡ 흡수 손실
광섬유의 유리 중에 포함된 Fe나 Cu 등의 천이 금속이나 수분 등의 불순물에 의해 일어나는 손실로 적외선 흡수 손실을 예로 들 수 있다.
③ 회선 손실
㉠ 접속 손실
광섬유를 Splicing(영구접속) 또는 커넥터(임시접속)로 연결 시 발생하는 손실을 말한다.
㉡ 결합 손실
광원과 광섬유 결합시 또는 광검출기와 광섬유 결합시 발생하는 손실을 말한다.
* 커넥터 손실은 접속 손실의 한 종류이고 광섬유 손실은 재료 손실을 의미한다.

32
광섬유 기반의 광통신 시스템에서 전송 거리를 제한하는 가장 중요한 원인은 어느 것인가?

① 광 손실 ② 광 분산
③ 광 전반사 ④ 광 굴절

33
다중모드 광섬유에서 입사된 빛의 전파속도 차이로 생기는 분산은?

① 색분산 ② 모드분산
③ 재료분산 ④ 도파로분산

34
광섬유의 재료자체(불순물)에 흡수되어 열로 변환됨으로써 발생하는 손실을 무엇이라 하는가?

① 흡수손실 ② 결합손실
③ 산란손실 ④ 마이크로밴딩손실

35
동축 케이블과 비교할 때 광섬유 케이블의 장점이 아닌 것은?

① 전송용량이 크다.
② 보안의 유지가 쉽다.
③ 유지 보수가 간편하다.
④ 중계기 간격을 크게 할 수 있다.

해설
광케이블은 세경성, 경량성, 경제성, 광대역성, 저손실성, 전자파에 대한 무유도성, 보안성 우수 등의 특징을 갖는다.

36
네트워크상에 사용되는 케이블의 종류에 따른 설명이다. 연결이 옳지 않은 것은?

① 동축케이블 : 중앙의 구리선에 흐르는 전기신호는 그것을 싸고 있는 외부 구리망 때문에 외부의 전기적 간섭을 적게 받고 전력손실이 적다.
② 광케이블 : 빛을 이용하여 정보를 전송하므로 전자기파 간섭이 없고 100Mbps 이상의 고속 데이터 전송이 가능하다.
③ UTP : 케이블 세그먼트의 최대 길이는 185M이다.
④ STP : 케이블에 피복이 있어 UTP 보다 간섭에 강하다.

해설
UTP의 최대길이 100[m], 유효거리 80[m]

37
데이터 전송 시 전송매체를 통한 신호의 전달속도가 주파수의 가변적 속도에 따라 왜곡되는 현상은?

① 감쇠 현상 ② 지연 왜곡
③ 누화 잡음 ④ 상호 변조 잡음

38
전송매체를 통한 데이터 전송 시 거리가 멀어질수록 신호의 세기가 약해지는 현상은?

① 감쇠 현상 ② 상호변조 잡음
③ 지연 왜곡 ④ 누화 잡음

[정답] 32 ① 33 ② 34 ① 35 ③ 36 ③ 37 ② 38 ①

39 전기신호는 구리선을 통하여 전송되며, 이는 먼 거리를 이동하면서 크기가 약해진다. 이러한 현상을 뜻하는 것은?

① 감쇠(Attenuation)
② 임피던스(Impedance)
③ 간섭(Interference)
④ 진폭(Amplitude)

40 장비간 거리가 증가하거나 케이블 손실로 인해 감쇠된 신호를 재생시키기 위한 목적으로 사용되는 네트워크 장치는?

① Gateway ② Router
③ Bridge   ④ Repeater

41 인접한 다른 선로와 전자기적 유도에 의해 발생하는 잡음은?

① 열잡음   ② 신호감쇠
③ 누화잡음   ④ 지연왜곡

해설
누화(Crosstalk)란 유도선로에서 피유도선로로 에너지가 넘어가는 현상으로 전자기적 유도현상 중 정전결합에 의해 발생된다. 누화가 일어나면 피유도회선에 에너지가 넘어 들어와 잡음이 발생한다.

42 평형회선은 회선 상호 간 방송통신콘텐츠의 내용이 혼입되지 않도록 두 회선 사이의 근단누화 또는 원단누화의 감쇠량을 얼마 이상으로 유지하여야 하는가?

① 68[dB]   ② 70[dB]
③ 72[dB]   ④ 74[dB]

해설
평형회선은 회선 상호 간 방송통신콘텐츠의 내용이 혼입되지 않도록 두 회선 사이의 근단누화 또는 원단누화의 감쇠량은 68[dB] 이상이어야 한다.

43 다음 중 통합배선시스템의 장점으로 볼 수 없는 것은?

① 정보통신의 통합화 실현
② 시스템의 변경 및 확장에 유연하게 대응
③ 저속 데이터 전송 보장
④ 다양한 전송 매체 및 다기종 단말기 접속 가능

해설
고속 데이터 전송 보장

44 통신선로의 구성 중 전화교환국의 케이블(V측)과 기계측(H측)의 분계점이 되는 시설은?

① ADF   ② BDF
③ IDF   ④ MDF

해설
주 배선반/국선단자함 (MDF)
① 외부회선과 내부회선이 연결되는 장치.
② 건물내에 들어오는 전화선이나 인터넷선을 건물내 각 방으로 배분
③ 일반적으로 선로 측의 단자 수가 교환기 측의 단자 수보다 많음
④ PBX/PABX에 연결된 전화선을 가입자의 전화포트 아울렛으로 분배

45 시내 전화 선로가 교환국내에서 최초로 접속되는 장치는?

① 중간 배선반(I.D.F)
② 본 배선반(M.D.F)
③ 단자함
④ 배전함

46 다음 중 초고속정보통신건물 인증제도에서 말하는 집중구내통신실(MDF실)의 설명으로 틀린 것은?

① 관계자외 출입통제 표시 부착
② 유효면적은 실측
③ 유효높이 1.8[M] 이상 잠금장치가 있는 방화문 설치
④ 침수 우려가 없는 지상에 설치

[정답] 39 ① 40 ④ 41 ③ 42 ① 43 ③ 44 ④ 45 ② 46 ③

> **해설**
> 초고속정보통신건물이라 함은 초고속정보통신서비스를 편리하게 이용할 수 있도록 일정 기준 이상의 구내정보통신 설비를 갖춘 건축물을 말한다.

47 다음 중 건물의 통신설비인 중간단자함(IDF)에 관한 설명으로 틀린 것은?

① 층단자함에서 각 인출구까지는 성형배선 방식으로 한다.
② 국선단자함과 층단자함은 용도가 상이하다.
③ 구내교환기를 설치하는 경우에는 층단자함에 수용하여야 한다.
④ 선로의 분기 및 접속을 위하여 필요한 곳에 설치한다.

> **해설**
> **주배선반(MDF)과 중간단자함(IDF)**
> ① MDF(Main Distribution Frame) : 외부, 내부 회선을 연결하는 배선반으로, 옥외 외선을 옥내 장치로 인입하는 곳에 설치된다.
> ② IDF(Intermediate Distribution Frame) : 각층이나 구획된 장소에 설치하여 최종적으로 사용할 수 있는 통신기기와 MDF를 연결시켜주는 단자함이다.
> ∴ 국선단자함은 광섬유케이블 또는 300회선 미만의 동케이블을 수용하는 경우 주단자함 또는 주 배선반에, 300회선 이상의 동케이블을 수용하는 경우 주 배선반에 구분하여 설치하며 다만, 구내교환기를 설치하는 경우에는 주 배선반에 수용하여야 한다.

48 다음 업무용 건축물의 구내통신설비 구성도에서 (가)의 명칭은?

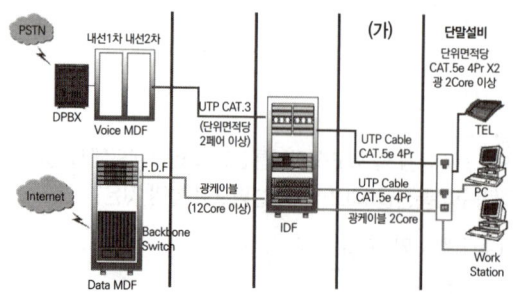

① 구내통신실
② 수평 배선계
③ 중간 단자함
④ 건물 간선계

> **해설**
> 구내 통신선로는 공동주택, 업무용건축물 등 건물내 또는 구내에 건설된 선로시설과 그 부대설비를 말한다.
> 수평배선계(Horizontal Cabling Subsystem)는 세대단자함에서 통신 인출구까지를 연결하는 배선 시스템이다.

49 다음 설명에 가장 맞는 것은?

> 수용되는 총 국선수가 300회선 이상인 공동주택 등의 대형건물에서 사업자설비와 이용자설비를 상호접속하고 원활한 회선의 절체접속과 유지보수를 위하여 주단자함 대신에 분계점에 설치되는 망 접속장치

① 주배선반(MDF)
② 케이블 분배함(CDF)
③ 중간배선반(IDF)
④ 패치패널(Patch Panel)

50 다음 중 주배선반(MDF)의 주요기능으로 가장 틀린 것은?

① 케이블에 도달하는 전력강도를 감소 시킴
② 케이블 선로 및 기기의 상태를 감시
③ 케이블에 유입되는 과전류로부터 통신기기를 보호
④ 케이블의 국외(局外) 및 국내(局內)의 접속 분계점으로 삼는 기준

[정답] 47 ③ 48 ② 49 ① 50 ①

3. 정보통신망 운용계획

통신망의 개념과 함께 구성요소인 교환기 그리고 통신망을 효율적으로 운용하기 위한 시스템과 관리방법을 살펴본다.

1. 정보통신망

가. 정보통신망의 개요

(1) 통신망이란 정보를 효율적으로 전송하기 위한 다양한 시스템(Hardware)과 프로토콜(Software)이 유기적으로 결합된 정보의 전달체계를 말한다.
(2) 통신망이란 몇 개의 독립적인 장치가 적절한 영역 내에서 물리적 통신 채널을 통하여 서로가 직접 통신할 수 있도록 지원해 주는 데이터 통신 체계이다.
(3) 정보통신망은 전기통신설비를 이용하거나 전기통신설비와 컴퓨터 및 컴퓨터의 이용기술을 활용하여 정보를 수집·가공·저장·검색·송신 또는 수신하는 정보통신체제를 말한다.

나. 정보통신망의 분류

분류 방법	종류
규모(범위)	PAN, LAN, MAN, WAN
토폴로지(Topology)	성형, 버스형, 트리형, 링형, 망형
전송방식	단방향(Simplex), 반이중(Half Duplex), 전이중(Full Duplex)
운영방식	중앙집중방식, 클라이언트-서보방식, 피어(Peer)-투-피어방식
교환방식	회선교환망, 축적교환망(메시지교환망, 패킷교환망)
전송매체	유선통신망, 무선통신망
기능	공중 전화망(PSTN), 패킷 교환 데이터망(PSDN)

다. 정보통신망의 장점

(1) 자원 공용에 의한 경제화
(2) 자원 분산에 의한 신뢰성 향상
(3) 공동 처리에 의한 처리 기능의 확대
(4) 분산 처리에 의한 성능 향상

라. 정보통신망의 구성 요소

정보통신망은 단말장치, 전송매체, 교환기와 프로토콜로 이루어져 있다.

합격 NOTE

합격 예측
정보통신망은 정보를 교환하는 수단으로, 통신 서비스를 제공하기 위한 전기 통신 설비의 유기적인 집합이다.

합격 예측
전기통신설비
전기통신을 하기 위한 기계·기구·선로 또는 그 밖에 전기통신에 필요한 설비

합격 예측
정보통신망 3대 기능 : 전달, 신호, 제어

합격 예측
① Client-Server : 분산처리에 적합
② Peer-to-Peer : 소규모 네트워크에 적합

합격 예측
① PSTN : Public Switched Telephone Network
② PSDN : Packet Switch Data Network

합격 NOTE

합격예측
교환기는 음성, 데이터, 영상 등의 멀티미디어 서비스를 제공하는데 필수 불가결한 장비이다.

합격예측
교환시스템 특정 전송선로에 데이터가 집중되지 않으면서 효율적인 경로 선택기능을 갖는다.

합격예측
수동교환방식
① 교환수가 통화를 원하는 가입자를 상대편에 직접 연결시켜 주는 교환 방식
② 종류: 자석식, 공전식

합격예측
① 통화로부: 음성신호를 전송하는 부분
② 제어부: 통화로의 접속 및 정보의 처리를 제어하는 부분

합격예측
전전자식 교환기는 PCM을 사용하여 전화통화는 물론 데이터, 영상신호까지 교환 처리할 수 있으므로, BcN 구현이 가능하다.

2. 교환시스템 운용 지식

가. 교환기의 개요

(1) 교환기술은 통신서비스 가입자간에 음성 및 데이터의 각종 정보를 신속, 정확하게 교환시켜주는 기술을 말한다.
(2) 교환기술은 다수의 디바이스 상호간에 최적의 연결성을 제공해주는 기술이다.
(3) 교환기는 각 사용자의 단말로부터 보내온 각종 데이터를 어느 목적지로 보낼 것인가를 결정해주는 경로지정 장치이며, 요금계산 등의 부가기능들도 가지고 있다.

나. 교환시스템의 분류

(1) 자동교환방식에 의한 분류
  ① 기계식 자동 교환기
    ㉠ 제어부와 통화로부가 논리회로에 의해 자동으로 연결되는 교환기로 전기 기계적 접속소자로 구성된다.
    ㉡ 종류: 스트로저형 교환기, EMD형 교환기, 크로스바형 교환기 등
  ② 전자 교환기
    ㉠ 전자 교환기의 기본기능 및 구성
      ⓐ 통화로부: 음성신호를 전송하는 부분으로 통화로망, 중계선, 주사장치, 신호 분배장치 등으로 구성된다.
      ⓑ 제어부: 통화로의 접속 및 정보의 처리를 제어하는 부분으로, 소프트웨어 부분. 중앙제어장치, 호 처리 기억장치, 프로그램 기억장치로 구성된다.
    ㉡ 통화로부에 사용되는 부품소자에 따라 반전자 교환기와 전전자 교환기로 구분하며, 통화로망의 구성에 따라 아날로그 전자 교환기와 디지털 교환기로 구분한다.
      ⓐ 반전자식 교환기: 교환기의 제어계에 컴퓨터를 이용한 축적 프로그램 제어방식을 사용하여 제어계는 전자화가 이루어졌으나 통화로계는 기계식 리드릴레이계를 사용하기 때문에 공간분할방식의 교환기라고 불린다.
      ⓑ 전전자식 교환기: 통화로계에 펄스 부호 변조방식(PCM)을 사용하여 통화로부까지 완전 디지털화한 전자식 교환기를 말하며 디지털 교환기라 한다.

(2) 계층에 의한 분류

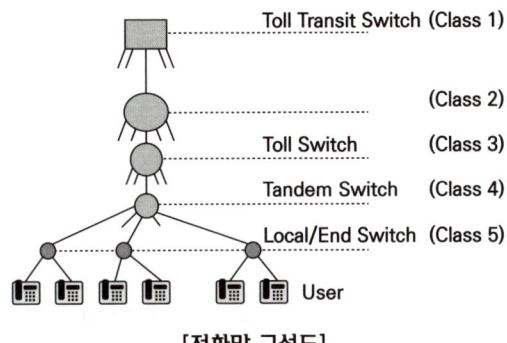

[전화망 구성도]

계층	설명
Class 1	• 국외에 위치한 교환기간의 교환(중계) 기능을 수행
Class 2	• 사용하지 않음
Class 3	• 시외(Toll) 교환기 • 다른 도시의 시외 중계 교환기들 사이의 교환(중계) 기능을 수행
Class 4	• 시내 중계(Tandem) 교환기 • 도시 내 교환기들 사이의 교환(중계) 기능을 수행
Class 5	• 시내(Local) 교환기 또는 단국(End Office) 교환기 • 가입자선을 직접 수용하며 가입자의 착발신 신호를 처리

(3) 통화 스위치(통화로)에 의한 분류
  ① 공간분할 스위치(Space Division Switch)방식
    ㉠ 다수의 물리적인 스위칭 소자를 공간적으로 배열해서 1개의 통화로에 1개의 통화만이 접속하게 구성하는 스위치 회로망이다.
    ㉡ 종류 : M10CN, NO.1, AESS 등
  ② 시분할(Time Division Switching) 방식
    ㉠ 아날로그 가입자신호를 PCM기술을 이용하여 디지털로 바꾼 후 이를 시분할 다중화시켜 교환하는 방식으로 타임스위치를 이용하여 주기적으로 데이터를 전송한다.
    ㉡ 전전자 교환방식이라 한다.

(4) 제어 방식에 의한 분류

방식	설명
직접제어	• 가입자로부터 들어오는 호를 부호로 변환하여 각 교환기를 직접 선택한다.
간접제어	• 가입자로부터 들어오는 호를 축적한 후 부호로 변환하여 각 교환기를 선택한다.

합격 NOTE

합격예측
시내교환기는 전화국이다.

합격예측
가입자선(Subscriber line) : 교환국의 주 배선반에서 가입자 단말기까지 연결하는 선로.

합격예측
단국 : 교환계층 구조상 최하위국이며 중계기능은 없다.

합격예측
공간분할 스위치방식은 통화수 만큼 통화로나 스위치가 필요하게 된다.

합격예측
시분할 교환방식은 1개의 전송로에 다수의 신호를 동시에 보내는 다중통신의 형태이다.

합격 NOTE

합격예측
단독제어는 스위치 제어방식이다.

합격예측
축적 프로그램 제어방식은 대부분의 전자 교환기에서 사용하는 방식이다.

합격예측
교환기에서 사용되는 신호 : 감시 신호, 선택 신호 등

합격예측
① CAS : Channel Associated Signaling
② CCS : Common Channel Signaling

합격예측
패킷 교환은 송신 측에서 모든 메시지를 일정한 크기의 패킷으로 분해해서 전송하고, 수신 측에서 이를 원래의 메시지로 조립하는 방식이다.

단독제어	• 개개의 스위치에 제어회로가 있어 각 스위치가 독립적으로 접속 경로를 선택하는 방식
공통제어	• 제어회로를 한 군데 집중시켜서 통화회로 전체의 접속 상태를 파악하여 능률적인 접속경로를 선택하는 방식
축적프로그램제어	• 공통제어방식의 일종이지만 기능적으로 보다 집중화된 방식 • 교환처리 과정을 프로그램(소프트웨어)에 의해 실행하는 방식

(5) 신호방식에 의한 분류

① 통신망에서 신호방식(Signaling Method)은 접속의 설정 및 제어 그리고 관리에 관한 정보의 교환이다.

② 신호방식은 통화로의 구성, 유지, 요금 및 복구를 제어하기 위해 필요한 정보를 가입자 단말기와 교환기, 교환기와 교환기 간에 서로 교환하는 방식을 말한다.

방식	설명
개별회선 신호방식 (CAS)	• 하나의 회선에 통화는 물론 제어를 위한 각종 신호정보까지 모두 전달 • 통화로와 신호로가 개개의 회선에 중첩되는 방식(채널결합 신호방식) • 종류 : R1, R2, No.1~5 등
공통선 신호방식 (CCS)	• 제어신호 전달만을 담당하는 별도의 회선(공통선)을 설치하여 통화로와 신호로로 분리하는 방식(채널분리 신호방식) • 하나의 회선, 즉 공통선이 모든 회선에 필요한 제어신호 전달기능을 전담해서 처리 • 종류 : No.6, No.7 등

(6) 데이터 교환방법에 의한 분류

① 회선교환 (Circuit Switching)
   데이터를 전송하기 전에 두 스테이션 간에 전용의 통신경로를 설정하고 데이터를 교환하는 방식이다.

② 메시지교환 (Message Switching)
   가변길이의 메시지단위로 저장하고, 전송 방식에 따라 데이터를 교환하는 방식이다.

③ 패킷교환 (Packet Switching)
   일정한 데이터 블록인 패킷을 교환기가 수신측 주소에 따라 적당한 통신경로를 선택하여 전송하는 방식이다.

3. 전자교환시스템

전자교환시스템(ESS : Electronic Switching System)은 축적프로그램 제어방식(SPC)을 사용함으로써 프로그램 변경이 간단하게 이루어져 운용관리 및 유지보수가 용이할 뿐만 아니라 그 외에도 많은 특수 서비스를 이용할 수 있다.

가. 전자교환시스템의 장점

(1) 고속, 소형, 경량
(2) 축적프로그램 제어방식(SPC : Stored Program Control) 적용
(3) 다양한 특수서비스 제공
(4) 자동 고장탐지 기능, 통화량 측정이 자동
(5) 저소비 전력 및 긴 수명
(6) 제어부분 이중화로 고 신뢰성 및 모듈화 구성
(7) 자동 우회기능 및 호의 우선순위별 처리기능

나. 전자교환시스템의 단점

(1) 공통제어방식이기 때문에 통화량 과부하 시 기능이 일시정지
(2) 장시간 사용시 잡음발생
(3) 운용 및 유지보수에 고도의 기술인력 요구

다. 전자교환기의 구성 요소

(1) 통화로망(SN : Switching Network)

통화로망은 시분할방식에 의하여 PCM화된 정보채널을 교환·접속하는 장치로서 보통 시간(T)-스위치와 공간(S)-스위치를 조합하여 구성하는데, 일반적으로 T-S-T 구조를 많이 사용한다.

(2) 중앙제어장치(CC : Central Control)

주기억장치에 축적되어 있는 프로그램을 순차적으로 판독하여 호출의 접속이나 복구 등을 제어하기 위한 논리조작을 하는 공통제어장치이다.

(3) 주사장치(SCN : Scanner)

가입자회선의 감시뿐만 아니라 고장, 진단, 유지보수 등 필요한 시험을 위해서 가입자회선 및 중계선에 흐르는 전기적인 동작상태를 주기적으로 감시하여 이 데이터를 중앙처리장치로 송출한다.

(4) 호처리 기억장치(CS : Call Store)

가입자회선, 중계선과 통화로망 각 부분의 상태와 호처리 과정에서 호에 관련되는 데이터를 일시적으로 저장하는데 사용한다.

합격 NOTE

합격예측
SPC : 교환처리 순서와 과정을 미리 프로그램화 한 후, 이것으로 통화로를 접속 제어하는 방식

합격예측
SPC 사용으로 다양한 서비스(직통전화, 단축다이얼, 3자통화, 착신전화 등) 및 유지보수작업이 용이

(5) 신호 분배장치(SD : Signal Distributer)

통화로를 구성하기 위해 중앙제어장치에서 지시한 명령을 가입자회선, 중계선과 통화로 망의 각 부분에 분배한다.

(6) 프로그램 기억장치(PS : Program Store)

가입자 번호, 가입자 수용관계, 회선루트 등의 관계를 교환하거나 교환기 동작을 규정하기 위한 데이터를 저장하는데 사용한다.

라. 전자교환기의 종류

M10CN, AXE-10, S-1240, No.5, TDX-1 계열, TDX-10 등

4. 광 교환기(Optical Exchange)

광 교환방식은 광섬유케이블을 통하여 수신된 광 신호를 전기신호로 변환하는 과정 없이 광 신호를 그대로 교환하는 기술이다. 광 교환방식은 다중화방법에 따라 공간분할, 자유공간분할, 시간분할, 파장분할 등으로 분류된다.

가. 파장분할(WDM : Wavelength Division Multiplexing)방식

(1) 광이 갖는 비간섭특성을 이용한 것으로, 서로 다른 파장에 각기 다른 신호를 실어 다중화전송하는 것이다.

(2) 전송신호들은 각기 할당된 파장대역을 이용하여 하나의 광섬유에 동시에 전송하는 광 다중화방식이다.

(3) 장점 : 투명성제공, 네트워크 구성용이, 확장성, 장거리통신 등

5. 망관리시스템(NMS)

가. 망관리시스템의 개요

(1) 모든 환경에 광범위한 네트워크가 구축되어 사용함에 따라 이용자가 필요할 때 항상 접근이 가능하고 고품질의 안정적인 서비스를 제공하는 네트워크가 필요하다.

(2) 망관리시스템(NMS : Network Management System)은 네트워크를 모니터링하고 관리하는데 사용되는 하드웨어와 소프트웨어의 조합을 총칭한다.

(3) NMS는 네크워크 상의 전 장비들에 대한 중앙감시 등을 목적으로, 모니터링, 관리 및 분석이 가능한 망 감시 및 망 성능 관리용 시스템을 말한다.

(4) NMS를 사용하여 네트워크상의 장비를 Monitoring하고 장애에 대한 신속한 대처를 할 수 있도록 구성한다.

합격 NOTE

합격예측
국내 개발 전전자식 교환 시스템 : TDX(Time Division Exchange)

합격예측
광 네트워킹 과정 : 신호→광변조→광증폭→광다중→광검파→신호

합격예측
NMS : 하드웨어 또는 소프트웨어를 이용하여 LAN/WAN을 모니터링, 유지관리, 최적화시키는 네트워크 기술이다.

나. 망관리시스템의 5대 주요기능

기능	역 할
장애관리 (Fault Management)	• 신속한 네트워크 장애복구 • 경보감시, 고장위치의 측정시험 등
구성관리 (Configuration Management)	• 장비 프로비저닝(Provisioning) • 설비제공, 상태제어, 설치지원 등
계정관리 (Account Management)	• 각 노드별 사용현황 관리 • 계정(과금) 정보의 수집/저장/제어 등
성능관리 (Performance Management)	• 안정적인 네트워크 운용 • 성능감시, 트래픽관리, 품질관리, 통계관리 등
보안관리 (Security Management)	• 정보를 보호하고 제어 • 보안, 안전, 기밀 관리 등

다. NMS 프로토콜

(1) 간이 망 관리 프로토콜

(SNMP : Simple Network Management Protocol)

① 네트워크 자원(서버, 라우터 등)을 감독하고 제어, 감시하기 위한 프로토콜이다.

② IP 네트워크상의 장치들로부터 자동으로 정보를 수집 및 관리하며, 또한 정보를 수정하여 장치의 동작을 변경하기 위해 사용되는 인터넷 표준 프로토콜이다.

③ TCP/IP의 응용계층 프로토콜로 설계되었고, 메시지는 단순히 요청(Request)과 응답(Response) 형식의 프로토콜에 의해 교환되기 때문에 전송계층 프로토콜로 UDP를 사용한다.

④ 문제점 : 처리효율의 한계, 데이터보안기능 취약, 관리시스템간 연계의 한계 등

(2) 공통 관리정보 프로토콜

(CMIP : Common Management Information Protocol)

① OSI 7계층의 응용계층에 근거한 네트워크 관리 프로토콜이다.

② OSI 프로토콜 스택(Stack)상에서 동작하는 계층적구조를 갖는 대규모의 망관리 프로토콜이다.

(3) RMON (Remote Network Monitoring)

① 네트워크의 효율적 이용을 위해서 현재의 네트워크 상태를 측정하고 과거의 기록을 토대로 유용 정보를 추출하고, 향후 네트워크 문제를 사전에 예견하고, 분석하는 기능을 한다.

합격 NOTE

합격예측
망관리 기능(FCAPS) : 망관리와 관련하여 OSI에서 개념화시킨 주요 기능 5가지 기능

합격예측
FCAPS :
Fault/Configuration/
Account/Performance/
Security

합격예측
기타 기능 :
Network Monitoring

합격예측
SNMP는 구조가 간단하고 구현이 쉽지만, 보안등에 취약하다.

합격예측
UDP datagram 방식을 사용하여 관리한다.

합격예측
TMN(Telecomunication Management Network)이 도입되면서 CMIP가 주목을 받고 있다.

합격예측
RMON은 SNMP의 확장 형태로, 네트워크에 분산 설치되어 있는 장비로 트래픽을 분석하고 감시할 수 있다.

② 이더넷에 기반을 둔 장비들을 보다 더 효율적이고 적극적으로 모니터링하기 위해 출현한 표준이다.
③ 원격지 네트워크 상에 흐르는 패킷수집 및 성능에 관한 정보를 추출하는 기능을 갖는다.

 참고

📍 **관리정보베이스(MIB: Management Information Base)**
① MIB는 망관리를 위해 사용되는 망관리 자원정보를 체계화(Hierar-chically)한 정보의 집합이다.
② 네트워크나 인터네트워크에서 각 시스템(서버, 라우터, 브리지 등)은 관리 대상의 상태를 보여주는 MIB을 가지고 있다.
③ 네트워크 관리는 MIB에서 값(내용)을 읽음으로 자원을 모니터할 수 있으며, 그 값을 수정함으로 자원을 조정할 수 있게 한다.

합격예측
MIB는 계층적 구조(트리 구조)로 관리하며, SNMP 등에 의해 읽혀진다.

6. 정보통신망 운영 및 장애처리

가. 통신망 설계

(1) 통신망 설계의 개요
① 통신망 설계란 업무 효율성 및 생산성을 극대화하기 위한 일련의 통신망 구축 과정(Process)이다.
② 통신망 설계는 업무와 관련한 요구사항, 신규 요구사항, 기존 통신망의 현황 등을 분석하여, 단기/중기/장기 계획 수립, 통신망 구축/운영 등의 과정을 포함한다.

합격 예측
통신망 설계란 업무 효율성 및 생산성을 극대화하기 위한 과정이다.

(2) 정보통신망 설계의 기준
① 단기/중기/장기적인 통신망 계획 수립 : 통신망의 최종 목표를 설정하고 이를 위해 필요한 실행 항목을 단계별로 추진
② 설계(기본/상세/실시), 구현, 관리의 체계적 수행계획 수립
③ 신기술의 지속적인 도입 방안을 구비
④ 통신망 운용 지침서를 구비

합격 예측
설계 수행 절차
기본설계 → 예비설계 → 상세설계 → 실시설계

(3) 정보통신망 설계 절차

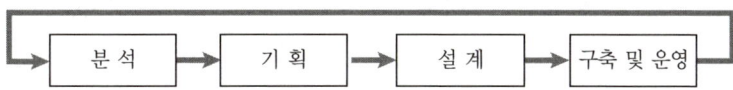

절차	내용
분석단계	• 기존 및 신규 통신망 구축환경과 사용자 요구사항 등의 분석 및 검토 • 고려사항 : 통신망 요구사항, 신규 서비스 수용 계획, 정보 시스템 구축 계획 등
기획단계	• 분석된 자료와 문제점, 새로운 요구사항을 수용하고, 기업의 환경(인력, 투자비용 등)을 고려한 단기/중기/장기 계획 구체화 수립 • 고려사항 : 단기, 중기, 장기 발전방향
설계단계	• 통신망 구성에 필요한 설계 요건 및 지속적 기능의 설계 • 통신망 모델을 구체화시키며, 최적으로 구축할 수 있는 해결방안도 제시
구축/운영 단계	• 통신망 자원의 설치, 구현 및 시험 등의 구축과 구축 후 통신망 유지 및 운영

통신망 설계의 종류

① 기본설계
  ㉠ 발주자의 요구사항분석과 현황분석을 통하여 도출된 설계기준 및 설계범위를 바탕으로 설계개요서와 설계기준, 개략적 투자비를 산정하기 위한 과업을 수행
  ㉡ 요구사항분석, 타당성분석, 기본설계도면, 개략적 용량계산서, 개략 규격 및 제원, 개략적 예산 등을 작성 및 수행

② 실시설계
  ㉠ 요구사항 분석과 기본설계를 기반으로 목표 네트워크를 검토하여 구축에 필요한 내용과 방안을 구체화한다.
  ㉡ 실시설계도면, 상세 설계내역서, 상세 용량계산서, 상세 규격 및 제원, 보안성 검토 등을 작성 및 수행

합격 NOTE

합격 예측
통신망 설계의 기본 절차 : 분석단계, 기획단계, 설계단계, 구축 및 운영단계의 순환구조

합격 예측
분석단계 : 통신망 설계를 위한 기초자료 생성

합격 예측
구축단계 : 구축조면, 구축시방서, 상세설계서 등을 바탕으로 구축

합격 예측
운영단계 : 구현 결과를 검토(시험)하고 유지보수 한다.

합격예측
기본설계의 목적 : 네트워크 장비와 공사의 규모와 개략적 투자비용을 산정하여 타당성을 검토하고, 주요 장비 제원, 적용기술, 자재 등을 검토하여 최적안을 선정하기 위함

합격예측
실시설계의 목적 : 네트워크 장비의 기종과 수량을 결정하고, 공사의 상세 내역을 작성하여 실제 구축 시 최적안을 선정하기 위함

합격 NOTE

합격예측
통신망 기획은 통신망의 경제성, 이용의 편리성, 신뢰성 등의 목표를 바탕으로 수립한다.

(4) 정보통신망 기획
① 통신망 기획이란 특정 통신망을 구성하는 기본적인 계획이다.
② 통신망 기획의 목적 및 성격에 따른 구분
　㉠ 전략기획 : 통신망의 구조와 같은 기본골격을 정의하는 계획으로서, 망구조의 진화, 제공될 서비스의 수준, 통신망의 고도화 등을 결정한다.
　㉡ 운용기획 : 투자효과를 극대화하는 방법을 제공하는 계획으로서 설비투자계획, 운용 및 유지보수 계획 등을 결정한다.
③ 통신망 기획시 검토사항
　㉠ 설비의 신뢰성 : 통신망의 환경조건 분석, 설치운용 사례수집
　㉡ 수요 및 트래픽 분석 : 트래픽(Traffic)의 종류, 이용자의 성향 분석
　㉢ 이용자의 성향분석 : 최한시(Idle Hour) 기준의 트래픽 설계, 멀티미디어서비스 이용 동향

나. 정보통신망 운용

통신망 구축이 종료된 후, 망 운용의 효율화 및 안정화를 위해 통신망의 상태를 계속적으로 진단하면서 유지 및 운영을 하게된다. 운용단계에서 운영상의 장애와 불안적인 요소가 없도록 지속적으로 관리한다.

(1) 통신망 운용계획
① 연간, 월간의 장기계획, 주간, 일간의 단기계획
② 운용계획의 작성은 작업내용, 작업량, 우선순위, 주기, 운전소요시간, 운전형태 및 시스템 구성 등을 고려하여 행한다.

(2) 운용 실행 :
시스템 통제와 이용자 지원, 시스템 운전, 보수 작업 등

(3) 운용 관리 대상 항목 :
시스템의 상태 관리, 운전 실적 관리, 파일 매체의 관리 등

합격 예측
유지보수 통합 간편성, 보수 비용절감, 시스템운영 효율성 극대화를 추구한다.

다. 정보통신망 유지보수 및 장애처리

(1) 정보통신망 유지보수
통신망 유지보수란 통신망을 항상 최상의 운전 상태로 유지하기 위해 각 장치의 시험, 조정, 수리, 복구 등을 하는 것을 말한다.

(2) 정보통신망 장애처리 절차
장애처리 절차는 주요 자원에 대해 장애원인 점검에 의해 장애요인을 파악한 후, 그 장애를 조치하기 위한 작업절차를 말한다. 정보통신 서

비스의 장애 예방 및 장애 발생시 신속한 해결을 통해 안정적인 운영을 확보하여야 한다.

① 장애 발생시 장애처리 절차

절차	내용
장애발생 신고접수	• 장애 식별/접수 • 장애 유형 구분
장애내용 1차 조치	• 자체 해결이 가능한 장애는 즉시 조치(단순 조치) • 자체 해결이 불가능한 부분은 통보
장애내용 2차 조치	• 전문가를 통한 협력 및 지원 • 협력해결 및 전문가 조치
결과보고	• 장애 해결 결과보고
장애이력관리	• 조치결과 이력관리

② 장애처리 절차의 긴급 변경 정책

정보통신망 장애 사고를 지속적으로 모니터링하여 상황변화에 신속하게 대응할 수 있도록 긴급 변경 정책 및 절차를 마련한다. 사고의 유형, 중요도, 긴급성 등에 따라 장애 대응 처리절차를 신속히 변경할 수 있도록 한다.

㉠ 장애 감시(Monitoring)체계 및 감시방법
㉡ 장애대응 조치 절차
㉢ 대응조직 및 인력
㉣ 보고 및 승인 방법
㉤ 주요 부품 수급 방법

합격 NOTE

합격 예측
장애처리 : 안정적인 운영 확보

합격 예측
통신망 자원 : 각종 서버, 응용 소프트웨어, 네트워크 장비, 데이터베이스 등을 포함한다.

합격 예측
세부적인 장애처리 절차로 장애등급지정, 프로세스점검 등이 포함될 수 있다.

합격 예측
장애처리를 위해 중앙집중적인 대응체계를 수립한다.

출제 예상 문제

제3장 정보통신망 운용계획

01 다음 중 네트워크 규모에 따른 통신망의 종류로 적절하지 않은 것은?

① MAN
② WAN
③ PCM
④ LAN

해설
펄스코드변조(PCM, Pulse Code Modulation)은 아날로그 신호를 디지털로 변환하는 A/D 변조방식이다.

02 정보통신망의 범위를 기준으로 작은 것부터 큰 순서대로 옳게 나열한 것은?

① WAN - MAN - LAN
② LAN - MAN - WAN
③ MAN - LAN - WAN
④ LAN - WAN - MAN

해설
개인통신망(PAN) < 근거리통신망(LAN) < 도시권통신망(MAN) < 광역통신망(WAN)

03 다음 중 중앙의 주 컴퓨터에 이상이 발생하면 시스템 전체의 기능이 마비되는 통신망은?

① 버스(Bus)형
② 트리(Tree)형
③ 성(Star)형
④ 메시(Mesh)형

해설
통신망의 구성

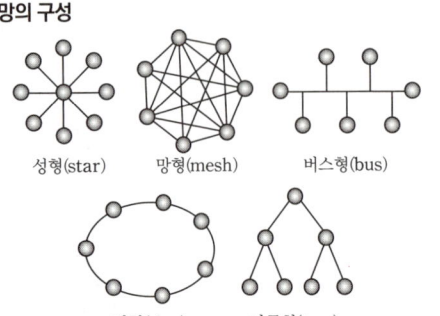

04 데이터 전송 방식의 발전을 단계별로 표시한 것 중 맞는 것은?

① 아날로그 전용 회선-고속도 아날로그 전용 회선-음성급 전용 회선
② 음성급 전용 회선-광대역 아날로그 전용 회선-디지털 전용 회선
③ 전용 교환망-전용 회선-전용 네트워크-종합 정보통신망
④ 데이터 전용 교환망-음성급 전용 회선-디지털 전용 회선-종합 정보통신망(ISDN)

해설
데이터 전송 방식의 발전
① 교환 회선 : 음성급 교환 회선-데이터 전용 교환망(패킷 교환, 회선 교환)-종합 통신망(ISDN)
② 전용 회선 : 음성급 전용 회선-고속도 광대역 아날로그 전용 회선-디지털 전용 회선-종합 통신망(ISDN)

05 정보통신망의 서비스 부문 중 광범위하게 분산되어 있는 컴퓨터 시스템, 프로그램 또는 데이터 등의 각종 지원을 통신 선로를 거쳐서 이용함을 목적으로 하는 서비스는?

① 정보 처리 서비스
② 정보 제공 서비스
③ 네트워크 서비스
④ 조회 처리 서비스

해설
① 정보 제공 서비스
컴퓨터 시스템의 파일에 축적되어 있는 정보를 공동으로 이용하는 서비스이다.
② 정보 처리 서비스
컴퓨터의 처리 능력이나 파일 등을 다수 이용자가 공동으로 이용함으로써 이용자 상호간의 편의 및 비용의 절감을 목적으로 하는 서비스이다.

[정답] 01 ③ 02 ② 03 ③ 04 ② 05 ③

06 다음 중 통신망 분류에 대한 설명으로 옳지 않은 것은?

① 정보 내용에 의한 분류는 전화망, 데이터망, 전산망 등이 있다.
② 서비스 대상에 의한 분류는 공중 통신망, 지역 통신망, 전용 통신망 등이 있다.
③ 전송 방식에 의한 분류는 아날로그 통신망, 회선 통신망, 광통신망 등이 있다.
④ 규모에 의한 분류는 구내 통신망, 시내 통신망, 시외 통신망 등이 있다.

해설

통신망의 기능별 분류
① 정보 내용 측면에서의 분류
   전화망, 전산망, 데이터 통신망, 화상 통신망
② 서비스 대상 측면에서의 분류
   공중 통신망, 지역 통신망, 전용 통신망, 이동체 통신망, 군용 통신망
③ 규모 측면에서의 분류
   구내 통신망, 시내 통신망, 시외 통신망, 국제 통신망
④ 교환방식 측면에서의 분류
   회선 교환망, 축적 교환망(메시지 교환망, 패킷 교환망)

07 서비스 대상 측면에서 분류한 통신망이 아닌 것은?

① 공중 통신망 ② 시내 통신망
③ 지역 통신망 ④ 군용 통신망

해설

통신망의 기능별 분류
① 정보 내용 측면의 분류
   ㉠ 전화망 : 음성의 전달을 목적으로 한다.
   ㉡ 전신망 : 문자나 숫자의 기록 통신을 행하는 것을 목적으로 한다.
   ㉢ 데이터 통신망 : 데이터 정보의 전달 및 처리를 목적으로 한다.
   ㉣ 화상 통신망 : 화상 정보의 전달을 목적으로 한다.
② 서비스 대상 측면의 분류
   ㉠ 공중 통신망 : 불특정 다수의 공중을 대상으로 한다.
   ㉡ 지역 통신망 : 특정 지역을 대상으로 한다.
   ㉢ 전용 통신망 : 특정 업체가 전용적으로 사용한다.
   ㉣ 군용 통신망 : 군용 통신을 대상으로 한다.
③ 규모적인 측면의 분류
   ㉠ 구내 통신망 : 특정 사업체 내부의 통신 연락을 목적으로 한다.
   ㉡ 시내 통신망 : 시내 구역의 통신을 목적으로 한다.
   ㉢ 시외 통신망 : 다수의 시내 통신망 상호간의 연락을 목적으로 한다.
   ㉣ 국제 통신망 : 국제간의 통신을 목적으로 한다.

④ 교환 방식 측면의 분류
   ㉠ 회선 교환망 : 교환 동작에 의해서, 통신 중 그 단말에 그 회선을 전용하도록 하는 방식
   ㉡ 축적 교환망 : 직접적인 접속로를 설정하지 않고, 정보를 각 교환점에서 일단 축적했다가 보내는 방식
      ⓐ 메시지 교환망 : 축적 단위를 메시지로 한다.
      ⓑ 패킷 교환망 : 패킷을 축적, 전송 단위로 하는 방식이다.
⑤ 정보 전송 방식 측면의 분류
   ㉠ 아날로그 통신망 : 아날로그 형식의 정보를 전송하는 통신망
   ㉡ 디지털 통신망 : 디지털 형식의 정보를 전송하는 통신망
   ㉢ 광통신망 : 광케이블을 이용하여 전송하는 통신망

08 정보 통신 서비스의 분류 중 이용 목적에서 본 서비스가 아닌 것은?

① 정보 처리 서비스 ② 데이터 처리 서비스
③ 정보 제공 서비스 ④ 망 서비스

해설

정보 통신 서비스
① 통신회선상의 서비스
② 데이터 전송상의 서비스
   ㉠ 데이터 집배신 서비스
   ㉡ 메시지 교환 서비스
   ㉢ 조회 처리 서비스
③ 이용 목적상의 서비스
   ㉠ 정보 처리 서비스 : 컴퓨터 시스템의 처리 능력이나 파일 기능을 불특정 다수의 이용자가 공동으로 이용함으로써 이용자 상호간의 편의, 비용 절감을 노리는 통신 서비스이다.
      - 재고 관리나 은행 온라인 시스템과 같은 사무 계산 서비스를 말한다.
   ㉡ 정보 제공 서비스 : 컴퓨터 시스템의 파일에 축적되어 있는 정보를 공동으로 이용함을 목적으로 하는 통신 서비스이다.
      - 정보 검색 서비스나 정보 안내 서비스 등을 말한다.
   ㉢ 망(Network) 서비스 : 광범위하게 분산되어 있는 컴퓨터 시스템, 프로그램 또는 데이터 등의 각종 자원을 통신 선로를 거쳐 이용하는 것을 목적으로 하는 통신 서비스이다.
      - 좌석 예약, 어음 교환 등의 서비스를 말한다.

09 정보 통신 서비스의 분류에 속하는 것이 아닌 것은?

① 통신회선에서 본 서비스
② 이용 목적에서 본 서비스
③ 데이터 저장에서 본 서비스
④ 데이터 전송에서 본 서비스

[정답] 06 ③ 07 ② 08 ② 09 ③

10 다음 중 정보통신망의 물리적 구성요소가 아닌 것은?

① 교환기 ② 전송로
③ 단말기 ④ 서비스

해설
정보 통신망은 정보통신 시스템에서 정보(문자 화상, 음성 등)를 효율적으로 전송하기 위한 방법 중 하나로, 컴퓨터 시스템, 단말기, 다중화기와 같은 통신 장비를 유기적으로 결합하는 것을 말한다.

11 다수의 전기통신회선을 제어·접속하여 회선 상호 간의 방송통신을 가능하게 하는 교환기와 그 부대설비를 무엇이라 하는가?

① 교환설비 ② 선로설비
③ 전송설비 ④ 중계설비

해설
① "전송설비"란 교환설비·단말장치 등으로부터 수신된 방송통신 콘텐츠를 변환·재생 또는 증폭하여 유선 또는 무선으로 송신하거나 수신하는 설비로서 전송단국장치·중계장치·다중화장치·분배장치 등과 그 부대설비를 말한다.
② "선로설비"란 일정한 형태의 방송통신콘텐츠를 전송하기 위하여 사용하는 동선·광섬유 등의 전송매체로 제작된 선조·케이블 등과 이를 수용 또는 접속하기 위하여 제작된 전주·관로·통신터널·배관·맨홀(Manhole)·핸드홀(Handhole)·배선반 등과 그 부대설비를 말한다.

12 다음 중 전화 교환기의 기능이 아닌 것은?

① 중계 경로 중에서 1회선을 선택하여 접속하는 스위칭 기능
② 단축 다이얼, 부재중 전화, 착신전송 등의 각종 전화 교환 서비스 기능
③ 신호파형의 변환, 신호 전송속도의 변환, 제어신호의 삽입 기능
④ 다이얼 정보에 따라 발신국에서 착신국에 이르는 중계 경로를 선택하는 기능

해설
전화 교환기
① 전화 교환기는 경제적으로 교환을 원하는 상호간에 정보의 교환을 신속, 정확하게 수행할 수 있도록 고안된 전기통신기기의 가장 필수적인 장치이다.

② 전화 교환기는 다수의 전화기로부터 통신 선로를 받아서 희망하는 전화기 상호간을 접속하기 위한 장치이다.

13 다음 중 전화망의 교환시설에 속하지 않는 것은?

① 시내교환기 ② 시외교환기
③ 중계교환기 ④ 가입자선로

해설
전화망에 사용되는 시설
① 공중 전화망(PSTN : Public Switched Telephone Network)은 전화에 의해 사람의 음성 정보를 소통시킬 목적으로 설치된 통신망이다.
② 전화망의 시설은 전송시설과 교환시설로 나눈다.
  ㉠ 전송시설은 가입자선로, 중계선시설로 구분한다.
  ㉡ 교환시설은 시내교환기, 시외교환기, 중계교환기로 구성된다.

[참고] 가입자선로는 가입자 전화기를 시내 교환국에 연결시키는 전송설비이다.

14 초기 전화망은 각각의 전화기가 모두 연결된 형태로 구성되었다. 이와 같은 구성의 경우, 전화기 n개를 연결하기 위해 필요한 회선의 개수는?

① $(n-1)/2$
② $n(n-1)/2$
③ $(n+1)/2$
④ $n(n+1)/2$

해설
초기의 전화망
① 초기의 전화망은 교환기 없이 전화와 전화 사이를 직접 연결하는 망형(Mesh Type)형 구조이었다.
② 망형은 그물모양의 형태이며 모든 단말상호간의 완전 결합형으로, 다른 형태에 비해 통신회선의 총 연장길이가 가장 길며 주로 장거리 통신망에 이용되는 방식이다.
③ 망형 회선망의 회선 경로수는 $\dfrac{n(n-1)}{2}$ 이다. 여기서 n은 전화기의 수이다.

15. 교환기의 트래픽 단위에서 144[HCS]는 몇 어랑[Erl] 인가?

① 3
② 4
③ 6
④ 38

해설

트래픽(Traffic) 단위
① 얼랑(Erlang) : 호(Call)가 하나의 회선과 교환기기를 1시간 동안 사용했을 때의 호량을 1얼랑이라고 한다.
② H.C.S(Hundred Call Seconds) : 호가 1개의 전화회선과 교환기기를 100초 동안 사용했을 때의 호량을 1H.C.S라 한다.
∴ 1Erlang=36H.C.S에서 1H.C.S=$\frac{1}{36}$Erlang
∴ 144H.C.S=$\frac{144}{36}$=4Erlang

16. 20개의 중계선으로 5[Erl]의 호량을 운반하였다면 이 중계선의 효율은 몇 [%]인가?

① 20[%]
② 25[%]
③ 30[%]
④ 35[%]

해설

중계선 효율(Trunk Efficiency)
① 1군의 전화 중계선에서 단위 시간 내의 1중계선당 평균 사용 시간을 백분율로 환산한 것
② 회선 수를 n, 얼랑을 단위로 한 통화량을 E[Erl]라 하면 $E/n \times 100$[%]가 된다.
∴ $\frac{5}{20} \times 100 = 25$[%]

[참고] 얼랑(Erlang) : 호(Call)가 하나의 회선과 교환기기를 1시간 동안 사용했을 때의 호량을 1얼랑이라고 한다.

17. 교환기의 교환방식은 수동식과 자동식으로 구분된다. 다음 중 자동식 교환기가 아닌 것은?

① 기계식
② 전자 교환식
③ 광 교환식
④ 공전식

해설

수동식 전화 교환기와 자동식 전화 교환기
① 수동식 교환기는 교환수가 통화를 원하는 가입자를 상대편에 직접 연결시켜 주는 교환 방식
② 자동식 교환기는 발신자와 수신자 사이의 접속이 기계 장치에 의해 자동적으로 이루어지는 방식
③ 전화 교환기의 종류

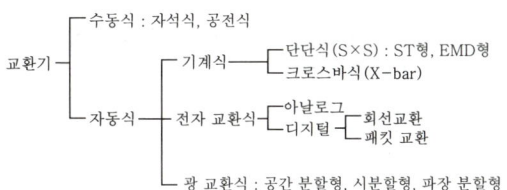

18. 다음 중 전자교환기의 특징으로 틀린 것은?

① 통화량을 제어하기 쉽다.
② 가입자 수용용량이 크다.
③ 전력소비가 적지만 수명이 짧다.
④ 통신속도가 빠르고 신뢰성이 높다.

해설

전자교환기의 특징
① 고감도, 고속도의 동작이 가능하고 수명이 길다.
② 전력소비가 적고 신속, 정확하다.
③ 축적 프로그램 제어방식(SPC)을 사용한다.
④ 여러 가지 특수서비스 기능이 있다.
⑤ 처리 속도가 빠르고 자동 우회기 등으로 국간 중계선을 경제적으로 이용한다.

19. 전자교환기에서 중앙제어장치의 명령에 따라 통화로를 완성하고 감시하는 기능을 하는 것은?

① 트렁크
② 중앙제어장치
③ 통화제어장치
④ 주사장치

해설

① 통화 회로망(SN) : 정보채널을 교환·접속하는 장치
② 주사장치(SCN) : 가입자선 및 중계선의 감시
③ 중앙제어회로(CC) : 전체 제어를 관리 운용
④ 통화로 제어장치(NC) : 통화 스위치의 개폐, 트렁크제어, 통화로 시험
※ 트렁크(Trunk)는 스위치 프레임에 수용되는 입출회선에 설치되어 있는 장치. 통화로의 일부를 구성하고 그 감시 제어를 하는 것으로, 통화에 필요한 전류 공급, 신호 송출, 요금 산출 기능 등을 갖는다.

[정답] 15 ② 16 ② 17 ④ 18 ③ 19 ①

20. 대용량 전자교환기에서 가장 많이 채택하고 있는 접속 제어 방식은?

① 자동제어방식
② 반전자 제어방식
③ 축적 프로그램 제어방식
④ 중앙제어방식

해설
① 전자교환기들은 모두 축적프로그램방식(SPC)을 사용한다.
② SPC는 교환 처리 순서와 동작 과정을 미리 일정 형식(Program)의 명령으로 바꾸어 기억장치에 기억시킨 후, 호(Call)가 발생하면 기억장치에서 나온 명령이 통화로를 접속 제어하는 방식이다.

21. 다음 중 전화교환기의 제어방식에 속하지 않는 것은?

① 단독제어방식
② 공통제어방식
③ 피드백제어방식
④ 축적프로그램제어방식

해설
① 단독제어 : 스위치 각각에 제어회로가 붙어있어서 각 스위치가 독립적으로 선택제어를 할 수 있는 방식이다.
② 공통제어 : 제어회로를 한 군데 집중시켜서 통화회로 전체의 접속 상태를 파악하여 능률적인 접속 경로를 선택하는 방식이다.
③ 축적 프로그램제어 : 공통제어방식의 일종으로 기능적으로 보다 집중화된 장치이며 대부분의 전자교환기에 사용하는 방식이다.

22. 다음 중 전(全)전자 교환기의 통화로계 구성이 아닌 것은?

① 통화로망
② 중계선 정합부
③ 가입자선 정합부
④ 주변제어장치

해설
전자교환기의 통화로계
① 교환기는 음성 신호를 전송하는 통화로부와 통화로의 접속 및 정보의 처리를 제어하는 제어부로 나뉜다.
② 교환기는 통화로계 구성방식에 따라 기계식, 반전자식, 전전자식으로 분류된다.
③ 통화로계의 구성
  ㉠ 가입자계 : 전화와 교환기를 접속하는 가입자선에 대한 정합장치와 신호장치, 가입자정합회로와 가입자선 집선장치로 구성됨
  ㉡ 중계선계 : 교환기간을 접속하는 중계선에 대한 정합장치와 신호장치, 중계선 정합장치와 중계선 신호장치로 구성됨
  ㉢ 스위치네트워크 : 가입자/중계선계의 입출력 채널을 상호연결해주는 장치
  ㉣ 통화로망
④ 제어부계의 구성 : 중앙 제어 장치, 호 처리 기억 장치, 프로그램 기억 장치

23. 다음 중 전전자교환기의 통화로부 구성요소가 아닌 것은?

① 가입자선 정합부
② 통화로망
③ 입출력장치
④ 중계선 정합부

24. 다음 중 전(全)전자교환기에서 가입자선 정합부의 기능이 아닌 것은?

① 가입자회선 수용
② 가입자 호출신호의 송출
③ 가입자선 통화전류를 위한 급전
④ 국간 신호처리

해설
BORSCHT란 디지털 전전자교환기의 가입자 정합장치가 제공하는 7가지 기본적인 기능들을 나타내는 용어로서, 기능을 나타내는 영어 단어들의 앞글자를 따서 만든 약자이다.

기호	명칭	기능
B	Battery feed	통화전류 공급
O	Over Voltage Protection	과전압으로부터 장치 보호
R	Ringing	호출신호 송출(공급)
S	Supervision	가입자선 상태 감시
C	Coding/decoding	A/D, D/A 상호변환
H	Hybrid	2선식/4선식 상호 변환
T	Testing	내외선 시험

25. 다음 중 전자교환기 방식과 거리가 먼 것은?

① 통화로계 및 제어계가 있다.
② 다양한 특수 서비스를 제공할 수 있다.
③ 축적 프로그램 제어 기술을 사용한다.
④ X-bar 교환기가 대표적이다.

[정답] 20 ③ 21 ③ 22 ④ 23 ③ 24 ④ 25 ④

출제 예상 문제

해설

디지털전자교환기, 전전자교환기(TDX)
① 교환기란 전화기 상호간을 서로 연결시켜 주기 위한 장치로 통화하기를 원하는 전화 가입자 상호간을 연결시켜 주는 일종의 스위치 장치라고 할 수 있다.
② 전전자교환기란 기계식교환기 및 반전자교환기보다 발전된 교환기로서, 통화로계 및 제어계 모두가 시분할 디지털 방식의 교환기를 지칭한다.
③ 종류 : No.4 ESS, AXE-10 ESS, TDX-1A, TDX-1B, TDX-10 등
④ 전자교환기의 특징
  ㉠ 축적 프로그램 제어방식(SPC) 사용
  ㉡ 처리 속도가 빠르고 자동 우회기 등으로 국간 중계선을 경제적으로 이용
  ㉢ 고감도, 고속도의 동작이 가능하고 수명이 길다.
  ㉣ 전력소비가 적고 신속, 정확하다.
  ㉤ 여러 가지 특수 Service 기능이 있다.
[참고] 크로스바(X-bar)교환기는 기계식 자동 교환기이다.

26 다음 중 전자교환기의 기본 구성요소 중 공통 제어계에 해당하는 것은?
① 중앙제어장치   ② 통화로망
③ 중계선장치   ④ 서비스회로

27 다음 교환기 중 국내에서 개발된 전전자교환기는?
① NO.5 ESS   ② S1240
③ AXE-10   ④ TDX-10

28 다음 중 국내에서 개발한 TDX 교환시스템의 제어 방식은?
① 공통제어방식   ② 자동제어방식
③ 분산제어방식   ④ 원격제어방식

해설
① TDX-1의 가장 큰 특성은 "분산제어 개념의 도입, Module개념에 의한 유연성, 경제성, 신뢰성" 등이다.
② 분산된 Microprocessor에 의한 SPC에 의해 동작되며 이들 분산된 Processor들은 각기 부하 및 기능에 따라 분산된 기능만을 수행하면서 서로 메시지를 통해 정보를 전달함으로써 전체적인 제어가 가능하게 된다.

29 다음 중 디지털 전자교환기에 속하지 않는 것은?
① M10CN   ② AXE-10
③ TDX-1A   ④ TDX-10

해설
M10CN는 반전자식 교환기이다.

30 가입자가 요청하는 호를 접속하기 위하여 필요한 정보를 전화기와 교환기 또는 교환기 상호 간에 주고받는 과정을 나타내는 방식은?
① 중계방식   ② 교환방식
③ 신호방식   ④ 서비스방식

해설
① 신호방식이란 통신망을 구성하고 있는 각 시스템 간 호에 관련된 정보, 망관리 및 유지보수를 위한 정보 등을 전달하는 일련의 신호 전달을 위한 규칙을 말한다.
② 전화기와 교환기간 또는 교환기 상호 간에 제어 접속 정보를 전달하는 수단이다.

31 공통선 신호방식(Common Channel Signaling)의 특징이 아닌 것은?
① 통화채널과 분리된 별도의 신호채널을 통해 신호가 송수신된다.
② 축적 프로그램 제어 방식에 의해 신속한 상호 전달 능력과 망의 상태관리나 보수 과금 정보전송도 수행할 수 있다.
③ 신호망의 일부 손상이 통신망의 마비를 초래할 수 있다.
④ 신호전송의 전기적 조건에 따라서 직류방식, In-Band방식 등으로 나눈다.

해설
공통선 신호방식은 신호방식(음성 통화회선의 설정, 유지, 관리, 복구 등을 수행하기 위해 필요한 정보를 주고 받는 절차)을 위해 어느 하나의 채널을 전용하는 것(별도의 신호채널 존재)으로 디지털 시스템에 No.7 신호방식이 사용되고 있다.

[정답] 26 ① 27 ④ 28 ③ 29 ① 30 ③ 31 ④

32 전화교환기에서 신호 정보를 집중 처리하는 특성에 의해 적용되는 방식으로 신호회선과 통화회선이 분리되어 있는 신호방식은?

① 집중 신호방식
② 통화로 신호방식
③ 개별선 신호방식
④ 공통선 신호방식

33 다음 중 No.7 신호방식의 특징이 아닌 것은?

① 공통선 신호방식이다.
② 기능별로 모듈화된 계층구조이다.
③ 다양한 서비스 제공능력을 가진다.
④ 패킷교환망 전용의 신호방식이다.

해설
No.7 신호방식의 특징
① 통화채널과 분리된 별도의 신호채널을 통해 신호가 송수신된다.
② 축적 프로그램제어(SPC)로 교환기의 처리에 적합하다.
③ 디지털 교환망에 가장 적합하다.
④ 기능별로 모듈화된 계층구조를 갖는다.
⑤ 다양한 Service 제공능력을 갖는다.

34 다음 중 No.7 CCS(Common Channel Signaling) 장점이 아닌 것은?

① 신호와 이용자 정보의 동시전달이 망 접속의 설정과 동시에 가능, 호 접속 상태와 무관하므로 통화중에도 신호전송이 가능하다.
② 통화로와 신호로가 개별회선에 중첩되는 방식으로 전송로 사용이 효율적이다.
③ 새로운 서비스와 부가 서비스의 도입을 포함하는 새로운 요구에 대해서 커다란 유연성을 갖는다.
④ 단일 64[kbps] 채널로 거의 1,000개 이상의 이용자 정보 채널을 동시에 제어할 수 있는 집중화된 신호장비를 사용하기 때문에 개별채널방식에 비해 경제적이다.

35 ITU-T에서 권고하고 있는 No.7 신호방식에 대한 설명으로 적합하지 않은 것은?

① 여러 가지 선로 및 망관리 정보를 공통의 한 채널로 전송한다.
② 공통 신호채널에는 음성을 비롯한 데이터신호도 함께 전송한다.
③ 디지털 통신망에서 음성 및 비음성 교환기간 신호기능을 수행한다.
④ 신규서비스가 개발될 때마다 새로운 신호 절차를 쉽게 부가할 수 있다.

36 다음 중 통화로 신호방식(Channel Associated Signaling)에서 사용하지 않는 방식은?

① 직류방식
② In-band방식
③ Out-of-band방식
④ 교류방식

해설
통화로 신호방식에는 직류방식, In-Band방식, Out-of-Band 방식이 있다. Out-of-Band방식은 통신용 주파수대역의 외측에 신호주파수를 두고 신호를 전송하는 방법으로 대역내 통신신호와의 간섭이 없다는 이점이 있으나 다중전송방식의 주파수 이용효율이 낮고 다중분리 필터가 복잡해지는 단점이 있다.

37 관리하고자 하는 네트워크 장비들에 대한 감시와 제어를 수행하는 시스템은?

① 에이전트
② 네트워크 관리 시스템
③ 호스트
④ 네트워크 장비

해설
네트워크 관리시스템(NMS : Network Management System)은 네트워크상의 전 장비들의 중앙 감시 체제를 구축하여 Monitoring, Planning 및 분석이 가능하여야 하며 관련 데이터를 보관하여 필요 즉시 활용 가능하게 하는 관리시스템이다.

[정답] 32 ④ 33 ④ 34 ② 35 ② 36 ④ 37 ②

38 네트워크 자원들의 상태를 모니터링하고 이들에 대한 제어를 통해서 안정적인 네트워크 서비스를 제공하는 것을 무엇이라 하는가?

① 게이트웨이 관리
② 서버 관리
③ 네트워크 관리
④ 시스템 관리

39 네트워크를 모니터링하고 관리하는데 사용되는 하드웨어와 소프트웨어의 조합으로 구성되는 망관리 시스템은?

① NMS
② DOCSIS
③ SMTP
④ LDAP

해설
① DOCSIS(Data Over Cable Service Interface Specifications)는 케이블망(HFC망) 상에서 데이터 전송에 요구되는 인터페이스 표준 규격이다.
② 간이 전자우편 전송 프로토콜(SMTP : Simple Mail Transfer Protocol)은 인터넷에서 이메일을 보내기 위해 이용되는 프로토콜이다.
③ LDAP(Lightweight Directory Access Protocol)는 다양한 컴퓨터 시스템과 애플리케이션의 정보에 대한 접근 권한을 제공하는 프로토콜이다.

40 다음 중 망관리시스템(NMS)의 5대 주요기능으로 가장 볼 수 없는 것은?

① 구성관리(Configuration Management)
② 계정관리(Account Management)
③ 성능관리(Performance Management)
④ 변화 관리(Change management)

해설
① 망관리 기능(FCAPS)은 망관리와 관련하여 OSI에서 개념화시킨 주요 기능 5가지 기능이다.
② FCAPS : Fault Management, Configuration Management, Account Management, Performance Management, Security Management

41 네트워크 관리시스템(NMS)운용 중 현장 Access 설비로부터 1분당 평균 20개의 패킷이 전송되어 오고 있다. 이 스테이션에서의 처리 시간이 1패킷당 평균 2초라 할 때 시스템의 이용률은?

① 1/3
② 2/3
③ 1/6
④ 5/6

해설
망관리 시스템(NMS : Network Management System)
① 스테이션에서의 처리 시간이 1패킷당 평균 2초가 걸린다고 하며, 1분 기준 30패킷이 처리된다.
② 문제에서, 운용 중 현장 Access설비로부터 1분당 20개의 패킷이 전송되고 있으므로 20/30 = 2/3라는 이용률을 갖는다.

42 다음 문장이 설명하는 것은 무엇인가?

> 데이터베이스 검색 프로그램과 유사한 단순 프로토콜이다. 관리대상장치의 데이터베이스에는 CPU, 네트워크 인터페이스, 버퍼와 같은 구성요소가 제대로 기능하는지와 인터페이스를 통과하는 트래픽의 양으로 표시되는 처리량이 얼마인지에 대한 정보가 들어있다.

① DNS
② SNMP
③ OSPF
④ TCP/IP

해설
간이 망관리 프로토콜
(SNMP : Simple Network Management Protocol)
① SNMP는 네트워크 장비를 관리 감시하기 위한 목적으로 TCP/IP상에 정의된 응용계층 프로토콜이다.
② SNMP는 네트워크 관리자가 네트워크 성능을 관리하고 네트워크 문제점을 찾아 수정하는 데 도움을 준다.
③ SNMP 역할 : 원격 장치 구성, 네트워크 성능 모니터링, 네트워크 결함이나 부적절한 액세스 감지, 네트워크 사용 감시

[정답] 38 ③ 39 ① 40 ④ 41 ② 42 ②

43 통신망(Network) 관리 중 아래 내용에 해당되는 것은?

> a. 네트워크 장비를 관리 감시하기 위한 목적
> b. 관리시스템, 관리대상 에이전트, MIB(Management Information Base) 등으로 구성
> c. 원격장치구성, 네트워크 성능 모니터링, 네트워크 사용 감시의 역할

① SNMP(Simple Network Management Protocol)
② TMN(Telecommunications Management Network)
③ SMAP(Smart Management Application Protocol)
④ TINA-C(Telecommunications Information Network Architecture Consortium)

해설
통신 관리망(TMN : Telecommunications Management Network)은 통신망 관리 시스템 간의 상호 운용성을 보장해 주기 위해서 관리 시스템 간에 상호 협조할 수 있고, 통신망을 통합 관리할 수 있는 망이다.

44 정보통신망(네트워크)이 제공해야 할 사항이 아닌 것은?

① 유지 관리의 용이성
② 기밀의 보안성
③ 높은 신뢰성
④ 부하의 집중성

45 정보통신망의 3대 구성 요소가 아닌 것은?

① 전송로
② 교환기
③ 공중 통신회선
④ 통신 단말기기

해설
통신망의 구성 요소
① 통신 단말기기 : 정보를 전송하기 쉬운 형태로 바꾸어주는 변환 장치이다.
② 전송로 : 정보 전달을 행하는 물리적 매체
③ 교환기 : 여러 대의 단말의 접속 경로를 설정하는 장치이다.

46 다음 중 네트워크 구조상의 논리적 모델 요소가 아닌 것은?

① 개체   ② 링크
③ 노드   ④ 프로세스

해설
네트워크 구조상 논리적 모델
① 링크(Link) 혹은 회선(Circuit)
  통신 채널, 전송 경로
② 노드(Node)
  네트워크 내 교환 센터
③ 국(Station)
  ㉠ 통신하고자 하는 디바이스들의 모임
  ㉡ 가입자, 네트워크에 연결되는 장치
    예 컴퓨터, 터미널, 전화 등
  ㉢ Station은 각 Node에 접속된다.
④ 프로세스(Process)
  단말 운용자나 호스트 컴퓨터의 응용 프로그램 등 정보 처리나 통신을 하는 자체를 모델화한 것
⑤ 인터페이스
  지국과 네트워크간의 상호 접속

47 통신망 구성시 반드시 구비해야 할 조건이 아닌 것은?

① 명료성   ② 경제성
③ 신속성   ④ 응용성

해설
통신망 구성 조건
① 임의성
② 신속성
③ 품질의 동일성
④ 신뢰성
⑤ 정보 전달의 투명성
⑥ 전송할 정보의 내용에는 제한이 없을 것

[정답] 43 ① 44 ④ 45 ③ 46 ① 47 ④

출제 예상 문제

48 통신망을 이용하는 가입자들의 일반적인 특성이 아닌 것은?

① 가입자들은 통신망 상태에 관심이 상당히 있다.
② 호가 절단되면 계속해서 재시도하려 한다.
③ 일정 수준 이상의 통신 요금 지불에 거부 의사가 있다.
④ 전화 서비스의 이용 비율은 사회 생활 시간대와 유사하다.

49 통신망 계획시 검토사항이 적절하지 않은 것은?

① 설비의 신뢰성 : 통신망의 환경조건 분석, 설치 운용 사례수집
② 수요 및 트래픽 분석 : 트래픽(Traffic)의 종류, 이용자의 성향분석
③ 이용자의 성향분석 : 최한시(Idle Hour) 기준의 트래픽 설계, 멀티미디어서비스 이용 동향
④ 기술적 특성 및 전망 : 인터페이스 조건, 기술발전추세 부합여부

50 정보통신망의 설계 순서로서 맞는 것은?

① 시스템 특성 파악 → 적용 불가능 회선 판정 → 적용 가능한 회선의 소요 경비 산출 및 평가 → 회선 구성의 결정
② 적용 가능한 회선의 소요 경비 산출 및 평가 → 시스템 특성 파악 → 적용 불가능 회선 판정 → 회선 구성의 결정
③ 시스템 특성 파악 → 회선 구성의 결정 → 적용 가능한 회선의 소요 경비 산출 및 평가 → 시스템 특성 파악
④ 적용 가능한 회선의 소요 경비 산출 및 평가 → 시스템 특성 파악 → 적용 불가능 회선 판정 → 회선 구성의 결정

해설
정보통신망 설계
① 설계시 고려 사항
  ㉠ 시스템의 기본 특성
  ㉡ 시스템의 필요 조건
  ㉢ 각 회선의 특징 고려
  ㉣ 소요 경비 고려
② 설계 순서
  ㉠ 시스템의 기본 특성 파악
  ㉡ 시스템의 필요 조건 정리
  ㉢ 회선 특징을 감안한 적용 가능한 회선 판정
  ㉣ 회선의 소요 경비 산출 및 평가
  ㉤ 시스템 전체에 대한 평가
  ㉥ 회선 구성 결정

51 정보통신망의 설계 당시 유의 사항으로서 맞지 않는 것은?

① 회선의 확장성을 고려하여 선택한다.
② 시분할 장치의 시간 지연을 고려한다.
③ 유지 보수의 편리성을 고려(회선망의 단순화)해야 한다.
④ 집선 장치 등은 축적 데이터량이 적으므로 전송 지연이 증가한다.

해설
통신망 설계시 유의 사항
① 유지 보수의 편리성을 고려한다.
② 회선의 확장성을 고려한다.
③ 시분할 장치의 시간 지연을 고려하여 응답 시간이나 타이밍을 검토한다.
④ 데이터량이 많으므로 전송 지연이 증가하는 것을 고려한다.

52 다음 중 정보통신망 운영계획에 포함되어야 할 내용이 아닌 것은?

① 연간, 월간 장기계획
② 주간, 일간 단기계획
③ 최적 회선망의 설계조건 검토
④ 작업내용, 작업량, 우선순위, 주기, 운전소요시간, 운전형태 및 시스템구성

[정답] 48 ③　49 ③　50 ①　51 ④　52 ③

해설
정보통신망의 운용
① 운용계획
    ㉠ 연간, 월간의 장기계획
    ㉡ 주간, 일간의 단기계획
    ㉢ 계획의 작성은 작업내용, 작업량, 우선순위, 주기, 운전소요시간, 운전형태 및 시스템 구성 등을 고려하여 행한다.
② 운용 실행 : 시스템 통제와 이용자 지원, 시스템 운전, 보수 작업
③ 운용 관리 대상 항목 : 시스템의 상태 관리, 운전 실적 관리, 파일 매체의 관리

53 다음 중 정보통신망 유지보수 OS패치를 위한 세부 검토 항목으로 틀린 것은?

① 서버, 네트워크 장비, 보안시스템은 중요도에 따라 패치관리 및 정책 및 절차를 수립하고 이행해야 한다.
② 주요서버, 네트워크 장비에 설치된 OS, 소프트웨어 패치 적용 현황을 관리해야 한다.
③ 주요서버, 네트워크 장비, 정보보호시스템의 경우 공개 인터넷접속을 통해 패치를 실시한다.
④ 운영시스템의 경우 패치 적용하기 전 시스템 가용성에 미치는 영향을 분석하여 패치를 적용한다.

해설
악성코드 관리를 위한 패치관리
① 패치관리는 관리자가 운영체제(OS), 플랫폼 또는 애플리케이션 업데이트를 제어하는 것을 말한다.
② 소프트웨어, 운영체제, 보안시스템 등의 취약점으로 인해 발생할 수 있는 침해사고를 예방하기 위해 최신 패치를 정기적으로 적용하고 필요한 경우 시스템에 미치는 영향을 분석하여야 한다.

54 정보통신시스템 운용 중 장애 발생 시 대응절차로 적합하게 나열한 것은?

(가) 장애발생 신고접수   (나) 장애처리
(다) 결과보고   (라) 장애이력 관리

① (가)-(나)-(다)-(라)
② (가)-(다)-(나)-(라)
③ (나)-(다)-(가)-(라)
④ (나)-(가)-(라)-(다)

해설
정보통신시스템 장애 발생시 대응 절차
① 정보통신 서비스의 장애 예방 및 장애 발생시 신속한 해결을 통해 안정적인 운영을 확보하여야 한다.
② 정보통신 서비스의 장애 발생시 대응 절차
    장애발생 신고 접수 → 장애 처리 → 결과 보고 → 장애 이력 관리

55 다음 중 정보통신망의 유지보수 장애처리, 긴급변경 정책 및 절차가 아닌 것은?
① 장애대응 조치 절차
② 장애 감시체계 및 감시방법
③ 주요 부품 및 인력 지원
④ 장애원인분석 및 향후 대응방안 마련

해설
정보통신망 장애 사고를 모니터링하여 신속하게 대응할 수 있도록 감시(모니터링) 및 대응 방법, 절차, 대응조직 및 인력, 보고 및 승인 방법 등을 포함한 중앙집중적인 대응체계를 수립한다.

[정답] 53 ③ 54 ① 55 ④

Chapter 3 구내통신 구축 설계

1 구내통신 설계 및 운영

1. 정보통신시스템 설계 및 운영

가. 정보통신시스템의 개요

(1) 정보통신시스템은 정보원과 멀리 떨어진 목적지 사이에서 정보를 전송, 처리하기 위하여 여러 구성요소(통신회선 등)들이 상호 유기적으로 결합된 시스템이다.

(2) 정보통신시스템은 데이터 전송과 데이터 처리를 수행하는 시스템이다.

나. 정보통신시스템 개발

(1) 정보통신시스템의 구성요소

하드웨어(Hardware), 소프트웨어(Software), 통신 네트워크(Tele-communication/Network), 데이터베이스(Database) 및 사람(People)과 프로세스(Process) 등이다.

(2) 정보통신시스템 개발 과정

개발 과정	내 용
시스템 계획	• 현행 시스템의 상태와 문제점을 파악하고 해결 방안을 제안하는 단계 • 예비 조사와 기초 조사로 나누어 실시한다.
시스템 분석	• 조사 단계에서 조사된 사용자의 요구 사항과 현행 시스템의 문제점을 명확히 파악하여 요구 분석 명세서를 작성하는 단계
시스템 설계	• 시스템 분석에 의해 정의된 시스템 요구 분석 명세서를 토대로 하여 새로운 시스템을 구현하는 단계 • 기본설계와 상세설계를 작성한다.
시스템 구현	• 설계 단계에서 산출된 설계 사양에 따라 시스템을 구축하는 단계
시스템 시험	• 사용자의 요구에 따라 시스템이 구현되었는지 검증하는 단계 • 통합 테스트, 시스템 테스트 등이 있다.
시스템 유지보수	• 개발된 시스템을 최상의 상태로 유지하면서 목적에 부합되도록 시스템을 사용하는 단계

```
시스템 계획 → 시스템 분석 → 시스템 설계 → 시스템 구현 → 시스템 시험 → 시스템 유지보수

• 기초조사        • 조직체계 분석     • 외부 설계        • 원시 코드       • 시험결과
• 타당성 분석     • 요구사항 분석     • 기본·상세 설계                      보고서
• 개발계획서      • 요구명세서        • 설계 사양서
  작성             작성                 작성
```

합격 NOTE

합격예측
정보통신 시스템은 정보를 주고받는 시스템을 말한다.

합격예측
시스템 개발 주기(SDLC : System Development Life Cycle)라 한다

합격예측
시스템 분석 : 요구 분석 명세서 작성

합격예측
시스템 유지보수 : 가장 많은 비용이 투입되는 단계

합격예측
① 시스템 분석 : '무엇(what)'을 해야 하는지 이해하고 명세로 나타내는 작업
② 시스템 설계 : '어떻게(how)' 구현되야 하는지 나타내는 작업

합격 NOTE

합격 예측
시스템 계획 및 조사 단계
① 시스템 필요성 확인
② 새 시스템 타당성 조사

합격예측
타당성 분석 : 주어진 시간, 예산, 자원 및 기술 범위 내에서 개발이 가능한지를 분석한다.

합격예측
시스템 도입 목적 위한 제약 조건 : 경제적제약, 공간적제약 시간적제약, 기능적제약, 사회적제약 등

합격예측
시스템 분석 과정 : 기능분석, 예비설계, 효과분석

합격예측
시스템 분석 목적 : 추상적이고 모호한 대상을 구체적이고 명확하게 정의한다.

합격예측
설계 절차 :
(시스템분석) → 기본설계 → 예비설계 → 상세설계

합격예측
기본설계는 기초설계, 개념설계라고도 한다.

---

① 시스템 계획 단계
  ㉠ 시스템 요구사항에서 언급된 문제의 성질과 범위를 명확히 식별하는 단계이다.
  ㉡ 시스템 정의와 가능성 조사와 다른 방법과의 비교 조사가 이루어지는 단계이다.
  ㉢ 예비 조사와 기초 조사로 나누어 실시한다.

조사의 종류	내 용
예비 조사	• 현재 요구된 시스템 개발이 타당한지의 타당성을 조사한다.
기초 조사	• 효과적인 시스템을 구현하기 위해 현행 시스템을 조사한다.

  ㉣ 시스템 도입을 위한 고려사항 : 경제적 제약(투자액), 시간적 제약(시스템 개발 시간), 공간적 제약(설비 설치장소), 기능적 제약, 인간적 제약(Operation), 사회적 제약(법률), 기술적 제약(하드웨어, 소프트웨어) 등

② 시스템 분석(Analysis) 단계
  ㉠ 현행 시스템이 수행하는 모든 기능을 정의하고, 업무와 사용자 요구사항을 분석하고 정의하는 단계이다.
  ㉡ 설계할 정보통신시스템이 무엇을 하여야 하는지 자세히 이해하고 요구 분석 명세서로 나타내는 일을 말한다.
  ㉢ 시스템 분석과정을 통해 사용자의 요구 및 시스템의 성능 및 능력을 도출한다.
  ㉣ 시스템 분석의 목적
    ⓐ 새로운 시스템 설계의 기초자료를 얻는다.
    ⓑ 비능률적이고 낭비적인 요소와 문제점을 발견할 수 있다.
    ⓒ 효과분석을 할 수 있는 기초자료를 얻을 수 있다.

③ 시스템 설계 단계
  ㉠ 시스템 분석에 의해 정의된 시스템 요구 분석 명세서를 토대로 하여 새로운 시스템을 구현하는 단계이다.
  ㉡ 시스템 설계는 기본설계, 예비설계, 상세설계로 나누어 실시한다.

설계의 종류	내 용
기본설계 (Concept Design)	• 전체 구조를 잡기 위해, 문제를 정의하고, 다양한 대안을 모색하는 설계 단계 • HW 제약사항 및 실시 범위와 실시 시기 등을 고려해 시스템 기본 모델을 설계하는 것
예비설계 (Preliminary Design)	• 기초설계가 끝난 직후 상세설계가 시작되기 전에 이루어지는 설계

상세설계 (Detail Design)	• 기본설계를 구체화하여, 실제 필요한 내용을 설계 도서(면)에 상세히 표기하는 설계 • 설계도 및 내역서의 작성 단계

ⓒ 시스템 설계 기준

기 준	내 용
경제성	• 구축 투자비용등의 경제성을 고려하여 설계
가용성	• 운용시간 대비 가용시간이 최대가 되도록 설계
안정성	• 서비스의 장애회피와 장애시간 최소화가 되도록 설계 • 대책 : 결함 감내 시스템(Fault Tolerant System), 장애 극복 기능(Failover), 이중화시스템 구성 등
확장성	• 시스템, 사용자 등에 대한 추가 확장이 용이하도록 설계
호환성	• 이기종 또는 벤더가 다른 장비와 연동되도록 설계
운용 효율성	• 운용시 효율성, 비용절감, 장애처리를 고려하여 설계
기술기준	• 반드시 준수하여야 할 강제적 표준 및 원칙이다.
기술표준	• 호환성, 확장성을 위한 표준규격이므로 설계시 준수

ⓔ 시스템의 성능 평가요소

평가 요소	내 용
신뢰성 (Reliability)	• 시스템이 일정 기간동안 얼마나 정상적으로 작동하는지를 나타낸다. • 고장 없이 예상대로 동작하는 능력을 의미
가용성 (Availability)	• 시스템이 사용 가능한 상태에 있는 비율을 나타낸다. • 장애로 인한 중단 시간을 최소화하여 시스템의 가동 시간을 최대한 확보하는 것을 목표
유지보수성 (Maintain-ability)	• 시스템이 고장 발생시 빠르게 복구되거나 유지 보수를 수행할 수 있는 능력 • 유지 보수성이 높으면 고장 시간을 최소화하고 장애 복구를 빠르게 할 수 있다.
안정성 (Safety)	• 시스템의 사용 중에 사용자나 환경에 어떠한 유해한 영향도 미치지 않는 능력

📝 참고

📍 **신뢰성(Reliability) 측정방법**

① MTBF (Mean Time Between Failures)
  ㉠ MTBF는 고장이 발생한 시간 간격의 평균을 나타내는 지표이다.
  ㉡ MTBF값이 높으면 시스템이 오랜 시간 동안 고장 없이 동작할 가능성이 높다는 것을 나타낸다.

합격 NOTE

합격예측
상세설계는 실시설계라고도 한다.

합격예측
안정성 대책 : Fault Tolerance, Failover, 이중화 구성 등

합격예측
호환성을 위해 기술표준을 준수하여 설계한다.

합격예측
기술기준 : 망설계시 반드시 준수하여야 할 강제적 표준 및 원칙

합격예측
기술표준 : 호환성, 확장성을 위한 산업계의 실제적 표준규격

합격예측
RAMS
(Reliability, Availability, Maintainability, Safety)

합격예측
유지보수성은 '보전성'이라고도 한다.

합격예측
MTBF는 고장 횟수와 작동 시간을 모니터링하여 평균으로 계산한다.

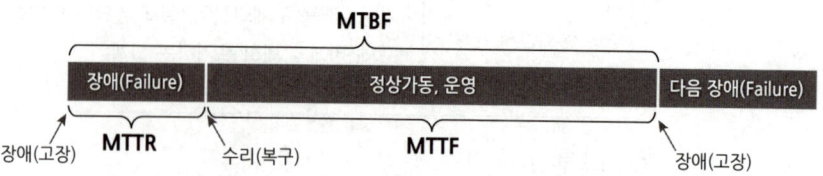

② 실패 확률 (Failure Probability)
㉠ 특정 시간 내에 고장이 발생할 확률을 나타낸다.
㉡ 시스템의 미래 고장 가능성을 예측하는 데 사용된다.

📍 가용성 (Availability) 측정 방법

가용성은 시스템이 작동 가능한 상태에 있는 시간의 비율로 계산한다.

$$\text{가용성(가동률)} = \frac{\text{MTBF}}{\text{MTBF} + \text{MTTR}} \times 100[\%]$$

📍 유지보수성(Maintainability) 측정 방법

① MTTR(Mean Time To Repair)
② MTTR을 줄이면 시스템의 가용성을 높일 수 있다.
③ 시스템의 유지 보수성은 복구시간, 유지보수 작업의 복잡성, 필요한 기술 및 장비 등을 고려하여 평가된다.

📍 안정성 측정 방법

① 위험 분석 : 대표적인 위험 분석 방법으로는 HAZOP(Hazard and Operability Study), FMEA(Failure Modes and Effects Analysis), FTA(Fault Tree Analysis) 등이 있다.
② 안전성 평가 지표 : 안전성을 평가하기 위해 확률론적 방법, 통계 데이터, 기타 안전성 지표를 사용한다.

---

④ 시스템 운영 및 유지보수
㉠ 운영 및 유지보수의 정의

용어	정의
운영	개발 완료 후, 인도된 정보시스템에 대해 유지보수를 제외한 운영기획 및 관리, 모니터링, 테스트, 사용자 지원을 포함한 정보시스템의 정상적 운영에 필요한 제반활동을 의미한다.
유지보수	정보시스템 개발·구축 완료 후 기능변경, 추가, 보완, 폐기, 사용방법의 개선, 문서 보완, 결함 등의 정보시스템 개선에 필요한 제반활동을 의미한다.

ⓛ 유지보수(Maintenance) 란?
　ⓐ 운영 환경으로 이관되어 사용 중인 시스템이 사용자에게 지속적으로 동일한 효과를 제공할 수 있도록 한다.
　ⓑ 일상적인 점검 및 조치, 구현 단계에서 발견되지 않은 오류의 수정/보완, 상호 협의된 범위 내의 기능개선 활동 등 시스템이 정상적으로 운영되도록 하기 위한 일체의 활동을 의미한다.
　ⓒ 시스템을 안정적이고 효율적으로 운영하기 위한 일련의 작업이다.

※ 유지보수 활동은 시스템 다운타임을 최소화하고, 비용을 절감하며, 시스템의 수명을 연장할 수 있게 한다.

ⓒ 시스템 유지보수의 주요 목적

목 적	내 용
안정성 보장	시스템이 중단 없이 지속적으로 가동될 수 있게 한다.
성능 최적화	시스템의 성능을 최대한으로 끌어올려 사용자가 불편함 없이 이용할 수 있도록 한다.
보안 강화	보안 패치 적용 및 취약점 수정으로 보안을 강화한다.
장애 예방	사전 점검을 통해 시스템 장애를 미연에 방지한다.
비용 절감	장기적인 유지보수 계획을 통해 시스템 교체나 큰 수리 등의 비용을 절감한다.

ⓓ 시스템 유지보수의 종류

목 적	내 용
예방적 유지보수	• 시스템이 고장나기 전에 미리 점검하고 문제를 사전에 해결하는 작업 • 포함내용 : 정기적인 점검, SW 업데이트, HW 교체 등 • 특징 : 시스템 수명 연장, 예상치 못한 다운타임을 방지
교정적 유지보수	• 시스템에 문제가 발생한 후 그 문제를 해결하는 작업 • 포함내용 : SW의 버그 수정, HW 고장 수리 등 • 특징 : 시스템 정상운영을 위한 복구에 중점을 둔다.
적응적 유지보수	• 시스템을 새로운 환경에 맞추는 작업 • 포함내용 : 운영 체제 업그레이드, 네트워크환경 변경, 새로운 HW 도입 등 • 특징 : 변화하는 기술환경에 적응할 수 있게 한다.
완전적 유지보수	• 시스템의 성능을 최적화하거나 새로운 기능을 추가하는 작업 • 포함내용 : 기존 기능의 개선, 새로운 모듈 도입, 인터페이스 개선 등 • 특징 : 개선된 효율적 시스템 구성한다.

합격 NOTE

합격예측
유지보수를 통해 시스템 성능을 최적화하고, 예상치 못한 오류나 중단을 최소화할 수 있다.

합격예측
시스템 유지보수는 시스템의 수명을 연장하고 비즈니스 연속성을 보장한다.

합격예측
소프트웨어 업데이트 : 최신 보안 패치와 기능 업데이트를 적용하여 시스템을 최신 상태로 유지.

합격예측
네트워크 변경 : 네트워크 구성의 변화에 따른 시스템에 적응.

합격예측
성능 개선 : 시스템의 응답 속도나 처리 능력을 향상.

합격 NOTE

합격예측
Downtime은 시스템을 이용할 수 없는 시간을 말한다.

합격예측
핵심 유지보수 전략 : 정기적인 유지 보수 계획 수립, 효과적인 모니터링 및 알림 시스템 구축, 문서화 및 이력 관리, 적절한 인력 및 자원 할당

합격예측
구내통신은 한 건물 안에 전화와 인터넷을 포함한 다양한 네트워크를 한 번에 구축하는 서비스이다.

ⓜ 유지보수 전략

유지보수 작업을 체계적으로 계획하고 실행함으로써 시스템의 다운 타임(Downtime)을 최소화하고, 예기치 않은 문제를 방지할 수 있다.

전략	내용
정기적인 유지 보수 계획 수립	• 점검 주기 설정 : 시스템의 특성에 맞는 점검 주기를 설정 • 정기적인 모니터링 : 시스템 성능을 지속적으로 모니터링하여 문제 발생 가능성을 확인
효과적인 모니터링 및 알림 시스템 구축	• 실시간 모니터링 도구 사용 : 네트워크, 서버, 데이터베이스 등의 상태를 실시간으로 확인할 수 있는 모니터링 도구 사용 • 알림 시스템 설정 : 문제가 발생하면 즉시 담당자에게 알림을 보내는 시스템 구축
문서화 및 이력 관리	• 유지보수 이력 관리 : 모든 유지보수 작업을 기록하여 시스템 이력을 관리 • 작업 절차 문서화 : 유지보수 절차를 문서화하여 지속적인 개선과 학습이 가능하도록 함
적절한 인력 및 자원 할당	• 전문성 강화 : 유지보수 담당자의 기술 역량을 강화하기 위한 교육과 훈련 • 적절한 자원 배분 : 시스템의 중요도에 따라 적절한 인력과 자원을 배치

2. 구내통신 설계 및 운영

가. 구내통신 구축계획 수립

① 구내통신은 구내(건축물 및 부지)에 설치된 정보통신 설비(방송공동수신설비, 홈네트워크 설비, 영상감시설비 등)를 이용하여 제공되는 통신이다.

② 구내통신은 건물내에 교환기 등의 전기통신설비를 구축하여 전화서비스는 물론 통신운영 및 관리업무를 담당한다.

③ 구내통신 구축계획 수립이란 구내통신 구축을 위하여 목표수립, 범위설정, 구축조직의 구성, 소요예산 파악과 인허가 계획을 수립하는 능력이다.

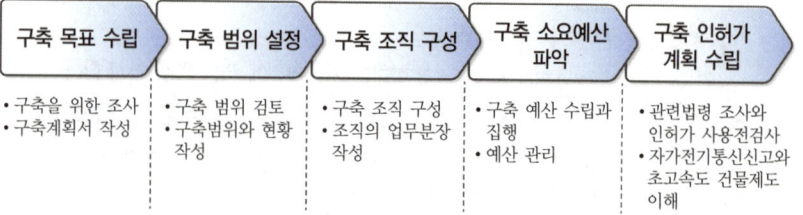

[구내통신 구축 계획단계]

(1) 구축 목표 수립
  ① 구축을 위한 조사
    ㉠ 구내통신 구축의 타당성 검토
      ⓐ 사업 추진 중의 예산낭비를 방지하고 재정운영의 효율성 제고에 기여함을 목적으로 한다.
      ⓑ 타당성 분석의 종류 : 경제성 분석, 기술성 분석, 법률적 타당성 적합 분석 등
    ㉡ 구내통신구축 계획 범위분석
  ② 구축계획서 작성
    ㉠ 구축계획서 작성의 필요성 : 현재의 문제점 분석, 사업에 관련한 현장의 실태파악, 비용산출, 업무분장 실시, 지출의 과다 예방, 계획기간 내에 완료
    ㉡ 구축계획서에 반영할 내용 : 예산관리, 일정관리, 관련법령 사전 검토 사항, 기술기준 사전검토 사항, 추진 인력 확보 방안 등

(2) 구축 범위 설정
  ① 구축 범위 검토
    구축범위를 결정하기 위한 사전검토 : 사업비에 대한 검토, 운영분야에 대한 검토, 건축물 관리분야에 대한 검토
  ② 구축범위와 현황작성
    구축범위 계획서는 현장조사 내용을 중심으로 작성하고 다른 공사와 연계성 검토 후 작성하며 사업추진계획의 범위 안에서 작성과 발주자의 요구사항을 기본으로 작성한다.

(3) 구축 조직 구성
  구내통신 구축 목표 달성을 위한 인력구성, 업무를 부여하기 위한 직무분석, 조직 업무량과 능률관계 분석을 한다.

(4) 구축 소요 예산파악
  예산이란 사업의 목표대로 계획을 달성하기 위하여 활동 전반에 대한 수입과 지출을 금전으로 표시한 숫자적으로 표시한 예정표를 말한다.

(5) 구축 인허가 계획수립
  ① 관련법령 조사와 인허가 사용전검사 업무
    ㉠ 구내통신 구축과 관련된 법령정보를 사전에 검토한다.
    ㉡ 정보통신공사 사용전검사 제도를 확인한다.
  ② 자가전기통신 신고와 초고속건물제도
    ㉠ 자가전기통신설비 신고제도
      ⓐ [전기통신사업법, 제64조(자가전기통신설비의 설치)]

합격 NOTE

합격예측
타당성 분석은 사업의 초기단계(기획단계)에 사업의 미래에 대한 핵심적인 의사결정 도구이며 사업의 미래에 대한 예측이다.

합격예측
구축 계획서 작성 목적
① 사업비 초과 예방
② 사업 시행 중 발생하는 문제점 예측 및 보완
③ 해당 부서와의 협력 가능
④ 계획기간 내에 성공적인 사업추진 가능

합격예측
구축장비의 기능과 성능채택 : 장애처리 관리, 백업시스템, 재해복구시스템, 보안관리계획 검토 등

합격예측
구축범위와 현황을 위해 "구축범위 계획서"를 작성한다.

합격예측
사업계획서를 기준으로 업무를 분장한다.

합격예측
사용전 검사제도
① 정보통신설비의 시공품질을 확보하기 위하여 도입된 제도로서 이용자가 정보통신 설비를 사용하기 전에 동 설비가 기술기준에 적합하게 시공되었는지를 확인하는 제도
② 관련 근거 : 정보통신공사업법 및 동 시행령

합격 NOTE

합격예측
"자가전기통신설비"란 사업용전기통신설비 외의 것으로서 특정인이 자신의 전기통신에 이용하기 위하여 설치한 전기통신설비를 말한다.

합격예측
초고속정보통신건물 인증제도는 해당 건물이 미래의 초고속정보통신 환경에 대비할 수 있는 충분한 수준의 "구내 정보통신 시설"을 갖추고 있는지를 공인받는 것이다.

합격예측
초고속정보통신건물 인증제도는 인증건물에 대해 인증마크가 새겨진 명판을 교부해일명 "엠블럼제도"라 한다.

합격예측
홈 네트워크는 유무선 네트워크를 기반으로 언제, 어디서나 정보가전 및 기기제어와 양방향 멀티미디어 서비스를 이용할 수 있는 주거환경을 말한다.

합격예측
홈 네트워크건물 인증대상은 「건축법」제2조제2항 제2호의 공동주택 중 20세대 이상의 건축물을 대상으로 한다.

합격예측
홈 네트워크건물 인증등급 : AAA(홈IoT), AA, A, 준A 등

자가전기통신설비를 설치하려는 자는 대통령령으로 정하는 바에 따라 주된 설비가 설치되어 있는 사무소 소재지를 관할하는 특별시장·광역시장·특별자치시장·도지사·특별자치도지사에게 신고하여야 한다.

ⓑ 자신의 전기통신에 이용하기 위하여 설치한 전기통신설비의 신고·관리를 통한 건전한 통신서비스 시장질서 확립 및 이용자를 보호한다.

ⓒ 초고속정보통신건물 인증제도
  ⓐ 과학기술정보통신부가 제정한 시설기준에 따라 건축물의 정보통신 인프라 설치상태를 심사하고 인증하는 제도를 말한다.
  ⓑ 일정기준 이상의 구내 정보통신설비를 갖춘 건물에 대해 인증등급을 부여하여 구내통신 고도화를 유도하는 제도이다.

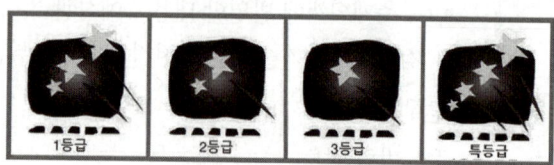

[인증마크 (Emblem)]

ⓒ 홈 네트워크건물 인증제도
  ⓐ 초고속정보통신건물 인증제도가 외부망(인터넷)이 댁내로 연결되기 위한 인프라를 대상으로 하는데 비해 홈 네트워크 인증제도는 홈 네트워크 서비스 제공을 위해 필요한 댁내 통신 인프라를 인증대상으로 한다.
  ⓑ 홈 네트워크건물 인증등급은 초고속 정보통신건물 1등급 이상 받은 공동주택을 대상으로 추가적으로 신청할 수 있으며, 조명제어, 침입탐지, 원격검침, 난방제어 등의 홈 네트워크용 배선설비와 관련기기 설치공간 확보수준에 따라 AAA(홈IoT), AA, A, 준A 등의 등급으로 구분된다.

  ⓒ 홈 네트워크 설비의 종류
    ㉮ 홈 네트워크망
    ㉯ 홈 네트워크 장비 : 홈 게이트웨이, 월 패드, 단지네트워크장비, 단지서버, CCTV시스템
    ㉰ 예비전원장치, 원격제어기기, 감지기, 단지공용시스템 등

나. 구내통신 구축설계

구내통신 구축설계란 구내통신환경 분석, 설계보고서 작성, 설계도면 작성, 설계예산서작성, 공사시방서 작성 등의 설계도서를 작성하는 능력이다.

구내통신환경 분석	설계보고서 작성	설계도면 작성	설계예산서 작성	공사시방서 작성
• 환경조사 보고서 작성 • 요구사항 수집 보고서 작성	• 설계 현황보고서 작성 • 설계보고서 작성	• 작업범위정의와 선로 도면 작성 • 통신망 구성 도면 작성	• 설계설명서와 수량산출서 작성 • 소요예산서 작성	• 시방서 작성 • 자재규격서 작성

[구내통신 구축 설계단계]

(1) 구내통신환경 분석
① 환경조사 보고서 작성 : 현장조사 절차서에 따라 현장조사를 수행
② 요구사항 수집 보고서 작성
　㉠ 사용자의 요구사항을 수집
　㉡ 수요 조사 보고서를 작성

(2) 설계보고서 작성
① 설계 현황보고서 작성
　㉠ 기본설계의 검토

설계의 종류	내 용
기본설계	• 예비타당성조사, 타당성조사 및 기본계획을 감안하여 시설물의 규모, 배치, 형태, 개략공사방법 및 기간, 개략 공사비 등에 관한 조사, 분석, 비교·검토를 한 다음 최적안을 선정하고 이를 설계도서로 표현하여 제시하는 설계업무이다. • 포괄적인 개념의 기본계획을 수립한 내용을 근거로 하는 설계이다.
실시설계	• 기본설계의 결과를 토대로 시설물의 규모, 배치, 형태, 공사방법과 기간, 공사비, 유지관리 등에 관하여 세부조사 및 분석, 비교·검토를 통하여 최적안을 선정하여 시공 및 유지관리에 필요한 설계도서, 도면, 시방서, 내역서, 구조 및 수리계산서 등을 작성하는 것 • 설계자의 의도를 보다 정확하게 전달하기 위하여 보다 전문적이고 기술적으로 세부사항을 표현하여 시공자가 알아보기 편리하도록 설계를 한 것이다.

　㉡ 현황조사서 참고 및 현황보고서 작성
　㉢ 요구사항 보고서 작성
② 설계보고서 작성
　㉠ 구내통신구축에 따른 경로수립
　㉡ 구내통신구축에 따른 배치계획을 수립
　㉢ 구내통신구축에 따른 설계기준 작성

합격 NOTE

합격예측
설계서 또는 설계도서는 설계의 결과물로 만들어진 일체의 서류를 뜻한다. (공사용 도면, 구조 계산서, 산출내역서, 시방서 등)

합격예측
현장조사 절차서 : 설계를 위한 정보수집의 최고의 직무 행위로 체계화된 프로세스

합격예측
지장물 : 사업시행지구 안의 토지에 정착한 건물, 공작물·시설, 농작물 등 사업 수행을 위하여 직접 필요로 하지 않는 물건을 말한다.

합격예측
기본설계를 바탕으로 실제로 시공이 가능한 구체적이고 정확한 실시설계가 이루어진다.

합격예측
경로결정 : 서비스나 정보가 어떠한 경로로 가는 것이 적절한지를 결정한다.

합격 NOTE

합격예측
건설CALS/EC는 건설사업 정보화를 의미한다.

합격예측
"건설CALS/EC 전자도면 작성표준" 절차에 따라 작업범위를 결정한다.

합격예측
CALS는 기존 종이문서를 전자화하고(paperless), 전자화된 문서와 자료들을 최신 정보기술과 전산자원을 활용하여 원격지에서 실시간으로 교환할 수 있게 한다.

합격예측
건설CALS/EC는 건설사업을 효율적으로 수행하여 사업비를 절감하고 공사품질을 향상시키기 위한 전략 차원에서 도입되었다.

합격예측
설비공사 : 통신망 구축을 위한 통신장비(서버, 라우터, 스위치, 보안장비 등)의 설치공사

---

(3) 설계도면 작성

① 작업범위 정의와 선로도면 작성
  ㉠ 건설CALS/EC 전자도면
    건설공사지원 통합정보체계(건설CALS/EC)는 인터넷을 통한 건설업무 관리체계로 설계사무소와 공사현장 등 관련업체들 사이의 업무처리 및 업무현황을 실시간으로 파악하여 신속한 의사결정을 내림으로써 건설산업의 효율성 및 작업능률을 향상시키기 위한 것이다. 건설CALS/EC란 건설산업의 디지털화를 위해 추진되고 있는 국가정보화사업이다.
  ㉡ 지형도 및 관로·선로도 작성

참고

 CALS/EC

① **CALS(Continuous Acquisition and Life-cycle Support)**
  ㉠ 건설사업 정보화를 의미한다.
  ㉡ 통합물류생산 및 지원정보시스템(CALS)은 제품의 계획, 설계, 조달, 생산, 사후관리, 폐기 등의 전 과정에서 발생하는 모든 정보를 디지털화해 관련 기업간에 공유할 수 있도록 하는 정보시스템을 말한다.

② **EC(Electronic Commerce)**
  전자상거래(EC)는 상품의 구입, 판매, 수송에 관한 정보가 정보통신망을 통해 움직임으로써 전자공간에서 거래와 결제를 하는 시스템을 말한다.

③ **CALS/EC**
  건설CALS/EC란 기획, 설계, 시공, 유지관리 등 건설사업의 모든 과정(Whole-Life)에서 발생되는 정보(Information)를 발주기관, 수주업체 등 관련 주체가 정보통신망(Network)을 통해 교환, 공유하기 위한 시스템으로 건설산업의 디지털화를 위해 추진되고 있는 국가정보화사업이다.

---

② 통신망 구성도면 작성
  ㉠ 건축도면, 장비도면, 기기배치도면을 참조하여 작성
  ㉡ 구내통신구축에 관한 망 구성도 작성
  ㉢ 구내통신설비의 장비결선도와 배선도 작성
  ㉣ 설비공사 설치 상세도 작성

(4). 공사시방서 작성

① 시방서 작성

㉠ 통신망 구축에서의 시방서는 통신망을 설계하거나 설치할 때 도면상에 나타낼 수 없는 세부사항을 명시한 문서이다.

㉡ 통신망 구축 공사에는 설계도면 이외에도 시방서가 필요하다.

시방서 종류	내 용
일반시방서	공사에 공통적으로 해당되는 기본적인 사항을 기술하는 것으로, 목적, 적용법규, 공사자격, 공사진도관리, 공사현장관리인 업무, 공사현장관리 등 공사수행을 위한 일반사항을 기술한다.
특별시방서	반드시 준수해야 할 특유의 공법, 작업순서, 기타 작업지침을 기재하는 공사시방서로서, 특별한 공법 또는 재료 등이 필요한 공사에 사용된다.
표준시방서	시설물의 안전 및 공사시행의 적정성과 품질확보 등을 위해 시설물별로 정한 표준적인 시공기준을 말하며, 발주처나 용역사업자가 공사시방서를 작성하는 경우에 활용한다.
전문시방서	표준시방서에 규정할 수 없는 단일 공사 현장에만 적용할 수 있는 내용들을 별도로 기술한 시방서이다.

㉢ 기술기준, 기술규정 및 기술규칙을 준수하여 작성한다.

ⓐ 기술기준 : 전기 통신망에서 통신 장비들이 만족시켜야 할 최소한의 기본적 기술요건을 정부에서 법으로 정하여 의무화한 강제 규정이다.

ⓑ 기술규정 : 일반 국민의 권리·의무와는 관계가 없고, 행정조직 내부에서만 적용한다.

ⓒ 기술규칙 : 표준적인 형식으로 기술하기 위해 정한 규칙

② 자재규격서 작성

당해공사에 소요되는 자재의 자재규격서 작성

다. 구내통신망 운영

(1) 장애관리

① 장애원인을 파악하고 유형별 분류

② 구내통신설비를 정기적으로 시험하고 점검하여 장애를 사전에 제거

(2) 성능관리와 감시제어시스템 운용

① 구내통신망 운영, 설비의 가동상태를 주기적으로 점검한다. 성능관리는 시스템을 구성하는 전체영역에 대한 성능현황정보를 주기적으로 측정하고 발견된 성능문제를 신속하게 해결하여, 최고의 서비스 자원의 효율성을 유지, 제공할 수 있게 해준다.

합격 NOTE

합격예측
시방서는 어떤 일의 순서를 분명하고 자세하게 기록한 문서이다.

합격예측
전문 시방서는 특기 시방서라고도 한다.

합격예측
기술기준은 표준 중에서 공통된 판단의 근거가 되는 조건, 수준, 한계 등을 규정한 것으로 엄격히 지켜야 할 강제 표준이다.

합격예측
장애는 통신설비가 본래 목적의 서비스 제공을 하지 못하는 것이다.

합격예측
성능관리는 통합된 정보시스템의 모든 구성요소의 활동능력과 성능에 관계된 모든 상태를 감시하는 것이다.

합격예측
장비별 성능관리를 체계적으로 하여야 구내통신망 운영의 목적을 달성할 수 있다.

② 구내통신망 감시를 위해 감시제어시스템을 운용
③ 구내통신설비의 성능저하 원인과 개선대책을 수립

라. 구내통신망 예방점검

(1) 품질관리 운영계획
  ① 구내통신망의 품질확보를 위해 품질관리계획을 수립
  ② 망의 안정성과 효율적인 기능을 확보

(2) 예방점검관리와 안전사고 예방
  ① 정기적인 예방점검
  ② 요소별 장애원인을 분석하여 가용도향상
  ③ 점검내용을 체계적으로 기록관리
  ④ 접지선 및 접지설비를 점검하고 접지저항을 측정

마. 구내통신망 장애처리

① 구내통신망 장애처리 프로세스계획
② 구내통신망 돌발사고 발생 시 응급조치를 수행
③ 장애현상과 관련된 자료를 수집·분석하여 대처방법을 정리
④ 구내통신망 장애발생에 대한 조치내용의 기록 및 데이터베이스화
⑤ 장애가 잦은 회선과 설비를 구분하여 문제점을 분석하고 점검

합격예측

장애처리 : 구내통신 네트워크 자원의 고장발생으로 인하여 통신 서비스가 중단되었을 때 정상적으로 동작하여 서비스를 제공할 수 있도록 하는 제반활동을 말한다.

출제 예상 문제

제1장 구내통신 설계 및 운영

01 기초 조사 및 계획 단계에서 시스템 도입 목적을 위한 제약 조건이 아닌 것은?

① 경제적 제약
② 시간적 제약
③ 공간적 제약
④ 운용적 계약

해설
기초 조사 및 계획 단계에서 시스템 도입 목적의 명확화를 위한 제약 조건에는 경제적 제약(투자액), 시간적 제약(시스템 개발 시간), 공간적 제약(설비 설치장소), 기능적 제약, 인간적 제약(Operation), 사회적 제약(법률), 기술적 제약(하드웨어, 소프트웨어) 등이 있다.

02 데이터 네트워크의 도입 설치시 고려할 사항과 가장 관련이 적은 것은?

① 표준안에 따른 제품의 선정
② 네트워크 변동에 대한 유연성
③ 고가 또는 염가 제품의 선정
④ 장치 및 S/W의 추가 또는 제거의 용이성

03 기초 자료의 조사 중 트래픽의 현상과 예측을 하는 과정에서 조사하지 않아도 되는 것은?

① 시간대별 데이터량
② 일일 데이터량
③ 연간 데이터량
④ 시스템 내 데이터량

04 기초 자료의 조사, 분석 중 업무분석에 해당하지 않는 것은?

① 타기업과의 경쟁력
② 대상업무와 처리방식
③ 업무별 입력 및 출력의 종류와 형식
④ 단말기 및 회선의 형식과 예상되는 설비

05 기초조사, 계획의 결과를 기초로 '시스템 제안서'를 작성할 때 제안서 내에 넣지 않아도 되는 것은?

① 시스템 개요
② 설비 구성
③ 시스템 가격
④ 신뢰성과 기밀 유지

06 정보통신시스템 계획 중 아래 내용에 해당하는 단계는?

> 시스템 성능 평가, 사용자 피드백, 문제에 대한 개선 및 보안, 시스템의 개량개선 검토

① 시스템 설계
② 시스템 구현
③ 시스템 시험
④ 시스템 유지보수

해설
정보통신시스템 계획

1	시스템 조사	시스템 필요성 확인 / 새 시스템 타당성 조사
2	시스템 분석	사용자 요구 및 시스템 성능/능력 도출
3	시스템 설계	시스템 청사진 및 스펙 결정, 개념적 설계, 세부적 설계
4	시스템 구현	프로그래밍, 시스템설치, 사용자교육
5	시스템 유지보수	시스템의 성능 평가, 사용자 Feedback, 문제의 개선 및 보완

07 정보통신 시스템의 설계에서 시스템의 목적과 요구 조건을 명확히 하는 과정은?

① 기초 조사, 기획
② 기본 설계
③ 세부 설계
④ 종합 검사

[정답] 01 ④ 02 ③ 03 ④ 04 ① 05 ③ 06 ④ 07 ①

08 도입 효과의 추정 단계에서 경제성에 관한 사항이 아닌 것은?

① 사무 처리 시간의 단축
② 고객 서비스의 향상
③ 경영 관리 자료의 충실
④ 처리 순서 통일에 의한 합리화

09 정보통신시스템 분석의 목적에 관한 내용으로 맞지 않는 것은?

① 새로운 시스템 설계의 기초자료를 얻는다.
② 비능률적이고 낭비적인 요소와 문제점을 발견할 수 있다.
③ 시스템 또는 각 구성요소에 장애가 발생했을 때 회복을 위한 수리의 간편성, 정기적인 점검자료를 얻는다.
④ 전산화에 따른 효과분석을 할 수 있는 기초자료를 얻는다.

해설
정보통신시스템의 분석(Analysis)
① 시스템 분석이란 정보통신시스템이 무엇을 하여야 하는지 자세히 이해하고 명세로 나타내는 일을 말한다.
② 정보통신시스템을 개발하기 위한 단계 : 시스템 조사 – 시스템 분석 – 시스템 설계 – 시스템 구현 – 시스템 운영 및 보수
③ 시스템 분석과정을 통해 사용자의 요구 및 시스템의 성능 및 능력을 도출한다.

10 정보통신시스템 설계시 시스템의 신뢰성 설계 요소로 인정하기 곤란한 것은?

① 신뢰성(Reliability)
② 가용성(Availability)
③ 호환성(Compatibility)
④ 보전성(Serviceability)

해설
① 신뢰성 : 시스템 또는 각 구성 요소가 정해진 조건으로 의도하는 기간 중, 소정의 기능을 완수하는 능력이다.
② 가용성 : 어떤 특정 시점에서 소정의 기능을 완수하고 있는 비율로 정의한다.
③ 보전성 : 시스템 또는 각 구성 요소에 장애가 발생했을 때 회복을 위한 간편도, 정기적인 점검, 대책의 간편성을 말한다.

11 정보통신시스템의 설계에서 소프트웨어의 구체적 설계와 코딩 및 디버깅 등을 하는 과정은?

① 기초 조사, 기획
② 기본 설계
③ 세부 설계
④ 종합 검사

12 정보통신시스템 기본설계에서 프로그램 설계가 아닌 것은?

① 톱–다운 설계
② 복합 설계
③ 데이터 중심형 설계
④ 하드웨어 설계

해설
정보통신시스템 설계
① 기본설계(External design)
  ㉠ 외부적인 특징을 생각하고, 계획하며, 이를 기술하는 과정이다.
  ㉡ 기본설계에 포함되는 사항들 : 기능규격 및 트래픽 양 결정, 시스템구성과 시스템방식설계, 입·출력설계, 파일설계, 처리방식설계, 처리능력설계, 통신망설계, 프로그램설계, 안전관리대책, 시스템 기본설계 평가
② 상세설계(Internal design)
  기본설계를 실행에 옮기는 데 필요한 내부 구조 및 처리내역, 즉 시스템 구성요소들(소프트웨어, 하드웨어 등)의 상세설계를 한다.
③ 시스템 구현
④ 시스템 시험
⑤ 시스템 유지보수

13 정보통신시스템의 설계에서 소프트웨어와 하드웨어의 구성, 파일 구성, 회선 구성 등의 방식을 결정하는 과정은?

① 기초 조사, 기획
② 기본 설계
③ 세부 설계
④ 종합 검사

[정답] 08 ② 09 ③ 10 ③ 11 ③ 12 ④ 13 ②

14 데이터 통신 시스템의 네트워크에서 실현되고 있는 소프트웨어는 어느 것인가?

① 전송 제어 프로그램만이 실현되고 있다.
② 네트워크 제어 프로그램만이 실현되고 있다.
③ 전송 제어 프로그램과 네트워크 제어 프로그램이 모두 실현되고 있다.
④ 응용 프로그램과 처리 프로그램이 모두 실현되고 있다.

해설
네트워크의 소프트웨어 기능은 전송 제어 프로그램과 네트워크 제어 프로그램을 모두 실현시킨다.

15 정보 통신 시스템의 CPU 처리 능력을 결정하기 위하여 시스템 구축 기본 설계 단계에서 가장 중점적으로 검토해야 할 것은?

① 장비 수용 조건
② 전송 회선의 분기 방식
③ 운용상의 통신 보안 대책
④ 기초 트래픽의 조사 분석

16 다음 중 정보통신시스템 구축시 네트워크에 관한 고려사항이 아닌 것은?

① 파일 데이터의 종류 및 측정방법
② 백업회선의 필요성 여부
③ 단독 및 다중화 등 조사
④ 분기회선 구성 필요성

해설
네트워크 구축을 위한 준비단계 및 고려사항
① 기존 설치된 네트워크 시스템을 최대한 활용
② 향후 확장이 용이하게 설계
③ 장비의 규격, 프로토콜 등 국내 및 국제표준규격을 준수
④ 트래픽 분산을 최적화하는 시스템
⑤ 네트워크 관리 및 유지보수가 용이
⑥ 추가 증설을 고려하여 설계
⑦ 장애발생시 즉각 조치가 가능하도록 하여 설계

17 정보통신시스템의 하드웨어 설계 시 고려사항이 아닌 것은?

① 운용, 유지보수 및 관리
② 민원 가능성
③ 신뢰성
④ 전기적 및 물리적 성능

18 정보통신시스템의 하드웨어 설계 시 고려사항이 아닌 것은?

① 운용, 유지보수 및 관리
② 민원 가능성
③ 신뢰성
④ 전기적 및 물리적 성능

19 서비스의 중단을 야기하는 장애구간을 탐색하기 위하여, 각 구간을 절분하여 시험하는 루프백(Loop-Back) 시험에 대한 설명으로 잘못된 것은?

① 루프백의 제어방법에는 자국(Local) 제어방법과 원격국(Remote) 제어방법이 있다.
② 원격루프백은 자국으로부터 수신한 신호를 자국으로 돌려주는 것을 말한다.
③ 루프백 시험을 위해서는 패턴을 발생하고 분석하는 계측기를 사용하여야 한다.
④ 루프백이 수행되는 지점은 각 통신시스템에서 신호의 입력 및 출력이 이루어지는 지점이다.

해설
루프백 시험(Loop Back Test)
① 루프백 시험은 디지털전송장비(DSU 등)를 이용하여 선로(회선) 및 장비를 시험하는 것을 말한다.
② 루프백 시험의 종류
　㉮ 자국 루프백(Local Loop Back)
　　자국 쪽 전송장비가 이상이 있는지 여부를 확인하기 위하여 자국 장비내에서 시험
　㉯ DLB(Digital Loop Back)
　　원격국에서 송출한 시험패턴을 자국 쪽 전송장비가 원격국으로 다시 재송출하여 자국 장비의 상태 및 선로상태를 시험
　㉰ 원격국 루프백(Remote Digital Loop Back)
　　자국에서 송출한 시험패턴을 원격국측이 재송출하여 선로상태 및 원격국 쪽 장비 시험

[정답] 14 ③　15 ④　16 ①　17 ②　18 ②　19 ②

20 정보통신시스템에서 신뢰성의 척도로 가동률을 사용하고 있다. MTBF=22시간, MTTR = 2시간일 때 가동률을 구하면?(단, 소수점 3번째 자리에서 반올림한다.)

① 0.98 ② 0.96
③ 0.94 ④ 0.92

21 시스템의 총 운용 시간 중 정상적으로 가동된 시간의 비율을 의미하는 것은?

① MTBF ② MTTF
③ MTTR ④ Availability

해설
가동률(Availability)
① 가동률이란 신뢰성의 척도로, 장비의 총 운영시간에 대한 정상적인 기능을 수행한 시간이 얼마만큼인가를 나타낸다.
② 가동률 = $\dfrac{평균고장간격}{평균고장간격+평균수리기간}$

22 시스템 신뢰성을 나타내는 가동률에 대한 설명 중 틀린 것은?

① 장비의 총 운영 시간에 대해 정상적 기능을 수행한 시간 비율이다.
② 평균 고장 수리를 하는 시간을 사용시간 대비 비율로 나타낸다.
③ 평균 수리시간이 길수록 가동률은 떨어진다.
④ 가동률 = $\dfrac{평균 고장 간격}{평균 고장 간격+평균 수리 소요 시간}$

23 데이터 통신 시스템의 신뢰도의 척도로 사용되지 않는 것은?

① 유용률(Availability)
② 점유율(Seizure Time)
③ 잔존율(Probability Of Survival)
④ 평균 수명(Mean Time To Failure)

해설
시스템 신뢰도의 척도
① 유용률
② 잔존율
③ 평균 수명

24 어떤 시스템에서 신뢰도를 높이기 위해 중복시스템을 채용하고 있다. 이 시스템에서 유니트1 또는 3이 고장을 일으키면 자동적으로 유니트2 또는 4로 바뀐다. 유니트 1, 2, 3, 4의 신뢰도를 각각 [0.8], [0.8], [0.9], [0.9]라 할 때 이 시스템의 신뢰도는 얼마인가?

① 0.9684 ② 0.9504
③ 0.5184 ④ 0.0684

해설
시스템의 신뢰도(R)
신뢰도란 어떤 부품 또는 시스템이 일정한 환경하에서 일정시간 고장 없이 그 능력을 발휘하는 확률이다.

25 시스템을 구성하는 각 장비의 기능에 따라 정상상태를 시험할 목적으로 사용되는 프로그램은?

① 프로그램 보수 프로그램
② 장애해석 프로그램
③ 시스템 가동 통계 프로그램
④ 보수시험 프로그램

해설
① 하드웨어 보수용 프로그램
  ㉠ 보수 시험 프로그램 : 시스템을 구성하는 각 장비의 기능에 따라 정상상태를 시험할 목적으로 사용
  ㉡ 장애해석 프로그램 : 시스템 운영 중에 발생하는 장애를 로깅(logging)하거나, 장애정보를 편집 및 출력하는 프로그램
② 소프트웨어 보수용 프로그램
  ㉠ 프로그램 보수 프로그램 : 프로그램의 수정, 추가, 삭제 및 버그해석 등에 사용
  ㉡ 파일 보수 프로그램 : 프로그램 및 파일을 저장하는 파일의 보수에 사용
  ㉢ 시스템 가동 통계 프로그램 : 시스템 운영의 통계자료를 출력하는 데 사용

[정답] 20 ④ 21 ④ 22 ② 23 ② 24 ② 25 ④

26. 데이터 통신 시스템의 평균 고장 간격(MTBF)을 나타내는 공식은 어느 것인가?

① $\dfrac{장해건수}{전원\ 투입\ 시간 - 장치\ 장해\ 시간}$

② $\dfrac{장해건수}{장치\ 장해\ 시간 + 전원\ 투입\ 시간}$

③ $\dfrac{전원\ 투입\ 시간 - 장치\ 장해\ 시간}{장해건수}$

④ $\dfrac{장치\ 장해\ 시간 + 전원\ 투입\ 시간}{장해건수}$

해설
MTBF(Mean Time Between Failure)
장치나 시스템의 고장에서 다음 고장까지의 평균 시간으로서, 고장 없이 기능이 정상 운영된 평균 시간을 말한다.

27. 수리가 가능한 시스템이 고장난 후부터 다음 고장이 날 때까지의 평균시간을 의미하는 것은?

① MTBF　　② MTTF
③ MTTR　　④ Availability

해설
평균고장시간(MTBF : Mean Time Between Failure)
① 신뢰도 척도의 하나로서, 수리 가능한 장치의 어떤 고장과 다음 고장 사이, 즉 수리 완료로부터 다음 고장까지 무고장으로 작동하는 시간의 평균값이다.
　∴ MTBF = MTTF + MTTR
② 값이 클수록 좋다.

28. 다음 중 정보통신시스템 유지보수 활동의 유형에 해당되지 않는 것은?

① 준공 시 정보통신시스템 성능의 유지관리
② 잘못된 것을 수정하는 유지보수
③ 시스템 구축을 위한 유지보수
④ 장애발생 예방을 위한 유지보수

29. 정보통신시스템 운용 중 장애 발생 시 대응절차로 적합하게 나열한 것은?

(가) 장애발생 신고접수
(나) 장애처리
(다) 결과보고
(라) 장애이력 관리

① (가)-(나)-(다)-(라)
② (가)-(다)-(나)-(라)
③ (나)-(다)-(가)-(라)
④ (나)-(가)-(라)-(다)

30. 정보통신시스템 계획 중 아래 내용에 해당하는 단계는?

시스템 성능 평가, 사용자 피드백, 문제에 대한 개선 및 보안, 시스템의 개량개선 검토

① 시스템 설계
② 시스템 구현
③ 시스템 시험
④ 시스템 유지보수

31. 정보 통신 시스템의 변경 요인 중 가장 거리가 먼 것은?

① Transaction의 증가 및 처리 능력 부족
② On-Line 업무 후 Batch 처리 시간의 감소
③ 소프트웨어 유지 보수 효율 저하
④ 단말 설비의 처리 능력과 노후화

[정답] 26 ③　27 ①　28 ③　29 ①　30 ④　31 ③

32 다음 중 구내통신에 대한 설명으로 가장 옳지 않은 것은?

① 구내통신은 구내에 설치한 정보통신 설비(방송 공동수신설비, 홈 네트워크 설비, 영상감시설비 등)를 이용하여 구내에 제공하는 통신이다.
② 구내통신은 국선·국선단자함 또는 국선배선반과 초고속통신망장비 등 각종 구내통신용 설비를 이용한 통신을 말한다.
③ 구내통신은 건물내에 교환기 등의 정보통신설비를 구축하여 전화서비스는 물론 통신운영 및 관리업무를 대행하는 것을 말한다.
④ 구내통신은 한 건물 안에 전화와 인터넷을 포함한 다양한 네트워크를 한 번에 구축하는 서비스이다.

[해설]
구내통신 시스템이란 건물내에 교환기 등의 정보통신설비를 구축하여 전화서비스는 물론 통신운영 및 관리업무를 대행하는 서비스를 일컫는 것으로, 구내통신망은 아파트 등 공동주택 또는 빌딩의 주배전반(MDF)에 동별 허브, 동단자함을 댁내까지 인입하는 구조를 이루고 있다.

33 다음 설명으로 가장 적합한 것은?

> 국선접속설비를 제외한 구내 상호간 및 구내·외간의 통신을 위하여 구내에 설치하는 케이블, 선조 (선조), 이상전압전류에 대한 보호장치 및 전주와 이를 수용하는 관로, 통신터널, 배관, 배선반, 단자 등과 그 부대설비

① 전원설비
② 교환설비
③ 구내통신선로설비
④ 국선단자함

34 다음 중 구내통신 구축계획의 범위에 가장 적합하지 않은 것은?

① 구내통신 구축을 위한 설계보고서 작성
② 구내통신 구축을 위한 소요예산 파악
③ 구내통신 구축을 위한 범위 설정
④ 구내통신 구축을 위한 목표 수립

[해설]
구내통신 구축계획 수립이란 구내통신 구축을 위하여 목표 수립, 범위 설정, 구축조직의 구성, 소요예산 파악과 인허가 계획을 수립하는 능력이다.

35 다음 중 구내통신을 구축하기 위한 계획단계에서 이루어지는 과정으로 옳은 것은?

> ㉠ 구축 범위 설정
> ㉡ 구축 조직 구성
> ㉢ 구축 목표 수립
> ㉣ 구축 인허가 계획수립
> ㉤ 구축 소요 예산 파악

① ㉠, ㉡
② ㉠, ㉡, ㉢
③ ㉠, ㉡, ㉢, ㉣
④ ㉠, ㉡, ㉢, ㉣, ㉤

36 다음 중 구내통신 구축 계획을 위한 구축계획서 작성 목적으로 가장 틀린 것은?

① 사업비 초과 예방
② 계획기간 내에 성공적인 사업추진 가능
③ 해당 부서들의 독립성 확립
④ 사업 시행 중 발생하는 문제점 예측 및 보완

37 다음 중 ( )에 가장 알맞은 것은?

> 구내통신 구축설계란 구내통신환경 분석, 설계보고서 작성, 설계도면 작성, 설계예산서작성, 공사시방서 작성 등 ( )를 작성하는 능력이다.

① 기본설계서
② 설계도서
③ 현황조사서
④ 실시설계서

[정답] 32 ② 33 ③ 34 ① 35 ④ 36 ③ 37 ②

해설
① 설계서 또는 설계도서는 설계의 결과물로 만들어진 일체의 서류를 뜻한다. (공사용 도면, 구조 계산서, 산출내역서, 시방서 등)
② 설계도서는 건축물의 건축 등에 관한 공사용의 도면과 구조계산서 및 시방서 등의 서류를 말한다.

해설
시방서는 공사나 제품에 필요한 재료의 종류와 품질, 사용처, 시공법, 납기 일정, 준공 기일 등의 설계도면에 표시하기 어려운 부분이 잘 정리된 문서이다.

38 다음 중 '설계도서'에 포함되지 않는 것은?
① 공사비명세서
② 시험성적서
③ 시방서
④ 설계도면

해설
"설계"란 공사에 관한 계획서, 설계도면, 시방서, 공사비명세서, 기술계산서 및 이와 관련된 서류(설계도서)를 작성하는 행위를 말한다.

41 다음 중 시방서의 작성요령에 대한 설명으로 틀린 것은?
① 재료의 품목을 명확하게 규정한다.
② 표준시방서는 공사시방서를 기본으로 작성한다.
③ 설계도면의 내용이 불충분한 부분은 보충 설명한다.
④ 설계도면과 시방서의 내용이 상이하지 않도록 한다.

해설
공사시방서는 표준시방서를 기본으로 작성한다.

39 다음 중 건설공사지원 통합정보체계(건설CALS/EC)에 대한 설명으로 가장 옳지 않은 것은?
① 업무처리 및 업무현황을 실시간으로 파악하여 신속한 의사결정을 내릴 수 있는 시스템이다.
② 건설 산업의 아날로그화를 위해 추진되고 있는 국가 정보화사업이다.
③ 건설산업의 효율성 및 작업능률을 향상시키기 위한 시스템이다.
④ 설계, 시공, 관리 등의 정보를 인터넷을 통해 교환, 공유하기 위한 시스템이다.

해설
건설공사지원 통합정보체계(건설CALS/EC)는 인터넷을 통한 건설업무 관리체계로 설계사무소와 공사현장 등 관련업체들 사이의 업무처리 및 업무현황을 실시간으로 파악하여 신속한 의사결정을 내림으로써 건설산업의 효율성 및 작업능률을 향상시키기 위한 것이다.

42 다음 중 시스템의 구축에서 제일 나중에 수행되는 것은?
① 기초조사 및 계획
② 회선구성
③ 세부설계
④ 종합운용시험

43 다음 중 구내통신망을 장애 없이 최적의 상태로 유지하기 위한 방법으로 가장 옳지 않은 것은?
① 구내통신망 선로설비 점검
② 구내통신망 운영계획 수립
③ 구내통신망 예방점검
④ 구내통신망 장애처리

해설
구내통신망을 장애 없이 최적의 상태로 유지하기 위하여 구내통신망 운영계획 수립, 구내통신망 운영, 구내통신망 예방점검, 구내통신망 장애처리, 예비전원설비 관리 등을 수행한다.

40 다음 중 공사를 진행할 때 일정한 순서를 정리해 놓은 문서로 가장 알맞은 것은?
① 설계도면
② 설계보고서
③ 시방서
④ 상세설계서

[정답] 38 ② 39 ② 40 ③ 41 ② 42 ④ 43 ①

44 관리하고자 하는 네트워크 장비들에 대한 감시와 제어를 수행하는 시스템은?

① 에이전트
② 네트워크 관리 시스템
③ 호스트
④ 네트워크 장비

해설
네트워크 관리시스템(NMS : Network Management System)은 네트워크상의 전 장비들의 중앙 감시 체제를 구축하여 Monitoring, Planning 및 분석이 가능하여야 하며 관련 데이터를 보관하여 필요 즉시 활용 가능하게 하는 관리시스템이다.

45 다음 중 망관리시스템(NMS)의 5대 주요기능으로 가장 볼 수 없는 것은?

① 구성관리(Configuration Management)
② 계정관리(Account Management)
③ 성능관리(Performance Management)
④ 변화 관리(Change management)

해설
① 망관리 기능(FCAPS)은 망관리와 관련하여 OSI에서 개념화시킨 주요 기능 5가지 기능이다.
② FCAPS : Fault Management, Configuration Management, Account Management, Performance Management, Security Management

46 다음 설명이 나타내는 구내통신망 운영 방법으로 가장 맞는 것은?

통합된 정보시스템의 모든 구성요소의 효율적인 활동 능력과 성능에 관계된 모든 상태를 감시하는 것

① 장애관리   ② 성능관리
③ 운영관리   ④ 품질관리

47 다음 설명이 나타내는 구내통신망 운영 방법으로 가장 맞는 것은?

구내통신 네트워크 자원의 고장발생으로 인하여 통신 서비스가 중단되었을 때 정상적으로 동작하여 서비스를 제공할 수 있도록 하는 제반활동

① 장애관리   ② 성능관리
③ 운영관리   ④ 품질관리

[정답] 44 ② 45 ④ 46 ② 47 ①

2 설비 설치

1. 이중마루(Access Floor)

가. 이중마루의 개요

(1) 이중마루는 공조와 각종 케이블(전기, 통신, 데이터)의 관리를 용이하게 하기 위하여 바닥을 이중화하는 것을 말한다.

(2) 이중마루는 건축물의 기초 바닥면 위에 지주 및 판넬을 설치하여 전선 및 공조관련 설비 등을 매립할 수 있는 공간을 확보함으로써 쾌적한 사무환경을 유도하고 전선의 유해한 전자파로부터 보호하며, 간편한 유지보수를 위하여 설치되는 바닥재를 말한다.

나. 이중마루의 구성

지주요소(지지유닛) 위에 패널요소(플로어패널)와 마감자재(플로어카펫)가 설치되며, 패널요소 아래 공간에는 케이블 세퍼레이터 등을 이용하여 전화·전기배선, 네트워크 배선 등이 연결되게 된다.

구성요소	내 용
패널 요소	• 이중바닥재에서 바닥면의 기능이 있는 구성요소이다. • 공간의 미적, 기능적 요구 사항에 맞게 다양한 소재와 마감재로 제공된다.
지주 요소	• 이중바닥재의 패널 요소를 지지(support)하는 기능이 있는 구성요소를 말한다.
완충재	• 지주 요소의 상단에 설치하여 패널 요소의 진동, 충격 또는 소음을 방지하는 부속품을 말한다.
마감재	• 패널 요소 위에 설치하여 패널 요소 또는 지주 요소의 진동이나 충격, 표면의 정전기를 방지하고, 내오염성이 강한 자재를 말한다.
스트링거	• 받침대를 연결하고 이중 바닥 시스템에 안정성을 추가하는 수평 지지대이다.

합격 NOTE

합격예측
이중마루(이중바닥재)는 방재실, 전산실 등에서 각종 설비의 배선, 배관 등을 포설하기 위한 2중 바닥 구조를 말한다.

합격예측
이중마루는 건물에 인입되는 전기선 및 통신선의 시공과 관련하여 배선의 안전성과 시공 후 쾌적함을 위해 설계한다.

합격예측
구성체 : 이중바닥재를 구성하는 패널요소와 지주요소를 말하며, 완충재 및 마감재를 포함한다.

합격예측
패널(Panel) : 이중마루의 보행 표면을 형성하는 주요 구성요소

합격예측
이중마루는 바닥패널, 받침대, 스트링거 및 각종 부속품으로 구성된다.

다. 이중마루의 분류

(1) 사용 용도에 의한 분류

: 일반사무실용, 전산실용, 공장용, 특수 용도용 등

(2) 구성 재료에 의한 분류

재 질	종 류
목질계	합판, 파티클 보드, 섬유판 등
무기질계	복합 시멘트계, 규산칼슘판 등
합성수지계	PP, PVC, FRP 등
강판계	도금 강판, 도장 강판, 무기질 코어 강판, 유기질 코어 강판 등
알루미늄계	알루미늄 다이캐스팅, 알루미늄 허니컴 등

라. 이중마루의 장단점

장 점	단 점
• 향상된 케이블 관리 • 온도 유지에 도움 • 유연성과 적응성 • 쉬운 유지 관리 • 적응 가능한 레이아웃 • 미학과 은폐 등	• 높은 설치 비용 • 높이 제한(유효 천장 높이 감소) • 무게 제한 • 유지 보수 요구 사항 • 기술 지식 필요 등

마. 이중마루의 응용

(1) 이중마루는 생산성과 집중력을 위해 조용한 환경이 중요한 개방형 사무실이나 데이터 센터에서 특히 유용하다.

(2) 이중마루는 데이터 센터, 사무실 공간, 클린룸, 서버실, 제어실, 의료시설, 교육기관, 박물관, 미술관, 방송 스튜디오, 실험실 등에서 많이 사용되고 있다.

2. 무정전 전원 공급장치(UPS : Uninterruptible Power Supply)

가. UPS의 개요

(1) UPS란 입력전원이 순시 전압 저하나 정전되었을 때 부하전력의 연속성을 확보하기 위해 전력변환장치, 스위치와 이차전지 등을 조합하여 구성한 전원장치를 말한다.

(2) UPS는 정전, 순시전압 저하, 서지, 전압변동 등에 대비하며, 중요 부하에는 안정된 정전압 정 주파수특성의 교류전력을 공급하는 시스템이다.

(3) UPS는 비상전원설비의 기능을 하며, 상용전원의 손실이나 고장 후 정해진 시간 내에 필요한 용량의 신뢰도 높은 전원을 부하에 공급한다.

합격 NOTE

합격 예측
UPS는 상용 전원에서 일어날 수 있는 전원 장애를 극복하여 좋은 품질의 안정된 교류 전력을 공급하는 장치이다.

참고

📍 서지 및 서지보호기

(1) 서지(Surge)
① 서지는 짧은 시간 급속히 증가하고 서서히 감소하는 특성을 갖는 전기적 전류, 전압 또는 전력의 과도 파형을 말한다.
② 서지는 전기 전자 회로, 전기기기 또는 계통의 운전 중에 제어, 개폐조작 또는 뇌 방전에 의해서 과도적으로 발생하여 진행하는 과전압 또는 과전류를 말한다.
③ 서지의 주요 영향 : 감전사고, 전기설비기기의 절연파괴, 통신설비의 잡음 및 오작동 등

합격예측
서지는 고전압 고전류의 임펄스(Impulse)를 총칭하는 전기적 잡음의 일종이다.

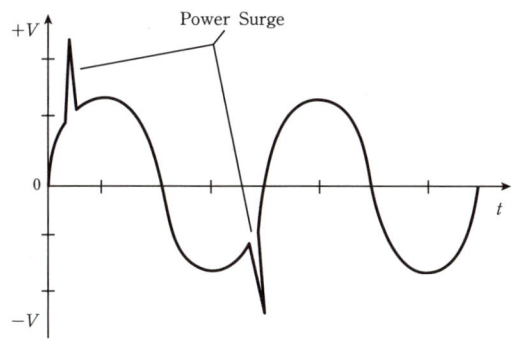

합격예측
서지 파형 : 단극성 임펄스 파형(Impulse Wave)

④ 자연 현상에 의한 서지의 종류
  ㉠ 직격뢰 : 낙뢰가 구조물, 장비, 전력선 등에 직접 뇌격하는 서지
  ㉡ 간접뢰 : 전원선, 통신선 등을 통하여 전달되는 서지
  ㉢ 유도뢰 : 매설된 전원선, 통신선 등을 통하여 유도되는 서지

합격예측
자연 현상에 의한 서지 : 주로, 벼락(뢰)에 의해 발생한다.

(2) 서지 보호기(Surge Protector)
① 서지 보호기는 교류 전원시스템에 적용하며 전기계통의 서지 과전압에 대해 보호한다.
② 서지 보호기는 순간 고 전압으로 회로시스템이 충격을 받는 것을 방지하는 장치이다.
③ 서지 보호기는 서지를 빛과 열로 변화시켜 순간적으로 방전시킨다.

합격예측
서지 보호기는 서지로 부터 각종 장비들을 보호하는 장치이다.

합격 NOTE

합격예측

서지 억제 방법
① 유입로가 전원선일 경우 : 접지선으로 흘려준다.
② 유입로가 접지선일 경우 : 전원선 전압을 보상하여 준다.

④ 서지 피해 보호 종류
  ㉠ 직격뢰의 피해억제
  ㉡ 간접뢰의 피해억제
  ㉢ 전원계통에 인입된 서지의 억제
    : 데이터 및 전화교환기기 보호 통신용, 접지시스템의 개선, 무선 안테나 경로로 인입된 서지의 억제

나. UPS의 구성 및 구성요소

구성 요소	기능 및 특징
정류기 (Rectifier)	• 상용 AC 전원을 DC로 변환하여 축전지 및 인버터에 전력을 공급하는 역할을 한다. • AC 주전원을 공급받아 정류하고 배터리를 충전하는데 사용되는 DC 전압을 생성한다.
인버터 (Inverter)	• 변환된 DC 전원을 다시 안정된 AC로 변환하여 부하에 공급하는 역할을 한다. • 전원이 정전되었을 때에 충전된 DC 전원을 인버터를 경유하여 부하에 전기를 공급하는 역할을 한다.
축전지 (Battery)	• 평상시에 정류기에서 받은 DC 전력을 모아뒀다가 정전 시 혹은 정류기의 고장 시 부하에 전력을 공급하는 역할을 한다. • 보통 무보수밀폐형의 연축전지나 장수명 밀폐형 축전지가 사용된다.
동기절체 스위치 (Static Transfer Switch)	• 부하에 공급하는 전원을 끊김 없이 절체해주는 역할을 한다. • 인버터 후단과 바이패스 부분을 담당하여 서로 인터록이 되게 구성을 한다.
유지 보수 스위치 (Maintenance Bypass Switch)	• UPS의 인위적인 유지보수 및 점검이 필요할 때 상용전원에 Bypass하는 역할을 한다. • 정기 점검시 상용전원과 UPS 시스템을 완전히 분리시킨다.
AVR (Automatic Voltage Regulator)	• 자동전압조정기, 혹은 자동변압기라 한다. • 고품질의 전력을 부하에 입력해 주기 위한 장비이다.

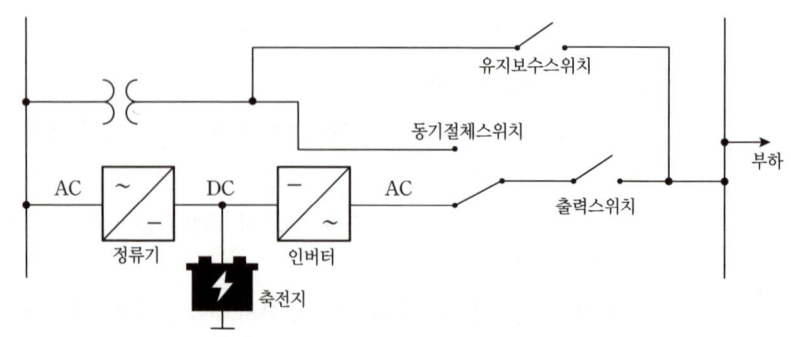

다. UPS의 동작 원리

(1) **정상 동작** : 정류기에서 DC로 변환된 전력은 축전지에서 자연적으로 방전된 부분을 충전해주고, 인버터 측으로 전력을 공급한다.

(2) **정전 혹은 정류기 고장 시 동작** : 정전이 나거나 정류기 고장 시에는 축전지에 저장되어 있던 전력을 부하에 공급한다.

(3) **고장 시 절체 동작** : 축전지에 저장된 전력을 모두 사용했거나, 정류기 혹은 인버터 등에만 고장이 생겼을 경우에는 동기 절체스위치가 자동으로 작동하며, 상용전원을 부하에 공급하게 된다.

(4) **유지 보수 시 동작** : 고장 시 유지보수 스위치를 Close하여 부하에 Bypass로 전력을 공급하는 선로를 만들어주고, 출력 스위치를 Open하여 UPS 선로를 완전하게 분리한다.

라. UPS의 종류

종류	특징 및 용도
온라인 UPS (Double Conversion UPS)	• 정상 운전시 : 정류기를 통해 배터리 충전 및 인버터를 통한 부하 측에 전원 공급 • 정전 발생시 : 배터리 방전에 의해 부하 측에 전원 공급 • 특징 : 신뢰도를 요하는 방식 (주로 중용량에 적용)
라인 인터렉티브 UPS (Line Interactive UPS)	• 정상 운전시 : 인버터 모듈내의 Full Bridge 정류 방식으로 충전기능을 함 • 정전 발생시 : 배터리 방전에 의해 부하에 전력 공급 • 특징 : 중소규모 비즈니스나 개인용 컴퓨터 시스템에 적합
오프라인 UPS (대기 UPS)	• 정상 운전시 : 상용전원을 부하 측으로 전원 공급 • 정전과 입력전원 미달시 : 배터리 방전에 의해 부하 측에 전원 공급 • 특징 : 주로 서버 전용의 소용량(가정용, 소규모 사무실 등)에 많이 쓰임

[UPS의 특징 비교]

종류	Double Conversion UPS	Line Interactive UPS	Off Line UPS
출력전압 변동	변동 없음	변동 없음	입력에 따라 변동
출력주파수 변동	변동 없음	입력에 따라 변동	입력에 따라 변동
출력전원 신뢰도	높음	중간	낮음
정전 시 순단시간	순단 없음	4~10 [msec]	4~10 [msec]
요구되는 기술 정도	높음	중간	낮음

합격 NOTE

합격예측
동기절체 스위치 전단에 달린 AVR이 전력의 품질을 높여준다.

합격예측
모든 유지 및 보수 작업이 완료되면 정상동작 상태로 정상동작한다.

합격예측
UPS는 운영방식에 따라 ON-LINE, OFF-LINE, LINE INTERACTIVE 방식 등으로 나눈다.

합격예측
온라인 UPS : 전원공급이 중단되지 않도록하는 가장 신뢰성이 높은 방식

합격예측
라인 인터렉티브 UPS : 전압 변동을 자동으로 조정한다.

합격예측
오프라인 UPS : 전력공급이 중단될 때만 작동

합격예측
① 온라인 UPS : 복잡한 회로구성으로 높은 기술력 요구
② 라인 인터렉티브 UPS : 중간 정도의 기술력요구
③ 오프라인 UPS : 낮은 기술력 요구

합격 NOTE

합격예측
접지란 전기, 전자, 통신 장비를 대지와 전기적으로 접속하는 것을 말한다.

합격예측
접지시스템의 설치 목적은 감전방지 및 인명의 안전을 확보할 뿐만 아니라 전기, 전자, 통신 및 각종의 제어기기의 손상 방지와 안정적 운용에 있다.

합격예측
단독접지 : 각 접지공사별로 규정에 맞는 접지 시설을 별도 설치

합격예측
공통접지 : 등전위가 형성되도록 고압 및 특고압 접지계통과 저압 접지계통을 공통으로 접지하는 방식

합격예측
통합접지 : 전기, 통신, 피뢰설비 등 모든 접지를 통합하여 접지하는 방식을 말한다.

마. 무정전 전원장치(UPS) 설치 및 운용기준
　① UPS의 용량은 전산장비 최대 전원 운영용량의 120%이상
　② 축전지의 백업시간은 전산장비 최대 운영용량에서 최소 30분 이상
　③ UPS의 운전상태를 원격지(상황실)에서 모니터닝(소형 단독장비 제외)이 가능하도록 설치
　④ UPS실에는 비인가자의 출입을 통제할 수 있는 잠금장치와 CCTV 설치
　⑤ UPS와 축전지는 장소는 가능하면 분리하여 설치

3. 접지설비 설치

① 접지는 시설물의 일부와 대지를 전기적으로 상호연결하여 낙뢰, 강전류전선 등의 접촉으로 인한 전위상승을 안전하게 땅으로 흘려보냄으로써 인명과 장비를 보호한다.
② 접지설비는 전로의 이상전압을 억제하고 지락시의 고장전류를 안전하게 대지로 흘려 인체의 보호나 화재, 기기의 손상 등의 재해를 방지하는 것뿐만 아니라 제어기기를 안정하게 동작시키는 등의 역할을 하는 설비이다.
③ 보호기와 금속으로 된 주배선반·지지물·단자함 등이 사람 또는 전기통신설비에 피해를 줄 우려가 있을 때에는 접지되어야 한다.

가. 접지의 필요성

　① 전기적 피해로부터 시설물을 보호
　② 전기기기의 원활한 기능확보
　③ 전기적인 충격으로 부터 인명을 보호
　④ 충격전류를 대지로 신속히 방류

나. 접지의 분류

분류	내용
보안용접지 (강전용접지)	누전에 의한 감전 및 기기의 손상, 화재, 폭발방지 등 전기설비의 안전을 유지하기 위한 접지
기능용접지	설비나 기기의 안정, 성능을 유지하기 위한 접지
독립(개별)접지	개개의 기기를 각각의 독립된 접지극에 접지하는 것
공용(공통)접지	공동의 접지극에 개개의 기기를 모아서 공통 접속하는 것
통합접지	공용접지와 유사하나, 모두 함께 접지하여 그들 간에 전위차가 없도록(등전위)하는 것
배전접지	고압의 수변전 설비의 2차측(중성선)에 설치
기기접지	기기의 외함, 철가에 하는 접지

방 식	설 명
정전기방지접지	장비 내에 축적된 정전기를 대지에 방전시키기 위한 접지
잡음방지접지	전자장치의 고주파 또는 저주파 에너지의 영향을 받아 기기가 오동작을 일으키는 장해를 방지하기 위한 접지
피뢰접지	피뢰침과 연결되는 접지극을 대지에 시설하는 접지

다. 접지저항

① 국선수용회선이 100회선을 초과하는 주 배선반 : 10[Ω] 이하
② 국선수용회선이 100회선 이하인 주 배선반 : 100[Ω] 이하
③ 보호기 접지 : 10[Ω] 이하
④ 보호기를 설치하지 않은 구내통신 단자함 : 100[Ω] 이하

접지공사의 종류	접지저항값
제1종접지공사	10[Ω] 이하
제2종접지공사	변압기의 고압측 또는 특고압측 전로의 1선 지락전류의 암페어수로 150을 나눈 값과 같은 [Ω]수
제3종접지공사	100[Ω] 이하
특별제3종접지공사	10[Ω] 이하

4. 지능형 건물 시스템(IBS)

가. IBS의 개요

(1) IBS(Intelligent Building System)는 지능형 건축시스템으로, 건축물 내부와 외부에서 발생하는 데이터를 수집, 분석하여 건물의 에너지 사용량 최적화 및 안전성을 확보하고 사용자 편의성을 높이는 것을 목적으로 하는 시스템이다.

(2) IBS는 건물 환경 및 설비, 정보통신 등 주요 시스템을 유기적으로 통합하여 첨단 IT 서비스 기능을 제공함으로써 경제성, 효율성, 기능성, 안전성 등을 추구하는 시스템이다.

나. IBS의 특성

IBS는 업무의 종류나 향후 설비 변경에 대응할 수 있는 합리적이고 효율적인 운용 관리 체계를 갖추는 것이 필요하다.

> **합격예측**
> IBS는 빌딩의 안전성을 높이고 관리 및 유지 면에서 경제성, 효율성을 추구한다.

> **합격예측**
> IBS는 조명, 난방, 환기, 공조(HVAC) 시스템 등을 자동으로 제어하여 쾌적한 실내 환경을 유지한다.

특성	내용
에너지 효율성 향상	• 에너지 관리 시스템(EMS)을 통해 실시간으로 에너지 사용량을 모니터링하고, 최적의 에너지 소비 패턴을 유지한다. • 전력 소비를 줄이고, 에너지 비용을 절감하며, 탄소 배출을 감소시킨다.
보안 및 안전성 강화	• 첨단 보안 시스템을 통해 건물 내외부의 안전을 확보한다. • 감시 카메라, 출입 통제 시스템, 침입 탐지 시스템 등을 포함하며, 긴급 상황 발생 시 자동으로 대응한다.
사용자 편의성 증대	• 스마트 홈 기기, 음성 인식 시스템, 모바일 앱 등을 통해 사용자가 손쉽게 건물 내 모든 시설을 제어할 수 있도록 지원한다.
유지보수 효율성 향상	• 건물 관리 시스템(BMS 또는 BAS)을 통해 실시간으로 시설의 상태를 모니터링하고, 예측 유지보수를 실시한다. • 고장 발생을 예방하고, 유지보수 비용을 절감한다.

다. IBS의 기술적 요소

(1) 빌딩 관리 시스템(BMS)

BMS(Building Management System)는 건물의 다양한 설비를 통합 관리하는 시스템으로, 에너지 관리, 조명 제어, HVAC 제어, 보안 시스템 등을 포함한다. 이는 중앙에서 모든 설비를 모니터링하고 제어할 수 있도록 지원한다.

(2) 사물인터넷(IoT)

IoT 기술은 다양한 센서를 통해 실시간 데이터를 수집하고, 이를 기반으로 건물의 설비를 자동으로 제어한다. 이는 에너지 효율성, 보안, 사용자 편의성을 향상시키는 데 중요한 역할을 한다.

(3) 인공지능(AI)

AI 기술은 수집된 데이터를 분석하여 건물의 운영을 최적화하고, 예측 유지보수를 가능하게 한다.

(4) 센서 네트워크

지능형 건축물은 온도, 습도, 조도, 공기질 등의 데이터를 수집하는 다양한 센서를 사용한다. 이는 실시간으로 환경 변화를 감지하고, 자동으로 제어 시스템에 반영한다.

(5) 통신 네트워크

지능형 건축물은 유무선 통신 네트워크를 통해 모든 시스템과 기기를 연결한다. 이는 실시간 데이터 전송과 제어를 가능하게 하며, 중앙 집중식 관리를 지원한다.

(6) 정보통신기술(ICT)

건물 내 네트워크 인프라를 통해 각종 시스템과 장치가 연결되어 상호 작용을 한다.

합격예측
IBS의 핵심은 Building Management System(BMS) 혹은 Building Automation System(BAS)으로 불리는 빌딩 자동 제어 시스템이다.

합격예측
BMS는 건물 자동제어 시스템(BAS)이라고도 한다.

합격예측
머신러닝 알고리즘을 활용하여 에너지 소비 패턴을 분석하고, 최적의 운영 방안을 제시한다.

라. IBS 시스템의 구성

IBS 시스템은 빌딩자동화(BA), 정보통신시스템(TC), 사무자동화(OA) 등의 주요 시스템을 유기적으로 통합(SI : System Integration)하여 쾌적하고 안전한 환경에서 생산성 향상, 유지관리 효율성 극대화, 비용 절감을 제공하는 인텔리전트 빌딩 시스템이다.

구성요소	내 용
빌딩자동화(BA : Building Automation)	• 컴퓨터를 이용한 빌딩관리, 보안, 에너지 관리를 통해 최적의 빌딩 운영 지원 • 빌딩관리시스템(Building Management System), 보안시스템(Security System), 에너지관리시스템(Energy Management System) 으로 구성 • 기능 : 기계 설비 제어, 전력/조명 제어, 원격검침, 승강기 주차관제 등
정보통신(TC : TeleCommunication)	• 최첨단 통신장비와 네트워크를 이용하여 멀티미디어 데이터 통신 및 각종 부가서비스를 통한 초고속 정보통신환경 제공
사무자동화(OA : Office Automation)	• 첨단 정보통신 인프라를 활용하여 이용자와 방문자에게 최적의 근무환경과 편의를 제공 • 기능 : 방문객 관리시스템, 빌딩 안내 시스템 등
통합(SI : System Integration)	• BA, TC, OA를 유기적으로 통합한다.

마. 첨단 정보빌딩의 서비스 목표

① 운영경비 절감
② 업무효율화 증대
③ 정보통신비용 절감
④ 쾌적한 사무환경 조성

5. 누수감지시스템(Leak Detection System)

가. 누수감지시스템의 개요

(1) 누수감지 시스템은 물이나 전도성 액체의 존재유무를 빨리 확인하여 2차적 피해(업무단절, 신뢰도 실추, 자료, 시간손실, 복구비소요 등)를 최소화할 수 있는 시스템이다.

(2) 누수 감지 시스템은 기계설비 및 기타 장소에서 누출될 수 있는 각종 액체(물, 유류 등)을 감지하여 누출 지점을 신속하고 정확하게 알려주는 시스템이다.

합격 NOTE

합격예측
IBS는 스마트 빌딩이다.

합격예측
IBS 시스템은 BA, TC, OA, SI 로 구성된다.

합격예측
빌딩 자동화 기능 : 빌딩관리시스템, 보안시스템, 에너지관리시스템 등의 세가지 요소로 구성

합격예측
TC : 교환기 및 기가비트 네트워크, 무선 LAN 등을 이용한 최신의 통신서비스 지원

합격예측
누수 감지 시스템 : 필수적인 안전 예방 시스템이다.

합격 NOTE

합격예측
누수 감지 시스템
① 실시간 누수발생을 감지하고 위치를 제공하는 시스템
② 누수의 존재를 확인, 경고하고 잠재적인 손상을 방지한다.

합격예측
누수 상태 표출부 : 램프, 스피커, LED 등으로 구성된다.

합격예측
감지기 종류 : 열감지기, 연기감지기, 복합형감지기, 불꽃감지기

합격예측
열감지기 : 화재에 의해서 발생되는 열을 감지하여 화재신호를 발신하는 감지기

나. 누수감지시스템의 구성요소

시스템 구성 요소는 누수 센서, 신호 수신부, 제어부, 누수 상태 표출부 등이다.

구성요소	기능
누수 센서	• 누수를 감지하는 센서 • 종류 : 케이블형, 포인트 센서형, 전자식, 필름형, 변색 테이프형 등
신호 수신부	• 누수센서와 커넥터로 연결된다. • 누수 감지신호를 수신하고 제어부로 전달한다.
제어부	• 전체적인 동작을 제어한다.
누수 상태 표출부	• 누수발생과 위치를 시각적, 청각적으로 표시한다.

다. 지능형 누수감지시스템

(1) 협대역 사물인터넷(NB-IoT)을 통해 센서가 관로의 진동을 감지하고 수집한 데이터를 전송하여 실시간으로 누수 여부를 모니터링할 수 있는 첨단기술이다.

(2) AI 분석기능으로 예측한 누수 정보와 웹지도에 표출되는 누수 지점을 확인하여 신속하고 정확하게 누수를 찾아낼 수 있다.

(3) 기능
  ① 누수관리에 필요한 통합적인 기능을 가진 단일 시스템으로 누수감시, 누수점검, 누수탐사 가능
  ② 최정밀 누수 센서와 누수음 데이터를 기반으로 한 누수탐사의 높은 정확성
  ③ 인공지능이 누수여부를 판별하는 지능형 시스템

6. 연기감지시스템

가. 용어의 정의

용 어	기능
자동화재탐지설비	• 화재발생을 자동적으로 감지하여 해당 소방대상물의 화재발생을 소방대상물의 관계자에게 통보할 수 있는 설비로서 감지기, 발신기, 수신기, 경종 또는 중계기 등으로 구성된 것을 말한다.
감지기	• 화재시에 발생하는 열, 불꽃 또는 연소생성물(연기)로 인하여 화재발생을 자동적으로 감지하여 그 자체에 부착된 음향장치로 경보를 발하거나 이를 수신기에 발신하는 것을 말한다.
연기감지기	• 화재에 의해서 발생되는 연기를 감지하여 화재신호를 발신하는 감지기를 말한다.

(1) 연기감지시스템은 다양한 생산현장, 제한된 공간 및 환경에서 발생할 수 있는 화재를 미리 감지하여 화재를 예방하는 시스템이다.

(2) 연기 감지기는 연기를 감지하여 화재를 경보하는 장치이며, 화재 감지기라고도 한다.

나. 연기감지시스템의 종류

용어	정의
이온화식 스포트형	• 주위의 공기가 일정한 농도의 연기를 포함하게 되는 경우에 작동하는 것으로서 일국소의 연기에 의하여 이온전류가 변화하여 작동하는 것을 말한다.
광전식 스포트형	• 주위의 공기가 일정한 농도의 연기를 포함하게 되는 경우에 작동하는 것으로서 일국소의 연기에 의하여 광전소자에 접하는 광량의 변화로 작동하는 것을 말한다.
광전식 분리형	• 발광부와 수광부로 구성된 구조로 발광부와 수광부 사이의 공간에 일정한 농도의 연기를 포함하게 되는 경우에 작동하는 것을 말한다.
공기 흡입형	• 감지기 내부에 장착된 공기흡입장치로 감지하고자 하는 위치의 공기를 흡입하고 흡입된 공기에 일정한 농도의 연기가 포함된 경우 작동하는 것을 말한다.

[이온화식 스포트형]

[광전식 스포트형]

다. 연기감지기의 설치 기준

(1) 감지기의 부착 높이에 따라 다음에 따른 바닥면적마다 1개 이상으로 할 것

부착 높이	감지기의 종류	
	1종 및 2종	3종
4[m] 미만	150	50
4[m] 이상 20[m] 미만	75	-

(2) 감지기는 복도 및 통로에 있어서는 보행거리 30[m](3종에 있어서는 20[m])마다, 계단 및 경사로에 있어서는 수직거리 15[m](3종에 있어서는 10[m])마다 1개 이상으로 할 것

(3) 천장 또는 반자가 낮은 실내 또는 좁은 실내에 있어서는 출입구의 가까운 부분에 설치할 것

(4) 천장 또는 반자부근에 배기구가 있는 경우에는 그 부근에 설치할 것

(5) 감지기는 벽 또는 보로부터 0.6[m] 이상 떨어진 곳에 설치할 것

합격 NOTE

합격예측
구내통신망은 한정된 지역에서 동일 교환기를 통해서 구내 통화가 가능한 통신망이다.

합격예측
구내통신망 감시제어시스템 : NMS, EMS, CIT

합격예측
이온화식 감지기 : 이온전류가 변화하여 작동

합격예측
광전식 감지기 : 광전소자에 접하는 광량의 변화로 작동

합격예측
감지기
① 1종 : 초 고감도, 연기농도 5[%]로 발포
② 2종 : 중간감도, 연기농도 10[%]로 발포
③ 3종 : 저감도, 연기농도 15[%]로 발포

7. 비상발전기(Emergency Generator)

가. 비상발전기의 개요

(1) 비상발전기는 상용전원의 공급이 정지되었을 경우 비상전원을 필요로 하는 중요 기계·설비에 대하여 전원을 공급하기 위한 발전장치를 말한다.

(2) 비상발전기는 전기사업자가 공급하는 상용전원이 정전되었을 때, 또는 구내의 수요를 충당하기 위해 설치하는 발전 장치를 말한다.

나. 비상발전기의 엔진 종류에 따른 분류

디젤 엔진형, 가솔린 엔진형, 가스터빈 엔진형, 스팀터빈 엔진형, 연료전지 발전설비 등

다. 비상발전기의 부하 종류에 따른 분류

비상전원이 필요한 부하는 용도별로 화재 시 사용되는 소방시설 및 방화시설의 부하이다. 비상발전기는 부하에 비상전원을 공급하면서 과부하로 인한 운전 중단이 초래되지 않아야 한다. 부하의 종류는 다음과 같다.

(1) 소방부하

① 소방시설 및 방화·피난·소화활동을 위한 시설의 전력부하를 말한다.

② 종류 : 옥내소화전설비, 스프링클러설비 등의 소방펌프, 연결송수관펌프, 채수구 펌프, 비상조명등설비, 제연설비의 제연팬, 비상콘센트설비, 비상용승강기, 피난용승강기, 배연설비, 소화용수설비, 방화셔터, 지하실배수펌프, 의료시설 등

(2) 비상부하

① 소방부하 이외의 부하 또는 비화재 정전 시 사용되는 일반부하이다.

② 종류 : 급·배기팬, 급탕순환펌프, 냉동·냉장설비, 전등·전열, 급수, 배수펌프, 승용승강기, 비상겸용승강기(10층 이상의 공동주택), 보안시설, 항온항습시설, 공용전등, 동파방지시설, 기계식주차장, 주방동력, 냉난방설비, 항공장애등, 정화조 동력 등

라. 비상발전기의 용도별 분류

종 류	기 능
소방전용 발전기	• 소방부하 용도로만 적용된다. • 비상발전기는 별도로 설치하여야 하므로 설치 대수 증가 및 소요 건축면적이 증대된다. • 소하부하용량을 기준으로 정격출력 용량을 산정하여 사용한다. • 경제성 면에서 가장 불리하다.

합격 NOTE

합격예측
비상발전기는 자가발전설비이다.

합격예측
비상발전기는 비상전원이라 하며, 이를 위한 발전기를 비상용 발전기라 한다.

합격예측
건축물의 비상전원용 비상발전기는 대부분 디젤 엔진 발전기를 채용하고 있다.

합격예측
소방부하 : 화재안전기준에서 예비전원 공급을 정하고 있는 부하

합격예측
비상부하 : 소방부하 이외의 부하로서 예비전원 공급을 정하고 있는 부하

합격예측
비상발전기는 소방부하용과 소방 이외의 비상부하용이 있다.

종 류	기 능
소방겸용 발전기	• 소방부하 및 비상부하 겸용으로 사용된다. • 소방부하 용량과 비상부하 용량을 합산한 용량을 기준으로 정격 출력용량을 산정한다. • 설치 장소가 증대되어 건축비 부담이 증대된다.
소방전원 보존형 발전기	• 소방부하 및 비상부하 겸용의 비상발전기이다. • 용량 과다가 되지 않으면서 화재 시에는 소방시설 등에 비상전원을 안전하게 연속 공급해 주어 설치 비용과 운영비를 절감하여 경제성과 안전성을 갖춘 비상발전기이다. • 소방부하 기준으로 정격출력용량을 산정하여 저용량, 저비용 비상발전기이다.

(1) 안전성 제공 기종 : 소방전원보존형 발전기, 소방부하 겸용 발전기, 소방전용 발전기

(2) 안전성 및 경제성 동시 제공 기종 : 소방전원 보존형 발전기

마. 비상발전기 설치 기준

(1) 점검에 편리하고 화재 및 침수등의 재해로 인한 피해를 받을 우려가 없는 곳에 설치하여야 한다.

(2) 옥내소화전설비를 유효하게 20분 이상 작동할 수 있어야 한다.

(3) 상용전원으로부터 전력의 공급이 중단된 때에는 자동으로 비상전원으로부터 전력을 공급받을 수 있도록 하여야 한다.

(4) 비상전원의 설치장소는 다른 장소와 방화구획이여야 하며, 그 장소에는 비상전원의 공급에 필요한 기구나 설비외의 것을 두어서는 아니된다. 다만, 열병합발전설비에 있어서 필요한 기구나 설비는 그러하지 아니하다.

(5) 비상전원을 실내에 설치하는 때에는 그 실내에 비상조명등을 설치하여야 한다.

8. 지진 방지대책

가. 지진(Earthquake)의 개요

(1) 지진은 지구 내부에 급격한 지각변동이 생겨 그 충격으로 발생한 지진파로 인해 땅이 흔들리는 현상이다.

(2) 지진은 지진파가 지구 지각의 암석층을 통과하면서 발생하는 갑작스러운 땅의 흔들림을 말한다.

합격 NOTE

합격예측

정격출력용량 산정 기준
① 소방전용 발전기 : 소하부하용량을 기준
② 소방겸용 발전기 : 소방부하와 비상부하의 전원용량을 합산한 용량을 기준
③ 소방전원 보존형 발전기 : 소방부하 전원용량을 기준

합격예측

소방전원 보존형 발전기 : 소방 안전성이 확보되고, 경제성도 동시에 확보되는 유일한 기종이다.

합격예측

안전성 및 경제성 동시 제공 기종 선택이 가장 합리적이다.

합격예측

지진은 땅이 흔들리는 현상을 일컫는 용어이다.

합격 NOTE

합격예측
내진
① 지진력을 구조물의 내력으로 감당
② 건물을 지진력에 저항할 수 있도록 튼튼하게 설계하는 것

합격예측
면진
① 구조물에 지진력의 전달을 감소
② 건물을 지반에서 분리하여 지진을 피해가도록 하는 것

합격예측
제진 : 지진에너지를 소산하여 피해를 최소화 하는 방법

나. 지진 방지 설계대책 (지진격리방식)

(1) 내진구조

지진으로부터 발생하는 지반의 흔들림에도 전체적인 구조나 내부 시설물이 파손되지 않도록 튼튼하게 건설하는 것이다. 즉, 건축물 내부에 철근 콘크리트의 내진벽과 같은 부재를 설치해 강한 흔들림에도 붕괴되지 않도록 하는 것이다.

정 의	특 징
① 면진과 제진의 개념을 포함하나 구조물의 강성을 증가시켜 지진력에 저항하는 방법 ② 지진 발생 시 지진하중에 저항 할 수 있는 구조물의 단면을 확보	① 부재의 단면 증대 ② 비경제적 설계 ③ 건축물의 중량 증가

(2) 면진구조

지진으로 발생하는 진동의 주기를 길게 변화시켜 건축물이 받는 에너지를 줄이는 원리다. 파동의 에너지는 주기가 짧을수록 크기 때문에 이를 변화시켜 충격을 완화시키는 것이다.

정 의	특 징
① 건물과 지반사이에 전단변형 장치를 설치하여 지반과 건물을 분리 시키는 방법 ② 지진 발생시 건출물의 고유주기를 인위적으로 길게하여 지진과 구조물과의 공진을 막아 지진력이 구조물에 상대적으로 약하게 전달되도록 하는 것	① 안전성향상 ② 설계 자유도 증가 ③ 안심 거주성의 향상 ④ 재산의 보전 ⑤ 기능성 유지

(3) 제진구조

지진으로 인해 전달되는 진동을 감지하고 그에 따라 대응하는 힘 또는 진동을 발생시켜 구조물로 전달되는 진동을 저감시키거나 구조물의 강성, 감쇠등을 제어해 피해를 줄이는 것이다.

정 의	특 징
① 구조물의 내부나 외부에서 구조물의 진동에 대응한 제어력을 가하여 구조물의 진동을 저감시키거나, 구조물의 강성이나 감쇠 등을 변화시켜 구조물을 제어하는 것 ② 지진 발생시 구조물로 전달되는 지진력을 상쇄하여 간단한 보수만으로 구조물을 재사용할 수 있게 하는 시스템	① 내진성능 향상 및 구조물의 사용성 확보 ② 중규모 이상의 진발생시 손상레벨을 제어할 수 있는 설계 ③ 내부 설치물의 안전한 보호에는 한계

출제 예상 문제

제2장 설비 설치

01 방재실, 전산실 등에서 각종 설비의 배선, 배관 등을 포설하기 위한 바닥구조로 옳은 것은?

① 강화마루 ② 이중마루
③ 원목마루 ④ 강마루

해설
이중마루(이중바닥재)는 방재실, 전산실 등에서 각종 설비의 배선, 배관 등을 포설하기 위한 2중 바닥구조를 말한다.

02 이중마루의 구성요소로 옳지 않은 것은?

① 마루 청판 ② 패널 요소
③ 지주 요소 ④ 완충재

해설
이중마루는 패널(마감재 일체형 포함)과 지주를 말하며, 완충재 등의 부속품을 포함한다.

03 이중마루의 보행 표면을 형성하는 주요 구성요소로 옳은 것은?

① 패널 ② 지주 세트
③ 헤드볼트 ④ 수평연결대

해설
패널(panel)은 이중바닥재에서 바닥면의 기능이 있는 구성요소이다.

04 이중마루의 구성체로 옳지 않은 것은?

① 패널 ② 지주
③ 마감재 ④ 공조설비

해설
구성체란, 이중 바닥재를 구성하는 패널과 지주(Support) 및 완충재와 마감재를 포함한다

05 이중마루의 특징으로 옳지 않은 것은?

① 환경 친화적인 분위기 조성
② 설비증설 및 변경에 따른 대응이 용이
③ 효율적이고 능률적인 사무환경 조성
④ 각종 시스템의 유지보수가 힘들지만 효과적

해설
이중마루의 특징
① 설치의 간편성
② 다양한 재질과 마감재의 선택으로 환경친화적인 분위기 조성
③ 배선공간의 확보로 설비증설 및 변경에 따른 대응이 용이
④ 효율적이고 능률적인 사무환경조성과 학습환경 변화에 따른 레이아웃 변경이 용이
⑤ 각종 시스템의 유지보수가 경제적이며, 효과적

06 다음 용어의 설명으로 가장 적합한 것은?

> 수변전장치, 정류기, 축전지, 전원반, 예비용 발전기 및 배선 등 방송통신용 전원을 공급하기 위한 설비

① 전원설비 ② 강전류전선
③ 전력선통신 ④ 전력유도

07 다음 중 전원설비의 요구조건으로 가장 옳지 않은 것은?

① 비상용 예비전원설비는 상용전원의 고장 또는 화재 등으로 정전되었을 때 수용장소에 전력을 공급하도록 시설하여야 한다.
② 전원설비는 전력을 안정적으로 공급할 수 있는 충분한 용량을 가져야 한다.
③ 전원설비가 상용전원이 정전된 경우 최대 부하전류를 공급할 수 있는 정류기 또는 배터리 등의 예비전원설비가 설치되어야 한다.
④ 전원설비는 동작 전압과 전류를 항상 변동허용범위내로 유지할 수 있어야 한다.

[정답] 01 ② 02 ① 03 ① 04 ④ 05 ④ 06 ① 07 ③

해설
전원설비가 상용전원을 사용하는 사업용방송통신설비인 경우에는 상용전원이 정전된 경우 최대 부하전류를 공급할 수 있는 축전지 또는 발전기 등의 예비전원설비가 설치되어야 한다.

08 전원에서 발생되는 전압변동 및 주파수변동 등의 각종 장애로부터 기기를 보호하고 양질의 전원으로 바꿔서 중요 부하에 정전없이 전기를 공급하는 무정전 전원설비를 무엇이라 하는가?
① Inverter   ② Rectifier
③ SCR   ④ UPS

해설
무정전 전원장치(UPS : Uninterruptible Power Supply)는 정전이 일어났을 때 전기를 일정 시간 계속 공급하기 위한 장치이다.

09 다음 중 무정전 전원 공급장치(UPS)의 기능으로 가장 옳은 것은?
① 하드웨어 상태에 관계없이 안정된 출력을 부하에 공급하기 위해 널리 사용되고 있다.
② 전력을 일정시간 계속 공급해 줄 수 있는 장치이다.
③ 컴퓨터 고장시 배터리에 축전된 에너지를 사용해 계속해서 기기에 교류를 공급해 준다.
④ 일정 기간 동안 중앙제어장치의 중단으로 인해 부하 시스템이 영향을 받지 않도록 하는 에너지 보호 장치이다.

해설
① UPS는 선로 전압강하 등에 대한 근본 대책이다.
② UPS는 상용 전원에서 일어날 수 있는 전원 장애를 극복하여 좋은 품질의 안정된 교류 전력을 일정시간 공급하는 장치이다.

10 다음 중 무정전 전원 공급장치(UPS)의 기능으로 가장 옳은 것은?
① 비상 전원설비의 기능   ② 비상 변압기의 기능
③ 상용 전원설비의 기능   ④ 상용 변압기의 기능

11 정전이 일어났을 때 전기를 일정 시간 계속 공급하기 위한 장치로 맞는 것은?
① SMPS(Switching Mode Power Supply)
② UPS(Uninterruptible Power Supply)
③ PPS(Power Power Supply)
④ OMPS(On Mode Power Supply)

해설
① UPS는 Uninterruptible Power Supply의 약자로 무정전 전원 공급장치라고 한다.
② SMPS는 전력원으로부터 교류 전원을 받아서 직류 전원으로 특성을 변화시킨 뒤, 다른 전자기기로 직류 전원을 공급하는 스위칭 모드를 이용하는 직류 전원 공급장치이다.

12 PC나 서버, 라우터 등을 예기치 않은 정전으로부터 지킬 수 있는 장치로 맞는 것은?
① Full-wave Rectifier
② UPS(Uninterruptible Power Supply)
③ Bridge Rectifier
④ DC Power Supply

13 다음 중 전력변환장치에 대한 설명이 잘못된 것은?
① 직류를 교류로 변환하는 장치가 인버터이다.
② 교류를 교류로 변환하는 장치가 싸이클로 컨버터이다.
③ 교류를 직류로 변환하는 장치가 무정전 전원장치(UPS)이다.
④ 출력전압을 일정하게 유지시켜주는 장치가 정전압 회로이다.

해설
UPS는 정전시 밧데리에서 DC→AC로 일정시간 공급되다가 전원이 공급되면 다시 대기상태로 밧데리에 전원을 보충하는 장치이다.

[정답] 08 ④ 09 ② 10 ① 11 ② 12 ② 13 ③

14 다음은 무정전 전원 공급장치(UPS)와 비상용 발전기에 대한 설명이다. 옳지 않은 것은?

① UPS는 끊김 없이 각 기기에 전기를 계속 보낸다.
② 발전기는 중단 없이 각 기기에 전기를 계속 보낸다.
③ 발전기는 장시간에 걸쳐 정전이 계속되는 경우에 효과적이다.
④ UPS는 축전지를 내장하고 있다.

> **해설**
> 발전기는 정전이 발생한 후 기동하는 것이 일반적이다. 실제로 발전하기까지 1분 정도 걸려 버리기 때문에, 그 사이에는 각 기기에의 송전이 정지한다. 한편, 가솔린이나 경유 등 연료만 있으면 발전을 계속할 수 있으므로 장시간에 걸쳐 정전이 계속되는 경우에 효과적이다.

15 다음 중 무정전 전원 공급장치(UPS)의 구성요소로 가장 옳지 않은 것은?

① 직류입력부   ② 정류부
③ 인버터부   ④ 축전지

> **해설**
> 무정전 전원장치는 교류입력부, 정류부, 인버터부, 축전지, 출력부로 구성된다.
>
>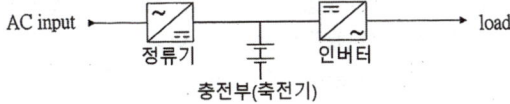

16 무정전전원공급장치(UPS)의 구성요소로 옳지 않은 것은?

① Converter   ② Inverter
③ Battery   ④ Diode

> **해설**
> UPS는 대체로 Battery, Inverter, Static Switch, Maintenance Bypass Switch 등으로 구성되어 있다.

17 무정전전원공급장치(UPS)의 구성요소 중 AC 입력전원 정전시 Inverter에 DC 전원을 공급해 주는 역할을 하는 장치는?

① Battery
② Converter
③ Static Switch
④ Maintenance Bypass Switch

> **해설**
> **Battery**
> ① 평상시에 정류기에서 받은 DC 전력을 모아뒀다가 정전 시 혹은 정류기의 고장 시 부하에 전력을 공급하는 역할을 한다.
> ② 보통 무보수밀폐형의 연축전지나 장수명 밀폐형 축전지가 사용된다.

18 무정전전원공급장치의 구성요소 컨버터(Converter)의 역할로 옳은 것은?

① AC 입력전원 정전시 Inverter에 DC 전원을 공급해 주는 역할을 한다.
② AC 입력전원을 DC로 변환하여, Battery 또는 Inverter에 DC 전원을 공급해 주는 역할을 한다.
③ 부하의 오작동 및 가동정지를 막기 위해 대체전원으로 부하를 절체해 주는 역할을 한다.
④ 수리 또는 점검작업시, 부하에 전원을 공급하는 역할을 한다.

> **해설**
> ① Battery
> ③ Static Switch
> ④ Maintenance Bypass Switch

19 용량에 따른 UPS의 분류로 틀린 것은?

① 초소용량 : 20KVA 미만
② 소용량 UPS : 10KVA 미만
③ 중용량 UPS : 10KVA 이상 100KVA 미만
④ 대용량 UPS : 100KVA 이상

[정답] 14 ② 15 ① 16 ④ 17 ① 18 ② 19 ①

해설
UPS는 100W 급 퍼스널 컴퓨터 단말기부터 수천 KVA를 넘는 대규모 컴퓨터 시스템에 이르기까지 다양한 용도로 제작/사용되고 있으며, 일반적으로 용량에 따라 소용량, 중용량, 대용량으로 분류하고 있다.

20 다음 보기가 설명하는 UPS의 급전방식의 종류로 맞는 것은?

[보기]
전력의 변환 손실이 적은 방식이다. 정전시에 약간의 순단이 있으므로 감시 카메라 등 순단이 신경이 쓰이지 않는 용도에 최적인 방식이다.

① 시리얼 프로세싱 급전방식 UPS
② 패러렐 프로세싱 급전방식 UPS
③ 상시 인버터 급전 방식 UPS
④ 상시 상용 급전 방식 UPS

해설
상시 상용 급전 방식의 UPS의 구조
① 전력 회사에서 보낸 전력을 상용 전원이라고 한다.
② 상시 상용 급전 방식은 상용 전원을 그대로 장치에 공급하는 방식이다.

21 다음 중 항상 인버터 통해 전기를 전기 기기에 공급하는 UPS 방식으로 맞는 것은?

① 시리얼 프로세싱 급전방식 UPS
② 패러렐 프로세싱 급전방식 UPS
③ 상시 인버터 급전 방식 UPS
④ 상시 상용 급전 방식 UPS

해설
상시 인버터 급전 방식은 항상 인버터 통해 전기를 전기 기기에 공급하는 방식이다. UPS라고 하면 상시 인버터 급전 방식 이라고 할 수록 신뢰성과 전력품질이 높은 급전 방식이다.

22 다음 보기가 설명하는 UPS의 급전방식의 종류로 맞는 것은?

[보기]
인버터를 항상 병렬 상태로 운전하여 전력 파형을 고속으로 보정 처리하는 방식이다.

① 시리얼 프로세싱 급전방식 UPS
② 패러렐 프로세싱 급전방식 UPS
③ 상시 인버터 급전 방식 UPS
④ 상시 상용 급전 방식 UPS

23 다음 중 무정전 전원장치(UPS) 방식이 아닌 것은?
① On-Line 방식
② Off-Line 방식
③ Hybrid 방식
④ LINE 인터렉티브 방식

24 다음의 UPS 방식 중 정상적인 상용전원 입력시에는 상용전원을 부하에 직접 공급하고, 이상 발생시에는 축전지 인버터부의 전원을 부하에 공급하는 방식으로 옳은 것은?
① ON-Line 방식
② Off-Line 방식
③ Line - Interactive 방식
④ Link - Cooperative 방식

해설
Off-Line 방식(상시 사용 급전)
① 정상적인 상용전원 입력시에는 상용전원을 부하에 직접 공급하고, 이상 발생시에는 축전지 인버터부의 전원을 부하에 공급하는 방식으로 소용량에 주로 적용된다.
② 장점
  ㉠ 입력 전원이 정상시에는 효율이 높다.
  ㉡ 회로구성이 간단하여 내구성이 높다.
  ㉢ On-Line 방식에 비해 가격이 싸다.
  ㉣ 소형화가 가능하고 전자파 발생이 적다.
③ 단점
  ㉠ 정전시 순간적인 전원의 끊어짐이 발생한다.
  ㉡ 입력의 변화에 따라 출력이 변화한다.
  ㉢ 정밀을 요구하는 부하에는 부적합하다.

[정답] 20 ④ 21 ③ 22 ② 23 ③ 24 ②

25. 다음의 UPS 방식 중 ON-Line 방식에 대한 설명으로 맞는 것은?

① 정상적인 상용전원 인입시에는 인버터 모듈내의 풀 브리지 정류방식으로 충전기 기능을 하고 정전시에는 인버터로 동작하여 출력 전원을 공급하는 Off-Line 방식으로 작동한다.
② 정상적인 상용전원 인입시에도 인버터에서 양질의 전원을 공급하는 방식이다.
③ 상적인 상용전원 인입시에는 상용전원을 부하에 직접 공급하고, 이상 발생시에는 축전지 인버터부의 전원을 부하에 공급하는 방식이다.
④ 상시에는 정류기가 축전지를 충전하고 인버터에 DC 전원을 공급하며, 인버터는 지속적으로 조정된 AC 전원을 부하에 공급하는 방식이다.

해설

ON-Line 방식 (상시 인버터 급전)의 특징
① 입력과 관계없이 안정적인 전원을 공급한다.
② 입력전압의 변동에 관계없이 일정 출력 전압을 유지 한다.
③ 서지, 노이즈 등을 차단하여 전원을 공급한다.
④ 단락, 과부하 등에 대한 보호회로가 내장되어 있다.

26. 다음의 UPS 방식 중 ON-Line 방식과 OFF-Line 방식으로 맞는 것은?

① 단일 변환 UPS
② 이중 변환 UPS
③ Line - Interactive 방식
④ Link - Cooperative 방식

해설

Line - Interactive 방식 (병렬 급전 방식)
① 정상적인 상용전원 인입시에는 인버터 모듈내의 풀 브리지 정류방식으로 충전기 기능을 하고 정전시에는 인버터로 동작하여 출력 전원을 공급하는 Off-Line 방식으로 작동한다.
② 품질이나 내구성은 On-Line과 Off-Line 방식의 중간정도이다.
③ 회로는 간단한 편이나 절체 시 순간적으로 전원 끊김이 발생한다.

27. 다음 중 무정전전원공급장치(UPS)의 선택기준으로 틀린 것은?

① 백업 대상 장치
② 용량
③ 급전 방식
④ 전송거리

해설

기타 선택 요소 : 입출력 전압, 주파수, 배선 방식, 백업 시간, 배터리 종류, 옵션 기능

28. 다음 중 전기설비와 같은 시스템을 대지와 전기적으로 접속하는 것으로 가장 옳은 것은?

① 전로
② 전선로
③ 접지
④ 배선

해설

접지란 전기, 전자, 통신 장비를 대지와 전기적으로 접속하는 것을 말한다.

29. 다음 중 접지설비의 기능으로 가장 옳지 않은 것은?

① 제어기기를 안정하게 동작
② 전로의 이상전압을 억제
③ 낙뢰, 강전류전선 등의 접촉으로 인한 전위상승 허용
④ 지락시의 인명의 보호나 화재, 기기의 손상 등의 재해를 방지

해설

접지는 시설물의 일부와 대지를 전기적으로 상호 연결하여 낙뢰, 강전류전선 등의 접촉으로 인한 전위상승을 안전하게 땅으로 흘려보냄으로써 인명과 장비를 보호하기 위함이다.

30. 다음 중 접지설비가 필요한 이유로 가장 옳지 않은 것은?

① 전기적 피해로부터 시설물을 보호
② 전기기기 원활한 기능을 확보
③ 충격전류를 충전하여 기기 손상 방지
④ 전기적인 충격으로 부터 인명을 보호

해설

충격전류를 대지로 신속히 방류한다.

[정답] 25 ② 26 ③ 27 ④ 28 ③ 29 ③ 30 ③

31 다음 중 안전이나 보호를 목적으로 하는 보안용 접지로 가장 옳은 것은?

① 통합 접지   ② 강전용 접지
③ 기능용 접지   ④ 정전기 방지접지

해설
① 보안용 접지(강전용 접지) : 누전에 의한 감전 및 기기의 손상, 화재, 폭발방지 등 전기설비의 안전을 유지하기 위한 접지이다.
② 기능용접지(약전용 접지) : 설비나 기기의 안정, 성능을 유지하기 위한 접지이다.

32 다음 중 각 접지공사별로 규정에 맞는 접지 시설을 별도 설치하는 방식으로 가장 옳은 것은?

① 공통접지   ② 단독접지
③ 기기접지   ④ 등전위접지

해설
개별(단독)접지 : 개개의 기기를 각각의 독립된 접지극에 접지하는 것

33 다음 중 1개소 또는 여러 개소에 시공한 공통의 접지극에 개개의 설비를 모아 접속해 접지를 공용화하는 접지 방식은?

① 독립접지   ② 다중접지
③ 보링접지   ④ 공통접지

해설
① 접지(Ground)는 시설물의 일부와 대지를 전기적으로 상호연결하여 낙뢰, 강전류전선 등의 접촉으로 인한 전위상승을 안전하게 땅으로 흘려보냄으로써 인명과 장비를 보호한다.
② 접지의 분류

분류	내 용
보안용접지 (강전용접지)	누전에 의한 감전 및 기기의 손상, 화재, 폭발방지 등 전기설비의 안전을 유지하기 위한 접지
기능용접지	설비나 기기의 안정, 성능을 유지하기 위한 접지
독립(개별)접지	개개의 기기를 각각의 독립된 접지극에 접지하는 것
공용(공통)접지	공동의 접지극에 개개의 기기를 모아서 공통 접속하는 것
통합접지	공용접지와 유사하나, 모두 함께 접지하여 그들 간에 전위차가 없도록(등전위)하는 것

34 정보통신공사에서 접지를 개별적으로 시공하여 다른 접지로부터 영향을 받지 않고 장비나 시설을 보호하는 접지 방식은?

① 공통접지   ② 독립접지
③ 보링접지   ④ 다중접지

35 써지보호기(Surge Protector)의 써지 피해 보호 종류 중 전원 계통에 인입된 써지의 억제와 관련된 것을 모두 고른 것은?

[보기]
㉠ 직격뢰의 피해 억제
㉡ 데이터 및 전화교환기기 보호 통신용
㉢ 접지시스템의 개선
㉣ 무선안테나 경로로 인입된 써지의 억제

① ㉠, ㉡
② ㉠, ㉡, ㉢
③ ㉡, ㉢, ㉣
④ ㉠, ㉡, ㉣

36 다음 중 접지설비의 접지저항에 대한 설명으로 틀린 것은?

① 접지선은 접지 저항값이 10[Ω] 이하인 경우에는 1.6[mm] 이상, 접지 저항값이 100[Ω] 이하인 경우에는 직경 3.6[mm] 이상의 PVC(Poly Vinyl Chloride) 피복 동선 또는 그 이상의 절연 효과가 있는 전선을 사용한다.
② 금속성 함체이나 광섬유 접속 등과 같이 내부에 전기적 접속이 없는 경우 접지를 아니할 수 있다.
③ 접지체는 가스, 산 등에 의한 부식의 우려가 없는 곳에 매설하여야 하며, 접지체 상단이 지표로부터 수직 깊이 75[cm] 이상 되도록 매설하되 동결심도보다 깊게 하여야 한다.
④ 전도성이 없는 인장선을 사용하는 광섬유케이블의 경우 접지를 아니할 수 있다.

[정답] 31 ② 32 ② 33 ④ 34 ② 35 ③ 36 ①

출제 예상 문제

> **해설**
>
> **접지설비의 접지저항**
> ① 접지(Ground)는 전기설비를 도체를 이용하여 전기적으로 대지와 결합하는 것으로 전기 설비간의 전위차는 0 Volt가 되도록 한다.
> ② 교환설비·전송설비 및 통신케이블과 금속으로 된 단자함 및 지지물 등이 사람이나 방송 통신설비에 피해를 줄 우려가 있을 때에는 접지단자를 설치하여 접지하여야 한다.
> ③ 접지 저항은 접지 전극과 대지와의 접속 양호성 척도이며, 그 값이 작을수록 대지와의 전기적 접촉이 양호하다.
> ④ 접지선은 접지 저항값이 10[Ω]이하인 경우에는 2.6[mm]이상, 접지 저항값이 100[Ω] 이하인 경우에는 직경 1.6[mm] 이상의 PVC 피복동선 또는 그 이상의 절연효과가 있는 전선을 사용하고 접지극은 부식이나 토양오염 방지를 고려한 도전성 재료를 사용한다.
> [참고] 접지의 목적 : 인체의 감전으로부터 보호 및 설비의 보호, 뇌에 의한 재해방지, 이상전압 저감, 통신선 유도장애 저감, 지락전류의 검출 등

37 다음 중 빌딩의 안전성을 높이고 관리 및 유지 면에서 경제성, 효율성을 추구하는 시스템으로 옳은 것은?

① IBS(Intelligent Building System)
② FMS(Facility Management System)
③ BEMS(Building Energy Management System)
④ IMS (Intelligent Management System)

> **해설**
>
> ① BAS(Building Automation System) : 기계/전기설비, 조명, 방재 등 각종 설비의 상태감시, 운전관리
> ② IBS(Intelligent Building System) : 설비, 조명, 방재, 엘리베이터 등 건물 내 시스템의 통합관리
> ③ FMS(Facility Management System) : 건물정보, 자재, 장비, 작업, 인력, 도면, 예산 관리, 보고서(평가/분석) 작성, 자산 관리

38 IBS(Intelligent Building System)의 특성으로 볼 수 없는 것은?

① 에너지 효율성 향상
② 보안 및 안전성 강화
③ 유지보수 효율성 향상
④ 보고서 작성 능력 향상

> **해설**
>
> IBS는 업무의 종류나 향후 설비 변경에 대응할 수 있는 합리적이고 효율적인 운용 관리 체계를 갖추는 것이다.

39 다음 중 안전예방 시스템의 하나로, 누출될 수 있는 각종 액체(물, 유류 등)을 감지하여 누출 지점을 신속하고 정확하게 알려주는 시스템으로 맞는 것은?

① 누수감지시스템
② 화재감지시스템
③ 연기감지시스템
④ 지진방지시스템

> **해설**
>
> 누수감지 시스템은 물이나 전도성 액체의 존재유무를 빨리 확인하여 2차적 피해(업무단절, 신뢰도 실추, 자료, 시간손실, 복구비소요 등)를 최소화할 수 있는 시스템이다.

40 다음 감지기에 관한 설명으로 옳지 않은 것은?

① 화재감지기는 실내의 공기유입구로부터 1.5[m] 이내에 설치한다.
② 저산소감지기는 실내의 산소 농도가 일정 이하로 되면 경보를 발생시킨다.
③ 누전경보기는 AC전선로가 누전되는 상태를 검출해서 경보를 발생시킨다.
④ 누수감지기는 검지센서에 물이 닿으면 저항치가 변화되어 감지하는 방식이다.

> **해설**
>
> ① 누수감지기는 센서 하단에 액체가 유입 시 액체에 의해 전도도의 변화를 감지하여 빠른 검출을 할 수 있다.
> ② 누수 판정방법 : 수압측정, 잔류염소방법, 전도도측정, 수온측정 방법, ph값 등

41 누수감지시스템의 구성요소로 옳지 않은 것은?

① 누수 센서
② 제어부
③ 누수 상태 표출부
④ 컨버터

> **해설**
>
> 누수감지시스템의 구성요소는 누수 센서, 신호 수신부, 제어부, 누수 상태 표출부 등이다.

[정답] 37 ① 38 ④ 39 ① 40 ④ 41 ④

42 다양한 생산현장, 제한된 공간 및 환경에서 발생할 수 있는 화재를 미리 감지하여 화재를 예방하는 시스템으로 가장 옳은 것은?

① 누수감지시스템
② 차동식 빛 감지시스템
③ 연기감지시스템
④ 자동화식감지시스템

해설
연기 감지기는 연기를 감지하여 화재를 경보하는 장치이며, 화재 감지기라고도 한다.

43 광전소자에 접하는 광량의 변화로 작동하는 연기감지시스템으로 옳은 것은?

① 이온화식 스포트형
② 광전식 스포트형
③ 광전식 분리형
④ 공기 흡입형

해설
① 이온화식 감지기 : 이온전류가 변화하여 작동
② 광전식 감지기 : 광전소자에 접하는 광량의 변화로 작동

44 다음 중 건물의 화재감지 방식 중 연기가 빛을 차단하거나 반사하는 원리를 이용한 연기감지 센서는?

① 광전식   ② 이온화식
③ 정온식   ④ 자외선 불꽃

해설
화재감지기
① 화재감지기의 종류
  ㉠ 연기감지기 : 광전식, 이온화식 감지기
  ㉡ 열감지기 : 정온식, 차동식 감지기
② 연기 감지기
  ㉠ 광전식 감지기 : 연기가 빛을 차단하거나 반사하는 원리를 이용한다. 빛을 발산하는 발광소자와 빛을 전기로 전환시키는 광전소자를 이용한다.
  ㉡ 이온화식 감지기 : 충전전극 사이에 방사선 물질을 삽입시켜 이온화된 공기가 전자를 운반해 전류가 흐르도록 구성하여, 평상시보다 적은 전류가 흐르면 릴레이가 작동해 수신기에 신호를 보내도록 구성되어 있다.

45 연기감지시스템의 종류로 옳지 않은 것은?

① 차동식 스포트형
② 이온화식 스포트형
③ 광전식 스포트형
④ 광전식 분리형

46 IoT 미들웨어 플랫폼을 활용한 무선모듈형 화재감지 시스템의 구성시 불필요한 설비는 무엇인가?

① 화재감지센서
② 데이터베이스
③ 키오스크
④ 빅데이터 분석서버

해설
IoT 화재감시 시스템
① IoT 화재감시 시스템은 IoT기술과 설치제한이 없고 다양한 방식의 복합화재 감지 및 알림기능과 빅데이터 수집 및 처리가 가능한 미들웨어 플랫폼을 활용한 무선 모듈형 화재감시 시스템이다.
② IoT 화재감시 시스템은 화제데이터 수집 및 분석 결과 전파와 소화기 제어 기능 등을 갖추어야 한다.

47 연기감지기의 설치기준 중 틀린 것은?

① 부착높이 4m 이상 20m 미만에는 3종 감지기를 설치할 수 없다.
② 복도 및 통로에 있어서 1종 및 2종은 보행거리 30m마다 설치한다.
③ 계단 및 경사로에 있어서 3종은 수직거리 10m마다 설치한다.
④ 감지기는 벽이나 보로부터 0.6m 이상 떨어진 곳에 설치하여야 한다.

해설
감지기는 복도 및 통로에 있어서는 보행거리 30[m](3종에 있어서는 20[m])마다, 계단 및 경사로에 있어서는 수직거리 15[m](3종에 있어서는 10[m])마다 1개 이상으로 할 것

[정답] 42 ③ 43 ② 44 ① 45 ① 46 ③ 47 ②

48 다음 보기가 설명하는 발전기로 맞는 것은?

[보기]
상용전원의 공급이 정지되었을 경우 비상전원을 필요로 하는 중요 기계·설비에 대하여 전원을 공급하기 위한 발전장치

① 상용 발전기
② 예비 발전기
③ 중요 발전기
④ 비상 발전기

해설
비상발전기는 전기사업자가 공급하는 상용전원이 정전되었을 때, 또는 구내의 수요를 충당하기 위해 설치하는 발전 장치를 말한다.

49 다음 중 소방부하로 볼 수 없는 것은?

① 옥내소화전설비
② 비상용승강기
③ 비상조명등설비
④ 냉난방설비

해설
① 소방부하 : 소방시설 및 방화·피난·소화활동을 위한 시설의 전력부하를 말한다.
② 비상부하 : 소방부하 이외의 부하 또는 비화재 정전 시 사용되는 일반부하이다.

50 비상발전기의 용도별 분류에서 안전성 및 경제성 동시에 제공되는 것은?

① 소방 발전기
② 소방전용 발전기
③ 소방겸용 발전기
④ 소방전원 보존형 발전기

해설
소방전원 보존형 발전기
① 소방부하 및 비상부하 겸용의 비상발전기이다.
② 소방부하 기준으로 정격출력용량을 산정하여 저용량, 저비용 비상발전기이다.
③ 소방 안전성이 확보되고, 경제성도 동시에 확보되는 유일한 기종이다.

51 구조물에서 지진하중을 제어하는 방식으로, 내진의 설명으로 옳은 것은?

① 건물과 땅 사이에 고무를 겹쳐 만든 고무 스프링과 댐퍼, 베어링 등을 설치하여 지진 발생 시 흔들림이 건물에 전해지는 것을 막는 방식
② 건물에 전달되는 진동을 감지하고, 그 진동에 대응하는 힘을 반대 방향으로 작용시키면서 건물의 흔들림을 막는 구조
③ 건물 구조를 지진에 버틸 수 있을 만큼 튼튼하게 건설하는 것
④ 건물내이 한쪽으로 쏠리는 현상을 방지하는 구조로 건설하는 것

해설
① 면진구조
② 제진구조
③ 내진구조

[정답] 48 ④ 49 ④ 50 ④ 51 ③

Chapter 4 네트워크 보안관리

네트워크 보안은 가용성, 기밀성, 무결성에 대한 공격으로부터 모든 컴퓨팅 리소스를 보호하는 것을 의미하며, 네트워크 보안관리는 데이터의 무결성 및 사용 편이성을 보호하기 위한 각종 관리적·물리적·기술적 보안활동을 수행한다.

1 관리적보안 수행

관리적보안이란 각종 지켜야 할 관리규정, 절차, 그리고 구성원에 대한 보안의식 고취활동이다. 조직 내부의 정보보호체계를 정립하고, 인원을 관리하고, 정보시스템의 이용 및 관리에 대한 절차를 수립하고, 비상사태 발생을 대비하는 계획을 수립하는 등의 대책을 포함한다.

1. 보안기준수립 및 안전성평가

가. 보안정책수립(보안규정)

(1) 보안업무 수행에 필요한 사항을 규정하는 것을 목적으로 한다.
(2) 보안계획을 수립하기 위한 최상위 기준이자 기초 자료이다.
(3) 조직 내의 보안수준을 근거로 하여 네트워크시스템의 보안규정을 수립한다.
(4) 보안관리체계의 범위를 설정하고 범위 내 모든 정보자산을 식별하여 문서화하여야 한다.

 참고

🔘 용어의 정의
   ① 기밀성/비밀성(Confidentiality)
      ㉠ 비인가자가 임의의 정보를 사용하거나 정보가 노출되지 못하도록 하는 특성이다.
      ㉡ 자산 또는 데이터가 전송, 백업, 보관 중에 허가 받지 않은 사람에게 노출되지 않아야 함을 말한다.
   ② 무결성(Integrity)
      ㉠ 비인가된 방법을 통해 정보를 변경 또는 파괴하지 못하도록 하는 특성이다.
      ㉡ 정보가 전송되고 저장되는 과정에서 완전성과 정확성을 유지하는 것을 말한다.

합격 NOTE

합격예측
관리적보안
① 정보보안에 대비하여 인력, 조직, 경비를 확보하고 계획을 수립하는 것 들을 말한다.
② 조직에 적용될 '보안 계획'을 수립하는 것이다.(인적 자산에 대한 보안의식 고취 활동 등)

합격예측
보안규정
시스템을 위협하는 주요 위험요소로부터 자산을 보호하기 위한 정책
① 정보 위험도를 서열화한 문서
② 수용 가능한 보안 목표 제시

합격예측
보안규정 수립 관련 법률 및 규정 : 정보통신망 이용촉진 및 정보보호 등에 관한 법률, 정보통신기반 보호법, 개인정보 보호법, 전자서명법, 행정안전부 보안업무규정

합격예측
정보 보안의 3대 속성 :
CIA(Confidentiality, Integrity, Availability)

③ 가용성(Availability)
  ㉠ 정당한 사용자가 정보 또는 네트워크시스템의 사용을 필요로 할 때 지체없이 자원을 접근 및 사용하도록 하는 특성이다.
  ㉡ 권한을 가진 개체의 요구에 따라 정보자산을 지속적으로 접근하고 사용이 가능하도록 하는 것을 말한다.
④ 정보자산 : 업무와 관련하여 컴퓨터 등의 네트워크시스템을 통하여 생산, 저장, 전송, 처리되는 정보 및 시스템과 관련된 인력, 문서, 시설, 장비 등의 관련 제반자산을 말한다.

나. 보안계획 수립

위험분석의 결과를 바탕으로 우선순위, 일정, 예산, 책임, 운영계획 등을 포함한 종합적인 계획을 수립한다.

(1) 위험분석

자산의 취약성을 식별하고, 존재하는 위협을 분석하여 이들의 발생 가능성 및 위협이 미칠 수 있는 영향을 파악해서 보안위험의 내용과 정도를 결정하는 과정이다.

(2) 보안계획의 항목결정

조직 내의 위험분석을 통하여 선정한 보안대책 중에서 다음사항을 기준으로 보안계획의 항목을 결정한다.
① 대상위험의 우선순위
② 대책구현시 효과
③ 대책들 간의 논리적 의존관계
④ 구현의 용이성 등

[정보자산 보호등급 및 보안대책]

등급	등급 기준	보안 대책
'가'급	유출 및 손상되는 경우 업무수행에 중대한 장애를 초래하거나 개인신상에 심각한 영향을 줄 수 있는 자산	K4등급 또는 EAL4등급 이상의 인증과 적합성 검증 필요
'나'급	유출 및 손상되는 경우 업무수행에 장애를 초래하거나 개인신상에 영향을 줄 수 있는 자산	K3등급 또는 EAL3등급 이상의 인증과 적합성 검증 필요
'다'급	유출 및 손상되는 경우 업무수행 및 기관의 신뢰도에 영향을 줄 수 있는 자산	K2등급 또는 EAL2등급 이상의 인증과 적합성 검증 필요

합격 NOTE

합격예측
정보 보안 책임자는 회사의 정보 자산의 체계적인 관리·운영을 위하여 보안 계획을 매년 수립하여 시행해야 한다.

합격예측
위험분석 : 보안 위험의 내용과 정도를 결정하는 과정

합격예측
K 평가등급
① 침입차단시스템, 침입탐지시스템, 가상사설망 제품의 보안성을 평가하는데 적용한다.
② K0(부적합), K1(최저) ~ K7(최고 평가등급)

합격예측
① CC(Common Criteria)인증 : IT 제품의 보안성 평가에 사용되는 국제 표준
② EAL(Evaluation Assurance Level)은 CC에서 정의한 정보 보호제품의 보안성 평가 보증등급이다.
③ EAL1(최저) ~ EAL7(최고 평가보증등급)

합격 NOTE

합격예측

정보보호 및 개인정보보호 관리체계 인증(ISMS-P) : 정보보호 및 개인정보보호를 위한 일련의 조치와 활동이 인증기준에 적합함을 인터넷진흥원 또는 인증기관이 증명하는 제도

합격예측

ISMS 법적근거 : 정보통신망 이용촉진 및 정보보호 등에 관한 법률 제 47조

합격예측

정보보호 대책 명세서에 포함할 사항
① 선정된 대책의 명세
② 선정 근거
③ 선정되지 않은 대책 목록
④ 비선정 근거

합격예측

평가 및 환류 : 점검 결과를 평가하고, 필요시 보안정책 및 계획의 내용을 수정, 보완하는 등 관련 사항을 반영하는 방법

📝 참고

📍 **정보보호 관리체계**
(ISMS : Information Security Management System) 인증

① 과학기술정보통신부와 한국인터넷진흥원에서 시행하는 보안성 인증제도
② 기업이 주요 정보자산을 보호하기 위해 수립·관리·운영하는 정보보호 관리체계가 인증기준에 적합한지를 심사하여 인증을 부여하는 제도

③ 기대효과
   ㉠ 정보보호 위험관리를 통한 비즈니스 안정성 제고
   ㉡ 윤리 및 투명경영을 위한 정보보호 법적 준거성 확보
   ㉢ 침해사고, 집단소송 등에 따른 사회·경제적 피해 최소화
   ㉣ 인증 취득시 정보보호 대외 이미지 및 신뢰도 향상
   ㉤ IT관련 정부과제 입찰시 인센티브 일부 부여

---

(3) 보안계획 수립

보안계획의 항목결정을 근거로 매년 정보자산별 보안대책 및 우선순위, 일정, 소요예산, 책임 등이 포함된 계획을 수립한다.

다. 안정성 수준의 점검 및 평가

(1) 주기적인 보안점검 및 평가를 통하여 정책 및 계획의 준수여부를 확인하고 그 결과를 근거로 하여 기 수립된 보안정책과 계획을 갱신하는 활동이다.

(2) 방법 : 점검표작성, 점검실시, 평가 및 환류

2. 보안교육 수행

조직 내 정보보안 교육대상자별 교육내용에 해당하는 계획을 작성한다.

① 보안교육 대상자 : 사용자, 관리자/운영자
② 교육내용 : 기본교육, 정책·지침·절차 등 교육, 보안 침해사고 동향교육 등

3. 보안제품 선정

가. 네트워크 보안(Network Security)

네트워크를 구성하고 있는 통신장비들을 보호하고, 네트워크를 통해 데이터가 안전하게 전달될 수 있도록 보호하는 모든 활동을 말한다.

종 류	설 명
웹 방화벽	다양한 형태의 웹 기반 해킹 및 유해 트래픽을 실시간 감시하여 탐지하고 차단하는 웹 애플리케이션 보안시스템
네트워크(시스템) 방화벽	네트워크 트래픽을 모니터링하고 정해진 보안규칙을 기반으로 특정 트래픽의 허용 또는 차단을 결정하는 네트워크 보안장치이다.
침입방지시스템 (IPS)	네트워크상의 유해 트래픽의 탐지 및 방어를 능동적으로 수행하며, 실시간으로 비정상적인 트래픽을 중단시키는 보안 솔루션
DDos 차단 시스템	대량의 트래픽을 전송해 시스템을 마비시키는 DDoS 공격 차단시스템, 대량으로 유입되는 트래픽을 신속하게 분석하여 유해 트래픽을 차단한다.
가상사설망 (VPN)	전용회선이 아닌 인터넷망 또는 공중망을 사용하여 둘 이상의 네트워크를 안전하게 연결하기 위하여 가상의 터널(Tunneling)을 만들어 암호화된 데이터를 전송할 수 있도록 만든 네트워크
네트워크접근제어 (NAC)	네트워크에 접속하는 장치에 대해 접속가능 여부를 확인하여 인가된 장치만이 접속할 수 있도록 제한하는 것, 허가되지 않거나 악성코드에 감염된 PC 등이 네트워크에 접속되는 것을 차단해 시스템 전체를 보호한다.
무선네트워크보안	무선을 이용하는 통신네트워크 상에서 인증, 키 교환 및 데이터 암호화 등을 통해 위협으로부터 보호하기 위한 기술
모바일 보안	무선 컴퓨팅과 관련된 위협으로부터 스마트 폰, 태블릿 및 랩톱 등을 보호하는 것
가상화(망분리)	조직에서 사용하는 망(네트워크)을 업무 및 내부용 망(인트라넷)과 외부망(인터넷)으로 구분하고 각 망을 격리하는 방법
통합위협관리시스템 (UTM)	하나의 장비에서 여러 보안기능을 통합적으로 제공해 다양하고 복잡한 보안위협에 대응하고 관리하는 시스템

나. 시스템 보안

네트워크에 연결된 시스템 즉, 운영체제(OS), 응용프로그램, 서버 등 정보시스템 운영, 관리 및 안정성 등에 반하는 위험으로부터, 시스템의 기밀성, 무결성, 가용성, 신뢰성 등을 확보하기 위한 제반수단과 활동을 말한다.

합격 NOTE

합격예측
네트워크 보안 : 네트워크를 통해 연결된 수많은 호스트들 사이에서 정보의 유출과 불법적인 서비스 이용을 방지하는 것이다.

합격예측
웹방화벽은, 네트워크 방화벽과는 달리 웹 애플리케이션 보안에 특화되어 개발된 시스템이다.

합격예측
분산 서비스 거부(DDoS) 공격: 여러 대의 공격자를 분산적으로 배치하여 임의의 시스템을 악의적으로 공격해 해당 시스템의 리소스를 부족하게 하여 원래 의도된 용도로 사용하지 못하게 하는 공격

합격예측
VPN은 공중망에서의 개인 정보 유출, 데이터의 절취, 데이터의 변조 등의 위협으로부터 기밀성을 제공하여 안전한 네트워크를 제공한다.

합격 NOTE

종류	설 명
시스템접근통제 (PC 방화벽)	자료가 외부로 유출되는 것을 방지하기 위해 온라인을 통한 파일유출방지, SMTP-Mail, Web-Mail 등을 통한 파일유출방지, 감시기능, 모니터링 기능 등 자료 유출을 보안하는 다양한 기능을 한다.
Anti 멀웨어/ 바이러스	백신(Vaccine)을 말하는 것으로, 컴퓨터의 운영을 방해하거나, 정보를 유출 또는 불법적으로 접근권한을 취득하는 소프트웨어인 멀웨어 및 바이러스를 방지한다.
안티 스파이웨어	스파이웨어(사용자의 동의 없이 설치되어 컴퓨터의 정보를 수집하고 전송하는 악성 소프트웨어)의 활동을 차단한다.
안티 피싱	피싱(위장 홈페이지 접속유도 등의 방법으로 비밀번호 및 신용카드 정보와 같이 기밀을 요하는 정보를 부정하게 훔치는 기술)을 방지한다.
스팸 차단 S/W	스팸을 방지하기 위해 스팸차단 또는 필터링기능을 제공하는 소프트웨어
보안 운영체제	컴퓨터 운영체제의 보안상 결함으로 인하여 발생 가능한 각종 해킹으로부터 시스템을 보호하기 위해 기존의 운영체제 내에 보안 기능이 추가된 운영체제

다. 콘텐츠 및 정보유출 방지보안

내부정보의 유출을 방지하고 안정적인 데이터보안 및 정보보호관리를 구축한다.

종류	설 명
DB 보안 (접근 통제)	데이터베이스(DB) 접근을 권한별로 통제하는 기능을 제공하며, DB 내에 저장된 데이터를 인가되지 않은 변경, 파괴, 노출 및 비일관성을 발생시키는 사건으로부터 보호하는 기술
DB 암호화	데이터의 내용을 허가받지 않은 사람이 볼 수 없도록 은폐하기 위해 데이터를 암호화한다.
컴퓨터(PC) 보안	하드웨어, 소프트웨어 또는 데이터의 도난이나 손상, 컴퓨터가 제공하는 서비스의 중단 또는 오용으로부터 컴퓨터 시스템을 보호하는 것
보안 USB	자료 유출을 방지하기 위한 보안 기능(사용자식별, 지정데이터 암복호화, 지정된 자료의 임의복제 방지, 분실시 데이터 보호 등)을 지원하는 보안 컨트롤러가 있는 휴대용 메모리스틱
디지털 저작권관리 (DRM)	웹을 통해 유통되는 각종 디지털콘텐츠의 안전분배와 불법복제를 방지하는 기술
네트워크 DLP	네트워크 끝단에서 내부정보 유출을 통제하는 기술이며, 기업 내에서 기술정보, 영업비밀, 고객정보 등을 보호하고 외부 유출을 방지하기 위해서 사용된다.

합격예측

멀웨어(Malware) : 악성 소프트웨어(Malicious Software)의 줄임말, 사용자의 이익을 침해하는 소프트웨어이다.

합격예측

피싱(Phishing)은 개인정보를 뜻하는 Private data와 낚시의 의미를 갖는 Fishing의 합성어이다.

합격예측

DRM(Digital Right Management)
저작권자가 배포한 디지털 콘텐츠가 저작권자가 의도한 용도로만 사용되도록 콘텐츠의 생성, 유통, 이용까지의 전 과정에 걸쳐 사용되는 디지털 콘텐츠 관리 및 보호기술이다.

합격예측

데이터 유출방지(DLP : Data Loss Prevention)는 내부 정보 유출방지를 의미한다.

라. 암호 및 인증

암호화(Encryption)는 전송하고, 수신하고, 저장하는 정보를 해독할 수 없도록 정보를 비밀코드로 변환하는 기술적방법을 말하며, 인증(Authentication)은 시스템으로부터 정확한 주체가 맞는지 확인받는 과정을 의미한다.

종류	설명
보안 스마트카드	일반카드와 달리 반도체 칩을 내장한 스마트카드로 방대한 양의 데이터를 저장하며, 보안성도 뛰어나다.
H/W 토큰 (HSM)	보안토큰(HSM, Hardware Security Module)은 전자서명 생성키 등 비밀정보를 안전하게 저장 및 보관할 수 있고, 기기내부에 프로세스 및 암호연산장치가 있어 전자서명 키 생성, 전자서명생성 및 검증 등이 가능한 하드웨어 장치이다.
일회용 비밀번호 (OTP)	OTP(One-Time Password)는 로그인할 때마다 새로운 패스워드를 생성하므로, 1회용 비밀번호를 사용하는 인증 및 보안 시스템이다.
공개키 기반구조 (PKI)	PKI(Public Key Infrastructure)는 공개키암호화를 기초로, 인증서를 생성·관리·저장·분배·취소하는데 필요한 하드웨어, 소프트웨어, 정책, 절차이다.
싱글사인온 (SSO : Single Sign-On)	• 한번 인증만으로 전 시스템을 하나의 시스템처럼 사용할 수 있도록 하는 기술 • 단 한 번의 로그인(1개의 계정)만으로 다양한 시스템에 접근할 수 있어 ID, 패스워드에 대한 보안위험 예방과 사용자 편의증진 등의 효과 ∴ 단일 로그인, 통합관리
통합 접근 관리 (EAM : Extranet Access Management)	• 하나의 ID와 암호입력으로 다양한 시스템에 접근할 수 있고 각 ID에 따라 사용 권한을 차등 부여하는 통합 인증과 권한 관리시스템이다. ∴ SSO + 통합권한관리
통합 계정 관리 (IAM : Indentity & Access Management)	ID와 패스워드를 종합적으로 관리해주는 역할기반의 사용자 계정관리솔루션 ∴ EAM + 통합 계정관리

마. 보안관리

보안관리(Security Management)는 조직이 목적을 달성할 수 있도록 조직의 정보자산을 안전하게 보호하는 모든 활동을 의미한다.

합격예측

HSM 내부에 저장된 비밀 정보는 장치 외부로 복사 또는 재생성되지 않는다.

합격예측

PKI
① 공개키 암호 알고리즘(Algorithm)을 적용하고 인증서를 관리하기 위한 기반시스템
② 전자서명, 전자상거래 등이 안전하게 구현되기 위하여 구축되어야 할 기반기술

합격예측

① SSO(Single Sign-On)
② EAM (Extranet Access Management)
③ IAM(Indentity & Access Management)

합격 NOTE

합격예측
패치는 수정 또는 (성능, 보안 등)개선을 위해 컴퓨터 프로그램이나 데이터를 업데이트하도록 설계된 소프트웨어이다.

종류	설명
통합보안관리 (ESM : Enterprise Security Management)	방화벽, 침입탐지시스템, 가상사설망 등 각종 보안시스템 및 주요시스템 장비를 연동, 통합하여 효율적으로 운영할 수 있도록 하는 시스템
위협관리시스템 (TMS : Threat Management System)	• 다양하고 지능화된 사이버위협에 대한 체계적인 보안관제 및 대응시스템 • 각종 위협으로부터 내부 정보자산을 보호하기 위해 통합된 정보보호 기술체계시스템
패치관리시스템 (PMS : Patch Management System)	시스템의 보안 취약점을 보완하기 위하여 배포되는 보안 패치 파일을 자동으로 설치 관리해주는 시스템
위험관리시스템 (RMS : Risk Management System)	서로 다른 기종의 보안시스템과 주요 정보시스템에서 발생하는 여러 종류의 위협과 취약성 정보를 해당 자산의 중요도와 연계해 종합적으로 분석하며, ESM, TMS 보다 진보된 정보보호 솔루션이다.
백업/복구 관리시스템	자료손실을 예방하기 위해 자료를 미리 다른 곳에 임시로 보관해 두었다가 원래 상태로 복구해주는 관리시스템
로그관리/분석시스템	로그를 실시간 수집, 저장 및 분석하는 등의 작업을 위해 사용되어지는 시스템
취약점분석시스템	악성코드 민감도, 안전하지 않은 소프트웨어 설정, 열린 포트 같은 컴퓨터시스템의 알려진 취약점들을 분석하기 위해 사용되어지는 시스템
디지털포렌식시스템	정보기기 내에 내장된 디지털자료를 법적증거가 되도록 하기 위해 자료를 복원, 분석, 보고하기 위해 사용되어지는 시스템

합격예측
로그(Log)는 감사 설정된 시스템의 모든 기록을 담고 있는 데이터이며, 시스템의 장애 원인 분석, 시스템 취약점 분석 등으로 이용된다.

4. 망 분리(Network Segmentation)

인터넷을 통한 악성코드 감염과 다양한 보안위협의 증가로 인해 기존 보안 솔루션의 도입·운영만으로는 외부의 공격으로부터 안심할 수 없으며, 그 피해 규모 및 범위 역시 기하급수적으로 증가하고 있다. 이에 인터넷을 통한 악성코드 침입을 방지하고 만약 공격이 있더라도 업무영역에 영향이 미치지 않도록 업무망과 인터넷망을 분리하는 망 분리가 등장하였다.

합격예측
망분리는 외부 인터넷망과 업무망을 분리하는 것을 말한다.

가. 망분리의 개요

(1) 망분리는 외부 인터넷망을 통한 불법적인 접근과 내부정보 유출을 차단하기 위해 업무망과 외부 인터넷망을 분리하는 망 차단조치를 말한다.

(2) 망분리는 해킹이나 악성코드와 같은 외부의 침입으로부터 내부 자원을 보호하기 위하여 네트워크 망을 이중화시켜 업무용과 인터넷용을 분리하는 망 차단조치를 말한다.

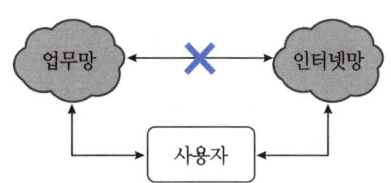

합격예측
① 내부망의 예 : 특정 조직이나 기업 내부에서 사용되는 사설 네트워크
② 외부망의 예 : Internet을 통해 연결된 컴퓨터 네트워크

참고

📍 내부망과 외부망

> [개인정보의 안전성 확보조치 기준] 제6조 (접근통제)
> 전년도 말 기준 직전 3개월간 그 개인정보가 저장·관리되고 있는 이용자 수가 일일평균 100만명 이상인 개인정보처리자는 개인정보처리시스템에서 개인정보를 다운로드 또는 파기할 수 있거나 개인정보처리시스템에 대한 접근 권한을 설정할 수 있는 개인정보취급자의 컴퓨터 등에 대한 인터넷망 차단 조치를 하여야 한다.

① 내부망은 인터넷망 차단, 접근 통제시스템 등에 의해 인터넷 구간에서의 접근이 통제 또는 차단되는 구간을 말한다.
② 외부망은 전 세계적으로 연결된 컴퓨터 네트워크의 집합체로, 인터넷을 통해 컴퓨터와 장치들이 상호 연결됩니다.

합격예측
외부망(인터넷 망), 내부망(업무망)

나. 망분리의 종류

망분리는 그 방식에 따라 물리적 망분리와 논리적 망분리로 구분할 수 있다.

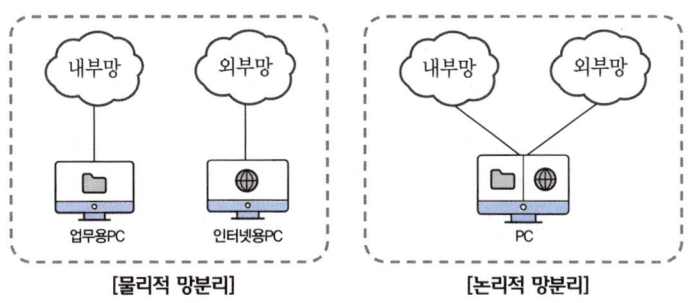

합격 NOTE

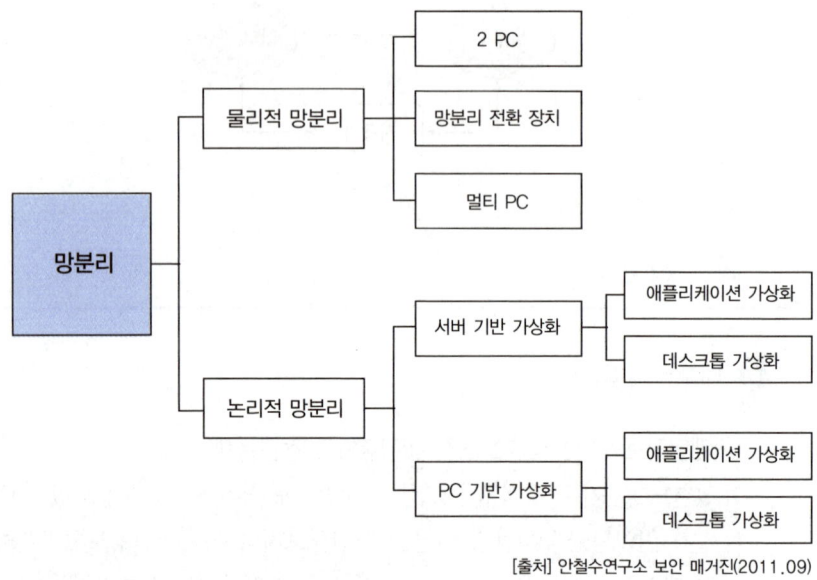

[출처] 안철수연구소 보안 매거진(2011.09)

(1) 물리적 망분리

개요	① 인터넷 망과 업무 망을 분리할 때 물리적으로 네트워크를 분리하는 방식을 말한다. ② 인터넷 망과 업무 망에 접속하기 위한 PC를 각각 사용하여 완전히 분리된 네트워크 접속 환경을 구축하는 방식이다.

특징	• 복수 PC와 망분리 전환장치로 구분된다.
	  ① 1명의 사용자가 2대의 PC를 사용하거나 물리적으로 분리한 각 망의 회선 별로 방화벽, 스위치 등 관련 네트워크 및 보안장비를 따로 구축해야 한다.
	  ② PC 영역을 이중화 한 후 망 전환장치를 사용하여 망 연결을 전환한다.
	• 비용과 업무 효율성은 다소 떨어지지만 보안에 대한 가시성이 높은 방식

① 2대 PC 방식
  ㉠ 인터넷용과 업무용으로 분리된 네트워크에 인터넷 PC와 업무 PC를 각각 접속해서 사용하는 방식
  ㉡ 장점 : 명확한 개념의 망분리 방식으로 가시성을 확보할 수 있다.
  ㉢ 단점 : 방화벽부터 PC까지 전체 네트워크를 새로이 구축해야 하며, 망 공사, 전원 공사 등 부수적인 비용이 상당히 필요하다.
② 망분리 전환 장치
  ㉠ PC에 하드디스크 및 랜카드를 별도로 설치하고, 망분리 전환 장치(PCI 카드 형태)를 이용하여 업무용 모드와 인터넷 모드로 전환하는 방식이다.

합격예측
물리적 망분리 : 동일 시점에서 한 컴퓨터에서 업무망과 인터넷망을 동시에 접속할 수 없다.

합격예측
KVM 스위치 : 2대의 PC(본체)를 1대의 키보드, 모니터, 마우스로 전환해가며 사용할 수 있도록 하는 장비

합격예측
2대 PC 방식 : 인트라넷을 제외한 기본 전산 시스템이 2배가 되므로 유지보수 비용이 많이 소요된다.

ⓛ 장점 : 2대의 PC 이용과 동일한 수준의 보안성을 제공한다.
ⓒ 단점 : 방화벽부터 PC까지 전체 네트워크를 새로이 구축해야 하며, 망 공사, 전원 공사 등 부수적인 비용이 상당히 필요하다.
③ 멀티 PC 이용 방식
　　ⓠ 멀티 PC 이용 방식은 별도의 전용 접속장치를 통해 인터넷 접속용 PC를 통해 인터넷을 사용하는 방식이다.
　　ⓛ 장점: 2대의 PC 이용과 동일한 수준의 보안성을 제공한다.
　　ⓒ 단점: 모든 사용자의 동시 접속 또는 부하가 큰 인터넷 사이트 접속시 속도 저하가 발생한다.

(2) 논리적 망분리

개요	① 가상화 기술을 이용하여 1대의 PC에서 인터넷 망과 업무 망에 별도로 접속 가능하도록 구축하는 방식이다. ② 물리적으로는 실제 네트워크가 구분되어 있지 않지만, 가상화 기술 등 다양한 IT 보안 기술을 사용하여 인터넷 망과 업무 망이 물리적으로 분리되는 효과를 볼 수 있도록 구현하는 방식이다.
특징	• 서버기반 가상화와 PC기반 가상화로 구분된다. 　① 서버기반 가상화 　　: 업무용 PC를 서버가상화 PC로 중앙에서 관리하는 방식 　② PC 기반 가상화 　　: PC에 가상화 SW를 설치하여, 외부와 격리된 가상영역을 구축하여 인터넷 영역으로 사용하는 방식

① 서버 기반 가상화(SBC : Server-Based Computing)
　　ⓠ 기존 PC는 업무용 PC로 사용하고, 인터넷 접속 필요시 인터넷 서버 가상화 서버팜(Server Farm)에 위치한 가상머신을 통해 인터넷에 접속하는 방식을 취한다.
　　ⓛ 장점 : 물리적 망분리 방식 대비 구축 비용을 절감할 수 있다.
　　ⓒ 단점 : 인터넷 접근 프로그램(브라우저 등)이 서버에서 실행되므로 대규모의 인터넷 가상화 서버팜의 구축이 필요하다.
② PC 기반 가상화(CBC, Client-Based Computing)
　　ⓠ 업무용 PC에 가상화된 인터넷 영역을 생성한 후 가상화 영역에서 실행되는 프로그램만 인터넷 접속이 가능하도록 하는 방식이다.
　　ⓛ 장점 : 가장 저렴하게 구축이 가능하다.
　　ⓒ 단점 : 다양한 PC 환경에 대한 호환성 확보가 필요하다.

합격 NOTE

합격예측
멀티 PC 이용 방식 : 소규모(5 ~7명) 조직에 적합하다.

합격예측
가상화 기술을 적용하는 대상이 어딘지에 따라 'SBC' 방식과 'CBC' 방식이 있다.

합격예측
가상화 : 하나의 실물 컴퓨팅 자원을 마치 여러 개인 것처럼 가상으로 쪼개서 사용하거나, 여러 개의 실물 컴퓨팅 자원들을 묶어서 하나의 자원인 것처럼 사용하겠다는 것이다.

합격예측
서버 기반 컴퓨팅(SBC)
① 데스크톱 가상화(VDI)라고도 한다.
② 데이터센터 등에 가상으로 데스크톱 PC 환경을 구현하는 기술이다.

합격예측
서버 팜 : 일련의 컴퓨터 서버와 운영 시설을 한곳에 모아 놓은 곳

합격예측
PC 기반 가상화: 가상화 영역과 비가상화 영역은 메모리, 프로세스 등이 완벽히 분리가 되어 있어야 한다.

합격 NOTE

합격예측

대표제품 :
① 물리적 망분리 : 대부분의 시스템 구축 업체
② SBC 방식 : VM View, XenDesktop, VERDE 등
③ CBC 방식 : TrusZone, I-desk, VM-Fort 등

[물리적 망분리와 논리적 망분리의 특성 비교]

구분	물리적 망분리			논리적 망분리	
	2대 PC	망전환 장비	멀티 PC	서버기반 가상화	PC기반 가상화
구축비용	높음	높음	높음	중간	낮음
유지보수 비용	높음	높음	높음	중간	낮음
확장비용	높음	높음	높음	중간	낮음
보안성	완전한 망 분리 구성으로 업무망의 안전성 확보			바이러스, 악성 코드 유입 가능성으로 보안성 취약	물리적 망 분리와 동일한 보안성
주요 장점	망분리에 대한 가시성 확보	단일 PC상의 망 전환	망분리에 대한 가시성 확보	가상화 서버를 이용한 인터넷 통제	도입비용 최소화, 쉽고 간편한 설치
주요 단점	대규모 예산 필요, 사무공간의 협소, 전력 문제	대규모 예산 필요, 사무공간의 협소, 전력 문제	대규모 비용 투입, 소규모 조직에만 적합	최초 도입비용 높음, 다수 접속시 성능 저하	고장 발생시 복구에 어려움

출제 예상 문제

제1장 관리적보안 수행

01 다음 중 네트워크 보안 관리 방법으로 가장 적합하지 않은 것은?

① 물리적 보안 ② 기술적 보안
③ 관리적 보안 ④ 심층적 보안

해설
네트워크 보안 관리는 데이터의 무결성 및 사용 편이성을 보호하기 위한 각종 관리적·물리적·기술적 보안 활동을 수행한다.

02 다음 ( )안에 들어갈 내용으로 맞는 것은?

> 제47조(정보보호 관리체계의 인증) ① 과학기술정보통신부장관은 정보통신망의 안정성·신뢰성 확보를 위하여 ( ) 보호조치를 포함한 종합적 관리체계(이하 "정보보호 관리체계"라 한다)를 수립·운영하고 있는 자에 대하여 제4항에 따른 기준에 적합한지에 관하여 인증을 할 수 있다.

① 관리적·기술적·물리적
② 위험 분석적
③ 기밀성·무결성·가용성
④ 지속적·구조적·탄력적

해설
정보통신망 이용촉진 및 정보보호 등에 관한 법률
이 법은 정보통신망의 이용을 촉진하고 정보통신서비스를 이용하는 자를 보호함과 아울러 정보통신망을 건전하고 안전하게 이용할 수 있는 환경을 조성하여 국민생활의 향상과 공공복리의 증진에 이바지함을 목적으로 한다.

03 다음 중 「정보통신망 이용촉진 및 정보보호 등에 관한 법률」 제47조의 정보보호 관리체계의 인증 제도에 대한 설명으로 옳지 않은 것은?

① 정보보호 관리체계 인증의 유효기간은 3년이다.
② 정보보호 관리체계 인증은 의무 대상자는 반드시 인증을 받아야 하며 의무 대상자가 아닌 경우에도 인증을 취득할 수 있다.
③ 정보보호 관리체계는 정보통신망의 안정성, 신뢰성 확보를 위하여 관리적, 기술적, 물리적 보호조치를 포함한 종합적 관리체계를 의미한다.
④ 정보보호 관리체계 의무대상자는 국제표준 정보보호 인증을 받거나 정보보호 조치를 취한 경우에는 인증 심사의 전부를 생략할 수 있다.

04 다음 중 정보통신 관계 법률의 목적에 대한 설명으로 옳지 않은 것은?

① [정보통신기반 보호법]은 전자적 침해행위에 대비하여 주요정보통신기반시설의 보호에 관한 대책을 수립·시행함으로써 동 시설을 안정적으로 운영하도록 하여 국가의 안전과 국민 생활의 안정을 보장하는 것을 목적으로 한다.
② [전자서명법]은 전자문서의 안전성과 신뢰성을 확보하고 그 이용을 활성화하기 위하여 전자서명에 관한 기본적인 사항을 정함으로써 국가사회의 정보화를 촉진하고 국민생활의 편익을 증진함을 목적으로 한다.
③ [통신비밀보호법]은 통신 및 대화의 비밀과 자유에 대한 제한은 그 대상을 한정하고 엄격한 법적 절차를 거치도록 함으로써 통신비밀을 보호하고 통신의 자유를 신장함을 목적으로 한다.
④ [정보통신산업 진흥법]은 정보통신망의 이용을 촉진하고 정보통신서비스를 이용하는 자의 개인정보를 보호함과 아울러 정보통신망을 건전하고 안전하게 이용할 수 있는 환경을 조성하여 국민생활의 향상과 공공복리의 증진에 이바지함을 목적으로 한다.

해설
④번은 [정보통신망 이용촉진 및 정보보호 등에 관한 법률]의 목적이다.

[정답] 01 ④ 02 ① 03 ④ 04 ④

05 다음은 정보보호관리 활동에 대한 설명이다. 올바르게 연결되지 않은 것은?

① 관리적 – 보안전담조직 구성
② 물리적 – 서버실 출입일지 작성
③ 기술적 – 시스템 접근 제어 및 관련 로그 관리
④ 물리적 – 비상사태를 대비한 비상계획 수립

해설
관리적 보안
① 각종 지켜야 할 관리 규정, 절차, 그리고 구성원에 대한 보안의식 고취 활동이다.
② 조직 내부의 정보 보호 체계를 정립하고, 인원을 관리하고, 정보 시스템의 이용 및 관리에 대한 절차를 수립하고, 비상사태 발생을 대비하는 계획을 수립하는 등의 대책을 포함한다.

06 다음 중 관리적 보안 활동의 범위로 볼 수 없는 것은?

① 정보보안에 대비해 지켜야 할 관리 규정, 절차를 규정
② 정보보안에 대비해 설비·시설 등의 자산을 보호
③ 정보보안에 대비해 정보 보호 체계를 정립
④ 정보보안에 대비해 인력, 조직, 경비를 확보하고 계획을 수립

해설
물리적 보안 : 물리적 위협 수단으로부터 설비·시설 등의 자산을 보호하기 위한 다양한 보안 활동이다.

07 정보보호의 주요 목적에 대한 설명으로 옳지 않은 것은?

① 기밀성(Confidentiality)은 인가된 사용자만이 데이터에 접근할 수 있도록 제한하는 것을 말한다.
② 가용성(Availability)은 필요할 때 데이터에 접근할 수 있는 능력을 말한다.
③ 무결성(Integrity)은 식별, 인증 및 인가 과정을 성공적으로 수행했거나 수행 중일 때 발생하는 활동을 말한다.
④ 책임성(Accountability)은 제재, 부인방지, 오류제한, 침입탐지 및 방지, 사후처리 등을 지원하는 것을 말한다.

해설
무결성은 비인가된 방법을 통해 정보를 변경 또는 파괴하지 못하도록 하는 특성이다.

08 다음은 정보보안의 목표에 대한 설명이다. 올바르지 못한 것은?

① 기밀성 : 정당한 사용자에게만 접근을 허용함으로써 정보의 안전을 보장한다.
② 무결성 : 전달과 저장 시 비인가된 방식으로부터 정보가 변경되지 않도록 보장한다.
③ 가용성 : 인증된 사용자들이 모든 서비스를 이용할 수 있는 것을 말한다.
④ 인증 : 정보주체가 본인이 맞는지를 인정하기 위한 방법을 말한다.

해설
① 가용성 : 정당한 사용자가 정보 또는 네트워크 시스템의 사용을 필요로 할 때 부당한 지체 없이 자원을 접근 및 사용하도록 하는 특성이다.
② 정보를 오직 인가(Authorization)된 사람들에게만 공개하는 것은 기밀성이다.

09 금융 업무를 보지 못하여 물건 결제를 하지 못하였다면 보안의 목적 중 무엇을 충족하지 못하였는가?

① 기밀성   ② 가용성
③ 무결성   ④ 부인 방지

10 아래 지문은 보안 서비스 중 어느 항목을 나타내는 것인가?

> 수신된 데이터가 인증된 개체가 보낸 것과 정확히 일치하는 지에 대한 확신을 주는 서비스

① 데이터 기밀성   ② 데이터 무결성
③ 부인봉쇄   ④ 가용성

[정답] 05 ④ 06 ② 07 ③ 08 ③ 09 ② 10 ②

출제 예상 문제

11 다음 지문의 ㉠~㉢에 각각 들어갈 단어로 가장 적절한 것은?

> ㉠ : 어떤 실체에 대해 불법자가 정당한 사용자로 가장하여 침입하거나 정보에 대한 위협을 가하는 행위를 방지하는 것
> ㉡ : 시스템의 성능에 따라 사용자의 사용 요구가 있을 경우 시스템의 성능 명세에 따라 언제든지 접근이 가능하고 자원을 사용할 수 있도록 제공하는 서비스
> ㉢ : 통신의 한 주체가 통신에 참여했던 사실을 일부 혹은 전부 부인하는 것을 방지

① ㉠ 접근제어 ㉡ 가용성 ㉢ 인증
② ㉠ 접근제어 ㉡ 인증   ㉢ 부인방지
③ ㉠ 인증   ㉡ 접근제어 ㉢ 가용성
④ ㉠ 인증   ㉡ 가용성 ㉢ 부인방지

12 다음은 기업의 보안정책 수립 진행순서이다. 올바르게 나열한 것은?

① 보안방안 수립 - 위험인식 - 정책수립 - 정보보안조직 및 책임 - 정책수립 - 사용자 교육
② 위험인식 - 정책수립 - 정보보안조직 및 책임 - 보안방안 수립 - 사용자 교육
③ 정책수립 - 정보보안조직 및 책임 - 위험인식 - 보안방안 수립 - 사용자 교육
④ 정책수립 - 위험인식 - 보안방안 수립 - 정보보안조직 및 책임 - 사용자 교육

13 다음 중 정보보호정책에 포함되지 않아도 되는 것은 무엇인가?

① 자산의 분류
② 비인가자의 접근원칙
③ 법 준거성
④ 기업보안문화

14 정보보호의 예방대책을 관리적 예방대책과 기술적 예방대책으로 나누어질 때, 관리적 예방대책에 속하는 것은 무엇인가?

① 방화벽에 패킷 필터링 기능 활성화
② 전송되는 메시지에 대한 암호화
③ 복구를 위한 백업 실행
④ 문서처리 순서 표준화

15 다음 중 [정보보호 관리체계 인증 등에 관한 고시]에 의거한 정보보호 관리체계(ISMS)에 대한 설명으로 옳지 않은 것은?

① 정보보호관리과정은 정보보호정책 수립 및 범위 설정, 경영진 책임 및 조직구성, 위험관리, 정보보호대책 구현 등 4단계 활동을 말한다.
② 인증기관이 조직의 정보보호 활동을 객관적으로 심사하고, 인증한다.
③ 정보보호 관리체계는 조직의 정보 자산을 평가하는 것으로 물리적 보안을 포함한다.
④ 정보 자산의 기밀성, 무결성, 가용성을 실현하기 위하여 관리적, 기술적 수단과 절차 및 과정을 관리, 운용하는 체계이다.

> **해설**
> 정보보호관리과정이란 정보보호 관리체계를 수립·운영하기 위하여 유지·관리하여야 할 5단계 활동을 말한다.
> : 정보보호정책 수립 및 범위설정, 경영진 책임 및 조직구성, 위험관리, 정보보호대책 구현, 사후관리

16 국내 정보보호관리체계(ISMS)의 관리 과정 5단계 중 위험 관리 단계의 통제항목에 해당하지 않는 것은?

① 위험 관리 방법 및 계획 수립
② 정보보호 대책 선정 및 이행 계획 수립
③ 정보보호 대책의 효과적 구현
④ 위험 식별 및 평가

[정답] 11 ④ 12 ③ 13 ④ 14 ④ 15 ① 16 ③

해설

정보보호관리체계 5단계 관리과정

단계	내용
1단계 (정책 수립 및 범위설정)	• 정보보호정책 수립 • 정보보호 관리체계 범위설정
2단계 (경영진 책임 및 조직구성)	• 경영진 참여 • 정보보호 조직구성 및 자원할당
3단계 (위험관리)	• 위험관리 방법 및 계획 수립 • 위험 식별 및 평가 • 정보보호대책 선정 및 이행계획 수립
4단계 (대책구현)	• 내부공유 및 구현 • 정보보호대책의 효과적 구현
5단계 (사후관리)	• 내부감사 • 정보보호 관리체계 운영현황 관리 • 법적요구사항 준수검토

17 정보보호관리체계(ISMS) 5단계 수립을 하려고 한다. 올바른 진행 순서는 무엇인가?

① 경영조직 - 정책 수립 및 범위설정 - 위험관리 - 구현 - 사후관리
② 정책 수립 및 범위설정 - 경영조직 - 위험관리 - 구현 - 사후관리
③ 정책 수립 및 범위설정 - 경영조직 - 구현 - 위험관리 - 사후관리
④ 경영조직 - 위험관리 - 정책 수립 및 범위설정 - 구현 - 사후관리

18 다음 중 기업(조직)이 각종 위협으로부터 주요 정보 자산을 보호하기 위해 수립, 관리, 운영하는 종합적인 체계의 적합성에 대해 인증을 부여하는 제도를 무엇이라 하는가?

① TCSEC   ② ITSEC
③ CC   ④ ISMS

해설

정보보호 관리체계(ISMS ; Information Security Management System) 인증은 과학기술정보통신부와 한국인터넷진흥원에서 시행하는 보안성 인증제도이다.

19 보안인증 평가에 대한 설명으로 올바르지 않은 것은?

① IPSEC은 새로운 유럽공통평가기준으로 1991년에 발표하였다.
② TCSEC은 일명 '오렌지북'이라고도 불린다.
③ EAL 등급은 9가지로 분류된다.
④ TCSEC은 기밀성을 우선으로 하는 군사 및 정보기관에 적용된다.

해설

① EAL(Evaluation Assurance Level)은 CC(Common Criteria)에서 정의한 정보보호제품의 보안성 평가 보증등급이다.
② 등급: EAL1(최저) ~ EAL7(최고 평가보증등급)

20 다음 중 네트워크 보안장비인 방화벽(firewall)에 대한 설명으로 옳지 않은 것은?

① 패킷 필터링 방화벽은 패킷의 출발지 및 목적지 IP 주소, 서비스의 포트 번호 등을 이용한 접속제어를 수행한다.
② 패킷 필터링 기법은 응용 계층(Application Layer)에서 동작하며, WWW와 같은 서비스를 보호한다.
③ NAT 기능을 이용하여 IP 주소 자원을 효율적으로 사용함과 동시에 보안성을 높일 수 있다.
④ 방화벽 하드웨어 및 소프트웨어 자체의 결함에 의해 보안상 취약점을 가질 수 있다.

해설

① 방화벽은 인터넷과 같은 공중망으로부터 기업내부의 사설망을 보호하는 보안장치로 사설망과 공중망 사이의 경계에 위치하여 내부에서 외부로 또는 외부에서 내부로 이동하는 네트워크 트래픽을 제어하는 시스템이다.
② 패킷 필터링 방화벽은 OSI 7계층에서 3 계층인 네트워크계층과 4 계층인 트랜스포트 계층에서 동작한다.

[정답] 17 ② 18 ④ 19 ③ 20 ②

21 다음 중 방화벽의 기능이 아닌 것은?

① 접근제어
② 인증
③ 로깅 및 감사추적
④ 침입자의 역추적

22 방화벽을 통과하는 모든 패킷을 방화벽에서 정의한 보안 정책에 따라 패킷의 통과 여부를 결정하는 역할을 수행하는 기법은?

① Packet Filtering ② NAT
③ Proxy ④ Logging

해설
패킷 필터링 : 패킷(프레임)별로 허용/통과 또는 거부/차단하는 필터링 기능

23 다음 중 대표적인 윈도우 공개용 웹 방화벽은 무엇인가?

① Inflex ② WebKnight
③ Mod_Security ④ Public Web

해설
웹 나이트(Webknight)는 Aqtronix사에서 개발한 IIS 웹 서버에 설치할 수 있는 공개용 웹방화벽이다.

24 다음과 같은 기능을 수행하는 보안도구는 무엇인가?

- 사용자 시스템 행동의 모니터링 및 분석
- 시스템 설정 및 취약점에 대한 감시기록
- 알려진 공격에 대한 행위 패턴 인식
- 비정상적 행위 패턴에 대한 통계적 분석

① 침입차단시스템(IPS)
② 침입탐지시스템(IDS)
③ 가상사설망(VPN)
④ 공개키기반구조(PKI)

25 침입방지시스템(IPS)의 출현 배경으로 옳지 않은 것은?

① 인가된 사용자가 시스템의 악의적인 행위에 대한 차단, 우호경로를 통한 접근대응이 어려운 점이 방화벽의 한계로 존재한다.
② 침입탐지시스템(IDS)의 탐지 이후 방화벽 연동에 의한 차단외에 적절한 차단 대책이 없다.
③ 악성코드의 확산 및 취약점 공격에 대한 대응 능력이 필요하다.
④ 침입탐지시스템(IDS)과 달리 정상 네트워크 접속 요구에 대한 공격패턴으로 오탐 가능성이 없다.

해설
① 침입방지시스템(IPS: Intrusion Prevention System)은 다양한 방법의 보안 기술을 이용해, 침입이 일어나기 전에 실시간으로 침입을 막고 알려지지 않은 방식의 침입으로부터 네트워크 와 호스트를 보호할 수 있는 시스템이다.
② IPS는 IDS보다는 오탐 가능성이 적지만 완전히 제거할 수는 없으며, 오탐의 발생 가능성이 항상 존재한다.

26 시스템에 대한 침입 탐지와 차단을 동시에 할 수 있는 솔루션은 무엇인가?

① SIEM ② ESM
③ IPS ④ IDS

해설
① IPS는 컴퓨터 시스템의 비정상적인 사용, 오용, 남용 등을 실시간으로 탐지하는 시스템과 IP/Port를 기반으로 네트워크를 보호하는 방화벽(Firewall)을 결합한 보안 솔루션이다.
② 기존 방화벽이 네트워크에 대한 실질적인 공격 차단률이 낮아 이를 보완하고자 개발되었다.

27 침입탐지시스템(IDS)과 방화벽(Firewall)의 기능을 조합한 솔루션은?

① SSO(Single Sign On)
② IPS(Intrusion Prevention System)
③ DRM(Digital Rights Management)
④ IP관리시스템

[정답] 21 ④ 22 ① 23 ② 24 ② 25 ④ 26 ③ 27 ②

28 인터넷 사용의 급증과 전자상거래와 같은 다양한 서비스의 증가로 인터넷 보안의 중요성을 인식하게 되는데, 인터넷 보안을 위한 시스템 보안장치에 해당되지 않는 것은?

① DDoS
② 방화벽
③ IPS
④ IDS

해설
분산 서비스 거부 공격(DDoS : Distributed Denial of Service)은 여러 대의 컴퓨터를 일제히 동작하게 하여 특정 사이트를 공격하는 해킹방식이다.

29 다음 중 DDoS 긴급 대응 절차 순서를 올바르게 나열한 것은?

가. 모니터링	나. 상세분석
다. 공격탐지	라. 초동조치
마. 차단조치	

① 라, 다, 가, 나, 마
② 라, 가, 마, 다, 나
③ 가, 다, 라, 나, 마
④ 가, 다, 나, 라, 마

30 다음 중 보안을 위협하는 공격 형태의 하나인 DoS(Denial of Service) 공격에 대한 설명으로 옳은 것은?

① 특정한 시스템에서 보안이 제거되어 있는 통로를 지칭하는 말이다.
② 시스템에 불법적인 행위를 수행하기 위해 다른 프로그램으로 위장하여 특정 프로그램을 침투시키는 행위이다.
③ 시스템에 오버플로우를 일으켜 정상적인 서비스를 수행하지 못하도록 만드는 행위이다.
④ 자기 스스로를 복제함으로써 시스템의 부하를 일으켜 시스템을 다운시키는 프로그램을 말한다.

31 다음 중 분산 서비스 거부 공격(DDos)에 관한 설명으로 옳은 것은?

① 네트워크 주변을 돌아다니는 패킷을 엿보면서 계정과 패스워드를 알아내는 행위
② 검증된 사람이 네트워크를 통해 데이터를 보낸 것처럼 데이터를 변조하여 접속을 시도하는 행위
③ 여러 대의 장비를 이용하여 특정 서버에 대량의 데이터를 집중적으로 전송함으로써 서버의 정상적인 동작을 방해하는 행위
④ 키보드의 키 입력시 캐치 프로그램을 사용하여 ID나 암호 정보를 빼내는 행위

32 다음 중 서비스 거부(DoS) 공격에 대한 대응 방안으로 올바르지 못한 것은?

① 입력 소스 필터링
② 적절한 라우터 설정 및 블랙 홀 널(NULL) 처리
③ 위장한 IP 주소 필터링
④ 대역폭 증대

해설
① 라우터의 egress 필터링 기능 사용
② DoS, DDoS 방지 전용 솔루션 도입

33 서비스 거부(Denial Of Service) 공격으로 손상을 받을 수 있는 정보시스템의 특성은 다음 중 어느 것인가?

① 가용성(Availability)
② 기밀성(Confidentiality)
③ 무결성(Integrity)
④ 신뢰성(Reliability)

34 보안 위협과 공격에 대한 설명 중 옳지 않은 것은?

① 분산 반사 서비스 거부 공격(DRDoS : Distributed Reflection DoS)은 DDoS의 발전된 공격 기술로서 공격자의 주소를 위장하는 IP Spoofing 기법과 실제 공격을 수행하는 좀비와 같은 감염된 반사체 시스템을 통한 트래픽 증폭 기법을 이용한다.
② 봇넷을 이용한 공격은 봇에 의해 감염된 다수의 컴퓨터가 좀비와 같이 C&C 서버를 통해 전송되는 못 마스터의 명령에 의해 공격이 이루어지므로 공격자 즉 공격의 진원지를 추적하는데 어려움이 있다.
③ Smurf 공격은 ICMP Flooding 기법을 이용한 DoS 공격으로 Broadcast address 주소의 동작특성과 IP Spoofing 기법을 악용하고 있다.
④ XSS(Cross-Site Scripting) 공격은 공격 대상 사용자가 이용하는 컴퓨터 시스템의 브라우저 등에서 악성코드가 수행되도록 조작하여 사용자의 쿠키 정보를 탈취, 세션 하이재킹과 같은 후속 공격을 가능하게 한다.

해설
① 서비스 거부(DoS), 분산 서비스 거부(DDoS) 공격은 인터넷상의 특정서버에 많은 접속시도를 만들고 이로 인해 서버의 자원을 고갈시켜 서비스 이용을 하지 못하게 한다.
② DRDoS 공격은 공격자가 출발지 IP 주소를 희생자 시스템의 IP 주소로 위조해 정상적인 서비스를 제공하는 반사 서버에게 요청을 보내고, 그 응답은 재전송 또는 증폭되어 희생자 서버가 받게 되는 것이다.

35 다음 설명에 가장 맞는 시스템은 무엇인가?

> 시스템 스스로가 환경에 맞게 설정, 제어하는 시스템으로, 침입과 결함이 일부 발생한 상황에서 데이터와 프로그램의 일관성을 유지하면서 DoS 공격에 대항하는 기술 및 가용성을 갖춘 시스템

① VPN(Virtual Private Network)
② PKI(Public Key Infrastructure)
③ ITS(Intrusion Tolerant System)
④ CIDF(Common Intrusion Detection Framework)

해설
침입감내시스템(ITS)는 침입을 탐지하기 위한 비정상 행위의 판단 기준을 스스로 학습을 통하여 환경을 설정하여 자동대응하고, 서비스거부공격을 차단할 수 있는 시스템이다.

36 다음 중 네트워크의 보안기술로 옳은 것은?

① VPN
② 스니핑
③ 스푸핑
④ DoS(Denial of Service)

해설
VPN은 인터넷망을 이용하여 전용회선과 같은 수준의 데이터 보호를 받을 수 있는 기술이다.

37 VPN(Virtual Private Network)의 보안적 기술 요소와 거리가 먼 것은?

① 터널링 기술 : 공중망에서 전용선과 같은 보안 효과를 얻기 위한 기술
② 침입탐지 기술 : 서버에 대한 침입을 판단하여 서버의 접근제어를 하는 기술
③ 인증 기술 : 접속 요청자의 적합성을 판단하기 위한 인증기술
④ 암호 기술 : 데이터에 대한 기밀성과 무결성을 제공하기 위해 사용되는 암호 알고리즘 적용 기술

해설
① 가상사설망(VPN)은 공중 통신망 기반시설을 터널링 프로토콜과 보안 절차 등을 사용하여 개별기업의 목적에 맞게 구성한 데이터 네트워크이다.
② 터널링 프로토콜은 한 네트워크를 이용하여 원하는 다른 네트워크로 접속하는 기술이다.

38 VPN의 기능과 가장 거리가 먼 것은?

① 데이터 기밀성   ② 데이터 무결성
③ 접근통제   ④ 시스템 무결성

[정답] 34 ① 35 ③ 36 ① 37 ② 38 ④

39 다음 중 컴퓨터 바이러스에 대한 설명으로 가장 적절하지 않은 것은?

① 사용자가 인지하지 못한 사이 자가복제를 통해 다른 정상적인 프로그램을 감염시켜 해당 프로그램이나 다른 데이터 파일 등을 파괴한다.
② 보통 소프트웨어 형태로 감염되나 메일이나 첨부파일은 감염의 확률이 매우 적다.
③ 인터넷의 공개 자료실에 있는 파일을 다운로드 하여 설치할 때 감염될 수 있다.
④ 온라인 채팅이나 인스턴트 메신저 프로그램을 통해서 전파되기도 한다.

해설
메일이나 첨부파일에 의한 감염확률은 매우 높다.

40 컴퓨터 바이러스의 기능적 특징이라고 보기에 어려운 것은?

① 자기 복제 기능   ② 자기 치료 기능
③ 은폐 기능   ④ 파괴 기능

41 다음 보기에서 설명하는 ㉠ ~ ㉢ 에 해당하는 접근 통제 정책은?

(㉠) 접근통제 : 시스템 객체에 대한 접근을 사용자 개인 또는 그룹의 식별자를 기반으로 제한하며 어떤 종류의 접근 권한을 갖는 사용자는 다른 사용자에게 자신의 판단에 의해서 권한을 줄 수 있는 방법

(㉡) 접근통제 : 정보 시스템 내에서 어떤 주체가 특정 객체에 접근하려 할 때 양쪽의 보안 라벨(Security Label)에 기초하여 높은 보안 수준을 요구하는 정보(객체)가 낮은 보안 수준의 주체에게 노출되지 않도록 접근을 제한하는 통제 방법

(㉢) 접근통제 : 사용자가 객체에 접근할 때, 사용자와 접근 허가의 직접적인 관계가 아닌 조직의 특성에 따른 역할을 매개자로 하여 사용자-역할, 접근 허가-역할의 관계를 통해 접근을 제어하는 방법

① ㉠ 강제적   ㉡ 임의적   ㉢ 역할기반
② ㉠ 강제적   ㉡ 역할기반 ㉢ 임의적
③ ㉠ 임의적   ㉡ 역할기반 ㉢ 강제적
④ ㉠ 임의적   ㉡ 강제적   ㉢ 역할기반

해설
① 임의적 접근 통제(DAC : Discretionary Access Control) : 데이터의 소유자가 접근 권한을 결정
② 강제적 접근 통제(MAC : Mandatory Access Control) : 관리자가 정책에 근거해 접근 내용을 결정
③ 역할 기반 접근통제(RBAC : Role Based Access Control) : 관리자는 사용자에게 권리와 권한이 정의된 Role(역할)을 만들어 사용자에게 Role(역할)기반으로 접근 권한을 결정

42 접근통제 모델 중 정보의 소유자가 정보의 보안 수준을 결정하고 이에 대한 정보의 접근 통제까지 설정하는 모델은 무엇인가?

① DAC(Discretionary Access Control)
② MAC((Mandatory Access Control)
③ RBAC(Role-Based Access Control)
④ HAC(Horizon Access Control)

43 다음 보기가 설명하는 디지털 멀티미디어 콘텐츠 보호방법은?

- 콘텐츠를 암호화한 후 배포하여 인증된 사용자만 사용
- 무단 복제 시 인증되지 않은 사용자는 사용할 수 없도록 제어

① DRM   ② Water Marking
③ DOI   ④ INDECS

해설
디지털 권리 관리(DRM : Digital Rights Management)
① DRM은 디지털 콘텐츠의 생성에서부터 이용에 이르는 유통 전 과정에 걸쳐 콘텐츠를 안전하게 관리 및 보호하고 허가된 사용자만이 접근 할 수 있도록 제한하는 기술이다.
② 디지털 콘텐츠가 무분별하게 복제될 수 없도록 하며 권리를 제공하는 보안 기술이다.

[정답] 39 ② 40 ② 41 ④ 42 ① 43 ①

44 DRM(Digital Right Management)에 대한 설명으로 옳지 않은 것은?

① 디지털 콘텐츠의 불법 복제와 유포를 막고, 저작권 보유자의 이익과 권리를 보호해 주는 기술과 서비스를 말한다.
② DRM은 파일을 저장할 때, 암호화를 사용한다.
③ DRM 탬퍼 방지(Tamper Resistance) 기술은 라이선스 생성 및 발급관리를 처리한다.
④ DRM은 온라인 음악 서비스, 인터넷 동영상 서비스, 전자책 CD/DVD 등의 분야에서 불법 복제 방지 기술로 활용된다.

해설
DRM 탬퍼 방지기술은 의도적으로 오작동하거나 방해하는 행위를 방지하는 것

45 다음에서 설명하는 DRM기술은 무엇인가?

> 인간의 감지 능력으로는 검출할 수 없도록 사용자의 정보를 멀티미디어 콘텐츠 내에 삽입하는 기술로 콘텐츠를 구매한 사용자의 정보를 삽입함으로써 이후에 발생하게 될 콘텐츠 불법 배포자를 추적하는데 사용하는 기술이다.

① 워터마킹　　② 핑거프린팅
③ 템퍼링기술　④ DOI

46 OTP에 대한 다음 설명 중 잘못된 것은?

① 비밀번호 재사용이 불가능
② 비밀번호 유추 불가능
③ 의미 있는 숫자 패턴을 활용
④ 오프라인 추측공격에 안전

해설
OTP(One-Time Password)는 로그인할 때마다 새로운 패스워드를 생성하므로, 1회용 비밀번호를 사용하는 인증 및 보안 시스템이다.

47 다음 중 OTP(One Time Password) 방식에 대한 설명으로 올바르지 못한 것은?

① 동기화 방식은 OTP 토큰과 서버간에 미리 공유된 비밀 정보와 동기화 정보에 의해 생성되는 방식이다.
② 동기화 방식은 OTP 토큰과 서버간에 동기화가 없어도 인증이 처리된다.
③ 이벤트 동기화 방식은 서버와 OTP 토큰이 동일한 카운트 값을 기준으로 비밀번호를 생성한다.
④ 조합 방식은 시간 동기화 방식과 이벤트 동기화 방식의 장점을 조합하여 구성한 방식이다.

해설
시간 동기화 방식
① 임의의 난수 대신에 시간 값을 입력 값으로 사용해 OTP를 생성한다.
② 서버와 OTP 토큰 간에 동기화된 시간을 기준으로 특정 시간 간격마다 변하는 OTP를 생성한다.

48 공개키 기반구조(PKI)에 대한 설명으로 올바르지 못한 것은?

① 인증서버 버전, 일련번호, 서명, 발급자, 유효기간 등의 데이터 구조를 포함하고 있다.
② 공개키 암호시스템을 안전하게 사용하고 관리하기 위한 정보보호방식이다.
③ 인증서 폐지 여부는 인증서폐지목록(CRL)과 온라인 인증서 상태 프로토콜(OCSP)확인을 통해서 이루어진다.
④ 인증서는 등록기관(RA)에 의해 발행된다.

해설
PKI(Public Key Infrastructure)는 공개키를 이용하여 송수신 데이터를 암호화하고 디지털 인증서를 통해 사용자를 인증하는 시스템이다.

[정답]　44 ③　45 ②　46 ③　47 ②　48 ④

49 다음 중 공개키 기반 구조(PKI)에서 최상위 인증기관(CA)을 무엇이라 하는가?
① RA ② PMI
③ Root CA ④ OCSP

[해설]
CA의 역할 : 인증서발급, 인증서 상태관리, 인증서철회를 위한 CRL 발급, 유효한 인증서와 CRL 리스트 발행

50 무선망에서의 공개키 기반 구조를 의미하는 것은?
① WPKI ② WML
③ WTLS ④ WIPI

[해설]
WPKI(Wireless-Public Key Infrastructure)

51 다음 중 SSO에 대한 설명 중 적절하지 않은 것은?
① 한번 인증을 받으면 다양안 서비스에 재인증 절차 없이 접근할 수 있다.
② SSO 서버가 단일 실패 지점이 된다.
③ 사용자는 다수의 서비스를 이용하기 위해 여러 개의 계정을 관리하지 않아도 된다.
④ 사용 편의성은 증가하지만 운영비용도 증가한다.

[해설]
① 통합 인증(SSO : Single Sign-On)은 한 번의 인증 과정으로 여러 컴퓨터 상의 자원을 이용 가능하게 하는 인증 기능이다.
② SSO의 장점 : 운영비용 감소, 보안성강화, 사용자 편의성 증가, 중앙 집중관리를 통한 효율적 관리 등
③ SSO의 단점 : SSO 서버 침해 시 모든 서버의 보안 침해 가능, 관리자의 서버 업무부담 상승

52 사용자 인증에 사용되는 기술이 아닌 것은?
① Snort
② OTP(One Time Password)
③ SSO(Single Sign On)
④ 스마트 카드

[해설]
스노트(Snort)는 자유-오픈 소스 네트워크 침입 차단 시스템(NIPS), 네트워크 침입 탐지 시스템(NIDS)이다.

53 다음 중 싱글사인온(SSO)은 한 번의 인증 과정으로 여러 컴퓨터상의 자원을 이용 가능하게 하는 인증 기능이다. 대표적인 인증 프로토콜은 무엇인가?
① BYOD ② KDC
③ Kerberos ④ PAP

54 다음 중에서 EAM(Extranet Access Management : 통합 인증 및 접근 제어 관리 기술)에 관한 설명으로 옳지 않은 것은?
① 인증
② 권한 관리
③ ERP(Enterprise Resource Planning)의 또 다른 명칭이다.
④ 3A

[해설]
3A : Authentication(인증), Authorization(인가, 권한부여), Availability(가용성)

55 다음 보안 관리시스템에 해당하는 것은?

> 침입차단시스템, 침입탐지시스템, 가상사설망 등 서로 다른 보안제품에서 발생하는 정보를 한 곳에서 손쉽게 관리하여 불법적인 행위에 대해서 대응할 수 있도록 하는 보안 관리시스템

① ESM(Enterprise Security Management)
② TMS(Threat Management System)
③ UTM(Unified Threat Management)
④ PGP(Pretty Good Privacy)

해설

통합 보안관리(ESM : Enterprise Security Management)
각 기업과 기관의 보안정책을 반영, 다양한 보안시스템을 관제·운영·관리함으로써 조직의 보안목적을 효율적으로 실현시키는 보안 관리시스템이다.

56 여러 보안 장비들의 로그결과를 모아서 보안관제를 하는 장비를 무엇이라 하는가?

① SAM ② ESM
③ IDS ④ IPS

해설

보안관제는 기업의 정보, 기술과 같은 IT자원을 해킹, 바이러스 등의 사이버 공격으로부터 보호하기 위한 일련의 활동을 의미한다.

57 ESM(Enterprise Security Management)에 대한 설명으로 옳지 않은 것은?

① 보안 솔루션 관리의 효율성을 높일 수 있다.
② 보안 솔루션을 각각의 인터페이스가 아닌, 하나의 인터페이스로 관리할 수 있다.
③ 어떠한 수정도 없이 모든 보안 제품에 대한 통합적인 관리가 가능하다.
④ 서로 다른 보안 솔루션에서 발생하는 로그를 통합 관리할 수 있다.

58 다음 지문이 설명하는 인증제도는?

현재 사용되는 IT 보안제품에 대해 보안성을 평가하는 제도로 제품유형별PP(Protection Profile)를 정의하고, 8개 군의 평가항목을 대상으로 평가가 이루어진다. 평가결과는 IT 보안제품의 보안위협 및 자산가치의 정도에 따라 EAL1(Evaluation Assurance Level 1)~EAL7까지 7단계로 부여하여 인증서가 제공된다.

① ISO 27001 ② ITSEC
③ CC(Common Criteria) ④ ISMS

59 개인정보의 안전성 확보조치 기준에서 사용되는 용어 정의이다. 올바르지 않은 것은?

① '개인정보파일'이란 개인정보를 쉽게 검색할 수 있도록 일정한 규칙에 따라 체계적으로 배열하거나 구성한 개인정보의 집합물을 말한다.
② '개인정보처리시스템'이란 개인정보를 처리할 수 있도록 데이터베이스시스템에 직접 접속하는 단말기를 말한다.
③ '바이오정보'란 지문, 얼굴, 홍채, 정맥, 음성, 필적 등 개인을 식별할 수 있는 신체적 또는 행동적 특징에 관한 정보로서 그로부터 가공되거나 생성된 정보를 포함한다.
④ '내부망'이란 물리적 망분리, 접근통제시스템 등에 의해 인터넷 구간에서의 접근이 통제 또는 차단되는 구간을 말한다.

해설

개인정보처리시스템
① 데이터베이스시스템 등 개인정보를 처리할 수 있도록 체계적으로 구성한 시스템을 말한다.
② 데이터베이스(DB) 내의 데이터에 접근할 수 있도록 해주는 응용시스템을 의미하며, 데이터베이스를 구축하거나 운영하는데 필요한 시스템을 말한다.

60 다음은 개인정보보호 관련 법령의 용어 정의이다. (㉠), (㉡), (㉢)에 각각 맞는 것은?

(㉠)(이)란 데이터베이스시스템 등 개인정보를 처리할 수 있도록 체계적으로 구성한 시스템을 말한다.

(㉡)(이)란 정보주체 또는 개인정보취급자 등이 개인정보처리시스템, 업무용 컴퓨터 또는 정보통신망 등에 접속할 때 식별자와 함께 입력하여 정당한 접속권한을 가진 자라는 것을 식별할 수 있도록 시스템에 전달해야 하는 고유의 문자열로서 타인에게 공개되지 않는 정보를 말한다.

(㉢)(이)란 물리적 망분리, 접근 통제시스템 등에 의해 인터넷 구간에서의 접근이 통제 또는 차단되는 구간을 말한다.

[정답] 56 ② 57 ③ 58 ③ 59 ② 60 ②

① ㉠개인정보파일 ㉡비밀번호 ㉢내부망
② ㉠개인정보처리시스템 ㉡비밀번호 ㉢내부망
③ ㉠개인정보파일 ㉡비밀번호 ㉢외부망
④ ㉠개인정보처리시스템 ㉡비밀번호 ㉢외부망

61 다음 중에서 망분리 적용시 주요 고려사항으로 옳은 것을 모두 고른 것은?

㉠ PC 보안관리
㉡ 망간 자료 전송 통제
㉢ 인터넷 메일 사용
㉣ 네트워크 접근 제어
㉤ 보조저장매체 관리

① ㉠, ㉡
② ㉠, ㉡, ㉢
③ ㉠, ㉡, ㉢, ㉣
④ ㉠, ㉡, ㉢, ㉣, ㉤

해설

망분리란 외부 인터넷망을 통한 불법적인 접근과 내부정보 유출을 차단하기 위해 업무망과 외부 인터넷망을 분리하는 망 차단조치를 말한다.

62 다음 중 논리적 망분리의 특징으로 틀린 것은?

① 가상화 등의 기술을 이용하여 논리적으로 분리하여 운영
② 상대적으로 관리가 용이하여 효율성 높음
③ 구성 방식에 따라 취약점 발생하여 상대적으로 낮은 보안성
④ 완전한 망분리방식으로 가장 안전한 방식

해설

① 물리적 망분리 : 내/외부망에 접속하기 위한 PC를 각각 사용하여 완전히 분리된 네트워크 접속 환경을 구축하는 방식
② 논리적 망분리 : 가상화 기술을 이용하여 1대의 PC에서 내/외부망에 별도로 접속 가능하도록 구축하는 방식
∴ 물리적 망분리는 각 망의 회선 별로 방화벽, 스위치 등의 관련 네트워크들을 따로 구축해야하기 때문에 구축 시간과 비용이 많이 든다는 단점이 있지만 물리적으로 완전히 분리되어 있어 보안상으로 가장 안전한 방식이다.

2 물리적보안 수행

물리적보안이란 물리적 위협수단으로부터 설비·시설 등의 자산을 보호하기 위한 다양한 보안 활동이다. 물리적 보안이란 인명, 정보, 설비, 시설, 시스템 등의 조직의 자산에 가해질 수 있는 피해를 최소화하기 위한 물리적 취약성을 통제하는 활동을 의미한다.

1. 접근통제관리 및 물리적보안 장비운용

가. 접근통제관리

(1) 보호구역

① 물리적보안을 수립하기 위해서 가장 먼저 해야 하는 것은 보호구역을 정의하는 것이다.
② 물리적인 위협으로부터 주요 정보자산을 보호하기 위해서는 일정한 기준에 따라 제한, 통제 구역으로 지정한 후 구역별 보호대책을 마련해야 한다.
③ 보호구역의 설정

종류	설명	예(전산실)
접견구역	• 외부인이 별다른 출입증 없이 출입이 가능한 구역	접견장소
제한구역	• 비교적 중요한 설비나 업무 수행장소 • 비인가된 접근을 방지하기 위하여 별도의 출입통제 장치 및 감시시스템이 설치된 장소로 출입시 직원카드와 같은 출입증이 필요한 장소	부서별 사무실 등
통제구역	• 극히 중요한 구역 • 제한구역의 통제항목을 모두 포함하고 출입자격이 최소인원으로 유지되며 출입을 위하여 추가적인 절차가 필요한 곳	전산실, 통신장비실, 관제실, 발전실, 전원실 등

※ 각 보호구역의 중요도 및 특성에 따라 화재, 전력이상 등 인재 및 자연재해 등에 대비하여 필요한 설비를 갖추고 운영절차를 수립·관리하여야 한다.

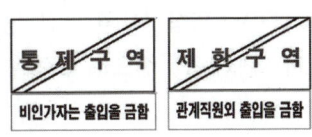

합격 NOTE

합격예측
물리적보안은 정보시스템을 구성하는 정보 자산에 가해질 수 있는 피해를 최소화하기 위한 물리적 대책으로 구성된다.

합격예측
접근통제는 보호구역을 출입하는 자를 감시, 통제하고 권한이 없는 자의 출입을 방지하기 위해 수립되어야 하는 보안절차이다.

합격예측
① 제한구역 : 관계직원외 출입 금지
② 통제구역 : 비인가자 출입 금지

(2) 보호설비

각 보호구역의 중요도 및 특성에 따라 화재, 전력이상 등 인·재해에 대비하여 온습도조절, 화재감지, 소화설비, 누수감지, UPS, 비상발전기, 이중전원선 등의 설비를 충분히 갖추고 운영절차를 수립하여 운영하여야 한다.

(3) 환경통제

비상상황(화재, 전원손상 등), 자연재해(지진, 기상재해 등)의 재난에 따른 환경을 감지하여 경보하고 대응하는 설비를 설치하여 관리해야 한다.

참고

통합관제센터

(1) (CCTV) 통합관제센터(Integrated Control Center)

> 통합관제센터는 재난·방재, 방범, 교통, 시설안전, 법규 위반단속 등 공공목적을 위해 설치된 CCTV에 대한 통합관리를 통해 다양한 사건·사고를 예방·대비·대응 및 복구할 수 있도록 관제하면서 공공기관이 적절한 대응조치를 할 수 있도록 조직된 장소를 말한다.

① 통합관제센터는 폐쇄회로 TV(CCTV) 자원의 효율적 운영, 관리를 위해 관련 시스템의 물리적, 인적 통합체계를 구축하여 범죄 및 재난, 재해 발생시 신속하게 대응체계를 구축하는 시스템이다.
② 통합관제센터는 각 목적별, 기관별로 운영하고 있는 이 기종 CCTV 시스템의 영상정보를 공간적, 기능적으로 통합구성하여 생활방범, 교통수집 등의 도시정보를 관제함으로써 사회안전망 구현을 목표로 하는 시스템이다.

(2) 통합관제센터의 구성요소

통합관제센터는 통합관제센터 하드웨어, 통합관제 솔루션, 기반시설, 공간구조, 운영조직 등으로 구성된다. 여기서 통합관제센터의 설비는 폐쇄회로 TV(CCTV) 영상정보의 수집, 통합, 가공, 제공 및 관리를 위한 하드웨어 시스템과 솔루션으로 구성된다.

합격예측
각자 분담, 관리하던 CCTV를 통합관제센터로 통합 운영함에 따라 체계적으로 관리할 수 있다.

합격예측
통합관제센터를 통해 운영되는 업무 : 기본 운영업무, 확장 운영업무, 연계운영업무 등

합격예측
통합관제센터는 CCTV 설치 대수와 방범·방재 센터의 수용여부에 따라 하드웨어와 솔루션, 운영인력의 규모를 설정한다.

구성 요소	내 용
통합관제센터의 설비(하드웨어)	• 영상정보의 수집, 통합, 가공, 제공 및 관리를 한다. • 서버, 운용PC, 스토리지, 네트워크, 보안시스템, 영상장비, 음향장비 등으로 구성
통합관제센터의 설비(통합관제 솔루션)	• 영상정보의 수집, 통합, 가공, 제공 및 관리를 위한 솔루션기능을 수행한다. • 통합관제 메인솔루션, 저장/분배 솔루션, 통합모니터링 솔루션, 지리정보시스템(GIS) 운영 솔루션 등으로 구성
기반시설	• 쾌적한 근무여건과 시스템의 원활한 운용을 위한 환경설비를 포함한다. • 공조설비, 전기설비, 소방설비 및 출입통제 시스템 등으로 구성
공간구조	• 효율적인 통합관제센터의 기능 유지와 운영인력의 업무환경 제공을 위한 공간이다.
운영조직	• 센터의 효율적 운영을 위한 전문인력을 갖추어야 한다.

> **합격예측**
> 통합관제센터의 설비 : 하드웨어 + 솔루션

> **합격예측**
> 통합관제센터의 모든 구성요소는 "표준모델과 현황분석 결과"를 반영하여 설계한다.

나. 물리적보안 장비

종 류	설 명
출입통제시스템	출입제한이 요구되는 업무 및 장소에 대하여 비인가자에 대한 사전차단을 할 수 있고 외부침입이나 파괴행위로부터 보호하여 업무환경의 안정과 쾌적함을 이루기 위한 기능을 제공
모니터링시스템 (CCTV)	폐쇄회로 텔레비전(CCTV)는 일정한 공간에 설치된 촬영기기로 수집한 영상정보를 폐쇄적인 유·무선을 통하여 전송함으로써 특정인만이 수신할 수 있는 통신장비 일체를 말한다.
침입경보시스템	침입상황과 같은 이상상황을 현장에 설치된 감지기에서 감지하여 그 정보를 경보형태로 제공하여 이상상황에 적절하게 대응할 수 있게 해 주는 시스템
전기시설	정전, 전기사고 등 갑작스러운 전력공급 중단 시 주요 정보시스템이 전력을 안정적으로 공급받을 수 있도록 시스템 규모를 고려하여 설비를 구축하고 주기적으로 상태를 점검하여야 한다.
공조시설	온도, 습도, 기류 등을 목적에 알맞은 상태로 조정하여 쾌적한 환경을 조성하는 시설을 말한다.
소방시설	화재감지기, 소화설비, 경계구역 등

> **합격예측**
> 출입통제시스템의 예 : 지문 인식, 출입카드시스템 등

> **합격예측**
> ① CCTV는 감시뿐만 아니라 기록장치의 역할을 한다.
> ② CCTV의 주요기능 : 실시간 감시, 영상녹화, 영상인식 및 경보, 영상전송 등

> **합격예측**
> 전기시설 대상 설비 : 무정전 전원공급장치(UPS), 축전기, 비상발전기, 이중전원선, 전압 유지기, 접지시설 등

> **합격예측**
> 공조시설 종류 : 항온 항습기, 이중마루 등

합격 NOTE

합격예측
ISO/IEC 27001은 정보보안관리 시스템을 구축, 실행, 유지하고 지속적으로 개선하고자 하는 기관을 위한 표준이다.

2. 시설 및 물리적보안 장비의 점검(ISO/IEC 27001)

(1) ISO/IEC 27001

㉠ 국제정보보호관리체계(ISME) 인증으로 국제표준화기구(ISO)/국제전기기술위원회(IEC)에서 제정한 표준이며 인증이다.
㉡ ISO27001 인증은 정보보호관리체계의 국제표준에 부합되도록 설계되었기에 국제적으로 안전성을 입증한다.

(2) 보안체계확립 통제항목

통제항목	세부통제항목 및 평가사항
정보보호정책	정책의 승인 및 공표, 정책의 유지관리
정보보호 조직	조직의 체계, 책임과 역할
⋮	⋮
인적보안	책임 할당 및 규정화, 직원의 적격심사, 주요직무 담당자 관리, 비밀유지
물리적 보안	• 물리적보안, 물리적 보호구역, 물리적 접근통제, 데이터센터 보안, 장비보호, 사무실보호 ① 보호(통제)구역 평가항목 　㉠ 보호구역의 경계를 명확하게 규정하였는지 여부 　㉡ 보호구역은 오직 인가자만이 접근가능하도록 하였는지 여부 　㉢ 물리적인 보안을 고려하여 중요설비들을 설계하였는지 여부 　㉣ 자연재난 및 사회적재난 등 외부의 환경적위협에 중요설비들이 보호되고 있는지 여부 등 ② 보안장비 　㉠ 환경적위협과 비인가자의 접근 등의 위험을 줄일 수 있는 장소에 장비가 배치되어 있는지 여부 　㉡ 전원공급의 문제 등으로 인하여 보안장비가 중단될 가능성은 없는지 여부 　㉢ 보안장비의 가용성과 무결성을 보장하기 위한 유지보수상태가 적정한지 여부 등
⋮	⋮

합격예측
물리적 보안 장비의 반출이 적정하게 이루어지고 있는지에 대하여 점검표를 작성하고 개선한다.

3. 물리적침입 발생 시 보호 및 대응

비밀누설, 화재, 도난, 무단침입 등을 방지하는 효율적인 보안업무를 수행하고, 비인가자의 물리적 침입사고 발생 시 네트워크장비와 회선을 보호하기 위하여 체계적으로 대응할 수 있어야 한다.

가. 물리적침입관련 사전 방호조치사항

항목	내용
침입감지장치, 경보장치,	• 24시간 작동하도록 할 것 • 감지경보 발생사실을 대장에 기록하고 유지할 것 • 경보가 발생하였을 경우 보안경비요원으로 하여금 즉각적으로 경보 발생의 원인을 파악하여 보안 관리자에게 보고하도록 하고 보안 관리자의 지시에 따라 적절한 조치를 취하게 할 것 등
침입감시장치	• CCTV 모니터링시스템의 CCTV 설정 및 제어기능은 권한 있는 관리자만이 접근할 수 있도록 할 것 • 녹화기록은 월 1회 이상 백업할 것 등

합격예측
침입감지장치, 경보장치, 침입감시장치 : 관련 규정에 따라 설치할 것

나. 환경통제관련 사전 방호조치사항

항목	내용
화재	• 화재, 소화 설비는 분기별 1회 이상 점검할 것 • 가스식 소화 설비의 소화용제는 주기적으로 교체할 것 등
수재(水災)	• 각종 보안장비는 수재로부터 보호될 수 있도록 바닥으로부터 30[cm] 이상의 높이에 보관할 것
지진	• 중요 보안장비는 지진으로부터 보호될 수 있도록 보안캐비닛에 보관할 것

합격예측
수해/수재 : 물에 의한 재해

4. 관계기관 간 의사소통체계 수립 및 관리

수립된 보안계획에 따라 유관기관과 함께 체계적으로 공조하여 대응하기 위하여 해당 기관들과의 의사소통체계를 수립하고 관리한다.

출제 예상 문제

제2장 물리적보안 수행

01 정보시스템의 보안 취약성 중 상대적으로 가장 위험도가 높은 취약성을 보이는 것은 무엇인가?
① 인적 취약성 ② 물리적 취약성
③ 하드웨어 취약성 ④ 소프트웨어 취약성

02 다음 중 물리적 보안에 대한 설명으로 가장 옳은 것은?
① 조직에 적용될 보안 계획을 수립하는 것이다.
② 정보시스템을 통한 침해에 대비하여 기술적 수단으로 보호하는 것을 말한다.
③ 정보시스템을 구성하는 정보 자산에 가해질 수 있는 피해를 최소화하기 위한 활동을 의미한다.
④ 비상사태 발생을 대비하는 계획을 수립하는 등의 대책을 포함한다.

> **해설**
> 물리적 보안은 정보시스템을 구성하는 정보 자산에 가해질 수 있는 피해를 최소화하기 위한 물리적 대책으로 구성된다.

03 다음 중 물리적 보안의 활동 범위에 가장 포함되지 않는 것은?
① 물리적 위협 수단으로부터 설비·시설 등의 자산을 보호하기 위한 다양한 활동
② 조직의 자산에 가해질 수 있는 피해를 최소화하기 위한 물리적 취약성 통제 활동
③ 물리적 위협에 대처하기 위한 다양한 규정 수립 활동
④ 물리적 위협 수단으로부터 보호하기 위한 다양한 활동

> **해설**
> 보안을 위해 준수해야 할 규정이나 계획 등을 마련하는 것은 관리적 보안 영역이라 할 수 있다.

04 다음 중 물리적 위협수단으로 가장 볼 수 없는 것은?
① 전력 중단, 지진, 통신 간섭
② 우발사고, 화재 및 재난
③ 악성코드 공격
④ 비 인가된 접근, 관리자의 실수나 사고

05 사무실의 물리적 보안을 위한 장치 또는 기술이 아닌 것은?
① 지문인식기 ② 안티바이러스
③ 폐쇄회로텔레비전 ④ 디지털 도어록

06 다음 중 물리적 보안장비로 가장 볼 수 없는 것은?
① IPSec(IP Security) ② 폐쇄회로 TV(CCTV)
③ 출입통제 시스템 ④ 침입 감시 시스템

> **해설**
> IPSec(IP Security)는 기술적 보안 방법이라 할 수 있다.

07 다음 중 물리적 보안 장비인 CCTV시스템에 대한 설명으로 틀린 것은?
① 실시간 감시 및 영상정보를 녹화한다.
② 인식 및 영상정보를 전송하는 기능을 수행한다.
③ 카메라, 렌즈, 영상저장장치를 포함한다.
④ 케이블 및 네트워크를 포함하지 않는다.

> **해설**
> **물리적 보안시스템**
> ① 물리적 보안은 직원, 데이터, 시설, 설비, 시스템 등의 조직의 자산에 대한 물리적 보호를 의미한다.
> ② 물리적 보안 시스템 : CCTV 시스템, 출입통제 시스템, 침입 경보 시스템 등

[정답] 01 ① 02 ③ 03 ③ 04 ③ 05 ② 06 ① 07 ④

출제 예상 문제

08 폐쇄회로 텔레비전(CCTV)의 설명으로 적합한 것은?
① 산업, 교육 등 한정된 목적이나 장소에서 주로 사용된다.
② 초기에 TV의 난시청 지역을 해소하기 위한 것이다.
③ 송신에서 수신까지 무선통신 채널로만 구성된다.
④ 공중파 수신안테나를 사용하여 지역에 구분 없이 누구나 수신할 수 있다.

해설
CCTV는 특정 상호 간만을 연결한 TV에 의한 통신 시스템이다.

09 은행, 백화점, 댐, 하역장, 공장 및 사람이 접근할 수 없는 산업현장 등을 감시하는 데 가장 적합한 것은?
① CATV   ② VRS
③ HDTV   ④ CCTV

10 다음 중 CCTV의 주요 기능으로 볼 수 없는 것은?
① 영상 편집   ② 실시간 감시
③ 영상 녹화 및 영상인식   ④ 경보, 영상 전송

해설
폐쇄회로 텔레비전(CCTV)는 일정한 공간에 설치된 촬영기기로 수집한 영상정보를 폐쇄적인 유·무선을 통하여 전송함으로써 특정 인만이 수신할 수 있는 통신장비 일체를 말한다.

11 다음 중 CCTV의 기본 구성이 아닌 것은?
① 촬상장치   ② 전송장치
③ 교환장치   ④ 표시장치

해설
CCTV의 구성요소
① 촬상장치 : 촬영용의 광학 렌즈계, TV 카메라계, 지지 보호 체계로 구분된다.
② 전송장치 : 광섬유케이블을 사용하며 100[Mbit/s] 정도의 전송 방식이 사용되고 있다.
③ 표시장치
④ 기록장치(VTR)

12 물리적 보안 시스템인 CCTV 관제센터 설비 구성 요소가 아닌 것은?
① DVR 및 NVR   ② 영상 인식 소프트웨어
③ 바이오 인식 센서   ④ IP 네트워크

해설
기존 CCTV는 카메라, 동축케이블, DVR 형태의 구성이었으나 IP 네트워크 기반으로 발전된 CCTV로 발전하고 있으며, NVR(Network Video Recoder) 또는 VMS(Video Management System)와 서버·스토리지가 함께 구성된 IP-CCTV로 진화하고 있다.

13 다음 중 물리적 보안을 위한 출입통제 방법이 아닌 것은?
① CCTV   ② 보안요원 배치
③ 근접식 카드 리더기   ④ 자동문 설치

해설
물리적 보안
① 물리적 보안은 직원, 데이터, 시설, 설비, 시스템 등의 조직의 자산에 대한 물리적 보호를 의미한다.
② 물리적 보안 시스템 : CCTV 시스템, 출입통제 시스템, 침입 경보 시스템 등

14 다음 중 상태 비저장(Stateless Inspection) 방화벽의 특징은?
① 보안성이 강하다.
② 방화벽을 통과하는 트래픽 흐름 상태를 추적하지 않는다.
③ 패킷의 전체 페이로드(Payload) 내용을 검사한다.
④ 인증서 기반의 방화벽이다.

해설
방화벽(Firewall)

상태 저장(Stateful) 방화벽	상태 비저장(Stateless) 방화벽
• 상태 저장, 즉, 상태를 가진다는 것은 과거 '정보'를 저장해서 계속 활용할 수 있다는 것	• 상대 비저장이란, 과거의 정보를 알 수 없다는 것이다.
• 패킷 페이로드를 검사한다.	• 패킷 프로토콜 헤더만 검사한다.
• 데이터 패킷과 트래픽 내용을 모니터링한다.	• 연결 상태를 인식하지 않고 개별 패킷 헤더를 기반으로 패킷을 허용하거나 거부할 수만 있다.
• 패킷의 연결 상태를 결정할 수 있으므로 상태 비저장 방화벽보다 훨씬 유연하다.	• 기능은 높지 않지만 간단하며, 안정성 우수
• 구조가 복잡, 복잡한 처리 가능	

[정답] 08 ① 09 ④ 10 ① 11 ③ 12 ③ 13 ① 14 ②

15 출입통제장치에 관한 설명으로 옳지 않은 것은?

① 출입통제 중앙장치는 출입통제 전체를 관리하는 기능을 수행한다.
② 퇴실버튼은 출입통제장치에 해당되지 않는다.
③ 출입통제 확인장치는 출입통제 인증장치와 출입통제 인식장치로 구분할 수 있다.
④ 출입통제 저지장치는 출입허가가 되지 않은 사람 등의 출입을 제한하는 기능이다.

16 다음 설명으로 가장 옳은 것은?

> 허가받지 않은 비인가자가 임의로 보호구역에 출입하지 못하게 하여 물리적으로 인적자원에 대한 보안을 강화할 수 있는 수단

① 가상화
② 침입 방지 시스템
③ 침입 탐지 시스템
④ 출입통제 시스템

해설
출입통제시스템 : 출입 제한이 요구되는 업무 및 장소에 대하여 비인가자에 대한 사전 차단을 할 수 있고 외부 침입이나 파괴 행위로부터 보호하여 업무환경의 안정과 쾌적함을 이루기 위한 기능을 제공한다.

17 다음 중 출입통제시스템의 목적으로 가장 볼 수 없는 것은

① 허가 또는 인가되지 않은 외부인의 출입 차단
② 내부 기밀 자산의 보호
③ 정보자산의 암호화 기능 제공
④ 경보 이벤트 연동 등을 통한 신속 대응

18 출입통제시스템의 인식 방법이 아닌 것은?

① 카드 인식
② 지문 인식
③ 교감 인식
④ 암호 인식

19 출입통제시스템 설치 시 주의사항이 아닌 것은?

① 출입문에 락장치를 설치하는 경우 닫히지 않게 하여 설치해야 한다.
② 안정적인 전기 공급이 필요한 곳에 설치할 경우 무정전 장치를 해야 한다.
③ 출입통제 대상에 따라 적합한 방식으로 구성해야 한다.
④ 케이블의 사용은 외부 전파 등에 간섭을 받지 않는 것으로 사용해야 한다.

20 출입통제시스템의 운용 목적이 아닌 것은?

① 보안등급을 설정하여 출입을 제한한다.
② 출입에 관련된 장치를 원격으로 일괄 개·폐 되도록 한다.
③ 한번 인증으로 여러 사람의 출입이 허용되게 한다.
④ 허가받은 사람, 차량 등을 허가된 장소와 시간에만 출입통제를 하게 한다.

21 다음 중 물리적 보안의 예방책으로 올바르지 못한 것은?

① 화재 시 적절한 대처 방법을 철저히 교육한다.
② 적합한 장비 구비 및 동작을 확인한다.
③ 물 공급원(소화전)을 멀리 떨어진 곳에 구비한다.
④ 가연성 물질을 올바르게 저장한다.

22 다음은 물리적 보안대책에 대한 설명이다. (괄호) 안에 가장 적절한 것은?

> ① 보안관리 책임자는 태그의 발급기, 리더기 등 RFID 시스템에 대한 비인가자의 (   ) 대책을 마련하여야 한다.
> ② 보안관리 책임자는 인가자만이 태그를 발급·변경·폐기하고 이력관리 기능을 구비하도록 대책을 강구하여야 한다.

① 접근통제　　② 사이버공격
③ 정보보호　　④ 해킹

해설
① 물리적 접근통제는 보호구역을 출입하는 자를 감시, 통제하고 권한이 없는 자의 출입을 방지하기 위해 수립되어야 하는 보안절차이다.
② 물리적 통제가 부족하거나 보안 환경의 변화에 대한 대응이 부족한 경우 관련 자산이 위협에 노출 될 수 있다.

23 다음 접근통제 중에서 사용자 신분에 맞게 관련된 보안정책은 무엇인가?

① DAC　　② MAC
③ RBAC　　④ NAC

해설
① 임의적 접근 통제(DAC : Discretionary Access Control)는 소유자가 정보의 보안 수준을 결정하고 이에 대한 정보의 접근 통제까지 설정하는 방법이다.
② DAC의 특징 : 사용자 기반 및 ID 기반 접근통제, 모든 개개의 주체와 객체 단위로 접근권한 설정, 객체의 소유주가 주체와 객체 간의 접근통제 관계를 정의

24 다음 중 주체가 속해 있는 그룹의 신원에 근거해 객체에 대한 접근을 제한하는 방법은?

① 역할기반 접근통제
② 강제적 접근통제
③ 임의적 접근 통제
④ 상호적 접근 통제

25 강제적 접근통제 정책에 대한 설명으로 옳지 않은 것은?

① 모든 주체와 객체에 보안 관리자가 부여한 보안레이블이 부여되며 주체가 객체를 접근할 때 주체와 객체의 보안레이블을 비교하여 접근허가 여부를 결정한다.
② 미리 정의된 보안규칙들에 의해 접근허가 여부가 판단되므로 임의적 접근통제 정책에 비해 객체에 대한 중앙 집중적인 접근통제가 가능하다.
③ 강제적 접근통제 정책을 지원하는 대표적 접근통제 모델로는 BLP(Bell-Lapadula), Biba 등이 있다.
④ 강제적 접근통제 정책에 구현하는 대표적 보안 메커니즘으로 Capability List와 ACL(Access Control List) 등이 있다

26 다음 중 물리적 보안을 위한 계획 수립과정에서 가장 우선하여 고려하여야 하는 사항은?

① 통제구역을 설정하고 관리
② 보호해야 할 장비나 구역을 정의
③ 제한구역을 설정하고 관리
④ 외부자 출입사항 관리대장 작성

해설
물리적 보안을 위해 특별한 보호가 필요한 시설 및 장비를 보호하기 위한 보호구역을 정의하고, 이에 따른 보안대책을 수립해야 한다.

27 다음 중 물리적 보안구역에 대한 자체 점검항목으로서 적절하지 않은 것은?

① 특별한 보호가 필요한 시설과 장비를 보호하기 위한 보호구역을 정의하고, 이에 따른 보안대책을 수립하여 이행하고 있는가를 점검
② 물리적 보호구역이 필요한 보안 등급에 따라 정의되고 각각에 대한 보안조치와 절차가 수립되어 있는가를 점검
③ 일반인의 출입경로가 보안지역을 지나가지 않도록 배치되어 있는가를 점검
④ 응용시스템 구현시 코딩표준에 따라 응용시스템을 구현하고, 보안요구사항에 대한 시험 사항의 점검

해설
각 보호구역 내 중요한 장비, 문서, 매체를 반출입하기 위한 적절한 절차가 있는가를 점검

[정답] 23 ① 24 ③ 25 ④ 26 ② 27 ④

합격 NOTE

3. 기술적보안 수행

기술적보안은 물리적보안을 수행할 수 있도록 하는 모든 기반기술(지문인식시스템, 암호화, 백업체계구축 등)과 정보화 역기능(해킹, 스팸메일 등)에 대한 탐지기술, 예방기술, 조치기술 등의 모든 기술적 통제방법들을 의미한다. 기술적보안을 통해서 정보시스템에 존재하는 취약점을 제거하고 정보시스템에 발생할 수 있는 외부로부터의 보안위협을 차단하는 정보시스템을 구축, 운영할 수 있다.

1. 기술적보안기술

가. 암호화기술

(1) 평문(Plain Text)를 재구성하여 암호화된 문장(Cipher Text)으로 만드는 과정이다.
  ① 비밀 키 암호화 : 평문에 암호화 키 값을 이진수로 연산 처리하여 암호문을 생성하고 암호문을 받은 수신자는 동일한 암호화 키 값을 역으로 대입하여 암호문을 해독한다.
  ② 공개 키 암호화 : 공개 키로 암호화하고 개인키로 해독을 하는 방법이다. 여기서 개인키로 암호화하고 공개 키로 위치를 바꾸어서 실행하면 전자서명이 된다.

(2) 공개키 기반구조(PKI : Public Key Infrastructure)는 공개키를 이용하여 송수신 데이터를 암호화하고 디지털 인증서를 통해 사용자를 인증하는 시스템이다. 인증기관에서 키(Key)를 포함하는 인증서를 발급받아 네트워크상에서 안전하게 비밀통신을 할 수 있다.

나. 보안기술 관련 프로토콜

종류	내용
전송계층보안 (TLS : Transport Layer Security)	• 인터넷 상에서 데이터를 안전하게 전송하기 위한 인터넷 암호화 통신 프로토콜이다. • TLS는 TCP 프로토콜을 보호한다. • 엔드-투-엔드(End-to-End) 보안을 제공한다.
보안소켓계층 (SSL : Secure Socket Layer)	• 암호화기반 인터넷 보안프로토콜이다. • 웹사이트-브라우저(혹은, 두 서버) 사이에 전송된 데이터를 암호화하여 인터넷 연결의 보안을 유지하는 기술
IPSec (IP Security)	• 네트워크계층(IP계층)에서 보안을 위해 설계되었으며 IP 패킷을 암호화하고 인증하는 IP 보안서비스이다. • IP 패킷단위로 인증, 암호화, 키 관리를 하는 프로토콜이다.

합격예측

기술적보안 : 하드웨어나 소프트웨어와 같이 정보시스템을 통한 침해에 대비하여 기술적수단으로 보호하는 것을 말한다.

합격예측

① 비밀 키 암호화 : 처리속도가 빠르지만 키 관리가 어렵다.
② 공개 키 암호화 : 키 관리는 용이하나 처리속도가 느리다.

합격예측

SSL은 TLS로 표준화 되었다.

다. 네트워크 관련 보안기술

종 류	내 용
터널링 (Tunneling)	• 송신자가 보내는 데이터를 캡슐화해서 수신자 이외에는 알아볼 수 없도록 데이터를 전송하는 기술 • 두 노드 또는 두 네트워크 간에 가상의 링크(VPN 등)를 형성하는 기법
침입차단시스템 (Firewall)	• 외부망에서 내부망으로 접속하는 비인가자의 침입을 차단하는 소프트웨어 또는 하드웨어 • OSI 7 Layer의 네트워크 계층 보안 담당
웹 방화벽 (Web Firewall)	• 해킹, 공격, 악성 코드 등의 비정상적인 트래픽을 탐지하고 차단하여 웹 서버나 웹 애플리케이션을 보호 • OSI 7 Layer의 응용계층 보안담당
침입탐지시스템 (IDS : Intrusion Detection System)	• 네트워크의 침입(Intrusion)을 실시간으로 탐지하는 시스템 • 실시간 침입차단기능이 없고, 공격과 정상 트래픽을 구별하지 못한다.
침입방지시스템 (IPS : Intrusion Prevention System)	• 네트워크의 침입탐지와 실시간 방어가 가능한 시스템 • 실시간으로 차단하는 기능
가상사설망 (VPN : Virtual Private Network)	터널링기법을 사용해 공중망에 접속해 있는 두 네트워크 사이의 연결을 마치 전용회선을 이용해 연결한 것과 같은 효과를 내는 가상네트워크

 참고

📍 침입탐지/방지 기법

① 오용탐지/규칙기반 침입탐지(Misuse Detection)
  ㉠ 알려진 공격패턴(또는 시그니처)을 이용하여 탐지를 수행하는 방법이다. 즉, 다양한 공격패턴을 이용하여 패턴과 동일하면 탐지하는 방식이다.
  ㉡ 공격패턴정보는 가지고 있으므로, 오탐율(False Positive)은 낮지만, 알려지지 않은 패턴은 탐지할 수 없으므로 미탐율(False Negative)이 높다.
  ㉢ 오용탐지 방법의 종류 : 서명분석(Signature Analysis), 전문가시스템(Expert Systems), 상태전이분석(State Transition Analysis), 페트리넷(Petri Nets)
  참고 시그니처(Signature) : 침입을 식별하는 방법을 정의하는 규칙으로 보안정책위반, 취약한 상태, 침입과 관련한 징후와 조짐에 해당하는 활동을 보안장비에서 감지할 수 있는 식별패턴

합격 NOTE

합격예측
이상탐지는 오용탐지와 반대의 탐지 개념이다.

② 이상탐지/비정상행위탐지(Anomaly Detection)
  ㉠ 정상패턴에서 벗어나는 행동을 모두 공격이라고 탐지하는 방법이다.
  ㉡ 정상상태에서 벗어나는 비정상적인 행위나 사용을 탐지하는 방식으로 오탐율이 높지만, 미탐율이 낮다.
  ㉢ 비정상행위 탐지종류 : 통계(Statistics), 전문가시스템(Expert Systems), 신경망(Neural Networks), 컴퓨터면역학(Computer Immunology), 데이터마이닝(Data Mining), HMM(Hidden Markov Models)

2. 기술적보안장비의 운용

가. 보안장비별 기본정책숙지
나. 보안장비별 정책설정
다. 설정된 정책에 따라 보안장비가 정상적으로 동작되는지 확인

3. 보안공격상황 파악 및 대응

가. 네트워크 해킹 및 공격기법

해킹(Hacking) 및 공격기법들은 보안의 기본 요소인 기밀성, 무결성, 가용성을 침해한다.

합격예측
해킹은 타인의 정보 시스템에 무단 침입하여 데이터에 접속할 수 있는 권한을 얻는 것이다.

합격예측
Sniffing은 사전적 의미는 "냄새를 맡다"이다.

합격예측
스니핑은 네트워크 트래픽을 도청하는 것이다.

(1) 스니핑(Sniffing)
  ① 스니핑은 해킹 기법으로서, 네트워크에서 움직이는 상대방의 패킷 교환을 엿듣는 것을 의미한다.
  ② 스니핑으로 취약점을 발견하거나 개인정보 ID 패스워드와 같은 정보를 가로챌 수 있다.

합격예측
Snooping은 스니핑과 유사한 단어로서, 네트워크 상의 정보를 염탐하여 불법적으로 얻는 것을 의미한다.

(2) 스누핑(Snooping)
  ① 스누핑은 데이터에 무단으로 접근(access)하는 행위이다.
  ② 스누핑은 전송 중인 데이터에 접근하는 것뿐만 아니라 다른 사람의 컴퓨터 화면에 띄운 이메일과 같은 정보를 일상적으로 관찰하거나 다른 사람이 입력하는 내용을 보는 것 등을 포함한다.

합격예측
Spoofing의 사전적 의미는 "속이다"이다.

합격예측
스푸핑 공격은 공격자가 자신을 노출시키지 않고, 제 3의 사용자인 것처럼 MAC 주소, IP 주소 등을 속이는 작업이다.

(3) 스푸핑(Spoofing)
  ① 스푸핑은 공격자가 자신을 다른 개체(다른 컴퓨터 또는 사용자 등)로 위장하는 행위를 말한다. MAC 주소, IP 주소, 포트 등을 정상적이

지 않은 방법으로 변조, 가공하며, 이 방법으로 특정 사용자의 정보를 탈취, 수정하는 일련의 공격 기법이다.

② 스푸핑의 종류

종류	특징
ARP 스푸핑	ARP를 이용하여 IP 주소에 해당하는 MAC 주소를 변조하여 정보를 중간에서 가로채는 공격을 말한다.
IP 스푸핑	IP 주소를 속여서 정보, 권한을 얻거나 공격하는 기법이다.
DNS 스푸핑	공격자가 DNS 서버의 캐시정보를 위변조해 컴퓨터를 사용하는 사용자가 원하는 사이트가 아닌 공격자가 원하는 사이트를 접속하게하여 개인정보를 가로채는 기법이다.
MAC 스푸핑	공격자는 MAC 주소를 위조하여 네트워크 트래픽을 가로채거나, 시스템 접근 권한을 획득한다.

합격예측
주소 결정 프로토콜(ARP : Address Resolution Protocol)은 는 IP 주소를 MAC 주소로 변환하는 프로토콜이다.

합격예측
맥 주소(Mac Address) : 통신할 HW 장비를 식별할 수 있는 물리적 고유 식별 주소이다.

(4) 지능형 지속 공격(APT : Advanced Persistent Threat)

① APT 공격은 지능적이고(Advanced) 지속적인(Persistent) 공격(Threat)을 가하는 해킹의 통칭이다.
② APT 공격은 대상 조직의 네트워크에 손상을 입히기보다는 데이터를 훔치기 위해 시작된다.
③ APT 공격은 오랜 기간에 걸친 지속적인 해킹 시도를 통해 개인정보와 같은 중요한 데이터를 유출하는 형태의 공격을 의미한다.

합격예측
APT 공격은 대상시스템을, 사전에 조사한 후에 악성코드에 감염시키다.(침투-〉검색-〉수집-〉유출)

(5) 기타 기법들

종류	특징
피싱 (Phishing)	불특정 다수에게 메일을 발송해 위장된 홈페이지로 접속하게 한 뒤, 금융정보를 비롯한 개인정보를 빼내가는 수법
파밍 (Pharming)	금융기관의 도메인 주소(DNS)를 중간에서 탈취해 사용자가 금융기관 사이트에 접속한 것 같은 착각을 하게 만들어 개인정보를 등을 탈취하는 수법
스미싱 (Smishing)	인터넷이 가능한 휴대폰 사용자에게 문자 메시지를 보낸 후, 사용자가 웹사이트에 접속하면, 트로이목마 등을 주입해 휴대폰을 통제하는 수법
랜섬웨어 (Ransom-ware)	사용자 정보를 획득한 후 암호화하여 금품을 요구하는 수법
스파이웨어 (Spyware)	프로그램, 웹브라우저 홈페이지 설정이나 검색설정 정보를 무단으로 수집하여 광고나 마케팅에 이용하기 위해 정보를 불법적으로 탈취하는 수법
트랩도어 (Trap doors)	정상적인 인증절차를 거치지 않고 시스템에 접근하기 위한 방법을 미리 설정해 놓은 수법

합격예측
Phishing=Private Data + Fishing

합격예측
Smishing = SMS + Phishing

합격예측
루트킷 : 시스템에 정통한 공격자에 의해 만들어지는 악성코드 자기자신을 은닉하는데 탁월한 능력을 가짐

합격 NOTE

합격예측
DoS 공격은 대상 시스템이 정상적인 서비스를 할 수 없도록 가용성을 떨어뜨리는 공격이다.

합격예측
DoS 피해 증상
① 비정상적인 네트워크 성능 저하
② 특정 또는 모든 웹사이트 접근 불가
③ 특정 전자 우편의 급속한 증가

합격예측
3가지 범주 : 물리적인 파괴(디스크 및 시스템 파괴), 시스템 자원 공격(CPU, Memory의 자원 고갈), 네트워크 자원 공격(대역폭 고갈)

합격예측
ICMP : 인터넷 프로토콜의 비신뢰적인 특성을 보완하기 위한 프로토콜로 IP 패킷 전송 중 에러 발생 시 에러 발생 원인을 알려주거나 네트워크 상태를 진단해 주는 기능을 제공한다.

합격예측
Teardrop Attack : Inconsistent Fragmentation 공격이라 한다.

합격예측
대량의 패킷을 감당하지 못하므로 공격이 약화되기 전까지 정상적인 연결을 유지하지 못한다.

나. 서비스 거부 공격(DoS attack)

(1) DoS(Denial-Of-Service) 공격의 개요

① DoS 공격은 시스템을 악의적으로 공격해 해당 시스템의 리소스를 부족하게 하여 정상적인 서비스를 차단하거나 성능을 저하시키는 행위(공격)이다.
② DoS 공격은 시스템이나 네트워크의 구조적인 취약점을 이용하거나 대량의 데이터를 보내어 대상 시스템이 정상적인 서비스를 하지 못하도록 마비시키는 공격이다.

(2) DoS 공격의 목표

① 네트워크 자원 소진 : 네트워크 대역폭(Bandwidth)을 소진시킨다.
② 시스템 자원 소진
  ㉠ CPU, 메모리, 디스크 등 자원에 과도한 부하를 발생시킨다.
  ㉡ 가용 디스크 자원 고갈, 가용 메모리 자원 고갈, 가용 프로세스 자원 고갈 등
③ 자원 파괴 : 디스크, 데이터, 시스템을 파괴한다.

(3) DoS 공격의 종류

종 류	특 징
Ping Of Death Attack	ICMP 패킷을 정상적인 크기보다 아주 크게 만들어 전송하면 이를 재조합하는 과정에서 많은 부하가 발생하거나 버퍼 오버플로우가 발생하여 정상적인 서비스를 하지 못하게 한다.
Land Attack	출발지와 목적지가 같은 패킷을 만들어 전송하면, 무한루프 상태를 만들어 자원을 소모한다.
Smurf Attack	출발지를 공격 대상 IP로 위조한 ICMP 패킷을 브로드캐스트하여 공격 대상이 다수의 ICMP 응답 받게 만들어 부하 유발
Teardrop Attack	하나의 IP 패킷이 분할된 IP 단편의 offset값을 서로 중첩되도록 조작하여 이를 재조합하는 공격 대상 시스템에 에러와 부하 유발
SYN Flooding	다량의 TCP SYN 패킷을 전송하여 공격대상 시스템을 마비시키는 공격
UDP Flooding	다량의 UDP 패킷을 전송하여 네트워크 자원을 고갈시키는 공격

(4) 분산 서비스 거부공격(DDoS : Distributed Denial of Service)

① DDoS는 공격 대상의 IP 주소로 대량의 IP 패킷을 보내는 공격 행위를 뜻한다.
② DDoS 공격은 여러 위치에서 발생하기 때문에 단일 위치에서 발생하는 DoS 공격보다 훨씬 빠르게 영향을 줄 수 있다.

③ DoS는 시스템 대 시스템 공격인 반면, DDoS는 여러 개의 시스템이 하나의 시스템을 공격하는 것에 있다.

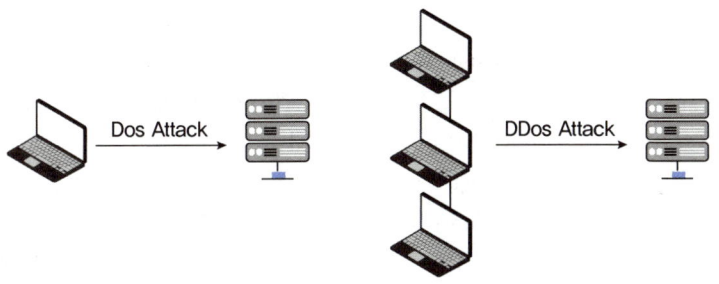

(5) DoS 공격의 대응 절차
① 모니터링 : 서비스 거부 공격을 탐지할 수 있는 시스템을 갖추고 모니터링을 수행한다.
② 침입탐지 : 서비스 거부 공격으로 추정되는 공격을 탐지한다.
③ 초동조치 : 신속하게 할 수 있는 조치로 공격의 피해를 완화한다.
④ 상세분석 : 어떤 방식으로 차단해야 정상 이용자에게 피해가 없을지 분석한다.
⑤ 차단조치 : 차단 조치를 수행한다.

다. 비인가 접근공격

(1) 네트워크시스템, 응용프로그램, 데이터 또는 기타자원 등에 비인가자가 논리적 또는 물리적으로 불법 접근하는 공격을 말한다.
(2) 특정한 장치나 자원, 서비스에 권한이 없는 공격자는 다양한 형태의 보안위협을 가하기 위해 비인가 된 접근을 시도한 후 그것들을 조작하거나 물리적인 손상을 입히는 공격이다.
(3) 대응방법
① 피해시스템을 격리하거나 관련 서비스를 중지한다.
② 비인가접근공격의 근원지를 식별하고, 원인파악을 위해 로그자료를 안전하게 백업 및 보관한다.

라. 악성코드 공격

악성소프트웨어(Malicious Software)의 줄임말인 악성코드(멀웨어, Malware)는 단일 컴퓨터, 서버 또는 컴퓨터네트워크에 손상을 주는 모든 종류의 소프트웨어를 말한다. 악성코드의 공격은 랜섬웨어, 스파이웨어, 바이러스, 웜 등을 유포하여 시스템을 감염시킨다.

합격예측
원격으로 제어되는 기기들의 경우 비인가 접근 공격 위협에 더 많이 노출될 수 있다.

합격예측
유닉스시스템의 'userdel' 명령어로 해당 사용자계정의 사용을 중지하거나 제거한다.

합격예측
악성코드는 악의적인 행동이나 목적을 위해 작성된 실행 가능한 모든 코드이다.

합격 NOTE

합격예측
RootKit : 공격 이후 공격 프로세스를 은닉할 목적으로 실행되는 프로그램

합격예측
인터넷 악성코드 : 취약한 홈페이지 방문을 통해 감염될 수 있으며, 자바스크립트 난독화 등의 현상발생

(1) 악성코드(Malware) 공격의 종류

종 류	내 용
바이러스 (Virus)	악의적인 목적으로 자기 자신 또는 일부 데이터를 복제, 감염, 전파
웜 (Worm)	컴퓨터의 취약점을 찾아 네트워크를 통해 스스로 감염, 전파되는 악성소프트웨어
트로이목마 (Trojan Horse)	사용자가 원하는 정상 프로그램으로 위장하지만, 백그라운드로는 악의적인 동작을 하는 악성소프트웨어
랜섬웨어 (Ransomware)	컴퓨터 시스템을 감염시켜 접근을 제한하고 인증에 대한 비용을 요구하는 악성소프트웨어
스파이웨어 (Spyware)	사용자의 동의 없이 컴퓨터의 정보를 수집, 전송하는 악성프로그램
애드웨어 (Adware)	컴퓨터 사용시 자동으로 광고가 표시되게 하는 악성 소프트웨어
하이재커	의도치 않은 사이트로 이동을 시키고 팝업창을 띄우는 악성소프트웨어
백도어 (BackDoor)	인증을 우회할 목적으로 삽입 또는 탑재하는 악의적인 프로그램

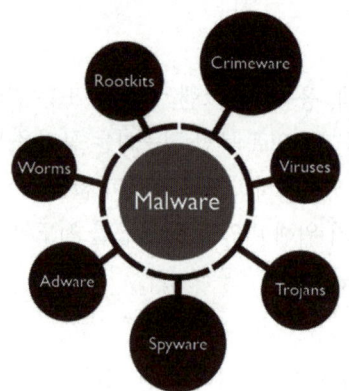

(2) 대응방법 및 예방법

① 단계적 대응방법 : 감염시스템(호스트)을 분리하고 감염경로를 차단하며 외부망과의 접속을 단절

② 예방법 : 정품소프트웨어 사용, 백신프로그램을 설치, 중요한 데이터는 백업, 복잡한 비밀번호 사용 등

출제 예상 문제

제3장 기술적보안 수행

01 다음 중 내용에 대한 연결이 가장 틀린 것은?
① 물리적보안 – 보안이 필요한 곳에 인가받지 않은 자가 출입하는 것을 통제
② 기술적보안 – 위협요소와 취약점을 분석하고 필요한 보안기술을 적용
③ 관리적보안 – 보호와 관리를 위한 보안정책을 수립
④ 통계적보안 – 장애요소의 통계를 바탕으로 보안체계를 수립

해설
네트워크 보안 관리는 데이터의 무결성 및 사용 편이성을 보호하기 위한 각종 관리적·물리적·기술적 보안 활동을 말한다.

02 다음 중 보안 대책으로 가장 옳지 않은 것은?
① 기술적 보호대책 – 접근통제, 암호화, 백업시스템
② 물리적 보호대책 – 보안 컨설팅, 보안교육
③ 관리적 보호대책 – 보안계획, 비상계획, 관리대장 작성
④ 물리적 보호대책 – 재해대비·대책, 출입통제

해설
관리적 보호대책 : 보안 컨설팅, 보안교육 등

03 다음 중 보안에 대한 연결이 가장 옳지 않은 것은?
① 기술적 보안 – 네트워크보안, 서버보안, PC 보안
② 관리적 보안 – 보안정책, 보안지침
③ 물리적 보안 – 출입통제, 작업통제, 전원대책
④ 기술적보안 – 보안절차, 보안조직

해설
관리적 보안 : 보안정책, 보안지침, 보안절차, 보안조직

04 다음 중 정보보호 예방 대책을 관리적 예방 대책과 기술적예방 대책으로 나누어 볼 때 관리적 예방 대책에 속하는 것은?
① 고유 식별 정보의 암호화
② 로그 기록 보관
③ 운영 체제 패치
④ 문서 처리 순서의 표준화

05 다음 중 암호화 알고리즘에 대한 설명으로 올바르지 못한 것은?
① 평문을 암호학적 방법으로 변환한 것을 암호문(Ciphertext)이라 한다.
② 암호학을 이용하여 보호해야 할 메시지를 평문(Plaintext)이라 한다.
③ 암호화 알고리즘은 공개로 하기 보다는 개별적으로 해야한다.
④ 암호문을 다시 평문으로 변환하는 과정을 복호화(Decryption)라 한다.

해설
① 암호화는 평문(Plain Text)를 재구성하여 암호화된 문장(Cipher text)로 만드는 과정이다.
② PKI(Public Key Infrastructure), 비대칭키(공개키, 비밀키) 기반의 인증 및 암호화는 인증기관에서 인증서를 발급받아 네트워크상에서 안전하게 비밀 통신을 할 수 있다.

06 다음의 암호 관련 용어에 대한 설명 중 옳지 않은 것은?
① 평문은 송신자와 수신자 사이에 주고받는 일반적인 문장으로서 암호화의 대상이 된다.
② 암호문은 송신자와 수신자 사이에 주고받고자 하는 내용을 제 3자가 이해할 수 없는 형태로 변형한 문장이다.

[정답] 01 ④ 02 ② 03 ④ 04 ④ 05 ③ 06 ③

③ 암호화는 평문을 제 3자가 알 수 없도록 암호문으로 변형하는 과정으로서 수신자가 수행한다.
④ 공격자는 암호문으로부터 평문을 해독하려는 제 3자를 가리키며, 특히 송/수신자 사이의 암호 통신에 직접 관여하지 않고, 네트워크상의 정보를 관찰하여 공격을 수행하는 공격자를 도청자라고 한다.

해설
암호화는 송신측에서 수행하며, 수신측에서는 복호화(해독) 한다.

07 다음 중 개인정보보호법에 의한 암호화 대상 중 가장 옳은 것은?

> 주민등록번호, 계좌번호, 여권번호, 카드번호

① 주민등록번호
② 주민등록번호, 여권번호
③ 주민등록번호, 계좌번호, 카드번호
④ 주민등록번호, 계좌번호, 여권번호, 카드번호

해설
① 「개인정보 보호법」에 따라 암호화하여야 하는 개인정보인 고유식별정보(주민등록번호, 여권번호, 운전면허번호, 외국인등록번호), 비밀번호, 바이오정보를 저장·전송하는 개인정보처리자를 대상으로 한다.
② 「개인정보의 안정성 확보조치 기준」에 따라 개인정보처리자는 고유식별정보, 비밀번호, 바이오정보를 정보통신망을 통하여 송신하거나 보조저장매체 등을 통하여 전달하는 경우에는 이를 암호화하여야 한다.

08 다음의 암호 관련 용어에 대한 설명 중 옳지 않은 것은?

① 평문은 송신자와 수신자 사이에 주고받는 일반적인 문장으로서 암호화의 대상이 된다.
② 암호문은 송신자와 수신자 사이에 주고받고자 하는 내용을 제 3자가 이해할 수 없는 형태로 변형한 문장이다.

③ 암호화는 평문을 제 3자가 알 수 없도록 암호문으로 변형하는 과정으로서 수신자가 수행한다.
④ 공격자는 암호문으로부터 평문을 해독하려는 제 3자를 가리키며, 특히 송/수신자 사이의 암호 통신에 직접 관여하지 않고, 네트워크상의 정보를 관찰하여 공격을 수행하는 공격자를 도청자라고 한다.

09 다음 중 효과적인 암호 관리를 위해 필요한 일반적인 규칙과 관계없는 것은?

① 암호는 가능하면 하나 이상의 숫자 또는 특수 문자가 들어가도록 하여 여덟 글자 이상으로 하는 것이 좋다.
② 암호는 가능하면 단순한 암호를 사용하는 것이 좋다.
③ 암호에 유효기간을 두어 일정 기간이 지나면 새 암호로 바꾸라는 메세지를 보여준다.
④ 암호 입력 횟수를 제한하여 암호의 입력이 지정된 횟수만큼 틀렸을 때에는 접속을 차단한다.

해설
① 비밀번호는 문자, 숫자의 조합 구성에 따라 최소 8자리 또는 10자리 이상의 길이로 구성한다.
② 비밀번호는 추측하거나 유추하기 어렵도록 설정한다.
③ 비밀번호에 유효기간을 설정하여 반기별 1회 이상 변경
④ 비밀번호가 제3자에게 노출되었을 경우 지체없이 새로운 비밀번호로 변경해야 한다.

10 SSL(Secure Socket Layer)은 사이버 공간에서 전달되는 정보의 안전한 거래를 보장하기 위해 넷스케이프사가 정한 인터넷 통신규약 프로토콜을 말한다. 다음 중 OSI 7계층 중 SSL이 동작하는 계층은?

① 물리계층
② 데이터링크계층
③ 네트워크계층
④ 전송계층

[정답] 07 ② 08 ③ 09 ② 10 ④

해설
SSL(Secure Sockets Layer)
① SSL은 네트워크 내에서 메시지 전송의 안전을 관리하기 위해 넷스케이프에 의해 만들어진 프로그램 계층이다.
② SSL은 넷스케이프사에서 전자상거래 등의 보안을 위해 개발하였다. 이후 TLS(Transport Layer Security)라는 이름으로 표준화되었다.

11 다음 중 TLS의 보안 서비스에 해당되지 않는 것은?

① SSL을 대신하기 위한 차세대 안정 통신 규약이다.
② 암호화에는 3개의 다른 데이터 암호화 표준(DES)키를 사용한 3DES 기술을 지원한다.
③ 관용키 기반 암호화시스템이다.
④ 네트워크나 순차 패킷교환, 애플토크(Apple-talk)등의 통신망 통신 규약에도 대응된다.

해설
① TLS는 SSL을 대신한 인터넷 암호화 통신 프로토콜이다.
② SSL/TLS은 클라이언트-서버 기반의 프로토콜이다.

12 SSL/TLS에 대한 설명으로 옳은 것은?

① 상위계층 프로토콜의 메시지에 대해 기밀성과 부인방지를 제공한다.
② 종단 대 종단 간의 안전한 서비스를 제공하기 위해 UDP를 사용하도록 설계하였다.
③ 레코드(Record) 프로토콜에서는 응용계층의 메시지에 대해 단편화, 압축, MAC 첨부, 암호화 등을 수행한다.
④ 암호명세 변경(Change Cipher Spec) 프로토콜에서는 클라이언트와 서버가 사용할 알고리즘과 키를 협상한다.

해설
① TCP/IP 프로토콜에서 전송계층 바로 위에 위치하며 보안 기능을 수행한다.
② 사용자 상호인증, 데이터 기밀성, 메시지 무결성 등의 보안 서비스를 제공한다.
③ Handshake 프로토콜, Charge Cipher Spec, Alert 프로토콜, Record 프로토콜로 구성된다.

13 다음 중 인터넷보호 관련 표준프로토콜에 대한 설명으로 맞는 것은?

> 안전에 취약한 인터넷에서 안전한 통신을 실현하는 통신규약이며, 데이터를 구성하고 관리하기 위한 인터넷 표준이다.

① IPSec ② MPLS
③ VPN   ④ Fire Wall

해설
① 인터넷 프로토콜 보안(IPSec : IP Security) : 네트워크계층(IP계층) 상에서 IP 패킷 단위로 인증, 암호화, 키관리를 하는 프로토콜이다.
② 다중 프로토콜 레벨 스위칭방식(MPLS : MultiProtocol Label Switching) : 인터넷의 백본망 등에서 대량의 트래픽을 고속으로 처리 및 관리하기 위한 방안이다.

14 다음 중 IPSec에 대한 설명으로 올바르지 못한 것은?

① ESP는 헤더의 기밀성을 제공하기 위해 사용된다.
② AH프로토콜은 메시지의 인증과 무결성을 위해 사용된다.
③ IKE프로토콜은 SA를 협의하기 위해 사용된다.
④ IPSec은 전송계층 레이어에서 작동된다.

해설
IPSec는 네트워크계층(IP계층) 상에서 IP 패킷 단위로 인증, 암호화, 키관리를 하는 프로토콜이다.

15 다음 중 VPN(Virtual Private Network)에서 사용하지 않는 터널링 프로토콜은 무엇인가?

① IPSec ② L2TP
③ PPTP   ④ SNMP

해설
단순 망관리 프로토콜(SNMP : Simple Network Management Protocol)은 네트워크 관리를 위해, 관리 정보 및 정보 운반을 위한 프로토콜이다.

[정답] 11 ③ 12 ① 13 ① 14 ④ 15 ④

16 VPN(Virtual Private Network)의 보안적 기술 요소와 거리가 먼 것은?

① 터널링 기술 : 공중망에서 전용선과 같은 보안 효과를 얻기 위한 기술
② 침입탐지 기술 : 서버에 대한 침입을 판단하여 서버의 접근제어를 하는 기술
③ 인증 기술 : 접속 요청자의 적합성을 판단하기 위한 인증기술
④ 암호 기술 : 데이터에 대한 기밀성과 무결성을 제공하기 위해 사용되는 암호 알고리즘 적용 기술

17 NAC의 주요기능과 가장 거리가 먼 것은?

① 접근제어/인증 : 네트워크의 모든 IP기반 장치 접근제어
② PC 및 네트워크 장치 통제 : 백신 및 패치 관리
③ 해킹/Worm/유해 트래픽 탐지 및 차단 : 해킹행위 차단 및 완벽한 증거수집 능력
④ 컴플라이언스 : 내부직원 역할기반 접근제어

해설
네트워크 접근 통제(NAC: Network Access Control)는 보안 정책을 점검하여 안전성을 확인한 후 네트워크 접속을 허용·차단하는 시스템이다.

18 다음 지문이 설명하고 있는 것은?

> 이 솔루션은 인증을 통해 자산 및 사용자를 식별하고, 네트워크 접근권한 등을 부여하여 사용자 접속권한을 제어한다. 인가 받지 않은 단말에 대해 내부 네트워크 접근 통제가 가능하다.

① IPS　　　　　② Firewall
③ NAC　　　　　④ ESM

19 다음 중 end point 에 설치되어 다양한 보안 기능을 통합적으로 수행하는 보안 시스템을 지칭하는 것은?

① IPS　　　　　② NAC
③ Firewall　　　④ UTM

20 IDS에서 오용탐지를 위해 쓰이는 기술이 아닌 것은?

① 전문가시스템(Expert System)
② 신경망(Neural Networks)
③ 서명분석(Signature Analysis)
④ 상태전이분석(State Transition Analysis)

해설
① 오용탐지/규칙기반침입탐지(Misuse Detection)는 알려진 공격 패턴(또는 시그니처)을 이용하여 탐지를 수행하는 방법이다.
② 오용탐지 방법의 종류 : 서명 분석, 전문가 시스템, 상태 전이 분석, 페트리 넷

21 다음 중 기술적 보안 기술요소가 아닌 것은?

① 보안 표준
② SSO(Single Sign On)
③ EAM(Enterprise Access Management)
④ SRM(Security Risk Management)

해설
기술적보안은 물리적보안을 수행할 수 있도록 하는 모든 기반기술(지문인식시스템, 암호화, 백업체계구축 등)과 정보화 역기능(해킹, 스팸메일 등)에 대한 탐지기술, 예방기술, 조치기술 등의 모든 기술적 통제방법들을 의미한다.

22 다음 중 악성 코드에 대한 설명으로 옳지 않은 것은?

① 악의적인 용도로 사용될 수 있는 유해 프로그램을 말한다.
② 외부 침입을 탐지하고 분석하는 프로그램으로 잘못된 경보를 남발할 수 있다.
③ 때로는 실행되지 않은 파일이 저절로 삭제되거나 변형되는 모습을 보인다.

[정답] 16 ② 17 ④ 18 ③ 19 ④ 20 ② 21 ④ 22 ②

④ 대표적인 악성 코드로는 스파이 웨어와 트로이 목마 등이 있다.

> **해설**
> ②는 방화벽(Firewall)의 설명에 해당된다.

> **해설**
> ① 트로이목마(Trojan Horse)는 사용자가 원하는 정상 프로그램으로 위장하지만, 백그라운드로는 악의적인 동작을 하는 악성소프트웨어이다.
> ② 트로이목마는 자기 자신을 다른 파일에 복사하지 않는다는 점에서 컴퓨터 바이러스와 구별된다.

23 다음 중 감염대상을 갖고 있지는 않으나 연속으로 자신을 복제하여 시스템의 부하를 높이는 악성 프로그램은?

① 웜(Worm)
② 해킹(Hacking)
③ 스푸핑(Spoofing)
④ 스파이웨어(Sptyware)

26 다음 지문은 무엇을 설명한 것인가?

> 일반 프로그램에 악의적인 루틴을 추가하여 그 프로그램을 사용할 때 본래의 기능 이외에 악의적인 기능까지 은밀히 수 행하도록 하는 공격을 말한다. 예를 들어 사용자 암호를 도출 하기 위해서 합법적인 로그인(login) 프로그램으로 가장하고 정상적인 로그인 순서와 대화를 모방하여 작성될 수 있다.

① 트로이목마(Netbus)
② 매크로 바이러스(Macro virus)
③ 웜(I-Worm/Hybris)
④ 악성 스크립트(mIRC)

24 다음 지문이 설명하고 있는 악성코드의 종류로 가장 옳은 것은?

> 이 악성코드는 컴퓨터 시스템에 저장된 사용자 문서 파일을 암호화하거나 컴퓨터 시스템을 잠그고 돈을 요구하는 악성 프로그램으로 전자메일이나 웹사이트 등 다양한 경로를 통해 감염된다. 이러한 악성코드로는 크립토월, 크립도락커, CionVault 등이 대표적으로 알려져 있다.

① 바이러스
② 루트킷
③ 웜
④ 랜섬웨어

27 다음 중 정당한 사용자가 정상적으로 시스템을 종료하지 않고 자리를 떠났을 때 비인가 된 사용자가 바로 그 자리에서 계속 작업을 수행하여 불법적 접근을 행하는 범죄 행위에 해당하는 것은?

① 스패밍(Spamming)
② 스푸핑(Spoofing)
③ 스니핑(Sniffing)
④ 피기배킹(Piggybacking)

25 다음 악성코드에 대한 설명 중 옳지 않은 것은?

① 루트킷(Rootkit)은 단일 컴퓨터 또는 일련의 컴퓨터 네트워크에 대해 관리자 레벨의 접근을 가능하도록 하는 도구의 집합이다.
② 웜(Worm)은 네트워크 등의 연결을 통하여 자신의 복제품을 전파한다.
③ 트로이목마(Trojan Horse)는 정상적인 프로그램으로 가장한 악성 프로그램으로 보통 복제 과정을 통해 스스로 전파된다.
④ 트랩도어(Trapdoor)는 정상적인 인증 과정을 거치지 않고 프로그램에 접근하는 일종의 통로이다.

28 데이터 침해 형태 중 송신 데이터가 수신자까지 전달되는 도중에 몰래 보거나 도청하여 정보를 유출하는 행위를 무엇이라 하는가?

① 가로막기(Interruption)
② 수정(Modification)
③ 가로채기(Interception)
④ 위조(Fabrication)

[정답] 23 ① 24 ④ 25 ③ 26 ① 27 ① 28 ③

29 다음 중 네트워크상을 흘러 다니는 트래픽을 엿보는 보안공격은?

① 스니핑(Sniffing)   ② 스푸핑(Spoofing)
③ 스캐닝(Scanning)   ④ 피싱(Phishing)

해설
스니핑(Sniffing)
네트워크상에서 자신이 아닌 다른 상대방들의 패킷 교환을 엿듣는 것을 의미한다. 네트워크 패킷을 훔쳐보며 정보를 수집하는 공격 유형이다.

30 다음 중 인터넷에서 불법적 정보 추출 방법이 아닌 것은?

① 스푸핑(Spoofing)
② 스니핑(Sniffing)
③ 피싱(Phishing)
④ DoS(Distributed Denial of Service)

해설
서비스 거부 공격(Denial-of-Service Attack)
① 시스템을 악의적으로 공격해 해당 시스템의 자원을 부족하게 하여 원래 의도된 용도로 사용하지 못하게 하는 공격이다.
② DoS는 정보를 탈취하는 것이 아니라, 시스템을 사용하지 못하게 하는 공격 기법이다.

31 공격자가 두 객체 사이의 세션을 통제하고, 객체 중 하나인 것처럼 가장하여 객체를 속이는 해킹기법은?

① 스푸핑(Spoofing)
② 하이재킹(Hijacking)
③ 피싱(Phishing)
④ 파밍(Pharming)

해설
(세션) 하이재킹
공격 대상이 이미 시스템에 접속되어 세션이 연결되어 있는 상태를 가로채기하는 공격으로 아이디와 패스워드를 몰라도 시스템에 접근하여 자원이나 데이터를 사용할 수 있는 공격이다.

32 다음 중 공격대상이 방문할 가능성이 있는 합법적인 웹 사이트를 미리 감염시키고 잠복하고 있다가 공격대상이 방문하면 악성코드를 감염시키는 공격 방법은?

① Watering Hole   ② Pharming
③ Spear phishing   ④ Spoofing

해설
워터링 홀(Watering Hole) 공격
공격대상이 자주 방문하는 홈페이지를 사전에 악성코드에 감염시킨 뒤 공격대상이 접속 할 때까지 잠복하면서 기다린다. 그리고 공격대상이 접속하면 비로서 공격을 시도하는 수법이다.

33 ARP(Address Resolution Protocol) 스푸핑은 몇 계층 공격에 해당하는가?

① 1계층   ② 2계층
③ 3계층   ④ 4계층

해설
주소결정 프로토콜(ARP : Address Resolution Protocol)
① ARP는 IP 네트워크상에서 IP 주소를 가지고 수신측 물리적 주소(MAC 주소)를 찾는데 사용된다.
② ARP는 TCP/IP 프로토콜의 2계층인 Internetwork계층에서 사용되는 프로토콜이다.
∴ ARP 스푸핑 공격은 MAC 주소를 속이는 것이므로 2계층 공격기법이다.

34 다음 중 정보의 기밀성을 저해하는 데이터 보안 침해 형태는?

① 가로막기 (Interruption)
② 가로채기 (Interception)
③ 위조 (Fabrication)
④ 수정 (Modification)

[정답] 29 ① 30 ④ 31 ② 32 ① 33 ② 34 ②

ENGINEER
INFORMATION & COMMUNICATION

MEMO

ENGINEER
INFORMATION & COMMUNICATION

05 컴퓨터 일반

Chapter 01 하드웨어 기능별 설계
- 컴퓨터의 기본구조와 기능

Chapter 02 전자부품 소프트웨어 개발환경 분석
1. 운영체제
2. 소프트웨어 일반
3. 마이크로프로세서

Chapter 03 네트워크(NW) 운용관리
- 네트워크 운용

Chapter 04 보안 운영관리
- 네트워크 보안

Chapter 05 분석용 데이터 구축 및 서버구축
1. 빅데이터 구축
2. 서버구축

Chapter 1 하드웨어 기능별 설계

합격 NOTE

컴퓨터의 기본구조와 기능

1. 컴퓨터의 개요와 기능

컴퓨터(Computer)란 Compute(계산하다)에서 생성된 단어이다. 컴퓨터는 초창기에는 덧셈과 뺄셈, 나눗셈, 곱셈을 하는 계산기 역할을 해오다 다양한 연산 기능이 추가되었다. 요즘 사용되는 컴퓨터의 기본 기능은 데이터를 입력 받아 데이터를 해석하고, 수행, 결과를 출력하는 기능을 가진다.

합격예측

컴퓨터는 전기적 신호에 의해 데이터를 처리하므로 EDPS(Electronic Data Processing System)라 한다.

가. 컴퓨터의 기능

① 입력기능 : 처리할 데이터를 외부 입력장치로부터 데이터를 입력하여 컴퓨터에 전달해 주는 기능이다.
② 기억기능 : 입력된 데이터나 계산된 데이터를 컴퓨터의 기능 장치에 기억시키는 기능이다.
③ 연산기능 : 데이터를 기억장치에서 읽어 들여 산술 연산, 비교 연산, 관계 연산을 처리하여 그 결과를 전달하는 것을 말한다.
④ 제어기능 : 데이터 값을 프로그램이 해석하여 컴퓨터가 처리하는 방향을 바꾸는 것을 말한다. 그리고 데이터 값에 의해 컴퓨터 장치 중 입력장치, 출력장치 등 다양한 장치를 제어하기도 한다.
⑤ 출력기능 : 컴퓨터가 저장하고 있는 데이터를 출력장치로 출력하는 기능을 말한다.

합격예측

컴퓨터의 기능 : 입·출력기능, 기억기능, 연산기능, 제어기능

나. 컴퓨터의 특성

① 자동 처리 : 프로그램 내장방식에 의한 순서적 처리이다.
② 신속·정확성 : 처리에 소요되는 시간이 다른 기계와 비교할 수 없을 정도로 신속하며 항상 정확한 처리 결과를 제공한다.
③ 대용량성 : 대량의 자료를 저장하며, 저장된 내용의 즉시 재생이 가능하다.
④ 범용성 : 내장된 프로그램을 변경함으로써 다양한 목적에 이용할 수 있다.
⑤ 동시 사용성·호환성 : 한 대의 컴퓨터로 여러 가지의 독립된 업무를 동시에 처리하거나, 다수의 이용자가 동시에 각자의 업무를 수행할 수 있다.
⑥ 신뢰성 : 오류 없이 문제를 처리할 수 있다.

합격예측

GIGO(Garbage In Garbage Out) : 올바른 데이터를 입력해야 올바른 결과를 얻을 수 있다는 컴퓨터의 수동적인 특징을 표현

합격예측

컴퓨터의 5대 특징 : 정확성, 신속성, 대용량성, 범용성, 호환성

2. 하드웨어와 소프트웨어

가. 하드웨어(Hardware)

컴퓨터를 구성하는 기계장치를 의미한다.

(1) 중앙처리장치(CPU : Central Processing Unit)
   ① CPU는 외부에서 정보를 입력 받고, 기억하고, 컴퓨터 프로그램의 명령어를 해석하여 연산하고, 외부로 출력하는 역할을 한다.
   ② CPU의 구성 : 제어장치, 산술 및 논리연산장치, 주기억장치

(2) 주변장치(Peripheral Equipment)
   주변장치에는 다양한 입·출력 장치와 보조기억장치가 포함된다.

나. 소프트웨어(Software)

소프트웨어는 어떤 일을 수행하는 데 필요한 프로그램의 집단이다.

(1) 시스템 소프트웨어(System Software)

컴퓨터를 제어하고 보조하는 프로그램이다. 시스템 소프트웨어는 다음을 포함한다.
   ① 운영 체제(Operating System)
   ② 데이터베이스 관리 시스템(Data Base Management System)
   ③ 통신 제어 프로그램(Communication Control Program)
   ④ 프로그래밍 언어 번역기(Programming Language Translator)

(2) 응용 소프트웨어(Application Software)

응용 소프트웨어는 사용자의 특정 과제를 수행하는 데 필요한 자료 처리를 도와주는 프로그램이다. 따라서 응용 소프트웨어는 사용자 프로그램(User Program)이라고 한다.
   ① 사업용 응용 프로그램(Business Application Program)
   ② 과학용 프로그램(Scientific Program)
   ③ 그 밖의 다양한 응용 프로그램

3. 컴퓨터의 세대별 구분

컴퓨터의 발달 과정을 세대별로 구분할 때 사용된 논리 회로 소자를 중심으로 다음과 같이 구분한다.

세대별	연대	논리 회로 소자	기억 소자
제1세대	1946~1958	진공관, 릴레이	자기 드럼
제2세대	1959~1963	트랜지스터	자기 코어
제3세대	1964~1970	집적 회로(IC)	반도체 기억 소자
제4세대	1971~1980	고밀도 집적 회로(LSI)	
제5세대	1981~	초고밀도 집적 회로	

합격 NOTE

합격예측
컴퓨터 하드웨어는 크게 CPU와 주변장치로 구분한다.

합격예측
소프트웨어 = 프로그램

합격예측
소프트웨어는 시스템 소프트웨어와 응용 소프트웨어로 구분

합격예측
제5세대 : 인공지능(AI)을 이용한 Computer

합격 NOTE

4. 컴퓨터의 분류

가. 취급 데이터에 의한 분류

(1) 아날로그 전자계산기(Analog Computer)

온도, 압력, 전압, 전류, 속도 등의 연속적, 물리적 양의 크기를 입력해서 그 수치적 값에 해당하는 값을 비례시켜 나타내는 방법으로 산술 연산과 비교 연산 등을 수행한다.

(2) 디지털 전자계산기(Digital Computer)

① 보통 전자계산기 하면 디지털 전자계산기를 말한다.
② 디지털 전자계산기는 숫자나 문자를 코드화하여 필요한 정도까지 그 결과를 정확히 얻을 수 있다.

(3) 하이브리드 전자계산기(Hybrid Computer)

하이브리드 전자계산기는 아날로그형과 디지털형의 장점을 취하여 제작된 것으로서 어떤 유형의 데이터라도 모두 취급하여 처리할 수 있다.

[디지털 전자계산기와 아날로그 전자계산기의 비교]

구 분	디지털 전자계산기	아날로그 전자계산기
입·출력 형식	코드화된 문자, 숫자가 입력되며 문자와 숫자로 출력됨	길이, 전압, 전류 등의 연속적인 양이 직접 입력되며 곡선, 그래프 등이 출력
정 밀 도	필요한 한도까지 가능	0.01[%]까지(정밀도가 제한)
연산 방식	4칙 연산, 속도가 느림	미·적분, 속도가 빠름
구성 회로	논리 회로	증폭 회로
프로그램	필요(저장 기능이 있다)	불필요(저장기능이 없다)
대상업무	거의 제한 없음(범용)	특수용(공정 제어용)

나. 사용 목적에 의한 분류

(1) 범용 컴퓨터(General Purpose Computer)

① 범용 컴퓨터는 여러 분야의 다종다양한 업무를 처리할 수 있도록 설계 제작된 컴퓨터이다.
② 과학 계산, 통계 처리, 투자 계획, 생산 계획, 급여 업무 처리, 재고 관리, 수급 계획 등 여러 분야에 사용될 수 있다.

(2) 특수 목적용 컴퓨터(Special Purpose Computer)

① 특수 목적용 컴퓨터는 하나 혹은 그 이상의 특정 응용을 처리하기 위하여 특별히 설계된 것이다.

합격예측

아날로그 전자계산기는 제한된 범위 내에서 사용한다.

② 특수 목적용 컴퓨터는 군사용(항공기, 잠수함, 미사일, 인공위성 등의 궤도 추적 등)의 응용과 항공사 예약 시스템, 산업 공정 제어 등과 같은 민간용 응용에 모두 사용되고 있다.

5. 컴퓨터 하드웨어 장치

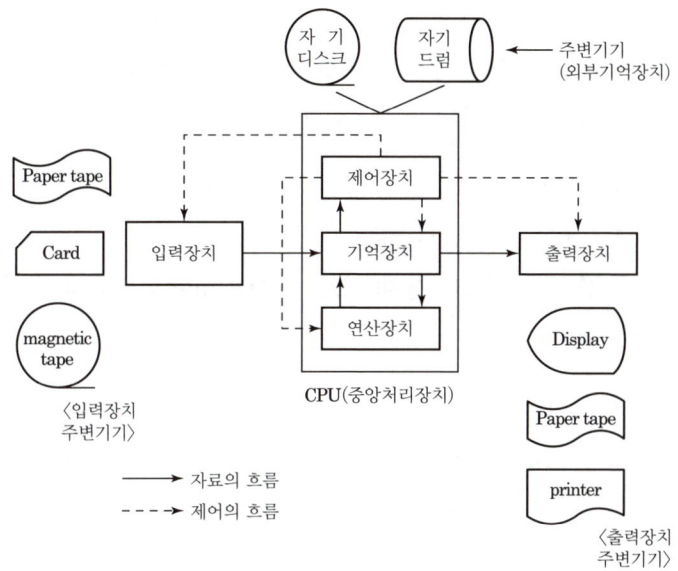

[컴퓨터의 구성]

합격예측
컴퓨터 하드웨어 : CPU(연산, 제어, 주기억장치)와 주변장치(입/출력, 보조기억장치)

가. 입력장치(Input Unit)

(1) 컴퓨터가 이해할 수 있는 입력 매체를 통하여 자료와 프로그램의 명령을 컴퓨터 내부로 읽어들이는 역할을 담당하는 장치이다.

(2) 종류
① 키보드(Keyboard)
② 천공 카드 판독기(Punched Card Reader)
③ 광학적 주사 기구(Optical Scanning Wands)
④ 천공 종이 테이프(Paper Tape)
⑤ 콘솔(Console)
⑥ 자기디스크(Magnetic Disk)
⑦ 자기테이프(Magnetic Tape)
⑧ 자기드럼(Magnetic Drum)
⑨ 자기디스켓(Magnetic Diskette)
⑩ 마이크로필름(Micro-Film) 등이 있다.

합격예측
입력기능 : 외부 데이터를 읽어오는 기능

합격 NOTE

합격예측
제어 기능 : 각종 장치를 조정하고 통제하는 기능

합격예측
연산기능 : 사칙/논리연산으로 데이터를 처리하는 기능

합격예측
기억기능 : 프로그램/데이터를 기억하는 기능

합격예측
출력기능 : 프린터/화면 등으로 내보내는 기능

합격예측
입력장치의 기능 : 컴퓨터가 이해할 수 있는 신호로 변환하는 장치

합격예측
① 호퍼 : 카드를 쌓아두는 곳
② 롤러 : 카드를 밀어보내는 장치
③ 판독 기구
④ 스태커 : 읽혀지고 나온 카드를 모아 두는 곳

나. 제어장치(Control unit)

(1) 컴퓨터 시스템의 다른 구성 요소들은 제어장치에 의하여 통제되고 지시된다.

(2) 동작 절차
  ㉠ 제어장치는 주기억장치로부터 명령을 읽어들인다.
  ㉡ 명령을 해석한다.
  ㉢ 지시 사항에 따라 (자료 처리 등의) 작업을 수행한다.
  ㉣ 어떤 연산을 할 것이며, 결과를 어느 장소에 기억시킨다.
  ㉤ 처리 자료를 출력 매체로 전환하여 출력한다.

다. 산술-논리 연산장치(Arithmetic-Logical Unit)

산술 연산(Arithmetic Operation)과 비교 연산(Comparison Operation)은 산술-논리 연산장치(ALU : Arithmetic-Logical Unit)에서 이루어진다.

라. 기억장치(Memory Unit)

(1) 기억장치(Memory Unit 또는 Storage Unit)는 입력장치를 통하여 읽어 들인 데이터나 명령 등과 컴퓨터 내부에서 계산 처리된 결과를 기억하는 역할을 한다.

(2) 기억기능은 CPU와 주기억장치와 보조기억장치 내에서 이루어진다.

마. 출력장치(Output Unit)

(1) 컴퓨터에서 기억하고 있는 내용이나 연산의 결과 등을 외부의 출력 매체를 통하여 외부로 표현하는 장치를 말한다.

(2) 종류
  ① 프린트   ② 비디오 터미널   ③ CRT 등

6. 컴퓨터 하드웨어 장치 종류의 기능

가. 입력장치

프로그램이나 데이터를 읽어 들인 후 내부 코드로 변환하여 기억장치에 전달하는 역할을 한다.

(1) 카드 판독기(Card Reader)
  ① 카드에 기억된 정보를 읽어 컴퓨터로 보내는 역할을 한다.
  ② 구성 : 호퍼(Hopper), 롤러(Roller), 판독 기구, 스태커(Stacker)

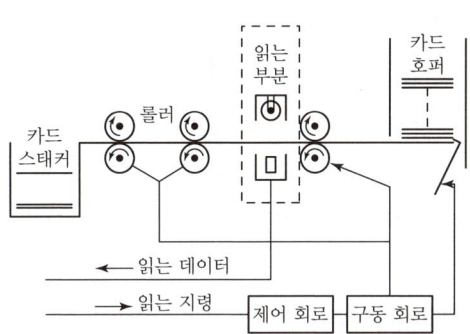

[카드 판독기의 구조]

(2) 종이 테이프 판독기(Paper Tape Reader)
① 종이 테이프에 기억된 내용을 읽어 컴퓨터에 전달하는 장치이다.
② 핀 방식, 브러시 방식, 전광 방식 등이 있다.

(3) MICR, OCR, OMR
① 자기 문자 잉크 판독장치(MICR : Magnetic Ink Character Reader) : 종이 테이프와 카드와 같이 코드로 바꾸지 않고 문자를 직접 판독하여 주기억장치에 입력시킬 수 있는 장치로 자성 물질이 포함된 특수 잉크로 쓰여진 기호와 숫자를 자기 헤드로 읽어 판별하는 장치이다.
② 광학 문자 판독장치(OCR : Optical Character Reader) : 자기 문자 판독장치와 같이 특정 코드로 바꾸지 않고 특수 활자로 인쇄된 상태로 직접 컴퓨터에 입력이 가능한 장치이다.
② 광학 마크 판독기(OMR : Optical Mark Reader) : 광학 문자 판독기의 문자 구별과는 달리 용지상에 미리 정한 곳에 연필로 칠한 짧은 직선 부분이 있고 없음에 따라 정보를 구별하는 장치로 각종 시험 답안지 작성에 많이 쓰이고 있다.

[OMR 카드]

합격예측
자기입력장치 : MICR, 자기 스트라이프 판독기

합격예측
광학입력장치 : OMR, OCR, Barcode Reader, Digitizer

합격 NOTE

합격예측
영상입력장치 : keyboard, mouse, touch screen, light pen, scanner 등

(4) 키보드(Keyboard) : 타자기와 비슷한 형태의 입력장치로서 원하는 문자나 숫자의 키(Key)를 눌러서 컴퓨터에 직접 입력시킨다.

(5) 마우스(Mouse) : 키보드 대체 입력장치인 마우스는 디스플레이 화면에서 커서를 원하는 위치로 자유로이 움직여서 화면에 표시된 메뉴 중에서 원하는 메뉴를 선택하고 이동시키는 데 사용되며, 볼 마우스와 광 마우스가 있다.

(6) 스캐너(Scanner) : 화상 정보를 읽어들여 정보를 입력시킨다.

(7) 라이트 펜(Light Pen) : 지시장치로 라이트 펜 내부에 있는 화상 감지기가 화면상에서 전후로 뿌려지는 주사선을 탐지하면 회로들이 이를 화면상의 펜의 위치로 변환한다. 주로 화면상에 디스플레이된 목록 또는 메뉴에서 항목을 선택할 때와 비디오 화면상에서 그림을 그릴 때 사용된다.

(8) 터치스크린(Touch Screen) : 사용자가 선택할 메뉴를 화면에 제공하여 작동하는 것으로 사람의 손가락 접촉을 탐지하여 이루어지는데 일반적으로 적외선을 이용한다. 화면의 앞에 가로와 세로 방향으로 적외선을 비춰 손가락으로 지시하게 되면 가로와 세로 방향으로 광선들이 단절됨에 따라 정확한 위치를 알아낸다.

(9) 음성 인식 장치 : 음성 패턴을 저장한 데이터베이스를 가지고 있고 마이크로 구술한 단어의 패턴이 데이터베이스 내에 저장된 패턴들과 비교하여 가장 근사한 패턴을 찾는다.

나. 기억장치(Memory)

(1) 메모리의 형태

합격예측
- RAM : 읽기/쓰기 메모리
- ROM : 읽기-전용 메모리

① 임의-액세스 메모리(RAM : Random Access Memory) : RAM에서는 주소에 의해 메모리 내에 있는 어떤 지점이든지 임의로 액세스할 수 있다.

합격예측
- RAM : 주메모리 장치로 사용
- CAM : 고속의 데이터 탐색과 검색이 필요할 때 사용
- SAM과 DAM : 보조 메모리 장치로 사용

② 내용 주소 메모리(CAM : Content Addressable Memory) 또는 연관 메모리 : 메모리 주소라는 개념이 없고, 메모리 논리 회로는 특정 패턴을 가지고 있는 메모리 위치를 찾는다.

③ 순차-액세스 메모리(SAM : Sequential Access Memory) : 원하는 데이터를 검색하기 위해서 각 데이터 항목들이 순서대로 하나씩 검사되어야 한다.

④ 직접-액세스 메모리(DAM : Direct Access Memory) : 데이터가 어떤 장소에 들어있든지 순서에 관계없이 직접 원하는 위치로 찾아가서 접근한다.

(2) 기억장치의 종류

기억장치는 주기억장치(Main Memory Unit)와 보조기억장치(Auxiliary Memory Unit)로 나누어진다.

① 주기억장치

주기억장치는 CPU가 직접 접근하여 처리할 수 있는 고속의 기억장치로 현재 수행되는 프로그램과 데이터를 저장하고 있으며, 종류에는 롬(ROM)과 램(RAM)등이 있다.

㉠ 자기코어 기억 소자(Magnetic Core Memory)

ⓐ 코어의 지름은 0.5[mm] 정도이고, 수[μs](10^{-6}[sec]) 내에 자화가 가능하다.

ⓑ 각각의 코어는 자화의 방향에 의해서 "1" 또는 "0"의 Bit(Binary Digit)의 데이터를 나타낸다.

㉡ 반도체 기억 소자

ⓐ ROM(Read Only Memory)

- 정보의 입력 내용은 제작 당시에 정해지고 그 이후에는 변경할 수 없으며 전원의 공급이 끊어지더라도 기억 내용은 지워지지 않고 그대로 존재한다.
- 비소멸성(비휘발성) 메모리라고도 한다.
- ROM은 $2^n \times m$와 같이 n개의 입력선과 m개의 출력선으로 표시되며 2^n은 Address(번지)수를 나타낸다.
- $2^n \times m$ Rom = Word 수(= Address 수) × Word 당 비트수로 표시

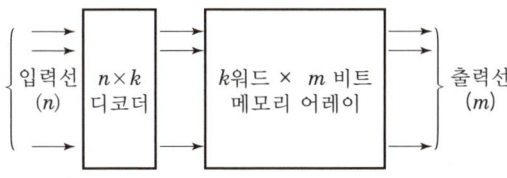

[2^n × m ROM 블록도]

- ROM의 종류
  - 마스크 ROM : 제작 당시에 기억 내용을 써넣은 것으로서 그 내용을 변경할 수 없다.
  - PROM(Programmable ROM) : ROM 자체를 만든 후에 사용자가 내용을 1회에 한해서 써넣을 수 있다.
  - EPROM(Erasable PROM) : 자외선이나 높은 전압을 가함으로써 기억된 내용을 지울 수 있고 몇 번이라도 필요한 정보의 입력이 가능하다.

합격 NOTE

합격예측
주기억장치는 CPU가 직접 참조하는 고속의 메모리로 컴퓨터가 동작하는 동안 프로그램, 데이터, 연산의 중간 결과 등을 저장한다.

합격예측
자기코어는 비휘발성 기억소자(전원공급이 중단되어도 기억내용 유지)이다.

합격예측
플립플롭을 이용하여 단위 기억 소자를 구성할 수 있다.

합격예측
ROM은 데이터 읽기 전용(Read Only) 메모리 소자이다.

합격예측
주소선이 N개(MAR=Nbit), 데이터 n개(MBR=$n$bit)라면 기억 용량, M[bit]=$2^n \times n$(or $N = \log_2(M/n)$)

합격예측
16×8 ROM인 경우
① 2^4=16이므로 4개의 입력선(=Address Line 수)과 8개의 출력선
② Word 수=Address 수=16개
③ Word당 비트수는 8-bit

합격예측
- EPROM : 자외선을 이용하여 자료를 기록하고 수정
- EEPROM : 전기 신호를 이용하여 자료를 기록하고 수정

합격 NOTE

합격예측
디지털 카메라나 MP3 플레이어 등 다양한 기기에서 많이 사용되는 플래시 메모리는 EEPROM의 한 형태이다.

합격예측
RAM
데이터를 read/write 가능

합격예측
64×8 RAM인 경우는 $2^6 \times 8$ RAM이므로,
① $2^6 \times 8$ RAM이므로 6개의 입력선(Address Line 수)
② Word 수=번지수=64개, 즉 0번~63번까지를 의미
③ 출력선 수(데이터 버스선 수)는 8개

합격예측
- SRAM : CPU내 캐시메모리로 사용
- DRAM : PC나 서버의 주메모리로 사용

- EEPROM(Electrically EPROM) : 전기를 이용해 여러 번 지우고 기록할 수 있다. 플래시 메모리(Flash Memory)라고도 한다.
- 플래시 메모리(Flash Memory) : 전기신호에 의해 읽고 쓰기가 가능한 EEPROM을 변형한 것이다. 전원 공급이 없어도 기록된 내용을 보존하는 ROM의 특성과 기록된 내용을 자유롭게 수정할 수 있는 RAM의 특성을 가지고 있다. 하지만, 속도가 RAM이나 EEPROM에 비해 무척 느리다.

ⓑ RAM(Random Access Memory)
- ROM과는 달리 기억 내용을 자유자재로 읽거나 변경할 수 있는 기억 소자로 전원 공급이 차단되면 기억 내용 모두가 지워지므로 내용을 보존하기 위해서는 따로 보조기억장치에 기억시켜야 한다.
- 소멸성 메모리이다.
- RAM은 $2^m \times n$와 같이 m개의 입력선(Address Line 수)과 n개의 출력선으로 표시되며 2^m은 Address(번지) 수를 나타낸다.
- 크기 : $2^m \times n$ RAM=Word 수(번지수)×Word당 비트수(출력선)

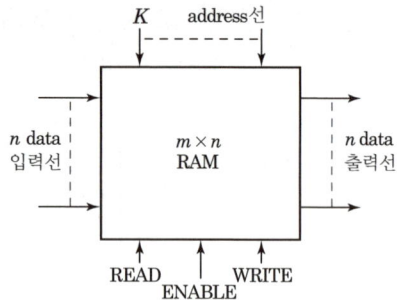

- RAM의 종류
  - Static RAM : 플립플롭이 주요 소자로 구성되며, 속도가 빠르고 정보의 입·출력이 어느 때라도 가능하다. 소용량의 기억장치 구성에 적합하다.
  - Dynamic RAM : FET의 적은 콘덴서에 전하(Charge)를 축적(Store)시켜 정보를 기억시키며, 속도는 느린 편이고 소비 전력이 작고, 가격이 저렴하며, 일정 기간마다 재차 정보를 써넣어야 한다. 대용량 기억장치 구성에 적합하다.

ⓒ PLA(Programmable Logic Array)
   입력 변수가 많은 논리 회로를 만들 경우 상당히 큰 용량의 ROM이 필요하므로 이와 같은 단점을 개선하여 프로그램이 가능한 논리 배열로 만든 것으로 PROM과 비슷한 개념의 논리 소자이다.
② 보조기억장치
   데이터의 양이 많은 경우에는 자료나 계산 결과 등을 보존하려면 주기억장치만으로는 곤란하므로 제작비용이 싸게 드는 보조기억장치를 따로 설치하여 각종 정보나 처리 결과 등을 보존시킬 필요가 있으며 일반적으로 Magnetic Drum, Magnetic Disk, Magnetic Tape 등이 사용된다.
   ㉠ 자기드럼 기억장치(Magnetic Drum Memory Unit) : 지름이 20~30[cm]인 금속 원통 표면에 자성 물질을 입힌 것으로 원통을 빠른 속도로 회전시켜 자화된 상태에 따라 메모리 내용을 찾아낼 수 있도록 한 장치이다.
      ⓐ 자기코어보다는 액세스 타임이 느리지만 자기테이프나 자기디스크보다 정보 전송 속도가 제일 빠르다.
      ⓑ 기억 용량이 작은 것이 단점이다.

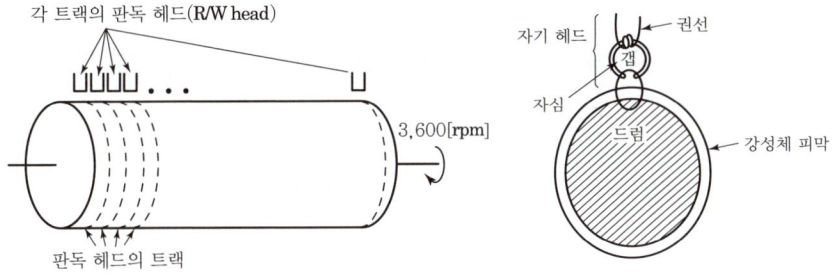

[자기드럼 기억장치의 구조]

   ㉡ 자기디스크 기억장치(Magnetic Disk Memory Unit) : 보조기억장치 중에서 제일 많이 사용되는 기억 소자로 액세스 시간이 비교적 빠르며 기억 용량 또한 매우 크다.
      ⓐ 디스크와 비슷한 둥근 원판의 양쪽 면에 자성 물질을 칠해서 자기드럼과 같이 자화시키고, 그 내용을 헤드로 감지해 내는 장치이다.
      ⓑ 6장의 디스크를 하나의 축으로 연결한 것으로 이를 Disk Pack이라 하고 디스크와 액세스 암(Access Arm)과 판독 및 헤드(Read/Write Head)로 구성되어 있다.

합격 NOTE

합격예측
보조기억장치는 중앙처리장치와 직접 정보를 교환할 수 없고 주기억장치를 통해서만 정보 교환이 가능하며 접근 방식에 따라 순차 및 직접 방식으로 구분한다.

합격예측
원통을 중심으로 하는 트랙에 데이터 저장

합격예측
자기디스크 기억장치는 액세스 속도가 빠른 기억 방식에 적합

합격 NOTE

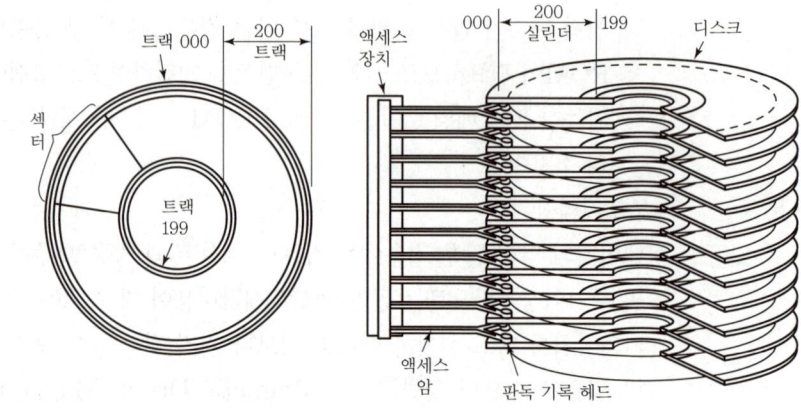

[자기디스크의 단면과 디스크 팩]

합격예측
탐구 시간(약 1/10 초), 검색 시간(약 1/40 초)

참고

📍 **디스크 입·출력 시간에 영향을 미치는 요소**

① 탐구 시간(Seek Time) : 가변 헤드인 경우 헤드가 움직여서 원하는 자료가 있는 트랙에까지 걸리는 시간
② 검색 시간(Search or Latency Time) : 헤드를 트랙의 올바른 섹터 위에 갖다 놓는 데 걸리는 시간
③ 헤드 장착 시간(Head Set Up Time) : 헤드가 원판에 붙거나 떨어질 때 필요한 시간으로, 거의 생략 가능한 적은 시간
④ 전송 시간(Transmission Time) : 원하는 블록을 주기억장치로 이동하는 데 걸리는 시간으로 자기디스크는 액세스 속도가 자기테이프에 비해 빠르나, 주기억장치에 비해 정밀도가 낮다.

ⓒ 자기테이프 기억장치(Magnetic Tape Memory Unit) : 녹음 테이프와 비슷하여 폴리에스테르 필름의 표면에 자화 물질을 입혀서 표면의 자화 상태에 의해 기억 내용을 판독하고, 기억시키는 장치이다.
 ⓐ 많은 정보를 기억할 수 있고, 보관 및 운반이 편리하며 가격이 저렴해서 많이 사용된다.

합격예측
테이프의 처음부터 마지막까지 순차적으로 접근해야 하므로 Access Time이 오래 걸리는 단점이 있다.

ⓑ 액세스 시간(Access Time)이 오래 걸리며 주소(Address)가 없어서 정보의 추가, 삭제가 어렵다.
ⓒ 순서에 의한 액세스 방법(Sequential Access Method)을 이용한 기억장치이다.
ⓓ 자기테이프의 구조 : BOT(Beginning Of Tape)는 테이프의 시작점을 표시하는 은박지이며, EOT(End Of Tape)는 테이프의 끝점을 표시하는 은박지이다.

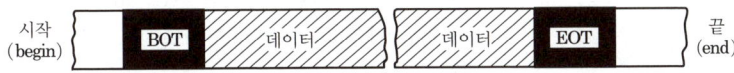

ⓔ 레코드의 길이를 사용하는 방법으로 블록화(Block)와 비블록화(Unblock)로 나누어진다.

- 비 블록화 레코드

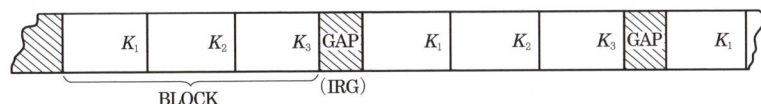

- 블록화 레코드

㉣ 광 디스크(Optical Disk)
광 디스크는 레이저(LASER) 빔을 이용하여 데이터를 기록하고 있는 저장장치로서, 광 기록/판독 헤드가 많기 때문에 근본적으로는 하드디스크 같은 자기저장장치보다는 느리지만 훨씬 큰 용량을 제공한다.
ⓐ CD-ROM(Computer Disk-Read Only Memory)
정보를 읽기만 할 수 있는 광 디스크
ⓑ WORM(Write Once Read Memory)
한 번 기록할 수 있고 기록한 후에는 지울 수 없으며 읽기만 할 수 있는 광 디스크
ⓒ 소거 가능형(Erasable) 광 디스크
일반 자기디스크처럼 반복하여 정보를 기록하고 지우고 다시 기록할 수 있는 광 디스크

합격 NOTE

합격예측
광 디스크는 읽고 쓰는 기능에 따라 CD-ROM, WORM, Erasable 광 디스크로 분류

합격예측
소프트웨어가 점차 대규모, 다기능화되고 있어서 고속, 대용량의 기억장치가 요구된다.

합격 NOTE

합격예측
캐시 기억장치 = 고속 버퍼 기억장치

합격예측
연관기억장치(CAM) : 기억된 내용의 일부를 이용하여 데이터에 직접 접근할 수 있는 메모리

합격예측
h는 가능한 한 1에 가까워야 한다.

합격예측
사용자 프로그램의 한 덩어리를 page라 한다.

합격예측
메모리 뱅크란 동일한 영역에 존재하는 메모리들의 블록

합격예측
연산장치는 제어장치의 지시에 따라 산술 연산과 논리 연산을 수행한다.

---

③ 고성능 기억장치
  ㉠ 캐시 기억장치(Cache Memory)
    ⓐ 속도가 빠른 CPU와 주기억장치의 속도차를 줄이기 위하여 사용되는 기억장치이다.
    ⓑ 캐시의 크기는 비용 문제로 인하여 주기억장치보다 적은 용량을 갖게 된다.
    ⓒ 가장 빠르고, 가장 융통성 있는 캐시 구조는 연관기억장치(Associative Memory)를 사용하는 것이다.
    ⓓ 캐시를 가진 메모리 시스템의 평균 액세스 시간(T_a)
    $$T_a = hT_c + (1-h)T_m$$
    여기서 T_c와 T_m은 각각 캐시와 주기억장치의 평균 액세스 시간이고 h는 적중률이다.
  ㉡ 가상기억장치(Virtual Memory)
    ⓐ 가상기억장치는 주기억장치가 갖는 용량 제한에서 해방되기 위한 기법이다.
    ⓑ 가상기억장치는 논리 주소 공간을 실제 사용할 수 있는 주기억장치의 공간보다 훨씬 크게 설정하여 보조기억장치에 논리 주소 공간상의 모든 데이터를 저장해 두고, 당장 실행에 필요한 부분만을 물리 공간에 적재시켜 사용하는 방법이다.
    ⓒ 운영 기법
    사용자의 프로그램이 운영체제에 의해 물리적으로 일정한 크기를 갖도록 분해된다.
    • 페이징(Paging) 기법 : 가상기억장치와 주기억장치의 영역을 동일 크기로 나누어 관리하는 방법
    • 세그먼테이션(Segmentation) 기법 : 다양한 크기의 논리적인 단위로 나누어 관리하는 방법
    • 혼용(mixed) 기법
④ 메모리 시스템 속도 향상 기법
  ㉠ Banking : 연속적인 주소를 동일 뱅크에 부여
  ㉡ Interleaving : 분리된 물리적 뱅크에 연속된 주소를 분산

다. 연산장치(ALU : Arithmetic and Logical Unit)

연산장치는 4칙 연산 및 정보의 이동(Shifting)과 비교 및 판단 등을 수행하며, 누산기(Accumulator), 가산기(Adder), 계수기(Counter)와 몇 개의 레지스터(register)로 구성되어 있다.

(1) 연산 회로의 구성

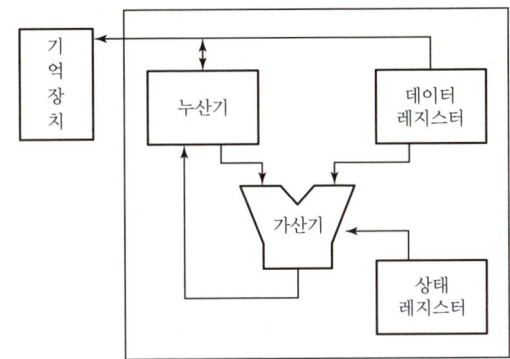

[연산장치 구성 요소]

(2) 레지스터의 종류와 기능
   ① 시프트 레지스터(Shift Register) : 정보의 좌우로 위치를 옮겨준다.
   ② M-Q 레지스터(Multiplier-Quotient Register) : 곱셈과 나눗셈을 할 때 연산 결과를 기록한다.
   ③ 기억 레지스터(Storage Register) : 기억장치로 들어오고 나가는 모든 데이터를 기록한다.
   ④ 어드레스 레지스터(Address Register) : 데이터가 기억장치에 기억되어 있는 장소의 번지 또는 기억장치에 주어진 번지를 기억하는 레지스터이다.
   ⑤ 부동 소수점 레지스터(Floating Point Register) : 부동 소수점 연산에 사용되는 레지스터이다.
   ⑥ 누산기(Accumulator) : 연산 결과 값을 일시적으로 기록하는 레지스터로 누적기라고도 불린다.

라. 제어장치(Control Unit)

제어장치는 기억장치에 기억되어 있는 프로그램을 주어진 순서대로 명령을 판독하여 연산장치나 입·출력장치를 제어할 수 있는 신호를 보내서 그들을 제어한다.

(1) 제어 및 상태 레지스터
   ① 프로그램 카운터(PC : Program Counter) : 다음에 수행될 명령의 주소를 갖는다.
   ② 명령 레지스터(IR : Instruction Register) : 현재 수행 중인 명령의 내용을 갖는다.
   ③ 기억장치 주소 레지스터(MAR : Memory Address Register) : 기억장치의 주소를 갖는다.

합격 NOTE

합격예측
- 산술 연산 : 덧셈, 뺄셈, 곱셈, 나눗셈
- 논리 연산 : 적재, 저장, 분기, 비교, 이동, 편집, 변환, 보수 등

합격예측
CPU는 기억작용 이외에 입·출력장치, 연산장치 등의 작용을 통제한다.

합격예측
레지스터들은 CPU의 동작을 제어하기 위해 사용한다.

합격 NOTE

④ 기억장치 버퍼 레지스터(MBR : Memory Buffer Register) : 기억장치에 기록할 자료나 기억장치에서 읽어올 자료를 갖는다.
⑤ 프로그램 상태 레지스터(PSR : Program Status Register) : 조건 코드와 상태 정보를 위한 플래그(Flag)들로 구성된다.
  ㉠ 부호(Sign) : 최근 산술 연산의 결과에 대한 부호 비트를 갖는다.
  ㉡ 0(Zero) : 결과가 0일 때 세트(Flag=1)된다.
  ㉢ 캐리(Carry) : 덧셈의 경우는 최상위 자리에서 자리 넘침이 발생하고, 뺄셈의 경우는 자리 빌림이 발생하면 세트된다.
  ㉣ 동치(Equal) : 논리 비교의 결과가 같으면 세트된다.
  ㉤ 범람(Overflow) : 산술 연산시 범람을 나타내기 위하여 사용된다.
  ㉥ 인터럽트(Interrupt) : 인터럽트 가능/불가능 상태를 나타낸다.

합격예측
캐리는 복수 개의 워드에 걸쳐서 산술 연산이 이루어질 때 사용된다.

(2) 제어장치의 동작 회로

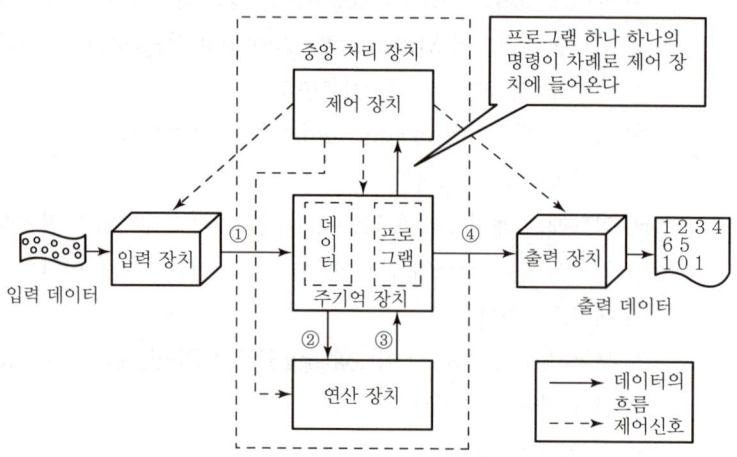

[전자계산기에서의 데이터의 흐름과 제어 신호]

마. 출력장치

출력장치란 컴퓨터에 입력된 내용이나 처리 결과를, 사용자가 필요로 하는 형태로 표현하는 장치로 하드 카피와 소프트 카피로 나눌 수 있다.

(1) 프린터(Printer)

컴퓨터 내부에서 처리된 결과를 문자로 종이에 인쇄하는 장치로 가장 대표적인 출력장치이다.
① 충격식 프린터 : 미리 만들어진 활자를 리본과 종이에 압력을 가해서 인쇄하는 활자식 프린터이다.
② 비충격식 프린터 : 잉크 제트 프린터, 레이저 프린터, 열 전사 프린터 등이 있다.

합격예측
• 하드 카피 : 프린터 등에 출력한 정보를 출력장치와 관계없이 볼 수 있는 것
• 소프트 카피 : 단말기의 화면에 출력을 표시하는 것

(2) 영상 표시 장치(CRT : Cathode Rray Tube)

컴퓨터의 내부의 처리 결과를 눈으로 직접 볼 수 있도록 텔레비전의 수상기와 같이 화면에 기호, 문자, 동형(Graphic)을 영상으로 표시하는 방법으로 Display Unit이라고도 한다.

(3) X-Y 플로터(Plotter)

컴퓨터의 출력을 그래프나 도형으로 기록할 때 사용하는 장치로서, 정밀도는 좋지만 속도는 느리다.

(4) 음성 응답 장치(ARS : Audio Response System)

단어와 문자를 사전에 음성으로 녹음하고 전화 회선을 이용하여 컴퓨터의 지시에 따라 지정된 순서대로 응답한다.

(5) COM(Computer Output to Microfilm)

컴퓨터에 기억되어 있는 내용을 1/24~1/48로 축소하여 마이크로 필름에 저장한다.

(6) 콘솔(Console)

키보드와 모니터로 구성되어 오퍼레이터가 컴퓨터의 작동을 통제하는 장치

7. 입·출력 제어 시스템

입·출력 조작에는 독자적인 기능을 가지고 있는 각 장치들이 서로 유기적으로 작용하는 것이므로 이것을 입·출력 제어 시스템이라 한다.

가. 입·출력 포트(I/O port)

처리기 입장에서는 입·출력장치도 주기억장치와 마찬가지로 주소로 입·출력장치를 구별하여야 한다.

(1) I/O mapped I/O

메모리 주소와 전혀 다른 주소를 입·출력 포트가 갖는 경우이다. 출력 명령이 필요하며 버스 연결이 복잡한 반면 메모리를 충분히 활용할 수 있다.

(2) Memory mapped I/O

메모리 주소의 일부를 입·출력 포트에 할당하는 경우이다. 별도의 입·출력 명령이 없어 프로그램 작성은 간단하나 메모리를 충분히 활용할 수 없다.

합격 NOTE

합격예측
- 영상 표시 장치(CRT) : Monitor
- 기타 영상 출력 장치 : LED, 액정 Display, 레이저다이오드 등

합격예측
X-Y 플로터 종류 : 드럼식, 테이블식

합격예측
입·출력 포트 지정 방식 : I/O mapped I/O, Memory mapped I/O

합격 NOTE

  참고

📍 입·출력 제어장치의 역할
① 데이터 버퍼링(Data Buffering) : 속도 변환
② 제어 신호의 논리적·물리적 변환
③ 에러 제어 : CPU에 에러(Error) 통보
④ 제어 정보 저장

나. 입·출력 데이터 전송 기법

(1) 병렬 입·출력 방식(Parallel Input Output)
① 입·출력 제어장치와 입·출력장치 사이에 데이터를 1~수 바이트(Byte)씩 병렬로 전송하는 방식이다.
② 고속 데이터 전송에 적합하다.
③ 단거리 전송에 이용된다.
④ 핸드셰이크(Handshake) : 제어 신호를 통해 데이터를 1[byte]씩 확인 응답해 가면서 전송하는 방법이다.

(2) 직렬 입·출력 방식(Serial Input Output)
① 하나의 신호선을 통해 1[bit]씩 차례로 전송하는 방식으로 데이터 전송 속도는 느리지만 장거리 전송에 이용된다.
② 데이터의 각 Byte의 시작과 끝을 인식하도록 시작(Start)과 정지(Stop) 비트를 사용한다.

다. 입·출력 전송 모드의 종류

처리기와 주변장치 사이의 정보 전송은 다음과 같은 단계로 이루어진다.
- 주변장치를 선택하여 주변장치가 준비 상태인지 검사한다.
- 주변장치가 준비 상태에 있으면 정보 전송을 알린다.
- 정보를 전송한다.
- 정보 전송을 마친다.

(1) 프로그램드 I/O(Programed I/O)
프로그램으로 제어되는 동작은 컴퓨터 메모리 내에 쓰여진 입·출력 명령에 의해서 이루어진다.

합격예측
핸드셰이크 : 신뢰성 제공

합격예측
CPU와 메모리 사이의 정보 교환은 스트로브(Strobe) 제어 방법을 사용한다.

합격예측
대체로, 1비트(Low)의 시작 비트와 1~2비트(High)의 정지 비트를 사용한다.

(2) 인터럽트 모드 I/O(Interrupt Mode I/O)

입·출력장치 제어기에 인터럽트 요청 기능을 부가시킴으로써, 처리기가 인터럽트를 감지하면 그가 하고 있는 작업을 중지하고, 데이터 전송을 처리하기 위하여 서비스 루틴으로 분기한다.

(3) 직접 메모리 액세스(DMA : Direct Memory Access)

① 데이터 입·출력 전송이 기억장치와 주변장치 사이에서 직접 이루어지는 인터페이스이며 DMA 방식에 의한 입·출력은 CPU의 레지스터를 경유하지 않고 전송된다.

② DMA 장치는 주소 레지스터(Address Register), 카운터(Counter), 상태 레지스터(Status Register)가 필요하다.

합격예측
DMA에 의한 입·출력이 시작되면 중앙처리장치는 입·출력에 관여할 필요가 없으므로 입·출력과 관계없이 별도의 동작을 수행할 수 있다.

 참고

 사이클 스틸(cycle steal)

CPU가 프로그램 수행을 위하여 기억장치의 사이클을 이용하고 있을 때 데이터 채널을 요청하여 다음 사이클을 DMA 인터페이스가 사용하는 것을 사이클 스틸이라고 한다.

DMA 방식을 효율적으로 운영하기 위해서는 워드(Word) 단위로 명령의 수행 중간중간에 전송하여야 하는데 이러한 기법을 워드 스틸(Word Steal)이라 한다.

(4) 채널 모드 I/O(Channel Mode I/O)

① 인터페이스 논리 회로와 DMA 전송을 위한 요소를 결합하여 데이터 채널이라 하며, 채널은 입·출력만을 수행하는 입·출력 전담 처리기를 말한다.

② 채널의 종류

ⓘ 입·출력 다중 채널(I/O Mmultiplexer Channel) : 복수 개의 입·출력장치를 동시에 제어할 수 있다.

 ⓐ 바이트 다중 채널(Byte Multiplexer Channel) : 저속의 입·출력장치를 제어

 ⓑ 블록 다중 채널(Bock Multiplexer Channel) : 비교적 고속의 입·출력장치를 제어한다.

 ⓒ 입·출력 선택 채널(I/O Selector Channel) : 고속의 입·출력장치를 제어하기 위하여 채널이 확보되면 일정 기간 독점 사용하는 버스트(Burst) 방식을 사용한다.

합격예측
• 바이트 다중 채널 : 카드 판독기, 프린터, 콘솔 등을 접속
• 블록 다중 채널 : 비교적 고속의 프린터, 자기디스크장치, 자기테이프장치 등을 접속

출제 예상 문제

• 컴퓨터의 기본구조와 기능

01 컴퓨터 소자의 발달 과정을 올바르게 기술한 것은?
① 트랜지스터 → 진공관 → 집적 회로 → 고밀도 집적 회로
② 진공관 → 트랜지스터 → 집적 회로 → 고밀도 집적 회로
③ 집적 회로 → 고밀도 집적 회로 → 트랜지스터 → 진공관
④ 트랜지스터 → 집적 회로 → 진공관 → 고밀도 집적 회로

해설
사용 논리 소자의 변천 과정 : 진공관(1세대) → 트랜지스터, 다이오드(2세대) → 집적 회로(3세대) → 고밀도 집적 회로(4세대) → 초고밀도 집적 회로(5세대)

02 시분할 시스템(TSS : Time Sharing System)을 실현한 전자계산기 세대는?
① 제1세대   ② 제2세대
③ 제3세대   ④ 제4세대

해설
전자계산기 제3세대는 온라인 처리 업무, 시분할 체제 실현, 경영 정보 조직 체제 확립이다.

03 다음 중 컴퓨터의 기본 구조에 대한 설명으로 틀린 것은?
① CPU는 컴퓨터의 특성과 성능을 결정한다.
② 주기억장치는 레지스터보다 액세스 속도가 빠르다.
③ 입·출력 장치는 별도의 인터페이스 회로가 필요하다.
④ 보조 저장 장치는 영구 저장 능력을 가지고 있다.

해설
컴퓨터는 기본적으로 데이터의 입력, 출력, 처리, 기억 등의 기능이 필요하다. 또한 데이터의 처리 기능은 다시 산술논리연산 기능과 제어 기능으로 나뉜다.

04 컴퓨터 처리 속도를 표시하는 방법으로 가장 많이 이용하는 방법은?
① MIPS   ② MIS
③ BPS   ④ TPS

해설
MIPS(Mega Instruction Per Second)는 1초에 실행되는 기계어, 명령어의 수이다.

05 다음 전자계산기의 주요 장치를 설명한 내용 중 틀린 것은?
① 연산 장치 : 산술 및 논리 연산을 처리한다.
② 보조기억장치 : 데이터나 프로그램을 일시적으로 기억시킨다.
③ 제어 장치 : 기계어를 해석하는 기능을 담당한다.
④ 입·출력 장치 : 필요한 정보의 입·출력을 담당하는 장치이다.

해설
보조기억장치는 데이터를 반영구적으로 기억한다.

06 다음 중 중앙처리장치(CPU)의 기능이 아닌 것은?
① 산술연산과 논리연산을 함께 담당한다.
② 자료의 입출력을 제어하는 역할을 수행한다.
③ 주기억장치에 기억되어 있는 프로그램 명령어를 호출하여 해독한다.
④ 연산의 실행을 위해 보조기억장치에서 데이터를 직접 출력장치로 보낸다.

해설
① CPU는 외부에서 정보를 입력 받고, 기억하고, 컴퓨터 프로그램의 명령어를 해석하여 연산하고, 외부로의 입·출력을 제어하는 역할을 한다.
② CPU에서 논리연산장치(Arithmetic Logic Unit)는 비교, 판단, 연산을 담당하며, 제어장치(Control Unit)는 명령어의 해석과 실행을 담당한다.

[정답] 01 ② 02 ③ 03 ③ 04 ① 05 ② 06 ④

07 CPU가 명령문을 수행하는 순서는?

> ㉠ 인터럽트 조사 ㉡ 명령문 해독
> ㉢ 명령문 인출 ㉣ 피연산자 인출
> ㉤ 실행

① ㉢-㉠-㉡-㉣-㉤
② ㉢-㉡-㉣-㉤-㉠
③ ㉡-㉢-㉣-㉤-㉠
④ ㉣-㉢-㉡-㉤-㉠

해설
① CPU는 각 명령을 수행하기 위해 기계 사이클이라 불리는 일련의 단계를 수행한다.
② 한 개의 명령어가 수행되려면 프로그램 카운터에 의하여 지정된 명령어를 프로그램 메모리에서 가져와서(Fetching), 해석하고(Decoding) 실행한(Executing) 후에 그 결과를 데이터 메모리에 저장하는(Saving) 일련의 동작들이 차례로 이루어져야 한다. 이를 명령어의 머신 사이클(Machine Cycle)이라고 한다.

08 다음 중 산술연산과 논리연산 동작의 결과로 축적되는 레지스터는?

① RAM
② 상태(Status) 레지스터
③ ROM
④ 인덱스 레지스터

해설
① 상태 레지스터(Status Register)는 마이크로프로세서나 처리기의 내부에 상태 정보를 간직하도록 설계된 레지스터이다.
② 상태 레지스터는 CPU에서 논리연산 또는 산술연산을 행하였을 때 그 결과의 상태를 나타내는 레지스터이다.

09 다음 중 중앙처리장치에서 사용하고 있는 버스(BUS)의 형태에 속하지 않는 것은?

① Address Bus
② Control Bus
③ Data Bus
④ System Bus

해설
① 데이터버스(자료버스, Data bus) : CPU와 메모리 사이에서 자료를 전달받기 위한 신호선이다.
② 주소버스(Address bus) : 메모리의 주소를 지정하기 위한 신호선이다.
③ 제어버스(Control bus) : CPU 내부요소 사이의 제어신호를 전달하기 위한 신호선이다.

10 다음 중 주기억장치를 구성하고 있는 기억소자의 기능이 아닌 것은?

① 읽기 기능
② 쓰기 기능
③ 삭제 기능
④ 칩 선택 기능

해설
주기억장치(Main memory)는 다음의 주요 제어 기능을 지원하여야 한다.
① 쓰기(WR : WRite) 기능 : 기억장치에 자료를 기억시키는 기능
② 읽기(RD : ReaD) 기능 : 기억장치로부터 자료를 읽는 기능
③ 칩 선택(CS : Chip Select) 기능 : 기억소자 중에 필요한 기억소자를 선택하는 기능

11 주기억장치에 저장된 명령어를 하나하나씩 인출하여 연산코드 부분을 해석한 다음 해석한 결과에 따라 적합한 신호로 변환하여 각각의 연산장치와 메모리에 지시 신호를 내는 것은?

① 연산논리장치(ALU)
② 입·출력장치(I/O Unit)
③ 채널(Channel)
④ 제어장치(Control Unit)

해설
제어장치(Control unit)
① 제어장치는 컴퓨터 시스템 전체를 감독하고 제어하는 역할을 한다. 즉 데이터 입출력을 제어하고, 연산장치의 산술연산과 논리연산을 제어하며, 주기억장치에 있는 프로그램을 호출하여 해독하고 해독한 결과를 실행하기 위해 각 장치에 제어신호를 보내는 역할을 한다.
② 제어장치는 미리 기억장치에 순서대로 입력되어 있는 기계어를 차례로 인출하여 그 내용을 해석하고 실제의 실행 동작을 일으키는 기능을 하는 장치이다.

12 프로그래머에 의한 명령 수행 순서의 변경 또는 프로그램의 수행 순서를 인스트럭션들이 배열된 순서와 다르게 수행할 수 있도록 하는 기능은?

① 함수연산기능
② 전달기능
③ 제어기능
④ 입출력기능

해설
① 제어장치는 미리 기억장치에 순서대로 입력되어 있는 기계어를 차례로 인출하여 그 내용을 해석하고 실제의 실행 동작을 일으키는 기능을 하는 장치이다.
② 제어기능을 통해 인스트럭션의 수행 순서를 제어한다.

[정답] 07 ② 08 ② 09 ④ 10 ③ 11 ④ 12 ③

13. 주기억장치에서 해독할 명령을 명령 레지스터로 꺼내어 해독하는 시간을 무엇이라 하는가?

① Cycle Time
② Instruction Time
③ Execution Time
④ Run Time

해설

① Instruction Time : 주기억장치로부터 명령을 명령 레지스터로 꺼내기 위해 요구하는 시간을 말한다.
② Execution Time : 하나의 명령이 해독되고 실행되기 위해 요구하는 시간을 말한다.
③ CPU Time : 중앙 처리 장치가 명령 실행에 사용했던 시간을 말한다. CPU Time=I-Time+E-Time

14. 다음 중 입력장치들에 사용되는 매체가 아닌 것은?

① 천공카드(Punch Card)
② 사운드카드(Sound Card)
③ OMR카드
④ 바코드(Bar Code)

해설

입력 장치(Input Device)는 사용자가 원하는 문자, 기호, 그림 등의 데이터를 컴퓨터의 기억장치에 전달하는 장치이다.
※ 사운드 카드는 오디오 출력장치의 예이다.

15. 자외선을 이용하여 지울 수 있는 메모리로 맞는 것은?

① PROM
② EPROM
③ EEPROM
④ 플래시 메모리(Flash Memory)

해설

판독전용 기억장치(ROM)
① Maskable ROM : 제조회사가 제조할 때 데이터를 써넣기 때문에 내용을 수정할 수 없다.
② PROM(Programmable ROM) : 사용자가 한번 프로그램을 써 넣을 수 있지만 지울 수는 없다.
③ EPROM(Erasable PROM) : 기억시킨 내용을 자외선을 쬐여 내용을 지울 수도 있고 써 넣을 수도 있다.
④ EEPROM(Electrically EPROM) : 자외선 대신 전기신호에 의해 내용을 지울 수 있다.

16. 다음은 ROM(Read Only Memory)과 RAM(Random Access Memory)에 대한 설명이다. 틀린 것은?

① ROM은 판독 전용 기억장치이고 RAM은 등속 호출 기억장치이다.
② ROM은 문자 발생기, 코드 변환 시스템에 응용된다.
③ ROM에 저장된 정보는 변경된다.
④ RAM은 자기 소자, 반도체 기억 소자에 의해 구성할 수 있다.

해설

ROM - 비소멸성 반도체이다.

17. 연산 장치(ALU)를 크게 2부분으로 분류한다면 다음 어느 항과 같이 분류되는가?

① 연산 장치(Arithmetic Unit)와 기억장치(Memory Unit)
② 제어 장치와 기억장치
③ 산술 연산 장치와 논리 연산 장치
④ 제어 장치와 연산 장치

해설

연산 장치
① 산술 연산 - 가, 감, 승, 제
② 논리 연산 - AND, OR, NOT 등
※ 연산 장치는 제어 장치의 지시를 받아 사칙 연산, 제곱근, 미적분, 삼각함수, 고차 방정식, 수의 분류, 대조 등을 행하는 수칙 연산과 수식의 참과 거짓을 판단하는 논리 연산의 경우로 구분된다.

18. 반도체 기억소자로서 리프레시(Refresh)가 필요한 기억장치는?

① SRAM
② DRAM
③ Mask ROM
④ EPROM

[정답] 13 ② 14 ② 15 ② 16 ③ 17 ③ 18 ②

출제 예상 문제

해설
Dynamic RAM과 Static RAM의 비교

DRAM	SRAM
휘발성(소멸성)이다.	휘발성(소멸성)이다.
집적도가 높다.	집적도가 낮다.
제조가 간단하다.	제조가 어렵다.
Refresh가 필요하다.	Refresh가 필요 없다.
값이 싸다.	값이 비싸다.

19 다음 중 플립플롭(Flip-Flop) 회로를 사용하여 만들어진 메모리는?

① DRAM(Dynamic Random Access Momory)
② SRAM(Static Random Access Memory)
③ ROM(Read Only Memory)
④ BIOS(Basic Input Output System)

해설
① RAM은 휘발성 메모리로 임의의 영역에 접근하여 읽고 쓰기가 가능한 주기억 장치이다.
② RAM은 DRAM(Dynamic RAM)과 SRAM(Static RAM)으로 나뉜다. DRAM은 전원이 들어와 있는 동안에도 저장된 정보가 사라지지 않게 하도록 일정 시간마다 재생(Refresh)을 해 줘야 하는 램이고, SRAM은 전원이 공급되는 동안에는 재생이 필요 없이 데이터가 유지되는 램이다.

20 다음 중 SRAM에 대한 설명으로 틀린 것은?

① 플립플롭회로를 사용하여 만들어졌다.
② 모든 메모리 유형 중에서 가장 빠르다.
③ 일반적으로 CPU의 레지스터나 캐시 메모리에만 사용된다.
④ 저장된 데이터를 유지하기 위해 계속적으로 데이터를 새롭게 하는 것이 필요하다.

21 다음 보기의 기억장치 중 속도가 가장 빠른 것에서 느린 순서대로 나열한 것으로 맞는 것은?

> (1) 캐시 (2) 보조기억장치 (3) 주기억장치
> (4) 레지스터 (5) 디스크 캐시

① (4)-(3)-(1)-(5)-(2) ② (4)-(5)-(3)-(1)-(2)
③ (4)-(1)-(3)-(5)-(2) ④ (4)-(5)-(1)-(3)-(2)

해설
① 기억장치 접근 속도(빠르다 → 느리다)
  레지스터(CPU) → 캐시메모리(SRAM) → 주기억장치(DRAM) → 버퍼, 디스크 캐시 → 보조기억장치(자기디스크) → 자기테이프
② 기억장치 용량 순서(대용량 → 소용량)
  보조기억장치(자기테이프, 자기디스크) → 주기억장치(DRAM) → 캐시메모리(SRAM) → 레지스터(CPU)

22 다음 장치 중 입력, 출력 모두가 가능한 장치로만 이루어진 항은?

> ㉠ 자기 테이프 장치   ㉡ 자기 디스크 장치
> ㉢ 인쇄 장치   ㉣ 카드 입력 장치
> ㉤ 자기 드럼 장치   ㉥ 카드 천공 장치

① ㉢, ㉣, ㉥   ② ㉣, ㉥
③ ㉠, ㉡, ㉤   ④ ㉠, ㉡, ㉥

해설
보조기억장치들을 뜻한다.

23 다음 입·출력 장치와 기억장치와의 차이점을 설명한 것 중 틀린 것은 어느 것인가?

① 입·출력 장치의 동작 속도가 느리다.
② 입·출력 장치는 자율적으로 동작한다.
③ 입·출력 과정에서 착오 발생률이 기억장치보다 적다.
④ 입·출력 장치의 정보 단위는 보통 바이트이며, 기억장치의 정보 단위는 [Word]이다.

해설
입·출력 과정에서 착오 발생률은 기억장치에서의 착오 발생률보다 높다.

[정답] 19 ② 20 ④ 21 ③ 22 ③ 23 ③

24 다음 중 컴퓨터 주기억장치(RAM, ROM)에 대한 설명으로 틀린 것은?

① OS가 컴퓨터 부팅시에 보조기억장치로부터 읽혀져 RAM에 저장된다.
② 컴퓨터를 운용하는 데 쓰이는 기본 프로그램 BIOS는 ROM에 기억되어 있다.
③ DRAM은 플립플롭을 집적화 한 것이며, SRAM은 콘덴서를 집적화 한 것이다.
④ 중앙처리장치 속도가 RAM보다 빠르므로 캐시 메모리가 필요하다.

25 다음 중 EEPROM(Electrically Erasable Programmable Read Only Memory)과 정적 메모리(SRAM)의 2가지 결합특성을 가지고 있는 것은?

① NVRAM(Non-Volatile Random Access Memory)
② EPLD(Electrically Programmable Logic Device)
③ DRAM(Dynamic Random Access Memory)
④ OTP(One Time Programmable)

> **해설**
> ① NVRAM(Non-Volatile RAM)은 EEPROM과 SRAM이 결합된 형태로, 시스템의 전원이 꺼질때 SRAM의 내용을 EEPROM으로 저장하고, 전원이 들어오면 EEPROM의 내용을 SRAM이 읽어온다.
> ② NVRAM은 전원이 공급되지 않아도 저장된 정보를 계속 유지하는 컴퓨터 메모리이다.

26 보조기억장치의 특징을 열거한 것 중 틀린 것은?

① 자기테이프는 주소 개념이 거의 사용되지 않는 보조기억장치로서 순서에 의해서만 접근하는 기억장치이다.
② 자기테이프는 여러 개의 파일을 저장시킬 수 있는데 이들 파일은 여러 개의 레코드로 구성되어 있다. 이 레코드의 공백을 IRG라고 한다.
③ 자기디스크는 주소에 의하여 지정할 수 있는 정보의 단위가 주기억장치보다는 정밀하지 못하나 주소에 의하여 임의의 곳에 직접 접근이 가능하다.
④ 가변헤드 디스크에서 헤드에 의해 그릴 수 있는 동심원으로 구성된 기억 공간을 트랙이라 하며 고정헤드 디스크에서는 이것을 실린더라고 한다.

> **해설**
> 자기디스크는 가변헤드 디스크와 고정헤드 디스크로 나뉜다.
> ① 트랙 : 디스크의 동심원을 이루고 있는 각 원형의 기록 위치
> ② 실린더 : 하드디스크 내에 여러 장의 디스크를 사용하는 경우, 동일한 반경을 가진 동심원
> ③ 섹터 : 한 트랙에서 주소가 지정된 최소 단위

27 다음 기억장치의 설명 중 틀린 것은?

① 주기억장치에서 SRAM이나 DRAM은 소멸성 기억장치이다.
② 주기억장치에서 32×32[bit] 형태의 DRAM이라면 재생 계수기는 5[bit] 계수기를 사용할 수 있다.
③ 보조기억장치 중 자기테이프는 임의접근이 불가능하다.
④ 보조기억장치에서는 바이트와 같은 세분화된 정보의 단위로 주소를 지정할 수 있다.

> **해설**
> 보조기억장치는 주기억장치와 같이 단어 또는 바이트와 같은 세분화된 정보단위로 주소를 지정하지 않고 레코드나 블록 단위(512[byte])로 지정하게 된다.

28 순차 액세스(Sequential Access)만 가능한 보조기억장치는?

① CD-ROM　　② 자기디스크
③ 자기드럼　　④ 자기테이프

> **해설**
> **순차접근 기억장치(SASD : Sequential Access Storage Device)**
> ① 순차접근 기억장치는 원하는 데이터를 찾기 위해서 각 데이터 항목들이 앞에서부터 순차적으로 검색되는 기억장치이다.
> ② 직접접근 기억장치에 비해 접근 속도가 느리며, 자기테이프나 종이테이프 같은 저장장치에 적용된다.

[정답] 24 ③　25 ①　26 ④　27 ④　28 ④

출제 예상 문제

29 정보를 기억장치에 기억 또는 읽어내는 명령을 한 후부터 실제의 정보가 기억 또는 읽기 시작할 때까지의 소요 시간은?

① Access Time ② Idle Time
③ Run Time   ④ Seek Time

해설
접근시간(Access Time)
① 접근시간은 정보를 기억장치에 기억시키거나 읽어내는 명령이 있고 난 후부터 실제로 기억 또는 읽기가 시작되는 데 소요되는 시간이다.
② Access 시간이 빠른 순서
캐시기억장치>주기억장치>자기드럼>자기디스크>자기테이프

30 다음 중 자기디스크의 특징이 아닌 것은?

① 자기드럼보다 Access Time이 빠르다.
② 자기드럼보다 기억용량이 매우 크다.
③ 각각의 트랙에는 데이터가 고정 크기의 블록 단위로 저장된다.
④ 고속, 대용량의 보조기억장치로 널리 이용된다.

해설
접근속도(Access Time)
캐시기억장치>주기억장치>자기드럼>자기디스크>자기테이프

31 다음은 Magnetic Drum에 대하여 설명한 것인데 바르지 못한 것은 어느 것인가?

① 기억 용량이 Disk보다 작은 편이다.
② Record Access Time이 Disk보다 일반적으로 짧다.
③ 자료의 전송 속도가 Disk보다 일반적으로 빠르다고 볼 수 있다.
④ Seek Time이 Disk보다 많이 소요된다.

해설
자기 드럼(Magnetic Drum)
① 자기 드럼은 원통의 표면에 자화 물질이 코팅되어 있으며 그 표면에 자기 헤드로 데이터를 기억하거나 읽어낸다.
② 자기 디스크(Disk)보다 고속으로 작동되므로 매우 짧은 시간에 데이터를 기록하거나 읽어낼 수 있어서 개발 초기에는 주기억장치로 사용되다가 새로운 기억 소자의 개발에 따라 보조기억장치로 사용되었으나, 현재는 그 이용도가 매우 낮다.

32 디스크 시스템의 성능과 신뢰성을 향상시키기 위해서 디스크 드라이브의 배열을 구성하여 하나의 유니트로 패키지 함으로써 액세스 속도를 크게 향상시키고 신뢰도를 높인 것을 무엇이라 하는가?

① 자기디스크 장치(Magnetic Disk Unit)
② RAID(Redundant Array of Inexpensive Disks)
③ 자기테이프 장치(Magnetic Tape Unit)
④ 램디스크 장치(RAM Disk Unit)

해설
RAID는 여러 개의 하드디스크에 일부 중복된 데이터를 나눠서 저장하는 기술이며, 복수 배열 독립 디스크라고도 한다.

33 다음의 기억장치 중 보조기억장치가 아닌 것은?

① 자기디스크   ② RAM
③ 자기드럼   ④ 자기테이프

해설
보조기억장치의 종류 : 자기디스크, 자기드럼, 하드디스크, 디스켓(플로피디스크), CD-ROM 계열, DVD 계열, 플래시 메모리 등

34 다음 중 주기억장치는 어느 것인가?

① 반도체 기억장치   ② 자기 디스크 장치
③ 자기 테이프 장치 ④ 자기 드럼 기억장치

해설
주기억장치
① CPU가 직접 접근할 수 있는 기억장치로, 처리할 프로그램이나 자료가 기억되는 장치이다. 따라서 자료를 읽고 쓰는 데 소요되는 접근 시간이 빠르고 기억장치의 부피가 작아야 한다.
② 주기억장치의 종류
  ㉠ RAM : 읽고 쓸 수 있는 기억장치
    • 자기 코어 기억장치
    • 반도체 기억장치
  ㉡ ROM : 판독 전용 기억장치

[정답] 29 ① 30 ① 31 ④ 32 ② 33 ② 34 ①

35 자기 코어 장치에서 데이터를 써넣을 때만 사용되는 것은?

① 센스선(Sense Wire)
② 인히비트선(Inhibit Wire)
③ X선(X Wire)
④ Y선(Y Wire)

해설

자기 코어 기억장치
하나의 코어에는 4개의 선이 통과한다.
① 자기 코어 선택 : 2개의 구동선(Driving Wire)인 X선 및 Y선에 1/2씩 전류를 흘려 그 교차점의 코어만을 자화하는 데 사용한다.
② 감지선(Sense Wire) : 코어의 어느 방향으로 자화되었는가를 감지하는 기능을 가지고 있다.
③ 금지선(Inhibit Wire) : 불필요한 코어가 자화되어 있을 때 -1/2의 금지 전류를 흐르게 하여 그 코어의 자화를 소거하는 역할을 한다.

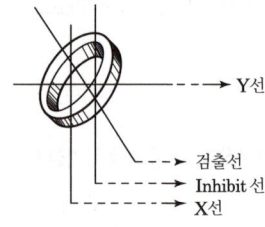

36 다음 중 메모리의 기능과 디스크의 기능을 동시에 수행할 수 있는 비 휘발성 메모리를 무엇이라고 하는가?

① DMA(Direct Memory Access)
② VTL(Virtual Tape Library)
③ Flash Memory
④ SDRAM(Synchronous Dynamic Random Access Memory)

해설

플래시 메모리(Flash Memory)
① 지속적으로 전원이 공급되는 비휘발성 메모리로서 블록단위로 내용을 지울 수도 있고, 다시 프로그램할 수도 있다.
② 플래시메모리는 디지털 휴대전화, 디지털 카메라, 내장 컨트롤러 등과 같은 다양한 장치들에 사용된다.

37 다음 기억 소자 중 Read/Write를 임의로 할 수 없는 소자는?

① 다이내믹 RAM
② 스태틱 RAM
③ PROM
④ core memory

해설

① RAM : 주기억장치로 사용된다.
㉠ SRAM(Static RAM) : 플립플롭의 결합으로 되어 있어 1비트당 소비 전력이 많고 속도가 느리다는 단점이 있으나, 재생 클록이 필요없으므로 주로 소용량의 메모리에 많이 이용된다.
㉡ DRAM(Dynamic RAM) : 재생 클록을 공급받아야 하며 회로가 복잡하므로 대용량의 메모리에서 사용된다.
② PROM(Programmable ROM) : 사용자가 원하는 프로그램을 저장할 수는 있으나 한 번 저장된 내용을 지우고 다시 기입할 수 없다.

기억 소자의 종류		응용 분야
RAM	DRAM	대형, 소형, 개인용 컴퓨터 등의 주기억장치용
	SRAM	소형 컴퓨터의 빠른 버퍼 기억장치용 : 휴대용 컴퓨터의 절전용
ROM	ROM	PC의 프로그램 저장용 : 터미널 및 프린터의 문자 기억용
	PROM	소형 컴퓨터의 마이크로프로그램 제어용, 군대 및 가정용품 제어용
	EPROM	ROM과 같으나, 소프트웨어 개발용으로 많이 쓰임
	EEPROM	ROM과 EPROM 응용으로서 간혹 프로그램과 자료 교정이 필요한 경우

38 다음 중 동적 RAM(Dynamic RAM)의 특징에 대한 설명으로 틀린 것은?

① 전하의 양을 측정하여 저장 논리 값을 판단한다.
② 전하의 방전 때문에 주기적으로 재충전(Refresh)해야 한다.
③ 1비트를 구성하는 소자가 적어서 단위 면적에 많은 저장장소를 만들 수 있다.
④ 1비트를 구성하는 소자가 적어서 메모리 액세스 속도가 정적 RAM(Static RAM)보다 빠르다.

[정답] 35 ① 36 ③ 37 ③ 38 ④

해설

동적 램(DRAM)	정적 램(SRAM)
콘덴서로 구성 (주기적인 refresh 필요)	플립플롭으로 구성 (데이터 보관 용이)
높은 메모리 집적도, 싼 가격, 낮은 전력소모, 느린 속도, 일반 주기억장치로 사용	낮은 메모리 집적도, 비싼 가격, 높은 전력소모, 빠른 속도, 캐시 메모리로 주로 사용

39 MOS 디바이스를 사용한 램(RAM)에 두 가지 형이 있다. 다음 중 어느 것인가?

① 스태틱(Static)형과 다이내믹(Dynamic)형
② IC형과 DC형
③ 스태틱(Static)형과 포인터(Pointer)
④ 멀티플렉서(Multiplexer)형과 시그널(Signal)형

해설
반도체 기억장치
① 반도체 개발에 의해서 양극형(Bipolar)과 MOS형으로 구분되는데, 양극형은 트랜지스터를 사용해서 구성하고, MOS형은 MOS FET를 사용한다.

양극형의 특징	MOS형의 특징
① 동작 속도가 MOS보다 빠르다. ② 소비 전력이 MOS보다 많다. ③ 집적도가 MOS보다 낮다. ④ CPU 내부의 고속 메모리에 이용된다.	① 동작 속도가 양극형보다 느리다. ② 소비 전력이 양극형보다 적다. ③ 집적도가 높다. ④ 가격이 저렴하다. ⑤ 주기억장치에 이용된다.

② MOS형은 두 가지 형태로 구분할 수 있다.
  ㉠ 정적(Static)
  ㉡ 동적(Dynamic)

40 다음 메모리 중 오직 한 번만 프로그램을 써넣을 수 있는 것은?

① PROM   ② EPROM
③ EEAPROM ④ SRAM

해설
ROM
① Mask ROM : 제조 단계에서 그 내용을 결정하며 사용자에 의해서 바꿀 수 없다.
② PROM(Programmable ROM) : 써넣지 않은 ROM을 생산하여 사용자에 의해 단 1회에 한 번 프로그램 할 수 있게 하며 고칠 수는 없다.
③ EPROM(Erasable PROM) : 여러 번에 걸쳐 바꿀 수 있다.

41 접근시간(Access Time)과 사이클시간(Cycle Time)에 관한 설명으로 틀린 것은?

① 사이클 시간이 접근시간보다 대개 시간이 더 걸린다.
② 접근시간은 메모리로부터 정보를 거쳐오는 데 걸리는 시간이다.
③ 접근시간은 주기억장치에만 관계되며 보조기억장치와는 상관이 없다.
④ 접근시간은 메모리로부터 정보를 가지고 나와서 다시 재 기억시키는 데 걸리는 시간이다.

해설
① 메모리 접근 시간(Access Time) : 메모리에 읽기/쓰기 요청이 있은 후 실제 읽기/쓰기 동작이 완료될 때까지 걸리는 시간
② 메모리 사이클 시간(Cycle Time)
  ㉠ 한번 액세스를 시작한 시각으로부터 다음 액세스가 시작될 때까지의 시간
  ㉡ 메모리 접근 시간 + 다음 접근을 위해 준비에 걸리는 시간

42 주기억장치의 속도가 중앙 처리 장치의 속도보다 현저히 늦을 때, 인스트럭션의 수행 속도는 주기억장치의 속도에 의해 제약받는다. 이 점을 해결하기 위해, 즉 인스트럭션의 수행 속도를 중앙 처리 장치의 수행 속도와 같게 하기 위해 주기억장치보다 용량이 작으나 속도가 중앙 처리 장치와 유사한 기억장치를 쓰게 된다. 이 기억장치를 무엇이라고 하는가?

① 캐시 기억장치(Cache Memory)
② 가상 기억장치(Virtual Memory)
③ 세그먼트 기억장치(Segment Memory)
④ 모듈 기억장치(Module Memory)

해설
캐시 메모리(Cache Memory)
① 명령의 수행 속도는 일반적으로 속도가 느린 주기억장치에서 자료가 액세스되는 시간에 좌우되는데, 상대적으로 속도가 빠른 CPU와 주기억장치 사이에서 속도차를 줄이기 위하여 빠른 속도와 적은 용량의 메모리(High Speed Buffer Memory)를 사용하여 속도차를 줄일 수 있다.
② 캐시 메모리는 기억 용량은 작으나 속도가 아주 빠른 버퍼 메모리로서 CPU가 주기억장치에 접근할 때의 속도 차이를 줄여주고 데이터 처리 효율을 높이기 위해 자주 참조(Reference)되는 프로그램과 자료를 저장하여 총 실행 시간을 단축할 수 있게 한다.

[정답] 39 ① 40 ① 41 ③ 42 ①

43 캐시메모리의 매핑(Mapping)방법이 아닌 것은?

① Direct Mapping
② Indirect Mapping
③ Associative Mapping
④ Set-Associative Mapping

해설
사상 함수(Mapping Function)는 주기억장치의 주소를 캐시기억장치 내의 적당한 워드로 사상하는 방법이다.
① 직접 사상(Direct Mapping) : 구현하기 가장 간단한 방법으로, 주기억장치의 각 블록은 그 블록에 대해서 정해진 캐시 인덱스에만 저장한다.
② 연관 사상(Associative Mapping) : 주기억장치의 블록이 캐시의 어느 인덱스에도 저장될 수 있는 사상 방법이다.
③ 집합 연관 사상(Set-Associative Mapping) : 직접 사상과 연관 사상을 조합한 방법이다.

44 다음 문장이 설명하는 것으로 알맞은 것은?

"이것은 주기억장치의 속도가 중앙처리장치의 속도보다 현저히 낮아 명령어에 대한 처리속도 향상을 위해 사용하는 메모리를 말한다."

① Virtual Memory
② Cache Memory
③ Associative Memory
④ Random Access Memory

해설
가상기억장치(Virtual Memory), 캐시 메모리(Cache Memory), 연상기억장치(Associative Memory), RAM(Random Access Memory)

45 캐시 접근시간 100[ns], 주기억장치 접근시간 1000[ns], 히트율 0.9인 컴퓨터 시스템의 평균 메모리 접근시간은?

① 90[ns] ② 100[ns]
③ 190[ns] ④ 990[ns]

해설
① 원하는 내용이 캐시메모리 내에 있으면 적중(hit)이라 하고, 없어서 메모리에 다시 접근하는 것을 실패(miss)라 한다.
② 히트율(hit ratio) = 히트수/총 접근횟수
히트율은 0.9, 미스율은 0.1이다.
평균접근시간 : $(0.9 \times 100) + (0.1 \times 1000) = 190[ns]$

46 기억된 내용의 일부를 이용하여 기억되어 있는 데이터에 직접 접근하여 정보를 읽어내는 장치는?

① 가상기억장치(Virtual Memory)
② 연관기억장치(Associative Memory)
③ 캐시 메모리(Cache Memory)
④ 보조기억장치(Auxiliary Memory)

해설
① 연관기억장치는 데이터 내용 자체로 검색하므로 접근시간이 매우 빠르다.
② 효율적이고 검색이 용이한 반면 값이 비싸고 구조 및 동작이 복잡하다.

47 가상(Virtual) 기억 체제에 관한 설명 중 옳지 않은 것은?

① 컴퓨터의 속도를 개선하기 위한 방법이다.
② 주기억장치와 보조기억장치가 계층 기억 체제를 이루고 있다.
③ 컴퓨터의 기억 용량을 확장하기 위한 방법이다.
④ 하드웨어에 의한 것이 아니라 소프트웨어에 의해 실현된다.

해설
가상 기억(Virtual Memory)
① 가상 기억장치는 전자계산기의 보조기억장치를 주기억장치가 확장된 것처럼 취급할 수 있도록 하여 주는 가상의 기억장치이다.
② 그러므로, 전자 계산 시스템은 마치 무한정의 주기억장치를 가지고 있는 것처럼 사용할 수가 있다.
③ 가상 기억은 사용 메모리의 용량을 증가시키기 위한 것으로, 그 기능은 대부분 소프트웨어로 실현된다.

48 다음은 캐시(Cache) 메모리와 가상(Virtual) 메모리를 비교한 것이다. 틀린 것은?

① 캐시는 가장 많이 쓰이고 있는 프로그램과 데이터를 저장한다.
② 가상 메모리의 블록의 크기가 캐시보다 크다.
③ 캐시는 가능한 한 최대의 속도를 얻기 위하여 하드웨어 제어기에 의해 이루어진다.
④ 가상 메모리는 소프트웨어와 하드웨어의 조합으로 운용된다.

해설
가상 기억
가상 기억 체제는 그 동작 원리가 캐시 기억장치와 유사하나 캐시 기억장치는 컴퓨터의 동작 속도를 향상시킬 목적으로 사용되는 반면, 가상 기억 체제는 컴퓨터의 주소 공간의 확대가 목적이다.

49 주기억장치의 용량이 1024[KB]인 컴퓨터에서 32[bit]비트의 가상주소를 사용하는데, 페이지의 크기가 1[K]워드이고 1워드가 4[byte]라면 실제 페이지 주소와 가상 페이지 주소는 몇 비트씩 구성되는가?

① 실제 페이지 주소=7, 가상 페이지 주소=12
② 실제 페이지 주소=7, 가상 페이지 주소=20
③ 실제 페이지 주소=8, 가상 페이지 주소=12
④ 실제 페이지 주소=8, 가상 페이지 주소=20

해설
① 가상주소 : 수행 중인 프로세스가 참조하는 페이지 주소. 즉, 보조기억장치 번지를 가상 주소라고 한다
② 실제주소 : 주기억장치의 사용 가능한 주소이며, 이들 번지의 집합을 실 주소 공간(물리주소 공간)이라 한다.
▶ 주기억장치 용량 1024[KB]=2^{20}, 가상주소 32[bit]=2^{32}
페이지 크기가 1K워드이며 1워드는 4[byte] : 4K=2^{12}
∴ 실제 페이지 주소 = $2^{20}/2^{12}=2^8$→8
∴ 가상 페이지 주소 = $2^{32}/2^{12}=2^{20}$→20

50 가상 기억 체제에 대한 설명으로 옳지 않은 것은?

① 컴퓨터의 속도는 문제시되지 않는다.
② 주소 공간의 확대가 그 목적이다.
③ 사용할 수 있는 보조기억장치는 DASD이어야 한다.
④ 보조기억장치로는 자기 테이프가 많이 사용된다.

해설
가상 기억 체제
① 가상 기억 체제는 컴퓨터의 속도가 아닌 주소 공간의 확대가 목적이므로 그 기능이 대부분 소프트웨어로 실현되고 있다.
② 가상 기억 체제에서 사용할 수 있는 보조기억장치는 Direct Access Storage Device(DASD)이어야 하며 Disk를 많이 사용한다.

51 마이크로컴퓨터 내에서 마이크로컴퓨터와 외부의 입·출력 장치간의 정보 교환을 하게 하는 역할을 하는 것은?

① Interface Unit
② I/O Channel
③ Control Unit
④ Interrupt Process Unit

해설
Interface
각종의 입·출력 장치와 입·출력 채널의 결합점을 표준화하여 중앙 처리 장치가 모든 입·출력 제어 기구에게 공통된 정보 형식과 신호를 보내어 제어하는 형식을 말한다.

52 중앙 처리 장치와 입·출력 장치와의 처리 속도의 불균형을 보완하며 중앙 처리 장치를 입·출력 조작에서 해방시켜서 중앙 처리 장치의 본래의 일을 보다 많이 할 수 있도록 하기 위해 필요한 기구는?

① 완충 기억장치 ② 채널
③ 제어 장치 ④ 연산 논리 장치

해설
채널(Channel)
① 채널 또는 채널 제어기(Channel Controller)는 입·출력을 목적으로 하는 특수한 컴퓨터 장치이다.
② CPU와 마찬가지로 주기억장치의 명령을 수행하는 기능과 접근할 수 있는 기능을 가진다.

[정답] 48 ② 49 ④ 50 ④ 51 ① 52 ②

53. DMA(Direct Memory Access)에 관한 설명 중 틀린 것은?

① 주변장치와 기억장치 등의 대용량 데이터전송에 적합하다.
② 프로그램방식보다 시스템의 효율이 좋다.
③ 프로그램방식보다 데이터의 전송속도가 느리다.
④ CPU를 경유하지 않고 메모리와 입출력 주변장치 사이에 직접 데이터전송을 한다.

해설
① DMA는 데이터의 입·출력 전송이 기억장치와 주변 장치 사이에서 직접 이루어지는 인터페이스(Interface)이며, DMA 방식에 의한 입·출력은 CPU의 레지스터를 경유하지 않고 전송된다.
② DMA는 속도가 빠른 장치들과 입출력할 때 사용하는 방식이다.

54. 마이크로프로세서의 전송명령 없이 데이터를 입·출력 장치에서 메모리로 전송할 수 있는 것은?

① DMA
② Interrupt
③ FIFO
④ SCAN

해설
직접 기억장치를 접근하는 DMA 방식은 마이크로, 소형 컴퓨터에서 볼 수 없는 진보된 입·출력 방식으로 CPU의 간섭 없이 DMA 장치의 독자적인 동작으로 주기억장치와 직접 입·출력할 수 있다

55. 다음 중 출력장치와 메모리 사이의 데이터 전송시, 가장 빠른 방식은?

① 프로그램 I/O방식
② 인터럽트 I/O방식
③ 시리얼 I/O방식
④ DMA(Direct Memory Access)방식

해설
DMA방식은 프로그램 I/O 제어방식 또는 인터럽트 I/O 제어방식보다 속도가 빠르다.

56. Cycle steal과 interrupt에 관한 다음 설명 중 맞는 것은 어느 것인가?

① Interrupt가 발생하면 Interrupt가 처리될 때까지 CPU는 쉰다.
② Interrupt 발생시에는 CPU의 상태 보존이 필요 없다.
③ Interrupt 수행 도중에 Cycle Steal이 발생하면 CPU는 그 Cycle Steal 동안 정지 상태가 된다.
④ Cycle Steal의 발생시에는 CPU의 상태 보전이 필요하다.

해설
사이클 스틸(Cycle Steal)
① CPU가 프로그램을 수행하기 위해서 계속 주기억장치의 사이클을 이용하고 있을 때에 DMA 제어기가 일시적으로 CPU의 사이클을 빼앗아 DMA 인터페이스가 사용할 수 있도록 하는 것이다.
② 사이클 스틸과 인터럽트의 차이점
　㉠ 사이클 스틸 : 수행하고 있던 프로그램은 한 명령어의 수행 도중이라도 잠시 중단하고, 사이클 스틸이 끝나면 계속 수행한다.
　　• CPU의 상태 보존이 필요 없다.
　　• CPU는 사이클 스틸 동안 잠시 쉬고 있다.
　　• 현재 수행 중인 명령이 하나의 메이저 상태를 마친 후 CPU는 하이 임피던스로 된다.
　㉡ 인터럽트 : 수행하고 있던 프로그램은 한 명령어를 완전히 수행하고, 인터럽트 처리 루틴을 수행한다.
　　• CPU의 상태를 보존한다.
　　• CPU는 쉬지 않고 다른 명령어를 계속 수행한다.
　　• 현재 수행 중인 명령의 수행이 끝난 후에 인터럽트가 인지된다.

57. 다음 중 Channel의 종류에 들지 않는 것은?

① Program Channel
② Selector Channel
③ Character Multiplexer Channel
④ Block Multiplexer Channel

해설
채널의 종류
① 연결 형태에 따른 분류
　㉠ 고정 채널 제어기 : 채널 제어기가 I/O 장치들에 전용인 전송 통로를 지닌 형태
　㉡ 가변 채널 제어기 : 특정 I/O 장치들에 전용인 전송 통로가 존재하지 않는 형태

② 입·출력 장치 성질에 따른 분류
  ㉠ 입·출력 다중 채널(I/O Multiplexer Channel) : 입·출력 장치를 접속하여 1개의 단어 또는 문자 단위로 자료를 전송하므로 복수개의 입·출력 장치를 동시에 제어할 수 있다.
    • 바이트 다중 채널(Byte Multiplexer Channel)
    • 블록 다중 채널(Block Multiplexer Channel)
  ㉡ 입·출력 선택 채널(I/O Selector Channel) : 고속의 입·출력 장치를 제어하기 위하여 채널이 확보되면 일정 기간 독점하여 사용하는 버스트(Burst) 방식을 사용한다. 접속 장치는 자기 디스크, 자기 테이프 장치 등이다.

58 다음의 채널 중에서 속도가 가장 느린 장치에 연결되는 채널은 어느 채널인가?

① 멀티플렉서 채널 ② 셀렉터 채널
③ 블록 멀티플렉서 채널 ④ 블록 채널

해설

채널의 종류
① 바이트 다중 채널(Byte Multiplexer Channel) 또는 다중 채널(Multiplexer Channel)
  ㉠ 저속의 입·출력 장치를 제어
  ㉡ 카드 판독기, 프린터, 콘솔 등을 접속
② 블록 다중 채널(Block Multiplexer Channel)
  ㉠ 비교적 고속의 입·출력 장치 제어
  ㉡ 비교적 고속의 프린터, 자기 디스크 장치, 자기 테이프 장치들을 접속
③ 선택 채널(Selector Channel) : 고속의 입·출력 장치를 제어하기 위하여 채널이 확보되면 일정 기간 독점하여 사용하는 버스트(Burst) 방식을 사용한다.

59 다음 중 I/O 채널(Channel)에 대한 설명 중 틀린 것은?

① DMA의 확장된 개념으로 볼 수 있다.
② Multiplexer 채널은 고속 입·출력 장치용이고, Selector 채널은 저속 입·출력 장치용이다.
③ I/O 장치는 제어 장치를 통해 채널과 연결된다.
④ I/O 채널은 CPU의 I/O 명령을 수행하지 않고 I/O 채널 내의 특수 목적 처리 명령을 수행한다.

해설

Multiplexer 채널은 저속 입·출력 장치를 제어하고, Selector 채널은 고속의 입·출력 장치를 제어한다.

60 중앙처리장치가 기억장치 혹은 I/O장치와의 사이에 데이터를 전송하기 위한 신호선들의 집합을 무엇이라 하는가?

① 신호버스(Signal Bus)
② 주소버스(Address Bus)
③ 데이터버스(Data Bus)
④ 제어버스(Control Bus)

해설

① 데이터버스(자료버스, Data Bus) : CPU와 메모리 사이에서 데이터를 전달받기 위한 신호선이다.
② 주소버스(Address Bus) : 메모리의 주소를 지정하기 위한 신호선이다.
③ 제어버스(Control Bus) : CPU 내부요소 사이의 제어신호를 전달하기 위한 신호선이다.

61 다음 빈칸에 들어갈 내용이 순서대로 된 것은?

"입출력(I/O)방식은 입출력할 때 CPU를 통과하는 방법과 CPU를 거치지 않는 방법의 2가지로 크게 나눈다. 후자의 예는 ( )를(을) 이용한 입출력이나 ( )를(을) 이용한 입출력을 의미한다. 한편, 전자는 프로그램 제어 입출력이라 하며 이 방식은 CPU와 입출력장치의 속도 차이 때문에 비효율적이다."

① 인터럽트, DMA
② DMA, IOP
③ IOP, 인터럽트
④ 인터럽트, 프로그램

해설

① 컴퓨터의 입출력장치(I/O장치)는 중앙 시스템과 외부와의 효율적인 통신방법을 제공한다.
② 입출력 방법으로는 프로그램된 I/O, 인터럽트에 의한 I/O, 직접 메모리 접근(DMA)에 의한 I/O과 IOP(I/O Processor)에 의한 I/O이 있다.
③ 입출력프로세서(IOP : I/O Processor)를 이용한 입출력
  ㉠ IOP는 입출력장치(주변장치)와 주기억장치 간의 데이터 전송을 전담하는 프로세서이다.
  ㉡ IOP는 입출력을 수행하기 위해 CPU와 인터럽트를 통해 통신하며, IOP가 실행하는 명령어를 커맨드(Command)라고 한다.

62 기억장치 사상 I/O(Memory Mapped I/O)방식에 대한 설명으로 적합하지 않은 것은?

① I/O 제어기 내의 레지스터들을 기억장치 내의 기억장소들과 동일하게 취급한다.
② 레지스터들의 주소도 기억장치 주소 영역의 일부분을 할당한다.
③ 기억장치와 I/O 레지스터들을 액세스할 때 동일한 기계 명령어들을 사용할 수 있다.
④ 이 방식을 사용하여도 기억장치 주소 공간은 줄어들지 않는다.

해설

Memory Mapped I/O는 입출력 주소지정방식에 있어 메모리 주소와 입출력 주소가 단일 주소공간으로 구성되어 주소관리는 용이하나, 메모리 주소공간이 입출력 주소공간에 의해 축소되는 단점을 갖는다.

63 다음은 입출력 포트 중 고립형 I/O(Isolated I/O)에 대한 설명이다. 옳지 않은 것은?

① 고립형 I/O는 I/O Mapped I/O라고도 불린다.
② 고립형 I/O는 기억장치의 주소 공간과 전혀 다른 입출력 포트를 갖는 형태이다.
③ 하나의 읽기/쓰기신호만 필요하다.
④ 각 명령은 인터페이스 레지스터의 주소를 가지고 있으며 뚜렷한 입출력 명령을 가지고 있다.

해설

Isolated I/O(또는 I/O-Mapped I/O)
① 메모리와 I/O가 별개의 어드레스 영역에 할당된다.
② I/O를 사용하더라도 메모리 용량은 감소하지 않는다.
③ 액세스하기 위한 제어신호는 read와 write신호 이외에 Memory Request나 I/O Request 등과 같은 구분신호가 필요하다.

64 다음 중 다중프로세서(Multiprocessor) 시스템에 대한 설명으로 옳은 것은?

① 프로세서나 복잡한 컴퓨터들이 노드를 이루면서 동작하는 시스템
② 제어방식이 복합적이면서도 밀접한 관계를 유지하면서 동작하는 시스템
③ 병렬적이면서도 동기적인 컴퓨터 시스템에서 동시에 여러 개의 태스크(Task)를 수행하는 시스템
④ 플린(Flynn)의 MIMD구조로 둘 이상의 프로세서를 가진 시스템

해설

멀티프로세싱은 서로 협력하여 작업을 하고 있는 두 대 이상의 컴퓨터 중 한 대에 프로그램을 동적으로 할당하는 것을 의미하거나, 또는 같은 프로그램을 동시에 병렬로 처리하고 있는 여러 대의 컴퓨터들을 가리킨다.

65 다음 중 펌웨어에 대한 설명으로 옳은 것은?

① 소프트웨어와 하드웨어의 특성을 가지고 있다.
② 하드웨어의 교체없이 소프트웨어 업그레이드만으로는 시스템 성능을 개선할 수 없다.
③ RAM(Random Access Memory)에 저장되는 마이크로컴퓨터 프로그램이다.
④ 시스템소프트웨어로서 응용소프트웨어를 관리하는 것이다.

해설

펌웨어(Firmware)
① 펌웨어는 PROM 내에 삽입되어, 영구적으로 컴퓨터장치의 일부가 되는 프로그램이다.
② 펌웨어란 하드웨어적인 소프트웨어이다. 즉 펌웨어는 특정 하드웨어장치에 포함된 소프트웨어로, 소프트웨어를 읽어 실행하거나, 수정되는 것도 가능한 장치를 뜻한다.

66 임베디드 보드의 롬(ROM)에 저장되어 하드웨어를 제어하기 위해 작성된 프로그램을 무엇이라고 하는가?

① 스파이웨어(Spyware)
② 프리웨어(Freeware)
③ 펌웨어(Firmware)
④ 멀웨어(Malware)

해설

① 펌웨어는 특정 하드웨어 장치에 포함된 소프트웨어로, 소프트웨어를 읽어 실행하거나, 수정되는 것도 가능한 장치를 뜻한다.
② Firmware는 ROM에 기록된 하드웨어를 제어하는 마이크로프로그램의 집합이다.

[정답] 62 ④ 63 ③ 64 ④ 65 ① 66 ③

Chapter 2 전자부품 소프트웨어 개발환경 분석

1 운영체제

1. 운영체제(OS : Operating System)

운영체제는 컴퓨터 하드웨어와 사용자간의 교량적인 역할을 하기 위한 프로그램으로서, 컴퓨터시스템을 구성하는 각종 자원을 효율적으로 관리, 운영하여 시스템의 성능을 향상시키는 프로그램들의 집합체를 말한다.

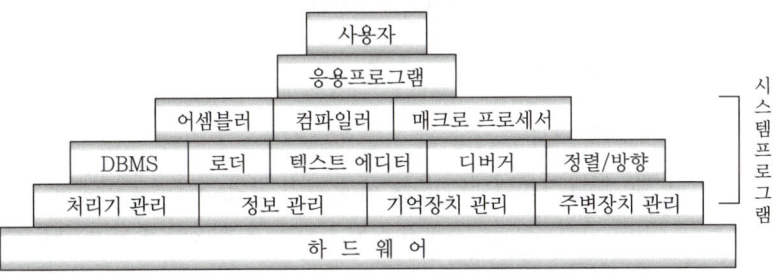

[시스템 프로그램의 종류]

가. OS의 목적

OS의 최대 목적은 업무의 생산성 향상 및 사용자에게 최대의 편이성 제공이다.

(1) 처리 능력(Throughput)의 향상

일정한 시간 내에 시스템이 처리하는 일의 양을 말하며 처리 능력이 크다는 것은 단위 시간 내에 시스템이 처리하는 일의 양이 많다는 것을 의미한다.

(2) 응답 시간(Turn-Around Time)의 단축

사용자가 어떤 한 가지 일을 컴퓨터가 처리하도록 제출한 때부터 그 결과를 얻을 때까지의 시간을 단축시킨다.

(3) 사용 가능도(Availability)의 향상

사용자가 요구할 때 어느 정도로 신속하게 시스템 자원을 지원해 줄 수 있는, 사용 가능도를 향상한다.

(4) 신뢰도(Reliability)의 향상

시스템이 어느 정도 바르게 작동하는가를 나타내는 정도로 오류가 생기면 하드웨어나 소프트웨어상에 착오를 회복시키는 기능이 작동한다.

합격 NOTE

합격예측

운영 체제 : 응용프로그램 간에 필요한 하드웨어 자원을 제어, 통제하는 조정자 또는 자원할당자

합격예측

운영 체제 목적

① 사용자 측면 : 프로그램을 편리하고 효율적으로 수행할 수 있는 인터페이스 환경 제공
② 시스템 측면 : 제한된 컴퓨터 하드웨어를 효율적으로 관리하여 시스템 성능 극대화

합격예측

필요시에 즉각 고장 없이 정확하게 동작할 수 있는 시스템이 설계되어야 한다.

합격 NOTE

합격예측
OS의 목적
① 처리능력 증대
② 응답시간 단축
③ 사용가능도 증대
④ 신뢰도 향상

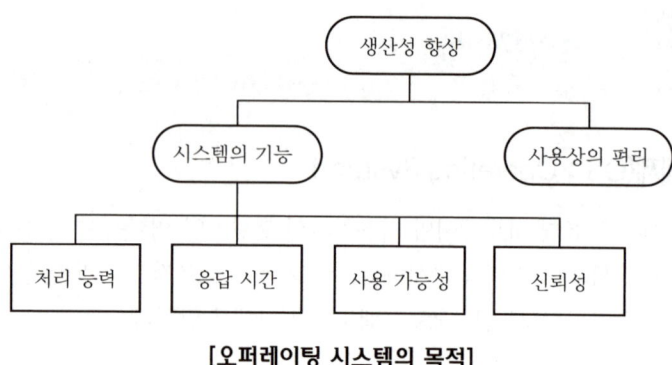

[오퍼레이팅 시스템의 목적]

나. 운영체제의 발달 과정

(1) 운영체제의 역사

① 제0세대(1940년대) : 운영 체제 없이 직접 기계어를 사용하였다. 즉, 어떤 일의 순서를 일일이 사람의 손으로 기계를 조작하였다.

② 제1세대(1950년대) : 프로그램 내장 방식의 실현으로 이 시기의 운영 체제는 일괄 처리 시스템의 형태이다.

③ 제2세대(1960년대) : 고급언어로 운영체제 작성, 시분할 시스템과 다중 처리 및 다중 프로그램이다.

④ 제3세대(1960년대) : 범용 컴퓨터를 위한 다중 모드 시스템 형태로 발전하였으며, 모든 사용자에게 다양한 기능을 제공할 수 있도록 개발되었다.

합격예측
제4세대 : 분산 데이터 처리 시스템, PC 운영 체제 등장

⑤ 제4세대(1970년 중반~1990년 중반) : 컴퓨터 네트워크와 온라인 처리가 널리 사용됨에 따라 사용자들은 단말기를 사용하여 여러 시스템과 통신할 수 있게 되었다. 또한 Microprocessor의 등장으로 개인용 컴퓨터가 나타나고 개인용 운영 체제가 개발되었다.

⑥ 제5세대(1990년 후반~현재) : 개방형 시스템 촉진, 인공지능 실현 및 데이터 통신 발달

(2) 운영체제의 종류

합격예측
콘솔이란 컴퓨터에서 가장 기본적인 입·출력을 담당하는 장치들(모니터, 키보드 등)이다.

① Job-by-Job Processing : 운영 체제의 초기 형태로서 콘솔(Console)에서 프로그래머가 직접 기계를 조작하는 방법이다.

② 일괄 처리(Batch Processing) : 작업 준비 시간을 줄이기 위해 처리할 여러 개의 작업들을 일정기간 또는 일정량이 될 때까지 모아 두었다가 한꺼번에 처리하는 방식이다.

합격예측
다중 프로그래밍은 오늘날 운영 체제의 핵심으로, CPU의 이용도를 높이기 위한 방법이다.

③ 다중 프로그래밍(Multi Programming) : 주기억장치에 여러 개의 작업을 상주시켜 하나의 CPU로 동시에 실행되는 것처럼 처리하는 방식이다.

④ 시분할 처리(Time-Sharing Processing) : 중앙의 컴퓨터를 다수의 사용자가 단말장치를 통하여 할당된 시간에 프로그램과 데이터를 처리하는 방식이다.
⑤ 실시간 처리(Real-Time Processing) : 자료가 발생하는 즉시 컴퓨터에 입력한 후, 원하는 정보를 얻을 수 있는 방식이다.
⑥ 분산 처리(Distributed Processing) : 기능을 지역적으로 분산된 여러 컴퓨터에 분담시킨 후, 통신망을 통하여 상호간에 교신하여 처리하는 방식이다.
⑦ 병렬 처리(Parallel Processing) : 둘 이상의 프로세서를 이용하여 작업을 동시에 처리하는 방식으로 처리능력이 향상된다.

다. OS의 구성

운영체제는 컴퓨터 시스템을 구성하는 각종 자원을 효율적으로 관리, 운영하여 시스템의 성능을 향상시키는 프로그램들의 집합체로서, 크게 처리 프로그램과 제어 프로그램으로 나눈다.

```
            ┌ 제어 프로그램 ┌ 감시 프로그램(Supervisor Program)
            │             │ 데이터 관리 프로그램(Data Management Program)
            │             └ 작업 관리 프로그램(Job Management Program)
운영 체제(OS)┤
            │             ┌ 언어 번역 프로그램(Language Translator)
            └ 처리 프로그램 │ 서비스 프로그램(Service Program)
                          └ 사용자 작성 문제처리 프로그램
```

(1) 제어 프로그램(Control Program)

① 시스템 전체의 동작 상태를 감시 조절하기 위한 프로그램을 말한다.
② 제어 프로그램 종류
  ㉠ 감시 프로그램(Supervisor Program) : 제어 프로그램의 중심이 되는 프로그램으로서 처리 프로그램의 실행 과정과 시스템 전체의 작동 상태를 감시하는 역할을 한다.
  ㉡ 데이터(자료) 관리 프로그램(Data Management Program) : 주기억장치와 외부기억장치 사이의 데이터 전송, 외부기억장치 상의 File 관리를 한다.
  ㉢ 작업관리 프로그램(Job Management Program) : 작업의 연속적인 처리를 위한 스케줄이나 입·출력장치의 할당들을 관리하는 역할을 담당한다.

합격 NOTE

합격예측
시분할 처리는 다중 프로그래밍의 변형된 형태로 스케줄링 기법을 이용한다.

합격예측
분산 처리구축 이유 : 자원공유, 계산의 신속성, 부하분배, 신뢰성 등

합격예측
제어 프로그램은 운영 체제의 중심이 되는 프로그램이다.

합격예측
자료관리 프로그램은 자료나 파일을 표준적으로 관리한다.

합격 NOTE

합격예측
① 저급(Low-Level)언어 : 컴퓨터가 이해하는 기계중심의 언어(어셈블리어)
② 고급(High-Level)언어 : 사람이 사용하는 자연어에 가까운 형식의 언어(C, C++, C#, 자바 등)

합격예측
- 원시 프로그램(Source Program) : 프로그래머가 작성한 프로그램
- 목적 프로그램(Object Program) : 컴퓨터가 이해하도록 번역된 프로그램

합격예측
언어 번역 과정
Source 프로그램 → 번역 → 목적(Object) 프로그램 생성 → Link → Load → 실행

---

(2) 처리 프로그램(Processing Program)

① 처리 프로그램은 제어 프로그램의 제어하에 특정한 문제를 풀기 위해 실제로 자료를 처리하는 프로그램이다.
② 처리 프로그램의 구분
　㉠ 언어 번역 프로그램(Language Translator Program) : 우리가 작성하는 프로그램을 기계어로 바꾸어 주는 프로그램이다. 고급어 또는 저급 언어를 기계어로 바꾸어 주는 프로그램으로 컴파일러, 인터프리터, 어셈블러 등이 있다.

 참고

📍 **언어번역 프로그램(Language Ttranslation Program)**

① 인터프리터(Interpreter)
　㉠ 대화식(회화형) 언어 번역기로, 줄 단위 번역을 수행한다.
　㉡ 목적프로그램을 생성하지 않고, 매번 번역하면서 실행한다.
　㉢ 기억장소가 적게 든다. 매번 번역과 실행을 해야하므로 실행시간이 길다.

② 컴파일러(Compiler)
　㉠ 고급언어 언어번역기로, 사용자가 작성한 프로그램을 기계어(목적 프로그램)로 번역한다.
　㉡ 한꺼번에 번역하여 일시에 수행하므로 실행속도가 빠르고, 사용할 때마다 번역할 필요가 없다.
　㉢ 기억장소를 많이 차지한다.

③ 어셈블러(Assembler)
기호언어인 Assembly 언어로 작성된 프로그램을 기계어로 번역하여 목적 프로그램을 생성하는 언어번역 프로그램이다.

　㉡ 서비스 프로그램(Service Program) : 프로그램 작성자의 부담을 경감시켜 주기 위하여 컴퓨터 제작회사에서 제공하는 프로그램들이다.

참고

● 서비스 프로그램(Service Program)
① 연결 편집(Linkage Editor) 프로그램 : 컴파일러가 출력한 목적 프로그램을 입력하여 실행 가능한 형태의 로드 모듈로 변환시키는 프로그램이다.
② 정렬/병합 프로그램(Sort/Merge Program) : 하나 또는 여러 파일 속에 저장되어 있는 자료들을 어떤 목적에 따라 순서를 정한다든지 하나로 묶는 기능을 수행하는 프로그램이다.
③ 유틸리티 프로그램(Utility Program) : 특수 목적을 수행할 수 있게 컴퓨터 제작회사나 소프트웨어 전문회사에서 개발하여 상품화시킨 패키지 같은 프로그램들을 말한다.

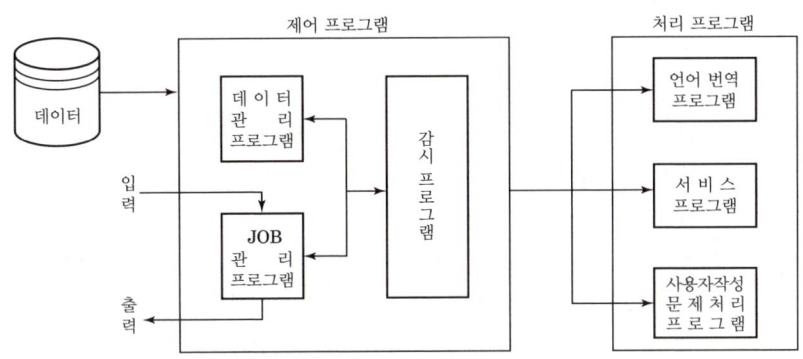

[오퍼레이팅 시스템의 구성]

2. 자원 관리자로서의 운영체제

운영체제의 주된 역할은 자원의 관리이며, 관리의 주된 자원은 컴퓨터 하드웨어로서 프로세서, 기억장치, 입·출력장치, 통신장치, 데이터 등이 있다.

가. 프로세스 관리

(1) 프로세스의 개요
① 프로세스(Process)란 실행중에 있는 프로그램을 말한다. 컴퓨터의 기억장치에는 많은 파일과 프로그램들이 있는데, 이를 실행시키기 위해 메모리에 적재(load)하면 이것을 프로세스라 한다.

합격예측
프로세스는 실행중인 프로그램을 의미하며 실행에 필요한 자원이 할당된다.

합격예측
사용자가 프로그램을 실행시키면 'Process'가 생성된다.

② 프로세스는 운영체제가 프로그램을 실행하기 위해 필요한 가장 작은 단위의 쓰레드, 메모리, 소스 코드들의 집합이며 프로그램 동작 그 자체를 의미한다.
③ 프로세스는 운영체제에 의해 관리되며, 독립적으로 실행되고 자원을 할당 받을 수 있는 단위이다.

(2) 프로세스 관리

운영체제는 여러개의 프로세스들이 동시에 동작하고, 프로세스를 실행시키는 CPU의 활용성을 최대로 하도록 지원한다. 다음은 프로세스의 생명주기(Process Lifecycle)이다.

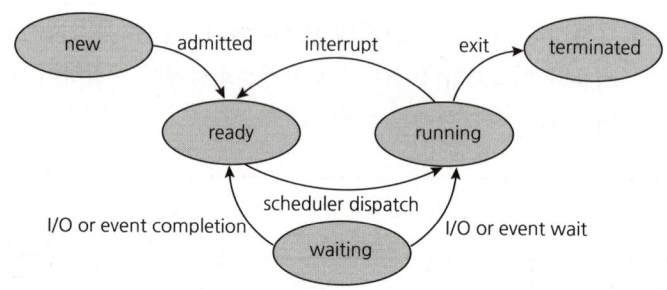

단계	상태
생성(new)	프로세스가 memory에 올라가고, 실행을 준비하는 상태
준비(ready)	다른 프로세스가 CPU를 사용하고 있어, 할당을 기다리고 있는 상태
수행(running)	프로세스가 CPU를 점령하여 명령어가 실행되고 있는 상태
대기(waiting)	I/O request나 이벤트가 완료될 때까지 기다리고 있는 상태
종료(terminated)	프로세스의 명령어가 끝까지 진행되었거나 중간에 exit()가 발생하면 프로세스가 종료되는 상태

 참고

PCB 및 Thread

(1) 프로세스 제어 블록(PCB, Process Control Block)
① PCB는 운영체제가 프로세스를 제어하기 위해 정보를 저장해 놓는 곳으로, 프로세스의 상태 정보를 저장하는 운영체제 커널의 자료구조이다.
② 운영체제가 프로세스 스케줄링을 위해 프로세스에 관한 모든 정보를 가지고 있는 데이터베이스를 PCB라 한다.

③ 프로세스가 생성될 때마다 고유의 PCB가 생성되고, 프로세스가 완료되면 PCB도 함께 제거된다.

(2) 스레드(Thread)

① 스레드는 프로세스(process) 내에서 실제로 작업을 수행하는 주체이다. 하나의 프로세스는 하나 이상의 스레드를 갖고 있다.
② 스레드는 프로그램에 의한 명령어를 수행하는 동안에는 일종의 실행 흐름이 존재하는데, 이 실행 흐름을 스레드라고 한다.
③ 프로세스와 스레드는 독립적인 실행 순서이지만 프로세스가 서로 다른 메모리 공간에서 실행되는 반면 동일한 프로세스의 스레드는 공유 메모리 공간에서 실행된다는 점이 다르다.

(3) 프로세스 스케줄링(Process Scheduling)

① 프로세스 스케줄링은 CPU를 사용하려고 하는 프로세스들 사이에서 우선순위를 관리하는 것이다.
② 프로세스 스케줄링은 다중 프로그래밍을 가능하게 하는 운영 체제의 동작 기법으로, 운영 체제는 프로세스들에게 CPU 등의 자원 배정을 적절히 함으로써 시스템의 성능을 개선할 수 있다.
③ 프로세스 스케줄링은 프로세스가 작업을 수행할 때 언제, 어떤 프로세스에 CPU를 할당할 것인지 결정하는 작업을 의미한다.
④ 스케줄링은 처리율과 CPU이용률을 증가시키고 오버헤드, 응답시간, 반환시간, 대기시간을 최소화하기 위한 기법이다.
⑤ 프로세스 스케줄링의 종류
  ㉠ 선점(Preemptive) 스케줄링

개요	하나의 프로세스가 CPU를 차지하고 있을 때, 우선순위가 높은 다른 프로세스가 현재 프로세스를 중단시키고 CPU를 점유하는 스케줄링 방식
종류	㉠ 라운드 로빈(RR, Round Robin) 　ⓐ 프로세스마다 같은 크기의 CPU 시간을 할당 　ⓑ 균등한 CPU 점유 시간을 보장, 시분할 시스템에 사용 ㉡ SRT(Shortest Remaining Time First) 　ⓐ 가장 짧은 시간이 소요되는 프로세스를 먼저 수행 　ⓑ 남은 처리 시간이 더 짧다고 판단되는 프로세스가 준비 큐에 생기면 언제라도 프로세스가 선점된다. ㉢ 다단계 큐(Multi Level Queue) 　ⓐ 여러 개의 큐를 이용하여 상위 단계 작업이 선점 　ⓑ 각 큐는 자신만의 독자적인 스케줄링을 갖는다.

합격 NOTE

합격예측
① 프로세스 : 운영체제로부터 자원을 할당받은 '작업'의 단위.
② 스레드 : 프로세스가 할당받은 자원을 이용하는 '실행 흐름'의 단위.

합격예측
스케줄링
① CPU 자원을 할당하는 정책을 만드는 것이다.
② 컴퓨터 시스템 자원(CPU등)을 어떤 작업(task)에 할당할지 결정하는 것을 의미한다.

합격예측
스케줄링은 시스템의 성능을 개선한다.

합격예측
선점스케줄링 : 운영체제가 강제로 프로세스의 사용권을 통제하는 방식

합격예측
라운드 로빈 : 10 ~ 100ms 정도의 시간 할당

합격예측
SRT : 더 짧은 시간으로 판단되는 프로세스가 생기면 언제라도 프로세스가 점령된다.

합격예측
다단계 피드백 큐 : FCFS와 라운드 로빈 기법혼합

합격 NOTE

합격예측
선점형은 비선점형에 비해 CPU 활용도가 더 효율적이다.

합격예측
비선점스케줄링 : 한 프로세스가 CPU를 할당받으면 작업 종료 후 CPU 반환 시까지 다른 프로세스는 PCU 점유가 불가능한 스케줄링 방식

합격예측
① Priority방식 : 우선순위가 같을 경우 FCFS 적용
② 에이징(Aging) 기법 : 시간이 지날수록 오래 대기한 프로세스의 우선순위를 높이는 방법

합격예측
FCFS 스케줄링 : FIFO 알고리즘

합격예측
SJF 스케줄링 : 평균 대기시간이 최소

종류	ⓔ 다단계 피드백 큐 (Multi Level Feedback Queue) ⓐ 큐마다 서로 다른 CPU 시간 할당량 부여 ⓑ 유연성 뛰어남, turnaround 시간과 response time에 최적화
특징	비교적 응답이 빠르다는 장점이 있지만, 처리 시간을 예측하기 힘들고 높은 우선순위 프로세스들이 계속 들어오는 경우 오버헤드 초래한다.

ⓒ 비선점(Non-preemptive) 스케줄링

개요	• 이미 할당된 CPU를 다른 프로세스가 강제로 빼앗아 사용할 수 없는 스케줄링 기법 • 프로세스가 CPU를 할당 받으면 해당 프로세스가 완료될 때까지 CPU를 사용할 수 없다.
종류	ⓐ 우선순위(Priority) ⓐ 각 프로세스 별로 우선순위가 주어지고, 우선순위에 따라 CPU 할당하는 방법 ⓑ 우선순위가 낮은 프로세스가 계속해서 수행되지 않는 기아 현상이 발생할 수 있다. ⓑ FCFS(First Come First Serve) ⓐ CPU를 먼저 요청한 프로세스가 먼저 CPU를 배정 받는 방법 ⓑ 구현이 쉬우며, 높은 자원 이용률을 가진다. ⓒ SJF(Shortest Job First) ⓐ 프로세스의 수행 시간이 짧은 순서대로 CPU에 할당한다. ⓑ 최소의 평균 대기시간을 보장한다. ⓓ HRN(Highest Response Ratio Next) ⓐ 대기 중인 프로세스 중 현재 Response Ratio가 가장 높은 것을 선택 ⓑ 대기시간이 긴 프로세스일 경우 우선순위가 높아진다.
특징	• 처리시간 편차가 적은 특정 프로세스 환경에 용이하다. • 모든 프로세스들에게 공정하고 응답시간의 예측이 가능하다.

(4) 교착 상태(Dead Lock)

자원 할당 등의 문제로 하나 또는 그 이상의 프로세스가 작업을 계속 수행할 수 없는 상태를 교착 상태라 한다. 이러한 상태는 다음과 같은 필요조건을 모두 충족할 때에 발생된다.

① 상호 배제조건(Mutual Exclusion)
② 점유와 대기조건(Hold and Wait)
③ 비선점 조건(Nonpreemptive)
④ 환형 대기조건(Circular Wait)

나. 주기억장치 관리

(1) 단일 사용자 기억장치 할당

① 단일 사용자의 경우에는 주기억장치를 한 작업만이 사용하므로 소형 컴퓨터나 일괄 처리 시스템에 사용된다.

② 대개 자원들이 효율적으로 경영되지는 않지만 시스템의 간단성 때문에 작고 저렴한 시스템에서 주로 사용된다.

(2) 고정 분할(Fixed Partition) 할당

① 다중 프로그래밍을 위해 주기억 장소를 몇 개의 구역으로 나누어 놓고 작업의 크기에 맞게 구역을 사용자에게 할당하는 방식이다.

② 기억 장소를 효율적으로 운영할 수 있지만, 기억 장소가 낭비될 가능성이 있다.

(3) 가변 분할 할당

① 기억장치를 고정된 크기로 나누어 할당하는 고정 분할 방식과 달리, 작업을 처리하는 과정에서 크기에 맞도록 가변적으로 분할하여 할당하는 방식이다.

② 가변 분할 배치 전략

최초적합(First Fit)	기억할 수 있는 공간 중 제일 먼저 발견된 공간에 할당
최적적합(Best Fit)	기억할 수 있는 공간 중 가장 알맞은 공간에 할당
최악적합(Worst Fit)	기억할 수 있는 공간 중 가장 큰 공간에 할당

(4) 가상 기억장치 페이지 교체 방법

FIFO(First In First Out)	가장 오래된 페이지를 교체
LRU(Least Recently Used)	가장 오랫동안 사용되지 않은 페이지를 교체
LFU(Least Frequently Used)	사용된 횟수가 가장 적은 페이지를 교체
NUR(Not Used Recently)	최근에 사용되지 않은 페이지를 교체

다. 주변 장치 관리

(1) 전용 방식
일단 한 작업이 주변 장치를 차지하면, 그 작업이 끝날 때까지 계속 차지하도록 하는 방식이다.

(2) 공용 방식
여러 작업이 공유될 수 있도록 하는 방식으로, 이 방식에서는 사용 요구를 해결할 수 있는 정책 결정을 해야 한다.

(3) 가상 방식

① 실제의 장치를 할당하는 것이 아니라, 중간에 디스크 등의 장치를 도입하여 이 장치를 실제 장치처럼 사용할 수 있도록 하는 방식이다.

합격 NOTE

합격예측
기억 장소에 프로그램이나 데이터가 들어올 경우 기억시킬 장소를 결정하는 관리 전략이다.

합격예측
고정 분할 할당 = 정적 할당
(Static Allocation)

합격예측
가변 분할 할당 = 동적 할당
(Dynamic Allocation)

합격예측
프로그램을 동일한 크기로 나눈 단위를 페이지라 한다.

합격예측
버퍼링은 주기억장치를 버퍼로 사용하는 반면 스풀링은 디스크를 매우 큰 버퍼처럼 사용한다.

합격예측
파일 디렉토리는 저장 매체에 수록된 파일들을 체계적이고 효율적으로 관리하기 위한 자료구조이다.

② SPOOLING(Simultaneous Peripheral Operation On Line)이라고도 한다.

라. 파일 관리
① 파일의 생성과 제거
② 디렉터리 생성과 제거
③ 파일과 디렉터리 관리를 위한 명령의 제공
④ 보조기억장치에 있는 파일을 주기억장치로의 사상
⑤ 저장매체에 파일의 저장

참고

디렉터리(Directory)에 포함되는 내용
① 파일 이름 : 파일 고유의 명칭
② 파일의 형태 : 원시 프로그램, 목적 프로그램 등의 형태를 제공
③ 파일 저장 위치 : 저장 위치와 장치 내의 위치를 표시하는 번지
④ 파일의 크기 : 파일의 크기나 허용된 최대 크기
⑤ 보호 : 판독, 기록, 실행 등에 관한 제어 정보 제공
⑥ 사용자 수 : 파일을 사용하고 있는 프로세스의 수
⑦ 시간, 날짜, 프로세스 식별 : 보호나 제어를 위한 생성 시기, 수정 시기, 사용 시간 등

출제 예상 문제

제1장 운영체제

01 사용자가 컴퓨터의 본체 및 각 주변장치 등을 가장 효율적이고 경제적으로 사용할 수 있도록 하는 프로그램을 무엇이라고 하는가?

① 컴파일러(Compiler)
② 로더(Loader)
③ 매크로(Macro)
④ 운영체제(Operating System)

해설

운영체제(OS : Operating System)
① 운영체제는 컴퓨터 하드웨어와 사용자간의 교량적인 역할을 하기 위한 프로그램이다.
② 운영체제는 컴퓨터 시스템을 구성하는 각종 자원을 효율적으로 관리, 운영하여 시스템 자원을 향상시키는 시스템 프로그램이다.

02 다음 중 운영체제에 대한 설명으로 틀린 것은?

① 시스템의 응답시간과 반환시간을 단축하는 것이 목적이다.
② 시스템 자원의 효율적인 운영과 자원에 대한 스케줄링 기능을 수행한다.
③ 운영체제는 시스템 소프트웨어의 일종이라 할 수 있다.
④ 운영체제는 시스템 명령이기 때문에 사용자와 직접 상호작용을 할 수는 없다.

해설

운영체제(OS : Operation System)의 목적
① 사용상의 편의성 증대 : 컴퓨터의 여러 가지 자원을 효율적으로 관리하여 컴퓨터 사용자들에게 그 이용에 있어 편리성을 제공한다.
② 시스템의 성능향상
 ㉠ 처리능력의 향상 : 단위시간당 처리할 수 있는 작업의 양이 많도록 한다.
 ㉡ 응답시간의 단축 : 한 프로그램을 제출해서 결과가 나올 때까지 걸리는 시간이 적도록 한다.
 ㉢ 신뢰성의 향상 : 시스템이 어느 정도 올바르게 작동하는가를 나타내는 정도이다.
 ㉣ 사용가능도의 향상 : 데이터 처리를 위해 시스템이 필요할 때 어느 정도 곧바로 쓸 수 있는가를 나타내는 정도이다.
∴ 운영체제는 컴퓨터 사용자와 컴퓨터 하드웨어 간의 인터페이스를 담당하는 프로그램이다.

03 Operating System의 목적이라 볼 수 없는 것은?

① 신뢰도의 향상
② 응답시간의 연장
③ 사용가능도의 향상
④ 처리능력의 향상

해설

운영체제(OS)의 목적
① 운영체제는 컴퓨터 하드웨어와 사용자 간의 교량적인 역할을 하기 위한 프로그램으로, 컴퓨터 시스템을 구성하는 각종 자원을 효율적으로 관리, 운영하여 시스템 성능을 향상시키는 시스템 프로그램이다.
② 운영체제의 목적
 처리량(Throughput)증가, 응답시간 단축, 사용 가능도 증대, 신뢰도 향상 등

04 다음 중 운영체제에 대한 설명으로 틀린 것은?

① 시스템을 관리하고 제어하는 기능을 가진다.
② 윈도우나 유닉스는 명령어 실행과 수행방법이 같다.
③ 대표적인 운영체제는 윈도우 XP, 윈도우 7, 리눅스 등이 있다.
④ 컴퓨터와 사용자 간에 중재적인 역할을 한다.

해설

① 운영체제는 컴퓨터 하드웨어와 사용자간의 교량적인 역할을 하기 위한 프로그램이다.
② 운영체제는 컴퓨터 시스템을 구성하는 각종 자원을 효율적으로 관리, 운영하여 시스템 자원을 향상시키는 시스템 프로그램이다.
③ Windows, Linux는 서로 다른 운영체제이기 때문에, 실행환경 및 명령어들도 차이를 갖고 있다.

05 시스템의 성능 평가와 관계가 가장 적은 것은?

① 처리 능력(Throughput)
② 신뢰도(Reliability)
③ 경과 시간(Turn-around time)
④ 프로그램 크기(Program size)

[정답] 01 ④ 02 ④ 03 ② 04 ② 05 ④

해설

운영 체제의 사용 목적은 컴퓨터를 이용한 생산성을 높이는 데 있고 시스템의 성능을 향상시키는 것을 분류하면 다음과 같다.
① 처리 능력 증대
② 빠른 응답 시간 요구
③ 사용 가능도 확대
④ 신뢰도 향상

06 컴퓨터에게 어떤 문제가 주어진 다음부터 결과를 얻기까지의 시간을 무엇이라 하는가?

① Idle Time
② Access Time
③ Turn Around Time
④ Rise Time

해설

응답 시간(Turn Around Time)이란 사용자가 어떤 일을 컴퓨터에게 처리하도록 제출한 때부터 그 결과를 얻을 때까지 경과된 시간을 말한다.

07 다음 중 컴퓨터 운영체제의 형태에 따른 종류별 특징에 대한 설명으로 틀린 것은?

① 단일 사용자 시스템은 시스템 자원보호 메커니즘이 단순하다.
② 멀티태스킹(Multitasking) 시스템은 여러 사용자가 동시에 컴퓨터를 사용할 수 있으며 다중 작업에 필요한 기능을 제공하는 운영체제이다.
③ 일괄처리 시스템은 작업처리량(Throughput), 자원의 활용도(Resource Utilization)를 높이는 데 초점을 둔다.
④ 시분할 시스템의 응답시간은 일괄처리 시스템에 비해 느리다.

해설

시분할 시스템은 다중 프로그래밍의 논리적 확장 개념으로, 프로세서는 다수의 작업을 교대로 실행하지만 매우 빠른 속도로 교대가 이루어지기 때문에 실제 사용자는 모든 작업이 동시에 처리되는 것처럼 느껴진다. 즉, 응답 시간(Response Time)이 짧다.

08 일정시간 모여진 변동 자료를 어느 시기에 일괄해서 처리하는 방법은?

① 리얼 타임 프로세싱(Real Time Processing) 방식
② 배치 프로세싱(Batch Processing) 방식
③ 타임 셰어링 시스템(Time Sharing System) 방식
④ 멀티 프로그래밍(Multi Programming) 방식

09 다음 중 운영체제의 기법에 관한 설명으로 틀린 것은?

① 분산처리 시스템은 데이터를 여러 컴퓨터로 분산해서 사용하는 것을 말한다.
② 데이터베이스는 상호 연관 있는 데이터들의 집합과 처리를 말한다.
③ 다중 프로세싱이란 여러 CPU를 같이 사용하는 것을 말한다.
④ UNIX는 단일 사용자 환경을 제공한다.

해설

유닉스의 주요한 특징 : 대화형 시스템, 다중 사용자 시스템, 다중 작업용 시스템, 높은 이식성과 확장성, 계층적 파일 시스템, 다양한 부가적 기능 제공

10 다음 문장에서 설명하는 운영체제의 유형은?

> 부분적으로 일어나는 장애를 시스템이 즉시 찾아내어 순간적으로 복구함으로써 시스템의 처리중단이나 데이터의 유실과 훼손을 막을 수 있는 시스템 방식이다. 특히, 자원의 중복성에도 불구하고 특별한 관리가 필요한 정보처리에 매우 유용하다.

① 시분할 시스템(Time-Sharing System)
② 다중 처리(Multi-Processing)
③ 다중 프로그래밍(Multi-Programming)
④ 결함허용 시스템(Fault-Tolerant System)

해설

결함 허용 시스템 : 자원을 중복, 저장시켜, 장애가 일어나면 시스템이 자동으로 이러한 결함을 복구한다.(예 : 증권관리 시스템)

[정답] 06 ③ 07 ④ 08 ② 09 ④ 10 ④

11 다음 지문에서 설명하는 운영체제의 유형은?

> 여러 사용자들이 직접 컴퓨터를 사용하면서 처리하는 방식으로 사용자 위주의 처리방식이다. 중앙의 대형 컴퓨터에 여러 개의 단말기를 연결하여 여러 사용자들의 요구를 처리한다. 예를 들면 은행의 현금 자동 출납기로서 통상 실시간(온라인)처리 시스템이 있다.

① 시분할 시스템(Time-Sharing System)
② 다중 처리(Multi-Processing)
③ 대화 처리(Interactive Processing)
④ 분산 시스템(Distributed System)

해설
대화식 (온라인) 시스템

12 Multi-Program과 Multi-Processing과의 차이점으로 가장 타당한 것은?

① 여러 개의 처리기로 나누어 처리
② 여러 개의 Program을 동시에 처리한다.
③ I/O를 시동한다.
④ 기억장치를 분할한다.

해설
① Multi-Programming
 ㉠ 한 개의 처리 장치에 의해 2개 이상의 계산기 프로그램을 교차 배치하여 실행하는 기능을 갖는다.
 ㉡ 계산기 1개로 복수개의 프로그램을 이용, 동시에 처리하는 것이다.
 ㉢ 오늘날 운영 체제의 핵심이 되는 부분으로 CPU의 이용도를 높이기 위한 방법으로서 주기억장치 내에 있는 여러 프로그램들을 동시에 요구하게 된다.
② Multi-Processing
 ㉠ 공통의 주기억장치에 액세스하여 2개 이상의 중앙 처리 장치(CPU)를 가진 형태이다.
 ㉡ 여러 개의 CPU를 가지고 있는 체제이다.
 ㉢ 신뢰성을 저하시키지 않고 자원 이용의 융통성이 높은 특징이 있다.

13 동시에 2개 이상의 프로그램을 컴퓨터에 로드(Load)시켜 처리하는 방법을 무엇이라 하는가?

① Double Programming
② Multi-Programming
③ Multi-Accessing
④ Real-Time Programming

14 다음 지문의 괄호 안에 들어갈 용어를 올바르게 나열한 것은?

> 소프트웨어는 (㉠)와/과 (㉡)으로 나누어 볼 수 있으며, (㉠)에는 (㉢)와/과 운영체제가 있고, (㉡)에는 (㉣)와/과 주문형 소프트웨어가 있다.

① ㉠ 응용소프트웨어 ㉡ 시스템소프트웨어 ㉢ 유틸리티 ㉣ 패키지
② ㉠ 시스템소프트웨어 ㉡ 응용소프트웨어 ㉢ 유틸리티 ㉣ 패키지
③ ㉠ 시스템소프트웨어 ㉡ 유틸리티 ㉢ 응용소프트웨어 ㉣ 패키지
④ ㉠ 응용소프트웨어 ㉡ 시스템소프트웨어 ㉢ 패키지 ㉣ 유틸리티

15 다음 시스템 소프트웨어의 설명 중 올바른 것은?

① 언어 프로세서는 기계 언어를 사용자 편의로 된 언어로 번역한다.
② 로더 프로그램은 주기억장치의 내용을 보조기억 장치로 보낸다.
③ 진단 프로그램은 컴퓨터의 고장을 고쳐준다.
④ 라이브러리 프로그램은 응용 프로그래머에게 표준 루틴을 제공한다.

[정답] 11 ③ 12 ① 13 ② 14 ② 15 ④

16 운영체제 분류상 처리 프로그램에 해당되지 않는 것은?

① 파일관리 프로그램
② 언어번역 프로그램
③ 응용 프로그램
④ 서비스 프로그램

해설

OS의 구성
전자 계산기의 기능 효율을 모으기 위한 프로그램들로 제어 프로그램(Control Program)과 처리 프로그램(Processing Program)으로 구분된다.
① 제어 프로그램
 ㉠ 시스템 전체의 동작 상태를 감시 조절하기 위한 프로그램을 말한다.
 ㉡ 제어 프로그램의 구분
  • 감시 프로그램(Supervisor Program) : 중심이 되는 프로그램으로서 처리 프로그램의 실행 과정과 시스템 전체의 작동 상태를 감시하는 역할을 한다.
  • 데이터 관리 프로그램(Data Management Program) : 주기억장치와 외부 기억장치 사이의 데이터 전송, 외부 기억장치상의 file 관리를 한다.
  • JOB 관리 프로그램(Job Management Program) : 어떤 일에서 다른 일로 자동적으로 이행하기 위한 준비와 뒷처리를 하는 프로그램으로 일을 연속 처리하기 위해 스케줄이나 입·출력 장치의 할당을 관리하는 프로그램이다.
② 처리 프로그램 : 제어 프로그램의 제어하에 특정한 문제를 풀기 위해 실제로 자료를 처리하는 프로그램
 ㉠ 언어 번역 프로그램(Language Translator Program) : 우리가 작성하는 프로그램을 기계어로 바꾸어주는 프로그램이다.
 ㉡ 서비스 프로그램(Service Program) : 빈번히 사용된 범용 Routine으로 프로그램을 기계어로 바꾸어 주는 프로그램으로 만들어 출력하는 프로그램이다.
  • 연계 편집 프로그램(Linkage Editor Program) : 목적 프로그램을 입력으로 넣고 이것을 실행 가능한 형태의 프로그램으로 만들어 출력하는 프로그램이다.
  • 분류, 조합 프로그램(Sort/Merge Program) : 한 개의 파일 중에 있는 레코드를 어떤 키순번으로 순서를 바꾸든지 순차 편성의 복수 파일을 조합해서 하나의 숫자 파일을 작성하는 프로그램이다.
  • 유틸리티 프로그램(Utility Program) : 라이브러리를 관리하기 위한 프로그램으로 파일을 어떤 매체로부터 다른 매체로 전송하거나 복사하는 일이든지 또는 프로그램 라이브러리에 프로그램을 등록하거나 갱신하거나 라이브러리의 보수 기능 등의 프로그램이다.
 ㉢ 어플리케이션 프로그램(Application Program) : 사용자가 업무를 처리하기 위해 작성하는 프로그램이다.

17 다음 프로그램 중에 성격이 다른 것은?

① Service Program
② Job Control Program
③ Data Management Program
④ Supervisor Program

해설

OS 프로그램
①번은 처리 프로그램에 속하고 ②, ③, ④는 제어 프로그램에 속한다.

18 Main Program을 비롯하여 여러 개의 Sub-Program으로 나누어져 있는 것을 논리에 맞게 결합하여 실행 가능한 Program으로 만들어 주는 것은?

① Encoder
② Decoder
③ Accumulator
④ Linkage Editor

해설

연결 편집(Linkage Editor) 프로그램 : 컴파일러가 출력한 목적 프로그램을 입력하여 실행 가능한 형태의 로드 모듈로 변환시키는 프로그램이다.

19 다음 중 어셈블리어 프로그램을 기계어로 바꾸어 주는 것은?

① Compiler
② Assembler
③ Interpreter
④ Loader

해설

Assembler
어셈블리(Assembly)로 쓰여진 프로그램을 기계어 프로그램으로 만들어내기 위한 번역 프로그램이다.

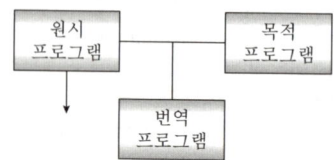

[정답] 16 ③ 17 ① 18 ④ 19 ②

출제 예상 문제

20 다음 중 언어번역 프로그램에 속하지 않는 것은?
① Assembler ② Compiler
③ Generator ④ Supervisor

해설
① 어셈블러(Assembler) : 기호어(어셈블리 언어)로 씌어져 있는 원시 프로그램을 기계어로 번역한다.
② 컴파일러(Compiler) : 일상 언어의 형식(컴파일러 언어)으로 씌어 있는 원시 프로그램을 기계어로 번역한다.
③ 제너레이터(Generator) : 인간이 쓴 원시 프로그램을 번역한다.

21 OS(Operating System) 기능 중 자원관리에 속하지 않는 것은?
① 기억장치 관리 ② 프로세스 관리
③ 파일 관리 ④ 시스템 관리

해설
OS의 자원 관리
① 프로세스(Process)관리 : 프로세스의 생성, 삭제, 동기화 등에 관여
② 주기억장치 관리 : 주기억장치의 할당과 회수를 관리
③ 파일 관리 : 기억 장소의 할당, 빈 공간의 관리, 디스크의 스케줄링 등을 담당
④ 기타 : 보조기억장치 관리, 입출력장치 관리 등

22 System Library(Program Library)로 사용하는 데 가장 적합한 것은?
① Magnetic Disk ② Magnetic Tape
③ Paper Tape ④ Magnetic Core

해설
즉시 처리할 수 있는 Disk나 Drum이어야 된다.

23 하드웨어와 애플리케이션 패키지 사이에서 하드웨어를 운영하는 것은?
① 사용자 소프트웨어
② 오퍼레이터
③ 오퍼레이팅 시스템
④ PCS(Punch Card System)

24 다음 중 운영체제가 제공하는 소프트웨어 프로그램이 아닌 것은?
① 스택(Stack)
② 컴파일러(Compiler)
③ 로더(Loader)
④ 응용 패키지(Application Package)

25 목적 프로그램을 실행 가능한 프로그램으로 만드는 프로그램은?
① 연계 편집 프로그램 ② 언어 번역 프로그램
③ JOB 관리 프로그램 ④ 감시 프로그램

해설
연계 편집 프로그램은 목적 프로그램을 입력으로 넣고 이것을 실행 가능한 형태의 프로그램으로 만들어 출력시킨다.

26 하나의 파일이 순서 없이 섞여 있는 레코드를 순서대로 조합해서 하나의 순차 파일을 만드는 것을 무엇이라 하는가?
① Sort ② Link
③ Merge ④ Compiler

27 다음 중 기계어로 번역된 프로그램은?
① 목적 프로그램(Object Program)
② 원시 프로그램(Source Program)
③ 컴파일러(Compiler)
④ 로더(Loader)

해설
① 언어번역 프로그램을 통해 Source Program은 Object Program으로 변환된다.
② 목적 프로그램은 원시 프로그램을 기계어로 번역한 프로그램으로, 컴퓨터가 이해할 수 있도록 번역된 프로그램이다.

[정답] 20 ④ 21 ④ 22 ① 23 ③ 24 ① 25 ① 26 ③ 27 ①

28 오퍼레이팅 시스템 환경 아래서 일의 준비나 뒷처리를 해주는 프로그램을 무엇이라고 하는가?

① Availability ② Throughput
③ Job scheduler ④ Reliability

[해설]
Job 관리 프로그램은 어떤 일에서 다른 일로 자동적으로 이행하기 위한 준비와 뒷처리를 해주는 프로그램으로, 일을 연속적으로 처리하기 위해 스케줄이나 입·출력 장치의 할당을 관리하는 프로그램이다.

29 Job 관리 프로그램 중에서 시스템과 조작원 사이의 연락을 해주는 루틴은?

① Job 스케줄러
② Master 스케줄러
③ COBOL Compiler
④ Editor

30 Operating System에 있어서 Control Program이 행하는 주된 작업이라 생각되는 것은?

① Job 우선 순위 결정
② Source Program의 번역
③ COBOL Program의 우선 번역
④ Operator에 대한 지시

[해설]
제어 프로그램(Control Program)은 시스템 전체의 동작 상태를 감시, 조절하기 위한 프로그램이다.

31 다음 중 서비스 프로그램(Service Program)에 해당되지 않는 것은?

① 연계 편집 프로그램 ② 분류, 조합 프로그램
③ 유틸리티 프로그램 ④ 원시 프로그램

[해설]
서비스 프로그램(Service Program)은 빈번히 사용되는 범용 루틴으로 프로그램을 기계어로 바꾸어 주는 프로그램이다.

32 운영 체제의 개념 및 목적과 부합하지 않는 내용은 다음 중 어느 것인가?

① 사용자에게 편의 제공
② Process의 조성 및 제공
③ Process에게 자원 분배
④ Program 작성

[해설]
Operating System(운영 체제) : OS라 하며, 프로그램을 처리하는 데 있어서 기본 사항에 관한 프로그램으로 처리 능력, 신뢰도 등에 도움을 주는 처리 프로그램이다.

33 다음 중 제어 프로그램에 속하지 않는 것은?

① 감시 프로그램(Supervisor Program)
② 데이터 관리 프로그램(Data Management Program)
③ 언어 번역 프로그램
④ Job 관리 프로그램

[해설]
① Control Program은 Job 관리 프로그램, Data 관리 프로그램, Supervisor 프로그램이다.
② 언어 번역 프로그램은 처리 프로그램에 속한다.

34 프로그램 작성자의 부담을 경감시켜 주기 위해서 컴퓨터 제조회사에서 제공되는 프로그램은?

① 감시 프로그램 ② Job 관리 프로그램
③ 자료 관리 프로그램 ④ 서비스 프로그램

35 오퍼레이팅 시스템의 프로그램들이 들어 있는 보조 기억장치를 무엇이라 하는가?

① 프로그램 유틸리티(Utility)
② 프로그램 라이브러리(Library)
③ 프로그램 인터럽트(Interrupt)
④ 작업용 파일(File)

[해설]
프로그램 유틸리티 : 특정 분야 처리 프로그램의 집합체

[정답] 28 ③ 29 ② 30 ① 31 ④ 32 ④ 33 ③ 34 ④ 35 ②

36 Assembly 언어나 Compiler 언어로 기술한 프로그램을 무엇이라고 하는가?

① 유틸리티 프로그램(Utility Program)
② 소스 프로그램(Source Program)
③ 오브젝트 프로그램(Object Program)
④ 사용자 프로그램(User Program)

해설

① Source Program : 컴파일러나 어셈블러에 입력하여 기계어로 변환되기 전에 컴파일 언어나 어셈블리 언어로 쓰여진 프로그램을 말한다.
② Object Program
 ㉠ Source Program에서 번역된 목적 언어로 된 프로그램이다.
 ㉡ 예를 들면 기계어로 된 프로그램이다.

37 다음 중 인터프리터(Interpreter)와 컴파일러(Compiler)의 차이점은 어느 것인가?

① 목적 프로그램의 생산
② 원시 프로그램의 번역
③ 목적 프로그램의 실행
④ 원시 프로그램의 생산

해설

① Interpreter(인터프리터) : BASIC이나 PASCAL로 쓰여진 소스 프로그램을 중간 단계 프로그램으로 변환하여 그 내용을 해석하고 해석한 대로 실행하여 결과를 출력하는 프로그램이다.
② Compiler(컴파일러) : 컴파일 언어로 기록된 프로그램(소스 프로그램)을 컴파일러에 의해 기계어 프로그램(Object Program)으로 만드는 과정
③ 인터프리터와 컴파일러와의 차이점 : 중간 단계로 변환할 때까지의 과정은 같지만 컴파일러는 중간 단계에서 기계어에 의한 목적 프로그램으로 변환된다.

38 다음 괄호 안에 들어갈 알맞은 것은?

소프트웨어는 프로그래밍 언어를 통해 개발되는데, 여기에는 소스코드를 모두 기계코드로 변환하고, 하나의 실행파일을 만들어 목적코드를 출력하는 (ⓐ)와 (과) 한 번에 한 라인씩 그 프로그램의 각 라인을 번역하고 나서 실행하는 (ⓑ)이(가) 있다.

① ⓐ 컴파일러, ⓑ 인터프리터
② ⓐ 인터프리터, ⓑ 컴파일러
③ ⓐ 어셈블리어, ⓑ 컴파일러
④ ⓐ 인터프리터, ⓑ 어셈블리어

39 다음 중 컴파일러(Compiler)에 대한 설명으로 옳은 것은?

① 고급(High Level) 언어를 기계어로 번역하는 언어번역 프로그램이다.
② 일정한 기호형태를 기계어와 일대일로 대응시키는 언어번역 프로그램이다.
③ 시스템이 취급하는 여러 가지의 데이터를 표준적인 방법으로 총괄 관리하는 프로그램이다.
④ 프로그램과 프로그램 간에 주어진 요소(Factor)들을 서로 연계시켜 하나로 결합하는 기능을 수행하는 프로그램이다.

해설

언어번역 프로그램은 작성된 원시 프로그램을 기계어로 바꾸어 주는 프로그램으로 컴파일러, 인터프리터, 어셈블러 등이 있다.

40 고급 언어(High-Level Language)에 대한 특징으로 가장 옳은 것은?

① Computer 하드웨어와 Compiler에 종속적이다.
② Computer 하드웨어에 종속적이고, Compiler에 독립적이다.
③ Computer 하드웨어와 Compiler에 독립적이다.
④ Computer 하드웨어에 독립적이고, Compiler에 종속적이다.

해설

고급언어란 프로그래머가 특정 형식의 컴퓨터와는 무관하게, 독립적으로 프로그램을 작성할 수 있는 언어를 지칭하는 것으로 C, C++, JAVA 등이 있다.

[정답] 36 ② 37 ① 38 ① 39 ① 40 ④

41 다음 중 컴파일러(Compiler)언어에 대한 설명으로 틀린 것은?

① 문제중심의 고급언어
② 프로그램 작성과 수정이 용이
③ 기계중심의 언어
④ 컴퓨터 기종에 관계없이 공통사용

해설
컴파일러는 고급언어로 쓰여진 프로그램이 컴퓨터에서 실행되기 위해 컴퓨터가 직접 이해할 수 있는 언어(기계어)로 바꾸어 주는 번역기이다.

42 컴퓨터 운영체제에서 커널의 코드를 실행하기 위해 커널의 특정 루틴을 호출하는 것을 무엇이라 하는가?

① 생성상태(Created State)
② 스케줄(Schedule)
③ 관리자 호출(Supervisor Call)
④ 대기상태(Wake Up)

해설
SVC(Supervisor Call)는 프로세서에게 컴퓨터 제어권을 운영체계 수퍼바이저 프로그램에 넘길 것을 지시하는 프로세서 명령어이다. 대부분의 SVC는 응용프로그램 또는 운영체계의 다른 부분에서 운영체계에게 특정한 서비스를 요구한다.

43 운영체제에서 컴퓨터 시스템 내의 물리적인 장치인 CPU, 메모리, 입출력장치 등과 논리적 자원인 파일들이 효율적으로 고유의 기능을 수행하도록 관리하고 제어하는 부분은 다음 중 무엇인가?

① 메모리　　② GUI
③ 커널　　　④ I/O

해설
Kenel은 자원을 관리하는 모듈의 집합으로 운영체제 기능의 핵심적인 부분을 모아 놓은 부분이다.

44 컴퓨터의 운영 체제에서 로더(Loader)란 실행 프로그램 혹은 데이터를 주기억장치내의 일정한 번지에 저장하는 작업을 말하는 것으로, 다음 중 로더의 주요 기능이 아닌 것은?

① 프로그램과 프로그램간의 연결(Linking)을 수행한다.
② 출력 데이터에 대해 일시 저장(Spooling) 기능을 수행한다.
③ 프로그램이 실행될 수 있도록 번지수를 재배치(Relocation)한다.
④ 프로그램 또는 데이터가 저장될 번지수를 계산하고 할당(Allocation)한다.

해설
로더(Loader)
① 로더는 컴퓨터 내부로 정보를 들여오거나 로드 모듈을 디스크 등의 보조기억장치로부터 주기억장치에 적재하는 시스템 소프트웨어이다.
② 로더의 기능 : 할당(Allocation), 연결(Linking), 재배치(Relocation), 적재(Loading)

45 다음 중 컴퓨터의 운영체제에서 로더(Loader)의 주요 기능이 아닌 것은?

① 프로그램과 프로그램 간의 연결(Linking)을 수행한다.
② 출력 데이터에 대해 일시 저장(Spooling) 기능을 수행한다.
③ 프로그램이 샐행될 수 있도록 번지수를 재배치(Relocation)한다.
④ 프로그램 또는 데이터가 저장될 번지수를 계산하고 할당(Allocation)한다.

해설
① 로더는 컴퓨터 내부로 정보를 들여오거나 로드 모듈을 디스크 등의 보조기억장치로부터 주기억장치에 적재하는 시스템 소프트웨어이다.
② 로더의 기능 : 할당(Allocation), 연결(Linking), 재배치(Relocation), 적재(Loading)

[정답] 41 ③　42 ③　43 ③　44 ②　45 ②

출제 예상 문제

46 다음 내용이 의미하는 소프트웨어는 무엇인가?

> 상하 관계나 동종관계로 구분할 수 있는 프로그램들 사이에서 매개 역할을 하거나 프레임워크 역할을 하는 일련의 중간계층 프로그램을 말하며, 일반적으로 응용프로그램과 운영체제의 중간에 위치하여 사용자에게 시스템 하부에 존재하는 하드웨어, 운영체제, 네트워크에 상관없이 서비스를 제공한다.

① 유틸리티 ② 디바이스 드라이버
③ 응용소프트웨어 ④ 미들웨어

47 기업에서 판매하는 PC를 구입하면 기본적으로 운영 체제와 오피스 관련 프로그램을 제공한다. 이렇게 제품과 함께 제공되는 프로그램을 무엇이라 하는가?

① 번들 프로그램
② 크리플웨어(Crippleware)
③ 프리웨어(Freeware)
④ 셰어웨어(Shareware)

[해설]
번들 프로그램
컴퓨터나 소프트웨어(SW)를 구입할 때 서비스로 제공하는 부수적인 프로그램이다.

48 다음 중 다중-사용자 또는 다중-작업시스템에서 주기억장치의 관리를 위하여 운영체제가 하는 일이 아닌 것은?

① 각 프로세서에게 주기억장치를 얼마나 할당할 것인가를 결정
② 주기억장치 용량이 부족할 때 주기억장치에 적재되어 있는 현재 사용 중인 부분을 선택하여 보조기억장치에 옮겨 놓는 일
③ 주기억장치의 빈 공간이 어디에 얼마나 있는지를 기록, 유지하는 일
④ 각 프로세서가 자신에게 할당된 영역이 아닌 다른 부분에 접근할 때 이를 보호하는 일

[해설]
주기억장치 안의 프로그램 양이 많아질 때, 사용하지 않는 프로그램을 보조기억장치 안의 특별한 영역으로 옮겨서, 그 보조기억 장치 부분을 주기억장치처럼 사용할 수 있는데, 이때 사용하는 보조기억장치의 일부분을 가상기억장치라고 한다.

49 다음 보기는 운영체제의 어떤 자원 관리 기능에 대한 설명인가?

> • 프로세스에게 기억공간을 할당하고 회수하는 작업 등을 담당한다.
> • 기억공간이 사용 가능할 때, 어떤 프로세스들을 기억장치에 로드(Load)할 것인가를 결정한다.

① 디스크 관리 기능
② 입출력 장치 관리 기능
③ 프로세스 관리 기능
④ 기억장치 관리 기능

50 스마트 더스트(Smart Dust) 프로젝트에 사용하기 위하여 개발된 컴포넌트 기반 내장형 운영 체제로, 센싱 노드와 같은 초저전력, 초소형, 저가의 노드에 저전력, 최소한의 하드웨어 리소스 사용을 목표로 하는 것은?

① 임베디드리눅스 ② TinyOS
③ PalimOS ④ 윈도 CE

[해설]
Ubiquitous Sensor Network(USN)
① USN이란, 컴퓨터 기능과 네트워크 기능이 부여된 주변환경 및 물리계에서 자동인지를 통해 감지된 정보가 인간생활에 활용되도록 센서 노드간에 형성되는 유무선 통신기술 기반의 네트워크이다.
② TinyOS
UC 버클리에서 진행해온 스마트 더스트(Smart Dust) 프로젝트에 이용하기 위하여 개발된 센서 네트워크용 운영 체제이다.

[정답] 46 ④ 47 ① 48 ② 49 ④ 50 ②

51 다음 보기와 같은 기능을 수행하는 것은?

> ・프로세스 관리
> ・입・출력장치 관리
> ・사용자 인터페이스 제공
> ・시스템의 오류처리
> ・자원 및 데이터의 조작

① 하드웨어 ② 운영체제
③ 응용프로그램 ④ 미들웨어

52 다음 운영체제의 프로세스 관리기능 중 교착상태의 발생 조건에 대한 설명으로 옳은 것은?

① 상호 배제 : 한 개의 프로세스만이 공유자원을 사용할 수 있어야 한다.
② 점유와 대기 : 공유자원과 자원을 사용하기 위해 대기하고 있는 프로세스들이 원형으로 구성되어, 자신의 할당자원 외에 앞이나 뒤에 프로세스의 자원을 요구해야 한다.
③ 비선점 : 하나의 자원을 점유하였으면 다른 프로세스에 할당되어 사용되고 있는 자원을 추가적으로 점유하기 위해 대기하는 프로세스가 있어야 한다.
④ 환형 대기 : 다른 프로세스에 할당된 자원은 사용이 끝날 때까지 강제로 빼앗을 수 없어야 한다.

해설

교착상태(Deadlock)
① 교착상태란 여러 프로세스들이 각자 자원을 점유하고 있으면서 다른 프로세스가 점유하고 있는 자원을 요청하면서 무한하게 대기하는 상태이다.
∴ 하나 또는 그 이상의 프로세서가 작업을 계속 수행할 수 없는 상태를 말한다.
② 이러한 상태는 다음 조건들을 충족할 때 발생한다.
  ㉠ 상호 배제(Mutual Exclusion) 조건 : 한 번에 오직 한 프로세스만이 자원을 사용할 수 있다.
  ㉡ 점유와 대기(Hold and Wait) 조건 : 프로세스가 적어도 하나의 자원을 점유하면서 다른 프로세스가 점유하고 있는 자원을 추가로 얻기 위해 대기한다.
  ㉢ 비선점(No Preemption) 조건 : 점유된 자원은 강제로 해제될 수 없고, 점유하고 있는 프로세스가 작업을 마치고 자원을 자발적으로 해제한다.
  ㉣ 환영 대기(Circular Wait) 조건 : 프로세스와 자원들이 원형을 이루며, 각 프로세스는 자신에게 할당된 자원을 가지면서 상대방의 자원을 상호 요청하는 경우를 말한다.

53 다음 중 데드락(Deadlock)을 발생시키는 원인이 아닌 것은?

① 점유와 대기(Hold and Wait)
② 순환 대기(Circular Wait)
③ 상호배제(Mutual Exclusion)
④ 선점(Preemption)

54 교착상태를 예방하기 위해 프로세스 수행 전에 모든 자원을 할당시켜주고, 자원이 점유되지 않은 상태에서만 자원을 요구할 수 있도록 하는 것은 교착상태의 필요충분조건 중 어떤 조건을 제거하기 위한 것인가?

① 상호배제
② 점유 및 대기
③ 비선점
④ 환형 대기

55 다음 중 스케줄링에 대한 설명으로 틀린 것은?

① 컴퓨터 시스템을 구성하고 있는 주기억장치, 입출력장치, 처리시간 등의 시스템 자원을 언제 배분할 것인가를 결정한다.
② 처리 능력의 최대 응답시간, 반환 시간, 대기 시간의 단축 예측이 가능해야 한다.
③ 여러 개의 CPU가 공동으로 하나의 일을 수행하는 경우에 전체로서 그 일의 실행시간을 최단으로 하도록 제어한다.
④ 동적 스케줄링은 각 태스크를 프로세서에게 할당하고 실행되는 순서가 사용자의 알고리즘에 따르거나 컴파일할 때에 컴파일러에 의해 결정되는 스케줄링이다.

해설

① CPU 스케줄링은 메모리에 있는 준비(Ready) 상태의 프로세스 중 하나를 선택해 CPU자원을 할당하는 것이다.
② CPU 스케줄링은 응답시간과 처리량, 효율성을 증대시키기 위해 사용한다.

56 다음 중 스케줄링에 대한 설명으로 틀린 것은?

① 스케줄링이란 프로세스들의 자원 사용 순서를 결정하는 것을 말한다.
② 선점 기법은 프로세스가 점유하고 있는 자원을 다른 프로세스가 빼앗을 수 있는 기법을 말한다.
③ 선점 기법은 우선순위가 높은 프로세스가 급히 수행되어야 할 경우 사용된다.
④ 비선점 기법은 실시간 대화식 시스템에서 주로 사용된다.

해설
스케줄링은 작업을 처리하기 위해 프로세스들에게 중앙처리장치나 각종 처리기들을 할당하기 위한 정책을 계획하는 것이다.
① 선점(Preemptive) 스케줄링
  ㉠ 한 프로세스가 CPU를 차지하고 있을 때 우선순위가 높은 다른 프로세스가 현재 프로세스를 중지시키고 자신이 CPU를 차지할 수 있는 경우
  ㉡ 높은 우선순위를 가진 프로세스들이 빠른 처리를 요구하는 시스템에서 유용
  ㉢ 빠른 응답시간을 요구하는 시분할 시스템에 유용
  ㉣ 높은 우선순위 프로세스들이 들어오는 경우 오버헤드를 초래
② 비선점(Nonpreemptive) 스케줄링
  ㉠ 한 프로세스가 CPU를 할당받으면 다른 프로세스는 CPU를 점유 못함
  ㉡ 짧은 작업을 수행하는 프로세스가 긴 작업이 종료될 때까지 기다려야 함
  ㉢ 모든 프로세스들에게 공정하고 응답시간의 예측이 가능

57 다음 중 운영체제의 프로세스 관리기능에 속하지 않는 것은?

① 사용자 및 시스템 프로세스의 생성과 제거
② 프로그램내 명령어 형식의 변경
③ 프로세스 동기화를 위한 기법 제공
④ 교착상태 방지를 위한 기법 제공

58 다음 운영체제의 구성요소 중 사용자 프로세스와 시스템 프로세스들을 생성하거나 삭제하고 중단시키거나 재개시키는 것은?

① 통신 관리   ② 프로세스 관리
③ 파일 관리   ④ 주 메모리 관리

59 다음 중 일반 범용 컴퓨터의 중앙처리장치(CPU)의 스케줄링 기법을 비교하는 성능 기준으로 틀린 것은?

① CPU 활용률 : CPU가 작동한 총시간 대비 프로세스들의 실제 사용시간
② 처리율(Throughput) : 단위 시간당 처리 중인 프로세스의 수
③ 대기시간(Waiting Time) : 프로세스가 준비 큐(Ready Queue)에서 스케줄링될 때까지 기다리는 시간
④ 응답시간 : 대화형 시스템에서 입력한 명령의 처리결과가 나올때까지 소요되는 시간

해설
① 처리율 : 단위시간에 완료되는 프로세스 수, 단위 시간당 처리할 수 있는 CPU의 작업량을 의미한다.
② 스케줄러는 프로세서 이용률 향상, 처리율 향상, 반환시간 감소, 대기시간 감소, 응답시간 감소가 되도록 운영되어야 한다.

60 스케줄링 기법에 대한 설명이 틀린 것은?

① 컴퓨터 시스템의 모든 자원의 성능을 높이기 위해 그 사용 순서를 결정하기 위한 정책이다.
② 스케줄링 기법에는 선점형, 비선점형 스케줄링 기법이 있다.
③ 선점기법은 프로세스의 응답시간 예측이 용이하다.
④ 프로세스의 할당에 대한 방법과 순서를 결정하여 자원의 효율적 이용을 도모하는 것

해설
비선점(Nonpreemptive) 스케줄링
모든 프로세스들에게 공정하고 응답시간의 예측이 가능하다.

61 선점 스케줄링에 대한 설명으로 옳은 것은?

① 한 프로세스가 실행되면 완료될 때까지 프로세서를 차지한다.
② 작업시간이 짧은 작업이 긴 작업을 기다리는 경우가 발생할 수도 있다.
③ 프로세스의 종료시간에 대해 예측이 가능하다.
④ 빠른 응답시간을 요구하는 시분할 시스템, 실시간 시스템에 적합하다.

[정답] 56 ④ 57 ② 58 ② 59 ② 60 ③ 61 ④

62 다음 중 선점형 스케줄링이 아닌 것은?

① SJF 스케줄링
② RR 스케줄링
③ SRT 스케줄링
④ MFQ 스케줄링

해설

① 선점형 스케줄링(Preemptive Scheduling)
  어떤 프로세스가 CPU를 할당 받아 실행 중에 있어도 다른 프로세스가 실행 중인 프로세스를 중지하고 CPU를 강제로 점유할 수 있다. 모든 프로세스에게 CPU 사용시간을 동일하게 부여할 수 있다. 빠른 응답시간을 요하는 대화식 시분할 시스템에 적합하며 긴급한 프로세서를 제어할 수 있다.
② 종류 : 라운드 로빈(RR : Round Robin), SRT(Shortest Remaining Time), 다단계 피드백 큐(MFQ : Multilevel Feedback Queue)

63 Job Scheduling에서 우선순위에 밀려서 작업처리가 지연될 경우, 지연되는 정도에 따라서 우선순위를 높여주는 것을 무엇이라 하는가?

① Changing
② Aging
③ Controlling
④ Deleting

64 다음 설명은 어떤 스케줄링에 해당하는가?

> SJF의 스케줄링 기법의 변형으로 새로 도착한 프로세스를 비롯하여 대기큐에 남아 있는 프로세스의 작업이 완료되기까지 수행 시간 추정치가 가장 적은 프로세스에게 CPU를 할당하는 기법이다.

① RR
② MFQ
③ SRT
④ FIFO

해설

SRT(Shortest Remaining Time)
CPU 점유 시간이 가장 짧은 프로세스에 CPU를 먼저 할당하는 것이지만, 중요한 프로세스가 있으면 점유 시간이 길어도 먼저 실행 시킬수 있는 방식

65 다음은 CPU에 서비스를 받으려고 도착한 순서대로 프로세스와 그 서비스 시간을 나타낸다. FCFS(First Come First Served) CPU Scheduling에 의해서 프로세스를 처리한다고 했을 경우 프로세스의 평균 대기 시간은 얼마인가?

프로세스 번호	버스트 시간(초)
P1	24
P2	3
P3	3

① 15초
② 16초
③ 17초
④ 18초

해설

프로세스들이 P_1, P_2, P_3 순으로 도착한다면 [그림]의 Gantt 차트처럼 나타낼 수 있다.

Gantt 차트 :

| P1 | P2 | P3 |
| 0 24 | 27 | 30 |

∴ 프로세스의 대기시간은 $P_1=0[s]$, $P_2=24[s]$, $P_3=27[s]$이 므로, 평균 대기 시간은 $\frac{(0+24+27)}{3}=17[s]$

66 다음과 같은 상황에서 FCFS 알고리즘을 적용하였을 때 프로세스 완료 순서는?

프로세스 번호	CPU 요구시간
P1	24
P2	3
P3	3
P4	10

① P1 — P2 — P3 — P4
② P2 — P3 — P4 — P1
③ P4 — P3 — P2 — P1
④ P1 — P4 — P2 — P3

해설

프로세스들이 P_1, P_2, P_3, P_4 순으로 도착하는 경우

Gantt 차트 :

| P_1 | P_2 | P_3 | P_4 |
| 0 24 | 27 | 30 | 40 |

∴ P_1이 완료되는데 걸리는 시간은 24이다, P_2는 24를 대기한 후 작업을 수행하고, P_3는 P_2의 CPU 요구시간 3을 더 기다린 27을 대기하게 된다. 이런식으로 프로세스가 CPU를 차지하면 완료될 때 까지 수행한다.

[정답] 62 ① 63 ② 64 ③ 65 ③ 66 ①

67 SJF(Shortest-Job-First) 정책으로 관리하는 시스템에 프로세스 p1, p2, p3, p4, p5가 동시에 도착했다. 다음 표와 같이 프로세스가 정의되었을 때 p3의 반환시간(Turn-Around Time)은 얼마인가?

프로세스	CPU 사용시간	우선순위
p1	2 [ms]	3
p2	1 [ms]	1
p3	8 [ms]	3
p4	5 [ms]	2
p5	1 [ms]	4

① 11[ms] ② 14[ms]
③ 16[ms] ④ 17[ms]

해설

① 최단 작업 우선(SJF) 스케줄링은 평균 대기 시간을 최소화하기 위해 CPU 점유 시간이 가장 짧은 프로세스에 CPU를 먼저 할당하는 방식으로 평균 대기시간을 최소로 만드는 알고리즘이다.
② 반환 시간은 프로세스가 시작해서 끝날 때까지 걸리는 시간으로 (작업완료시간-도착시간)으로 구해지므로, 간트 차트(Gantt Chart)를 통해 P3의 반환시간은 16[ms]임을 알 수 있다.
간트 차트(Gantt Chart)를 그리고 반환시간을 구한다.

P2	P4	P1	P3	P5
0 1	6	8	16	17

[정답] 67 ③

2 소프트웨어 일반

합격예측
프로그램은 계획된 내용에 따라서 순차적으로 진행되는 소프트웨어이다.

1. 프로그램의 개요

가. 프로그래밍
프로그래밍이란 프로그램을 작성하는 작업을 말하며, 자료를 컴퓨터로 처리할 수 있도록 하기 위한 명령어의 집합을 말한다.

나. 프로그래밍 언어
컴퓨터에서 어떤 동작을 실행하게 하는 명령어들의 집합인 프로그램을 작성하는 데 사용되는 언어를 프로그래밍 언어라 한다.

(1) 저급 수준 언어(Low Level Language)

컴퓨터가 이해할 수 있는 언어를 말한다.

합격예측
기계어 : CPU가 직접 해독하고 실행할 수 있는 언어

① 기계어(Machine Language) : 컴퓨터가 알 수 있는 단어로 2진수 0과 1로 표현되는 Bit의 집합으로 구성된 언어이다.
② 어셈블리어(Assembly Language) : 기계어를 인간이 기억하기 쉬운 기호로 바꾸어 놓은 기호식 언어이다.

(2) 고급 수준 언어(High Level Language)

합격예측
고급언어 : 컴파일러나 인터프리터를 사용하는 언어

컴파일러어(Compiler Language)라 하며 인간이 사용하는 언어에 가장 가까운 언어로 컴퓨터 내부에는 기계어로 번역하는 컴파일러(Compiler)가 필요하다.

① C 언어 : 과학 및 사무 처리에서도 유용하지만 특히 시스템 프로그래밍에 효과적인 언어로서 유닉스(UNIX) 운영 체제가 C로 작성되어 있다.
② C#언어 : 마이크로 소프트에서 개발한 객체지향 프로그램이다.
③ C++언어 : C언어에 객체지향 프로그래밍을 지원하기 위한 내용이 추가되었다.
④ 자바(Java)언어 : 객체지향적 프로그램으로, 현재 웹 어플리케이션 개발에 가장 많이 이용되는 언어이다. 모바일 기기용 소프트웨어 개발에도 널리 사용하고 있다.

합격예측
Java : 객체지향형 언어이다.

⑤ 파이썬(Python) 언어 : 인터프리터를 사용하는 객체지향 언어이다. 과학 컴퓨팅, 웹 개발 및 자동화에 광범위하게 사용된다.

다. 프로그램 처리 과정

프로그램 언어로 작성된 프로그램을 컴퓨터로 실행시키는 과정은 다음과 같다.

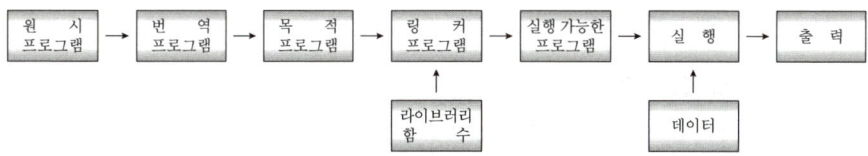

(1) 원시 프로그램 : 프로그래밍 언어로 작성된 프로그램을 말한다.
(2) 번역 프로그램(Translator Program) : 원시 프로그램을 목적 프로그램으로 번역해 주는 프로그램을 말한다.
　① 어셈블러(Assmbler) : 어셈블리어를 기계어로 번역하는 프로그램
　② 컴파일러(Compiler) : 고급 언어를 기계어로 번역한 프로그램
(3) 목적 프로그램 : 원시 프로그램을 기계어로 번역한 프로그램
(4) 링커 프로그램(Linker Program) : 목적 프로그램을 실행 가능한 프로그램으로 만들어 주는 프로그램으로 여러 개의 목적 프로그램을 서로 연결시켜 주기도 하고 시스템에 제공하는 라이브러리 서브루틴 등을 사용할 수 있게 한다.

2. 응용 소프트웨어(Application Software)

응용 소프트웨어는 사용 업체의 특수한 업무나 개인의 문제를 해결하는 프로그램으로 볼 수 있다. 응용 프로그램은 여러 업체에서 공용해서 쓸 수 있도록 미리 작성되어 있는데 이러한 표준화된 응용 프로그램을 패키지(Package) 소프트웨어라고 한다.

가. 응용 소프트웨어

인사 관리, 판매 관리, 재고 관리, 급여 관리 등 이용자의 실제 업무를 처리하기 위한 프로그램이다.

(1) 패키지 프로그램

업무의 종류나 업종이 같을 경우에 광범위한 이용자들에게 곧바로 쓸 수 있도록 미리 업무 내용이나 절차 등으로 표준화해서 만들어진 기성품 프로그램이다. 판매 관리나 급여 계산 등 업무 단위로 만들어진 프로그램을 업무별 패키지라고 부르고, 주류 판매업, 호텔, 여관업 등 특정 업종을 대상으로 만들어진 것을 업종별 패키지라고 한다.

합격예측
언어번역 프로그램 : Interpreter, Compiler, Assembler 등

합격예측
응용 소프트웨어는 사용자가 손쉽게 구사할 수 있는 고급 언어로 작성된다.

합격예측
패키지 프로그램 : 소프트웨어 개발 회사에 의해 제작된다.

합격 NOTE

합격예측
DB 장점 : 자료의 다중 응용가능, 내용 수정에 융통성 있음, 자료관리의 표준화

합격예측
DB의 특징
① 데이터 중복의 최소화
② 데이터의 독립성
③ 데이터의 공유 및 연결성
④ 데이터의 보호(보안)
⑤ 실시간 처리 가능성

합격예측
3층 스키마 : 외부/개념/내부 스키마

합격예측
데이터베이스 언어 : 자료 기술 언어, 자료 조작 언어, 질의어

---

(2) 사용자 프로그램

사용자의 업무 내용 또는 조건에 맞추어 별개로 만들어진 프로그램이며 사용자 고유의 형편을 프로그램에 잘 반영시킬 수 있다.

나. 소프트웨어 패키지

(1) Data Base(DB)

어느 조직의 응용 업무에 공동으로 사용하기 위해 운용상 필요한 자료를 중복을 최소화하여 컴퓨터 기억 장소에 모아 놓은 자료의 집합체를 말한다.

① 데이터베이스 관리 시스템(DBMS : Data Base Management System)

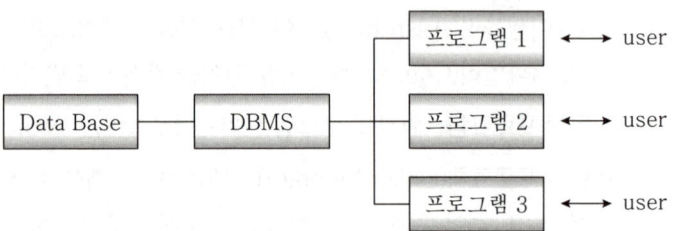

데이터베이스 관리 시스템은 데이터베이스를 관리하는 프로그램을 총칭하는 말로서, 데이터베이스를 설계하는 사람이 장래의 업무 처리의 확대나 변경을 용이하도록 만든 프로그램으로서 사용자와 데이터베이스 간에 다리 역할을 하는 일종의 서비스 프로그램이다.

㉠ 데이터베이스 스키머(Schema) : 전반적인 DB 기술을 의미한다.
  ⓐ 외부 스키머(External Schema) : 사용자와 접속되어 있으며 여러 개의 서브 스키머들로 구성되어 원하는 자료를 액세스할 수 있다.
  ⓑ 개념 스키머(Conceptual Schema) : 일반적인 스키머라고 하며, 논리적인 DB의 전체적인 구조를 기술하며 항목 이름과 관계를 명시한다.
  ⓒ 내부 스키머(Internal Schema) : 물리적인 자료 구조로 실질적인 자료를 의미한다.

㉡ 데이터베이스 언어
  ⓐ 자료 기술 언어(DDL : Data Description Language)
    데이터베이스를 구축하는 데 필요한 매크로와 특수 명령어로 이루어진 독립 언어로 자료 정의어(Data Definition Language)라고도 한다.

ⓑ 자료 조작 언어(DML : Data Manipulation Language)
DB에 명령하여 필요한 자료를 사용자에게 공급하는 언어로 호스트(Host) 언어내에 내장되어 있다. 자료 서브 언어(Data Sub Language)라고도 한다.
ⓒ 질의어(Query Language)
단말 사용자 언어로 DB를 모르더라도 이용이 가능한 언어이다.
ⓒ 데이터베이스 사용자
ⓐ 데이터베이스 관리자(DBA : Data Base Administrator)
ⓑ 응용 프로그래머
ⓒ 단말 사용자 : 질의어를 이용해서 데이터베이스를 사용하는 사람을 말한다.
② 데이터베이스 모형
㉠ 계층 모형(Hierarchical Model) : 데이터간의 관계가 Tree 구조로 나타내어지는 데이터베이스 모형이다.

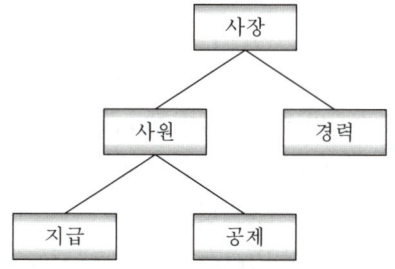

㉡ 망 모형(Network Model) : 데이터간의 관계가 그물 구조로 나타내어지는 데이터베이스 모형이다.

(2) 워드 프로세싱(Word Processing)

문서 편집기라고 부르기도 하는 워드프로세서는 타자기의 불편한 점을 보완하여 컴퓨터를 이용한 문서 작성을 할 수 있도록 하여 주는 응용 소프트웨어의 한 종류이다. 문서를 작성하고, 수정, 삭제, 추가, 문서 폭 등의 변경이 매우 쉽고 한 문서에 여러 가지 글자체를 사용할 수 있으며 한글, 영문, 한자 그 밖에 여러 가지 외국 문자, 특수 문자 등을 동시에 사용할 수 있다. 또한 작성된 문서를 보관하고 검색하는 등의 관리가 매우 쉽다는 장점이 있다.

합격 NOTE

합격예측
데이터베이스 모형 : 계층 모형, 망 모형, 관계 모형

합격예측
문서편집기 종류
워드프로세서(MS워드, HWP), 웹에디터, 스프레드시트, 메모장 등

합격 NOTE

합격예측
C언어는 시스템 프로그래밍용 언어이다.

합격예측
① C언어는 유닉스 운영체제에서 사용하기 위해 만든 프로그래밍 언어이다.
② C언어는 간편한 수식이나 제어 및 데이터 구조를 갖고 있는 일종의 범용 프로그램이다.

3. 프로그래밍 언어의 종류

가. C 언어

(1) C 언어의 개요 및 특징

① 개요
  ㉠ 벨(Bell) 연구소에서 UNIX라는 운영 체제(OS)를 기술하기 위하여 Dennis Ritchie가 개발한 언어이다.
  ㉡ 시스템(System) 기술용 언어이다.
  ㉢ UNIX와 밀접한 관계에 있는 언어이다.

② 특징
  ㉠ 연산자, 함수, 라이브러리(Library), 자료형 등이 다양하며 다른 기종에의 이식성이 매우 높다.
  ㉡ 어셈블리(Assembly) 언어에 준하는 유연성을 가지면서도 고급 프로그래밍 언어로서 밀집된(Compact) 표현이 가능하다.
  ㉢ 명령이 간결하고, 자세한 기술(Description)이 가능하다.
  ㉣ 영문 소문자를 기본으로 설계된 언어이다.
  ㉤ 프로그램의 분할 컴파일(Separate Compiling)이 가능하다.
  ㉥ 자료(Data)의 주소(Address)를 조작하기 위하여 포인터 변수를 정의하여 사용한다.
  ㉦ 프리프로세서(Preprocessor)의 기능이 있다.
  ㉧ 프로그램은 함수(Function) 정의문들의 집합으로 구성된다.
  ㉨ 다양한 연산자와 데이터형(Data Type)이 있다.
  ㉩ 구조적 프로그래밍(Structured Programming)을 하기에 적합한 제어 구조들이 있다.

③ C언어에서 사용되는 문자

구분	문자	비고
영 숫 자	A, B, C, ……, Z (대문자)	26자
	a, b, c, ……, z (소문자)	26자
숫 자	0, 1, 2, ……, 9	10자
특수문자	+, −, *, /, =, _, ( ), &, %, $, #, !, :, ,, ", ', ?, \, ^, 〈, 〉, |, [,], ~, ;, { }, `, 공백(blank), \n, \r, \t	기종에 따라 차이가 있음

(2) C 프로그램의 형식

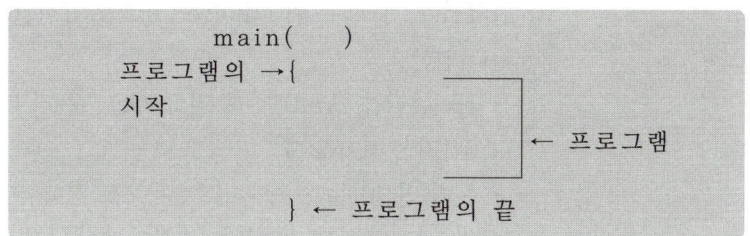

① C 프로그램의 구성
  ㉠ 반드시 한 개의 main( ) 함수만을 가진다.
  ㉡ 가장 짧은 프로그램의 형태는 main( ) { }이다.
  ㉢ 함수(Function)를 이용하려면 함수명 다음의 사이에 매개 변수(Parameter)를 기입한다.
  ㉣ 함수 main( )은 일반적으로 운영 체제와의 통신을 위한 경우를 제외하고는 매개 변수가 없는 것이 보통이다.
  ㉤ 한 문장이 끝난 후에는 반드시 ; (Semicolon)을 붙인다.
  ㉥ 프로그램은 { 와 } 사이에 기술한다.

② C 프로그램의 기술
  ㉠ 문장(Statement) 구성은 자유 형식(Free Format)이다.
  ㉡ 영문 대문자와 소문자는 구분하여 기술한다. 이때 대문자와 소문자는 뜻이 서로 다르다.
  ㉢ 주석(Comment)은 /* 와 */ 사이에 작성한다.
  ㉣ 줄을 바꿔 출력하려면 \n을 사용한다.

③ C 프로그램의 구성 요소
  ㉠ 주석(Comment) : /* 와 */ 사이에 사용자의 편의를 위하여 참고 사항을 필요에 따라 기술한다. 프로그램의 수행과는 관계가 없다.
  ㉡ 식별자(Identifier) : 프로그래머가 프로그램에서 사용하는 변수, 상수, 함수 등에 부여한 이름이다.
  ㉢ 예약어(Reserved Word) : 그 의미와 용도가 이미 정해져 있는 단어로서 정해진 하나의 목적으로 밖에 사용할 수 없으며 단 하나의 철자라도 틀리면 문법적 오류(Syntax Error)가 발생한다.
    예 int, float, char, if, for 등
  ㉣ 연산자
    ⓐ 산술 연산자(Arithmetic Operator) : +(덧셈), -(뺄셈), *(곱셈), /(나눗셈), %(나머지)의 5종류가 있다.

합격 NOTE

합격예측
C언어에서 Main 함수는 프로그램을 시작할 때 가장 먼저 시작하는 함수이다.

합격예측
C언어는 대, 소문자를 구분한다.

합격예측
연산자의 종류 : 산술연산자, 관계연산자, 논리연산자, 비트연산자 등

합격예측
제어문은 프로그램의 흐름을 변경하기 위해 사용한다.

ⓑ 관계 연산자(Relational Operator) : 관계 연산자의 결과는 참(True ; 1) 또는 거짓(False ; 0)으로 표현된다.
ⓒ 논리 연산자
- &&(논리곱, And), ∥(논리합, Or), !(논리 부정, Not)의 3가지 형식이 있다.
- 논리 연산자는 왼쪽에서 오른쪽으로 진행되며 산술 연산자, 관계 연산자, 동등 연산자보다 연산 우선 순위가 낮다.

ⓓ 비트 연산자(Bitwise Operator) : 수식에 대하여 비트(Bit)별로 연산을 한다.

㉤ 제어문의 종류
ⓐ 조건문 : if문, if-else문, switch-case문
ⓑ 반복문 : while문, for문, do-while문
ⓒ 분기문 : goto문, continue문, break문, return문

 참고

1 컴퓨터 언어의 구성
① 데이터 : 프로그램이 사용하고 처리하는 정보
② 알고리즘 : 프로그램이 데이터를 처리하는 방법

2 C 언어와 C++ 언어
① C 언어는 절차적 언어로서 알고리즘에 치중하는 구조적 프로그래밍 언어이다. 또한 하향식(Top-Down) 설계구조를 갖는다. 그러므로 대형 프로그램에서 분기점이 엉켜 전체 파악 및 수정이 곤란해진다.
② C++ 언어는 알고리즘을 강조하는 절차적 프로그래밍보다 데이터를 강조하는 객체지향 프로그램이다. 상향식(Bottom-Up) 설계구조를 갖는다.

합격예측
C언어 : 절차지향적 언어
C++언어 : 객체지향적 언어

3 객체지향 프로그래밍(OOP : Object Oriented Programming)
① 객체 지향적이란, 프로그램의 모든 요소를 객체라는 단위로 나누어 프로그램을 작성하는 것이다.
　예 객체 : 보이는 사물(사람, 동물, 사과 등), 동작(먹다, 죽다, 자다 등), 추상적인 개념(사랑, 환상 등) 등

합격예측
객체지향 언어는 객체를 가지고 객체의 상호작용으로 인해 프로그램이 수행된다.

② 기본 구성 요소
  ㉠ 클래스(Class) : 같은 종류의 집단에 속하는 속성(Attribute)과 행위(Behavior), 즉 데이터형
  ㉡ 객체(Object) : 클래스의 인스턴스(실제로 메모리상에 할당된 것)이다.
  ㉢ 메소드(Method) : 클래스로부터 생성된 객체를 사용하는 방법으로서 객체에 명령을 내리는 메시지
③ OOP의 3가지 특성
  ㉠ 캡슐화(Encapsulation) : 데이터와 데이터의 행동 양식을 결정하는 코드를 묶는 구조이다.
  ㉡ 다형성(Polymorphism) : 목적은 다르지만 연관성이 있는 두 가지 이상의 용도로 하나의 이름을 사용할 수 있게 하는 성질이다.
  ㉢ 상속성(Inheritance) : 하나의 객체가 다른 객체의 특성을 이어받을 수 있게 해주는 특성이다.

합격예측
클래스는 데이터와 함수들의 집합으로 이루어진다.

합격예측
Method : 객체의 행동 표현

나. JAVA 언어

Java는 Sun Microsystems가 1995년에 처음 출시한 프로그래밍 언어이자 컴퓨팅 플랫폼으로 유틸리티, 게임, 비즈니스 응용 프로그램 등의 최첨단 프로그램을 구동하는 기반 기술이다.

합격예측
JAVA는 객체지향언어 이다.

(1) JAVA 언어의 특징
  ① 단순성 : 자바 언어는 다른 언어와 마찬가지로 프로그래밍 언어의 모든 기능을 제공하는 강력한 언어이지만 일반적인 프로그래밍 언어에서 잘 사용되지 않는 기능을 제외시켜 보다 단순한 구조로 만들어져 있다.
  ② 객체 지향성 : 자바로 프로그래밍 한다는 것은 객체를 생성하고, 객체를 조작하고, 객체들이 함께 일을 수행하도록 하는 작업이다.
  ③ 분산성 : 자바로 네트워크 프로그램을 작성하는 것은 파일로부터 데이터를 받거나 보내는 것과 동일하다.
  ④ 견고성 : 자바 컴파일러는 다른 언어가 실행시에 발견할 수 있는 오류들도 초기에 잡아낼 수 있으며, 런타임 예외처리 기능을 통하여 프로그래밍에 견고성을 제공한다.
  ⑤ 보안성 : 자바는 몇 가지 보안 메커니즘을 구현하여 잘못된 프로그램으로 인해 생기는 피해로부터 막아준다.

합격예측
분산 컴퓨팅은 네트워크 상에서 여러 대의 컴퓨터가 함께 작업을 수행하는 것

합격예측
견고성은 신뢰를 의미한다.

합격 NOTE

합격예측
비디오 파일을 다운로드하면서 동시에 그 비디오를 재생하는 것은 다중 스레드에 의한 것이다.

합격예측
플랫폼(Platform)은 프로그램이 동작하기 위한 H/W, S/W 환경

합격예측
플랫폼에 독립적이다 라는 것은 운영체제 종류에 상관 없이 실행된다는 것이다.

합격예측
자바로 개발된 프로그램은 JVM을 설치할 수 있는 시스템에서는 어디서나 실행할 수 있다.

---

⑥ 이식성 : Java 프로그램은 Windows95/NT, Solaris2.x, Mac OS7.5와 같은 Java가 지원되는 모든 플랫폼 상에서 Java 컴파일러에 의해 바이트 코드 형태로 컴파일 되고, 인터프리터가 동작하는 Java 가상 기계에 의해 어떤 기종의 시스템에서도 쉽게 해석된다.

⑦ 다중 스레드 지원 : 다중 스레드화는 몇 개의 작업을 동시에 수행하도록 하는 프로그램의 기능이다.

(2) 자바 플랫폼의 종류

① J2SE(Java Standard Edition) : 일반적인 PC상에서 구동되는 전반적인 프로그램을 작성할 수 있는 플랫폼

② J2EE(Java Enterprise Edition) : 기업환경, 즉, 웹이나 대단위 작업을 필요로 하는 플랫폼

③ J2ME(Java Micro Edition) : 핸드폰이나 TV에서 돌아가는 플랫폼

(3) JVM(Java Virtual Machine)의 메모리

자바를 다른 컴파일언어와 구분 짓는 가장 큰 특징은 컴파일 된 코드가 플랫폼 독립적이라는 점이다. 자바 컴파일러는 자바 언어로 작성된 프로그램을 바이트코드라는 특수한 바이너리 형태로 변환한다. 바이트코드를 실행하기 위해서는 JVM(자바 가상 머신 : Java Virtual Machine)이라는 특수한 가상 머신이 필요한데, 이 가상 머신은 자바 바이트코드를 어느 플랫폼에서나 동일한 형태로 실행시킨다.

① 스택영역(Runtime Stack) : 실행 시 사용하는 메모리 영역

② 힙영역(Garbage Collection Heap) : 동적 메모리 할당 영역

③ 상수영역(Constant & Code Segment) : 상수 데이터 및 static 데이터 할당 영역

④ 레지스터 영역(Process Register) : 프로세서 실행 관련 메모리 할당 영역

(4) 자바의 실행 과정

java 파일 → 컴파일(javac) → class 파일 → 인터프리터(java) → 실행결과

출제 예상 문제

제2장 소프트웨어 일반

01. 어떤 데이터(Data)의 처리 방법을 정해진 명령문에 의해 순서대로 나타낸 것을 무엇이라 하는가?

① 소프트웨어(Software)
② 분류(Sort)
③ 프로그램(Program)
④ 응용(Application)

해설
프로그램이란 컴퓨터의 일련의 명령문 또는 함수를 정의하는 일련의 식 등의 계산 절차를 기술한 것이다.

02. 다음 중 소프트웨어가 가지는 특성이라 할 수 없는 것은?

① 가시성(Visibility)
② 복잡성(Complexity)
③ 변경가능성(Changeability)
④ 복제성(Duplicability)

해설
소프트웨어의 특성
① 비가시성(Invisibility) : 구조가 외부에 노출되지 않고 코드에 내재되어 있음
② 복잡성(Complexity) : 개발과정 복잡, 정형적 구조 없이 복잡하고 비규칙적, 비정규적임
③ 변경성(Changeability) : 필요에 따라 항상 수정이 가능한 진화
④ 순응성(Comformity) : 사용자요구, 환경변화에 적절히 변형 가능
⑤ 무형성(Intangible) : 사실 형체가 없으며 FP(기능점수) 등으로 유형화 하고자 함
⑥ 비마모성(Longevity) : 외부의 환경에 의해 마모되지 않고 다만 품질이 나빠질 뿐임
⑦ 복제성(Duplicability) : 적은 비용(무상)으로 간단하고 쉽게 다양한 경로와 노력으로 복제 가능
⑧ 개발(Developed) : 제조(조립)가 아닌 개발(Developed Not Manufactured)

03. 컴파일러 언어에 대한 설명으로 일반적으로 옳지 못한 것은?

① 어느 기종이나 공통적으로 사용할 수 있다.
② 원시 언어를 기계어로 변환하는 번역기이다.
③ 자연어에 가까운 형태이다.
④ 고수준 언어에 속한다.

해설
컴파일러
컴파일러 언어를 기계어로 번역하는 프로그램

04. 사람이 알기 쉬운 형으로 쓴 프로그램을 기계어 또는 어셈블리어로 처리할 수 있는 code의 프로그램으로 번역하기 위한 프로그램을 무엇이라 하는가?

① Processor
② Compiler
③ Generator
④ 자동 Programming

해설
컴파일러는 고급언어를 번역하여 기계어로 바꾸는 프로그램이다.

05. 다음 중 설명이 틀린 것은?

① 하드웨어가 이해할 수 있는 언어를 기계어라고 부른다.
② 기계어에 대응되어 만들어지는 어셈블리어는 각각 다르다.
③ C, PASCAL, FORTRAN 등은 고급언어이다.
④ 어셈블리어는 기계어라고 부른다.

해설
어셈블리어는 기계어에 1:1로 대응되는 니모닉 기호화한 언어로서, 코드 대신에 기호를 사용하기 때문에 기계어보다 프로그램이 용이하다.

[정답] 01 ③ 02 ① 03 ② 04 ② 05 ④

06 Assembly Language로 쓴 프로그램을 기계어로 번역하는 역할을 하는 것은?

① Compiler ② Translator
③ Assembler ④ Loader

해설
어셈블러(Assembler)는 어셈블리 언어를 기계어로 번역하는 프로그램이다.

07 다음 중 기계어로 번역된 프로그램은?

① 목적 프로그램(Object Program)
② 원시 프로그램(Source Program)
③ 컴파일러(Compiler)
④ 로더(Loader)

해설
① 사용자가 프로그래밍언어로 작성한 프로그램을 원시 프로그램(Source Program)이라 한다.
② 언어번역 프로그램을 통해 Source Program은 Object Program으로 변환된다.
∴ 목적 프로그램은 원시 프로그램을 기계어로 번역한 프로그램으로, 컴퓨터가 이해할 수 있도록 번역된 프로그램이다.

08 다음 중 컴파일러(Compiler)언어에 대한 설명으로 틀린 것은?

① 문제중심의 고급언어
② 프로그램 작성과 수정이 용이
③ 기계중심의 언어
④ 컴퓨터 기종에 관계없이 공통사용

해설
컴파일러는 Source Code를 컴파일 과정을 통해서 Object Code로 변환해주는 프로그램이다. 즉, 고 수준 언어를 기계가 이해할 수 있는 저 수준 언어로 변환해주는 것이다.

09 다음 중 컴퓨터가 중간 변환 과정 없이 직접 이해할 수 있는 언어는 무엇인가?

① 기계어 ② 어셈블리어
③ ALGOL ④ PL/1

해설
기계어는 목적 코드라고도 하며 기계가 실제로 수행할 수 있는 이진 프로그램이다.

10 다음 중 원시 언어로 작성한 프로그램을 컴퓨터가 실행할 수 있는 기계어 프로그램으로 바꾸어 주는 언어 번역 프로그램이 아닌 것은?

① 어셈블러 ② 컴파일러
③ 매크로 처리기 ④ 인터프리터

11 다음 괄호 안에 들어갈 용어로 옳은 것은?

> 원시프로그램을 (㉠)가 목적프로그램으로 번역해 주며, 번역된 목적프로그램을 (㉡)가 실행 가능한 형태의 모듈로 만드는 역할을 한다.

① ㉠ : 컴파일러, ㉡ : 어셈블러
② ㉠ : 링커,   ㉡ : 컴파일러
③ ㉠ : 컴파일러, ㉡ : 링커
④ ㉠ : 링커,   ㉡ : 어셈블러

12 다음 중 고급언어로 쓰여진 프로그램을 컴퓨터에서 수행될 수 있는 저급의 기계어로 번역하는 것은?

① C언어 ② 포트란
③ 컴파일러 ④ 링커

해설
컴파일러는 소스파일을 기계어로 번역해주는 프로그램이다.

13 다음 중 어셈블리 언어(Assembly Language)의 특징이 아닌 것은?

① 어려운 기계어 명령들이 쉬운 기호로 표현된다.
② 어셈블리 언어로 작성된 프로그램은 하드웨어에 종속적이다.
③ 기계어에 비해 프로그래밍하기 쉽다.
④ 하드웨어에 직접 접근할 수 없다.

[정답] 06 ③ 07 ① 08 ③ 09 ① 10 ③ 11 ③ 12 ③ 13 ④

해설
어셈블리어는 하드웨어에 직접 접근(제어)할 수 있는 언어이므로, 주로 하드웨어 소통을 위해 쓰인다. 즉 빠른 처리를 요구할 경우 어셈블리어로 작성을 하기도 한다.

해설

	컴파일러	인터프리터
번역 단위	전체	한 줄씩
실행 속도	빠름	느림
번역 속도	느림	빠름
목적 프로그램	생성함	생성하지 않음
메모리 할당	목적 프로그램 생성시 사용	사용 안함

14 다음은 어떤 프로그래밍 번역기에 대한 설명인가?

> 컴파일러나 어셈블러처럼 목적 프로그램을 한꺼번에 생성하는 것이 아니라 원시 프로그램을 한 문장씩 직접 실행시킨다. 컴파일 과정이 필요없어 프로그램 작성 도중에 확인이 가능하다. 속도가 느리며 실행되어지지 않는 소스코드에 대해서는 에러를 검사하지 않는다.

① Translator ② Linking Loader
③ Generator ④ Interpreter

15 다음 중 사용자가 필요에 의해 직접 작성한 프로그램은?

① 응용 프로그램 ② 서비스 프로그램
③ 시스템 프로그램 ④ 언어 번역 프로그램

해설
응용 프로그램에는 패키지 프로그램과 유저즈 프로그램이 있다.

16 다음 중 컴파일러와 인터프리터에 대한 비교 설명으로 틀린 것은?

① 컴파일러는 목적 프로그램을 생성하고, 인터프리터는 생성하지 않는다.
② 컴파일러는 전체 프로그램을 한꺼번에 처리하고, 인터프리터는 대화식인 행 단위로 처리한다.
③ 일반적으로 컴파일러방식은 실행속도가 느리고, 인터프리터방식은 빠르다.
④ 인터프리터는 BASIC, LISP 등이 있고, 컴파일러는 COBOL, C, C# 등이 있다.

17 다음은 데이터베이스에 대한 설명이다. 틀린 것은?

① Data Base는 완벽한 비밀 보호가 되도록 하여야 한다.
② 가장 보편적인 데이터 모델은 관계 데이터 모델, 계층 데이터 모델, 네트워크 모델이 있다.
③ Attribute는 보통 파일 구조상으로 Data Item 또는 Data Field라고 한다.
④ 온라인 리얼 타임 시스템이어야 하는 것이 전제조건이다.

18 다음 중 시스템 소프트웨어에 대한 설명으로 틀린 것은?

① 시스템 소프트웨어와 응용 소프트웨어로 구별할 수 있다.
② 시스템 소프트웨어는 관리, 지원, 개발 등으로 분류할 수 있다.
③ 스프레드시트, 데이터베이스 등은 대표적인 시스템 소프트웨어이다.
④ 운영체계는 대표적인 시스템 소프트웨어이다.

해설
① 시스템 소프트웨어는 컴퓨터를 작동시키고, 효율적으로 사용하기 위한 프로그램으로서, 사용자들이 컴퓨터를 보다 편리하게 이용할 수 있도록 도와준다.
② 응용 소프트웨어(Application Software)는 어떤 목적을 달성하기 위해서 만들어진 프로그램으로, 워드 프로세서, 스프레드시트 등이 있다.

[정답] 14 ④ 15 ① 16 ③ 17 ③ 18 ③

19 전자계산기 소프트웨어는 시스템 소프트웨어와 응용 소프트웨어의 두가지 종류로 구분될 수 있다. 다음 중 시스템 소프트웨어가 아닌 것은?

① 과학용 프로그램
② 운영 시스템
③ 데이터베이스 관리 시스템
④ 통신 제어 프로그램

20 다음 중 운영체제가 제공하는 소프트웨어 프로그램이 아닌 것은?

① 스택(Stack)
② 컴파일러(Compiler)
③ 로더(Loader)
④ 응용 패키지(Application Package)

21 다음 중 두 개의 모듈이 같이 실행되면서 서로 호출하는 형태를 무엇이라 하는가?

① 라이브러리(Library)
② 유틸리티(Utility)
③ 서브프로그램(Subprogram)
④ 코루틴(Coroutine)

> 해설
> 프로그램이 실행될 때 호출되게 만들어진 프로그램의 중심이 되는 일련의 코드들을 Main Routine(메인 루틴)이라고 하며, Main Routine외에 다른 Routine들을 모두 Subroutine(서브루틴)이라고 한다. 그리고 진입하는 지점을 여러 개 가질 수 있는 Subroutine을 Coroutine(코루틴) 이라고 한다.

22 다음 중 서브루틴에 대한 설명 중 맞는 것은?

① 서브루틴을 부른 주프로그램은 수행이 중단된다.
② 서브루틴의 수행이 끝나면 프로그램의 수행을 종료한다.
③ 서브루틴의 수행이 끝나면 주프로그램은 처음부터 다시 수행한다.
④ 서브루틴의 수행이 끝나면 주프로그램의 수행도 종료한다.

23 프로그램의 에러나 디버깅 등의 목적을 수행하기 위해 메모리에 저장된 내용의 일부 또는 전부를 화면이나 프린터, 디스크 파일 등으로 출력하는 것을 무엇이라 하는가?

① 링커(Linker)
② 디버거(Debugger)
③ 로더(Loader)
④ 메모리 덤프(Memory Dump)

24 C 프로그램의 실행은 항상 어떤 함수로부터 시작되는가?

① canf   ② printf
③ sqrt   ④ main

> 해설
> ① C 프로그램은 반드시 한 개의 main( ) 함수를 갖는다.
> ② main( )는 C 프로그램의 처음 실행 위치를 나타낸다.

25 C 언어에서 영문자 A(대문자)와 a(소문자)는 어떻게 취급되는가?

① 서로 같은 뜻이다.
② 서로 다른 뜻으로 취급된다.
③ 프로그램에 따라 같은 뜻일 수도 있고 다른 뜻일 수도 있다.
④ 다른 고급 언어의 문법에 준한다.

26 다음 프로그램 언어 중 구조적 프로그래밍(Structured Programming)에 적합한 기능과 구조를 갖는 것은?

① BASIC   ② FORTRAN
③ C   ④ RPG

> 해설
> 프로그래밍 방식의 종류
> ① 구조적 프로그래밍(Structured Programming)
>   ㉠ 프로그램을 작성할 때, 알고리즘을 세분화해 계층적인 구조가 되도록 설계하는 프로그래밍 방법이다.
>   ㉡ 프로그램은 세 개의 기본구조(순차, 선택, 반복)만으로 구성된다.
>   ㉢ 구조적 프로그램의 예 : C, 파스칼 등

[정답] 19 ① 20 ① 21 ④ 22 ① 23 ④ 24 ④ 25 ② 26 ③

② 객체지향 프로그래밍(Object Oriented Programming)
  ㉠ 프로그램을 객체라는 모듈 단위로 작성하는 방법이다. 여기서 객체란, 하나의 데이터 구조로 처리할 데이터 값과 그것에 관한 절차를 합한 것이다.
  ㉡ 객체지향 언어가 제공하는 캡슐화, 상속성, 다형성 등의 기능을 활용한다.
  ㉢ 객체지향 프로그램의 예 : C++, JAVA 등

27 객체지향 언어의 세 가지 언어적 주요 특징이 아닌 것은?

① 추상 데이터 타입 ② 상속
③ 동적 바인딩   ④ 로더(Loader)

해설
객체지향 프로그래밍의 특징은 '자료 추상화', '상속', '다형 개념', '동적 바인딩' 등이 있으며 추가적으로 '다중 상속' 등의 특징이 존재한다.

28 다음 중 C언어의 특징에 대한 설명으로 틀린 것은?

① 어셈블리어와 연계되는 언어이다.
② 강력하고 융통성이 많다.
③ UNIX 체제에서는 사용할 수 없다.
④ 객체지향형 언어이다.

해설
C언어의 특징
① 구조화된 프로그램을 짤 수 있다.
② 컴퓨터를 강력하게 제어할 수 있다.
③ 이식성이 좋고 유연하다.
④ 작고 효율적이다.(다른 언어에 비해 소스 파일의 크기가 작다는 뜻)
⑤ 융통성이 좋고 확장성이 좋다.

29 다음 중 인터넷 응용에 적합한 객체지향언어는?

① Fortran ② Ada
③ Java   ④ Lisp

해설
Java는 미국의 Sun Microsystems 회사에서 만든 객체지향언어(Object Oriented Language)이다.

30 다음 중 C언어의 특징으로 틀린 것은?

① C언어 자체는 입·출력 기능이 없다.
② C언어는 포인터의 주소를 계산할 수 있다.
③ C언어는 연산자가 풍부하지 못하다.
④ 데이터에는 반드시 형(Type) 선언을 해야 한다.

해설
C언어의 특징
① 비트 및 증감연산자 등 풍부한 연산자 지원
② 시스템간 호환 및 이식성이 좋음
③ 고급 및 저급 언어간 인터페이스 용이
④ UNIX 운영체제의 기본이 됨
⑤ 구조적 프로그래밍 언어로 모듈식 구현이 용이
⑥ 함수의 집합으로 구성된 함수형 언어 등

31 다음 중 데이터베이스의 특성에 속하지 않는 것은?

① 중복 데이터의 배제
② 비밀 보호 장치의 유지
③ 데이터 상호간의 연결성
④ 프로그램과 데이터의 종속성

해설
Database가 가져야 할 특성
① 데이터의 독립성
② 데이터의 공유와 최소한의 중복성
③ 무결성
④ 보안성
⑤ 액세스와 융통성 등

32 UNIX의 운영 체제(OS)에 주로 사용된 언어는?

① 어셈블리 언어 ② BASIC 언어
③ C 언어   ④ LISP 언어

해설
UNIX
① UNIX는 본래 미니 컴퓨터를 위한 운영 체제로 개발되었다.
② 초기의 어셈블리 언어로 쓰여진 UNIX가 C 언어로 작성되면서 거의 어떤 컴퓨터라도 인식 가능하게 되었다.
③ C 언어는 수식이나 제어 및 데이터 구조를 가장 간편하게 마련하고 있는 일종의 범용 프로그램이다.

[정답] 27 ④ 28 ③ 29 ③ 30 ③ 31 ④ 32 ③

33. 다음 중 C 언어에 대한 설명으로 틀린 것은?

① 자체적으로 입출력 기능이 없다.
② 포인터를 이용해 주소를 계산해 낼 수 있다.
③ 대소문자 구별이 없다.
④ Bit 연산을 할 수 있다.

해설

C Programming Language
C 언어에서는 대문자와 소문자를 구별한다. 즉 abc와 ABC는 서로 관계없는 변수이다.

34. 자바 언어에 대한 설명 중 틀린 것은?

① 분산 환경을 지원하는 차세대 객체지향 언어이다.
② 다중 스레드(thread)를 지원하는 언어이다.
③ 프로그래밍 언어이다.
④ 메모리를 겹쳐쓰기(Overwrite)할 수 있다.

해설

Java는 미국의 Sun Microsystems 회사에서 만든 객체지향 언어(Object Oriented Language)이며 특징은 다음과 같다.
① 자바는 매우 간단하다.
② 객체지향적이다.
③ 분산 환경을 지원한다.
④ 인터프리터 언어이다.
⑤ 자바는 안전하다.
⑥ 이식성이 높다.
⑦ 높은 수행능력을 제공한다.
[참고] 프로그래머가 포인터를 통해 메모리를 겹쳐 쓰거나 다른 데이터를 손상시키는 것을 허용하지 않는다.

35. 자바(Java) 언어의 특징으로 옳지 않은 것은?

① 객체지향 언어의 장점을 가지고 있다.
② 컴파일러 언어이다.
③ 분산 환경에 알맞은 네트워크 언어이다.
④ 플랫폼에 무관한 이식이 가능한 언어이다.

36. 운영 체제, 미들웨어 및 주요 응용프로그램을 포함하는 모바일 기기용 소프트웨어를 의미하는 것은?

① 크롬 OS
② tinyOS
③ 비스타
④ Android

해설

안드로이드(Android)
① 안드로이드는 모바일 플랫폼에 최적화된 OS(Operating System)로, PC에서 사용하는 Windows와 같이 모바일에서 사용하는 OS이다.
② 안드로이드(Android)는 구글(Google)사가 중심이 되어 개발한 리눅스 기반의 휴대 단말기용 플랫폼이다.
③ 안드로이드는 개발자들이 자바 언어로 응용 프로그램을 작성할 수 있게 하였다.

37. 다음 중 안드로이드의 특징이라고 볼 수 없는 것은?

① 커널은 리눅스에 기반한다.
② C 언어를 사용한다.
③ 많은 라이브러리를 제공한다.
④ 개발툴 등이 무료로 제공된다.

해설

안드로이드는 여러 주체들에 의해 공동으로 개발된 공개 운영 체제여서 다른 모바일 OS들과는 다른 고유한 특징을 가진다.
① 운영 체제의 핵심이라고 할 수 있는 커널은 공개 운영 체제인 리눅스에 기반한다.
② 공식적으로 Java 언어를 사용한다.
③ 검증된 많은 라이브러리들을 대거 포함하고 있어 웬만한 기능은 별도의 외부 라이브러리를 사용할 필요가 없다.
④ 플랫폼에 내장된 빌트인 프로그램과 사용자가 만든 프로그램이 동일한 API를 사용하므로 모든 프로그램은 평등하다.
⑤ 개방된 환경인 만큼 개발툴과 관련 문서들이 모두 무료로 제공된다.

38. 다음 중 이미 완제품으로 출시된 프로그램 중에 존재하는 오류 또는 버그(Bug)를 수정하기 위하여 일부 파일을 변경해 주는 프로그램을 무엇이라 하는가?

① Bundle
② Freeware
③ Shareware
④ Patch

해설

① 번들 프로그램(Bundle program)이란 컴퓨터나 소프트웨어를 구입할 때 서비스로 제공하는 부수적인 프로그램이다.
② 프리웨어(Freeware)란 아무런 대가없이 제공되는 프로그램이다.
③ 셰어웨어(Shareware)란 시험적으로 일단 써보고 나서 사용자가 필요하다고 느끼거나 또는 대가를 지불하기 원할 때 돈을 내는 것을 전제로 무료 배포되어지는 프로그램이다.
④ 패치(Patch)란 소프트웨어에 문제가 생겼을 때, 그 문제를 해결해 주는 프로그램 혹은 데이터를 말한다.

[정답] 33 ③ 34 ④ 35 ② 36 ④ 37 ② 38 ④

출제 예상 문제

39 김씨는 인터넷에서 소프트웨어를 다운받아 사용하는데, 30일이 되는 날 '프로그램을 실행시키려면 금액을 지불하고 사용하라'는 메시지를 받았다. 김씨가 사용한 소프트웨어는 무엇인가?

① 데모 프로그램 ② 상용 프로그램
③ 프리웨어 프로그램 ④ 셰어웨어 프로그램

40 다음 지문에서 설명하고 있는 소프트웨어의 종류는?

> 컴퓨터의 작업처리 과정 동안에 동적으로 변경이 불가능한 기억장치에 적재된 프로그램 또는 자료를 말하며, 이를 사용자가 변경할 수 없다. 이러한 프로그램 또는 자료가 들어 있는 전기회로를 하드웨어로 분류한다.

① 펌웨어 ② 시스템 소프트웨어
③ 응용소프트웨어 ④ 디바이스 드라이버

해설
펌웨어(Firmware)는 PROM 내에 삽입되어, 영구적으로 컴퓨터 장치의 일부가 되는 프로그램이다.

41 다음 중 임베디드 소프트웨어의 일반적인 특징이 아닌 것은?

① 실시간 처리
② 제한된 자원의 효율적 사용
③ 높은 신뢰성
④ 광범위한 범용성

해설
임베디드 소프트웨어는 미리 정해진 특정한 기능을 수행하고, 특정의 하드웨어만을 지원하기 위해 만들어지고 탑재되는 소프트웨어이다.

42 다음 중 소프트웨어의 유형과 특징에 대한 설명으로 옳은 것은?

① 베타버전 : 개발 도중의 하드웨어/소프트웨어에 붙는 제품 버전. 개발 초기 단계에서 개발 기업 내 또는 일부의 사용자에게 배포하여 시험하는 초기 버전
② 알파버전 : 소프트웨어를 정식으로 발표하기 전에 발견하지 못한 오류를 찾아내기 위해 회사가 특정 사용자들에게 배포하는 시험용 소프트웨어
③ 프리웨어 : 별도로 판매되는 제품들을 묶어 하나의 패키지로 만들어 판매하는 형태. 컴퓨터 시스템을 구입할 때 컴퓨터 시스템을 구성하는 하드웨어 장치와 프로그램 등을 모두 하나로 묶어 구입하는 방법
④ 공개소프트웨어 : 누구나 자유롭게 사용하고 수정하거나 재배포할 수 있도록 공개하는 소프트웨어. 누구에게나 이용과 복제, 배포가 자유롭다는 뜻의 소프트웨어

해설
① 베타버전 : 정식 버전을 출시하기 전에 유저에게 시험 사용을 해보도록 하기 위한 샘플적 의미의 소프트웨어이다.
② 알파버전 : 개발 초기에 있어 성능이나 사용성 등을 평가하기 위한 테스터나 개발자를 위한 버전이다.
③ 프리웨어(Freeware, 무료소프트웨어) : 제작자가 대가를 바라지 않거나 기타 이유에 따라 무료로 쓰도록 제작한 소프트웨어이다.

43 다음 중 프로그램의 종류에 대한 설명으로 틀린 것은?

① 베타버전이란 개발자가 상용화하기 전에 테스트용으로 배포하는 것을 말한다.
② 셰어웨어란 기간이나 기능 제한 없이 무료로 사용하는 것을 말한다.
③ 데모버전이란 기간이나 기능의 제한을 두고 무료로 사용하는 것을 말한다.
④ 테스트버전이란 데모버전 이전에 오류를 찾기 위해 배포하는 것을 말한다.

해설
셰어웨어(Shareware)는 시험 삼아 일단 사용해 보고 나서, 사용자가 필요하다고 느끼거나 또는 대가를 지불하길 원할 때 돈을 내는 것을 전제로, 무료 배포되는 소프트웨어이다.

[정답] 39 ④ 40 ① 41 ④ 42 ④ 43 ②

3 마이크로프로세서

1. 마이크로컴퓨터의 기본 구조와 동작

마이크로컴퓨터(Microcomputer)는 중앙처리장치, 기억장치, 입·출력장치의 3가지 기본 장치로 구성된 작은 규모의 컴퓨터 시스템이며 중앙처리장치(CPU)만을 의미하는 것은 마이크로프로세서이다.

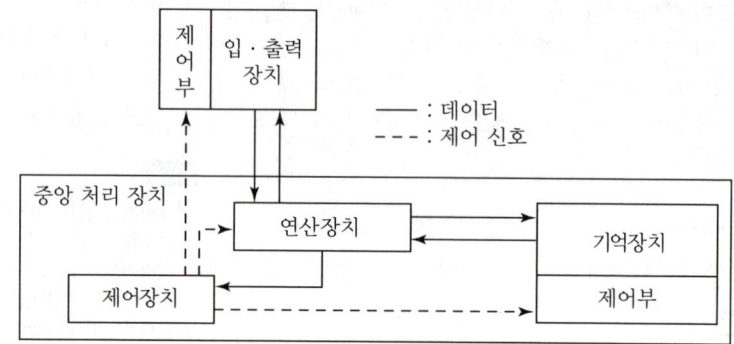

[마이크로컴퓨터의 기본 구성]

가. 중앙처리장치(CPU)

산술 논리 연산 기능과 제어 기능을 가지고 있다.

(1) **연산 기능** : 덧셈과 뺄셈 같은 산술 연산과 AND, OR, NOT과 같은 논리 연산이 있다.

(2) **제어 기능** : 중앙처리장치, 입·출력장치 그리고 기억장치 사이의 자료 및 제어 신호의 교환이 이루어지도록 하며, 명령이 수행되도록 한다.

(3) **기억 기능**
  ① 프로그램을 저장한다.
  ② 프로그램의 처리 대상이 되는 데이터 및 데이터의 처리 결과를 일시적으로 기억시킨다.

나. 입·출력 장치

(1) **입력장치** : 10진수나 문자 및 기호 등을 컴퓨터가 이해할 수 있는 2진 코드로 변환한다.

(2) **출력장치** : 컴퓨터로부터 출력되는 2진 코드를 사람이 이해할 수 있는 문자나 10진 숫자로 변환한다.

합격예측
마이크로컴퓨터는 마이크로프로세서를 중앙처리장치로 사용하는 컴퓨터이다.

합격예측
CPU는 제어장치, 연산장치, 기억장치(레지스터)로 구성되며, 각 부분의 요소들은 버스로 연결된 형태를 갖는다.

합격예측
CPU : 연산 기능, 제어 기능, 기억 기능

합격예측
기억장치는 ROM과 RAM으로 이루어진다.

다. 버스(Bus)의 종류

 (1) 주소 버스(Address Bus) : 기억장치의 기억 장소를 지정하는 신호의 전송 통로이며 단일 방향이다.

 (2) 자료 버스(Data Bus) : 입·출력시키는 데이터 및 기억장치에 써넣고 읽어내는 데이터의 전송 통로이며 양방향이다.

 (3) 제어 버스(Control Bus) : 중앙처리장치와의 데이터 교환을 제어하는 신호의 전송 통로이며 단일 방향이다.

 (4) 입·출력 포트 버스(I/O Port Bus) : 여러 개의 입·출력장치 중 1개를 지정하는 신호의 전송 통로이며 단일 방향이다.

2. 제어 및 상태 레지스터

레지스터들은 CPU의 동작을 제어하기 위해 제어장치에 의해 사용되며, 프로그램의 수행을 제어하기 위해 운영체제에 의해서 사용되기도 한다.

가. 프로그램 카운터(PC : Program Counter)

 다음에 수행될 명령의 주소를 갖는다.

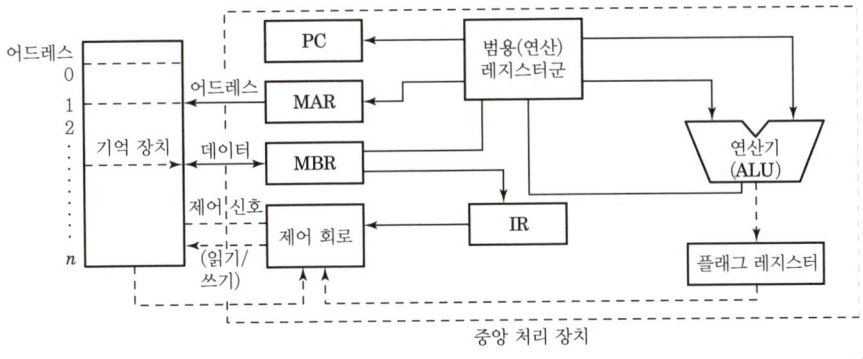

[중앙처리장치의 내부 기본 구성]

나. 메모리 어드레스(주소) 레지스터(MAR : Memory Address Register)

 어드레스를 가진 기억장치를 중앙처리장치가 이용할 때 원하는 정보의 어드레스를 넣어 두는 레지스터

다. 메모리 버퍼 레지스터(MBR : Memory Buffer Register)

 기억장치로부터 불러낸 정보나 또는 저장할 정보를 넣어 두는 레지스터

> **합격 NOTE**
>
> **합격예측**
> 버스는 동일한 기능을 수행하는 신호선들의 집단
>
> **합격예측**
> PC는 각 명령어가 인출된 후, 곧 이어질 명령어의 주소를 가리키는 값이 자동적으로 증가된다.

합격 NOTE

합격예측
PSR은 조건 코드와 상태 정보를 위한 Flag들로 구성

합격예측
Interrupt : 현재 수행중인 명령(프로그램)이 중단되는 상태

합격예측
스택은 임시 데이터를 저장하는 기능

합격예측
누산기는 CPU내에서 계산의 (중간) 결과를 저장한다.

라. **프로그램 상태 레지스터(PSR : Program Status Register)**

(1) ALU에서의 산술 연산 또는 논리 연산의 결과로 발생된 특정한 상태를 표시해 주며 Condition Code Register 또는 Flag Register라고도 부른다.

(2) 종류 : Z(Zero) 비트, C(Carry) 비트, S(Sign) 비 트, P(Parity) 비트, AC(Auxiliary Carry) 비트, 범람(Overflow), 인터럽트(Interrupt)

마. **명령 레지스터(IR : Instruction Register)**

메모리에서 인출된 내용 중 명령어를 해석하기 위해 명령어만 보관하는 레지스터

바. **스택 포인터(SP : Stack Pointer)**

레지스터의 내용이나 프로그램 카운터의 내용을 일시 기억시키는 곳을 스택이라 하며 이 영역의 선두 번지를 지정하는 것을 스택 포인터라 한다.

사. **누산기(ACC : ACCumulator : ACC)**

연산 결과 값을 일시적으로 기록하는 레지스터

아. **범용 레지스터(General Purpose Register)**

CPU에 필요한 데이터를 일시적으로 기억시키는 데 사용되는 레지스터로 논리 연산에도 사용된다.

자. **동작 레지스터(Working Register)**

CPU가 일을 처리하기 위해 CPU만이 사용 가능한 레지스터

3. 마이크로프로세서의 구성과 특징

마이크로프로세서는 MPU(Micro Processing Unit)라고도 불리며, 컴퓨터의 CPU 기능을 가지는 것으로 1개의 LSI로 되어 있다.

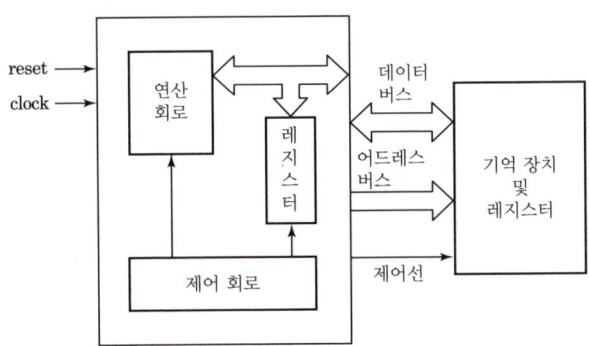

[마이크로프로세서의 기본 구성]

가. 마이크로프로세서의 데이터 처리부의 구성

① 연산 장치(ALU : Arithmetic Logic Unit)
② 시스템 레지스터(누산기, 프로그램 계수기 등)
③ 범용 레지스터
④ 결합 버스

나. 8080계 마이크로프로세서의 특징(8080, 8085, Z80)

① 사용자 범용 레지스터를 갖추고 있다.
② 연산의 기본은 누산기와 레지스터간에 수행된다.
③ 기억장치에 대한 어드레스 명령과 입·출력 기기를 제어하기 위한 입·출력 명령이 구분되어 있다.

다. 6800계 마이크로프로세서의 특징(6800, 6809, 6502, PPS-4, PPS-8)

① 사용자 범용 레지스터를 가지고 있지 않다.
② 연산기의 기본은 누산기와 기억장치간에 수행된다.
③ 기억장치에 대한 어드레스 명령과 입·출력 기기를 제어하기 위한 입·출력장치에 대한 액세스를 행한다.
④ 8[bit] 마이크로프로세서이다.

합격 NOTE

합격예측
① 마이크로프로세서는 컴퓨터의 CPU를 단일 IC칩에 집적시킨 반도체 소자이다.
② 마이크로프로세서는 연산장치, 제어장치, 레지스터 등으로 구성된다.

합격예측
마이크로컨트롤러(Micro Controller)는 한 개의 칩 내에 CPU 기능은 물론이고 일정한 용량의 메모리(ROM, RAM 등)와 입출력 제어 인터페이스 회로까지를 내장한 회로를 말한다.

합격예측
마이크로프로세서는 인텔사의 80계열과 모토롤라사의 68계열이 있다.

합격예측
인텔사의 8086과 모토롤라사의 68000은 초창기의 16비트 마이크로프로세서이다.

라. 8086 마이크로프로세서

① 29,000여 개의 트랜지스터를 포함하고 있으며 16[bit]로 이루어진 마이크로프로세서이다.
② 8080계열보다 정보의 처리 속도 등이 많이 향상되었다.
③ 다중 프로그램이 가능하다.
④ 16[bit] 마이크로프로세서이다.

마. 8086 IOP 마이크로프로세서

① 8086 마이크로프로세서가 중앙처리장치(CPU)로 쓰이는 마이크로컴퓨터에서 IOP 기능을 갖도록 설계된 것이다.
② 50개의 명령 set를 가지고 있다.
③ 8086은 CPU 기능을 담당하고 8089는 IOP 기능을 담당한다.

합격예측
Input Output Processor(IOP)

[마이크로프로세서의 분류]

형식	내장 기능	비트	대표적 마이크로프로세서	응용 분야
범용 마이크로프로세서	주로 CPU	4	i4004	범용
		8	i8008, i8080, M6800, Z80	
		16	i8086, M68000, Z8000	
		32	i80386, M68020, V60, V70	
원칩 마이크로 컴퓨터	CPU, 주기억, 입·출력 인터페이스	4	TMS1000, μCOM42	탁상계산기 사무기 계측기 완구
		8	MCS48, μCOM83, MC6805	
		16	TMS9940, μPD78312 i8096	
비트 슬라이스 마이크로프로세서	ALU 레지스터 파일	2	i3000	제어장치 프로세서 전용 컨트롤러
		4	Am2900, M10800	
		16	29C 101 CPU, 29C 116	
		32	Am29000	

바. CISC형과 RISC형 마이크로프로세서

합격예측
CISC와 RISC는 마이크로프로세서의 명령어 처리방식을 나타낸다.

(1) CISC(Complex Instruction Set Computer) 프로세서

① 복합 명령어 세트 컴퓨터
② 복합적인 연산들을 처리하는 명령어들을 가진 기존의 프로세서
③ 대부분의 범용 컴퓨터 CPU가 이에 해당한다.

(2) RISC(Reduced Instruction Set Computer) 프로세서

① 축소 명령어 세트 컴퓨터
② CISC의 한계성을 극복하고자 제안된 새로운 구조의 프로세서
③ 간략화된 소수의 명령어들만 지원

[CISC와 RISC 비교]

대상	CISC	RISC
레지스터	• 8 – 16개의 범용 레지스터 사용 • 부동 소수점 연산 제공	• 16 – 32개의 범용 레지스터 사용 • 부가적인 레지스터 사용 가능 • 십진 덧셈 등 기본적인 연산제공
데이터형	• 바이트, 배정도, 실수, 십진, 이진, 문자, 페이지 테이블, 큐 등	• 바이트, 정수 • 실수, 십진, 바이트, 스트링
명령어군	• OS와 RUN-TIME UTILITY를 지원하는 데이터형과 명령어 제공	• LOAD/STORE 범용 레지스터 • 레지스터의 데이터 연산
명령어 형식	• 다양한 길이와 형식을 제공 • LOAD/STORE, 레지스터와 메모리의 다양한 명령어의 형식 제공	• 고정된 길이의 명령어 제공 • 두 가지 형식 제공(LOAD/STORE, 레지스터간의 연산)
ENCODING	• 1개의 명령어 = 1개의 문장	• 1개의 명령어 = 1개의 오퍼랜드나 1개의 연산
설계 목적	• 최소의 프로그램 길이 • 1개의 명령어로 최대의 동작	• 프로그램 길이는 다소 길어도 명령어 당 실행 시간 최소화
구현 측면	• 마이크로 프로그램 제어 방식의 프로세서, 비교적 느린 메모리와 빠른 클럭, 다양한 실행 시간을 갖는 명령어, 복잡한 파이프라인 등은 컴퓨터 설계 및 구현시 많은 시간을 필요로 한다.	• 하드와이어 제어 방식의 프로세서와 소프트웨어로 구성, 빠른 프로세서와 빠른 캐시, 한 클럭에 수행되는 명령어, 단순한 파이프라인 구조는 비교적 구현하기가 쉽다.
캐시의 역할	• 유용한 정도	• 명령을 실행하는 데 필수 요소
컴파일러의 설계	• 올바른 명령어 인지에 중점을 두는 컴파일러	• 명령어 실행 순서에 중점적
설계 원리	• 유용한 소프트웨어 기능은 하드웨어로 옮긴다.	• 소프트웨어로 모든 기능 수행

합격예측
- CISC : 모든 고급언어 문장들에 대해 각각 기계 명령어가 대응되도록 하는 것
- RISC : CISC의 많은 명령어 중 주로 쓰이는 것만을 추려서 하드웨어로 구현하는 것

합격예측
- CISC : 복잡하고 고도의 명령기능을 갖는 구조의 CPU
- RISC : 사용빈도가 높은 명령어들만 내장한 CPU→처리속도 등 성능향상

사. 병렬 처리(Parallel Processing) 시스템

(1) 미니 컴퓨터나 대형 컴퓨터를 사용하기보다는 값싼 마이크로프로세서들을 여러 개 연결하여 빠른 처리 속도를 내게 하는 것이 병렬 처리 시스템이다.

(2) 병렬 처리 시스템의 종류

① SIMD(Single Instruction Stream Multiple Data Stream)형
모든 프로세서가 동일한 명령어를 동시에 실행하여, 각 프로세서에 주어진 데이터를 처리하는 방식이다

② MISD(Multiple Instruction Stream Single Data Stream)형
동일한 데이터에 대해서 복수의 프로세서가 개별적인 처리를 행하는 것이다.

합격예측
병렬 처리 시스템의 아키텍처를 분류하는 방법 : M.J. Flynn의 방법

합격예측
MISD형은 파이프라인 처리를 일반화한 것이라 생각할 수 있다.

③ MIMD(Multiple Instruction stream Multiple Data stream)형
복수의 프로세서가 각자의 프로그램으로 별개의 데이터를 처리하는 방식이다.

4. 명령(어)의 구조와 연산자의 기능

가. 명령어의 구성

명령어(Instruction)는 컴퓨터가 이해할 수 있는 2진수 체계로 된 기계어(Machine Language)로서 주기억장치에 저장된다. 프로그램은 각각 특정한 동작을 지정하는 명령으로 구성되며 보통 연산자(OP Code)와 하나 이상의 오퍼랜드(Operand)로 구성된다. 명령의 구성은 다음과 같다.

OP code	address(Operand)

① OP(OPeration code) : 연산자, 명령의 형식, 자료의 종류를 지정한다.
② 오퍼랜드(Operand) : 자료, 자료의 주소, 주소를 구하는 데 필요한 정보, 명령의 순서를 지정한다.

나. 연산자(OP Code)의 기능

(1) 함수 연산 기능(Functional Operation)

논리적 연산과 산술적 연산, 그리고 그 외의 많은 함수 연산자들은 응용 분야를 불문하고 사용하기가 편리하다.

(2) 전달 기능(Transfer Operation)

CPU와 기억장치 사이의 정보 교환을 행하는 것으로, 기억장치에서 중앙처리장치로 정보를 옮겨오는 것을 Load, 또는 Fetch라고 하며 그 반대로 중앙처리장치의 정보를 기억장치에 기억시키는 것을 Store라고 한다.

(3) 제어 기능(Control Operation)

프로그램의 인스트럭션의 수행 순서를 결정하며, 제어 인스트럭션에 의해서 프로그램의 수행 순서를 정하며, 프로그램 명령(어)의 수행 순서를 결정한다.

(4) 입·출력 기능(I/O Operation)

프로그램 상으로 입력 기능이 있어야 하며, 기억된 계산 결과를 프로그래머에게 알리기 위해서 출력장치를 이용한다.

합격예측

명령은 연산자(OP Code)와 주소(Address)로 이루어진다.

합격예측

산술 연산(+, -, ×, ÷) 및 논리 연산(AND, OR, NOT 등)

다. 명령어(Instruction)의 종류

(1) 3-주소 방식(3-Address Instruction)의 명령어

| OP 코드 | 주소 1 | 주소 2 | 주소 3 |

① 수행 시간이 길어서 특수한 목적 이외에는 사용하지 않는다.
② 연산 수행 후 피연산자가 변하지 않고 남아 있다.

(2) 2-주소 방식(2-Address Instruction)의 명령어

| OP 코드 | 주소 1 | 주소 2 |

계산 결과를 시험하고자 할 때 CPU 내에서 직접 시험이 가능하여 시간을 절약할 수 있다. 가장 일반적인 연산의 형태이다.

(3) 1-주소 방식(1-Address Instruction)의 명령어

| OP 코드 | 주소 1 |

연산 결과를 항상 누산기(Accumulator)에 기억하도록 하면 연산 결과의 주소를 지정해 줄 필요가 없다.

(4) 0-주소 방식(0-Address Instruction)의 명령어

| OP 코드 |

인스트럭션에 나타난 연산자의 수행에 있어서 피연산자들의 출처와 연산의 결과를 기억시킬 장소가 고정되어 있거나 특수한 그 주소들을 항상 알 수 있으면 인스트럭션 내에서는 피연산자의 주소를 지정할 필요가 없으며 연산자만을 나타내 주면 되는데 이러한 형식의 인스트럭션을 0 주소 방식이라 한다.

 참고

📍 명령어의 종류

① Stack을 사용하는 명령어 형식 : 0-주소 명령
② 누산기를 사용하는 명령어 형식 : 1-주소 명령
③ 자료의 주소지정이 필요 없는 명령어 형식 : 0-주소 명령
④ 연산 후 입력자료가 소멸되는 명령어 형식 : 2-주소 명령
⑤ 연산 후 입력자료가 보존되는 명령어 형식 : 3-주소 명령

합격 NOTE

합격예측
명령어는 사용되는 Operand의 개수에 따라 구분한다.

합격예측
3-주소 방식은 OP Code와 3개의 Operand로 구성되는 명령어 형식이다.

합격예측
1-주소 방식은 Accumulator를 이용하여 연산을 수행한다.

합격예측
0-주소 방식은 Stack을 이용하여 연산을 수행한다.

5. 주소 지정 방식(Addressing Mode)

주소란 중앙처리장치가 기억 장소 위치에 대하여 각각을 구분하기 위해 필요한 번호로서 컴퓨터 설계 단계에서 이미 할당되어 있는 절대 주소(Absolute Address)와 프로그램에 의해 의미를 부여받는 상대 주소(Relative Address) 등이 있다.

주소 지정 방식은 사용자에게 프로그래밍 하는데 융통성을 주며, 명령의 번지 필드의 비트수를 줄일 수 있으므로 우수한 주소 지정 방식을 갖추고 있는 컴퓨터에서는 처리의 고속성과 소프트웨어의 작성이 용이하다는 장점을 얻을 수 있다.

가. 오퍼랜드의 위치 표현에 따른 분류

(1) 함축 주소 지정(Implied Addressing Mode)
오퍼랜드를 사용하지 않는 방식으로 0 주소 명령이나 누산기에 대한 간단한 연산이 여기에 해당된다.

(2) 즉각 주소 지정(Immediate Addressing Mode : Level 수=0)
명령의 오퍼랜드부 자체가 실제 데이터로, 명령이 인출됨과 동시에 데이터도 자동으로 채취된다.

(3) 직접 주소 지정(Direct Addressing Mode : Level 수=1)
오퍼랜드 내에 주소 부분이 있어 그곳에 있는 값이 실제 데이터의 주소인 경우로, 직접 매핑(Mapping)이 이루어진다.

(4) 간접 주소 지정(Indirect Addressing Mode : Level 수≥2)
오퍼랜드 내에 주소 부분이 실제 데이터가 있는 곳의 주소를 간접적으로 나타낸다.

(5) 레지스터 주소 지정(Register Addressing Mode : Level 수=0.5)
CPU 내의 레지스터에 데이터가 있어 오퍼랜드로 레지스터의 번호를 지정한다.

(6) 레지스터 간접 주소 지정(Register Indirect Addressing Mode : Level 수=1.5)
오퍼랜드로 레지스터를 지정하고 다시 그 레지스터의 값이 실제 데이터가 기억된 기억 장소의 주소를 지정한다.

나. 변위주소 방법에 따른 분류

(1) 상대 주소 지정(Relative Addressing Mode)
상대 주소에서 기준 주소를 프로그램 카운터(PC)의 값을 취하는 방식으로 분기 명령에 이용된다.

(2) 인덱스 주소 지정(Indexed Addressing Mode)

상대 주소에서 기준 주소를 인덱스 레지스터의 값을 취하는 방식. 이 경우 인덱스 레지스터의 값을 가감(+1 또는 −1)함으로써 연속하는 주소와의 읽기·쓰기가 쉽게 이루어진다.(자동 인덱싱)

(3) 베이스 레지스터 주소 지정(Base Register Addressing Mode)

명령어 주소에 베이스 레지스터 값이 더해져 유효 주소가 결정된다. 이 방식은 인덱스 레지스터 대신 베이스 레지스터가 사용되며, 프로그램의 재배치(Relocation)가 용이하다.

> **합격예측**
> 인덱스 수식 지정은 대량의 데이터에 같은 처리를 가하는 배열 연산 등에 적용할 수 있다.

> **합격예측**
> 베이스 레지스터(Base Register)는 특정한 주소를 지정하기 위한 레지스터이다.

6. 명령의 수행

주기억장치에 저장되어 있는 명령은 CPU에 의해 읽혀져 해독된 후 실행된다. CPU가 하나의 명령을 수행하기 위해서는 내부에서 많은 세부적인 동작이 벌어져야 하는데 이러한 세부적인 동작은 마이크로 오퍼레이션(Micro-Operation)으로 설명될 수 있다.

> **합격예측**
> 하나의 명령이 실행된다는 것은 다수의 마이크로 오퍼레이션이 차례로 실행되는 것이다.

가. 마이크로 오퍼레이션

명령의 수행은 CPU의 상태 변환으로 이루어지며, 이러한 CPU의 상태 변환은 마이크로 오퍼레이션을 수행함으로써 이루어진다. 마이크로 오퍼레이션은 다음 중의 하나이다.

(1) R → R 마이크로 오퍼레이션 : 어떤 레지스터의 내용을 다른 레지스터로 전달

(2) F(R,R) → R 마이크로 오퍼레이션 : ALU에 의하여 하나(F(R) → R) 또는 두 개의 레지스터 내용이 연산되어 목적 레지스터에 전달

(3) 메모리에서 자료 읽기 또는 메모리에 자료 쓰기 동작

> **합격예측**
> Micro-Operation은 하나의 명령어를 수행하는데 CPU 내에서 일어나는 동작을 의미한다.

나. 인스트럭션 사이클(Instruction Cycle)

중앙처리장치가 어떤 일을 하고 있느냐에 따라 명령의 수행 단계를 크게 네 단계로 나누어 설명할 수 있다.

(1) 명령어 인출(Instruction Fetch) 단계

모든 명령의 시작이 되는 단계이며, 먼저 PC의 내용을 MAR에 전달하고, 명령어를 MBR로 전달하기 위하여 메모리 읽기 동작을 수행한다. MBR에 전달된 명령어는 IR로 전달되며, 메모리가 읽혀지는 동안에 PC가 현재 명령어가 인출되는 곳의 다음 메모리 워드를 가리킬 수 있도록 하기 위하여 제어장치는 내부 논리에 의하여 PC의 내용을 변경한다.

> **합격예측**
> 인스트럭션 사이클 = 메이저 상태(Major State)

> **합격예측**
> 명령어 인출은 모든 명령어에 동일하게 적용된다.

> **합격예측**
> PC는 Program Counter이다.

(2) 지연(Defer) 단계

간접(Indirect) 단계라고도 하며, 메모리로부터 읽혀 들여온 명령이 간접 주소 지정 방식일 경우에 메모리로부터 주소를 읽어오는 것이 필요하기 때문에 이 단계를 수행한다.

(3) 명령어 실행(Instruction Execution) 단계

일단 명령어가 명령어 레지스터에 들어오면, OP 코드가 해독(Decode)되고, 필요하면 메모리로부터 피연산자를 검색하고, 그리고 OP 코드에 의하여 요청된 처리를 수행하기 위한 동작이 순서대로 실행된다.

(4) 인터럽트(Interrupt) 단계

모든 명령은 수행을 마친 후 인터럽트 발생 여부를 검사하여 만약 어떤 인터럽트도 걸리지 않았다면 명령어 인출 단계를 수행하며, 인터럽트가 걸렸으면 CPU는 다음과 같은 일을 한다.

① 재 수행 중인 프로그램의 상태를 스택(Stack) 메모리에 보존한다.
② 인터럽트 취급 루틴(Interrupt Service Routine)에서 해당 인터럽트를 처리하기 위한 일을 수행하고 저장해 놓았던 레지스터 내용을 복원한 후 인터럽트로부터 복귀한다.

7. 제어장치 구현 방식

제어장치의 기능은 프로그램이 각 명령어에 대응하는 명령어 사이클을 수행하도록 적절한 순서의 제어신호를 생성하는 것이다.

가. 하드와이어드 제어장치(HCU : Hardwired Control Unit)

제어장치의 출력(제어신호)이 게이트와 플립플롭으로 구성된 순서 논리 회로에 의하여 생성된다. HCU는 복잡하고 어려워서 수정을 할 때는 재 설계가 필요하다.

나. 마이크로 프로그램드 제어장치(MCU : Microprogrammed Control Unit)

(1) 제어워드를 이용해서 시스템의 각 부분의 동작을 프로그래밍할 수 있는 방법(마이크로 프로그램)이다.
(2) 기억장치의 일부를 이용하므로 비용이 절약된다.

출제 예상 문제

제3장 마이크로프로세서

01 다음 그림은 마이크로컴퓨터의 동작 원리를 나타내는 것이다. 빈칸에 들어갈 알맞은 용어는?

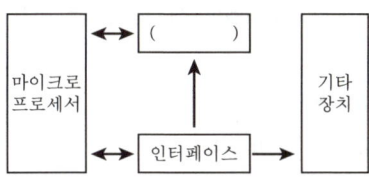

① RAM
② 중앙처리장치
③ 플로피디스크 드라이버
④ 하드디스크

해설
① 마이크로컴퓨터는 중앙처리장치, 기억장치, 입·출력장치의 3가지 기본 장치로 구성된 작은 규모의 컴퓨터 시스템이며, 중앙처리장치(CPU)만을 의미하는 것은 마이크로프로세서이다.
② 전형적인 마이크로컴퓨터 시스템은 마이크로프로세서, 메모리, I/O Interface로 구성된다.

02 마이크로컴퓨터의 직렬 입·출력 인터페이스가 아닌 것은?

① SIO
② USART
③ USB
④ PPI

해설
① 마이크로컴퓨터는 마이크로프로세서를 중앙 처리 장치로 사용하는 컴퓨터를 가리킨다.
② 직렬 입·출력 인터페이스 : SIO(Serial Input/Output Controller), USART(Universal Sync/Async Receiver/Transmitter), ACIA(Asynchronous Communication Interface Adapter) 등
③ 병렬 입·출력 인터페이스 : PIO(Parallel Input/Output Controller), PPI(Programmable Peripheral Interface), PIA(Peripheral Interface Adapter) 등

03 마이크로컴퓨터의 기본 정보는 '0'과 '1'로만 표현되며, 이러한 부호의 조합을 명령(Instruction)이라고 한다. 그리고 명령들은 어떤 목적과 규칙에 따라 나열되고, 메모리에 저장되는데 이것을 무엇이라 하는가?

① 데이터(DATA)
② 소프트웨어(Software)
③ 신호(Signal)
④ 2진 코드

04 다음 중 중앙처리장치에서 사용하고 있는 버스(BUS)의 형태에 속하지 않는 것은?

① Address Bus
② Control Bus
③ Data Bus
④ System Bus

해설
① 데이터버스(자료버스, Data Bus) : CPU와 메모리 사이에서 자료를 전달받기 위한 신호선이다.
② 주소버스(Address Bus) : 메모리의 주소를 지정하기 위한 신호선이다.
③ 제어버스(Control Bus) : CPU 내부요소 사이의 제어신호를 전달하기 위한 신호선이다.

05 컴퓨터에서 사용되는 버스(Bus)의 종류가 아닌 것은?

① 주소버스(Address Bus)
② 데이터버스(Data Bus)
③ 제어버스(Control Bus)
④ 입력버스(Input Bus)

[정답] 01 ① 02 ④ 03 ② 04 ④ 05 ④

06 다음 중 입·출력 장치를 선택하는 버스는?

① 어드레스 버스 ② 제어 버스
③ 데이터 버스 ④ I/O 포트 버스

해설
입출력 포트 버스(I/O Port Bus) : 여러 개의 입·출력 장치 중 1개를 지정하는 신호의 전송 통로이며 단일 방향이다.

07 Address Bus선(Line)이 16선으로 되어 있다. 이때 지정할 수 있는 최대 번지수는?

① 8192 ② 16384
③ 32767 ④ 65535

해설
주소선이 N개인 경우 기억용량 M은 다음과 같다.
$M[\text{Byte}] = 2^N[\text{Byte}]$
∴ $2^{16} = 65536[\text{Byte}]$

08 다음 지문이 설명하고 있는 것은?

> 인출할 명령어의 주소를 가지고 있는 레지스터로 명령어가 인출된 후 내용이 자동적으로 1 또는 명령어 길이만큼 증가하며, 분기 명령어가 실행될 경우 목적지 주소로 갱신한다.

① 기억장치 버퍼 레지스터
② 누산기
③ 프로그램카운터
④ 명령 레지스터

09 다음에 실행할 명령어가 기억되는 주기억장치의 번지를 기억하고 있는 레지스터로 명령어가 수행될 때마다 1~4바이트의 일정한 값만큼씩 증가되는 레지스터는?

① PC ② IR
③ PSW ④ MAR

해설
프로그램 카운터(PC : Program Counter)는 각 명령어가 인출된 후, 곧 이어질 명령어의 주소를 가리키는 값이 자동적으로 증가된다.

10 Micro Processor에서 다음 실행할 번지가 저장되는 곳은?

① Buffer Register
② Program Counter
③ Accumulator
④ Instruction Register

11 다음 레지스터들 중에서 Read하거나 Write할 때 반드시 거쳐야 하는 레지스터는?

① MAR(Memory Address Register)
② MBR(Memory Buffer Register)
③ PC(Program Counter)
④ IR(Instruction Register)

해설
중앙처리장치의 내부 구성 : 중앙 처리 장치의 내부는 여러 레지스터와 산술 논리 연산 장치로 구성되어 있다.

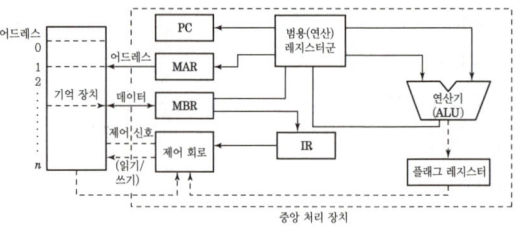

① 프로그램 카운터(PC : Program Counter) : 16비트의 길이를 가지고 있으며 CPU가 다음에 처리해야 할 명령이나 데이터의 메모리상의 번지를 지시한다.
② 메모리 어드레스 레지스터(MAR : Memory Address Register) : 어드레스를 가진 기억장치를 중앙 처리 장치가 이용할 때 원하는 정보의 어드레스를 넣어 두는 레지스터
③ 메모리 버퍼 레지스터(MBR : Memory Buffer Register) : 기억장치로부터 읽어낸(Read) 정보나 또는 저장(Write)할 정보를 넣어두는 레지스터
④ 산술 논리 연산 장치(ALU) : CPU가 해야 할 처리를 실제적으로 수행하는 장치로 가산기를 주축으로 구성되어 있다.

[정답] 06 ④ 07 ④ 08 ③ 09 ① 10 ② 11 ②

⑤ 상태 레지스터(Status Register) : ALU에서 산술 연산 또는 논리 연산의 결과로 발생된 특정한 상태를 표시해 주며 Condition Code Register 또는 Flag Register 라고도 부른다.
⑥ 명령 레지스터(IR : Instruction Register) : 메모리에서 인출된 내용 중 명령어를 해석하기 위해 명령어만 보관하는 레지스터
⑦ 스택 포인터(SP : Stack Pointer) : 레지스터의 내용이나 프로그램 카운터의 내용을 일시 기억시키는 곳을 스택이라 하며 이 영역의 선두 번지를 지정하는 것을 스택 포인터라 한다.
⑧ 누산기(AC : Accumulator) : ALU에서 처리한 결과를 항상 저장하며 또한 처리하고자 하는 데이터를 일시적으로 기억하는 레지스터
⑨ 범용 레지스터(General Purpose Register) : CPU에 필요한 데이터를 일시적으로 기억시키는 데 사용되는 레지스터
⑩ 동작 레지스터(Working Register) : CPU가 일을 처리하기 위해 CPU만이 사용 가능한 레지스터

12 주소영역(Address Space)이 1[GB]인 컴퓨터가 있다. 이 컴퓨터의 MAR(Memory Address Register)의 크기는 얼마인가?

① 30[bit]
② 30[Byte]
③ 32[bit]
④ 32[Byte]

해설
주소선이 N개(MAR=N[bit]), 데이터 n개(MBR=n[bit])라면 기억용량, M[bit]=$2^N \times n$
Giga byte=2^{30}[bite]=$2^{30} \times 8$[bit]
∴ MAR의 크기는 30[bit]이다.

13 다음 중 레지스터에 대한 설명으로 틀린 것은?

① 레지스터는 프로세서 내부에 위치한 저장소(Storage)이다.
② 누산기(Accumulator)는 레지스터의 일종이다.
③ 특정한 주소를 지정하기 위한 레지스터를 상태(Status) 레지스터라 부른다.
④ 레지스터는 실행과정에서 연산결과를 일시적으로 기억하는 회로이다.

해설
상태 레지스터(Status Register)는 시스템 내부의 순간순간의 상태를 기록하고 있는 PSW(Program Status Word, 프로그램 상태 워드)를 저장하는 레지스터로, 프로그램제어와 밀접한 관련이 있다.

14 CPU 내부에 있는 특수 목적용 레지스터 중 하나로, 인터럽트 수행과정에서 원래의 프로세스가 수행될 수 있도록 프로그램 카운터의 주소를 임시로 저장하는 레지스터를 무엇이라 하는가?

① 명령 레지스터
② 상태 레지스터
③ 기억장치 버퍼 레지스터
④ 스택 포인터

해설
스택 포인터(Stack Pointer) : 레지스터의 내용이나 프로그램 카운터의 내용을 일시 기억시키는 곳을 스택이라 하며 이 영역의 선두 번지를 지정하는 것을 스택 포인터라 한다.

15 다음 중 누산기(Accumulator)에 대한 설명으로 옳은 것은?

① 연산장치에 있는 레지스터의 하나로서 연산 결과를 기억하는 장치이다.
② 기억장치 주변에 있는 회로인데 가감승제 계산 논리 연산을 행하는 장치이다.
③ 일정한 입력 숫자들을 더하여 그 누계를 항상 보존하는 장치이다.
④ 정밀 계산을 위해 특별히 만들어 두어 유효숫자 개수를 늘리기 위한 것이다.

16 누산기(Accumulator)의 역할은?

① 연산 명령의 해독장치
② 연산 명령의 기억장치
③ 연산 결과의 일시 기억장치
④ 연산 명령 순서의 기억장치

[정답] 12 ① 13 ③ 14 ④ 15 ① 16 ③

17 다음 설명 중 틀린 것은?
① 마이크로프로세서는 연산장치, 제어장치, 레지스터 등으로 구성된다.
② 레지스터는 특정 데이터를 영구적으로 보관한다.
③ 마이크로프로세서는 중앙처리장치를 하나의 칩에 집적한 것이다.
④ 개인용 컴퓨터는 마이크로프로세서를 이용하여 제작할 수 있다.

18 다음 중 마이크로프로세서에 대한 설명으로 틀린 것은?
① 마이크로프로세서는 데이터를 시스템 메모리에 쓰거나 시스템 메모리로부터 읽어들일 수 있다.
② 마이크로프로세서는 데이터를 입출력장치에 쓰거나 입출력장치로부터 읽어들일 수 있다.
③ 마이크로프로세서는 시스템 메모리로부터 명령어를 읽어들일 수 없다.
④ 마이크로프로세서는 데이터를 가공할 수 있다.

해설
마이크로프로세서(Microprocessor)는 컴퓨터의 중앙처리장치(CPU)를 단일 IC칩에 집적시킨 반도체 소자이다.

19 마이크로프로세서에 대한 설명 중 올바른 것은?
① CPU를 집적화시킨 것이다.
② Intel 80386 DX는 4[bit] 마이크로프로세서이다.
③ 대형, 중량, 고가격이다.
④ 초창기의 마이크로프로세서는 한 번에 8[bit]를 처리할 수 있었다.

20 마이크로프로세서를 구성하는 요소 장치로 데이터 처리과정에서 필수적으로 요구되는 것들로 올바르게 짝지어진 것은?
① 제어장치, 저장장치
② 연산장치, 제어장치
③ 저장장치, 산술장치
④ 논리장치, 산술장치

해설
마이크로 프로세서(Micro Processor)
① 중앙처리장치를 한 개의 칩으로 구현한 것이다.
② 연산장치, 제어장치, 레지스터 등으로 구성된다.

21 다음 중 마이크로컨트롤러에 대한 설명으로 옳지 않은 것은?
① CPU와 RAM, ROM, I/O를 하나의 칩에 구현하였으며, MCU라고도 한다.
② 종류로는 CISC와 RISC가 있다.
③ 임베디드 시스템에 널리 사용되고 있다.
④ 연산부와 제어부로 구성되어 있으며, CPU 또는 MPU라고도 한다.

해설
마이크로컨트롤러(MicroController)는 한 개의 칩 내에 CPU기능은 물론이고 일정한 용량의 메모리(ROM, RAM 등)와 입출력 제어 인터페이스 회로까지를 내장한 회로를 말한다.

22 다음 문장의 괄호 안에 들어갈 용어로 올바른 것은?

> PC에서 사용되는 대부분의 프로세서는 (ⓐ) 기술에 기반을 둔다. (ⓑ) 프로세서와 다른 종류의 컴퓨터에 사용되는 프로세서는 (ⓒ) 기술에 기반을 둔다. (ⓒ) 프로세서는 더 적은 수의 명령을 가지고 있으며, (ⓐ) 프로세서보다 더 빠르게 수행된다.

① ⓐ CISC ⓑ PowerPC ⓒ RISC
② ⓐ PowerPC ⓑ CISC ⓒ RISC
③ ⓐ RISC ⓑ PowerPC ⓒ CISC
④ ⓐ CISC ⓑ RISC ⓒ PowerPC

[정답] 17 ② 18 ③ 19 ① 20 ② 21 ④ 22 ①

해설

① CISC(Complex Instruction Set Computer)
  ㉠ '복잡한 명령어들의 집합 컴퓨터'라 해석할 수 있다.
  ㉡ 명령어들이 복잡하다는 단점, 즉 명령어의 개수가 많다는 단점이 있는 반면 프로그램의 길이가 작고 레지스터수가 적다.
  ∴ 우리가 주로 쓰는 개인용 컴퓨터는 CISC를 사용한다.
② RISC(Reduced Instruction Set Computer)
  ㉠ '간단한 명령어들의 집합 컴퓨터'라 해석할 수 있다.
  ㉡ 명령어들이 간단한 반면 적은 수의 명령어로 프로그램을 구성하므로 자연히 프로그램의 길이가 길어진다. 그러므로 저장 공간도 더 많이 차지하고 레지스터수가 많고 속도가 빠르다.

23 다음 중 RISC(Reduced Instruction Set Computer)에 대한 설명으로 틀린 것은?

① CISC(Complex Instruction Set Computer)는 RISC보다 많은 양의 레지스터를 필요로 한다.
② 명령어의 길이가 일정하다.
③ 대부분의 명령어들은 한 개의 클록 사이클로 처리된다.
④ 소수의 주소기법(Addressing Mode)을 사용한다.

해설

구조적 특성	CISC	RISC
특성	하드웨어 복잡	컴파일러 복잡
클록	복잡하고 낮은 클록으로 동작	빠른 클록으로 동작
레지스터	9~16개의 범용 레지스터 사용	16~192개의 범용 레지스터 사용
명령어 형식	가변 길이의 명령어, 많은 수의 복잡한 명령어	고정된 길이의 명령어, 간단한 명령어
주소지정방식	5~20가지의 다양한 형식	3~5가지
CPU 제어	마이크로프로그램 제어방식	하드와이어 제어방식
연산	부동소수점 연산방식 제공	기본적인 연산만 제공

※ RISC는 많은 수의 레지스터를 사용하여 메모리 접근을 줄인다.

24 마이크로프로세서로 구성된 중앙처리장치는 명령어의 구성방식에 따라 2가지로 나눌 수 있다. 이중 연산 속도를 높이기 위해 처리할 수 있는 명령어 수를 줄였으며, 단순화된 명령구조로 속도를 최대한 높일 수 있도록 한 것은?

① SCSI(Small Computer System Interface)
② MISC(Micro Instruction Set Computer)
③ CISC(Complex Instruction Set Computer)
④ RISC(Reduced Instruction Set Computer)

25 마이크로프로세서는 크게 CISC(Complex Instruction Set Computer)와 RISC(Reduced Instruction Set Computer)로 나뉜다. 다음 중 RISC의 특징을 설명한 것으로 옳지 않은 것은?

① CISC보다 적은 양의 레지스터를 이용해 구동한다.
② 명령어의 길이가 일정하다.
③ 대부분의 명령어들은 한 개의 클록 사이클로 처리한다.
④ 소수의 주소기법(Addressing Mode)을 사용한다.

26 CISC의 특징 중 잘못된 것은?

① 주소지정방식이 다양하다.
② 명령어의 길이가 가변적이다.
③ 명령어의 수가 많다.
④ 제어장치가 고정배선제어(PLS)이다.

27 다음 중 RISC의 특징이 아닌 것은?

① 고정된 길이의 명령어 형식으로 디코딩이 간단하다.
② 단일 사이클의 명령어 실행
③ 마이크로 프로그램된 제어보다는 하드와이어된 제어를 채택한다.
④ CISC보다 다양한 어드레싱 모드

28 다음 중 마이크로 명령어에 대한 설명으로 틀린 것은?

① OP코드와 오퍼랜드로 구분한다.
② 오퍼랜드에는 주소, 데이터 등이 저장한다.
③ 오퍼랜드는 오직 한 개의 주소만 존재한다.
④ 컴퓨터 기계어 명령을 실행하기 위해 수행되는 낮은 수준의 명령어이다.

[정답] 23 ① 24 ④ 25 ① 26 ④ 27 ④ 28 ③

> [해설]
>
> **명령어**
>
> ① 명령어 형식
> 명령어는 다음과 같이 크게 2부분으로 구성된다.
>
> | 연산자부분 | 주소부분 |
> |---|---|
> | 명령코드(OP Code) | 오퍼랜드(Operand) |
>
> ② 명령어는 하나의 명령코드(OP Code) 부분과 몇 개의 Address 부분으로 구성되는데 이 Address가 몇 개인가에 따라 1번지 명령, 2번지 명령 등으로 나뉜다.

29 Machine Instruction에 있어서 꼭 필요한 부분은?

① OP-Code와 Index Register Field
② OP-Code와 Operand Field
③ Base Register와 Index Register Field
④ Indirect Addressing과 Address Field

> [해설]
>
> ① 명령 코드(Operation Code) : CPU 내의 ALU에서 연산자로서 산술 연산이나 논리 연산을 수행할 수 있도록 동작을 나타낸다.
> ② 오퍼랜드(Operand) : 명령 코드의 동작을 처리할 때에 필요한 피연산자 또는 데이터를 나타내는 주소 부분을 기술한다.

30 다음은 인스트럭션(Instruction)에 관계되는 용어(내용)를 설명한 것이다. 틀린 것은?

① 연산자(Operation Code) : 컴퓨터가 수행해야 할 연산의 종류를 나타낸다.
② Bandwidth : 기억장치에서 자료를 읽거나 쓸 때 1초 동안 전달하거나 받아들이는 비트수를 말한다.
③ 연산 속도 : 주기억장치에서 원하는 정보를 읽거나 원하는 곳에 기억시키는 속도는 컴퓨터 속도보다 빠르다.
④ 인스트럭션 : 기본적으로 연산자와 연산에 필요한 자료의 주소를 갖는다.

31 다음 중 인스트럭션의 설계 과정과 가장 거리가 먼 것은 어느 것인가?

① 연산자의 종류
② 주소 지정 방식
③ 기억장치의 대역폭(Bandwidth)
④ 해당 컴퓨터 시스템의 단어(Word)의 크기(비트 수)

32 다음은 명령어의 형식에 대한 설명이다. 괄호 안에 들어갈 용어로 옳은 것은?

> 명령어 형식에서 (가)은/는 입력과 출력, 가산 등의 기능부를 나타내며, (나)은/는 데이터의 소재를 나타내는 주소부로 나뉜다.

① 가 : Operation Code 1
　나 : Operation Code 2
② 가 : Operand
　나 : Operation Code 1
③ 가 : Operand Code
　나 : Operand
④ 가 : Operand
　나 : Instruction Code

> [해설]
>
> 사용되는 주소부(Operand)의 개수에 따라 0-주소/ 1-주소/ 2-주소/ 3-주소 명령으로 구분한다.

33 다음 중 컴퓨터 프로그램의 명령에서 연산자의 기능이 아닌 것은?

① 함수연산 기능
② 전달 기능
③ 제어 기능
④ 인터럽트 기능

[정답] 29 ② 30 ③ 31 ③ 32 ② 33 ④

> 해설

명령어는 크게 명령코드(Operation code)와 오퍼랜드(Operand)의 2부분으로 구성된다.
① 연산자부 : 수행해야 할 동작에 맞는 연산자를 표시하며, Opcode부라고 한다.
　㉠ 함수연산 기능 : 산술연산 및 논리연산
　㉡ 자료 전달 기능 : CPU와 기억장치 사이에서 정보를 교환하는 기능
② 주소부 : 기억장소의 주소, 레지스터 번호, 사용할 데이터 등을 표시

34 0-주소 명령어(Zero-Address Instruction)에서 사용하는 특정한 기억장치 조직은 무엇인가?

① 그래프(Graph)　② 스택(Stack)
③ 큐(Queue)　④ 트리(Tree)

> 해설

0-주소 방식(0-Address Instruction)
① 명령코드만 존재하고 주소가 없는 형식이다.
② 이 형식은 스택을 이용하게 된다. 데이터를 기억시킬 때는 PUSH, 꺼낼 때는 POP을 사용한다.(PUSH, POP명령어는 스택에만 존재)

35 다음 명령어와 관계 있는 것은?

"STORE X, A"

① 0-주소 명령어　② 1-주소 명령어
③ 2-주소 명령어　④ 3-주소 명령어

> 해설

"STORE X, A"는 2개의 오퍼랜드를 가지고 있는 2-번지(주소) 명령어이다.

36 CPU가 실행하여야 할 명령어의 수가 75개인 경우 명령어 구분을 위한 명령코드(Op-Code)는 최소한 몇 비트가 필요한가?

① 5비트　② 6비트
③ 7비트　④ 8비트

> 해설

명령코드는 2비트라면 $2^2=4$개의 명령어를 가질 수 있으므로, $2^6(64)<75<2^7(128)$으로, 75개의 명령어수를 구분하기 위해서는 최소 7비트가 필요하다.

37 다음 중 마이크로컴퓨터에서 주소(Address) 설계 시 고려사항이 아닌 것은?

① 주소와 기억공간을 독립한다.
② 가상기억방식만 채택한다.
③ 번지는 효율적으로 표현한다.
④ 사용하기 편해야 한다.

> 해설

주소지정방식은 프로그램이 수행되는 동안 사용될 데이터의 위치를 지정하는 방법이다. 고려사항은 다음과 같다.
① 주소공간과 기억공간의 독립성 : 주소공간과 기억공간을 독립시킬 수 있어야 한다.
② 표현의 효율성 : 주소를 효율적으로 나타내어야 한다.
③ 사용의 효율성 : 사용자에게 편리하도록 해야 한다.

38 다음 중 주소지정방식에 대한 설명으로 틀린 것은?

① 직접 주소지정방식에서 오퍼랜드는 실제 주소 값이다.
② 간접 주소지정방식은 최소 두 번 메모리에 접속해야 실제 데이터를 가져온다.
③ 즉시 주조지정방식에서 오퍼랜드는 실제 데이터 값이다.
④ 레지스터 주소지정방식은 프로그램카운터(PC)와 관련이 있다.

> 해설

주소지정방식(Addressing Mode)의 종류
① 직접(Direct) 주소지정 : Operand의 내용으로 실제 Data의 주소가 들어 있는 방식
② 간접(Indirect) 주소지정 : Operand의 내용이 실제 Data의 주소를 가진 Pointer 주소인 방식
③ 즉시(Immediate) 주소지정 : Operand에 실제 Data가 기록되어 있는 방식
④ 레지스터(Register) 주소지정 : 직접 주소지정방식과 유사한 것으로서 주소부가 레지스터를 지정하는 방식으로 PC와는 관련이 없다.

[정답] 34 ② 35 ③ 36 ③ 37 ② 38 ④

39 다음 중 주소지정방식에 대한 설명으로 틀린 것은?
① 직접 주소지정방식보다 간접 주소지정의 주소 범위가 더 넓다.
② 간접 주소지정방식은 두 번 이상 메모리에 접속해야 실제 데이터를 가져온다.
③ 레지스터 간접 주소지정방식에서 레지스터 안에 있는 값은 실제 데이터 주소이다.
④ 즉시(또는 즉치) 주소지정방식에서 오퍼랜드는 기억장치의 주소 값이다.

해설
즉시 주소지정방식은 명령어의 주소 부분에 실제 데이터를 넣어주는 방식으로, Operand에는 실제 데이터(Data)가 기록되어 있는 방식

40 주소는 지정한 자료에 접근하는 방법에 따라 나눌 수 있는데 여기에 해당되지 않는 것은 어느 것인가?
① 직접 주소
② 상대 주소
③ 간접 주소
④ 자료 자신에 대한 주소

해설
① 자료 접근 방식에 따른 분류
  ㉠ 직접 주소 지정 : 오퍼랜드 내에 주소 부분이 있어 그곳에 있는 값이 실제 데이터의 주소인 경우로 직접 매핑(Mapping)이 이루어진다.
  ㉡ 간접 주소 지정 : 오퍼랜드 내에 주소 부분이 실제 데이터가 있는 곳의 주소를 간접적으로 나타낸다.
  ㉢ 계산에 의한 주소 지정 : 주소에 상수 또는 레지스터에 기억된 주소의 일부분을 계산 또는 접속시켜서 사상시키는 주소
  ㉣ 자료 자신 지정 : 명령어 내에 데이터가 존재하는 지정 방식
② 기억 공간의 연관에 따른 분류
  ㉠ 절대 주소 지정 : 컴퓨터 설계시부터 이미 할당되어 있는 주소 지정 방식
  ㉡ 상대 주소 지정 : 상태 레지스터 등의 내용을 점검하여 조건에 따라 프로그램 처리를 변경하고자 하는 명령에만 사용되는 주소 지정 방식

41 주기억장치에 데이터를 기억시킬 때 기억하는 단위는 어단위, 자단위, Byte 단위 등이 있는데 기억장치에 처음부터 0, 1, 2, 3…으로 부여되는 고유 번지를 무엇이라고 하는가?
① Relative Address
② Absolute Address
③ Base Address
④ Memory Address

해설
① 컴퓨터 설계 단계부터 이미 할당되어 있는 주소가 절대 주소이다.
② 절대 주소는 그 주소를 이용하여 변함없이 데이터에 접근할 수 있는 주소이다. 즉, 기억 공간과 바로 사상되는 주소이다.
③ 장점 : 이해하기 쉽다.
  단점 : 기억장치 이용 효율이 저하된다.

42 다음 중 오퍼랜드(Operand) 부분에 데이터를 기억하는 방법에 해당되는 것은?
① 상대 번지 지정
② 이미디어트(Immediate) 번지 지정
③ 변형 페이지 제로 번지 지정
④ 인덱스 번지 지정

해설
즉각 주소 지정(Immediate Addressing Mode) 또는 자료 자신 지정 방식
① 명령의 오퍼랜드부 자체가 실제 데이터로 명령이 인출됨과 동시에 데이터도 자동으로 채취된다.
② 메모리 참조 횟수 = 0

43 다음 중 간접 주소 번지 지정 방식(Indirect Addressing)을 바르게 설명한 것은?
① 명령문 내의 번지는 실제 데이터의 위치를 찾을 수 있는 번지가 들어 있는 장소를 표시한다.
② 명령문 내의 번지는 실제 데이터의 주소를 표시한다.
③ 명령문 내의 번지는 상대 주소이므로 기본 번지를 더하여 절대 주소가 생성된다.
④ 명령문 내의 번지는 절대 주소이므로 더 이상의 연산이 필요하지 않다.

[정답] 39 ④ 40 ② 41 ② 42 ② 43 ①

해설
간접 주소 지정 방식은 주기억장치를 두 번 이상 접근하는 단점은 있으나 융통성이 있다.
① 번은 간접 주소 지정 방식
② 번은 직접 주소 지정 방식
③ 번은 상대 주소 지정 방식
④ 번은 즉각 주소 지정 방식

44 자료가 기억된 장소에 직접 사상(Mapping)시킬 수 있는 주소는?

① 직접 주소
② 간접 주소
③ 상대 주소
④ 자료 자신

해설
직접 주소 지정(Direct Addressing Mode)
① 오퍼랜드 내에 주소 부분이 있어 그곳에 있는 값이 실제 데이터의 주소일 경우로 직접 매핑(mapping)이 이루어진다.
② 메모리상의 오퍼랜드 위치가 명령 코드 다음에 명시되는 주소 지정 방식이다.

45 다음 중 전자계산기 명령(Instruction)의 주소 지정 방식인 간접 주소 지정 방식(Indirect Addressing)에 대한 설명으로 틀린 것은?

① 명령의 오퍼랜드가 지정하는 부분에 실제 데이터가 저장된 부분의 주소를 기록하고 있는 주소 지정 방식
② 기억장치에 최소 2번 접근하여 오퍼랜드를 얻을 수 있는 주소 지정 방식
③ 처리 속도는 느리지만 짧은 길이의 오퍼랜드로 긴 주소에 접근할 수 있는 주소 지정 방식
④ 오퍼랜드의 길이가 길어 소용량 기억장치의 주소를 나타내는 데 적합한 주소 지정 방식

해설
간접 주소 지정 방식(Indirect Addressing Mode)
① 장점 : 길이가 인 워드에 대하여 의 주소 공간을 활용할 수 있다. 즉, 짧은 길이를 가진 명령어로 큰 용량의 기억 장소의 주소를 지정할 수 있다.
② 단점 : 내용을 액세스하기 위해 두 번의 메모리 참조를 해야 하므로 처리 속도가 제일 느리다.

46 프로그램 계수기(Program Counter)와 관련된 주소 지정 방식(Addressing mode)는?

① 상대적 주소 지정 방식
   (Relative Addressing Mode)
② 색인 레지스터 주소 지정 방식
   (Index Register Addressing Mode)
③ 간접 주소 지정 방식
   (Indirect Addressing Mode)
④ 직접 주소 지정 방식
   (Direct Addressing Mode)

해설
상대 주소 지정 방식 : 상대 주소에서 기준 주소를 프로그램 카운터(PC)의 값을 취하는 방식으로 분기 명령에 이용된다.

47 표(Table) 및 배열(Array) 구조의 데이터를 처리하고자 할 경우 명령어들의 주소 지정 방식은?

① 상대(Relative)
② 인덱스(Index)
③ 간접(Indirect)
④ 함축(Implied)

해설
인덱스 주소 지정(Indexed Addressing Mode)
① 인덱스 레지스터에 데이터가 저장되어 있는 어드레스를 로드해 놓고 각 명령에서 이 어드레스 방식을 사용하면 인덱스 레지스터에 로드되어 있는 어드레스가 대상이 되는 주소 지정 방식이다.
② 대량의 데이터에 같은 처리를 위한 배열 연산 등에 적용할 수 있다.

48 마이크로프로그램에 의한 각 기계어 명령들은 제어 메모리에 있는 일련의 마이크로 오퍼레이션의 동작을 시작하는 데 다음 중 이에 맞지 않은 동작은?

① 주기억장치에서 명령어 인출하는 동작
② 오퍼랜드의 유효 주소를 계산하는 동작
③ 지정된 연산을 수행하는 동작
④ 다음 단계의 주소를 결정하는 동작

[정답] 44 ① 45 ④ 46 ① 47 ② 48 ④

해설

명령어 사이클
① Fetch Cycle : 주기억장소로부터 명령을 읽어 CPU로 가져오는 주기
② Indirect Cycle : Operand가 간접주소일 때 Operand가 지정하는 곳으로부터 유효주소를 읽기 위해 기억장치에 접근하는 주기
③ Execute Cycle : 기억장치에 접근하여 자료를 읽어 연산을 실행하는 주기
④ Interrupt Cycle : 현재 수행중인 명령이 중단되는 상태

49 CPU가 무엇인가를 하고 있는가를 나타내는 상태를 메이저 상태라고 하는데 다음 중 메이저 상태의 종류에 해당되지 않는 것은?

① Fetch 상태
② Indirect 상태
③ Timing 상태
④ Interrupt 상태

50 명령 사이클의 설명으로 올바른 것은?

① 명령어의 인출단계
② 명령어의 실행단계
③ 명령어의 인출에서 실행까지의 전체과정
④ 명령어의 인출과 해독단계

51 한 인스트럭션의 수행 순서는 여러 사이클로 이루어진다. 다음 중 맞는 것은?

① 호출 사이클 – 인터럽트 사이클 – 간접 사이클 – 실행 사이클
② 호출 사이클 – 실행 사이클 – 간접 사이클 – 인터럽트 사이클
③ 호출 사이클 – 간접 사이클 – 실행 사이클 – 인터럽트 사이클
④ 호출 사이클 – 실행 사이클 – 인터럽트 사이클 – 간접 사이클

해설

4가지 사이클
① Fetch(호출) 상태
② Indirect(간접) 상태
③ Execute(실행) 상태
④ Interrupt 상태

52 CPU가 명령어를 갖고 마이크로오퍼레이션을 수행하는데 요구되는 시간을 의미하는 것은?

① CPU 검색 타임
② CPU 액세스 타임
③ CPU 실행 타임
④ CPU 사이클 타임

해설

CPU의 동작 속도
① 주기억장치에 저장되어 있는 명령은 CPU에 의해 읽혀져 해독된 후 실행되며 CPU가 하나의 명령을 수행하기 위해서는 내부에서 많은 세부적인 동작이 일어나야 한다.
② 세부적인 동작을 마이크로오퍼레이션(Micro-Operation)이라 하는데 마이크로오퍼레이션 수행에 필요한 시간을 마이크로 사이클 타임(Cycle Time)이라 하며, 일반적으로 CPU의 속도를 의미한다.

53 중앙 연산 처리 장치에서 Micro-Operation이 순서적으로 일어나게 하려면 무엇이 필요한가?

① 스위치
② 레지스터
③ 누산기(Accumulator)
④ 제어 신호(Control Signal)

해설

중앙 처리 장치의 동작 원리
① 중앙 처리 장치는 주기억장치로부터 차례차례 프로그램 명령어를 꺼내와 해독하고 실행한다.
② 중앙 처리 장치의 동작은 명령 페치(Fetch) 단계와 명령 실행(Execution) 단계로 나누어 이들이 번갈아 가면서 연속적으로 이루어진다.
③ 제어 신호는 각 마이크로 오퍼레이션 수행을 위한 신호이다.

[정답] 49 ③ 50 ③ 51 ③ 52 ④ 53 ④

54 어떤 명령이 실행되기 위해서 가장 먼저 이루어지는 마이크로 오퍼레이션은?

① MBR←PC ② PC←PC+1
③ IR←MBR ④ MAR←PC

해설
명령어 호출(fetch) 주기
① 프로그램 카운터의 내용이 주소 레지스터로 전달된다. (MAR ← PC)
② 프로그램 카운터가 증가된다.(PC ← PC+1)
③ 메모리 어드레스 레지스터가 가리키는 주소의 내용이 메모리 버퍼 레지스터로 이동된다.(MBR ← M[MAR])

55 다음 마이크로 연산은 어떤 사이클에서 수행되는 동작을 표현한 것인가?

C_0 : MAR ← PC
C_1 : MBR ← M(MAR), PC ← PC+1
C_2 : IR ← MBR

① 인출 ② 실행
③ 인터럽트 ④ 간접

해설
페치(인출) 사이클이란 기억장치 내의 지정된 주소에서 명령어가 제어장치에 호출되어 해독되는 과정을 말한다.
① MAR←PC : 프로그램 카운터(PC)의 내용이 주소레지스터로 전달된다.
② MBR←M[MAR], PC←PC+1
  프로그램 카운터가 증가되며, 명령어를 MBR로 전송하기 위하여 메모리 읽기 동작을 수행한다.
③ IR←MBR(OP) : MBR에 전달된 명령어는 IR로 전달된다.

56 인터럽트에 대한 설명 중 옳지 않은 것은?

① 외부 장치로부터의 CPU에 대한 긴급 서비스 요청이다.
② 컴퓨터 내부에서 순간순간의 시스템 상태를 나타내는 PSW(Program State Word)와는 무관하다.
③ 전원 기타 기계적인 문제가 발생할 때 유용하다.
④ 보호된 기억 영역에의 접근과 같은 프로그램상의 문제가 발생할 때도 이를 쓴다.

해설
① 인터럽트가 발생될 수 있는 상황
  ㉠ 정전 또는 자료 전달 과정에서 오류(Error)의 발생
  ㉡ 불법적인 인스트럭션(Instruction)의 수행
  ㉢ 오퍼레이터에 의한 동작
  ㉣ 입·출력 동작
② PSW(Program Status Word) : 인터럽트 요인이 발생하면 CPU는 현재 상태인 프로그램 카운터(PC), 상태 코드, 인터럽트 코드, 기타 시스템 정보 등을 보관하는 레지스터이다.
∴ 시스템 상태는 PSW를 참조한다.

57 다음 중 인터럽트에 대한 설명으로 틀린 것은?

① 인터럽트 발생시에 복귀주소는 스택(Stack)에 저장된다.
② 스택에 저장되는 값은 PC(Program Counter) 값이다.
③ 스택에서 값을 가져오는 것을 푸시(Push)라고 부른다.
④ 인터럽트 서비스 루틴(ISR)의 마지막 명령어는 리턴(Return)이다.

해설
스택에 값을 넣는 것은 PUSH, 스택에 있는 값을 가져오는 것은 POP이다.

58 중단(Interrupt) 발생시 수행되어야 할 일이 아닌 것은?

① 수행 중인 프로그램을 보조기억장치에 보관한다.
② 프로그램 카운터의 내용을 보관한다.
③ 인터럽트 처리 루틴을 수행한다.
④ 어느 장치에서 인터럽트가 요청되었는지를 조사한다.

해설
인터럽트 처리 순서
① 인터럽트 발생 장치로부터 인터럽트 요청 신호 발생
② CPU는 인터럽트 요청을 받은 후, 현재 수행 중인 프로그램의 상태(PSW)를 보존
③ 인터럽트의 원인을 찾고 인터럽트 취급 루틴을 수행
④ 인터럽트 취급 루틴의 수행을 통해 인터럽트에 대한 조치를 취함
⑤ 중지한 프로그램 상태(PSW)를 복원시키고, 프로그램이 중단된 곳에서부터 계속 수행

[정답] 54 ④ 55 ① 56 ② 57 ③ 58 ①

59 인터럽트(interrupt)의 발생 요인이 아닌 것은?
① 기계 착오 인터럽트
② 프로그램 착오 인터럽트
③ 감시 관리 call
④ 계시 기구(Timer) 인터럽트

해설
인터럽트의 종류
① 기계 착오 인터럽트(Machine Check Interrupt)
② 외부 인터럽트(External Interrupt)
③ 입·출력 인터럽트(Input/Output Interrupt)
④ 프로그램 검사 인터럽트(Program Check Interrupt)
⑤ 감시 프로그램 호출 인터럽트(Supervisor Call Interrupt)

60 중앙 처리 장치 내에서 에러(Error)가 발생했을 때의 인터럽트는?
① Supervisor-Call Interrupt
② Machine Check Interrupt
③ Program Interrupt
④ Input/Output Interrupt

해설
기계 착오 인터럽트(Machine Check Interrupt)
프로그램을 수행하는 도중에 기계의 착오로 인하여 생기는 인터럽트로 인터럽트가 발생한 경우 제어 프로그램(Control Program)에게 제어권이 이양된다. 이때 제어 프로그램 내의 인터럽트 루틴이 중앙 연산 처리 장치의 제어권을 인도받아서 필요한 진단이나 착오 정정의 처리를 수행한 후에 제어권을 다시 처리 프로그램에 되돌려주는 것이다. 이와 같이 기계에 이상이 생겨 발생하는 인터럽트를 기계 착오 인터럽트라고 한다.

61 다음 중에서 Timer나 Operator의 Interrupt Button에 의해서 발생하는 Interrupt는?
① Pprogram Interrupt
② External Interrupt
③ Input/Output Interrupt
④ Machine Check Interrupt

해설
외부 인터럽트(External Interrupt)
① 오퍼레이터(콘솔을 다루는 사람)가 시스템의 요구에 필요한 조치를 하는 경우라든가, 타이머에 의해 특정 시간이 되면 하던 일을 중단하고 다른 업무를 하는 경우에는 외부에서 생기는 신호에 의해 인터럽트가 일어난다. 이때 오퍼레이터는 콘솔에 있는 인터럽트 키(Interrupt Key)를 누르고 나서 필요한 조작을 한다. 이처럼 외부의 신호에 따라 생기는 인터럽트를 외부 인터럽트라 한다.
② 입·출력(I/O) 인터럽트로서 입·출력 동작의 종료 및 입·출력의 오류 등이 발생하여 CPU의 지시가 필요하다.

62 다음 중 인터럽트의 우선순위가 가장 높은 것은 무엇인가?
① 전원 Reset 인터럽트
② 입출력 인터럽트
③ 외부 인터럽트
④ SVC(Supervisor Call)

해설
① 인터럽트란 컴퓨터가 작업을 수행하던 도중 예기치 못한 특수한 상황이 발생하여 작업을 중단하고, 그 특수한 상황을 먼저 처리한 후, 원래의 작업으로 되돌아가 나머지 작업을 계속 수행하게 되는 일련의 과정이다.
② 인터럽트 우선순위 : 정전·전원이상 인터럽트 > 기계고장 인터럽트 > 외부 인터럽트 > 입출력 인터럽트 > 프로그램 인터럽트 > SVC 인터럽트

63 다음 중 인터럽트 우선순위방식이 아닌 것은?
① Subroutine Call   ② Polling
③ Priority Encoder   ④ Daisy Chain

해설
인터럽트 우선순위(Priority) 체제
① 동시에 하나 이상의 인터럽트가 발생하였을 때 먼저 서비스할 장치의 결정이 인터럽트 우선순위 체제의 목적이다.
② 인터럽트 우선순위를 판별하는 방법은 소프트웨어적인 방법과 하드웨어적인 방법이 있다.
  ㉠ 소프트웨어적으로 우선순위가 높은 인터럽트를 알아내는 방식은 '폴링(Polling)방식'이라 한다.
  ㉡ 하드웨어에 의한 우선순위
    ⓐ 데이지 체인(Daisy-Chain) 우선순위
    ⓑ 병렬(Parallel) 우선순위

[정답] 59 ④ 60 ② 61 ② 62 ① 63 ①

64 하드웨어 우선 순위 인터럽트 장치인 데이지 체인(Daisy-Chain) 방법에서 인터럽트 요구 장치의 연결 방법은?

① 직렬 연결
② 병렬 연결
③ 직렬 및 병렬 연결
④ 최고 우선 순위만 직렬 연결하며, 최하 우선 순위는 병렬 연결

해설
데이지 체인 방식은 인터럽트를 발생하는 모든 장치들을 우선 순위에 따라 직렬로 연결한다.

65 다음의 인터럽트에 대한 설명 중 틀린 것은?

① 프로세서가 서비스 루틴 분기 번지를 선택하는 방법에 따라 벡터 인터럽트와 비벡터 인터럽트로 나눌 수 있다.
② 벡터 인터럽트 방식은 인터럽트를 내는 소스가 프로세서에게 분기에 대한 정보를 제공하는 방식이다.
③ 비벡터 인터럽트 방식은 분기 번지와 메모리에 고정 위치에 지정되어 있는 방식이다.
④ 하드웨어 우선 순위 인터럽트 장치 중 병렬로 연결하는 방법이 데이지 체인(Daisy-Chain) 방식이다.

해설
④번은 병렬 우선 순위 인터럽트의 설명이다.

66 인터럽트의 우선 순위를 바르게 나열한 것은?

① 전원 이상 → 기계착오 → 외부신호 → 입·출력 → 명령의 잘못 사용 → 슈퍼바이저 호출(SVC)
② 슈퍼바이저 호출(SCV) → 전원 이상 → 기계착오 → 외부신호 → 입·출력 → 명령의 잘못 사용
③ 슈퍼바이저 호출(SCV) → 입·출력 → 외부신호 → 기계착오 → 전원 이상 → 명령의 잘못 사용
④ 기계착오 → 외부신호 → 입·출력 → 명령의 잘못 사용 → 전원 이상 → 슈퍼바이저 호출(SVC)

67 인터럽트를 발생시키는 장치들을 직렬로 연결시키는 하드웨어적인 우선순위 제어방식은?

① Hand Shaking
② Daisy Chain
③ Spooling
④ Polling

해설
데이지 체인은 하드웨어 우선순위 인터럽트 처리의 한 종류로서 인터럽트 라인을 직렬로 연결하는 방법이다.

[정답] 64 ① 65 ④ 66 ① 67 ②

Chapter 3 네트워크(NW) 운용관리

합격 NOTE

네트워크 운용

1. 네트워크(Network, NW)의 개요

가. 데이터 통신(Data Communication)

(1) 데이터는 사용자 간에 합의에 의해서 임의의 형태로 표현된 사실, 개념 및 명령 등을 말한다. 컴퓨터 시스템에서의 데이터는 0과 1로 표현되는 2진 정보 단위, 즉 비트(bit)를 사용한다.

(2) 데이터 통신은 컴퓨터와 같은 통신 기능을 갖춘 두 개 이상의 통신장치 사이에서 동선, 광섬유, 혹은 무선 링크를 포함하는 전송 미디어를 사용하여 프로토콜에 따라 2진 데이터 정보를 교환하는 과정이다.

나. 네트워크(통신망) 정의

(1) 네트워크는 모뎀이나 케이블 또는 무선매체 등의 통신설비를 갖춘 컴퓨터를 서로 연결시켜 주는 조직이나 체계, 통신망을 의미한다.

(2) 네트워크는 하나의 컴퓨터가 프린터, 스캐너와 같은 장치와 연결되거나 공유하는 형태뿐만 아니라, 사무실, 건물 내 또는 광범위한 범위의 여러 건물들에 분산되어 있는 컴퓨터나 장치까지도 포함한다.

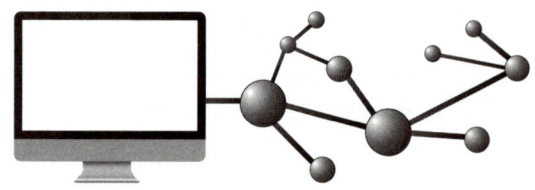

[통신망(Network)]

(3) 네트워크 구성의 장, 단점

장 점	단 점
• 리소스(Resource) 공유 • 미디어 스트리밍을 통해 디지털 미디어 재생 • 광대역 인터넷 연결 공유 등	• 바이러스, 악성코드, 해킹 피해 발생 • 개인 정보 유출 • 보안의 문제점 • 데이터 변조 등

합격예측
데이터 통신은 디지털 형태, 즉 2진 부호로 표시된 정보를 대상으로 하는 통신이다.

합격예측
네트워크란 컴퓨터(노드)들을 상호 연결하여 데이터통신을 제공하는 것이다.

합격예측
최근에는, 하나의 네트워크에 다수 네트워크를 연결하여 데이터 분산과 효율적인 정보관리를 할 수 있다.

합격예측
네트워크 평가기준 : 성능, 신뢰도, 보안

(4) 네트워크의 분류

네트워크는 전송방식, 연결형태, 망의 규모, 통신 방법, 서비스 별로 분류된다.

항 목	분 류
전송 방식	아날로그 통신망, 디지털 통신망
연결 형태	성형, 버스형, 링형, 트리형, 그물형, 혼합형
망의 규모	LAN, MAN, WAN
통신 방법	회선 교환망, 패킷 교환망, 메시지 교환망
서비스	부가가치 통신망, 광대역 통합망, 공중망
자원의 위치	피어 투 피어(P2P), 클라이언트–서버(C/S)

합격예측
광대역 통합망(BcN) : 방송, 통신, 인터넷이 융합되는 통신망

📝 참고

📍 **P2P(Peer-to-Peer) Network**

① P2P 혹은 동등 계층간 통신망은 컴퓨터의 쌍방향 파일 전송 시스템을 말하며, 컴퓨터 끼리 대등하게 통신하는 것이다.
② P2P 통신망은 비교적 소수의 서버에 집중하기보다는 망구성에 참여하는 노드들의 계산과 대역폭 성능에 의존하여 구성되는 통신망이다.

합격예측
P2P는 인터넷에 연결된 모든 개인 컴퓨터로부터 직접 정보를 제공받고 검색은 물론 Download 까지 할 수 있는 서비스이다.

📍 **Client/Server(C/S) Network**

① 클라이언트–서버(C/S) 네트워크란 데이터를 저장하고 관리하는 서버 부분과 해당 서버에 접속하여 데이터를 열람하는 클라이언트 부분으로 구성된 네트워크 구조를 말한다.
② 클라이언트/서버 모델은 여러 다른 지역에 걸쳐 분산되어 있는 프로그램들을 연결시켜주는 편리한 수단을 제공한다.

합격예측
① 클라이언트 : 다른 프로그램에게 서비스를 요청하는 프로그램 및 장치
② 서버 : 그 요청에 대해 응답을 해주는 프로그램 및 장치

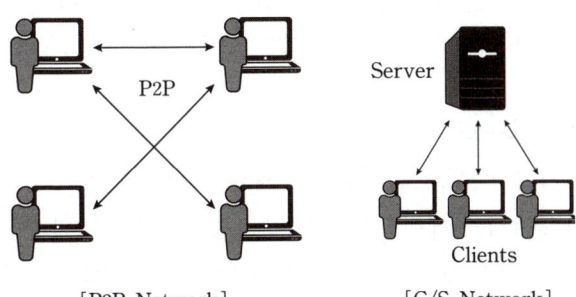

[P2P Network]　　　　[C/S Network]

2. OSI-7 계층 참조 모델

가. OSI(Open System Interconnection) 참조 모델의 정의

(1) OSI 참조 모델은 이기종 시스템 간의 원활한 통신을 위해 ISO(국제 표준화 기구)에서 제안한 통신규약(Protocol)이다.

(2) OSI 참조 모델은 다양한 하드웨어와 소프트웨어를 사용하는 서로 다른 시스템을 연결해서 하나의 망으로 구축하여 사용하기 위한 표준을 목적으로 개발된 모델이다.

(3) 개방형 시스템들간의 접속을 위해 ISO에서는 OSI-7계층 참조 모델을 만들었다. 이것은 개방형 시스템들간에 표준 정보 교환 절차를 규정해 놓은 것으로, 7개의 계층에서 수행해야 하는 기능을 분류하여 표준화시킨 것이다.

나. OSI-7 계층 참조 모델의 목적

(1) 시스템간 상호접속을 위한 개념을 규정한다.

(2) OSI 규격을 개발하기 위한 범위를 정한다.

(3) 관련 규격의 적합성을 조정하기 위한 공통적인 기반을 제공한다.

다. OSI-7 계층 참조 모델의 기본 구성요소

(1) 개체(Entity) : 개방형시스템 사이의 통신을 가능하게 하는 능동적요소이다.

(2) 접속(Connection) : 동일 개체 사이에서 프로토콜 데이터단위(PDU)라 불리는 이용자 정보를 교환하기 위한 논리적인 통신로를 접속이라 한다.

(3) 프로토콜(Protocol) : 접속에 의해 연결된 동일개체 사이의 통신이다.

(4) 서비스(Service) : N층이 $(N+1)$층에 제공하는 통신기능을 서비스라 한다.

(5) 데이터 단위(Data Unit) : 접속상의 정보단위이다. 서비스 데이터단위(SDU)와 프로토콜 데이터단위(PDU)의 2가지가 있다.

라. OSI-7 Layer의 구조와 기능

(1) OSI의 계층모델은 7개의 계층으로 되어 있다.

(2) 물리계층, 데이터링크계층, 네트워크계층을 하위계층이라 하고, 전송계층, 세션계층, 표현계층, 응용계층을 상위계층으로 규정한다.

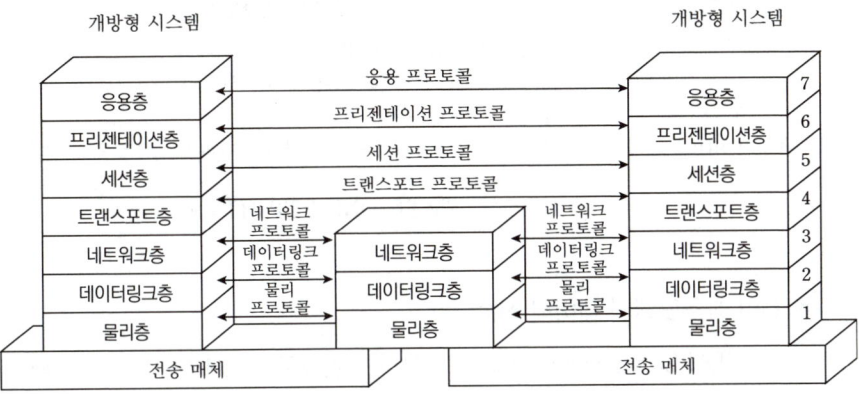

계 층(layer)	개요 및 기본 역할
1 물리 계층 (Physical Layer)	• 시스템간의 물리적인 접속을 제어하기 위해 필요한 기능을 제공한다. • 전송 매체에서의 전기적 신호전송기능, 제어 및 클록신호로 제공, 기계적 특성 및 절차를 규정한다. • 1계층 장비 : Hub, Repeater, DSU, CSU, MODEM • 프로토콜 : Ethernet, RS-232C
2 데이터링크 계층 (Data Link Layer)	• 동기화, 오류제어, 흐름제어 등의 물리적 링크를 통해 신뢰성 있는 정보를 전송하는 기능을 제공한다. • 물리적 주소(MAC) 지정, 네트워크 토폴로지, 오류통지, 프레임의 순차적 전송, 흐름제어 등의 기능 제공 • 2계층 장비 : Switch, Bridge • 프로토콜 : MAC, PPP
3 네트워크 계층 (Network Layer)	• 패킷의 이동경로를 결정하는 계층이다. • 경로선택, 라우팅, 논리적인주소(IP)를 정의하는 계층이다. • 3계층 장비 : Router • 프로토콜 : IP, ICMP, IGMP
4 전송 계층 (Transport Layer)	• 정보를 분할하고, 상대편에 도달하기 전에 다시 합치는 과정을 담당하는 계층이다. • 목적지 컴퓨터에서 발신지 컴퓨터 간의 통신에 있어 에러제어와 흐름 제어를 담당. • 전송 방식을 결정 : 포트번호나 TCP/UDP 등 • 프로토콜 : TCP, UDP, ARP
5 세션 계층 (Session Layer)	• 통신을 하는 두 host사이에 세션을 열고, 닫고, 관리하는 기능을 담당한다. • 응용 프로세스간의 송수신제어 및 동기제어를 수행한다. • 프로토콜 : SSH, TLS
6 표현 계층 (Presentation Layer)	• 다양한 데이터 형식을 상호 변환, 압축 및 암호화, 복호화 기능을 수행한다. • 정보의 형식 설정과 코드 교환, 암호화 및 판독기능을 수행한다. • 프로토콜 : JPEG,MPEG, SMB

합격 NOTE

합격예측
1계층 데이터단위 : Bit

합격예측
2계층 데이터단위 : Frame

합격예측
3계층 데이터단위 : Packet

합격예측
4계층 데이터단위 : Segment

합격예측
5, 6, 7계층 데이터단위 : Message, Data

합격 NOTE

계층(layer)	개요 및 기본 역할
7 응용 계층 (Application Layer)	• 사용자 인터페이스의 역할을 담당하는 계층이다. • 응용 프로세스간의 정보교환 및 이용자간의 통신, 전자사서함, 파일 전송 기능을 갖는다. • 응용이나 시스템의 작동을 지원하기 위해 제공하는 상위 레벨 기능이다. • 프로토콜 : SMTP, DNS, FTP, HTTP

마. OSI 참조모델의 데이터 전송

(1) SDU(Service Data Unit) : 데이터를 전송하기 위해서는 하위계층의 서비스를 이용해야 하는데, 하위계층으로 내려 보낼 때의 데이터단위를 말한다.

(2) PDU(Protocol Data Unit) : 같은 계층끼리 통신할 수 있도록 주고받는 데이터단위를 말한다.

합격예측
PDU=PCI+SDU

(3) SAP(Service Access Point) : 각 계층끼리 데이터를 주고받는 접속점을 말한다.

(4) PCI(Protocol Control Information) : 자신의 계층에서 데이터를 처리할 수 있도록 데이터에 정보를 붙이는 제어정보이다.

합격예측
PCI는 헤더(Header)라고 부른다.

```
                        (N+1)PDU
              (N)SAP ●          (N+1)layer
          ─────────────┼──────────────
                       │           (N)layer
           (N)PCI    (N)SDU
              └────────┬────────┘
                    (N)PDU
```

바. 서비스 및 서비스 프리미티브(Service Primitive)

(1) 상위계층에서 하위계층에 요청을 하는 것을 서비스라 하며, 다음의 2종류가 있다.

① 연결형 서비스 : 데이터 전송 전에 미리 연결을 설정하는 방식으로 CONNECT(연결설정)-DATA 전송-DISCONNECT(연결해제)의 작업을 수행한다.

합격예측
연결형 서비스의 서비스 프리미티브 : Connect(연결 설정), Data(데이터 전송), Disconnect(연결해제)

② 비연결형 서비스 : 연결을 설정하고 해제하는 단계가 필요 없이 전송할 데이터가 독립적으로 목적지 호스트로 전송하면 된다.

(2) 서비스 프리미티브는 상, 하위 계층끼리 데이터를 전송하기 위하여 주고 받는 서비스를 말하며, 다음의 4가지가 있다.

신호 종류	역 할	설 명
요구(Request)	서비스 이용	• 클라이언트가 서버에 서비스 요구 • N+1 → N 계층 간 통신
지시(Indication)	서비스 제공	• 서버에 서비스요구가 도착했음을 통지 • N → N+1 계층 간 통신
응답(Response)	서비스 이용	• 서버가 클라이언트에 서비스 응답 • N+1 → N 계층 간 통신
확인(Confirm)	서비스 제공	• 클라이언트에 응답이 도착했음을 통지 • N → N+1 계층 간 통신

합격예측
서비스 프리미티브의 4가지 기능 : Request, Indication, Response, Confirm

3. TCP/IP 프로토콜

TCP/IP는 컴퓨터와 컴퓨터간, 근거리 네트워크(LAN) 혹은 광역 네트워크(WAN)에서 원활한 통신을 하기 위한 통신규약이다. TCP/IP는 패킷 통신 방식의 인터넷 프로토콜인 인터넷 프로토콜(Internet Protocol, IP)과 전송 조절 프로토콜인 전송 제어 프로토콜(Transmission Control Protocol, TCP)로 구성된다.

가. TCP와 IP의 기능

(1) TCP(Transmission Control Protocol)
① 데이터를 패킷(Packet)으로 나눈다.
② 데이터의 흐름을 관리하고 데이터가 정확한지 검사한다.

(2) IP(Internet Protocol)
① 나누어진 패킷을 네트워크나 원거리에 있는 호스트로 보내준다.
② 패킷을 한 장소에서 다른 곳으로 옮기는 역할을 한다.

합격예측
패킷에는 연속적인 일련번호와 수신측 주소가 포함된다.

나. TCP/IP와 OSI 모델의 비교

TCP/IP 계층은 OSI 7계층을 단순화 시켜서 4개의 계층(Layer)으로 구성된다.

합격예측
OSI 모델 : 7계층
TCP/IP 모델 : 4 계층

합격예측
① 인터넷 계층 프로토콜 : IP, ICMP, IGMP
② 네트워크 접근계층 프로토콜 : Ethernet, Token Ring, Frame Relay 등

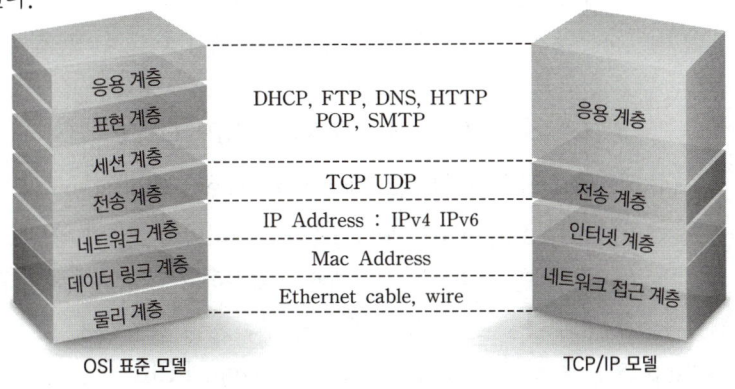

합격 NOTE

합격예측
응용계층 : 응용 프로세서간의 정보교환

합격예측
전송계층 : 호스트간의 데이터 경로와 전달을 관리

합격예측
전송계층의 프로토콜 : TCP, UDP

합격예측
TCP 기능 : 데이터 전송, 신뢰성, 흐름제어, 멀티플렉싱, 연결

합격예측
인터넷계층 : 통신 전담 프로세서간의 네트워크를 통한 패킷교환

합격예측
네트워크계층 : 단위 네트워크 내에서의 패킷과 신호 전송기능

---

(1) 응용(Application) 계층
① OSI 7 Layer의 세션계층(5), 프레젠테이션계층(6), 애플리케이션계층(7)에 해당
② 응용프로그램들이 네트워크서비스, 메일서비스, 웹서비스 등을 할 수 있도록 표준적인 인터페이스를 제공
③ 프로토콜 : HTTP, FTP, Telnet, DNS, SMTP

(2) 전송(Transport) 계층
① 서로 다른 네트워크로 연결된 시스템의 호스트와 호스트 사이의 프로토콜에서 데이터를 전달하거나 수신할 수 있게 해준다.
② 세션의 초기화, 오류제어, 순서검사를 포함하는 데이터 경로와 전달을 관리한다.
③ 프로토콜 : TCP 와 UDP(User Datagram Protocol)
 ㉠ TCP: 전달할 메시지를 세그먼트 단위로 분할하고 각 세그먼트마다 헤더를 추가하여 하위계층으로 전달
 ㉡ UDP : 메시지를 분할하지 않고 간단히 헤더만을 추가한 데이터그램 상태로 하위계층으로 전달

 참고

 TCP와 UDP의 비교

구분 \ 프로토콜	TCP	UDP
서비스	연결형 서비스	비연결형 서비스
수신하는 순서	송신순서와 같음	송신순서와 다를 수 있음
오류제어/흐름제어	있음	거의 없음

(3) 인터넷(Internet) 계층
① OSI 7 Layer의 네트워크계층에 해당
② 상위 전송계층으로부터 받은 데이터에 IP패킷 헤더를 붙여 IP패킷을 만들고 이를 전송하는 기능
③ 프로토콜 : IP, ARP, RARP, ICMP, OSPF

(4) 네트워크 접근 인터페이스(Network Access Interface) 계층
① OSI 7 Layer에서 물리계층과 데이터링크 계층에 해당
② 데이터를 전송하는 전송매체를 결정하고, 전송매체의 접근방법, 데이터 전송순서, 신호레벨 또는 구조 등을 결정한다.
③ 프로토콜 : Ethernet, Token Ring, PPP

다. IP 주소(Internet Protocol Address) 체계

IP 주소는 네트워크에서 장치들이 서로를 인식하고 통신하기 위해서 사용하는 고유 식별자이다. 이 주소를 이용하여 메시지가 전송되고 수신자의 목적지로 전달된다. 현재 주로 사용되고 있는 IP 주소는 IPv4 주소나 주소가 부족해짐에 따라 주소길이를 늘린 IPv6 주소가 점점 널리 사용되고 있다.

(1) IPv4(Internet Protocol Version 4)

IPv4는 첫 번째 인터넷 프로토콜으로, IETF(인터넷 표준화 기구) RFC 791(1981년 9월)에 문서화되어 있다.

(2) IPv6(Internet Protocol Version 6)

IPv6은 현재 사용되고 있는 IPv4의 단점인 IP 주소공간을 늘리기 위해 개발된 차세대 IP 주소체계를 말한다.

[IPv4와 IPv6의 비교]

구분	IPv4	IPv6
주소길이	32비트	128비트
표시방법	8비트씩 4부분으로 10진수로 표시, '.'로 구분 (예) 202.30.64.22	16비트씩 8부분으로 16진수로 표시, ':'로 구분 (예) 2001:0230:abcd:ffff:0000:0000:ffff:1111
주소개수	약 43억개	무한대
주소할당	A,B,C,등 클래스 단위의 비순차적 할당	네트워크 규모 및 단말기 수에 따른 순차적 할당
품질제어	지원수단 없음	등급별, 서비스별로 패킷을 구분할 수 있어 품질보장이 용이
보안기능	IPsec 프로토콜 별도 설치	확장기능에서 기본으로 제공
플러그 앤드 플레이	지원수단 없음	지원수단 있음
모바일IP	상당히 곤란	용이
웹캐스팅	곤란	용이

라. IPv4와 IPv6의 헤더

IPv6는 패킷처리에 대한 오버헤드를 줄이기 위해 새로운 헤더포맷을 도입한 것이 특징이다. IPv4 에서는 Header의 크기가 20[byte]~60[byte]로 크기가 가변적이지만, IPv6 Header의 크기는 고정(320bits)이기 때문에 더 이상 'Header Length(HL)' 필드가 필요하지 않다. 또한 IPv6는 주소공간의 확장으로 하나의 주소를 여러 계층으로 나누어 다양한 방법으로 사용이 가능하다. 또한 IPv4에서 자주 사용하지 않는 헤더필드를 제거해 헤

합격 NOTE

합격예측
컴퓨터의 주소는 숫자로 표현된 주소(IP주소)와 영문자로 표현된 주소(Domain) 2가지가 있다.

합격예측
IPv6는 IPv4의 주소공간을 4배 확장한 128[bit]의 주소 체계로서, 주소의 개수를 크게 증가시킨다.

합격예측
IPv6는 IPv4보다 향상된 보안기능을 제공한다.

합격예측
IP 헤더는 IP 패킷의 앞부분에서 주소 등 각종 제어 정보를 담고 있는 부분이다.

합격 NOTE

합격예측
IPv6의 헤더는 40[byte]의 고정 길이를 갖는다.

더포맷을 단순화시키고 데이터를 특성에 맞게 분류 및 처리해 데이터 처리 속도를 향상시키며 보안과 개인보호기능을 지원한다.

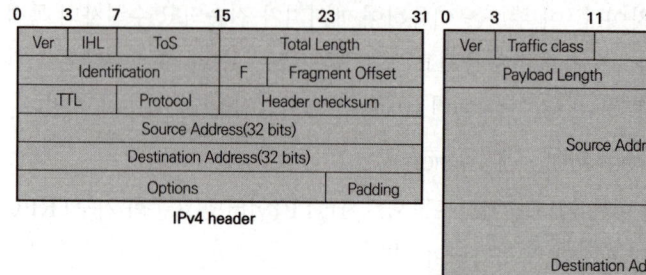

IPv4 header / Basic IPv6 header

합격예측
IPv6 특징 : 헤더 형식의 단순화, 데이터 처리 속도 향상 등

참고

📍 **IPv6의 특징**

① 주소길이는 128[bit]로 주소 부족문제 해결
② Header 형식의 단순화, 데이터 처리속도 향상
③ 고품질의 QoS 제공
④ 보안헤더 추가로 보안기능 강화
⑤ 비디오 데이터를 전송할 수 있는 광 대역폭으로 각각 다른 대역폭에서도 무리 없는 동영상 처리가 가능

마. TCP/IP 보안 프로토콜

OSI 7 계층		TCP/IP	계층 프로토콜				보안 프로토콜
7	어플리케이션	어플리케이션	Telnet, FTP, SMTP, DNS, SNMP				S/MIME, PGP, SSH, Kerberos, SET
6	프리젠테이션						
5	세션						
4	전송	전송	TCP, UDP				SSL, TLS
3	네트워크	인터넷	IP, ICMP, ARP, RARP, IGMP				IPSec
2	데이터 링크	네트워크 인터페이스	Ethernet	Token Ring	Frame Relay	ATM	PPTP, L2TP, L2F
1	물리적						

(1) 인터넷 프로토콜 보안(IPSec : IP Security)

① 3계층의 암호화 프로토콜로서 IP를 기반으로 한 네트워크에서만 동작한다.
② 네트워크계층(IP 계층) 상에서 IP 패킷단위로 '인증', '암호화', '키관리'를 하는 프로토콜이다.

합격예측
IPSec : 안전에 취약한 인터넷에서 안전한 통신을 실현하는 통신규약이며, 데이터를 구성하고 관리하기 위한 인터넷 표준이다.

③ IPsec 보호영역 : 원격 로그인, 클라이언트/서버, 전자메일, 파일 전송, 웹 접근, 분산응용 등
④ 인증프로토콜 : AH(Authentication Header)
⑤ 암호화와 인증이 결합된 프로토콜 : ESP(Encapsulating Security Payload)

(2) SSL(Secure Socket Layer)

L2TP나 IPSec보다 상위수준에서 암호화 통신기능을 제공하여 보통 4계층과 5계층 사이의 프로토콜이라 한다.

> **합격예측**
> IPsec의 보호 대상 : LAN, 사설 및 공공 WAN, 인터넷을 통과하는 통신

4. PAN, LAN, MAN, WAN

네트워크는 구성범위에 따라 PAN, LAN, MAN 그리고 WAN 등으로 구분할 수 있다.

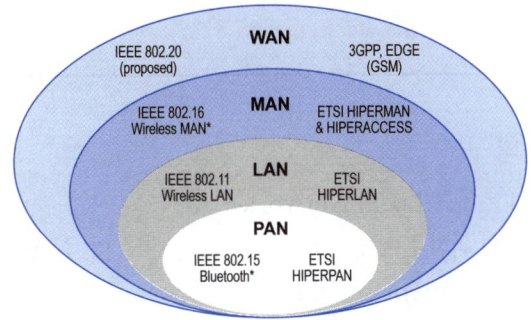

가. 개인 통신망(PAN : Personal Area Network)

(1) PAN은 개인 주변의 10[m] 영역 내에서 정보기기간의 상호통신을 지원하는 통신망이다.
(2) PAN은 휴대용 가전기기 및 단말기들 사이에서 일반적으로 10[m] 이내의 단거리 Ad-Hoc 통신을 가능하게 해주는 기술이다.
(3) PAN은 낮은 소비전력, 소형화 및 저가의 특징을 갖는다.

> **합격예측**
> PAN은 근거리 무선 네트워크이다.

> **합격예측**
> PAN은 전송속도가 수백 Kbps 정도로 낮은 것이 단점

나. 근거리 통신망(LAN : Local Area Network)

(1) LAN은 건물, 학교, 빌딩 내 등과 같이 비교적 한정된 근거리 영역 내에서 정보기기간의 상호연결을 지원하는 통신망이다.
(2) LAN은 여러 대의 컴퓨터와 주변장치 등이 전용회선을 통해 연결된 네트워크로 반경 수 [Km] 내에 설치된 소규모 지역네트워크이다.
(3) LAN은 기저대역(Baseband) 전송방식을 사용한다.
(4) LAN의 종류 : Ethernet, Fast Ethernet, Gigabit Ethernet, Token Ring, FDDI 등

> **합격예측**
> LAN은 거리에 제한을 둠으로써 비교적 높은 데이터 전송률 제공이 가능

> **합격예측**
> LAN의 전송매체 : UTP, 동축케이블, 광케이블, 무선 등

합격 NOTE

합격예측
① 이더넷 표준 : IEEE 802.3
② 토큰링 표준 : IEEE 802.5
③ 토큰버스 표준: IEEE 802.4

합격예측
MAN : 도시내의 여러 LAN을 통합하는 네트워크

합격예측
MAN의 예: DSL 전화망, 케이블 TV 네트워크를 통한 인터넷서비스 제공 등

합격예측
LAN간의 통신을 위해서는 라우터를 통해 가능하다.

합격예측
네트워크는 사설망(Private Network)과 공중망(Public Network)으로도 구분

합격예측
터널링(Tunneling)은 연결해야 할 두 지점간에 터널처럼 통로를 생성하는 것

다. 도시권 통신망(MAN : Metropolitan Area Network)

(1) MAN은 도시를 중심으로 반경 5~50[Km] 이내의 정보기기들 간의 상호 연결을 지원하는 통신망이다.

(2) MAN은 대도시를 중심으로 한 통신망이며, LAN과 WAN의 중간 규모의 네트워크이다.

라. 광역통신망(WAN : Wide Area Network)

(1) WAN은 서로 분리된 LAN과 LAN 또는 MAN과 MAN을 지역단위로 연결한 네트워크로, 좁게는 시 나 도, 넓게는 국가와 국가 간을 연결한 네트워크이다.

(2) WAN은 가장 상위 네트워크이며, ISP(Internet Service Provider)가 인터넷 서비스를 제공하기 위해 구축한 통신망이다.

참고

📍 **네트워크의 구분**

① 내부 네트워크(Local Network)
  사용자를 위한 LAN 구간이라고 할 수 있으며, NAT 사용 시 사설망(Private network)이라고 할 수도 있다.

② 외부 네트워크(External Network)
  WAN 구간이라고 할 수 있으며, NAT 사용 시 공중망(Public Network)이라고 할 수도 있다.

📍 **네트워크 구성 장비**

목 적	장 비	기 능
보안	방화벽 (Firewall)	• 보안을 위한 장비 • 정의된 보안규칙에 따라, 수신/발신하는 네트워크 트래픽을 모니터링하고 제어한다.
	침입방지시스템 (IPS)	• 보안강화를 위한 장비 • 패킷의 정상여부 등 시스템에 대한 원치 않은 조작을 탐지한다.
	침입탐지시스템 (IDS)	• 보안강화를 위한 장비 • 탐지된 공격에 대한 웹연결 등을 적극적으로 차단한다.
사설망 접속	VPN (Virtual Private Network)	• 인터넷망과 같은 공중망을 활용하고 터널링 기술을 이용해 전용회선처럼 사용할 수 있는 서비스

주소변환	NAT (Network Address Translation)	• 한정된 IP 주소 활용(주소절약)을 위한 장비 • 네트워크 보안을 강화시켜 준다. • 사설 IP를 공인 IP로 변환해주는 기술
데이터 통신	라우터(Router)	• OSI Layer-3 장비 • IP주소를 참조하여 통신을 한다. • 다른 네트워크 간을 연결하여 준다.
	스위치(Switch)	• 프레임 전달 기능을 한다. • L2/L3/L4/L7 스위치가 있다.

합격예측
스위치의 기능 : Learning(러닝), Flooding(플러딩), Forwarding(포워딩), Filtering(필터링), Aging(에이징)

5. 클라이언트 서버(C/S, Client – Server) 모델

클라이언트 서버 모델은 서비스 요청자인 클라이언트와 서비스 자원의 제공자인 서버 간에 작업을 분리해주는 분산 애플리케이션 구조 또는 네트워크 아키텍처를 나타낸다. 여러 개의 클라이언트가 네트워크 통신을 활용해 서버에 접속을 하고 그 서버와 연결되어 있는 데이터베이스(DB)를 활용할 수 있는 시스템을 말한다.

클라이언트 서버 모델의 대표적인 예로는 월드 와이드 웹(WWW)이 있다. 웹사이트에서는 웹 서버(IIS, Apache)가 서버 역할을 하고, 사용자가 쓰는 웹 브라우저(MS의 인터넷 익스플로러 등)가 클라이언트 프로그램이 된다.

합격예측
① C/S 모델은 분산되어 있는 컴퓨터나 프로그램들을 연결시켜주는 편리한 수단을 제공한다.
② C/S 모델은 서버에 있는 풍부한 자원들과 서비스를 통합된 방식으로 제공한다.

합격예측
C/S 모델의 구성 요소 : Client, Server, Network

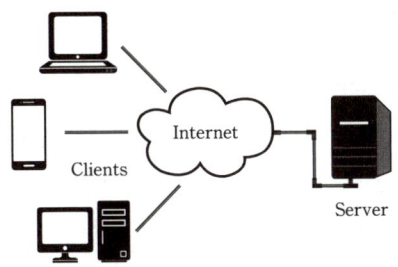

[인터넷을 통한 클라이언트와 서버 통신]

가. 클라이언트와 서버의 역할

종 류	기 능
클라이언트	• 서버에게 접속하기 위한 접속 단말기 • 서버에게 자료를 요청(request) 하고, 서버가 주는 응답(response)을 제공받는다. • 사용자의 입력을 주로 처리하며 이를 서버에 요청을 보낸다.

합격예측
Client : 사용자와 상호작용을 담당한다.

합격 NOTE

합격예측
Server: 자원(Resource) 요청과 응답에 대한 처리를 한다.

합격예측
자원(Resource): 데이터(ISAM, DB), CPU, 파일, 문서, 이미지, 멀티미디어 등

합격예측
메시지패턴 : 요구(Request), 응답(Response)

합격예측
HTTP : 웹 브라우저와 웹 서버의 프로토콜

서버	• 서비스를 제공하는 컴퓨터 • 웹페이지, 사이트, 앱을 저장하는 컴퓨터 • 클라이언트의 요청을 받아서 처리하고, 이를 다시 클라이언트에 응답을 보낸다.

나. 클라이언트와 서버의 통신 과정

(1) 사용자가 클라이언트를 이용해서 무언가 리소스를 얻고자한다면, 먼저 브라우저가 웹사이트에 있는 서버의 주소를 찾는다.

(2) 클라이언트의 명령을 http 요청 메시지로 서버에 보낸다. 여기서 요청 메시지들은 TCP/IP 연결을 통해서 전송된다.

(3) 서버가 클라이언트의 요청을 받음. 적절한 요청이라면 '200 OK' 라는 상태코드를 띄운다. '200 OK'는 "적절한 요청 수용됨. 응답 및 요청 리소스 반환" 이라는 의미이다.

(4) 서버가 클라이언트가 요청한 리소스를 데이터 패킷이라는 형태로 전송한다.

(5) 브라우저가 이 패킷들을 받으면 다시 원하는 형태의 리소스로 재조립하고, 화면에 출력한다.

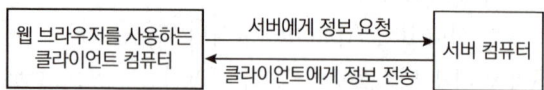

다. HTTP 요청/응답 메시지 구조

(1) HTTP(HyperText Transfer Protocol)는 클라이언트 서버간의 프로토콜이며, 클라이언트와 서버가 주로 HTML등의 문서를 주고받는 데 사용되는 프로토콜이다. HTTP에서 요청(Request)은 클라이언트에서, 응답은 서버(Server)에서 주로 이루어진다.

(2) 메시지 패턴

① 요청/응답 패턴 : 클라이언트는 요청을 보내고, 서버는 요청을 받으면 반드시 응답을 보낸다.

② 클라이언트는 서버의 'API'라는 인터페이스를 바탕으로 서버에 정보를 요청하고, 서버로부터 응답을 받으면 이를 처리하여 리소스를 출력한다.

③ 클라이언트와 서버는 일정하게 정해진 어플리케이션 규약에 따라 요청과 응답을 주고 받는다.

출제 예상 문제

• 네트워크 운용

01 다음 중 네트워크의 정의로 가장 옳지 않은 것은?
① 네트워크는 통신설비를 갖춘 컴퓨터를 서로 연결시켜 주는 조직이나 체계, 통신망을 의미한다.
② 네트워크는 하나의 네트워크에 다수 네트워크로 분산시켜 효율적인 정보관리를 할 수 있다.
③ 네트워크는 컴퓨터(노드)들을 상호 연결하여 데이터통신을 제공하는 것이다.
④ 네트워크는 건물 내 또는 광범위한 범위의 여러 건물들에 분산되어 있는 컴퓨터나 장치까지도 포함한다.

해설
네트워크는 하나의 네트워크에 다수 네트워크를 연결하여 데이터 분산과 효율적인 정보관리를 할 수 있다.

02 다음 중 네트워크를 평가 하는 기준으로 볼 수 없는 것은?
① 구성(Topology) ② 성능
③ 신뢰도 ④ 보안

해설
네트워크는 높은 성능과 신뢰도, 그리고 데이터들을 충실히 보호할 수 있어야 한다.

03 다음 중 네트워크들의 연결 형태로 볼 수 없는 것은?
① Bus Type
② Ring Type
③ Mesh Type
④ Tocken Ring Type

해설
Tocken Ring 방식은 매체접속방식(MAC) 이다.

04 100[Mbps]의 네트워크에서 1.2[Gbyte]의 파일을 다운로드 하는데 얼마의 시간이 소요되는가? (단, 전송중 에러는 없음)
① 약 1.6분 ② 약 3.6분
③ 약 5.6분 ④ 약 7.6분

해설
네트워크의 전송속도
① [bps, bit per second]는 초당 전송되는 비트의 수를 의미하므로, 10[Mbps]는 초당 10^6[bit]를 전송(다운)하는 것을 의미한다.
② 1[Byte]는 8[bit]이므로, 100[Mbps]를 [byte]로 표시하기 위해 8로 나누면 주어진 초당 12.5[Mbyte]를 전송한다고 볼 수 있다.
∴ $\frac{1.2[Gbyte]}{12.5[Mbyte/초]} = \frac{1200[Mbyte]}{12.5[Mbyte/초]}$
$= 96[초] = 1.6[분]$
[참고] 기가[Giga]는 10^9을 의미한다.

05 OSI 7 Layer의 계층을 순서대로 나열한 것은?
① 물리 계층 – 데이터링크 계층 – 네트워크 계층 – 전송 계층 – 프레젠테이션 계층 – 세션 계층 – 응용 계층
② 물리 계층 – 데이터링크 계층 – 네트워크 계층 – 프레젠테이션 계층 – 세션 계층 – 전송 계층 – 응용 계층
③ 물리 계층 – 데이터링크 계층 – 네트워크 계층 – 전송 계층 – 세션 계층 – 프레젠테이션 계층 – 응용 계층
④ 물리 계층 – 데이터링크 계층 – 네트워크 계층 – 전송 계층 – 세션 계층 – 응용 계층 – 프레젠테이션 계층

해설
① 하위계층 : 물리계층, 데이터링크계층, 네트워크계층
② 상위계층 : 전송계층, 세션계층, 표현계층, 응용계층

[정답] 01 ② 02 ① 03 ④ 04 ① 05 ③

06 OSI 참조 모델의 계층별 기능에 대한 설명으로 적절하지 않은 것은?

① Session Layer : 통신시스템 간의 상호대화를 허용하여 프로세스 간의 통신을 허용하고 동기화한다.
② Presentation Layer : 서로 다른 컴퓨터에 의해 다양한 형식으로 표현된 정보를 송·수신하기 위해 표준형식으로 변환한다.
③ Transport Layer : 통신망의 양단에서 시스템 간에 전체 메시지가 올바른 순서로 도착하는 것을 보장한다.
④ DataLink Layer : 응용 프로그램의 인터페이스와 통신을 실행하기 위한 응용 기능을 제공한다.

[해설]
① 응용 계층(Application Layer)은 사용자(응용 프로그램)의 다양한 네트워크 응용 환경을 지원한다. 또한 응용 프로세스 간의 정보 교환, 전자 사서함, 파일 전송, 가상 터미널 등의 서비스를 제공한다.
② 데이터 링크 계층은 두개의 인접한 개방 시스템들 간에 신뢰성 있고 효율적인 정보전송을 할 수 있도록 한다.

07 OSI 7 Layer 중 논리링크제어(LLC) 및 매체 액세스 제어(MAC)를 사용하는 계층은?

① 물리 계층   ② 데이터링크 계층
③ 네트워크 계층   ④ 응용 계층

[해설]
데이터 링크 계층
① OSI 모델에서의 2번째 계층으로, 데이터 패킷을 생성하고 전송하는 방법을 규정한다.
② 3가지 기능 : 회선제어, 흐름제어, 오류제어
③ MAC(Media Access Control) : 장비가 네트워크 매체에 대한 접근을 통제하는데 사용되는 절차
④ LLC(Logical Link Control) : 네트워크 노드 장비 간 논리적 연결 수립·제어 명세

08 OSI 7 Layer 중 2 계층에 해당되는 데이터 링크 계층은 근거리 통신망(LAN)의 어느 계층에 해당되는가?

① CSMA/CD 및 논리링크제어(LLC)
② 물리 접속 및 매체액세스제어(MAC)
③ 논리링크제어(LLC) 및 상위 레벨(HILI)
④ 논리링크제어(LLC) 및 매체액세스제어(MAC)

[해설]
① LAN 환경에서는 네트워크 자원을 효율적으로 활용하기 위해 데이터 링크 계층의 기능을 LLC 계층과 MAC 계층으로 나누어 처리한다.
② 데이터 링크 계층의 기본 기능은 주로 LLC에서 다루고, 물리적 전송 선로의 특징과 매체 간의 연결 방식에 따른 제어 부분은 MAC 계층에서 처리한다.

09 OSI 모델에서 데이터 전환과 암호, 압축, 그래픽 명령어 해석 기능을 가지는 계층은?

① Application Layer
② Transport Layer
③ Session Layer
④ Presentation Layer

10 OSI 7 Layer에서 암호/복호, 인증, 압축 등의 기능이 수행되는 계층은?

① Transport Layer
② Datalink Layer
③ Presentation Layer
④ Application Layer

11 다음 중 OSI 참조모델의 네트워크 계층과 같은 역할을 하는 TCP/IP의 계층은?

① 인터넷 계층   ② 전송 계층
③ 응용 계층   ④ 표현 계층

[해설]
TCP/IP(Transmission Control Protocol / Internet Protocol)
① TCP/IP란 인터넷 표준 프로토콜로 컴퓨터간의 데이터 통신을 행하기 위해서 만들어진 프로토콜 체계이다.
② TCP/IP의 망 계층 구조는 OSI 7 계층모델과 비교하여 4계층 모델로 표현한다.

[정답] 06 ④ 07 ② 08 ④ 09 ④ 10 ③ 11 ①

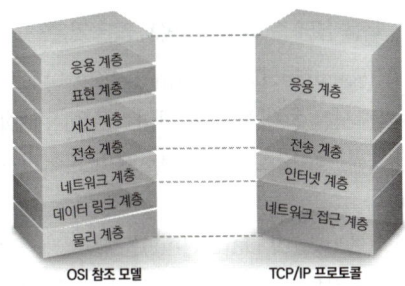

12 OSI 7 Layer 중에서 응용프로그램이 네트워크 자원을 사용할 수 있는 통로를 제공 해주는 역할을 담당하는 Layer 는?

① Application Layer
② Session Layer
③ Transport Layer
④ Presentation Layer

해설
응용 계층은 각종 응용서비스 제공

13 OSI 7 계층 모델 중 1 계층에서 동작하는 장비로 옳게 나열된 것은?

① Repeater, Bridge
② Repeater, Hub
③ Hub, Router
④ Bridge, Router

해설
인터 네트워킹(Inter Networking) 장비

계층	장비
트랜스포트 계층, 세션 계층, 프리젠테이션 계층, 응용 계층	Gateway
네트워크 계층	Router
데이터링크 계층	Bridge
물리 계층	Repeater, Hub

14 다음 중 스위치와 허브에 대한 설명으로 올바른 것은?

① 전통적인 케이블 방식의 CSMA/CD는 허브라는 장비로 대체되었다.
② 임의의 호스트에서 전송한 프레임은 허브에서 수신하며, 허브는 목적지로 지정된 호스트에만 해당 데이터를 전달한다.
③ 허브는 외형적으로 스타형 구조를 갖기 때문에 내부의 동작 역시 스타형 구조로 작동되므로 충돌이 발생하지 않는다.
④ 스위치 허브의 성능 문제를 개선하여 허브로 발전하였다.

해설
스위치(Switch)와 허브(Hub)
① 허브는 여러 대의 컴퓨터를 연결해서 네트워크를 만들어주는, 단순 분배를 하는 중계 장치이다.
② 스위치는 연결된 장치들의 IP와 MAC 주소를 모두 테이블 형태로 가지고, 원하는 목적지에 데이터 패킷을 전송하는 장치이다.
∴ 허브는 단순 중계 장치이지만, 스위치는 IP와 MAC 주소를 가지고 필요한 장치에게만 데이터 패킷을 전송해준다.
③ CSMA/CD 방식에서 전송 케이블에 호스트를 연결하는 방식은 더 이상 사용되지 않으며, 허브를 사용해 호스트를 연결한다.
④ 허브의 성능 문제를 개선한 스위치 허브에는 스위치 기능이 있어, 임의의 호스트로부터 수신한 프레임을 모든 호스트에 전송하지 않고 목적지로 지정한 호스트에만 전송할 수 있다.

15 리피터(Repeater)를 사용해야 될 경우로 올바른 것은?

① 네트워크 트래픽이 많을 때
② 세그먼트에서 사용되는 액세스 방법들이 다를 때
③ 데이터 필터링이 필요할 때
④ 신호를 재생하여 전달되는 거리를 증가시킬 필요가 있을 때

해설
리피터(Repeater)
① 네트워크 선로를 통해 전달되는 신호를 증폭하여 연결된 네트워크로 전송하는 장치이다.
② OSI-7계층의 물리 계층(Physical Layer)을 연결하는 장치이다.
③ 신호를 재생하여 전달되는 거리를 증가시킨다.
∴ 리피터는 감쇠된 전송신호를 새롭게 재생하여 전달하는 장치이다.

[정답] 12 ① 13 ② 14 ① 15 ④

16 네트워크 장비 중에서 LAN과 LAN을 연결하고 접속하려는 호스트에 도착하기 위한 최적경로를 설정하여 네트워크 간을 연결하는 장치는?

① Router
② Hub
③ Repeater
④ Bridge

해설

라우터(Router)
① 라우터는 OSI 7계층에서 네트워크 계층에 포함되는 기기이다.
② 라우터는 논리적으로 분리된 망, 혹은 물리적으로 분리된 망 사이를 지나가야 하는 패킷들에게 최상의 경로를 찾은 후, 다른 망으로 패킷을 보내주는 역할을 하는 장비이다.

17 OSI 7 Layer 중 네트워크 계층에서 동작하는 네트워크 연결 장치는?

① Repeater
② Router
③ Bridge
④ NIC

18 네트워크상에 발생한 트래픽을 제어하며, 네트워크상의 경로 설정 정보를 가지고 최적의 경로를 결정하는 장비는?

① 브리지(Bridge)
② 라우터(Router)
③ 리피터(Repeater)
④ 게이트웨이(Gateway)

19 라우터가 라우팅 프로토콜을 이용해서 검색한 경로 정보를 저장하는 곳은?

① MAC Address 테이블
② NVRAM
③ 플래쉬(Flash) 메모리
④ 라우팅 테이블

해설

라우터는 라우팅 테이블(Routing Table)을 사용하여 최적의 경로를 결정하고 패킷을 전송한다.

20 다음 설명 중에서 가장 옳지 않은 것은?

① SDU(Service Data Unit)는 데이터를 전송하기 위해서는 하위 계층의 서비스를 이용해야 하는데, 하위 계층으로 내려 보낼 때의 데이터 단위를 말한다.
② PDU(Protocol Data Unit)는 같은 계층끼리 통신할 수 있도록 주고받는 데이터 단위를 말한다
③ SAP(Service Access Point)는 각 계층끼리 데이터를 주고받는 접속점을 말한다.
④ PCI(Protocol Control Information)는 하위 계층에서 데이터를 처리할 수 있도록 데이터에 정보를 붙이는 서비스 정보이다.

해설

PCI는 동일 계층에서 데이터를 처리할 수 있도록 데이터에 정보를 붙이는 제어정보이며, 헤더(Header)라고 부른다.

21 다음 설명에서 가장 옳은 것은?

① 연결형 서비스는 연결을 설정하고 해제하는 단계가 필요 없다.
② 비연결형 서비스는 연결 설정, 데이터 전송, 연결 해제의 순서로 서비스가 이루어 진다.
③ 비연결형 서비스는 데이터 전송 전에 미리 연결을 설정하는 방식이다.
④ 비연결형 서비스는 순서에 상관없이 데이터가 독립적으로 목적지에 전달된다.

해설

① 상위 계층에서 하위 계층에 요청을 하는 것을 서비스라 하며, 연결형서비스와 비연결형서비스가 있다.
② 연결형 서비스는 데이터 전송 전에 미리 연결을 설정하는 방식으로 연결 설정, 데이터 전송, 연결 해제의 순서로 작업을 수행한다.
③ 비연결형 서비스는 연결을 설정하고 해제하는 단계가 필요 없이 전송할 데이터가 독립적으로 목적지 호스트로 전송 된다.

[정답] 16 ① 17 ② 18 ② 19 ④ 20 ④ 21 ④

22 OSI 계층별로 데이터를 전송하는 단위가 잘못 연결된 것은?

① 물리 계층 – 비트(Bit)
② 데이터링크 계층 – 프레임(Frame)
③ 네트워크 계층 – 패킷(Packet)
④ 전송 계층 – 노드(Node)

해설
데이터 단위(Data Unit)는 데이터를 전송하기 위해서 데이터에 헤더(header)와 트레일러(trailer)를 붙여 전송하는 데이터의 기본 단위를 말한다.

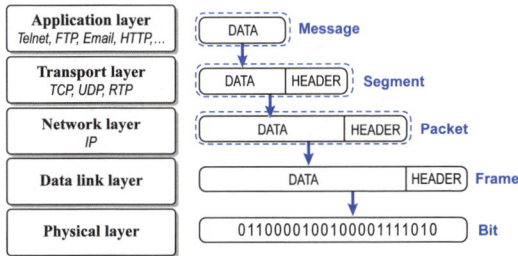

∴ 전송계층의 데이터단위는 세그먼트이다.

23 OSI 7 Layer의 각 Layer 별 Data 형태로서 적당하지 않은 것은?

① Transport Layer – Segment
② Network Layer – Packet
③ Datalink Layer – Fragment
④ Physical Layer – bit

해설
2계층(데이터링크 계층) 데이터 단위 : Frame

24 다음 중 네트워크 계층에서 전달되는 데이터 전송 단위로 옳은 것은?

① 비트(Bit)
② 프레임(Frame)
③ 패킷(Packet)
④ 데이터그램(Datagram)

25 TCP/IP 프로토콜 계층 구조에서 전송 계층의 데이터 단위는?

① Segment   ② Frame
③ Datagram   ④ User Data

26 TCP/IP Suite와 OSI 7 Layer의 연결이 올바른 것은?

① Telnet – 전달 계층
② TCP/UDP – 세션 계층
③ IP – 네트워크 계층
④ Ethernet – 표현 계층

27 TCP(Transmission Control Protocol)에 대한 설명으로 옳지 않은 것은?

① 네트워크에서 송신측과 수신측간에 신뢰성 있는 전송을 확인한다.
② 연결지향(Connection Oriented)이다.
③ 송신측은 데이터를 패킷으로 나누어 일련번호, 수신측 주소, 에러검출코드를 추가한다.
④ 수신측은 수신된 데이터의 에러를 검사하여 에러가 있으면 스스로 수정한다.

해설
① TCP는 연결지향이며, 자체적으로 오류를 처리 및 뒤바뀐 메시지를 교정시켜주는 기능을 가지고 있다.
② TCP는 신뢰성 있는 데이터 전송을 제공한다.

28 TCP와 IP의 기능으로 옳지 않은 것은?

① 흐름 제어(Flow Control)
② 단편화(Fragmentation)
③ 압축화(Compression)
④ 오류 제어(Error Control)

[정답] 22 ④ 23 ③ 24 ③ 25 ① 26 ③ 27 ④ 28 ③

29 TCP/IP 에 대한 설명으로 옳지 않은 것은?
① TCP는 전송계층(Transport Layer)프로토콜이다.
② IP는 네트워크계층(Network Layer)의 프로토콜이다.
③ TCP는 전송을 담당하고, IP는 데이터의 에러검출을 담당한다.
④ Telnet과 FTP는 모두 TCP/IP 프로토콜이다.

30 TCP/IP 프로토콜 4 Layer 구조를 하위 계층부터 상위 계층으로 올바르게 나열한 것은?
① Network Interface – Internet – Transport – Application
② Application – Network Interface – Internet – Transport
③ Transport – Application – Network Interface – Internet
④ Internet – Transport – Application – Network Interface

해설
OSI 모델 : 7계층, TCP/IP 모델 : 4계층

31 TCP/IP 4계층 모델에 해당되지 않는 것은?
① 세션(Session) 계층
② 인터넷(Internet) 계층
③ 네트워크 인터페이스(Network Interface) 계층
④ 응용(Application) 계층

32 TCP/IP 에서 데이터 링크층의 데이터 단위는?
① 메시지　　② 세그먼트
③ 데이터그램　④ 프레임

33 TCP/IP 프로토콜 계층 구조에서 전송 계층의 데이터 단위를 부르는 이름은?
① Segment　② Frame
③ Datagram　④ User Data

해설
4계층 데이터단위 : Segment

34 TCP/IP 에서 Broadcast의 의미는?
① 메시지가 한 호스트에서 다른 한 호스트로 전송하는 것
② 메시지가 한 호스트에서 망상의 특정 그룹 호스트들로 전송하는 것
③ 메시지가 한 호스트에서 망상의 모든 호스트들로 전송하는 것
④ 메시지가 한 호스트에서 가장 가까이 있는 특정 그룹 호스트들로 전송하는 것

해설
TCP/IP 네트워크에서 통신하는 방법을 유니캐스트(Unicast), 멀티캐스트(Multicast), 브로드캐스트(Broadcast)로 구분할 수 있다.
① Unicast : 고유 주소로 식별된 하나의 네트워크 목적지에 메시지를 전송하는 방식(1:1 통신)
② Multicast : 네트워크에 연결되어 있는 시스템 중 일부에게만 정보를 전송하는 방식(1:특정 Group 통신)
③ Broadcast : 로컬 네트워크에 연결되어 있는 모든 시스템에게 프레임을 보내는 방식(1:불특정 Group 통신)

35 TCP/IP에서 Unicast의 의미는?
① 메시지가 한 호스트에서 다른 여러 호스트로 전송되는 패킷
② 메시지가 한 호스트에서 다른 한 호스트로 전송되는 패킷
③ 메시지가 한 호스트에서 망상의 다른 모든 호스트로 전송되는 패킷
④ 메시지가 한 호스트에서 망상의 특정 그룹 호스트들로 전송되는 패킷

[정답] 29 ③　30 ①　31 ①　32 ④　33 ①　34 ③　35 ②

36. 다음 중 TCP/IP 응용계층 프로토콜로 옳지 않은 것은?

① HTTP　　② FTP
③ SMTP　　④ ARP

해설
① 응용 계층 프로토콜 : SMTP, FTP, DNS, SNMP 등
② 네트워크 계층 프로토콜 : ICMP, IGMP, IP, ARP, RARP 등

37. TCP/IP 계층 중 다른 계층에서 동작하는 프로토콜은?

① IP　　② ICMP
③ UDP　　④ IGMP

해설
① 인터넷계층 프로토콜 : IP, ICMP, IGMP
② 전송계층 프로토콜 : TCP, UDP

38. 다음 TCP/IP 프로토콜 가운데 가장 하위 계층에 속하는 것은?

① UDP　　② FTP
③ IP　　④ TCP

39. 아래 설명하는 내용 중 ( ) 안에 적합한 것은?

> TCP/IP 프로토콜 구조는 4개(링크, 네트워크, 트랜스포트, 응용)의 계층으로 구분할 수 있는데 TCP와 UDP는 ( )에 포함된다.

① 링크 계층　　② 네트워크 계층
③ 트랜스포트 계층　　④ 응용 계층

40. 다음 중 PC의 TCP/IP 설정을 표시하는 명령어는?

① Ipconfig　　② Ping
③ Tracert　　④ Nslookup

해설
① Ipconfig(Internet Protocol Configuration) : 현재 컴퓨터의 TCP/IP 네트워크 설정값을 표시
② Ping(Packet Internet Grouper) : 컴퓨터 네트워크 상태를 점검, 진단하는 명령어
③ Tracert(Trace Route) : 지정한 IP까지 접속되는 경로를 알기 위해 사용하는 명령어
④ Nslookup(Name Server Lookup): DNS 서버로부터 여러 가지 정보를 얻을 수 있는 명령어

41. 다음 내용과 같은 특징을 가진 프로토콜은?

> - 메시지가 제대로 도착했는지 확인하는 확인 응답을 사용하지 않는다.
> - 수신된 메시지의 순서를 맞추지 않는다.
> - 기계간의 정보흐름 속도를 제어하지 않는다.

① TCP　　② ICMP
③ ARP　　④ UDP

42. TCP와 UDP의 차이점을 설명한 것 중 옳지 않은 것은?

① TCP는 전달된 패킷에 대한 수신측의 인증이 필요하지만 UDP는 필요하지 않다.
② TCP는 대용량의 데이터나 중요한 데이터 전송에 이용이 되지만 UDP는 단순한 메시지 전달에 주로 사용된다.
③ UDP는 네트워크가 혼잡하거나 라우팅이 복잡할 경우에는 패킷이 유실될 우려가 있다.
④ UDP는 데이터 전송전에 반드시 송수신 간의 세션이 먼저 수립되어야 한다.

해설
TCP와 UDP
① TCP는 연결지향(Connection Oriented) 방식이고, UDP는 비연결지향방식이다.
　∴ TCP는 데이터 전송전에 반드시 송수신 간의 세션이 먼저 수립되어야 한다.
② TCP가 UDP보다 신뢰성이 높다.
③ TCP가 UDP에 비해 각종 제어를 담당하는 Header 부분이 커진다.

[정답] 36 ④　37 ③　38 ③　39 ③　40 ①　41 ④　42 ④

43 IP Address 설정에 관한 내용으로 올바른 것은?

① IP Address는 네트워크 주소와 호스트 주소로 구성된다.
② IPv6에서 IP Address의 크기는 32Bits이다.
③ IP Address의 A,B,C Class에서 존재 할 수 있는 네트워크의 개수는 "A > B > C" 순이다.
④ IP Address 중 '255'는 Broadcast 하기 위해 이용되고, 주소가 모두 '0'일 때는 로컬 호스트를 가리킨다.

44 다음 중 IP의 주소의 구성에 대한 설명으로 올바른 것은?

① 네트워크 ID + 브로드캐스트 주소
② 네트워크 ID + 멀티캐스트 주소
③ 네트워크 ID + 호스트 ID
④ 네트워크 ID + 서브넷 마스크

해설
IP 주소(Internet Protocol Address)
① IP는 인터넷 네트워크에 연결된 디바이스에 대해 부여되는 식별 주소이다.
② 하나의 IP주소는 네트워크 ID와 호스트 ID로 나뉜다.
  ㉠ 네트워크 ID : 어떤 네트워크인가를 표시
  ㉡ 호스트 ID : (네트워크 내의) 어느 컴퓨터인가를 표시
      192.168.32.170
       Network ID Host ID

45 IP Address를 MAC Address로 변환시켜주는 Protocol은?

① TCP/IP   ② ARP
③ RARP   ④ WINS

해설
ARP(Address Resolution Protocol)
① IP 네트워크상에서 IP 주소(논리적 주소)를 물리적 주소(MAC 주소)로 대응시키기 위한 프로토콜이다.
② 반대로, 물리적 주소를 IP주소로 변환하는 프로토콜은 RARP (Reverse ARP)이다.
  ∴ ARP는 IP Address를 네트워크 인터페이스 카드의 하드웨어 주소로 변환한다.

46 서브넷 마스크에 대한 설명으로 옳지 않은 것은?

① IP Address 체계에서 Network ID와 Host ID로 구분한다.
② 목적지 호스트가 동일한 네트워크상에 있는지 확인한다.
③ 필요한 서브넷의 수를 결정하여 세팅한다.
④ 서브넷 마스크는 Network ID 필드는 '0'으로, Host ID의 필드는 1'로 채운다.

해설
서브넷 마스크(Subnet Mask)
① 서브넷 마스크는 네트워크 ID와 호스트의 ID를 구분하여 특정 호스트로 가는 패킷이 호스트까지 빠르게 찾아갈 수 있도록 도와주는 기능을 한다.
② Network ID 필드는 1, Host ID 필드는 0

47 IP주소와 서브넷 마스크를 참조할 때 다음 중 가능한 네트워크 주소는?

> IP 주소 : 192.156.100.68
> 서브넷 마스크 : 255.255.255.224

① 192.156.100.0   ② 192.156.100.64
③ 192.156.100.128   ④ 192.156.100.255

해설
IP 주소와 서브넷 마스크(Subnet Mask)
① IP주소(32비트)는 네트워크 영역과 호스트 영역으로 나눈다.
② 서브넷 마스크(32비트)는 IP 주소에서 네트워크 영역과 호스트 영역을 구분해 준다.
③ 문제는, IP 주소와 서브넷 마스크를 주고 서브넷을 구하라는 것이다.
∴ 각 주소를 이진수로 바꾸고, AND하여 네크워크 주소를 구할 수 있다.

	10진수	2진수
IP 주소	192.156.100.68	1100 0000.1001 1100.1001 1100.0100 0100
서브넷 마스크	255.255.255.224	1111 1111.1111 1111.1111 1111.1110 0000
서브넷	192.156.100.64	1100 0000.1001 1100.1001 1100.0100 0000

[정답] 43 ① 44 ③ 45 ② 46 ④ 47 ②

48
C클래스의 네트워크 주소가 '192.168.1.0'이고, 서브넷 마스크가 '255.255.255.248'일 때, 최대 사용 가능한 호스트 수는?(단, 네트워크 주소와 브로드캐스트 호스트는 제외한다.)

① 6개 ② 10개
③ 14개 ④ 30개

해설

서브넷마스크(Subnet Mask)
① 32비트 2진수로 이루어진 IP주소는 네트워크 영역과 호스트 영역이 나누어져 있다.
② 서브넷 마스크(Subnet Mask)는 IP 주소에 대한 네트워크 아이디와 호스트 아이디를 구분하기 위해서 사용된다.
③ C-Class
  ㉠ C 클래스는 반드시 110으로 시작한다.
  ㉡ 호스트 주소가 8비트이므로 범위는 (2^8-2)개 이다.

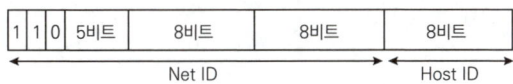

  ㉢ C 클래스를 사용한다는 것은 하나의 네트워크에 할당할 수 있는 (2^8-2)개의 호스트 IP를 사용하겠다는 뜻이다.
∴ '11111000'에서
  ⓐ '11111'의 5[bit] : 서브넷 네트워크가 가질 수 있는 범위
  ⓑ '000'의 3[bit] : 호스트 IP 개수, 즉 $(2^3-2)=6$개

49
호스트 어드레스와 네트워크 어드레스를 구분하게 하는 것으로 어드레스제어를 쉽게 할 수 있게 하는 방법은?

① Interface
② Hop Count
③ Default Gateway
④ Subnet Mask

50
IP Address의 부족을 해결하기 위해 제시된 것은?

① IPv4 ② IPv6
③ Routing ④ Supernet

해설
IP 주소의 부족문제 해결을 위한 방법 : Subnet, IPv6, VLAN

51
IPv6의 특징 중 옳지 않은 것은?

① 브로드 캐스트가 가능하다.
② 128bit의 주소 길이를 갖는다.
③ 16bit씩 8부분으로 16진수로 표시한다.
④ IPSec을 기본적으로 지원한다.

해설

① IPv6는 Unicast, Anycast, Multicast 패킷 전송 지원한다.
② Anycast는 IPv6에서 단일 송신자와 그룹 내에서 가장 가까운 곳에 있는 일부 수신자들 사이의 통신을 말한다.

52
IPv6의 주소체계는 몇 비트로 이루어져 있는가?

① 32 ② 48
③ 64 ④ 128

53
IPv6에 대한 설명으로 옳지 않은 것은?

① IPv6는 128bit의 길이로 되어 있다.
② 브로드 캐스트를 이용하여 IPv4와 상호운용이 가능하다.
③ IPv6는 유니, 애니, 멀티 캐스트로 나눈다.
④ IP Next Generation, 즉 차세대 IP라고도 불리고 있다.

54
IPv6에 대한 설명으로 올바른 것은?

① IETF(Internet Engineering Task Force)에서 IP Address 부족에 대한 해결 방안으로 만들었다.
② IPv6 보다는 IPv4가 더 다양한 옵션 설정이 가능하다.
③ 주소 유형은 유니캐스트, 멀티캐스트, 브로드캐스트 3가지이다.
④ Broadcasting 기능을 제공한다.

해설
Broadcasting 기능은 제공하지 않는다.

55. IPv6에서 애니캐스트는 무엇을 의미하는가?

① 1:1 통신시 서로 간의 인터페이스를 식별하는 주소이다.
② 임의의 주소로 패킷을 보낼 경우 해당 그룹에만 패킷을 받는다.
③ 패킷을 하나의 호스트에서 주변에 있는 여러 호스트에 전달한다.
④ 다수의 클라이언트로 한 개의 데이터만을 전송하는 방법이다

56. IP 패킷의 구조에서 헤더 부분에 들어가는 항목으로 옳지 않은 것은?

① Version   ② Total Length
③ TTL(Time to Live) ④ Data

해설
Data 필드는 OSI 5, 6, 7계층 필드이므로 3계층 프로토콜인 IP 헤더의 필드에 소속될 수 없음

57. IP Header의 내용 중 TTL(Time To Live)의 기능을 설명한 것으로 옳지 않은 것은?

① IP 패킷은 네트워크상에서 영원히 존재할 수 있다.
② 일반적으로 라우터의 한 홉(Hop)을 통과할 때마다 TTL 값이 '1' 씩 감소한다.
③ Ping과 Tracert 유틸리티는 특정 호스트 컴퓨터에 접근을 시도하거나 그 호스트까지의 경로를 추적할 때 TTL 값을 사용한다.
④ IP 패킷이 네트워크상에서 얼마동안 존재 할 수 있는가를 나타낸다.

해설
TTL(Time to Live)
① TTL은 컴퓨터나 네트워크에서 데이터의 유효 기간을 나타내기 위한 방법이다.
② TTL은 정해진 유효기간이 지나면 데이터는 폐기된다.
③ TTL은 캐시의 성능이나 프라이버시 수준을 향상시키는 데에 사용되기도 한다.

58. 네트워크 계층의 보안 프로토콜로 가장 옳은 것은?

① SSH   ② SSL
③ IPSec ④ PPTP

해설
인터넷 프로토콜 보안(IPSec : IP Security)은 네트워크계층 보안 프로토콜이다.

59. 다음 중 인터넷보호 관련 표준프로토콜에 대한 설명으로 맞는 것은?

> 안전에 취약한 인터넷에서 안전한 통신을 실현하는 통신규약이며, 데이터를 구성하고 관리하기 위한 인터넷 표준이다.

① IPSec   ② MPLS
③ VPN   ④ Fire Wall

해설
① 인터넷 프로토콜 보안(IPSec : IP Security) : 네트워크계층 (IP 계층) 상에서 IP 패킷 단위로 '인증', '암호화', '키관리'를 하는 프로토콜이다.
② 다중 프로토콜 레벨 스위칭방식(MPLS : MultiProtocol Label Switching) : 인터넷의 백본망 등에서 대량의 트래픽을 고속으로 처리 및 관리하기 위한 방안이다.
③ 가상 사설망(VPN : Virtual Private Network) : 인터넷망과 같은 공중망을 사설망처럼 이용해 회선비용을 크게 절감할 수 있는 기업통신 서비스를 말한다.
④ 방화벽(Fire Wall) : 외부 사용자(WAN)들이 내부 네트워크(LAN)에 접근하지 못하도록 하는 일종의 침입차단시스템(보안장치)이다.
[참고] IPSec 특징 : L3 계층에서 데이터의 기밀성과 무결성 제공, 기존의 L2 계층 프로토콜(L2TP, L2F, PPTP)보다 데이터 조작과 통제가 수월 등

60. 다음 중 IPSec 프로토콜의 설명으로 가장 옳은 것은?

① 데이터링크(Data Link) 계층의 보안 프로토콜이다.
② 상위계층에서 암호화 통신기능을 제공한다.
③ IP를 기반으로 한 네트워크에서만 동작한다.
④ 보통 4계층과 5계층 사이의 프로토콜이라 한다.

출제 예상 문제

61 SSL(Secure Socket Layer)은 사이버 공간에서 전달되는 정보의 안전한 거래를 보장하기 위해 넷스케이프사가 정한 인터넷 통신규약 프로토콜을 말한다. 다음 OSI 7계층 중 SSL이 동작하는 계층은?

① 물리계층 ② 데이터링크계층
③ 네트워크계층 ④ 전송계층

해설

보안 소켓 계층(SSL : Secure Sockets Layer)
① SSL은 인터넷 상에서 데이터를 안전하게 전송하기 위한 인터넷 암호화 통신 프로토콜을 말한다.
② SSL은 전송 계층 보안(TLS, Transport Layer Security)와 같은 의미로서, 이 규약은 인터넷 같이 TCP/IP 네트워크를 사용하는 통신에 적용되며, 통신 과정에서 전송계층 종단간 보안과 데이터 무결성을 확보해준다.
③ SSL은 전자상거래 등의 보안을 위해 넷스케이프에서 처음 개발되었다.

62 인터넷 등 오픈 네트워크에서 전자상거래를 안전하게 하도록 보장해주는 보안 프로토콜은 무엇인가?

① IPSEC ② SSL
③ TLS ④ SET

해설

① IPSec(IP Security) : 네트워크계층(IP 계층) 상에서, IP 패킷 단위로 인증, 암호화, 키관리를 하는 프로토콜
② SSL(Secure Sockets Layer) : 웹사이트와 브라우저(혹은, 두 서버) 사이에 전송된 데이터를 암호화하여 인터넷 연결시 보안을 유지하는 표준 기술
③ TLS(Transport Layer Security) : SSL에서 발전된 것으로 더 강력한 기능을 가짐
④ SET(Secure Electronic Transaction)는 인터넷을 이용한 전자상거래에서 안전한 지급 결제를 위하여 개발된 신용, 직불카드 결제를 위한 보안 프로토콜

63 일반적으로 통신망의 크기(Network Coverage)에 따라 통신망을 분류할 때 적절하지 않은 것은?

① LAN ② MAN
③ WAN ④ CAN

해설

규모에 따른 네트워크 구분

종류	Coverage	Date Rate	유선시스템	무선시스템
BAN (Body Area Network)	사람 몸 주변	수십[k]~ 수[Mbps]	N/A	IEEE 802.15
PAN (Personal Area Network)	LAN보다 작은 거리 (수[m])	1[Mbps]~ 수[Gbps]	N/A	블루투스
LAN (Local Area Network)	근거리, 건물 (수십 ~ 수백 [m])	50~ 500[Mbps]	캠퍼스랜	WiFi
MAN (Metropolitan Area Network)	대도시(10[km] ~ 수백[km])	10~ 30[Mbps]	케이블 TV 네트워크	WiBro WiMAX
WAN (Wide Area Network)	국가 전체 (수백 ~ 수천[km])	10~ 30[Mbps]	WWW	셀룰러

[참고] CAN : Campus Area Network

64 컴퓨터 네트워크의 구성 형태에 대한 설명으로 틀린 것은?

① MAN : 대도시 정도의 넓은 지역을 연결하기 위한 네트워크
② PAN : 대학캠퍼스 또는 건물 등과 같은 일정지역 내의 네트워크
③ WAN : 도시와 도시 또는 국가와 국가를 연결하기 위한 네트워크
④ BAN : 인체를 중심으로 하는 네트워크

65 한 건물 안이나 제한된 지역 내에서 컴퓨터 및 주변장치 등을 연결하여 정보와 프로그램을 공유할 수 있도록 해주는 네트워크를 무엇이라 하는가?

① LAN ② MAN
③ WAN ④ PON

[정답] 61 ④ 62 ④ 63 ④ 64 ② 65 ①

66 다음 중 지방과 지방, 국가와 국가, 국가와 대륙, 전 세계에 걸쳐 형성되는 통신망으로 지리적으로 멀리 떨어져 있는 넓은 지역을 연결하는 통신망은 무엇인가?

① PAN　　② LAN
③ MAN　　④ WAN

해설

거리에 의한 네트워크 구분
① 근거리 영역 네트워크(Local Area Network : LAN) : 근처(예를 들면, 한 건물안에서)에 존재하는 구성요소들 끼리를 서로 연결하는 네트워크이다.
② 광대역 네트워크(Wide Area Network : WAN) : 지리적으로 떨어져 있는 구성요소들을 서로 연결해 준다.
[참고] ㉠ PAN(Personal Area Network) : 가장 작은 규모의 네트워크
　　　㉡ Man(Metropolitan Area Network) : 대도시 영역 네트워크

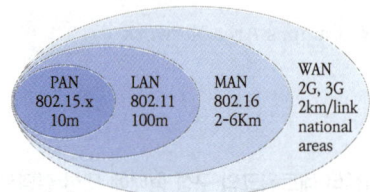

[거리에 의한 네트워크 구분]

67 WAN(Wide Area Network)의 종류에 해당하지 않는 것은?

① CSMA/CD 통신망
② 공중전화망(PSTN)
③ 공중데이터망(PSDN)
④ 광대역종합정보통신망(B-ISDN)

해설

광역통신망(WAN)
① WAN이란 원거리(도시, 국가 등)에 분산되어 있는 컴퓨터들을 서로 연결하여 정보의 공유 및 전송을 가능하게 하는 광역 네트워크 시스템이다.
② WAN의 종류(서비스 관점)
　㉠ 일반 교환 회선망(PSTN)
　㉡ 일반 데이터 전용망(PSDN)
　㉢ 고속 데이터 전송망(Frame Relay Service)
　㉣ 종합정보 통신망(ISDN)
　㉤ 국내 전용 회선망
　㉥ 초고속 인터넷 서비스

68 다음 중 독립적으로 MAN이나 WAN을 구성하기에 부적절한 장비는?

① 이동전화시스템　　② 교환기
③ 인공위성　　　　　④ Hub

해설

MAN과 WAN은 다수의 LAN을 포함하며 넓은 지역을 연결하므로 이를 구축하기 위해서는 교환기와 인공위성 등이 필요하다.

69 다음 중 WAN(Wide Area Network)의 전송방식이 아닌 것은?

① Leased Line
② Circuit Switched
③ Packet Switched
④ Message Switched

해설

WAN의 전송방식
① 전용선방식(Leased Line) : 전화국과 같은 통신사업자에게 통신회선을 임대 받아서 쓰는 방식
② 회선 스위칭방식(Circuit Switched) : 통신을 하는 순간에만 필요한 회선을 열어주고 통신이 끝나면 회수하는 방식
③ 패킷 스위칭방식(Packet Switched) : 실제 전용회선은 없지만 있는 것처럼 동작하도록 해주는 방식(Virtual Circuit)

70 WPAN(Wireless Personal Area Network) 기술의 확산으로 멀티미디어 기기 간 연결이 많아지고 다양한 서비스가 제공되고 있다. 다음 중 WPAN 기술에 해당되지 않는 것은?

① UWB　　　② Zigbee
③ Bluetooth　④ PLC

해설

무선 개인통신망(WPAN : Wireless Personal Area Network)
① WPAN은 비교적 짧은 거리 내에서 비교적 적은 사용자간에 정보를 전달하며, 주변장치간 케이블 없이 직접 통신할 수 있도록 한다.
② WPAN 서비스는 단순히 기기간의 통신이라는 기능적인 관점이 아니라 이동통신망을 연계하여 가입, 인증 등을 통한 새로운 정보 제공이라는 서비스이다.
③ WPAN 기술에는 UWB, Bluetooth, Zigbee, RFID 등이 있다.

[정답] 66 ④　67 ①　68 ④　69 ④　70 ④

출제 예상 문제

71 다음 중 클라이언트 서버(C/S, Client-Server) 네트워크에 대한 설명으로 가장 틀린 것은?

① C/S 네트워크는 분산되어 있는 컴퓨터나 프로그램들을 연결시켜주는 편리한 수단을 제공한다.
② C/S 네트워크는 데이터 처리속도를 향상시키며 보안과 개인보호 기능을 지원한다.
③ C/S 네트워크는 서버에 있는 풍부한 자원들과 서비스를 통합된 방식으로 제공한다.
④ C/S 네트워크는 서비스 요청자인 클라이언트와 서비스 자원의 제공자인 서버 간에 분리된 작업을 수행하는 구조이다.

> **해설**
> C/S 네트워크는 여러 개의 클라이언트가 네트워크 통신을 활용해 서버에 접속을 하고 그 서버와 연결되어 있는 데이터베이스(DB)를 활용할 수 있는 시스템을 말한다.

72 다음 중 클라이언트 서버(C/S, Client-Server) 네트워크에서 서버의 역할이라고 볼 수 없는 것은?

① 클라이언트에 서비스를 제공한다.
② 사용자의 입력을 주로 처리한다.
③ 웹페이지 등을 저장하는 컴퓨터로 볼 수 있다.
④ 자원(resource) 요청과 응답에 대한 처리를 한다.

> **해설**
> 클라이언트(Client)는 사용자의 입력을 주로 처리하며 이를 서버에 요청한다. 즉, 클라이언트는 사용자와 상호작용을 담당한다.

[정답] 71 ② 72 ②

Chapter 4 보안 운영관리

합격 NOTE

네트워크 보안

1. 네트워크 보안의 개요

오프라인에서 수행되던 많은 일들이 온라인에서 수행되고 있고, 인터넷의 보편화로 언제 어디에서든 자신이 필요로 하는 정보를 검색, 접근, 활용하기 쉬워지면서 정보의 도용, 위·변조, 원치 않는 침입 등과 같은 정보화의 역기능 문제가 발생되고 있다.

(1) 네트워크 보안이란 데이터 및 네트워크의 가용성과 네트워크를 통해 전송되거나 처리되는 정보의 무결성(정확성, 안전성, 일관성)과 기밀성을 보장하는 것을 의미한다.

(2) 네트워크 보안이란 인터넷과 같은 개방형 네트워크 환경에서 전달되는 정보의 위조, 변조, 유출, 무단침입 등을 비롯한 불법행위로부터 정보를 보호하는 것을 말한다.

2. 네트워크 보안의 요구사항

보안 요소	내 용
가용성 (Availability)	• 허락된 사용자 또는 객체가 정보 시스템의 데이터 또는 자원을 필요로 할 때는 언제나 원하는 자원에 접근하고 사용할 수 있도록 하는 것 • 가용성 관련 공격 : DOS(서비스 거부 공격), DDos 등
기밀성 (Confidentiality)	• 허락되지 않은 사용자 또는 객체가 정보 내용을 알 수 없도록 하는 것(비밀 보장) • 기밀성 관련 공격 : Sniffing, Snooping 등 • 기밀성 보안대책 : 통신의 암호화
무결성 (Integrity)	• 허락되지 않은 사용자 또는 객체가 정보를 함부로 수정할 수 없도록 하는 것 • 무결성 관련 공격 : 변조, 위조, 시간성변경, 부인, Session Hijacking, MITM(Man in The Middle) 등 • 무결성 보안대책 : 암호화 중에서 PKI 등
서버인증	• 클라이언트가 올바른 서버로 접속하는가에 대한 것이다. • 클라이언트가 서버의 신분을 확인하는 것이다. • 서버인증 관련 공격 : DNS 스푸핑, 서버 파밍
클라이언트인증	• 올바른 클라이언트가 접속을 시도하는가에 대한 것이다. • 서버가 클라이언트의 신분을 확인하는 것이다. • 클라이언트인증 관련 공격 : 스푸핑, 세션 하이재킹, 피싱 등

합격예측

네트워크 보안은 컴퓨터 간에 데이터를 안전하게 전송하는 것을 목표로 한다.

합격예측

정보는 가용성, 기밀성, 무결성을 유지해야 한다.(정보 보안의 3 요소)

합격예측

네트워크 보안의 요구사항 : 정보보안의 3 요소+서버 인증+클라이언트 인증

합격예측

네트워크 가용성 : '언제든 필요할 때 클라이언트와 서버 간에 데이터를 전송할 수 있는가'에 관련됨

합격예측

네트워크 기밀성 : '시스템 간 안전한 데이터 전송'에 관련됨

합격예측

스니핑(Sniffing) : 상대방들의 패킷 교환을 엿듣는 것

합격예측

네트워크 무결성 : '클라이언트와 서버 간의 데이터가 변조되지 않고 전송되는 것'에 관련됨

합격예측

① 세션 하이재킹 : 컴퓨터 간의 활성화 상태인 세션(Session) 가로채기
② MITM : 두 시스템 간의 데이터를 중간에 변조하는 공격

합격예측

인증은 신분을 확인하는 과정이다.

3. 네트워크 기반 위협

가. 네트워크를 취약하게 만드는 요인들

(1) **많은 공격지점** : 네트워크의 규모가 커짐에 따라 취약지점도 더 많이 존재하게 되므로 위협에 취약해 진다.
(2) **네트워크를 통한 자원공유** : 많은 사용자의 접근으로 인해 위협에 취약해 진다.
(3) **시스템의 복잡성** : 네트워크가 커지면 복잡성이 높아지므로 위협에 취약해 진다.

나. 네트워크 위협의 유형

(1) 자연에 의한 위협
  화재, 홍수, 지진, 전력차단 등 자연에 의한 위협으로부터 발생하는 위협
(2) 수동적(소극적) 공격 (Passive Attack)
  ① 발견은 어렵지만 예방이 가능하며, 직접적인 피해를 입히지 않는다.
  ② 종류 : 도청(Sniffing), 트래픽 분석, 스캐닝 등
(3) 능동적(적극적) 공격 (Active Attack)
  ① 수동적공격 보다 훨씬 복잡한 유형을 나타낸다.
  ② 종류 : 위장/사칭, 불법수정, 방해, 위변조, 재생공격, 서비스거부(DOS), 분산서비스공격(DDOS) 등

4. 네트워크 보안을 위협하는 공격

가. 정보 보안을 위협하는 공격

종류	내용
변조 (Modification)	• 제3자가 자원에 접근할 뿐만 아니라 내용을 변경 • 원래의 데이터를 다른 내용으로 바꾸는 행위 • 잘못된 정보를 전송한 것으로 오인함
위조 (Fabrication)	• 제3자가 시스템에 위조물을 삽입하는 경우 • 오류의 정보를 정확한 정보인 것처럼 속이는 행위 • 전송하지 않은 정보를 전송한다.
가로막음(차단) (Interruption)	• 제3자가 정보의 전송이 되지 않도록 하드웨어나 소프트웨어를 파괴하거나 네트워크를 단절시키는 것 • 정보의 흐름을 차단하는 행위
가로채기 (Interception)	• 제3자가 도청 또는 패킷을 스니핑하는 경우 • 전송되고 있는 정보를 몰래 열람, 또는 도청하는 행위 • 중요정보 유출 발생

합격 NOTE

합격예측
위협 : 시스템의 취약성을 공격하여 정보자산에 악영향을 가하는 행위

합격예측
네트워크를 취약하게 만드는 요인 : 많은 공격지점, 공유, 시스템의 복잡성

합격예측
소극적 공격 : 기밀성을 위협하는 공격들

합격예측
적극적 공격 : 무결성이나 가용성을 위협하는 공격들

합격예측
① 변조 : 무결성 보장을 위협
② 위조 : 무결성 보장을 위협
③ 가로막음(차단) : 가용성 보장을 위협
④ 가로채기 : 기밀성 보장을 위협

합격 NOTE

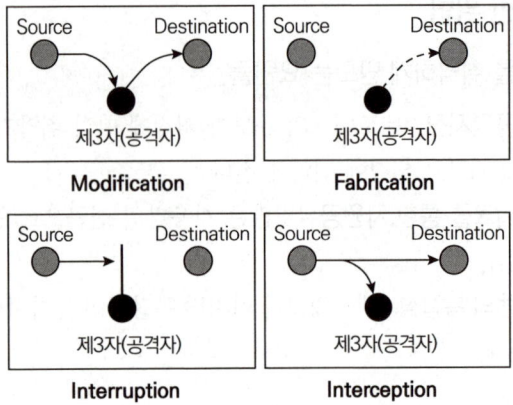

나. 네트워크 보안을 위협하는 공격

(1) 서비스 거부 공격 (DoS)

① DoS(Denial of Service)는 시스템에 과도한 부하를 발생시켜 해당 시스템의 자원을 부족하게 하여 정당한 사용자가 시스템을 사용하지 못하게 하는 공격방식이다.

② DoS의 종류

　㉠ 취약점 공격형 : 신뢰성을 제공하는 프로토콜의 취약점을 이용한 공격

　㉡ 자원고갈 공격형 : 네트워크 대역폭, CPU, 세션 등의 자원을 소모시키는 형태의 공격

　㉢ 분산서비스거부(DDoS) 공격형 : DDoS(Distributed DoS) 공격은 공격자가 한 지점에서 서비스거부 공격을 수행하는 형태를 넘어 광범위한 네트워크를 이용하여 다수의 공격지점에서 동시에 한 곳을 공격하도록 하는 형태의 서비스거부공격(DoS)이다. 방대한 양의 인터넷 트래픽을 유발하여 대상과 그 주변의 인프라를 제압함으로써 서버, 서비스 또는 네트워크의 정상 트래픽을 방해하려는 악의적 시도이다.

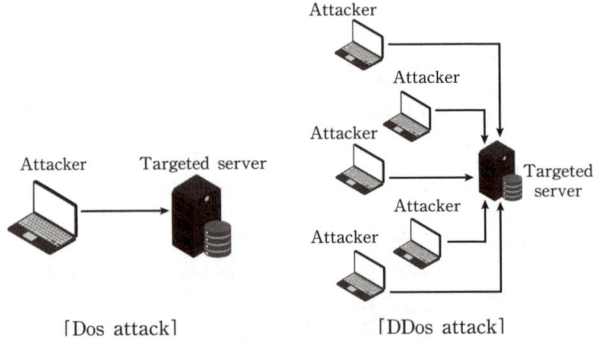

[Dos attack]　　　[DDos attack]

합격예측
DoS의 목적은 네트워크 기능을 마비시키는 것이다.

합격예측
취약점 공격형 종류 : Boink, Bonk, TearDrop, Land 공격

합격예측
자원 고갈 공격형 종류 : Ping of Death, SYN Flooding, Smurf, Mail Bomb 공격

합격예측
DDoS는 여러 대의 공격자를 분산적으로 배치해 동시에 서비스 거부 공격(DoS)을 하는 것

합격예측
① DoS는 공격자가 직접 공격
② DDoS는 공격자가 여러 컴퓨터를 감염(좀비 PC)시켜 동시에 한 대상의 시스템을 공격

참고

DoS 공격 유형
① 자원을 소진시킨다.
② 구성정보를 교란한다.
③ 상태정보를 교란한다.
④ 물리적 통신망요소를 교란한다.
⑤ 원래 사용자와 희생물 사이의 통신매체를 차단한다.

DoS 공격으로 의심할 수 있는 증상
① 비정상적인 네트워크 성능저하
② 특정 또는 모든 웹사이트에 접근불가
③ 특정 전자 우편의 급속한 증가

합격예측

DoS 해결책
① 안티 바이러스 SW 설치
② 방화벽 설치
③ 서버 전(前)단에 침입방지시스템(IPS) 설치 등

(2) 스니핑, 스누핑, 스푸핑

종류	의미
스니핑 (Sniffing)	• 네트워크상에서 자신이 아닌 다른 상대방들의 패킷교환을 훔쳐 보는 행위 • 네트워크 트래픽을 도청하는 과정 • 종류 : Switch Jamming, ARP Redirect, ICMP Redirect 등
스누핑 (Snooping)	• 네트워크상에 떠도는 중요정보를 몰래 획득하는 행위 • 종류 : IGMP 스누핑, DHCP 스누핑 등
스푸핑 (Spoofing)	• TCP/IP의 구조적 결함을 이용하여 사용자의 시스템권한을 획득한 뒤 정보를 빼가는 해킹방법 • 승인받은 사용자인 것처럼 시스템에 접근하거나 네트워크상에서 허가된 주소로 가장하여 접근제어를 우회하는 공격행위 예) 유명업체로 가장하여 스팸메일 발송, 위조사이트로 접속 유도 • 스푸핑 대상 : MAC 주소, IP주소, 포트 등

합격예측
Sniff는 '코를 킁킁거리다'의 의미

합격예측
스니퍼란 컴퓨터 네트워크상에 흘러 다니는 트래픽을 엿듣는 도청 형태이다.

합격예측
Snoop은 '기웃거리다, 염탐하다'의 의미

합격예측
Spoofing은 '속이다'의 의미

Data Snooping

합격 NOTE

합격예측
스푸핑 공격의 종류 : ARP 스푸핑, IP 스푸핑, DNS 스푸핑, e-mail 스푸핑 등

합격예측
세션 하이재킹 : 두 시스템 간 연결이 활성화된 상태, 즉 로그인된 상태(세션)를 가로채는 것

합격예측
TCP 세션 가로채기 : 세션 하이재킹

합격예측
스캐닝은 네트워크를 통해 제공하고 있는 서비스, 포트, Host 정보 등을 알아내는 것

참고

📍 **스푸핑의 종류**
① IP 스푸핑 : 다른 컴퓨팅 시스템인 것처럼 가장하기 위해 거짓 소스 IP 주소로 인터넷프로토콜 패킷을 만드는 공격기법
② ARP 스푸핑 : 근거리통신망(LAN) 하에서 주소결정프로토콜(ARP, Address Resolution Protocol) 메시지를 이용하여 상대방의 데이터 패킷을 중간에서 가로채는 중간자 공격기법
③ DNS(Domain Name Service) 스푸핑 : 공격자가 클라이언트와 DNS 서버 간 통신에 개입하여 실제 IP 주소가 아닌 가짜 IP 주소를 응답하여 DNS 서버를 속이는 공격기법

---

(3) 세션 하이재킹(Session Hijacking)

시스템에 접근할 적법한 사용자 아이디와 패스워드를 모를 경우의 공격방법이다. 공격대상이 이미 시스템에 접속되어 세션이 연결되어 있는 상태를 가로채기 하는 공격으로 아이디와 패스워드를 몰라도 시스템에 접근하여 자원이나 데이터를 사용할 수 있는 공격이다.

① 정당한 사용자가 인증을 수행한 후, 몰래 세션을 가로채는 보안공격기법
② 보통 TELNET 이나 FTP 와 같이, 암호화되지 않은 TCP 세션 기반의 응용

(4) 네트워크 스캐닝

① 네트워크를 통해 동작중인 공격 대상에 대해서 서비스, 열려있는 포트번호, 사용하고 있는 운영체제, 버전 등의 정보를 수집해서 해당 대상의 취약점을 찾기 위한 해킹의 초기단계
② 정보수집 과정 (3단계)
  ㉠ 풋 프린팅 : 공격자가 공격 전 다양한 정보 수집을 하는 단계
  ㉡ 스캐닝 : 네크워크구조, 시스템이 제공하는 서비스 정보를 얻는 단계
  ㉢ 목록화 : 실제 공격에 사용할 수 있도록 목록화 설정

5. 네트워크 보안시스템

네트워크 보안시스템은 보안 위협요소로부터 위험 및 공격을 탐지하고, 예방하며, 복구하기 위하여 설계된 제반시스템이다.

가. 방화벽(Firewall)

방화벽은 수신/발신 네트워크 트래픽을 모니터링하고 정의된 보안규칙 집합을 기준으로 하여 특정 트래픽의 허용 또는 차단을 결정하는 네트워크 보안시스템이다.

(1) 방화벽의 기능

기능	설명
접근제어	• 외부에서 내부 네트워크에 접속하는 것을 패킷 필터링을 이용하여 통제하는 기능
사용자 인증	• 트래픽에 대한 사용자의 신분을 증명하는 기술
로깅 및 감사추적	• 불법적인 로그파일 기록, 의심스러운 사항이나 명백한 침입사실이 확인될 경우, 이를 관리자가 추적할 수 있도록 하는 기능
Proxy 기능	• 클라이언트의 서비스요청을 받아 보안정책에 따라 실제 서비스를 수행하는 서버로 그 요청을 전달하고 실행결과를 수신하여 사용자에게 전달하는 기능
주소변환(NAT)	• 발신지 호스트의 IP주소나 목적지 호스트의 IP주소를 전송단계에서 변경하여 전달하는 기능

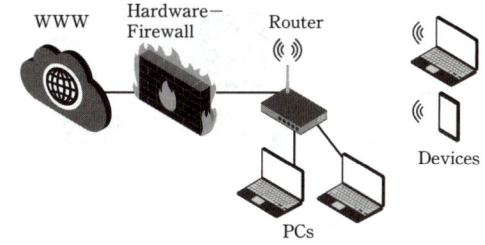

(2) 방화벽 구성방식의 종류

패킷필터링 방식, Circuit Gateway 방식, 애플리케이션 Gateway 방식, Hybrid 방식, 상태추적(Stateful inspection) 방식

(3) 방화벽의 장단점

장점	단점
• 취약한 서비스 보호기능	• 제한된 서비스 제공
• 호스트 시스템 접근제어기능	• 우회하는 트래픽은 제어불가
• 로그와 통계자료 유지	• 악의적인 내부 사용자로부터 시스템 보호 곤란
• 내부 네트워크와의 모든 자원에 일괄된 보안정책 적용가능	• 바이러스 및 새로운 형태의 위험에 대한 방어 곤란

합격예측

방화벽은 일반적으로 신뢰할 수 있는 내부 네트워크와 신뢰할 수 없는 외부 네트워크(예 인터넷) 간의 장벽을 구성

합격예측

방화벽은 침입차단시스템이다.

합격예측

패킷필터링 : 내부 네트워크로 들어오는 패킷의 IP주소 혹은 서비스 포트 번호 등을 분석 하여 외부 또는 내부 네트워크에 대한 접근을 허용/차단하는 기능 (가장 단순한 최초의 방화벽)

합격 NOTE

합격예측
IDS는 시스템 공격, 오용이나 침입을 방지한다.

합격예측
Expert System : 문제가 발생했을 때 정확한 판단을 내리는 컴퓨터(시스템)이라 볼 수 있다.

합격예측
IDS의 설치 위치가 네트워크 또는 호스트인가에 따라 H-IDS와 N-IDS로 분류

합격예측
침입(intrusion)은 자원의 기밀성, 무결성, 가용성을 훼손하는 제반 행위를 말한다.

합격예측
IPS의 종류 : Switch 기반, Firewall 기반, IDS 기반

나. 침입탐지 시스템(IDS : Intrusion Detection System)

(1) IDS 개요

① 방화벽이 내부망 보안을 수행하는데 있어 그 적용의 한계가 있으므로 IDS가 이를 보완해 준다.

② IDS는 단순한 접근제어기능을 넘어 침입의 패턴 데이터베이스와 expert system을 사용해 네트워크나 시스템의 사용을 실시간 모니터링 하고 침입을 탐지하는 보안시스템을 의미한다.

③ IDS는 허가되지 않은 사용자로부터 접속, 정보의 조작, 오용, 남용 등 컴퓨터시스템 또는 네트워크상에서 시도 됐거나 진행중인 불법적인 예방에 실패한 경우 취할 수 있는 방법으로 의심스러운 행위를 감시하여 가능한 침입자를 조기에 발견하고 실시간 처리를 목적으로 하는 시스템이다.

(2) 설치위치에 따른 IDS 분류

① 호스트기반 침입탐지시스템(Host based IDS, H-IDS) : 개별 호스트의 운영체제가 제공하는 보안감사 로그, 시스템 로그, 사용자 계정 등의 정보를 이용해서 호스트에 대한 공격을 탐지한다.

② 네트워크기반 침입탐지시스템(Network based IDS, N-IDS) : 네트워크기반의 공격을 탐지하여 네트워크기반구조를 보호하는 것을 목적으로 한다.

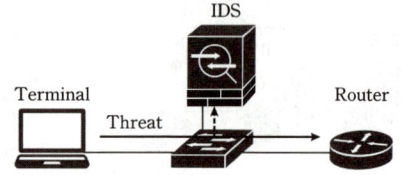

다. 침입 방지 시스템 (IPS : Intrusion Prevention System)

IPS는 다양하고 지능적인 침입 기술에 대해 다양한 방법의 보안기술을 이용해, 침입이 일어나기 전에 실시간으로 침입을 막고 알려지지 않은 방식의 침입으로부터 네트워크와 호스트를 보호할 수 있는 차세대 능동형 보안 솔루션이다. 방화벽과 IDS 만으로는 속도 때문에 해킹이나 바이러스, 웜에 대한 공격을 막을 수 없으므로, IPS는 단순한 네트워크 단에서 탐지를 제공할 수 없는 각종 알려지지 않은 공격까지도 방어할 수 있는 실시간 보안시스템으로 OS 차원에서 실시간 방어와 탐지기능을 제공한다.

(1) IPS의 특징

① 잠재적 위협을 인지한 후 이에 즉각적인 대응하기 위한 네트워크 보안기술 중 예방적차원의 접근방식에 해당한다.

② 침입을 탐지했을 경우 실시간으로 침입을 막음(예방적이고 사전에 조치를 취하는 기술)
③ 방화벽, IDS, Secure-OS 등의 보안기술에 기반을 둔다.

(2) IPS의 종류
① 호스트기반 IPS(H-IPS)
커널과 함께 동작해 커널 이벤트를 가로채 처리하는 방식과 커널과 독립적으로 작동하는 방식으로 구분된다.
② 네트워크기반 IPS(N-IPS)
실시간 패킷처리, 오탐지를 최소화하는 기술, 변형공격과 오용공격의 탐지기술 등의 핵심기술을 사용한다.

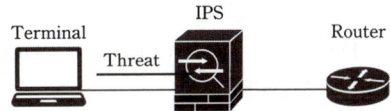

참고

● 침입탐지 시스템(IDS : Intrusion Detection System)
① IDS는 컴퓨터 또는 네트워크에서 발생하는 이벤트들을 모니터링하고, 침입 발생여부를 탐지(detection)하고, 대응(response)하는 시스템이다.
② IDS는 시스템에 대한 원치 않는 조작을 탐지하여 준다.

● 침입방지 시스템(IPS : Intrusion Prevention System)
① IPS는 보안기술을 이용하여 침입이 일어나기 전에 실시간으로 침입을 막고, 유해 트래픽을 차단하기 위한 시스템이다.
② IPS는 침입탐지시스템(IDS)의 기능에 능동적인 대처능력을 부여한 것이다.

6. 기타 보안기술

가. 가상사설망(VPN : Virtual Private Network)
(1) VPN은 공중망을 통한 연결을 전용선처럼 사용하는 것으로 기존의 인터넷 서비스를 하나의 사설 네트워크처럼 사용하는 것이다. 즉, Public Network을 이용하여 Private Network을 구성하는 기술이다.

합격 NOTE

합격예측
IDS는 탐지하고 사후에 조치를 취하는 기술이며, IPS는 예방적이고 사전에 조치를 취하는 기술이다.

합격예측
침입방지시스템(IPS)은 방화벽과 침입탐지시스템(IDS)의 조합이다.

합격예측
VPN은 공중망(예, 인터넷)을 이용하여 사설망을 구성하는 기술

합격 NOTE

합격예측
터널링 기법 : 두 노드 또는 두 네트워크 간에 가상의 링크(VPN 등)를 형성하는 기법

합격예측
VPN은 공중 네트워크를 통해 한 회사나 몇몇 단체가 내용을 외부에 드러내지 않고 통신할 목적으로 쓰이는 사설 통신망이다.

합격예측
무선 인터넷 서비스의 취약점
① 무선 네트워크 접속 시 인증 과정에서의 문제점
② 무선 전송데이터의 암호화 취약점

합격예측
무선 AP의 설치장소는 비인가자가 접근할 수 없는 위치에 설치 또는 철저히 보호해야 한다.

합격예측
불법 AP(Rogue AP) : 공격자가 불법적으로 무선 AP를 설치하여 무선랜 사용자들의 전송 데이터를 수집하는 것

---

(2) VPN은 터널링 프로토콜과 보안과정을 거쳐 내부기밀을 유지할 수 있다.

(3) VPN은 연결성(Connectivity)이 뛰어나면서도 안전한 망을 구성할 수 있다.

(4) VPN 주요 기능 : 터널링, 보안, 접근제어, 높은 QoS 등

(5) VPN의 구현에 가장 널리 사용되는 Tunneling Protocol
  : IPSec(IP Security) VPN, SSL(Secure Sockets Layer) VPN

구분	IPSec VPN	SSL VPN
접근 제어	접근제어 미흡	접근제어 가능
적용 계층	TCP/IP의 3계층	TCP/IP의 5계층
암호화	(패킷단위) DES/3DES/AES/RC4, MD5/SHA-1	(메시지단위) DES/3DES/AES/RC4, MD5/SHA-1
장점	• 단대단 보안 가능 • 종단 부하 없음	• 접속과 관리의 편리성 • Client Server 모드 인증가능

나. 무선랜(LAN) 네트워크 보안

(1) 무선 LAN의 취약점

무선랜은 기존 유선 LAN에 무선 AP를 연결한 후, 클라이언트에 네트워크 인터페이스카드(NIC)를 장착하여 무선으로 접속하는 형태이다. 따라서 무선랜 카드(NIC)가 탑재된 장비를 사용하고 있는 사용자는 누구나 지원 범위 내에서 네트워크에 접속할 수 있어 이용이 편리하지만 그 자체로 보안위협에 노출되기 쉽다.

① 물리적 취약점
  ㉠ 무선 AP는 외부에 노출된 형태로 위치하므로, 이로 인해 비인가자에 의한 장비의 파손 및 장비리셋을 통한 설정값 초기화 등의 문제가 발생할 수 있다.
  ㉡ 유형 : 도난 및 파손, 구성설정의 초기화, 전원차단, LAN 차단 등

② 기술적 취약점
  ㉠ 공기를 전송매체로 사용하므로, 불특정 다수에 의한 도청 또는 무선장비에 대한 공격이 발생할 수 있다.
  ㉡ 유형 : 도청, 서비스거부, 불법 AP 등

③ 관리적 취약점 : 사용자의 보안인식 부족, 전파 출력관리 부족 등

[무선 LAN 관련 장비]

용어	설명
IEEE 802.11	• 무선 LAN에 대해 IEEE 802 위원회에서 작성하는 일련의 표준 규격
액세스포인트 (AP : Access Point)	• 기지국 역할을 하는 소출력 무선기기 • 장치들과 무선 접속하여 상위 네트워크로 연결 • Bridge 기능을 가짐
이더넷전원장치 (PoE : Power over Ethernet)	• 데이터 트래픽에 사용되는 UTP 케이블을 통해 네트워크 장치에 전원을 공급하는 방법 • AP, IP 전화, 네트워크 카메라 등에 전원공급장치
L2 스위치 (Layer-2 Switch)	• 맥주소 정보(MAC Table)를 보고 스위칭을 하는 스위치 • Ethernet Switch라고 하며, 단말기를 인터넷 망에 접속하기 위해 필요한 장비
애드혹 (Ad hoc)	• 여러 스테이션들이 중앙 라우팅시스템을 사용하지 않고 직접 통신 할 수 있는 시스템 • AP 없이 내부단말기(스테이션)로 구성된 WLAN
WLC (Wireless Lan Controller)	• 무선 LAN을 구성하는 AP 그룹들을 통합 관리하는 장치 • 광범위한 무선 인터넷이 제공되며, 보안, 음성 및 위치 서비스를 관리하는 데 사용
WIPS (Wireless Intrusion Prevention System)	• 무선 침입방지시스템(WIPS)은 AP와 Station간 등의 불법적인 연결을 탐지, 차단 및 통제하는 장치 • 무단 AP가 있는지를 모니터링하고 대응하는 장치
WIDS (Wireless Intrusion Detection System)	• 무선 침입탐지시스템(WIDS)은 AP와 Station간, Station과 Station간 등의 불법적인 연결을 탐지하는 장치

(2) 무선 LAN 보안 표준

① 802.11 : WEP(Wired Equivalent Privacy) 알고리즘 정의

② 802.11i 작업 그룹 : WEP 이후 WLAN 보안 문제를 해결하기 위한 여러 기능을 개발

③ Wi-Fi 연합 : Wi-Fi 표준 WPA(Wi-Fi Protected Access)를 공표

④ RSN(Robust Security Network) : 최신 802.11i 표준버전

(3) 무선 LAN 인증기술

종류	기능
SSID (Service Set IDentifier) 설정 방식	AP 장비에서 설정된 SSID 정보를 이용하여 사용자의 접속을 통제 및 관리한다.

합격 NOTE

합격예측
IEEE 802.11 표준 대상 범위
① 물리계층(PHY)
② MAC 부계층
③ MAC 관련 서비스 및 프로토콜

합격예측
AP는 유선랜과 무선랜을 연결시켜주는 장치이며, WAP(Wireless Access Point)라고도 한다.

합격예측
UTP 케이블은 Category 5/5e 규격에서 최대 100m 까지 통합된 전력과 데이터전송 가능

합격예측
L2 Switch : OSI 2계층 MAC 주소 기반 네트워크 장치

합격예측
Ad-hoc 네트워크: 분산 유형의 무선 네트워크

합격예측
WIPS: 인가받지 않고 설치한 AP들을 감지하고 차단하는 장치

합격예측
WIPS(침입 방지 및 차단), WIDS(침입 탐지)

합격예측
SSID는 무선 AP들의 이름으로, 32[byte] 길이의 고유 식별자이다.

합격 NOTE

MAC 주소 필터링	AP 장비에 통신기기의 고유 MAC 주소를 등록하여 등록자와 미 등록자 접속을 통제 및 관리한다.
EAP(Extensible Authentication Protocol)	EAP 방식들에 의해 생성되는 자료와 파라미터의 전송 및 이용을 제공하기 위한 인증 프레임워크이다.
WEP (Wired Equivalent Privacy)	인증 시 공유키인 WEP 키를 이용하여 사용자를 인증하는 방식이다.

합격예측
WEP는 사용자 인증과 데이터 암호에 모두 적용 가능하다.

(4) 무선 LAN 암호화 기술

종류	특징
WEP (Wired Equivalent Privacy)	• IEEE 802.11 초기 표준 • RC4 스트림 암호화 방식을 사용 • 무선구간에서의 데이터 보안을 담당 • 데이터 기밀성, 단말 인증, 접근제어 기능제공
TKIP (Temporal Key Integrity Protocol)	• IEEE 802.11의 무선 네트워킹 표준으로 사용되는 보안 프로토콜 • 기존 하드웨어와의 호환성유지 가능
CCMP (Counter mode with CBC-MAC Protocol)	• 접속과정에서 무선단말과 액세스포인트 사이에서 설립된 암호키를 사용 • CCM 모드를 사용하는 AES 암호 알고리즘을 사용

합격예측
WEP : 무선구간에서 데이터를 보호하기 위한 방법이다.

합격예측
TKIP, CCMP : 접속 과정에서 무선 단말과 액세스 포인트 사이에서 설립된 암호키를 사용하는 방법

다. 애플리케이션 보안(Application Security)

(1) 애플리케이션 보안은 애플리케이션 내의 데이터 또는 코드가 도난당하거나 해킹당하는 것을 방지하기 위한 애플리케이션 수준의 보안조치이다. 이는 애플리케이션 개발 및 설계 도중 야기될 수 있는 보안상의 고려 사항뿐만 아니라, 애플리케이션이 배포된 후 이를 보호하기 위한 시스템 및 접근방식도 포함한다.

(2) 애플리케이션 보안을 통해 사용자가 사용하는 모든 종류의 애플리케이션(예 레거시, 데스크톱, 웹, 모바일, 마이크로 서비스)을 보호할 수 있다.

(3) 애플리케이션 보안의 유형

합격예측
애플리케이션 보안은 무단 액세스 및 수정과 같은 보안 취약점에 대한 위협을 방지하기 위해 보안기능을 개발하여 애플리케이션에 추가하고 테스트하는 과정을 말한다.

유형	필요성
클라우드 애플리케이션 보안	클라우드 환경은 공유 리소스를 제공하므로 필요
모바일 애플리케이션 보안	개인 네트워크와 달리 모바일 기기는 인터넷을 통해 정보를 송수신하여 공격에 더 취약하므로 필요
웹 애플리케이션 보안	웹 애플리케이션은 원격 서버에 상주하므로 정보는 인터넷을 통해 사용자 간에 전송될 수밖에 없으므로 필요

합격예측
애플리케이션 보안의 유형에는 인증, 권한부여, 암호화, 로깅 및 애플리케이션 보안테스트가 포함된다.

합격예측
웹 애플리케이션 방화벽은 검사를 통해 필요한 경우 피해를 줄 것으로 우려되는 데이터 패킷을 차단한다.

7. 암호화와 복호화

가. 암호화 시스템

(1) 암호화(Encryption)와 복호화(Decryption)

① 암호화 : 누구나 읽을 수 있는 평문(Plain Text)을 권한이 없는 제3자가 알아볼 수 없는 형태(암호문)로 재구성하는 과정

② 복호화 : 암호화의 역과정으로 암호문을 평문으로 복원하는 과정

Encryption & Decryption

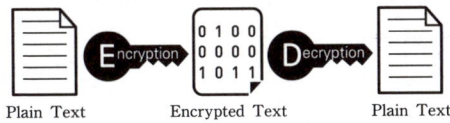

(2) 암호화의 주요기능

① 전달과정의 기밀성 보장, 정보의 무결성 보장, 송신자와 수신자의 정당성 보장

② 원하지 않는 사람이 접근하거나 변경하는 것으로부터 중요한 정보를 보호하는 방법

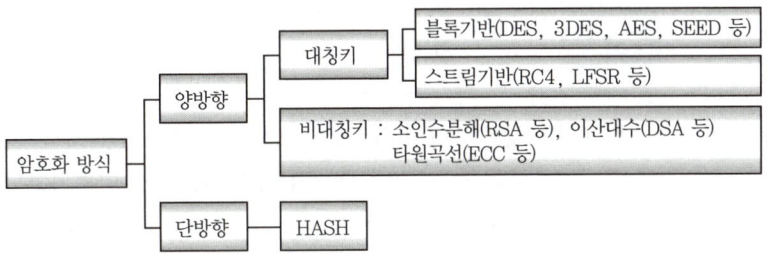

(3) 평문을 처리하는 방법에 의한 암호화기술

① 스트림 암호화(Stream Encryption) : 평문과 같은 길이의 키(Key) 스트림을 생성하여 평문과 키를 비트 단위로 배타적 논리합(Bit-wise Exclusive OR)하여 암호문을 얻는 방법

② 블록 암호화(Block Encryption) : 평문을 일정한 단위로 나누어서 각 단위마다 암호화 과정을 수행하여 블록 단위로 암호문을 얻는 방법

구분	스트림 암호	블록 암호
방식	• 연속적인 비트/바이트를 계속 입력받아, 그에 대응하는 암호화 비트/바이트를 생성하는 방식 • 한 비트씩 암호화 및 복호화하는 방식	블록이라 부르는 고정된 길이 단위로 암호화 하는 방식
단위	비트(Bit)	블록(Block)

합격 NOTE

합격예측
암호화 : 네트워크 보안 강화방법

합격예측
키(key) : 암호화, 복호화시 사용하는 가장 중요한 열쇠.

합격예측
① 치환암호(Substitution Cipher) : 하나의 단위가 다른 문자로 치환되는 암호
② 전치암호(Transposition Cipher) : 문자들의 순서를 재배치하는 암호

합격예측
암호화 단위 : 스트림 암호(비트), 블록 암호(블록)

합격 NOTE

합격예측
공개키(비대칭키)
개인키(비공개 키, 대칭키, 비밀키)

합격예측
대칭키 암호방식은 데이터 변환 방법에 따라 스트림암호와 블록암호로 나누어 진다.

합격예측
시드(SEED) : 전자 상거래, 금융, 무선 통신 등에서의 정보보호를 위해, 순수 국내 기술로 개발한 128-비트 블록 암호

합격예측
공개키 암호 방식에서는 공개키와 비밀키가 존재

합격예측
공개키 암호를 구성하는 알고리즘은 대칭키 암호방식과 비교하기 위해 비대칭 암호라고 부르기도 한다.

장점	• 오류확산의 위험이 없음 • 이동통신환경에서 구현이 용이	구현 용이
단점	시간이 많이 소요	• 블록내 오류확산 위험 • 불필요한 초기값을 설정

(4) 키의 종류에 의한 암호화 기술

① 대칭키(비밀키) 암호화 : 암호화에 사용하는 키(암호화 키)와 복호화에 사용하는 키(복호화 키)가 서로 동일한 암호화 방식이며, 키를 비밀히 보관해야 한다는 의미로 비밀키 암호(Secret-Key) 방식으로도 불린다.

대칭키 암호화 알고리즘	DES(Data Encryption Standard)	• 64비트 블록암호, 56비트 비밀키를 사용 • 미국 초기 표준 블록암호
	3중 DES(Triple DES)	• DES에 대한 전수공격을 보완한 방법
	AES(Advanced Encryption Standard)	• 128-비트 블록 암호 • 새로운 미국 표준 블록암호
	IDEA(International Data Encryption Algorithm)	• 블럭 초당 177[Mbit]의 처리가 가능한 빠른 암호화 방법
	SEED	• 국내에서 개발된 128비트 및 256비트 대칭 키 블록암호알고리즘

② 비대칭키(공개키, Public Key) 암호화

㉠ 송신자는 외부에 공개된 키(Public Key)로 암호화하여 송신하고 수신자는 개인키(Private Key)로 복호화 한다. 송신자와 수신자가 사용하는 키가 다르므로 비대칭키라고 한다.

㉡ 공개키 암호방식에서는 공개키와 비밀키가 존재하는데, 공개키는 누구나 알 수 있지만 그에 대응하는 비밀키는 키의 소유자만이 알 수 있어야 한다.

공개키 암호화 알고리즘	RSA (Rivest, Shamir, Adleman)	• 소인수 분해의 어려움에 그 기반을 둔 공개키 암호 알고리즘 • 안전성을 보장받기 위한 소수 p와 q의 선택조건과 공개 암호화키와 비밀 복호화 키의 조건들이 부가적으로 필요
	엘가말 (ElGamal)	• 이산대수 문제의 어려움에 기반을 둔 최초의 공개키 암호 알고리즘 • 메시지의 길이가 두 배로 늘어나는 특징이 있으나 암호화할 때 난수를 이용

공개키 암호화 알고리즘	타원곡선 암호시스템 (ECC : ElliPtic Curve Cryptosystem)	• RSA 대안 암호화 방식으로 이산대수를 이용 • 스마트 카드나 휴대폰 등 키의 길이가 제한적인 무선환경이나 작은 메모리를 가지고 있는 시스템에 적합

[대칭키와 비대칭키 비교]

구분	대칭키 암호시스템	공개키 암호시스템
키(Key) 관계	암호화키=복호화키	암호화키≠복호화키
암호화키	비밀	공개
복호화키	비밀	비밀
대표적인 예	DES	RSA
키 개수	n(n-1)/2	2n
암호화 속도	고속	저속
장점	• 암호/복호 속도가 빠름 • 키 길이가 짧음	• 키의 분배가 용이 • 사용자가 증가해도 관리할 키의 개수가 적음 • 키 변화의 빈도가 낮음 • 다양한 응용
단점	• 사용자가 증가해도 관리할 키의 개수가 적음 • 키 변화의 빈도가 높음	• 암호/복호 속도가 느림 • 키의 길이 길음

나. 해시(Hash) 함수 방식

(1) 해시 함수

① 해시 함수 또는 해시 알고리즘은 임의의 길이를 갖는 데이터를 고정된 길이의 데이터로 매핑(Mapping)하는 함수이다. 즉, 아무리 큰 숫자를 넣더라도 정해진 크기의 숫자가 나오는 함수이다.

② 해시 함수는 복잡하지 않은 알고리즘으로 구현되기 때문에, 상대적으로 CPU, 메모리 같은 시스템 자원을 덜 소모하는 특성이 있다.

③ 해시 함수는 입력 메시지에 대한 변경할 수 없는 증거값을 뽑아냄으로써 메시지의 오류나 변조를 탐지할 수 있는 무결성을 제공하는 목적을 갖는다.

합격 NOTE

합격예측
① 비대칭키는 공개키와 사설키로 발신자와 수신자 각각 한 쌍을 소유한다.
② 사설키를 개인키라고 부른다.

합격예측
키 관리의 필요성 : 대칭키 암호 또는 공개키 암호에서 사용되는 암호키들을 안전하게 다루기 위한 것

합격예측
해시값, 해시코드 : 해시 함수에 의해 얻어지는 값

합격예측
암호화에는 키가 사용되지만, 해시 함수는 키를 사용하지 않는다.

합격 NOTE

 참고

 해싱(Hashing)

① 해싱은 해시 함수를 사용하여 주어진 값을 변환한 뒤, 해시 테이블에 저장하고 검색하는 기법이다.
② 해싱은 데이터베이스 내의 항목들을 색인하고 검색하는데 사용된다.

(2) 해시 함수의 성질
　① 임의의 길이 메시지로부터 고정길이의 해시 값 계산
　② 해시 값을 고속으로 계산
　③ 메시지가 다르면 해시 값도 다름
　④ 일 방향성

(3) 해시 함수의 요구조건
　① 역상 저항성(Pre-image Resistance) : 주어진 출력에 대하여 입력값을 구하는 것이 계산상 불가능해야 한다.
　② 제 2 역상 저항성(Second Pre-image Resistance) : 주어진 입력에 대하여 같은 출력을 내는 또 다른 입력을 찾아내는 것이 계산상 불가능해야 한다.
　③ 충돌 저항성(Collision Resistance) : 같은 출력을 내는 임의의 서로 다른 두 입력 메시지를 찾는 것이 계산상 불가능해야 한다.

(4) 일방향 해시 함수의 응용분야
　소프트웨어의 변경검출, 패스워드를 기초한 암호화, 메시지 인증코드 생성, 전자서명, 의사난수 생성기, 일회용 패스워드 생성 등

합격예측
해시 함수의 특징
① 출력지점에서 원본 비트 문자열을 찾아내는 것은 불가능
② 주어진 입력에 대해 같은 코드를 생성하는 또 다른 입력값을 찾아내는 것은 불가능

 참고

 암호화 형식

암호화 기본 형식	기 능
비밀키 암호화 (대칭 암호화)	제3자가 데이터를 읽을 수 없도록 데이터를 변환. 공유되는 하나의 비밀키를 사용하여 데이터를 암호화하고 해독한다.
공개키 암호화 (비대칭 암호화)	제3자가 데이터를 읽을 수 없도록 데이터를 변환. 공개/개인 키 쌍을 사용하여 데이터를 암호화하고 해독한다.

암호화 서명	특정 사용자 고유의 디지털 서명을 만들어 데이터가 해당 사용자로부터 온 것임을 확인한다. 해시 함수사용
암호화 해시	데이터를 임의 길이에서 고정 길이의 바이트 시퀀스로 매핑. 해시는 통계적으로 고유하며 다른 2바이트 시퀀스가 동일한 값으로 해시되지 않음

8. 디지털서명(Digital Signature)

- 디지털서명은 종이문서에 사인이나 도장을 찍어서 서명하던 방법을 전자적 형태로 저장된 메시지를 서명하는 방법이다.
- 디지털서명은 송신자가 어떤 메시지를 전송하고도 송신하지 않았다고 주장할 때에 수신측은 이를 증명하기 위해 사용한다.

가. 디지털서명 알고리즘

(1) 키 생성(Key Generation Algorithm) : 공개 키 쌍을 생성
(2) 서명 알고리즘(Signing Algorithm) : 이용자의 개인 키를 사용하여 (전자)서명을 생성
(3) 증명 알고리즘(Verification Algorithm) : 이용자의 공개 키를 사용하여 서명을 검증

나. 디지털서명의 요구사항

(1) 위조불가(Unforgeable): 합법적인 서명자만이 디지털서명을 생성할 수 있어야 함
(2) 서명자인증(User Authentication): 디지털서명의 서명자를 불특정 다수가 검증할 수 있어야 함
(3) 부인방지(Non-repudiation): 서명자는 서명행위 이후에 서명한 사실을 부인할 수 없어야 함
(4) 변경불가(Unalterable): 서명한 문서의 내용을 변경할 수 없어야 함
(5) 재사용불가(Not Reusable): 전자문서의 서명을 다른 전자문서의 서명으로 사용할 수 없어야 함

합격예측
① 디지털서명은 네트워크에서 송신자의 신원을 증명하는 방법이다.
② 송신자가 자신의 비밀키로 암호화한 메시지를 수신자가 송신자의 공용키로 해독한다.

출제 예상 문제

• 네트워크 보안

01 정보 보호의 목표가 아닌 것은?

① 정당성(Vaildity)
② 가용성(Availability)
③ 무결성(Integrity)
④ 기밀성(Confidentiality)

해설
정보보호(Information Security)의 목표는 기밀성, 무결성, 가용성을 보장하는 것이다.

02 보안의 중요성이 점차 증가하고 있다. 다음 중 보안 문제가 심각해지는 원인이 아닌 것은?

① 개방형 네트워크
② 폐쇄형 네트워크
③ 인터넷의 확산
④ 전자상거래 등 각종 응용서비스의 출현

해설
① 개방형 네트워크(Open Network)
  ㉠ 기술적 요건만 갖추면 누구라도 이용할 수 있는 개방적 방식의 정보통신망을 말한다.
  ㉡ 대표적으로 인터넷을 통신 네트워크로 전개되는 전자상거래 등은 쌍방향 통신성은 우수하나, 보안성 결여, 전자문서의 인증제도 미비 등으로 기업 간의 거래에 그대로 이용하기에는 많은 문제점을 안고 있다.
② 폐쇄형 네트워크(Closed Network)
  ㉠ 특정 정보통신서비스 공급자나 그 사업자가 소유하고 관리하면서 영업하는 패쇄적 방식의 정보통신망을 뜻한다.
  ㉡ 사설 네트워크나 특수 목적 VAN을 중심으로 구성된 네트워크. EDI의 도입으로 보안성, 전자문서의 인증문제 등을 쉽게 해결한다.

03 정보통신 시스템의 보안(Security) 대책에 관한 설명으로 틀린 것은?

① 우발적인 사고로부터 보호와 의도적인 행위로부터의 보호가 있다.
② 시스템의 고도화와 광역화로 인한 데이터의 부정 취득, 데이터 내용의 수정 등의 의도적 행위에 대한 구체적인 대책이 필요하다.
③ 데이터가 어떤 수단으로 도난된다 하여도 암호화에 의하여 정당한 이용자 이외에도 알지 못하는 정보로 변화시키기 위해서 액세스 컨트롤(Access Control) 보안설계를 하여야 한다.
④ 시스템설계 단계에서는 보안 대책을 시스템과 데이터의 중요성을 감안하여 선택하게 되지만, 보안대책은 개발비용의 증가, 처리능력저하의 요인이 되므로 종합적인 판단이 필요하다.

해설
① 접근통제(Access Control)이란, 권한이 있는 사용자에게만 특정 데이터 또는 자원이 제공되는 것을 보장하는 것을 말한다.
② 접근통제는 자원에 대한 비인가된 접근을 감시하고, 접근을 요구하는 이용자를 식별하고, 사용자의 접근요구가 정당한 것인지를 확인, 기록하고, 보안정책에 근거하여 접근을 승인하거나 거부함으로써 비인가자에게 불법적인 자원접근 및 파괴를 예방하는 H/W, S/W 및 행정적인 관리를 총칭한다.
∴ 비인가자에게 정보를 변경시킬 수 있는 권리를 부여하는 것은 보안 대책에 어긋난다.

04 네트워크 보안 요구 사항으로 부적절한 것은?

① 데이터 보안성   ② 데이터 무결성
③ 데이터 인증   ④ 데이터 암호화

해설
네트워크 보안 요구 사항으로는 데이터 무결성, 데이터 보안성, 데이터 인증, 부인 방지, 실체 인증 등이 있다.

05 정보통신보안의 요건 중 다음 내용에 해당하는 것은?

> 시스템 내의 정보는 인가된 사용자만 수정이 가능하며, 정보의 내용이 전송 중에 수정되지 않고 전달되는 것을 의미한다.

[정답] 01 ① 02 ② 03 ③ 04 ④ 05 ①

① 무결성　　　② 기밀성
③ 가용성　　　④ 인증

해설
보안(Security)의 3요소
① 기밀성(Confidentiality)
　㉠ 오직 허가된 사용자만 정보 또는 시스템에 접근해야 한다는 것을 의미
　㉡ 기밀성의 위협 요소 : 도청, 도난 등
② 가용성(Availability)
　㉠ 정보 또는 시스템에 대한 접근과 사용이 적절하게 보장되어야 한다는 것을 의미
　㉡ 가용성의 위협 요소 : DoS/DDoS 공격 등
③ 무결성(Integrity)
　㉠ 허가되지 않은 사용자의 접근이나, 데이터의 수정, 손상, 훼손 등으로부터 정보를 보호해야 한다는 것을 의미
　㉡ 무결성의 위협 요소 : 트로이 목마, 바이러스 등
[참고] 보안이란, 승인 받지 않은 접근, 이용, 변조, 파괴 등으로 부터 시스템(또는 정보) 등을 보호하는 것을 말한다.

06 데이터베이스 내의 자료 값들을 잘못된 갱신이나 불법조작으로부터 보호함으로써, 정확성을 유지하고자 하는 것은 아래의 DB보안 요구 사항 중 어느 것인가?

① 데이터 일관성　　② 데이터 무결성
③ 데이터 보안　　　④ 데이터 접근제어

해설
무결성(integrity) : 허락되지 않은 사용자 또는 객체가 정보를 함부로 수정할 수 없도록 하는 것이다.

07 다음 중 영상통신기기의 "보안"사항으로 관련이 없는 것은?

① 무결성(Integrity)
② 인증(Authentication)
③ 암호화(Encryption)
④ 품질(Quality)

08 다음에서 수동적 공격에 해당하는 것은 무엇인가?

① 스니핑　　　② 스푸핑
③ 인젝션공격　④ 삭제공격

해설
① 수동적(소극적) 공격이란, 정보를 중간에서 가로채거나 도청하거나 캡쳐하는 등 데이터의 특성을 파악하기만 하는 수준의 위협을 말한다.
② 종류 : 도청(Sniffing), 트래픽 분석, 스캐닝 등

09 적극적 공격에 해당되지 않는 것은?

① 변조　　　② 삽입
③ 트래픽분석　④ 재생

해설
능동적(적극적) 공격이란, 시스템의 취약점을 적극적으로 이용해서 정보를 변조하고 위장하여 목적을 달성하려는 시도를 의미한다.

10 메시지에 대한 불법적인 공격자의 위협에는 수동적 공격과 능동적 공격이 있는데, 다음 중에서 옳게 짝지어진 것은?

① 수동적 공격 - 피싱
② 수동적 공격 - 세션 하이재킹
③ 능동적 공격 - 메시지 변조
④ 능동적 공격 - 스니핑

해설
능동적공격의 종류 : 위변조, 재생공격, 불법수정, 서비스거부(DOS), 분산서비스공격(DDOS), Replay-Attack, Session Hijacking 등

11 송신측에서 만들지 않은 메시지를 수신측으로 전송하는 문제가 발생하는 네트워크 보안 위협 요소는?

① 전송 차단　② 가로채기
③ 변조　　　　④ 위조

해설
① 전송차단(Interruption) : 정보의 송수신을 원활하게 하지 못하도록 막는 행위를 말하며, 정보의 흐름을 차단함으로써, 정보의 가용성을 위협한다.
② 가로채기(Interception) : 비인가된 공격자가 전송되고 있는 정보를 몰래 열람, 또는 도청하는 행위로, 정보의 기밀성을 위협한다.
③ 변조(Modification) : 원래의 데이터를 다른 내용으로 바꾸는 행위로 시스템에 불법적으로 접근하여 데이터를 조작함으로서,

[정답] 06 ②　07 ④　08 ①　09 ③　10 ③　11 ④

정보의 무결성을 위협한다.
④ 위조(Fabrication) : (송신되지 않았는데) 마치 다른 송신자로부터 정보가 송신된 것처럼 꾸미는 것으로, 정보의 무결성을 위협한다.
[참고] 보안의 3요소 : 기밀성(Confidentiality), 무결성(Integrity), 가용성(Availability)

12 보안 위협의 유형 중 다음 내용에 해당하는 것은?

> 보안요건 중 무결성을 위협하는 것으로 인가받지 않은 제3자가 자원에 접근할 뿐만 아니라 내용을 변경하는 것

① 변조 ② 흐름차단
③ 가로채기 ④ 계정 탈취

해설
① 변조(Modification) : 원래의 데이터를 다른 내용으로 바꾸는 행위로 시스템에 불법적으로 접근하여 데이터를 조작함으로써 정보의 무결성 보장을 위협
② 가로채기(Interception) : 비인가된 공격자가 전송되고 있는 정보를 몰래 열람, 또는 도청하는 행위로 정보의 기밀성 보장을 위협
③ 차단(Interruption) : 정보의 송수신을 원활하게 유통하지 못하도록 막는 행위를 말하며, 정보의 흐름을 차단함으로써 정보의 가용성 보장을 위협
④ 위조(Fabrication) : 마치 다른 송신자로부터 정보가 수신된 것처럼 꾸미는 것으로, 시스템에 불법적으로 접근하여 오류의 정보를 정확한 정보인 것처럼 속이는 행위

13 다음 중 식별 및 인증을 통하여 사용자가 정보자원에 접근하여 무엇을 할 수 있거나 가질 수 있도록 권한을 부여하는 과정을 무엇이라 하는가?

① 인증(Authentication)
② 인가(Authorization)
③ 검증(Verification)
④ 식별(Identification)

해설
① 인증 : 시스템 접근 시, 등록된 사용자인지 여부를 확인하는 것
② 인가 : 접근 후, 인증된 사용자에게 권한을 부여하는 것

14 다음 중 사용자 인증에 적절치 않은 것은?

① 비밀키(Private key)
② 패스워드(Password)
③ 토큰(Token)
④ 지문(Fingerprint)

15 다음 중 시스템에 과도한 부하를 발생시켜 해당 시스템의 자원을 부족하게 하여 정당한 사용자가 시스템을 사용하지 못하게 하는 공격 방식으로 옳은 것은?

① Sniffing
② DoS(Denial of Service)
③ Session Hijacking
④ Snooping

해설
DoS, 스니핑, 스누핑, 스푸핑 등은 네트워크 공격기술이다.

16 다음은 어떤 공격 유형을 설명하는 것인가?

> 한 사용자가 서버 등의 정보 시스템에 처리용량을 넘는 엄청난 양의 데이터를 전송하여 과도한 부하를 일으킴으로써 기능을 마비시키고 정보 시스템의 데이터나 자원을 정당한 사용자가 적절한 대기 시간 내에 사용하는 것을 방해하는 행위

① Dos(Denial of Service) 공격
② 변조(Modification)
③ 위조(Fabrication)
④ DDoS(Distributed Denial of Service) 공격

17 스니핑 방지 대책으로 올바르지 않은 것은?

① 원격 접속 시에는 SSH프로토콜을 이용하여 전송 간 암호화한다.
② 메일 사용 시에 S/MIME가 적용된 안전한 메일을 이용한다.

[정답] 12 ① 13 ② 14 ① 15 ② 16 ① 17 ④

③ 전자상거래 이용 시 SSL이 적용된 사이트를 이용한다.
④ 스위치에서 MAC주소 테이블을 동적으로 지정한다.

해설
① 스니핑 : 해킹기법의 하나로 네트워크상에서 전송되는 패킷을 캡쳐하여 이의 내용을 엿보는 행위이다
② 스니핑 방지 대책 : 데이터를 암호화, SSL, PGP 등을 이용
③ 암호 프로토콜 적용이 어려운 경우 방화벽을 이용해 주기적으로 네트워크 도청을 탐지하고 관리해야 한다.

18 공격자가 자신이 전송하는 패킷에 다른 호스트 IP 주소를 담아서 전송하는 공격은?
① 패킷 스니핑
② 포맷 스트링
③ 스푸핑
④ 버퍼 오버플로우

해설
스푸핑(Spoofing)은 공격자가 직접적으로 시스템에 침입하는 것이 아니라, 공격자가 제공하는 잘못된 정보, 혹은 연결을 신뢰하게끔 만드는 일련의 기법들을 의미한다. 즉, 스푸핑은 속임을 이용한 공격을 총칭한다.

19 다음에서 설명하고 있는 네트워크 공격 기법은 무엇인가?

> 로컬에서 통신하고 있는 서버와 클라이언트 IP주소에 대한 2계층 MAC주소를 공격자의 MAC주소로 속여 클라이언트가 서버로 가는 패킷이나 서버에서 클라이언트로 가는 패킷을 중간에서 가로채는 공격을 말한다.

① 세션하이재킹
② IP 스푸핑
③ ARP 스푸핑
④ 스니핑 공격

해설
스푸핑(Spoofing)
① 스푸핑 대상은 MAC 주소, IP주소, 포트 등 네트워크 통신과 관련된 모든 것이 될 수 있다.
② ARP 스푸핑은 MAC 주소를 속여 랜에서의 통신 흐름을 왜곡시키는 공격이다. 공격 대상 컴퓨터와 서버 사이의 트래픽을 공격자의 컴퓨터로 우회시켜 패스워드 정보 등 원하는 정보를 획득 할 수 있다.

20 다음 중 MAC 주소를 속여서 공격하는 기법을 무엇이라 하는가?
① 포맷 스트링
② ARP 스푸핑
③ 세션 하이젝킹
④ 버퍼 오버플로우

21 IP스푸핑(Spoofing)을 막는 방법으로 옳지 않은 것은?
① 액세스 제어
② 필터링
③ 오픈 API
④ 암호화

해설
스푸핑(Spoofing)
① 스푸핑은 속임을 이용한 공격을 총칭하는데, 네트워크에서 스푸핑 대상은 MAC주소, IP주소, 포트 등 네트워크 통신과 관련된 모든 것이 될 수 있다.
② IP 스푸핑은 IP 자체의 보안 취약성을 악용한 것으로 자신의 IP 주소를 속여서 접속하는 공격이다.
③ 스푸핑 공격은 패킷 필터링 접근제어와 IP 인증 기반 접근제어, 취약점 서비스 사용의 제거, 암호화 프로토콜의 사용을 통해서 방어가 가능하다.
[참고] 오픈 API(Open Application Programming Interface)는 누구나 사용할 수 있도록 공개된 API를 말한다.

22 다음에서 설명하고 있는 공격 기법은 무엇인가?

> 모든 패킷을 DHCP 서버로 향하게 하고 공격자는 DHCP 서버보다 DHCP Relay 패킷을 전송한다. DHCP 서버처럼 동작하게 하는 공격이다.

① Smurf 공격
② Arp Spoofing 공격
③ DHCP Spoofing 공격
④ Gateway 공격

해설
DHCP Spoofing : DHCP 프로토콜이 제공하는 정보를 변조하여 대상 PC를 속이는 공격 방법이다.

[정답] 18 ③ 19 ③ 20 ② 21 ③ 22 ③

23 설명하고 있는 네트워크 공격방법은 무엇인가?

> 스위치에 주소테이블이 가득차게 되면 모든 네트워크 세그먼트로 브로드캐스팅하게 된다. 공격자가 위조된 MAC주소를 지속적으로 네트워크에 내보냄으로써 스위칭 허브의 주소 테이블을 오버플로우시켜 다른 네트워크 세그먼트의 데이터를 스니핑 할 수 있게 된다.

① ARP 스니핑
② ICMP Redirect
③ ARP 스푸핑
④ 스위치 재밍

24 다음 세션하이재킹에 대한 설명으로 올바르지 않은 것은?

① 현재 연결 중에 있는 세션을 하이재킹하기 위한 공격기법이다.
② 서버로의 접근권한을 얻기 위한 인증과정 절차를 거치지 않기 위함이 목적이다.
③ 세션하이재킹 상세기법 중에 시퀀스넘버를 추측하여 공격할 수 있다.
④ 세션하이재킹 공격은 공격자와 공격서버만 있으면 가능하다.

해설
① 세션 하이재킹 공격은 두 시스템 간 연결이 활성화된 상태, 즉 로그인된 상태를 가로채는 것을 말한다.
∴ 세션 하이재킹은 서버와 클라이언트가 통신할 때의 공격기법이다.
② 인증 작업이 완료된 세션을 공격하기 때문에 OTP, Challenge/Response 기법을 사용하는 사용자 인증을 무력화시킨다.

25 다음 중 세션하이젝킹에 이용되는 툴(도구)은 무엇인가?

① HUNT
② TRINOO
③ NIKTO2
④ TRIPWIRE

26 한 개의 ICMP(Internet Control Message Protocol) 패킷으로 많은 부하를 일으켜 정상적인 서비스를 방해하는 공격 기법은?

① Ping of Death
② Land Attack
③ IP Spoofing
④ Hash DDoS

해설
죽음의 핑(Ping of Death)은 규정 크기 이상의 ICMP 패킷으로 시스템을 마비시키는 공격을 말한다.

27 다음은 무엇을 설명하는 것인가?

> 네트워크를 통하여 자기 자신을 복제하며 전파할 수 있는 프로그램이다. 다른 프로그램을 감염시키지 않고도 자기 자신을 복제하면서 네트워크를 통해 널리 퍼질 수 있으며 주요 감염경로는 전자우편, 메신저, P2P 등이 있다. 침입자가 시스템에 쉽게 접근할 수 있는 통로를 만드는 역할을 하며 개인정보 유출, 특정 시스템에 대한 DDoS 공격의 통로가 된다.

① 트로이 목마
② 파밍
③ 웜
④ 피싱

해설
웜(worm)은 네트워크를 통하여 자기 자신을 복제하며 전파할 수 있는 프로그램이다.

28 네트워크와 네트워크 사이에서 송수신되는 패킷을 검사하여 조건에 맞는 패킷들만 통과시키는 소프트웨어나 하드웨어를 총칭하는 말은?

① 공개키 암호방식
② 인증서
③ 방화벽
④ 디지털 서명

해설
방화벽(firewall)은 네트워크와 네트워크 사이에서 송수신되는 패킷을 검사하여 조건에 맞는 패킷들만 통과시키는 소프트웨어나 하드웨어를 말한다.

[정답] 23 ④ 24 ④ 25 ① 26 ① 27 ③ 28 ③

출제 예상 문제

29 네트워크에서 보안을 위한 가장 일차적인 솔루션으로 신뢰하지 않은 외부 네트워크와 신뢰하는 내부 네트워크 사이를 지나는 패킷을 미리 정한 규칙에 따라 차단 또는 허용하는 것을 무엇이라 하는가?

① 방화벽
② VPN
③ 침입탐지시스템(IDS)
④ DRM

해설
방화벽은 외부 사용자(WAN)들이 내부 네트워크(LAN)에 접근하지 못하도록 하는 일종의 침입차단시스템(보안장치)이다.

30 다음 중 방화벽의 설명으로 알맞은 것은?

① 방화벽은 해킹 등 외부의 불법적인 침입으로부터 내부를 보호하는 역할을 한다.
② 방화벽은 네트워크나 시스템에서 일어나는 행위를 관찰하고 정상적이지 않은 행위에 대해 탐지하는 역할을 한다.
③ 방화벽은 침입차단 시스템, IPS, VPN 등 다양한 종류의 보안 솔루션을 하나로 모은 통합보안관리 시스템이다.
④ 방화벽은 공중망을 사설망처럼 이용할 수 있도록 사이트 양단간 암호화 통신을 지원하는 장치이다.

해설
방화벽(Firewall)
① 방화벽은 네트워크와 네트워크 외부 간에 보호막 역할을 하는 보안 시스템이다.
  ∴ 방화벽이란 네트워크간의 허가받지 않은 접근을 방지하는 것이 주목적이다.
② 외부와 연결된 내부 네트워크에 대하여 외부로부터 침입을 막을 수 있는 환경을 구성하는 것이 바로 방화벽(Firewall)을 설치하는 것이라 할 수 있다.

31 다음 중 방화벽의 기능이 아닌 것은?

① 접근제어
② 인증
③ 로깅 및 감사추적
④ 침입자의 역추적

32 침입 차단을 목적으로 하는 방화벽의 기본 기능이 아닌 것은?

① 패킷 분석 및 공격 탐지
② 접근제어
③ 로깅과 감사 추적
④ 인증

해설
방화벽(Firewall)
① 방화벽은 네트워크에서 보안을 위한 가장 일차적인 해법으로, 신뢰하지 않은 외부 네트워크와 신뢰하는 내부 네트워크 사이를 지나는 패킷을 미리 정한 규칙에 따라 차단 또는 허용한다.
② 방화벽은 네트워크 트래픽을 모니터링하고 정해진 보안 규칙을 기반으로 특정 트래픽의 허용 또는 차단을 결정하는 네트워크 보안 장치이다.
∴ 방화벽이란 네트워크 간의 허가받지 않은 접근을 방지하는 것이 주목적이다.
③ 방화벽의 기능 : 접근제어, 사용자 인증, 감사 추적 및 로그, 프라이버시 보호, 서비스 통제, 데이터 암호화 등

33 패킷 필터링 방화벽으로 막을 수 있는 것은 무엇인가?

① 내부공격
② 설정된 규칙에 어긋나는 패킷
③ 바이러스
④ 새로운 형태의 공격

해설
패킷 필터링(Packet filtering)
① 패킷필터링은 방화벽의 가장 기본적인 형태의 기능을 수행하는 방식이다.
② 패킷필터링은 설정된 규칙에 의해 패킷의 통과여부를 결정하는 것으로 외부침입에 대한 1차적 방어수단으로 활용된다.
③ 패킷필터링 방식의 방화벽은 OSI 모델에서 네트워크층(IP 프로토콜)과 전송층(TCP 프로토콜)층에서 패킷의 출발지 및 목적지 IP 주소 정보, 각 서비스 port 번호, TCP Sync 비트를 이용한 접속제어를 한다.
④ 패킷필터링의 장점 : 애플리케이션 독립, 고성능, 확장성 우수
패킷필터링의 단점 : 낮은 보안성 등

[정답] 29 ① 30 ① 31 ④ 32 ① 33 ②

34 다음 중 방화벽의 구성형태에 해당하지 않는 것은?

① 패킷 필터링
② 서킷 게이트웨이
③ 프록시 어플리케이션 게이트웨이
④ SSL-VPN

해설

방화벽을 구성하는 방법
① 패킷 필터링 : 초기적인 방화벽 방식이며 낮은 계층에서 동작하기에 어플리케이션과 연동이 용이
② 서킷 게이트웨이 : 5~7계층에서 동작하고 하나의 게이트웨이로 모든 서비스가 처리 가능
③ 어플리케이션 게이트웨이 : 어플리케이션 계층에서 동작하고 프록시를 이용하여 높은 보안성을 제공
④ 하이브리드 : 패킷필터링과 어플리케이션 게이트웨이를 융합
⑤ 상태추적방식 : 패킷의 상태정보를 이용

35 다음은 무엇을 설명한 것인가?

> 라우팅 기능이 없으며, 하나의 네트워크 인터페이스는 인터넷 등 외부 네트워크에 연결되고, 다른 하나의 네트워크 인터페이스는 보호할 내부 네트워크에 연결되어 양쪽 네트워크간의 직접적인 접근을 허용하지 않는다.

① 이중 홈 게이트웨이
② 스크리닝 라우터
③ 스크린 호스트 게이트웨이
④ 베스천 호스트

36 라우터(Router)를 이용한 네트워크 보안 설정 방법 중에서 내부 네트워크로 유입되는 패킷의 소스 IP나 목적지 포트 등을 체크하여 적용하거나 거부하도록 필터링 과정을 수행하는 것은?

① Ingress Filtering
② Egress Filtering
③ Unicast RFP
④ Packet Sniffing

37 다음에서 설명하고 있는 침입차단시스템 방식은 무엇인가?

> • 세션레이어와 어플리케이션 레이어에서 하나의 일반 게이트웨이로 동작한다.
> • 내부 IP주소를 숨기는 것이 가능하다.
> • 게이트웨이 사용을 위해 수정된 클라이언트 모듈이 필요하다.

① 서킷게이트웨이 방식
② 패킷 필터링 방식
③ 어플리케이션 게이트웨이 방식
④ 스테이트풀 인스펙션 방식

해설

서킷 게이트웨이(Circuit Gateway) 방식은 OSI 7계층에서 세션 계층(Session Layer)에서 어플리케이션 계층(Application Layer) 사이에서 접근제어(Access Control)를 실시하는 방화벽을 지칭한다.

38 단순한 접근제어 기능을 넘어 네트워크 시스템을 실시간으로 모니터링하고 비정상적인 침입을 탐지하는 보안시스템은?

① IDS
② Fire Wall
③ DMZ
④ PKI

해설

침입 탐지 시스템(IDS : Intrusion Detection System)
① IDS는 단순한 접근제어 기능을 넘어 침입의 패턴 데이터베이스와 Expert System을 사용해 네트워크나 시스템의 사용을 실시간 모니터링하고 침입을 탐지하는 보안 시스템을 의미한다.
② IDS는 허가되지 않은 사용자로부터 접속, 정보의 조작, 오용, 남용 등 컴퓨터 시스템 또는 네트워크상에서 시도됐거나 진행중인 불법적인 예방에 실패한 경우 취할 수 있는 방법으로 의심스러운 행위를 감시하여 가능한 침입자를 조기에 발견하고 실시간 처리를 목적으로 하는 시스템이다.

39 IDS에서 오용탐지를 위해 쓰이는 기술이 아닌 것은?

① 전문가시스템(Expert System)
② 신경망(Neural Networks)
③ 서명분석(Signature Analysis)
④ 상태전이분석(State Transition Analysis)

[정답] 34 ④ 35 ① 36 ① 37 ① 38 ① 39 ②

해설
침입 탐지 시스템(IDS : Intrusion Detection System)

40 다음 중에서 침입탐지시스템을 도입하기 위한 과정에서 가장 먼저 선정해야 하는 것은?
① 조직에서 보호해야할 자산 산정
② 탐지기능 파악
③ 위험 분석을 통한 취약점 분석
④ BMT 및 침입탐지시스템 설치

41 침입탐지시스템(IDS)과 방화벽(Firewall)의 기능을 조합한 솔루션은?
① SSO(Single Sign On)
② IPS(Intrusion Prevention System)
③ DRM(Digital Rights Management)
④ IP관리시스템

해설
침입방지시스템(IPS : Intrusion Prevention System)
① 침입방지시스템은 침입 탐지 시스템에 방화벽의 차단 기능을 부가한 시스템이다.
∴ 침입방지시스템=방화벽+침입탐지시스템(IDS:Intrusion Detection System)
② 침입방지시스템은 다양한 방법의 보안 기술을 이용하여 침입이 일어나기 전에 실시간으로 침입을 막고, 유해 트래픽을 차단하기 위한 능동형 보안 솔루션이다.

42 시스템에 대한 침입 탐지와 차단을 동시에 할 수 있는 솔루션은 무엇인가?
① SIEM   ② ESM
③ IPS   ④ IDS

해설
침입 방지 시스템(IPS : Intrusion Prevention System)
IPS=IDS+차단 기능

43 침입방지시스템(IPS)의 출현 배경으로 옳지 않은 것은?
① 인가된 사용자가 시스템의 악의적인 행위에 대한 차단, 우호경로를 통한 접근대응이 어려운 점이 방화벽의 한계로 존재한다.
② 침입탐지시스템의 탐지 이후 방화벽 연동에 의한 차단 외에 적절한 차단 대책이 없다.
③ 악성코드의 확산 및 취약점 공격에 대한 대응 능력이 필요하다.
④ 침입탐지시스템과 달리 정상 네트워크 접속 요구에 대한 공격패턴으로 오탐 가능성이 없다.

44 다음 중 네트워크에 연결된 기기에서 공격 신호를 탐지하여 자동으로 차단 조치를 취하는 보안 솔루션으로 비정상적인 이상신호를 발견시 능동적으로 조치를 취하는 시스템은?
① 침입 탐지 시스템(IDS)
② 방화벽(Firewall)
③ 침입 방지 시스템(IPS)
④ 가상사설망(VPN)

해설
침입 방지 시스템(IPS : Intrusion Protection System) : 침입이 일어나기 전에 실시간으로 침입을 막고, 유해 트래픽을 막기 위한 능동형 보안 시스템이다.
∴ IPS는 침입을 탐지하는 것뿐만 아니라, 침입이 일어나는 것을 근본적으로 방어하는 것을 목적으로 하는 능동적 개념의 시스템이다.

45 다음 보안 관리시스템에 해당하는 것은?

> 침입차단시스템, 침입탐지시스템, 가상사설망 등 서로 다른 보안제품에서 발생하는 정보를 한 곳에서 손쉽게 관리하여 불법적인 행위에 대해서 대응할 수 있도록 하는 보안 관리시스템

① ESM(Enterprise Security Management)
② TMS(Threat Management System)

[정답] 40 ① 41 ② 42 ③ 43 ④ 44 ③ 45 ①

③ UTM(Unified Threat Management)
④ PGP(Pretty Good Privacy)

해설
① 네트워크 보안 기술에는 침입탐지시스템(IDS), 침입방지시스템(IDS) 및 방화벽 등이 있다.
② ESM은 조직차원의 일관된 정책에 따라 보안 관제 및 운영·관리 업무를 통합 수행하여 보안성과 보안관리의 효율성을 향상시키기 위한 것으로써, 주로 원격 보안관리를 지칭한다.

46 다음에서 설명하고 있는 웹 서비스 공격 유형은 무엇인가?

- 이 공격은 게시판의 글에 원본과 함께 악성코드를 삽입하여 웹 어플리케이션에 순수하게 제공되는 동작 외에 부정적으로 일어나는 액션
- 다른 기법과 차이점은 공격 대상이 서버가 아닌 클라이언트

① SQL Injection
② XSS(Cross Site Scripting)
③ 업로드 취약점
④ CSRF(Cross Site Request Forgery)

해설
크로스 사이트 스크립팅(XSS : Cross Site Scripting)은 사용자가 입력한 정보를 출력할 때 스크립트가 실행되도록 하는 공격기법이다.

47 다음 보기는 어떤 공격에 대한 설명인가?

웹사이트에서 입력을 엄밀하게 검증하지 않는 취약점을 이용하는 공격으로, 사용자로 위장한 공격자가 웹사이트에 프로그램 코드를 삽입하여 나중에 다시 이 사이트를 방문하는 다른 사용자의 웹 브라우저에서 해당 코드가 실행되도록 한다.

① 세션하이재킹
② 소스코드 삽입공격
③ 사이트간 스크립팅(XSS)
④ 게시판 업로드공격

48 컴퓨터시스템에 대한 공격 방법 중에서 메모리에 할당된 버퍼의 양을 초과하는 데이터를 입력하여 프로그램의 복귀 주소(Return Address)를 조작, 궁극적으로 공격자가 원하는 코드를 실행하도록 하는 공격은?

① 버퍼 오버플로우 공격
② Race Condition
③ Active Contents
④ Memory 경합

49 다음 기법 중 E-Mail 메시지 인증에 대한 설명으로 가장 옳은 것은?

① 수신자의 공개키를 이용하여 메시지에 서명하고, 수신자의 공개키를 이용하여 메시지를 암호화 한다.
② 송신자의 개인키를 이용하여 메시지에 서명하고, 수신자의 공개키를 이용하여 메시지를 암호화 한다.
③ 수신자의 개인키를 이용하여 메시지에 서명하고, 송신자의 공개키를 이용하여 메시지를 암호화 한다.
④ 송신자의 개인키를 이용하여 메시지에 서명하고, 송신자의 공개키를 이용하여 메시지를 암호화 한다.

50 다음 중 네트워크의 보안기술로 옳은 것은?

① VPN
② 스니핑
③ 스푸핑
④ DoS(Denial of Service)

해설
스니핑, 스푸핑, DoS는 네트워크 공격기술이다.

[정답] 46 ② 47 ③ 48 ① 49 ② 50 ①

51 다음 중 VPN(Virtual Private Network)에 대한 설명이 잘못된 것은?

① 인터넷을 사용해 전용회선을 연결하는 효과를 발휘할 수 있어, 장비와 회선 임대료 비용을 절감할 수 있다.
② 인트라넷 VPN, 리모트 액세스(다이얼업) VPN, 엑스트라넷(Extranet) VPN으로 분류할 수 있다.
③ 가상채널이므로 암호화하여 정보를 처리할 수 없다.
④ VPN에는 PPTP, IPsec 등의 프로토콜이 사용된다.

해설

가상 사설망(VPN : Virtual Private Network)
① 가상 사설망은 공중 네트워크를 통해 한 회사나 단체가 내용을 외부에 드러내지 않고 통신할 목적으로 쓰이는 사설통신망이다.
② VPN은 공중망을 공유하기 때문에 낮은 비용으로 전용선과 같은 수준의 서비스를 제공하므로 많은 기업에서 사용하고 있다.
③ VPN은 터널링 프로토콜과 보안과정을 거쳐 내부 기밀을 유지하여 보안성이 우수하고 외부로부터 안전하도록 주소 및 라우터 체계의 비공개와 데이터 암호화, 사용자 인증, 사용자 액세스 권한 및 제한의 기능을 제공한다.
∴ VPN은 데이터를 송신하기 전에 데이터를 암호화하고, 수신 측에서 복호화한다.

52 다음 (A) 안에 들어가는 용어 중 옳은 것은?

(A)은/는 인터넷을 이용하여 고비용의 사설망을 대체하는 효과를 얻기 위한 기술이다. 인터넷망과 같은 공중망을 사용하며 둘 이상의 네트워크를 안전하게 연결하기 위하여 가상의 터널을 만들고, 암호화된 데이터를 전송할 수 있도록 구성된 네트워크라고 정의할 수 있으며 공중망상에서 구축되는 논리적인 전용망이라고 할 수 있다.

① VLAN ② NAT
③ VPN ④ Public Network

53 VPN에 대한 설명으로 (A)에 알맞은 용어는?

VPN의 터널링 프로토콜 (A)은/는 OSI 7계층 중 3계층 프로토콜로서 전송 모드와 터널 모드 2가지를 사용한다. 전송 모드는 IP 페이로드를 암호화하며 IP헤더로 캡슐화하지만, 터널 모드는 IP 패킷을 모두 암호화하며 인터넷으로 전송한다.

① PPTP ② L2TP
③ IPSec ④ SSL

54 다음 중 VPN(Virtual Private Network)에서 사용하지 않는 터널링 프로토콜은 무엇인가?

① IPSec ② L2TP
③ PPTP ④ SNMP

해설

① VPN은 공중 통신망 기반시설을 터널링 프로토콜과 보안 절차 등을 사용하여 개별기업의 목적에 맞게 구성한 데이터 네트워크이다.
② 터널링 프로토콜은 한 네트워크를 이용하여 원하는 다른 네트워크로 접속하는 것이다.
③ PPTP(Point to Point Tunneling Protocol)와 L2TP (Layer To Tunneling Protocol)가 터널링 프로토콜이다. 모뎀을 이용하여 ISP업체를 통해 통신할 때 쓰는 PPP(Point to Point Protocol)라는 프로토콜이 있다. PPTP는 PPP를 암호화 하여 TCP/IP 네트워크상으로 통신을 하는데 사용자 인증, 데이터 압축, 데이터 암호화 등을 제공한다.

55 무선 LAN에 대한 설명으로 잘못된 것은?

① 무선 LAN은 목적지 주소와 위치가 동일하지 않다.
② 무선 매체는 설계에 영향을 준다.
③ 무선 주파수 자원은 무한하다.
④ 단말기가 이동한다.

해설

무선 LAN(WLAN : Wireless LAN)
① WLAN은 두 대 이상의 컴퓨터가 선 없이 연결된 상태로, 무선으로 된 LAN를 일컫는다.
② WLAN은 전자기파 기반의 OFDM 변조 기술을 사용하여 제한된 지역 안에 있는 기기끼리 서로 통신할 수 있게 만들어 준다. 이로써 사용자가 WLAN 지원 지역을 돌아다니며 네트워크에 접속할 수 있다.
[참고] 주파수 자원은 유한하므로 효율적으로 이용해야 한다.

[정답] 51 ③ 52 ③ 53 ③ 54 ④ 55 ③

56. 다음 중 무선 LAN이 보안에 취약한 이유에 적당하지 않는 것은?

① 무선 전송에 필요한 대역폭이 충분히 확보되지 않기 때문에
② 무선 AP가 외부에 노출되어 있기 때문에
③ 전송매체의 특성상 불특정 다수에 의한 공격이 발생할 수 있기 때문에
④ 사용자의 보안의식 부족 때문에

57. 무선랜 보안강화 방안에 대한 설명 중 올바르지 않은 것은?

① 무선랜의 잘못된 설정이 없는지 정기적으로 살펴본다.
② 사용자와 AP간에 잘못 연결되어 주위에 다른 네트워크로 접속하지 않도록 한다.
③ SSID를 브로드캐스팅 불가를 해 놓으면 누구도 접속할 수 없다.
④ 분실을 우려한 물리적 보안을 강화한다.

58. 무선랜의 보안을 강화하기 위한 대책으로 안전하지 않은 것은?

① 무선랜 AP 접속 시 데이터 암호화와 사용자 인증 기능을 제공하도록 설정한다.
② 무선랜 AP에 지향성 안테나를 사용한다.
③ 무선랜 AP에 MAC 주소를 필터링하여 등록된 MAC 주소만 허용하는 정책을 설정한다.
④ 무선랜 AP의 이름인 SSID를 브로드캐스팅하도록 설정한다.

해설

SSID (Service Set IDentifier)
① 무선랜(WLAN) 환경에서 서로 다른 무선랜을 구분하기 위한 용도로 사용되는 32bytes의 이름이다.
② 무선 클라이언트가 무선 네트워크의 모든 장치에 연결하거나 공유할 수 있는 고유한 식별자이다.
③ 무선 클라이언트들은 SSID로 구분하여, 무선연결을 시도하기 때문에 주변에 동일한 무선이름이 존재할 경우 무선 접속이 불안해 지는 원인이 된다.

59. 다음 중 무선 랜 보안대책 수립으로 올바르지 못한 것은?

① AP전파가 건물 내로 한정 되도록 한다.
② AP는 외부인이 쉽게 접근하거나 공개된 장소에 설치한다.
③ AP가 제공하는 강력한 키를 설정하고 주기적으로 변경한다.
④ WIPS등을 설치하여 불법접근이나 악의적인 의도 차단을 모니터링한다.

60. 무선랜 보안에 대한 설명으로 옳지 않은 것은?

① WEP 보안프로토콜은 RC4 암호 알고리즘을 기반으로 개발되었으나 암호 알고리즘의 구조적 취약점으로 인해 공격자에 의해 암호키가 쉽게 크래킹되는 문제를 가지고 있다.
② 소규모 네트워크에서는 PSK(PreShared Key) 방식의 사용자 인증이, 대규모 네트워크인 경우에는 별도의 인증서버를 활용한 802.1x 방식의 사용자 인증이 많이 활용된다.
③ WPA/WPA2 방식의 보안프로토콜은 키 도출과 관련된 파 라미터 값들이 암호화되지 않은 상태로 전달되므로 공격자 는 해당 파리미터 값들을 스니핑한 후 사전공격(Dictionary Attack)을 시도하여 암호키를 크래킹할 수 있다.
④ 현재 가장 많이 사용 중인 암호 프로토콜은 CCMP TKIP이며 이 중 여러 개의 암호키를 사용하는 TKIP역 보안성이 더욱 우수하며 사용이 권장되고 있다.

해설

TKIP 취약점 : 키 관리 방법제공하지 않음, 암/복호화 시간지연

61. 다음 중 무선랜의 보안 문제점에 대한 대응책으로 적절하지 않은 것은?

[정답] 56 ① 57 ③ 58 ④ 59 ② 60 ④ 61 ④

① AP보호를 위해 전파가 건물 내부로 한정되도록 전파 출력을 조정하고 창이나 외부에 접한 벽이 아닌 건물 안쪽 중심부, 특히 눈에 띄지 않는 곳에 설치한다.
② SSID(Service Set IDentifier)와 WEP(Wired Equipment Privacy)를 설정한다.
③ AP의 접속 MAC주소를 필터링한다.
④ AP의 DHCP를 가능하도록 설정한다.

해설

무선 LAN은 사용의 편리함도 있지만, 본질적으로 개방된 네트워크이므로 다수 보안의 취약함이 있다.
① 무선 랜의 보안 취약점

종류	내 용
물리적 취약점	무선 AP(Access Point) 장비의 외부 노출로 장비 파손 및 장비 리셋 등
기술적 취약점	도청, 서비스 거부(DoS), 불법 AP 설치 후 데이터 수집 및 비인가 접근을 통한 SSID 노출 등
관리적 취약점	장비 관리 미흡, 사용자 보안의식 결여, 전파관리 미흡 등

② 대응 기술

대응 기술	내 용
사용자 인증 취약성	SSID 설정과 폐쇄시스템 운영, MAC 주소인증, WEP 인증, EAP 인증, PEAP 인증
무선 데이터전송 취약성	도청이나 감청 대비, WEP의 암호화, TKIP 적용, CCMP의 암호화 방식 적용 등

[참고] DHCP(Dynamic Host Configuration Protocol)는 네트워크상에서 동적으로 IP 주소 및 기타 구성정보 등을 부여, 관리하는 프로토콜이다.

62 무선 LAN 인증 기술 중 SSID(Service Set IDentifier) 방식에 대한 설명으로 옳은 것은?

① 무선 AP의 MAC 주소를 이용하여 인증하는 방식이다.
② 무선 AP의 WEP 키를 이용하여 인증하는 방식이다.
③ 무선 AP의 고유 식별 번호를 이용하여 인증하는 방식이다.
④ 무선 AP의 암호 키를 이용하여 인증하는 방식이다.

해설

SSID는 무선 AP들의 이름으로, 32[byte] 길이의 고유 식별자이다.

63 다음에서 WEP(Wired Equivalent Privacy)기술에 대한 설명으로 맞지 않은 것은?

① 접속 과정에서는 무선 단말과 액세스 포인트 사이에서 설립된 암호키를 사용한다.
② 무선구간에서 데이터 보안을 담당한다..
③ 데이터 기밀성, 단말 인증, 접근제어 기능 제공한다.
④ RC4 스트림 암호화 방식을 사용

해설

TKIP, CCMP : 접속 과정에서 무선 단말과 액세스 포인트 사이에서 설립된 암호키를 사용하는 방법이다.

64 IEEE에서 제정한 무선 LAN의 표준은?

① 802.3   ② 802.4
③ 802.9   ④ 802.11

65 다음 중 무선랜(Wireless Local Area Network)에서 사용하는 보안기술이 아닌 것은?

① IEEE 802.11n   ② IEEE 802.11i
③ IEEE 802.1x   ④ IPSec

해설

무선랜(WLAN : Wireless Local Area Network)
① IEEE 802.11은 흔히 무선랜, 와이파이(Wi-Fi)라고 부르는 무선 근거리 통신망을 위한 컴퓨터 무선 네트워크에 사용되는 기술로, IEEE의 LAN/MAN 표준 위원회(IEEE 802)의 11번째 워킹 그룹에서 개발된 표준 기술을 의미한다.
∴ 802.11n은 상용화된 전송규격이다. 2.4[GHz] 대역과 5[GHz] 대역을 사용하며 최고 600[Mbps]의 속도를 지원하고 있다.
② 와이파이 협회(WiFi Alliance)에서 정의한 무선랜 보안 표준 제정
  ㉠ 인가된 사용자 접속 통제를 위한 사용자 인증, 무선 구간 데이터 암호화를 위한 표준 규격
  ㉡ 사용자 인증(IEEE 802.1x) : 공유키, 사전 공유키(PSK), EAP 인증
  ㉢ 무선구간 데이터 암호화(802.11i) : WEP, TKIP, CCMP
③ IPSec : 네트워크계층 보안 프로토콜

[정답] 62 ③ 63 ① 64 ④ 65 ①

66 OSI 참조모델에서 구문(Syntax)의 협상 및 재협상, 문맥(Context) 제어기능, 암호화 및 데이터 압축기능 등을 수행하는 계층은?

① 네트워크계층　② 전송계층
③ 세션계층　　　④ 표현계층

해설
표현계층은 단말에서의 표현(색깔, 코드, 크기 등)과 관련된 특성을 규정하거나 데이터의 압축 및 암호화, 해독 등의 기능을 수행한다.

67 평문의 글자를 재배열하는 방식(문자의 위치를 바꿔 암호문을 작성하는 방식)으로 원문과 키를 가지고 있는 정보를 암호문 전체에 분산하는 방식의 암호화 기술은?

① 혼합 암호　② 대수화 암호
③ 전치 암호　④ 대치 암호

해설
대치암호(Substitution Cipher)는 메시지의 각 글자를 다른 글자로 대치하는 방식(문자를 다른 문자로 바꾸어 암호문을 작성하는 방식)으로 전통적으로 많이 사용하던 방식이다.

68 다음 평문장을 시저 암호화 하려고 한다. 암호화키 '3'을 이용하여 암호문을 작성한 것으로 알맞은 것은?

I LOVE YOU

① I LOVE YOU　② L ORYH BRX
③ B GKVA YKS　④ T NGQD VGP

해설
시저 암호(Caesar Cipher)
① 시저 암호는 암호화하고자 하는 내용을 알파벳별로 일정한 거리만큼 밀어서, 다른 알파벳으로 치환하는 치환암호이다.
② 시저암호에서는 알파벳을 평행 이동시키는 문자 수가 키(key)가 된다.

```
A B C D E F G H I J K L M N O P Q R S T U V W X Y Z
                                              Key=3
D E F G H I J K L M N O P Q R S T U V W X Y Z A B C
```

69 대칭키 암호화에 대한 설명으로 옳지 않은 것은?

① 암호화 키와 복호화 키가 같다.
② 비밀키 방식이라고도 한다.
③ 비대칭키 암호화 방식보다 암호화속도가 빠르다.
④ RSA가 대표적인 암호화 알고리즘이다.

해설
RSA는 공개키(비대칭키) 암호화 알고리즘이다

70 대칭키 암호 알고리즘이 아닌 것은?

① DES　② SEED
③ 3DES　④ DSA

해설
① 대칭 키 암호(Symmetric-Key Algorithm)는 암호화와 복호화에 같은 암호 키를 쓰는 알고리즘이다.
② 비대칭키(공개키) 알고리즘 종류 : RSA, DSA 등

71 대칭키 암호화방식을 사용하여 4명이 통신을 한다고 할 때, 4명이 서로 간 비밀통신을 하기 위해 필요한 비밀키의 수는?

① 4　② 6
③ 8　④ 10

해설
대칭키 암호화(비밀키 암호화)
① 암호화를 하기 위해서는 사용자의 암호화키가 필요하다. 암호키와 복호화키(Key)가 서로 같은 암호를 대칭키 암호(Symmetric Cryptosystem)라고 한다. 반면에 암호화키와 복호화키가 서로 다른 암호를 비대칭키 암호(Asymmetric Cryptosystem)라고 한다.
② 대칭키 암호를 사용하여 통신을 하고자 할 때는 송신자와 수신자가 서로 공유하고 있는 키가 필요하다. 이런 의미에서 대칭키 암호를 비밀키 암호라고도 부른다.
③ 필요한 키의 개수

인원수	비밀키 암호	공개키 암호
n	$n(n-1)/2$	$2n$
4	6	8

[정답] 66 ④　67 ③　68 ②　69 ④　70 ④　71 ②

출제 예상 문제

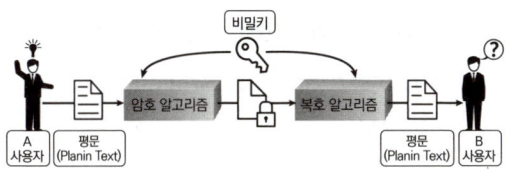

72 암호화 형식에서 4명이 통신을 할 때, 서로 간 비밀통신과 공개통신을 하기 위한 키의 수는?

① 비밀키 : 2개, 공개키 : 4개
② 비밀키 : 4개, 공개키 : 6개
③ 비밀키 : 6개, 공개키 : 8개
④ 비밀키 : 8개, 공개키 : 10개

해설

필요한 키의 개수

인원수	비밀키 암호	공개키 암호
n	$n(n-1)/2$	$2n$
4	6	8

73 대칭키 암호화 방식인 왈쉬코드를 이용하여 암호화와 복호화를 수행하려 한다. 아래와 같은 조건일 때 수신측에는 어떤 데이터가 추출되는가?

원 데이터 : 1010
암호화 코드 : 0101
복호화 코드 : 0110

① 1111
② 1001
③ 0110
④ 0000

해설

데이터 (0 → -1)	암호화 과정	복호화 과정
원 데이터 : 1 -1 1 -1	1 -1 1 -1	-1 -1 -1 -1
암호화 코드 : -1 1 -1 1	× -1 1 -1 1	× -1 1 1 1
복호화 코드 : -1 1 1 -1	-1 -1 -1 -1	1 -1 -1 1

74 우리나라가 독자 개발한 대칭키 암호화 기술 중 국제 표준으로 채택된 기술은 무엇인가?

① SEED
② RSA
③ DES
④ RC4

해설

SEED
① SEED는 1999년 2월 한국인터넷진흥원과 국내 암호전문가들이 순수 국내기술로 개발한 128비트 및 256비트 대칭 키 블록 암호 알고리즘이다.
② SEED는 전자상거래, 금융, 무선통신 등에서 전송되는 개인정보와 같은 중요한 정보를 보호하기 위해 개발되었다.

75 다음 내용에 해당하는 것은?

전자상거래, 금융, 무선통신 등에서 전송되는 개인정보와 같은 중요한 정보를 보호하기 위해 국내 암호전문가들이 개발한 128비트 블록 암호 알고리즘

① SEED
② DES
③ SHA-1
④ RSA

76 다음 중 공개키 암호에 대한 설명으로 옳은 것은?

① 일반적으로 같은 양 데이터를 암호화한 암호문이 대칭키 암호보다 현저히 짧다.
② 대표적인 암호로 DES, AES가 있다.
③ 대표적인 암호로 RSA가 있다.
④ 대칭키 암호보다 수년전 고안된 개념이다.

해설

공개 키 암호 방식(Public-Key Cryptography)은 사전에 비밀키를 나눠가지지 않은 사용자들이 안전하게 통신할 수 있도록 한다. 공개 키 암호 방식에서는 공개 키와 비밀 키가 존재하며, 공개 키는 누구나 알 수 있지만 그에 대응하는 비밀 키는 키의 소유자만이 알 수 있어야 한다.

[정답] 72 ③ 73 ② 74 ① 75 ① 76 ③

77 공개키 암호화에 대한 설명으로 옳지 않은 것은?

① 암호화 키와 복호화 키는 서로 다르다.
② 암호화 키와 복호화키는 공개되지 않는다.
③ RSA 암호화 알고리즘이 있다.
④ 키의 분배가 용이하다는 장점이 있다.

해설
공개키 암호 : 암호화키는 공개, 복호화키는 비 공개

78 송신자 A가 수신자 B의 공개키로 암호화하여 전송하면 수신자 B는 자신의 비밀키로 복호화하는 기법을 사용하는 기술은?

① 디지털 서명　　② 방화벽
③ PKI　　④ 공개키 암호화

79 다음은 무엇을 설명하는 것인가?

- 1978년에 MIT의 리베스트(Rivest), 샤미르(Shamir), 그리고 애들만(Adleman)이라는 세명의 수학자들에 의해 개발된 암호방식으로, 이 알고리즘은 현재 공개키 암호 기법들 중에서 가장 널리 사용되고 있는 공개키 암호기법
- 이 암호방식은 시스템에서 2개의 큰 소수 p, q에서 곱 n을 구해 사용하는데, 이 시스템의안전도는 p, q의 비밀성이 가정될 때 n의 소인수분해 난이도에 달려 있다.

① RC2　　② RSA
③ IDEA　　④ DES

해설
RSA : 공개키 암호화 알고리즘

80 공개키 암호알고리즘에서 RSA 알고리즘은 무엇에 근거한 암호 알고리즘인가?

① 암호강도　　② 이산대수
③ 소인수분해　　④ 키길이

81 공개키 암호화 알고리즘으로 틀린 것은?

① RSA (Rivest, Shamir, Adleman)
② 시드(SEED)
③ 엘가말(ElGamal)
④ 타원 곡선 암호 시스템 (ElliPtic Curve Cryp-tosystem)

82 공개키 기반구조(PKI)에 대한 설명으로 올바르지 못한 것은?

① 인증서버 버전, 일련번호, 서명, 발급자, 유효기간 등의 데이터 구조를 포함하고 있다.
② 공개키 암호시스템을 안전하게 사용하고 관리하기 위한 정보보호방식이다.
③ 인증서 폐지 여부는 인증서폐지목록(CRL)과 온라인 인증서 상태 프로토콜(OCSP)확인을 통해서 이루어진다.
④ 인증서는 등록기관(RA)에 의해 발행된다.

해설
① 공개키 기반구조(PKI : Public Key Infrastructure)는 공개키 암호 방식을 바탕으로 한 디지털 인증서를 활용하는 소프트웨어, 하드웨어, 사용자, 정책 및 제도 등을 말한다.
② 인증기관(CA : Certificate Authority)은 인증서를 발급하고 관리하며, 공개키에 대한 공신력 있는 기관이다.

83 다음은 암호화에 사용되는 기술의 특징을 설명한 것이다. 무엇에 대한 설명인가?

- 출력지점에서 원본 비트 문자열을 찾아내는 것은 불가능하다.
- 주어진 입력에 대해 같은 코드를 생성하는 또다른 입력값을 찾아내는 것은 불가능하다.

① 해쉬함수
② IPSec
③ 공개키 암호화
④ 대칭키 암호화

[정답] 77 ②　78 ④　79 ②　80 ③　81 ②　82 ④　83 ①

해설

해쉬 함수(Hash Function)
임의의 길이를 갖는 메시지를 입력 받아 고정된 길이의 해쉬값을 출력하는 함수이다.

84 해시 알고리즘의 요구조건으로 틀린 것은?

① 해시값을 이용해 원래의 입력값 추정이 불가능해야 한다.
② 입력값과 해당 해시값이 있을 때 이 해시값에 해당하는 또 다른 입력값을 구하는 것은 불가능해야 한다.
③ 같은 출력을 내는 임의의 서로 다른 두 입력 메시지를 찾는 알고리즘이 존재해야 한다.
④ 2개의 서로 다른 입력값을 가지고 똑같은 결과를 가져오는 해시값이 나와서는 안 된다.

해설

해시알고리즘의 3대 요구 조건
① 해시값을 이용해 원래의 입력값 추정이 불가능해야 한다.
② 입력값과 해당 해시값이 있을 때 이 해시값에 해당하는 또 다른 입력값을 구하는 것은 불가능해야 한다
③ 2개의 서로 다른 입력값을 가지고 똑같은 결과를 가져오는 해시값이 나와서는 안 된다.
   (같은 출력을 내는 임의의 서로 다른 두 입력 메시지를 찾는 것이 계산상 불가능해야 한다.)

85 디지털 서명(Digital Signature)에 대한 설명이 아닌 것은?

① 서명 알고리즘(Signing Algorithm)과 혼합 알고리즘(Product Algorithm)으로 구성되어 있다.
② 송신자가 디지털 문서를 전송하고도 송신하지 않았다고 부인할 때 부인 방지를 막기 위해 사용될 수 있다.
③ 공개키 암호화 방식에서 개인키를 이용한 메시지 암호화는 서명 당사자밖에 할 수 없다는 점을 이용한다.
④ 네트워크 상에서 디지털 문서에 서명자 인증, 문서의 위·변조 방지 등의 기능을 제공하는 암호화 기술을 사용하여 서명하는 방법이다.

해설

디지털 서명은 보통 3개의 알고리즘으로 구성된다.
① 공개 키 쌍을 생성하는 키 생성 알고리즘
② 이용자의 개인 키를 사용하여 (전자)서명을 생성하는 알고리즘
③ 이용자의 공개 키를 사용하여 서명을 검증하는 알고리즘

86 다음의 내용이 설명하고 있는 것은?

- 일종의 비밀 채널로 지적 재산권을 보호하기 위한 수단으로 사용함
- 파일 내부에 비밀 정보를 삽입시켜 합법적인 소유자를 확인 할 수 있게 함
- 그래픽, 오디오, 컴퓨터 프로그램 등 다양한 분야에 응용함

① 워터마크   ② 암호화
③ 전자서명   ④ 저작권

87 송신자 A가 자신의 비밀키를 이용하여 암호화하여 전송하면 수신자 B는 A의 공개키를 이용하여 복호화하는 기법을 사용하는 기술은?

① PKI
② 공개키 암호화
③ 방화벽
④ 디지털 서명

해설

디지털 서명은 네트워크에서 송신자의 신원을 증명하는 방법으로, 송신자가 자신의 비밀키로 암호화한 메시지를 수신자가 송신자의 공용 키로 해독하는 과정이다.

88 다음 중에서 전자 서명의 조건이 아닌 것은?

① 서명자 이외의 타인이 서명을 위조하기 어려워야 함
② 서명한 문서의 내용은 변경 불가능
③ 누구든지 검증할 수는 없다.
④ 다른 전자문서의 서명으로 재사용 불가능

[정답] 84 ③ 85 ① 86 ① 87 ④ 88 ③

해설
① 전자 서명이란 어떤 데이터가 정말 그 사람 것이 맞는지를 보장해주는 것이다.
② 전자 서명의 조건 5가지 : 위조불가, 변경불가, 재사용불가, 서명자인증, 부인방지
③ 서명자인증이란, 전자서명의 서명자를 불특정 다수가 검증할 수 있어야 한다.

89 정보를 암호화하여 상대편에게 전송하면 부당한 사용자로부터 도청을 막을 수는 있다. 하지만, 그 전송 데이터의 위조나 변조 그리고 부인 등을 막을 수는 없다. 이러한 문제점들을 방지하고자 사용하는 기술은?

① 전자서명　　　　② OCSP
③ 암호화　　　　　④ Kerberos 인증

90 다음 중 전자서명의 특징으로 올바르지 않은 것은?

① 위조 불가(Unforgeable)
② 재사용 가능(Reusable)
③ 부인 불가(Non-Repudiation)
④ 서명자 인증(User Authentication)

91 다음 보기가 설명하는 디지털 멀티미디어 콘텐츠 보호방법은?

- 콘텐츠를 암호화한 후 배포하여 인증된 사용자만 사용
- 무단 복제 시 인증되지 않은 사용자는 사용할 수 없도록 제어

① DRM　　　　　② Water Marking
③ DOI　　　　　 ④ INDECS

해설
디지털 권리 관리(DRM : Digital Rights Management)
① DRM은 디지털 콘텐츠의 생성에서부터 이용에 이르는 유통 전 과정에 걸쳐 콘텐츠를 안전하게 관리 및 보호하고 허가된 사용자만이 접근 할 수 있도록 제한하는 기술이다.
② 디지털 콘텐츠가 무분별하게 복제될 수 없도록 하며 권리를 제공하는 보안 기술이다.
③ (사용 예) '멜론', '도시락' 등과 같은 DRM 음원 서비스와 결제를 해야만 시청할 수 있는 VOD 다시보기 등

Chapter 5 분석용 데이터 구축 및 서버 구축

1 빅데이터 구축

1. 분석용 데이터 구축

가. 빅데이터(Big Data)의 등장배경
① 디지털 정보량의 증가에 따라 대규모 데이터가 큰 이슈로 부각됨
② 정보통신기술의 발달에 따라 전 분야에서 빅데이터의 적용이 가능해짐
③ 대규모 데이터의 수집(저장, 검색, 공유, 분석, 시각화 등) 기술 및 도구가 발달함에 따라 가능해짐

나. 빅데이터(Big Data)의 정의
① 기존의 관리 및 분석체계로는 감당할 수 없을 정도의 거대한 데이터의 집합을 지칭하며 대량의 정형 또는 비정형 데이터세트 및 이러한 데이터로부터 가치를 추출하고 결과를 분석하는 기술을 말한다.
② 대용량 데이터를 활용, 분석하여 가치있는 정보를 추출하고 생성된 지식을 바탕으로 능동적인 대응 또는 변화예측을 위한 정보화기술이다.

합격예측
① 빅데이터는 빠른 속도로 생성되는 다양한 종류의 데이터이다.
② 빅데이터는 기존 관리 및 분석체계로는 감당이 불가능한 거대한 데이터 집합으로 대규모 데이터와 관계된 기술 및 도구를 모두 포함하는 개념이다.

참고

📍 정형, 비정형, 반정형 데이터
① 정형(Structured) 데이터 : 통계적 분석을 수행할 수 있는 테이블형태로 정리된(구조화된) 데이터이다.
② 비정형(Unstructured) 데이터 : 특별한 형식을 가지지 않으며 연산도 불가능한 데이터이다.
③ 반정형(Semi-Structured) 데이터 : 형태(Schema, Metadata)가 있으며, 연산이 불가능한 데이터이다.

합격예측
① 정형데이터 : 관계형 데이터베이스(RDB), 스프레드시트, CSV 등
② 비정형데이터 ; 페이스북, 영상, 이미지, 음성, 텍스트(Word, PDF) 등
③ 반정형데이터 : XML, HTML, JSON, 로그 형태 등

다. 빅데이터의 구성요소 (3V)
빅데이터는 전례 없이 빠른 속도로 생성되는 다양한 종류의 데이터이다. 이런 빅데이터의 다양한 특성 중에 다음과 같은 공통적인 속성들을 갖는다.

합격 NOTE

합격예측
① 3V : 크기(양, 규모, Volume), 속도(Velocity), 다양성(Variety)
② 3V는 데이터의 양, 데이터 생성 속도, 형태의 다양성을 의미

구성 요소	내용
크기(Volume)	• 데이터의 양을 의미 • 빅데이터를 다룬다는 것은 곧 저밀도의 비정형 데이터를 대량으로 처리해야 함을 의미 • 데이터가 누적되면 될수록 정확해진다.
속도(Velocity)	• 대용량의 데이터를 빠르게 처리하고 분석하는 것을 의미 • 빅데이터의 생성 후 유통되고 활용되기까지의 소요되는 시간이 기존의 수 시간에서 분, 초 단위로 단축되고 있다.
다양성(Variety)	• 이용 가능한 데이터의 종류가 무수히 많다는 것을 의미
가치(Value)	• 데이터는 고유의 가치를 지니고 있는 것을 의미
정확성(Veracity)	• 데이터들이 얼마나 신뢰할 수 있는지를 의미
정당성(Validity)	• 데이터가 타당한지, 정확한지를 의미
시각화(Visualization)	• 정보의 사용 대상자의 이해정도를 의미

합격예측
3V특성을 수용하기 위해서는 분산 처리 환경이 요구된다.

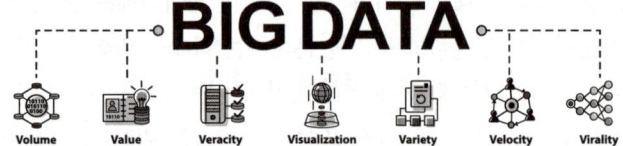

라. 빅데이터 전처리(Preprocessing)

① 데이터를 잘 활용하려면 데이터 수집, 가공, 분석 및 활용의 전 과정이 유기적으로 연계되어야 한다.
② 데이터에 대한 전처리란, 분석 목적에 맞는 데이터를 수집한 후 분석이 가능하도록 데이터를 축소, 제거, 수정 등과 같은 단계를 거쳐 최상의 분석결과를 도출하기 위한 과정을 의미한다.

합격예측
데이터 전처리는 특정 분석에 적합하게 데이터를 가공하는 작업을 의미한다.

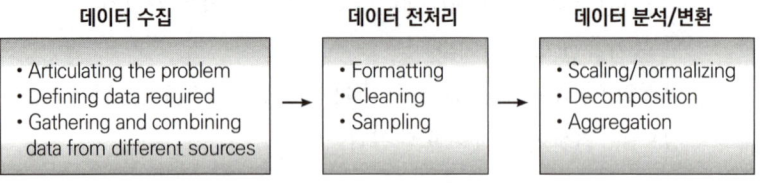

[데이터 준비 과정]

(1) 데이터 전처리 과정

① 데이터 분석 과정에서 반드시 거쳐야 하는 과정
② 조화 되지 않은 비정형 데이터를 처리 가능한 형태의 구조적 형태로 변환
③ 전처리 결과가 분석 결과에 큰 영향을 주고 있으므로 반복적으로 수행함

합격예측
전처리 과정 : 데이터 정제 → 결측값 처리 → 이상값 처리 → 분석변수처리

[데이터 전처리의 5단계]

단계	기능
데이터 정제 (Data Cleansing)	• 결측값을 채우고, 잡음(Noise)을 제거하고, 이상치를 탐지하여 제거함 • 데이터의 신뢰도를 향상시킴
데이터 통합 (Data Integration)	• 다양한 소스에서 입력된 데이터를 통합함 • 중복(Redundancy) 및 상관관계 분석(Correlation Analysis) 방법 등
데이터 변환 (Data Transformation)	• 기존에 존재하는 변수를 이용하여 새로운 변수를 생성함
데이터 축소 (Data Reduction)	• 분석결과가 이전과 비슷한 범위 안에서 데이터 축소함 • 데이터 집합을 그 부피는 더 작지만, 분석결과는 동일한 데이터 집합의 표현을 만들어내는 것
데이터 이산화 (Data Discretization)	• 연속형 변수를 이산형 변수로 변환함 • 마이닝 알고리즘의 효율성을 극대화시키기 위해 데이터를 조작하는 과정 • 정규화(Normalization), 이산화(Discretization), 개념계층 생성(Concept Hierarchy Generation)방법

합격 NOTE

합격예측
결측값(Missing Value) : 필수적인 데이터가 입력되지 않고 누락된 값(Null Data)

합격예측
데이터 정제는 데이터의 신뢰도를 향상시킨다.

(2) 데이터 정제

데이터 가공 또는 정제란 수집된 데이터를 정리하고 표준화하며 통합하는 일련의 과정을 뜻한다. 데이터를 분석하기 전, 분석에 적합한 데이터를 만드는 사전처리 전반을 말하며, 빅데이터를 처리하는데 가장 먼저 하고 가장 중요한 작업이다.

① 데이터 오류원인분석: 결측값(Missing Value), 잡음(Noise), 이상값(Outlier)
② 데이터 정제대상설정
③ 데이터 정제방법결정 : 삭제, 대체, 예측값 생성

(3) 데이터 전환

① 데이터 전환이란 운영 중인 기존 정보시스템에 축적되어 있는 데이터를 추출하여, 새로 개발할 정보시스템에서 운영 할 수 있도록 변환한 후, 적재하는 일련의 과정을 말한다.
② 데이터 전환이란 원천 시스템의 데이터를 목표 시스템의 데이터 구조에 맞게 데이터를 매핑하는 규칙을 정의하고 추출, 변화하여 이관하는 활동이다.
② 데이터 전환을 ETL이라고 하는데 이는 추출(Extraction), 변환(Transformation), 적재(Load) 과정을 말한다.

합격예측
정확한 분석 결과를 얻으려면 데이터 내의 여러 오류를 먼저 찾고(=정제), 같은 형태로 통일(=표준화)해야 한다.

합격예측
이상값 : 데이터의 범위에서 많이 벗어난 값

합격예측
① ETL 단계 : Extraction → Transformation → Load
② 데이터전환을 데이터 이행 또는 이관(Data Migration) 이라고도 한다.

합격 NOTE

합격예측
데이터 전환 계획서
① 데이터 전환 작업에 필요한 모든 계획을 기록하는 문서
② 데이터 전환 목표는 간단하고 명료하게 작성

합격예측
데이터 품질관리 요소 : 정확성, 완전성, 적시성, 일관성

합격예측
데이터 전환 검증에 사용되는 방법 : 로그, 기본 항목, 응용 프로그램, 응용 데이터, 값 검증

합격예측
데이터 정합성 : 어떤 데이터들의 값이 서로 일치하는 정도를 말함

합격예측
① 오류 데이터 측정 및 정제는 고품질의 데이터를 운영 및 관리하기 위해 수행
② 데이터 품질 분석 → 오류 데이터 측정 → 오류 데이터 정제

③ 데이터 전환 절차(Process)
  ㉠ 데이터 전환 계획 및 요건정의 : 요구사항 분석 단계
  ㉡ 데이터 전환 설계 : 설계 단계
  ㉢ 데이터 전환 개발 : 구현 단계
  ㉣ 데이터 전환 테스트 및 검증 : 테스트 단계
  ㉤ 데이터 전환

④ 데이터 전환 계획서
  ㉠ 데이터 전환이 필요한 대상을 분석하여 관련 작업계획을 기록하는 문서이다.
  ㉡ 계획서 포함 내용 : 데이터 전환 개요, 데이터 전환 대상 및 범위, 데이터 전환 환경 구성, 데이터 전환 조직 및 역할, 데이터 전환 일정, 데이터 전환 방안, 데이터 정비 방안, 비상계획, 데이터 복구 대책 등

(4) 데이터 검증

① 데이터 전환 검증은 원천 시스템의 데이터를 목적 시스템의 데이터로 전환하는 과정이 정상적으로 수행되었는지 여부를 확인하는 과정이다.

② 데이터 전환 검증은 검증방법과 검증단계에 따라 분류됨
  ㉠ 데이터 검증방법에 따른 분류

검증 방법	내 용
로그 검증	데이터 전환 과정에서 작성하는 추출, 전환, 적재 로그를 검증
기본 항목 검증	로그 검증 외에 별도로 요청된 검증 항목에 대해 검증
응용 프로그램 검증	응용 프로그램을 통한 데이터 전환의 정합성을 검증
응용 데이터 검증	사전에 정의된 업무 규칙을 기준으로 데이터 전환의 정합성을 검증
값 검증	숫자 항목의 합계 검증, 코드 데이터의 범위 검증

  ㉡ 검증단계에 따른 분류 : 추출(로그검증), 전환(로그검증), DB적재(로그검증), DB적재 후(기본항목 검증), 전환 완료 후(응용프로그램 검증)

(5) 오류 데이터 측정 및 정제

① 고품질의 데이터를 운영 및 관리하기 위해서는 오류 데이터를 측정하고 정제해야 한다.

② 오류 데이터 측정 및 정제 순서
  ㉠ 데이터 품질 분석 : 원천 및 목적 시스템 데이터의 정합성 여부를 확인
  ㉡ 오류 데이터 측정 : 데이터 품질 분석을 기반으로 정상 데이터와 오류데이터의 수를 측정하여 오류관리 목록 작성
  ㉢ 오류 데이터 정제 : 오류관리 목록을 분석하여 원천 데이터를 정제하거나 전환 프로그램을 수정

오류 상태	내 용
Open	오류만 보고되고 분석되지는 않음
Assigned	오류 영향 분석 및 수정을 위해 개발자에게 오류를 전달
Fixed	개발자가 오류를 수정한 상태
Closed	수정한 오류를 테스트하여 오류가 발견되지 않음
Deffered	오류 수정을 연기한 상태
Classfied	보고된 오류를 관련자들이 확인했을 때 오류가 아니라고 확인된 상태

> **합격예측**
> **오류 데이터 측정 및 정제 관련 문서**
> ① 데이터 정제 요청서
> ② 데이터 정제 보고서

마. 빅데이터의 플랫폼(Platform)

(1) 빅데이터 플랫폼은 빅데이터 기술의 집합체이자 기술을 잘 사용할 수 있도록 하는 필수 인프라(Infrastructure)이다.

(2) 빅데이터 플랫폼은 데이터의 수집·저장·처리·관리를 담당하는 빅데이터 관리 플랫폼과 데이터 분석을 지원하는 빅데이터 분석 플랫폼으로 구분한다.

구 분	종 류	내용
데이터 소스	정형 데이터	DB, 데이터웨어하우스 ERP, CRM, SCM
	비정형 데이터	IoT, SNS, 음성/영상, 문서/ 로그 데이터
데이터 관리 플랫폼	데이터 수집	Open API, DB Connector
	데이터 저장, 처리, 관리	• 저장 : 원시데이터, 데이터 분산저장, 준 구조화 저장 • 처리 : 초고속 병렬처리, 데이터 정제 및 가공, 데이터 전처리 • 관리 : 데이터보안, 데이터품질, 플랫폼 시스템 관리
데이터 분석 플랫폼	분석 시스템	• 데이터마이닝, 텍스트마이닝, 기술통계분석, 머신러닝, 네트워크분석, 시뮬레이션, 최적화

> **합격예측**
> 빅데이터 플랫폼을 사용하여 빅데이터를 수집, 저장, 처리 및 관리 할 수 있다.
>
> **합격예측**
> 빅데이터 플랫폼의 구분 :
> 빅데이터 관리 플랫폼과 빅데이터 분석 플랫폼
>
> **합격예측**
> 빅데이터 플랫폼의 핵심 역할 :
> 원시 데이터로부터 새로운 통찰력과 가치의 창출
>
> **합격예측**
> 데이터의 활용분야 : 교육, 의료, 에너지, 교통 등

합격 NOTE

합격예측

빅데이터 인프라 기술 : Hadoop, R, NoSQL, Mahout 등

(3) 빅데이터 기술

① 빅데이터 인프라 기술

종류	특징
Hadoop	하둡(Hadoop)은 정형/비정형 빅데이터를 분산 처리할 수 있는 오픈소스 프레임워크이다.
R	통계 계산과 시각화(Visualization)를 위한 프로그래밍 언어이자 소프트웨어 환경이다.
NoSQL	대용량의 데이터를 저장할 수 있으며, 분산형 구조를 가지고 있고, 스키마가 고정되지 않은 Key-Value 저장 방식을 취하고 있다.
Mahout	마훗(Mahout)은 하둡과 연동되는 빅데이터를 위한 기계학습 오픈 소스 프로젝트이다.

합격예측

① Text Mining : 문서, 키워드에서 핵심정보를 추출하는 기술
② Data Mining : 방대한 데이터에서 유용한 정보를 추출하는 기술 (정형 데이터에서 유용한 정보를 발견하는 기술)

② 빅데이터 분석 기술

종류	특징
텍스트 마이닝 (Text Mining)	비정형 데이터에서 의미 있는 정보를 추출하고, 그 정보와 다른 정보와의 연계성 분석 및 주제 분석(Topic Analysis) 등의 비정형 데이터에 대한 의미를 분석할 수 있는 기술
평판 분석 (Opinion Mining)	SNS, 리뷰, 블로그, 커뮤니티 등에서 정형화되지 않는 제품 및 서비스에 대한 긍정(Positive), 부정(Negative), 중립(Neutral) 등의 평판(Reputation)을 분석, 판별하는 기술
소셜 네트워크 분석 (Social Network Analytics)	SNS 상의 비정형 데이터에서 사용자 간의 연결구조 및 영향력, 트렌드 등을 분석하고 추출하는 기술
군집 분석 (Clustering Analysis)	SNS 상의 비정형 데이터를 분석하여 유사특성을 가지는 사용자 군(Group)을 발굴하는 기술

참고

합격예측

빅데이터 활용의 3요소
① 데이터 : 모든 것의 데이터화
② 기술 : 진화하는 알고리즘, 인공지능
③ 인력 : 데이터 사이언티스트

📍 빅데이터는 빅데이터를 구성하고 있는 하드웨어, 소프트웨어, 어플리케이션 간의 유기적인 순환에 의해 가치 창출이 가능해 진다.

① 하드웨어 레벨 : 빅데이터 저장
② 소프트웨어 레벨 : 빅데이터 분석
③ 애플리케이션 레벨 : 분석 결과를 서비스

DBMS, RDBMS 그리고 NoSQL

① 데이터베이스 관리시스템(DBMS : DataBase Management System)
다수의 사용자들이 데이터베이스 내의 데이터에 접근할 수 있도록 해주고 데이터베이스를 관리해주는 소프트웨어이다.

② 관계형 데이터베이스(RDB : Relational Database)
관계형 데이터 모델에 기초를 둔 데이터베이스이다. 관계형 데이타 모델이란 데이타를 구성하는데 필요한 방법 중 하나로 모든 데이타를 2차원의 테이블형태로 표현해주는 방법이다.

③ 관계형 데이터베이스 관리시스템(RDBMS)
  ㉠ 관계형 모델을 기반으로 하는 DBMS 유형이다.
  ㉡ RDBMS의 테이블은 서로 연관되어 있어 일반 DBMS보다 효율적으로 데이터를 저장, 구성 및 관리할 수 있다.

④ SQL(Strucured Query Language)
  ㉠ 관계형 데이터베이스 관리시스템의 데이터를 관리하기 위해 설계된 특수 목적의 프로그래밍 언어
  ㉡ 관계형 데이터베이스 관리시스템에서 자료의 검색과 관리, 데이터베이스 스키마 생성과 수정, 데이터베이스 객체접근 조정관리를 위해 개발되었다.

⑤ NoSQL(Not only SQL)
  ㉠ 관계형 데이터베이스 보다 덜 제한적인 일관성 모델을 이용하는 데이터의 저장 및 검색을 위한 방법을 제공한다.
  ㉡ 행과 테이블을 사용하는 관계형(SQL) 데이터베이스보다 훨씬 다양한 방식으로 빠르게 바뀌는 대량의 비정형 데이터를 처리할 수 있다.

> **합격 NOTE**
>
> **합격예측**
> Databse(DB)란 일반적으로 컴퓨터 시스템에 전자 방식으로 저장된 구조화된 정보 또는 데이터의 체계적인 집합을 말한다.
>
> **합격예측**
> DBMS는 데이터베이스를 조작하는 별도의 소프트웨어이다.
>
> **합격예측**
> 관계형 데이터 베이스는 데이터를 테이블 형태, 표 형태로 저장한다.
>
> **합격예측**
> NoSQL : SQL만을 사용하지 않는 데이터베이스 관리 시스템(DBMS)

마. 빅데이터 활용 기본 테크닉 7가지

테크닉	설명
연관 규칙 학습 (Association Rule Learning)	변수들간에 주목할만한 상관관계가 있는지 찾아내는 방법
유형 분석 (Classification Analysis)	특정 아이템이 속하게 될 범주를 찾아내는 방법
유전자 알고리즘 (Genetic Algorithms)	최적화가 필요한 문제의 해결책을 자연선택, 돌연변이 등과 같은 매커니즘을 통해 점진적으로 진화시켜 나가는 방법
기계 학습 (Machine Learning)	훈련 데이터로부터 학습한 알려진 특성을 활용해 예측하는 방법(분류 분석, 예측 분석, 군집화 분석, 연관성 분석 등)

회귀 분석 (Regression Analysis)	독립변수를 조작하며 종속변수가 어떻게 변하는지를 보면서 두 변수의 인과 관계를 파악하는 방법
감정 분석	특정 주제에 대해 말하거나 글을 쓴 사람의 감정을 분석하는 방법
소셜 네트워크 분석 (사회관계망 분석)	특정인과 어느 정도의 관계인지, 영향력있는 사람을 찾아낼 때 사용

바. 데이터 웨어하우스(DW : Data Warehouse)

데이터 웨어하우스는 사용자의 의사결정에 도움을 주기 위하여, 기존 시스템의 데이터베이스에 축적된 데이터를 공통의 형식으로 변환해서 관리하는 데이터베이스(DB)를 말한다.

∴ DW는 의사결정에 필요한 정보처리기능을 효율적으로 지원하기 위한 통합된 데이터를 가진 양질의 데이터베이스이다.

[기존 DB와 Data Warehouse의 비교]

구분	기존 DB	데이터 웨어하우스
기능	업무프로세스	의사결정
데이터 형태	기능별 상세 데이터	주제별 요약 데이터
데이터 조작	읽기/쓰기/삭제/갱신	읽기(Read-Only)
지향방향	신속한 처리	다차원 분석 제공

(1) 데이터웨어하우스의 특징

특징	내용
주제지향성(Aubject Oriented)	• 업무중심이 아닌 주제중심으로 데이터 분류
통합성(Integrated)	• 표준적이고 일관된 데이터로 변환
시계열성(Time-Variant)	• 시간에 따른 변경정보를 표시
비휘발성(Non-Volatile)	• 데이터의 변경 없이 로딩과 액세스만 가능 (Read-Only)

(2) 데이터웨어하우스 구조는 3개의 티어(Tier)로 구성한다.

① 상단 티어(Top Tier) : 통계, 분석, 데이터마이닝, AI 등을 통해 분석한 결과를 리포팅하는 프런트 엔드 티어이다. 가시성을 제공하는 티어다.

② 중간 티어(Middle Tier) : 데이터를 액세스하고 분석하는데 사용하는 분석엔진으로 구성된다.

③ 하단 티어(Bottom Tier) : 데이터가 로드되고 저장되는 데이터베이스 서버 티어다.

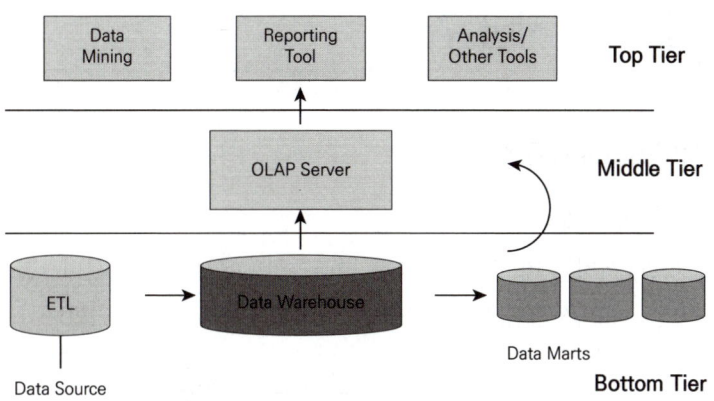

(3) 데이터웨어하우스의 장점
   ① 더 좋은 의사결정을 할 수 있다.
   ② 많은 소스들로 부터 데이터를 통합할 수 있다.
   ③ 데이터의 품질, 일관성, 정확성을 보장할 수 있다.
   ④ 히스토리를 관리할 수 있다.
   ⑤ 트랜잭션 데이터베이스와 분석처리를 분리하여 두 시스템의 성능을 모두 향상시킬 수 있다.

(4) 데이터웨어하우스의 활용
   ① 데이터마트(Data Mart) : 데이터웨어하우스로부터 구축된 데이터 속에서 한 가지 주제 또는 소규모, 단일 주제의 웨어하우스이며 예측 가능한 질의에 대해서 매우 빠르게 응답할 수 있도록 데이터를 제공하는 시스템이다.
   ② 온라인 분석시스템(OLAP : On Line Analytical Processing) : 온라인으로 다차원적인 분석을 하는 시스템으로, 구축된 데이터웨어하우스에 OLAP도구를 활용하여 대규모 데이터를 실시간으로 분석 처리한다.
   ③ 데이터마이닝(Data Mining) : 데이터웨어하우스에 숨어 있는 전략적인 정보를 발견하거나 정보들 간의 새로운 패턴을 찾아내는 지식추출기법으로, 주로 통계학, 데이터분석 및 경영정보분야 등에 사용되어진다.

합격 NOTE

합격예측
3가지 주요 영역 구조 : 데이터 획득, 데이터 저장, 정보 전달

합격예측
Data Mart
① DW의 하위 단위
② 비교적 작은 규모의 DW

합격예측
Data Mining는 통계학, 데이터 분석 및 경영정보분야 등에 사용되어진다.

2. 서버 구축

1. 서버(Server) 구축

가. 서버의 개요

(1) 서버는 네트워크를 통해 클라이언트에게 정보나 서비스를 제공하는 컴퓨터시스템으로 컴퓨터 프로그램 또는 장치를 의미한다.

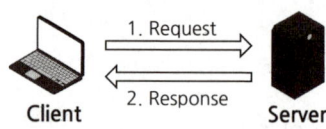

(2) 서버는 프린터 제어나 파일관리 등 네트워크 전체를 감시·제어하거나, 메인프레임이나 공중망을 통한 다른 네트워크와의 연결, 데이터·프로그램·파일 같은 소프트웨어 자원이나 모뎀·팩스·프린터 공유, 기타 장비 등 하드웨어 자원을 공유할 수 있도록 도와주는 역할을 한다.

나. 서버의 종류(일부)

종류	기능
애플리케이션 서버	웹 서버와 웹 컨테이너의 기능을 모두 수행하는 프로그램
웹 서버	웹 페이지 배포(WWW 서비스)
프록시 서버	클라이언트가 자신을 거쳐 다른 네트워크에 접속할 수 있도록 중간에서 대리해주는 서버
메일 서버	전자메일을 보관하고 발송해주는 서버
FTP 서버	인터넷상에서 컴퓨터 간 파일을 교환하기 위해 사용되는 서버
DNS 서버	인터넷 도메인을 IP 주소로 바꾸어 주는 서버
데이터베이스 서버	사용자가 데이터베이스에 연결할 수 있도록 해주는 서버 (종류: MySQL, MongoDB, Oracle 등)

다. 서버 구축

서버를 구축한다는 것은 많은 사용자가 동시에 접속해서 작업을 수행할 공간을 만든다는 개념과 같다.

(1) 리눅스 서버(Linux Server)

리눅스는 오픈소스 운영체제로 전 세계의 많은 개발자들이 개발에 참여하여 데스크탑뿐 만 아니라 중소형 서버 운영체제로도 다양하게 사용되고 있다.

① 리눅스는 컴퓨터 운영체제의 한 종류이자, 커널 자체를 의미하기도 한다.
② 리눅스는 소스코드가 공개되어 있어 자유롭게 사용할 수 있다.
③ 리눅스는 다중사용자, 다중작업(멀티 태스킹), 다중스레드를 지원하는 네트워크 운영체제이다.
④ 리눅스는 편리한 GUI 환경을 제공한다.

(2) 윈도 서버(Windows Server)
① Windows 서버는 Microsoft사에서 개발한 서버용 운영체제로, 작업그룹에서 데이터센터까지 애플리케이션, 네트워크 및 웹 서비스가 연결된 인프라를 구축하기 위한 플랫폼이다.
② 특징 : 다중사용자시스템, 소프트웨어 RAID 지원, 데이터베이스 작동을 위한 안정적인 성능, 강력한 네트워크 기능보유 등

2. 네트워크 가상화(NV : Network Virtualization)

가. 네트워크 가상화(NV)의 개요

(1) NV는 여러 개의 네트워크를 하나의 장치로 사용하거나, 하나의 네트워크 장비를 여러 개의 서로 다른 용도로 분할해서 사용할 수 있게 해주는 기술이다.
(2) NV는 물리적으로 다른 시스템을 논리적으로 통합하거나 하나의 시스템을 논리적으로 분할하여 자원을 사용하게 하는 기술이다.
∴ NV는 다양한 자원(SW, HW, OS, 스토리지, 서버 등)들을 하나로 통합하거나, 하나로 이루어진 자원들을 여러 개로 나눠서 사용할 수 있게 해주는 기술이다.

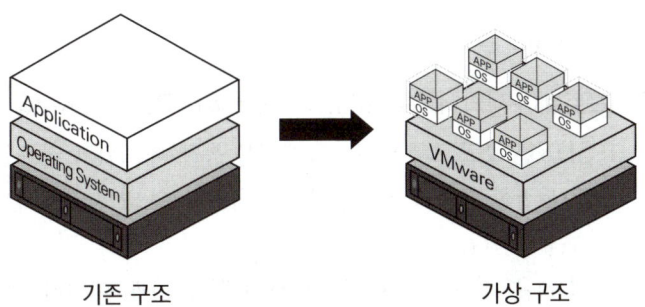

기존 구조   가상 구조

나. NV의 등장배경

모빌리티 수요의 증가, 클라우드서비스의 급증, 트래픽패턴의 변화, 새로운 네트워크아키텍처에 대한 필요성 증대

합격 NOTE

합격예측
Kernel은 운영체제의 핵심으로, 프로세스 관리, 메모리 관리, 파일 시스템 관리, 장치 관리 등 컴퓨터의 모든 자원을 초기화하고 제어하는 기능을 수행

합격예측
RAID(Redundant Array of Independent Disks) : 여러 개의 하드디스크를 하나로 취급하여 안정성 및 성능을 향상시키는 방식

합격예측
NV는 클라우드 컴퓨팅, 미래 인터넷에서 핵심기술이다.

합격예측
NV는 라우터, 방화벽, 스위치 등의 네트워크 자원들을 마치 하나의 자원처럼 사용하는 개념

다. 네트워크가상화의 장점

(1) 효율성 : 하나의 머신이 여러 개의 가상머신에 서비스를 제공할 수 있으므로, 필요한 서버 수도 줄어들 뿐만 아니라 보유하고 있는 서버를 최대한 활용할 수 있다.

(2) 안정성 : 여러 개의 가상머신을 이용하므로 재해 또는 손실 복구가 용이해지기 때문에 안정성과 연속성이 향상된다.

(3) 유연성 : 동일한 하드웨어에서 여러 운영체제를 동시에 실행할 수 있다.

라. 네트워크 가상화의 유형

유형	내용
호스트가상화	• 가상화 소프트웨어를 이용하여 네트워크의 호스트를 만들어 주는 기술
링크가상화	• 하나의 물리적인 네트워크 장비에서 다수의 가상 네트워크 인터페이스 기능을 지원해 주는 기술
라우터가상화	• 물리적 라우터의 자원을 분리하여 다수의 가상 라우터를 구성하는 기술
스위치가상화	• 동적으로 가상네트워크 구축 및 해제 지원하는 기술

마. 네트워크 가상화의 예

(1) 가상 LAN(VLAN : Virtual LAN) : LAN상의 여러 노드들 간을 가상의 LAN으로 연결

(2) 가상사설망(VPN : Virtual Private Network) : 실제 여러 물리 네트워크를 서로 가상으로 연결

(3) 오버레이 네트워크(Overlay Network) : 가상의 링크에 의해 가상머신들을 연결

바. SDN 과 NFV 기술

(1) 소프트웨어 정의 네트워크(SDN : Software Defined Network)

① SDN은 소프트웨어 프로그래밍을 통해 네트워크 경로설정과 제어 및 복잡한 운용관리를 편리하게 처리할 수 있는 차세대 네트워킹기술을 말한다.

② SDN은 컨트롤 플레인(Control Plane)과 데이터 플레인(Data Plane)으로 분리하고, 개방형 API를 통해 네트워크의 트래픽 전달 동작을 소프트웨어 기반으로 제어 및 관리하는 기술이다.

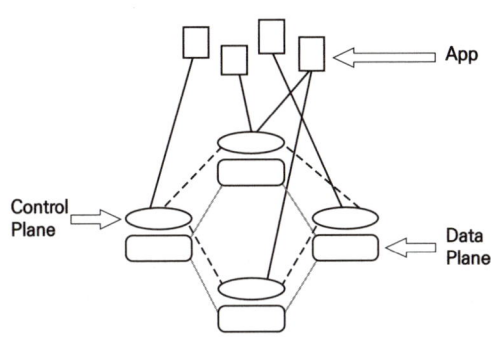

[분산 제어 평면]

③ SDN 구조에서는 네트워크 장비는 데이터전송 기능만을 수행하며, 장치제어는 별도의 장비에서 중앙 집중화된 소프트웨어 컨트롤계층에서 구현한다.

④ SDN은 Infrastructure Layer, Control Layer, Application Layer로 구성된다.

(2) 네트워크 기능 가상화(NFV : Network Function Virtualization)

① NFV는 유무선 네트워크 장비에 가상화기술을 적용하여 HW 중심의 네트워크 기능을 SW로 구현하는 기술이다.

② NFV는 네트워크의 방화벽, 트래픽부하 제어관리, 라우터 등과 같은 하드웨어장비의 기능과 처리기능을 서버단에서 소프트웨어로 구현하는 기술을 말한다.

③ NFV는 네트워크장비의 기능을 가상화하여 기존의 다양하고 복잡한 장비들을 설치하여 운용할 때 발생되는 관리상의 어려움이나 설치 및 운용비용 등의 문제를 해결할 수 있다.

④ NFV 특징 : 장비비용 절감, 네트워크 단순화로 운영비용 절감, 전력소비량 감소, 사용자 최적화

구분	SDN	NFV
정의	네트워킹의 소프트웨어화	네트워킹기능의 가상화
목적	네트워크의 제어영역과 데이터영역 분리, 제어영역의 중앙집중화 관리	전용 Appliance 기능들을 가상화하여 일반적인 서버에 배치
구현방법	HW상의 제어층을 분리해 SW로 전환	HW Appliance 기능을 가상화 영역에 구현
주안점	Control Plane의 소프트웨어화	Data Plane의 가상화
활용분야	Cloud Orchestration, Networking	Service Provider Network
적용 대상	데이터 센터, 기업, 클라우드	주로 ISP
표준화기구	ONF(Open Networking Forum)	ETSI NFV Working

합격 NOTE

합격예측
SDN 프로그래밍으로 네트워크 상황에 맞는 관리·제어를 통해 서비스를 제공한다.

합격예측
① NFV는 네트워크 장비의 기능을 가상화한다. 예 방화벽, 로드밸런서
② NFV는 NV와는 달리, 서버 가상화의 개념을 네트워크 기능까지도 확장한 개념이다.

합격예측
NFV 장점 : 가상화된 네트워크 기능 항목들을 관리, 배포, 구축 등이 가능

합격예측
SDN 프로토콜 : Open Flow, OVSDB, NETCONF 등

합격예측
NFV와 SDN는 서로 상호 보완적인 관계로 독립적 또는 융합도 가능

합격 NOTE

> 📝 **참고**
>
> 📍 **소프트웨어 정의 네트워크(SDN)**
> ① SDN은 소프트웨어로 네트워크를 제어하는 기술이다.
> ② OpenFlow는 가장 중요한 기술이며, SDN에서 컨트롤러와 네트워크 장비간의 인터페이스를 위한 규격으로 사용되는 기술이다.
>
> 📍 **네트워크 기능 가상화(NFV)**
> ① 네트워크 구성장비를 하드웨어와 소프트웨어로 분리하고, 범용 서비스 가상화기반에서 네트워크의 기능을 가상화하는 기술이다.
> ② 하드웨어 중심의 네트워크 구성 장비인 라우터, 방화벽, 침입탐지시스템, 침입차단시스템, DNS(Domain Name System) 및 캐싱 등의 다양한 네트워크 기능들을 소프트웨어 형태로 구현해 운영하는 가상화 기술이다.
>
> 📍 **가상 네트워크 기능(VNF : Virtual Network Function)**
> ① NVF는 네트워크 기능을 추상화하여, 하나의 물리적인 네트워크 기능을 여러 사용자 또는 장치와 나누어 사용할 수 있게 해주는 것을 의미한다.
> ② VNF는 가상머신 상에서 네트워크 기능을 구현한 것을 말한다.
> ③ VNF는 NFV 환경에서 구동된다.
> ④ VNF 종류 : 라우팅, 방화벽, 로드밸런싱, WAN 가속, 암호화 등

합격예측
① 가상머신(VM : Virtual Machine)은 컴퓨팅 리소스를 가상화한 것을 말한다.
② 가상네트워크 : 네트워크 리소스를 가상화한 것

사. 가상사설 네트워크(VPN : Virtual Private Network)

(1) VPN의 개요
① VPN은 인터넷과 같은 공중 네트워크를 이용해서 사설 네트워크를 사용할 수 있도록 가상의 네트워크를 구성한 것이다.
② VPN은 터널링(Tunneling) 기법을 사용해 공중망에 접속해 있는 두 네트워크 사이의 연결을 마치 전용회선을 이용해 연결한 것과 같은 효과를 내는 가상 네트워크이다.

합격예측
① VPN은 공중 통신망 기반시설을 터널링 프로토콜과 보안 절차 등을 사용하여 개별기업의 목적에 맞게 구성한 네트워크이다.
② VPN은 보안기술이다.

합격예측
① 사설망: 특정한 조직 내에서만 사용되는 망의 일종
② 공중망: 인터넷과 같이 모두에게 공개된 망

(2) VPN의 특징

구분	특징
가입자 측면 (장점)	• 적은 비용으로 넓은 범위의 네트워크 구성이 가능 • 인터넷과 같은 공개 IP 네트워크 사용의 안정성 확보
서비스 제공자 측면 (장점)	• 서비스의 질을 관리할 수 있음 • 네트워크 효율성 증대로 경제적 이익 향상 • 가입자에 따른 차별화 된 서비스 제공 가능 • 신규 기술 접목 용이
단점	• 인터넷은 전용선 수준의 신뢰성을 주지 못함 • 라우터 기반의 VPN은 확장성의 제한

(3) VPN의 구현기술

구현기술	내용
인증	• 네트워크를 통해 데이터를 보낸 자가 누구인지 인증
터널링	• 인터넷 상에서 가상의 정보흐름 통로 • 패킷을 사전에 암호화하는 방법을 규정한 IPSec이 업계표준
암호화	• 기밀성 보장을 위한 매커니즘 • 전송중인 정보의 공개방지(DES, SEED 등 사용)
키관리	• 사전에 공유한 암호화 키의 안전한 분배를 위한 키의 안전한 관리 매커니즘 • IKE(Internet Key Exchange) 프로토콜을 사용
복수 프로토콜 지원	• 공용 네트워크에서 일반적으로 사용되는 프로토콜을 처리

(4) VPN 구성 유형

① IPSec VPN : IP 프로토콜의 일부인 IPSec 프로토콜을 이용하여 VPN을 구현
② MPLS VPN : 패킷스위칭 기술인 MPLS 환경을 통해 VPN 구현
③ SSL VPN : 보안통신 프로토콜을 통해 VPN 구현
④ VoVPN(Voice over VPN) : VPN 인프라에서 VoIP서비스를 구현한 구조
⑤ Mobile VPN : 모바일 네트워크 구간에 VPN 암호화 기술을 적용

(5) VPN의 주요 터널링 프로토콜

지점간 터널링 프로토콜(PPTP), 2계층 터널링 프로토콜(L2TP), IPSec, SOCKET V5

합격예측

터널링 프로토콜은 한 네트워크에서 다른 네트워크로 데이터 이동을 허용하는 통신 프로토콜이다.

합격예측

IPsec(IP Security Tunneling Protocol): 네트워크계층(IP 계층) 상에서 IP 패킷 단위로 인증, 암호화, key관리를 하는 프로토콜이다.

합격예측

① PPTP(Point-to-Point Tunneling Protocol)
② L2TP(Layer 2 Tunneling Protocol)

합격 NOTE

합격예측
하이퍼바이저가 하드웨어에 직접 연결되며 가상머신을 만들 수 있다.

합격예측
① 호스트 : 하나 이상의 가상머신(VM)을 실행하는 컴퓨터
② 게스트 : 각 가상 머신들

합격예측
Type 1/2의 차이 : Host OS의 유무

합격예측
Type 1이 (layer가 적으므로) Type 2 보다 성능이 향상

합격예측
클라우드는 모든 가상화서비스가 이루어지는 공간을 말한다.

합격예측
클라우드 컴퓨팅이란 인터넷기반의 컴퓨팅을 말한다.

합격예측
① 클라우드 컴퓨팅 : 클라우드에서 제공하는 서비스
② 클라우드 컴퓨팅 구현 기술은 크게 가상화와 분산 기술로 이루어진다.

아. 하이퍼바이저(Hypervisor)

(1) 하이퍼바이저는 1대의 호스트 컴퓨터에서 다수의 운영체제(OS)를 동시에 실행하기 위한 논리적 플랫폼(Platform) 또는 소프트웨어를 말한다. 가상화 머신 모니터(VMM : Virtual Machine Monitor)라고도 한다.

(2) 하이퍼바이저는 가상머신(VM)을 생성하고 실행하는 프로세스이다. 하이퍼바이저는 메모리 및 처리와 같은 단일 호스트(Host)컴퓨터의 리소스를 가상으로 공유하여 호스트 컴퓨터가 여러 게스트(Guest) 가상 머신을 지원할 수 있도록 한다.

(3) 하이퍼바이저의 유형

유형	형태	특징
Type 1 (Bare-Metal 구조)	Guest OS VM / Guest OS VM / Hypervisor / Hardware	• 하이퍼바이저는 하드웨어에 직접 설치되어 실행된다. • 하이퍼바이저는 하드웨어를 제어하는 OS 역할과 VM 들을 관리하는 역할을 모두 담당해야 함 • Guest OS 가 2 번째 수준에서 실행
Type 2 (Hosted 구조)	Guest OS VM / Guest OS VM / Hypervisor / Host OS / Hardware	• 하이퍼바이저는 일반 애플리케이션처럼 Hosted OS 위에 설치되어 실행된다. • 기존의 컴퓨터환경을 그대로 사용하므로 설치 및 구성이 편리(장점) • Guest OS 가 3 번째 수준에서 실행

2. 클라우드(Cloud) 서비스

가. 클라우드

물리적인 서버가 없어도 인터넷에 접속하여 다양한 자원을 사용할 수 있게 하는 컴퓨터 리소스 이용형태를 말한다.

나. 클라우드 컴퓨팅

클라우드 컴퓨팅은 인터넷을 통해 컴퓨터 하드웨어와 소프트웨어의 기능을 이용할 수 있도록 하는 서비스이다.

클라우드 컴퓨팅은 공유 가능한 네트워크와 서버, 스토리지, 앱 등을 제공하여 언제 어디서나 쉽고 편리하게 사용할 수 있는 컴퓨팅 환경이다.

다. 클라우드 서비스의 종류

(1) 서비스로서의 인프라(IaaS : Infrastructure as a Service)

Infrastructure 레벨을 제공하는 서비스

📌 Amazon EC2, Azure Virtual Machines, 랙 공간 등

(2) 서비스로서의 플랫폼(PaaS : Platform as a Service)

개발자가 응용 프로그램을 작성할 수 있도록 플랫폼 및 환경을 제공하는 서비스

📌 AWS Elastic Beanstalk, Google App Engine, Apache Stratos 등

(3) 서비스로서의 소프트웨어(SaaS : Software as a Service)

모든 애플리케이션을 웹 브라우저를 통해 제공하는 서비스

📌 Google Workspace, Dropbox, Salesforce 등

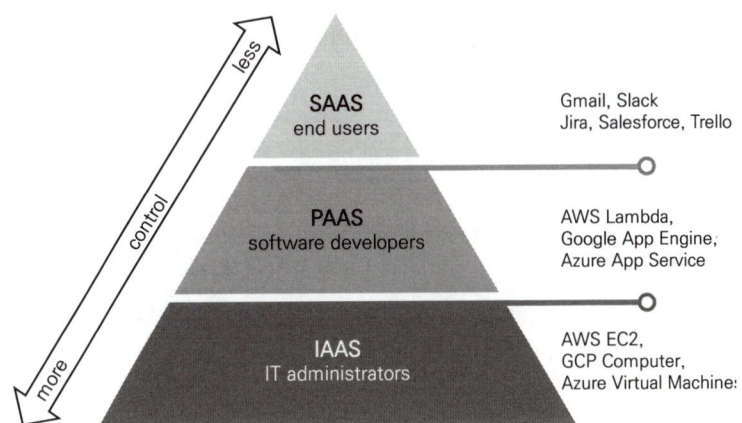

라. 클라우드 서비스의 장단점

비용절감(Cost Effective), 관리편리(Convenient Management), 사용량의 유연성(Easy Control of Work Load), 업무장소의 유연성(Work from Anywhere)

클라우드 컴퓨팅의 장점	클라우드 컴퓨팅의 단점
• 안전한 서버의 서비스를 받을 수 있다. • 접근성이 좋다. • 저장공간의 제약을 극복할 수 있다. • 운영 및 기회비용이 절감된다. • 편의성 및 이용성 증대	• 통신환경이 열악하면 서비스 받기 힘들다. • 해킹 등 보안문제에 취약 • 개별정보의 물리적 위치파악이 어렵다. • 서버가 공격당하면 개인정보가 유출가능 • 재해로 서버 데이터가 손상되면 백업하지 않은 정보는 복구하지 못할 수 있다.

합격 NOTE

합격예측
어느정도를 사용자가 관리하고 어느정도를 클라우드에서 제공받는가에 따라 IaaS, PaaS, SaaS로 구분

합격예측
SaaS는 "주문형 소프트웨어"라고 하는 응용 프로그램 소프트웨어에 액세스 할 수 있다.

합격예측
Packaged Software: 인프라, 플랫폼, 어플리케이션까지 모두 관리하는 것을 의미한다.

합격예측
클라우드의 단점 : 보안문제

마. 클라우드 관련기술

기술	내용	종류
분산 컴퓨팅	• 인트라넷 또는 인터넷으로 연결된 다수의 컴퓨팅 자원을 하나로 연결하는 기술	분산 파일 시스템, 분산 데이터베이스 등
가상화	• 컴퓨터 자원에 대한 추상화기술	서버, 스토리지, 네트워크
시스템 관리	• 가상 컴퓨팅 환경을 관리	프로비저닝, 모니터링
서비스 플랫폼	• 인터넷 서비스를 구축하기 위한 인터페이스를 제공	SOA(Service-Oriented Architecture), SOAP이나 REST 프로토콜

합격예측
클라우드 컴퓨팅 구성 기술 : 분산 컴퓨팅, 가상화, 시스템 관리, 서비스 플랫폼, 보안, 과금, 사용자 인증 기술 등

합격예측
자원 가상화 : 스토리지 볼륨, 네임스페이스, 네트워크 자원 등

합격예측
기타 기술 : 보안, 과금, 사용자 인증 등

바. 클라우드 보안

클라우드 보안은 클라우드 환경에서 애플리케이션, 데이터, 인프라를 보호하는 데 사용되는 사이버 보안 정책, 권장사항, 제어, 기술을 의미한다.

(1) 클라우드 컴퓨팅 환경의 보안속성

속성	내용
인증	• 클라우드 컴퓨팅에 접근하는 사용자를 식별하여 불법적인 사용자의 접근을 차단하는 보안속성
기밀성	• 클라우드 컴퓨팅에서 유통되거나 저장되는 데이터를 비인가자가 탈취하더라도 데이터의 정보를 얻지 못하도록 하는 보안속성
무결성	• 클라우드 컴퓨팅에서 유통되거나 저장되는 데이터를 비인가자가 위·변조 못하도록 하는 보안속성
가용성	• 클라우드 컴퓨팅에서 클라우드 컴퓨팅 구성요소에 대한 접근성을 항시 보장하는 보안속성
감사	• 클라우드 컴퓨팅에 접근한 사용자 기록을 항시 유지하여 해킹 등의 사고 발생시 원인 규명을 위한 용도로 사용되는 보안속성
권한	• 클라우드 관리자, 가상서버 관리자, 사용자에 따른 접근 권한 및 접근 영역의 분리를 통해 클라우드 컴퓨팅의 접근통제에 사용하는 보안속성

합격예측
클라우드 컴퓨팅의 모든 구성요소가 준수해야 하는 보안기준

(2) 클라우드 컴퓨팅 환경의 보안위협
① 소비자에 따른 보안 문제
  ㉠ 개인 사용자 관점 : 개인정보 노출, 개인에 대한 감시, 개인 데이터에 대한 상업적 목적의 가공 등
  ㉡ 기업 사용자 관점 : 서비스 중단, 기업 정보 훼손, 기업 정보 유출, 고객 정보 유출, 법/규제 준수 등

합격예측
개인 사용자 : 이메일, 블로그, 사진 및 파일 저장과 공유 서비스를 주로 이용하며, 무료로 제공하는 서비스를 선호하는 특성을 가짐

② 클라우드 컴퓨팅의 보안 위협요소

데이터유출, 데이터손실, 계정 또는 네트워크 트래픽 하이재킹, 불안정한 인터페이스 및 API, 서비스거부, 악의적인 내부자, 클라우드 서비스 오용, 관리부재, 취약점 상속

③ 클라우드 컴퓨팅 보안기술

㉠ 관리적 보안 : 클라우드 컴퓨팅을 도입함으로 발생할 수 있는 위험을 측정하고 관리할 수 있는 사전 준비가 필요

㉡ 운영적 보안 : 네트워크 보안, 시스템 및 가상화 보안, 사용자 데이터 저장 및 관리, 사용자 인증 및 접근제어, 서비스 유형별 정보보호 등

(3) 클라우드 컴퓨팅 보안 기술

클라우드 컴퓨팅 구성 요소에 따른 보안기술은 다음과 같다.

구성요소	보안 종류
플랫폼	• 접근제어 : 운영체제상의 한 프로세스가 다른 프로세스의 영역(파일 혹은 메모리)에 접근하는 것을 통제하는 기술, DAC, MAC, RBAC 등이 대표적이다. • 사용자 인증 기술 : 사용자 인증을 위해 사용되는 기술(Id, password, 공개키암호기법(PKI), Multi-factor 인증, SSO, i-PIN
스토리지	• 검색 가능 암호 시스템 : 기밀성을 보장하면서 동시에 특정 키워드를 포함하는 정보를 검색할 수 있도록 고안된 암호 기술 • 프라이버시 보존형 데이터 마이닝(PPDM) : 데이터 소유자의 프라이버시를 침해하지 않으면서도 데이터에 함축적으로 들어 있는 지식이나 패턴을 찾아내는 기술
네트워크	• 보안 소켓 계층(SSL : Secure Sockets Layer) : Internet Protocol 위에서 인증서에 의한 상대방 인증, 기밀성과 무결성을 제공 • Application Firewall : 응용계층의 메시지까지 분석하여 공격을 차단하는 것 • DDoS 방지 : Scanning 방지, 흔하지 않은 option 사용, 정상범위를 벗어난 폭주 패킷의 차단 기술
단말	• 암호학적 프리미티브를 물리적으로 보호하는 기술 : TCG의 TPM, Discretix의 CryptoCell, SafeNet의 SafeXcel IP-Trusted Module 기술

합격 NOTE

합격예측
가장 중요한 보안 위협요소 : 불안전한 인터페이스 및 API, 데이터 손실 및 유출, 하드웨어 결함

합격예측
플랫폼에 사용되는 보안기술 : 접근제어, 사용자 인증 기술

합격예측
PPDM : Privacy Preserving Data Mining

합격예측
Internet Protocol : 네트워크 계층

합격 NOTE

합격예측
가상환경 : 기존의 PC, 서버 등이 클라우드 인프라를 통해 가상화되어 사용자에게 서비스형태로 제공되는 것(예: IaaS, PaaS, SaaS 등)

합격예측
사용자에게 가상환경을 제공하기 위한 클라우드 인프라 : 설비, 하드웨어, 가상화 인프라

합격예측
가상화 인프라 : 가상 운영환경 제공을 위한 것(호스트 운영체제, 하이퍼바이저, 데이터베이스 등)

[표] 보안 위협 예시

클라우드 컴퓨팅 환경 구성 요소	보안 위협 예시		보안속성
가상환경	• 악성코드 감염 • SaaS 애플리케이션 취약점 • 인터페이스 및 API 취약점 • 가상자원 격리 위협 • 개발·운영 가상환경 비인가 접근 • App 데이터 변조		기밀성·무결성
클라우드 인프라	설비	• 물리적 위협 (화재, 정전 등)	기밀성·무결성
	하드웨어	• QoS • DDoS • Flood Attack • 네트워크 장비 설정 오류	
	가상화 인프라	• Multi-Tenancy(다중임차) • 공유 위협 • 솔루션 설정 오류	
정책	• 규정/법 미준수 • SLA 위반 • 인적 보안 • 용역 관리		감사
사고 및 장애 대응	• 동일 사고 재 발생 • 백업/복원 실패 • 사고 후 운영 실패		가용성
인증 및 권한	• 계정 탈취 • 권한 상승/오용 • 내부자 위협 • 단말 보안		인증·권한
데이터	• 데이터 유출 • 데이터 파괴 • 데이터 위치(사법관할권) • 데이터 안전성(백업 및 복원)		기밀성·무결성

[출처 : 국가 클라우드 컴퓨팅 보안 가이드라인, 국가정보원]

출제 예상 문제

제1장. 빅데이터 구축 / 제2장. 서버 구축

01 다음은 데이터 정의에 관한 설명이다. 가장 부적절한 것은?

① 객관적 사실이다.
② 데이터는 추론과 추정의 근거를 이루는 사실이다.
③ 개별 데이터 자체로는 의미가 중요한 객관적 사실이다.
④ 단순한 객체로서의 가치와 다른 객체와의 상호 관계 속에서 가치를 갖는다.

해설
데이터는 그 자체로는 큰 의미가 없으며, 데이터가 모여서 가치 있는 정보가 만들어 진다.

02 데이터 사이언스에 대한 설명이 부적절한 것은?

① 외국의 각 전문가들은 호기심이야말로 데이터 사이언티스트의 중요한 특징이라 생각한다.
② 데이터 사이언스는 과학과 인문학의 교차로에 서 있다고 할 수 있다.
③ 통계학은 정형 또는 비정형을 막론하고 다양한 유형의 데이터를 대상으로 한다.
④ 데이터 사인언스의 핵심 구성요소로는 IT 영역, 분석적 영역, 비즈니스 컨설팅 영역이 있다.

해설
데이터 과학(Data Science) : 데이터 마이닝(Data Mining)과 유사하게 정형, 비정형 형태를 포함한 다양한 데이터로부터 지식과 인사이트(통찰, 본질)를 추출하는데 과학적 방법론, 프로세스, 알고리즘, 시스템을 동원하는 융합분야다.

03 다음 중 빅데이터의 개념으로 적합하지 않은 것은?

① 대용량 데이터를 분석/활용하여 가치 있는 정보를 추출하고 생성된 지식을 토대로 능동적으로 대응하거나 변화를 예측하기 위한 정보화 기술
② 대량의 정형, 비정형 데이터세트 및 데이터로부터 가치를 추출하고 결과를 분석하는 기술
③ 많은 데이터로 양적 의미를 벗어나 데이터 분석 및 활용을 포괄하는 개념
④ 구글이나 애플 등과 같은 대기업이나 NASA의 과학연구 프로젝트에서 분석하는 대용량의 정형화된 개념

해설
빅데이터는 기존의 관리 방법이나 분석 체계로는 처리하기 어려운 막대한 양의 정형 또는 비정형 데이터의 집합을 가리킨다.

04 빅데이터에 대한 설명으로 가장 옳지 않은 것은?

① 컴퓨터 생산 기술의 발달로 전 분야로 확산되었다.
② 기존의 시스템 및 분석 체계로는 감당할 수 없을 정도의 거대한 데이터의 집합이다.
③ 빅데이터의 가공과 분석에 따라 상황인식, 문제 해결, 미래 전망이 가능해지고 데이터가 경제적 자산과 경쟁력의 척도로 부각되고 있다.
④ 대규모 데이터와 관련된 기술 및 도구(데이터 수집, 저장, 검색, 공유, 분석, 시각화 등)도 빅데이터 범주에 포함된다.

해설
빅데이터는 ICT의 발달, 데이터의 수집(저장, 검색, 공유, 분석, 시각화 등) 기술 및 도구가 발달함에 따라 전 분야로 확산되고 있다.

05 다음은 빅데이터의 출현 배경에 대한 설명이다. 옳지 않은 것은?

① 여러 거대 기업들이 온, 오프라인을 통해 사용자와 소비자의 다양한 정보를 수집 분석하여 경영과 전략에 활용하게 되었다.
② 기업이 보유한 데이터는 급기야 1페타바이트(PB)이상으로 늘어나고 있으며, 보유한 데이터에 숨어있는 가치를 발굴해 새로운 성장 동력원으로 만들 수 있는 환경이 되었다.

[정답] 01 ③ 02 ③ 03 ④ 04 ① 05 ③

③ 컴퓨터 기술의 발전으로 저장 기술의 다양화와 발전은 가격 상승을 유도했고 분석기법의 발전을 통해 적은 데이터에서도 새로운 인사이트를 발견할 수 있게 발전되었다.
④ 디지털화의 급진전, 인터넷의 발전과 모바일 시대의 진전에 따른 클라우드 컴퓨팅의 보편화도 빅데이터의 출현 배경에서 직간접적으로 영향을 미쳤다.

해설

테라바이트(Terabyte, TB) : 10^{12}[bytes], 페타바이트(Petabyte, PB) : 10^{15}[bytes]

06 다음 중 빅데이터의 특징에 해당되지 않는 것은?

① 규모의 증가
② 복잡성의 증가
③ 단순성의 증가
④ 가치의 증가

해설

빅데이터의 특성(속성)
Volume(크기), Variety(다양성), Velocity(속도), Value(가치), Veracity(정확성), Validity(정당성), Visualization(시각화) 등

07 다음 괄호 안에 들어갈 용어를 순서대로 나열한 것은?

*( ) 측면의 대용량성 확보
*( ) 측면의 적응성 확보
*( ) 측면의 실시간성 확보

① Variety - Velocity - Volume
② Variety - Volume - Velocity
③ Volume - Velocity - Variety
④ Volume - Variety - Velocity

해설

3V(Volume, Variety, Velocity),
5V=3V+Value+Veracity

08 빅데이터의 요소 기술 중 다음 설명으로 옳은 것은?

여러 가지 다양한 차트와 데이터들 사이의 관계 등을 시각화(Visualization)하여 데이터 탐색 및 결과 해석 등에 활용하는 기술로서, 정보 시각화, 시각화 도구, 편집 기술 등이 포함된다.

① 데이터 공유(Data Sharing)
② 데이터 처리(Data Processing)
③ 데이터 분석(Data Analysis)
④ 데이터 시각화(Data Visualization)

해설

① 데이터 시각화(Data Visualization)는 데이터 분석 결과를 쉽게 이해할 수 있도록 시각적으로 표현하고 전달되는 과정을 말한다.
② 데이터 시각화를 위해 차트, 도표(Graph) 등의 수단을 활용해 정보를 명확하고 효과적으로 전달한다.

09 다음 설명으로 옳은 것은?

그림, 동영상, 음성, 로그, 센서 데이터 Stream 등 형태나 구조가 정형화되지 않고 다양한 형식을 갖는 데이터 형식

① Structured Data(정형 데이터)
② Semi-structureds Data(반정형 데이터)
③ Unstructured Data(비정형 데이터)
④ Streaming Data(스트리밍 데이터)

해설

Streaming이란 데이터를 로드하는 행위를 뜻한다. 즉, 스트리밍은 외부에서 데이터를 받아오는(로드하는) 행위 자체를 의미한다.

10 다음 중 정형데이터가 아닌 것은?

① 도형   ② 그림
③ 숫자   ④ 문자

[정답] 06 ③ 07 ④ 08 ④ 09 ③ 10 ④

11. 옳은 설명으로 연결된 것은?

> 가. 메타데이터 : 데이터에 대한 데이터이다.
> 나. 인덱스 : 원하는 형태의 배열과 찾아보기를 가능하게 해주는 기능
> 다. SOW : 전체 업무를 분류하여 만든 후 각 요소를 평가하고, 일정별로 계획하며 그것을 완수할 있는 사람에게 할당해주는 역할
> 라. 데이터매핑 : 관련된 비정형데이터를 연관시키는 작업

① 가, 나 ② 가, 라
③ 나, 다 ④ 나, 라

해설
① Metadata : 데이터에 관한 구조화된 데이터로, 다른 데이터를 설명해 주는 데이터
② Index : 데이터베이스 내의 데이터를 신속하게 정렬하고 탐색하게 해주는 구조
③ 작업기술서(Statement of Work, SOW) : 서비스를 제공하기 위한 활동, 산출물, 작업 시간 등을 포함하는 기술서
④ 데이터 매핑: 두 개의 서로 다른 데이터 모델이 만들어지고 이러한 모델 간의 연결이 정의되는 프로세스

12. 빅데이터 분석을 위한 WBS(Work Breakdown Structure, 작업분할구조도) 설계 절차로 옳은 것은?

① 데이터 준비/탐색 → 데이터 분석과제 정의 → 데이터 분석 모델링/검증 → 산출물 정리
② 데이터 준비/탐색 → 데이터 분석과제 정의 → 산출물 정리 → 데이터 분석 모델링/검증
③ 데이터 분석과제 정의 → 데이터 준비/탐색 → 데이터 분석 모델링/검증 → 산출물 정리
④ 데이터 분석과제 정의 → 데이터 준비/탐색 → 산출물 정리 → 데이터 분석 모델링/검증

해설
WBS : 프로젝트의 범위와 최종산출물을 세부요소로 분할한 계층적 구조도

13. 데이터 처리과정에서 비정형 데이터를 처리 가능한 형태의 구조적 형태로 변환하는 것을 무엇이라 하는가?

① 정형데이터 처리 과정
② 비정형데이터 처리 과정
③ 데이터 후처리 과정
④ 데이터 전처리 과정

해설
데이터 전처리는 특정 분석에 적합하게 데이터를 가공하는 작업을 의미한다.

14. 데이터 분석 결과에 가장 큰 영향을 주는 과정으로 가장 옳은 것은?

① 데이터 수집 ② 데이터 전처리
③ 데이터 변환 ④ 데이터 병합

15. 수집된 데이터를 정리하고 표준화하며 통합하는 일련의 과정을 뜻하는 것은?

① 데이터 합성 ② 데이터 정제
③ 데이터 시뮬레이션 ④ 데이터 시각화

16. 데이터 전처리 과정에서 신뢰도를 향상시키는 단계로 가장 맞는 것은?

① 데이터 축소(Data Reduction) 단계
② 데이터 이산화(Data Discretization) 단계
③ 데이터 정제(Data Cleansing) 단계
④ 데이터 변환(Data Transformation) 단계

해설
데이터 정제 단계
① 결측값을 채우고, 잡음(Noise)을 제거하고, 이상치를 탐지하여 제거한다.
② 데이터의 신뢰도를 향상시킴

[정답] 11 ① 12 ③ 13 ④ 14 ② 15 ② 16 ③

17 수집된 데이터에 오류가 일어나는 원인으로 볼 수 없는 것은?

① 측정값(Measured Value)
② 결측값(Missing Value)
③ 이상값(Outlier)
④ 잡음(Noise)

18 어떠한 두 상품이 음의 상관관계를 가질 경우, 즉 소고기와 돼지고기와 같은 대체재의 경우 해당되는 Lift값이 될 수 있는 것은?

① 0.7
② 1.2
③ 1.5
④ 2.0

해설
연관 규칙 분석(ARA: Association Rule Analysis)
① ARA는 데이터들에 대한 발생빈도를 기반으로 데이터간에 연관관계를 찾는 데이터마이닝 기법이다.
② 연관규칙측정기준: 지지도(Support)와 신뢰도(Confidence), 향상도(Lift)
 ㉠ 지지도(Support) : 특정 아이템이 데이터에서 발생하는 빈도
 ㉡ 신뢰도(Confidence) : 두 아이템의 연관규칙이 유용한 규칙일 가능성의 척도
 ㉢ 향상도(Lift) : 두 아이템의 연관 규칙이 우연인지 아닌지를 나타내는 척도
③ 향상도란, 품목간의 의미를 파악하기 위해서 사용이 된다.
 예 A라는 상품에서 신뢰도가 동일한 상품 B와 C가 존재할 때, 우리는 어떤 상품을 추천해야 더 좋을지를 판단한다.

Lift	의 미	예
=1	두 품목이 서로 독립적인 관계	과자와 후추
>1	두 품목이 서로 양(+)의 상관 관계	빵과 버터
<1	두 품목이 서로 음(-)의 상관 관계	설사약, 변비약

[참고] 양(+)의 상관관계라는 것은 두 품목(변수)가 유사성을 갖는다는 것이다.

19 X=1, 2, 2, 4, 6이고, Y=9, 9, 2, 1, 4일 때, X와 Y의 두 변수간 상관계수를 구하여라.

① 1.904
② 0.525
③ -0.525
④ -1.904

해설
상관계수(Correlation Coefficient)
① 상관관계는 서열 척도, 등간 척도, 비율 척도로 측정된 변수들간의 관련성 정도를 알아보기 위한 것이다.
② 상관관계의 정도를 파악하는 상관 계수는 ($-1 \leq r \leq 1$)값을 가지며, 상관계수가 -1 또는 1이라면 이 두 변수는 정확히 같이 움직이는 것(관련성이 큰 것)이다.
③ 5개 샘플($n=5$)인 경우 상관계수

$$r = \frac{cov(X,Y)}{\sqrt{var(X)var(Y)}} \quad \frac{\sum_{i=1}^{n}(x_i-\bar{x})(y_i-\bar{y})}{\sqrt{\sum_{i=1}^{n}(x_i-\bar{x})^2 \sum_{i=1}^{n}(y_i-\bar{y})^2}}$$

㉠ X의 평균$(\bar{x}, E(X)) = \frac{1}{n}\sum_{i=1}^{5}x_i = \frac{1}{5}(1+2+2+4+6) = 3$
㉡ Y의 평균$(\bar{y}, E(Y)) = \frac{1}{5}(9+9+2+1+4) = 5$
㉢ X의 분산$(var(X)) = (1-3)^2 + (2-3)^2 + \cdots ≒ 16$
㉣ Y의 분산$(var(X)) = (9-5)^2 + (9-5)^2 + \cdots ≒ 58$
㉤ X, Y의 공분산$(cov(X, Y)) = (1-3)(9-5) + \cdots = -16$
∴ $r = -0.5252$

20 데이터 검증 방법에 대한 설명이 틀린 것은?

① 응용 프로그램을 통한 데이터 전환의 정합성을 검증한다.
② 로그 검증 외에 별도로 요청된 검증 항목은 검증하지 않는다.
③ 데이터 전환 과정에서 작성하는 추출, 전환, 적재 로그를 검증한다.
④ 사전에 정의된 업무 규칙을 기준으로 데이터 전환의 정합성을 검증한다.

해설
데이터 검증 (Data Validation)
① 데이터 검증이란 시스템의 데이터를 목적 시스템의 데이터로 전환하는 과정이 정상적으로 수행되었는지 여부를 확인하는 과정이다.
∴ 데이터 검증이란 데이터가 정확하고, 유효한지를 확인하는 것이다.
② 데이터 검증 방법
 ㉠ 검증 방법에 따른 분류 : 로그 검증, 기본 항목 검증, 응용 프로그램 검증, 응용 데이터 검증, 값 검증
 ㉡ 검증 단계에 따른 분류 : 추출, 전환, DB적재, DB적재 후, 전환 완료
③ 로그 검증 : 데이터 전환 과정에서 작성하는 추출, 전환, 적재 로그를 검증
④ 기본 항목 검증 : 로그 검증 외에 별도로 요청된 검증 항목에 대해 검증
∴ 로그 검증 외에 별도로 요청된 검증 항목은 기본항목검증에서 다룬다.

[정답] 17 ① 18 ① 19 ③ 20 ②

21 빅데이터 인프라 기술로 볼 수 없는 것은?

① Hash Function ② Hadoop
③ NoSQL ④ Mahout

해설

① Hadoop : 정형/비정형 빅데이터를 분산 처리할 수 있는 오픈소스 프레임워크
② NoSQL : 대용량의 데이터를 저장할 수 있으며, 분산형 구조를 가지고 있다.
③ Mahout : 빅데이터를 위한 기계학습 오픈소스 프로젝트
④ R : 통계 계산과 시각화를 위한 프로그래밍 언어

22 빅데이터의 통계 분석과 시각화(Visualization)를 위한 프로그래밍 언어로 가장 맞는 것은?

① R ② Java
③ C ④ Fortran

23 빅데이터 분석 기술로 가장 옳지 않은 것은?

① 개별 분석(Individual Analysis)
② 평판 분석(Opinion Mining)
③ 소셜 네트워크 분석(Social Network Analytics)
④ 군집 분석(Clustering Analysis)

해설

빅데이터 분석 기술 : 텍스트 마이닝(Text Mining), 평판 분석(Opinion Mining), 소셜 네트워크 분석(Social Network Analytics), 군집 분석(Clustering Analysis)

24 다음 설명에 해당하는 빅데이터 분석기술로 가장 맞는 것은?

- 비정형 데이터에서 유용한 정보를 추출한다.
- 문서, 키워드에서 핵심정보를 추출한다.

① Data Mining
② Opinion Mining
③ Clustering Analysis
④ Text Mining

해설

① Text Mining : 비정형 데이터에서 유용한 정보를 추출하는 기술
② Data Mining : 정형 데이터에서 유용한 정보를 추출하는 기술

25 다음 설명으로 옳은 것은?

기존 데이터베이스 관리 도구의 능력을 넘어서는 대량의 정형 또는 심지어 데이터베이스 형태가 아닌 비정형의 데이터 집합까지 포함한 데이터로부터 가치를 추출하고 결과를 분석하는 기술

① Big Data
② Database
③ Database Management System(DBMS)
④ Data Mining

해설

데이터베이스 관리 시스템 (Database Management System)
① DBMS는 다수의 사용자들이 데이터베이스 내의 데이터를 접근할 수 있도록 해주는 소프트웨어 도구의 집합이다.
② DBMS은 사용자 또는 다른 프로그램의 요구를 처리하고 적절히 응답하여 데이터를 사용할 수 있도록 해준다.

26 데이터베이스(DB) 사용자의 기대를 만족시키기 위해 지속적으로 수행하는 데이터 관리 및 개선활동에 해당하는 용어는?

① 데이터 정체 ② 데이터 백업
③ 데이터 측정 ④ 데이터 품질 관리

해설

데이터베이스(DB : DataBase)
① 데이터베이스는, 여러 사람에 의해 공유되어 사용될 목적으로 통합하여 관리되는 데이터의 집합이다.
② 데이터를 잘 활용하려면 데이터 수집, 가공 및 분석, 활용의 전 과정이 잘 연계되어야 한다. 여기서 데이터 가공 및 정제란 수집된 데이터를 정리하고 표준화하며 통합하는 일련의 과정을 말한다.
③ 데이터 품질 관리란 데이터의 품질수준 및 활용수준을 지속적으로 모니터링하고 개선함으로써, 고품질의 데이터를 유지하는 관리체계를 말한다.

[정답] 21 ① 22 ① 23 ① 24 ④ 25 ③ 26 ④

27 다음 중 빅데이터의 수집, 구축, 분석의 최종 목적으로 가장 적절한 것은?

① 새로운 통찰과 가치를 창출
② 데이터 중심 조직 구성
③ 초고속 데이터 처리 기술 개발
④ 데이터 관리 비용 절감

28 빅데이터 분석에 경제적 효과를 제공해준 결정적 기술로 가장 적절한 것은?

① 텍스트 마이닝
② 클라우드 컴퓨팅
③ 저장장치 비용의 지속적인 하락
④ 스마트폰의 급속한 확산

해설
클라우드는 빅데이터를 담는 큰 공간이다. 커다란 저장 공간과 고성능 컴퓨터의 연산 능력을 빌려 쓸 수 있는 클라우드로 데이터베이스를 관리할 수 있다.

29 다음 중 빅 데이터 활용 테크닉에 관한 설명이다. 적절하지 않은 것은?

① 유형분석 : 택배차량을 어떻게 배치하는 것이 비용에 효율적인가?
② 유전알고리즘 : 응급실에서 의사를 어떻게 배치하는 것이 가장 효율적인가?
③ 연관분석 : 시스템 로그데이터를 분석해 침입자나 유해 행위자를 색출할 수 있는가?
④ 회귀분석 : 사용자의 만족도가 충성도에 어떤 영향을 미치는가?

30 빅데이터의 활용 테크닉 중 보기는 무엇에 해당되는가?

우유 구매자가 기저귀도 같이 구매하는가 또는 기저귀 구매자가 맥주도 같이 구매하는가 알아본다.

① 유전알고리즘
② 감정분석
③ 연관 규칙 학습
④ 회귀분석

31 다음 중 빅데이터 활용에 필요한 3요소는 무엇인가?

① 데이터, 기술, 인력
② 프로세스, 기술, 인력
③ 데이터, 프로세스, 인력
④ 인력, 데이터, 알고리즘

32 빅데이터의 기능 중 '공동 활용의 목적으로 구축된 유,무형의 구조물 역할을 수행한다.'라는 것에 해당하는 내용은 무엇인가?

① 산업혁명 시대의 석탄, 철
② 21세기의 원유
③ 렌즈
④ 플랫폼

33 데이터 저장방식에는 RDB, NoSQL, 분산파일시스템 저장방식이 있다. 다음 중 NoSQL 관련이 없는 도구는?

① MongoDB
② Hbase
③ Redis
④ mySQL

해설
MySQL은 오픈 소스의 관계형 데이터베이스 관리 시스템이다.

34 관계형 데이터베이스 관리 시스템(RDBMS)의 데이터를 관리하기 위해 설계된 특수 목적의 프로그래밍 언어로 챔벌린과 보이스가 개발되었던 프로그래밍 언어는 무엇인가?

① 파이썬
② R
③ SQL
④ SAS

해설
SQL(Structured Query Language)

[정답] 27 ① 28 ② 29 ③ 30 ③ 31 ① 32 ④ 33 ④ 34 ③

35
빅데이터시대가 도래하면서 발생하는 사생활침해를 막기 위해서 데이터에 포함된 개인 식별 정보를 삭제하거나 알아볼 수 없는 형태로 변환 하는 포괄적 기술을 무엇이라 하는가?

① 데이터 익명화 ② 일반화
③ 가명 ④ 치환

해설
데이터 익명화란, 사생활 침해를 막기 위해서 데이터에 포함된 개인 식별정보를 삭제하거나 알아볼 수 없는 형태로 변환하는 포괄적 기술이다.

36
방대한 조직 내에서 분산 운영되는 각각의 데이터베이스 관리 시스템들을 효율적으로 통합하여 조정, 관리하기 때문에 효율적인 의사 결정 시스템을 위한 기초를 제공하는 정보관리시스템을 무엇이라 하는가?

① 데이터 웨어하우스
② 관계형 데이터베이스
③ 데이터 마트
④ 온라인분석처리시스템

37
데이터웨어하우스 고유 특성이 아닌 것은?

① 데이터웨어하우스는 기업내의 의사결정지원 어플리케이션을 위한 정보 기반을 제공하는 하나의 통합된 데이터 저장공간을 말한다.
② ETL은 주기적으로 내부 및 외부 데이터베이스로부터 정보를 추출하고 정해진 규약에 따라 정보를 변환한 후에 데이터웨어하우스에 정보를 적재한다.
③ 데이터웨어하우스에서 관리하는 데이터들은 시간적 흐름에 따라 변화하는 값을 유지한다.
④ 일반적으로 데이터웨어하우스는 전사적 차원에서 접근하기 보다는 재무, 생산, 운영과 같이 특정 조직의 특정 업무 분야에 초점을 두고 있다.

38
빅데이터의 위험요소가 아닌 것은?

① 사생활 침해 ② 책임원칙 훼손
③ 데이터 오용 ④ 익명화

39
다음 중 최근 운영체제의 동향으로 틀린 것은?

① 편리한 사용자 인터페이스를 제공한다.
② 단일 사용자 시스템과 단일 작업 시스템만 지원한다.
③ 가상화 기술을 지원하여 자원의 효율성을 최대화한다.
④ 스마트폰과 태블릿 등 모바일 운영체제가 보편화되었다.

40
가상화의 장점과 거리가 먼 것은?

① 가용성이 향상된다.
② 자원을 효율적으로 사용 가능하다.
③ 시스템의 확장이 간단하게 가능하다.
④ 물리적인 구성을 통해 통신 흐름을 파악할 수 있다.

41
다음 중 네트워크 가상화의 종류에 해당하지 않는 것은?

① 호스트 가상화 ② 링크 가상화
③ 스토리지 가상화 ④ 라우터 가상화

해설
가상화(Virtualization)
① 가상화는 하나의 하드웨어(HW) 장치를 여러 개인 것처럼 동작시키거나 반대로 여러 개의 장치를 묶어 하나의 장치인 것처럼 사용자에게 공유자원으로 제공할 수 있다는 것
∴ 가상화는 물리적인 HW 장치를 논리적인 객체로 추상화 하는것
② 네트워크 가상화
  ㉠ 하나의 물리적 네트워크가 마치 여러 개의 다른 기종 프로토콜이 운영되는 논리적 오버레이 네트워크로 운용되는 것을 말한다.
  ㉡ 네트워크 가상화의 종류 : 호스트 가상화, 링크 가상화, 라우터 가상화, 스위치 가상화 등

[정답] 35 ① 36 ① 37 ③ 38 ④ 39 ② 40 ④ 41 ③

42 다음 중 서버 가상화의 장점에 대한 설명과 가장 거리가 먼 것은?

① 장애 발생 시에 문제 해결이 쉽다.
② 효율적인 서버 자원의 이용이 가능하다.
③ 서버가 차지하고 있는 물리적 공간을 절약할 수 있다.
④ 데이터 및 서비스에 대한 가용성이 증가한다.

해설
서버가상화의 장단점
① 장점 : 응급 재해시 서비스 중단 없는 빠른 복구, 서버 트래픽 증가에 따른 유연한 대처, 데이터 및 서비스 가용성 증가
② 단점 : 시스템의 복잡성, 장애 발생시 문제해결의 복잡, 호환성 및 확장성, 소프트웨어 라이센스 문제

43 다음에서 설명하는 가상화 효과로 알맞은 것은?

> 사용자의 요구사항에 맞게 할당, 배치, 배포할 수 있도록 만들어 놓은 것을 말한다. 가상화 기반의 자원 할당은 개별 물리적 단위보다도 더 세밀한 조각 단위에서 가능하도록 해 준다.

① 향상된 보안
② 높아진 가용성
③ 증가된 확장성
④ 향상된 프로비저닝

44 독립적인 CPU, 메모리, 네트워크 및 운영 체제를 갖는 여러 대의 가상 머신(Virtual Machine)들이 물리적인 서버의 자원을 분할해서 사용하는 기술은?

① 서버 가상화
② 네트워크 가상화
③ 분산 스토리지
④ 파일 동기화

해설
가상화(Virtualization)
① 가상화란 가상화를 관리하는 소프트웨어(주로 Hypervisor)를 사용하여 하나의 물리적 머신에서 가상 머신(VM)을 만드는 프로세스이다.
② 가상화는 소프트웨어 기반, 즉 가상으로 애플리케이션, 서버, 스토리지, 네트워크와 같은 어떤 사물을 표현하기 위한 과정이다.
  ㉠ 서버 가상화 : 소프트웨어 애플리케이션을 통해 물리적 서버를 여러 개로 분리된 고유한 가상 서버로 나누는 과정이다.
  ㉡ 네트워크 가상화 : 하나의 물리적 네트워크가 마치 여러 개의 다른 기종 프로토콜이 운영되는 논리적 오버레이 네트워크로 운용되는 것이다.
  ㉢ 스토리지 가상화 : 다른 기종의 스토리지들을 하나의 단일 풀로 통합하는 기술이다.

45 네트워크 가상화에 대한 설명으로 가장 옳지 않은 것은?

① 네트워크 가상화는 계층화되어 있는 다양한 장치들을 기능적으로 연결시켜 효율적인 자원을 사용하게 하는 기술이다.
② 네트워크 가상화는 여러 개의 네트워크를 하나의 장치로 사용하거나, 하나의 네트워크 장비를 여러 개의 서로 다른 용도로 분할해서 사용할 수 있게 해주는 기술이다.
③ 네트워크 가상화는 물리적으로 다른 시스템을 논리적으로 통합하거나 하나의 시스템을 논리적으로 분할하여 자원을 사용하게 하는 기술이다.
④ 네트워크 가상화는 다양한 자원들을 하나로 통합하거나, 하나로 이루어진 자원들을 여러 개로 나눠서 사용할 수 있게 해주는 기술이다.

46 다음 중 소프트웨어 정의 네트워크(SDN)에 대한 설명으로 틀린 것은?

① 컨트롤 플레인(Control Plane)과 데이터 플레인(Data Plane)을 통합하여 소프트웨어 기반으로 제어 및 관리하는 기술이다.
② 소프트웨어로 네트워크를 제어하는 기술이다.
③ 개방형 API를 통해 트래픽 전달 동작을 소프트웨어 기반으로 제어 및 관리하는 기술이다.
④ 소프트웨어 프로그래밍을 통해 네트워크 경로 설정과 제어 및 복잡한 운용관리를 편리하게 처리할 수 있는 기술이다.

해설
SDN은 컨트롤 평면(Control Plane)과 데이터 평면(Data Plane)으로 분리하고, 개방형 API를 통해 네트워크의 트래픽 전달 동작을 소프트웨어 기반으로 제어 및 관리하는 기술이다.

[정답] 42 ① 43 ④ 44 ① 45 ① 46 ①

출제 예상 문제

47 다음 설명에 해당하는 기술로 가장 맞는 것은?

- 네트워크 가상화의 핵심기술이다.
- 네트워크 장비의 기능을 가상화한다.
- 기존의 다양하고 복잡한 장비들을 설치하여 운용할 때 발생되는 관리상의 어려움이나 설치 및 운용비용 등의 문제를 해결할 수 있다.

① 호스트 정의 네트워크(HDN)
② 하이퍼바이저(Hypervisor)
③ 소프트웨어 정의 네트워크(SDN)
④ 네트워크 기능 가상화(NFV)

해설
NFV는 유무선 네트워크 장비에 가상화 기술을 적용하여 HW 중심의 네트워크 기능을 SW로 구현하는 기술이다.

48 다음 중 가상화 엔진인 하이퍼바이저(Hypervisor)와 관계없는 것은?

① 호스트형 ② 전가상화
③ 반가상화 ④ 네트워크형

해설
가상화(Virtualization)
① 가상화는 하나의 하드웨어(HW) 장치를 여러 개인 것처럼 동작시키거나 반대로 여러 개의 장치를 묶어 하나의 장치인 것처럼 사용자에게 공유자원으로 제공할 수 있다는 것
② 하이퍼바이저(Hypervisor)는 호스트 컴퓨터에서 다수의 운영체제(OS)를 동시에 실행하기 위한 논리적 플랫폼을 말한다.
③ 하이퍼바이저의 가상화 기술 : 전가상화, 반가상화, 호스트 기반 가상화
[참고] 하이퍼바이저는 가상화를 구현하기 위해 기반이 되는 기술이다.

49 다음 중 공개형 서버 가상화 기술중 다양한 하이퍼바이저를 통합 관리가 가능한 제3세대 서버 가상화기술(클라우드 플랫폼)로 틀린 것은?

① OpenStack   ② VirtualBox
③ CloudStack   ④ Eucalyptus

해설
버추얼박스는 오라클에서 개발한 가상머신이다.

50 클라우드 컴퓨팅 기술에 대한 설명으로 틀린 것은?

① 아마존은 2005년 자사의 웹 서비스를 통해 유틸리티 컴퓨팅을 기반으로 하는 클라우드컴퓨팅 서비스를 시작
② 2005년부터 2007년까지 클라우드컴퓨팅은 SaaS 서비스로 대세를 이루다가 2008년부터는 IaaS, PaaS 등의 서비스 기법으로 영역을 넓혀나감
③ 1960년대 미국의 컴퓨터 학자인 존 맥카시(John McCarthy)가 "컴퓨팅 환경은 공공시설을 사용하는 것과 동일한 것"이라고 한 데에서 시작
④ 클라우드로 옮겨간 형태의 네트워크라는 뜻으로 모든 사물에 칩을 넣어 언제 어디서나 사물에 대한 인식 및 제어를 할 수 있도록 구현한 컴퓨팅 환경

해설
클라우드 컴퓨팅(Cloud Computing)은 서버, 스토리지, 데이터베이스 및 광범위한 애플리케이션 서비스를 인터넷을 통해 간단하게 액세스할 수 있는 방법을 제공한다.
[참고] 유비쿼터스 컴퓨팅은 주변의 모든 사물에 칩을 넣어 언제 어디서나 사용이 가능한 컴퓨팅 환경이다.

51 다음 중 클라우드 컴퓨팅에 대한 설명으로 가장 거리가 먼 것은?

① 인터넷 접속을 통하여 IT 자원을 제공받는 주문형 서비스이다.
② SaaS, PaaS, IaaS의 형태로 서비스 된다.
③ 하이브리드 클라우드는 퍼블릭, 프라이빗 클라우드가 결합한 형태를 뜻한다.
④ 서버 해킹으로 인한 데이터 손실의 우려가 없다.

해설
① 서버가 공격당하면 개인 정보가 유출될 수 있다.
② 웹 혹은 프로그램 기반의 통제 인터페이스를 제공한다.
③ 컴퓨터 시스템의 유지보수 비용을 줄일 수 있다.

[정답] 47 ④ 48 ④ 49 ② 50 ④ 51 ④

52 다음 클라우드 컴퓨팅 운용 모델 중 기업 내부에만 제공되고, 서비스 수준을 제어할 수 있으며 보안이 보장되는 서비스는?

① 퍼블릭 클라우드
② 프라이빗 클라우드
③ 하이브리드 클라우드
④ 커뮤니티 클라우드

해설

클라우드 컴퓨팅 종류
① 퍼블릭 클라우드(Public Cloud, 공공 클라우드, 개방형 클라우드) : 여러 사용자와 기업이 인터넷을 통해 공유하면서 사용
② 프라이빗 클라우드(Private Cloud, 사설 클라우드, 폐쇄 클라우드) : 기업이 시스템 자원을 직접 소유하고 자신들의 회사 전용의 클라우드로 사용하는 것
③ 하이브리드 클라우드(Hybrid Cloud) : 퍼블릭 클라우드와 프라이빗 클라우드 각각의 장점을 적용한 시스템

53 클라우드 컴퓨팅의 서비스 유형과 적용 서비스가 맞지 않게 연결된 것은?

① IaaS : AWS(AmazoneWeb Service)
② SaaS : 전자메일서비스, CRM, ERP
③ PaaS : Google AppEngine, Microsoft Asure
④ BPaaS : 컴퓨팅 리소스, 서버, 데이터센터 패브릭, 스토리지

해설

클라우드 컴퓨팅(Cloud Computing)
① 클라우드는 인터넷을 통해 액세스할 수 있는 서버와 이러한 서버에서 작동하는 소프트웨어와 데이터베이스를 의미한다. 즉, 모든 가상화 서비스가 이뤄지는 공간을 말한다.
② 클라우드 컴퓨팅이란 사용자가 인터넷을 통해 컴퓨터 하드웨어와 소프트웨어를 원격으로 액세스하여 사용할 수 있는 수단이다.
③ 클라우드 컴퓨팅 서비스 종류

종류	의미
IaaS (Infrastructure as a Service)	• 서비스로 제공되는 인프라스트럭처 • 개발사에 제공되는 물리적 자원을 가상화
PaaS (Platform as a Service)	• 서비스로 제공되는 플랫폼 • 개발사에 제공되는 플랫폼을 가상화
SaaS (Software as a Service)	• 서비스로 제공되는 소프트웨어 • 고객에게 제공되는 소프트웨어를 가상화

54 클라우드 컴퓨팅 서비스 유형 중 응용 프로그램 솔루션을 제공하는 서비스는 무엇인가?

① IaaS   ② PaaS
③ SaaS   ④ NaaS

해설

SaaS는 이용자가 원하는 S/W를 임대·제공하는 서비스이다.

55 다음에서 설명하는 클라우드 서비스로 알맞은 것은?

> • 업무처리에 필요한 서버, 데스크톱 컴퓨터, 스토리지와 같은 IT 하드웨어 자원을 빌려쓰는 형식이다.
> • 대표적인 서비스에는 Amazon의 EC2와 S3가 있다.

① IaaS   ② SaaS
③ PaaS   ④ DaaS

해설

IaaS : PaaS, SaaS의 기반이 되는 기술로, 서버/스토리지등의 인프라를 원하는 만큼 자원을 빌려쓸 수 있는 것이다.

56 다음에서 설명하는 클라우드 서비스로 알맞은 것은?

> 업무에 필요한 소프트웨어를 개발할 수 있는 환경을 제공하는 것으로 대표적인 서비스에는 구글 앱 엔진이 있다.

① IaaS   ② SaaS
③ PaaS   ④ DaaS

해설

PaaS
① 개발자들이 IaaS에 대해 신경쓰지 않고, 앱을 편리하게 개발/테스트 하게 해주는 것이다.
② PaaS는 구글 앱 엔진, 오라클 클라우드 플랫폼 등

[정답] 52 ② 53 ④ 54 ③ 55 ① 56 ③

57 다음 중 클라우딩 컴퓨팅 가상화의 주요 이점이 아닌 것은?

① 비용절감
② 정합성 향상
③ 효율성 및 생산성 향상
④ 재해 복구 상황에서 다운타임 감소 및 탄력성 향상

> **해설**
>
> **클라우드 컴퓨팅 가상화**
> ① 클라우드 컴퓨팅은 스토리지, 서버, 애플리케이션 등을 인터넷을 통해 제공하는 서비스 이다.
> ② 가상화(Virtualization)는 서버, 스토리지, 네트워크 및 기타 물리적 시스템에 대한 가상 표현을 생성하는 데 사용할 수 있는 기술이다.
> ③ 가상화의 장점 : 유지보수 비용의 절감, 효율성 향상, 다운타임을 최소화해 업무 연속성을 향상 등

58 클라우드 보안 영역 중 관리방식(Governance)이 아닌 것은?

① 컴플라이언스와 감사
② 어플리케이션 보안
③ 정보관리와 데이터 보안
④ 이식성과 상호 운영성

59 다음 [보기]의 설명 중 괄호 안에 들어갈 숫자로 옳은 것은?

> **[보 기]**
> 클라우드컴퓨팅서비스의 보안인증 유효기간은 인증서비스 등을 고려하여 대통령령으로 정하는 (　)년 내의 범위로 하고, 보안인증의 유효기간을 연장받으려는 자는 대통령령으로 정하는 바에 따라 유효기간의 갱신을 신청하여야 한다.

① 1　　　　　　② 3
③ 5　　　　　　④ 10

[정답] 57 ②　58 ②　59 ③

ENGINEER
INFORMATION & COMMUNICATION

06 정보설비기준

1. 전기통신기본법 및 전기통신사업법
2. 방송통신발전기본법
3. 정보통신공사업법
4. 방송통신설비의 기술기준에 관한 규정
5. 기타 관련 기준

합격 NOTE

1. 전기통신기본법 및 전기통신사업법

1. 전기통신기본법

• 목적

구 분	목 적
전기통신기본법	① 전기통신에 관한 기본적인 사항을 정한다. ② 전기통신을 효율적으로 관리한다. ③ 전기통신의 발전을 촉진한다. ④ 공공복리의 증진에 이바지한다.

합격예측
전기통신기본법은 전기통신에 관한 기본적인 사항을 정하여 전기통신을 효율적으로 관리하고 그 발전을 촉진함으로써 공공복리의 증진에 이바지함을 목적으로 한다.

• 용어의 정의

용 어	용어의 정의
전기통신	유선·무선·광선 및 기타의 전자적 방식에 의하여 부호·문헌·음향 또는 영상을 송신하거나 수신하는 것
전기통신설비	전기통신을 하기 위한 기계·기구·선로 기타 전기통신에 필요한 설비
전기통신회선설비	전기통신설비중 전기통신을 행하기 위한 송·수신 장소간의 통신로 구성설비로서 전송·선로설비 및 이것과 일체로 설치되는 교환설비 및 이들의 부속설비
사업용 전기통신설비	전기통신사업에 제공하기 위한 전기통신설비
자가 전기통신설비	사업용 전기통신설비 외의 것으로서 특정인이 자신의 전기통신에 이용하기 위하여 설치한 전기통신설비
전기통신기자재	전기통신설비에 사용하는 장치·기기·부품 또는 선조 등
전기통신역무	전기통신설비를 이용하여 타인의 통신을 매개하거나 전기통신설비를 타인의 통신용으로 제공하는 것
전기통신사업	전기통신역무를 제공하는 사업

가. 전기통신 기본계획

(1) 전기통신의 관장

전기통신에 관한 사항은 이 법 또는 다른 법률에 특별히 규정한 것을 제외하고는 과학기술정보통신부장관이 이를 관장한다.

(2) 전기통신 기본계획의 수립

과학기술정보통신부장관은 전기통신의 원활한 발전과 정보사회의 촉진을 위하여 전기통신 기본계획을 수립하여 이를 공고하여야 하며, 기본계획에는 다음의 사항이 포함되어야 한다.
① 전기통신의 이용효율화에 관한 사항
② 전기통신의 질서유지에 관한 사항
③ 전기통신사업에 관한 사항
④ 전기통신설비에 관한 사항
⑤ 전기통신기술의 진흥에 관한 사항
⑥ 기타 전기통신에 관한 기본적인 사항
▶ 과학기술정보통신부장관은 ④ 및 ⑤의 사항에 관한 기본계획을 수립하고자 하는 경우에는 미리 관계 행정기관의 장과 협의하여야 한다.

합격예측
행정기관의 장과의 협의사항 : 전기통신설비에 관한 사항, 전기통신기술의 진흥에 관한 사항

(3) 전기통신사업자의 구분

전기통신사업자는 전기통신사업법이 정하는 바에 의하여 기간통신사업자, 별정통신사업자 및 부가통신사업자로 구분한다.

합격예측
전기통신사업자 : 기간통신사업자, 별정통신사업자, 부가통신사업자

나. 벌칙 규정

내 용	벌 칙
① 자기 또는 타인에게 이익을 주거나 타인에게 손해를 가할 목적으로 전기통신설비에 의하여 공연히 허위의 통신을 한 자	3년 이하의 징역 또는 3천만원 이하의 벌금
② 제①항의 경우에 그 허위의 통신이 전신환에 관한 것인 때 ③ 전기통신업무에 종사하는 자가 제①항의 행위를 한 때	5년 이하의 징역 또는 5천만원 이하의 벌금
④ 전기통신업무에 종사하는 자가 제②항의 행위를 한 때	10년 이하의 징역 또는 1억원 이하의 벌금

2. 전기통신사업법

- 목적

구 분	목 적
전기통신사업법	① 전기통신사업의 적절한 운영과 전기통신의 효율적 관리를 한다. ② 전기통신사업의 건전한 발전을 기한다. ③ 이용자의 편의를 도모한다. ④ 공공복리의 증진에 이바지한다.
전기통신사업법 시행령	「전기통신사업법」에서 위임된 사항과 그 시행에 필요한 사항을 규정한다.

합격예측
전기통신사업법은 전기통신사업의 적절한 운영과 전기통신의 효율적 관리를 통하여 전기통신사업의 건전한 발전과 이용자의 편의를 도모함으로써 공공복리의 증진에 이바지함을 목적으로 한다.

합격 NOTE

• 용어의 정의

용어의 정의	내 용
전기통신역무	전기통신설비를 이용하여 타인의 통신을 매개하거나 전기통신설비를 타인의 통신용으로 제공하는 것
전기통신사업	전기통신역무를 제공하는 사업
이용자	전기통신역무를 제공받기 위하여 전기통신사업자와 전기통신역무의 이용에 관한 계약을 체결한 자
보편적 역무	모든 이용자가 언제 어디서나 적절한 요금으로 제공받을 수 있는 기본적인 전기통신역무
기간통신역무	전화·인터넷접속 등과 같이 음성·데이터·영상 등을 그 내용이나 형태의 변경 없이 송신 또는 수신하게 하는 전기통신역무 및 음성·데이터·영상 등의 송신 또는 수신이 가능하도록 전기통신회선설비를 임대하는 전기통신역무 ■ 다만, 과학기술정보통신부장관이 정하여 고시하는 전기통신서비스는 제외
부가통신역무	기간통신역무 외의 전기통신역무
특수한 유형의 부가통신역무	■ 특수한 유형의 온라인서비스제공자의 부가통신역무 ■ 문자메시지 발송시스템을 전기통신사업자의 전기통신설비에 직접 또는 간접적으로 연결하여 문자메시지를 발송하는 부가통신역무
전기통신번호	전기통신역무를 제공하거나 이용할 수 있도록 통신망, 전기통신서비스, 지역 또는 이용자 등을 구분하여 식별할 수 있는 번호

합격예측
보편적 역무는 모든 이용자가 언제 어디서나 적절한 요금으로 제공받을 수 있는 기본적인 전기통신역무를 말한다.

가. 총칙

(1) 전기통신역무의 제공 의무

① 전기통신사업자는 정당한 사유 없이 전기통신역무의 제공을 거부하여서는 안 된다.
② 전기통신사업자는 그 업무처리에 있어서 공평·신속 및 정확해야 한다.
③ 전기통신역무의 요금은 전기통신사업이 원활하게 발전할 수 있고 이용자가 편리하고 다양한 전기통신역무를 공평하고 저렴하게 제공받을 수 있도록 합리적으로 결정되어야 한다.

합격예측
전기통신역무의 요금 결정원칙 : 공평, 저렴, 합리적

(2) 보편적 역무의 제공

모든 전기통신사업자는 보편적 역무를 제공하거나 그 제공에 따른 손실을 보전할 의무가 있다. 보편적 역무의 구체적 내용은 다음의 사항을 고려하여 대통령령으로 정한다.

① 정보통신기술의 발전 정도 ② 전기통신역무의 보급 정도
③ 공공의 이익과 안전 ④ 사회복지증진
⑤ 정보화 촉진

과학기술정보통신부장관은 보편적 역무를 효율적이고 안정적으로 제공하기 위하여 보편적 역무의 사업규모·품질 및 요금수준과 전기통신사업자의 기술적 능력 등을 고려하여 보편적 역무를 제공하는 전기통신사업자를 지정할 수 있다.

(3) 보편적 역무의 내용

① 유선전화 서비스

내용	과학기술정보통신부장관이 이용방법 및 조건 등을 고려하여 고시한 지역("통화권") 안의 전화 서비스
서비스 종류	㉠ 시내전화 서비스 : 가입용 전화를 사용하는 통신을 매개하는 전화 서비스(㉢의 도서통신 서비스는 제외) ㉡ 공중전화 서비스 : 공중용 전화를 사용하는 통신을 매개하는 전화 서비스 ㉢ 도서통신 서비스 : 육지와 섬 사이 또는 섬과 섬 사이에 무선으로 통신을 매개하는 전화 서비스

② 인터넷 가입자접속 서비스

내용	과학기술정보통신부장관이 이용 현황, 보급 정도 및 기술 발전 등을 고려하여 속도 및 제공대상 등을 정하여 고시하는 인터넷 가입자접속 서비스

③ 긴급통신용 전화 서비스

내용	사회질서 유지 및 인명안전을 위한 전화 서비스
서비스 종류	㉠ 기간통신역무 중 과학기술정보통신부장관이 정하여 고시하는 특수번호 전화 서비스 ㉡ 선박무선전화 서비스 : 기간통신역무 중 육지와 선박 간 또는 선박과 선박 간에 통신을 매개하는 전화 서비스

④ 장애인·저소득층 등에 대한 요금감면 서비스

내용	사회복지증진을 위한 장애인·저소득층 등에 대한 전화 서비스
서비스 종류	㉠ 시내전화 서비스 및 통화권 간의 전화 서비스("시외전화 서비스") ㉡ 시내전화 서비스 및 시외전화 서비스의 부대 서비스인 번호안내 서비스 ㉢ 기간통신역무 중 이동전화 서비스, 개인휴대통신 서비스, IMT-2000 서비스, IMT-2020 및 LET 서비스 ㉣ 인터넷 가입자접속 서비스, 인터넷전화 서비스, 휴대인터넷 서비스 등

합격예측

보편적 역무의 내용 :
① 유선전화 서비스
② 인터넷 가입자접속 서비스
③ 긴급 통신용 전화 서비스
④ 장애인, 저소득층 등에 대한 요금 감면 서비스

나. 전기통신사업

전기통신사업은 기간통신사업 및 부가통신사업으로 구분한다.

기간통신사업	전기통신회선설비를 설치하거나 이용하여 기간통신역무를 제공하는 사업
부가통신사업	부가통신역무를 제공하는 사업

다. 기간통신사업

(1) 기간통신사업의 등록

① 기간통신사업을 경영하려는 자는 다음 사항을 갖추어 과학기술정보통신부장관에게 등록하여야 한다.
  ㉠ 재정 및 기술적 능력
  ㉡ 이용자 보호계획
  ㉢ 그 밖에 사업계획서 등 대통령령으로 정하는 사항
② 과학기술정보통신부장관은 기간통신사업의 등록을 받는 경우에는 공정경쟁 촉진, 이용자 보호, 서비스 품질 개선, 정보통신자원의 효율적 활용 등에 필요한 조건을 붙일 수 있다.

(2) 기간통신사업 등록의 결격사유

기간통신사업을 경영하려는 자가 다음 어느 하나에 해당하는 경우에는 기간통신사업의 등록을 할 수 없다.
① 국가 또는 지방자치단체
② 외국정부 또는 외국법인
③ 외국정부 또는 외국인이 주식소유 제한을 초과하여 주식을 소유하고 있는 법인

(3) 기간통신사업의 등록 변경

기간통신사업자는 등록한 사항 중 "대통령령으로 정하는 중요 사항"을 변경하려면 대통령령으로 정하는 바에 따라 과학기술정보통신부장관에게 변경등록을 하여야 한다.

(4) 기간통신사업의 휴지·폐지

기간통신사업자는 그가 경영하고 있는 기간통신사업의 전부 또는 일부를 휴지하거나 폐지하려면 그 휴지 또는 폐지 예정일 60일 전까지 이용자에게 알리고, 그 휴지 또는 폐지에 대한 과학기술정보통신부장관의 승인을 받아야 한다.

(5) 기간통신사업의 등록 취소

과학기술정보통신부장관은 기간통신사업자가 다음 어느 하나에 해당하

면 그 등록의 전부 또는 일부를 취소하거나 1년 이내의 기간을 정하여 사업의 전부 또는 일부의 정지를 명할 수 있다.
① 속임수나 그 밖의 부정한 방법으로 허가를 받은 경우
② 기간통신사업 등록에 필요한 조건을 이행하지 아니한 경우
③ 초과소유 주주에 대한 시정명령을 이행하지 아니한 경우
④ 과학기술정보통신부장관이 정하는 기간 내에 전기통신설비를 설치하고 사업을 개시하지 아니한 경우
⑤ 전기통신역무에 관하여 그 역무별로 요금 및 이용조건을 방송통신위원회에 인가를 받거나 신고한 이용약관을 준수하지 아니한 경우
⑥ 전기통신사업법의 금지행위 및 시정명령을 정당한 사유 없이 이행하지 아니한 경우
▶ 제①에 해당하는 경우에는 그 등록의 전부 또는 일부를 취소하여야 한다.

합격예측
속임수나 그 밖의 부정한 방법으로 등록을 한 경우에는 등록의 전부 또는 일부를 취소한다.

 참고

 "대통령령으로 정하는 주요한 전기통신회선설비"란?
교환설비, 전송설비, 선로설비로서 그 설비의 매각 가액의 합계가 50억원 이상인 경우를 말한다.

라. 부가통신사업

(1) 부가통신사업의 신고
① 부가통신사업을 경영하고자 하는 자는 과학기술정보통신부장관에게 신고하여야 한다.
② 특수한 유형의 부가통신사업을 경영하려는 자는 다음의 사항을 갖추어 과학기술정보통신부장관에게 등록하여야 한다.
㉠ 청소년유해매체물의 표시, 청소년유해매체물의 광고금지, 정보통신망의 안정성 확보, 특수한 유형의 온라인 서비스제공자의 의무의 이행을 위한 기술적 조치 실시 계획
㉡ 업무수행에 필요한 인력 및 물적 시설
㉢ 재무건전성

합격예측
부가통신사업을 경영하고자 하는 자는 과학기술정보통신부장관에게 신고하여야 한다.

(2) 부가통신사업의 휴지·폐지
부가통신사업자가 그 사업의 전부 또는 일부를 휴지하거나 폐지하려면 그 휴지 또는 폐지 예정일 30일 전까지 그 내용을 해당 전기통신서비스의 이용자에게 알리고 과학기술정보통신부장관에게 신고하여야 한다.

합격예측
기간통신사업을 휴지 또는 폐지하기 위해서는 예정일 30일 전까지 이용자에게 알려야 한다.

합격 NOTE

합격예측
이용약관 : 서비스별 요금 및 이용조건

마. 전기통신업무

(1) 이용약관의 신고

기간통신사업자는 그가 제공하려는 전기통신서비스에 관하여 서비스별로 요금 및 이용조건("이용약관")을 정하여 과학기술정보통신부장관에게 신고하여야 한다. 과학기술정보통신부장관은 이용약관이 다음의 기준에 적합한 때에는 이용약관을 인가하여야 한다.

① 전기통신역무의 요금이 공급비용, 수익, 비용·수익의 서비스별 분류, 서비스제공방법에 따른 비용절감, 공정한 경쟁환경에 미치는 영향 등을 합리적으로 고려하여 산정되었을 것
② 기간통신사업자 및 그 이용자의 책임에 관한 사항 및 전기통신설비의 설치공사 기타의 공사에 관한 비용부담의 방법이 부당하게 이용자에게 불리하지 아니할 것
③ 다른 전기통신사업자 또는 이용자의 전기통신회선설비의 이용형태를 부당하게 제한하지 아니할 것
④ 특정인에 대하여 부당한 차별적 취급을 하지 아니할 것
⑤ 중요 통신의 확보에 관한 사항이 국가기능의 효율적 수행 등을 배려할 것

(2) 타인사용의 제한

누구든지 전기통신사업자가 제공하는 전기통신역무를 이용하여 타인의 통신을 매개하거나 이를 타인의 통신용에 제공하여서는 안 된다. 다만, 다음의 경우에는 그렇지 않다.

① 국가비상사태에서 재해의 예방·구조, 교통·통신 및 전력공급의 확보와 질서유지를 위하여 필요한 경우
② 전기통신사업 외의 사업을 경영할 때 고객에게 부수적으로 전기통신서비스를 이용하도록 제공하는 경우
③ 전기통신역무를 이용할 수 있는 단말장치 등 전기통신설비를 개발·판매하기 위하여 시험적으로 사용하도록 하는 경우
④ 이용자가 제3자에게 반복적이지 아니한 정도로 사용하도록 하는 경우
⑤ 그 밖에 공공의 이익을 위하여 필요하거나 전기통신사업자의 사업경영에 지장을 초래하지 않는 경우로서 대통령령이 정하는 경우

바. 전기통신사업의 경쟁 촉진

(1) 가입자선로의 공동 활용

기간통신사업자는 이용자와 직접 연결되어 있는 교환설비에서부터 이용자까지의 구간에 설치한 선로(가입자선로)에 대하여 과학기술정보통

신부장관이 정하여 고시하는 다른 전기통신사업자가 공동 활용에 관한 요청을 하면 이를 허용하여야 한다.

(2) 상호접속

전기통신사업자는 다른 전기통신사업자가 전기통신설비의 상호접속을 요청하면 협정을 체결하여 상호접속을 허용할 수 있다.

(3) 전기통신설비의 공동사용

기간통신사업자는 다른 전기통신사업자가 전기통신설비의 상호접속에 필요한 설비를 설치하거나 운영하기 위하여 그 기간통신사업자의 관로·케이블·전주 또는 국사 등의 전기통신설비나 시설에 대한 출입 또는 공동사용을 요청하면 협정을 체결하여 전기통신설비나 시설에 대한 출입 또는 공동사용을 허용할 수 있다.

(4) 전기통신번호자원 관리계획

과학기술정보통신부장관은 전기통신역무의 효율적인 제공 및 이용자의 편익과 전기통신사업자 간의 공정한 경쟁환경 조성, 유한한 국가자원인 전기통신번호의 효율적 활용 등을 위하여 전기통신번호체계 및 전기통신번호의 부여·회수·통합 등에 관한 사항을 포함한 전기통신번호자원 관리계획을 수립·시행하여야 한다.

사. 사업용 전기통신설비

(1) 전기통신설비 설치의 신고 및 승인

기간통신사업자는 중요한 전기통신설비를 설치하거나 변경하려는 경우에는 미리 과학기술정보통신부장관에게 신고하여야 한다.

(2) 전기통신설비의 공동구축

① 기간통신사업자는 다른 기간통신사업자와 협의하여 전기통신설비를 공동으로 구축하여 사용할 수 있다.
② 과학기술정보통신부장관은 다음 어느 하나에 해당하는 경우에는 기간통신사업자에게 전기통신설비의 공동구축을 권고할 수 있다.
　㉠ 협의가 성립되지 않는 경우로서 해당 기간통신사업자가 요청한 경우
　㉡ 공공의 이익을 증진하기 위하여 필요하다고 인정하는 경우

아. 자가전기통신설비

(1) 자가전기통신설비의 설치

자가전기통신설비를 설치하려는 자는 주된 설비가 설치되어 있는 사무소 소재지를 관할하는 특별시장·광역시장·특별자치시장·도지사·특별

합격예측
과학기술정보통신부장관은 전기통신설비 상호접속의 범위와 조건·절차·방법 및 대가의 산정 등에 관한 기준을 정하여 고시한다.

합격예측
번호자원 관리계획의 필요성 : 전기통신역무의 효율적인 제공, 이용자의 편익과 전기통신사업자 간의 공정한 경쟁환경 조성, 유한한 국가자원인 전기통신번호의 효율적 활용

합격예측
공동구축을 권고 사항 : 공동구축 대상 전기통신설비, 구축 지역 및 구축 구간, 구축 시기, 기술적 조건 등

자치도지사("시·도지사")에게 신고하여야 한다.

(2) 목적 외 사용의 제한

① 자가전기통신설비를 설치한 자는 그 설비를 이용하여 타인의 통신을 매개하거나 설치한 목적에 어긋나게 운용하여서는 안된다.

② 다른 법률에 특별한 규정이 있거나 그 설치 목적에 어긋나지 않는 범위에서 다음 어느 하나에 해당하는 용도에 사용하는 경우에는 그렇지 않다.

㉠ 경찰 또는 재해구조 업무에 종사하는 자로 하여금 치안 유지 또는 긴급한 재해구조를 위하여 사용하게 하는 경우

㉡ 자가전기통신설비의 설치자와 업무상 특수한 관계에 있는 자 간에 사용하는 경우로서 과학기술정보통신부장관이 고시하는 경우

③ 자가전기통신설비를 설치한 자는 그 설비를 이용하여 타인의 통신을 매개하거나 설치한 목적에 어긋나게 운용하여서는 안된다.

자. 전기통신설비의 설치 및 보전

(1) 토지 등의 사용

① 기간통신사업자는 전기통신업무에 제공되는 선로 및 공중선과 그 부속설비("선로 등")를 설치하기 위하여 필요한 경우에는 타인의 토지 또는 이에 정착한 건물·공작물과 수면·수저("토지 등")를 사용할 수 있다. 이 경우 기간통신사업자는 미리 그 토지 등의 소유자 또는 점유자와 협의하여야 한다.

② 협의가 성립되지 아니하거나 협의를 할 수 없는 경우에는 기간통신사업자는 「공익사업을 위한 토지 등의 취득 및 보상에 관한 법률」이 정하는 바에 의하여 타인의 토지 등을 사용할 수 있다.

(2) 토지 등의 일시사용

① 기간통신사업자는 선로 등에 관한 측량, 전기통신설비의 설치 또는 보전의 공사를 하기 위하여 필요한 경우에는 현재의 사용을 뚜렷하게 방해하지 아니하는 범위에서 사유 또는 국·공유의 전기통신설비 및 토지 등을 일시 사용할 수 있다.

② 기간통신사업자는 사유 또는 국·공유재산을 일시 사용하고자 하는 경우에는 미리 점유자에게 사용목적과 사용기간을 통지하여야 한다. 다만, 미리 통지하는 것이 곤란한 경우에는 사용시 또는 사용 후 지체없이 알리고, 점유자의 주소 및 거소를 알 수 없어 사용목적과 사용기간을 알릴 수 없는 경우에는 이를 공고하여야 한다.

③ 토지 등의 일시 사용기간은 6개월을 초과할 수 없다.

합격예측
자가전기통신설비는 타인의 통신을 매개하거나 설치한 목적에 어긋나게 운용하여서는 안된다.

합격예측
기간통신사업자는 타인의 토지 등을 사용할 경우, 소유자 또는 점유자와 협의를 하여야 한다.

(3) 토지 등의 출입

기간통신사업자의 전기통신설비의 설치·보전을 위한 측량·조사 등을 위하여 필요한 경우에는 타인의 토지 등에 출입할 수 있다. 다만, 출입하고자 하는 곳이 주거용 건물인 경우에는 거주자의 승낙을 얻어야 한다.

> **합격예측**
> 토지 등의 일시 사용기간은 6월을 초과할 수 없다.
>
> **합격예측**
> 주거용 건물인 경우 거주지의 승낙을 얻어야 한다.

(4) 장해물 등의 제거요구

① 기간통신사업자는 선로 등의 설치 또는 전기통신설비에 장해를 주거나 줄 우려가 있는 가스관·수도관, 하수도관, 전등선, 전력선 또는 자가전기통신설비("장해물 등")의 소유자 또는 점유자에게 그 장해물 등의 이전·개조·수리 기타의 조치를 요구할 수 있다.

② 기간통신사업자는 식물이 선로 등의 설치·유지 또는 전기통신에 장해를 주거나 줄 우려가 있는 경우에는 그 소유자 또는 점유자에게 식물의 제거를 요구할 수 있다.

③ 기간통신사업자는 식물의 소유자 또는 점유자가 요구에 응하지 아니하거나 기타 부득이한 사유가 있는 경우에는 과학기술정보통신부장관의 허가를 받아 그 식물을 벌채 또는 이식할 수 있다. 이 경우 당해 식물의 소유자 또는 점유자에게 지체 없이 그 사실을 알려야 한다.

④ 기간통신사업자의 전기통신설비에 장해를 주거나 줄 우려가 있는 장해물 등의 소유자 또는 점유자는 당해 장해물 등의 신설·증설·개수·철거 또는 변경의 필요가 있는 경우에는 미리 기간통신사업자와 협의하여야 한다.

(5) 다른 기관의 협조

기간통신사업자는 전기통신설비를 설치·보전하기 위하여 차량, 선박, 항공기, 그 밖의 운반구를 운행할 필요가 있으면 관계 공공기관에 협조를 요청할 수 있다.

차. 보칙

(1) 통신비밀의 보호

① 누구든지 전기통신사업자가 취급 중에 있는 통신의 비밀을 침해하거나 누설하여서는 아니 된다.

② 전기통신업무에 종사하는 자 또는 종사하였던 자는 그 재직 중에 통신에 관하여 알게 된 타인의 비밀을 누설하여서는 아니 된다.

③ 전기통신사업자는 형의 집행 또는 국가안전보장에 대한 위해를 방지하기 위한 정보수집을 위하여 다음의 자료의 열람이나 제출을 요청하면 그 요청에 따를 수 있다.
  ㉠ 이용자의 성명   ㉡ 이용자의 주민등록번호

> **합격예측**
> 전기통신사업자가 취급 중에 있는 통신의 비밀을 침해, 누설해서는 안 된다.

합격 NOTE

합격예측
전기통신사업자는 통신자료제공대장을 1년간 보존하여야 한다.

ⓒ 이용자의 주소 ㉢ 이용자의 전화번호
ⓔ 이용자의 아이디 ⓕ 이용자의 가입일 또는 해지일

(2) 업무의 제한 및 정지

① 과학기술정보통신부장관은 전시·사변·천재·지변 또는 이에 준하는 국가비상사태가 발생하거나 발생할 우려가 있는 경우 기타 부득이한 사유가 있는 경우에 중요통신을 확보하기 위하여 필요한 때에는 전기통신사업자에게 전기통신업무의 전부 또는 일부를 제한하거나 정지할 것을 명할 수 있다.

② 과학기술정보통신부장관은 전기통신사업자에게 전기통신업무의 전부 또는 일부의 제한 또는 정지를 명하는 경우에는 그 제한 또는 정지의 범위 및 정도에 따라 다음의 업무를 수행하기 위한 통화의 순으로 소통하게 할 수 있다.

㉠ 제1순위
 ⓐ 국가안보 ⓑ 군사 및 치안
 ⓒ 민방위경보전달 ⓓ 전파관리

합격예측
"중요통신"이란?
① 국가안보·군사·치안·민방위경보전달 및 전파관리에 관한 업무용 통신
② 그 밖에 국가업무의 원활한 수행을 위하여 과학기술정보통신부장관이 고시하는 통신

㉡ 제2순위
 ⓐ 재해구호
 ⓑ 전기통신·항행안전·기상·소방·전기·가스·수도·수송 및 언론
 ⓒ ⓐ 및 ⓑ 외의 국가 및 지방자치단체의 업무
 ⓓ 주한 외국공관 및 국제연합기관의 업무

㉢ 제3순위
 ⓐ 자원관리대상업체 및 방위산업체의 업무
 ⓑ 공공기관 및 의료기관의 업무

㉣ 제4순위 : 제㉠호부터 제㉢호까지 업무 외의 것

(3) 시정명령

① 과학기술정보통신부장관 또는 방송통신위원회는 전기통신사업자가 다음에 해당하는 때에는 그 시정을 명하여야 한다.

㉠ 「전기통신사업법」, 「전기통신기본법」, 「전파법」, 「정보통신망 이용촉진 및 정보보호 등에 관한 법률」, 「정보화촉진기본법」이나 이들 법률에 의한 명령에 위반한 때

㉡ 전기통신사업자의 업무처리절차가 현저히 이용자의 이익을 현저히 해친다고 인정되는 경우

㉢ 사고 등에 의하여 전기통신역무의 제공에 지장이 발생하였음에도 수리 등 지장을 제거하기 위하여 필요한 조치를 신속하게 실시하지 아니한 경우

② 과학기술정보통신부장관은 전기통신의 발전을 위하여 필요하면 전기통신사업자에 대하여 다음의 사항을 명할 수 있다.
  ㉠ 전기통신설비 등의 통합운영·관리
  ㉡ 사회복지의 증진을 위한 통신시설의 확충
  ㉢ 국가기능의 효율적 수행을 위한 중요통신을 위한 통신망의 구축·관리
  ㉣ 기타 대통령령이 정하는 사항
③ 과학기술정보통신부장관은 다음에 해당하는 자에게 전기통신역무의 제공행위의 중지 또는 전기통신설비의 철거 등의 조치를 명할 수 있다.
  ㉠ 등록을 하지 않고 기간통신사업을 경영한 자
  ㉡ 신고를 하지 않고 부가통신사업을 경영한 자
  ㉢ 등록을 하지 않고 특수한 유형의 부가통신사업을 경영한 자

카. 벌칙 규정

내 용	벌 칙
① 전기통신설비를 파손하거나 전기통신설비에 물건을 접촉하거나 그 밖의 방법으로 그 기능에 장해를 주어 전기통신의 소통을 방해한 자 ② 재직 중에 통신에 관하여 알게 된 타인의 비밀을 누설한 자 ③ 통신자료제공을 한 자 및 그 제공을 받은 자	5년 이하의 징역 또는 2억원 이하의 벌금
① 정당한 사유없이 전기통신역무의 제공을 거부한 자 ② 사업정지처분을 위반한 자 ③ 등록을 하지 아니하고 기간통신사업을 경영한 자 ④ 등록을 하지 아니하고 부가통신사업을 경영한 자 ⑤ 등록의 일부 취소를 위반하여 기간통신사업을 경영한 자 ⑥ 금지행위에 따른 명령을 이행하지 아니한 자 ⑦ 선로 등의 측량, 전기통신설비의 설치 및 보전공사를 방해한 자 ⑧ 취급 중에 있는 통신의 비밀을 침해하거나 누설한 자	3년 이하의 징역 또는 1억 5천만원 이하의 벌금
① 이용자 보호조치명령을 위반한 자 ② 신고를 하지 아니하고 부가통신사업을 경영한 자 ③ 사업정지처분을 위반한 자 ④ 사업폐지명령을 위반한 자 등	2년 이하의 징역 또는 1억원 이하의 벌금

합격예측
재직 중에 통신에 관하여 알게 된 타인의 비밀을 누설한 자 : 5년 이하의 징역 또는 2억원 이하의 벌금

출제 예상 문제

제1장 전기통신기본법 및 전기통신사업법

01 우리나라 전기통신의 관장은 누가 하는가?
① 대통령
② 국무총리
③ 과학기술정보통신부장관
④ 산업통산자원부장관

해설
전기통신의 관장
전기통신에 관한 사항은 전기통신기본법 또는 다른 법률에 특별히 규정한 것을 제외하고는 과학기술정보통신부장관이 이를 관장한다.

02 전기통신의 관장과 전기통신사업에 관한 설명으로 옳지 않은 것은?
① 전기통신은 공공복리의 증진에 이바지함을 목적으로 관리하고 운영되어야 한다.
② 전기통신사업은 기간통신사업과 별정통신사업, 부가통신사업으로 구분된다.
③ 우리나라의 전기통신사업은 원칙적인 시장경쟁 원리를 도입하고 적정경쟁을 유도하고 있다.
④ 전기통신기본법에 관한 사항은 과학기술정보통신부장관이 관장하고 전기통신사업법에 관한 사항은 산업통상자원부장관이 관장한다.

해설
전기통신에 관한 사항은 전기통신기본법 또는 다른 법률에 특별히 규정한 것을 제외하고는 과학기술정보통신부장관이 이를 관장한다.

03 다음 ( ) 안에 들어갈 내용으로 가장 적합한 것은?

"( )은(는) 전기통신기본법의 목적을 달성하기 위하여 전기통신에 관한 기본적이고 종합적인 정부의 시책을 강구하여야 한다."

① 국무총리
② 대통령
③ 과학기술정보통신부장관
④ 정보통신정책심의위원회

해설
정부의 시책
과학기술정보통신부장관은 전기통신기본법의 목적을 달성하기 위하여 전기통신에 관한 기본적이고 종합적인 정부의 시책을 강구하여야 한다.

04 전기통신기본법의 목적이 아닌 것은?
① 전기통신의 효율적 관리
② 전기통신역무의 효율적인 제공 및 이용
③ 전기통신의 발전촉진
④ 공공의 복리증진

해설
전기통신기본법의 목적
① 전기통신의 기본적 사항
② 전기통신의 효율적 관리
③ 전기통신의 발전촉진
④ 공공의 복리증진

05 전기통신기본법의 제정 목적을 가장 잘 나타낸 것은?
① 전기통신서비스의 제공자와 이용자의 편의 도모
② 전기통신의 효율적 관리 및 그 발전을 촉진함으로써 공공복리 증진
③ 정보통신망의 개발 보급과 이용촉진
④ 전기통신설비의 완전한 시공과 감리 확보

해설
전기통신기본법의 목적
전기통신기본법은 전기통신에 관한 기본적인 사항을 정하여 전기통신을 효율적으로 관리하고 그 발전을 촉진함으로써 공공복리의 증진에 이바지함을 목적으로 한다.

[정답] 01 ③ 02 ④ 03 ③ 04 ② 05 ②

06 전기통신기본법에서 정하는 주요 내용은?

① 전기통신에 관한 기본적인 사항
② 전기통신사업의 운영에 관한 사항
③ 전기통신역무의 효율적인 제공 및 이용에 관한 사항
④ 전기통신설비의 설계, 공사, 시공에 관한 사항

해설
전기통신기본법(법률)
이 법은 전기통신에 관한 기본적인 사항을 정하여 전기통신을 효율적으로 관리하고 그 발전을 촉진함으로써 공공복리의 증진에 이바지함을 목적으로 한다.

07 다음 용어의 정의 중 올바르게 설명한 것은?

① 통신선로란 전기통신의 전송이 이루어지는 계통적 통신망이다.
② 전기통신회선설비란 전기통신을 하기 위한 기계, 기구, 선로, 기타 전기적 설비를 말한다.
③ 전기통신이란 유선, 무선, 광선 및 기타의 전자적 방식에 의하여 모든 종류의 부호, 문언, 음향 또는 영상을 송신하거나 수신하는 것을 말한다.
④ 전기통신사업이란 전기통신설비를 이용하여 타인의 통신을 매개하거나 기타 전기통신설비를 타인의 통신용으로 제공하는 것을 말한다.

해설
① "회선"에 대한 설명이다.
② "전기통신설비"에 대한 설명이다.
④ "전기통신역무"에 대한 설명이다.

08 다음 ( )안에 들어갈 내용으로 가장 적합한 것은?

"( )라 함은 사업용 전기통신설비외의 것으로서 특정인이 자신의 전기통신에 이용하기 위하여 설치한 전기통신설비를 말한다."

① 사업용 전기통신설비
② 자가전기통신설비
③ 사업용 전기통신회선설비
④ 자가전기통신회선설비

해설
용어의 정의
① "사업용 전기통신설비"라 함은 전기통신사업에 제공하기 위한 전기통신설비를 말한다.
② "자가전기통신설비"라 함은 사업용 전기통신설비외의 것으로서 특정인이 자신의 전기통신에 이용하기 위하여 설치한 전기통신설비를 말한다.

09 전기통신기자재의 범위에 포함되지 않는 것은?

① 기기   ② 선조
③ 장치   ④ 교환설비

해설
전기통신기자재란 전기통신설비에 사용하는 장치, 기기, 부품 또는 선조 등을 말한다.

10 다음 문장의 괄호 안에 들어갈 내용을 순서대로 바르게 나타낸 것은?

'전기통신'이란 ( ), ( ), ( ) 또는 그 밖의 전자적 방식으로 부호·문언·음향 또는 영상을 송신하거나 수신하는 것을 말한다.

① 인터넷, 무선, 위성   ② 데이터, 무선, 위성
③ 발진, 변조, 복조   ④ 유선, 무선, 광선

11 다음 중 전기통신설비의 용어에 대한 정의로 가장 옳은 것은?

① 전기통신을 하기 위한 기계·기구·선로 기타 전기통신에 필요한 설비를 말한다.
② 전기통신을 행하기 위한 통신로 구성설비로서 전송·선로설비를 말한다.
③ 전기통신사업에 제공하기 위한 통신 및 교환기를 말한다.
④ 통신설비에 사용하는 장치·기기·부품 또는 선조 등을 말한다.

[정답] 06 ① 07 ③ 08 ② 09 ④ 10 ④ 11 ①

12 정보화사회의 촉진을 위한 전기통신 기본계획의 수립·공고권자는?

① 교육부장관
② 국무총리
③ 한국정보사회진흥원장
④ 과학기술정보통신부장관

[해설]
전기통신 기본계획의 수립
과학기술정보통신부장관은 전기통신의 원활한 발전과 정보사회의 촉진을 위하여 전기통신 기본계획을 수립하여 이를 공고하여야 한다.

13 과학기술정보통신부장관이 전기통신기본계획을 수립하여 이를 공고하여야 하는 목적은 전기통신의 원활한 발전과 무엇을 위함인가?

① 정보사회의 촉진
② 산업사회의 발전
③ 정보통신 기술훈련
④ 국제협력증진

[해설]
전기통신 기본계획의 수립
과학기술정보통신부장관은 전기통신의 원활한 발전과 정보사회의 촉진을 위하여 전기통신기본계획을 수립하여 이를 공고하여야 한다.

14 과학기술정보통신부장관이 전기통신의 원활한 발전과 정보화 사회의 촉진을 위하여 수립, 공고하는 전기통신 기본계획에 포함되는 사항과 거리가 먼 것은?

① 전기통신 이용효율화에 관한 사항
② 전기통신의 질서유지에 관한 사항
③ 유선방송사업에 관한 사항
④ 전기통신설비에 관한 사항

[해설]
전기통신기본계획
과학기술정보통신부장관은 전기통신의 원활한 발전과 정보사회의 촉진을 위하여 전기통신기본계획을 수립하여 이를 공고하여야 한다. 기본계획에는 다음 사항이 포함되어야 한다.
① 전기통신의 이용효율화에 관한 사항
② 전기통신의 질서유지에 관한 사항
③ 전기통신사업에 관한 사항
④ 전기통신설비에 관한 사항 등

15 과학기술정보통신부장관이 전기통신 기본계획을 수립하고자 할 때 미리 관계 행정기관의 장과 협의하여야 할 사항은?

① 전기통신의 이용효율화에 관한 사항
② 전기통신의 질서유지에 관한 사항
③ 전기통신사업에 관한 사항
④ 전기통신기술의 진흥에 관한 사항

[해설]
전기통신 기본계획의 수립
과학기술정보통신부장관은 전기통신의 원활한 발전과 정보사회의 촉진을 위하여 전기통신 기본계획을 수립하여 이를 공고하여야 한다. 기본계획에는 다음 사항이 포함되어야 한다.
① 전기통신의 이용효율화에 관한 사항
② 전기통신의 질서유지에 관한 사항
③ 전기통신사업에 관한 사항
④ 전기통신설비에 관한 사항
⑤ 전기통신기술의 진흥에 관한 사항
⑥ 기타 전기통신에 관한 기본적인 사항
▶ 과학기술정보통신부장관은 제④호 및 제⑤호의 사항에 관한 기본계획을 수립하고자 하는 경우에는 미리 관계행정기관의 장과 협의하여야 한다.

16 다음 중 가장 무거운 벌칙을 처벌받는 대상은?

① 공익을 해할 목적으로 전기통신설비에 의하여 공연히 허위의 통신을 한 자
② 타인에게 손해를 가할 목적으로 전기통신설비에 의하여 공연히 허위의 통신을 한 자
③ 전기통신업무에 종사하는 자가 공익을 해할 목적으로 전기통신설비에 의하여 공연히 허위의 통신을 한 자
④ 자기 또는 타인에게 이익을 목적으로 전기통신설비에 의하여 공연히 허위의 통신을 한 자

[정답] 12 ④ 13 ① 14 ③ 15 ④ 16 ③

17. 전기통신사업법의 가장 적합한 설명은?

① 국가전기통신의 주권을 규정한 법률이다.
② 전기통신사업의 운영을 위한 기본원칙을 규정한다.
③ 전기통신설비의 설치 및 보전을 위한 부령이다.
④ 통신사업자의 건전한 육성발전을 위한 약관이다.

해설
전기통신사업법은 전기통신사업의 적절한 운영과 전기통신의 효율적 관리를 통하여 전기통신사업의 건전한 발전과 이용자의 편의를 도모함으로써 공공복리의 증진에 이바지함을 목적으로 한다.

18. 다음 중 전기통신 이용자의 편의 도모에 관한 내용이 가장 많이 언급된 법률은?

① 전기통신기본법
② 전기통신사업법
③ 정보통신공사업법
④ 정보화촉진기본법

해설
전기통신사업법은 전기통신사업의 운영을 적정하게 하여 전기통신사업의 건전한 발전을 기하고 이용자의 편의를 도모함으로써 공공복리의 증진에 이바지함을 목적으로 한다.

19. 다음 ( )안에 들어갈 내용으로 가장 적합한 것은?

"( )라 함은 모든 이용자가 언제 어디서나 적정한 요금으로 제공받을 수 있는 기본적인 전기통신역무를 말한다."

① 정보통신역무
② 보편적역무
③ 개인통신역무
④ 자가통신역무

해설
용어의 정의
"보편적역무"라 함은 모든 이용자가 언제 어디서나 적정한 요금으로 제공받을 수 있는 기본적인 전기통신역무를 말한다.

20. 전기통신사업법에서 사용하는 용어에 대해 설명한 것이다. 괄호에 들어갈 내용으로 맞는 것은?

"전기통신회선설비"란 전기통신설비 중 전기통신을 행하기 위한 송신·수신 장소간의 통신로 구성설비로서 전송설비·( )설비 및 이것과 일체로 설치되는 ( )설비와 이들의 부속설비를 말한다.

① 선로, 교환
② 전원, 교환
③ 선로, 접지
④ 전원, 접지

21. 전기통신설비를 이용하여 타인의 통신을 매개하거나 전기통신설비를 타인의 통신용으로 제공하는 것을 무엇이라 하는가?

① 정보통신서비스
② 전기통신서비스
③ 전기통신역무
④ 정보통신역무

22. 전기통신업무의 요금 결정 원칙에 가장 적합한 것은?

① 저렴, 명확, 신속
② 저렴, 신속, 합리적
③ 공평, 저렴, 합리적
④ 공평, 저렴, 차별적

해설
역무제공의무
① 전기통신사업자는 정당한 사유없이 전기통신역무의 제공을 거부하여서는 안 된다.
② 전기통신사업자는 그 업무처리에 있어서 공평·신속 및 정확을 기하여야 한다.
③ 전기통신역무의 요금은 전기통신사업의 원활한 발전을 도모하고 이용자가 편리하고 다양한 전기통신역무를 공평·저렴하게 제공받을 수 있도록 합리적으로 결정되어야 한다.

[정답] 17 ② 18 ② 19 ② 20 ① 21 ③ 22 ③

23 전기통신사업자가 전기통신역무를 제공할 때의 의무사항이 아닌 것은?

① 정당한 사유 없이 역무제공을 거부해서는 아니 된다.
② 사업자는 업무처리 시 공평하고 신속하게 하여야 한다.
③ 역무의 요금결정은 합리적으로 결정되어야 한다.
④ 보편적 역무제공을 위한 부가통신역무를 제공하여야 한다.

24 다음 중 전기통신사업자의 보편적 역무의 구체적 내용을 정할 때 고려할 사항이 아닌 것은?

① 정보화 촉진
② 전기통신역무의 보급 정도
③ 공공의 이익과 안전
④ 전기통신기술의 개발 정도

> **해설**
> **보편적 역무**
> 보편적 역무란 모든 이용자가 언제 어디서나 적정한 요금으로 제공받을 수 있는 기본적인 전기통신역무를 말한다. 보편적 역무의 구체적 내용은 다음의 사항을 고려하여 대통령령으로 정한다.
> ① 정보통신기술의 발전 정도
> ② 전기통신역무의 보급 정도
> ③ 공공의 이익과 안전
> ④ 사회복지 증진
> ⑤ 정보화 촉진

25 보편적 역무를 제공하는 전기통신사업자를 지정할 때 과학기술정보통신부장관이 고려해야 할 사항이 아닌 것은?

① 전기통신사업자의 기술 능력
② 보편적 역무의 요금 수준
③ 보편적 역무의 사업 규모
④ 보편적 역무의 가입자 수

26 다음 중 보편적 역무를 제공하는 전기통신사업자를 지정할 수 있는 기관은?

① 과학기술정보통신부
② 보건복지부
③ 국가정보화전략위원회
④ 산업통상자원부

27 다음 중 전기통신사업법에서 정하는 보편적 역무의 내용이 아닌 것은?

① 유선전화 서비스
② 긴급통신용 전화 서비스
③ 장애인·저소득층 등에 대한 요금감면 서비스
④ 자가전기통신 서비스

> **해설**
> **보편적 역무 내용**
> ① 유선전화 서비스
> ② 긴급통신용 전화 서비스
> ③ 장애인·저소득층 등에 대한 요금감면 서비스

28 전기통신사업 중 전기통신회선 설비를 설치하고 전신, 전화 역무 등 대통령령이 정하는 종류와 내용의 전기통신역무를 제공하는 사업은?

① 특정통신사업 ② 자가통신사업
③ 부가통신사업 ④ 기간통신사업

> **해설**
> 기간통신사업은 전기통신회선설비를 설치하고, 이를 이용하여 공공의 이익과 국가산업에 미치는 영향, 역무의 안정적 제공의 필요성 등을 참작하여 전신·전화역무 등 대통령령이 정하는 종류와 내용의 전기통신역무("기간통신역무")를 제공하는 사업으로 한다.

29 기간통신사업자로부터 전기통신회선설비를 임차하여 전기통신역무를 제공하는 정보통신사업은?

① 기간통신사업 ② 자가통신사업
③ 부가통신사업 ④ 테마통신사업

[정답] 23 ④ 24 ④ 25 ③ 26 ① 27 ④ 28 ④ 29 ③

해설
부가통신사업
① 부가통신사업은 기간통신사업자로부터 전기통신회선설비를 임차하여 기간통신역무 외의 전기통신역무("부가통신역무")를 제공하는 사업으로 한다.
② 부가통신역무
  ㉠ 기간통신역무 외의 전기통신역무
  ㉡ 음성정보 제공, 온라인 게임 및 호스팅 서비스, 포털사업, 전자상거래, EDI, 신용카드 검색, 컴퓨터 예약 등

30 다음 중 전기통신사업의 구분으로 틀린 것은?
① 기간통신사업
② 별정통신사업
③ 부가통신사업
④ 정보통신사업

해설
① 전기통신사업은 기간통신사업 및 부가통신사업으로 구분한다.
② "기간통신사업자, 별정통신사업자"를 "기간통신사업자"로 한다.

31 기간통신사업을 경영하는 조건에 관한 설명으로 틀린 것은?
① 과학기술정보통신부장관의 허가를 받아야 한다.
② 허가할 때에는 이용자 보호계획의 적정성 등을 심사하여야 한다.
③ 허가의 대상자는 개인이어야 한다.
④ 허가의 절차나 그 밖에 필요한 사항은 대통령령으로 정한다.

해설
기간통신사업자의 허가
① 기간통신사업을 경영하고자 하는 자는 과학기술정보통신부장관에게 등록을 해야 한다.
② 과학기술정보통신부장관은 제①항에 따른 허가를 할 때에는 다음의 사항을 종합적으로 심사하여야 한다.
  ㉠ 기간통신역무 제공계획의 이행에 필요한 재정적 능력
  ㉡ 기간통신역무 제공계획의 이행에 필요한 기술적 능력
  ㉢ 이용자 보호계획의 적정성
  ㉣ 그 밖에 기간통신역무의 안정적 제공에 필요한 능력에 관한 사항
③ 제①항의 규정에 의한 허가의 대상자는 법인에 한한다.

32 기간통신사업자가 경영하는 사업의 전부 또는 일부를 휴지 또는 폐지하고자 하는 경우 어떤 절차를 거쳐야 하는가?
① 과학기술정보통신부장관의 승인을 얻어야 한다.
② 과학기술정보통신부장관의 심의를 거쳐야 한다.
③ 방송통신위원회의 인가를 받아야 한다.
④ 과학기술정보통신부장관의 허가를 받아야 한다.

해설
사업의 휴지·폐지
기간통신사업자는 그가 경영하고 있는 기간통신사업의 전부 또는 일부를 휴지 또는 폐지하고자 하는 경우에는 그 휴지 또는 폐지 예정일 60일 전까지 이용자에게 통보하고, 그 휴지 또는 폐지에 대한 과학기술정보통신부장관의 승인을 얻어야 한다.

33 전기통신사업이나 공사업을 경영하고자 하는 자는 관련법령이 정하는 바에 따라 과학기술정보통신부장관의 행정절차를 거쳐야 한다. 다음 중 그 절차가 틀린 것은?
① 기간통신사업 – 등록
② 별정통신사업 – 등록
③ 부가통신사업 – 인가
④ 정보통신공사업 – 등록

해설
전기통신사업의 행정절차
① 기간통신사업 – 과학기술정보통신부장관에게 등록
② 부가통신사업 – 과학기술정보통신부장관에게 신고

34 전기통신사업자 중 과학기술정보통신부장관에게 신고만으로 경영할 수 있는 것은?
① 기간통신사업
② 별정통신사업
③ 부가통신사업
④ 정보통신사업

해설
부가통신사업 – 과학기술정보통신부장관에게 신고

[정답] 30 ④ 31 ③ 32 ① 33 ③ 34 ③

35 다음 중 기간통신사업의 등록요건이 아닌 것은?
① 납입자본금 등 재정적 능력
② 기술방식 및 기술인력 등 기술적 능력
③ 이용자 보호계획
④ 정보통신자원 관리계획

해설
기간통신사업을 경영하려는 자는 대통령령으로 정하는 바에 따라 다음의 사항을 갖추어 과학기술정보통신부장관에게 등록하여야 한다.
① 재정 및 기술적 능력
② 이용자 보호계획 등

36 일반적으로 부가통신사업을 경영하고자 할 때 취해야 할 행정절차는?
① 과학기술정보통신부장관에게 신고하여야 한다.
② 과학기술정보통신부장관에게 등록하여야 한다.
③ 과학기술정보통신부장관의 승인을 받아야 한다.
④ 과학기술정보통신부장관의 허가를 얻어야 한다.

해설
부가통신사업을 경영하려는 자는 대통령령으로 정하는 요건 및 절차에 따라 과학기술정보통신부장관에게 신고하여야 한다.

37 기간통신사업자가 전기통신서비스에 관한 요금, 기타 이용 조건을 정하여 과학기술정보통신부장관에게 신고를 받은 것을 무엇이라 하는가?
① 시행규정
② 이용약관
③ 시설기준
④ 시행규칙

해설
이용약관
기간통신사업자는 그가 제공하려는 전기통신서비스에 관하여 그 서비스별로 요금 및 이용조건("이용약관")을 정하여 과학기술정보통신부장관에게 신고(변경신고를 포함)하여야 한다.

38 기간통신사업자의 이용약관 변경 명령권자는?
① 통신위원회위원장
② 과학기술정보통신부장관
③ 국무총리
④ 산업통상자원부장관

해설
이용약관의 인가신청
전기통신서비스에 관한 이용약관의 신고를 하거나 인가를 받으려는 자는 다음의 사항이 포함된 이용약관에 요금 산정의 근거 자료를 첨부하여 과학기술정보통신부장관에게 제출하여야 한다.
① 전기통신서비스의 종류 및 내용
② 전기통신서비스를 제공하는 지역
③ 수수료·실비를 포함한 전기통신역무의 요금
④ 전기통신사업자 및 그 이용자의 책임에 관한 사항 등

39 통신사업자가 신고한 이용약관의 인가시 규정한 기준에 적합하여야 한다. 다음 중 적합하지 않은 사항은?
① 통신역무의 요금이 적정하고 긍정 타당할 것
② 중요통신의 확보 사항이 적절하게 배려되어 있을 것
③ 특정인에게는 적절한 차별 취급이 배려되어 있을 것
④ 이용자의 통신회선설비 이용형태를 부당하게 제한하지 아니할 것

해설
이용약관의 신고
기간통신사업자는 그가 제공하고자 하는 전기통신서비스에 관하여 그 서비스별로 요금 및 이용조건("이용약관")을 정하여 과학기술정보통신부장관에게 신고하여야 한다. 과학기술정보통신부장관은 이용약관이 다음 기준에 적합한 때에는 이용약관을 인가하여야 한다.
① 전기통신역무의 요금이 공급비용, 수익, 비용·수익의 서비스별 분류, 서비스 제공방법에 따른 비용절감, 공정한 경쟁환경에 미치는 영향 등을 합리적으로 고려하여 산정되었을 것
② 기간통신사업자 및 그 이용자의 책임에 관한 사항 및 전기통신설비의 설치공사 기타의 공사에 관한 비용부담의 방법이 부당하게 이용자에게 불리하지 아니할 것
③ 다른 전기통신사업자 또는 이용자의 전기통신회선설비의 이용형태를 부당하게 제한하지 아니할 것
④ 특정인에 대하여 부당한 차별적 취급을 하지 아니할 것 등

[정답] 35 ④ 36 ① 37 ② 38 ② 39 ③

40 전기통신설비의 상호접속 또는 공동사용에 대한 설명으로 적합하지 않은 것은?

① 전기통신사업자간 협정체결 후 대통령의 승인을 얻어야 한다.
② 공공이익을 증진하기 위하여 필요하다고 인정되어야 한다.
③ 과학기술정보통신부장관이 정하여 고시하는 상호접속 또는 공동사용기준에 적합하여야 한다.
④ 전기통신사업자의 이익증대와 발전을 위하여 필요하여야 한다.

[해설]
상호접속 등에 관한 협정신고
① 전기통신설비의 제공·공동이용·상호접속 또는 공동사용 등이나 정보제공에 관한 협정의 체결 및 이의 변경·폐지의 신고를 하거나 인가를 받으려는 자는 서류를 과학기술정보통신부장관에게 제출하여야 한다.
② 과학기술정보통신부장관은 전기통신설비의 제공·공동이용·상호접속 또는 공동사용 등이나 정보제공에 관한 기준 등에 적합한지의 여부를 심사하여야 한다.

41 전기통신사업자간의 전기통신설비의 상호접속의 범위와 조건, 절차, 방법 및 대가의 산정 등에 관한 기준은 누가 정하여 고시하는가?

① 과학기술정보통신부장관
② 기간통신사업자
③ 정보통신공사업자
④ 방송통신위원회

[해설]
상호접속 등에 관한 사항
① 전기통신사업자는 다른 전기통신사업자로부터 전기통신설비의 상호접속에 관한 요청이 있는 경우에는 협정을 체결하여 상호접속을 허용할 수 있다.
② 과학기술정보통신부장관은 제①항의 규정에 의한 전기통신설비의 상호접속의 범위와 조건·절차·방법 및 대가의 산정 등에 관한 기준을 정하여 고시한다.

42 전기통신사업자에게 다른 통신사업자로부터 전기통신설비의 상호접속에 관한 요청이 있는 경우에는?

① 원칙적으로 상호접속은 불가능하다.
② 과학기술정보통신부장관의 허가를 받아야 한다.
③ 전기통신사업자는 사업자간 협정을 체결하여 상호접속을 허용할 수 있다.
④ 방송통신위원회의 심의를 받아야 한다.

[해설]
상호접속 등에 관한 사항
① 전기통신사업자는 다른 전기통신사업자로부터 전기통신설비의 상호접속에 관한 요청이 있는 경우에는 협정을 체결하여 상호접속을 허용할 수 있다.
② 과학기술정보통신부장관 제①항의 규정에 의한 전기통신설비의 상호접속의 범위와 조건·절차·방법 및 대가의 산정 등에 관한 기준을 정하여 고시한다.

43 다음 중 과학기술정보통신부장관이 전기통신번호 관리계획을 수립·시행하는 목적이 아닌 것은?

① 전기통신사업자 간의 공정한 경쟁환경 조성
② 통신기술인력의 양성사업을 지원
③ 이용자의 편익 제공
④ 전기통신역무의 효율적인 제공

44 다음 중 전기통신설비를 공동 구축할 수 있는 대상은?

① 국가 또는 지방자치단체와 국민 사이
② 전기통신사업자와 전기통신이용자 사이
③ 기간통신사업자와 자가통신사업자 사이
④ 기간통신사업자와 기간통신사업자 사이

[해설]
기간통신사업자는 다른 기간통신사업자와 전기통신설비를 공동으로 구축하여 사용할 수 있도록 한다.

45 기간통신사업자의 전기통신설비의 설치 및 보전에 따른 특권에 해당되지 않는 것은?

① 토지 등의 일시사용
② 토지 등에의 출입
③ 장해물 제거요구
④ 선박의 항행

[정답] 40 ① 41 ① 42 ③ 43 ② 44 ④ 45 ④

해설

전기통신설비의 설치 및 보전에 따른 특권
① 토지 등의 (일시)사용
② 토지 등에의 출입
③ 장해물 등의 제거요구
④ 원상회복의 의무 등

46 기간통신사업자가 전기통신설비의 건설 또는 보전을 위하여 타인의 주거용 건물에 출입하고자 할 때에 가장 적합한 절차는?

① 신분을 증명하는 증표를 제시하고 출입한다.
② 거주자에게 미리 통보하고 출입한다.
③ 거주자에게 승낙을 얻은 후 출입한다.
④ 임의로 출입한다.

해설

전기통신설비의 설치 및 보전(토지 등에의 출입)
① 기간통신사업자의 전기통신설비의 설치·보전을 위한 측량·조사 등을 위하여 필요한 경우에는 타인의 토지 등에 출입할 수 있다. 다만, 출입하고자 하는 곳이 주거용 건물인 경우에는 거주자의 승낙을 얻어야 한다.
② 측량 또는 조사 등에 종사하는 자가 사유 또는 국·공유의 토지 등에 출입하는 경우에 이를 준용한다.

47 기간통신사업자가 선로 등의 전기통신설비를 설치하기 위하여 타인의 토지 등을 사용할 수 있으나 미리 그 토지 등의 소유자나 점유자와의 협의를 하여야 한다. 그러나 협의가 성립되지 아니하거나 협의를 할 수 없는 경우에 어떻게 처리하여야 하는가?

① 사용통지 후 무조건 사용한다.
② 절대 사용할 수 없으므로 다른 방법을 강구한다.
③ 공익사업을 위한 토지 등의 취득 및 보상에 관한 법률이 정하는 바에 의하여 사용할 수 있다.
④ 관할 국가기관에 제소하여 판정이 난 후 사용한다.

해설

전기통신설비의 설치 및 보전(토지 등에의 사용)
① 기간통신사업자는 전기통신업무에 제공되는 선로 및 공중선과 그 부속설비를 설치하기 위하여 필요한 경우에는 타인의 토지 또는 이에 정착한 건물·공작물과 수면·수저("토지 등")를 사용할 수 있다. 이 경우 기간통신사업자는 미리 그 토지 등의 소유자 또는 점유자와 협의하여야 한다.
② 제①항의 규정에 의한 협의가 성립되지 아니하거나 협의를 할 수 없는 경우에는 기간통신사업자는 「공익사업을 위한 토지 등의 취득 및 보상에 관한 법률」이 정하는 바에 의하여 타인의 토지 등을 사용할 수 있다.

48 기간통신사업자가 전기통신설비의 설치 공사를 하기 위하여 필요한 경우 타인의 토지를 일시 사용할 수 있는 최대 기간은?

① 1월
② 2월
③ 3월
④ 6월

해설

토지 등의 일시사용
① 기간통신사업자는 선로 등에 관한 측량, 전기통신설비의 설치 또는 보전의 공사를 하기 위하여 필요한 경우에는 현재의 사용을 현저히 방해하지 아니하는 범위안에서 사유 또는 국·공유의 전기통신설비 및 토지 등을 일시 사용할 수 있다.
② 제①항의 규정에 의한 토지 등의 일시 사용기간은 6월을 초과할 수 없다.

49 다음 중 기간통신 사업자가 전기통신업무에 제공되는 선로 등을 설치하기 위하여 타인의 토지 또는 이에 정착한 건물·공작물을 사용하는 경우 취하여야 할 조치로서 옳은 것은?

① 토지의 소유자 또는 점유자와 사전에 협의를 하여야 한다.
② 선로설비 등을 설치한 후 토지의 소유자 또는 점유자와 협상한다.
③ 미리 토지의 소유자 또는 점유자에게 공시가로 보상을 하여야 한다.
④ 선로설비 등을 설치한 후 토지의 소유자 또는 점유자에게 통지한다.

50 기간통신사업자는 전기통신설비에 장해를 주거나 줄 염려가 있는 경우 그 장해물 등의 제거를 요구할 수 있다. 다음 중 이에 해당되지 않는 것은?

[정답] 46 ③ 47 ③ 48 ④ 49 ① 50 ④

① 가스관, 수도관, 전력선 등이 전기통신설비에 장해를 주는 경우
② 자가통신설비가 선로 등의 설치·유지에 장해를 주는 경우
③ 식물이 전기통신에 장해를 주는 경우
④ 전용회선이 선로의 설치·유지에 장해를 주는 경우

해설

장해물 등의 제거 요구
① 기간통신사업자는 선로 등의 설치 또는 전기통신설비에 장해를 주거나 줄 우려가 있는 가스관, 수도관, 하수도관, 전등선, 전력선 또는 자가전기통신설비("장해물 등")의 소유 또는 점유자에게 그 장해물 등의 이전, 개조, 수리 기타의 조치를 요구할 수 있다.
② 기간통신사업자는 식물이 선로 등의 설치, 유지 또는 전기통신에 장해를 주거나 우려가 있는 때에는 그 소유자 또는 점유자에게 식물의 제거를 요구할 수 있다.

51 다음 중 기간통신사업자가 전기통신설비의 설치·보전을 위하여 운반구를 운행할 필요가 있을 시 관계 공공기관에 협조를 요청할 수 있는 사항으로 관련 없는 것은?

① 차량의 운행
② 선박의 운행
③ 인력의 동원
④ 항공기 운행

해설

기간통신사업자는 전기통신설비를 설치·보전하기 위하여 차량, 선박, 항공기, 그 밖의 운반구를 운행할 필요가 있으면 관계 공공기관에 협조를 요청할 수 있다.

52 전기통신설비의 보호를 위한 금지행위가 아닌 것은?

① 전기통신설비의 손괴 금지
② 전기통신 소통방해 금지
③ 전기통신설비의 대여 금지
④ 전기통신설비의 기능 장해 금지

해설

전기통신설비의 보호
① 전기통신설비를 손괴하여서는 안 된다.
② 물건의 접촉 기타의 방법으로 전기통신설비의 기능에 장해를 주어 전기통신의 소통을 방해하는 행위를 하여서는 안 된다.

53 전기통신업무의 통화의 우선순위 중 제1순위에 해당하는 것은?

① 재해구조
② 국가 및 지방자치단체의 업무
③ 국가안보
④ 주한외국공관 및 국제연합기관의 업무

해설

업무의 제한 및 정지
과학기술정보통신부장관은 전기통신사업자에게 전기통신업무의 전부 또는 일부의 제한 또는 정지를 명하는 경우에는 그 제한 또는 정지의 범위 및 정도에 따라 다음의 업무를 수행하기 위한 통화의 순으로 소통하게 할 수 있다.
① 제1순위
   국가안보, 군사 및 치안, 민방위경보전달, 전파관리
② ①, ② 및 ④는 제2순위에 해당한다.

54 전기통신업무에 종사하는 재직 중에 통신에 관하여 알게 된 타인의 비밀을 누설하는 경우의 벌칙으로 적합한 것은?

① 1년 이하의 징역 또는 1천만원 이하의 벌금
② 2년 이하의 징역 또는 5천만원 이하의 벌금
③ 3년 이하의 징역 또는 1억원 이하의 벌금
④ 5년 이하의 징역 또는 2억원 이하의 벌금

해설

5년 이하의 징역 또는 2억원 이하의 벌금의 종류
① 전기통신설비를 파손하거나 전기통신설비에 물건을 접촉하거나 그 밖의 방법으로 그 기능에 장해를 주어 전기통신의 소통을 방해한 자
② 재직 중에 통신에 관하여 앙르게 된 타인의 비밀을 누설한 자
③ 통신자료제공을 한 자 및 그 제공을 받은 자

55 다음 중 전기통신관련 법규상 가장 무거운 벌칙에 해당하는 것은?

① 공익을 해할 목적으로 공연히 허위의 통신을 한 자
② 형식승인을 얻지 않고 전기통신기기를 판매한 자
③ 신고를 하지 아니하고 자가통신설비를 설치한 자
④ 정보통신공사업을 등록하지 아니하고 영위한 자

[정답] 51 ③ 52 ③ 53 ③ 54 ④ 55 ①

> **해설**
> ① : 3년 이하의 징역 또는 3천만원 이하의 벌금
> ② : 3년 이하의 징역 또는 3천만원 이하의 벌금
> ③ : 1년 이하의 징역 또는 1천만원 이하의 벌금
> ④ : 3년 이하의 징역 또는 2천만원 이하의 벌금

56 다음 중 가장 중벌에 처하는 것은?

① 이용자가 취급 중에 있는 통신의 비밀을 누설한 자
② 신고를 하지 아니하고 부가통신사업을 경영한 자
③ 허가를 받지 아니하고 기간통신사업을 경영한 자
④ 정당한 사유없이 토지의 일시사용을 거부한 자

> **해설**
> ① : 3년 이하의 징역 또는 1억5천만원 이하의 벌금
> ② : 2년 이하의 징역 또는 1억원 이하의 벌금
> ③ : 전기통신역무의 제공행위의 중지 또는 전기통신설비의 철거 등의 조치를 명할 수 있다.
> ④ : 5천만원 이하의 벌금

57 전기통신사업자가 법원·검사·수사관서의 장·정보수사기관의 장으로부터 재판, 수사, 형의 집행 또는 국가안전보장에 대한 위해를 방지하기 위한 정보수집을 위하여 자료의 열람이나 제출을 요청받을 때에 응할 수 있는 대상이 아닌 것은?

① 이용자의 성명과 주민등록번호
② 이용자의 주소와 전화번호
③ 이용자의 아이디
④ 이용자의 동산 및 부동산

> **해설**
> **통신비밀의 보호**
> ① 누구든지 전기통신사업자가 취급중에 있는 통신의 비밀을 침해하거나 누설하여서는 아니 된다.
> ② 전기통신사업자는 법원, 검사 또는 수사관서의 장, 정보수사기관의 장으로부터 재판, 수사, 형의 집행 또는 국가안전보장에 대한 위해를 방지하기 위한 정보수집을 위하여 다음의 자료의 열람이나 제출을 요청받은 때에 이에 응할 수 있다.
> ㉠ 이용자의 성명
> ㉡ 이용자의 주민등록번호
> ㉢ 이용자의 주소
> ㉣ 이용자의 전화번호
> ㉤ 아이디
> ㉥ 이용자의 가입 또는 해지 일자

58 전기통신사업자는 법의 절차에 따라 통신자료제공을 한 경우에는 그 사실을 기재한 통신자료제공대장을 몇 년간 보존하여야 하는가?

① 10년
② 5년
③ 2년
④ 1년

2 방송통신발전기본법

1. 총칙

가. 방송통신발전기본법의 목적

방송과 통신이 융합되는 새로운 커뮤니케이션 환경에 대응하여 방송통신의 공익성·공공성을 보장하고, 방송통신의 진흥 및 방송통신의 기술기준·재난관리 등에 관한 사항을 정함으로써 공공복리의 증진과 방송통신 발전에 이바지함을 목적으로 한다.

합격예측
방송통신발전기본법의 목적 :
① 방송통신의 공익성, 공공성 보장
② 공공복리 증진
③ 방송통신 발전에 이바지

나. 용어의 정의

용어	용어의 정의
방송통신	유선·무선·광선 또는 그 밖의 전자적 방식에 의하여 방송통신콘텐츠를 송신하거나 수신하는 것과 이에 수반하는 일련의 활동
방송통신콘텐츠	유선·무선·광선 또는 그 밖의 전자적 방식에 의하여 송신되거나 수신되는 부호·문자·음성·음향 및 영상
방송통신설비	방송통신을 하기 위한 기계·기구·선로 또는 그 밖에 방송통신에 필요한 설비
방송통신기자재	방송통신설비에 사용하는 장치·기기·부품 또는 선조 등
방송통신서비스	방송통신설비를 이용하여 직접 방송통신을 하거나 타인이 방송통신을 할 수 있도록 하는 것 또는 이를 위하여 방송통신설비를 타인에게 제공하는 것
방송통신사업자	과학기술정보통신부 장관 또는 방송통신위원회에 신고·등록·승인·허가 및 이에 준하는 절차를 거쳐 방송통신서비스를 제공하는 자

합격예측
"방송통신"은 다음을 포함한다.
① 「방송법」에 따른 방송
② 「인터넷 멀티미디어 방송 사업법」에 따른 인터넷 멀티미디어 방송
③ 「전기통신기본법」에 따른 전기통신

다. 방송통신의 공익성과 공공성

국가와 지방자치단체는 방송통신의 공익성·공공성에 기반한 공적 책임을 완수하기 위하여 다음 사항을 달성하도록 노력하여야 한다.
① 방송통신을 통한 공공복리의 증진과 지역 간 또는 계층 간의 균등한 발전 및 건전한 사회공동체의 형성
② 건전한 방송통신문화 창달 및 올바른 방송통신 이용환경 조성
③ 방송통신기술과 서비스의 발전 장려 및 공정한 경쟁 환경의 조성
④ 사회적 소수 또는 약자계층 등의 방송통신 소외 방지

⑤ 방송통신을 이용한 미디어 환경의 다원성과 다양성의 활성화
⑥ 투명하고 개방적인 의사결정을 통한 방송통신 정책의 수립 및 추진

2. 방송통신의 발전 및 공공복리의 증진

가. 방송통신의 발전을 위한 시책 수립

① 과학기술정보통신부장관 또는 방송통신위원회는 공공복리의 증진과 방송통신의 발전을 위하여 필요한 기본적이고 종합적인 국가의 시책을 마련하여야 한다.
② 과학기술정보통신부장관 또는 방송통신위원회는 경제적, 지리적, 신체적 차이 등에 따른 소수자 또는 사회적 약자가 방송통신에서 불이익을 받거나 소외되지 아니하도록 구체적인 지원 방안을 수립·시행하여야 한다.
③ 과학기술정보통신부장관 또는 방송통신위원회는 국민이 방송통신에 참여하고, 방송통신을 통하여 다양한 문화를 추구할 수 있도록 필요한 시책을 수립·시행하여야 한다.
④ 과학기술정보통신부장관 또는 방송통신위원회는 국민이 보편적이고 기본적인 방송통신서비스를 제공받을 수 있도록 필요한 시책을 수립·시행하여야 한다.
⑤ 과학기술정보통신부장관 또는 방송통신위원회는 방송통신을 통한 국민의 명예 훼손과 권리 침해를 방지하고 정보보호를 위하여 필요한 시책을 수립·시행하여야 한다.
⑥ 과학기술정보통신부장관 또는 방송통신위원회는 모든 국민이 방송통신서비스를 효율적이고 안전하게 이용할 수 있도록 관련 서비스의 품질 평가, 교육 및 홍보 활동 등에 관한 시책을 수립·시행하여야 한다.

나. 방송통신 기본계획의 수립

과학기술정보통신부장관 또는 방송통신위원회는 방송통신을 통한 국민의 복리 향상과 방송통신의 원활한 발전을 위하여 방송통신 기본계획을 수립하고 이를 공고하여야 한다. 기본계획에는 다음 사항이 포함되어야 한다.
① 방송통신서비스에 관한 사항
② 방송통신콘텐츠에 관한 사항
③ 방송통신설비 및 방송통신에 이용되는 유·무선망에 관한 사항
④ 방송통신광고에 관한 사항
⑤ 방송통신기술의 진흥에 관한 사항
⑥ 방송통신의 보편적 서비스 제공 및 공공성 확보에 관한 사항
⑦ 방송통신의 남북협력 및 국제협력에 관한 사항

⑧ 그 밖에 방송통신에 관한 기본적인 사항
※ ②및 ④의 구체적 범위에 관하여는 과학기술정보통신부장관과 문화체육관광부장관과 방송통신위원회의 협의를 거쳐 대통령령으로 정한다.

 참고

📍 방송통신콘텐츠 조정협의체

과학기술정보통신부장관, 방송통신위원회 및 문화체육관광부장관은 방송통신콘텐츠 및 방송통신광고에 관한 다음 사항을 협의·조정하기 위하여 방송통신콘텐츠 조정협의체를 구성·운영한다.

① 방송통신콘텐츠의 제작·유통·수출 등의 지원 및 방송통신콘텐츠 진흥계획에 관한 사항
② 방송통신콘텐츠의 국제협력에 관한 사항
③ 방송통신발전기금을 통한 방송통신콘텐츠의 정책추진에 관한 사항
④ 방송통신광고에 대한 시책 및 지원 등에 관한 사항
⑤ 그 밖에 과학기술정보통신부장관, 방송통신위원회 및 문화체육관광부장관이 효율적 업무추진을 위하여 그 협의·조정이 필요하다고 인정하는 사항

다. 전담기관의 지정

과학기술정보통신부장관과 방송통신위원회는 기본계획의 효율적인 추진·집행을 위하여 필요한 때에는 해당 업무를 전담할 기관을 분야별로 지정할 수 있으며 이에 소요되는 비용을 지원할 수 있다.

라. 방송통신에 이용되는 유·무선망의 고도화

과학기술정보통신부장관은 국민이 원하는 다양한 방송통신서비스가 차질 없이 안정적으로 제공될 수 있도록 방송통신에 이용되는 유·무선망의 고도화를 위하여 노력하여야 하며, 이를 위하여 필요한 시책을 수립·시행하여야 한다.

마. 한국정보통신진흥협회

정보통신서비스 제공자 및 정보통신망과 관련된 사업을 경영하는 자는 정보통신의 발전을 위하여 대통령령으로 정하는 바에 따라 과학기술정보통신부장관의 인가를 받아 한국정보통신진흥협회를 설립할 수 있다.

합격 NOTE

합격예측
방송통신콘텐츠에 관한 사항, 방송통신광고에 관한 사항은 대통령령으로 정함

합격예측
방송통신콘텐츠 조정협의체 조성 목적: 방송통신콘텐츠 및 방송통신광고에 관한 사항을 협의 및 조정

합격예측
전담기관의 지정 목적: 방송통신기본계획의 효율적인 추진 및 집행

합격예측
방송통신에 이용되는 유·무선망의 고도화의 목적: 방송통신서비스를 차질 없이 안정적으로 제공

3. 방송통신의 진흥

가. 방송통신기술의 진흥

과학기술정보통신부장관은 방송통신기술의 진흥을 통한 방송통신서비스 발전을 위하여 다음의 시책을 수립·시행하여야 한다.
① 방송통신과 관련된 기술수준의 조사, 기술의 연구개발, 개발기술의 평가 및 활용에 관한 사항
② 방송통신 기술협력, 기술지도 및 기술이전에 관한 사항
③ 방송통신기술의 표준화 및 새로운 방송통신기술의 도입 등에 관한 사항
④ 방송통신 기술정보의 원활한 유통을 위한 사항
⑤ 방송통신기술의 국제협력에 관한 사항
⑥ 그 밖에 방송통신기술의 진흥에 관한 사항

나. 기술지도

과학기술정보통신부장관은 방송통신기자재의 방송통신 방식 및 규격 등을 생산단계에서부터 정확하게 적용하고 방송통신서비스의 품질을 확보하기 위하여 필요한 경우에는 방송통신기자재의 생산을 업(業)으로 하는 자 또는 정보통신공사업자에게 기술의 표준화, 기술훈련, 기술정보의 제공 또는 국제기구와의 협력 등에 관하여 기술지도를 할 수 있다.

 참고

- 기술지도의 대상
 ① 방송통신기자재에 대한 기술표준의 적용
 ② 방송통신기자재에 대한 생산기술의 효율화
 ③ 방송통신기자재의 기능 및 특성의 개선
 ④ 방송통신기자재의 설치 및 운영에 적용하는 표준공법
 ⑤ 방송통신기자재의 품질보증
 ⑥ 새로운 방송통신기술의 채택·응용 및 개발

- 과학기술정보통신부장관은 다음 방법에 따라 기술지도를 할 수 있다.
 ① 기술정보의 제공
 ② 기술훈련 및 기술전수
 ③ 국내외 기술협력의 지원

합격예측
방송통신기술의 진흥을 통한 방송통신서비스 발전을 위한 시책을 수립 및 시행

합격예측
기술지도의 범위 : 기술의 표준화, 기술훈련, 기술정보의 제공, 국제기구와의 협력

4. 방송통신 기술기준

가. 기술기준

① 방송통신설비를 설치·운영하는 자는 그 설비를 대통령령으로 정하는 기술기준에 적합하게 하여야 한다.
② 방송통신사업자는 과학기술정보통신부장관이 정하여 고시하는 방송통신설비를 설치하거나 설치한 설비를 확장한 경우에는 방송통신서비스를 제공하기 전에 그 방송통신설비가 제①항에 따른 기술기준에 적합한지를 시험하고 그 결과를 기록·관리하여야 한다. 다만, 방송통신설비를 임차하여 방송통신서비스를 제공하는 등 대통령령으로 정하는 방송통신사업자의 경우에는 그러하지 아니하다.
③ 방송통신설비의 설치 및 보전은 설계도서에 따라 하여야 한다.

 참고

 설계도서의 작성

설계도서는 다음의 어느 하나에 해당하는 자가 작성하여야 한다.
① 「엔지니어링산업 진흥업 시행령」에 따른 통신·정보처리부문의 엔지니어링사업자
② 「기술사법」에 따라 기술사사무소의 개설 등록을 한 통신 정보처리분야의 기술사
③ 「정보통신공사업법 시행령」에 따른 기술계 정보통신기술자

④ 과학기술정보통신부장관은 방송통신설비가 기술기준에 적합하게 설치·운영되는지를 확인하기 위하여 다음 어느 하나에 해당하는 경우에는 소속 공무원으로 하여금 방송통신설비를 설치·운영하는 자의 설비를 조사하거나 시험하게 할 수 있다.
  ㉠ 방송통신설비 관련 시책을 수립하기 위한 경우
  ㉡ 국가비상사태에 대비하기 위한 경우
  ㉢ 재해·재난 예방을 위한 경우 및 재해·재난이 발생한 경우
  ㉣ 방송통신설비의 이상으로 광범위한 방송통신 장애가 발생할 우려가 있는 경우
⑤ 조사 또는 시험을 하는 경우에는 조사 또는 시험 7일 전까지 그 일시, 이유 및 내용 등 조사·시험계획을 방송통신설비를 설치·운용하는 자에게

합격예측
방송통신설비를 설치·운영하는 자는 그 설비를 기술기준에 적합하게 하여야 한다.

합격예측
방송통신설비의 설치 및 보전은 설계도서에 따라야 한다.

알려야 한다. 다만, 긴급한 경우이거나 사전에 통지를 하는 경우 증거인 멸 등으로 조사·시험 목적을 달성할 수 없다고 인정하는 경우에는 그렇지 않다.

나. 새로운 방송통신 방식의 채택

과학기술정보통신부장관은 방송통신의 원활한 발전을 위하여 새로운 방송통신 방식 등을 채택할 수 있다.

다. 표준화의 추진

과학기술정보통신부장관은 방송통신의 건전한 발전과 시청자 및 이용자의 편의를 도모하기 위하여 방송통신의 표준화를 추진하고 방송통신사업자 또는 방송통신기자재 생산업자에게 그에 따를 것을 권고할 수 있다.

📝 **참고**

📍 **표준화의 대상**
① 방송통신기술에 관한 사항
② 방송통신설비 및 방송통신기자재에 관한 사항
③ 방송통신망에 관한 사항
④ 방송통신서비스에 관한 사항

라. 한국정보통신기술협회

정보통신의 표준 제정, 보급 및 정보통신 기술 지원 등 표준화에 관한 업무를 효율적으로 추진하기 위하여 과학기술정보통신부장관의 인가를 받아 한국정보통신기술협회를 설립할 수 있다.

합격예측
새로운 방송통신 방식을 채택하는 기관 : 과학기술정보통신부

합격예측
방송통신의 표준화의 목적 :
① 방송통신의 건전한 발전
② 방송시청자의 편의 도모
③ 방송이용자의 편의 도모

합격예측
정보통신의 표준화에 관한 업무를 추진하기 위한 기관 : 한국정보통신기술협회

5. 방송통신재난의 관리

가. 방송통신 재난관리 기본계획의 수립

과학기술정보통신부장관과 방송통신위원회는 주요방송통신사업자의 방송통신서비스에 관하여 재난이나 재해 및 그 밖에 물리적·기능적 결함 등의("방송통신재난") 발생을 예방하고, 방송통신재난을 신속히 수습·복구하기 위한 방송통신 재난관리 기본계획을 수립·시행하여야 하며 다음 사항이 포함되어야 한다.

 참고

주요방송통신사업자

주요방송통신사업자는 다음과 같다.
① 기간통신사업의 허가를 받은 자로서 그 가입자 수가 10만명 이상(또는 회선수가 50만 이상인 자)인 전기통신사업자
② 지상파텔레비전방송사업자(지역방송사업자는 제외)
③ 방송채널사용사업자 중 종합편성 또는 보도전문편성을 하는 방송채널사용사업자

---

① 방송통신재난이 발생할 위험이 높거나 방송통신재난의 예방을 위하여 계속적으로 관리할 필요가 있는 방송통신설비와 그 설치 지역 등의 지정 및 관리에 관한 사항
② 국민의 생명과 재산 보호를 위한 신속한 재난방송 실시에 관한 사항
③ 방송통신재난에 대비하기 위하여 필요한 다음에 관한 사항
  ㉠ 우회 방송통신 경로의 확보
  ㉡ 방송통신설비의 연계 운용을 위한 정보체계의 구성
  ㉢ 피해복구 물자의 확보

나. 방송통신재난 대책본부

과학기술정보통신부장관은 방송통신재난의 피해가 광범위하여 정부 차원의 종합적인 대처가 필요한 경우에 방송통신재난 대책본부를 설치·운영할 수 있다.
① 대책본부의 장은 과학기술정보통신부장관이 된다.
② 대책본부의 구성·운영 등에 필요한 사항은 대통령령으로 정한다.

합격예측

방송통신 재난관리 기본계획을 수립하는 곳 : 과학기술정보통신부, 방송통신위원회

③ 주요방송통신사업자는 대통령령으로 정하는 바에 따라 방송통신재난의 피해복구 진행 상황 등을 대책본부에 보고하여야 한다.

6. 벌칙

가. 벌칙

방송통신설비의 제거명령을 위반한 자는 1년 이하의 징역 또는 1천만원 이하의 벌금에 처한다.

나. 과태료

특별한 사유없이 재난방송 등을 하지 않은 자	3천만원 이하
① 기술기준에 적합한지를 시험하고 그 결과를 기록·관리하지 않은 자 ② 소속 공무원이 방송통신설비를 설치·운영하는 자의 설비를 조사하거나 시험을 거부 또는 기피하거나 이에 지장을 주는 행위를 한 자 ③ 관리규정을 정하지 아니하고 방송통신설비를 관리한 자 ④ 기술기준 위반에 대한 시정명령을 위반한 자 ⑤ 방송통신재난관리계획을 제출하지 아니한 자 ⑥ 피해복구 진행상황 등의 보고를 하지 아니하거나 거짓으로 보고한 자 ⑦ 방송통신설비 설치·운용의 적정 여부의 보고를 하지 아니하거나 거짓으로 보고한 자 ⑧ 방송통신설비 설치·운용의 적정 여부의 검사를 거부·방해 또는 기피한 자	1천만원 이하

합격예측

방송통신설비의 제거명령을 위반한 자 : 1년 이하의 징역 또는 1천만원 이하의 벌금

출제 예상 문제

제2장 방송통신발전기본법

01 방송통신발전기본법의 목적으로 볼 수 없는 것은?

① 방송통신의 공익성 · 공공성 보장
② 통신의 자유를 신장
③ 공공복리의 증진
④ 방송통신 발전에 이바지함

해설
방송통신발전기본법의 목적
방송과 통신이 융합되는 새로운 커뮤니케이션 환경에 대응하여 방송통신의 공익성·공공성을 보장하고, 방송통신의 진흥 및 방송통신의 기술기준·재난관리 등에 관한 사항을 정함으로써 공공복리의 증진과 방송통신 발전에 이바지함을 목적으로 한다.

02 유선·무선·광선 또는 그 밖의 전자적 방식에 의하여 송신되거나 수신되는 부호·문자·음성·음향 및 영상은?

① 방송통신
② 방송통신기자재
③ 방송통신콘텐츠
④ 방송통신사업자

해설
① 방송통신 : 유선·무선·광선 또는 그 밖의 전자적 방식에 의하여 방송통신콘텐츠를 송신하거나 수신하는 것과 이에 수반하는 일련의 활동을 말한다.
② 방송통신기자재 : 방송통신설비에 사용하는 장치·기기·부품 또는 선조 등을 말한다.
④ 방송통신사업자 : 과학기술정보통신부장관 또는 방송통신위원회에 신고·등록·승인·허가 및 이에 준하는 절차를 거쳐 방송통신서비스를 제공하는 자이다.

03 다음 ( ) 안에 들어갈 내용으로 가장 적합한 것은?

"방송통신서비스는 방송통신설비를 이용하여 직접 방송통신을 하거나 타인이 방송통신을 할 수 있도록 하는 것 또는 이를 위하여 ( )를 타인에게 제공하는 것이다."

① 방송통신설비
② 정보통신설비
③ 전자통신설비
④ 별정통신설비

해설
방송통신서비스는 방송통신설비를 이용하여 직접 방송통신을 하거나 타인이 방송통신을 할 수 있도록 하는 것 또는 이를 위하여 방송통신설비를 타인에게 제공하는 것이다.

04 과학기술정보통신부장관과 방송통신위원회가 수립하는 방송통신 기본계획에 포함되는 사항이 아닌것은?

① 방송통신네트워크에 관한 사항
② 방송통신콘텐츠에 관한 사항
③ 방송통신기술의 진흥에 관한 사항
④ 방송통신서비스에 관한 사항

해설
방송통신 기본계획에는 다음 사항이 포함되어야 한다.
① 방송통신서비스에 관한 사항
② 방송통신콘텐츠에 관한 사항
③ 방송통신설비 및 방송통신에 이용되는 유·무선망에 관한 사항
④ 방송통신광고에 관한 사항
⑤ 방송통신기술의 진흥에 관한 사항
⑥ 방송통신의 보편적 서비스 제공 및 공공성 확보에 관한 사항
⑦ 방송통신의 남북협력 및 국제협력에 관한 사항
⑧ 그 밖에 방송통신에 관한 기본적인 사항 등

05 방송통신 기본계획의 사항에서 과학기술정보통신부장관과 문화체육관광부장관 및 방송통신위원회의 협의를 거쳐 대통령령으로 정하는 사항은?

① 방송통신서비스에 관한 사항
② 방송통신설비 및 방송통신에 이용되는 유·무선망에 관한 사항
③ 방송통신기술의 진흥에 관한 사항
④ 방송통신광고에 관한 사항

해설
① '방송통신콘텐츠에 관한 사항'과 '방송통신광고에 관한 사항'의 구체적 범위에 관하여는 과학기술정보통신부장관과 문화체육관광부장관 및 방송통신위원회의 협의를 거쳐 대통령령으로 정한다.
② 과학기술정보통신부장관과 문화체육관광부장관 및 방송통신위원회는 방송통신콘텐츠 및 방송통신광고에 관한 사항을 협의·조정하기 위하여 방송통신콘텐츠 조정협의체를 구성·운영한다.

[정답] 01 ② 02 ③ 03 ① 04 ① 05 ④

06 방송통신 기본계획과 관련된 업무를 전담할 기관으로 지정될 수 없는 기관은?

① 공공기관
② 정부출연 연구기관
③ 과학기술분야 정부출연 연구기관
④ 산업통상자원부장관이 고시하는 기관 및 단체

해설

전담기관의 지정
방송통신기본계획과 관련된 업무를 전담할 기관으로 지정할 수 있는 기관
① 공공기관
② 정부출연 연구기관
③ 과학기술분야 정부출연 연구기관
④ 그 밖에 방송통신 관련 기관 및 단체로서 과학기술정보통신부장관 또는 방송통신위원회가 고시하는 기관·단체

07 정보통신서비스 제공자 및 정보통신망과 관련된 사업을 경영하는 자가 과학기술정보통신부장관의 인가를 받아 설립할 수 있는 협회는?

① 한국정보통신진흥협회
② 방송통신기술진흥협회
③ 정보통신경영진흥협회
④ 한국정보통신기술협회

해설

한국정보통신진흥협회
정보통신서비스 제공자 및 정보통신망과 관련된 사업을 경영하는 자는 정보통신의 발전을 위하여 대통령령으로 정하는 바에 따라 과학기술정보통신부장관의 인가를 받아 한국정보통신진흥협회를 설립할 수 있다.

08 과학기술정보통신부장관이 방송통신기술의 진흥을 통한 방송통신서비스 발전을 위하여 수립·시행하여야 할 사항이 아닌 것은?

① 방송통신 기술위탁에 관한 사항
② 방송통신 기술협력에 관한 사항
③ 방송통신 기술지도에 관한 사항
④ 방송통신 기술이전에 관한 사항

해설

과학기술정보통신부장관은 방송통신기술의 진흥을 통한 방송통신서비스 발전을 위하여 다음의 시책을 수립·시행하여야 한다.
① 방송통신과 관련된 기술수준의 조사, 기술의 연구개발, 개발기술의 평가 및 활용에 관한 사항
② 방송통신 기술협력, 기술지도 및 기술이전에 관한 사항
③ 방송통신기술의 표준화 및 새로운 방송통신기술의 도입 등에 관한 사항
④ 방송통신 기술정보의 원활한 유통을 위한 사항
⑤ 방송통신기술의 국제협력에 관한 사항
⑥ 그 밖에 방송통신기술의 진흥에 관한 사항

09 과학기술정보통신부장관이 필요한 경우에 방송통신기자재생산업자 또는 정보통신공사업자에게 행하는 기술지도의 내용이 아닌 것은?

① 방송통신기자재에 대한 기술표준의 적용
② 새로운 방송통신기술의 채택·응용 및 개발
③ 방송통신기자재의 설치 및 운영에 적용하는 표준공법
④ 방송통신의 질서유지에 관한 사항

해설

과학기술정보통신부장관이 행하는 기술지도의 대상 및 내용은 다음과 같다.
① 방송통신기자재에 대한 기술표준의 적용
② 방송통신기자재에 대한 생산기술의 효율화
③ 방송통신기자재의 기능 및 특성의 개선
④ 방송통신기자재의 설치 및 운영에 적용하는 표준공법
⑤ 방송통신기자재의 품질보증
⑥ 새로운 방송통신기술의 채택·응용 및 개발

10 과학기술정보통신부장관이 행하는 기술지도 방법이 아닌 것은?

① 기술전수
② 기술정보의 제공
③ 소프트웨어의 제공
④ 국내외 기술협력의 지원

해설

과학기술정보통신부장관은 다음의 방법에 따라 기술지도를 할 수 있다.
① 기술정보의 제공
② 기술훈련 및 기술전수
③ 국내외 기술협력의 지원

[정답] 06 ④ 07 ① 08 ① 09 ④ 10 ③

출제 예상 문제

11 방송통신설비의 설치 및 보전은 무엇에 따라 하여야 하는가?

① 설계도서 ② 프로토콜
③ 전기통신기술기준 ④ 정보통신공사업법

해설
① 방송통신설비를 설치·운영하는 자는 그 설비를 대통령령으로 정하는 기술기준에 적합하게 하여야 한다.
② 방송통신설비의 설치 및 보전은 설계도서에 따라 하여야 한다.

12 다음 중 과학기술정보통신부장관이 소속 공무원으로 하여금 방송통신설비 설치·운영하는 자의 설비를 조사하거나 시험하게 할 수 있는 경우가 아닌 것은?

① 방송통신설비 관련 시책을 수립하기 위한 경우
② 국가비상사태에 대비하기 위한 경우
③ 재난·재해 예방을 위한 경우
④ 설치한 목적에 반하여 운용한 경우

해설
방송통신설비의 이상으로 광범위한 방송통신 장애가 발생할 우려가 있는 경우 등

13 다음 중 방송통신의 원활한 발전을 위하여 새로운 방송통신 방식을 채택하는 기관은?

① 한국정보통신기술협회
② 국립전파연구원
③ 과학기술정보통신부
④ 한국정보화진흥원

해설
과학기술정보통신부장관은 방송통신의 원활한 발전을 위하여 새로운 방송통신 방식 등을 채택할 수 있다.

14 방송통신발전기본법에서 규정한 '방송통신 표준화'의 목적이 아닌 것은?

① 방송통신의 건전한 발전을 위하여
② 방송통신기자재 생산업자의 편의를 도모하기 위하여
③ 방송시청자의 편의를 도모하기 위하여
④ 방송이용자의 편의를 도모하기 위하여

15 방송통신의 표준화 대상이 아닌 것은?

① 방송통신기술에 관한 사항
② 방송통신망에 관한 사항
③ 방송통신기술기준에 관한 사항
④ 방송통신서비스에 관한 사항

해설
방송통신 표준화의 대상
① 방송통신기술에 관한 사항
② 방송통신설비 및 방송통신기자재에 관한 사항
③ 방송통신망에 관한 사항
④ 방송통신서비스에 관한 사항

16 정보통신의 표준 제정, 보급 및 정보통신 기술 지원 등 표준화에 관한 업무를 효율적으로 추진하기 위하여 설립된 기관은?

① 한국정보통신진흥협회
② 한국정보통신기술협회
③ 한국전기통신진흥협회
④ 한국전기통신기술협회

해설
정보통신의 표준 제정, 보급 및 정보통신 기술 지원 등 표준화에 관한 업무를 효율적으로 추진하기 위하여 과학기술정보통신부장관의 인가를 받아 한국정보통신기술협회를 설립할 수 있다.

17 주요방송통신사업자로 볼 수 있는 것은?

① 가입자 수가 10만명 이상인 전기통신사업자
② 지상파텔레비전 방송사업자
③ 기간방송통신사업자
④ 텔레비전방송채널 편성사업자

해설
주요방송통신사업자
① 기간통신사업의 허가를 받은 자로서 그 가입자 수가 10만명 이상인 전기통신사업자

[정답] 11 ① 12 ④ 13 ③ 14 ② 15 ③ 16 ② 17 ③

② 지상파텔레비전방송사업자
③ 텔레비전방송채널사용사업자 중 종합편성 또는 보도전문편성을 하는 텔레비전방송채널사용사업자

18 방송통신재난에 대비하기 위하여 수립하여야 하는 방송통신재난관리 기본계획에 포함되어야 하는 사항이 아닌 것은?

① 우회 방송통신 경로의 확보
② 방송통신회선설비의 연계 운용을 위한 정보체계의 구성
③ 피해복구 물자의 확보
④ 통신재난을 입은 전기통신설비의 매수

해설
과학기술정보통신부장관과 방송통신위원회는 대통령령으로 정하는 방송통신사업자의 방송통신서비스에 관하여 방송통신재난의 발생을 예방하고, 방송통신재난을 신속히 수습·복구하기 위한 방송통신재난관리 기본계획을 수립·시행하여야 한다.

19 방송통신재난을 신속히 수습·복구하기 위한 방송통신재난관리 기본계획을 수립하는 곳은?

① 한국통신(KT)
② 방송통신위원회
③ 소방청
④ 행정안전부

20 다음 중 방송통신재난관리 기본계획에 포함되는 사항이 아닌 것은?

① 방송통신재난의 예방을 위하여 계속적으로 관리할 필요가 있는 방송통신설비와 그 설치 지역 등의 지정 및 관리에 관한 사항
② 국민의 생명과 재산 보호를 위한 신속한 재난방송 실시에 관한 사항
③ 방송통신재난에 대비하기 위하여 방송통신설비의 연계 운용을 위한 정보체계의 구성에 관한 사항
④ 재난관리에 관한 기본약관 승인에 관한 사항

21 다음 중 방송통신서비스를 안정적으로 제공하기 위하여 방송통신설비의 관리규정을 정하여야 하는 방송통신사업자가 아닌 것은?

① 위성방송사업자   ② 지상파방송사업자
③ 종합유선방송사업자   ④ 중계유선방송사업자

해설
① 「전기통신사업법」에 따라 기간통신사업의 허가를 받은 자
② 「방송법」의 규정에 따른 지상파방송사업자·종합유선방송사업자 및 위성방송사업자
③ 「인터넷 멀티미디어 방송사업법」에 따른 인터넷 멀티미디어 방송 제공사업자

22 방송통신발전기본법에 따른 방송통신설비의 기술기준 적합여부 조사·시험에 관한 설명이다. 괄호에 들어갈 내용으로 맞는 것은?

> 과학기술정보통신부장관은 방송통신설비가 기술기준에 적합하게 설치·운영되는지 조사·시험할 경우 그 계획을 (　　)전까지 방송통신설비를 설치·운용하는 자에게 알려야 한다.

① 7일   ② 10일
③ 15일   ④ 25일

해설
조사 또는 시험을 하는 경우에는 조사 또는 시험 7일 전까지 그 일시, 이유 및 내용 등 조사·시험계획을 방송통신설비를 설치·운용하는 자에게 알려야 한다.

23 1천만원 이하의 과태료를 내야 하는 사항이 아닌 것은?

① 관리규정을 정하지 아니하고 방송통신설비를 관리한 자
② 기술기준 위반에 대한 시정명령을 위반한 자
③ 방송통신재난관리계획을 제출하지 아니한 자
④ 방송통신설비의 제거명령을 위반한 자

해설
방송통신설비의 제거명령을 위반한 자는 1년 이하의 징역 또는 1천만원 이하의 벌금에 처한다

[정답] 18 ④ 19 ② 20 ④ 21 ④ 22 ① 23 ④

3. 정보통신공사업법

- 목적

구 분	목 적
정보통신공사업법 (법률)	① 정보통신공사의 조사·설계·시공·감리·유지관리·기술관리 등에 관한 기본적인 사항 규정 ② 정보통신공사업의 등록 및 정보통신공사의 도급 등에 관하여 필요한 사항을 규정 ③ 정보통신공사의 적정한 시공과 공사업의 건전한 발전을 도모함
정보통신공사업법 시행령(대통령령)	「정보통신공사업법」에서 위임된 사항과 그 시행에 필요한 사항을 규정

합격예측
정보통신공사업법은 정보통신공사업의 건전한 발전을 도모한다.

합격예측
정보통신공사의 기본적인 사항 : 조사·설계·시공·감리·유지관리·기술관리

- 용어의 정의

용 어	용어의 정의
정보통신설비	유선, 무선, 광선, 그 밖의 전자적 방식으로 부호·문자·음향 또는 영상 등의 정보를 저장·제어·처리하거나 송수신하기 위한 기계·기구(器具)·선로(線路) 및 그 밖에 필요한 설비
정보통신공사	정보통신설비의 설치 및 유지·보수에 관한 공사와 이에 따르는 부대공사로서 대통령령으로 정하는 공사
정보통신공사업	도급이나 그 밖에 명칭이 무엇이든 이 법을 적용받는 정보통신공사를 업(業)으로 하는 것
정보통신공사업자	정보통신공사업("공사업")의 등록을 하고 공사업을 경영하는 자
용역	사람의 위탁을 받아 공사에 관한 조사, 설계, 감리, 사업관리 및 유지관리 등의 역무를 하는 것
용역업	용역을 영업으로 하는 것
용역업자	대통령령이 정하는 정보통신관련 분야의 자격을 보유하고 용역업을 경영하는 자
설계	공사에 관한 계획서·설계도면·시방서·공사비명세서·기술계산서 및 이와 관련된 서류("설계도서")를 작성하는 행위
감리	공사에 대하여 발주자의 위탁을 받은 용역업자가 설계도서 및 관련규정의 내용대로 시공되는지 여부의 감독, 품질관리·시공관리 및 안전관리에 대한 지도 등에 관한 발주자의 권한을 대행하는 것

합격예측
설계도서 : 공사 계획서, 설계도면, 시방서, 공사비명세서, 기술계산서

합격예측
감리의 지도사항 : 품질관리, 시공관리, 안전관리

합격 NOTE

용 어	용어의 정의
감리원	공사의 감리에 관한 기술 또는 기능을 가진 자로서 과학기술정보통신부 장관의 인정을 받은 자
발주자	공사(용역을 포함)를 공사업자(용역업자 포함)에게 도급하는 자. 다만, 수급인으로서 도급받은 공사를 하도급하는 자는 제외한다.
도급	원도급·하도급·위탁 그 밖에 명칭이 무엇이든 공사를 완성할 것을 약정하고, 발주자가 그 일의 결과에 대하여 대가를 지급할 것을 약정하는 계약
하도급	도급받은 공사의 일부에 대하여 수급인이 제3자와 체결하는 계약
수급인	발주자로부터 공사를 도급받은 공사업자
하수급인	수급인으로부터 공사를 하도급받은 공사업자
정보통신기술자	정보통신관련 분야의 기술자격을 취득한 사람과 정보통신설비에 관한 기술 또는 기능을 가진 자로서 과학기술정보통신부장관의 인정을 받은 자

가. 정보통신공사("공사")

(1) 정보통신공사의 범위

정보통신공사는 정보통신설비의 설치 및 유지·보수에 관한 공사와 이에 따른 부대공사로서, 이는 다음과 같다.
① 전기통신관계법령 및 전파관계법령에 따른 통신설비공사
② 「방송법」 등 방송관계법령에 따른 방송설비공사
③ 정보통신관계법령에 따라 정보통신설비를 이용하여 정보를 제어·저장 및 처리하는 정보설비공사
④ 수전설비를 제외한 정보통신전용 전기시설설비공사 등 그 밖의 설비공사
⑤ 제①호~④호까지의 규정에 따른 공사의 부대공사
⑥ 제①호~⑤호까지의 규정에 따른 공사의 유지·보수공사

합격예측
정보통신공사의 종류 :
① 통신설비공사
② 방송설비공사
③ 정보설비공사

[공사의 종류]

구분	공사의 종류	공사의 예시
통신 설비 공사	통신선로 설비공사	통신구설비, 통신관로설비, 통신케이블(광섬유 및 동축케이블·전주·지지철물·케이블방재·철탑·배관·단자함 등을 포함)설비 등의 공사
	교환 설비공사	전자식 교환(ISDN 및 전전자를 포함)설비, 자동식 교환설비, 비동기식 교환(ATM)설비, 자동호분배장치설비, 중앙과금장치설비, 신호망설비, 지능망설비, 사설교환(PBX·CBX)설비 등의 공사

구분	공사의 종류	공사의 예시
통신설비공사	전송설비공사	전송단국(PCM·PDH·SONET·WDM)설비, 송·수신설비, 중계설비, 다중화설비, 분배설비, 전력선반송설비, 종합유선방송(CATV)전송설비 등의 공사
	구내통신설비공사	구내통신선로·이동통신구내선로·종합유선방송전송선로 설비(인입관로 및 통신케이블 등을 포함), TV공시청설비, 전화설비, 방범설비, 방송설비, 정보통신설비, 키폰전화설비 등의 공사
	이동통신설비공사	개인이동통신(PCS)설비, 휴대용 이동전화(셀룰러)설비, 주파수공용통신(TRS)설비, 무선데이터통신설비, IMT-2000설비, 위성이동휴대전화(GMPCS)설비 등의 공사
	위성통신설비공사	위성송·수신국설비, 위성체설비, 지상관제소설비, 발사체설비, 위성측위시스템(GPS)설비, 소형위성지구국(VSAT)설비, 위성뉴스중계(SNG)설비 등의 공사
	고정무선통신설비공사	무선CATV설비, 방송통신융합시스템(LMCS)설비, 무선가입자망(WLL)설비, 마이크로웨이브(M/W)설비, 무선적외선설비 등의 공사
방송설비공사	방송국설비공사	영상·음향설비, 송출설비, 방송관리시스템설비 등의 공사
	방송전송·선로설비 공사	방송관로설비, 방송케이블(전주·철탑·배관·단자함 등을 포함)설비, 전송단국설비, 송·수신설비, 중계설비, 다중화설비, 분배설비, 구내전송선로설비, 위성방송수신설비 등의 공사
정보설비공사	정보제어·보안설비공사	인공지능빌딩시스템(IBS)설비, 관제(항공·교통·기상)설비, 원격조정·자동제어(SCADA)설비, 정보시스템관리설비, 방향탐지설비, CCTV설비 등의 공사
	정보망설비공사	근거리통신망(LAN)설비, 부가가치통신망(VAN)설비, 광역통신망(WAN)설비, 정보시스템망관리(TMN)설비, 인터넷설비, 종합정보통신망(ISDN)설비, 초고속정보망(XDSL)설비, 유비쿼터스설비 등의 공사
	정보매체설비공사	화상(영상)회의시스템설비, 홈뱅킹시스템설비, 원격의료시스템설비, 주문대응형비디오시스템(VOD)설비, 지리정보시스템(GIS)설비 등의 공사
	항공·항만통신설비공사	레이더(ASDE·ASR·MSR)설비, 위성항행(CNS/ATM)설비, 위성항법시스템(GNSS)설비, 종합정보통신시스템설비, 일반공중통신시스템설비, 통신자동화시스템설비, 통합경비보안시스템설비, 해안무선(VTS 및 해안지역 각종 통신시설)설비 등의 공사
	선박의 통신·항해·어로설비공사	선박통신설비, 선박항해설비(RADAR 등), 선박어로설비(어군탐지장치, 어망감시장치, 수온측정장치 등) 등의 공사

합격 NOTE

구분	공사의 종류	공사의 예시
정보 설비 공사	철도통신·신호 설비공사	역무자동화(AFC)설비, 열차무선설비, 자동안내방송설비, 전자식신호제어설비, 열차내이동무선공중전화설비, 여객자동안내장치설비 등의 공사
기타 설비 공사	정보통신전용 전기시설 설비공사	정보통신전기공급설비, 전기부식방지설비, 전력·전철유도방지설비, 무정전전원장치(UPS)설비, 충방전·전압조정설비, 전동발전기설비, 접지설비, 서지설비, 낙뢰방지설비, 잡음·전자파(EMI·EMC·EMS 등을 포함한다)방지설비 등의 공사

(2) 공사의 제한

공사는 정보통신공사업자("공사업자")가 아니면 도급을 받거나 시공할 수 없다. 다만, 다음의 경우에는 그러하지 않다.
① 기간통신사업자가 등록한 역무를 수행하기 위하여 공사를 직접 시공(도급하는 경우는 제외)하는 경우
② 경미한 공사를 도급받거나 시공하는 경우
③ 통신구 설비공사 또는 도로공사에 부수되어 그와 동시에 시공되는 정보통신 지하관로의 설비공사를 도급받거나 시공하는 경우

- 공사제한의 예외
  공사업자 이외의 자가 도급받거나 시공할 수 있는 경미한 공사의 범위는 다음과 같다.
  ㉠ 간이무선국·아마추어국 및 실험국의 무선설비설치공사
  ㉡ 연면적 1천 제곱미터 이하의 건축물의 자가유선방송설비·구내방송설비 및 폐쇄회로텔레비전의 설비공사
  ㉢ 건축물에 설치되는 5회선 이하의 구내통신선로설비공사
  ㉣ 라우터 또는 허브의 증설을 수반하지 아니하는 5회선 이하의 근거리통신망(LAN)선로의 증설공사
  ㉤ 중소 소프트웨어사업자만 참여하는 공사(6회선 이상의 LAN 선로설비공사는 제외)
  ㉥ 군 및 경찰의 긴급작전을 위한 공사로서 과학기술정보통신부장관이 관계 중앙행정기관의 장과 협의하여 정하는 공사
  ㉦ 다음의 공사로서 과학기술정보통신부장관이 정하여 고시하는 공사
    ㉮ 정보통신설비의 단말기, 차량용 전화 등의 설치 또는 증설공사
    ㉯ 무선통신설비의 이전·변경·증설 또는 대체 등의 공사
    ㉰ 자기의 정보통신설비의 유지·보수공사

합격예측
정보통신공사는 정보통신공사업자가 아니면 도급받거나 시공할 수 없다.

나. 공사의 설계·감리
  (1) 기술기준의 준수
    ① 공사를 설계하는 자는 대통령령으로 정하는 기술기준에 적합하도록 설계하여야 한다.
    ② 감리원은 설계도서 및 관련규정에 적합하도록 공사를 감리하여야 한다.
  (2) 설계
    ① 발주자는 용역업자에게 공사의 설계를 발주하여야 한다.

 참고

● 용역업자에게 설계를 발주하여야 하는 공사는 다음 어느 하나에 해당하는 공사를 제외한 공사로 한다.
① 경미한 공사
② 천재·지변 또는 비상재해로 인한 긴급복구공사 및 그 부대공사
③ 통신구설비공사
④ 기존 설비를 대·개체하는 공사로서 설계도면의 새로운 작성이 불필요한 공사

    ② 설계도서를 작성한 자는 그 설계도서에 서명 또는 기명날인하여야 한다.
    ③ 설계대상인 공사의 범위, 설계도서의 보관 기타 필요한 사항은 대통령령으로 정한다.

대 상	설계도서의 보관의무
공사 목적물의 소유자	공사에 대한 실시·준공설계도서를 공사의 목적물이 폐지될 때까지 보관할 것. 다만, 소유자가 보관하기 어려운 사유가 있을 때에는 관리주체가 보관하여야 하며, 시설교체 등으로 실시·준공설계도서가 변경된 경우에는 변경된 후의 실시·준공설계도서를 보관하여야 한다.
공사를 설계한 용역업자	작성 또는 제공한 실시설계도서를 해당 공사가 준공된 후 5년간 보관할 것
공사를 감리한 용역업자	감리한 공사의 준공설계도서를 하자담보책임기간이 종료될 때까지 보관할 것

합격 NOTE

합격예측
공사를 설계하는 자는 기술기준에 적합하도록 설계하여야 한다.

합격예측
실시설계도서는 준공 후 5년 간 보관할 것

합격예측
설계도서가 변경된 경우 : 변경된 후의 실시·준공설계도서 보관

합격 NOTE

합격예측
감리원은 공사의 감리에 관한 기술 또는 기능을 가진 사람으로서 과학기술정보통신부장관의 인정을 받은 사람이다.

합격예측
70억원 이상 100억원 미만인 공사
: 특급감리원

합격예측
용역업자가 감리원을 배치한 경우 그 내용을 발주자에게 통지하여야 한다.

---

(3) 감리

① 발주자는 용역업자에게 공사의 감리를 발주하여야 한다.
② 공사의 감리를 발주받은 용역업자는 감리원에게 그 공사에 대한 감리를 하게 하여야 한다.
③ 감리원으로 인정받으려는 사람은 과학기술정보통신부장관에게 자격을 신청하여야 한다.
④ 과학기술정보통신부장관은 신청인이 대통령령으로 정하는 감리원의 자격에 해당하면 감리원으로 인정하여야 한다.
⑤ 과학기술정보통신부장관은 신청인을 감리원으로 인정하는 경우에는 감리원 자격증명서를 그 감리원에게 발급하여야 한다.
⑥ 감리원은 자기의 성명을 사용하여 다른 사람에게 감리업무를 하게 하거나 자격증을 빌려 주어서는 안된다.
　㉠ 용역업자는 해당 공사의 규모 및 공사의 종류에 적합하다고 인정되는 자를 감리원으로 현장에 상주시키되, 해당 공사 전반에 관한 감리업무를 총괄하는 자를 다음의 기준에 따라 배치하여야 한다.

[감리원의 배치기준]

총공사 금액	감리업무 총괄
100억원 이상 공사	기술사
70억원 이상 100억원 미만인 공사	특급감리원
30억원 이상 70억원 미만인 공사	고급감리원 이상의 감리원
5억원 이상 30억원 미만인 공사	중급감리원 이상의 감리원
5억원 미만의 공사	초급감리원 이상의 감리원

　㉡ 용역업자는 감리원을 배치한 때에는 그 배치내용을 해당 공사의 발주자에게 통지하여야 하며, 배치된 감리원을 교체하려는 경우에는 미리 발주자의 승인을 받아야 한다.

 참고

📍 감리원의 업무범위
- 공사계획 및 공정표의 검토
- 공사업자가 작성한 시공 상세도면의 검토·확인
- 설계도서와 시공도면의 내용이 현장조건에 적합한지 여부와 시공가능성 등에 관한 사전검토

- 공사가 설계도서 및 관련규정에 적합하게 행하여지고 있는지에 대한 확인
- 공사 진척부분에 대한 조사 및 검사
- 사용자재의 규격 및 적합성에 관한 검토·확인
- 재해예방대책 및 안전관리의 확인
- 설계변경에 관한 사항의 검토·확인
- 하도급에 대한 타당성 검토
- 준공도서의 검토 및 준공확인

[감리원의 자격]

등급	기술자격자
특급 감리원	기술사
고급 감리원	1. 기사자격(기능장을 포함)을 취득한 후 6년 이상 공사업무를 수행한 자 2. 산업기사자격을 취득한 후 9년 이상 공사업무를 수행한 자 3. 기능사자격을 취득한 후 14년 이상 공사업무를 수행한 자
중급 감리원	1. 기사자격을 취득한 후 3년 이상 공사업무를 수행한 자 2. 산업기사자격을 취득한 후 6년 이상 공사업무를 수행한 자 3. 기능사자격을 취득한 후 12년 이상 공사업무를 수행한 자
초급 감리원	1. 산업기사 이상의 자격을 취득한 자 2. 기능사자격을 취득한 후 6년 이상 공사업무를 수행한 자

합격예측
감리원의 종류 : 특급감리원, 고급감리원, 중급감리원, 초급감리원

(4) 감리원의 공사중지명령

① 감리원은 공사업자가 설계도서 및 관련규정의 내용과 적합하지 아니하게 해당 공사를 시공하는 경우에는 발주자의 동의를 얻어 재시공 또는 공사중지명령이나 그 밖에 필요한 조치를 할 수 있다.

② 감리원으로부터 재시공 또는 공사중지명령이나 그 밖에 필요한 조치에 관한 지시를 받은 공사업자는 특별한 사유가 없는 한 이에 따라야 한다.

합격예측
감리원은 공사업자가 '설계도서' 및 '관련규정'의 내용에 적합하게 공사하는지를 감리

(5) 감리원에 대한 시정조치

발주자는 감리원이 업무를 성실하게 수행하지 아니하여 공사가 부실하게 될 우려가 있을 때에는 대통령령이 정하는 바에 의하여 당해 감리원에 대하여 시정지시 등 필요한 조치를 할 수 있다.

합격예측
감리원에 대한 시정조치 : 시정지시, 감리원의 변경요구

합격 NOTE

합격예측
감리원이 감리결과의 통보 방법 :
서면으로 작성하여 우편으로 제출

(6) 감리결과의 통보

공사의 감리를 발주받은 용역업자는 공사에 대한 감리를 끝냈을 때에는 그 감리 결과를 발주자에게 서면으로 알려야 한다.

> **참고**
>
> 📍 **감리결과의 통보**
>
> 용역업자는 감리를 완료한 때에는 공사가 완료된 날부터 7일 이내에 다음 사항이 포함된 감리결과를 발주자에게 통보하여야 한다.
> ① 착공일 및 완공일
> ② 공사업자의 성명
> ③ 시공 상태의 평가결과
> ④ 사용자재의 규격 및 적합성 평가결과
> ⑤ 정보통신기술자배치의 적정성 평가결과

합격예측
용역업자는 공사를 완료한 날로부터 7일 이내에 감리결과를 발주자에게 통보한다.

(7) 공사업자의 감리 제한

공사업자와 용역업자가 동일인이거나 다음 어느 하나의 관계에 해당되면 해당 공사에 관하여 공사와 감리를 함께 할 수 없다.
① 모회사(母會社)와 자회사(子會社)의 관계인 경우
② 법인과 그 법인의 임직원의 관계인 경우
③ 친족관계인 경우

다. 공사의 시공

(1) 정보통신공사업의 등록

① 공사업을 경영하려는 자는 특별시장·광역시장 또는 특별자치도지사("시·도지사")에게 등록하여야 한다.
② 공사업 등록의 신청공사업 등록을 하려는 자는 정보통신공사업 등록신청서에 다음의 서류를 첨부하여 공사업자의 주된 영업소의 소재지를 관할하는 시·도지사에게 신청하여야 한다.
　ⓐ 신청인(법인인 경우에는 대표자를 포함한 임원)의 성명, 주민등록번호 및 주소 등의 인적사항이 기재된 서류
　ⓑ 기업진단보고서
　ⓒ 정보통신기술자의 명단과 해당 정보통신기술자의 경력수첩사본
　ⓓ 사무실 보유를 증명하는 서류

합격예측
공사업을 경영하려는 자는 시도지사에게 등록

(2) 공사업의 등록 기준

　① 기술능력
　② 자본금(개인인 경우에는 자산평가액)
　③ 사무실

[정보통신공사업의 등록기준]

자본금	기술능력	사무실
1억 5천만원 이상 (개인인 경우에는 자산평가액을 말한다.)	1. 기술계 정보통신기술자 3명 이상(3명 중 1명은 중급 기술자 이상) 2. 기능계 정보통신기술자 1명 이상(기능계 정보통신기술자는 기술계 정보통신기술자로 대체할 수 있다)	정보통신기술자 등이 항상 이용 가능하고 필요한 사무장비를 갖출 수 있는 공간이 확보된 사무실

(3) 공사업자의 변경신고사항

　① 영업소의 소재지
　② 대표자
　③ 자본금
　④ 정보통신기술자

(4) 등록의 결격사유

다음에 해당하는 자는 공사업의 등록을 할 수 없다.
① 피성년후견인 또는 피한정후견인
② 파산선고를 받고 복권되지 아니한 자
③ 법을 위반하여 금고 이상의 실형의 선고를 받고 그 집행이 끝나거나 집행이 면제된 날부터 3년을 지나지 아니한 자 또는 그 형의 집행유예선고를 받고 그 유예기간 중에 있는 자
④ 법에 의하여 등록이 취소된 후 2년을 경과하지 아니한 자
⑤ 국가보안법 또는 형법에 규정된 죄를 범하여 금고 이상의 실형을 선고받고 그 집행이 끝나거나 그 집행이 면제된 날부터 3년을 지나지 아니한 사람 또는 그 형의 집행유예선고를 받고 그 유예기간 중에 있는 사람
⑥ 임원 중에 제①호 내지 제⑤호의 규정에 해당하는 사람이 있는 법인

라. 도급 및 하도급

(1) 도급의 분리

공사는 건설공사 또는 전기공사 등 다른 공사와 분리하여 도급하여야 한다.

합격 NOTE

합격예측
공사업 등록기준 : 기술능력, 자본금, 사무실 등

합격예측
법인인 경우의 자본금 : 1억 5천만원 이상

합격예측
공사업자의 변경신고사항 : 영업소재지변경, 대표자변경, 자본금변동, 정보통신기술자변경

(2) 공사업에 관한 정보관리
① 과학기술정보통신부장관은 공사에 필요한 자재·인력의 수급 상황 등 공사업에 관한 정보와 공사업자의 공사 종류별 실적, 자본금, 기술력 등에 관한 정보를 종합 관리하여야 한다.
② 과학기술정보통신부장관은 공사업자의 신청을 받으면 그 공사업자의 공사실적·자본금·기술력 및 공사품질의 신뢰도와 품질관리수준 등에 따라 시공능력을 평가하여 공시하여야 한다.

(3) 하도급의 제한
① 공사업자는 도급받은 공사의 100분의 50을 초과하여 다른 공사업자에게 하도급해서는 안된다. 다만, 다음에 해당하는 경우에는 그렇지 않다.
　㉠ 발주자가 공사의 품질이나 시공상의 능력을 높이기 위하여 필요하다고 인정하는 경우
　㉡ 공사에 사용되는 자재를 납품하는 공사업자가 그 납품한 자재를 설치하기 위하여 공사하는 경우
② 하수급인은 하도급받은 공사를 다른 공사업자에게 다시 하도급하여서는 안 된다. 다만, 하도급금액의 100분의 50 미만에 해당하는 부분을 다시 하도급하는 경우에는 그렇지 않다.
③ 공사업자가 도급받은 공사중 그 일부를 다른 공사업자에게 하도급하거나 하수급인이 하도급받은 공사중 그 일부를 다른 공사업자에게 다시 하도급하려면 그 공사의 발주자로부터 서면으로 승낙을 받아야 한다.

(4) 하도급의 범위
① 공사업자가 하도급할 수 있는 공사는 도급받은 공사 중 기술상 분리하여 시공할 수 있는 독립된 공사로 하되, 그 범위는 공정 또는 구간 등을 기준으로 산정한다.
② 하수급인이 다시 하도급할 수 있는 공사의 범위는 하도급을 받은 공사 중 기술상 분리하여 시공할 수 있는 독립된 공사에 한한다.
③ "기술상 분리하여 시공할 수 있는 독립된 공사"란 공정별 또는 구간별 등으로 분리하여 시공하여도 책임구분이 명확한 경우로서 발주된 전체 공사의 완성에 지장을 주지 않는 공사를 말한다.

마. 공사의 시공관리 및 사용전 검사

(1) 정보통신기술자의 배치
① 공사업자는 공사의 시공관리 그 밖의 기술상의 관리를 하기 위하여 공사 현장에 정보통신기술자 1명 이상을 배치하고, 이를 그 공사의 발주자에게 알려야 한다.
② 배치된 정보통신기술자는 해당 공사의 발주자의 승낙을 받지 아니하

고는 정당한 사유없이 그 공사의 현장을 이탈하여서는 안 된다.
③ 발주자는 배치된 정보통신기술자가 업무수행의 능력이 현저히 부족하다고 인정되는 때에는 수급인에게 정보통신기술자의 교체를 요청할 수 있다. 이 경우 수급인은 정당한 사유가 없는 한 이에 응하여야 한다.

(2) 정보통신기술자의 현장배치기준

공사의 현장에 배치하여야 하는 정보통신기술자는 해당 공사의 종류에 상응하는 정보통신기술자이어야 한다. 공사업자는 공사가 시공 중인 때에는 다음 구분에 따라 정보통신기술자를 현장에 상주하게 하여 공사관리를 하여야 한다.

① 도급금액이 5억원 이상의 공사 : 중급기술자 이상인 정보통신기술자
② 도급금액이 5천만원 이상 5억원 미만인 공사 : 초급기술자 이상인 정보통신기술자
③ 공사현장에 배치된 정보통신기술자는 공사에 따른 위험 및 장해가 발생하지 아니하도록 모든 안전조치를 강구하여야 하며, 관계법령에 따라 그 업무를 성실히 수행하여야 한다.
④ 공사업자는 다음 어느 하나에 해당하는 경우에는 발주자의 승낙을 얻어 1명의 정보통신기술자에게 2개의 공사를 관리하게 할 수 있다.
   ㉠ 도급금액이 1억원 미만의 공사로서 동일한 시·군에서 행하여지는 동일한 종류의 공사
   ㉡ 이미 시공 중에 있는 공사의 현장에서 새로이 행하여지는 동일한 종류의 공사

(3) 정보통신기술자의 인정

정보통신기술자로 인정을 받고자 하는 자는 과학기술정보통신부장관에게 자격인정을 신청하여야 한다.

[정보통신기술자의 자격]

등 급	기술자격자
특급기술자	기술사
고급기술자	1. 기사자격(기능장을 포함)을 취득한 후 5년 이상 공사업무를 수행한 자 2. 산업기사자격을 취득한 후 8년 이상 공사업무를 수행한 자 3. 기능사자격을 취득한 후 13년 이상 공사업무를 수행한 자
중급기술자	1. 기사자격을 취득한 후 2년 이상 공사업무를 수행한 자 2. 산업기사자격을 취득한 후 5년 이상 공사업무를 수행한 자 3. 기능사자격을 취득한 후 10년 이상 공사업무를 수행한 자
초급기술자	1. 산업기사 이상의 자격을 취득한 자 2. 기능사자격을 취득한 후 4년 이상 공사업무를 수행한 자

합격 NOTE

합격예측
발주자는 업무수행능력이 부족한 정보통신기술자의 교체를 요청할 수 있다.

합격예측
특별한 경우 1명의 정보통신기술자가 2개의 공사를 관리 할 수 있다.

합격예측
정보통신기술자
① 정보통신관련분야에 기술자격을 취득한 자
② 정보통신설비에 관한 기술 또는 기능을 가진자

합격예측
고급기술자 인정범위 : 산업기사자격을 취득한 후 8년 이상 공사업무를 수행한 자 등

합격 NOTE

합격예측
사용전검사를 한 결과가 기술기준에 미달하는 등 사용에 부적합하다고 인정하는 때에는 그 사유를 명시하여 보완을 지시한다.

합격예측
개착식 통신구공사의 하자담보 책임기간 : 5년

(4) 정보통신기술자의 겸직

① 정보통신기술자는 동시에 2곳 이상의 공사업체에 종사할 수 없다.
② 정보통신기술자는 타인에게 자기의 성명을 사용하여 용역 또는 공사를 수행하게 하거나 경력수첩을 빌려주어서는 안 된다.

(5) 공사의 사용전 검사

① 공사를 발주한 자("발주자등")는 해당 공사를 시작하기 전에 설계도를 시·도지사에게 제출하여 기술기준에 적합한지를 확인받아야 한다.
② 시·도지사는 필요한 경우 발주자등, 용역업자, 그 밖에 정보통신공사 관계 기관에 착공 전 확인과 사용·전검사에 관한 자료의 제출을 요구할 수 있다.

(6) 공사의 하자담보책임

수급인은 발주자에 대하여 공사의 완공일부터 5년 이내의 범위에서 공사의 종류별로 대통령령으로 정하는 기간 내에 발생한 하자에 대하여 담보책임이 있다.

[종류별로 대통령령으로 정하는 기간]

종류	기간
(1) 터널식 또는 개착식 등의 통신구공사	5년
(2) 사업용전기통신설비에 관한 공사 ① 케이블 설치공사(구내에서 시공되는 공사는 제외) ② 관로공사 ③ 철탑공사 ④ 교환기 설치공사 ⑤ 전송설비공사 ⑥ 위성통신설비공사	3년
(1)과 (2)외의 공사	1년

합격예측
정보통신공사협회의 설립목적 : 공사업자의 품위 유지, 기술 향상, 공사시공방법 개량, 공사업의 건전한 발전

바. 정보통신공사협회

공사업자는 품위 유지, 기술 향상, 공사시공방법 개량, 그 밖에 공사업의 건전한 발전을 위하여 과학기술정보통신부장관의 인가를 받아 정보통신공사협회를 설립할 수 있다.

사. 감독

(1) 공사업자의 지도·감독

합격예측
소속 공무원의 점검 사항 : 공사업자의 경영실태, 공사자재 또는 시설

① 시·도지사는 등록기준에 적합한지, 하도급이 적절한지, 성실하게 시

공하는지 등을 판단하기 위하여 필요하다고 인정하면 공사업자에게 그 업무 및 시공 상황에 관하여 보고하게 하거나 자료의 제출을 명할 수 있으며, 소속 공무원으로 하여금 공사업자의 경영실태를 조사하게 하거나 공사자재 또는 시설을 검사하게 할 수 있다.

② 시·도지사는 필요하다고 인정하면 정보통신공사의 발주자, 감리원, 그 밖에 정보통신공사 관계 기관에 정보통신공사의 시공 상황에 관한 자료의 제출을 요구할 수 있다.

(2) 감리원의 업무정지

과학기술정보통신부장관은 감리원이 다른 사람에게 자기의 성명을 사용하여 감리업무를 수행하게 하거나 자격증을 빌려준 경우에는 1년 이내의 기간을 정하여 그 업무의 정지를 명할 수 있다.

(3) 감리원의 인정취소

과학기술정보통신부장관은 다음에 해당하는 사람에 대하여는 감리원의 인정을 취소하여야 한다.

① 거짓이나 그 밖의 부정한 방법으로 감리원 자격을 인정받은 사람
② 국가기술자격이 취소된 사람

(4) 영업정지와 등록취소

시·도지사는 정보통신공사업자가 다음에 해당하게 된 때에는 1년 이내의 기간을 정하여 영업의 정지를 명하거나 등록을 취소할 수 있다. 다만, 제①호~④호에 해당하는 경우에는 등록을 취소하여야 한다.

① 부정한 방법으로 공사업의 등록을 한 경우
② 등록기준에 관한 사항을 거짓으로 신고한 경우
③ 타인에게 등록증이나 등록수첩을 빌려주거나 타인의 등록증이나 등록수첩을 빌려서 사용한 경우
④ 영업정지처분을 위반하거나 최근 5년간 3회 이상 영업정지처분을 받은 경우
⑤ 등록기준에 관한 사항을 대통령령이 정하는 기간 이내에 신고하지 아니한 경우
⑥ 등록의 기준에 미달하게 된 경우
⑦ 신고를 거짓으로 한 경우
⑧ 공사실적, 자본금, 그 밖에 대통령령으로 정하는 사항에 관한 서류를 거짓으로 제출한 경우
⑨ 규정에 위반하여 하도급을 한 경우
⑩ 정보통신기술자를 공사현장에 배치하지 아니한 경우
⑪ 시정명령 또는 지시에 위반한 경우

합격 NOTE

합격예측
감리원이 자격증을 빌려준 경우에는 1년 이내의 기간에 업무를 정지시킨다.

합격예측
공사업 등록취소 : ①~④호

⑫ 전기통신기본법 등 관계법령의 규정에 위반하여 부실하게 공사를 시공한 경우
⑬ 다른 법령에 따라 국가 또는 지방자치단체가 영업정지와 등록취소를 요구한 경우

(5) 정보통신기술자의 업무정지

과학기술정보통신부장관은 정보통신기술자가 다음에 해당하게 되면 1년 이내의 기간을 정하여 그 업무의 정지를 명할 수 있다.

① 동시에 2곳 이상의 공사업체에 종사한 경우
② 다른 사람에게 자기의 성명을 사용하여 용역 또는 공사를 하게 하거나 경력수첩을 빌려준 경우

(6) 정보통신기술자의 인정취소

과학기술정보통신부장관은 다음에 해당하는 사람에 대하여는 정보통신기술자의 인정을 취소하여야 한다.

① 거짓이나 그 밖의 부정한 방법으로 정보통신기술자의 자격을 인정받은 사람
② 해당 국가기술자격이 취소된 자

아. 벌칙

합격예측
공사와 감리를 함께한 자 : 3년 이하의 징역 또는 2천만원 이하의 벌금

내 용	벌 칙
① 공사와 감리를 함께한 자 ② 부정한 방법으로 등록을 하고 공사업을 경영한 자 ③ 부정한 방법으로 신고를 하고 공사업을 경영한 자 ④ 타인에게 등록증이나 등록수첩을 대여한 자 또는 타인의 등록증이나 등록수첩을 대여받아 이를 사용한 자 ⑤ 영업정지처분을 받고 그 영업정지기간 중에 영업을 한 자	3년 이하의 징역 또는 2천만원 이하의 벌금
① 감리원이 아닌 자에게 감리를 하게 한 자 ② 다른 사람의 자격증을 대여받아 이를 사용한 자 ③ 착공전 확인을 받지 아니하고 공사에 착수하거나 사용전 검사를 받지 아니하고 정보통신설비를 사용한 자 등	1년 이하의 징역 또는 1천만원 이하의 벌금
① 분리하여 도급하지 아니한 자 ② 정보통신기술자를 공사현장에 배치하지 아니한 자 ③ 공사업자가 아닌 자에게 도급한 자 등	500만원 이하의 벌금
① 설계도서에 서명 또는 기명날인하지 아니한 자 ② 감리결과의 통보를 하지 아니한 자 ③ 정당한 사유없이 그 공사의 현장을 이탈한 자 등	300만원 이하의 과태료

출제 예상 문제

제3장 정보통신공사업법

01 정보통신공사업법의 목적으로 가장 잘 부합되는 것은?

① 정보통신공사의 적정한 시공과 공사업의 건전한 발전을 도모
② 정보통신공사의 도급 등록
③ 정보통신공사의 발주에 관한 감사 사항 규제
④ 정보통신공사업의 등록에 관한 필요 사항 규제

해설
정보통신공사업법(법률)의 목적
① 정보통신공사의 조사·설계·시공·감리·유지관리·기술관리 등에 관한 기본적인 사항 규정
② 정보통신공사업의 등록 및 정보통신공사의 도급 등에 관하여 필요한 사항을 규정
③ 정보통신공사의 적정한 시공과 공사업의 건전한 발전을 도모함

02 정보통신공사업법에서 정의하는 정보통신공사의 기본적인 사항을 나열한 것으로 알맞은 것은?

① 조사·평가·시공·자문·유지관리·기술관리
② 설계·조사·검사·분석·유지관리·기술관리
③ 조사·자문·시공·감리·유지관리·기술관리
④ 조사·설계·시공·감리·유지관리·기술관리

해설
정보통신공사업법(법률)
① 정보통신공사의 조사·설계·시공·감리·유지관리·기술관리 등에 관한 기본적인 사항 규정
② 정보통신공사업의 등록 및 정보통신공사의 도급 등에 관하여 필요한 사항을 규정
③ 정보통신공사의 적정한 시공과 공사업의 건전한 발전을 도모함

03 정보통신공사업법의 용어 정의에서 정보통신설비의 설치 및 유지·보수에 관한 공사와 이에 따르는 부대공사로서 대통령령이 정하는 공사를 무엇이라 하는가?

① 정보통신공사
② 정보통신설비공사
③ 통신관로설비공사
④ 선로설비공사

04 유선, 무선, 광선, 기타 전자적 방식으로 부호·문자·음향 또는 영상 등의 정보를 저장·제어·처리하거나 송수신하기 위한 기계·기구·선로 및 기타 필요한 설비를 무엇이라고 하는가?

① 통신전기설비
② 정보통신설비
③ 전기통신설비
④ 통신구내설비

05 정보통신설비의 설치 및 유지·보수에 관한 공사와 이에 따르는 부대공사를 무엇이라 하는가?

① 하도급
② 정보통신공사
③ 정보통신공사업
④ 도급

해설
"정보통신공사"라 함은 정보통신설비의 설치 및 유지·보수에 관한 공사와 이에 따르는 부대공사로서 대통령령이 정하는 것을 말한다.

06 정보통신공사업법령에 의한 공사의 종류가 아닌 것은?

① 통신설비공사
② 교환설비공사
③ 방송설비공사
④ 정보설비공사

해설
정보통신공사의 종류
① 전기통신관계법령 및 전파관계법령에 의한 통신설비공사
② 방송법 등 방송관계법령에 의한 방송설비공사
③ 정보통신관계법령에 의하여 정보통신설비를 이용하여 정보를 제어·저장 및 처리하는 정보설비공사
④ 수전설비를 제외한 정보통신전용 전기시설설비공사 등 그 밖의 설비공사 등

[정답] 01 ① 02 ④ 03 ① 04 ② 05 ② 06 ②

07 다음 중 정보통신공사업법에서 규정한 정보통신설비의 설치 및 유지·보수에 관한 공사와 이에 따른 부대 공사가 아닌 것은?

① 수전설비를 포함한 정보통신전용 전기시설설비 공사 등 그 밖의 설비공사
② 전기통신관계법령 및 전파관계법령에 의한 통신설비공사
③ 정보통신관계법령에 의하여 정보통신설비를 이용하여 정보를 제어·저장 및 처리하는 정보설비공사
④ 방송법 등 방송관계법령에 의한 방송설비공사

08 다음 정보통신설비공사 중 '통신선로설비공사'에 해당되지 않는 것은?

① 지능망설비공사
② 통신케이블설비공사
③ 통신관로설비공사
④ 통신구설비공사

[해설]
통신선로설비공사 : 통신구설비, 통신관로설비, 통신케이블(광섬유 및 동축케이블, 전주, 지지철물, 케이블방재, 철탑, 배관, 단자함 등을 포함한다)설비 등의 공사

09 다음 중 정보통신설비의 설치 및 유지·보수에 관한 공사와 이에 따른 부대공사 중 통신설비공사에 해당하지 않는 것은?

① 전송단국설비, 다중화설비, 중계설비, 분배설비 등의 공사
② 무선CATV설비, 방송통신융합시스템설비, 무선적외선설비 등의 공사
③ 구내통신선로설비·방송공동수신설비, 키폰전화설비 등의 공사
④ 영상 및 음향설비, 송출설비, 방송관리시스템설비 등의 공사

[해설]
영상 및 음향설비, 송출설비, 방송관리시스템설비 등의 공사는 방송설비공사의 방송국 설비공사에 해당한다.

10 다음 중 정보통신공사업법령에 의한 정보통신공사가 아닌 것은?

① 전화국의 수전설비 설치공사
② 경부고속철도의 정보통신시스템 설치공사
③ 이동통신회사의 기지국과 교환기를 광케이블로 연결하는 공사
④ 아파트 지하주차장의 방범을 위한 폐쇄회로 텔레비전(CCTV) 설치공사

[해설]
정보통신공사는 수전설비를 제외한 정보통신전용 전기시설설비공사 등 기타 설비공사이다.

11 다음 중 정보통신공사가 아닌 것은?

① 건축물에 설치하는 공동시청 안테나 설비공사
② 통신선로용 지하관로의 설비공사
③ 구내방송 송·수신시설의 설비공사
④ 도로공사에 부수되어 시공되는 관로공사

[해설]
정보통신공사의 종류
① 통신설비공사
② 방송설비공사
③ 정보설비공사
④ 수전설비를 제외한 정보통신전용 전기시설설비공사 등 기타 설비공사 등

12 정보통신공사의 종류에서 정보설비공사에 해당되지 않는 것은?

① 정보망설비공사
② 전력설비공사
③ 정보전송 매체설비공사
④ 항공·항만 통신설비공사

[해설]
정보통신공사 중 정보설비공사
① 정보제어·보안설비공사 ② 정보망설비공사
③ 정보매체설비공사 ④ 항공·항만 통신설비공사
⑤ 선박의 통신·항해·어로설비공사
⑥ 철도통신·신호설비공사

출제 예상 문제

13 "다른 사람의 위탁을 받아 공사에 관한 조사·설계·감리·사업관리 및 유지관리 등의 역무를 하는 것"으로 정의되는 것은?

① 도급　　② 하도급
③ 용역　　④ 용역업

해설
① 도급 : 원도급, 하도급, 위탁 그 밖에 명칭이 무엇이든 공사를 완성할 것을 약정하고, 발주자가 그 일의 결과에 대하여 대가를 지급할 것을 약정하는 계약
② 하도급 : 도급받은 공사의 일부에 대하여 수급인이 제3자와 체결하는 계약
③ 용역 : 다른 사람의 위탁을 받아 공사에 관한 조사, 설계, 감리, 사업관리 및 유지관리 등의 역무를 수행하는 것
④ 용역업 : 용역을 영업으로 하는 것

14 정보통신공사업에 관련된 용어의 정의를 설명한 것으로 틀린 것은?

① 정보통신공사 : 정보통신설비의 설치 및 유지, 보수에 관한 공사와 이에 따르는 부대공사
② 용역업 : 정보통신공사를 업으로 영위하는 것
③ 발주자 : 공사를 공사업자에게 도급하는 자
④ 하도급 : 도급받은 공사의 일부에 대하여 수급인이 제3자와 체결하는 계약

해설
① 용역 : 다른 사람의 위탁을 받아 공사에 관한 조사, 설계, 감리, 사업관리 및 유지관리 등의 역무를 수행하는 것
② 용역업 : 용역을 영업으로 하는 것

15 정보통신공사 발주자로부터 공사를 도급받은 공사업자를 무엇이라고 말하는가?

① 수급인　　② 도급인
③ 용역업자　　④ 하도급인

해설
① "수급인"은 발주자로부터 공사를 도급받은 공사업자를 말한다.
② "도급"은 공사를 완성할 것을 약정하고, 발주자가 그 일의 결과에 대하여 대가를 지급할 것을 약정하는 계약을 말한다.
③ "용역업자"는 통신·전자·정보처리기술부문 등의 자격을 보유하고 용역업을 영위하는 자를 말한다.
④ "하도급인"은 수급자로부터 건설공사를 하도급 받은 자를 말한다.

16 공사에 관한 계획서, 설계도면, 시방서, 공사비명세서, 기술계산서 및 이와 관련된 서류를 작성하는 행위를 무엇이라 하는가?(단, 건축사법에 따른 건축물의 건축 등의 공사는 제외한다.)

① 감리　　② 설계
③ 용역　　④ 공사

17 다음 중 정보통신공사의 '설계도서'에 포함되지 않는 것은?

① 공사비명세서　　② 시험성적서
③ 시방서　　④ 설계도면

해설
"설계"란 공사에 관한 계획서, 설계도면, 설계설명서, 공사비명세서, 기술계산서 및 이와 관련된 서류(설계도서라 함)를 작성하는 행위를 말한다.

18 원도급, 하도급, 위탁, 그 밖에 명칭이 무엇이든 공사를 완공할 것을 약정하고, 발주자가 그 일의 결과에 대하여 대가를 지급할 것을 약정하는 계약을 무엇이라 하는가?

① 수급　　② 도급
③ 용역　　④ 감리

19 다음 중 공사 도급의 정의를 가장 바르게 설명한 것은?

① 발주자가 의뢰한 공사의 설계도서를 작성하고 이에 따라 공사의 공정을 기획 작성
② 공사업자가 공사를 완공할 것을 약정하고, 발주자가 이의 대가를 지급할 것을 약정하는 계약
③ 용역업자가 공사의 시방서를 작성하고 이에 따라 공사기자재를 준비
④ 공사업자가 용역업자의 설계도서와 공사시방서에 따라 공사를 시공

[정답] 13 ③　14 ②　15 ①　16 ②　17 ②　18 ②　19 ②

20 다음 중 정보통신공사업법에서 규정하는 '하도급'에 대한 설명으로 옳은 것은?

① 도급받은 공사의 전부에 대하여 수급인이 제3자와 체결하는 계약을 말한다.
② 도급받은 공사의 일부에 대하여 하도급인이 제3자와 체결하는 계약을 말한다.
③ 도급받은 공사의 일부에 대하여 수급인이 제3자와 체결하는 계약을 말한다.
④ 도급받은 공사의 전부에 대하여 하도급인이 제3자와 체결하는 계약을 말한다.

21 다음 중 정보통신공사업법에서 정의한 다른 사람의 위탁을 받아 공사에 관한 조사, 설계, 감리, 사업관리 및 유지관리 등의 역무를 영업으로 하는 것을 무엇이라 하는가?

① 수급공사업 ② 정보통신공사업
③ 감리업   ④ 용역업

22 다음 문장의 괄호 안에 들어갈 내용으로 옳지 않은 것은?

감리란 공사에 대하여 발주자의 위탁을 받은 용역업자가 설계도서 및 관련 규정의 내용대로 시공되는지를 감독하고, ( )·( ) 및 ( )에 대한 지도 등에 관한 발주자의 권한을 대행하는 것을 말한다.

① 품질관리 ② 시공관리
③ 사후관리 ④ 안전관리

23 다음 중 감리원이 발주자의 권한을 대행하여 지도할 수 있는 사항이 아닌 것은?

① 품질관리 지도
② 시공관리 지도
③ 용역관리 지도
④ 안전관리 지도

24 다음 ( ) 안에 들어갈 내용으로 가장 적합한 것은 어느 것인가?

"( )라 함은 국가기술자격법에 의하여 정보통신관련 분야의 기술자격을 취득한 자와 정보통신설비에 관한 기술 또는 기능을 가진 자로서 ( )의 인정을 받은 자를 말한다."

① 용역업자, 국무총리
② 정보통신공사업자, 과학기술정보통신부장관
③ 감리원, 국무총리
④ 정보통신기술자, 과학기술정보통신부장관

해설
"정보통신기술자"라 함은 국가기술자격법에 의하여 정보통신관련 분야의 기술자격을 취득한 자와 정보통신설비에 관한 기술 또는 기능을 가진 자로서 제39조의 규정에 의하여 과학기술정보통신부장관의 인정을 받은 자를 말한다.

25 통신공사업자가 아닌 자가 시공할 수 있는 공사는?

① 간이무선국의 설치공사
② 10공 이하의 지하관로공사
③ 무선다중설비공사
④ 종합유선방송시설공사

해설
정보통신공사업자 외의 자가 시공할 수 있는 경미한 공사의 범위는 다음과 같다.
① 간이무선국·아마추어국 및 실험국의 무선설비설치공사
② 연면적 1천 제곱미터 이하의 건축물의 자가유선방송설비·구내방송설비 및 폐쇄회로텔레비전의 설비공사
③ 건축물에 설치되는 5회선 이하의 구내통신선로 설비공사
④ 라우터 또는 허브의 증설을 수반하지 아니하는 5회선 이하의 근거리통신망(LAN)선로의 증설공사 등

26 정보통신공사업자가 아닌 자가 시공할 수 있는 경미한 공사는?

① 과학기술정보통신부장관이 고시하는 단말기의 설치공사
② 전기통신 시설물의 전력유도방지설비공사

[정답] 20 ③ 21 ④ 22 ③ 23 ③ 24 ④ 25 ① 26 ①

③ 종합유선방송시설의 설비공사
④ 전기통신용 지하관로의 설비공사

해설
정보통신공사업자 외의 자가 시공할 수 있는 경미한 공사의 범위는 다음과 같다.
① 간이무선국·아마추어국 및 실험국의 무선설비설치공사
② 연면적 1,000[m²] 이하의 건축물의 자가유선방송설비·구내방송설비 및 폐쇄회로텔레비전의 설비공사
③ 다음의 각 공사로서 과학기술정보통신부장관이 정하여 고시하는 공사
  ㉠ 정보통신설비의 단말기, 차량용 전화 등의 설치 또는 증설공사
  ㉡ 무선통신설비의 이전·변경·증설 또는 대체 등의 공사
  ㉢ 자기의 정보통신설비의 유지·보수공사 등

27 정보통신공사를 설계하는 자는 무엇에 적합하도록 설계하여야 하는가?

① 정보통신공사업법이 정하는 설계지침
② 한국정보통신공사협회의 설계공법
③ 기술용역업법에서 제정한 공사설계약관
④ 대통령령으로 정하는 기술기준

해설
공사의 설계·감리(기술기준의 준수)
① 공사를 설계하는 자는 대통령령으로 정하는 기술기준에 적합하도록 설계하여야 한다.
② 감리원은 설계도서 및 관련규정에 적합하도록 공사를 감리하여야 한다.

28 다음 ( ) 안에 들어갈 내용으로 가장 적합한 것은?

"정보통신공사를 설계하는 자는 ( )에 적합하도록 설계하여야 한다."

① KS관련규정
② 설계도서 및 관련규정
③ 대통령령으로 정하는 기술기준
④ 전기통신설비의 기술기준

해설
정보통신공사를 설계하는 자는 대통령령으로 정하는 기술기준에 적합하도록 설계하여야 한다.

29 정보통신공사의 설계·감리에 관한 내용 중 옳지 않은 것은?

① 감리원은 설계도서 및 관련규정에 적합하도록 공사를 감리하여야 한다.
② 발주자는 용역업자에게 공사의 설계를 발주하여야 한다.
③ 발주자는 감리업협회에 공사의 감리를 발주하여야 한다.
④ 공사업자와 용역업자가 친족관계에 있는 경우에는 당해 공사에 관하여 공사와 감리를 함께 할 수 없다.

해설
공사의 설계·감리
① 공사를 설계하는 자는 대통령령으로 정하는 기술기준에 적합하도록 설계하여야 하다.
② 감리원은 설계도서 및 관련규정에 적합하도록 공사를 감리하여야 한다.
③ 발주자는 용역업자에게 공사의 설계를 발주하여야 한다.
④ 발주자는 용역업자에게 공사의 감리를 발주하여야 한다.
⑤ 감리원은 공사업자가 설계도서 및 관련규정의 내용과 적합하지 아니하게 당해 공사를 시공하는 경우에는 발주자의 동의를 얻어 재시공 또는 공사 중지명령 기타 필요한 조치를 할 수 있다.

30 정보통신공사 발주자는 누구에게 공사의 감리를 발주하여야 하는가?

① 설계자   ② 감리기술자
③ 용역업자   ④ 정보통신공사업자

해설
공사의 설계, 감리
발주자는 용역업자에게 공사의 설계, 감리를 발주하여야 한다.

31 정보통신공사를 설계한 용역업자는 그가 작성 또는 제공한 실시설계도서를 당해 공사가 준공된 후 몇 년간 보관하여야 하는가?

① 3   ② 5
③ 7   ④ 10

[정답] 27 ④ 28 ③ 29 ③ 30 ③ 31 ②

해설
설계도서의 보관의무

대 상	설계도서의 보관의무
공사 목적물의 소유자	공사에 대한 실시·준공설계도서를 공사의 목적물이 폐지될 때까지 보관할 것
공사를 설계한 용역업자	작성 또는 제공한 실시설계도서를 해당 공사가 준공된 후 5년간 보관할 것
공사를 감리한 용역업자	감리한 공사의 준공설계도서를 하자담보 책임기간이 종료될 때까지 보관할 것

해설
감리원의 배치기준

용역업자는 해당 공사의 규모 및 공사의 종류에 적합하다고 인정되는 자를 감리원으로 현장에 상주시키되, 해당 공사 전반에 관한 감리업무를 총괄하는 자를 다음 기준에 따라 배치하여야 한다.

총 공사 금액	감리업무 총괄
100억원 이상 공사	기술사
70억원 이상 100억원 미만인 공사	특급감리원
30억원 이상 70억원 미만인 공사	고급감리원 이상의 감리원
5억원 이상 30억원 미만인 공사	중급감리원 이상의 감리원
5억원 미만의 공사	초급감리원 이상의 감리원

32
다음은 정보통신공사의 설계도서에 대한 보관기준을 설명한 것이다. 잘못된 것은?

① 공사에 대한 실시·준공설계도서를 공사의 목적물이 폐지될 때까지 보관
② 실시·준공설계도서가 변경된 경우에는 변경 전후 실시·준공설계도서 모두 보관
③ 공사를 설계한 용역업자는 그가 작성 또는 제공한 실시설계도서를 해당 공사 준공 후 5년간 보관
④ 공사를 감리한 용역업자는 그가 감리한 공사의 준공설계도서를 하자담보책임기간 종료시까지 보관

해설
시설교체 등으로 실시·준공설계도서가 변경된 경우에는 변경된 후의 실시·준공설계도서를 보관하여야 한다.

33
감리원의 배치기준 설명 중 틀린 것은?

① 총공사 금액 60억 이상 80억 미만 공사 : 특급 감리원
② 총공사 금액 30억 이상 70억 미만인 공사 : 고급 감리원 이상의 감리원
③ 총공사 금액 5억 이상 30억 미만인 공사 : 중급 감리원 이상의 감리원
④ 총공사 금액 5억 미만의 공사 : 초급감리원 이상의 감리원

34
다음 중 정보통신공사업법에 따른 총공사금액과 감리원 배치기준의 적용이 잘못된 것은?

① 총공사금액 150억원 : 특급감리원(기술사 자격을 가진 자로 한정)
② 총공사금액 120억원 : 특급감리원
③ 총공사금액 60억원 : 고급감리원 이상의 감리원
④ 총공사금액 20억원 : 중급감리원 이상의 감리원

해설
총공사금액 70억원 이상 100억원 미만인 공사 : 특급감리원

35
다음 중 정보통신공사 감리원의 자격기준은 등급으로 구분하여 정하는데, 등급의 종류에 해당되지 않는 것은?

① 특급감리원 ② 고급감리원
③ 중급감리원 ④ 하급관리원

해설
감리원의 종류 : 특급 감리원, 고급 감리원, 중급 감리원, 초급 감리원

36
다음 중 정보통신공사시 '감리'의 역할이 아닌 것은?

① 설계도서에 의해 시공되는지 감독
② 관련규정에 의해 시공되는지 감독
③ 품질관리에 대한 지도
④ 도급관리에 대한 지도

[정답] 32 ② 33 ① 34 ② 35 ④ 36 ④

출제 예상 문제

37 공사를 설계하는 사람이 정보통신공사업법 및 같은 법 시행령에서 정하는 기술기준에 적합하게 설계하여야 한다면, 감리원은 무엇에 적합하도록 공사를 감리하여야 하는가?

① 품질기준 및 안전기준
② 기술기준 및 설계기준
③ 공사시방서 및 내역서
④ 설계도서 및 관계규정

해설
공사가 설계도서 및 관련규정에 적합하게 행해지고 있는지에 대한 확인

38 정보통신공사의 감리원의 업무 범위가 아닌 것은?

① 하도급에 대한 타당성 검토
② 공사계획 및 공정표의 작성
③ 공사업자가 작성한 시공상세도면의 검토ㆍ확인
④ 사용자재의 규격 및 적합성에 관한 검토ㆍ확인

해설
감리원의 업무
① 공사계획 및 공정표의 검토
② 공사업자가 작성한 시공상세도면의 검토ㆍ확인
③ 설계도서와 시공도면의 내용이 현장조건에 적합한지 여부와 시공가능성 등에 관한 사전검토
④ 공사가 설계도서 및 관련규정에 적합하게 행하여지고 있는지에 대한 확인 등

39 업무를 성실하게 수행하지 아니하여 부실하게 될 우려가 있을 때에 발주자가 감리원에게 취할 수 있는 조치는?

① 시정지시 등 필요한 조치
② 500만원 이하의 과태료 부과
③ 재시공 기타 필요한 조치
④ 공사중지명령 기타 필요한 조치

해설
감리원에 대한 시정조치
① 감리원이라 함은 공사의 감리에 관한 기술 또는 기능을 가진 자로서 과학기술정보통신부장관이 정하는 바에 의하여 그 자격을 확인받은 자를 말한다.
② 발주자는 감리원이 업무를 성실하게 수행하지 아니하여 공사가 부실하게 될 우려가 있을 때에는 대통령령이 정하는 바에 의하여 당해 감리원에 대하여 시정지시 등 필요한 조치를 할 수 있다.

40 다음 중 감리원이 공사업자가 설계도서 및 관련 규정의 내용에 적합하지 아니하게 공사를 시공하는 경우 취할 수 있는 조치는 무엇인가?

① 하도급인과 협의하여 설계변경 명령을 할 수 있다.
② 발주자의 동의를 얻어 공사중지 명령을 할 수 있다.
③ 수급인에게 보고하고 공사업자를 교체할 수 있다.
④ 한국정보통신공사협회에 신고하고 공사업자에 과태료를 부과한다.

41 감리원이 업무를 성실히 수행하지 않아 공사가 부실하게 될 우려가 있을 때 시정지시 또는 감리원의 변경요구 등 필요한 조치를 취할 수 있는 사람은 누구인가?

① 공사업자
② 공사발주자
③ 공사용역업자
④ 공사용역업임부

42 다음 중 발주자에게 감리결과를 통보할 때 포함되어야 하는 사항이 아닌 것은?

① 착공일 및 완공일
② 공사업자의 성명
③ 시공상태의 평가결과
④ 설계변경에 관한 사항

해설
감리결과의 통보
용역업자는 공사에 대한 감리를 완료한 때에는 공사가 완료된 날부터 7일 이내에 다음의 사항이 포함된 감리결과를 발주자에게 통보하여야 한다.
① 착공일 및 완공일
② 공사업자의 성명
③ 시공상태의 평가결과
④ 사용자재의 규격 및 적합성 평가결과
⑤ 정보통신기술자배치의 적정성 평가결과

[정답] 37 ④ 38 ② 39 ① 40 ② 41 ② 42 ④

43 다음 중 감리원이 감리결과를 보고하는 방법으로 옳은 것은?

① 발주자에게 이동·전화로 구두 보고
② 서면으로 작성하여 우편으로 제출
③ 발주자와 대면하여 구두로 보고
④ 발주자에게 이메일로 제출

44 다음 중 정보통신공사업자와 감리용역업자가 당해 공사에 관하여 공사와 감리를 함께 할 수 없는 경우는?

① 친우관계에 있는 때
② 동창관계에 있는 때
③ 동향관계에 있는 때
④ 법인과 그 법인의 임·직원의 관계에 있는 때

해설

공사업자의 감리제한
공사업자와 용역업자가 동일인이거나 다음의 관계에 해당될 때에는 당해 공사에 관하여 공사와 감리를 함께 할 수 없다.
① 대통령령으로 정하는 모회사와 자회사의 관계에 있는 때
② 법인과 그 법인의 임·직원의 관계에 있는 때
③ 민법규정에 의한 친족관계에 있는 때

45 다음 중 정보통신공사업을 영위할 수 있는 자는?

① 한국정보통신공사협회에 등록한 자
② 건설교통부장관의 허가를 받은 자
③ 시·도지사에게 등록한 자
④ 한국전기통신공사가 공시한 자

해설

정보통신공사업의 등록
① 공사업을 영위하고자 하는 자는 대통령령이 정하는 바에 의하여 특별시장·광역시장 또는 특별자치도지사("시·도지사")에게 등록하여야 한다.
② 제①항의 규정에 의하여 공사업을 등록한 자는 등록기준에 관한 사항을 3년 이내의 범위에서 대통령령이 정하는 기간이 경과할 때마다 대통령령이 정하는 바에 따라 시·도지사에게 신고하여야 한다.

46 정보통신공사업의 등록신청시 첨부하는 서류가 아닌 것은?

① 기업진단보고서
② 사무실 보유를 증명하는 서류
③ 정보통신기술자격자의 명단
④ 정보통신공사용 장비명세서

해설

정보통신공사업 등록의 신청
공사업등록을 하려는 자는 정보통신공사업 등록신청서에 다음의 서류를 첨부하여 공사업자의 주된 영업소의 소재지를 관할하는 시·도지사에게 신청하여야 한다.
① 신청인(법인인 경우에는 대표자를 포함한 임원)의 성명, 주민등록번호 및 주소 등의 인적사항이 기재된 서류
② 기업진단보고서
③ 정보통신기술자의 명단과 해당 정보통신기술자의 경력수첩사본
④ 사무실 보유를 증명하는 서류

47 다음 중 정보통신공사업을 경영하려는 자는 누구에게 등록을 하여야 하는가?

① 한국정보통신공사협회장
② 국립전파연구원장
③ 과학기술정보통신부장관
④ 시·도지사

48 다음 (   ) 안에 들어갈 내용으로 가장 적합한 것은?

"정보통신공사업을 등록한 자는 등록기준에 관한 사항을 (   ) 이내의 범위에서 대통령령이 정하는 기간이 경과할 때마다 시·도지사에게 신고하여야 한다."

① 3년   ② 4년
③ 5년   ④ 6년

해설

공사업의 등록
공사업을 등록한 자는 등록기준에 관한 사항을 3년 이내의 범위에서 대통령령이 정하는 기간이 경과할 때마다 대통령령이 정하는 바에 따라 시·도지사에게 신고하여야 한다.

[정답] 43 ② 44 ④ 45 ③ 46 ④ 47 ④ 48 ①

출제 예상 문제

49 정보통신공사업의 등록기준에서 제외되는 것은?

① 기술능력 ② 공사실적
③ 자본금   ④ 사무실

해설
정보통신사업의 등록기준
① 기술능력
② 자본금 : 법인(1억 5천만원 이상), 개인(2억원 이상)
③ 사무실 : 15제곱미터 이상

50 정보통신공사업의 등록기준에 있어서 법인인 경우 자본금은 얼마 이상이어야 하는가?

① 5천만원   ② 1억원
③ 1억5천만원 ④ 2억5천만원

해설
정보통신공사업의 등록기준 : 기술능력, 자본금, 사무실

51 다음 중 정보통신공사업의 변경신고사항이 아닌 것은?

① 대표자
② 자본금의 변동
③ 영업소의 소재지
④ 정보통신기술자의 경력사항

해설
정보통신기술자의 변경인 경우이다.

52 다음 중 정보통신공사업의 등록을 할 수 있는 자는?

① 피성년후견인
② 파산선고를 받고 복권되지 아니한 자
③ 전기통신기본법의 규정에 의하여 벌금형의 선고를 받고 3년을 경과한 자
④ 정보통신공사업법의 규정에 의하여 등록이 취소된 후 2년을 경과하지 아니한 자

해설
다음에 해당하는 자는 공사업의 등록을 할 수 없다.
① 피성년후견인 또는 피한정후견인
② 파산선고를 받고 복권되지 아니한 자
③ 이 법을 위반하여 금고 이상의 실형의 선고를 받고 그 집행이 종료(집행이 종료된 것으로 보는 경우를 포함)되거나 집행이 면제된 날부터 3년을 경과하지 아니한 자 또는 그 형의 집행유예선고를 받고 그 유예기간중에 있는 자
④ 이 법의 규정에 의하여 등록이 취소된 후 2년을 경과하지 아니한 자 등

53 정보통신공사업의 양도, 양수 및 합병을 하고자 할 때 행하는 절차에 관한 설명으로 맞는 것은?

① 양도, 양수만 방송위원회의 인가를 받아야 한다.
② 양도, 양수인 또는 합병 당사자 합의만 하면 된다.
③ 양도, 양수 및 합병시에는 시 · 도지사에게 신고를 하여야 한다.
④ 합병시는 반드시 방송위원회의 허가를 받는다.

해설
공사업의 양도
공사업자는 다음에 해당하는 경우에는 대통령령이 정하는 바에 의하여 시·도지사에게 신고를 하여야 한다.
① 공사업을 양도하고자 하는 경우
② 공사업자인 법인간에 합병을 하고자 하는 경우 또는 공사업자인 법인과 공사업자가 아닌 법인이 합병하고자 하는 경우

54 다음 ( )안에 들어갈 내용으로 가장 적합한 것은?

"정보통신공사업을 폐업하려는 자는 그 사유가 발생한 날부터 ( )이내에 정보통신공사업폐업신고서를 시·도지사에게 제출하여야 한다."

① 7일   ② 15일
③ 30일 ④ 2월

해설
공사업자의 폐업신고
① 정보통신공사업을 폐업하려는 자는 그 사유가 발생한 날부터 30일 이내에 정보통신공사업폐업신고서를 시·도지사에게 제출하여야 한다.
② 제①항의 신고서에는 등록증 및 등록수첩을 첨부하여야 한다.

[정답] 49 ② 50 ③ 51 ④ 52 ③ 53 ③ 54 ③

55 정보통신공사업에 대한 내용으로 틀린 것은?

① 정보통신공사는 다른 종류의 공사와 분리하여 계약을 체결하여야 한다.
② 정보통신기술자는 동시에 2 이상의 공사업체에 종사할 수 없다.
③ 하수급인은 하도급된 공사를 다시 제3자에게 하도급하여서는 아니된다.
④ 공사업자는 수급한 공사를 일괄하여 제3자에게 하도급할 수도 있다.

해설

정보통신공사업
① 도급의 분리 : 정보통신공사는 건설산업기본법에 의한 건설공사 또는 전기공사업법에 의한 전기공사 등 다른 공사와 분리하여 도급하여야 한다.
② 정보통신기술자의 겸직 등의 금지 : 정보통신기술자는 동시에 2 이상의 공사업체에 종사할 수 없다.

56 정보통신공사업자의 공사시공능력 평가항목과 관계가 없는 것은?

① 정보통신분야 국가기술자격자 보유 현황
② 공사실적, 자본금, 기술력
③ 공사품질의 신뢰도
④ 공사품질관리수준

해설

과학기술정보통신부장관은 공사에 필요한 자재·인력의 수급 상황 등 공사업에 관한 정보와 공사업자의 공사 종류별 실적, 자본금, 기술력 등에 관한 정보를 종합 관리하여야 한다.

57 다음 중 정보통신공사업자의 시공능력평가에 포함되지 않는 사항은?

① 경영진평가
② 자본금평가
③ 기술력평가
④ 경력평가

58 다음 문장의 괄호 안에 들어갈 알맞은 것은?

> 정보통신공사업자는 도급받은 공사의 100분의 ( )을 초과하여 다른 공사업자에게 하도급을 하여서는 아니 된다.

① 20   ② 30
③ 50   ④ 60

59 다음 중 정보통신공사의 하도급 제도를 올바르게 설명한 것은?

① 수급한 공사를 일괄하여 하도급할 수 있다.
② 하도급된 공사를 다시 하도급할 수 있다.
③ 하도급하고자 할 때에는 도급인에게 통지만 하면 된다.
④ 하도급은 수급한 공사 중 그 일부만을 하도급할 수 있다.

해설

하도급의 제한
① 공사업자는 도급받은 공사의 100분의 50을 초과하여 다른 공사업자에게 하도급하여서는 아니된다.
② 하수급인은 하도급받은 공사를 다른 공사업자에게 다시 하도급하여서는 아니된다.
③ 사업자가 도급받은 공사중 그 일부를 다른 공사업자에게 하도급하거나 하수급인이 하도급받은 공사중 그 일부를 다른 공사업자에게 다시 하도급하고자 할 때에는 당해 공사의 발주자로부터 서면에 의한 승낙을 각각 얻어야 한다.

60 다음 중 정보통신공사의 하도급의 범위는 어떤 기준으로 산정하는가?

① 공사금액   ② 공사기간
③ 공정 또는 구간   ④ 공사 종사자

해설

공사업자가 하도급할 수 있는 공사는 도급받은 공사 중 기술상 분리하여 시공할 수 있는 독립된 공사로 하되, 그 범위는 공정 또는 구간 등을 기준으로 산정한다.

[정답] 55 ④ 56 ① 57 ① 58 ③ 59 ④ 60 ③

출제 예상 문제

61 수급한 공사를 하도급하고자 할 때 일괄 하도급은 할 수 없도록 규정하고 있다. 이 경우 일괄하도급이란?

① 공사의 전부를 10인 이상에게만 일괄하여 하도급시키는 것을 말한다.
② 공사의 2분의 1에 해당하는 부분만을 일괄하여 하도급시키는 것을 말한다.
③ 공사의 전부를 수급인이 제3자에게 일괄하여 하도급시키는 것을 말한다.
④ 공사의 일부분이라도 1인에게만 그 부분의 공사를 하도급시키는 것을 말한다.

해설
건설산업기본법령에서 금지하고 있는 일괄하도급이란 「건설산업기본법」 제29조(건설공사의 하도급제한) 및 「건설산업기본법 시행령」 제31조(일괄하도급의 범위)에 의거 건설공사를 도급받은 수급인이 도급받은 공사내용 중 부대공사를 제외한 주된 공사 전부를 하도급할 경우에 해당되는 것

62 정보통신설비 시설공사에서 하도급의 원칙에 관한 규정이 아닌 것은?

① 일괄하도급 금지
② 하도급공사는 연대책임
③ 재하도급 금지
④ 일부하도급시 사전구두 승인

해설
하도급의 제한
공사업자가 도급받은 공사 중 그 일부를 다른 공사업자에게 하도급하거나 하수급인이 하도급받은 공사 중 그 일부를 다른 공사업자에게 다시 하도급하고자 할 때에는 당해 공사의 발주자로부터 서면에 의한 승낙을 각각 얻어야 한다.

63 하도급받은 공사의 시공에 있어서 하수급인의 지위는 어떠한가?

① 발주자에 대하여 수급인과 동일한 의무를 진다.
② 발주자에 대한 의무는 없다.
③ 발주자에 대하여 용업인과 동일한 의무를 진다.
④ 발주자에 대하여 수급인과 다른 의무를 진다.

해설
하수급인 등의 지위
하수급인은 하도급받은 공사의 시공에 있어서는 발주자에 대하여 수급인과 동일한 의무를 진다.

64 과학기술정보통신부장관은 정보통신기술자의 양성 및 교육훈련과 인정교육을 실시하고 있는 바 이의 목적과 거리가 먼 것은?

① 통신공사업의 건전한 발전
② 통신기술인력의 양성
③ 통신기술자의 안정적 공급
④ 통신기술인력의 자질향상

해설
정보통신기술인력의 양성 및 교육
과학기술정보통신부장관은 정보통신기술자 등 정보통신기술인력의 효율적 활용 및 자질향상을 위하여 정보통신기술인력의 양성과 인정교육훈련을 실시할 수 있다.

65 정보통신공사업과 정보통신기술자에 관한 사항 중 틀린 것은?

① 공사업은 정보통신기술자격 소지자라야 경영할 수 있다.
② 정보통신기술자는 동시에 2 이상의 공사업체에 종사할 수 없다.
③ 정보통신기술자는 공사의 내용에 대한 비밀을 누설하여서는 아니된다.
④ 공사의 현장에는 반드시 정보통신기술자를 배치하여야 한다.

해설
정보통신공사업 등록
정보통신공사업을 영위하고자 하는 자는 대통령령이 정하는 바에 의하여 특별시장·광역시장 또는 도지사("시·도지사")에게 등록하여야 한다.

[정답] 61 ③ 62 ④ 63 ① 64 ① 65 ①

66 다음 중 정보통신기술자의 배치에 대한 설명으로 옳지 않은 것은?

① 공사업자는 공사의 시공관리와 그 밖의 기술상의 관리를 하기 위해 공사현장에 정보통신기술자를 1명 이상 배치해야 한다.
② 공사현장에 배치된 정보통신기술자는 공사 발주자의 승낙을 받지 아니하고는 정당한 사유 없이 그 공사현장을 이탈할 수 없다.
③ 공사업자는 공사가 중단된 기간이라도 정보통신기술자를 공사현장에 상주하게 하여 공사관리를 해야 한다.
④ 공사 발주자는 배치된 정보통신기술자가 업무수행능력이 현저히 부족하다고 인정되는 경우에는 교체를 요청할 수 있다.

67 정보통신기술자의 공사현장배치에 관한 설명 중 잘못된 것은?

① 공사의 시공관리를 하기 위함이다.
② 보수교육(補修敎育) 이수자라야 한다.
③ 공사발주자의 승낙없이 공사현장을 이탈할 수 없다.
④ 배치기준은 공사의 종류(도급액)에 상응하여야 한다.

[해설]
정보통신기술자의 배치
① 공사업자는 공사의 시공관리 기타 기술상의 관리를 하기 위하여 대통령령이 정하는 바에 의하여 공사의 현장에 정보통신기술자 1인 이상을 배치하고, 이를 그 공사의 발주자에게 통지하여야 한다.
② 제①항의 규정에 의하여 배치된 정보통신기술자는 당해 공사의 발주자의 승낙을 얻지 아니하고는 정당한 사유없이 그 공사의 현장을 이탈하여서는 아니된다.
③ 기술자의 배치기준은 공사의 도급액에 따라 결정된다. 등

68 중급기술자 이상인 정보통신기술자를 현장에 상주하게 하여 공사관리를 해야하는 도급액의 규모는?

① 3억 이상의 공사
② 3억 미만의 공사
③ 5억 이상의 공사
④ 5억 미만의 공사

[해설]
정보통신기술자의 현장배치기준
공사업자는 공사가 시공 중인 때에는 다음 구분에 따라 정보통신기술자를 현장에 상주하게 하여 공사관리를 하여야 한다. 다만, 공사가 중단된 기간은 그러하지 아니하다.
① 도급금액이 5억원 이상의 공사 : 중급기술자 이상인 정보통신기술자
② 도급금액이 5천만원 이상 5억원 미만인 공사 : 초급기술자 이상인 정보통신기술자

69 공사업자가 발주자의 승낙을 얻어 1명의 정보통신기술자에게 2개의 공사를 관리하게 할 수 있는 도급액의 규모는?

① 1억 이상의 공사
② 1억 미만의 공사
③ 5억 이상의 공사
④ 5억 미만의 공사

[해설]
공사업자는 다음의 어느 하나에 해당하는 경우에는 발주자의 승낙을 얻어 1명의 정보통신기술자에게 2개의 공사를 관리하게 할 수 있다.
① 도급금액이 1억원 미만의 공사로서 동일한 시(특별시 및 광역시를 포함)·군에서 행하여지는 동일한 종류의 공사
② 이미 시공 중에 있는 공사의 현장에서 새로이 행하여지는 동일한 종류의 공사

70 정보통신공사업법령에 규정하는 정보통신기술자 중 특급기술자에 해당되는 자는?

① 기술사
② 기사자격을 취득한 후 5년 이상 공사업무를 수행한 자
③ 산업기사자격을 취득한 후 8년 이상 공사업무를 수행한 자
④ 박사학위자

[정답] 66 ③ 67 ② 68 ③ 69 ② 70 ①

> **해설**
>
> **기술계 정보통신기술자의 등급 및 인정범위**
>
> | 등급 | 기술자격자 |
> |---|---|
> | 특급기술자 | 기술사 |
> | 고급기술자 | 1. 기사자격을 취득한 후 5년 이상 공사업무를 수행한 자
2. 산업기사자격을 취득한 후 8년 이상 공사업무를 수행한 자
3. 기능사자격을 취득한 후 13년 이상 공사업무를 수행한 자 |
> | 중급기술자 | 1. 기사자격을 취득한 후 2년 이상 공사업무를 수행한 자
2. 산업기사자격을 취득한후 5년 이상 공사업무를 수행한 자
3. 기능사자격을 취득한 후 10년 이상 공사업무를 수행한 자 |
> | 초급기술자 | 1. 산업기사 이상의 자격을 취득한 자
2. 기능사자격을 취득한 후 4년 이상 공사업무를 수행한 자 |

71 다음 중 정보통신공사업법령상의 정보통신기술자의 등급에 해당되지 않는 것은?

① 하급기술자   ② 중급기술자
③ 고급기술자   ④ 특급기술자

> **해설**
> 정보통신공사업법령상의 정보통신기술자의 등급은 초급기술자, 중급기술자, 고급기술자, 특급기술자이다.

72 정보통신공사의 현장배치 정보통신기술자의 의무사항으로 옳지 않은 것은?

① 공사관리업무 성실수행
② 모든 안전조치강구
③ 관계법령의 준수
④ 공사관련 인원의 지휘, 통솔

> **해설**
> **정보통신기술자의 현장배치기준**
> ① 공사의 현장에 배치하여야 하는 정보통신기술자는 해당 공사의 종류에 상응하는 정보통신기술자이어야 한다.
> ② 공사현장에 배치된 정보통신기술자는 공사에 따른 위험 및 장해가 발생하지 아니하도록 모든 안전조치를 강구하여야 하며, 관계법령에 따라 그 업무를 성실히 수행하여야 한다.

73 다음 정보통신공사 중 하자담보책임기간이 다른 하나는?

① 철탑공사
② 교환기설치공사
③ 개착식 통신구공사
④ 위성통신설비공사

> **해설**
> ① 터널식 또는 개착식 등의 통신구공사 : 5년
> ② 사업용 전기통신설비 중 케이블설치공사(구내에서 시공되는 공사를 제외), 관로공사, 철탑공사, 교환기설치공사, 전송설비공사, 위성통신설비공사 : 3년

74 정보통신공사업자의 품위 유지, 기술 향상, 공사시공방법 개량, 기타 공사업의 건전한 발전을 위하여 과학기술정보통신부장관의 인가를 받아 설립된 기관은?

① 정보통신진흥협회
② 정보통신기술협회
③ 정보통신공사협회
④ 정보통신공제조합

75 정보통신공사업자가 과학기술정보통신부장관의 인가를 받아 설립할 수 있는 정보통신공사협회의 목적이 아닌 것은?

① 품위의 유지
② 공사견적의 효율
③ 기술의 향상
④ 공사업의 건전한 발전

> **해설**
> **정보통신공사협회의 설립**
> 정보통신공사업자는 품위의 유지, 기술의 향상, 공사시공방법의 개량 기타 공사업의 건전한 발전을 위하여 과학기술정보통신부장관의 인가를 받아 정보통신공사협회를 설립할 수 있다.
> ① 품위의 유지
> ② 기술의 향상
> ③ 공사시공방법의 개량
> ④ 공사업의 건전한 발전

[정답] 71 ① 72 ④ 73 ③ 74 ③ 75 ②

76 다음 ( )안에 들어갈 내용으로 가장 적합한 것은?

> "과학기술정보통신부장관은 감리원이 다른 사람에게 자기의 성명을 사용하여 감리업무를 수행하게 하거나 자격증을 대여한 때에는 ( ) 이내의 기간을 정하여 그 업무의 정지를 명할 수 있다."

① 6월 ② 1년
③ 2년 ④ 3년

해설
감리원의 업무정지
과학기술정보통신부장관은 감리원이 다른 사람에게 자기의 성명을 사용하여 감리업무를 수행하게 하거나 자격증을 대여한 때에는 1년 이내의 기간을 정하여 그 업무의 정지를 명할 수 있다.

77 다음 중 당연히 정보통신공사업의 등록이 취소되는 경우는?

① 수급공사의 범위를 초과하여 도급받을 때
② 하도급 규정을 위반한 때
③ 통신기술자격자를 공사현장에 배치하지 않은 때
④ 타인에게 등록증이나 등록수첩을 대여한 경우

해설
등록의 취소사유
① 부정한 방법으로 등록을 한 때
② 등록기준에 관한 사항을 거짓으로 신고한 때
③ 타인에게 등록증이나 등록수첩을 대여하거나 타인의 등록증이나 등록수첩을 대여받아 이를 사용한 때
④ 영업정지처분에 위반하거나 최근 5년간 3회 이상 영업정지처분을 받은 때

78 정보통신공사업의 등록취소요건이 아닌 것은?

① 부정한 방법으로 등록할 경우
② 정보통신기술자를 공사현장에 배치하지 않은 경우
③ 영업정지처분에 위반한 경우
④ 타인에게 등록수첩을 대여한 경우

해설
정보통신기술자를 공사현장에 배치하지 않는 경우는 1년 이내의 기간을 정하여 영업의 정지를 명할 수 있다.

79 다음 중 정보통신공사업 등록이 취소되는 경우가 아닌 것은?

① 타인에게 등록증이나 등록수첩을 빌려준 경우
② 등록기준에 관한 사항을 거짓으로 신고한 경우
③ 최근 7년간 2번의 영업정지처분을 받은 경우
④ 부정한 방법으로 공사업의 등록을 한 경우

80 다음 중 정보통신공사업법령에서 규정한 정보통신기술자의 인정을 취소할 수 있는 경우는?

① 동시에 두 곳 이상의 공사업체에 종사한 경우
② 타인에게 자기의 성명을 사용하여 공사를 수행하게 한 경우
③ 해당 국가기술자격이 취소된 경우
④ 다른 사람에게 자기의 경력수첩을 대여해 준 경우

해설
정보통신기술자의 인정취소
① 거짓이나 그 밖의 부정한 방법으로 정보통신기술자의 자격을 인정받은 사람
② 해당 국가기술자격이 취소된 사람

81 공사업자의 감리 제한 규정을 위반하여 공사와 감리를 함께한 자에 대한 벌칙은?

① 3년 이하의 징역 또는 2천만원 이하의 벌금에 처한다.
② 1년 이하의 징역 또는 2천만원 이하의 벌금에 처한다.
③ 500만원 이하의 벌금에 처한다.
④ 300만원 이하의 벌금에 처한다.

82 다음 중 정보통신공사 관련 벌칙이 가장 엄한 경우는?

① 부정한 방법으로 정보통신공사업 등록을 하고 정보통신공사업을 영위한 경우
② 감리원이 아닌 자에게 감리를 하게 한 경우

[정답] 76 ② 77 ④ 78 ② 79 ③ 80 ③ 81 ① 82 ①

③ 타인의 경력수첩을 대여받아 이를 사용한 경우
④ 정보통신기술자를 공사현장에 배치하지 아니한 경우

해설
① 부정한 방법으로 등록한 경우 : 등록을 취소할 수 있다.
② 감리원이 아닌 자에게 감리 : 1년 이하의 징역 또는 1천만원 이하의 벌금
③ 타인의 경력수첩을 대여받아 사용 : 1년 이하의 징역 또는 1천만원 이하의 벌금
④ 정보통신기술자를 공사현장에 배치하지 않은 경우 : 500만원 이하의 벌금

83 정보통신기술자를 공사현장에 배치하지 아니한 자에 대한 벌칙은?

① 100만원 이하의 과태료
② 200만원 이하의 과태료
③ 300만원 이하의 벌금
④ 500만원 이하의 벌금

해설
정보통신공사 관련 벌칙
① 부정한 방법으로 등록한 경우 : 영업취소
② 감리원이 아닌 자에게 감리 : 1년 이하의 징역 또는 1천만원 이하의 벌금
③ 타인의 경력수첩을 대여 받아 사용 : 1년 이하의 징역 또는 1천만원 이하의 벌금
④ 정보통신기술자를 공사현장에 배치하지 않은 경우 : 500만원 이하의 벌금

84 다음 중 과학기술정보통신부장관이 중앙전파관리소장에게 위임하는 사항이 아닌 것은?

① 감리원의 업무정지
② 정보통신기술자의 업무정지
③ 정보통신기술인력의 양성 및 인정교육에 관한 업무
④ 과태료의 부과 징수

해설
권한의 위임·위탁
과학기술정보통신부장관은 다음의 권한을 중앙전파관리소장에게 위임한다.
① 감리원의 업무정지
② 정보통신기술자의 업무정지
③ 과태료의 부과 징수

[정답] 83 ④ 84 ③

4 방송통신설비의 기술기준에 관한 규정

• 목적

구 분	목 적
방송통신설비의 기술기준에 관한 규정	방송통신설비·관로·구내통신선로설비 및 구내용 이동통신설비 및 방송통신기자재등의 기술기준을 규정함을 목적으로 한다.

• 용어의 정의

용 어	용어의 정의
사업용 방송통신 설비	방송통신서비스를 제공하기 위한 방송통신설비 ① 기간통신사업자 및 부가통신사업자가 설치·운용 또는 관리하는 방송통신설비 ② 전송망사업자가 설치·운용 또는 관리하는 방송통신설비("전송망사업용설비") ③ 인터넷 멀티미디어 방송 제공사업자가 설치·운용 또는 관리하는 방송통신설비
이용자 방송통신 설비	방송통신서비스를 제공받기 위하여 이용자가 관리·사용하는 구내통신선로설비, 이동통신구내선로설비, 방송공동수신설비, 단말장치 및 전송설비
국선	사업자의 교환설비로부터 이용자 방송통신설비의 최초단자에 이르기까지의 사이에 구성되는 회선
국선접속설비	사업자가 이용자에게 제공하는 국선을 수용하기 위하여 설치하는 국선수용단자반 및 이상전압전류에 대한 보호장치 등
방송통신망	방송통신을 행하기 위하여 계통적·유기적으로 연결·구성된 방송통신설비의 집합체
전력선통신	전력공급선을 매체로 이용하여 행하는 통신
강전류 전선	전기도체, 절연물로 싼 전기도체 또는 절연물로 싼 것의 위를 보호피막으로 보호한 전기도체 등으로서 300[V] 이상의 전력을 송전하거나 배전하는 전선
교환설비	다수의 전기통신회선("회선")을 제어·접속하여 회선 상호 간의 방송통신을 가능하게 하는 교환기와 그 부대설비
전송설비	교환설비·단말장치 등으로부터 수신된 방송통신콘텐츠를 변환·재생 또는 증폭하여 유선 또는 무선으로 송신하거나 수신하는 설비로서 전송단국장치·중계장치·다중화장치·분배장치 등과 그 부대설비

합격 NOTE

합격예측
방송통신설비의 기술기준의 근거가 되는 법 : 방송통신발전기본법

합격예측
강전류전선 : 300[V] 이상의 전력을 송전 또는 배전하는 전선

용어	용어의 정의
선로설비	일정한 형태의 방송통신콘텐츠를 전송하기 위하여 사용하는 동선·광섬유 등의 전송매체로 제작된 선조·케이블 등과 이를 수용 또는 접속하기 위하여 제작된 전주·관로·통신터널·배관·맨홀(manhole)·핸드홀(handhole)·배선반 등과 그 부대설비
전력유도	고속철도나 도시철도 등 전기를 이용하는 철도시설("전철시설") 또는 전기공작물 등이 그 주위에 있는 방송통신설비에 정전유도나 전자유도 등으로 인한 전압이 발생되도록 하는 현상
전원설비	수변전장치, 정류기, 축전지, 전원반, 예비용 발전기 및 배선 등 방송통신용 전원을 공급하기 위한 설비
단말장치	방송통신망에 접속되는 단말기기 및 그 부속설비
구내통신 선로 설비	국선접속설비를 제외한 구내 상호간 및 구내·외간의 통신을 위하여 구내에 설치하는 케이블, 선조(線條), 이상전압전류에 대한 보호장치 및 전주와 이를 수용하는 관로, 통신터널, 배관, 배선반, 단자 등과 그 부대설비
이동통신구내 선로 설비	구내에 건축주, 사업주체 또는 도시철도건설자("건축주등")가 설치·관리하는 구내용 이동통신설비로서 관로, 배관, 전원단자, 통신용접지설비와 그 부대시설을 말한다.
이동통신구내 중계설비	구내에 사업자가 설치·관리하는 구내용 이동통신설비로서 중계장치, 급전선(給電線), 안테나와 그 부대시설을 말한다.
정보통신설비	유선·무선·광선이나 그 밖에 전자적 방식에 따라 부호·문자·음향 또는 영상 등의 정보를 저장·제어·처리하거나 송수신하기 위한 기계·기구·선로나 그 밖에 필요한 설비
저압	직류는 750[V] 이하, 교류는 600[V] 이하인 전압
고압	직류는 750[V], 교류는 600[V]를 초과하고 각각 7,000[V] 이하인 전압
특고압	7,000[V]를 초과하는 전압
국선단자함	국선과 구내간선케이블 또는 구내케이블을 종단하여 상호 연결하는 통신용 분배함

가. 일반적 조건

(1) 분계점

① 방송통신설비가 다른 사람의 방송통신설비와 접속되는 경우에는 그 건설과 보전에 관한 책임 등의 한계를 명확하게 하기 위하여 분계점이 설정되어야 한다.

② 각 설비간의 분계점은 다음과 같다.
  ㉠ 사업용 방송통신설비의 분계점은 사업자 상호 간의 합의에 따른다.
  ㉡ 사업용 방송통신설비와 이용자 방송통신설비의 분계점은 도로와 택지 또는 공동주택단지의 각 단지와의 경계점으로 한다.

합격예측

선로설비 : 전주, 관로, 통신터널, 배관, 맨홀, 핸드홀, 배선반 등

합격예측

① 저압 : 600[V] 이하
② 고압 : 600[V]~7,000[V]
③ 특고압 : 7000[V] 이상

합격예측

분계점 설정 이유 : 방송통신설비의 건설과 보전에 관한 책임한계를 명확하게 하기 위함

▶ 다만, 국선과 구내선의 분계점은 사업용 전기통신설비의 국선접속설비와 이용자 방송통신설비가 최초로 접속되는 점으로 한다.

(2) 분계점에서의 접속기준
① 분계점에서의 접속방식은 간단하게 분리·시험할 수 있어야 하며, 과학기술정보통신부장관이 그 접속방식을 정하여 고시한 경우에는 이에 따른다.
② 사업자는 이용자로부터 단말장치의 접속을 요청받은 경우 기술기준에 부적합하거나 그 밖에 특별한 경우를 제외하고는 이를 거부하여서는 안된다.

(3) 위해 등의 방지
① 방송통신설비는 이에 접속되는 다른 방송통신설비를 손상시키거나 손상시킬 우려가 있는 전압 또는 전류가 송출되는 것이어서는 안된다.
② 방송통신설비는 이에 접속되는 다른 방송통신설비의 기능에 지장을 주거나 지장을 줄 우려가 있는 방송통신콘텐츠가 송출되는 것이어서는 안된다.
③ 전력선통신을 행하기 위한 방송통신설비는 다음 기능을 갖추어야 한다.
  ㉠ 전력선과의 접속부분을 안전하게 분리하고 이를 연결할 수 있는 기능
  ㉡ 전력선으로부터 이상전압이 유입된 경우 인명·재산 및 설비자체를 보호할 수 있는 기능

(4) 보호기 및 접지
① 벼락 또는 강전류 전선과의 접촉 등으로 이상전류 또는 이상전압이 유입될 우려가 있는 방송통신설비에는 과전류 또는 과전압을 방전시키거나 이를 제한 또는 차단하는 보호기가 설치되어야 한다.
② 보호기와 금속으로 된 주배선반·지지물·단자함 등이 사람 또는 방송통신설비에 피해를 줄 우려가 있을 경우에는 접지되어야 한다.
③ 방송통신설비의 보호기 성능 및 접지에 대한 세부기술기준은 과학기술정보통신부장관이 정하여 고시한다.

(5) 전송설비 및 선로설비의 보호
전송설비 및 선로설비는 다른 사람이 설치한 설비나 사람·차량 또는 선박 등의 통행에 피해를 주거나 이로부터 피해를 받지 아니하도록 하여야 하며, 시공상 불가피한 경우에는 그 주위에 설비에 관한 안전표지를 설치하는 등의 보호대책을 마련하여야 한다.

(6) 전력유도의 방지

① 전송설비 및 선로설비는 전력유도로 인한 피해가 없도록 건설·보전되어야 한다.
② 전력유도의 전압이 다음의 제한치를 초과하거나 초과할 우려가 있는 경우에는 전력유도 방지조치를 하여야 한다.

전력유도전압	제 한 치
이상시 유도위험전압	650[V]
상시 유도위험종전압	60[V]
기기오동작 유도종전압	15[V]
잡음전압	0.5[mV]

(7) 전원설비

① 방송통신설비에 사용되는 전원설비는 그 방송통신설비가 최대로 사용되는 때의 전력을 안정적으로 공급할 수 있는 용량으로서 동작전압과 전류의 변동률을 정격전압 및 정격전류의 ±10[%] 이내로 유지할 수 있는 것이어야 한다.
② 전원설비가 상용전원을 사용하는 사업용 방송통신설비인 경우에는 상용전원이 정전된 경우 최대 부하전류를 공급할 수 있는 축전지 또는 발전기 등의 예비전원설비가 설치되어야 한다.

(8) 절연저항

선로설비의 회선 상호 간, 회선과 대지 간 및 회선의 심선 상호 간의 절연저항은 직류 500[V] 절연저항계로 측정하여 10[MΩ] 이상이어야 한다.

(9) 누화

평형회선은 회선 상호 간 방송통신콘텐츠의 내용이 혼입되지 아니하도록 두 회선 사이의 근단누화 또는 원단누화의 감쇠량은 68[dB] 이상이어야 한다.

나. 이용자 방송통신설비

(1) 단말장치의 기술기준

과학기술정보통신부장관은 방송통신설비의 운용자와 이용자의 안전 및 방송통신서비스의 품질향상을 위하여 다음의 단말장치의 기술기준을 정할 수 있다.
① 방송통신망 및 방송통신망 운용자에 대한 위해방지에 관한 사항
② 방송통신망의 오용 및 요금산정기기의 고장방지에 관한 사항

합격 NOTE

합격예측
전력유도 전압의 제한치를 초과 또는 초과할 우려가 있는 경우 : 전력유도 방지조치

합격예측
전력을 안정적으로 공급할 수 있는 동작전압(전류)의 변동률 : 정격전압(전류)의 ±10[%] 이내로 유지

합격예측
절연저항 : 직류 500[V] 절연저항계로 측정하여 10[MΩ] 이상

합격예측
두 회선사이의 근단누화 또는 원단누화의 감쇠량 : 68[dB] 이상

합격 NOTE

합격예측
단말장치의 기술기준 제정목적:
① 방송통신설비의 운용자와 이용자의 안전
② 방송통신서비스의 품질향상

③ 방송통신망 또는 방송통신서비스에 대한 장애인의 용이한 접근에 관한 사항
④ 비상방송통신서비스를 위한 방송통신망의 접속에 관한 사항
⑤ 방송통신망과 단말장치 간 또는 단말장치와 단말장치 간의 상호작동에 관한 사항
⑥ 전송품질의 유지에 관한 사항
⑦ 전화역무 간의 상호운용에 관한 사항
⑧ 그 밖에 방송통신망의 보호를 위하여 필요한 사항

(2) 구내통신실의 면적확보

① 업무용건축물에는 국선·국선단자함 또는 국선배선반과 초고속통신망장비, 이동통신망장비 등 각종 구내통신선로설비 및 구내용 이동통신설비를 설치하기 위한 공간으로서 다음의 구분에 따라 집중구내통신실과 층구내통신실을 확보하여야 한다.

■ 집중구내통신실 및 층 구내통신실 면적확보 기준

건축물 규모	확보대상	확보면적
① 6층 이상이고 연면적 5천[m²] 이상인 업무용 건축물	집중구내통신실	10.2[m²] 이상으로 1개소 이상
	층 구내통신실	1) 각 층별 전용면적이 1천[m²] 이상인 경우에는 각 층별로 10.2[m²] 이상으로 1개소 이상 2) 각 층별 전용면적이 800[m²] 이상인 경우에는 각 층별로 8.4[m²] 이상으로 1개소 이상 3) 각 층별 전용면적이 500[m²] 이상인 경우에는 각 층별로 6.6[m²] 이상으로 1개소 이상 4) 각 층별 전용면적이 500[m²] 미만인 경우에는 각 층별로 5.4[m²] 이상으로 1개소 이상
② 제①호 외의 업무용 건축물	집중구내통신실	건축물의 연면적이 500[m²] 이상인 경우 10.2[m²] 이상으로 1개소 이상. 다만, 500[m²] 미만인 경우는 5.4[m²] 이상으로 1개소 이상.

합격예측
공동주택에는 집중구내통신실을 확보해야 한다.

② 주거용건축물 중 공동주택에는 다음에 따른 면적확보 기준을 충족하는 집중구내통신실을 확보하여야 한다.

구분	확보면적
■ 50세대 이상 500세대 이하 단지	10[m²] 이상으로 1개소
■ 500세대 초과 1,000세대 이하 단지	15[m²] 이상으로 1개소
■ 1,000세대 초과 1,500세대 이하 단지	20[m²] 이상으로 1개소
■ 1,500세대 초과 단지	25[m²] 이상으로 1개소

(3) 회선 수

구내통신선로설비에는 다음 사항에 지장이 없도록 충분한 회선을 확보하여야 한다.
① 구내로 인입되는 국선의 수용
② 구내회선의 구성
③ 단말장치 등의 증설

[구내통신 회선 수 확보기준]

대상건축물	회선 수 확보기준
주거용 건축물	국선단자함에서 세대단자함 또는 인출구 구간까지 단위세대당 1회선(4쌍 꼬임케이블 기준) 이상 또는 광섬유케이블 2코어 이상
업무용 건축물	국선단자함에서 세대단자함 또는 인출구 구간까지 각 업무구역($10[m^2]$)당 1회선(4쌍 꼬임케이블 기준) 이상 또는 광섬유케이블 2코어 이상

다. 사업용 방송통신설비

(1) 안전성 및 신뢰성

사업자는 이용자가 안전하고 신뢰성 있는 방송통신서비스를 제공받을 수 있도록 다음 사항을 구비하여 운용하여야 한다.
① 방송통신설비를 수용하기 위한 건축물 또는 구조물의 안전 및 화재대책에 관한 사항
② 방송통신설비를 이용 또는 운용하는 자의 안전확보에 필요한 사항
③ 방송통신설비의 운용에 필요한 시험·감시 및 통제를 할 수 있는 기능에 관한 사항
④ 그 밖에 방송통신설비의 안전성 및 신뢰성 확보를 위하여 필요한 사항

(2) 국선접속설비 및 옥외회선 등의 설치 및 철거

① 기간통신사업자 및 별정통신사업자는 해당 역무에 사용되는 방송통신설비가 벼락 또는 강전류 전선과의 접촉 등으로 그에 접속된 이용자 방송통신설비 등에 피해를 줄 우려가 있는 경우에는 이를 방지하기 위하여 국선접속설비 또는 그 주변에 보호기를 설치하여야 한다.
② 기간통신사업자는 국선을 5회선 이상으로 인입하는 경우에는 케이블로 국선수용단자반에 접속·수용하여야 한다.
③ 기간통신사업자는 국선 등 옥외회선을 지하로 인입하여야 한다. 다만, 같은 구내에 5회선 미만의 국선을 인입하는 경우에는 그렇지 않다.
④ 기간통신사업자는 건축주등이 분계점과 사업자가 이용하는 인입맨

홀·핸드홀 또는 인입주까지 지하인입배관을 설치한 경우에는 옥외회선을 지하로 인입하여야 한다.

(3) 통신공동구 등의 설치기준

통신공동구·맨홀 등은 통신케이블의 수용과 설치 및 유지·보수 등에 필요한 공간과 부대시설을 갖추어야 하고, 관로는 차도의 경우 지면으로부터 1[m] 이상의 깊이에 매설하여야 한다.

(4) 전송망사업용설비

① 전송망사업용설비와 수신자설비의 분계점에서 수신자에게 종합유선방송신호를 전송하기 위한 전송설비 및 선로설비에 대한 세부기술기준은 과학기술정보통신부장관이 정하여 고시한다.

② 전송망사업용설비에는 전송되는 종합유선방송신호가 정상적으로 제공되고 있는지를 확인할 수 있도록 전송선로시설의 감시장치를 설치하여야 한다.

③ 전송망사업용설비에 관하여 이 규정에서 정하는 것 외에는 전파에 관한 법령에서 정한 기준을 적용한다.

(5) 통신규약

사업자는 정보통신설비와 이에 연결되는 다른 정보통신설비 또는 이용자설비와의 사이에 정보의 상호전달을 위하여 사용하는 통신규약을 인터넷, 언론매체 또는 그 밖의 홍보매체를 활용하여 공개하여야 한다.

합격예측
전송설비 및 선로설비에 대한 세부기술기준은 과학기술정보통신부장관이 정하여 고시한다.

합격예측
통신규약은 인터넷, 언론매체 또는 그 밖의 홍보매체를 활용하여 공개한다.

출제 예상 문제

제4장 방송통신설비의 기술기준에 관한 규정

01 "방송통신설비의 기술기준에 관한 규정"의 제정은?
① 법률로 정한다.
② 대통령령으로 정한다.
③ 방송통신부령으로 정한다.
④ 이용약관으로 정한다.

해설
방송통신설비의 기술기준
방송통신설비를 설치·운영하는 자는 그 설비를 대통령령이 정하는 기술기준에 적합하게 하여야 한다.

02 방송통신설비의 기술기준은 어느 법령에 근거를 두고 제정하는가?
① 정보화촉진기본법
② 방송통신발전기본법
③ 정보통신공사업법
④ 전기통신사업법

해설
방송통신설비의 기술기준에 관한 규정(대통령령)
이 법은 「방송통신발전 기본법」, 「전기통신사업법」, 「전파법」 및 「주택건설기준 등에 관한 규정」에 따라 방송통신설비·관로·구내통신선로설비 및 방송통신기자재 등의 기술기준을 규정함을 목적으로 한다.

03 방송통신서비스를 제공받기 위하여 이용자가 관리·사용하는 구내통신선로설비, 이동통신구내선로설비, 방송공동수신설비, 단말장치 및 전송설비 등을 무엇이라고 하는가?
① 국선접속설비
② 사업용 전기통신설비
③ 이용자방송통신설비
④ 자가전기통신설비

04 기간통신사업자 및 부가통신사업자의 교환설비로부터 이용자 방송통신설비의 최초단자에 이르기까지 사이에 구성되는 회선은?
① 국선
② 내선
③ 교환설비
④ 전용설비

해설
국선의 정의
"국선"이란 사업자의 교환설비로부터 이용자 방송통신설비의 최초단자에 이르기까지의 사이에 구성되는 회선을 말한다.

05 방송통신을 행하기 위하여 계통적·유기적으로 연결·구성된 방송통신설비의 집합체는?
① 전화망
② 전송설비
③ 전원설비
④ 방송통신망

06 강전류 전선이란 몇 [V] 이상의 전력을 송전하거나 배전하는 전선을 말하는가?
① 220
② 300
③ 500
④ 660

해설
"강전류 전선"은 전기도체, 절연물로 싼 전기도체 또는 절연물로 싼 것의 위를 보호피막으로 보호한 전기도체 등으로서 300[V] 이상의 전력을 송전하거나 배전하는 전선을 말한다.

07 다음 ( ) 안에 들어갈 내용으로 가장 적합한 것은?

"강전류 전선이라 함은 전기도체, 절연물로 싼 전기도체 또는 절연물로 싼 것의 위를 보호피막으로 보호한 전기도체 등으로서 ( )볼트 이상의 전력을 송전하거나 배전하는 전선을 말한다."

[정답] 01 ② 02 ② 03 ③ 04 ① 05 ④ 06 ② 07 ②

① 220　　　　② 300
③ 600　　　　④ 750

해설

강전류 전선
전력의 송전, 배전에 사용하는 전기도체, 절연물로 피복한 전기도체 또는 절연물로 피복한 위를 보호한 전기도체 등으로서 300[V] 이상의 전력용으로 사용하는 전선을 말한다.

08 다수의 전기통신회선을 제어·접속하여 회선 상호간의 방송통신을 가능하게 하는 교환기와 그 부대설비를 무엇이라 하는가?

① 교환설비　　　　② 선로설비
③ 전송설비　　　　④ 중계설비

09 교환설비 등으로부터 수신된 방송통신콘텐츠를 변환·재생 또는 증폭하여 유선 또는 무선으로 송신하거나 수신하는 설비로서 전송단국장치·중계장치·다중화장치·분배장치 등과 그 부대설비를 총괄하여 무엇이라 하는가?

① 선로설비　　　　② 전송설비
③ 정보통신망　　　　④ 전기통신망

10 다음은 어떤 용어의 정의에 해당되는가?

> "일정한 형태의 방송통신콘텐츠를 전송하기 위하여 사용하는 동선·광섬유 등의 전송매체로 제작된 선조·케이블 등과 이를 수용 또는 접속하기 위하여 제작된 전주·관로·통신터널·배관·맨홀·핸드홀·배선반 등과 그 부대설비"

① 국선접속설비　　　　② 지하관로설비
③ 통신망단자　　　　④ 선로설비

해설

"선로설비"란 일정한 형태의 방송통신콘텐츠를 전송하기 위하여 사용하는 동선·광섬유 등의 전송매체로 제작된 선조·케이블 등과 이를 수용 또는 접속하기 위하여 제작된 전주·관로·통신터널·배관·맨홀(manhole)·핸드홀(handhole)·배선반 등과 그 부대설비를 말한다.

11 다음 중 "선로설비"에 포함되지 않는 것은?

① 전주와 관로　　　　② 선조와 케이블
③ 교환기와 시험기　　　　④ 배관과 배선반

12 방송통신설비의 기술기준에 관한 규정에서 정의되고 있는 '선로설비'가 아닌 것은?

① 분배장치　　　　② 전주
③ 관로　　　　④ 배선반

13 철도시설 또는 전기공작물 등이 그 주위에 있는 방송통신설비에 정전유도나 전자유도 등으로 인한 전압이 발생되도록 하는 현상은 무엇인가?

① 전력유도　　　　② 전기유도
③ 통신유도　　　　④ 전송유도

해설

"전력유도"란 도시철도 등 전기를 이용하는 철도시설("전철시설") 또는 전기공작물 등이 그 주위에 있는 방송통신설비에 정전유도나 전자유도 등으로 인한 전압이 발생되도록 하는 현상을 말한다.

14 "단말장치"의 정의로 가장 적합한 것은?

① 방송통신망에 접속된 단말기기 및 그 부속설비를 말한다.
② 통신회선에 접속하는 전신교환기, 전화교환기, 변복조기 등을 말한다.
③ 방송통신설비와 접속하여 이용하고자 이용자가 설치하는 잭, 플러그, 버튼 등을 말한다.
④ 정보통신에 이용하는 정보통신기기의 본체와 이에 부수되는 입·출력장치와 기타의 기기 등을 말한다.

해설

단말장치
"단말장치"란 방송통신망에 접속되는 단말기기 및 그 부속설비를 말한다.

[정답] 08 ①　09 ②　10 ④　11 ③　12 ①　13 ①　14 ①

15 다음 중 정보통신설비에 관해 가장 적합하게 설명한 것은?

① 기계조직의 효율적 동작 및 이용을 위한 프로그램의 이용 기술
② 전자계산조직에 직접 관련되는 입·출력장치, 보조기억장치, 단말장치 등
③ 전자계산조직 및 주변기기의 입·출력 정보자료
④ 정보를 저장처리하는 장치나 그에 부수되는 입·출력장치를 이용하여 정보를 송·수신 또는 처리하는 설비

해설
정보통신설비
정보통신설비라 함은 유선·무선·광선 기타 전자적 방식에 의하여 부호·문자·음향 또는 영상 등의 정보를 저장·제어·처리하거나 송·수신하기 위한 기계·기구·선로 기타 필요한 설비를 말한다.

16 직류는 750[V] 이하, 교류는 600[V] 이하인 전압을 무엇이라 하는가?

① 저압   ② 중압
③ 고압   ④ 특별고압

해설
"저압"이란 직류는 750[V] 이하, 교류는 600[V] 이하인 전압을 말한다.

17 고압의 교류범위는 얼마인가?

① 400[V]~5,000[V]
② 500[V]~6,000[V]
③ 600[V]~7,000[V]
④ 700[V]~8,000[V]

해설
"고압"이란 직류는 750[V], 교류는 600[V]를 초과하고 각각 7,000[V] 이하인 전압을 말한다.

18 다음 괄호 안에 들어갈 내용으로 적합한 것은?

> 고압이란 직류는 750[V], 교류는 (   )[V]를 초과하고, 각각 7,000[V] 이하인 전압을 말한다.

① 300   ② 450
③ 600   ④ 700

19 특별고압이란 몇 [V]를 초과하는 전압을 말하는가?

① 7,000[V]
② 8,000[V]
③ 9,000[V]
④ 10,000[V]

해설
"특별고압"이란 7,000[V]를 초과하는 전압을 말한다.

20 방송통신설비가 다른 통신사업자의 방송통신설비와 접속되는 경우에 그 건설과 보전에 관한 책임의 한계를 명확히 하기 위하여 설정하는 것은?

① 국선
② 절분기
③ 분계점
④ 접속기기

해설
분계점
① 방송통신설비가 다른 사람의 방송통신설비와 연결되는 경우에는 그 건설과 보전에 관한 책임 등의 한계를 명확하게 하기 위하여 분계점이 설정되어야 한다.
② 각 설비간의 분계점은 다음과 같다.
  ㉠ 사업용 방송통신설비의 분계점은 사업자 상호 간의 합의에 따른다. 다만, 과학기술정보통신부장관이 분계점을 고시한 경우에는 이에 따른다.
  ㉡ 사업용 방송통신설비와 이용자 방송통신설비의 분계점은 도로와 택지 또는 공동주택단지의 각 단지와의 경계점으로 한다. 다만, 국선과 구내선의 분계점은 사업용 방송통신설비의 국선접속설비와 이용자 방송통신설비가 최초로 접속되는 점으로 한다.

[정답] 15 ④ 16 ① 17 ③ 18 ③ 19 ① 20 ③

21 사업용방송통신설비와 이용자방송통신설비의 분계점을 설정하는 데 국선과 구내선의 분계점은 어떻게 설정하는가?

① 사업용방송통신설비의 국선수용단자반과 이용자방송통신설비의 단말장치와의 접속되는 점으로 한다.
② 사업용방송통신설비의 국선접속설비와 이용자방송통신설비가 최초로 접속되는 점으로 한다.
③ 사업용방송통신설비의 전송설비와 이용자방송통신설비의 구내통신선로설비가 최초로 접속되는 점으로 한다.
④ 사업용방송통신설비의 교환설비와 이용자방송통신설비의 최초단자 사이에 구성되는 회선으로 한다.

> **해설**
> ① 사업용방송통신설비와 이용자방송통신설비의 분계점은 도로와 택지 또는 공동주택단지의 각 단지와의 경계점으로 한다.
> ② 국선과 구내선의 분계점은 사업용방송통신설비의 국선접속설비와 이용자방송통신설비가 최초로 접속되는 점으로 한다.

22 다음은 방송통신설비의 기술기준의 '분계점에서 접속'과 관련된 내용이다. 괄호 안에 들어갈 내용으로 적합한 것은?

> "사업자는 이용자로부터 단말장치의 접속을 요청받은 경우 ( )에 부적합하거나 그 밖에 특별한 경우를 제외하고는 이를 거부하여서는 아니 된다."

① 기술기준   ② 통신규격
③ 표준규격   ④ 설계도서

23 분계점에서의 접속기준에 관한 사항이 아닌 것은?

① 분계점에서의 접속방식은 간단하게 분리·시험할 수 있어야 한다.
② 통신사업자가 접속방식을 정하여 고시한 경우에는 이에 따른다.
③ 방송통신망간 접속기준은 사업자 상호 간의 합의에 따른다.
④ 사업자는 이용자로부터 단말장치의 접속을 요청받은 경우 특별한 경우를 제외하고는 이를 거부하여서는 아니 된다.

> **해설**
> **분계점에서의 접속기준**
> ① 분계점에서의 접속방식은 간단하게 분리·시험할 수 있어야 하며, 과학기술정보통신부장관이 그 접속방식을 정하여 고시한 경우에는 이에 따른다.
> ② 방송통신망간 접속기준은 사업자 상호 간의 합의에 따른다. 다만, 과학기술정보통신부장관이 접속기준을 고시한 경우에는 이에 따른다.
> ③ 사업자는 이용자로부터 단말장치의 접속을 요청받은 경우 기술기준에 부적합하거나 그 밖에 특별한 경우를 제외하고는 이를 거부하여서는 아니 된다.

24 방송통신설비가 이에 접속되는 다른 방송통신설비의 위해 등을 방지하기 위한 대책으로 적합하지 않은 것은?

① 전력선통신을 행하는 방송통신설비는 이상전압이나 이상전류에 대한 방지대책이 요구되지 않는다.
② 다른 방송통신설비를 손상시킬 우려가 있는 전류가 송출되는 것이어서는 아니 된다.
③ 다른 방송통신설비의 기능에 지장을 주는 방송통신콘텐츠가 송출되어서는 아니 된다.
④ 다른 방송통신설비를 손상시킬 우려가 있는 전압이 송출되는 것이어서는 아니 된다.

> **해설**
> 방송통신설비는 이에 접속되는 다른 방송통신설비를 손상시키거나 손상시킬 우려가 있는 전압 또는 전류가 송출되어서는 안된다.

25 다음 중 전력선통신을 행하기 위한 방송통신설비가 갖추어야 할 기능으로 옳은 것은?

① 전력선과의 접속부분을 안전하게 분리하고 이를 연결할 수 있는 기능
② 전력선으로부터 이상전류가 유입된 경우 접지될 수 있는 기능
③ 단말기의 전력분배 기능
④ 주장치의 이상 현상으로부터 보호할 수 있는 기능

[정답] 21 ② 22 ① 23 ② 24 ① 25 ①

해설
전력선통신을 행하기 위한 방송통신설비는 다음의 기능을 갖추어야 한다.
① 전력선과의 접속부분을 안전하게 분리하고 이를 연결할 수 있는 기능
② 전력선으로부터 이상전압이 유입된 경우 인명·재산 및 설비자체를 보호할 수 있는 기능

26 방송통신설비의 보호기 성능 및 접지에 관한 세부 기술기준을 고시하는 기관은?

① 과학기술정보통신부
② 한국방송통신전파진흥원
③ 중앙전파관리소
④ 한국정보통신공사협회

27 다음 중 전송설비 및 선로설비의 보호대책과 관계가 없는 것은?

① 전송설비와 선로설비 간의 분계점을 명확히 한다.
② 다른 사람이 설치한 설비에 피해를 받지 않도록 한다.
③ 설비 주위에 설비에 관한 안전표지를 한다.
④ 강전류전선에 대한 보호망이나 보호선을 설치한다.

해설
분계점(접속점)은 재산과 책임을 구분해주는 지점 또는 기능 영역 간을 구분하는 부분을 나타내는 것으로 보호대책과는 관련이 없다.

28 이상전류 또는 이상전압이 유입될 우려가 있는 방송통신설비에 설치되어야 하는 것은?

① 보호기   ② 전력유도방지
③ 분계점   ④ 변류기

해설
보호기
낙뢰 또는 강전류전선과의 접촉 등으로 이상전류 또는 이상전압이 유입될 우려가 있는 방송통신설비에는 과전류 또는 과전압을 방전시키거나 이를 제한 또는 차단하는 보호기가 설치되어야 한다.

29 다음 ( ) 안에 들어갈 내용으로 가장 적합한 것은?

"보호기와 금속으로 된 주배선반·지지물·단자함 등이 사람 또는 방송통신설비에 피해를 줄 우려가 있을 경우에는 ( )되어야 한다."

① 증폭   ② 접지
③ 분리   ④ 결합

해설
보호기와 금속으로 된 주배선반·지지물·단자함 등이 사람 또는 방송통신설비에 피해를 줄 우려가 있을 경우에는 접지되어야 한다.

30 통신기기의 오동작 유도종전압이 제한치를 초과할 우려가 있는 경우에는 전력유도 방지조치를 하여야 한다. 여기에서 기기오동작 유도종전압 제한치는 얼마인가?

① 1[mV]   ② 15[V]
③ 60[V]   ④ 100[V]

해설
전력유도의 방지
① 전송설비 및 선로설비는 전력유도로 인한 피해가 없도록 건설, 보전되어야 한다.
② 전력유도의 전압이 다음 각 항의 제한치를 초과하거나 초과할 우려가 있는 경우에는 전력유도 방지조치를 하여야 한다.
  ㉠ 이상시 유도위험전압 : 650[V]
  ㉡ 상시 유도위험종전압 : 60[V]
  ㉢ 기기오동작 유도종전압 : 15[V]
  ㉣ 잡음전압 : 0.5[mV]

31 다음은 전력유도방지를 위한 전송설비 및 선로설비의 전력유도전압이다. 각 전압 중에서 제한치를 초과한 것은?

① 이상시 유도위험전압 : 650[V]
② 상시 유도위험종전압 : 110[V]
③ 기기오동작 유도종전압 : 15[V]
④ 잡음전압 : 0.5[mV]

해설
"전력유도"라 함은 전기를 이용하는 철도시설 또는 전기공작물 등이 그 주위에 있는 방송통신설비에 정전유도나 전자유도 등으로 인한 전압이 발생되도록 하는 현상을 말한다.

[정답] 26 ① 27 ① 28 ① 29 ② 30 ② 31 ②

32 다음 중 전력유도 방지조치를 해야 하는 기준으로 잘못된 것은?

① 기기 오동작 유도종전압 : 15[V] 초과
② 잡음전압 : 0.5[mV] 초과
③ 상시 유도위험종전압 : 50[V] 초과
④ 이상시 유도위험전압 : 650[V] 초과

해설
전력유도의 전압이 다음의 제한치를 초과하거나 초과할 우려가 있는 경우에는 전력유도 방지조치를 하여야 한다.
① 이상시 유도위험전압 : 650[V]
② 상시 유도위험종전압 : 60[V]
③ 기기 오동작 유도종전압 : 15[V]
④ 잡음전압 : 0.5[mV]

33 방송통신설비에 사용되는 전원설비는 동작전압과 전류의 변동률을 정격전압 및 정격전류의 몇 퍼센트 이내로 유지할 수 있는 것이어야 하는가?

① ±10[%]   ② ±0.1[%]
③ ±20[%]   ④ ±0.01[%]

해설
전원설비
방송통신설비에 사용되는 전원설비는 그 방송통신설비가 최대로 사용되는 때의 전력을 안정적으로 공급할 수 있는 용량으로서 동작전압과 전류의 변동률을 정격전압 및 정격전류의 ±10[%] 이내로 유지할 수 있는 것이어야 한다.

34 다음의 괄호 안에 들어갈 내용으로 옳은 것은?

"방송통신설비에 사용되는 전원설비는 그 방송통신설비가 최대로 사용되는 때의 전력을 안정적으로 공급할 수 있는 용량으로서 동작전압과 전류의 변동률을 정격전압 및 정격전류의 ( )[%] 이내로 유지할 수 있는 것이어야 한다."

① ±5   ② ±10
③ ±15   ④ ±20

35 선로설비의 회선 상호간, 회선과 대지간 및 회선의 심선 상호간의 절연저항은 얼마이어야 하는가?

① 직류 50[V] 절연저항체로 측정하여 1[MΩ] 이상
② 교류 50[V] 절연저항체로 측정하여 1[MΩ] 이하
③ 직류 500[V] 절연저항체로 측정하여 10[MΩ] 이상
④ 교류 500[V] 절연저항체로 측정하여 10[MΩ] 이하

해설
선로설비의 회선 상호간, 회선과 대지간 및 회선의 심선 상호간의 절연저항은 직류 500[V] 절연저항계로 측정하여 10[MΩ] 이상이어야 한다.

36 평형회선은 회선 상호간 방송통신콘텐츠의 내용이 혼입되지 아니하도록 두 회선사이의 근단누화 또는 원단누화의 감쇠량은 몇 [dB] 이상이어야 하는가?

① 60   ② 62
③ 65   ④ 68

해설
누화
평형회선은 회선 상호간 방송통신콘텐츠의 내용이 혼입되지 아니하도록 두 회선사이의 근단누화 또는 원단누화의 감쇠량은 68[dB] 이상이어야 한다. 다만, 과학기술정보통신부장관이 별도로 세부기술기준을 고시한 경우에는 이에 따른다.

37 다음은 누화에 관한 규정이다. 괄호 안에 적합한 것은?

"평형회선은 회선 상호 간 방송통신콘텐츠의 내용이 혼입되지 아니하도록 두 회선 사이의 근단누화 또는 원단누화의 감쇠량은 ( )[dB] 이상이어야 한다."

① 48   ② 56
③ 68   ④ 76

[정답] 32 ③ 33 ① 34 ② 35 ③ 36 ④ 37 ③

38 다음 중 방송통신설비의 운용자와 이용자의 안전 및 방송통신서비스의 품질향상을 위한 단말장치의 기술기준에 해당되지 않는 사항은?

① 전송품질의 유지에 관한 사항
② 단말장치 개발 및 보급에 관한 사항
③ 방송통신망과 단말장치간의 상호작동에 관한 사항
④ 방송통신망 또는 방송통신서비스에 대한 장애인의 용이한 접근에 관한 사항

해설

단말장치의 기술기준
과학기술정보통신부장관은 방송통신설비의 운용자와 이용자의 안전 및 방송통신서비스의 품질향상을 위하여 다음 사항에 관한 단말장치의 기술기준을 정할 수 있다.
① 방송통신망 및 방송통신망 운용자에 대한 위해방지에 관한 사항
② 방송통신망의 오용 및 요금산정기기의 고장방지에 관한 사항
③ 방송통신망 또는 방송통신서비스에 대한 장애인의 용이한 접근에 관한 사항
④ 비상 방송통신서비스를 위한 방송통신망의 접속에 관한 사항
⑤ 방송통신망과 단말장치간 또는 단말장치와 단말장치간의 상호작동에 관한 사항
⑥ 전송품질의 유지에 관한 사항 등

39 단말장치의 전자파장해 방지기준 및 전자파장해로부터의 보호기준 등은 어느 법령이 정하는 바에 의하는가?

① 통신보안에 관한 법령
② 전기에 관한 법령
③ 인체보건에 관한 법령
④ 전파에 관한 법령

해설

단말장치(전자파장해 방지기준)
단말장치의 전자파장해 방지기준 및 전자파장해로부터의 보호기준 등은 전파에 관한 법령이 정하는 바에 의한다.

40 다음 건축물 중 집중구내통신실을 확보하여야 하는 것은?

① 단독주택   ② 공동주택
③ 다가구주택 ④ 야외공연장

해설

주거용건축물 중 공동주택에는 집중구내통신실을 확보하여야 한다. 이 경우 최소한 확보하여야 한다.

41 다음은 6층 이상이고 연면적 5,000[m^2] 이상인 업무용 건축물의 구내통신실 면적확보기준이다. 각 층별 전용면적 대비 층구내통신실의 면적이 잘못 연결된 것은?

① 각 층별 전용면적이 1,000[m^2] 이상인 경우 : 10.2 [m^2] 이상
② 각 층별 전용면적이 800[m^2] 이상인 경우 : 8.4 [m^2] 이상
③ 각 층별 전용면적이 500[m^2] 이상인 경우 : 6.6 [m^2] 이상
④ 각 층별 전용면적이 500[m^2] 미만인 경우 : 4.4 [m^2] 이상

해설

각 층별 전용면적이 500[m^2] 미만인 경우에는 5.4[m^2] 이상으로 1개소 이상이다.

42 방송통신설비의 기술기준에 관한 규정에 의거하여 50세대 이상 500세대 이하 단지 공동주택의 구내통신실면적확보 기준으로 알맞은 것은?

① 10제곱미터 이상으로 1개소
② 15제곱미터 이상으로 2개소
③ 20제곱미터 이상으로 1개소
④ 25제곱미터 이상으로 2개소

해설

공동주택의 구내통신실 면적확보 기준

구분	확보면적
50세대 이상 500세대 이하 단지	10제곱미터 이상으로 1개소
500세대 초과 1,000세대 이하 단지	15제곱미터 이상으로 1개소
1,000세대 초과 1,500세대 이하 단지	20제곱미터 이상으로 1개소
1,500세대 초과 단지	25제곱미터 이상으로 1개소

[정답] 38 ② 39 ④ 40 ② 41 ④ 42 ①

43 구내통신선로설비의 구내통신 회선수 확보기준 중 대상건축물이 주거용인 경우 회선수 확보기준을 바르게 나타낸 것은?

① 국선단자함에서 세대단자함 또는 인출구 구간까지 단위세대당 1회선 이상 또는 광섬유케이블 2코아 이상
② 국선단자함에서 세대단자함 또는 인출구 구간까지 단위세대당 3회선 이상 또는 광섬유케이블 5코아 이상
③ 국선단자함에서 세대단자함 또는 인출구 구간까지 10제곱미터당 1회선 이상 또는 광섬유케이블 2코아 이상
④ 국선단자함에서 세대단자함 또는 인출구 구간까지 10제곱미터당 3회선 이상 또는 광섬유케이블 5코아 이상

44 다음 중 구내통신선로설비에서 충분한 회선을 확보하여야 하는 경우와 관계없는 것은?

① 옥외로 인입되는 국선의 구성
② 구내로 인입되는 국선의 수용
③ 구내회선의 구성
④ 단말장치 등의 증설

45 사업용 방송통신설비를 단말장치와 상호연동이 되도록 설치·운용하여야 하는 자는?

① 이용자
② 과학기술정보통신부장관
③ 방송통신사업자
④ 부가통신사업자

해설
사업용방송통신설비와 단말장치 간의 상호연동
방송통신사업자는 사업용 방송통신설비를 단말장치와 상호연동이 되도록 설치·운용하여야 한다.

46 기간통신사업자가 정보통신설비와 이에 연결되는 다른 정보통신설비 또는 단말장치와의 사이에 정보의 상호전달을 위하여 공시하여야 하는 것은?

① 통신규약
② 이용약관
③ 분계점
④ 기술기준

해설
통신규약
기간통신사업자는 정보통신설비와 이에 연결되는 다른 정보통신설비 또는 이용자설비와의 사이에 정보의 상호전달을 위하여 사용하는 통신규약을 인터넷, 언론매체 또는 그 밖의 홍보매체를 활용하여 공개하여야 한다.

47 서로 다른 정보통신설비 또는 이용자 설비와의 사이에 정보의 상호전달을 위하여 사용되는 통신규약은 누가 공개하여야 하는가?

① 과학기술정보통신부장관
② 관할 지방자치단체장
③ 해당 방송통신사업자
④ 해당 설비 이용자

해설
통신규약
기간통신사업자는 정보통신설비와 이에 연결되는 다른 정보통신설비 또는 단말장치와의 사이에 정보의 상호전달을 위하여 사용하는 통신규약을 공시하여야 한다.

48 다음 ( )의 내용으로 옳은 것은?

"통신사업자는 정보통신설비와 이에 연결되는 다른 정보통신설비 또는 이용자 설비와의 사이에 정보의 상호전달을 위하여 사용하는 ( )을 인터넷, 언론매체 또는 그 밖의 홍보매체를 활용하여 공개하여야 한다."

① 기술기준
② 전용회선
③ 통신규약
④ 안전대책

[정답] 43 ① 44 ① 45 ③ 46 ① 47 ③ 48 ③

해설
통신규약
사업자는 정보통신설비와 이에 연결되는 다른 정보통신설비 또는 이용자 설비와의 사이에 정보의 상호전달을 위하여 사용하는 통신규약을 인터넷, 언론매체 또는 그 밖의 홍보매체를 활용하여 공개하여야 한다.

49 방송통신을 행하기 위하여 계통적·유기적으로 연결·구성된 방송통신설비의 집합체를 말하는 것은?

① 정보통신망 ② 정보설비망
③ 방송통신망 ④ 전기설비망

해설
방송통신망
방송통신을 행하기 위하여 계통적·유기적으로 연결, 구성된 방송통신설비의 집합체를 말한다.

50 다음 중 방송통신서비스를 제공하는 사업자가 구비하여야 할 안전성과 신뢰성에 해당하는 것으로 관계가 적은 것은?

① 방송통신설비 이용자의 안전 확보에 필요한 사항
② 방송통신설비의 안전성 및 신뢰성 확보를 위하여 필요한 사항
③ 방송통신설비의 운용에 필요한 시험·감시 기능에 관한 사항
④ 방송통신설비를 판매하기 위한 건축물의 화재대책 등에 관한 사항

해설
방송통신설비를 수용하기 위한 건축물 또는 구조물의 안전 및 화재대책 등에 관한 사항

51 기간통신사업자는 국선을 몇 회선 이상으로 인입하는 경우에 케이블로 국선수용단자반에 접속·수용하여야 하는가?

① 3회선 ② 5회선
③ 7회선 ④ 9회선

해설
① 기간통신사업자 및 별정통신사업자는 해당 역무에 사용되는 방송통신설비가 벼락 또는 강전류전선과의 접촉 등으로 그에 접속된 이용자방송통신설비 등에 피해를 줄 우려가 있는 경우에는 이를 방지하기 위하여 국선접속설비 또는 그 주변에 보호기를 설치하여야 한다.
② 기간통신사업자는 국선을 5회선 이상으로 인입하는 경우에는 케이블로 국선수용단자반에 접속·수용하여야 한다.

52 다음 ( )안에 들어갈 내용으로 가장 적합한 것은?

"기간통신사업자는 국선을 ( )회선 이상으로 인입하는 경우에는 케이블로 국선수용단자반에 접속·수용하여야 한다."

① 3 ② 5
③ 10 ④ 20

해설
국선접속설비
① "국선접속설비"란 사업자가 이용자에게 제공하는 국선을 수용하기 위하여 설치하는 국선수용단자반 및 이상전압전류에 대한 보호장치 등을 말한다.
② 기간통신사업자는 국선을 5회선 이상으로 인입하는 경우에는 케이블로 국선 수용 단자반에 접속·수용하여야 한다.

53 다음은 구내통신선로설비의 설치에 관한 사항이다. 괄호 안에 들어갈 내용으로 옳은 것은?

"구내통신선로설비의 국선 등 옥외 회선은 지하로 인입하여야 한다. 다만, 같은 구내에 ( )회선 미만의 국선을 인입하는 경우는 예외로 할 수 있으나, 건축주가 분계점과 사업자가 이용하는 인입 맨홀·핸드홀 또는 인입주까지 지하인입배관을 설치한 경우에는 ( )로 인입하여야 한다."

① 3, 지하 ② 5, 지하
③ 3, 옥외 ④ 5, 옥외

[정답] 49 ③ 50 ④ 51 ② 52 ② 53 ②

54 다음 중 구내통신선로설비의 설치 및 철거방법으로 잘못된 것은?

① 구내에 5회선 이상의 국선을 인입하는 경우 옥외회선은 지하로 인입한다.
② 사업자는 이용약관에 따라 체결된 서비스 이용계약이 해지된 경우에는 설치된 옥외회선을 철거하여야 한다.
③ 배관시설은 설치된 후 배선의 교체 및 증설시공이 쉽게 이루어질 수 있는 구조로 설치하여야 한다.
④ 인입맨홀·핸드홀 또는 인입주까지 지하인입배관을 설치한 경우에 지하로 인입하지 않아도 된다.

> **해설**
> 건축주가 분계점과 사업자가 이용하는 인입맨홀·핸드홀 또는 인입주까지 지하인입배관을 설치한 경우에는 지하로 인입하여야 한다.

55 전송망사업용설비와 수신자설비의 분계점에서 수신자에게 종합유선방송신호를 전송하기 위한 전송설비 및 선로설비에 대한 세부기술기준은 어디에서 정하여 고시하는가?

① 한국유선방송협회
② 국립전파연구원
③ 산업통상자원부
④ 과학기술정보통신부

> **해설**
> 전송망사업용설비와 수신자설비의 분계점에서 수신자에게 종합유선방송신호를 전송하기 위한 전송설비 및 선로설비에 대한 세부기술기준은 과학기술정보통신부장관이 정하여 고시한다.

[정답] 54 ④ 55 ④

5 기타 관련 기준

1. 접지설비·구내통신설비·선로설비 및 통신공동구등에 대한 기술기준

• 목적

구 분	목 적
접지설비·구내통신설비·선로설비 및 통신공동구등에 대한 기술기준	「방송통신설비의 기술기준에 관한 규정」에서 규정된 방송통신설비의 보호기 및 접지설비, 건축물 구내에 설치하는 통신설비, 사업자가 설치하는 선로설비 및 통신공동구 등에 대한 세부기술기준을 정함으로써 이의 원활한 설치·운영 또는 관리에 기여함을 목적으로 한다.

합격예측
방송통신설비, 통신설비, 선로설비 및 통신공동구 등에 대한 원활한 설치·운영 또는 관리에 기여한다.

• 용어의 정의

용 어	용어의 정의
통신선	절연물로 피복한 전기도체 또는 절연물로 피복한 위를 보호피복으로 보호한 전기도체 및 광섬유 등으로써 통신용으로 사용하는 선
이격거리	통신선과 타물체(통신선을 포함)가 기상조건에 의한 위치의 변화에 의하여 가장 접근한 경우의 거리
회선	전기통신의 전송이 이루어지는 유형 또는 무형의 계통적 전기통신로를 말하며, 그 용도에 따라 국선 및 구내선 등으로 구분한다.
구내간선케이블	구내에 두 개 이상의 건물이 있는 경우 국선단자함에서 각 건물의 동단자함 또는 동단자함에서 동단자함까지의 건물 간 구간을 연결하는 통신케이블
건물간선케이블	동일 건물 내의 국선단자함이나 동단자함에서 층단자함까지 또는 층단자함에서 층단자함까지의 구간을 연결하는 통신케이블
동단자함	구내간선케이블 및 건물간선케이블을 종단하여 상호 연결하는 통신용 분배함
층단자함	건물간선케이블 및 수평배선케이블을 종단하여 상호 연결하는 통신용 분배함
세대단자함	세대내에 인입되는 통신선로, 방송공동수신설비 또는 홈네트워크설비 등의 배선을 효율적으로 분배·접속하기 위하여 이용자의 주거전용면적에 포함되는 실내공간에 설치되는 분배함
급전선	전파에너지를 전송하기 위하여 송신장치나 수신장치와 안테나 사이를 연결하는 선
중계장치	선로의 도달이 어려운 지역을 해소하기 위해 사용하는 증폭장치 등
홈네트워크 주장치	(홈게이트웨이, 월패드, 홈서버 등을 포함) 세대내에서 사용되는 홈네트워크 기기들을 유·무선 네트워크 기반으로 연결하고 홈네트워크 서비스를 제공하는 기기

합격예측
회선 : 전기통신의 전송이 이루어지는 유형 또는 무형의 계통적 전기통신로

합격예측
구내간선케이블 : 국선단자함에서 동단자함 또는 동단자함에서 동단자함까지(건물 간 구간)을 연결하는 통신케이블

가. 접지저항

① 교환설비·전송설비 및 통신케이블과 금속으로 된 단자함(구내통신단자함, 옥외분배함 등)·장치함 및 지지물 등이 사람이나 방송통신설비에 피해를 줄 우려가 있을 때에는 접지단자를 설치하여 접지하여야 한다.

② 통신관련시설의 접지저항은 10[Ω] 이하를 기준으로 한다.
다만, 다음의 경우는 100[Ω] 이하로 할 수 있다.
  ㉠ 선로설비중 선조·케이블에 대하여 일정 간격으로 시설하는 접지 (단, 차폐케이블은 제외)
  ㉡ 국선 수용 회선이 100회선 이하인 주배선반
  ㉢ 보호기를 설치하지 않는 구내통신단자함
  ㉣ 구내통신선로설비에 있어서 전송 또는 제어신호용 케이블의 쉴드 접지
  ㉤ 철탑이외 전주 등에 시설하는 이동통신용 중계기
  ㉥ 암반 지역 또는 산악지역에서의 암반 지층을 포함하는 경우등 특수 지형에의 시설이 불가피한 경우로서 기준 저항값 10[Ω]을 얻기 곤란한 경우
  ㉦ 기타 설비 및 장치의 특성에 따라 시설 및 인명 안전에 영향을 미치지 않는 경우

③ 통신회선 이용자의 건축물, 전주 또는 맨홀 등의 시설에 설치된 통신설비로서 통신용 접지시공이 곤란한 경우에는 그 시설물의 접지를 이용할 수 있다.

④ 다음에 해당하는 방송통신관련 설비의 경우에는 접지를 안할 수 있다.
  ㉠ 전도성이 없는 인장선을 사용하는 광섬유케이블의 경우
  ㉡ 금속성 함체나 광섬유 접속등과 같이 내부에 전기적 접속이 없는 경우

나. 선로설비 설치방법

(1) 사용 가능한 통신선의 종류
방송통신설비에 사용하는 통신선은 절연전선 또는 케이블이어야 한다.

(2) 가공통신선의 지지물과 가공강전류전선간의 이격거리
① 가공통신선의 지지물은 가공강전류전선사이에 끼우거나 통과하여서는 안된다. 다만, 인체 또는 물건에 손상을 줄 우려가 없을 경우에는 예외로 할 수 있다.
② 가공강전류전선의 사용전압이 저압 경우의 이격거리는 다음과 같다.

합격예측
일반적인 통신관련시설의 접지저항 허용기준 : 10[Ω] 이하

합격예측
국선 수용회선이 100회선이하인 주배선반의 접지저항 허용범위 : 100[Ω] 이하

합격예측
방송통신설비에 사용되는 통신선의 종류 : 절연전선 또는 케이블

가공강전류전선의 사용전압 및 종별		이격 거리
저 압		30 [cm] 이상
고 압	강전류 케이블	30 [cm] 이상
	기타 강전류전선	60 [cm] 이상

(3) 가공통신선의 높이

설치장소 여건에 따른 가공통신선의 높이는 다음 각호와 같다.
① 도로상에 설치되는 경우에는 노면으로부터 4.5[m]이상으로 한다.
다만, 교통에 지장을 줄 우려가 없고 시공상 불가피할 경우 보도와 차도의 구별이 있는 도로의 보도상에서는 3[m]이상으로 한다.
② 철도 또는 궤도를 횡단하는 경우에는 그 철도 또는 궤조면으로 부터 6.5[m]이상으로 한다.
다만, 차량의 통행에 지장을 줄 우려가 없는 경우에는 그러하지 아니하다.
③ 7,000[V]를 초과하는 전압의 가공강전류전선용 전주에 가설되는 경우에는 노면으로부터 5[m]이상으로 한다.

다. 구내통신설비 설치방법

(1) 국선의 인입

국선인입을 위한 관로, 맨홀, 핸드홀 및 전주 등 구내통신선로설비는 사업자의 맨홀, 핸드홀 또는 인입주로부터 건축물의 최초 접속점까지의 인입거리가 가능한 최단거리가 되도록 설치하여야 한다.

(2) 구내배관

① 구내에 설치되는 건물의 옥내·외에는 선로를 용이하게 설치하거나 철거할 수 있도록 한국산업표준 규격의 배관, 덕트 또는 트레이 등의 시설을 설치하여야 한다.
② 옥내에 설치하는 덕트의 요건은 다음과 같다.
  ㉠ 덕트는 선로를 용이하게 수용할 수 있는 구조와 유지·보수를 위한 충분한 공간을 갖추어야 하며, 수직으로 설치된 덕트의 주변에는 선로의 포설, 유지 및 보수의 작업을 용이하게 할 수 있는 디딤대 등을 설치하여야 한다.
  ㉡ 덕트의 내부에는 선로의 포설에 필요한 선로 받침대를 60㎝ 내지 150㎝의 간격으로 설치하여야 한다.
  ㉢ 덕트의 내부에는 유지·보수 작업용 조명 또는 전기콘센트가 설치되어야 한다.

합격 NOTE

합격예측
덕트 내부에는 누전위험이 있으므로 전기콘센트를 설치한다.

합격예측
300회선 이상의 동케이블의 경우 : 주배선반에 수용

합격예측
통신공동구 유지·관리에 필요한 부대설비 : 조명·배수·소방·환기 및 접지시설

합격예측
관로의 매설기준 : 외부하중과 토압에 견딜수 있는 충분한 강도와 내구성 필요

---

(3) 국선수용 및 국선단자함

① 구내로 인입된 국선은 구내선과의 분계점에 설치된 주단자함 또는 주배선반("국선단자함")에 수용하여야 한다.

② 국선단자함은 다음과 같이 구분하여 설치하여야 한다. 다만, 구내교환기를 설치하는 경우에는 주배선반에 수용하여야 한다.
㉠ 광섬유케이블 또는 300회선 미만의 동케이블을 수용하는 경우 : 주단자함 또는 주배선반
㉡ 300회선 이상의 동케이블을 수용하는 경우 : 주배선반

라. 통신공동구·관로 및 맨홀 등의 설치방법

(1) 통신공동구의 설치기준

① 통신공동구는 통신케이블의 수용에 필요한 공간과 통신케이블의 설치 및 유지·보수등의 작업시 필요한 공간을 충분히 확보할 수 있는 구조로 설계하여야 한다.

② 통신공동구를 설치하는 때에는 조명·배수·소방·환기 및 접지시설 등 통신케이블의 유지·관리에 필요한 부대설비를 설치하여야 한다.

③ 통신공동구와 관로가 접속되는 지점에는 통신케이블의 분기를 위한 분기구를 설치하여야 하며, 한 지점에서 여러 개의 관로로 분기될 경우에는 작업이 용이하도록 분기구간에는 일정거리이상의 간격을 유지하여야 한다.

(2) 관로의 매설기준

관로에 사용하는 관은 외부하중과 토압에 견딜수 있는 충분한 강도와 내구성을 가져야 한다.

(3) 맨홀 또는 핸드홀의 설치기준

① 맨홀 또는 핸드홀은 케이블의 설치 및 유지·보수 등의 작업 시 필요한 공간을 확보할 수 있는 구조로 설계하여야 한다.

② 맨홀 또는 핸드홀은 케이블의 설치 및 유지·보수 등을 위한 차량출입과 작업이 용이한 위치에 설치하여야 한다.

③ 맨홀 또는 핸드홀에는 주변 실수요자용 통신케이블을 분기할 수 있는 인입 관로 및 접지시설 등을 설치하여야한다.

④ 맨홀 또는 핸드홀 간의 거리는 246[m] 이내로 하여야 한다.

2. 지능형 홈네트워크 설비 설치 및 기술기준

- 목적

구 분	이격 거리
지능형 홈네트워크 설비 설치 및 기술기준	지능형 홈네트워크 설비의 설치 및 기술적 사항에 관하여 위임된 사항과 그 시행에 관하여 필요한 사항을 규정함을 목적으로 한다.

- 행정규칙의 종류
    ① (과학기술정보통신부) 지능형 홈네트워크 설비 설치 및 기술기준
    ② (국토교통부) 지능형 홈네트워크 설비 설치 및 기술기준
    ③ (산업통상자원부) 지능형 홈네트워크 설비 설치 및 기술기준

- 용어의 정의

용 어	용어의 정의
홈네트워크망	홈네트워크 설비를 연결하는 것이며 다음으로 구분 ① 단지망 : 집중구내통신실에서 세대까지를 연결하는 망 ② 세대망 : 전유부분(각 세대내)을 연결하는 망
홈게이트웨이 (홈서버 포함)	·세대망과 단지망을 상호 접속하는 장치 ·세대내에서 사용되는 홈네트워크 기기들을 유무선 네트워크 기반으로 연결하고 홈네트워크 서비스를 제공하는 기기
월패드	세대 내의 홈네트워크 시스템을 제어할 수 있는 기기
단지 네트워크장비	세대내 홈게이트웨이와 단지서버간의 통신 및 보안을 수행하는 장비로서, 백본(Back-bone), 방화벽(Fire Wall), 워크그룹스위치 등
단지서버	단지 내 설치되어 홈네트워크 설비를 총괄적으로 관리하며, 각종 데이터 저장, 단지 공용시스템 및 세대내 홈게이트웨이와 연동하여 단지 정보 및 서비스를 제공해 주는 기기
세대단자함	세대내에 들어가는 통신선로, 종합유선방송설비 또는 홈네트워크 설비 등의 배선을 효율적으로 분배·접속하기 위하여 이용자의 전용공간에 설치되는 분배함

가. 홈네트워크 설비 설치

(1) 공동주택에 홈네트워크를 설치하는 경우에는 다음의 설비를 갖추어야 한다.
    ① 홈네트워크망 : 단지망, 세대망,
    ② 홈네트워크 장비 : 홈게이트웨이, 월패드, 단지네트워크장비, 단지

합격 NOTE

합격예측
맨홀 또는 핸드홀 간의 거리 : 246[m] 이내

합격예측
본 기술기준의 목적 : 홈네트워크 설비의 설치 및 기술적 사항을 규정

합격예측
지능형 홈네트워크 설비 설치 및 기술기준을 관장하는 기관 : 과학기술정보통신부, 국토교통부, 산업통상자원부

합격예측
홈네트워크망의 종류 : 단지망, 세대망

합격예측
단지네트워크장비의 종류 : 백본, 방화벽, 워크그룹스위치 등

합격 NOTE

합격예측
홈네트워크장비의 종류 : 홈게이트웨이, 월패드, 단지네트워크장비, 단지서버, 폐쇄회로텔레비전장비, 예비전원장치

서버, 폐쇄회로텔레비전장비, 예비전원장치
③ 원격제어기기 : 가스밸브제어기, 조명제어기, 난방제어기
④ 감지기 : 가스감지기, 개폐감지기
⑤ 단지공용시스템 : 주동출입시스템, 원격검침시스템
⑥ 홈네트워크 설비 설치공간 : 세대단자함 또는 세대통합관리반, 통신배관실(TPS실), 집중구내통신실(MDF실), 단지서버실, 방재실

(2) 단지서버실을 위하여 독립된 공간을 확보할 수 없을 때에는 별도로 단지서버실을 설치하지 않고, 단지서버를 집중구내통신실이나 방재실 내에 설치할 수 있다.

나. 전유부분 홈네트워크 설비의 설치기준

합격예측
홈게이트웨이는 이상전원 발생시 제품을 보호할 수 있는 기능을 내장해야 한다.

용 어	용어의 정의
홈게이트웨이	· 세대단자함 또는 세대통합관리반에 설치 · 벽에 부착할 수 있어야 하며 동작에 필요한 전원이 공급되어야 한다. · 이상전원 발생시 제품을 보호할 수 있는 기능을 내장하여야 하며, 동작상태와 케이블의 연결상태를 쉽게 확인할 수 있는 구조로 설치하여야 한다.
월패드	· 조작을 위한 전원이 공급되어야 하며, 이상전원 발생시 제품을 보호할 수 있는 기능을 내장하여야 한다. · 사용자의 조작을 고려한 위치 및 높이에 설치하여야 한다.
원격제어기기	· 취사용 가스밸브는 원격제어가 가능한 가스밸브제어기를 설치하여야 한다. · 원격제어가 가능한 조명제어기를 세대안에 1구 이상 설치하여야 한다.
감지기	· 동작에 필요한 전원이 공급되어야 한다. · 개폐감지기는 현관출입문 상단에 설치하며 단독배선하여야 한다. · 동체감지기는 유효감지반경을 고려하여 설치하여야 한다.
세대단자함	· 골조공사시 변형이 생기지 않도록 세대단자함의 재질 및 보강방법을 고려하여 설치하여야 한다.
세대통합관리반	· 실 형태나 캐비넷 형태로 설치하고, 실 형태로 설치하는 경우에는 유지관리를 고려한 위치에 설치하여야 한다.
예비전원장치	· 세대내 홈네트워크설비에는 정전시 예비전원이 공급될 수 있도록 하여야 한다. · 예비전원장치는 진동 및 발열로 인한 성능 저하 등을 고려하여 설치하여야 한다.

합격예측
예비전원장치는 진동 및 발열로 인한 성능 저하 등을 고려하여 설치한다.

다. 공용부분 홈네트워크 설비의 설치기준

용어	용어의 정의
단지 네트워크장비	· 집중구내통신실 또는 통신배관실에 설치하여야 한다. · 전원 공급을 위한 배관 및 배선을 설치하여야 한다.
단지서버	· 단지서버실에 설치할 것을 권장하나 집중구내통신실 또는 방재실에 설치할 수 있다.
폐쇄회로 텔레비전장비	· 카메라는 주차장, 주동출입구, 어린이놀이터, 엘리베이터 등에 설치할 것을 권장한다.
예비전원장치	· 집중구내통신실, 통신배관실, 단지서버실 및 방재실, 주동출입시스템, 전자경비시스템 등에 설치하는 공용부분 홈네트워크설비에는 정전시 예비전원이 공급될 수 있도록 하여야 한다.
단지 네트워크센터	· 통합관리가 가능하도록 집중구내통신실, 단지서버실과 방재실을 인접시켜 설치하여야 한다.

합격예측
단지서버실은 잠금장치를 해야하며, 단지서버의 성능을 위한 항온·항습장치를 설치해야 한다.

라. 홈네트워크 설비의 기술기준

(1) 기기인증

① 홈네트워크 기기는 산업통상자원부와 과학기술정보통신부의 인증규정에 따른 기기인증을 받은 제품이거나 이와 동등한 성능의 적합성 평가 또는 시험성적서를 받은 제품을 설치하여야 한다.

② 기기인증 관련 기술기준이 없는 기기의 경우 인증 및 시험을 위한 규격은 산업표준화법에 따른 한국산업표준(KS)을 우선 적용하며, 필요에 따라 정보통신단체표준 등과 같은 관련 단체 표준을 따른다.

③ 홈네트워크 기기 중 홈게이트웨이는 세대내의 홈네트워크 기기들 및 단지서버간의 상호 연동이 가능한 기능을 갖추어야 한다.

합격예측
홈 네트워크 기기 인증기관 : 산업통상자원부와 과학기술정보통신부

(2) 기기의 호환

① 홈네트워크 기기 중 원격제어기기, 감지기는 기기간의 호환이 가능하도록 구성하여야 한다.

② 홈네트워크 기기는 하자담보기간과 내구연한을 표시하여야 한다.

③ 홈네트워크 기기의 예비부품은 5%이상 5년간 확보할 것을 권장한다.

합격예측
홈 네트워크 기기의 예비부품 확보 : 5%이상 5년간

(3) 규제의 재검토

국토교통부장관은 2017년 1월 1일을 기준으로 매 3년이 되는 시점마다 그 타당성을 검토하여 개선 등의 조치를 하여야 한다.

합격예측
국토교통부장관은 매 3년이 되는 시점마다 타당성을 재검토 한다.

3. 방송통신설비의 안전성·신뢰성 및 통신규약에 대한 기술기준

• 목적

용 어	용어의 정의
방송통신설비의 안전성·신뢰성 및 통신규약에 대한 기술기준	「방송통신설비의 기술기준에 관한 규정」 제22조(안전성 및 신뢰성 등) 및 제27조(통신규약)에 대한 기준을 정함으로써 이용자에게 안정적이며 신뢰성 있는 방송통신서비스 제공에 기여함을 목적으로 한다.

이 고시는 다음 각 호의 어느 하나에 해당하는 방송통신설비에 대하여 적용한다.
① 「방송통신설비의 기술기준에 관한 규정」의 사업용방송통신설비(기간통신설비, 부가통신설비 및 전송망설비)
② 「방송통신발전기본법」의 자가방송통신설비("자가통신설비")

• 용어의 정의

용 어	용어의 정의
중요한 통신설비	방송통신설비 및 교환기로서 그 설비의 고장 등으로 방송통신망의 기능에 중대한 지장을 주는 설비
통신국사	방송통신설비를 안전하게 설치·운영·관리하기 위한 건축물로서 주요시설 중 어느 하나 이상으로 구성되며 특히 중요한 방송통신설비를 수용하는 경우에는 중요통신국사라 한다.
옥외설비	중계케이블이나 안테나 설비 등 옥외에 설치되는 통신설비
통신기계실	교환설비나 전송설비, 전산설비 등이 설치되는 장소
중요 데이터	시스템 데이터나 국 데이터 등 해당 데이터의 파괴 및 소실 등으로 통신망 기능에 중대한 지장을 주는 데이터
통신규약	정보통신망에서 각 정보 전달 개체간의 망 접속과 전송 및 전달 정보에 대한 인식을 이루기 위하여 모든 통신 기능상에 미리 규격화되어 정해진 방법
주요시설	통신기계실, 통신망관리실, 중앙감시실, 방재센터, 전력감시실 또는 전원설비

가. 안전성·신뢰성 기준

방송통신서비스에 사용되는 방송통신설비가 갖추어야 할 안전성 및 신뢰성에 관한 기준은 다음과 같다.

합격예측
본 기술기준의 목적 : 이용자에게 안정적이며 신뢰성 있는 방송통신서비스 제공

합격예측
이 기준을 적용해야 하는 설비 : 기간통신설비, 부가통신설비, 전송망설비, 자가통신설비

합격예측
통신기계실 : 교환설비나 전송설비, 전산설비 등이 설치되는 장소

합격예측
통신규약 : 모든 통신 기능상에 미리 규격화되어 정해진 방법

항목	대책
(1) 일반기준	
1. 대체접속계통의 설정	· 교환망의 경우 접속계통의 고장 등에 대비하여 이를 대체할 수 있는 우회 접속계통을 마련한다.
2. 복수 전송로의 구성	· 중요통신국사간을 연결하는 전송로설비는 고장 및 장애에 대비하여 전송로를 구성한다.
3. 분산 수용	· 중요통신국사간을 연결하는 방송통신회선은 복수의 전송로설비로 분산 수용한다.
4. 전송로설비의 동작 감시	· 중요한 전송로설비의 동작상황을 감시하고 설비고장 또는 품질 저하 시 이를 신속하게 검출 통보하는 감시기능을 구비한다.
5. 이상폭주 등의 감시 및 통지	· 교환설비는 천재지변등에 의해 특정통신국사에 트래픽의 이상폭주가 발생할 경우 이를 운용자에게 신속히 검출 통보하는 기능을 구비한다.
6. 통신의 접속 규제	· 교환설비는 발생된 이상 트래픽이 전체망에 파급되는 것을 방지하기 위해 통신의 접속을 규제하는 기능 또는 이와 동등한 기능을 구비한다.
7. 방송통신설비의 종합적 관리	· 회선고장, 이상트래픽 폭주 등의 망상태를 종합적으로 또는 광역적으로 검지하여 조치를 취할 수 있는 종합망관리시스템을 구비한다.
8. 통신망의 비밀보호 및 신뢰성 제고 등	· 이용자의 식별 확인을 필요로 하는 통신을 취급하는 방송통신망에는 정당한 이용자임을 식별 확인할 수 있도록 등록 및 인증 기능 등을 구비하여야 한다.
9. 예비기기 등의 설치	· 중요한 통신설비가 자체만으로 신뢰도를 충분히 유지할 수 없을 경우에는 설비의 중요도, 고장발생률, 복구소요시간 등을 고려하여 예비기기를 설치한다.
10. 시험기기의 확보	· 방송통신설비를 시공, 관리 또는 운용하는 사업장에는 그 설비를 점검 또는 검사하는데 필요한 시험기기를 확보하거나 이에 준하는 조치를 한다.
11. 통신량 측정 자료의 기록	· 교환설비는 이용자 회선별로 이용한 통신량, 횟수 또는 요금 등을 산정하기 위한 각종 자료를 상세히 기록하는 기능을 구비한다.
12. 통신설비 등 지진대책	· 통신장비, 전원설비, 부대설비 등은 별표 2의 지진대책 기준에 적합하게 설치하여야 한다.
(2) 옥외설비	
1. 풍해 대책	· 강한 풍압을 받을 우려가 있는 곳에 설치할 경우 강풍으로 인한 고장 등이 발생하지 않도록 조치를 강구한다.
2. 낙뢰 대책	· 중요한 옥외설비를 설치할 경우 낙뢰에 따른 고장 등이 발생하지 아니하도록 조치를 강구한다.
3. 진동대책	· 옥외설비를 설치할 경우 진동에 대해 고장 등의 방지조치를 강구한다.
4. 지진대책	· 옥외설비는 지진대책 기준에 적합하게 설치하여야 한다.
5. 화재 대책	· 화재가 발생할 우려가 있는 곳에 옥외설비를 설치할 경우 불연화 또는 난연화 등의 조치를 강구한다.
6. 내수 등의 대책	· 수중에 옥외설비를 설치하여야 하는 경우 내수기능을 마련한다.
7. 수해 대책	· 수해를 입을 우려가 있는 장소에 중요한 옥외설비를 설치하는 경우, 수해방지조치를 하여야 한다.

합격 NOTE

합격예측

예비기기 설치시 고려대상 : 설비의 중요도, 고장발생률, 복구소요시간

합격예측

"옥외설비"의 안전성 및 신뢰성 대책 : 풍해, 낙뢰, 진동, 지진, 화재, 내수 등

합격 NOTE

항목	대책
8. 동결 대책	· 동결될 우려가 있는 곳에 옥외설비를 설치할 경우 동결로 인한 고장 등이 발생하지 아니하도록 조치를 강구한다.
9. 염해 등 대책	· 염해, 부식성 가스로 인한 장해 또는 분진으로 인한 장해를 입을 우려가 있는 곳에 옥외설비를 설치할 경우 이로 인한 고장 등이 발생하지 아니하도록 조치를 강구한다.
10. 고온 · 저온 대책	· 고온도 또는 저온도 장소에 설치하는 옥외설비는 해당조건에서 안정적으로 작동하도록 조치를 강구한다.
11. 다습도 대책	· 다습할 우려가 있는 장소에 옥외설비를 설치할 경우 습도조치, 방수조치 등을 강구한다.
12. 고신뢰도	· 해저, 우주공간 등 특수한 장소에 설치해야 할 중요한 옥외설비는 고신뢰도 부품을 사용한다.
13. 제3자의 접촉 방지	· 쉽게 제3자가 설비를 접촉할 수 없도록 조치를 강구한다.

(3) 통신국사의 조건

1. 입지조건	· 통신국사 및 통신기계실은 다음 사항을 고려하여 구축하거나 선정한다. – 풍수해로부터 영향을 많이 받지 않는 곳. – 강력한 전자파장해의 우려가 없는 곳. – 주변지역의 영향으로 인한 진동발생이 적은 장소
2. 통신국사 조건 및 선정	· 임차 통신국사는 내진구조의 건축물을 선정한다. · 통 지진대책 기준에 적합하여야 한다. · 내화구조의 건축물을 선정한다. · 바닥하중에 대한 소요구조내력이 충분한 건축물을 선정한다.
3. 통신기계실의 구조 조건	· 중요한 통신설비 설치용 기계실은 타실에서 사고나 화재의 영향 등을 받지 않도록 전용통신기계실로 설치한다.
4. 출입제한 기능	· 통신국사 및 통신기계실의 모든 출입구에는 시건장치를 설치하고 통상 사용하는 출입구에는 안내와 감시장치등의 출입통제관리를 실시한다.
5. 화재대책	· 통신설비가 설치되어 있는 통신국사는 다음과 같은 화재 대책을 강구해야 한다.
6. 온 · 습도 관리	· 통신기계실은 온습도를 적정한 범위 내로 유지하여야 하며 급격한 온습도의 변화가 생기지 않도록 제어하는 기능을 갖춘다.
7. 분진 · 유해가스 관리	· 통신기계실은 부식성 가스(SO_2 등)나 분진이 혼입할 경우 촉매, 필터 등에 의해 이를 배제하는 기능을 갖춘다.
8. 수해 대책	· 수해의 우려가 있는 장소에 통신국사를 설치하는 경우 수해방지 조치를 하여야 한다.

(4) 통신망 보전 · 운용관리

1. 기준의 설정	· 보전 · 운용 기준을 설정하고 보전 · 운용에 관한 각종 데이터를 집계, 관리한다.
2. 상호접속 대응	· 상호접속을 하는 경우는 설계시 접속대상 설계공정을 명확히 하고 공정간 조정을 시행한다. · 상호접속에 대한 작업의 분담, 연락체계, 책임범위 등의 보전 · 운용체제를 명확히 한다.

합격예측

통신국사 입지조건 : 풍수해 영향 적은 곳, 진동발생이 적은 곳, 전자파장해 우려가 없는 곳

항목	대책
(5) 데이터의 관리	
1. 데이터의 복원	· 통신설비의 데이터 또는 이용자 데이터등 중요한 데이터의 파괴시 복원이 가능하도록 전산보조기억장치를 구비한다.
2. 데이터의 보관	· 중요한 데이터는 데이터보관실 또는 전용 데이터보관고에 보관한다.
3. 중요한 데이터 기록물의 관리	· 중요한 통신설비 및 이용자 등에 관한 데이터는 통신비밀보호, 데이터보호 및 복원 가능성의 정도를 기준으로 하여 분류·관리한다.
(6) 비상사태의 대응	
1. 응급복구대책의 수립	· 중요한 통신설비에 고장 등이 발생할 경우에 대비한 응급복구대책을 수립한다.
2. 비상상태 대응 체제의 명확화	· 복구대책의 실시방법 및 순서를 정하여 시행한다.

합격예측
비상사태시 안전성과 신뢰성 확보 대책 : 응급복구대책 수립, 대응체제의 명확화

나. 통신규약의 공개

방송통신설비와 이에 연결되는 다른 방송통신설비 또는 이용자설비와의 사이에 정보의 상호전달을 위하여 통신사업자가 공개해야 하는 통신규약의 종류 및 범위는 다음과 같다.

(1) 사업자가 공개하여야 하는 통신규약의 종류

① 방송통신 설비간의 물리적 또는 전기적 접속 규약
② 링크된 통신 설비 간 정보의 송수신 방법에 관한 규약
③ 통신망간 경로 설정에 관한 규약

(2) 사업자가 공개하여야 하는 통신규약의 범위

① 유선 방송통신 교환망에 있어서 설비 구성 항목
㉠ 회선종단장치와 단말장치 간의 접속 규격
㉡ 정보 송수신 교환기(회선 및 패킷교환 포함)간의 접속 규격
㉢ 교환기와 회선종단장치 또는 단말장치 간의 접속 규격
② 이동통신망에 있어서 설비 구성 항목
㉠ 교환기와 유선 교환망간 접속 규격
㉡ 기지국과 단말기간의 접속 규격

4. 정보통신망 이용촉진 및 정보보호등에 관한 법률

• 목적

구분	목적
정보통신망 이용촉진 및 정보보호 등에 관한 법률(법률)	① 정보통신망의 이용을 촉진한다. ② 정보통신서비스를 이용하는 자를 보호한다. ③ 정보통신망을 건전하고 안전하게 이용할 수 있는 환경을 조성한다. ④ 국민생활의 향상과 공공복리의 증진에 이바지한다.

합격예측
이 법은 국민생활의 향상과 공공복리의 증진에 이바지함을 목적으로 한다.

| 정보통신망 이용촉진 및 정보보호 등에 관한 법률 시행령(대통령령) | 「정보통신망 이용촉진 및 정보보호 등에 관한 법률」에서 위임된 사항과 그 시행에 필요한 사항을 규정한다. |

• 용어의 정의

용어	용어의 정의
정보통신망	전기통신설비를 이용하거나 전기통신설비와 컴퓨터 및 컴퓨터의 이용기술을 활용하여 정보를 수집·가공·저장·검색·송신 또는 수신하는 정보통신체제
정보통신서비스	전기통신역무와 이를 이용하여 정보를 제공하거나 정보의 제공을 매개하는 것
정보통신서비스 제공자	전기통신사업자와 영리를 목적으로 전기통신사업자의 전기통신역무를 이용하여 정보를 제공하거나 정보의 제공을 매개하는 자
이용자	정보통신서비스 제공자가 제공하는 정보통신서비스를 이용하는 자
전자문서	컴퓨터 등 정보처리능력을 가진 장치에 의하여 전자적인 형태로 작성되어 송수신되거나 저장된 문서형식의 자료로서 표준화된 것
침해사고	다음의 방법으로 정보통신망 또는 이와 관련된 정보시스템을 공격하는 행위로 인하여 발생한 사태를 말한다. ① 해킹, 컴퓨터바이러스, 논리폭탄, 메일폭탄, 서비스거부 또는 고출력 전자기파 등의 방법 ② 정보통신망의 정상적인 보호·인증 절차를 우회하여 정보통신망에 접근할 수 있도록 하는 프로그램이나 기술적 장치 등을 정보통신망 또는 이와 관련된 정보시스템에 설치하는 방법
게시판	정보통신망을 이용하여 일반에게 공개할 목적으로 부호·문자·음성·음향·화상·동영상 등의 정보를 이용자가 게재할 수 있는 컴퓨터 프로그램이나 기술적 장치를 말한다.
통신과금서비스	정보통신서비스로서 다음의 업무를 말한다. ① 타인이 판매·제공하는 재화 또는 용역("재화등")의 대가를 자신이 제공하는 전기통신역무의 요금과 함께 청구·징수하는 업무 ② 타인이 판매·제공하는 재화 등의 대가가 ①의 업무를 제공하는 자의 전기통신역무의 요금과 함께 청구·징수되도록 거래정보를 전자적으로 송수신하는 것 또는 그 대가의 정산을 대행하거나 매개하는 업무
전자적 전송매체	정보통신망을 통하여 부호·문자·음성·화상 또는 영상 등을 수신자에게 전자문서 등의 전자적 형태로 전송하는 매체를 말한다.

합격예측
정보통신서비스 : 정보를 제공하거나 정보의 제공을 매개하는 것을 말한다.

합격예측
침해사고를 일으키는 수단 : 해킹, 컴퓨터바이러스, 논리폭탄, 메일폭탄, 서비스 거부 또는 고출력 전자기파 등

합격예측
이외의 용어는 「지능정보화 기본법」에서 정하는 바에 따름

가. 정보통신망 이용촉진 및 정보보호

(1) 정보통신서비스 제공자 및 이용자의 책무
① 정보통신서비스 제공자는 이용자를 보호하고 건전하고 안전한 정보통신서비스를 제공하여 이용자의 권익보호와 정보이용능력의 향상에 이바지하여야 한다.
② 이용자는 건전한 정보사회가 정착되도록 노력하여야 한다.
③ 정부는 정보통신서비스 제공자단체 또는 이용자단체의 정보보호 및 정보통신망에서의 청소년보호 등을 위한 활동을 지원할 수 있다.

(2) 정보통신망 이용촉진 및 정보보호 등에 관한 시책의 마련
과학기술정보통신부장관 또는 방송통신위원회는 정보통신망의 이용촉진 및 안정적 관리·운영과 이용자의 이용자보호 등("정보통신망 이용촉진 및 정보보호 등")을 통하여 정보사회의 기반을 조성하기 위한 시책을 마련하여야 한다. 이 시책에는 다음 사항이 포함되어야 한다.
① 정보통신망에 관련된 기술의 개발·보급
② 정보통신망의 표준화
③ 정보내용물 및 정보통신망 응용서비스의 개발 등 정보통신망의 이용 활성화
④ 정보통신망을 이용한 정보의 공동활용 촉진
⑤ 인터넷 이용의 활성화
⑥ 정보통신망에서의 청소년보호
⑦ 정보통신망의 안전성 및 신뢰성 제고
⑧ 그 밖에 정보통신망 이용촉진 및 정보보호 등을 위하여 필요한 사항
※ 과학기술정보통신부장관 또는 방송통신위원회는 시책을 마련할 때에는 「지능정보화 기본법」에 따른 지능정보사회 종합계획과 연계되도록 하여야 한다.

나. 정보통신망의 이용촉진

(1) 기술개발의 추진
과학기술정보통신부장관은 정보통신망과 관련된 기술 및 기기의 개발을 효율적으로 추진하기 위하여 대통령령으로 정하는 바에 따라 관련 연구기관으로 하여금 연구개발·기술협력·기술이전 또는 기술지도 등의 사업을 하게 할 수 있다.

(2) 정보통신망의 표준화 및 인증
과학기술정보통신부장관은 정보통신망의 이용을 촉진하기 위하여 정보통신망에 관한 표준을 정하여 고시하고, 정보통신서비스 제공자 또는

합격 NOTE

합격예측
정보통신서비스 제공자는 이용자의 권익보호와 정보능력 향상에 이바지해야 한다.

합격예측
"정보통신망 이용촉진 및 정보보호 등"의 시책을 마련할 때에는 "국가정보화 기본계획"과 연계되도록 해야 한다.

합격예측
기술개발의 추진 범위 : 연구개발, 기술협력, 기술이전 또는 기술지도

합격예측
과학기술정보통신부장관이 표준을 정하여 고시하는 이유 : 정보통신망의 이용을 촉진하기 위하여

정보통신망과 관련된 제품을 제조하거나 공급하는 자에게 그 표준을 사용하도록 권고할 수 있다.

(3) 인증기관의 지정

① 과학기술정보통신부장관은 정보통신망과 관련된 제품을 제조하거나 공급하는 자의 제품이 고시된 표준에 적합한 제품임을 인증하는 기관을 지정할 수 있다.

② 과학기술정보통신부장관은 인증기관이 다음의 어느 하나에 해당하면 그 지정을 취소하거나 6개월 이내의 기간을 정하여 업무의 정지를 명할 수 있다. 다만, 제㉠호에 해당하는 경우에는 그 지정을 취소하여야 한다.

㉠ 속임수나 그 밖의 부정한 방법으로 지정을 받은 경우
㉡ 정당한 사유 없이 1년 이상 계속하여 인증업무를 하지 아니한 경우
㉢ 제③항에 따른 지정기준에 미달한 경우

③ 인증기관의 지정기준·지정절차, 지정취소·업무정지의 기준 등에 필요한 사항은 과학기술정보통신부령으로 정한다.

(4) 정보통신망 응용서비스의 개발촉진

① 정부는 국가기관·지방자치단체 및 공공기관이 정보통신망을 활용하여 업무를 효율화·자동화·고도화하는 응용서비스를 개발·운영하는 경우 그 기관에 재정 및 기술 등 필요한 지원을 할 수 있다.

② 정보통신망 응용서비스의 개발에 필요한 기술인력을 양성하기 위하여 다음의 시책을 마련하여야 한다.

㉠ 각급 학교나 그 밖의 교육기관에서 시행하는 인터넷교육에 대한 지원
㉡ 국민에 대한 인터넷교육의 확대
㉢ 정보통신망기술인력 양성사업에 대한 지원
㉣ 정보통신망 전문기술인력 양성기관의 설립·지원
㉤ 정보통신망이용 교육프로그램의 개발 및 보급 지원
㉥ 정보통신망 관련 기술자격제도의 정착 및 전문기술인력 수급 지원
㉦ 그 밖에 정보통신망 관련 기술인력의 양성에 필요한 사항

(5) 정보의 공동활용체제 구축

정부는 정보통신망을 효율적으로 활용하기 위하여 정보통신망 상호 간의 연계 운영 및 표준화 등 정보의 공동활용체제 구축을 권장할 수 있다.

(6) 정보통신망의 이용촉진 등에 관한 사업

① 과학기술정보통신부장관은 공공, 지역, 산업, 생활 및 사회적 복지 등 각 분야의 정보통신망의 이용촉진과 정보격차의 해소를 위하여

관련기술·기기 및 응용서비스의 효율적인 활용·보급을 촉진하기 위한 사업을 대통령령으로 정하는 바에 따라 실시할 수 있다.

② 과학기술정보통신부장관이 실시할 수 있는 사업은 다음과 같다.
  ㉠ 정보통신망의 구성·운영을 위한 시험적 사업
  ㉡ 새로운 매체의 실용화를 위한 시험적 사업
  ㉢ 정보화산업육성을 위한 선도 응용사업 및 관련 연구지원사업
  ㉣ 전자거래에 관한 기술개발 등 전자거래의 활성화를 위한 기반조성사업
  ㉤ 정보통신망 이용촉진을 위한 법·제도개선 등 지원사업
  ㉥ 그 밖에 정보사회의 기반조성을 위한 관련기술·기기 및 응용서비스의 효율적인 활용과 보급을 위한 시범사업

(7) 인터넷 이용의 확산

정부는 인터넷 이용이 확산될 수 있도록 공공 및 민간의 인터넷 이용시설의 효율적 활용을 유도하고 인터넷 관련 교육 및 홍보 등의 인터넷 이용기반을 확충하며, 지역별·성별·연령별 인터넷 이용격차를 해소하기 위한 시책을 마련하고 추진하여야 한다.

합격예측
인터넷 이용 확산 시책의 이유 : 지역별·성별·연령별 인터넷 이용격차를 해소

다. 한국인터넷진흥원

(1) 정부는 정보통신망의 고도화(정보통신망의 구축·개선 및 관리에 관한 사항은 제외)와 안전한 이용 촉진 및 방송통신과 관련한 국제협력·국외진출 지원을 효율적으로 추진하기 위하여 한국인터넷진흥원을 설립한다.

(2) 인터넷진흥원은 다음 사업을 한다.
  ① 정보통신망의 이용 및 보호, 방송통신과 관련한 국제협력·국외진출 등을 위한 법·정책 및 제도의 조사·연구
  ② 정보통신망의 이용 및 보호와 관련한 통계의 조사·분석
  ③ 정보통신망의 이용에 따른 역기능 분석 및 대책 연구
  ④ 정보통신망의 이용 및 보호를 위한 홍보 및 교육·훈련
  ⑤ 정보통신망의 정보보호 및 인터넷주소자원 관련 기술 개발 및 표준화
  ⑥ 정보보호산업 정책 지원 및 관련 기술 개발과 인력양성
  ⑦ 정보보호 관리체계의 인증, 정보보호시스템 평가·인증 등 정보보호 인증·평가 등의 실시 및 지원
  ⑧ 개인정보 보호를 위한 대책의 연구 및 보호기술의 개발·보급 지원
  ⑨ 개인정보침해 신고센터의 운영
  ⑩ 광고성 정보 전송 및 인터넷광고와 관련한 고충의 상담·처리
  ⑪ 정보통신망 침해사고의 처리·원인분석 및 대응체계 운영

합격예측
인터넷진흥원 설립 목적 :
① 정보통신망의 고도화
② 안전한 이용 촉진
③ 방송통신과 관련한 국제협력·국외진출 지원을 효율적으로 추진

⑫ 전자서명인증 정책의 지원
⑬ 인터넷의 효율적 운영과 이용활성화를 위한 지원
⑭ 인터넷 이용자의 저장 정보 보호 지원
⑮ 인터넷 관련 서비스정책 지원
⑯ 인터넷상에서의 이용자 보호 및 건전 정보 유통 확산 지원
⑰ 인터넷주소자원의 관리에 관한 업무
⑱ 인터넷주소분쟁조정위원회의 운영 지원
⑲ 방송통신과 관련한 국제협력·국외진출 및 국외홍보 지원

라. 벌칙

① 사람을 비방할 목적으로 정보통신망을 통하여 공공연하게 사실을 드러내어 다른 사람의 명예를 훼손한 자는 3년 이하의 징역이나 금고 또는 3천만원 이하의 벌금에 처한다.
② 사람을 비방할 목적으로 정보통신망을 통하여 공공연하게 거짓의 사실을 드러내어 다른 사람의 명예를 훼손한 자는 7년 이하의 징역, 10년 이하의 자격정지 또는 5천만원 이하의 벌금에 처한다.
③ 악성프로그램을 전달 또는 유포하는 자는 7년 이하의 징역 또는 7천만원 이하의 벌금에 처한다.
④ 5년 이하의 징역 또는 5천만원 이하의 벌금
  ㉠ 정보통신망에 침입한 자
  ㉡ 정보통신망에 장애가 발생하게 한 자
  ㉢ 타인의 정보를 훼손하거나 타인의 비밀을 침해·도용 또는 누설한 자

5. 클라우드컴퓨팅 발전 및 이용자 보호에 관한 법률

가. 목적

클라우드컴퓨팅의 발전 및 이용을 촉진하고 클라우드 컴퓨팅 서비스를 안전하게 이용할 수 있는 환경을 조성함으로써 국민생활의 향상과 국민경제의 발전에 이바지함을 목적으로 한다.

- 용어의 정의

용어	용어의 정의
클라우드 컴퓨팅 (Cloud Computing)	집적·공유된 정보통신기기, 정보통신설비, 소프트웨어 등 정보통신자원을 이용자의 요구나 수요 변화에 따라 정보통신망을 통하여 신축적으로 이용할 수 있도록 하는 정보처리체계를 말한다.

클라우드 컴퓨팅기술	클라우드컴퓨팅의 구축 및 이용에 관한 정보통신기술로서 가상화 기술, 분산처리 기술 등 대통령령으로 정하는 것을 말한다.
클라우드 컴퓨팅서비스	클라우드컴퓨팅을 활용하여 상용(商用)으로 타인에게 정보통신자원을 제공하는 서비스로서 대통령령으로 정하는 것을 말한다.
이용자 정보	클라우드컴퓨팅서비스 이용자가 클라우드컴퓨팅서비스를 이용하여 클라우드컴퓨팅서비스를 제공하는 자의 정보통신자원에 저장하는 정보로서 이용자가 소유 또는 관리하는 정보를 말한다.

합격예측
클라우드 컴퓨팅기술 : 가상화 기술, 분산처리 기술 등

나. 클라우드컴퓨팅 발전 기반의 조성

(1) 기본계획 및 시행계획의 수립

과학기술정보통신부장관은 클라우드컴퓨팅의 발전과 이용 촉진 및 이용자 보호와 관련된 중앙행정기관의 클라우드컴퓨팅 관련 계획과 시책 등을 종합하여 3년마다 기본계획을 수립하고 「정보통신 진흥 및 융합 활성화 등에 관한 특별법」에 따른 정보통신 전략위원회의 심의를 거쳐 확정하여야 한다.

합격예측
클라우드컴퓨팅 관련 계획과 시책 등을 종합하여 3년마다 기본계획을 수립한다.

(2) 기본계획에는 다음의 사항이 포함되어야 한다.

① 클라우드컴퓨팅 발전과 이용 촉진 및 이용자 보호를 위한 시책의 기본 방향
② 클라우드컴퓨팅 산업의 진흥 및 이용 촉진을 위한 기반 조성에 관한 사항
③ 클라우드컴퓨팅의 도입과 이용 활성화에 관한 사항
④ 클라우드컴퓨팅기술의 연구개발 촉진에 관한 사항
⑤ 클라우드컴퓨팅 관련 전문인력의 양성에 관한 사항
⑥ 클라우드컴퓨팅 관련 국제협력과 해외진출 촉진에 관한 사항
⑦ 클라우드컴퓨팅서비스 이용자 정보 보호에 관한 사항
⑧ 클라우드컴퓨팅 관련 법령·제도 개선에 관한 사항
⑨ 클라우드컴퓨팅 관련 기술 및 산업 간 융합 촉진에 관한 사항
⑩ 그 밖에 클라우드컴퓨팅기술 및 클라우드컴퓨팅서비스의 발전과 안전한 이용환경 조성을 위하여 필요한 사항

다. 클라우드컴퓨팅서비스의 신뢰성 향상 및 이용자 보호

(1) 신뢰성 향상

① 클라우드컴퓨팅서비스 제공자는 클라우드컴퓨팅서비스의 품질·성능 및 정보보호 수준을 향상시키기 위하여 노력하여야 한다.
② 과학기술정보통신부장관은 클라우드컴퓨팅서비스의 품질·성능에

합격예측
클라우드컴퓨팅서비스의 품질·성능에 관한 기준 및 정보보호에 관한 기준은 관리적·물리적·기술적 보호조치를 포함한다.

관한 기준 및 정보보호에 관한 기준(관리적·물리적·기술적 보호조치를 포함)을 정하여 고시하고, 클라우드컴퓨팅서비스 제공자에게 그 기준을 지킬 것을 권고할 수 있다.

③ 과학기술정보통신부장관이 클라우드컴퓨팅서비스의 품질·성능에 관한 기준을 고시하려는 경우에는 미리 방송통신위원회의 의견을 들어야 한다.

(2) 침해사고 등의 통지 등

① 클라우드컴퓨팅서비스 제공자는 다음 어느 하나에 해당하는 경우에는 지체 없이 그 사실을 해당 이용자에게 알려야 한다.
  ㉠ 침해사고가 발생한 때
  ㉡ 이용자 정보가 유출된 때
  ㉢ 사전예고 없이 대통령령으로 정하는 기간 서비스 중단이 발생한 때

② 클라우드컴퓨팅서비스 제공자는 상기 '㉡'에 해당하는 경우에는 즉시 그 사실을 과학기술정보통신부장관에게 알려야 한다.

③ 과학기술정보통신부장관은 ②에 따른 통지를 받거나 해당 사실을 알게 되면 피해 확산 및 재발의 방지와 복구 등을 위하여 필요한 조치를 할 수 있다.

(3) 이용자 정보의 보호

① 클라우드컴퓨팅서비스 제공자는 법원의 제출명령이나 법관이 발부한 영장에 의하지 아니하고는 이용자의 동의 없이 이용자 정보를 제3자에게 제공하거나 서비스 제공 목적 외의 용도로 이용할 수 없다. 클라우드컴퓨팅서비스 제공자로부터 이용자 정보를 제공받은 제3자도 또한 같다.

② 클라우드컴퓨팅서비스 제공자는 이용자 정보를 제3자에게 제공하거나 서비스 제공 목적 외의 용도로 이용할 경우에는 다음 각 호의 사항을 이용자에게 알리고 동의를 받아야 한다. 다음의 어느 하나의 사항이 변경되는 경우에도 또한 같다.
  ㉠ 이용자 정보를 제공받는 자
  ㉡ 이용자 정보의 이용 목적
  ㉢ 이용 또는 제공하는 이용자 정보의 항목
  ㉣ 이용자 정보의 보유 및 이용 기간
  ㉤ 동의를 거부할 권리가 있다는 사실 및 동의 거부에 따른 불이익이 있는 경우에는 그 불이익의 내용

③ 클라우드컴퓨팅서비스 제공자는 이용자와의 계약이 종료되었을 때

에는 이용자에게 이용자 정보를 반환하여야 하고 클라우드컴퓨팅서
비스 제공자가 보유하고 있는 이용자 정보를 파기하여야 한다.
④ 클라우드컴퓨팅서비스 제공자는 사업을 종료하려는 경우에는 그 이
용자에게 사업 종료 사실을 알리고 사업 종료일 전까지 이용자 정보
를 반환하여야 하며 클라우드컴퓨팅서비스 제공자가 보유하고 있는
이용자 정보를 파기하여야 한다.

라. 벌칙 규정

내 용	벌 칙
이용자의 동의 없이 이용자 정보를 이용하거나 제3자에게 제공한 자 및 이용자의 동의 없음을 알면서도 영리 또는 부정한 목적으로 이용자 정보를 제공받은 자	5년 이하의 징역 또는 5천만원 이하의 벌금
위탁받은 업무를 수행하는 과정에서 알게 된 비밀을 누설하는 자	3년 이하의 징역 또는 3천만원 이하의 벌금
① 침해사고, 이용자 정보 유출, 서비스 중단 발생 사실을 이용자에게 알리지 아니한 자 ② 이용자 정보 유출 발생 사실을 과학기술정보통신부장관에게 알리지 아니한 자 ③ 이용자 정보를 반환하지 아니하거나 파기하지 아니한 자 ④ 중지명령이나 시정명령을 이행하지 아니한 자	1천만원 이하의 과태료

6. CCTV 설치 및 운영에 관한 기준

가. 영상정보처리기기의 설치·운영 (출처 : 개인정보 보호법)

• 개인정보 관련 용어의 정의

용 어	용어의 정의
개인정보	살아 있는 개인에 관한 정보로서 다음의 어느 하나에 해당하는 정보를 말한다. ① 성명, 주민등록번호 및 영상 등을 통하여 개인을 알아볼 수 있는 정보 ② 해당 정보만으로는 특정 개인을 알아볼 수 없더라도 다른 정보와 쉽게 결합하여 알아볼 수 있는 정보. ③ ① 또는 ②를 가명처리함으로써 원래의 상태로 복원하기 위한 추가 정보의 사용·결합 없이는 특정 개인을 알아볼 수 없는 정보
가명처리	개인정보의 일부를 삭제하거나 일부 또는 전부를 대체하는 등의 방법으로 추가 정보가 없이는 특정 개인을 알아볼 수 없도록 처리하는 것을 말한다.

합격예측
개인정보는 살아 있는 개인에 관한 정보이다.

합격예측
공공기관 : 행정사무를 처리하는 기관, 중앙행정기관 및 그 소속 기관, 지방자치단체 등

합격 NOTE

처리	개인정보의 수집, 생성, 연계, 연동, 기록, 저장, 보유, 가공, 편집, 검색, 출력, 정정(訂正), 복구, 이용, 제공, 공개, 파기(破棄), 그 밖에 이와 유사한 행위를 말한다.
정보주체	처리되는 정보에 의하여 알아볼 수 있는 사람으로서 그 정보의 주체가 되는 사람을 말한다.
영상정보처리기기	일정한 공간에 지속적으로 설치되어 사람 또는 사물의 영상 등을 촬영하거나 이를 유·무선망을 통하여 전송하는 장치로서 대통령령으로 정하는 장치를 말한다.

합격예측
영상정보처리기기 : 일정한 공간에 지속적으로 설치되어 사람 또는 사물의 영상 등을 촬영하거나 이를 유·무선망을 통하여 전송하는 장치

합격예측
영상정보처리기기의 종류 : CCTV, 네트워크 카메라

(1) 영상정보처리기기의 범위
　① 폐쇄회로 텔레비전
　　㉠ 일정한 공간에 지속적으로 설치된 카메라를 통하여 영상 등을 촬영하거나 촬영한 영상정보를 유무선 폐쇄회로 등의 전송로를 통하여 특정 장소에 전송하는 장치
　　㉡ ㉠에 따라 촬영되거나 전송된 영상정보를 녹화·기록할 수 있도록 하는 장치
　② 네트워크 카메라 : 일정한 공간에 지속적으로 설치된 기기로 촬영한 영상정보를 그 기기를 설치·관리하는 자가 유무선 인터넷을 통하여 어느 곳에서나 수집·저장 등의 처리를 할 수 있도록 하는 장치

(2) 누구든지 다음의 경우를 제외하고는 공개된 장소에 영상정보처리기기를 설치·운영하여서는 안된다.
　① 법령에서 구체적으로 허용하고 있는 경우
　② 범죄의 예방 및 수사를 위하여 필요한 경우
　③ 시설안전 및 화재 예방을 위하여 필요한 경우
　④ 교통단속을 위하여 필요한 경우
　⑤ 교통정보의 수집·분석 및 제공을 위하여 필요한 경우

(3) 누구든지 불특정 다수가 이용하는 목욕실, 화장실, 발한실(發汗室), 탈의실 등 개인의 사생활을 현저히 침해할 우려가 있는 장소의 내부를 볼 수 있도록 영상정보처리기기를 설치·운영하여서는 안된다.

(4) 제(1)항 각 호에 따라 영상정보처리기기를 설치·운영하려는 공공기관의 장과 제(2)항 단서에 따라 영상정보처리기기를 설치·운영하려는 자는 공청회·설명회의 개최 등 대통령령으로 정하는 절차를 거쳐 관계 전문가 및 이해 관계인의 의견을 수렴하여야 한다.

(5) 제(1)항 각 호에 따라 영상정보처리기기를 설치·운영하는 자("영상정보처리기기운영자")는 정보주체가 쉽게 인식할 수 있도록 다음의 사항이 포함된 안내판을 설치하는 등 필요한 조치를 하여야 한다.

① 설치 목적 및 장소
② 촬영 범위 및 시간
③ 관리책임자 성명 및 연락처
④ 그 밖에 대통령령으로 정하는 사항

(6) 영상정보처리기기운영자는 영상정보처리기기의 설치 목적과 다른 목적으로 영상정보처리기기를 임의로 조작하거나 다른 곳을 비춰서는 아니 되며, 녹음기능은 사용할 수 없다.

(7) 영상정보처리기기운영자는 개인정보가 분실·도난·유출·위조·변조 또는 훼손되지 아니하도록 '안전조치의무'에 따라 안전성 확보에 필요한 조치를 하여야 한다.

(8) 벌칙 규정

내 용	벌 칙
• 영상정보처리기기의 설치 목적과 다른 목적으로 영상정보처리기기를 임의로 조작하거나 다른 곳을 비추는 자 또는 녹음기능을 사용한 자	3년 이하의 징역 또는 3천만원 이하의 벌금
• (2)항을 위반하여 영상정보처리기기를 설치·운영한 자	5천만원 이하의 과태료
• (1)항을 위반하여 영상정보처리기기를 설치·운영한 자	3천만원 이하의 과태료

나. 어린이집 폐쇄회로 텔레비전의 설치 (출처 : 영유아보육법)

(1) 폐쇄회로 텔레비전(CCTV)의 설치

① 어린이집을 설치·운영하는 자는 아동학대 방지 등 영유아의 안전과 어린이집의 보안을 위하여 「개인정보 보호법」 및 관련 법령에 따른 폐쇄회로 텔레비전을 설치·관리하여야 한다. 다만, 다음의 어느 하나에 해당하는 경우에는 그러하지 않다.
　㉠ 어린이집을 설치·운영하는 자가 보호자 전원의 동의를 받아 시장·군수·구청장에게 신고한 경우
　㉡ 어린이집을 설치·운영하는 자가 보호자 및 보육교직원 전원의 동의를 받아 「개인정보 보호법」 및 관련 법령에 따른 네트워크 카메라를 설치한 경우

② 제①항에 따라 폐쇄회로 텔레비전을 설치·관리하는 자는 영유아 및 보육교직원 등 정보주체의 권리가 침해되지 않도록 다음의 사항을 준수하여야 한다.
　㉠ 아동학대 방지 등 영유아의 안전과 어린이집의 보안을 위하여 최소한의 영상정보만을 적법하고 정당하게 수집하고, 목적 외의 용

합격 NOTE

합격예측
안전조치의무 : 개인정보가 분실·도난·유출·위조·변조 또는 훼손되지 않도록 내부 관리계획 수립, 접속기록 보관 등 안전성 확보에 필요한 기술적·관리적 및 물리적 조치를 하여야 한다.

합격 NOTE

합격예측
어린이집 폐쇄회로 텔레비전을 설치·관리 이유 : 아동학대 방지, 영유아의 안전, 어린이집의 보안

합격예측
영상정보를 60일 이상 보관

도로 활용하지 아니하도록 할 것
  ⓒ 영유아 및 보육교직원 등 정보주체의 권리가 침해받을 가능성과 그 위험 정도를 고려하여 영상정보를 안전하게 관리할 것
  ⓒ 영유아 및 보육교직원 등 정보주체의 사생활 침해를 최소화하는 방법으로 영상정보를 처리할 것
 ③ 어린이집을 설치·운영하는 자는 폐쇄회로 텔레비전에 기록된 영상정보를 60일 이상 보관하여야 한다.

(2) 영상정보의 열람금지

 ① 폐쇄회로 텔레비전을 설치·관리하는 자는 다음 어느 하나에 해당하는 경우를 제외하고는 영상정보를 열람하게 하여서는 안된다.
  ㉠ 보호자가 자녀 또는 보호아동의 안전을 확인할 목적으로 열람시기·절차 및 방법 등 보건복지부령으로 정하는 바에 따라 요청하는 경우
  ⓒ 공공기관이 영유아의 안전업무 수행을 위하여 요청하는 경우
  ⓒ 범죄의 수사와 공소의 제기 및 유지, 법원의 재판업무 수행을 위하여 필요한 경우
 ② 어린이집을 설치·운영하는 자는 다음 어느 하나에 해당하는 행위를 하여서는 안된다.
  ㉠ 설치 목적과 다른 목적으로 폐쇄회로 텔레비전을 임의로 조작하거나 다른 곳을 비추는 행위
  ⓒ 녹음기능을 사용하거나 보건복지부령으로 정하는 저장장치 이외의 장치 또는 기기에 영상정보를 저장하는 행위
 ③ 어린이집을 설치·운영하는 자는 영상정보가 분실·도난·유출·변조 또는 훼손되지 아니하도록 내부 관리계획의 수립, 접속기록 보관 등 대통령령으로 정하는 바에 따라 안전성 확보에 필요한 기술적·관리적 및 물리적 조치를 하여야 한다.

합격예측
CCTV 설치, 관리, 열람실태 점검
주기 : 년 1회 이상

 ④ 국가 및 지방자치단체는 어린이집에 설치한 폐쇄회로 텔레비전의 설치·관리와 그 영상정보의 열람으로 영유아 및 보육교직원 등 정보주체의 권리가 침해되지 아니하도록 설치·관리 및 열람 실태를 보건복지부령으로 정하는 바에 따라 매년 1회 이상 조사·점검하여야 한다.

(3) 영상정보의 안전성 확보 조치

 ① 어린이집을 설치·운영하는 자는 영상정보의 안전성 확보에 필요한 다음의 조치를 하여야 한다.
  ㉠ 영상정보 침해사고 발생에 대응하기 위한 접속기록의 보관 및 위조·변조 방지를 위한 조치

ⓛ 영상정보에 대한 접근 통제 및 접근 권한의 제한 조치
　　ⓒ 영상정보의 안전한 처리를 위한 내부 관리계획의 수립·시행 조치
　　ⓔ 영상정보의 안전한 보관을 위한 보관시설의 마련 또는 잠금장치의 설치 등 물리적 조치
　② 제①항에 따른 영상정보의 안전성 확보에 필요한 조치의 구체적인 사항은 보건복지부장관이 정하여 고시한다.

합격 NOTE

합격예측
영상정보의 안전성 확보에 필요한 조치 : 위변조방지, 접근제한, 안전한처리, 안전한보관

(4) 벌칙 규정

내 용	벌 칙
• 폐쇄회로 텔레비전의 설치 목적과 다른 목적으로 폐쇄회로 텔레비전을 임의로 조작하거나 다른 곳을 비추는 행위를 한 자 • 녹음기능을 사용하거나 지정된 저장장치 이외의 장치 또는 기기에 영상정보를 저장한 자	3년 이하의 징역 또는 3천만원 이하의 벌금
• 안전성 확보에 필요한 조치를 하지 않아 영상정보를 분실·도난·유출·변조 또는 훼손당한 자	2년 이하의 징역 또는 2천만원 이하의 벌금
• 폐쇄회로 텔레비전을 설치하지 아니하거나 설치·관리의무를 위반한 자 • 열람요청에 응하지 아니한 자	300만원 이하의 과태료

출제 예상 문제

제5장 기타 관련 기준

01 전기통신의 전송이 이루어지는 유형 또는 무형의 계통적 전기통신로를 무엇이라 하는가?

① 통신선　　② 접지선
③ 회선　　　④ 전선

해설
"회선"이라 함은 전기통신의 전송이 이루어지는 유형 또는 무형의 계통적 전기통신로를 말하며, 그 용도에 따라 국선 및 구내선 등으로 구분한다.

02 국선단자함에서 동단자함 또는 동단자함에서 동단자함까지(건물간 구간) 연결하는 통신케이블을 무엇이라 하는가?

① 구내간선케이블　② 구내배선케이블
③ 수평간선케이블　④ 수평배선케이블

해설
"동단자함"이라 함은 구내간선케이블 및 건물간선케이블을 종단하여 상호 연결하는 통신용 분배함을 말한다.

03 다음 중 선로의 도달이 어려운 지역을 해소하기 위해 사용하는 증폭장치는?

① 전송장치　　② 발진장치
③ 제어장치　　④ 중계장치

04 다음 중 일반적인 통신관련시설의 접지저항 허용 기준은 얼마인가?

① 10[Ω] 이하　② 20[Ω] 이하
③ 25[Ω] 이하　④ 30[Ω] 이하

해설
접지저항은 방송통신설비에 대한 접지 불량 등으로 인한 인명피해 및 시설파괴 등을 방지한다.

05 국선 수용 회선이 100회선 이하인 주배선반의 접지저항 허용범위는 얼마인가?

① 1,000[Ω] 이하　② 100[Ω] 이하
③ 10[Ω] 이하　　　④ 1[Ω] 이하

해설
교환설비·전송설비 및 통신케이블과 금속으로 된 단자함(구내통신단자함, 옥외분배함 등)·장치함 및 지지물 등이 사람이나 방송통신설비에 피해를 줄 우려가 있을 때에는 접지단자를 설치하여 접지하여야 한다.

06 다음 중 통신관련 시설의 접지저항을 100[Ω] 이하로 할 수 있는 사항이 아닌 것은?

① 국선 수용 회선이 200회선 이하인 주배선반
② 보호기를 설치하지 않는 구내통신 단자함
③ 철탑 이외 전주 등에 시설하는 이동통신용 중계기
④ 선로설비 중 선조·케이블에 대하여 일정 간격으로 시설하는 접지(단, 차폐케이블은 제외한다.)

해설
국선 수용 회선이 100회선 이하인 주배선반

07 다음의 방송통신관련 설비 중 접지를 하지 않아도 되는 것은?

① 전도성이 있는 인장선을 사용하는 전력선 반송케이블
② 금속성 함체로 내부에 전기적 접속을 하는 경우
③ 광섬유케이블로 전도성이 없는 인장선을 사용하는 경우
④ 중계기에 전원 공급을 병행하는 케이블방송용 동축케이블

해설
다음에 해당하는 방송통신관련 설비의 경우에는 접지를 안해도 된다.
① 전도성이 없는 인장선을 사용하는 광섬유케이블의 경우
② 금속성 함체이나 광섬유 접속등과 같이 내부에 전기적 접속이 없는 경우

[정답] 01 ③　02 ①　03 ④　04 ①　05 ②　06 ①　07 ③

출제 예상 문제

08 일반적으로 도로상에 설치되는 가공통신선의 높이는 노면으로부터 얼마이상으로 설치하는가?

① 2[m] ② 3[m]
③ 4.5[m] ④ 6.5[m]

해설
① 도로상에 설치되는 경우에는 노면으로부터 4.5[m]이상
② 교통에 지장을 줄 우려가 없고 시공상 불가피할 경우 보도와 차도의 구별이 있는 도로의 보도상에서는 3[m]이상

09 다음 중 옥내에 설치하는 덕트의 요건으로 옳지 않은 것은?

① 유지보수를 위한 충분한 공간 확보
② 선로받침대를 60[cm] 내지 150[cm]의 간격으로 설치
③ 덕트 내부에는 누전위험이 있으므로 전기콘센트 미설치
④ 수직으로 설치된 덕트는 작업을 용이하게 할 수 있는 디딤대 설치

해설
덕트의 내부에는 유지·보수 작업용 조명 또는 전기콘센트가 설치되어야 한다.

10 다음 중 통신공동구의 유지·관리에 필요한 부대설비가 아닌 것은?

① 조명시설 ② 환기시설
③ 집수시설 ④ 접지시설

해설
통신공동구를 설치하는 때에는 조명·배수·소방·환기 및 접지시설 등 통신케이블의 유지·관리에 필요한 부대설비를 설치하여야 한다.

11 백본(Back-bone), 방화벽(Fire Wall)과 같이 홈 게이트웨이와 단지서버간의 통신 및 보안을 수행하는 장비는?

① 단지연결서버 ② 단지네트워크장비
③ 구내네트워크센터 ④ 월패드

해설
① "단지네트워크장비"란 세대내 홈 게이트웨이와 단지서버간의 통신 및 보안을 수행하는 장비로서, 백본(Back-bone), 방화벽(Fire wall), 워크그룹스위치 등을 말한다.
② "월패드"란 세대 내의 홈 네트워크 시스템을 제어할 수 있는 기기를 말한다.
③ "단지서버"란 단지 내에 설치하여 홈 네트워크 기기를 총괄 관리하는 서버를 말한다.

12 지능형 홈네트워크 설비에서 세대망과 단지망을 상호 접속하는 장치는?

① 단지서버 ② 세대단자함
③ 월패드 ④ 홈게이트웨이

해설
① "홈게이트웨이(홈서버를 포함)"란 세대망과 단지망을 상호 접속하는 장치로서, 세대 내에서 사용되는 홈네트워크 기기들을 유무선 네트워크 기반으로 연결하고 홈네트워크 서비스를 제공하는 기기를 말한다.
② "단지서버"란 단지 내 설치되어 홈네트워크설비를 총괄적으로 관리하며, 각종 데이터 저장, 단지 공용시스템 및 세대내 홈게이트웨이와 연동하여 단지 정보 및 서비스를 제공해 주는 기기를 말한다.
③ "세대단자함"이란 세대 내에 들어가는 통신선로, 종합유선방송설비 또는 홈네트워크설비 등의 배선을 효율적으로 분배·접속하기 위하여 이용자의 전용공간에 설치되는 분배함을 말한다.
④ "월패드"란 세대 내의 홈네트워크 시스템을 제어할 수 있는 기기를 말한다.

13 다음 중 공동주택에 홈네트워크를 설치하는 경우 갖추어야 할 홈네트워크 장비에 해당하지 않는 것은?

① 집중구내통신실
② 단지네트워크장비
③ 폐쇄회로텔레비전장비
④ 홈게이트웨이

해설
집중구내통신실은 홈 네트워크 설비 설치공간에 관련된 장비이다.

[정답] 08 ③ 09 ③ 10 ③ 11 ② 12 ④ 13 ①

14 다음 중 "지능형 홈네트워크설비 설치 및 기술기준"에 관한 사무를 관장하는 기관이 아닌 곳은?

① 과학기술정보통신부
② 산업통상자원부
③ 국토교통부
④ 교육부

15 방송통신설비의 안전성 및 신뢰성에 관한 기준을 적용해야 하는 설비가 아닌 것은?

① 별정통신설비　② 기간통신설비
③ 공공통신설비　④ 부가통신설비

> **해설**
> 안전성 및 신뢰성 실시기준 : 기간통신사업설비, 별정통신사업설비, 전송망설비, 부가통신사업설비, 자가통신설비

16 방송통신설비에 대한 기술기준고시에 의거하여 교환설비나 전송설비, 전산설비 등이 설치되는 장소를 무엇이라 하는가?

① 전화국　② 통신기계실
③ 옥외통신실　④ 무선국

17 다음 중 기간통신설비에 대한 안전성 및 신뢰성 기준의 의무사항이 아닌 것은?

① 전송로설비의 동작 감시
② 회선의 분산 수용
③ 시험기기의 확보
④ 이상폭주 등의 감시 및 통지

> **해설**
> ① 의무사항 : 대체접속계통의 설정, 우회전송로의 구성, 전송로설비의 동작 감시, 이상폭주 등의 감시 및 통지, 통신의 접속규제, 통신망의 비밀보호 및 신뢰성 제고 등
> ② 권고사항 : 회선의 분산 수용, 전기통신설비의 종합적 관리

18 다음 중 정보통신설비 보전을 위한 예비기기 설치시 고려대상이 아닌 것은?

① 설비의 중요도　② 고장발생률
③ 설비의 설치비용　④ 복구소요시간

> **해설**
> ① 중요한 통신설비가 자체만으로 신뢰도를 충분히 유지할 수 없을 경우에는 설비의 중요도, 고장발생률, 복구소요시간 등을 고려하여 예비기기를 설치한다.
> ② 예비기기를 설치한 경우에는 운용중인 설비에 장애가 발생했을 때 이를 예비기기로 신속히 전환되도록 한다.

19 다음 중 방송통신설비의 옥외설비가 갖추어야 할 신뢰성 및 안전성에 대한 대책이 아닌 것은?

① 동결 대책　② 다자접근 용이성 대책
③ 다습도 대책　④ 진동 대책

> **해설**
> ① "옥외설비"라 함은 중계케이블이나 공중선 설비 등 옥외에 설치되는 통신설비를 말한다.
> ② 옥외 설비가 갖추어야 할 신뢰성 및 안전성 대책 : 풍해 대책, 낙뢰 대책, 진동 대책, 지진 대책, 화재 대책, 내수 등의 대책, 수해 대책, 동결 대책, 염해 등 대책, 고온 저온 대책, 다습도 대책, 고신뢰도, 제3자의 접촉 방지

20 다음 중 방송통신설비에서 "옥외설비"의 안전성 및 신뢰성 확보를 위한 항목으로 옳지 않은 것은?

① 풍해대책　② 낙뢰대책
③ 동결대책　④ 분진대책

21 통신국사 및 통신기계실의 입지조건으로 가장 부적절한 곳은?

① 풍수해의 영향이 적은 곳
② 진동발생이 적은 곳
③ 전자파장해의 우려가 없는 곳
④ 통신정보보호와 무관한 곳

[정답] 14 ④　15 ③　16 ②　17 ②　18 ③　19 ②　20 ④　21 ④

> **해설**
>
> 중요한 통신설비의 설치를 위한 통신국사 및 통신기계실은 다음 사항을 고려하여 구축하거나 선정한다.
> ① 풍수해로부터 영향을 많이 받지 않는 곳.
> ② 강력한 전자파장해의 우려가 없는 곳.
> ③ 주변지역의 영향으로 인한 진동발생이 적은 장소

22 다음 중 방송통신설비의 안정성·신뢰성 및 통신규약에 대한 기술 기준에 따른 통신국사 선정 조건으로 옳지 않은 것은?

① 임차 통신국사는 내진구조의 건축물을 선정한다.
② 사업자 공동사용이 가능한 조건이어야 한다.
③ 지진대책 기준에 적합하여야 한다.
④ 내화구조의 건축물을 선정한다.

> **해설**
>
> "통신국사"라 함은 방송통신설비를 안전하게 설치·운영·관리하기 위한 건축물로서 통신기계실 등으로 구성되며 특히 중요한 방송통신설비를 수용하는 경우에는 중요통신국사라 한다.

23 다음 통신설비의 비상사태 대응에 대한 설명 중 틀린 것은?

① 중요한 통신설비의 장애 발생시 통신설비 폐쇄방안 강구
② 이동통신 기지국 장해 발생시 이동형 기지국 등 임시적인 응급복구
③ 연락체계, 권한의 범위 등 비상사태시의 체제를 명확히 설정
④ 복구대책의 실시방법 및 순서를 정하여 시행

> **해설**
>
> **비상사태의 대응**
> ① 중요한 통신설비에 고장 등이 발생할 경우에 대비한 응급복구대책을 수립한다.
> ② 이동통신 기지국에 장애가 발생했을 경우 이동형 기지국 등을 통해 임시적으로 방송통신회선 설정이 가능하도록 한다.
> ③ 연락체계, 권한의 범위 등 비상사태시의 체제를 명확히 한다.
> ④ 복구대책의 실시방법 및 순서를 정하여 시행한다.
> ⑤ 중요한 전송로 설비에는 응급복구용 케이블 등을 구비하여 재난 발생시 임시적인 응급복구가 가능하도록 한다.

24 다음 중 비상사태가 발생한 경우 방송통신설비의 안전성 및 신뢰성을 확보하기 위한 대응대책으로 옳지 않은 것은?

① 임시 통신설비를 배치한다.
② 임시 통신회선을 설정한다.
③ 저장된 데이터를 즉시 파괴한다.
④ 광역응급구호 체제를 명확히 한다.

25 정보통신망 이용촉진 및 정보보호 등에 관한 법의 가장 궁극적인 목적이 아닌 것은?

① 정보통신을 효율적으로 관리한다.
② 정보통신망의 이용을 촉진한다.
③ 정보통신서비스를 이용하는 자의 개인정보를 보호한다.
④ 정보통신망을 건전하고 안전하게 이용할 수 있는 환경을 조성한다.

> **해설**
>
> **정보통신망 이용촉진 및 정보보호 등에 관한 법률의 목적**
> ① 정보통신망의 이용을 촉진한다.
> ② 정보통신서비스를 이용하는 자의 개인정보를 보호한다.
> ③ 정보통신망을 건전하고 안전하게 이용할 수 있는 환경을 조성한다.
> ④ 국민생활의 향상과 공공복리의 증진에 이바지한다.

26 전기통신설비를 이용하거나 전기통신설비와 컴퓨터 및 컴퓨터의 이용기술을 활용하여 정보를 수집·가공·저장·검색·송신 또는 수신하는 정보통신체제를 말하는 것은?

① 정보통신망 ② 정보통신설비
③ 전송설비   ④ 컴퓨터통신

> **해설**
>
> ① 정보통신망 : 전기통신설비를 이용하거나 전기통신설비와 컴퓨터 및 컴퓨터의 이용기술을 활용하여 정보를 수집·가공·저장·검색·송신 또는 수신하는 정보통신체제를 말한다.
> ② 정보통신설비 : 유선·무선·광선 기타 전자적 방식에 의하여 부호·문자·음향 또는 영상 등의 정보를 저장·제어·처리하거나 송·수신하기 위한 기계·기구·선로 기타 필요한 설비를 말한다.
> ③ 전송설비 : 교환설비·단말장치 등으로부터 수신된 전기통신부호·문언·음향 또는 영상을 변환·재생 또는 증폭하여 유선 또는

[정답] 22 ② 23 ① 24 ③ 25 ① 26 ①

무선으로 송신하거나 수신하는 설비로서 전송단국장치·중계장치·다중화장치·분배장치 등과 그 부대설비를 말한다.

27 컴퓨터 등 정보처리능력을 가진 장치에 의하여 전자적인 형태로 작성되어 송·수신 또는 저장된 문서형식으로 표준화된 것을 무엇이라고 하는가?

① 정보토큰버스　② 사이버몰
③ 전자문서　　　④ 전산자료

해설
"전자문서"란 컴퓨터 등 정보처리능력을 가진 장치에 의하여 전자적인 형태로 작성되어 송수신되거나 저장된 문서형식의 자료로서 표준화된 것을 말한다.

28 다음 ( )안에 들어갈 내용으로 가장 적합한 것은?

"( )라 함은 그 명칭과 관계없이 정보통신망을 이용하여 일반에게 공개할 목적으로 부호·문자·음성·음향·화상·동영상 등의 정보를 이용자가 게재할 수 있는 컴퓨터 프로그램이나 기술적 장치를 말한다."

① 정보통신설비　② 게시판
③ 정보통신　　　④ 단말장치

해설
용어의 정의
"게시판"이란 그 명칭과 관계없이 정보통신망을 이용하여 일반에게 공개할 목적으로 부호·문자·음성·음향·화상·동영상 등의 정보를 이용자가 게재할 수 있는 컴퓨터 프로그램이나 기술적 장치를 말한다.

29 전기통신역무와 이를 이용하여 정보를 제공하거나 정보의 제공을 매개하는 것을 무엇이라 하는가?

① 정보보호산업
② 정보통신서비스
③ 통신과금서비스
④ 정보통신망 응용서비스

30 해킹, 컴퓨터 바이러스, 논리폭탄, 메일 폭탄, 서비스 거부 또는 고출력 전자기파 등의 방법으로 정보통신망 또는 이와 관련된 정보시스템을 공격하는 행위를 하여 발생한 사태를 무엇이라 하는가?

① 인터넷 사태
② 정보통신 사태
③ 침해사고
④ 통신사고

31 다음 중 과학기술정보통신부장관 또는 방송통신위원회가 정보통신망 이용촉진 및 정보보호 등에 관한 시책을 수립함에 있어 어느 계획과 연계되도록 하여야 하는가?

① 전기통신 기본계획
② 정보통신 기본계획
③ 국가정보화 기본계획
④ 초고속정보통신망 기본계획

해설
과학기술정보통신부장관 또는 방송통신위원회는 정보통신망 이용촉진 및 정보보호등에 따른 시책을 마련할 때에는 「국가정보화 기본법」에 따른 국가정보화 기본계획과 연계되도록 하여야 한다.

32 다음 중 과학기술정보통신부장관이 정보통신망의 이용촉진을 위하여 행하는 사항으로 옳지 않은 것은?

① 정보통신망에 관한 표준을 정하여 고시한다.
② 정보통신망과 관련된 기술 및 기기에 관한 정보를 체계적이고 종합적으로 관리한다.
③ 정보통신망과 관련된 기술 및 기기의 개발을 효율적으로 추진하기 위하여 연구기관으로 하여금 기술지도 등을 한다.
④ 정보통신망을 이용하는 이용자의 개인정보를 수집하여 관리한다.

[정답] 27 ③　28 ②　29 ②　30 ③　31 ③　32 ④

33 정보통신망의 이용촉진 등을 통하여 정보화 사회의 기반을 조성하기 위하여 과학기술정보통신부장관이 강구하는 시책이 아닌 것은?

① 정보통신망과 관련된 기술의 개발·보급
② 정보통신망의 표준화
③ 정보통신망의 안전성 및 신뢰성 제고
④ 정보통신망 이용 소득원의 개발에 대한 지원

해설
정보통신망 이용촉진 및 정보보호 등에 관한 시책
과학기술정보통신부장관 또는 방송통신위원회는 정보통신망의 이용촉진 및 안정적 관리·운영과 이용자의 개인정보보호 등을 통하여 정보사회의 기반을 조성하기 위한 시책을 마련하여야 한다. 이 시책에는 다음 사항이 포함되어야 한다.
① 정보통신망에 관련된 기술의 개발·보급
② 정보통신망의 표준화
③ 정보통신망 응용서비스의 개발 등 정보통신망의 이용활성화
④ 정보통신망을 이용한 정보의 공동활용 촉진
⑤ 정보통신망의 안전성 및 신뢰성 제고 등

34 과학기술정보통신부장관이 정보통신망과 관련된 기술 및 기기의 개발을 효율적으로 추진하기 위하여 관련 연구기관에게 할 수 있는 사업이 아닌 것은?

① 연구개발   ② 기술협력
③ 기술공개   ④ 기술이전

해설
기술개발의 추진
① 과학기술정보통신부장관은 정보통신망과 관련된 기술 및 기기의 개발을 효율적으로 추진하기 위하여 대통령령으로 정하는 바에 따라 관련 연구기관으로 하여금 연구개발·기술협력·기술이전 또는 기술지도 등의 사업을 하게 할 수 있다.
② 정부는 제①항에 따라 연구개발 등의 사업을 하는 연구기관에는 그 사업에 드는 비용의 전부 또는 일부를 지원할 수 있다.

35 정보통신망 관련 제품을 제조 또는 공급하는 자는 누구의 인증을 받아 그 제품이 표준에 맞는 것임을 나타내는 표시를 할 수 있는가?

① 교육부장관
② 산업통상자원부장관
③ 과학기술정보통신부장관
④ 문화체육관광부장관

해설
정보통신망의 표준화 및 인증
① 과학기술정보통신부장관은 정보통신망의 이용을 촉진하기 위하여 정보통신망에 관한 표준을 정하여 고시하고, 정보통신서비스 제공자 또는 정보통신망과 관련된 제품을 제조하거나 공급하는 자에게 그 표준을 사용하도록 권고할 수 있다.
② 제①항에 따라 고시된 표준에 적합한 정보통신과 관련된 제품을 제조하거나 공급하는 자는 인증기관의 인증을 받아 그 제품이 표준에 적합한 것임을 나타내는 표시를 할 수 있다.

36 정부가 정보통신망 응용서비스의 개발에 필요한 기술인력을 양성하기 위하여 마련하는 시책이 아닌 것은?

① 각급 학교나 그 밖의 교육기관에서 시행하는 인터넷 교육에 대한 지원
② 국민에 대한 인터넷 교육의 확대
③ 정보통신망 기술인력 양성사업에 대한 지원
④ 정보통신망 이용 교육프로그램의 삭제

해설
정보통신망 응용서비스의 개발촉진
① 정부는 국가기관·지방자치단체 및 공공기관이 정보통신망을 활용하여 업무를 효율화·자동화·고도화하는 응용서비스("정보통신망 응용서비스")를 개발·운영하는 경우 그 기관에 재정 및 기술 등 필요한 지원을 할 수 있다.
② 정부는 민간부문에 의한 정보통신망 응용서비스의 개발을 촉진하기 위하여 재정 및 기술 등 필요한 지원을 할 수 있으며, 정보통신망 응용서비스의 개발에 필요한 기술인력을 양성하기 위하여 다음 시책을 마련하여야 한다.
㉠ 각급 학교나 그 밖의 교육기관에서 시행하는 인터넷교육에 대한 지원
㉡ 국민에 대한 인터넷 교육의 확대
㉢ 정보통신망 기술인력 양성사업에 대한 지원
㉣ 정보통신망 전문기술인력 양성기관의 설립·지원 등

37 다음 ( )안에 들어갈 내용으로 가장 적합한 것은?

"( )은 공공, 지역, 산업, 생활 및 사회적 복지 등 각 분야의 정보통신망의 이용촉진과 정보격차의 해소를 위하여 관련 기술·기기 및 응용서비스의 효율적인 활용·보급을 촉진하기 위한 사업을 ( )으로 정하는 바에 따라 실시할 수 있다."

[정답] 33 ④ 34 ③ 35 ③ 36 ④ 37 ③

① 교육부장관, 전기통신기본법
② 정부, 대통령령
③ 과학기술정보통신부장관, 대통령령
④ 정부, 정보통신사업법

해설

정보통신망의 이용촉진 등에 관한 사업
① 과학기술정보통신부장관은 공공, 지역, 산업, 생활 및 사회적 복지 등 각 분야의 정보통신망의 이용촉진과 정보격차의 해소를 위하여 관련 기술·기기 및 응용서비스의 효율적인 활용·보급을 촉진하기 위한 사업을 대통령령으로 정하는 바에 따라 실시할 수 있다.
② 정부는 제①항에 따른 사업에 참여하는 자에게 재정 및 기술 등 필요한 지원을 할 수 있다.

38 다음 중 정부에서 정보통신망을 효율적으로 활용하기 위해 권장하는 사항이 아닌 것은?

① 정보통신망 상호간의 연계 운영
② 정보통신망의 경영 관리
③ 정보통신망의 표준화
④ 정보의 공동활용체제 구축

해설

정부는 정보통신망을 효율적으로 활용하기 위하여 정보통신망 상호간의 연계 운영 및 표준화 등 정보의 공동활용체제 구축을 권장할 수 있다.

39 다음 중 정보통신망의 안정성 및 정보의 신뢰성을 확보하기 위한 정보보호지침에 포함되지 않는 사항은?

① 정보통신망의 안정 및 정보보호를 위한 인력·조직·경비의 확보 및 계획수립 등 관리적 보호조치
② 정보의 불법 유출·변조·삭제 등을 방지하기 위한 기술적 보호조치
③ 정보통신망의 지속적인 이용 가능 상태 확보하기 위한 기술적·물리적 보호조치
④ 전문보안업체를 통한 위탁관리 등 관리적 보호조치

해설

정보통신서비스 제공자는 정보통신서비스의 제공에 사용되는 정보통신망의 안정성 및 정보의 신뢰성을 확보하기 위한 보호조치를 하여야 한다.

40 과학기술정보통신부장관이 정보통신서비스 제공자에게 정보통신서비스 제공에 사용되는 정보통신망의 안정성 및 정보의 신뢰성을 확보하기 위한 보호조치의 구체적인 내용을 정하여 고시하는 것을 무엇이라 하는가?

① 정보보호지침
② 정보의 신뢰성 기준
③ 정보통신망 안정기준
④ 정보통신서비스준칙

해설

정보보호조치에 관한 지침을 "정보보호지침"이라 한다.

41 전자문서의 도달시기로 가장 알맞은 것은?

① 수신기관의 문서 수발담당이 접수한 때
② 수신자의 기관에 문서 접수부에 기록된 때
③ 수신자의 컴퓨터 파일에 전자문서가 기록된 때
④ 수신자가 수신된 문서의 파일을 최초로 확인한 때

해설

전자문서의 송수신 시기
① 전자문서는 작성자 외의 자 또는 작성자의 대리인 외의 자가 관리하는 컴퓨터에 입력되었을 때에 송신된 것으로 본다.
② 전자문서는 다음 어느 하나에 해당할 때에 수신된 것으로 본다.
  ㉠ 수신자가 전자문서를 수신할 컴퓨터를 지정한 경우에는 지정한 컴퓨터에 입력되었을 때. 다만, 지정한 컴퓨터가 아닌 컴퓨터에 입력되었을 경우에는 수신자가 전자문서를 출력하였을 때를 말한다.
  ㉡ 수신자가 전자문서를 수신할 컴퓨터를 지정하지 아니한 경우에는 수신자가 관리하는 컴퓨터에 입력되었을 때

42 다음 중 '광대역통합정보통신기반'의 용어 정의로 알맞은 것은?

① 통신·방송·인터넷이 융합된 멀티미디어 서비스를 언제 어디서나 고속·대용량으로 이용할 수 있는 정보통신망을 말한다.
② 실시간으로 동영상 정보를 주고 받을 수 있는 고속·대용량의 종합정보통신망과 이와 관련된 기술 및 서비스 내용 등을 말한다.

[정답] 38 ② 39 ④ 40 ① 41 ③ 42 ②

③ 광대역통합정보통신망과 이에 접속되어 이용되는 정보통신기기·소프트웨어 및 데이터베이스 등을 말한다.
④ 모든 정보통신망을 이용하여 정보를 생산, 유통, 활용의 효율화를 도모하기 위한 모든 종류의 자료와 지식, 활동 등을 말한다.

해설
정부는 국가정보화를 효율적으로 추진하고 정보의 공동활용을 촉진하며 정보통신의 효율적 운영 및 호환성 확보 등을 위하여 표준화를 추진하여야 한다.

43 다음 중 국가정보화 추진의 기본원칙에 해당되지 않는 것은?

① 민간과의 협력체계를 마련하는 등 사회 각 계층의 다양한 의견 수렴
② 정보화의 역기능을 방지하기 위한 정보보호, 개인정보 보호 등의 대책 마련
③ 국민이 국가정보화의 성과를 보편적으로 누릴 수 있도록 필요한 조치
④ 정보통신기반의 보호를 위한 제한적 접근과 활용 통제

해설
국가정보화 추진의 기본원칙
① 국가와 지방자치단체는 국가정보화 추진을 위한 시책을 수립·시행하여야 한다.
② 국가와 지방자치단체는 국가정보화 추진 과정에서 민간과의 협력 체계를 마련하는 등 사회 각 계층의 다양한 의견을 수렴하도록 노력하여야 한다.
③ 국가와 지방자치단체는 국가정보화 추진 과정에서 정보화의 역기능을 방지하기 위한 정보보호, 개인정보 보호 등의 대책을 마련하여야 한다.
④ 국가와 지방자치단체는 국민이 국가정보화의 성과를 보편적으로 누릴 수 있도록 필요한 조치를 하여야 한다.
⑤ 국가와 지방자치단체는 시책 추진에 필요한 재원을 마련하기 위하여 노력하여야 한다.

44 다음 중 정부가 정보통신 표준화를 추진하는 목적으로 옳지 않은 것은?

① 정보통신의 효율적인 운영
② 정보통신 기술인력의 양성
③ 정보의 공동활용을 촉진
④ 정보통신의 호환성 확보

45 정보통신망에 관련된 과학기술정보통신부장관의 권한으로 틀린 것은?

① 통신비밀의 보호 및 개인정보의 모집
② 관련기술에 관한 정보의 관리
③ 관련기술개발의 추진 사업
④ 정보통신망에 관한 표준화 추진

해설
개인정보의 모집은 과학기술정보통신부장관의 권한으로 볼 수 없다.

46 개인정보를 취급할 때에 개인정보의 분실·도난·누출·변조 또는 훼손을 방지하기 위하여 대통령령으로 정하는 기준에 따라 기술적·관리적 조치를 하여야 하는 자는?

① 기간통신사업자
② 이용자
③ 정부
④ 정보통신서비스 제공자

해설
개인정보의 보호조치
정보통신서비스 제공자 등이 개인정보를 취급할 때에는 개인정보의 분실·도난·누출·변조 또는 훼손을 방지하기 위하여 대통령령으로 정하는 기준에 따라 다음의 기술적·관리적 조치를 하여야 한다.
① 개인정보를 안전하게 취급하기 위한 내부관리계획의 수립·시행
② 개인정보에 대한 불법적인 접근을 차단하기 위한 침입차단시스템 등 접근 통제장치의 설치·운영
③ 접속기록의 위조·변조방지를 위한 조치 등

47 이용자가 개인정보보호를 위반한 행위로 손해를 입으면 누구에게 손해배상을 청구할 수 있는가?

① 기간통신사업자　② 산업통상자원부장관
③ 정부　　　　　　④ 정보통신서비스 제공자

[정답] 43 ④　44 ②　45 ①　46 ④　47 ④

해설
손해배상
이용자는 정보통신서비스 제공자 등이 규정을 위반한 행위로 손해를 입으면 그 정보통신서비스 제공자 등에게 손해배상을 청구할 수 있다. 이 경우 해당 정보통신서비스 제공자 등은 고의 또는 과실이 없음을 입증하지 아니하면 책임을 면할 수 없다.

48 정보통신망에 유통되는 정보로 인한 사생활 침해 또는 명예훼손 등 타인에 대한 권리침해를 방지하기 위하여 기술개발·교육·홍보 등에 대한 시책을 마련하고 이를 정보통신서비스 제공자에게 권고하는 자는?

① 국무총리
② 산업통상자원부장관
③ 과학기술정보통신부장관
④ 경찰서장

해설
정보통신망에서의 권리보호
① 이용자는 사생활 침해 또는 명예훼손 등 타인의 권리를 침해하는 정보를 정보통신망에 유통시켜서는 아니 된다.
② 정보통신서비스 제공자는 자신이 운영·관리하는 정보통신망에 제①항에 따른 정보가 유통되지 아니하도록 노력하여야 한다.
③ 과학기술정보통신부장관은 정보통신망에 유통되는 정보로 인한 사생활 침해 또는 명예훼손 등 타인에 대한 권리침해를 방지하기 위하여 기술개발·교육·홍보 등에 대한 시책을 마련하고 이를 정보통신서비스 제공자에게 권고할 수 있다.

49 방송통신위원회는 불법정보에 대하여 누구로 하여금 그 취급을 거부, 정지 또는 제한하도록 명할 수 있는가?

① 관할 체신청장
② 관할 경찰서장
③ 정보통신서비스 제공자
④ 국정원장

해설
불법정보의 유통금지
① 누구든지 정보통신망을 통하여 불법정보를 유통하여서는 아니 된다.
② 방송통신위원회는 심의위원회의 심의를 거쳐 정보통신서비스 제공자 또는 게시판 관리·운영자로 하여금 그 취급을 거부·정지 또는 제한하도록 명할 수 있다.

50 다음 중 불법정보에 해당하지 않는 것은?

① 국가기밀을 누설하는 내용의 정보
② 공포심이나 불안감을 유발하는 내용의 정보
③ 공공의 안전 또는 복리를 위하여 긴급히 처분을 할 필요가 있는 정보
④ 사람을 비방할 목적으로 타인의 명예를 훼손하는 내용의 정보

해설
불법정보의 유통금지
누구든지 정보통신망을 통하여 다음 어느 하나에 해당하는 정보를 유통하여서는 아니 된다.
① 음란한 부호·문언·음향·화상 또는 영상을 배포·판매·임대하거나 공공연하게 전시하는 내용의 정보
② 사람을 비방할 목적으로 공공연하게 사실이나 거짓의 사실을 드러내어 타인의 명예를 훼손하는 내용의 정보
③ 공포심이나 불안감을 유발하는 부호·문언·음향·화상 또는 영상을 반복적으로 상대방에게 도달하도록 하는 내용의 정보
④ 정당한 사유 없이 정보통신시스템, 데이터 또는 프로그램 등을 훼손·멸실·변경·위조하거나 그 운용을 방해하는 내용의 정보
⑤ 「청소년보호법」에 따른 청소년유해매체물로서 상대방의 연령 확인, 표시의무 등 법령에 따른 의무를 이행하지 아니하고 영리를 목적으로 제공하는 내용의 정보 등

51 정보통신망의 안전성 확보에 따른 정보보호지침을 정하여 고시하고 정보통신서비스 제공자에게 이를 지키도록 권고하는 자는?

① 대통령
② 과학기술정보통신부장관
③ 국무총리
④ 산업통상자원부장관

해설
정보통신망의 안전성 확보
① 정보통신서비스 제공자는 정보통신서비스의 제공에 사용되는 정보통신망의 안전성 및 정보의 신뢰성을 확보하기 위한 보호조치를 하여야 한다.
② 과학기술정보통신부장관은 제①항에 따른 보호조치의 구체적 내용을 정한 정보보호조치 및 안전진단의 방법·절차·수수료에 관한 지침("정보보호지침")을 정하여 고시하고 정보통신서비스 제공자에게 이를 지키도록 권고할 수 있다.

[정답] 48 ③ 49 ③ 50 ③ 51 ②

52 정보보호지침에 포함되어야 할 사항이 아닌 것은?

① 권한이 없는 자가 정보통신망에 접근·침입하는 것을 방지하거나 대응하기 위한 기술적·물리적 보호조치
② 정보의 불법 유출·변조·삭제 등을 방지하기 위한 기술적 보호조치
③ 정보통신망의 지속적인 이용이 가능한 상태를 확보하기 위한 기술적·물리적 보호조치
④ 정보통신망 개발을 위한 기술적·물리적 보호조치

해설
정보보호지침에는 다음 사항이 포함되어야 한다.
① 정당한 권한이 없는 자가 정보통신망에 접근·침입하는 것을 방지하거나 대응하기 위한 정보보호시스템의 설치·운영 등 기술적·물리적 보호조치
② 정보의 불법 유출·변조·삭제 등을 방지하기 위한 기술적 보호조치
③ 정보통신망의 지속적인 이용이 가능한 상태를 확보하기 위한 기술적·물리적 보호조치
④ 정보통신망의 안전 및 정보보호를 위한 인력·조직·경비의 확보 및 관련계획수립 등 관리적 보호조치

53 정보통신시스템, 데이터 또는 프로그램 등을 훼손·멸실·변경·위조하거나 그 운용을 방해할 수 있는 프로그램이란 무엇인가?

① 관리 프로그램   ② 악성 프로그램
③ 처리 프로그램   ④ 운용체제(OS)

해설
정보통신망 침해행위 등의 금지
① 누구든지 정당한 접근권한 없이 또는 허용된 접근권한을 넘어 정보통신망에 침입하여서는 아니 된다.
② 누구든지 정당한 사유 없이 정보통신시스템, 데이터 또는 프로그램 등을 훼손·멸실·변경·위조하거나 그 운용을 방해할 수 있는 프로그램("악성프로그램")을 전달 또는 유포하여서는 아니 된다.

54 통신과금서비스를 제공하려는 자가 과학기술정보통신부장관에게 등록해야 하는 것이 아닌 것은?

① 재무건전성
② 기술능력
③ 통신과금서비스 이용자 보호계획
④ 사업계획서

해설
통신과금서비스 제공자의 등록
통신과금서비스를 제공하려는 자는 대통령령으로 정하는 바에 따라 다음의 사항을 갖추어 과학기술정보통신부장관에게 등록하여야 한다.
① 재무건전성
② 통신과금서비스 이용자 보호계획
③ 업무를 수행할 수 있는 인력과 물적 설비
④ 사업계획서

55 정부가 다른 국가 또는 국제기구와 상호 협력하여야 할 사항이 아닌 것은?

① 개인정보의 공개에 관련된 업무
② 정보통신망에서의 청소년보호를 위한 업무
③ 정보통신망의 안전성을 침해하는 행위를 방지하기 위한 업무
④ 정보통신서비스의 건전하고 안전한 이용에 관한 업무

해설
국제협력
정부는 다음 사항을 추진할 때 다른 국가 또는 국제기구와 상호 협력하여야 한다.
① 개인정보의 국가 간 이전 및 개인정보의 보호에 관련된 업무
② 정보통신망에서의 청소년보호를 위한 업무
③ 정보통신망의 안전성을 침해하는 행위를 방지하기 위한 업무
④ 그 밖에 정보통신서비스의 건전하고 안전한 이용에 관한 업무

56 통신비밀보호법의 목적으로 볼 수 있는 것은?

① 전기통신의 발전촉진
② 통신의 자유를 신장
③ 전기통신의 효율적 관리
④ 공공의 복리증진

해설
통신비밀보호법은 통신 및 대화의 비밀과 자유에 대한 제한은 그 대상을 한정하고 엄격한 법적 절차를 거치도록 함으로써 통신비밀을 보호하고 통신의 자유를 신장함을 목적으로 한다.

[정답] 52 ④ 53 ② 54 ② 55 ① 56 ②

57. "유선·무선·광선 및 기타의 전자적 방식에 의하여 모든 종류의 음향·문언·부호 또는 영상을 송신하거나 수신하는 것"으로 정의되는 것은?

① 정보화
② 정보통신
③ 전기통신
④ 정보자원

해설

용어의 정의
전기통신이라 함은 전화·전자우편·회원제정보서비스·모사전송·무선호출 등과 같이 유선·무선·광선 및 기타의 전자적 방식에 의하여 모든 종류의 음향·문언·부호 또는 영상을 송신하거나 수신하는 것을 말한다.

58. "인터넷상에서 컴퓨터 및 정보통신설비가 인식하도록 만들어진 것"으로 정의되는 것은?

① Domain이름
② 인터넷 Protocol주소
③ Operating system
④ Router

해설

① 인터넷 프로토콜(protocol) 주소 : 인터넷상에서 컴퓨터 및 정보통신설비가 인식하도록 만들어진 것
② 도메인(domain)이름 : 인터넷상에서 인터넷 프로토콜 주소를 사람이 기억하기 쉽도록 하기 위하여 만들어진 것

59. 전기통신사업을 위하여 사용 중인 전기통신설비의 물리적 또는 기술적 형태에 따른 분류가 아닌 것은?

① 기간설비
② 전송설비
③ 단말설비
④ 전원설비

해설

사용 중인 전기통신설비의 분류
전기통신사업을 위하여 사용중인 전기통신설비는 물리적 또는 기술적 형태에 따라 다음과 같이 분류한다.
① 교환설비
② 전송설비
③ 선로설비
④ 단말설비
⑤ 정보처리설비
⑥ 전원설비

60. 다음 중 방송통신위원회의 설치목적으로 가장 적합한 것은?

① 방송통신의 표준화에 관한 업무추진
② 방송통신기자재의 형식승인에 관한 심의
③ 불법통신의 근절 및 건전한 정보문화 확립
④ 방송·통신사업자, 사업자와 이용자간 분쟁의 조정

해설

방송통신위원회
① 방송과 통신에 관한 규제와 이용자 보호 등의 업무를 수행하기 위하여 대통령 소속으로 방송통신위원회를 둔다.
② 위원회의 심의·의결 사항
  ㉠ 방송 기본계획 및 통신규제 기본계획에 관한 사항
  ㉡ 방송사업자의 금지행위에 대한 조사·제재에 관한 사항
  ㉢ 방송광고판매대행사업자의 금지행위에 대한 조사·제재에 관한 사항
  ㉣ 전기통신사업자의 금지행위에 대한 조사·제재에 관한 사항
  ㉤ 방송사업자·전기통신사업자 상호간의 분쟁 조정 또는 사업자와 이용자간의 분쟁 조정 등에 관한 사항
  ㉥ 방송광고판매대행사업자 상호간의 분쟁 조정 등에 관한 사항 등

61. 방송통신위원회에 대한 설명 중 틀린 것은?

① 방송통신위원회의 위원은 방송통신위원회 위원장이 임명 또는 위촉한다.
② 위원의 임기는 3년으로 하되, 1회에 한하여 연임할 수 있다.
③ 방송통신위원회는 위원장 1인, 부위원장 1인을 포함한 5인의 상임인 위원으로 구성한다.
④ 방송과 통신에 관한 업무를 수행하기 위하여 대통령 소속으로 둔다.

해설

방송통신위원회의 설치
① 방송과 통신에 관한 규제와 이용자 보호 등의 업무를 수행하기 위하여 대통령 소속으로 방송통신위원회를 둔다.
② 위원회는 위원회의 위원장 1인, 부위원장 1인을 포함한 5인의 상임인 위원으로 구성한다.
③ 위원회 위원은 정무직 공무원으로 보한다.
④ 위원장 및 위원은 방송 및 정보통신분야의 전문성을 고려하여 해당하는 자 중에서 대통령이 임명한다.

[정답] 57 ③ 58 ② 59 ① 60 ④ 61 ①

62 다음이 설명하는 가장 적합한 용어는?

"실시간으로 동영상 정보를 주고받을 수 있는 고속·대용량의 정보통신망을 말함"

① 전산망
② 초고속정보통신망
③ 통신망
④ 정보화망

해설
① "초고속정보통신망"이란 실시간으로 동영상 정보를 주고 받을 수 있는 고속·대용량의 정보통신망을 말한다.
② "광대역통합정보통신망"이란 통신·방송·인터넷이 융합된 멀티미디어 서비스를 언제 어디서나 고속·대용량으로 이용할 수 있는 정보통신망을 말한다.

63 통신·방송·인터넷이 융합된 멀티미디어 서비스를 언제 어디서나 고속·대용량으로 이용할 수 있는 정보통신망은?

① 초고속정보통신망
② 초고속방송통신망
③ 광대역방송통신망
④ 광대역통합정보통신망

해설
"광대역통합정보통신망"이라 함은 통신·방송·인터넷이 융합된 멀티미디어 서비스를 언제 어디서나 고속·대용량으로 이용할 수 있는 정보통신망을 말한다.

64 다음 중 어린이집에 설치된 폐쇄회로 텔레비전으로 수집된 영상정보의 안전성 확보 조치로 잘못된 것은?

① 영상정보를 관리하는 컴퓨터에 대한 부팅암호 및 로그인 암호 설정
② 민원발생시 신속한 해결을 위해 영상정보 접근 권한은 어린이집 직원과 학부모에게 허용
③ 영상정보가 열람재생되는 장소의 경우 접근 권한이 부여된 자에 대해서만 접근을 허용
④ 저장장치를 보관할 공간이 부족할 경우 저장장치를 훼손하기 어려운 케이스 등에 넣어서 보관

[정답] 62 ② 63 ④ 64 ②

새로운 국가 기술 자격 검정 출제 방식에 따른
정보통신기사 – 필기

1판 1쇄 발행	2000년 2월 20일		5판 3쇄 발행	2012년 1월 1일
1판 5쇄 발행	2003년 1월 10일		6판 1쇄 개정판 발행	2013년 1월 1일
1판 6쇄 발행	2004년 1월 10일		7판 1쇄 개정판 발행	2014년 1월 1일
1판 7쇄 발행	2005년 1월 10일		8판 1쇄 발행	2015년 1월 1일
1판 8쇄 발행	2005년 4월 30일		9판 1쇄 발행	2016년 1월 1일
1판 9쇄 발행	2006년 1월 10일		10판 1쇄 발행	2017년 1월 1일
1판 10쇄 발행	2006년 4월 20일		11판 1쇄 발행	2018년 1월 10일
2판 1쇄 개정판 발행	2007년 1월 10일		12판 1쇄 발행	2019년 2월 10일
2판 2쇄 발행	2007년 4월 30일		13판 1쇄 발행	2020년 2월 10일
3판 1쇄 개정판 발행	2008년 1월 1일		14판 1쇄 발행	2021년 2월 10일
4판 1쇄 개정판 발행	2009년 1월 1일		15판 1쇄 발행	2022년 2월 10일
4판 2쇄 발행	2009년 6월 10일		16판 1쇄 발행	2023년 1월 10일
5판 1쇄 개정판 발행	2010년 1월 1일		17판 1쇄 발행	2024년 1월 10일
5판 2쇄 발행	2011년 1월 1일		**18판 1쇄 발행**	**2025년 1월 10일**

정가 **43,000**원
ISBN 978-89-317-1323-7 13560

엮은이	김남선·양윤석
펴낸이	박 용
펴낸곳	도서출판 세화
영업부	(031)955-9331~2
편집부	(031)955-9333
FAX	(031)955-9334
주소	경기도 파주시 회동길 325-22(서패동 469-2)
등록	1978. 12. 26 (제 1-338호)

Copyright©Sehwa Publishing Co.,Ltd.
도서출판 세화의 서면동의 없이 이 책을 무단 복사, 복제, 전재하는 것은 저작권법에 저촉됩니다.

파손된 책은 교환하여 드립니다.
본 도서의 내용 문의 및 궁금한 점은 더 정확한 정보를 위하여 저자분에게 문의하시기 바랍니다. 저자분께서 정성스럽게 대답해주실 것입니다.

김남선 E-mail : namsuny@korea.com
양윤석 E-mail : ysc1619@hanafos.com